8. Auflage

# GRUNDBAU-TASCHENBUCH

## Teil 2: Geotechnische Verfahren

Karl Josef Witt (Hrsg.)

Ernst & Sohn
A Wiley Brand

8. Auflage

# GRUNDBAU-TASCHENBUCH

## Teil 2. Geotechnische Verfahren

Karl Josef Witt (Hrsg.)

Ernst & Sohn
A Wiley Brand

Herausgeber und Schriftleiter
Univ.-Prof. Dr.-Ing. Karl Josef Witt
Beratender Ingenieur
Kantstraße 10
99425 Weimar

Titelbild: Herstellung der Bohrpfähle zur Pfahlplattengründung des Heißwasserspeichers Potsdam
(Foto: Prof. K. J. Witt)

Bibliografische Information der Deutschen Nationalbibliothek
Die Deutsche Nationalbibliothek verzeichnet diese Publikation in der Deutschen Nationalbibliografie; detaillierte bibliografische Daten sind im Internet über http://dnb.d-nb.de abrufbar.



Umschlaggestaltung: Sonja Frank, Berlin
Herstellung: pp030 – Produktionsbüro Heike Praetor, Berlin
Satz: Reemers Publishing Services GmbH, Krefeld
Druck und Verarbeitung: CPI books GmbH, Leck

Printed in the Federal Republic of Germany.
Gedruckt auf säurefreiem Papier.

Print ISBN: 978-3-433-03152-0
ePDF ISBN: 978-3-433-60728-2
ePub ISBN: 978-3-433-60730-5
eMobi ISBN: 978-3-433-60729-9
oBook ISBN: 978-3-433-60731-2

# Vorwort

Das geotechnische Ingenieurwesen hat sich seit der letzten Auflage des Grundbau-Taschenbuchs vor 8 Jahren nicht dramatisch verändert. Im Rückblick war die Zeit durch eine starke wirtschaftliche Entwicklung gekennzeichnet. Das Zukunftsprojekt „Industrie 4.0" wurde ausgerufen, von dem man mit Unterstützung der digitalen Vernetzung intelligentere Monitoring- und Entscheidungsprozesse erwartet. So vertrauen wir heute auf manchen „digitalen Assistenten", der uns bei unseren Aufgaben unterstützen soll. Die Vernetzung und der Umfang erfasster Daten sind gewachsen. Vor allem haben sich die Abläufe in der Kommunikation, Planung, Ausführung und Qualitätsdokumentation stark beschleunigt. Und viele Akteure haben sich fleißig der Normung und Europäischen Harmonisierung gewidmet. Aber im Grunde leben wir nach wie vor mit und auch von den Herausforderungen, die uns der Baugrund mit all seinen Überraschungen täglich neu stellt. Die Hightech-Strategie mag helfen, aber sie löst nicht die Hauptprobleme der Geotechnik. Die Neuauflage des Grundbau-Taschenbuchs in drei Teilen trägt beiden Aspekten Rechnung, der traditionellen, bewährten Herangehensweise und den Erneuerungen durch die Digitalisierung. So wurden bei der Überarbeitung aller drei Teile des Grundbau-Taschenbuchs notwendige Ergänzungen, Präzisierungen und Aktualisierungen vorgenommen.

Auch bei den in diesem Teil thematisierten geotechnischen Verfahren gab es neue Erkenntnisse, wurde weiter geforscht, haben sich Regelwerke geändert. Zwei neue Kapitel und einige neue Autoren sind gegenüber der letzten Auflage hinzugekommen, sodass Sie auch bei den traditionellen Themen neue Sichtweisen und Schwerpunkte erwarten dürfen. Der Anspruch des Grundbau-Taschenbuchs, den Stand der Wissenschaft und der Technik in einem ansprechenden und umfassenden Werk zusammenbringen, wurde beibehalten. Dahinter stehen viele Experten, die ihr Wissen und ihre Erfahrung aufbereitet eingebracht haben. Ihnen allen meinen herzlichsten Dank für die enorme Leistung. Und vielen Dank an den Verlag Ernst & Sohn für die Realisierung dieses Werks, hier ganz besonders an die Lektorin, Frau Dipl.-Ing. R. Herrmann.

Weimar, Oktober 2017 *Karl Josef Witt*

# Inhaltsverzeichnis

**2.3 Verstärkung von Gründungsstrukturen**
*Karl Josef Witt*



**2.4 Bodenvereisung**
*Wolfgang Orth*

**2.5 Verpressanker, Bodennägel und Zugpfähle**
*Lutz Wichter und Wolfgang Meiniger*

## 2.6 Bohrtechnik

*Georg Ulrich und Luis Ulrich*



## 2.7 Horizontalbohrungen und Rohrvortrieb

*Hermann Schad, Carola Vogt-Breyer und Hans-Joachim Bayer*

**2.8 Einbringverfahren für Pfähle und Spundbohlen: Rammen, Vibrieren, Pressen**

*Fritz Berner und Christian Moormann*

## 2.10 Hydraulisch bedingte Grenzzustände

*Karl Josef Witt*



## 2.11 Geotechnisches Erdbebeningenieurwesen

*Christos Vrettos*

## 2.12 Geokunststoffe in der Geotechnik und im Wasserbau

*Fokke Saathoff und Gerhard Bräu*

# Autoren-Kurzbiografien

**Dietmar Adam**, Jahrgang 1968, war nach dem Studium wissenschaftlicher Mitarbeiter am Institut für Grundbau und Bodenmechanik der Technischen Universität Wien und gründete im Jahre 1998 ein Ingenieurbüro mit Schwerpunkt Geotechnik. Seine Habilitation erfolgte 2002. Seit 2009 ist er Ordinarius für Grundbau, Boden- und Felsmechanik am Institut für Geotechnik der TU Wien und dessen Institutsvorstand. Zu seinen Forschungsschwerpunkten zählen theoretische und experimentelle Bodendynamik, Bodenverbesserung, Verdichtung und Verdichtungskontrollen sowie Geothermie. Er initiierte zahlreiche nationale und internationale Forschungsprojekte mit zukunftsweisenden Erkenntnissen. Im Jahre 2008 wurde er mit dem Österreichischen Staatspreis für seine Arbeiten auf dem Gebiet der Erdwärme ausgezeichnet. Seine Beratungstätigkeit ist durch ein hohes Maß an Internationalität geprägt, er wickelte Ingenieurprojekte in mehr als 40 Ländern auf allen Kontinenten ab. Er ist Geschäftsführer des Österreichischen Nationalkomitees der ISSMGE und in zahlreichen nationalen wie internationalen Normen- und Richtlinienausschüssen aktiv, Mitglied mehrerer „Technical Committees“ der ISSMGE sowie als Experte der Staubeckenkommission und als Tunnelbausachverständiger der Republik Österreich tätig. Er ist Herausgeber der Zeitschrift Bauingenieur.

**Hans-Joachim Bayer**, Jahrgang 1955, studierte an der Technischen Universität Clausthal parallel Geologie und Bergwesen. Von 1979 bis 1982 promovierte er an der TU Clausthal mit einer Dissertation über die Tektonik der Schwäbischen Ostalb. Bis 1987 war er wissenschaftlicher Mitarbeiter am Lehrstuhl für Angewandte Geologie der Universität Karlsruhe und war nebenamtlich technischer Ausbau- und Betriebsleiter eines größeren Besucherbergwerks in Aalen-Wasseralfingen. Seit 1987 arbeitet er als Industriegeologe in der Bohrindustrie, war dort neben Projektaufgaben zunächst in der Forschung und Entwicklung von Bohrsystemen und schließlich als Abteilungsleiter tätig. Seit 2000 ist er Leiter „Neue Anwendungstechniken“ der Fa. Tracto-Technik GmbH & Co. KG, Lennestadt. Seine gesamte Berufstätigkeit war er mit aktiven Auslandsprojekten, u. a. mit zahlreichen Einsätzen in Brasilien, Griechenland, Saudi-Arabien, Jordanien, Ägypten, Spanien und den USA verbunden. Seit 2016 ist er zusätzlich Lehrbeauftragter für Ingenieur-Geologie im Departement Bauwesen der Universität Siegen. Er verfasste mehrere Fachbücher zur Bohrtechnologie.

**Fritz Berner,** Jahrgang 1951, studierte Bauingenieurwesen an der Universität Stuttgart und schloss sein Diplom 1975 mit der Untersuchung eines Traglufthallenstoffs ab. Nach dreijähriger Tätigkeit als verantwortlicher Tragwerksplaner und Bauleiter in einer Bauunternehmung sowie weiteren fünf Jahren als wissenschaftlicher Mitarbeiter am Institut für Baubetriebslehre der Universität Stuttgart promovierte er 1983 zum Dr.-Ingenieur. Nach einigen Berufsjahren war er als Niederlassungsleiter in einem mittelständischen Bauunternehmen tätig. Ab 1987 übernahm er die Position des Geschäftsführers und von 1994 bis 2009 die des geschäftsführenden Gesellschafters und Vorstandsvorsitzenden innerhalb einer großen Bauunternehmung. 1994 trat er als Universitäts-Professor die Leitung des Instituts für Baubetriebslehre an der Universität Stuttgart an. Von 1996 bis 1998 war er Dekan der Fakultät für Bauingenieur- und Vermessungswesen. Seit 1999 widmet er sich der Ganzheitlichkeit des Bauens und der Ausweitung auf die Immobilie im Gesamten. Im Jahr 2000 wurde durch ihn der neue Studiengang „Immobilientechnik und Immobilienwirtschaft" an der Universität Stuttgart mitinitiiert. 2001 war er Gründungsmitglied der „Stiftung Immobilie" und ist seitdem auch Kuratoriumsmitglied. Im Jahr 2005 wurde er zum Mitglied des Vorstands der Vereinigung Stuttgarter Studentenwohnheime e. V. gewählt. Zwei Jahre später initiierte er das Institut für wirtschaftliches und technisches Immobilienmanagement – IWTI GmbH. 2014 gründete er zusammen mit der KIT das German Lean Construction Institute – GLCI e. V., in dem er seither als stellvertretendes Vorstandsmitglied agiert.

**Gerhard Bräu**, Jahrgang 1960, studierte an der Technischen Universität München Bauingenieurwesen und arbeitet dort seither als wissenschaftlicher Mitarbeiter am Lehrstuhl und Prüfamt für Grundbau, Bodenmechanik, Felsmechanik und Tunnelbau in Forschung, Lehre und Projektbearbeitung. Er ist Mitglied und Leiter mehrerer Fachausschüsse der IGS, DGGT, FGSV und des DIN aus den Themenbereichen Erd- und Grundbau, Geokunststoffe und Qualitätssicherung. Insbesondere leitet er seit 2001 den Arbeitskreis AK 5.2 „Berechnung und Dimensionierung von Erdkörpern mit Bewehrungen aus Geokunststoffen" der DGGT, der die gleichnamigen Empfehlungen (EBGEO) erstellt.

**Uwe Hekel**, Jahrgang 1961, studierte Geologie an den Universitäten Bonn und Tübingen. Er promovierte mit einem Forschungsprojekt am Landesamt für Geologie, Rohstoffe und Bergbau Baden-Württemberg zu den hydrogeologischen Eigenschaften toniger Festgesteine (Opalinuston). Seit 1992 ist er bei der HPC AG in Rottenburg tätig. Als Geschäftsleiter für Geohydraulik baute er eine Abteilung für geohydraulische Bohrlochversuche auf und entwickelte Methoden für die Daten- und Aquiferanalyse. Weitere Tätigkeitsschwerpunkte sind Grundwasserverunreinigungen und Baumaßnahmen im Grundwasser sowie die Qualitätssicherung und die fachspezifische Mitarbeiterausbildung. Als Lehrbeauftragter der Universität Tübingen sowie als 1. stellvertretender Vorsitzender und Seminarreferent der Fachsektion Hydrogeologie (FH DGGV) wirkt er am Wissenstransfer zwischen Theorie und Praxis mit. Darüber hinaus ist er in Arbeitskreisen für Regelwerke und Normen zu hydrogeologischen Themen aktiv.

**Fabian Kirsch**, geboren 1971 in Frankfurt am Main studierte von 1991 bis 1997 Bauingenieurwesen an der Technischen Universität Braunschweig mit Studienaufenthalten am Indian Institute of Technology, New Delhi und an der University of Glasgow, Schottland. Im Anschluss an das Studium arbeitete er als wissenschaftlicher Mitarbeiter am Institut für Grundbau und Bodenmechanik für Technischen Universität Braunschweig und promovierte im Jahr 2004 über experimentelle und numerische Untersuchungen zum Tragverhalten von Rüttelstopfsäulengruppen. Seit 2004 ist er zunächst als Projektingenieur und schließlich ab 2008 als geschäftsführender Gesellschafter bei der GuD Geotechnik und Dynamik Consult GmbH in Berlin tätig. Darüber hinaus ist er Geschäftsführer des GuD-Verbundbüros BBI Geo- und Umwelttechnik Ingenieurgesellschaft mbH in Hamburg. Fabian Kirsch ist anerkannter Prüfsachverständiger für

Erd- und Grundbau und Mitglied in mehreren Arbeitskreisen sowie seit 2016 Mitglied im Vorstand der Deutschen Gesellschaft für Geotechnik. Überdies berät er das Bundesamt für Seeschifffahrt und Hydrographie (BSH) im Rahmen der Erstellung der BSH-Standards und hält Lehrveranstaltungen an der Technischen Universität Berlin mit dem Schwerpunkt Baugrundverbesserungen.

**Wolfgang Meiniger**, Jahrgang 1941, studierte Bauingenieurwesen an der Technischen Universität München. Nach dem Studium war er zunächst mehrere Jahre bei der Bauunternehmung Conrad Zschokke in der Abteilung für Spezialtiefbau in Zürich tätig und anschließend als wissenschaftlicher Mitarbeiter am Institut für Geotechnik an der Ecole Polytechnique Federale de Lausanne. Seit 1971 arbeitete er in der Abteilung Geotechnik der Materialprüfungsanstalt der Universität Stuttgart. Er betreute hier zunächst als Referatsleiter die Bereiche Baugrunduntersuchungen und Grundbau und wurde 1991 stellvertretender Abteilungsleiter. Den Schwerpunkt seiner Tätigkeit bildeten konstruktive Zugelemente im Grundbau wie vorgespannte Verpressanker, Zugpfähle und Nägel. Auf diesem Gebiet war er Mitglied in mehreren Ausschüssen.

**Christian Moormann,** Jahrgang 1970, studierte Bauingenieurwesen an der Universität Hannover und schloss sein Diplom mit der Vertiefungsrichtung Konstruktiver Ingenieurbau 1994 ab. Nach einer Tätigkeit als Wissenschaftlicher Mitarbeiter am Institut und der Versuchsanstalt für Geotechnik der Technischen Universität Darmstadt promovierte er 2002 über ein Thema zur Baugrund-Grundwasser-Interaktion bei tiefen Baugruben. In der Folge war Prof. Moormann als Beratender Ingenieur und Geschäftsführer in Ingenieurbüros für Geotechnik tätig. 2009 erwarb er an der Technischen Universität Darmstadt mit einer Habilitationsschrift zu „Möglichkeit und Grenzen experimenteller und numerischer Modellbildungen zur Optimierung geotechnischer Verbundkonstruktionen“ die Venia Legendi für das Fach „Bodenmechanik und Grundbau“. Seit 2010 hat er als Universitätsprofessor die Leitung des Institutes für Geotechnik an der Universität Stuttgart übernommen. Forschungsschwerpunkte sind u. a. Numerische Methoden in der Geotechnik, Halbfestgesteine, Pfähle/Baugrundverbesserungen, tiefe Baugruben, Geothermie und Verkehrswegebau. Prof. Moormann ist öffentlich bestellter und vereidigter Sachverständiger für Erdbau, Grundbau, Felsbau sowie Spezialtiefbau und ist als Inhaber des Ingenieurbüros Prof. Moormann Geotechnik Consult beratend und prüfend bei zahlreichen, auch internationalen Projekten in die Ingenieurpraxis eingebunden. Er ist Mitglied und Obmann in diversen nationalen und internationalen Fachgremien und Normenausschüssen, so ist Prof. Moormann u. a. Obmann des deutschen Normenausschusses „Pfähle“ (gleichzeitig AK 2.1 der DGGT) wie auch des europäischen Normenausschusses „Pile Design“ im TC250/SC 7.

**Bernhard Odenwald**, geboren 1957, studierte Bauingenieurwesen an der Universität Karlsruhe. Anschließend war er dort am Institut für Hydromechanik als Lehrstuhlassistent sowie in der Forschungsgruppe Grundwasser tätig. Thema seiner Promotion ist die Parameteridentifizierung bei numerischen Grundwasserströmungsmodellen. Nach mehrjähriger Tätigkeit als Bereichsleiter in einem Ingenieurbüro mit dem Schwerpunkt Abfall- und Abwassertechnik wechselte er zur Bundesanstalt für Wasserbau (BAW) in Karlsruhe. Hier leitet er seit 2003 das Referat Grundwasser der Abteilung Geotechnik. Das Referat bearbeitet Grundwasserfragestellungen bei Planung, Bau und

Unterhaltung von Bauwerken der Bundeswasserstraßen. Schwerpunkte sind dabei die Beurteilung der Dammstandsicherheit, der Einwirkungen des Grundwassers auf die Wasserbauwerke und deren Baugrund sowie der Auswirkungen von Baumaßnahmen auf die Grundwasserverhältnisse. Er ist maßgeblich beteiligt an der Erstellung und Überarbeitung von BAW-Merkblättern (MSD, MMB, MAK) und ist Mitglied in mehreren deutschen und europäischen Normungsausschüssen (DIN 19702, DIN 19712, DIN 19700-13, ATV DIN 18305, EC 7). Forschungsschwerpunkte des Referates sind Labor- und Feldversuche sowie numerische Untersuchungen zur Beschreibung der Wechselwirkungen zwischen Baugrund und Grundwasser.

**Wolfgang Orth,** Jahrgang 1951, studierte Bauingenieurwesen an der Universität Karlsruhe in der Vertiefungsrichtung Bodenmechanik und Grundbau. Nach einem einjährigen Aufbaustudium bearbeitete er am Institut für Boden- und Felsmechanik der Universität Karlsruhe mehrere Forschungsvorhaben auf dem Gebiet der Bodenvereisung und promovierte dort über das mechanische Verhalten von gefrorenem Sand. Anschließend leitete er 5 Jahre lang die Niederlassung eines geotechnischen Beratungsbüros, die er 1991 übernahm und seither als selbstständiger Beratender Ingenieur betreibt. Neben vielen normalen geotechnischen Projekten plante oder prüfte er seither zahlreiche Bodenvereisungen im Tief- und Tunnelbau. Seit 1992 ist er auch prüfend als anerkannter Sachverständiger für Erd- und Grundbau nach Bauordnungsrecht tätig. Seit 2004 hat er am Karlsruher Institut für Technologie einen Lehrauftrag für das Fach „Bodenverbesserung, Injektionstechnik und Gefrierverfahren".

**Fokke Saathoff**, Jahrgang 1957, studierte Bauingenieurwesen an der Universität Hannover und promovierte 1991 dort am Franzius-Institut für Wasserbau und Küsteningenieurwesen über „Geokunststoffe in Dichtungssystemen". 7 Jahre war er bei der Naue-Fasertechnik in der Geschäftsleitung tätig, anschließend gründete er 1998 das Ingenieurbüro BBG Bauberatung Geokunststoffe. Seit 2006 ist er Universitäts-Professor, Inhaber der Professur für Geotechnik und Küstenwasserbau an der Universität Rostock. Seit 1984 ist er als Geokunststoff-Experte in mehreren nationalen und internationalen Gremien tätig, u. a. Obmann des DGGT-Arbeitskreises Ak 5.1 „Kunststoffe in der Geotechnik und im Wasserbau", Obmann des FGSV-Arbeitskreises Ak 5.4.1 über Begrünungs- und Erosionsschutzmaßnahmen und Leiter der UAG Ak 5.1–Ak 6.1 „Geokunststoffe im Deponiebau". Er ist seit der 3. Auflage 1987 Autor des Grundbau-Taschenbuchs.

**Hermann Schad**, Jahrgang 1945, studierte Bauingenieurwesen an der Universität Stuttgart. Nach der Diplomprüfung 1969 arbeitete er bis 1972 als Statiker bei der Philipp Holzmann AG in Frankfurt und in Hamburg. Von 1972 bis 1990 war er Mitarbeiter bei Prof. Ulrich Smoltczyk. In dieser Zeit promovierte und habilitierte er mit Arbeiten zur Anwendung numerischer Verfahren sowie zum zeitabhängigen Materialverhalten von Böden. Die Tätigkeit an der Universität Stuttgart wurde 1980 bis 1985 unterbrochen durch die Arbeit als Technischer Referent bei der Württembergischen Bau-Berufsgenossenschaft. Von 1991 bis 1994 bearbeitete er bei Smoltczyk & Partner als Baugrundgutachter verschiedene Großprojekte in den Bereichen Erdbau, tiefe Baugruben und Brückengründungen. Von 1994 bis 2010 leitete er die Abteilung Geotechnik der Materialprüfungsanstalt der Universität Stuttgart und lehrte am Institut für Geotechnik.

**Wolfgang Sondermann**, Jahrgang 1950, studierte an der Technischen Universität Braunschweig Bauingenieurwesen. Ab 1976 war er bei der Philipp Holzmann AG in Frankfurt in der Zentralabteilung für die technische Bearbeitung von Tiefbauprojekten tätig und betreute diese teilweise in der Bauausführung im In- und Ausland. 1979 kehrte er als wissenschaftlicher Mitarbeiter an das Institut für Grundbau und Bodenmechanik der TU Braunschweig zurück und promovierte 1983 zum Thema „Bewehrte Erde“. Bis 1986 war er in der Ingenieurgesellschaft Dr.-Ing. Hans Simons als Beratender Ingenieur und Gutachter tätig. 1986 trat er in die Firma Keller Grundbau GmbH ein. Nach 5 Jahren Tätigkeit in der Abteilung Beratung und Entwicklung wurde ihm 1991 die Leitung des Bereichs Nord einschließlich der neuen Bundesländer übertragen. Ab 1998 war er in der Geschäftsleitung, seit 2001 alleiniger Geschäftsführer der Keller Grundbau GmbH sowie seit 2003 Executive Director der Keller Group plc mit dem Verantwortungsbereich Kontinentaleuropa, Mittlerer Osten, Afrika und Asien, bevor er 2011 als Group Executive Director die globale Verantwortung für „Engineering and operations“ übernahm. Seit April 2017 ist er als selbstständiger Beratender Ingenieur tätig. Er ist Mitglied im Vorstand der Deutschen Gesellschaft für Geotechnik (DGGT) und seit 2014 Vorsitzender des Vorstandes der Gesellschaft. Seit 2003 ist er auch Lehrbeauftragter der Technischen Universität Darmstadt für Sonderfragen des Grundbaus.

**Henning Thormann**, Jahrgang 1967, studierte an der TU Bergakademie Freiberg, Institut für Geotechnik, Fachrichtung Bergbau-Tiefbau. Die ersten 5 Berufsjahre war er als Projektleiter für BAUER Spezialtiefbau tätig. Seit 1998 ist er in leitender Position bei der Brunnenbau Conrad GmbH angestellt. Er ist Leiter der Niederlassung in München und Geschäftsführer des Tochterunternehmens in der Schweiz. Im Rahmen seiner Tätigkeit veröffentlichte Henning Thormann mehrere Fachaufsätze über Großprojekte in der Brunnenbauer-Fachzeitschrift bbr. Seit 2007 referiert er jährlich beim Ausbildungszentrum der Bayrischen Bauindustrie in Nürnberg über das Thema der Praxis der Wasserhaltung. Er ist Mitglied im DIN-Normenausschuss Bauwesen STLB-Bau LB 005 / 008 (GAEB) und bei der ATV DIN 18305 Wasserhaltungsarbeiten und DIN 18302 Arbeiten zum Ausbau von Bohrungen. Er leitet Forschungsprojekte über Vakuumwasserhaltung in Kooperation mit der HTWK Leipzig, Institut für Grundbau. Seine Hauptschwerpunkte liegen in komplexen Wasserhaltungsprojekten für Baugruben und Tunnel.

**Georg Ulrich** studierte Maschinenbau und Bauingenieurwesen an der Technischen Universität Stuttgart und promovierte dort am Geotechnischen Institut. Seit 1973 betreibt er ein eigenständiges Geotechnisches Büro mit angegliederter Bohrabteilung in Leutkirch/Allgäu.

**Luis Ulrich** studierte Bauingenieurwesen an der Technischen Universität München mit Abschluss im Jahr 2014. Nach einem 1-jährigen Arbeitsaufenthalt im Spezialtiefbau in Toronto/Kanada ist er als Geschäftsführer in die Dr.-Ing. G. Ulrich Geotechnik GmbH eingetreten.

**Christos Vrettos**, Jahrgang 1960, studierte Bauingenieurwesen an der Universität Karlsruhe. Als wissenschaftlicher Mitarbeiter am Institut für Boden- und Felsmechanik promovierte er dort im Jahre 1988. Postdoktorand an der Universität Kyoto in Japan und am M.I.T. in Boston. Anschließend bis 1996 Oberingenieur am Grundbauinstitut der TU Berlin, wo er habilitierte. Umfangreiche praktische Erfahrung durch die nachfolgende Tätigkeit in dem Technischen Büro eines Baukonzerns und in einem großen geotechnischen Planungsbüro. Seit 2004 leitet er den Lehrstuhl für Bodenmechanik und Grundbau an der TU Kaiserslautern. Berater für bedeutende Projekte im In- und Ausland. Forschungsschwerpunkte umfassen die dynamische Boden-Bauwerk-Interaktion, die experimentelle Bodendynamik, die Modellierung und Dimensionierung von Gründungen und geotechnischen Bauwerken sowie die Terramechanik.

**Carola Vogt-Breyer**, Jahrgang 1966, studierte Bauingenieurwesen, Vertiefung Konstruktiver Ingenieurbau, an der Universität Kaiserslautern. Nach der Diplomprüfung 1991 arbeitete sie 3 Jahre lang bei Smoltczyk & Partner, Stuttgart, und war mit der Erstellung von Baugrundgutachten und erdstatischen Berechnungen befasst. Von 1994 bis 1999 war sie als wissenschaftliche Mitarbeiterin am Institut für Geotechnik der Universität Stuttgart beschäftigt und promovierte bei Prof. Vermeer mit einer vergleichenden Untersuchung von Modellversuchen, Großversuchen und numerischen Analysen. Danach hat sie bei Smoltczyk & Partner projektleitend geotechnisch beraten und war an internationalen Großprojekten schwerpunktmäßig mit numerischen Analysen beteiligt. Im Rahmen eines Aufenthalts in Dänemark war sie als Projektleiterin bei GEO in Aarhus tätig mit den Schwerpunkten Baugrundgutachten und erdstatische Berechnung von Hafenanlagen. Seit 2006 ist sie Professorin an der Hochschule für Technik Stuttgart und leitet seit 2015 den Masterstudiengang Grundbau/Tunnelbau.

**Lutz Wichter** studierte Bauingenieurwesen an der Universität Karlsruhe und war anschließend am Institut für Bodenmechanik und Felsmechanik als wissenschaftlicher Mitarbeiter tätig. Nach der Promotion arbeitete er in einer Spezialtiefbaufirma und übernahm 1982 die Leitung der Abteilung Erd- und Grundbau an der Forschungs- und Materialprüfungsanstalt Baden-Württemberg (Otto-Graf-Institut) in Stuttgart. Von 1993 bis 2012 war er Inhaber des Lehrstuhls für Bodenmechanik und Grundbau / Geotechnik an der Brandenburgischen Technischen Universität in Cottbus und leitete bis 2008 auch die Forschungs- und Materialprüfanstalt der Universität. Forschungsschwerpunkte liegen in den Bereichen der Geokunststoffe, der Verpressankertechnik und Bodenvernagelung, der Pflasterbauweisen und der Schadensanalysen. Er war Mitglied und Leiter mehrerer Fachausschüsse aus den Bereichen Grundbau und Baustoffe des DIBt, der FGSV und des DIN.

**Karl Josef Witt,** Jahrgang 1951, war von 1997 bis zur Emeritierung 2017 Universitäts-Professor für Geotechnik an der Bauhaus-Universität Weimar und ist Gesellschafter sowie wissenschaftlicher Berater des Ingenieurbüros witt & partner geoprojekt GmbH. Seine Forschungsschwerpunkte decken den Bereich Sicherheit von geotechnischen Bauwerken, Bodenstrukturen, innere Erosion und Umweltgeotechnik ab. Er war Mitglied zahlreicher Gremien, Ausschüsse und Arbeitsgruppen, ist vereidigter Sachverständiger und Vermittler bei komplexen Schadens- und Streitfällen sowie gefragter Prüfingenieur für Erd- und Grundbau. Er studierte an der Universität Karlsruhe

Bauingenieurwesen und promovierte am Institut für Grundbau Bodenmechanik und Felsmechanik mit einer Arbeit über Filtrationseigenschaften weitgestufter Erdstoffe. Die weit über 30-jährige praktische Erfahrung und die Nähe zu Projekten des Erd- und Grundbaus im Schnittbereich zwischen Ingenieurpraxis und Wissenschaft hat er sich zunächst in einem wasserbaulichen Planungsbüro und schließlich als selbstständiger Beratender Ingenieur erworben.

# Verzeichnis der Autoren

Univ. Prof. Dipl.-Ing. Dr. techn.
Dietmar Adam
Technische Universität Wien
Institut für Geotechnik
Karlsplatz 13/220/2
1040 Wien
Österreich
*(2.1 Erdbau)*

Dr. rer. nat. Hans-Joachim Bayer
Im Grund 24
72664 Kohlberg
*(2.7 Horizontalbohrungen und Rohrvortrieb)*

Prof. Dr.-Ing. Fritz Berner
Universität Stuttgart
Institut für Baubetriebslehre
Pfaffenwaldring 7
70569 Stuttgart
*(2.8 Einbringverfahren für Pfähle und Spundbohlen: Rammen, Pressen, Vibrieren)*

Dipl.-Ing. Gerhard Bräu
Technische Universität München
Zentrum Geotechnik
Baumbachstraße 7
81245 München
*(2.11 Geokunststoffe im Erd- und Grundbau)*

Dr. rer. nat. Uwe Hekel
HPC AG
Schütte 12–16
72108 Rottenburg
*(2.9 Grundwasserströmung – Grundwasserhaltung)*

Dr.-Ing. Fabian Kirsch
GuD CONSULT GmbH
Darwinstraße 13
10589 Berlin
*(2.2 Baugrundverbesserung und Injektionen)*

Dipl.-Ing. Wolfgang Meiniger
Steinbühlweg 13
87487 Wiggensbach
*(2.5 Verpressanker, Bodennägel und Zugpfähle)*

Univ.-Prof. Dr.-Ing. habil.
Christian Moormann
Universität Stuttgart
Pfaffenwaldring 35
70569 Stuttgart
*(2.8 Einbringverfahren für Pfähle und Spundbohlen: Rammen, Pressen, Vibrieren)*

Dr.-Ing. Bernhard Odenwald
Bundesanstalt für Wasserbau
Abteilung Geotechnik
Kußmaulstraße 17
76187 Karlsruhe
*(2.9 Grundwasserströmung – Grundwasserhaltung)*

Dr.-Ing. Wolfgang Orth
Dr.-Ing. Orth GmbH
Ellmendinger Straße 7
76227 Karlsruhe
*(2.4 Bodenvereisung)*

Univ.-Prof. Dr.-Ing. Fokke Saathoff
Universität Rostock
Professur für Geotechnik und Küstenwasserbau
Justus-v.-Liebig-Weg 6
18059 Rostock
*(2.11 Geokunststoffe im Erd- und Grundbau)*

Dr.-Ing. habil. Hermann Schad
Reinsburgstraße 111 b
70197 Stuttgart
*(2.7 Horizontalbohrungen und Rohrvortrieb)*

Dr.-Ing. Wolfgang Sondermann
Beratender Ingenieur
Fichardstraße 54
60322 Frankfurt
*(2.2 Baugrundverbesserung und Injektionen)*

Dipl.-Ing. Henning Thormann
Brunnenbau Conrad GmbH
Brunnenbau-Conrad-Straße 1
99947 Bad Langensalza
*(2.9 Grundwasserströmung – Grundwasserhaltung)*

Dr.-Ing. Georg Ulrich
Dr.-Ing. Georg Ulrich Geotechnik GmbH
Zum Brunnentobel 6
88299 Leutkirch
*(2.6 Bohrtechnik)*

Dipl.-Ing. Luis-Georg Ulrich
Dr.-Ing. Georg Ulrich Geotechnik GmbH
Zum Brunnentobel 6
88299 Leutkirch
*(2.6 Bohrtechnik)*

Prof. Dr.-Ing. Carola Vogt-Breyer
Hochschule für Technik Stuttgart
Fakultät Bauingenieurwesen, Bauphysik und Wirtschaft
Fachgebiet Geotechnik
Schellingstr. 24
70174 Stuttgart
*(2.7 Horizontalbohrungen und Rohrvortrieb)*

Univ. Prof. Dr.-Ing. Christos Vrettos
Technische Universität Kaiserslautern
Fachgebiet Bodenmechanik und Grundbau
Erwin-Schrödinger-Straße
67663 Kaiserslautern
*(2.10 Geotechnisches Erdbebeningenieurwesen)*

Prof. Dr.-Ing. Lutz Wichter
Erlenweg 25
03185 Teichland
*(2.5 Verpressanker, Bodennägel und Zugpfähle)*

Univ.-Prof. Dr.-Ing. Karl Josef Witt
Beratender Ingenieur
Kantstraße 10
99425 Weimar
*(2.3 Verstärkung von Gründungsstrukturen*
*2.10 Hydraulisch bedingte Grenzzustände)*

# 2.1 Erdbau

*Dietmar Adam*

## 1 Einleitung

### 1.1 Allgemeines

Der Erdbau befasst sich mit der Herstellung von Erdbauwerken, wie Dammbauwerken, und Einschnitten in bestehendes Gelände. Als Baustoffe kommen für Anschüttungen mineralische, aber auch künstliche Schüttmaterialien infrage. Der Erdbau ist demnach eine Form der Massenbewegung zur Herstellung von Dammbauwerken und Einschnitten. Zum Erdbau zählen aber auch ausgewählte Bodenverbesserungsmaßnahmen, wie zum Beispiel der Bodenaustausch, oder auch die Herstellung von Auf- und Hinterfüllungen.

Ein Erdbauwerk ist gemäß DIN EN 16907-1:2016-01 [89]: Ein durch Erdarbeiten (Einschnitte, Aufschüttung) entstandenes Tiefbauwerk, das aus Böden, Fels, Nebenprodukten oder aufbereitetem Material hergestellt wurde.

Der Erdbau ist ein interdisziplinäres Fachgebiet. Die Geotechnik befasst sich mit den konstruktiven Grundlagen zur Planung und Herstellung von standsicheren, gebrauchstauglichen und dauerhaften Erdbauwerken. Die Bauverfahrenstechnik befasst sich mit der wirtschaftlichen Optimierung, um die Herstellungskosten, aber auch die damit verbundenen Umweltauswirkungen zu minimieren. Gerade im Erdbau werden große Massen in Bewegung gesetzt, daher kommt diesem Aspekt besondere Bedeutung zu.

Dass der Erdbau ein ausgeprägt interdisziplinäres Themengebiet darstellt, wird auch durch die große Anzahl an Regelwerken ersichtlich. Für alle Fachbereiche, wie z. B. für Straßenbau, Eisenbahnbau, Deponiebau, Staudammbau usw. gibt es zahlreiche Regelwerke, Normen und Vorschriften und damit unterschiedlichste Anforderungen an Erdbauwerke. Auch bei den Schüttmaterialien gibt es eine weite Bandbreite von Materialien, die für den Erdbau infrage kommen, es handelt sich dabei nicht immer um mineralische Erdbaustoffe, sondern auch Recycling- oder Leichtbaustoffe können beispielsweise zur Anwendung kommen.

Im vorliegenden Kapitel über den Erdbau liegt der Schwerpunkt in der Geotechnik, insbesondere im Bereich der Bodenmechanik, sowie bei den grundbautechnischen Grundsätzen. Da die Bauverfahrenstechnik ebenfalls eng vernetzt mit dem Erdbau ist, wird auf wichtige Aspekte eingegangen, jedoch für eine Vertiefung in dem Bereich muss auf die weiterführende Literatur verwiesen werden.

*Grundbau-Taschenbuch: Teil 2. Geotechnische Verfahren*, Achte Auflage. Karl Josef Witt (Hrsg.).

## 1.2 Typen von Erdbauwerken

Die verschiedenen Bauwerkstypen im Erdbau und deren Abgrenzung zu anderen Disziplinen sind in Bild 1 dargestellt. Im Verkehrsdammbau ist die Abgrenzung des Erdbaus durch den Unter- und Oberbau gegeben. Der Oberbau wird durch die straßenbau- und eisenbahnbautechnischen Anforderungen bestimmt und zählt nicht zum Erdbau. Baugrundverbesserungsmaßnahmen des Spezialtiefbaus werden dem Erdbau nicht zugeordnet, eine Bodenauswechselung stellt die Ausnahme dar. Dadurch, dass ein neuer Bodenkörper eingebracht wird, handelt es sich um ein Erdbauwerk. Aushubarbeiten und die Materialgewinnung sind ebenfalls erdbauliche Maßnahmen. Baugrubensicherungen gehören nicht zum Erdbau; lediglich wenn auf eine konstruktive Baugrubensicherung verzichtet werden kann und eine natürlich geneigte Böschung hergestellt wird, ist diese den erdbaulichen Maßnahmen zuzuordnen. Im Bereich des Staudamm- und Deponiedammbaus wird das gesamte Bauwerk dem Erdbau zugeordnet, bis auf einzelne konstruktive Elemente, wie z. B. Oberflächen- bzw. Kernabdichtungen aus Asphalt, Beton usw., oder die Herstellung einer Herdmauer oder der Kontrollgänge.

Gemäß Bild 1 können die Bauwerkstypen von Erdbauwerken unterteilt werden in

- Dämme,
- Einschnitte,
- Auf- und Hinterfüllungen,
- Bodenverbesserung durch Bodenaustausch.

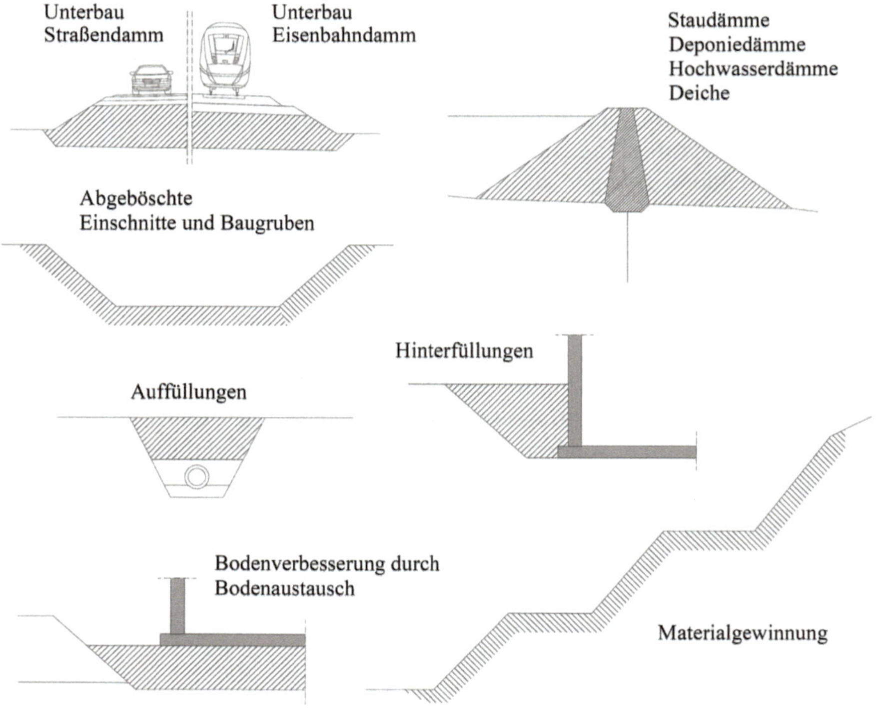


**Bild 1** Anwendungsbereiche und Abgrenzung des Erdbaus (nach [29])

## 1.3 Anforderungen an Erdbauwerk

Je nach Bauwerkstyp sind unterschiedliche Anforderungen zu erfüllen. Anforderungen an Erdbauwerke können in Anlehnung an [29] exemplarisch folgendermaßen definiert sein:

- Verdichtung;
- Standsicherheit (Böschungsbruch, Grundbruch, Abgleiten, Oberflächenstabilität, ...);
- Setzungsverhalten (zu beachten ist, dass es durch einen Materialabtrag infolge der Entlastung des Untergrunds auch zu Hebungen kommen kann);
- Einfluss des Wassers, Erosionssicherheit und Filterstabilität (Erosion durch Niederschlag und Oberflächenabfluss, Grundwasser);
- Durchlässigkeit, Abdichtung (z. B. entsprechend geringe Durchlässigkeit bei mineralischen Kerndichtungen bei Staudämmen);
- Erdbaustoffe;
- Massenausgleich.

Eine grundsätzliche Zuordnung der Bauwerkstypen zu den Anforderungen des Erdbaus ist in Tabelle 1 dargestellt. Die Anforderungen können jedoch je nach örtlichen Gegebenheiten stark variieren.

Die konstruktiven Anforderungen an Erdbauwerke werden in diesem Beitrag diskutiert.

Zu den ökonomischen und umwelttechnischen Anforderungen zählt in erster Linie der Massenausgleich, auf welchen kurz eingegangen wird.

Der Massenausgleich ist ein elementarer Grundsatz bei der Planung von Erdbauwerken. Es bedarf hier einer sorgfältigen Planung und Massenermittlung. Grundlage hierfür können z. B. Höhenschichtpläne bzw. dreidimensionale Geländemodelle sein. Der Massenausgleich ist aber nicht nur eine Frage der Wirtschaftlichkeit, sondern auch umwelttechnische Aspekte stehen zunehmend im Vordergrund.

Beim Vorhandensein von zu geringen Mengen an geeigneten Schüttmaterialen müssen große Massen von weiter entfernten Standorten zur Erdbaustelle bewegt werden. Dies führt zu einem erhöhten Verkehrsaufkommen und Ressourcenverbrauch und belastet die Umwelt stark durch Emissionen.

**Tabelle 1** Anforderungen an Erdbauwerke in Abhängigkeit vom Bauwerkstyp (nach [29])

| | Verdichtung | Böschungsbruch | Erosion durch Oberflächenabfluss | Direkter Einfluss des Grundwassers | Boden als Baustoff | Massenausgleich | Setzungsverhalten |
|---|---|---|---|---|---|---|---|
| Dämme | ja | ja | ja | nein | ja | ja | ja |
| Einschnitte | nein | ja | ja | ja | nein | ja | nein |
| Auffüllungen | ja | nein | nein | ja | ja | nein | ja |

Bei überschüssigem Aushubmaterial entstehen ebenfalls umwelttechnische Probleme. Es müssen geeignete Standorte für die Deponierung der Bodenmaterialien aufgefunden werden. Die Materialien können dabei nicht nur abgeladen werden, sondern es sind hierbei auch alle geotechnischen und bodenmechanischen Grundsätze zu beachten, wie für Erdbauwerke selbst. Standsicherheitsfragen und Entwässerungsmaßnahmen müssen im Vorfeld geklärt werden. Auch auf eine ausreichende Verdichtung ist bei der Deponierung von überschüssigem Bodenmaterial zu achten.

Im Vorfeld der Herstellung von Erdbauwerken müssen sämtliche umweltrechtliche Aspekte betrachtet werden. Gegebenenfalls werden sogar Umweltverträglichkeitsprüfungen durchzuführen sein.

### 1.4 Einwirkungen auf Erdbauwerke

Die Einwirkungen auf Erdbauwerke können je nach Bauwerkstyp und Verwendungszweck sehr unterschiedlich ausfallen. Ein grober Überblick über die Einwirkungen kann folgendermaßen gegeben werden [29]:

- statische Einwirkungen
  - Eigenlast des Erdbauwerks,
  - Bauwerkslasten,
  - Wasserlasten,
  - Porenwasserdruck,
  - (Erdbeben bei pseudostatischen Nachweisen);
- dynamische Einwirkungen
  - Verkehrsbelastung,
  - Erdbeben,
  - hydraulische Strömungskräfte,
  - Wellenschlag,
  - Sprengungen,
  - Temperatur,
  - Verwitterung.

Einwirkungen auf ein Erdbauwerk stellen eine wichtige konstruktive Planungsgrundlage dar und müssen mit besonderer Sorgfalt ermittelt werden, da darauf aufbauend auch alle Standsicherheitsüberlegungen (von der Einwirkungsseite her) getroffen werden.

## 2 Regelwerke – Normen und Richtlinien

### 2.1 Allgemeines

Zum Erdbau gibt es auf europäischer Ebene und auf nationalen Ebenen mittlerweile eine kaum mehr überschaubare Zahl an Regelwerken und Normen. Die Problematik liegt darin, dass Bestimmungen zum Erdbau in diversen Normen und Regelwerken des Grund-, Tiefbaus und weit darüber hinaus zu finden sind. Welche Regelwerke anzuwenden sind, hängt auch stark davon ab, um welche Art des Erdbauwerks es sich handelt. So sind z. B. für einen Straßenbaudamm zumeist andere Bestimmungen zutreffend als für einen Eisenbahndamm.

Aus Gründen der Wahrung der Übersichtlichkeit wird im folgenden Abschnitt daher nur ein grober Überblick über relevante Regelwerke des Erdbaus in Deutschland, Österreich und der Schweiz sowie auszugsweise auf europäischer und internationaler Ebene gegeben.

## 2.2 Regelwerke in Deutschland

Die wichtigsten DIN-Normen mit Relevanz für den Erdbau können wie folgt zusammengefasst werden:

- DIN EN 1997-1, Eurocode 7: Entwurf, Berechnung und Bemessung in der Geotechnik – Teil 1: Allgemeine Regeln [77]
- DIN EN 1997-2, Eurocode 7: Entwurf, Berechnung und Bemessung in der Geotechnik – Teil 2: Erkundung und Untersuchung des Baugrunds [78]
- DIN 1054: Baugrund – Sicherheitsnachweise im Erd- und Grundbau – Ergänzende Regelungen zu DIN EN 1997-1 [60]
- DIN 18300: VOB Vergabe- und Vertragsordnung für Bauleistungen – Teil C: Allgemeine Technische Vertragsbedingungen für Bauleistungen (ATV) – Erdarbeiten [67]
- DIN 18196: Erd- und Grundbau – Bodenklassifikation für bautechnische Zwecke [66]

Wichtige Prüfnormen für den Erdbau sind:

- DIN EN ISO 17892-1: Geotechnische Erkundung und Untersuchung – Laborversuche an Bodenproben – Teil 1: Bestimmung des Wassergehalts [133]
- DIN 18121-2: Baugrund – Untersuchungen von Bodenproben; Wassergehalt – Teil 2: Bestimmung durch Schnellverfahren [134]
- DIN 18122-1: Baugrund, Untersuchung von Bodenproben – Zustandsgrenzen (Konsistenzgrenzen) – Teil 1: Bestimmung der Fließ- und Ausrollgrenze [62]
- DIN 18122-2: Baugrund – Untersuchung von Bodenproben; Zustandsgrenzen (Konsistenzgrenzen) – Teil 2: Bestimmung der Schrumpfgrenze [135]
- DIN 18123: Baugrund, Untersuchung von Bodenproben – Bestimmung der Korngrößenverteilung [136]
- DIN 18124: Baugrund, Untersuchung von Bodenproben – Bestimmung der Korndichte – Kapillarpyknometer, Weithalspyknometer, Gaspyknometer [137]
- DIN EN ISO 17892-2: Geotechnische Erkundung und Untersuchung – Laborversuche an Bodenproben – Teil 2: Bestimmung der Dichte des Bodens [138]
- DIN 18125-2: Baugrund – Untersuchungen von Bodenproben – Bestimmung der Dichte des Bodens – Teil 2: Feldversuche [63]
- DIN 18126: Baugrund, Untersuchung von Bodenproben – Bestimmung der Dichte nichtbindiger Böden bei lockerster und dichtester Lagerung [139]
- DIN 18127: Baugrund, Untersuchung von Bodenproben – Proctorversuch [64]
- DIN 18128: Baugrund – Untersuchung von Bodenproben – Bestimmung des Glühverlustes [140]
- DIN 18130-1: Baugrund – Untersuchung von Bodenproben; Bestimmung des Wasserdurchlässigkeitsbeiwerts – Teil 1: Laborversuche [141]

- DIN 18130-2: Baugrund, Untersuchung von Bodenproben – Bestimmung des Wasserdurchlässigkeitsbeiwerts – Teil 2: Feldversuche [142]
- DIN 18132: Baugrund, Versuche und Versuchsgeräte – Bestimmung des Wasseraufnahmevermögens [143]
- DIN 18134: Baugrund – Versuche und Versuchsgeräte – Plattendruckversuch [65]
- DIN 18135: Baugrund – Untersuchung von Bodenproben – Eindimensionaler Kompressionsversuch [144]
- DIN 18136: Baugrund – Untersuchung von Bodenproben – Einaxialer Druckversuch [145]
- DIN 18137-1: Baugrund, Untersuchung von Bodenproben – Bestimmung der Scherfestigkeit – Teil 1: Begriffe und grundsätzliche Versuchsbedingungen [146]
- DIN 18137-2: Baugrund Untersuchung von Bodenproben – Bestimmung der Scherfestigkeit – Teil 2: Triaxialversuch [147]
- DIN 18137-3: Baugrund, Untersuchung von Bodenproben – Bestimmung der Scherfestigkeit – Teil 3: Direkter Scherversuch [148]

Im Bereich des Straßenbaus sind die folgenden Richtlinien zu berücksichtigen, herausgegeben von der Forschungsgesellschaft für Straßen- und Verkehrswesen (FSVG), Arbeitsgruppe „Erd- und Grundbau“:

- ZTV E-StB 09: Zusätzliche Technische Vertragsbedingungen und Richtlinien für Erdarbeiten im Straßenbau [130]
- ZTV Ew-StB 14: Zusätzliche Technische Vertragsbedingungen und Richtlinien für den Bau von Entwässerungseinrichtungen im Straßenbau [131]
- Handbuch ZTV E-StB: Kommentar mit Kompendium Erd- und Felsbau [22]
- TL BuB E-StB 09: Technische Lieferbedingungen für Böden und Baustoffe im Erdbau des Straßenbaus [124]
- TP BF-StB: Technische Prüfvorschriften für Boden und Fels im Straßenbau, mit den folgenden Teilen:
  Teil A 2: Probennahme für bodenphysikalische Versuche [149]
  Teil B 4.3: Anwendung radiometrischer Verfahren zur Bestimmung der Dichte und des Wassergehaltes von Böden [125]
  Teil B 7.1: Prüfverfahren zur Bestimmung des CBR-Wertes (California bearing ratio) [150]
  Teil B 8.3: Dynamischer Plattendruckversuch mit Leichtem Fallgewichtsgerät [126]
  Teil B 8.4: Kalibriervorschriften für das Leichte und das Mittelschwere Fallgewichtsgerät [151]
  Teil B 11.1: Eignungsprüfung bei Bodenverfestigungen mit Bindemitteln [127]
  Teil B 11.3: Eignungsprüfung bei Bodenverbesserungen mit Bindemitteln [128]
  Teil B 15.1: Leichte Rammsondierung DPL-5 und Mittelschwere Rammsondierung DPM-10 [152]
  Teil E 1: Prüfung auf statistischer Grundlage – Stichprobenprüfpläne [153]
  Teil E 2: Flächendeckende dynamische Prüfung der Verdichtung [129]
  Teil E 3: Prüfung der Verdichtung durch Probeverdichtung und Arbeitsanweisung [154]
  Teil E 4: Kalibrierung eines indirekten Prüfmerkmals mit einem direkten Prüfmerkmal [155]

- Merkblatt für die gebirgsschonende Ausführung von Spreng- und Abtragsarbeiten an Felsböschungen [156]
- Merkblatt für die Verdichtung des Untergrundes und Unterbaues im Straßenbau [95]
- Merkblatt über geotechnische Untersuchungen und Berechnungen im Straßenbau (M GUB) [102]
- Hinweise zur Anwendung geotechnischer und geophysikalischer Messverfahren im Straßenbau (H GeoMess) [157]
- Merkblatt über die Verhütung von Frostschäden an Straßen [158]
- Merkblatt zur Qualitätssicherung bei der geotechnischen Erkundung – Teil 1: Empfehlungen für die Ausschreibung der Aufschlussverfahren (M QGeoE) [159]
- Merkblatt über die Verwendung von Boden ohne und mit Fremdbestandteilen im Straßenbau (M BomF) [98]
- Merkblatt über Bodenverfestigungen und Bodenverbesserungen mit Bindemitteln [160]
- Merkblatt über das Bauen mit und im Fels (M Fels) [96]
- Merkblatt über flächendeckende dynamische Verfahren zur Prüfung der Verdichtung im Erdbau (M FDVK E) [101]
- Merkblatt über die Anwendung von Geokunststoffen im Erdbau des Straßenbaus (M Geok E) [161]
- Merkblatt über Straßenbau auf wenig tragfähigem Untergrund [162]

Im Bahnbau sind die internen Regelwerke der Deutschen Bahn zu berücksichtigen. Insbesondere die Richtliniengruppe 800 für „Netzinfrastruktur, Technik und Entwerfen“. Für den Erdbau sind dabei folgende Richtlinien maßgebend:

- Deutsche Bahn AG: Ril 836 – Erdbauwerke planen, bauen und instand halten [119]
- Deutsche Bahn AG: Ril 800.0130 – Streckenquerschnitte auf Erdkörpern [163]

Die Deutsche Gesellschaft für Geotechnik (DGGT) gibt ebenfalls Empfehlungen mit Bezug zum Erdbau heraus.

Bundesanstalt für Wasserbau (BAW):

- Merkblatt: Anwendung von Kornfiltern an Bundeswasserstraßen (MAK) [164]
- Merkblatt: Standsicherheit von Dämmen an Bundeswasserstraßen (MSD) [165]

Bundesministerium für Verkehr und digitale Infrastruktur – Abteilung Wasserstraßen, Schifffahrt:

- Zusätzliche Technische Vertragsbedingungen - Wasserbau (ZTV-W) für Erdarbeiten [166]

Deutsche Vereinigung für Wasserwirtschaft, Abwasser und Abfall e. V.:

- DVWK-Merkblatt 247: Bisam, Biber, Nutria – Erkennungsmerkmale und Lebensweisen, Gestaltung und Sicherung gefährdeter Ufer, Deiche und Dämme [167]
- DWA-Merkblatt 507-1: Deiche an Fließgewässern – Teil 1: Planung, Bau und Betrieb [168]
- DWA-Merkblatt 512-1: Dichtungssysteme im Wasserbau – Teil 1: Erdbauwerke [169]

- DWA-Merkblatt 522: Kleine Talsperren und kleine Hochwasserrückhaltebecken [170]
- ATV-DVWK-Merkblatt 502: Berechnungsverfahren für Staudämme – Wechselwirkung zwischen Bauwerk und Untergrund [171]
- DWA-Merkblatt 542: Nachweiskonzept mit Teilsicherheitsbeiwerten für Staudämme und Staumauern (Entwurf) [172]

## 2.3 Regelwerke in Österreich

Mit Bezug zum Erdbau sind in Österreich insbesondere folgende ÖNORMEN von Relevanz:

- ÖNORM EN 1997-1: Eurocode 7 – Entwurf, Berechnung und Bemessung in der Geotechnik – Teil 1: Allgemeine Regeln [173]
- ÖNORM EN 1997-2: Eurocode 7 – Entwurf, Berechnung und Bemessung in der Geotechnik – Teil 2: Erkundung und Untersuchung des Baugrunds [174]
- ÖNORM B 1997-1-1: Eurocode 7: Entwurf, Berechnung und Bemessung in der Geotechnik – Teil 1: Allgemeine Regeln – Nationale Festlegungen zu ÖNORM EN 1997-1 und nationale Ergänzungen [104]
- ÖNORM B 1997-2: Eurocode 7: Entwurf, Berechnung und Bemessung in der Geotechnik – Teil 2: Erkundung und Untersuchung des Baugrunds – Nationale Festlegungen in Zusammenhang mit ÖNORM EN 1997-2 und nationale Ergänzungen [175]
- ÖNORM B 4433: Erd- und Grundbau; Böschungsbruchberechnung (diese Norm wird demnächst durch die ÖNORM B 1997-1-5 ersetzt werden) [110]
- ÖNORM B 4434: Erd- und Grundbau; Erddruckberechnung [176] (diese Norm wird demnächst durch die ÖNORM B 1997-1-4 ersetzt werden)

Prüfnormen:

- ÖNORM B 4411: Geotechnik – Untersuchung von Bodenproben – Bestimmung von Fließ-, Plastizitäts- und Schrumpfgrenze unter Einbeziehung der Vornorm ÖNORM CEN ISO/TS 17892-12 [177]
- ÖNORM B 4412: Erd- und Grundbau; Untersuchung von Bodenproben; Korngrößenverteilung [178]
- ÖNORM B 4413: Geotechnik – Untersuchung von Bodenproben – Bestimmung der Korndichte mit dem Kapillarpyknometerverfahren unter Einbeziehung der VORNORM ÖNORM CEN ISO/TS 17892-3 [179]
- ÖNORM B 4414-1: Geotechnik – Untersuchung von Bodenproben – Bestimmung der Dichte – Laborverfahren [180]
- ÖNORM B 4414-2: Geotechnik – Untersuchung von Bodenproben – Bestimmung der Dichte – Feldverfahren [108]
- ÖNORM B 4415: Geotechnik – Untersuchung von Bodenproben – Bestimmung der einaxialen Druckfestigkeit unter Einbeziehung der Vornorm ÖNORM CEN ISO/TS 17892-7 [181]
- ÖNORM B 4416: Erd- und Grundbau; Untersuchung von Bodenproben; Grundsätze für die Durchführung und Auswertung von Scherversuchen [182]

- ÖNORM B 4417: Erd- und Grundbau; Untersuchung von Böden; Lastplattenversuch [183]
- ÖNORM B 4418: Geotechnik – Durchführung von Proctorversuchen im Erdbau unter Einbeziehung der ÖNORM EN 13286-2 [109]
- ÖNORM B 4419: Geotechnik – Besondere Rammsondierverfahren [184]
- ÖNORM B 4420: Erd- und Grundbau; Untersuchung von Bodenproben; Grundsätze für die Durchführung und Auswertung von Kompressionsversuchen [185]
- ÖNORM B 4422-1: Erd- und Grundbau – Untersuchung von Bodenproben – Bestimmung der Wasserdurchlässigkeit – Laborprüfungen [186]
- ÖNORM B 4422-2: Erd- und Grundbau – Untersuchung von Böden – Bestimmung der Wasserdurchlässigkeit – Feldmethoden für oberflächennahe Schichten [187]
- ÖNORM B 4424: Geotechnik – Untersuchung von Bodenproben – Bestimmung des organischen Anteils [188]

Im Bereich des Siedlungswasserbaus:

- ÖNORM B 5016: Erdarbeiten für Rohrleitungen des Siedlungs- und Industriewasserbaues – Qualitätssicherung der Verdichtungsarbeiten [189]

Im Bereich des Deponiebaus:

- ÖNORM S 2074-1: Geotechnik im Deponiebau – Teil 1: Standorterkundung [190]
- ÖNORM S 2074-2: Geotechnik im Deponiebau – Teil 2: Erdarbeiten [191]

Für die Klassifizierung von Böden:

- ÖNORM B 4400-1: Geotechnik – Teil 1: Benennung, Beschreibung und Klassifizierung von Böden – Regeln zur Umsetzung der ÖNORMEN EN ISO 14688-1 und -2 sowie grundlegende Symbole und Einheiten [107]
- ÖNORM B 2205: Erdarbeiten – Werkvertragsnorm

Im Bereich des Straßen- und Eisenbahnbaus sind in Österreich die Richtlinien der Österreichischen Forschungsgesellschaft für Straße, Schiene und Verkehr (FSV) zu beachten:

- Richtlinien und Vorschriften für das Straßenwesen (RVS), insbesondere die Richtliniengruppe 08
  RVS 08.03.01 Erdarbeiten [120]
  RVS 08.03.02 Kontinuierlicher walzenintegrierter Verdichtungsnachweis [121]
  RVS 08.03.04 Verdichtungsnachweis mittels dynamischen Lastplattenversuches [122]
  RVS 08.97.03 Geotextilien im Unterbau [192] (in Überarbeitung)
  RVS 11.02.45 Bodenstabilisierung mit Kalk [123] (Überarbeitung geplant)
  RVS 15.06.11 Schleppplatten und Hinterfüllungen [193]

Die Österreichischen Bundesbahnen (ÖBB-Infrastruktur AG) geben Regelwerke für den Bahnbau aus. Für den Erdbau von Interesse ist die Regelwerksgruppe „09 Unterbau – Geotechnik". Bezüglich der Anforderungen an den Unterbau wird jedoch auf die RVS 08.03.01 [120] verwiesen.

Staubeckenkommission – Staudämme mit einer Höhe von mehr als 15 m über der Gründungssohle müssen durch die Staubeckenkommission bewilligt werden. Dazu sind folgende Richtlinien zu beachten.

- Richtlinie zum Nachweis der Standsicherheit von Staudämmen [117]
- Richtlinie zur Erdbebenberechnung von Talsperren; Band 1–6 [195–200].

## 2.4 Regelwerke in der Schweiz

Der Schweizerische Verband der Strassen- und Verkehrsfachleute (abgekürzt als VSS) gibt Normen mit Bezug zum Verkehrswesen heraus. Einen Auszug wichtiger Regelwerke mit Relevanz für den Erdbau ist im Folgenden aufgelistet:

- SN 507701: Allgemeine Bedingungen für das Straßen- und Verkehrswesen [201]
- SN 640324: Dimensionierung des Straßenaufbaus; Unterbau und Oberbau [202]
- SN 640490: Gebundene Gemische und stabilisierte Böden; Grundnorm [203]
- SN 640491: Hydraulisch gebundene Schichten; Konzeption, Ausführung und Anforderungen an die eingebauten Schichten [204]
- SN 640500-10: Hydraulisch gebundene Gemische – Anforderungen – Teil 10: Bodenverbesserung mit Zement [205]
- SN 640500-12: Hydraulisch gebundene Gemische – Anforderungen – Teil 12: Bodenverbesserung mit granulierter Hochofenschlacke [206]
- SN 640500-14: Hydraulisch gebundene Gemische – Anforderungen – Teil 14: Bodenverbesserung mit Flugasche [207]
- SN 640501: Stabilisierte Böden mit Kalk und/oder hydraulischen Bindemitteln; Konzeption, Ausführung und Anforderungen an die eingebauten Schichten [208]
- SN 640507-NA-D: Hydraulisch gebundene Gemische – Anforderungen – Teil 11: Bodenverbesserung mit Kalk [209]
- SN 640535c: Grabarbeiten; Ausführungsvorschriften [210]
- SN 640575: Erdarbeiten – Abbauklassen und Empfehlungen [211]
- SN 640581a: Erdbau, Boden – Grundlagen [212]
- SN 640582: Erdbau, Boden – Erfassung des Ausgangszustandes, Triage des Bodenaushubes [213]
- SN 640583: Erdbau, Boden – Eingriff in den Boden, Zwischenlagerung, Schutzmaßnahmen, Wiederherstellung und Abnahme [214]
- SN 640585b: Verdichtung und Tragfähigkeit, Anforderungen [215]
- SN 640621: Ingenieurbiologie; Bauweisen, Bautechniken und Ausführung [216]
- SN 670002-2-NA: Anforderungen Geotechnische Erkundung und Untersuchung – Eurocode 7 – Entwurf, Berechnung und Bemessung in der Geotechnik – Teil 2: Erkundung und Untersuchung des Baugrunds [217]
- SN 670004-1b: Geotechnische Erkundung und Untersuchung – Benennung, Beschreibung und Klassifizierung von Boden – Teil 1: Benennung und Beschreibung [218]
- SN 670004-2b-NA: Bodenklassifizierung nach USCS und Zustand des Bodens Geotechnische Erkundung und Untersuchung – Benennung, Beschreibung und Klassifizierung von Boden – Teil 2: Grundlagen von Bodenklassifizierung, Tabelle 7 in d, f, i, e [219]

- SN 670009a: Geotechnische Erkundung und Untersuchung; Geologische Terminologie der Lockergesteine [220]
- SN 670010: Geotechnische Erkundung und Untersuchung; Geotechnische Kenngrößen [221]
- SN 670050: Gesteinskörnungen; Grundnorm [222]
- SN 670251b-NA: Anforderungen, Geotextilien und geotextilverwandte Produkte – Geforderte Eigenschaften für die Anwendung in Erd- und Grundbau sowie in Stützbauwerken [223]
- SN 670311: Verdichtung und Tragfähigkeit, Kontrollmethoden [224]
- SN 670335a: Versuche: Dichte des Bodens [225]

## 2.5 Europäische und internationale Regelwerke

- Eurocode 7 [77]
- EN 16907-1 bis -6 (TC 396 Earthworks) [89]

Die Normen gelten für alle Arten von Erdbauwerken unabhängig von deren Verwendungszweck (im Straßen-, Eisenbahn-, Wasser- und Hochbau, Deponien, Dämme für Schlämmteiche usw.) mit Ausnahme der unten aufgeführten Fälle: Einige besondere Erdarbeiten, wie zum Beispiel die Ausführung von Gräben und kleinen Erdarbeiten, dürfen unter Anwendung von vereinfachten oder besonderen Regeln erfolgen. An einige Erdbauwerke, wie zum Beispiel Deiche und Dämme, werden besondere Bemessungs- und Ausführungsanforderungen gestellt, die teilweise über die Festlegungen dieser Norm hinausgehen können [24].

- Teil 1: Grundsätze und allgemeine Regeln [89]
- Teil 2: Materialklassifizierung [90]
- Teil 3: Ausführung von Erdarbeiten [91]
- Teil 4: Bodenbehandlung mit Kalk und/oder hydraulischen Bindemitteln [92]
- Teil 5: Qualitätskontrolle und Überwachung [93]
- Teil 6: Landgewinnung mit nassgebaggertem Auffüllmaterial [226]
- Teil 7: Hydraulische Einbringung von mineralischen Abfällen (noch nicht erschienen)
- Technische Spezifikation: Draft Decision 1c/2015 – FprCEN/TS 00396008 „Earthworks Test methods – Part 1: Continuous Compaction Control (CCC)" [227]

International commission on large dams (ICOLD): In der Publikationsreihe „Bulletins" werden laufend Regelwerke zur Herstellung, Berechnung und Überprüfung von Erd- und Steinschüttdämmen veröffentlicht. Eine Auswahl wichtiger Regelwerke für den Dammbau ist im Folgenden aufgelistet:

- Bulletin 53: Static analysis of embankment dams [228]
- Bulletin 59: Dam safety – Guidelines [229]
- Bulletin 91: Embankment dams. Upstream slope protection – Review and recommendations [230]
- Bulletin 92: Rock materials for rockfill dams – Review and recommendations [231]
- Bulletin 95: Embankment dams – Granular filters and drains [232]
- Bulletin 114: Embankment dams with bituminous concrete facing [233]
- Bulletin 155: Guidelines for use of numerical models in dam Engineering [234]

# 3 Begriffe

Eine Übersicht über die Begrifflichkeiten im Erdbau, speziell im Verkehrswegebau, ist in den Bildern 2 und 3 dargestellt. Auch die Abgrenzungen des Erdbaus mit der Grenzschicht zwischen Unterbau und Oberbau (Tragschichten), wie bereits im Abschnitt 1 erwähnt, wird durch die Abbildungen ebenfalls verdeutlicht.

In der Richtlinie ZTV E-StB 09 [130] werden die Begriffe wie folgt definiert:

Das **Planum** ist die unmittelbar unter dem Oberbau liegende und plangerecht bearbeitete Oberfläche des Untergrunds oder Unterbaus.

Der **Unterbau** ist die unter dem Oberbau liegende Dammschüttung.

Der **Untergrund** ist der unmittelbar unter dem Oberbau oder unter dem Unterbau vorhandene Boden oder Fels.

In Österreich sind in der RVS 08.03.01 [120] folgende Begriffe definiert:

Das **Unterbauplanum** ist die untere Begrenzungsfläche der unteren ungebundenen bzw. unteren gebundenen Tragschichte.

Je nach Art des Aufbaus ist die **Dammaufstandsfläche** die Oberfläche des anstehenden Bodens nach Abtrag des Oberbodens oder die Oberfläche des verbesserten Untergrunds.

Die nationalen Unterschiede ergeben sich für den Oberbau. In Deutschland umfasst der Oberbau alle Aufbauten über dem Planum, sowohl im Straßenbau als auch im Eisenbahnwesen.

In Österreich wird bei Bahnkörpern oberhalb des Planums nochmals zwischen Tragschicht und Oberbau unterschieden (Bild 3, rechts). In Deutschland umfasst der Begriff Oberbau jedoch alle weiteren Aufbauten ab dem Planum, im Eisenbahnbau den Gleisschotter und die Tragschichten (Bild 4).

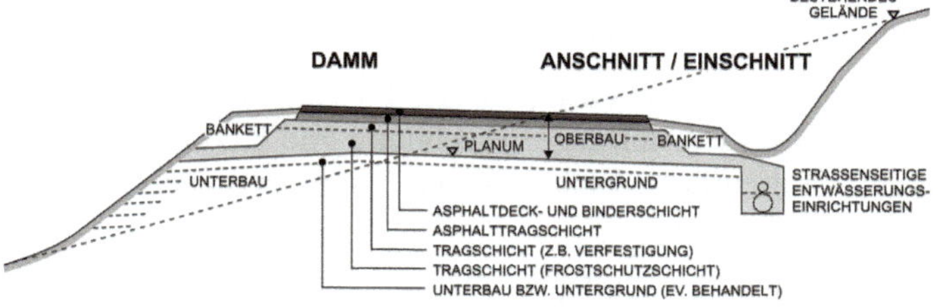


**Bild 2** Begriffe im Erdbau nach ZTV E-StB 09 [130]

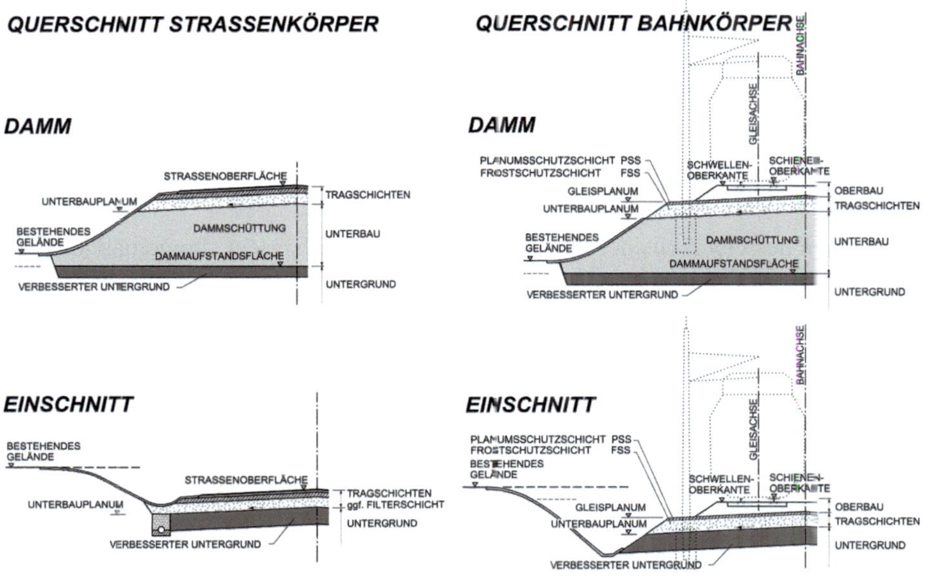


**Bild 3** Begriffe im Erdbau gemäß RVS 08.03.01 [120]

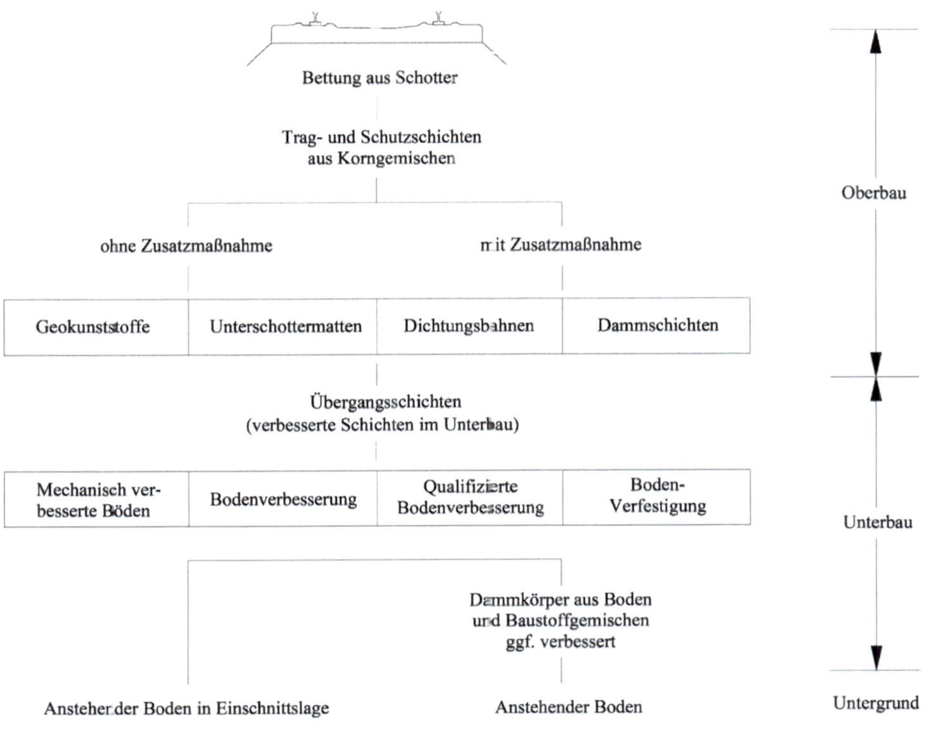


**Bild 4** Gliederung des Oberbaus im Eisenbahnwesen in Deutschland (nach [23])

Die Begriffe Einschnitt und Erddamm wurden in der DIN EN 16907-1:2016-01 [89] wie folgt festgelegt:

**Erddamm**: jedes Erdbauwerk, das durch Einbringen von Schüttmaterial in kontrollierter Art und Weise hergestellt wird (einschließlich der Verfüllung großer Baugruben und Erdbauwerke, die durch Nassbaggerung hergestellt werden).

**Einschnitt**: durch Bodenaushub hergestelltes Erdbauwerk.

Die Definition des Oberbaus der DIN EN 16907-1 [89] entspricht sinngemäß jenen in ZTV E-StB 09 [130]:

**Oberbau**: jede Art von Hochbauwerk, das sich auf einem Erddamm befindet (Straße, Gleiskörper, Gebäude usw.).

Wichtige Begriffe im Zusammenhang mit den Erdarbeiten sind gemäß ÖNORM B 2205 [105]:

**Aufstandsfläche**: vorbereitete, lage- und höhenmäßig definierte Fläche für den Aufbau der Schüttung.

**Lösen**: technische Maßnahmen wie das Lockern und Trennen, Schneiden, Spanen, Fräsen, Greifen, Wasserstrahlen, Saugen, Kerben, Meißeln, Brechen, Sprengen u. dgl. der Locker- und Festgesteine in ihrem primären Gefügezustand.

**Schütten**: profilgemäßes Errichten eines Erdbauwerks auf einem Planum.

**Verdichten**: technische Maßnahmen zum Erreichen eines bestimmten Dichtekriteriums.

# 4 Einschnitte

## 4.1 Allgemeines

Für den Entwurf von Einschnitten sind generell die Normen DIN EN 1997-1 [77], DIN 1054 [60] und in Österreich die ÖNORM B 4433 [110] (jedoch wird diese durch die noch nicht erschienene ÖNORM B 1997-1-5 bald ersetzt) zu berücksichtigen. Im Bereich des Straßenbaus sind außerdem die Vorgaben der ZTV E-StB 09 [130] zu beachten und bei Einschnitten im Gleisbau die Vorgaben der Ril 836.4103 [119] der Deutschen Bahn.

## 4.2 Einschnitte im Lockergestein

### 4.2.1 Neigung und Gestaltung von Lockergesteinsböschungen

Die Ausgestaltung und die Neigung von Lockergesteinsböschungen kann durch eine Standsicherheitsberechnung ermittelt bzw. überprüft werden. Grundlage für eine solche Berechnung bildet die genaue Kenntnis der bodenmechanischen Parameter sowie der Untergrundverhältnisse. Nachweise, die zu führen sind, sind von den örtlichen Gegebenheiten und Materialeigenschaften abhängig. So sind in kohäsionslosen und bei geschichteten Böden auch die Sicherheiten gegen hangparalleles Gleiten nachzu-

**Tabelle 2** Maximal möglicher Böschungswinkel β in Abhängigkeit vom Reibungswinkel φ′ und der Standsicherheitszahl $N_1$ (Grenzgleichgewicht) (nach [56])

| φ | 0 | 5 | 10 | 15 | 20 | 22,5 | 25 | 27,5 | 30 | 32,5 | 35 | 40 |
|---|---|---|---|---|---|---|---|---|---|---|---|---|
| $N_1$ | $\beta$ für $\eta^* = 1$ | | | | | | | | | | | |
| 4 | 87° | 90° | 90° | 90° | 90° | 90° | 90° | 90° | 90° | 90° | 90° | 90° |
| 5 | 68° | 78° | 86° | 90° | 90° | 90° | 90° | 90° | 90° | 90° | 90° | 90° |
| 6 | 50° | 63° | 74° | 81° | 87° | 90° | 90° | 90° | 90° | 90° | 90° | 90° |
| 7 | 24° | 50° | 64° | 73° | 79° | 82° | 85° | 87° | 89° | 90° | 90° | 90° |
| 8 | 0° | 39° | 55° | 65° | 72° | 75° | 79° | 81° | 83° | 86° | 88° | 90° |
| 9 | 0° | 32° | 48° | 59° | 68° | 70° | 74° | 77° | 79° | 82° | 84° | 88° |
| 10 | 0° | 26° | 42° | 54° | 62° | 66° | 69° | 72° | 75° | 78° | 80° | 85° |
| 12 | 0° | 21° | 36° | 47° | 56° | 60° | 63° | 66° | 69° | 72° | 75° | 80° |
| 15 | 0° | 16° | 29° | 40° | 49° | 53° | 57° | 60° | 63° | 66° | 69° | 74° |
| 20 | 0° | 12° | 23° | 32° | 41° | 45° | 49° | 52° | 55° | 580 | 61° | 66° |
| 25 | 0° | 10° | 19° | 28° | 36° | 40° | 44° | 47° | 50° | 53° | 56° | 61° |
| 30 | 0° | 9° | 17° | 26° | 33° | 37° | 41° | 44° | 47° | 50° | 53° | 58° |
| 40 | 0° | 8° | 15° | 24° | 30° | 34° | 37° | 40° | 43° | 45° | 48° | 53° |
| 50 | 0° | 7° | 14° | 22° | 28° | 31° | 35° | 37° | 40° | 42° | 45° | 50° |
| 70 | 0° | 7° | 13° | 20° | 26° | 29° | 33° | 35° | 37° | 39° | 42° | 47° |
| 100 | 0° | 6° | 12° | 19° | 25° | 27° | 31° | 33° | 35° | 37° | 39° | 44° |
| 150 | 0° | 6° | 12° | 18° | 23° | 26° | 29° | 31° | 33° | 36° | 38° | 42° |
| 200 | 0° | 5° | 11° | 17° | 22° | 25° | 27° | 30° | 32° | 35° | 37° | 41° |
| $\rightarrow \infty$ | 0° | 5° | 10° | 15° | 20° | 22,5° | 25° | 27,5° | 30° | 32,5° | 35° | 40° |

weisen. In kohäsiven homogenen Böden werden sich im Versagensfall vermehrt muschelförmige Ansprüche ausbilden und damit sind die Sicherheiten vorrangig für gleitkreisförmige Versagensflächen nachzuweisen. Aber auch abrutschende Keile können als Versagensmechanismus maßgebend sein, besonders bei Auflasten an der Oberseite der Böschung.

Der Einfachheit halber wurden bereits von *Taylor* [52], *Brandecker* [14], *Floss* [22] sowie von *Schmidt* und *Rumpelt* [49] Bemessungstabellen und Bemessungsdiagramme entwickelt, mit welchen eine schnelle Abschätzung der Böschungsneigung möglich ist. Die Fragestellung kann dabei auch umgekehrt lauten, welche Scherfestigkeiten oder Bodeneigenschaften für eine gegebene Böschungsneigung erforderlich sind. *Adam* und *Paulmichl* [8] entwickelten ebenso Diagramme zur Abschätzung von Böschungsneigungen und zur Festlegung von Bodenkennwerten bei vorgegebenen Neigungen. Außerdem überarbeiteten sie die Bemessungstabelle von *Brandecker* [14] für Lockergesteinsböschungen. Alle genannten Verfahren werden im folgenden Abschnitt kurz vorgestellt.

*Taylor* entwickelte bereits 1948 eine Bemessungstabelle für einfache, homogene Böschungen, in denen kein Strömungsdruck, kein Porenwasserüberdruck und keine anderen äußeren Lasten auftreten. Der maximal mögliche Böschungswinkel β ergibt sich dabei in Abhängigkeit von der Böschungshöhe h, der Wichte γ sowie den wirksamen Scherfestigkeitsparametern c′ und φ′. Er gilt nur für das Grenzgleichgewicht mit der Sicherheit $\eta^* = 1$ [8]. Grundlage des Diagramms in Bild 5 ist ein lamellenfreies Berechnungsverfahren, das sogenannte Reibungskreisverfahren, bei dem die Sicherheitsdefinition nach *Fellenius* benutzt wird. Die Standsicherheitszahl $N_1$ nach Gl. (1) bzw. in weiterer Folge in Bild 5 gilt für die Stabilitätsgrenze $\eta^* = 1$ (keine Sicherheiten bzw. Grenzgleichgewicht):

$$N_1 = \frac{\gamma \cdot h}{c'} \tag{1}$$

Eine Geländeauflast q kann durch Vergrößerung der Böschungshöhe gemäß Gl. (2) berücksichtigt werden:

$$h^* = h + \frac{q}{\gamma} \tag{2}$$

Eine Sickerströmung lässt sich durch Reduktion des Reibungswinkels nach Gl. (3) berücksichtigen:

$$\tan\varphi^* = \frac{\gamma'}{\gamma} \cdot \tan\varphi' \tag{3}$$

Zur Einhaltung einer Sicherheit $\eta > 1$ sind die Scherfestigkeitsparameter c′ und φ′ gemäß den Gln. (4) und (5) abzumindern:

$$c_d = \frac{c}{\gamma_{c'}} \tag{4}$$

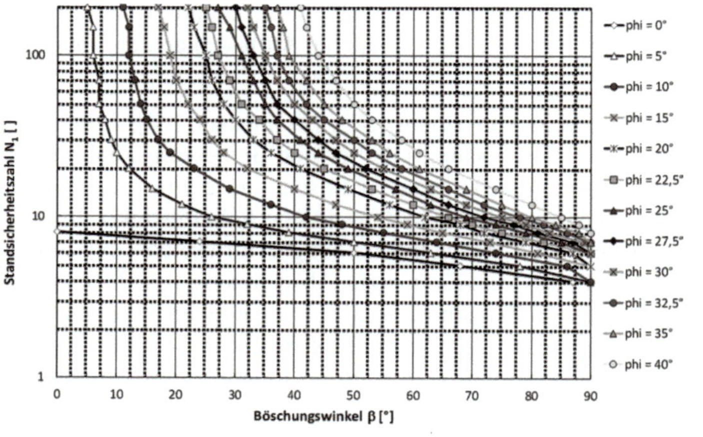


**Bild 5** Ermittlung des maximal möglichen Böschungswinkels β (nach [52] gemäß Tabelle 2 [56])

$$\tan \varphi_d = \frac{\tan \varphi'}{\gamma_{\varphi'}} \quad \text{bzw.} \quad \frac{\tan \varphi^*}{\gamma_{\varphi'}} \tag{5}$$

Die Teilsicherheitsbeiwerte $\gamma_{c'}$ und $\gamma_{\varphi'}$ sind gemäß Eurocode zu wählen.

Mit Gl. (4) lässt sich Gl. (1) wie folgt schreiben:

$$N_d = \frac{\gamma \cdot h}{c_d} \tag{6}$$

Auch *Brandecker* hat in seinem Forschungsbericht [14] Tabellen zur Ermittlung einer erforderlichen Böschungsneigung entwickelt. Im Gegensatz zu *Taylor* handelt es sich dabei um eine empirische Zuordnung. Er unterscheidet dabei 5 Bodengruppen und 3 Höhenklassen (Bild 6):

- Bodengruppen:
  I: Kantig-steiniges Bergsturzmaterial; verfestigter Hangschutt und Fels-Verwitterungsschwarte; verfestigte, schwach verkittete Schotter; geologisch vorbelastete, nicht aufweichbare Böden (z. B. Grundmoränen); je nach Lagerungsdichte und Verfestigung A-1-a/b
  II: Natürlich gelagerter Schotter mit guter Kornabstufung und schwach lehmiger Bindung, dicht gelagert (z. B. die meisten Terrassenschotter); dicht gelagerter, grusig-steiniger Hangschutt; körnige (schotterige) Moränen; geologisch vorbelastete Sande (z. B. Schliersande u. dgl.); größtenteils A-1-a/b, A-2
  III: Schotter und Sand mit mäßiger Lagerungsdichte; stärker verlehmte körnige Böden; schwach bindige, feinkörnige Verwitterungsböden; unverfestigter, locker gelagerter Hangschutt; steife und feste, nicht aufwitterbare und nicht rutschgefährliche bindige Böden; Monokron- und Mischböden von A-1 bis A-4 (evtl. wenig A-6)
  IV: Locker gelagerte Sande; normale (nicht rutschsüchtige) Schlufftonböden; Lehmböden jüngerer Bildung; je nach Plastizität und Rutschempfindlichkeit A-3, A-4, A-5 (A-6)
  V: Organische Böden; Torf mit und ohne Schluffton; elastischer Schluff; wassergesättigte Schluffsande; rutschgefährliche (oder schon verrutschte) Tone u. dgl.; A-5, A-6, A-7, A-8
- Höhenstufen:
  (1) 0 bis 7 m
  (2) 7 bis 15 m
  (3) 15 bis 30 m
  (4) > 30 m (seltene Sonderfälle).

Wie bereits aus der Beschreibung der Bodengruppen hervorgeht, erfolgt die Zuordnung vorwiegend nach geologischen Gesichtspunkten, wobei *Brandecker* die mittlerweile zurückgezogene ÖNORM B 3150 [106] berücksichtigt hat [8].

Nach Zuordnung des anstehenden Bodens zu einer der Bodengruppen kann die erforderliche Böschungsneigung, mit der Böschungshöhe aus der Tabelle 3, abgelesen werden.

**Tabelle 3** Böschungsneigungen für Entwurfsböschungen in Lockergesteinen bei verschiedenen Böschungshöhen (nach [14])

| Bodengruppen | I | II | III | IV | V |
|---|---|---|---|---|---|
| Geologisch-bodenkundliche Bezeichnung der Böden (Beispiele) | Kantig-steiniges Bergsturzmaterial; verfestigter Hangschutt und Fels-Verwitterungsschwarte; verfestigte, schwach verkittete Schotter; geologisch vorbelastete, nicht aufweichbare Böden: z. B. Grundmoränen | Natürlich gelagerter Schotter mit guter Kornabstufung und schw. lehmiger Bindung, dicht gelagert (z. B. die meisten Terrassenschotter); dicht gelagerter, grusig-steiniger Hangschutt; körnige (schotterige) Moränen; geologisch vorbelastete Sande (z. B. Schliersande u. dgl.) | Schotter und Sande mit mäßiger Lagerungsdichte; stärker verlehmte körnige Böden; schwach bindige, feinkörnige Verwitterungsböden; unverfestigter locker gelagerter Hangschutt; steife und feste nicht aufwitterbare und nicht rutschgefährliche bindige Böden | Locker gelagerte Sande, normale (nicht rutschsüchtige) Schluffböden; Lehmböden jüngerer Bildung | Organische Böden; Torf mit und ohne Schluffton; elastischer Schluff; wassergesättigte Schluffsande; rutschgefährliche (oder schon verrutschte) Tone u. dgl. |
| Böschungshöhen in m | je nach Lagerungsdichte u. Verfestig.: A-1-a/b (Bodeneinteilung nach Bureau of Public Roads) | größtenteils: A-1-a/b, A 2 | Monokorn- und Mischböden von A-1 bis A-4 (evtl. wenig A-6) | je nach Plastizität und Rutschempfindlichkeit: A-3, A-4, A-5 (A-6) | A-5, A-6, A-7, A-8 |
| 0 bis 7 | 1:1<br>(1:0,8 = 5:4) | 1:1,25 = 4:5<br>(1:1) | 1:1,5 = 2:3 | 1:2 | 1:3<br>(und flacher) |
| 7 bis 15 | 1:1,25 = 4:5<br>(1:1) | 1:1,33 = 3:4<br>(4:5) | 1:1,75 = 4:7 | 1:2,5 = 2:5 | 1:4 (?)<br>(Sonderfall) |
| 15 bis30 | 1:1,33 = 3:4<br>(4:5) | 1:1,5 = 2:3<br>(3:4) | 1 : 2 | 1:3 (?)<br>(Sonderfall) | Sonderfall |
| höher als 30 | Seltene Sonderfälle. Meist kein einheitlicher Bodenaufbau, daher besondere geologische und bodenmechanische Untersuchungen. | | | | |

Anmerkung: Die Zahlen in Klammem geben allenfalls mögliche Böschungsneigungen nach erfolgten Sicherungen (baulich, biologisch) und Entwässerungsmaßnahmen an.

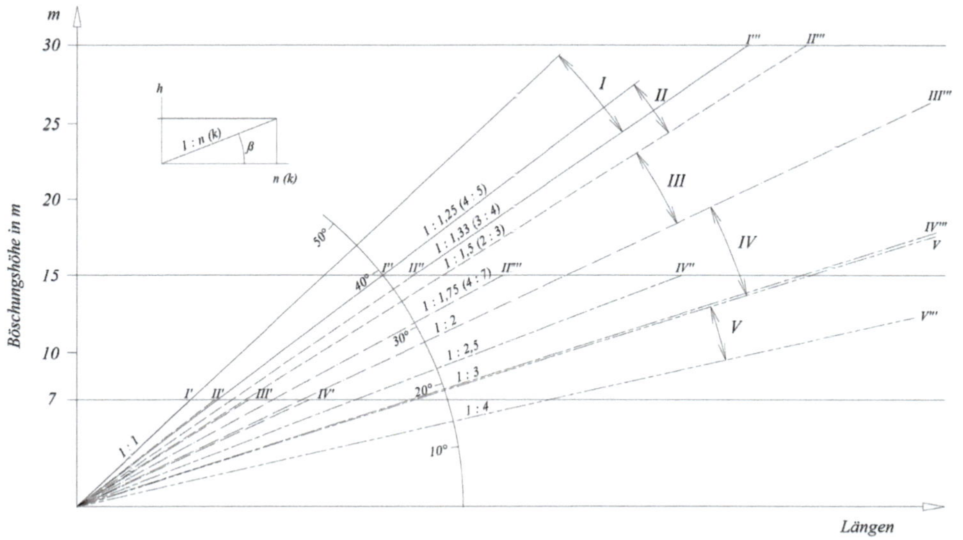


**Bild 6** Diagramm der Böschungsneigungen für Lockergesteine in Abhängigkeit der Bodengruppe und der Böschungshöhe (nach [14]) (maximal: I", II",...; minimal: I", II",... -Neigungen)

Die in Tabelle 3 in runde Klammern gesetzten größeren Böschungsneigungen hängen maßgeblich von einer witterungsbegünstigten Bauzeit und der Bauausführung selbst ab. Außerdem ist auf eine rasche Begrünung und Bewirtschaftung der Böschungsflächen zu achten. Als Sonderfälle sind alle in aktiven Rutschgebieten herzustellenden Böschungen anzusehen, da die Stabilitäten dieser Böschungen von der Stabilität des Hangs abhängen [14].

Auch *Floss* gibt in [22] eine empirische Neigungsempfehlung für die Vordimensionierung von permanenten Böschungen an (Tabelle 4). Diese gelten für Geländesprünge bei homogenen Baugrundverhältnissen ohne Berücksichtigung von Wasserdrücken oder äußeren Lasten. Die empfohlene Böschungsneigung hängt dabei von der Bodengruppe entsprechend DIN 18196 [66] und der Böschungshöhe ab.

Regelböschungsneigungen werden auch nach *Schmidt* und *Rumpelt* [49] angegeben für:

1. nichtbindige Böden von zumindest mitteldichter Lagerung sowie
2. Einschnitte in gewachsene bindige Böden und bei Dämmen aus verdichteten bindigen Böden von mindestens steifer Konsistenz.

Die aus [49] entnommenen und in den Tabellen 5 und 6 angeführten Regelböschungsneigungen können als Anhaltswerte für Vordimensionierungen von Böschungen ohne Wasserdruck und ohne äußere Einwirkungen benutzt werden. Für die nichtbindigen Sande und Kiese (s. Tabelle 5) wurde ein charakteristischer Reibungswinkel von $\varphi'_k = 30°$ bis $37{,}5°$ angenommen und ein Teilsicherheitsbeiwert von $\gamma_\varphi = 1{,}20$ berücksichtigt. Für die Ermittlung der Neigungen in bindigen Böden gemäß Tabelle 6 wurden Teilsicherheitsbeiwerte von $\gamma_\varphi = 1{,}20$ (für den Reibungswinkel) und $\gamma_c = 1{,}60$ (für die Kohäsion) angesetzt.

**Tabelle 4** Empfehlungen für Böschungsneigungen in Abhängigkeit von der Bodenart und der Böschungshöhe h (nach [22])

| Bodengruppe nach DIN 18196 | Böschungshöhe | Böschungsneigung |
|---|---|---|
| *Grobkörnige Böden* | | |
| GW, GI, SW, SI | h < 10 m | 1:1,5<br>(2:3 bzw. 33,7°) |
| | h > 10 m | 1:1,5 – 1,8<br>(2:3 – 5:9 bzw. 33,7° – 29,1°) |
| GW, SE | h < 10 m | 1:1,8<br>(5:9 bzw. 29,1°) |
| | h > 10 m | 1:1,8 – 2<br>(5:9 – 1:2 bzw. 29,1° – 26,6°) |
| *Gemischtkörnige Böden* | | |
| GU, GT | h < 10 m | 1:1,5<br>(2:3 bzw. 33,7°) |
| | h > 10 m | 1:1,5 – 1,8<br>(2:3 – 5:9 bzw. 33,7° – 29,1°) |
| GU*, GT*, SU, ST, SU*, ST* | h < 3 m | 1:1,25 – 1,5<br>(4:5 – 2: bzw. 38,7° – 33,7°) |
| | 3 m < h < 10 m | 1:1,5 – 1,8<br>(2:3 – 5:9 bzw. 33,7° – 29,1°) |
| | 8 m < h < 15 m | 1:1,8 – 2<br>(5:9 – 1:2 bzw. 29,1° – 26,6°) |
| *Feinkörnige Böden* | | |
| UL, TL, OU, OT | wie GU*, GT* | wie GU*, GT* |
| UM, UA, TM, TA | h < 3 m | 1:1,25<br>(4:5 bzw. 38,7°) |
| | 3 m < h < 10 m | 1:1,25 – 1,5<br>(4:5 – 2:3 bzw. 38,7° – 33,7°) |
| | 8 m < h < 15 m | 1:1,5 – 1,8<br>(2:3 – 5:9 bzw. 33,7° – 29,1°) |

**Tabelle 5** Böschungsneigungen in nichtbindigen Böden von mindestens mitteldichter Lagerung (nach [49])

| Bodenart | Böschungsneigung |
|---|---|
| Feiner Sand | 1:2<br>(26,6°) |
| Grober Sand | 1:1,7<br>(30,5°) |
| Kiessand und Steine | 1:1,5<br>(2:3 bzw. 33,7°) |

**Tabelle 6** Böschungsneigungen bei Einschnitten in gewachsenen bindigen Böden und bei Dämmen aus verdichteten bindigen Böden von mindestens steifer Konsistenz (nach [49])

| Bodenart nach DIN 4022 | Böschungs-höhe h [m] | Böschungs-neigung Einschnitt [1)] | Böschungs-neigung Damm [1)] | Plastizi-tätszahl $I_P$ [–] | Wichte $\gamma$ [kN/m³] | Reibungs-winkel $\varphi$ [°] | Kohäsion [2)] c [kN/m²] |
|---|---|---|---|---|---|---|---|
| 1 | 2 | 3 | 4 | 5 | 6 | 7 | 8 |
| Schluff | 0 – 3 | 1:1,25 (38,7°) | 1:1,6 (32,0°) | < 0,10 | 18,0 | 25,0 | 5,0 / 2,5 |
| | 3 – 6 | 1:1,6 (32,0°) | 1:2 (26,6°) | | | | |
| | 6 – 9 | 1:1,75 (29,7°) | 1:2,2 (24,4°) | | | | |
| | 9 – 12 | 1:1,9 (27,8°) | 1:2,3 (23,5°) | | | | |
| | 12 – 15 | 1:2 (26,6°) | 1:2,4 (22,6°) | | | | |
| sandiger, schwach toniger Schluff | 0 – 3 | 1:1,25 (38,7°) | 1:1,25 (38,7°) | 0,10 bis 0,20 | 19,0 | 25,0 | 10,0 / 5,0 |
| | 3 – 6 | 1:1,25 (38,7°) | 1:1,6 (32,0°) | | | | |
| | 6 – 9 | 1:1,4 (35,5°) | 1:1,8 (29,1°) | | | | |
| | 9 – 12 | 1:1,6 (32,0°) | 1:1,9 (27,8°) | | | | |
| | 12 – 15 | 1:1,7 (30,5°) | 1:2 (26,6°) | | | | |
| schwach sandiger, schluffiger Ton | 0 – 3 | 1:1,25 (38,7°) | 1:1,25 (38,7°) | 0,20 bis 0,30 | 20,0 | 17,5 | 20,0 / 10,0 |
| | 3 – 6 | 1:1,25 (38,7°) | 1:1,7 (30,5°) | | | | |
| | 6 – 9 | 1:1,25 (38,7°) | 1:2,1 (25,5°) | | | | |
| | 9 – 12 | 1:1,7 (30,5°) | 1:2,4 (22,6°) | | | | |
| | 12 – 15 | 1:2 (26,6°) | 1:2,5 (21,8°) | | | | |
| Ton | 0 – 3 | 1:1,25 (38,7°) | 1:1,25 (38,7°) | > 0,30 | 20,0 | 10,0 | 35,0 / 17,5 |
| | 3 – 6 | 1:1,25 (38,7°) | 1:1,4 (°) | | | | |
| | 6 – 9 | 1:1,25 (38,7°) | 1:2,6 (35,5°) | | | | |
| | 9 – 12 | 1:1,5 (33,7°) | 1:3,2 (17,4°) | | | | |
| | 12 – 15 | 1:2 (26,6°) | 1:3,5 (15,9°) | | | | |

[1)] Die Böschungsneigungen in Spalte 3 und 4 wurden aufgrund der in Spalte 5 bis 8 angegebenen Bodenkennwerte ermittelt. Steilere Neigungen machen nach DIN 4084 Böschungsbruchberechnungen zur Ermittlung der Sicherheit erforderlich.

[2)] Der erste Wert gilt für Einschnitte und der zweite Wert für Dämme.

Neben den bisher genannten Verfahren zur Ermittlung von Böschungsneigungen haben *Adam* und *Paulmichl* in [8] Diagramme entwickelt, welche die Zusammenhänge aller Parameter der Nachweise gegen hangparalleles Gleiten für kohäsionslose Böden, mit und ohne Durchströmung, sowie gegen Versagen von Böschungen mit freier Standhöhe durch eine ebene Gleitfläche berücksichtigen.

Beim Nachweis gegen hangparalleles Gleiten wird im vereinfachten Modell insbesondere die Wirkung von strömendem Wasser auf die Standsicherheit einer unendlich langen Böschung untersucht. Während nicht strömendes Wasser eine Veränderung der Wichte bewirkt, resultiert aus der Strömung ein entsprechender Druck, der sog. Strömungsdruck, der als treibende Kraft wirkt und sich folglich deutlich nachteilig auf die Standsicherheit auswirkt [8].

Im Diagramm in Bild 7 wird von einem kohäsionslosen Boden ausgegangen, der nicht durchströmt wird. Somit befindet sich der Hang im Grenzgleichgewicht, wenn der Reibungswinkel $\varphi'$ der Geländeneigung bzw. der Neigung der Gleitebene $\beta$ entspricht. Der Nachweis zur Berechnung der globalen Sicherheit $\eta$ gegen Versagen lässt sich wie folgt formulieren:

$$\eta = \frac{\tan \varphi'}{\tan \beta} \tag{7}$$

Um jedoch entsprechend Eurocode 7 [77] auch Teilsicherheitsbeiwerte $\gamma_\varphi$ für den Reibungsbeiwert $\tan(\varphi')$ zu berücksichtigten, wurden diese im Diagramm, Bild 7, ebenfalls berücksichtigt. Dazu wird Gl. (7) folgendermaßen modifiziert:

$$\beta = \arctan\left(\frac{\tan \varphi'}{\gamma_{\varphi'}}\right) \tag{8}$$

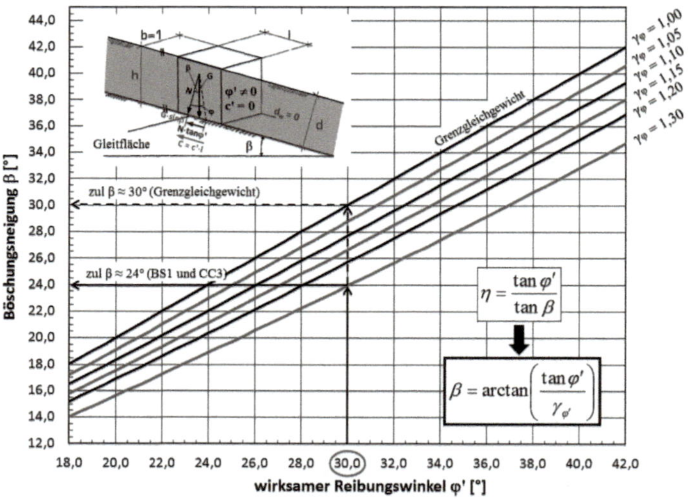


**Bild 7** Böschungsgleiten bzw. hangparalleles Gleiten (kohäsionsloser Boden, keine hangparallele Durchströmung) – Böschungsneigung in Abhängigkeit vom wirksamen Reibungswinkel unter Berücksichtigung der Teilsicherheitsbeiwerte $\gamma_{\varphi'}$ gemäß ÖNORM B 1997-1-1 [104] (nach [8])

Im Diagramm von Bild 8 wird der Nachweis gegen hangparalleles Gleiten in kohäsionslosen Böden mit hangparalleler Durchströmung ausgewertet. Zur Vereinfachung wird jedoch die Annahme, dass die Wichte des Bodens unter Auftrieb $\gamma'$ der Wichte des Wassers $\gamma_w$ entspricht, getroffen. Damit ergibt sich die globale Sicherheit, vereinfacht mit $\gamma' \cong \gamma_w$ zu:

$$\eta = \frac{\gamma' \cdot \tan\varphi'}{(\gamma' + \gamma_w) \cdot \tan\beta} \approx \frac{1}{2} \cdot \frac{\tan\varphi'}{\tan\beta} \tag{9}$$

Unter Berücksichtigung der Teilsicherheitsbeiwerte $\gamma_\varphi$ gemäß Eurocode 7 [77] lässt sich der Nachweis umformen zu:

$$\beta = \arctan\left(\frac{\tan\varphi'}{2 \cdot \gamma_{\varphi'}}\right) \tag{10}$$

Unter der Annahme von ebenen Gleitflächen gemäß Bild 9 ist bei niedrigen Böschungen homogener Böden eine einfache Abschätzung der freien Standhöhe möglich. Auch bei geologisch bedingten Gleitfugen kann eine Berechnung dieser Art sinnvoll sein.

Für den im Folgenden behandelten einfachsten Fall ebener Gleitflächen gelten folgende Annahmen:

- Es wirkt lediglich das Eigengewicht.
- Es ist kein Einfluss des Wassers vorhanden.
- Es wird von Grenzgleichgewicht ausgegangen (globale Sicherheit $\eta$ gleich 1,0), d. h., die Rutschung tritt tatsächlich gerade ein.

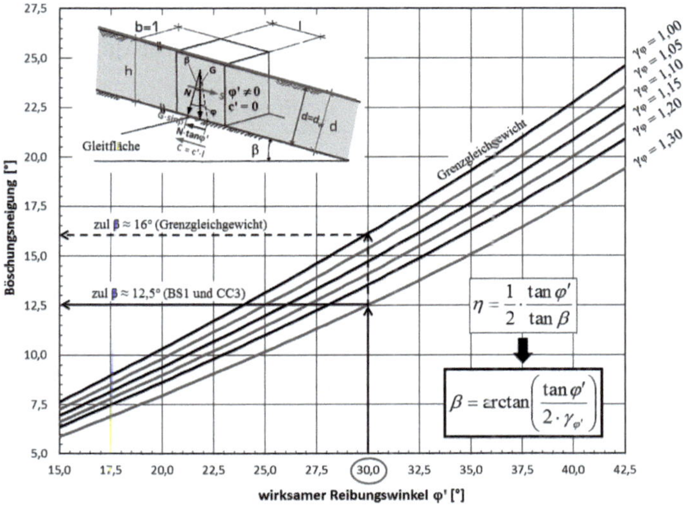


**Bild 8** Böschungsgleiten bzw. hangparalleles Gleiten (kohäsionsloser Boden, hangparallele Durchströmung) – Böschungsneigung in Abhängigkeit vom wirksamen Reibungswinkel unter Berücksichtigung der Teilsicherheitsbeiwerte $\gamma_{\varphi'}$ gemäß ÖNORM B 1997-1-1 [104] (nach [8])

In [8] wird für die Darstellung im Diagramm folgender Zusammenhang hergeleitet:

$$\frac{c'}{\gamma \cdot h} = \frac{1}{2} \cdot \frac{\sin^2\left(\frac{\beta}{2} - \frac{\varphi'}{2}\right)}{\sin\beta \cdot \cos\varphi'} \tag{11}$$

Die auf das Produkt $\gamma \cdot h$ bezogene wirksame Kohäsion $c'$ (gemäß Gl. (11)) ist in Bild 10 in Abhängigkeit von der Geländeneigung $\beta$ dargestellt (Grenzgleichgewicht). Das Diagramm lässt sich wie folgt anwenden:

a) zur Ermittlung der im Grenzgleichgewichtsfall erforderlichen Kohäsion $c'_{erf}$ bei vorgegebener Böschungsgeometrie (Höhe h und Neigung $\beta$) und bekannten Untergrundverhältnissen (wirksamer Reibungswinkel $\varphi'$ und Wichte $\gamma$),
b) zur Ermittlung des im Grenzgleichgewichtsfall erforderlichen Reibungswinkels $\varphi'_{erf}$ bei vorgegebener Böschungsgeometrie (Höhe h und Neigung $\beta$) und bekannten Untergrundverhältnissen (wirksame Kohäsion $c'$ und Wichte $\gamma$),
c) zur Ermittlung der im Grenzgleichgewichtsfall zulässigen Geländeneigung $\beta$ bei vorgegebener Böschungshöhe h und bekannten Untergrundverhältnissen (wirksamer Reibungswinkel $\varphi'$, wirksame Kohäsion $c'$ und Wichte $\gamma$).

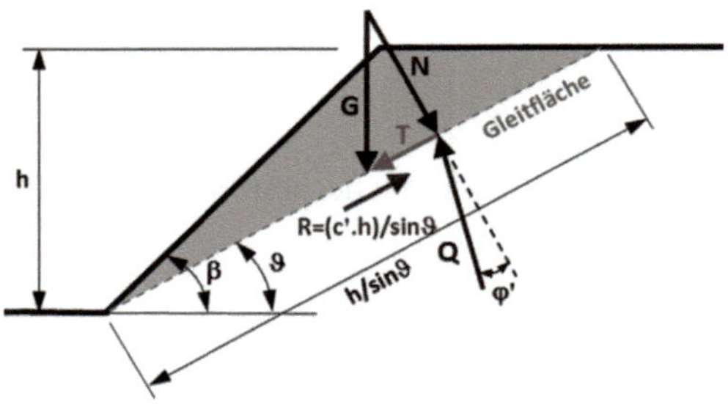


**Bild 9** Rechenmodell – beliebiger Boden (Kohäsion $c' \neq 0$ und Reibungswinkel $\varphi' \neq 0$), geneigtes Gelände (Geländeneigung $\beta$) und ebene, nicht böschungsparallele Gleitfläche (Neigung der Gleitfläche $\vartheta$) (nach [8])

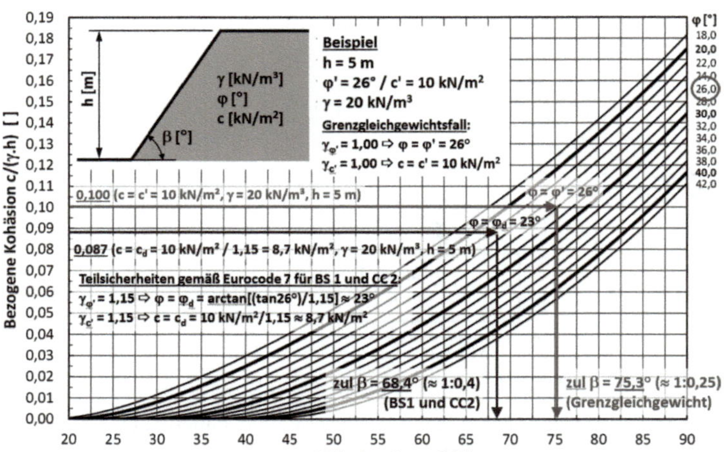


**Bild 10** Freie Standhöhe (kohäsiver Boden, kein Wasser) – Bezogene Kohäsion $c/(\gamma \cdot h)$ in Abhängigkeit von der Geländeneigung $\beta$ für einen Reibungswinkel $\varphi$ von 18° bis 42° (in 2°-Stufen) (nach [8])

Es kann jedoch auch das Teilsicherheitskonzept nach Eurocode angewendet werden. Dazu sind für den Reibungswinkel und die Kohäsion die Bemessungswerte $\varphi_d$ und $c_d$ zu bilden, welche als Eingangsparameter für das Diagramm von Bild 10 herangezogen werden.

In Anlehnung an die bereits vorgestellte Tabelle 3 zur Ermittlung einer erforderlichen Böschungsneigung nach *Brandecker* [14], wurde von *Adam* und *Paulmichl* [8] eine Überarbeitung durchgeführt. Ziel war es, die Bodengruppen nicht nach geologischen Gesichtspunkten zu unterteilen, sondern hierfür geotechnische Kriterien heranzuziehen. Dazu wurde eine Bodenklassifizierung gemäß ÖNORM B 4400-1 [107] eingearbeitet, um feststellen zu können, welche Bodengruppe im Beurteilungsfall vorliegt (Tabelle 7). In der Praxis sind folgende bodenphysikalische Laboruntersuchungen durchzuführen, um die Gruppeneinteilung vornehmen zu können:

- bei grobkörnigen Böden:
  - Bestimmung der Korngrößenverteilung;
- bei gemischtkörnigen Böden:
  - Bestimmung der Korngrößenverteilung,
  - Bestimmung des natürlichen Wassergehalts, sofern der Feinanteil (Anteil ≤ 0,063 mm) größer als 15 M.-% ist,
  - Bestimmung der Konsistenzgrenzen für den bindigen Anteil, sofern der Feinanteil (Anteil ≤ 0,063 mm) größer als 15 M.-% ist;
- bei feinkörnigen Böden:
  - Bestimmung der Korngrößenverteilung,
  - Bestimmung des natürlichen Wassergehalts,
  - Bestimmung der Konsistenzgrenzen,
  - Ermittlung des organischen Anteils mittels Glühverlust;
- bei stark organischen Böden:
  - Bestimmung der Korngrößenverteilung,
  - Bestimmung des natürlichen Wassergehalts,
  - Bestimmung der Konsistenzgrenzen,
  - Ermittlung des organischen Anteils mittels Glühverlust;
- bei rutschgefährdeten Böden (ist für den jeweiligen Anwendungsfall in Abstimmung mit dem betrauten Sachverständigen für Geotechnik festzulegen), zum Beispiel:
  - Bestimmung der Korngrößenverteilung,
  - Bestimmung des natürlichen Wassergehalts,
  - Bestimmung der Konsistenzgrenzen,
  - Abschätzung der Kohäsion anhand von einaxialen Druckversuchen,
  - Bestimmung des Reibungswinkels und des Restscherwinkels anhand von direkten Scherversuchen (Langsam- bzw. Schnellscherversuche, je nach Zustand, dräniert bzw. undräniert),
  - Bestimmung des Reibungswinkels und der Kohäsion anhand von Triaxialversuchen (UU-, CU- bzw. D-Versuche, je nach Zustand, dräniert bzw. undräniert).

Auch in der Ril 836.4102 A01 [119] der Deutschen Bahn werden Regelneigungen in Abhängigkeit von der Bodenart und der Böschungshöhe vorgegeben (Tabelle 8). Sofern statische Untersuchungen keine flacheren Neigungen ergeben, können diese herangezogen werden. Auch steilere Neigungen sind nach Beurteilung eines Geotechnikers möglich.

**Tabelle 7** Böschungsneigungen für Einschnitte in natürlich gewachsenen grobkörnigen, gemischtkörnigen und feinkörnigen Böden für homogene Untergrundverhältnisse, ohne Wasserdruck und ohne äußere Einwirkungen (Richtwerte nach [8])

| Böschungshöhe [m] | Bodengruppe gemäß ÖNORM B 4400-1:2010, Anhang A, Tabelle A.1 und Tabelle A.2 (siehe [107]) | | | | | | | | |
|---|---|---|---|---|---|---|---|---|---|
| | grobkörnige Böden [1), 2)] | | | gemischtkörnige Böden [3)] | | feinkörnige Böden [3)] | | stark organische Böden | rutschgefährdete Böden |
| | Gr,W | | Gr,E | si′Gr | si Gr, Si/Gr | Si,L | Si,M | or* Si | Böden mit aktiven Tonmineralen (u. a. Montmorillonit), stark zerscherte Schluffe und Tone, Flysch usw. |
| | Gr,G | | | cl′Gr | cl Gr, Cl/Gr | Cl,L | (Si,A) | or* Cl | |
| | Gr,I | | | | si′Sa | or′Si | Cl,M | | |
| | Sa,W | | Sa,E | | cl′Sa | or′Cl | Cl,A | | |
| | Sa,G | | | | si Sa, Si/Sa | | or Si | | |
| | Sa,I | | | | cl Sa, Cl/Sa | | or Cl | | |
| | $I_D$ > 35 % [1), 2)] | | – | Si+Cl > 10 M.-% [3)] | $I_C$ > 0,75 [4)] | $I_C$ > 0,75 [4)] | $I_C$ > 0,75 [4)] | – | – |
| 0 – 7 | 2:3 | (Sa,Gr[RK]) | 1:2 | 4:5 | 2:3 ($I_C$ > 0,75) | 2:3 ($I_C$ > 0,75) | 1:2 ($I_C$ > 0,75) | [1:3] (S) | S |
| | 4:5 | (Gr[KK]) | | | | [> 2:3] ($I_C$ > 1,0) | | | |
| | [1:1] | | | | | | | | |
| 7 – 15 | 4:7 | (Sa,Gr[RK]) | 2:5 | 3:4 | 4:7 ($I_C$ > 0,75) | 4:7 ($I_C$ > 0,75) | 2:5 ($I_C$ >0,75) | [1:4] (S) | S |
| | 3:4 | (Gr[KK]) | | | | [> 4:7] ($I_C$ > 1,0) | | | |
| | [4:5] | | | | | | | | |
| 15 – 30 | 1:2 | (Sa,Gr[RK]) | [1:3] (S) | 2:3 | 1:2 ($I_C$ > 0,75) | 1:2 ($I_C$ > 0,75) | [1:3] (S) | S | S |
| | 2:3 | (Gr[KK]) | | | | [> 1:2] ($I_C$ > 1,0) | | | |
| | [3:4] | | | | | | | | |
| > 30 | S | | S | S | S | S | S | S | S |

1) mit zumindest mitteldichter Lagerung (bezogene Lagerungsdichte $I_D$ > 35 %)
2) RK = Rundkorn, KK = Kantkorn
3) Bei einem Feinkornanteil (Si + Cl) ≤ 10 M.-% gelten die Neigungen gemäß Spalte 1.
4) mit zumindest steifer Konsistenz ($I_C$ > 0,75) (*Hinweis*: Konsistenz des bindigen Anteils bei einem gemischtkörnigen, matrixgestützten Boden).

S = Sonderfall, der spezielle Untersuchungen erfordert (Bodenaufschlüsse, erdstatische Berechnungen, Begutachtung durch einen Sachverständigen für Geotechnik usw.).
Klammerwerte [ ] bzw. steilere Neigungen als in der Tabelle angeführt erfordern einen rechnerischen Nachweis gemäß den geltenden technischen Regelwerken.
Die Verwendung der in der Tabelle im Sinne von Anhaltswerten auf Grundlage der in [8] enthaltenen Forschungserkenntnissen und der angeführten Böschungsneigungen bedeutet nicht, dass die normgemäßen Sicherheiten eingehalten sind. Der ggf. erforderliche Nachweis der Geländebruchsicherheit unter Einhaltung der normgemäßen Sicherheiten erfordert einen rechnerischen Nachweis gemäß [ÖNORM EN 1997-1:2009 und ÖNORM B 1997-1:2013].

**Tabelle 8** Regelneigungen in Lockergesteinsböschungen an Eisenbahnstrecken (Dämme, Einschnitte) (nach [119])

| Bodenart | | Gruppensymbol nach DIN 18196 | Böschungs-höhe | Regel-neigung |
|---|---|---|---|---|
| grobkörnige Bodenarten | weit gestufte und intermittierend gestufte Kiese | GW, GI | 0 m – 12 m | 1:1,5 |
| | eng gestufte Kiese, intermittierend gestufte und weit gestufte Sande | GE, SW, SI | 0 m – 12 m | 1:1,7 |
| | eng gestufte Sande | SE | 0 m – 12 m | 1:2,0 |
| gemischtkörnige und feinkörnige Bodenarten | schluffige/tonige und stark schluffige/tonige Kiese | GU, GU*<br>GT, GT* | 0 m – 6 m<br>6 m – 9 m<br>9 m – 12 m | 1:1,6<br>1:1,8<br>1:2,0 |
| | schluffige/tonige und stark schluffige/tonige Sande | SU, SU*<br>ST, ST* | | |
| | leicht plastische Schluffe oder Tone (nur Einschnitt) | UL, TL | | |

### 4.2.2 Abtrag von Lockergestein (Boden)

Die Wahl der Baugeräte für den Abtrag von Boden erfolgt aufgrund der in der Ausschreibung festgelegten und beschriebenen Homogenbereiche. Zuvor wurden dafür 7 Bodenklassen herangezogen, welche in Österreich auch heute noch angewendet werden (ÖNORM B 2205 [105]). Die Beschreibung der Homogenbereiche und der früheren Bodenklassen erfolgt im Abschnitt 6.1.3.

Lösegeräte, die zum Einsatz kommen, können wie folgt gruppiert werden:

**Bagger**: Selbstfahrende Arbeitsmaschine auf Ketten oder Rädern, mit einem min. um 360° drehbaren Oberwagen, mit einem Löffel am Ausleger, welcher das Material löst, hebt, schwenkt und ablädt. Unterschieden werden Hydraulikbagger und Seilbagger. Der Hydraulikbagger gilt als klassische Lademaschine im Erdbau. Neben diesem gibt es auch noch Sonderausführungen wie der [30]:

- Mobilbagger,
- Teleskopbagger,
- Schreitbagger,
- Klein- und Kompaktbagger,
- Trockensaugbagger,
- Tunnelbagger.

Für Seilbagger gibt es verschiedene Arbeitsausrüstungen, wie z. B. Schürfkübel, Zweischalengreifer, Schlitzwandgreifer, Schlitzwandfräse und Greifer zur Bohrpfahlherstellung.

**Lader**: Selbstfahrende Arbeitsmaschine auf Ketten oder Rädern, mit integrierter Ladeschaufeleinrichtung, die durch ihre Vorwärtsbewegung das Material löst oder lädt, dieses hebt, transportiert und ablädt. Je nach Bauweise kann unterschieden werden in [30]:

- Radlader,
- Raupenlader,
- Kompaktlader,
- Baggerlader.

**Flachbagger** sind universelle Baumaschinen, die fast alle Erdbewegungen ausführen können. Während der Vorwärtsbewegung wird der Boden mit einer Pflugschar oder mit einem Schneidemesser in dünnen Schichten abgetragen (ca. 10 bis 30 cm). Das abgetragene Material wird mit einem Schild oder in einem Behälter transportiert, entladen und bei Bedarf schichtweise wieder eingebaut. Unterschieden werden [30]:

- Schürfgeräte:
  · Schürfkübelraupe,
  · Scraper (Schürfwagen);
- Planiergeräte:
  · Planierraupe (Kettendozer),
  · Radplanierer (Raddozer),
  · Grader (Erdhobel).

In Bild 13 ist eine Übersicht über die verschiedenen Baugeräte für Abtrag, Laden, Transportieren und Planieren von Böden dargestellt.

Als Transportgeräte können gewählt werden [30]:

- Hinterkipper (aber auch Seiten- und Dreiseitenkipper)
  · Lastkraftwagen,
  · Muldenhinterkipper,
- Vorderkipper (Dumper),
- Bodenentleerer.

**Bild 11** Beispiele für a) einen Kompaktlader, b) einen Kleinlader auf Rädern und c) einen Großlader auf Rädern (adaptiert nach [34])

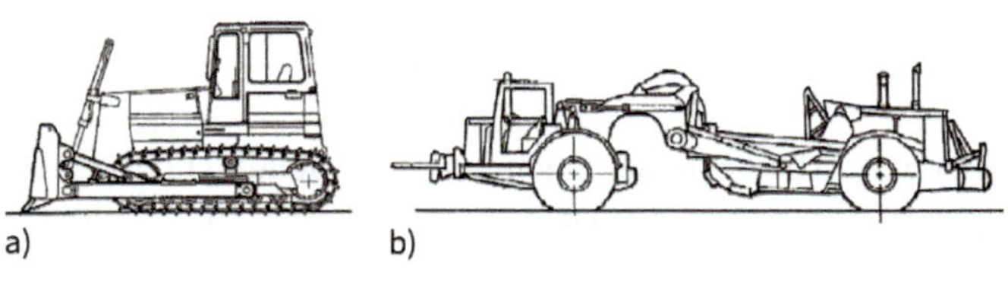


**Bild 12** Beispiel für a) eine Planierraupe und b) einen Doppelmotor-Scraper mit Push-Pull-Einrichtung (adaptiert nach [34])

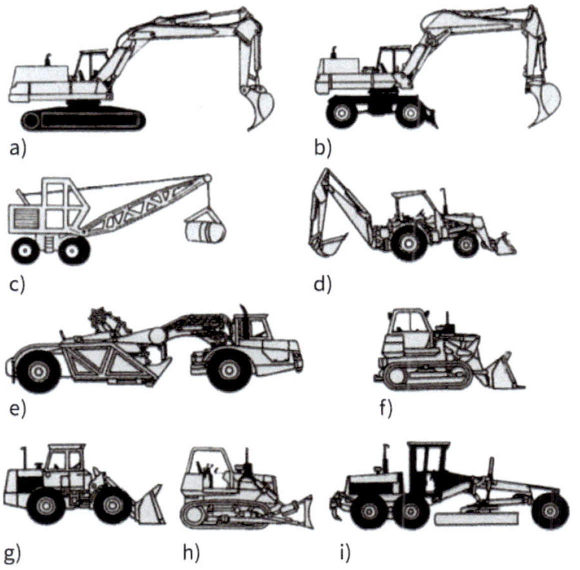


**Bild 13** Erdbaumaschinen zum Lösen, Laden, Transportieren und Planieren (nach [47]);
a) Raupenbagger als Hydraulikbagger mit Tieflöffel,
b) Hydraulikbagger als Mobilbagger,
c) Seilbagger als Mobilbagger,
d) Baggerlader,
e) Motorschürfwagen (Scraper),
f) Laderaupe,
g) Radlader,
h) Planierraupe,
i) Grader (Straßenhobel)

## 4.3 Einschnitte im Festgestein

Für die Projektierung von Festgesteinsböschungen muss der anstehende Fels gründlich untersucht werden. Um eine standsichere Felsböschung herstellen zu können, sollen nach *Brandecker* [14] folgende Informationen bekannt sein:

- die mineralogisch-petrografische Zusammensetzung des Gesteins, die einen Einfluss auf die Härte, Festigkeit, Verwitterungsbeständigkeit und Veränderlichkeit im Laufe der Zeit hat;
- der wechselnde Schichtaufbau; weiche, leicht verwitterbare Schichten überlagern härtere Schichten;
- der mechanische Zustand der Gesteine und die rheologischen Gebirgseigenschaften; Struktur und Textur des Fein- und Grobabbaus, Klüftung, Schieferung, Schichtung sowie Störungen, Mürb-, Mylonit- und Verwitterungszonen;
- die Spannungszustände, Entspannungsvorgänge bzw. Spannungsänderungen, die infolge der Lastaufbringung oder durch Unterschneidungen hervorgerufen werden;
- dynamische Belastung durch Sprengungen, Erschütterungen infolge Verkehr oder durch Erdbeben;
- das Vorhandensein von Berg-, Kluft-, Spaltwasser im Trennflächengefüge des Gesteins bzw. von Porenwassern in Kluftfüllungen, wodurch hydrostatische und hydraulische Beanspruchungen entstehen können;
- die Standzeit der Felsböschungen, welche im Laufe der Zeit in Abhängigkeit von Gesteinseigenschaften und sonstigen Einflüssen langsamen oder raschen Deformationen unterliegen.

### 4.3.1 Neigung und Gestaltung von Festgesteinsböschungen

Für die Standsicherheit von Felsböschungen ist das Vorhandensein von Trennflächen sowie deren Einfallwinkel von entscheidender Bedeutung. Dieser bestimmt das kinematische Verhalten möglicher Gleitkörper. Durch das Diagramm von Bild 14 wird ersichtlich, wie stark die einaxiale Druckfestigkeit eines Gesteins von der Neigung der Trennflächen in Bezug zur Belastungsrichtung abhängt. So lässt sich an diesem Beispiel ablesen, dass bei Neigungen zwischen 30° und 85° die aufnehmbaren Spannungen weniger als 10 % im Vergleich zu einem horizontalen Trennflächengefüge betragen. Dass bei einem vertikalen Trennflächengefüge die Festigkeit, bei Änderung der Trennflächenneigung, rasanter abfällt als bei einem horizontalen Gefüge, liegt in der Gefahr des Ausknickens.

Andere wichtige Einflussparameter für die Standsicherheit einer Felsböschung sind neben den Trennflächen die Felsart, Materialeigenschaften des Gesteins, Böschungsneigung und die Böschungshöhe. Ingenieurgeologische Untersuchungen des Felsgrunds sind daher von großer Bedeutung [4]. Für die Standsicherheitsberechnung bedarf es genauer Kenntnis der Kluftscharen und Informationen zur Scherfestigkeit des intakten Gesteins sowie bei Diskontinuitäten, wie z. B. bei Verwitterungszonen [77].

Nach der ÖNORM B 4433 [110] sind Versagensmechanismen, die häufig auftreten, die Rotation und Translation eines Gleitkörpers oder mehrerer Gleitkörper, Kippen und Knicken. In Felsböschungen sind die Bruchmechanismen aufgrund charakteristischer Muster der Polhäufigkeiten in der Lagekugel erkennbar. Diese Mechanismen werden in im Teil 1 des Grundbau-Taschenbuchs, Kapitel 1.11 Massenbewegungen, Abschnitt 2 genau erläutert.

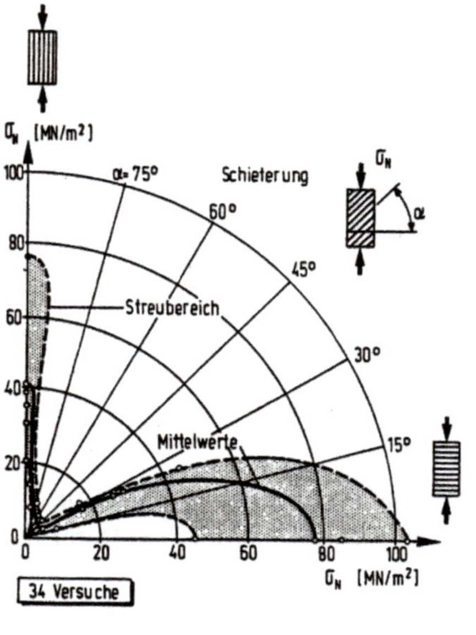


**Bild 14** Einaxiale Druckfestigkeit eines Tonschiefers in Abhängigkeit von der Belastungsrichtung zur Schieferung (nach [45])

Berechnungsverfahren werden eingeteilt in statische und kinematische Verfahren. Zu den statischen Berechnungsverfahren zählen die Nachweise der böschungsparallelen Gleitfläche und der kreiszylindrischen Gleitfläche (Gleitkreisuntersuchung) [110]. Im Felsbau kommen jedoch vorrangig kinematische Verfahren zur Anwendung, da diese die möglichen Versagensmechanismen von intaktem Gestein besser nachbilden. In stark geklüftetem oder veränderlichem Fels und bei verkitteten Böden ist jedoch die Ausbildung kreisförmiger Gleitflächen nicht ausgeschlossen. Solche Gleitflächen können auch durch Bereiche des intakten Gesteins verlaufen [77].

Ein Nachweis gegen Kippen ist nach DIN 1054 [60] bei Steilböschungen in durch Trennflächen zerlegtem Fels gefordert. Die Beurteilung der Gefährdung erfolgt über die Darstellung der Polhäufigkeiten in der Lagenkugel [110].

Bei den kinematischen Berechnungsverfahren werden die Gleitkörper, welche von den Gleitflächen umgeben sind, als starr angenommen. Die Gleitflächen müssen dabei geometrisch Ebenen oder Kreiszylinderflächen darstellen, damit die kinematische Verträglichkeit gegeben ist. Wird nur ein Gleitkörper angenommen, so ist die Bewegungsart und die Bewegungsrichtung schon im Vorhinein festgelegt [110]. Ein Beispiel hierfür ist in Bild 15 gegeben.

Mögliche Einwirkungen müssen gründlich ermittelt und in der Berechnung berücksichtigt werden. Neben dem Eigengewicht könnten folgende Einwirkungen von Relevanz sein [4]:

- Berg- und Spaltwasserdrücke in den Trennflächen,
- dynamische Belastungen durch Verkehr, Erdbeben und Sprengungen,
- Verwitterungsbeständigkeit und die Veränderung bodenmechanischer Parameter mit der Zeit.

In Bild 15 ist ein Beispiel für einen Standsicherheitsnachweis mit einem Gleitkörper dargestellt. Die Bewegungsart ist eine Translation und die Bewegungsrichtung ist ebenfalls bekannt. Der Nachweis kann grafisch oder rechnerisch erfolgen. Die grafische Lösung ist in Bild 15 rechts dargestellt. Die rechnerische Lösung lautet für den gegebenen Fall:

$$\eta_G = \frac{R}{T} = \frac{G_N \cdot \tan\varphi + C}{G_T} = \frac{G \cdot \cos\beta \cdot \tan\varphi + c \cdot \ell}{G \cdot \sin\varphi} \tag{12}$$

mit

R rückhaltende Kräfte

T treibende Kräfte

G Eigengewicht

Die Vorgehensweise beim Nachweis mit einer Translation mehrerer Gleitkörper sowie beim Nachweis der räumlichen Standsicherheit eines keilförmigen Felskörpers wird beispielsweise in der ÖNORM B 4433 [110] genauer erläutert.

Zur Gestaltung von Felsböschungen finden sich Regelungen in Bezug zum Straßenbau im Merkblatt über das Bauen mit und im Fels [96].

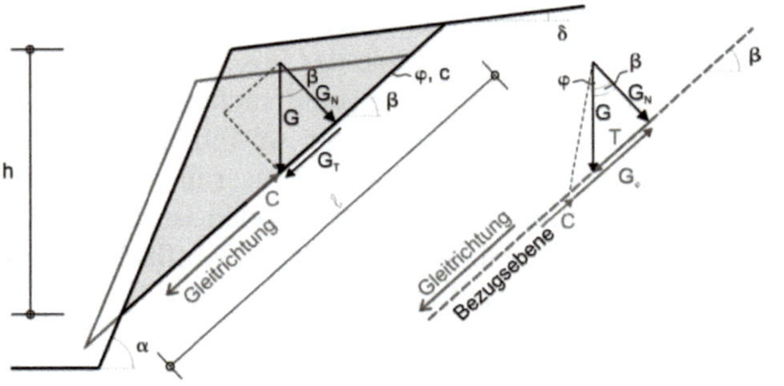

**Bild 15** Standsicherheitsnachweis eines Gleitkörpers auf einer ebenen Gleitfläche (nach [4])

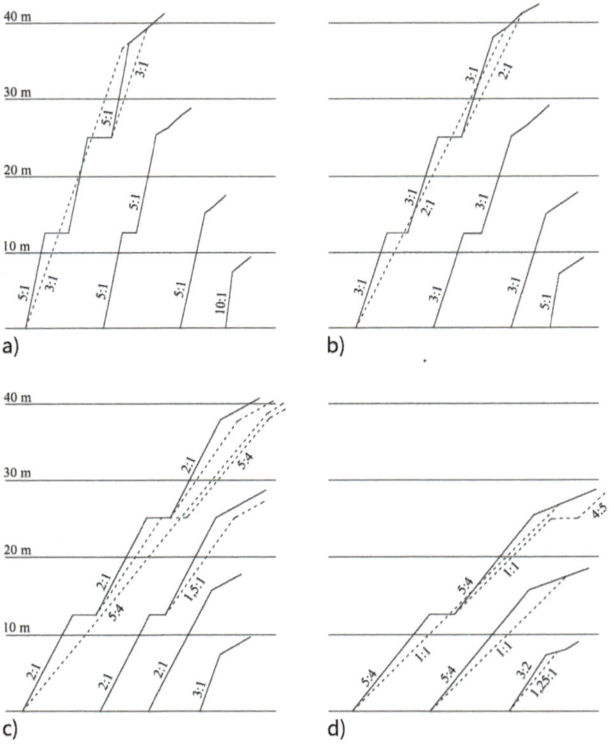

**Bild 16** Ausbildung von Felsböschungen in Abhängigkeit von Böschungshöhe und Felsgruppenzugehörigkeit nach *Brandecker* (nach [14])

In Abhängigkeit von den geotechnischen Randbedingungen sollten grundsätzlich freie Böschungen ohne konstruktive Sicherungsmaßnahmen angestrebt werden. Die Böschungsneigung muss unbedingt auf das Trennflächengefüge abgestimmt werden, wie in den Bildern 17 und 18 dargestellt. Dauerhafte, auch bei Witterungseinflüssen stabile Gesteinsböschungen können steiler als 1:1,5 frei geböscht werden. Verwitterungsanfällige Gesteine sollten auf die Lockergesteinseigenschaften abgestimmt werden, die Neigung beträgt dann jedenfalls weniger als 1:1,5 [96].

Für den Entwurf von Einschnitten können nach *Brandecker* [14] Felsböschungen unter günstigen geologischen Randbedingungen und in Abhängigkeit von der Böschungshöhe mittels theoretischen Entwurfsböschungen gestaltet werden. So ist es möglich, schon in einem frühen Planungsstadium die Böschungsgeometrie anhand von Felsgüteklassen abzuschätzen (Bild 16).

Bei der Unterteilung der Entwurfsböschungen werden folgende Felsgüteklassen unterschieden:

**Gruppe A**: Gesunde und kompakte magmatische und metamorphe Gesteine (Granit, Basalt, Gneis) und massige Sedimentgesteine (Kalkstein, Dolomitstein, stark verfestigte Konglomerate), unvollkommener Durchtrennung und hoher Reibung im Trennflächengefüge.

**Gruppe B**: Unverwitterte und wenig geklüftete magmatische Gesteine, massige Kalksteine, Dolomitsteine und mineralisch gebundene Sandsteine und Grauwacken mit hoher Reibung im Trennflächengefüge.

**Gruppe C**: Angewitterte und etwas entfestigte Gesteine der Gruppen A und B mit mittelständiger Klüftung; Zwischenlagen vom Mergelsteinen und tonigen Sandsteinen in der Schichtabfolge; weniger verfestigte Kalke, Mergel und Standsteine des Tertiärs und aus Kreide.

**Gruppe D**: Stärker angewitterte und geklüftete Gesteine; Tonschiefer, mürbe Phyllite und Flyschgesteine und Wechsellagerungen von festen Sedimentgesteinen.

**Gruppe E**: Entfestigte, mechanisch zerlegte, stark angewitterte und verwitterte Gesteine sowie Wechsellagerungen von Kalksteinen oder Sandsteinen mit Tonschiefern, Gesteine mit veränderlicher Festigkeit. Diese Gesteine sind nicht mehr als Fels anzusprechen, sondern werden im Extrem wie Lockergesteine geböscht und bedürfen daher einer gesonderten Untersuchung und Wahl der Böschungsneigungen sowie der notwendigen Sicherungsmaßnahmen.

Um jedoch die endgültige Böschungsgeometrie festzulegen, müssen alle für die Standsicherheit relevanten Parameter berücksichtigt werden. Insbesondere die geologischen Bedingungen sowie Art und Umfang von Böschungsverkleidungen, Stützmaßnahmen und sonstige Sicherungen [4].

Bermen werden bei Einschnitten ab einer Höhe von mehr als 15 m erforderlich, um die Arbeiten am Einschnitt ohne Schwierigkeiten zu ermöglichen. Diese werden in der Regel mit einer Breite von 2 bis 3 m ausgeführt [14]. Nach dem Merkblatt über das Bauen mit und im Fels sollte die Berme jedoch mindestens 4 m breit sein, wenn ein Befahren mit Wartungsfahrzeugen erforderlich ist. Um ein Versickern von Oberflächenwasser zu vermeiden, ist die Berme talabwärts geneigt auszubilden [96].

Die Entwurfsböschungen nach *Brandecker* können bei Vorhandensein einzelner oder von Scharen an Trennflächen in ungünstiger Raumstellung oder Beschaffenheit nicht angewendet werden, außer es werden zusätzliche Sicherungsmaßnahmen getroffen. Es ist somit eine Anpassung der Felsböschung an die Orientierung der Gesteinsstrukturen, wie Bankungen, Kluftscharen, Störungen usw., vorzunehmen. Dies erfolgt durch einen Abtrag der Böschung bis auf den Einfallswinkel der Trennfläche [4]. Möglichkeiten zur Anpassung der Böschung an unterschiedlich geneigte Kluftscharen sind in den Bildern 17 und 18 dargestellt.

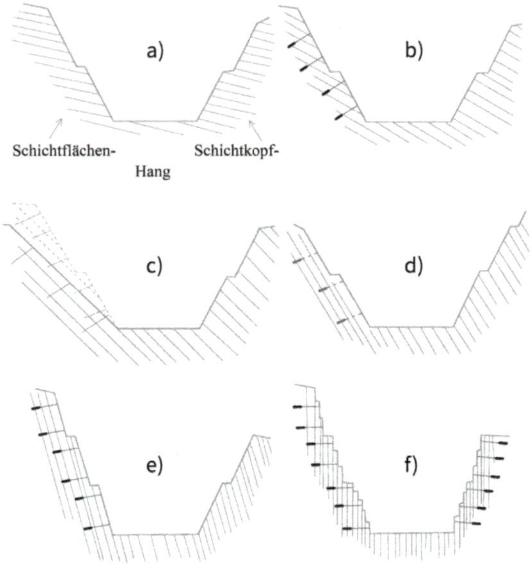


**Bild 17** Böschungsgestaltung und Sicherung in Anpassung an das bestehende Felsgefüge (nach [14]); a) Einfallen der Haupttrennflächen mit 0 – 15°, keine Anpassung; b) 15 – 30°, keine Anpassung, jedoch Sicherung des Trennflächenhangs; c) 30 – 45°, Anpassung der Böschung an das Felsgefüge oder umfangreiche Sicherung des Trennflächenhangs; d) 45 – 60°, Anpassung der Böschung an das Felsgefüge, nur in Sonderfällen Sicherung des Trennflächenhangs; e) 45 – 75°, Anpassung der Böschung an das Felsgefüge, Sicherung des Trennflächenhangs; f) 75 – 90°, Anpassung der Böschung an das Felsgefüge und beidseitige Sicherung der Hänge

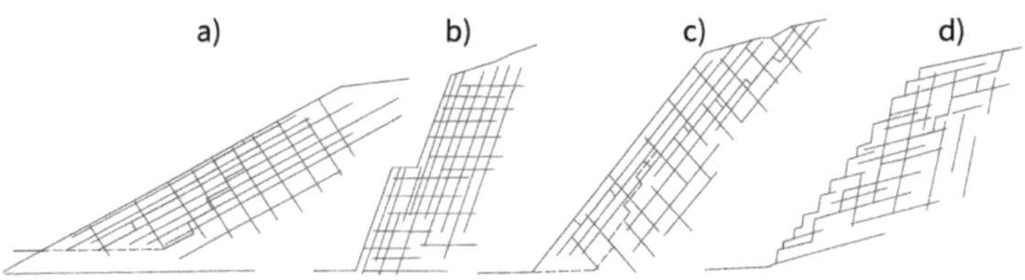


**Bild 18** Gefügebedingte Felsböschungen (nach [14]); a) geneigtes Einfallen mit der Möglichkeit einer hängenden Abtreppung, b) steiles Einfallen mit Abtreppung oder Berme, c) steiles Schichtfallen mit zwei Varianten für die mögliche Abtreppung – hängende Abtreppung ist erst nach einer Standsicherheitsuntersuchung zulässig, d) Varianten für eine Treppenböschung

### 4.3.2 Abtrag von Festgestein (Fels)

Die Eigenschaften des anstehenden Gesteins sind entscheidend für die Wahl des Abbauverfahrens. Die Klassifizierung erfolgt gemäß der überarbeiteten DIN 18300 [67] nicht mehr durch Bodenklassen, sondern durch die Einteilung in Homogenbereiche. Die Klassifizierung wird im Abschnitt 6.1.3 beschrieben. Je nach Homogenbereich kann der Abtrag erfolgen durch:

- Reißen,

- Fräsen,
- Sprengen.

Beim Reißen wird der Fels durch Reißzähne gelöst (Bilder 19 und 20). Dieser Vorgang erfolgt durch Planierraupen, an welchen die Reißzähne montiert werden. Vor Beginn der Arbeiten sollte untersucht werden, in welcher Richtung sich das Gestein am leichtesten lösen lässt, um die Belastung der Baugeräte möglichst gering zu halten. Auch der Anstellwinkel der Reißzahnspitze hat dabei maßgeblichen Einfluss auf die Lösbarkeit des Gesteins. Bei sehr hartem Gestein können zur Erhöhung der Reißkraft zu den Planierraupen zusätzlich Schubraupen eingesetzt werden [49].

Beim Fräsen werden hydraulische Baggeranbaufräsen eingesetzt. Vor allem kommt dieses Verfahren für die Herstellung von Profilierungen und bei Grabenausbrüchen zu Anwendung.

Wenn Lösen durch Reißen aufgrund der Felshärte und der Form der Lagerung nicht mehr möglich ist, kommen Sprengverfahren zur Anwendung. Unterschieden wird in Gewinnungssprengungen, bei welchen das Haufwerk direkt geladen werden kann, und in Auflockerungssprengungen, bei welchen das Gefüge zerstört wird, ohne dass ein Auswurf stattfindet. Der Abtrag erfolgt dabei durch das Zusammenschieben und Verladen [49].

In Zusammenhang mit Sprengverfahren muss besonders auf eine Schonung der Umgebung geachtet werden, um

- Risse und Auflockerungen im stehengebliebenen Einschnitt zu vermeiden,
- genaue Profilierungen herstellen zu können,
- die Erschütterungswirkung zu verringern.

Bezeichnet wird dieses Sprengverfahren auch als „Schonendes Sprengen". Dies erfolgt durch die künstliche Anordnung von Schwächezonen, durch in engen Abständen aneinander gereihten Bohrlöchern entlang der Abrisslinie. Diese werden nur mit geringen Sprengstoffmengen geladen [40].

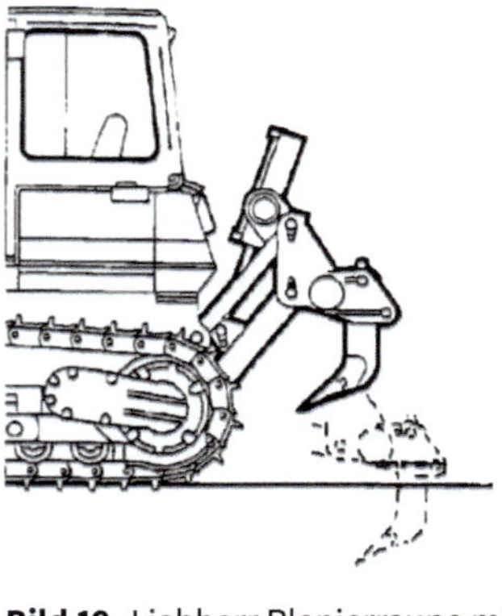

**Bild 19** Liebherr Planierraupe mit Parallelogrammaufreißer (nach [36])

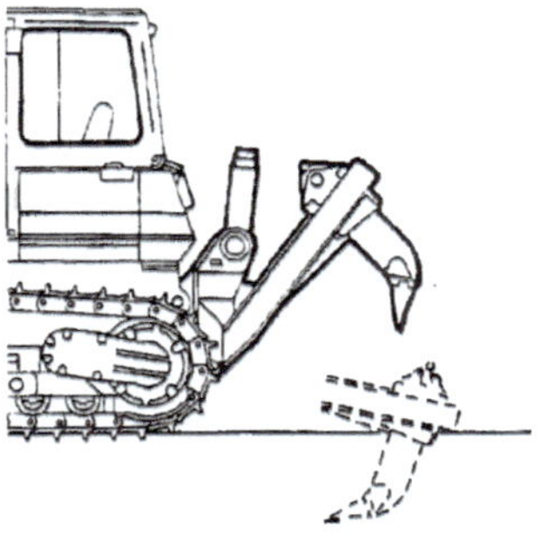

**Bild 20** Liebherr Planierraupe mit Schwenkaufreißer (nach [36])

Zu den schonenden Sprengverfahren (Bilder 21 und 22) zählen gemäß der DIN 20163 [94] unter anderem das

**Abkerben** – an der Trennfläche wechseln Leer- und Sprengbohrlöcher ab,

**Abspalten** – die Trennfläche wird nach der Hauptsprengung durch eine Reihe von Sprengbohrlöchern mit geringerem Abstand und gepufferten Sprengladungen erhalten,

**Vorkerben** – durch eine Reihe von Leerbohrlöchern wird die beabsichtigte Trennfläche vorgegeben, bis zu der die Sprengwirkung reichen soll,

**Vorspalten** – die Trennfläche wird in einem besonderen Zündgang vor der Hauptsprengung durch eine Reihe von Bohrlochladungen mit geringem Abstand herstellt.

Die Anordnung der Bohrlöcher hat für die schonende Sprengung besondere Bedeutung. In Bild 23 ist ersichtlich, welch unterschiedliche Wirkung mit der richtigen bzw. mit der falschen Anordnung von Bohrlöchern bewirkt werden kann.

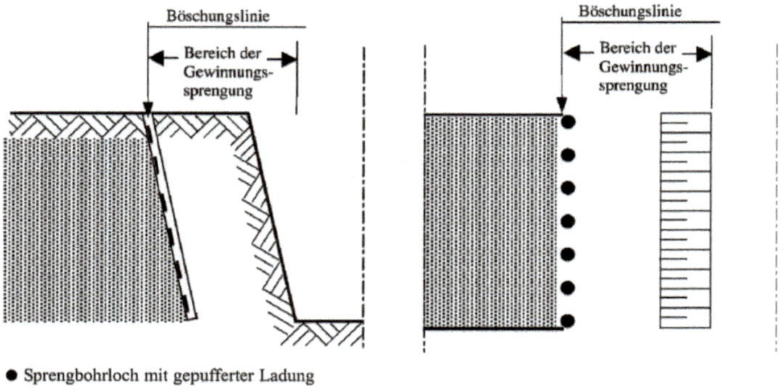


**Bild 21** Anordnung der Bohrlöcher beim Abspalten (nach [49], gemäß [94])

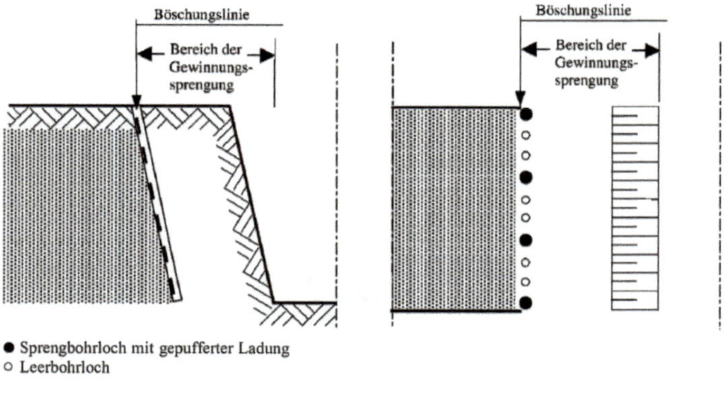


**Bild 22** Anordnung der Bohrlöcher beim Abkerben (nach [49], gemäß [94])

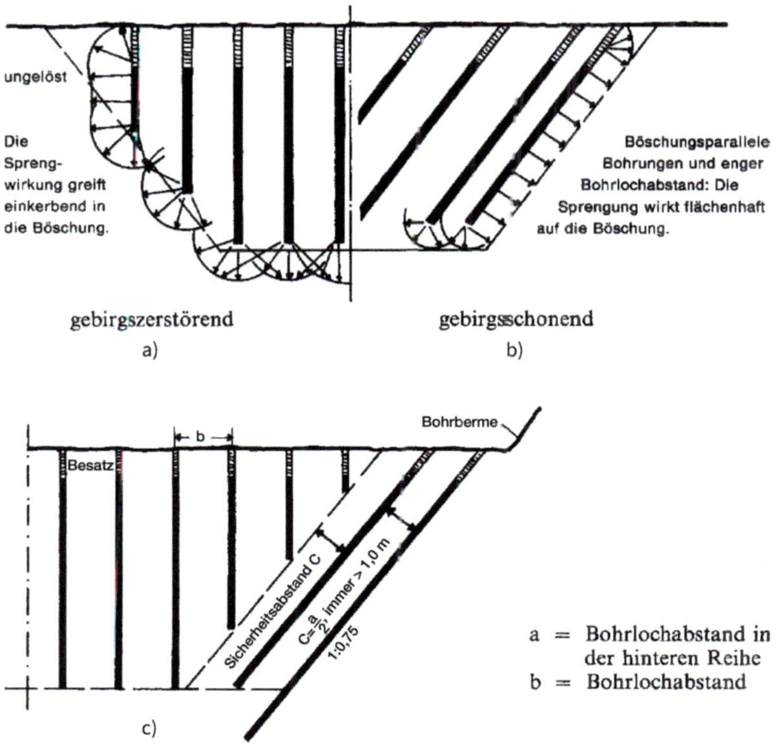


**Bild 23** Sprengen eines Felseinschnitts mit senkrechten oder böschungsparallelen Bohrlöchern (nach [58])

## 4.4 Entwässerung

Regelungen zur Entwässerung von Erdbauwerken für den Straßenbau finden sich in den Richtlinien ZTV E-StB [130], RAS Ew [114] und ZTV Ew-StB [131], in Österreich z. B. in der RVS 08.03.01 [120]. Auf europäischer Ebene für Erdbauwerke allgemein in der EN 16907-1 [89], in welcher unterschieden wird in

- Oberflächenentwässerung, betreffend die Abflüsse aus Niederschlägen und Schmelzwasser,
- Grundentwässerung, bezüglich der Exfiltration von Grundwasser.

Eine funktionierende Entwässerung ist wesentlich für die Gewährleistung der Standsicherheit eines Erdbauwerks.

Einen Überblick über die zu treffenden Entwässerungsmaßnahmen gibt das Bild 24.

Gemäß Bild 24 sind als erforderliche Maßnahmen ein Entwässerungsgraben oberhalb des Einschnitts angeordnet, um zufließendes Wasser abzufangen und damit Erosion am Einschnitt zu vermeiden. Am Böschungsfuß können Entwässerungsmulden oder Straßengräben vorgesehen werden. Ebenfalls zu erkunden sind die Grundwasser- und Sickerwasserverhältnisse, sodass bei Bedarf eine Grundentwässerung mittels Dräna-

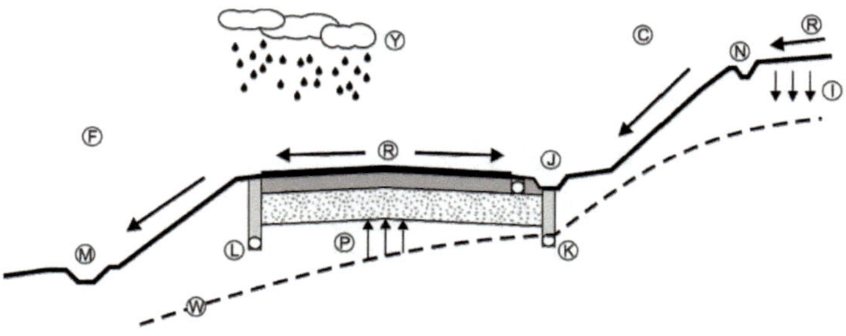


**Legende**

| | | | |
|---|---|---|---|
| C | Einschnitt | J | Oberflächenentwässerung |
| M | Dammgraben | R | Oberflächenabfluss |
| F | Aufschüttung | K | Grundentwässerung |
| N | Graben auf der Dammkrone | Y | Regen |
| I | Versickerung | L | Oberflächen- und Grundentwässerung |
| P | Kapillarität | W | Wasserspiegel |

**Bild 24** Beispiel für die Oberflächen- und Grundentwässerung bei einem halb eingeschnittenen/halb aufgeschütteten Profil (nach [89])

gen hergestellt werden kann. Maßnahmen gegen kapillaren Aufstieg werden durch den Aufbau des Oberbaus bzw. durch die untere Tragschicht getroffen. Diese muss eine entsprechende Filter- und Dränfunktion aufweisen.

Zum Schutz vor Witterung, aber auch vor Frost, sind bei Einschnitten während der Bauarbeiten bauliche Maßnahmen zu treffen. Infrage kommt z. B. eine Schutz- oder Opferschicht (erdbauliche Verschleißschicht), welche über dem zu schützenden Untergrund belassen wird. Erst bei der Vorbereitung für die weiteren Bauarbeiten wird diese abgetragen [91].

Für die Ausführung einer Oberflächenentwässerung werden Fanggräben, Halbschalen, Sickerschlitze und Sickerstützscheiben angewendet sowie verschiedene Arten von Böschungsfilterschichten, wie in Bild 25 dargestellt. Es können auch verschiedene ingenieurbiologische Bauweisen zur Anwendung kommen, wie z. B. Rasenrinnen oder lebende Faschinendräns [12].

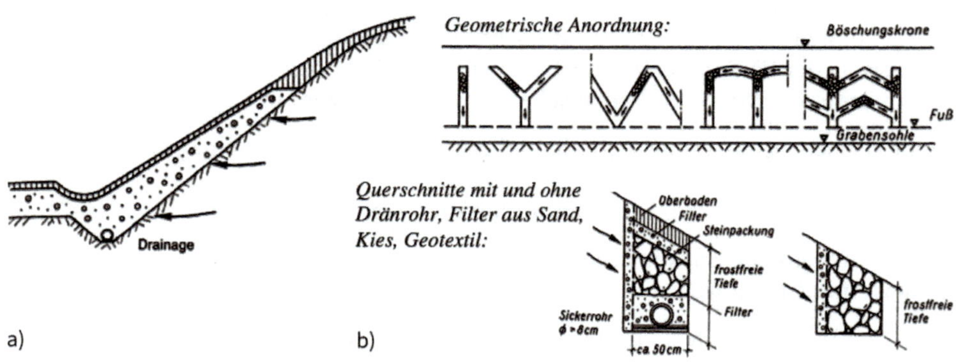


**Bild 25** Beispiele für die Ausführung einer Oberflächenentwässerung bzw. oberflächennahe Entwässerung (nach [22]); a) Filterschicht auf der Böschung aus Sand oder Kies bei starkem Wasserandrang, b) Sickerschlitze bzw. Sickerstützscheiben

Als Tiefenentwässerung werden Dränagebrunnen, Dränagewände (z. B. Kiespfahl-Wände) sowie Dränagestollen oder -schächte mit Dränagebohrungen ausgeführt. Auch Stahlbetonbrunnen können als Ausgangspunkt von Dränagebohrungen dienen [12].

## 4.5 Oberflächengestaltung

### 4.5.1 Lockergesteinsböschungen

Bei Einschnitten in Lockergestein wird unterschieden in ingenieurbiologische Verfahren zur Böschungssicherung und in konstruktive Hangsicherungen. Konstruktive Maßnahmen werden im Teil 3 des Grundbau-Taschenbuchs, Kapitel 3.10, behandelt. Im Zusammenhang mit der Sicherung von Einschnitten wird im Folgenden ein kurzer Überblick gegeben.

Allgemein gilt, je mächtiger die vor potenziellen Rutschungen zu sichernden Bodenschichten sind, desto eher werden konstruktive Hangsicherungsmaßnahmen erforderlich. Für oberflächennahe Instabilitäten eignen sich besonders Pflanzen als naturnahe und effiziente Sicherungsmaßnahme.

Eine Sicherung der Hänge gegen die Oberflächenerosion erfolgt z. B. durch Ansaaten und Begrünung. Es bieten sich dabei verschiedene Verfahren der Saataufbringung an, z. B. die Trockensaat, Nasssaat, Mulchsaat, Saatmatten, Rasenziegel und Rollrasen. Die Zusammensetzung der Saatgutmischung wird in Abhängigkeit von der Steilheit der Böschung und den bodenchemischen Eigenschaften (sauer oder alkalisch) gewählt [21].

Eine weitere Möglichkeit ist die Bepflanzung mit Gehölzen. Diese haben zudem den Vorteil, dass sie die Böschungsoberfläche mit ihren Blättern und Nadeln vor der Erosivität des Niederschlags schützen und ihre Wurzeln tiefer reichen. Vorzuziehen sind tiefwurzelnde sowie stockausschlagfähige Gehölze. Häufig eingesetzt werden in der Ingenieurbiologie verschiedene Weidenarten und Schwarzpappeln. Diese haben die Fähigkeit zur vegetativen Vermehrung und können als Steckhölzer gesetzt werden. Mit den Weiden können auch Faschinen hergestellt werden, welche bei richtiger Ausführung und entsprechender Pflege schon nach einem Jahr voll entwickelte Sträucher mit guter Durchwurzelung ausbilden können [21].

Wichtige Begleitmaßnahmen betreffen dabei immer eine gezielte Entwässerung über Dränagen. Diese könnte z. B. auch über eine schräg angeordnete Hangfaschine erfolgen, welche gleichzeitig zur Stabilisierung des Hangs dient.

Typische ingenieurbiologische Bauweisen sind demnach die Sicherung mit Hangfaschinen, Hangbepflanzungen, Rautengeflechte, bepflanzte Pilotenwände, lebender Hangrost und die Konstruktion von Holzkrainerwänden (Bilder 26 und 27).

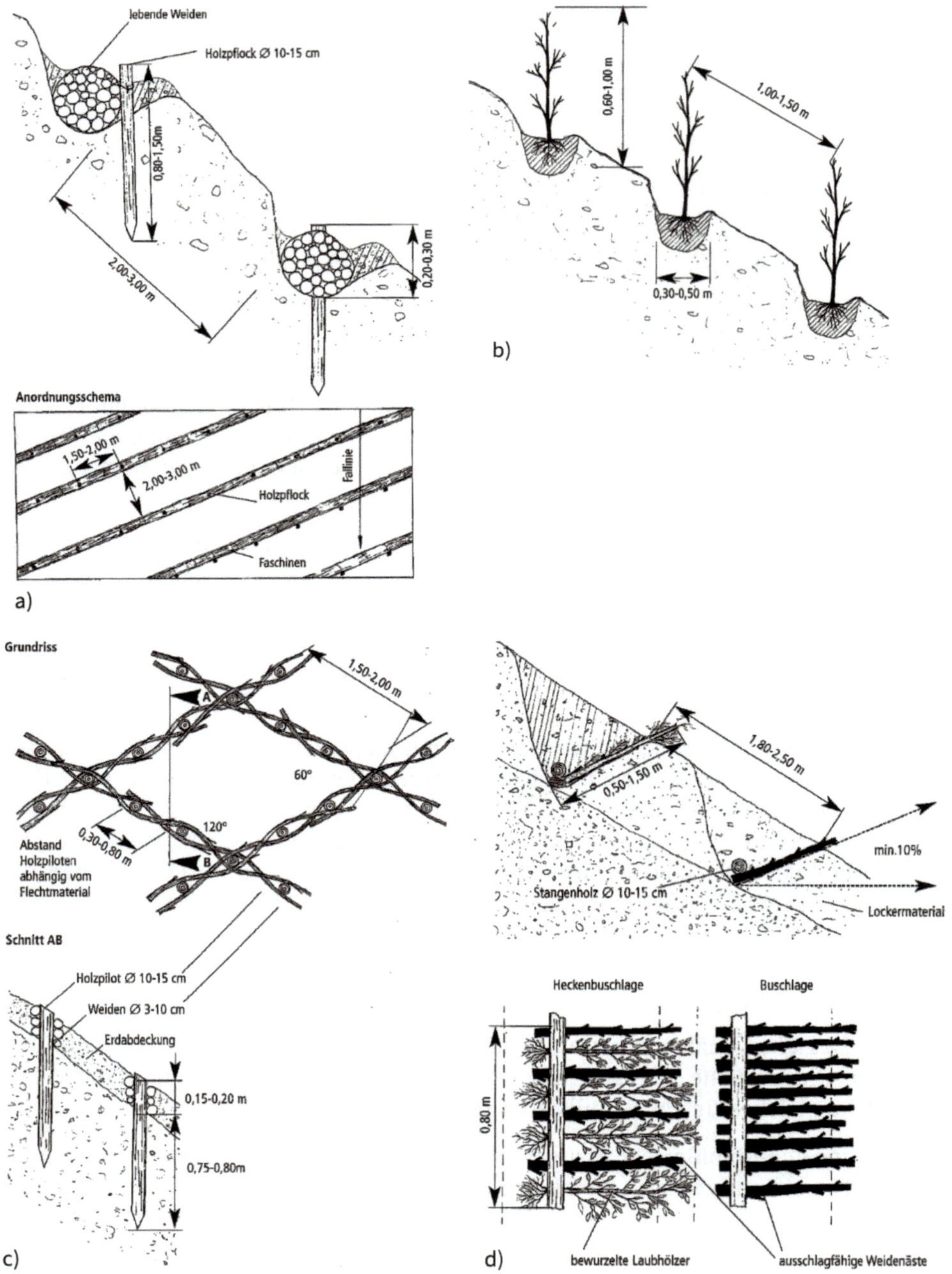


**Bild 26** Beispiele ingenieurbiologischer Sicherungsmaßnahmen: Hangfaschinen, Hangbepflanzung, Rautengeflecht und Lagenbau (nach [21]); a) Hangfaschinen, b) Hangbepflanzung, c) Rautengeflecht mit Weidenflechtzaun, d) Lagenbau (lebend bewehrte Erde)

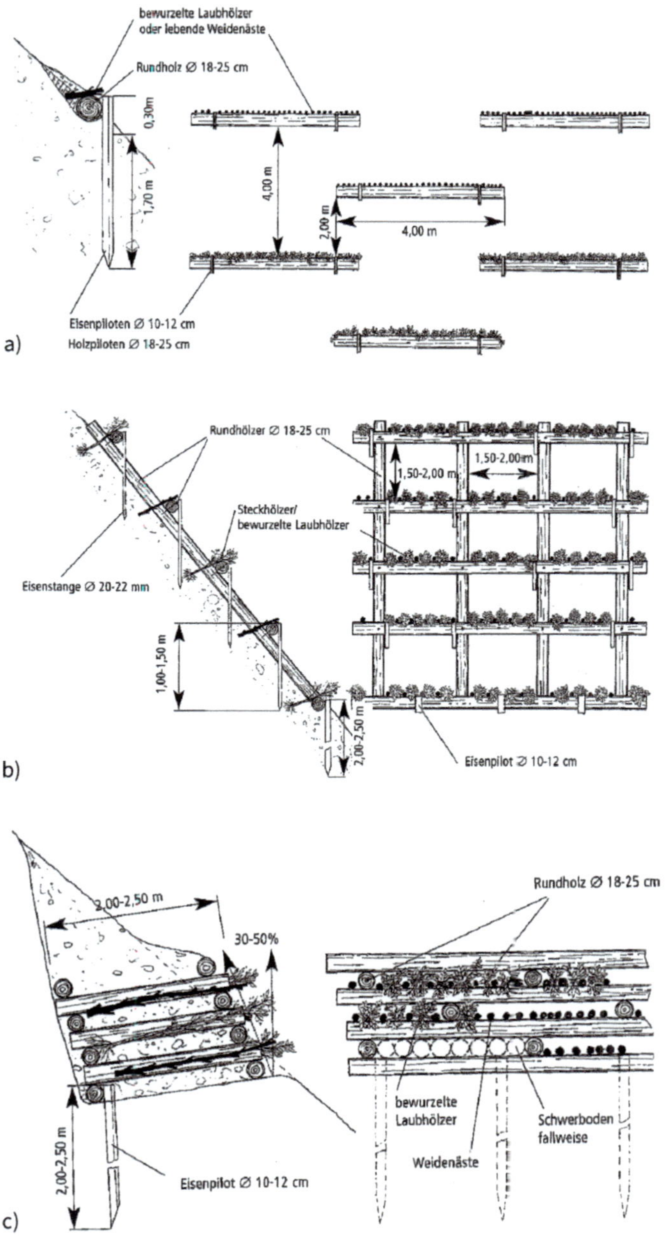


**Bild 27** Beispiele ingenieurbiologischer Sicherungsmaßnahmen: Pilotenwand, Hangrost und Holzkrainerwand (nach [21]); a) bepflanzte Pilotenwand, b) lebender Hangrost an steilen Hängen, c) doppelwandige, bepflanzte Holzkrainerwand als Stützverbauung

### 4.5.2 Felsböschungen

Eine naturnahe Oberflächengestaltung ist anzustreben. Felsböschungen können jedoch nur bei besonders guter Gesteinsqualität und Dauerhaftigkeit in ihrem naturnahen Zustand belassen werden. Mögliche Gefahren gehen von Steinschlägen, Blockwurf, dem Abbruch ganzer Felswände oder von Felsgleitungen auf Gleitbahnen im Untergrund aus. Somit bestimmen die geologischen Gegebenheiten die Art und den Umfang von konstruktiven Hangsicherungen [4].

In Kapitel 3.10 „Stützbauwerke und konstruktive Hangsicherungen" wird ausführlich auf die Oberflächengestaltung von Lockergesteinsböschungen sowie von Festgesteinsböschungen eingegangen. Auch die konstruktive Ausgestaltung von Bermen wird in Kapitel 3.10, Abschnitt 8.1 behandelt.

Für Einschnitte im Felsbau lassen sich Sicherungsmaßnahmen generell einteilen in (nach [4]):

- Futter, Wand- oder Verkleidungsmauern als Fußmauern, die liegend oder stehend, angeheftet oder verankert ausgeführt werden;
- Krainerwände (Raumgitterstützmauern) dienen als Stützmauern und können durch Verankerungen verstärkt werden;
- Kopfmauern zur Sicherung der Böschungsschulter;

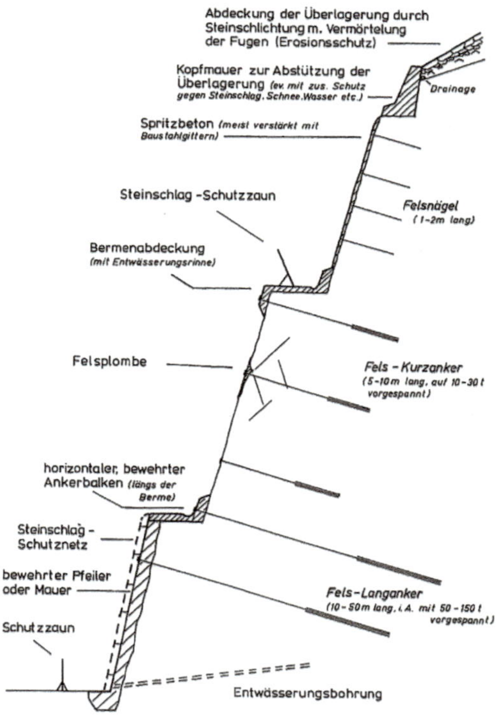


**Bild 28** Beispiele gebräuchlicher Sicherungsmaßnahmen bei Felsböschungen (nach [14])

- Pfahlwände, Schlitzwände und Brunnenwände werden voll ausbetoniert und bewehrt und dienen als Stützwände und/oder zur Verdübelung der Gleitflächen im Bereich des Böschungsfußes;
- Stützgewölbe und Balkenroste zur Abstützung von einzelnen Felskörpern oder ganzer Felswände;
- Pfeiler, Plomben, Dübel, Abstrebungen etc. zur Sicherung überhängender und aufgelockerter Felsteile;
- Gurte, Balken, Rippen, Knaggen in Kombination mit Verankerungen zur Abstützung von einzelnen Felskörpern oder ganzen Felswänden;
- Spritzbetonsicherung mit/ohne Baustahlgitter zur (raschen) Sicherung von zerstörten Felsbereichen (neu: Faserspritzbeton mit Stahl- oder Glasfasern);
- Verankerungen, Felsnägel und Verspannungen zur Abstützung von einzelnen Felskörpern oder ganzer Felswände;
- Stahlbänder, Drahtnetze, Baustahlgitter;
- Verhängungen durch Zugelemente in Bereichen mit erhöhten Zugspannungen, z. B. Böschungsschulter.

Auch *Brandecker* [14] hat die gebräuchlichsten Sicherungsmaßnahmen bei Felsböschungen in Bild 28 zusammengefasst.

**Tabelle 9** Übersicht über gängige Sicherungsmethoden von Böschungen (nach [96])

| Ausführung | Methode | Bemerkung |
|---|---|---|
| punktuell | Felsnägel | Sicherung von lokalen Instabilitäten wie möglicher Blocksturz einzelner Kluftkörper, Störungszonen, Großkluftfüllungen |
| | Felsanker | |
| | Spritzbetonplombe | |
| | Schotterrigolen | |
| | Stützscheiben | |
| | Stahlseilverhängungen | |
| linienhaft | Stützbauwerke (u. a. Schwergewichtsmauer, Winkelstützwand, rückverankerte Stützwand, Stützpfeiler, Knaggen) | Sicherung von Instabilitäten durch Bauwerke mit terrassenparalleler Erstreckung |
| | Futtermauern | im Wesentlichen Verwitterungsschutz |
| | Gabionen | |
| | Fangzäune | passive Sicherungselemente gegen Stein- und Blockschlag |
| | Schutzzäune | |
| | Fangräume | |
| räumlich | (Abflachen) | Sicherung von globalen Instabilitäten mit tief reichenden Elementen |
| | Vernagelungen/Verankerungen | |
| | Verdübelungen | |
| | Injektionen | |

Im Merkblatt über das Bauen mit und im Fels [96] werden Planungsgrundsätze und Maßnahmen zur Sicherung von Felsböschungen angeführt. Eine Übersicht über Sicherungsmaßnahmen wird in Tabelle 9 angegeben.

Im Felsbau kommen ingenieurbiologische Maßnahmen nur bedingt zum Einsatz, da die Wurzeln von Pflanzen und die Bildung von Huminsäuren zu einer Beschleunigung der Felsverwitterung führen und damit die Stabilität nicht unbedingt nachhaltig gewährleisten. Ingenieurbiologische Bauweisen werden bei Felsböschungen, z. B. im Zusammenhang mit Krainerwänden oder anderen konstruktiven Maßnahmen, oft ausgeführt.

# 5 Erd- und Steinschüttdämme

## 5.1 Allgemeines

Einen Überblick über verschiedene Anwendungsgebiete und Arten von Dämmen können dem Abschnitt 5.2 und Bild 29 entnommen werden. Die konstruktiven Unterschiede, die sich dadurch ergeben, werden in Abschnitt 5.3 angeführt.

Die Schüttmaterialien für Dämme können grundsätzlich in kohäsive und kohäsionslose Erdbaustoffe sowie in Steinschüttstoffe eingeteilt werden [35]. Die Dammbaustoffe werden in Abschnitt 6 näher erläutert.

Um zwischen Erd- und Steinschüttdämmen unterscheiden zu können, hat *Striegler* [50] folgende Kriterien festgelegt:

Von **Erddämmen** wird gesprochen, wenn vorwiegend Dammschüttmaterialien aus Lockergestein verwendet werden, welche in erster Linie aus den Kornbestandteilen Ton, Schluff, Sand und Kies zusammengesetzt sind. Die Eigenschaften des Materials liegen dabei in folgenden Größenordnungen:

- Reibungswinkel $\varphi \leq 35°$,
- Kohäsion $c \geq 0$ kN/m$^2$,
- Verformbarkeit $E \leq 50$ kN/m$^2$,
- Durchlässigkeit $k = 10^{-3}$ bis $10^{-12}$ m/s.

Erddämme sind in der Regel aufgrund des niedrigeren Reibungswinkels flacher gestaltet als Steinschüttdämme. Hingegen können sie gleichzeitig im Bereich des Wasserbaus auch eine abdichtende Funktion übernehmen (homogene Dämme, z. B. Hochwasserschutzdämme können auf diese Weise gestaltet sein).

**Steinschüttdämme** bestehen aus gebrochenem Felsgestein, das aus Kieskorn, Steinen und Geröllen zusammengesetzt ist. Die Eigenschaften des Materials liegen in folgenden Bereichen:

- Reibungswinkel $\varphi > 35°$,
- Kohäsion $c \approx 0$ kN/m$^2$,
- Verformbarkeit $E \geq 100$ kN/m$^2$,
- Durchlässigkeit $k \geq 10^{-3}$ m/s.

Steinschüttdämme haben den Vorteil, dass sie meist einen hohen Reibungswinkel aufweisen, so können Dammneigungen bis zu 40° problemlos umgesetzt werden. Technische Abdichtungsmaßnahmen bei wasserbaulichen Anwendungen sind jedoch bei Steinschüttdämmen unentbehrlich, da sie keine Dichtfunktion übernehmen können. Näheres dazu wird in Abschnitt 5.3.2 erläutert.

## 5.2 Arten von Dämmen

In Bild 30 ist eine Übersicht über verschiedene Arten von Dammbauwerken und deren Funktion dargestellt. So lässt sich nach *Striegler* unterscheiden in Verkehrsdämme, Dämme des Wasserbaus und Deponiedämme. Außerdem kann noch der Schutzdammbau unterschieden werden (Bild 29).

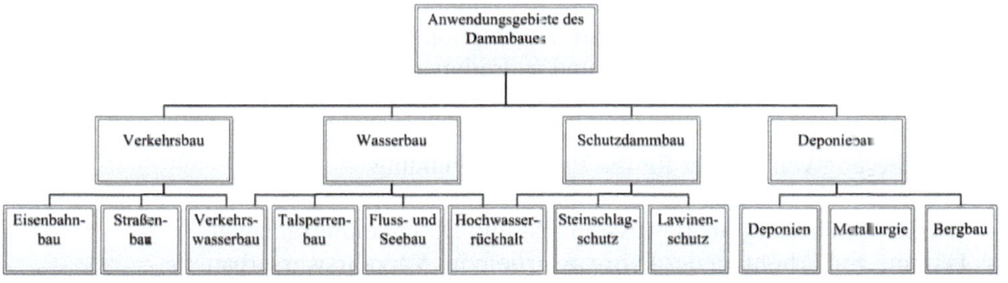


**Bild 29** Anwendungsgebiete des Dammbaus (ergänzt und adaptiert nach [50])

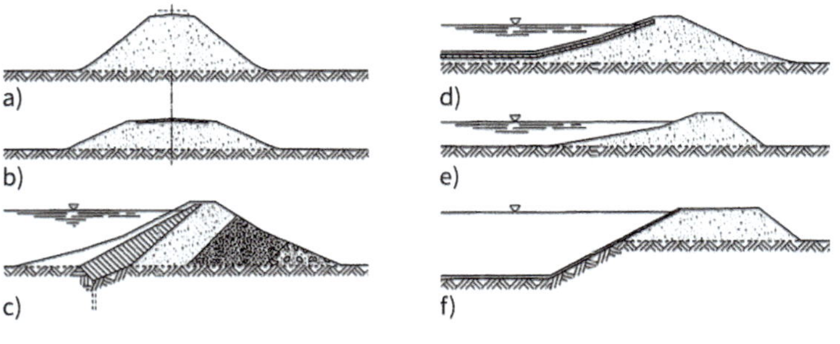


**Bild 30** Charakteristische Dammquerschnitte (nach [50]); a) Eisenbahndamm, b) Straßendamm, c) Staudamm, d) Kanaldamm, e) Deich, f) Deponiedamm

### 5.2.1 Verkehrswegebau

Dämme im Verkehrswegebau sind linienartige Bauwerke, die sich oft auch über große Distanzen erstrecken. Bei großen Infrastrukturprojekten wird im Zuge einer Vorstudie über eine Trassenvariante entschieden. Meist sind solche Entscheidungen jedoch von politischer Natur und geotechnische Untersuchungen werden zumeist erst in einem späteren Planungsstadium angeordnet. Damit stellt sich im Verkehrsdammbau die Herausforderung, dass oft sehr unterschiedliche Untergrundvoraussetzungen vorliegen. Diese können vom tragfähigen Untergrund bis zu kaum tragfähigem Untergrund reichen. Geotechnische Untergrundverbesserungsmaßnahmen sind dann unumgänglich. Anforderungen an das Dammbauwerk selbst ergeben sich durch die Verkehrsbelastung sowie durch die Randbedingungen für den weiteren Aufbau (hinsichtlich Verdichtung und zulässigem Setzungsverhalten). Die häufigsten Dämme im Verkehrswegebau dienen dem Straßen- bzw. Eisenbahnbau. Eine weitere Anwendung von Verkehrsdämmen sind z. B. Schüttungen für Landebahnen im Flughafenbau [29].

### 5.2.2 Wasserbau

Im Wasserbau finden Dammbauwerke ausschließlich zum Aufstau bzw. zum Rückhalt von Wassermassen Anwendung. Ihre Konzeption muss somit für die Aufnahme bzw. für den Abbau von hydrostatischen und hydrodynamischen Belastungen ausgelegt sein.

Verwendungszwecke von Dämmen im Wasserbau können u. a. Folgende sein [29]:

- Speicherung von Wasser für die Energiegewinnung,
- Speicherung von Trinkwasser und Löschwasserreserven,
- Wasserspeicherung für Bewässerungs- und Beschneiungsanlagen,
- Dämme zur Erhöhung der Fahrwassertiefe im Verkehrswasserbau.

### 5.2.3 Schutzdammbau

Schutzdammbauwerke dienen dem temporären Rückhalt von Wassermassen bzw. zur Abwehr von Naturgefahren. Eingeteilt werden können sie in

- Hochwasserschutzdämme,
- Steinschlagschutzdämme,
- Lawinenschutzdämme.

Hochwasserschutzdämme werden weiter unterschieden in Hochwasserrückhaltedämme (Querbauwerke) und in Leitdämme (Längsbauwerke).

Dämme des Schutzdammbaus stehen im Regelfall ohne Einfluss äußerer Einwirkungen in der Landschaft, müssen jedoch im Ereignisfall extreme, kurzfristige Belastungen aufnehmen können. Diese ergeben sich z. B. durch Hochwässer, Muren, Lawinen und Steinschlag. Die konstruktive Auslegung muss daher speziell für hohe statische und dynamische Einwirkungen konzipiert sein. Aus diesem Grund kommen hierbei häufig Geokunststoffe zum Einsatz.

Schutzdammbauwerke sind im alpinen Raum oft anzutreffen. Der Vorteil solcher Bauwerke gegenüber Schutzbauwerken aus Beton sind Folgende [29]:

- Erdbauwerke können besser in die Landschaft eingebunden werden.
- Erdbaustoffe für die Aufschüttung können aus dem Rückhalteraum entnommen und dieser damit vergrößert werden.
- Die Anforderungen an die Tragfähigkeit des Untergrunds sind wegen der größeren Aufstandsfläche bei Dammbauwerken sowie deren Flexibilität wesentlich geringer als bei Sperren aus Beton.

### 5.2.4 Deponiebau

Deponiedämme werden zur dauerhaften Ablagerung oder zur Zwischenlagerung von Stoffen, für die keine wirtschaftliche Verwendung mehr vorliegt, errichtet, aber auch zur Sedimentation von Schwebstoffen in Absetzbecken.

Gemäß der Richtlinie 1999/31/EG des Europäischen Rates über Abfalldeponien [118] dürfen nur behandelte Abfälle deponiert werden. Deponien müssen dabei einer der drei Klassen zugeordnet werden:

- Deponien für gefährliche Abfälle,
- Deponien für nicht gefährliche Abfälle (z. B. behandelte Siedlungsabfälle),
- Deponien für Inertabfälle (z. B. Bauschutt, Bodenaushub).

Typische Stoffe können z. B. Aschen und Schlacken aus Müllverbrennungsanlagen, mechanisch-biologisch behandelte Siedlungsabfälle, Baurestmassen, Ablagerungen aus dem Bergbau, Bodenaushub usw. sein. Zumeist sind solche Ablagerungen stark mit umweltrelevanten Stoffen, wie z. B. Schwermetallen, belastet.

Daher kommt der Standortwahl für Deponien eine besondere Bedeutung zu, um ein Multibarrieresystem zu schaffen. Dieses besteht, neben den technischen Barrieren (Abdichtungen) und der Abfallbehandlung, auch aus einer geologischen Barriere [20]. Diese setzt Untergrundeigenschaften voraus, die ebenfalls eine Dichtfunktion übernehmen können. Nach *Brandl* [17] müssen aus geotechnischer Sicht bei der Wahl des Deponiestandorts u. a. folgende Aspekte abgeklärt werden:

- Aufbau des Untergrunds (Schichtung, Struktur, Boden- und Felskennwerte, ...),
- Grundwasserverhältnisse,
- Tragfähigkeits- und Verformungsverhalten,
- Geländebruchsicherheit,
- kurz- und langfristiges Verhalten künstlicher und natürlicher Dichtungsbarrieren.

Bei den Deponietypen wird in Gruben-, Becken-, Halden- und Hangdeponien unterschieden (Bild 31).

Grubendeponien sind nicht zu empfehlen, da Sickerwässer kontinuierlich abgepumpt werden müssen. Beckendeponien kommen häufig als Absetzbecken in der Berg- und Hüttenindustrie zur Anwendung. Dabei werden Trübstoffe sedimentiert und das klare Wasser kann in den Vorfluter abgeleitet werden. Halden- und Hangdeponien haben den Vorteil, dass eine Entwässerung über Dränagen im freien Gefälle ausgeführt werden kann [50].

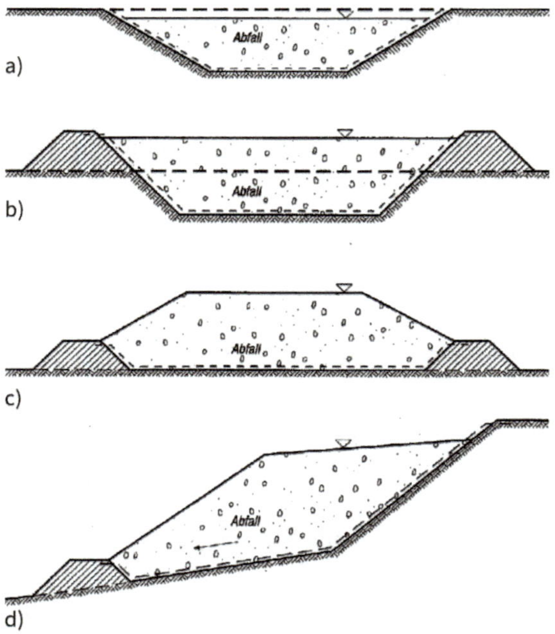


**Bild 31** Deponietypen (nach *Striegler* [50]);
a) Grubendeponie,
b) Beckendeponie,
c) Haldendeponie,
d) Hangdeponie

## 5.3 Aufbau von Dämmen

### 5.3.1 Straßen- und Eisenbahndämme

Wichtige Regelungen zur Ausbildung von Straßendämmen finden sich in der ZTV E-StB 09 [130] und in der TL BuB E-StB 09 [124]. Für Eisenbahndämme gilt die Ril 836 [119] der Deutschen Bahn sowie die ergänzenden Bestimmungen zur ZTV E-StB 09, ausgearbeitet in der Ril 836.4103: Erdarbeiten – Ausführung.

In Österreich sind die Anforderungen an Straßen- und Eisenbahndämme durch die RVS 08.03.01 [120] geregelt.

Ein Überblick über die Anforderungen an den Verkehrsdammbau ist in Bild 32 dargestellt. Wesentlich im Verkehrsdammbau ist demnach

- die Tragfähigkeit der Dammbaustoffe entsprechend dem Verwendungszweck,
- ein geringes Verformungsverhalten der Dammbaustoffe (Eigensetzungen),
- das Setzungsverhalten des Untergrunds und
- die Gewährleistung von Entwässerung und Filterstabilität.

Beim Bau von Verkehrsdämmen wird grundsätzlich von Regelquerschnitten ausgegangen, durch die der Aufbau mit den erforderlichen Eigenschaften vorgegeben wird. Die jeweilige Dammhöhe ergibt sich aus der Trassierung des Verkehrswegs und damit durch den Verschnitt der Trasse mit dem Gelände. Die tatsächliche Böschungsneigung muss in Abhängigkeit von den Eigenschaften des Schüttmaterials festgelegt werden. Für eine Abschätzung der Böschungsneigung können die im Abschnitt 4.1.1 vorgestellten Verfahren ebenfalls angewendet werden.

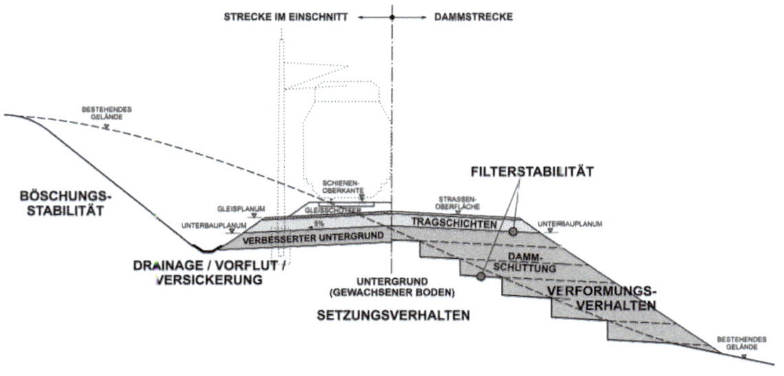


**Bild 32** Anforderungen an Verkehrswege (nach [3])

Im Verkehrsdammbau müssen neben den statischen Belastungen durch Fahrzeuge auch dynamische Einwirkungen berücksichtigt werden. Diese zeigen sich als Stöße und Schwingungen sowie als horizontale Kraftwirkung durch das Anfahren, Beschleunigen und Bremsen der Fahrzeuge [50]. Aus diesem Grund muss auch die dynamische Stabilität des Untergrunds und des Unterbaus nachgewiesen werden. In der Ril 836.3001 wird auch festgehalten, dass folgende Böden unter Schottergleisen jedenfalls als schwingungsempfindlich einzustufen sind [119]:

- verlagerungsempfindliche Sande mit einem Ungleichförmigkeitsgrad $U < 2{,}0$ und einer bezogenen Lagerungsdichte $I_D < 0{,}5$,
- bindige Böden mit einer Konsistenzzahl $I_c < 0{,}6$,
- organische Böden der Gruppen HN, HZ und F nach DIN 18196 [66],
- organogene Böden der Gruppen OU, OT, OH und OK nach DIN 18196 [66].

Auch die Anforderungen an das Setzungsverhalten sind im Straßenbau und vor allem bei Eisenbahnbauten groß. Um den sicheren Betrieb des Schienenverkehrs zu ermöglichen, muss der Unterbau so beschaffen sein, dass die auftretenden Setzungen zulässige Grenzen nicht überschreiten [50].

Grenzwerte für die Deutsche Bahn werden in der Ril 836.3001 [119] festgelegt. Für die Bewertung der Setzungsuntersuchung kann Bild 33 herangezogen werden. Darin sind hinnehmbare längenbezogene Setzungen innerhalb eines Instandhaltungszyklus für den Unterbau in Abhängigkeit von der Entwurfsgeschwindigkeit angegeben. Ein Instandhaltungszyklus beträgt dabei 6 bis 10 Jahre. Die Gesamtsetzungen nach Inbetriebnahme sollen dabei die 3-fachen Werte der hinnehmbaren Setzungsdifferenzen für eine Bezugslänge von 40 m nicht überschreiten [119].

Nach *Rahn* [46] sind grundsätzlich für Eisenbahndämme, bis auf folgende Ausnahmen, alle Böden geeignet:

- natürliche Böden mit einer Fließgrenze $w_L \geq 50\ \%$ (TA),
- Böden mit organischen Anteilen > 5 %,
- Böden mit Wassergehalten, die den optimalen Wassergehalt um mehr als 2 % überschreiten.

Werden hohe Anforderungen an die Lagestabilität (in Abhängigkeit von der Entwurfsgeschwindigkeit gemäß Bild 33) gestellt, müssen weitere Böden ausgeschlossen werden oder durch Behandlung, z. B. mit Kalk, aufbereitet werden.

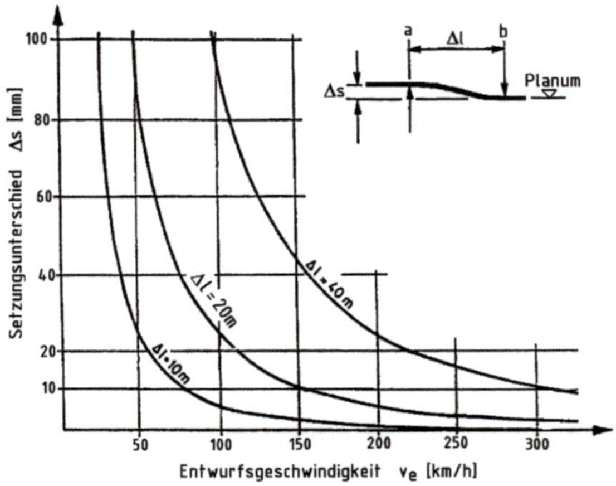


**Bild 33** Innerhalb eines Instandhaltungszyklus hinnehmbare Setzungsdifferenzen bei Schottergleisen (nach [119])

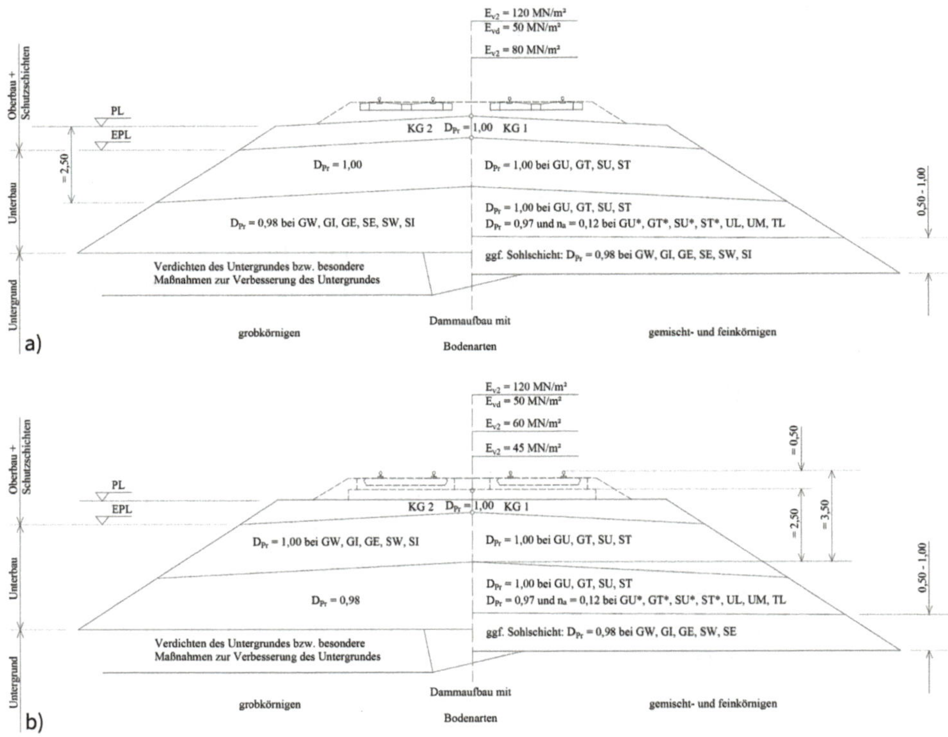


**Bild 34** Beispiele von Regelausbildungen des Unterbaus P300 – Damm;
a) Schotteroberbau, b) Feste Fahrbahn (nach [46])

Für die Verwendung von gebrochenem Fels sind nach *Rahn* [46] aus praktischen Erfahrungen folgende Grenzen zu setzen:

– Das Größtkorn soll max. 2/3 der vorgesehenen Schüttlage betragen.

– Verwitternde Felsgesteine bzw. gebrächer Fels sind häufig setzungsempfindlich. Ursprünglich stabile Böschungen rutschen in der Frost-Tau-Periode ab (Buntsandstein, Muschelkalk, Tonschiefer ...).

In Bild 34 sind Regelprofile für Eisenbahndämme mit Schotteroberbau und fester Fahrbahn dargestellt, mit geeigneten Bodengruppen für den Unterbau sowie Mindestanforderungen an die Verdichtung.

Böden, die für die Herstellung von Straßendämmen dienen, können dann als geeignet eingestuft werden, wenn sie gemäß der ZTV E-StB 09 [130] eingesetzt und damit den Anforderungen der TL BuB E-StB [124] gerecht werden. Diese Anforderungen richten sich an die Korngrößenverteilung, an die Plastizität bei feinkörnigen Böden und an den Wassergehalt, welcher den Erfordernissen des Einbaus und der Verdichtung entsprechen muss. Anforderungen sind in den Tabellen 10 bis 12 für grobkörnige, gemischtkörnige und feinkörnige Böden aufgelistet.

Im Merkblatt über die Verwendung von Boden ohne und mit Fremdbestandteilen im Straßenbau [98] werden auch die Anwendungsbereiche verschiedener Bodenarten festgelegt. Eine Übersicht wird in Tabelle 13 gegeben.

**Tabelle 10** Anforderungen an die Korngrößenverteilung grobkörniger Böden (nach [124])

| Grobkörnige Böden | Korngrößen-Massenanteil [M.-%] | | | Bodengruppen und Kurzzeichen |
| --- | --- | --- | --- | --- |
| | d ≤ 0,063 mm | d ≤ 2 mm | d > 63 mm | |
| Kies | ≤ 5 | ≤ 60 | ≤ 5 | GE, GW, GI |
| Sand | | > 60 | | SE, SW, SI |

**Tabelle 11** Anforderungen an die Korngrößenverteilung gemischtkörniger Böden (nach [124])

| Gemischtkörnige Böden | Korngrößen-Massenanteil [M.-%] | | | Bodengruppen und Kurzzeichen |
| --- | --- | --- | --- | --- |
| | d ≤ 0,063 mm | d ≤ 2 mm | d > 63 mm | |
| Böden mit geringem Massenanteil a an Feinkorn | 5 < a ≤ 15 | ≤ 60 | ≤ 5 | GU, GT |
| | | > 60 | | SU, ST |
| Böden mit hohem Massenanteil a an Feinkorn | 15 < a ≤ 40 | ≤ 60 | | GU*, GT* |
| | | > 60 | | SU*, ST* |

**Tabelle 12** Anforderungen an die Korngrößenverteilung und an die plastischen Eigenschaften von feinkörnigen Böden (nach [124])

| Feinkörnige Böden | Korngrößen-Massenanteil d ≤ 0,063 mm | Plastizitätszahl $I_P$ und Lage der A-Linie [1)] | Fließgrenze $w_L$ | Bodengruppen und Kurzzeichen |
| --- | --- | --- | --- | --- |
| Schluff | > 40 M.-% | $I_P \leq 4$ % oder unterhalb der A-Linie | < 35 % | UL |
| | | | 35 % ≤ $w_L$ ≤ 50 % | UM |
| | | | > 50 % | UA |
| Ton | | $I_P \leq 7$ % oder oberhalb der A-Linie | < 35 % | TL |
| | | | 35 % ≤ $w_L$ ≤ 50 % | TM |
| | | | > 50 % | TA |

[1)] siehe DIN 18196

**Tabelle 13** Anwendungsmöglichkeiten von Boden bzw. Bodenmaterial[1] ohne und mit Fremdbestandteilen (nach [98])

| Lfd. Nr. | Anwendungsbereich | Boden bzw. Bodenmaterial [1] ohne und mit Fremdbestandteilen | | | |
|---|---|---|---|---|---|
| | | grobkörniger Boden (Bodengruppen GE, GW, GI, SW, SE, SI) [5] | gemischtkörniger Boden (Bodengruppen SU/ST, GU/GT) [5] | gemischtkörniger Boden (Bodengruppen SU*/ST*, GU*/GT*) [5] | feinkörniger Boden (Bodengruppen UL, UM, UA, TL, TM, TA) [5] |
| | | Verwendung | | | |
| **1** | **Gebundene Tragschichten** [2] | | | | |
| | Verfestigungen (ZTV Beton-StB) | × | × | – | – |
| | Verfestigungen mit hydraulischen Bindemitteln als Tragschichten (ZTV LW) | × | × | – | – |
| **2** | **Tragschichten ohne Bindemittel** | | | | |
| 2.1 | Tragschichten ohne Bindemittel (ZTV SoB-StB) | × | – | – | – |
| 2.2 | Tragschichten ohne Bindemittel (ZTV LW) | × | – | – | – |
| **3** | **Erdbau (ZTV E-StB)** | | | | |
| 3.1 | Damm | × | × | × | × |
| 3.2 | Bankett | – | × | × | × |
| 3.3 | Herstellung von Substraten/ Vegetationsschichten [3] | × | × | × | – |
| 3.4 | Abdichtungen | – | – | × | × |
| 3.5 | Sickeranlagen und Filterschichten | × | × | – | – |
| 3.6 | Leitungsgräben | × | × | × | × |
| 3.7 | Hinterfüllungen und Überschüttungen von Bauwerken | × | × | ×[4] | ×[4] |
| 3.9 | Schutzwälle | × | × | × | × |
| 3.10 | Mechanische Bodenverbesserungen | × | × | – | – |
| 3.11 | Bodenbehandlung mit Bindemitteln [2] | × | × | × | × |

× Verwendung möglich
– keine Verwendung
[1] Sofern eine Unterscheidung von Boden und Bodenmaterial nicht notwendig ist, wird für Boden bzw. Bodenmaterial ohne und mit Fremdbestandteilen einheitlich der Begriff Boden verwendet.
[2] Anwendung nicht als Bindemittel.
[3] Böden, die durch geeignete Maßnahmen nach DIN 18915 für vegetationstechnische Zwecke verwendbar gemacht werden, sind wie Oberboden zu behandeln.
[4] Einschränkungen siehe ZTV E-StB, Abschnitt 10.2.4, (3) und (4).
[5] Bodenklassifikation nach DIN 18196.

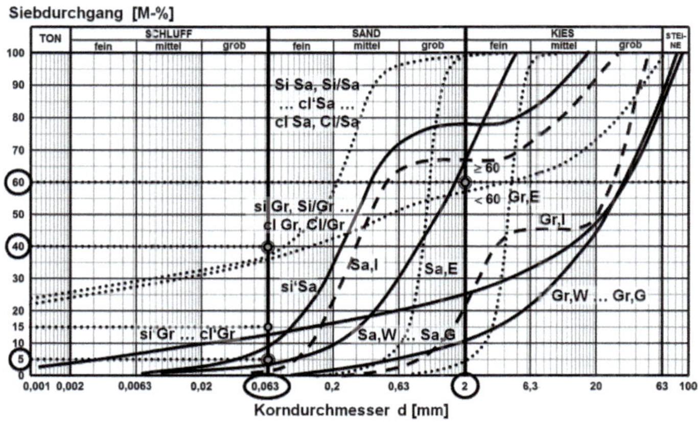


**Bild 35** Typische Kornverteilungskurven geeigneter (durchgehende und gestrichelte Linien) und bedingt geeigneter Dammbaustoffe (punktierte Linien) (adaptiert nach [3])

Für Schüttstoffe aus granuliertem Fels > 100 mm wird in der ZTV E-StB 09 [130] nur das Größtkorn mit 2/3 der Schüttlagenstärke begrenzt. Weitere Qualitätsanforderungen hinsichtlich Einbau und Verdichtung werden für diesen Fall nicht geregelt und sind somit in der Ausschreibung festzulegen. Die Beurteilung der Korngröße zur Bestimmung des Umfangs der Fraktionierung stellt dabei eine wichtige Grundlage dar. Auch die Kornform sollte ein begrenztes Seitenverhältnis im Bereich von 1:1 und 1:2 aufweisen. Weitere Kriterien zu Schüttstoffen aus Fels sind im Merkblatt über das Bauen mit und im Fels [96] festgelegt.

In Österreich werden geeignete Baustoffe für Straßen- und Eisenbahndämme in der RVS 08.03.01 [120] festgelegt. Geeignete Böden haben demnach die Klassifikation Gr,E; Gr,W; Gr,G; Gr,I; si′Gr; cl′Gr; si′Sa gemäß ÖNORM B 4400-1 [107] bzw. Felsausbruch.

In Bild 35 sind geeignete Böden als Kornverteilungskurven mit durchgehender Linie dargestellt. Bedingt geeignete Böden werden hingegen als punktierte bzw. gestrichelte (intermittierende Kornverteilungskurven) Linien dargestellt. Bei diesen Böden ist die Eignung nachzuweisen. Besonders sind dabei die Verdichtbarkeit und der optimale Wassergehalt im Labor und an einem Probefeld unter Einbaubedingungen zu ermitteln [120].

### 5.3.2 Staudämme

Im Staudammbau wird in homogene Dämme und in gegliederte Dämme unterschieden.

Homogene Dämme werden primär aus einem einzigen Dammbaustoff hergestellt. Um eine ausreichende Dichtheit zu gewährleisten, muss das Schüttmaterial entsprechend gering durchlässig sein. Die Forderung nach geringer Durchlässigkeit steht jedoch im Widerspruch zu hoher Scherfestigkeit (Reibungswinkel). Aus diesem Grund werden bei homogenen Dämmen flachere Böschungen ausgeführt. Nach *Pregl* [44] sind geeignete Materialien schluffige Kiese, schluffige Sande, Schluffe und Tone mit einer Durchlässigkeit von $k \leq 10^{-5}$ m/s. Dieser Wert ist jedoch als kritisch zu betrachten. Um der Ausbildung einer hochliegenden Sickerlinie vorzubeugen, sollte die Durchlässigkeit mindestens k ≤ $10^{-6}$ m/s betragen, außerdem sind auch Dränagen vorzusehen. Diese können als horizontale oder vertikale Dränagen ausgeführt werden. Letztere sind jedoch zielführender, da durch die Schüttlagen das Material in horizontaler Richtung meist durchlässiger ist als in vertikaler Richtung [54]. Homogene Dämme werden aufgrund der angeführten Aspekte eher für kleinere und temporäre Stauhaltungen (Hochwasserrückhaltebecken) ausgeführt. Sie sind in der Herstellung einfacher und damit kostensparender.

Durch zusätzliche technische Dichtungsmaßnahmen entfällt die Anforderung an die Dichtfunktion des Schüttmaterials. Dadurch können Dammbaustoffe mit wesentlich höheren Scherfestigkeiten gewählt werden. Nach der Lage der Abdichtung wird in Außendichtungen und Innendichtungen unterschieden. Derartige Erdbauwerke werden als gegliederte Dämme bzw. Zonendämme bezeichnet. Außendichtungen (z. B. aus Beton oder Asphalt) werden dann gewählt, wenn gering durchlässige Dammbaustoffe nicht verfügbar sind. Innendichtungen werden meist aus mineralischen Erdbaustoffen mit sehr geringer Durchlässigkeit hergestellt, aber auch aus Asphalt- und Betondichtungen. Angrenzend folgen die Filter- und Dränagezonen und schließlich der Stützkörper selbst [54]. Bei den gegliederten Dämmen werden somit die Funktionen „Dichten“ sowie „Stützen bzw. Tragfähigkeit“ voneinander getrennt.

Eine Übersicht über verschiedenen Ausführungen von Staudämmen ist in Bild 36 enthalten.

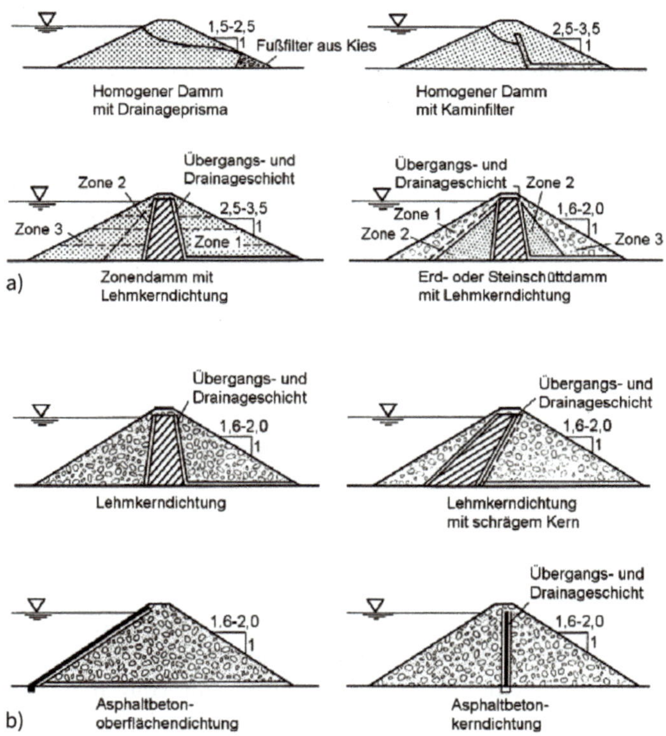


**Bild 36** Prinzipskizzen verschiedener Dammtypen von Erd- und Steinschüttdämmen (nach [51]);
a) Erd- und Steinschüttdämme,
b) Steinschüttdämme

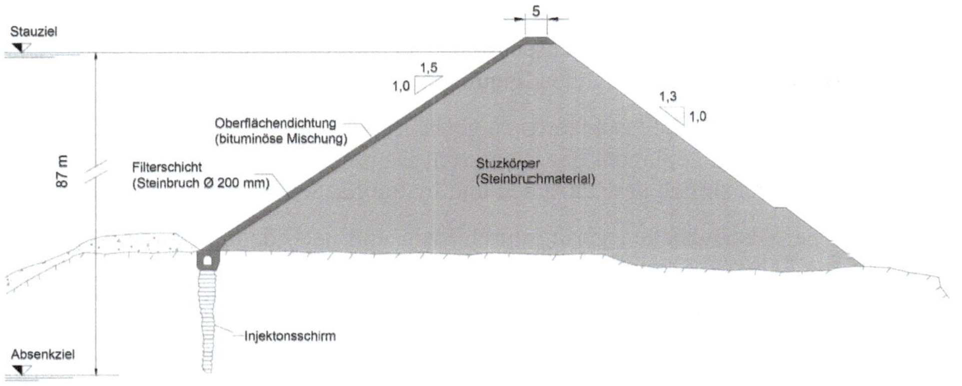


**Bild 37** Beispiel für einen Steinschüttdamm mit Oberflächendichtung auf einer Filterschicht (nach [29])

Ein Beispiel für einen Steinschüttdamm ist in Bild 37 dargestellt. Der Stützkörper besteht aus gemischtkörnigem Steinbruchmaterial aus Zentralgneis und übernimmt damit die Tragfunktion. Die Abdichtungsfunktion wird von einer bituminösen Asphaltschicht wasserseitig an der Oberfläche des Damms übernommen. Darunter liegt eine Filterschicht, welche als Dränagezone dient. Mit dieser Schicht ist eine Kontrolle und Überwachung der Funktionsfähigkeit der Dammdichtung möglich und deshalb muss sie bei jedem Staudamm ausgeführt werden, selbst bei homogenen Dämmen zur Überwachung der Durchsickerung. Bei der Ausführung von Filtern bzw. Dränagezonen müssen Filterkriterien eingehalten werden, um eine rückschreitende Erosion und Suffosion zu vermeiden [54].

Bei Dämmen mit permanentem Stauspiegel werden in der Regel auch Untergrundabdichtungsmaßnahmen vorgenommen, wie z.B. die Ausführung von Untergrundinjektionen, eines Dichtungsteppichs, einer Dichtmembran sowie von Schlitzwänden, Spundwänden, Schmalwänden usw. Damit soll ein Unterströmen des Damms verhindert bzw. der Strömungsweg verlängert werden. Der hydraulische Gradient wird dadurch entscheidend abgemindert.

Die Kornverteilungskurven von geeigneten Dammbaustoffen für Staudämme liegen in Abhängigkeit von der Durchlässigkeit in den in Bild 38 dargestellten Kornverteilungsbereichen. In der DIN 18196 [66] werden auch Bodengruppen ausgewiesen, die sich besonders gut für einzelne Dammzonen eignen, wie. z.B. für den Stützkörper, mineralische Dichtschichten oder Dränagezonen. Details zur Klassifizierung und zur Eignung von Erdbaustoffen werden in Abschnitt 6.2.5 erläutert.

### 5.3.3 Hochwasserschutzdämme bzw. Hochwasserschutzdeiche

Zur Gewährleistung der Standsicherheit von Hochwasserschutzdämmen ist es wichtig, einen ausreichenden Freibord zum Bemessungshochwasser und Sicherheitshochwasser vorzusehen sowie eine entsprechend breite Dammkrone (mind. 3,0 m) und möglichst flache Böschungen (Böschungsneigung max. 1:2). Auch ein Dammverteidigungsweg, über den der Damm im Hochwasserfall befahren werden kann, sollte in der Dammgeometrie vorgesehen sein. Im Wesentlichen hängt jedoch die Geometrie vom

Bemessungshochwasser und dessen hydraulischer Beanspruchung, von den bodenphysikalischen und -mechanischen Eigenschaften des Dammschüttmaterials bzw. des Untergrunds sowie den örtlichen Randbedingungen ab (Bild 39) [7].

Um entsprechende Sicherheitsstandards zu gewährleisten, müssen die nach dem heutigen Stand der Technik geplanten bzw. sanierten Dammbauwerke folgende technische Anforderungen hinsichtlich der statischen und hydraulischen Aspekte erfüllen [7]:

- Dammkörper – standsicher, gering durchlässig und nach dem heutigen Stand der Technik verdichtet;
- Abdichtungssystem als Erosionssperre mittels Innendichtung (Dichtwände, Schlitzwände bzw. diverse Einmischverfahren usw.) – dieses System weist wesentliche Vorteile gegenüber einer Außendichtung auf; ein Absperren des Grundwasserleiters bzw. eine Einbindung in den gering durchlässigen Stauer durch die Dichtwände ist oftmals aufgrund der großen Mächtigkeiten des Grundwasserleiters oder aus hydrogeologischen bzw. wasserrechtlichen Gründen (Aufrechterhalten der Grundwasserkommunikation) nicht immer möglich (Lösung mit sog. Tauchwänden und evtl. mit Druckentlastung);
- Landseitige Dränage zur Ableitung von Sickerwasser – bei Vorhandensein bindiger Deckschichten auch in Kombination mit einer landseitigen Druckentlastung (Dränagegräben bzw. -säulen) zur Verhinderung von hydraulischem Grundbruch im Falle einer Unterströmung des Damms.

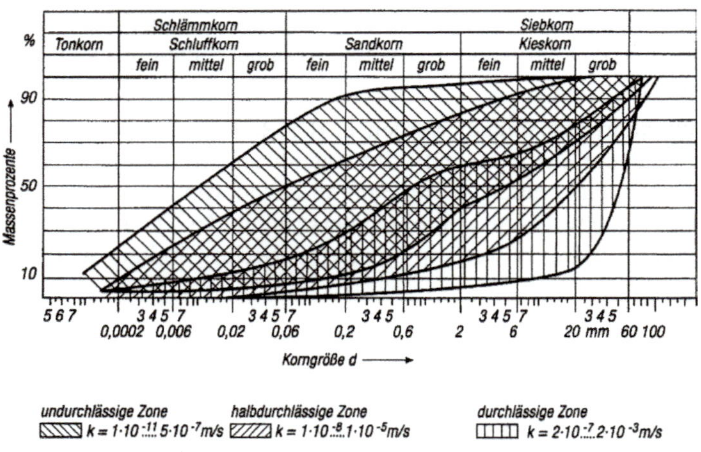


**Bild 38** Grenzkornverteilungskurven von Dammbaustoffen (nach [38])

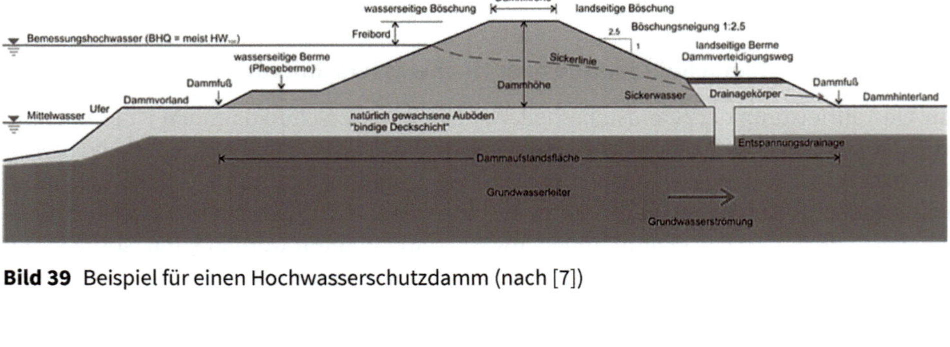


**Bild 39** Beispiel für einen Hochwasserschutzdamm (nach [7])

Schäden an Dämmen resultieren aus unzulässig großen vertikalen und horizontalen Dammbewegungen, die primär durch die hydraulische Beanspruchung während eines Hochwassers auftreten können und damit zu einer Veränderung des Gefüges oder dessen Lage führen. Grundsätzlich wird die Stabilität von Erddammbauwerken durch die hydrodynamischen und -statischen Einwirkungen des Wassers beeinflusst. Diese können bei einem mangelhaften Dammzustand aufgrund der Gefahr von Materialumlagerungen wesentlich begünstigt werden, wodurch die Standsicherheit deutlich herabgesetzt wird. Dies betrifft vor allem ältere Dämme, die keinen ausreichenden Verdichtungszustand aufweisen, aus sehr heterogenem Material bestehen, von Erosionsröhren durchzogen sind oder in unzulässigem Ausmaß durch- bzw. unterströmt werden. Eine lockere Lagerung in Kombination mit enggestuften oder auch stark ungleichförmigen und intermittierend gestuften Kornverteilungen des Schüttmaterials bildet bei einer Sickerströmung eine gute Voraussetzung für die Entstehung von innerer Erosion bzw. von Böschungsbruchversagen. Die Erosionsröhren (Piping, Wühltiergänge usw.) verursachen in hydraulischer sowie in statischer Hinsicht eine Schwächung des Dammquerschnitts, wodurch ein Bruch schon bei geringeren Belastungen auftreten kann [7].

Versagensmechanismen, die bei Hochwasserschutzdeichen häufig auftreten, sind Folgende (Bild 40) [7]:

- Böschungsbruch infolge von Sickerwasseraustritten (flächenhaft oder lokal im Bereich der Erosionsröhre),
- Böschungsbruch infolge raschen Absinkens des Wasserspiegels,
- Dammbruch infolge Überströmung der Dammkrone mit anschließender Oberflächenerosion,
- hydraulischer Grundbruch infolge Unterströmung (Piping/Erosion und Suffosion),
- hydraulischer Grundbruch durch Aufschwimmen des luftseitigen Fußbereiches des Damms.

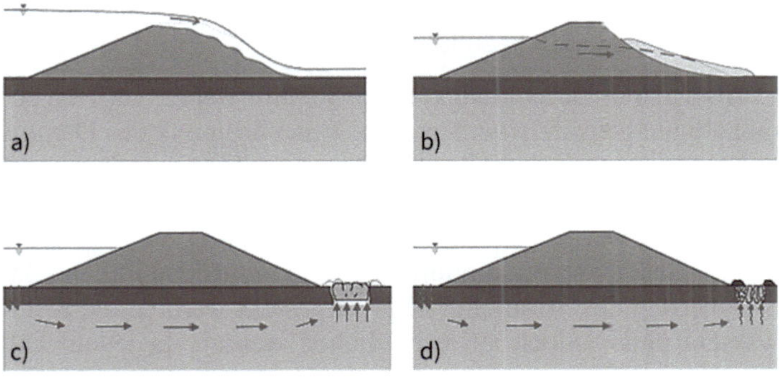


**Bild 40** Mögliche Versagensmechanismen bei Hochwasserschutzdämmen (nach [7]), a) Überströmen des Dammes (Erosionsbruch), b) Böschungsbruch infolge Sickerwasser, c) Hydraulischer Grundbruch infolge Auftrieb (Aufschwimmen), d) Hydraulischer Grundbruch infolge Erosion/Suffosion

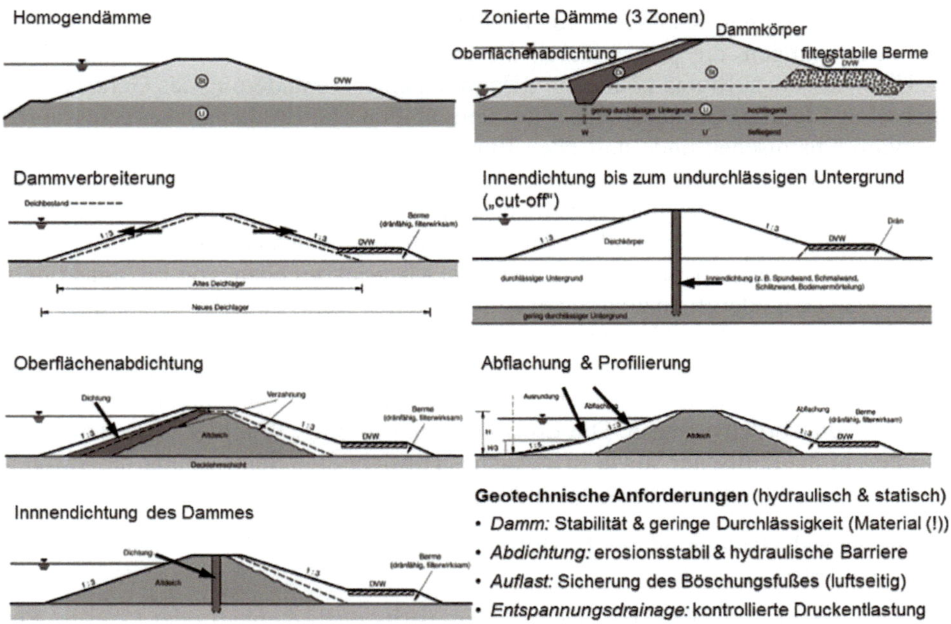


**Bild 41** Möglichkeiten zur Sanierung von bestehenden Hochwasserschutzdämmen (nach [6])

Aus geotechnischer Sicht lässt sich das Versagensrisiko relativ einfach durch eine geeignete Wahl der verwendeten Schüttmaterialien (feinkörnige bis gut abgestufte gemischtkörnige Böden) und deren bodenphysikalischen Eigenschaften sowie die Umsetzung von gezielten technischen Maßnahmen minimieren. Im Vordergrund sollte stets eine sachgerechte, dem Stand der Technik entsprechende Verdichtung des Materials stehen. Diese hat einen direkten Einfluss auf die Durchlässigkeits- und die Scherfestigkeitsparameter des Dammschüttmaterials. Grundsätzlich ist im Vorfeld immer die Verfügbarkeit von geeigneten Materialien zu klären [7].

In Abhängigkeit von der erreichbaren Durchlässigkeit des Schüttmaterials müssen zusätzliche Abdichtungsmaßnahmen getroffen werden. Eine Unterströmung des Damms sollte weitestgehend ausgeschlossen werden. Ist der Untergrund entsprechend undurchlässig, sind keine Maßnahmen erforderlich. Ansonsten können z. B. Dichtwände bis zur dichten Schicht ausgeführt werden. In vielen Fällen unzulässig ist jedoch die dauerhafte Unterbrechung der Grundwasserkommunikation. In derartigen Fällen können Tauchwände zur Verlängerung des Strömungswegs hergestellt werden, die Kommunikation des Grundwassers muss jedoch aufrechterhalten werden. In jedem Fall sollte luftseitig eine Dränage- und Filterzone vorgesehen werden, um einen Austritt der Sickerlinie an der Luftseite des Damms zu verhindern. Außerdem wird damit eine Vernässung des luftseitigen Dammfußes verhindert. Die Dränagezone nimmt auch das Wasser infolge einer Unterströmung auf. Die Entwässerung erfolgt über Sickerwasserrohrleitungen [39] (Bilder 41 und 42).

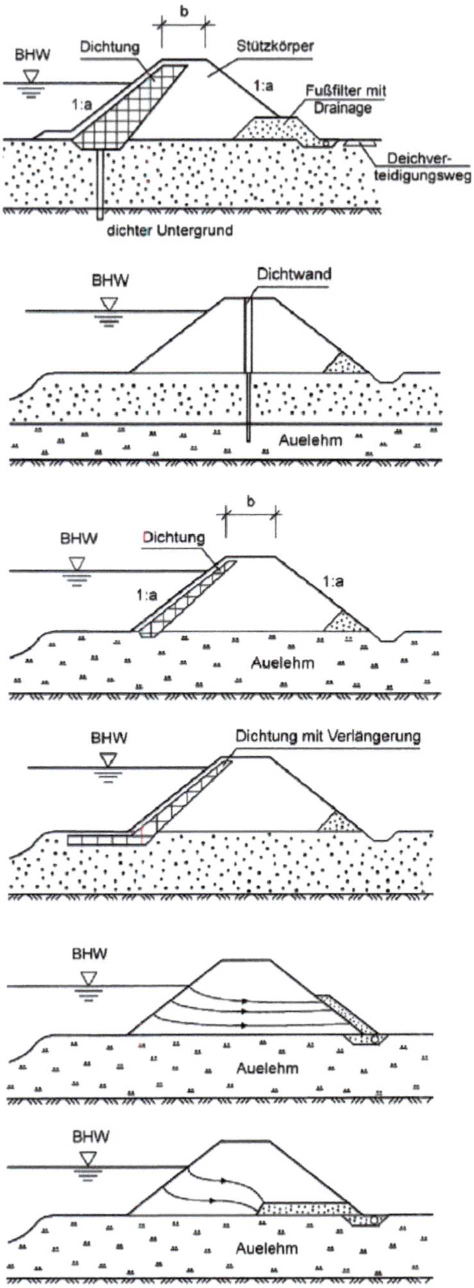


**a) Drei-Zonen-Deich**
Zone 1: mineralische Dichtung (undurchlässiger Boden bzw. mit Bentonit verbesserter Boden).
Zone 2: Stützkörper aus nichtbindigem, tragfähigem Bodenmaterial
Zone 3: Dränage und Filter am Dammfuß

**b) Kerndichtung mit Dichtungswand**
bis zum tiefer liegenden gering durchlässigen Untergrund

**c) Wasserseitige Oberflächendichtung**
vor dem Stützkörper auf gering durchlässigem Untergrund

Als Dichtung kommen bei c) und d) folgende Materialien infrage: Beton, Asphalt, Ton-Zement-Massen, Kunststoffe und Stahl.

**d) Oberflächendichtung mit Dichtungsteppich**
im Vorland

**e) Homogener Deich mit luftseitigem Auflastfilter**
auch zur Deichverstärkung oder Ertüchtigung nachträglich ausführbar

**f) Flächenfilter unter luftseitigem Dammfuß**
kritisch ist jedoch der verkürzte Strömungsweg mit einem höheren hydraulischen Gradienten als Folge

**Bild 42** Prinzipskizzen mit Konstruktionsvarianten von Hochwasserdeichen (nach [39])

### 5.3.4 Steinschlagschutz- und Lawinenschutzdämme

Um den hohen dynamischen Beanspruchungen aus Steinschlag, Lawinen und Muren im Ereignisfall standhalten zu können, bedarf es flacher Dammböschungen. Da jedoch speziell für die Abwehr von Steinschlägen und Lawinen steilere Dammböschungen erforderlich sind, um einen „Sprungschanzeneffekt“ zu vermeiden, kommen zur Ausbildung von Steilböschungen häufig Geokunststoffe oder Steinschlichtungen zum Einsatz (Bild 43). Außerdem verbessern Bewehrungen mit Geokunststoffen die Querverteilung einer impulsförmig auftreffenden Last (z. B. Felsblock). Somit kann die mitwirkende Masse, die ein Maß für die Festigkeit des Schutzdamms gegenüber dynamischem Anprall darstellt, eher in der Querrichtung zur Sturzbahn gewonnen werden als in der platzraubenden Fallrichtung [2].

Die energieabsorbierende Wirkung bei Schutzdämmen wird überwiegend durch deren Masse sichergestellt. Das Volumen dieser Masse hängt von der Dammgeometrie und den Scherparametern der Dammschüttmaterialien ab. Gedrungene Dämme aus sehr gut verdichteten weitgestuften Materialien können wesentlich höhere Lasten aufnehmen als schlanke Konstruktionen aus locker gelagerten gleichförmigen Böden [2].

Die Aufprallenergie wird einerseits durch elastische und plastische Verformungen des Damms aufgenommen, andererseits trägt die laterale Wellenausbreitung im Damm ebenfalls in einem gewissen Maße zur Energieableitung bei [2].

Ein Beispiel für einen Lawinenschutzdamm mit Einwirkungen und maßgebenden Versagensmechanismen ist in Bild 44 dargestellt. Eine ausreichende statische Standsicherheit von Schutzdämmen ist die Grundvoraussetzung für die Berechnung und Bemessung auf Einwirkung von impulsförmigen Lasten.

Einbau und Verdichtung von geeignetem Schüttmaterial (grob- bzw. gemischtkörnige Böden mit weitgestufter Kornverteilung) haben lagenweise zu erfolgen. Die Schütthöhe der einzelnen Lagen darf nicht zu groß gewählt werden (max. 50 cm), damit eine ordnungsgemäße Verdichtung möglich ist. Im Erdbau findet die Verdichtung üblicherweise mit Vibrationswalzen statt, die Tragfähigkeit wird erhöht und Setzungen werden vorweggenommen. Ein gut verdichteter Dammkörper kann wesentlich höhere impulsförmige Belastungen aufnehmen als ein locker geschütteter Damm. Folglich ist es wichtig, dass die Verdichtung und die erreichte Tragfähigkeit beim Bau des Erdbauwerks überprüft wird [2].

Bei der Herstellung von geokunststoffbewehrten Schutzdämmen ist die Verlegerichtung (Hauptzugrichtung) der Bewehrungsbahnen auf den hauptsächlichen Zweck des Bauwerks abzustimmen. Ist das Hauptaugenmerk auf eine Steilböschung und ein dementsprechend großes Auffangbecken gerichtet, wie es vorwiegend bei beengten Platzverhältnissen und häufigen kleineren Steinschlagereignissen der Fall sein wird, so ist die Zugkraft der Bewehrung in Dammquerrichtung zu wählen. Lässt sich ein großes Einzelereignis prognostizieren, sollte die Querverteilungswirkung der Bewehrung während des dynamischen Anpralls in den Vordergrund gestellt werden. Die Verlegung der Bahnen sollte aus diesem Grund in Dammlängsrichtung erfolgen [2].

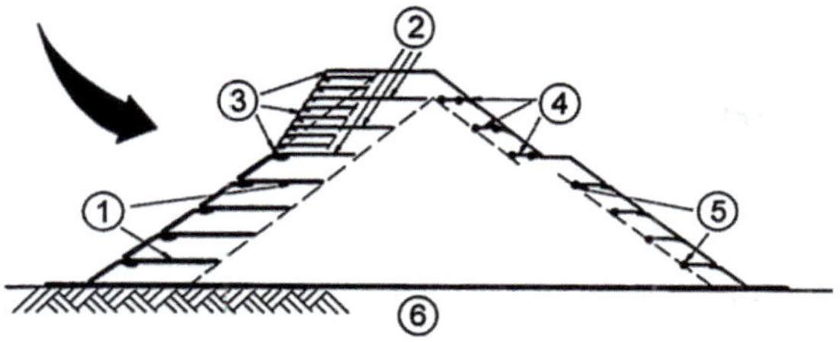


1 Dammstabilisierung und Lastverteilung bei Anprall
2 Bewehrung zur Aufnahme der Anpralllasten
3 Böschungsstabilisierung und Lastverteilung bei Anprall
4 Böschungsbruchsicherung, hoch biegesteife Bewehrungslagen
5 Böschungsbruchsicherung, leicht biegesteife Bewehrungslagen

6 Erhöhung der Tragfähigkeit
Verminderung der Setzungen
Verbesserung der globalen Stabilität
Vorbeugung seitlicher Verformungen
Verringerung von Untergrundsetzungen

**Bild 43** Prinzipieller Aufbau eines mit Geokunststoffen bewehrten Damms (nach [2])

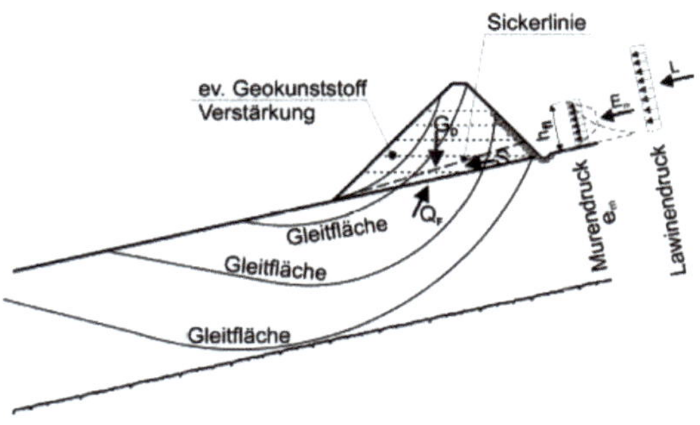


**Bild 44** Beispiel für einen Schutzdamm mit den maßgebenden Einwirkungen, sowie Versagensmechanismen (nach *Hofmann* aus [48])

Die Bemessung und konstruktive Gestaltung von Steinschlagschutzdämmen wird in Österreich in der ONR 24810 – Technischer Steinschlagschutz [112] geregelt. Für Lawinenschutzdämme gilt die ONR 24806 – Permanenter technischer Lawinenschutz [111].

Verlangt wird darin für beide Dammtypen eine saubere und tragfähige Dammaufstandsfläche, gegebenenfalls hat eine Bodenauswechslung zu erfolgen. Mindestanforderungen an die Aufstandsfläche sind ein Verdichtungsgrad von $D_{Pr} = 98\ \%$ der einfachen Proctordichte und einen Lastplattenmodul von mindestens $E_{v1} \geq 15\ MN/m^2$, jedoch je nach Bodenbeschaffenheit können auch bessere Werte erforderlich sein. Für die Dammschüttung wird im Regelfall grobkörniges Schüttmaterial herangezogen. Die Schütthöhe wird je nach Verdichtungsgerät und Bodeneigenschaften festgelegt. Die einzelnen Lagen sind auf einen Verdichtungsgrad von $D_{Pr} = 98$ bis $100\ \%$ der einfachen Proctordichte zu verdichten.

Der im Entwurf und im Zuge der dammstatischen Untersuchung festgesetzte Reibungswinkel muss durch Eignungsprüfungen für das Schüttmaterial nachgewiesen werden. Der Nachweis erfolgt z. B. im (Groß-)Rahmenscherversuch mit entsprechend angepasstem Größtkorn [111].

Bei der Herstellung von Steinschlagschutzdämmen sind feinkörnige Schüttmaterialien zu vermeiden. Bei Steinschlagschutzdämmen muss zudem die bergseitige Front derart gestaltet sein, dass sie den mit Geokunstoffen bewehrten Dammkörper vor partiellen Schäden schützt. Außerdem soll die Front wartungsarm und nach Ereignissen revisionierbar sein. In Frage kommen z.B. Steinschlichtungen, Gabionenkonstruktionen, Vorsatzschalen und dämpfende Verschleißschichten, z.B. Gummireifen. Bei entsprechendem Nachweis der Standsicherheit können Steilböschungen z.B. auch mit Drahtschotterkörben ausgeführt werden [112].

### 5.3.5 Deponiedämme

Der Bau von Deponien bedarf einer ausführlichen und lückenlosen Untergrunderkundung. Die Dichtheit und Standsicherheit muss gewährleistet sein. Die Setzungen müssen begrenzt werden, damit das Basisabdichtungssystem keinen Schaden nimmt. Die Tiefenwirkung von Deponien beträgt jedenfalls mehr als 10 m, somit ist eine Beurteilung mittels Plattendruckversuchen (Tiefenwirkung knapp 45 bis 60 cm) ungeeignet. Wenn der Untergrund tiefreichend locker und kleinräumig wechselhaft ist, müssen Verfahren des Spezialtiefbaus angewendet werden, um die Setzungen vorwegzunehmen. Infrage kommen z.B. die Tiefenrüttelung oder die dynamische Intensivverdichtung [16].

Auf die Herstellung bzw. auf die erdbauliche Vorbereitung der Deponieaufstandsfläche muss besonders Acht gegeben werden. Dazu sind Setzungsprognosen erforderlich, um örtliche Überhöhungen kalkulieren zu können, damit im späteren Ausbauzustand die Entwässerung der gefährlichen Deponiesickerwässer über Quer- und Längsgefälle auch tatsächlich gewährleistet ist. Im Regelfall soll die Aufstandsfläche einen Verdichtungsgrad von $D_{Pr} \geq 100\ \%$ aufweisen [16].

Als Basisabdichtung kommen mineralische Dichtungen (Boden- und Tonmischungen) und künstliche Dichtungen (Kunststoffdichtungsbahnen, Bitumendecken usw.) infrage. Meist werden diese kombiniert, um die spezifischen Vorteile der einzelnen Materialien wirkungsvoll zu nutzen [16].

Entwurfsprinzipen bei der Planung eines Abdichtungssystems nach *Brandl* [16] sind (Bild 45 und 46):

- Einbau eines mehrlagigen Dichtungssystems, welches grundsätzlich eine mineralische Dichtschicht enthält; weitere Werkstoffe bzw. Dichtungselemente je nach Bedarf;
- Einbau von Dränageschichten, welche zur Sammlung, Ableitung und Kontrolle der Deponiesickerwässer dienen;
- Minimierung des hydraulischen Gefälles;
- Herstellung eines möglichst großen Gefälles der Flächendränagen und Rohrleitungen;
- Gewährleistung möglichst geringer Temperaturen an der Deponiebasis.

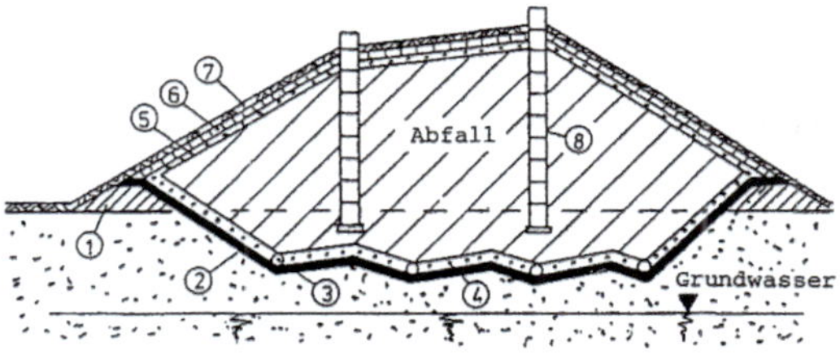


**Bild 45** Konstruktive Maßnahmen für neue Abfalldeponien (nach [28])

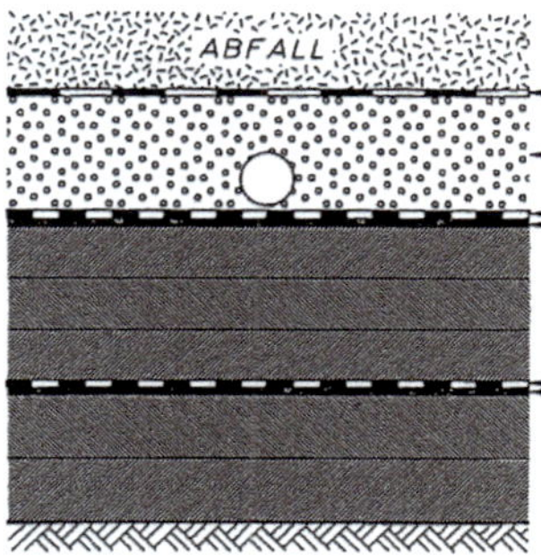


**Bild 46** Beispiel eines Basisabdichtungssystems mit einer Kombinationsdichtung (nach [16])

Für mineralische Dichtungen werden Durchlässigkeitsbeiwerte von $k = 10^{-9}$ m/s bis $k = 10^{-10}$ m/s verlangt. Durch diese hohe Anforderung kommen natürliche Tone oder Lehme nur bedingt zur Anwendung. Durch die Zugabe Bentonit können besonders geringe Durchlässigkeiten erreicht werden. Jedoch lassen sich mit bindigen Böden nur schwer homogene Mischungen mit Bentonit herstellen, da diese zur Klumpenbildung neigen. Vorwiegend kommen daher schluffige Sande und schwach schluffige sandige Kiese mit Zumischung von Bentonit zur Anwendung. Das Größtkorn sollte dabei 63 mm nicht überschreiten und die Kornverteilung sollte möglichst der Fullerkurve entsprechen. Entscheidend für die Dichtheit der mineralischen Schicht ist jedoch nicht nur der Kornaufbau, sondern auch der erreichte Verdichtungsgrad, da ein direkter Zusammenhang zwischen Porenvolumen und dem k-Wert besteht [16].

Auch die Standsicherheit einer Deponie muss mit besonderer Sorgfalt berücksichtigt werden. Die Problematik besteht darin, dass die Schüttmaterialien bzw. die deponierten Stoffe meist nicht die gewünschten Eigenschaften aufweisen. Die Scherfestigkeit und das Verformungsverhalten von Abfällen sind für die Standsicherheitsbetrachtung ungünstig.

Richtwerte für die Dichte und die Festigkeit können nach *Turczynski* [55] wie folgt angenommen werden:

- Dichte: $\rho = 0{,}4$ (unverdichtet) bis 1,4 (hochverdichtet) t/m$^3$,
- Reibungswinkel: $\varphi = 40°$ (frischer Hausmüll) bis 26° (15 Jahre alter Hausmüll),
- Kohäsion: $c = 50$ kN/m$^2$ (frisch) bis 10 kN/m$^2$ (15 Jahre).

Nach *Brandl* [16] ist auch die Verformungsverträglichkeit zwischen einem tonigen Boden (z. B. im Untergrund der Deponie) und jene des Abfalls sehr unterschiedlich. So erreicht der abgelagerte Abfall erst nach sehr großen Scherverformungen seine größte Scherfestigkeit, im Unterschied zu einem steifen Ton, der schon bei kleineren Scherverformungen seinen Peak erreicht. Beim Nachweis der Grundbruchsicherheit ist zu beachten, dass der Abfall im Bruchzustand des Bodens noch lange nicht seine maximale Scherfestigkeit erreicht hat. Beim Nachweis muss jene Festigkeit des Abfalls in der Berechnung berücksichtigt werden, die den im Bruchzustand des Bodens vorhandenen Scherverformungen entspricht.

## 5.4 Entwurf und Berechnung

Die grundlegenden Entwurfsgrundsätze der verschiedenen Dammtypen wurden bereits behandelt für:

- Straßen- und Eisenbahndämme in Abschnitt 5.3.1,
- Staudämme in Abschnitt 5.3.2,
- Hochwasserschutzdämme in Abschnitt 5.3.3,
- Steinschlag- und Lawinenschutzdämme in Abschnitt 5.3.4,
- Deponiedämme in Abschnitt 5.3.5.

Alle diese Dammtypen müssen für den endgültigen Entwurf einer umfassenden Standsicherheitsuntersuchung unterzogen werden. Diese entscheidet über die tatsächliche Dammgeometrie bzw. legt Bodenkennwerte für Schüttmaterialien fest, die bei der Bauausführung zu erreichen sind. Die Qualitätssicherung und Prüfverfahren werden in Abschnitt 9 näher erläutert.

Besonderes Augenmerk muss bei der Standsicherheitsuntersuchung auch auf den Untergrund gelegt werden. Eine Untergrunderkundung ist jedenfalls erforderlich, um die Schichtung und eventuelle Störzonen feststellen zu können, aber auch um das Setzungsverhalten prognostizieren zu können.

Welche Nachweise in der Standsicherheitsuntersuchung zu führen sind, wird durch die möglichen Versagensmechanismen, die beim jeweiligen Erdbauwerk auftreten können, bestimmt. Entscheidend hierfür sind alle auftretenden Einwirkungen auf das Dammbauwerk, welche in Abschnitt 1.4 zusammengefasst sind.

Speziell bei Staudämmen müssen auch verschiedene Betriebszustände in der Standsicherheitsbetrachtung berücksichtigt werden wie z. B. [117]:

- alle Staulagen zwischen dem Stauziel und dem entleertem Speicher,
- Bemessungshochwasser (BHQ) und das Sicherheitshochwasser (SHQ),
- rasche Absenkung des Stauspiegels durch den Grundablass,
- Erdbebeneinwirkung (OBE und MCE),
- Auswirkungen möglicher Schadstellen, wie z. B. Versagen der Dammdichtung usw.

Die möglichen Versagensmechanismen, die hierfür erforderlichen Nachweise (nach [56] und [117]) und wie dem Versagen vorgebeugt werden kann, ist im Folgenden zusammengefasst (Bilder 47 und 48).

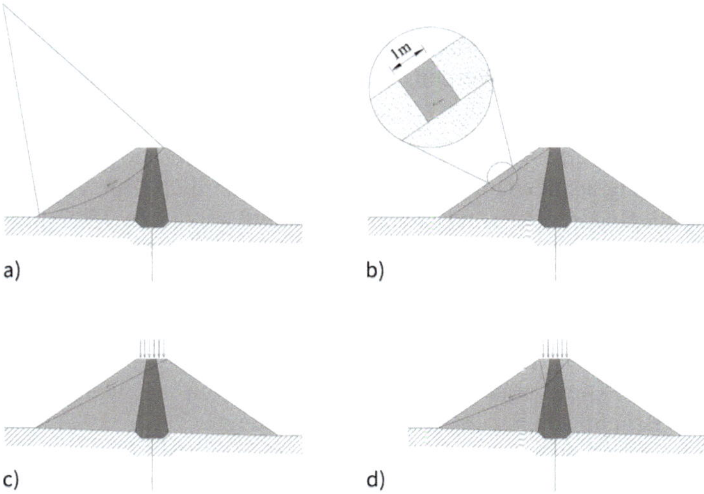


**Bild 47** Beispiele für das Versagen durch Böschungsbruchmechanismen (nach [29]);
a) gleitkreisförmige Versagensflächen, b) hangparallele Gleitflächen, c) ebene Gleitflächen,
d) Bruchmechanismen aus mehreren Gleitblöcken

**Bild 48** Beispiele für das Versagen durch mechanischen Grundbruch (nach [29]);
a) gleitkreisförmige Versagensflächen mit Grundbruch, b) Grundbruch am Dammfuß

### Versagen durch Böschungsbruch

***Gleitkreisförmige Versagensfläche***: Die Sicherheit gegen Böschungsbruch wird durch den Ansatz einer Variation möglicher Gleitkreise festgelegt. Ziel der Variation ist es, den Gleitkreis mit der geringsten Sicherheit für den jeweiligen Lastfall zu finden. Unterschieden werden dabei Lamellenverfahren z.B. nach *Fellenius*, *Bishop* und *Janbu*, und lamellenfreie Verfahren z.B. nach *Fröhlich*. Entscheidend für die Sicherheit ist neben den angesetzten Einwirkungen (z.B. Porenwasserdrücke, Erdbeben,...) die Dammgeometrie und die Scherfestigkeiten der Dammschüttmaterialien.

***Hangparallele Gleitfläche***: Diese treten vor allem oberflächennah oder in Grenzschichten zwischen zwei verschiedenen Bodenschichten (z.B. zwischen zwei Dammzonen) auf. Der Nachweis erfolgt durch eine Gegenüberstellung der treibenden und rückhaltenden Kräfte, bezogen auf die Gleitebene. Hangparallelem Gleiten kann durch entsprechend hohe Scherfestigkeiten der Dammschüttmaterialien, durch eine angepasste Hangneigung und gegebenenfalls auch durch konstruktive oder ingenieurbiologische Maßnahmen vorgebeugt werden. Auszugehen ist dabei vom ungünstigsten Lastfall.

***Ebene Gleitflächen***: In homogenen Böden werden sich im Versagensfall primär gleitkreisförmige oder hangparallele Gleitflächen ausbilden. Bei Unstetigkeiten, geschichtetem Aufbau oder bei Vorhandensein potenzieller Gleitflächen können sich auch ebene Versagensflächen ausbilden, z. B. ein abrutschender Keil, wie dies im Festgestein entlang von Trennflächen oft der Fall ist. Werden dadurch jedoch mehrere Gleitblöcke mobilisiert, gilt der im Folgenden vorgestellte Versagensmechanismus.

***Bruchmechanismen aus mehreren Gleitblöcken***: Bei durchgehend homogenen Böschungen ist ein solcher Versagensmechanismus eher unwahrscheinlich. Bei Vorhandensein einer Schichtung im Boden oder von potenziellen Gleitflächen bzw. Trennflächen im Festgestein, können auch mehrere Gleitblöcke am Bruch beteiligt sein. Es gibt hierfür verschiedene Berechnungsansätze (nach [19] und [57], nähere Informationen sind in Kapitel 1.11 in Abschnitt 4.1.2 und 4.2.4 enthalten):

- Kinematische-Elemente-Methode: Es können beliebig viele Teilkörper in der Berechnung angesetzt werden. Diese sind kinematisch verschieblich und werden als starr angenommen. Die Bruchflächen werden als eben angesetzt.
- Blockgleitverfahren: Es werden drei bis fünf Teilkörper angesetzt. Die inneren Gleitflächen werden bei diesem Verfahren als lotrecht angenommen. Für jeden Teilkörper wird ein Krafteck mit allen einwirkenden und rückhaltenden Kräften konstruiert. Ist ein Körper im Gleichgewicht, ist das Krafteck geschlossen, ist dies nicht der Fall, wird jene Kraft, die zum Schließen des Kraftecks erforderlich ist, als zusätzliche treibende Kraft am nächsten Teilkörper angesetzt.
- Verfahren zusammengesetzter Bruchflächen mit geraden Gleitflächen: Es werden bis zu vier Teilkörper angesetzt. Die inneren Gleitflächen verlaufen bei diesem Verfahren jedoch nicht senkrecht, sondern können auch geneigt sein.
- Direkte Gleitblockmethode: Angesetzt werden drei bis fünf Gleitblöcke. Die inneren Gleitlinien sind senkrecht anzusetzen. Das Verfahren wurde auf Basis des Blockgleitverfahrens entwickelt, jedoch mithilfe einfacherer Formeln.

**Versagen durch mechanischen Grundbruch**
***Gleitkreisförmige Versagensfläche***: Der Nachweis erfolgt ebenfalls mit Gleitkreisen, wie bereits beim Böschungsbruch beschrieben. Der Unterschied ergibt sich dadurch, dass auch jene Gleitkreise untersucht werden, die den Untergrund mit einbeziehen und durch diesen hindurch führen. Grundlegend für den Nachweis ist die Kenntnis, wie der Untergrund beschaffen ist und welche bodenmechanischen Parameter angesetzt werden können. Befinden sich beispielsweise Schichten wie Seetone im Untergrund, stellt dies für die Standsicherheit eine Problematik dar, welcher nur durch entsprechende Untergrundverbesserungsmaßnahmen entgegengewirkt werden kann. Eine Abflachung der Dammgeometrie oder die Verwendung von Dammschüttmaterialien mit höheren Scherfestigkeiten würden in einem solchen Fall die Sicherheitszahlen nur geringfügig günstig verändern. Maßgebend wäre in diesem Fall der Nachweis gegen Grundbruch. Verfahren zur Verbesserung des Untergrunds werden am Ende des Abschnitts kurz zusammengefasst.

***Grundbruch am Dammfuß***: Bei einem weichen und nachgiebigen Untergrund, wie dies z. B. im Verkehrsdammbau öfter der Fall ist, muss auch die Sicherheit gegen Grundbruch am Dammfuß nachgewiesen werden. Als treibende Kräfte kommen in der Regel das Eigengewicht des Dammfußes und die aktive Erdruckkraft, die auf den betrachteten Keil am Dammfuß ungünstig einwirkt, zum Ansatz. Im Untergrund bildet sich dadurch eine Gleitfläche aus (eine Grundbruchfigur), für welche der Nachweis zu führen ist.

***Zusammengesetzte Gleitflächen***: Solche Gleitflächen können nach *Terzaghi* [53] auftreten, wenn der Untergrund eine oder mehrere sehr weiche Schichten enthält, wie z. B. eine Tonschicht. Der Ansatz einer kontinuierlichen Kurve als Gleitfläche würde in einem solchen Fall den Nachweis zur unsicheren Seite hin verfälschen. Ein Beispiel zeigt Bild 49.

**Versagen durch Gleiten auf der Aufstandsfläche**

***Abgleiten des Damms***: Der Nachweis bezieht sich auf die Aufstandsfläche des Damms, welche als potenzielle Gleitebene angenommen wird (Bild 50a). Ungünstig wirkt sich auf diesen Nachweis beispielsweise eine Stoßbelastung auf einen Damm in Hanglage aus, so wie dies häufig bei Steinschlagschutz- und Lawinenschutzdämmen der Fall ist. Als konstruktive Maßnahme zur Vorbeugung von derartigem Versagen sollte immer eine Verzahnung zwischen dem Untergrund und der Dammschüttung ausgeführt werden, sodass sich die Scherfestigkeit in der Gleitfuge entsprechend erhöht. Bei Staudämmen mit Innenkerndichtung kann der Nachweis ebenfalls kritisch werden, da sich wasserseitig des dichten Innenkerns hydrostatische Druckkräfte aufbauen. Zudem wirkt eine aktive Erddruckkraft. Als rückhaltende Kraft wirkt jedoch nur die Scherfestigkeit, welche sich in der Gleitfuge von der Wasserseite des Innenkerns bis zum luftseitigen Dammfuß aufbaut und nicht über die gesamte Dammaufstandsfläche, da der Boden nicht in der Lage ist, Zugkräfte aufzunehmen.

***Dammfußgleiten durch die Spreizwirkung***: Durch das Setzen der Dammschüttung kommt es zu einer Spreizwirkung in der Dammaufstandsfläche, welche sich besonders an den außenliegenden Dammfüßen aufbaut (Bild 50b). Als treibende Kraft wirkt die horizontale Komponente der aktiven Erddruckkraft auf den äußeren Dammkeil, welche versucht diesen wegzuschieben. Rückhaltend wirkt die Scherfestigkeit in der Gleitfuge unter dem Keil. Ungünstig würde sich im Staudammbau der Lastfall der schnellen Absenkung auswirken, wobei zusätzlich zur Erddruckkraft eine Strömungsbelastung angesetzt werden muss.

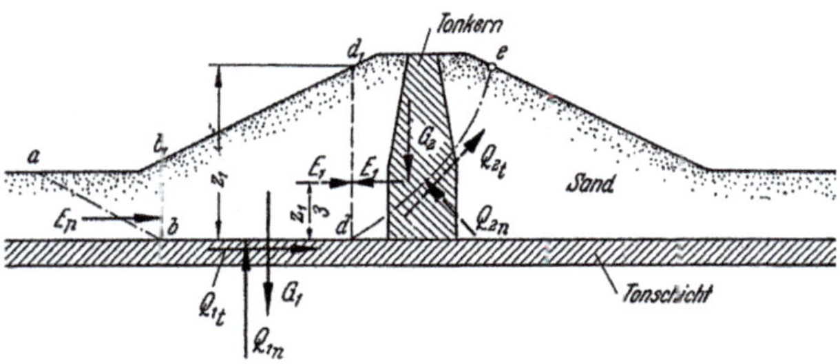


**Bild 49** Beispiel des Ansatzes einer zusammengesetzten Gleitfläche (nach *Terzaghi* [53])

a) b)

**Bild 50** Beispiele für das Versagen durch Gleiten auf der Aufstandsfläche (nach [29]); a) Abgleiten des Damms, b) Dammfußgleiten durch Spreizdruck

**Setzung**

***Spannungszustände und Nachgiebigkeit*** des Untergrunds und der Dammbaustoffe. Die durch die Belastungen im Damm und im Untergrund auftretenden Spannungszustände werden von der Nachgiebigkeit des Untergrunds, den unterschiedlichen Steifigkeiten der Dammbaustoffe, plastischen Bereichen und auch von den räumlichen Einflüssen (Talform) stark beeinflusst. So muss der räumliche Einfluss enger Täler näherungsweise in der Spannungs- und Verformungsermittlung berücksichtigt werden. Speziell im Staudammbau sind die wesentlichsten Beurteilungskriterien die Abklärung von Spannungsumlagerungen und Auflockerungen, das Ent- und Wiederbelastungsverhalten, zeitabhängige Verformungen und dadurch ausgelöste Einflüsse sowie die Risssicherheit im Bereich der Dichtung (nach [117]).

**Erosion**

***Oberflächenerosion*** infolge Überströmung, Niederschlag und Sickerwasseraustritt: Die Erosion ist Folge einer zu hohen Schleppkraft des fließenden Wassers. Die Oberfläche muss daher bautechnisch oder ingenieurbiologisch so gestaltet sein, dass sie den treibenden Kräften, ohne Schaden zu nehmen, entgegenwirken kann.

***Innere Erosion*** infolge einer Durchsickerung: Diese entsteht durch die Ausbildung immer größer werdender Kanäle bedingt durch Wühltierbauten, Risse, Schwachstellen und sonstigen Inhomogenitäten im Damm. In diesen Kanälen steigt die Fließgeschwindigkeit des Sickerwassers rasch an und die Schleppkraft wird dadurch erhöht. Dies führt zu einem Anwachsen der Kanäle, im schlimmsten Fall können sie zu einem Erosionsbruch führen. Durch entsprechende konstruktive Maßnahmen, die eine Verringerung des hydraulischen Gefälles bewirken, oder auch durch die Auswahl erosionsstabilisierender Materialien kann eine solche Gefahr vermieden werden. Dies erfolgt z. B. über eine wirkungsvolle Dammabdichtung sowie durch eine Untergrundabdichtung.

***Kontakterosion*** entsteht zwischen zwei Bodenschichten mit unterschiedlichen Kornverteilungen: Durch das Sickerwasser werden die Feinteile des feinkörnigeren Bodens in den grobkörnigeren Boden ausgewaschen. Dort wo dieser Prozess stattfindet, entstehen im feinkörnigeren Boden Erosionskanäle, durch welche die Tragfähigkeit der entsprechenden Schicht herabgesetzt wird.

***Suffosion*** ist die Umlagerung bzw. das Auswaschen von Feinteilen aus einer Bodenschicht, zurück bleibt ein skelettartiger Aufbau gröberer Kornbestandteile [50]: Dies Vorgang geschieht insbesondere auch zwischen zwei Böden mit unterschiedlich feinen Kornverteilungskurven. Dies bewirkt eine Veränderung der Strukturen beider Böden und beeinflusst damit die Funktionsfähigkeit von Dränagen- und Filterzonen.

Die Kontakterosion und Suffosion können konstruktiv durch die Einhaltung von Filterregeln zwischen zwei Bodenschichten weitgehend vermieden werden. Beispiele für Filterregeln sind [50]:

- Filterregel nach *Terzaghi,*
- Filterregel nach *Sherard* und *Dunnigan,*
- Filteregel nach *Sichardt,*
- Filteregel nach *Bertram,*
- Filteregel nach *Zweck* und *Davidenkoff.*

**Versagen durch Bodenverflüssigung**

***Hydraulischer Grundbruch***: Der hydraulische Grundbruch kann durch entsprechende Sickerwasserströmungen im Dammuntergrund ausgelöst werden, welche an der Luftseite des Damms zu einem Aufschwimmen des Bodens führen. Eine weitere Problematik im Zusammenhang mit derartigen Strömungsverhältnissen stellt auch hier die Erosion und Suffosion des Bodens im Bereich des Dammfußes dar. Konstruktiv kann der hydraulische Grundbruch durch Dränagezonen am Dammfuß und durch Abdichtungsmaßnahmen im Damm und im Untergrund verhindert werden.

***Bodenverflüssigung bzw. Liquefaktion*** (infolge Erschütterungen, Erdbeben, Sprengungen): gefährdet sind besonders gleichförmige Schluffe und Sande, durch die Entstehung von Porenwasserüberdrücken bei dynamischer Beanspruchung. Um eine dynamische Bodenverflüssigung zu verhindern, sind entsprechende konstruktive Maßnahmen, wie z. B. Dränagen, Kiessäulen, Bodenverdichtungen, Bodenauswechslungen zu setzten [117].

**Alterung**

***Langzeitverhalten*** (insbesondere Langzeitscherfestigkeit): Die in der Standsicherheitsberechnung angesetzten Eigenschaften der Dammbaustoffe müssen über die Lebensdauer des Dammes gewährleistet sein. Es ist daher besonders auf die Wahl geeigneter Dammbaustoffe zu achten. Schüttmaterialien mit organischen Bestandteilen müssen ausgeschlossen werden. Bei grobkörnigen Böden und Steinschüttungen ist die Wasseraufnahmefähigkeit des Korns, die Beständigkeit unter Wasser, die Kornfestigkeit bzw. die Kornzerkleinerung bei mechanischer Beanspruchung und erforderlichenfalls auch die Frostsicherheit (Korngemisch) bzw. Frostbeständigkeit (Einzelkorn) (Verwitterungsstabilität) zu prüfen [117].

***Frostsicherheit*** (von Korngemischen): Die Gefahr bei Frost geht zunächst von der Volumenvergrößerung des gefrorenen Wassers aus. Insbesondere kann es während der Gefrierprozesse vor allem bei bindigen Böden zur Eislinsenbildung kommen, welche das ursprüngliche Gefüge zerstören und damit wesentlich kritischer einzustufen ist als die gefrierbedingte Volumenvergrößerung. Eine Prüfung der Frostveränderlichkeit der Dammschüttmaterialien ist erforderlich. Durch die Wahl geeigneter Kornverteilungen für Schüttmaterialien kann eine derartige Problematik vermieden werden. Dazu wurden verschiedene Frostkriterien entwickelt, z. B. das Frostkriterium nach *Casagrande* und das Mineralkriterium [6]. Auch in der ZTV E-StB [130] werden Kriterien zur Bestimmung der Frostempfindlichkeit gemäß Tabelle 14 festgelegt.

***Plastische Verformung durch Erdbebeneinwirkung***: Erdbebenlasten werden bei Böschungsbruch- und Grundbruchnachweisen als statische Ersatzlasten angesetzt. Jedoch besonders bei größeren Dämmen kommt im Falle eines Erdbebens auch eine Aufschaukelung zum Tragen, die im Bereich der Dammkrone plastische Verformungen hervorrufen kann. Eine Abschätzung dieser Verformungen kann über das dynamische Näherungsverfahren nach *Makdisi* und *Seed* [37] erfolgen.

**Tabelle 14** Klassifikation von Bodengruppen nach der Frostempfindlichkeit (nach [130])

| | Frostempfindlichkeit | Bodengruppen (DIN 18196) |
|---|---|---|
| F 1 | nicht frostempfindlich | GW, GI GE<br>SW, SI, SE |
| F 2 | gering bis mittel frostempfindlich | TA<br>OT, OB, OK<br>ST [1)], GT [1)]<br>SU [1)], GU [1)] |
| F 3 | sehr frostempfindlich | TL, TM<br>UL, UM, UA<br>OU<br>ST*, GT*<br>SU*, GU* |

[1)] Zu F1 gehörig bei einem Anteil an Korn unter 0,063 mm von 5,0 M.-% bei $C_U > 15,0$ oder 15,0 M.-% bei $C_U < 6,0$.
Im Bereich $6,0 < C_U < 15,0$ kann der für eine Zuordnung zu F 1 zulässige Anteil an Korn unter 0,063 mm linear interpoliert werden (s. Bild 2 in [130]).

Genügen oberflächennahe Verdichtungs- bzw. Stabilisierungsmaßnahmen und Bodenauswechslungen nicht (alleine) zur Gewährleistung eines ausreichend tragfähigen, gebrauchstauglichen und dauerhaften Untergrunds, so sind tiefreichende Bodenverbesserungsmaßnahmen vorzusehen. Davon sind in erster Linie (unkonsolidierte) Böden mit hoher Zusammendrückbarkeit bzw. sehr niedriger Lagerungsdichte sowie mit geringer Scherfestigkeit und/oder organischen Bestandteilen betroffen. Folgende Maßnahmen sind zur tiefreichenden Verbesserung des Untergrunds geeignet [120] (s. auch Abschnitt 7.2):

- Temporäre Vorbelastung des Untergrunds (Vorlastschüttung) bzw. über das Dammsollprofil hinaus (Überlastschüttung) (zur Vorwegnahme von Setzungen);
- Tiefendräns, z. B. Kies- bzw. Sanddräns oder Kunststoffdräns (zur Erhöhung der Durchlässigkeit des Untergrunds und damit der Beschleunigung der Konsolidationssetzungen);
- Rüttelstopfsäulen in vorrangig weichen, bindigen Böden (zur Erhöhung der Scherfestigkeit und damit der Tragfähigkeit des Untergrunds sowie der Durchlässigkeit und damit der Beschleunigung der Konsolidationssetzungen);
- Rütteldruckverdichtung in vorrangig locker gelagerten, nichtbindigen Böden (zur Eigenverdichtung des Untergrunds und Homogenisierung der Untergrundeigenschaften);
- dynamische Intensivverdichtung bzw. Impulsverdichtung (zur Verdichtung bzw. Vergleichmäßigung des Untergrunds, Erhöhung der Scherfestigkeit und Vorwegnahme von Setzungen);
- Pfahlgründungen mit Spitzendruckpfählen oder als schwimmende Gründung ausgeführt, evtl. mit lastverteilenden Kopfplatten, geokunststoffbewehrten Kiespolstern usw. kombiniert.

# 6 Erd- und Dammbaustoffe

## 6.1 Allgemeines

Als Schüttmaterialien können im Erdbau in Anlehnung an *Pregl* [44] Folgende verwendet werden:

- natürliche Körnungen (Böden),
- gebrochene Körnungen,
- Recyclingbaustoffe und ggf. Bauschutt,
- Abraummaterial (Steinbruch, Nebengesteine der Kohle),
- Schlacken (Müllschlacke, Braunkohleschlacke etc.),
- Aschen,
- industrielle Abfallprodukte.

Solche Schüttmaterialien sind grundsätzlich geeignet, wenn sie folgende Anforderungen erfüllen [44]:

- Die erforderlichen Eigenschaften wie Volumenbeständigkeit, Verformbarkeit, Festigkeit, Durchlässigkeit usw. sind auch unter den klimatischen, hydrologischen und mechanischen Bedingungen an der Einbaustelle gegeben.
- Das Schüttmaterial gibt an die Umwelt keine schädlichen Emissionen ab.

Für den Erdbau ungeeignet sind solche Dammbaustoffe, deren Volumenbeständigkeit nicht gegeben ist, z. B. bei (nach [44]):

- stark oder rein organische Materialien, wie Holz, Torf, Textilien, deren Bestandteile sich im Laufe der Zeit zersetzten,
- stark kohlehaltige (≥ 10 Massenprozent) Materialien, um Schwelvorgänge auszuschließen und
- Materialien mit wasserempfindlichen oder wasserlöslichen Bestandteilen, die bei Wassereinwirkung zerfallen oder ausgewaschen werden.

## 6.2 Mineralische Erd- und Dammbaustoffe

### 6.2.1 Bautechnische Eignung

In der DIN 18196:2011-05 [66] wird in Tabelle 4 die bautechnische Eignung der mineralischen Schüttmaterialien in Abhängigkeit von deren Korngrößenverteilung und plastischen Eigenschaften für verschiedene Verwendungszwecke des Bodens im Erdbau in Form einer Leitlinie angegeben.

Auch *Striegler* [50] entwickelte eine tabellarische Übersicht zur Beurteilung von mineralischen Dammbaustoffen in Abhängigkeit von ihrer Kornzusammensetzung (Tabelle 15).

**Tabelle 15** Bewertung der Lockergesteine als Dammbaustoffe (nach [50])

| Haupt-gruppen | Definition und Bezeichnung | | | | | Beispiele |
|---|---|---|---|---|---|---|
| | Korngrößenanteile [Gew.-%] | | Gruppen 1 | | Kurz-zeichen Gruppen-symbol | |
| | ≤ 0,06 mm | > 2 mm | | | | |
| Grob-körnige Böden (Locker-gesteine) | ≤ 5 | > 40 | Kies | enggestufte Kiese | GE | Fluss- und Strand-kies Terrassenschotter Moränenkies vulkanische Asche und Schlacke Verwitterungsschutt |
| | | | | weitgestufte Kies-Sand-Gemische | GW | |
| | | | | intermittierend gestufte Kies-Sand-Gemische | GI | |
| | | < 40 | Sand | enggestufte Sande | SE | Dünen- und Flugsand Talsand (Berliner Sand) Beckensand, Terti-ärsand |
| | | | | weitgestufte Sand-Kies-Gemische | SW | Moränensand Terrassensand Strandsand |
| | | | | intermittierend gestufte Sand-Kies-Gemische | SI | |
| Ge-mischt-körnige Böden (Locker-gesteine) | 5 bis 40 | > 40 | Kies-Schluff-Gemi-sche | 5 bis 15 Gew.-% < 0,06 mm | GU | Verwitterungskies Verwitterungsge-stein Hangschutt lehmiger Kies Geschiebelehm |
| | | | | 15 bis 40 Gew.-% < 0,06 mm | GU | |
| | | | Kies-Ton-Gemi-sche | 5 bis 15 Gew.-% < 0,06 mm | GT | |
| | | | | 15 bis 40 Gew.-% < 0,06 mm | G | |
| | | < 40 | Sand-Schluff-Gemi-sche | 5 bis 15 Gew.-% < 0,06 mm | SU | Flottsand |
| | | | | 15 bis 40 Gew.-% < 0,06 mm | S | Auelehm Verwitterungslehm Sandlöss |
| | | | Sand-Ton-Ge-mische | 5 bis 15 Gew.-% < 0,06 mm | ST | lehmiger Sand Schleichsand |
| | | | | 15 bis 40 Gew.-% < 0,06 mm | S | Geschiebelehm Geschiebemergel |
| Fein-körnige Böden (Locker-gesteine) | > 40 | $I_P < 4$ Gew.-% oder unter der A-Linie | Schluff | leicht plastische Schluffe $W_L < 35$ % | UL | Löss, Hochflutlehm |
| | | | | mittelplastische Schluffe $W_L < 35$ bis 50 % | UM | Seeton, Becken-schluff |
| | | $I_P < 7$ Gew.-% und oberhalb der A-Linie | Ton | leicht plastische Tone $W_L < 35$ % | TL | Geschiebemergel Bänderton |
| | | | | mittelplastische Tone $W_L < 35$ % | M | Lösslehm, Becken-ton, Keupermergel |
| | | | | ausgeprägte plastische Tone $W_L > 50$ % | TA | Tarras, Juraton, Septarienton |

**Tabelle 15** *(Fortsetzung)*

| Technische Merkmale bzw. Grad der Bindigkeit | Verhalten gegenüber Witterungseinflüssen | Eignung als Dammbaustoffe |
|---|---|---|
| Kornzusammensetzung Ungleichförmigkeitsgrad, Kornform und Rauigkeit bestimmen die Tragfähigkeit | witterungsbeständig | sehr gut geeignet als Stützkörpermaterial für Erd- und Steindämme, sehr gute Tragfähigkeit und Festigkeit: Material für Reibungsfüße, Rigolen: Verdichtung mit schweren Verdichtungsmaschinen |
| | witterungsbeständig | geeignetes Material für Stütz- und Füllkörper bei Stau- und Verkehrsdämmen, Kornzertrümmerung beachten |
| hohe Durchlässigkeit, Frostsicherheit, scheinbare Haftfestigkeit bei Korndurchmesser < 2 mm, Verlagerungsempfindlichkeit, geringe Verdichtbarkeit | witterungsbeständig | für statische Belastung sehr gute Tragfähigkeit, Verlagerungsempfindlichkeit bei dynamischer Beanspruchung in Abhängigkeit von Kornform, Rauigkeit und Ungleichförmigkeitsgrad, Vibrationsverdichtung; hervorragendes Material für sämtliche Filteranlagen |
| | witterungsempfindlich | insbesondere geeignet für Füllkörper im Staudammbau und für Verkehrsdämme; bei Verdichtung entsteht eine Kornzertrümmerung |
| vorwiegend kantiges Material unterschiedlicher Festigkeit schwachbindig, geringe Bildsamkeit, geringe Haftfestigkeit, mittlere Wasserdurchlässigkeit | witterungsempfindlich, Frostveränderlichkeit, geringe Wasseraufnahmefähigkeit, geringe Quell- und Schrumpfungserscheinung | als Stützkörpermaterial unter Beachtung der Einbaukonsistenz zu verwenden, als Grundstoffe für Tonbeton und Hydraton, trockenmechanische Verdichtung bei optimalem Wassergehalt; als Stützkörper gut geeignet |
| | | neigt zu Erosionsschäden an Böschungen, als Dammbaustoff sofort verdichten, glattes Erdplanum, setzungsempfindlich |
| mittelbindig, mittlere Bildsamkeit, Zunahme der Haftfestigkeit, geringe Wasserdurchlässigkeit | witterungsempfindlich, Frostveränderlichkeit, mittlere Wasseraufnahmefähigkeit, mittlere Quell- und Schrumpfungserscheinung | Tragfähigkeit, Setzungsempfindlichkeit und Rutschsicherheit sind abhängig vom Grad der Bindigkeit und vom Wassergehalt, gut verdichtbar, Druck- und Stoßverdichtung; mit zunehmenden Wassergehalt Abnahme der Scherfestigkeit durch Porenwasserüberdruck mittlere Zusammendrückbarkeit |
| starkbindig, Zunahme der Bildsamkeit und Kohäsion, praktisch undurchlässig | | als natürliches Erddichtungsmaterial besonders geeignet für zentrale und geneigte Innendichtungen, normal bis mäßig verdichtbar |
| hochbindig, größte Bildsamkeit, Tonmineralgehalt, maximale Zusammendrückbarkeit, praktisch undurchlässig | witterungsempfindlich, Frostveränderlichkeit, große Wasseraufnahmefähigkeit, starke Quell- und Schrumpfungserscheinungen | als Tonzugabe für Tonbeton und Hydraton besonders verwendbar, schwer bzw. nicht verdichtbar |

### 6.2.2 Bodenkenngrößen

Die wichtigste Kenngröße eines Bodens ist dessen **Korngrößenverteilung**. Sie enthält Informationen über die Feststoffmassenanteile verschiedener Korngrößenbereiche und ermöglicht damit eine Einteilung des Bodens. Die Bereiche werden gemäß DIN EN ISO 14688-1 [74] unterschieden in „sehr grobkörnige Böden", „grobkörnige Böden" und „feinkörnige Böden". Der Verlauf der Kurve gibt zudem Auskunft über die Ungleichförmigkeits- und Krümmungszahl und damit, ob der Boden enggestuft, gut gestuft, weitgestuft oder intermittierend gestuft ist.

Korngrößenbereiche und nach welchen Kriterien die Klassifizierung für bautechnische Zwecke erfolgt, ist in der DIN 18196 [66] wie folgt festgelegt:

- Gehören die Korngrößen einer Bodenart < 63 mm zu mehr als 95 % Massenanteil dem Grobkornbereich > 0,063 mm an, so wird die Bodenklassifizierung nach der Korngrößenverteilung vorgenommen.
- Gehören die Korngrößen < 63 mm einer Bodenart zu 40 % oder mehr Massenanteil dem Feinkornbereich ≤ 0,063 mm an, so sind für die Bodenklassifizierung ausschließlich die plastischen Eigenschaften maßgebend.
- Gehören von den Korngrößen < 63 mm 5 % bis 40 % Massenanteil dem Feinkornbereich ≤ 0,063 mm an, so sind für die Bodenklassifizierung sowohl die Korngrößenverteilung als auch die plastischen Eigenschaften maßgebend.

In Österreich werden durch die ÖNORM B 4400-1 [107] im Unterschied zur DIN EN ISO 14688-1 die Böden in 3 Bereiche eingeteilt:

- grobkörnige Böden: Gemische, deren Feinkornanteil weniger als 5 % der Masse beträgt.
- gemischtkörnige Böden: Gemische, deren Feinkornanteil 5 % bis 40 % der Masse beträgt.
- feinkörnige Böden: Gemische, deren Feinkornanteil mehr als 40 % der Masse beträgt.

Eine weitere wichtige Gruppe von Kenngrößen stellen die **plastischen Eigenschaften** dar. In den Normen erfolgt die Einteilung über die Fließgrenze $w_L$ und die Plastizitätszahl $I_p$ im Plastizitätsdiagramm nach *Casagrande*.

Der Grad der Plastizität wird durch die Fließgrenze $w_L$ wie folgt definiert (nach der ÖNORM B4400-1 [107]):

| | | | | | | |
|---|---|---|---|---|---|---|
| 1. | nicht plastisch | | | $w_L$ | | nicht bestimmbar |
| 2. | gering plastisch (L) | | | $w_L$ | ≤ | 35 % |
| 3. | mittelplastisch (M) | 35 % | < | $w_L$ | ≤ | 50 % |
| 4. | ausgeprägt plastisch (A) | | | $w_L$ | > | 50 % |

Die Zustandsform wird gemäß der DIN 18122-1 [62] entsprechend der Tabelle 16 angegeben.

**Tabelle 16** Zustandsformen in Abhängigkeit von der Konsistenzzahl $I_C$ bzw. der Liquiditätszahl $I_L$ (nach [62])

| Zustandsform des plastischen Bereichs | $I_L$ | $I_C$ |
|---|---|---|
| flüssig breiig | über 1,0<br>von 1,0 [1)] bis über 0,5 | unter 0<br>von 0 [1)] bis unter 0,5 |
| weich | von 0,5 bis über 0,25 | von 0,5 bis unter 0,75 |
| steif halbfest | von 0,25 bis 0 [2)]<br>unter 0 | von 0,75 bis 1,0 [2)]<br>über 1,0 (bis $w_S$) |

[1)] Fließgrenze
[2)] Ausrollgrenze

**Weitere wichtige Bodenkenngrößen** zur Charakterisierung von Erdbaustoffen sind:

- Wassergehalt,
- Kornrohdichte, Feucht- und Trockendichte, Porenanteil bzw. Porenziffer,
- Lagerungsdichte,
- Scherfestigkeit,
- Verdichtungsfähigkeit,
- Zusammendrückbarkeit,
- Durchlässigkeit,
- Erosionsempfindlichkeit,
- Frostempfindlichkeit,
- mineralogische Zusammensetzung,
- organische Bestandteile.

### 6.2.3 Verdichtungseigenschaften von Böden

Die Verdichtung von nichtbindigen, grobkörnigen Böden erfolgt in erster Linie infolge der Überwindung der Korn-zu-Korn-Reibung, vorzugsweise mittels dynamischer Einwirkung in Kombination mit einer Auflast. In Abhängigkeit von der Lagerungsdichte kommt es zur Restrukturierung (Einregelung) der einzelnen Körner, wodurch diese eine dichtere Lagerung einnehmen. Grobkörnige Böden lassen sich bis zu einem gewissen Maße auch statisch verdichten bzw. kann durch Einspülen (dredging) eine höhere Lagerungsdichte erreicht werden.

Die Verdichtung von bindigen, feinkörnigen Böden wird aufgrund der geringeren Durchlässigkeit in erster Linie vom Wassergehalt beeinflusst und erfolgt hauptsächlich durch statische Auflast, Kneten sowie Aufbrechen bzw. Aufreißen der Kornstruktur und dem Erzeugen von Wasserwegigkeiten Dadurch können sich die infolge der Verdichtung entstandenen Porenwasserüberdrücke schneller abbauen.

Für grobkörnige Böden lassen sich die lockerste und dichteste Lagerung versuchstechnisch ermitteln und der In-situ-Porenanteil n bzw. die In-situ-Porenzahl e in Zusammenhang mit den Kennwerten bei lockerster und dichtester Lagerung bringen. Damit können die Lagerungsdichte D, die bezogene Lagerungsdichte $I_D$ und die Verdichtungsfähigkeit $I_f$ des Bodens bestimmt werden.

$$D = \frac{\max n - n}{\max n - \min n}$$ Lagerungsdichte [–] (13)

$$I_D = \frac{\max e - e}{\max e - \min e}$$ bezogene Lagerungsdichte [–] (14)

$$I_f = \frac{e_{max} - e_{min}}{e_{min}}$$ Verdichtungsfähigkeit [–] (15)

Die Größen D und $I_D$ kennzeichnen nur grobkörnige Böden. Sie lassen sich mittels folgender Beziehung ineinander überführen:

$$I_D = D \cdot \frac{1 - \min n}{1 - n}$$ [–] (16)

Die Proctordichte $\rho_{Pr}$ gibt die erzielbare Trockendichte in Abhängigkeit vom Wassergehalt einer Bodenprobe an, die bei vorgegebener Verdichtungsarbeit ermittelt worden ist. Der in weiterer Folge beschriebene Proctorversuch dient zur Abschätzung der im Feld unter Einwirkung von Verdichtungsgeräten erreichbaren Trockendichte des Bodens $\rho_d$ und liefert eine Bezugsgröße für die Beurteilung der örtlich vorhandenen Dichte nach dem Verdichtungsgrad $D_{Pr}$:

$$D_{Pr} = \frac{\rho_d}{\rho_{Pr}} (\cdot 100)$$ Verdichtungsgrad [–] oder [%] (17)

Die Kenngrößen $D_{Pr}$ und $I_D$ lassen sich näherungsweise nach Tabelle 17 in Beziehung setzen. Die unteren Grenzwerte für $I_D$ gelten für kiesreiche, die oberen für sandreiche Korngemische [22].

Für die weiteren Überlegungen zu den Verdichtungseigenschaften der Böden werden die Bodenkomponenten (Feststoff, Wasser, Luft) im Gedankenmodell des Einheitswürfels separiert und getrennt dargestellt. So können die Bodenkennwerte anschaulich definiert und die Bezüge der Kennwerte untereinander hergeleitet werden.

**Tabelle 17** Beziehung zwischen $D_{Pr}$ und $I_D$ (nach [22])

| $D_{Pr}$ | $I_D$ |
|---|---|
| 1,00 | 0,50 – 0,85 |
| 0,97 | 0,40 – 0,65 |
| 0,95 | 0,30 – 0,55 |

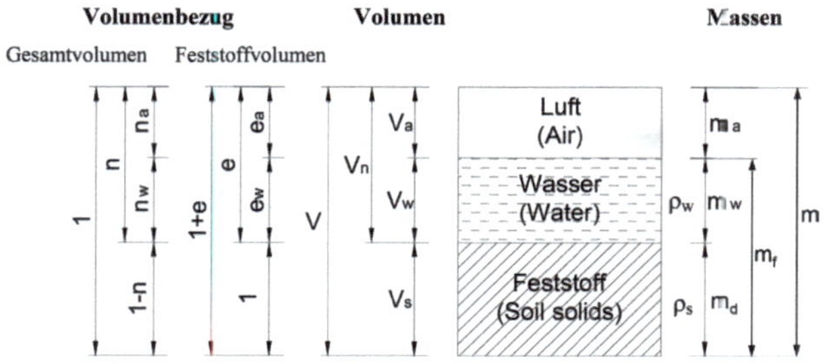


**Bild 51** Einheitswürfel (nach [6])

Bei Betrachtung des Einheitswürfels gemäß Bild 51 gibt es einen eindeutigen Zusammenhang zwischen Trockendichte $\rho_d$ (= $m_d/V$) und Wassergehalt w, Korndichte $\rho_s$, Dichte des Wassers $\rho_w$, Sättigungsgrad $S_r$ (= $V_w/V_n$) bzw. Luftporengehalt $n_a$. Dieser Zusammenhang lässt sich in Gl. (18) bzw. gemäß Bild 52 grafisch abbilden.

$$\rho_d = \frac{\rho_s}{1 + \dfrac{w \cdot \rho_s}{S_r \cdot \rho_w}} = \frac{(1 - n_a) \cdot \rho_s}{1 + \dfrac{w \cdot \rho_s}{\rho_w}} \quad \left[\mathrm{g/cm^3}\right] \tag{18}$$

Bei voller Sättigung ($S_r = 1$) wird die Sättigungskurve ermittelt, die eine obere Schranke der möglichen Trockendichte darstellt.

Verschiedene Böden und Korngemische lassen sich unterschiedlich gut verdichten. Neben der Kornverteilung sind der Wassergehalt und die eingebrachte Verdichtungsarbeit maßgebende Parameter für die Bestimmung der Verdichtbarkeit. Die Ermittlung der Verdichtungsfähigkeit erfolgt versuchstechnisch unter genormten Randbedingungen. Mit dem sog. **Proctorversuch** wird die Verdichtungsfähigkeit, d. h. die erzielbare Trockendichte in Abhängigkeit vom Wassergehalt einer Bodenprobe, bei vorgegebener Verdichtungsarbeit ermittelt. Der Versuch dient zur Abschätzung der im Feld unter Einwirkung von Verdichtungsgeräten erreichbaren Trockendichte des Bodens und liefert eine Bezugsgröße für die Beurteilung der örtlich vorhandenen Trockendichte (genormt in DIN 18127 [64] und ÖNORM B 4418 [109]).

Der Proctorversuch besteht aus mehreren Einzelversuchen an Teilmengen der getesteten Bodenprobe, welche sich lediglich durch unterschiedlichen Wassergehalt w voneinander unterscheiden. Bei jedem Einzelversuch wird die Bodenprobe lageweise in einen genormten Stahlzylinder mit dem Volumen V eingebracht und mit dem zugehörigen Verdichtungsgerät (Fallkörper) nach einem festgelegten Arbeitsverfahren verdichtet. Die volumenbezogene Verdichtungsenergie beträgt beim Standard-Proctorversuch E = 0,60 MNm/m$^3$ und beim modifizierten Proctorversuch $E_m$ = 2,65 MNm/m$^3$ (also in etwa das 4,4-Fache). Anschließend wird die Dichte der feuchten Probe ρ bestimmt und mit dem durch Trocknung ermittelten Wassergehalt w die Trockendichte $\rho_d$ berechnet.

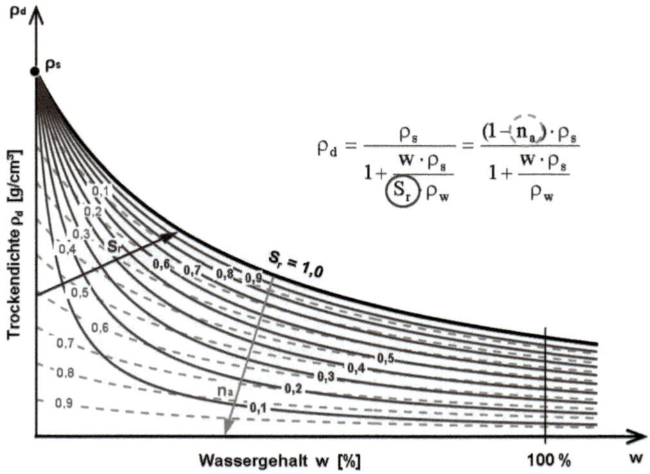


**Bild 52** Kurven gleichen Sättigungsgrads $S_r$ und gleichen Luftporengehalts $n_a$ (nach [6])

Als Ergebnis erhält man den Zusammenhang zwischen Wassergehalt w und erzielbarer Trockendichte $\rho_d$. Aus dieser sog. Proctorkurve bzw. Verdichtungskurve kann die maximal erreichbare Trockendichte (Proctordichte) $\rho_{Pr}$ (bzw. $\rho_{modPr}$) und der zugehörige optimale Wassergehalt $w_{Pr}$ (bzw. $w_{modPr}$) bzw. $w_{opt}$ ermittelt werden.

Beim Vergleich zwischen Standard- und modifiziertem Proctorversuch (Bild 53) zeigt sich:

Je größer die Verdichtungsenergie ($E_m > E$) ist, desto höher sind die erzielbaren Trockendichten ($\rho_{modPr} > \rho_{Pr}$) und desto geringer ist der zugehörige optimale Wassergehalt ($w_{modPr} < w_{Pr}$). Der „nasse Ast" der Proctorkurve schmiegt sich asymptotisch an die Sättigungskurve, kann diese jedoch aus physikalischen Gründen nie überschreiten (Kontrolle!). Nahezu unabhängig von der eingebrachten Verdichtungsenergie bildet sich bei gleichen Böden das Maximum in etwa bei vergleichbaren Sättigungsgraden $S_r$ aus, im Beispiel in Bild 53a bei rund $S_r = 0{,}85$.

In Bild 54 ist ein typisches Ergebnis eines Proctorversuchs dargestellt, in dem auch die Einheitswürfel bei optimalem Wassergehalt sowie auf dem „trockenen" und dem „nassen" Ast der Proctorkurve eingetragen sind. Ist „zu wenig" Wasser im Porenraum enthalten, fehlt quasi „Schmiermittel" zwischen den Körnern und die verstärkte Korn-zu-Korn-Reibung verhindert eine bessere Verdichtung trotz eines vergleichsweise großen Luftporenraums. Ist hingegen „zu viel" Wasser im Porenraum vorhanden, verhindert das Wasser eine bessere Verdichtung, da das Wasser nicht rasch genug aus dem Porenraum abfließen kann.

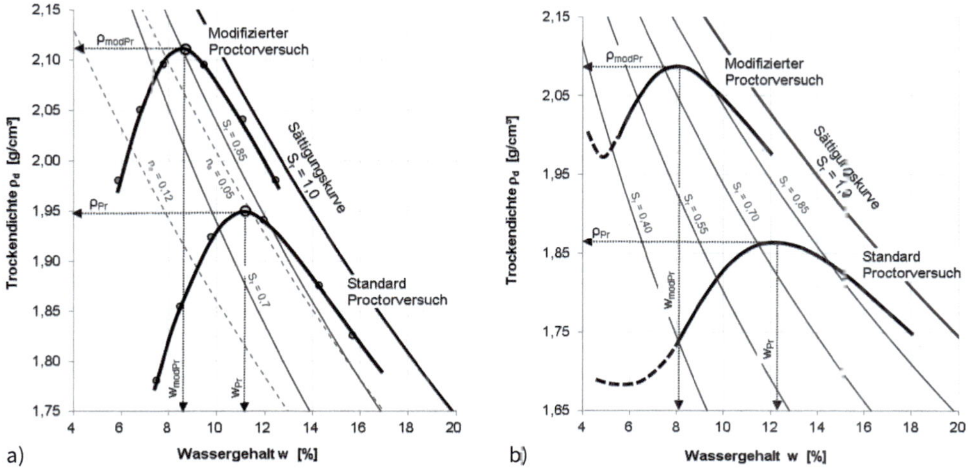


**Bild 53** Auswertung des Proctorversuchs, Standard-Proctorversuch und modifizierter Proctorversuch (nach [6])

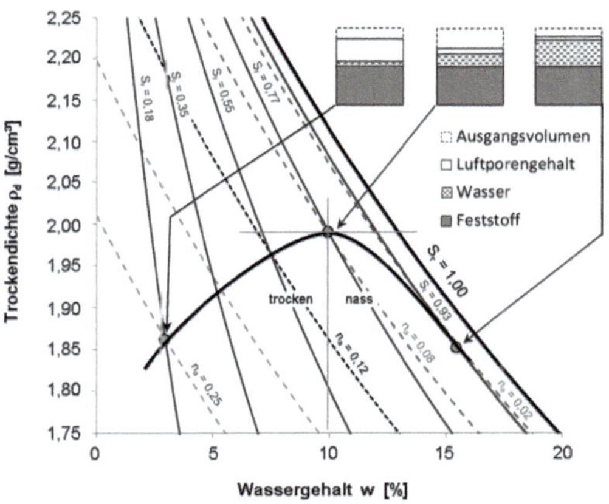


**Bild 54** Typische Proctorkurve mit Darstellung der Verteilung von Feststoff und Porenraum mit entsprechendem Wasser- und Luftporenanteil anhand des Einheitswürfels (nach [29])

Bei einem Vergleich der Proctorkurven von grobkörnigen, gemischtkörnigen und feinkörnigen Böden zeigt sich, dass weitgestufte grobkörnige Böden eine höhere Proctordichte bei geringerem Wassergehalt aufweisen. Im Vergleich dazu ergeben sich bei gemischtkörnigen sowie insbesondere bei feinkörnigen Böden geringere Proctordichten bei höherem Wassergehalt. Dies ist vorrangig auf die mit zunehmendem Feinkornanteil abnehmende Durchlässigkeit zurückzuführen sowie auf die Fähigkeit, aufgrund des größeren Porenraums mehr Wasser aufnehmen zu können. Bei Böden mit nennenswertem Grobkornanteil bzw. bei zunehmender Verdichtungsenergie kann es zu Kornzertrümmerungen kommen, die das Ergebnis beeinflussen, da sich die Kornverteilung „verfeinert". Dies zeigt sich häufig auf dem sog. „trockenen Ast" der Proctorkurve, wo bedingt durch einen geringen Wassergehalt die erhöhte Korn-zu-Korn-Reibung zu einer verstärkten Zertrümmerung der einzelnen Körner führt, wie dies insbesondere beim grobkörnigen Boden in Bild 55 (gestrichelte Linien) ersichtlich ist.

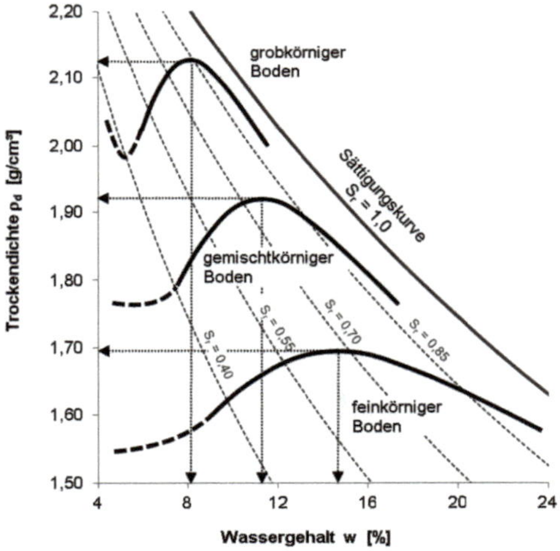


**Bild 55** Typische Proctorkurven für grobkörnige, gemischtkörnige, feinkörnige Böden (nach [29])

Für jede Bodenart lässt sich versuchstechnisch eine typische Proctorkurve bestimmen, die primär von der Kornzusammensetzung abhängt; jedoch auch die Kornform und die Kornrauigkeit von grobkörnigen sowie die plastischen Eigenschaften und der Mineralgehalt von feinkörnigen Böden spielen ein entsprechende Rolle. In Bild 56 sind die Ergebnisse von Proctorversuchen für eine große Bandbreite an Böden dargestellt.

Bei grobkörnigen Böden werden die Trockendichte und der Einfluss des Wassergehalts mit zunehmender Ungleichförmigkeit der Korngemische größer, die Kurven verlaufen dementsprechend immer steiler und begrenzen zunehmend enger werdende Maxima. Gleichförmig gestufte Sande weisen sehr flach verlaufende Kurven auf, womit ihre Verdichtung nur wenig vom Wassergehalt beeinflusst wird.

Feinkörnige Böden lassen sich nur dann verdichten, wenn ein Anteil an kompressiblen Luftporen vorhanden ist, wassergesättigte Böden sind daher aufgrund der Inkompressibilität von Wasser praktisch nicht verdichtbar, sofern sie während des Verdichtungsvorgangs nicht entwässern können. Die Verdichtungseigenschaften richten sich nach der Kornzusammensetzung, dem Wassergehalt und der Plastizität. Die Trockendichte nimmt mit zunehmender Plastizität ab und das Wasserbindevermögen hängt wiederum von der Plastizität ab. Je geringer die Plastizität ist, desto empfindlicher reagieren feinkörnige Böden bei der Verdichtung gegen Wassergehaltsänderungen.

Die Verdichtung gemischtkörniger Böden wird maßgeblich vom Mischungsverhältnis der Fein- und der Grobkörnung, von der Kornzusammensetzung sowie dem Wassergehalt und der Plastizität der Feinkörnung beeinflusst. Aufgrund der für die Verdichtung günstigen weitgestuften Korngrößenverteilung (vgl. Fullerkurve) lassen sich damit oft die höchsten Trockendichten erzielen.

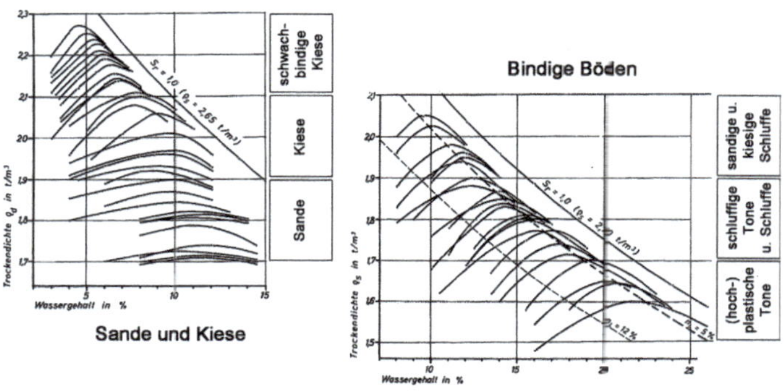


**Bild 56** Typische Proctorkurven für verschiedene Bodenarten (nach [22])

Vorrangig bindige Böden, die für den Einbau bzw. die Verdichtung zu nass sind, können mittels Beigabe von Kalk verbessert werden. Durch diese sog. Kalkstabilisierung wird das überschüssige Wasser im Boden gebunden („Löschen" des Kalks, sofern Branntkalk verwendet wird; bei Verwendung von Kalkhydrat ist die Wirkung weniger ausgeprägt) und es kommt zu einer „Krümelbildung", wodurch sich der stabilisierte Boden (besser) verdichten lässt. Durch die Kalkzugabe ändert sich auch die Proctorkurve gegenüber jener im Ausgangszustand. Im Allgemeinen ist zwar die Proctordichte bei kalkstabilisierten Böden niedriger, der optimale Wassergehalt jedoch höher und die Kurve demnach deutlich flacher. Dies ist von Vorteil, da die Verdichtung bei einer größeren Bandbreite des Wassergehalts und gleichzeitig höherer Bodenfeuchtigkeit erfolgen kann. In Bild 57 sind typische Proctorkurven für einen bindigen Boden mit zwei unterschiedlichen Bindemittelgehalten dargestellt. Ist beispielsweise ein Verdichtungsgrad von $D_{Pr}$ = 95 % gefordert, ergeben sich zunehmend größere Bandbreiten des Wassergehalts mit steigendem Bindemittelgehalt.

Neben der direkten Überprüfung der Verdichtung unter Anwendung des Verdichtungsgrads $D_{Pr}$ werden zur indirekten Überprüfung der Verdichtung Plattendruckversuche (Lastplattenversuche) verwendet. Bei statischen Plattendruckversuchen wird in Deutschland der Zweitbelastungsmodul $E_{v2}$ und in Österreich der Erstbelastungsmodul $E_{v1}$ herangezogen. Dynamische Lastplattenversuche liefern den dynamischen Verformungsmodul $E_{vd}$.

Für grobkörnige Böden bestehen relativ zuverlässige Korrelationen zwischen dem Verdichtungsgrad und den Verformungsmoduln $E_{v2}$ bzw. $E_{vd}$ (s. Tabelle 18).

**Tabelle 18** Näherungsweise Zuordnung der Verformungsmoduln $E_{v2}$ und $E_{vd}$ [MN/m²] in Abhängigkeit vom Verdichtungsgrad grobkörniger Böden (nach [130])

| Bodengruppen | | $D_{Pr}$ % | $E_{v2}$ | $E_{vd}$ |
|---|---|---|---|---|
| 1 | GW | 103 | 120 | 75 |
| | | 100 | 100 | 55 |
| | | 97 | 80 | 45 |
| 2 | GE – GI<br>SE – SI – SW | 100 | 80 | 30 |
| | | 97 | 60 | 20 |
| | | 95 | 45 | 15 |

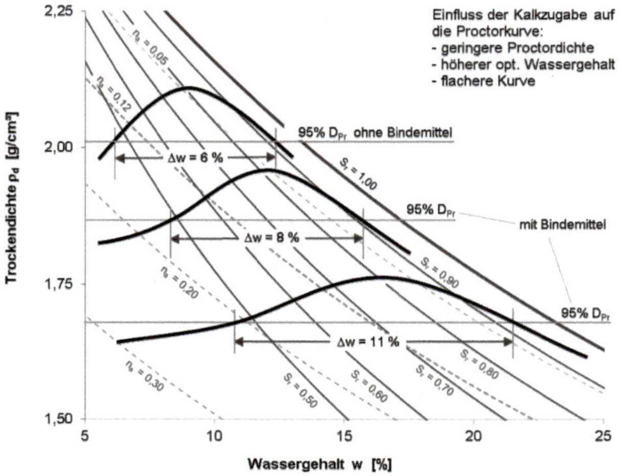


**Bild 57** Typische Proctorkurven für einen bindigen Boden mit unterschiedlichen Bindemittelgehalten (nach [29])

Bei feinkörnigen Böden ist der Zusammenhang zwischen Dichte und Verformbarkeit wesentlich komplexer. In Bild 58 sind Proctorkurve und Verformbarkeit eines typischen feinkörnigen Bodens, der auf $D_{Pr} \geq 97\%$ bzw. $E_{v2} \geq 45$ MN/m$^2$ zu verdichten ist, in Abhängigkeit vom Wassergehalt einander gegenübergestellt [23]. Daraus lassen sich nach *Göbel* et al. [23] für die Beurteilung der Böden fünf Bereiche ableiten:

Bereich I: Der Boden erfüllt weder die Anforderungen an die Dichte noch an den Verformungsmodul. Beide Prüfverfahren sind zwar gleichberechtigt, führen aber zum gleichen negativen Ergebnis.

Bereich II: Der Boden ist zwar begrenzt verformbar ($E_{v2} \geq 45$ MN/m$^2$), jedoch nicht ausreichend dicht. Der Verformungsmodul täuscht nur eine ausreichende Qualität vor, denn bei Wasseraufnahme würden in dem reichlich vorhandenen Porenraum die Verformungsmoduln stark abfallen. Deshalb muss auch der Luftporengehalt z. B. mit $n_a = 12$ % begrenzt werden.

Bereich III: Der Boden ist verformungsarm und dicht. Beide Prüfverfahren sind gleichberechtigt und führen zum gleichen positiven Ergebnis.

Bereich IV: Der Boden weist zu geringe Verformungsmoduln auf, ist aber ausreichend dicht. Durch die Dichtemessung wird lediglich eine ausreichende Qualität vorgetäuscht.

Bereich V: Der Boden ist weder verformungsarm noch dicht. Beide Prüfverfahren sind gleichberechtigt und führen zum gleichen negativen Ergebnis.

Bei feinkörnigen Böden können die Prüfverfahren zum Nachweis der Dichte bzw. der Verformbarkeit in verschiedenen Wassergehaltsbereichen zu unterschiedlichen Ergebnissen hinsichtlich der Qualität führen. Folglich empfiehlt es sich, im Rahmen der Qualitätssicherung von feinkörnigen Böden sowohl den Verdichtungsgrad als auch den Verformungsmodul zu überprüfen.

Wie aus den obigen Ausführungen hervorgeht, spielt insbesondere bei feinkörnigen aber auch bei gemischtkörnigen Böden der Luftporenanteil eine wesentliche Rolle. Sind die Böden zu trocken, bilden sie klumpenförmige Gebilde mit hohem Luftgehalt, die sich in diesem Zustand nicht ausreichend oder gleichmäßig verdichten lassen. Entsprechend ZTV E-StB 09 [130] kann der Luftporengehalt als zusätzliche Kenngröße für die Verdichtung herangezogen werden.

In der Praxis wird der Boden naturgemäß nie „exakt" mit der Verdichtungsenergie des einfachen bzw. des modifizierten Proctorversuchs verdichtet. Wie in Bild 59a dargestellt ist, nimmt die durch Verdichtung erreichbare Trockendichte mit der eingebrachten spezifischen Verdichtungsarbeit W nichtlinear zu. Der Boden ist mit fortschreitender Verdichtung zunehmend dichter gelagert und setzt der Umlagerung der Einzelkörner einen immer größeren Widerstand entgegen. Die pro Inkrement an eingebrachter Verdichtungsarbeit erreichte weitere Verdichtung des Bodens nimmt (im Zuge der Verdichtung) demnach ab. Für die Verdichtung eines Bodens lassen sich daraus unterschiedliche Kurven jeweils gleicher Verdichtungsenergie darstellen, wie in Bild 59b gezeigt wird [27].

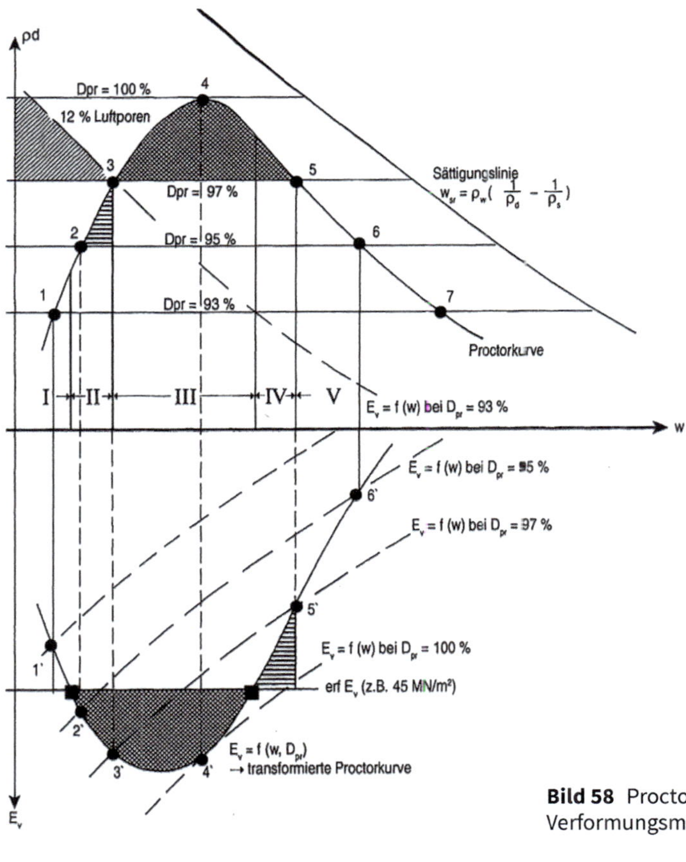


**Bild 58** Proctorkurve und Verformungsmodul (nach *Göbel* et al. [23])

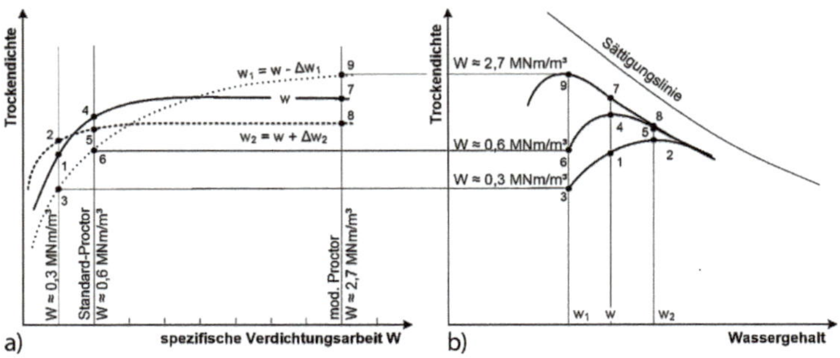


**Bild 59** Zusammenhänge bei der Verdichtung (aus [27], nach *Lang* et al. (2011) adaptiert)

### 6.2.4 Bodenklassifizierung für die Vergabe von Bauleistungen

In Deutschland wird die Bodenklassifizierung durch die DIN 18300, VOB, Vergabe- und Vertragsordnung für Bauleistungen – Teil C: Allgemeine Technische Vertragsbedingungen für Bauleistungen (ATV) – Erdarbeiten [67], geregelt. Im August 2015 erschien der neue Ergänzungsband zur VOB 2012. Damit erfolgte die Umstellung von Boden- und Felsklassen hin zu den neuen „Homogenbereichen" [43].

Bis 2015 wurde in 5 Bodenklassen und 2 Felsklassen unterschieden:

- Klasse 1: Oberboden,
- Klasse 2: fließende Bodenarten,
- Klasse 3: leicht lösbare Bodenarten,
- Klasse 4: mittelschwer lösbare Bodenarten,
- Klasse 5: schwer lösbare Bodenarten,
- Klasse 6: leicht lösbarer Fels,
- Klasse 7: schwer lösbarer Fels.

Seit August 2015 erfolgt die Einteilung von Boden und Fels nur mehr in Homogenbereiche. In der DIN 18300 wird dieser wie folgt definiert: Der Homogenbereich ist ein begrenzter Bereich, bestehend aus einzelnen oder mehreren Boden- oder Felsschichten, der für einsetzbare Erdbaugeräte vergleichbare Eigenschaften aufweist. Wenn umweltrelevante Inhaltsstoffe im Boden enthalten sind, müssen die Bereiche des Bodens bei der Einteilung in Homogenbereiche ebenfalls berücksichtigt werden. Weiter wird in der DIN 18300 angeführt: Für die Homogenbereiche sind folgende Eigenschaften und Kennwerte sowie deren ermittelte Bandbreite anzugeben. Nachfolgend sind die Normen oder Empfehlungen angegeben, mit denen diese Kennwerte ggf. zu überprüfen sind. Wenn mehrere Verfahren zur Bestimmung möglich sind, ist eine Norm oder Empfehlung festzulegen.

Für Boden:

- ortsübliche Bezeichnung,
- Korngrößenverteilung mit Körnungsbändern nach DIN 18123,
- Massenanteil Steine, Blöcke und große Blöcke nach DIN EN ISO 14688-1; Bestimmung durch Aussortieren und Vermessen bzw. Sieben, anschließend Wiegen und dann auf die zugehörige Aushubmasse beziehen,

- Dichte nach DIN EN ISO 17892-2 oder DIN 18125-2,
- undränierte Scherfestigkeit nach DIN 4094-4 oder DIN 18136 oder DIN 18137-2,
- Wassergehalt nach DIN EN ISO 17892-1,
- Plastizitätszahl nach DIN 18122-1,
- Konsistenzzahl nach DIN 18122-1,
- Lagerungsdichte: Definition nach DIN EN ISO 14688-2, Bestimmung nach DIN 18126,
- organischer Anteil nach DIN 18128 sowie
- Bodengruppen nach DIN 18196.

Bei Baumaßnahmen der Geotechnischen Kategorie GK 1 nach DIN 4020 sind folgende Angaben ausreichend: Bodengruppen nach DIN 18196, Massenanteil Steine, Blöcke und große Blöcke nach DIN EN ISO 14688-1, Konsistenz und Plastizität nach DIN EN ISO 14688-1, Lagerungsdichte.

Für Fels:

- ortsübliche Bezeichnung,
- Benennung von Fels nach DIN EN ISO 14689-1,
- Dichte nach DIN EN ISO 17892-2 oder DIN 18125-2,
- Verwitterung und Veränderungen, Veränderlichkeit nach DIN EN ISO 14689-1,
- einaxiale Druckfestigkeit des Gesteins nach DGGT-Empfehlung Nr. 1: „Einaxiale Druckversuche an zylindrischen Gesteinsprüfkörpern“ des AK 3.3 „Versuchstechnik Fels“1), sowie
- Trennflächenrichtung, Trennflächenabstand, Gesteinskörperform nach DIN EN ISO 14689-1.

Bei Baumaßnahmen der Geotechnischen Kategorie GK 1 nach DIN 4020 sind folgende Angaben ausreichend: Benennung von Fels, Verwitterung und Veränderungen, Veränderlichkeit sowie Trennflächenrichtung, Trennflächenabstand, Gesteinskörperform, jeweils nach DIN EN ISO 14689-1.

Die DIN 18300 legt fest, dass die Geotechnische Kategorie (1, 2 oder 3) gemäß DIN 4020 [61] in der Leistungsbeschreibung anzugeben ist.

Außerdem ist der Oberboden in der neuen DIN 18300 aus dem Geltungsbereich ausgeschlossen. Hierfür ist ein eigener Homogenbereich festzulegen, dessen Bodengruppe nach DIN 18196 [66] und DIN 18915 [68] und der Anteil an Steinen und Blöcken zu beschreiben ist [43].

Ein Beispiel, wie die Einteilung in Homogenbereiche erfolgen kann, ist in Bild 60 dargestellt.

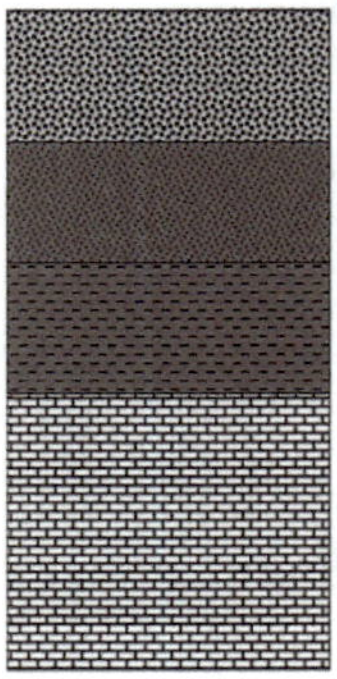

| Boden oder Felsschicht | Altes System DIN 18300 | Homogenbereiche Gewerk 1 Erdbau DIN 18300 | Homogenbereiche Gewerk 2 Bohrarbeiten DIN 18301 |
|---|---|---|---|
| Schicht 1: Kies | Klasse 3: leicht lösbarer Boden | Homogenbereich A | Homogenbereich A |
| Schicht 2: Sand, kiesig, schluffig | Klasse 4: mittelschwer lösbarer Boden | | Homogenbereich B |
| Schicht 3: Schluff, sandig | | | |
| Schicht 4: klüftiger und verwitterter Kalkstein | Klasse 6: leicht lösbarer Fels | Homogenbereich B | Homogenbereich C |

**Bild 60** Beispiel zur Bildung von Homogenbereichen (nach [43])

Im Leistungsverzeichnis ist für jeden Homogenbereich eine eigene Leistungsposition vorzusehen. Ein Beispiel für eine Leistungsposition für Erdarbeiten entsprechend der DIN 18300 in Anlehnung an den Standardleistungskatalog Wasserbau, Leistungsbereich 205 „Erdbau" ist in Tabelle 19 angegeben.

Durch die Umstellung von Bodenklassen zu Homogenbereichen wird erwartet, dass durch die geforderte Beschreibung und die Angabe von Parametern von Boden und Fels mit den zugehörigen Normen die Qualität von Baugrunduntersuchungen, geotechnischen Berichten und Baugrundgutachten verbessert wird. In der Praxis bedeutet dies jedoch einen Mehraufwand für Baugrunduntersuchung, Zusammenstellung des geotechnischen Berichts, Ausschreibung, Dokumentation bei der Ausführung und für die Abrechnung [11].

**Tabelle 19** Beispiel für einen Ausschreibungstext nach der DIN 18300 für einen Homogenbereich „Schluffige Sande" (nach [31])

| 205 211 | Boden lösen und einbauen | |
|---|---|---|
| $m^3$ | Boden nach Regelprofilen und Plänen lösen, laden, fördern, einbauen und verdichten.<br>*** *Örtliche Randbedingungen angeben, z. B. Wasserstandsverhältnisse, ggf. mit WASSERHALTUNG (LB 208)*<br>Homogenbereich „Schluffige Sande" | |
| | Bodengruppen nach DIN 18196, ergänzend ortsübliche Bezeichnung | SU, SU*, SE, ST |
| | Korngrößenverteilung nach DIN 18123 | s. Körnungsbänder |
| | Stein- und Blockanteile nach DIN EN ISO 14688-2 | gering |
| | Lagerungsdichten nach DIN 18126 oder DIN 4094 V Teil 1 und 3 | D = 0,15 bis 0,30 |
| | Wichte feucht und Wichte unter Auftrieb oder Dichte nach DIN 18125 | $\gamma_f$ = 17 bis 20 kN/m³<br>$\gamma'$ = 8 bis 10 kN/m³ |
| | organische Anteile (Glühverlust) nach DIN 18128 | $V_{gl}$ = 0 bis 3 % |

In Österreich werden Verfahrens- und Vertragsbestimmungen für die Ausführung von Erdarbeiten in offener Bauweise durch die ÖNORM B 2205: Erdarbeiten – Werkvertragsnorm [105] geregelt. Homogenbereiche werden in Österreich normativ noch nicht angewendet. Es gelten 7 Bodenklassen, ähnlich zur alten DIN 18300 in Deutschland, in Abhängigkeit von ihrer Lösbarkeit:

- Bodenklasse 1: Oberboden (Mutterboden, Humus, Zwischenboden),
- Bodenklasse 2: wasserhaltender, fließender Boden (Schöpfboden),
- Bodenklasse 3: leicht lösbarer Boden (loser Boden),
- Bodenklasse 4: mittelschwer lösbarer Boden (Stichboden),
- Bodenklasse 5: schwer lösbarer Boden (Hackboden),
- Bodenklasse 6: leicht lösbarer Fels (Reißfels) und Schrämmboden,
- Bodenklasse 7: schwer lösbarer Fels.

In Bild 61 ist die empfohlene Vorgehensweise für die Bodenklassifikation gemäß ÖNORM B 2205 [105] dargestellt.

### 6.2.5 Bodenklassifizierung für bautechnische Zwecke

Eine Klassifizierung für bautechnische Zwecke wird in Deutschland durch die DIN 18196 [66] vorgegeben: Die Norm gilt für den Erd- und Grundbau, beruhend auf der Grundlage der Klassifizierung nach DIN EN ISO 14688-2 [75], jedoch nicht für Fels und für Böden mit Steinen und Blöcken über 40 % Massenanteil.

Für die Benennung und Beschreibung von Boden gilt DIN EN ISO 14688-1 [74] und von Fels DIN EN ISO 14689-1 [76].

Für die Einteilung von Boden und Fels nach ihrer Gewinnbarkeit (Lösen, Laden, Fördern) gilt DIN 18300 [67].

Mit der DIN 18196 können die Bodenarten in Gruppen mit annähernd gleichem stofflichen Aufbau und ähnlichen bodenphysikalischen Eigenschaften zusammengefasst werden, wie z. B. [66]

- Scherfestigkeit,
- Verdichtungsfähigkeit,
- Zusammendrückbarkeit,
- Durchlässigkeit,
- Erosionsempfindlichkeit,
- Frostempfindlichkeit.

Im Hinblick auf ihre bautechnische Eignung zusammengefasst z. B. als

- Baugrund für Gründungen,
- Baustoff für Erd- und Baustraßen,
- Baustoff für Straßen- und Bahndämme,
- Baustoff für Erdstaudämme (Dichtung, Stützkörper),
- Baustoff für Dränagen.

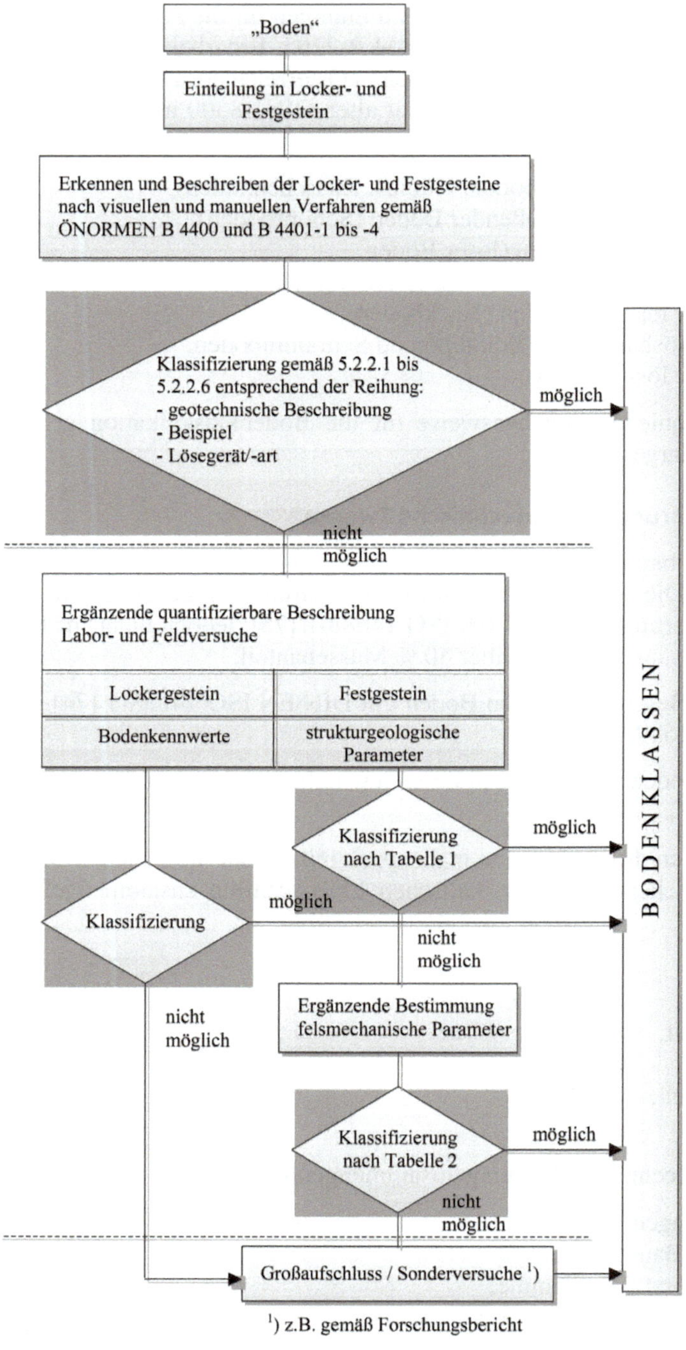


**Bild 61** Vorgehensweise zu Bodenklassifikation gemäß ÖNORM B 2205 (nach [105])

Klassifizierungsmerkmale dafür sind

- die Korngrößenverteilung entsprechend der Korngrößenbereiche,
- plastischen Eigenschaften, bestimmt über die Fließgrenze $w_L$ und die Plastizitätszahl $I_P$,
- Massenanteil der organischen Bestandteile,
- eventuell zugegebene Fremdstoffe.

In der DIN 18196 [66] kann mit den genannten Klassifizierungsmerkmalen in tabellarischer Form die Bodengruppe bestimmt werden. Zudem werden dazu Erkennungsmerkmale, Beispiele für Böden sowie eine bautechnische Eignung in Form einer groben Leitlinie der jeweiligen Bodengruppen angegeben. Somit lässt sich der Norm auch entnehmen, welche Bodengruppen besonders gut oder schlecht für Straßen- und Eisenbahndämme, für mineralische Dichtungen, für Stützkörper und Dränagen geeignet sind.

In Österreich erfolgt die Klassifizierung für bautechnische Zwecke gemäß ÖNORM B 4400-1 [107] und dient ebenfalls der Umsetzung der ÖNORMEN EN ISO 14688-1 und 2. Die Einteilung von Bodenarten und Fels nach ihrer Lösbarkeit wird jedoch in der ÖNORM B 2205 geregelt, welche das Pendant zur DIN 18300 darstellt. Ergänzend werden in der ÖNORM B 4400-1 Böden wie folgt nach ihrem Zustand eingeteilt:

- grobkörnige Böden nach ihrer Lagerungsdichte,
- feinkörnige Böden nach ihrer Konsistenz und
- gemischtkörnige Böden, je nachdem, ob die Eigenschaften des Grobkorn- oder des Feinkornanteils maßgebend sind, gemäß ihrer Lagerungsdichte oder ihrer Konsistenz.

Im Unterschied zur DIN 18196 werden in Österreich für die Kurzzeichen der Bodengruppen englische Bezeichnungen übernommen, beispielsweise für Schluff wird die Abkürzung „Si" von „Silt" verwendet. In Deutschland „U" für „Schluff". Eine Gegenüberstellung der englischen und deutschen Kurzzeichen ist im Anhang in Tabelle A-1 dargestellt.

Enthalten ist in der ÖNORM B 4400-1 auch eine Beschreibung der Verfahren zur Benennung und Beschreibung der Bodenarten:

- Laboratoriumsprüfungen;
- Visuelle und manuelle Feldmethoden
  - Bestimmung der Korngröße,
  - Beschreibung von Kornform, Rundungsgrad und Oberflächenbeschaffenheit,
  - Abschätzung der mineralogisch-petrographischen Zusammensetzung,
  - Abschätzung des Feinkornanteils,
  - Bestimmung der Farbe,
  - Kalkgehalt,
  - Riechversuch,
  - Ausquetschverfahren,
  - Verfahren zur Unterscheidung von Schluff und Ton;

- Zustandsbeschreibung
  · Allgemeines,
  · Lagerungsdichte grobkörniger Böden,
  · Konsistenz feinkörniger Böden.

Auf europäischer Ebene liegt seit 2015 die neue DIN EN 16907-2 [90] als Entwurf vor: Diese europäische Norm legt Grundsätze der Klassifizierung, der Verfahren und der Eigenschaften fest, die zur Beschreibung und Klassifizierung von Erdbaumaterialien anzuwenden sind. Dazu werden Fels- und Bodengruppen als Grundlage für die Materialspezifikationen für Erdbauwerke festgelegt. Die Norm schafft damit eine gemeinsame Basis zur Klassifizierung und Beschreibung von Böden und Fels und richtet sich an alle, die an der Bemessung, Planung und Ausführung von Erdarbeiten beteiligt sind.

Mit der Umsetzung der DIN EN 16907-2 [90] sind die nationalen Normen, wie die DIN 18196 [66] in Deutschland und die ÖNORM B 4400-1 [107] in Österreich, nicht mehr im Erdbau anzuwenden, jedoch wird im Zusammenhang mit der Klassifizierung in der neuen Norm auch festgehalten: Länderspezifische Abweichungen sind zulässig, damit Erfahrungen mit nationalen Verfahren berücksichtigt werden können.

Der Prozess der Klassifizierung wird nach der europäischen Norm in 3 Phasen unterteilt:

1. Die Boden- und Felsmaterialien sollten in dem Zustand an Ort und Stelle oder wie ausgehoben beschrieben werden.
2. Die Klassifizierung in Gruppen mit ähnlichen Materialeigenschaften und homogenen Bereichen basierend auf den inhärenten Eigenschaften muss im Rahmen des Bemessungs- und Planungsprozesses vorgenommen werden. Die Klassifizierung der Materialien erfordert in der Regel eine ganze Reihe an Prüfungen.
3. Die Klassifizierung muss auch in der Planungs- und Ausführungsphase auf Basis der Zustandseigenschaften vorgenommen werden. Die Klassifizierung nach Zustandseigenschaften sollte zur Planung, Spezifizierung und Kontrolle der Arbeiten genutzt werden sowie zum Nachweis, dass das durch die Bemessung und Spezifikation geforderte Produkt umgesetzt wurde.

Näher beschrieben werden die 3 Phasen in Tabelle 20.

In der 1. Phase soll der Boden oder Fels, so wie er an Ort und Stelle anzutreffen ist, beschrieben werden. Auch geologische Erkenntnisse werden in die Beschreibung aufgenommen. Der Boden bzw. der Fels ist im Feld nach den visuellen und manuellen Techniken sowie diese in der EN ISO 14688-1 [74] und der EN ISO 14689-1 [76] festgelegt sind, zu beschreiben. Dies kann auch mithilfe von Schürfgruben oder Proben aus Bohrlöchern erfolgen. Die Beschreibung soll alle relevanten Informationen für den Aushub, den Transport, für das Auftragen und Verdichten enthalten.

In der 2. Phase wird der Boden oder Fels nach inhärenten Paramatern klassifiziert. Inhärente Eigenschaften sind solche, die konstant bleiben und sich nicht verändern. Als Mindestumfang sind entsprechend der EN 16907-2 [90] folgende Eigenschaften, auch durch Laboruntersuchungen gestützt, zu bestimmen:

- Korngrößenverteilung,
- Plastizität (Fließgrenze und Plastizitätsindex, die in einem Plastizitätsdiagramm oder als Methylenblau-Wert dargestellt werden können),
- organische Bestandteile.

**Tabelle 20** Phasen der Beschreibung und Klassifizierung gemäß DIN EN 16907-2 (nach [90])

| Phase | Definition | Grundlage | Anwendung |
|---|---|---|---|
| Beschreibung | Geotechnische Beschreibung von Boden und Fels zur Aufzeichnung von Merkmalen des Baugrunds, die den Aushub bestimmen und die Verwendung des Materials beeinflussen, die jedoch bei der Probenahme oder der Ausführung von Erdarbeiten beseitigt werden können, z. B. Schichtung, Variabilität und Bruchabstände. | Feld- und Laborbeobachtung. Beschreibung von Material und Merkmalen. | Gruppierung in Bereiche mit ähnlichen Merkmalen; Bestimmung von Schichten, Bereichen oder Gebieten mit ähnlichen Eigenschaften oder homogenen Merkmalen. Schichtbeschreibungen erleichtern die Zeitplanung von Prüfungen, die zur Klassifizierung führen. |
| Klassifizierung (inhärent) siehe Tabelle 3 der Norm | Klassifizierung auf Basis der inhärenten Eigenschaften, die durch die Auswirkungen von Probenahmen oder die Ausführung von Erdarbeiten nicht verändert werden. Zuordnung von Boden- und Felsmaterialien zu den entsprechenden Gruppen. | Auswahl geeigneter Prüfungen zur Bestimmung von Eigenschaften, z. B. Korngröße, Plastizität und Mineralanteil. | Klassifizierung zur Bestimmung der Materialeignung in verschiedenen Bereichen der geplanten Erdarbeiten. Verfügbare Prüfungen können aus der Auflistung in Anhang A gewählt werden. |
| Klassifizierung (Zustand) | Einteilung auf Basis des Zustands des Baugrunds, d. h. durch solche Eigenschaften, die sich durch Probenahmen oder die Ausführung von Erdarbeiten verändern können. | Auswahl geeigneter Prüfungen zur Bestimmung von Eigenschaften, z. B. Wassergehalt, Festigkeit, Steifigkeit und Stabilität. Die zu bemessenden Eigenschaften hängen von der Korngröße des Bodens und der Festigkeit des Korns ab. | Klassifizierung zur Bestimmung von Klassen nach technischen Eigenschaften beim Aushub, Transport, Auftrag und Verdichten. Verfügbare Prüfungen können aus der Auflistung in Anhang A gewählt werden. |

Diese entsprechen grundsätzlich auch den Klassifizierungsmerkmalen gemäß DIN 18196 [66]. In der europäischen Norm werden jedoch weitere inhärente Eigenschaften angeführt, die zur Bestimmung der Eignung für eine bestimmte Nutzung des Bodenmaterials herangezogen werden können:

- Mineralanteil des Korns, einschließlich der Art der vorhandenen Tonminerale sowie der Lithologie des Korns,
- Kornform,
- Korndichte,
- optimale Feuchte bzw. optimaler Wassergehalt (en: optimum moisture or water content, OMC),
- maximale Trockendichte (en: maximum dry density, MDD),
- Kornfestigkeit,
- Abbaubarkeit oder mechanische Festigkeit, einschließlich Kornhärte (keine maßgebliche Zerstörung während der Ausführung der Erdarbeiten),
- Verwitterung oder evolutive Veränderung (einschließlich Frost-Tau-Wechsel, Schwindung und Wasseraufnahme) und Dauerhaftigkeit der Bestandteile,
- Empfindlichkeit gegen Frostaufbruch,
- chemische Festigkeit und Beständigkeit,
- Aschegehalt.

Die Klassifizierung und die Zuordnung zu einer Bodengruppe erfolgt bei den Böden über die Tabelle „Bodengruppen für Erdarbeiten basierend auf inhärenten Bodenparametern" in der DIN EN 16907-2 [90]. Auch für Fels werden Tabellen zur Bestimmung der Felsgruppe angegeben.

In der 3. Phase erfolgt die Klassifizierung nach Zustandsparametern. Die Klassifizierung sollte den Zweck der Erdarbeiten (z.B. Straßen- oder Bahndämme, Staudämme, Hinterfüllung) und die Lage des Materials im Erdbauwerk berücksichtigen (gewöhnliches Füllmaterial, Deckschicht, Dränageschicht).

Der Entwurf des Erdbauwerks sollte festlegen, welche Zustandsparameter für das Projekt zu bewerten sind (siehe prEN 16907-1).

Folgende Zustandseigenschaften werden hierfür in der DIN EN 16907-2 aufgezählt:

- Wassergehalt,
- undränierte Festigkeit,
- dränierte Festigkeit,
- (einaxiale) Druckfestigkeit,
- Zugfestigkeit,
- Steifigkeit/Elastizitätsmodul,
- Schwellpotenzial,
- Sackungspotenzial (Überschwemmung),
- Dichte oder Verdichtungsgrad,
- direkter Tragindex (IBI),
- CBR-Wert (California bearing ratio) und CBRi-Wert (durchnässter Boden),
- Feuchtigkeitszustands-Wert,
- hydraulische Leitfähigkeit,

- seismische Geschwindigkeit,
- Frostbeständigkeit,
- Widerstandsfähigkeit,
- Redoxpotenzial,
- Index für mikrobielle Aktivität.

In der Norm wird auch beispielhaft angegeben, welche der bisher genannten Klassifizierungsmerkmale erstens für verschiedene Vorgänge der Ausführung (Aushub, Laden, Stabilisieren, Einbringen, Verdichten, ...) und zweitens für die Verwendung in Erdbauwerken (Füllmaterial, Deckschicht, Dränageschicht, ...) bestimmt werden müssen.

Im Anhang zur DIN EN 16907-2 [90] werden alle für den Erdbau relevanten europäischen Prüfnormen aufgelistet und es wird darauf hingewiesen, wofür sie geeignet sind.

## 6.3 Sonstige Erd- und Dammbaustoffe

### 6.3.1 Allgemeines

Nach der TL BuB E-StB [124] sind Böden mit Fremdbestandteilen solche Böden, die Fremdbestandteile von mehr als 10 Vol.-% und bis 50 M.-% aufweisen. Diese Böden werden durch das Merkblatt über die Verwendung von Böden mit und ohne Fremdbestandteilen (M BomF) [98] geregelt.

Fremdbestandteile sind dabei mineralischen Ursprungs, aber keine Bestandteile des Bodens. Fremdbestandteile können z. B. hydraulisch gebundene Stoffe, mit Bitumen gebundene Stoffe oder Produktionsrückstände z. B. aus thermischen Prozessen oder Bauprozessen sein [124].

Böden mit mehr als 50 M.-% Fremdbestandteilen sind rezyklierte Baustoffe, aber auch solche Baustoffe, die aus einem Umbau, Rückbau oder Abbruch gewonnen und für den neuen Verwendungszweck entsprechend aufbereitet werden [100]. Festlegungen hierfür sind im Merkblatt über die Wiederverwendung von mineralischen Baustoffen als Recycling-Baustoffe im Straßenbau [100] zu finden.

Eine Übersicht über die Böden mit Fremdbestandteilen und die Abgrenzung der Regelwerke in Bezug zum Straßenbau wird im Bild 62 veranschaulicht.

### 6.3.2 Recyclingbaustoffe

Ausgangsmaterialien für Recyclingbaustoffe sind Baurestmassen, die einer weiteren Verwertung zugeführt werden können. Baurestmassen fallen z. B. beim Rückbau, Umbau, Ausbau sowie bei der Erhaltung von Hoch- und Tiefbauten, Wegen, Flugplätzen und sonstigen Verkehrsflächen an. Unterteilt werden können diese in [100]:

- ungebundene Stoffe, wie Dammbaustoffe, Gemische aus Gesteinskörnungen aus Verkehrsflächen oder Naturwerksteine;
- hydraulisch gebundene Stoffe, z. B. alle Beton- und Stahlbetonbauteile, Material aus Tragschichten mit hydraulischen Bindemitteln;
- bitumengebundene Stoffe, Aufbruchasphalt, Fräsasphalt;
- sonstige gebrauchte Baustoffe, wie z. B. Klinker, Ziegel, Porenbeton, Mörtel usw.

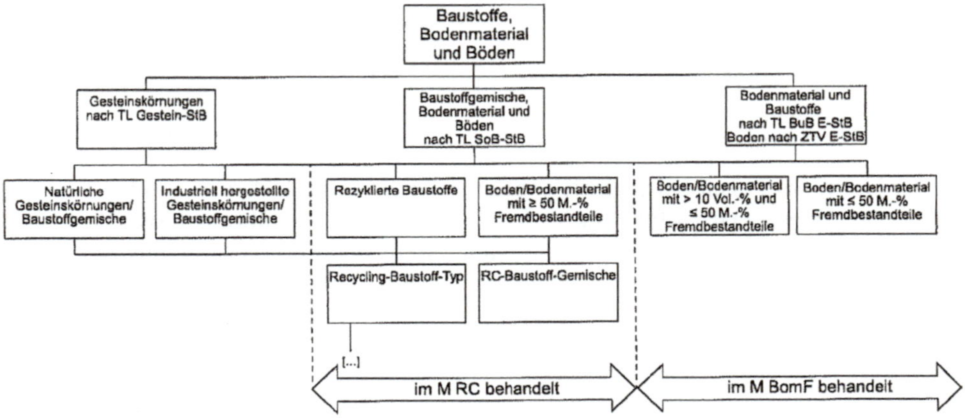


**Bild 62** Übersicht der Regelwerke für Böden mit Fremdbestandteilen (nach [98])

Bautechnische Anforderungen werden hinsichtlich Plastizität, Korngrößenverteilung, Wassergehalt und an die stoffliche Zusammensetzung gestellt. Die Einteilung erfolgt in Bodengruppen entsprechend DIN 18196 [66]. Gemäß der TL BuB E-StB [124] müssen die rezyklierten Baustoffe dabei den Tabellen 10 bis 12 entsprechen. Anforderungen an die stoffliche Zusammensetzung werden im Merkblatt M RC [100] festgehalten.

In Österreich wird die Herstellung von Recyclingbaustoffen durch die Richtlinie für Recycling-Baustoffe [116] geregelt. Darin werden insbesondere die allgemeinen Anforderungen an Recyclingbaustoffe, deren bautechnische Güte und Umweltverträglichkeit behandelt.

### 6.3.3 Industrielle Nebenprodukte

Bautechnische Anforderungen für den Straßendammbau und allgemeine Angaben sowie umweltrelevante Merkmale von industriellen Nebenprodukten werden durch die TL BuB E-StB [124] geregelt.

Folgende industrielle Nebenprodukte werden dabei für die Verwendung im Straßendammbau in Betracht gezogen:

- Eisenhüttenschlacken
  · Hochofenschlacke,
  · Stahlwerksschlacke,
  · Hüttenmineralstoffgemische;
- Metallhüttenschlacken
  · Schlacken aus der Kupfererzeugung;
- Hausmüllverbrennungsasche;
- Kraftwerksnebenprodukte
  · Schmelzkammergranulat,
  · Kesselasche,
  · Steinkohleflugasche,
  · Braunkohleflugasche;

- Gießereirückstände
  - Gießereirestsande,
  - Gießerei-Kupolofenstückschlacken;
- mineralische Baustoffe aus Bergbautätigkeit
  - Waschberge aus der Steinkohlegewinnung,
  - Haldenberge aus dem Kupferschieferbau.

Im Merkblatt für die Verdichtung des Untergrundes und des Unterbaus im Straßenbau [95] sind weitere Hinweise für die Anwendung und der Verdichtung industrieller Nebenprodukte angeführt.

### 6.3.4 Leichtbaustoffe

Leichtbaustoffe kommen zur Vermeidung von Setzungen auf extrem weichem, setzungsempfindlichem Untergrund zum Einsatz und werden insbesondere am Übergang von Straßen- und Eisenbahndämmen zu Brückenwiderlagern eingesetzt [1].

Leichtbaustoffe sind gemäß ZTV E-StB [130] natürliche oder künstliche Baustoffe mit geringer Dichte. Sie kommen natürlich vor (Bims), werden thermisch aus primär schweren Mineralstoffen erzeugt (Blähton, Blähschiefer) oder chemisch gefertigt (EPS-Hartschaumstoffe).

Bautechnische Anforderungen werden im Merkblatt über die Verwendung von EPS-Hartschaumstoffen als Leichtbaustoff im Erdbau des Straßenbaus [99] und im Merkblatt über die Verwendung von Blähton als Leichtbaustoff im Erdbau des Straßenbaus geregelt [97].

Expandiertes Polystyrol hat den Vorteil, dass es eine extrem geringe Dichte aufweist ($\rho_d = 0{,}02$ bis $0{,}03\ g/cm^3$), welche etwa nur ein Hundertstel jener Dichte eines mineralischen Erdbaustoffs ausmacht. Nachteile, die sich durch den Baustoff ergeben, können wie folgt zusammengefasst werden [1]:

- Polystyrol ist gegen wässrige Laugen und Mineralsäuren gut beständig, gegenüber unpolaren Lösungsmitteln wie Benzin und längerkettigen Ketonen und Aldehyden nicht; gerade im Verkehrswegebau ist dies von Nachteil.
- Ein Nachteil ist die eingeschränkte Temperaturbeständigkeit und die Neigung zu Spannungsrissen. Es ist wenig wärmebeständig, ab 55 °C setzt eine Beschleunigung der Alterung ein, weshalb es nur bis maximal rund 70 °C einsetzbar ist.
- Außerdem ist es UV-empfindlich.

Blähton wird aus kalkarmem Ton mit fein verteilten organischen Bestandteilen erzeugt. Der Rohstoff wird gemahlen, granuliert und ohne künstliche oder chemische Zusätze bei rund 1200 °C im Drehrohrofen gebrannt. Die organischen Zuschlagstoffe verbrennen, das Material bläht sich durch das dabei entstehende Kohlendioxid nahezu kugelförmig auf. Blähton erreicht dabei das Vier- bis Fünffache des Ausgangsvolumens. Der Kern ist geschlossenporig, die Oberfläche gesintert. Durch die kugelige Form und die enggestufte Verteilung der Körner weist das Material weder gute Verdichtungseigenschaften noch hohe Scherfestigkeiten („Kugellagereffekt“) auf.

Ein weiterer Leichtbaustoff, neben dem expandierten Polystyrol und dem Blähton, der sich in den letzten Jahren etabliert hat, ist das Glasschaum-Granulat. Glasschaum-Granulat wird industriell aus Altglas in einem thermo-chemischen Prozess hergestellt und ist deshalb zu den Recyclingbaustoffen zu zählen. Glasschaum-Granulat weist aufgrund der anorganischen Natur folgende Eigenschaften auf, welche grundlegend für den dauerhaften Einbau in Erdbauwerken sind [1]:

- unverrottbar,
- beständig gegen Fraßschäden,
- beständig gegen Kohlenwasserstoffschäden,
- formbeständig,
- gering deformierbar,
- gering wasseraufnahmefähig.

Die bodenmechanischen Eigenschaften von Glasschaum-Granulat sind für den Einsatz im Erdbau besonders günstig. Die erreichbare Trockendichte beträgt etwa ein Zehntel jener eines mineralischen Erdbaustoffes ($\rho_d = 0{,}15$ bis $0{,}35\ g/cm^3$). Der Reibungswinkel liegt bei rund $\varphi = 35°$ bis $40°$ und bei guter Verdichtung ergibt sich eine Korn-zu-Korn-Reibung. Damit wird nicht nur eine Verzahnungskohäsion bewirkt, sondern auch eine vergleichsweise hohe Steifigkeit erzielt [1].

# 7 Erdarbeiten

## 7.1 Untergrunderkundung

Wichtige Regelungen zur Untergrunderkundung sind in der DIN EN 1997-2 [78] festgehalten sowie im nationalen Anhang DIN EN 1997-2/NA [79]. In Ergänzung zum Eurocode wurde die DIN 4020 [61] herausgegeben. Im Teil 1 des Grundbau-Taschenbuchs, Kapitel 1.2 Baugrunduntersuchung im Feld, wird die Untergrunderkundung behandelt. Im Zusammenhang mit dem Erdbau wird im folgenden Abschnitt lediglich auf den Umfang, die Anordnung und die erforderliche Tiefe von Baugrunderkundungen eingegangen.

Für den **Umfang** gilt:

Bei Vorliegen der Geotechnische Kategorie 1 (GK 1) sind entsprechend DIN 4020 [61] bezüglich Baugrunderkundung folgende Maßnahmen erforderlich:

- Einholen von Informationen über die allgemeinen Baugrundverhältnisse und die örtlichen Bauerfahrungen der Nachbarschaft;
- Erkunden der Bodenarten bzw. Gesteinsarten und ihrer Schichtung;
- Abschätzen der Grundwasserverhältnisse vor, während und nach der Bauausführung;
- Besichtigen der ausgehobenen Baugrube.

Bei der Geotechnischen Kategorie 2 (GK 2) sind direkte Aufschlüsse erforderlich und bei der Geotechnischen Kategorie 3 (GK 3) ist zu prüfen, ob über den Umfang der GK 2 hinaus noch weitere Untersuchungen erforderlich sind.

**Tabelle 21** Merkmale zur Einstufung eines Erddamms in eine Geotechnische Kategorie (nach [61])

| | Erddämme |
|---|---|
| GK 1 | Dämme auf tragfähigem Baugrund bis 3 m Höhe, gegebenenfalls mit Verkehrsflächen auf der Dammkrone.<br>Ständig oder zeitweise wasserbelastete Dämme mit einer Höhe des maßgebenden Stauwasserspiegels von bis zu 2 m über dem luftseitig anschließenden Gelände auf tragfähigem Baugrund. |
| GK 2 | Dämme bis 20 m Höhe in ebenem oder flach geneigtem Gelände auf tragfähigem Untergrund, gegebenenfalls mit einer Höhe des maßgebenden Stauwasserspiegels bis höchstens 4 m über dem luftseitig anschließenden Gelände. |
| GK 3 | Dämme auf stark geneigtem Gelände.<br>Dämme auf wenig tragfähigem Baugrund, die eine Prognose der zeitlichen Entwicklung der Verformungen erfordern<br>Dämme, die Setzungen an verformungsempfindlichen Bauwerken auslösen.<br>Dämme, bei denen die Tragfähigkeit und/oder das Setzungsverhalten des Baugrunds durch Zusatzmaßnahmen verbessert wird.<br>Dämme in Bergsenkungsgebieten und bei der Gefahr von Tagesbrüchen oder Erdfällen.<br>Ständig oder zeitweise wasserbelastete Dämme mit einer Höhe des maßgebenden Stauwasserspiegels von mehr als 4 m über dem luftseitig anschließenden Gelände und/oder einem hohen Schadenspotential, z. B. bei einem Stauvolumen von mehr als 100 000 $m^3$.<br>Maßgeblicher Einfluss von Erdbeben. |

**Tabelle 22** Aufschlussarbeiten zur Erkundung des Baugrunds eines Staudamms (nach [35])

| Art der Erkundung | Ergebnis | Probeentnahme | Feldversuche |
|---|---|---|---|
| Geologische Kartierung | Allgemeine Übersicht – Lagerstättenbestimmung | – | – |
| Kernbohrungen | Bodenprofil<br>Gesteinsprofil | Bohrkerne und Bodenproben für Laborversuche | Wasserabpress- und Einpressversuche |
| Sondierungen | Bodenprofil – Lagerstättenbestimmung | – | – |
| Schürfgruben<br>Baggerschlitze | Bodenprofil – Lagerstättenbestimmung | Gestörte/ungestörte Bodenproben für Laborversuche | Wassergehalt<br>Feuchtwichte<br>Siebanalyse |
| Erkundungsstollen, Erkundungsschächte | Gebirgsbeschaffenheit | Gesteinsproben für Laborversuche | Felsmechanische Versuche |
| Geophysikalische Verfahren (nur brauchbar in Verbindung mit Bohrprofilen) | Stratigrafie<br>Überlagerungsdicke | – | – |
| Vor der Ausschreibung erwünschte Großversuche | | | Sprengversuch<br>Verdichtungsversuch<br>Injektionsversuch |

Die Zuordnung zu einer Geotechnische Kategorie (GK) erfolgt am Beispiel des Dammbaus gemäß Tabelle 21.

Anzumerken ist, dass im Bahnbau auch jene Strecken, deren Entwurfsgeschwindigkeiten $v_e > 200$ km/h sind, gemäß der Ril 836.1002 [119] der GK 3 zuzuordnen sind.

Ein Beispiel für Untersuchungsmaßnahmen zur Errichtung eines Staudamms ist in Tabelle 22 zusammengefasst.

Für die **Anordnung** gilt:

Die Untersuchungspunkte sollten in einem solchen Raster angelegt sein, dass der Schichtenaufbau im Planungsbereich beurteilt werden kann. Bei großflächigen Projekten sollte der Rasterabstand jedenfalls kleiner als 60 m sein [78].

Für Linienbauwerke sollten die Untersuchungspunkte in angemessenem Abstand von der Achse angeordnet werden, abhängig von der Gesamtbreite des Bauwerks, wie z. B. der Dammfuß- oder der Einschnittsbreite. Linienbauwerke sind z. B. Straßen- und Eisenbahndämme, aber auch Deiche und Rückhaltedämme. Die Abstände für die Untersuchung sollten in zwischen 20 m und 200 m gewählt werden [78]. Gemäß ZTV E-StB [130] ist im Straßenbau ein Abstand für direkte Aufschlüsse von ca. 100 m vorgesehen. Zu verweisen ist in diesem Zusammenhang auch auf das Merkblatt über geotechnische Untersuchungen und Berechnungen im Straßenbau (M GUB) [102].

Bei Staudämmen sind Abstände zwischen 25 m und 75 m in den maßgebenden Schnitten zu wählen [78].

Für Bauwerke an oder in der Nähe von Hängen und an Geländesprüngen (auch Baugruben) sollten die Untersuchungspunkte auch außerhalb des Bauwerksgrundrisses angeordnet werden, und zwar so, dass die Stabilität des Hangs oder der Baugrube beurteilt werden kann. Bei Rückverankerungen sollten die voraussichtlichen Kräfte in der Krafteinleitungsstrecke besonders beachtet werden [78].

Für die Untersuchungstiefe gilt:

Die Untersuchungstiefe ist auf alle Schichten auszudehnen, die das Bauvorhaben beeinflussen oder durch das Bauwerk beeinflusst werden. Bei Dämmen, Wehren, Baugruben unter dem Grundwasserspiegel und wenn eine Wasserhaltung erforderlich ist, ist die Untersuchungstiefe auch in Beziehung zu den hydrogeologischen Verhältnissen zu wählen. Hänge und Geländesprünge sind bis unterhalb von möglichen Gleitflächen zu erkunden [78].

Die Untersuchungstiefe $z_a$ ist gemäß Eurocode 7 [78] für Dämme und Einschnitte wie folgt festgelegt:

- bei Dämmen: $0{,}8\ h < z_a < 1{,}2\ h$; jedoch mindesten 6 m,
- bei Einschnitten: $z_a \geq 0{,}4\ h$; jedoch mindestens 2 m.

Die Bauwerkshöhe bzw. die Einschnitttiefe h und von welcher Ausgangshöhe die Untersuchungstiefe zu messen ist, ist in Bild 63 dargestellt.

**Bild 63** Definition der Untersuchungstiefe $z_a$ und der Bauwerkshöhe h gemäß Eurocode 7 [78]; a) Damm b) Einschnitt

## 7.2 Untergrundverbesserung

Können die Mindestanforderungen an die Verdichtung des Untergrunds nicht erfüllt werden, so sind Untergrundverbesserungsmaßnahmen anzuordnen. In Abschnitt 5.3 wurden bereits tiefreichende Verbesserungsmaßnahmen bei Vorhandensein eines nicht tragfähigen Untergrunds behandelt. Ergänzend dazu werden in der RVS 08.03.01 [120] weitere mögliche Maßnahmen aufgezählt:

- Bodennachverdichtung, die bei geringer Unterschreitung der Verdichtungsanforderungen zulässig ist.
- Mechanische Bodenverbesserung, die durch das Einmischen von geeigneten Korngruppen oder Gesteinskörnungen erfolgt und der Verbesserung der Eigenschaften von Gesteinskörnungsgemischen dient.
- Einbau von Geokunststoffen, mit welchen bei weichem Untergrund die erforderliche Tiefe für die Bodenauswechselung reduziert werden kann. Bei entsprechender Anwendung können Geokunststoffe mehrere Funktionen erfüllen, wie z. B. Filtern, Trennen und Bewehren.
- Bodenverbesserung mit Bindemitteln, diese Thematik wird in Abschnitt 8 behandelt.

Für Baumaßnahmen auf wenig tragfähigem Untergrund und zur tiefreichenden Verbesserung werden in der ZTV E-StB [130] und in der RVS 08.03.01 [120] folgende Bauverfahren in Betracht gezogen:

- Konsolidierungsverfahren, mit denen eine Vorwegnahme von Konsolidationssetzungen durch das temporäre Aufbringen einer Vorbelastung erreicht wird, z. B. durch eine Überschüttung oder mittels Grundwasserabsenkung. Durch das Einbringen von Tiefendräns (z. B. Kies-, Sand- oder Kunststoffdräns) wird die Durchlässigkeit des Untergrunds erhöht und damit die Konsolidationssetzung beschleunigt.
- Bodenaustauschverfahren, womit ungeeignete Böden vollständig entfernt und durch geeignete Baustoffe ersetzt werden.
- Verfahren zur Verbesserung des Untergrunds, erzielt durch das punktuelle, rasterförmige Einbringen von geeigneten grobkörnigen Baustoffen, Bindemitteln oder Gemischen. Rüttelstopfsäulen werden dazu vorrangig in weichem, bindigen Boden zur Erhöhung der Scherfestigkeit und der Durchlässigkeit sowie zur Verringerung der Setzungen hergestellt, womit auch eine Beschleunigung der Konsolidation bezweckt wird. In locker gelagerten nichtbindigen Böden wird vorrangig die Rütteldruckverdichtung ausgeführt, mit welcher die Eigenverdichtung des Untergrunds und eine Homogenisierung der Untergrundeigenschaften angestrebt werden. Bei geeigneten Böden kann die Verbesserung auch durch punktuelle, dynamische Intensivverdichtung bzw. durch Impulsverdichtung erfolgen.

- Verfahren mit aufgeständerten Gründungspolstern, die aus horizontallastverteilenden, eventuell geokunststoffbewehrten Schichten bestehen, welche auf vertikalen Traggliedern aufliegen. Tragglieder können z.B. Kiessäulen, Fertigpfähle, bindemittelverfestigte Bodensäulen usw. sein. Pfahlgründungen können dabei mit Spitzendruckpfählen, welche in eine tragfähige Schicht einbinden, oder mit Mantelreibungspfählen ausgeführt sein. Bei Letzteren ist auch die Ausführung von lastverteilenden Kopfplatten, geokunststoffbewehrten Kiespolstern usw. sinnvoll.
- Anwendung von Leichtbaustoffen, deren Einsatz dann zielführend ist, wenn mit vertretbarem Aufwand keine ausreichende Konsolidierung des Untergrunds bzw. keine entsprechende Standsicherheit bei Verwendung von natürlichen Dammbaustoffen erreicht werden kann.

Bei der Planung und Ausführung von tiefreichenden Untergrundverbesserungsmaßnahmen sind gemäß der RVS 08.03.01 [120] folgende Aspekte zu berücksichtigen:

- Tragfähigkeit des Untergrunds (Grundbruch-, Böschungsbruch-, Gleit-, Spreizsicherheit) sowie Anfangs- als auch Endstandsicherheit,
- Gebrauchstauglichkeit des Untergrunds (Setzungen, Setzungsdifferenzen, Winkelverdrehungen, Last- und Zeit-Setzungsverhalten, Konsolidation),
- Dauerhaftigkeit des Untergrunds (organische Prozesse, chemische und physikalische Verwitterung, Erosion usw.).

## 7.3 Vor-, Oberboden- und Abtragsarbeiten

**Vorarbeiten:** Vor Beginn der Bauarbeiten ist der Zustand der vorhandenen Oberflächen, Befestigungen, Einfassungen und der angrenzenden Bebauung festzustellen und zu dokumentieren [67]. Dazu zählen aber auch Erkundungsmaßnahmen gemäß Abschnitt 7.1, wie z.B. Geländeaufnahmen, geologische, boden- und felsmechanische Untersuchungen und die Erkundung des Grundwasserstands. Außerdem zählen zu den Vorarbeiten die Massenermittlung, das Erstellen der Ausschreibungsunterlagen, das Erschließen des Baufelds, Erkundung von Hindernissen, Untersuchung und Sicherung der durch die Baumaßnahmen gefährdeten Gebäude [10].

Auch erforderliche Entwässerungsmaßnahmen sind rechtzeitig auszuführen, sodass durch das abfließende Niederschlagswasser und sonstige fließende Wässer keine Schäden entstehen. Der witterungsempfindliche Boden oder Fels darf nicht nachteilig durchfeuchtet und aufgeweicht werden [120]. Von Einschnittsböschungen darf kein Wasser auf das Planum abfließen. Das vom Planum abfließende Wasser soll ungehindert über die Dammböschung zum Unterlieger oder über eine Längsentwässerung abfließen [130].

Im Straßenbau sind neben der ZTV E-StB [130] noch die RAS-Ew [114] und die ZTV Ew-StB [131] zu beachten.

**Oberboden:** Der Oberboden muss von allen Flächen vor Beginn der Erdarbeiten abgetragen werden. Der Abtrag erfolgt abschnittsweise und ist so vorzunehmen, wie es von den Folgearbeiten erfordert wird. Außerdem sind die Boden- und Witterungsverhältnisse zu berücksichtigen. Der Oberboden darf beim Abtrag und bei der Lagerung nicht durch andere Beimengungen verschlechtert werden. Kann der Oberboden nicht sofort weiterverwendet werden, ist er getrennt, aber räumlich zusammenhängend mit anderen Bodenarten, zu lagern. Ein Befahren und Verdichten muss tunlichst vermieden werden [120].

**Abtragsarbeiten:** Die Wahl des Verfahrens für den Abtrag von Boden oder Fels sowie das Löse- und Ladegerät muss entsprechend der jeweiligen Boden- oder Felsart erfolgen. Das Lösen, Laden, Fördern und Zwischenlagern hat in solcher Weise zu erfolgen, dass die Einbaufähigkeit des Materials erhalten bleibt. Abtragsflächen und Oberflächen von Zwischenlagern sollen ein Quergefälle von mindestens 4 % aufweisen, damit das Oberflächenwasser ungehindert davon abfließen kann. Bei Zwischenlagern müssen eventuell gesonderte Maßnahmen getroffen werden. Werden bei den Abtragsarbeiten Baustoffe mit unterschiedlicher Eignung angetroffen, sind diese getrennt zu behandeln. Beim Abbau an Steilhängen ist ein Arbeitsplan zu erstellen, um den Abbau so auszuführen, dass Rutschungen oder Felsstürze verhindert werden [120].

Verfahren zum Abtrag von Fels werden in Abschnitt 4.3.2 und Verfahren zum Abtrag von Lockergesteinen und Böden in Abschnitt 4.2.2 erläutert.

## 7.4 Vorbereitung der Dammaufstandsfläche

Vertiefungen unterhalb der Dammaufstandsfläche sind aufzufüllen und entsprechend zu verdichten. Ist die Dammaufstandsfläche steiler als im Verhältnis 1:5 geneigt, ist in Abhängigkeit von der Bodenart und dem Verlauf der Dammaufstandsfläche zu prüfen, ob eine Abtreppung erforderlich ist. Die Stufen werden dabei leicht nach außen geneigt und sind je nach Schütthöhe auszubilden, jedoch mindestens 0,6 m hoch. Maximal sollte die Höhe 1,5 m betragen. Auch wenn an einen bestehenden Damm angeschüttet wird, sind Stufen erforderlich, um eine entsprechende Verzahnung zu erreichen [120]. Vor allem im Staudammbau ist diese Maßnahme im Zuge von Stauspiegel- bzw. Dammerhöhungen auszuführen.

Sickerwasser, Quellwasser und Rinnsale müssen, bevor mit der Dammschüttung begonnen wird, gefasst und abgeleitet werden [120]. Bei der Ausführung von Filter- und Dränagezonen sind unbedingt Filterkriterien einzuhalten. Im Staudammbau ist es sinnvoll, gesammelte Sickerwässer qualitativ hinsichtlich ausgeschwemmter Sedimente und quantitativ zu überwachen.

Liegt die Dammaufstandsfläche überhaupt im Grundwasserschwankungsbereich, so ist über dieser eine kapillarbrechende Schicht anzuordnen, gegebenenfalls aus einem filterstabil abgestuften Korngemisch [120]. Diese Schicht kann auch als Sohlschicht bezeichnet werden. Die Schütthöhe beträgt ca. 0,5 bis 1,0 m und das Schüttmaterial besteht aus nichtbindigen Bodenarten wie z. B. GW, GI, GE, SW, SI oder SE [23].

Weist der Untergrund nicht die gewünschten Eigenschaften auf, so sind Untergrundverbesserungsmaßnahmen durchzuführen. Eine Übersicht über die zur Verfügung stehenden Maßnahmen wird in Abschnitt 7.2 und 5.3 angeführt. Bei der Bodenverbesserung bzw. Bodenverfestigung durch das Einmischen von Bindemitteln gibt es folgende Verfahren:

- Bodenverbesserung mit Bindemitteln (Kalkstabilisierung), siehe Abschnitt 8.2.1,
- Bodenverfestigung mit hydraulischen Bindemitteln (Zementstabilisierung), siehe Abschnitt 8.2.2, und
- Bodenverbesserung mit Mischbindemitteln (Kalk-Zement-Stabilisierung), siehe Abschnitt 8.2.3.

## 7.5 Herstellung von Dämmen und Schüttungen

Anforderungen an die Schüttmaterialien wurden bereits in Abhängigkeit vom Dammtyp (Straßen- und Eisenbahndamm, Staudamm, Hochwasserschutzdamm, Steinschlag- und Lawinenschutzdamm und Deponiedamm) in Abschnitt 5.3 erläutert. Die bautechnische Klassifikation und die daraus resultierende Eignung ist in Abschnitt 6.2.5 dargestellt. In der DIN 18196 [66] wird auch auf die bautechnische Eignung verschiedener Bodengruppen eingegangen. Im Straßendammbau bestehen gemäß der TL BuB E StB [124] Anforderungen an Dammschüttmaterialien hinsichtlich der Plastizität, der Korngrößenverteilung und des Wassergehalts.

Die technische Eignung hängt im Allgemeinen von mehreren Faktoren ab. Um diese genauer zu spezifizieren, können folgende Anforderungen aufgestellt werden, welche zu überprüfen sind (nach [41]):

- Tragfähigkeit,
- Verdichtbarkeit,
- Kornumlagerungsempfindlichkeit,
- Wasserempfindlichkeit,
- Verwitterungsneigung,
- Erosionsempfindlichkeit,
- Frostempfindlichkeit,
- Setzungsempfindlichkeit,
- Rutschungsempfindlichkeit,
- Witterungsempfindlichkeit.

Bei mineralischen Baustoffen besteht zwischen den Bodengruppen (entsprechend der DIN 18196 [66]) und den zu erwartenden Bodeneigenschaften ein Zusammenhang. Aus diesem Grund ist es möglich, auf Basis der vorliegenden Bodengruppe, auf die technische Eignung zu schließen. In Tabelle 23 (siehe nachfolgende Doppelseite) sind wichtige Zusammenhänge zwischen Bodengruppen und Bodeneigenschaften zusammengefasst. In der Spalte 1 sind Bodenklassen gemäß der alten Klasseneinteilung der DIN 18300 [67] dargestellt, welche auch dem jeweiligen Homogenbereich entsprechen würden.

Nach *Keil* [32] muss der Einbau von Dammschüttmaterialien nach dem Prinzip der größtmöglichen Stabilität erfolgen. Dazu sind folgende Grundsätze zu beachten:

- Vorsehen von dünnen Lagenschüttungen,
- Erreichen der höchstmöglichen Dichte (vgl. Proctordichte),
- Wechseleinbau in dünnen Lagen,
- Begrenzung der „Stückgröße“ (Größtkorn) entsprechend dem Verdichtungsverfahren.

So sollen unterschiedliche Schüttmaterialien hinsichtlich ihrer Konsistenz, Kornverteilung und „Härte" auf keinen Fall gemischt, sondern immer getrennt in dünnen homogenen Lagen eingebaut werden. Dadurch wird die beste Verdichtbarkeit, aber auch der rascheste Spannungsausgleich zwischen den unterschiedlichen Schüttmaterialien untereinander erreicht. Durch den Wechseleinbau (auch Sandwichbauweise genannt) ist es auch möglich, nur bedingt geeignete Baustoffe, wie z. B. nass-bindige Böden zu verwerten. So kann feuchter Lehm, der sich nur schlecht verdichten lässt mit einer darunter liegenden Basislage und darüber liegenden Decklage aus durchlässigem Material, welches zu einer Entspannung und Entfilterung sorgt, eingebaut werden. Die nichtbindige Schicht sorgt somit für eine Stabilisierung. Die Kontakterosion zwischen den Schichten muss jedoch nachgewiesen werden [10, 32].

Beim Einbau von witterungsempfindlichen Materialien sollen die Schüttlagen mit einem Quergefälle von mindestens 6 % hergestellt und unmittelbar verdichtet werden. Bei sehr ungünstiger Witterung sind die Einbau- und Verdichtungsarbeiten unter Umständen einzustellen. Der optimale Wassergehalt des Schüttmaterials muss gewährleistet sein [44].

Erforderlichenfalls ist eine durch die Witterung und den Baubetrieb beeinflusste Schutz- oder Opferschicht (erdbauliche Verschleißschicht) zu belassen, die erst kurz vor Umsetzung der weiteren Maßnahmen zu entfernen ist.

Für die Herstellung von Dämmen ist es besonders wichtig, dass der Boden über die gesamte Dammbreite gleichmäßig verdichtet wird. Um dies zu erreichen, werden durch die ZTV E-StB [130] drei mögliche Verfahren vorgegeben:

- Der Damm ist je nach Höhe beiderseits mindestens 1 m über das Sollprofil hinaus zu schütten und auf gesamter Breite zu verdichten. Der über das Sollprofil hinaus eingebaute Boden ist böschungsschonend wieder abzutragen und kann für die Ausrundung des Dammfußbereichs oder für die weitere Dammschüttung verwendet werden.
- Die Böschung ist in ihrem Sollprofil direkt mit einem hierfür geeigneten Verdichtungsgerät und Arbeitsverfahren zu verdichten.
- Die Schütthöhe ist in dem äußeren, mindestens 2 m breiten Böschungsbereich zu verringern und der Boden mit einem für diesen Randbereich geeigneten Verdichtungsgerät zu verdichten.

## 7.6 Einbau und Verdichtung

### 7.6.1 Allgemeines

Durch die Verdichtung wird das Porenvolumen des Bodens verringert und seine bautechnischen Eigenschaften werden verbessert [44]:

- Die Verformbarkeit bzw. Zusammendrückbarkeit wird verringert und damit die Steifigkeit erhöht.
- Die Scherfestigkeit wird vergrößert.
- Die Wasserdurchlässigkeit wird verringert.
- Die Erosionsstabilität wird erhöht.

**Tabelle 23** Eigenschaften von Böden in Abhängigkeit von der Bodengruppe (nach [41])

| Boden- und Felsklassen nach DIN 18300 | Kurzzeichen nach DIN 18196 | Merkmale, wie Korngrößen und -anteile u. a. | Ungleichförmigkeitszahl $U$ | Lagerungsdichte $D$ | |
|---|---|---|---|---|---|
| 1 | 2 | 3 | 4 | 5 | |
| Oberboden | OH, OU | Mikroorganisch, humushaltig | gleichförmig $U < 5$<br>ungleichförmig $U = 5 - 15$<br>sehr ungleichförmig $U > 15$<br>Einkornmaterial $U = 1$ | $U$: < 3 \| > 3<br>sehr locker: 0 – 0,15 \| 0 – 0,20<br>locker: 0,15 – 0,30 \| 0,20 – 0,45<br>mitteldicht: 0,30 – 0,50; Proctordichte > 92 % \| 0,45 – 0,75 Proctordichte $\varrho_{Pr}$ > 95 %<br>dicht: > 0,50 $\varrho_{Pr}$ > 95 % \| > 0,75 $\varrho_{Pr}$ > 100 % | $U \leqq 3$: SU, GU, GT $D \geqq 0{,}3$: SE, GE; $D \geqq 0{,}45$: SE, SW, SI, GE, GW, GI |
| Fließende Bodenarten (Klassen 1 bis 5 Bereich der Bodenmechanik) | GU̅, GT̅, SU̅, ST̅, UL, UM, TL, TM, TA, OU, OT, OH, OK, HN, HZ, F | flüssig-breiig, wasserhaltend | | | |
| leicht lösbare Bodenarten | GE, GW, GI, SE, SW, SI, GU, GT, SU, ST, HN | 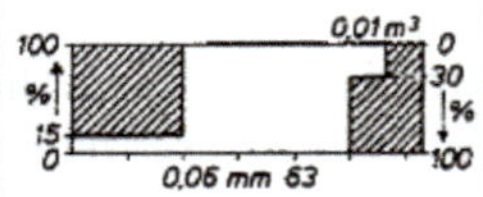 | | | |
| mittelschwer lösbare Bodenarten | GU̅, GT̅, SU̅, ST̅, OH, OK, UL, UM, TL, TM, OU | 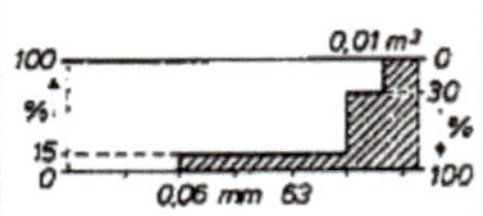 | | | |
| schwer lösbare Bodenarten | wie Klasse 3 oder 4 TA, OT | 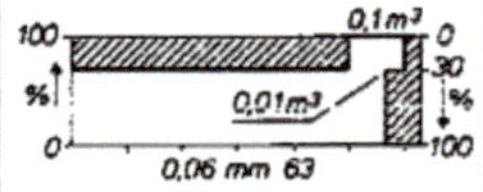 | | | |

| Konsistenzzahl $I_c$ | Wichte $\gamma$ [kN/m³] | Scherfestigkeit $\tau_f$ | Verformungsmodul $E_v$ | Wasserdurchlässigkeit $k_f$ | Frostempfindlichkeit $F$ | Schwell- und Schrumpfneigung |
|---|---|---|---|---|---|---|
| 6 | 7 | 8 | 9 | 10 | 11 | 12 |
| $I_c = \frac{W_L - W}{I_p}$<br>$I_c < 0{,}50$<br>$I_c$ / Grenze / Zustandsform:<br>$< 0$ – flüssig<br>$0$ – Fließgrenze<br>$0 - 0{,}50$ breiig; $0{,}5 - 0{,}75$ weich; $0{,}75 - 1{,}00$ steif<br>$1{,}00$ – Ausrollgrenze<br>$> 1{,}00$ – halbfest; fest (hart) | Nach DIN 1055, Teil 2, siehe Abb. 2.2 | Maximalwert nach DIN 18137 Teil 1<br>Mit der Scherfestigkeit zusammenhängende Größen: Reibungswinkel, Kohäsion | Hier nur Richtwerte des $E_{v2}$-Moduls auf ungebundenen Tragschichten:<br>Dicke $d$ [cm] / Baustoffe: A / B / C<br>20 – 30: $E_{v2}$ [MN/m²] ≥ 50 / ≥ 80 / ≥ 100<br>30 – 40: $E_{v2}$ ≥ 60 / ≥ 100 / ≥ 120<br>40 – 50: $E_{v2}$ ≥ 70 / ≥ 120 / ≥ 140<br>Baustoffe A: GE, SE, SW, SI; B: GW-GI; C: Brechsand-Split-Schotter 0/32, 0/56 | wasserdurchlässig $k_f > 10^{-4}$ [m/s];<br>halbdurchlässig $k_f \leq 10^{-6}$ [m/s];<br>undurchlässig $k_f \leq 10^{-8}$ [m/s] | Klasse F1: nicht frostempfindlich GW, GI, GE, SW, SI, SE<br>Klasse F2: gering bis mittel frostempfindlich TA, OT, OH, OK, TM, ST, GT, SU, GU<br>Klasse F3: sehr frostempfindlich TL, UL, UM, OU, ST̄, GT̄, SŪ, GŪ | Keine: GE, GW, GI, SE, SW, SI<br>Sehr gering bis mittel: GU, GŪ, GT, GT̄, SU, SŪ, ST, ST̄, U<br>Mittel bis hoch: UL, UM, OU, TL, TM, TA, OT<br>Sehr hoch: HN, HZ, OH, F |

- Die Wasseraufnahmefähigkeit und Schwellfähigkeit wird verringert.
- Die Froststabilität wird erhöht.

Das Verdichtungsverhalten eines nichtbindigen bzw. eines bindigen Bodens und der Einfluss, den die Bodenart auf die Wahl des Verdichtungsgeräts hat, wird nach *Hager* [25] wie folgt beschrieben:

Nichtbindige, grobkörnige Böden sind gekennzeichnet durch eine hohe Wasserdurchlässigkeit, gute Verdichtbarkeit und hohe Tragfähigkeit im verdichteten Zustand. Bei diesen Böden erfolgt die Verdichtung in erster Linie durch die Überwindung der Korn-zu-Korn-Reibung, wodurch eine Umlagerung und Einregelung der Körner möglich wird und diese eine dichtere Lagerung einnehmen können. Dies wird am besten durch dynamische Verdichtung mit glatten Bandagen erreicht, wobei bis zu einem gewissen Maße auch eine statische Verdichtung den gewünschten Erfolg herbeiführen kann. Es gilt an dieser Stelle anzumerken, dass es bei zu starker Verdichtung zu einer unerwünschten Wiederauflockerung bzw. Kornzertrümmerung kommen kann.

Bei bindigen, feinkörnigen Böden ist die Verdichtung in erster Linie durch statische Auflast bzw. durch Kneten, Aufreißen oder Aufbrechen der Kornstruktur zu bewerkstelligen. Dies liegt darin begründet, dass die Verdichtungswilligkeit dieser Bodenart primär von der Plastizität bzw. Konsistenz abhängig ist, welche wiederum vom Wassergehalt bestimmt wird. Die durch die Verdichtung aufgrund der geringen Wasserdurchlässigkeit entstehenden Porenwasserdrücke müssen also mehr oder weniger schnell abgebaut werden. Deswegen werden zur Verdichtung von bindigen Böden vorwiegend statische Walzen mit profilierten Bandagen (größere Oberfläche, Aufreißen von Wasserwegigkeiten) eingesetzt. Dynamische Verdichtungsmethoden würden bei diesen Böden einen hohen Anstieg der Porenwasserdrücke bewirken und sind aus diesem Grund weniger geeignet und eher kontraproduktiv. Die Steifigkeiten kohäsiver Böden sind im Wesentlichen deutlich geringer als jene von nicht bindigen Materialien.

### 7.6.2 Anforderungen

In dem folgenden Abschnitt werden die Anforderungen an die Verdichtung angeführt. Die Prüfverfahren zur Kontrolle der Verdichtung werden in Abschnitt 9 behandelt.

Gemäß ZTV E-StB [130] werden an den Untergrund und Unterbau von Straßen die in der Tabelle 24 angegebenen Verdichtungsanforderungen gestellt. Die Anforderungen für die grobkörnigen Böden gelten auch für Korngemische aus gebrochenem Gestein mit jeweils entsprechender Kornzusammensetzung. Die Anforderungen der Tabelle 24 gelten auch, wenn die Böden und Baustoffe bis 35 M.-% Körner > 63 mm und < 200 mm aufweisen.

Außerdem gelten die Anforderungen auch für Böden und Baustoffe nach den TL BuB E-StB [124] mit jeweils entsprechender Kornzusammensetzung. Neben den mineralischen Böden sind somit auch folgende Baustoffe von der Regelung betroffen:

- Böden mit Fremdbestandteilen,
- rezyklierte Baustoffe,
- Eisenhüttenschlacken.

- Metallhüttenschlacken.
- Hausmüllverbrennungsaschen.
- Kraftwerksnebenprodukte.
- Gießereirückstände.
- Mineralische Baustoffe aus Bergbautätigkeit.

Die Anforderungen der Tabelle 24 beziehen sich auf das 10%-Mindestquantil des Verdichtungsgrads und auf das 10%-Höchstquantil des Luftporenanteils. Das Mindest- und Höchstquantil besagt, dass 10 % der Grundgesamtheit der Verdichtungskennwerte die Anforderungen der ZTV E-StB unterschreiten bzw. beim Luftporenanteil überschreiten darf [95].

Die Anforderungen an den Verformungsmodul werden durch die ZTV E-StB [130] gemäß der Tabelle 25 festgelegt. Diese sind abhängig von der jeweiligen Bauklasse. Die Bauklassen werden in der Richtlinie für die Standardisierung des Oberbaus von Verkehrsflächen [115] definiert und unterteilt.

Zusätzlich gelten die Anforderungen an dynamische Verformungsmoduln $E_{vd}$ beim Nachweis mit dem dynamischen Plattendruckversuch gemäß Tabelle 26.

**Tabelle 24** Anforderungen an den Verdichtungsgrad $D_{Pr}$ nach ZTV E-StB 09 für den Unterbau von Dämmen und Untergrund von Einschnitten (nach [47])

| Dichte nach Proctor in % | Für die Bodengruppen nach DIN 18196 | In den Einbaubereichen |
|---|---|---|
| 100 | GW, GI, GE<br>SW, SI, SE<br>GU, GT, SU, ST | Damm: vom Planum bis 1,00 m Tiefe Einschnitt: vom Planum bis 0,50 m Tiefe |
| 98 | GW, GI, GE<br>SW, SI, SE<br>GU, GT, SU, ST | Damm: ab 1,00 m unter Planum bis zur Dammsohle |
| 97<br>zusätzlich max. 12 % Luftporenanteil (10 % Höchstquantil) | GU*, GT*, SU*, ST*, U, T<br>OU und OT nur mit Sondergenehmigung | Damm: vom Planum bis zur Dammsohle<br>Einschnitt: vom Planum bis 0,50 m Tiefe |

**Tabelle 25** Anforderungen an das 10%-Mindestquantil des $E_{v2}$-Werts auf dem Planum bei frostsicherem Untergrund bzw. Unterbau (nach [95] und [130])

| Bauklasse | $E_{v2}$ (MN/m²) | $E_{v2}$ bei gewährleisteter Nachverdichtung des Planums durch Einbau darüber liegender Tragschicht auf die Werte gemäß Spalte 2 |
|---|---|---|
| SV, I – IV | 120 | 100 |
| V, VI | 100 | 80 |

**Tabelle 26** Anforderungen an das 10%-Mindestquantil des $E_{vd}$-Werts auf dem Planum bei frostsicherem Untergrund bzw. Unterbau (nach [130])

| Bauklasse | $E_{vd}$ (MN/m²) | $E_{vd}$ bei gewährleisteter Nachverdichtung des Planums durch Einbau darüber liegender Tragschicht auf die Werte gemäß Spalte 2 |
|---|---|---|
| SV, I – IV | 65 | 50 |
| V, VI | 50 | 40 |

Bei frostempfindlichem Untergrund bzw. Unterbau ist auf dem Planum ein Verformungsmodul von $E_{v2} = 45\ MN/m^2$ erforderlich und nach Durchführung einer qualifizierten Bodenverbesserung ein Verformungsmodul von $E_{v2} = 70\ MN/m^2$ [130].

Die Anforderungen gemäß den Tabellen 25 und 26 sind für Einschnitte und Dämme in Bild 64 grafisch veranschaulicht.

In der ZTV E-StB [130] und im Merkblatt für die Verdichtung des Untergrunds und Unterbaus im Straßenbau [95] werden auch Anforderungen an die Verdichtung von:

- unbefestigte Seitenstreifen,
- Seitenablagerungen,
- Abdichtungen,
- Leitungsgräben,
- Hinterfüllungen und Überschüttungen sowie
- Lärmschutzwällen

angegeben.

**Tabelle 27** Anforderungen an die Verdichtung für Erdbauwerke von Eisenbahnen (nach [119])

<table>
<tr><th colspan="2"></th><th>Einstufung<br>(v = HG VzG für durchgehende Hauptgleise, sonst örtlich zulässige v)</th><th>Abzusichernder Tragbereich (Tiefe u. SO) [1)]</th><th>Verdichtung $D_{Pr}$<br>(neu herzustellender Unterbau) [2)]</th><th>Untergrund/ bestehender Unterbau<br>(im Druckbereich bis zur Tiefe des abzusichernden Tragbereichs) [3)]</th><th>Bemerkungen</th></tr>
<tr><td rowspan="4">Neubau</td><td rowspan="2">Schotteroberbau und Feste Fahrbahn</td><td>v > 230 km/h</td><td>3,0 m</td><td rowspan="2">100 % (GW, GI, GE, SW, SI, SE, GU, GT, SU, ST)<br>97 %, $n_A \leq$ 12 % (GU*, GT*, SU*, ST*, U, T); unterhalb des Tragbereichs: 98 % bzw. 97 %, $n_A$ ≤ 12 %</td><td rowspan="3">mindestens steif (Konsistenz $I_C$ 0,75 für bindige Böden) bzw. mitteldicht (Lagerungsdichte D ≥ 0,3 bei U < 3 bzw. D ≥ 0,45 bei U ≥ 3 für nichtbindige Böden)</td><td rowspan="2">bei Neuschüttung nur mit qualifizierter Bodenverbesserung [4)] einzubauen: veränderlich festes Gestein und im abzusichernden Tragbereich UA, UL, UM, TL, TM, TA, SU*, ST*, GU*, GT*</td></tr>
<tr><td>160 km/h < v < 230 km/h</td><td>2,5 m</td></tr>
<tr><td rowspan="2">Schotteroberbau</td><td>80 km/h < v ≤ 160 km/h</td><td>2,0 m</td><td rowspan="2">97 % (GW, GI, GE, SW, SI, SE, GU, GT, SU, ST, OK)<br>95 %, $n_A \leq$ 12 % (GU*, GT*, SU*, ST*, U, T) bis Dammsohle</td><td rowspan="2">bei Neuschüttung mit qualifizierter Bodenverbesserung [4)]: veränderlich festes Gestein</td></tr>
<tr><td>v ≤ 80 km/h</td><td>1,5 m</td><td>mindestens weich (mit $I_C$ ≥ 0,6) [6)] bzw. locker (mit D > 0,2) [6)]</td></tr>
</table>

**Tabelle 27** *(Fortsetzung)*

| | | Einstufung (v = HG VzG für durchgehende Hauptgleise, sonst örtlich zulässige v) | Abzusichernder Tragbereich (Tiefe u. SO) [1] | Verdichtung $D_{Pr}$ (neu herzustellender Unterbau) [2] | Untergrund/ bestehender Unterbau (im Druckbereich bis zur Tiefe des abzusichernden Tragbereichs) [3] | Bemerkungen |
|---|---|---|---|---|---|---|
| Verbesserung | Schotteroberbau und FF | 160 km/h < v ≤ 230 km/h | 2,5 m | bei Neuschüttungen und Bodenaustausch wie Neubau [5] | mindestens steif (Konsistenz $I_C \geq 0{,}75$ für bindige Böden) bzw. mitteldicht (Lagerungsdichte D ≥ 0,3 bei U < 3 bzw. D ≥ 0,45 bei U ≥ 3) für nichtbindige Böden | |
| | Schotteroberbau | 80 km/h < v ≤ 160 km/h | 2,0 m | | mindestens weich (mit $I_C \geq 0{,}6$) [6] bzw. locker (mit D > 0,2) [6] | |
| | | v ≤ 80 km/h | 1,5 m | | | |

[1] Für Neubau, bei Verbesserung nur als Anhaltswert zu verwenden (siehe auch Ril 836.3001 und Ril 836.4105). Als abzusichernder Tragbereich ist die gesamte Planumsbreite, unter Berücksichtigung des Druckausbreitungswinkels anzusetzen. Für die erforderliche Breite des Bodenaustauschs im Bestand siehe Ril 836.4103 Abs. 4(7).

[2] Abweichend von ZTVE-StB 09 Tab. 2 sind für Neuschüttungen folgende Bodengruppen ausgenommen: OH, OT.

[3] Für Bodengruppen entsprechend ZTVE-StB Tab. 2, kann nach Maßgabe des geotechnischen Gutachters auch abweichend festgelegt werden. Bei Vorhandensein der entsprechenden Lagerungsdichte und/oder Konsistenz kann von einem für einen gebrauchstauglichen Fahrweg ausreichend tragfähigen Untergrund ausgegangen werden, wenn die Entwässerung gewährleistet ist.

[4] Nach gutachterlicher Bewertung, für die Anforderungen an die qualifizierte Bodenverbesserung siehe Ril 836.4102 A07 und 4103 Abs. 12. Nach gutachterlicher Bewertung können auch alternativ bei Verwendung dieser Böden ohne qualifizierte Bodenverbesserung die Anforderungen an den Luftporenanteil gemäß ZTVE-StB 09 Kap. 4.3.2 Tab. 2, Fußnote 4, angesetzt werden.

[5] Kann objektspezifisch auch durch geotechnischen Gutachter festgelegt werden, wenn kurze Gleisabschnitte betroffen sind (z. B. um gleichmäßige Auflagerbedingungen im Übergang zum Bestand zu gewährleisten).

[6] Die Konsistenzgrenze für breiig zu weich liegt bei 0,5; damit jedoch evtl. schwingungsempfindliche Böden ausgeschlossen werden, ist die Mindestanforderung für die Konsistenz mit $I_C \geq 0{,}6$ festgelegt (siehe Ril 836.3001 Abs. 7(2)). Die Grenze der Lagerungsdichte locker zu sehr locker ist i. Allg. mit D = 0,15 angegeben. Ein Mindestwert von 0,2 soll auch evtl. verlagerungsempfindliche Böden ausschließen.

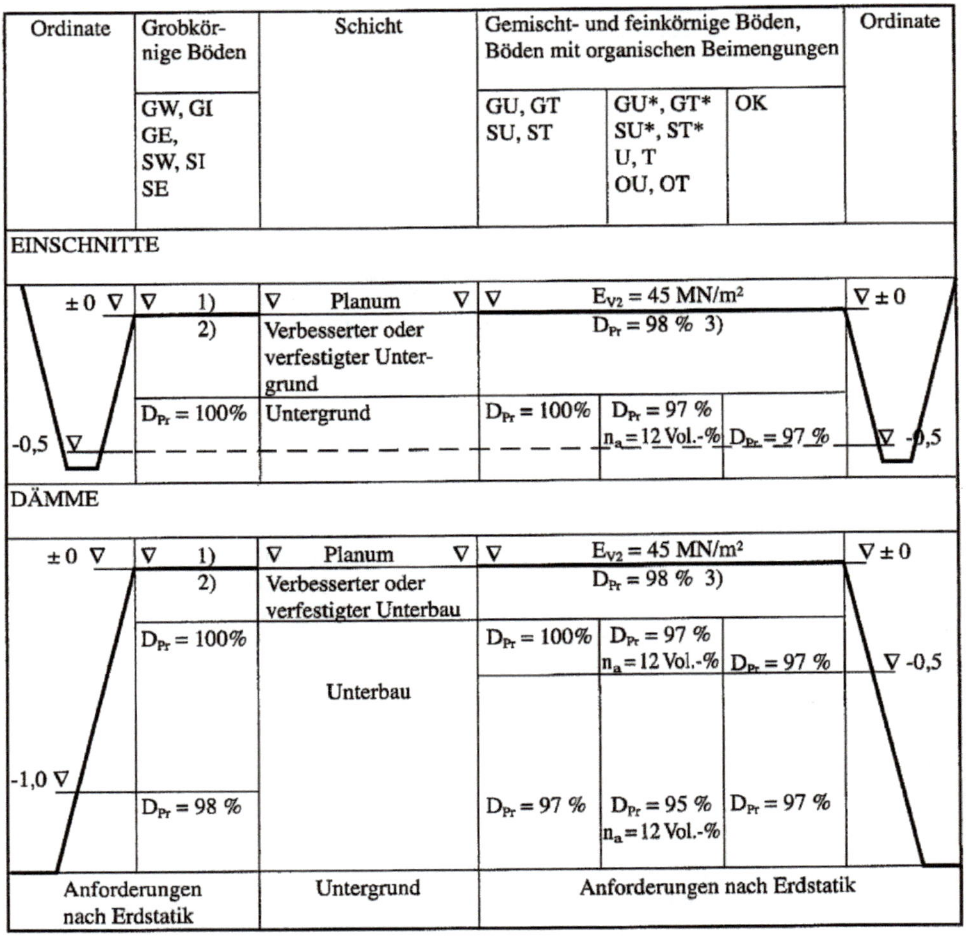


**Bild 64** Anforderungen an die 10%-Mindest- bzw. Höchstquantile der Verdichtungskennwerte mit und ohne Verbesserung oder Verfestigung des Untergrunds oder Unterbaus (nach [95])

1) siehe Tabelle 25 bzw. Tabelle 26

2) Anforderungen an den Verdichtungsgrad: siehe ZTV T-StB [132]

3) Anforderung an das 10%-Mindestquantil des Verdichtungsgrads des Boden-Bindemittelgemischs unmittelbar nach Abschluss der Verdichtung. Beim Baumischverfahren gilt zusätzlich die Forderung, dass die zur Verdichtung vorgesehene Schicht wie die oberste Schicht des Untergrunds zu verdichten ist.

Im Eisenbahnbau werden die Anforderungen an die Verdichtung durch die Ril 836.4101A01 [119] geregelt. Diese sind davon abhängig, ob es sich um eine Verbesserungsmaßnahme oder um einen Neubau handelt, außerdem von der projektierten Geschwindigkeit, der Art des Oberbaus und des abzusichernden Tragbereichs gemäß Tabelle 27. Die Anforderung an den Verformungsmodul wird in Abhängigkeit von denselben Faktoren in Tabelle 28 angegeben. In Bild 34 sind die Anforderungen auch grafisch in einem Regelprofil dargestellt.

**Tabelle 28** Anforderungen an den Verformungsmodul für Erdbauwerke von Eisenbahnen (nach [119])

| | | Einstufung<br>(v = HG VzG für durchgehende Hauptgleise, sonst örtlich zulässige v) | Abzusichernder Tragbereich (Tiefe u. SO) 1) | Regelwert $E_{v2}$/ $E_{vd}$ in $MN/m^2$ OK Schutzschicht (OFTS) | Regelwerte $E_v/E_{vd}$ 2), 3) Planum<br>Neuschüttungen wie Neubau |
|---|---|---|---|---|---|
| Neubau | Schotteroberbau und Feste Fahrbahn | v > 230 km/h | 3,0 m | 120/50 | SchO: 80/40 |
| | | | | | FF: 60/35 |
| | | 160 km/h < v ≤ 230 km/h | 2,5 m | | 60/35 |
| | Schotteroberbau | 80 km/h < V ≤ 160 km/h | 2,0 m | 100/45 | 45/30 |
| | | V ≤ 80 km/h | 1,5 m | 80/40 | 45/25 |
| Verbesserung | Feste Fahrbahn | 160 km/h < v ≤ 230 km/h | 2,5 m | 100/45 | (45/30) |
| | Schotteroberbau | 160 km/h < v ≤ 230 km/h | 2,5 m | 80/40 | (45/25) |
| | | 80 km/h < v ≤ 160 km/h | 2,0 m | 50/35 | (20/20) 4) |
| | | v ≤ 80 km/h | 1,5 m | 40/30 | (20/20) 4) |

1) Für Neubau, bei Verbesserung nur als Anhaltswert zu verwenden (siehe auch Ril 836.300 und Ril 836.4105). Als abzusichernder Tragbereich ist die gesamte Planumsbreite, unter Berücksichtigung des Druckausbreitungswinkels, anzusetzen. Für die erforderliche Breite des Bodenaustauschs im Bestand siehe Ril 836.4103 Abs. 4(7).

2) Bei Neuschüttungen im Zuge von Verbesserungsmaßnahmen gelten die Regelwerte des Neubaus. Die Richtwerte für die Verbesserung sind für den Druckausbreitungsbereich maßgebend. Die Regelwerte (Neubau) auf dem Planum sollen erfüllt werden. Die Regelwerte der Verbesserung sollen angestrebt werden, um nach Ril 836.4101 A02 eine möglichst dünne Tragschichtdicke zu erreichen. Im Rahmen der geotechnischen Bewertung können ortspezifisch Kontroll- bzw. Prüfwerte neu festgelegt werden, z. B. können die Eingangswerte $E_{Pl}$ für die Dickenbestimmung (siehe Ril 836.4105 A05) angesetzt werden oder der sich aus der Rückrechnung ergebende $E_{Pl}$ für eine vorgesehene Dicke.

3) $E_{vd}$-Werte gelten für gemischt- und feinkörnige Böden, Werte für grobkörnige Böden sind um jeweils 5 $MN/m^2$ zu erhöhen.

4) Hinweis: Bei Befahren des Planums mit schweren Transportfahrzeugen ist ein $E_{v2} \geq 30$ $MN/m^2$ auf dem Planum erforderlich, damit keine Schädigung des Planums eintreten kann (z. B. tiefe Spurrillen). Bei aufweichungsgefährdeten Böden ist zur Aufrechterhaltung des Baubetriebs eine Bodenverbesserung des Planums mit Bindemittel sinnvoll, um die Tragfähigkeit des Planums auch nach Niederschlägen zu gewährleisten.

In Österreich werden die Anforderungen an die Verdichtung für Erdarbeiten im Eisenbahn- und Straßenbau gemeinsam durch die RVS 08.03.01 [120] festgelegt. Untergrund und Schüttungen müssen demnach so verdichtet werden, dass mindestens der dynamische Verformungsmodul $E_{vd}$, der statische Verformungsmodul $E_{v1}$ oder der Verdichtungsgrad $D_{Pr}$ gemäß Tabelle 29 erreicht werden. Außerdem ist bei Anwendung der Flächendeckenden Dynamischen Verdichtungskontrolle (FDVK), die ab einer Unterbauplanumsfläche von 30.000 $m^2$ verpflichtend ist, der Verdichtungszuwachs $\Delta_{FDVK}$ sowie die Standardabweichung $SD_{FDVK}$ gemäß Tabelle 29 einzuhalten.

### 7.6.3 Wahl des Verdichtungsgeräts und der Lagenstärke

In der Regel beruhen die Vorgaben zur Verdichtungsspezifikation auf Erfahrungswerten mit den vor Ort bestehenden Materialien und Wetterbedingungen. In der DIN EN 16907-3 [91] wird festgelegt, dass die Verfahrensspezifikation für ein gegebenes Material zumindest aus Anforderungen an:

- die Verdichtungsarbeit, die zumindest durch die Gerätespezifikationen des Verdichtungsgeräts beschrieben werden sollte (Mindestgewicht der Rüttelplatte oder ein Straßenwalzentyp mit einem Mindestgrad an statischer Linienlast, z. B. Radlast usw.),
- die Anzahl der Arbeitsgänge,
- die Schichtdicke für eine bestimmte Materialart und
- die Verdichtungsgeschwindigkeit

besteht.

**Tabelle 29** Mindestanforderung an die Verdichtung in Österreich (nach [120])

| Tiefenbereich | $E_{vd}$ in $MN/m^2$ | $E_{v1}$ in $MN/m^2$ | $D_{Pr}$ % | $\Delta_{FDVK}$ | $SD_{FDVK}$ |
|---|---|---|---|---|---|
| Unterbauplanum | 38 | 35 | 100 | ≤ 5 (0) % | ≤ 20 % |
| ab 1 m unter Unterbauplanum | 24 (26) | 20 | 99 | ≤ 5 (0) % | ≤ 20 % |
| ab Dammaufstandsfläche (inkl. Bodenauswechslung) | 18 (16) | 15 (7,5) | 97 (95) | ≤ 5 (0) % | ≤ 20 % *) |
| Hinterfüllung | 38 | 35 | 100 | | |

*) Für Dammaufstandsflächen auf natürlich anstehenden Böden ist der Grenzwert der Standardabweichung nicht anzuwenden, der Wert ist jedoch aufzuzeichnen und zu dokumentieren. Klammerwerte gelten für bindige Böden.

$E_{vd}$ dynamischer Verformungsmodul des dynamischen Lastplattenversuchs mittels des Leichten Fallgewichtsgeräts

$E_{v1}$ statischer Verformungsmodul des statischen Lastplattenversuchs aus der Erstbelastungskurve zwischen den Laststufen $p_1 = 0,2$ $MN/m^2$ und $p_2 = 0,4$ $MN/m^2$

$D_{Pr}$ erzielter Verdichtungsgrad in Prozenten der einfachen Proctordichte $r_{Pr}$

$\Delta_{FDVK}$ Verdichtungszuwachs der dynamischen Messwerte der Flächendeckenden Dynamischen Verdichtungskontrolle (FDVK) zwischen zwei aufeinander folgenden Überfahrten auf derselben Walzspur

$SD_{FDVK}$ Standardabweichung des Mittelwerts der dynamischen Messwerte der Flächendeckenden Dynamischen Verdichtungskontrolle (FDVK) auf dem jeweiligen Prüffeld

In Tabelle 30 werden verschiedene Verdichtungsgeräte und deren Einsatzbereiche in Abhängigkeit vom Material vorgestellt.

Beim Einbau von Schüttmaterialien im Erdbau erfolgt die Verdichtung im Regelfall mittels statischen oder dynamischen Walzen. Verdichtungsverfahren mit größerer Tiefenwirkung, wie die Tiefenverdichtung oder dynamische Intensivverdichtung kommen im Zuge von Untergrundverbesserungsmaßnahmen zur Anwendung (s. Abschnitt 7.2).

Bei den statischen Walzen erfolgt die Verdichtung ausschließlich durch das Eigengewicht des Verdichtungsgeräts. Bei den dynamischen Walzen kommt zur statischen Wirkung auch eine dynamische Anregung hinzu. Erzeugt werden dazu Schwingungen durch eine exzentrisch zur Walzentrommelachse rotierenden Masse. Somit wird eine zusätzliche Verdichtungsenergie erzeugt [25].

**Tabelle 30** Übersicht über für verschiedene Materialarten geeignete Verdichtungsgeräte (nach [91])

| | Materialbezeichnung | | | | |
|---|---|---|---|---|---|
| Verdichtungsgerätetyp | Feinkörniger Boden (feuchter Zustand), Kreide | Feinkörniger Boden (trockener Zustand und Normalzustand), grobkörniger Boden (gut abgestuft) | Grobkörnige Böden | Brüchiger Fels | Fester Fels |
| Glattwalze (oder Rüttelwalze ohne Rüttelbetrieb) | geeignet | möglich | möglich | geeignet | ungeeignet |
| Gitterradwalze | geeignet | möglich | ungeeignet | geeignet | ungeeignet |
| Schaffußwalze mit statischer Wirkungsweise | geeignet | geeignet | ungeeignet | möglich | ungeeignet |
| Gummiradwalze | geeignet | geeignet | möglich | möglich | ungeeignet |
| Stampffußwalze· | geeignet | geeignet | geeignet | möglich | möglich |
| Rüttelwalze | geeignet | geeignet | geeignet | geeignet | geeignet |
| Rüttelplatte | möglich | geeignet | geeignet | möglich | möglich |
| Rüttelstampfer | geeignet | geeignet | geeignet | geeignet | ungeeignet |
| Verdichter zur hochenergetischen Schlagverdichtung (HEIC, en: high energy impact compactor) | ungeeignet | geeignet | geeignet | möglich | möglich |
| Impulsverdichter (RIC, en: rapid impact compactor) | ungeeignet | geeignet | möglich | möglich | möglich |

Als Bandage wird der eigentliche Walzkörper bezeichnet, der auch Walzentrommel genannt wird. Bei der Walzenverdichtung kommen verschiedene Bandagen mit unterschiedlichem Einfluss auf die Verdichtungswirkung zur Anwendung [25]:

**Glattmantelbandage**: Eingesetzt wird sie zur Verdichtung von nichtbindigen Böden mit hoher Durchlässigkeit. Die Kraftwirkungsrichtung ändert sich während des Abrollvorgangs nicht (Bild 65a).

**Schaffußbandage** oder **Stampffußbandage**: Auf der Bandage befinden sich Stollen, sog. „Füße“, welche bei der Überfahrt ein Kneten, Zerkleinern und ein Brechen der Kornstruktur von bindigen Böden bewirken und damit die Verdichtungsfähigkeit des Bodens erhöhen (Bild 65b).

**Polygonbandage**: Diese besteht aus drei axial nebeneinander liegenden achteckigen Plattensegmenten, die in Umfangsrichtungsrichtung jeweils versetzt zum Nachbarsegment angeordnet sind. Die Kombination aus Plattenwirkung – leitet vertikal gerichtete Druckkräfte in den Boden – und Keilwirkung – verformt durch die stetige Drehbewegung der Bandage den Boden durch Kneten und Entspannen, bewirkt eine höhere Tiefenwirkung der Verdichtung bei nichtbindigen Böden und verhindert eine gegenseitige Verkeilung der Bodenkörner. Aus diesem Grund ist die Polygonbandage in der Lage, auch größere Schütthöhen zu verdichten. Bewährt hat sich die Polygonbandage insbesondere beim Einbau von Felsbruch und bei der Verdichtung von bindigen Böden mit naturgemäß hohem Feinkornanteil, da die Knetwirkung der Bandage das Entweichen des vorhandenen Porenwassers beschleunigt und somit die Verdichtung begünstigt (Bild 65c).

Folgende Walzentypen werden unterschieden (nach *Hager* [25]):

**Walzenzüge** sind die im Erdbau am meisten eingesetzten Verdichtungsgeräte und zudem für die Anwendung der FDVK besonders geeignet. Der Walzenzug ist sowohl mit einer Walzentrommel (Bandage) an der Vorderachse als auch mit einer Luftbereifung (zwei Gummiräder) an der Hinterachse ausgestattet. Der hintere Teil, bestehend aus Motorraum und Fahrerkabine, lastet auf den Gummirädern und ist entweder starr oder über eine Knicklenkung mit dem Rahmen verbunden. Der Walzenrahmen ruht auf der dynamisch angeregten Bandage an der Vorderachse. Durch Gummipuffer an der Lagerschale sind Bandage und Rahmen voneinander dynamisch entkoppelt. Angetrieben werden Walzenzüge üblicherweise über deren Hinterachse, wobei auch die Bandage angetrieben sein kann.

**Bild 65** a) Glattmantelbandage [26], b) Stampffußbandage [26], c) Polygonbandage [13] (nach [6])

**Tandemwalzen (Doppelwalzen)** besitzen an Vorder- und Hinterachse je eine Bandage. Oberhalb des Walzenkörpers oder unterhalb der Fahrerkabine sind Wassertanks angebracht, die zur Beschwerung dienen und die Berieselung der Bandagen ermöglichen, welche notwendig ist, um ein mögliches Ankleben des zu verdichtenden Materials zu verhindern. Die Verhinderung dieses Effekts spielt insbesondere im Asphaltbau eine wichtige Rolle, wo Tandemwalzen auch primär Verwendung finden.

**Kombiwalzen** vereinen die Verdichtungswirkung einer Gummiradwalze und der Tandemwalze in einem Gerät. Der Aufbau entspricht dem einer Tandemwalze mit dem Unterschied, dass die hintere Bandage durch Gummiräder ersetzt wird. Sie kommen neben dem Erdbau vermehrt auch im Asphaltbau zum Einsatz.

**Anhängewalzen** sowie diverse **Kleingeräte** werden vorzugsweise für kleinräumige oder unter beengten Verhältnissen stattfindende Verdichtungsarbeiten eingesetzt und spielen daher eine eher untergeordnete Rolle. Sie seien der Vollständigkeit halber jedoch hier ebenso erwähnt.

Die für den Verdichtungserfolg bestimmenden Bodenparameter sind [25]:

- Kornform und Kornrauigkeit,
- Korngrößenverteilung,
- Wassergehalt,
- Konsistenz und Lagerungsdichte.

Im Merkblatt für die Verdichtung des Untergrunds und Unterbaus im Straßenbau [95] sind Anhaltswerte (Tabelle 31) für den Einsatz gebräuchlicher Verdichtungsgeräte in Anhängigkeit von der Bodenart angegeben. Vorausgesetzt wird dabei der Einbau bei optimalem Wassergehalt. Darin angegeben werden auch Richtwerte für die Höhe der Schüttlagen und die Anzahl der Übergänge.

Die Arbeitsgeschwindigkeiten liegen bei gebrochenem Material, gemischt- und feinkörnigen Böden und Fels zwischen 1,5 und 2,5 km/h, bei Sanden und Kiesen zwischen 2,0 und 3,5 km/h [95].

Vor Beginn der Verdichtungsarbeiten muss im Zuge einer Probeschüttung nachgewiesen werden, dass die vorgegebene Verdichtung mit dem gewählten Verdichtungsverfahren auch tatsächlich erreicht werden kann. Somit richtet sich das Arbeitsverfahren nach den vorhandenen Bodeneigenschaften und der erforderlichen Verdichtung. Außerdem ist es an die Förder- und Einbauleistung abzustimmen. Mit dem Arbeitsverfahren wird das Einbaugerät, Verdichtungsgerät, die zulässige Schütthöhe, die Anzahl der Übergänge, die Arbeitsgeschwindigkeit usw. festgelegt [130].

Im Dammbau ist es notwendig, möglichst hohe Schüttlagen aufzutragen. Die beste Tiefenwirkung bei der Verdichtung wird durch Vibrationswalzen mit Polygonbandagen erreicht. So sind Schüttlagen bis über 50 cm Höhe möglich. Beim Einbau von bindigen Böden sind Stampffußbandagen für die Verdichtung heranzuziehen.

**Tabelle 31** Anhaltswerte für den Einsatz von Verdichtungsgeräten (nach [95])

| | Verdichtungsgerät und Betriebsgewicht | Eignung (E), Schichtdicke (H), Übergänge (Ü) nach Bodenart | | | | | | | | | | | | Anwendungsbereiche | | |
|---|---|---|---|---|---|---|---|---|---|---|---|---|---|---|---|---|
| | | grobkörnig (nicht bindig) Sande – Kiese | | | gemischtkörnig (bindig) Mischböden, schwach steinig | | | feinkörnig (bindig) Schluffe – Tone | | | Felsschüttung [3] | | | Bauwerks-hinterfüllungen | Leitungsgräben | Trasse |
| | | E | H (cm) | Ü (Anz.) | E | H (cm) | Ü (Anz.) | E | H (cm) | Ü (Anz.) | E | H (cm) | Ü (Anz.) | E | E | E |
| statisch | Glattmantel ≥ 12 t | ⊗ | 10 - 20 | 4 - 8 | ⊗ | 10 - 20 | 4 - 8 | ⊗ | 10 - 20 | 4 - 8 | | | | | | + |
| statisch | Gummiradwalze 20 t - 30 t | + | 10 - 20 | 6 - 10 | + | 10 - 20 | 6 - 10 | + | 10 - 20 | 6 - 10 | | | | | | + |
| dynamisch | Fallplatte h=2,0 m; G=2,5 t | | | | | | | | | | + | 50 - 80 | 3 - 5 [1] | | | + |
| dynamisch | Schnellschlag-stampfer 50 - 80 kg | ⊗ | 20 - 30 | 3 - 7 | ⊗ | 20 - 30 | 3 - 7 | ⊗ | 10 - 20 | 2 - 4 | | | | + | + | |
| dynamisch | Walzenzug bis 7 t | + | 20 - 30 | 4 - 8 | + | 20 - 30 | 4 - 8 | + | 20 - 30 | 4 - 8 | | | | + | | + |
| dynamisch | bis 12 t | + | 30 - 50 | 4 - 8 | + | 30 - 40 | 4 - 8 | + | 20 - 30 | 4 - 8 | + | 20 - 50 | 4 - 6 | [2] | | + |
| dynamisch | bis 20 t | + | 30 - 60 | 4 - 8 | + | 40 - 50 | 4 - 8 | + | 20 - 40 | 4 - 8 | + | 30 - 60 | 4 - 6 | [2] | | + |
| dynamisch | über 20 t | + | 40 - 80 | 4 - 8 | + | 40 - 80 | 4 - 8 | + | 30 - 60 | 4 - 8 | + | 40 - 80 | 6 - 8 | [2] | | + |
| dynamisch | Tandem bis 7 t | + | 20 - 30 | 4 - 6 | | | | | | | | | | + | + | |
| dynamisch | Vibr.-Walze über 7 t | + | 30 - 40 | 4 - 6 | ⊗ | 20 - 40 | 5 - 8 | | | | | | | + | + | |
| dynamisch | Vibrat.- bis 400 kg | + | 20 - 30 | 4 - 6 | ⊗ | 10 - 20 | 4 - 6 | | | | | | | + | + | |
| dynamisch | Platten über 400 kg | + | 30 - 40 | 4 - 6 | ⊗ | 20 - 40 | 4 - 6 | ⊗ | 20 - 30 | 6 - 8 | | | | + | + | |

[1] Anzahl Schläge/Punkt [2] Nur mit Einzelnachweis der dynamischen und statischen Einwirkungen [3] zul. Größtkorn max. 2/3 H
Die Angaben setzen einen Wassergehalt im Bereich des optimalen Wassergehaltes voraus
1 Übergang ≙ 1 Überfahrt in Vor- oder Rückwärtsbewegung.

\+ empfohlen
⊗ meist geeignet

### 7.6.4 Statische Walzen

Statische Walzen haben in den vergangenen Jahrzehnten gegenüber dynamischen Walzen sukzessive an Bedeutung verloren. Ihre Tiefenwirkung beträgt nur ca. ein Drittel der Tiefe im Vergleich zu dynamischen Walzen. Auch eine deutlich größere Anzahl an Übergängen ist erforderlich. Die Verdichtungsleistung von statischen Walzen hängt im Wesentlichen vom Eigengewicht der Walze bzw. von der statischen Linienlast (kg/cm), die sich als Quotient aus Achslast und Bandagenbreite berechnen lässt, ab [6, 25].

Eine weitere Kenngröße stellt der Radius bzw. Bandagendurchmesser (m) der üblicherweise eingesetzten Glattmantelbandagen (Bild 65a) dar. Wesentlich erhöhen lässt sich die Verdichtungsleistung allerdings nur mit Maschinen mit entsprechend hohem Gewicht. Das führt zu großen und schweren Geräten, die auch im Betrieb kostenaufwendig sind [6].

Eine Steigerung der Effizienz von statischen Walzen ist gegebenenfalls durch die Wahl einer speziellen Geometrie der Bandage möglich. Insbesondere bei bindigen Böden mit hohem Wassergehalt eignen sich Stampffußbandagen (Bild 65b) zur Erhöhung der Verdichtungsleistung. Am Walzmantel einer Stampffußbandage sind Stollen aufgeschweißt, welche eine Knetwirkung bewirken und damit in der Lage sind, Wasserwege aufzubrechen, was den Abbau des im Zuge der Verdichtung entstehenden Porenwasserüberdrucks begünstigt und somit einer erfolgreichen Verdichtung zuträglich ist. Ein ähnlicher Effekt kann auch mit einer Polygonbandage erzielt werden (Bild 65c). Durch die spezielle Konstruktion erfährt der Boden eine kombinierte Belastung aus Plattenwirkung und Kantenpressung, was zu einem Kneten und Entspannen des Bodens führt und eine deutliche Vergrößerung der Tiefenwirkung ermöglicht. Auch diese Bandagenform ist insbesondere für die Verdichtung von bindigen Böden, aber auch für den Einbau von Felsbruchmaterial geeignet [6].

### 7.6.5 Vibrationswalzen

Bei den Vibrationswalzen kommen neben der statischen Auflast des Geräts zusätzliche vertikale dynamische Erregerkräfte zur Wirkung. Dadurch kann die Verdichtungsenergie erheblich gesteigert werden. Ausgerüstet ist eine Walze dieses Typs in der Regel mit einer in der Bandage zentrisch gelagerten Unwuchtmasse (Bild 66). Durch ihre schnelle Rotation entsteht eine Zentrifugalkraft, welche die Vibration der Bandage bewirkt. Diese Schwingung erzeugt vertikal gerichtete Verdichtungskräfte, die in den Untergrund eingeleitet werden. Damit die erzeugte Verdichtungsenergie vollständig dem Untergrund zur Verfügung steht, sind die Bandagen durch Gummipuffer mit dem Walzenrahmen verbunden und auf diese Weise schwingungstechnisch entkoppelt [25].

Die schwingende Bandage bildet mit dem zu verdichtenden Boden ein Interaktionssystem, wodurch einerseits der Boden durch die Schwingungen der Bandage selbst in Schwingung versetzt wird und andererseits die Bandage durch die Reaktion des Bodens in ihrem Bewegungsverhalten beeinflusst wird. Die Bodensteifigkeit, die Fahrgeschwindigkeit, die Erregeramplitude und das Verhältnis zwischen dem Rahmen- und dem Walzengewicht nehmen entscheidenden Einfluss auf das Verhalten des Interaktionssystems. In Abhängigkeit von den Einflussparametern lassen sich charakteristische Bewegungsmuster identifizieren, die im Folgenden als Betriebszustände bezeichnet werden. Die Definition und Abgrenzung erfolgt dabei nach dem Vorschlag von *Adam* [5] und ist in Tabelle 32 dargestellt [6].

Im Betriebszustand „Kontakt" ist zu jedem Zeitpunkt der Kontakt zwischen der schwingenden Bandage und dem Boden gewährleistet. Dazu muss der Boden in der Lage sein, den ihm aufgezwungenen Bewegungen zu folgen. Dies ist nur bei sehr weichen, plastischen Böden oder losen Schüttungen bzw. sehr geringen Erregeramplituden möglich, weshalb dieser Betriebszustand eine eher untergeordnete Rolle spielt.

Der Zustand „Abheben" tritt bei gut abgestimmten Vibrationswalzen am häufigsten auf und ist auch am besten für die Verdichtung geeignet. Die Bandage verliert durch die größer werdende nach oben gerichtete Vertikalkraft einmal pro Unwuchtumdrehung den Kontakt zum Boden und schlägt danach auf diesen auf, was zu einer effizienten Verdichtung führt. Für das Auftreten dieses Betriebszustands sind bereits mittlere Bodensteifigkeiten ausreichend.

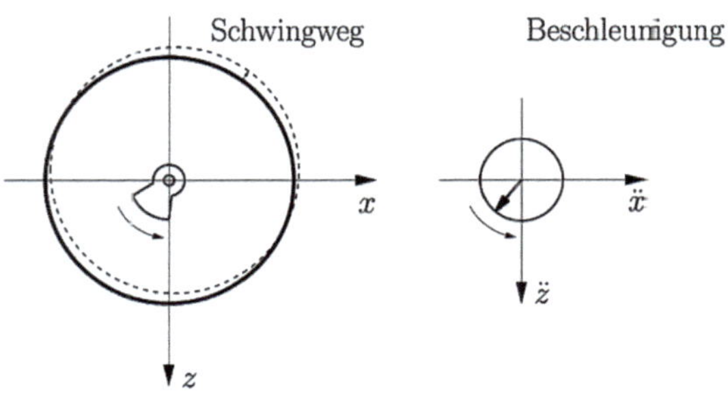


**Bild 66** Anregung der Bandage einer Vibrationswalze. Die in der Achse angeordnete Unwuchtmasse erzeugt eine kreisförmig translatorische Schwingung (nach [5])

**Tabelle 32** Betriebszustände einer Vibrationswalze (nach [5])

| Bewegung der Bandage | Interaktion Bandage-Boden | Betriebszustand | Verlauf der Bodenkontaktkraft | Anwendung der FDVK | Boden-steifigkeit | Fahrgeschwindigkeit | Erreger-amplitude |
|---|---|---|---|---|---|---|---|
| periodisch | ständiger Kontakt | Haften | 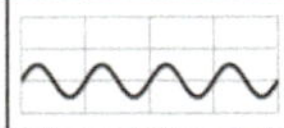 | ja | gering | hoch | klein |
| | periodischer Kontaktverlust | Abheben | 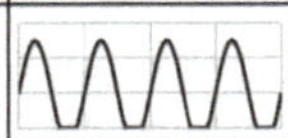 | ja | | | |
| | | Springen | 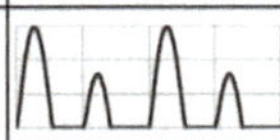 | ja | | | |
| | | Taumeln | 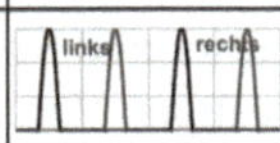 | nein | | | |
| chaotisch | aperiod. Kontakt-verlust | Chaos | 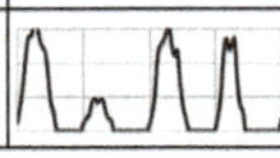 | nein | hoch | niedrig | groß |

Der Betriebszustand „Springen" wurde bereits vor dem Verständnis des Bewegungsverhaltens der Vibrationsbandage von erfahrenen Walzenfahrern sinngemäß identifiziert und oft auch als solcher bezeichnet. Eine zunehmende Steifigkeit des Untergrunds bewirkt, dass sich das Bewegungsmuster der Bandage nur mehr mit jeder zweiten Unwuchtumdrehung wiederholt. Die Bandage hebt bei diesem Betriebszustand ebenfalls ab und trifft dann abwechselnd mit einem Schlag mit großer Kraftwirkung und einem Schlag mit kleinerer Kraftwirkung auf den Boden auf. Bei entsprechend steifen Untergrundverhältnissen kann der schwächere Schlag gänzlich ausbleiben und die Bandage trifft nur mehr bei jeder zweiten Unwuchtumdrehung auf der Unterlage auf. Die Unwuchtrotation ohne Bodenkontakt wird dann als Luftschlag bezeichnet. Die hohe Krafteinwirkung sorgt zwar für eine entsprechende Verdichtungsleistung, allerdings steht ihr eine erhöhte Belastung der Walze und ihres Fahrers gegenüber, weshalb das Springen auch deutlich wahrgenommen werden kann. Damit einher geht eine deutlich ausgeprägte Erschütterungswirkung auf die Umgebung.

Steigt die Steifigkeit des Untergrunds weiter an, kommt es zum „Taumeln" der Bandage. Die Längsachse neigt sich abwechselnd nach links und nach rechts, die Bandage führt eine Wiegeschwingung aus. Das Bewegungsverhalten der linken und rechten Bandagenseite ist somit nicht synchron, sondern phasenverschoben. In diesem Betriebszustand ist die Walze kaum mehr steuerbar, die Belastung für das Verdichtungsgerät erheblich und eine sinnvolle Verdichtung nicht mehr möglich. Der Betriebszustand ist deshalb unbedingt zu vermeiden. Bei seinem Auftreten ist die Vibration umgehend zu deaktivieren.

Durch extrem hohe Untergrundsteifigkeiten und ungünstig gewählte Walzenparameter, wie einer großen Amplitude, geringer Fahrgeschwindigkeit und geringem Walzengewicht, kann ein chaotisches Bewegungsverhalten hervorgerufen werden. Das Bewegungsverhalten im Betriebszustand „Chaos" ist nicht mehr periodisch, die Belastungen für das Verdichtungsgerät werden enorm groß und eine sinnvolle Verdichtung sowie ein Steuern der Walze sind nicht mehr möglich.

### 7.6.6 Walzen mit Richtschwinger

Diese Walzen haben Bandagen mit einem Richtschwinger und stellen eine Weiterentwicklung der klassischen Vibrationswalzen dar, bezeichnet werden sie auch als „Vario-Walze“. Eine Bandage mit Richtschwinger besitzt zwei Unwuchtmassen gleicher Größe und Exzentrizität, die gegensinnig um die Bandagenachse rotieren. Dadurch erzeugen die Unwuchtmassen eine gerichtete Schwingung der Bandage, wobei die Richtung manuell, durch (stufenloses) Verdrehen der Erregereinheit, von vertikal bis horizontal verändert werden kann (Bild 67). In der Vertikalstellung der Erregereinheit gleicht die Vario-Walze in ihrer Wirkung einer klassischen Vibrationswalze. Mit zunehmender Schrägstellung der Erregereinheit nimmt die Größe der Vertikalkomponente ab, während die Horizontalkomponente größer wird. Wird die Erregereinheit horizontal gestellt, ähnelt sie in ihrer Wirkung auf den Boden einer Oszillationswalze, unterscheidet sich aber dennoch maßgeblich von ihr, da die Oszillationsbewegung eine reine Rotation um die Bandagenachse bedeutet und die horizontale Schwingung des Richtschwingers eine translatorische Bewegung im Raum darstellt [6].

### 7.6.7 Selbstregelnde Walzen

Die Bandage einer selbstregelnden Walze entspricht einer Bandage mit Richtschwinger. Die Regelung der Schrägstellung der Erregereinheit der Bandage erfolgt allerdings nicht manuell wie im Fall einer Vario-Walze, sondern durch einen Regelmechanismus auf der Walze selbst. Benannt wird dieser Walzentyp auch als „Vario-Control-Walze“. Durch Beschleunigungsaufnehmer an der Lagerschale der Bandage wird das Bewegungsverhalten der Bandage gemessen und in weiterer Folge die Bodenkontaktkraft berechnet. Über das Bewegungsverhalten und die Bodenkontaktkraft werden im Normalfall zwei Regelkriterien definiert [6].

Das Sprungkriterium dient der Vermeidung des Betriebszustands Springen. Beispielsweise durch Auswertung der Oberwellen des Beschleunigungssignals in der Lagerschale kann der Betriebszustand identifiziert werden. Die Erregereinheit wird dann flacher gestellt, sodass kein Sprungbetrieb mehr auftritt. Geräteabhängig kann auch eine maximal zulässige Bodenkontaktkraft definiert werden (Kraftkriterium). Übersteigt die aus den Beschleunigungssignalen berechnete Bodenkontaktkraft den vorgegebenen Grenzwert, wird die Erregereinheit flacher gestellt.

Der Verdichtungsprozess wird mit einer möglichst vertikalen Stellung der Erregereinheit begonnen und solange fortgeführt, bis Springen auftritt oder die maximal zulässige Bodenkontaktkraft erreicht wird. Die Erregereinheit wird dann flacher gestellt, um

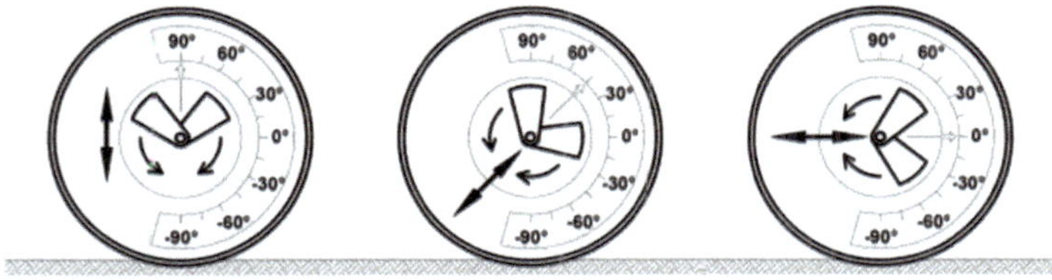


**Bild 67** Vario-Bandage mit manuell oder automatisch verdrehbarer Richtschwingereinheit, vertikal (große Amplitude), schräg (kleine Amplituden), horizontal [33]

die Kriterien zu erfüllen. Die Walze versucht laufend, die Erregereinheit so steil wie möglich zu stellen, um einen maximalen Energieeintrag zu erreichen. Damit ist eine sehr effiziente Verdichtung möglich, da in Bereichen mit geringer Steifigkeit automatisch mehr Verdichtungsarbeit geleistet wird als in bereits verdichteten Bereichen. Für die Anwendung in erschütterungsempfindlicher Umgebung kann die Stellung der Erregereinheit auch fixiert werden, um eine Vertikalstellung der Erregereinheit und damit entsprechend große Erschütterungen zu vermeiden [6].

### 7.6.8 Oszillationswalzen

Oszillationswalzen haben zwei Unwuchtmassen, deren Wellen exzentrisch, aber punktsymmetrisch zur Bandagenachse angeordnet sind (Bild 68). Die Unwuchtmassen besitzen dieselbe Größe und Exzentrizität, sind um 180° versetzt angeordnet und rotieren gleichsinnig. Die horizontalen und vertikalen Kraftkomponenten der Anregung heben sich auf, übrig bleibt eine sinusförmige Momentenwirkung um die Bandagenachse, welche die Bandage in eine rasche Vorwärts-Rückwärts-Rotation versetzt. Diese Bewegung ist der Fahrbewegung überlagert. Durch die Reibung zwischen dem Walzmantel der Bandage und der Oberfläche des zu verdichtenden Materials, die statische Auflast der Walze und die Oszillationsbewegung werden vorwiegend dynamische Schubkräfte in den Untergrund übertragen, wodurch dieser vorrangig durch Schubverzerrungen verdichtet wird. Ein wesentlicher Vorteil der Oszillationswalzen ist die geringe Erschütterungswirkung. Das Verfahren kann somit auch im innerstädtischen Raum oder bei empfindlichen Brückenkonstruktionen eingesetzt werden. Oszillationswalzen werden auch speziell im Asphaltbau verwendet, aber im Erdbau eignen sie sich besonders gut, um homogene, glatte bzw. „versiegelte“ Oberflächen herzustellen [6].

## 7.7 Sonstige Erdbaumaßnahmen

**Abdichtungen** werden im Erdbau ausgeführt, um eine Belastung des Grundwassers zu vermeiden. Es ist möglich, eine mineralische Dichtung mit geringer Durchlässigkeit herzustellen, so wie dies im Deponiebau häufig ausgeführt wird (Bild 46). Weitere technische Abdichtungsmaßnahmen können durch Kunststoffdichtungsbahnen, geosynthetische Tondichtungsbahnen oder Asphaltschichten erreicht werden [22]. Gerade im Deponiebau werden Kombinationsdichtungen aus mehreren Lagen verschiedener Abdichtungssystemen hergestellt, um die bestmögliche Schutzwirkung und Sicherheit zu erreichen.

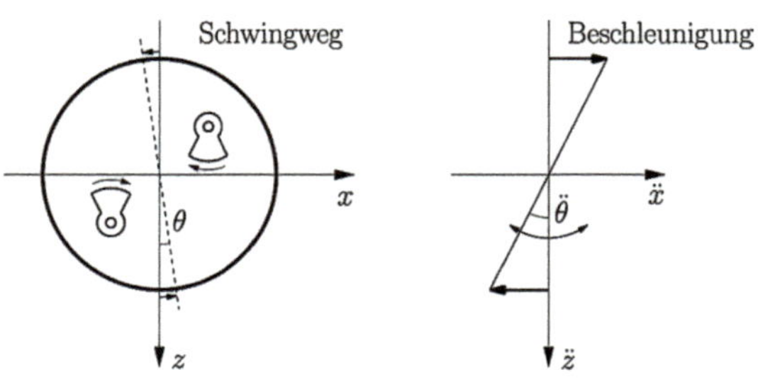


**Bild 68** Anregung der Bandage einer Oszillationswalze. Zwei punktsymmetrisch angeordnete Unwuchtmassen erzeugen durch gleichsinnige Rotation eine Momentenwirkung um die Achse und damit eine rotatorische Schwingung der Bandage (nach [5]).

Auch vom Straßenverkehr gehen Gefahren für das Grundwasser aus, wie. z. B. Reifen- und Bremsenabrieb, Tausalz, Emissionen und Betriebsstoffe (Öle, Treibstoffe,...). Mechanische, biologische und chemische Einwirkungen sind bei der Wahl des Dichtungssystems zu berücksichtigen. Anforderungen an Abdichtungen, wie z. B. an die Dicke, Durchlässigkeit usw., können den Regelwerken RiStWag [113] und RAS-Ew [114] entnommen werden [130]. Bei der Ausführung von mineralischen Dichtungsbahnen müssen zudem im Zusammenhang mit dem Straßenbau die Anforderungen an die Verdichtung gemäß der ZTV E-StB [130] erfüllt werden.

**Gräben** werden z. B. zur Herstellung von Rohrleitungen oder Kabeltrassen ausgehoben. Bei Rohrleitungen ist eine Rohrbettung herzustellen, sodass je nach Rohrart unzulässige Längsbiegungen oder punkt- und linienförmige Auflagerungen vermieden werden. Auch die Belastungen während des Bauzustands müssen berücksichtigt werden. Es müssen auch Maßnahmen getroffen werden, damit der Graben während der Bauarbeiten und nach dem Verfüllen nicht als Dränage für Sicker- und Grundwässer wirkt. Bei frost- und wasserempfindlichen Boden- und Felsarten sind geeignete Maßnahmen zum Schutz vor Erosion durch Niederschlag und Frosteinwirkung zu treffen. Das ausgehobene Bodenmaterial soll je nach Eignung für den Wiedereinbau verwendet werden. Im Bereich der Leitungszone sind grobkörnige Böden oder Baustoffe mit einem Größtkorn von 22 mm zu verwenden. Der Sandanteil sollte dabei überwiegen. In schwer verdichtbaren Bereichen können auch zeitweise fließfähige, selbstverdichtende Boden-Bindemittel-Gemische verwendet werden. Beim Einbau ist darauf zu achten, dass das Verfüllmaterial entsprechend homogenisiert wird und beim Verfüllen muss die Leitung in ihrer Lage verbleiben. Dazu ist das Verfüllmaterial beiderseits der Leitung gleichzeitig lagenweise einzubauen und zu verdichten. Die Lagenstärke sollte keinesfalls 30 cm übersteigen. Die Verdichtung im Bereich der Leitungszone und bis 1 m über dem Rohrscheitel hat mit leichtem Verdichtungsgerät zu erfolgen. Bis 3 m können mittelschwere und darüber schwere Verdichtungsgeräte eingesetzt werden [120, 130]. Anforderungen an die Verdichtung sind dem zutreffenden Regelwerk zu entnehmen.

**Hinterfüllung und Überschüttung von Bauwerken**, gemäß der ZTV E-StB [130] gelten folgende Definitionen:

Als **Hinterfüllbereich** wird der unmittelbar an das Bauwerk anschließende Bereich unterhalb der Konstruktionsoberkante bzw. bei bogenförmigen Bauwerken unterhalb des Scheitels bezeichnet.

Als **Überschüttbereich** eines Bauwerks gilt die unmittelbar oberhalb der Konstruktionsoberkante bzw. des Scheitels anschließende Zone bis 1,0 m Dicke. Gleichzeitig begrenzt der Überschüttbereich den Hinterfüllbereich nach oben.

Um Sickerwässer abzuleiten, ist ein Entwässerungsbereich aus grobkörnigem Boden herzustellen, welcher Teil der Hinterfüllung ist.

Für die Hinterfüllung und Überschüttung sind folgende Baustoffe zulässig [130]:

- grobkörnige Böden der Gruppen SW, SI, SE, GW, GI, GE,
- gemischtkörnige Böden der Gruppen SU, ST, GU, GT,

- gemischtkörnige Böden der Gruppen SU*, ST*, GU*, GT* und feinkörnige Böden der Gruppen TL, TM, UM, UL in Verbindung mit einer qualifizierten Bodenverbesserung,
- Böden und Baustoffe nach den TL BuB E-StB, sofern diese den Bodengruppen der ersten 2 Punkte entsprechen.

Bild 69 stellt die Anforderungen an die Ausführung einer Hinterfüllung gemäß RVS 08.03.01 [120] dar. Die Lagenstärke darf maximal 30 cm betragen. Die Verdichtungsgeräte und Arbeitsverfahren sind auf die Eigenschaften des Hinterfüll- bzw. Überschüttmaterials entsprechend abzustimmen.

**Lärmschutzwälle** werden je nach Platzbedarf zum Schutz der Anrainer vor Lärmemissionen durch den Verkehr errichtet. Grundsätzlich können für solche Schutzwälle alle Böden und Baustoffe für die Anschüttung verwendet werden, sofern keine löslichen und grundwasserbelastenden Stoffe enthalten sind und eine ausreichende Standsicherheit gewährleistet werden kann. Bei beengten Platzverhältnissen können auch steilere Böschungen mithilfe von

- ingenieurbiologischen Sicherungsmaßnahmen,
- dem Einsatz von zugfesten Geokunststoffen,
- Stützbauweisen mit Wandelementen und Fertigteilen aus Beton oder Gabionen und
- Raumgitterkonstruktionen

erreicht werden [22].

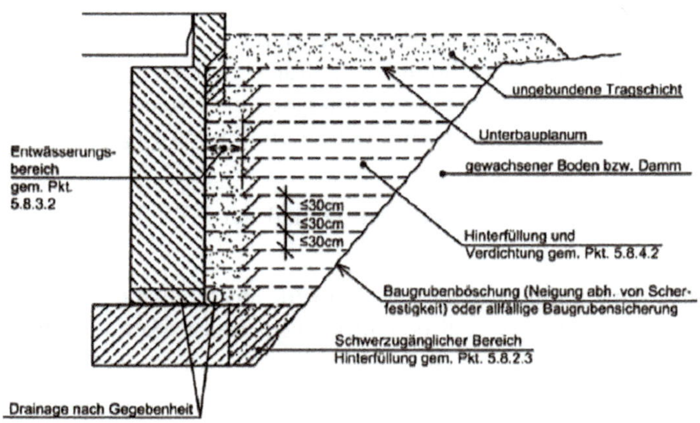


**Bild 69** Hinterfüllung bei Aushub im gewachsenen Boden bzw. bestehenden Damm ohne Schleppplatte (gemäß der RVS 08.03.01 [120])
Pkt. 5.8.2.3 entspricht gemäß RVS 08.03.01 „Schwer zugängliche Hinterfüllbereiche"
Pkt. 5.8.3.2 entspricht gemäß RVS 08.03.01 „Baustoffe im Entwässerungsbereich"
Pkt. 5.8.4.2 entspricht gemäß RVS 08.03.01 „Verdichtungsgeräte, Arbeitsverfahren und Schichtdicke"

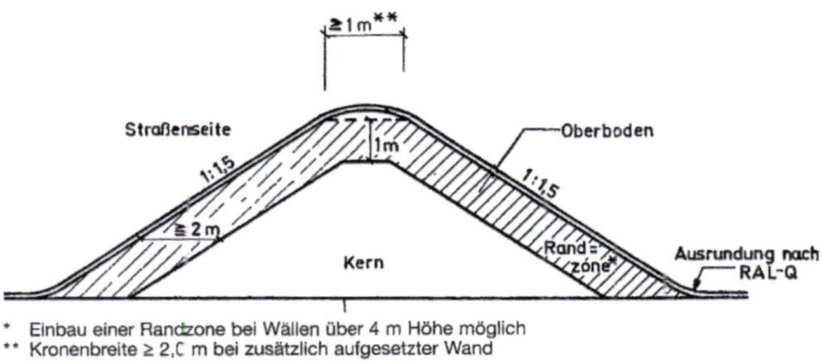


**Bild 70** Regelquerschnitt für einen Lärmschutzwall (nach [22])

Anforderungen an den Einbau und an die Verdichtung werden durch die ZTV E-StB [130] geregelt. In der Ril 836.4103 [119] werden die Bestimmungen der ZTV E-StB ohne Ergänzungen übernommen. Ein Regelprofil für einen Lärmschutzdamm ist in Bild 70 dargestellt.

# 8 Bodenbehandlung mit Bindemitteln

## 8.1 Grundlagen der Bodenstabilisierung

Als Bodenstabilisierung wird eine gezielte Veränderung der bodenmechanischen Eigenschaften des natürlichen Bodens durch eine genau festgelegte Zumischung von abbindenden Substanzen bezeichnet. Es handelt sich dabei um einer Reihe von physikalischen, physikalisch-chemischen und chemischen Prozessen, die sowohl eine Bodenverbesserung als auch eine Bodenverfestigung bewirken.

Bei der Bodenverbesserung mit Bindemitteln wird die Einbaufähigkeit und Verdichtbarkeit sowie die Witterungsbeständigkeit des Bodens kurzfristig verbessert, um eine Erleichterung der Bauarbeiten durch die Zugabe von Bindemitteln zu erzielen.

Bei der qualifizierten Bodenverbesserung werden projektspezifisch erhöhte Anforderungen an die Eigenschaften des Baustoffs Boden-Bindemittel-Gemisch gestellt; z. B. können geeignete Böden der Frostempfindlichkeitsklasse F3 (nach ZTV E-StB [130]) durch die Bindemittelzugabe die Eigenschaften der Klasse F2 erreichen.

Eine Bodenverfestigung mittels Bindemittel zielt darauf ab, den Boden dauerhaft tragfähig und frostsicher zu machen, um qualitative hohe Anforderungen zu erreichen. Demnach können mithilfe der Bodenstabilisierung die im Ursprungszustand unbrauchbaren oder bei der Verarbeitung nur schwer beherrschbaren Böden als Baugrund oder auch als Baustoff verwendet werden.

Ursprünglich wurde die Bodenstabilisierung mittels Bindemittel vorwiegend für Zwecke der Bodenverbesserung im Straßenbau und im Flugplatzbau entwickelt. Heutzutage findet diese Methode eine vielfältige Anwendung in fast allen Bereichen des Bauwesens (z. B. im Eisenbahnbau, Wasserbau, Deponiebau, Industriebau, Hochbau, bei Hangsicherungen, Stützbauwerken, Gründungen usw.); überall dort, wo eine Möglichkeit besteht, den nicht ausreichend tragfähigen Boden flächig, jedoch auch tiefreichend (z. B. Deep Mixing) durch Zugabe von Bindemitteln zu verbessern.

Im Allgemeinen werden für die Bodenstabilisierung folgende Bindemittel verwendet:

- Kalk (Weiß-, Dolomitkalk)
  · ungelöschter Kalk (Branntkalk),
  · gelöschter Kalk (Kalkhydrat),
  · hydraulischer Kalk;
- Zement
  · Portlandzemente,
  · Spezialzemente;
- Mischbindemittel aus genormten Ausgangsstoffen
  · Gemische aus Kalk + Zement,
  · Gemische aus Kalk + hydraulischen Bestandteilen.

Darüber hinaus werden für die Bodenstabilisierung Spezialprodukte als Bindemittel oder geeignete Recycling- bzw. Abfallprodukte als Zusätze eingesetzt:

- Tragschichtbinder auf Zementbasis,
- Spezialprodukte (z. B. Zwei-Komponenten-Bindemittelsysteme),
- Flugasche,
- Schlacke.

Die Wahl des geeigneten Bindemittels sowie des richtigen Mischverfahrens ist an die Baustellen- und Bodenbedingungen und auch die Art und Eigenschaften des zu behandelnden Bodens anzupassen. Die Anwendungsgrenzen der Bindemittel sind in erster Linie sehr stark von der Korngrößenverteilung abhängig. Die empirisch ermittelten Zusammenhänge zwischen der Korngrößenverteilung und dem Bindemittel werden anhand eines Korngrößendiagramms im Bild 71 dargestellt. Darin wird ersichtlich, dass sehr grobkörnige Böden mit einem Korndurchmesser > 70 mm eher ungeeignet für eine Bodenstabilisierung mittels Bindemittel sind; diese müssen jedoch aufgrund deren Eigenschaften zumeist gar nicht verbessert werden. Ähnliches gilt auch für sehr feinkörnige, bindige Böden mit hohem Tonanteil. Diese Böden sind meistens maschi-

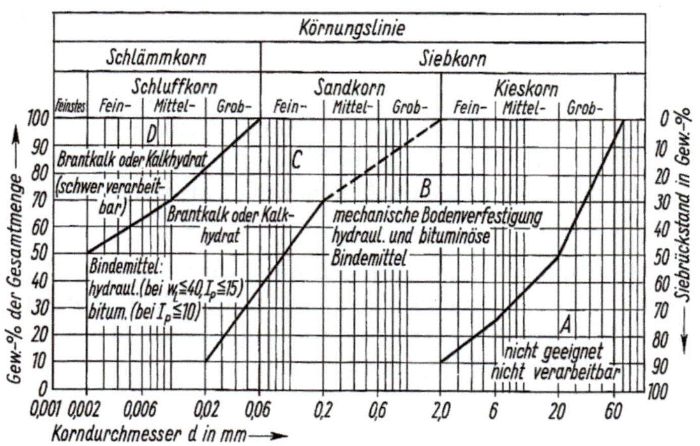


**Bild 71** Anwendungsgrenzen von Bindemitteln zur Bodenstabilisierung in Abhängigkeit von der Korngrößenverteilung (aus [6], nach *Brandl* (2006) adaptiert)

nell so schwer verarbeitbar, dass sich ihre Verfestigung auch bei der Anwendung von Branntkalk oder Kalkhydrat nur auf Ausnahmefälle beschränkt. Organische Böden sowie Böden mit hohem Sulfatgehalt sind ebenfalls ungeeignet für dieses Verfahren.

## 8.2 Bodenverbesserung und Bodenverfestigung

### 8.2.1 Kalkstabilisierung

Für die Kalkstabilisierung werden Baukalke nach DIN EN 459, Teile 1 bis 3 [71–73] eingesetzt.

Der natürliche Kalkstein (Kalziumkarbonat) kommt in der Natur vor allem in Form von Sedimentgesteinen (z. B. Marmor, Kalkstein, Dolomit usw.) vor. Durch Brennen und Mahlen von Kalkgestein ($CaCO_3$) wird Branntkalk (CaO) und aus dem gebrannten Kalk durch Löschen mit Wasser Kalkhydrat ($Ca(OH)_2$) hergestellt. Zur Bodenstabilisierung, primär von feinkörnigen Böden, wird Branntkalk (ungelöschter Kalk), Kalkhydrat (gelöschter Kalk) oder hydraulischer Kalk verwendet. Die folgenden chemischen Reaktionen beschreiben die Umwandlungsprozesse zwischen verschiedenen Kalziumverbindungen:

$$CaCO_3 \Rightarrow CaO + CO_2 \qquad \text{Kalkbrennen}$$

$$CaO + H_2O \Rightarrow Ca(OH)_2 + 15{,}3\ \text{kcal} \uparrow \text{(Wärme)} \qquad \text{Kalklöschen}$$

$$Ca(OH)_2 \Leftrightarrow Ca^{++} + 2(OH)^- \qquad \text{Dissoziationsreaktion}$$

$$Ca(OH)_2 + H_2O + CO_2 \Rightarrow CaCO_3 + 2H_2O \qquad \text{Abbindeprozess}$$

Bei der Bodenverbesserung durch Zugabe von Kalk lässt sich schon nach kurzer Zeit eine Umwandlung der Bodenstruktur feststellen. Dabei findet in erster Linie eine Reduktion des im Boden enthaltenen Wassers statt, einerseits bedingt durch die Reaktion selbst (Wasserbindung), anderseits durch die Wärmeentwicklung während der chemischen Reaktion. Die Wärme entsteht in erster Linie durch das Einmischen von Branntkalk (CaO). Bei der Stabilisierung von zu feuchten bzw. nassen Böden ist folglich der Branntkalk dem gelöschten Kalk ($Ca(OH)_2$) vorzuziehen, da einerseits ein Teil des im Boden enthaltenen Wassers durch die chemische Reaktion gebunden wird und andererseits durch die Wärmeentwicklung Wasser leichter verdampfen/verdunsten kann. Die Relation des Wirkungsgrads ungelöschter und gelöschter Kalk beträgt erfahrungsgemäß ca. 5:3. Allerdings ist bei ungelöschtem Kalk auf die ätzende Wirkung zu achten. Hier ist auch auf den feinen Mahlgrad bei relativ geringer Dichte hinzuweisen, was bei der Anwendung auch zu einer deutlich stärkeren Staubentwicklung führt und eine entsprechende Schutzausrüstung notwendig macht. Der Vorgang der „Bodenentwässerung“ im Zuge der Bindemittelreaktion wird von einer Aggregatbildung bindiger Bodenpartikel, von Ionenaustauschprozessen sowie von puzzolanischen Reaktionen begleitet.

Bei den chemischen Prozessen bzw. der Wirkungsweise einer Kalkstabilisierung kann zwischen der Sofortreaktion (Tabelle 33) und einer Langzeitreaktion unterschieden werden.

**Tabelle 33** Reaktionszeiten von Bindemitteln in Stunden (nach TP BF-StB – B 11.1 [127])

| Bindemittel | Ungelöschter Kalk | Kalkhydrat | Zement (ohne CEM III) | Hydr. Tragschichtbinder (mit CEM III) | Mischbindemittel |
|---|---|---|---|---|---|
| Reaktionszeit [h] | 6 | 2 | 1 | 2 | 4 |

Beim Zumischen von Kalk zu den feinkörnigen, bindigen Böden wird zunächst die Dicke der Wasserhülle um das Ton-Bodenteilchen beeinflusst. Bei grobkörnigen Böden ist dieser Einfluss der absorbierten Wasserhülle ohne Bedeutung. Bei Wasserzusatz vergrößert sich die Hülle um das Einzelkorn (bindiger Boden) und damit ändert sich auch die Konsistenz (Boden wird weicher). Der mit dem Boden vermischte Kalk reduziert aufgrund der vorher genannten Prozesse das Volumen des Porenwassers und bindet die Bodenteilchen eng zusammen, wodurch es zu einer Festigkeitszunahme kommt. Infolge der Oberflächenspannung der Tonminerale besitzen sie die Fähigkeit, Ionen zu absorbieren. Parallel mit dem Ionenaustausch wird durch die Änderung der elektrischen Ladung der Oberflächen eine Koagulation der Bodenteilchen herbeigeführt. Demnach ballen sich die feinsten Teilchen zu größeren Klumpen zusammen (Krümelbildung) und bewirken damit die Entstehung einer sekundären Struktur, die wasserbeständig ist. Diese Sofortreaktionen (innerhalb von 0,5 bis 24 Stunden) haben bodenmechanisch eine Abnahme der Plastizität $I_p$ und in der Regel eine Erhöhung der Ausrollgrenze $w_p$ zur Folge. Die Ausrollgrenze wird über den kritischen Wassergehalt erhöht und das Gemisch lässt sich beim Einbau besser verdichten. Mit der Kalkstabilisierung verschiebt sich die Proctorkurve zur nassen Seite hin, d. h., die optimale Dichte wird kleiner und der optimale Wassergehalt größer (Bild 72). Darüber hinaus bilden sich mit zunehmendem Bindemittelgehalt flachere Proctorkurven aus, womit eine größere Bandbreite des Wassergehalts die Erzielung einer bestimmten Trockendichte $\rho_d$ bzw. eines bestimmten Verdichtungsrads $D_{Pr}$ ermöglicht.

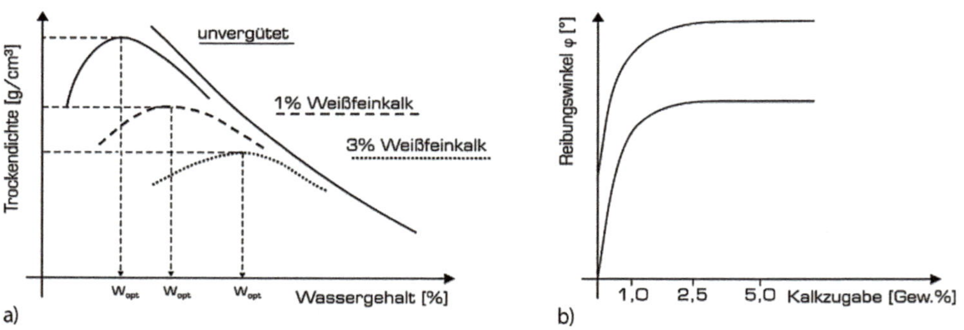


**Bild 72** Einfluss der Kalkstabilisierung auf die Verdichtbarkeit, a) Trockendichte und optimaler Wassergehalt (Proctorkurven) sowie b) Änderung des Reibungswinkels durch Zugabe von Kalk (nach [15])

Grundsätzlich reichen oftmals nur 2 bis 3 % Kalk aus, um die Bodeneigenschaften deutlich zu verbessern.

Die Festigkeitseigenschaften werden durch die puzzolanischen Reaktionen – Reaktionen des Kalkhydrats ($Ca(OH)_2$) mit den Tonmineralen (Aluminium und Silizium) des Bodens – maßgebend beeinflusst. Es handelt sich dabei um Langzeitreaktionen, die 1 bis 5 Jahre dauern können. Durch die Zementierung und Verkittung steigt die Festigkeit im Laufe der Jahre langsam an.

Als Langzeiteffekt der Kalkstabilisierung kann auch die Karbonatisierung (erneute Entstehung von Kalziumcarbonat) infolge von Kohlendioxid in der Bodenluft auftreten. Die Karbonatkristalle weisen nämlich keinen Verbund auf und führen daher zu Entfestigungen an der Oberfläche. Sind jedoch die stabilisierenden Schichten überbaut bzw. belastet, so wird dieser nachteilige Effekt unbedeutend.

Damit die chemischen Reaktionen überhaupt stattfinden, muss ausreichend Wasser im Boden vorhanden sein (bzw. künstlich zugegeben werden). Bei einem Wasserdefizit werden die Hydratation des Kalziumoxids und die puzzolanischen Reaktionen lediglich unterbrochen bzw. verzögert und können durch Wasserzugabe reaktiviert werden. Dabei kann es aufgrund der Volumenzunahme und bei geringeren Überlagerungsspannungen zu Hebungen kommen. Dies kann eine Zerstörung der Struktur bewirken.

Eine Voraussetzung für die Kalkstabilisierung hinsichtlich der Festigkeitsentwicklung ist ein Mindestfeinstkornanteil, d. h. ein Tonanteil < 0,002 mm von > 6 M.-%, jedoch besser > 10 M.-%, sowie eine Mindestplastizität von rund $I_p > 10$ bis 15 %. Generell lassen sich feinkörnige und gemischtkörnige Böden, welche diese Voraussetzungen nicht erfüllen, d. h. Böden, die nicht chemisch reagieren können, nicht wirtschaftlich mit Kalk stabilisieren. Für diese Fälle kann eine gute Bodenverbesserungswirkung durch Zugabe von hydraulischen Bindemitteln oder durch Bindemittelgemische erreicht werden.

Der Vorteil der Boden-Kalk-Stabilisierung liegt in den lang andauernden Reaktionen bzw. in der Festigkeitsentwicklung. Wird Kalkhydrat verwendet, so steigt die Festigkeit nahezu proportional zur Bindemittelmenge. Im Vergleich zu den erreichbaren Druckfestigkeiten bei einer Zementstabilisierung sind die Festigkeiten eines kalkstabilisierten Bodens für den betrachteten Zeitraum deutlich geringer.

Durch die Kalkzugabe steigt die Wasserdurchlässigkeit an, fällt jedoch nach einem längeren Zeitraum (2 bis 3 Jahre) deutlich unter den ursprünglichen Wert ab (infolge chemisch-physikalischer Langzeitreaktionen). Dieses Verhalten beruht auf der Krümelbildung, wodurch sich in der Anfangsphase der Stabilisierung größere Hohlräume im Kalk-Boden-Gemisch ausbilden. Der Reibungswinkel steigt rasch – schon innerhalb der ersten Woche – an, während die Kohäsion langsam – über einen längeren Zeitraum – parallel zur einaxialen Druckfestigkeit ansteigt.

Die Frostempfindlichkeit kalkstabilisierter Böden ist vor allem vom Betrachtungszeitraum abhängig. *Brandl* [15] hat zahlreiche Untersuchungen an mit Kalk (Kalkhydrat) stabilisierten Böden hinsichtlich des Frostverhaltens durchgeführt und ist zu folgendem Schluss gekommen: Eine Lagerungszeit unter 28 Tagen zeigt meist Eislinsenbildungen, welche die der Ursprungsböden teilweise um ein Vielfaches übertreffen.

Nach 28 Tagen ist das Maß der Frostgefährdung auf den Wert des nichtstabilisierten Ausgangsmaterials gesunken und erst nach 90 Tagen kann eine mit der Zeit noch zunehmende Frostwiderstandsfähigkeit erwartet werden.

Beim Einbau von Kalk wird dieser flächig auf der zu stabilisierenden Schicht aufgebracht und sorgfältig vermischt bzw. eingefräst. Das Einmischen soll immer mit einer Fräse erfolgen, da sonst keine gleichmäßige Vermischung erzielt werden kann. Eine gute, homogene Vermischung lässt sich auch anhand der Farbe erkennen. Direkt nach Kalkzugabe sollte der Boden nicht verdichtet werden, sondern der Ionenaustausch sowie die Koagulation der Bodenkörner abgewartet werden. Danach lässt sich das Gemisch auch besser verdichten. Während des Einbauvorgangs ist darauf zu achten, dass es nicht zum Austrocknen der Mischung kommt.

### 8.2.2 Zementstabilisierung

Als Bindemittel werden Zemente nach EN 197 (Teile 1 und 2) [69, 70] eingesetzt. Als Regelwerk für zementgebundene Gemische dient DIN EN 14227-1 [83].

Zement ist ein hydraulisches Bindemittel, welches schon seit Jahrzehnten zur Bodenstabilisierung genutzt wird. Er erhärtet unter Aufnahme von Wasser und erfährt dadurch hydrophobische Wirkung. Heutzutage erfolgt die Zementstabilisierung primär durch die Anwendung von Portlandzementen, die sich aus folgenden Hauptkomponenten (Zementklinker) zusammensetzen: Trikalziumsilikat ($C_3S$), Dikalziumsilikat ($C_2S$), Trikalziumaluminat ($C_3A$) und Tetrakalziumaluminoferrit ($C_3A$). Infolge des Vermischens von Zement mit Boden tritt nach dem Kontakt mit dem Porenwasser eine intensive Hydratation ein. Aufgrund der chemischen Reaktionen der Klinkerphasen kommt es zur Entstehung von Kalziumsilikaten, Kalziumaluminaten und als Nebenprodukte bilden sich Kalziumhydrate ($Ca(OH)_2$). Die ersten beiden Hydratationsprodukte bilden im Boden eine wabenartige Strukturmatrix aus Zementstein, wodurch die Bodenpartikel bzw. Bodenaggregate zusammengehalten werden und der Boden damit verbesserte Festigkeitseigenschaften erhält.

Bei den Reaktionen des Zements im Boden wird die primäre Skelettbildung im Porenraum von einer raschen Zunahme der Festigkeit des Zement-Boden-Gemischs begleitet. Die sekundären Reaktionen verursachen eine Verkittung der Bodenkörner bzw. größerer Bodenaggregate untereinander, wodurch sich eine bleibende Strukturänderung ergibt. Die Festigkeit des stabilisierenden Bodens ist vom Zementgehalt und die Verkittungswirkung vom Mineralbestand des Bodens abhängig.

Der Einfluss der Zementzugabe auf die mechanischen Eigenschaften eines Bodens wird erst durch Eignungsprüfungen nachvollziehbar. Die wesentlichen Einflussfaktoren auf die Zementreaktion mit dem Boden sind die Korngrößenverteilung, der Wassergehalt, der Feinkornanteil, die Art und Intensität der Durchmischung, die Verdichtung und eine mögliche Nachbehandlung. Aus bodenmechanischer Sicht kommt es infolge einer Zementstabilisierung zum deutlichen Anstieg der Festigkeit, die nahezu proportional zur Zementmenge wächst. Aufgrund der hohen Festigkeit ergibt sich ein besseres Verformungsverhalten; der Steifemodul und die Kohäsion nehmen mit fortschreitendem Erhärtungsvorgang zu. Allerdings bleibt die Scherfestigkeit, in erster Linie der Reibungswinkel, bei nichtbindigen Böden nahezu unverändert, während bei bindigen Böden aufgrund der Strukturänderung der Reibungswinkel geringfügig ansteigt. Darüber hinaus sinkt der Wasserdurchlässigkeitsbeiwert eines zementstabilisierten Bodens und eine hohe Frost-Tau-Beständigkeit wird erreicht.

Die Anwendung der Zementstabilisierung ist für eine relativ große Bandbreite an Böden geeignet. Bei nichtbindigen Böden (Sand und Kies) lassen sich sehr hohe Festigkeiten schon bei geringeren Bindemittelzugaben von ca. 3 bis 5 % erzielen. Ebenfalls gute Ergebnisse ergeben sich in schluffigen Sanden sowie generell in vorrangig schluffigen Böden. Demgegenüber ist Ton schwieriger mit Zement zu stabilisieren, da die Zerkleinerung des Bodens nur unter besonderen Bedingungen möglich ist. Um auch bindige Böden mit Zement verfestigen zu können, sind ein höherer Zementanteil sowie eine gute Durchmischung erforderlich. Allerdings muss ein zu großer Zementgehalt nicht immer zum erwünschten Ergebnis führen. Als Obergrenze für eine wirtschaftlich sinnvolle Beimischung gilt eine Bindemitteldosierung von ca. 9 %.

Ein wesentliches Kriterium an die Verdichtbarkeit zementstabilisierter Böden ist eine ordnungsgemäße und sofort nach dem Vermischen zu erfolgende Durchmischung bzw. Homogenisierung des Zement-Boden-Gemisches. Demnach ist vor allem bei bindigen Böden ein sofortiger Misch- und Zerkleinerungsvorgang von großer Bedeutung. Bei zu langen Misch- und Stehzeiten kommt es zu einer Knollenbildung infolge der eingesetzten Hydratation des Zements. Ein Gemisch, das solche Knollen besitzt, ist wesentlich schlechter verdichtbar, d. h., die Proctorkurve sinkt ab, weil sich die Knollen untereinander nicht gegenseitig verkleben. Wenn sich das stabilisierte Material nicht rasch verdichten lässt, sollte es am besten nochmals mit der Fräse durchmischt werden.

In der Erhärtungsphase wird meistens zusätzlich Wasser zugegeben, damit die Hydratationsvorgänge fortgesetzt werden können. Dabei ist das Austrocknen der Oberfläche tunlichst zu vermeiden. Hierdurch kann es zur Ausbildung von größeren Schwindrissen kommen, die das gesamte System schwächen. Aus diesem Grund werden häufig Vibrationswalzen zur künstlichen Erzeugung von vielen kleinen Mikrorissen benutzt, dieser Vorgang wird als „Spannungsfreiwalzen" bezeichnet. Damit weist das stabilisierte Planum ein wesentlich günstigeres Gebrauchsverhalten auf als eines mit einigen wenigen großen Rissen.

### 8.2.3 Kalk-Zement-Stabilisierung

Eine Kalk-Zement-Stabilisierung nutzt im Sinne einer optimierten Bodenverbesserung die Vorteile und Eigenschaften beider Bindemittel (Bild 73). Dabei kann entweder eine stufenweise Stabilisierung (Stufe 1: Kalk-Einmischung, Stufe 2: Zement-Einmischung) erfolgen oder eine gleichzeitige Zugabe einer Kalk-Zement-Mischung. Gängige Mischungsverhältnisse Kalk/Zement reichen z. B. von 30/70 % über 50/50 % bis 70/30 % in Abhängigkeit von der Kornverteilung des zu stabilisierenden Bodens bzw. den Anforderungen.

Infolge Kalkbeigabe reduzieren sich der Wassergehalt und damit auch die Plastizität des Bodens. Durch die chemischen Reaktionen im Boden wird darüber hinaus eine Strukturumwandlung in Form einer Krümelbildung herbeigeführt. Die Strukturveränderung bewirkt die Verringerung der inneren Oberfläche von feinkörnigen Böden und damit auch die Quellfähigkeit des Bodens. Die anschließende Zugabe von Zement lässt die Festigkeit schon bei geringeren Bindemittelmengen anwachsen. Dabei wird das Tragskelett durch den Zementstein verstärkt. Für die Verhärtung der Krümel wird umso weniger Binderzusatz erforderlich, je stabiler die Krümel schon vor der Zementzugabe sind.

Eine große Verfestigung lässt sich erreichen, wenn nur geringe Mengen an Kalk dem Boden beigemischt werden, dafür ist ausreichend Zement erforderlich, damit die gewünschte starke Verfestigung stattfindet. Hierbei bewirkt der Kalk eine leichte Krümelbildung. Die Krümel werden danach durch die Hydratisierung von Zement verhärtet und untereinander verklebt.

Die nachfolgende oder auch gleichzeitige Bodenverbesserung mit Kalk und Zement kann sehr gut bei plastischen Tonböden, jedoch auch bei Schluffen geringerer Plastizität, eingesetzt werden.

Bild 74 zeigt schematisch das Modell für die synergetische Wirkungsweise einer Bodenstabilisierung mittels Kalk und Zement. Der bedeutende Vorteil der Anwendung der Mischbinder liegt im Wesentlichen am geringeren Bindemittelbedarf.

Die Tabellen 34 bis 36 bieten einen Überblick über Bindemitteldosierungen für unterschiedliche Bodengruppen sowie zulässige Reaktionszeiten.

a) b)

**Bild 73** Bodenreaktion;
a) mit Zement, Bildung des Zementstein-Skeletts im Porenraum,
b) mit Kalkhydrat, gelartige Füllung im Porenraum
(aus [59])

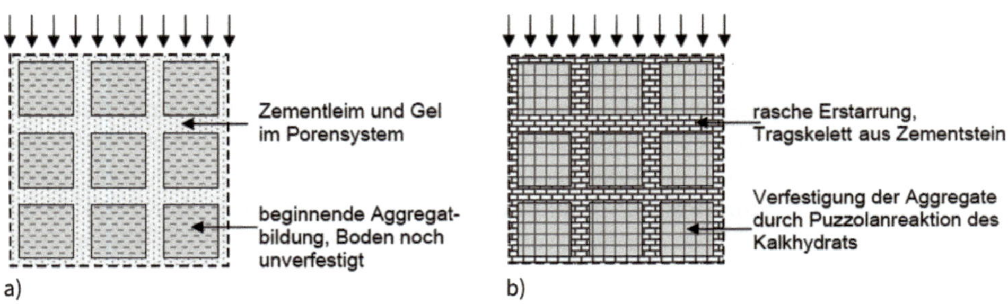


**Bild 74** Modell für synergetische Wirkungsweise von Mischbindern; a) Anfangsphase und b) Stabilisierungsphase (aus [59])

**Tabelle 34** Erfahrungswerte zur Stabilisierung mit Mischbindern (nach *Witt*, aus [59])

| | | | | | | |
|---|---|---|---|---|---|---|
| | GE – SE – GW – SW – GU – SU – GU* – SU* – UL – TL – UM – TM – UA – TA | | | | | |
| Kalk/Zement | 0/100 | 20/80 | 30/70 | 40/60 | 50/50 | 70/30 |
| | Menge 2 % bis 6 %, je nach Ziel der Stabilisierung | | | | | |

**Tabelle 35** Erfahrungswerte für Bindemittelmengen für Bodenverfestigungen (nach TP BF-StB – B 11.1 [127])

| Bodengruppe | Bindemittel | | | | |
|---|---|---|---|---|---|
| | Ungelöschter Kalk nach EN 459-1 | Kalkhydrat nach EN 459-1 | Zement nach EN 197-1 | Hydr. Tragschichtbinder nach DIN 18506 | Mischbindemittel |
| Gemischtkörnige Böden (GU, GT, SU, ST, GU*, GT* ST, SU) | – | – | 4–10 | 4–10 | 4–10 |
| Gemischtkörnige Böden (GT*, GU*, ST*, SU*) | 4–6 | 4–8 | 6–12 | 6–12 | 6–12 |
| Feinkörnige Böden (UL, UM, TL, TM, UA, TA) | 4–6 | 4–8 | 7–16 | 7–16 | 7–16 |

**Tabelle 36** Maximal Zulässige Verarbeitungszeiten von Bindemittel in Stunden (nach [103])

| Zusammensetzung des Mischbindemittels | 30 M.-% Kalk<br>70 M.-% Zement | 50 M.-% Kalk<br>50 M.-% Zement | 70 M.-% Kalk<br>30 M.-% Zement |
|---|---|---|---|
| Reaktionszeit [h] | 3 bis 4 Std. | 4 Std. | 4 bis 5 Std. |

In organischen Böden wird die Zementreaktion durch Huminsäuren behindert. Bei sulfat- (Gips) oder sulfidhaltigen (Pyrit) Böden wird die Festigkeitsentwicklung von bindemittelstabilisierten Böden sowohl mit Zement als auch insbesondere mit Kalk durch die Volumenzunahme während der Ettringitbildung gestört. Bildet sich das Ettringit vor der Verdichtung, wird lediglich das Bindemittel nicht optimal ausgenutzt. Nachträglicher Ettringitaufwuchs führt zu enormen Quelldrücken (bis 5 MPa) und Volumenvergrößerung sowie zu einer Zerstörung der Struktur. Zahlreiche Schadensfälle mit Quellhebungen von bis zu mehreren Dezimetern zeugen davon. Die Baugrunderkundung und die Eignungsprüfung müssen daher eine Beurteilung der Sulfat- und Sulfidgefährdung einschließen [59].

### 8.2.4 Stabilisierung mit sonstigen Bindemitteln

**Hydraulische Tragschichtbinder** (Hydraulic Road Binder, HRB)
Gemäß DIN EN 13282 (Teile 1 bis 3) [80–82] handelt es sich dabei um werkmäßig hergestellte hydraulische Bindemittel auf Zementbasis mit speziellen Zusatzstoffen. Sie verfügen über Eigenschaften, wie z. B. die Erzielung hoher Frühfestigkeiten, die besonders für die Behandlung von Materialien für Trag- und Deckschichten für den Bau von Straßen, Bahnkörpern und Flugverkehrsflächen und für andere Arten von Infrastrukturen geeignet sind. Als europäisches Regelwerk für tragschichtbindergebundene Gemische dient DIN EN 14227-5 [87].

**Flug- und Holzasche**
Flugasche ist ein feines Pulver, das bei der Verbrennung von Stein- oder Braunkohlenstaub in Energieerzeugungsanlagen oder von Holz, Papier usw. in anderen Industriezweigen mit oder ohne Mitverbrennungsstoffe entsteht. Sie wird durch mechanische oder elektrostatische Abscheider aufgefangen und kann in kieselsäurereiche oder kalkhaltige Flugasche eingeteilt werden. Flugasche ist ein puzzolanischer Stoff, d. h., sie benötigt eine Kalziumoxidquelle, beispielsweise Kalk oder Zement, um eine hydraulische Reaktion zu erzeugen.

Der Einsatz von Flugasche ist in DIN EN 14227-3 [85] (flugaschegebundene Gemische) sowie DIN EN 14227-4 [86] (Flugasche für hydraulisch gebundene Gemische) geregelt.

In den letzten Jahren wird in Österreich zur Stabilisierung von Böden verstärkt das Flugaschenprodukt Cinerit® eingesetzt. Dabei handelt es sich um ein Produkt der thermischen Verwertung biogener Reststoffe aus dem Produktionsprozess der beiden Papierfabriken UPM-Kymmene Austria GmbH und Laakirchen Papier AG im zirkulierenden Wirbelschichtkessel der EEVG [18].

**Industrielle Nebenprodukte (Schlacke)**
Schlacke wird als Bindemittel oder Bindemittelzusatz gemäß DIN EN 14227-2 [84] (schlackengebundene Gemische) entweder in Form von Hüttensandmehl oder in grob gemahlener granulierter Hochofenschlacke verwendet. Zur Verbesserung ihrer hydraulischen Reaktion sind im Allgemeinen weitere Bestandteile erforderlich.

## 8.3 Eignungsprüfung und Probefeld

Bei der Eignungsprüfung werden an mehreren Boden-Bindemittel-Mischungen mit unterschiedlichen Bindemitteldosierungen Proctorversuche durchgeführt, um die Auswirkung der Bindemittelzugabe auf die Verdichtungsfähigkeit und den optimalen Wassergehalt zu untersuchen. Anhand von hergestellten Probekörpern wird mittels Druckprüfungen (i. d. R. einaxiale Druckversuche) die Festigkeitsentwicklung mit der Zeit verfolgt. Weitere Untersuchungen, wie z. B. das Frost-Tau-Verhalten, richten sich nach den gestellten Anforderungen.

Wird ein Mischbindemittel für die Bodenverfestigung eingesetzt, so ist in Deutschland die Eignungsprüfung nach TP BF-StB-B 11.1 [127] durchzuführen. Bei einer Bodenverbesserung oder qualifizierten Bodenverbesserung hat die Eignungsprüfung nach

TP BF-StB-B 11.3 [128] zu erfolgen. In Österreich ist eine Überarbeitung der derzeit gültigen Richtlinie RVS 11.02.45 [123] geplant. Als europäisch einheitliche Regelwerke liegen die DIN EN 14227-15 [88] für hydraulische Bodenstabilisierungen sowie der Normenentwurf DIN EN 16907-4 [92] vor.

Anhand der Untersuchungen wird die Art, Menge und die Mischrezeptur des Stabilisierungsmischgutes festgelegt. Erfüllen die Ergebnisse aus den Voruntersuchungen die Anforderungen an eine optimierte Stabilisierung, so kann der Boden auf der Baustelle unter den festgelegten Bedingungen behandelt werden.

Neben der Eignungsprüfung im Laboratorium empfiehlt sich die Herstellung eines Probefeldes mit geotechnischer Begleitung. Auf dem Probefeld kann der geplante Herstellungsprozess (Bindemittelrezeptur, Mischvorgang, Verdichtung) unter Baustellenbedingungen getestet und optimiert werden. Eine Beurteilung der zeitlichen Festigkeitsentwicklung erfolgt anhand von begleitenden Feldversuchen (z. B. dynamische Lastplattenversuche zur Verdichtungskontrolle) und Laborversuchen (z. B. Druckversuche an nach dem Mischvorgang hergestellten Probekörpern).

Bei der endgültigen Ausführung sind lokale Schwankungen des tatsächlichen Ausgangswassergehalts im Boden zu berücksichtigen und geeignete Maßnahmen zu ergreifen, z. B. durch eine Anpassung der Bindemitteldosierung.

## 8.4 Ausführung

Im Hinblick auf eine optimierte Bodenstabilisierung sollte die Wirksamkeit eines Bindemittels und des Zusatzmittels durch Eignungsprüfungen (Vorversuche) im Labor und/oder im Feld an dem zu behandelnden Boden gründlich untersucht werden.

Der Ablauf von jeder Stabilisierung besteht aus folgenden Vorgängen:

- homogenes Vermischen des zu verbessernden Bodens mit der bei den Vorversuchen ermittelten Bindemittelart und Menge;
- Einstellen des Wassergehalts auf einen durch die Vorversuche ermittelten optimalen Wert;
- Verdichten des Boden-Bindemittel-Gemischs mit einem möglichst hohen Verdichtungsgrad;
- ungestörtes Erhärten des verdichteten Boden-Bindemittel-Gemischs unter möglichst optimalen Bedingungen (Temperatur, (Luft-)Feuchtigkeit).

Für das Beigeben und das Vermischen des Bindemittels mit dem anstehenden Untergrund sowie für das Einstellen des optimalen Wassergehalts im Hinblick auf die Verdichtung des Boden-Bindemittel-Gemischs werden generell zwei verschiedene **Ausführungsmethoden** eingesetzt:

**Ortmischverfahren (Mixed-in-place):** Das Bindemittel wird direkt auf der Baustelle auf dem anstehenden Boden mit Dosierwägen in der richtigen Menge verteilt und anschließend mit speziellen Mischgeräten (in der Regel Bodenfräsen) homogen eingemischt. In Abhängigkeit vom natürlichen Wassergehalt des Bodens kann es erforderlich sein, das Feld vor dem Fräsübergang zu bewässern, um den optimalen Wassergehalt zu gewährleisten. Danach wird das Gemisch verdichtet und entsprechend planiert. Diese Methode findet ihre Anwendung hauptsächlich bei bindigen Böden und ist meistens billiger im Vergleich zum Zentralmischverfahren, jedoch kann dabei die Vermischung nicht so gut kontrolliert werden. Durch den Fräsvorgang erfolgt eine Belüftung und Homogenisierung des Ausgangsbodens; bindige Böden werden durch die hohe Drehzahl der Mischwerkzeuge aufgebrochen und sehr fein zerkleinert, was die Reaktionswirkung mit dem Bindemittel verbessert. Dabei ist auf die maximale Frästiefe zu achten, die bei modernen selbstfahrenden Fräsen rund 45 bis 50 cm und bei den kleineren Anbaufräsen rund 35 bis 40 cm beträgt.

**Zentralmischverfahren (Mixed-in-plant):** Bei dieser Methode wird das Bindemittel zusammen mit dem abgetragenen Boden beim optimalen Wassergehalt in einer stationären oder mobilen Mischanlage zu einem Stabilisierungsmischgut aufbereitet. Dieses wird in Lastwagen auf die Baustelle transportiert und dort entsprechend lagenweise eingebaut und verdichtet. Diese Methode wird meistens beim kiesigen Bodenmaterial eingesetzt und ist nicht geeignet für feinkörnige bindige Böden. Durch die (Zwangs-) Mischanlage wird eine noch bessere Durchmischung des Materials gewährleistet.

Von der Verarbeitung bis hin zur Verdichtung sind je nach Bindemittelart unterschiedliche Reaktionszeiten zu beachten.

Zur Verdichtung können dynamische Walzen (Vibrations-, Oszillations-, Vario- oder selbstregelnde Walzen) mit Glattmantelbandagen (vorwiegend für nichtbindige und gemischtkörnige Böden) bzw. Schaffußbandagen (vorwiegend für bindige Böden) eingesetzt werden. Zur Verdichtungskontrolle kann idealerweise die Flächendeckende Dynamische Verdichtungskontrolle (FDVK) arbeitsintegriert während der Verdichtungsüberfahrten eingesetzt werden. Eine punktuelle Überprüfung mit dynamischen Lastplattenversuchen kann unmittelbar nach der Verdichtung erfolgen. Mit demselben Verfahren kann auch der Zuwachs der Steifigkeit des Bodens (dynamischer Verformungsmodul $E_{vd}$) in den darauffolgenden Tagen nachgewiesen werden.

Die Tabellen 37 und 38 geben Erfahrungswerte für Bindemitteldosierungen für Bodenverbesserungen und Bodenverfestigungen in Abhängigkeit der Bodenart sowie Reaktionszeiten an. Die Massenprozente beziehen sich auf die Trockenmasse des Bodens.

## 8.5 Umweltrelevante Veränderungen im Boden

Die Bindemittelzugabe kann je nach Dosierung eine umweltrelevante Veränderung im Boden-Bindemittel-Gemisch bewirken. Dabei kommt es im Allgemeinen zu einer:

- Erhöhung des pH-Werts,
- Erhöhung der elektrischen Leitfähigkeit,
- Reduzierung der Durchlässigkeit (Beeinflussung des Auslaugungsverhaltens).

Generell sind bodenschutzrechtliche sowie gewässer- und grundwasserschutzrechtliche Bestimmungen zu beachten.

**Tabelle 37** Erfahrungswerte von Bindemittelmengen für Bodenverfestigungen (TP BF-StB – B 11.1 [127])

| Bodengruppe | Bindemittel | | | | |
|---|---|---|---|---|---|
| | Ungelöschter Kalk nach EN 459-1 | Kalkhydrat nach EN 459-1 | Zement nach EN 197-1 | Hydr. Tragschichtbinder nach DIN 18506 | Mischbindemittel |
| Gemischtkörnige Böden (GT, GU, ST, SU) | – | – | 4 – 10 | 4 – 10 | 4 – 10 |
| Gemischtkörnige Böden (GT*, GU*, ST*, SU*) | 4 – 6 | 4 – 8 | 6 – 12 | 6 – 12 | 6 – 12 |
| Feinkörnige Böden (UL, UM, TL, TM, UA, TA) | 4 – 6 | 4 – 8 | 7 – 16 | 7 – 16 | 7 – 16 |

**Tabelle 38** Erfahrungswerte von Bindemittelmengen für Bodenverbesserungen (TP BF-StB – B 11.3 [128])

| Bodengruppe | Bindemittel | | | | |
|---|---|---|---|---|---|
| | Ungelöschter Kalk nach EN 459-1 | Kalkhydrat nach EN 459-1 | Zement nach EN 197-1 | Hydr. Tragschichtbinder nach DIN 18506 | Mischbindemittel |
| Grobkörnige Böden | – | – | 3 – 6 | 3 – 6 | 3 – 6 |
| Feinkörnige und gemischtkörnige Böden | 2 (3) – 4 | 2 (3) – 5 | 3 – 6 | 3 – 6 | 2 (3) – 6 |

In Klammern: Mindestwerte für qualifizierte Bodenverbesserung

# 9 Qualitätssicherung und Prüfungen

## 9.1 Allgemeines

Die DIN EN 16907-5 [93] enthält neben nationalen Festlegungen übergeordnete Empfehlungen und Leitlinien für die Qualitätssicherung und Qualitätskontrolle. Die Begriffe Qualitätssicherung und Qualitätskontrolle werden darin wie folgt definiert und geregelt:

**Qualitätssicherung**: Alle geplanten und systematischen Vorgehensweisen, die notwendig sind, um Vertrauen sicherzustellen, dass das Erdbauwerk bei der Nutzung die gewünschte Leistung erbringt, d. h., dass das errichtete Erdbauwerk die festgelegten Anforderungen erfüllt.

**Qualitätskontrolle**: System zur Überwachung, Bewertung und Anpassung der Bauverfahren/Ausführung, um sicherzustellen, dass das Endprodukt die festgelegte Qualitätsstufe erfüllt.

Im Vorfeld eines Bauvorhabens ist ein „Plan zur Qualitätskontrolle" zu erstellen. Der Mindestumfang wird in der EN 16907-5 [93] wie folgt festgelegt:

1. Probenahme- und Prüfverfahren, einschließlich:
   - Prüfstellen,
   - Häufigkeit der Prüfungen,
   - Prüfverfahren und Standards, die zu übernehmen sind,
   - Umfang der zu sammelnden Daten und daraus resultierende Anforderungen für die Datenspeicherung,
   - Verfahren und Kriterien für die Abnahme;
2. Organigramm, in dem relevantes Personal und alle wesentlichen Aufgaben aufgezeigt werden, d. h. verantwortliche Personen, die für die Gesamtqualität und für einzelne Elemente wie z. B. Prüfungen zuständig sind;
3. Verfahren für die Überprüfung von Proben, Zertifikaten usw.;
4. Beobachtungen und Untersuchungen;
5. Verfahren zur Dokumentenkontrolle;
6. Verfahren zur Aufzeichnung von Nichterfüllung der Anforderungen und welche Korrekturmaßnahmen zu ergreifen sind.

Unterschieden werden kann nach der Art der Prüfung, wobei der zeitliche Projektablauf berücksichtigt wird und die Zuständigkeiten zwischen Auftraggeber und Auftragnehmer festgelegt werden. Zu allererst ist eine Eignungsprüfung durchzuführen, während der Projektdurchführung die laufende Konformitätsprüfung und nach Projektfertigstellung eine Identitätsprüfung. Erläutert werden die einzelnen Arten der Prüfung im Abschnitt 9.1.

Der „Plan zur Qualitätskontrolle" ist vom Auftragnehmer einzuhalten und bezieht sich somit auf die Eignungsprüfung und Konformitätsprüfung. Identitätsprüfungen sind davon unabhängig.

In der ZTV E-StB [130] wird zwischen Prüfmethoden und Prüfverfahren unterschieden. Der Begriff „Prüfmethode" bezeichnet die systematische Vorgehensweise, mit der die geplante Qualität gemäß den vorgeschriebenen Anforderungen an die Verdichtungskennwerte überprüft wird. Folgende 3 Methoden können dabei in Erwägung gezogen werden:

**Methode M 1**: Vorgehensweise gemäß Prüfplan. Bei der Methode M 1 wird die statistische Verteilung des betrachteten Prüfmerkmals innerhalb eines Prüfloses auf Stichprobenbasis ermittelt. Auf Grundlage des Stichprobenergebnisses wird die Entscheidung getroffen, ob das Prüflos anzunehmen oder zurückzuweisen ist [130].

**Methode M 2**: Vorgehensweise bei Anwendung flächendeckender dynamischer Messverfahren. Bei der Methode M 2 wird mithilfe eines an der Walze installierten Messgeräts aus der Wechselwirkung zwischen Walze und Boden flächendeckend ein dynamischer Messwert ermittelt, der mit der Steifigkeit und der Verdichtung des Bodens korreliert. Bei dieser Methode wird also mittels einer „Vollprüfung" einer verdichteten Schicht (= Prüffläche) mit einem indirekten Prüfverfahren (= dynamischer Messwert) die Entscheidung getroffen, ob die Prüffläche (= Prüflos) angenommen oder zurückgewiesen wird [130].

**Methode M 3**: Vorgehensweise zur Überwachung des Arbeitsverfahrens. Bei der Methode M 3 wird im Regelfall mittels einer Probeverdichtung der Nachweis für die Eignung des eingesetzten Verdichtungsverfahrens erbracht. Auf Grundlage der Ergebnisse der Probeverdichtung wird eine Arbeitsanweisung für die Verdichtung aufgestellt. Die Verdichtungsarbeiten am Erdbauwerk werden gemäß der Arbeitsanweisung durchgeführt. Die Einhaltung der Arbeitsanweisung muss dokumentiert werden [130].

Durch „Prüfverfahren" werden die Prüfmerkmale (Verdichtungskennwerte, wie z. B. der Verdichtungsgrad oder der Verformungsmodul) definiert und bestimmt. Prüfverfahren enthalten die konkreten Arbeitsanweisungen zur Bestimmung der Verdichtungskennwerte. Erläutert werden diese in Abschnitt 9.3.

Im Zusammenhang mit dem Straßenbau ist auch auf das „Merkblatt für die Verdichtung des Untergrundes und des Unterbaues im Straßenbau" [95] zur verweisen, in welchem die 3 Prüfmethoden und die verschiedenen direkten und indirekten Prüfverfahren geregelt sind.

## 9.2 Arten von Prüfungen

**Erstprüfung** (Eignungsprüfung) ist die Prüfung zum Nachweis der Eignung der Baustoffe für den vorgesehenen Verwendungszweck entsprechend den Anforderungen des Projekts. Die Prüfung muss durch den Auftragnehmer veranlasst werden. Selbiger trägt auch die Kosten. Die DIN EN 16907-5 [93] gibt beispielsweise vor, dass bei jedweder Erdmassenbewegung eine Materialklassifizierung entsprechend der DIN EN 16907-2 [90] (s. a. Abschnitt 6.2.5) durchzuführen ist.

**Konformitätsprüfung** (in Deutschland auch: Eigenüberwachung; in Österreich auch: Kontrollprüfung) ist die laufende Prüfung des Auftragnehmers oder dessen Beauftragten, um festzustellen, ob die Güteeigenschaften der Baustoffe und der fertigen Leistung den vertraglichen Anforderungen entsprechen. Der Auftragnehmer hat die Prüfung zu veranlassen und die Kosten dafür zu tragen

**Identitätsprüfung** (in Deutschland auch: Kontrollprüfung; in Österreich auch: Abnahmeprüfung) ist die Prüfung des Auftraggebers, um festzustellen, ob die Güteeigenschaften der Baustoffe und der fertigen Leistung den Anforderungen entsprechen. Er selbst hat die Prüfung zu veranlassen und die Kosten dafür zu tragen.

## 9.3 Prüfverfahren

Im Straßenbau sind gemäß ZTV E-StB [130] für die Probenahme und die Durchführung von Prüfungen die Technischen Prüfvorschriften für Boden und Fels im Straßenbau, herausgegeben von der Forschungsgesellschaft für Straßen- und Verkehrswesen, einzuhalten.

Um die Eignung eines Materials festzustellen, muss eine Bodenklassifikation durchgeführt werden. Die dazu zu ermittelten inhärenten Bodeneigenschaften sowie die Zustandsgrößen werden in den jeweiligen Klassifizierungsnormen festgelegt. Diese wurden bereits in Abschnitt 6.1.4 vorgestellt. Auf europäischer Ebene liegt bereits seit 2015 der Entwurf für die DIN EN 16907-2 [90] vor, welche nach deren Umsetzung für die Bodenklassifizierung im Erdbau heranzuziehen ist. Als Mindestumfang müssen zur Klassifizierung folgende Bodeneigenschaften bestimmt werden:

- Korngrößenverteilung,
- Plastizität,
- organische Bestandteile.

Je nach Nutzung können weitere Eigenschaften für eine Klassifizierung zu bestimmen sein.

Verdichtungskenngrößen und Prüfverfahren zur Ermittlung dieser werden im Folgenden zusammengefasst:

- Verdichtungsgrad $D_{Pr}$: Er wird berechnet aus dem Verhältnis der erreichten Trockendichte im Feld und der Proctordichte des Bodenmaterials. Angegeben wird der Verdichtungsgrad in Prozent und dient als Beurteilungskriterium bei der Verdichtungskontrolle. Die Proctordichte ist entsprechend der DIN 18127 [64] zu ermitteln. Der Proctorversuch und die Abhängigkeit des Verdichtungsverhaltens eines Bodens vom Wassergehalt werden im Teil 1 des Grundbau-Taschenbuchs, Kapitel 1.3 (Abschnitt 5.8) näher erläutert.
- Lagerungsdichte D: Bei nichtbindigen Böden wird für die Beurteilung der Verdichtung die Lagerungsdichte herangezogen. Mit dem Versuch wird die lockerste und dichteste Lagerung bestimmt. Mit dem auf der Baustelle vorhandenen Porenanteil n kann die Lagerungsdichte D berechnet werden.

In der ZTV E-StB [130] wird Folgendes festgehalten: Wenn sich die Proctordichte als Bezugswert des Verdichtungsgrads prüftechnisch nicht zuverlässig ermitteln lässt, wie z. B. bei veränderlichem festen Gestein, steinigen und blockigen Böden, einigen industriell hergestellten und rezyklierten Gesteinskörnungen, dann kann auch die Trockendichte $\rho_d$ oder der Porenanteil n als Verdichtungskenngröße heranzogen werden. Anforderungswerte müssen jedoch aus örtlichen Erfahrungen oder Untersuchungen festgelegt werden [130].

Die Bestimmung der Dichte im Feld kann gemäß DIN 18125-2 [63] mittels Ausstechzylinderverfahren, Sandersatz-Verfahren, Ballon-Verfahren, Flüssigkeitsersatz-Verfahren, Gipsersatz-Verfahren oder Schürfgruben-Verfahren erfolgen. Radiometrische Verfahren zur Dichtebestimmung werden in der TP BF-StB, Teil B 4.3 [125] festgelegt.

Indirekte Prüfverfahren zur Bestimmung des Verdichtungsgrads erfolgen über die Ermittlung des Verformungsmoduls $E_v$ mittels folgender Versuche [130]:

- statischer Plattendruckversuch nach DIN 18134 [65],
- dynamischer Plattendruckversuch nach TP BF-StB, Teil B 8.3 [126].

Diese können dann als Ersatz für die Bestimmung des Verdichtungsgrads angewendet werden, wenn der Feinkornanteil des Bodens kleiner als 15 M.-% ist.

Ein weiteres Prüfverfahren zur Verdichtungskontrolle stellt die Flächendeckende Dynamische Verdichtungskontrolle (FDVK) dar. In Deutschland wird dieses Verfahren durch das Merkblatt M FDVK E [101] geregelt, in Österreich durch die RVS 08.03.02 [121].

**Tabelle 39** Übersicht über Prüfverfahren gemäß der RVS 08.03.01 [120]

| Prüfung | Prüfnorm/Richtlinie | Anmerkung |
|---|---|---|
| Wassergehalt | ÖNORM B 4410 | |
| Korngrößenverteilung | ÖNORM B 4412 | |
| Dichte im Feld | ÖNORM B 4414-2 | Sandersatzverfahren, Ausstechzylinder |
| | DIN 18125-2 | Wasserersatzverfahren |
| | TP-BF-StB, Teil B 4.3 | Isotopensonde nach Troxler (oder gleichwertig) |
| Proctordichte | ÖNORM B 4418 | |
| Dynamischer Lastplattenversuch | RVS 08.03.04 | |
| Statischer Lastplattenversuch | ÖNORM B 4417 | |
| Flächendeckende dynamische Verdichtungskontrolle (FDVK) | RVS 08.03.02 | |

Die Prüfverfahren zur Verdichtungskontrolle werden in Abschnitt 9.3 genauer erläutert.

Weitere Prüfverfahren beziehen sich beispielsweise auf die Filterstabilität oder auf eine profilgerechte Lage der Schüttung [120].

In der RVS 08.03.01 [120] wird für Österreich ein Überblick über die anzuwendenden Prüfverfahren gemäß Tabelle 39 gegeben.

## 9.4 Verdichtungskontrollen

### 9.4.1 Allgemeines

Die Kontrolle der Verdichtung kann mittels direkten oder indirekten Verfahren erfolgen. Ein Überblick über die Verfahren und deren Ergebnisse wird in Bild 75 gegeben.

In der DIN EN 16907-3 [91] werden die direkten Verfahren (s. auch Abschnitt 9.4.2) als „In-situ-Dichteprüfungen" bezeichnet. Indirekte Prüfverfahren (s. auch Abschnitt 9.4.3 und 9.4.4) werden in der Norm unter der Rubrik „Prüfung der Steifigkeit und Tragfähigkeit" zusammengefasst, wobei insbesondere Plattendruckversuche und Sondierungsprüfungen erwähnt werden.

Darüber hinaus gibt es die kontinuierliche Flächendeckende Dynamische Verdichtungskontrolle (FDVK) mittels Vibrationswalzen (s. auch Abschnitt 9.4.5) mit 4 Anwendungsmöglichkeiten [91]:

- Kalibrierung für indirekte und kontinuierliche Kontrolle der Dichte und Steifigkeit,
- Analyse und Dokumentation von Schwachstellen,
- Dokumentation der erreichten maximalen Verdichtung,
- Dokumentation des Verdichtungsverfahrens.

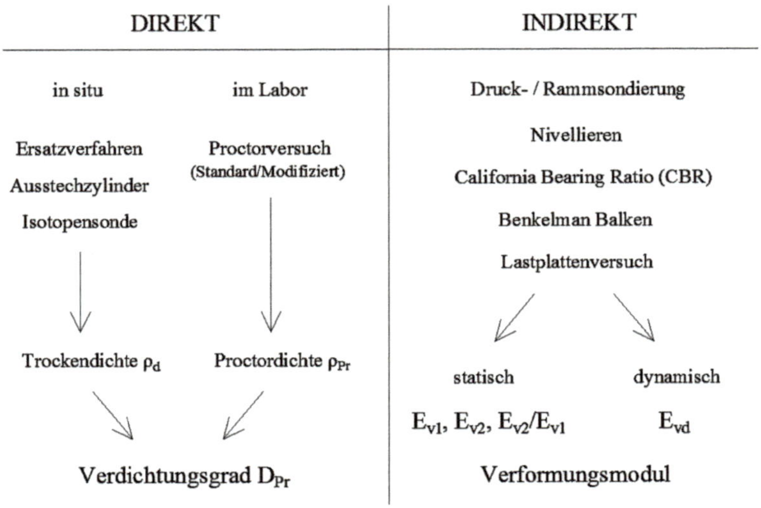


**Bild 75** Übersicht über punktuelle Verdichtungsmethoden (nach [6])

Umfang der Prüfungen wird für den Straßenbau in Abhängigkeit von der jeweiligen Prüfmethode in der ZTV E-StB [130] festgelegt. Ergänzende Regelungen für den Eisenbahnbau finden sich in der Ril 836 [119]. In Österreich werden dazu in der RVS 08.03.01 [120] Angaben gemacht. Der Umfang wird dabei in Abhängigkeit von der Prüfungsart festgelegt.

### 9.4.2 Dichtebestimmung im Feld

Die Dichtebestimmung kann entsprechend der DIN 18125-2 [63] nach folgenden Verfahren erfolgen:

- Ausstechzylinderverfahren sind nur bei bindigen Böden möglich;
- Ersatzverfahren können bei bindigen und nichtbindigen Böden eingesetzt werden. Mit Ersatzverfahren wird das entnommene Bodenvolumen mit einem Stoff bekannter Dichte aufgefüllt und dessen erforderliche Masse bestimmt. Auf diese Weise kann das entnommene Bodenvolumen genau bestimmt werden. Folgende Verfahren werden in der DIN 18125-2 aufgezählt:
  - Sandersatz-Verfahren,
  - Ballon-Verfahren,
  - Flüssigkeitsersatz-Verfahren,
  - Gipsersatz-Verfahren,
  - Schürfgruben-Verfahren.

In Österreich werden die Verfahren zur Dichtebestimmung durch die ÖNORM B 4414-2 [108] geregelt.

In der DIN EN 16907-5 [93] wird jedoch auch auf die Nachteile dieser Prüfverfahren eingegangen:

- Es ist zeitaufwendig, eine ausreichende Anzahl an Prüfungen für eine statistische Analyse der Ergebnisse der Verdichtungsprüfung durchzuführen.
- Kornübergrößen müssen berücksichtigt werden.
- Die Bestimmung des Wassergehalts kann Zeit in Anspruch nehmen und die Erdarbeiten verzögern.
- Eine genaue Bestimmung des Volumens des ausgehobenen Materials muss vorgenommen werden.

Eine weitere Möglichkeit zur Dichtebestimmung stellen radiometrische Verfahren dar (Isotopensonde). Es handelt sich dabei um zerstörungsfreie Schnellprüfverfahren, wobei die Eigenschaften radioaktiver Strahlung dazu genutzt werden, um Rückschlüsse auf die erzielte Dichte und den Wassergehalt zu machen. Gemessen wird dabei die Abschwächung und Streuung der Gammastrahlung im Bodenmaterial [25]. Der Vorteil des Verfahrens ist, dass die einzelnen Messungen schnell durchgeführt werden können und die Messergebnisse sofort vorliegen. Jedoch muss auf eine korrekte Kalibrierung mittels Bodenprobe geachtet werden, da die Trockendichte aus dem Wassergehalt berechnet wird. Wegen der Radioaktivität müssen auch entsprechende Gesundheits- und Sicherheitsvorkehrungen getroffen werden [93].

Wurde die Dichte im Feld (Trockendichte) bestimmt, kann mittels Proctorversuch schließlich der erreichte Verdichtungsgrad $D_{Pr}$ aus dem Verhältnis zwischen der im Feld ermittelten Trockendichte und der Proctordichte berechnet werden.

### 9.4.3 Statischer Plattendruckversuch

In Österreich wird der Versuch als statischer Lastplattenversuch bezeichnet.

Der Versuch zählt zu den indirekten Methoden der Verdichtungskontrolle, da der Verdichtungszustand über den Verformungsmodul bestimmt wird. Es bestehen jahrzehntelange Erfahrungen bei der Durchführung und Auswertung des Versuchs und die meisten Regelwerke beziehen sich daher auch auf den statischen Plattendruckversuch.

Bei dem Versuch wird die Lastplatte vor Versuchsdurchführung kraftschlüssig auf das ebene, zu testende Planum aufgesetzt. Kleine Unebenheiten können mit Sand ausgeglichen werden. An die Lastplatte anschließend wird die Messbrücke aufgestellt, über welche bei Belastung die Plattenverschiebung über Messuhren registriert wird. Die Belastung wird über den Druckstempel erzeugt, wozu ein Gegengewicht erforderlich ist (beispielsweise ein LKW oder Bagger). Die Platte wird durch eine hydraulische Pumpe in vorgegebenen Laststufen belastet. Danach wieder entlastet und nochmal belastet, um den Zweitbelastungsmodul $E_{v2}$ zu erhalten. Nach jeder Laststufe ist in Minutenschritten so lange abzuwarten, bis die Verformungsgeschwindigkeit unter 0,02 mm/min gefallen ist. Erst dann wird, je nachdem, ob es sich um ein Einuhren- oder Dreiuhrenmessgerät handelt, an der einen bzw. an den drei Messuhren abgelesen und die nächste Laststufe aufgebracht [6].

Bei der Auswertung des Versuchs wird angenommen, dass der zu beurteilende Untergrund durch einen linear-elastischen, homogenen, isotropen Halbraum beschrieben werden kann. Die Voraussetzungen für diese Idealisierungen und vereinfachten Annahmen sind beim Feldversuch und dessen Auswertung nicht exakt erfüllbar [1]:

- Im Erdbau verhalten sich Untergrund und eingebautes Material nicht linear-elastisch. Die Steifigkeit ist variabel und stark lastabhängig.
- Im Nahbereich der Lastplatte wird das Material während der Versuchsdurchführung plastisch verformt.
- Durch den lageweisen Einbau werden in der Regel geschichtete Aufbauten geprüft, bei denen die Materialeigenschaften von Lage zu Lage wechseln können. Die Homogenität des Untergrunds ist nicht gewährleistet.
- Der Untergrund wird durch den Versuch eventuell zusätzlich verdichtet und seine Steifigkeit vergrößert. Die Belastungsgeschichte spielt für die Versuchsauswertung eine große Rolle.
- Die Kraftaufbringung erfolgt durch Abstützen einer Presse gegen ein Gewicht. Der Boden wird zwar unter der Platte belastet, jedoch im Bereich des Gegengewichts im gleichen Ausmaß entlastet, sodass keine globale Belastung des Halbraums, sondern lediglich eine mehr oder weniger lokale Lastumlagerung vorliegt (Kurzschlusseffekt).
- Eine Messung der Absolutsetzung ist nicht möglich, da das Gestell, welches als Referenzebene dient, in der Setzungsmulde steht und selbst Verschiebungen und gegebenenfalls Verkippungen unterworfen ist. Ein kleiner Teil der Gesamtsetzung wird damit nicht gemessen, was zu einer Überschätzung des Verformungsmoduls und der Verdichtung führt.

Die Auswertung des Lastplattenversuchs liefert aus diesen Gründen nicht den exakten Verformungsmodul des geprüften Erdbauwerks, sondern einen Wert, der beeinflusst ist von [1]:

- Belastungszustand des Bodens bei der Modulbestimmung,
- auftretenden plastischen Verformungen,
- Materialeigenschaften der einzelnen Lagen eines geschichteten Aufbaus,
- Belastungsgeschichte während der Versuchsdurchführung,
- Geometrie (Plattenradius) und damit von der Messtiefe des Versuchs und
- Belastungs- und Setzungsmesseinrichtung.

Das sog. „Verdichtungsverhältnis" $E_{v2}/E_{v1}$ wird oft als Zusatzkriterium für die Verdichtungskontrolle herangezogen, ist jedoch aus bodenmechanischer Sicht sehr fragwürdig und zumeist kontraproduktiv, da der Wert einerseits von der zu prüfenden Bodenart abhängt und andererseits sehr stark von der Versuchsdurchführung beeinflusst wird. Es ist daher beispielsweise im Zuge der Überarbeitung der RVS 08.03.01 [120] aus dieser Richtlinie eliminiert worden. In anderen nationalen wie internationalen Vorschriften hält sich dieses sog. Verdichtungsverhältnis immer noch hartnäckig, die Interpretation führt jedoch immer wieder zu Diskussionen.

### 9.4.4 Dynamischer Plattendruckversuch

In Österreich wird der Versuch als dynamischer Lastplattenversuch bezeichnet.

Auch dieser Versuch zählt zur indirekten Verdichtungskontrolle. Der Verdichtungszustand wird über den dynamischen Verformungsmodul $E_{vd}$ bestimmt. Das Gerät besteht aus einer als starr angenommenen runden Stahlplatte mit einem Durchmesser von 30 cm, über welche die stoßförmige Belastung auf den Untergrund übertragen wird (Bild 76). Um sicherzustellen, dass die Platte flächig am Untergrund aufliegt, können kleinere Unebenheiten mit Sand verfüllt werden. Vor Beginn der Versuchsdurchführung sind jedenfalls 3 Vorbelastungsstöße durchzuführen. Die Stahlplatte hat in der Mitte eine Zentrierkugel, auf welche die Belastungsvorrichtung aufgelegt wird. Die Belastungsvorrichtung besteht aus einem 10 kg schweren Fallgewicht, welches bei Versuchsdurchführung ausgeklinkt und über eine Stange geführt wird und schließlich auf ein Feder-Dämpfer-Element (aus Stahl-Tellerfedern, „Gummielemente" sind unzulässig (!)) fällt. So kann ein genau definierter Stoß erzeugt werden, welcher von einem zentrisch in der Stahlplatte angebrachten Beschleunigungsaufnehmer aufgezeichnet wird. Dieses Signal wird von einem angeschlossenen elektronischen Messgerät aufgezeichnet und der dynamische Verformungsmodul $E_{vd}$ berechnet [25].

Für die Auswertung des Versuchs werden zwei Vereinfachungen getroffen [25] (Bild 77):

– Die Ermittlung des $E_{vd}$ geschieht über die Formel des statischen Lastplattenversuchs, welche auf dem statisch belasteten elastischen Halbraum basiert. Somit finden in der Auswertung dynamische Terme keine Berücksichtigung:

$$E_{vd} = 1{,}5\,r \cdot \frac{\Delta\sigma}{\Delta s}\left[\mathrm{MN/m^2}\right] \tag{19}$$

mit

$E_{vd}$ dynamischer Verformungsmodul
r Radius der Lastplatte
$\Delta\sigma$ mittlere Normalspannung (Sohlpressung)
$\Delta s$ vertikale Setzung der Platte

– Die maximal auftretende Kontaktspannung zwischen Platte und Untergrund wird vereinfachend als konstant mit $\Delta\sigma = 0,1\ \mathrm{MN/m^2}$ angenommen. Somit geht zur Bestimmung des dynamischen Verformungsmoduls $E_{vd}$ lediglich die gemessene maximale Setzung $s_{max}$ [mm] ein und Gl. (19) degeneriert, für eine Lastplatte mit 30 cm Durchmesser, zu folgender einfachen Beziehung:

$$E_{vd} = \frac{22{,}5}{z_{max}}\left[\mathrm{MN/m^2}\right] \tag{20}$$

Die Vorteile des Leichten Fallgewichtsgeräts liegen in der raschen, einfachen Durchführbarkeit und der flexiblen und robusten Gerätschaft im Vergleich zur statischen Lastplatte. Das Gerät kann von einer Person bedient werden, ist leicht zu transportieren und erlaubt somit in einem akzeptablen Zeitraum relativ viele Versuche, selbst unter beengten Verhältnissen, durchzuführen [25].

Im Straßenbau wird der Versuch durch die TP BF-StB B 8.3 [126] geregelt. In Österreich ist im Eisenbahn- und Straßenbau die RVS 08.03.04 [122] für die Versuchsdurchführung anzuwenden. Das Gerät ist zumindest einmal jährlich zu kalibrieren, es gibt dafür einige Kalibrierstellen in Deutschland und eine in Österreich.

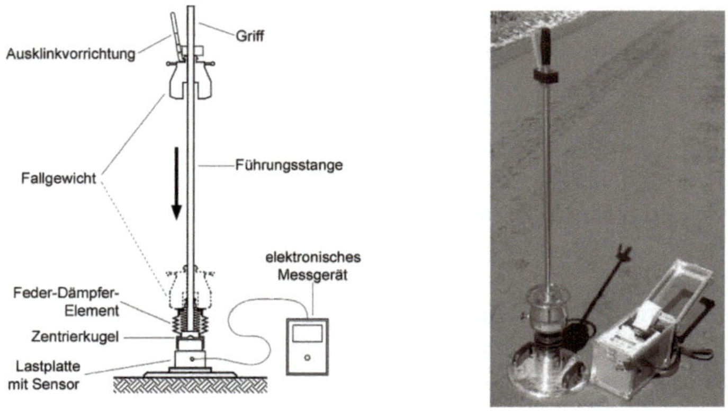


**Bild 76** Komponenten des Leicht
Fallgewichtsgeräts (nach [1])

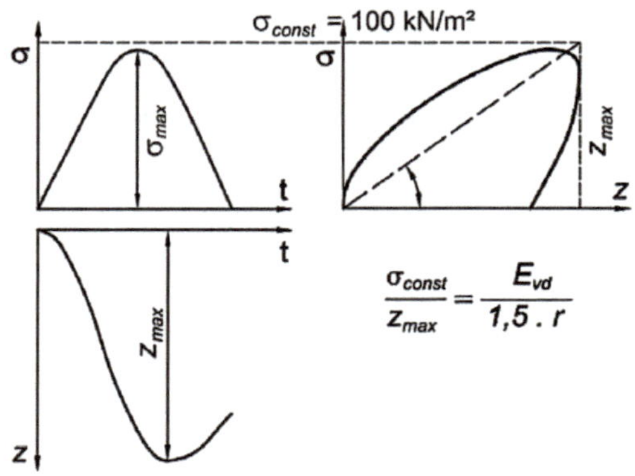


**Bild 77** Bodenkontaktspannung, Verschiebung und Arbeitsdiagramm der Lastplatte des Leichten Fallgewichtsgeräts (nach [1])

Im Vergleich zum statischen Plattendruckversuch sind die Ergebnisse des Leichten Fallgewichtsgeräts als deutlich zuverlässiger einzustufen. Gemäß RVS 08.03.01 [120] ist dem dynamischen Plattendruckversuch mit dem Leichten Fallgewichtsgerät gegenüber dem statischen Plattendruckversuch bzw. der direkten Dichtebestimmung der Vorzug zu geben.

### 9.4.5 Flächendeckende Dynamische Verdichtungskontrolle (FDVK)

Die Flächendeckende Dynamische Verdichtungskontrolle (FDVK) mit dynamisch angeregten Walzen ist eine walzenintegrierte Methode, mit der die Verdichtung optimiert sowie der Verdichtungserfolg gemessen und dokumentiert werden kann. Die dynamische Walze dient dabei nicht nur als Verdichtungsgerät, sondern wird auch als Messgerät verwendet. Sie muss dafür mit einem FDVK-System ausgerüstet sein [6].

Das FDVK-System besteht aus einer Aufnehmer- bzw. Sensoreinheit, die auf der Lagerschale der Bandage montiert ist und die Beschleunigungen an der Bandage misst, aus einer Prozessoreinheit, die aus den aufgezeichneten Daten laufend den aktuellen FDVK-Wert errechnet und der Anzeige- und Speichereinheit, die zur visuellen Darstellung und zur Speicherung der FDVK-Werte aus dem Verdichtungsprozess dient (Bild 78). An der Hinterachse der Walze kann zusätzlich ein Weg- und Geschwindigkeitssensor angebracht sein, damit die Messwerte eindeutig zugeordnet und die Abweichungen von der festgelegten Fahrgeschwindigkeit dokumentiert werden können. Moderne FDVK-Systeme nutzen für diesen Zwecke GPS bzw. DGPS [6].

Das Prinzip der FDVK beruht auf der Analyse der Bandagenschwingung, d.h., es werden die Wechselwirkungen zwischen der dynamischen angeregten Bandage und dem Boden gemessen. Während der dynamischen Anregung lässt sich das Bewegungsverhalten der Bandage ohne jegliche Interaktion mit dem Untergrund (Bandage hängt nur am Rahmen) mit einer Sinusschwingung beschreiben. Diese wird durch die Interaktion der schwingenden Bandage mit dem Boden verzerrt. Werden bei der Verdichtung die Walzenparameter (Gerät, Amplitude, Frequenz, Fahrtrichtung, Fahrgeschwindigkeit, statische Auflast usw.) konstant gehalten, so sind die Änderungen im Bewegungsverhalten der Bandage ausschließlich auf die Änderung der Untergrundverhältnisse zurückzuführen [6].

FDVK-Werte sind keine Absolutwerte bzw. bodenphysikalischen Eigenschaften, da die Messung mit unterschiedlichen Walzen bei gleichen oder auch verschiedenen Walzenparametern und bei gleichen Untergrundverhältnissen zwar zu qualitativ ähnlichen Verläufen führen kann, jedoch andere Zahlenwerte ergibt. Der aufgezeichnete Verdichtungszuwachs basiert auf dem Vergleich der aufeinanderfolgenden Messfahrten. Der Verdichtungserfolg lässt sich aufgrund des Ansteigens der FDVK-Werte bei den Verdichtungsfahrten beobachten. Steigen die Messwerte nicht mehr signifikant an, so ist der Verdichtungsvorgang abgeschlossen (in der Regel durch die 5%-Zuwachsrate zwischen zwei aufeinanderfolgenden Überfahrten auf derselben Spur definiert). Jede weitere Verdichtungsfahrt würde zu einer Kornzertrümmerung und Wiederauflockerung des Bodengefüges führen. Mit dem FDVK-System kann die Gleichmäßigkeit der Verdichtung gewährleistet und dokumentiert werden. Anhand der FDVK-Wert-Verläufe (z.B. digital auf einem Farbbildschirm dargestellt) können Schwachstellen bereits während der Einbauphase auch in größeren Tiefen erkannt und durch weitere Überfahrten bzw. geeignete Maßnahmen (Bodenaustausch von nicht verdichtungsfähigen Bodenlinsen) egalisiert werden [6].

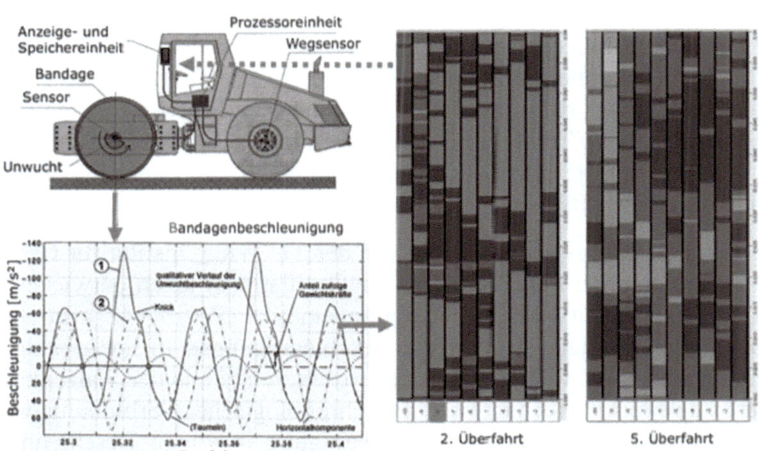


**Bild 78** Komponenten eines FDVK-Messsystems (links oben), gemessene Beschleunigung (links unten) und Visualisierung der FDVK-Werte am Beispiel der zweiten und fünften Überfahrt (nach [9])

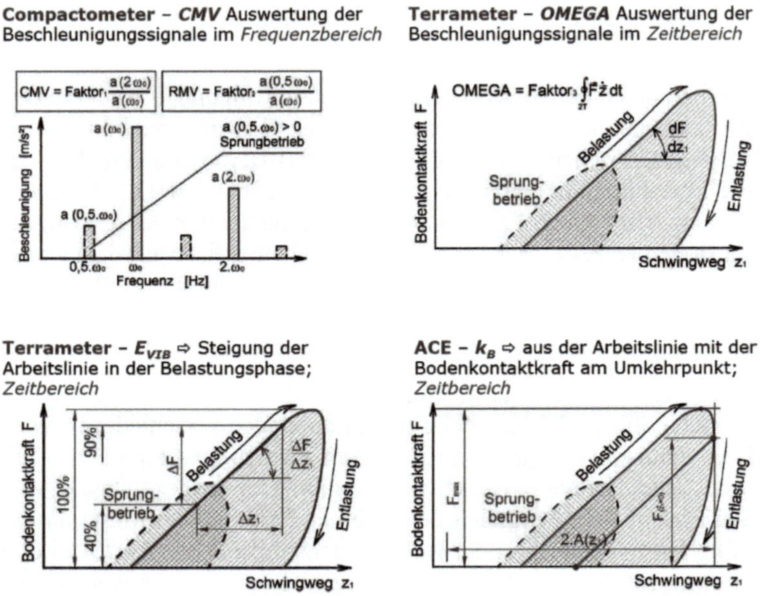


**Bild 79** Definition und Darstellung der Messwerte unterschiedlicher FDVK-Systeme (nach [6])

Bei FDVK-Walzen ist zwischen der Verdichtungstiefe (als Verdichtungsgerät) und der Messtiefe (als Messgerät) zu unterscheiden. Die Tiefenwirkung durch die Verdichtung kann in Abhängigkeit von der Walze bis zu maximal rund 1,0 m betragen, während die Messwirkung bis in eine Tiefe von etwa 2,5 m reicht [6].

Heutzutage stehen drei grundsätzlich unterschiedliche FDVK-Messsysteme für Vibrationswalzen (Compactometer, Terrameter, ACE) bzw. vier Messwerte (CMV, OMEGA, $E_{vib}$, $k_B$) zur Verfügung (Bild 79). Einen wesentlichen Einfluss auf die dynamischen Messwerte der FDVK haben die in Abschnitt 7.6.4 beschriebenen Betriebszustände der Bandage (Bild 80). Die Rahmenbedingungen für die standardisierte Anwendung der FDVK werden im Merkblatt über flächendeckende dynamische Verfahren zur Prüfung der Verdichtung im Erdbau [101] sowie in den Technischen Prüfvorschriften für Boden und Fels im Straßenbau, im Teil E 2, Flächendeckende dynamische Prüfung der Verdichtung [129] geregelt. In Österreich sind die Rahmenbedingungen der FDVK in der RVS 08.03.02 [121] definiert [6].

In einem gemeinsamen Forschungsprojekt wurde von der TU Wien, Institut für Geotechnik, das erste funktionierende FDVK-System für Oszillationswalzen entwickelt, von der Firma HAMM AG gebaut und zum Patent angemeldet (*Pistrol* [42]). In der Lagerschale der Oszillationsbandage werden die Beschleunigungen in horizontaler und vertikaler Richtung gemessen, während von der Prozessoreinheit in der Walzenkabine der FDVK-Wert stückweise berechnet wird. Bei chronologischer Verbindung der Messwertpaare aus Horizontal- und Vertikalbeschleunigung in einem Beschleunigungs-Beschleunigungs-Diagramm resultiert für jede Oszillationsperiode eine charakteristische Form, die einer liegenden Acht ähnelt. Der Flächeninhalt dieser Form wurde als FDVK-Wert für Oszillationswalzen definiert (Bild 81) [42].

Die Anwendung des FDVK-Systems für Oszillationswalzen unterscheidet sich grundsätzlich nicht von jener für Vibrationswalzen. Durch die genannte Entwicklung sind damit erstmals FDVK-Systeme für alle gängigen Typen der Anregung dynamischer Walzen verfügbar [42].

Da es sich bei FDVK-Werten nicht um bodenphysikalische Kenngrößen handelt, sondern das Werteniveau wesentlich vom eingesetzten Verdichtungsgerät, von Maschinen- und Prozessparametern sowie dem FDVK-System selbst abhängt, erfolgt eine Kalibrierung durch Gegenüberstellung mit konventionellen Methoden der Verdichtungskontrolle. Die Kalibrierung und Durchführung ist im Merkblatt M FDVK E [101]

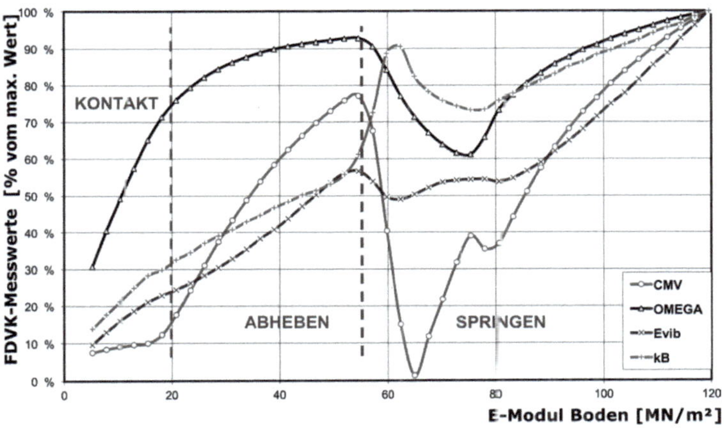


**Bild 80** Verlauf der vier gängigen FDVK-Werte für Vibrationswalzen (CMV, OMEGA, $E_{vib}$, $k_B$) in Abhängigkeit von der Bodensteifigkeit und den Betriebszuständen (nach [9])

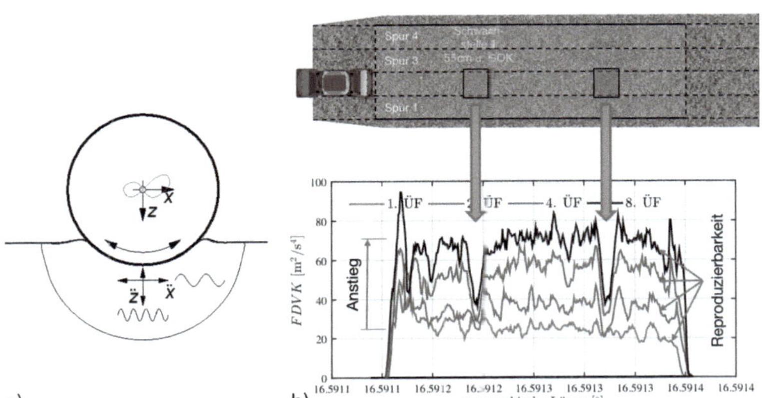


**Bild 81** a) Prinzip des FDVK-Systems für Oszillationswalzen,
b) Verläufe der FDVK-Werte für vier ausgesuchte Überfahren (nach *Pistrol* [42])

geregelt. In Österreich gelten hierfür die Regelungen der RVS 08.03.02 [121]. Diese empfiehlt einen Bezug der FDVK-Werte auf den Erstbelastungsmodul $E_{v1}$ aus dem statischen Lastplattenversuch. Alternativ dazu – mit wesentlich höherer Zuverlässigkeit – kann der dynamische Verformungsmodul $E_{vd}$, ermittelt mit der dynamischen Lastplatte mit dem Leichten Fallgewichtsgerät, verwendet werden, wobei die vierfache Anzahl an Vergleichsversuchen im Vergleich zu statischen Lastplattenversuchen auszuführen ist [42].

Zur Durchführung der Kalibrierung, z. B. gemäß RVS 08.03.02 [121], werden unmittelbar nach dem Walzvorgang insgesamt neun Messungen des Erstbelastungsmoduls (bzw. 36 Messungen des dynamischen Verformungsmoduls $E_{vd}$) an drei Stellen mit niedrigen, mittleren und hohen dynamischen Messwerten vorgenommen. Die Korrelationsbildung erfolgt mittels linearer Regression gemäß dem Formelwerk der Richtlinie, wobei für die Gültigkeit der Kalibrierung der Korrelationskoeffizient $r_K \geq 0{,}7$ sein muss. Für die Berechnung der Regressionsgeraden wird einmal der Verformungsmodul $E_{v1}$ bzw. $E_{vd}$ und einmal der FDVK-Wert als Basis herangezogen. Damit ergeben sich zwei Geraden (gestrichelt in Bild 82), deren Mittelung (Volllinie in Bild 82) die eigentliche Kalibriergerade darstellt, welche den vorgegebenen Korrelationskoeffizienten erfüllen muss [42]. Für eine zulässige Kalibrierung sind der Mindestwert (MIN) bei 95 % und der Mittelwert (MW) bei 105 % des geforderten Verformungsmoduls $E_{v1}$ zu definieren. Darüber hinaus sind auch der Wert bei 80 % des Mindestwertes (0,8 MIN) und der Maximalwert (MAX) bei 150 % des Mindestwerts anzugeben. Die Korrelationsbildung und ihre charakteristischen Werte sind in Bild 82 dargestellt. Der Mittelwert (MW) und der Mindestwert (MIN) können zur indirekten Prüfung des Verdichtungszustands herangezogen werden [121], eine prozentuale Standardabweichung von maximal 20 % vom Mittelwert gewährleistet die Gleichmäßigkeit der Verdichtung [42].

Die bestimmte Korrelationsgerade hat, wie bereits erläutert, nur für eine Walzenkonfiguration (Erregerfrequenz und -amplitude, Fahrgeschwindigkeit) und einen Bauvorgang (Schüttmaterial, Schichtart, z. B. Unterbauplanum) ihre Gültigkeit [42].

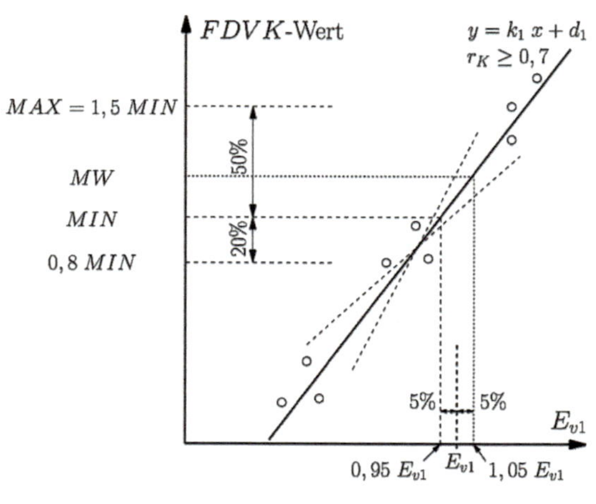


**Bild 82** Korrelationsbildung zwischen $E_{v1}$-Werten und FDVK-Werten mittels linearer Regression (nach RVS 08.03.02 [121])

**Danksagung**

Der Autor bedankt sich bei *Thomas Hölzl* und *Andreas Hausenberger* für deren großartige Unterstützung im Zuge der Erstellung des Beitrags.

## 10 Literatur

**Bibliografien, Zeitschriften, Berichte u. a.**

[1] Adam, D.: Aktuelle Entwicklungen im Erd- und Grundbau für Straßen und Eisenbahnen. 9. Erdbaufachtagung „Aktuelle Entwicklungen in der Geotechnik", Leipzig, 2013.

[2] Adam, D.; Blovsky, S.; Kopf, F.: Bau von Schutzdämmen gegen Bergsturz. Institut für Grundbau und Bodenmechanik, Technische Universität Wien, 2002.

[3] Adam, D.: Erd- und Dammbau. Vortragsfolien zur Vorlesung Grundbau und Bodenmechanik, Teil 17. Institut für Geotechnik, Technischen Universität Wien, 2016.

[4] Adam, D.: Felsbau. Im Vorlesungsskriptum Fels- und Tunnelbau, Teil 2. Institut für Geotechnik, Technischen Universität Wien, 2016.

[5] Adam, D.: Flächendeckende Dynamische Verdichtungskontrolle (FDVK) mit Vibrationswalzen, Dissertation. Institut für Grundbau und Bodenmechanik, Technische Universität Wien, 1996.

[6] Adam, D.: Grundbau und Bodenmechanik. Studienunterlagen zur Vorlesung. Institut für Geotechnik, Technische Universität Wien, 2016.

[7] Adam, D.; Szabo, M.; Paulmichl, I.: Einsatz von innovativen Verdichtungstechnologien zur Sanierung von Hochwasserschutzdämmen. In: Ideen werden Wirklichkeit – 50 Jahre Ingenieurleistungen, Hrsg. FCP – Fritsch, Chiari & Partner ZT GmbH, Wien, 2010.

[8] Adam, D.; Paulmichl, I.: Forschungsbericht zum Forschungsprojekt „Lockergesteinsböschungen im Land Niederösterreich (NÖ)". Entwurf vom 12.05.2016, Institut für Geotechnik, Technischen Universität Wien, 2016.

[9] Adam, D.; Pistrol, J.: Dynamic roller compaction for earthworks and roller-integrated continuous compaction control: State of the art overview and recent developments. In: Conferenze die Geotechnica di Torino, XXIV Ciclio, 2016.

[10] Bauer, H.: Baubetrieb. 3. Auflage. Springer Verlag, Berlin Heidelberg, 2007.

[11] Bayrisches Pilotprojekt zur ATV DIN 18300 „Erdarbeiten". Technische Universität München, Zentrum für Geotechnik, im Auftrag der Obersten Baubehörde im Bayrischen Staatsministerium des Innern, Abteilung, IID9, München, 2013.

[12] Boley, C.: Handbuch der Geotechnik. Vieweg+Teubner Verlag, Wiesbaden, 2012.

[13] BOMAG GmbH. Broschüren und Prospekte. 2015.

[14] Brandecker, H.: Die Gestaltung von Böschungen in Lockermassen und in Fels. Forschungsbericht der Forschungsgesellschaft für das Straßenwesen im ÖIAB, Heft 3, 1971.

[15] Brandl, H.: Der Einfluß des Frostes auf kalk- und zementstabilisierte feinkörnige Böden. Mitteilungen des Institutes für Grundbau und Bodenmechanik, Technische Hochschule Wien, 1967.

[16] Brandl, H.: Studienblätter zur Vorlesung Geotechnik bei Altlasten und neuer Deponien. Institut für Geotechnik, Technischen Universität Wien, 2016.

[17] Brandl, H.: Zur Standortwahl von (Sonder-)Mülldeponien. Österreichische Ingenieur- und Architekten-Zeitschrift, 134. Jg., Heft 1, Wien, 1988.

[18] CINERIT – Merkblatt für die Praxis: Bodenverfestigung und Bodenverbesserung mit CINERIT®.

[19] Dörken, W.; Dehne, E.: Grundbau in Beispielen – Teil 3. Werner Verlag, Düsseldorf, 2001.

[20] Fellner, J.: Studienunterlagen zur Vorlesung Deponietechnik. Institut für Wassergüte, Abfallwirtschaft und Ressourcenmanagement. Technische Universität Wien, 2014.

[21] Florineth, F.: Pflanzen statt Beton, Sichern und Gestalten mit Pflanzen. 2. Auflage, Patzer Verlag, Berlin-Hannover, 2012.

[22] Floss, R.: Handbuch ZTVE-StB: Kommentar und Leitlinien mit Kompendium Erd- und Felsbau. 4. Auflage, Kirschbaum Verlag, Bonn, 2011.

[23] Göbel, C.; Lieberenz, K.: Handbuch Erdbauwerke der Bahnen, 2. Auflage. DVV Media Group GmbH I Eurailpress, Hamburg, 2013.

[24] http://www.din.de/de/mitwirken/normenausschuesse/nabau/projekte/wdc-proj:din21:150130445, Stand: 18:32, 22.05.2016.

[25] Hager, M.: Messwerte der Flächendeckenden Dynamischen Verdichtungskontrolle (FDVK) im theoretischen und experimentellen Vergleich. Diplomarbeit am Institut für Geotechnik, Forschungsbereich Grundbau und Bodenmechanik, Technische Universität Wien, 2015.

[26] HAMM AG. Broschüren und Prospekte. 2015.

[27] Henzinger, C.: Bodenverbesserung mit Recyclingmaterial aus Bauschutt. Dissertation, Technische Universität München, 2016.

[28] Horn, A.: Beiträge zur Deponietechnik. Heft 7 der Mitteilungen des Institutes für Bodenmechanik und Grundbau, Universität der Bundeswehr, München, 1987.

[29] Hölzl, T.: Erdbau. Projektarbeit am Institut für Geotechnik, Forschungsbereich Grundbau und Bodenmechanik, Technische Universität Wien, unveröffentlicht, 2016.

[30] Jodl, H. G.: Bauverfahrenstechnik. Studienblätter zur Vorlesung, Institut für interdisziplinäres Bauprozessmanagement, Technische Universität Wien, 2013.

[31] Kayser, J.: VOB – Normen im Umbruch. Beitrag im Tagungsband „Neue Normen und Regelwerke in der Geotechnik", BAW Kolloquium vom 8.11.2012, Hannover, 2012.

[32] Keil, K.: Der Dammbau. Stau- und Verkehrsdämme. 2. Auflage, Springer-Verlag, Berlin-Göttingen-Heidelberg, 1954.

[33] Kopf, F.; Adam, D.: Flächendeckende Dynamische Verdichtungskontrolle (FDVK), Kalibrierung und Anwendung gemäß RVS 8S.02.6. Beitrag in der Österreichischen Ingenieur- und Architekten-Zeitschrift (ÖIAZ), 150. Jahrgang, Heft 4–5, Wien, 2005.

[34] König, H.: Maschinen im Baubetrieb. 3. Auflage, Vieweg+Teubner Verlag, Wiesbaden, 2011.

[35] Kutzner, C.: Erd- und Steinschüttdämme für Stauanlagen. Ferdinand Enke, Stuttgart, 1996.

[36] Liebherr: Technisches Handbuch Erdbewegung, 2001.

[37] Makdisi, F. I.; Seed, H. B.: Simplified procedure for estimating dam and embankment earthquake-induced deformations. Journal of the Geotechnical Engineering Division, ASCE, Vol. 104, No. GT7, 1978.

[38] Mallet, Ch.; Pasquant, J.: Erdstaudämme. Verlag Technik, Berlin, 1954.

[39] Patt, H.; Jüpner, R.: Hochwasser-Handbuch. 2. Auflage, Springer Vieweg Verlag, Berlin-Heidelberg, 2013.

[40] Petri, P.: Handbuch Sprengtechnik, 2. Auflage. Verlag Plöchl, Freistadt, 2010.

[41] Pietzsch, W.; Rosenheinrich, G.: Erdbau. 2. Auflage, Werner Verlag, Düsseldorf, 1993.

[42] Pistrol, J.: Verdichtung mit Oszillationswalzen. Dissertation am Institut für Geotechnik, Forschungsbereich Grundbau und Bodenmechanik, Technische Universität Wien, 2016.

[43] Plinninger, R.: Die neue DIN 18300 – Chancen und Risiken der neuen „Homogenbereiche". Vortragsfolien vom 28.01.2016 zur Winterschulung Straßen- und Tiefbau 2016, Dr. Plinninger Geotechnik, Bernried, 2016.

[44] Pregl, O.: Handbuch der Geotechnik, Band 11 – Erdbau und Staudämme. Universität für Bodenkultur Wien, 2002.

[45] Prinz, H.: Abriß der Ingenieurgeologie. 3. Auflage, Spektrum Akademischer Verlag München, 1997.

[46] Rahn, H.: Eisenbahndämme und Einschnitte. Im Handbuch Eisenbahninfrastruktur, 2. Auflage (Hrsg. L. Fendrich und W. Fengler), Kapitel 4. Springer Vieweg Verlag, Berlin-Heidelberg, 2013.

[47] Richter, D.; Heindel, M.: Straßen- und Tiefbau. 11. Auflage, Vieweg+Teubner Verlag, Wiesbaden, 2011.

[48] Rudolf-Miklau, F.; Sauermoser, S.: Handbuch Technischer Lawinenschutz. Ernst & Sohn, Berlin, 2011.

[49] Schmidt, H.-H.; Rumpelt, T.: Erdbau. In: Grundbau-Taschenbuch, Teil 2, 7. Auflage (Hrsg. K. J. Witt), Kapitel 2.1. Ernst & Sohn, Berlin, 2009

[50] Striegler, W.: Dammbau in Theorie und Praxis, 2. Auflage. Verlag für Bauwesen, Berlin, 1998.

[51] Strobl, T.; Zunic, F.: Wasserbau. Springer Verlag, Berlin-Heidelberg, 2006.

[52] Taylor, D. W.: Fundamentals of Soil Mechanics. Wiley, New York, 1948.

[53] Terzaghi, K.; Jelinek, R.: Theoretische Bodenmechanik. Springer Verlag, Berlin-Göttingen-Heidelberg, 1954.

[54] Tschernutter, P.: Vorlesungsskriptum Dammbau. Institut für Wasserbau und Ingenieurhydrologie, Technische Universität Wien, 2012.

[55] Turczyncki, U.: Geotechnische Aspekte beim Aufbau von Mehrkomponentendeponien. Bergakademie Freiberg, Diss., Freiberg, 1988.

[56] Türke, H.: Statik im Erdbau. 3. Auflage, Ernst & Sohn, Berlin, 1999.

[57] Waibel, C. P.: Böschungen und konstruktive Hangsicherungen – Systematik, Entwurf, Berechnung und Konstruktion. Diplomarbeit am Institut für Geotechnik, Forschungsbereich Grundbau und Bodenmechanik, Technische Universität Wien, 2008.

[58] Wilmers, W.: Gebirgsschonendes Sprengen zum Herstellen von Felsböschungen, Gräben und Baugruben. NOBEL-Hefte, Oktober–Dezember 1982, S. 153.

[59] Witt, K. J.: Zement-Kalk-Stabilisierungen von Böden. Schriftenreihe Geotechnik Heft 7, Geotechnik Seminar Weimar, 2002.

## Normen, Richtlinien, Merkblätter

[60] DIN 1054:2010-12: Baugrund – Sicherheitsnachweise im Erd- und Grundbau – Ergänzende Regelungen zu DIN EN 1997-1. DIN Deutsches Institut für Normung e. V., 2010.

[61] DIN 4020:2010-12: Geotechnische Untersuchungen für bautechnische Zwecke – Ergänzende Regelungen zu DIN EN 1997-2. DIN Deutsches Institut für Normung e. V., 2010.

[62] DIN 18122-1:1997-07: Baugrund, Untersuchung von Bodenproben – Zustandsgrenzen (Konsistenzgrenzen) – Teil 1: Bestimmung der Fließ- und Ausrollgrenze. DIN Deutsches Institut für Normung e. V., 1997.

[63] DIN 18125-2:2011-03: Baugrund, Untersuchung von Bodenproben – Bestimmung der Dichte des Bodens – Teil 2: Feldversuche. DIN Deutsches Institut für Normung e. V., 2011.

[64] DIN 18127:2012-09: Baugrund, Untersuchung von Bodenproben – Proctorversuch. DIN Deutsches Institut für Normung e. V., 2012.

[65] DIN 18134:2012-04: Baugrund – Versuche und Versuchsgeräte – Plattendruckversuch. DIN Deutsches Institut für Normung e. V., 2012.

[66] DIN 18196:2011-05: Erd- und Grundbau – Bodenklassifikation für bautechnische Zwecke. DIN Deutsches Institut für Normung e. V., 2011.

[67] DIN 18300:2015-08: VOB, Vergabe- und Vertragsordnung für Bauleistungen – Teil C: Allgemeine Technische Vertragsbedingungen für Bauleistungen (ATV) – Erdarbeiten. DIN Deutsches Institut für Normung e. V., 2015.

[68] DIN 18915:2002-08: Vegetationstechnik im Landschaftsbau – Bodenarbeiten. DIN Deutsches Institut für Normung e. V., 2002.

[69] DIN EN 197-1:2011-11: Zement – Teil 1: Zusammensetzung, Anforderungen, Konformitätskriterien. DIN Deutsches Institut für Normung e. V., 2011.

[70] DIN EN 197-2:2014-05: Zement – Teil 2: Konformitätsbewertung. DIN Deutsches Institut für Normung e. V., 2014.

[71] DIN EN 459-1:2015-07: Baukalk – Teil 1: Begriffe, Anforderungen und Konformitätskriterien. DIN Deutsches Institut für Normung e. V., 2015.

[72] DIN EN 459-2:2010-12: Baukalk – Teil 2: Prüfverfahren. DIN Deutsches Institut für Normung e. V., 2010.

[73] DIN EN 459-3:2015-07: Baukalk – Teil 3: Konformitätsbewertung. DIN Deutsches Institut für Normung e. V., 2015.

[74] DIN EN ISO 14688-1:2013-12: Geotechnische Erkundung und Untersuchung – Benennung, Beschreibung und Klassifizierung von Boden – Teil 1: Benennung und Beschreibung. DIN Deutsches Institut für Normung e. V., 2013.

[75] DIN EN ISO 14688-2:2013-12: Geotechnische Erkundung und Untersuchung – Benennung, Beschreibung und Klassifizierung von Boden – Teil 2: Grundlagen für Bodenklassifizierungen. DIN Deutsches Institut für Normung e. V., 2013.

[76] DIN EN ISO 14689-1:2011-06: Geotechnische Erkundung und Untersuchung – Benennung, Beschreibung und Klassifizierung von Fels – Teil 1: Benennung und Beschreibung. DIN Deutsches Institut für Normung e. V., 2011.

[77] DIN EN 1997-1:2014-03: Eurocode 7 – Entwurf, Berechnung und Bemessung in der Geotechnik – Teil 1: Allgemeine Regeln. DIN Deutsches Institut für Normung e. V., 2014.

[78] DIN EN 1997-2:2010-10: Eurocode 7 – Entwurf, Berechnung und Bemessung in der Geotechnik – Teil 2: Erkundung und Untersuchung des Baugrunds. DIN Deutsches Institut für Normung e. V., 2010.

[79] DIN EN 1997-2/NA:2010-12: Nationaler Anhang – National festgelegte Parameter – Eurocode 7: Entwurf, Berechnung und Bemessung in der Geotechnik – Teil 2: Erkundung und Untersuchung des Baugrunds. DIN Deutsches Institut für Normung e. V., 2010.

[80] DIN EN 13282-1:2013-06: Hydraulische Tragschichtbinder – Teil 1: Schnell erhärtende hydraulische Tragschichtbinder – Zusammensetzung, Anforderungen und Konformitätskriterien. DIN Deutsches Institut für Normung e. V., 2013.

[81] DIN EN 13282-2:2015-07: Hydraulische Tragschichtbinder – Teil 2: Normal erhärtende hydraulische Tragschichtbinder – Zusammensetzung, Anforderungen und Konformitätskriterien. DIN Deutsches Institut für Normung e. V., 2015.

[82] DIN EN 13282-3:2015-06: Hydraulische Tragschichtbinder – Teil 3: Konformitätsbewertung. DIN Deutsches Institut für Normung e. V., 2015.

[83] DIN EN 14227-1:2013-08: Hydraulisch gebundene Gemische – Anforderungen – Teil 1: Zementgebundene Gemische. DIN Deutsches Institut für Normung e. V., 2013.

[84] DIN EN 14227-2:2013-08: Hydraulisch gebundene Gemische – Anforderungen – Teil 2: Schlackengebundene Gemische. DIN Deutsches Institut für Normung e. V., 2013.

[85] DIN EN 14227-3:2013-08: Hydraulisch gebundene Gemische – Anforderungen – Teil 3: Flugaschegebundene Gemische. DIN Deutsches Institut für Normung e. V., 2013.

[86] DIN EN 14227-4: 2013-08: Hydraulisch gebundene Gemische – Anforderungen – Teil 4: Flugasche für hydraulisch gebundene Gemische. DIN Deutsches Institut für Normung e. V., 2013.

[87] DIN EN 14227-5:2013-08: Hydraulisch gebundene Gemische – Anforderungen – Teil 5: Tragschichtbindergebundene Gemische. DIN Deutsches Institut für Normung e. V., 2013.

[88] DIN EN 14227-15:2016-02: Hydraulisch gebundene Gemische – Anforderungen – Teil 15: Hydraulisch behandelte Böden. DIN Deutsches Institut für Normung e. V., 2016.

[89] DIN EN 16907-1:2016-01: Erdarbeiten – Teil 1: Grundsätze und allgemeine Regeln, Normentwurf. DIN Deutsches Institut für Normung e. V., 2016.

[90] DIN EN 16907-2:2015-09: Erdarbeiten – Teil 2: Materialklassifizierung. Normentwurf. DIN Deutsches Institut für Normung e. V., 2015.

[91] DIN EN 16907-3:2015-12: Erdarbeiten – Teil 3: Ausführung von Erdarbeiten. Normentwurf. DIN Deutsches Institut für Normung e. V., 2015.

[92] DIN EN 16907-4:2015-12: Erdarbeiten – Teil 4: Bodenbehandlung mit Kalk und/oder hydraulischen Bindemitteln. Normenentwurf. DIN Deutsches Institut für Normung e. V., 2015.

[93] DIN EN 16907-5:2015-12: Erdarbeiten – Teil 5: Qualitätskontrolle und Überwachung. Normentwurf. DIN Deutsches Institut für Normung e. V., 2015.

[94] DIN EN 20163:1994-11: Sprengtechnik, Begriffe, Einheiten, Formelzeichen. DIN Deutsches Institut für Normung e. V., 2015.

[95] Merkblatt für die Verdichtung des Untergrundes und Unterbaues im Straßenbau. Forschungsgesellschaft für Straßen- und Verkehrswesen (FGSV), Arbeitsgruppe „Erd- und Grundbau“, 2003.

[96] Merkblatt über das Bauen mit und im Fels (M Fels). Forschungsgesellschaft für Straßen- und Verkehrswesen (FGSV), Arbeitsgruppe „Erd- und Grundbau“, 2015.

[97] Merkblatt über die Verwendung von Blähton als Leichtbaustoff im Erdbau des Straßenbaus. Forschungsgesellschaft für Straßen- und Verkehrswesen (FGSV), Arbeitsgruppe „Erd- und Grundbau“, 2012.

[98] Merkblatt über die Verwendung von Boden ohne und mit Fremdbestandteilen im Straßenbau (M BomF). Forschungsgesellschaft für Straßen- und Verkehrswesen (FGSV), Arbeitsgruppe „Erd- und Grundbau“, 2015.

[99] Merkblatt über die Verwendung von EPS-Hartschaumstoffen als Leichtbaustoff im Erdbau des Straßenbaus. Forschungsgesellschaft für Straßen- und Verkehrswesen (FGSV), Arbeitsgruppe „Erd- und Grundbau“, 2012.

[100] Merkblatt über die Wiederverwendung von mineralischen Baustoffen als Recycling-Baustoffe im Straßenbau (M RC). Forschungsgesellschaft für Straßen- und Verkehrswesen (FGSV), Arbeitsgruppe „Mineralstoffe im Straßenbau“, 2002.

[101] Merkblatt über flächendeckende dynamische Verfahren zur Prüfung der Verdichtung im Erdbau (M FDVK E). Forschungsgesellschaft für Straßen- und Verkehrswesen (FGSV), Arbeitsgruppe „Erd- und Grundbau“, 2014.

[102] Merkblatt über geotechnische Untersuchungen und Berechnungen im Straßenbau (M GUB). Forschungsgesellschaft für Straßen- und Verkehrswesen (FGSV), Arbeitsgruppe „Erd- und Grundbau“, 2004.

[103] Merkblatt zur Herstellung, Wirkungsweise und Anwendung von Mischbindemitteln. Forschungsgesellschaft für Straßen- und Verkehrswesen (FGSV), Arbeitsgruppe „Erd- und Grundbau“, 2012.

[104] ÖNORM B 1997-1-1:2013-09: Eurocode 7 – Entwurf, Berechnung und Bemessung in der Geotechnik, Teil 1: Allgemeine Regeln – Nationale Festlegungen zu ÖNORM EN 1997-1 und nationale Ergänzungen. Österreichisches Normungsinstitut (ON), 2013.

[105] ÖNORM B 2205:2000-11: Erdarbeiten – Werksvertragsnorm. Österreichisches Normungsinstitut (ON), 2000.

[106] ÖNORM B 3150:1956-09: Benennung der Bodenarten für bautechnische Zwecke. (Zurückziehung: 07.07.1974; Ersatz: ÖNORM B 4400-1:2010 [107]), Österreichisches Normungsinstitut (ON), 1956.

[107] ÖNORM B 4400-1:2010-03: Geotechnik – Teil 1: Benennung, Beschreibung und Klassifizierung von Böden – Regeln zur Umsetzung der ÖNORMEN EN ISO 14688-1 und -2 sowie grundlegende Symbole und Einheiten. Österreichisches Normungsinstitut (ON), 2010.

[108] ÖNORM B 4414-2:1979-10: Geotechnik – Untersuchung von Bodenproben – Bestimmung der Dichte – Feldverfahren. Österreichisches Normungsinstitut (ON), 1979.

[109] ÖNORM B 4418:2012-12: Geotechnik – Durchführung von Proctorversuchen im Erdbau unter Einbeziehung der ÖNORM EN 13286-2. Österreichisches Normungsinstitut (ON), 2012.

[110] ÖNORM B 4433:1987-12: Erd- und Grundbau – Böschungsbruchberechnung. Österreichisches Normungsinstitut (ON), 1987.

[111] ONR 24806:2011-12: Permanenter technischer Lawinenschutz – Bemessung und konstruktive Ausgestaltung. Österreichisches Normungsinstitut (ON), 2011.

[112] ONR 24810:2013-01: Technischer Steinschlagschutz – Begriffe, Einwirkungen, Bemessung und konstruktive Durchbildung, Überwachung und Instandhaltung. Österreichisches Normungsinstitut (ON), 2013.

[113] Richtlinien für bautechnische Maßnahmen an Straßen in Wasserschutzgebieten (RiStWag). Forschungsgesellschaft für Straßen- und Verkehrswesen (FGSV), Arbeitsgruppe „Verkehrsführung und Verkehrssicherheit“, 2002.

[114] Richtlinien für die Anlage von Straßen, Teil: Entwässerung (RAS-Ew). Forschungsgesellschaft für Straßen- und Verkehrswesen (FGSV), Arbeitsgruppe „Erd- und Grundbau“, 2009.

[115] Richtlinien für die Standardisierung des Oberbaues von Verkehrsflächen (RStO). Forschungsgesellschaft für Straßen- und Verkehrswesen (FGSV), Arbeitsgruppe „Infrastrukturmanagement“ 2012.

[116] Richtlinie Recycling-Baustoffe. 9. Auflage, Österreichischer Baustoff-Recycling Verband, Januar 2016.

[117] Richtlinie zum Nachweis der Standsicherheit von Staudämmen: 1996-05. Bundesministerium für Land- und Forstwirtschaft, Österreichische Staubeckenkommission, 1996.

[118] Richtlinie 1999/31/EG des Rates vom 26.04.1999 über Abfalldeponien. Rat der Europäischen Union, 1999.

[119] Richtlinie 836:2013-02: Erdbauwerke und sonstige geotechnische Bauwerke planen, bauen und instand halten. Deutsche Bahn, 2013.

[120] RVS 08.03.01: Technische Vertragsbedingungen, Vor-, Abbruch- und Erdarbeiten, Erdarbeiten. Österreichische Forschungsgesellschaft Straße – Schiene – Verkehr, 01.10.2010.

[121] RVS 08.03.02: Technische Vertragsbedingungen, Erdarbeiten, Kontinuierlicher walzenintegrierter Verdichtungsnachweis. Österreichische Forschungsgesellschaft Straße – Schiene – Verkehr, 13.07.1999.

[122] RVS 08.03.04: Technische Vertragsbedingungen, Vor-, Abbruch- und Erdarbeiten, Verdichtungsnachweis mittels dynamischen Lastplattenversuches. Österreichische Forschungsgesellschaft Straße – Schiene – Verkehr, 09.06.2008.

[123] RVS 11.02.45: Bodenstabilisierung mit Kalk. Österreichische Forschungsgesellschaft Straße – Schiene – Verkehr, 01.10.1978.

[124] TL BuB E-StB 09: Technische Lieferbedingungen für Böden und Baustoffe im Erdbau des Straßenbaus. Forschungsgesellschaft für Straßen- und Verkehrswesen (FGSV), Arbeitsgruppe „Erd- und Grundbau", 2009.

[125] TP BF-StB B 4.3: Technische Prüfvorschriften für Böden und Fels im Straßenbau – Teil B 4.3: Anwendung radiometrischer Verfahren zur Bestimmung der Dichte und des Wassergehaltes von Böden. Forschungsgesellschaft für Straßen- und Verkehrswesen (FGSV), Arbeitsgruppe „Erd- und Grundbau", 1999.

[126] TP BF-StB B 8.3: Technische Prüfvorschriften für Böden und Fels im Straßenbau – Teil B 8.3: Dynamischer Plattendruckversuch mit Leichtem Fallgewichtsgerät. Forschungsgesellschaft für Straßen- und Verkehrswesen (FGSV), Arbeitsgruppe „Erd- und Grundbau", 2012.

[127] TP BF-StB B 11.1: Technische Prüfvorschriften für Boden und Fels im Straßenbau – Teil B 11.1: Eignungsprüfung bei Bodenverfestigungen mit Bindemitteln. Forschungsgesellschaft für Straßen- und Verkehrswesen (FGSV), Arbeitsgruppe „Erd- und Grundbau", 2012.

[128] TP BF-StB B 11.3: Technische Prüfvorschriften für Boden und Fels im Straßenbau – Teil B 11.3: Eignungsprüfung bei Bodenverbesserungen mit Bindemitteln. Forschungsgesellschaft für Straßen- und Verkehrswesen (FGSV), Arbeitsgruppe „Erd- und Grundbau", 2010.

[129] TP BF-StB E 2: Technische Prüfvorschriften für Boden und Fels im Straßenbau – Teil E 2: Flächendeckende dynamische Prüfung der Verdichtung. Forschungsgesellschaft für Straßen- und Verkehrswesen (FGSV), Arbeitsgruppe „Erd- und Grundbau", 1994.

[130] ZTV E-StB 09: Zusätzliche Technische Vertragsbedingungen und Richtlinien für Erdarbeiten im Straßenbau. Forschungsgesellschaft für Straßen- und Verkehrswesen (FGSV), Arbeitsgruppe „Erd- und Grundbau", 2009.

[131] ZTV Ew-StB: Zusätzliche Technische Vertragsbedingungen und Richtlinien für den Bau von Entwässerungseinrichtungen im Straßenbau. Forschungsgesellschaft für das Straßen- und Verkehrswesen (FGSV), Köln, 2014.

[132] ZTV T-StB 95: Zusätzliche Technische Vertragsbedingungen und Richtlinien für Tragschichten im Straßenbau. Forschungsgesellschaft für Straßen- und Verkehrswesen (FGSV), Arbeitsgruppe „Sonderaufgaben", Ausgabe 1995, Fassung 2002.

**Weitere Normen und Richtlinien zu Abschnitt 2**

[133] DIN EN ISO 17892-1:2015-03: Geotechnische Erkundung und Untersuchung – Laborversuche an Bodenproben – Teil 1: Bestimmung des Wassergehalts. DIN Deutsches Institut für Normung e. V., 2015.

[134] DIN 18121-2:2012-02: Baugrund, Untersuchung von Bodenproben – Wassergehalt – Teil 2: Bestimmung durch Schnellverfahren. DIN Deutsches Institut für Normung e. V., 2012.

[135] DIN 18122-2:2000-09: Baugrund, Untersuchung von Bodenproben – Zustandsgrenzen (Konsistenzgrenzen) – Teil 2: Bestimmung der Schrumpfgrenze. DIN Deutsches Institut für Normung e. V., 2000.

[136] DIN 18123:2011-04: Baugrund, Untersuchung von Bodenproben – Bestimmung der Korngrößenverteilung. DIN Deutsches Institut für Normung e. V., 2011.

[137] DIN 18124:2011-04: Baugrund, Untersuchung von Bodenproben – Bestimmung der Korndichte – Kapillarpyknometer, Weithalspyknometer, Gaspyknometer. DIN Deutsches Institut für Normung e. V., 2011.

[138] DIN EN ISO 17892-2:2015-03: Geotechnische Erkundung und Untersuchung – Laborversuche an Bodenproben – Teil 2: Bestimmung der Dichte des Bodens. DIN Deutsches Institut für Normung e. V., 2015.

[139] DIN 18126:1996-11: Baugrund, Untersuchung von Bodenproben – Bestimmung der Dichte nichtbindiger Böden bei lockerster und dichtester Lagerung. DIN Deutsches Institut für Normung e. V., 1996.

[140] DIN 18128:2002-12: Baugrund – Untersuchung von Bodenproben – Bestimmung des Glühverlustes. DIN Deutsches Institut für Normung e. V., 2002.

[141] DIN 18130-1:1998-05: Baugrund – Untersuchung von Bodenproben; Bestimmung des Wasserdurchlässigkeitsbeiwerts – Teil 1: Laborversuche. DIN Deutsches Institut für Normung e. V., 1998.

[142] DIN 18130-2:2015-08: Baugrund, Untersuchung von Bodenproben – Bestimmung des Wasserdurchlässigkeitsbeiwerts – Teil 2: Feldversuche. DIN Deutsches Institut für Normung e. V., 2015.

[143] DIN 18132:2012-04: Baugrund, Versuche und Versuchsgeräte – Bestimmung des Wasseraufnahmevermögens. DIN Deutsches Institut für Normung e. V., 2012.

[144] DIN 18135:2012-04: Baugrund – Untersuchung von Bodenproben – Eindimensionaler Kompressionsversuch. DIN Deutsches Institut für Normung e. V., 2012.

[145] DIN 18136:2003-11: Baugrund – Untersuchung von Bodenproben – Einaxialer Druckversuch. DIN Deutsches Institut für Normung e. V., 2003.

[146] DIN 18137-1:2010-07: Baugrund, Untersuchung von Bodenproben – Bestimmung der Scherfestigkeit – Teil 1: Begriffe und grundsätzliche Versuchsbedingungen. DIN Deutsches Institut für Normung e. V., 2010.

[147] DIN 18137-2:2011-04: Baugrund Untersuchung von Bodenproben – Bestimmung der Scherfestigkeit – Teil 2: Triaxialversuch. DIN Deutsches Institut für Normung e. V., 2011.

[148] DIN 18137-3:2002-09: Baugrund, Untersuchung von Bodenproben – Bestimmung der Scherfestigkeit – Teil 3: Direkter Scherversuch. DIN Deutsches Institut für Normung e. V., 2002.

[149] TP BF-StB A 2: Technische Prüfvorschriften für Böden und Fels im Straßenbau – Teil A 2: Probennahme für bodenphysikalische Versuche. Forschungsgesellschaft für Straßen- und Verkehrswesen (FGSV), Arbeitsgruppe „Erd- und Grundbau“, 2016.

[150] TP BF-StB B 7.1: Technische Prüfvorschriften für Böden und Fels im Straßenbau – Teil B 7.1: Prüfverfahren zur Bestimmung des CBR-Wertes (California bearing ra-

tio). Forschungsgesellschaft für Straßen- und Verkehrswesen (FGSV), Arbeitsgruppe „Erd- und Grundbau“, 2012.

[151] TP BF-StB B 8.4: Technische Prüfvorschriften für Böden und Fels im Straßenbau – Teil B 8.4: Kalibriervorschriften für das Leichte und das Mittelschwere Fallgewichtsgerät. Forschungsgesellschaft für Straßen- und Verkehrswesen (FGSV), Arbeitsgruppe „Erd- und Grundbau“, 2016.

[152] TP BF-StB B 15.1: Technische Prüfvorschriften für Böden und Fels im Straßenbau – Teil B 15.1: Leichte Rammsondierung DPL-5 und Mittelschwere Rammsondierung DPM-10. Forschungsgesellschaft für Straßen- und Verkehrswesen (FGSV), Arbeitsgruppe „Erd- und Grundbau“, 2012.

[153] TP BF-StB E 1: Technische Prüfvorschriften für Böden und Fels im Straßenbau – Teil E 1: Prüfung auf statistischer Grundlage – Stichprobenprüfpläne. Forschungsgesellschaft für Straßen- und Verkehrswesen (FGSV), Arbeitsgruppe „Erd- und Grundbau“, 1993.

[154] TP BF-StB E 3: Technische Prüfvorschriften für Böden und Fels im Straßenbau – Teil E 3: Prüfung der Verdichtung durch Probeverdichtung und Arbeitsanweisung. Forschungsgesellschaft für Straßen- und Verkehrswesen (FGSV), Arbeitsgruppe „Erd- und Grundbau“, 1994.

[155] TP BF-StB E 4: Technische Prüfvorschriften für Böden und Fels im Straßenbau – Teil E 4: Kalibrierung eines indirekten Prüfmerkmals mit einem direkten Prüfmerkmal. Forschungsgesellschaft für Straßen- und Verkehrswesen (FGSV), Arbeitsgruppe „Erd- und Grundbau“, 2003.

[156] Merkblatt für die gebirgsschonende Ausführung von Spreng- und Abtragsarbeiten an Felsböschungen. Forschungsgesellschaft für Straßen- und Verkehrswesen (FGSV), Arbeitsgruppe „Erd- und Grundbau“, 1984.

[157] Hinweise zur Anwendung geotechnischer und geophysikalischer Messverfahren im Straßenbau (H GeoMess). Forschungsgesellschaft für Straßen- und Verkehrswesen (FGSV), Arbeitsgruppe „Erd- und Grundbau“, 2007.

[158] Merkblatt über die Verhütung von Frostschäden an Straßen. Forschungsgesellschaft für Straßen- und Verkehrswesen (FGSV), Arbeitsgruppe „Erd- und Grundbau“, 2013.

[159] Merkblatt zur Qualitätssicherung bei der geotechnischen Erkundung – Teil 1: Empfehlungen für die Ausschreibung der Aufschlussverfahren (M QGeoE). Forschungsgesellschaft für Straßen- und Verkehrswesen (FGSV), Arbeitsgruppe „Erd- und Grundbau“, 2015.

[160] Merkblatt über Bodenverfestigungen und Bodenverbesserungen mit Bindemitteln. Forschungsgesellschaft für Straßen- und Verkehrswesen (FGSV), Arbeitsgruppe „Erd- und Grundbau“, 2012.

[161] Merkblatt über die Anwendung von Geokunststoffen im Erdbau des Straßenbaus (M Geok E). Forschungsgesellschaft für Straßen- und Verkehrswesen (FGSV), Arbeitsgruppe „Erd- und Grundbau“, 2016.

[162] Merkblatt über Straßenbau auf wenig tragfähigem Untergrund. Forschungsgesellschaft für Straßen- und Verkehrswesen (FGSV), Arbeitsgruppe „Erd- und Grundbau“, 2010.

[163] Richtlinie 800.0130: 1997-02: Streckenquerschnitte auf Erdkörpern. Deutsche Bahn, 1997.

[164] Merkblatt: Anwendung von Kornfiltern an Bundeswasserstraßen (MAK). Bundesanstalt für Wasserbau (BAW), 2013.

[165] Merkblatt: Standsicherheit von Dämmen an Bundeswasserstraßen (MSD). Bundesanstalt für Wasserbau (BAW), 2011.

[166] Zusätzliche Technische Vertragsbedingungen – Wasserbau (ZTV-W) für Erdarbeiten. Bundesministerium für Verkehr und digitale Infrastruktur – Abteilung Wasserstraßen, Schifffahrt, 2015.

[167] DVWK-Merkblatt 247: Bisam, Biber, Nutria – Erkennungsmerkmale und Lebensweisen, Gestaltung und Sicherung gefährdeter Ufer, Deiche und Dämme. Deutsche Vereinigung für Wasserwirtschaft, Abwasser und Abfall e. V., 1997.

[168] DWA-Merkblatt 507-1: Deiche an Fließgewässern – Teil 1: Planung, Bau und Betrieb. Deutsche Vereinigung für Wasserwirtschaft, Abwasser und Abfall e. V., 2011.

[169] DWA-Merkblatt 512-1: Dichtungssysteme im Wasserbau – Teil 1: Erdbauwerke. Deutsche Vereinigung für Wasserwirtschaft, Abwasser und Abfall e. V., 2012.

[170] DWA-Merkblatt 522: Kleine Talsperren und kleine Hochwasserrückhaltebecken. Deutsche Vereinigung für Wasserwirtschaft, Abwasser und Abfall e. V., 2015.

[171] ATV-DVWK-Merkblatt 502: Berechnungsverfahren für Staudämme – Wechselwirkung zwischen Bauwerk und Untergrund. Deutsche Vereinigung für Wasserwirtschaft, Abwasser und Abfall e. V., 2002.

[172] DWA-Merkblatt 542: Nachweiskonzept mit Teilsicherheitsbeiwerten für Staudämme und Staumauern (Entwurf). Deutsche Vereinigung für Wasserwirtschaft, Abwasser und Abfall e. V., 2015.

[173] ÖNORM EN 1997-1:2014-11: Eurocode 7 – Entwurf, Berechnung und Bemessung in der Geotechnik, Teil 1: Allgemeine Regeln. Österreichisches Normungsinstitut (ON), 2014.

[174] ÖNORM EN 1997-2:2010-08: Eurocode 7 – Entwurf, Berechnung und Bemessung in der Geotechnik – Teil 2: Erkundung und Untersuchung des Baugrunds. Österreichisches Normungsinstitut (ON), 2010.

[175] ÖNORM B 1997-2:2012-06: Eurocode 7: Entwurf, Berechnung und Bemessung in der Geotechnik – Teil 2: Erkundung und Untersuchung des Baugrunds – Nationale Festlegungen in Zusammenhang mit ÖNORM EN 1997-2 und nationale Ergänzungen. Österreichisches Normungsinstitut (ON), 2012.

[176] ÖNORM B 4434:1993-01: Erd- und Grundbau – Erddruckberechnung. Österreichisches Normungsinstitut (ON), 1993.

[177] ÖNORM B 4411:2009-07: Geotechnik – Untersuchung von Bodenproben – Bestimmung von Fließ-, Plastizitäts- und Schrumpfgrenze unter Einbeziehung der VORNORM ÖNORM CEN ISO/TS 17892-12. Österreichisches Normungsinstitut (ON), 2009.

[178] ÖNORM B 4412:1974-07: Erd- und Grundbau; Untersuchung von Bodenproben; Korngrößenverteilung. Österreichisches Normungsinstitut (ON), 1974.

[179] ÖNORM B 4413:2012-06: Geotechnik – Untersuchung von Bodenproben – Bestimmung der Korndichte mit dem Kapillarpyknometerverfahren unter Einbeziehung der

VORNORM ÖNORM CEN ISO/TS 17892-3. Österreichisches Normungsinstitut (ON), 2012.

[180] ÖNORM B 4414-1:2012-07: Geotechnik – Untersuchung von Bodenproben – Bestimmung der Dichte – Laborverfahren. Österreichisches Normungsinstitut (ON), 2012.

[181] ÖNORM B 4415:2010-01: Geotechnik – Untersuchung von Bodenproben – Bestimmung der einaxialen Druckfestigkeit unter Einbeziehung der VORNORM ÖNORM CEN ISO/TS 17892-7. Österreichisches Normungsinstitut (ON), 2010.

[182] ÖNORM B 4416:2007-02: Erd- und Grundbau; Untersuchung von Bodenproben; Grundsätze für die Durchführung und Auswertung von Scherversuchen. Österreichisches Normungsinstitut (ON), 2007.

[183] ÖNORM B 4417:1979-12: Erd- und Grundbau; Untersuchung von Böden; Lastplattenversuch. Österreichisches Normungsinstitut (ON), 1979.

[184] ÖNORM B 4419:2006-12: Geotechnik – Besondere Rammsondierverfahren. Österreichisches Normungsinstitut (ON), 2006.

[185] ÖNORM B 4420:1989-01: Erd- und Grundbau; Untersuchung von Bodenproben; Grundsätze für die Durchführung und Auswertung von Kompressionsversuchen. Österreichisches Normungsinstitut (ON), 1989.

[186] ÖNORM B 4422-1:1992-07: Erd- und Grundbau – Untersuchung von Bodenproben – Bestimmung der Wasserdurchlässigkeit – Laborprüfungen. Österreichisches Normungsinstitut (ON), 1992.

[187] ÖNORM B 4422-2:2002-06: Erd- und Grundbau – Untersuchung von Böden – Bestimmung der Wasserdurchlässigkeit – Feldmethoden für oberflächennahe Schichten. Österreichisches Normungsinstitut (ON), 2002.

[188] ÖNORM B 4424:2016-02: Geotechnik – Untersuchung von Bodenproben – Bestimmung des organischen Anteils. Österreichisches Normungsinstitut (ON), 2016.

[189] ÖNORM B 5016:2009-02: Erdarbeiten für Rohrleitungen des Siedlungs- und Industriewasserbaues – Qualitätssicherung der Verdichtungsarbeiten. Österreichisches Normungsinstitut (ON), 2009.

[190] ÖNORM S 2074-1:2004-05: Geotechnik im Deponiebau – Teil 1: Standorterkundung. Österreichisches Normungsinstitut (ON), 2004.

[191] ÖNORM S 2074-2:2004-09: Geotechnik im Deponiebau – Teil 2: Erdarbeiten. Österreichisches Normungsinstitut (ON), 2004.

[192] RVS 08.97.03: Technische Vertragsbedingungen, Baustoffe, Geotextilien im Unterbau. Österreichische Forschungsgesellschaft Straße – Schiene – Verkehr, 01.10.1997.

[193] RVS 15.06.11: Brücken, Unterbau, Schleppplatten und Hinterfüllungen. Österreichische Forschungsgesellschaft Straße – Schiene – Verkehr, 01.12.2012.

[194] Richtlinie zum Nachweis der Standsicherheit von Staudämmen: 1996-05. Bundesministerium für Land- und Forstwirtschaft, Österreichische Staubeckenkommission, 1996.

[195] Erdbebenberechnung von Talsperren, Band 1: Grundlagen. Bundesministerium für Land- und Forstwirtschaft, Österreichische Staubeckenkommission, 2001.

[196] Erdbebenberechnung von Talsperren, Band 2: Erdbebenkennwerte. Bundesministerium für Land- und Forstwirtschaft, Österreichische Staubeckenkommission, 1996.

[197] Erdbebenberechnung von Talsperren, Band 3: Richtlinien. Bundesministerium für Land- und Forstwirtschaft, Österreichische Staubeckenkommission, 1996.

[198] Erdbebenberechnung von Talsperren, Band 4: Beispiel Gewichtsmauer, Großer Mühldorfer See. Bundesministerium für Land- und Forstwirtschaft, Österreichische Staubeckenkommission, 1998.

[199] Erdbebenberechnung von Talsperren, Band 5: Beispiel Gewölbemauer, Wiederschwing. Bundesministerium für Land- und Forstwirtschaft, Österreichische Staubeckenkommission, 1999.

[200] Erdbebenberechnung von Talsperren, Band 6: Beispiel Erddamm, Durlaßboden. Bundesministerium für Land- und Forstwirtschaft, Österreichische Staubeckenkommission, 2001.

[201] SN 507701: Allgemeine Bedingungen für das Straßen- und Verkehrswesen. Schweizerischer Verband der Strassen- und Verkehrsfachleute VSS, 2014.

[202] SN 640324: Dimensionierung des Straßenaufbaus; Unterbau und Oberbau. Schweizerischer Verband der Strassen- und Verkehrsfachleute VSS, 2011.

[203] SN 640490: Gebundene Gemische und stabilisierte Böden; Grundnorm. Schweizerischer Verband der Strassen- und Verkehrsfachleute VSS, 2009

[204] SN 640491: Hydraulisch gebundene Schichten; Konzeption, Ausführung und Anforderungen an die eingebauten Schichten. Schweizerischer Verband der Strassen- und Verkehrsfachleute VSS, 2009.

[205] SN 640500-10: Hydraulisch gebundene Gemische – Anforderungen – Teil 10: Bodenverbesserung mit Zement. Schweizerischer Verband der Strassen- und Verkehrsfachleute VSS, 2009.

[206] SN 640500-12: Hydraulisch gebundene Gemische – Anforderungen – Teil 12: Bodenverbesserung mit granulierter Hochofenschlacke. Schweizerischer Verband der Strassen- und Verkehrsfachleute VSS, 2009.

[207] SN 640500-14: Hydraulisch gebundene Gemische – Anforderungen – Teil 14: Bodenverbesserung mit Flugasche. Schweizerischer Verband der Strassen- und Verkehrsfachleute VSS, 2009.

[208] SN 640501: Stabilisierte Böden mit Kalk und/oder hydraulischen Bindemitteln; Konzeption, Ausführung und Anforderungen an die eingebauten Schichten. Schweizerischer Verband der Strassen- und Verkehrsfachleute VSS, 2012.

[209] SN 640507-NA-D: Hydraulisch gebundene Gemische – Anforderungen – Teil 11: Bodenverbesserung mit Kalk. Schweizerischer Verband der Strassen- und Verkehrsfachleute VSS, 2012.

[210] SN 640535c: Grabarbeiten; Ausführungsvorschriften. Schweizerischer Verband der Strassen- und Verkehrsfachleute VSS, 2005.

[211] SN 640575: Erdarbeiten – Abbauklassen und Empfehlungen. Schweizerischer Verband der Strassen- und Verkehrsfachleute VSS, 2014.

[212] SN 640581a: Erdbau, Boden – Grundlagen. Schweizerischer Verband der Strassen- und Verkehrsfachleute VSS, 1999.

[213] SN 640582: Erdbau, Boden – Erfassung des Ausgangszustandes, Triage des Bodenaushubes. Schweizerischer Verband der Strassen- und Verkehrsfachleute VSS, 1999.

[214] SN 640583: Erdbau, Boden – Eingriff in den Boden, Zwischenlagerung, Schutzmaßnahmen, Wiederherstellung und Abnahme. Schweizerischer Verband der Strassen- und Verkehrsfachleute VSS, 2000.

[215] SN 640585b: Verdichtung und Tragfähigkeit, Anforderungen. Schweizerischer Verband der Strassen- und Verkehrsfachleute VSS, 2006.

[216] SN 640621: Ingenieurbiologie; Bauweisen, Bautechniken und Ausführung. Schweizerischer Verband der Strassen- und Verkehrsfachleute VSS, 2010.

[217] SN 670002-2-NA: Anforderungen Geotechnische Erkundung und Untersuchung – Eurocode 7 – Entwurf, Berechnung und Bemessung in der Geotechnik – Teil 2: Erkundung und Untersuchung des Baugrunds. Schweizerischer Verband der Strassen- und Verkehrsfachleute VSS, 2010.

[218] SN 670004-1b: Geotechnische Erkundung und Untersuchung – Benennung, Beschreibung und Klassifizierung von Boden – Teil 1: Benennung und Beschreibung. Schweizerischer Verband der Strassen- und Verkehrsfachleute VSS, 2008.

[219] SN 670004-2b-NA: Bodenklassifizierung nach USCS und Zustand des Bodens Geotechnische Erkundung und Untersuchung – Benennung, Beschreibung und Klassifizierung von Boden – Teil 2: Grundlagen von Bodenklassifizierung, Tabelle 7 in d, f, i, e. Schweizerischer Verband der Strassen- und Verkehrsfachleute VSS, 2008.

[220] SN 670009a: Geotechnische Erkundung und Untersuchung; Geologische Terminologie der Lockergesteine. Schweizerischer Verband der Strassen- und Verkehrsfachleute VSS, 2010.

[221] SN 670010: Geotechnische Erkundung und Untersuchung; Geotechnische Kenngrößen. Schweizerischer Verband der Strassen- und Verkehrsfachleute VSS, 2011.

[222] SN 670050: Gesteinskörnungen; Grundnorm. Schweizerischer Verband der Strassen- und Verkehrsfachleute VSS, 2009.

[223] SN 670251b-NA: Anforderungen, Geotextilien und geotextilverwandte Produkte – Geforderte Eigenschaften für die Anwendung in Erd- und Grundbau sowie in Stützbauwerken. Schweizerischer Verband der Strassen- und Verkehrsfachleute VSS, 2010.

[224] SN 670311: Verdichtung und Tragfähigkeit, Kontrollmethoden. Schweizerischer Verband der Strassen- und Verkehrsfachleute VSS, 2006.

[225] SN 670335a: Versuche: Dichte des Bodens. Schweizerischer Verband der Strassen- und Verkehrsfachleute VSS, 1989.

[226] DIN EN 16907-6: 2016-01: Erdarbeiten – Teil 6: Landgewinnung mit nassgebaggertem Auffüllmaterial. Normentwurf. DIN Deutsches Institut für Normung e. V., 2016.

[227] NA 005-05-22 AA N 545: CENTC 396 – Draft Decision 1c 2015: FprCEN TS 00396008 „Earthworks Test methods – Part 1: Continuous Compaction Control (CCC)". DIN Deutsches Institut für Normung e. V., 2015.

[228] Bulletin 53: Static analysis of embankment dams. International commission on large dams (ICOLD), 1986.

[229] Bulletin 59: Dam safety – Guidelines. International commission on large dams (ICOLD), 1987.

[230] Bulletin 91: Embankment dams. Upstream slope protection – Review and recommendations. International commission on large dams (ICOLD), 1993.

[231] Bulletin 92: Rock materials for rockfill dams – Review and recommendations. International commission on large dams (ICOLD), 1993.

[232] Bulletin 95: Embankment dams – Granular filters and drains. International commission on large dams (ICOLD), 1994.

[233] Bulletin 114: Embankment dams with bituminous concrete facing. International commission on large dams (ICOLD), 1999.

[234] Bulletin 155: Guidelines for use of numerical models in dam Engineering. International commission on large dams (ICOLD), 2013.

# 11 Anhang: Erläuterung der Kurzzeichen für die Bodenklassifizierung

In Deutschland gelten für die Bodenklassifizierung die Kurzzeichen in deutscher Sprache gemäß DIN 18196 [66]. Auf europäischer Ebene werden jedoch Kurzzeichen in englischer Sprache verwendet. Eine Gegenüberstellung der Kurzzeichen ist in Tabelle A-1 bis A-3 dargestellt, Tabelle A-4 nennt die Haupt- und Nebenbestandteile.

**Tabelle A-1** Gegenüberstellung der Kurzzeichen auf deutscher und europäischer Ebene

| Kurzzeichen nach DIN 18196 [66] | | Kurzzeichen nach DIN EN 16907–2 [90] | |
|---|---|---|---|
| – | – | large boulder | Bo |
| – | – | boulder | Bo |
| – | – | cobble | Co |
| Kieskorn (Grant) | G | Gravel, gravelly | Gr, gr |
| Sandkorn | S | Sand, sandy | Sa, sa |
| Ton | T | Clay | Cl |
| Schluff | U | Silt | Si |
| Humus | H | peat | PE |
| Faulschlamm | F | – | – |
| organische Anteile | O | organic soil | O |
| eng gestuft | E | Narrowly graded | N |
| weit gestuft | W | Widely graded | W |
| intermittierend gestuft | I | – | – |
| nicht bis mäßig zersetzt | N | – | – |
| zersetzt | Z | – | – |
| leicht plastisch | L | Low plasticity | L |
| mittelplastisch | M | Medium plasticity | M |
| ausgeprägt plastisch | A | High plasticity | H |
| – | – | Very high plasticity | VH |
| – | – | Intermediate Soil | IS |
| – | – | Composite Soil | C |

**Tabelle A-2** Kurzzeichen für die Bodenklassifizierung gemäß DIN EN 16907-2 [90] in deutscher Sprache

| | | | |
|---|---|---|---|
| **Bo** | großer Felsblock | **W** | weit gestuft |
| **Bo** | Felsblock | **N** | eng gestuft |
| **Co** | Geröll | **L** | geringe Plastizität |
| **Gr, gr** | Kies, kieshaltig | **M** | mittlere Plastizität |
| **Sa, sa** | Sand, sandig | **H** | hohe Plastizität |
| **Si** | Schluff | **VH** | sehr hohe Plastizität |
| **Cl** | Ton | **O** | organischer Boden |
| **IS** | Zwischenboden | | |
| **C** | gemischtkörniger Boden | | |
| **PE** | Torf | | |

**Tabelle A-3** Kurzzeichen für die Bodenklassifizierung gemäß DIN EN 16907-2 [90] in englischer Sprache

| | | | |
|---|---|---|---|
| **Bo** | large boulder | **W** | Widely graded |
| **Bo** | boulder | **N** | Narrewly graded |
| **Co** | cobble | **L** | Lew plasticity |
| **Gr, gr** | Gravel , gravelly | **M** | Medium plasticity |
| **Sa, sa** | Sand, sandy | **H** | High plasticity |
| **Si** | Silt | **VH** | Very high plasticity |
| **Cl** | Clay | **O** | Organic Soil |
| **IS** | Intermediate Soil | | |
| **c** | Composite Soil | | |
| **PE** | peat | | |

**Tabelle A-4** Angabe der Haupt- und Nebenbestandteile gemäß DIN EN ISO 14688-2 [75]

| Kriterium | Bodengruppe | Quantifizierung | Kurzzeichen für Bodengruppen mit ähnlichen Eigenschaften | Weitere Unterteilungen, sofern erforderlich |
|---|---|---|---|---|
| Symbolschlüssel | | | | Fälle, die besonderer Überlegungen bedürfen, sollten nach nationalen oder Projekt-Erfordernissen klassifiziert werden. |
| *Bodenart* | *Hauptbestandteil* | *Nebenbestandteile* | | |
| Blöcke | Bo | bo | | |
| Steine | Co | co | | |
| Kies | Gr | gr | Gr(gr) und Sa(sa), kann in fein F(f), mittel M(m) oder grob C(c) unterteilt werden. | |
| Sand | Sa | sa | | |
| Schluff | Si | si | | |
| Ton | Cl | cl | | |
| Organisch | Or | or | | |
| Auffüllung | Mg | – | | |
| | | x | jede Kombination der Bestandteile | |

# 2.2 Baugrundverbesserung und Injektionen

*Wolfgang Sondermann und Fabian Kirsch*

## 1 Einleitung und Überblick

Bauwerke und geotechnische Konstruktionen stellen spezifische Anforderungen an die Baugrundeigenschaften, um ihre Funktion zu erfüllen. Gebäude müssen im Untergrund standsicher gegründet oder Baugruben wirksam auf Erdruck- und Wasserdruckeinwirkungen bemessen und gegen zuströmendes Wasser gedichtet werden. Hierfür muss der Baugrund so beschaffen sein, dass die Voraussetzungen für die geotechnische Nachweisführung gegeben sind.

Stellt sich im Zuge der geotechnischen Untersuchungen heraus, dass der Baugrund die für den Anwendungsfall erforderlichen Eigenschaften zum Nachweis der Grenzzustände der Tragfähigkeit oder der Gebrauchstauglichkeit nicht aufweist, so kann:

a) dieser ungeeignete Baugrund durch entsprechende konstruktive Maßnahmen überbrückt werden,
b) der ungeeignete Baugrund entfernt und durch geeigneten ersetzt werden,
c) der ungeeignete Baugrund durch verbessernde Maßnahmen zur Eignung gebracht werden.

In vielen Fällen ist es die ökonomischste Lösung, die Eigenschaften des Baugrunds durch technische Maßnahmen so zu verändern, dass die gewünschten Voraussetzungen erfüllt werden.

Sämtliche in diesem Kapitel behandelten Verfahren streben eine Verbesserung bestimmter Baugrundeigenschaften an. Dazu zählen beispielsweise die Erhöhung der Lagerungsdichte und der Festigkeit zur Verbesserung der Standsicherheit oder die Reduktion der Zusammendrückbarkeit zur Verringerung von Verformungen. Oftmals reicht auch eine Vergleichmäßigung der Baugrundeigenschaften im Sinne einer Homogenisierung aus, um in Bezug auf das Projektziel die gewünschten Randbedingungen zu schaffen. In manchen Anwendungsfällen kann es erforderlich sein, die Durchlässigkeit von Böden zu erhöhen, um Setzungsprozesse zu beschleunigen oder der Gefahr von Porenwasserüberdrücken und damit einhergehenden Festigkeitsreduktionen oder dem Phänomen der Verflüssigung entgegenzuwirken. Auch ist es ein häufiger Anwendungsfall von Baugrundverbesserungen, die Durchlässigkeit zu verringern, um beispielsweise unterhalb von Erddämmen die Strömungsgeschwindigkeiten herabzusetzen oder Baugrundbereiche abzudichten.

Das vorliegende Kapitel über Baugrundverbesserungen und Injektionen kann aufgrund der Breite der Anwendungsfälle und der Vielzahl der unterschiedlichen Tech-

*Grundbau-Taschenbuch: Teil 2. Geotechnische Verfahren,* Achte Auflage. Karl Josef Witt (Hrsg.).

nologien nur einen Einblick in die Grundlagen und Methoden geben. Ein wesentliches Ziel des Textes ist daher, dem Leser einen Überblick zu verschaffen und durch umfassende Literaturangaben die Möglichkeiten zur weiterführenden Lektüre an die Hand zu geben. Darüber hinaus existieren zahlreiche Monografien, die sich ausführlicher mit der gesamten Bandbreite der Baugrundverbesserungsverfahren auseinandersetzen (z. B. [81]). Auch zu den einzelnen Methoden gibt es umfassende Ausarbeitungen, die zusätzlich zu den bei Tagungen und in Fachzeitschriften veröffentlichten Fallstudien einen vertieften Einblick in die jeweilige Baugrundverbesserungsmethodik erlauben. Die Autoren haben versucht, jeweils den aktuellen Stand des Wissens zusammenzutragen und sind diesbezüglich zahlreichen Fachkollegen zu Dank verpflichtet.

Einzelne in vorliegendem Kapitel beschriebene Verfahren sind durch herstellungs- und zum Teil auch bemessungsrelevante Normen geregelt. Hierzu sind zu nennen:

DIN EN 12715 – Injektionen (in Verbindung mit DIN SPEC 18187)

DIN EN 12716 – Düsenstrahlverfahren

DIN EN 14679 – Tiefreichende Bodenstabilisierung

DIN EN 14731 – Baugrundverbesserung durch Tiefenrüttelverfahren

DIN EN 15237 – Vertikaldräns

DIN 4093 – Bemessung von verfestigten Bodenkörpern – Hergestellt mit Düsenstrahl-, Deep-Mixing- oder Injektionsverfahren

Da die oben angegebenen Herstellungsnormen, bis auf die DIN 4093, nicht bauaufsichtlich eingeführt sind, existieren für die Verfahren, welche im Untergrund ein lastabtragendes Element erzeugen, in der Regel allgemeine bauaufsichtliche Zulassungen des Deutschen Instituts für Bautechnik. Die Verfahren, die vornehmlich die Modifikation des Baugrunds im Hinblick auf bestimmte Eigenschaften zum Ziel haben, sind bauaufsichtlich nicht geregelt und erfordern daher bei der Grundlagenermittlung, der Planung und der Ausführung besondere Sachkunde. Zum Teil kann hier auch auf Empfehlungen von Verbänden oder Forschungsinstitutionen zurückgegriffen werden [38, 44, 67, 116].

Für eine Systematik der Baugrundverbesserungsmethoden existieren zahlreiche Möglichkeiten. So gliedert *Raju* [128] die unterschiedlichen Verfahren nach der verwendeten Technologie:

- Konsolidationsverfahren – z. B. statische Vorbelastungen, ggf. in Verbindung mit Vertikaldräns oder Schottersäulen oder Vakuumkonsolidation;
- Verfestigungsverfahren – z. B. Tiefeneinmischverfahren, Düsenstrahlverfahren oder Porenrauminjektion,
- Verdichtungsverfahren – z. B. Rütteldruckverdichtungen, dynamische Intensivverdichtung oder Verdichtungsinjektionen;
- Bewehrende Verfahren – z. B. Schottersäulen, Aufreißinjektionen oder Rigid Inclusions.

Tabelle 1 verdeutlicht die hier gewählte Systematisierung der behandelten Verfahren.

**Tabelle 1** Methoden der Baugrundverbesserung

| Baugrundverbesserung | | | | |
|---|---|---|---|---|
| Austauschen | Verdichten | | Bewehren | |
| s. Kapitel 2.1 Erdbau | Statische Methoden | Dynamische Methoden | mit verdrängender Wirkung | ohne verdrängende Wirkung |
| | Vorbelastung<br><br>Vorbelastung mit Konsolidationshilfe<br><br>Vakuum-konsolidation<br><br>Grundwasserbe-einflussung | Vibrations-verdichtung<br>– Tiefenrüttler<br>– Aufsatzrüttler<br><br>Stoßverdichtung<br>– Fallplatte<br>– Sprengung<br>– Luft-Impuls-Verfahren | Rüttelstopf-verfahren<br><br>Sandverdichtungs-pfähle<br><br>Stabilisierungs-säulen<br>– hydraulisch gebundene Stopfsäulen<br>– Nass- und Trockenmörtel-säulen<br><br>Verdichtungs-injektion<br><br>Aufreißinjek-tionen (Soil Fracturing) | Mechanisches Einmischen<br><br>Tiefeneinmisch-verfahren<br><br>Hydraulisches Einmischen<br>– Düsenstrahl-verfahren<br><br>Porenrauminjek-tionen<br><br>Vereisung (s. Kapitel 2.4) |

Die Methoden der Bewehrung zur Baugrundverbesserung wurden hier so definiert, dass das Einbringen zusätzlicher Materialien in den Baugrund grundsätzlich als Bewehren im Sinne von Verstärken zugrunde gelegt wurde und sich die Steifigkeit des Bewehrungsmaterials auf die Gesamttragfähigkeit des Baugrunds auswirkt. Bei der Unterscheidung der Methoden wurde die Verdrängungswirkung, die eine zusätzliche Verbesserung auch des Baugrunds in der Umgebung bewirkt, als Ordnungsprinzip gewählt, um sie definitionsgemäß von der Ersatzmethode ohne verdrängende Wirkung zu unterscheiden.

Von den in Tabelle 1 zusammengestellten Methoden werden in den nachfolgenden Abschnitten die Verfahren des Bodenaustauschs nicht weiter beschrieben, da entsprechende Ausführungen dazu dem Kapitel „2.1 Erdbau" zu entnehmen sind. Soweit Vereisungen auch als temporäre Maßnahmen zur Baugrundverbesserung (Erhöhung der Tragfähigkeit, Abdichtung) eingesetzt werden, sind die Beschreibungen zur Methodik, Bemessung und Ausführung im Kapitel „2.4 Bodenvereisung" zusammengestellt.

In der zuletzt erschienenen 7. Auflage des Grundbau-Taschenbuchs nehmen die Injektionen ein eigenes Kapitel im Teil 2 „Geotechnische Verfahren" ein. In der vorliegenden Auflage des Grundbau-Taschenbuchs wurden die Injektionen nunmehr dem Kapitel Baugrundverbesserungen zugeordnet. Vor dem Hintergrund der dadurch erforderlichen erheblichen textlichen Straffung wird bezüglich der Porenrauminjektionen entsprechend auf den genannten Beitrag von *Hornich* und *Stadler* [64] verwiesen.

Die Auswahl des geeigneten Verfahrens für die Baugrundverbesserung mit den entsprechenden Prozessabläufen lässt sich für den konkreten Anwendungsfall immer nur mit einem ausgearbeiteten technischen und wirtschaftlichen Vergleich erzielen. Hinweise zu den Anwendungsgrenzen der unterschiedlichen Verfahren sind den nachfolgenden Beschreibungen zu entnehmen.

Um einen aussagefähigen Verfahrensvergleich unterschiedlicher Baugrundverbesserungsverfahren anzustellen, sind alle erforderlichen Rahmen- und Randbedingungen für den konkreten Anwendungsfall zusammenzufassen, um die ökonomischste Lösung zu ermitteln, ein Einheitspreisvergleich ist in den meisten Fällen wenig aussagekräftig. Dazu zählen

– Fläche, Volumen des zu verbessernden Baugrunds;
– Nutzungsart, Einwirkungen nach Art, Größe, Ort;
– Verfügbarkeit von Materialien, Geräten, Personal;
– Verfügbarkeit von Ausführenden mit entsprechenden technischen Kenntnissen des Verbesserungsverfahrens;
– Einflüsse auf Umgebung und Nachbarschaft;
– Zugänglichkeit, Befahrbarkeit des Geländes in Abhängigkeit von der Nutzungsart
– Umweltschutzbedingungen (Grundwasser, Boden, Luft, Geräusche).

Die meisten der vorgestellten Verfahren sind aufgrund der sehr speziellen Anforderungen an die Verfahrenskenntnisse und der engen Verbindung mit den Baugrundeigenschaften sowie dem damit einhergehenden hohen Schwierigkeitsgrad in die geotechnische Kategorie GK3 einzustufen. Dies bedingt eine Untersuchung des Baugrunds durch eine ausreichende Anzahl direkter und indirekter Baugrundaufschlüsse bis in die erforderlichen Tiefen sowie die Ableitung der entsprechenden Baugrundkenngrößen durch Versuche und Korrelationen. Die Bauwerke und Bauwerksteile erfordern eine ingenieurmäßige Bearbeitung und den rechnerischen Nachweis der Standsicherheit und der Gebrauchstauglichkeit. Die mit den Verfahren verbundenen Risiken werden z. B. in [173] beschrieben.

## 2 Statische Verdichtung und Entwässerungsverfahren

### 2.1 Vorbelastung

In wassergesättigten, feinkörnigen Böden treten die mit der Aufbringung einer Belastung verbundenen Verformungen zeitverzögert auf. Die mit der Belastung eintretende Volumenverminderung geht mit der Verdrängung des Porenwassers einher. In Böden mit geringer Durchlässigkeit, in denen kein direktes Abströmen des Porenwassers mit der Belastungserhöhung möglich ist, treten somit Verzögerungen im stationären Gleichgewichtszustand ein. Der sich nur langsam abbauende Porenwasserüberdruck $\Delta u$ und die damit verbundene Erhöhung der effektiven Spannungen lassen die zugehörigen Verformungen erst mit diesem Prozessablauf eintreten, was in vielen Fällen sehr nachteilig für die zu gründende Struktur ist.

Die einfachste Methode, einen derartigen Baugrund zu verbessern, d. h. zu verdichten und das Eintreten der Verformungen im relevanten Zeitraum zu beschleunigen, ist die Aufbringung einer gleichmäßigen, über die späteren Einwirkungen hinausgehenden Oberflächenbelastung (Bild 1a). Der zeitliche Verlauf der Setzungen und damit der Baugrundverbesserung wird von folgenden Kenndaten des Baugrunds bestimmt:

- Steifemodul $E_S$ der feinkörnigen Bodenschicht,
- Durchlässigkeit $k_f$ der feinkörnigen Bodenschicht,
- Mächtigkeit H der zu verbessernden Bodenschicht.

Über die Größe und zeitliche Verteilung der zusätzlichen Oberflächenbelastung lässt sich dann die Konsolidierungsgeschwindigkeit beeinflussen. In Bild 1b sind die Auswirkungen einer solchen Vorbelastung auf die Porenwasserüberdruckverteilung einer hier zweiseitig entwässerten Bodenschicht schematisch dargestellt.

Nach Aufbringung einer die permanenten Belastungseinwirkungen ($p_f$) überschreitenden Vorbelastung ($p_s$) tritt in der feinkörnigen Bodenschicht, ausgehend von einem gleichmäßigen Porenwasserüberdruck, der der Gesamtbelastung entspricht, ein Abbau des Porenwasserüberdrucks ein. Mit Entfernung der Überlast ($p_s$) zum Zeitpunkt $t_s$ sind in der zu konsolidierenden Schicht eine Porenwasserüberdruckverteilung und ein zugehöriger Konsolidationsgrad vorhanden, der in den Randbereichen für die nun wirksame ständige Belastung eine Überkonsolidation darstellt, während in der Schichtmitte noch nicht der Konsolidierungsgrad U erreicht ist, der dem der ständigen Belastung entspricht (Bild 1b). Nach Entfernen der Vorbelastung kommt es also im weiteren Verlauf der Konsolidierung im mittleren Teil zu weiteren Setzungen, wohingegen die oberen und unteren Bodenzonen schwellen. In der Gesamtverformung an der Geländeoberkante überlagern sich diese Anteile. Da in der Regel der Kompressionsbeiwert $C_c$ wesentlich größer als der Schwellbeiwert $C_s$ ist, werden unter der nun wirksamen

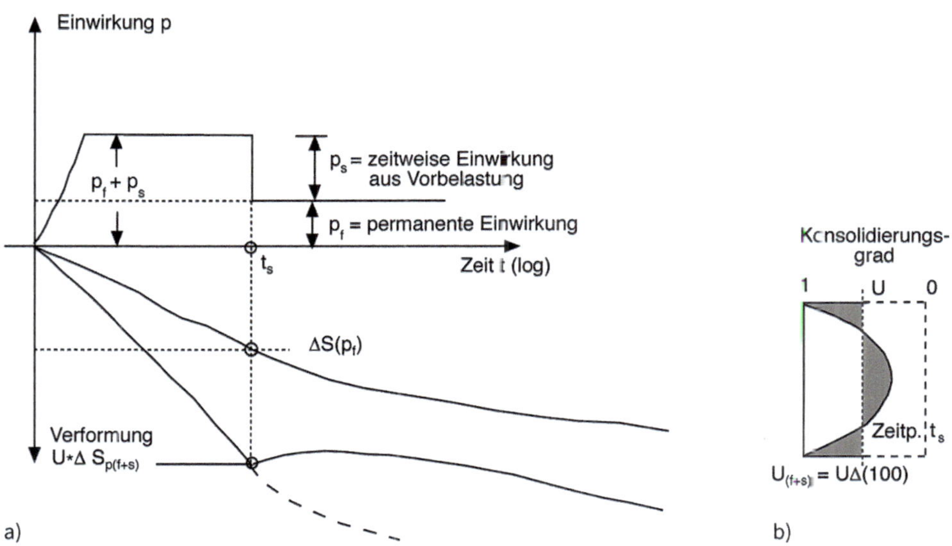


**Bild 1** Wirkungsweise der Vorbelastung zur Baugrundverbesserung

ständigen Einwirkung die Setzungen in der Regel größer als die Hebungen sein. Dieser Effekt ist z. B. bei *Ladd* [96] in Abhängigkeit von Vorbelastungen großer zeitlicher Dauer beschrieben und führt zu der Folgerung, dass es bei größerer Schichtmächtigkeit H sinnvoller ist, kleinere Vorbelastungen über einen längeren Zeitraum einwirken zu lassen, um ungewollte Schwelleffekte zu minimieren.

Zur vereinfachten Bemessung wird vorausgesetzt, dass der Konsolidierungsgrad in Schichtmitte unter der Gesamtbelastung ($p_f + p_s$) die nachfolgende Bedingung erfüllen muss:

$$U_{(f+s)} \cdot s_{c(p_s+p_f)} = s_{c(p_f)}$$

mit

$p_f$ spätere permanente Einwirkung
$p_s$ Überlast
$U_{(f+s)}$ Konsolidierungsgrad
$s_{c(p_f)}$ Setzung aus $p_f$
$s_{c(p_s+p_f)}$ Setzung aus ($p_f + p_s$)

Aus den Ableitungen der Konsolidierungstheorie ergibt sich für einen normal konsolidierten Boden damit:

$$U_{(f+s)} = \frac{\log\left(1+\frac{p_s}{p_0}\right)}{\log\left[1+\frac{p_f}{p_0}\left(1+\frac{p_s}{p_f}\right)\right]}$$

mit

$p_0$ Überlagerungsspannung in Schichtmitte

Die Abhängigkeit von $U = f\ (p_f/p_0;\ p_s/p_f)$ ist in Bild 2 wiedergegeben.

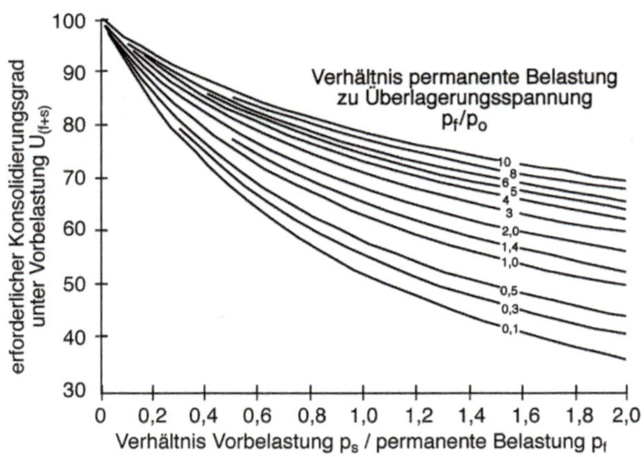


**Bild 2** Bemessungsdiagramm Vorbelastung (nach [70])

Mit den bekannten Größen $p_f$, $p_0$ und der Wahl von $p_s$ kann der erforderliche Konsolidierungsgrad ermittelt werden. Die Vorbelastungszeit t wird mit der aus der Konsolidierungstheorie bekannten Beziehung für die bezogene Konsolidierungszeit $T_V$:

$$T_V = \frac{t \cdot c_V}{d^2}$$

mit

$c_V$ Konsolidierungsbeiwert
d Schichtmächtigkeit für einseitig entwässernde Schicht
t max. Konsolidierungszeit für Vorbelastung

nach Umstellung aus Standardtafeln für die jeweiligen Entwässerungsverhältnisse und den Konsolidierungsgrad ermittelt. Bei *Johnson* [70] sind weitere Hinweise und Bemessungswerte zur Berücksichtigung auch der Sekundärsetzungen nachzulesen.

Für die Ausführung kann die mögliche Höhe einer Vorbelastung bei Gewährleistung der Standsicherheit im Randbereich mit $h \approx 3 - 4\ (c_u/\gamma)$ abgeschätzt werden. Die seitliche Ausdehnung der Vorbelastung sollte mindestens das Zwei- bis Dreifache der Summe der Schichtmächtigkeiten der zu konsolidierenden Schichten bzw. der Dauerschüttung betragen. Zur effektiven Entwässerung der Bodenschichten sollte weiterhin beachtet werden, dass eine ausreichend dimensionierte Filterschicht vorgesehen wird.

Ausführungsbeispiele und Hinweise zur Dimensionierung sind in [56] und [69] wiedergegeben. Besonders ist auf die Veröffentlichungen [25] sowie [142] und [156] hinzuweisen, da hier auch vergleichende Untersuchungsergebnisse zu Vorbelastungen ohne und mit Konsolidierungshilfe zu finden sind. Alle Berichte über Ausführungsbeispiele weisen darauf hin, dass zur Einschätzung der Konsolidierungszeiten und des Konsolidierungsverlaufs begleitende Messungen der Porenwasserdrücke und des Verformungsverlaufs zwingend erforderlich sind, auch um die Unsicherheiten bei der Ermittlung des Konsolidierungsbeiwerts aus Laborprüfungen zu kompensieren und Inhomogenitäten in den zu verbessernden Bodenschichten zu erfassen. Nur mit diesen begleitenden Messungen und den zugehörigen Auswertungen kann eine rasche Anpassung der Ausführung an die tatsächlichen Konsolidierungsabläufe erfolgen, worauf auch *Jamiolkowski* [69] nach den Auswertungen vielfältiger Ausführungsbeispiele ausdrücklich hinweist.

## 2.2 Vorbelastung mit Konsolidierungshilfe

Wie im vorangegangenen Abschnitt gezeigt, ist die Beschleunigung der bei Belastung in feinkörnigen Böden zu erwartenden Verformung maßgeblich von der Schichtmächtigkeit abhängig. Entsprechend der Konsolidierungstheorie hängt der zeitliche Ablauf der Verformungen im Wesentlichen von der Durchlässigkeit und der 2. Potenz der Dicke der zu entwässernden Schicht ab. Wenn bei großen Schichtmächtigkeiten oder anderweitig ungünstigen Entwässerungsbedingungen die Strömungswege zum Abbau des Porenwasserüberdrucks größer werden oder die Durchlässigkeiten sehr gering sind, kann es sinnvoll sein, die Strömungswege künstlich zu verkürzen, um damit die Verformungsgeschwindigkeit zu erhöhen. Dazu werden in der zu verbessernden Bodenschicht Dränkörper mit erhöhter Durchlässigkeit eingebaut. Diese meist vertikalen Dränkörper werden beispielsweise als Sanddräns oder Papp- und Kunststoffdräns rasterförmig in den Baugrund eingebracht. Sie werden vom Porenwasser überwiegend horizontal angeströmt. Damit macht man sich neben der Verkürzung der Dränwege auch zunutze, dass die horizontale Durchlässigkeit meist ein Vielfaches der vertikalen beträgt, was zu einer weiteren Beschleunigung der Setzungen führt.

Eine Zusammenstellung der gebräuchlichen Dränmaterialien mit ihren Eigenschaften und Herstellern sind z. B. in *Kirsch* und *Bell* [81] oder in *Bergado* et al. [12] zu finden. DIN EN 15237 regelt die Ausführung derartiger Arbeiten und enthält Hinweise zur Bemessung. Heute werden alle Typen von Filtern aus synthetischem Material hergestellt, wobei einige Filterdräns einen losen Innenkern mit unterschiedlich gestalteter Oberfläche haben und bei anderen der äußere Filter mit dem Innenkern fest verbunden ist. Die verschiedenen Dränarten lassen sich auf unterschiedliche Weise in den Baugrund einbringen, wobei sich generell die in Tabelle 2 zusammengestellten Unterscheidungen treffen lassen.

Gerammte oder gerüttelte Sanddräns werden wegen ihrer einfachen Herstellung und niedriger Kosten häufig eingesetzt, obwohl die Herstellung gerade größerer Durchmesser zu Störungen des umgebenden Bodens bei Reduzierung der Scherfestigkeit und Ausbildung einer den Drän umgebenden Störzone (engl. smear) mit verminderten Durchlässigkeiten führt. Sowohl bei vorgefertigten Sanddräns als auch bei Kunststoff- oder Pappdräns kann diese Umgebungsstörung durch reduzierte Abmessungen der Einbaulanze gemindert werden.

Bei der Herstellung von vertikalen Dräns ist besonders die Befahrbarkeit des Planums und die Erreichbarkeit der Einbaustelle für die zur Installation erforderlichen Gerätschaften von Bedeutung, denn häufig ist bei derartigen Bauaufgaben im Ausgangszustand nur eine geringe Tragfähigkeit des Untergrunds zu erwarten. So ist es in der Regel erforderlich, zunächst eine standsichere Arbeitsebene zu schaffen. Diese kann im Endzustand dann gleichzeitig als horizontale Dränageschicht dienen, in die die vertikalen Dräns entwässern. Diese horizontale Dränageschicht sollte dicker als etwa 0,3 bis 0,5 m sein und aus sehr gut durchlässigem Material bestehen, damit kein die Konsolidation verzögernder Rückstau in die Vertikaldräns entsteht.

**Tabelle 2** Übersicht über Vertikaldrän-Typen

| Drän | Abmessung | Einbaumethode |
|---|---|---|
| Sanddrän (Herstellung in situ) | ∅ 0,2 – 0,6 m | gerammt, gerüttelt mit kompletter Verdrängung des Bodens |
| Sanddrän (vorgefertigt) | ∅ 0,06 – 0,15 m | gerammt, gerüttelt mit verminderter Verdrängung des Bodens |
| Sanddrän (Herstellung in situ) | ∅ 0,3 – 0,5 m | gebohrt mit Hohlbohrschnecke bei geringer Verdrängung, gespült |
| Vorgefertigte Dräns (Kunststoff, Pappe, nicht gewobenes Filtomat) | ∅ 0,05 – 0,1 m | gedrückt oder gerüttelt mit Lanze mit Vollverdrängung |

In den meisten Fällen werden die Vertikaldräns in regelmäßigen Abständen rasterförmig (Viereck, Dreieck) eingebaut und nachfolgend eine Vorbelastung aufgebracht. Der Betrag und der Zeitraum der Vorbelastung richten sich auch hier nach den Erfordernissen der vorwegzunehmenden Verformungen und Verformungsunterschiede, wobei die Konsolidierungszeit durch die Abstände und Durchmesser der vertikalen Dräns beeinflusst wird.

Die Geräte zur Einbringung der vertikalen Dräns werden von der Art der Dräns und den Baugrundverhältnissen bestimmt. In der Regel werden mäklergeführte Lanzen in den Baugrund eingerüttelt, gedrückt oder gespült, die im Inneren den mit einem Fußanker versehenen Drän in die gewünschte Tiefe führen. Beim Ziehen der Lanze verbleibt dann der Drän in seiner Position und kann im Falle von Banddräns an der Geländeoberfläche gekappt werden. Die Art der Einbringung hat nur dann keinen wesentlichen Einfluss auf die Effektivität der Dräns, wenn auf einen möglichst geringen Störeffekt in der Kontaktzone Drän-Boden geachtet wird, der die Durchlässigkeit lokal herabsetzt und die Wirksamkeit des Dräns verringert. Die Stahllanzen zum Einbau von Banddräns sollten dazu mit ovalem oder rechteckigem Querschnitt ausgestattet sein, eine glatte Oberfläche aufweisen und gerade so groß sein, dass nennenswerte Reibung zwischen Drän und Lanze während des Ein- und Ausbauens vermieden wird. Des Weiteren sollten die zum Zurückhalten des Dräns beim Ziehen der Lanze eingesetzten Ankerkörper ebenfalls mit geringstmöglicher Abmessung glatt und an der Lanzenspitze anliegend konstruiert sein, um die Störzone im Einbaubereich zu minimieren. Untersuchungen von *Akagi* [3] haben gezeigt, dass die Störzone mit $d_s = 2\ d_w$ anzunehmen ist (vgl. Bild 3) und bei sorgfältiger Konstruktion der Einbauteile sowie Ausführung der Einbauarbeiten nahezu unabhängig von der Lanzenform ist.

Dynamische Einbaumethoden sollten dort vermieden werden, wo durch hohe Porenwasserüberdrücke Stabilitätsprobleme der Arbeitsebene hervorgerufen werden können. Ein wesentlicher Aspekt bei der Ausführung ist weiterhin, dass nach Abteufen des Dräns dieser beim Ziehen der Lanze seine Position behält, was durch den schon erwähnten Ankerkörper am Fuß erreicht wird.

Nach Installation der Dräns und Aufbringung der Vorbelastung sollte der weitere zeitliche Ablauf so gewählt werden, dass die temporäre Überbelastung erst dann entfernt wird, wenn der Porenwasserüberdruck an der ungünstigsten Stelle kleiner als die durch die temporären Überbelastungen hervorgerufenen Spannungen ist. Die Ausdehnung der Vorbelastungskörper sollte auch wegen der vornehmlich im Böschungsbereich eingetragenen Schubspannungen und daraus folgenden horizontalen Verschiebungen ausreichend groß bemessen sein.

Zur Berechnung und Bemessung der Konsolidierungszeiten mit Vertikaldräns wurde von *Hansbo* [55] die Konsolidierungstheorie unter Berücksichtigung der Dränabmessungen und der charakteristischen Eigenschaften der Dräns auf die radiale Konsolidierung für den erzielbaren Konsolidierungsgrad als Funktion der Zeit abgeleitet:

$$U_r = 1 - \exp\left(\frac{-8T_r}{F}\right)$$

mit

$$T_r = \frac{c_r \cdot t}{D_e^2}$$

und

$D_e$ Durchmesser des zu dem Drän gehörenden Bodenzylinders
1,13 · s (Viereck), 1,05 · s (Dreieck) und s als Dränabstand

$c_r$ horizontaler Konsolidierungskoeffizient

t Konsolidierungszeit

$U_r$ Konsolidierungsgrad

$F = F_{(n)} + F_{(s)} + F_{(r)}$ (Einflussfaktoren)

$F_{(n)} \cong$ Faktor für Dränraster $= \ln\left(\frac{D_e}{d_w}\right) - 0{,}75$ für $\frac{D_e}{d_w} \geq 20$

$d_w$ äquivalenter Durchmesser des Dräns

$F_{(s)} \cong$ Schmiereffekteinfluss $= \frac{k_h}{k_s} \ln\left(\frac{d_s}{d_w}\right)$

$d_s$ Durchmesser Störzone um Drän

$k_h$ horizontale Durchlässigkeit des Bodens

$k_s$ Durchlässigkeit Schmierzone

$F_{(r)} \cong$ Fließ-Widerstandsfaktor $= \pi \cdot z(L - z)\frac{k_h}{q_w}$

$q_w$ vertikale Abflussleistung des Dräns

und den Bezeichnungen nach Bild 3 lässt sich damit der Konsolidierungsgrad als Funktion der obigen Einflussfaktoren darstellen.

In den Auswertungen von *Hansbo* [55] werden theoretische Bemessungsmodelle sowohl unter Annahme der Gültigkeit der Darcy'schen Gesetze als auch unter Annahme einer nichtlinearen Beziehung zwischen hydraulischem Gradienten und Porenwasserfluss entwickelt. Bei den Vergleichen mit Baustellenergebnissen kommt *Hansbo* [55] zu dem Ergebnis, dass aufgrund der immer noch großen Unsicherheiten in der Bestimmung der bodenmechanischen und hydraulischen Kenndaten ein Mess- und Überwachungsprogramm für derartige Arbeiten in jedem Fall notwendig ist.

Unter Berücksichtigung der genannten Einflussfaktoren können in Bemessungstabellen einzelner Dränhersteller die optimalen Abstände der Vertikaldräns bestimmt werden [54]. Die Auswirkungen der einzelnen Einflussfaktoren auf die Konsolidierungsabläufe sind bei *Jamiolkowski* [69] auch mit dem theoretischen Hintergrund ausführlich erläutert. Da die zur Bemessung notwendigen Bodenkenndaten in Laborversuchen nur selten genau genug bestimmt werden können, sollte der Ausführungsentwurf immer auf Basis eines Feldversuchs ausgelegt werden.

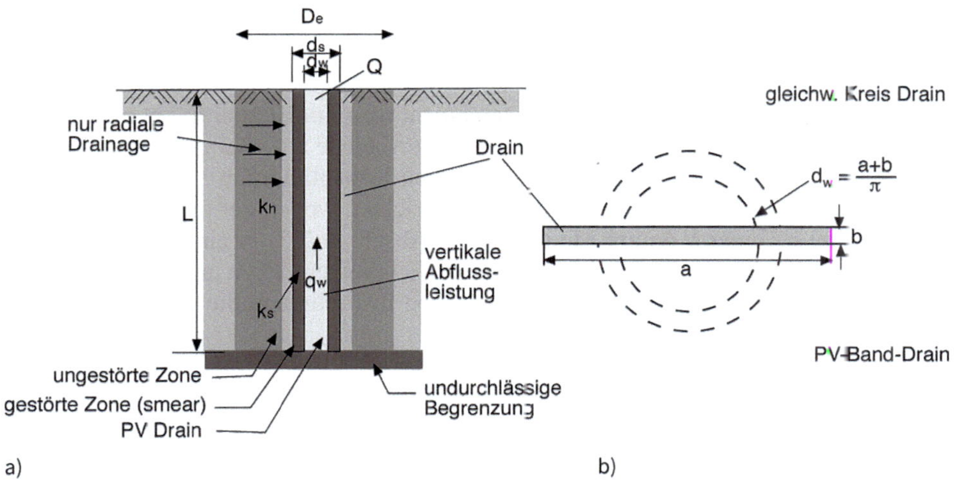


**Bild 3** Charakteristische Bezeichnungen zur Drän-Bemessung

Für vorgefertigte Vertikaldräns hat *Yeung* [130] die beschriebenen Einflussfaktoren auf die radiale Konsolidierung in entsprechende Bemessungsdiagramme umgesetzt, sodass mit den dort beschriebenen Bemessungsabläufen obige Einflussfaktoren für unterschiedliche Herstellungen, Dränfabrikate und Baugrundeinflüsse berücksichtigt werden können. *Lekha* et al. [98] stellen den Konsolidierungsablauf bei der Anwendung von Sanddräns unter Berücksichtigung einer zeitabhängigen Belastung vor, die die zeitlichen Veränderungen der effektiven Spannungen, des Porenvolumens und der Durchlässigkeit mit in die Betrachtung einbezieht. Die Einflüsse des „smear effect" sind bei *Chai* et al. [26] in ihren Auswirkungen auf die Wirkungsweise der Vertikaldräns in rechnerischen Modellen nachvollzogen. Zusammenfassend wird ein bilinearer Ansatz der Durchlässigkeit in der Störzone für angebracht erachtet und daraus praktische Anwendungshinweise abgeleitet. Schließlich bieten *Chu* et al. [30] einen aktuellen Überblick über anzusetzende Kenngrößen. Der Durchmesser der Schmierzone $d_s$ wird dabei mit dem 1,5- bis 6-Fachen des Durchmessers der Lanze angegeben. Das Verhältnis der horizontalen Durchlässigkeit des Bodens und der Schmierzone wird mit Werten zwischen 2 und 10 abgeschätzt.

Zur Auswahl des Filtermaterials sind in [12] die verschiedenen Aspekte bei Anwendung unterschiedlicher Filtergesetze und -regeln zusammengestellt. Bei Auswahl der Materialeigenschaften sollte insbesondere bei größeren erwarteten Verformungen berücksichtigt werden, dass das Dränmaterial diese Verformungen durch Stauchung und Biegung darstellen muss, ohne seine Wirkungsweise zu verlieren.

In zahlreichen Veröffentlichungen sind Feldversuche mit unterschiedlichen Dräntypen in verschiedenen Böden zusammengetragen. In der Regel wurde dabei die Wirkungsweise der Konsolidierung durch Setzungs- und Stauchungsmessungen sowie durch Messungen der Entwicklung der Porenwasserdrücke überprüft. *Balasubramaniam* et al. [6] berichten über die erfolgreiche Anwendung von Vertikaldräns in weichem Bangkok-Ton mit einem Wassergehalt nahe der Fließgrenze und undränierten

Scherfestigkeiten von i. M. 10 kPa bei 3 m zunehmend auf i. M. 30 kPa in ca. 15 m Tiefe. In [81] wird über die erfolgreiche Anwendung in weichen, plastischen Tonen mit mittleren undränierten Scherfestigkeiten von ca. 9 kPa berichtet, wobei hier noch verschiedene Dräntypen nebeneinander untersucht wurden. Hierbei traten bei den verschiedenen Banddräns keine nennenswerten Unterschiede auf. Bei größerem Dränabstand führten Banddräns jedoch zu einer besseren Konsolidierung als Sanddräns. An gleicher Stelle wird über ein Projekt in China berichtet, wobei hier die Belastungsmethode parallel zu einer Vakuum-Methode (vgl. Abschnitt 2.3) in einem sehr weichen Ton mit einer mittleren undränierten Scherfestigkeit von ca. 5 kPa angewendet wurde. Es war festzustellen, dass in diesem weichen Ton insbesondere die Kombination mit der Vakuum-Methode erfolgreich war.

## 2.3 Grundwasserbeeinflussung und Vakuumkonsolidation

Im vorangegangenen Abschnitt wurde die Baugrundverbesserung durch statische Einwirkungen von außen ggf. unter Einsatz von Vertikaldräns zur Beschleunigung des Verbesserungsvorgangs beschrieben.

Insbesondere in sehr weichen und sehr undurchlässigen Böden, in denen nur geringe Druckgradienten erzeugt werden können, da Auflasten durch die Standsicherheit der Auflastkörper begrenzt sind, bietet eine Kombination mit einer Vakuumkonsolidation eine erfolgversprechende Alternative. Auch die gezielte Grundwasserabsenkung bietet die Möglichkeit, eine Baugrundverbesserung ohne zusätzliche Auflasten zu erzielen.

Durch die gezielte Absenkung des Grundwasserspiegels verändern sich im betroffenen Bodenkörper die Gewichts- und Druckverhältnisse sowohl in den entwässerten als auch in den darunter liegenden Bodenschichten. Die Auswirkungen der Grundwasserabsenkung auf die Veränderung der effektiven Spannungen im Boden sind bei *Herth* und *Arndts* [59] für unterschiedliche Baugrundaufbauten und Durchlässigkeitsverhältnisse zusammengestellt und beschrieben.

Die Veränderung der Druck- und Gewichtsverhältnisse infolge einer Grundwasserabsenkung in grobkörnigen, gut durchlässigen Böden führt je Meter Absenkung zu einer Erhöhung der effektiven Spannung von etwa 10 kPa. Diese Zusatzspannung bewirkt dann eine Verdichtung des Bodenkörpers, wobei zu beachten ist, dass bei schwankenden Grundwasserständen Verbesserungen nur für Absenkungen unter dem niedrigsten zuvor aufgetretenen Grundwasserstand wirksam werden. Die alleinige Anwendung einer Grundwasserabsenkung zur Bodenverbesserung ist jedoch nur sehr beschränkt wirksam und nicht effektiv einsetzbar. In gemischt- bis feinkörnigem, schwach durchlässigem Boden kann die Grundwasserabsenkung in Kombination mit anderen Methoden (z. B. Vorbelastung oder Vertikaldräns) aber erfolgreich zur Beschleunigung und Unterstützung der Baugrundverbesserungsmaßnahme eingesetzt werden. Zur Konsolidationsbeschleunigung ist in gemischt- und feinkörnigem Boden auch die Entwässerung durch Unterdruck oder durch Elektroosmose anwendbar. Für eine Beschreibung dieser Verfahren wird auf Kapitel 2.9 „Grundwasserströmung – Grundwasserhaltung“ verwiesen.

Eine Vorbelastung des Untergrunds kann auch durch Anlegen eines Vakuums erzeugt werden. Bei der Vakuum-Methode wird in den Dränageelementen durch Einsatz von Pumpen ein Unterdruck erzeugt. Dies bedingt das Vorhandensein eines quasi luftdichten Verschlusses der Dränageelemente gegen die Atmosphäre. Einige Ausführungsbeispiele sowie Details zur Auslegung sind bei *Schiffer* et al. [135] beschrieben. Die Methode kann von größerem Interesse auch bei Konsolidierungsaufgaben unter Wasser sein, da beim Anlegen eines Vakuums diese Wasserauflast als tatsächliche konsolidierende Spannung wirksam wird.

Der wirksame Aufbau des Vakuums wird dabei wesentlich von der erfolgreichen Abdichtung der Geländeoberfläche und den Böschungsbereichen bestimmt (Bild 4). *Choa* [29] und *Woo* et al. [179] berichten von der erfolgreichen Anwendung des Vakuum-Verfahrens in Verbindung mit Vertikaldräns, wie auch in Kombination mit Auflasten. *Punmalainen* und *Vepsäläinen* [122] kommen bei der Auswertung der Ergebnisse von Testfeldern in Helsinki bei der Kombination von Vertikaldräns mit dem Vakuum-Verfahren zu der Schlussfolgerung, dass eine deutlich kürzere Konsolidierungszeit bei Anwendung des Vakuum-Verfahrens im Vergleich zur Vorbelastung zu verzeichnen war (Bild 5).

Bei feinkörnigem Boden mit Durchlässigkeiten < $10^{-7}$ m/s ist aufgrund der elektrostatischen Bindungskräfte des Wassers an den Bodenteilchen eine Vakuum-Entwässerung nur wenig effektiv. Bei der Entwässerung durch Elektroosmose wird im Boden eine Gleichspannung angelegt, die eine Bewegung des freien, ungebundenen Wassers von der positiven Anode zur negativen Kathode bewirkt. Wird die Kathode als Brunnen ausgebildet, kann hier das Wasser entnommen bzw. abgepumpt und so auch in diesen Böden eine Konsolidation erzeugt werden.

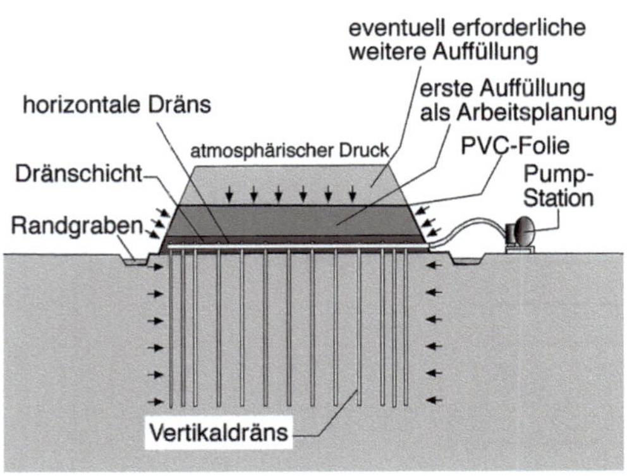


**Bild 4** Prinzip der Vakuumkonsolidierung (nach [135])

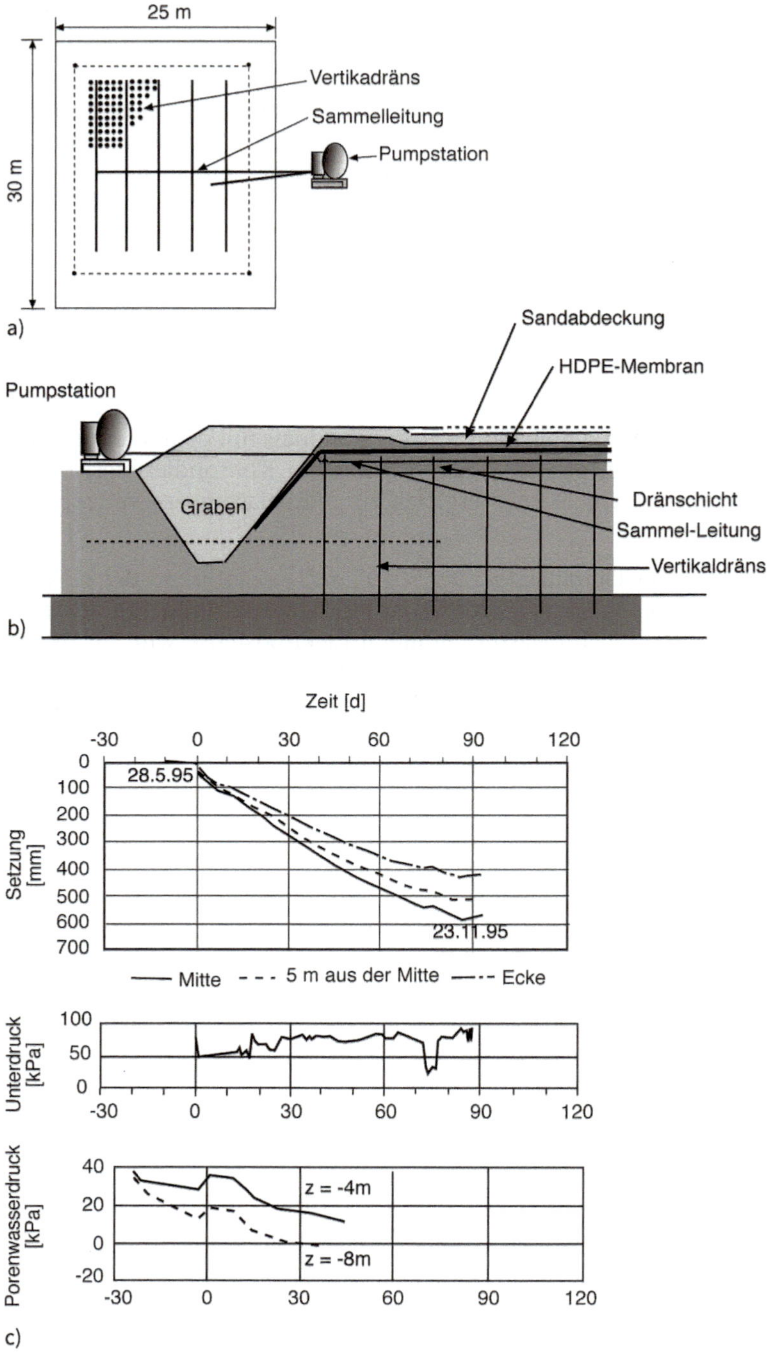


**Bild 5** Ergebnisse aus einem Vakuumkonsolidierungstest (nach [122])

Die Anwendung der Elektroosmose ist umso ergiebiger, je mehr ungebundenes Wasser in feinkörnigem Boden vorhanden ist und je geringer die elektrostatische Bindung an die Bodenteilchen ist (aktiver/inaktiver Ton). *Eggestad* und *Føyn* [40] beschreiben die Verfahrensanwendung in weichen, marinen Tonen in Norwegen zur Reduzierung des Wassergehalts mit damit verbundenem Zuwachs der Scherfestigkeit dieser Böden. Der Wassergehalt der Tone lag im Mittel bei 37 %, die Fließgrenze betrug $w_f = 26$ % und die undränierte Scherfestigkeit belief sich auf 4 bis 15 kPa. Zur Entwässerung mithilfe der Elektroosmose wurden Stahlstäbe mit einem Durchmesser von 20 mm bis zu 5 m in den Boden eingebracht. Der Abstand zwischen den Elektroden in einer Reihe betrug 1 m. Der Reihenabstand belief sich auf 1,5 m, wobei jede zweite Reihe als Anode ausgebildet wurde. Beim Anlegen von 50 V und 200 A wurden schon nach 25 Tagen erhebliche Zuwächse der undränierten Scherfestigkeit im Bereich der Anoden gemessen. Insgesamt wurden zur Baugrundverbesserung ca. 7 kWh/$m^3$ zu stabilisierendem Boden aufgewendet.

# 3 Dynamische Verdichtung

## 3.1 Vibrationsverdichtung – Tiefenrüttelverfahren

### 3.1.1 Verdichtung nichtbindiger Böden durch Vibration

Die Kornmatrix eines nichtbindigen Bodens lässt sich durch Vibration so umlagern, dass sie eine dichtere Lagerung annimmt. Die Volumenverminderung hängt dabei einerseits von Kenngrößen des Bodens ab, die seine Verdichtungswilligkeit beschreiben. Dazu zählen zunächst granulometrische Eigenschaften, wie die Korngrößenverteilung und die Kornform, aber auch die Ausgangslagerungsdichte, die Durchlässigkeit, der vorhandene Spannungszustand, die Wassersättigung oder evtl. vorhandene Verkittungen und chemische Bindungen sowie zyklische Vorbelastungen. Anderseits hängt die erreichbare Volumenreduktion von dem Verdichtungsaufwand, also von der eingesetzten Rüttelenergie und der Einwirkungsdauer ab.

Die Wirkungstiefe leistungsfähiger Oberflächenrüttler ist bei nichtbindigen Böden (Sand und Kies) auf etwa 80 cm begrenzt [44]. Will man größere Tiefenbereiche erfassen, bedient man sich der Tiefenverdichtung mithilfe sog. Tiefenrüttler – als Verfahrensbezeichnung hat sich der Begriff Rütteldruckverdichtung durchgesetzt – oder mittels Rüttelbohlen, die von Aufsatzrüttlern in Schwingungen versetzt werden. Die Ausführung von Vibrationsverdichtungsarbeiten wird in DIN EN 14731 geregelt, wobei auch die Anwendungsgrenzen einzelner Systeme und Verfahren beschrieben werden.

Die Anwendungsgrenzen der Tiefenrüttelverfahren werden üblicherweise im Kornverteilungsdiagramm (Bild 6) dargestellt, wobei die Begrenzung im Grobkornbereich eher empirisch ist und von der Eindringfähigkeit des jeweiligen Rüttelgeräts abhängt. Dabei ist sicherzustellen, dass der Boden keine oder nur eine geringe Kohäsion aufweist, damit er durch Schwingungen eines Rüttlers verdichtet werden kann. Derartige Böden sind Sande und Kiese mit vernachlässigbar geringer Plastizität. Ihr Schluffanteil (Korngröße < 0,06 mm) sollte unter 8 bis 10 % liegen (Bereiche A und B in Bild 6). Das Vorhandensein von Tonanteilen (Korngröße < 0,002 mm) behindert die Verdichtung beträchtlich, sodass sie ohne Zusatzmaßnahmen – wie beispielsweise eine Grobkornzugabe – nicht durchgeführt werden kann (Bereiche C und D in Bild 6).

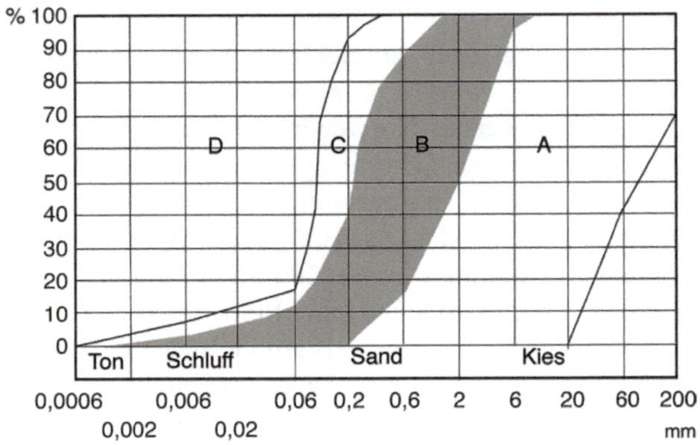


**Bild 6** Anwendungsgrenzen des Rütteldruckverfahrens (nach [36])

Anhaltswerte für die Verdichtungsfähigkeit des anstehenden Bodens können auch aus Drucksondierungen gewonnen werden, wonach man von ausreichender Verdichtungsfähigkeit des Bodens dann ausgehen kann, wenn das Reibungsverhältnis als Quotient aus lokaler Mantelreibung und Spitzendruck zwischen 0 und 1 liegt und gleichzeitig der Spitzendruck mindestens 3 MPa beträgt [106].

Neben der Korngröße beeinflussen auch Kornform und -rauigkeit die Strukturfestigkeit und damit die Verdichtungsfähigkeit von nichtbindigen Böden. Nach *Rodgers* [133] ist eine kritische Beschleunigung in der Größenordnung von 0,5 g erforderlich, damit die Strukturfestigkeit durch die dynamisch erzeugten Spannungen überwunden und der Verdichtungsprozess eingeleitet werden kann. Schließlich hat auch die Durchlässigkeit einen erheblichen Einfluss auf die Effizienz einer Verdichtung. So behindert eine zu geringe Durchlässigkeit (unter $10^{-5}$ m/s) den Verdichtungserfolg, während zu hohe Durchlässigkeiten (über $10^{-2}$ m/s) das Eindringvermögen des Rüttelgeräts zunehmend verlangsamen [49]. In *Kirsch* und *Kirsch* [83] werden weitere Details zur Eignung von Böden für die Vibrationsverdichtung angegeben.

### 3.1.2 Rütteldruckverdichtung

Das Rütteldruckverfahren (im englischen Sprachgebrauch auch als vibro compaction oder vibroflotation bezeichnet) ist wohl das älteste dynamische Tiefenverdichtungsverfahren. In den 1930er-Jahren wurde das Verfahren von der Firma Johann Keller in Deutschland entwickelt und zur Baustellenreife gebracht. Aufgrund seiner Anpassungsfähigkeit an die zu lösende Aufgabe und seiner Wirtschaftlichkeit wird es bis heute vielfach verwendet. Einen ausführlichen Abriss über die Entwicklung dieses Verfahrens von seinen Anfängen bis in die heutige Zeit geben *Schneider* [137] zum Vorkriegsstand sowie vor allem *Greenwood* [50] und *Kirsch* [84] für die Zeit danach.

In Bild 7 sind die Arbeitsphasen des Rütteldruckverfahrens veranschaulicht. Der Tiefenrüttler – ein in Arbeitsstellung horizontal schwingender, im Durchmesser etwa 35 bis 50 cm, in seiner Länge bis 4,5 m messender zylindrischer Körper – wird üblicherweise an einem Kran oder Bagger hängend eingesetzt, kann aber zusammen mit den erforderlichen Verlängerungen auch an einem Mäkler geführt werden. Sein Gewicht beträgt etwa 15 bis 25 kN, kann aber auch bis 45 kN reichen. Durch Verlängerungsrohre wird das Gerät auf die für den jeweiligen Einsatz erforderliche Länge gebracht. Der Rüttler selbst besteht aus einem Stahlrohr, in dessen Innerem auf gemeinsamer vertikaler Welle im oberen Ende ein Antriebsmotor angeordnet ist, der die im unteren Teil befindliche(n) Unwucht(en) in Rotationsbewegungen und den Rüttler auf diese Weise in die gewünschten Schwingungen versetzt (Bild 8). Die Rüttelenergie kann so über das Mantelrohr direkt auf den umgebenden Boden einwirken und ist dabei unabhängig von der jeweiligen Tiefenlage des Geräts. Der Rüttler ist durch eine geeignete, die Schwingungen dämpfende Vorrichtung von den Aufsatzrohren getrennt, durch welche die Kabelführung für die Energieversorgung des Rüttlermotors erfolgt. Außerdem befinden sich in den Aufsatzrohren Zuführungen für Wasser und gegebenenfalls Luft, die über geeignete Austritte an der Rüttlerspitze im Bereich der Kupplung oder auch an anderen ausgewählten Stellen der Verlängerungsrohre das Eindringen des Rüttlers in den Baugrund unterstützen sollen.

Der Antrieb kann ein Elektromotor oder ein Hydraulikmotor sein, wobei die erforderliche Antriebsquelle in der Regel als Gegengewicht auf das Trägergerät montiert wird. Die in Rüttlern installierte Leistung beträgt üblicherweise 50 bis 150 kW, bei besonders starken Maschinen bis zu 360 kW. Wenn man von der Möglichkeit des Einsatzes von mechanischen Getrieben absieht, wird die Rotationsgeschwindigkeit des Exzenters bei einem elektrischen Antrieb nur durch die Stromfrequenz und die Poligkeit des Antriebsmotors bestimmt. Eine Stromquelle mit 50 Hz bedingt 3000 U/min oder 1500 U/min Rüttelfrequenz, bei 60 Hz entsprechend 3600 U/min oder 1800 U/min Rüttelfrequenz bei ein- bzw. zweipoligem Antrieb. Die dem Boden aufgeprägte Frequenz reduziert sich noch um etwa 5 %, was der Größe des sog. Schlupfes bei Asynchronmotoren entspricht. Moderne Steuerungstechnik hat auch den Einsatz von sog. Frequenzwandlern wirtschaftlich möglich gemacht, durch die eine gewünschte Arbeitsfrequenz auch bei Elektromotoren im Betrieb in gewissen Bandbreiten verändert werden kann. Ein aktueller Überblick über die zurzeit gängigen Tiefenrüttler wird in [83] gegeben.

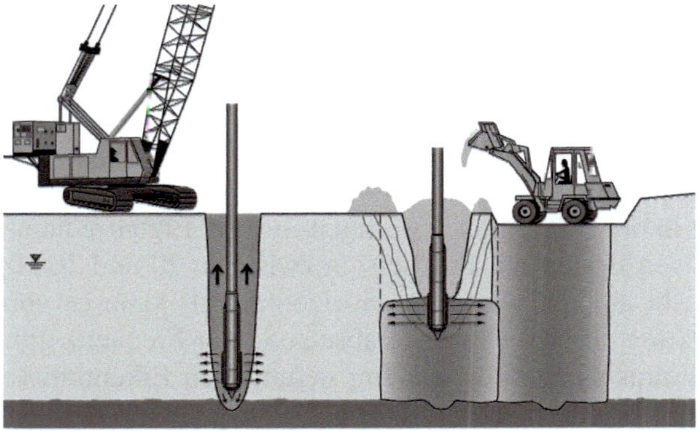

**Bild 7** Arbeitsphasen des Rütteldruckverfahrens

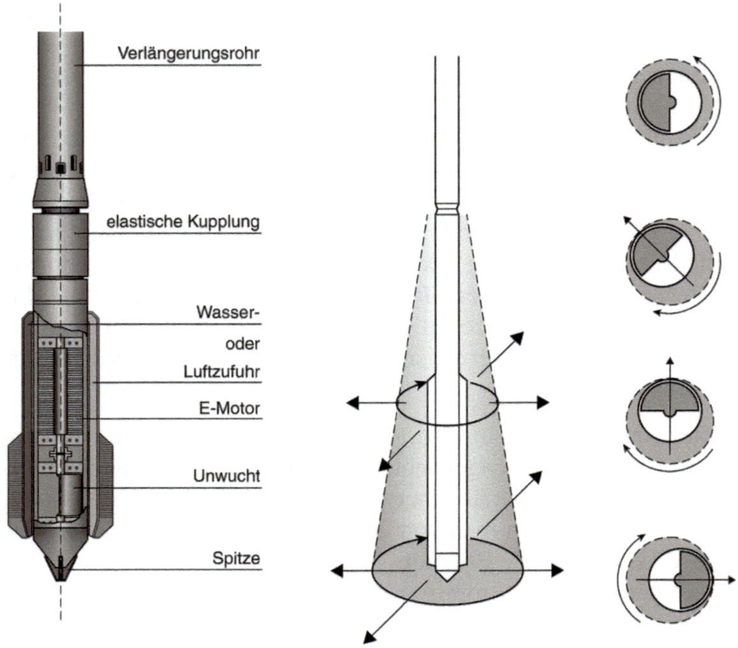


**Bild 8** Tiefenrüttler und Prinzip des Rüttelvorgangs

Die in Rotation versetzten Unwuchten erzeugen eine über den Rüttlermantel auf den Boden einwirkende, mit der Rüttelfrequenz umlaufende Horizontalkraft, die je nach Rüttlertyp zwischen 150 und etwa 700 kN beträgt. Gleichzeitig wird der Rüttler in horizontale Schwingungen versetzt, deren Schwingweite ohne seitliche Behinderungen, also frei hängend, je nach Gerätetyp 10 bis 50 mm betragen und die dabei Beschleunigungen bis zu 50 g an der Rüttlerspitze bewirken können. Hydraulisch angetriebene Rüttlermotoren haben gewisse betriebliche Vorteile, da bei ihnen u. a. die Frequenzänderung einfacher zu bewerkstelligen ist. Sie sind jedoch bei Auftreten von Betriebsstörungen im Hydrauliksystem hinsichtlich der Verschmutzungsgefahr von Wasser und Boden kritisch zu bewerten, soweit man nicht von vornherein ein biologisch abbaubares Hydrauliköl verwendet.

Die Erfahrung hat gezeigt, dass sich Sande und Kiese am wirkungsvollsten mit Rüttelfrequenzen verdichten lassen, die in der Nähe ihrer jeweiligen System-Eigenfrequenz liegen. Es ist daher zweckmäßig, den Boden mit Frequenzen zwischen 20 und 30 Hz zu verdichten. Selbst unter Verzicht auf die wirksame Horizontalkraft kann es von Vorteil sein, die Verdichtungswirkung durch weitere Herabsetzung der Frequenz ggf. noch zu optimieren. Diese in der praktischen Anwendung gefundenen Erkenntnisse sind von *Fellin* [43] auch theoretisch untermauert worden. Die Ergebnisse der Arbeit bestätigen die Beobachtung, dass die Reichweite der Rüttelwirkung bei gleicher Schlagkraft mit der Reduzierung der Rüttlerfrequenz zunimmt, andererseits jedoch der Grad der Verdichtung bei zunehmender Schlagkraft steigt. Von *Nendza* [115] wurde darauf aufbauend experimentell untersucht, inwieweit durch die Verdichtung bei Resonanzfrequenz ihre Wirkung verstärkt werden kann. In der praktischen Anwendung wurde das Ziel einer automatisierten kontinuierlichen Anpassung der Verdichtungsparameter an den aktuellen Verdichtungszustand aufgrund der komplexen gegenseitigen Abhängigkeiten von Rüttlerbewegung und Bodeneigenschaften, die sich während der Verdichtung laufend verändern, allerdings noch nicht erreicht. Auch wenn in jüngerer Zeit einige Fortschritte bei der numerischen Modellierung von Rütteldruckverdichtungen zu verzeichnen sind (vgl. z. B. [57]), so sind aus Sicht der Autoren hier noch Anstrengungen erforderlich, bis der Verdichtungsvorgang unter Einsatz eines Tiefenrüttlers wirklichkeitsnah abgebildet werden kann.

Im praktischen Einsatz wird der Tiefenrüttler – oder ggf. mehrere mit einem Trägerbalken verbundene Tiefenrüttler – bei laufender Maschine und mit Unterstützung der Wasserspülung in den Boden versenkt. Effektives Eindringen wird in der Regel eher durch ein größeres Wasservolumen als durch größeren Druck bewirkt. Der Wasserstrom transportiert den gelösten Sand im den Rüttler umgebenden Ringraum an die Oberfläche. Etwaiger kurzzeitig entstehender Wasserüberdruck baut sich in den sandigen Böden, in denen die Rütteldruckverdichtung ausgeführt wird, rasch wieder ab. In trockenen Sanden werden lokale effektive Spannungen oder auch leichte Verfestigungen durch die Durchfeuchtung mit dem Spülwasser problemlos durch die Scherspannungen, die vom Rüttler ausgehen, gelöst. Bei großen Verdichtungstiefen (etwa über 25 m) können zusätzliche Spülleitungen und der Einsatz von Druckluft erforderlich werden.

Hat der Tiefenrüttler seine gewünschte Tiefe erreicht, werden die Eindringhilfen (Wasser und Luft) abgeschaltet oder zumindest stark reduziert und die eigentliche, stufenweise Verdichtung des Bodens beginnt. Dabei hat es sich als zweckmäßig erwiesen, den Tiefenrüttler in Stufen von etwa 0,3 bis 1,0 m nach einer Einwirkungszeit von etwa 30 bis 90 s schrittweise zu ziehen. Infolge der Verdichtung tritt um den Rüttler herum eine Porenraumverminderung ein, zu deren Ausgleich Material bereitgestellt werden muss. Aus diesem Grunde wird Sand über den Ringraum zugeführt. In Ausnahmefällen kann die Rütteldruckverdichtung auch ohne Zugabe von Fremdmaterial erfolgen, indem der Rüttler das benötigte Kompensationsmaterial seiner Umgebung entzieht und die Absackung der Oberfläche in Kauf genommen wird, die je nach Ausgangsdichte und gewünschtem Verdichtungsgrad zwischen 5 und 15 % der Verdichtungstiefe betragen kann.

Sind der Versenk- und Verdichtungsvorgang beendet, so beginnt ein neuer Verdichtungszyklus, in dem der Tiefenrüttler am nächsten Verdichtungspunkt erneut versenkt wird. Durch rasterförmige Anordnung von Verdichtungsvorgängen können verdichtete Erdkörper von beliebiger horizontaler und großer vertikaler Ausdehnung hergestellt werden. So wurden bei der Sanierung der Braunkohletagebaue in der Lausitz bereits Verdichtungstiefen von über 60 m ausgeführt (vgl. [34] und [108]). Der Abstand der Rüttelzentren untereinander (in der Regel auf der Basis eines gleichseitigen Dreiecks) beträgt üblicherweise zwischen 1,5 und 5,0 m. Er hängt ab von der gewünschten Lagerungsdichte, der Kornverteilung des Sands und der Leistungsfähigkeit und Einwirkdauer des eingesetzten Rüttlers. Im gut verdichtungsfähigen Sand (Zone B in Bild 6) können in einer normalen achtstündigen Arbeitsschicht etwa 6000 $m^3$ Sand auf 75 % bezogene Lagerungsdichte verdichtet werden. Liegen weniger ideale Voraussetzungen vor oder nähert sich die Kornverteilung des zu verdichtenden Sands der Grenzkurve in Zone C, so wird die Schichtleistung drastisch sinken. Eine gründliche Baugrunduntersuchung, eventuell verbunden mit einem Verdichtungsversuch vor der Ausschreibung, dient der Planungs- und Ausführungssicherheit bei großen Verdichtungsvorhaben. Tabelle 3 gibt Richtwerte für die Festigkeitseigenschaften von Sand wieder, die für die Planung derartiger Aufgaben nützlich sind.

Es gehört zum Stand der Technik, dass Tiefenverdichtungsarbeiten nach dem Rütteldruckverfahren hinsichtlich der Arbeitsparameter umfänglich dokumentiert werden. Zu diesem Zweck kommen Registriergeräte zum Einsatz, durch welche die Rütteltiefe, der Energiebedarf des Motors sowie ggf. Druck und Menge des eingesetzten Spülwassers in Abhängigkeit von der Zeit festgehalten werden. Nach erfolgter Tiefenverdichtung muss die Arbeitsfläche gegebenenfalls auf eine Tiefe von 0,5 m bis 1,0 m mit Oberflächenrüttlern nachverdichtet werden.

Neben der Verminderung der Zusammendrückbarkeit (Setzungsverminderung) und der Erhöhung der Scherfestigkeit (Standsicherheitsverbesserung) ist häufig auch die Verminderung der Verflüssigungsgefahr bei Erdbeben ein Ziel der Rütteldruckverdichtung. Der Tiefenrüttler wirkt in seiner unmittelbaren Umgebung mit Beschleunigungen auf den Boden ein, die diejenigen aus natürlicher seismischer Aktivität um ein Vielfaches übersteigen. Man kann davon ausgehen, dass der Boden seine Struktur bereits bei einer kritischen Beschleunigung von 0,5 g verändert. Bei zunehmender Beschleunigung bleiben die Bodenteilchen in Bewegung und die Scherfestigkeit nimmt ab, in diesem Zustand verhält sich der Boden wie ein Fluid. Bei Wassersättigung kann dann Verflüssigung entstehen, wenn die Porenwasserdruckzunahme infolge des schwingungsinduzierten Verdichtungsbestrebens den natürlichen Porenwasserdruckabbau infolge Dissipation übersteigt [49]. Es ist einleuchtend, dass dieser Vorgang, der beim Rütteldruckverfahren Ursache für die wirkungsvolle Verdichtung ist, die Auswirkungen eines natürlichen Erdbebens sozusagen vorwegnimmt. Insoweit es sich um Sande

**Tabelle 3** Richtwerte für die Festigkeitseigenschaften von Sand (nach [83])

| Lagerungsdichte | sehr locker | locker | mitteldicht | dicht | sehr dicht |
|---|---|---|---|---|---|
| bezogene Lagerungsdichte $I_D$ [%] | < 15 | 15 – 35 | 35 – 65 | 65 – 85 | 85 – 100 |
| SPT [N/30 cm] | < 4 | 4 – 10 | 10 – 30 | 30 – 50 | > 50 |
| Drucksonde $q_s$ [MPa] | < 5 | 5 – 8 | 8 – 15 | 15 – 20 | > 20 |
| leichte Rammsonde (LRS 5) [N/10 cm] | < 10 | 10 – 20 | 20 – 30 | 30 – 40 | > 40 |
| schwere Rammsonde (SRS 15) [N/10 cm] | < 5 | 5 – 10 | 10 – 15 | 15 – 20 | > 20 |
| Trockenwichte $\gamma_d$ [kN/m$^3$] | < 14 | 14 – 16 | 16 – 18 | 18 – 20 | > 20 |
| Steifemodul [MPa] | 15 – 30 | 30 – 50 | 50 – 80 | 80 – 100 | > 100 |
| Reibungswinkel [°] | < 30 | 30 – 32,5 | 32,5 – 35 | 35 – 37,5 | > 37,5 |
| Scherwellengeschwindigkeit $v_S$ [m/s] | | < 150 | 220 | 350 | 450 |

aus der Zone A und B in Bild 6 handelt, genügt im Allgemeinen eine bezogene Lagerungsdichte von 80 %, um ausreichende Tragfähigkeit, ein minimales Setzungsrisiko und eine Gewähr gegen Bodenverflüssigung infolge dynamischer Lasten (Erdbeben) zu haben [145]. Für Sande und schluffige Sande der Zonen C und D empfiehlt sich neben einer möglichst hohen Lagerungsdichte, die mit zunehmendem Feinkornanteil schwieriger zu erreichen ist, die gleichzeitige Herstellung von Schottersäulen, die die Entwässerungseigenschaften des Sands ähnlich wirkungsvoll verbessern wie Sanddräns in Tonen. Schottersäulen entstehen während des Rütteldruckverfahrens durch die Zugabe von Grobmaterial anstelle von Sand (vgl. Abschnitt 5.1). Auf diese Weise kann der Bodenverflüssigung, die als Begleiterscheinung von Erdbeben in wassergesättigten Sanden mit gelegentlich katastrophalen Auswirkungen auftritt, begegnet werden (vgl. [78, 83, 119]).

Die Überprüfung des gewünschten Erfolgs der Tiefenverdichtung geschieht am zweckmäßigsten mit Sondierungen oder In-situ-Messungen der Scherwellengeschwindigkeit. Von großer Bedeutung bei der Beurteilung der Sondierergebnisse nach erfolgter Tiefenverdichtung ist ein Reifungseffekt, der mehrere Wochen nach der Verdichtung anhalten kann. In zahlreichen gut dokumentierten Ausführungsbeispielen wurde gezeigt, dass sich die gemessenen Festigkeitseigenschaften von verdichteten Sanden während eines Zeitraums von einigen Wochen nach Abschluss der Verdichtungsarbeiten infolge Porenwasserdruckabbau und Wiederherstellung von physikalischen und chemischen Bindekräften im Korngefüge um 50 bis 100 % verbessern können [105, 110, 136]. Daher sollten planmäßige Verdichtungskontrollen frühestens etwa eine Woche nach Beendigung der Verdichtungsarbeiten beginnen. Bei großen Projekten empfiehlt es sich, den optimalen Zeitpunkt versuchstechnisch zu ermitteln.

### 3.1.3 Tiefenverdichtung mit Aufsatzrüttlern

Als Alternative zur Rütteldruckverdichtung wurde Ende der 1960er-Jahre auf dem amerikanischen Markt ein Verfahren entwickelt, bei welchem ein Stahlrohr mit einem Durchmesser von etwa 750 mm mittels eines Aufsatzrüttlers in den zu verdichtenden Boden eingebracht wird. Das Verfahren wurde unter dem Namen Terra-Probe bekannt [21]. In Europa wurde das Verfahren unter dem Begriff Vibro-Wing-Methode oder MRC-Methode (Müller Resonant Compaction) eingesetzt. Das einheitliche Merkmal dieser Verfahren ist der schwere Aufsatzrüttler, mit dessen Hilfe entweder ein Rohr, ein Stahlträger oder eine speziell geformte Rüttelbohle in vertikale Schwingungen versetzt und in den zu verdichtenden Baugrund eingerüttelt wird. Während der Verdichtung wird die an einem Bagger hängende oder an einem Mäkler geführte Bohle wieder stufenweise aus dem Boden herausgezogen. Die Verdichtung erfolgt anders als beim Rütteldruckverfahren, bei welchem von dem im Boden befindlichen Rüttler horizontale Schwingungen ausgehen, die sowohl Kompressions- als auch Scherwellen erzeugen, beim MRC-Verfahren durch vertikale Schwingungen, die über die Oberfläche der Bohle durch Scherspannungen auf den umgebenden Boden einwirken, während der Rüttler selbst außerhalb des Bodens verbleibt.

Beim MRC-Verfahren wird unter Zuhilfenahme von Schwingungsmessungen an der Geländeoberfläche im Umfeld der Verdichtung die Frequenz der Vibration an die Eigenfrequenz des Vibrator-Bodensystems angepasst, um auf diese Weise den Verdichtungseffekt zu erhöhen. So erfolgt in der Regel der Einfahrvorgang mit einer höheren Frequenz (meist 25 Hz), während die Verdichtung mit einer deutlich niedrigeren Frequenz (etwa 16 Hz) durchgeführt wird [166]. Als Rüttelbohlen kommen schwere, sogenannte Y- und Doppel-Y-Bohlen zum Einsatz, die hinsichtlich ihrer Oberfläche so gestaltet sind, dass die zahlreichen Öffnungen Ausgangspunkt von Scherwellen sind, um auf diese Weise die seitliche Schwingungsausbreitung zu erhöhen (vgl. Bild 9). Die MRC-Methode kommt im praktischen Einsatz für Verdichtungstiefen bis etwa 15 m in Betracht und ist, wie das Rütteldruckverfahren, auf die Verdichtung von kohäsionslosen Böden beschränkt. *Massarsch* und *Fellenius* [104] berichten von der erfolgreichen Verdichtung eines Spülfelds für den Bau des Flughafens in Hong Kong. Untersuchungen in [177] zeigen, dass Tiefenverdichtungen mit Aufsatzrüttler-System weniger effektiv sind als mit Tiefenrüttlern, was vornehmlich durch den Ort des Energieeintrags in das Aufsatz-Rüttler-Bodensystems bedingt ist und seine Ursache in der eindimensionalen Scherung im Gegensatz zum Tiefenrüttler mit zweidimensionaler Scherung hat.

## 3.2 Stoßverdichtung

### 3.2.1 Verdichtung nichtbindiger Böden durch Impulseinleitung

Die Mechanismen, die bei dynamischer Beanspruchung zu einer Verdichtung granularer Böden führen, bestehen aus einer Kombination von vertikaler Belastung – hier reicht meist der geostatische Spannungszustand – und einer zyklischen Scherung. Die verdichtungswirksame Scherung im Baugrund entsteht ausgehend von einer Quelle durch Wellenausbreitung, deren Charakteristik und Reichweite von zahlreichen Faktoren abhängen und darüber hinaus über den Verdichtungsvorgang selber veränderlich sind. Verdichtungswirksam sind dabei vor allem die im Halbraum immer mit entstehenden Scherwellen. Im vorangegangenen Abschnitt wurden Verfahren beschrieben, die diese Scherung

**Bild 9** MRC-Tiefenverdichtung

durch eine harmonische Anregung in Form einer Vibrationsquelle in den Untergrund einleiten. Eine Wellenausbreitung im Untergrund kann auch durch stoßartige Belastungen erzeugt werden, die wiederum eine Verdichtung des Bodens nach sich ziehen. Dabei unterscheiden sich die Amplituden und Frequenzinhalte von denen einer vibrierenden Anregung.

Ebenso wie bei der Vibrationsverdichtung entstehen bei der Stoßverdichtung in wassergesättigten granularen Böden zunächst Porenwasserüberdrücke, die die Kontaktspannungen im Korngerüst verringern. Erst nach deren Dissipation nimmt der Boden – je nach Ausgangslagerungsdichte – eine dichtere Lagerung an. Die Kombination aus einer Verringerung der Kontaktspannungen und einer oszillierenden Scherung verursacht die gewünschte Kornumlagerung in eine dichtere Packung. Insbesondere locker gelagerte Böden können auf diese Weise wirkungsvoll verdichtet werden. Auch in trockenen Böden erzeugen die Scherwellen Kräfte, die geeignet sind, die Korn-zu-Korn-Reibung in gewissen Grenzen zu überwinden und durch Kornumlagerung den Porenanteil zu verringern. Im vorliegenden Abschnitt werden unterschiedliche impulsartige Anregungen zur wirkungsvollen Verdichtung locker gelagerter Böden vorgestellt.

### 3.2.2 Fallplattenverdichtung – Dynamic Compaction

Die Stoßverdichtung beruht auf der Einleitung von Stoßimpulsen auf der Geländeoberfläche, um die zu verbessernden Schichten im Untergrund zu verdichten und zu konsolidieren. Die Impulse werden dabei durch ein Fallgewicht (bis zu 40 t) erzeugt, welches aus Höhen von 5 bis 40 m fallen gelassen wird. Wegen der erheblichen kinetischen Energie, die dabei freigesetzt wird, wird das Verfahren auch als „Dynamische Intensivverdichtung", bei Anwendungen in feinkörnigen Böden auch als „Dynamische Konsolidation" bezeichnet. Die Fallplattenverdichtung zur Baugrundverbesserung wurde in ihrer modernen Entwicklung Ende der 1960er-Jahre von *Menard* [107] mit Aufkommen von Geräten, die hohen dynamischen Belastungen widerstehen (vgl. Bild 10), wesentlich vorangetrieben.

**Bild 10** Fallplattenverdichtung mit Trägergerät, Gewicht und Schlagtrichter

Die wesentlichen Parameter der Fallplattenverdichtung sind

- Größe des Fallgewichts,
- Aufschlagfläche des Fallgewichts,
- Fallhöhe,
- Anordnung und Rastermaß der Verdichtungspunkte,
- Anzahl der Schläge je Verdichtungspunkt,
- Reihenfolge der Abarbeitung (geometrisch, zeitlich).

Das Fallgewicht besteht üblicherweise aus fest miteinander verbundenen Stahlplatten in quadratischer oder teilweise auch achteckiger Form. Zur Ausführung einer Fallplattenverdichtung muss eine ausreichend verdichtete Arbeitsebene aus grobkörnigem Material in ca. 1 m Mächtigkeit vorhanden sein oder angelegt werden, deren Hauptaufgabe neben der Gewährleistung der Standsicherheit des Arbeitsgeräts darin besteht, lokales Versagen des Baugrunds an der Oberfläche zu verhindern bzw. zu behindern und so eine effektive Tiefenwirkung sicherzustellen.

Der Ablauf der Arbeiten wird im Normalfall durch Phasen mit unterschiedlichen Energieeinträgen in zeitlichen Abständen bestimmt, die von den Eigenschaften des zu verdichtenden Bodens, der Tiefenlage und Mächtigkeit der zu verbessernden Schicht und der zu erzielenden Verbesserung abhängen. Die Fallplattenverdichtung wird in der Regel in einem Rechteckraster mit Rasterpunktabstand von 3,5 bis 10 m ausgeführt, wobei auf jeden Punkt 5 bis 10 Schläge abgegeben werden. Dabei hat es sich bezüglich der Tiefenwirkung als vorteilhaft erwiesen, wenn beginnend mit großen Abständen der Verdichtungspunkte durch weitere Übergänge das Raster schrittweise verkleinert wird [87].

Die Anzahl der Schläge pro Punkt und Verdichtungsdurchgang wird dabei durch die Beobachtung des entstehenden Kraters bestimmt. Kommt es zu Aufwölbungen und lokalem Versagen an der Oberfläche, ist mit den folgenden Schlägen keine weitere Tiefenwirkung der Verdichtung mehr zu erwarten und der nächste Verdichtungspunkt wird bearbeitet. Die entstehenden Krater werden mit anstehendem Material oder Fremdmaterial verfüllt, bevor ein erneuter Übergang erfolgt. Bezüglich der Effektivität des Verdichtungsstoßes hat sich die Verwendung von „echten“ Freifallmassen als günstig erwiesen, da hierbei keine Verminderung der kinetischen Energie durch Reibung der Seilzüge beim Fall entsteht [88].

Die zeitliche Reihenfolge der Bearbeitung wird durch den Abbau des Porenwasserüberdrucks bestimmt. Der Arbeitsprozess wird so lange fortgesetzt, bis eine den Erfordernissen entsprechende Volumenveränderung eingetreten ist. Der letzte Übergang wird in der Regel mit geringer Energie je Schlag und kleinem Rastermaß ausgeführt.

Die Wirkungsweise der Fallplattenverdichtung beruht nach *Gödecke* [46] auf folgenden Effekten:

a) Erzeugung von bleibenden Verspannungen durch den Stoß verbunden mit Konsolidationsvorgang,
b) Verflüssigungseffekte mit Aufbau von Porenwasserüberdruck und nachfolgender Konsolidation,

c) Erhöhung der Durchlässigkeit durch spontane Rissbildung in bindigen Böden.

Die mit diesen zuvor beschriebenen Effekten erreichbaren Einwirktiefen lassen sich nach [145] mit folgender nicht einheitentreuer Formel abschätzen:

$$t = \alpha \cdot (G \cdot h)^{0,5}$$

mit

t Verdichtungstiefe [m]
G Masse der Fallplatte [t]
h Fallhöhe [m]
α Proportionalitätsfaktor

Der Proportionalitätsfaktor wird in [145] für verschiedene Böden zwischen 0,5 (Löss, Müllkörper, instabile Struktur), 0,6 (schluffiger Sand) und 1,0 (Kies, Geröll) angegeben. Bei *Luongo* [101] und *Lukas* [100] sind detaillierte Auswertungen zur Einwirktiefe in unterschiedlichen Bodenarten zu finden. *Lukas* hat in seiner Auswertung aus Erfahrungen in den USA für die Anwendung der Fallplattenverdichtung für Schnellstraßen-Konstruktionen den empirischen Koeffizienten in Abhängigkeit von der Bodenzusammensetzung und dem Grundwasserstand zwischen 0,6 (grobkörniger Boden, niedrige Sättigung) und 0,35 (gemischt- bis feinkörniger Boden, hohe Sättigung) angegeben. In einem gut dokumentierten Fallbeispiel stellen *Bo* et al. [14] die Fallplattenverdichtung beim Bau des Changi Flughafens in Singapur vor. Dabei wurden aufgespülte, locker gelagerte, enggestufte Feinsande mit unterschiedlichen Verdichtungsverfahren behandelt. Für den Bereich mit Fallplattenverdichtung wurden mit Fallmassen zwischen 15 und 23 t bei Fallhöhen zwischen 20 und 25 m bei quadratischen Rastern zwischen 6 und 10 m Wirktiefen erzeugt, die einem Proportionalitätsfaktor von $\alpha = 0,33$ bis 0,44 entsprechen. *Kirstein* [88] regt an, neben der kinetischen Energie auch das Rastermaß in die Abschätzung der Tiefenwirkung einzubeziehen:

$$t = \alpha \cdot (G \cdot h)^{0,5} - 1,3 \cdot (s - 4,5)$$

mit

t, G und h wie oben und
$\alpha = 0,58$ (Proportionalitätsfaktor)
s Rasterabstand [m]

*Slocombe* [143] schlägt das in Bild 11 gezeigte Diagramm zur Abschätzung der Tiefenwirkung einer Fallplattenverdichtung vor.

Den Auswertungen liegen teilweise recht unterschiedliche Annahmen über eine realistische Grenztiefe der Einwirkung zugrunde. Die Angaben schwanken zwischen ca. 8 und 10 m und bis zu 15 m, wobei große Wirktiefen in geeignetem granularen Material nur mit entsprechendem gerätetechnischen und wirtschaftlichen Aufwand erzielbar sind.

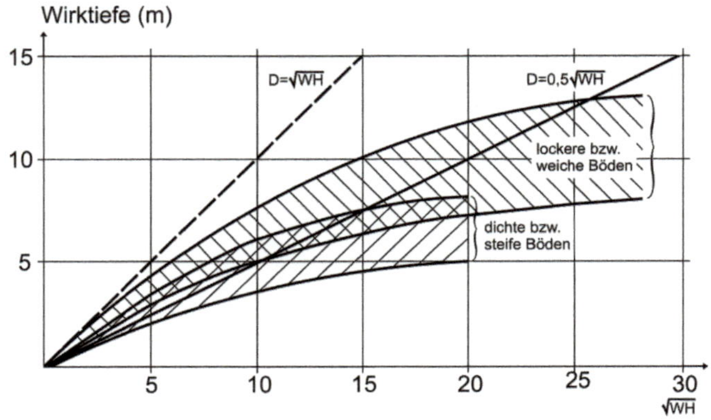


**Bild 11** Wirktiefe einer Fallplattenverdichtung (nach [143])

Zur raschen und einfachen Erfolgskontrolle bei Fallplattenverdichtungen stehen die

- Volumenbestimmung der Schlagtrichter,
- Setzungs- bzw. Hebungsmessungen während der Ausführung

für die Steuerung des Ablaufprozesses zur Verfügung. Des Weiteren können in feinkörnigen Böden auch Porenwasserdruckmessungen zur Beurteilung des Verfahrensablaufs genutzt werden. Es werden natürlich ebenfalls direkte und indirekte Methoden zur Bestimmung der geotechnischen Eigenschaften des verbesserten Bodens eingesetzt, wobei auch hier ein ausreichender Zeitraum zwischen Behandlungsende und Sondierung eingeplant werden sollte. Dennoch sollten diese Überprüfungen so früh wie möglich durchgeführt werden, um noch auf eventuelle Inhomogenitäten reagieren zu können.

Unter diesen Voraussetzungen lässt sich die Fallplattenverdichtung in einem weiten Bereich von Böden anwenden. Aus geotechnischer Sicht sind Böden mit Durchlässigkeiten k kleiner als $10^{-7}$ m/s bei gleichzeitig großer Mächtigkeit dieser Schicht, große Tiefen von gering durchlässigen Bodenschichten sowie Mächtigkeiten größer als ca. 10 m der zusammendrückbaren Schicht die einschränkenden Anwendungsgrenzen dieses Verfahrens [168].

Bei den Umgebungsbedingungen stellen in erster Linie die Erschütterung und Schwingungseinwirkungen auf bauliche Anlagen in der Umgebung und die Lärmentwicklung eine Einschränkung dar. *Slocombe* [143] geht näher auf die mit Verfahren verbundenen Auswirkungen auf die Umgebung ein. Entsprechend [168] sind unter normalen Bedingungen Sicherheitsabstände zu baulichen Anlagen von etwa 30 m erforderlich. Nach Bild 12 sind bei verschiedenen Bauausführungen Schwinggeschwindigkeiten von bis zu 30 mm/s gemessen worden. Sieht man Schwinggeschwindigkeiten der Größenordnung von etwa größer 8 mm/s als schadenerzeugend bei normalem Gebrauch an, so können auch aus dieser Darstellung die erforderlichen Mindestabstände nachvollzogen werden. Bei *Greenwood* und *Kirsch* [49] sind vergleichende Darstellungen über maximale Schwinggeschwindigkeiten in Abhängigkeit von Baugrund und Energieeintrag mit vergleichbaren Anforderungen an die Sicherheitsabstände zusammengestellt.

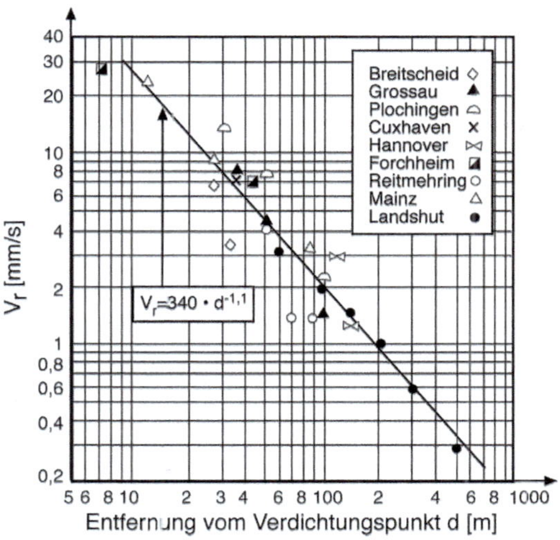


**Bild 12** Schwingungsauswirkung bei Fallplattenverdichtung (nach [168])

Aus wirtschaftlichen Gesichtspunkten ist die Anwendung des Verfahrens bei Flächen < 5000 m² aufgrund der hohen Baustelleneinrichtungskosten unrentabel. Sollen Wirktiefen von > 10 m erreicht werden, sind für die Fallplattenverdichtung entsprechend größere Geräteeinheiten erforderlich, die dann die Anforderungen an die Mindestgröße der zu bearbeitenden Fläche noch einmal steigern.

Auch vornehmlich bindige und gemischtkörnige Böden lassen sich in gewissem Maße mit Fallplatten verbessern. *Varaksin* [168] beschreibt ein Ausführungsbeispiel, bei dem leicht bis ausgeprägt plastische tonige Schluffe bis in ca. 15 m Tiefe bei 3 bis 8 Übergängen mit Energieeinträgen von 2630 bis 4300 kN/m² (max. 40 t bei 23 m Fallhöhe) verbessert worden sind. Über die erfolgreiche Verbesserung gemischtkörniger und geschichteter Böden für ein Wohnungsbauprojekt wird bei *Hiedra Lopez* und *Hiedra Cobo* [61] berichtet.

Eine Weiterentwicklung der Fallplattenverdichtung veranschaulicht *Varaksin* [168] am Beispiel einer Dammgründung für eine Schnellstraße. Zur Baugrundverbesserung werden nach dieser Methode Stampffelder mit großem Durchmesser durch den weichen Boden bis zum tragfähigen Horizont hergestellt, indem die Fallplattenverdichtung auf einer vorher aufgebrachten Stein- und Sandschüttung oberhalb des weichen Untergrunds ausgeführt wurde. Die entstehenden Steinsäulen führten dabei nicht nur zu einer Verbesserung der Tragfähigkeit, sondern dienten gleichzeitig noch zur Verbesserung der Entwässerungsbedingungen mit beschleunigtem Konsolidationsverlauf. Ergebnisse von über 20 Bauausführungen in den USA und Kanada wurden von *Luongo* [101] zusammengestellt und dokumentieren die Anwendungsgebiete des Verfahrens.

Von *Falkner* et al. [42] wird eine Verfahrensvariante der dynamischen Intensivverdichtung vorgestellt, die bei deutlich geringeren Wirktiefen mit reduzierten Massen und einer erhöhten Schlagfrequenz von ca. 40 bis 60 Schlägen pro Minute eine Verbesserung des Untergrunds verursacht. Dabei werden mittels eines sog. Impulsverdichters, bestehend aus einem hydraulischen Schlaghammer mit einer entsprechenden Fallmasse zwischen 5 und 12 t, einer Schlaghaube und einer besonders konstruierten

Verdichtungsplatte, durch zahlreiche Schläge Verdichtungsimpulse in den Baugrund eingeleitet [2].

### 3.2.3 Sprengverdichtung

Stoßimpulse zur Bodenverbesserung können auch durch im Untergrund gezündete Sprengladungen ausgelöst werden. Schon seit den 1930er-Jahren sind vor allem in der damaligen UdSSR Versuche in dieser Richtung angestellt worden. Eine ausführlichere Zusammenfassung der sowjetischen Arbeitsergebnisse gibt *Damitio* [32].

Außerhalb der UdSSR blieb es zunächst bei vereinzelten Anwendungen. *Kummeneje* und *Eide* [92] berichteten über Erfahrungen in den norwegischen Fjorden, wo die Fließgefährdung von Feinsanden mittels Versuchssprengungen geprüft wurde. In den Niederlanden beschreiben *De Groot* und *Bakker* [33] die Sprengverdichtung als wirtschaftlichstes Mittel zur Verdichtung von Feinsand bei einem Baulos des Amsterdam-Rhijn-Kanals; ein neueres Anwendungsbeispiel geben *Barendsen* und *Kok* [8]. *Solymar* et al. [146] berichten über umfangreiche Verdichtungsarbeiten für die Gründung eines 42 m hohen Erd- und Steinschüttdamms, dessen alluvialer Sanduntergrund bis in eine Tiefe von 40 m verdichtet wurde. Die oberen 30 m wurden mittels Rütteldruckverdichtung verbessert, nachdem das Schichtpaket zwischen 25 und 40 m Tiefe durch eine vorausgegangene Sprengverdichtung behandelt worden war.

Etwa seit 1992 wurden in ostdeutschen Braunkohlerevieren Sprengverdichtungen durchgeführt, um große Bereiche setzungsfließgefährdeter Kippenböschungen stillgelegter Tagebaue zur Nutzung freigeben zu können. Umfangreiche Forschungsarbeiten bestehend aus Feld- und Laborversuchen wurden vorgenommen, um die Anwendungsmöglichkeiten der Sprengverdichtung zu erkunden [51, 73, 126, 159]. *Kunze* und *Warmbold* [94] berichten von einem Pilotprojekt, bei dem ca. 19 Mio. $m^3$ Sand mittels Sprengverdichtung verdichtet wurden.

Der komplexe Vorgang der Sprengverdichtung in locker gelagerten Sanden lässt sich in folgende Schritte zerlegen (Bild 13):

- Aufweitung eines Hohlraums durch die Expansion der Explosionsschwaden der Sprengung und Ausbreitung von Kompressions- und Scherwellen im Nahfeld der Sprengung (r = 5 m bis 10 m).
- Große plastische Verformungen und eine Zerstörung der Kornstruktur des locker gelagerten Bodens im Nahfeld der Sprengung.
- Entstehung von Porenwasserüberdruck als Folge der o. g. Verformungen. Dissipation des Porenwasserüberdrucks und damit einhergehende Verdichtung des Bodens.
- Ausbreitung von Wellen im Fernfeld der Sprengung und Erzeugen von überwiegend elastischen Verformungen im Fernfeld.

Dieser Verfahrensablauf gilt zunächst für Sprengverdichtungen einzelner Punkte in voll gesättigtem, locker gelagertem Boden. Bei Vorliegen mitteldichter oder dichter Lagerung kann das Verhalten deutlich abweichen. Hier kann es auch zu einer Auflockerung des Bodens kommen. Eine wiederholte Sprengverdichtung in bereits verdichtetem Boden ist daher nicht zu empfehlen.

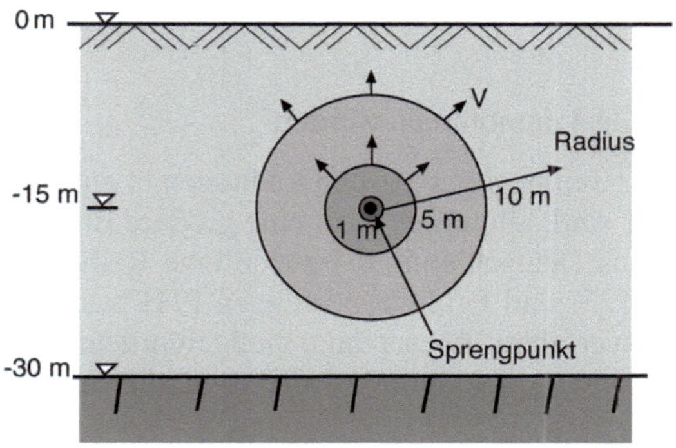


**Bild 13** Einpunkt-Sprengung

Die praktische Ausführung gliedert sich in folgende Verfahrensschritte:

- Einspülen eines Bohrlochs,
- Einsetzen der Ladungen,
- Verdämmen der Ladungen,
- Zünden.

Die Konstruktion des Sprengkörpers hängt von der Art des Sprengens ab. Am häufigsten werden Mischungen aus Ammoniumnitrat, TNT und verschiedenen Zusätzen verwendet. In den USA wird überwiegend Dynamit eingesetzt, obwohl seine Verwendung wegen der Empfindlichkeit des darin enthaltenen Nitroglyzerins sehr viel gefährlicher ist. Für die Sanierung setzungsfließgefährdeter Kippen in Deutschland wird in der Regel der Sprengstoff Gelamon eingesetzt, welcher meist in Form von Teilladungen zwischen 0,5 und 2,5 kg Gewicht direkt in ein von Bentonitsuspension gestütztes Bohrloch eingebracht wird.

Die einzelne Sprengung verursacht einen Porenwasserdruckstoß, dessen Ausbreitung *Kummeneje* und *Eide* [92] gemessen haben (Bild 14). Für den zeitlichen Verlauf des Porenwasserdrucks kann man vereinfacht ein exponentielles Abklingen annehmen (Bild 15b).

Die sowjetischen Versuche haben gezeigt, dass die Verdichtungswirkung bei lockeren Sanden auf das 1,5-Fache der Ladungstiefe begrenzt ist. Bei zunehmender Lagerungsdichte nimmt die Einflusstiefe dann auf das 1,2- bis 1,3-Fache der Ladungstiefe ab. Der Hauptanteil der Setzung, der je nach Ausgangslagerungsdichte zwischen 2 und 10 % der Schichtdicke betrug, tritt sofort ein. Über einige Minuten ist noch eine Nachsetzung zu beobachten [111].

Wenn man als Einflussbereich einer einzelnen Sprengung den Teil der Oberfläche definiert, dessen Setzung größer als 1 cm ist, so gilt bei einer Ladungsmenge C in kg für den Radius max R in [m] nach [68] folgende nicht einheitentreue Beziehung (Bild 16):

$$\max R = K_3 \cdot \sqrt[3]{C}$$

Die Ladungen werden im Grundriss so verteilt (Bild 17), dass eine gleichmäßige Wirkung entsteht. Das Rastermaß a = 2 R ist nach [68]:

$$a = 2K_4 \cdot \sqrt[3]{C}$$

Die Koeffizienten $K_3$ und $K_4$ können Tabelle 4 entnommen werden.

Der angestrebte Radius R sollte nicht unter 3 m liegen, da große Ladungen in entsprechend größeren Abständen wirkungsvoller sind, allerdings auch eine größere Einbautiefe erfordern. Veröffentlichte Berichte aus Deutschland [97] geben eine Reihe von Empfehlungen, die auf Modellversuchen [73] und Feldüberprüfungen [94] basieren. Methoden zur Bewertung von Sanierungsverfahren für setzungsfließgefährdete Kippen und Kippenböschungen unter Einbeziehung der Sprengverdichtung sind in [45, 91] zusammengefasst.

**Tabelle 4** Erfahrungswerte $K_3$, $K_4$ (nach [68])

| Bodenart | Lagerungsdichte | $K_3$ | $K_4$ |
|---|---|---|---|
| Feinsand | 0 – 0,2<br>0,3 – 0,4<br>> 0,4 | 25 – 15<br>9 – 8<br>> 7 | 5 – 4<br>3<br>< 2,5 |
| Mittelsand | 0,3 – 0,4<br>> 0,4 | 8 – 7<br>> 6 | 3 – 2,5<br>< 2,5 |

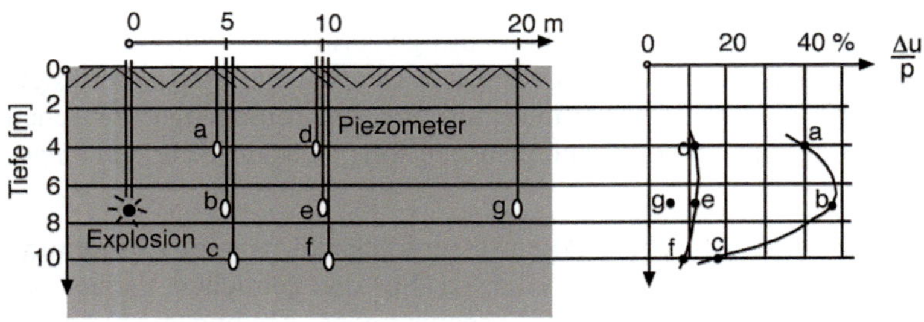


**Bild 14** Porenwasserdruckausbreitung in wassergesättigtem Sand (nach [92])

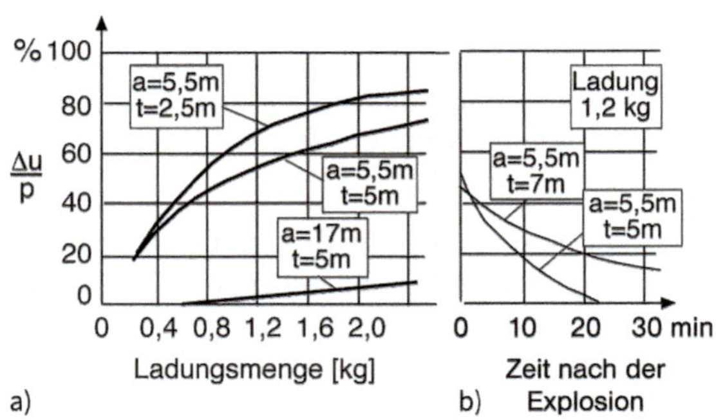


**Bild 15** Porenwasserüberdruck als Funktion a) der Ladungsgröße und b) der Konsolidierungszeit

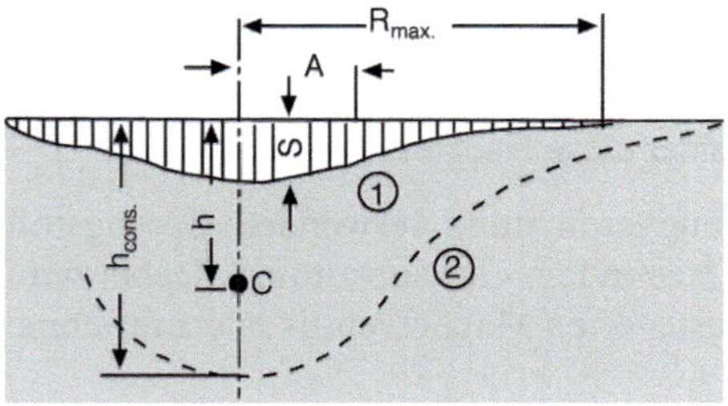


**Bild 16** Setzungsmulde und Konsolidierungszone des Bodens (C-Sprengladung) (nach [144])

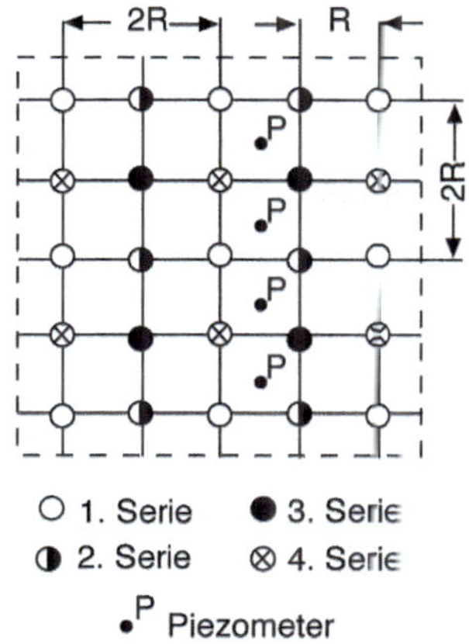


**Bild 17** Grundrissanordnung der Sprengladungen bei Ansatz von vier Serien (nach [144])

*Gudehus* et al. [52] und *Reinhardt* et al. [129] beschreiben ein in den letzten Jahren entwickeltes Verfahren zur schonenden Sprengverdichtung (SSPV), mit dessen Hilfe locker gelagerte Kippenböden so verdichtet werden können, dass diese nachfolgend für die land- und forstwirtschaftliche Nutzung freigegeben werden können. Für bautechnische Anforderungen können dann weitergehende Verdichtungsmaßnahmen ohne Auslösung kritischer Zustände ausgeführt werden. Die Wirkung der SSPV entsteht durch Ausgasen und Entwässern kritischer Bereiche, die unbehandelt schon bei geringen Anregungen zu Setzungsfließerscheinungen mit progressivem Kollaps neigen. Unterstützt wird die schonende Sprengung durch Entlastungsbohrungen, durch die eine Ausgasung und eine rasche Porenwasserdruckentspannung ermöglicht werden, die die durch die Sprengung ausgelöste Kollapsfront stoppen und so ein Setzungsfließen verhindern.

Der Anwendungsbereich der Sprengverdichtung entspricht bei Sanden und Kiesen dem der Rütteldruckverdichtung, wobei einzelne Toneinschlüsse [121] oder dünne bindige Zwischenlagen die Energieausbreitung stark behindern. Je größer das Korn ist, desto stärker ist eine Kornzerkleinerung in der unmittelbaren Einwirkungsumgebung, weil es bei großporigen Bodenarten kaum noch zu Porenwasserüberdrücken kommt, sondern die effektiven Kornkontaktkräfte im Moment der Explosion wirksam bleiben.

Zu der prinzipiell möglichen dynamischen Konsolidierung bindiger Böden mithilfe von Sprengungen gibt es bisher nur einen vietnamesischen Erfahrungsbericht nach [62] über Anwendungen seit etwa 1972 in Lehm- und Tonböden. Dabei wurden die Sprengladungen in dünnen Sandpfählen eingebracht. Die Verdichtungswirkung beschränkte sich auch nur auf den 3- bis 4-fachen Radius des Sandpfahls, sodass von einer räumlichen Wirkung eigentlich kaum zu sprechen ist. Die schon von *Prugh* [121] beobachtete starke Dämpfung der Kompressionswellen durch tonige Einschlüsse bestätigt sich damit erneut. Über positive sowjetische Erfahrungen mit der Kombination von Sprengen und Spülen bei instabilen Löss wird in [39] und [111] berichtet.

### 3.2.4 Luft-Impuls-Verdichtung

Ebenfalls zur Verbesserung setzungsfließgefährdeter Bodenmassen wurde das sogenannte Luft-Impuls-Verfahren entwickelt. Die konventionellen Verfahren wie Rütteldruckverdichtung, Sprengverdichtung oder auch Fallplattenverdichtung erfordern Arbeiten unmittelbar im Bereich der zu verbessernden Bodenkörper, was bei den zu Setzungsfließen neigenden Kippenböden mit erheblichen Risiken verbunden ist. Die von *Stoll* et al. [158] und *Heym* et al. [60] vorgestellte Luft-Impuls-Verdichtung kombiniert die Horizontalbohrtechnik mit der Airgun-Technik und vermeidet diese Nachteile.

Bei der Airgun-Technik wird der bei der Sprengverdichtung verwendete Sprengstoff durch die Expansion von unter hohem Druck stehendem Gas substituiert. Dabei wird eine definierte Luftmenge mithilfe eines ferngesteuerten Magnetventils intermittierend freigesetzt (Bild 18).

Die Masse der durch die Entspannung beschleunigten Luftmenge verursacht eine Hohlraumaufweitung und übt ähnlich der Sprengverdichtung einen Impuls auf die Umgebung aus. Die Intensität des Stoßes wird vornehmlich vom Massenstrom der Luft bestimmt und kann darüber gesteuert werden [165].

*Heym* et al. [60] beschreiben eine erste Anwendung des Verfahrens zur Stabilisierung setzungsfließgefährdeter Böschungen, wobei eine Bodenverbesserung auf einer Breite von 21 m über einer Länge von 380 m in zwei Abschnitten ausgeführt wurde. Aus jeweils drei Horizontalbohrungen wurden im Abstand von ca. 4,5 m auf der Bohrachse je Punkt ca. vier bis fünf Impulse mit Impulsstärken bis 145 bar in zeitlichen Intervallen von ca. einer Minute abgegeben. Die mit dieser Verfahrensweise erzielten Verdichtungen wurden während der Arbeiten durch Absenkungen des Geländes sichtbar. Qualitative Nachweise wurden über Geländenivellements und Bestimmungen der Lagerungsdichten vor und nach der Verdichtung durch Druck- und Rammsondierungen geführt. Alle Nachweise bestätigten die hohe Verdichtungsleistung in einem Radius von ca. 5 m um die Verdichtungspunkte herum.

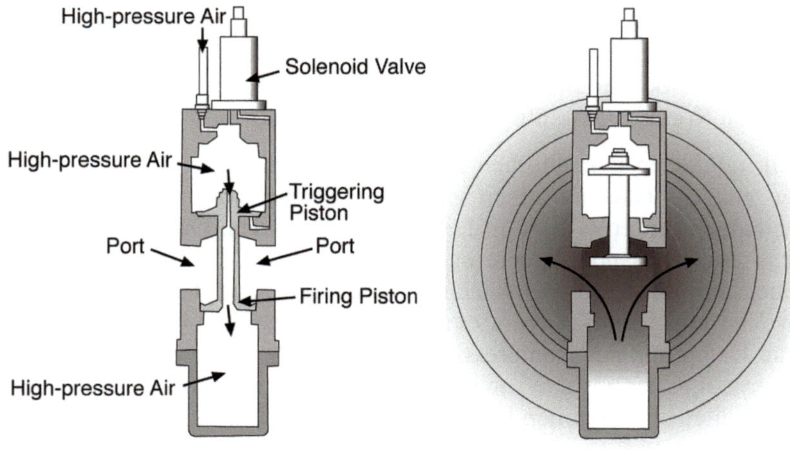


**Bild 18** Geräteaufbau für die Airgun-Technik (nach [165])

# 4 Bewehrung des Baugrunds ohne verdrängende Wirkung

## 4.1 Mechanisches Einmischen – Tiefeneinmischverfahren

### 4.1.1 Verfahrensbeschreibung und physikalische Grundlagen

Eine Methode der Baugrundverbesserung, die weitestgehend ohne Verdrängung des anstehenden Baugrunds vonstattengeht, löst das Bodengefüge mechanisch auf und vermischt es gleichzeitig oder mit geringem zeitlichen Verzug mit hydraulischen Bindemitteln, die nach erfolgter Hydratation vor allem die Scherfestigkeit des behandelten Bodens erhöhen und damit die Baugrundverbesserung bewirken. Die beschriebenen Verfahren der tiefreichenden Bodenstabilisierung oder des Tiefeneinmischverfahrens werden in Behandlungstiefen von mehr als 3 m eingesetzt (DIN EN 14679).

Tiefeneinmischverfahren wurden parallel in Schweden Ende der 1960er-Jahre und in Japan in den 1970er-Jahren als sogenannte „deep mixing methods" (DMM) entwickelt, wobei mit der skandinavischen Methode das Bindemittel „trocken" und mit der japanischen Methode „nass" also als Suspension eingebracht wird. Die Verfahren erfuhren rasch eine große Anwendungsbreite, da sie nicht nur hinsichtlich der verwendeten Bindemittel sehr variabel einsetzbar waren, sondern vor allem aufgrund der mechanischen Bearbeitung viele Möglichkeiten offen standen. Bereits in den Anfangsjahren wurden Verfahrensvarianten entwickelt, die für die Behandlung von Lockergesteinsböden (Sand, Schluff und Ton) sowohl an Land als auch unter Wasser geeignet waren. Heute bietet sich dem entwerfenden Ingenieur eine große Vielfalt unterschiedlicher Verfahrensvarianten, mit denen Festigkeit, Steifigkeit und Durchlässigkeit des Baugrunds verbessert werden können. Die Bodenbehandlung wird dabei mittels Werkzeugen durchgeführt, die um vertikale oder um horizontale Achsen rotieren und das mechanische Lösen verrichten sowie das Einmischen in den Boden bewirken. *Kitazume* und *Terashi* [89], *Topolnicki* [164] sowie *Brohms* [20] und *Dahlström* [31] geben einen guten Überblick über Verfahrensvielfalt und Anwendungen. Die generelle Ausführung der Verfahren und das zugehörige Qualitätsmanagement werden auch in DIN EN 14679 geregelt. In Tabelle 5 sind die wesentlichen Varianten der Verfahren zusammengestellt, die heute von den verschiedenen Spezialunternehmen ausgeführt werden.

Die in Tabelle 5 verwendeten Bezeichnungen geben nur ein unvollkommenes Bild der unübersichtlichen Vielfalt an verfügbaren Verfahren wieder, die alle dem Zweck dienen, einen möglichst großen Bodenbereich möglichst gleichmäßig und schnell mit dem nötigen Bindemittel zu durchmischen, um den gewünschten Verbesserungseffekt zu erzielen. Dabei hat sich gezeigt, dass Kombinationen von Tiefeneinmischverfahren mit dem Düsenstrahlverfahren besonders effektiv und leistungsstark sind (vgl. Abschnitt 4.2).

Oberflächennahe, nicht tragfähige weiche Bodenschichten können bis etwa 5 m unter Geländeoberkante wirkungsvoll mit einer Variante des Trockenverfahrens verbessert werden, wobei ein spezielles, um eine horizontale Achse rotierendes Schneidwerkzeug den Boden bis in die gewünschte Tiefe löst und gleichzeitig mit dem am Schneidkopf austretenden pneumatisch geförderten Bindemittel innig vermischt. Das Verfahren eignet sich vorzugsweise für große Bodenvolumina, weshalb sich auch der Begriff

Massenstabilisierung (mass mixing) eingebürgert hat. Bild 19 zeigt schematisch den Arbeitsprozess, wobei man in der Regel vom bereits verbesserten Baugrund aus voranschreitend den Baugrund in Zellen von etwa 3 m · 3 m aufteilt und bis in die gewünschte Tiefe, also abschnittsweise, bearbeitet.

**Tabelle 5** Tiefeneinmischverfahren, unterschieden nach dem Mischungsprozess (aus [89], modifiziert)

| Bindemittel | Rotationsachse | Lage des Mischwerkzeugs | Systembezeichnung und Anwender | Grundlage |
|---|---|---|---|---|
| Trocken | vertikal | Mischflügel am Ende der Mischwelle | DJM (Japan), skandinavische Methode (LCM) | DM |
| Nass A | vertikal | Mischflügel am Ende der Mischwelle | CDM (Standard, MEGA, Land 4, LODIC Column21, Lemni2/3) (Japan), SCC (Japan) Double Mixing (Japan), SSM (USA), Keller (Europa), MECTOOL (USA) | DM |
| Nass B | vertikal, unterstützt durch Jet | Mischflügel mit Hochdruckdüsen am Ende der Mischwelle | JACSMAN, SWING, WHJ (Japan), Geojet (USA), HydraMech (USA), TURBOJET (Italien) | DM |
| Nass C | vertikal | Hochdruckdüse am Ende der Mischwelle | Düsenstrahlverfahren (1-, 2- und 3-Phasen-System), Cross-Jet-Verfahren | DM |
| Nass D | vertikal | Bohrschnecke längs der Mischwelle | SMW (Japan), Bauer Dreifachschnecke (Deutschland), COLMIX (Frankreich), DSM (USA); MULTIMIX (Italien) | DM |
| | horizontal (Schlitzwand- und Grabenfräse) | kontinuierlicher, vertikaler Mischvorgang | CSM (Deutschland und Frankreich) Power Blender (Japan, flach bis 10 m) FMI (Deutschland, flach bis mittlere Tiefen), TRD (Japan, bis zu 35 m Tiefe) | Schlitzwand-, Grabenfräse |

DM = deep mixing, DJM = dry Japanese method, LCM = lime column method, CDM = cement deep mixing, JACSMAN = Jet And Churning System MANagement, TRD = trench remixing and cutting deep wall method, CSM = cutter soil mixing, FMI = Fräs-Misch-Injektionsverfahren

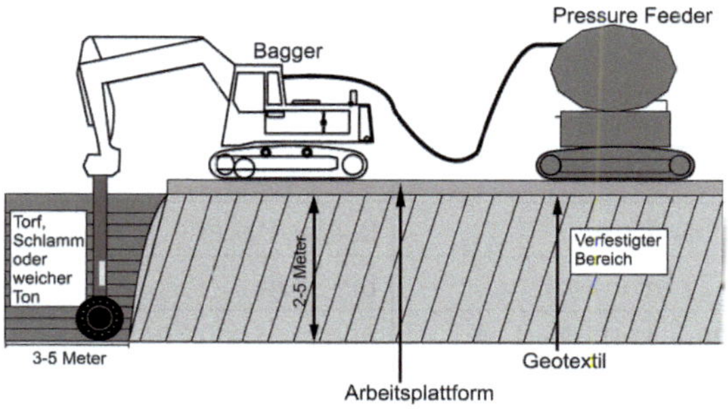


**Bild 19** Mass mixing (aus [31], modifiziert)

Beim Herstellvorgang der Methoden mit vertikaler Rotationsachse dringt das rotierende Mischwerkzeug zunächst bis zur gewünschten Tiefe in den Boden ein, wobei dessen Beschaffenheit die Werkzeugauswahl sowie die Drehgeschwindigkeit bestimmt. Während dieses Eindringvorgangs wird eine gleichmäßige Zerlegung des Bodens angestrebt. Es hat sich gezeigt, dass der sog. Flügelumdrehungsindex (blade rotation number), das ist die Gesamtzahl der einzelnen Flügelumdrehungen des Mischwerkzeugs je Meter behandelter Boden in [U/m], dabei von besonderer Bedeutung ist. Die Ausbildung des Mischwerkzeugs, das auch den Lösungsvorgang bewältigen muss, erfordert dabei große Erfahrung und muss auf den Boden abgestimmt sein.

Nach Erreichen der planmäßigen Tiefe wird die Mischwelle zurückgezogen und das Bindemittel trocken (pulverförmig oder gekörnt) oder nass als Bindemittelsuspension in den Boden eingebracht. Dabei rotiert das Mischwerkzeug weiter in horizontaler Ebene und sorgt für die angestrebte innige Vermischung mit dem Boden. Die Ziehgeschwindigkeit und der Bindemitteleintrag werden dabei so aufeinander abgestimmt, dass der für die Baugrundverbesserung erforderliche Bindemittelgehalt erreicht wird. Dabei muss beachtet werden, dass insbesondere beim Nassverfahren die Aufnahmekapazität des behandelten Bodens für die Suspension beschränkt ist. Anders als beim Düsenstrahlverfahren wird beim Tiefeneinmischverfahren in der Standardanwendung ohne Düsenstrahlunterstützung planmäßig kaum Rücklauf erzeugt und die eingebrachte Suspension muss im Prinzip den vorhandenen Porenraum verfüllen. Daher ist besondere Sorgfalt bei der Planung darauf zu legen, mit welchem Wasser/Feststoff-Verhältnis der Suspension welcher Bindemittelgehalt des fertigen Bodenmischkörpers erreicht werden kann.

Tabelle 6 gibt die Bandbreite für die Herstellungsparameter für trockenen und nassen Bindemitteleintrag wieder. Bild 20 stellt in schematischer Form den Herstellungsprozess von Bodenmischsäulen dar, die nach einem der beiden Tiefeneinmischverfahren ausgeführt werden.

Die Wahl zwischen den wesentlichen Ausführungsvarianten, Trockenverfahren oder Nassverfahren, ist eher ein Abwägungsprozess zwischen Geräteverfügbarkeit, Erfahrungen mit der jeweiligen Technik und dem angestrebten Grad der Baugrundverbesserung, als ein eindeutig baugrundbezogenes Entscheidungskriterium, wobei das Trockenverfahren einen genügend hohen Wassergehalt des Bodens voraussetzt, um die Hydratation des Materials zu erreichen.

**Tabelle 6** Richtwerte für die verschiedenen europäischen Tiefeneinmischverfahren (nach DIN EN 14679, modifiziert)

| | Trockenverfahren | Nassverfahren |
|---|---|---|
| Anzahl der Mischwellen | 1 | 1 bis 3 |
| Durchmesser des Mischwerkzeugs | 0,5 bis 0,8 m | 0,4 bis 0,9 m |
| Tiefe | bis 25 m | bis 25 m |
| Injektionsdruck | 400 bis 800 kPa (Luft) | 500 bis 1000 kPa |
| Einbringleistung (Bindemittel) | 100 bis 300 kg/min | 100 bis 250 l/min |
| Eindringgeschwindigkeit | 2 bis 6 m/min | 0,5 bis 1,5 m/min |
| Ziehgeschwindigkeit | 2 bis 6 m/min | 3 bis 5 m/min |
| Drehzahl | 100 bis 200 U/min | 25 bis 50 U/min |
| Flügelumdrehungsindex | 150 bis 500 U/m | 150 bis 500 U/m, auch kont. Bohrschnecke |
| Bindemittelmenge | 100 bis 500 kg/m$^3$ | 80 bis 450 kg/m$^3$ |
| Ziehrate | 10 bis 30 mm/U | 20 bis 30 mm/U |

Geht man vom nötigen Bindemittelgehalt aus, so ist dessen Einbringungsart in den Boden praktisch ohne Einfluss auf die erzielbare Festigkeit. Maßgeblich ist die gründliche Vermischung mit dem Boden, die in der Regel mit dem Nassverfahren besser gelingt, wobei allerdings unweigerlich mit größeren Mengen von an der Geländeoberfläche austretendem Bohrschlamm zu rechnen ist, welcher auch Material mit austrägt und den Bindemittelgehalt pro Volumeneinheit des behandelten Bodens beeinflusst. Andererseits ist zu bedenken, dass beim Trockenverfahren erhebliche Mengen Luft zum Materialtransport verwendet werden, die unter Umständen nicht vollständig aus dem Boden entweichen und die Homogenität des verbesserten Baugrunds nachteilig beeinflussen können.

Wie aus der Tabelle 6 ersichtlich ist, beträgt der Zementgehalt des behandelten Bodens beim Nassverfahren etwa 100 bis 500 kg/m$^3$, womit nach [164] z. B. in einem schluffigen Sand Festigkeiten bis 3 MPa erzielt werden können. Beim Trockenverfahren, das in der Regel in Böden mit Wassergehalten weit über 50 % angewendet wird, erzielt man mit 100 bis 300 kg/m$^3$ Bindemittel lediglich Festigkeiten, die in der Bemessung mit nicht mehr als etwa 150 kPa angesetzt werden sollten [31]. Andererseits ist es natürlich nicht empfehlenswert, das Nassverfahren in Böden mit sehr hohen natürlichen Wassergehalten einzusetzen, wie sie beispielsweise in Skandinavien bei marinen Tonen angetroffen werden. *Topolnicki* [164] hat einen Katalog von Kriterien vorgelegt, die die Verfahrensauswahl erleichtern können, wenn die Projektgröße nicht gestattet, durch Feld- und Laborversuche eine datenbasierte Entscheidung zwischen „nass" und „trocken" zu treffen (Tabelle 7).

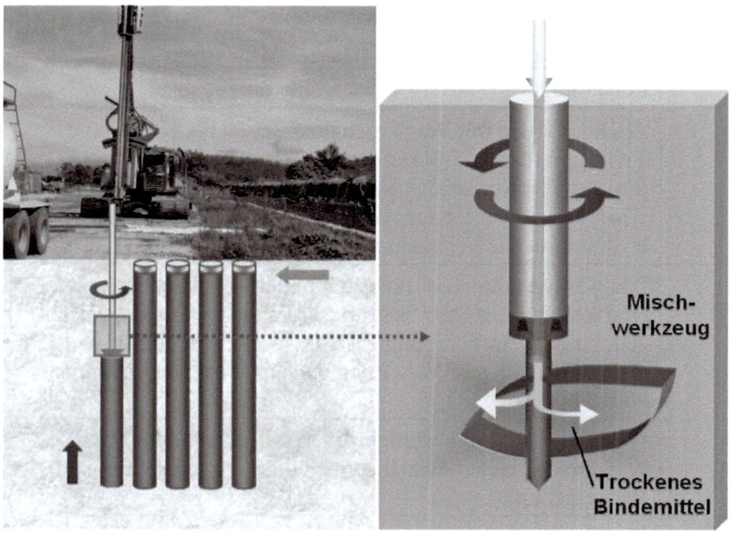


**Bild 20** Arbeitsweise des Tiefeneinmischverfahrens

Aus zahlreichen veröffentlichten Baustellenberichten (u. a. [164]) kann gefolgert werden, dass in weichen bindigen Böden mit sehr hohem Wassergehalt und hohen Anteilen organischer Bestandteile das Trockenverfahren die geeignete Methode der Baugrundverbesserung ist. Seine Anwendung setzt jedoch intensive Laborversuche voraus, um das geeignete Bindemittel und seinen erforderlichen Gehalt für die angestrebte Festigkeit zu ermitteln.

In Skandinavien werden bevorzugt Stabilisierungssäulen geringer Festigkeit hergestellt, die zusammen mit dem umgebenden Boden ein Tragsystem bilden. Die verwendete Bindemittelmenge beträgt 80 bis 240 kg/m$^3$ verfestigten Bodens. Bild 21 veranschaulicht erzielbare Scherfestigkeiten des behandelten Bodens in Abhängigkeit von der Art des Bodens und der Bindemitteldosierung [63].

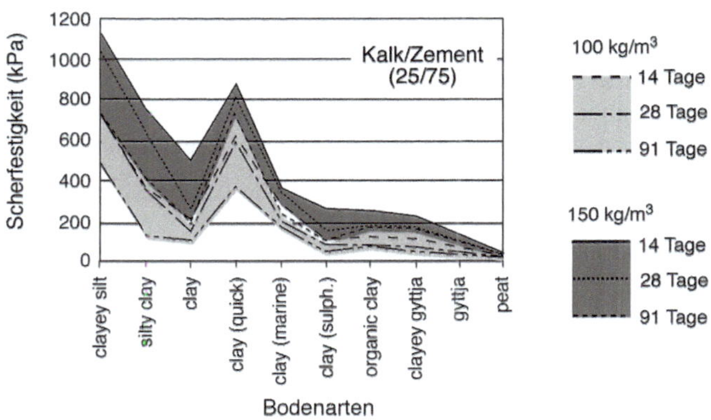


**Bild 21** Erzielbare Festigkeiten – Trockenverfahren (nach [63])

**Tabelle 7** Charakteristische Entscheidungskriterien für die Verfahrensauswahl „trocken“ oder „nass“ (nach [164], teilweise modifiziert)

| Merkmal | Bewertung |
|---|---|
| Wassergehalt w des zu behandelnden Bodens | Bindige Böden mit Wassergehalten w= 60 bis 200 % sind am besten für das Trockenverfahren geeignet. Es ist in diesen Böden effektiver als das Nassverfahren (zu beachten ist, dass Wassergehalte unter der Ausrollgrenze nicht zur Gänze für die Hydratation zur Verfügung stehen). |
| Mischungsqualität | Das Nassverfahren zeichnet sich in der Regel durch größere Homogenität das Stabilisierungskörpers aus (längere Mischzeit, bessere Aufbereitung des Bindemittels in der Suspension und gleichmäßigere Verteilung derselben im Stabilisierungskörper). |
| Festigkeit der Boden-Bindemittel-Mischung | Höhere Festigkeiten werden zuverlässiger mit dem Nassverfahren erreicht (Ausnahmen sind Böden mit sehr hohem Wassergehalt). |
| Eindringfähigkeit in feste Bodenschichten | Diese ist sehr viel höher mit dem Nassverfahren, da in der Regel Drehbohrgeräte mit hohem Drehmoment verwendet werden und die Bindemittelsuspension das Eindringen erleichtert. |
| Geschichteter Boden | Das Nassverfahren resultiert in besserer Durchmischung und gleichmäßigerer Festigkeitsverteilung über die Behandlungstiefe, was besonders für die Fräsverfahren zutrifft. Die Qualitätskontrolle ist beim Nassverfahren schwieriger. |
| Überschussmaterial | Das Trockenverfahren hinterlässt im Gegensatz zum Nassverfahren kein oder wenig Überschussmaterial. |
| Verwendung von Bindemittelmischungen und industriellen Nebenprodukten | Bindemittelmischungen werden häufig beim Trockenverfahren benutzt. Das Nassverfahren verwendet in der Regel nur Hochofenzement und selten andere industrielle Nebenprodukte als Bindemittelbeigabe. |
| Arbeiten bei Frost | Das Trockenverfahren ist deutlich weniger von Frosttemperaturen behindert, da für den Bindemitteltransport Druckluft verwendet wird. |
| Teilbehandlung in der Tiefe | Das Nassverfahren gestattet es, ausgewählte Bodenschichten in der Tiefe zu bearbeiten, ohne die überlagernden Bodenschichten wesentlich zu beeinflussen, da die Bindemittelsuspension auch ausschließlich während des Ziehvorgangs eingebracht werden kann. |

Für die Bemessung von Einzelsäulen, Säulenreihen und Säulenblöcken sei auf *Broms* [20] verwiesen.

Mit beiden Verfahren „nass“ oder „trocken“ wird ein Boden-Bindemittel-Gemisch hergestellt, dessen Haupteigenschaften, wie Festigkeit, Steifigkeit und Durchlässigkeit von den folgenden Faktoren bestimmt werden:

- chemische und physikalische Eigenschaften des zu behandelnden Baugrunds (pH-Wert des Porenwassers, Mineralogie, Kornverteilung, Wassergehalt, organische Bestandteile);
- Bindemittelzusammensetzung und -gehalt, Aufbereitung des Bindemittels, Aushärtungszeit;
- Herstellungsverfahren (geometrische Ausbildung des Mischwerkzeugs, aufgewendete Mischenergie und Dauer des Mischvorgangs).

Eine Übersicht über die mit dem Nassverfahren erzielbaren Festigkeiten und Durchlässigkeiten hat *Topolnicki* [164] für verschiedene Böden in Abhängigkeit des Zementgehalts des verbesserten Bodenvolumens zusammengestellt. Sie ist in Tabelle 8 wiedergegeben. Der hierbei üblicherweise anzunehmende Flügelumdrehungsindex, der für eine ausreichende Homogenisierung erforderlich ist, liegt je nach Bodenart zwischen 300 bis 350 U/m für Grobsande und Kiese sowie 500 bis 600 U/m für organische Böden oder Ton [147].

**Tabelle 8** Typische mit dem Nassverfahren erzielbare Festigkeiten und Durchlässigkeiten für unterschiedliche Böden und Zementgehalte (aus [164])

| Bodenart<br>– | Zementgehalt<br>kg/m³ | Zylinderdruckfestigkeit $q_u$<br>MPa | Durchlässigkeit<br>m/s |
|---|---|---|---|
| Schlamm / Schlick / Mudde | 250–400 | 0,1–0,4 | $1 \cdot 10^{-8}$ |
| Torf, org. Schluff und Ton | 150–350 | 0,2–1,2 | $5 \cdot 10^{-9}$ |
| Weicher Ton | 150–300 | 0,5–1,7 | $5 \cdot 10^{-9}$ |
| Ton, steif bis fest | 120–300 | 0,7–2,5 | $5 \cdot 10^{-9}$ |
| Schluff und schluffiger Sand | 120–300 | 1,0–3,0 | $1 \cdot 10^{-8}$ |
| Fein-Mittelsand | 120–300 | 1,5–5,0 | $5 \cdot 10^{-8}$ |
| Grobsand und Kies | 120–250 | 3,0–7,0 | $1 \cdot 10^{-7}$ |

Die mit ähnlichen Bindemittelgehalten nach dem Trockenverfahren erzielbaren Festigkeiten in Böden mit sehr hohen Wassergehalten liegen deutlich niedriger, etwa nur bei 30 bis 50 % der Werte von Tabelle 8 (vgl. auch Bild 21), wobei beachtet werden muss, dass bei Böden mit hohen organischen Bestandteilen (> 6 %) erst mit deutlich erhöhten Zementgehalten dieses Festigkeitsniveau erreicht werden kann. In [20] finden sich wertvolle Hinweise für die Stabilisierung von organischen Böden wie Torf und Gyttja, die in Skandinavien häufig anzutreffen sind und dort erfolgreich mit dem Trockenverfahren unter Verwendung von Hochofenzement mit relativ hohen Dosierungen von über 250 kg/m³ verbessert wurden.

Eine Variante des Tiefeneinmischverfahrens ist das in Deutschland zur Anwendung kommende Fräs-Misch-Injektions-Verfahren (FMI) bzw. das TRD-Verfahren aus Japan. Anstelle von Stabilisierungssäulen werden bei diesen Verfahren Stabilisierungsschlitze unterschiedlicher Breite, Länge und Tiefe hergestellt. Beim FMI-Verfahren wird das Lockergestein mithilfe einer speziellen Grabenfräse und Zugabe einer Bindemittelsuspension aufgefräst und vermischt. Die Maschine kann mit einem sogenannten Fräsbaum unterschiedlicher Länge ausgerüstet werden. Bei 6 m Länge können 1 m breite Streifen und bei maximal 9 m Länge 0,5 m breite Streifen bearbeitet werden. Als Bindemittel wird bevorzugt Zementsuspension verwendet. Der Wasser-Zement-Wert liegt im Allgemeinen um 1,0. Der Zementgehalt variiert je nach zu verbessernder Bodenart und beträgt bis zu 20 Gew.-%. Die Zementsuspension wird durch gleichmäßig am Fräsbaum verteilte Auslassventile verpumpt und beim Fräsen mit dem gelösten Boden vermischt. Mit den deutlich schwereren Geräten der TRD-Technik können Schlitze bis zu 60 m Tiefe mit Breiten von 80 cm hergestellt werden.

Die verfahrensbedingt mit vertikalen Mischwellen hergestellten Stabilisierungskörper sind zylinderförmige Säulen, die, aneinandergereiht, wandartige oder blockartige verbesserte Bodenbereiche ergeben. Sie können als pfahlartige Tragelemente zur Abtragung vertikaler Lasten, aber auch als Stützkörper zur Übernahme von Horizontallasten herangezogen werden. Bei entsprechender Überlappung werden Abdichtungswände hergestellt. Schlitzwand- und Grabenfräsen stellen wandartige Stabilisierungskörper her, mit denen durch entsprechende geometrische Kombinationen die gleichen Trag- oder Abdichtungselemente hergestellt werden können (vgl. Bild 22).

### Gerätetechnik

Einen umfassenden Überblick über die Vielfalt an Geräten, mit denen die Tiefeneinmischverfahren heute weltweit ausgeführt werden, haben *Topolnicki* [163] oder *Kitazume* und *Terashi* [89] zusammengestellt. Neben der wesentlichen Unterscheidung zwischen „nass“ und „trocken“, kann man auch zwischen Geräten, die eine oder mehrere vertikale Mischwellen verwenden, und Fräsmaschinen unterscheiden, deren Schneidwerkzeuge um horizontale Achsen rotieren. Für Arbeiten offshore wurden in Asien bereits acht Mischwellen gleichzeitig betrieben, mit denen in einem Arbeitsgang eine Fläche von 5,75 $m^2$ bis in 70 m Tiefe verbessert wurden.

Die eingesetzten Mischwerkzeuge müssen in aller Regel einen doppelten Zweck erfüllen: Sie müssen eine ausreichende Qualität als Bohrwerkzeug aufweisen, sie müssen aber vor allem das Bodengefüge bereits während des Abbohrvorgangs wirkungsvoll lösen und mit dem eingebrachten Bindemittel im Misch- und Ziehvorgang innig vermischen. Dies ist vor allem in bindigen Böden mit geringem Wassergehalt von großer Bedeutung, da bei unzureichender Bodenaufbereitung größere Bodenbrocken im Boden-Mischkörper verbleiben können, die zu Festigkeitsminderungen führen. Dem Flügelumdrehungsindex kommt dabei eine besondere Bedeutung zu. Er ist auf der Baustelle zu ermitteln und im Vorfeld entweder aus Erfahrungen oder aus In-situ-Probesäulen festzulegen, um sicherzustellen, dass eine ausreichende, den Laborbedingungen nahekommende Durchmischung erreicht werden kann.

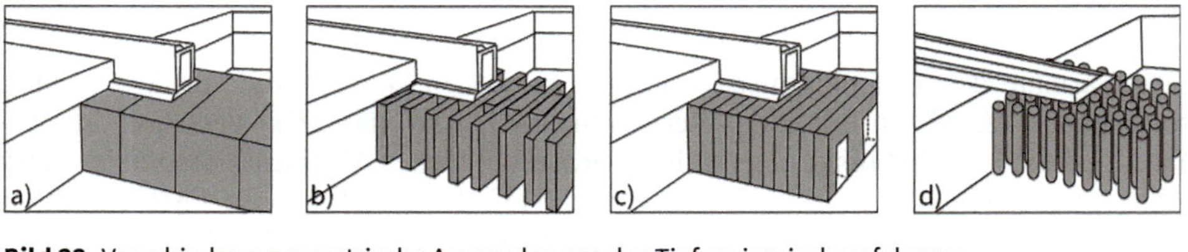


**Bild 22** Verschiedene geometrische Anwendungen des Tiefeneinmischverfahrens;
a) Block, b) Mauer, c) Gitter, d) Säulengruppen

Die Bindemitteldosierung erfolgt beim Nassverfahren in Mischstationen, in denen das Bindemittel als Suspension aufbereitet und über Rohr- oder Schlauchleitungen zum Bohrgerät transportiert wird. Die Ziehrate, also die Geschwindigkeit, mit der das Mischwerkzeug aus dem Boden wieder herausgezogen wird, muss mit der eingebrachten Suspensionsmenge (Zementmenge) abgestimmt sein, um den vorher bestimmten Bindemittelgehalt einzuhalten. Es ist Stand der Technik, dass alle relevanten Herstellparameter in Echtzeit aufgezeichnet werden, sodass jede Säule hinsichtlich ihrer Dimensionen und der eingebrachten Zementmenge mit den Planvorgaben abgeglichen werden kann (vgl. auch DIN EN 14679).

Das Trockenverfahren stützt sich auf eine vergleichsweise anspruchsvollere Gerätetechnik und verwendet in der Regel Drehbohranlagen mit geringeren Drehmomenten, jedoch erheblich größeren Drehzahlen, mit denen das Mischwerkzeug sehr schnell in den zu behandelnden, stets sehr weichen Baugrund eindringt. Das Bindemittel wird mittels geländegängigen Silofahrzeugen direkt zur Drehbohranlage verbracht, wo es pneumatisch über Schläuche und Rohrleitungen zum Mischwerkzeug gefördert wird. Die Silofahrzeuge sind neben einem leistungsfähigen Kompressor vor allem auch mit einer Lufttrocknungsanlage und einer Wiegeeinrichtung ausgerüstet. Die Dosierung des trockenen Bindemittels erfolgt üblicherweise mittels sogenannter Zellenräder, was eine Kalibrierung vor jedem Baustelleneinsatz und in gewissen Abständen auch während der Arbeitsausführung erforderlich macht. Da der Transport des Mischguts zu Unterbrechungen des kontinuierlichen Herstellvorgangs führen kann, versorgen in der Regel zwei Silofahrzeuge (auch „shuttle“ genannt) eine Drehbohranlage. Auch beim Trockenverfahren werden alle Herstellungsparameter und tiefenbezogenen Bindemittelmengen kontinuierlich aufgezeichnet.

### 4.1.2 Anwendungsbereich und Ausführungsaspekte

Für geringe Behandlungstiefen bis etwa 5 m wird das „trockene“ Tiefeneinmischverfahren als Massenstabilisierung (mass mixing) zur oberflächennahen Verbesserung großer Flächen von weichen organischen Böden eingesetzt. Da die oberste Schicht von etwa 0,5 m Dicke häufig nicht ausreichend homogen mit dem Bindemittel vermischt werden kann, hat sich eine Arbeitsweise als vorteilhaft erwiesen, bei der die Geräte von bereits behandeltem Boden aus operieren, der mit einer Geotextillage und einer etwa 0,5 m starken Tragschicht abgedeckt sein sollte. Diese Behandlungsmethode eignet sich für flächenhafte Gründungen im Straßen- und Wegebau, aber auch ganz generell für die Abtragung flächenhafter Belastungen.

Das Hauptanwendungsgebiet der trockenen Methode, bei der Bindemittelsäulen mit Durchmessern von 60 cm bis 80 cm hergestellt werden, ist die Gründung von Straßen- und Eisenbahndämmen auf weichen bis sehr weichen bindigen, häufig auch organischen Böden. Die Dammhöhen betragen in der Regel bis zu 4 m. Die Bindemittelsäulen werden unter dem Damm in quadratischen Rastern von etwa 1,0 bis 1,6 m Abstand und unter den Böschungen in sich überlappenden Säulenreihen angeordnet und dienen der Setzungsverminderung und der Erhöhung der Standsicherheit. Üblicherweise wird der verbesserte Baugrund zusätzlich noch vorbelastet, um die erwarteten Setzungen in der Größenordnung von 200 bis 300 mm bereits während der Bauphase vorwegzunehmen. Dabei macht man sich die Tatsache zunutze, dass das Gemisch aus bindigem Boden und Bindemittel vor dem Abbinden eine körnige Struktur größerer Durchlässigkeit aufweist und so die Konsolidierung beschleunigt [20]. Erst nach abgeschlossener Hydratation verhält sich die Materialsäule weitgehend als starres Tragelement. Neben der Erhöhung von Tragfähigkeit und Scherfestigkeit wird das Verfahren in Schweden seit den 1990er-Jahren auch zur Verminderung von Vibrationen auf Hochgeschwindigkeitsbahnstrecken eingesetzt, die über weiche, bindige Bodenschichten verlaufen. *Dahlström* [31] beschreibt die für derartige Eisenbahnprojekte entwickelte Anordnung der Materialsäulen unter dem Bahnkörper.

Das „nasse“ Tiefeneinmischverfahren weist eine noch größere Anwendungspalette auf. Zu nennen sind hier z. B.:

- Gründungen,
- Abstützungen,
- Untergrundverbesserungen,
- Erhöhung der Sicherheit bei Erdbeben,
- Abdichtungswände,
- Einkapselungen in der Umwelttechnik.

Auf die Darstellung der vielfältigen Möglichkeiten der Säulenanordnung für die jeweilige Aufgabe wird hier verzichtet und auf die bereits mehrfach zitierte Literatur und die DIN EN 14679 verwiesen. Es ist insbesondere die reduzierte Durchlässigkeit des mit dem Nassverfahren hergestellten Bodenmischkörpers, die es für die Verwendung zur Abdichtung gegen drückendes Grundwasser und auch zur Einkapselung von kontaminiertem Boden geeignet macht. Die hierfür nötigen wandartigen Abdichtungskonstruktionen werden in der Regel mit Schlitzwand- oder Grabenfräsen oder mit vertikalen Mehrfachmischwellen hergestellt. In jüngerer Zeit wird das Tiefeneinmischverfahren auch zur Errichtung von Baugrubenverbauen eingesetzt. Beispiele hierfür sind z. B. in [152] enthalten.

Die heutigen Entwurfskriterien fußen im Wesentlichen auf den langjährigen Erfahrungen, die in Skandinavien mit dem „trockenen“ und in Japan mit dem „nassen“ Tiefeneinmischverfahren gemacht wurden. Der Planungsprozess einer Baumaßnahme, bei der das Tiefeneinmischverfahren eingesetzt werden soll, wird dabei folgende Schritte enthalten:

1. Auswahl der geeigneten Methode (nass oder trocken) mit anschließender Festlegung des Verfahrens.
2. Bestimmung der erzielbaren Festigkeit des Stabilisierungskörpers unter Beachtung der vorliegenden Baugrundbeschaffenheit (Bindemittel und Bindemittelgehalt).
3. Festlegung von Abmessungen und Anordnung der Stabilisierungskörper (Säulen, wandartige Elemente).

Die wesentliche Eigenschaft des nach dem Tiefeneinmischverfahren hergestellten Stabilisierungskörpers ist seine Festigkeit, die in der Regel als Zylinderdruckfestigkeit bestimmt wird. Tragglieder, die mit dem Verfahren hergestellt werden, verhalten sich angesichts ihrer im Vergleich zum Boden vielfach höheren Steifigkeit wie unbewehrte pfahlartige Tragelemente und sind entsprechend hinsichtlich ihrer inneren Festigkeit und äußeren Tragfähigkeit zu dimensionieren. Die Versagensmechanismen von Säulen, die nach dem Trockenverfahren hergestellt wurden, sind von *Kivelö* [90] und *Brohms* [20] eingehend untersucht worden. Aufgrund der deutlich geringeren Festigkeiten wird beim Trockenverfahren meist ein Mittragen des umgebenden Bodens angesetzt [31].

Durch geeignete Laboruntersuchungen ist das Bindemittel nach Typ (Zement, Kalk, Füller, etc.) und Gehalt festzulegen. Außerdem erhält man dabei Hinweise auf den voraussichtlich erforderlichen Mischungsaufwand, der Einfluss auf die Auswahl des Mischwerkzeugs sowie auf die nötigen Ausführungsparameter (Flügelumdrehungsindex, Drehzahl) hat. Die im Boden erreichbare Festigkeit wird in erster Linie vom Bindemittelgehalt bestimmt. Die Steigerung des Bindemittelgehalts führt jedoch beim Nassverfahren je nach Porenvolumen unvermeidlich zu größerem, an der Oberfläche austretendem Überschussmaterial (spoil). So entstanden beispielsweise bei einem Projekt in Florida, bei dem für die Baugrundverfestigung von locker gelagertem schluffigem Sand und sandigem Schluff sowie weichem Ton, der hinter einer Hafenspundwand anstand, große Mengen an Überschussmaterial, die etwa 33 % des behandelten Bodenvolumens ausmachten. Dort wurden Säulen von 2,13 m Durchmesser mit einem Flächenverhältnis von 85 % hergestellt. Bei einem Bindemittelgehalt von 175 kg/m$^3$ wurden Zylinderdruckfestigkeiten von 689 kPa erreicht [22].

Allgemein kann festgehalten werden, dass mit dem Trockenverfahren praktisch kein oder nur geringe Mengen an Überschussmaterial anfallen. Auch bei den Graben- und Fräsmethoden kann mit geringen Mengen an Überschussmaterial gerechnet werden, was durchaus von wirtschaftlicher Bedeutung ist, da es in aller Regel als Abraum entsorgt werden muss, wenn sich keine andere Nutzung, beispielsweise als Verfüllmaterial, ergibt. Im Nassverfahren werden die Bindemittel als Suspensionen mit einem Gehalt um W/B = 1 während des Eindring- und Mischvorgangs in den Baugrund über das Mischwerkzeug eingebracht. Dabei benötigt man in den meisten Fällen eine Bindemittelmenge von 25 bis 40 % des zu verbessernden Bodenvolumens, um die gewünschten Festigkeiten zu erzielen. Man kann die erforderliche Menge an Bindemittelsuspension ggf. leicht verringern, wenn man den Mischaufwand erhöht. Liegen keine ausreichende Erfahrungen in einem bestimmten Boden mit dem gewählten Verfahren vor, so müssen die im Labor ermittelten Bindemittelgehalte vorab auf der Baustelle überprüft werden, um unangenehme Überraschungen zu vermeiden.

Es wurde bereits darauf hingewiesen, dass mit dem heutigen Stand der Technik eine lückenlose, zeitliche Aufzeichnung aller Arbeitsschritte, Parameter, Mengen und geometrischen Abmessungen des Stabilisierungskörpers möglich ist. DIN EN 14976, aber auch [147] geben hier die erforderlichen Hinweise zu den mindestens aufzuzeichnenden Größen. Da der Zementgehalt in erster Linie für die angestrebte Festigkeit des Stabilisierungskörpers bestimmend ist und der Zement im Überschussmaterial für die Festigkeitsbildung nicht zur Verfügung steht, sind unmittelbar nach Arbeitsbeginn Proben (Nassgreiferproben direkt aus dem noch nicht abgebundenen Material) oder Prüfkörper aus Kernbohrungen aus dem abgebundenen Körper zu entnehmen und auf Festigkeit oder Durchlässigkeit zu testen. Da die geometrische Lage der Trag- oder Abdichtungselemente, die mit modernen Geräten hergestellt wurden, anhand der Aufzeichnungen unmittelbar nach Fertigstellung verifizierbar sind, erübrigen sich eigentlich die früher noch üblichen Nachprüfungen von Lage und Kontinuität mittels Sondierungen.

Bemessung und Ausführung von Arbeiten nach dem Tiefeneinmischverfahren sind in Deutschland nach DIN 4093 und DIN EN 14976 geregelt, wobei allerdings die europäische Ausführungsnorm nicht konfliktfrei in der Praxis einsetzbar ist. Bis zur Erarbeitung von Ergänzungsdokumenten gelten daher in Deutschland neben den genannten Normen vor allem bauaufsichtliche Zulassungen, die die geregelte Verfahrensanwendung sicherstellen sollen [170]. Angesichts der großen Vielfalt unterschiedlichster Tiefeneinmischverfahren (trocken, nass, an Land, über Wasser, mit vertikaler oder horizontaler Drehachse, in Kombination mit unterschiedlichen Methoden des Düsenstrahlverfahrens) bleiben allerdings Zweifel, ob der Versuch, ein derartiges Ergänzungsdokument zu erarbeiten, erfolgreich sein kann. Einstweilen gelten also weiterhin bauaufsichtliche Zulassungen und, für spezielle Einzelfälle, Zustimmungen im Einzelfall [75].

## 4.2 Hydraulisches Einmischen – Düsenstrahlverfahren

### 4.2.1 Verfahrensbeschreibung und physikalische Grundlagen

Die kinetische Energie von Flüssigkeitsstrahlen und ihre erodierende Wirkung besonders auf Lockergestein sind in der Technik seit Jahrhunderten bekannt. Ihre Bedeutung für die gezielte Verbesserung von Baugrundeigenschaften, hier zunächst die Verminderung der Durchlässigkeit, wurde in den 1950er-Jahren nahezu gleichzeitig in England und in Japan erkannt. In der zweiten Hälfte der 1960er-Jahre wurde aus ersten Anwendungen in Japan ein Bauverfahren entwickelt, das heute zu den variantenreichsten Methoden der Baugrundverbesserung zählt [181]. Seit etwa 1980 wird das Verfahren dann zunächst in Europa und wenig später auch in den USA angewendet, wobei die unterschiedlichsten Bezeichnungen (Hochdruckinjektion, Düsenstrahlinjektion sowie auch geschützte Bezeichnungen wie Soilcrete, Rodinjet und HDI) gebraucht wurden, ehe sich in Deutschland die Bezeichnung „Düsenstrahlverfahren“ und international der Begriff „Jet grouting“ durchgesetzt haben. Heute erfreut sich das Verfahren dank seiner großen Vielseitigkeit im Spezialtiefbau breiter Akzeptanz und wird sowohl bei der Verringerung der Durchlässigkeit wie auch der Erhöhung der Festigkeit des Baugrunds eingesetzt. Dennoch ist seine erfolgreiche Anwendung eine beachtliche technische Herausforderung und stellt große Anforderungen an den geotechnischen Entwurf, die Bemessung und besonders an die einwandfreie Ausführung [23].

Durch einen energiereichen Wasser- oder Suspensionsstrahl wird die Struktur des Bodens zerstört und eine Vermischung von Boden und Strahlflüssigkeit herbeigeführt. Das Düsenstrahlverfahren macht sich diesen Vorgang zunutze und bringt durch im Untergrund hergestellte Bohrungen sogenannte Düsenträger in die gewünschte Lage, von denen aus der Flüssigkeitsstrahl seine Wirkung entfaltet. Dies geschieht, indem die Flüssigkeit mit einem Druck von etwa 30 bis 60 MPa durch eine Düse mit einem Durchmesser von etwa 2 bis 5 mm gepresst wird, wobei der sich dabei entwickelnde Strahl sehr hohe Geschwindigkeiten erreicht. Verfahrensziel ist die Entfaltung einer optimalen Wirkung der kinetischen Energie des Strahls bezüglich seiner Reichweite und Erosionskraft im anstehenden Boden. Durch Rotation des Düsenträgers und gleichzeitiges Ziehen desselben aus dem Bohrloch wird eine Bodensäule bearbeitet, deren Durchmesser in erster Linie von der eingesetzten Energie und dem anstehenden Baugrund abhängt. Ein Teil des Boden-Flüssigkeits-Gemischs muss dabei systembedingt durch das Bohrloch zutage gefördert werden, um die ordnungsgemäße Herstellung sicherzustellen.

Wird als Erosionsflüssigkeit eine Zementsuspension verwendet, so entsteht auf diese Weise ein verfestigter zylindrischer Körper. Die nach Aushärtung des Boden-Suspensions-Gemischs erreichte Festigkeit des Düsenstrahlkörpers hängt in erster Linie vom Bindemittelgehalt und den Eigenschaften der eingebetteten Bodenpartikel ab. Das Verfahren selbst ist das einfachste der im Weiteren beschrieben Düsenstrahlverfahren und wird als 1-Phasen-System bezeichnet (DIN EN 12716).

Ein wesentlicher Entwicklungsschritt des Verfahrens war die Erkenntnis, dass die Erosionswirkung des Flüssigkeitsstrahls, insbesondere bei Arbeiten unterhalb des Grundwasserspiegels, durch eine Ummantelung mit einem Luftstrahl von hoher Geschwindigkeit (mindestens halbe Schallgeschwindigkeit) wesentlich gesteigert werden kann. Bild 23 zeigt die Wirkung der Luftummantelung eines Wasserstrahls in Wasser als Funktion des dynamischen Druckverhältnisses $p/p_0$ zur Strahlweite in Abhängigkeit der Luftgeschwindigkeit. Bei einer Luftgeschwindigkeit von 100 m/s beträgt der Restdruck des Wasserstrahls, der sich an der Düse beispielsweise auf $p_0$ = 40 MPa beläuft, in 100 cm Entfernung von derselben noch 4 MPa ($p/p_0$ = 0,1), während dieser Wert ohne Luftummantelung, hier also bei 0 m/s, bereits in einem Abstand von ca. 20 cm erreicht würde. Diesen positiven Effekt macht sich das 2-Phasen-System (Suspension und Luft) zunutze. Zu den Auswirkungen der Luftummantelung auf die Schneidkraft hat auch *Beck* interessante Messungen durchgeführt [10].

Eine weitere Variante dieses Verfahrens besteht darin, dass die erodierende Wirkung durch einen energiereichen Wasserstrahl erzeugt wird und gleichzeitig die verfestigende Wirkung durch einen getrennt wirkenden Suspensionsstrahl geringeren Drucks sichergestellt wird (2-Phasen-System Wasser und Suspension). Bedeutend wirkungsvoller ist es allerdings, den Wasserstrahl entsprechend den Erkenntnissen, wie sie in Bild 23 gezeigt sind, durch Luftummantelung in seiner Erosionswirkung deutlich zu verstärken. Man spricht dann vom 3-Phasen-System „Wasser, Luft und Suspension“. Bild 24 zeigt die Verfahrensvarianten in schematischer Form.

Allen Verfahrensvarianten ist die Notwendigkeit gemeinsam, dass überschüssiges Boden-Wasser- oder Boden-Suspensions-Gemisch ungehindert durch das Bohrloch zur Geländeoberfläche abfließen kann, wo es aufgenommen und entweder weiterer Verwendung oder einer geeigneten Entsorgung zugeführt werden muss.

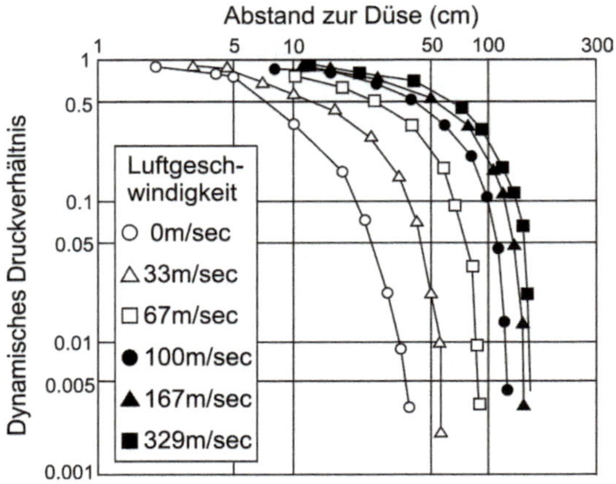


**Bild 23** Dynamisches Druckverhältnis $p/p_0$ entlang des Strahlzentrums bei unterschiedlichen Luftgeschwindigkeiten (aus [23])

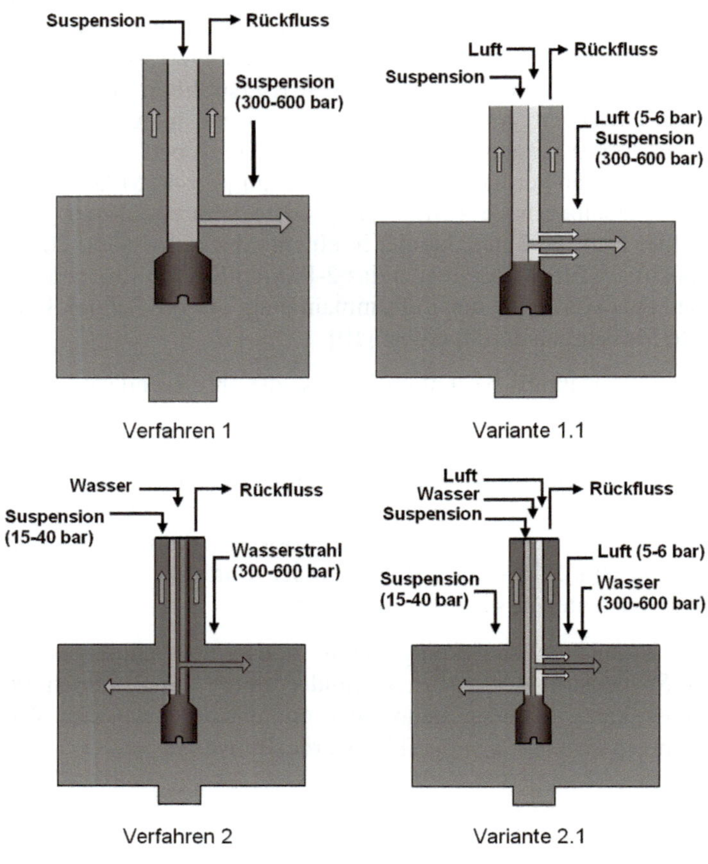


**Bild 24** Varianten des Düsenstrahlverfahrens

Die mit diesen Verfahrensgrundtypen erzielbaren Säulendurchmesser sind in vielfältiger Weise abhängig von den Eigenschaften des Baugrunds und den Ausführungsparametern. Im Wesentlichen sind dies:

- Kornverteilung, Lagerungsdichte und Scherfestigkeit des Baugrunds,
- physikalische Eigenschaften des Düsenstrahls,
- Druck und Menge der eingesetzten Flüssigkeiten (einschließlich der eventuell verwendeten Luft),
- Eigenschaften der Bindemittelsuspension (insbesondere Zementgehalt),
- Dreh- und Ziehgeschwindigkeit des Düsenträgers.

Trotz seiner mehr als 50-jährigen Anwendungsgeschichte ist es bisher nicht abschließend gelungen, die gewünschten Durchmesser zuverlässig im Vorfeld zu berechnen. Ansätze hierzu, basierend auf hydromechanischen Zusammenhängen [13, 99], sind zwar vorhanden, aber im Allgemeinen können die erzielbaren Durchmesser vorab nur aufgrund vielfältiger Erfahrungen in unterschiedlichsten Böden für die gewählten Verfahren abgeschätzt werden. Es müssen also im Rahmen jeder Baumaßnahme geeignete Vorversuche zur Bestimmung der erzielbaren Durchmesser durchgeführt werden.

Anhaltswerte für den mit dem 3-Phasen-System in Sand und Ton erzielbaren Säulendurchmesser sind in Tabelle 9 zusammengestellt. Sie basieren auf den Erfahrungen in Japan und wurden von der Japanese Jet Grouting Association (JJGA) zusammengestellt.

Die JJGA weist darauf hin, dass es in steifen Tonen (mit $c_u > 50$ kPa oder $N_{30} > 7$) und in sehr dichten Sanden ($N_{30} > 150$) sowie in größeren Tiefenbereichen geboten ist, durch Vorversuche die Ausführungsparameter und den erzielbaren Säulendurchmesser zu ermitteln. Gleiches gilt, wenn Düsenstrahlkörper in organischen Böden ausgeführt werden sollen. Bei Vorliegen von kiesigen Sanden sind die Tabellenwerte des Durchmessers für Sand um etwa 10 % abzumindern. Auch hierfür werden Vorversuche empfohlen [23].

Die Luftummantelung des Düsenstrahls vergrößert seine kinetische Wirkung und damit den erreichbaren Säulendurchmesser ganz erheblich. Eine vergleichbare Wirkung kann dadurch erzielt werden, dass die Druckverluste, die angesichts der hohen Geschwindigkeiten in den Zuleitungen und in den Durchgängen im Düsenträger sowie in der Düse selbst auftreten, durch konstruktive Maßnahmen oder durch Zusätze zum Strahlmedium minimiert werden (sog. Super-Jet Methode [24]). Für die gleichen Baugrundverhältnisse wie oben gibt die JJGA die in Tabelle 10 zusammengestellten Säulendurchmesser an, die mit der Super-Jet-Methode erreicht werden können.

**Tabelle 9** Anhaltswerte für Durchmesser von Säulen in Sand und Ton, die nach dem 3-Phasen-System hergestellt wurden (nach [23])

| SPT $N_{30}$ Sand | 0–30 | 30–50 | 50–100 | 100–150 | 150–175 | 175–200 |
|---|---|---|---|---|---|---|
| SPT $N_{30}$ Ton | – | 0–3 | 3–5 | 5–7 | – | 7–9 |
| Durchmesser (m) bis 30 m Tiefe | 2,0 | 2,0 | 1,8 | 1,6 | 1,4 | 1,2 |
| Durchmesser (m) 30–40 m Tiefe | 1,8 | 1,8 | 1,6 | 1,4 | 1,2 | 1,0 |
| Ziehrate (min/m) | 16 | 20 | 20 | 25 | 25 | 25 |
| Durchflussrate ($m^3$/min) | 0,18 | 0,18 | 0,18 | 0,14 | 0,14 | 0,14 |

**Tabelle 10** Anhaltswerte für Durchmesser von Säulen in Sand und Ton, die nach der Super-Jet-Methode hergestellt wurden [23]

| SPT $N_{30}$ Sand | 0–50 | 50–100 | 100–150 | > 150 |
|---|---|---|---|---|
| SPT $N_{30}$ Ton | 0–3 | 3–5 | 5–7 | 7–9 |
| Durchmesser (m) bis 30 m Tiefe | 5,0 | 4,5 | 4,0 | 3,5 |
| Durchmesser (m) 30 bis 40 m Tiefe | 4,5 | 4,0 | 3,5 | 3,0 |

Angaben zum Arbeitsdruck, zur Durchflussmenge und zu anderen Ausführungsparametern werden in diesem Zusammenhang nicht gemacht. Man wird aber von Arbeitsdrücken von bis zu 100 MPa und Durchflussmengen von deutlich über 300 l/min ausgehen können. Die JJGA empfiehlt die Durchführung von Versuchen zur Festlegung der Arbeitsparameter, die für den gewünschten Durchmesser nötig sind und weist darauf hin, dass diese auch in lockeren Sanden ($N_{30} < 10$) und weichen Tonen ($N_{30} < 1$) nötig sind, da in diesen Böden die Tabellenwerte der Durchmesser überschritten werden können, was zu Festigkeitsminderungen im Düsenstrahlkörper führt, wenn die Suspensionsmenge nicht angepasst wird. In kiesigen Sanden sollten die Tabellenwerte des Durchmessers um 10 % abgemindert werden und ebenfalls geeignete Vorversuche durchgeführt werden. Das Gleiche gilt bei Vorliegen von sehr dichten Sanden ($N_{30} > 150$) oder sehr steifen Tonen ($N_{30} > 9$, $c_u > 50$ kPa).

Für alle vorgenannten Verfahren ist das störungsfreie Ausströmen der Düse von ausschlaggebender Bedeutung, da schon geringe mechanische Beschädigungen der Düse oder Winkelabweichungen an ihrem Sitz, die während des Einbaus oder im Betrieb auftreten können, die Effektivität des Schneidstrahls herabsetzen können. Nur durch eine wirkungsvolle Strahlbündelung bleibt die erforderliche kinetische Energie im Schneidstrahl erhalten, die seine Reichweite und damit den Durchmesser des Düsenstrahlkörpers bestimmt. Es stellt den Stand der Technik dar, die Hochdruckdüsen vor Arbeitsbeginn und in regelmäßigen Abständen während der Ausführung auf ihre Wirkung zu überprüfen [93]. Dies geschieht z. B. mithilfe von druckempfindlichen Folien, die die Strahlfokussierung erkennen lassen (vgl. Bild 25).

Da die Wirkungsweise des Schneidstrahls wesentlich von der Festigkeit des angetroffenen Bodens abhängt, ist bei geschichteten Böden in der Regel die größte angetroffene Baugrundfestigkeit bestimmend für die Wahl der Ausführungsparameter. Um die damit verbundene mögliche Überdimensionierung des Durchmessers des Düsenstrahlkörpers zu vermeiden, wurde das sogenannte Cross-Jet-Verfahren entwickelt. Es ist eine Modifizierung des 3-Phasen-Systems, bei dem sich zwei gegeneinander geneigte, luftummantelte Wasserstrahlen in einer dem geplanten Säulendurchmesser entsprechenden Entfernung treffen, dabei ihre kinetische Energie durch die Strahlkollision vernichten, und so die Einhaltung des geplanten Säulendurchmessers sicherstellen. Bild 26 zeigt das Prinzip dieses Verfahrens, das besonders in alluvialen Böden Anwendung findet.

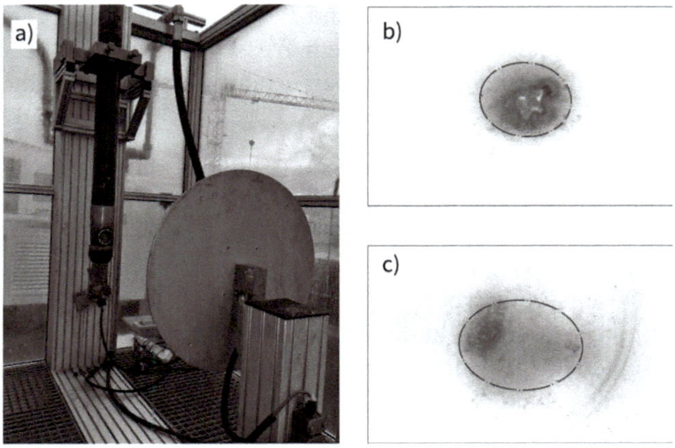


**Bild 25** a) Prüfstand; Prüfbilder von Schneidstrahlen, b) fokussierter Strahl und c) durch Verwirbelung aufgeweiteter Strahl

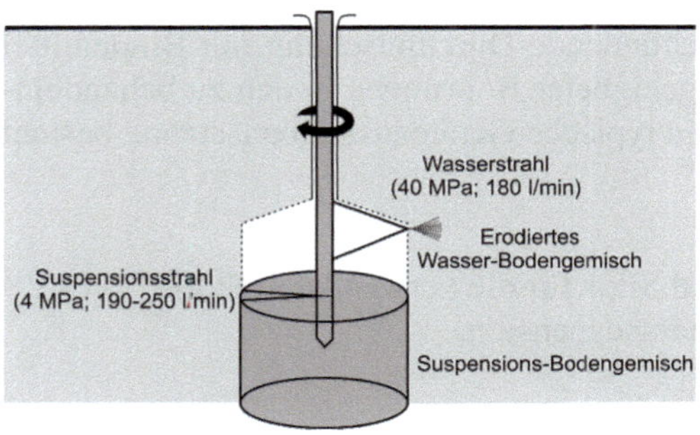


**Bild 26** Schematische Darstellung des Cross-Jet-Verfahrens (aus [23])

Durch das hydraulische Einbringen einer Zementsuspension in den durch den Schneidstrahl erodierten Boden entstehen nach dem Abbindeprozess Bereiche größerer Festigkeit und geringerer Durchlässigkeit im Baugrund. Durch geeignete Anordnung dieser in aller Regel zylinderförmigen Verfestigungskörper können unterschiedlichste Baukörper im Boden hergestellt werden, die vielfältigen Zwecken dienen. Ohne Anspruch auf Vollständigkeit seien genannt:

- Unterfangungskörper,
- Lamellenwände,
- Gründungsverstärkungen,
- Tunnelschalen,
- Verbau- und Abdichtungswände,
- Gewölbesohlen,
- horizontale Dichtungssohlen,
- Abdichtungen im Grundwasser.

Durch geeignete Bewegung des am Bohrgestänge befestigten Düsenträgers im Bohrloch können bei oszillierendem Schwenken und Ziehen beispielsweise auch halbkreisförmige Säulen oder lamellenförmige Wandelemente im Baugrund hergestellt werden.

Die Baugrundverbesserungswirkung entsteht in allen Fällen durch das Einmischen von geeigneten Bindemittelsuspensionen in den Baugrund, der dann nach dem Aushärten die angestrebte Verbesserung seiner Dichtigkeit und Festigkeit aufweist. Verwendet man z. B. Zement-Bentonit-Suspensionen mit einem Wasser-Bindemittel-Verhältnis von etwa 1, können die Durchlässigkeiten in Sanden erfahrungsgemäß auf bis zu $1 \cdot 10^{-8}$ m/s reduziert werden.

Die in den meisten Fällen angestrebte Verbesserungswirkung zielt auf die Festigkeit des Düsenstrahlkörpers. Sie wird in aller Regel als Zylinderdruckfestigkeit angegeben und nach dem in DIN 4093 vorgestellten Verfahren als charakteristische Festigkeit ermittelt, wobei ein Maximalwert von $q_{u,k}$ = 10 MPa für Bemessungen nicht überschritten werden soll. Die Festigkeit des Düsenstrahlkörpers wird in erster Linie vom Zementgehalt der Bindemittelsuspension bestimmt, die in der Regel ein Wasser-Bindemittel-Verhältnis von etwa 1,0 aufweisen sollte. In Bild 27 sind die erzielbaren Festigkeiten in unterschiedlichen Böden in Abhängigkeit des Bindemittelgehalts dargestellt.

### 4.2.2 Gerätetechnik

Das Erodieren des Bodens und seine anschließende Durchmischung mit Bindemittel erfolgt über den Düsenträger, der mittels geeigneter Bohrungen in den zu behandelnden Baugrundbereich eingebracht wird. Die typische Gerätezusammensetzung besteht aus

- Bohrgerät,
- Mischanlage einschließlich Behälter und Silos für die verwendeten Stoffe,
- Hochdruckpumpe für Wasser oder Zementsuspension,
- Kompressor,
- Bohrgestänge,
- Düsenträger (gelegentlich auch Monitor genannt),
- Mess- und Steuereinheiten,
- Gerätschaft zu Schlammbehandlung und -verbringung.

Die Bohrgeräte sind in der Regel in der Lage, Bohrtiefen von etwa 30 m in einem ununterbrochenen Arbeitsgang abzuteufen und ohne Gestängewechsel mit dem Düsvorgang

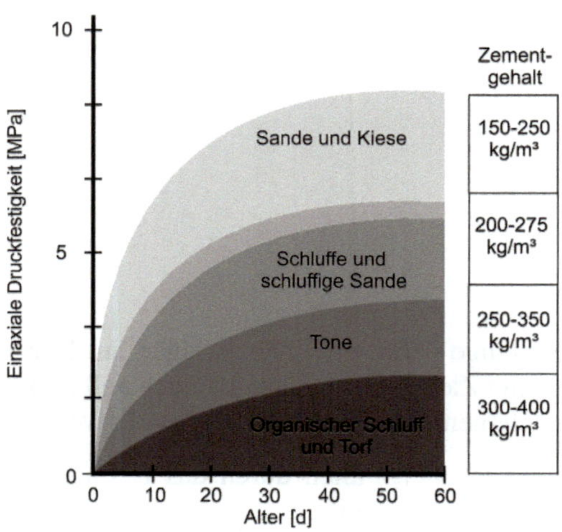


**Bild 27** Festigkeit $q_u$ des Düsenstrahlkörpers in Abhängigkeit des Zementgehalts in unterschiedlichen Böden (aus [23])

zu beginnen. Dazu sind besondere Bohrgestänge erforderlich, über die bis zu drei verschiedene Medien (Wasser, Suspension, Luft) bei unterschiedlichen Druck- und Mengenverhältnissen und voneinander getrennt bis zum Düsmonitor geleitet werden. Es gehört zum Stand der Technik, Druck, Menge und Zusammensetzung der verwendeten Stoffe ebenso wie die Gestängebewegungen in Echtzeit aufzuzeichnen. Besondere Bedeutung kommt der Einhaltung der planmäßigen Lage der Bohrungen und damit der Düsenhalterführung zu, da infolge von Bohrabweichungen Unregelmäßigkeiten, wie z. B. eine nicht ausreichende Überlappung benachbarter Säulen oder ein Abweichen in bereits erhärtete Säulen, auftreten können, die sich als Zonen nicht ausreichender Festigkeit oder Dichtigkeit manifestieren. Die kontinuierliche Bohrlochvermessung und eine entsprechende Protokollierung ist daher eine Grundvoraussetzung, um bei auftretenden Abweichungen korrigierend eingreifen zu können.

### 4.2.3 Anwendungsbereich und Ausführungsaspekte

Es lassen sich vier Anwendungsbereiche des Düsenstrahlverfahrens unterscheiden:

*Kontrolle des Grundwassers*
Das Verfahren wird eingesetzt zur Verhinderung oder Reduzierung des Grundwasserzustroms in Baugruben durch ihre Seitenwände oder durch die Baugrubensohle. Hier sind vor allem die auftriebssicheren Düsenstrahlsohlen zu erwähnen, die besonders hohe Anforderungen an die Ausführungsgenauigkeit stellen, da bei auftretenden Leckagen deren Lokalisierung sehr schwierig und der daraus resultierende Reparaturaufwand in aller Regel sehr groß ist [85]. Auch die Herstellung von Dichtungswänden zum Hochwasserschutz und die Abdichtung von Tunnelbauwerken im Lockergestein stellen eine Form der Kontrolle der Grundwasserverhältnisse dar.

*Kontrolle und Verhinderung von Verformungen*
Das Verfahren wird auch eingesetzt bei Verfestigungsarbeiten in Verbindung mit tiefen Verbaumaßnahmen und horizontalen Sicherungsschirmen beim Auffahren von Tunnelbauwerken im gebrächen Fels und in Lockergestein.

*Unterfangungen und Nachgründungen*
Neben dem Hauptanwendungsgebiet, der Unterfangung von Bauwerken neben Baugruben, werden häufig Nachgründungen für die Sanierung bestehender, auch historischer Bauwerke erforderlich, wenn die Bauwerkslasten nicht mehr sicher durch die vorhandene Gründung abgetragen werden können oder durch Nutzungsänderung größere Lasten bewältigt werden müssen.

*Umwelttechnik*
Im Bereich der Umwelttechnik wird insbesondere die Abdichtungsfunktion von Düsenstrahlkörpern und -wänden genutzt, um Beeinträchtigungen des Grundwassers zu vermeiden oder zu reduzieren. Mit dem Düsenstrahlverfahren können aber auch chemisch oder biologisch aktive Stoffe in den Baugrund eingemischt werden, die bei seiner Durchströmung durch beispielsweise kontaminiertes Grundwasser ihre reinigende Wirkung entfalten. Ebenso ist es möglich, mit dem Düsenstrahlverfahren eine Immobilisierung von Schadstoffen durch Einbinden in den Verfestigungskörper zu erreichen.

Die Bemessung von verfestigten Bodenkörpern, die nach dem Düsenstrahlverfahren hergestellt werden, ist in DIN 4093 geregelt, in der auch Regelungen zu Planung, Festigkeitsnachweisen sowie Überprüfungen getroffen werden. Das Düsenstrahlverfahren ist in Deutschland ein Bauverfahren, für welches allgemeine bauaufsichtliche Zulassungen bestehen müssen, die darüberhinausgehende Vorgaben zu Planung, Baustoffen, Ausführung und Prüfung regeln. Ergänzend existiert mit der DIN EN 12716 eine europäische Ausführungsnorm, die auch als deutsche Norm Gültigkeit besitzt [170].

Das Folgende beschränkt sich daher auf einige besondere Aspekte der Bauausführung, deren Nichtbeachtung zu Schäden führen kann. Auf die verfahrensbedingten Bohrabweichungen und ihre Auswirkung auf die Qualität des Düsenstrahlkörpers wurde bereits hingewiesen. Von gleicher Bedeutung ist die sorgfältige Planung des Herstellungsablaufs, insbesondere bei Unterfangungsmaßnahmen, da der Düsenstrahl zunächst das Bodengefüge planmäßig in seinem Einwirkungsbereich auflöst, ehe das gleichzeitig eingemischte hydraulische Bindemittel allmählich wieder an Festigkeit gewinnt und schließlich seine planmäßige Festigkeit und Tragfähigkeit entwickelt. Diese verfahrensbedingte Spannungsumlagerung muss bei der Ausführungsplanung stets durch die Festlegung einer geeigneten Herstellungsreihenfolge im Auge behalten werden, um unerwünschte Verformungen oder gar Schäden zu vermeiden.

Die dynamischen Kräfte des Düsenstrahls, die erforderlich sind, um die Bodenstruktur planmäßig zu zerstören, sind erheblich. Damit dieser Erosionsvorgang in kontrollierter Weise ablaufen kann, müssen die eingebrachten Volumina der unterschiedlichen Medien (Wasser, Suspension, Luft), nach Erosion und Vermischung mit dem anstehenden Boden, volumengleich als sogenannter Rücklauf durch den das Bohrloch umgebenden Ringraum wieder ungehindert an die Oberfläche zurückfließen können. Kommt es während des Düsvorgangs zu Verstopfungen des Ringraums, breitet sich das Injektionsgut als zusätzliches Volumen unkontrolliert im Baugrund aus und führt sehr rasch zu Verformungen mit Hebungen des Bodens oder benachbarter Bauteile. Der ständigen Kontrolle des ungehinderten Rücklaufs ist daher größte Aufmerksamkeit zu schenken, da er eine Grundvoraussetzung für die ordnungsmäßige Verfahrensausführung ist. Besonders bei Arbeiten in Tiefen über 25 m und in instabilen Böden muss der Bohrlochringraum ausreichend dimensioniert werden. In besonderen Fällen kann auch die Viskosität des Injektionsguts erhöht werden, um die Ringraumstabilität zu verbessern, oder durch zusätzliches Einbringen von Luft die Förderleistung des Rücklaufs erhöht werden. Auch die völlige Verrohrung des Bohrlochs kann bei extremen Tiefen nötig werden.

Das Bestreben, immer größere Durchmesser des Düsenstrahlkörpers besonders auch für Dichtungssohlen herzustellen, hat angesichts aufgetretener Undichtigkeiten die Frage aufgeworfen, inwieweit der über den Körpern verbleibende Boden evtl. in diesen verstürzt und die daraus folgende unkontrollierte Vermengung mit Bodenmaterial Ursache einer Undichtigkeit ist, oder ob sich durch die Ausbildung eines natürlichen Gewölbes der Baugrund stabilisiert, bis eine ausreichende Festigkeit im Säulenmaterial erreicht ist. Die Abhängigkeiten von Säulendurchmesser, Einbautiefe und Baugrundeigenschaften in Bezug auf diese sog. Gewölbestabilität sind in [77] dargestellt.

In den vorgenannten Normen sind die erforderlichen Kontrollen während der Arbeitsausführung und die nötigen Überprüfungen der planmäßigen Festigkeiten und Abmessungen nach Beendigung festgelegt. Dabei ist es Stand der Technik, alle Parameter des Bohr- und Düsvorgangs sowie die Herstellung der verwendeten Suspension laufend zu überwachen, zu registrieren und in Echtzeit aufzuzeichnen. Die Überprüfung der geometrischen Abmessungen wird in der Regel stichprobenartig mittels Bohrungen, der erzielten Festigkeiten durch Probennahme aus Kernbohrungen erfolgen. Abweichungen von den geplanten Eigenschaften haben häufig ihre Ursache in zu großen oder zu kleinen Säulendurchmessern. Bei zu großen Säulendurchmessern muss dann mit Festigkeitsverminderungen gerechnet werden, da der eingebrachte Bindemittelgehalt für einen geringeren Durchmesser berechnet war. Bei zu kleinen Durchmessern entstehen Fehlstellen, die bei Abdichtungsmaßnahmen gegen drückendes Wasser nicht nur sehr schwer zu lokalisieren sind, sondern auch nur mit großem Aufwand behoben werden können. Es wäre daher wünschenswert, den erzielten Durchmesser der Düsenstrahlsäule bereits während oder zumindest unmittelbar nach ihrer Herstellung feststellen oder messen zu können. Leider ist dies heute immer noch nur eingeschränkt möglich [134]. So behilft man sich in aller Regel mit Versuchssäulen, die vor Arbeitsaufnahme hergestellt werden. Sie werden dann z. B. durch seitlich angebrachte Tiefenpegel zur Durchmesserbestimmung überwacht oder mittels spezieller, aufklappbarer Schirme über ihre ganze Tiefe abgetastet. Auch werden zerstörungsfreie geophysikalische Prüfverfahren (Bodenradar, Sonar, Widerstand) zur Durchmesserbestimmung verwendet, die bisher jedoch noch nicht zu befriedigenden Ergebnissen geführt haben. Schließlich bleiben Kernbohrungen oder Säulenfreilegungen als sichere Methoden der Überprüfung des Durchmessers von Düsenstrahlsäulen.

Das Düsenstrahlverfahren ist in nahezu allen Lockergesteinen einsetzbar. Dennoch muss bei seiner Anwendung beachtet werden, dass die geometrischen Abmessungen und die physikalischen Eigenschaften des erstellten Düsenstrahlkörpers nicht nur von den Herstellungsparametern, sondern auch von den angetroffenen Eigenschaften des Baugrunds abhängen und eine absolut sichere Vorhersage der Abmessungen und Eigenschaften nicht möglich ist. Dies muss bei der Dimensionierung berücksichtigt werden. Die Anwendung in organischen Böden ist nur eingeschränkt möglich. Bei Abdichtungsaufgaben mit großen Druckgradienten empfiehlt es sich, schon im Entwurf für eine wirkungsvolle Redundanz zu sorgen oder den Aufwand etwaiger Reparaturmaßnahmen im Blick zu behalten, indem beispielsweise kleinere, in sich leichter zu sanierende Bauabschnitte gewählt werden.

Die Verfahrensentwicklung wird sich weiter auf die Automatisierung, Steuerung und Registrierung aller Ausführungsparameter konzentrieren, deren lückenlose Erfassung in Echtzeit als Qualitätskontrolle und nötigenfalls zur Fehlersuche und deren Behebung von größter Bedeutung ist. Das Ziel andauernder Forschung ist, die sichere Vorhersage und Steuerung des Durchmessers der Düsenstrahlkörper bereits während seiner Herstellung zu ermöglichen.

### 4.3 Hydraulisch-mechanisches Einmischen

Eine interessante Variante der Tiefeneinmischverfahren ist die Kombination von mechanischer mit hydraulischer Einbringung des Bindemittels, die in Japan als SWING- oder JACSMAN-Methode (vgl. auch Tabelle 5) bezeichnet wird (vgl. Bild 28)

Bei dem SWING-Verfahren wird mit einem Bohrgerät ein Bohrloch mit einem Durchmesser von etwa 600 mm abgeteuft (Bild 29). Ist die erforderliche Tiefe erreicht, wird ein am unteren Ende des Gestänges angebrachtes Schwert um 90° aus der Bohrachse geklappt und der Baugrund mechanisch bei gleichzeitigem Ziehen und Rotieren des Gestänges durchmischt. Durch Düsen, die an beiden Enden des Schwertes angebracht sind, wird mit hoher Energie eine Bindemittelsuspension verpumpt. Dadurch kann der durch die Geometrie des Mischschwerts vorgegebene Säulendurchmesser von 2,0 m noch weiter vergrößert werden. Ein Vorteil dieses Verfahrens besteht darin, dass gezielt Bodenschichten in einer festgelegten Tiefe verbessert werden können, ohne dass das ganze darüber liegende Bodenpaket beim Ein- und Ausfahren des Mischwerkzeugs bearbeitet werden muss.

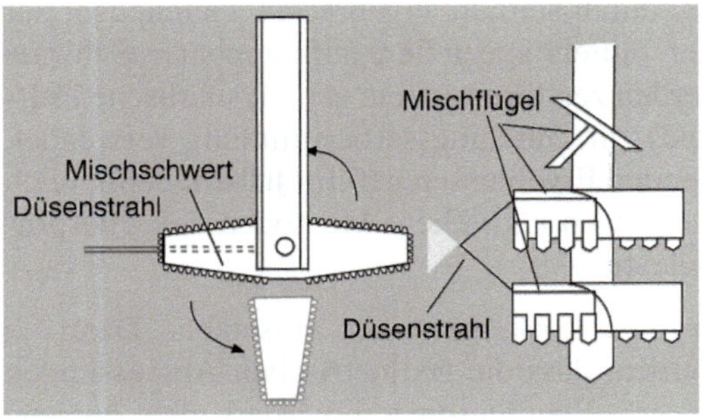


**Bild 28** Kombination von mechanischer und hydraulischer Tiefeneinmischung (nach [141])

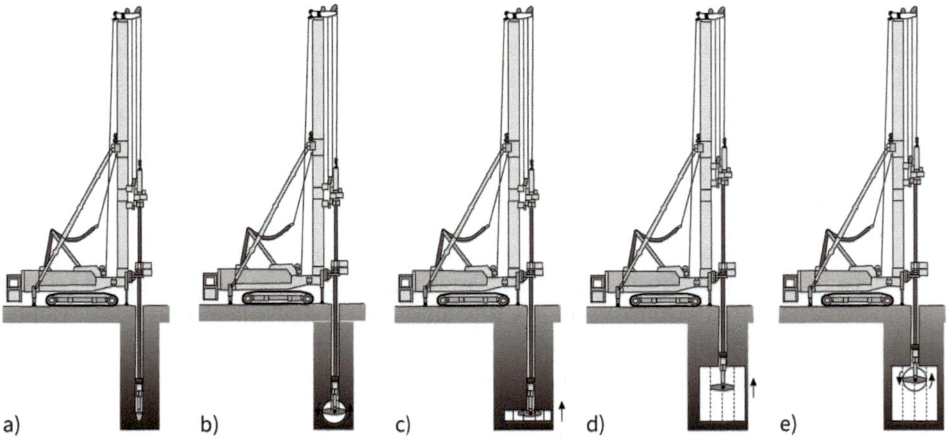


**Bild 29** Herstellungsreihenfolge (nach [71]); a) Bohren, b) Ausfahren Wing, c) Bohren bis vergr. Durchmesser, d) Injektion und Mischen, e) Einfahren Wing und Ausbau

Das sog. JACSMAN-Verfahren unterscheidet sich von dem zuvor beschriebenen Verfahren hauptsächlich dadurch, dass zwei feststehende mechanische Mischwerkzeuge von 1,0 m Durchmesser verwendet werden. Auch bei diesem Verfahren kann durch zusätzliches hydraulisches Einbringen des Bindemittels über vier Düsen die Fläche der geometrisch vorgegebenen Doppelsäulen je nach Bodenart bis auf das 3-Fache in einem Arbeitsgang vergrößert werden [109].

### 4.4 Porenrauminjektionen

Nach *Kutzner* [95] wurden die ersten Injektionen im Baugrund Anfang des 19. Jahrhunderts zur Abdichtung und Verfestigung des Untergrunds bei Wasserbaumaßnahmen in Frankreich eingesetzt. Ein auch in der Folge häufig verwendetes Einsatzgebiet von Injektionen war das gezielte Verfüllen von Klüften zur Abdichtung des Untergrunds von Talsperren. Derartige Injektionen im Fels sind nicht Gegenstand der vorliegenden Beschreibung, da hier lediglich Injektionen im Lockergestein zur Porenraumverfüllung behandelt werden sollen. Eine umfassende Darstellung der Porenrauminjektionen ist z. B. [105] oder [95] zu entnehmen. Besonders hinzuweisen ist auch auf das Merkblatt für Einpressarbeiten im Lockergestein des Arbeitskreises 2.9 der DGGT [139].

Grundsätzlich sollen durch die Injektionen Porenräume im Baugrund mit einem geeigneten Injektionsmittel aufgefüllt werden. Das im Porenraum befindliche Porenwasser wird dabei durch das Injektionsmittel ersetzt. Dabei ist zu unterscheiden, ob das Injektionsmittel nach einer entsprechenden Aushärtezeit eine für den Anwendungsfall relevante Festigkeit entwickelt, wie dies beispielsweise bei Zementinjektionen der Fall ist, oder ob durch die Injektionsmaßnahme vornehmlich eine abdichtende Wirkung erzielt werden soll und eine Veränderung der Festigkeitseigenschaften des Baugrunds nicht erwünscht oder zumindest nicht notwendig ist.

Unabhängig vom verwendeten Injektionsmittel ist es erforderlich, dieses durch entsprechende Leitungs- und Rohrführungen in den Untergrund zu bringen. Hierfür bestehen zwei grundsätzlich unterschiedliche Ausführungsvarianten. Insbesondere für den Fall von ggf. erforderlichen Mehrfachbeaufschlagungen werden häufig sogenannte Manschettenrohre in den Untergrund eingebaut, wie sie auch für das Verfahren der Aufreißinjektionen (vgl. Abschnitt 5.4) verwendet werden. Dabei werden in definierten Abständen perforierte und mit einer Gummimanschette abgedichtete Kunststoff- oder Stahlrohre in ein vorbereitetes Bohrloch eingebaut. Der Ringraum zwischen diesem Manschettenrohr und der Bohrlochwandung wird dabei mit einem Dämmermaterial geringer Festigkeit verfüllt. Neben dem gezielten Ansteuern einzelner Manschetten mittels Doppelpackersystemen und der damit verbundenen Möglichkeit, einzelne Injektionspunkte wiederholt zu beaufschlagen, hat diese Technologie den Vorteil, dass durch die Verfüllung des Bohrlochs mit Dämmermaterial ein Kurzschluss zwischen dem an der Manschette austretenden Injektionsmittel und der Geländeoberfläche über das Bohrloch weitgehend verhindert wird.

Wenn nur ein eingeschränkter Bereich entlang des Bohrlochs mit Injektionsgut beaufschlagt werden soll, bietet sich das Abbohren oder Einvibrieren von Verpresslanzen an, die am unteren Ende geöffnet sind und durch die ein einzelner Verpressschlauch mit einem entsprechenden Verpressventil an die erforderliche Stelle im Untergrund eingebracht werden kann. Eine solche Technik findet vornehmlich bei der Herstellung von abdichtenden Sohlen von Baugruben Verwendung.

Bild 30 zeigt die Herstellung einer Weichgelsohle mit den entsprechenden Rüttellanzen und den an der Geländeoberfläche sichtbaren Verpessschläuchen.

Weitere Verfahrensschritte bei Injektionen sind in der aktuellen Fassung der DIN EN 12715 geregelt. Insbesondere werden dort auch die qualitätssichernden Anforderungen an die Aufzeichnung von Injektionsparametern festgeschrieben. Mit [116] liegt auch ein ergänzender Kommentar mit weiterführenden Erläuterungen zur DIN EN 12715 vor. Je nach Anwendungsziel der Injektionen, welches sich im Wesentlichen auf die Verfestigung oder die Abdichtung des Baugrunds bzw. eine Kombination aus beiden bezieht, kommen unterschiedliche Injektionsmittel zum Einsatz:

- Zement- und Feinstzementsuspensionen,
- Silikatgele,
- Zuckerlösungen (für den besonderen Anwendungsfall des sogenannten Bio-Sealing),
- Kunststoffschmelzen.

Von den o. g. Injektionsmitteln werden aufgrund der baupraktischen Relevanz im Weiteren die Zement- bzw. Feinstzementinjektionen und die Silikatgelinjektionen behandelt. Die Injektion von Zuckerlösungen zur Beschleunigung von natürlichen Verfestigungsprozessen infolge bakterieller Aktivitäten, denen die injizierte Zuckerlösung als Nährstoff dient, und die Injektion von Kunststoffschmelzen, die eine hervorragende Möglichkeiten zur schnellen Abdichtung auch gegen strömendes Wasser liefert, jedoch aufgrund der vergleichsweise hohen Kosten und der aufwendigen Anlagentechnik zur Verarbeitung der aufgeheizten Schmelzen nur für Sonderanwendungen wirtschaftlich ist, werden hier nicht behandelt.

Injektionsmaßnahmen sind in hohem Maße abhängig von der Durchlässigkeit, also dem Porenvolumen und der Porenraumanordnung des Baugrunds, und damit von den für den mit der Injektion verbundenen Strömungsvorgang zur Verfügung stehenden Strömungsquerschnitten. Andererseits sind die rheologischen Eigenschaften des Injektionsmittels und die Prozessparameter, im Wesentlichen der Injektionsdruck und die Injektionsrate, von besonderer Relevanz.

**Bild 30** Herstellung einer Weichgelsohle

Die wesentlichen Eigenschaften des Baugrunds, die für Injektionen von Bedeutung sind, lassen sich wie folgt benennen:

- Kornverteilung,
- Porenvolumen,
- Durchlässigkeit $k_f$ – horizontal und vertikal,
- Sättigungsgrad,
- Schichtenfolge bzw. Homogenität des Baugrunds,
- Zusatzstoffe im Baugrund bzw. Porenwasser.

Aus der Kornverteilung des zu injizierenden Untergrunds lässt sich ein erster Anhalt für die Injizierbarkeit mit gängigen zementbasierten Injektionsmitteln ableiten. Ein übliches Kriterium zur Ersteinschätzung der Injizierbarkeit mit Feststoffsuspensionen besteht in dem Vergleich der Korngrößenverteilungen, hier insbesondere:

$D_{15}$: Masseprozent bei 15 % Siebdurchgang des Baugrunds
$d_{85}$: Masseprozent bei 85 % Siebdurchgang des Bindemittels

Einen ersten Anhalt gibt das Injektionskriterium nach *Mitchell*:

$$N = D_{15}/d_{85}$$

Für Werte N < 11 gilt der Baugrund als mit dem Injektionsmittel nicht injizierbar. Für Werte zwischen 11 und 24 sind die Möglichkeiten durch Injektionsversuche zu überprüfen. Ab Werten N > 24 gilt der Baugrund als mit dem Injektionsmittel injizierbar.

Ein genaueres Verfahren zur Bestimmung der Injizierbarkeit bietet das sogenannte Porenengstellenverfahren [138]. Dabei wird, aufbauend auf der Sieblinie des zu injizierenden Baugrunds, unter Kombination möglicher Verteilungen dreier idealisiert als Kugeln angenommener Bodenkörner eine sog. Porenengstellenverteilungskurve generiert, an Hand derer die Injizierbarkeit des Baugrunds abgeschätzt werden kann, indem die auf diesem Wege ermittelte kleinste Pore des Bodens dem Größtkorn des Bindemittels gegenübergestellt wird. Wird dabei eine „Sicherheit" von 2 eingeführt, gilt:

$$p_0/d_{100} \geq 2$$

mit

$p_0$ kleinste Pore des Baugrunds
$d_{100}$ Größtkorn des Bindemittels

Es ist jedoch für eine grundlegende Planung von Injektionsarbeiten zu beachten, dass zahlreiche andere Injektionskriterien existieren und daher nicht allein auf Kenngrößen vertraut werden sollte. Vielmehr sind Injektionsvorversuche als integraler Bestandteil von Injektionsmaßnahmen zu empfehlen, wenn keine praktischen Erfahrungen mit dem vorliegenden Baugrund bestehen.

Für den Fall, dass das Injektionsmittel in Form einer Lösung vorliegt, ist der Anwendungsbereich in Bezug auf vorhandene Feinanteile begrenzt. Die untere Anwendungsgrenze ist durch die Durchlässigkeit des zu injizierenden Baugrunds und durch die

Fließeigenschaften des Injektionsmittels gegeben. Für Sande und Kiessande kann die Durchlässigkeit z. B. nach *Hazen* wie folgt abgeschätzt werden:

$$k = C \cdot D_{10}^{2}$$

mit

k Durchlässigkeit

C Faktor in Abhängigkeit von der Ungleichförmigkeitszahl

$D_{10}$ Korndurchmesser bei 10 % Siebdurchgang

Bild 31 zeigt Bereiche von Kornverteilungen des Baugrunds und die für die jeweiligen Bereiche grundsätzlich geeigneten Injektionsmittel.

Nicht nur die Korngrößenverteilung und die Durchlässigkeit spielen bei der Planung von Injektionsmaßnahmen eine wesentliche Rolle. Lockergesteine sind in der Regel aufgrund der Sedimentationsprozesse im Hinblick auf die Durchlässigkeiten einer deutlichen Anisotropie unterworfen. So sind die Durchlässigkeitsverhältnisse zwischen vertikaler und horizontaler Durchlässigkeit häufig in der Größenordnung von 1:10 anzutreffen, wobei auch noch sehr viel kleinere Verhältniswerte angetroffen werden.

Neben den Baugrundeigenschaften sind vor allen Dingen die rheologischen Eigenschaften des Injektionsmittels von wesentlicher Bedeutung. Hydraulische Bindemittel sind Suspensionen aus Zementen in Verbindung mit eventuellen Zusatzmitteln und Wasser. Um beim Injektionsvorgang eine möglichst hohe Reichweite im Porenraum zu erreichen, ist eine geringe Viskosität der Suspension vorteilhaft. Gleichzeitig gilt, dass die Suspension eine möglichst geringe Sedimentationsgeschwindigkeit aufweisen sollte, damit eine günstige Verarbeitbarkeit gegeben bleibt. Häufig werden dabei die Eigenschaften der Suspension mit Tonmineralen (Bentonit) verbessert, wodurch die Sedimentationsgeschwindigkeit deutlich herabgesetzt wird. Auch die Pumpbarkeit und die Abgabe von Wasser unter Druck werden durch die Zugabe von Bentonit günstig beeinflusst. Bild 32 zeigt die Abhängigkeit von Viskosität und Sedimentationsgeschwindigkeit vom Wasser-Zement-Wert der Suspension.

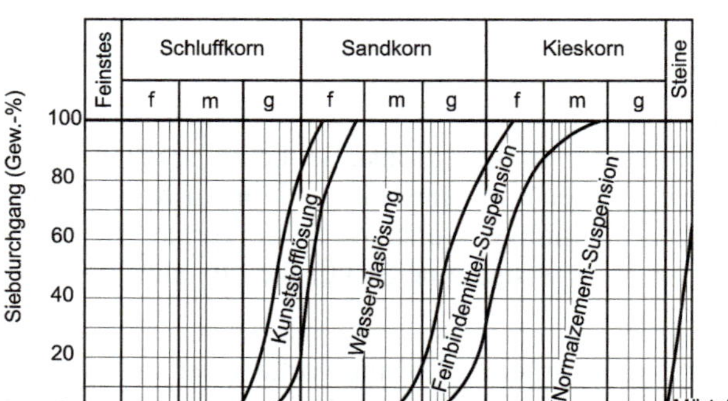


**Bild 31** Anwendungsbereiche von Injektionsmitteln (nach [64])

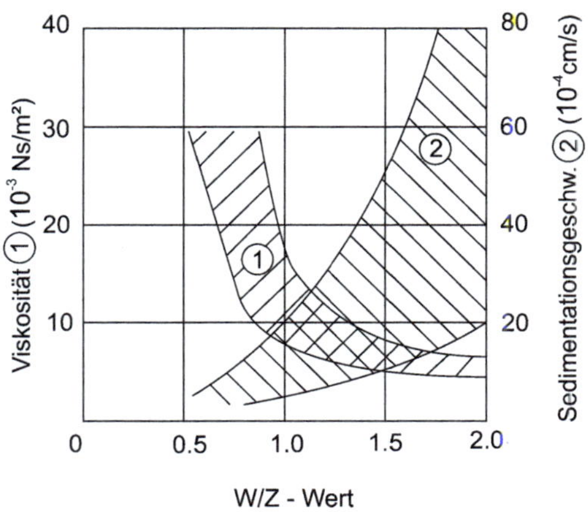


**Bild 32** Viskosität und Sedimentationsgeschwindigkeit von Zementsuspensionen (nach [16])

Die Reichweite einer sedimentationsstabilen Suspension in einem Porensystem wurde von *Müller-Kirchenbauer* [114] – hier zitiert nach [95] – wie folgt ermittelt:

$$R_K = \left( \frac{h \cdot k_0 \cdot 3r}{n} t_e \cdot \left( 1 - \frac{C}{m+1} \right) \right)^{1/3}$$

wobei

$R_K$ Reichweite bei kugelförmiger Ausbreitung
$n$ Porenvolumen
$h$ statische Druckhöhe an der Injektionsquelle
$r$ Radius des Bohrlochs
$k_0$ Durchlässigkeit bei Injektionsbeginn
$t_e$ Zeit bei Injektionsende
C, m spezifische Konstanten des Injektionsmittels häufig vereinfacht jeweils zu 1 angesetzt

Von *Mittag* und *Savidis* werden in [112] Ergebnisse räumlicher Injektionsversuche mit Ultrafeinstbindemittel vorgestellt, die auch andere als die kugelförmige Ausbreitung untersuchen.

Neben Zementsuspensionen stellen wässrige Lösungen aus Wasserglas – zumeist Natriumsilikat – ein bis vor einigen Jahren häufig verwendetes Injektionsmittel dar. Diese Lösungen weisen sehr geringe Viskositäten auf und werden durch Zusatz von sogenannten Härtern unterschiedlicher Zusammensetzung zeitlich kontrolliert zur Reaktion gebracht. Die dabei entstehenden Silikatgele weisen je nach Anteil des Wasserglases an der wässrigen Lösung unterschiedliche Festigkeiten auf. Man unterscheidet generell zwischen sogenannten Hart- und Weichgelen. Bei Hartgelen mit einem Anteil von etwa 60 bis 70 % Wasserglas wird durch Hinzufügen organischer Härter die Gelbildung ausgelöst und es werden im Verbund mit dem Korngefüge Druckfestigkeiten zwischen 1 und 3 MPa erreicht. Allerdings sind die organischen Härter aus umwelttechnischen Gründen heutzutage nicht verwendbar, da sie toxische Eigenschaften aufweisen.

Im Gegensatz zu Hartgelen wird bei Weichgelen ein geringerer Anteil von Wasserglas (10 bis 30 % in wässriger Lösung) verwendet. Als Gelbildner dienen anorganische Härter wie z. B. Natriumaluminat. Bei Einsatz einer solchen Kombination beträgt der Zeitraum bis zur Gelbildung je nach Umgebungsbedingungen zwischen etwa 20 Minuten und wenigen Stunden. Diese Lösungen sind aufgrund ihrer günstigen Fließeigenschaften und der sicheren Gelbildung äußerst effektiv in fein- bis grobsandigen Böden bei Abdichtungsmaßnahmen einsetzbar und stellen ein geeignetes Verfahren beispielsweise zur Abdichtung von Baugruben bei Abwesenheit von natürlichen Stauern dar. Allerdings wird durch die chemische Reaktion eine erhebliche Veränderung des pH-Werts im Untergrund verursacht, die aufgrund der Umweltrelevanz seitens der Genehmigungsbehörden in der Regel nicht toleriert wird. In neuerer Zeit wurden allerdings auch Silikatgele entwickelt, die den pH-Wert des Untergrunds nicht verändern und so genehmigungsfähig sind [7].

Wesentlich für die Effektivität einer Injektionsmaßnahme sind neben den oben behandelten Eigenschaften des Injektionsmittels (Viskosität, zeitliches Abbindeverhalten) und des Baugrunds vor allem die Injektionsparameter. Hierbei stellen der Injektionsdruck und die Injektionsrate die wesentlichen Kenngrößen dar. Es ist sicherzustellen, dass durch die Injektion das Korngefüge des homogenen Lockergesteins nicht verändert wird. Insbesondere ist zu vermeiden, dass der Boden aufreißt und ein dann ungewolltes Abfließen des Injektionsmittels in die dadurch entstehenden Risse stattfindet. Als sinnvoll zur Ermittlung von Aufreißdrücken hat sich erwiesen, die Charakteristik des Verpressvorgangs bei Probeinjektionen zu ermitteln, denn insbesondere in geschichteten und mit komplexen Spannungszuständen versehenen Böden ist es schwierig, den Aufreißdruck rechnerisch zu ermitteln. Dabei sind folgende Injektionsarten zu unterscheiden:

- Injektion mit konstanter Pumprate,
- Injektion mit konstantem Druck,
- Injektion bei variabler Rate und Druck.

Generell wird bei einer Porenrauminjektion ein proportionaler Anstieg des Injektionsdrucks mit der eingebrachten Menge bei konstanter Pumprate zu beobachten sein. Ein während des Verpressvorgangs plötzlich abfallender Injektionsdruck weist auf eine schlagartige Rissbildung und das Abfließen von Injektionsmittel hin. Aber auch ein langsamer Abfall der Injektionsdrücke zeigt ein Abfließen von Injektionsmittel durch progressives Öffnen von Fließwegen.

Allgemeine Angaben zu erwartbaren Werten von Injektionsdrücken sind insofern wenig sinnvoll, als dass diese immer zunächst den Basisdruck, d. h. die Widerstände beim Verpressvorgang, die sich im Verpresssystem und bei der Leitungsführung sowie am Austritt ergeben, beinhalten. So sind die Injektionsdrücke bei den üblichen Anwendungen der Porenraumverfüllung je nach Konfiguration in der Größenordnung zwischen 5 und 35 bar anzusiedeln [64]. Der maximale Injektionsdruck am Verpresspunkt sollte 80 % des im Vorversuch ermittelten Aufreißdrucks nicht überschreiten. Im Rahmen der Planung, die insbesondere auf vorangegangenen Erfahrungen mit vergleichbaren Injektionen beruhen dürfte, werden dann Verpressraten und Verpressmengen pro Injektionspunkt festgelegt. Diese sind durch eine kontinuierliche Überwachung, die in der DIN EN 12715 gut beschrieben ist, zu registrieren, zu kontrollieren und laufend an die tatsächlichen Injektionsverhältnisse anzupassen.

Die Festlegung der maximal pro Bodenvolumen zu injizierende Menge wird im Allgemeinen über eine Abschätzung des vorhandenen Porenanteils etwa 20 % bis 35 % des behandelten Volumens betragen. Übliche Injektionsraten belaufen sich bei Porenrauminjektionen auf 5 bis 15 l/min. Mit einer Porenrauminjektion können die Durchlässigkeiten des behandelten Sediments auf $k_f$-Werte von $5 \cdot 10^{-6}$ bis $1 \cdot 10^{-7}$ verringert werden.

# 5 Bewehren des Baugrunds mit verdrängender Wirkung

## 5.1 Rüttelstopfverdichtung

Bei der Ausführung von Verdichtungsarbeiten nach dem Rütteldruckverfahren (s. Abschnitt 3.1.2) in wassergesättigten Sanden mit Feinkornanteilen von mehr als 10 % tritt beim Versenken des Tiefenrüttlers und beim anschließenden Verdichten ein Verflüssigungseffekt ein, sodass eine Verdichtung nur in geringem Umfang oder überhaupt nicht mehr stattfindet. Bei diesen Böden stößt das Rütteldruckverfahren an seine technischen und wirtschaftlichen Grenzen. Mitte der 1950er-Jahre wurde begonnen, in solchen Böden den Rüttler „ohne Zuhilfenahme der beim Rütteldruckverfahren üblichen Wasserspülung in den Boden zu versenken, in den nach dem Herausziehen des Rüttlers kurzzeitig standfesten zylindrischen Hohlraum grobes Zugabematerial einzubringen und diesen durch wiederholtes Einfahren des Rüttlers zu verstopfen“ [84]. In der Folge wurde dieses Vorgehen dann auch bei weichen bindigen Böden angewandt.

Bei diesem Stopfverdichtungsverfahren wird der Boden vornehmlich seitlich verdrängt. Beim abschnittsweisen Verfüllen des Hohlraums mit Schotter und dessen anschließender Verdichtung mit dem Tiefenrüttler wird das Zugabematerial auch seitlich in den Boden eingedrückt. Auf diese Weise werden vertikale Schottersäulen hergestellt, die im Verbund mit benachbarten Säulen infolge ihrer innigen Verzahnung mit dem umgebenden Boden einen tragfähigen Baugrund ergeben. Die Ausführung dieses sogenannten Rüttelstopfverfahrens ist in DIN EN 14731 geregelt, wobei dort vor allem die Anforderungen an Geräte und Systemtechnik beschrieben sind. Ein vertiefter Einblick in das Rüttelstopfverfahren und seine historische Entwicklung sowie zahlreiche Fallbeispiele sind in [83] zu finden.

**Top Feed Methode**
Die Herstellung von Rüttelstopfsäulen im Trockenverfahren erfolgt mittels eines Tiefenrüttlers, der an einem Mäklergerät geführt wird. Dies geschieht einerseits, um die Vertikalität zu gewährleisten und andererseits, um eine zusätzliche vertikale Druckkraft, auch Aktivierungskraft genannt, aufbringen zu können, die den Eindring- und Verdichtungsvorgang beschleunigt.

Die Herstellung von Schottersäulen in bindigen Böden auch mit geringem Wassergehalt erfolgte bis in die 1970er-Jahre, indem mit dem Rüttler zunächst ein Hohlraum erzeugt wurde, welcher nach dem vollständigen Bergen des Rüttlers mit Schotter gefüllt wurde. Voraussetzung für diese Herstellungsvariante ist jedoch, dass der nach dem

Herausziehen des Rüttlers im Boden verbleibende zylindrische Hohlraum auf seiner gesamten Länge auch tatsächlich für den anschließenden Vorgang des chargenweisen Einfüllens und Verdichtens des Schotters offen stehen bleibt. An der Rüttlerspitze austretende Druckluft verhindert das Einstürzen des Hohlraums in diesen Böden (*Trockenverfahren* oder *displacement method*). Die Säulenlängen sind bei dieser Technik allerdings sehr begrenzt.

Dies ist bei feinkörnigen Böden mit hohem Wassergehalt allerdings nicht mehr gewährleistet. Um auch in diesen Böden zuverlässig eine Schottersäule herzustellen, wird wie beim Rütteldruckverfahren der Rüttler mithilfe eines an der Rüttlerspitze austretenden Spülstrahls auf die gewünschte Tiefe versenkt. Das an der Geländeoberfläche austretende Spülwasser stabilisiert den Hohlraum und fördert den gelösten Boden an die Geländeoberfläche (*Nassverfahren* oder *replacement method*). Bei Erreichen der Endtiefe wird über den Ringraum grobes Zuschlagmaterial eingefüllt, das gegen den Spülstrom zur Rüttlerspitze absinkt und durch alternierendes Herausziehen und Absenken des Rüttlers zur gewünschten Schottersäule verdichtet wird. Das mit feinkörnigem Material befrachtete Spülwasser wird über Gräben zu Absetzbecken geleitet. Es erfordert allerdings meist einen beträchtlichen Aufwand, Wasser und Schlamm vom Arbeitsfeld fernzuhalten und schließlich zu entsorgen [82]. Das Nassverfahren findet in der Regel Anwendung in Böden mit einer undränierten Scherfestigkeit um $c_u = 10$ kPa.

Aufgrund der beschriebenen Nachteile findet die Top Feed Methode gerade im deutschsprachigen Raum kaum noch Anwendung. Bei beiden Verfahrensvarianten der konventionellen Rüttelstopfverdichtung wird als Zugabematerial Schotter oder Kies von etwa 30 bis 60 mm Korndurchmesser eingesetzt. Mit dem Nassverfahren können Schottersäulen von beachtlicher Tiefe hergestellt werden; so berichtet *Raju* über einen Anwendungsfall, bei dem Schottersäulen von 26 m Länge ausgeführt wurden [127]. Dabei entstehen auch oft Durchmesser von 1 m und mehr, da durch den Materialaustrag mehr Zuschlagsstoff eingebaut werden kann. Beim konventionellen Trockenverfahren, bei dem der bindige Boden eine Scherfestigkeit von mindestens 20 kPa aufweisen sollte, können Schottersäulen bis etwa 8 m Tiefe noch zuverlässig hergestellt werden.

**Dry Bottom Feed Methode**

Die geschilderten Nachteile und Beschränkungen der konventionellen Ausführungsvarianten der Rüttelstopfverdichtung werden durch die Verwendung sogenannter Schleusenrüttler beseitigt. Beim Schleusenrüttler wird das Zugabematerial – in der Regel Schotter oder Kies mit Korndurchmessern von etwa 10 bis 40 mm – über eine entsprechende Rohrführung zur Rüttlerspitze geleitet. Hier tritt es, nachdem der Rüttler seine Endtiefe erreicht hat, mit Unterstützung von Druckluft aus (dry bottom feed method). Der Rüttler, der typischerweise Durchmesser von etwa 40 cm bis 50 cm aufweist, wird dann stufenweise im sogenannten Pilgerschritt angehoben und abgesenkt, während das Material an der Rüttlerspitze austritt und beim Stopfvorgang verdichtet wird (Bild 33).

Zur Qualitätssicherung ist es erforderlich, dass alle wesentlichen Parameter des Herstellungsvorgangs (Tiefe, Rüttlerfrequenz, Rüttelenergie, Vorschub, Andruck und Schotterverbrauch) zeitabhängig fortlaufend registriert werden [35]. Dabei stellen die

Rüttlerenergie und der Andruck bei der Aktivierung die maßgeblichen Qualitätskriterien dar.

Als Trägergeräte kommen in der Regel spezielle Mäklergeräte zum Einsatz, die den mit Materialschleuse und Vorratsbehälter ausgerüsteten Schleusenrüttler betreiben und durch spezielle mechanische, pneumatische oder hydraulische Beschickungsvorrichtungen mit Zugabematerial versorgen (Bilder 34 und 35). Auch infolge der zusätzlich vorhandenen Aktivierkraft, die etwa 150 bis 200 kN betragen kann, wird das Verfahren mit dem Schleusenrüttler in Böden mit einer undränierten Scherfestigkeit bis ca. 50 kPa noch wirtschaftlich eingesetzt. Nicht selten kann es jedoch zur Überbrückung von höher verdichteten oberflächennahen Auffüllböden erforderlich sein, mithilfe einer Endlosschnecke den Boden in diesen Bereichen vor dem Abteufen des Rüttlers aufzulockern. Die erreichbaren Säulendurchmesser sind vor allem von den Baugrundeigenschaften abhängig. Typischerweise werden Schottersäulen mit Durchmessern zwischen etwa 60 und 90 cm angestrebt.

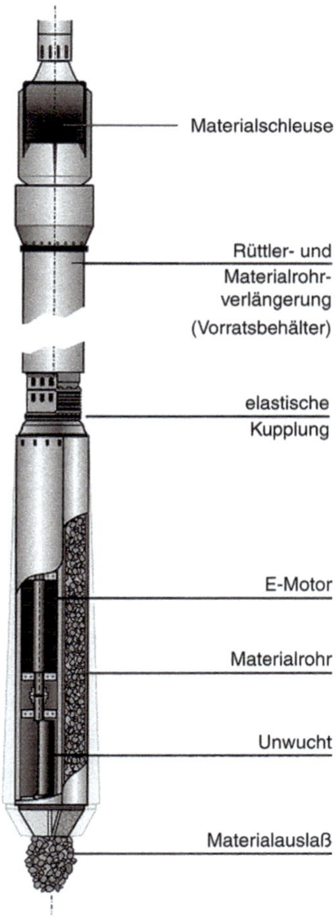


**Bild 33** Aufbau des Schleusenrüttlers

**Bild 34** Trägergerät mit Schleusenrüttler

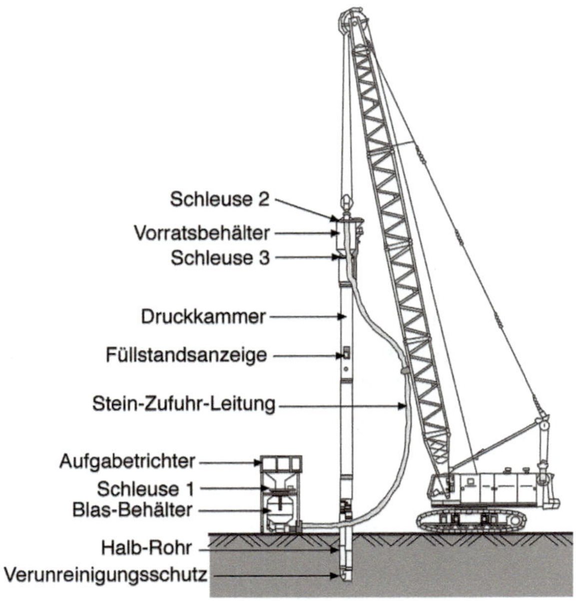


**Bild 35** Stopfrüttler mit pneumatischer Beschickungsvorrichtung

Die typischen Ausführungstiefen von Schottersäulen liegen zwischen 3 und 25 m. Jedoch sind bereits Spezialkonstruktionen für Schleusenrüttler bis 50 m Eindringtiefe z. B. für Offshoreanwendungen verwendet worden. Für den Fall, dass größere Anwendungstiefen mit Beschränkungen des Lichtraumprofils für die Geräte zusammenkommen, sind Sonderkonstruktionen entwickelt worden, die auch bei beschränkter Bauhöhe die Herstellung von Rüttelstopfsäulen ermöglichen [174].

Alternativ wird auch gelegentlich anstatt eines Tiefenrüttlers ein Stahlrohr mit Verschlussklappe unter Einsatz eines Aufsatzrüttlers versenkt und mit Zuschlagsmaterial befüllt. Die beim anschließenden Ziehen entstehende Schottersäule ist aufgrund des nur bedingt vorhandenen Stopfvorgangs im Allgemeinen weniger stark verdichtet als die mit dem Tiefenrüttler hergestellte Rüttelstopfsäule, bei der eine seitliche Verdrängung des Zuschlagsmaterials auch über den Einfuhrquerschnitt hinaus erfolgt. Auf diese Weise hergestellte Schottersäulen dienen daher vornehmlich zur Herstellung von Dräns.

Rüttelstopfsäulen werden zur Verbesserung der Eigenschaften nicht ausreichend tragfähiger Böden in unterschiedlichen Ausführungsformen eingesetzt. Kleinere Säulengruppen unterstützen Einzel- oder Streifenfundamente, während ausgedehnte Säulenraster unter Gründungsplatten oder schlaffen Lasten, wie beispielsweise Dämmen oder Tanks, angeordnet werden. Rüttelstopfsäulen verbessern durch ihren erhöhten Scherwiderstand auch die Standsicherheit von Dämmen oder Böschungen.

Durch den Einsatz von Schottersäulen werden die Setzungsbeträge unter Belastung reduziert und infolge der dränierenden Wirkung die Setzungszeiträume verkürzt. In [182] wird gezeigt, dass eine infolge des hydraulischen Gradienten mögliche Kontakterosion zwischen Boden und Säulenmaterial für praktisch relevante Verhältnisse keinen signifikanten Einfluss auf die Dränwirkung hat. Durch die erhöhten Festigkeitsparameter des hoch verdichteten granularen Zugabematerials wird darüber hinaus die Scherfestigkeit des verbesserten Bodens erhöht. Durch Entlastung des umgebenden Bodens und die Verkürzung der Dränwege wird die Gefahr von Verflüssigung maßgeblich herabgesetzt [78]. Diese Eigenschaft stellt vor allem in Erdbebenregionen ein wesentliches Einsatzgebiet von Rüttelstopfsäulen dar [161].

Oft wird oberhalb der Säulenköpfe eine zusätzliche Schicht aus verdichtetem Material angeordnet, um die Lastverteilung unterhalb einer Gründungsplatte zu ermöglichen und so die Sohlpressungen zu vergleichmäßigen. Für den Verbesserungserfolg ist diese Lastverteilung jedoch nicht unbedingt erforderlich. Auch ohne eine vollständige Gewölbewirkung wird die flächenhafte Belastung auf die Säulen konzentriert, die eine um ein Vielfaches größere Steifigkeit als der umgebende Boden aufweisen. Durch die Kombination von Stopfsäulen und überlagerndem Geotextil wird ein Tragsystem erzeugt, das besonders effektiv unterhalb von Verkehrswegedämmen die Standsicherheit erhöht, da durch das sich zwischen den Säulen einhängende Geogitter auch die Spreizkräfte in der Dammaufstandsfläche aufgenommen werden [72, 149, 154, 162]. Falls eine Gewölbewirkung oberhalb der Säulen erzeugt werden soll, ist zu beachten, dass bei überwiegend dynamischer Lasteneinwirkung diese Gewölbewirkung nur eingeschränkt ansetzbar ist [58].

Der Grad der erzielbaren Baugrundverbesserung hängt ab von den bodenmechanischen Eigenschaften des unverbesserten Bodens, dem gegenseitigen Abstand und den geometrischen Abmessungen der Schottersäulen sowie den Eigenschaften des verdichteten Säulenmaterials. Neben der Setzungsbeschleunigung ist vor allem die Reduktion der Gesamtsetzungen der durch die Verbesserung gewünschte Effekt. Schottersäulen vermindern die Setzungen des Baugrunds, da sie steifer sind als der Boden, den sie ersetzen. Das nutzbare Steifigkeitsverhältnis zwischen Schottersäulen und Boden hängt ganz wesentlich von der seitlichen Stützung der Schottersäulen ab, die ihr der umgebende Boden im Belastungsfall liefert. Zur Mobilisierung dieser Stützwirkung und damit der Interaktion zwischen Schottersäule und umgebendem Boden treten seitliche Verformungen in Form eines Ausbauchens des Säulenmaterials auf, die wiederum den Boden stabilisieren und im Zusammenspiel mit der flächenhaften Belastung die Verformungen des Gesamtsystems ergeben (Bild 36).

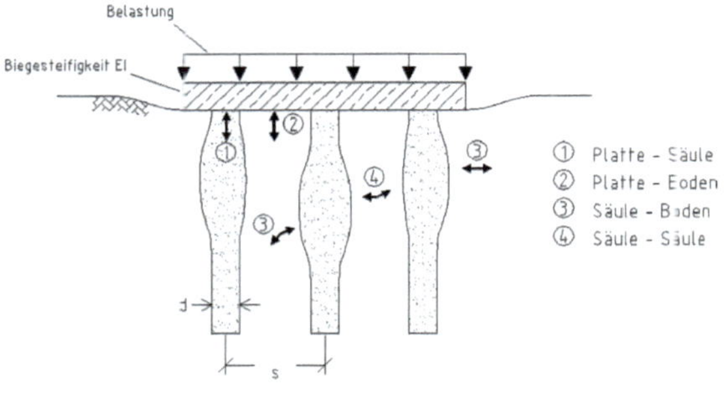


**Bild 36** Interaktionen Last–Säule–Boden (aus [80])

Eine anschauliche Darstellung des Tragverhaltens einer einzelnen Säule geht auf *Bell* zurück [11]. Danach vermag der umgebende bindige Boden mit einer Kohäsion $c_u$ in einer Tiefe z maximal eine seitliche Stützung von $\sigma_h = \gamma \cdot z + 2\,c_u$ zu bieten. Dieser Stützdruck lässt unter der vereinfachenden Annahme des passiven Erddruckbeiwerts $K_p = \tan^2(\pi/4 + \varphi/2)$ eine maximale vertikale Säulenspannung von $\sigma_o = K_p\,(\gamma \cdot z + 2\,c_u)$ zu, dabei ist φ der Winkel der inneren Reibung des Säulenmaterials (Bild 37) [18]. Obwohl dieser ebene Ansatz die Tragfähigkeit der Säule deutlich unterschätzt, zeigt er doch sehr anschaulich die Bedeutung der Interaktion zwischen Säule und Boden sowie das grundsätzlich andere Tragverhalten einer Schottersäule im Vergleich zu wesentlich steiferen vertikalen Tragelementen wie beispielsweise Pfählen.

Zur Untersuchung der Interaktion zwischen Säule und Boden sowie auch der gegenseitigen Beeinflussung der Säulen werden häufig Modellversuche durchgeführt. Dabei werden einerseits der Versagensmechanismus und andererseits die Gruppenwirkung qualitativ veranschaulicht (Bild 38) [19, 65, 80, 172].

In älteren Publikationen wird als Mindestwert der Scherfestigkeit des zu verbessernden Bodens ein $c_u$-Wert von 15 kPa angegeben [44, 144], wobei jedoch die positiven Wirkungen des räumlichen Verhaltens und der gegenseitigen Beeinflussung benachbarter Säulen, der Dilatation des Säulenmaterials [167] sowie vor allem die durch die Dränwirkung der Schottersäule rasch eintretende Erhöhung der Scherfestigkeit des Bodens vernachlässigt werden. Zahlreiche Anwendungsbeispiele zeigen, dass auch bei $c_u$-Werten von 5 kPa das Rüttelstopfverfahren noch erfolgreich eingesetzt wurde [80, 81, 83, 127].

Bei vertikaler Belastung versagen Schottersäulen entweder infolge mangelnder seitlicher Stützung etwa im oberen Drittel (Ausbauchen), durch Abscheren des Säulenmaterials oder durch Versinken bei „schwimmenden" Gründungen (Bild 39). In allen Fällen gehen dem Versagen jedoch so große Verformungen voraus, dass sie für den Gebrauchszustand nicht mehr zulässig sind. Von wesentlich größerer Bedeutung als

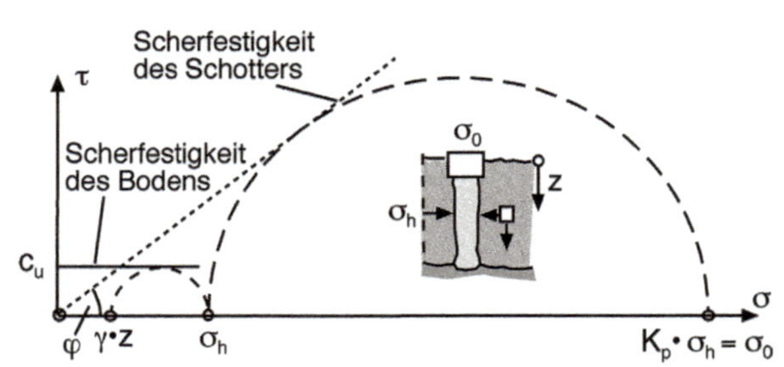


**Bild 37** Abschätzung der Säulentragkraft aus Stützkraftwirkungen

**Bild 38** Versagensmechanismus von Rüttelstopfsäulen bei Gruppenwirkung (aus [80])

die Untersuchung der Grenzlast von Schottersäulen sind daher die Bemessungsansätze für die Verformungen derartiger Gründungen. Einen Überblick über die verschiedenen Berechnungsvorschläge findet man auch in [153], [12] oder [148], wobei zwischen der für die Praxis eher uninteressanten Bemessung der Einzelsäule und der Berechnung von Säulenrastern unterschieden wird. Während sich in Europa das Berechnungsverfahren von *Priebe* [120] durchgesetzt hat (Bild 40), verwendet man in den USA häufiger das allerdings nur mit größerem Aufwand handhabbare, iterative Verfahren von *Goughnour* und *Bayuk* [48]. Untersuchungen nach [176] zeigen, dass der innere Reibungswinkel des Stopfmaterials Werte zwischen 45° und 55° annimmt.

Viele der Bemessungsansätze beruhen auf empirischen oder halbempirischen Ansätzen oder basieren auf vereinfachenden Annahmen, die der Komplexität des Verformungsverhaltens nicht gerecht werden. Insbesondere findet die Berücksichtigung des Herstellungseinflusses der Rüttelstopfsäulen auf den umgebenden Boden, der im Belastungsfalle ja weiter zum Lastabtrag beiträgt, noch nicht zufriedenstellend Eingang in die Berechnungen. Insofern existiert gegenwärtig noch kein vollständiger Bemessungsansatz, der alle am Lastabtrag beteiligten Mechanismen ausreichend berücksichtigt und dennoch die für die praktische Anwendung erforderliche Einfachheit aufweist. Da dies weiterhin auch für numerische Modellbildungen gilt, empfiehlt es sich zur Dimensionierung einer größeren Baugrundverbesserungsmaßnahme immer noch, Probesäulen herzustellen und die erzielbaren Säulendurchmesser sowie die Ergebnisse von Probebelastungen zur Entscheidungsfindung mit heranzuziehen [27].

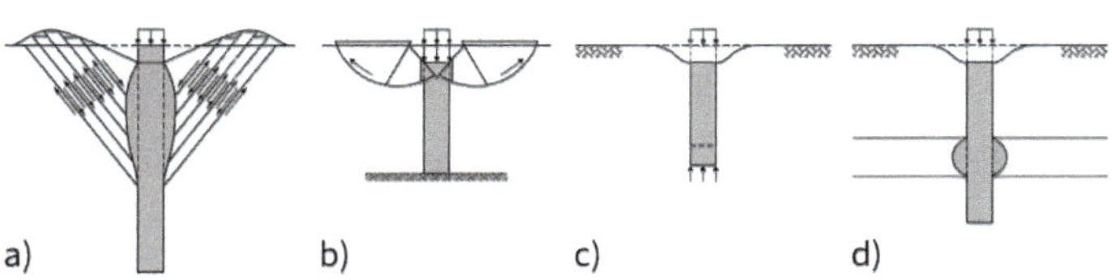


**Bild 39** Versagensmechanismen von Rüttelstopfsäulen bei vertikaler Belastung (aus [83]); a) bulging, b) shearing, c) sinking, d) bulging in soft deeper layer

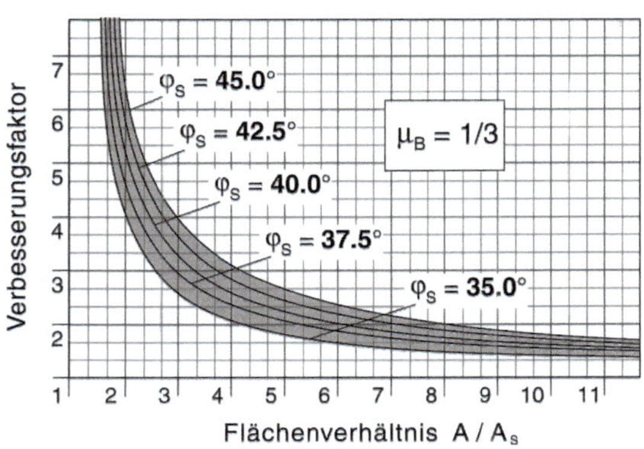


**Bild 40** Bemessungsdiagramm für Baugrundverbesserung durch Rüttelstopfsäulen (nach [120])

Insbesondere zur Ermittlung des Spannungs-Verformungs-Verhaltens im Gebrauchslastbereich sind numerische Simulationsberechnungen jedoch von großem Nutzen. Bezogen auf die Baugrundverbesserung mit Rüttelstopfsäulen hat *Schweiger* die Verwendung eines homogenisierten Modells für das Verbundmaterial „Boden–Säule" vorgeschlagen [140]. Interessante Ergebnisse in Bezug auf die Simulation der Versagensmechanismen von Schottersäulen sind z. B. auch in [178] zu finden. Zur Einschätzung des Gruppentragverhaltens unter Einzelfundamenten sind in [80] ausgehend von numerischen Berechnungen Bemessungshilfen angegeben. Auch die Stabilität von Schottersäulen unter Dämmen kann zielführend mit numerischen Modellen untersucht werden [76].

## 5.2 Sand- und Schotterverdichtungssäulen

Bei der zuvor beschriebenen Rüttelstopfverdichtung wirken die aus Grobmaterial in Form von Schotter hergestellten Säulen im Verbund mit dem umgebenden Boden zum Abtrag der aufgebrachten Beanspruchung. Das gleiche Tragverhalten kann auch erreicht werden, wenn statt des Grobmaterials Sand eingebaut wird. Hier sind an erster Stelle die Sand-Verdichtungssäulen (*Sand Compaction Piles/Compozer Piles*) zu nennen, die im ostasiatischen Raum seit Langem insbesondere zur Verbesserung sehr weicher maritimer Tone ausgeführt werden [160]. Bei diesen Verfahren wird ein im Fußteil besonders ausgebildetes, meistens aber unten offenes Rohr unter Druckluft mit einem Aufsatzrüttler in den Boden versenkt und dann mit Sand verfüllt, der beim Ziehen des Rohrs ausgedrückt wird. Mit pilgerschrittartigen Rohrbewegungen kann der eingebrachte Sand, der nach Bedarf über das Rohr nachgefüllt wird, verdichtet und auch in den anstehenden Boden verdrängt werden (Bild 41).

Die Herstellung von Sand-Verdichtungspfählen ist in Japan weitgehend automatisiert. Leistungen von über 30 lfm pro Gerät und Stunde sind üblich. In der Regel liegt der Rohrdurchmesser zwischen 0,4 und 0,6 m und das Verhältnis von Säulenquerschnitt zu Rasterfläche zwischen 0,3 und 0,5. Bei Offshore-Arbeiten werden aber auch weitaus größere Durchmesser benutzt und das Flächenverhältnis kann bis auf 0,8 ansteigen [9]. Bei Gründungsarbeiten für den Kansai International Airport in der Bucht von Osaka wurde mit jeweils drei auf einem Ponton zusammengefassten Großgeräten gearbeitet. Die Rohre wiesen einen Durchmesser von 1,6 m auf und es wurden 20 m lange Sandsäulen in marinen Weichschichten 20 m unter dem Wasserspiegel hergestellt. Zur Reduktion der infolge der Herstellung eintretenden Erschütterungen, insbesondere im innerstädtischen Raum, wurde auch eine Verfahrensvariante entwickelt, bei der die Rohre eingedrückt werden [74].

Die Bemessung von Sand-Verdichtungspfählen erfolgt meist empirisch. Mit einem aus Erfahrung gewonnenen Verhältnis zwischen der Spannung auf den Säulen und dem umgebenden Boden, wobei als Anhaltswert ein Verhältnis von 3 bis 5 angenommen werden kann, werden die Säulen dimensioniert (Bild 42).

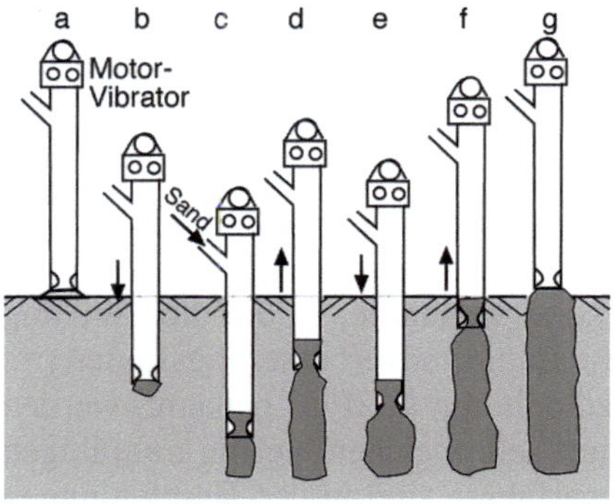


**Bild 41** Verfahrensweise bei Sand-Verdichtungspfählen (nach [160])

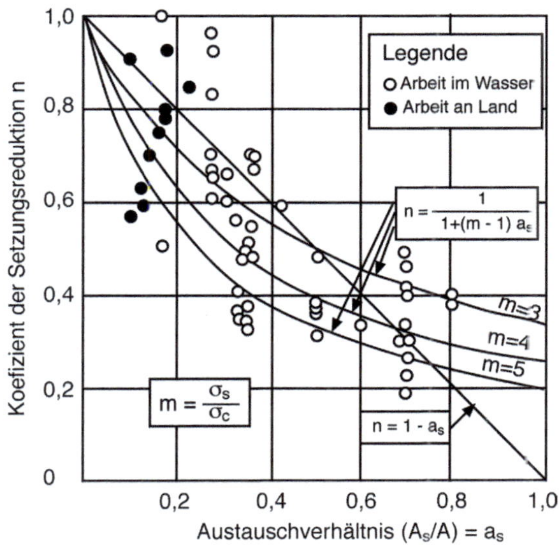


**Bild 42** Verbesserungswerte bei Sand-Verdichtungspfählen (nach [13])

In Deutschland wurden Sandsäulen bisher nur in verhältnismäßig kleiner Menge zur Baugrundverbesserung ausgeführt und zwar im Wesentlichen nach dem Verdrängungs- bzw. Bodenersatzverfahren. Das Verdrängungsverfahren erfolgt in weichen Böden, in denen ein mit einem verlorenen Schuh oder einer speziellen Kappe versehenes, also geschlossenes Rohr noch niedergebracht werden kann. Die Grenze liegt etwa bei einem Rohrdurchmesser von 0,8 m. Bei größeren Durchmessern wird das Ersatzverfahren gewählt, d. h., das Rohr wird offen in den Boden getrieben und anschließend für die Sandverfüllung ausgebohrt. Da hierbei die Bodenverdrängung und damit die anfängliche Stützung der Säulen durch den Boden geringer ausfallen, ist bei Belastung mit größeren Setzungen als bei verdrängend eingebauten Säulen zu rechnen.

Um – insbesondere im Falle des Bodenersatzes – die Setzungen zu mindern, kann die Sandsäule mit einem Geokunststoffschlauch ummantelt werden, der vor der Sandverfüllung in das Rohr eingelegt wird [124]. Die Verdichtung des Einbaumaterials ist dabei allerdings eingeschränkt, weil „Pilgerschritte“ nur begrenzt möglich sind. Zur Aktivierung einer seitlichen Stützung im Boden kann eine erhebliche Verformung erforderlich sein. Andererseits werden schon bei eher geringer seitlicher Dehnung die zulässigen Ringzugkräfte der Ummantelung ausgeschöpft. Als Kompromiss erhält der Schlauch deshalb einen größeren Ausgangsdurchmesser als ihn die Verrohrung aufweist.

Die Bemessung geokunststoffummantelter Sandsäulen ist z. B. in [125] sowohl anhand numerischer als auch analytischer Verfahren beschrieben. Bei Letzteren handelt es sich um für Rüttelstopfverdichtungen entwickelte Verfahren, in die die Stützung durch die Ummantelung eingearbeitet wurde. Diese Baugrundverbesserungssäulen (im englischsprachigen Schrifttum „geotextile encased columns – GEC" genannt) werden seit mehr als 15 Jahren für Flächengründungen auf sehr weichen, gering tragfähigen Böden eingesetzt. Die zugehörigen Berechnungsverfahren sind in den Empfehlungen für Bewehrungen aus Geokunststoffen [37] aufgezeigt. Ein interessanter Bericht von *Raithel* et al. [123] über einen Belastungsversuch auf einer Gruppe von zehn Säulen von 80 cm Durchmesser und Längen von etwa 7,5 m, die in Weichschichten aus Klei und Torf hergestellt wurden, deutet darauf hin, dass diese Berechnungsverfahren noch Sicherheitsreserven enthalten.

Die Schottersäule, hergestellt mit Tiefenrüttlern wie in Abschnitt 5.1 beschrieben, wurde in vielfältiger Weise nachgebildet, indem ein Stahlrohr in den zu verbessernden Boden eingerammt oder eingerüttelt wird, durch welches sodann Schotter oder Kies lagenweise eingebracht, verdichtet und das Rohr wieder aus dem Baugrund herausgezogen wurde. Auf diese Weise wurden bereits seit den 1930er-Jahren Kiesrammsäulen nach der Franki-Methode hergestellt [84]. Seit etwa 20 Jahren kommt für die Verbesserung geringtragfähiger Böden von geringerer Mächtigkeit auch das sogenannte Geopier-Verfahren zur Anwendung [103]. Dabei wird ein spezielles Stahlmantelrohr von etwa 40 cm Durchmesser in den Baugrund eingebracht. Der portionsweise in das Mantelrohr eingefüllte Schotter wird sodann durch ein spezielles Rammwerkzeug nach unten ausgeschlagen, dabei verdichtet und in den umgebenden Boden verdrängt. In steifen Böden, und um die mit der Bodenverdrängung einhergehende Bodenhebung zu begrenzen, wird durch Vorbohren der Herstellvorgang beschleunigt und der Säulendurchmesser vergrößert. Auf diese Weise können Verdichtungssäulen von 50 cm bis 80 cm Durchmesser bis in etwa 10 m Tiefe hergestellt werden. Eigenschaften und Tragverhalten dieser Geopier-Säulen ähneln denjenigen von Schottersäulen, wie sie in Abschnitt 5.1 beschrieben sind.

## 5.3 Einbringen aushärtender Stoffe – Rigid Inclusions

### 5.3.1 Grundsätze des Tragverhaltens

Die Wirkungsweise einer Baugrundverbesserung in weichen bindigen Böden unter Einbringung inerten Materials, meist Schotter oder Sand, besteht in der Interaktion mit dem umgebenden Baugrund durch Weckung eines seitlichen Widerstands. Sind die seitlichen Stützungskräfte gering oder werden größere horizontale Verformungen zur Aktivierung dieser Stützung erforderlich, besteht die Möglichkeit, Materialien mit hydraulischer Bindewirkung einzubauen, die einen größeren inneren Verbund erzeugen.

Als Einbaumaterialien kommen dabei Mörtel- und Betonmischungen infrage, die im abgebundenen Zustand in ihrem Steifigkeits- und Festigkeitsverhalten dem gewünschten Spannungs-Verformungsverhalten des gesamten verbesserten Bodenpakets angepasst werden können, sodass damit ein kontrolliertes Verformungsverhalten unter Belastung sowohl des eingebauten Materials als auch des gesamten Bodenpakets erzielt wird. Man spricht in diesem Zusammenhang auch von Controlled Stiffness Columns. Die Interaktion zwischen eingebautem Material und umgebendem Boden wird wesentlich von der Aktivierung von Schubspannungen am Säulenmantel bestimmt. Dabei kommt – je nach Einbauvorgang – auch eine seitliche Verspannung, die für eine Erhöhung der übertragbaren Schubspannungen sorgt, zum Tragen. Maßgeblichen Einfluss auf das Tragverhalten haben also einerseits das Spannungsverformungsverhalten des eingebrachten Materials und andererseits der Einbauvorgang der Baugrundverbesserungssäule. Unterschiedliche Säulentypen werden z. B. in [17] im Hinblick auf die Herstellung und das Tragverhalten diskutiert.

Je nach Sprachraum werden diese Tragglieder auch als Stabilisierungssäulen oder *inclusions rigides* oder *rigid inclusions* bezeichnet. Grundsätzlich besteht die Wirkungsweise dieser Säulen aus einer Aktivierung von Mantelreibung und Spitzendruck. In Abgrenzung zu Pfählen wirken Stabilisierungssäulen jedoch in aller Regel nicht als Einzeltragglied, sondern im Verbund mit benachbarten Säulen als Gruppe – bei größerer Ausdehnung oft auch als „Säulenwald" bezeichnet. Meist sind Stabilisierungssäulen unbewehrt und die Lasteinleitung erfolgt nicht unmittelbar über eine starre Fundamentplatte, sondern über eine Lasttransferschicht, die einerseits für eine Vergleichmäßigung der Spannungsverteilung bei biegesteifen Gründungskörpern, wie z. B. Sohlplatten, sorgt und anderseits auch ein Eindringen der Säulenköpfe in diese Schicht erlaubt. Dadurch erfolgt neben einer Lasteinleitung ausschließlich am Säulenkopf auch ein „Einhängen" des Bodens zwischen die Säulen und eine damit verbundene Lastübertragung auf die Säulen im oberen Säulenbereich über negative Mantelreibung (vgl. Bild 43). Die Grundsätze dieses Tragverhaltens sind z. B. in [67] und [15] detailliert beschrieben.

Die Durchmesser von Stabilisierungssäulen liegen dabei meist zwischen etwa 15 und 60 cm. Grundsätzlich können sehr unterschiedliche vertikale Tragglieder als Rigid Inclusions verstanden werden, auch Pfähle (bewehrt oder unbewehrt), Bodenmischsäulen oder Düsenstrahlsäulen zählen dazu. Vorliegend sollen jedoch Tragglieder behandelt werden, die unter Verwendung eines Tiefenrüttlers als hydraulisch gebundene Stopfsäulen oder als sog. Nass- bzw. Trockenmörtelsäulen mit kleinen Durchmessern hergestellt werden.

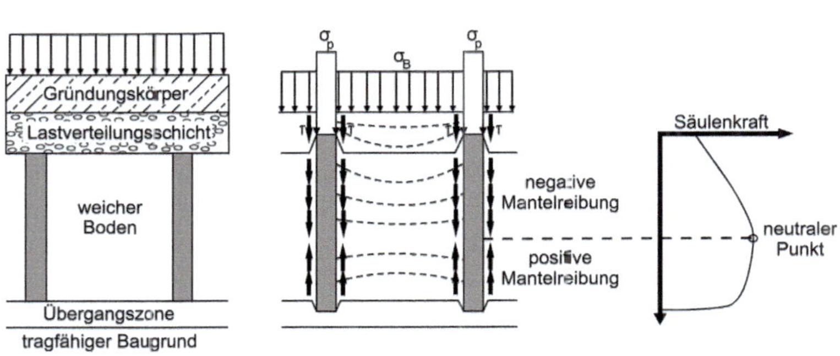


**Bild 43** Tragverhalten von Stabilisierungssäulen [113]

Die äußere Tragfähigkeit von Stabilisierungssäulen wird über Probebelastungen ermittelt. Aufgrund der vergleichsweise geringen Lasten werden diese meist klassisch als statische Probebelastung ausgeführt. Bei Säulen größerer Durchmesser werden auch dynamische Pfahlprüfungen angewendet. Allerdings ist dabei besonderes Augenmerk darauf zu legen, dass die in der Regel unbewehrten Säulen durch die notwendige Impulseinleitung nicht zerstört werden und dass eine realistische Annahme über die Säulengeometrie der Auswertung zugrunde gelegt wird.

Zur Abschätzung der Verformungen eines mit Stabilisierungssäulen verbesserten Baugrunds kommen aufgrund der recht komplexen Interaktion zwischen Säulen, umgebendem Boden, Lasteinleitung und Last-Transferschicht häufig numerische Methoden zum Einsatz, die relativ einfach mit dem Konzept der Einheitszelle als einzelne Säule mit dem umgebenden Boden abgebildet werden können [67]. Grundsätzlich sind aber auch analytische Ansätze möglich. So erlaubt die Empfehlung des Arbeitskreises 2.8 der DGGT [38] den Ansatz einer tiefliegenden Lastfläche bei ⅔ der Einbindelänge des Säulenwaldes in den lastabtragenden Horizont. Das Tragverhalten von Gründungen auf Stabilisierungssäulen wird sehr anschaulich auch in [113] beschrieben.

In Bezug auf die Standsicherheit werden Stabilisierungssäulen häufig zur Verbesserung des Grundbruchwiderstands oder – beispielsweise unterhalb von Verkehrswegedämmen – im Geländebruchnachweis angesetzt. Aufgrund der nur gering vorhandenen Duktilität der Säulen muss gewährleistet sein, dass die Säulen infolge der seitlichen Beanspruchung nicht aufreißen, was ein progressives Versagen verursachen könnte. Im Arbeitskreis 2.8 der DGGT werden zurzeit Empfehlungen erarbeitet, wie Stabilisierungssäulen in Standsicherheitsnachweisen anzusetzen sind. Im Wesentlichen werden dabei Vorarbeiten aus Skandinavien genutzt, bei denen Stabilisierungssäulen im Hinblick auf die möglichen unterschiedlichen Versagensformen untersucht wurden (vgl. auch Abschnitt 4.1 und [20, 90]). Jeder Säule innerhalb der Gruppe wird dabei eine in Abhängigkeit der wirksamen Normalspannung unterschiedliche Momentenkapazität zugewiesen. Diese wird im Bruchzustand durch den auf die Säule wirkenden Fließdruck aktiviert und steht im Standsicherheitsnachweis als zusätzliche rückhaltende Komponente zu Verfügung. Je größer die in der Säule übertragene Normalkraft ist, desto wirksamer ist sie im Geländebruchnachweis (vgl. z. B. [117]). In [47] werden die infolge der sehr unterschiedlichen Bruchmechanismen aus [90] oder [20] möglichen Momentenkapazitäten vereinheitlicht und eine für den iterativ über unterschiedliche Gleitkörper zu führenden Standsicherheitsnachweis vereinfachte Momentenkapazität in Abhängigkeit von der wirksamen Normalkraft ermittelt.

Aufgrund der relativen Schlankheit der Stabilisierungssäulen und der geringen Duktilität ist ein Stabilitätsversagen der einzelnen Säule infolge der eingeleiteten Normalkraft (Knicken) rechnerisch auszuschließen. Hierzu kann z. B. das für Kleinverpresspfähle entwickelte Verfahren von *Vogt* et al. [169] Verwendung finden. In [4] wird eine vereinfachte Berechnungsmethode vorgestellt, bei der die Säulen unter Berücksichtigung von Anfangsverformungen nach Theorie II. Ordnung bemessen werden, wodurch der zugehörige Stabilitätsnachweis mit erfüllt wird. Bei sämtlichen Methoden ist es notwendig, den seitlichen Fließdruck abzuschätzen, der im Knicknachweis zur Stabilisierung herangezogen werden kann. Hierfür können Werte zwischen $7 \cdot c_u$ und $11 \cdot c_u$ angesetzt werden [4].

### 5.3.2 Hydraulisch gebundene Stopfsäulen

Zur Herstellung von Stabilisierungssäulen steht als dynamische Methode mit verdrängender Wirkung z. B. der Einsatz von Aufsatzrüttlern und Rohren mit temporären unteren Verschlüssen oder das Niederbringen eines Schleusenrüttlers (Beschreibung s. Abschnitt 3.2.1) zur Verfügung. Nach Erreichen der geplanten Einbindetiefe wird dann unter Materialzugabe das Rohr bzw. der Rüttler unter dynamischer Einwirkung auf die Umgebung und das Einbaumaterial gezogen. Der Einsatz eines Schleusenrüttlers mit Aktivierungshilfe bietet darüber hinaus noch die Möglichkeit, das Einbaumaterial durch die vorhandene Vertikalkraft und die Rüttlerenergie seitlich gegen den anstehenden Boden zu verstopfen. Durch diesen Stopfvorgang wird ein innigerer Verbund und eine intensive Verspannung zwischen Einbaumaterial und Baugrund erreicht [149]. Die Aktivierungshilfe erleichtert dabei auch das Überwinden von ggf. vorhandenen Zonen höherer Festigkeit im Untergrund.

Als Einbaumaterialien zum Aufbau einer inneren Bindung steht dabei von verschiedenen Mörteln, wie sie für vermörtelte Stopfsäulen und Fertigmörtelstopfsäulen zugelassen sind, bis hin zum Beton ein breites Band an Materialien zur Verfügung. Die Anforderungen an das Einbaumaterial hinsichtlich seiner Festigkeit ergeben sich aus den Stabilitätsnachweisen und den Erfordernissen der Krafteinleitung im Kopfbereich unterhalb der Lastverteilungsschicht, die Anforderungen hinsichtlich des Verformungsverhaltens aus der notwendigen Interaktion mit dem umgebenden Boden. Dabei kann es sinnvoll sein, Stabilisierungssäulen mit anderen baugrundverbessernden Maßnahmen größerer Duktilität, beispielsweise mit Rüttelstopfsäulen oder kalkverfestigten Bereichen, zu kombinieren. Diese Kombination wird häufig unter dem Begriff Hybridgründung beschrieben [118].

Eine weitere Variante stellt die sogenannte „Teilvermörtelte Stopfsäule" dar, bei der Abschnitte mit abbindendem Material – zumeist in sehr weichen Schichten – mit unvermörtelten Bereichen zu einer Säule kombiniert werden. Gerade bei den Anwendungsfällen, bei denen ein gleichmäßiges elastisches Verhalten unter wachsender Belastung (Verkehrswege) wünschenswert ist, hat sich diese Anwendung bewährt. In [149] wird über umfangreiche Anwendungen und messtechnisch begleitende Untersuchungen dieser Technologie berichtet.

Wie eingangs erläutert, ist zur Bemessung von Stabilisierungssäulen eine Verformungsberechnung unter Berücksichtigung der unterschiedlichen Steifigkeiten der Einbau- und Bodenmaterialien durchzuführen. Dabei kann z. B. das Verfahren nach *Priebe* [120] oder die FE-Methode Verwendung finden. Auch hierbei ist eine genaue Kenntnis des elastischen sowie elastisch-plastischen Verhaltens des anstehenden Baugrunds zur aussagefähigen Berechnung des Verformungsverhaltens des verbesserten Baugrunds von entscheidender Bedeutung.

Bei allen bisher vorgestellten Untersuchungen zur Vorhersage des Verformungsverhaltens ist es aber bisher noch nicht gelungen, den Herstellvorgang sowie die daraus resultierenden Einflüsse auf die Interaktion zwischen Lasteinleitung, Baugrund und Einbaumaterial für die Berechnung zuverlässig darzustellen. Bei Anwendung von Stabilisierungssäulen zur Verformungsbegrenzung und -vergleichmäßigung ist es daher weiterhin erforderlich, den technischen Anforderungen entsprechende Messprogramme baubegleitend auszuführen, um die Optimierung dieser Verfahren auch in ihrer rechnerischen Vorhersagbarkeit entscheidend zu verbessern.

### 5.3.3 Trockenmörtelsäulen

In vorhergehenden Abschnitten wurden Verfahren der Baugrundverbesserung behandelt, bei denen Bindemittel oder Bindemittelgemische verdrängend mittels dynamischer Methoden in den Boden eingebracht werden. Mit dem Abbinden des Materials entstehen aussteifende Gründungselemente mit mehr oder weniger gut definierbaren Festigkeiten. Im Gegensatz dazu sind Trockenmörtelsäulen schlanke Stabilisierungssäulen, bei deren Herstellung der anstehende Boden seitlich verdrängt und der entstehende Hohlraum mit einem trockenen Bindemittelgemisch (Zement-Sand-Gemisch) verfüllt wird. Dort entfaltet es seine hygroskopische Wirkung, die – auch in nur erdfeuchten Böden – zur Durchfeuchtung mit dem damit verbundenen Abbinden des eingebrachten Materials führt und infolge des Wasserentzugs eine zusätzliche Bodenverfestigung verursacht. Der Wasserentzug beruht sowohl auf der chemischen Reaktion als auch auf Adsorption an den üblicherweise sehr fein gemahlenen Bindemitteln. Durch chemische Reaktionen im Zuge eines Ionenaustauschs kann noch eine weitere Verfestigung des unmittelbar umgebenden Bodens hinzukommen. Die Wirksamkeit des Verfahrens besteht dabei also einerseits auf der Festigkeitsentwicklung des benetzten Trockengranulats und andererseits auf der Bodenentwässerung [131]. Das für den Erhärtungsprozess benötigte Wasser wird dabei dem die Säule umgebenden Boden entzogen.

Die vorgenannten Wirkungen entwickeln sich besonders gut bei kleinkalibrigen Säulen aus hygroskopisch wirkendem Material in verhältnismäßig engen Rastern, weil dann der Untergrund gleichmäßig verbessert wird (Bild 44).

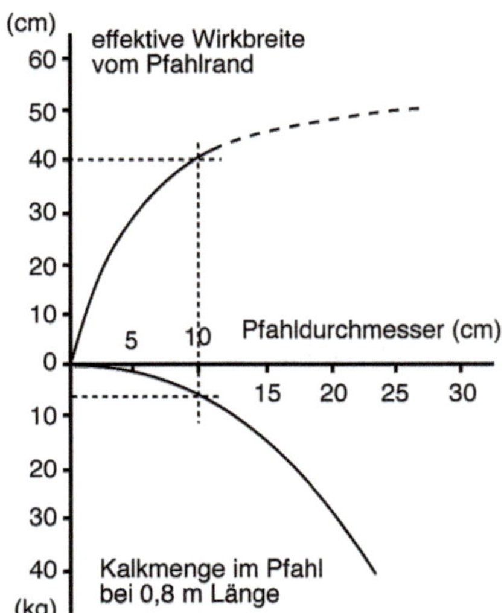


**Bild 44** Wirkbreiten von Kalkpfählen (nach [157])

Dem steht als Nachteil allerdings eine geringere Stabilität der einzelnen Säule gegenüber. Werden die Säulen im Verdrängungsverfahren eingebracht, kommt zu den vorgenannten Effekten noch eine gewisse Bodenverdichtung und seitliche Verspannung hinzu, deren Wirkung im Gesamttragverhalten ebenfalls nur schwer abzuschätzen ist. Die Bodenverdrängung fördert zumindest Verspannungseffekte zwischen den immer als Gruppe wirkenden Säulen. In den Grundzügen ist die Wirkungsweise seit Längerem bekannt (Bild 45) [132]. Das zurzeit bekannteste Verfahren ist die CSV-Bodenstabilisierung (Coplan-Stabilisierungs-Verfahren) [130]. Hierbei wird das Einbaumaterial in mehr oder weniger körniger trockener Form in den Gängen einer Endlosschnecke in den Boden eingebracht. Zur laufenden Materialbeschickung wird die Schnecke durch einen nach Bedarf auffüllbaren Trichter gedrückt ([45]). Die üblicherweise rechtsgewendelte Schnecke wird sowohl beim Vorschub als auch beim Herausziehen links gedreht, sodass es beim Vorschub zur vollen Bodenverdrängung und beim Herausziehen zum Auslaufen des Einbaumaterials am unteren Schneckenende kommt. Als Bindemittel werden meist Kalk-Sand- oder Zement-Sand-Gemische eingebaut. Das Trockenmaterial härtet durch Aufnahme von Wasser aus dem Boden aus, wobei der Wasserbedarf durch das Porenwasser gedeckt sein muss. Gelegentlich kann eine nachträgliche Bewässerung zur Aushärtung des Vollquerschnitts erforderlich sein. Aufgrund des Risikos, dass frisch hergestellte Säulen durch nachfolgende Säulenherstellungen in ihrer Lage beeinträchtigt werden, sind die Mindestabstände der Säulen in Abhängigkeit der undränierten Scherfestigkeit in Anlehnung an DIN EN 12699 zu wählen.

Die üblichen Abmessungen von Trockenmörtelsäulen im CSV- oder vergleichbaren Verfahren liegen bei Säulendurchmessern zwischen 10 und 15 cm in einem in der Regel quadratischen Rastermaß zwischen 0,5 und 1,5 m. Zwischen Säulenquerschnitt und Rastermaß besteht insofern eine Beziehung, als es einerseits bei Abständen von weniger als etwa 3 · D durch den verdrängten Boden zu Schäden an bereits eingebrachten Nachbarsäulen kommen kann und andererseits bei Abständen von mehr als etwa 8 · D keine Interaktion zwischen den Säulen mehr zu erwarten ist, sodass das Tragverhalten dem einer Einzelsäule entspricht.

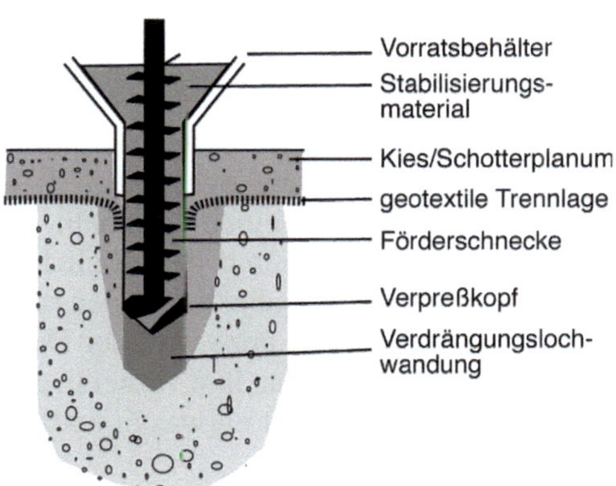


**Bild 45** Verfahrensablauf zur Herstellung von Stabilisierungssäulen (nach [132])

Trockenmörtelsäulen werden meist bis in etwa 10 m Tiefe ausgeführt. Bei dieser Größenordnung können noch verhältnismäßig leichte Geräte eingesetzt werden. Grundgerät ist ein mittlerer Hydraulikbagger mit einem Mäkler für die Führung der Endlosschnecke. Der Säuleneinbau ist erschütterungsarm und kann bis zu einem Abstand von etwa 0,5 m an Nachbarbebauung ausgeführt werden. Die Leistung bewegt sich zwischen 40 und 70 lfm pro Gerät und Stunde. Das Arbeitsplanum, meistens aus einer kapillarbrechenden, etwa 30 cm dicken Schicht über einem Geotextil, wird nicht sehr strapaziert. Eine nachträgliche Bodenabfuhr ist im Allgemeinen nicht erforderlich.

Da der Baugrund flächig verbessert wird, sind bei Gründungsmaßnahmen von Gebäuden keine Überbrückungselemente wie Pfahlroste oder dergleichen erforderlich, was sich günstig auf die Kosten auswirkt. Im Anwendungsfall werden üblicherweise zulässige Bodenpressungen angegeben. Auf die Einzelelemente umgerechnet sind Werte bis zu 150 kN je Säule möglich. Dabei wird meist angestrebt, die Säulen auf tragfähigen Schichten abzusetzen. Wegen der flächigen Lastabtragung sind die Anforderungen an eine lastverteilende Tragschicht in der Regel nicht sehr hoch. Auch ist keine nennenswerte Einbindung der Säulen erforderlich und letztlich sind auch schwimmende Anordnungen der Säulen möglich. Eine „starre" Aufstandsfläche ist darüber hinaus nicht unbedingt am günstigsten, weil diese zu einer Überbelastung der Säulen in Verbindung mit unkontrollierbaren Brüchen einzelner Säulen führen kann. Um eine möglichst gleichförmige Lastabtragung zu erreichen, werden bei der Herstellung möglichst alle Säulen bis zu einem festgelegten Geräteanpressdruck abgeteuft, was in Herstellprotokollen dokumentiert wird.

Bei weitgehend homogenen Baugrundverhältnissen genügen wenige Belastungsversuche, die dann auch zur Festlegung der Herstellparameter herangezogen werden, um die Tragfähigkeit generell nachzuweisen. Die Bemessung von Stabilisierungssäulen ist dabei sowohl numerisch als auch analytisch nicht trivial, weil wesentliche Effekte nur schwer abzuschätzen sind. Dazu kommt, dass möglicherweise für die Säulen zwei Grenzfälle zu betrachten sind, nämlich als Granulat mit mehr oder weniger hohem Reibungswinkel bei nur geringer Eigenfestigkeit und als verhältnismäßig starre Körper bei höheren einaxialen Druckfestigkeiten. Im ersten Fall wird sich die Bemessung an die von Stopfsäulen anlehnen, im zweiten an die von Pfählen. Detailliertere Hinweise finden sich in [38].

Eine weitere Möglichkeit zur Herstellung von Trockenmörtelsäulen besteht im pneumatischen Einbringen granularer Bindemittelgemische mit einer sogenannten Pulverlanze [53]. Dabei wird ein Rohr, welches am unteren Ende einen an einem Innengestänge geführten Doppelkegel besitzt, der beim Einfahren und bei möglichen Stopfvorgängen als Verschluss dient, in den Baugrund gepresst, wobei der Boden seitlich verdrängt wird. In der Verfüllphase beim Zurückziehen der Lanze wird der Doppelkegel über das Gestänge vorgeschoben und das Einbaumaterial an ihm vorbei in den entstandenen Hohlraum eingeblasen (Bild 46). Überschüssige Luft entweicht entlang des Außenmantels der Lanze.

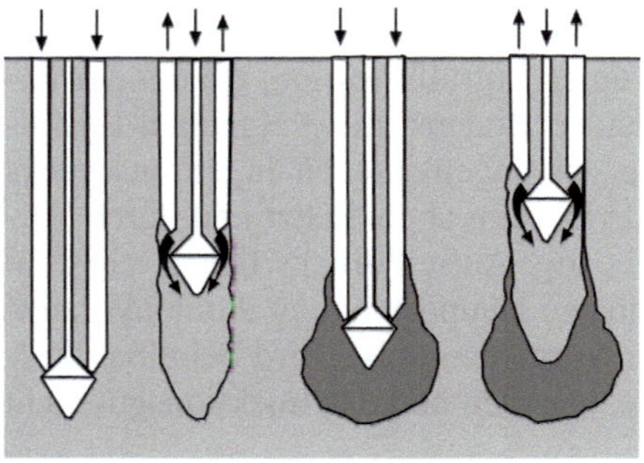

**Bild 46** Arbeitsweise der Pulverlanze (nach [53])

Eine weitere Verfahrensvariante arbeitet im Unterschied zur CSV-Stabilisierung mit einer in einem Rohr geführten Förderschnecke [102]. Der Vorteil wird darin gesehen, dass das Einbaumaterial nur am Ende des Füllrohrs mit der Bodenfeuchtigkeit bzw. dem Grundwasser in Berührung kommt und deshalb kein Verkleben in den Schneckengängen auftreten kann. Dem steht jedoch die von vornherein größere Reibung im Füllrohr entgegen.

### 5.3.4 Nassmörtelsäulen

Um Probleme bei der Aushärtung von Trockenmörtelsäulen zu umgehen, wird in [175] empfohlen, auch Mörtelsäulen kleineren Durchmessers als Nassmörtelsäulen auszuführen. Die Herstellung dieser ebenfalls kleinkalibrigen Säulen in engen Rastern erfolgt dabei z. B. durch Einrütteln einer unten verschlossenen Lanze im Vollverdrängungsverfahren. Alternativ kommen auch vollverdrängende Bohrverfahren mit besonders ausgebildeten Vollverdränger-Bohrköpfen zum Einsatz. Nach Erreichen der Endtiefe wird unter gleichzeitigem Ziehen der Rohre ein zähflüssiger Mörtel mit Druck in den entstehenden Hohlraum eingepresst und bindet dort ab. Im Vordergrund steht einerseits die Bodenverdrängung, also das Bestreben, Aushub und damit mögliche Auflockerungen zu vermeiden, und andererseits der Einbau von Bindemitteln bzw. Bindemittelgemischen, die auf keine zusätzliche Wasserzufuhr aus dem Baugrund angewiesen sind, um über den gesamten Querschnitt auszuhärten. Die Durchmesser von Nassmörtelsäulen sind werkzeugabhängig, aber belaufen sich üblicherweise auf Werte zwischen 10 und 30 cm bei Längen bis etwa 15 m. Geeignete Bodenarten sind feinkörnige Böden (Tone und Schluffe) oder gemischtkörnige Böden weicher bis steifer Konsistenz. Bei Böden mit einer undränierten Scherfestigkeit von weniger als etwa 15 kPa besteht die Gefahr, dass keine ausreichende Stützwirkung für die frisch hergestellte Säule bereitgestellt werden kann, was zu Unregelmäßigkeiten in der Säulengeometrie führen kann. In solchen Fällen sollte durch Integritätsprüfungen an der abgebundenen Säule der Nachweis der Unversehrtheit und der Sollgeometrie erbracht werden. Aufgrund des Risikos, dass frisch hergestellte Säulen durch nachfolgende Säulenherstellungen in ihrer Lage beeinträchtigt werden, sind die Mindestabstände der Säulen in Abhängigkeit der undränierten Scherfestigkeit in Anlehnung an DIN EN 12699 zu wählen.

## 5.4 Aufreißinjektion - Soil Fracturing

Eine der wesentlichen Aufgaben beim Entwurf einer Auffüllinjektion, bei der der Porenraum des zu verfestigenden oder abzudichtenden Bodens mit geeignetem Injektionsgut gefüllt werden soll, ist die Bestimmung des angemessenen Injektionsdrucks (vgl. Abschnitt 4.4). Er wird in aller Regel aus Erfahrung abgeschätzt und durch Versuche ermittelt. Er muss aber stets unterhalb des sog. Aufreißdrucks liegen, bei dem homogene Böden andernfalls senkrecht zur kleinsten Hauptspannung durch hydraulischen Bruch aufreißen. Im Gegensatz zu dieser Vorgehensweise wird bei einer Aufreißinjektion dieser Injektionsdruck geregelt überschritten und das Injektionsgut nicht auf eine Porenpermeation ausgelegt.

In homogenen normalkonsolidierten Böden entstehen bei Überschreitung dieses Grenzdrucks zunächst vertikale Risse, in die das Injektionsgut eintritt, da die horizontalen Spannungen in aller Regel kleiner als die vertikalen Bodenspannungen sind. Dieses Verhalten macht man sich beim Verfahren der Aufreißinjektion zunutze, für das auch die Begriffe *„soil fracturing"* oder *„compensation grouting"* verwendet werden [28]. Bei dem Verfahren wird in die sich durch ausreichenden Injektionsdruck bildenden Bodenrisse oder „fracs" das Injektionsgut eingepresst, das nach seiner Aushärtung die so behandelte Bodenmasse bewehrt und im Verbund eine größere Festigkeit verleiht. Durch die vornehmlich horizontale Volumenvergrößerung infolge der Rissbildung steigen zunächst auch die Horizontalspannungen an, sodass bei weiteren Injektionen in demselben Bereich auch waagerechte Risse im Baugrund verbunden mit einer Volumenvergrößerung auch in der Vertikalen (Hebung) entstehen. Darüber hinaus verursacht der Injektionsdruck eine Verdichtung bzw. Konsolidierung des zwischen den zementgefüllten Rissen verbleibenden Bodenmaterials. Bild 47 zeigt einen Schnitt durch das für Aufreißinjektionen üblicherweise verwendete Manschettenrohr und ein Schema der Rissentwicklung im Untergrund.

Neben der Verbesserung des Baugrunds stehen bei den Anwendungen jedoch vor allem die Deformationen, überwiegend in vertikaler Richtung als Hebung im Vordergrund [41]. Diese Hebungen können, wenn sie entsprechend gesteuert werden, technisch genutzt werden, um erwarteten oder bereits eingetretenen Setzungen entgegenzuwirken.

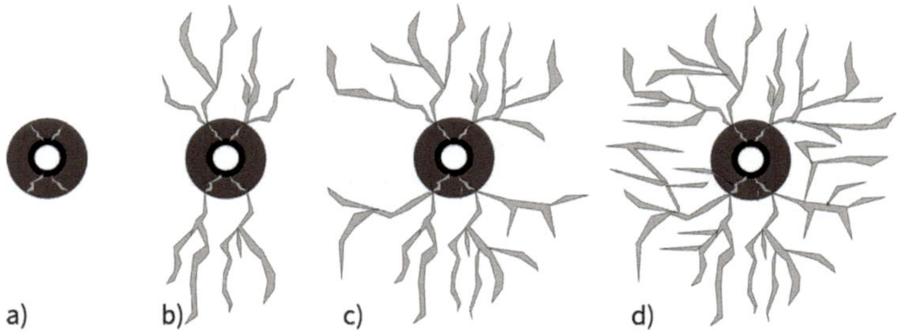


**Bild 47** Manschettenrohrinjektion und fortschreitende Rissbildung im Untergrund

Damit sind die wesentlichen Wirkungen des Verfahrens der Aufreißinjektion genannt:

- eine Verfestigung der behandelten Bodenmasse infolge der mit erhärtetem Injektionsgut verfüllten verfahrensbedingten Bodenrisse,
- eine Verdichtung des Baugrunds zwischen den Bodenrissen bei vornehmlich nichtbindigem Boden,
- eine Konsolidierung des Baugrunds zwischen den Bodenrissen bei vornehmlich bindigem Boden,
- eine Hebung bei Einbringung eines entsprechenden Injektionsvolumens.

Die durch den Injektionsdruck eingeleitete Konsolidierung bewirkt in wassergesättigten bindigen Böden eine Erhöhung des Porenwasserdrucks, der temporär negative Auswirkungen auf die Stabilität des behandelten Bodenkörpers und darüber liegender Bauwerke haben kann. Auch deswegen muss der Injektionsdruck während der Arbeitsausführung stets sorgfältig und kontinuierlich beobachtet und aufgezeichnet werden.

Nach [171] kann die Reichweite a der Rissbildung in Abhängigkeit von der Verpressmenge $V_E$ und dem Verpressdruck $p_i$ in erster Näherung abgeschätzt werden zu:

$$a = \sqrt{\frac{V_E \cdot E}{\pi\left(1-\nu^2\right) \cdot p_i}}$$

mit

a Reichweite [m]
$\nu$ Querdehnzahl
E Elastizitätsmodul des Bodens [MPa]
$V_E$ Verpressmenge [$m^3$]
$p_i$ Verpressdruck [MPa]

Die geschilderten Vorgänge und Auswirkungen sind seit den ersten Anwendungen in den 1950er-Jahren ab etwa 1970 durch stetige Verfahrensverfeinerungen zunächst in Deutschland, später dann auch im übrigen Europa gezielt für unterschiedlichste Zwecke eingesetzt worden:

- gezielte Beeinflussung der Bodensteifigkeit,
- Ausgleich von Setzungsunterschieden bestehender Bauwerke,
- Verhinderung von Verformungen, die als Folge von Untertunnellungen oder tiefen Baugruben auftreten,
- Korrekturmaßnahmen in Bergsenkungsgebieten.

Die bei den Lockergesteinsinjektionen häufig verwendeten Ventilrohre – auch Manschettenrohre genannt – sind auch beim *soil fracturing* unverzichtbare Voraussetzung für das Gelingen. Sie werden weitgehend verformungsarm in den zu behandelnden Bodenkörper durch geeignete Bohrverfahren eingebaut, wobei der Ringraum zwischen Ventilrohr und umgebenden Boden mit einer aushärtenden Bindemittelsuspension von geringer Festigkeit, der sogenannten Mantelmischung, sorgfältig verfüllt sein muss. Der gegenseitige Abstand der Ventilrohre richtet sich nach dem Verfahrenszweck und beträgt etwa 1 bis 3 m im Injektionsbereich. Die Ventilrohre haben Durchmesser von 50 bis 100 mm. Sie bestehen entweder aus PVC-Kunststoff oder Stahl und besitzen alle

0,33 bis 1 m sog. Ventile – mit einer Gummimanschette verschlossene Perforierungen des Injektionsrohrs. Der Injektionsvorgang erfolgt dann mittels sog. Doppelpacker, die mit einem Gestänge verbunden sind, über das das Injektionsgut gezielt in der jeweiligen Verpress-Stufe (Ventil) eingebracht wird. Nach Beendigung und anschließender sorgfältiger Reinigung können die Ventilrohre erneut, auch über längere Zeiträume, verwendet werden.

Bei Aufgaben im innerstädtischen Bereich sind die Zugriffsmöglichkeiten auf den zu behandelnden Bodenbereich häufig stark eingeschränkt und stellen hohe Anforderungen an die Bohrtechnik, da meist unterhalb bestehender Bebauung und oftmals unterhalb des Grundwasserspiegels aus vertikalen Schächten horizontal gebohrt werden muss. Das Bohren gegen drückendes Wasser erfordert besondere Sorgfalt und geeignete Preventer-Konstruktionen, die einerseits eine Abdichtung sicherstellen, aber andererseits auch eine Regulierung des aufgrund der durch den Bohrvorgang eingebrachten Überschussmengen erforderlichen Abflusses bei anstehendem Gegendruck ermöglichen [150].

Wenn horizontale oder schwach geneigte Bohrungen großer Längen – Bohrlängen bis 50 m sind keine Seltenheit – aus speziell hergestellten Schächten ausgeführt werden müssen (vgl. Bild 48), ist die Lagegenauigkeit der eingebauten Injektionsrohre von ausschlaggebender Bedeutung. Grund ist, dass der Erfolg der Maßnahme meist über Verformungsmessgeber an der zu hebenden Struktur z. B. über Schlauchwaagensysteme gemessen wird und eine räumliche Zuordnung zwischen dem beaufschlagten Ventil und dem Ort der Hebung vorgenommen werden muss.

Im Allgemeinen werden bei Aufreißinjektionen feststoffreiche Suspensionen mit geringen Wassergehalten (Wasser-Feststoff-Verhältnis < 0,5) verwendet, die in Hochfrequenzmischern kolloidal aufbereitet werden. Höhere Zementgehalte sind erforderlich, wenn der anstehende Boden in seiner Tragfähigkeit verbessert werden soll. Bei Hebungsaufgaben kann der hohe Feststoffgehalt weitgehend von Füllstoffen wie Flugaschen, in Ausnahmefällen sogar von Feinsand, dargestellt werden.

Diese Suspensionen werden mittels gut regelbarer Pumpen, die in einem Druckbereich bis 100 bar eine Menge zwischen 1 und 20 l/min verpumpen können, in das System eingebracht. Jeder Injektionsstufe wird, aufbauend auf einer Vorabschätzung und den Ergebnissen eines Injektionsversuchs, eine bestimmte Menge an Verpressgut zugeordnet, die mit einer vorgegebenen Pumprate und einem maximalen Druck eingebracht wird. Bei einer in etwa gewünschten Risslänge von ca. 1 bis 1,5 m werden auf diese Weise z. B. ca. 20 bis 30 l in einem Verpressvorgang je Ventil eingebaut. Die Lage der Verpressstufe sowie die zeitabhängigen Injektionsdaten werden elektronisch erfasst und registriert. Sie werden dann als Ergebnisprotokoll auch grafisch für weitere Auswertungen zur Verfügung gestellt. Damit die verfahrensbedingt gewünschte Verästelung der Risse eintreten kann, darf die notwendige weitere Injektion aus einem bereits beaufschlagten Ventil erst erfolgen, wenn das Injektionsmittel eine ausreichende Festigkeit aufweist, was im Allgemeinen frühestens nach 24 Stunden der Fall ist.

Aufreißinjektionen sind systembedingt mit Verformungen des behandelten Bodens und den auf und in ihm befindlichen Bauwerken verbunden. Meist sind diese das gewünschte Ergebnis der Maßnahme. Daher müssen die Verformungen mit geeigneten Verfahren während der Arbeitsausführung und auch noch danach an relevanten Orten gemessen und zeitabhängig registriert werden. Sie sind das wesentliche Steuerungssystem für die Verpressarbeiten. Die hohen Anforderungen an die Messgenauigkeit werden meist mit Präzisionsschlauchwaagensystemen erreicht.

Die Anwendungspalette des soil fracturing reicht von der Baugrundverbesserung unter bestehenden Bauwerken über die Behebung von Setzungsschäden an Gebäuden bis zur baubegleitenden Vermeidung bzw. Rückstellung von Setzungen an Bauwerken während der Ausführung von Tunnelbaumaßnahmen. *Kirsch* et al. [79] berichten von den Hebungsinjektionen für den Bau des City-Tunnels Leipzig, bei dem zwei Bahntunnel mit einem Außendurchmesser von 9 m die Leipziger Innenstadt auf einer Länge von 1,4 km unterqueren. Die Tunnelröhren wurden von einer Tunnelbohrmaschine mit flüssigkeitsgestützter Ortsbrust aufgefahren und unterquerten mit minimalen Überdeckungshöhen von 7 m und geringsten Abständen von 2,5 m zu bestehenden Fundamenten die häufig denkmalgeschützten Gebäude. Um die vortriebsbedingten Verformungen während der Tunnelherstellung zu kompensieren, wurden Aufreißinjektionen in Verbindung mit einem umfangreichen, die Arbeiten begleitenden Messverfahren gewählt. Die Bilder 48 und 49 zeigen beispielhaft die Bohrarbeiten, die aus vertikalen Schächten von 5 m Durchmesser als flachgeneigte Bohrungen mit bis zu 75 m Länge ausgeführt wurden.

Nach dem Einbau der Ventilrohre erfolgte der Injektionsvorgang in verschiedenen Phasen. Durch eine Kontaktinjektion wurde zunächst ein kraftschlüssiger Kontakt zwischen der Injektionsebene und der Gründung hergestellt. In einer Phase der Vorhebung wurde sodann eine die erwartete Gebäudesetzung zum Teil vorkompensierende Anhebung unter Beachtung der tolerierbaren Winkelverdrehung eingeleitet. Während und im Nachgang zur Schildfahrt wurden dann nach Erfordernis weiter Injektionen dergestalt vorgenommen, dass die Gebäude innerhalb der sehr engen Verformungstoleranzen lagestabil blieben. Die Arbeiten wurden kontinuierlich durch Verformungsmessungen mittels Präzisionsschlauchwaagen begleitet und konnten ohne nennenswerte Setzungen an den Gebäuden beendet werden.

**Bild 48** Bohrgerät mit Hebebühne in Bohrschacht von 5 m Durchmesser aus [79]

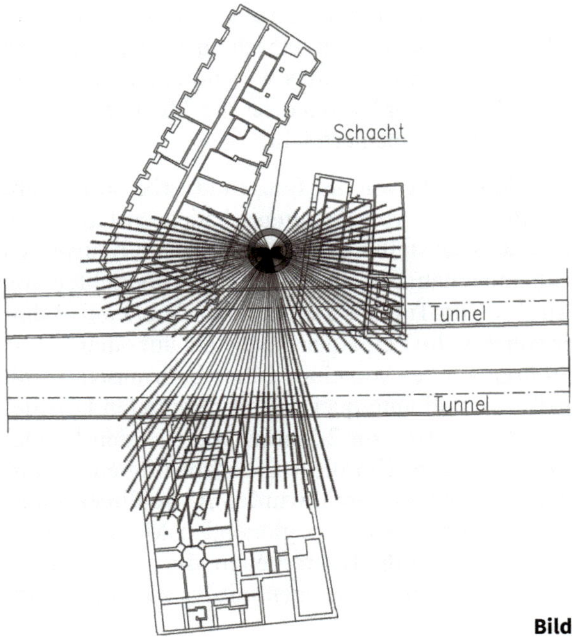


**Bild 49** Ventilrohrfächer aus einem Schacht

## 5.5 Verdichtungsinjektion – Compaction Grouting

Beim Compaction-Grouting-Verfahren wird Mörtel mit einem niedrigen Wasser-/Bindemittel-Wert in den Baugrund eingepresst, um diesen mit dem dabei entstehenden Verpressdruck und der zugehörigen Volumenänderung zu verdichten. Daher wird das Verfahren im deutschen Sprachraum auch Verdichtungsinjektion genannt. Im Allgemeinen wird dazu eine Verpresslanze in die gewünschte Tiefe z. B. im Bohrverfahren eingebracht und dann stufenweise gezogen. An jeder Verpressstufe wird eine vordefinierte Menge Mörtel langsam in den Boden eingepresst. Dabei entstehen kugelförmige Mörtelkörper, die aneinandergereiht den Boden verdichten und bewehren und dadurch auch die Tragfähigkeit erhöhen. In einer interessanten Zusammenfassung über das Compaction Grouting berichtet *Hussin* [66] über die historische Entwicklung dieses Verfahrens der Baugrundverbesserung, das in den USA in den frühen 1950er-Jahren erstmals in Kalifornien zur Anwendung gelangte. Hier wurde steifer Mörtel in den Baugrund eingepresst, um Hohlräume unter baufälligen Gebäuden zu füllen und bald auch um Setzungen von Fundamenten auszugleichen. Das Verfahren erfreut sich besonders in den USA großer Beliebtheit, wird aber heute auch andernorts zur Behebung von Setzungsschäden oder zur Prävention derartiger Schäden in zur Verflüssigung neigenden Böden eingesetzt. Auch zur schonenden Sanierung von Auflockerungsbereichen bspw. bei ungewollten Ausspülungen o. dgl. wird das Verfahren verwendet.

Die wesentlichen Verfahrensmerkmale hinsichtlich Ausführung, Bauüberwachung und Kontrolle wurden in dem „Compaction Grouting Consensus Guide“ veröffentlicht [5]. Danach ist Compaction Grouting ein Baugrundverbesserungsverfahren, bei dem steifer Mörtel (sog. LMG, low mobility grout) langsam – je nach Tiefenlage und

Bodenart von 5 bis 10 l/min in Oberflächennähe bis 300 l/min in größerer Tiefe bei gut dränierten Verhältnissen – und kontrolliert injiziert wird. Der Boden, der eine ausreichende Durchlässigkeit aufweisen sollte, um den eventuell entstehenden Porenwasserüberdruck rasch abzubauen, wird dabei verdrängt und verdichtet, ohne dass das Injektionsgut in den Porenraum eindringt. Bild 50 zeigt Kornverteilungskurven von Böden, die mit dem Verfahren verbessert werden können.

Der Injektionsdruck bleibt dabei unterhalb des im vorangegangenen Abschnitt definierten Aufreißdrucks, erzeugt also keine künstlichen Risse im Boden, in die Injektionsgut eindringen könnte. Die langsame Ausbreitung des steifen Injektionsguts fördert dabei die gleichmäßige Verdichtung des Bodens, der den Injektionskörper umgibt. Compaction Grouting kann sowohl über wie auch unterhalb des Grundwasserspiegels eingesetzt werden. Bild 51 zeigt einen typischen Anwendungsfall einer Verdichtungsinjektion unterhalb eines Gebäudes, also eine Korrekturmaßnahme an einem bestehenden Bauwerk.

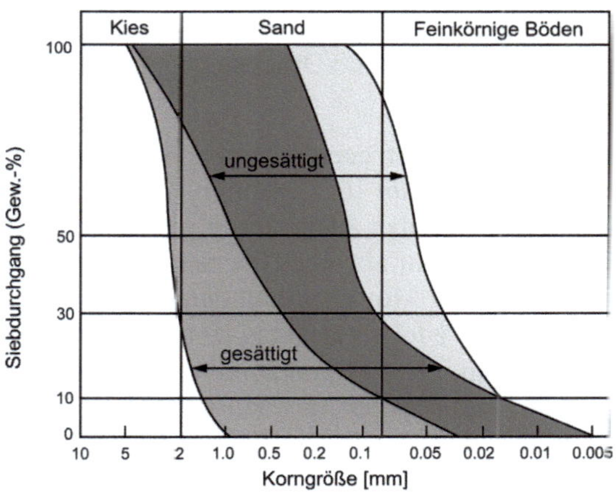


**Bild 50** Körnungsbereiche und Eignung für Verdichtungsinjektionen

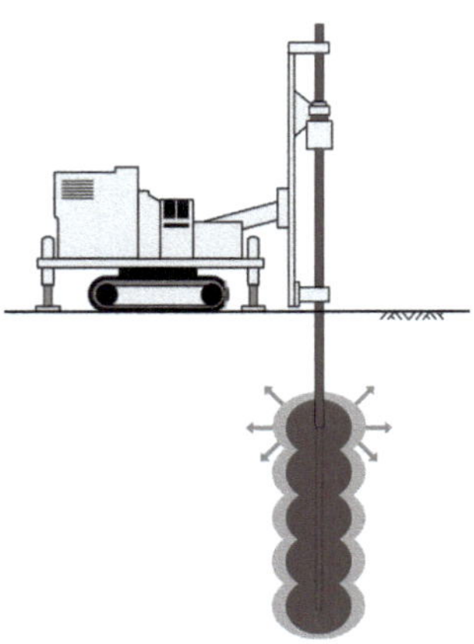

**Bild 51** Verdichtungsinjektionen zur Gründungsertüchtigung

Das Verfahren kann aber auch zur Verbesserung des Baugrunds vor der eigentlichen Bauwerkserrichtung eingesetzt werden. Typische Anwendungsfälle sind:

- Baugrundverdichtung zur Ermöglichung einer Flachgründung,
- Baugrundverdichtung zur Vermeidung von Bodenverflüssigung (vor und nach der Gebäudeerrichtung),
- Verfüllung und Verdichtung von natürlichen Hohlräumen, Erdfällen oder von durch Bauschäden (Rohrbruch, unsachgemäße Grundwasserabsenkungen, Bodenentzug bei Verankerungs- und Schlitzwandarbeiten etc.) verursachte Bodenauflockerungen,
- Behebung von Setzungsschäden,
- Vermeidung von Bodenverformungen infolge von Tunnelbaumaßnahmen und tiefen Baugruben,
- Verbesserung der Grundbruchsicherheit und Verminderung von Setzungen bei Lasterhöhung bestehender Gebäude.

Bild 52 zeigt das Ergebnis einer Verdichtungsinjektion in einem zunächst locker gelagerten Feinsand. Dabei wurden Verdichtungslanzen in einem Abstand von 1,2 m mit Verpress-Stationen alle 33 cm bis in eine Tiefe von 12 m hergestellt. An jeder Stufe wurden 40 l Mörtel mit einer Injektionsrate von 10 l/min und Drücken von max. 25 bar in den Baugrund eingepresst.

Als Verpressmittel sind Mörtel und stabile Suspensionen geeignet, die einen niedrigen Wasser-Feststoffgehalt von unter 1,0 aufweisen. *Hussin* [66] empfiehlt die Verwendung von Mörteln, welche ausreichend pumpfähig, aber gleichzeitig genügend steif (immobil) sind und nach Austritt aus dem Verpressrohr etwaiges überschüssiges Wasser rasch wieder abgeben können. Ein gebräuchlicher Mörtel enthält danach Zuschlagstoffe mit einem Korndurchmesser-Anteil von 100 % feiner als 5 bis 10 mm, allerdings keine Anteile, die feiner als 0,001 bis 0,03 mm sind. Der Wasseranteil sollte so gering wie möglich sein, er bestimmt allerdings die Pumpbarkeit des Mörtels. Der Bindemittelgehalt ist von untergeordneter Bedeutung, da das primäre Ziel der Injektion die Verdichtung des Bodens ist und Festigkeiten, die wesentlich über der Bodenfestigkeit liegen, nicht erforderlich sind. Das Bindemittel ist aber in der Regel notwendig, um den für das Verpumpen nötigen Feinkornanteil sicherzustellen.

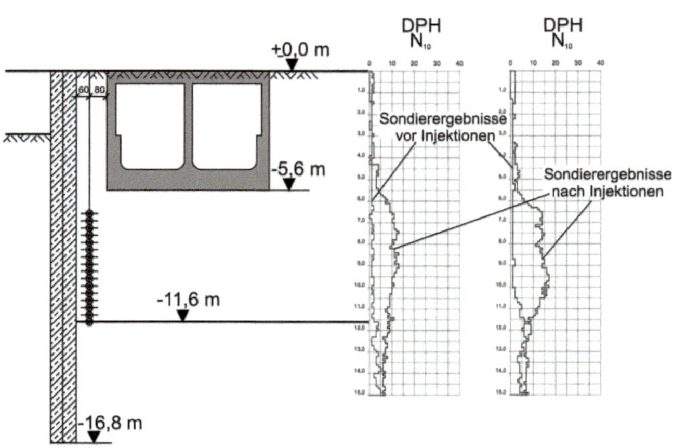


**Bild 52** Sondierung vor und nach einer Verdichtungsinjektion

Die geschilderte Mörtelzusammensetzung stellt besondere Anforderungen an die zum Einsatz kommenden Pumpen. Sie müssen relativ hohe Drücke (bis etwa 7 MPa) entwickeln können, da der Blinddruck – also der erforderliche Druck, um das Injektionsgut bis zum Bohrloch zu pumpen – in der Regel schon über 1 MPa liegt. Je nach Baugrund müssen geringe Pumpraten von 5 l/min ebenso möglich sein wie Raten von bis zu 350 l/min. Modifizierte Betonpumpen sind für die Arbeiten besonders geeignet. Bei reinen Verfüllaufgaben sind noch höhere Verfüllraten wünschenswert. Die Menge des zu verpressenden Injektionsguts richtet sich nach der vorhandenen Lagerungsdichte des Bodens und dem angestrebten Verbesserungsgrad. Sie beträgt meist etwa 8 bis 12 % des zu behandelnden Bodenvolumens.

Ein potenziell unerwünschter Nebeneffekt kann eine Bodenhebung sein, die als Folge der Verdichtungsinjektion auftreten kann. Sieht man von den erwünschten Hebungen einmal ab, die für die Wiederherstellung geschädigter Gebäude erforderlich sein können, so sind die unerwünschten Hebungen ein Indiz dafür, dass das Einpressen weiteren Injektionsguts zu keiner weiteren wesentlichen Verdichtung führen wird aufgrund der Verformungen möglicherweise aber Schäden bspw. an vorhandenen Rohrleitungen verursachen könnte. Die eintretenden Bodenhebungen begrenzen die Wirksamkeit von Verdichtungsinjektionen auf Behandlungstiefen größer als mindestens 3 m, wenn keine Bauwerkslasten die sonst fehlenden vertikalen Drücke ersetzen.

Das Injektionsrohr sollte ein Stahlrohr von robuster Ausführung mit mindestens 5 cm Innen- und höchstens 10 cm Außendurchmesser sein. Seine glatte Oberfläche sollte keine Vorsprünge oder Wülste aufweisen, da sie innig an dem umgebenden Boden anliegen muss. Da in der Regel das sog. *upstage grouting* oder *bottom up* vom Bohrlochtiefsten aus durchgeführt wird, wird das Injektionsrohr bis auf die gewünschte Tiefe entweder durch Einrütteln oder Bohren eingebracht. Das Verpressen des Mörtels erfolgt nun stufenweise von unten nach oben in Schritten z. B. zwischen 30 und etwa 80 cm, wobei nach dem Einbringen der vorher festgelegten Menge das Verpressrohr mittels hydraulischer Pressen oder anderem geeigneten Gerät auf die nächste Stufe angehoben wird. Typische Abstände der Verpressrohre untereinander liegen zwischen 1,2 und 2,5 m. Ein Ausbrechen und Aufsteigen des Injektionsguts außerhalb des Verpressrohrs bis zur Oberfläche muss ebenso verhindert werden, wie die oben geschilderten unerwünschten Bodenhebungen. Treten diese bereits bei der Behandlung tief liegender Bodenschichten auf, so deutet dies auf ausreichende Dichte der behandelten Bodenschicht oder aber eine nicht angepasste Verpressgeschwindigkeit hin. Das Verpressrohr sollte also gezogen werden, um die höher liegenden Schichten in der geplanten Weise zu behandeln.

Wie bei allen Injektionsmaßnahmen sind die Behandlungstiefe und der Abstand der Injektionsrohre sowie Zusammensetzung, Menge und Druck des zu verpressenden Mörtels vor Baubeginn festzulegen. Diese Parameter werden dann während der Ausführung in geeigneter Weise erfasst, kontinuierlich aufgezeichnet und dokumentiert. Gegebenenfalls können dann herstellungsbegleitend Anpassungen der Verpressparameter vorgenommen werden. Der angestrebte Verdichtungserfolg wird mittels geeigneter Sondierungsmethoden überprüft und nachgewiesen. Es ist unbedingt darauf zu achten, dass angrenzende Bauteile und die Geländeoberfläche im Hinblick auf unerwünschte Verformungen überwacht werden und diese Erkenntnisse in die Steuerung der Injektion eingehen.

# 6 Literatur


[1] Aboshi, H. et al.: Present State of Sand Compaction Pile in Japan, Deep Foundation Improvement. Esrig, J.; Bachus, R.C. (Eds.), STP 1.089, 1991.

[2] Adam, D.; Szabo, M.; Paulmichl, I.: Innovative Compaction Technologies for Rehabilitation of Floofd Protection Dikes. Proceedings of the XIVth Danube-European Conference on Geotechnical Engineering, Bratislava, 2010.

[3] Akagi, T.: Effect of displacement type sand drains on strength and compressibility of soft clay. Dissertation, Uni of Tokyo, 1976.

[4] Alber, D.: Der Nachweis der inneren Sicherheit von pfahlartigen Tragelementen im Boden. Bautechnik 90 (2013), Heft 12.

[5] American Society of Civil Engineers ASCE (Ed.): Compaction Grouting Consensus Guide ASCE/G-I 53-10, 2010.

[6] Balasubramaniam, A. S. et al.: Performance of test embankments with prefabricated vertical drains in soft Bangkok clay. 14th Intern. Conference on Soil Mechanics and Foundation Eng., Hamburg, pp. 1723 ff, 1997.

[7] Baltruschat, M.; Beier, D.; Boeck, T.; Liersch, L.: BAUER Silikatgel LWS – Ein ökologisch unbedenkliches Weichgel. Neue Erkenntnisse zur Ausbreitung von Silikatlösungen im Baugrund. Veröffentlichungen des Grundbauinstitutes der Technischen Universität Berlin, (2011) Heft 58, S. 217–229.

[8] Barendsen, D. A.; Kok, L.: Prevention and repair of flow-slides by explosion densification. Proc. VIII. ECSMFE Helsinki, 2, 205–208, 1983.

[9] Barksdale, R. D.; Takefumi, T.: Design, Construction and Testing of Sand Compaction Piles, Deep Foundation Improvements: Design, Construction, and Testing. ASTM STP 1089, 1991.

[10] Beck, C.: Untersuchung der Auswirkung von Luftummantelung und Pumpencharakteristik auf die Schneidkraft des Düsenstrahls. Dissertation TU Cottbus, 2007.

[11] Bell, A. L.: The lateral pressure and resistance of clay and the supporting power of clay foundations. Proc. Instn. Civ. Eng., 199. 1915.

[12] Bergado, D. T. et al.: Improvement Techniques of Soft Ground in Subsiding and Lowland Environment. Balkema Rotterdam, 1994.

[13] Bergscheider, B.: Zur Reichweite beim Düsenstrahlverfahren im Sand. Dissertation BU Wuppertal, Berichte des Lehr- und Forschungsgebietes Geotechnik, Band 24, Shaker-Verlag, 2002.

[14] Bo, M. W.; Na, Y. M.; Arulrajah, A.; Chang, M. F.: Densification of granular soil by dynamic compaction. Ground Improvement 162, August 2009.

[15] Bohn, C.: Serviceability and safety in the design of rigid inclusions and combined piled-raft foundations. Mitteilungen des Institutes und der Versuchsanstalt für Geotechnik der Technischen Universität Darmstadt, 2015.

[16] Bonzel, J.; Dahms, J.: Über den Einfluß des Zements und der Eigenschaften der Zementsuspensionen auf die Injizierbarkeit in Lockergesteinsböden. Beton-Verlag, Düsseldorf, 1972.

[17] Borchert, K.-M.; Kirsch, F.; Mittag J.: Betonsäulen als pfahlartige Tragglieder – Herstellverfahren, Qualitätssicherung, Tragverhalten und Anwendungsbeispiele, Pfahl-

Symposium 2005. Mitteilungen des Instituts für Grundbau und Bodenmechanik der TU Braunschweig (2005) Heft 80, S. 219–238.

[18] Brauns, J.: Die Anfangstraglast von Schottersäulen in bindigem Untergrund. Bautechnik (1978) Heft 8.

[19] Brauns, J.: Untergrundverbesserungen mittels Sandpfählen oder Schottersäulen. TIS 8, 1980.

[20] Brohms, B. B.: Lime and lime/cement columns. In Moseley, M. P. and Kirsch, K. (eds.) Ground Improvement. 2nd edition. Spon Press. Abingdon, UK, 2004.

[21] Brown, R. E.; Glen, A. H.: Vibroflotation and Terra-Probe Comparison. Journal Geotechn. Eng. Div. ASCE 102 (1976), pp. 1059–1072.

[22] Burke, G. K. et al.: Soil mixing supports a deepwater bulkhead in soft soils. Proceedings of the ASCE Ports Conference in Norfolk, USA, 2001.

[23] Burke, G.; Yoshida, H.: Jet grouting. In: Kirsch, K.; Bell, A. (Eds.). Ground Improvement, 3rd ed. CRC Press, Taylor and Francis Group, Boca Raton, Florida, USA, 2013.

[24] Burke, G.; Peterson, J.; Smith, M.: Superjet Grouting and the Quality of its Product. Advances in Grouting and Ground Modification, Geo Denver, 2000.

[25] Calderon, P. A.; Romana, M.: Soil Improvement by precharge and prefabricated vertical drains at Tank Group No. 3, site at the TOTAL Oil Storage Plant at Valencia Harbour. 14th Intern. Conference on Soil Mechanics and Foundation Eng., Hamburg, Vol. 3, 1577, 1997.

[26] Chai, J. C.; Miura, N.; Sakajo, S.: A theoretical study on smear effect around vertical drain. 14th Intern. Conference on Soil Mechanics and Foundation Eng., Hamburg, pp. 1581 ff, 1997.

[27] Chambosse, G.; Kirsch, K.: Beitrag zum Entwicklungsstand der Baugrundverbesserung. Beiträge aus der Geotechnik. München 1995.

[28] Chambosse, G.; Otterbein, R.: State of the art of Compensation Grouting in Germany. XVth Int. Conf. Soil Mech. Geotech. Engg., Istanbul 2002.

[29] Choa, V.: Drains and vacuum preloading pilot test. Proc. XII ICSMFE Rio de Janeiro, 2, 1347–1350, 1989.

[30] Chu, J.; Indraratna, B.; Yan, S.; Rujikiatkamjorn, C.: Overview of preloadingmethods for soil improvement. Institution of Civil Engineers, Ground Improvement, August 2014.

[31] Dahlström, M.: Dry soil mixing. In: Kirsch, K.; Bell, A. (Eds.) Ground Improvement. 3rd edition. CRC Press. Boca Raton, USA, 2013.

[32] Damitio, C.: La consolidation des sols sans cohesion par explosion. Construction 25 (1970), pp. 100–108, 292–302; 26 (1971), pp. 264–271; 27 (1972), pp. 90–97. Siehe auch Kurzbericht von Smolczyk in: Der Bauingenieur 49 (1970), S. 108–111.

[33] De Groot, W.; Bakker, J. G.: Onderzoek naar het verdichten met explosies van een grondverbetering. LGM mededelingen 14. S. 65–89, 1971.

[34] Degen, W.: 56 m Deep Vibrocompaction at German linguite mining area. Proc. 3rd Int. Conf. on Ground Improvement Geosystems. London, 1997.

[35] Degen, W.: Advances in equipment and quality control for offshore and onshore Stone Columns and Vibro Compaction, 18th Annual National Conference on Geotechnical Engineering Jakarta, 2014.

[36] Degen, W.: Vibroflotation Ground Improvement, Altendorf, unveröffentlicht, 1997.

[37] Deutsche Gesellschaft für Geotechnik e. V. (Hrsg.): Empfehlungen für den Entwurf und die Berechnung von Erdkörpern mit Bewehrungen aus Geokunststoffen (EBGEO), 2. Aufl. Ernst & Sohn 2010.

[38] Deutsche Gesellschaft für Geotechnik e. V. (Hrsg.): Merkblatt für die Herstellung, Bemessung und Qualitätssicherung von Stabilisierungssäulen zur Untergrundverbesserung (Entwurf) – unveröffentlicht.

[39] Donchev, P.: Compaction of loess by saturation and explosion, Proc. Int. Conf. en Compaction, ENCP-LCPC Paris, 1980.

[40] Eggestad, A. und Føyn, T.: Electro-osmotic Improvement of soft sensitive clay, VIII ECSMFE, Helsinki, Proc. 2, pp. 597 ff, 1983.

[41] Falk, E.; Kummerer, C.: Soilfracture Grouting. In: Kirsch, K., Bell, A. (Eds.): Ground Improvement, 3rd ed., CRC Press, 2013.

[42] Falkner, F.-J.; Adam, C.; Paulmichl, I. et al.: Der Impulsverdichter zur mitteltiefen Verdichtung und Verbesserung von Böden – Innovative Gerätetechnik, numerische und experimentelle Untersuchungen, Anwendung. Beiträge zum 25. Christian Veder Kolloquium, Graz, 2010.

[43] Fellin, W.: Rütteldruckverdichtung als plastodynamisches Problem. Advances in Geotechnical Engineering and Tunnelling. Vol. 2, Feb., 2000.

[44] Forschungsgesellschaft für das Straßenwesen: Merkblatt über Straßenbau auf wenig tragfähigem Untergrund, Arbeitsgruppe Erd- und Grundbau, Köln, 2010.

[45] Förster, W.; Kessler, J.: Sprengverdichtung zur Verbesserung setzungsgefährdeter Kippen des Braunkohlenbergbaus. Geotechnik 14 (1991), S. 22–31.

[46] Gödecke, H.-J.: Die dynamische Intensivverdichtung wenig wasserdurchlässiger, feinkörniger Böden. Schriftenr. Inst. Grundbau und Wasser- und Verkehrswesen, Ruhr-Uni Bochum, Grundbau Heft 3, 1979.

[47] Gömmel, R.; Neidhart, T.: Zum Ansatz von Stabilisierungssäulen beim Nachweis der Gesamtstandsicherheit, 10. Kolloquium Bauen in Boden und Fels, 2016.

[48] Goughnour, R. R.; Bayuk, A. A.: Analysis of stone column – soil matrix interaction under vertical load. C. R. Coll. Int. Renforcement des Sols. Paris 1979.

[49] Greenwood, D. A.; Kirsch, K.: Specialist Ground Treatment by Vibratory and Dynamic Methods. Advances in Piling and Ground Treatment for Foundations, London 1983.

[50] Greenwood, D. A.: Discussion. Ground Treatment by Deep Compaction. Inst. Civ. Eng., London, 1976.

[51] Gudehus, G.; Kuntze, W.; Raju, V. R.; Warmbold, U.: Field tests for blast compaction of loose sand deposits. Proc. 14th Int. Conf. on Soil Mech. and Fdn. Eng., Hamburg, 1593–1597, 1997.

[52] Gudehus, G.; Keßler, J.; Lucke, B.: Setzungsfließen. Geotechnik 38 (2015) Heft 4.

[53] Gudehus, G.; Maisch, K.; Cartus, W.: Bodenstabilisierung durch Einpressen von Trockengranulaten. Baugrundtagung Köln, 1994.

[54] Hansbo, S.: Consolidation of clay by band shaped prefabricated drains. Ground Engineering, pp. 16 ff, 1979.

[55] Hansbo, S.: Practical aspects of vertical drain design. 14th Intern. Conference on Soil Mechanics and Foundation Eng., Hamburg, pp. 1749 f, 1997.

[56] Hegg, U.; Jamiolkowski, M. B.; Lancellotta, R.; Pavis, E.: Performance of large oil tanks on soft ground, Piling and ground treatment for foundations. T. Telford, London, 1983.

[57] Heins, E.; Grabe, J.: Numerische Simulation einer Bodenverbesserungsmaßnahme infolge Rütteldruckverdichtung. BAW Mitteilungen Nr. 98, 2015.

[58] Heitz, C.: Bodengewölbe unter ruhender und nicht ruhender Belastung bei Berücksichtigung von Bewehrungseinlagen aus Geogittern. Schriftenreihe Geotechnik, Universität Kassel, Heft 19, 2006.

[59] Herth, W.; Arndts, E.: Theorie und Praxis der Grundwasserabsenkung, 3. Auflage. Ernst & Sohn, 1994.

[60] Heym, Th. et al: Ersteinsatz des Luft-Impuls-Verfahrens zur umwelttechnischen Verdichtung verflüssigungsgefährdeter Böden. Vorträge Baugrundtagung, 1998, Stuttgart, DGGT, S. 657 ff, 1998.

[61] Hiedra Lopez, J. C.; Hiedra Cobo, J. C.: Foundations of buildings on deep fills compacted by high energy impacts, De Mello Vol. Sao Paulo, pp. 177–183, 1989.

[62] Hoang Van Tan: The Use of the Explosive Energy for Soft Soil Compaction, Proc. V. Conf. SMFE Budapest, pp. 61–74, 1976.

[63] Holm, G.: Applications of Dry Mix Methods for deep soil stabilization. Proc. Dry Mixing Methods for Deep Soil Stabilization, Stockholm, pp. 3–13, 1999.

[64] Hornich, W.; Stadler, G.: Injektionen. In: Grundbau-Taschenbuch Teil 2, 7. Auflage, Ernst & Sohn, 2009.

[65] Hu, W.: Physical modelling of group behaviour of stone column foundations. PhD thesis. University of Glasgow. 1995.

[66] Hussin, J.: Compaction grouting. In: Kirsch, K.; Bell. A. (Eds.) Ground Improvement. CRC Press, 2013.

[67] Institut pour la Recherche et l'Expérimentation en Génie civil – IREX: Recommandations of the French national project on rigid inclusions – ASIRI, 2012.

[68] Ivanov, P. L.: Uplotnenie nesvjasnih gruntov vmvami. Verlag Strojizdat Leningrad. Ivanov, P.L. (1972): Compaction of non-cohesiv soils by explosions. US Interior Dept., Report No. TT-70-57221, 226 S, 1967.

[69] Jamiolkowski, M. et al.: Precompression and speeding up consolidation. General Report, 8th European Conference on Soil Mechanics and Foundation Eng., Helsinki, Vol. 3, Spec. Ses. 6, 1983.

[70] Johnson, F.: Precompression for improving foundation soil, Jour. of Soil Mechanic and Foundation Division, Vol. 96, No. SM 1, Jan. 1970.

[71] Kawasaki, K. et al: Deep mixing by Spreadable Wing Method. Proc. Grouting and Deep Mixing, Tokyo, pp. 631–636, 1996.

[72] Kempfert, H.-G.: Zum Tragverhalten geokunststoffbewehrter Erdbauwerke über pfahlähnlichen Traggliedern. Informations- und Vortragstagung über Kunststoffe in der Geotechnik. TU München 1995.

[73] Kessler, J.; Förster, W.: Sprengverdichtung zur Verbesserung von setzungsfließgefährdeten Kippen. Freiberger Forschungsheft Nr. A819, 1992.

[74] Kinoshita, H. et al.: Sand Compaction Pile Technology and its Performance in both Sandy and Clayey Grounds, ISSMGE – TC 211 International Symposium on Ground Improvement IS-GI Brussels, 2012.

[75] Kirsch, F.; Borchert, K.-M.: Genehmigungs- und Zulassungsvoraussetzungen von Bodenmischsäulen. In: Kochendörfer, B. (Hrsg.) Bauwirtschaft und Baubetrieb. Berichte 2, Innovationen im Spezialtiefbau, Fachseminar an der Technischen Universität Berlin, 2013.

[76] Kirsch, F.; Sondermann, W.: Field measurements and numerical analysis of the stress distribution below stone column supported embankments and their stability. In: Vermeer et al. (Eds.), Geotechnics of Soft Soils: Theory and Practice. VGE, Essen, 2003.

[77] Kirsch, F.; Sondermann, W.: Zur Gewölbestabilität über Soilcrete-Körpern / Stability of the vault developing over Soilcrete bodies, 9. Darmstädter Geotechnik-Kolloquium, Mitteilung des Instituts und der Versuchsanstalt für Geotechnik der Technischen Universität Darmstadt (2002) Heft 58, S. 85–101.

[78] Kirsch, F.; Richter, T.; Savidis, S.; Grivas, K.: Bemessung von Baugrundverbesserungsmaßnahmen zur Prävention von Bodenverflüssigung. Beiträge zum Fachkolloquium Bodenverflüssigung bei Kippen des Lausitzer Braunkohlebergbaus. Schriftenreihe des Inst. Bergbau und Spezialtiefbau (2012) Heft 3, S. 230–243.

[79] Kirsch, F.; Trunk, U.; Richter, T.: Das Verfahren des Compensation Grouting beim Bauvorhaben City-Tunnel Leipzig – Hebungsinjektion oder Baugrundverbesserung? Vorträge der Baugrundtagung in Dortmund, VGE Verlag, 2008.

[80] Kirsch, F.: Experimentelle und numerische Untersuchungen zum Tragverhalten von Rüttelstopfsäulengruppen. Diss. TU Braunschweig, Mitteil. Institut für Grundbau und Bodenmechanik (2004) Heft 75.

[81] Kirsch, K.; Bell, A. (Eds.): Ground Improvement, 3rd edition. CRC Press, London, 2013.

[82] Kirsch, K.; Chambosse, G.: Deep vibratory compaction provides foundations for two major overseas projects. Ground Engineering, Vol. 14, No. 8, 1981.

[83] Kirsch, K.; Kirsch, F.: Ground Improvement by Deep Vibratory Methods, 2nd ed. CRC Press, 2017.

[84] Kirsch, K.: Baugrundverbesserung mit Tiefenrüttlern. 40 Jahre Spezialtiefbau: 1953–1993. Technische und rechtliche Entwicklungen. Düsseldorf, 1993.

[85] Kirsch, K.: Contractor's view on the risks involved with deep excavations in water bearing soils, Proceedings of the 14th International Conference on Soil Mechanics and Foundation Engineering, Hamburg, 1997.

[86] Kirsch, K.: Erfahrungen mit der Baugrundverbesserung durch Tiefenrüttler. Geotechnik 1 (1979).

[87] Kirstein, J. F.; Krings, M.; Prangen, A.; Siegmund, P.: Dynamische Intensivverdichtung für die Überbauung in Streckenabschnitten mit schwierigen Baugrundverhältnissen im Zuge der Bundesautobahnen BAB A71 und A72, Symposium Baugrundverbesserungen in der Geotechnik, Universität Siegen. 2010.

[88] Kirstein, J. F.: General Report – Session 1: Vibro and Impact Compaction, ISSMGE – TC 211 International Symposium on Ground Improvement, Brüssel, 2012.

[89] Kitazumi, M.; Terashi, M.: The Deep Mixing Method. CRC Press. Boca Raton, USA, 2013.

[90] Kivelö, M.: Stabilization of embankments on soft soil with lime/cement columns. PhD thesis, KTH Royale Institute of Technology, Stockholm, 1998.

[91] Krüger, J.; Muche, L.; Tamaskovics, N.: Methoden zur Bewertung von Sanierungsverfahren für setzungsfließgefährdete Kippen und Kippenböschungen. Vorträge zum 5. Darmstädter Geotechnik-Kolloquium, 1998.

[92] Kummeneje, O.; Eide, O.: Investigations of Loose Sand Deposits by Blasting. Proc. V. ICSMFE Paris 1, 491–497, 1961.

[93] Kummerer, C.; Holl, T.; Sigmund, C.: Aktuelle Entwicklungen zur Reichweitenoptimierung und Qualitätskontrolle beim Soilcrete-Düsenstrahlverfahren unter schwierigen Bodenverhältnissen. Vorträge zur 34. Baugrundtagung, DGGT, 2016.

[94] Kuntze, W.; Warmbold, U.: Sicherung böschungsnaher setzungsfließgefährdeter Kippenbereiche an Tagebau-Restseen. Baugrundtagung, Köln, 331–347, 1994.

[95] Kutzner, C.: Injektionen im Baugrund, Enke Verlag, 1991.

[96] Ladd, C.: Use of precompression and vertical sand drains for soil stabilisation of foundation soils. Soil and site Improvement, Continuing Education in Engineering: University of California, 1976.

[97] Lausitzer und Mitteldeutsche Bergbau-Verwaltungsgesellschaft mbH (LMBV), Universität Karlsruhe, TU Bergakademie Freiberg: Beurteilung der Setzungsfließgefahr und Schutz von Kippen gegen Setzungsfließen, Anlagenteil, S. 3–17, 1998.

[98] Lekha, K. R. et al.: Consolidation of clay by sand-drains under time-dependent loading, Journ. Geot. and Geoenvironment. Eng., ASCE 1, pp. 91 ff, 1998

[99] Lessnik, M.: Ermittlung der Reichweite beim Düsenstrahlverfahren unter Berücksichtigung der Herstellparameter und der Bodeneigenschaften mittels Rückflussanalyse. Mitt. Gruppe Geotechnik Graz (2003) Heft 17, TU Graz.

[100] Lukas, R. G.: Dynamic compaction engineering considerations in grouting, Soil Improvement and Geosynthetics. ASCE Geotech. Special Publ. No. 30, pp. 940 ff, 1992.

[101] Luongo, V.: Dynamic Compaction: Predicting Depth of Improvement in Grouting, Soil Improvement and Geosynthetics, ASCE Geotech. Special Publ. No. 30, pp. 927 ff, 1992.

[102] Maisch, K.; Mikulitsch, V.: Pulvereinpressung mit einer Förderschnecke. Geotechnik 19 (1996), Nr. 1.

[103] Mangels, J. et al.: Geopier Schottersäulen – eine wirtschaftliche Alternative zur effizienten Baugrundverbesserung. Symposium Baugrundverbesserungen in der Geotechnik, Siegen, 2010.

[104] Massarsch, K. R.; Fellenius, B. H.: Vibratory compaction of coarse-grained soils. Can. Geot. Journal, Vol. 39, No. 3, 2002.

[105] Massarsch, K. R.: Deep Soil Compaction using Vibratory probes in Deep Foundation Improvement. STP 1089, ASTM, 1991.

[106] Massarsch, K. R.: Design aspects of Deep Vibratory Compaction. Proc. Seminar on Ground Improvement Methods. Hong Kong Inst. Civ. Eng. 1994.

[107] Menard, L.: Le consolidation dynamique des remblais recents et sols compressible. Application aux ouvrages maritimes Travaux, S. 56–64, 1972.

[108] Meyer, F.; Breitsprecher, G.; Dennhardt, M.; Glaesener, U.: Gründung einer 7,5 MW Windenergieanlage auf einer Kippe eines ehemaligen Tagebaus. Vorträge zum 19. Darmstädter Geotechnik-Kolloquiums, 2012.

[109] Mioshi, A. et al.: Test of solidified columns using a combined system of mechanical churning and jetting. Proc. Grouting and Deep Mixing, Tokyo, pp. 743–748, 1996.

[110] Mitchell, J. K. et al.: Time Dependent Strength Gain in Freshly Deported or Densified Sand. Journ. Geot. Eng., Vol. 110, No. 11, 1984.

[111] Mitchell, J. K.: Soil Improvement, State-of-the-Art-Report. X. ICSMFE Stockholm, Proc. 4, 509–565, 1981.

[112] Mittag, J.; Savidis, S. A.: The Groutability of Sands – Results from One-Dimensional and Spherical Tests. In: Johnsen, F. J.; Bruce, D. A.; Byle, M. J. (Eds.): Grouting and Ground Treatment, Proceedings of the 3rd International Conference, New Orleans, Louisiana, 2003.

[113] Moormann, C.; Buhmann, P.: Baugrundverbesserung mit steifen Säulen und pfahlähnlichen Traggliedern – Anforderungen, Bemessung und Anwendungsgrenzen von „Rigid Inclusions". Beiträge zum 31. Christian Veder Kolloquium „Baugrundverbesserung – Entwurf, Ausschreibung, Vertrag, Ausführung", TU Graz, Heft 56, S. 59–76, 2016.

[114] Müller-Kirchenbauer, H.: Untersuchungen zur Eindringung von Injektionsmassen in porigen Untergrund und zur Auswertung von Probeverpressungen. Veröffentlichungen des Institutes für Bodenmechanik und Felsmechanik der Universität Fridericiana in Karlsruhe, Heft 39, 1969.

[115] Nendza, M.: Untersuchungen zu den Mechanismen der dynamischen Bodenverdichtung bei Anwendung des Rütteldruckverfahrens. Diss., TU Braunschweig, 2007.

[116] Österreichische Gesellschaft für Geomechanik: Kommentar zu EN 12715 Injektionen, 2016.

[117] Pankrath, H.; Thiele, R.; Oltmanns, W.; Kaya, H.: Entwicklung von Bemessungsansätzen zur Berücksichtigung von Stabilisierungssäulen beim Böschungsbruchnachweis, 10. Österreichische Geotechniktagung, 2015.

[118] Paulmichl, I.; Adam, D.: Ein innovatives Hybridgründungskonzept bim Kraftwerk Malzenice in der Slowakei. Seminar Baugrundverbesserungen in der Geotechnik, 2010.

[119] Priebe, H.: Rüttelstopfverdichtung zur Vorbeugung gegen Bodenverflüssigung bei Erdbeben. Mitteilungen des Institutes und der Versuchsanstalt für Geotechnik der TU Darmstadt, Vorträge zum 5. Darmstädter Geotechnik-Kolloquium. 1998.

[120] Priebe, H. J.: Die Bemessung von Rüttelstopfverdichtungen. Bautechnik 3, 1995.

[121] Prugh, B. J.: Densification of Soils by Explosive Vibrations. Journal Construct. Div. ASCE 89 (1963) pp. 79–100.

[122] Punmalainen, N.; Vepsäläinen, P.: Vacuum preloading of a vertically drained ground at the Helsinki testfield. 14th ICSMFE Hamburg, pp. 1769 ff, 1997.

[123] Raithel, M. et al.: Analyse des Trag- und Verformungsverhaltens einer Gruppe geokunststoffummantelter Säulen im Großversuch. Bautechnik 88 (2011), Heft 9, S. 593–601.

[124] Raithel, M.; Kempfert, H.-G.: Bemessung von geokunststoffummantelten Sandsäulen. Bautechnik 76 (1999), Heft 11.

[125] Raithel, M.: Zum Trag- und Verformungsverhalten von geokunststoffummantelten Sandsäulen. Schriftenreihe Geotechnik, Univ. Kassel, Heft 6, 1999.

[126] Raju, V. R.: Spontane Verflüssigung lockerer granularer Körper – Phänomene, Ursachen, Vermeidung. Veröffentlichungen des Instituts für Bodenmechanik und Felsmechanik der Universität Karlsruhe, Heft 134, 1994.

[127] Raju, V. R.; Hoffmann, G.: Treatment of tin mine tailings in Kuala Lumpur using vibro replacement. Proc. 12th SEAGC. 1996.

[128] Raju, V. R.: Ground Improvement – Principles and Applications in Asia. International Symposium on Ground Improvement Technologies and Case Histories, Singapur, 2009.

[129] Reinhardt, K.; Keßler, J.; Sommer, B.; Erler, R.: Schonende Sprengverdichtung auf Innenkippen – für den Sanierungsbergbau der Lausitz der richtige Weg? Ein Erfahrungs- und Ergebnisbericht. 2. Kolloquium Bodenverflüssigung bei Kippen des Lausitzer Braunkohlenbergbaus, TU Bergakademie Freiberg, 2014.

[130] Reitmeier, W.; Alber, D.: Wirkungsweise, Einsatzmöglichkeiten und praktische Erfahrungen bei der Untergrundverbesserung nach dem CSV-Verfahren, TA Esslingen. 2. Kolloquium – Bauen in Fels und Boden, 2000.

[131] Reitmeier, W.: Baugrundverbesserung nach dem CSV-Verfahren. Bautechnik 90 (2013) Heft 9.

[132] Reitmeier, W.: Grundlagen und praktische Erfahrungen bei der Bodenstabilisierung mit Kalkpfählen. Festschrift zum 60. Geburtstag von Prof. Dr.-Ing. R. Floss, 1995.

[133] Rodgers, A. A.: Vibrocompaction of cohesionless soils. Cementation Research Limited. Internal report, 1979.

[134] Savidis, S. A.; Schneider, N.: Online-Vermessung von Düsenstrahlsäulen. Schlussbericht. Fraunhofer IRB Verlag, 2003.

[135] Schiffer, W.; Varaksin, S.; Chaumeny, J. L.: Vakuumkonsolidierung von frisch aufgeschüttetem Boden am Beispiel des Ausbaus Vorwerker Hafen in Lübeck. Vorträge Baugrundtagung Köln, S. 233 ff, 1994.

[136] Schmertmann, J. H.: The mechanical Aging of Sand. Journ. Geot. Eng. (1991), Vol. 117, No. 9.

[137] Schneider, H.: Das Rütteldruckverfahren und seine Anwendungen im Erd- und Betonbau. Beton und Eisen 37 (1938) Heft 1.

[138] Schulze, B.: Injektionssohlen – Theoretische und experimentelle Untersuchungen zur Erhöhung der Zuverlässigkeit. Veröffentlichungen des Instituts für Bodenmechanik und Felsmechanik der Universität Karlsruhe, Heft 126, 1992.

[139] Schulze, B.: Merkblatt für Einpreßarbeiten mit Feinstbindemitteln in Lockergestein, Teil 1 und 2. Bautechnik 79 (2002), Heft 8 und 9.

[140] Schweiger, H. F.: Finite Element Berechnung von Rüttelstopfverdichtungen. 5. Christian Veder Kolloquium. Graz 1990.

[141] Shibazaki, M.: State of the Art grouting in Japan. Proc. Grouting and Deep mixing, Tokyo, pp. 851 ff, 1996.

[142] Sievering, W.: Bodenverbesserung durch Auflast und Vertikaldrainage. Geotechnik, S. 115 ff, 1985.

[143] Slocombe, B.: Dynamic Compaction, In: Kirsch, K.; Bell, A. (Eds.): Ground Improvement, 3rd ed., CRC Press, 2013.

[144] Smoltczyk, U.; Hilmer, K.: Baugrundverbesserung. Grundbau-Taschenbuch, 5. Auflage, Teil 2. 1994.

[145] Smoltczyk, U.: Deep Compaction, General Report, VIII ECSMFE, Helsinki, Proc. 3, pp. 1105–1116, 1983.

[146] Solymar, Z. V. et al.: Ground Improvement by Compaction piling. Jour. Geot. Eng., Vol. 2, No. 12, 1986.

[147] Sondermann, W. et al.: Optimiertes Qualitätsmanagement für die Ausführung von DSM Arbeiten. Geotechniktag München, 2014.

[148] Sondermann, W. et al.: Practical design of vibro stone columns. The HKIE Geotechnical Division 36th Annual Seminar, Hong Kong, 2016.

[149] Sondermann, W.; Jebe, W.: Methoden zur Baugrundverbesserung für den Neu- und Ausbau von Bahnstrecken auf Hochgeschwindigkeitslinien. Baugrundtagung Berlin, 1996.

[150] Sondermann, W.; Pandrea, P.: Geotechnische Arbeiten gegen drückendes Wasser – Möglichkeiten und Beispiele. Beiträge zum 13. Geotechnik-Tag, Zentrum Geotechnik, Lehrstuhl und Prüfamt für Grundbau, Bodenmechanik, Felsmechanik und Tunnelbau der Technischen Universität München, 2014.

[151] Sondermann, W.: Ground Improvement by Vibro-Compaction and Vibro-Replacement, Conferenze die Geotechnica di Torino, Design Construction & Control of Soil Improvement Systems, Turin, 2016.

[152] Sondermann, W.: Synergien durch innovative Lösungen im Baugrubenverbau. Österreichische Geotechnik Tagung, Wien, 2015.

[153] Soyez, B.: Bemessung von Stopfverdichtungen. BMT. April 1987.

[154] Springman, S. et al.: Ground improvement for embankments on soft ground. Ground Improvement Vol. 167, Issue GI3, pp. 149–162, 2014.

[155] Stadler, G.; Krenn, H.: Permeation Groutig. In: Kirsch, K., Bell, A. (Eds.): Ground Improvement, 3 rd. ed., CRC press, 2013.

[156] Stamatopoulos, A. C.; Kotzias, P. C.: Settlement time prediction in preloading. Journal of Geot. Eng., Vol. 109 (1983), No. 6, June, pp. 807–820.

[157] Stolba, R.: Erprobung der Kalkpfahlmethode zur Verbesserung von weichen und bindigen Untergrundböden und Dämmen. FGSW, Informationen Nr. 23, Juli 1978.

[158] Stoll, R. D. et al.: Das Luft-Impuls-Verfahren unter Einsatz der steuerbaren Horizontalbohrtechnik zur Verdichtung lockergelagerter Böden. Braunkohle 48 (1996) Heft 6, S. 633–640.

[159] Tamáskovics, N.: Beitrag zur Klärung der Mechanismen von Verdichtungssprengungen. Dissertation TU Bergakademie Freiberg, 2000.

[160] Tanimoto, K.: Introduction to the Sand Compaction Pile Method as Applied to Stabilization of Soft Foundation Grounds. Commonwealth Scientific and Industrial Research Organization, Australia 1973.

[161] Thurner, R.; Kirsch, F.: Combination of bored piles and stone columns for the earthquake resistant design. 2nd European Conference on Earthquake Engineering and Seismology, Istanbul, 2014.

[162] Topolnicki, M.: Case history of a geogrid-reinforced embankment supported on Vibro Concrete Columns. Euro Geo 1. Maastricht, 1996.

[163] Topolnicki, M.: General Overview and Advances in Deep Soil Mixing. XXIV Geotechnical Conference of Torino, 2016.

[164] Topolnicki, M.: In-situ soil mixing. In: Kirsch, K.; Bell, A. (Eds.) Ground Improvement. 3rd edition. CRC Press. Boca Raton, USA, 2013.

[165] Tudeski, H.: Das Luft-Impuls-Verfahren. Habilitationsschrift Tak. Bergbau, Hüttenwesen von Geowissenschaften, RWTH Aachen, 1997.

[166] van Impe, W. F. et al.: Recent experiences and developments of the resonant vibrocompaction technique. XIII ICSMFE, New Delhi, 1994.

[167] van Impe, W. F.; Madhav, M. R.: Analysis and Settlement of Dilating Stone Column Reinforced Soil. ÖIAZ 3, 1992.

[168] Varaksin, S.: Neuere Entwicklungen von Bodenverbesserungsverfahren und ihre Anwendung. 5. Chr. Veder Kolloquium, Neue Entwicklungen in der Baugrundverbesserung, TU Graz Institut für Bodenmechanik, Felsmechanik und Grundbau, 1990.

[169] Vogt, N.; Vogt, S.; Kellner, C.: Knicken von schlanken Pfählen in weichen Böden. Bautechnik 82 (2005) Heft 12, S. 889–901.

[170] Vogt, N.: Die neue DIN 4093 „Bemessung von verfestigten Bodenkörpern“. BAW-Kolloquium, Neue Normen und Regelwerke in der Geotechnik, Hannover, 2012.

[171] Wawrzyniak, C.: Simulation von Hebungsinjektionen durch numerische Berechnungen, WBI-Print 12. Verlag Glückauf Essen, 2002.

[172] Weber, T. M.: Modellierung der Baugrundverbesserung mit Schottersäulen. Dissertation ETH Zürich, 2007.

[173] Wehr, J.; Topolnicki, M.; Sondermann, W.: Design Risks of Ground Improvement Methods including Rigid Inclusions. Leung, C. F. et al. (Eds.) Advances in Geotechnical Infrastructure, 2013.

[174] Wehr, W. et al.: Baugrundverbesserung mit teleskopierbarem Tiefenrüttler bei beschränkter Arbeitshöhe. Vorträge zum 11. Hans Lorenz Symposium; Veröffentlichungen des Grundbauinstitutes der TU Berlin, S. 195–203, 2015.

[175] Wehr, W.; Stihl, J.: Baugrundverbesserung mit Stabilisierungssäulen. Bauingenieur, S. A16 ff, Sept., 2006.

[176] Wehr, W.; Herle, D.; Arnold, M.: Einfluß von Druck und Lagerungsdichte auf den Reibungswinkel des Schotters in Rüttelstopfsäulen. Bauingenieur, S. A23–A24, 2007.

[177] Wehr, W.; Herle, J.; Arnold, M.: Comparison of vibro compaction methods by numerical simulations. In: Karstunen, M., Leoni, M. (Eds.): Geotechnics of Soft Soils – Focus on Ground Improvement. CRC Press, 2008.

[178] Wehr, W.: Schottersäulen – das Verhalten von einzelnen Säulen und Säulengruppen. Geotechnik 22, 1999.

[179] Woo, S. M.; Van Weele, A. F.; Chotivittayathanin, R.; Trangkarahart, T.: Preconsolidation of soft Bangkok clay by vacuum loading combined with non-displacement sand drains. Proc. XII.ICSMFE Rio de Janeiro, 2, 1431–1434, 1989.

[180] Yeung, A. T.: Design curves for prefabricated vertical drains. Journ. Geot. and Geoenvironment. Eng., ASCE, 8, pp. 755 ff, 1997.

[181] Yoshida, H.: The progress of jet grouting in the 10 years in the Japanese market. Proceedings of the Deep Foundation Institute, 35th Annual Conference, Hollywood, California, USA, 2010.

[182] Zou, Y.; Boley, K.; Wehr, J.: On the Stress Dependent Contact Erosion in Vibro Stone Columns. International conference on scour and erosion, San Francisco, S. 241–250, 2010.

# 2.3 Verstärkung von Gründungsstrukturen

*Karl Josef Witt*

## 1 Einleitung

In keinem der Standardwerke der Architektur und Baukultur der Antike, Romanik, Renaissance oder Barock finden sich Hinweise zu Gründungen oder gar zur Nutzung bestehender Fundamente. Viele historische Bauwerke haben auch bis heute keine erkennbaren Setzungsschäden oder Mängel in der Gründung, obwohl sie ohne Kenntnis der Bodenmechanik und ohne Regelwerke rein empirisch bemessen, teilweise sogar auf steinigen Auffüllungen oder auf Relikten vorhandener Fundamente aus Steinen und Holz gebaut wurden und mannigfache Laständerungen bei Umnutzungen oder Restaurationen der Bauwerke erlebt haben. Hieraus abzuleiten, die Gründung eines Bauwerks sei trivial und Fundamente seien nicht einer Alterung unterworfen, ist ein Trugschluss. Richtig dagegen ist, dass nur sehr robuste, nach heutigen Maßstäben überdimensionierte historische Gründungsstrukturen aus beständigen Materialien über eine lange Zeit die erwartete Funktion erfüllt haben. Viele historische Bauwerke mit im Verhältnis zur Tragfähigkeit des Baugrunds schwachen Fundamenten haben nicht überlebt. Manche zeigten im Laufe der Nutzung lediglich Schiefstellungen oder Setzungsrisse im Bauwerk, die konstruktiv beherrscht wurden. Historische Gründungen sind materialbedingt relativ flexibel und gegenüber Setzungen bestand früher eine größere Toleranz, solange die Integrität des Bauwerks nicht beeinträchtigt war. Im Übrigen kann die Folge von Setzungen auch eine natürliche Stabilisierung des Baugrunds sein. Die meisten Gründungen verhalten sich duktil.

Ganz gleich, ob historische oder neuere Bauwerke betrachtet werden, wenn durch seitliche Abgrabungen, durch eine Änderung der Baugrundeigenschaften, durch Alterung einer Gründung, durch Erschütterungen oder durch Lasterhöhungen Setzungen von Fundamenten zu erwarten oder bereits aufgetreten sind, welche die Tragfähigkeit oder die Gebrauchstauglichkeit des Bauwerks unverträglich beeinträchtigen, sind Maßnahmen zur Verstärkung der Gründungsstruktur oder zur Stabilisierung des Baugrunds angesagt. Solche Baumaßnahmen im Bestand sind immer eine Herausforderung an den Bauherrn, die Fachplaner und die Bauausführung. Es gibt weder eine einheitliche Ursache für schädliche Verformungen noch einen Königsweg der Sanierungsmethode. Die Bauweise und der Zustand einer Gründung, der Umfang und die weitere Entwicklung einer Schädigung, das erforderliche Maß einer Verstärkung, der Baugrund, die permanenten und veränderlichen Einwirkungen und schließlich die Auswirkungen eines Eingriffs auf das Bauwerk selbst oder auf die Nachbarbebauung sind neben den Kosten individuelle Faktoren und Entscheidungskriterien einer angemessenen Lösung.

*Grundbau-Taschenbuch: Teil 2. Geotechnische Verfahren*, Achte Auflage. Karl Josef Witt (Hrsg.).

Dieses Kapitel behandelt das Themenfeld der Verstärkung und Nachgründung von Fundamenten, führt die zur Entscheidung erforderliche Erkundung auf und beschreibt die unterschiedlichen Methoden aus Sicht der Konstruktion, Ausführung, Wirkung und Bemessung. Die Ursachen von Gründungsschäden werden grob charakterisiert, hierzu wird auf die einschlägige Literatur verwiesen [25]. Die streifenweise Unterfangung von Gebäudeteilen bei Ausschachtungen und Abgrabungen im Sinne der DIN 4123, ebenfalls dieser Thematik zuzuordnen, wird gegenüber früheren Auflagen des Grundbau-Taschenbuchs hier verkürzt behandelt. Hinsichtlich der speziell im innerstädtischen Tunnelbau auftretenden Thematik „Unterfahrung von Gebäuden" wird auf frühere Auflagen verwiesen [47].

## 2 Grundsätzliche Überlegungen

Eine Verstärkung von Gründungsstrukturen kann mit Umbauten oder Umnutzungen von bestehenden Bauwerken zur temporären oder permanenten Sicherung von Fundamenten oder zur Reparatur von Gründungsschäden erforderlich werden. Eine Unterfangung von Flachgründungen ist im Bestand immer dann erforderlich, wenn die Gründungsebene eines zu errichtenden Neubaus unter die Gründungsebene des unmittelbar benachbarten Bestands reicht. Die Lasten der bestehenden Gründung müssen dabei über ein neues Fundament auf einer tieferen Gründungsebene abgetragen werden. Unterfahrungen sind beim Bau unterirdischer Verkehrsanlagen durchzuführen, wenn der Hohlraum teilweise oder ganz in der Lastzone unter Gebäuden verläuft. Dies erfordert ebenso Umlastungen und Nachgründungen des Bestands.

Verstärkungen, Unterfangungen und Nachgründungen sind räumlich und oft zeitlich begrenzte Sonderbaumaßnahmen, die wegen der relativ geringen Mengen, der Einzigartigkeit, der spezifischen Aufgabenstellung und wegen der vielfältigen Ausführungsrisiken teuer und darüber hinaus vorab nur unscharf zu kalkulieren sind. Es handelt sich immer um Eingriffe in den Bestand, der für die Bauzustände gegen Schädigungen zu schützen ist. Im Sinne von DIN 1054 und EC 7 sind Maßnahmen zur Verstärkung von Gründungsstrukturen und Unterfangungen von Einzelfundamenten der Geotechnischen Kategorie GK 3 zuzuordnen. Lediglich eine herkömmliche Unterfangung von Streifenfundamenten im Geltungsbereich der DIN 4123 kann bei geringem Schwierigkeitsgrad in GK 2 eingestuft werden.

Zu Beginn solch einer Maßnahme stehen Überlegungen zur Wirtschaftlichkeit sowie zu den technischen und rechtlichen Risiken. Das Rechtsrisiko betrifft die zwingend erforderliche Erlaubnis oder Duldung durch die Eigentümer der in Anspruch zu nehmenden Grundstücke, die Gestattung der Maßnahme oder die Bereitschaft zur Eintragung einer Dienstbarkeit. Bei der Prüfung der Wirtschaftlichkeit sind folgende Aspekte zu beachten:

- Verkehrswert und Nutzwert der betroffenen Gebäude,
- Entschädigungskosten und Ausfallkosten (Dauer der Maßnahme),
- Gebrauchswert und Geltungswert der betroffenen Gebäude,
- Art, Zustand und Ausnutzungsgrad der bestehenden Gründungen,

– baulicher Zustand der betroffenen Gebäude,
– Vorgaben und Randbedingungen des Denkmalschutzes.

Zur Planung der Maßnahme und zur wirtschaftlichen Gegenüberstellung von Varianten unter Einbeziehung von Bau-, Neben- und Folgekosten werden Detailkenntnisse zum Zustand, zur Konstruktion, Kraftfluss und Tragverhalten des Bestands sowie zur Baugrund- und Grundwassersituation benötigt. Außerdem sind baubetriebliche Aspekte wie Platzbedarf für Maschinen und Geräte, Zugänglichkeit und zumutbare Belästigung der Anwohner zu beachten. Eine Unterfangung von Nachbarfundamenten bedarf der Zustimmung des Eigentümers. Vor Beginn einer Maßnahme ist eine umfassende Beweissicherung für alle betroffenen Bauwerksteile erforderlich. Ebenso ist eine Strategie zur Beobachtung von Verformungen und Veränderungen der Belastung für die Zeit der Ausführung und für die anschließende Nutzung zu entwickeln. Insofern stellen derartige Eingriffe in den Bestand, Unterfangungen wie Verstärkung von Gründungen, eine interdisziplinäre Aufgabe dar, die neben der Erfahrung auch einen intensiven Dialog zwischen Architekt, Tragwerksplaner, Projektsteuerer, Sachverständigem für Geotechnik, Prüfingenieur, Bauhistoriker und ausführendem Unternehmen des Spezialtiefbaus erfordert.

Die Bauverfahren, deren Einsatzmöglichkeiten und Anwendungsgrenzen zur Unterfangung und Verstärkung von Gründungsstrukturen werden in den Abschnitten 3 und 4 dieses Kapitels behandelt. Für komplexe Unterfangungs- oder Verstärkungsmaßnahmen kommen auch Kombinationen oder eine temporäre Vereisung infrage [38]. Eine ausführliche Dokumentation von Beispielen einschließlich einer Gegenüberstellung von Kosten wurde von *Klawa* in [29, 30] zusammengestellt. *Englert* et al. [13] beschreiben auch rechtliche Aspekte. Detailfragen zur Bauweise und zu Möglichkeiten der Verstärkung von Gründungen historischer Bauwerke werden ausführlich von *Goldscheider* und *Eckert* [17, 18] diskutiert. Anschauliche Beispiele finden sich u. a. bei *Avellan* [2], *Groß* und *Grede* [19], *Pinto* et al. [39], *Smoltczyk* [48] und *Schwarz* [46].

# 3 Unterfangung und Nachgründung

## 3.1 Unterfangungswände nach DIN 4123

Bei einer konventionellen Unterfangung von Gebäudeteilen mit Unterfangungswänden wird abschnittsweise der Boden unter einem bestehenden Fundament ausgeräumt. Zur Tiefergründung wird eine Wandscheibe aus Mauerwerk oder Beton zwischen Fundamentunterkante und neuem Gründungsniveau hergestellt (Bild 1). Die Voraussetzungen, die Herstellungstechnik und die erforderlichen Standsicherheitsnachweise für solche Unterfangungen werden in DIN 4123 behandelt. Die Anwendung ist auf einfache Fälle, d. h. auf überwiegend lotrecht belastete Wände auf Streifenfundamenten auf Gründungsplatten, begrenzt. Die nach diesen Regeln zu unterfangenden Gebäudeteile sollen vertikale charakteristische Fundamentlasten von höchstens 250 kN/m haben.

Auch für diese einfachen Fälle darf nach DIN 4123 kein Bauwerk ohne ausreichende Sicherungsmaßnahme bis zu seiner Fundamentunterkante oder gar tiefer freigeschachtet werden. Die einzuhaltenden Abstände, Bodenüberdeckungen und Arbeitsbreiten sind für Ausschachtungen, höhengleiche Neugründungen neben dem Bestand und für Unterfangungswände in den Systembildern der Norm angegeben (vgl. Bilder 2 und 3).

Die generell zu fordernde Baugrunduntersuchung kann bei bebauten Flächen wegen der fehlenden Zugänglichkeit oft nicht in der geforderten Güte durchgeführt werden. Hier empfiehlt sich eine Vorerkundung, bei der mit vertretbarem Aufwand der generelle Aufbau des Baugrunds und die Grundwassersituation ermittelt werden. Die Detailerkundung wird dann im Zuge des Abrisses der Altbebauung durchgeführt. Dabei soll nicht nur ein möglichst durchgehender Aufschluss erreicht werden, es geht bei dieser baubegleitenden Erkundungsphase auch um einen Abgleich der Bestandsunterlagen, um die Überprüfung, ob Art, Zustand und Höhenlage der zu unterfangenden Bauteile den Annahmen entsprechen. Besonders bei älterer Bestandsbebauung trifft man häufig auf völlig unerwartete Verhältnisse, auf lokale Auffüllungen, Leitungen,

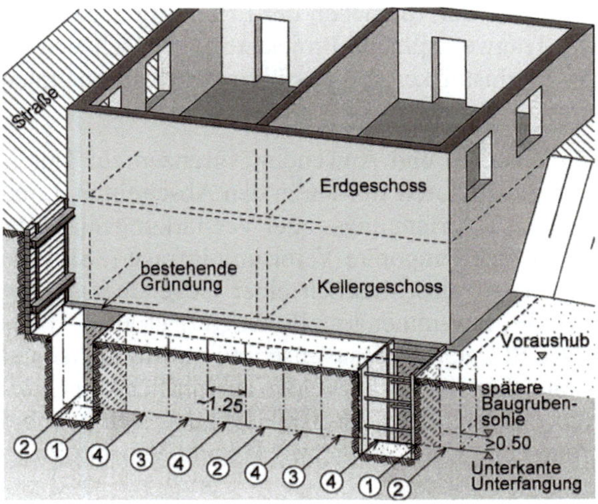


**Bild 1** Prinzipskizze zur Herstellung einer Unterfangung nach DIN 4123, Reihenfolge der Abschnitte

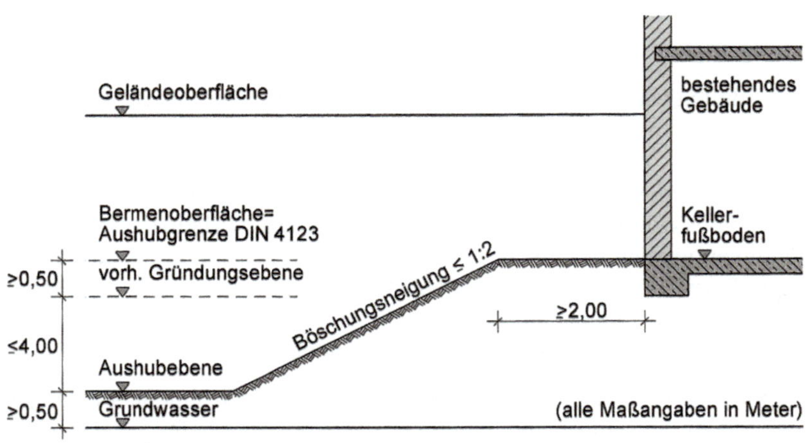


**Bild 2** Grenzen des Bodenaushubs nach DIN 4123

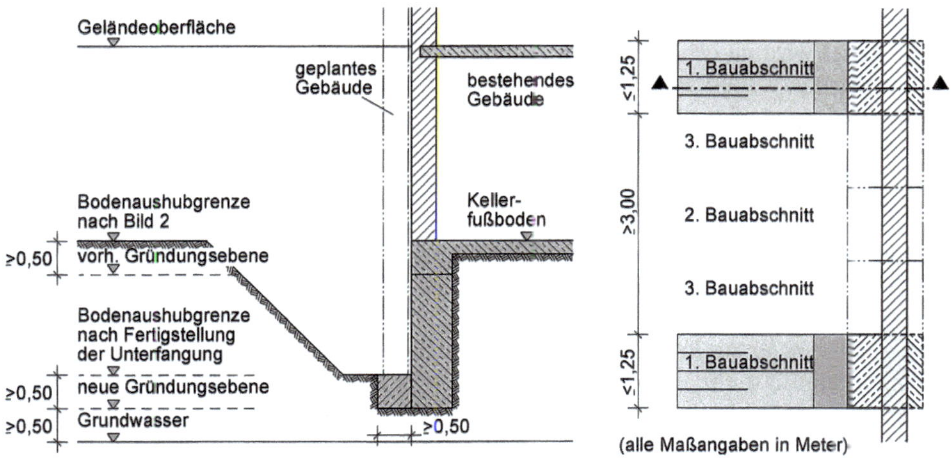


**Bild 3** Bauabschnitte und Abmessungen einer Unterfangung nach DIN 4123

Schächte, Schichtwasserzutritte oder Relikte regional oder baugeschichtlich typischer Gründungskörper, deren Funktion und Einfluss zu klären sind. Bei der Unterfangung von historischen Bauwerken sind Erfahrungen mit baugeschichtlichen Besonderheiten der Lastabtragung erforderlich [17].

Bei geringer Unterfangungstiefe und bei standfesten Böden besteht oft die Absicht, auf eine Unterfangung gänzlich zu verzichten und größere Abschnitte senkrecht abzuschachten. Wegen der Grundbruchgefahr der bestehenden Fundamente, aber auch wegen der Verformungen ist dies allenfalls in Fels bei günstigem Trennflächenverlauf zu vertreten. Bei Bodenklasse 6, bei stark zerlegtem angewittertem Gebirge und bei stark wechselhaft verwitterten Sedimentgesteinen ist allerdings oft eine Versiegelung und eine leichte Vernagelung ausreichend und aus Kostengründen einer konventionellen Unterfangung vorzuziehen.

Als Alternative zu einer Unterfangung des Bestands können die Kräfte und Verformungen mit einer vorgesetzten gestützten oder verankerten Bohrpfahl- oder Stützwand beherrscht werden.

Durch Unterfangungsmaßnahmen ändert sich zeitweise oder bleibend der Kraftfluss in dem Bestand. Zu den vorbereitenden Maßnahmen zählen daher gelegentlich auch die Verstärkung oder Sicherung von Gebäudeteilen oder die Aussteifung der Konstruktion. Ergänzend können Abstützungen, Ausmauern von Wandöffnungen oder Vernagelungen der Wände erforderlich werden. Entscheidungskriterien für Art und Umfang solcher Maßnahmen sind der Kraftfluss und der bauliche Zustand der zu unterfangenden Wand, aber auch die Verträglichkeit von Setzungen.

Ebenso von Tragsystem und Verträglichkeit der Verformungen abhängig sind Größe und Abfolge der Unterfangungsabschnitte. In DIN 4123 wird gefordert, die höchst belasteten Wandabschnitte des Gebäudes zuerst zu unterfangen. Diese Empfehlung beruht auf der Vorstellung, die durch die Unterfangung bedingte Lasterhöhung der Nachbarbereiche so verträglich wie möglich zu gestalten. Hier sollten jedoch immer das gesamte Tragsystem und die baubetrieblichen Gesichtspunkte betrachtet werden. In der Regel wird an den Ecken des Altbaus begonnen, wie dies in Bild 1 dargestellt ist. Damit schafft man an den Rändern eines Unterfangungsabschnitts eine unnachgiebige Lagerung [47, 49]. Im Zuge der nach innen fortschreitenden Unterfangung führt dies zu einer statisch günstigen Muldenlagerung der zu unterfangenden Wand, während sich beim Arbeiten von Wandmitte zu den Rändern hin eine Sattellage mit der Folge von Zugrissen einstellen kann.

Als Länge der Wandscheiben einer Unterfangung wird in DIN 4123 ein Höchstmaß von b = 1,25 m zugelassen. Die britische Norm BS 8004 empfiehlt eine Abschnittsgröße bis zu b = 1,4 m. Als Abstand der primären Ausschachtungen gibt DIN 4123 beispielhaft e = 3b an. In der Praxis richten sich die Abschnitte nach der Wandlänge, der Unterfangungstiefe, nach den örtlichen Gegebenheiten wie Zugänglichkeit, Querwände, Fensteröffnungen, Zustand der zu unterfangenden Wand und nach dem eingesetzten Verbausystem. Auf jeden Fall bedarf die Abschnittsplanung einer sorgfältigen Abwägung der primären und der temporären statischen Bedingungen. Auch hier sollten die zu erwartenden Verformungen, die Standsicherheit der zu unterfangenden Wand sowie die des Stichgrabens das Kriterium sein, wobei unabhängig von den empfohlenen Höchstmaßen nicht mehr als 20 % der Gründungsfläche eines Wandabschnittes freigelegt werden sollte.

Als Baustoffe für den Unterfangungskörper werden in DIN 4123 gemauerte Vollsteine oder Beton der Mindestfestigkeit C12/15 empfohlen. In der Praxis wird meist Lieferbeton eingesetzt. Um einen guten Kraftschluss herzustellen, wird die Schalung ca. 50 cm über die Fundamentunterkante geführt, sodass durch den Flüssigkeitsdruck des Frischbetons ein guter Verbund entsteht. Der für Setzungen entscheidende Kraftschluss kann auch dadurch hergestellt werden, dass zunächst ein Spalt von ca. 5 bis 8 cm zwischen Unterfangungswand und Fundamentsohle verbleibt, der nach Erhärten des Betons mit Stahlkeilen verspannt und dann mit Mörtel oder Quellbeton verpresst wird. Bei hohen Ansprüchen an Verformungen und bei Unterfangungen in Zusammenhang mit der Nachgründung bei Setzungsschäden empfiehlt sich eine Umlastung durch Vorpressen. Zwischen Fundamentsohle und vorläufigem Kopf der Unterfangungswand wird ein Lastverteilungsbalken (Stahlprofil) eingesetzt. Mit einer hydraulischen Presse wird der Unterfangungskörper gegen die Fundamentsohle bis zur Regellast oder bis zum Anheben der Wand belastet. Nach Abklingen der Primärsetzungen kann die Last mit Stahlspindeln fixiert, die Presse entfernt und der Zwischenraum wie oben beschrieben kraftschlüssig aufgefüttert werden.

Die Dicke der Unterfangungswände entspricht i. Allg. der Breite des zu unterfangenden Fundaments. Bei Unterfangungen aus Beton wird gelegentlich auch die Wandscheibe in der Stärke der zu unterfangenden Wand hergestellt und der Fundamentüberstand anschließend entfernt. Hier muss in besonderem Maße auf die Zentrierung und auf den Kraftschluss geachtet werden. Verstärkungen am Fuß des Unterfangungskörpers werden ausgeführt, um die Sohlnormalspannungen zu reduzieren oder um die Exzentrizität der resultierenden Last zu beherrschen.

Für den Fall, dass nur ein Teil einer Wand zu unterfangen ist, wird in DIN 4123 an den Rändern eine Abtreppung empfohlen. Hierdurch sollen unvermeidliche Relativsetzungen am Übergang zwischen Primärgründung und Unterfangung ausgeglichen werden. Sinngemäß gilt diese Empfehlung auch für die Ecken und für Querwände des zu unterfangenden Gebäudes. Bild 4 zeigt eine empirische Regel zur Tiefe der Unterfangung von Querwänden.

DIN 4123 unterscheidet in Abschnitt 10 Standsicherheitsnachweise für das bestehende Gebäude, für Bauzustände der Unterfangung, für die komplett ausgebildete Unterfangungswand und für das neue Gebäude. Die detaillierten Nachweise von Setzungen und Grundbruch können entfallen, wenn die Bemessungswerte des Sohlwiderstands nach DIN 1054 Abschnitt A 6.10 eingehalten werden. Grundsätzlich ist für den Unterfangungskörper die Standsicherheit wie für ein Streifenfundament nachzuweisen [52], wobei für die komplette Unterfangungswand nach DIN 4123, 10.3 die Bemessungssituation BS-P gilt. Für die Stichgräben gilt DIN 4124 uneingeschränkt. Nach Ansicht des Verfassers sollte bei Abgrabungen außer der Grundbruchsicherheit des Fundaments auch die Standsicherheit der Böschungen und die Gesamtstandsicherheit für Zwischenbauzustände nachgewiesen werden. Soweit es sich nicht um ganz einfache Fälle handelt, ist auch ein Nachweis der Gebrauchstauglichkeit, also eine Setzungsprognose, angemessen.

Die Erddruckwirkung auf die abschnittsweise hergestellte Unterfangungswand wird durch mehrfache Umlagerung und Entspannung beeinflusst. Nach DIN 4123 wird bei ungestützten Unterfangungswänden der Ansatz des aktiven Erddrucks empfohlen. Ein aktiver Bruchkörper darf jedoch nicht entstehen. Der Verfasser empfiehlt daher grundsätzlich den Ansatz eines erhöhten Erddrucks, z. B. den Mittelwert aus Ruhedruck und aktivem Erddruck. Ein Wandreibungswinkel zwischen Baugrund und Unterfangungskörper sollte nicht angesetzt werden. Bei gestützten Wänden wird die Erddruckverteilung wirklichkeitsnah umgelagert. Die erdstatischen Grundlagen hierzu werden von *Hettler* [23] und *Hettler* et al. [24] in den Kapiteln 1.6 und 3.6 dieser Auflage des Grundbau-Taschenbuchs behandelt.

Standsicherheitsdefizite in Form von zu großer Exzentrizität ergeben sich bei Wänden mit geringer Axiallast. Insofern ist die Unterfangung einer vertikal gering belasteten Wand hinsichtlich der Gleit- und Kippsicherheit oft kritisch, während bei der Bemessung einer hoch belasteten Giebelwand der Grundbruch der maßgebende Versagensmechanismus sein wird. Eine horizontale Stützung ist bei Unterfangungswänden aufgrund der Exzentrizität erfahrungsgemäß ab einer Tiefe von 2 m erforderlich. Als Stützung werden Aussteifungen, Bodennägel oder Verpressanker eingesetzt, wie sie von *Wichter* und *Meiniger* in diesem Teil des Grundbau-Taschenbuchs behandelt werden [56].

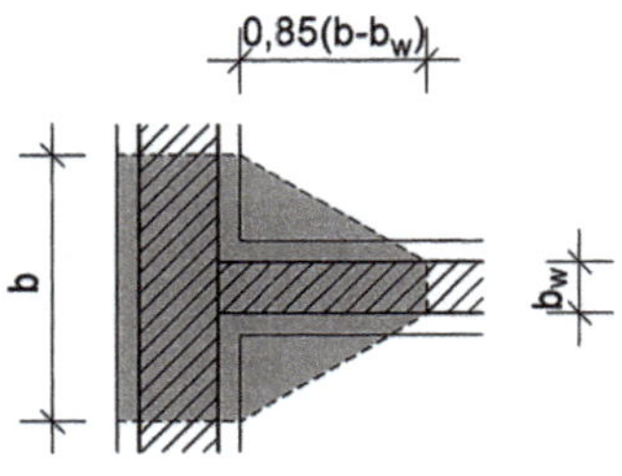


**Bild 4** Begrenzung der Unterfangung am Anschluss einer Querwand

*Kaiser* [27] sowie *Achmus* und *Kaiser* [1] analysieren Schadensfälle, die in Zusammenhang mit Unterfangungen aufgetreten sind. Ein Einsturz der zu unterfangenden Wände ist danach meist auf einen klassischen Grundbruch zurückzuführen, wenn die geometrischen Randbedingungen nicht eingehalten werden oder die Fundamente a priori keine ausreichende Standsicherheit besitzen. Ursache von Rissschäden an den zu unterfangenden Wänden sind häufig eine Unverträglichkeit der Gebäude selbst, eine falsche Abfolge der Unterfangungsabschnitte und eine nicht hinreichend kraftschlüssige Verkeilung der Unterfangung mit den Fundamenten.

## 3.2 Injektion und Vermörtelung

Im Gegensatz zur konventionellen scheibenweisen Unterfangung wird bei den hier betrachteten Verfahren des Spezialtiefbaus der Baugrund unter einem Fundament nicht durch Betonscheiben ersetzt, sondern stabilisiert oder verfestigt (Bild 5). Die Anwendung ist nicht nur auf Streifenfundamente begrenzt, mit Einpress- und Verfestigungsverfahren können auch Einzelfundamente unterfangen oder Gründungen verstärkt und gesichert werden. Voraussetzung ist jedoch ein kompaktes Fundament und eine definierte Aufstandsfläche. Unvermörtelte Natursteinmauerwerke müssen vorab gesondert injiziert werden. Eine Besonderheit dieser Verfahren ist, dass eine Unterfangung gleichzeitig als wasserdichte Baugrubenwand ausgeführt werden kann.

Ab den 1970er-Jahren wurden in nichtbindigen Böden zur Unterfangung von Fundamenten die gängigen Verfahren der Poreninjektion nach DIN EN 12715 (vormals DIN 4093) angewendet. Bei kiesigen Böden wurden Suspensionen hydraulischer Bindemittel injiziert, bei Sanden verschiedene Chemikalien auf Silikatbasis [11, 32, 33]. Als Spezialanwendung werden auch Feinstzemente zur Verstärkung von Gründungen und zur Baugrundverbesserung eingesetzt [42, 43]. *Schwarz* berichtet in [46] über eine kombinierte Anwendung bei der Verstärkung der Gründung der Staatsbibliothek in Berlin. Kriterium der Injizierbarkeit ist die Porenöffnung in Relation zum Durchmesser des Zementkorns. Vereinfacht sollte eine Relation von $D_{15,Boden} / d_{85,Zement} \geq 24$ eingehalten werden.

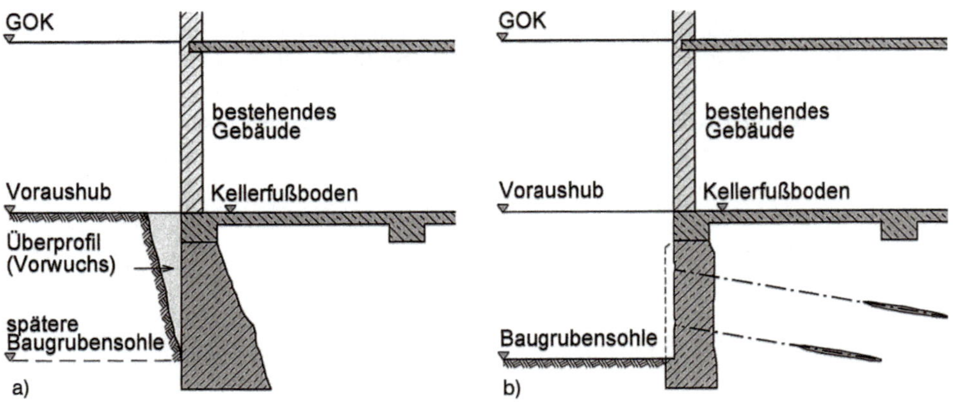


**Bild 5** Unterfangung durch Verfestigung eines Bodenkörpers als a) Gewichtsmauer und b) verankerte Wand

Mit Aufbrechinjektionen, bei denen im Boden lamellenförmige Verfestigungsstrukturen mit Zementsuspension oder polymeren Materialien erzeugt werden, lässt sich kein definierter Unterfangungskörper herstellen. Diese Injektionstechnik wird dagegen zur Vorspannung und Setzungskompensation bei Untertagearbeiten und bei der Behebung von Setzungsschäden eingesetzt. Die Technik und die Anwendungsgrenzen der einzelnen Verfahren sind ausführlich in Kapitel 2.2, Abschnitt 4.4 dieses Teils des Grundbau-Taschenbuchs behandelt [50]. Eine umfassende Darstellung der Injektionsverfahren und deren Möglichkeiten geben u. a. *Henn* [22], *Kutzner* [33] und *Warner* [55].

Heute werden Bodenverfestigungen in bindigen wie auch in nichtbindigen Böden überwiegend mit dem Düsenstrahlverfahren (DIN EN 12716) als Vermörtelung eines Unterfangungskörpers oder Gründungselementes aus säulenartigen Elementen hergestellt. Kriterien für die Wahl des geeigneten Verfahrens und der Materialien sind neben der Baugrund- und Grundwassersituation der Umfang der Maßnahme, die Zugänglichkeit, die verfügbare Arbeitsfläche, die Bauzeit und der Zustand des zu unterfangenden oder zu verstärkenden Bauwerks.

Sowohl mit Poreninjektion als auch mit dem Düsenstrahlverfahren wird zur Unterfangung unter einem Fundament ein durchgehender Verfestigungskörper, meist mit trapezförmigem Querschnitt hergestellt. Die genauen Abmessungen ergeben sich aus der Geometrie des Fundaments und der Baugrube sowie aus den statischen Erfordernissen. Die Vorderseite sollte bündig mit der aufgehenden Wand des zu unterfangenden Gebäudes sein. Herstellungsbedingt wird ein leichtes Überprofil verfestigt (Vorwuchs), das zusammen mit dem Überstand des Fundaments beim Aushub abgefräst wird. Beim Abstemmen dieses Überwuchses ist es gelegentlich wegen der damit verbundenen Erschütterungen zu Schäden an älteren unterfangenen Gebäuden gekommen. Ein zur Baugrube gerichteter Sporn wirkt sich zwar statisch günstig aus, erzeugt aber bei direkt angrenzender Bebauung ungleiche Auflagerbedingungen für die Gründung des Neubaus. Ob dabei Mitnahmesetzungen entstehen oder ob der Sporn abbricht, hängt von dessen Festigkeit ab.

Wie bei der konventionellen Unterfangung wirken auf den Unterfangungskörper die resultierenden Wand- und Verkehrslasten des Gebäudes und der Erddruck. Da diese Verfahren auch unter Grundwasser anwendbar sind, kann zusätzlich Wasserdruck einwirken. In diesem Fall sind Methode und Material nicht nur auf die gewünschte Verfestigung, sondern auch auf die erforderliche Dichtwirkung auszulegen. Für die Nachweise der Tragfähigkeit wird der Körper analog zur konventionellen Unterfangung als Fundament oder als Gewichtsmauer betrachtet (Bilder 6 und 7). Wie für eine herkömmliche Flächengründung werden Gleiten, Kippen, Exzentrizität, Grundbruch bzw. der Bemessungswert des Sohlwiderstands, bei Grundwasser auch hydraulischer Grundbruch der Baugrubensohle nachgewiesen. Bei hohen Verkehrslasten im Kellergeschoss kann auch der Nachweis der Gesamtstandsicherheit, eventuell auch ein Verformungsnachweis erforderlich werden.

Im Gegensatz zur Unterfangung mit Beton- oder Mauerwerksscheiben muss bei Injektionen und Düsenstrahlunterfangungen ein Spannungsnachweis für den verfestigten Bodenkörper geführt werden. Erfahrungswerte der Bruchspannung für die Bemessung

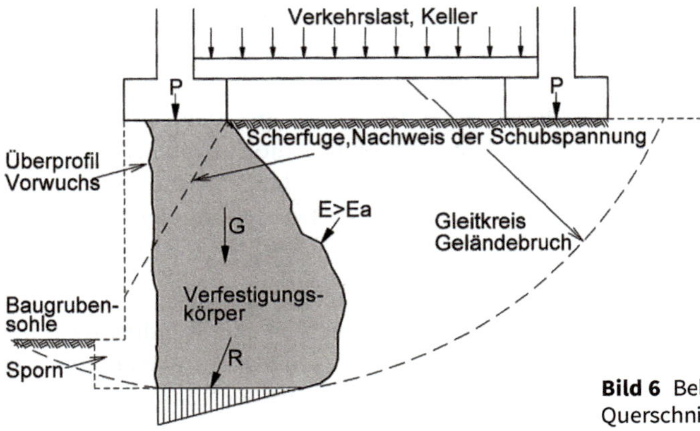


**Bild 6** Belastung und statisch wirksamer Querschnitt eines Verfestigungskörpers

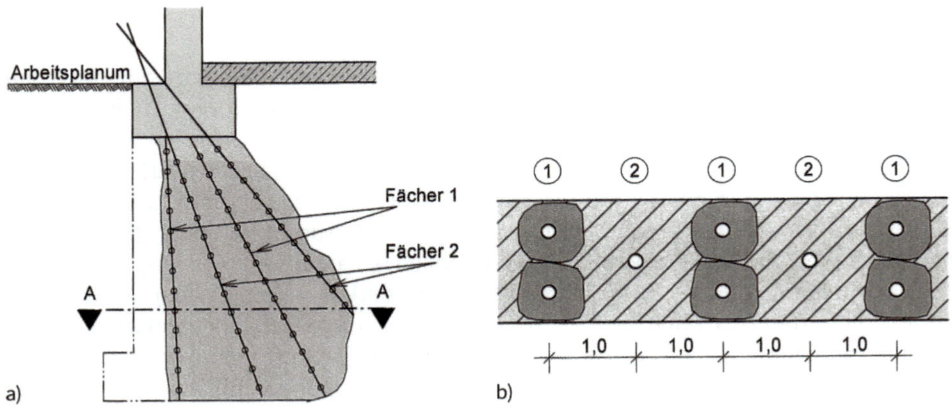


**Bild 7** Beispiel des Fächers und der Ventilanordnung für eine Poreninjektion (nach [32]); a) Regelquerschnitt, b) Grundriss, Schnitt A–A

können Kapitel 2.2 dieses Teils des Grundbau-Taschenbuchs entnommen werden [50]. Als Zielwert der charakteristischen Zylinderdruckfestigkeit genügt für unverankerte Unterfangungskörper $f_{m,k}$ = 1,5 MPa, für verankerte Wände $f_{m,k}$ = 3 MPa. Die Festigkeiten werden durch einaxiale Druckversuche nach DIN 18136 an Proben aus der Wand bestätigt. Bei chemischen Injektionsmaterialien wird die Bruchfestigkeit nach DIN 4093 durch Kriechversuche an Probekörpern ermittelt.

Auch bei Unterfangungen durch Injektionen und Vermörtelung ist erfahrungsgemäß ab einer Tiefe von 2 m eine Stützung erforderlich. Im Unterfangungskörper sind dann auch die Schnittkräfte und die Einleitung der Stützkraft nachzuweisen. Bei Verankerungen ist zusätzlich der Nachweis der tiefen Gleitfuge nach DIN 1054 zu führen. Bei porenfüllenden Injektionen kann davon ausgegangen werden, dass der Reibungswinkel des Bodens erhalten bleibt und die Kohäsion durch die Verkittung der Kornstruktur sehr stark zunimmt. Die Scherfuge stellt sich im Grenzzustand mit dem aktiven Winkel ein (Bild 6). Die zulässige Schubspannung in dieser Gleitfläche wird vereinfacht mit $\tau_d = 0{,}2 \cdot f_{m,d}$ angesetzt (DIN 4093).

Die wesentliche Aufgabe bei der Planung einer Unterfangung durch Injektionen besteht in der Wahl des geeigneten Injektionsmittels, des Injektionsdrucks und des Bohrlochrasters. Insbesondere bei chemischen Injektionsmitteln sind die Dauerbeständigkeit und die Umweltverträglichkeit zu prüfen [10]. Hierbei ist die kurzzeitige Beeinflussung an der Ausbreitungsfront bei der Herstellung und die meist unbedeutende Langzeitbeeinflussung zu unterscheiden [37]. Bild 7 zeigt ein Beispiel für die Anordnungen des Bohrrasters bei einer Poreninjektion mit Silikatgel. Die Abstände und Neigungen richten sich nach der erwarteten Reichweite, die vom Injektionsmittel, dem Korngefüge des Bodens und dem Injektionsdruck abhängen. Die Injektionsmenge wird für jedes Ventil auf die angestrebte Form des Verfestigungskörpers abgestimmt, der Injektionsdruck muss immer unterhalb des Aufbrechdrucks liegen. Die Injektionsfolge wird im Einzelfall so festgelegt, dass eine definierte Porenfüllung und ein vollflächiger, kraftschlüssiger Verbund mit dem Fundament erwartet werden kann. Zunächst werden die Ventile der äußeren Fächer, dann der Kern injiziert.

Die Anzahl der Bohrmeter je Kubikmeter verfestigtem Boden bestimmen zusammen mit der Injektionsdauer wesentlich die Qualität und die Kosten der Maßnahme. Bei einer Unterfangung oder Nachgründung mit Injektionen ist daher in besonderem Maße Erfahrung aufseiten des Planers wie aufseiten der ausführenden Firma erforderlich. Die Verfestigungskörper können wenige Tage nach der Herstellung freigelegt werden. Beim Aushub ist eine fachkundige Kontrolle erforderlich, um eventuelle Schwachstellen zu lokalisieren und ggf. Nachbesserungen einzuleiten. Dies gilt in besonderem Maße, wenn hinter dem Verfestigungskörper Grundwasser und ein erodibler, nichtbindiger Boden ansteht. Die Integrität des Verfestigungskörpers wird durch Kernbohrungen geprüft.

Die Anwendungsgrenzen von Unterfangungen mit Injektionsverfahren werden einerseits durch den Anteil an Feinteilen im Boden, anderseits stark durch Inhomogenitäten des Baugrunds vorgegeben. Groblagen, Auffüllungen, Schichtungen sowie Relikte früherer Gründungen müssen in ihrer Art und Lokation bekannt sein, um darauf bei der Ausführung mit Injektionsmittel, -druck und -abfolge reagieren zu können. Da das Düsenstrahlverfahren gegenüber solchen Inhomogenitäten des Baugrunds eine deutlich größere Toleranz besitzt und außerdem eine kürzere Bauzeit erfordert, hat es in den letzten Jahren die Einpressverfahren bei der Ausführung von Unterfangungen bis auf wenige Ausnahmen verdrängt. Da das Verfahren mit angepasster Technik in nahezu allen Böden ausführbar ist, orientieren sich die Säulenanordnung, der Verpressdruck, die Abfolge der Herstellung und die Rezeptur der Suspension an der Zusammenwirkung von Bodenwiderstand, der Qualität der Fundamente und der temporären Gewölbestabilität. Des Weiteren sind bei der Festlegung des Säulen und der Abfolge der Herstellung mögliche Spannungsumlagerungen und die Verträglichkeit für das Fundament und das Bauwerk zu beachten. Insbesondere bei der Unterfangung von Einzelfundamenten kann mit der Verflüssigung des Bodens unter dem Fundament temporär eine erhebliche Exzentrizität auftreten.

Die in der BRD eingesetzten Verfahren benötigen eine bauaufsichtliche Zulassung des Deutschen Instituts für Bautechnik (DIBt), in der die Geräte, die eigentliche Herstellung und die Maßnahmen zur Qualitätssicherung beschrieben werden. Einzelheiten hierzu finden sich in Kapitel 2.2 dieses Teils des Grundbau-Taschenbuchs.

Während bei der Poreninjektion der Baugrund unter den Fundamenten nicht entlastet wird, wird der Boden beim Düsenstrahlverfahren zunächst lokal unter hohem Druck verflüssigt und erhält mit dem Abbinden und Aushärten die benötigte Festigkeit. Dies kann sowohl zu Senkungen als auch zu Hebungen des Fundaments oder zu Aufbrüchen im Umfeld führen. Setzungen oder Schubrisse in der aufgehenden Wand entstehen, wenn benachbarte Elemente in zu rascher Abfolge hergestellt werden. Ein Teil der Fundamentlast muss ähnlich wie bei der konventionellen Unterfangung durch Gewölbewirkung auf benachbarte Bodenabschnitte oder auf bereits angehärtete Elemente abgetragen werden.

Schäden durch Hebungen können bei nicht geregeltem Rückfluss der Überschussmassen auftreten. Dies betrifft nicht nur die Fundamente, gefährlicher sind Aufbrüche der weit weniger belasteten Kellersohle mit der Folge von typischen Grundbruchphänomenen. Diesen Gefährdungen wird durch eine laufende Beobachtung der Herstellung (Drücke, Mengen, Geschwindigkeiten) des Rückflusses (Menge, Wichte, Bodenanteil) sowie durch eine ggf. automatische geodätische Überwachung des Gebäudes begegnet.

Die Bilder 8 und 9 zeigen beispielhaft eine Anwendung des Düsenstrahlverfahrens zur Unterfangung eines Wohnhauses. Der Baugrund bestand aus sehr heterogenen schluffigen und steinigen Auffüllböden über sandigen steinigen Kiesen. Der mittlere Grundwasserhorizont liegt etwa 1 m über der Baugrubensohle. Die Unterfangungswand hatte eine Höhe bis zu 9,3 m, beim Aushub wurde sie 3-fach verankert. Der Querschnitt wurde zur Optimierung des Profils mit Einzel-, Doppel- und Halbsäulen realisiert. Zur Herstellung der Halbsäulen wurde lediglich ein Ausschnitt von 180° gedüst [26].

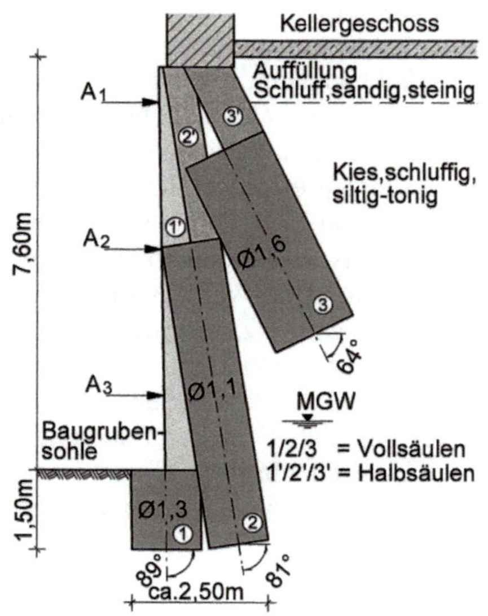


**Bild 8** Beispiel einer Anordnung von Voll- und Halbsäulen zur Unterfangung eines Wohngebäudes (nach [26])

**Bild 9** Beispiel zur Unterfangung eines Wohngebäudes mit dem Düsenstrahlverfahren (Quelle: Keller Grundbau GmbH)

Trotz erheblicher Erfolgsrisiken, die insbesondere bei einer Kombination von Trag- und Dichtfunktion bei diesem Verfahren bestehen, hat es sich bei Unterfangungs- und Verstärkungsmaßnahmen als Standard durchgesetzt. Ab einer Fläche von ca. 100 m² werden heute fast nur noch Düsenstrahlkörper ausgeführt, wenn der Platzbedarf für die Herstellung und für das Managements des Rücklaufs vorhanden sind. Der Erfolg ist auf die enorme Flexibilität und auf die kurze Ausführungsdauer zurückzuführen, was gerade beim Bauen im Bestand zu wirtschaftlichen Vorteilen führt. Die weitere Entwicklung der Technik und der Überwachung zielt auf eine bessere Qualitätssteuerung. Die Vielzahl der Berichte über hervorragende Ausführungen einerseits und über gravierende Schäden andererseits zeigt, dass hier in besonderem Maße aufseiten des Planers wie auch aufseiten der Ausführung Sachverstand und Erfahrung sowie ein angemessenes Qualitätsmanagement gefordert sind.

## 3.3 Unterfangung durch Pfahlkonstruktionen

Pfahlkonstruktionen eignen sich zur Unterfangung und Nachgründung von Streifen- und Einzelfundamenten, wenn überschaubare Stützen- oder Wandlasten tiefer gegründet werden müssen und der Baugrund unter der Gründungsstruktur auszuschachten ist. Die bestehenden Fundamente werden dabei meist vollständig entlastet. Nach der Umlastung kann der Baugrund neben oder unter den Fundamenten ausgeräumt und die bleibende Tragkonstruktion hergestellt werden. Pfahlkonstruktionen sind daher nicht als eine Alternative zu klassischen Unterfangungswänden, Injektion und Vermörtelung anzusehen, wie sie oben in den Abschnitten 3.1 und 3.2 beschrieben sind. Sie eignen sich auch in idealer Weise zur Verstärkung von schadhaften Gründungsstrukturen (Abschnitt 4). Die Ausführungen dieses Abschnitts zu den einzelnen Pfahltypen,

Herstellmethoden und statischen Konstruktionen gelten für beide Anwendungen gleichermaßen.

Um den vielfältigen Anforderungen an Tragverhalten, Herstellbarkeit, Zugänglichkeit und Arbeitshöhe gerecht zu werden, wurden verschiedene Pfahlsysteme entwickelt, die teils auch mit Patenten versehen sind. *Kempfert* und *Moormann* [28] geben in Teil 3 dieser Auflage des Grundbau-Taschenbuchs, Kapitel 3.2, einen umfassenden Überblick über die verschiedenen Pfahlarten, über das Tragverhalten und über die Ermittlung der Bodenwiderstände. Die wichtigsten Anwendungen zur Unterfangung und Verstärkung von Gründungsstrukturen sind Mikropfähle und Segmentpfähle.

Für die Mikropfähle mit Durchmessern bis < 300 mm, ehemals unter dem Begriff „Verpresspfähle mit kleinem Durchmesser" in DIN 4128 genormt, gilt die Ausführungsnorm DIN EN 14199. Für hiervon abweichende Entwicklungen liegen meist Einzelzulassungen vor. Diese Spezialpfähle können ähnlich wie maschinelle Erkundungsbohrungen mit kompakten Bohrgeräten auch unter beengten Verhältnissen, z. B. in Kellerräumen mit Arbeitshöhen ab ca. 2 m, hergestellt werden. Die Axiallasten werden weitestgehend durch Mantelreibung in den Baugrund abgeleitet. Die Mindesteinbindetiefe in die tragfähige Schicht beträgt 3 m. Erfahrungswerte der charakteristischen Mantelreibung zum Nachweis der äußeren Tragfähigkeit sind in EA-Pfähle [12] angegeben. Durch Nachverpressen kann die Mantelreibung weiter erhöht werden.

Zur Unterfangung und zur Verstärkung von Gründungsstrukturen werden Mikropfähle üblicherweise auf einen Bemessungswert des axialen Pfahlwiderstands von 250 kN (bindige Böden) bis 450 kN (nichtbindige Böden, Fels) ausgelegt. Werden die Mikropfähle bei der späteren Ausschachtung unter Last freigelegt, ist ein Knicknachweis zu führen. Im Bereich der Bettung besteht mit Ausnahme von weichen Böden keine Knickgefahr [53].

Mit verschiedenen Konstruktionen und Tragstrukturen ist es möglich, Wände und Einzelstützen sicher und setzungsarm zu unterfangen oder nachzugründen. Die Mikropfähle eignen sich in idealer Weise für sehr viele Aufgaben der temporären Abfangung von Gründungskörpern und zur Verstärkung von Gründungen. Die Vielfalt der Anwendungen wird z. B. in [5–7, 14, 15, 34, 41, 48] behandelt. Entwurfskriterien sind neben der Wirtschaftlichkeit der verfügbare Arbeitsraum (einseitig, beidseitig, Arbeitshöhe), Zustand, Belastung und Kraftfluss in der zu unterfangenden Konstruktion sowie die statische Verträglichkeit von Verformungen bei Zwischenbauzuständen. Hinsichtlich Herstellungstechnik und statischer Wirkung lassen sich folgende Tragstrukturen unterscheiden:

I Vertikalpfähle beidseitig, Kraftschluss über Joche oder Abfangträger

II Vertikalpfähle beidseitig, Kraftschluss über Streichbalken oder Vorspannkonstruktionen

III Schrägpfähle beidseitig

IV Einhüftige Unterfangung mit kurzem Jochbalken

V Vertikalpfähle einseitig mit Kniehebeljoch

VI Einhüftige Unterfangung mit Biegepfählen und Verankerung

Bild 10 zeigt die Herstellungsphasen der Abfangung einer Innenwand/Stütze für den nachträglichen Bau von Tiefgeschossen [21]. Beidseitig der Wand bzw. entlang der Fundamentkanten der Stütze wurden vom Keller aus Mikropfähle niedergebracht. Die Wandlasten wurden über Joche oder Abfangbalken in die Pfähle eingeleitet. Zur setzungsfreien Umlastung wurden die Pfähle mit hydraulischen Pressen bis zur Entlastung der Fundamente gegen die Joche schrittweise vorgespannt. Die alten Fundamente wurden dann abgetragen und durch eine neue Tragkonstruktion ersetzt. Die Längsabstände der Joche, üblicherweise 1 bis 1,5 m, ergeben sich aus den Wandlasten und aus der Gebrauchslast der Pfähle. Die Verträglichkeit einer Lastkonzentration in der Wand muss geprüft werden. Bei 2- bis 3-geschossigen Wohngebäuden ist es wegen der geringeren Wandlasten oft wirtschaftlicher, die Pfahlabstände zu vergrößern.

Zur Übertragung der Wandlasten eignen sich dann beidseitige Streichbalken, die auch gegeneinander verankert oder vorgespannt werden können (Bild 11). Diese Variante hat gleichzeitig den Vorteil, dass die Pfähle nicht in einem festen Raster, sondern auch asymmetrisch an gut zugänglichen Stellen angeordnet werden können. Bei symmetri-

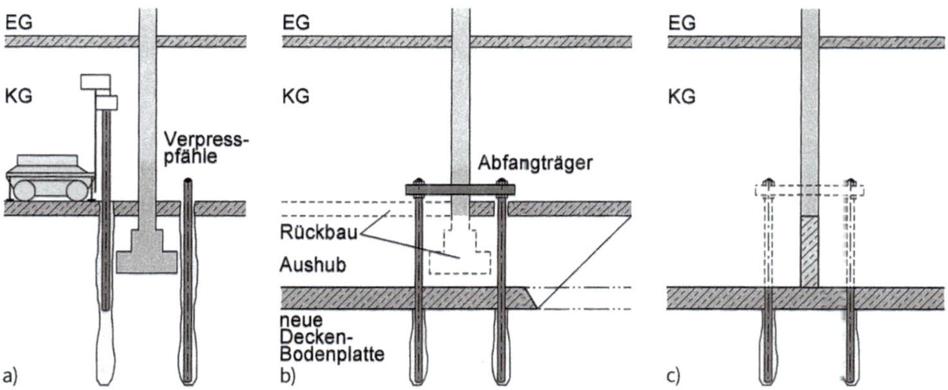


**Bild 10** Herstellungsphasen einer Unterfangung und Umlastung mit beidseitigen Vertikalpfählen und Joch; a) Herstellung der Mikropfähle, b) Abfangung, Umlastung, Rückbau des Fundaments, Herstellung der Decke/Platte, c) Herstellung einer neuen Tragstruktur, Umlastung auf Decke, Rückbau der Abfangung

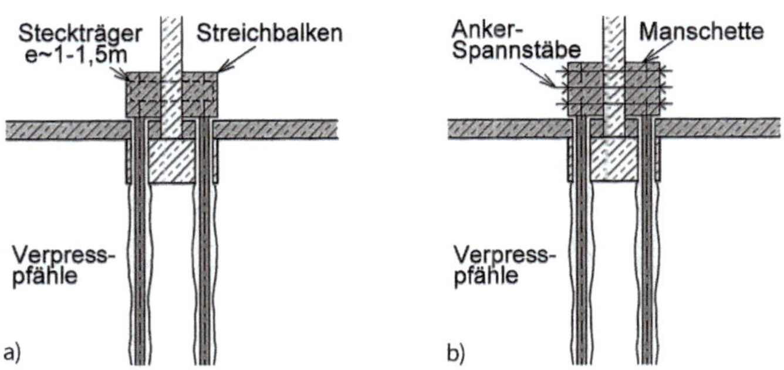


**Bild 11** Unterfangung und Verstärkung mit beidseitigen Vertikalpfählen und Streichbalken

schen Schrägpfählen (Variante III) können Joch und Streichbalken entfallen (Bild 12). Die Wandlasten können über den Schubverbund zwischen Pfahl und bestehender Gründung übertragen werden. Je nach Belastung und Kraftfluss können die Pfähle paarweise gekreuzt oder alternierend angeordnet werden. Bei zu kurzer Verankerungslänge oder nicht ausreichender Festigkeit des bestehenden Fundaments können auch zusätzlich Pfahlköpfe in Wandnischen hergestellt werden. Hierzu gibt es auch patentierte Pfahlkopfvarianten einzelner Anbieter.

Ist nur eine Wandseite zum Zeitpunkt der Unterfangung zugänglich, können einhüftige Konstruktionen (Variante IV und V) ausgeführt werden. Die Exzentrizität wird entweder mit Schrägpfählen oder mit vertikalen Zug- und Druckpfählen kompensiert. Die Bilder 13 und 14 zeigen Beispiele solcher Lösungen. Auch hier können die Pfähle jeweils paarweise oder alternierend angeordnet werden. Statt einzelner Jochbalken ist auch ein durchgehender Balken oder eine Platte zur Lastverteilung möglich.

Press- oder Segmentpfähle (Jack-down piles) sind Sonderverfahren, die speziell für vibrationsfreie und geräuscharme Unterfangungsarbeiten unter sehr beengten Verhältnissen entwickelt wurden. Unmittelbar neben oder zentrisch unter der zu unterfangenden Wand werden Stahlrohrschüsse oder zylindrische Stahlbetonsegmente in den Baugrund gepresst. Als Widerlager dienen Verankerungen, Abstützungen an der Decke oder das Fundament selbst. Ist der vorab festgelegte Pfahlwiderstand erreicht, wird die Presse durch Stahlspindeln ersetzt und der Pfahlkopf betoniert. In der Praxis der Unterfangung und Verstärkung von Gründungen haben sich zwei Systeme durchgesetzt, Stahlrohrsegmente neben der Wand (Bild 15) und Beton- oder Stahlrohrsegmente unter dem Fundament nach (Bild 16). Die erzielbaren Tragfähigkeiten und Pfahlabstände sind den oben beschriebenen Verfahren vergleichbar. Anwendungsgebiet der Presspfähle ist schwerpunktmäßig die Sanierung von Gründungen bei Verlust der Tragwirkung und die Nachgründung bei Lasterhöhungen im Zuge der Umnutzung von Gebäuden [57]. Für Unterfangungen bei benachbarten Ausschachtungen wie auch zur Tiefergründung mit anschließendem Ausräumen des Baugrunds unter dem Fundament scheiden diese Verfahren i. Allg. aus, weil die Segmentpfähle als Gliederkette nach Freilegen nur begrenzt knicksicher sind. Bei reiner Axialbeanspruchung sind diese Verfahren jedoch wegen der einfachen Handhabung und der großen Flexibilität kostengünstiger und schneller realisierbar als herkömmliche Pfahllösungen. Da jeder Pfahl etwa bis zur 1,5-fachen Gebrauchslast bzw. bis zum Abheben des als Widerlager wirkenden Fundaments vorgespannt wird, liegt jeweils ein verlässlicher Test der Tragfähigkeit vor. Besonders zur lokal begrenzten Verstärkung von Gründungen und bei beengten Platzverhältnissen sind diese einfachen und sehr effektiven Segmentpfähle die Methode der Wahl.

In der Praxis der Unterfangung und Verstärkung von Gründungen liegt der Vorteil aller hier aufgeführten Pfahllösungen darin, dass man damit sehr individuell und spezifisch auf das Bauwerk, die Lasten, den Baugrund und auf den verfügbaren Arbeitsraum reagieren kann. Voraussetzung für einen wirtschaftlichen Entwurf ist eine gute Kenntnis der Tragstruktur des zu unterfangenden Bauwerks, der Baugrund- und der Grundwassersituation sowie der Anwendungsgrenzen der einzelnen Verfahren. Beim Entwurf sollten einfache, möglichst statisch bestimmte Tragstrukturen mit klarem Kraftfluss

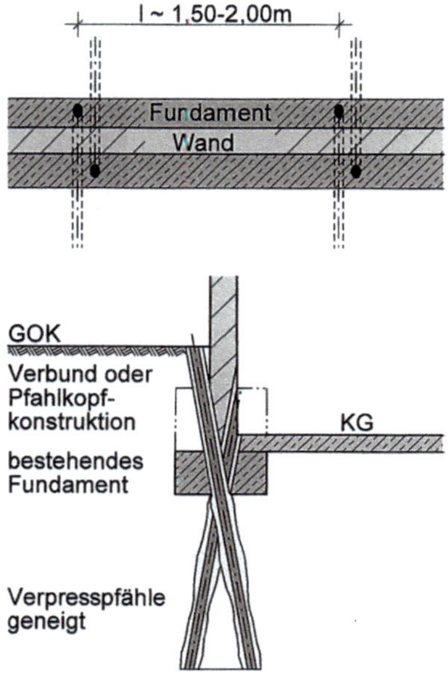


**Bild 12** Unterfangung und Verstärkung mit beidseitigen Schrägpfählen, Pfahlraster und Systemschnitt

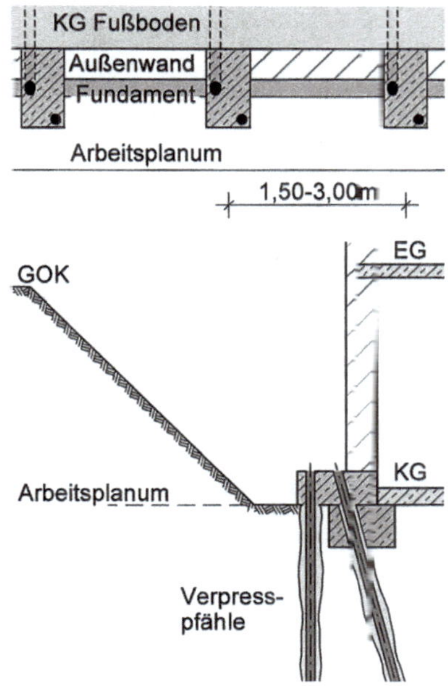


**Bild 13** Einseitige Unterfangung und Verstärkung mit Pfahlbock und kurzem Abfangbalken, Pfahlraster und Systemschnitt

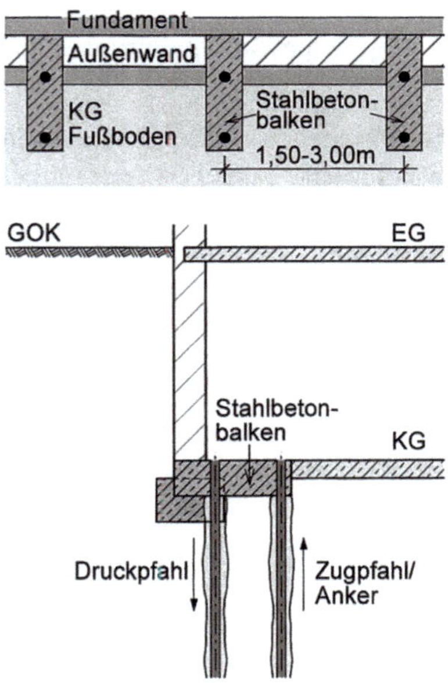


**Bild 14** Einseitige Unterfangung und Verstärkung mit Kniehebeljoch, Zug- und Druckpfählen, Pfahlraster und Systemschnitt

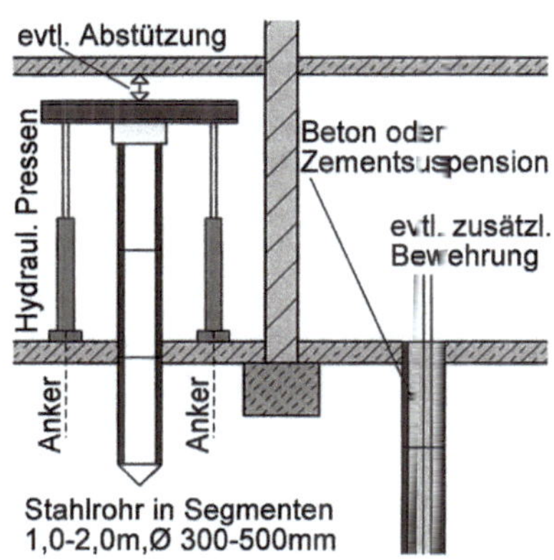


**Bild 15** Prinzip eines Presspfahls, System Franki

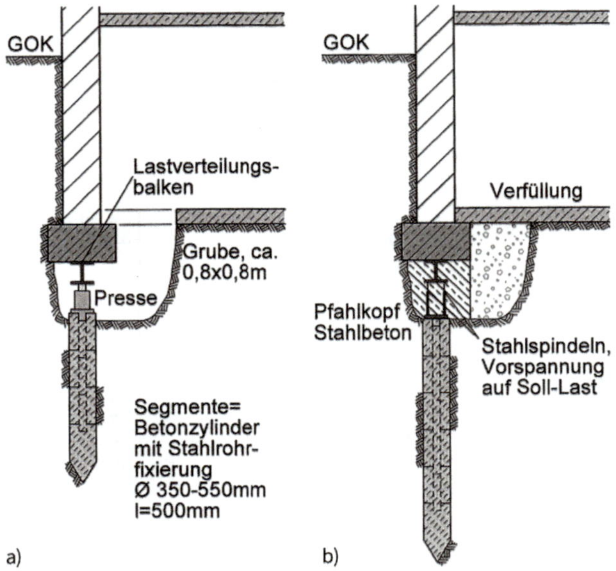


**Bild 16** Prinzip eines Segmentpfahls, System Erka; a) Herstellung, b) fertiger Pfahlkopf

und Verformungsverhalten gewählt werden. Im Gegensatz zu den übrigen in diesem Kapitel behandelten Verfahren lassen sich nur mit Pfahlkonstruktionen Fundamente so entlasten, dass, wie in Bild 10 dargestellt, eine Gründung ganz rückgebaut und eine Stütze oder eine Wand auf einer neu errichteten Gründung abgesetzt werden kann. Bild 24 zeigt die weiteren Arbeitsschritte bei der nachträglichen Unterkellerung eines historischen Gebäudes [21].

Während sich die oben für die Varianten I bis V beschriebenen Anwendungen von Mikropfählen zur Unterfangung von Außen-, Innenwänden und Einzelstützen eignen, kommen als Variante V geneigte Bohrpfähle nach DIN EN 1536 zur Unterfangung von Außenwänden und gleichzeitig als Sicherung der Baugrube infrage, ohne dass der Keller des Altbaus in Anspruch genommen werden muss. Bild 17 zeigt den Systemschnitt einer vorgesetzten Bohrpfahlwand, die mit einer Neigung von 1:10 die Fundamente eines historischen Bauwerks unterschneidet [29]. Im Zuge des Aushubs werden die Horizontalkräfte durch Aussteifungen und Verankerungen aufgenommen. Die Verformungen müssen durch eine sorgfältige Herstellung der Pfähle und durch eine Vorspannung der Verankerung beim Aushub minimiert werden. Solch eine vorgesetzte verankerte Stützkonstruktion ist auch für nachträglich herzustellende Gruben für Maschinenfundamente oder Unterfahrten in der Lastzone bestehender Fundamente eine angemessene Lösung.

Als Regelfall einer Unterfangung von Wänden neben Ausschachtungen sind Pfahlkonstruktionen i. Allg. nicht wirtschaftlich, da beim Ausschachten zusätzlich der Boden zwischen den Pfählen gegen Rückfall zu sichern ist. Bei schwer zugänglichen und im Umfang begrenzten Maßnahmen kann eine Kombination von Mikropfählen, Ankern und Bodennägel dennoch die optimale Lösung darstellen, besonders dann, wenn die

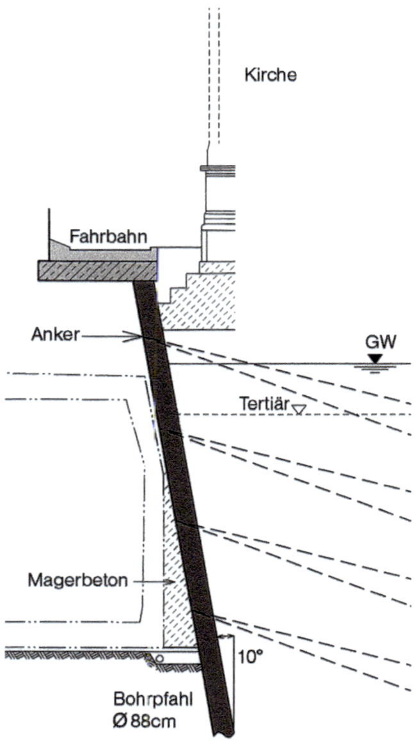


**Bild 17** Unterfangung mit geneigter Bohrpfahlwand (nach [29])

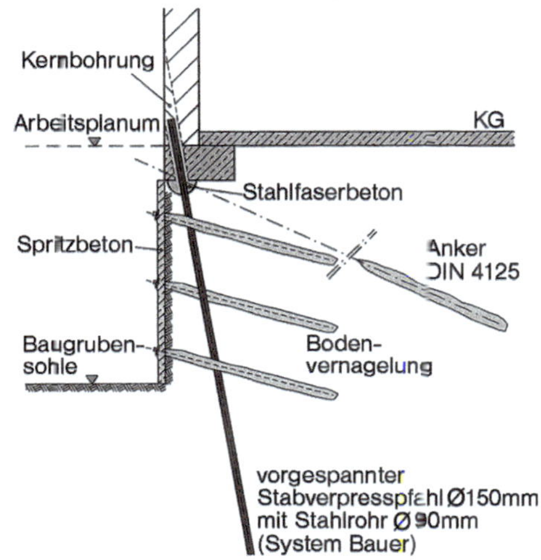


**Bild 18** Kombinierte Unterfangung mit Mikropfählen, Verpressankern und Bodennägel (nach [4])

einzelnen Techniken ohnehin zur Sicherung der Baugrube eingesetzt werden. Bild 18 zeigt den Schnitt solch einer kombinierten Sicherung nach [4]. Die Vertikalkräfte der Wand werden überwiegend durch vorgespannte Mikropfähle axial abgetragen, Anker und Nägel sowie Spritzbetonscheibe nehmen die Horizontalkräfte und den Erddruck auf. Herausfordernde, technisch optimierte Anwendungen von Pfahlkonstruktionen zur Sanierung von schiefstehenden Türmen, zur Sicherung komplexer Gründungsstrukturen von Gebäuden und zur Sanierung von durch Kolk geschwächte Brückengründungen werden von *Brandl* in [7–9] umfassend erläutert und dargestellt.

# 4 Verstärkung von Gründungsstrukturen

## 4.1 Ursachen und Schadenstypen

Die Notwendigkeit der Verstärkung einer Gründungsstruktur ergibt sich aus einer eingetretenen oder befürchteten nachteiligen Veränderung der Bauwerk-Baugrund-Interaktion. Ursache können eine Verschlechterung der Baugrundeigenschaften, eine Schädigung der Gründungsstruktur, eine Erhöhung der Fundamentlasten oder eine Kombination aus diesen Einflüssen sein. Bei der Verstärkung werden dem Bestand zur Erhöhung der äußeren Tragfähigkeit zusätzliche Gründungselemente hinzugefügt. Dies kann zur Behebung bereits eingetretener Gründungsschäden oder zur Erhöhung der Tragfähigkeit bei einer Restaurierung oder Umnutzung eines Bauwerks erforderlich werden, wenn schädliche Verformungen oder gar eine Grundbruchgefährdung zu erwarten sind. Die Verträglichkeit von Verformungen wird von *Placzek* in Kapitel 3.9 dieser Auflage des Grundbau-Taschenbuchs diskutiert [40]. Dort werden in einer Übersicht auch Anhaltswerte zulässiger Setzungsunterschiede und verträglicher Krümmungsradien nach den Definitionen von DIN 1054, Anhang H, angegeben. Zahlreiche Beispiele zu Setzungsursachen und deren Behandlung finden sich in *Fross* [16].

Bei Schäden an der Gründungsstruktur oder bei schädlichen Veränderungen der Baugrundeigenschaften geben Bauwerksrisse und deren zeitliche Entwicklung klare Hinweise zur Art und Größe der aufgetretenen Verformungen [18, 36]. Eine sorgfältige Aufnahme und Interpretation des Schadensbildes stehen somit zu Beginn der Analyse. Als weitere Grundlagen zur Planung einer wirksamen Verstärkungsmaßnahme sind der Kraftfluss im Bauwerk bis zu den aktuellen und künftigen Fundamentlasten zu ermitteln, die verträglichen und zulässigen Verformungen festzulegen und der Baugrund mit seinen bodenmechanischen Eigenschaften zu erkunden. In jedem Fall müssen Zustand und Struktur der bestehenden Gründung anhand verfügbarer Unterlagen, oft auch mithilfe von bauhistorischen Überlegungen analysiert werden, was besonders bei älteren oder gar historischen Bauwerken mit einer Detailerkundung der Gründung verbunden ist und einen erheblichen Teil der Planungsgrundlagen darstellt.

Bei einer Steigerung der Belastung von Gründungsstrukturen infolge Umnutzung geht es meist um die Erhöhung der Tragfähigkeit, um eine Fundamentverbreiterung, um partielles oder gesamtes Absetzen von Bauwerkslasten auf Pfahlkonstruktionen oder Düsenstrahl-Unterfangungskörpern, wie dies oben in den Abschnitten 3.2 und 3.3 beschrieben ist. Die Reparatur und die Beseitigung von Schäden erfordern dagegen eine detaillierte Analyse und Klassifizierung der Ursache, um eine nachhaltige Maßnahme zur Behebung der spezifischen Defizite der Tragfähigkeit oder der Gebrauchstauglichkeit zu finden. Folgende Ursachen können dabei bezogen auf den Baugrund, das Bauwerk und die Gründung sowie in Hinblick auf Maßnahmen zur Verstärkung unterschieden werden.

a) unplanmäßige Erhöhung der Lasten und Änderung des Kraftflusses im Bauwerk,
b) Alterungsschäden von Flachgründungen infolge Verwitterung von Natursteinen oder Entfestigung von Mörtel oder Beton,
c) Vernässen und Steifigkeitsverlust bindiger Böden in der Lastzone der Gründung durch Grundwasseranstieg oder durch Zusickerung von Wasser,
d) Entzug der Bodenfeuchte in bindigen Böden durch Grundwasserabsenkung, Dränagen oder Vegetation,
e) biologischer Abbau organischer Böden infolge Sauerstoffzutritt bei Grundwasserabsenkungen,
f) Hohlräume durch Wühltiere in der Lastzone von Flächengründungen,
g) Kriechverformungen durch dynamische oder zyklische Einwirkungen,
h) biologischer Abbau von Holzpfählen oder Holzpfahlroste bei Sauerstoffexposition.

Als weitere Ursache für Setzungen oder Hebungen des Baugrunds kommen Frost, innere Erosion, chemische Auslaugung, mineralogisch bedingtes Quellen des Baugrunds oder auch Massenbewegungen infrage. Da diesen Ursachen i. Allg. nicht allein mit Verstärkungsmaßnahmen der Gründungsstruktur zu begegnen ist, werden sie hier nicht weiter betrachtet. Gründungen in Bergbaugebieten und bergbaulich bedingte Verstärkungsmaßnahmen werden von *Placzek* in Kapitel 3.9, Teil 3 dieser Auflage des Grundbau-Taschenbuchs erläutert [40].

## 4.2 Schadensphänomene und Maßnahmen zur Verstärkung

In diesem Abschnitt werden die Phänomene und die bodenmechanischen Ursachen der oben abgegrenzten Ursachen von Gründungsschäden erläutert. Den Schadensursachen werden technisch geeignete Maßnahmen zur Verstärkung und Sanierung zugeordnet. Grundsätzlich können zwei Strategien ggf. in Kombination verfolgt werden, (i) eine Verstärkung der Gründungsstruktur zur Minderung der Einwirkungen auf den Baugrund und (ii) eine Verbesserung des Baugrunds zur Erhöhung der Bodenwiderstände.

Ziel von Verstärkungsmaßnahmen ist immer die Sicherstellung eines Zustands der Gründungsstruktur, bei dem die Tragfähigkeit, Stabilität und die Nutzung eines Bauwerks nicht beeinträchtigt werden. Bei Sanierungen geht es um die Beseitigung von aktuellen und um die Vermeidung von künftigen Schäden. Die zentralen Fragen bei der Festlegung des Zeitpunkts und des Umfangs von Verstärkungsmaßnahmen an Gründungsstrukturen sind daher das erforderliche Maß einer Erhöhung der Standsicherheit und die verträgliche Beherrschung von aufgetretenen oder erwarteten Verformungen für das Bauwerk. Der dafür angemessene Umfang von Maßnahmen ist einzelfallspezifisch vor dem Hintergrund der geplanten Nutzung, der statischen Situation, der Prognose der Schadensentwicklung, des angestrebten Erfolgs einer Maßnahme, der Risiken der Ausführung in den einzelnen Bauzuständen und der verfügbaren finanziellen Mittel zu beurteilen. Die den Schadenstypen zugeordneten Maßnahmen zur Verstärkung und Sanierung dienen als Orientierung zur Planung von an die Gegebenheiten und Erfordernisse angepassten zweckmäßigen Lösungen.

**Lasterhöhung und Schäden an Natursteinfundamenten**

Neben der planmäßigen Erhöhung der Fundamentbelastung bei einer Umnutzung können bereits geringe bauliche Eingriffe in die Tragstruktur von Gebäuden deren Steifigkeit und somit den Kraftfluss verändern. Hieraus können sich stärkere Belastungen mit größerer Exzentrizität für die Fundamente ergeben. Schiefstellungen und eine Minderung der Grundbruchsicherheit können die Folge sein. Ein veränderter Kraftfluss kann sich auch als Wechselwirkung bei baugrundbedingten Fundamentsetzungen oder als Folge von Zwängungen bei Rissen im Bauwerk ergeben, bei benachbarten Verkehrslasten oder Anschüttungen, wenn diese auf die Lastzone von Fundamenten einwirken. Soweit die Ursache auf eine zu große Exzentrizität der Fundamentlasten zurückzuführen ist, kommt als Abhilfemaßnahme eine Aussteifung der Tragstruktur infrage. Hierzu zählen z. B. auch Zuganker zur Aufnahme des Gewölbeschubs bei hallenartigen historischen Bauwerken. Im Übrigen kann der Erhöhung der äußeren Tragfähigkeit von Fundamenten bei tragfähigem Baugrund mit einer Verbreiterung, einer Vergrößerung der tragenden Gründungsfläche, begegnet werden (Bild 19), was eine Reduzierung der Sohlnormalspannung bewirkt.

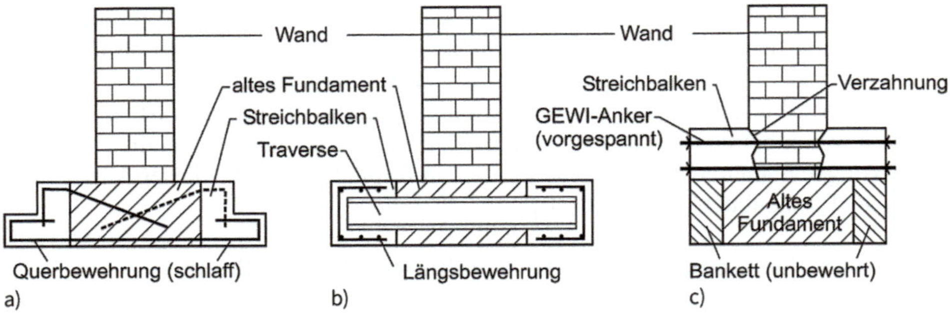


**Bild 19** Prinzipskizze zur Verbreiterung eines Fundaments

Alternativ lässt sich die Tragfähigkeit durch eine Unterfangung der Fundamente mit dem Düsenstrahlverfahren oder mit einer pfahlartigen Verstärkung der Gründung erhöhen, wie sie oben behandelt sind. Einzelstützen oder Pfeiler von Gebäuden lassen sich zur Verstärkung zweckmäßigerweise durch Fundamentbalken oder Gründungsplatten zusammenfassen. Hierdurch wird die Tragfähigkeit erhöht und gleichzeitig die Gründungsstruktur ausgesteift.

Bei der nachträglichen Fundamentverbreiterung ist wie bei den oben beschriebenen Maßnahmen zur klassischen Unterfangung die Grundbruchsicherheit in den Bauzuständen zu beachten. Die in Bild 19 skizzierten Streichbalken und seitliche Bankette neben Einzel- und Streifenfundamenten können daher nur in kurzen Abschnitten hergestellt werden. Hinsichtlich der Arbeitsabschnitte gilt DIN 4123.

Die Varianten a und b in Bild 19 lassen sich bei lose gesetzten Natursteinfundamenten nicht ausführen. Hierfür eignet sich dagegen Variante c. Diese Verstärkungsmaßnahme erlaubt auch eine gezielte Umlastung durch Vorpressen der Streichbalken gegen die unbewehrten Bankette. Eine Vermörtelung der Fundamentfugen oder eine Spritzbetonversiegelung von losen Natursteinfundamenten ist in Verbindung mit einem Ersatz von geschädigten Fundamentbereichen zu empfehlen.

### Vernässung bindiger Baugrundschichten

Bindige Böden verändern bei einer Zusickerung von Wasser oder bei einer Wassersättigung infolge Grundwasseranstieg in der Lastzone von Gründungen ihre Konsistenz und erleiden so einen Verlust an Steifigkeit. Dieses Phänomen ist besonders bei schwachtonigen Schluffen und bei schluffigen gemischtkörnigen Böden, also bei Böden mit geringer bis mittlerer Plastizität relevant. Hierzu zählt auch Verwitterungslehm oder die Verwitterungsrinde von Festgestein. Starke Sättigungssackungen bei Wasserzutritt erleiden auch locker gelagerte verkittete Böden wie Tuffaschen oder nicht umgelagerter Löss.

Als Ursache der örtlichen Zusickerung von Wasser kommen häufig ein geänderter Oberflächenabfluss, Risse in der Versiegelung, undichte Abwasser- und Fallrohre der Dachentwässerung oder Bewässerungseffekte aufgrund benachbarter Leitungsgräben infrage. In der Folge ergeben sich meist lokale Fundamentsetzungen. Das typische Schadensbild sind horizontale Risse im Sockelbereich in Verbindung mit Schrägrissen in den Wänden über den Rändern der Setzungsmulde. Bei einer Vernässung ist der Baugrund in seiner Tragfähigkeit stark geschwächt, sodass eine pure Verbreiterung der Fundamente allein keine Abhilfe bringt. Zur Sanierung muss zusätzlich die Ursache der Vernässung beseitigt, die Zusickerung von Wasser abgestellt werden.

Zweckmäßige Verstärkungsmaßnahme ist eine Tieferlegung der Gründungssohle bis unterhalb der aufgeweichten Schicht. Hierzu bietet sich eine klassische Unterfangung nach DIN 4123 an, auch eine Nachgründung mit Pfählen, wobei die gesamte Fundamentlast bis in den tragfähigen Baugrund abgesetzt wird. Für örtlich begrenzte Maßnahmen zur Instandsetzung von überwiegend vertikal belasteten Gründungen hat sich wegen des relativ geringen Eingriffs in die Gebäude besonders eine Nachgründung mit Segmentpfählen als zweckmäßig erwiesen, wie sie in den Bildern 15 und 16 dargestellt ist. Kritische Bauzustände werden mit dieser Art von lokalem Eingriff vermieden. Ein weiterer Vorteil liegt in der direkten Kontrolle des Erfolgs. Die Pfahlsegmente werden so tief in den Baugrund gepresst, bis der erforderliche Widerstand erreicht wird, was sich am Anheben des Fundaments erkennen lässt [58]. Eine Tiefergründung durch Bodenvermörtelung mit dem Düsenstrahlverfahren wäre ebenfalls geeignet, ist jedoch wegen des großen Anteils der Baustelleneinrichtung bei lokal begrenzten Maßnahmen nicht wirtschaftlich. Dagegen reicht es gelegentlich auch aus, die Setzungen durch systematisches punktuelles Injizieren von expansiven Polymeren zu kompensieren, die im Boden zu Polyurethanen erhärten.

Eine neue Methode zur konstruktiven Verbesserung der Tragfähigkeit des Baugrunds und der teilweisen Kompensation von Setzungen ist das Stopfen des Baugrunds in der Lastzone des Fundaments mit trockenem Sand, der über Förderschnecken in den Baugrund eintrieben wird [20]. Bild 20 zeigt eine Systemskizze hierzu. Dieses Verfahren kann auch in Kombination mit konstruktiven Verstärkungen angewendet werden.

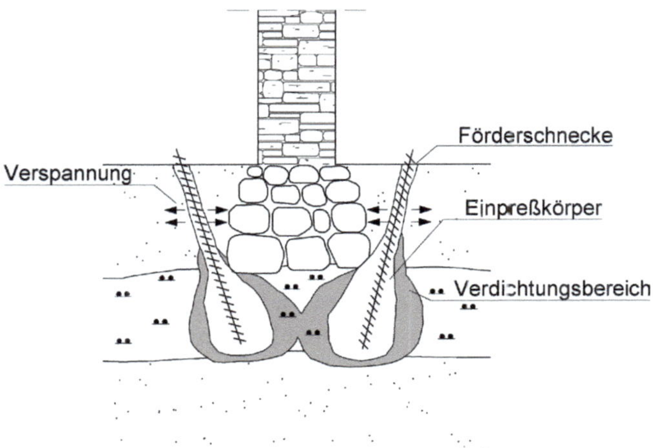


**Bild 20** Prinzipskizze zum Stopfen eines weichen Bodens mit trockenem Granulat (nach [20])

**Austrocknen und Schrumpfen bindiger Baugrundschichten**

Das bodenmechanisch gegenteilige Phänomen mit gleichem Effekt und Schadensbild tritt im bindigen Baugrund bei einem lokalen Austrocknen und der damit verbundenen Schrumpfung eines bindigen Baugrundes auf. Als Ursache kommen ein Absinken des Grundwasserspiegels, Feuchteverlust in Trockenperioden und vor allem der Entzug von Bodenwasser durch Vegetation infrage. Solche Schrumpfeffekte müssen nicht direkt unter der Gründungsstruktur auftreten. Seitliches Schrumpfen reduziert den Ruhedruck und kann so Verformungen auslösen. Dem Autor sind auch Setzungsschäden bekannt, die durch eine nachträgliche Heizung oder Klimatisierung der Kellerräume in älteren Gebäuden aufgetreten sind. Die Saugspannung der trockenen Luft wurde dabei über die Wände und den Fußboden auf die Gründungsebene übertragen und hat dort Bodenwasser entzogen.

Solche Schäden treten immer erst nach Jahren intakter Funktion der Gründung auf. Sie werden daher fälschlicherweise oft Alterungseffekten der Tragstruktur zugeordnet. Bodenmechanisch handelt es sich bei diesem Phänomen um Schrumpfen, was mit einem Volumenverlust bis hin zu Trockenrissen verbunden ist. Das Schrumpfmaß eines Bodens hängt stark von der Initialsättigung, vom Mineralbestand und damit vom Wasseraufnahmevermögen des Bodens ab. Empfindlich sind mittel- bis ausgeprägt plastische Schluffe und Tone, besonders quellfähige und organische Böden, während geringplastische Schluffe mit wenig quellfähigem Mineralbestand weniger kritisch und nichtbindige Böden diesbezüglich unempfindlich sind [35]. Der aus dem Wasserentzug resultierende Volumenverlust des Baugrunds bewirkt zunächst örtlich eine Entlastung, verbunden mit Hohllagen und schließlich Setzungen flach gegründeter Fundamente. Gleichzeitig werden die seitlich angrenzenden Bereiche der Gründung höher belastet. Als Folge ergeben sich Risse am Bauwerk mit dem oben beschriebenen Bild, horizontale Zugrisse und Ablösungen im Sockelbereich direkt über der Mulde und seitlich angrenzend schräge Schubrisse in der aufgehenden Wand. Durch die Zwängung und Umlastung können kollaterale Schäden auftreten, wenn die Tragreserven erschöpft sind. Bei Vegetationseinfluss ist auch eine nach außen gerichtete Fundamentneigung ein typisches Erscheinungsbild. Da die Steifigkeit und damit die Tragfähigkeit von bindigen Böden mit der Entwässerung, also im Bereich des Schadensherds, signifikant zunimmt, wird diese Schadensursache auf der Grundlage der Ergebnisse einer Baugrunderkundung oft nicht erkannt oder räumlich nicht korrekt zugeordnet.

Auch bei diesem Schadenstyp gilt es, zunächst die Ursache, die schädliche Einwirkung, zu entfernen. Bei einer großflächigen Entwässerung ist die Wiederherstellung der ursprünglichen geohydraulischen Situation zu erwägen. Bei einem örtlich begrenzten Wasserentzug durch Baumwurzeln sollten die relevanten Bäume beseitigt werden. Grundsätzlich sollte bei flachwurzelnden Bäumen der Abstand zur Gründung nicht geringer als die Kronenhöhe sein.

Wenn keine generellen Standsicherheitsrisiken bestehen, empfiehlt sich, vor einer Sanierung der Risse eine Ruhephase von einem Jahr zur Beruhigung und zum natürlichen Ausgleich der Bodenfeuchte im Baugrund abzuwarten. Bei quellfähigen, smektitischen Böden kann dadurch bereits eine gewisse Rückstellung erwartet werden. Ein vorsichtiges Verpressen eventueller Hohllagen und Risse ist dann oft zur Sanierung ausreichend. Falls es sich um eine großflächige Grundwasserabsenkung handelt oder die Bäume aus Gründen des Naturschutzes nicht beseitigt werden dürfen, kommt zur Verstärkung der Gründung nur eine Tieferlegung der Gründungssohle bis unter die Einflusstiefe der Entwässerung des Baugrundes in Verbindung mit einer gezielten Bewässerung der Vegetation infrage. Wurzeln entwickeln sich nur dann in festen bindigen Böden unter Fundamenten, wenn das Wasserdargebot außerhalb zu gering ist. Auch bei saisonalen Verformungen in Trockenperioden ist eine Tiefergründung das Mittel der Wahl.

**Biologischer Abbau organischer Baugrundschichten**

Organische Bodenschichten wie auch organische Relikte früherer Gründungen werden aerob durch Pilze und Bakterien abgebaut. Für Schäden ist i. Allg. nur der relativ rasche biologische Abbau oberhalb des Grundwasserhorizonts relevant. Die Verfügbarkeit von Sauerstoff und der Nährstoffeintrag sind die Hauptursachen. Typische Böden sind Torfe und anmoorige Schichten. Folgen sind fortlaufende Setzungen der Gebäude, oft nur lokal. Bei zyklischen Schwankungen des Grundwasserstands kann es auch zu saisonalem Öffnen und Verschließen von Rissen kommen.

Zur Beseitigung bietet sich zum einen das Anheben des Grundwasserspiegels an. Zur Nachgründung bis in eine tragfähige Schicht kommen die Pfahllösungen infrage, die in Abschnitt 3.3 beschrieben sind, wobei die Beständigkeit des Betons im Boden- und Grundwassermilieu zu beachten ist. Tiefer verlaufende flächige organische Schichten unter Flachgründungen lassen sich vollständig oder punktuell säulenartig vermörteln. Der Erfolg und die Beständigkeit von Vermörtelungen mit dem Düsenstrahlverfahren sind in organischen Böden nicht sichergestellt.

**Hohlräume durch Wühltiere**

In sehr flach gegründeten älteren Gebäuden kann es insbesondere bei unbefestigter oder schadhafter Kellersohle zu Bodenentzug durch Wühltiere, meist Ratten, kommen. *Goldscheider* und *Eckert* [18] berichten von Setzungsschäden in der Größenordnung von Dezimetern. Diese Schädigung kann auch bei sehr flach gegründeten alten Stützmauern auftreten.

Die reine Bekämpfung der Wühltiere reicht nicht aus, wenn nicht gleichzeitig die Lebens- und Nistbedingungen beseitigt werden. Mit einer Befestigung des Kellerfußbodens lässt sich der Zugang für die Tiere unterbrechen. Alternativ eignet sich eine Tieferlegung der Gründung im Sinne einer Unterfangung nach DIN 4123.

**Dynamische oder zyklische Einwirkungen auf die Gründung**

Bei einer andauernden dynamischen oder zyklischen Belastung von Flachgründungen kann es im locker und mitteldicht gelagerten nichtbindigen Baugrund zu Setzungen infolge Verdichtung kommen. Im bindigen Baugrund kann dies zu einer Akkumulation plastischer Dehnungsanteile führen. Das Phänomen entspricht in seinem zeitlichen Verlauf dem Baugrundverhalten bei einer Sekundärkonsolidation. In Abhängigkeit vom Spannungsniveau und von den Spannungsamplituden der dynamischen und zyklischen Einwirkung dauern die Verformungen über lange Zeiträume an, die Setzungsraten nehmen mit der Zeit jedoch ab.

In Hinblick auf Abhilfemaßnahmen ist zu unterscheiden, ob sich die Quelle der Einwirkung im Gebäude befindet, die Schwingungen also von Maschinen, Fahrstühlen oder Glocken über die Trag- und Gründungsstruktur auf den Baugrund übertragen werden oder ob die Erschütterungen von außen über den Baugrund auf das Gebäude einwirken. Im ersten Fall sind Maßnahmen zur Dämpfung an der Quelle oder an der Gründung angesagt, im zweiten Fall sind dies Maßnahmen auf dem Übertragungsweg wie z. B. offene oder mit dämpfendem Material verfüllte Schlitze.

Eine Verstärkung der Gründung mit den oben beschriebenen Verfahren muss nicht zwangsläufig zu einer Verbesserung führen. Vielmehr sind die Steifigkeit und das Resonanzverhalten der Tragstruktur des Bauwerks zusammen mit den auftretenden Schwinggeschwindigkeiten und dem Frequenzinhalt der Einwirkung zu betrachten. Details zur Analyse und zu geeigneten Maßnahmen sind in Kapitel 3.8, Teil 3 der 7. Auflage des Grundbau-Taschenbuchs erläutert [54].

**Biologischer Abbau von Holzpfählen oder Holzpfahlrosten**

Gründungsstrukturen mit Holz sind aus archäologischen Funden, römischen Gründungstechniken und der Gründung vieler historischer Bauwerke bekannt. Bis zu Beginn des 20. Jh. wurden in Europa i. W. zwei Techniken einzeln oder in Kombination angewendet.

Über Langpfähle aus Holz wurden axiale Pfeiler- und Wandlasten direkt in den tieferen Baugrund abgetragen. Verwendet wurden alle europäischen Holzsorten. Die Pfahllängen lagen selten über 4 m, die Schaftdurchmesser betrugen bis zu 30 cm. Auf diese Weise wurden schwimmende Tiefgründungen erzeugt. Soweit möglich wurden die Pfähle auch bis in tragfähige Schichten gerammt. Die Pfahlköpfe wurden durch Roste aus Längs- und Querschwellen verbunden, die Zwischenräume mit Boden aufgefüllt. Auf diesem Planum wurden Fundamente aus Werksteinen aufgesetzt, meist unvermörtelt als Trockenmauern.

Die häufigere Anwendung waren sog. Spickpfähle. Geringtragfähige Böden wurden bis zum Grundwasserniveau ausgehoben. Unter der Fundamentfläche wurden dann kurze, dünne Pfähle aus Rund- oder Spaltholz mit Durchmessern bis zu 20 cm und Längen bis zu 2 m in den Boden eingetrieben. Beginnend mit einem groben Raster aus langen, dicken Hölzern wurde das Raster in den Zwischenräumen mit kürzeren und dünneren Pfählen verengt. Auf diese Baugrundverbesserung aus Holz, die einem Austausch des weichen Bodens durch Verdrängen gleichkommt, wurden direkt oder über einem Schwellenrost Natursteinfundamente aufgesetzt.

Gelegentlich hat man beide Techniken auch kombiniert verwendet. Die Langpfähle wurden dann als seitliche Begrenzung oder auch nur gezielt zur Abtragung hoher Pfeiler- oder Turmlasten angeordnet. Eine erschöpfende Übersicht über historische Gründungstechnik findet sich z. B. in [17, 36, 44].

Unter Wasser sind diese Gründungskonstruktionen aus Holz nur einem sehr geringen bakteriellen biologischen Abbau unterworfen. Ein rasch fortschreitender Zerfall durch Pilzbefall tritt aber bei allen verwendeten Holzsorten beim Trockenfallen der Konstruktion ein. Pfahlköpfe und Schwellenroste zersetzen sich besonders rasch bei

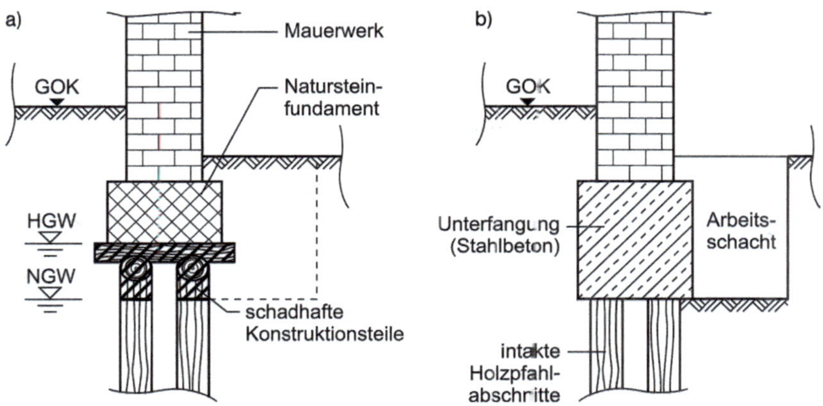


**Bild 21** Prinzipskizze zur Sanierung einer schadhaften Holzpfahlgründung (nach [35])

wechselnden Wasserständen, wenn sie von mittel- bis grobdurchlässigen Böden umgeben sind und so das im Holz eingelagerte Wasser verdunsten kann. In der Folge treten Hohllagen und schließlich Schäden an den aus Werksteinen aufgesetzten Fundamenten sowie Setzungen der Wände und Pfeiler auf.

Für die Planung von Maßnahmen zur Sanierung und zur Verstärkung solcher Gründungsstrukturen ist es wichtig, das Tragverhalten der flächigen Spickpfahlgründung und das der Langpfähle mit ihrem konzentrierten Lastabtrag zu unterscheiden. In einem ersten Untersuchungsschritt sind die Lasten, der Kraftfluss und der Grad der Schädigung der Holzstruktur mit deren Resttragfähigkeit zu ermitteln. Sind nur die Pfahlköpfe geschwächt und werden an die Tragfähigkeit der Gründung keine erhöhten Anforderungen gestellt, ist es ausreichend, zerstörte befallene Holzteile bis unter den niedrigsten Grundwasserstand abschnittsweise herauszunehmen und im Sinne einer Unterfangung durch Mörtelinjektion, Fließbeton oder Stahlbeton zu ersetzen. Eine Verfestigung der Natursteinfundamente durch eine Versiegelung mit Spritzbeton bietet sich darüber hinaus an. Diese Variante ist in der Prinzipskizze (Bild 21) dargestellt. Soll dagegen mit der Sanierung gleichzeitig die Tragfähigkeit solch einer Holzpfahlgründung erhöht werden, bieten sich Pfahllösungen an, wie sie in Abschnitt 3.3 beschrieben sind. Zweckmäßig ist eine seitliche Anordnung von Mikropfählen wie auch Bohrpfähle, die über einen Kopfbalken die Wandlasten übernehmen. Bild 22 zeigt Beispiele einer solchen Verstärkungsmaßnahme in Anlehnung an [18, 45, 51].

Ob die Wandlasten wie in Bild 22a dargestellt durch eine relativ biegeweiche Konstruktion mit Steckträgern oder wie in Bild 22b über eher starr angebundene, verspannte Streichbalken abgetragen werden, richtet sich nach den Lasten, dem Zustand der Wand und dem verfügbaren Arbeitsraum zur Ausführung der Nachgründung. Die Vertikallasten werden in den Beispielen durch Mikropfähle (Bild 22a) oder über Bohrpfähle (Bild 22b) abgetragen. Die optimale Pfahlart ergibt sich ebenfalls aus den Lasten, der Zugänglichkeit, den Baugrundverhältnissen und den notwendigen Pfahllängen. In der Tendenz werden heute für diese Zwecke überwiegend Mikropfähle eingesetzt. Bei dem gezeigten Beispiel wurden die Pfähle überwiegend für eine Gebrauchslast von 800 kN ausgelegt und waren hierfür mit einem Gewi-Stab ∅ 63,5 mm bewehrt [46].

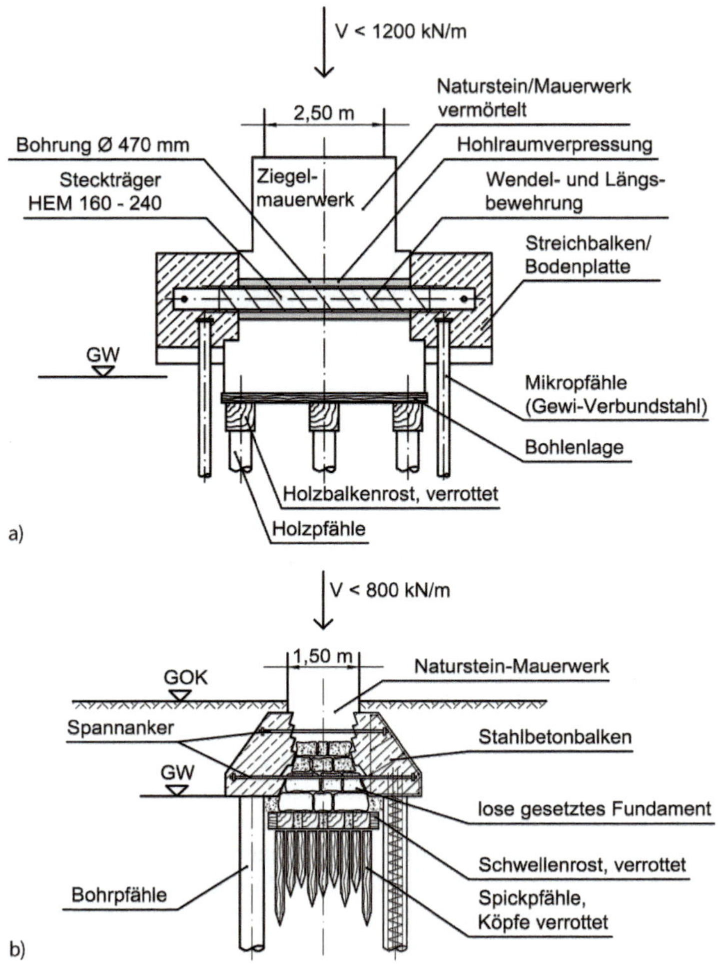


**Bild 22** Verstärkung einer schadhaften Holzpfahlgründung; a) Nachgründung einer Langpfahlgründung mit Streckträgern und Mikropfählen, b) Nachgründung einer Spickpfahlgründung mit Streichbalken auf Bohrpfählen (nach [51])

## 4.3 Komplexe Maßnahmen zur Nachgründung und Verstärkung

Beim Bau unterirdischer Verkehrsanlagen sind häufig die Gründungen des Bestands zu kreuzen oder mit geringer Überdeckung zu unterfahren. Eine vergleichbare Aufgabe ergibt sich bei der Umnutzung oder Revitalisierung von Gebäuden, wenn zur Erweiterung der Infrastruktur nachträglich eine Tieferlegung der Kellerräume oder nachträglich Tiefgeschosse angebaut werden müssen. In beiden Fällen müssen Gründungen temporär entlastet und die Bauwerkslasten später auf neue Tragstrukturen abgesetzt werden. Bei der offenen Bauweise kommen alle oben erläuterten Verfahren und Methoden zur Anwendung. Darüber hinaus werden Schlitzwände, Bohrpfahlwände, Rohrschirme, horizontale Verfestigungen mit dem Düsenstrahlverfahren und temporäre Bodenvereisung angewendet. Die Ingenieuraufgabe besteht im Entwurf und in der Bemessung dieser komplexen Tragstrukturen für Zwischenbau- und Endzustände und in der zweckmäßigen Kombination der Verfahren des Spezialtiefbaus unter Beachtung der Baugrundsituation, der rechtlichen Rahmenbedingungen, der Art, des Zustands und des Kraftflusses der Bestandsbebauung, der Zugänglichkeit, der Prognose der Verformungen, der verfügbaren Bauzeit und der Kosten. Auch hier sind es innerstädtisch oft unerwartete Relikte einer früheren Nutzung und Bebauung, die vorlaufend erkundet und in ihrem Einfluss auf die Baumaßnahmen individuell beurteilt werden müssen. Eine systematische Zusammenstellung von interessanten Lösungen und den damaligen Stand der Technik beim U-Bahn-Bau in Nordrhein-Westfalen gibt *Klawa* [29]. Aktuellere Beispiele von komplexen Sicherungsmaßnahmen in Zusammenhang mit dem Umbau der Bahnhöfe Leipzig und Stuttgart finden sich in *Fastabend* et al. [14] und in *Baur* und *Eisert* [3]. Außerordentlich komplexe Unterfangungsmaßnahmen von mehrfach umgenutzten Gebäuden mit teils historischer Bausubstanz in archäologisch geprägtem Baugrund wurden beim Bau der Nord-Süd Stadtbahn Köln ausgeführt und von *von Schmettow* et al. eindrucksvoll in [41] dargestellt.

Werden nur Randbereiche oder Ecken von Gebäuden unterschnitten, kommen die in Bild 23 skizzierten Abfang- und Tragstrukturen mit unterschiedlichen Verfahren des Spezialtiefbaus infrage. In dem in Bild 23a dargestellten Fall werden die Außenwände

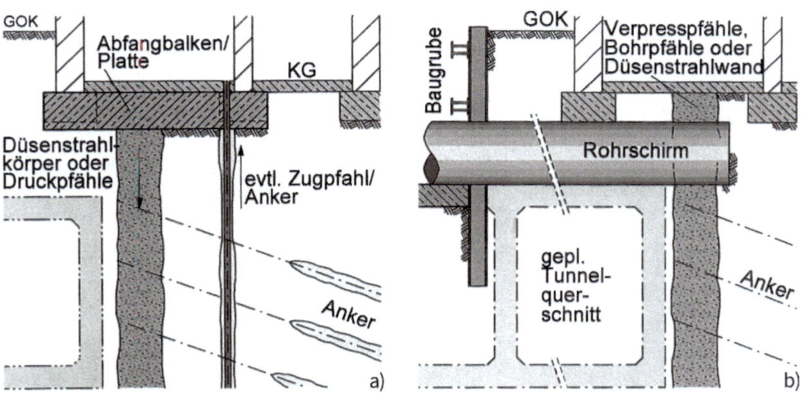


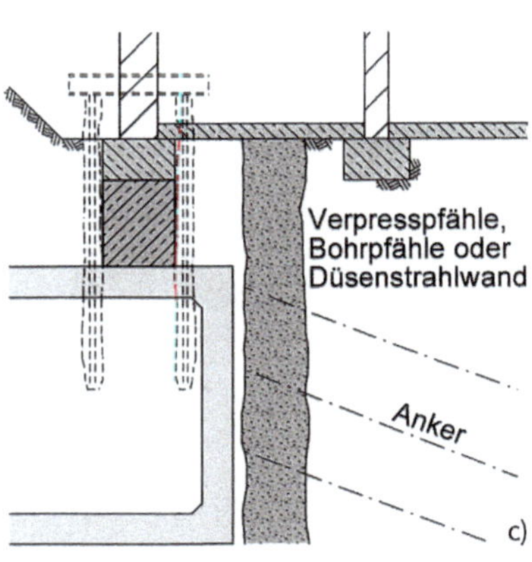


**Bild 23** Beispiele für Tragstrukturen bei einer Teilunterfahrung in offener Bauweise;
a) Kragkonstruktion; von Neubau getrennt,
b) Portalkonstruktion, in Neubau integriert,
c) temporäre Abfangung und Umlastung auf Neubau

des Gebäudes mit einzelnen Balken oder mit einer abschnittsweise hergestellten Platte abgefangen. Bei aufgelösten Balken ist meist zusätzlich eine Längsaussteifung erforderlich. Die Abfangkonstruktion liegt auf Mikropfählen oder Düsenstrahlsäulen auf.

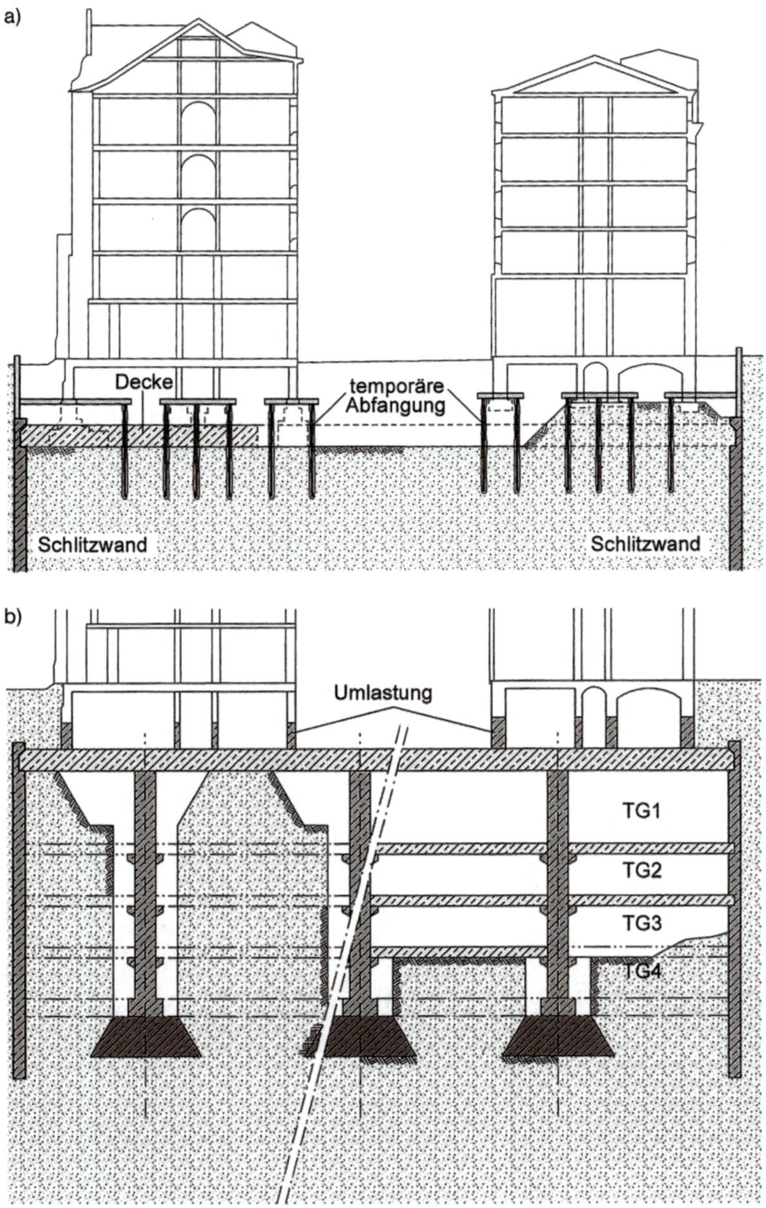


**Bild 24** Nachträgliche Unterkellerung eines historischen Gebäudes, nach [21];
a) temporäre Abfangung, Teilaushub, b) Herstellung der obersten Decke und der Stützen, Restaushub und Herstellung weiterer Decken

Soweit keine tragenden Innenwände als Einspannung herangezogen werden können, werden Zugpfähle oder Anker erforderlich. Diese Lösung setzt die zeitweise Inanspruchnahme des Kellers voraus. Die Entkopplung von Unterfangung und Neubau bringt sowohl baubetrieblich als auch bauphysikalisch Vorteile.

Bei einer Unterfangung nach Bild 23b wird der Keller des Altbaus allenfalls zur Herstellung der Bohrpfahl- oder Düsenstrahlwand in Anspruch genommen. Der unter dem Bestand verlaufende Teil der Decke des Neubaus wird als Rohrschirm ausgeführt. Von einer außen liegenden Baugrube aus werden durch Bohren oder Pressen Stahlrohre im erforderlichen Querschnitt unter der Gründung vorgetrieben, bewehrt und betoniert. Die eng gebohrten oder tangierenden Rohre können durch Kopfbalken auch zu einer Tragplatte verbunden werden (Rohrschirm). Da die Abfangkonstruktion gleichzeitig Teil des Neubaus ist, ermöglicht diese Lösung im Vergleich die geringste Bauhöhe. Bei großen Stützweiten der Decke ergeben sich jedoch je nach Wandlasten unwirtschaftliche Rohrquerschnitte. Weitere Nachteile sind die mit der Umlastung verbundenen Verformungen und die direkte Übertragung von Körperschall auf den Bestand. Über interessante Ausführungen dieser Bauweise wird auch in *Klawa* [30] und in *Baur* und *Eisert* [3] berichtet.

Bei der Unterfahrung eines Gebäudes nach Bild 23c werden die Wände oder die Stützen des Bestands zunächst wie oben beschrieben mit Mikropfählen entlastet. Die Decke des Tunnelrahmens wird dann abschnittsweise hergestellt. Schließlich werden die Bauwerkslasten des Bestands auf der neuen Konstruktion abgesetzt. Dieses Vorgehen setzt die sog. Deckelbauweise des Neubaus bzw. der Unterkellerung voraus, ein Arbeiten von oben nach unten. Als kritischer Punkt ist der Ausfall einzelner Pfähle beim Ausräumen und Umlasten zu diskutieren. Bei Verkehrsanlagen wäre die Übertragung von Körperschall durch Dämpfungselemente zwischen Bestand und Neubau zu berücksichtigen.

Die gleichen Arbeitsschritte können zur nachträglichen Unterkellerung eines Gebäudes angewendet werden. Bild 24 zeigt eine Prinzipskizze zum nachträglichen Bau einer Tiefgarage in Deckelbauweise. Die Lasten des Altbaus wurden temporär mit Mikropfählen abgetragen und dann auf die neue Tragstruktur aus Decke und nachträglich in Schächten abgeteuften Stützen abgesetzt [21]. Die Arbeitsschritte sind auch in Bild 10 dargestellt.

## 5 Schlussbemerkungen

Jede Unterfangung und Verstärkung einer Gründungsstruktur von Bauwerken hat individuelle Randbedingungen. Die Herausforderung liegt im Erkennen der kritischen Bauzustände und in der verträglichen Planung zu deren Beherrschung unter Zuhilfenahme der Verfahren des Spezialtiefbaus. Für jeden Einzelfall müssen Varianten untersucht und deren Kosten, Zuverlässigkeit sowie Risiken als Entscheidungsgrundlage dargestellt werden. Die Schwierigkeit dieser Aufgabe ergibt sich aus der meist nur groben Kenntnis des Bestands, aus den Unschärfen des Baugrunds und aus dem vielschichtigen Zusammenwirken von Zwischenbauzuständen. Als Tragstruktur sollten stets einfache, klare Lösungen mit überschaubarem Kraftfluss bevorzugt werden. Bei der Prognose der Verformungen sind die meist mehrfachen Be- und Entlastungszustände zu beachten. Die Anwendung der heute komfortablen numerischen Methoden, mit denen sich Verformungen unter Berücksichtigung der Belastungsgeschichte prognostizieren lassen, setzen eine Kenntnis und Modellierung der vorhandenen und geplanten Gründungsstruktur die Kenntnis des Baugrunds voraus. Bei komplexen räumlichen, mehrfach umgelasteten Bauzuständen ist dies jedoch das einzige Werkzeug, das zumindest quantitativ anschauliche Sensibilitäten aufzeigt.

Bei der Unterfangung und Verstärkung einer Gründungsstruktur ist neben der Erfahrung, der Kreativität und dem Risikobewusstsein des Ingenieurs die Beobachtungsmethode angesagt. Hierzu zählen ein an die Risiken angepasstes Mess- Beobachtungs- und ggf. auch ein Warnsystem. Bewährte und neue Methoden sind in *Becker* et al. [5] in Teil 1 dieser Auflage des Grundbau-Taschenbuchs beschrieben. Bei komplexen Maßnahmen darf der Entwurf nicht nur die technische Lösung behandeln, sondern muss auch eine Strategie zur Qualitätssicherung bereitstellen.

## 6 Literatur

[1] Achmus, M.; Kaiser, M.: Bauschadensursachen bei Bauwerksunterfangungen. In Rizkallah, V. (Hrsg.): Bauschäden im Hoch- und Tiefbau. Band 1: Tiefbau. Standardwerk zur Schadenserkennung und Schadensvermeidung, Institut für Bauforschung, Stuttgart: Fraunhofer IRB Verlag, 2007.

[2] Avellan, K.: Limit state design for strengthening foundations of historic buildings using prestressed drilling spiral piles with special reference to St. John's Church in Tartu. Acta Univ. Oul. C. 392, 2011.

[3] Baur, R.; Eisert, H.-D.: Projekt „Stuttgart 21". BI, Bd. 27 (1997) Nr.12, S. 11–15.

[4] Bayersdorfer, A.: Die durchgehende Bodenplatte eine sichere Gründung? In: Semprich, S.: Beiträge zum 13. Ch. Veder Kolloquium, Schadensfälle in der Geotechnik, Inst. f. Bodenmech. u. Grundbau, TU Graz, 1998, S. 99–107.

[5] Becker, H. J.; Hubrig, M.; Stolz, M.; Thut, A.; Wörsching, H.: Instrumentierung und Monitoring in der Geotechnik. In Witt, K. J. (Hrsg.): Grundbau-Taschenbuch, Teil 1, 8. Auflage 2017, Kapitel 1.13, S. 867–968. Ernst & Sohn, 2017.

[6] Bradbury, H.: The Bullivant systems. In Thorburn, S. and Littlejohn, G. S. (ed.): Underpinning and Rentention, 2nd edition, Blackie Academic & Professional, an imprint of Chapman & Hall, Glasgow, UK, 1993, pp. 421–428.

[7] Brandl, H.: Die Sanierung schiefgestellter turmartiger Bauwerke. 10. Wiener Sanierungstage, 2002.

[8] Brandl, H.: Foundation Strengthening and Soil Improvement for Scour-Endangered River Bridges. Proc. 11. Danube – European Conference on Soil Mechanics and Geotechnical Engineering, 1998.

[9] Brandl, H.: Underpinning. Proc. 12. Int. Conf. Soil Mech. and Found. Eng. Rio de Janeiro, 1989. Special lecture D, pp. 2227–2257.

[10] Donel, M.: Beeinflussung der Wassergüte durch Umströmung von Injektionskörpern. Tiefbau 23 (1981), Heft 5, S. 318–328.

[11] Donel, M.: Silikatgelinjektionen in der heutigen Baupraxis. Mitt. Fachgebiet Grundbau u. Bodenmech., Univ. Essen-GHS, Heft 4, 1982, S. 161–187.

[12] EA-Pfähle: Empfehlungen des Arbeitskreises „Pfähle“, AK 2.1, 2. Auflage. Hrsg. DGGT, Verlag Ernst & Sohn, 2012.

[13] Englert, K.; Grauvogel, J.; Maurer, M.: Handbuch des Baugrund- u. Tiefbaurechts, 5. Auflage. Werner-Verlag, Düsseldorf, 2016.

[14] Fastabend, M.; Schücker, B.; Reißmann, F.: Die zweite Umgestaltung der Leipziger Bahnanlagen – Besonderheiten der Tragwerksplanung. Bauingenieur 74 (1999), Nr. 1, S. 45–53.

[15] Frank, A.; Kauer, H.: Anwendung von Verpresspfählen mit kleinem Durchmesser im Hochbaubereich. Bauingenieur 54 (1979), S. 465–469.

[16] Fross, M.: Über Bauwerkssetzungen. VÖBU – Vereinigung Österreichischer Bohr-Brunnenbau- und Spezialtiefbauunternehmungen, 2015.

[17] Goldscheider, M.: Historische Gründungen – Bauweise, Beurteilung, Erhaltung und Instandsetzung. Geotechnik (1993), Heft 4, S. 178–192.

[18] Goldscheider, M.; Eckert, H.: Baugrund und Historische Gründungen: Untersuchen, Beurteilen, Instandsetzen; Sonderforschungsbereich 315, Universität Karlsruhe (TH). Hrsg. Von Wenzel, F., Kleinmanns, J. in: Erhalten historisch bedeutsamer Bauwerke – Empfehlungen für die Praxis, 2003.

[19] Groß, T.; Grede, R.: Die Nachgründungsmaßnahmen am historischen Rathaus Zweibrücken unter besonderer Berücksichtigung der historischen Bausubstanz. In: Schad, H. (Hrsg.): Tagungsband 3. Kolloquium Bauen in Boden und Fels, Technische Akademie Esslingen, 2002, S. 227–235.

[20] Gudehus, G.: Zur Instandsetzung historischer Gründungen durch konstruktive Verstärkungen oder Stopfen des Bodens. Bautechnik und Baudenkmal – Denkmalschutz und Sanierungstechnik. http://www.konrad-fischer-info.de/2gustopf.htm.

[21] Heitzer, K.: Bauen im Bestand, Palais Bernheimer – München, Seminar „Bauen im Bestand“, Ingenieur-Akademie Bayern, 1993.

[22] Henn, R. W.: Practical guide to grouting of underground structures. ASCE Press; Thomas Telford Publications, New York, London, 1996.

[23] Hettler, A.: Erddruck. In Witt, K. J. (Hrsg.): Grundbau-Taschenbuch, Teil 1, 8. Auflage, Kapitel 1.6, S. 317–457. Ernst & Sohn, 2017.

[24] Hettler, A.; Triantafyllidis, T.; Weißenbach, A.; Hackenbroch, W.: Baugruben. In Witt, K. J. (Hrsg.): Grundbau-Taschenbuch, Teil 3, 8. Auflage, Kapitel 3.6, S. 557–822. Ernst & Sohn, 2018.

[25] Hilmer, K.; Knappe, M.; Englert, K.: Gründungsschäden. In Zimmermann G., Ruhnau, R. (Hrsg.): Schadenfreies Bauen, Band 34. Stuttgart: Fraunhofer IRB Verlag, 2004.

[26] Jenny, P. et al.: Wohn- und Geschäftshaus Stauffacher, Schweizer Ingenieur u. Architekt 19 (1992), S. 367–371.

[27] Kaiser, J.: Zu Schadensursachen und zur Setzungsproblematik bei herkömmlichen Unterfangungen. Mitt. Inst. f. Grundbau, Bodenmech. und Energiewasserbau, Universität Hannover, Heft 55, 2000.

[28] Kempfert, K.-H.; Moormann, C.: Pfahlgründungen. In Witt, K. J. (Hrsg.): Grundbau-Taschenbuch, Teil 3, 8. Auflage, Kapitel 3.2, S. 79–324. Ernst & Sohn, 2018.

[29] Klawa, N.: Gebäudeunterfahrungen und -unterfangungen, Methoden – Kosten – Beispiele. Forschung + Praxis, Heft 25, Studiengesellschaft für unterirdische Verkehrsanlagen e. V. STUVA, Köln (Hrsg.), Alba Buchverlag GmbH + Co. KG Düsseldorf, 1981.

[30] Klawa, N.: Gebäudeunterfahrungen in „geschlossener Bauweise“ mit geringer Überdeckung. In DGEG (Hrsg.): Taschenbuch für den Tunnelbau 1985, 9. Jg., Kap. III, S. 131–179, Verlag Glückauf, Essen, 1985.

[31] Knauer, H.; Barth, O.: Unterfahrung des Museums für Kunst und Gewerbe in Hamburg. Beton- und Stahlbetonbau 75 (1980), Heft 9, S. 37–42.

[32] Kutzner, C.: Chemisch verfestigter Baugrund als starre Unterfangungskonstruktion. Vorträge zur Baugrundtagung, Stuttgart, 1972, S. 861–874.

[33] Kutzner, C.: Injektionen im Baugrund. Ferdinand Enke Verlag, Stuttgart, 1991

[34] Lizzi, F.: „Pali radice“ structures. In Thorburn, S. and Littlejohn, G. S. (ed.): Underpinning and Rentention, 2nd edition, pp. 84–156. Blackie Academic & Professional, an imprint of Chapman & Hall, Glasgow, UK, 1993.

[35] Morris, P. H.; Graham, J.; Williams, D. V.: Cracking of drying soils. Canadian Geotechnical Journal 29 (1992), No. 2, pp. 263–277.

[36] Müller, N.; Gücker, R.: Gründungsschäden an historischen Bauwerken Schadensursachen, Untersuchungsmethoden, Sanierung. Ministerium für Bauen und Wohnen des Landes Nordrhein-Westfalen, 2. Nachdruck 1993.

[37] Müller-Kirchenbauer, H.; Savidis, S. A.: Grundwasserbeeinflussung durch Silikatgelinjektionen. Veröffentlichungen des Grundbauinstituts der TU Berlin, Heft 11, 1982.

[38] Orth, W.: Bodenvereisung. In Witt, K. J. (Hrsg.): Grundbau-Taschenbuch, Teil 2, 8. Auflage, Kapitel 2.4, S. 299–374. Ernst & Sohn, 2018.

[39] Pinto, A.; Ferreira, F.; Barros, V.: Underpinning solutions of historical constructions. In Lourenço, P. B., Roca, P. (Ed.): Proc. Conf. Historical Constructions, Guimarães, 2001, pp. 1003–1012.

[40] Placzek, D.: Gründungen in Bergbaugebieten. In Witt, K. J. (Hrsg.): Grundbau-Taschenbuch, Teil 3, 8. Auflage, Kapitel 3.9, S. 971–1018. Ernst & Sohn, 2018.

[41] von Schmettow, T.; Jouaux, R.; Sedlacek, G.: Risikobetrachtungen für ein innerstädtisches Tunnelbauwerk zur Beherrschung des Einflusses auf die angrenzende Bebauung. In Triantafyllidis, T.(Hrsg.): Grundlagen und Anwendungen der Geomechanik GKK 08 – Geomechanik Kolloquium Karlsruhe, Teil 1 – Felsmechanik, Fels- und Tunnelbau. Veröffentlichungen des Instituts für Bodenmechanik und Felsmechanik der Universität Fridericiana in Karlsruhe, Heft 170, S. 139–154, 2008.

[42] Schulze, B.: Merkblatt für Einpreßarbeiten mit Feinstbindemittel in Lockergestein – Teil 1. Bautechnik 79 (2002), Heft 9, S. 499–508.

[43] Schulze, B.: Merkblatt für Einpreßarbeiten mit Feinstbindemittel in Lockergestein – Teil 2 (Fortsetzung aus Heft 8/2002 und Schluß). Bautechnik 79 (2002), Heft 9, S. 589–597.

[44] Schultze, E.: Erhaltung und Sanierung von Baudenkmälern – Baugrund und Gründungen. Mitteilungen aus dem Institut für Verkehrswasserbau, Grundbau und Bodenmechanik der Technischen Hochschule Aachen, Heft 53, 1971.

[45] Schürmann, A.: Sonderlösungen für die Unterfangungen und Nachgründungen mit Mikropfählen. Beiträge 1. Geotechnik-Tag in München, 2002. Schriftenreihe Lehrstuhl und Prüfamt für Grundbau, Bodenmechanik, Felsmechanik und Tunnelbau der TU München, Heft 32, 2002.

[46] Schwarz, H.: Die Nachgründung der Staatsbibliothek Unter den Linden in Berlin. In: Staatsbibliothek Berlin – Preußischer Kulturbesitz (Hrsg.): Gründungssanierung Staatsbibliothek zu Berlin, 2002.

[47] Smoltczyk, U.; Witt, K. J.: Unterfangungen und Unterfahrungen. In Smoltczyk, U. (Hrsg.): Grundbau-Taschenbuch, Teil 2, 6. Auflage, Kapitel 2.3, S. 95–120. Ernst & Sohn, 2001.

[48] Smoltczyk, U.: Saving Old Cities. General Report Sess. 9, 10. ICSMFE Stockholm, 1981.

[49] Smoltczyk, U.: Underpinning. In F.G. Bell (Ed.): Ground Engineeer's Reference Book, Butterworths London, 1987, S. 54/1–54/13.

[50] Sondermann, W.; Kirsch, F.: Baugrundverbesserung und Injektionen. In Witt, K. J. (Hrsg.): Grundbau-Taschenbuch, Teil 2, 8. Auflage, Kapitel 2.2, S. 167–262. Ernst & Sohn, 2018.

[51] Steiner, J.: Einschätzung der Tragfähigkeit vorhandener Gründungen und ihre Ertüchtigung. In Hettler, A. (Hrsg.): Gründungen von Hochbauten, Ernst & Sohn, 2000.

[52] Vogt, N.: Flachgründungen. In Witt, K. J. (Hrsg.): Grundbau-Taschenbuch, Teil 3, 8. Auflage, Kapitel 3.1, S. 1–78. Ernst & Sohn, 2018.

[53] Vogt, N.; Vogt, S.; Kellner, C.: Knicken von schlanken Pfählen in weichen Böden. Bautechnik 82 (2005), Nr. 12, S. 889–901.

[54] Vrettos, C.: Erschütterungsschutz. In Witt, K. J. (Hrsg.): Grundbau-Taschenbuch, 7. Auflage, Teil 3, Kapitel 3.8, S. 691–746. Ernst & Sohn, 2009.

[55] Warner, J.: Practical Handbook of Grouting: Soil, Rock, and Structures John Wiley & Sons, 2004.

[56] Wichter, L.; Meininger, W.: Verpressanker, Bodennägel und Zugpfähle. In Witt, K. J. (Hrsg.): Grundbau-Taschenbuch, Teil 2, 8. Auflage, Kapitel 2.5, S. 375–468. Ernst & Sohn, 2018.

[57] Witt, K. J.: Nachgründungen. In: Schanz, T., Witt, K. J. (Hrsg.): Schriftenreihe Geotechnik, Heft 3, Geotechnikseminar Weimar 2000, S. 100–108. Universitätsverlag Bauhaus-Universität Weimar, 2000.

[58] Witt, K. J.: Unterfangungen und Verstärkung von Gründungen. In Witt, K. J. (Hrsg.): Grundbau-Taschenbuch, Teil 2, 7. Auflage, Kapitel 2.4, S. 199–231. Ernst & Sohn, 2009.

# 7 Zitierte Regelwerke

BS 8004:2015: Code of practice for foundations. British Standards Institution, 2015.

DIN 1054:2010-12: Baugrund – Sicherheitsnachweise im Erd- und Grundbau. Ergänzende Regelungen zu DIN EN 1997-1. DIN Deutsches Institut für Normung e. V., 2010. In Normenhandbuch: Handbuch Eurocode 7 Geotechnische Bemessung – Band 1, Allgemeine Regeln. Von DIN konsolidierte Fassung, 2015.

DIN 18136:2003-11: Baugrund – Untersuchung von Bodenproben – Einaxialer Druckversuch. DIN Deutsches Institut für Normung e. V., 2003.

DIN 4093:2015-11: Bemessung von verfestigten Bodenkörpern – Hergestellt mit Düsenstrahl-, Deep-Mixing- oder Injektions-Verfahren. DIN Deutsches Institut für Normung e. V., 2015.

DIN 4123:2013-04: Ausschachtungen, Gründungen und Unterfangungen im Bereich bestehender Gebäude. DIN Deutsches Institut für Normung e. V., 2013.

DIN 4124:2002-10: Baugruben und Gräben – Böschungen, Verbau, Arbeitsraumbreiten. DIN Deutsches Institut für Normung e. V., 2002.

DIN EN 1536:2015-10: Ausführung von Arbeiten im Spezialtiefbau – Bohrpfähle. DIN Deutsches Institut für Normung e. V., 2015.

DIN EN 1997-1:2014-03: Eurocode 7: Entwurf, Berechnung und Bemessung in der Geotechnik – Teil 1: Allgemeine Regeln. DIN Deutsches Institut für Normung e. V., 2014. Siehe auch Normenhandbuch: Handbuch Eurocode 7 Geotechnische Bemessung – Band 1, Allgemeine Regeln. Von DIN konsolidierte Fassung, 2015.

DIN EN 12715:2000-10: Ausführung von besonderen geotechnischen Arbeiten (Spezialtiefbau) – Injektionen. DIN Deutsches Institut für Normung e. V., 2000.

DIN EN 12716:2017-04 (Entwurf): Ausführung von Arbeiten im Spezialtiefbau – Düsenstrahlverfahren. DIN Deutsches Institut für Normung e. V., 2017.

DIN EN 14199:2015-07: Ausführung von besonderen geotechnischen Arbeiten – Mikropfähle. DIN Deutsches Institut für Normung e. V., 2005.

# 2.4 Bodenvereisung

*Wolfgang Orth*

## 1 Verfahrensprinzip und Anwendungen

### 1.1 Allgemeines

Die erste Anwendung einer künstlichen Bodenvereisung fand nach einem Bericht von 1895 im Jahre 1862 an einem Bergwerksschacht bei Swansea, South Wales, statt [61]. Die Weiterentwicklung der Kältemaschinen sowie weitere Verbesserungen führten zu einem Patent für den Gefrierschachtbau durch *Poetsch* [58], in dem bereits alle wesentlichen, bis heute verwendeten Merkmale und Bestandteile einer Bodenvereisung genannt sind.

Die Anwendung des Gefrierverfahrens beschränkte sich bis zum Zweiten Weltkrieg im Wesentlichen auf gewölbeartige Frostkörper, welche mit vergleichsweise einfachen, für ihre Zeit aber durchaus fortschrittlichen Rechenmodellen und Stoffgesetzen [18] zwar nicht besonders wirtschaftlich, aber doch hinreichend sicher bemessen werden konnten. Intensive Grundlagenforschung etwa ab den 1970er-Jahren führte zu erweiterten Kenntnissen über gefrorene Böden, welche u. a. auch die Ausbildung von plattenartigen und auf Biegung und Zug beanspruchten Frostkörpern [60] ermöglichte. Auf diesen Grundlagen entwickelte sich die Bodenvereisung zu einem flexiblen und umweltfreundlichen Verfahren, insbesondere für temporäre Stützbauwerke im Tiefbau. Eine weitere Anwendung ist die Abdichtung zwischen neuen und bestehenden Bauwerken im Grundwasser [54] sowie die Einkapselung von Schadstoffen im Boden [44].

### 1.2 Wirkungsweise

Bei der Bodenvereisung wird das Porenwasser zu Eis gefroren, wodurch der Boden verfestigt und abgedichtet wird. Sinngemäß kann man von „Eisbeton" sprechen, wobei das Eis dem Zementleim und der Feststoffanteil den Zuschlagstoffen entspricht. Zum Gefrieren des Porenwassers wird eine Anzahl von Gefrierrohren im Boden von einem kalten Fluid durchströmt und entzieht damit dem umgebenden Boden Wärme. Da die Festigkeit gefrorener Böden stark von der Temperatur abhängt, wird der Boden i. d. R. auf mindestens −10 °C bis −20 °C, oft auch deutlich tiefer abgekühlt. Aus der Umgebung strömt ständig Wärme zum Frostkörper, weshalb die Kühlung über die gesamte Bauzeit aufrechterhalten werden muss. Dementsprechend wird das Gefrierverfahren ausschließlich zur temporären Verfestigung und Abdichtung von Boden eingesetzt, bis ein dauerhaftes Bauwerk hergestellt und funktionsfähig ist.

*Grundbau-Taschenbuch: Teil 2. Geotechnische Verfahren*, Achte Auflage. Karl Josef Witt (Hrsg.).

Das Gefrierverfahren weist verschiedene Merkmale auf, die es bei fachkundiger Anwendung zu einem sehr gut kontrollierbaren und damit sicheren Bauverfahren machen:

- Es kann jede Bodenart gefroren werden, sodass auch Schichtgrenzen kein grundsätzliches Anwendungshindernis darstellen.
- Frostkörper können beliebig nahe an oder unter Bauwerken hergestellt und form- und kraftschlüssig angebunden werden.
- Durch Temperaturmessungen kann sowohl die Ausdehnung als auch – bei Kenntnis der Materialeigenschaften – das Verhalten von Frostkörpern zuverlässig beurteilt werden. Dabei gewinnt man nicht wie beispielsweise bei einer Bohrkernentnahme nur genau an der Erkundungsstelle eine Information, vielmehr kann nach den Gesetzen der Wärmeleitung auch auf Frostkörperbereiche in einer gewissen Umgebung der Messstellen geschlossen werden.
- Gefrorener Boden ist ein viskoplastisches Material, was zwar die Dimensionierung gegenüber elastischen oder ideal-plastischen Materialien komplizierter macht, aber in der praktischen Anwendung vor Überraschungen schützen kann, da sich kritische Zustände bei den in der Baupraxis üblichen Beanspruchungen anhand von Kriechverformungen meist frühzeitig ankündigen. Selbstverständlich setzt dies eine sorgfältige Prognose sowie eine Beobachtung des Verhaltens an repräsentativen Stellen voraus.
- Auch während seiner Nutzung kann ein Frostkörper noch ertüchtigt werden, indem durch stärkere Kühlung sein Ausmaß vergrößert und/oder seine Festigkeit gesteigert wird.
- Zunehmend wichtiger wird die vergleichsweise geringe Umweltbelastung, da außer den Gefrierrohren (sowie i. d. R. auch Temperaturmessrohren) mit einem mineralischen Verpressmaterial keine fremden Stoffe in den Boden oder das Grundwasser eingebracht werden. Die Rohre werden geräuscharm und normalerweise erschütterungsfrei eingebracht.
- Nach seiner Nutzung verschwindet der Frostkörper durch Abtauen, sodass lediglich die Gefrier- und Messrohre im Boden zurückbleiben. Diese können so hergestellt werden, dass sie beispielsweise durch Tunnelbohrmaschinen abgebaut werden können und deshalb für spätere Baumaßnahmen keine Hindernisse darstellen. In Einzelfällen wurden Frostkörper durch Heizen beschleunigt aufgetaut und die Gefrierrohre wieder entfernt, um den Weg für eine Tunnelbohrmaschine frei zu machen [30].

Selbstverständlich ist auch die Anwendung des Gefrierverfahrens gewissen Einschränkungen unterworfen. Dies sind im Wesentlichen der Wassergehalt und die Grundwasserfließgeschwindigkeit, eventuelle chemische Inhaltsstoffe des Bodens oder Grundwassers sowie Volumenänderungen beim Gefrieren und beim Auftauen. Hierauf wird in den folgenden Abschnitten genauer eingegangen.

## 1.3 Schachtbau

Im Schachtbau fand das Gefrierverfahren ausgehend von den Arbeiten von *Poetsch* [58] rasch vielfältige Anwendungen, denn immerhin wurden bis zum Ersten Weltkrieg in Europa rund 150 Gefrierschächte hergestellt. Während die Vereisung im Laufe der

Zeit zwar bei der Bemessung, nicht jedoch in der Ausführung grundsätzliche Veränderungen erfahren hat, hat sich der Innenausbau der Gefrierschächte stark verändert, was auch durch die zunehmende Tiefe der Gefrierschächte bedingt ist [36]. Waren diese in der Anfangszeit lediglich einige Dekameter tief, so erreichten die tragenden und dichtenden Frostkörper bald Tiefen von mehreren hundert Metern (Schächte Lohberg 1907–1913: Gefriertiefe 415 m, Schacht Rheinberg 1986: 592 m, Schacht Voerde 1989: 581 m). Dies sind die Tiefen des gefrorenen Bereichs, darunter erreichten die Schächte in standfestem bzw. wasserdichtem Gebirge noch erheblich größere Tiefen (z. B. Schacht Voerde 1060 m). Vereinzelt wurden Frostkörper zur reinen Abdichtung in standfestem Gebirge noch tiefer hergestellt.

## 1.4 Baugruben und Unterfangungen

Ein weiteres Anwendungsgebiet sind Baugrubensicherungen und Unterfangungen von bestehenden Gebäuden. Die statisch einfachste Form ist eine Schwergewichtsmauer aus gefrorenem Boden, welche ohne Stützung allein aufgrund ihres Gewichts kippsicher ist. Bild 1 zeigt den Aushub vor einem derartigen Frostkörper.

Daneben können Frostkörper aber auch als horizontales Gewölbe (Bild 2) [47], gestützt oder verankert (Bild 3) ausgeführt werden [27].

Während Stützen und Anker mit hochfesten Stählen wegen des Versprödungsrisikos bei tiefen Temperaturen in einer Frostwand nicht verwendet werden sollten, sind Stabanker aus gewöhnlichem Baustahl zumindest unter statischer Belastung unkritisch, da ihre Bruchspannung mit fallender Temperatur ansteigt [66]. Besonderes Augenmerk erfordern jedoch die Durchdringungsstellen für Anker bzw. die Kontaktstellen von Stützen, da diese Bauteile i. d. R. Wärme in den Frostkörper einleiten, sodass seine Festigkeit dort abnehmen kann (Bild 3). Dies ist insbesondere angesichts der dort meist erhöhten herrschenden Spannungen zu beachten. Als Gegenmaßnahmen kommt eine verstärkte Wärmedämmung, in besonderen Fällen auch eine lokale Kühlung infrage.

**Bild 1** Gefrorene Schwergewichtsmauer

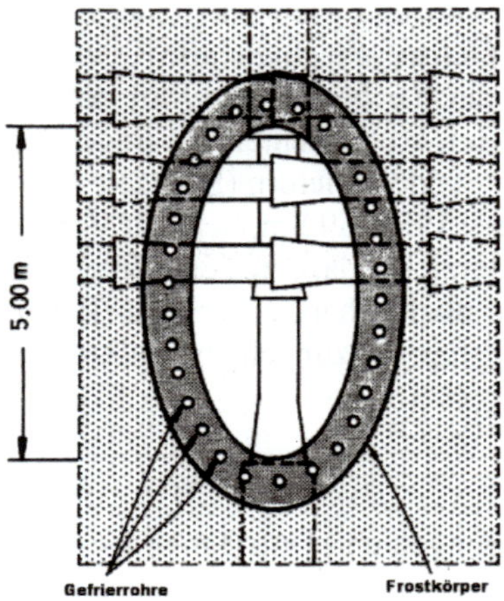


**Bild 2** Baugrube durch horizontales Frostgewölbe gestützt (Grundriss) [47]

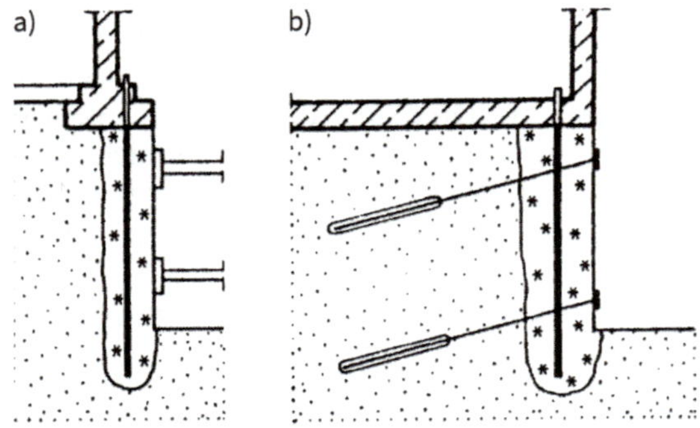


**Bild 3** Frostkörper [27]; a) durch Steifen gestützt, b) verankert

Sind unter oder neben einem Fundament Gründungspfähle vorhanden, weil tragfähiger Untergrund erst in größerer Tiefe ansteht, so kann ein Frostkörper auch auf Pfählen gegründet werden. Bei der Unterfangung einer historischen Fassade auf der Museumsinsel in Berlin musste die Verbindung zwischen Pfählen und Fassade vorübergehend getrennt und in tieferer Position durch einen Betonholm wieder hergestellt werden. Während dieser Maßnahme ruhte die Fassade auf einem Frostkörper, der sich seinerseits unterhalb der Baugrube über Mantelreibung auf Pfähle abstützte [46] (Bild 4). Durch die geringen Setzungen von maximal 3,8 mm blieb die historische Bausubstanz ohne Schäden.

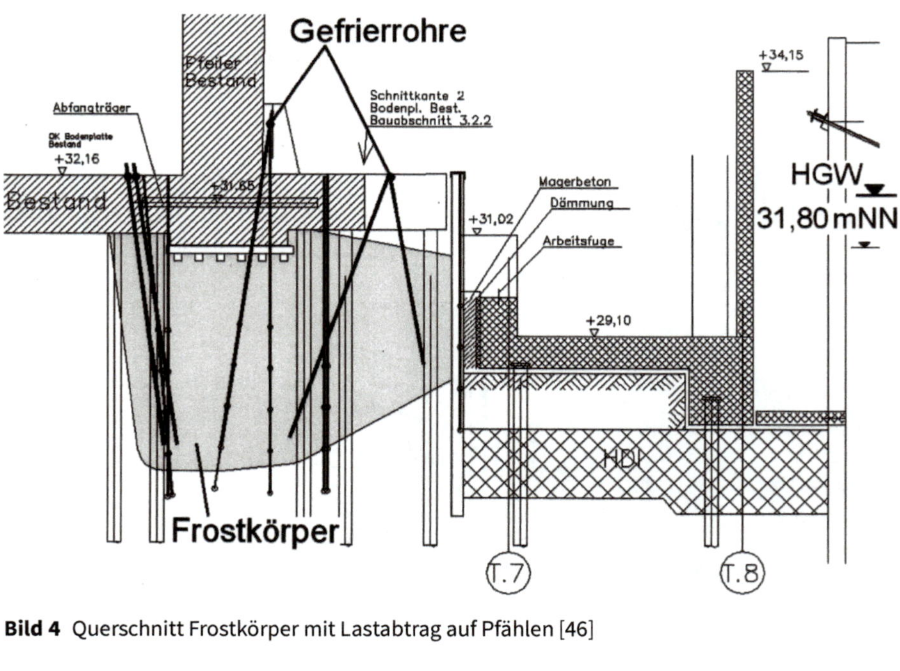


**Bild 4** Querschnitt Frostkörper mit Lastabtrag auf Pfählen [46]

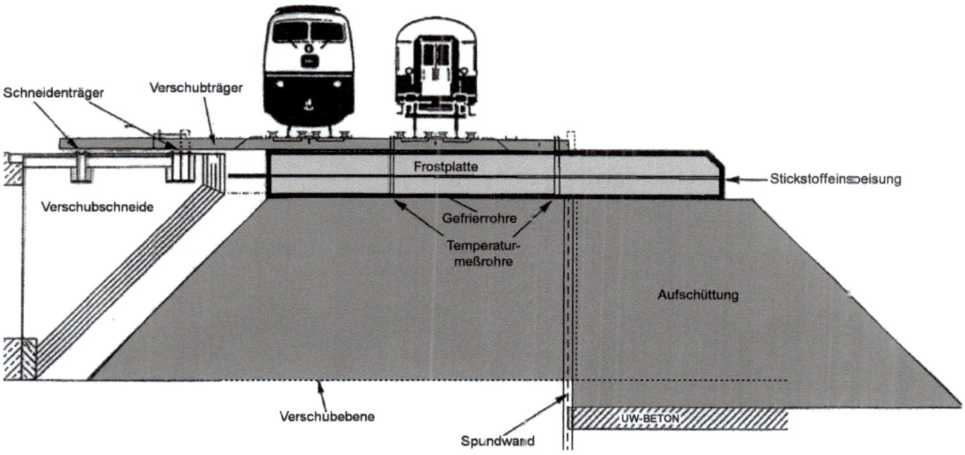


**Bild 5** Auf Biegung beanspruchte Frostplatte [60]

Der heutige Kenntnisstand erlaubt es, Frostkörper auch planmäßig auf Zug und Biegung zu beanspruchen. Bei der bereits mehrfach ausgeführten Unterfangung von Bahndämmen wurden die Verkehrslasten während der Bauphase von der steilen und damit labilen Dammböschung durch Biegung der Platte in den rückwärtigen Dammbereich umgelagert (Bild 5) [60]. Wegen der im Vergleich zur Druckfestigkeit geringeren Zugfestigkeit (s. Abschnitt 4.2.4) macht man sich hierbei die Viskosität des Frostkörpers zunutze, der zwar bei lang dauernder Beanspruchung erhebliche Kriechverformungen erfährt, bei kurzzeitiger Beanspruchung aber vergleichsweise hohe Spannungen aufnehmen kann [51].

## 1.5 Tunnelbau

Im Tunnelbau findet die Bodenvereisung in den letzten Jahren eine zunehmende Verbreitung, wobei je nach Zugänglichkeit, Bodenaufbau, aber auch nach zugelassenen Setzungen sehr unterschiedliche Gefrierrohranordnungen verwendet werden. Die Frostkörper können unter dem Grundwasser als zylindrisches Vollrohr den Tunnelquerschnitt vollständig umschließen [12, 31] oder als symmetrisches oder unsymmetrisches Firstgewölbe [7, 45] stützen, wenn von unten kein Wasserdruck wirkt. Daneben sind insbesondere bei Baugruben ebene oder gekrümmte Wände oder Deckel [37] möglich. Eine zu geringe Überdeckung bei Schildvortrieben kann durch ein Frostdach ersetzt werden [23].

Mit tunnelparallelen Gefrierrohren lässt sich die Frostkörperform genau dem Tunnelprofil anpassen (Bild 6). Wegen der unvermeidlichen Bohrungenauigkeiten sind Bohrlängen über ca. 30 m nur mit gesteuerten Bohrungen zuverlässig ausführbar [7, 11, 55, 65], wenngleich in Einzelfällen schon Bohrungen bis ca. 70 m ungesteuert hergestellt wurden. Bei dieser Gefrierrohranordnung werden Sicherung und Abdichtung des Frostkörpers bereits vor dem Auffahren erledigt, sodass ein unbehinderter Vortrieb möglich ist. Die Kühlleistung ist über die gesamte Länge konstant, sodass im Laufe der Zeit der Frostkörper immer weiter in den Ausbruchsquerschnitt wächst und so den Vortrieb behindern kann.

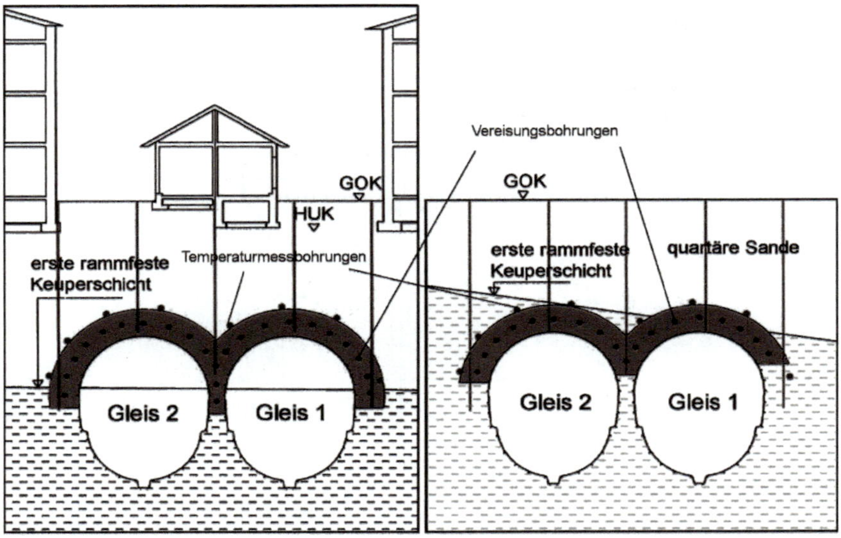


a) b)

**Bild 6** Frostschale mit tunnelparallelen Gefrierrohren [7]; a) hinter Bohrpfahlwand, b) Endbereich

Mit ungesteuerten Gefrierrohrbohrungen können längere Tunnelquerschnitte gefroren werden, wenn das Gefrieren und Vortreiben in einzelne Abschnitte zerlegt wird, wie z. B. am Milchbucktunnel in Zürich [62]. Dabei werden die Gefrierrohre in Abschnitten von ca. 30 bis 40 m leicht nach außen gespreizt und ca. 4 bis 6 m über das Ende des laufenden Vortriebsabschnitts hinaus gebohrt und anschließend gefroren. Am Ende eines jeden Vortriebsabschnitts wird der Querschnitt erweitert und von dort aus die nächste Gefrierrohrgruppe gebohrt und der nächste Abschnitt vereist. Die abschnittsweise Vereisung ermöglicht eine genaue Anpassung des Frostkörpers an die jeweiligen Erfordernisse. Dem steht allerdings ein höherer Zeitaufwand gegenüber, weil in jedem Abschnitt nacheinander die Gefrierrohre gebohrt werden und der Abschnitt gefroren und aufgefahren wird.

Eine weitere Möglichkeit ist das Bohren der Gefrierrohre von einem zum Haupttunnel parallel verlaufenden Pilotstollen aus [45]. Der Pilotstollen wie auch der eigentliche Tunnel werden dabei oftmals von einem Schacht aus vorgetrieben. Das Vereisen aus Pilotstollen ermöglicht sowohl in der Geometrie (insbesondere auch bei Krümmungen oder Verschwenkungen), als auch im zeitlichen Ablauf der Vereisung genau an den Vortrieb angepasste Frostkörper. Nachdem die Stützung und Abdichtung des Gebirges vorab erledigt sind, können Vortrieb und Sicherung ohne weitere Behinderung erfolgen (Bild 7).

Eine weitere Möglichkeit, tunnelparallele Gefrierrohre über größere Strecken maßgenau herzustellen, ist deren Verlegung in eigenen Pilotstollen, wie z. B. am Tunnel U 55 Unter den Linden in Berlin [12]. Dabei kann die Gefrierrohrlage in gewissen Grenzen innerhalb der Pilotstollen den Erfordernissen angepasst werden. Die Lage der Pilotstollen innerhalb des am höchsten belasteten Frostkörperkerns führt zu einer entsprechend hohen Belastung der Pilotstollen selbst, sodass diese mit besonders festem Material verfüllt werden müssen (Bild 8).

In jüngerer Zeit werden Querschläge zwischen schildvorgetriebenen Tunneln und neben abgesenkten Schächten, z. B. für Notausstiege, oftmals mittels Vereisung hergestellt [29].

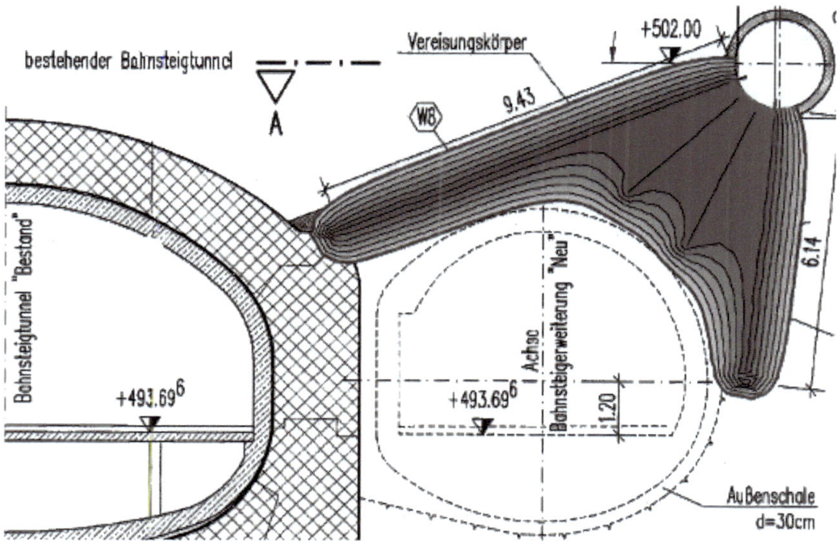


**Bild 7** Frostkörper von Pilotstollen aus hergestellt [45]

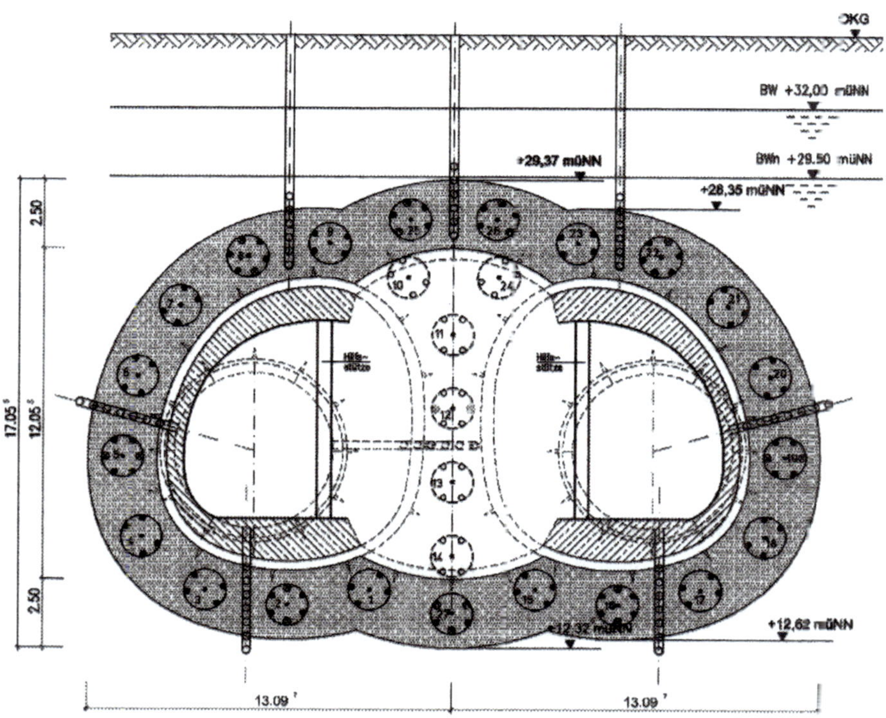


**Bild 8** Tunnelparallele Gefrierrohre in Pilotstollen verlegt [12]

**Bild 9** Gefrorene Bodenprobe an Gefrierlanze

### 1.6 Probenahme

Mit dem Gefrierverfahren können ungestörte Bodenproben einer sonst kaum erreichbaren Qualität gewonnen werden. Dabei wird um eine Vereisungslanze der Boden in vorher berechneter Dicke gefroren und die Lanze aus dem Boden gezogen. Die Probe ist anschließend in ihrer ursprünglichen Lagerung und Zusammensetzung einschließlich eventueller chemischer Inhaltsstoffe sozusagen als „Eis am Stiel" verfügbar (Bild 9). Durch die Dampfdruckerniedrigung beim Gefrieren können dabei auch leichtflüchtige Inhaltsstoffe meist mit guter Genauigkeit festgestellt werden, die bei normaler Temperatur rasch verdunsten würden. Die Probenahme erfordert vor allem bei größeren Lanzenlängen eine genaue Abschätzung der Gefrierleistung und -zeit sowie der erforderlichen Zugkraft und Festigkeit der Gefrierlanzen.

## 2 Vereisungsverfahren

### 2.1 Allgemeines

Die Wärme wird dem Boden durch eine oder mehrere Reihen in der Regel doppelwandiger Gefrierrohre entzogen, in denen ein kaltes Fluid strömt. Dieses wird durch das innere Speiserohr in das Rohrtiefste des (unten verschlossenen) Außenrohrs eingeleitet und strömt im Ringraum wieder zurück, wobei es dem umgebenden Boden Wärme entzieht (Bild 10). Dabei sind zwei Verfahren zu unterscheiden.

### 2.2 Stickstoffvereisung

Bei der Stickstoffvereisung wird flüssiger Stickstoff über das Speiserohr in das Rohrtiefste eingeleitet, wo er verdampft und gasförmig im Ringraum zwischen innerem und äußerem Rohr zurückströmt. Der Stickstoff wird durch Verflüssigung von Atmosphärenluft in einem Luftzerleger gewonnen und in hoch gedämmten Tankwagen flüssig mit ca. −196 °C auf die Baustelle geliefert und in einem Vorratstank zwischengelagert. Von dort strömt er über Verteilerleitungen durch Dosierventile in die Gefrierrohre (Bild 11).

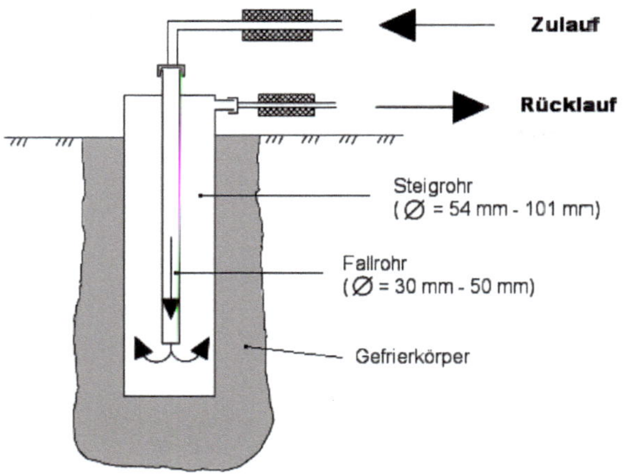


**Bild 10** Gefrierrohr im Boden

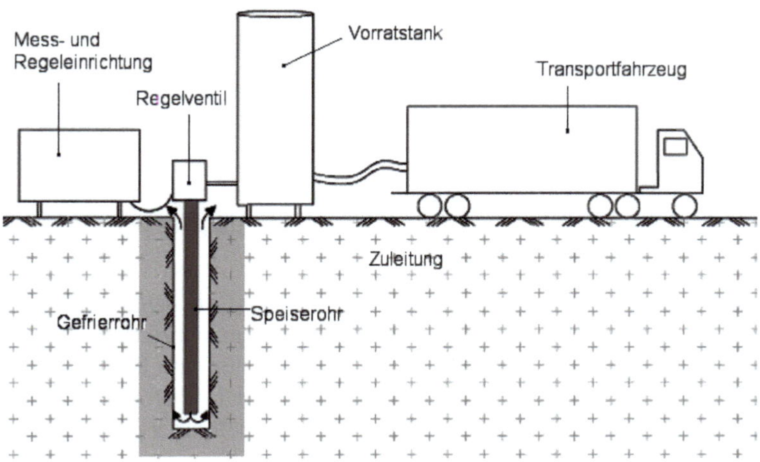


**Bild 11** Baustelleneinrichtung für eine Stickstoffvereisung

Die überwiegende Wärmeaufnahme entsteht beim Verdampfen des Stickstoffs, die Wärmeaufnahme beim Temperaturanstieg des gasförmigen Stickstoffs im Gefrierrohr ist demgegenüber geringer.

**Tabelle 1** Technische Daten von Stickstoff

| | |
|---|---|
| Siedepunkt (bei 1 bar): | –195,8 °C |
| Dichte flüssig: | 0,808 kg/l |
| Dichte gasförmig (1 bar und 15 °C): | 1,17 kg/m³ |
| Verdampfungswärme: | 199 kJ/kg |
| Spez. Wärme gasförmig bei 1 bar Druck: | 1.276 kJ/m³ · K |

**Bild 12** Gefrierrohrkopf

Der gasförmige zurückströmende Stickstoff kann frei in die Atmosphäre abströmen. Er ist weder explosiv noch brennbar noch toxisch, kann jedoch aufgrund seiner temperaturbedingt höheren Dichte insbesondere in Baugruben und Schächten die Atmosphärenluft verdrängen und dann zu einem Sauerstoffmangel führen. In geschlossenen Baugruben, Schächten oder Tunneln wird der Stickstoff deshalb in der Regel in Abgasleitungen erfasst. Aus Arbeitsschutzgründen sind unabhängig hiervon jedoch stationäre sowie oftmals auch persönliche Sauerstoffmessgeräte notwendig, die ein Absinken des Sauerstoffgehalts rechtzeitig anzeigen.

Die Menge des einströmenden Stickstoffs wird so gesteuert, dass die Temperatur des ausströmenden Abgases innerhalb einer vorgegebenen Spanne gehalten wird. In der Regel erfolgt dies durch Magnetventile, welche über einen Zweipunktregler bei vorgegebenen Temperaturen ein- bzw. ausschalten. Da auch bei deutlich über −196 °C liegenden Abgastemperaturen an der Stickstoffaustrittstelle die Siedetemperatur herrscht, ist die Wärmeabfuhr entlang dem Gefrierrohr bei einer Stickstoffvereisung ungleichmäßig. Bei sehr langen Gefrierrohren kann es deshalb erforderlich werden, den Stickstoff an mehreren Stellen in die Gefrierrohre einzuspeisen.

Beim Verdampfen vergrößert sich das Volumen des Stickstoffs auf das 691-Fache (bei 1 bar und +15 °C), sodass die Abgasleitungen größere Querschnitte als die Speiseleitungen haben müssen (Bild 12).

## 2.3 Solevereisung

Bei der Solevereisung strömt in den Gefrierrohren eine nicht gefrierende Flüssigkeit (im Allgemeinen eine Salzlösung), die in einer Kältemaschine abgekühlt wird. Diese gibt die Wärme wiederum an ein Rückkühlwerk (Wasser- oder Luftkühlung) ab (Bild 13). Die Temperaturen des Kältemittels liegen bei ca. −25 °C bei einstufigen und nicht tiefer als ca. −40°C bei zweistufigen Anlagen.

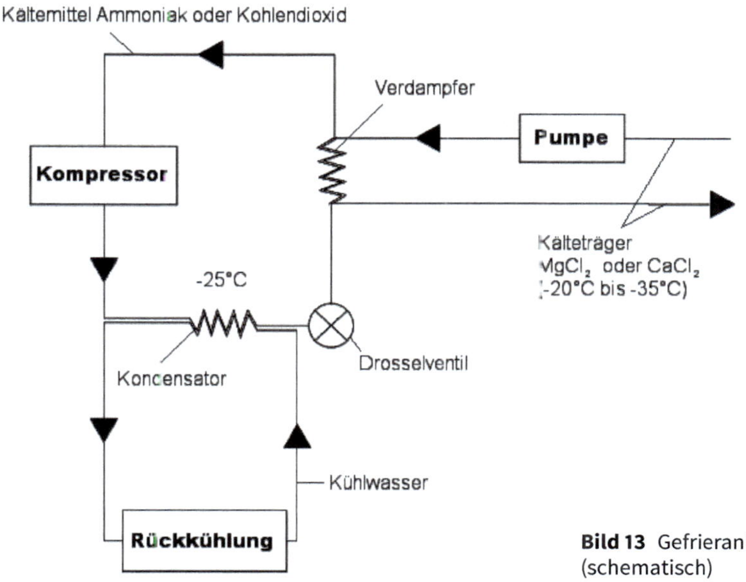


**Bild 13** Gefrieranlage für Solevereisung (schematisch)

Als Kältemittel in den Kältemaschinen wird in der Regel Ammoniak oder Kohlendioxyd verwendet, das früher oft verwendete Frigen wird aus Klimaschutzgründen nicht mehr eingesetzt.

Die gebräuchlichsten Kälteträger für die Gefrierrohre im Boden sind wässrige Lösungen von Chlor/Kalzium oder Chlor/Magnesium. Erstere lassen sich theoretisch bis ca. −51 °C, die zweiten bis ca. −34 °C bei optimaler Konzentration verwenden. Kochsalzlösungen sind demgegenüber nur bis −21 °C anwendbar. Diese sog. eutektischen Temperaturen können in der Praxis nicht vollständig ausgenutzt werden, da sie nur bei genauer Einstellung der Sole auf die passende Salzkonzentration gelten. Da dies in der Praxis nie genau erreicht werden kann und das Erstarren bereits bei kleinen Konzentrationsänderungen bei erheblich höherer Temperatur einsetzt, muss stets ein ausreichender Abstand von der theoretischen Erstarrungstemperatur eingehalten werden.

Für kleinere Vereisungen werden gelegentlich Glykol-Wassergemische eingesetzt. Diese weisen jedoch eine höhere Viskosität auf, dafür sind sie chemisch weniger aggressiv und stellen deshalb geringere Anforderungen an die Korrosionsbeständigkeit von Leitungen, Hähnen, Wärmetauschern usw. Im Schachtbau wurden nach [10] auch wässrige Lösungen von Kerosin und Glyzerin verwendet.

Insgesamt erfordert eine Solevereisung eine erheblich aufwendigere Einrichtung auf der Baustelle, überdies können durch die höheren Temperaturen und demzufolge geringeren Temperaturgradienten nur geringere Wärmeströme im Boden erzeugt werden. Wegen der höheren Viskosität des Kältemittels sind dickere Gefrierrohre als bei einer Stickstoffkühlung erforderlich, die ebenso wie der gesamte Kältekreislauf absolut dicht sein müssen, weil jeder Kältemittelaustritt zum Auftauen in der Umgebung führt. Demzufolge müssen die Kältemittelkreisläufe vor der Inbetriebnahme einer Druckprobe unterzogen werden, meist wird dabei ein Druck von 10 bar über eine Dauer von mindestens 10 Minuten ohne messbaren Druckverlust gefordert.

Der wesentliche Vorteil der Solevereisung sind die erheblich niedrigeren spezifischen Betriebskosten für die Kühlung, diese sind hauptsächlich durch die Energiekosten für die Kältemaschine bedingt. Da die Kältemaschinen als Wärmepumpen wirken, liegt die Kälteleistung auch unter Berücksichtigung der technisch bedingten Verluste in der Regel etwa in der Größe der elektrischen Leistung. Damit steht dem Stromverbrauch für eine kWh entzogener Wärme ein Verbrauch von ca. 12 bis 18 kg Stickstoff (je nach Anteil der Erwärmung im gasförmigen Zustand) gegenüber. Solevereisungen kommen deshalb vor allem für größere und lang dauernde Vereisungen infrage, bei denen der höhere Installationsaufwand durch die niedrigeren Betriebskosten aufgewogen wird. In Einzelfällen wurden allerdings auch schon Stickstoffvereisungen trotz insgesamt höherer Kosten gewählt, weil sich mit der Stickstoffvereisung der Frostkörper mit weniger und dünneren Gefrierrohren in kürzerer Zeit oder gar bei stärker strömendem Grundwasser nur mittels Stickstoff herstellen ließ.

Gelegentlich kommen Kombinationen aus Stickstoff- und Solevereisungen zum Einsatz [40, 73], wenn beispielsweise infolge hoher Grundwasserströmung ein Frostkörper nur durch Stickstoffvereisung hergestellt, aber dann über längere Zeit kostengünstiger mit einer Solevereisung unterhalten werden kann. Bei der Kombination beider Verfahren ist jedoch insofern Vorsicht geboten, als durch die tiefen Temperaturen der Stickstoffvereisung insbesondere an der Stickstoffaustrittsstelle im Rohrtiefsten eine so starke Abkühlung eintreten kann, dass die Sole in benachbarten Rohren gefriert und damit der Kühlkreislauf dort zusammenbricht und möglicherweise Beschädigungen der Gefrierrohre eintreten. Wegen der vergleichsweise hohen spezifischen Wärme der Salzlösungen ist die Gefahr gering, solange eine Strömung in den Solerohren aufrechterhalten wird. Bei einem Stillstand können Solerohre jedoch in weniger als einer halben Stunde zufrieren. Eine Wiederinbetriebnahme ist dann erst nach dem meist langwierigen Aufwärmen durch Abbruch der Stickstoffkühlung und einem mehr oder weniger starken Auftauen des bis dahin erzeugten Frostkörpers möglich.

# 3 Frostausbreitung

## 3.1 Grundlagen der Wärmeleitung

Im Boden erfolgt der Wärmetransport durch Wärmeleitung sowie bei strömendem Grundwasser zusätzlich durch Konvektion [68].

### 3.1.1 Wärmeleitung

Wärmeleitung findet nur in Materie statt und nur wenn ein Temperaturgradient vorhanden ist.

Diffusiver Wärmetransport in einem Körper mit der Querschnittsfläche A und der Länge x:

$$q = \lambda \cdot A \cdot \frac{\partial T}{\partial x} \cdot [\mathrm{J/sm^2}] \leftrightarrow [\mathrm{W/m^2}] \quad (1)$$

mit

T Temperatur [K]
λ Wärmeleitzahl [W/mK]
x Koordinate in Strömungsrichtung [m]
A durchströmte Fläche [$m^2$]

Werden infolge eines veränderlichen Temperaturgradienten unterschiedliche Wärmemengen in den Körper hinein und aus ihm heraus transportiert, so ändert sich seine Temperatur. Der Betrag der Temperaturänderung beim Eintrag einer bestimmten Wärmemenge wird definiert durch die spezifische Wärmekapazität c [J/g K] bzw. auf Volumen bezogen [J/$m^3$K].

Damit ergibt sich der Zusammenhang von Temperatur und Zeit t:

$$\frac{\partial T}{\partial t} = -\frac{\lambda}{c} \cdot \frac{\partial^2 T}{\partial x^2} \quad \text{(Fourier'sche Wärmeleitungsgleichung)} \tag{2}$$

Dreidimensional in kartesischen Koordinaten:

$$\frac{\partial T}{\partial t} = -\frac{\lambda}{c}\left(\frac{\partial^2 T}{\partial x^2} + \frac{\partial^2 T}{\partial y^2} + \frac{\partial^2 T}{\partial z^2}\right) \tag{3}$$

In Zylinderkoordinaten:

$$\frac{\partial T}{\partial t} = -\frac{\lambda}{c} \cdot \left(\frac{\partial^2 T}{\partial r^2} + \frac{1}{r} \cdot \frac{\partial T}{\partial r}\right) \tag{4}$$

Die thermische Diffusivität (oft auch als Temperaturleitzahl bezeichnet)

$$a = \lambda / c \cdot [m^2/s] \tag{5}$$

gibt an, wie schnell sich eine Temperaturänderung in einem Stoff ausbreitet.

### 3.1.2 Wärmeübergang

Fließt Wärme aus einem Festkörper mit der Temperatur $T_1$ an der Grenzfläche in Luft oder eine Flüssigkeit der Temperatur $T_2$, so kann der Wärmestrom mit der phänomenologischen Beziehung

$$q = \alpha \cdot (T_1 - T_2) \cdot [W/m^2] \tag{6}$$

mit der Wärmeübergangszahl α [W/$m^2$K]

abgeschätzt werden. Diese gilt jedoch nur für kleine Temperaturdifferenzen (im Verhältnis zur absoluten Temperatur) und berücksichtigt nicht die Tatsache, dass es sich dabei eigentlich um einen Strahlungsvorgang handelt, der durch das Stefan-Boltzmann-Gesetz [43] beschrieben wird. Der Wärmeübergang von bewegtem Wasser oder bewegter Luft auf Boden hängt in komplexer Weise von weiteren Einflüssen ab, siehe hierzu Abschnitt 3.3.2.

### 3.1.3 Konvektion

Konvektion ist die Wärmeübertragung durch den Transport erwärmter Materie und Austausch der Wärme, im Boden i. d. R. durch strömendes Porenwasser.

$$q_k = c \cdot v \cdot V \cdot \left(T_2 - T_g\right) \cdot \text{ [J/s]} \quad (7)$$

mit

c Wärmekapazität des Wassers [J/m³ K]
v Filtergeschwindigkeit [m/s]
V transportiertes Volumen [m³]
$T_2$ Grundwassertemperatur [K]
$T_g$ Gefriertemperatur [K]

## 3.2 Thermische Eigenschaften von gefrorenen Böden

Boden ist in der Regel ein Gemisch aus Mineralstoffen, Porenwasser bzw. Poreneis und Luft. Seine thermischen Eigenschaften werden durch die spezifische Wärme c, die Wärmeleitfähigkeit λ (aus beidem abgeleitet wird die Temperaturleitfähigkeit) sowie durch die Kristallisationswärme bestimmt. Die thermischen Kennwerte hängen von der Bodenart, dem Wasser- bzw. Eisgehalt, dem Sättigungsgrad sowie der Dichte und der Temperatur ab. So fällt beispielsweise die spezifische Wärme aller Materialien bis zum absoluten Temperaturnullpunkt auf null ab, während die Wärmeleitfähigkeit mit fallender Temperatur ansteigt. Eine Besonderheit bei der thermischen Berechnung von Bodenvereisungen ergibt sich daraus, dass in der Regel ein gefrorener und ein ungefrorener Bereich zu betrachten sind, an dessen Übergang sich die thermischen Eigenschaften des Wassers und damit in der Folge des gesamten Bodens stark verändern.

### 3.2.1 Wärmeleitfähigkeit

Die Wärmeleitfähigkeit von Böden steigt mit der Dichte sowie dem Sättigungsgrad. Wegen der höheren Leitfähigkeit von Eis gegenüber Wasser hat gefrorener Boden eine höhere Leitfähigkeit als ungefrorener, ferner sind quarzreiche Böden leitfähiger als solche mit Tonmineralen.

Eine Übersicht von Methoden zur Bestimmung der Wärmeleitfähigkeit findet sich in [64], dort ist auch ein einfacher Versuchsaufbau hierfür beschrieben. In der Literatur sind verschiedene Methoden zur rechnerischen Ermittlung der Wärmeleitfähigkeit aufgrund der verschiedenen Eingangsparameter angegeben. Nach einem Vergleich verschiedener Methoden durch *Farouki* [22] liefert die von *Johansen* [33] entwickelte Methode die am besten zutreffenden Ergebnisse, wenngleich die Beziehungen nicht dimensionsrein sind. Danach wird die Leitfähigkeit in Abhängigkeit von der Trockenwichte, dem Porenanteil, der Mineralart, dem Quarzanteil, dem Sättigungsgrad und der Leitfähigkeit der vorkommenden Mineralien mit den Eingangswerten aus Tabelle 2 wie folgt ermittelt:

$$\lambda = \left(\lambda_r - \lambda_d\right) \cdot K_e + \lambda_d \quad (8)$$

**Tabelle 2** Eingangswerte zur Ermittlung der Wärmeleitfähigkeit nach [33]

| Einzelwerte | gefroren | ungefroren |
|---|---|---|
| $\lambda_r$ Wärmeleitfähigkeit gesättigt | $\lambda_s^{1-n} \cdot 2{,}2^n \cdot 0{,}269^{w_u}$ | $\lambda_s^{1-n} \cdot 0{,}57^n$ |
| $K_e$ Kersten-Zahl für körnige Böden | $S_r$ | $0{,}7 \cdot \log S_r + 1{,}0$ |
| $K_e$ Kersten-Zahl für bindige Böden | $S_r$ | $\log S_r + 1{,}0$ |
| $\lambda_d$ Wärmeleitfähigkeit trocken<br>– für natürliche Böden<br>– für gebrochenes Material | $(13{,}7 \cdot \gamma_d + 64{,}7) / (2700 - 94{,}7 \cdot \gamma_d)$<br>$0{,}039 \cdot n^{-2{,}2}$ | |

mit

$\gamma_d$ Trockenwichte [kN/m$^3$]

n Porenanteil [–]

q Quarzanteil [–]

$S_r$ Sättigungszahl [–]

$\lambda_r = 7{,}7^q \cdot 2{,}0^{1-q}$ geometrisch gemittelte Wärmeleitzahl des Mineralgemischs [W/mK] bzw.

$\lambda_r = 7{,}7^q \cdot 3{,}0^{1-q}$ bei körnigem Boden mit $q < 0{,}2$ [W/mK]

$w_u$ Anteil ungefrorenes Wasser [–]

Die Werte weichen von Messwerten bis zu ± 25 % ab. Angesichts der ohnehin streuenden Bodenbeschaffenheit im natürlichen Untergrund ist dies für baupraktische Aufgaben hinnehmbar [22]. Weiterhin ist zu beachten, dass die Eingangswerte stets nur einen bestimmten Zustand repräsentieren und Veränderungen des Bodens z. B. durch die Wanderung und Anreicherung von Porenwasser nicht erfassen können. Dies kann in seltenen Einzelfällen eine genauere Betrachtung erforderlich machen.

In Abschnitt 3.2.2, Tabelle 3 sind Leitfähigkeitsbeiwerte für häufig vorkommende Bodenarten sowie andere, für Bodenvereisungen relevante Materialien angegeben.

### 3.2.2 Wärmekapazität

Die Wärmekapazität repräsentiert diejenige Wärmemenge, welche erforderlich ist, um die Temperatur in einer bestimmten Bodenmenge um 1 K zu erhöhen oder zu vermindern. In den nachfolgenden Betrachtungen wird die Wärmekapazität stets auf das Volumen bezogen, da die Frostkörper in thermischen Berechnungen durch ihre Raumkoordinaten definiert sind. Die auf die Masse bezogene spezifische Wärmekapazität $c_m$ [J/gK] lässt sich durch Multiplikation mit der Dichte [g/m$^3$] in die volumetrische Wärmekapazität $c_v$ [J/m$^3$K] umrechnen. Die Wärmekapazität nimmt mit fallender Temperatur ab und verschwindet am absoluten Temperaturnullpunkt [32] (s. Bild 14).

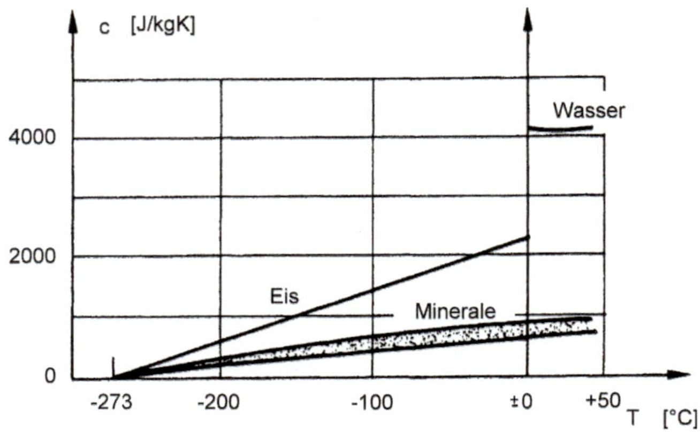


**Bild 14** Wärmekapazität in Abhängigkeit von der Temperatur [32]

Den größten Einfluss auf die Wärmekapazität von Böden übt das Porenwasser aus. Flüssiges Wasser hat wegen der speziellen Form seiner Moleküle besonders viele Freiheitsgrade der Molekülbewegungen und deshalb eine höhere spezifische Wärmekapazität als fast alle anderen Stoffe. Im gefrorenen Zustand nehmen die Freiheitsgrade der Molekülbewegung ab, damit fällt auch die spezifische Wärme um mehr als die Hälfte. Da Bodenvereisungen nur in ausreichend wasserhaltigen Böden durchgeführt werden, verringert sich beim Gefrieren auch die Wärmekapazität des Bodens. Dem gegenüber liegt die Wärmeleitfähigkeit von Eis wegen der stärkeren Koppelung der Moleküle weit über derjenigen flüssigen Wassers. Damit steigt mit sinkender Temperatur und insbesondere beim Gefrieren die Temperaturleitfähigkeit (thermische Diffusivität).

Kühlt man ungefrorenes Wasser oder ungefrorenen wasserhaltigen Boden ab, so wird beim Erstarren des Wassers zu Eis die Kristallisationswärme $q_s = 333{,}7$ [MJ/m$^3$], auch latente Wärme genannt, frei.

Während in körnigen Böden das Porenwasser bei Erreichen des Gefrierpunkts fast vollständig gefriert, kann in bindigen Böden mit deren relativ großer spezifischer Oberfläche auch unterhalb des Gefrierpunkts ungefrorenes Wasser vorhanden sein. Grund hierfür sind die Bindungskräfte des Wassers an die Oberflächen der Mineralkörner, welche stärker sind als die Bindungskräfte zum Eiskristall, sodass sich die Wassermoleküle nicht in das Kristallgitter einordnen. Die ungefrorenen Wasserhüllen sind zähflüssig und so längs der Kornoberflächen verschieblich, sie spielen eine wesentliche Rolle bei der Entstehung von Eislinsen. Diese Effekte nehmen mit zunehmender spezifischer Oberfläche des Minerals zu. Nach [3] kann bei hochplastischen Böden bis −70 °C ungefrorenes Wasser vorhanden sein, für baupraktische Aufgaben ist im Rahmen sonstiger Streuungen eine Berücksichtigung bis allenfalls ca. –10 °C ausreichend. In thermischen Berechnungen setzt man dann die Änderung der Wärmeleitfähigkeit, der spezifischen Wärme sowie das Freiwerden der Kristallisationswärme nicht mehr sprunghaft am Gefrierpunkt, sondern fließend über einige Grade bis unter den Gefrierpunkt an. In den meisten Bodenarten kann dies angesichts sonstiger Fehlereinflüsse jedoch vernachlässigt werden.

Die Wärmekapazität c kann ausreichend genau nach der Mischungsregel aus der Summe der Wärmekapazitäten der Einzelbestandteile aufsummiert werden.

$$c = \sum c_i \cdot m_i / \sum m_i \tag{9}$$

mit

$c_i$ Wärmekapazität der Einzelbestandteile [J/g K] bzw. [J/m$^3$K]
$m_i$ Anteile der Komponenten in Masse bzw. Volumen [–]

Bezieht man die Wärmekapazität des Bodens auf diejenige des Wassers und dividiert durch das spezifische Volumen des Wassers, so lässt sich nach [2] die spezifische volumetrische Wärmekapazität wie folgt abschätzen. Dabei wird für gefrorenen Boden die Wärmekapazität des Eises näherungsweise mit der Hälfte der Wärmekapazität flüssigen Wassers angesetzt.

$$\text{Wärmekapazität ungefroren:} \quad c_2 = \frac{\gamma_d}{\gamma_w}\left(0{,}18 + \frac{w}{100}\right)\cdot c_w \tag{10a}$$

$$\text{Wärmekapazität gefroren:} \quad c_1 = \frac{\gamma_d}{\gamma_w}\left(0{,}18 + 0{,}5\cdot\frac{w}{100}\right)\cdot c_w \tag{10b}$$

mit

$\gamma_d$ Trockendichte [kN/m$^3$]
$\gamma_w$ Wichte des Wassers [kN/m$^3$]
w Wassergehalt (gravimetrisch) [%]
$c_w$ = 4,187 MJ/m$^3$K: volumetrische Wärmekapazität von Wasser

Ist in einem nennenswerten Anteil ungefrorenes Wasser vorhanden, so lautet die Beziehung für $c_1$:

$$c_1 = \frac{\gamma_d}{\gamma_w}\left(0{,}18 + \frac{w_u}{100} + 0{,}5\cdot\frac{w - w_u}{100}\right)\cdot c_w \tag{11}$$

mit

$w_u$ Anteil des ungefrorenen Wassers [%]

In Tabelle 3 sind thermische Kennwerte für häufig vorkommende Bodenarten sowie andere für Bodenvereisungen relevante Materialien angegeben.

### 3.3 Künstlich erzeugte Frostausbreitung

Zur Herstellung von Frostkörpern wird der Boden von seiner natürlichen Temperatur (in unserem Klima ca. +8 °C bis +11 °C im Jahrmittel, in innerstädtischen Bereichen durch künstliche Wärmeeinträge aus warmen Leitungen, Gebäudekellern usw. bis ca. +19 °C) auf etwa –15 °C bis –30 °C abgekühlt. Für statische Berechnungen wird anstatt der Tiefstwerte an den Gefrierrohren meist die mittlere Frosttemperatur angesetzt, oftmals wird dabei der Frostkörperrand bei der –2-°C-Isotherme definiert.

**Tabelle 3** Thermische Kennwerte (Anhaltswerte)

| Material | Wärmeleitzahl | | Volumetrische Wärmekapazität | | Quelle |
|---|---|---|---|---|---|
| | ungefroren $\lambda_2$ [W/mK] | gefroren $\lambda_1$ [W/mK] | ungefroren $c_2$ [MJ/m$^3$K] | gefroren $c_1$ [MJ/m$^3$K] | |
| $H_2O$ | 0,602 | 2,22 | 4,18 | 1,93 | [43] |
| Kies | 2,0–3,3 | 2,9–4,2 | 2,2–2,7 | 1,5–2,1 | [9] |
| Sand feucht | 1,5–2,5 | 2,7–3,9 | 2,5–3,0 | 1,8–2,2 | [9] |
| Schluff | 1,4–2,0 | 2,5–3,3 | 2,5–3,1 | 1,8–2,3 | [9] |
| Ton | 0,9–1,8 | 1,5–2,5 | 2,2–3,2 | 1,7–2,3 | [9] |
| Tonstein | 2,6–3,1 | 2,7–3,2 | 2,34–2,35 | 2,25–2,26 | [9] |
| Sandstein | 3,1–4,3 | 3,2–4,4 | 2,19–2,20 | 2,07–2,08 | [9] |
| Beton je nach Dichte | 1,2–2,0 | | 1,8–2,4 | | [72] |
| Stahlbeton | 2,0–2,5 | | 2,2–2,4 | | [72] |
| Baustahl | 50 | | 3,51 | | [72] |
| Edelstahl | 17 | | 3,63 | | [72] |
| Kupfer | 380 | | 3,38 | | [72] |
| Aluminium | 160 | | 2,46 | | [72] |
| Mauerwerk | 0,35–1,2 | | 1,75–2,6 | | [72] |
| Quarz | 8,4 | | 1,7–2,0 | | [3] |
| Sandstein | 1,8–4,2 | | | | [72] |
| Kalkstein | 1,3–5,0 | | | | [72] |

Die Wärme fließt vom ungefrorenen Boden über die Frostgrenze und den gefrorenen Boden zum Gefrierrohr (Bild 15). Dabei sind die Abkühlwärme des gefrorenen sowie des ungefrorenen Bodens und die Kristallisationswärme des Porenwassers abzuführen. Die Temperaturen ändern sich unterschiedlich schnell, da die Temperaturleitzahlen im gefrorenen und im ungefrorenen Bereich verschieden sind. Bei strömendem Grundwasser kommt noch ein konvektiver Wärmeanteil dazu (s. Abschnitt 3.3.2).

Zu Beginn ($t_0$ in Bild 15) wird noch ungefrorener Boden abgekühlt, nach Erreichen der Gefriertemperatur wächst der Frostkörper beim Einzelrohr konzentrisch nach außen (Bild 16a), bei einer Rohrreihe wegen des geringeren Wärmestroms von den Nachbarrohren her schneller in deren Richtung (Bild 16b). Der zum Aufbau des Frostkörpers abzuführende Wärmestrom ist erheblich größer als der später zum Unterhalt benötigte. Meist wird deshalb zunächst mit zwei oder mehr Kältemaschinen gekühlt, von denen später eine abgeschaltet wird und als Reserve auf der Baustelle bleibt.

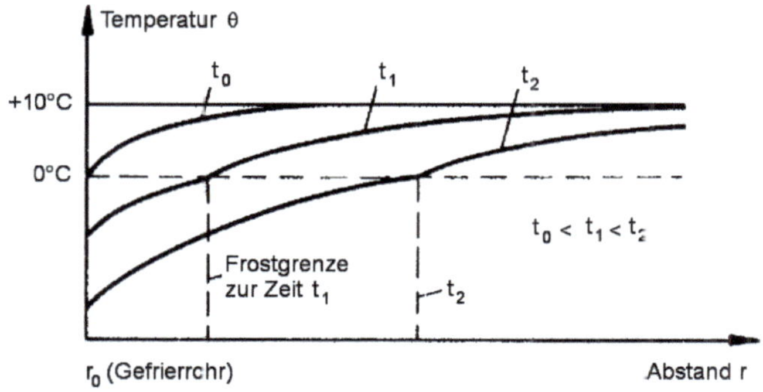


**Bild 15** Temperaturverlauf um ein Gefrierrohr zu verschiedenen Zeiten (nach [67])

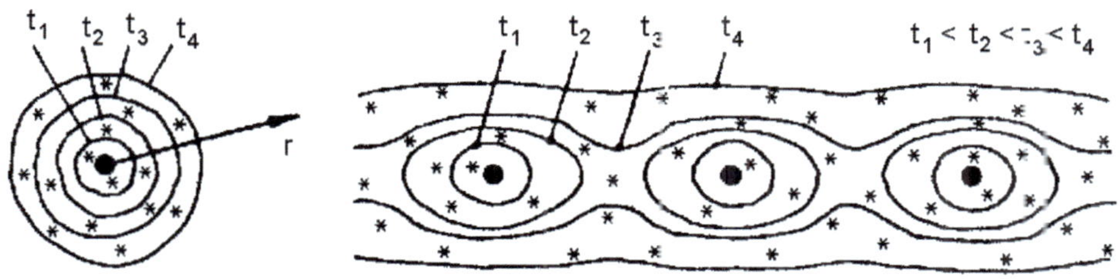


**Bild 16** Frostausbreitung a) bei ruhendem Grundwasser und b) um eine Rohrreihe

Da künstlicher Bodenfrost in der Regel mit gekühlten Rohren erzeugt wird, basieren die üblichen Berechnungsverfahren auf der Frostausbreitung um ein Einzelrohr, die dann auf Rohrreihen oder Rohrkreise, zum Teil auch auf Doppelreihen erweitert werden. Die analytischen Berechnungsverfahren sind durchweg zweidimensional, numerische Berechnungen werden für praktische Aufgaben meist zweidimensional, in jüngerer Zeit – überwiegend noch zu Forschungszwecken – auch dreidimensional durchgeführt [5, 56, 57].

Eine exakte analytische Berechnung der Frostausbreitung ist wegen der instationären Randbedingungen nicht geschlossen möglich, es gibt jedoch verschiedene Näherungslösungen für häufig vorkommende Randbedingungen. Die dabei vorgenommenen Vereinfachungen beziehen sich sowohl auf physikalische Annahmen als auch auf mathematische Lösungsverfahren, teilweise werden auch Ergebnisse von Modellversuchen hinzugezogen. Unabhängig hiervon wird die Genauigkeit der Berechnungen durch folgende Einflüsse begrenzt:

Die Wärmeleitfähigkeit, die Wärmekapazität sowie die Durchlässigkeit (bei strömendem Grundwasser) des Bodens sind natürlichen Schwankungen unterworfen, sodass eine genaue experimentelle Bestimmung nicht möglich, aber auch nicht zielführend ist. Weiterhin sind diese Größen teilweise während des Gefrierprozesses, z. B. durch Wasserwanderung, Änderungen unterworfen. In den meisten Fällen beschränkt man sich deshalb auf die Ermittlung von konstanten Kennwerten für den gefrorenen und ungefrorenen Zustand, die darüber hinaus vorhandene Temperaturabhängigkeit wird allenfalls in numerischen Rechenverfahren berücksichtigt.

Bei strömendem Grundwasser liegt ein gekoppeltes Grundwasser- und Wärmeströmungsproblem vor. Durch das Frostwachstum werden die Geometrie des Strömungsraums und damit die Strömung selbst beeinflusst. Der Wärmeübergang an räumlich und zeitlich sich ändernden Oberflächen ist analytisch nicht darstellbar. Weiterhin ist die Temperatur an den Gefrierrohroberflächen zumindest zu Beginn des Gefrierprozesses zeitabhängig, aber i. d. R. nicht exakt prognostizierbar. Aus diesen Gründen ist eine exakte durchgängige Berechnung des Gefrierprozesses nicht möglich, wenngleich die Prognosegenauigkeit mit der weiteren Entwicklung der Berechnungsverfahren zunehmen wird. Weil dabei der Aufwand nicht nur bei der Berechnung selbst, sondern auch bei der Ermittlung von Eingangsgrößen ansteigt, sind bei baupraktischen Anwendungen stets Aufwand und Nutzen der Berechnungen einander gegenüberzustellen. Bei vielen Praxisfällen stehen einige wenige Fragen im Vordergrund:

- die Zeit zum Schließen des Frostkörpers in Abhängigkeit vom Gefrierrohrabstand und der Gefriertemperatur,
- die Temperaturverteilung im Frostkörper während der Nutzungsphase im Hinblick auf die statischen Anforderungen,
- bei strömendem Grundwasser die Grenze des Frostkörperwachstums sowie die Zeit zum Schließen des Frostkörpers in Abhängigkeit von der Gefrierrohrkonstellation und der Gefriertemperatur,
- die räumliche Temperaturverteilung während der Nutzungsdauer im Hinblick auf die Beurteilung des Frostkörpers anhand einzelner Temperaturmessstellen,
- die erforderliche Kälteleistung vor allem während des Forstkörperaufbaus. Im Unterhaltsbetrieb ist die Kälteleistung geringer und deshalb zwar im Hinblick auf Kosten, nicht jedoch für die Dimensionierung der Vereisungsinstallation maßgebend.

Die Anwendung analytischer Verfahren erstreckt sich in der Regel auf einfache Geometrien, auf Vorstudien z. B. zur Festlegung des Gefrierrohrabstands, zur Plausibilitätskontrolle sowie zur Kalibrierung von numerisch ermittelten Ergebnissen, da manche Berechnungsprogramme nicht direkt ermittelbare Eingaben wie z. B. Wärmeübergangskoeffizienten erfordern. Wenngleich die Berechnung von Randwertproblemen mittlerweile meist numerisch erfolgt, sind analytische Verfahren dennoch nützlich.

### 3.3.1 Frostausbreitung bei ruhendem Grundwasser

#### 3.3.1.1 Frostausbreitung vor dem Schließen des Frostkörpers

Um ein von einem Kühlmittel durchströmtes Gefrierrohr mit dem Radius $r_0$ bildet sich ein Frostkörper mit dem Radius R. Das Gefrierrohr stellt eine Wärmesenke dar, durch die dem umgebenden Boden Wärme entzogen wird. Unter der Voraussetzung, dass in Richtung der Rohrachse kein Temperaturgradient vorhanden ist, gilt neben der Fourier'schen Wärmeleitungsgleichung (4) für das gefrorene sowie für das ungefrorene Gebiet die Wärmebilanz an der Frostgrenze R. Nachfolgend werden das gefrorene Gebiet mit dem Index „1" und das ungefrorenen Gebiet mit dem Index „2" gekennzeichnet.

$$\frac{\partial R}{\partial t} = \frac{1}{\rho q_s}\left[\lambda_1 \left(\frac{\partial T_1}{\partial r}\right)_{r=R} - \lambda_2 \left(\frac{\partial T_2}{\partial r}\right)_{r=R}\right] \tag{12}$$

mit den Randbedingungen

| | | | | |
|---|---|---|---|---|
| $t = 0$ und | $r_0 < R < \infty$ : | $T = T_{II}, \dfrac{\partial T}{\partial r} = 0$ | ($T_{II}$ | Bodenanfangstemperatur) |
| $t > 0$ und | $r = r_0$ : | $T = T_I$ | ($T_I$ | Temperatur des Gefrierrohrs) |
| | $r = R$ : | $T = T_g$ | ($T_g$ | Gefriertemperatur = 0 °C) |
| | $r \to \infty$ : | $T = T_{II}, \dfrac{\partial T}{\partial r} = 0$ | | |

Die exakte Lösung dieser Gleichungen ist bislang nicht gelungen, weshalb verschiedene Vereinfachungen eingeführt wurden.

Die einfachste Betrachtung beschränkt sich auf die Kristallisationswärme, d. h. $c_1 = c_2 = 0$.

Nach dem Ansatz von *Leibenson* [67] wird zusätzlich die Abkühlwärme des Frostkörpers, nicht aber der ungefrorenen Umgebung betrachtet, dies ist gleichbedeutend mit der Annahme $T_{II} = T_g = 0$. Dieser Ansatz ist nur dann akzeptabel, wenn die Bodenanfangstemperatur nahe dem Gefrierpunkt liegt, d. h. $T_{II}$ etwa annähernd $T_g$ ist.

Im Ansatz von *Chakimov* [67] wird die Abkühlwärme des ungefrorenen Bereichs mit der Wärmekapazität des gefrorenen Bereichs berechnet, was die abzuführende Wärmemenge unterschätzt. Weiterhin wird die Abkühlgrenze als ein festes Vielfaches des Frostkörperradius angenommen, was physikalisch nicht begründet ist und von den thermischen Bodeneigenschaften sowie stark von den Temperaturen des ungefrorenen Bodens sowie der Gefrierrohrtemperatur abhängt. Dieser Ansatz ist Basis für das Rechenverfahren von *Sanger* und *Sayles* [61]. Dieses geht von folgenden Annahmen aus:

- Es wird ein stationärer Zustand betrachtet. Dadurch wird aus der partiellen inhomogenen Differenzialgleichung für die Wärmeleitung eine gewöhnliche Differenzialgleichung, die wieder elementar integrierbar ist. Damit kann jedoch die zeitliche Frostausbreitung nicht mehr berechnet werden, weshalb das Informationsdefizit mit der physikalisch unbegründeten Annahme eines festen Verhältnisses $a_R$ von Abkühlradius zu Gefrierradius ersetzt wird. Hierfür wird ein Wert bei *Chakimov* ein Wert 4,5 bis 5,5 und in [61] ein Wert von 3,0 empfohlen, was jedoch von den thermischen Bodeneigenschaften abhängt und nur für spezielle Fälle zutrifft. Eine korrekte Ermittlung von $a_R$ in Abhängigkeit von den thermischen Eigenschaften des Bodens sowie den Anfangsbedingungen ist mit diesem Verfahren nicht möglich, $a_R$ beeinflusst aber stark das Ergebnis.
- Ausgehend vom stationären Zustand mit einem gegebenen Frostkörperradius und der aufgrund des gewählten $a_R$ entstehenden Temperaturverteilung wird die zur Abkühlung auf diesen Zustand entzogene Wärmemenge ermittelt. Für den Wärmezustrom von außen wird ein Zuschlag von 30 % empfohlen.
- Wiederum für die (letztlich gewählte) Temperaturverteilung wird der stationäre Wärmestrom ermittelt, zusammen mit der zu entziehenden Wärmemenge ergibt sich hierfür die Gefrierzeit sowie erforderliche Kälteleistung am Gefrierrohr. Auch diese Ergebnisse hängen stark vom gewählten $a_R$ ab.

In [61] werden weitere geschlossene Berechnungsansätze und Nomogramme für das Frostwachstum nach dem Schließen des Frostkörpers für gerade und gekrümmte einfache und doppelte Gefrierrohrreihen angegeben, die wegen der o. g. Annahmen in passenden Fällen, jedoch nicht im Allgemeinen hinreichend genaue Ergebnisse liefern, weshalb von der Anwendung abgeraten wird.

Das Verfahren von *Ständer* [67] errechnet die Frostausbreitung um ein Gefrierrohr mit dem Radius $r_0$ basierend auf dem geschlossen lösbaren Fall einer fadenförmigen Wärmesenke mit zeitlich konstantem Wärmeentzug. Die analytische Näherungslösung gibt alle physikalischen Einflüsse richtig wieder, ein Fehler entsteht lediglich durch die vereinfachende Annahme, dass zu Beginn des Gefrierens um das Gefrierrohr bereits eine Vorkühlung vorhanden ist. Der Fehler ist aber gering, weil zu diesem Zeitpunkt die Abkühlzone wegen des geringen Rohrdurchmessers noch sehr klein ist, ferner weil auch die Zeit zur Vorkühlung bei dem geringen Rohrdurchmesser gering und weiterhin die Vorkühlwärme erheblich kleiner ist als die Kristallisationswärme.

Unter Berücksichtigung der oben genannten Randbedingung wird eine Partikulärlösung der Wärmeleitungsgleichung gewonnen, mit der schließlich die Gefrierzeit $t_g$ bis zum Erreichen eines bestimmten Frostkörperradius R ermittelt werden kann. Dabei werden aus den üblichen Eingangswerten $\lambda$ (Wärmeleitzahl), $\theta$ (Temperatur in °C), a (Temperaturleitzahl) und $\rho \cdot q_s$ (Kristallisationswärme) folgende dimensionslose Kennzahlen gebildet:

$$X = -\frac{\lambda_1 \theta_I}{\lambda_2 \theta_{II}} \tag{13}$$

$$Y = -\frac{\lambda_1 \theta_I}{a_1 \rho q_s} \tag{14}$$

$$Z = \frac{R}{r_0} \tag{15}$$

$$k^2 = \frac{R^2 - r_0^2}{4 a_1 \, t_g} \tag{16}$$

$$\beta = \frac{a_1}{a_2} \tag{17}$$

Darin bedeuten

| | |
|---|---|
| $\lambda_1$, $\lambda_2$ | Wärmeleitzahl gefroren / ungefroren [W/mK] |
| $\theta_I$ | Gefrierrohrtemperatur [°C] |
| $\theta_{II}$ | Temperatur des umgebenden Bereichs [°C] |
| $r_0$ | Gefrierrohrdurchmesser [m] |
| R | Frostkörperradius [m] |
| $a_1$, $a_2$ | Temperaturleitzahl gefroren / ungefroren [$m^2$/s] |
| $t_g$ | Gefrierzeit [s] |

Mit diesen Kennzahlen ergibt sich die Lösung der Differenzialgleichung zu

$$\frac{1}{X} = \frac{e^{\beta k^2}\,\mathrm{Ei}\left(-\beta k^2\right)}{e^{k^2}\dfrac{Z^2}{Z^2-1}\left\{e^{-k^2/Z^2} - \dfrac{1}{Z^2}e^{-k^2} + \left(1+\dfrac{k^2}{Z^2}\right)\left[\mathrm{Ei}\left(-\dfrac{k^2}{Z^2}\right) - \mathrm{Ei}\left(-k^2\right)\right]\right\}} + \frac{k^2\,\mathrm{Ei}\left(-\beta k^2\right)e^{\beta k^2}}{Y} \tag{18}$$

mit der Integralexponentialfunktion

$$\mathrm{Ei}(-x) = \int_{-\infty}^{-x} \frac{e^{\xi}}{\xi}\,d\xi = C + \ln|x| + \frac{x}{1\cdot 1!} + \frac{x^2}{2\cdot 2!} + \frac{x^3}{3\cdot 3!} + \ldots + \frac{x^n}{n\cdot n!} \tag{19}$$

Darin ist C die Euler'sche Konstante: $C = \lim\limits_{n\to\infty}\left(1 + \frac{1}{2} + \frac{1}{3} + \ldots \frac{1}{n} - \ln(n)\right)$ (20)

Wenn man $\beta$ = konstant annimmt, so ergibt sich daraus

$$\frac{1}{X} = \frac{1}{Y}G(k) + H(Z, k) \tag{21}$$

Mit Gl. (18) bzw. (21) lässt sich $k^2$ und damit $t_g$ z. B. durch ein Iterationsprogramm oder mit den in [67] enthaltenen Nomogrammen (Bild 17) leicht ermitteln. Dabei können die Nomogramme erforderlichenfalls durch parabolische Interpolation oder Extrapolation erweitert werden.

**Beispiel 1** (Berechnungsverfahren von *Ständer* [67] für Einzelrohr, Werte aus den experimentellen Untersuchungen in [56])

*Gesucht:* Gefrierzeit $t_g$ bis zum Frostkörperradius R um ein Einzelrohr.

$\lambda_1 = 3{,}3$ W/mK, $\lambda_2 = 2{,}0$ W/mK, $\gamma_d = 15{,}52$ kN/m$^3$, n = 0,406

$c_1 = 2{,}55$ MJ/m$^3$, $c_2 = 3{,}87$ MJ/m$^3$, $S_r = 1{,}0$, $\rho \cdot q_s = 1{,}36 \cdot 10^8$ J/m$^3$

$a_1 = 1{,}294 \cdot 10^{-6}$ m$^2$/s, $a_2 = 5{,}168 \cdot 10^{-7}$ m$^2$/s

$\theta_{II} = +19$ °C, $\theta_I = -27$ °C, $r_0 = 0{,}0205$ m, R = 0,161 m

$X = -3{,}3 \cdot (-27) / 2{,}0 \cdot 19 = 2{,}345$

$Y = -3{,}3 \cdot (-27) / 1{,}294 \cdot 10^{-6} \cdot 1{,}36 \cdot 10^8 = 0{,}506$

$Z = 0{,}161 / 0{,}0205 = 7{,}854$

$\beta = 1{,}294 \cdot 10^{-6} / 5{,}168 \cdot 10^{-7} = 2{,}504$

Aus Nomogramm $\rightarrow k^2 = 0{,}0433$

$t_g = (0{,}161^2 - 0{,}0205^2) / 0{,}0433 \cdot 4 \cdot 1{,}294 \cdot 10^{-6} = 1{,}138 \cdot 10^5$ s = 31,61 h

In einer Rohrreihe breitet sich der Frostkörper wegen des fehlenden Wärmestroms von den Nachbarrohren her schneller aus als quer dazu (Bild 16). Dieser Effekt ist umso größer, je höher die Bodenanfangstemperatur $\Theta_{II}$ ist. Im Verfahren von *Ständer* [67] wird dies durch den Schließzeitfaktor $m_s$ berücksichtigt, mit dem die Bodenanfangstemperatur $\Theta_{II}$ multipliziert wird. Nach Modellversuchen [67] mit geraden und gekrümmten Rohrreihen in Quarzsand liegt $m_s$ zwischen ca. 0,27 und 0,30. *Ständer* schlägt auf der sicheren Seite einen einheitlichen Wert von $m_s = 0{,}3$ vor. Damit gilt $\Theta^*_{II} = \Theta_{II} \cdot m_s$ und in X wird $\Theta^*_{II}$ anstatt $\Theta_{II}$ eingesetzt. Der weitere Lösungsweg ist identisch wie für das Einzelrohr.

**Beispiel 2** (Berechnungsverfahren von *Ständer* [67] für Rohrreihe, Werte aus [56])

*Gesucht:* Gefrierzeit $t_g$ in der Rohrreihe bis zum Frostkörperradius R mit Schließzeitfaktor $m_s = 0{,}3$.

$X = -3{,}3 \cdot (-27) / 2{,}0 \cdot 19 \cdot 0{,}3 = 7{,}816$; weitere Werte wie Beispiel 1

Aus Nomogramm $k^2 = 0{,}0996$

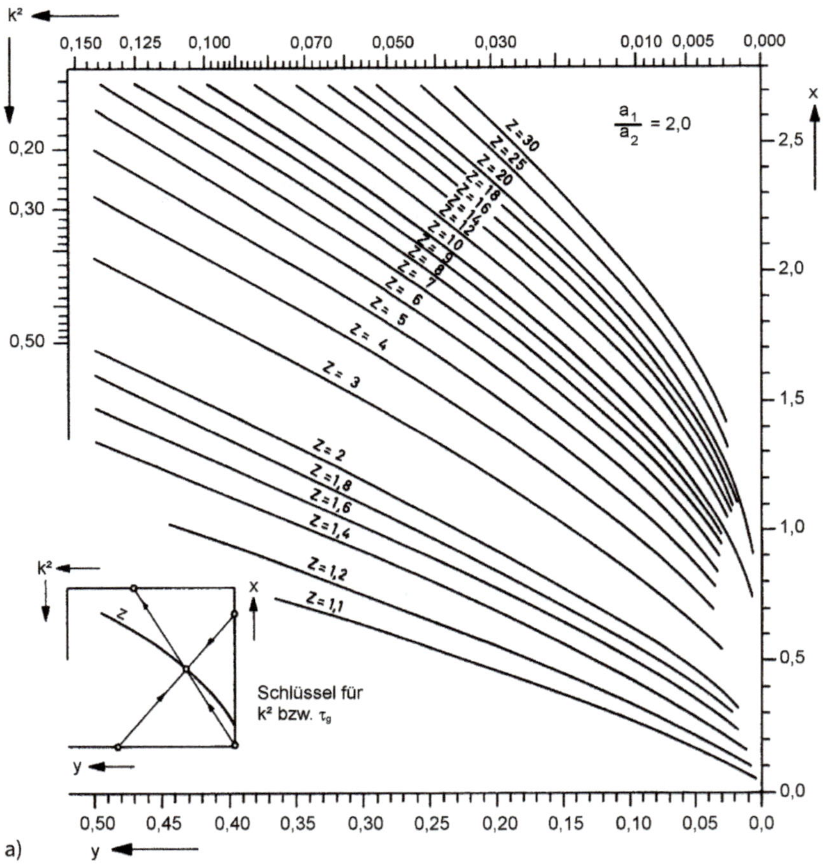


**Bild 17** Nomogramm zur Bestimmung des Frostfortschritts am Einzelrohr ($t_l$ = konst.) [67]

$t_g = (0{,}161^2 - 0{,}0205^2) / 0{,}0996 \cdot 4 \cdot 1{,}294 \cdot 10^{-6} = 49.465\ s = 13{,}74\ h$

Zum Vergleich: Verfahren nach [61]

$t_g = (0{,}161^2 \cdot 6{,}027 \cdot 10^8 / 4 \cdot 3{,}3 \cdot 27)\ (2\ \ln\ (0{,}161 / 0{,}0205) - 1 + 2{,}55 \cdot 10^6 \cdot 27 / 6{,}027 \cdot 10^8) = 1{,}418 \cdot 10^5\ s = 39{,}4\ h$

mit $L_I = 1{,}36 \cdot 10^8 + (3{,}0^2 - 1) \cdot 3{,}87 \cdot 10^6 \cdot 19 / 2\ \ln 3{,}0 = 4{,}372 \cdot 10^8\ MJ/m^3$

Nach einem Vergleich mit ausgeführten Versuchen [56] liefert das Verfahren nach [67] für ruhendes Grundwasser erheblich genauere Werte als das Verfahren nach [61]:

Schließzeit $t_s$ bei ruhendem Grundwasser:

im Versuch [56]: 17,7 Std. (Mittelwert aus drei Messungen)

Berechnung nach [67]: 13,7 Std.

Berechnung nach [61]: 35,1 Std. mit $a_R = 3{,}0$ bzw. 26,9 Std. mit $a_R = 4{,}0$

Modifiziert man das Verfahren nach [61] ebenfalls mit dem Schließzeitfaktor $m_s = 0{,}3$ nach [67], so ergibt sich $L_1 = 2{,}163 \cdot 10^8$ und $t_g = 5{,}41 \cdot 10^4 = 15{,}0\ h$.

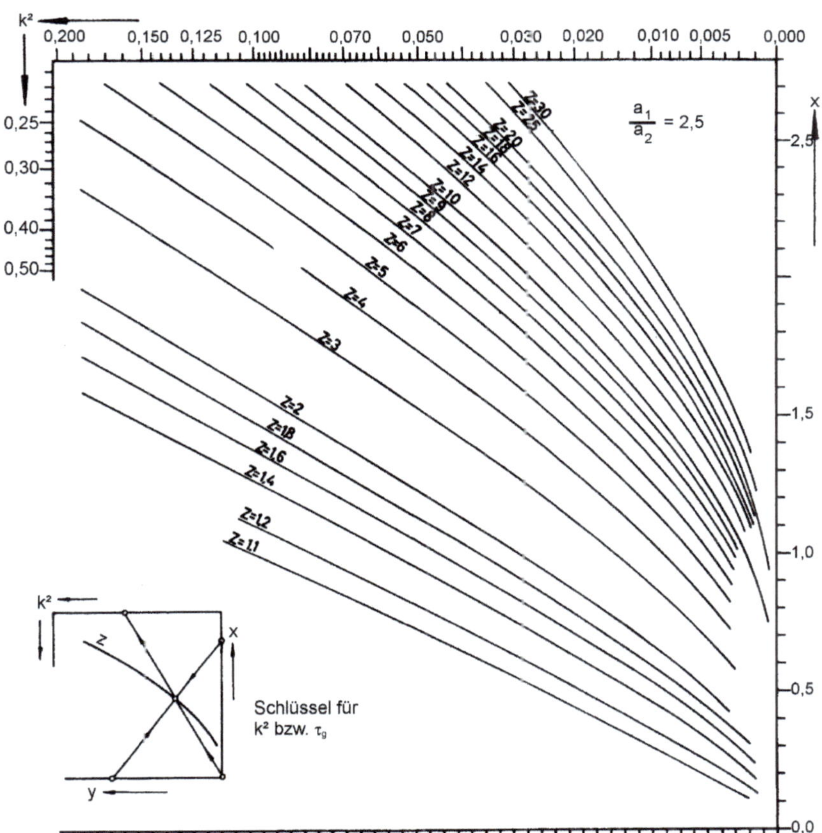

b)

**Bild 17** *(Fortsetzung)*

### 3.3.1.2 Frostausbreitung um die Rohrreihe nach dem Schließen

Nach dem Schließen des Frostkörpers hat er eine zunächst wellige, im Laufe der Zeit aber zunehmend glatte Oberfläche. Damit handelt es sich um eine flächige ebene Wärmesenke, zu der aus der Umgebung Wärme strömt. Für das ebene Gefrierproblem mit konstanter Temperatur der Wärmesenke und mit dem Phasenübergang hat *F. Neumann* ca. 1860 eine exakte Lösung angegeben. Er weist nach, dass der Frost proportional zur Wurzel aus der Zeit wächst, d. h. die Frostwanddicke L beträgt

$$L(t) = p \cdot \sqrt{t} \tag{22}$$

Der Proportionalitätsfaktor p ergibt sich nach [67] aus der Gleichung

$$\rho \cdot q_s \frac{\sqrt{\pi}}{2} p = -\frac{\lambda_1}{\sqrt{a_1}} \Theta_E \frac{e^{-\frac{p^2}{4a_1}}}{G\left(\frac{p}{\sqrt{4a_1}}\right)} - \frac{\lambda_2}{\sqrt{a_2}} \Theta_{II} \frac{e^{-\frac{p^2}{4a_2}}}{1-G\left(\frac{p}{\sqrt{4a_2}}\right)} \tag{23}$$

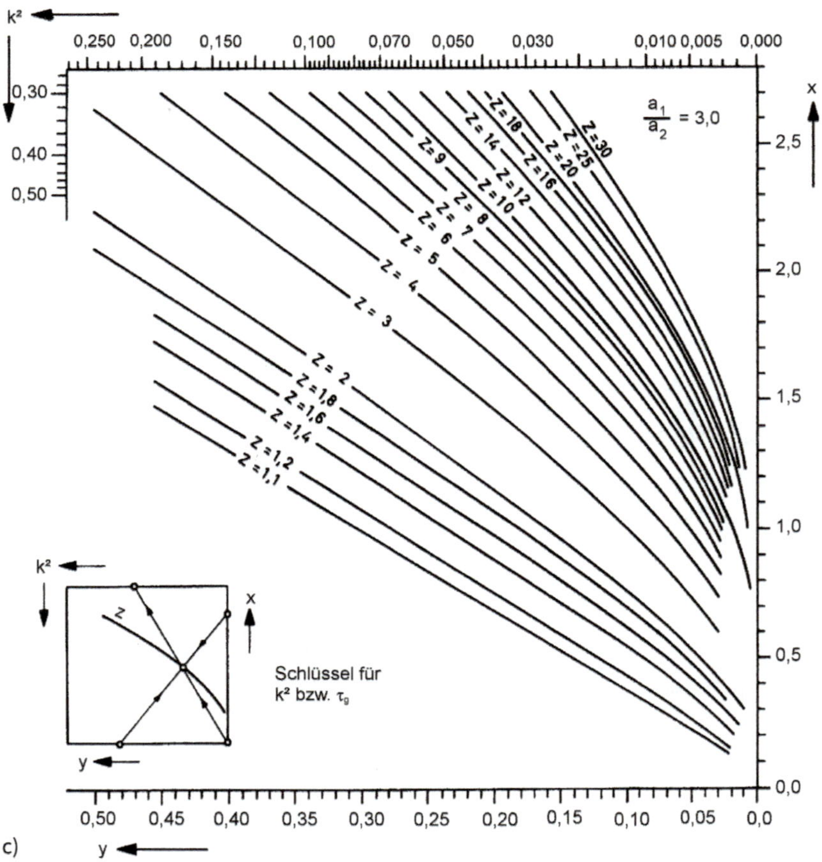


c)

**Bild 17** *(Fortsetzung)*

Das letzte Glied erfasst den Einfluss der Vorkühlungswärme. Die Gleichung lässt sich nicht nach p auflösen. Zur Ermittlung von p gibt *Ständer* Nomogramme an (Bild 18a, b), mit dem aus den dimensionslosen Kennzahlen

$$x = -\sqrt{\frac{a_1}{a_2}} \cdot \frac{\lambda_2 \Theta_{II}}{\lambda_1 \Theta_E} = -\frac{b_2\,\Theta_{II}}{b_1 \Theta_E} \quad (\Theta_E\text{: Temperatur der ebenen Wärmesenke}) \tag{24}$$

$$y = \frac{1}{Y} = -\frac{a_1\,\rho q_s}{\lambda_1\,\Theta_E} \tag{25}$$

$$\beta = \frac{a_1}{a_2} \tag{26}$$

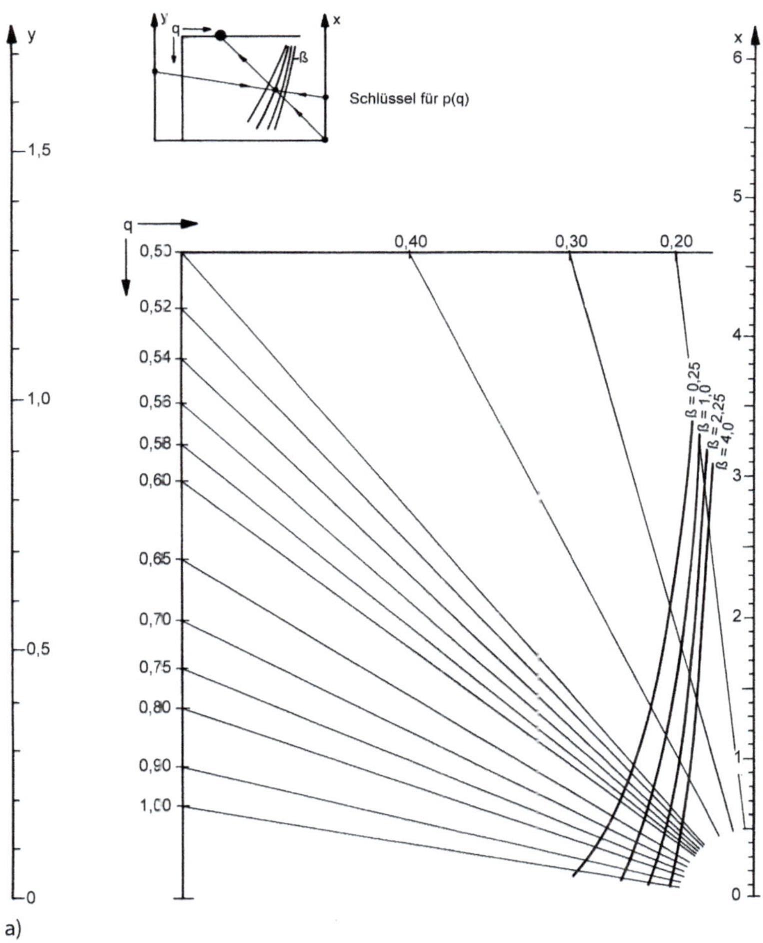


a)

**Bild 18** Nomogramm zur Bestimmung des Proportionalitätsfaktors p für die Frostausbreitung im ebenen Fall [67]

$$q^2 = \frac{p^2}{4a_1} = \frac{L^2}{4a_1 t} \text{ (entspricht } k^2 = \frac{R^2 - r_0^2}{4a_1\, t} \text{ beim rotationssymmetrischen Problem)} \tag{27}$$

die Größe q und daraus $p = q \cdot \sqrt{4 \cdot a_1{}^2}$ ermittelt werden können.

Da die Frostausbreitung der ebenen Wand beim Schließen des Frostkörpers beginnt und zu diesem Zeitpunkt noch eine wellige Oberfläche vorhanden ist, muss für die Transformation auf das ebene Problem deren bis dahin erreichte mittlere Dicke sowie die während des Frostwachstums zeitlich gemittelte Temperatur auf der Frostrandebene bestimmt werden.

Die zeitlich gemittelte Temperatur $\Theta_E$ in der Gefrierrohrebene folgt aus der Gefrierrohrtemperatur $\Theta_I$ und der gesuchten Frostwanddicke L mit E(L) aus Bild 19 [67].

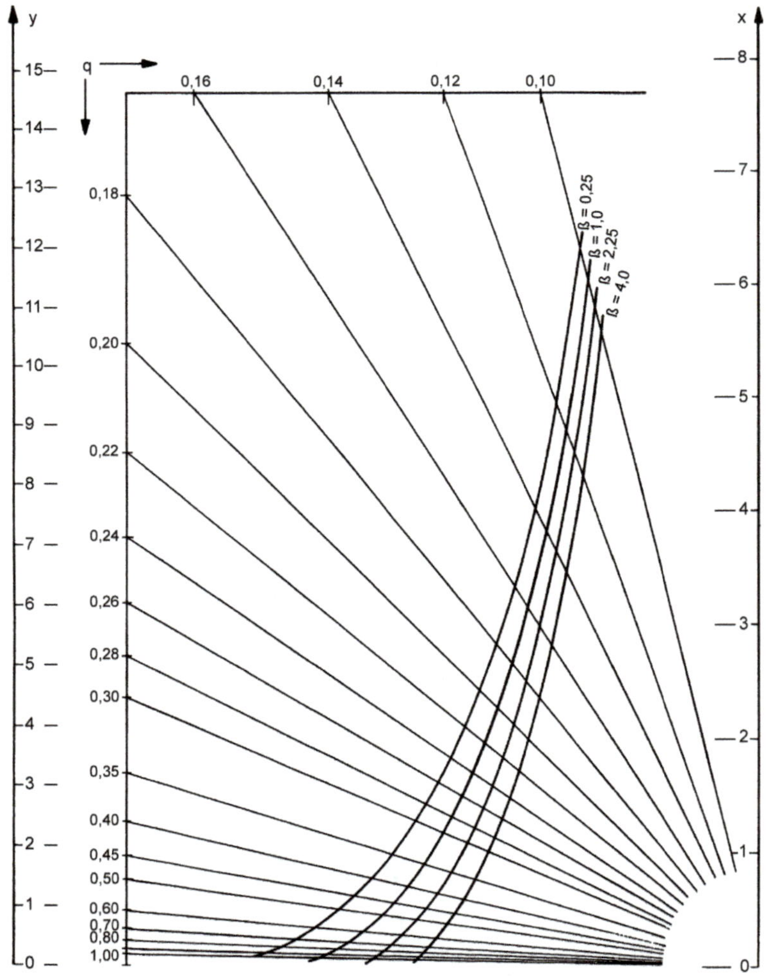


b)

**Bild 18** *(Fortsetzung)*

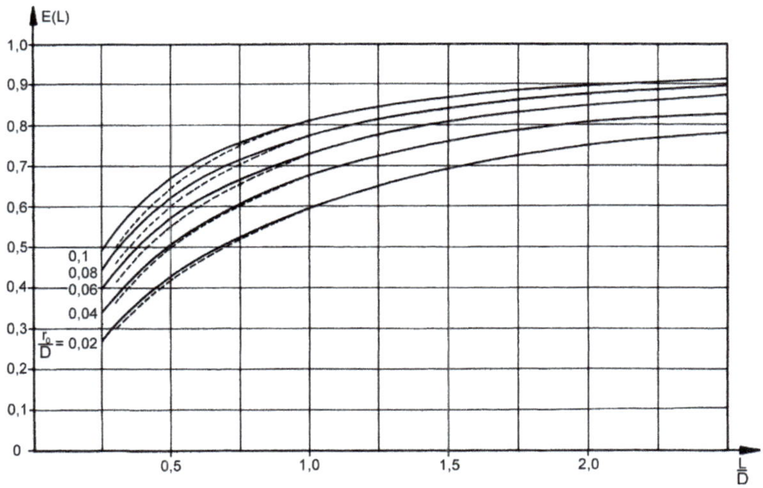


**Bild 19** Verhältnis E(L) der mittleren Temperatur auf der Rohrebene zur Rohrwandtemperatur in Abhängigkeit von der Frostdicke L [67]

Darin ist die Frostdicke L auf den Gefrierrohrachsabstand D bezogen, ferner geht das Verhältnis $r_o/D$ ein. Zur Ermittlung der zeitlich gemittelten Rohrebenentemperatur muss der zeitliche Mittelwert von E(L) zwischen L = 0 und der gesuchten Frostwanddicke $L_g$ entnommen und mit der Gefrierrohrtemperatur multipliziert werden.

$$\Theta_E = E(L) \cdot \Theta_I \quad (28)$$

Mit dem Eingangswert $\Theta_E$ kann nach $q^2 = \frac{p^2}{4a_l} = \frac{L^2}{4a_l\, t}$ (Gl. 27) aus den Nomogrammen von Bild 18 q bestimmt und daraus p berechnet werden.

Weiter zu ermitteln ist die mittlere Frostwanddicke beim Schließen des Frostkörpers, da die Berechnung der ebenen Frostausbreitung erst in diesem Zustand einsetzt. In der Rohrreihe wachsen die Frostkörper zu den Nachbarrohren hin schneller, sodass sie eine elliptische Form haben. Die beiden Achsen weichen umso stärker voneinander ab, je höher die Bodenanfangstemperatur $\Theta_{II}$ ist. Als Näherung ermittelt *Ständer* den Zeitfaktor p für das Frostwachstum sowohl für den Fall mit Vorkühlwärme, d. h. unter Ansatz der Bodenanfangstemperatur $\Theta_{II}$ mit der Bezeichnung $p_v$ wie auch unter Vernachlässigung der Vorkühlwärme, d. h. mit $\Theta_{II} = \Theta_g = 0°C$ mit der Bezeichnung $p_i$. Die Ermittlung erfolgt mit den oben genannten dimensionslosen Werten und dem Nomogramm (Bild 18). Daraus ergibt sich die größte Frostwanddicke quer zur Gefrierrohrreihe zu

$$L_{max} = \frac{D}{2} \cdot \frac{p_v}{p_i} \quad (29)$$

Nun wird die wellige Oberfläche in eine flächengleiche Ebene mit der mittleren Frostwanddicke $L_s$ umgerechnet

$$L_s = \frac{\pi}{4} \cdot L_{max} = 0{,}785 \cdot \frac{D}{2} \cdot \frac{p_v}{p_i} \tag{30}$$

Ausgehend von der mittleren Frostwanddicke $L_s$ beim Schließen des Frostkörpers zur Zeit $t_s$ folgt wegen des Frostkörperwachstums mit der Wurzel der Zeit näherungsweise

$$L_g = L_s + p \cdot \left(\sqrt{t_g} - \sqrt{t_s}\right) \tag{31}$$

und daraus $$t_g = \left(\frac{L_g - L_s}{p} + \sqrt{t_s}\right)^2 \tag{31a}$$

Das Verfahren enthält in der Ermittlung E(L) einen geringen Fehler, den man durch Quadrieren der L/D-Skala verringern kann, weil sich dann eine lineare Zeitskala ergibt und der Mittelwert genauer gebildet werden kann. Dies gilt jedoch nur für den Fall $\Theta_I$ = konstant. Der durch die Berechnung begangene Fehler ist im Rahmen der sonstigen Streuungen jedoch erfahrungsgemäß unerheblich.

**Beispiel 3**

*Gesucht:* Gefrierzeit für eine Frostwanddicke von 1,0 m, d. h. $L_g = 0{,}5$ m, alle übrigen Werte wie in Beispiel 1.

Aus Bild 19 folgt die mittlere Frostwandtemperatur $T_E$

mit

$L/D = 0{,}5 / 0{,}322 = 1{,}553$

$r_0/D = 0{,}0205 / 0{,}322 = 0{,}064$

$E(L) = 0{,}83 \rightarrow T_E = -27\,°C \;\; 0{,}83 = -22{,}41\,°C$

$x = -\sqrt{1{,}294 \cdot 10^{-6} / 5{,}168 \cdot 10^{-7}} \cdot 2{,}0 \cdot 19 / \left(3{,}3 \cdot (-22{,}41)\right) = 0{,}813$ (mit $\Theta_{II} = +\,19\,°C$)

bzw. $x = 0$ mit $\Theta_{II} = 0$ (ohne Vorkühlwärme)

$y = -1{,}294 \cdot 10^{-6} \cdot 1{,}36 \cdot 10^{8} / (3{,}3 \cdot (-22{,}41)) = 2{,}38$

$\beta = 1{,}294 \cdot 10^{-6} / 5{,}168 \cdot 10^{-7} = 2{,}504$

Die mittlere Frostwanddicke $L_s$ folgt aus der maximalen Frostwanddicke $L_{max}$

für $\Theta_E = -22{,}41\,°C$ mit q = 0,34 aus Bild 18

$p_v = \sqrt{4 \cdot 1{,}294 \cdot 10^{-6}} \cdot 0{,}34 = 7{,}74 \cdot 10^{-4}$

und für $\Theta_{II} = 0\,°C$ mit q = 0,43 aus Bild 18

$p_i = \sqrt{4 \cdot 1{,}294 \cdot 10^{-6}} \cdot 0{,}43 = 9{,}78 \cdot 10^{-4}$

$L_{max} = (0{,}322 / 2) \cdot \left(7{,}74 \cdot 10^{-4} / 9{,}78 \cdot 10^{-4}\right) = 0{,}127$ m

$$L_s = \frac{\pi}{4} \cdot L_{max} = 0,785 \cdot 0,127 = 0,100 \text{ m}$$

Daraus ergibt sich mit der Schließzeit $t_s = 49465$ s und aus Beispiel 2 die Gefrierzeit $t_g$

$$t_g = \left( (0,5 - 0,100) / 7,74 \cdot 10^{-4} + \sqrt{49465} \right)^2 = 5,464 \cdot 10^5 \quad \text{s} = 151,8 \text{ h}$$

und die Gesamtgefrierzeit

$$t_{ges} = t_s + t_g = 49465 + 5,464 \cdot 10^5 = 5,96 \cdot 10^5 \quad \text{s} = 165,5 \text{ h}$$

*Ständer* [67] macht auch Angaben für die Berechnung von Gefrierrohren auf einem Kreis, durch den ein Bodenvolumen eingeschlossen wird und dort deshalb nur eine endliche Wärmemenge zur Verfügung steht. Da derartige Fälle wegen der oftmals nicht vorhandenen Rotationssymmetrie durch numerische Verfahren meist genauer erfasst werden können, wird auf die Darstellung des Rechenverfahrens hier verzichtet.

### 3.3.2 Frostausbreitung bei strömendem Grundwasser

Bei strömendem Grundwasser ist außer der Kristallisationswärme sowie den Wärmemengen für die Abkühlung des gefrorenen und des ungefrorenen Bereichs die konvektiv durch das strömende Grundwasser zugeführte Wärmemenge abzutransportieren. Bei senkrechter Anströmung eines Gefrierrohrs ist der Frostkörper nicht mehr rotationssymmetrisch, er wächst weniger gegen die Strömung und quer dazu (Bild 20). Bei genügend großer konvektiver Wärmezufuhr kann das Frostkörperwachstum bis zum Stillstand verzögert werden, in der Rohrreihe ist dann ein Schließen des Frostkörpers nicht mehr möglich. Für die Praxis ergeben sich hieraus folgende wesentliche Fragen:

- Wie dick kann der Frostkörper maximal werden, bzw. ist ein Schließen in der Rohrreihe noch möglich?
- Wie entwickelt sich die Forstkörperdicke mit der Zeit, bzw. nach welcher Zeit ist der Frostkörper geschlossen?

Hierfür hat *Victor* [70] mithilfe geometrischer und thermischer Vereinfachung einen Ansatz in Form einer gewöhnlichen Differenzialgleichung abgeleitet, der mit Kenntnis des konvektiven Wärmeübergangs an der Frostgrenze die Gefrierzeit für einen gesuchten Frostkörperdurchmesser angeben kann. Das Integral der Lösungsgleichung ist allerdings nicht geschlossen lösbar, es wird jedoch eine Lösung mit grafischer In-

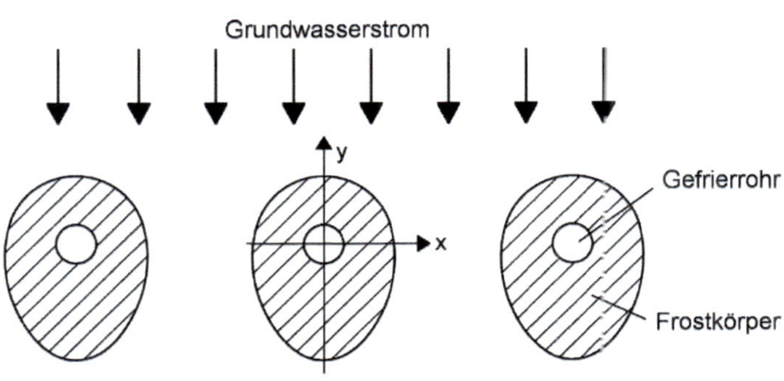


**Bild 20** Frostkörperwachstum bei strömendem Grundwasser

tegration anhand von Nomogrammen angegeben. Das Verfahren basiert auf folgenden Annahmen:

- Der Frostkörper ist ein koaxialer Zylinder um das Gefrierrohr.
- Die Wärmekapazität $c_1$ des Frostkörpers wird vernachlässigt. Diese ist jedoch klein im Vergleich zu den sonstigen Anteilen des Wärmetransports, sodass der Fehler unerheblich ist.
- In Anlehnung an die exakte Lösung für ruhendes Grundwasser wird der durch Wärmeleitung an die Frostgrenze zugeführte Wärmestrom proportional zu dem in den Frostkörper fließenden Wärmestrom angenommenen, d. h., $q_1$ und $q_2$ haben ein festes Verhältnis p.
- Der konvektive Wärmetransport $q_k$ wird als selbstständiger Vorgang und (wegen des relativ kleinen Temperaturbereichs ausreichend genau) proportional der Grundwassertemperatur angenommen:

$$q_k = \alpha \cdot \Theta_{II} \tag{6a}$$

mit der dimensionslosen Wärmeübergangszahl $Nu = \frac{d \cdot \alpha}{\lambda}$ [–] (32)

· Die Nußelt-Zahl Nu wird problemspezifisch empirisch bestimmt, aus Ähnlichkeitskriterien und Modellversuchen ergibt sich hier

$$Nu = 0{,}99 \cdot \left( \frac{\lambda_w}{\lambda_2} \cdot Re \right)^{0{,}74} \tag{33}$$

mit der Reynoldszahl Re

· Mit der dimensionslosen Variablen $Z = R/r_0$ anstatt R und mit

$$W = 0{,}99 \cdot \frac{\lambda_2}{2r_0} \left( \frac{\lambda_w}{\lambda_2} \cdot \frac{2\,r_0 \cdot v_{GW}}{\nu_w \cdot n} \right)^{0{,}74} \quad [\mathrm{W/m^2K}] \tag{34}$$

mit

$v_{GW}$ Filtergeschwindigkeit des Grundwassers

$\nu_w$ kinematische Viskosität des Grundwassers

n Porenzahl

ergibt sich schließlich die Wärmeübergangszahl $\alpha = W/Z^{0{,}26}$ (35)

Damit lautet die Wärmebilanz nach Einführung sämtlicher Austausche (Wärmestrom im gefrorenen Bereich = Wärmezustrom im ungefrorenen Bereich + Kristallisationswärme beim Frostwachstum + konvektiver Wärmezustrom):

$$-\frac{\lambda_1 \Theta_I}{r_0\, Z \ln Z} = \frac{p \lambda_2 \Theta_{II}}{r_0\, Z \ln Z} + \rho q_s\, r_0 \frac{dZ}{dt} + \frac{W \Theta_{II}}{Z^{0{,}26}} \tag{36}$$

Dieser Ansatz führt auf ein nicht elementar lösbares Intergral für die Gefrierdauer $t_g$ um ein Einzelrohr:

$$t_g = \frac{\rho q_s\, r_0}{W \Theta_{II}} \int_1^Z \frac{Z \ln Z\, dZ}{\dfrac{-\lambda_1 \Theta_I - p\,\lambda_2\, \Theta_{II}}{W\, \Theta_{II}\, r_0} - Z^{0{,}74} \ln Z} \tag{37}$$

Zunächst muss der Proportionalitätsfaktor p ermittelt werden, dieser ergibt sich aus

$$p = \frac{-\lambda_1\, t_I \exp\left(-\beta k^2\right)}{\lambda_2\, t_{II} \exp\left(-\beta k^2\right) - a_1 \cdot \rho q_s\, k^2\, \mathrm{Ei}\left(-\beta k^2\right)} \tag{38}$$

Der Faktor $k^2$ kann wie in Abschnitt 3.3.1.1, Beispiel 1, aus den Größen X, Y, Z und β ermittelt werden.

Das Integral lässt sich numerisch per Rechenprogramm oder mit grafischer Integration durch Aufzeichnen des Integranden (Bild 21) leicht ermitteln. Die Gl. (37) ist auf den physikalischen Annahmen über den Gefriervorgang aufgebaut, lediglich die Wärmeübergangszahl α wurde aufgrund der Ähnlichkeitstheorie ermittelt. Sofern hierfür ein anderer Ansatz vorliegt, kann die Gl. (37) auch dann weiter verwendet werden.

Gleichung (37) beantwortet auch die Frage nach dem maximalen Frostkörperradius. Dies ergibt sich aus dem Nenner von Gl. (37), sofern dieser zu 0 wird, wird die Gefrierzeit unendlich, d. h. ein weiteres Frostkörperwachstum ist nicht mehr möglich.

Der Ansatz von *Victor* lässt sich analog dem Vorgehen von *Ständer* auf eine Rohrreihe übertragen, indem wiederum in Gl. (37) anstatt der Bodenanfangstemperatur $\Theta_{II}$ die Temperatur $\Theta^*_{II} = \Theta_{II} \cdot m_s$ eingesetzt wird:

$$t_g = \frac{\rho q_s r_0}{W \Theta_{II}} \int_1^Z \frac{Z \ln Z \, dZ}{\dfrac{-\lambda_1 \Theta_I - p\, \lambda_2\, m_s\, \Theta_{II}}{W\, \Theta_{II}\, r_0} - Z^{0,74} \ln Z} \tag{39}$$

Die Gleichung zeigt, dass die Schließzeit gegenüber der Gefrierzeit am Einzelrohr umso stärker verkürzt wird, je höher die Bodentemperatur $\Theta_{II}$ ist.

**Beispiel 4**

*Gesucht:* Ist Schließen des Frostkörpers möglich? Wenn ja, nach welcher Zeit?

Gefrierrohrabstand D = 0,322 m → R = 0,161 m,

$v_{GW} = 1{,}4$ m/d $= 1{,}62 \cdot 10^{-5}$ m/s, n = 0,406

$\lambda_w = 0{,}602$ W/mK, $\nu_w = 1{,}79 \cdot 10^{-6}\ m^2/s$

übrige Werte aus Beispiel 1 bzw. 2

X = 2,345 (immer der Wert für das Einzelrohr)

Y = 0,506

Z = 0,161/0,0205 = 7,854

β = 2,504

Aus Nomogramm (Bild 17) → $k^2 = 0{,}0433$

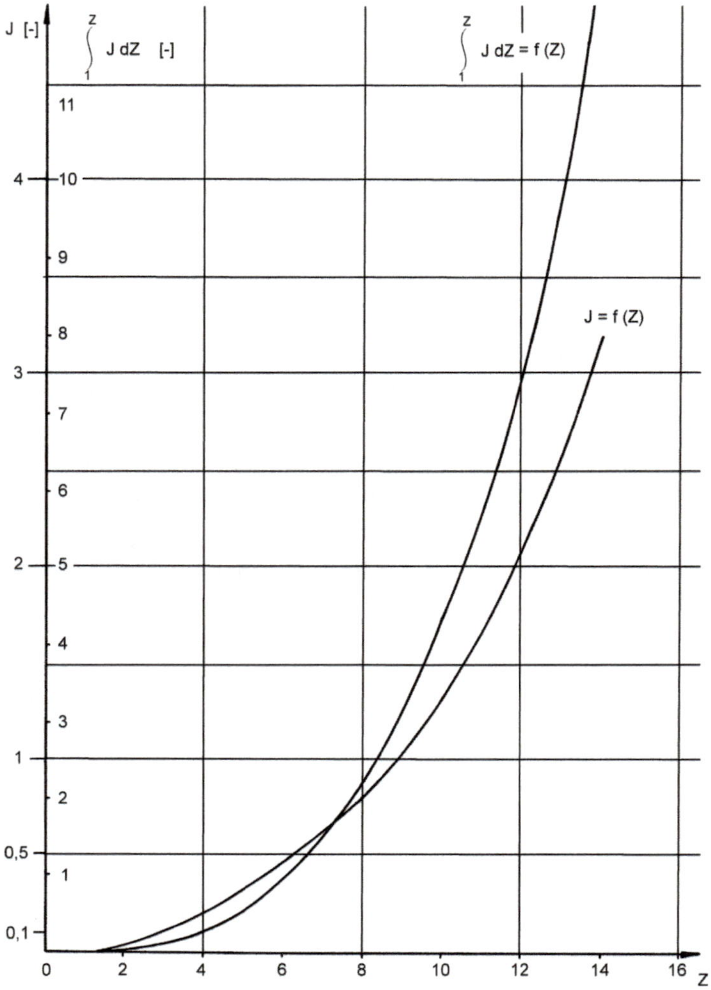


**Bild 21** Grafische Integration der Gl. (37) [70]

Konvektiver Wärmestrom

$$W = 0{,}99 \frac{2{,}0}{2 \cdot 0{,}0205} \left( \frac{0{,}602 \cdot 2 \cdot 0{,}0205 \cdot 1{,}62 \cdot 10^{-5}}{2{,}0 \cdot 1{,}79 \cdot 10^{-6} \cdot 0{,}406} \right)^{0{,}74} = 18{,}582\ \mathrm{W/m^2K}$$

Proportionalitätsfaktor p

$$p = \frac{-3{,}3 \cdot (-27{,}0) \exp(-2{,}504 \cdot 0{,}0433)}{2{,}0 \cdot 19{,}0 \exp(-2{,}504 \cdot 0{,}0433) - 1{,}294 \cdot 10^{-6} \cdot 1{,}36 \cdot 10^{8} \cdot 0{,}0433\,\mathrm{Ei}(-2{,}504 \cdot 0{,}0433)}$$

$$= \frac{79{,}945}{34{,}095 - 7{,}620 \cdot \mathrm{Ei}(-0{,}1084)}$$

$$= \frac{79{,}945}{34{,}095 - 7{,}620 \cdot (-1{,}7509)} = 1{,}686$$

Größtmögliche Frostkörperdicke bei $\nu_{GW} = 1{,}79 \cdot 10^{-6}$ m/s

$$Z_{max}^{0,74} \ln Z_{max} = \frac{-3{,}3 \cdot (-27{,}0) - 1{,}686 \cdot 2{,}0 \cdot 19 \cdot 0{,}3}{18{,}582 \cdot 19 \cdot 0{,}0205} = 7{,}98$$

Aus Iterationsrechnung folgt $Z_{max} = 7{,}98 > Z = 7{,}854$

bzw. $R_{max} = 7{,}98 \cdot 0{,}0205 = 0{,}164$ m

Damit ist $R_{max} = 0{,}164 > \frac{1}{2} \cdot D = \frac{1}{2} 0{,}322 = 0{,}161$

d. h. der Frostkörper kann geschlossen werden.

Berechnung der Schließzeit $t_g$

$$t_g = \frac{1{,}36 \cdot 10^8 \cdot 0{,}0205}{18{,}582 \cdot 19{,}0} \cdot \int_1^{7{,}854} \frac{Z \ln Z}{\dfrac{-3{,}3(-27{,}0) - 1{,}686 \cdot 2{,}0 \cdot 0{,}3 \cdot 19}{18{,}582 \cdot 19 \cdot 0{,}025} - Z^{0,74} \cdot \ln Z} dZ$$

$$= 7896{,}6 \cdot \int_1^{7{,}854} \frac{Z \ln Z}{9{,}655 - Z^{0,74} \cdot \ln Z} dZ$$

$$= 7896{,}6 \cdot 32{,}39 = 2{,}558 \cdot 10^5 \text{ s} = 71{,}05 \text{ h}$$

Zum Vergleich: Schließzeit im Versuch [56]: $t_g = 66{,}7$ h

## 3.4 Klimatisch bedingte Frostausbreitung

Die klimatisch bedingte Eindringung von Frost in Boden ist nicht nur für die Bemessung frostsicherer Schichten unter Verkehrswegen, sondern z. B. auch für Stützmauern erforderlich. Ist innerhalb der Frosteindringungszone kein frostsicherer Boden hinterfüllt, so kann eine Stützwand durch Frostdruck – oftmals sukzessive über die Frostperioden vieler Jahre – verschoben oder verkippt und im Extremfall zum Einsturz gebracht werden.

Es handelt sich hierbei wieder um die Frostausbreitung durch eine ebene Wärmesenke (Stefan-Problem), das mit der Neumann-Lösung unter Zuhilfenahme der Nomogramme von *Ständer* (s. Abschnitt 3.3.1.2) ermittelt werden kann. Mit der sogenannten verbesserten Berggren-Formel [1] lässt sich die Frosteindringtiefe noch einfacher berechnen.

Während die Stefan-Lösung nur die Schmelzwärme des Wassers, nicht jedoch die Abkühlwärme des gefrorenen Bodens berücksichtigt, werden diese in der modifizierten Berggren-Formel durch einen Korrekturfaktor $K_B$ wie folgt erfasst.

Die Frosteindringtiefe $X_F$ [m] beträgt:

$$X_F = K_B \cdot \left( \frac{172.800 \cdot \lambda \cdot FI}{\rho \cdot q_s} \right)^{1/2} \quad (40)$$

mit

$\lambda$ Wärmeleitzahl als Mittelwert aus $\lambda_1$ und $\lambda_2$

FI Frostindex [Gradtage]

$\rho \cdot q_s$ Schmelzwärme des Bodens [J/m³]

Der Frostindex FI ist die mittlere Tagestemperatur während der Frostperiode multipliziert mit der Anzahl der Tage der Frostperiode.

$$FI = \Theta_s \cdot t_F \left[ °C \text{ Tage} \right] \quad (41)$$

$\Theta_s$ mittlere Tagestemperatur (über 24 Std.) während der Frostperiode [°C]

$t_F$ Dauer der Frostperiode [Tage]

$K_B$ ergibt sich aus Bild 22 [1] mit

$$\alpha = -\Theta_m / \Theta_s \quad (42)$$

$\Theta_m$ mittlere Jahrestemperatur [°C]

$$\mu = -\Theta_s \cdot c_1 / \rho \cdot q_s \quad (43)$$

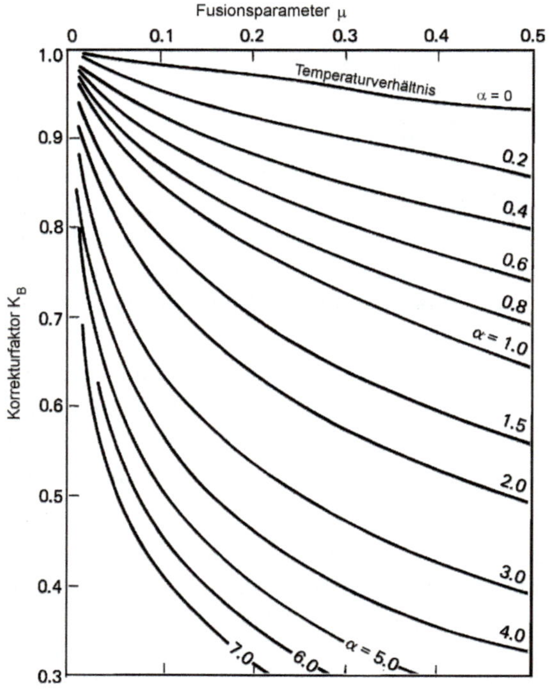


**Bild 22** Korrekturfaktor $K_B$ in der verbesserten Berggren-Formel [2]

**Beispiel 5** (mit den Werten aus Beispiel 3).

*Gesucht:* Frosteindringtiefe $X_F$ für eine Frosttemperatur von −22,41 °C über 165,5 h (Ergebnis aus Beispiel 3 für eine Frostwanddicke von $X_F = 0{,}50$ m).

$\Theta_{II} = +19\,°C$, $\Theta_s = -22{,}41°C \rightarrow \alpha = 0{,}85$

$c_1 = 2{,}55 \cdot 10^6\ J/m^3$, $\rho \cdot q_s = 1{,}36 \cdot 10^8\ J/m^3$

$\lambda = 2{,}65\ W/mK$, $t_F = 165{,}5\ h = 6{,}90$ Tage

$\mu = -22{,}41 \cdot 2{,}55 \cdot 10^6 / 1{,}36 \cdot 10^8 = 0{,}42$

Aus Bild 22 folgt

$K_B = 0{,}71$

und die Frosteindringtiefe $X_F$

$$X_F = 0{,}71 \cdot \left( \frac{172800 \cdot 2{,}65 \cdot 22{,}41 \cdot 6{,}90}{1{,}36 \cdot 10^8} \right)^{1/2} = 0{,}51\ m$$

Das Ergebnis bestätigt sehr gut die Frostwandberechnung nach [67] in Beispiel 3.

Die Frosteindringung im Boden unter bzw. hinter Betonplatten kann in Abhängigkeit vom Frostindex sowie von Dichte und Wassergehalt des Bodens aus Bild 23 abgeschätzt werden.

## 3.5 Kontrolle der Frostausbreitung

Ein Frostkörper erfüllt seinen Zweck nur dann, wenn er die planmäßige Größe (z.B. bei Abdichtung) hat und an jeder Stelle mindestens auf die planmäßig angesetzte Temperatur herabgekühlt ist. Diese muss durch Kontrollen überprüft werden.

Eine direkte Kontrolle des Temperaturfelds im Frostkörpers erfolgt durch Temperaturmessungen. Hierfür werden an geeigneten Stellen Temperaturfühler bzw. meist Temperaturmessrohre mit einer Kette von Temperaturfühlern in den Untergrund eingebracht. Die Messrohrposition richtet sich nach den signifikanten Stellen im Frostkörper, aber meist auch nach der Zugänglichkeit. Nach den Gesetzen der Wärmebilanz lässt sich – bei hinreichender thermischer Homogenität des Untergrunds – mit einzelnen Messpunkten das Temperaturfeld auch in einer gewissen Entfernung von den Messpunkten kontrollieren. Zur Festlegung von Temperaturgrenzwerten wird ein bezüglich der Abkühlung gerade ausreichendes Temperaturfeld vorher berechnet und hieraus die Temperatur an den einzelnen Messfühlerpositionen bestimmt. Diese stellen dann Temperaturgrenzwerte während der Nutzung dar.

Eine wesentliche Voraussetzung ist die den Berechnungen i.d.R. zugrunde liegende Annahme, dass jedes Gefrierrohr mit gleicher Leistung oder Temperatur dem Boden Wärme entzieht. Dies ist dadurch zu kontrollieren, dass in jeder Gefrierrohrgruppe (diese kann auch mehrere hintereinander geschaltete Gefrierrohre umfassen) die Kältemitteldurchflussmenge sowie die Rücklauftemperatur kontrolliert werden. Werden Gefrierrohre oder Gefrierrohrgruppen parallel geschaltet, so ist in jedem einzelnen Rohr bzw. jeder Rohrgruppe zumindest eine Rücklauftemperaturmessung erforderlich, weil andernfalls der Ausfall einzelner Gefrierrohre (z.B. durch Verstopfungen oder Lecks) nicht erkannt werden könnte. Damit wäre die Stetigkeit der Abkühlung gestört und somit das errechnete Temperaturfeld aus einzelnen Messpunkten nicht mehr ableitbar.

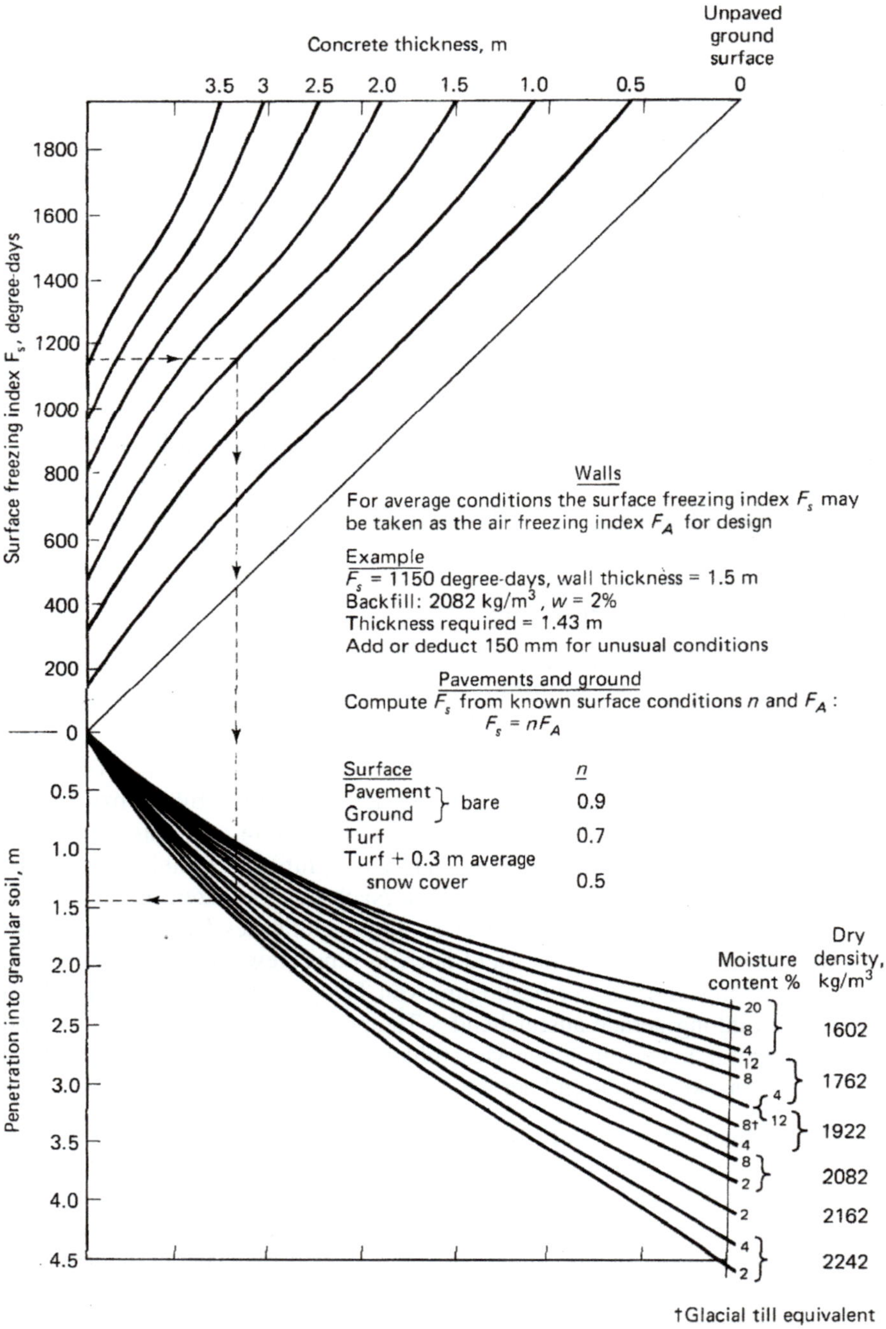


**Bild 23** Frosteindringung durch Beton in körnige Böden und Geschiebe [2]

Bei Linienbauwerken (wie z. B. Gefriertunneln) ordnet man in einzelnen Querschnitten mehrere Temperaturmessrohre an, die innerhalb des Querschnitts das Temperaturfeld hinreichend umfassend kontrollieren. An geeigneten Stellen werden zusätzlich Messrohre in Tunnellängsrichtung angebracht, die eine ausreichende Gleichmäßigkeit längs der Tunnelachse kontrollieren und damit die Übertragbarkeit der Messungen in den Temperaturquerschnitten auf die Bereiche dazwischen ermöglichen.

Während der Nutzungsdauer eines Frostkörpers können sich die thermischen Randbedingungen ändern. Dies ist z. B. regelmäßig bei Gefriertunneln der Fall, die zunächst im vollen Querschnitt gefroren werden, nach dem Ausbruch aber einem erhöhten Wärmeeintrag an der Innenseite durch abbindenden Beton sowie die durch Bewetterung bewegte Luft unterliegen. Damit verändern sich das Temperaturfeld und mit ihm die Temperatursollwerte an den Messpunkten. Die einzelnen Bauphasen müssen deshalb mit ihren jeweiligen thermischen Randbedingungen und den hieraus zeitabhängig folgenden Veränderungen im Temperaturfeld rechnerisch simuliert werden, um daraus die Temperatursollwerte, erforderlichenfalls auch zeitabhängig, zu ermitteln. Bei thermisch einigermaßen homogenem Untergrund kann der sich dabei ergebende Verlauf mit ausreichender Genauigkeit vorhergesagt werden, wie der Vergleich von den vorher berechneten Grenztemperaturen und den tatsächlich gemessenen Temperaturen in Bild 24 von einer Tunnelbaustelle zeigt.

Die Möglichkeit, das Temperaturfeld aufgrund der Gesetze der Wärmbilanz in einer gewissen Umgebung der Messpunkte zu kontrollieren, ist ein wesentlicher Grund für die hohe Sicherheit und Zuverlässigkeit des Gefrierverfahrens auch unter schwierigen Randbedingungen. Erhöhte Vorsicht ist jedoch bei strömendem Grundwasser geboten, da hier die Berechnungen zwangsläufig weniger zuverlässig sind. Während das Schließen des Frostkörpers und damit das Unterbinden des Grundwasserstroms innerhalb

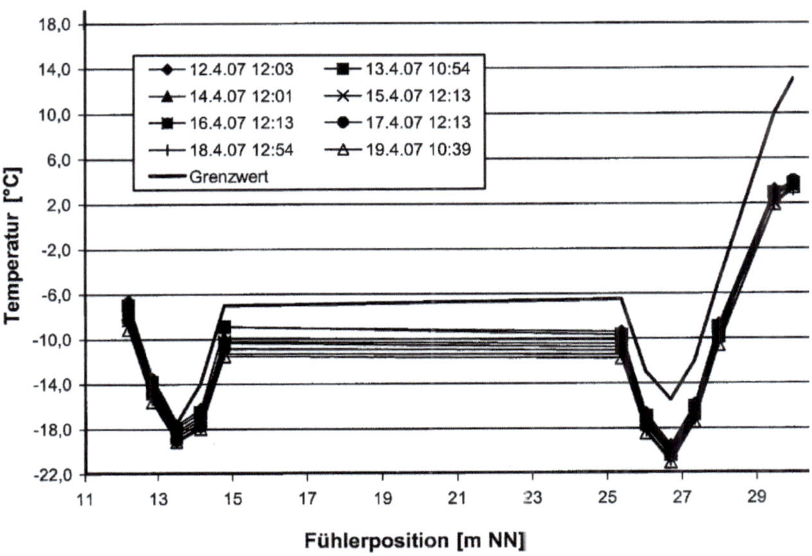


**Bild 24** Berechnete Grenztemperaturen und Messergebnisse in einem Frostkörper

eines Frostkörpers nicht nur am Temperaturverlauf, sondern auch durch Wasserstands- oder Wasserdruckmessungen überprüft werden kann, ist der Einfluss des außen an einem Frostkörper entlang fließenden Grundwassers nur mit geringer Genauigkeit zu berechnen. In derartigen Bereichen sind deshalb vermehrt Temperaturfühler anzuordnen.

Die Temperaturwerte sind in regelmäßigen Abständen (bei den heute speicherbaren Datenmengen meist jede halbe Stunde oder Stunde) zu erfassen und zu speichern. Die Daten sind auf der Baustelle sofort automatisch hinsichtlich der Überschreitung der vorgegebenen Grenzwerte zu überprüfen. Bei Verletzen der vorgegebenen Grenzwerte wird automatisch ein Alarm ausgelöst und (z. B. über Mobilfunk) an fachkundige Personen übertragen. Diese müssen innerhalb einer auf die jeweilige Baustelle abgestimmten Reaktionszeit auf der Baustelle eintreffen und erforderliche Maßnahmen ergreifen können.

# 4 Mechanisches Verhalten gefrorener Böden

## 4.1 Grundlagen

Gefrorener Boden ist ein Vier-Phasen-Gemisch aus Mineralpartikeln, Eis, Wasser und Luft. Die Anteile der Komponenten hängen ab von Mineralart, Partikelverteilung und -form, Lagerungsdichte, Wassergehalt und in geringem Maße vom Spannungszustand. Neben dem Eis ist auch bei Temperaturen unter 0 °C ungefrorenes Wasser vorhanden, das durch Oberflächenkräfte an die Mineralkörner gebunden ist und ungefrorene Wasserhüllen bildet (s. Abschnitt 3.2.2). Die Wasserhüllen sind entlang den Partikeln relativ leicht verschieblich, quer dazu aber sehr fest gebunden. Es kommt deshalb nicht zu einer Ablösung des Poreneises von den Mineralpartikeln, sodass das Poreneis zusammen mit dem Partikelverband verformt wird und damit auch seinen Verformungswiderstand auf die Mineralpartikel überträgt.

Die Festigkeit gefrorenen Bodens ist größer als die Summe der anteiligen Festigkeiten seiner Bestandteile Mineralpartikel und Eis, weil die Komponenten auf vielfältige Art zusammenwirken:

- Das Poreneis behindert die Verformung des Korngerüsts. Die Mineralpartikel sind wesentlich steifer als das Eis, sodass sich die Verzerrungen im Eis konzentrieren. Damit sind die Verformungen dort größer als die mittleren Verformungen des Bodens. Gleiches gilt für die Verformungsgeschwindigkeiten.
- Die Reaktionskräfte aus der Verformungsbehinderung können die Reibung an den Kornkontakten steigern.
- Die Dilatation des Korngerüsts wird durch Zugspannung zwischen Eis und Mineralkörnern erschwert.
- Die Mineralkörner behindern das Wachsen von Rissen in der Eismatrix.

Durch das Poreneis wird der Boden verkittet und erhält damit eine temperatur-, spannungs- und zeitabhängige Kohäsion. Gefrorener Boden kann deshalb als „Eisbeton“ angesehen werden. Die Festigkeitsanteile aus der Eisverkittung und Reibung hängen stark vom Sättigungsgrad wie auch vom Spannungszustand ab und werden i. d. R. bei unterschiedlichen Dehnungsbeträgen mobilisiert (Näheres s. Abschnitt 4.2.3).

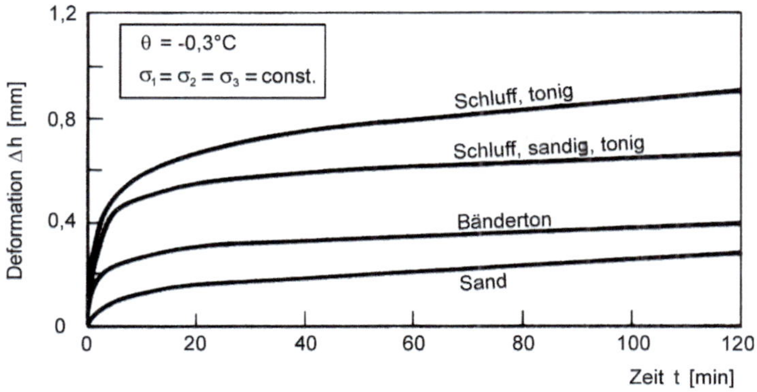


**Bild 25** Kriechkurven verschiedener Böden [71]

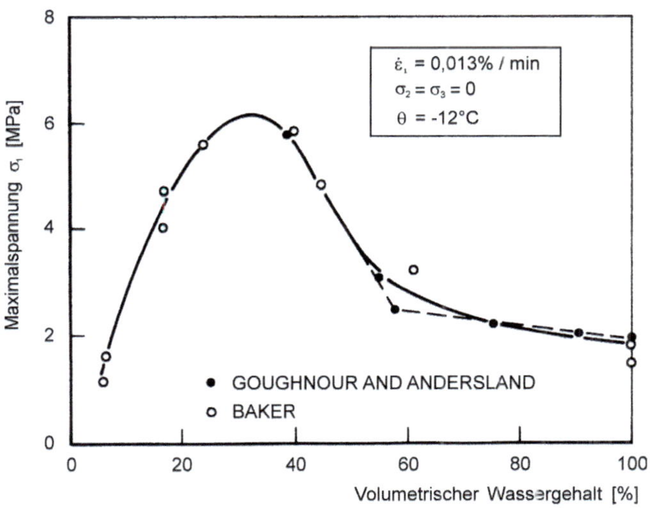


**Bild 26** Maximalspannung in weggesteuerten Versuchen abhängig vom Wassergehalt, Feinsand [6]

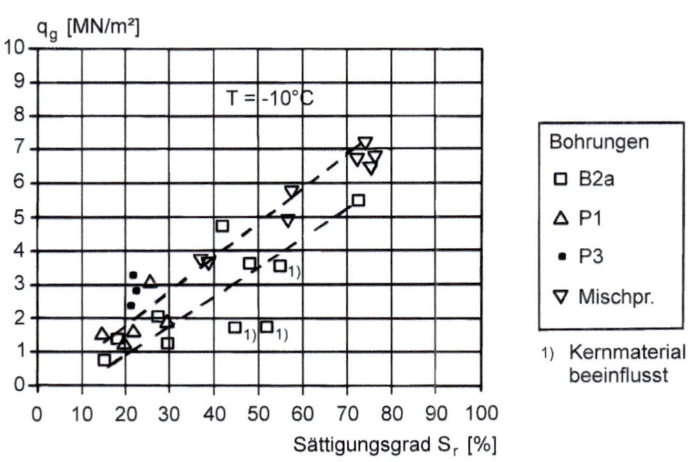


**Bild 27** Einaxiale Druckfestigkeiten von Proben des Kies-Sand-Bereichs (T = −10 °C) in Abhängigkeit vom Sättigungsgrad [8]

Die wesentlichen Einflüsse auf die Festigkeit gefrorener Böden sind

- die Bodenart, dabei insbesondere die Mineralart und Kornverteilung (Bild 25);
- die Lagerungsdichte sowie der Wassergehalt bzw. Sättigungsgrad (Bilder 26 und 27);
- der Chemismus des Minerals und vor allem des Grundwassers. Insbesondere Salz erniedrigt den Gefrierpunkt des Wassers bis zur sogenannten eutektischen Temperatur. Diese liegt für NaCl bei −21,3 °C und für $CaCl_2$ bei −51 °C. Bei höheren Temperaturen sind je nach der Konzentration ein Gemisch aus Sole und Eis, reine Sole oder Salz und Sole vorhanden. Unterhalb der eutektischen Temperatur kristallisiert das Salz in der Sole, sodass sich der gefrorene Boden dann ähnlich wie salzfreier Boden verhält, jedoch bei nach unten verschobener Temperatur. In Bild 28 ist der Einfluss des Salzgehalts auf die Druckfestigkeit von Feinsandproben für verschiedene Salzgehalte dargestellt. Der Salzkonzentration von 30 ‰ entspricht dabei etwa derjenigen von Meerwasser.

Die oben genannten Einflussgrößen sind innerhalb einer Baustelle bzw. innerhalb einer Bodenschicht oft konstant, sodass sich eine systematische Untersuchung für praktische Projekte erübrigt. Variabel und dementsprechend von unmittelbarer Bedeutung für die Deformation von gefrorenen Körpern sind jedoch folgende Einflussparameter:

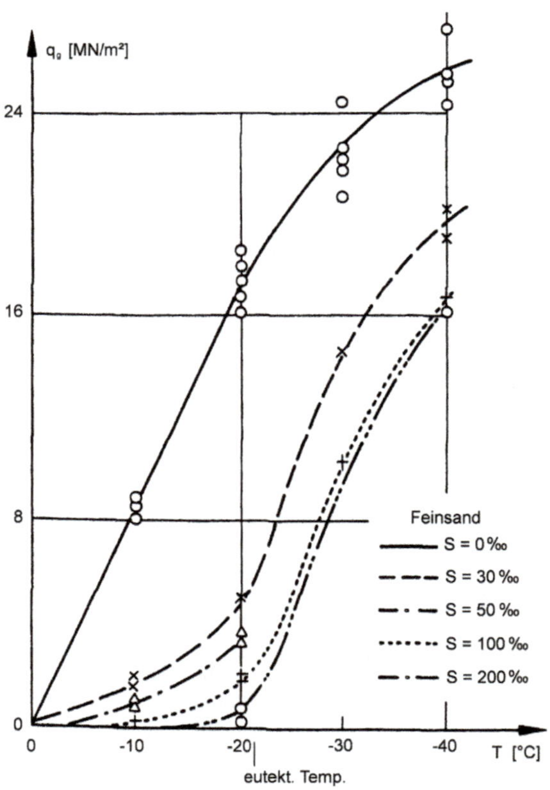


**Bild 28** Einfluss von Temperatur und Salinität auf die einaxiale Druckfestigkeit von gefrorenem Boden [32]

- Temperatur, da sich innerhalb eines Frostkörpers von der kältesten Zone nahe den Gefrierrohren bis zu dessen Rand ein räumliches und zumindest in der Einfrierphase auch zeitlich variables Temperaturfeld einstellt;
- Standzeit des Frostkörpers, nachdem der Frostkörper aufgrund seiner Viskoplastizität auch unter konstanter Spannung Kriechverformung erfährt (s. Abschnitt 4.2);
- Spannungsänderung durch Relaxation;
- Spannungszustand und -verteilung, diese stehen in Wechselwirkung mit den Deformationen von Frostkörpern und sind deshalb von maßgeblichem Einfluss.

## 4.2 Deformationsverhalten gefrorener Böden

### 4.2.1 Allgemeines

Die Festigkeit und die Steifigkeit gefrorener Böden werden maßgeblich durch das Poreneis bestimmt. Dieses liegt polykristallin, d.h. als Kristallkörper mit einzelnen, in sich homogenen kristallinen Körnern (Kristallite) vor. Kristallite können in bestimmten Temperatur- und Geschwindigkeitsbereichen verformt werden, ohne dass das Kristallgitter zerstört wird. Dabei wechseln einzelne Atome oder Moleküle ihren Platz im Kristallgitter. Dies geschieht besonders leicht im Bereich von Gitterfehlern, weil dort innere Spannungsfelder den Kristall schwächen. Daneben treten Versetzungen in Kristallen durch die Diffusion einzelner Atome oder Moleküle durch die Kristalle sowie an Kristallkorngrenzen auf. Beide Vorgänge laufen nebeneinander ab, wegen der unterschiedlichen Abhängigkeit von Spannung und Temperatur dominiert meist einer davon. Dabei können Verformungen in Eis nur bei Deviatorspannungen unterhalb $\sqrt{II_s} \approx 1\,\text{MPa}$ durch Diffusion beschrieben werden, darüber dominiert das Versetzungskriechen.

Relaxationsversuche haben auch an gefrorenem Sand die verschiedenen Verformungsmechanismen bei unterschiedlichen Spannungen bestätigt [51].

Die mechanischen Eigenschaften von Kristallen hängen stark von der Bindungsart seiner Kristallbausteine ab. In Eis werden die Wassermoleküle durch die relativ feste und orientierte Dipolbindung sowie die Wasserstoffbrückenbindung zusammengehalten. Demgegenüber sind die Molekülbindungen bei der nicht orientierten Metallbindung wie auch bei der nicht orientierten Ionenbindung in Salzen weniger fest und führen bei gleicher homologer (d.h. auf den Schmelzpunkt bezogener) Temperatur zu einer erheblich größeren Bildsamkeit als bei Eis.

Die Verformungsvorgänge bedürfen einer treibenden Kraft am jeweiligen Kristall, die durch äußere Spannung entsteht. Thermische Schwingungen helfen bei der Bewegung, deswegen hängt die Häufigkeit der Platzwechselvorgänge von der auf die Kristalle wirkenden Spannung und der Temperatur ab. *Prandtl* hat 1928 aufgrund statistischer Betrachtungen die Häufigkeit von Platzwechseln in Abhängigkeit von Spannung und Temperatur mathematisch formuliert [59].

Gefrorene Böden werden bereits bei kleinen und kleinsten deviatorischen Spannungen zeitabhängig verformt, wie sich sowohl aus Kriechversuchen [36, 51] wie auch Relaxationsversuchen [51] ableiten lässt. Eis und damit gefrorener Boden sind (außer bei Reibungsmobilisierung durch triaxiale Spannung) deshalb im mechanischen Sinne eher zähe Flüssigkeiten.

Ein weiterer Verformungsanteil resultiert aus der Elastizität gefrorener Böden. Diese führt zu einer Sofortverformung bei einer Belastung, die allerdings meist klein im Vergleich zu den dann einsetzenden Kriechverformungen ist. An gefrorenen Sandproben mit −10 °C wurden unter sehr kurz dauernden, für nennenswerte Kriechverformungen nicht ausreichend lang dauernden Lastzyklen Elastizitätsmodule von ca. 3000 MPa bei Erstbelastung und 4000 bis 5500 MPa bei mehrmaligen Wiederbelastungen gemessen [51].

Über das mechanische Verhalten gefrorener Böden liegt eine große Anzahl von Veröffentlichungen vor, deren Ergebnisse jedoch wegen unterschiedlicher Randbedingungen nur begrenzt vergleichbar sind. Neben der Bodenart, dem Zustand sowie den Temperaturen sind auch unterschiedliche Versuchsrandbedingungen wie Schlankheit (Höhen-Durchmesser-Verhältnis) und Endflächenschmierungen der untersuchten Proben von Einfluss auf die Ergebnisse. Bei sog. Elementversuchen ist eine möglichst homogene Verformung erwünscht. Üblicherweise variieren die Schlankheiten der Proben zwischen 1,0 und ca. 2,5. Nach eigenen Erfahrungen liefern gedrungene Proben mit einer Schlankheit nahe 1 besser produzierbare Ergebnisse, da Stabilitätsversagen wie Knicken seltener eintritt. Allerdings erfordert eine geringe Schlankheit eine sorgfältige Endflächenschmierung zur weitgehenden Ausschaltung von Schubspannungen am Rand, weil sonst kein homogener Spannungszustand herrscht. Wesentlich ist ferner eine ausreichend kleine Deformationsgeschwindigkeit, auch in weggesteuerten Versuchen, weil andernfalls je nach Temperatur und Bodenart ein sprödbruchartiges Versagen eintreten kann. Insgesamt sind die Anforderungen an die Versuchstechnik sowohl bezüglich der Steuerung als auch der Messung hoch und gehen in mehrfacher Hinsicht über die von normalen Baustoffprüfgeräten erfüllbaren hinaus. Wichtig ist ferner die genaue Einhaltung der Versuchstemperatur während der gesamten, manchmal Tage oder Wochen dauernden Versuche.

### 4.2.2 Einaxiale Spannungen

Das Deformationsverhalten gefrorener Böden wird überwiegend in Versuchen mit einaxialen Spannungen untersucht. Für die meisten praktischen Aufgaben ist dies ausreichend, wie im nächsten Abschnitt gezeigt wird.

Zur Beschreibung des Kriechverhaltens in Abhängigkeit von Spannung und Temperatur existiert eine Vielzahl phänomenologischer Ansätze ([36, 61, 71] u. v. a.), die oftmals auf Potenz- oder Exponentialansätzen, teilweise auch additiv verknüpft, basieren. Diese Ansätze können den ersten Teil der Kriechkurven meist bei konstanter Temperatur zutreffend beschreiben, geben aber lediglich die Ergebnisse von Messungen wieder, sodass eine Verallgemeinerung auf andere Fälle nicht möglich ist. Weiterhin liefern diese Ansätze keine Information über das Versagen und damit über die Standsicherheit des gefrorenen Bodens. Oftmals wird aus dehnungsgesteuerten Versuchen mit konstanter Verformungsgeschwindigkeit eine Bruchspannung abgeleitet, die jedoch wegen der hohen Deformationsrate im Versuch sowie wegen der für praktische Zwecke zu hohen Dehnung beim Spannungsmaximum mit heuristisch gewählten Faktoren abgemindert werden muss.

Physikalisch begründete Ansätze basieren auf der Theorie thermisch aktivierter Platzwechsel [59] in den Kristallen, die sich auf das makromechanische Verhalten von Eis und letztlich auch von Böden übertragen lassen. Da die mathematischen Grundbeziehungen in der Kristallmechanik theoretisch abgeleitet und die zugrunde gelegten Modelle durch Versuchsergebnisse gut bestätigt sind, lässt sich damit das mechanische Verhalten auch von gefrorenen Böden aus einer begrenzten Anzahl von Versuchen ableiten und in gewissen Grenzen auf andere Fälle als die untersuchten verallgemeinern.

Gefrorene Bodenproben werden in sogenannten dehnungsgesteuerten Versuchen (i. d. R. mit konstanter Deformationsgeschwindigkeit) und in Kriechversuchen mit konstanter Spannung untersucht. In Bild 29 sind die einaxialen Spannungen an Proben aus gefrorenem Sand bei –10 °C für verschiedene Verformungsgeschwindigkeiten wie auch verschiedene Temperaturen dargestellt. Danach ist die Druckfestigkeit umso höher, je schneller die Probe verformt wird und je niedriger ihre Temperatur ist, was sich auch aus mikromechanischen Betrachtungen [59] ergibt.

In Kriechversuchen verformt sich gefrorener Boden zunächst mit abnehmender, ab einem bestimmten Punkt aber mit zunehmender Geschwindigkeit, wie die Kriechkurven sowie darunter die Kriechgeschwindigkeitskurven von gefrorenem Sand bei –10 °C zeigen (Bild 30). Der Kriechverlauf mit abnehmender und später wieder zunehmender Kriechgeschwindigkeit ist die Folge einer Verfestigung durch Bewegungsblockierungen in den Kristallen und einer zunehmenden Entfestigung durch Mikrorissbildung zwischen den Kristalliten. Der Übergang verläuft bei manchen Bodenarten sehr langsam, weshalb in älterer Literatur vielfach eine sogenannte sekundäre Kriechphase mit konstanter Verformungsgeschwindigkeit dargestellt wird. Dies ist jedoch die Folge von Streuungen in den Messungen, welche den exakten Wendepunkt der Kriechkurve verwischen. Dass ein Material einen völlig stationären Deformationsverlauf zeigt, nach einer bestimmten Zeit aber in einen instationären Zustand übergeht, wäre auch physikalisch nicht begründbar.

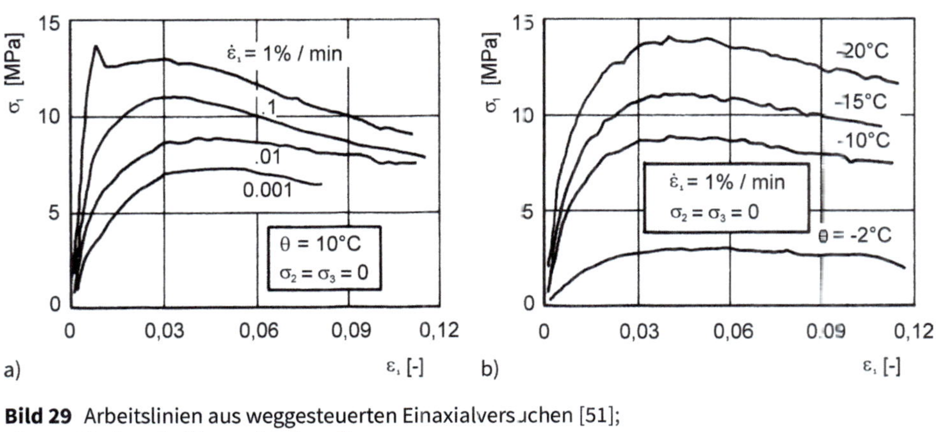


**Bild 29** Arbeitslinien aus weggesteuerten Einaxialversuchen [51];
a) verschiedene $\dot{\varepsilon}_1$, b) verschiedene θ

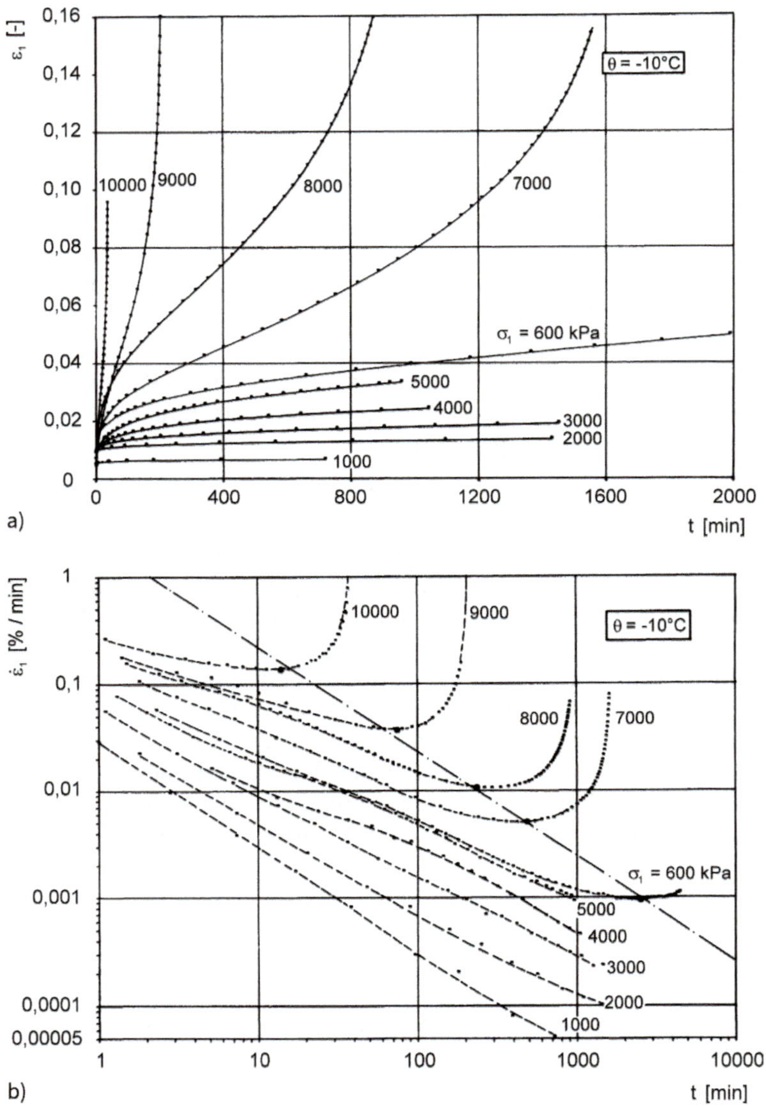


**Bild 30** Einaxiale Kriechversuche an gesättigtem Mittelsand bei −10 °C [51];
a) Dehnung $\varepsilon_1$, b) Dehnungsgeschwindigkeit $\dot{\varepsilon}_1$ über der Zeit

Zur Charakterisierung des Einflusses von Spannung und Temperatur auf das Kriechverhalten hat sich der Wendepunkt der Kriechkurve als zweckmäßig erwiesen, der durch die minimale Kriechgeschwindigkeit $\dot{\varepsilon}_m$ zum Zeitpunkt $t_m$ definiert ist (Bild 31). Da sich ab diesem Moment die Verformung wieder beschleunigt und schließlich zum Bruch führt, wird $t_m$ im Folgenden als Standzeit bezeichnet.

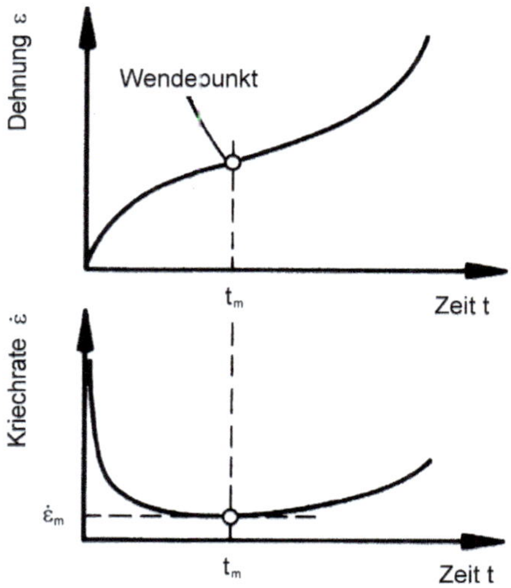


**Bild 31** Festlegung von $t_m$ und $\dot{\varepsilon}_m$ in Kriechversuchen [51]

Die an Kriechversuchen mit gefrorenem Sand ermittelte Abhängigkeit der minimalen Kriechgeschwindigkeit $\dot{\varepsilon}_m$ von der Spannung und Temperatur ist in Bild 32 dargestellt.

Die Charakterisierung der Kriechkurven durch $t_m$ bzw. $\dot{\varepsilon}_m$ ist dadurch möglich, dass

- die Kriechgeschwindigkeitskurven ähnlich sind, d. h. dass sie sich nur im Zeitmaßstab, nicht jedoch in ihrem qualitativen Verlauf unterscheiden und sie sich deshalb mit $\dot{\varepsilon}_m$ und $t_m$ normieren lassen (Bild 33) und
- die Dehnungen $\varepsilon_m$ am Wendepunkt annähernd konstant sind, sodass aufgrund der einheitlichen Kriechgeschwindigkeitskurven sich auch ähnliche Kriechkurven ergeben (Bild 34).

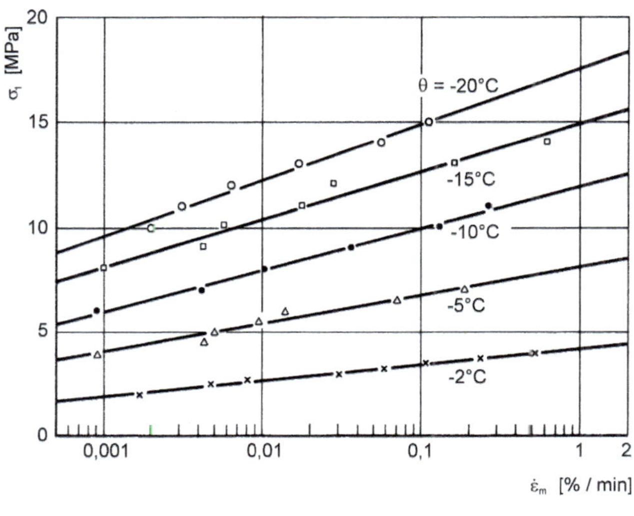


**Bild 32** Axialspannung über der maximalen Kriechgeschwindigkeit $\dot{\varepsilon}_m$ (Einaxialversuche an gesättigtem Mittelsand) [51]

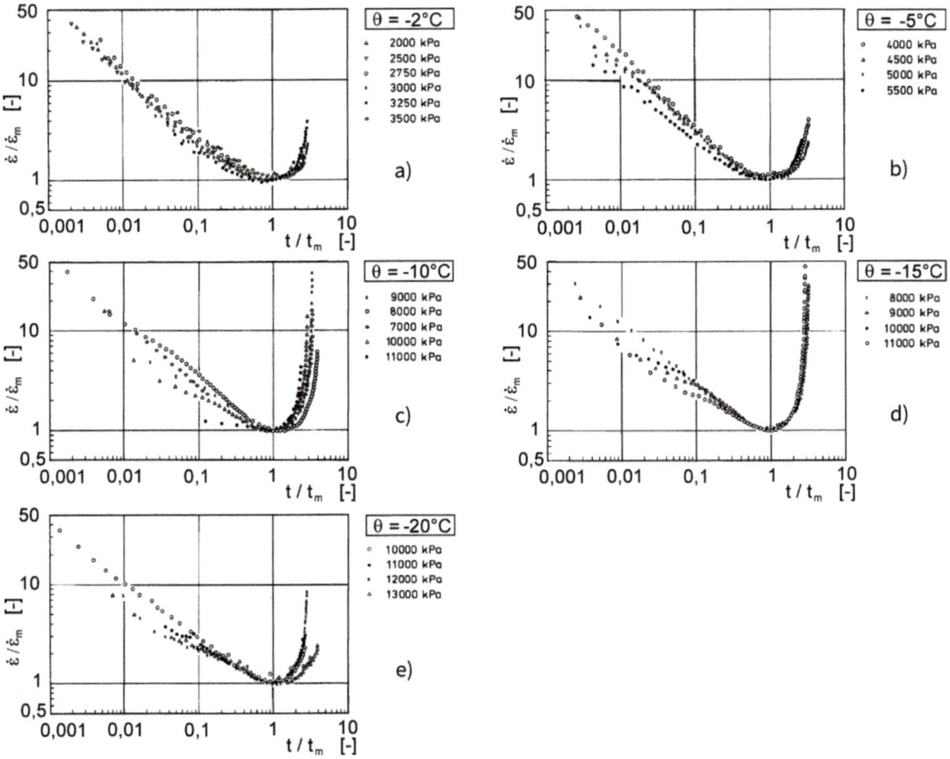


**Bild 33** Kriechgeschwindigkeitskurven mit $t_m$ und $\dot{\varepsilon}_m$ normiert [51]

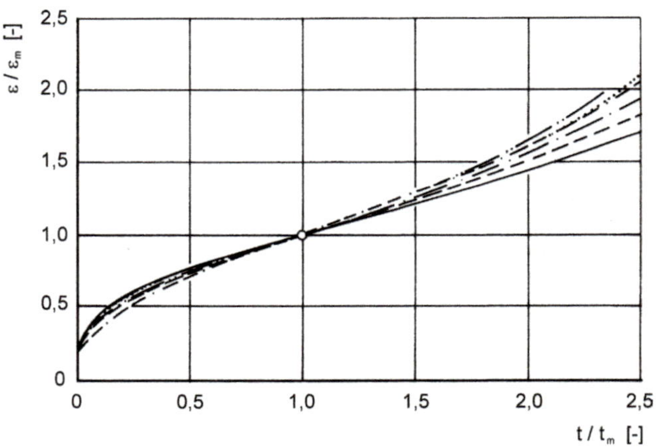


**Bild 34** Kriechkurven von Einaxialversuchen mit $t_m$ und $\dot{\varepsilon}_m$ normiert [51]

Aus der Definition der Ähnlichkeit der Kriechverläufe ergibt sich ferner das wichtige Ergebnis:

$$\dot{\varepsilon}_m \cdot t_m = \text{const.} \tag{44}$$

Damit lässt sich aus einer gemessenen minimalen Kriechgeschwindigkeit die für die Praxis meist wichtigere Standzeit $t_m$ berechnen.

Der in Bild 32 dargestellte Zusammenhang lässt sich mit der aus der Berechnung thermisch aktivierter Platzwechsel abgeleiteten Beziehung

$$\ln\left(\dot{\varepsilon} / \dot{\varepsilon}_\alpha\right) = \left(\frac{K_1}{T} + K_2\right)\left(\frac{\sigma}{\sigma_\alpha(T)} - 1\right) \tag{45}$$

bzw.

$$\dot{\varepsilon}(\sigma, T) = \dot{\varepsilon}_\alpha \exp\left[\left(\frac{K_1}{T} + K_2\right)\left(\frac{\sigma}{\sigma_\alpha(T)} - 1\right)\right] \tag{46}$$

beschreiben.

Darin ist

| | |
|---|---|
| $\dot{\varepsilon}_\alpha$ | eine frei gewählte Bezugsverformungsgeschwindigkeit |
| $T$ | die absolute Temperatur [K] |
| $\sigma_\alpha$ (T) | diejenige Spannung, die bei der jeweiligen Temperatur T zur Bezugsverformungsgeschwindigkeit $\dot{\varepsilon}_\alpha$ führt und damit die Temperaturabhängigkeit charakterisiert |
| $K_1$ | eine physikalisch deutbare Größe mit der Einheit [K] und |
| $K_2$ | $= \ln \dot{\varepsilon}_\alpha$ |

Die Eingangswerte können mit wenigen Versuchen ermittelt werden:

$K_2$ ergibt sich aus dem frei gewählten $\dot{\varepsilon}_\alpha$, $K_1$ wird aus zwei Versuchen (oder mehr) mit variierenden $\sigma$ bzw. $\dot{\varepsilon}$ bei der gleichen Temperatur mit

$$A(T) = \Delta\sigma / \Delta \ln\left(\dot{\varepsilon}_m\right) \tag{47}$$

zu

$$K_1 = T \cdot \left(\frac{\sigma(T)}{A(T)} - \ln \dot{\varepsilon}_m\right) \tag{48}$$

bestimmt und

$$\sigma_\alpha(T) = A(T) \cdot \left(\frac{K_1}{T} + \ln \dot{\varepsilon}_\alpha\right) \tag{49}$$

aus Versuchen bei verschiedenen Temperaturen errechnet. Anstatt Gl. (49) kann $\sigma_\alpha$ (T) mit einer Potenzfunktion der Celsius-Temperatur $\theta$ dargestellt werden, die auch den Wert bei $\theta = 0$ °C korrekt wiedergibt.

In nachfolgendem Beispiel [51] werden die Eingangsgrößen aus fünf Kriechversuchen ermittelt (Tabelle 4).

**Tabelle 4** Versuchsergebnisse aus einaxialen Kriechversuchen an gesättigtem Mittelsand [51]

| Nr. | Versuchswerte | | Messwerte | | C |
|---|---|---|---|---|---|
| | $\theta$ [°C] | $\sigma$ [kPa] | $\dot{\varepsilon}_m$ [%/min] | $t_m$ [min] | (Gl. 44) |
| 1 | −5 | 5000 | $4{,}963 \cdot 10^{-3}$ | 552,7 | 0,0274 |
| 2 | −10 | 6000 | $9{,}0183 \cdot 10^{-4}$ | 2534,4 | 0,0229 |
| 3 | −10 | 10000 | 0,13194 | 16,1 | 0,0212 |
| 4 | −15 | 11000 | $1{,}752 \cdot 10^{-2}$ | 123,5 | 0,0216 |
| 5 | −20 | 12000 | $6{,}361 \cdot 10^{-3}$ | 356,5 | 0,0268 |

Als Mittelwert ergibt sich beim hier untersuchten Boden $\bar{C} = \varepsilon_m \cdot t_m = 0{,}024$

– Wahl der Bezugsgeschwindigkeit:
$\dot{\varepsilon}_\alpha = 1$ %/min
A (T) bei T = 263,4 K (≙ −10 °C) aus den Versuchen 2 und 3 mit Gl. (47):

$$A\,(263{,}4\text{ K}) = \frac{10000 - 6000}{\ln 0{,}13194 - \ln 9{,}0183 \cdot 10^{-4}} = 802{,}3\text{ kPa}$$

$K_1$ aus Gl. (48) mit $\sigma$ und $\dot{\varepsilon}_m$ aus Versuch 2

$$K_1 = 263{,}4 \left( \frac{6000}{802{,}3} - \ln 9{,}0183 \cdot 10^{-4} \right) = 3817 \text{ [K]}$$

– Bestimmung der Funktion $\sigma_\alpha$ (T), hierzu zuerst A(T) nach Umformung von Gl. (49) bei $\theta = -5$ °C ≙ T = 268,4 K

$$A\,(268{,}4\text{ K}) = \frac{5000}{\frac{3817}{268{,}4} + \ln 4{,}963 \cdot 10^{-3}} = 561\text{ kPa}$$

$$\sigma_\alpha\,(268{,}4\text{ K}) = 561 \left( \frac{3817}{268{,}4} + 0 \right) = 7977\text{ kPa}$$

Die Werte von $\sigma_\alpha$ für alle Temperaturen enthält Tabelle 5.

Die berechneten $\sigma_\alpha(\theta)$ werden nun nach der Methode der kleinsten Fehlerquadrate korreliert. Bei der kleinen Werteanzahl genügt ein Taschenrechner zur Berechnung der Korrelationsfunktionen. In Bild 35 ist die Approximation der Funktion $\sigma_\alpha(\theta)$ dargestellt. Die Potenzfunktion $\sigma_\alpha(\theta)$ gibt auch die Spannung bei 0 °C richtig wieder, nicht aber eine Potenzfunktion $\sigma_\alpha(T)$, es sei denn, $\theta$ wird durch T ausgedrückt.

**Tabelle 5** $\sigma_\alpha$-Werte für alle Temperaturen

| $\theta$ [°C] | T [K] | A [kPa] | $\sigma_\alpha$ [kPa] |
|---|---|---|---|
| −5 | 268,4 | 561 | 7977 |
| −10 | 263,4 | 802 | 11622 |
| −15 | 258,4 | 1025 | 15153 |
| −20 | 253,4 | 1199 | 18065 |

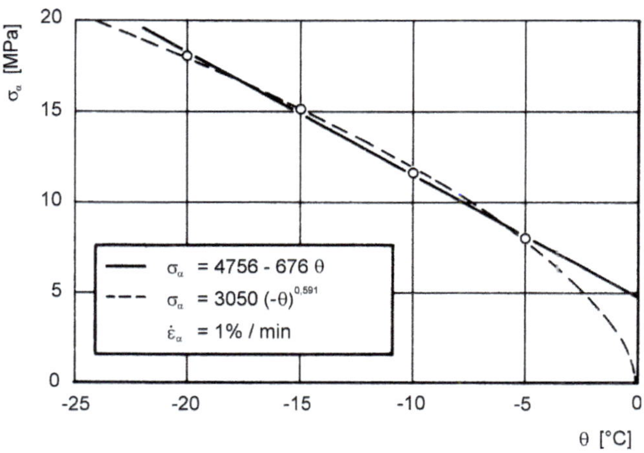


**Bild 35** Berechnete $\sigma_\alpha(\theta)$ und geeignete Approximationsfunktion [51]

Setzt man die Funktion $\sigma_\alpha(\theta)$ sowie K1 und $\dot{\varepsilon}_\chi$ in Gl. (46) ein, wobei T ebenfalls durch θ ausgedrückt wird, so folgt:

$$\dot{\varepsilon}_m(\sigma, \theta) = 1 \exp\left[\left(\frac{3817}{\theta + 273{,}4} + 0\right)\left(\frac{\sigma}{3050(-\vartheta)^{0{,}591}} - 1\right)\right] \tag{46a}$$

Damit ist $\dot{\varepsilon}_m(\sigma,\theta)$ geschlossen dargestellt. Die Auflösung nach σ führt auf die folgende Beziehung

$$\sigma = 3050 \cdot (-\theta)^{0{,}591} \cdot \left(1 + \frac{\ln\left(\dot{\varepsilon}_m / 1\right)}{\frac{3817}{\theta + 273{,}4}}\right) \tag{50}$$

Der danach berechnete Verlauf und Versuchsergebnisse sind in Bild 36 aufgetragen.

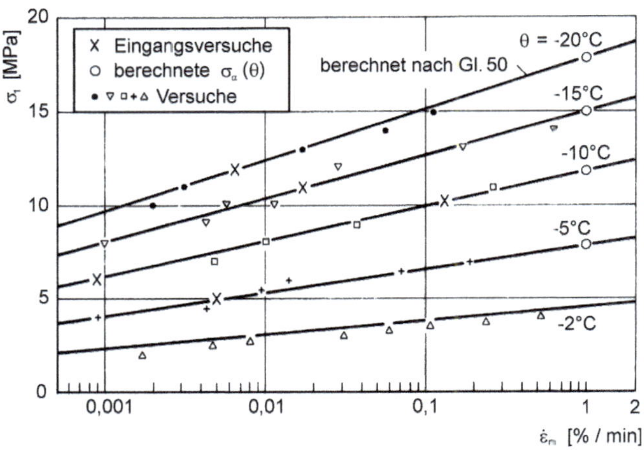


**Bild 36** $\sigma_1$ über $\dot{\varepsilon}_m$, Messwerte und Berechnung nach Gl. (50) mit zugehörigen Eingangsversuchen [51]

Die Berechnung der Standzeit erfolgt nach Gl. (44). Mit dem Mittelwert für C gilt

$$t_m = 2{,}4 / \dot{\varepsilon}_m [\text{min}] \quad \left(\text{mit } \dot{\varepsilon}_m \text{ in } [\% / \text{min}]\right) \tag{44a}$$

Den hieraus errechneten Werten für $t_m$ sind in Bild 37 wieder Messwerte gegenübergestellt.

Bild 37 zeigt außerdem, dass sich die der Gl. (46) zugrunde liegende Vereinfachung, die Rückwärtsbewegungen von Molekülen im Kristall zu vernachlässigen, beim untersuchten Boden erst über $t_m \approx 10^6$ min (1,9 Jahre) bemerkbar macht. Dort weichen die Kurven der genaueren, die Rückwärtsbewegungen berücksichtigenden Gl. (51) von den Geraden nach Gl. (46) ab.

$$\dot{\varepsilon}_m(\sigma, T) = \dot{\varepsilon}_\alpha \left[\exp\left[\left(\frac{K_1}{T} + K_2\right)\left(\frac{\sigma}{\sigma_\alpha(T)} - 1\right)\right] - \exp\left[-\left(\frac{K_1}{T} + K_2\right)\left(\frac{\sigma}{\sigma_\alpha(T)} - 1\right)\right]\right] \tag{51}$$

$$\dot{\varepsilon}_m(\sigma, \theta) = 1 \cdot \left[\exp\left[\left(\frac{3817}{\theta + 273{,}4}\right)\left(\frac{\sigma}{3050(-\theta)^{0{,}591}} - 1\right)\right] - \exp\left[-\left(\frac{3817}{\theta + 273{,}4}\right)\left(\frac{\sigma}{3050(-\theta)^{0{,}591}} - 1\right)\right]\right]$$

Für die meisten praktischen Probleme dürfte somit Gl. (46) ausreichen. Andererseits enthält Gl. (51) dieselben Parameter wie Gl. (46) und verlangt daher lediglich etwas mehr Rechenaufwand.

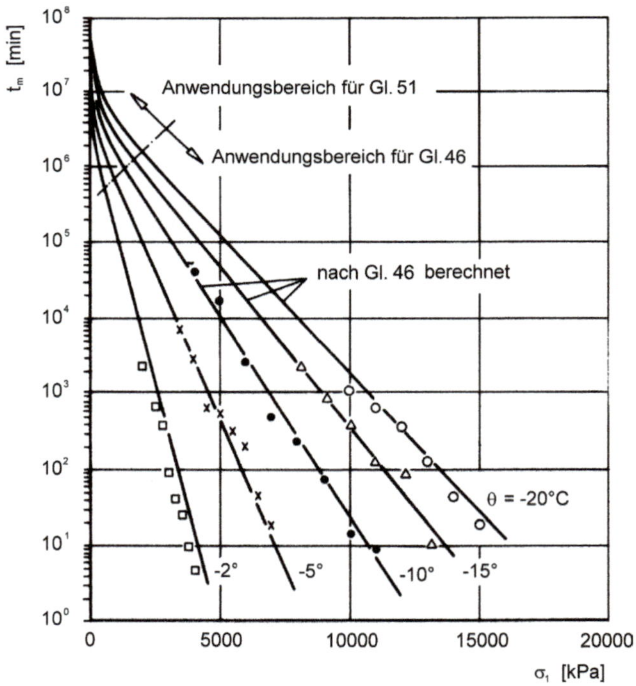


**Bild 37** $t_m$ über $\sigma_1$, Messwerte und Berechnung [51]

Für die Anwendung ist gegenüber der errechneten Standzeit $t_m$ ein ausreichender Sicherheitsabstand zu wählen, als Minimum kann eine 10er-Potenz gelten, die beim hier behandelten gefrorenen Sand einer Spannungsminderung um etwa 1/6 entspricht [51].

Ein weiteres Kriterium ist die Begrenzung der Verformungen. Da die Kriechkurven ähnlich sind, d. h. sich nur durch den (temperatur- und spannungsabhängigen) Zeitfaktor unterscheiden, können sie durch Normierung bez. $t_m$ mit einer einzigen Standardkriechkurve $\varepsilon(t/t_m)$ dargestellt werden. Mit dieser wird aus der zulässigen Verformung die nutzbare Standzeit als Bruchteil von $t_m$ ermittelt. Daraus ergibt sich für eine gewünschte Nutzungsdauer t des Frostkörpers die erforderliche Standzeit $t_m$, woraus schließlich bei einer gegebenen Temperatur die zulässige Spannung oder bei einer gegebenen Spannung die erforderliche Temperatur berechnet werden kann.

Aus den zeit- und temperaturabhängig mittels der Standardkriechkurve ermittelten Verformungen kann ein zeit- und temperaturabhängiger Deformationsmodul als Grundlage für Verformungsberechnungen abgeleitet werden [51].

Für die formelmäßige Darstellung der Standardkriechkurve eignet sich z. B. der Ansatz Gl. (52) [4], der den Kriechgeschwindigkeitsverlauf i. d. R. ausreichend genau beschreibt:

$$\dot{\varepsilon} = A \cdot \exp(\beta \cdot t) \cdot t^{-m} \tag{52}$$

Für die normierte Darstellung der Kriechgeschwindigkeitskurve

$$\dot{\varepsilon}/\dot{\varepsilon}_m = A \cdot \exp(\beta \cdot t/t_m) \cdot (t/t_m)^{-m} \tag{52a}$$

gilt wegen $\ddot{\varepsilon}_m = 0$ und $\dot{\varepsilon}/\dot{\varepsilon}_m(t_m) = 1$

$$m = \beta \tag{53}$$

sowie

$$A = \exp(-\beta), \tag{54}$$

sodass nur noch der Parameter $\beta$ zu bestimmen ist. Er folgt aus einem Wertepaar $\dot{\varepsilon}_0 / \dot{\varepsilon}_m, t_0 / t_m$ zweckmäßig mit $t_0$ um 2 bis 3 Zehnerpotenzen kleiner als $t_m$:

$$\beta = \frac{\ln(\dot{\varepsilon}_0 / \dot{\varepsilon}_m)}{\ln(t_m / t_0) + t_0 / t_m - 1} \tag{55}$$

In Bild 38 ist die Approximationsfunktion (Gl. 52a) zusammen mit den Geschwindigkeitskurven der Versuche von Bild 33 dargestellt.

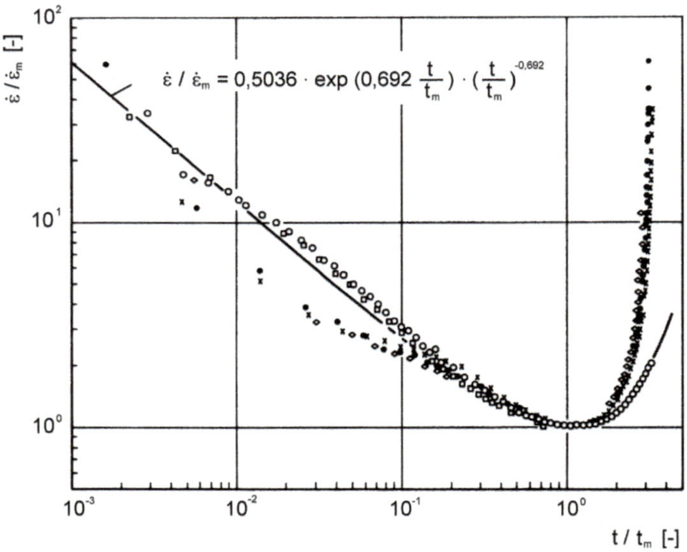


**Bild 38** Geschwindigkeitsverläufe aus Versuchen und Approximation [51]

Der Ansatz Gl. (52) bzw. (52a) ist nicht geschlossen integrierbar, die Integration muss daher numerisch erfolgen. Dieser Nachteil wiegt jedoch nicht allzu schwer, da für die Handrechnung die Auftragung der Kriechkurve ausreicht bzw. eine formelmäßige Darstellung durch Approximation der durch numerische Integration gewonnenen Kriechkurve leicht möglich ist. Numerische Verfahren (z.B. [41]) arbeiten ohnehin mit Zeitintegrationen, sodass hier Gl. (52) unmittelbar verwendet werden kann. Eine tensorielle Formulierung des dargestellten Stoffgesetzes zur Verwendung in numerischen Berechnungen ist z.B. in [14] beschrieben.

Die Integration kann nicht bei t = 0 beginnen, da $\dot{\varepsilon}/\dot{\varepsilon}_m$ nach Gl. (52) hier gegen ∞ strebt. Ersatzweise bestimmt man für eine kleine Zeit $t_0$, z.B. eine Minute, die dort gemessenen Verformungen und integriert dann von diesem Startpunkt aus. Hierzu ist dann der elastische Verformungsanteil zu addieren, der z.B. aus der Arbeitslinie eines verformungsgesteuerten Druckversuchs mit entsprechend hoher Dehnungsrate ermittelt werden kann.

In Bild 39 sind die Deformationsmoduln des in obigem Beispiel behandelten gefrorenen Bodens aus [51] in Abhängigkeit von der Temperatur sowie der Standzeit dargestellt. Auffällig ist der Anstieg der Steifigkeit bei sehr kleinen Spannungen, wobei die Verformungen in diesem Bereich wegen der sehr kleinen Spannung jedoch ebenfalls sehr niedrig sind. Der Anstieg ist durch die bei kleinen Kriechverformungen im kristallinen Bereich einsetzende Verfestigung durch die Blockierung von Versetzungen bedingt (welche auch das Kriechen im frühen Kriechstadium verlangsamt), die bei steigender Verformung jedoch durch Mikrorissbildung zunehmend kompensiert wird, wodurch die Steifigkeit ab einer bestimmten Verformung bzw. (bei gegebener Belastungsdauer) ab einer bestimmten Spannung wieder fällt.

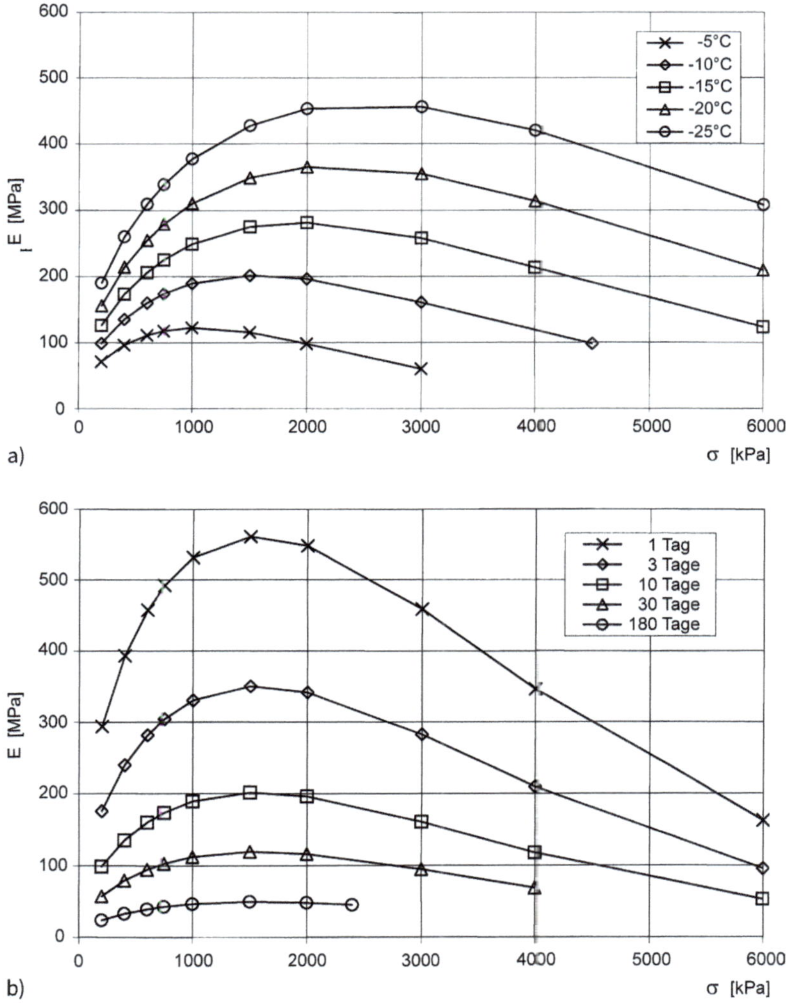


**Bild 39** Deformationsmodul E aus elastischer und viskoser Verformung
a) für 10 Tage Standzeit und b) für −10 °C (Karlsruher Mittelsand)

Die dargestellten grundsätzlichen Zusammenhänge und das darauf aufgebaute Auswerteverfahren haben sich mittlerweile an unterschiedlichen voll- und teilgesättigten gefrorenen Bodenarten wie auch an reinem Eis (s. Abschnitt 5) bestätigt. Dabei zeigten sich (jeweils unter sonst gleichen Bedingungen wie Temperatur, Standzeit bzw. Verformungsgeschwindigkeit, Lagerungsdichte, Sättigung) folgende Zusammenhänge:

- Die aufnehmbare Spannung nimmt mit der Sättigung etwa linear ab [8, 63].
- Die Dehnung $\varepsilon_m$ am Wendepunkt der Kriechkurve wird bei geringerer Sättigung kleiner [63].
- Die Zeit $t_m$ bis zum Wendepunkt der Kriechkurve als auch die dann erreichte Dehnung $\varepsilon_m$ steigen mit zunehmender Lagerungsdichte an [63].

### 4.2.3 Triaxiale Spannungen

Unter triaxialen Spannungen wird der Verformungswiderstand gefrorener Böden nicht mehr allein durch die Eisverkittung bestimmt, darüber hinaus können folgende Effekte eintreten:

Bei körnigen Böden wird durch die triaxialen Spannungen Reibung mobilisiert, weshalb in weggesteuerten Versuchen bei ausreichend hoher Spannungssumme $I_\sigma$ zwei Spannungsmaxima zu beobachten sind (Bild 40).

Das erste Spannungsmaximum tritt bei Dehnungen zwischen 3 und 6 % auf und ist eine Folge der Eisverkittung. Bei wassergesättigten Böden nimmt die Maximalspannung am ersten Spannungsmaximum mit steigender Spannungssumme ab; an wassergesättigtem, dicht gelagertem Sand wurde bei Darstellung im Mohr'schen Spannungskreis bei −10 °C ein „negativer Reibungswinkel“ von $\varphi = -6°$ [51] bzw. bei −20 °C von $\varphi = -7°$ [25] festgestellt. Dies ist auf die druckinduzierte Erweichung der Eismatrix zurückzuführen.

In Kriechversuchen führt eine steigende Spannungssumme $I_\sigma$ (bei gleicher Deviatorspannung) durch Reibungsmobilisierung zu einer nichtlinearen Abnahme der minimalen Kriechgeschwindigkeit $\dot{\varepsilon}_m$ (Bild 41).

In [25] wird die oben genannte Gl. (46) zur Ermittlung der minimalen Kriechgeschwindigkeit $\dot{\varepsilon}_m$ um einen von der Spannungssumme abhängigen Term erweitert:

$$\dot{\varepsilon}_m(\sigma, T) = \dot{\varepsilon}_\alpha \exp\left[\left(\frac{3817}{T+273{,}4} + \ln\dot{\varepsilon}_\alpha\right)\left(\frac{\sigma_1-\sigma_3}{\sigma_\alpha(T)}\right) + 3{,}39\left(\frac{\sigma_1-\sigma_3}{I_\sigma}\right)^2 - 2{,}45\right] \quad (56)$$

mit der Spannungssumme $I_\sigma = \frac{1}{3}(\sigma_1+\sigma_2+\sigma_3)$ (erste Invariante des Spannungstensors)

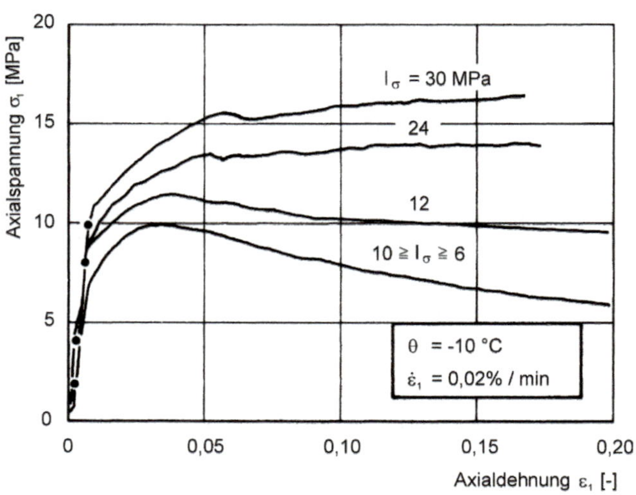


**Bild 40** Arbeitslinien aus weggesteuerten Triaxialversuchen mit jeweils konstanter Spannungssumme [51]

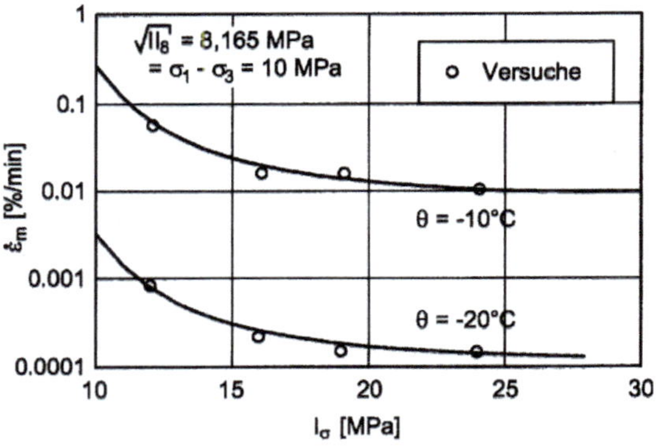


**Bild 41** Dehnungsgeschwindigkeit $\dot{\varepsilon}_m$ über Spannungssumme $I_\sigma$, Messwerte (triaxiale Kriechversuche bei $\sigma_1 - \sigma_3 = 10$ MPa) und Rechenwerte nach Gl. (56) [25]

Damit können wiederum die minimale Kriechgeschwindigkeit (Bild 42a) und die Standzeiten $t_m$ (Bild 42b) auch in Abhängigkeit von der Spannungssumme dargestellt werden.

Die Lösungen aus Gl. (56) konvergieren asymptotisch mit steigender Spannungssumme (Bild 42a), sodass eine Erhöhung der Spannungssumme um 100 % auf $I_\sigma = 60$ MPa in der Verformungsgeschwindigkeit einen Fehler von 5 bis 7 % je nach Temperatur ergeben würde. Die Vernachlässigung dieses Fehlers liegt auf der sicheren Seite. Bei Spannungssummen $I_\sigma \leq 5$ MPa kann deshalb deren Einfluss vernachlässigt werden [25], eine Dimensionierung nach Gl. (46) ist dann ausreichend genau.

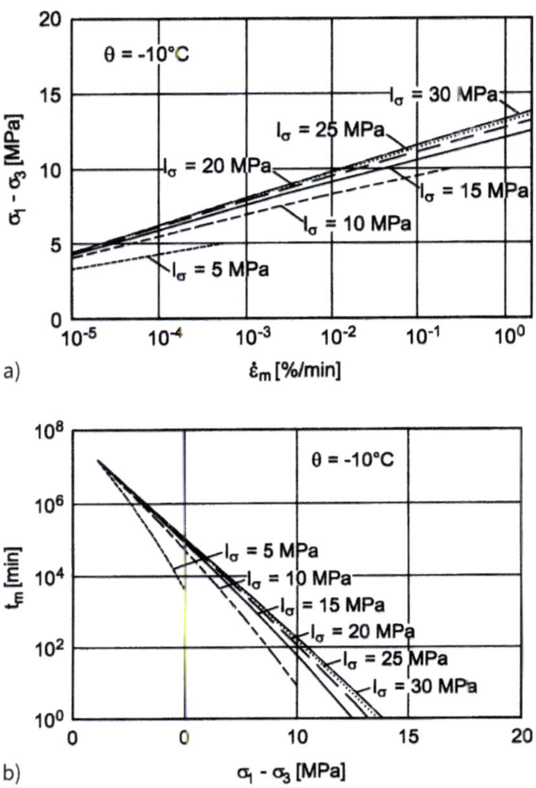


**Bild 42** a) Deviatorspannung $\sigma_1 - \sigma_3$ über Dehnungsgeschwindigkeit $\dot{\varepsilon}_m$, Rechenwerte nach Gl. (56) für verschiedene Spannungssummen $I_\sigma$ bei $\theta = -10$ °C, b) Standzeit $t_m$ über Deviatorspannung $\sigma_1 - \sigma_3$, Rechenwerte nach Gl. (56) für verschiedene Spannungssummen $I_\sigma$ bei $\theta = -10$ °C [25]

Weiterhin ist zu beachten, dass die Reibung auch in körnigen Böden erst bei Dehnungen über ca. 5 % mobilisiert wird [25]. Da die zulässigen Dehnungen in praktischen Anwendungen i.d.R. weit darunter liegen, ist der Ansatz von Reibung in gefrorenem Boden allenfalls für Bruchbetrachtungen, nicht jedoch für den Gebrauchszustand sinnvoll.

Bei hohen Spannungssummen über ca. 5 bis 10 MPa (tiefliegende Bauwerke wie Schächte, Einleitstellen hoher Stützkräfte usw.) kann im gesamten Verformungsverlauf eine Entfestigung durch die Erweichung der Eismatrix auftreten. Dies wurde an Mittelsand beobachtet [25, 51], bei eisreichen bindigen Böden dürfte dieser Effekt noch stärker ausfallen. In derartigen Fällen sind Triaxialversuche ratsam.

Bei hohen Spannungssummen sollte nicht nur die größte und kleinste, sondern auch die mittlere Hauptspannung berücksichtigt werden. Triaxiale Extensionsversuche ($\sigma_1 < \sigma_3$) zeigten bei gleicher Hauptspannungsdifferenz und Spannungssumme ein früheres Versagen kriechender Proben als in Kompressionsversuchen ($\sigma_1 > \sigma_3$) [48].

### 4.2.4 Zug- und Biegefestigkeit

Über das Verhalten gefrorener Böden unter Zug liegen im Vergleich zum Druckverhalten erheblich weniger Versuchsergebnisse vor, die aber wichtige Unterschiede zum Verhalten unter Druck anzeigen [20].

Das Spannungs-Dehnungs-Verhalten unterscheidet sich deutlich von dem unter Druck, da die Zugspannungen ausschließlich in der Eismatrix übertragen werden. Einmal entstandene Risse werden zwar in gewissen Grenzen durch die Mineralkörner begrenzt, deshalb ist die Zugfestigkeit gefrorenen Bodens größer als diejenige reinen Eises [20]. Da jedoch nur die Eismatrix trägt, sind die Möglichkeiten interner Spannungsumlagerungen erheblich geringer, sodass Risse unmittelbar zu einer Verkleinerung des tragenden Querschnitts und damit zu einer Zunahme der inneren Spannungen führen. Das Verhalten unter Zug unterscheidet sich von denjenigen unter Druck deshalb in mehrfacher Hinsicht:

- Gefrorener Boden verhält sich unter Zug spröder. Der Übergang zum beschleunigten Kriechen findet bereits bei sehr kleinen Dehnungen (meist ≤ 1 %) statt, der Bruch tritt bereits bei Dehnungen von 1 bis 2 % ein.
- Die aufnehmbaren Zugspannungen liegen bei ca. 20 bis 25 % der aufnehmbaren Druckspannungen unter sonst gleichen Verhältnissen.
- Bei Belastungsbeginn sind die Zugdeformationen geringer als unter Druck.

Bild 43 zeigt den Kriechverlauf von Proben aus gefrorenem Mittelsand in einaxialen Druck- und Zugversuchen.

Das Biegeverhalten von Körpern aus gefrorenem Boden wurde ebenfalls in [25] ausführlich untersucht. Entsprechend dem unterschiedlichen Dehnungs-/Kriechverhalten gefrorener Böden unter Druck und Zug ergeben sich für einen Biegebalken mit der tiefsten Temperatur in der Mitte und einem linearen Temperaturanstieg zum Rand in Druck- und Zugzone unterschiedlich große und unterschiedlich schnell wachsende Dehnungen. Dementsprechend entsteht in beiden Bereichen eine unterschiedliche Spannungsverteilung. Die Nulllinie liegt nicht mehr in der Mitte wie bei linear-elastischem Material, außerdem wandert sie im Verlauf des Kriechens.

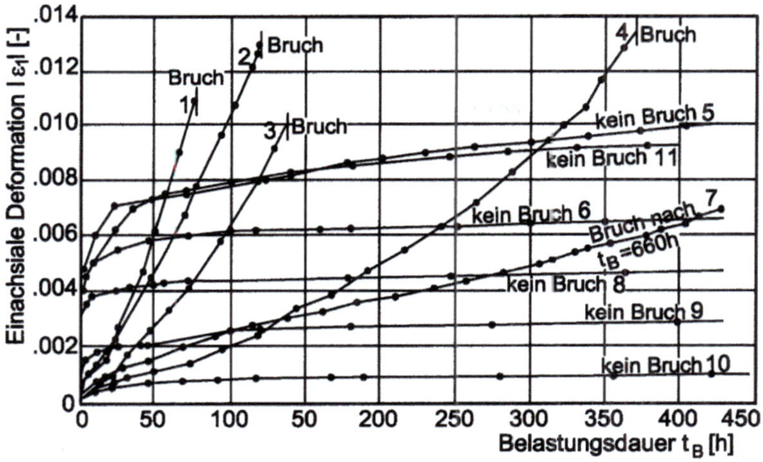


| Kurve Nr. | Versuch Nr. | Belastung Druck/Zug | Spannung $\sigma_1$ [kN/cm²] | Temp [°C] |
|---|---|---|---|---|
| 1 | VII/31 | Zug | 0.19 | -10 |
| 2 | VII/34 | Zug | 0.29 | -15 |
| 3 | VII/32 | Zug | 0.17 | -10 |
| 4 | VII/33 | Zug | 0.16 | -10 |
| 5 | III/86 | Druck | 0.30 | -15 |
| 6 | III/153 | Druck | 0.17 | -10 |
| 7 | VII/356 | Zug | 0.12 | -10 |
| 8 | III/118 | Druck | 0.10 | -10 |
| 9 | III/119 | Druck | 0.05 | -10 |
| 10 | VII/37 | Zug | 0.05 | -10 |
| 11 | III/117 | Druck | 0.20 | -10 |

**Bild 43** Kriechkurven aus einaxialen Druck- und Zugversuchen, Material: Mittelsand [20]

Aufgrund der zu den Rändern hin höheren Temperatur ist der Frostkörper dort weicher, sodass die Spannung zu den Rändern hin wieder abfällt. Dies gilt nicht bei Biegung eines Frostkörpers mit konstanter Temperatur.

## 5 Eigenschaften von Eis

Die mechanischen Eigenschaften gefrorener Böden werden wesentlich durch das Eis in den Poren bestimmt. In seltenen Fällen wird auch reines Eis planmäßig als tragendes Element in einer gefrorenen Konstruktion verwendet (z. B. beim U-Bahnhof Brandenburger Tor, wo innerhalb des Frostkörpers vorgetriebene Vereisungsstollen zur Erhöhung der Standfestigkeit mit Wasser gefüllt und gefroren wurden). Wasserreiche Suspensionen, wie sie im Spezialtiefbau z. B. als Stützflüssigkeit verwendet werden, zeigen ähnliche Eigenschaften wie reines Eis, insbesondere nahe dem Gefrierpunkt können jedoch Oberflächeneffekte wirksam werden, sodass sich im Zweifelsfalle die Durchführung von Versuchen empfiehlt.

Die mechanischen Eigenschaften von Eis hängen von der Temperatur, der Verformungsgeschwindigkeit, der Dichte, der Reinheit und dem Kristallaufbau ab. Aufgrund seiner besonderen Molekülstruktur weichen die Eigenschaften von Eis teilweise von denjenigen anderer Feststoffe ab. Aus der asymmetrischen Dipolstruktur der Wassermoleküle ergibt sich eine große Anzahl möglicher Kristallformen. Bei Atmosphärendruck ordnen sich die Moleküle im Eis hexagonal an.

Eis hat eine besondere Abhängigkeit der Dichte von der Temperatur. Die größte Dichte liegt bei +4 °C vor, darüber und darunter ist die Dichte geringer. Beim Gefrieren unter Atmosphärendruck fällt die Dichte sprunghaft von $\rho = 0{,}999841$ g/cm$^3$ auf 0,9168 g/cm$^3$, was einer Volumenvergrößerung von 9,06 % entspricht. Bei weiterer Abkühlung steigt die Dichte von Eis wie bei jedem Festkörper wieder an, d. h. es verkleinert sein Volumen wieder.

Die Schmelztemperatur von Eis sinkt mit zunehmendem Druck [43], weshalb z. B. Schlittschuhe an der Eisoberfläche einen dünnen Wasserfilm erzeugen und auf diesem leicht gleiten.

Ebenso temperaturabhängig ist die Wärmeleitfähigkeit von Eis, sie steigt von $\lambda_1 = 2{,}22$ W/mK bei 0 °C auf $\lambda_1 = 2{,}76$ W/mK bei −50 °C.

Der lineare Wärmeausdehnungskoeffizient von Eis liegt nahe dem Schmelzpunkt bei ca. $\alpha = 5 \cdot 10^{-5}$ [1/K] und fällt mit sinkender Temperatur auf ca. $1 \cdot 10^{-5}$ [1/K] bei −180 °C.

Auch bei Eis besteht unter sonst gleichen Randbedingungen ein Zusammenhang zwischen Temperatur, Spannung und Verformungsgeschwindigkeit. Dabei gelten die unter Abschnitt 4.2.2 für gefrorenen Boden dargestellten Berechnungsansätze, die aus der Theorie thermisch aktivierter Platzwechsel in Kristalliten abgeleitet sind.

In [42] sind die Ergebnisse einer größeren Anzahl von weg- und kraftgesteuerten Versuchen an polykristallinem Eis bei −5 °C und −10 °C angegeben. In Bild 44a ist der in diesen Versuchen gemessene Zusammenhang zwischen der Kriechgeschwindigkeit $\dot{\varepsilon}_m$ und der Spannung und in Bild 44b der Zusammenhang zwischen Spannung und der Standzeit $t_m$ (Kriechzeit bis zum Wendepunkt der Kriechkurve, Näheres s. Abschnitt 4.2) dargestellt. Das Ergebnis zeigt im Vergleich zu gefrorenem Boden eine erheblich geringere Festigkeit, wenn man diese als maximales Verhältnis $\sigma / \dot{\varepsilon}$ definiert. Der Grund hierfür sind die im Abschnitt 4.2.3 genannten Wechselwirkungen zwischen Eis und Korngerüst im gefrorenen Boden. Die grundsätzlichen Zusammenhänge sind jedoch mit denen bei gefrorenem Boden identisch.

Die Festigkeit von Eis ist nicht nur für Tragkörper, sondern auch hinsichtlich dessen Wirkung auf Baukonstruktionen wie Brückenpfeiler, Dalben oder Ufermauern von Bedeutung. Angaben hierfür liefern z. B. die Empfehlungen E 177 und E 205 der EAU [19] und [28].

In geschlossenen Bereichen können sich Eisdrücke daraus ergeben, dass sich bei Frost eine Eisdecke bildet und mit fallender Temperatur zunächst zusammenzieht. Die dadurch entstehenden Risse oder Lücken gefrieren zu, sodass bei der niedrigsten Temperatur eine formschlüssige Verbindung zu den Rändern besteht. Steigt die Temperatur der Eisdecke anschließend wieder an, so dehnt sie sich vor dem Auftauen zunächst aus und kann dabei schädliche Drücke auf die Ränder ausüben. In weitgehend geschlosse-

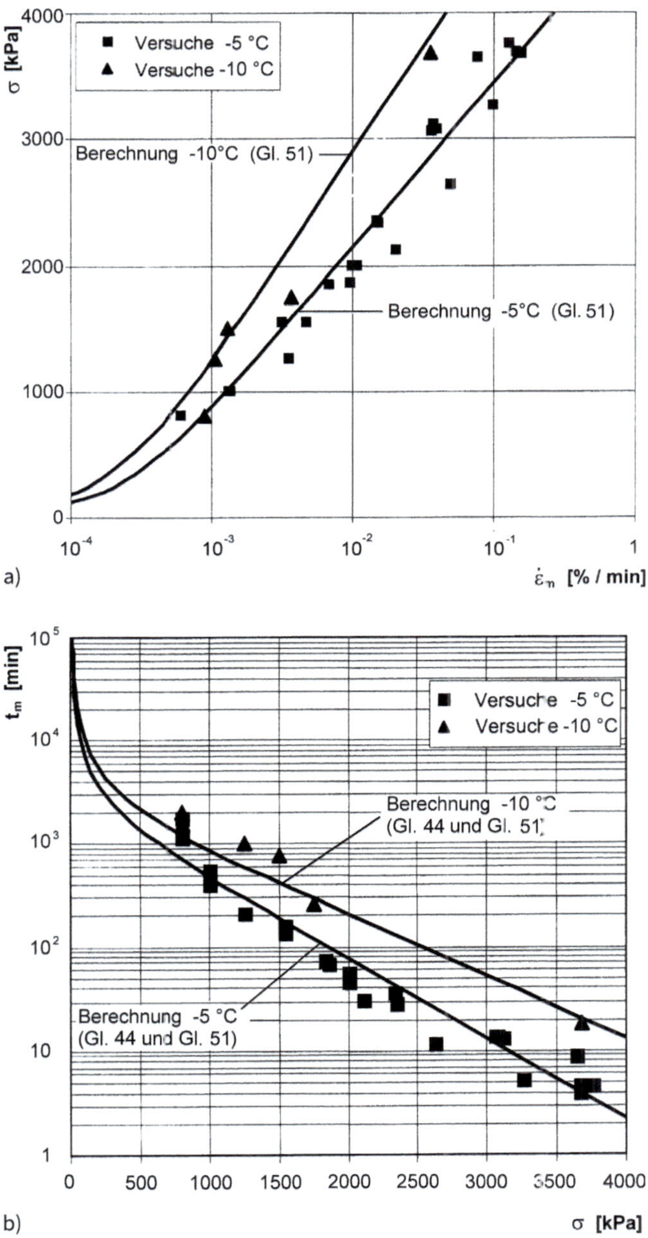


**Bild 44** Ergebnisse von einaxialen Kriechversuchen an reinem Eis; a) Spannung σ über der minimalen Kriechgeschwindigkeit $\dot{\varepsilon}_m$, b) Standzeit $t_m$ über Spannung σ [42]

nen, durch druckempfindliche Wände eingefassten Wasserflächen wie z. B. Hafenbecken mit schmalen Molen kann dem durch Aufschlitzen der Eisdecke durch Eisbrecher oder Sprengungen entgegengewirkt werden.

# 6 Frostwirkungen

## 6.1 Allgemeines

Durch Temperaturänderungen im Porenwasser/-eis werden insbesondere durch den Phasenübergang beim Gefrieren bzw. Auftauen recht komplexe Veränderungen initiiert, welche erhebliche baupraktische Auswirkungen haben können.

## 6.2 Gefrieren

Beim Gefrieren und weiteren Abkühlen kann gefrorener Boden auf verschiedene Weise sein Volumen vergrößern und/oder beträchtliche Drücke erzeugen [34].

Beim Übergang von der flüssigen zur festen Phase vergrößert sich das Volumen von Wasser um rd. 9 %. Die Volumenvergrößerung entsteht an der Gefrierfront. Ob hierdurch ein Druck in den Poren entsteht oder aber das Wasser annähernd drucklos in den ungefrorenen Bereich abfließt, hängt von der Durchlässigkeit und der pro Zeiteinheit gefrorenen Wassermenge ab. Bei den üblichen Gefriergeschwindigkeiten ist eine freie Dränage bei Sand und gröberen Böden i. d. R. gegeben. Eine eingehende rechnerische Behandlung dieser Vorgänge findet sich in [35].

Enthält der zu gefrierende Bereich Bodenschichten mit unterschiedlicher Durchlässigkeit, so kann eine ungefroren gut dränierende Schicht z. B. bei gekrümmten Frostkörpern frühzeitig zugefroren werden und steht dann für die Dränage nicht mehr zur Verfügung. In diesen Fällen kann sich ein Wasserdruck aufbauen, wenn nicht durch die Gefrierreihenfolge in allen Phasen ein Abfluss des Überschusswassers in die Umgebung gewährleistet wird. Dies kann in speziellen Fällen eine besondere Gefrierreihenfolge erfordern, siehe z. B. [45].

Reicht die Durchlässigkeit des Bodens nicht aus, das Überschusswasser drucklos abfließen zu lassen, so entsteht Porenwasserdruck, der sich auf das Eis bzw. das Korngerüst überträgt. Die maximale Volumenvergrößerung ergibt sich bei vollständig verhinderter Dränage aus der spezifischen Vergrößerung des Porenwassers und dessen Volumenanteil im Boden.

Ein weiterer Grund für Volumenvergrößerungen und Frosthebungen ist die Wanderung von Porenwasser zur Eisrandfläche. Dies ist eine Folge der elektrischen Anziehung der Wassermoleküle an die Bodenpartikel, aber auch der Anziehung der Wassermoleküle untereinander durch deren Dipolstruktur. Letztere führt auch bei Temperaturen unter dem Gefrierpunkt zu ungefrorenen Wasserhüllen um die Mineralpartikel. Da Wasser eine erheblich höhere Dielektrizitätskonstante als die mineralischen Mineralpartikel hat, laden sich Letztere nach der Regel von *Coehn* [43] negativ auf und binden Kationen bzw. die Dipolmoleküle des Wassers. Die molekulare Anziehungskraft zu den Mineralpartikeln ist sehr groß (ungefähr 20.000 bar), nimmt aber mit zunehmender Entfernung von den Mineralpartikeln rasch ab [13]. Die Wasserschicht ist je nach Mineralart ca. 3 bis 10 Molekülschichten dick. Je nach der spezifischen Oberfläche der Bodenpartikel ergeben sich dabei Gehalte des gebundenen Wassers zwischen 1,5 % bei Quarz, 15 % bei Illit und bis ca. 50 % bei Montmorillonit. Wegen der hohen Bindungskräfte hat dieses Wasser eine höhere Dichte und eine geringere Viskosität als freies Wasser. Die Wasserhüllen sind jedoch entlang den Mineralkörnern verschieblich und können deshalb auch bei Temperaturen unter 0 °C als Wassertransportweg wirken, wenn Druckunterschiede vorhanden sind.

Am Phasenübergang zwischen flüssiger und fester Phase ändert sich im Wasser bzw. Eis der Dampfdruck mit der Temperatur, dies wird durch die Clausius-Clapeyron-Gleichung beschrieben. Die Dampfdruckänderung ist sehr groß, bereits eine Temperaturänderung von 1 K ändert den Druck um ca. 11,4 MPa. Weiterhin wird der örtlich herrschende Dampfdruck von der Krümmung der Oberflächen beeinflusst. Konkave Oberflächen führen zu einer Verringerung, konvexe Oberflächen zu einer Erhöhung des Dampfdrucks an der Eisoberfläche. Dementsprechend wird das Porenwasser zu den konkaven Oberflächen des Eises um die Mineralpartikel gezogen, während konvexe Eisoberflächen in den Porenräumen die Wassermoleküle weniger stark anziehen. Das Wasser wandert deshalb – teilweise in den ungefrorenen Wasserhüllen entlang den Partikeln – zu den konkaven Eisoberflächen und gefriert dort schließlich. Durch die Expansion wird Druck zwischen den Partikeln aufgebaut und der Porenraum vergrößert.

Durch Druck auf das Korngerüst wird umgekehrt Druck auf die Eiskristalle ausgeübt, was wiederum zu einer Erhöhung des Dampfdrucks und damit zu einer schwächeren Anziehung der Wassermoleküle führt. Demzufolge kann die Wasserwanderung und letztlich die Frosthebung durch Druck vermindert oder völlig unterbunden werden. In Versuchen lässt sich einerseits ein maximaler Frosthebungsdruck unter vollständig blockierter Expansion und andererseits eine maximale Hebungsgeschwindigkeit bei annähernd spannungsfreiem Boden ermitteln.

Die Anreicherung von Wasser an der Gefrierfront wird auch durch die Wärmebilanz beeinflusst. Durch das Anlagern und Gefrieren des Wassers wird Kristallisationswärme frei, die im gefrorenen Bereich abfließen muss. Ist ein genügend großer Wasserzufluss vorhanden, um den Wärmeabfluss durch die frei werdende Kristallisationswärme zu kompensieren, bleibt die Frostfront stehen und es kommt zu einer zunehmenden Anlagerung von Wasser und schließlich zu Bildung von Eislinsen. Ist hingegen der Wärmeabfluss im gefrorenen Bereich größer als die freiwerdende Kristallisationswärme, so wandert die Frostfront weiter durch das Korngerüst. Damit kann an der betrachteten Stelle nur eine vorübergehende und deshalb geringe Wasseranreicherung eintreten.

Aus den o. g. Vorgängen ergeben sich folgende Einflüsse auf die Eislinsenbildung:

- Die Eislinsenbildung erfordert einen ausreichenden Wassernachschub, also eine genügend große Durchlässigkeit des Bodens.
- Die Kapillareffekte werden umso stärker, je stärker die Oberflächen gekrümmt und deshalb je kleiner die Mineralkörner sind. Andererseits behindern feinkörnige Böden wegen der geringeren Durchlässigkeit jedoch den Wassernachschub.
- Die Entstehung von Eislinsen kann durch schnelles Gefrieren mit hohen Temperaturgradienten vermindert werden, weil die Gefrierfront dann rasch wandert und deshalb weniger Zeit zur Anlagerung von Wasser vorhanden ist.

Für praktische Abschätzungen von Frosthebungen haben *Konrad* und *Morgenstern* [39] das Konzept des „Segregationspotenzials“ entwickelt. Hierbei wird der Wärme- und Stofftransport aufgrund des thermodynamischen Gleichgewichts in einem porösen Medium als geschlossenes System betrachtet. Hieraus wird das Segregationspotenzial SP mit einem linearen Zusammenhang zwischen dem Wasserzutritt und dem Temperaturgradienten in der Gefrierzone definiert:

$$SP = V_w / \text{grad } T_f$$

mit

$V_w$ Wassereintrittsrate

grad $T_f$ mittlerer Temperaturgradient in der Gefrierzone [K/mm]

Bezieht man das „Segregation Potential“ auf die Gesamthebung, so lautet es

$$SP_t = (dh/dt/ \text{ grad } T_f) = 1{,}09 \text{ SP}$$

mit

dh/dt gemessene Hebungsrate in der Nähe des stationären Zustands

Findet das Gefrieren unter Auflast statt, so gilt die Beziehung

$$SP = SP_0 \cdot e^{-a} \cdot \sigma$$

mit

$\sigma$ Auflastspannung

a durch Versuche zu ermittelnde Konstante

$SP_0$ Segregationspotenzial ohne Auflast

In Bild 45 ist das Segregationspotenzial für verschiedene Bodenarten in Abhängigkeit von der Spannung dargestellt [38]. Aufgrund der genannten Beziehung kann aus einer geringen Anzahl von Versuchen das Frosthebungsverhalten abgeschätzt werden. Erfahrungsgemäß sind damit gute Prognosen möglich.

Nach der Herstellung muss ein Frostkörper über eine gewisse Zeit auf einer bestimmten Größe gehalten werden, d. h., dass die Frostgrenze nicht mehr wandert und sich dort zunehmend Wasser anlagern kann. Dem kann durch intermittierendes Gefrieren entgegengewirkt werden. Da der Dampfdruck nichtlinear, der Wärmetransport aber linear von der Temperatur abhängt, kann durch geeignet gewählte zeitliche Schwankungen um einen Temperaturmittelwert die Wasseranlagerung beeinflusst werden. Laborversuche [35, 75] wie auch praktische Erfahrungen [45, 62] zeigen, dass die Hebungen in frostempfindlichen Böden durch geeignetes intermittierendes Gefrieren reduziert oder sogar verhindert werden können.

Zu beachten ist, dass die Eislinsen stets normal zur Gefrierfront wachsen und deshalb nicht nur vertikale Hebungen, sondern auch horizontale Frostdrücke entstehen können.

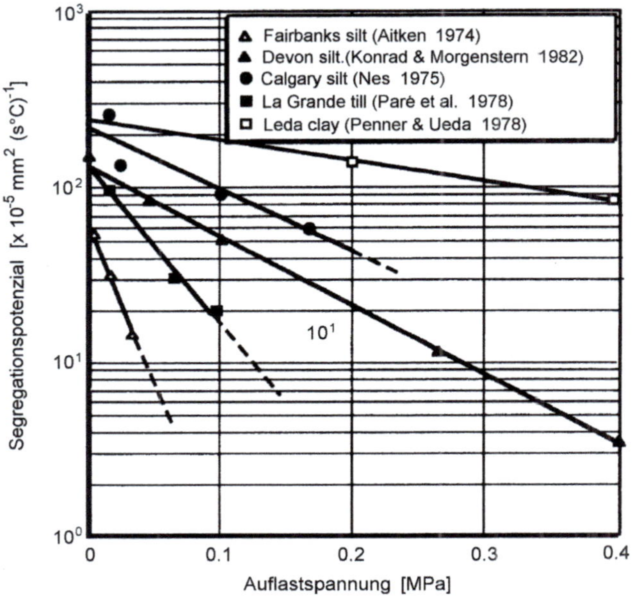


**Bild 45** Segregationspotenzial in Abhängigkeit von der Auflastspannung [38]

## 6.3 Tauen

Beim Auftauen gefrorener Böden schmilzt das Porenwasser und verkleinert dabei wieder sein Volumen. Ist die Durchlässigkeit des Bodens groß genug, um das Defizit durch zuströmendes Porenwasser auszugleichen, so sind – wie auch beim Gefrieren derartiger Böden – keine Volumenänderungen zu erwarten.

In feinkörnigen Böden gehen die Frosthebungen beim Wiederauftauen zurück, führen i. d. R. aber zu bleibenden Verformungen gegenüber dem Zustand vor dem Gefrieren [69].

Feinkörnige Böden werden durch das Gefrieren und ggf. durch Wasseranreicherung in ihrer Struktur meist gestört, was eine Verringerung der Dichte und damit der Festigkeit und Steifigkeit zur Folge hat.

Während des Gefrierens wird die Bodenstruktur durch die Ausdehnung des Porenwassers gestört. Dabei können verstärkte Wasserwegigkeiten entstehen, die durch einen periodischen Pumpeffekt zu einem Muster von wasserreichen und wasserarmen Zonen führen. Durch die Saugspannung an der Gefrierfront entstehen bei geringer Durchlässigkeit in den Nachbarbereichen Saugspannungen, die dort zu einer lokalen Überkonsolidierung führen können. Nach dem Auftauen wird das lokalisiert vorhandene Wasser wieder mobil. Die wasserreichen Zonen sind stärker durchlässig als die überkonsolidierten, sodass Letztere das überschüssige Porenwasser allenfalls langsam durch Schwellen wieder aufnehmen. Kann der Boden zu seinen Rändern hin dränieren, so wird das lokalisierte Wasser durch die entstandenen Wegigkeiten abströmen, was zu Tausetzungen führt. Diese können zusammen mit der Kontraktion der überkonsolidierten Bereiche zwei- bis dreifach größere Beträge erreichen als die vorherigen Frosthebungen.

Je nach Spannungszustand sind mit den Tausetzungen auch Formänderungen verbunden. Während die Ausdehnung beim Gefrieren jeweils normal zur Frostgrenze erfolgt, stellen sich die Setzungen entsprechend dem herrschenden Spannungszustand ein. So treten beispielsweise über flach liegenden Tunneln infolge der Schwerkraft überwiegend vertikale Tausetzungen auf, welche die vorherigen vertikalen Frosthebungen überschreiten.

## 6.4 Frostempfindlichkeitskriterien

Die in manchen Bodenarten bei Frosteinwirkung auftretenden oben genannten Vorgänge (Frosthebungen und Tausetzungen) führen z. B. in Tragschichten unter Straßen zu Schäden an den Deckschichten. Die Neigung der Böden zu diesen Vorgängen wird durch die Frostempfindlichkeit beschrieben. Diese hängt außer von der Mineralart auch von der Wasserdurchlässigkeit sowie der Korngröße ab. Die beiden letztgenannten Größen sind wesentlich durch die Kornverteilung definiert.

In der Literatur existiert eine größere Anzahl von granulometrischen Frostsicherheitskriterien. Wesentlich ist dort meist der Anteil der Korngröße ≤ 0,2 mm, daneben werden zur Beurteilung oft Grenzwerte auch für größere Körner als ca. 0,2 mm sowie die Ungleichförmigkeit hinzugezogen. Damit werden implizit der Porenanteil und damit der Wassergehalt bei Sättigung, aber auch die Durchlässigkeit berücksichtigt [74].

Eine sehr geringe Durchlässigkeit behindert den Wassertransport und damit die Bildung von Eislinsen, sodass Tone bereits wieder weniger frostempfindlich als Schluffe sind. Letztere weisen eine bereits große spezifische Oberfläche und kleine Krümmungsradien der Körner, andererseits aber eine noch hinreichende Durchlässigkeit auf; dies sind optimale Bedingungen für die Bildung von Eislinsen.

Für die Beurteilung der Frostempfindlichkeit kann die Klassifikation nach der ZTV E-StB 09 [74] verwendet werden (Tabelle 6).

**Tabelle 6** Klassifikation der Frostempfindlichkeit von Bodengruppen [74]

| | Frostempfindlichkeit | Bodengruppen (DIN 18196) |
|---|---|---|
| F 1 | nicht frostempfindlich | GW, GI, GE<br>SW, SI, SE |
| F 2 | gering bis mittel frostempfindlich | TA<br>OT, OH, OK<br>ST[1)], GT[1)]<br>SU[1)], GU[1)] |
| F 3 | sehr frostempfindlich | TL, TM<br>UL, UM, UA<br>OU<br>ST*, GT*<br>SU*, GU* |

1) Zu F 1 gehörig bei einem Anteil an Korn unter 0,063 mm von 5,0 M.-% bei $C_u \geq 15,0$ oder 15,0 M.-% bei $C_u \leq 6,0$.
Im Bereich $6,0 < C_u < 15,0$ kann der für eine Zuordnung zu F 1 zulässige Anteil an Korn unter 0,063 mm linear interpoliert werden (s. Bild 2 in [74]).

### 6.5 Frischbeton auf gefrorenem Boden

Zur Sicherstellung eines formschlüssigen Anschlusses von Bauwerken an den gefrorenen und später ungefrorenen Baugrund wird regelmäßig gegen gefrorenen Boden betoniert, im Tunnelbau wird der Spritzbeton unmittelbar auf gefrorenen Boden aufgebracht. Dabei ist sicherzustellen, dass der frische Beton nicht durch zu starke Abkühlung in seiner Endfestigkeit beeinträchtigt wird. Nach [16] darf Beton während der ersten Tage der Hydratation erst dann durchfrieren, wenn seine Temperatur vorher wenigsten drei Tage lang +10 °C nicht unterschritten hat oder wenn er bereits eine Druckfestigkeit von $f_{cm} = 5\ N/mm^2$ erreicht hat.

Aus dem frischen Beton strömt aufgrund des Temperaturgefälles Wärme in den Frostkörper. Diese speist sich zum einen aus der Anfangstemperatur des Betons über dem Gefrierpunkt. Weiterhin erzeugt frischer Beton durch Hydratation Wärme. Ob und wann die Temperatur im frischen Beton unter den Gefrierpunkt fällt, hängt deshalb von der Wärmebilanz am Übergang zum gefrorenen Boden ab. Diese wird wesentlich durch den zeitlichen Verlauf der Hydratationswärmeentwicklung während des Aushärtens sowie die Schichtdicke des aufgebrachten Betons, aber auch durch die Temperatur sowie den Temperaturgradienten im Frostkörper bestimmt. In [55] sind die Ergebnisse von Temperaturmessungen in einer Spritzbetonschale angegeben. Der Spritzbeton hatte nach ca. 5 bis 10 Stunden die Gefriertemperatur erreicht. An Bohrkernen wurde dennoch durchweg eine Betonfestigkeit > 2,5 $N/mm^2$ festgestellt.

Soweit keine genauen Angaben über die zeitliche Wärme- und Festigkeitsentwicklung als Grundlage für eine rechnerische Simulation vorliegt, sollte insbesondere bei dünnen Betonschichten (ca. d ≤ 20 cm) sowie immer auf mit Stickstoff gefrorenen und deshalb sehr kalten gefrorenen Oberflächen eine Zone von ca. 3 bis 5 cm als sogenannter Opferbeton vorgesehen werden, dessen Festigkeit in der statischen Bemessung nicht angesetzt wird.

## 7 Hinweise zur Berechnung von Frostkörpern

Die Dimensionierung von Tragkörpern aus gefrorenem Boden umfasst je nach Aufgabenstellung verschiedene Schritte, die teilweise nacheinander, teilweise aber auch parallel und in gegenseitiger Abhängigkeit durchzuführen sind.

Zunächst sind wie üblich aufgrund der geologischen und hydrogeologischen Untergrundverhältnisse Bodenkennwerte zu ermitteln, diese umfassen hier auch die thermischen Bodeneigenschaften.

Die Vorbemessung erfolgt durch Kräftevergleich mit üblichen Standsicherheitsnachweisen, dabei ist insbesondere zwischen mitgehenden und verformungsabhängigen Einwirkungen (wie z. B. durch Bettung) zu unterscheiden. Letztere können sich wegen des zeitabhängigen Verformungsverhaltens gefrorener Böden im Laufe der Nutzung ändern.

Der Nachweis der Stabilität und der Funktionsfähigkeit kann aufgrund der Viskosität des gefrorenen Bodens durch die Berechnung der Verformungen und ihre Überprüfung während der Nutzung erfolgen. Dabei ist ein Frostkörper nur in einfachen Ausnahmefällen als starr anzunehmen. Mit der messtechnischen Verifizierung, dass die Verformungen unter den vorherberechneten kritischen Werten bleiben, ist neben der

Funktionsfähigkeit auch die Stabilität nachgewiesen. Wegen der Viskosität kündigt sich eine Annäherung an kritische Werte frühzeitig an. In diesem Falle sind auch nach der Herstellung durch stärkeres Vereisen und damit einer Vergrößerung und Steifigkeitserhöhung des Frostkörpers Eingriffsmöglichkeiten wie bei kaum einem anderen Bauverfahren gegeben.

Die Berechnung der Verformungen wird wesentlich durch das mechanische Verhalten gefrorener Böden und damit durch das zugrunde gelegte Stoffgesetz für den gefrorenen Boden bestimmt (Abschnitt 4). In der Anfangszeit der Entwicklung und Bauverfahren dominierten elastoplastische Ansätze, die Berücksichtigung der Standzeit kam später durch eine zeit- und temperaturabhängige Formulierung der Kohäsion sowie teilweise auch des Reibungswinkels dazu. Das Kriechverhalten wird oftmals durch eine Approximation der Versuchsverläufe nur in der ersten Kriechphase (mit abnehmender Kriechgeschwindigkeit) dargestellt. Diese Stoffbeziehungen liefern jedoch für beliebige Spannungen und Standzeiten stets endliche Verformungswerte und berücksichtigen nicht den Umstand, dass gefrorener Boden eine zähe Flüssigkeit ist und deshalb keiner deviatorischen Spannung unbegrenzt lange widersteht, sondern stets irgendwann versagt. Diese Ansätze liegen deshalb auf der prinzipiell unsicheren Seite.

Die durch das Eis hervorgerufene Kohäsion und die Reibungsfestigkeit entwickeln sich in unterschiedlicher Abhängigkeit von der Verformung. Da sich die Reibung erst bei baupraktisch nicht hinnehmbaren Verformungsbeträgen voll entwickelt, ist in vielen einfachen Fällen und für Vorabschätzungen eine Berechnung mit einer zeit- und temperaturabhängigen Kohäsion als Festigkeitskennwert ausreichend genau und liegt bei vorsichtiger Kennwertfestlegung meist auch auf der sicheren Seite (Näheres s. Abschnitt 4.2.3). Sie ermöglicht allerdings keine Verformungsvorhersage und vergibt damit auch die Möglichkeit, das Frostkörperverhalten aufgrund seines Verformungsverlaufs während der Nutzung zu kontrollieren.

Nicht sinnvoll ist die Anwendung von auf eine Bruchspannung bezogenen Sicherheitsbeiwerten, da gefrorener Boden keine definierte Bruchspannung besitzt. Auch bei (grundsätzlich sinnvollem) Bezug auf ein Dehnungskriterium müssten die Sicherheitsbeiwerte individuell boden- und nach Bild 37 auch temperaturabhängig festgelegt werden. Für ungefrorenen Boden gültige Sicherheitsbeiwerte sind für gefrorenen Boden deshalb nicht anwendbar.

Müssen z. B. wegen benachbarter Bestandsbauwerke bestimmte Verformungsgrenzwerte des Frostkörpers nachgewiesen werden, so sind Verformungsberechnungen mit zeit- und temperaturabhängigen Steifigkeitskennwerten wie dem in Abschnitt 4.2.3 dargestellten Deformationsmodul erforderlich [17]. Dieser nimmt bei steigender Spannung oder Standzeit ab, d. h., die Verformungen wachsen immer weiter und erreichen schließlich unannehmbare Größen. Damit beinhaltet die Verformungsberechnung auch ein Versagenskriterium und ist damit gleichzeitig ein Standsicherheitsnachweis. Beim gefrorenen Boden ist dies – im Gegensatz zu vielen weniger duktilen Materialien – wegen seiner ausgeprägten Viskosität legitim.

Numerische Berechnungen mit der Methode der finiten Elemente ermöglichen eine genaue Modellierung der Geometrie in den einzelnen Schritten im Bauablauf mit ihrer jeweils unterschiedlichen Beanspruchung des gefrorenen Bodens. In vielen Fällen ist es hinreichend genau, für die gewünschte Belastungsdauer und Spannung sowie die ermittelte mittlere Temperatur zeitabhängige Steifigkeitskennwerte wie in Bild 39 zu verwenden, ein Beispiel findet sich in [17].

Ein tensorielles Stoffgesetz auf Grundlage des Kriechgesetzes [51] mit der Erweiterung auf triaxiale Spannungszustände [25] gibt [14] an. Die fünf Eingangsparameter können aus wenigen einaxialen Kriechversuchen ermittelt werden (s. Abschnitt 4.2.2), wenn die triaxialen Spannungen vernachlässigbar klein sind, was bei den meisten Vereisungen im Tiefbau der Fall ist (s. Abschnitt 4.2.3). Das Stoffgesetz wurde durch die Nachrechnung einer größeren Anzahl von Laborversuchen bestätigt. Mit diesem Stoffgesetz wird in [15] die numerische Berechnung eines unregelmäßig geformten räumlichen Tragkörpers aus gefrorenem Boden dargestellt. Aus rechentechnischen Gründen wird dort die Berechnung des elastisch-viskosen Verhaltens zweidimensional formuliert und der räumliche Einfluss durch Ersatzfedern dargestellt. Deren Größe wird an einem räumlichen Ersatzsystem unter Ansatz von elastisch-idealplastischem Stoffverhalten mit der Mohr-Coulomb-Grenzbedingung angenommen. Die Berechnung ergibt die zeitabhängigen Verformungen wie auch die räumliche Verteilung des Auslastungsgrads des Frostkörpers, ausgedrückt in der Standzeit $t_m$ aufgrund des lokal herrschenden Spannungszustands. Damit liefert diese Berechnung in geschlossener Form den Verformungs- und Standsicherheitsnachweis.

Weiterhin sind bei der Berechnung von Frostkörpern die Volumenänderungen des Bodens wie z.B. Expansion beim Gefrieren oder Kontraktion beim weiteren Abkühlen sowie beim Tauen zu berücksichtigen. Die Volumenänderungen beim Gefrieren und beim Tauen entwickeln sich in Abhängigkeit von der Gefrierrichtung sowie dem Spannungszustand i.d.R. in unterschiedliche Richtungen und mit unterschiedlichen Beträgen.

Aufgrund der Anforderungen an das Tragverhalten ist schließlich ein ausreichend großer und ausreichend steifer Frostkörper thermisch zu dimensionieren. Dies umfasst nicht nur die Frostausbreitungsberechnung und Festlegung der Gefrierrohranordnung, sondern insbesondere bei längeren Standzeiten auch die Ermittlung einer über die Standzeit realisierbaren Temperaturverteilung. So wird ein im Kern sehr kalter Frostkörper rasch wachsen und kann deshalb nur durch ein flacheres Temperaturprofil in seiner Ausdehnung begrenzt werden. Dies reduziert wiederum die mittlere Steifigkeit und erfordert damit unter Umständen einen neuen Nachweis der Verformungen. Insofern ist thermische und mechanische Bemessung ein iterativer Prozess mit oftmals mehreren Schritten.

Eine Besonderheit gefrorener Tragkörper ist die inhomogene Festigkeitsverteilung aufgrund der inhomogenen Temperaturverteilung bei der künstlichen Bodenvereisung. Durch die tiefere Temperatur im Kern nahe den Gefrierrohren ist dort die Festigkeit und die Steifigkeit am größten, mit der zu den Rändern steigenden Temperatur fallen beide ab und erreichen am Frostrand schließlich die Werte des ungefroren Bodens. Da sich die Festigkeit und Steifigkeit gefrorener Böden in dem üblicherweise genutzten Temperaturbereich von meist maximal ca. 20 bis 40 K unter dem Gefrierpunkt in erster Näherung linear mit der Temperatur ändern (s. Abschnitt 4.2.2), liefert eine Berechnung mit gemittelten Kennwerten in vielen Fällen eine ausreichende Genauigkeit.

Eine gesonderte Betrachtung erfordert das Gefrieren von salzhaltigen Böden, weil dort die Temperaturskala durch die Gefrierpunktdepression verschoben ist und die Festigkeit durch Gefrieren deshalb erst eine gewisse Spanne unterhalb des Gefrierpunkts entsteht und zunimmt (s. Abschnitt 4.1)

## 8 Verwendete Zeichen und Symbole

| | | |
|---|---|---|
| $\gamma_d/\gamma_r$ | Trocken-/Sättigungswichte | [kN/m$^3$] |
| n | Porenzahl | [–] |
| $S_r$ | Sättigungsgrad | [–] |
| $\lambda_1/\lambda_2$ | Wärmeleitzahl des gefrorenen/ungefrorenen Bodens | [W/mK] |
| $c_1/c_2$ | Wärmekapazität des gefrorenen/ungefrorenen Bodens | [J/m$^3$K] |
| $a_1/a_2$ | Temperaturleitzahl des gefrorenen/ungefrorenen Bodens | [m$^2$/s] |
| T | Temperatur absolut | [K] |
| $\Theta$ | Temperatur | [°C] |
| $T_I$, $\theta_I$ | Temperatur an der Gefrierrohrwand | [K], [°C] |
| $T_{II}$, $\theta_{II}$ | Temperatur des umgebenden Bodens | [K], [°C] |
| $T_g$ | Schmelztemperatur des Wassers | [K], [°C] |
| q | Wärmestrom | [J/sm$^2$] |
| Q | Wärmemenge | [J] |
| $\alpha$ | Wärmeübergangszahl | [W/m$^2$K] |
| $q_k$ | Konvektionswärmestrom | [J/sm] |
| $\rho \cdot q_s$ | Kristallisationswärme von Wasser | [J/m$^3$] |
| D | Achsabstand der Gefrierrohre | [m] |
| $W_x$ | Frostwanddicke bei ebener Frostausbreitung | [m] |
| t | Zeit | [s, h] |
| $t_g$ | Gefrierzeit | [s, h] |
| $v_{GW}$ | Grundwasserfließgeschwindigkeit | [m/s] |
| $\nu_w$ | kinematische Zähigkeit von Wasser | [m$^2$/s] |
| $r_0$ | Gefrierrohrradius | [m] |
| R | Frostkörperradius | [m] |
| L | Dicke einer ebenen Frostwand | [m] |
| FI | Frostindex | [°C Tage] |
| $t_m$ | Zeitpunkt bei der minimalen Kriechgeschwindigkeit | [s] |
| $\dot{\varepsilon}_m$ | minimale Dehnungsgeschwindigkeit im Kriechversuch | [1/min, %/min] |
| $\varepsilon_m$ | Dehnung zur Zeit $t_m$, d.h. bei $\dot{\varepsilon}_m$ | [–] |
| $\dot{\varepsilon}_\alpha$ | Gewählte Bezugsdehnungsgeschwindigkeit | [1/min, %/min] |
| $\sigma_\alpha$ | (Temperaturabhängige) Spannung, die im Kriechversuch $\dot{\varepsilon}_m = \dot{\varepsilon}_\alpha$ erzeugt | [kPa] |
| $I_\sigma$ | Spannungssumme (erste Invariante des Spannungstensors) | [kPa, MPa] |
| $II_\sigma$ | Spannungsdeviator (zweite Invariante des Spannungstensors) | [kPa, MPa] |

# 9 Literatur


[1] Aldrich, H. P. jr.; Paynter, H. M.: Analytical Depth of Frost Penetration in Non-uniform soils. US Army CRREL, Special Report 104, 1966.

[2] Andersland, O. B.; Anderson, D. M.: Geotechnical Engineering for Cold Regions, McGraw-Hill, 1978.

[3] Andersland, O. B.; Ladanyi, B.: Frozen Ground Engineering. 2nd ed., J. Wiley & Sons, 2004.

[4] Assur, A.: Some Promising Trends in ice mechanics. In: Physics and Mechanics of Ice, Editor: P. Tryde, Springer-Verlag, 1980.

[5] Baier, C.; Ziegler, M.; Mottaghy, D.; Rath, V.: Numerische Simulation des Gefrierprozesses bei der Baugrundvereisung im durchströmten Untergrund. Bauingenieur 83 (2008), S. 49–60.

[6] Baker, T. H. W.: Strain Rate Effect on the Compressive Strength of Frozen Sand, Engineering Geology, Vol. 13, pp. 223–231, 1979.

[7] Bayer, F.: Baugrundvereisung beim Bau der U-Bahn Fürth / Subsoil Freezing during the Building of the Fürth Underground. Tunnel (2002), Heft 7, S. 20–28.

[8] Böning, M.; Jordan, P.; Seidel, H.-W.; Uhlendorf, W.: Baugrundvereisung beim Teilbaulos 3.4 H der U-Bahn Düsseldorf. Sonderdruck aus: Bautechnik 69 (1992), Verlag Ernst & Sohn, Berlin.

[9] Braun, B.; Helms, W.; Makowski, E.: Berechnung der Frostausbreitung im Bergbau. In: Handbuch des Gefrierschachtbaus, S. 178–198. Verlag Glückauf GmbH, Essen, 1985.

[10] Braun, B.; Hornemann, B.; Scholz, G.: Der Gefrierprozess. In: Handbuch des Gefrierschachtbaus im Bergbau. Verlag Glückauf GmbH, Essen, 1985.

[11] Breitsprecher, G.; Seegers, J.; Haß, H.: Zum Weiterbau der U-Bahnlinie U5 in Berlin-Mitte. Bautechnik 89 (2012), Heft 9, S. 623–628.

[12] Brun, B.; Haß, H.: Underground line U 5 „Unter den Linden“, Berlin, Germany, Structural and thermal FE-calculations for ground freezing design, Proc. of the Int. Conf. on Numerical Modelling of Construction Processes in Geotechnical Engineering for Urban Enviroment, Bochum, 2006, Balkema.

[13] Busch, K.-F.; Luckner. L.; Tiemer, K.: Geohydraulik, 3. Auflage, Borntraeger-Verlag 1993.

[14] Cudmani, R.: An elastic-viscoplastic model for frozen soils. Proc. of the Int. Conf. on Numerical Modelling of Construction Processes in Geotechnical Engineering for Urban Environment, Bochum, 2006, Balkema.

[15] Cudmani, R.; Nagelsdiek, S.: FE-analysis of ground freezing for the construction of a tunnel cross connection. Proc. of the Int. Conf. on Numerical Modelling of Construction Processes in Geotechnical Engineering for Urban Environment, Bochum, 2006, Balkema.

[16] DIN 1045-3:2001-07: Tragwerke aus Beton, Stahlbeton und Spannbeton – Teil 3: Bauausführung. Normenausschuss Bauwesen (NA Bau) im DIN Deutsches Institut für Normung e. V.

[17] Döbbelin, J.; Orth, W.: Ermittlung von Kennwerten gefrorenen Bodens – Ableitung von Rechenwerten für ein FE-Modell einer Tunnelbaumaßnahme. 2. Symposium Baugrundverbesserung in der Geotechnik, Technische Universität Wien, 2012.

[18] Domke, O.: Über die Beanspruchung der Frostmauer beim Schachtabteufen nach dem Gefrierverfahren. Glückauf 51 (1915), S. 1129–1135.

[19] EAU: Empfehlungen des Arbeitsausschusses „Ufereinfassungen" Häfen und Wasserstraßen, 11. Auflage, Verlag Ernst & Sohn, Berlin 2012.

[20] Eckardt, H.: Tragverhalten gefrorener Böden, Veröffentlichungen des Instituts für Bodenmechanik und Felsmechanik der Universität Karlsruhe, Heft 81, 1979.

[21] Eckardt, H.; Meissner, H: Tunnelvortrieb im Schutze eines gefrorenen Bodenkörpers – Spannungs- und Verformungsermittlung. Studiengesellschaft für unterirdische Verkehrsanlagen, Köln, Serie Forschung und Praxis Nr. 21, 1978.

[22] Farouki, O. Z.: Thermal Properties of Soils. U. S. Army Cold regions Research and Engineering Laboratory Monograph 81-1, 1981.

[23] Geiger, M.; Kemmler, M.; Wehner, J. et al.: Tunnel Rastatt: Schildvortriebe in Kombination mit Bodenvereisungen. Tunnelbau-Taschenbuch 2017, Ernst & Sohn, Berlin.

[24] Goughnour, R. R.; Andersland, O. B.: Mechanical Properties of a Sand-Ice-System, ASCE, Journ. of Geotech. Eng., Vol. 94, No. SM4, S. 923–950, 1968.

[25] Gudehus, G.; Tamborek, A.: Zur Kraftübertragung Frostkörper-Stützelemente. Bautechnik 73 (1996) Heft 9.

[26] Gudehus, G.; Meissner, H.; Orth, W.: Kriechverhalten gefrorener Bodenproben (Sonderuntersuchungen). In: Handbuch des Gefrierschachtbaus, Verlag Glückauf, Essen, 1985.

[27] Gudehus, G.; Orth, W.: Unterfangungen mit Bodenvereisung. Bautechnik 62 (1985), Heft 1.

[28] Hager, M.: Eisdruck. Grundbau-Taschenbuch, 6. Aufl., Teil 1, S. 667–682, Ernst & Sohn, Berlin 2001.

[29] Haß, H.; Jagow-Klaff, R.; Seidel, H.-W.: Westerscheldetunnel – Use of Brine Freezing for the Construction of the Traverse Galleries. Int. Symposium on Ground Freezing and Frost Action in soils, Belgium, 2000.

[30] Haß, H.; Schäfers, O.: Application of Ground Freezing for Underground Construction in Soft Ground. 5th Int. Symposium Geotechnical Aspects of Underground Construction in Soft Ground, Preprint Volume of proceedings IS-Amsterdam, 2000.

[31] Jagow-Klaff, R.; Haß, H.: U5-Shuttle, Berlin, Statische und thermische FE-Berechnungen zur Baugrundvereisung. Workshop Tunnel- und untertägiger Hohlraumbau, Weimar, DGGT Arbeitskreis 16, 2006.

[32] Jessberger, H. L.; Jagow-Klaff, R.: Bodenvereisung. Grundbau-Taschenbuch, 6. Aufl., Teil 2, S. 122–166, Ernst & Sohn, Berlin, 2001.

[33] Johansen, O.: Thermal Conductivity of soils. Ph. D. diss., Norwegian Technical Univ. Trondheim, CRREL Draft transl. 637, 1977.

[34] Kellner, C.; Vogt N.; Orth, W.; Konrad, J.-M.: Ground Freezing: An efficient method to control the settlements of buildings. Int. Conf. on Numerical Simulation of Construction Process in Geotechnical Engineering for Urban Environment (NSC06), Bochum – Germany, 2006.

[35] Kellner, C.: Frosthebungsverhalten von Böden infolge tief liegender Vereisungskörper. Schriftenreihe Lehrstuhl und Prüfamt für Grundbau, Bodenmechanik, Felsmechanik und Tunnelbau der Technischen Universität München, Heft 42, 2008

[36] Klein, J.: Nichtlineares Kriechen von künstlich gefrorenem Emschermergel. Schriftenreihe des Instituts für Grundbau, Wasserwesen und Verkehrswesen, Ruhr-Universität Bochum, Heft 2, 1978.

[37] Könemann, F.: Erste Erfahrungen bei den Ausführungsarbeiten für die Nord-Süd Stadtbahn in Köln. In: Taschenbuch für den Tunnelbau 2008, DGGT Deutsche Gesellschaft für Geotechnik e. V., S. 21–70.

[38] Konrad, J.-M.: Frost heave in soils. Canadian Geotechnical Journal, 31 (1994), No. 2, pp. 223–245.

[39] Konrad, J.-M.; Morgenstern, N. R.: The segregation potential of a freezing soil. Canadian Geotechnical Journal, 18 (1981), pp. 482–491.

[40] Martak, L.; Haberland, Ch.; Wolf, W.; Weigl, H.: U-Bahn Wien/A: Bergmännischer Vortrieb unter dem Donaukanal im Schutz einer Baugrundvereisung mit kombinierter Stickstoff- und Solemethode. Forschung und Praxis 41, Studiengesellschaft für unterirdische Verkehrsanlagen e. V. STUVA, Köln, 2005.

[41] Meissner, H.: Bearing Behaviour of Frost Shells in the Construction of Tunnels. Fourth Int. Symp. on Ground Freezing, Sapporo, Japan, 1985.

[42] Mellor, M.; Cole, D. M.: Deformation and Failure of Ice under constant Stress or constant Strain Rate. Cold regions Science and Technology, 5 (1982), pp. 202–219.

[43] Meschede, D. (Hrsg.): Gerthsen Physik. 23 Auflage, Springer, Berlin Heidelberg New York, 2006.

[44] Müller, B.: Bodenvereisung verhindert das Freisetzen von Schadstoffen bei einer Altlastensanierung. TerraTech 3/1999.

[45] Müller, B.; Orth, W.: Bodenvereisung unter schwierigen Randbedingungen: Bahnsteigerweiterung beim U-Bahnhof Marienplatz, München. Forschung + Praxis 41, Studiengesellschaft für unterirdische Verkehrsanlagen e. V. STUVA, Köln, 2005.

[46] Orth, W.; Eisele, G.; Seiler, J.: Unterfangungsvereisung am Neuen Museum in Berlin. Vortrag Baugrundtagung 2006, Bremen, Deutsche Gesellschaft für Geotechnik.

[47] Orth, W.; Kuppel, J.; Gogolok, A.: Baugrubensicherung und Böschungsstabilisierung mit Bodenvereisung – zwei ausgeführte Beispiele. Vortrag Baugrundtagung 1988, Hamburg, Deutsche Gesellschaft für Erd- und Grundbau.

[48] Orth, W.; Meissner, H.: Long-term creep of frozen soil in uniaxial and triaxial tests, Third Int. Symp. on Ground Freezing, Hanover, NH, USA, 1982.

[49] Orth, W.; Meissner, H.: Experimental and numerical investigations for frozen tunnel shells. Fourth Int. Symp. on Ground Freezing, Sapporo, Japan, 1985.

[50] Orth, W.: Deformation behaviour of frozen sand and its physical interpretation. Fourth Int. Symp. on Ground Freezing, Sapporo, Japan, 1985.

[51] Orth, W.: Gefrorener Sand als Werkstoff. Veröffentlichungen des Instituts für Bodenmechanik und Felsmechanik der Universität Karlsruhe, Heft 100, 1986.

[52] Orth, W.: A creep formula for practical application based on crystal mechanics. 5th Int. Symp. on Ground Freezing, Nottingham, UK, 1988.

[53] Orth, W.: Two practical applications of soil freezing by liquid nitrogen. 5th Int. Symp. on Ground Freezing, Nottingham, UK, 1988.

[54] Orth, W.; Müller, B.: Temporäre wasserdichte Anbindung von Baugruben an Bestandsbauwerke und temporäres Abdichten von Bauwerken durch Baugrundvereisung / Temporary watertight connection of excavations to existing buildings and temporary watterproofing of structures by gound freezing. Geomechanics and Tunnelling 3 (2013), Vol. 6, pp. 246–60.

[55] Pause, H.; Hollstegge, W.: Baugrundvereisung zur Herstellung von Tunnelbauwerken. Bauingenieur 54 (1979), S. 369–376.

[56] Pimentel, E.; Sres, A.; Anagnostou, G.: 3-D Modellierung der Frostkörperbildung beim Gefrierverfahren unter Berücksichtigung einer Grundwasserströmung. Beiträge zum 22. Christian Veder Kolloquium, Heft 30, S. 161–176, TU Graz, 2007.

[57] Pimentel, E.; Papakonstantinou, S.; Anagnostou, G.: Numerical Interpretation of temperature distributions from three ground freezing applications in urban tunnelling. Tunnelling and Underground Space Technology 28 (2012), pp. 57–69, Elsevier Amsterdam.

[58] Poetsch, F. H.: Verfahren zur Abteufung von Schächten in schwimmendem Gebirge. Patentschrift Nr. 25015, vom 27.02.1883.

[59] Prandtl, L.: Ein Gedankenmodell zur kinetischen Theorie fester Körper, Zeitschr. angew. Math. u. Mechanik, Bd. 8, S. 85–106, 1928.

[60] Rögener, B.; Orth, W.; Steinhagen, P.: Durchpressung einer Eisenbahnüberführung mit Vereisung im Zuge der Ausbau- und Neubaustrecke Karlsruhe-Basel. Bauingenieur 68 (1993), S. 451–460.

[61] Sanger, F. J.; Sayles, F. H.: Thermal and rheological computations for artificially frozen ground construction. In: Ground Freezing: Developments in Geotechnical Engineering, Eng. Geol 13. Elsevier Amsterdam, pp. 311–337, 1979.

[62] Schmid, L.: Milchbuck Tunnel, Application of the freezing method to drive a three-lane highway tunnel close to the surface. RETC Proceedings Vol. 1, Society für Mining Metallurgy, pp. 427–445, 1981.

[63] Schmierer, A.: Untersuchungen zum mechanischen Verhalten von teilgesättigten gefrorenen Sand- und Kiesböden, Diplomarbeit am Karlsruher Institut für Technologie, Institut für Bodenmechanik und Felsmechanik, (unveröffentlicht), 2013.

[64] Schwiteilo, E.; Männer, J.; Herle, I.: Experimentelle Bestimmung der thermischen Leitfähigkeit von Böden. geotechnik 37 (2014), Heft 1, S. 32–39.

[65] Sieler, U.; Pirkl, M.; Bayer, F.: U-Bahn Fürth, BA 3.1: Spritzbetonbauweise mit Baugrundvereisung und Rohrschirm, unterirdisches Bauen 2001. Wege in Zukunft. Vorträge der STUVA – Tagung 2001 in München, Hrsg.: Studiengesellschaft für unterirdische Verkehrsanlagen e. V. – STUVA –, Köln.

[66] Soretz, S.: Zwei Sonderfälle der Beanspruchung von Stahlbeton. Zement und Beton 27 (1982), Heft 1, S. 2–7.

[67] Ständer, W.: Mathematische Ansätze zur Berechnung der Frostausbreitung in ruhendem Grundwasser im Vergleich zu Modelluntersuchungen für verschiedene Gefrierrohranordnungen im Schacht- und Grundbau. Veröffentlichungen des Instituts für Bodenmechanik und Felsmechanik der Universität Karlsruhe, Heft 28, 1967.

[68] Stephan, P.; Schaber, K.; Stephan, K.; Mayinger, F.: Thermodynamik, Band 1. 18. Auflage, Springer-Verlag Berlin Heidelberg, 2009.

[69] Unold, F.: Ein Modell zur Abschätzung der Tausetzung und der Kompressionseigenschaften aufgetauter Böden. Bautechnik 86 (2009), Heft 12, S. 765–773.

[70] Victor, H.: Die Frostausbreitung beim künstlichen Gefrieren von Böden unter dem Einfluß strömenden Grundwassers, Veröffentlichungen des Instituts für Bodenmechanik und Felsmechanik der Universität Karlsruhe, Heft 42, 1969.

[71] Vyalov, S. S.: Rheological Properties and Bearing Capacitiy of frozen soils. US Army CRREL, Translation 74, 1965.

[72] Wetzell, O. W. (Hrsg.): Wendehorst Bautechnische Zahlentafeln, 29. Auflage, B. G. Teubner Stuttgart/Leipzig/Wiesbaden, 2000.

[73] Ziegler, M.; Schüller, R.; Heninger, R.; Schmand, R.: Optimization of conventional brine freezing in combination with liquid nitrogen freezing. Proceedings of the World Tunnel Congress 2014 – Tunnels for a better Life. Foz do Iguaçu, Brazil.

[74] ZTV E-StB 09: Zusätzliche Technische Vertragsbedingungen und Richtlinien für Erdarbeiten im Straßenbau. Forschungsgesellschaft für Straßen- und Verkehrswesen e. V., 2009.

[75] Zouh, G.; Zou, Y.; Boley, C.: Reduktion der Frosthebung bei der künstlichen Bodenvereisung. Bautechnik 86 (2009), Heft 9, S. 566–573.

# 2.5 Verpressanker, Bodennägel und Zugpfähle

*Lutz Wichter und Wolfgang Meiniger*

## 1 Verpressanker

### 1.1 Allgemeines

Mit Verpressankern ist es heute möglich, große Zugkräfte in nahezu jeden Baugrund einzuleiten und damit Ingenieurbauwerke zu errichten, die vor der Entwicklung der Verpressankertechnik völlig anders ausgefallen wären. Noch zu Beginn der Sechzigerjahre des vergangenen Jahrhunderts zeigte z. B. ein Blick in eine große und tiefe Baugrube zunächst eine Stahlbaustelle. Die Aufnahme der Erddruckkräfte erforderte eine große Anzahl von Steifen aus schweren Stahlprofilen, die zudem bei größeren Baugrubenbreiten wegen der erforderlichen Knicksicherheit eine Vielzahl von vertikalen Stützungen benötigten. Ein wirtschaftliches Arbeiten war in solchen Baugruben kaum möglich, da der Einsatz größerer Geräte durch die Steifen und Stützen verhindert wurde. Ausgesteifte große Baugruben findet man heute kaum noch. Verpressanker haben die Steifen ersetzt.

Verpressanker bestehen aus drei Hauptteilen, nämlich dem Stahlzugglied, dem Ankerkopf und dem Verpresskörper. Das Stahlzugglied, meist ein Spannstahl, ist zwischen dem Verpresskörper und dem Ankerkopf in Längsrichtung frei beweglich und wird nach dem Erhärten des Verpresskörpers vorgespannt (gezogen). Die dadurch erzeugte Ankerkraft wirkt dann aktiv auf das verankerte Bauteil oder den verankerten Erdkörper ein. Ein Verpressanker benötigt also keine Verschiebungen des verankerten Bauteils oder Erdkörpers, um wirksam zu werden.

### 1.2 Entwicklung der Ankertechnik

Die Entwicklung vorgespannter Verpressanker begann in Frankreich in den Jahren 1934 bis 1940 mit Konstruktionen der Firmen „Rodio“ und „Sondages, Etanchement, Consolidation“ (heute Soletanche). Die Firmen überwanden als erste die Schwierigkeiten bei der Verankerung des Stahlzugglieds im Kopfbereich und im Bereich der Verpresskörper. Die Verankerungsstrecken lagen zunächst im Fels oder im Massenbeton von Staumauern. In Versuchen wurden Ankerkräfte bis zu 12 MN erreicht. Das waren für die damalige Zeit außerordentlich hohe Kräfte, die aufwendige Dimensionen der Ankerkonstruktion erforderten. Die ersten derartigen Anker wurden in den Jahren 1934 bis 1940 bei der Ertüchtigung bzw. Erhöhung einiger Staumauern in Algerien eingesetzt (Barrage de l’Oued Fergoud 1934 / 2,85 MN; Barrage de Cheurfas 1935 / 10 MN; Barrage de Bou-Hanifia 1938 / 10 MN).

*Grundbau-Taschenbuch: Teil 2. Geotechnische Verfahren*, Achte Auflage. Karl Josef Witt (Hrsg.).

Nach dem 2. Weltkrieg wurden Verpressanker auch für andere Anwendungszwecke eingesetzt. Beispiele dafür sind die Staumauer Castillon (Frankreich 1948) oder Vajont (Italien 1960), bei denen im Bereich der seitlichen Widerlager der Mauern die Felsböschungen durch vorgespannte Anker ertüchtigt wurden, oder Anwendungen beim Bau von Kraftwerkskavernen in der Schweiz (Maggiawerke 1954; Grand-Dixence, Kaverne Nendaz 1957).

Die Entwicklung der Verpressanker im Lockergestein begann im Jahr 1958 und wurde eigentlich durch einen verfahrenstechnischen Fehlschlag eingeleitet. Die Baugrube für den Neubau der Gebäude des Bayerischen Rundfunks in München sollte als überschnittene Bohrpfahlwand (die erste in Deutschland) und erstmals ohne Steifen ausgeführt werden. Deshalb sollten jeweils mehrere Zugglieder in Verankerungsbrunnen (sog. Tote Männer) ca. 10 m hinter der Wand fixiert werden, ähnlich wie es seit langer Zeit für die Verankerung von Spundwänden mit eingegrabenen Ankerwänden üblich war. Es erwies sich aber als schwierig, die Brunnen mit der seinerzeit verfügbaren Bohrtechnik zu treffen. Eine große Zahl von Bohrungen verfehlte die Schächte. Nachdem man beim Zurückziehen der Bohrgestänge in dem anstehenden groben Kies Widerstände in der Größenordnung der geplanten Ankerkräfte überwinden musste, wurde der Versuch unternommen, diesen Widerstand durch Einbringen von Zementsuspension zu verstärken und auszunutzen. Dazu wurden die verlorenen Bohrkronen mit einem Gewinde versehen. Nach dem Erreichen der gewünschten Bohrtiefe wurden durch das Gestänge Zugstangen in die Bohrkronen eingeschraubt. Beim Zurückziehen des Gestänges wurden dann die unteren 5 m des Bohrlochs mit Zementsuspension verpresst. Die Probebelastung nach einigen Tagen zeigte, dass die so hergestellten Anker bis zur Fließgrenze des Stahls belastet werden konnten [26].

Nach dem Erfolg dieser Versuche wurde die Ankertechnik zunächst vor allem von der Fa. Bauer (Schrobenhausen) planmäßig weiterentwickelt. Für die Sicherung von Baugrubenwänden war der für temporäre Zwecke eingesetzte Verpressanker bald ein fester Bestandteil der Methoden des Spezialtiefbaus. Etwa von der Mitte der sechziger Jahre an wurden Systeme entwickelt, mit denen die nun eingesetzten Spannstähle von Verpressankern gegen Korrosion zuverlässig geschützt werden konnten. So wurde es möglich, Verpressanker auch für die dauerhafte Einleitung von Zugkräften in den Baugrund einzusetzen. Dazu wurde eine bauaufsichtliche Regelung des Einsatzes erforderlich. Schließlich erschien im Jahr 1972 die erste Fassung der DIN 4125-1 [4], die seinerzeit noch zwischen Ankern für vorübergehende Zwecke und Daueranker unterschied. Im Jahr 1976 erschien Teil 2 der Norm für Daueranker [5]. Mit der Einführung der europäischen Norm DIN EN 1537 [10] im Januar 2001 wurde die DIN 4125 aufgrund europäischer Vereinbarungen zurückgezogen. Eine ausführliche Darstellung über die Entwicklung der Verpressankertechnik in Deutschland gibt *Ostermayer* [26].

Verankerungen finden heute bei einer Vielzahl von Bauaufgaben Anwendung, bei denen große Zugkräfte in den Boden eingeleitet werden müssen. Manche bedeutende Ingenieurbauwerke der letzten Jahrzehnte wären ohne Verankerungen kaum auszuführen gewesen. Die Bilder 1 bis 4 zeigen einige typische Anwendungsbereiche von Verpressankern.

**Bild 1** Verankerte Stützmauer mit Zusatzankern

**Bild 2** Ankereinbau zur Standsicherheitserhöhung einer Gewichtsstaumauer

**Bild 3** Hangsicherung mit Verpressankern

**Bild 4** Baugrubenverbau mit Ankern

## 1.3 Anforderungen an Verpressanker und Voraussetzungen für den Einbau

Verpressanker müssen die ihnen zugedachten Kräfte dauerhaft über die gesamte Nutzungszeit der Anker im Bereich der Verpresskörper in den Untergrund einleiten. Die Einleitung muss mit ausreichender Sicherheit erfolgen. Sie müssen so gegen Korrosion geschützt sein, dass sie während ihrer Nutzungszeit nicht versagen können. Die Ankerkonstruktionen müssen es ermöglichen, das Tragverhalten der Anker durch Zugversuche zu überprüfen und zu beurteilen. Ein wesentliches Kennzeichen von Verpressankern ist deshalb die freie Stahllänge. Sie erlaubt es, den Bereich der Krafteinleitung im Boden zu definieren. Nicht selten werden Zugkräfte in den Boden auch durch Zugpfähle oder Bodennägel eingeleitet. Im Gegensatz zu Verpressankern sind diese Elemente über die gesamte Länge mit dem Boden kraftschlüssig verbunden. Im allgemeinen Sprachgebrauch werden auch Nägel und Zugpfähle häufig als Anker bezeichnet. Weil sowohl die mechanische Wirkungsweise als auch die geforderten Sicherheiten bei vorgespannten Verpressankern andere sind als bei Pfählen oder Nägeln, sollte aber klar zwischen den genannten Bauteilen unterschieden werden.

In Deutschland müssen Verpressanker für dauerhafte Zwecke eine allgemeine bauaufsichtliche Zulassung des Deutschen Instituts für Bautechnik besitzen. Wenn Anker eingebaut werden sollen, die keine solche Zulassung besitzen, ist in der Regel die Beantragung einer Zustimmung im Einzelfall bei der zuständigen Bauaufsichtsbehörde erforderlich.

Verpressanker dürfen nur eingebaut werden, wenn der Boden oder das Grundwasser aufgrund ihrer chemischen Zusammensetzung nicht befürchten lassen, dass die Funktion und Sicherheit der Anker während der Gebrauchsdauer negativ beeinflusst werden.

## 1.4 Technisches Regelwerk für Verpressanker

Bis zum Jahr 2001 wurde der Einsatz von vorgespannten Verpressankern in Deutschland durch die Norm DIN 4125:1990-11 [6] geregelt. Im Zuge der Einführung der europäischen Norm DIN EN 1537:2001-01; inzwischen DIN EN 1537:2014-07 (Ausführung von besonderen geotechnischen Arbeiten (Spezialtiefbau) – Verpressanker) [10] musste die nationale Norm DIN 4125 zurückgezogen werden. DIN EN 1537:2001-01 regelte lediglich die Ausführung und für eine Übergangsphase die Prüfung von vorgespannten Verpressankern. Um den in Deutschland gültigen Kriterien beim Einsatz von vorgespannten Verpressankern gerecht zu werden, mussten zusätzlich zu den Regelungen nach DIN EN 1537 Festlegungen erarbeitet werden. Sie sind als Norm DIN SPEC 18537:2012-02 (Ergänzende Festlegungen zu DIN EN 1537:2001-01) [11] veröffentlicht. Dieses Dokument enthält Festlegungen, die zusätzlich gelten und deshalb nur in Verbindung mit DIN EN 1537:2001-01 anwendbar sind. Hinsichtlich der Prüfungen von vorgespannten Verpressankern ist im Rahmen der europäischen Normung vorgesehen, alle die Prüfung der Tragfähigkeit von Bauwerksteilen im Grundbau (Pfähle, Anker, Nägel) betreffenden Festlegungen in einer gesonderten Norm DIN EN ISO 22477 [12] zusammenzufassen. In DIN EN ISO 22477-5 (Geotechnische Erkundung und Untersuchung – Prüfung von geotechnischen Bauwerken und Bauteilen – Teil 5: Ankerprüfungen) sollen die Festlegungen zur Prüfung der Tragfähigkeit von vorgespannten Verpressankern beschrieben werden.

DIN EN 1537 enthält keine Regelungen zur Bemessung von Verpressankern. Die Regelungen für den Nachweis von vorgespannten Verpressankern sind derzeit in fünf Dokumenten enthalten. Es sind dies:

1. DIN EN 1997-1:2014-03. Eurocode 7: Entwurf, Berechnung und Bemessung in der Geotechnik, Teil 1: Allgemeine Regeln
2. DIN EN 1997-1/NA:2010-12, Nationaler Anhang
3. DIN 1054:2010-12. Baugrund – Sicherheitsnachweise im Erd- und Grundbau. Ergänzende Regeln zu DIN EN 1997-1
4. DIN 1054/A1:2012-08. Änderung A1
5. DIN 1054/A2:2015-11. Änderung A2

Zur Erleichterung der Handhabung der Normen wurden alle 5 Dokumente vom Normenausschuss Bauwesen (NABau) zum Handbuch Eurocode 7: „Geotechnische Bemessung, Band 1: Allgemeine Regeln“ (derzeit Stand Ende 2015) zusammengefügt [15].

Das Deutsche Institut für Bautechnik (DIBt) erteilt für Daueranker weiterhin allgemeine bauaufsichtliche Zulassungen. Zur Erlangung einer Zulassung wird die gesamte Ankerkonstruktion einer Systemprüfung unterzogen. Für Kurzzeitanker ist nur für die Ankerkopfkonstruktion, die Koppelelemente, das Tragglied und für Bauteile, die wesentlich von DIN EN 1537 abweichen, eine Zulassung erforderlich. Wenn die Brauchbarkeit eines zum Einbau vorgesehenen Dauerankersystems bzw. entsprechender Bauteile bei Kurzzeitankern nicht durch eine allgemeine bauaufsichtliche Zulassung nachgewiesen ist, muss eine Zustimmung im Einzelfall bei der zuständigen Bauaufsichtsbehörde eingeholt werden. Im Sinne der DIN EN 1537 sind das Deutsche Institut für Bautechnik oder die zuständigen Bauaufsichtsbehörden der Länder die „Technischen Bauherrenvertreter“. Diese Bezeichnung wird an einigen Stellen der Norm bei der Beurteilung der Konstruktion, des Korrosionsschutzes und der Prüfungen an Ankern verwendet.

Da in den letzten 40 bis 50 Jahren eine große Anzahl von Bauwerken errichtet wurde, bei denen Daueranker nach DIN 4125 eingebaut wurden, empfiehlt es sich, die Regelungen der alten Norm weiterhin präsent zu halten. Dies gilt ebenso für die damals erteilten Zulassungen. Bei der Beurteilung von zum Teil schon mehrere Jahrzehnte bestehenden Verankerungen oder bei der Untersuchung von Schadensfällen kann die Kenntnis der damals gültigen Regelungen außerordentlich hilfreich sein.

## 1.5 Ankerwerkstoffe und Ankerbauteile

### 1.5.1 Zugglieder

#### 1.5.1.1 Zugglieder aus Spannstahl

Die Stahlzugglieder bestehen bei Verpressankern (im Gegensatz zu Bodennägeln oder Verpresspfählen) in der Regel aus allgemein bauaufsichtlich zugelassenen Spannstählen. Man unterscheidet bei den Ankern mit Zuggliedern aus Spannstählen Einstabanker, Litzenanker und Bündelanker. In Tabelle 1 sind die in Deutschland gebräuchlichen Zugglieder, Stahlgüten und zulässigen Ankerkräfte für Einstabanker zusammengestellt.

**Tabelle 1** Gebräuchliche Zugglieder für Einstab-Verpressanker

| Bezeichnung | Stahlgüte $f_{p0,1k}/f_{pk}$ bzw. $f_{p0,2k}/f_{pk}$ [N/mm²] | Stabdurchmesser D [mm] | Last an der Streckgrenze $P_{t,0,1k}$ bzw. $P_{t,0,2k}$ [kN] | Bruchlast $P_{t,k}$ [kN] | Bemerkungen |
|---|---|---|---|---|---|
| Einstabanker aus Spannstahl | 835/1030 | 26,5 | 460 | 568 | Stahl warmgewalzt, gereckt und angelassen, mit Gewinderippen, Rechtsgewinde |
| | 835/1030 | 32,0 | 671 | 828 | |
| | 835/1030 | 36,0 | 849 | 1048 | |
| | 950/1050 | 26,5 | 523 | 579 | |
| | 950/1050 | 32,0 | 764 | 844 | |
| | 950/1050 | 36,0 | 966 | 1068 | |
| | 950/1050 | 40,0 | 1193 | 1319 | |
| | 950/1050 | 47,0 | 1647 | 1821 | |
| | 1080/1230 | 26,5 | 595 | 678 | |
| | 1080/1230 | 32,0 | 868 | 989 | |
| | 1080/1230 | 36,0 | 1098 | 1251 | |
| Einstabanker aus Baustahl B500B (Gewindestahl) | 500/550 | 32,0 | 402 | 442 | Linksgewinde |
| | 500/550 | 40,0 | 628 | 691 | |
| | 500/550 | 50,0 | 982 | 1080 | |
| | 555/700 | 63,5 | 1758 | 2217 | |
| Einstabanker aus Gewindestahl S670/800 | 670/800 | 18,0 | 170 | 204 | Rechtsgewinde |
| | 670/800 | 22,0 | 255 | 304 | |
| | 670/800 | 25,0 | 329 | 393 | |
| | 670/800 | 28,0 | 413 | 493 | |

Gelegentlich werden die Zugglieder aus Baustählen B500B (früher BSt 500/550) oder S 555/700 auch zur Ankerherstellung benutzt. Ein neues Produkt ist der GEWI-Stahl S 670/800, der aufgrund seiner Materialeigenschaften den Baustählen zuzuordnen ist, jedoch eine höhere Festigkeit als bei Betonstählen üblich besitzt.

**Einstabanker**

Einstabanker bestehen aus Rundstahl mit warm aufgewalzten groben Gewinderippen. Das durchlaufende Gewinde ermöglicht es, den Stahl an jeder Stelle zu schneiden oder zu koppeln. Die Rippen bewirken einen guten Scherverbund mit dem Verpresskörper. Einstabanker lassen sich leicht verlängern und in ihrer Kraft regulieren. Die Ankerkraft kann durch Abhebeversuche leicht kontrolliert werden. Nachteilig ist bei Einstabankern gelegentlich, dass die möglichen Ankerkräfte begrenzt sind, und dass unter beengten Platzverhältnissen ihr Einbau Probleme bereiten kann. Zur Unterscheidung von Zuggliedern aus Baustählen (GEWI-Stählen mit Linksgewinde) haben Einstabanker aus Spannstählen ein Rechtsgewinde.

**Litzenanker**

Die Kraftübertragung bei Litzenankern erfolgt mit je 7 Stück zu einer Litze verseilten glatten Einzelspanndrähten von 5,0 bzw. 5,2 mm Durchmesser. Der Zentraldraht hat einen geringfügig größeren Durchmesser als die Peripheriedrähte. Mehrere Litzen bilden zusammen das Stahlzugglied. Die Litzen werden gerollt geliefert und auf die

**Tabelle 2** Gebräuchliche Zugglieder für Litzenanker

| Litzendurchmesser [Zoll] | Stahlgüte $f_{t,0,1k}/f_{t,k}$ [N/mm$^2$] | Litzenanzahl | Last an der Streckgrenze $P_{t,0,1k}$ [kN] | Bruchlast $P_{t,k}$ [kN] |
|---|---|---|---|---|
| 0,6 | St 1570/1770 | 2 | 440 | 496 |
| | | 3 | 659 | 743 |
| | | 4 | 879 | 991 |
| | | 5 | 1099 | 1239 |
| | | 6 | 1319 | 1487 |
| | | 7 | 1539 | 1735 |
| | | 8 | 1758 | 1982 |
| | | 9 | 1978 | 2230 |
| | | 10 | 2198 | 2478 |
| | | 11 | 2418 | 2726 |
| | | 12 | 2638 | 2974 |
| 0,6 | St 1660/1860 | 2 | 465 | 521 |
| | | 3 | 697 | 781 |
| | | 4 | 930 | 1042 |
| | | 5 | 1162 | 1302 |
| | | 6 | 1394 | 1562 |
| | | 7 | 1627 | 1823 |
| | | 8 | 1859 | 2083 |
| | | 9 | 2092 | 2344 |
| | | 10 | 2324 | 2604 |
| | | 11 | 2556 | 2864 |
| | | 12 | 2789 | 3125 |
| 0,62 | St 1570/1770 | 2 | 471 | 531 |
| | | 3 | 707 | 797 |
| | | 4 | 942 | 1062 |
| | | 5 | 1178 | 1328 |
| | | 6 | 1413 | 1593 |
| | | 7 | 1649 | 1859 |
| | | 8 | 1884 | 2124 |
| | | 9 | 2120 | 2390 |
| | | 10 | 2355 | 2655 |
| | | 11 | 2591 | 2921 |
| | | 12 | 2826 | 3186 |
| 0,62 | St 1660/1860 | 2 | 498 | 558 |
| | | 3 | 747 | 837 |
| | | 4 | 996 | 1116 |
| | | 5 | 1245 | 1395 |
| | | 6 | 1494 | 1674 |
| | | 7 | 1743 | 1953 |
| | | 8 | 1992 | 2232 |
| | | 9 | 2241 | 2511 |
| | | 10 | 2490 | 2790 |
| | | 11 | 2739 | 3069 |
| | | 12 | 2988 | 3348 |

jeweils notwendige Länge (entweder im Werk oder auf der Baustelle) abgeschnitten. Ein großer Vorteil von Litzenankern sind die hohen erzielbaren Ankerkräfte. In Tabelle 2 sind die Tragfähigkeiten von Ankern mit zwei bis 12 Litzen aufgelistet; die Anker können aber auch mit mehr als 12 Litzen hergestellt werden. Weitere Vorteile sind die Verwendbarkeit auch bei kleinen Einbauradien (z. B. in Kellern oder Schächten) und ihr im Vergleich zu Einstabankern gutmütigeres Reagieren bei Korrosionsangriff. Grundsätzlich lassen sich Litzenanker auch koppeln, doch sollte dies vermieden werden, denn die Koppelmuffen und die darum dann erforderlichen Korrosionsschutzteile passen kaum in ein Bohrloch üblichen Durchmessers.

**Bündelanker (Mehrstabanker)**
Bündelanker bestehen aus runden gerippten vergüteten Spannstählen, Nenndurchmesser 12 mm (Stahlgüte St 1420/1570), die je nach Bedarf zu Zuggliedern aus 3 bis 12 Einzelstählen zusammengefasst werden. Sie werden heute nicht mehr eingesetzt. Es existieren jedoch zahlreiche dauerhaft verankerte Bauwerke, bei denen dieser Ankertyp eingebaut wurde.

#### 1.5.1.2 Zugglieder aus Baustahl

Bei geringen Lasten ist es möglich, anstelle der Zugglieder aus Spannstählen solche aus Baustählen (GEWI-Stählen) einzusetzen und diese vorzuspannen. Deswegen sind diese Stähle in Tabelle 1 mit aufgenommen worden.

Selbstbohrende Rohranker werden ebenfalls aus Baustählen hergestellt. Man verwendet dazu meist schweißgeeignete Feinkornbaustähle St E 460 und St E 355. Durch das Aufrollen des Gewindes werden diese Stähle in der Struktur verändert. Ob diese Strukturänderung die ursprünglichen Materialeigenschaften nennenswert und nachteilig verändert, muss man ggf. experimentell überprüfen. Da die freie Stahllänge bei selbstbohrenden Ankern nur unter Vorbehalt definiert hergestellt werden kann, sind die Selbstbohranker eher den Nägeln oder Verpresspfählen zuzurechnen. Sie werden deshalb hier nicht weiter behandelt.

### 1.5.2 Ankerköpfe

Die Ankerköpfe haben die Aufgabe, die Ankerkraft in die Unterkonstruktion einzuleiten. Für die verschiedenen Arten von Zuggliedern existieren unterschiedliche Konstruktionsprinzipien zur Fixierung des Stahlzugglieds im Ankerkopf. Sie ergeben sich aus den bauaufsichtlichen Zulassungen für die einzelnen Spannverfahren.

Gebräuchlich sind zur Kraftüberleitung bei Einstabankern Gewindemuttern (für Spannstähle mit Rechtsgewinde, für Baustähle mit Linksgewinde). Sie erlauben ein einfaches Nachspannen oder Nachlassen, sind schlupfarm und verbinden das Gewinde des Zugglieds sicher mit den kraftübertragenden Kopfteilen (Bild 5).

**Bild 5** Kopf eines Einstabankers

Bei Litzen- und Bündelankern besorgen die Kraftübertragung Klemmkeile in Keilträgern (Bilder 6 und 7). Die Keile verursachen im Zugglied einen Keilbiss, der Kerben erzeugt. Die nachträgliche Kraftregulierung ist daher schwieriger als bei Einstabankern, weil die Keilbisse nicht in der freien Stahllänge liegen dürfen. Eine Wiederverkeilung nach dem Lösen der Klemmkeile ist nur zulässig, wenn sie beim Nachspannen der Anker im Abstand von mindestens 15 mm in die Gegenrichtung der Spannpresse vorgenommen wird.

Die Verkeilung erleidet beim Festlegen einen Schlupf, der ohne Verkeileinrichtung 4 bis 5 mm betragen kann (genaue Maße in den Zulassungsbescheiden der Spannverfahren). Ein Festlegen ohne Verkeileinrichtung sollte man nur ausnahmsweise vornehmen. Die Keile und die konischen Bohrungen der Keilträger müssen vor dem Einsetzen der Keile auf Sauberkeit und Rostfreiheit überprüft und mit Korrosionsschutzpaste bestrichen werden. Nicht beißende Klemmkeile können zur Nachverankerung zwingen, insbesondere dann, wenn die Litzen bereits kurz abgeschnitten wurden und ein Auswechseln der Keile nicht mehr möglich ist. Der fachgerechten Verkeilung muss deshalb besondere Aufmerksamkeit gelten.

**Bild 6** Kopf eines Litzenankers

**Bild 7** Kopf eines Bündelankers (Links)

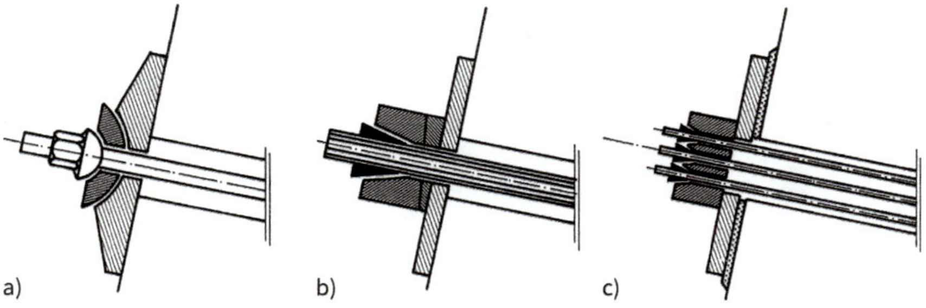


**Bild 8** Kopfausbildung bei Verpressankern
a) Einstabanker mit Mutter und Kugelkalotte
b) Bündelanker mit Verkeilung des Bündels und Keilscheibe
c) Litzenanker mit Verkeilung der Einzellitze und Ankerplatte im Mörtelbett

Die Ankerköpfe müssen so ausgebildet sein, dass Winkelabweichungen bei den Auflagerflächen nicht zu Nebenspannungen in den Stahlzuggliedern führen können. Das kann durch die Anordnung von Keilscheiben unter den Köpfen oder durch kalottenförmige Ausbildung der Auflagerfläche für die Ankermuttern mit Kugelbund geschehen (Bild 8). Im einfachsten Fall wird das Ankerzugglied planmäßig senkrecht zur Auflagerfläche des Kopfes eingebaut. In der Praxis wird diesem Detail insbesondere bei Temporärankern oft nicht die nötige Aufmerksamkeit geschenkt. Ein nicht vorgenommener Winkelausgleich kann auch ein Versagen der Verkeilung begünstigen.

### 1.5.3 Verpresskörper

Der zylindrische Verpresskörper aus Zementstein überträgt die Ankerkraft vom Stahlzugglied in den Baugrund. Die erforderliche Länge des Verpresskörpers ergibt sich aus der einzubringenden Ankerkraft (die mögliche Ankerkraft ist bodenabhängig) und den statischen Nachweisen, für die eine Definition des Krafteinleitungsschwerpunkts erforderlich ist. Üblich sind in Deutschland Verpresskörperlängen von 4 bis 8 m. Es macht keinen Sinn, die Verpresskörper sehr viel länger herzustellen, denn die Tragfähigkeit wird dadurch nur unwesentlich erhöht.

In Deutschland haben sich bisher Anker mit gestaffelten Verpresskörpern in ein und demselben Bohrloch nicht durchgesetzt. Über derartige Anker berichten z. B. *Ostermayer* und *Barley* in [25]. Solche Anker können von Vorteil sein, wenn für die Verankerung eines Bauteils hohe Einzelkräfte erforderlich sind, die ansonsten zu sehr engen Ankerabständen zwingen würden.

In der Regel besteht der Verpresskörper aus Zementstein aus Portlandzement. In sulfathaltigen Wässern wird ein Zement mit hohem Sulfatwiderstand (z. B. Hochofenzement) verwendet. Je nach verwendeter Zementsorte und Ankerkraft kann der Verpresskörper nach 5 bis 7 Tagen belastet werden. Es werden auch spezielle Ankerzemente am Markt angeboten, die während des Abbindevorgangs eine geringe Volumenzunahme erfahren und dadurch zu einer besseren Verspannung des Verpresskörpers im umliegenden Baugrund beitragen.

In Einzelfällen wurden Verpresskörper auch mit Erfolg aus Kunstharzen hergestellt, die nach dem Aushärten innerhalb von Stunden belastbar sind. So berichten *Hettler* und *Meiniger* [19] über ein Beispiel, bei dem die Verpresskörper im Fels aus Polyurethanharz bestanden. Die Anker konnten wenige Stunden nach der Herstellung gespannt werden und hatten ein sehr gutes Tragverhalten. In einem anderen Falle wurden Isozyanat, Wasserglas und verschiedene Additive verwendet. Die Anker konnten nach einer Stunde mit Erfolg gespannt und festgelegt werden.

Die Tragfähigkeit von Verpresskörpern lässt sich durch ein- oder mehrmaliges Nachverpressen deutlich erhöhen (s. dazu Abschnitt 1.8).

In stark klüftigem Fels oder sehr grobkörnigem Lockergestein kann es schwierig sein, die Verpresskörper herzustellen, weil die Zementsuspension wegläuft und das Bohrloch sich nicht füllen lässt. Die einfachste Art zu versuchen, die Anker dennoch herzustellen, besteht darin, das Bohrloch zunächst mit einem steifen Mörtel mit Zuschlagstoff zu verfüllen, der die Poren oder Klüfte in der Umgebung des Bohrlochs verschließt. Nach dem Erhärten des Mörtels wird das Loch wieder aufgebohrt und der Anker hergestellt. Eine weitere Möglichkeit zur Verhinderung des unkontrollierten Weglaufens der Suspension besteht darin, die Anker im Bereich der Verpressstrecke mit einem Schlauch aus Polyestergewebe zu umhüllen, in den die Suspension gepresst wird. Der Innendruck presst den Schlauch an die Bohrlochwand. Das Gewebe filtert den Zement ab.

Für den Einsatz in weichen Ton- und Schluffböden wurden Anker entwickelt, die im Verpresskörperbereich aus einem Faltenbalg aus Blech bestehen. Nach dem Einbau wird Zementsuspension in den Balg gepresst, wodurch dieser sich aufweitet. Nach dem Erhärten trägt der Anker durch Formschluss.

### 1.5.4 Korrosionsschutz

Der Korrosionsschutz der Stahlteile eines Ankers, insbesondere des Stahlzugglieds, ist ein wesentlicher Teil der Ankerkonstruktion. Die Erfahrungen aus annähernd 60 Jahren Ankerpraxis haben gezeigt, dass unter „normalen" Umweltbedingungen Kurzzeitanker, die entsprechend den Forderungen der alten DIN 4125 hergestellt wurden, in der vorgesehenen Einsatzdauer von maximal 2 Jahren ausreichend gegen Korrosion geschützt waren (einfacher Korrosionsschutz). Auch DIN EN 1537 definiert Kurzzeitanker als Anker mit einer Einsatzzeit bis zu 2 Jahren.

Daueranker müssen so aufgebaut sein, dass ihre Funktionsdauer derjenigen von Bauwerken aus Stahl und Stahlbeton entspricht, d. h., sie müssen mindestens 80 bis 100 Jahre funktionsfähig bleiben. Die Erfahrungen mit Dauerankern erstrecken sich jedoch erst über einen Zeitraum von ca. 45 Jahren. Im Vergleich zur vorgegebenen Gesamtlebensdauer ist dieser Zeitraum noch relativ kurz. Die bisherigen Erfahrungen zeigen jedoch, dass Daueranker, bei denen die heute gültigen Konstruktionsprinzipien eingehalten werden, auf Dauer ausreichend gegen Korrosion geschützt sind [34]. Bei Dauerankern sind die Korrosionsschutzmaßnahmen ungleich aufwendiger als bei Kurzzeitankern (doppelter Korrosionsschutz). Sie sind in DIN EN 1537, DIN SPEC 18537:2012-02 und in den Zulassungsbescheiden des Deutschen Instituts für Bautechnik festgelegt. DIN EN 1537 in Verbindung mit DIN SPEC 18537 weist für die Korrosionsschutzmaßnahmen weiterhin den Sicherheitsstandard auf, wie er in der historischen Norm DIN 4125 gefordert wurde. Daneben sind dort auch andere Korrosionsschutzsysteme dargestellt, wie sie in anderen europäischen Ländern üblich sind.

Die praxisüblichen Korrosionsschutzmaßnahmen bei Kurzzeit- und Dauerankern sind in Tabelle 3 zusammengestellt.

**Tabelle 3** Korrosionsschutz bei Kurzzeit- und Daueranker n

| | Kurzzeitanker | Daueranker |
|---|---|---|
| Ankerkopf | Schutzanstrich oder Schutzkappe<br>Überschubrohr oder Schutzanstrich im Bereich zwischen Ankerplatte und Hüllrohr in der freien Stahllänge<br>Abdichtung des luftseitigen Endes des Hüllrohrs in der freien Stahllänge | Mechanisch widerstandsfähige Schutzkappe<br>Auspressen der Schutzkappe mit Korrosionsschutzpaste<br>Schutzanstrich der Stahlteile<br>Mit Korrosionsschutzpaste ausgefülltes Überschubrohr am Übergangsbereich zwischen Ankerplatte und Hüllrohr der freien Stahllänge, fest mit der Ankerplatte verbunden, gegen das Hüllrohr abgedichtet |
| freie Stahllänge | Hüllrohr aus Kunststoff (PP- oder PE-Rohr), Wandstärke ≥ 2 mm<br>oder<br>Schrumpfschlauch mit einer Wanddicke ≥ 1 mm (wenn Innenseite mit Korrosionsschutz beschichtet) oder ≥ 5 mm (wenn keine Innenbeschichtung vorhanden)<br>oder<br>werksmäßig aufgebrachte Kunststoffbeschichtung mit einer Dicke ≥ 1,5 mm<br>Abdichtung des bergseitigen Endes des Hüllrohrs mit Dichtungsband, durch Ausschäumen oder mit Ringdichtung (falls erforderlich) | Hüllrohr aus Kunststoff entsprechend den Festlegungen im Zulassungsbescheid<br>Auspressen des Ringraums zwischen Stahl und Hüllrohr mit Korrosionsschutzpaste<br>oder<br>Anordnung eines zweiten (inneren) Kunststoffrohrs, bei dem der Ringraum zwischen Stahl und Rohr mit Zementstein (d ≥ 5 mm) ausgefüllt ist. Äußeres und inneres Kunststoffrohr müssen gegeneinander frei beweglich bleiben |
| Verankerungslänge | Zementsteinüberdeckung ≥ 20 mm im Lockergestein und ≥ 10 mm in trockenem Fels | Bei Verbundankern: geripptes Kunststoffrohr, bei dem der Ringraum zwischen Stahl und Rohr mit Zementstein (≥ 5 mm) ausgefüllt ist.<br>Bei Druckrohrankern: geripptes Stahldruckrohr, bei dem der Ringraum zwischen Ankerstahl und Druckrohr mit Korrosionsschutzpaste ausgefüllt ist.<br>Zementsteinüberdeckung des gerippten Kunststoffrohrs bzw. Druckrohrs ≥ 10 mm |

Nach Möglichkeit sollen bei Dauerankern die Bauteile des Korrosionsschutzes werkmäßig vorgefertigt und die Anker derartig vormontiert auf die Baustelle geliefert werden. Auf der Baustelle erfolgen nur noch die Herstellung des äußeren Verpresskörpers und die Montage des Ankerkopfes und seiner Korrosionsschutzteile. Ankersysteme mit werkseitig aufgebrachtem Korrosionsschutz sind in der Regel (nach den Zulassungsbescheiden des DIBt) von der Pflicht zur Nachprüfung aus Gründen des Korrosionsschutzes befreit. In der Praxis wird bei Litzenankern in letzter Zeit die Zementsuspension für den inneren Korrosionsschutz im Bereich des Verpresskörpers häufig erst auf der Baustelle eingebracht. Das erleichtert den Einbau des Ankers, erfordert aber besondere Sorgfalt und Fachkenntnis des Personals.

In der Ankertechnik werden spezielle Korrosionsschutzpasten, Vaselinen und Korrosionsschutzbinden verwendet, die jeweils in den Zulassungsbescheiden des DIBt direkt genannt oder deren Rezepturen beim Deutschen Institut für Bautechnik hinterlegt sind. Es ist nicht zulässig, z. B. die Ankerköpfe mit anderen als den zugelassenen Produkten zu verfüllen.

In der Praxis kommt es vor, dass Verpressanker für temporäre Zwecke (Kurzzeitanker) länger als 2 Jahre benötigt werden, z. B. bei großen Bauvorhaben. DIN 4125 sah für solche Projekte den Einsatz von Dauerankern vor. Wenn Bauherr und Bauaufsicht einverstanden sind, können sogenannte Semipermanentanker eingesetzt werden, bei denen im Kopfbereich ein im Vergleich zu Temporärankern verbesserter Korrosionsschutz hergestellt wird. Auch nach DIN 1537 sind solche Anker zulässig; der Begriff des Semipermanentankers wird aber nicht gebraucht.

### 1.5.5 Abstandhalter

Abstandhalter sind wichtige Bauteile eines Ankers, deren Bedeutung auch für die Tragfähigkeit gelegentlich unterschätzt wird. Im Bestreben, mit möglichst kleinen Bohrdurchmessern auszukommen, wird bei ihnen gern gespart. Üblich sind in der Kraftübertragungslänge Federkorb-Abstandhalter aus Kunststoff, die auf der Baustelle montiert werden. Die Abstände der Abstandhalter untereinander müssen so gering sein, dass die geforderte Zementsteinüberdeckung des Stahlzugglieds oder des Ripprohrs an jeder Stelle zwischen ihnen gewährleistet ist. Beim Ankereinbau dürfen sie sich nicht verschieben.

Fehlen die Abstandhalter oder sind sie in zu geringer Anzahl angeordnet, so liegen die Stahlzugglieder (oder die Ripprohre der Verpresskörper) an der Bohrlochwand an. Abgesehen vom mangelhaften Korrosionsschutz können solche falsch hergestellten Anker unter Belastung auch in tragfähigem Baugrund versagen, weil die Verpresskörper plötzlich aufreißen.

## 1.6 Herstellung von Verpressankern

### 1.6.1 Ankerbohrverfahren

Die Wahl des im Hinblick auf das anstehende Gebirge geeigneten Bohrverfahrens nimmt großen Einfluss auf die Leistung und damit die Kosten einer Ankerbaustelle. Für Ankerbohrungen sind Bohrungen von 80 bis 150 mm Durchmesser üblich. Größere Durchmesser werden in Sonderfällen notwendig, z. B. bei sehr hohen Ankerkräften im Fels. Ankerlängen von 50 m und mehr sind heute technisch herstellbar. Sie erfordern, neben leistungsfähigen Bohrgeräten, eine erfahrene und verantwortungsbewusste Bohrmannschaft. Die erzielbare Richtungsgenauigkeit von Ankerbohrungen hängt von vielen Faktoren (Baugrund, Bohrverfahren, Gestängegüte etc.) ab. Auch bei sorgfältiger Ausführung muss man mit Abweichungen von ca. 2 % der Bohrlochlänge rechnen. Nach DIN EN 1537 soll die maximale Bohrlochabweichung nicht mehr als 1/30 der Ankerlänge betragen. Das sollte beim Entwurf der Verankerung berücksichtigt werden. Wenn höhere Anforderungen an die Richtungsgenauigkeit gestellt werden, müssen die Bohrlöcher vermessen werden. Dazu gibt es Geräte, deren Einsatz in der Regel mit einem Bohrstillstand verbunden ist (z. B. Inklinometer).

### 1.6.1.1 Bohrungen im Lockergestein

Die für die Herstellung von Ankern gebräuchlichen Bohrverfahren in Lockergestein und Fels ohne Wasserüberdruck sind in Tabelle 4 zusammengestellt. Bild 9 zeigt das Prinzip der einzelnen Bohrverfahren im Lockergestein.

Die Tragfähigkeit der Anker kann bei bindigen Böden und in tonig-schluffigen mürben Felsarten vom Bohrverfahren stark beeinflusst werden, vor allem dann, wenn das Gebirge Wasser führt. Die Rauigkeit und Sauberkeit der Bohrlochwand bestimmen, neben den Gebirgseigenschaften, die aufnehmbare Schubspannung auf der Verpresskörperoberfläche.

Moderne Ankerbohrgeräte (Bild 10) sind meist auf einem Raupenfahrwerk montiert und haben Gestängemagazine. Die Bohrleistungen können (bei günstigen Bedingungen) 100 m und mehr pro Tag erreichen.

**Tabelle 4** Übliche Ankerbohrverfahren

| Bezeichnung des Bohrverfahrens | Verrohrung | Spülung | Haupteinsatzgebiete |
|---|---|---|---|
| Rammbohrung | ja | nein | locker bis mitteldicht gelagerte nichtbindige Böden (Einsatz auch bei Bohrungen gegen drückendes Grundwasser) |
| Drehschlagbohrung, Außenhammer | nein | Luft | Fels |
| Drehschlagbohrung, Senkhammer | nein | Luft | Fels, feste bindige Böden ohne Wasser |
| Überlagerungsbohrung | ja | Luft<br>Wasser<br>Suspension | vor allem in nichtbindigen und bindigen, wenig standfesten Böden |
| Schneckenbohrung<br>Schneckenbohrung mit Seele | nein<br>ja | nein<br>Luft | in standfesten bindigen Böden oder weichem Fels |
| Kernbohrung | ja | Wasser | Fels, Beton, in Ausnahmefällen bindige Böden |

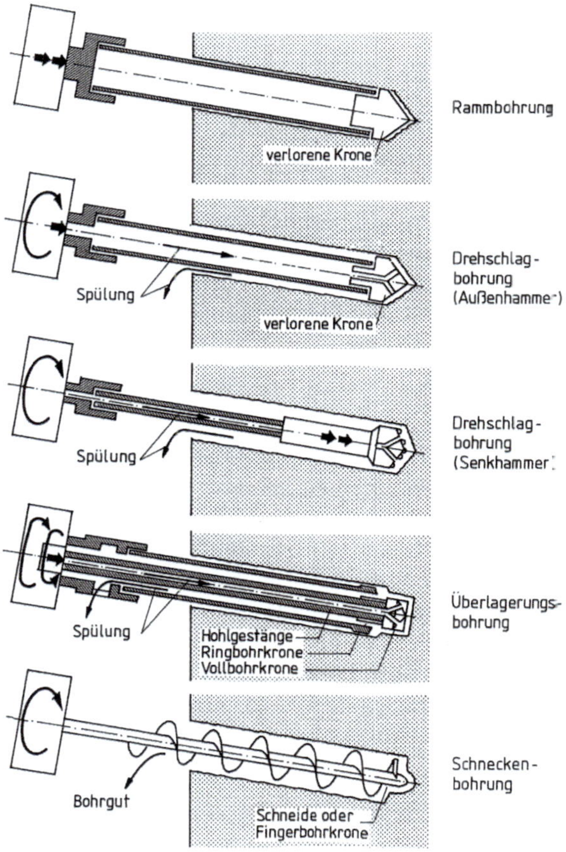


**Bild 9** Prinzip der Ankerbohrverfahren im Lockergestein

**Bild 10** Modernes Ankerbohrgerät mit Gestängemagazin

#### 1.6.1.2 Bohrungen in Fels

Bohrungen in hartem Fels werden meist drehschlagend mit Luftspülung hergestellt. Als Bohrwerkzeug wird ein Senkhammer (Imlochhammer) mit Warzenbohrkrone eingesetzt. In besonderen Fällen ist die Krone als Exzenter ausgebildet, mit dem der Bohrlochdurchmesser ab einer bestimmten Tiefe vergrößert werden kann. Bei tieferliegendem Felshorizont wird im Bereich der oberflächennahen nicht standfesten Lockergesteinsschichten eine Verrohrung eingedreht (Überlagerungsbohrung) und mit Erreichen des Felshorizonts lediglich mit dem Imlochhammer weiter gebohrt. Manche Felsarten, die hinsichtlich ihrer Härte an der Grenze zum Lockergestein anzusiedeln sind, lassen sich auch ohne Spülung mit einer Schnecke und aufgesetzter Felsbohrkrone bohren.

#### 1.6.1.3 Bohrungen gegen drückendes Wasser

Die Ankerherstellung gegen drückendes Wasser hat in Deutschland zum Ende des vergangenen Jahrhunderts vor allem bei den zahlreichen Großbauten in Berlin an Bedeutung gewonnen. Der Berliner Baugrund mit seinen kohäsionslosen Fein- und Mittelsanden stellte die Ankertechnik dabei vor besondere Probleme. Die Sandböden neigen auch bei geringen Leckagen am Bohrlochmund zum Ausfließen aus dem Bohrloch mit dadurch hervorgerufenen Geländesetzungen. Aber auch in anderen geologischen Verhältnissen ist die Ankerherstellung gegen drückendes Wasser schwierig und nicht selten mit finanziellen Verlusten verbunden. Neben der technischen Aufgabe, das Bohrloch während des Bohrens und danach abzudichten, ist auch die Herstellung eines tragfähigen Verpresskörpers gegen das drückende Wasser nicht einfach. Wann immer es geht, sollte man deshalb versuchen, die Anker über dem Grundwasserspiegel anzusetzen.

Beim Abteufen einer Ankerbohrung gegen drückendes Grundwasser muss der Durchgang durch die Baugrubenwand und das bergseitige Ende der Verrohrung jederzeit abdichtbar sein. Im Bereich des Durchgangs durch die Baugrubenwand kann dies z. B. durch eine auf die Wand aufgeschraubte oder angeschweißte Kappe erfolgen, in die ein Packer integriert ist. Das bergseitige Ende der Verrohrung kann durch speziell ausgebildete Bohrkronen im Bedarfsfall abgedichtet werden. Dies erfolgt bei Überlagerungsbohrungen z. B. dadurch, dass der Ringspalt zwischen Bohrkrone und Verrohrung durch Zurückfahren des Innengestänges verschlossen wird. Bei Einfachverrohrung ist in die verlorene Bohrkrone ein Kugelventil integriert, das sich beim Einströmen des Grundwassers in die Verrohrung schließt. Nach dem Verfüllen der Verrohrung mit Suspension bzw. nach dem Verpressen sowie nach dem Abstoßen der verlorenen Bohrkrone verbleibt jedoch immer noch ein Restrisiko, dass die Suspension durch den Wasserüberdruck wieder ausgespült wird. Dem kann durch die Reduzierung des Wasser-Zement-Faktors beim Verpressen (Ausfiltern des Wassers in nichtbindigen Böden) entgegengewirkt werden.

#### 1.6.1.4 Selbstbohrende Anker

Vor allem für die Herstellung von Verankerungen für vorübergehende Zwecke werden am Markt selbstbohrende Anker angeboten. Ein Hohlbohrgestänge mit aufgerolltem Außengewinde trägt eine verlorene Bohrkrone mit Spülöffnungen. Das Gestänge bil-

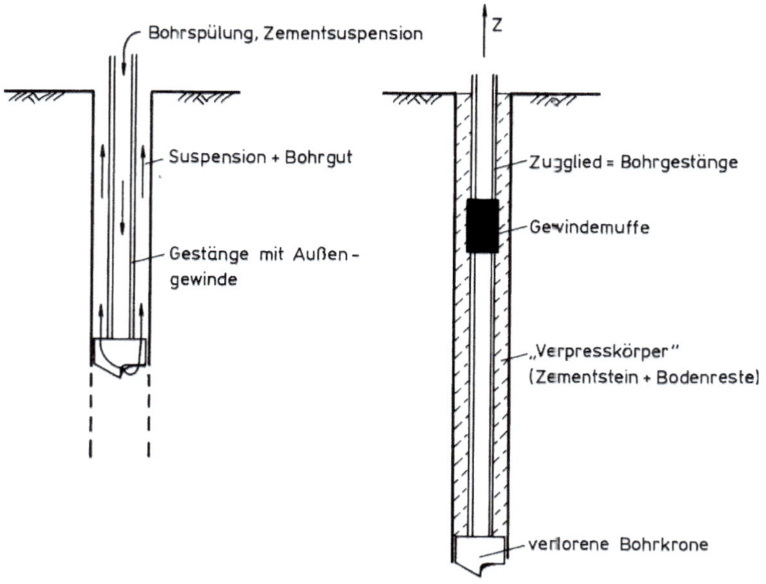


**Bild 11** Herstellungsprinzip eines selbstbohrenden Ankers

det gleichzeitig das Stahlzugglied. Gebohrt wird in der Regel drehschlagend. Verpresst wird durch das Gestänge. Die Herstellung eines definierten Verpresskörpers und einer klar begrenzten freien Stahllänge ist bei diesen Verfahren kaum zu überprüfen, auch wenn dies gelegentlich versucht wird. Dennoch werden sie aus Kostengründen bei geeigneten Randbedingungen gern und mit Erfolg eingesetzt. Bild 11 zeigt das Prinzip eines selbstbohrenden „Ankers", der eigentlich ein Verpresspfahl ist.

### 1.6.2 Ankereinbau und Verpressen

Nach der Fertigstellung des Bohrlochs wird der Anker eingebaut und die Zementsuspension eingebracht. Dabei sind folgende Verfahren möglich:

a) unverrohrte Bohrungen
Verfüllen der Bohrung vom Bohrlochtiefsten mit Zementsuspension und Einbau des Ankers in das verfüllte Bohrloch. Bei standfesten und von Bohrgut gereinigten Bohrungen im Fels kann der Anker zusammen mit einem am Anker befestigten Verpressschlauch in das unverfüllte Bohrloch eingebaut und nach dem Einbau vom Bohrlochtiefsten her durch den Schlauch mit Suspension verfüllt werden.

b) verrohrte Bohrungen
Verfüllen der Verrohrung mit Zementsuspension durch das Innengestänge oder, bei Einfachverrohrung und Außenspülung, mittels einer aufgeschraubten Verpresskappe und anschließenden Einbaus des Ankers.

Bei allen Verfahren muss solange verfüllt werden, bis die Suspension am Bohrlochmund austritt und der Suspensionsspiegel nicht mehr absinkt. Dies ist besonders wichtig bei unverrohrten Bohrungen. Beim Einbringen des vormontierten und mit Abstand haltern versehenen Ankers in das Bohrloch muss verhindert werden, dass die für den Korrosionsschutz wichtigen Kunststoffteile (oder auch Nachverpressrohre) beschädigt werden. Besondere Gefahrenquellen sind dabei scharfkantige Rohrenden am Bohrlochmund oder das unsachgemäße Anhängen des Ankers an ein Hebezeug. Gegen scharfkantige Rohrenden hilft das Aufsetzen einer Einführungstrompete oder eines gerundeten Kunststoffrings. Beschädigungen durch das Hebezeug vermeidet man, indem man den Anker vor dem Anheben auf ein U-förmiges Stahlprofil auflegt oder indem man den Einbau von einer Trommel vornimmt. Bild 12 zeigt den richtigen Einbau eines langen Litzenankers unter Beteiligung der gesamten Baustellenbelegschaft.

Bei verrohrten Bohrungen wird anschließend über einen Verpresskopf weiter Zementsuspension unter einem Druck von 5 bis 15 bar eingepresst (daher der Name Verpressanker); die Verrohrung wird dabei abschnittsweise bis zum Beginn der Verpressstrecke zurückgezogen. Danach erfolgt das Freispülen des Ankers in der freien Stahllänge mittels einer Spüllanze, die unter Einhaltung eines Sicherheitsabstands (≥ 1,0 m) bis zum Beginn des Verpresskörpers eingeführt wird. Spülmedium ist meist Wasser.

Zementsuspensionen, die Spannstähle berühren, müssen DIN EN 447:2008-01 [1] entsprechen. Suspensionen zwischen Zugglied und Bohrlochwandung müssen auf den Baugrund abgestimmt sein. Der w/z-Faktor muss zwischen 0,35 und 0,70 liegen. Dabei ist zu beachten, dass Suspensionen mit einem w/z-Faktor über w/z = 0,5 nur in nichtbindigen Böden eingesetzt werden, die in der Lage sind, beim Verpressvorgang Wasser abzufiltern. In bindigen Böden und Fels sollte der w/z-Faktor möglichst niedrig gewählt werden und kleiner als w/z = 0,45 sein. Bei w/z-Faktoren unter 0,40 können Probleme bei der Förderung der Suspension durch die Verpressleitungen auftreten.

Beim Einbringen der Suspension muss die tatsächlich vom Bohrloch aufgenommene Suspensionsmenge mit dem theoretischen Bohrlochvolumen verglichen werden. Je nach Baugrundeigenschaften und Einbringverfahren liegt die tatsächlich benötigte Suspensionsmenge im Normalfall um ca. 50 bis 200 % über dem theoretisch erforderlichen Volumen. Übersteigt die tatsächlich eingebrachte Suspensionsmenge die theoretische erheblich, so sind die Ursachen festzustellen und unter Umständen durch besondere Maßnahmen (die sehr aufwendig sein können, z. B. Vorvergüten des Ge-

**Bild 12** Einbau eines langen Litzenankers

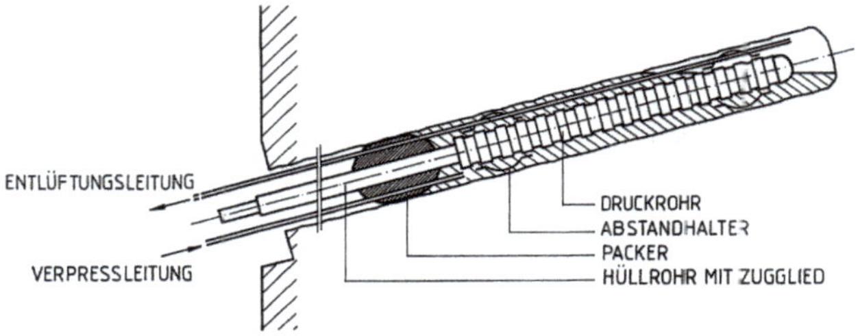


**Bild 13** Herstellung eines Ankers „über Kopf"

birges, Einsatz von Geotextilschläuchen o. Ä.) die Herstellung des Verpresskörpers zu gewährleisten. Bei Felsankern mit standfesten Bohrlöchern kann die Notwendigkeit von Zusatzmaßnahmen durch Befahren der Bohrlöcher mit einer Fernsehkamera oder durch Wasserabpressversuche im Voraus untersucht werden.

Nicht selten werden beim Herstellen von Ankern in wassergesättigten Sanden Setzungen an der Geländeoberfläche hervorgerufen, besonders wenn die Sande nur locker oder mitteldicht gelagert sind. Die Ursache dafür ist meist eine durch die Bohrerschütterungen bewirkte Verdichtung der Sande, verbunden mit dem Zusammenbruch des Bohrlochs in der freien Stahllänge nach dem Ziehen der Verrohrung. Bei Ankern unter setzungsempfindlichen Bauwerken sollte man deshalb möglichst erschütterungsfrei bohren und das Bohrloch in der freien Stahllänge mit einer Bentonit-Zementsuspension vor dem Ziehen der Verrohrung stabilisieren.

Wenn die Anker steigend hergestellt werden müssen (z. B. in der Firste von Kavernen), wird anders verfahren. Die gesamte Ankerherstellung sowie die Begrenzung des Verpresskörpers sind wesentlich aufwendiger als bei fallend eingebauten Ankern. Durch Packer muss dafür gesorgt werden, dass die Verpresslänge zur Luftseite hin abgeschlossen wird. Das Verpressen erfolgt durch ein den Packer durchdringendes Verpressrohr. Während des Verpressens muss die Verpressstrecke durch ein weiteres Rohr am höchsten Punkt entlüftet werden. Bild 13 zeigt das Prinzip eines Ankereinbaus „über Kopf".

### 1.6.3 Nachverpressen

Zur Erhöhung der Tragfähigkeit des Verpresskörpers kann man, in der Regel etwa einen Tag nach der Erstverpressung beginnend, eine oder mehrere Nachverpressungen durchführen. Ziel des Nachverpressens ist es, durch das zusätzliche Einbringen von Zementsuspension um den Verpresskörper dessen radiale Verspannung im Baugrund zu erhöhen und durch Vergrößerung einzelner Bereiche des Verpresskörpers den Formschluss zu verbessern. Insbesondere in bindigen Böden sind Nachverpressungen ein bewährtes Mittel zur Tragkrafterhöhung.

Die Nachverpressung erfolgt über eine oder mehrere zusammen mit dem Zugglied eingebaute Kunststoffleitungen (Bild 14). Der bereits etwas erhärtete Verpresskörper wird nochmals aufgesprengt und es wird zusätzliche Zementsuspension in das Gebirge und um die Mantelfläche des Verpresskörpers eingepresst. Die Verzahnung und Verspannung des Verpresskörpers mit dem Gebirge werden dadurch verbessert und es

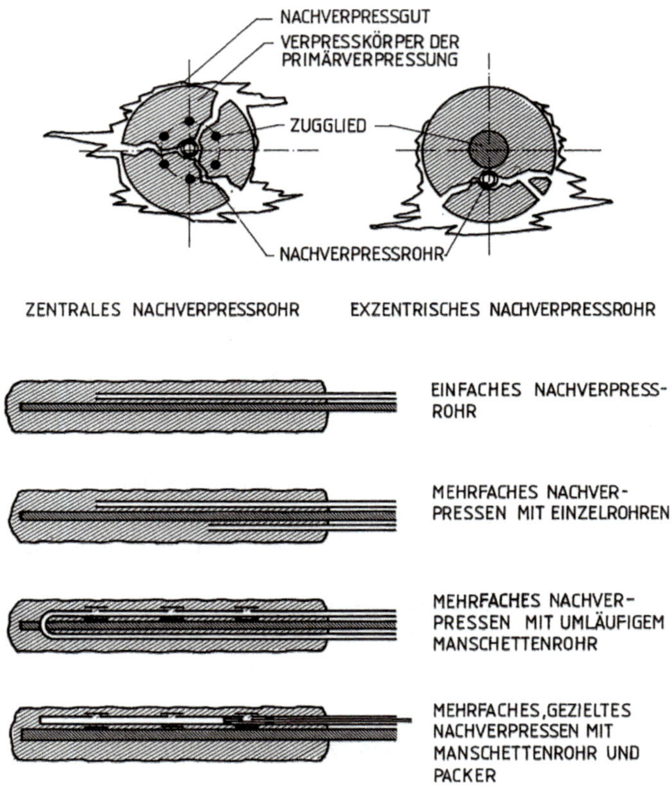


**Bild 14** Technische Möglichkeiten zur Nachverpressung

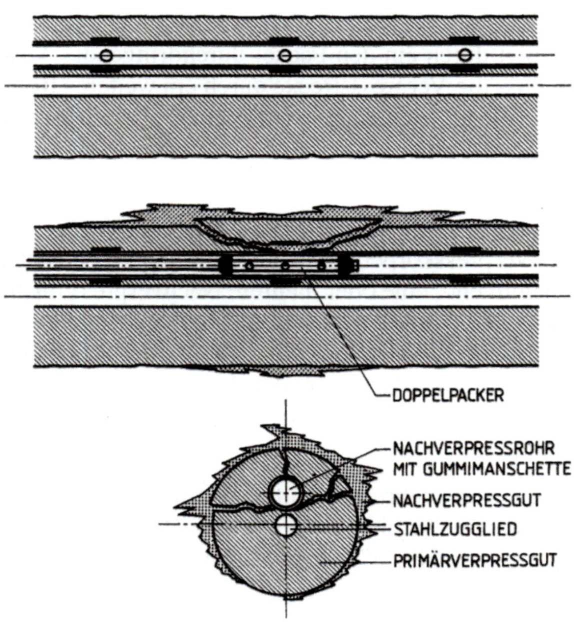


**Bild 15** Wirkung der Nachverpressung auf den Verpresskörper

werden (in Abhängigkeit vom Boden) Tragkrafterhöhungen bis ca. 30 % möglich (zur möglichen Tragfähigkeitserhöhung durch Nachverpressen siehe Abschnitt 1.8). Üblich sind beim Nachverpressen Drücke von 5 bis 30 bar.

Durch das Nachverpressen wird der Boden nicht gleichmäßig auf der gesamten Länge des Verpresskörpers komprimiert. Meist öffnet sich an einem Verpressrohr mit mehreren Ventilen nur das Ventil mit dem geringsten Aufsprengwiderstand und in dessen Umgebung verbleibt das Nachverpressgut. Will man möglichst über die gesamte Verpresskörperlänge eine Tragfähigkeitsverbesserung erreichen, so muss man entweder mehrere Verpressrohre mit je einem Ventil am Ende gestaffelt einbauen oder mit Manschettenrohr und Doppelpacker jeden Abschnitt des Verpresskörpers gezielt ein- oder mehrfach nachverpressen. Auch ein Aufsprengen des Verpresskörpers auf der gesamten Länge durch Aufweiten eines dehnbaren Kunststoffschlauchs und anschließendes Injizieren durch ein gesondertes Verpressrohr wurde bereits praktiziert. Bild 15 zeigt schematisch die durch Nachverpressung veränderte Geometrie von Verpresskörpern.

Mehr noch als bei Primärverpressungen muss beim Nachverpressen darauf geachtet werden, dass durch die hohen Drücke keine Schäden im Umfeld der Verankerungsmaßnahme (Anheben von Gebäuden oder Geländeteilen, Eindringen von Verpressgut in Kanäle, Keller oder Gewässer, großflächiges Aufweiten von Klüften usw.) entstehen.

### 1.6.4 Montage des Ankerkopfes

Insbesondere bei Dauerankern kommt der fachgerechten Montage des Ankerkopfes besondere Bedeutung zu, denn davon hängt die Güte des Korrosionsschutzes in diesem korrosionsgefährdeten Bereich entscheidend ab. Besondere Aufmerksamkeit verdienen dabei die Abdichtung des bergseitigen Endes des Überschubrohrs gegen die Kunststoffumhüllung des Ankerstahls in der freien Stahllänge sowie das vollständige Verfüllen des Überschubrohrs mit Korrosionsschutzpaste. Es ist in der Praxis nicht immer leicht, z. B. das Überschubrohr so über das Stahlzugglied zu schieben, dass der Abschluss dicht bleibt. Oft muss der Ringraum aufwendig und gleichzeitig vorsichtig von überflüssigem Zementstein gesäubert werden. Nicht selten wird nach dem Ankereinbau versäumt, die Zugglieder im Kopfbereich zu zentrieren usw. Die möglichst zwängungsfreie und dichte Montage des Ankerkopfes ist aber Voraussetzung für die Dauerhaftigkeit des Ankers und gravierende Fehler, Nachlässigkeit und Schlamperei können zum Versagen des Ankers noch während der Gewährleistungszeit führen.

### 1.6.5 Spannen und Festlegen

Für das Spannen und Festlegen von Verpressankern sind, je nach Ankertyp, verschiedene Geräte und Werkzeuge notwendig. Einzelheiten sind jeweils in den Zulassungsbescheiden für die verschiedenen Ankertypen bzw. Spannverfahren beschrieben. Ganz allgemein gilt, dass beim Übertragen der Spannkraft auf die Ankermutter bzw. die Verkeilung ein Schlupf auftritt, der beim Aufbringen der Festlegekraft berücksichtigt werden muss. Die Größenordnung des zu erwartenden und zu berücksichtigenden Schlupfes ist in den Zulassungsbescheiden der Spannverfahren festgelegt.

Wichtig ist, dass die Unterkonstruktion die maximale Spannkraft auch aufnehmen kann. Unter Umständen muss das Spannen in Schritten unter Berücksichtigung des

Baufortschritts erfolgen, wenn die Unterkonstruktion (z.B. durch Hinterfüllung) erst später in der Lage ist, Kräfte aufzunehmen. Auch das gleichzeitige Spannen mehrerer Anker kann notwendig werden, um die Überbelastung eines Bauteils zu vermeiden.

## 1.7 Bauarten von Verpressankern

In Abhängigkeit von der Art der Krafteinleitung in den Baugrund, der Art des Stahlzugglieds und der vorgesehenen Einsatzzeit unterscheidet man die in Tabelle 5 zusammengestellten Bauarten von Ankern für den Einsatz in Boden und Fels.

### 1.7.1 Verbundanker

Bei Verbundankern umschließt der Verpresskörper das Stahlzugglied im Bereich der Krafteinleitungsstrecke vollständig. Die Ankerkräfte werden durch Formschluss von dem blanken strukturierten oder glatten Stahl (gerippte Einzelstäbe oder verseilte Drähte) in den Zementstein des Verpresskörpers übertragen. Dieser leitet sie dann in den Baugrund ab. Im Verpresskörper entstehen durch die hohen Kräfte und die damit verbundenen Dehnungen des Stahlzugglieds Querrisse, die im Hinblick auf den Korrosionsschutz unerwünscht sind und in diesem Bereich besonders bei Daueranankern besondere Aufmerksamkeit erfordern. Bild 16 zeigt das Prinzip eines Verbundankers, Bild 17 einen solchen Anker vor dem Einbau. Verbundanker werden in der Praxis sowohl für vorübergehende Zwecke als auch für bleibende Verankerungen eingesetzt.

**Tabelle 5** Bauarten von Ankern

| | | Charakteristika |
|---|---|---|
| Art der Krafteinleitung in den Baugrund | Verbundanker | Krafteinleitung vom Verpresskörper in den Baugrund von der Luftseite her |
| | Druckrohranker | Krafteinleitung vom Verpresskörper in den Baugrund von der Bergseite her |
| | Anker mit aufweitbaren Verpresskörpern | Krafteinleitung durch Formschluss über einen Metallbalg, der mit Zementsuspension aufgeweitet wird |
| Art des Stahlzugglieds | Einstabanker | Spannstähle<br>Baustähle B500B<br>Gewindestähle S670/800 |
| | Mehrstabanker (Bündelanker) | 3 bis 12 Stäbe ∅ 12 mm |
| | Litzenanker | 2 bis 22 Litzen ∅ 0,6″ bzw. 0,62″ |
| vorgesehene Einsatzzeit | bis zu 2 Jahren | Kurzzeitanker mit einfachem Korrosionsschutz |
| | mehr als 2 Jahre | Daueranker mit doppeltem Korrosionsschutz |

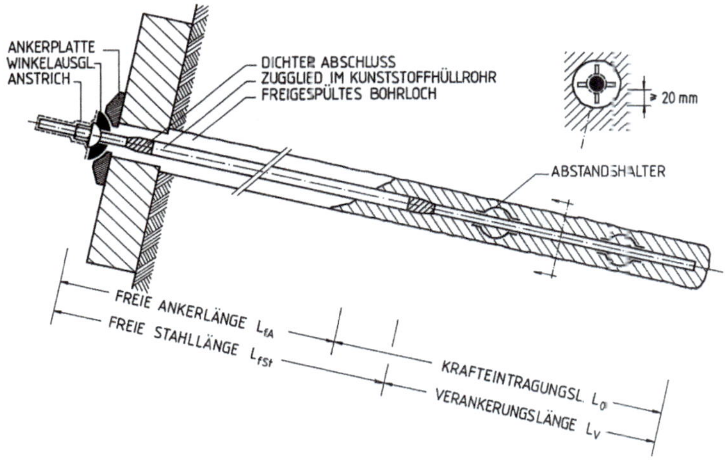


**Bild 16** Konstruktionsprinzip eines Kurzzeit-Verbundankers

**Bild 17** Kurzzeit-Verbundanker vor dem Einbau

## 1.7.2 Druckrohranker

Bei Druckrohrankern wird das Zugglied im Bereich des Verpresskörpers durch ein stabiles geripptes Stahlrohr (St 52-3 nach DIN 1629) bis zu einer stählernen Bodenplatte geführt, in die es eingeschraubt wird. Die Wandstärke des Stahlrohrs muss mindestens 10 mm betragen, die Länge mindestens 2,5 m. Das Zugglied ist zwischen Bodenplatte und Ankerkopf frei dehnbar. Die Krafteinleitung erfolgt dadurch von der Erdseite her; der Verpresskörper erhält hauptsächlich Druck, und Querrisse durch Zugspannungen in Längsrichtung werden vermieden. Bild 18 zeigt das Konstruktionsprinzip eines Einstab-Druckrohrankers, Bild 19 Druckrohranker vor dem Einbau.

Druckrohranker sind konstruktionsbedingt aufwendiger und teurer als Verbundanker und werden deshalb vorrangig als Daueranker eingesetzt. Es gibt sie als Einstabanker und Litzenanker.

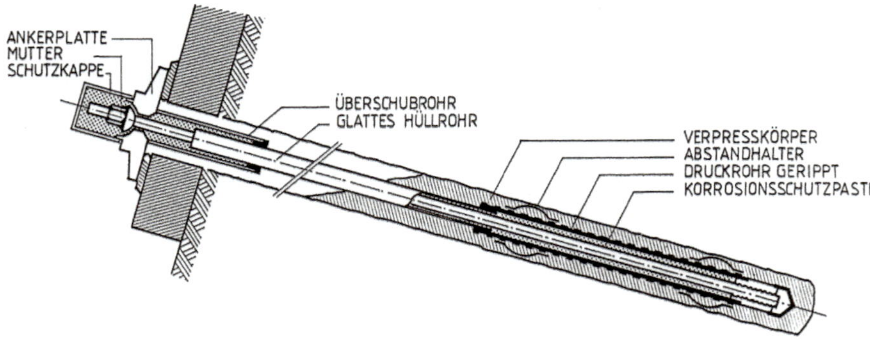


**Bild 18** Konstruktionsprinzip eines Einstab-Druckrohrankers

**Bild 19** Druckrohranker vor dem Einbau

### 1.7.3 Anker mit aufweitbarem Verpresskörper

Anker mit aufweitbarem Verpresskörper stellen eine Sonderform der Verpressanker dar. Von Atlas Copco wurde ein aus Stahlblech bestehender Faltenbalg unter der Bezeichnung Expander-Body entwickelt und patentrechtlich geschützt. Der Balg wird an der Spitze eines Vierkantrohrs in den Boden gerammt oder Vierkantrohr und Balg werden im Schutz einer Verrohrung eingebaut. Bild 20 zeigt das Konstruktionsprinzip eines solchen Ankers. Im Boden wird der Faltkörper mit Zementsuspension unter Druck im Lockergestein zu einem kugel- oder zwiebelförmigen Körper aufgeweitet, der nach dem Erhärten des Zements die Ankerkräfte durch Formschluss in den Boden überträgt. In das noch nicht erhärtete Verpressgut wird im Schutz des Vierkantrohrs ein Stahlzugglied eingebaut, das im Bereich der freien Stahllänge von einem glatten Kunststoffrohr umschlossen ist. Bild 21 zeigt einen Faltenbalganker vor dem Einbau.

Nach dem Erhärten des Zements lassen sich die Anker innerhalb von 1 bis 2 Tagen belasten, wie Versuche gezeigt haben. Die schnelle Belastbarkeit ist ein Vorteil. Außerdem kann der Expander-Body auch zur Ankerherstellung in sehr weichen, für die Herstellung herkömmlicher Anker nicht geeigneten Böden eingebaut werden. Auch in sehr hohl-

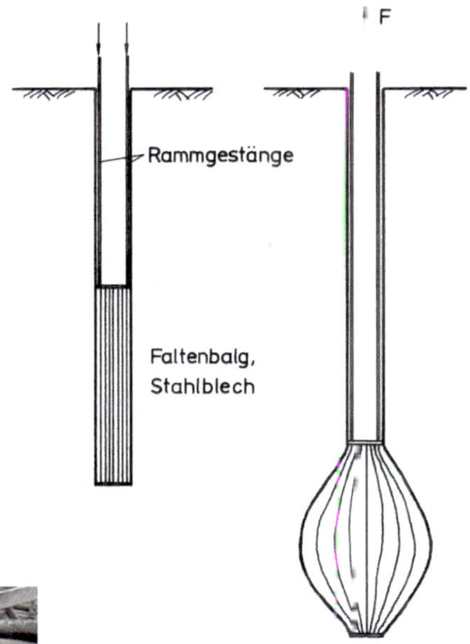


**Bild 20** Konstruktionsprinzip eines Ankers mit aufweitbarem Verpresskörper

**Bild 21** Aufweitbarer Ankerbalg vor dem Einbau

raumreichen Böden, die einen großen Zementverbrauch erwarten lassen, ermöglicht er die Herstellung eines definierten Verpresskörpers. Da bei der Ankerherstellung die Zementsuspension nicht mit dem Boden oder Grundwasser in Berührung kommt, kann in Sonderfällen auch ein Einsatz aus umweltrechtlichen Gründen erwogen werden.

Der Einsatzbereich der Anker mit aufweitbarem Verpresskörper ist auf weichere, verdrängbare Böden beschränkt und hat sich bisher in Deutschland (auch aus geologischen Gründen) nicht durchsetzen können.

### 1.7.4 Anker mit ausbaubarem Zugglied

Die Zugglieder von Temporärankern belässt man in der Regel im Boden. Ob man sie entspannt und die Ankerköpfe entfernt, hängt von konstruktiven Gesichtspunkten und davon ab, ob der Bauherr oder der Eigentümer des Bodens, in dem sie sich befinden, dies verlangt oder nicht. In Städten müssen Anker für tiefe Baugruben häufig unter Nachbargrundstücken hergestellt werden. Dann wird von den Eigentümern nicht selten verlangt, dass zumindest die Zugglieder nach dem Ende der Baumaßnahme wieder ausgebaut werden, um spätere Baumaßnahmen im Untergrund nicht zu behindern.

Einstabanker können durch Erhitzen der Ankermutter mit einem Brenner meist ohne großen Aufwand entspannt werden – das Zugglied wird dann durch die weich werdende Mutter gezogen. Bei Litzen- oder Bündelankern ist das Entspannen unproblematisch, wenn die Tragglieder hinter dem Kopf und dem Verbau noch eine Strecke freiliegen – man brennt sie dann dort ab. Durch Erhitzen der Keile oder des Keilträgers lassen sich Litzenanker ebenfalls lösen. Wenn auch die Zugglieder wieder ausgebaut werden müssen, gibt es folgende Möglichkeiten:

a) Das Zugglied wird nur im Bereich der freien Stahllänge entfernt.
b) Einzelne Stahlteile im Bereich des Verpresskörpers werden im Boden belassen.
c) Das Stahlzugglied wird vollständig ausgebaut, im Boden bleibt nur der Zementstein des Verpresskörpers.

Zu a)
Bei Einstab-Druckrohrankern besteht die Möglichkeit, die Anker am erdseitigen Ende aus dem Druckrohr herauszuschrauben. Bei Einstab-Verbundankern ist ein Ausbau in ähnlicher Weise möglich, wenn am luftseitigen Ende des Verpresskörpers eine durch Drehen des Ankers am Kopf lösbare Muffenverbindung angeordnet wurde. Das Druckrohr bzw. das Zugglied im Verpresskörper können nicht ausgebaut werden.

Bei Litzenankern können nach einem Verfahren der Fa. Dywidag die Einzellitzen an einer Sollbruchstelle am luftseitigen Ende der Verankerungslänge des Stahlzugglieds abgerissen werden. Die Sollbruchstelle wird durch induktive Erwärmung des Stahls erzwungen. Dadurch wird die beim Kaltziehen der Drähte erreichte höhere Zugfestigkeit wieder abgemindert. Bei dieser Möglichkeit zum Ausbau der Zugglieder können Schwierigkeiten durch eine Verseilung der Litzen im Bereich der freien Stahllänge auftreten. Die Litzen sollten deshalb in gefetteten PE-Rohren geführt werden.

Zu b)
Eine weitere Möglichkeit zum Ausbau von Litzenankern wurde von der Keller Grundbau GmbH entwickelt. Sie besteht darin, dass die auf ganzer Länge mit PE-Rohren ummantelten Litzen über Umlenkkörper, die sich auf den Verpresskörper abstützen, wieder zur Luftseite geführt werden. Nach dem Entspannen der Anker lassen sich die Litzen herausziehen. Aufgrund des kleinen Umlenkradius muss die zulässige Ankerkraft jedoch stark abgemindert werden.

Zu c)
Die Verfahren, die Litzen thermisch mit einer Sollbruchstelle zu versehen oder sie über einen Umlenksattel zu führen, sind bisher in den allgemeinen bauaufsichtlichen Zulassungen des Deutschen Instituts für Bautechnik nicht berücksichtigt worden. Deshalb sind Litzen-Druckrohranker und Litzen-Verbundanker ohne besondere konstruktive Vorkehrungen nicht vollständig ausbaubar. Spezialtiefbaufirmen haben besondere Verfahren entwickelt, die z. T. patentrechtlich geschützt sind. Man kann den Verpresskörper sprengen, wenn man beim Einbau ein Rohr für die Aufnahme entsprechender Ladungen und Zündleitungen angebracht hat. Allerdings ist diese Methode nicht anwendbar, wenn die Sprengerschütterungen schädliche Auswirkungen auf bauliche Anlagen in der Nachbarschaft haben können, wovon man im Regelfall ausgehen darf.

Die Firmen Brückner und Bilfinger + Berger sprengen die Verpresskörper ihrer Litzen-Verbundanker auf, indem sie eine nicht zur Lastabtragung verwendete zentral angeordnete Einzellitze am erdseitigen Ende mit einem Stahlkonus versehen und diese Litze nach dem Ende der Gebrauchszeit der Anker ziehen, wodurch der Verpresskörper aufgebrochen wird. Nach der Zerstörung des Verpresskörpers können die Litzen dann herausgezogen werden. Schwierigkeiten können bei dieser Methode auftreten, wenn Verpresskörper mit unplanmäßig großen Durchmessern (z. B. in durchlässigen Kiesen) ein Aufsprengen verhindern oder wenn durch eine seilartige Verdrillung der einzelnen peripheren Litzen in der freien Stahllänge die Reibungskräfte das Ziehen der Zentrallitze verhindern. Bild 22 zeigt zwei Formen von Aufbrechkörpern für die Anwendung dieser Methode.

### 1.7.5 Anker mit der Möglichkeit zur Regulierung der Ankerkräfte

In Sonderfällen, z. B. bei der Stabilisierung von großen Hangrutschungen, ist die Entwicklung der Ankerkräfte nach dem Spannen nicht exakt vorhersehbar. Wenn es nicht gelingt, die Rutschung zum Stillstand zu bringen, nehmen die Ankerkräfte zu und es müssen Zusatzanker gebohrt werden. Um die bereits vorhandenen Anker nicht zu überlasten und damit unter Umständen zu zerstören, müssen sie bis zur ursprünglichen Gebrauchskraft entlastet werden.

Bei Einstabankern ist dies kein Problem, solange den Zuggliedern nach dem Festlegen genügend Überstand über der Mutter belassen wurde. Der Anker wird aufgemufft und die Mutter von der Kalotte abgehoben; sie kann dann leicht um das erforderliche Maß zurückgedreht werden.

Die Köpfe von Bündel- und Litzenankern müssen, wenn die Notwendigkeit einer späteren Entlastung nicht auszuschließen ist, bereits beim Einbau dafür ausgerüstet werden. Es ist insbesondere bei Daueranken nicht zulässig, die Litzen zu ziehen, die

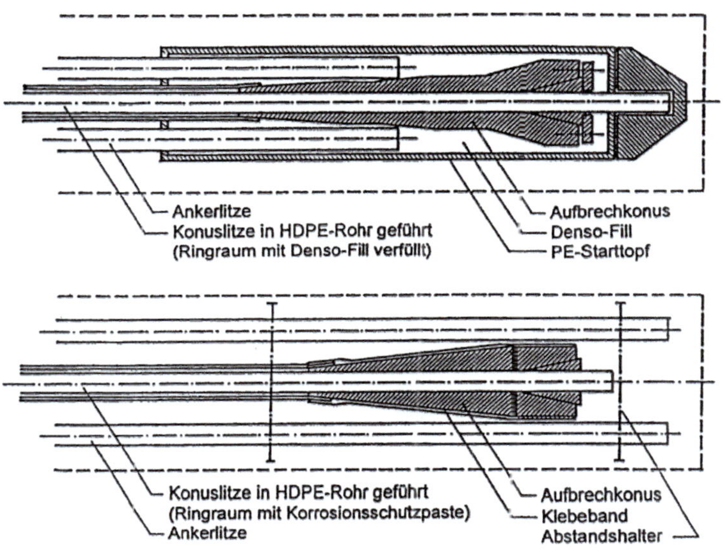


**Bild 22** Aufbrechkörper bei rückbaubaren Litzenankern

Verkeilung zu lösen und nach dem Ablassen die Keile wieder einzusetzen. Die alten Einbissstellen der Keile befinden sich nach dieser Prozedur in der freien Stahllänge. Im Bereich der Einbissstellen bilden sich dann unzulässige Kerbspannungen, die zum Bruch des Zugglieds führen können. Deshalb darf die Verkeilung im Keilträger bei der Kraftregulierung nicht gelöst werden. Eine Möglichkeit zur Regulierung besteht darin, den Keilträger zu verlängern und mit einem Außengewinde zu versehen. Die Ankerkraft wird dann nicht direkt über den Keilträger auf die Ankerplatte übertragen, sondern über eine Reguliermutter (Bild 23). Bei Bedarf kann die Mutter durch Spannen der Litzen (die dazu genügend Überstand besitzen müssen) abgehoben und zurückgedreht werden. Der Keilträger kann mit einer Schraubglocke auch direkt abgehoben werden. Bild 24 zeigt den Kopf eines eingebauten Ankers mit Reguliermöglichkeit.

Eine weitere Möglichkeit zur Entlastung von Litzenankern besteht darin, unter die Keilträger halbschalenförmige Distanzstücke zu legen. Sie können bei Bedarf nach dem Abheben der Köpfe herausgenommen werden, ohne dass ein Lösen der Verkeilung notwendig wird. Auch für die Anwendung dieser Methode muss auf dem Mantel des Keilträgers ein Gewinde eingeschnitten sein, auf das eine Abhebeglocke geschraubt werden kann. Manche Zulassungsbescheide sehen solch ein Gewinde explizit vor.

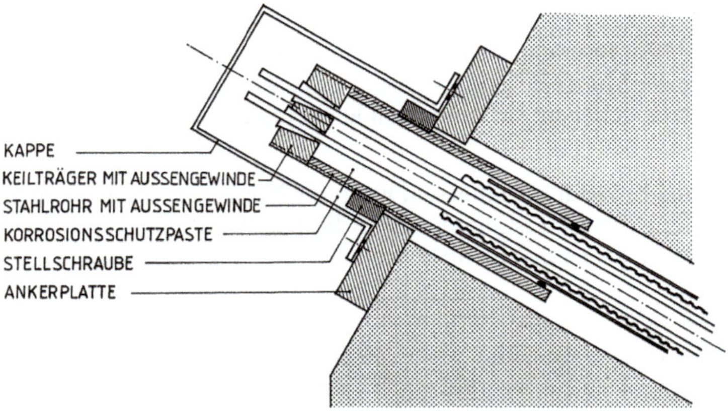


**Bild 23** Kopf eines Litzenankers mit Reguliermutter (Stellschraube)

**Bild 24** Kopf eines Ankers zur Hangsicherung mit Reguliermöglichkeit

## 1.8 Ankerkräfte und Kraftabtragung im Boden

### 1.8.1 Allgemeines

Die Tragfähigkeit von Verpressankern wird zum einen durch die Zugfestigkeit des Stahlzugglieds und zum anderen durch die an der Grenzfläche zwischen Verpresskörper und Stahl bzw. zwischen Verpresskörper und Baugrund übertragbare Schubspannung bestimmt. Die Tragkraft des Stahlzugglieds ist einfach zu ermitteln. Sie hängt nur von der Zugfestigkeit des verwendeten Stahles und vom Durchmesser des Zugglieds ab. Die bodenmechanische Tragfähigkeit ist wesentlich schwieriger abzuschätzen, da sie von einer Vielzahl von Faktoren beeinflusst wird.

### 1.8.2 Tragfähigkeit des Stahlzugglieds

#### 1.8.2.1 Tragfähigkeit bei vorwiegend ruhender Belastung

Für das Stahlzugglied galt bis zur Einführung der DIN EN 1537 gegenüber der Streckgrenze $\beta_S$ im Regelfall ein Sicherheitsbeiwert von $\eta_S = 1{,}75$ für den Lastfall 1 (Lastfall 2: $\eta_S = 1{,}50$; Lastfall 3: $\eta_S = 1{,}33$). Der Regelfall ist bei Daueranker immer anzusetzen. Bei Kurzzeitankern wurde unterschieden, ob die Ankerkräfte aus dem aktiven Erddruck oder dem Erdruhedruck ermittelt wurden. Für den aktiven Erddruck mussten die Sicherheitsbeiwerte für den Regelfall angesetzt werden. Für eine Bemessung mit Erdruhedruck konnte der Sicherheitsbeiwert auf $\eta_S = 1{,}33$ für den Lastfall 1 (Lastfall 2: $\eta_S = 1{,}25$; Lastfall 3: $\eta_S = 1{,}20$) reduziert werden. Für diesen Fall war jedoch zusätzlich nachzuweisen, dass die Sicherheitsbeiwerte für den Regelfall bei Annahme von aktivem Erddruck eingehalten wurden.

Die bewährten Festlegungen in der DIN 4125 wurden mit der europaweiten Einführung des Teilsicherheitskonzepts auch in DIN EN 1537 bzw. DIN EN 1054:2010-12 aufgegeben. Maßgebend ist nun der charakteristische innere Ankerwiderstand $R_{ik}$ bzw. die charakteristische Bruchkraft des Zugglieds $P_{tk}$. Die charakteristische Bruchkraft des Zugglieds ergibt sich zu:

$$P_{tk} = A_t \cdot f_{tk}$$

$A_t$ Querschnittsfläche des Zugglieds
$f_{tk}$ charakteristischer Wert der Zugfestigkeit des Zugglieds

Die charakteristische Kraft an der Streckgrenze beträgt:

$$P_{t,0,1k} = A_t \cdot f_{t,0,1k} \quad \text{für Spannstähle}$$

bzw.

$$P_{t,0,2k} = A_t \cdot f_{t,0,2k} \quad \text{für Betonstähle}$$

$P_{t,0,1k}$ bzw. $P_{t,0,2k}$ entsprechen dem charakteristischen Widerstand $R_{t,k}$ des Zugglieds. Die Bezeichnungen $f_{t,0,1k}$ bzw. $f_{t,0,2k}$ stehen für die charakteristischen Werte der Spannung bei 0,1 % bzw. 0,2 % bleibender Dehnung (früher: Streckgrenze).

Die Tragfähigkeit des Stahlzugglieds in Verbindung mit den Bauteilen des Ankerkopfes wird im Rahmen der Untersuchungen für die Zulassung des Spannverfahrens nachgewiesen. Der Bemessungswert des Materialwiderstands des Stahlzugglieds $R_{t,d}$ ergibt sich entsprechend Abschnitt 1.11 aus dem charakteristischen Widerstand $P_{t,k}$ ($R_{t,k}$) unter Berücksichtigung des Teilsicherheitsbeiwerts für den Materialwiderstand $\gamma_M$.

#### 1.8.2.2 Tragfähigkeit bei nicht vorwiegend ruhender Belastung

Da die Dauerschwingfestigkeit bei Spannstählen unter ihrer statischen Zugfestigkeit liegt, dürfen die rechnerischen Kraftänderungen im Stahlzugglied aus sich häufig wiederholenden Laständerungen (z. B. infolge Verkehrslasten, Wind, Gezeiteneinflüssen) bestimmte Grenzwerte nicht überschreiten. Die maximal zulässige Kraftänderung im Stahlzugglied legt man in der Regel mit dem 0,2-fachen Wert der Gebrauchskraft $F_W$ (nach DIN 4125 [6]) fest, soweit in den Zulassungsbescheiden nichts anderes bestimmt ist. Da auch die Dauerschwingfestigkeit der luftseitigen Verankerung auf die Tragfähigkeit Einfluss nimmt, enthalten die Zulassungsbescheide zusätzliche Grenzwerte für die zulässigen Kraftänderungen.

Ein Nachweis der Kraftänderungen im Stahlzugglied kann meist entfallen. Er muss nur dann geführt werden, wenn die Kraftänderungen im Stahlzugglied nicht durch die Vorspannung des Ankers abgedeckt sind.

#### 1.8.2.3 Haftverbund von Stahlzuggliedern in Zementmörtel

Der Verbund zwischen Stahlzugglied und dem Zementstein des Verpresskörpers wird im Rahmen der Grundsatzprüfungen untersucht und nachgewiesen. Insbesondere werden dabei auch das Rissbild im Verpresskörper (Längsrisse, Querrisse) sowie die Öffnungsweite der Risse ermittelt. Die Öffnungsweite der Risse ist ausschlaggebend für die Ausbildung des Korrosionsschutzes im Bereich der Verpresskörper.

Bei Gewindestählen entstehen unter Zugbelastung im Verpresskörper Querrisse (Bild 25), deren Öffnungsweite sich in Abhängigkeit von der Spannung rechnerisch ermitteln lässt. Im Zementstein um Litzen oder Litzenbündel bilden sich radial ausstrahlende Längsrisse [20].

### 1.8.3 Bodenmechanische Tragfähigkeit von Ankern

#### 1.8.3.1 Krafteintragung vom Anker in den Baugrund

Maßgebend für die bodenmechanische Tragfähigkeit eines Ankers ist die an der Grenzfläche zwischen dem Verpresskörper und dem Boden aufnehmbare Schubspannung. In den Anfangsjahren der Ankertechnik wurde versucht, mit erdstatischen Ansätzen die Grundlagen zur Abschätzung der Tragfähigkeit von Ankern zu schaffen. Danach sollte die Tragfähigkeit der Verpresskörper abhängig vom Überlagerungsdruck $\gamma \cdot h$, vom

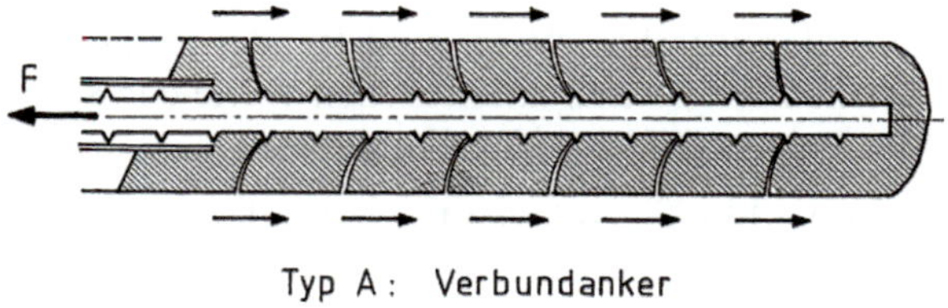


**Bild 25** Rissbildung im Verpresskörper bei Gewindestählen

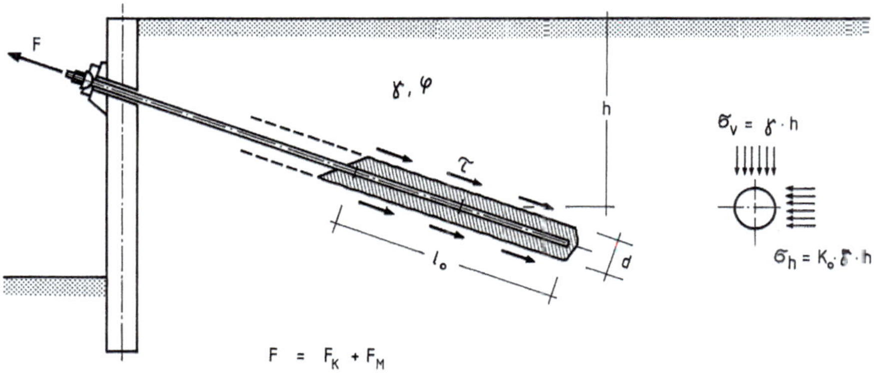


$$F = F_K + F_M$$

$$F_M = a \cdot \gamma \cdot h \cdot \tan\varphi \cdot A_M$$

$F_K$ KOPFTRAGFÄHIGKEIT
$F_M$ MANTELTRAGFÄHIGKEIT
a BEIWERT FÜR NORMALSPANNUNG AUF MANTELFLÄCHE
$A_M$ MANTELFLÄCHE DES VERPRESSKÖRPERS

**Bild 26** Erdstatischer Ansatz zur Ermittlung der Ankertragfähigkeit

Tangens des Reibungswinkels φ, von der Mantelfläche $A_M$ und von einem Erddruckbeiwert a sein (Bild 26).

Die Angaben für den Erddruckbeiwert liegen bei den verschiedenen Autoren in der Größenordnung des Erdruhedruckbeiwerts und teilweise erheblich über dem Erdruhedruck. Teilweise wird eine Staffelung des Beiwerts mit der Tiefe unter der Geländeoberfläche vorgenommen. Im Allgemeinen wird die Tragfähigkeit bei derartigen Ansätzen bei hochliegenden Verpresskörpern unterschätzt und bei tiefliegenden Verpresskörpern überschätzt. Als grundsätzlicher Mangel der Ansätze hat es sich gezeigt, dass ab einer gewissen (vergleichsweise geringen) Tiefe des Verpresskörpers unter Oberkante Gelände die Tragfähigkeit praktisch unabhängig von der Überlagerungshöhe h ist.

Inzwischen wurde nachgewiesen, dass die außerordentlich hohe Tragfähigkeit von Verpressankern wesentlich durch die radiale Verspannung des Verpresskörpers im umliegenden Boden bzw. Fels bestimmt wird. Dabei kann man unterscheiden in radiale Druckspannungen, die erzeugt werden

- durch die Verpressdrücke bei der Ankerherstellung,
- durch Dilatanz während der Belastung des Ankers.

Beim Herstellen des Ankers wird zunächst eine Radialspannung durch den Verpressdruck erzeugt. Sie baut sich nach dem Verpressen bis auf einen Rest wieder ab. Mit dem Abbindeprozess kann sie – zumindest in nichtbindigen Böden, die in der Lage sind, Wasser aus der Zementsuspension abzufiltern – durch Quellvorgänge wieder ansteigen. Durch das Abfiltern von Wasser können in nichtbindigen Böden sehr niedrige w/z-Faktoren (< 0,30) entstehen. Die für den Abbindevorgang erforderliche Wasseraufnahme aus dem umliegenden Gebirge führt zu Quelldrücken und so zu einer erneuten Zunahme der Radialspannung.

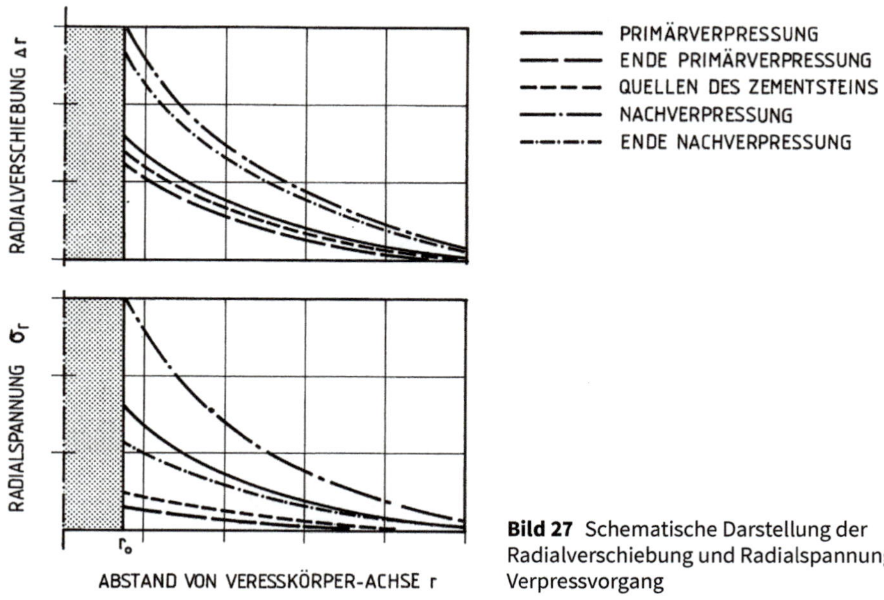


**Bild 27** Schematische Darstellung der Radialverschiebung und Radialspannung beim Verpressvorgang

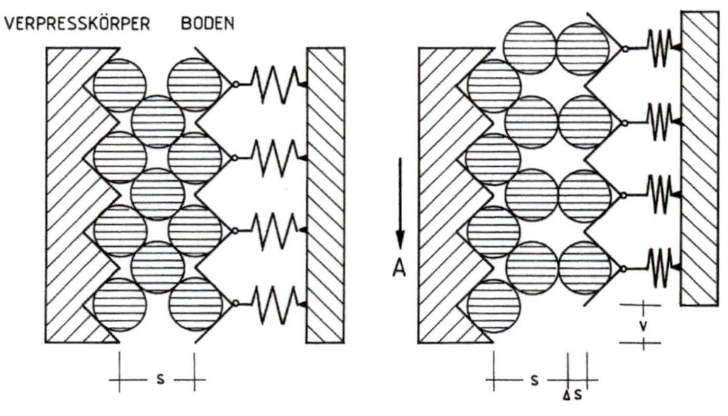


**Bild 28** Modell für die Verspannung eines Verpresskörpers infolge Dilatanz in der Scherfuge nach *Wernick* [31]

Nach der Modellvorstellung von *Wernick* [31] wird während des Belastungsvorgangs der Boden in der Scherfuge zumindest in mitteldicht und dicht gelagerten nichtbindigen Böden durch die Relativverschiebung zwischen Baugrund und Verpresskörper aufgelockert. Durch die Volumenvergrößerung des Bodens in der Scherfuge werden Radialspannungen zwischen Verpresskörper und Boden erzeugt.

In festen bindigen Böden bzw. in felsartigen Böden ist ein vergleichbarer Effekt ebenfalls vorstellbar, auch wenn er nicht mit einer Dilatanz (Auflockerung infolge Scherung) begründet werden kann. Durch die Relativverschiebung zwischen Verpresskörper und umliegendem Gebirge verspannt sich der Verpresskörper bei rauer Mantelfläche des Verpresskörpers im Gebirge ähnlich einem Dübel in einer Betondecke.

Die Radialspannungen aus dem Verpressvorgang und der relativen Verschiebung zwischen Verpresskörper und Boden betragen ein Vielfaches des reinen Überlagerungsdrucks. Dadurch kann auch erklärt werden, dass die Tragfähigkeit eines Ankers ab einer bestimmten Überlagerungshöhe (Richtwert ca. 4 m) weitgehend unabhängig von der Auflast über dem Verpresskörper ist. Außerdem sind die für den Einbau von Ankern erforderlichen Bohrungen oft standfest – eine Auflast auf den Verpresskörper entwickelt sich allein schon aus diesem Grunde nicht.

Die Steigerung der aufnehmbaren Ankerkraft durch die Nachverpressung beruht im Wesentlichen ebenfalls auf einer Erhöhung der Radialverspannung. Hinzu kommt, dass je nach anstehendem Boden oder Fels der Baugrund um die Verpressstelle verbessert und der Durchmesser des tragenden Verpresskörpers vergrößert wird.

### 1.8.3.2 Schubspannungsverteilung entlang des Verpresskörpers

Aus zahlreichen Probebelastungen ist bekannt, dass insbesondere bei dichten bindigen und festen nichtbindigen Böden ab einer bestimmten Verpresskörperlänge kein wesentlicher Zuwachs an Tragfähigkeit mehr festgestellt werden kann. In Bild 29 sind für einen Verbundanker (Anker Typ A) in dichtem und mitteldichtem, kiesigem Sand gemessene Mantelreibungsverteilungen dargestellt. Es zeigt sich, dass sich bei den einzelnen Laststufen Bereiche mit höherer Mantelreibung ausbilden, die mit zunehmender Ankerkraft vom luftseitigen zum erdseitigen Ende des Verpresskörpers wandern.

Die maximal aufnehmbare Scherbeanspruchung wird somit jeweils nur in einem Teilbereich aktiviert und geht danach auf einen Restwert zurück (progressiver Bruch). Bei Böden, die der eingeleiteten Kraft geringeren Verformungswiderstand entgegensetzen, ist die Schubspannung entlang des Verpresskörpers gleichmäßiger verteilt. Je „steifer" das den Verpresskörper umgebende Gebirge ist, umso ungleichmäßiger ist die Schub-

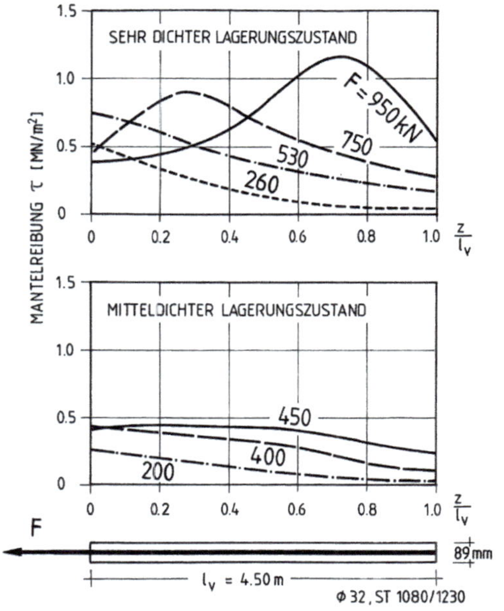


**Bild 29** Verteilung der Mantelreibung bei einem Anker in kiesigem Sand nach *Scheele* [27]

spannungsverteilung bei den üblicherweise angewendeten Verpresskörperlängen. Besonders deutlich wird dies bei den Messungen an Verpresskörpern in felsartigem Gebirge (Bild 30).

Die bodenmechanischen Ursachen für die starke Abhängigkeit der Tragfähigkeit von der Steifigkeit bzw. der Lagerungsdichte sind in Bild 31 für einen Verpresskörper in dicht gelagertem bzw. locker gelagertem Sand schematisch dargestellt.

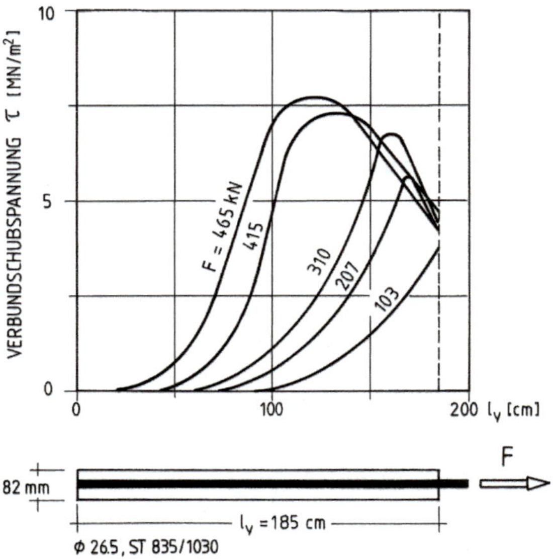


**Bild 30** Verbundspannung (Stahl/Mörtel) bei einem Einstabanker in Sandstein nach *Jirovec* [20]

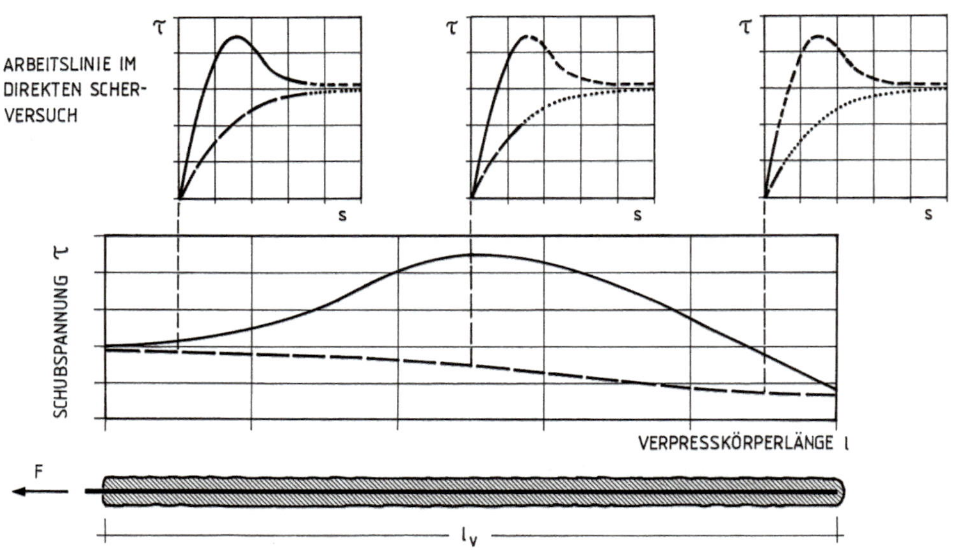


**Bild 31** Scherkraft-Scherverschiebungslinien von direkten Scherversuchen mit Sand und Schubspannungsverteilung entlang eines Verpresskörpers (schematisch)

Oben im Bild sind die Scherkraft-Scherverschiebungslinien für beide Böden abgebildet. Für dicht gelagerten Sand steigt die Kurve zunächst sehr steil an, überschreitet ein Maximum („peak“, Spitzenscherfestigkeit) und sinkt bei weiterer Scherverschiebung auf einen Restwert (Restscherfestigkeit) ab, der über den weiteren Scherweg dann konstant bleibt. Für locker gelagerten Sand steigt die Scherkraft-Scherverschiebungslinie langsamer an und nähert sich asymptotisch der Restscherfestigkeit. Während der Scherbewegungen beider Versuche ändert der Sand in der Scherfuge seine Dichte: Der dicht gelagerte Sand lockert sich auf, der locker gelagerte verdichtet sich. Zum Schluss der Versuche ist der Sand beider Versuche in der Scherfuge gleich dicht gelagert – er hat die mit einer Scherung einhergehende sog. kritische Dichte erreicht.

Eine grobe Abschätzung der Stahldehnung im Bereich des Verpresskörpers ergibt für die Randbedingungen:

- dreieckförmige Kraftverteilung,
- Zugkraft im Stahl am luftseitigen Ende des Verpresskörpers 500 kN,
- Zugkraft am bergseitigen Ende 0 kN,
- Verpresskörperlänge 5 m.

Stahldehnungen von ca. 7 mm für einen Spannstahl ∅ 32 mm und ca. 11 mm für ein Zugglied aus 4 Litzen ∅ 0,6″. Das Maximum der Scherfestigkeit im Grenzbereich entlang des Verpresskörpermantels wird jedoch bei einer Relativverschiebung von 5 bis 10 mm überschritten. Es ist deshalb plausibel, dass entlang des Verpresskörpers unterschiedliche Bereiche der Scherkraft-Scherverschiebungslinien des Sands maßgebend für die Kraftübertragung werden. Dementsprechend ist in Bild 31 die Verteilung der Scherspannung/Mantelreibung über die Verpresskörperlänge schematisch dargestellt. Luftseitig ist die Scherspannung auf die Restscherfestigkeit abgesunken, bergseitig wird die maximal aufnehmbare Scherspannung noch nicht erreicht. Die beschriebene Scherspannungsverteilung wurde durch Messungen an mit Dehnungsmessstreifen bestückten Versuchsankern nachgewiesen. In Bild 29 ist für jeweils einen Messanker die Mantelreibung in sehr dicht gelagertem und in mitteldicht gelagertem Sand abgebildet.

Bei Druckrohrankern ist die Verteilung der Scherspannungen entlang des Verpresskörpers umgekehrt wie bei Verbundankern. Wegen der großen Steifigkeit des Druckrohrs ist die Scherspannungsverteilung entlang des Verpresskörpers ausgeglichener. Einen direkten Vergleich des Tragverhaltens von Druckrohr- und Verbundankern erlaubt eine Messung der Ankerkraftverteilung mit Dehnungsmessstreifen an einem kombinierten Druckrohr/Verbundanker, deren Messergebnisse Bild 32 zeigt.

Der Versuchsanker war in festem Ton-Schluffstein eingebaut. Wegen der relativ hohen Gebirgssteifigkeit wurde die Grenzmantelreibung in keinem Bereich des Verpresskörpers erreicht. Dennoch sind die spiegelverkehrte Spannungsverteilung und die größere Kraftaufnahme aufgrund der höheren Verformungssteifigkeit beim Druckrohrteil erkennbar.

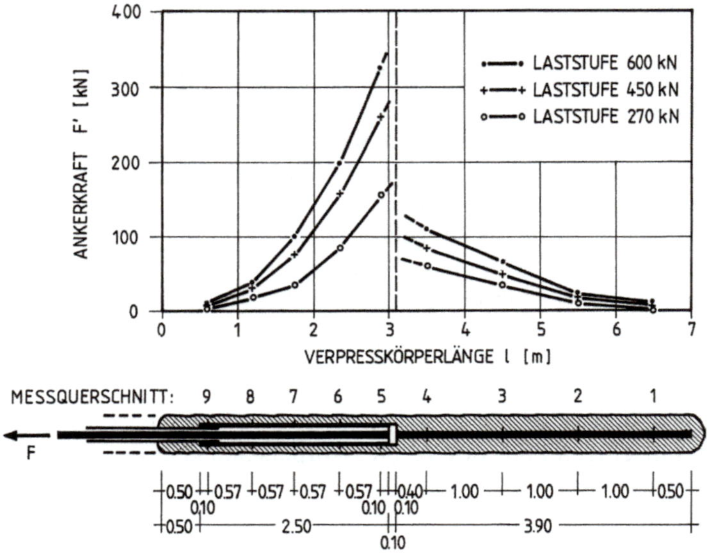


**Bild 32** Kraftabtragung an einem kombinierten Druckrohr-/Verbundanker

Bei Felsankern wird häufig ein Teil des Verpresskörpers aufgrund der hohen übertragbaren Scherspannungen zwischen Verpresskörper und Gebirge an der Kraftabtragung überhaupt nicht beteiligt. Es ergeben sich jedoch Spannungskonzentrationen am Beginn der Verankerungslänge. In Bild 33 sind Ergebnisse von mittels Lichtwellenleitern gemessenen Dehnungen des Stahls in der Verankerungslänge eines Felsankers in Grauwacke aufgetragen. Der Anker wurde bei Voruntersuchungen für die Sanierung der Ederseestaumauer getestet und mit extrem hohen Kräften belastet (55 Litzen ∅ 0,6″, Verankerungslänge 7 m, Prüfkraft 12,5 MN). Bereits 3 m hinter dem Beginn der Verankerungsstrecke wurden keine Dehnungen mehr gemessen, d. h., an der Lastabtragung waren bei Höchstlast nur die luftseitigen 3 m der Verpressstrecke beteiligt.

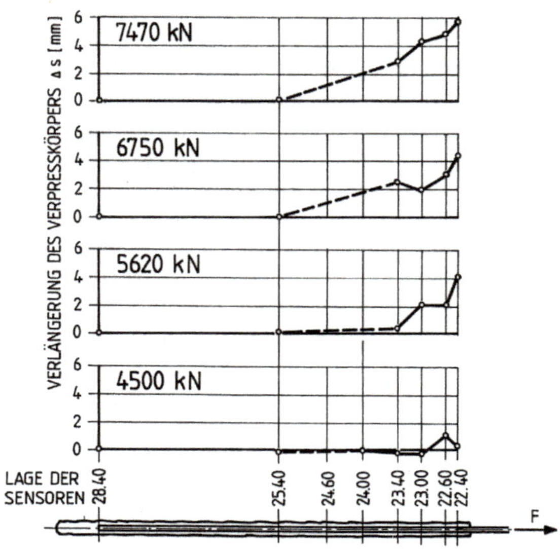


**Bild 33** Lastabtragung an einem hoch belasteten Felsanker

### 1.8.3.3 Abschätzung der bodenmechanischen Tragfähigkeit

Auf der Grundlage der Ergebnisse der durchgeführten Grundsatzprüfungen und sehr vieler Eignungsprüfungen ist es möglich, für verschiedene Bodenarten Richtwerte für den Ansatz der Grenzmantelreibung anzugeben, die für Vorbemessungen dienen können. Die Bestimmung der wirklichen Tragfähigkeit muss aber immer durch Zugversuche auf der Baustelle (Eignungs- und Abnahmeprüfungen) erfolgen.

*Ostermayer* [24] hat solche Richtwerte für die Grenzmantelreibung in Diagrammen für nichtbindige und bindige Bodenarten sowie für Fels vorgeschlagen.

Bei der Abschätzung der möglichen Gebrauchslast aus den Diagrammen von *Ostermayer* muss berücksichtigt werden, dass die Versuchsanker im Rahmen von Forschungsprogrammen und Grundsatzprüfungen (auf deren Ergebnissen die Diagramme hauptsächlich aufbauen) unter genau kontrollierten Randbedingungen hergestellt wurden und dass bei der Herstellung von Verpressankern im Baustellenbetrieb sowohl hinsichtlich der technischen Randbedingungen (Bohrverfahren, Einbauweise, Verpressen) als auch hinsichtlich der Baugrundverhältnisse große Streuungen unvermeidbar sind. Zur Abschätzung der Gebrauchslast sollten daher die aus den Schaubildern entnommenen Werte mindestens mit dem Faktor 0,5 abgemindert werden.

An den Diagrammen ist außerdem zu ersehen, dass insbesondere bei festen bindigen Böden und bei dichten nichtbindigen Böden bei Verpresskörperlängen über 7 bis 8 m nur noch eine geringe Zunahme der Ankerkräfte möglich ist (progressiver Bruch). Die Tragfähigkeit von Ankern mit Durchmessern zwischen 80 und 150 mm (wie sie in der Ankertechnik üblich sind) wird in nichtbindigen Böden nur wenig vom Durchmesser beeinflusst. Bei Ankern in bindigen Böden und Fels wirkt sich der Verpresskörperdurchmesser bzw. die Mantelfläche dagegen direkt auf die Tragfähigkeit aus. Der Zusammenhang ist in erster Näherung proportional.

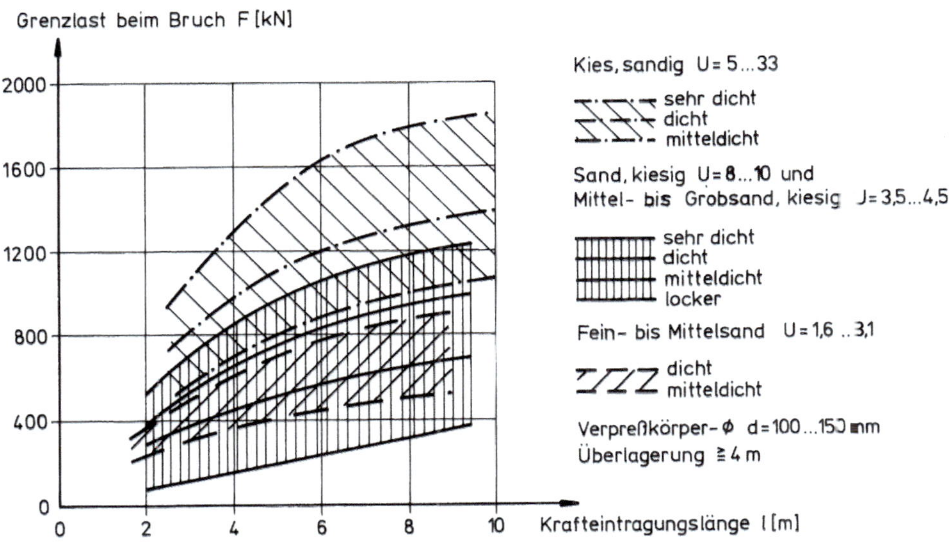


**Bild 34** Grenzlast von Ankern in nichtbindigen Böden (nach *Ostermayer* [24])

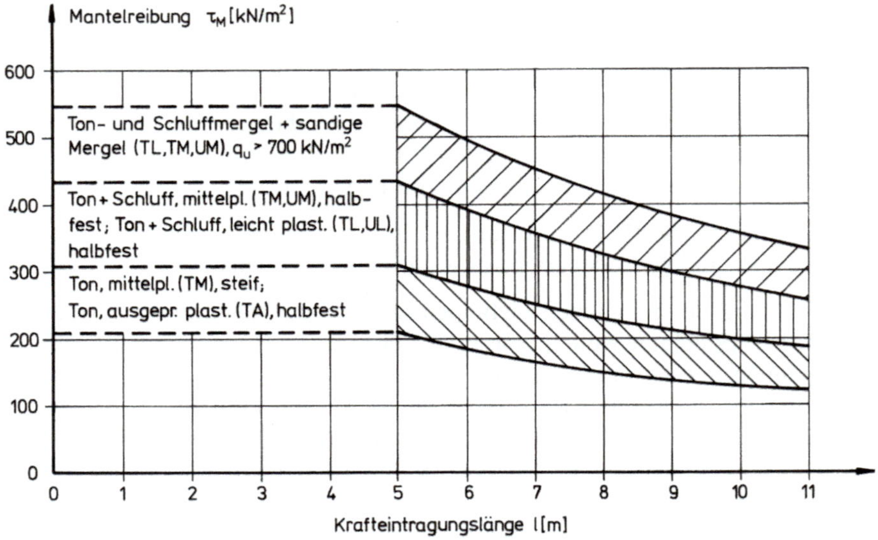


**Bild 35** Grenzlast von Ankern in bindigen Böden mit Nachverpressung (nach *Ostermayer* [24])

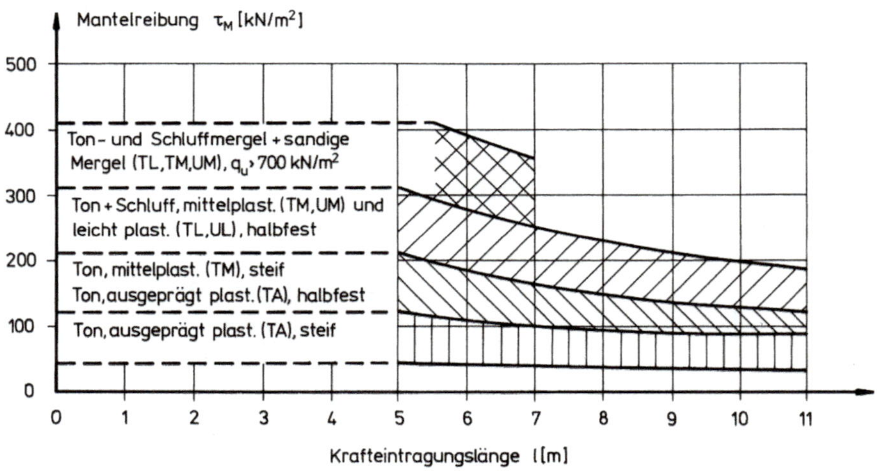


**Bild 36** Grenzlast von Ankern in bindigen Böden ohne Nachverpressung (nach *Ostermayer* [24])

Tabelle 6 zeigt Anhaltswerte für die Mantelreibung von Felsankern im Gebrauchszustand in verschiedenen Felsarten, die zur Abschätzung der Gebrauchslast dienen können. Dabei ist zu berücksichtigen, dass in gesundem Fels das Versagen entlang der Mantelfläche des Verpresskörpers bei Zugversuchen nur selten erreicht wird bzw. dass bei Ankern in gesundem Fels meist die innere Grenztragkraft der Ankerkonstruktion für das Versagen maßgebend wird. Andererseits kann die Tragfähigkeit bei Felsarten, die empfindlich auf das Bohrverfahren reagieren (das sind vor allem Felsarten mit Tonbindung, z.B. tonig gebundene Sandsteine, verschiedene Keupermergel u.Ä.),

**Tabelle 6** Anhaltswerte für die Gebrauchsmantelreibung cal $\tau_M$ von Felsankern in $MN/m^2$ für verschiedene Felsarten (nach *Ostermayer* [24])

| | Gesteinsart | | |
|---|---|---|---|
| a) Verwitterungszustand<br>b) Grad der mineralischen Bindung<br>c) Trennflächenabstände | massige Erstarrungs- und Umwandlungsgesteine, z. B. Granite, Diorite, Gneise, Basalte, Porphyre, Quarzite, Gabbro, Melaphyre, Diabase | feste Sedimentgesteine: Konglomerate, Brekzien, Arkosen, Sandsteine, Kalksteine, Dolomite, Tonschiefer, Grauwacken | weichere oder veränderlich feste Sedimentgesteine: Mergelsteine, Schluffsteine, Tonsteine |
| a) unverwittert<br>b) sehr gute mineralische Bindung<br>c) größer 0,5 bis 1,0 m | 1,5 | 1,0 | 0,7 |
| a) angewittert<br>b) gute mineralische Bindung<br>c) im Dezimeterbereich (0,1 bis 0,2 m) | 1,0 | 0,7 | 0,4 |
| a) stark verwittert<br>b) mäßige mineralische Bindung<br>c) im cm-Bereich | 0,5 | 0,3 | 0,15<br>(oder Werte für bindigen Boden mit Sicherheitsbeiwert) |

stark überschätzt werden. So kann die Tragfähigkeit eines Ankers in lediglich leicht angewittertem Tonstein, bei dem das Bohrloch mit dem Imlochhammer hergestellt wurde und bei dem die Bohrlochwandung durch das Bergwasser feucht ist, auf Werte absinken, die denen eines Ankers in lediglich steifem Ton entsprechen.

Die relativ hohen erzielbaren Mantelreibungswerte bei Felsankern führen in der Praxis immer wieder dazu, dass sehr kurze Verpresskörper bei hohen Ankerkräften geplant werden. Die Verpresskörperlänge sollte jedoch auch in gesundem Fels 4 bis 5 m nicht unterschreiten. Dadurch können auch durch Klüftung oder Verwitterung bedingte örtliche Schwächezonen überbrückt werden.

Weil die ungleichmäßige Verteilung der Mantelreibung entlang des Verpresskörpers von Felsankern noch ausgeprägter als bei Lockergesteinsankern ist, können die Werte der Tabelle 6 nur bei Verpresskörperlängen bis ca. 6 m direkt übernommen werden. Bei der Anwendung für den Entwurf längerer Verpresskörper müssten sie abgemindert werden.

*Schwarz* [28] empfiehlt bei Bohrlochdurchmessern von 140 bis 160 mm die Gebrauchskraft für Anker in verschiedenen Gesteinen wie folgt abzuschätzen

| | |
|---|---|
| mergeliger Sandstein, schiefriger Tonstein: | zul. F = 120 kN/m (Gebrauchskraft) |
| Grauwacke, harter Tonstein: | zul. F = 250 kN/m |
| Tonschiefer | zul. F = 300 kN/m |

### 1.8.3.4 Erhöhung der Ankertragfähigkeit durch Nachverpressung

Der Erfolg von Nachverpressungen zur Erhöhung der Ankertragfähigkeit lässt sich nicht immer genau vorhersagen. Er hängt in erster Linie vom Boden ab, wird aber in gleicher Weise auch von den Verpressmengen und Verpressdrücken, dem Zeitpunkt des Aufsprengens des Verpresskörpers, der Anordnung der Ventile usw. beeinflusst. Grundsätzlich ist mehrmaliges, unter Umständen örtlich gezieltes, Nachverpressen mit moderaten Verpressdrücken und einer Begrenzung der Verpressmengen gegenüber einer einmaligen Nachverpressung mit hohen Verpressmengen und Verpressdrücken vorzuziehen. Zudem ist eine Nachverpressung nur in Böden mit bindigem Charakter, in weichen oder mürben Felsarten (insbesondere bei Tonbindung) und in geklüftetem Fels sinnvoll. In Sanden und Kiesen ohne (oder mit nur einem geringen Anteil) Kornfraktion im Ton-/Schluffbereich reicht eine sorgfältige Primärverpressung zur Erzielung der bestmöglichen Tragfähigkeit aus. Ebenso reicht eine Verfüllung des Bohrlochs mit Zementsuspension in ungeklüfteten kompakten Felsarten aus, wenn durch das Bohrverfahren gewährleistet ist, dass sich an der Bohrlochwandung keine Schmierfläche durch Bohrschmand ausbildet. In beiden Fällen lässt sich der Verpresskörper der Primärverpressung bzw. Verfüllung zudem gar nicht oder nur mit Schwierigkeiten aufsprengen.

Durch die Nachverpressung wird eine Erhöhung der Radialspannung im Umkreis des Verpresskörpers und damit eine Erhöhung der aufnehmbaren Scherspannungen entlang des Verpresskörpers erreicht. Die mögliche Erhöhung der Tragfähigkeit durch eine Nachverpressung lässt sich im Einzelfall nur schwer vorhersagen. Meist ist die Tragfähigkeit nach einer Nachverpressung um 20 bis 35 % größer als vor der Nachverpressung. Es sind bei günstigen Bedingungen aber auch schon Erhöhungen der Tragfähigkeit um 50 % erzielt worden. Die Ergebnisse von Untersuchungen zum Einfluss verschiedener Parameter auf den Erfolg einer Nachverpressung sind in Bild 37 dargestellt.

Allgemein lässt sich sagen, dass Nachverpressungen neben einer Erhöhung der Tragfähigkeit eine deutliche Verbesserung der Kriechbeiwerte $k_s$ bewirken und dass die bleibenden Ankerkopfverschiebungen reduziert werden. Der Aufwand für das Nach-

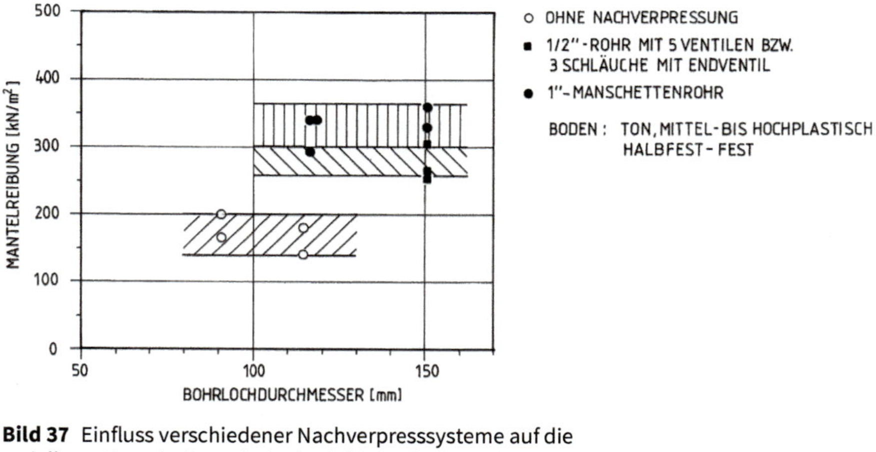


**Bild 37** Einfluss verschiedener Nachverpresssysteme auf die erzielbare Mantelreibung bei mittel- bis hochplastischen Tonen

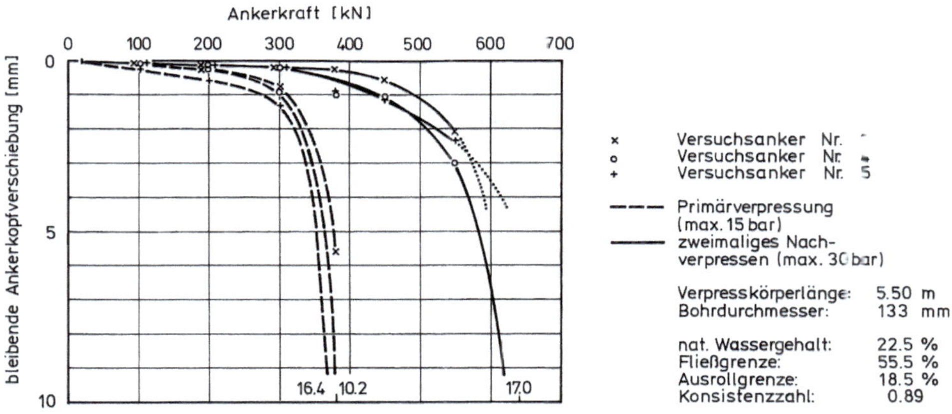


**Bild 38** Einfluss der Nachverpressung auf die Ankertragfähigkeit in einem schluffigen Ton

verpressen kann allerdings erheblich sein und den Nutzen deutlich übersteigen, besonders dann, wenn man zu einer Vergrößerung des Bohrdurchmessers gezwungen ist, um z. B. Manschettenrohre einzubauen. Es ist in vielen Fällen wirtschaftlicher, den Bauentwurf von Anfang an mit moderaten und vom jeweiligen Baugrund sicher aufnehmbaren Ankerkräften zu verfassen und dadurch eine geringe Vergrößerung der Ankeranzahl in Kauf zu nehmen, als auf den Erfolg spezieller Nachverpressverfahren zu bauen.

## 1.9 Prüfungen an Ankern

Die europäische Norm DIN EN 1537 „Ausführung von besonderen geotechnischen Arbeiten (Spezialtiefbau) – Verpressanker" ist seit 2001 an die Stelle der nationalen DIN 4125 getreten. Eine sehr große Zahl von Daueranker wurde in Deutschland nach DIN 4125 hergestellt und geprüft. In manchen nichteuropäischen Ländern werden Ankerarbeiten weiter auf der Grundlage der alten deutschen DIN 4125 ausgeschrieben und beurteilt. Deshalb werden in dieser Ausgabe des Grundbau-Taschenbuchs zunächst nochmals die Prüfungen nach DIN 4125 beschrieben und anschließend die nach DIN EN 1537 geforderten Prüfverfahren.

### 1.9.1 Prüfungen an Ankern nach DIN 4125

#### 1.9.1.1 Allgemeines

Alle Einzelteile eines Ankers unterliegen bei der Herstellung einer Güteüberwachung. Die Güteüberwachung erfolgt im Zuge der Produktion dieser Bauteile (z. B. Spannstahl, Ankerplatten, Keilträger, Keile usw.) bzw. während der Vormontage des Ankers. An jedem Anker wird eine Abnahmeprüfung (Probebelastung) durchgeführt, mit der insbesondere das bodenmechanische Tragverhalten überprüft wird. Dadurch können die Sicherheitsanforderungen bei Ankern, bezogen auf die bodenmechanische Grenztragfähigkeit, gegenüber denjenigen bei vergleichbaren Bauteilen (z. B. Verpresspfählen mit kleinem Durchmesser nach DIN EN 14199 [8]) deutlich reduziert werden. Bei Zugpfählen werden Probebelastungen nur an einer kleinen Anzahl von Versuchs- oder Bauwerkspfählen durchgeführt (nach DIN EN 14199 Abschnitt 9.3.2.3.2 an mindestens 2 Pfählen bei weniger als 50 Pfählen, mindestens 3 Pfählen bei 100 Pfählen). Ähnlich verhält es sich mit den Sicherheitsanforderungen, die an Bodennägel gestellt werden. Nach DIN EN 14490 Tabelle 2 sollen mindestens 2 % der Nägel geprüft werden. Daran wird hier erinnert, denn es kommt in der Praxis vor, dass Pfähle und Nägel wie Anker geprüft werden sollen, woraus sich Konflikte ergeben können.

Kern aller Prüfungen an Ankern ist der Zugversuch (Bild 39). Dabei wird das Zugglied bei genügendem Überstand direkt gezogen oder es wird mit Muffen so verlängert, dass eine hydraulische Hohlkolbenpresse (Bild 40) und eine Kraftmessdose über ihm montiert werden können. Gemessen werden die Ankerkraft und die zugehörige Kopfverschiebung (Letztere in der Regel mit einer mechanischen oder elektrischen Messuhr). Grundsätzlich kann auch der Druck im Hydrauliksystem, in Verbindung mit einer Eichkurve für die Presse, zur Ermittlung der Ankerkraft dienen. Wegen der Reibung der Zylinderflächen kann der so ermittelte Wert deutlich über dem tatsächlichen Wert der Ankerkraft liegen. Bei Zugversuchen mit höheren Ansprüchen an die Genauigkeit der Messungen sollten daher geeichte Kraftmessringe verwendet werden.

Bei allen Zugversuchen an Ankern muss darauf geachtet werden, dass sich insbesondere bei höheren Lasten und bei Laständerungen keine Personen im Gefahrenbereich vor der luftseitigen Verlängerung des Zugglieds aufhalten. Trotz aller Gütekontrollen ist es vorgekommen, dass plötzlich Ankerteile versagt haben. Auch Muffenverbindungen können durch Abnutzung bei hohen Lasten oder durch nicht exakte Montage versagen oder es kann ein plötzlicher Bruch des Verpresskörpers eintreten. Die oftmals schwierigen Bedingungen für die Montage der Prüfeinrichtung, ungünstige Auflagerbedingungen für die Pressen oder die Nachgiebigkeit des Pressenauflagers können ebenfalls zu plötzlichem Ankerversagen beitragen. Je nach Höhe der Belastung, Ankertyp und Ort sowie Art des Bruchs werden Prüfeinrichtung und Ankerteile dann verschieden weit in den Raum vor dem Ankerkopf geschleudert.

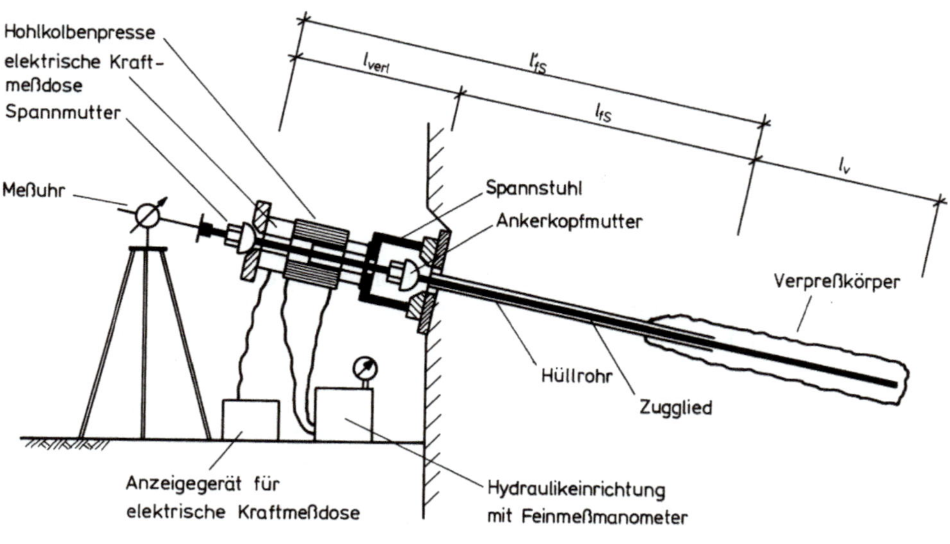


**Bild 39** Schematische Darstellung eines Zugversuchs an einem Einstabanker

**Bild 40** Hydraulische Hohlkolbenpressen (rechte Presse mit Stahlmantel, linke drei Pressen Leichtbauzylinder mit CFK-Mantel)

#### 1.9.1.2 Prüfungen an Ankern

Die erforderlichen Prüfungen an Ankern waren in DIN 4125 und in den Zulassungsbescheiden des Deutschen Instituts für Bautechnik für die einzelnen Ankersysteme festgelegt. Tabelle 7 zeigt eine Übersicht über die an Ankern gebräuchlichen Prüfungen.

Gegenüber den Bestimmungen in den ersten Ausgaben der DIN 4125 bedurften Kurzzeitanker nach DIN 4125:1990-11 keiner Zulassung mehr, soweit sie den Konstruktionsprinzipien der DIN 4125 entsprachen und solange die zulässigen Ankerkräfte bei Einstabankern unter 700 kN bzw. bei Mehrstabankern unter 1300 kN lagen. Für Daueranker galt nach wie vor, dass die Brauchbarkeit eines Ankersystems durch eine allgemeine bauaufsichtliche Zulassung nachgewiesen werden musste. In Ausnahmefällen konnte dies auch durch eine Zustimmung im Einzelfall der jeweiligen obersten Bauaufsichtsbehörde der Länder erfolgen. In Deutschland ist es auch nach der bauaufsichtlichen Einführung der DIN EN 1537 erforderlich, für Daueranker eine allgemeine bauaufsichtliche Zulassung zu besitzen.

**Tabelle 7** Prüfungen an Ankern

| Zeitpunkt der Prüfung | Bezeichnung der Prüfung | Ausführender |
|---|---|---|
| vor den Ankerarbeiten | Grundsatzprüfung<br>Güteüberwachung der Bauteile | Hersteller der Anker und sachverständiges Institut<br>Hersteller<br>Materialprüfanstalt |
| während der Ankerarbeiten | Eignungsprüfung<br>Abnahmeprüfung | Überwachung durch sachverständiges Institut<br>Spezialtiefbaufirma |
| nach den Ankerarbeiten | Ankernachprüfung | sachverständiges Institut, von dem die Eignungsprüfung überwacht wurde |

**Bild 41** Eignungsprüfung an drei Verpressankern

### 1.9.1.3 Grundsatzprüfungen

Eine Grundsatzprüfung ist Voraussetzung für die Zulassung eines neuen Ankersystems. Durch die Grundsatzprüfung werden neben der Tragfähigkeit in erster Linie die Ausführbarkeit des Korrosionsschutzes und dessen Bewährung unter extremen Belastungsverhältnissen überprüft. Für eine Grundsatzprüfung wird eine Anzahl von Ankern unter Baustellenbedingungen hergestellt, belastet und anschließend ausgegraben und untersucht. Grundsatzprüfungen werden heute nur noch selten ausgeführt.

### 1.9.1.4 Eignungsprüfung

Für die Baustelle wichtig waren die Eignungsprüfungen und die Abnahmeprüfungen. Die bei den Eignungs- und Abnahmeprüfungen zu erbringenden Nachweise der Sicherheit gegen Versagen infolge Erreichens der bodenmechanischen Grenztragfähigkeit sind in Tabelle 8 zusammengestellt.

Die Eignungsprüfung ist eine Probebelastung an mindestens 3 Ankern (Bild 41). Gemessen wird die Ankerkopfverschiebung in Abhängigkeit von der Ankerkraft durch mehrfache Be- und Entlastung des Ankers. Bei Daueranker muss die Eignungsprüfung grundsätzlich auf jeder Baustelle durchgeführt werden. Sie muss gemäß den Zulassungsbescheiden des DIBt für Daueranker durch eine Prüf-, Überwachungs- und Zertifizierungsstelle (PÜZ-Stelle) nach den Landesbauordnungen überwacht oder

**Tabelle 8** Tragfähigkeitsnachweise durch Eignungs- und Abnahmeprüfung

| Art der Prüfung | Anforderungen an Kurzzeitanker | Anforderungen an Daueranker |
|---|---|---|
| Eignungsprüfung | Anzahl der Prüfanker: 3<br>$F_P = 1{,}33 \cdot F_W$ beim Ansatz des Erdruhedrucks<br>$F_P = 1{,}5 \cdot F_W$ beim Ansatz des aktiven Erddrucks<br>Bei Ansatz des erhöhten aktiven Erddrucks: Interpolation zwischen den beiden Werten | Anzahl der Prüfanker: 3<br>$F_P = 1{,}5 \cdot F_W$ |
| Abnahmeprüfung | Anzahl der Prüfanker: alle<br>$F_P = 1{,}25 \cdot F_W$ | Anzahl der Prüfanker: alle<br>$F_P = 1{,}5 \cdot F_W$ |

selbst durchgeführt werden. Bei Ankern für vorübergehende Zwecke ist es nicht erforderlich, dass auf jeder Ankerbaustelle eine Eignungsprüfung durchgeführt wird. Es muss jedoch das Ergebnis einer Eignungsprüfung an Ankern in vergleichbaren Bodenverhältnissen und demselben Ankertyp bzw. Herstellungsverfahren vorgelegt werden.

Der Versuchsablauf einer Eignungsprüfung an einem Daueranker ist im Diagramm von Bild 42 dargestellt.

In mechanischer Hinsicht ist jede Probebelastung an einem Verpressanker im Prinzip als Zugbelastung einer steifen linear-elastischen Feder (des Stahlzugglieds) anzusehen. Diese Feder ist am hinteren Ende (im Verpresskörper) festgehalten, wobei der Haltepunkt bei Verbundankern nicht genau festliegt, da die Ankerkraft über eine gewisse Länge in den Verpresskörper eingeleitet wird. Auch der Verpresskörper selbst ist nicht unverschieblich und bewegt sich unter dem Einfluss der Ankerkraft zur Luftseite hin. Zusätzlich können bei der Probebelastung noch Reibungs- und Umlenkkräfte auf den Stahl in der freien Stahllänge einwirken. Die Aufzeichnung der Messwerte einer Eignungsprüfung in einem Ankerkraft-Verschiebungsdiagramm (im Prinzip einer Spannungs-Dehnungs-Linie wie bei einem Zugversuch der Materialprüfung) gibt Aufschluss darüber, ob

- der Anker die Gebrauchskraft mit der geforderten Sicherheit aufnehmen kann,
- die im Bauentwurf vorgesehene freie Stahllänge vorhanden ist,
- die bleibenden Verschiebungen akzeptabel sind,
- die Reibungsverluste beim Vorspannen akzeptabel sind.

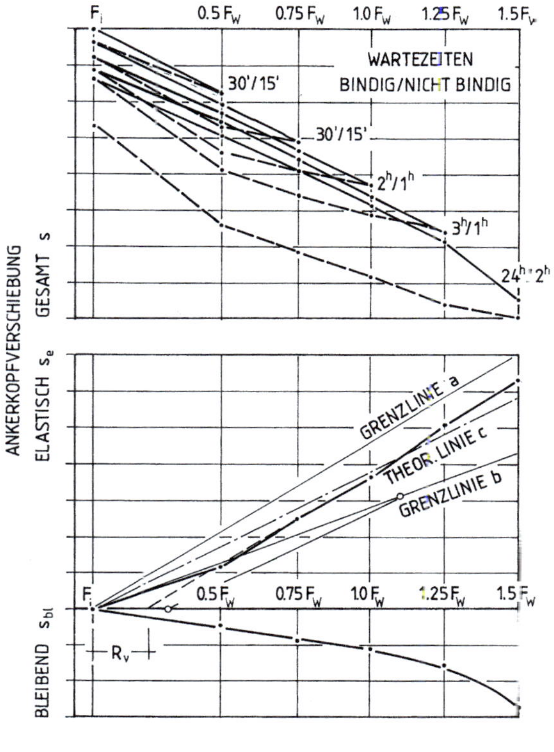


**Bild 42** Versuchsablauf einer Eignungsprüfung an einem Daueranker

Die gemessenen Verschiebungen können in einen elastischen und einen bleibenden Anteil aufgespalten werden. Die elastischen Verschiebungen geben in erster Linie das Verhalten des Stahlzugglieds wieder und ermöglichen so die Kontrolle der freien Stahllänge. Die Kurve für die elastische Verschiebung muss innerhalb der Grenzlinien a und b liegen. Es bedeuten in den folgenden Gleichungen:

$F_P$ Prüfkraft
$F_i$ Vorlast (aus versuchstechnischen Gründen erforderlich)
$F_W$ Gebrauchskraft
$E$ E-Modul des Stahlzugglieds
$A_S$ Querschnittsfläche des Stahlzugglieds
$l_{fS}$ freie Stahllänge
$l_v$ Verankerungslänge des Stahls beim Verbundanker, hier die Verpresskörperlänge
$l_Ü$ Stahlüberstand beim Prüfen
$\eta_K$ Sicherheitsbeiwert für den Verpresskörper

**Obere Grenzlinie, Grenzlinie a**
Die Grenzlinie a berücksichtigt, dass der Krafteinleitungsschwerpunkt im Verpresskörper beim Verbundanker nicht an dessen luftseitigem Ende liegt, sondern sich je nach Verteilung der Scherspannung in Richtung des bergseitigen Endes des Verpresskörpers verschiebt. Aus Gründen der Sicherheit sollte der Krafteinleitungsschwerpunkt maximal in der Mitte der Verpresskörperlänge liegen. Deshalb gibt die Grenzlinie a die elastische Dehnung eines Verbundankers wieder, dessen Krafteinleitungsschwerpunkt in der Mitte der Verankerungslänge liegt.

Bei Druckrohrankern ist diese Definition der Grenzlinie a konstruktionsbedingt nicht anwendbar. Hier wird die obere Begrenzung der elastischen Dehnung durch einen empirisch festgelegten Faktor bestimmt.

**Gleichung der Grenzlinie a für Verbundanker**

$$s_{el} = \frac{F_P - F_i}{E \cdot A_S}\left[l_{fS} + 1 + \frac{l_V}{2}\right]$$

**Gleichung der Grenzlinie a für Druckrohranker**

$$s_{el} = 1{,}1 \cdot \frac{F_P - F_i}{E \cdot A_S}\left(l_{fS} + l_Ü\right)$$

**Untere Grenzlinie, Grenzlinie b**

Die Grenzlinie b berücksichtigt, dass beim Spannen der Anker Kraftverluste durch Reibung im Bereich der freien Stahllänge nicht zu vermeiden sind. Da diese Reibungsverluste in den unteren und mittleren Kraftbereichen gegenüber der jeweiligen Ankerkraft prozentual höher ins Gewicht fallen, wird die Grenzlinie b hier nach unten korrigiert.

**Gleichung der Grenzlinie b im Kraftbereich nahe der maximalen Prüfkraft ($F_P \geq 0{,}75 \cdot \eta_K \cdot F_W + F_i$)**

$$s_{el} = 0{,}8 \cdot \frac{F_P - F_i}{E \cdot A_S}\left(l_{fS} + l_{Ü}\right)$$

Im unteren und mittleren Kraftbereich wird die Grenzlinie b durch den Linienzug $F_i$ – R – S dargestellt. Die Punkte R und S haben folgende Koordinaten:

| Punkt | Verschiebungsachse $s_{el}$ | Kraftachse $F_P$ |
|---|---|---|
| R | 0 | $0{,}15 \cdot \eta_K \cdot F_W + F_i$ |
| S | $0{,}6\eta_K \cdot F_W \cdot \frac{l_{fS}}{E \cdot A_S}$ | $0{,}75 \cdot \eta_K \cdot F_W + F_i$ |

### Theoretische Linie c

Die theoretische Linie c ist die Kraft-Verschiebungs-Kurve eines Stahlzugglieds mit der vorgesehenen freien Stahllänge $l_{fS}$

$$s_{el} = \frac{F_P - F_i}{E \cdot A_S}\left(l_{fS} + l_{Ü}\right)$$

Die bleibenden Verschiebungen bestehen in erster Linie aus Verformungen entlang der Mantelfläche zwischen Verpresskörper und Baugrund und geben deshalb das bodenmechanische Tragverhalten wieder.

### Kriechmaß

Auf den erstmals erreichten Laststufen wird bei konstant gehaltener Last das Zeit-Verschiebungs-Verhalten beobachtet (Bild 43). Es wird charakterisiert durch das Kriechmaß $k_S$. Darunter wird die Verschiebung bei konstanter Last in einem Zeitintervall verstanden, in dem $t_2$ zehnmal so groß ist wie $t_1$. Es wird aus einem annähernd geraden Kurvenast am Ende einer Zeit-Verschiebungs-Kurve ermittelt.

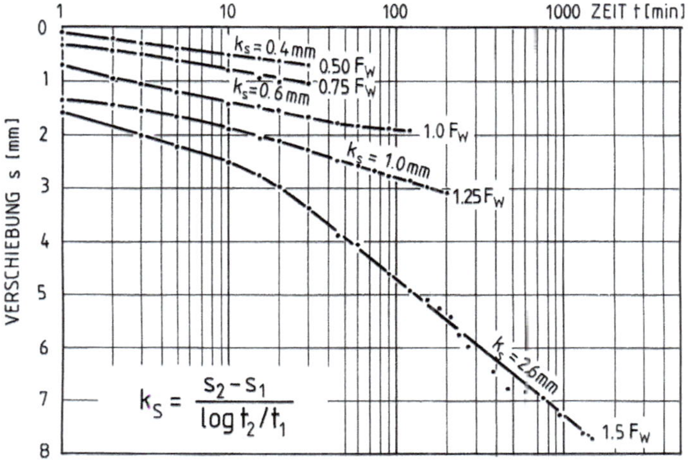


**Bild 43** Zeit-Verschiebungs-Kurven und Ermittlung des Kriechmaßes bei einer Eignungsprüfung

$$k_s = \frac{s_2 - s_1}{\log t_2 : t_1}$$

Aus der Entwicklung des Kriechmaßes kann die Grenztragfähigkeit des Ankers im Baugrund ermittelt werden (Bild 44). Sie ist nach DIN 4125 dann erreicht, wenn das Kriechmaß $k_S = 2$ mm beträgt. Gegenüber der Grenztragfähigkeit muss bei Dauerankern eine Sicherheit von $\eta = 1{,}5$ eingehalten werden. Bei Ankern für vorübergehende Zwecke wird unterschieden, ob die Ankerkräfte aus dem aktiven Erddruck ($\eta = 1{,}5$) oder dem Erdruhedruck ($\eta = 1{,}33$) ermittelt wurden.

### 1.9.1.5 Abnahmeprüfung

Die Abnahmeprüfung ist grundsätzlich an jedem Anker (Daueranker und Anker für vorübergehende Zwecke) durchzuführen und erfolgt im Allgemeinen in Verbindung mit dem Spannen des Ankers. Die Ergebnisse der Abnahmeprüfungen spiegeln die Abhängigkeit der Ankertragfähigkeit von den lokalen Baugrundverhältnissen und den Herstellungsbedingungen wider.

Der Versuchsablauf der Abnahmeprüfungen für Anker für vorübergehende Zwecke und für Daueranker ist in Bild 45 dargestellt.

Falls die im Bild 45 angegebenen Verschiebungskriterien überschritten werden, ist die Beobachtungszeit auf der Prüflaststufe solange zu verlängern, bis eine eindeutige Bestimmung des Kriechmaßes möglich ist. Das Kriechmaß darf dann bei Kurzzeitankern ($F_P = 1{,}25 \cdot F_W$) maximal 1,0 mm und bei Dauerankern ($F_P = 1{,}5 \cdot F_W$) maximal 2,0 mm betragen.

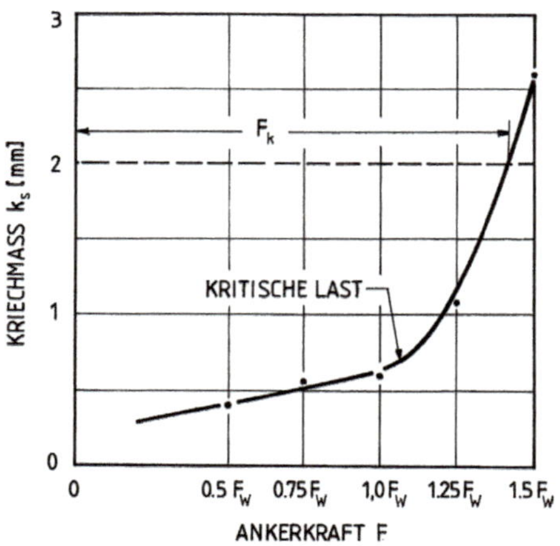


**Bild 44** Ermittlung der Grenzlast aus dem Kriechmaß

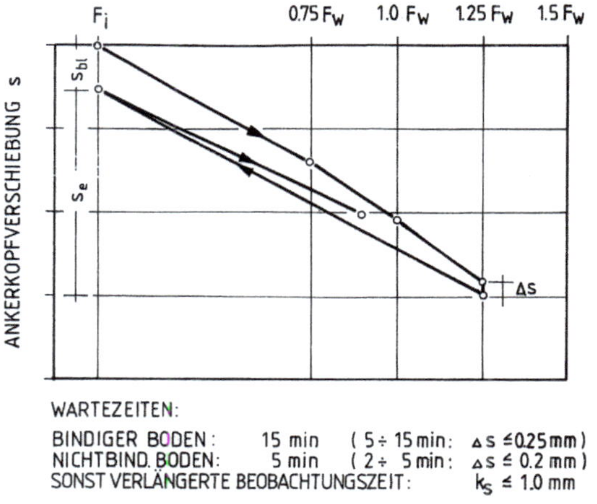


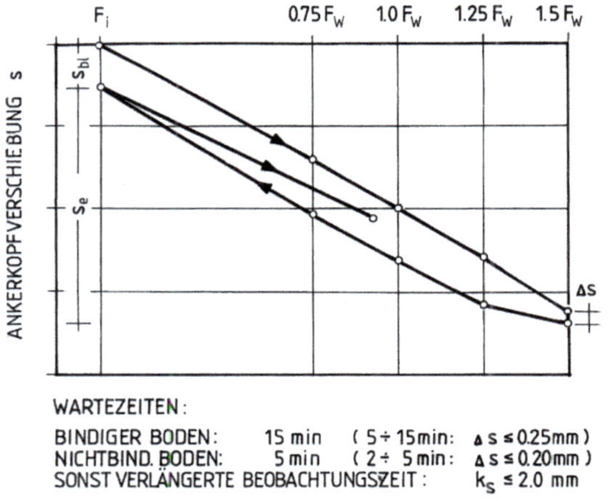


**Bild 45** Versuchsablauf bei einer Abnahmeprüfung (oben Temporäranker; unten: Daueranker)

### 1.9.1.6 Gruppenprüfung

Eine gegenseitige Beeinflussung des bodenmechanischen Tragverhaltens kann im Allgemeinen ausgeschlossen werden, wenn zwischen den Ankerachsen im Bereich der Verpresskörper ein Mindestabstand von ca. dem 10- bis 15-fachen Bohrlochdurchmesser eingehalten wird. Bei den üblichen Bohrlochdurchmessern entspricht dies ca. 1,5 m. Wird dieser Abstand unterschritten, so sollte das Tragverhalten unter Berücksichtigung einer eventuellen Gruppenwirkung untersucht werden. Dabei werden drei unmittelbar benachbarte Anker in einer Gruppenprüfung gleichzeitig belastet. Dies kann auch im Rahmen der Eignungsprüfung erfolgen. Nach DIN 4125 wird eine Gruppenprüfung bei Abständen zwischen den Verpresskörpern von weniger als 1,0 m ($F_W$ ≤ 700 kN) bzw. 1,5 m ($F_W$ ≤ 1300 kN) gefordert.

### 1.9.1.7 Ankernachprüfung

Unklarheiten über Art und Umfang der in den Zulassungen und in DIN 4125 angeführten Nachprüfpflicht führen oft zur Verunsicherung bei den planenden und prüfenden Ingenieuren und insbesondere beim Bauherrn. Die Nachprüfpflicht wird zum Teil in der Weise missverstanden, dass bei Dauerankern über die volle Lebensdauer in regelmäßigen Abständen die Ankerkraft überprüft werden muss. Dies trifft nicht zu. Es muss vielmehr bei jeder Dauerankerbaustelle im Einzelfall entschieden werden, ob und wann Kontrollmessungen am Einzelanker oder am Gesamtsystem später noch erforderlich sind.

Die DIN 4125 sagt zur Nachprüfung in Abschnitt 8.5:

> g) Für Daueranker ist im Rahmen der statischen und konstruktiven Entwurfsbearbeitung festzulegen, ob und gegebenenfalls welche Verpressanker nach Abschnitt 13 nachzuprüfen sind.

In Abschnitt 13 der DIN 4125 heißt es dazu:

> **13 Nachprüfung**
> Sind im System Anker/Bauwerk/Baugrund Verformungen zu erwarten, die wesentliche Dehnungs- und Kraftänderungen im Daueranker hervorrufen können, die sich ungünstig auf das Bauwerk oder die Anker auswirken, sind Nachprüfungen erforderlich. Die Entscheidung darüber sowie über den Umfang, die Anzahl der zu prüfenden Anker und die zeitlichen Abstände der Nachprüfungen sind nach Gesichtspunkten der Boden- und Felsmechanik und der Art des Bauwerks unter Berücksichtigung der Ergebnisse der Eignungs- und Abnahmeprüfungen zu treffen.
>
> Auch bei Kurzzeitankern ist zu beurteilen, ob aus vorstehenden Gründen Nachprüfungen erforderlich sind.
>
> Erforderliche Nachprüfungen sind durch Beobachtungen des Bauwerks und/oder Ankerkraftmessungen vorzunehmen.
>
> Beobachtungen und Messergebnisse bei den Nachprüfungen sind in Protokollen festzuhalten.

Die DIN 4125 macht also eindeutige Aussagen dazu, wann eine Nachprüfung erforderlich ist. Bei der Mehrzahl der Baumaßnahmen kann man auf Nachprüfungen verzichten. Kriterien dafür, ob man Nachprüfungen vorsehen muss, sind:

a) Für den betreffenden Ankertyp besteht nach dem Zulassungsbescheid eine Nachprüfpflicht aus konstruktiven Gesichtspunkten (Korrosionsschutz). Die meisten Dauerankersysteme sind in diesem Punkt von der Nachprüfpflicht befreit. Lediglich die Dauerankersysteme, bei denen für den Korrosionsschutz relevante Teile im Bohrloch hergestellt werden, sind aus konstruktiven Gründen nicht von der Nachprüfung befreit.
   Hinsichtlich des Korrosionsschutzes werden Nachprüfungen bei Temporärankern nur dann erforderlich, wenn die Einsatzdauer der Anker aus unvorhergesehenen Gründen 2 Jahre übersteigt.
b) Eine Nachprüfung nahelegender Ergebnisse der Eignungs- und Abnahmeprüfungen (z. B. hohe Kriechmaße oder Versagen von einzelnen Ankern bei den Prüfungen).
c) Mögliches Verhalten, Sicherheitsannahmen und Gefährdungsgrad des Gesamtsystems (z. B. Sicherung eines Hanganschnitts an einem Verkehrsweg).

Die Punkte a) und b) betreffen ausschließlich das einzelne Sicherungselement Anker. Sie können in der Regel durch Kontrollen bei der Herstellung und beim Einbau der Anker bzw. durch stichprobenartige Messungen an einer ausgewählten Anzahl von Ankern (5 bis 10 %) meist noch während der Bauzeit geklärt werden.

Die überwiegende Anzahl von Nachprüfungen muss aufgrund von Punkt c), also dem Verhalten des Gesamtsystems, durchgeführt werden. Die Messungen müssen dabei so geplant werden, dass auch tatsächlich das Verhalten des Gesamtsystems bzw. mögliche Versagensmechanismen erfasst werden können. Dies ist nur durch eine Kombination von Kraft- und Verformungsmessungen an den Sicherungselementen sowie durch Verformungsmessungen im Umfeld der Sicherungsmaßnahme möglich. Erst durch die sich gegenseitig ergänzenden Messungen kann das Verhalten des Gesamtsystems beurteilt und mögliche Schwachstellen können erkannt werden.

Nachprüfungen sind auch immer dann erforderlich, wenn eine Sicherungsmaßnahme empirisch konzipiert wird; wenn also zunächst eine minimale Ankeranzahl eingebaut wird und durch Messungen der Erfolg der Maßnahme kontrolliert wird. Falls die Verformungen nach der ersten Verankerung nicht zum Stillstand kommen, werden weitere Anker angeordnet. Diese Vorgehensweise kann kostensparend sein. Die Anker müssen dabei nachstellbar sein (Nachspannen der Anker bzw. Ablassen der Ankerkräfte).

Für die Nachprüfung bestehen folgende Möglichkeiten:

- Direkte Kontrolle der Ankerkräfte mit fest installierten Kraftmessdosen oder mit Abhebeversuchen.
- Indirekte Kontrolle durch messtechnische Überwachung der mit Ankern gesicherten Bauteile. Dazu eignen sich geodätische Verschiebungsmessungen, Neigungsmessungen, Riss- und Fugenbeobachtung, Extensometermessungen und Durchbiegungsmessungen.

Überwachungen nach Punkt c) sind nicht spezifisch für Verankerungen. Sie sind im Prinzip unabhängig davon, ob als Sicherungselemente Anker, Nägel, Pfähle oder z. B. lediglich eine Stützmauer verwendet werden. Bei Nachprüfungen nach Punkt c) wird man die Messungen nur so lange durchführen, bis ein unkritisches Verhalten nachgewiesen ist. Auch dies kann oft bereits während der Bauzeit erfolgen. Möglichkeiten zur Nachprüfung werden im Abschnitt 1.9.3 erläutert.

### 1.9.2 Prüfungen an Ankern nach DIN EN 1537

In DIN EN 1537 sind die Prüfungen an Ankern in Abschnitt 9 beschrieben. Die Norm unterscheidet zwischen den folgenden Prüfungsarten:

- Untersuchungsprüfung,
- Eignungsprüfung,
- Abnahmeprüfung.

In Abschnitt 9.4 der Norm sind drei Prüfverfahren beschrieben. Für die Prüfungen in Deutschland sieht DIN SPEC 18537:2012-02 nur das Prüfverfahren 1 nach Anhang G vor. Dabei wird der Anker stufenweise in einem oder mehreren Zyklen von der Vorbelastung aus bis zur Prüfkraft belastet. Für jeden Zyklus wird die Verschiebung des Ankerkopfes bei der maximalen Spannkraft über einen festgelegten Zeitraum gemessen. Das Prüfverfahren 1 entspricht der früher in DIN 4125 geforderten Verfahrensweise.

### 1.9.2.1 Untersuchungsprüfungen

Unter dem Begriff Untersuchungsprüfungen versteht DIN 1537 Prüfungen an Ankern, die vor der Herstellung der Bauwerksanker hergestellt werden. Es soll dabei der Herausziehwiderstand der geplanten Anker in Abhängigkeit von den Baugrundbedingungen und den verwendeten Baustoffen ermittelt werden. Außerdem soll die Fachkompetenz des ausführenden Unternehmens festgestellt und/oder ein neuer Ankertyp bis zum Versagen an der Baugrund-Verpressmörtel-Fuge geprüft werden. Untersuchungsprüfungen sollen dort durchgeführt werden, wo Anker in Baugrundverhältnissen verwendet werden sollen, für die bisher keine Untersuchungsprüfungen durchgeführt wurden, oder wo höhere Gebrauchslasten als bisher in vergleichbaren Baugrundverhältnissen verlangt werden. Die Prüfkraft $P_P$ bei Untersuchungsprüfungen beträgt

$$P_P = R_{ak}$$

$R_{ak}$ ist der charakteristische Herausziehwiderstand des Ankers. Untersuchungsprüfungen sollten also so geplant und die Anker so ausgelegt werden, dass die bodenmechanische Grenztragfähigkeit der Anker erreicht wird. Dazu sind insbesondere das Zugglied und die Auflagerkonstruktion entsprechend robust auszubilden. Bei den Untersuchungsprüfungen sind folgende Grenzwerte einzuhalten, wobei der kleinere Wert maßgebend ist:

| | | |
|---|---|---|
| $P_P \leq 0{,}80\ P_{tk}$ | $P_{tk}$ | charakteristische Bruchkraft des Zugglieds |
| $P_P \leq 0{,}95\ P_{t0,1k}$ | $P_{t0,1k}$ | Tragkraft an der charakteristischen Spannung des Stahlzugglieds bei 0,1 % bleibender Dehnung (Spannstahl) |
| $P_P \leq 0{,}95\ P_{t0,2k}$ | $P_{t0,2k}$ | Tragkraft an der charakteristischen Spannung des Stahlzugglieds bei 0,2 % bleibender Dehnung (Baustahl) |

Untersuchungsprüfungen im Sinne von DIN EN 1537 werden in Deutschland in der Praxis eher selten vorgenommen. Es sind eigentlich erweiterte Eignungsprüfungen.

### 1.9.2.2 Eignungsprüfungen

Nach DIN SPEC 18537:2012-02 sind bei Baumaßnahmen mit Daueranker Eignungsprüfungen auf der jeweiligen Baustelle durchzuführen. Die Durchführung und Auswertung der Eignungsprüfungen sind von einer Prüf-, Überwachungs- und Zertifizierungsstelle (PÜZ-Stelle) zu überwachen. Versuchsdurchführung, Prüfkräfte und die Anforderungen sind dem Anhang G zu DIN SPEC 18537:2012-02 zu entnehmen. Eignungsprüfungen sind an mindestens drei Ankern durchzuführen, die unter gleichartigen Ausführungsbedingungen wie die Bauwerksanker hergestellt wurden. Bild 46 zeigt die Auftragung der Kraft-Verschiebungs-Linie einer Eignungsprüfung am Beispiel eines Dauerankers. Die Prüfkraft $P_P$ ergibt sich nach DIN 1054:2010-12 [2] aus dem Bemessungswert $E_d$ der Ankerbeanspruchung zu

$$P_P = \gamma_A \cdot P_d$$

mit $\gamma_A = 1{,}1$ nach DIN 1054:2010-12, Tabelle A 2.3. Dabei sind für die Prüfkraft folgende Grenzwerte einzuhalten:

$P_P \leq 0{,}80\ P_{tk}$

$P_P \leq 0{,}95\ P_{t0,1k}$ (Spannstahl)

$P_P \leq 0{,}95\ P_{t0,2k}$ (Baustahl)

Die Laststufen und Mindestbeobachtungszeiten für Eignungsprüfungen sind in Tabelle 9 zusammengestellt.

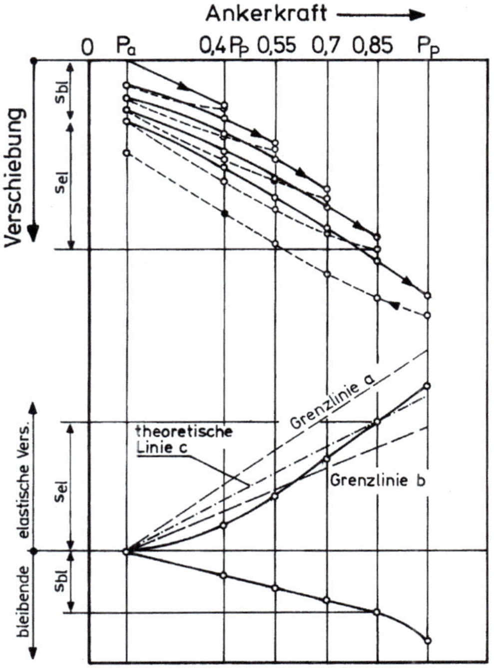


**Bild 46** Kraft-Verschiebungs-Linie am Beispiel einer Eignungsprüfung an einem Daueranker

**Tabelle 9** Laststufen und Mindestbeobachtungszeiten für Eignungsprüfungen nach DIN SPEC 18537:2012-02 (Tabelle G.2)

| Laststufe | Mindestbeobachtungszeit in Minuten | | | |
|---|---|---|---|---|
| | Kurzzeitanker | | Daueranker | |
| | nichtbindiger Boden und Fels | bindiger Boden | nichtbindiger Boden und Fels | bindiger Boden |
| Vorlast $P_a$ [a)] | 1 | 1 | 1 | 1 |
| 0,40 $P_P$ | 1 | 1 | 15 | 15 |
| 0,55 $P_P$ | 1 | 1 | 15 | 15 |
| 0,70 $P_P$ | 5 | 5 | 30 | 60 |
| 0,85 $P_P$ | 5 | 5 | 30 | 60 |
| 1,00 $P_P$ | 30 | 60 | 60 | 180 |

a) Die Vorlast $P_a$ sollte zwischen 0,1 $P_P$ und 50 kN liegen.

Bild 47 zeigt die Zeit-Verschiebungs-Linien zur Ermittlung der Kriechmaße $k_s$ am Beispiel eines Daueranker in nichtbindigem Boden. In Bild 48 ist das Kriechmaß als Funktion der Ankerkraft für das Beispiel in Bild 47 aufgetragen.

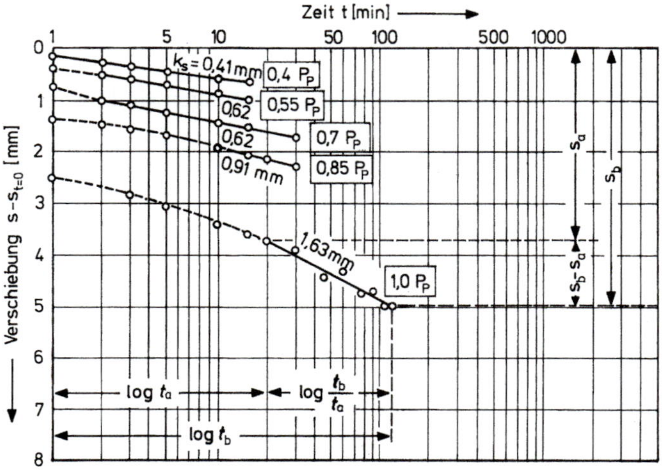


**Bild 47** Zeit-Verschiebungs-Linien zur Ermittlung der Kriechmaße $k_s = (s_b - s_a)/\log(t_b/t_a)$ am Beispiel eines Dauerankers in nichtbindigem Boden

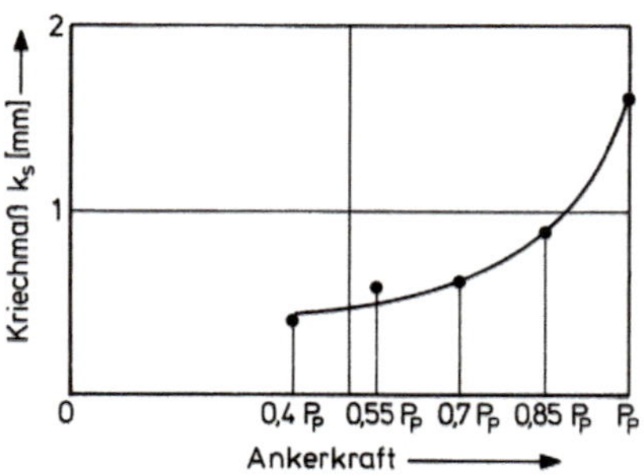


**Bild 48** Darstellung des Kriechmaßes als Funktion der Ankerkraft

**Tabelle 10** Beobachtungszeiten, zulässige Verschiebungen und Kriechmaße bei der Prüfkraft $P_P$ von Eignungsprüfungen

| | Kurzzeitanker | | Daueranker | |
|---|---|---|---|---|
| | nichtbindiger Boden und Fels | bindiger Boden | nichtbindiger Boden und Fels | bindiger Boden |
| Prüfkraft (DIN 1054:2010-12) | 1,1 $P_d$ | 1,1 $P_d$ | 1,1 $P_d$ | 1,1 $P_d$ |
| Versuch mit Mindestbeobachtungszeit bei Erfüllung der Bedingung: | | | | |
| $t_a$ [min] | 10 | 20 | 20 | 60 |
| $t_b$ [min] | 30 | 60 | 60 | 180 |
| Verschiebung: $\Delta s = s_b - s_a$ [mm] | ≤ 0,5 | ≤ 0,5 | ≤ 0,5 | ≤ 0,5 |
| Versuch mit verlängerter Beobachtungszeit: | | | | |
| $t_b$ [min] | ≥ 30 | ≥ 60 | ≥ 120 | ≥ 720 |
| Kriechmaß $k_s$ [mm] | ≤ 2,0 | ≤ 2,0 | ≤ 2,0 | ≤ 2,0 |

**Tabelle 11** Laststufen und Mindestbeobachtungszeiten für Abnahmeprüfungen

| Laststufen | Mindestbeobachtungszeit in Minuten | |
|---|---|---|
| | Kurzzeitanker und Daueranker | |
| | nichtbindiger Boden und Fels | bindiger Boden |
| Vorlast $P_a$ | 1 | 1 |
| 0,40 $P_P$ | 1 | 1 |
| 0,55 $P_P$ | 1 | 1 |
| 0,70 $P_P$ | 1 | 1 |
| 0,85 $P_P$ | 1 | 1 |
| 1,00 $P_P$ | 5 | 15 |

In Tabelle 10 sind die Beobachtungszeiten, zulässigen Verschiebungen und Kriechmaße bei Eignungsprüfungen nach DIN EN 1537 zusammengestellt.

Die Linie R–S nach DIN 4125 im unteren und mittleren Lastbereich zur Beurteilung der elastischen Verschiebungen entfällt nach DIN EN 1537. Sie wird ersetzt durch die Regelung, dass oberhalb einer Last von 0,7 $P_P$ die elastischen Verschiebungen zwischen den Grenzlinien a und b liegen müssen.

### 1.9.3 Abnahmeprüfungen

Jeder Bauwerksanker ist auch nach DIN EN 1537 einer Abnahmeprüfung zu unterziehen. Die Prüfkraft ergibt sich nach DIN 1054:2010-12 zu $P_P = 1{,}10\ P_d$. Anders als in DIN 4125 wird bei Dauer- und Kurzzeitankern dieselbe Prüfkraft angesetzt. Die Prüfkraft darf folgende Grenzwerte nicht überschreiten:

$P_P \leq 0{,}80\ P_{tk}$

$P_P \leq 0{,}95\ P_{t0,1k}$ (Spannstahl)

$P_P \leq 0{,}95\ P_{t0,2k}$ (Baustahl)

In Tabelle 11 sind die Laststufen und Mindestbeobachtungszeiten bei Abnahmeprüfungen zusammengestellt.

Bei nichtbindigen Böden und Fels darf die Verschiebung auf der Prüflaststufe $P_P$ zwischen der 2. und der 5. Minute 0,2 mm, bei bindigen Böden zwischen der 5. und der 15. Minute 0,25 mm nicht überschreiten. Kann dieses Kriterium nicht eingehalten werden, so muss die Beobachtungszeit auf der Prüflaststufe verlängert werden, bis eindeutig nachgewiesen werden kann, dass das Kriechmaß 2 mm nicht überschreitet.

### 1.9.4 Überwachung eingebauter Anker

#### 1.9.4.1 Optische Kontrollen der sichtbaren Ankerteile

Die meist am wenigsten aufwendige Art der Überwachung ist die Inaugenscheinnahme der Ankerköpfe. Allerdings gibt eine solche Inaugenscheinnahme keine Informationen über den Zustand des Stahlzugglieds oder gar die Ankerkraft. Allenfalls lässt sich erkennen, wenn Anker gerissen oder wenn z. B. Litzen durch die Verkeilung gerutscht sind. Da der Ankerkopf hinsichtlich des Korrosionsangriffs am meisten gefährdet ist, machen solche Kontrollen Sinn, auch wenn man bei Dauerankern die Schutzkappe abnehmen muss, um sie durchzuführen.

### 1.9.4.2 Ankerkraftüberwachung mit Abhebeversuchen

Die Nachprüfung von Ankerkräften mit Abhebeversuchen ist die sicherste Methode, um auch nach sehr langer Zeit zuverlässig die Ankerkräfte zu überprüfen. Die Erfahrung hat gezeigt, dass alle Kraftmessgeber, seien sie elektrisch oder hydraulisch, über viele Jahre hinweg an Zuverlässigkeit der Anzeige verlieren. Es empfiehlt sich also, wenn man mit der Notwendigkeit von Ankerkraftkontrollen auch nach vielen Jahren rechnen muss, die Köpfe der Anker für die Durchführung von Abhebeversuchen auszubilden.

Das Prinzip von Abhebeversuchen besteht darin, das Zugglied durch Aufmuffen so zu verlängern (bzw. bei Litzenankern den Keilträger mit einer Schraubglocke zu fassen), dass eine Spannpresse und Kraftmessdose darüber montiert werden können (s. Bild 49). Spannt man nun den Anker, so wird zunächst nur die Länge zwischen der Ankerplatte und der oberen Mutter über der Kraftmessdose gedehnt. Wenn die Zugkraft gleich der aktuellen Ankerkraft ist, hebt sich die untere Ankermutter (bei Litzenankern der Keilträger) von der Unterlage ab. Bei weiterer Krafterhöhung muss das gesamte Zugglied bis zum Verpresskörper gedehnt werden. Die Auftragung der Zugkraft über der Kopfverschiebung zeigt im Schnittpunkt der beiden Geraden vor und

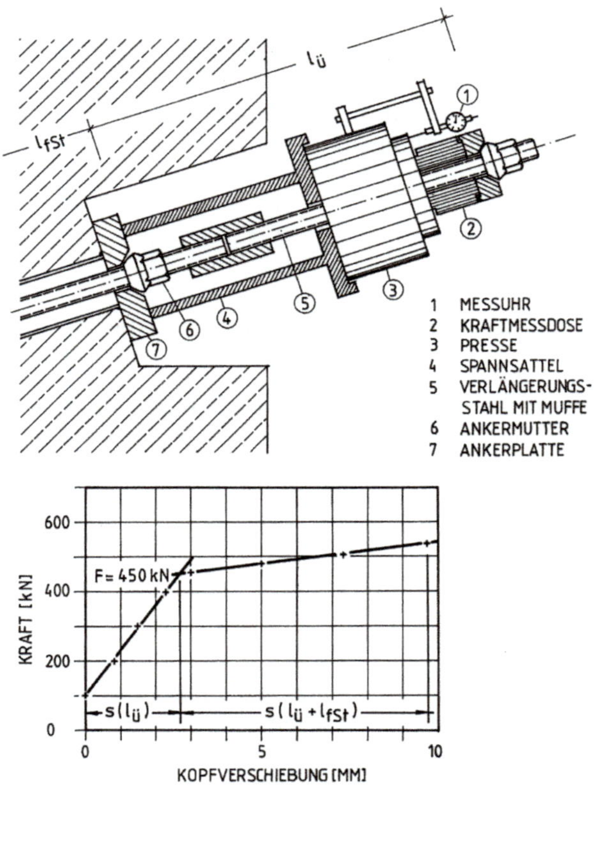


**Bild 49** Prinzip einer Ankerkraftnachprüfung durch Abhebeversuch

**Bild 50** Abhebeversuch an einem Einstabanker (mit spezieller Spannbrücke, erforderlich wegen zu geringen Zuggliedüberstands)

nach dem Abheben die Ankerkraft. Bild 50 zeigt die Durchführung eines Abhebeversuchs an einem Einstabanker.

Häufig ist die nachträgliche Feststellung der Ankerkraft durch Abhebeversuche nicht ohne Weiteres möglich, weil die Ankerzugglieder nicht mehr genügend Überstand haben, um sie packen und ziehen zu können. Um Einstabanker dennoch in manchen Fällen prüfen zu können, wurden spezielle Klemmvorrichtungen entwickelt, die allerdings mindestens zwei bis drei Gewindegänge als Kraftübertragungsstrecke benötigen. Litzen- und Bündelanker lassen sich nur dann als Ganzes abheben, wenn die Keilträger ein Außengewinde haben (Bild 51). Mit einer Einzellitzenspannpresse kann man, wenn dies nicht der Fall ist, versuchen, aus der Summe der Kräfte der Einzellitzen die Gesamtankerkraft zu ermitteln. Diese Methode scheitert, wenn die Litzen dicht über der Verkeilung gekappt wurden. Als Mindestüberstand sind ca. 4 cm erforderlich, wobei auch bei diesem geringen Maß eine Sonderkonstruktion der Keilmuffe notwendig ist.

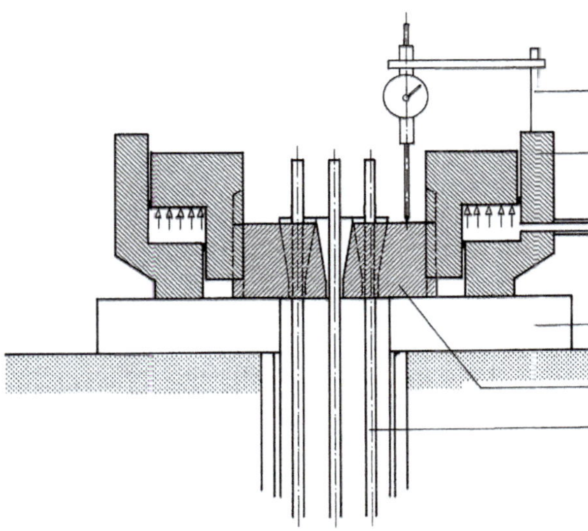


**Bild 51** Aufschraubbare Abhebepresse für Litzen- oder Bündelanker

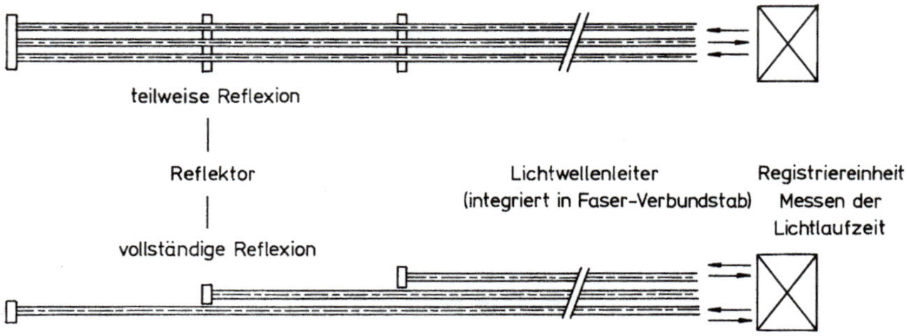


**Bild 52** Prinzip der Ankerüberwachung mit Lichtwellenleitersensoren

### 1.9.4.3 Optische Sensoren/Lichtwellenleitersensoren

Durch die Integration von Lichtwellenleitern (LWL) aus Glas in einen Faserverbundstab erhält man die Möglichkeit, solche derart geschützten Sensoren zusammen mit den Spannstählen in Anker einzubauen und sie als Mess- und Überwachungselemente zu nutzen. Das Messprinzip besteht darin, an der Eingangsseite ein Lichtsignal in den Leiter zu schicken. Das Signal durchläuft den Sensor und trifft dabei auf eingebaute Reflektoren. Dort wird ein Teil des Lichts zur Lichtquelle hin reflektiert, der Rest passiert den Reflektor und trifft auf den nächsten usw. Am bergseitigen Ende des Sensors wird der ankommende Rest des Lichts durch eine Verspiegelung reflektiert und am Eingang wieder registriert. Die Laufzeiten der reflektierten Lichtanteile werden gemessen und mit denen in einem nicht belasteten Referenz-Lichtwellenleiter verglichen (Bild 52). Auf diese Weise lassen sich Aussagen über die Dehnungen des LWL und damit des Ankers gewinnen. Die Aussagen müssen dann interpretiert und der Zustand der Verankerung beurteilt werden.

### 1.9.4.4 Potentialmessungen mit eingebauten Elektroden

Durch den Einbau einer Kupferelektrode parallel zum Ankerstahl über die gesamte Ankerlänge lässt sich am Ankerkopf das elektrische Potential zwischen Kupferelektrode und Zugglied messen. Die Elektrode darf den Stahl nicht berühren und wird innerhalb des PVC-Schutzrohrs durch Abstandhalter positioniert. Wenn während der Lebensdauer des Ankers eine Veränderung am Korrosionsschutz eintritt, die beim Ankerstahl eine anodische Reaktion auslöst, so sinkt das Potential zwischen Elektrode und Anker. Bei einem Absinken des Potentials unter ca. −200 mV wird nach [22] die Wahrscheinlichkeit groß, dass am Anker Korrosion eingetreten ist. Die beschriebene Überwachungsmethode hat sich bisher nicht allgemein durchgesetzt. Ebenso wie bei der Überwachung durch Lichtwellenleitersensoren ist es sicherlich nicht leicht, aufgrund der Ergebnisse der Potentialmessung unter Umständen den Ersatz einer Verankerung anordnen zu müssen.

#### 1.9.4.5 Reflektometrische Impulsmessungen

Reflektometrische Impulsmessungen nutzen die Eigenschaften eines hochfrequenten Wechselstromkreises. Legt man eine Wechselspannung an ein Zugglied an, so geht der imaginäre Blindwiderstand mit seinem kapazitiven und induktiven Anteil gegen null, wenn die Spannung die Resonanzfrequenz des Zugglieds besitzt. Die zugehörige minimale Impedanz ist die charakteristische Impedanz des elektrischen Leiters (des Zugglieds). Tritt im Leiter Korrosion auf, so ändert sich die Impedanz. Ein Teil der Energie wird reflektiert und überlagert sich am Ausgangspunkt mit dem ausgesandten Signal. Durch die elektronische Trennung beider Signale ist es möglich, Rückschlüsse auf den Ort der Korrosion zu treffen [21]. Das Verfahren hat, wie die vorerwähnten, bisher keinen allgemeinen Eingang in die Ankertechnik gefunden.

#### 1.9.4.6 Überwachung der Ankerkräfte mit fest installierten Kraftmesseinrichtungen

Zur mittelfristigen Überwachung von Ankerkräften dienen elektrische oder hydraulische Kraftmessringe, die zwischen Ankerkopf und Auflagerkonstruktion eingebaut werden. Elektrische Kraftmessringe bestehen i. d. R. aus einem hantelförmigen Zentralkörper aus Spezialstahl, der einen Durchgang für das Stahlzugglied hat (Bild 53). Auf dem Schaft des Zentralkörpers sind Dehnungsmessstreifen appliziert, mit denen es möglich ist, elastische Stauchungen oder Dehnungen des Zentralkörpers infolge einer auf ihn einwirkenden Ankerkraft genau zu messen und daraus die Ankerkraft zu bestimmen. Um den Zentralkörper ist ein Schutzrohr angeordnet. Die Dehnungen werden mit einer Brückenschaltung gemessen. Moderne Anzeigegeräte (Bild 54) zeigen die Ankerkraft direkt in Kilonewton an.

Hydraulische Kraftmessgeber basieren auf dem Prinzip, die Ankerkraft auf einen ölgefüllten Hohlkörper mit definiertem Querschnitt einwirken zu lassen (Bild 55). Die Ankerkraft erzeugt einen Druck im Hohlkörper, der z. B. mit einem Manometer gemessen

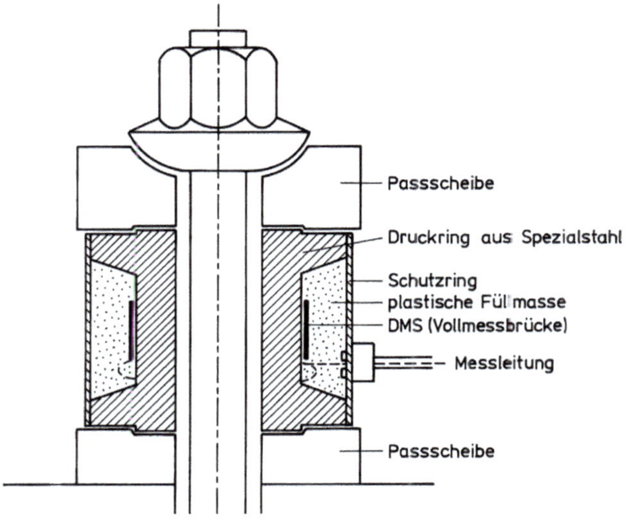


**Bild 53** Prinzip eines elektrischen Kraftmessrings

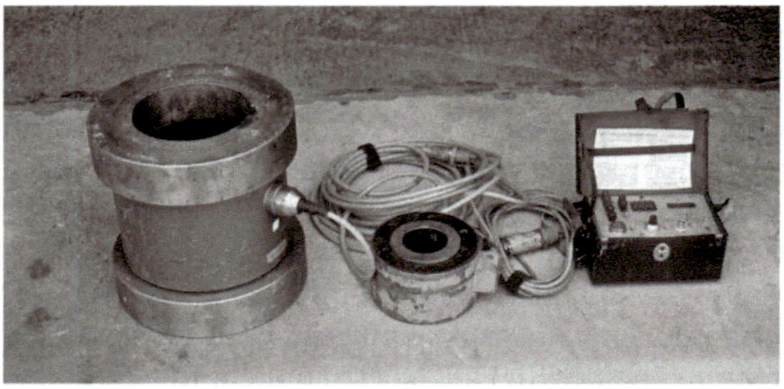

**Bild 54** Elektrische Kraftmessringe und Anzeigegerät (DMD 20)

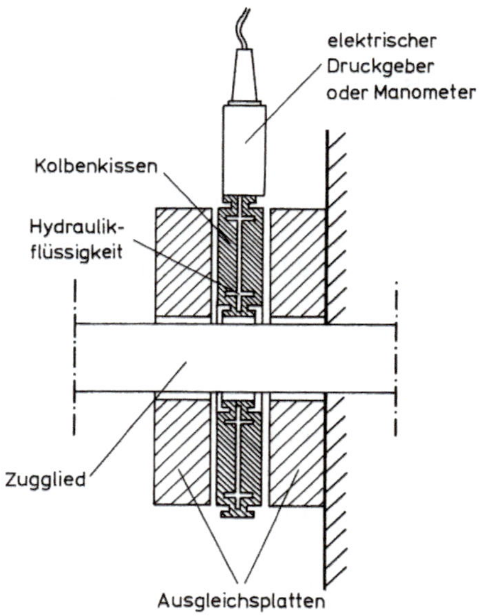


**Bild 55** Prinzip eines hydraulischen Kraftmessgebers

**Bild 56** Hydraulischer Kraftmessgeber

werden kann. Er ist proportional zur Ankerkraft – im Prinzip sind solche Messgeber umgekehrte hydraulische Pressen.

Sowohl elektrische als auch hydraulische Kraftmessgeber haben keine unbeschränkte Lebensdauer. Nach den Erfahrungen der Verfasser muss man nach einigen Jahren mit Ausfällen und zunehmender Ungenauigkeit rechnen. Für eine sehr langfristige direkte Ankerkraftüberwachung sollte man daher Abhebeversuche vorsehen.

### 1.9.4.7 Indirekte Überwachung mit Extensometern

Eine indirekte Überwachung einer Verankerungsmaßnahme kann man vornehmen, indem man die Verschiebung der Ankerköpfe oder der verankerten Konstruktion genau misst. Dazu eignen sich besonders gut Extensometer. Extensometer sind Messanker, die in Bohrlöcher eingebaut werden und an der Bohrlochsohle mit dem Gebirge kraftschlüssig verbunden werden (Bild 57). Wenn die Bohrlochsohle keine Verschiebungen erfährt, äußert sich eine Gebirgsbewegung zwischen der Sohle und dem Bohrlochkopf in einer Relativbewegung zwischen Extensometerstab und Bohrlochkopf, die man z. B. mit einer Messuhr sehr genau messen kann.

### 1.9.4.8 Prüfung durch elektrische Widerstandsmessungen

Die Unversehrtheit des Korrosionsschutzes von eingebauten Dauerankern lässt sich durch elektrische Widerstandsmessungen überprüfen, wenn die Anker einschließlich der Ankerköpfe vom Gebirge durch Isolationsplatten vollständig elektrisch getrennt werden. Die elektrischen Prüfungen wurden vor allem in der Schweiz seit etwa 20 Jahren in die Baupraxis eingeführt [21]. Von verschiedenen Firmen und einer Korrosionskommission wurden Empfehlungen für die Projektierung und Ausführung des Korrosionsschutzes von Dauerankern erarbeitet [22]. Diese Empfehlungen beinhalten nicht nur die elektrischen Prüfungen, sondern geben auch Hinweise für die konstruktive Durchbildung von Ankern, die in Deutschland Bestandteile der Zulassungsbescheide sind.

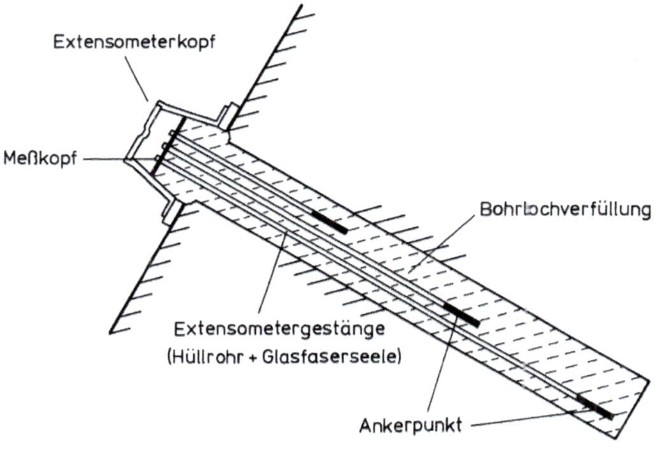


**Bild 57** Prinzip eines Stangenextensometers

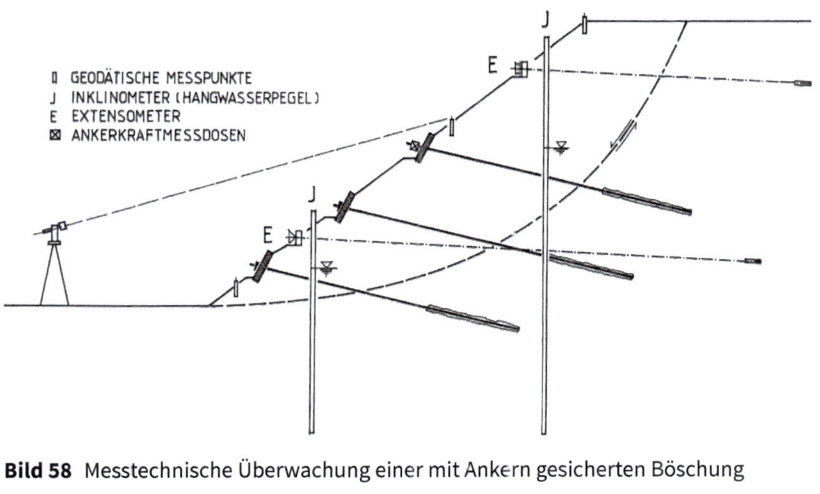


**Bild 58** Messtechnische Überwachung einer mit Ankern gesicherten Böschung

Bild 59 zeigt einen Schnitt durch einen Daueranker, der für die Überprüfung des Korrosionsschutzes durch elektrische Widerstandsmessung ausgelegt ist.

Die elektrische Prüfung erfolgt in der Regel in zwei Schritten. Beim ersten Schritt wird am injizierten, aber noch nicht gespannten Anker geprüft, ob die Kunststoffumhüllung des Stahlzugglieds unbeschädigt ist (Bild 60). Dazu wird zwischen dem Kopf des Zugglieds und dem Boden eine Spannung (500 V, Gleichstrom) angelegt; der Widerstand zwischen Zugglied und Boden sollte größer als 0,1 MΩ sein. In einer zweiten Messung (Bild 61) wird geprüft, ob der Ankerkopf von der Bewehrung des Bauwerks elektrisch getrennt ist. Die Prüfung erfolgt am gespannten Anker vor der Injektion der Kopfteile. Eine Spannung von ca. 40 V (Wechselstrom) wird zwischen den Ankerkopf und die Metallplatte unter der Isolationsplatte gelegt; der Widerstand sollte größer als 100 Ω sein.

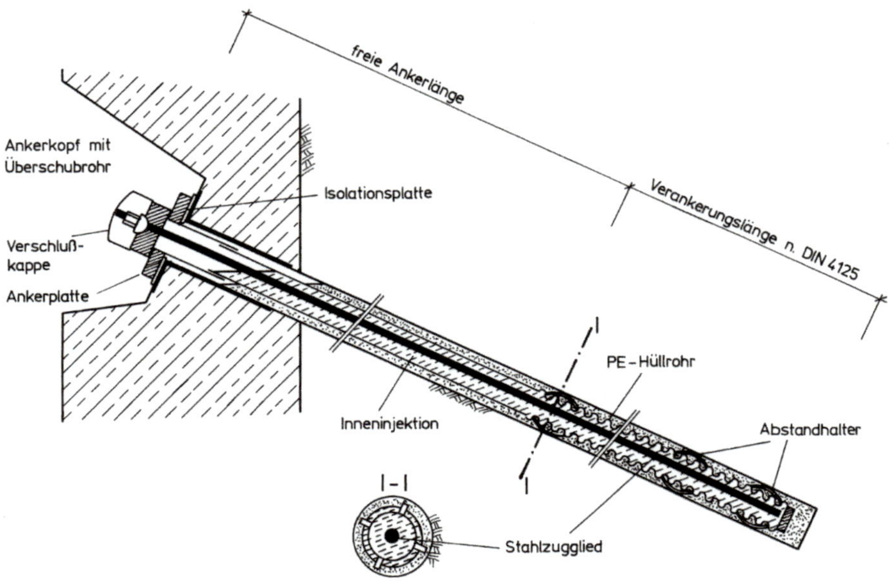


**Bild 59** Daueranker mit Isolationsplatte

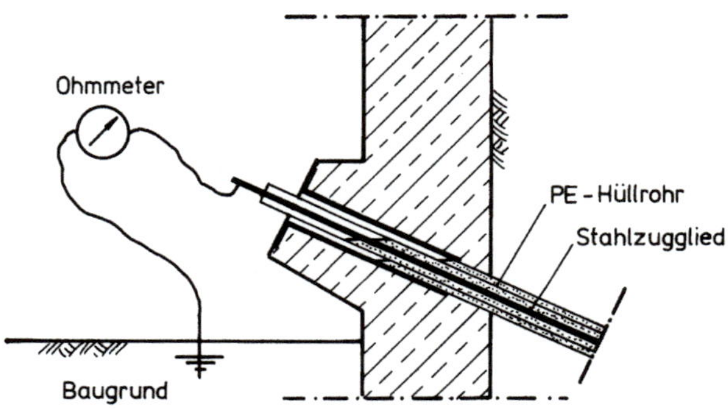


**Bild 60** Prüfung des Widerstands zwischen Stahlzugglied und Baugrund [22]

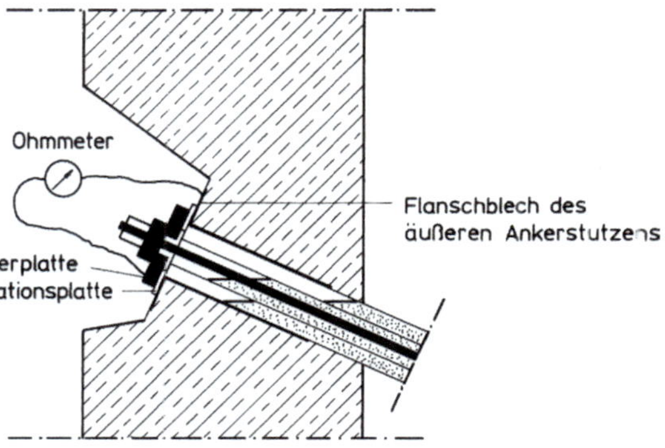


**Bild 61** Prüfung des Widerstands zwischen Ankerkopf und Bauteil [22]

Um die Messungen zuverlässig durchzuführen, müssen alle Kopfteile des Ankers sauber und trocken sein; die Anschlussstellen selbst müssen metallisch blank sein. Da sich zum Widerstand des Ankers die Widerstände des Erdungselements (z. B. Stahlstab) sowie der Kabel und Kontakte addieren, müssen diese Widerstände möglichst klein gehalten werden. Die Schweizer Empfehlungen erlauben eine maximale Überschreitung der Messwerte bei 10 % der eingebauten Anker, sofern die „fehlerhaften" Anker annähernd statistisch verteilt sind.

Die Überprüfung des Korrosionsschutzes mit elektrischen Widerstandsmessungen hat sich bisher in Deutschland nicht durchsetzen können. Dafür sind nicht die etwas höheren Kosten verantwortlich. Vielmehr ist nicht geregelt, was geschehen soll, wenn die Messungen einen zu geringen Widerstand ergeben. Die Frage, ob die vermutlich dann vorhandene Lücke im Korrosionsschutz im Werk entstanden ist oder ob sie beim Transport oder Einbau entstand, lässt sich nicht klären.

## 1.10 Entwurfsgrundsätze für verankerte Konstruktionen

### 1.10.1 Auswahl des Ankertyps und des Herstellungsverfahrens

Der Spezialtiefbau verfügt über eine große Anzahl von Ankersystemen, aus denen für konkrete Bauaufgaben das am besten geeignete ausgewählt werden kann. Bei Ankern für vorübergehende Zwecke sollte man ggf. bereits bei der Wahl des Korrosionsschutzes berücksichtigen, dass unbeabsichtigte Verlängerungen der Nutzungsdauer (z. B. der Bauzeit) eintreten können. Die DIN 4125 unterschied zwischen Temporärankern (planmäßige Nutzungszeit ≤ 2 Jahre) und Dauerankern. In DIN EN 1537 wurde diese Unterscheidung beibehalten. Bei Kurzzeitankern sind die Stahlteile mit einem Korrosionsschutz zu versehen, der die Korrosion mindestens während der Dauer von zwei Jahren verhindert. Für Daueranker lässt DIN EN 1537 mehrere Korrosionsschutzsysteme zu, die in Abschnitt 6.9.3 der Norm beschrieben sind. Wenn bereits bei der Planung absehbar ist, dass Anker für vorübergehende Zwecke länger als zwei Jahre in Gebrauch bleiben werden, sind nach DIN EN 1537 Korrosionsschutzmaßnahmen für alle Teile des Ankers zu ergreifen, die durch den sog. Technischen Bauherrenvertreter zu genehmigen sind. Der Technische Bauherrenvertreter ist in Deutschland die Bauaufsicht. In der Praxis ist es seit einiger Zeit üblich, in solchen Fällen von Semipermanentankern zu sprechen. Bei diesen Ankern wird insbesondere der Korrosionsschutz im Bereich des Ankerkopfes im Vergleich zu demjenigen bei Kurzzeitankern verbessert.

### 1.10.2 Anordnung der Anker

#### 1.10.2.1 Ansatzpunkte

Die Ansatzpunkte müssen so angeordnet werden, dass das Bohren und der Einbau der Anker möglichst unbehindert erfolgen können. Die Anordnung der Ansatzpunkte über dem Grundwasserspiegel ist insbesondere bei feinkörnigen kohäsionslosen Böden anzustreben. Allerdings sollte dies nicht dazu führen, dass vom Boden nicht mehr sicher aufnehmbare sehr große Ankerkräfte und Ankerlängen bei nur einer Ankerlage über dem Grundwasser die Ausführbarkeit infrage stellen.

#### 1.10.2.2 Ankerneigung

Die Ankerneigung sollte wegen der Notwendigkeit der vollständigen Verfüllung der Bohrlöcher mit Zementsuspension nicht weniger als 10° gegen die Horizontale betragen. Im Hinblick auf die einwandfreie Herstellung und gute Tragwirkung sollten Neigungen zwischen 15° und 30° angestrebt werden. Sehr steile Ankerneigungen sollten insbesondere bei der Verankerung von Trägerbohlwänden ebenfalls vermieden werden. Wenn die einzelnen Träger direkt verankert werden, besteht sonst die Gefahr, dass die Vertikalkomponente der Ankerkraft die Träger nach unten zieht. Neben der ungewollten Verformung kann das Risiko entstehen, dass sich bei Litzenankern die Keile lösen. Beim weiteren Aushub und damit zunehmender Belastung kann es dann zum Durchrutschen der Litzen durch die Verkeilung kommen.

#### 1.10.2.3 Lage der Verpresskörper

Die Verpresskörper sollten mindestens eine Überdeckung von ca. 4 m haben. Sie sollten nicht in Bodenschichten mit unterschiedlichen Steifigkeiten liegen. Das bedeutet, dass man nach Möglichkeit Ankerlängen und -neigungen so wählt, dass die Verpresskörper vollständig im rolligen Boden, im bindigen Boden oder im Fels liegen. Sonst sind die Anker in ihrer Tragfähigkeit eingeschränkt, und das Tragverhalten ist kaum zu beurteilen.

#### 1.10.2.4 Freie Stahllänge

Die freie Stahllänge sollte so gewählt werden, dass der Verpresskörper die Ankerkraft in den Baugrund einleiten kann und sich nicht über die Bohrlochverfüllung und ggf. verfestigte Bereiche um das Bohrloch auf die verankerte Konstruktion abstützt. Insbesondere bei verankerten Spundwänden und Trägerbohlwänden sollte eine freie Stahllänge zwischen 5 und 7 m nicht unterschritten werden, damit im Falle einer Nachgiebigkeit die Vorspannkraft nicht völlig verlorengeht (und sich deshalb z. B. die Verkeilung lösen kann).

#### 1.10.2.5 Abstände der Ansatzpunkte und Verpresskörper

Auch bei modernen Bohrverfahren ist mit Richtungsabweichungen der Bohrlöcher in der Größenordnung von 2 bis 3 % der Bohrlochlänge zu rechnen. Verpresskörper können sich in ihrer Tragwirkung gegenseitig beeinflussen, wenn sie zu nahe beieinander liegen. Deswegen sollten die Verpresskörper planmäßig einen Abstand von mindestens 1,5 m (Achse zu Achse) haben. Wenn aus konstruktiven Gründen die Ansatzpunkte in einer Ankerreihe näher beieinander liegen, sollten die Anker mit alternierenden Neigungen hergestellt werden. Auch eine Staffelung der Verpressstrecken ist möglich.

#### 1.10.2.6 Ankeranzahl und Auflagerkonstruktionen

Die Ankeranzahl und die Auflagerkonstruktionen sollten so gewählt werden, dass das Versagen eines einzelnen Ankers nicht die Standsicherheit des verankerten Bauwerks oder Bauteils oder von benachbarten Bauwerken gefährdet. Anstelle weniger hoch belasteter Anker sollten ggf. mehrere Anker mit geringeren Lasten gewählt werden. Dies gilt insbesondere bei Wänden mit nur einer Ankerlage. Eine durchlaufende Gurtung ist eine gute Sicherung gegen die möglichen Folgen des Versagens eines Einzelankers.

#### 1.10.2.7 Anker an Baugrubenecken

Bei der Verankerung von einspringenden Wandecken kreuzen sich die Anker. Bei der Anordnung der Ansatzpunkte und Verpresskörper sollten mögliche Richtungsabweichungen von 3 % der Ankerlänge berücksichtigt werden. Es empfiehlt sich, maßstabsgerechte Modelle zur Überprüfung der Ankerlagen herzustellen.

Die Verpresskörper dürfen planmäßig nicht im Gleitkörper des aktiven Erddrucks der parallel verlaufenden Wand liegen. Wenn dies nicht zu vermeiden ist, muss die Zusatzbelastung durch die eingeleitete Kraft bei der Bemessung der Wand berücksichtigt werden. Besonders bei Baugruben im Grundwasser sollten die Wandecken zugfest ausgebildet werden, um Leckagen vorzubeugen.

Bei überschnittenen Bohrpfahlwänden ohne Gurtung empfiehlt sich die Verankerung des Eckpfahls. Um Verschiebungen der Bohrpfähle infolge der eingeleiteten Horizontalkräfte zu vermeiden, sollten an den Ecken Kopfbalken angeordnet werden.

#### 1.10.2.8 Abstände der Verpresskörper zu Bauwerken

Der Abstand der Verpresskörper zu Bauwerken oder unterirdischen Versorgungsleitungen sollte mindestens 3 m betragen. Die Ankerlängen sollten gestaffelt werden, um konzentrierte Krafteinleitungen in Bauwerksnähe zu vermeiden. Unter besonders empfindlichen Bauwerken sollte keine Krafteinleitung erfolgen – hier sollten die Anker wenn möglich so lang sein, dass die Verpresskörper nicht mehr unter den Bauwerken liegen. Wenn dies nicht möglich ist, sollte durch die Wahl steilerer Ankerneigungen der Einfluss minimiert werden.

### 1.11 Bemessung von Verankerungen

Für die Bemessung von Verankerungen ist DIN EN 1997-1 in Verbindung mit DIN 1054:2010-12 maßgebend. Gemäß dem Sicherheitskonzept mit Teilsicherheitsbeiwerten werden die charakteristischen Werte (Index k) der Einwirkungen (P) den charakteristischen Werten der Widerstände (R) gegenübergestellt, nachdem beide mit den entsprechenden Teilsicherheitsbeiwerten versehen wurden und damit zu Bemessungswerten (Index d) wurden. Tabelle 12 fasst die Nachweise für den Einzelanker zusammen.

**Tabelle 12** Einwirkungen und Widerstände

| | Einwirkungen | Widerstände |
|---|---|---|
| charakteristische Werte | charakteristische Ankerkraft $P_k$<br>($P_k$ entspricht ungefähr der früheren Gebrauchskraft) | charakteristischer (innerer) Widerstand des Stahlzugglieds:<br>$R_{t,k} = A_t \cdot f_{t0,1k}$ (Spannstahl)<br>$R_{t,k} = A_t \cdot f_{t0,2k}$ (Baustahl)<br>charakteristischer (äußerer) Herausziehwiderstand des Verpresskörpers:<br>$R_{ak}$ Ankerkraft beim Kriechmaß $k_s = 2$ mm |
| Bemessungswerte | Ankerkraft $P_d = P_k \cdot \gamma_F$ | $R_{t,d} = R_{t,k}/\gamma_M$<br>$R_{ad} = R_{ak}/\gamma_A$ |
| Teilsicherheitsbeiwerte und Nachweise | Es muss sein: $P_d \leq R_{t,d}$<br>$P_d \leq R_{ad}$<br>mit $\gamma_F = 1{,}35$ für ständige Lasten, LF 1 nach DIN 1054:2010-12<br>$\gamma_F = 1{,}50$ für veränderliche Lasten, LF 1 nach DIN 1054:2010-12, Tabelle 2.1<br>$\gamma_M = 1{,}15$ für LF 1 bis 3 nach DIN 1054:2010-12, Tabelle 2.3<br>$\gamma_A = 1{,}10$ für LF 1 bis 3 nach DIN 1054:2010-12, Tabelle 2.3 | |

Der Ausnutzungsgrad der Widerstände ergibt sich zu $\mu = P_d/R_d$. Der Ausnutzungsgrad muss $\leq 1{,}0$ sein.

# 2 Bodenvernagelungen

## 2.1 Prinzip von Bodenvernagelungen und Entwicklung der Vernagelungstechnik

Bei einer Bodenvernagelung wird der (i. d. R. gewachsene) Bodenkörper durch das Einbringen von Zuggliedern in Bohrlöcher in die Lage versetzt, auch Zug- und Scherkräfte aufzunehmen. Die Zugglieder, meist Baustähle B500B GEWI oder Feinkornbaustähle, werden während des Aushubs lagenweise in vorgebohrte Löcher eingebaut und mit dem umgebenden Boden durch Zementsuspension kraftschlüssig verbunden. Auch Nägel, bei denen das hohle Bohrgestänge als Nagel im Boden verbleibt, sind üblich. Die Nägel werden nicht vorgespannt und bilden (im mechanischen Sinne) eine Bewehrung des Bodens. Im Einzelnen sind bei einer Baugrubenwandvernagelung folgende Verfahrensschritte notwendig (s. Bild 62):

1. Bodenaushub von 1 bis 2 m Tiefe, Herstellen der 1. Teilböschung;
2. Bohren der 1. Lage von Bohrlöchern (∅ 60 bis 150 mm), horizontaler Abstand 1,0 bis 2,5 m;
3. Einbauen der Bodennägel mit Abstandhaltern, Bohrlochverfüllung mit Zementsuspension (bei verrohrten Bohrungen wird der Nagel i. d. R. in das suspensionsgefüllte Bohrloch eingeschoben);
4. Montage der Mattenbewehrung der Spritzbetonschale, ggf. auch einer Dränmatte auf der Böschungsoberfläche und Dränrohren, Spritzen der Schale, Setzen der Nagelkopfplatten, ggf. anschließend Bohren von Dränageöffnungen;

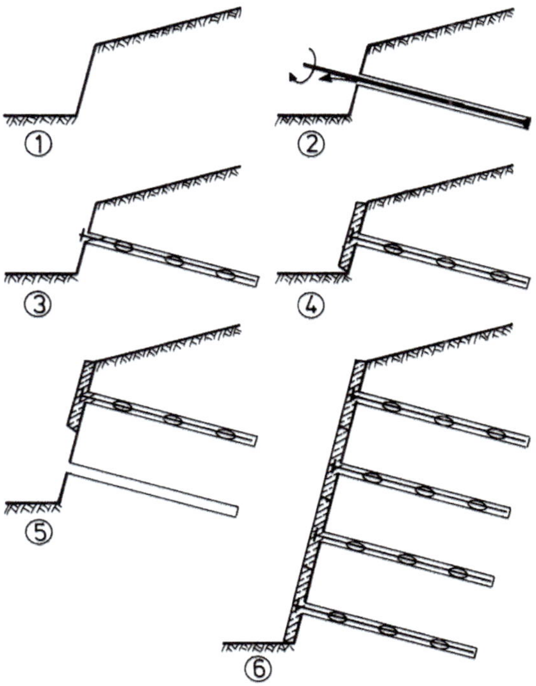


**Bild 62** Verfahrensschritte bei einer Baugrubenwandvernagelung

**Bild 63** Vernagelte Baugrubenböschung im Löss

5. nächster Aushubschritt, Bohren der Löcher für die nächste Lage Bodennägel usw.;
6. Fertigstellung des vernagelten Geländesprungs.

**Bild 64** Sicherung eines rutschgefährdeten Hangs mit langen Bodennägeln

**Bild 65** Vernagelung einer steilen Felsböschung

**Bild 66** Ertüchtigung einer Stützmauer mit Bodennägeln

**Bild 67** Vernagelung eines rechnerisch nicht ausreichend standsicheren Bahndamms

Hauptanwendungsgebiete für Vernagelungen sind die Herstellung von steilen Baugrubenböschungen (Bild 63), die Sicherung von rutschgefährdeten Hängen (Bild 64) und steilen Felsböschungen (Bild 65). Auch die Sanierung einsturzgefährdeter historischer Stützmauern durch Vernagelung ist inzwischen ein Standardverfahren (Bild 66). In den letzten Jahren wurde zudem eine größere Anzahl rechnerisch nicht ausreichend standsicherer Bahndämme flächenhaft vernagelt (Bild 67).

Die erste vernagelte Steilböschung wurde in Europa im Jahr 1973 bei Versailles in Frankreich hergestellt. Ab dem Jahr 1975 wurden dann in einem vom Bundesminister für Forschung und Technologie geförderten Projekt der Firma Bauer Spezialtiefbau (Schrobenhausen) und der Universität Karlsruhe zahlreiche Modell- und Großversuche an vernagelten Wänden durchgeführt [29], mit denen die Brauchbarkeit und Zuverlässigkeit des Verfahrens nachgewiesen wurde. Außerdem wurden die Berechnungsgrundlagen für solche Konstruktionen geschaffen. Ab dem Jahr 1977 wurde das Verfahren schließlich auch in Deutschland in der Praxis eingesetzt. Im Jahr 1984 erteilte das Institut für Bautechnik eine erste allgemeine bauaufsichtliche Zulassung an die Firma Bauer Spezialtiefbau. Inzwischen werden jährlich sehr viele Vernagelungen weltweit durchgeführt. Das Verfahren, dessen Entwicklung offensichtlich von Frankreich und Deutschland ausging, wird in den englischsprachigen Ländern als soil nailing und in Frankreich als clouterre oder clouage bezeichnet.

## 2.2 Anforderungen an Bodennägel und Voraussetzungen für den Einbau

Vernagelungen können im Lockergestein und im Fels durchgeführt werden. Voraussetzung für Baugrubenwandvernagelungen ist, dass die Boden- oder Felseigenschaften die Herstellung einer frei stehenden Teilböschung in der Höhe gestatten, die für den schrittweisen Aushub und die Sicherung notwendig ist. Baugrubenwandvernagelungen in kohäsionslosen oder sehr gering kohäsiven Böden sind also nicht möglich. Auch Felsböschungen mit ungünstig einfallenden Kluft- oder Schichtflächen bereiten bei einer Vernagelung wegen der dadurch bedingten geringen lokalen Standsicherheit Probleme. Der Versuch, Vernagelungen bei starkem Schichtwasseranfall oder gar unterhalb des Hangwasserspiegels auszuführen, ist mit hohem Risiko verbunden (Standsicherheit der Teilböschungen).

Nach den Zulassungsbescheiden des DIBt dürfen Bodenvernagelungen nicht ausgeführt werden, wenn betonangreifende Stoffe im Boden oder Grundwasser vorhanden sind (bei Sulfatangriff darf der Angriffsgrad höchstens „schwach angreifend" sein). Im Einzelfall muss man bei Temporärvernagelungen prüfen, ob ein Abweichen von dieser Bestimmung möglich ist, wenn bei der Herstellung Schutzmaßnahmen getroffen werden und eine entsprechende Überwachung der Nägel durchgeführt wird.

## 2.3 Technisches Regelwerk für Bodenvernagelungen

Bis zum Jahr 2005 galten für Baugrubenwandvernagelungen in Deutschland ausschließlich die Zulassungsbescheide des DIBt. In den Zulassungsbescheiden ist geregelt, welche Materialien für die Nägel zu verwenden sind, wie sie hergestellt werden müssen, wie Vernagelungen zu bemessen sind, welche Prüfungen an den Nägeln vorzunehmen sind usw. Die Bescheide gelten jeweils für einen Zeitraum von ca. 5 Jahren; danach muss von der Firma beim DIBt eine Verlängerung beantragt werden.

Mit der Einführung von DIN 1054:2005-01 (Baugrund – Sicherheitsnachweise im Erd- und Grundbau) wurden generelle Angaben zur Bemessung gemacht, die dann in die Zulassungen eingearbeitet wurden. Für die Herstellung und Prüfung der Nägel sind weiterhin die Zulassungsbescheide maßgebend. Die Bestimmungen der Zulassungsbescheide sind aber nicht auf alle vernagelten Bodenkörper anwendbar. Streng genommen behandeln die Bescheide, die i. W. alle den gleichen Wortlaut haben, nur mit Stahlnägeln vernagelte Steilböschungen mit einer vorgesetzten Spritzbetonschale, in der Regel Baugrubenböschungen. Wichtige Anwendungsbereiche wie die Sanierung historischer Stützmauern und die Vernagelung flacherer Böschungen und Rutschhänge sind in den Zulassungsbescheiden nicht berücksichtigt.

Für das Bauverfahren Bodenvernagelung gibt es seit November 2010 die europäische Norm DIN EN 14490 „Ausführung von Arbeiten im Spezialtiefbau – Bodenvernagelung" [9]. Die deutsche Fassung dieser Norm (DIN EN 14490:2015-07) ist jedoch bauaufsichtlich noch nicht eingeführt, sodass baurechtlich weiterhin die Zulassungsbescheide des DIBt (oder ggf. Zustimmungen im Einzelfall) maßgebend sind. Künftig soll die Bemessung von Bodenvernagelungen analog zur Bemessung von Verpressankern nach DIN EN 1997-1:2014-03, Eurocode 7: Entwurf, Berechnung und Bemessung in der Geotechnik, Teil 1: Allgemeine Regeln, erfolgen. Ergänzungen für den nationalen Gebrauch werden im „Handbuch Eurocode 7" [15] zusammengestellt. Die Prüfung der Tragfähigkeit von Bodennägeln soll in Zukunft im Rahmen der europäischen Normung durch DIN ISO 22477-6 (Geotechnische Erkundung und Untersuchung – Prüfung von geotechnischen Bauwerken und Bauteilen – Teil 6: Prüfung von Vernagelungen) [13] geregelt werden. Bis zur Einführung dieser Norm bilden die Angaben in den Zulassungsbescheiden des DIBt und in DIN EN 14490 die Grundlage für die Prüfungen.

## 2.4 Nagelwerkstoffe und Zubehör

**Zugglieder B500B GEWI (früher: BSt 500 S-GEWI (IVS-GEWI)) und S 555/700**

Die Zugglieder der Bodennägel werden in der Regel aus allgemein bauaufsichtlich zugelassenem Betonrippenstahl B500B GEWI oder Stabstahl S 555/700 mit aufge-

**Tabelle 13** Liste der Zugglieder aus Stahl B500B GEWI und S 555/700 (ohne Anspruch auf Vollständigkeit)

| Stahlgüte | Nenndurchmesser [mm] | Querschnittsfläche $A_t$ [$mm^2$] | Innere Tragfähigkeit $R_{t,d} = P_{t,0,2k}/\gamma_M$ [kN] | Last an der Streckgrenze $P_{t,0,2k}$ [kN] | Bruchlast $P_{t,k}$ [kN] | Maximale Prüfkraft $P_P$ [kN] |
|---|---|---|---|---|---|---|
| B500B | 16 | 201 | 87,4 | 101 | 111 | 88,5 |
| B500B | 20 | 314 | 136,6 | 157 | 173 | 138,2 |
| B500B | 25 | 491 | 213,4 | 245 | 270 | 216,0 |
| B500B | 28 | 616 | 267,7 | 308 | 339 | 270,9 |
| B500B | 32 | 804 | 349,7 | 402 | 442 | 353,9 |
| B500B | 40 | 1257 | 546,4 | 628 | 691 | 552,9 |
| B500B | 50 | 1963 | 853,7 | 982 | 1080 | 863,9 |
| B500B | 75 | 4418 | 1920,8 | 2209 | 2430 | 1943,9 |
| S 555/700 | 57,5 | 2597 | 1253,2 | 1441 | 1818 | 1369,1 |
| S 555/700 | 63,5 | 3167 | 1528,4 | 1758 | 2217 | 1669,8 |

rolltem Gewinde hergestellt. Die Nägel einer neueren Entwicklung bestehen aus Stahl 670/800 und werden unter der Bezeichnung GEWI-Plus am Markt angeboten.

Tabelle 13 zeigt die derzeit verfügbaren Durchmesser von Nägeln aus Stahl B500B GEWI und S 555/700.

Die Verankerungen und Muffen für Bodennägel aus GEWI-Stählen besitzen eine allgemeine bauaufsichtliche Zulassung. Ihre Verwendung ist in den Zulassungsbescheiden vorgeschrieben. Die erforderliche Größe der Kopfplatten wird durch die statische Berechnung ermittelt.

**Zugglieder aus Feinkornbaustählen (System Ischebeck TITAN)**
Die Firma Friedrich Ischebeck GmbH (Ennepetal) hat schon zum Ende des vergangenen Jahrhunderts Tragglieder für Verankerungszwecke und Kleinpfähle auf den Markt gebracht. Die Stahltragglieder TITAN bestehen nach Firmenangabe aus nahtlosen Stahlrohren der Güte S 460 NH (früher: StE 460, siehe DIN EN 10210). Sie besitzen kalt aufgerollte Linksgewinde. Die durch das Aufrollen erzeugten Strukturänderungen im Stahl werden durch Anlassen auf 450 °C ausgeglichen. Die Tragglieder sind seit 2010 unter der Zulassungsnummer Z-34.14-209 als „Mikropfähle TITAN“ vom DIBt allgemein bauaufsichtlich zugelassen. Die technischen Daten der Pfähle sind in Abschnitt 4 aufgelistet. Die Pfähle können auch als Bodennägel Verwendung finden. In diesem Zusammenhang wird in der Praxis häufig darauf verwiesen, dass im Zulassungsbescheid vermerkt ist, dass die Mikropfähle planmäßig nur durch axiale Belastung in Anspruch genommen werden sollen. Beim Einsatz als Bodennägel würden sie jedoch auch auf Scherung beansprucht, wodurch der Korrosionsschutz (Zementsteinumhüllung des Zugglieds) Schaden nehmen könnte. Dazu hier einige Anmerkungen der Verfasser, die ausdrücklich nicht die Sichtweise des Deutschen Instituts für Bautechnik wiedergeben.

Für das Nagelsystem Ischebeck TITAN hatte das Eisenbahn-Bundesamt (EBA) im Jahr 2001 erstmals eine Zulassung zur Betriebserprobung als Dauer-Verpresspfähle im Hinblick auf ihren Einsatz zur Böschungsvernagelung erteilt [17]. In mechanischer Hinsicht wirken die Verpresspfähle, wenn sie zur Böschungssicherung eingesetzt werden, als Nägel, denn sie müssen die Gleitfugen potenzieller Gleitkörper durchstoßen. In der Folge wurden im Bereich der Deutschen Bahn viele tausend Meter der TITAN-Pfähle zur dauerhaften Böschungssicherung eingesetzt [23, 33].

Das Deutsche Institut für Bautechnik hatte die Zugglieder aus Feinkornbaustählen des Typs Ischebeck TITAN 30/11 unter der Zulassungsnummer Z-34.13-206 erstmals im Jahr 1996 für die Herstellung von Kurzzeit-Bodenvernagelungen zugelassen. Im November 2003 erfolgte unter der Zulassungsnummer Z-34.14-203 die Zulassung des Verbundpfahls TITAN 30/11 als Verpresspfahl für vorübergehenden und dauernden Einsatz.

Mit dem Zulassungsbescheid Nr. Z-34.14-209 wurden schließlich auch die TITAN-Tragglieder der Durchmesser 40/20, 40/16, 52/26, 73/53, 73/45, 73/35, 103/78 und 103/51 am 20.12.2010 durch das DIBt als Verpresspfähle für vorübergehenden und dauernden Einsatz allgemein bauaufsichtlich zugelassen. Voraussetzung für die Erteilung der Zulassung waren Grundsatzversuche in rolligen und bindigen Böden. Die Pfähle wurden unter Baustellenbedingungen hergestellt und anschließend ausgegraben und untersucht. Bei allen Pfählen zeigte es sich, dass die Zementsteinumhüllung der Tragglieder auf ganzer Länge in der erforderlichen Dicke vorhanden war. Die Zulassungsversuche wurden an Pfählen mit einer Neigung von 20° gegen die Horizontale durchgeführt; auch der Zulassungsbescheid enthält daher die Forderung nach einer Neigung von maximal 70° gegen die Vertikale.

Eine allgemeine bauaufsichtliche Zulassung für das Bauverfahren „Bodenvernagelung“ wurde erstmals im Jahr 1984 an die Fa. Bauer in Schrobenhausen erteilt (Nr. Z-20.1-101), nachdem die Firma umfangreiche Labor- und Feldversuche durchgeführt hatte, die aus Mitteln des Bundesforschungsministeriums gefördert wurden. In der Folge erhielten rasch auch andere Firmen Zulassungen für das Verfahren, z.B. die Firma Dyckerhoff & Widmann AG (Nr. Z-201-106). Für Dauerbodenvernagelungen forderten alle diese Zulassungen Nägel aus Baustahl BSt 500 S-GEWI mit doppeltem Korrosionsschutz. Man muss diese Bestimmung vor dem Hintergrund der Entwicklung der Verpressankertechnik für Daueranker zu Beginn der Achtzigerjahre sehen. Verpressanker aus hochlegierten Spannstählen sind anfällig für Spannungsrisskorrosion und bedürfen in jedem Falle des bestmöglichen Schutzes gegen Korrosion, also einer zweiten Hülle aus Zementstein in einem Kunststoff-Ripprohr. Baustähle der Güte BSt 500/550 oder auch Feinkornbaustähle sind nicht anfällig für Spannungsrisskorrosion, und sie werden bei der Verwendung als Tragglieder für Pfähle oder Bodennägel auch nicht vorgespannt. Versuche haben zudem gezeigt, dass die Zementsteinumhüllung dieser Tragglieder mit gerippten Oberflächen oder aufgerolltem Gewinde auch unter Last eine Rissbildung erfährt, die sehr gleichmäßig ist, und dass die Rissweiten so klein bleiben, dass ein Korrosionsangriff nicht erfolgt.

Der Zulassungsbescheid Z-34.14-209 (Mikropfähle TITAN) des Deutschen Instituts für Bautechnik gilt für Zug- und Druckpfähle. Die Pfähle können also ohne Weiteres zur dauerhaften Rückverankerung von hochbelasteten Spund- oder Bohrpfahlwänden etc. eingesetzt werden. Der sprachlich-begriffliche Unterschied zwischen Pfählen und

Nägeln besteht darin, dass Pfähle planmäßig meist nur durch axiale Belastung in Anspruch genommen werden. Nägel, wie sie z. B. im Holzbau zur Anwendung kommen, verbinden Bauteile durch Scherkraftaufnahme. Es ist aber nicht folgerichtig, wenn man argumentiert, dass z. B. bei der Verankerung einer Spundwand die Pfähle nur auf Zug belastet werden und somit keine Scherung erfahren würden. Alle mechanischen Modelle zur Bemessung von Baugrubenwänden setzen eine Aktivierung des Erddrucks voraus, und diese Aktivierung ist immer mit Verschiebungen des Bodens hinter der Baugrubenwand auf einer (theoretischen) Gleitfuge und somit einer (theoretischen) Scherbeanspruchung verbunden.

Beim Bauverfahren Bodenvernagelung ist es so, dass das mechanische Modell, das in die erste bauaufsichtliche Zulassung (und alle weiteren) Eingang fand und der Bemessung zugrunde gelegt wurde, von einer Scherung der Bodennägel in den theoretischen Gleitfugen ausging. Das Modell mit den in den Zulassungsbescheiden verlangten Gleitkörperuntersuchungen hat sich bewährt; Schäden durch Versagen vernagelter Baugrubenwände infolge Fehlbemessung sind bisher nicht bekannt geworden. Das Modell gibt allerdings die mechanische Wirklichkeit nur unvollkommen wieder. Aufgabe der Nägel ist es, die Bildung der Scherfugen zu verhindern, und deshalb werden sie in der Regel auch im dichten Raster von ca. 1,5 m × 1,5 m eingebaut. Die Nägel bewehren den Boden und nehmen die Zugkräfte auf, die der Boden nicht aufnehmen kann. Scherung erfahren sie praktisch nicht.

Bezeichnenderweise verlangen die Zulassungsbescheide des DIBt auch die Nachweise der Gleitsicherheit, der Kippsicherheit und der Grundbruchsicherheit für den vernagelten und als monolithisch betrachteten Bodenkörper. Es würde hier zu weit führen, die in der Entwicklung des Verfahrens begründeten Überlegungen zu diskutieren, die zur Forderung nach diesen Nachweisen führten. Ein Nachweis der Sicherheit gegen Abscheren der Nägel wird in den Zulassungsbescheiden nicht verlangt; nachgewiesen werden die Nägel ausschließlich auf Zug. In mechanischer Hinsicht unterscheiden sie sich deshalb nicht von Zugpfählen und folglich kann man als Zugpfähle zugelassene Tragglieder auch zur Vernagelung von Geländesprüngen einsetzen. Das geschieht bereits seit den Achtzigerjahren des vergangenen Jahrhunderts und in der Fachliteratur wurde auch darüber berichtet, z. B. in [33]. Die Furcht, einfach korrosionsgeschützte Pfähle (also z. B. selbstbohrende Pfähle des Typs TITAN) könnten beim Einsatz als Bodennägel in der theoretischen Gleitfuge durch Scherung eine Beeinträchtigung des Korrosionsschutzes erfahren, ist unbegründet.

**Zugglieder aus Stahl mit aufgerolltem Gewinde, Hersteller DYWIDAG (DSI)**
Die Firma DYWIDAG-Systems International bietet Zugglieder und Zubehör (Bohrkronen, Muffen, Injektionsadapter und -pumpen) für selbstbohrende Tragglieder unter dem Produktnamen DYWI Drill Hohlstab-System an. Das System ist unter der Zulassungsnummer Z-34.13-208 allgemein bauaufsichtlich als „Bodenvernagelung mit Hohlstäben System DYWI Drill“ für vorübergehenden Einsatz (≤ 2 Jahre) zugelassen. Erhältlich sind die in Tabelle 14 aufgeführten Durchmesser (Die Tragglieder T76 sind in der bauaufsichtlichen Zulassung nicht aufgeführt).

**Tabelle 14** Daten von Zuggliedern System DYWI DRILL

| Bezeichnung | Außendurchmesser [mm] | Querschnittsfläche [$mm^2$] | Last an der Streckgrenze $P_{t,0,2k}$ [kN] | Bruchlast $P_{tk}$ [kN] | Gewicht [kg/m] |
|---|---|---|---|---|---|
| R32-210 (R32L) | 32 | 340 | 160 | 210 | 2,65 |
| R32-250 | 32 | 370 | 190 | 250 | 2,90 |
| R32-280 (R32N) | 32 | 410 | 220 | 280 | 3,20 |
| R32-320 | 32 | 470 | 250 | 320 | 3,70 |
| R32-360 (R32S) | 32 | 510 | 280 | 360 | 4,00 |
| R32-400 | 32 | 560 | 330 | 400 | 4,40 |
| R38-420 | 38 | 660 | 350 | 420 | 5,15 |
| R38-500 (R38N) | 38 | 750 | 400 | 500 | 5,85 |
| R38-550 | 38 | 800 | 450 | 550 | 6,25 |
| R51-550 (R51L) | 51 | 890 | 450 | 550 | 6,95 |
| R51-660 | 51 | 970 | 540 | 660 | 7,65 |
| R51-800 (R51N) | 51 | 1150 | 640 | 800 | 9,00 |
| T76-1200 (T76L) | 76 | 1610 | 1000 | 1200 | 12,60 |
| T76-1600 (T76N) | 76 | 1990 | 1200 | 1600 | 15,60 |
| T76-1900 (T76S) | 76 | 2360 | 1500 | 1900 | 18,50 |

**Zugglieder aus kunststoffgebundenen Glasfasern (GFK)**

Zugglieder aus kunststoffgebundenen Glasfasern werden von verschiedenen Herstellern in unterschiedlichen Ausführungen angeboten. Sie besitzen gegenüber solchen aus Stahl den Vorteil, dass sie nach dem Einbau mühelos zerspant werden können, wenn sie z. B. einen Bodenkörper nur vorübergehend zu sichern hatten, der im Zuge der Baumaßnahme später entfernt werden muss. Weitere Vorteile sind das geringe Gewicht und das Fehlen einer Korrosionsgefährdung. Diesen Vorteilen stehen konstruktive Schwierigkeiten bei der Kopfausbildung gegenüber, die sich vor allem aus der geringen Aufnahmefähigkeit für Querdruckkräfte ergeben. Sie sind bei den verschiedenen Systemen unterschiedlich gelöst worden. Bei glatten Stäben können zudem in Verbindung mit einem Verpresskörper aus Zementmörtel Verbundprobleme entstehen.

Zugglieder aus kunststoffgebundenen Glasfasern sind i. d. R. teurer als solche aus Stahl gleicher Tragfähigkeit. Wo ihre besonderen Eigenschaften Vorteile bringen, sollte man sie nutzen. Im Bergbau sind Anker aus GFK seit längerer Zeit auch in Deutschland üblich. Im Tunnelbau in der Schweiz werden sie häufiger eingesetzt als in Deutschland, insbesondere bei einschaligen Tunnelbauten.

Die Verwendung von Zuggliedern aus Glasfasern für übertägige Bodenvernagelungen ist wegen der Kostenvorteile von Stahlnägeln nur in Ausnahmefällen vorteilhaft. Sie werden deshalb ausführlich erst im Abschnitt 3 behandelt.

## 2.5 Bauarten von Bodennägeln

Wie bei Verpressankern unterscheidet man bei Nägeln mit einem Zugglied aus Stahl nach der geplanten Gebrauchsdauer t zwischen Nägeln für den temporären Einsatz (t ≤ 2 Jahre, z.B. bei Baugruben) und solchen für permanenten Einsatz (t > 2 Jahre).

**Temporärnägel**
Bodennägel für temporäre Zwecke haben einen einfachen Korrosionsschutz aus Zementstein (Bild 68). Die Zementsteinüberdeckung des Stahlzugglieds muss zwischen den Abstandhaltern mindestens 15 mm betragen; die Abstandhalter selbst sollen einen Ringraum von mindestens 20 mm Weite vorgeben. Der maximale Abstand der Abstandhalter voneinander beträgt 200 cm.

**Dauerbodennägel**
Dauerbodennägel müssen werkmäßig vorgefertigt werden. Das Stahlzugglied wird auf der gesamten Länge in ein geripptes Kunststoffrohr (Wanddicke mindestens 1 mm) eingebaut und der Zwischenraum zwischen Stahl und Rohr vollständig mit Zementsuspension (Mörtel nach DIN 4227-5) verfüllt. Dazu werden die Nägel auf einer geneigten Montagebank vom unteren Ende her verpresst, bis die Suspension oben austritt. Der Ringraum zwischen Stahl und Hüllrohr muss mindestens 5 mm weit sein (s. Bild 69). Der ins Bohrloch eingebaute Nagel muss mindestens 10 mm Überdeckung haben.

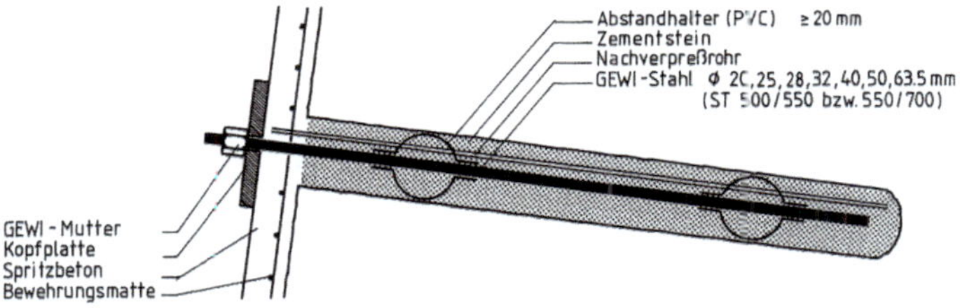


**Bild 68** Temporärbodennagel mit einfachem Korrosionsschutz

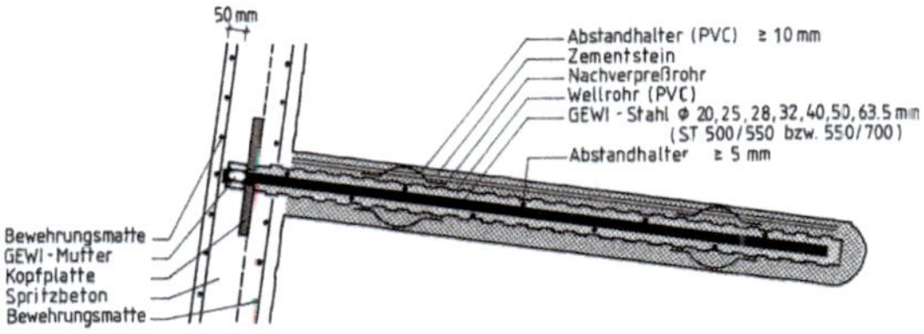


**Bild 69** Dauerbodennagel mit doppeltem Korrosionsschutz

**Bild 70** Temporärbodennägel

**Bild 71** Dauerbodennägel

## 2.6 Herstellung, Transport, Lagerung und Einbau der Bodennägel

Nägel für den temporären Einsatz werden entweder im Werk oder auf der Baustelle mit den Abstandhaltern und ggf. mit Nachverpressrohren versehen. Für die Lagerung gelten die gleichen Anforderungen wie für Verpressanker: Die Zugglieder müssen sauber gehalten werden und dürfen beim Einbau allenfalls unschädlichen Flugrost aufweisen.

Dauerbodennägel werden zweckmäßig bereits bei der Herstellung des inneren Korrosionsschutzes im Werk auf der Transportunterlage (z. B. Spundbohlen) befestigt. Sie dürfen beim Transport keine Biegung erfahren und das Hüllrohr darf nicht verletzt werden.

Der Einbau der Nägel erfolgt meist durch Einschieben in ein bereits mit Zementsuspension gefülltes Bohrloch, wobei das Bohrloch in kohäsiven standfesten Böden unverrohrt hergestellt werden kann. Wenn dies in Ausnahmefällen wirtschaftlich ist, kann an das Zugglied ein Injektionsschlauch gebunden und das Bohrloch erst nach dem Einbau des Nagels von der Bohrlochsohle her verfüllt werden. Um eine vollständige Verfüllung des Bohrlochs zu erreichen, sollte eine Mindestneigung von 10° gegen die Horizontale nicht unterschritten werden. Nachverpressungen von Nägeln mindern zwar die Wirtschaftlichkeit des Verfahrens, sind aber üblich. Dabei ist zu beachten, dass die Nachverpressstellen in dem Bereich angeordnet werden, der beim Nachweis der Standsicherheit bergseits hinter der Gleitfläche liegt. Bei der Nagelherstellung wird normalerweise keine Primärverpressung wie bei Ankern durchgeführt. Deshalb sollte auch in nichtbindigen Böden der Wasserzementfaktor unter 0,5 liegen.

Nach dem Aufbringen des Spritzbetons wird die Kopfplatte auf den noch nicht abgebundenen Beton aufgelegt und mit der Mutter handfest fixiert. Dadurch wird eine satte Auflagerung erreicht. Bei Dauernägeln muss auch der Kopfbereich gegen Korrosion geschützt werden. Dies geschieht bei gewünschter glatter Wandoberfläche durch das Aufbringen einer zweiten Lage Spritzbeton. Sie muss die Stahlteile des Nagelkopfes mindestens um 50 mm überdecken. Eine andere Möglichkeit besteht darin, dass lediglich die Nagelköpfe mit „Höckern“ aus Beton überspritzt werden und dadurch die erforderliche Betondeckung hergestellt wird.

Bei Dauerverankerungen sollte in jedem Fall luftseitig über den Nagelköpfen eine zweite Bewehrungslage angeordnet werden, auch wenn sie statisch nicht erforderlich ist. Sie verhindert eine unkontrollierte Rissbildung in der Spritzbetonschale. Auch beim Aufspritzen von Höckern über den Nagelköpfen sollte dort eine Matte eingelegt werden.

## 2.7 Bemessung von Bodenvernagelungen

### 2.7.1 Statische Berechnung von Vernagelungen mit einer Außenhaut aus Spritzbeton

In den Zulassungsbescheiden des DIBt sind Bestimmungen für den Entwurf und die Bemessung von Stützmauern nach dem Verfahren Bodenvernagelung enthalten. Die geforderten Nachweise sind in Tabelle 15 aufgelistet, die einem Zulassungsbescheid entnommen wurde.

**Tabelle 15** Tragfähigkeitsnachweise für vernagelte Stützkonstruktionen

| | Nachweis | Grenzzustand/ Nachweisverfahren | Abschnitt in DIN EN 1997-1: 2014-03 | Abschnitt in DIN 1054:2012-12 |
|---|---|---|---|---|
| vernagelte Stützkonstruktion | Grundbruch | GEO-2 | 6.5.2 | 6.5.2 |
| | Gleiten | GEO-2 | 6.5.3 | 6.5.3 |
| | stark exzentrische Belastung | GEO-2 | 6.5.4 | 6.5.4 |
| | Gesamtstandsicherheit | GEO-3 | 11.5.1 | 11.5.1 |
| Nägel | Materialversagen | STR | | |
| | Herausziehen | GEO-3 | | A 11.5.4.2 |
| Außenhaut | Teilflächenbelastung, Durchstanzen etc. | | | A 11.5.4.1 |

*Anmerkung:* Die Teilsicherheitsbeiwerte sind DIN 1054:2012-12, Tabellen A 2.1 bis A 2.3 zu entnehmen

Für diese Nachweise wird der vernagelte Bodenkörper einschließlich der Außenhaut behandelt, als bestehe er aus einem starren („monolithischen") Körper. Auf diesen gedachten Stützkörper wirken das Eigengewicht, Reibungs- und Kohäsionskräfte, Geländeauflasten, der Erddruck und ggf. weitere äußere Lasten ein. Der bewehrte Bodenkörper verhält sich natürlich nicht starr – insofern sind einige der genannten Nachweise eher formaler Natur und können bei bestimmten Randbedingungen entfallen. Die Nachweisführungen sind in den Zulassungsbescheiden ausführlich beschrieben, sodass sie hier nicht wiederholt werden müssen.

### 2.7.2 Berechnung von Böschungs- und Hangvernagelungen

Die Vernagelung von rutschgefährdeten Hängen und Böschungen unter Verzicht auf Kopfplatten oder Spritzbetonschalen bietet sich als Stabilisierungsmethode an, wenn die Geländeoberfläche frei von störenden Konstruktionselementen bleiben soll. Das ist z. B. in Weinbergen der Fall, wo die Bearbeitung des Bodens mit seilgezogenen Pflügen etc. Hindernisfreiheit verlangt. Voraussetzung für den erfolgreichen Einsatz ist es, dass die (potenzielle oder bereits aktivierte) Gleitfläche der Lage nach bekannt ist, und dass der zu sichernde Gleitkörper sich wie ein starrer Körper verhält. Bei der Mehrzahl der Rutschungen in Sedimentgesteinen ist dies, zumindest zu Beginn der Rutschbewegung, der Fall. Man kann dann den Gleitkörper mit dem festen Untergrund durch im Raster bis unter die Gleitfuge eingebrachte Nägel verbinden. Die Nägel enden unter der Geländeoberfläche; sie übertragen die Haltekraft über Mantelreibung in den Rutschkörper. Sie wurde nach dem Wissen der Autoren erstmals bei der Stabilisierung eines Hangs an der Neubaustrecke Mannheim–Stuttgart der Bundesbahn im Jahre 1988 angewendet [32].

Für die Berechnung der erforderlichen Haltekräfte ist eine erdstatische Analyse für den Grenzzustand erforderlich. Darin müssen alle Parameter, die auf die Standsicherheit Einfluss nehmen (Lage der Gleitfuge(n), Scherfestigkeit in der Gleitfuge, Hangwasserspiegel usw.), so lange variiert werden, bis für die wahrscheinlichste Parameterkombination das Grenzgleichgewicht erreicht wird. Als sehr gut verwendbar dazu haben sich grafische Verfahren erwiesen. In einem charakteristischen Schnitt werden die am Gleitkörper wirkenden Kräfte eingetragen (Lageplan). Dann wird ein Kraftplan gezeichnet, in den die Kräfte der Größe (soweit bekannt) und der Richtung nach übernommen werden. Im Grenzgleichgewicht muss der Kraftplan geschlossen sein. Eine früher gebräuchliche Sicherheitsdefinition stellte dann z. B. die haltenden und treibenden Kräfte in der Gleitfuge (nur die Anteile in Gleitfugenrichtung) einander gegenüber, wobei die haltenden Kräfte den Anteil aus den Nägeln enthalten, die die Gleitfuge durchstießen. Heute werden die Einwirkungen den Widerständen gegenübergestellt; ansonsten werden die Nägel in den Berechnungen wie Anker behandelt.

## 2.8 Prüfungen an Nägeln

Durch Probebelastungen muss bei Vernagelungen überprüft werden, ob die angenommene Mantelreibungskraft mit Sicherheit vom Boden aufgenommen werden kann. Dies bereitet versuchstechnisch mitunter Schwierigkeiten, da die Zugversuche normalerweise an Bauwerksnägeln durchgeführt werden, die auf der ganzen Länge kraftschlüssig mit dem umgebenden Boden verbunden sind. Die Mantelreibung wird aber in der statischen Berechnung nur auf dem bergseits der Gleitfläche liegenden Nagelabschnitt angesetzt. Es gibt dann zwei Möglichkeiten, die angesetzte Mantelreibung versuchstechnisch zu überprüfen:

– Wahl eines größeren Stahldurchmessers für die Prüfnägel, um mit der Prüflast noch unter der 0,9-fachen Kraft an der Fließgrenze zu bleiben.
– Begrenzung der kraftschlüssig mit dem Baugrund verbundenen Länge der Prüfnägel, z. B durch Freispülen des oberen Nagelabschnitts, Anbringen eines Hüllrohrs o. Ä.

Bei der zweitgenannten Möglichkeit sollte die Verbundstrecke nicht kleiner als 4 m gewählt werden. Bei der Herstellung der Prüfnägel muss sorgfältig darauf geachtet werden, dass die Nägel keinen Verbund zur Spritzbetonschale erhalten.

Es sollen mindestens 3 % der Nägel geprüft werden. Beinhaltet die Baumaßnahme weniger als 100 Nägel, so sollten 5 % der Nägel (mindestens jedoch 3 Nägel) geprüft werden. Diese Zahlen gelten pro Bodenart – wenn die Nägel in unterschiedlichen Böden liegen, muss die Anzahl der Prüfnägel erhöht werden.

**Belastungsregime**

Die Zulassungsbescheide fordern bei den Probebelastungen einen Belastungsanstieg in Schritten von 20 kN bis zur maximalen Prüfkraft $P_P$. Die maximale Prüfkraft soll dem 1,4-fachen Bemessungswert der Nagelbeanspruchung $P_d$ entsprechen. Bei der maximalen Prüfkraft müssen die Verschiebungen nach 1, 2, 5, 10 und 15 Minuten aufgezeichnet werden. Es gilt:

$\Delta s\ (t_{15\,min} - t_{5\,min}) \leq 0{,}5$ mm → Prüfung bestanden

$\Delta s\ (t_{15\,min} - t_{5\,min}) > 0{,}5$ mm → Prüfung verlängern, weiterbeobachten bis

$\Delta s\ (t_2 - t_1) \leq 1{,}0$ mm, bei $t_2 = 10\ t_1$

Bei den Probebelastungen muss die maximale Prüfkraft $P_p \leq 0{,}80 \cdot P_{t,k}$ und $P_p \leq 0{,}95\ P_{t,0,2k}$ sein. Bild 72 zeigt das Prinzip der Probelastung an einem Nagel, Bild 73 die Auftragung der Ergebnisse einer Nagelprüfung (Kraft-Verschiebungsdiagramm) sowie die Kriterien für das Bestehen der Prüfung.

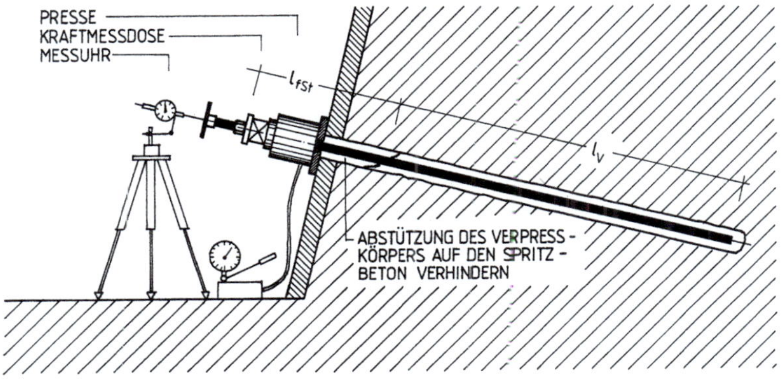


**Bild 72** Prinzip einer Nagelprobebelastung

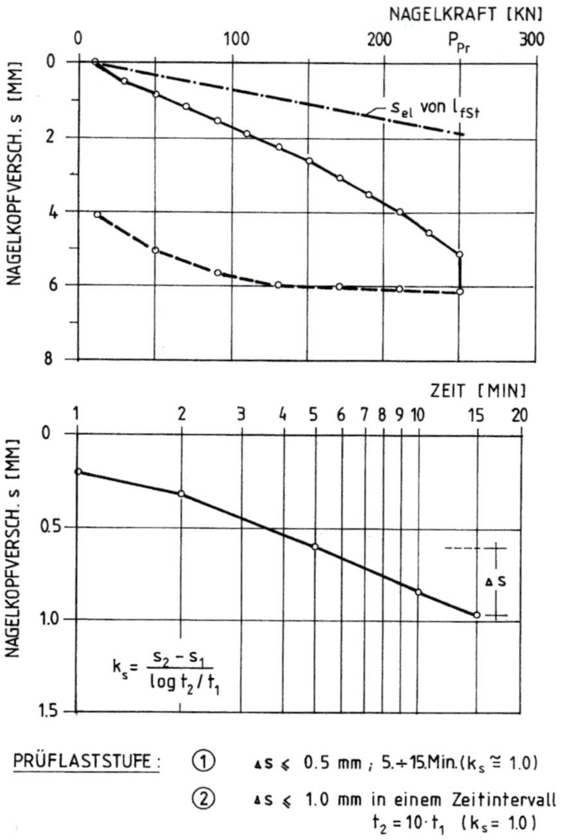


**Bild 73** Nagelkraft-Kopfverschiebungsdiagramm bei einer Nagelprobebelastung und Prüfkriterien

In dem Glauben, bei Sicherungsmaßnahmen mit Vernagelungen könnten die (bei Maßnahmen mit vorgespannten Verpressankern immer wieder diskutierten) Nachprüfungen vermieden werden, fällt oft die Entscheidung zugunsten einer Ausführungsvariante mit Nägeln oder Zugpfählen. Bei einer Vernagelung muss natürlich ebenso wie bei einer Verankerung über die Notwendigkeit einer Nachprüfung verantwortlich entschieden werden. Dabei spielen z.B. Korrosionsfragen oder der Ausfall eines Nagels wegen des gutmütigeren Verhaltens der Baustähle und des vernagelten Systems eine untergeordnete Rolle. Im Vordergrund der Entscheidung „Nachprüfung – keine Nachprüfung" stehen Überlegungen zum Verhalten des Gesamtsystems Nägel / Baugrund / bauliche Anlagen im Umfeld der Vernagelung. Eine Nachprüfung wird man deshalb vor allem durch Verformungsmessungen (Extensometer, Inklinometer, geodätische Messungen) vornehmen. Das Messen der Nagelkopfkräfte ist meist wenig aussagefähig, da systembedingt Zugkräfte am Nagelkopf meist nur im unteren Teil der vernagelten Wand auftreten.

Unter besonderen Umständen (z.B. bei aggressiven Stoffen im Baugrund oder Grundwasser) können zusätzliche Nachprüfungen erforderlich werden. Dabei können eigens hierfür hergestellte und besonders präparierte Prüfnägel, die von der übrigen Vernagelung konstruktiv getrennt sind, in bestimmten Zeitabständen auf ihre Tragfähigkeit untersucht werden.

# 3 Anker und Nägel im Tunnel- und Bergbau

## 3.1 Allgemeines

Im Tunnel- und Bergbau werden gemeinhin alle in Bohrlöchern normal zur Ausbruchlaibung in das Gebirge eingebauten stabförmigen Stabilisierungselemente als Anker bezeichnet. Im mechanischen Sinne werden diese Anker oft sowohl auf Zug wie auf Abscheren beansprucht, wirken also auch als Nägel oder Dübel. Man spricht gelegentlich auch von Felsbolzen (englisch: „rock bolts"). Gebirgsanker werden in der Regel nicht vorgespannt. Bei auf der ganzen Länge mit dem Gebirge verbundenen Ankern macht eine Vorspannung auch keinen Sinn. Wenn eine Freispielstrecke vorhanden ist, wird die Vorspannung meist durch das Anziehen der Kopfmutter erzeugt – die erzielbaren Vorspannkräfte sind mit dieser Methode nicht sehr groß. Gebirgsanker sind wichtige Sicherungsmittel bei modernen Tunnelbauten, die in Europa seit dem Beginn der siebziger Jahre praktisch ausnahmslos in der Spritzbetonbauweise (auch Neue Österreichische Tunnelbauweise – NÖT – genannt) aufgefahren werden.

Gebirgsanker für temporäre Zwecke benötigen meist keinen besonderen Korrosionsschutz. Da in Deutschland im Verkehrstunnelbau in der Regel eine zweischalige Bauweise gewählt wird, werden die Sicherungselemente der Außenschale, zu denen auch die Anker gehören, bei der Dimensionierung der Innenschale nicht berücksichtigt. Man rechnet die Innenschale (bewehrt oder unbewehrt) so, als seien Spritzbeton, Stahlbögen, Betonstahlmatten und Anker der Sicherung nicht vorhanden. Mit der zweischaligen Bauweise verbunden ist ein hoher Qualitätsstandard der Tunnelbauten, der den Tunnelbau in Deutschland aber sehr teuer macht. In anderen Ländern (z. B. der Schweiz) ist man sparsamer, was nicht zuletzt auch durch die zahlreicheren Tunnelbauten erzwungen wird. Die einschalige Bauweise verlangt, dass auch die zugehörigen und für den Vortrieb erforderlichen Gebirgsanker langfristig widerstandsfähig gegen Korrosion sind. Anker aus kunststoffgebundenen Glasfasern sind deshalb außerhalb Deutschlands gebräuchlicher als hierzulande.

Wenn die Gebirgsanker in statischen Berechnungen dauerhaft für die Übernahme von Kräften vorgesehen sind, muss in der Konsequenz dem Korrosionsschutz die gleiche Aufmerksamkeit zukommen wie in anderen Bereichen des Grundbaus. Bei Zuggliedern aus Stahl muss eine Mindestüberdeckung durch den Zementstein gewährleistet sein, und die Köpfe müssen einen Korrosionsschutz erhalten. Ganz allgemein sollten dann die in den Zulassungsbescheiden des Deutschen Instituts für Bautechnik verlangten Standards für Daueranker und Bodennägel gelten.

Bei den Gebirgsankern des Bergbaus steht die Dauerhaftigkeit meist nicht im Zentrum der Anforderungen. Häufig müssen diese Anker große Verformungen ertragen können, ohne ihre Funktion einzubüßen. Auch die Zerspanbarkeit kann eine Rolle spielen, wenn Strecken z. B. überfirstet werden. Bei Bergschlaggefahr spielt die Kerbschlagzähigkeit eine Rolle. Deshalb werden Anker für den Bereich des Bergbaus oft aus speziellen Stählen gefertigt; auch Anker aus Glasfasern sind im deutschen Steinkohlenbergbau seit Langem gebräuchlich.

Gebirgsanker sind in der DIN 21521 „Gebirgsanker für den Bergbau und den Tunnelbau" [16] beschrieben. Der Teil 1 enthält Begriffe und Benennungen, Teil 2 behandelt Anforderungen und mögliche Prüfungen. Der Einsatz von Gebirgsankern ist in Deutschland nicht allgemein bauaufsichtlich geregelt. Im Steinkohlenbergbau wird für ihren Einsatz aber eine Zulassung der Bergbehörde verlangt.

## 3.2 Bauarten von Gebirgsankern

### 3.2.1 Kunstharzklebeanker

Kunstharzklebeanker werden durch schnell erhärtende Kunstharze mit dem Gebirge verbunden. Die Harze (meist Epoxidharze) werden in zwei Komponenten geliefert und härten im Bohrloch aus, nachdem die beiden Komponenten gemischt wurden. Es gibt zwei Arten der Einbringung. Die beiden Komponenten können getrennt in Glaspatronen in das Bohrloch eingebracht werden. Beim Setzen des Ankers werden die Glaspatronen zerstört und die beiden Komponenten durch Eindrehen des Ankers miteinander vermischt. Damit das Mischen vollständig geschieht, müssen Stabdurchmesser und Bohrlochdurchmesser aufeinander abgestimmt sein. Die Mischmöglichkeit wird bei dieser Art der Einbringung durch die Bohrlochtiefe begrenzt. Bei mehr als ca. 3 m Bohrtiefe kann es zu Problemen kommen.

Bei größeren Ankerzahlen und tieferen Bohrlöchern werden die Harzkomponenten mit speziellen Mischern außerhalb des Bohrlochs gemischt und dann in das Bohrloch eingebracht. Zweckmäßig ist es dabei, wenn das Zugglied als Rohr ausgebildet ist. Das Harz kann dann bis zur Sohle des Bohrlochs durch das Rohr gepresst werden und füllt das Bohrloch „von unten" her gut aus. Dazu muss es bei nach oben gebohrten Ankern eine ausreichende Zähigkeit haben. Harze, geeignete Verarbeitungsgeräte und Ankerkopfteile werden in der Regel von den Herstellern/Lieferanten der Anker als System angeboten.

Kunstharzklebeanker lassen sich bei Bedarf, wie andere Anker auch, als Freispielanker ausbilden und vorspannen. Auch das nachträgliche Verpressen der Freispiellänge (Blockieren) ist möglich. Die Begrenzung der Haftstrecke (Klebestrecke) kann man durch ein auf das Zugglied aufgebrachtes Absperrstück oder Gleitstück erreichen. Dadurch wird vor allem die Wahl eines wirtschaftlichen Bohrlochdurchmessers zusammen mit der Begrenzung des Harzverbrauchs möglich.

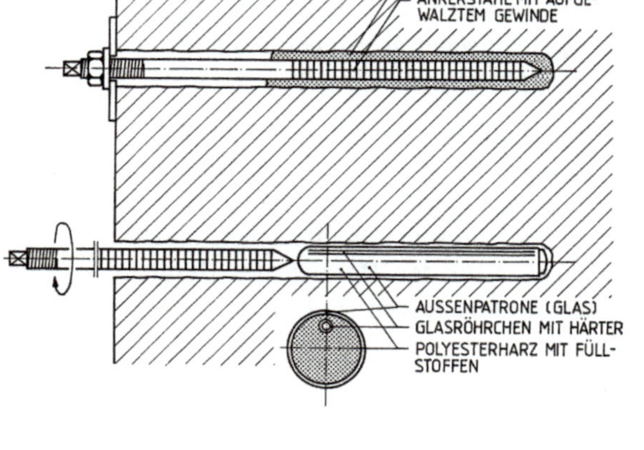


**Bild 74** Prinzip der Einbringung eines Kunstharzklebeankers

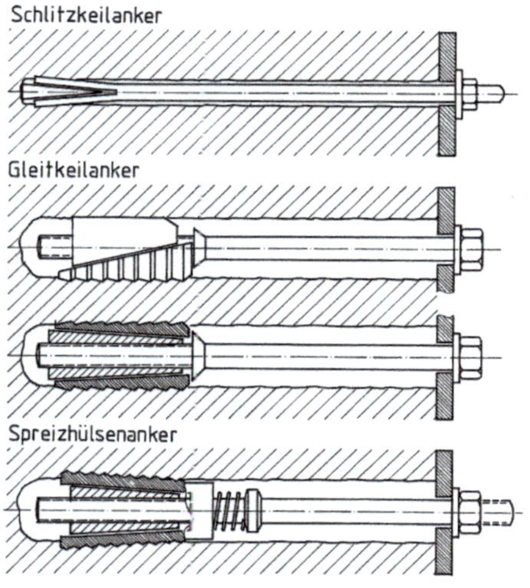


**Bild 75** Ausbildung von Spreizankern

Im Sinne der Definitionen der DIN 21521-1 sind Kunstharzklebeanker zu den Mörtelankern zu rechnen. Bild 74 zeigt das Prinzip der Einbringung eines Kunstharzklebeankers.

### 3.2.2 Spreizanker

Spreizanker besitzen am gebirgsseitigen Ende des Ankerschafts Spreizelemente. Die Spreizelemente, meist konische oder keilförmige Bauteile, ähnlich den Spreizelementen von Spreizdübeln, pressen sich bei Zugbelastung gegen die Bohrlochwand und verankern so den Anker im Gebirge (Bild 75). Spreizanker sind sofort nach dem Setzen belastbar. Sie erfordern jedoch eine Mindestfestigkeit des Gesteins, damit die Spreizkräfte von der Bohrlochwand ohne Bruch aufgenommen werden können.

Spreizköpfe, bestehend aus Spreizhülse und Konus, gibt es z. B. für die Reihe der GEWI-Stähle bis Durchmesser 32 mm.

### 3.2.3 Zementmörtelanker

Zementmörtelanker werden in der Praxis auch als SN-Anker (nach dem ersten Einsatzort bei den Kraftwerksbauten in Store-Norfors in den Dreißigerjahren des vergangenen Jahrhunderts) bezeichnet. Sie werden meist unter Verwendung von schnell abbindenden Mörteln hergestellt und sind auf der ganzen Länge mit dem Gebirge kraftschlüssig verbunden. Bild 76 zeigt das Prinzip der Herstellung verschiedener Typen dieser Anker.

Die Zugglieder von Zementmörtelankern sind meist entweder gerippte Baustähle oder Baustähle mit warm aufgerolltem, durchgehendem Grobgewinde (GEWI-Stähle). Auf die erstgenannten Zugglieder wird am Kopfende ein Gewinde geschnitten, damit Kopfplatte und Kopfmutter montiert werden können. GEWI-Stähle können an jeder Stelle gekappt, gekoppelt oder mit einer Kopfplatte versehen werden, sind aber teurer als gerippte Stähle. Weil die Ankerlängen im Tunnelbau meist nach den Ausbruchs- und Sicherungsklassen standardisiert sind und sehr viele Anker eingebaut werden, kann sich der zusätzliche Aufwand für das Schneiden der Gewinde lohnen (Bild 77).

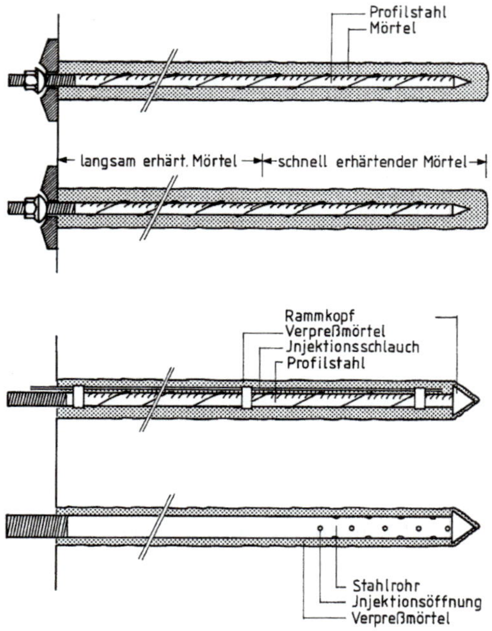


**Bild 76** Zementmörtelanker (SN-Anker, Injektionsanker, Perfoanker)

**Bild 77** SN-Anker für den Tunnelbau

Je nach dem verwendeten Mörtel können die Anker bereits nach wenigen Stunden Kraft übernehmen. Sie sind kostengünstig und vielseitig einsetzbar. Im Tunnelbau sind sie eines der wichtigsten Sicherungsmittel während des Vortriebs.

### 3.2.4 Injektionsbohranker (IBO-Anker)

Unter dem Begriff IBO-Anker werden Selbstbohranker mit verlorener Bohrkrone im Berg- und Tunnelbau verstanden. Die Tragglieder aus Hohlstäben mit kalt aufgerolltem Gewinde werden von verschiedenen Herstellern gefertigt und angeboten. Sie werden auch für die Herstellung von Mikropfählen und Bodennägeln eingesetzt und deshalb hier nicht mehr ausführlich behandelt.

### 3.2.5 Expansionsanker „Swellex"

Von Atlas Copco wurde ein Gebirgsanker entwickelt, der aus einem Stahlrohr von 3 mm Wandstärke besteht. Das kreisrunde Rohr wird durch Walzen in einen Querschnitt von der Form eines griechischen Omega überführt und in diesem Zustand in das Bohrloch eingeschoben. An beiden Enden wird es vorher durch aufgeschweißte Stutzen verschlossen. Im Bohrloch wird das Rohr durch Wasser unter hohem Druck (ca. 300 bar) aufgebläht und an die Bohrlochwand gepresst. Es passt sich dabei den Unebenheiten der Bohrlochwand an und bildet mit dem Gebirge eine formschlüssige, sofort belastbare Verbindung. Im Sinne der Definitionen der DIN 21521-1 [16] ist der Expansionsanker „Swellex" ein Reibrohranker.

Der Anker wird in verschiedenen Längen angeboten. Die Tragkraft beträgt je nach Gebirge und Ankerlänge bis zu ca. 200 kN.

## 3.3 Zugglieder von Gebirgsankern

### 3.3.1 Zugglieder aus Stahl

Grundsätzlich eignen sich alle gerippten oder in anderer Weise oberflächenstrukturierten Baustähle (und auch Spannstähle) für den Einsatz als Gebirgsanker. Praktisch ist es, wenn die Stähle ein durchgehendes Außengewinde besitzen und dadurch an beliebiger Stelle abgeschnitten oder gekoppelt werden können. Voraussetzung ist das Gewinde jedoch nicht. Bei großen Stückzahlen mit gleichen Längen (etwa bei großen Verkehrstunneln) lohnt sich ein Kostenvergleich zwischen z. B. GEWI-Stählen und gerippten Betonstabstählen. Für die Zugglieder kommen von den GEWI-Stählen vornehmlich die Durchmesser 16 bis 32 mm zum Einsatz. Die Firma DYWIDAG-Systems International (DSI) bietet unter der Bezeichnung Dywidag Felsbolzen Durchmesser und Stahlgüten für Gebirgsanker an, die auch für Bodennägel Verwendung finden. Auch die Produkte anderer Hersteller sind als Felsbolzen, Bodennägel oder Mikropfähle einsetzbar.

Stahlstäbe mit aufgerolltem Gewinde sind oft teurer als Betonrippenstähle nach DIN 488. Weil die Ankerlängen im Tunnelbau meist nach den Sicherungsklassen standardisiert sind und sehr viele Anker eingebaut werden, lohnt sich manchmal der zusätzliche Aufwand für das Schneiden der Gewinde für die Ankermuttern auf gerippte Stäbe.

### 3.3.2 Gebirgsanker aus kunststoffgebundenen Glasfasern

Glasfaser-Verbundstäbe haben als Bauteile für Gebirgsanker etwa seit der Mitte der Achtzigerjahre des vergangenen Jahrhunderts Bedeutung erlangt. Sie bestehen aus parallelen Glasfasern, die in einer Matrix aus Kunstharz (Polyester- oder Epoxidharz) eingebettet sind. Der Glasanteil am Gesamtvolumen beträgt bei den meisten Produkten ca. 75 %. Die Glasseide wird nach dem Ziehen zu Spinnfäden gebündelt und zu Rovingsträngen zusammengefasst. Die Zugfestigkeit des Einzelfadens mit einem Durchmesser von 9 bis 15 µm liegt bei 3500 N/mm$^2$. Das fertige Produkt besitzt Dichten um 1,9 t/m$^3$ und Zugfestigkeiten um 1000 N/mm$^2$. Der E-Modul liegt bei 45000 N/mm$^2$.

Die häufige Bezeichnung der Zugglieder als „glasfaserverstärkter Kunststoff (GFK)" ist irreführend. Es steht nicht die Verstärkung des Kunststoffs durch die eingelegten Glasfasern im Ziel der Entwicklung, sondern die Glasfasern selbst sind die wesentlichen Konstruktionsteile. Das Harz dient dazu, die Fasern zu schützen und das Endprodukt – den Glasfaserstab – handhabbar zu machen.

Glasfaserstäbe besitzen gegenüber Stahlstäben eine Reihe von Vorteilen, denen natürlich auch Nachteile gegenüberstehen. Bei gleicher Zugkraft sind Glasfaserstäbe vor allem deutlich teurer als Stahlstäbe. Die Vorteile sind (oder können sein):

- Korrosionsbeständigkeit,
- Zerspanbarkeit,
- Biegbarkeit,
- geringes Gewicht.

Nachteilig ist, dass die Stäbe auf Querdruck empfindlich sind und es deshalb konstruktiv nicht leicht ist, örtlich (z. B. am Ankerkopf) hohe Kräfte einzuleiten. Es gibt zwar spezielle patentierte Gewinde, die das Glasfaserbündel bei Belastung über die Mutter unter gleichmäßigen Druck setzen. Auch Stäbe mit vor dem Aushärten der Kunstharzmatrix aufgerolltem Gewinde sind erhältlich (Weidmann, Dyckerhoff). Meist liegt die Bruchlast der Stäbe aber deutlich über der Bruchlast der Kopfteile.

Die Industrie bietet eine Vielzahl von Ankersystemen aus Glasfasern an. Es gibt Ankerstäbe mit Vollquerschnitt, Rohranker, Rohranker mit Selbstbohrkrone und Bündelanker mit mehreren Einzelstäben. Grundsätzlich ist es möglich, den Verbund zwischen Ankerstab und Gebirge durch Zementsuspension oder -mörtel herzustellen. Bessere Verbundeigenschaften erzielt man bei Glasfaserankern durch die Verwendung von Epoxidharzen, die auf der Baustelle in zwei Komponenten verarbeitet werden. Bild 78 zeigt den Kopf eines Glasfaserankers, Bild 79 Anker vor dem Einbau.

**Bild 78** Kopf eines Glasfaserankers (bei einem Zugversuch)

**Bild 79** Glasfaseranker vor dem Einbau

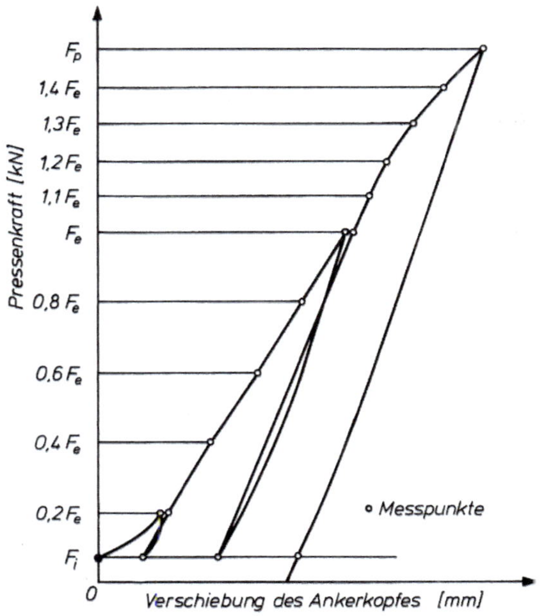


**Bild 80** Prüfregime einer Zugprüfung an einem Gebirgsanker

### 3.4 Prüfungen an Gebirgsankern

Die DIN 21521 [16] sieht für Gebirgsanker in Teil 2 bei Bedarf eine Anzahl von Prüfungen zum Nachweis der Brauchbarkeit und zur Güteüberwachung vor. Die Prüfungen dienen der Feststellung der Zugfestigkeit des Ankerschafts, der Kerbschlagbiegefestigkeit, des inneren Mörtelverbunds, des Verhaltens des Ankers bei Scherbeanspruchung usw. Auf eine detaillierte Beschreibung aller in der Norm vorgesehenen Prüfungen wird an dieser Stelle verzichtet.

Für die Praxis wichtig sind Zugversuche an eingebauten Ankern. Sie sollten immer dann durchgeführt werden, wenn ein Wechsel der Gebirgseigenschaften eine Neubeurteilung des Tragverhaltens des eingebauten Ankertyps erforderlich macht. Es sollten jeweils drei Anker geprüft werden. Bei Zementmörtelankern und Klebeankern sollte für die Prüfung eine Freispielstrecke von 1 m zwischen Ankerkopf und Mörtelstrecke belassen werden, damit sich der Anker nicht auf die Prüfvorrichtung abstützt. Wenn die Prüfkraft über eine Traverse aufgebracht wird, die genügend weit seitlich des Ankerkopfes aufgesetzt ist, können die Anker voll vermörtelt werden (Bild 80).

## 4 Zugpfähle

In diesem Abschnitt werden nur Verbundpfähle mit einem zentrisch angeordneten Zugglied beschrieben. Rammpfähle aus Stahlbeton oder Stahlprofilen (RV-Pfähle, MV-Pfähle), Rüttel-Injektionspfähle (RI-Pfähle), Soiljet-GEWI-Pfähle oder Ortbetonpfähle werden nicht behandelt. Pfähle mit kleinen Durchmessern wurden zu Beginn der Fünfzigerjahre des vergangenen Jahrhunderts als Wurzelpfähle (pali radice) oder

Mikropfähle zunächst in Italien von *Fernando Lizzi* vor allem für Nachgründungen eingesetzt. In Deutschland wurden Verbundpfähle ab ca. 1980 in größeren Mengen eingebaut. Im Jahr 1983 erschien DIN 4128 „Verpresspfähle (Ortbeton- und Verbundpfähle) mit kleinem Durchmesser – Herstellung, Bemessung und zulässige Belastung", in der Pfähle bis 30 cm Durchmesser behandelt wurden. Ortbetonpfähle mit derart geringem Durchmesser werden heute nur noch in Ausnahmefällen eingesetzt.

## 4.1 Technisches Regelwerk für Zugpfähle

Bis zum Jahr 2005 war für die Herstellung, Bemessung und Prüfung von Verpresspfählen mit kleinem Durchmesser die DIN 4128 zusammen mit den Zulassungsbescheiden des Deutschen Instituts für Bautechnik maßgebend. Mit der Einführung der DIN 1054:2005-01 wurden die dort formulierten Regelungen auch in die Zulassungsbescheide des DIBt eingearbeitet.

Inzwischen gilt DIN EN 14199:2012-01 „Ausführung von Arbeiten im Spezialtiefbau – Mikropfähle; deutsche Fassung EN 14199:2015, in Verbindung mit DIN SPEC 18539:2012-02 (Nationale Ergänzungen). Die Bemessung hat nach DIN EN 1997-1: 2014-03, Eurocode 7: Entwurf, Berechnung und Bemessung in der Geotechnik, Teil 1, zusammen mit den Ergänzungen für den nationalen Gebrauch (zusammengestellt im „Handbuch Eurocode 7" [15]) zu erfolgen. Die Prüfung der Tragfähigkeit von Mikropfählen soll in Zukunft im Rahmen der europäischen Normung nach DIN ISO 22477 (Geotechnische Erkundung und Untersuchung. Prüfung von geotechnischen Bauwerken und Bauwerksteilen – Teil 2: Belastungsversuche an Pfählen – statische axiale Zugversuche) erfolgen. Bis zur Einführung dieser Norm sollten sich die Durchführung und Auswertung von Prüfungen an Mikro-Zugpfählen an DIN EN 1997-1 und den nationalen Ergänzungen sowie an den Empfehlungen des Arbeitskreises Pfähle der Deutschen Gesellschaft für Geotechnik orientieren.

## 4.2 Zugpfähle aus Stabstählen mit aufgerolltem Gewinde

### 4.2.1 Herstellung

Die Herstellung von Verbundpfählen mit Vollstäben unterscheidet sich nicht von der Ankerherstellung. In der Regel werden die Tragglieder in verrohrte Bohrungen eingebaut und mit Zementsuspension verpresst. In felsartigen Böden, in denen die Bohrungen standfest sind, kann die Herstellung ohne Verrohrung erfolgen.

### 4.2.2 Bemessung

Die Bemessung von Zugpfählen erfolgt nach DIN EN 1997-1 (zusammengestellt im „Handbuch Eurocode 7" [15]). Zudem sind die allgemeinen bauaufsichtlichen Zulassungen des Deutschen Instituts für Bautechnik zu beachten. Nach den „alten" Zulassungen war die zulässige Pfahlkraft bei Dauerpfählen mit einfachem Korrosionsschutz gemäß Tabelle 16 abzumindern. An die Stelle dieser pauschalen Abminderung ist nun die Forderung getreten, dass bei Pfählen mit Standard-Korrosionsschutz (einfachem Korrosionsschutz) der Nachweis zu erbringen ist, dass die Zugspannungen bzw. Randspannungen bei nicht planmäßiger Biegebeanspruchung im Stahl unter Ansatz der

**Tabelle 16** Gebräuchliche Stahltragglieder für GEWI-Verpresspfähle

| Stahlgüte $f_{p,0,2k}/f_{p,k}$ [N/mm²] | Stabdurchmesser [mm] | Querschnittsfläche [mm²] | Last an der Streckgrenze $P_{t,0,2k}$ [kN] | Bruchlast $P_{t,k}$ [kN] |
|---|---|---|---|---|
| 500/550 | 20 | 314 | 157 | 173 |
| | 25 | 491 | 245 | 270 |
| | 28 | 616 | 308 | 339 |
| | 32 | 804 | 402 | 442 |
| | 40 | 1257 | 628 | 691 |
| | 50 | 1963 | 982 | 1080 |
| 555/700 | 63,5 | 3167 | 1758 | 2217 |
| 670/800 [1)] | 25 | 491 | 329 | 393 |
| | 28 | 616 | 413 | 493 |
| | 30 | 707 | 474 | 565 |
| | 35 | 962 | 645 | 770 |
| | 43 | 1452 | 973 | 1162 |
| | 57,5 | 2597 | 1740 | 2077 |
| | 63,5 | 3167 | 2122 | 2534 |
| | 75 | 4418 | 2960 | 3534 |

[1)] Zulassung nur in Österreich

Bemessungswerte der Einwirkungen in der Bemessungssituation BS-P den Wert von 230 N/mm² nicht überschreiten. Als Teilsicherheitsbeiwert $\gamma_M$ für die Materialfestigkeit des Stahltragglieds ist in den Bemessungssituationen BS-P, BS-T und BS-A der Wert $\gamma_M$ = 1,15 zu verwenden. Tabelle 16 zeigt die gebräuchlichen Stahltragglieder für GEWI-Verpresspfähle.

Um abschätzen zu können, welcher Bohrlochdurchmesser bei unterschiedlichen Angriffsgraden des Grundwassers (nach DIN 4030) erforderlich ist, sind in Tabelle 17 die Mindestmaße der Betondeckung angegeben.

**Tabelle 17** Mindestmaße der Betondeckung des Stahltragglieds (in Anlehnung an Tabelle 1 DIN 4128)

| Zeile | Betonangriff nach DIN 4030 bzw. DIN 1045 | Zulässige Stahlaggressivität | Betonüberdeckung mindestens [mm] |
|---|---|---|---|
| 1 | nicht angreifend [1)] | aggressiv, schwach aggressiv oder praktisch nicht aggressiv | 30 |
| 2 | XA1, schwach angreifend [2)] | | 35 |
| 3 | XA2, stark angreifend [2)] | | 45 |

[1)] bei schwachem Sulfatangriff, aber ansonsten nicht angreifendem Chemismus des Grundwassers ist ein Zement mit hohem Sulfatwiderstand zu verwenden

[2)] Gutachten eines Sachverständigen für Stahl- und Betonkorrosion erforderlich

**Tabelle 18** Pfahlkräfte und Mindestbohrlochdurchmesser

| Zuggliedddurchmesser (mm) | 32 | 40 | 50 | 63,5 |
|---|---|---|---|---|
| zul. Pfahlkraft bei doppeltem Korrosionsschutz und Mindestbohrlochdurchmesser | 230 kN / ∅76 mm | 359 / ∅85 mm | 561 / ∅100 mm | 1004 / ∅120 mm |
| zul. Pfahlkraft bei einfachem Korrosionsschutz und Mindestbohrlochdurchmesser | 133 kN / ∅76 mm | 207 kN / ∅85 mm | 324 / ∅96 mm | 523 / ∅109 mm |

Um einen schnellen Vergleich der erforderlichen Bohrdurchmesser in Abhängigkeit von der Zementsteinüberdeckung des Stahlzugglieds zu ermöglichen, sind in Tabelle 18 die Tragglieddurchmesser, zulässigen Pfahlkräfte und Bohrlochmindestdurchmesser beim Dauereinsatz in nicht aggressiven Böden zusammengestellt (unter Berücksichtigung der Einbauteile).

Bei den angegebenen Mindestdurchmessern muss jedoch beachtet werden, dass das zum Einbau vormontierte Stahlzugglied auch in das (u. U. verrohrte) Bohrloch eingeschoben werden kann. Maßgebend kann also auch der Innendurchmesser der Verrohrung werden.

## 4.3 Zugpfähle aus Stahlrohren mit aufgerolltem Gewinde

Zugpfähle aus Stahlrohren mit aufgerolltem Gewinde gibt es schon lange. Das Gewinde ermöglicht das problemlose Verlängern und in Kombination mit einer verlorenen Bohrkrone können die Bauteile als Bohrgestänge dienen und dann als Tragglieder im Boden verbleiben. Lange Zeit bestand Skepsis darüber, ob solche selbstbohrenden Pfähle durch die Bohrspülung aus erhärteter Zementsuspension einen ausreichenden Korrosionsschutz erhalten würden. Die Fa. Ischebeck GmbH in Ennepetal beantragte um die Jahrhundertwende beim Deutschen Institut für Bautechnik für ihr Produkt TITAN eine allgemeine bauaufsichtliche Zulassung. Dazu wurden Grundsatzversuche in nichtbindigen und bindigen Böden durchgeführt, d. h., es wurden Probepfähle hergestellt und anschließend freigelegt (Bilder 81 und 82).

**Bild 81** Freigelegte Zugpfähle im Kies

**Bild 82** Freigelegte Zugpfähle im Ton

Bei den Grundsatzversuchen zeigte es sich, dass bei fachgerechter Herstellung der Korrosionsschutz durch die Zementsteinhülle durchgehend und vollständig herstellbar ist.

**Tabelle 19** Tragglieder Ischebeck TITAN

| Pfahltyp | Nenndurchmesser außen [mm] | Nenndurchmesser innen [mm] | Charakteristische Tragfähigkeit $R_{M,k}$ [kN] | Kraft an der Dehngrenze 0,2 % $F_{0,2,k}$ [kN] | Bruchlast $F_U$ [kN] |
|---|---|---|---|---|---|
| TITAN 30/16 | 30 | 16 | 155 | 190 | 245 |
| TITAN 30/11 | 30 | 11 | 225 | 260 | 320 |
| TITAN 40/20 | 40 | 20 | 372 | 425 | 540 |
| TITAN 40/16 | 40 | 16 | 465 | 525 | 660 |
| TITAN 52/26 | 52 | 26 | 620 | 730 | 925 |
| TITAN 73/56 | 73 | 56 | 695 | 830 | 1035 |
| TITAN 73/53 | 73 | 53 | 860 | 970 | 1160 |
| TITAN 73/45 | 73 | 45 | 1218 | 1270 | 1575 |
| TITAN 73/35 | 73 | 35 | 1386 | 1430 | 1865 |
| TITAN 103/78 | 103 | 78 | 1550 | 1800 | 2270 |
| TITAN 103/51 | 103 | 51 | 2325 | 2670 | 3660 |
| TITAN 127/103 | 127 | 103 | 1800 | 2030 | 2320 |

Es gibt mehrere Hersteller von Hohlstabtraggliedern mit aufgerolltem Gewinde. Ihre Produkte eignen sich in gleicher Weise wie die TITAN-Tragglieder zur Pfahlherstellung, besitzen aber bisher (Frühjahr 2016) keine allgemeine bauaufsichtliche Zulassung des DIBt als Dauerpfähle.

## 4.4 Prüfung von Zugpfählen

Nach DIN EN 14199:2015-07 sollen statische Probebelastungen an Bauwerkspfählen an mindestens zwei Pfählen durchgeführt werden, wenn 50 oder weniger Pfähle ausgeführt werden. Für alle weiteren 50 Mikropfähle soll ein weiterer Pfahl geprüft werden. Der Belastungsvorgang soll nach DIN EN 1997-1 Abschnitt 7.5.2.1 durchgeführt werden. Die Prüfkraft $P_P$ für Zugpfähle sollte mindestens den Wert

$$P_P = F_{t,d} \cdot \gamma_{s,t} \cdot \xi_1 \cdot \eta_M$$

erreichen.

$F_{t,d}$ Bemessungswert der axialen Zugbelastung des Pfahls
$\gamma_{s,t}$ Teilsicherheitsbeiwert für den Zugpfahlwiderstand
$\xi_1$ Streuungsfaktor bei der Auswertung von statischen Pfahlprobebelastungen
$\eta_M$ Modellfaktor zur Anpassung der Teilsicherheitsbeiwerte bei Mikropfählen

Die Werte $\xi_1$ und $\eta_M$ sind der Tabelle A7.1 bzw. Abschnitt 7.6.3.2 A (3c) zu entnehmen.

# 5 Literatur


[1] DIN EN 447:2008-01: Einpressmörtel für Spannglieder – Allgemeine Anforderungen.

[2] DIN 1054:2010-12: Baugrund – Sicherheitsnachweise im Erd- und Grundbau. Änderungen A1:2012-08 bzw. A2:2015-11.

[3] DIN 1164:2000-11: Zement.

[4] DIN 4125-1:1972-06: Teil 1 – Verpreßanker für vorübergehende Zwecke im Lockergestein.

[5] DIN 4125-2:1976-02: Teil 2 – Verpreßanker für dauernde Verankerungen (Daueranker) im Lockergestein.

[6] DIN 4125:1990-11: Verpreßanker. Kurzzeitanker und Daueranker. Bemessung, Ausführung und Prüfung.

[7] DIN 4128:1983-04: Verpreßpfähle (Ortbeton- und Verbundpfähle) mit kleinem Durchmesser. Herstellung, Bemessung und zulässige Belastung

[8] DIN EN 14199:2015-07: Ausführung von besonderen geotechnischen Arbeiten (Spezialtiefbau) – Pfähle mit kleinen Durchmessern (Mikropfähle).

[9] DIN EN 14490:2015-07: Ausführung von besonderen geotechnischen Arbeiten (Spezialtiefbau) – Bodenvernagelung.

[10] DIN EN 1537:2014-07: Ausführung von besonderen geotechnischen Arbeiten (Spezialtiefbau) Verpressanker.

[11] DIN SPEC 18537:2012-02: Einführendes Element – Zusätzliche Festlegungen zu DIN EN 1537 – ergänzendes Element.

[12] DIN EN ISO 22477-5: Geotechnische Erkundung und Untersuchung. Prüfung von geotechnischen Bauwerken und Bauteilen – Teil 5: Ankerprüfungen.

[13] DIN EN ISO 22477-6: Geotechnische Erkundung und Untersuchung. Prüfung von geotechnischen Bauwerken und Bauteilen – Teil 6: Prüfung von Vernagelungen.

[14] DIN EN 1997-1:2014-03: Eurocode 7 – Entwurf, Berechnung und Bemessung in der Geotechnik – Teil 1: Allgemeine Regeln; Deutsche Fassung EN 1997-1:2004 + AC:2009 + A1:2013.

[15] Handbuch Eurocode 7: Geotechnische Bemessung, Band 1: Allgemeine Regeln. 2. Auflage, Beuth Verlag, Berlin 2015.

[16] DIN 21521:1990: Gebirgsanker für den Bergbau und den Tunnelbau.

[17] Eisenbahn-Bundesamt: EBA-Zulassung zur Betriebserprobung Nr. GZ:21.41lbzb (35/98) für Dauer-Verpresspfähle TITAN mit einfachem Korrosionsschutz, erteilt an die Friedrich Ischebeck GmbH, Bonn, 2001.

[18] Herbst. Th. F.: Anwendungsmöglichkeiten und Einsatz von Ankerzuggliedern im Boden und Fels. Vorträge der Technischen Akademie Esslingen, Verankerungen und Vernagelungen in der Geotechnik, 1990.

[19] Hettler, A.; Meiniger, W.: Einige Sonderprobleme bei Verpressankern. Bauingenieur 65 (1990), S. 407–412.

[20] Jirovec, P.: Untersuchungen zum Tragverhalten von Felsankern. Veröffentlichung des Instituts für Bodenmechanik und Felsmechanik, Universität Karlsruhe, 1979.

[21] Kapp, H.: Korrosionsprüfungen an Vorspannkabeln und Injektionsankern. Schweizer Ingenieur und Architekt, 38 (1987), S. 1093–1095.

[22] Matt, U. von: Vorgespannte Boden- und Felsanker. Ankerprüfungen und Bauwerksüberwachung. Vorträge der Technischen Akademie Esslingen, Ndl. Sarnen, 1991.

[23] Müller, H.; Vogel, W.; Wichter, L.: Standsicherheitserhöhung von Eisenbahndämmen durch flächenhafte Vernagelung. Vorträge der 4. Österreichischen Geotechniktagung, Wien, 2003.

[24] Ostermayer, H.: Verpreßanker. Grundbau-Taschenbuch, 4. Auflage, Teil 2, 1991.

[25] Ostermayer, H.; Barley, T.: Ground anchors. Geotechnical Engineering Handbook, Vol. 2: Procedures. Ernst & Sohn, Berlin, 2003.

[26] Ostermayer, H.: 35 Jahre Verpreßanker im Boden. Festschrift für Karlheinz Bauer zum 65. Geburtstag. Werner-Verlag GmbH, Düsseldorf, 1993.

[27] Scheele, F.: Tragfähigkeit von Verpreßankern in nichtbindigem Boden. Veröffentl. Lehrstuhl und Prüfamt für Grundbau, Bodenmechanik u. Felsmechanik, Universität München, 1982.

[28] Schwarz, H.: Der Einsatz schwerer Felsanker im Erd- und Grundbau. Vorträge der Technischen Akademie Esslingen, Langebrück, 1994.

[29] Stocker, M.; Gäßler, G.: Ergebnisse von Großversuchen über eine neuartige Baugrubenwand-Vernagelung. Tiefbau – Ingenieurbau – Straßenbau, Heft 9, 1979.

[30] Vollenweider, U. et al.: Empfehlungen für Projektierung und Ausführung des Korrosionsschutzes von permanenten Boden- und Felsankern. Bern, Lausanne, Hinwil, Zürich, Lyssach, 1989.

[31] Wernick, E.: Tragfähigkeit zylindrischer Anker in Sand, Veröffentl. Institut für Bodenmechanik und Felsmechanik, Universität Karlsruhe, 1978.

[32] Wichter, L.; Meiniger, W.: Verankerungen und Vernagelungen im Grundbau. Ernst & Sohn, Berlin, 2000.

[33] Wichter, L.; Meiniger, W.: Zum Stand der Bodenvernagelung in Deutschland. Geotechnik 27 (2004) Nr. 3, S. 292–301.

[34] Wichter, L.; Joppa, E.; Löer, R.; Pachomow, D.: Erfahrungen aus dem Einsatz von vorgespannten Verpressankern und Verpresspfählen für Daueranverankerungen. Veröffentlichungen des Lehrstuhls für Bodenmechanik und Grundbau/Geotechnik, BTU Cottbus, Heft 2, 2005.

[35] Wietek, B.: Permanentes Meßsystem für Daueranker. Tiefbau – Ingenieurbau – Straßenbau, 10/1992, S. 786–790.

# 2.6 Bohrtechnik

*Georg Ulrich und Luis Ulrich*

## 1 Einführung

Die Bohrtechnik zur Erschließung von Wasser und nutzbaren Mineralien blickt auf eine jahrtausendealte technische Entwicklung zurück. Bereits lange vor der Zeitwende gab es in Ägypten und China Bohrwerkzeuge und Schlagbohrtechniken. Mit der Suche nach Erdöl nahm das drehende Rotary-Bohrverfahren seit dem 19. Jahrhundert eine weltweit dominierende Rolle bei immer tiefer reichenden Aufschluss- und Förderbohrungen ein. Die von 1990 bis 1994 ausgeführte Kontinentale Tiefbohrung bei Windischeschenbach/Bayern erreichte eine Tiefe von 9101 m. Die ursprünglich anvisierte Zieltiefe von 10 bis 14 km konnte wegen der unerwartet früh einsetzenden höheren Gesteinstemperaturen bis 300 °C nicht erreicht werden. Gleichwohl handelt es sich um eine der größten technischen Leistungen in der Tiefbohrtechnik. Auch die bislang tiefste Bohrung ins Innere der Erde – 1970 bis 1994 auf der russischen Halbinsel Kola – fand zu Forschungszwecken statt. Diese sogenannte Kola-Bohrung erreichte eine Tiefe von 12262 m.

Im Rahmen der Baugrunderkundung, des Spezialtiefbaus und der flachen Geothermie beschränken sich die Bohrtiefen auf bis zu 100 m, in Sonderfällen bis etwa 500 m. Nicht zuletzt durch die fortschreitende Entwicklung in der Öl- und Drucklufthydraulik hat sich in diesen Tiefenbereichen eine Vielzahl von Lösungs- und Fördertechniken des Gesteins entwickelt. Das Kapitel Bohrtechnik befasst sich mit den grundlegenden Bohrverfahren und gibt einen Einblick in das derzeitig zur Verfügung stehende Gerätepotenzial.

## 2 Trockenbohrverfahren

### 2.1 Allgemeines

Trockenbohrungen zeichnen sich dadurch aus, dass keine Stütz- und Förderflüssigkeit im Bohrloch verwendet wird. Teufenbereiche bis zu 25 m werden in der Regel, in weitergehenden Fällen auch bis zu 60 m im Trockenbohrverfahren ohne Umlaufspülung hergestellt. Je flacher die Bohrung, desto weniger ausgeprägt sind die Vorteile der Umlaufspülung.

Beim Trockenbohren bringt ein Bohrgerät ein Stahlrohr drehend, schlagend oder vibrierend in den Boden ein. Anschließend folgt die Kernräumung, also das Entnehmen des Bohrguts im Bohrrohr. Dazu eignen sich die folgenden Methoden.

*Grundbau-Taschenbuch: Teil 2. Geotechnische Verfahren*, Achte Auflage. Karl Josef Witt (Hrsg.).

## 2.2 Seilgeführte Werkzeuge

Schlag- und Freifallwerkzeuge:

- Greifer,
- Kreuzmeißel,
- Ventilbohrer.

Der Greifer besteht aus zwei bis vier Schalen, die im geöffneten Zustand beim Herabfallen in den Boden eindringen (große Masse erforderlich) und beim Zurückziehen schließen (Bilder 1, 2). Somit erfolgen das Lösen und Fördern des Bohrguts in einem Arbeitsgang. Der Greifer eignet sich insbesondere zur Beseitigung von Bohrhindernissen im Bohrloch, wie z. B. Findlingen.

Falls das Bohrgut nicht gegreifert werden kann, wird der Kreuzmeißel zur Zerstörung massiver Hindernisse eingesetzt.

Für fließfähige Bodenarten wie Treibsande oder locker gelagerte Kiese wird unterhalb des Grundwasserspiegels der Ventilbohrer, oft auch als Kiespumpe bezeichnet, eingesetzt (Bilder 3, 4). Ein Kolben innerhalb der Büchse sorgt beim Aufwärtsziehen für Unterdruck, wodurch das Bodenmaterial in der Büchse gehalten wird.

## 2.3 Drehende Werkzeuge

Beim Trockendrehbohrverfahren ist das Werkzeug über ein Gestänge mit dem Drehantrieb verbunden. Für die Aufgaben des Spezialtiefbaus wird i. d. R. die Kellystange zur Kraft- und Drehmomentübertragung verwendet. Eine Kellystange besteht aus zwei bis fünf teleskopierbaren Rohren mit einem angeschweißten Leisten- bzw. Mitnehmersystem.

Bohrgeschwindigkeit und -leistung werden gegenüber den seilgeführten Werkzeugen erheblich gesteigert, sind jedoch mit einem wesentlich höheren Mechanisierungsgrad und Verschleiß verbunden. Zum Einsatz kommen folgende Bohrwerkzeuge:

- Schappe,
- Bohreimer,
- Schnecke,
- Kernrohr.

Für bindige Böden (Lehm, Ton, Schluff) wird die Schappe, bestehend aus einem Rohr (meist geschlitzt) mit einer Schneide am unteren Ende, verwendet.

Der Bohreimer ist zum Bohren aller Bodenarten in wasserführenden Böden geeignet. Für die Anwendung in verschiedenen Bodenarten stehen Drehböden mit unterschiedlichem Zahnbesatz (Flachzähne, Rundschaftmeißel oder Räumerleiste) zur Verfügung (Bilder 5 bis 7). Die Öffnung des Drehbodens erfolgt durch einen Entriegelungsmechanismus, der durch den Drehteller oder manuell ausgelöst wird. Ein Entlüftungskanal verhindert den Aufbau eines Vakuums beim Ziehen des Bohreimers. Die Durchmesser liegen zwischen 500 und 2500 mm.

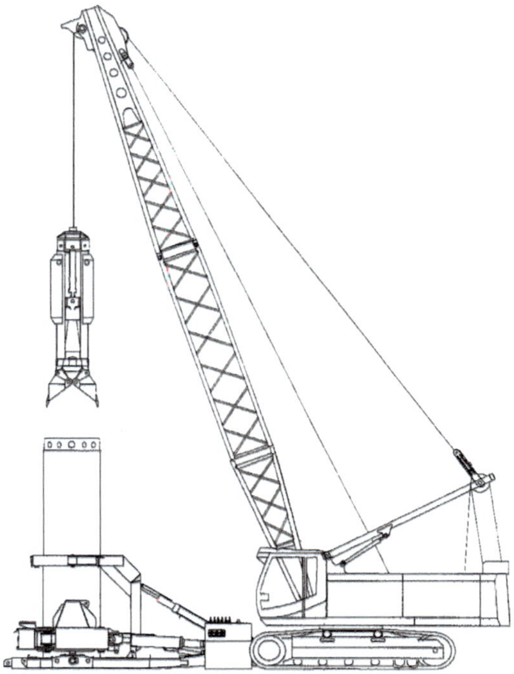

**Bild 1** Kugelgreifer am Seilbagger mit Verrohrungsanlage [6]

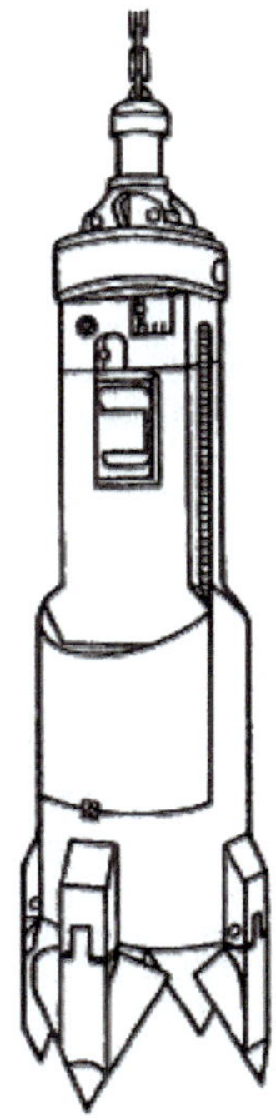

**Bild 2** Vierschaliger Greifer für Greiferbohrungen [12]

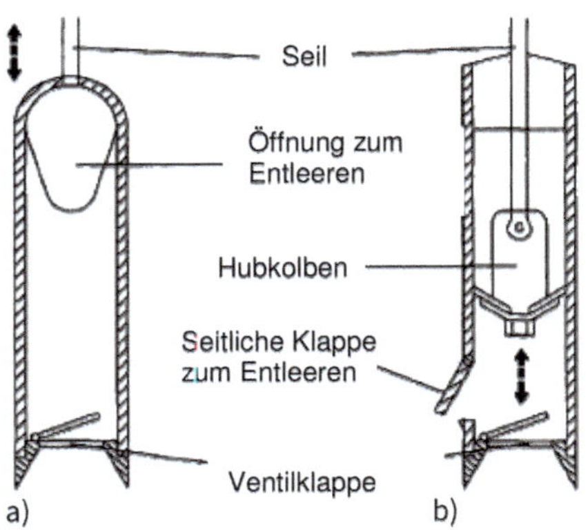


**Bild 3** Ventilbohrer [12];
a) Schlammbüchse,
b) Kiespumpe

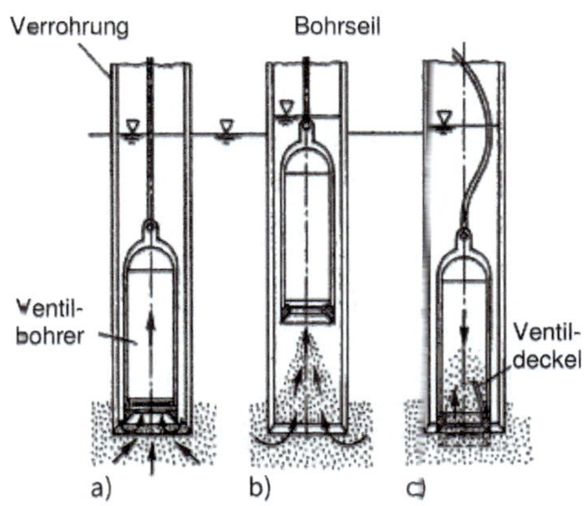


**Bild 4** Wirkungsweise eines Ventilbohrers [12];
a) Beginn des Hubs,
b) Ende des Hubs (Sogwirkung),
c) freier Fall (Bodeneintrieb)

**Bild 5** Kastenbohreimer mit geöffnetem Drehboden [6]

**Bild 6** Felskastenbohrer mit Rundschaftmeißel

**Bild 7** Kastenbohrer bestückt mit Flachzähnen, geeignet für Ton

Die zeitaufwendige Entleerung der Schappe und des Bohreimers entfällt durch den ständigen Bohraustrag beim Schneckenbohren (Bilder 8, 9). Beim kontinuierlichen Schneckenbohren werden wegen der hohen Reibung zwischen Wendel und Boden und des hohen Bodengewichtes nicht nur kraftvolle Drehantriebe, sondern auch große Rückzugskräfte erforderlich. Deshalb wird für größere Durchmesser die kontinuierliche Schnecke durch ein kurzes Schneckenstück mit Verlängerungsrohren (z. B. Kellystange) ersetzt. Die Schneckenbohrer sind sowohl für den Einsatz in trockenen Böden als auch für das Bohren im Fels (Progressivschnecke) geeignet (Bilder 10, 12). Je nach Aufgabe stehen wie beim Bohreimer verschiedene Schneidwerkzeuge zur Verfügung.

Mit Kernrohren wird ein Ringraum im Fels oder in bewehrtem Beton geschnitten. Der Kern selbst wird üblicherweise mit Fallmeißel, Felsschnecke oder einem „Cross-cutter" zerstört (Bild 11). Die Wirksamkeit des Kernrohrs beruht auf der Konzentration des Drehmoments und der Anpresskraft auf den schmalen Schneidring. Für Felsfestigkeiten > 100 MPa werden die Stiftzähne oder Rundschaftmeißel durch Rollenmeißel ersetzt (Bild 13).

**Bild 8** Schneckenbohrwerkzeug gefüllt mit schluffigem Sand [17]

**Bild 9** Abschleudern durch schnelles Hin- und Herdrehen der Bohrschnecke [17]

**Bild 10** Zweischneidige Schnecke mit Rundschaftmeißel und kleiner Hohlseele

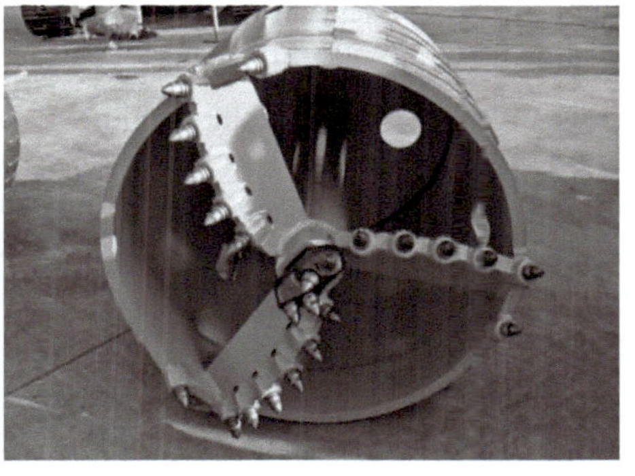

**Bild 11** „Cross-cutter" mit Rundschaftmeißel für Felsanwendungen

**Bild 12** Progressivschnecke mit Rundschaftmeißel für Felsbohrarbeiten [13]

**Bild 13** Rollenmeißelkernrohr für Felsbohrarbeiten [6]

## 2.4 Kellybohrverfahren

Der Name leitet sich vom Erfinder der Kellystange, einem amerikanischen Ingenieur ab, der in den 1920er-Jahren damit begonnen hat, diese Technik im Bereich der Erdölbohrungen zu entwickeln.

Kellystangen sind Schlüsselelemente für die Herstellung von Bohrungen mit hydraulischen Drehbohrgeräten. Die Kellystange besteht aus ineinander geschachtelten Stahlrohren und verbindet das Bohrwerkzeug mit dem Kraftdrehkopf. Somit ist die Kellystange ein entscheidendes Bauteil für die Kraft- und Drehmomentübertragung auf die Bohrlochsohle.

Die Maste der Bohrgeräte sind i. d. R. weniger als 30 m hoch, sodass zum Erzielen größerer Tiefen die Kellystangen teleskopierbar sein müssen (Bilder 14, 15). Es werden Zwei-, Drei-, Vier- und Fünfachkellys eingesetzt. Die Bohrtiefe reicht dabei von 10 bis ca. 90 m, die schwerste Kellystange wiegt derzeit ca. 18 t.

Das Kellybohren eignet sich durch die Verwendung verschiedener Bohrwerkzeuge für alle Bodenarten einschließlich Fels. Die Stützung der Bohrlochwandung erfolgt durch Bohrrohre oder durch Flüssigkeitsüberdruck. Die Bohrrohre können entweder mit dem Drehgetriebe oder auch mit am Bohrgerät angebauten Verrohrungsanlagen bewegt bzw. abgeteuft werden (Bilder 16 bis 18). Die Bohrdurchmesser liegen zwischen 600 und 2500 mm, in besonderen Anwendungsfällen sogar bis 3000 mm.

**Bild 14** Teleskopierbare Kellystange [6]

**Bild 15** Großdrehbohrgerät mit Bohrwerkzeug und Kellystange im Rüstzustand

**Bild 16** Kellystange, Drehgetriebe, Bohrwerkzeug, Verrohrungsrohre (von oben nach unten) [17]

**Bild 17** Großdrehbohrgerät mit Kastenbohrer und angebauter Verrohrungsanlage

**Bild 18** Großdrehbohrgerät beim Herstellen geneigter Pfähle mit Verrohrungsanlage [17]

## 2.5 Schneckenbohrverfahren (Continuous Flight Auger CFA)

### 2.5.1 Allgemeines

Der Hauptunterschied zum Kellyverfahren ist, dass beim Schneckenbohren das Lösen und Fördern des Bohrguts kontinuierlich in einem Arbeitsgang erfolgen. Durch die Verwendung einer langen Schnecke (Bild 19), die in einem Arbeitsgang in den Boden gedreht wird, sind große Bohrleistungen erzielbar.

Der Boden wird an der Schneckenspitze gelöst und über die Wendel nach oben gefördert. Das durchgehende Bodenvolumen auf der Schneckenwendel bewirkt die Stabilisierung der Bohrlochwandung. Durch die Bodenförderung und die Verwendung von Vorschubsystemen (Zylinder-, Ketten- oder Seilvorschub) lassen sich auch härtere Schichten durchbohren. Ein Nachteil besteht darin, dass das Bohrwerkzeug bei wechselnden Bodenverhältnissen nicht ausgetauscht werden kann. Das anfangs ausgewählte Bohrwerkzeug muss bis zum Erreichen der Endtiefe für den anstehenden Untergrund geeignet sein.

Während des Ziehvorgangs muss der Boden, vor allem bei langen Endlosschnecken, von den Schneckenwendeln getrennt werden, um das Herabfallen des Bohrguts aus größeren Höhen zu vermeiden (Bild 23). Dies erfolgt durch sog. Schneckenputzer (Bild 24), die am Gerät angebaut sind.

Typische Schneckendurchmesser liegen zwischen 500 und 1200 mm. Die zu erzielende Bohrtiefe hängt zunächst von der Mastlänge des Bohrgeräts ab, kann jedoch um weitere 8 m mit einer Kellystange verlängert werden. Somit können heutzutage Schneckenbohrungen bis zu einer Tiefe von 30 m hergestellt werden (Bilder 21, 22).

**Bild 19** Endlosschnecken mit Kellyverlängerung [6]

**Bild 20** „Low headroom" Endlosschneckenbohrgeräte mit 7,5 m Masthöhe. Bohrtiefen bis 28 m erzielt durch Aufsetzen einzelner Schneckenschüsse (Länge 2,5 m) [6]

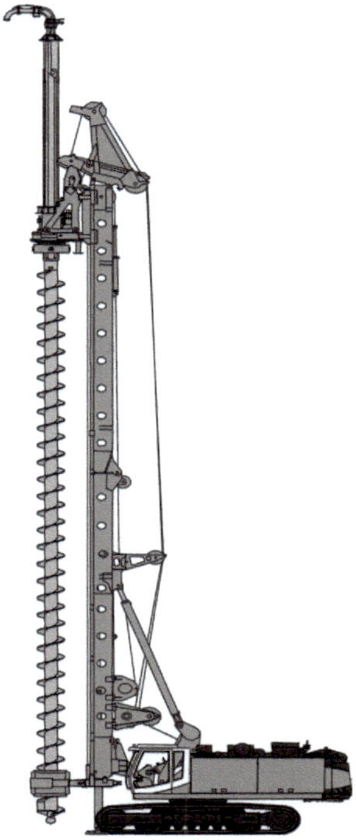

**Bild 21** Großdrehbohrgerät mit Endlosschnecken und 8 m Kellyverlängerung [6]

**Bild 22** Endlosschnecken mit am Gittermast geführter 13 m Kellyverlängerung, max. Bohrtiefe 30 m [6]

**Bild 23** Abschütteln der Endlosschnecken durch schockierende Hin- und Herbewegung

**Bild 24** Rollenschneckenputzer für bindige Böden [6]

Das Schneckenbohren kann mit dem Eindrehen einer Schraube verglichen werden. Die Kunst liegt darin, die Bohrgeschwindigkeit so zu wählen, dass möglichst wenig Boden gefördert wird, jedoch kein „Korkenziehereffekt“ riskiert wird. Wird z. B. in bindigen Böden die Schnecke zu schnell eingedreht, wird der Boden nicht ausreichend abgeschert und die Schnecke „frisst“ sich bei fortlaufender Drehbewegung nach unten. Deshalb müssen speziell beim Endlosschneckenbohren den Herstellparametern wie Vorschubgeschwindigkeit, Drehzahl und Anpresskraft besondere Aufmerksamkeit geschenkt werden.

Bild 25a zeigt das Eindringverhalten einer Schnecke mit optimaler Vorschubgeschwindigkeit und Schneckendrehzahl. Dabei wird die Wendel nur mit dem von der Schneckenspitze gelösten Material gefüllt. Es findet kein zusätzlicher lateraler Materialzufluss statt.

Wird die Schnecke mit zu großer Vorschubgeschwindigkeit und zu geringer Drehzahl in den Boden gedreht, entsteht ein sog. „Korkenziehereffekt“. Das heißt, dass der Boden entlang der äußeren Wendelmantelfläche nicht abgeschert und infolgedessen nicht nach oben gefördert wird. Dies führt dazu, dass die Schnecke erhebliche Zugkräfte auf das Vorschubsystem und den Mast des Bohrgeräts ausübt.

Wird die Schnecke mit zu langsamer Vorschubgeschwindigkeit und zu hoher Drehzahl in den Boden gedreht (Bild 25b), fließt, aufgrund zu geringer Materialförderung von der Schneckenspitze, Material von der Bohrlochwandung lateral in Richtung Seelenrohr. Dieser seitliche Materialfluss kann zu tragfähigkeitsmindernden Auflockerungen und evtl. sogar zu Setzungen an der GOK führen. Um das zu vermeiden, ist in der DIN EN 1536 unter 8.2.5.5 vorgeschrieben „... Vorschub und Drehgeschwindigkeit der Bohrschnecke den Bodenverhältnissen anzupassen und die Bodenförderung ist so einzuschränken, dass die seitliche Standfestigkeit der Bohrlochwand erhalten und ein Mehraushub minimiert wird“.

Deshalb müssen beim Schneckenbohren Herstellparameter wie Vorschubgeschwindigkeit, Schneckendrehzahl und Anpressdruck auf das jeweilige Bohrwerkzeug abgestimmt und während des Bohrvorgangs kontrolliert und ggf. angepasst werden.

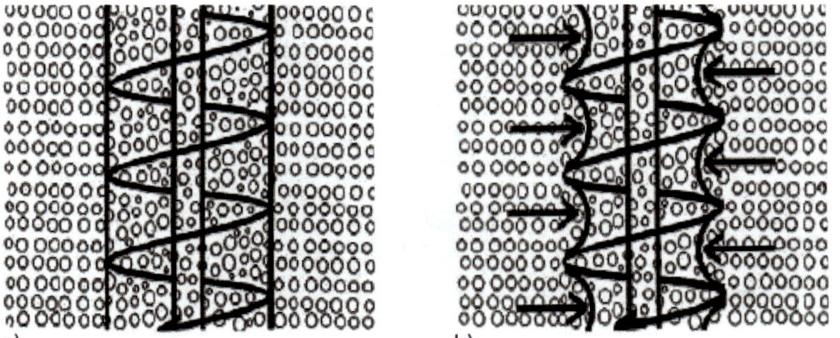

a) b)

**Bild 25** Effekt des zu großen Förderns von Boden (nach *Fleming* [7])

*Van Impe* [1] hat die Einflüsse während der Installation von Schneckenpfählen genauer untersucht, insbesondere die Beziehung zwischen den Herstellparametern (Abbohrgeschwindigkeit und Drehzahl) und den geometrischen Kenngrößen der Schnecke.

### 2.5.2 Schneckenbohren mit großer Hohlseele

Beim Schneckenbohren mit großer Hohlseele (oft auch als Teilverdränger bezeichnet) ist eine Schneckenwendel mit einer Breite von wenigen Zentimetern (5 bis 10 cm) auf das Seelenrohr aufgeschweißt (Bilder 26, 27). Das Seelenrohr wird durch einen verlorenen oder wiedergewinnbaren Bohrkopf verschlossen.

Beim Eindrehen des Werkzeugs wird der Boden teilweise verdrängt, teilweise auf den schmalen Wendeln nach oben transportiert. Da die Schnecke wie ein Bohrrohr gekoppelt werden kann, sind die maximalen Bohrtiefen nur von der Bodenart, dem zur Verfügung stehenden Drehmoment und der Rückzugskraft abhängig.

Die Bohrleistung ist trotz größerer Verdrängerarbeit des Bohrwerkzeugs nur geringfügig kleiner als beim Schneckenbohren mit kleiner Hohlseele.

Die große Hohlseele bietet die Möglichkeit, bei der Pfahlherstellung vor dem eigentlichen Betoniervorgang einen Bewehrungskorb bis auf Endtiefe einzubauen.

### 2.5.3 Verrohrtes Schneckenbohren (Cased Continuous Flight Auger CCFA)

Eine Weiterentwicklung der Schneckenbohrtechnik ist das sog. verrohrte Schneckenbohren (CCFA). Dabei werden Außenrohr und Bohrschnecke i. d. R. über zwei Drehantriebe gleichzeitig in den Boden gedreht (Bilder 31, 32). Nach Erreichen der Endtiefe wird der Beton in das Seelenrohr der Bohrschnecke, bei gleichzeitigem Ziehen von Verrohrung und Bohrschnecke, gepumpt. Die Bewehrung kann nachträglich eingebaut werden (Bild 28).

**Bild 26** Schneckenpfahlherstellung [6]

**Bild 27** Schneckenbohrwerkzeug mit großer Hohlseele

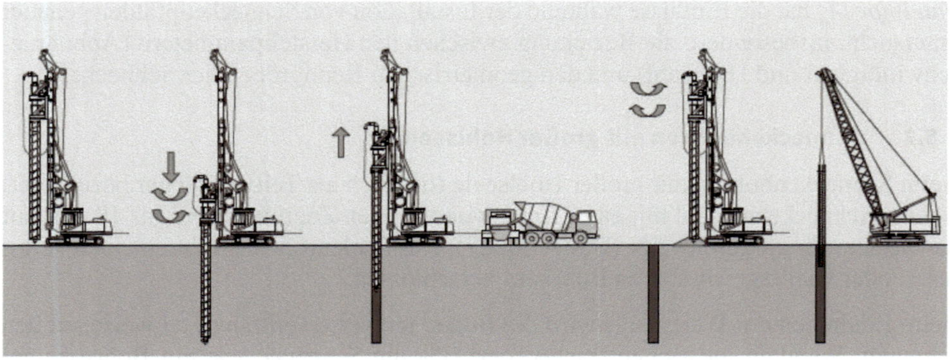


**Bild 28** Ablauf zum Herstellen von verrohrten Schneckenbohrpfählen [6]

Verrohrte Schneckenpfähle werden als Gründungspfähle oder bei der Herstellung von Bohrpfahlwänden, bei denen die Vertikalität der Wand eine große Rolle spielt, eingesetzt. Die gegenüber den Schnecken sehr viel steiferen Bohrrohre ermöglichen eine ausreichend lotrechte Abteufung der Bohrung. Die Bilder 29 und 30 zeigen den Unterschied von überschnittenen Bohrpfahlwänden, die im CFA- oder im CCFA-Verfahren hergestellt wurden.

Entscheidender Faktor für eine erfolgreiche Herstellung der Pfähle ist das Förderverhalten des Bohrguts auf der Wendel. Die Schnecke muss so schnell gedreht werden, dass die erzeugte Zentrifugalkraft größer ist als die Hangabtriebskraft und Reibungskraft zwischen Wendel und Boden. Nur wenn ein Bodenpartikel auf der Wendel nach außen Richtung Bohrrohr transportiert wird, kann es nach oben gefördert werden. Oftmals lassen sich die notwendigen Schneckenumdrehungszahlen aus maschinentechnischen Gründen nicht erreichen, dann kann zur Verminderung der Reibungskräfte eine Luftspülung eingesetzt werden. Diese unterstützt den Bohrguttransport nach oben durch Verringerung der Reibungskräfte bei gleichzeitigem Trocknen des Bohrguts (Bilder 31 bis 34).

**Bild 29** Überschnittene Bohrpfahlwand hergestellt im CCFA-Verfahren, ∅ 750 mm: hervorragende Wandvertikalität [6]

**Bild 30** Dieselbe Baustelle wie in Bild 29, Pfähle im CFA-Verfahren hergestellt, ∅ 750 mm; große Abweichungen im Fußbereich der Wand [6]

**Bild 31** Bohrwerkzeug – Bohrschnecke innen und Bohrrohr außen

**Bild 32** Großdrehbohrgerät beim Herstellen einer überschnittenen Pfahlwand, ∅ 750 mm verrohrte Schneckenpfählen bis 15,5 m Länge [6]

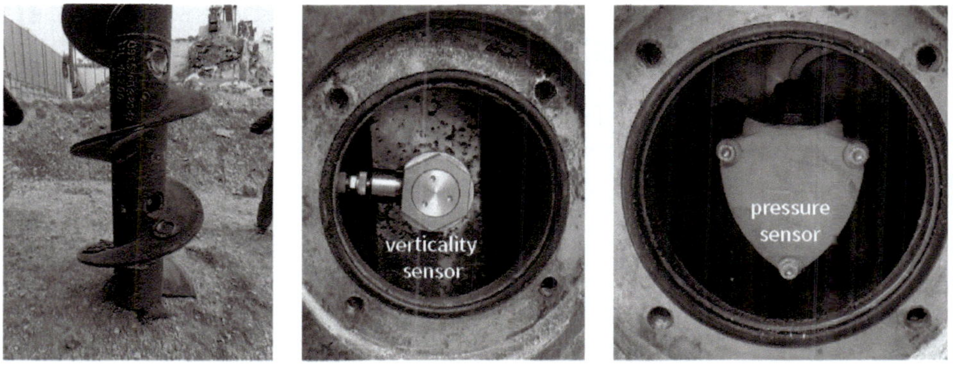


**Bild 33** Im Rahmen der Qualitätskontrolle wird die induktive Übertragung von Bohr- und Betondruckdaten aus dem Bohrloch genutzt [27]

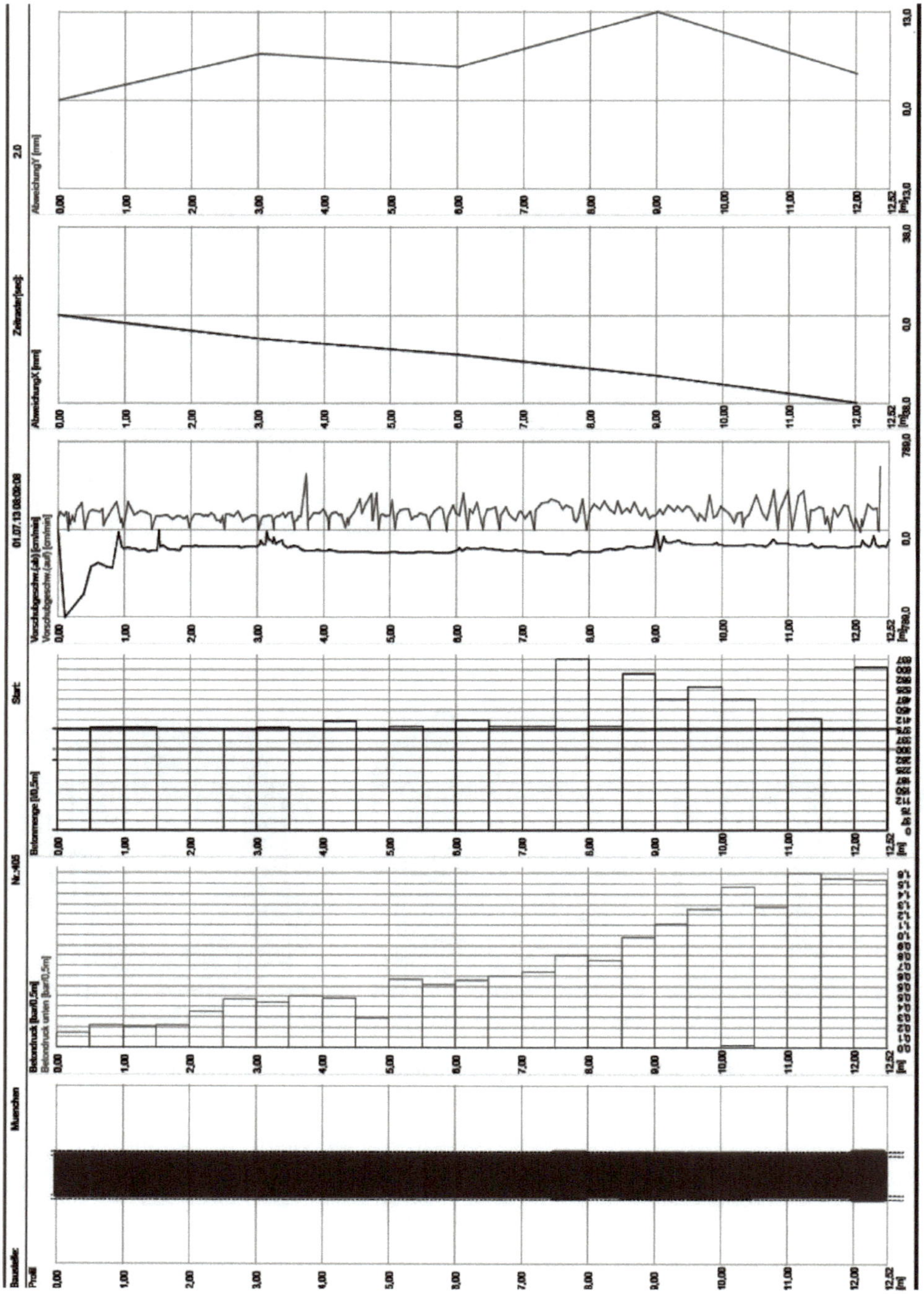

**Bild 34** Qualitätskontrolle bei der Pfahlherstellung [27]

### 2.5.4 Vor-der-Wand-Verfahren (VdW)

Mit diesem Verfahren werden analog zu Abschnitt 2.6 ebenfalls verrohrte Schneckenbohrpfähle hergestellt. Oftmals müssen Bohrpfähle unmittelbar an bestehender Bebauung hergestellt werden. Dazu wurden spezielle Antriebe konstruiert (als VdW, Vor-der-Wand-Getriebe bezeichnet), die es erlauben, den Abstand zwischen Pfahlachse und anstehender Bebauung auf bis zu 23 cm zu reduzieren [8] (Bild 35).

## 2.6 Verdrängerbohrverfahren [9]

### 2.6.1 Vollverdränger (Full Displacement Pile FDP)

Das Verdrängerbohrverfahren zeichnet sich im Wesentlichen dadurch aus, dass beim Abbohren des Bohrwerkzeugs kein bzw. kaum Bodenmaterial gefördert wird.

Dabei wird ein Bohrgestänge, bestehend aus Bohranfänger, Vorlaufschnecke und konisch verlaufendem Verdrängungskörper, in den Boden eingedreht und eingedrückt (Bild 36). Die Fähigkeit moderner Drehbohrgeräte, gleichzeitig hohe Drehmomente und Anpressdrücke auf das Werkzeug zu übertragen, wird bei diesem Verfahren sehr vorteilhaft eingesetzt. Heutige Drehbohrgeräte können Drehmomente bis 400 kNm und Anpresskräfte bis zu 330 kN aktivieren. Der Anpressdruck wird über ein Windenvorschubsystem erzeugt und ist deshalb über den ganzen Verfahrweg (Schlittenhub) in gleicher Größe verfügbar. Ein Schneckenanfänger am unteren Ende des Verdrängerkörpers gewährleistet das Eindringen in den Untergrund sowie die Einbindung in den Traghorizont. Nach Erreichen der Endtiefe wird Beton durch die zentrische Hohlseele in den Boden gepresst. Beim Rückwärtsziehen des Bohrgestänges verdichtet die am oberen Konus angebrachte, gegenläufige Schneckenwendel das nachgefallene Bodenmaterial während des Betoniervorgangs.

Die Produktivität ist in erster Linie abhängig vom Bohrdurchmesser, vom Boden, dessen Lagerungsdichte und Verdrängbarkeit und natürlich vom Bohrgerät (Drehmoment und Anpresskraft). Je nach Bodenart lassen sich bis zu 60 m fertiger Pfahl/Std. erzielen. Die Grenzen des Verfahrens werden durch die anstehenden Untergrundverhältnisse bestimmt. So kann nicht verdrängbarer Boden – sehr dichter Sand und Kies sowie harter Ton – nur in geringen Mächtigkeiten gebohrt und verdrängt werden.

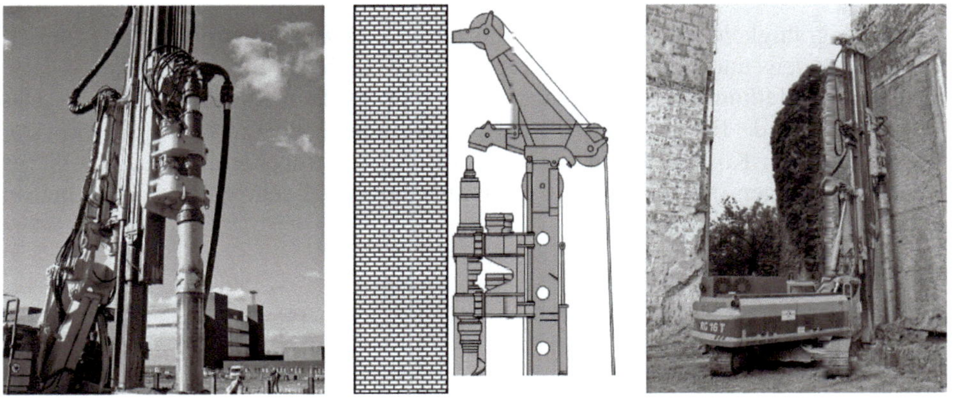

**Bild 35** VdW-Getriebe zum Herstellen von verrohrten Schneckenpfählen [8]

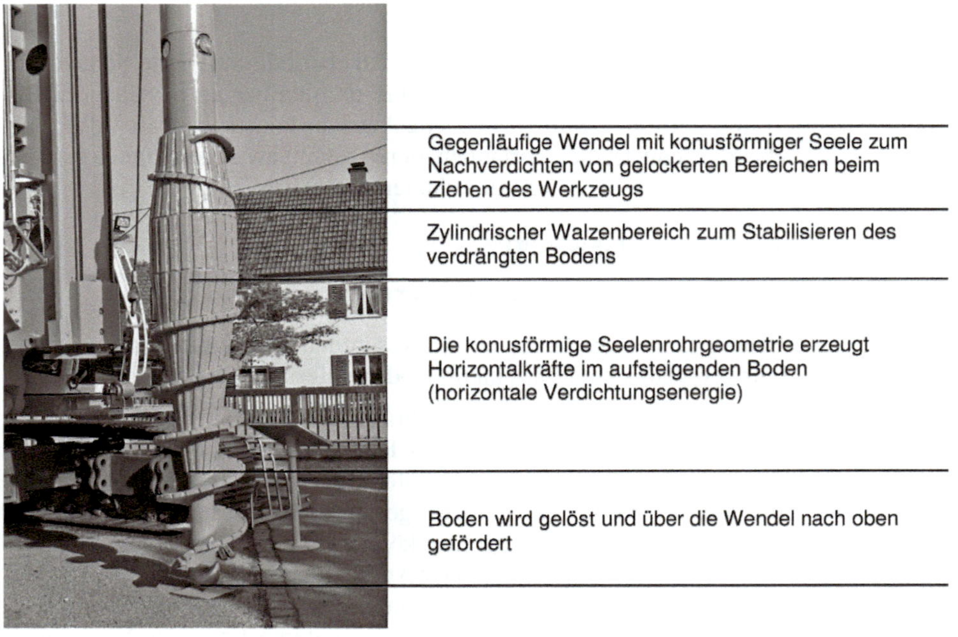


**Bild 36** Verdrängerbohrwerkzeug mit gegenläufiger Wendel [6]

Da dieses Verfahren im sog. „Single-Pass" ausgeführt wird, begrenzen die Masthöhe und das Einsatzgewicht des Bohrgeräts die Bohrtiefe. Zusätzliche Bohrtiefe wird durch das Verfahren der Kellyverlängerung gewonnen. Die mit dem Drehgetriebe verriegelbare Kellystange kann durch die beiden Verriegelungspositionen die Bohrtiefe bis zu 12 m erweitern (Bilder 37, 38).

Das Verdrängerpfahlsystem weist gegenüber konventionellen Bohrpfählen folgende Vorteile auf:

- kurze Produktionszeiten in der Pfahlherstellung,
- geräuscharm, praktisch erschütterungsfrei und damit umweltfreundlich bei der Herstellung,
- hohe Tragfähigkeit des Verdrängerpfahls durch zusätzliche Verdichtung des umgebenden Bodens und sichere Einbindung in den tragfähigen Baugrund,
- Bei der Herstellung eines Verdrängerpfahls fällt fast kein Aushubmaterial an. Das zu verdrängende Bodenvolumen wird in das umgebende Erdreich gedrückt. Dadurch entfallen Kosten für die Abfuhr des Bohrguts. Außerdem eignet sich dieses Verfahren wegen der Vermeidung von Aushubmaterial sehr gut für die Arbeit in kontaminierten Böden.

**Bild 37** Am Gittermast geführte Kellyverlängerung

**Bild 38** Verdrängerbohrgerät der Firma FRANKI Südafrika mit 480 kNm Drehmoment

### 2.6.2 Vollverdränger mit verlorener Bohrspitze (Full Displacement Pile FDP with lost bit)

Eine entscheidende Verbesserung des Bohr- und Betoniervorgangs erfolgt mit dem Einsatz einer verlorenen, zentrischen Bohrspitze. Ein ähnlich wie vorher beschriebener geformter Verdrängerkörper wird mit einer verlorenen Bohrspitze in den Boden gedreht und gedrückt. Zwischen Verdrängerkörper und Bohranfänger können Schneckensegmente eingebaut werden, die das Eindringen in härtere Bodenschichten erleichtern (Bild 39).

Da die Hohlseele des Verdrängerkörpers etwa 50 % des Pfahldurchmessers ausmacht, können vor dem Betonieren durch die Seele ein entsprechend großer Bewehrungskorb eingebaut, die Bohrspitze abgestoßen und der Beton wie beim Kontraktorverfahren über die Seele eingefüllt werden (Bild 40). Ein Trichter oberhalb des Drehgetriebes dient dabei als Vorratsbehälter für den nach oben gepumpten Beton. Der Füllgrad des Betoniertrichters wird über eine Kamera mit Monitor im Führerhaus überwacht (Bilder 41, 42).

**Bild 39** Verdrängerbohrwerkzeug mit gegenläufiger Wendel und verlorener Bohrspitze [6]

**Bild 40** Bewehrungskorbeinbau durch die Hohlseele unter Verwendung der Gerätehilfswinde

**Bild 41** Qualitätskontrolle am Bildschirm, Bild von der Kamera mit Blick in den Betoniertrichter unten rechts

**Bild 42** Betoniertrichter mit angebauter Farbkamera zur Überwachung des Füllstands

Zusätzlich zu den allgemeinen Vorteilen eines Verdrängerpfahls, wie aushubfreies Bohrverfahren, gute Tragfähigkeit, hohe Herstellungsleistung, weist dieses Verfahren weitere Vorteile auf:

- Der Bewehrungskorb kann durch die Hohlseele vor dem Betonieren eingebaut werden.
- Der Beton fließt ohne Druck wie beim Kontraktorverfahren in den Verdrängungshohlraum. Übliche Betonmehrverbräuche liegen zwischen 10 bis 15 %, je nach Boden über dem theoretischen Pfahlvolumen.
- Reicht die Bohrtiefe im „Single-Pass“-Verfahren nicht aus, können Gestänge aufgesetzt werden.

## 2.7 Bohrgeräte

Nach den Erläuterungen verschiedener Trockenbohrmethoden sollen typische Bohrgeräte und Maschinengruppen aufgezeigt werden, die zur Realisierung verschiedener Bohrverfahren notwendig sind.

Es wurden dazu Gerätetypen gewählt, die der Familie der Großdrehbohrgeräte zugeordnet werden können und welche die besonderen Merkmale der jeweiligen Bohrverfahren tragen.

Ein typisches Drehbohrgerät mit Kellyausrüstung ist in Bild 43 dargestellt. Als Bohrwerkzeuge werden „drehende Werkzeuge" (Abschnitt 2.3) eingesetzt.

Um die Vielzahl der verschiedenen Anforderungen im Spezialtiefbau bewältigen zu können, sind moderne Bohrgeräte technisch so konzipiert, dass sie multifunktional einsetzbar sind. Das heißt, dass sich ein bestimmter Gerätetyp durch einfache Umbaumaßnahmen für mehrere Bohr- und Rammverfahren einsetzen lässt. So kann z. B. dasselbe Grundgerät i. d. R. für Kelly-, Endlosschnecken-, Vor-der-Wand- oder Verdrängerpfähle sowie zusätzlich für verschiedene Bodenmischverfahren und Fräsaufgaben eingesetzt werden.

Die Tabellen 1 und 2 zeigen einen kleinen Ausschnitt einzelner Gerätetypen verschiedener Hersteller mit den wichtigsten technischen Merkmalen.

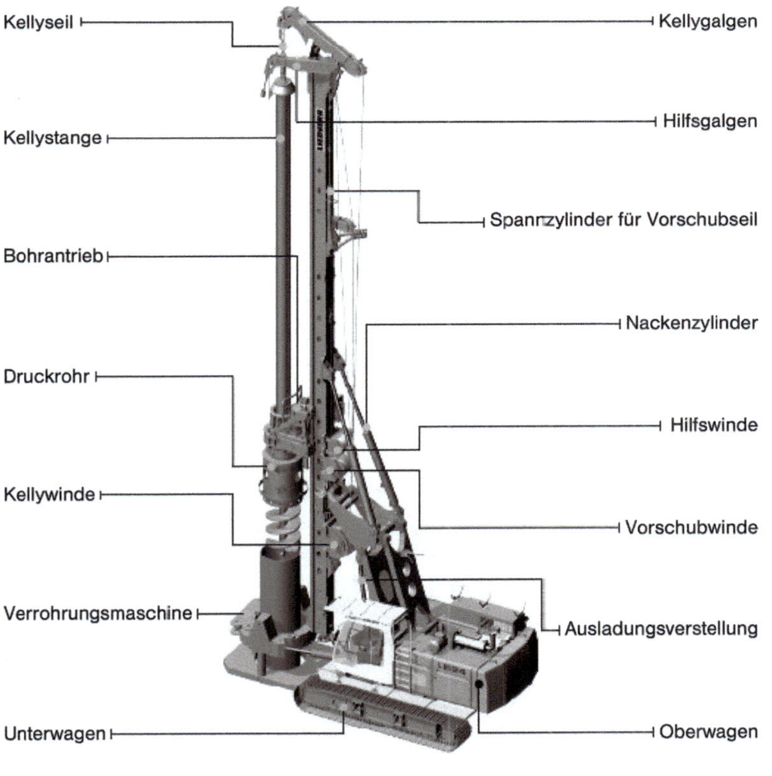


**Bild 43** Typische Bestandteile eines Kellybohrgeräts [17]

**Tabelle 1** Drehbohrgeräte von Bauer (Auszug)

| Bauer [6] | Dreh-moment [kNm] | Motor-leistung [kW] | Einsatz-gewicht [t] | max. Bohrtiefe L und Durchmesser [m] | Anwendungen |
|---|---|---|---|---|---|
| BG 12 H | 125 | 153 | ca. 39 | L = 40, ∅ = 1,20 | Kelly, CFA, FDP |
| BG 28 | 275 | 313 | ca. 95 | L = 70, ∅ = 2,10 | Kelly, CFA, FDP, VdW, CCFA, Fräsaufgaben, Bodenmischverfahren |
| BG 40 | 390 | 433 | ca. 140 | L = 80, ∅ = 2,80 | Kelly, CFA, FDP, VdW, CCFA, Fräsaufgaben, Bodenmischverfahren |

**Tabelle 2** Drehbohrgeräte von Liebherr (Auszug)

| Liebherr [17] | Dreh-moment [kNm] | Motor-leistung [kW] | Einsatz-gewicht [t] | max. Bohrtiefe L und Durchmesser [m] | Anwendungen |
|---|---|---|---|---|---|
| LB 24 | 240 | 270 | 76 | L = 40, ∅ = 1,90 | Kelly, CFA, CCFA, FDP, Bodenmischverfahren |
| LB 28 | 280 | 350 | 95 | L = 70, ∅ = 2,50 | Kelly, CFA, CCFA, FDP, Bodenmischverfahren |

## 2.8 Verrohrungsanlagen

Beim Trockenbohren in nicht standfesten Böden (Sande, Kiese) wird die Bohrung mittels Bohrrohren (sog. Verrohrungen) gestützt. Diese können entweder direkt mithilfe des Kraftdrehkopfes abgeteuft werden oder, wie im Pfahlbau üblich, mit einem Zusatzgerät (Verrohrungsmaschine) am Bohrgerät angeschlossen sein. Zusätzlich hydraulisch angeschlossene Anlagen besitzen wesentlich mehr Drehmoment (1000 bis 2700 kNm für Durchmesser von 1000 bis 2500 mm, teilweise bis 3000 mm) als der

**Bild 44** Durchdrehende Verrohrungsanlage für Durchmesser bis 3 m [6]

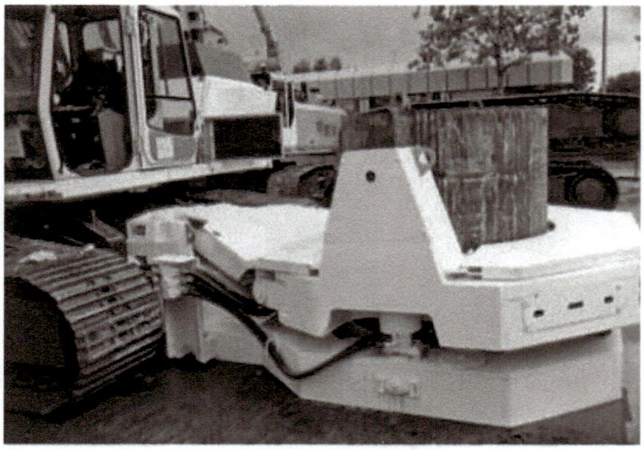

**Bild 45** Oszillierende Verrohrungsanlage

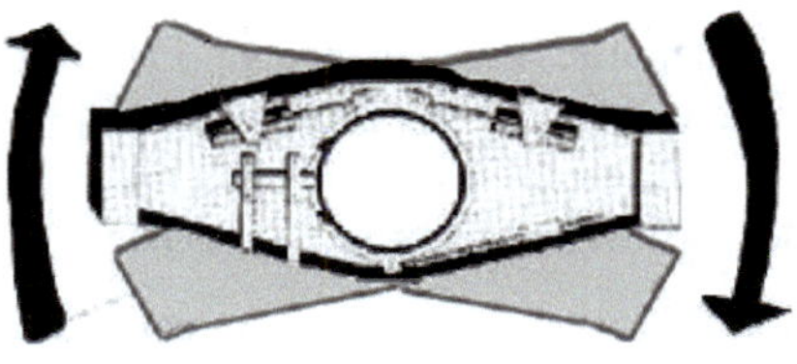

**Bild 46** Funktionsweise der H-W-Schwinge, Blick von oben

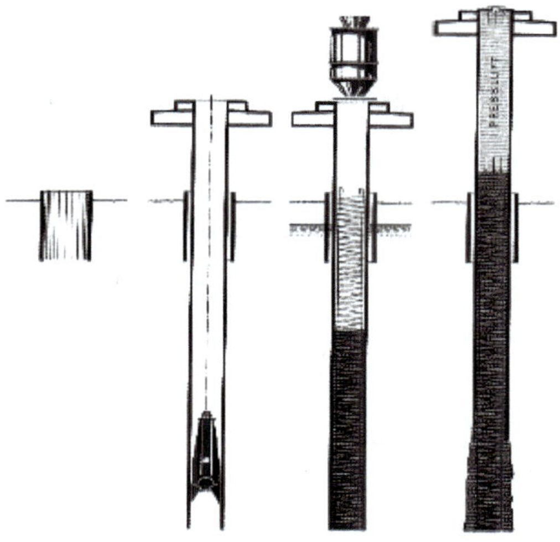

**Bild 47** Einsatz der H-W-Schwinge bei der Herstellung eines Ortbetonpfahls

Kraftdrehkopf und verwenden das Bohrgerätgewicht als Reaktionskraft zum Einbau der Rohre (Bilder 44, 45).

Eine besondere Verrohrungsanlage ist die Hochstrasser-Weise-Schwinge. Sie besteht aus einer luftbetätigten, oszillierenden Schwinge und schlägt gegen Nocken am Rohrkopf und bewirkt so durch Hin- und Herbewegung und das Eigengewicht das Eindringen des Mantelrohrs (Bild 46). Zur Führung dient ein kurzes Rohr am Bohrlochmund (Bild 47).

# 3 Spülbohrverfahren

## 3.1 Allgemeines

Als Spülbohrungen werden unabhängig vom Bohrwerkzeug die Methoden bezeichnet, die zum Transport des gelösten Bohrguts nach Übertage ein Spülmedium (Wasser oder Druckluft mit Additiven) einsetzen. Neben dem Transport des Bohrkleins ist es Aufgabe der Spülung, das Bohrloch gegen den anstehenden Erddruck abzustützen. Somit ersetzt das Spülmedium, bis auf das wenige Meter lange Standrohr zur Sicherung der obersten Bohrlochstrecke, die sonst notwendige Verrohrung. Die Bohrlochstabilisierung wird allein durch den hydraulischen Druck der Flüssigkeitssäule erreicht. Das Spülmedium besteht im einfachsten Fall aus Wasser, für schwierigere Bohraufgaben werden Spülungszusätze wie z. B. Tonmehl (Bentonit), Kreide und Antisol beigemischt.

Das Umwälzen des Spülungskreislaufs geschieht mittels Druck- oder Saugförderung. Der Transport des Bohrguts beruht darauf, dass die Reibungswiderstände der Spülung an der Bohrgutoberfläche gleich oder größer als das Bohrgutgewicht sein müssen.

Die Spülbohrverfahren werden dann eingesetzt, wenn die zu erzielende Teufe größer als die Endteufe des Trockendrehbohrverfahrens ist. Das Auftreten von Grundwasser stellt keine Behinderung dar, sondern ist der geringeren Spülungsverluste wegen sogar erwünscht.

Neben den nachstehend erläuterten Spülbohrverfahren existieren noch weitere Spezialverfahren wie das Gegenstrombohrverfahren (Counterflush Drilling), das Doppelrohrverfahren (Duo-Tube), das Strahlsaugbohrverfahren (Jet Drilling).

### 3.2 Direktes Spülbohren (Rotary Drilling)

Der erste berühmt gewordene Einsatzfall des Rotary-Verfahrens war die Bohrung am Spindletop-Hügel bei Beaumont (Texas), die am 10. Januar 1901 in 347 m Tiefe auf unter hohem Druck stehendes Erdöl stieß. Es erfolgte ein gewaltiger Ausbruch, in dessen Folge täglich etwa 100.000 Barrel Rohöl unkontrolliert aus dem Bohrloch ausgestoßen wurden. Diese Bohrung gab den Auftakt der Erdölförderung in den USA.

Beim Spülbohren wird zwischen der direkten und der indirekten Methode unterschieden. Beim direkten Spülstrom (auch als Rechtsspülung bezeichnet) wird das Spülmedium durch das Gestängerohr Richtung Bohrmeißel gepumpt und tritt dort in Spülkanälen, die den Spülstrom zur Bohrlochsohle leiten, aus (Bilder 48, 49). Auf der Bohrlochsohle tritt der Richtungswechsel der Spülung ein und zusammen mit dem Bohrklein wandert diese im Ringraum zwischen Bohrgestänge und Bohrlochwand nach oben. Übertage wird die Spülung in ein Spülbecken geleitet, wo das Bohrgut mittels Sieben und Abscheidevorrichtungen getrennt wird. Die Spülflüssigkeit wird anschließend dem Kreislauf wieder zugeführt. Das Bohrwerkzeug wird über ein Gestänge mit dem Kraftdrehkopf (power swivel) in Drehung versetzt, der Anpressdruck wird durch das Eigengewicht des Bohrstrangs und zusätzlich eingebauten Schwerstangen aufgebracht.

Besonderes Augenmerk ist auf die Auswahl des richtigen Bohrwerkzeugs zu richten. Verwendet werden Rollenbohrwerkzeuge (roller bit) für mittelharte und harte Gesteine. In Lockerböden kommt auch der Stufenmeißel (drag bit) zum Einsatz. Für optimale Bohrleistungen müssen beim Spülbohren Bohrwerkzeug, Anpressdruck, Drehzahl sowie Spülungsmenge und -druck aufeinander abgestimmt sein. Ist nur eine dieser Komponenten unzureichend, sinkt die Bohrleistung und oftmals ist ein höherer Meißelverschleiß die Folge. Deshalb sind angepasste Bohrspülungen und deren Überwachung Voraussetzung für stabile Bohrlöcher und geringen Verschleiß an Werkzeug und Pumpen.

In lockeren Kiesen, Sanden oder Schottern ist das Freifahren der Bohrlöcher zur Nachfallbeseitigung und Filterkuchenbildung in der Bohrlochwand unerlässlich. Spülungsverluste sind sofort zu ersetzen, ansonsten könnte das unverrohrte Bohrloch einstürzen, was möglicherweise zum Verlust des Bohrstrangs führt.

Typische Bohrdurchmesser liegen bei 100 bis 300 mm, Aufstiegsgeschwindigkeiten im Ringraum zwischen 0,7 m/s und 1 m/s. Kleinere Aufstiegsgeschwindigkeiten führen wegen ungenügender Austragung des Bohrguts zum Festwerden des Bohrstrangs. Eine Möglichkeit zur Optimierung des Rotarybohrens bei größeren Durchmessern und geringer Teufe besteht in der „belüfteten Spülung“. Hierbei wird zur besseren Austragung der Bohrspülung Druckluft zugesetzt [11]. Gerätebeispiele siehe Bilder 50 bis 52.

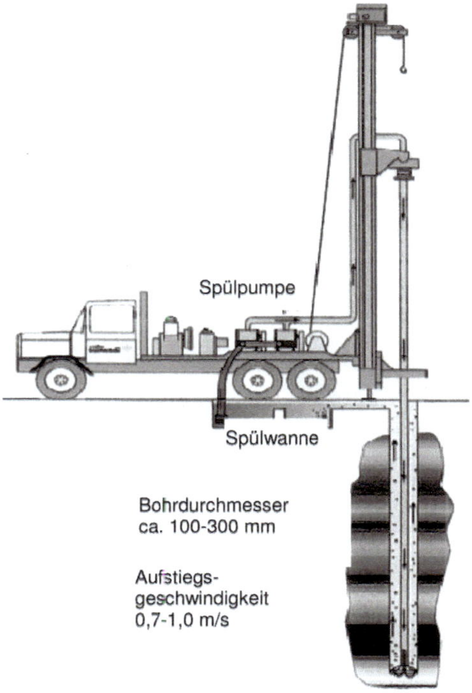


**Bild 48** Rotarybohren mit direktem Spülstrom [5]

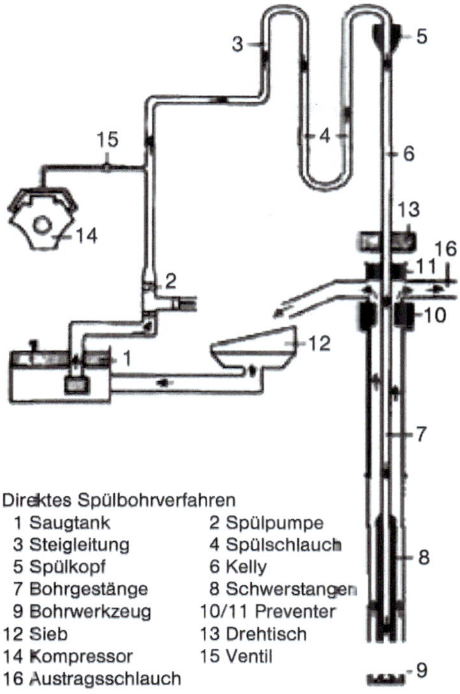


**Bild 49** Schema des Rotary-Bohrverfahrens [10]

**Bild 50** Universalbohrgerät RB 25 von PRAKLA, Hakenlast 150 kN geeignet für Bohrdurchmesser von 4" bis 30" und Bohrtiefen bis zu 400 m [5]

**Bild 51** Vollhydraulisches Drehbohrgerät DSB 0 von Nordmeyer [4]

1 Spülwanne mit Rührwerk
2 Spülungsrinne
3 Schläuche und Kupplungen
4 Spülwanne mit Sieb
5 Entsander
6 Generator (optional)
7 Beistellpumpe
8 Spülungsmischer, groß
9 Spülungsmischer, klein

**Bild 52** Bestandteile und prinzipielle Anordnung des Gesamtsystems einer Rotary-Bohranlage mit ihren Beistellaggregaten [5]

## 3.3 Indirektes Spülbohren, Saugbohren (Reverse Circulation Drilling)

Beim indirekten Spülkreislauf wird das Bohrklein durch ein verhältnismäßig kleines Gestänge mit dem Spülstrom zutage gefördert, was wesentlich höhere Aufstiegsgeschwindigkeiten (2 bis 4 m/s) zur Folge hat. Die Spülflüssigkeit wird dabei im Ringraum zwischen Bohrlochwand und Bohrgestänge oder im Ringraum eines Doppelgestänges zur Bohrlochsohle geleitet (Bild 53). Die geringe Sinkgeschwindigkeit der Spülung führt zusammen mit der großen Aufstiegsgeschwindigkeit zu einer Saugwirkung von der Bohrlochsohle ins Werkzeug und somit zu einer besseren Bohrgutförderung. Übertage wird das Bohrgut in einer Spülgrube von der Spülung getrennt. Das Umwälzen des Spülkreislaufs erfolgt saugend oder drückend durch Kolben-, Plunger-, Zentrifugal-, Wasserstrahl- oder Mammutpumpen. Entsprechend dieser Umwälzmöglichkeiten haben sich verschiedene Verfahrensbezeichnungen zu feststehenden Begriffen in der Spülbohrtechnik entwickelt.

### Lufthebebohrverfahren (Air Lift Drilling) [11]

Besonders geeignet für große Bohrdurchmesser und Bohrtiefen ist das sog. Lufthebebohrverfahren. Es benutzt zur Förderung des Spülstroms das Prinzip der Mammutpumpe. Das hohle Bohrgestänge besitzt außen zwei Druckluftleitungen, die in einer gewissen Tiefe mit einer Einblasdüse in das Hohlgestänge münden.

Das Einblasen von Druckluft bewirkt durch die aufsteigenden Luftblasen eine Gewichtsdifferenz zwischen äußerer (Ringraum) und innerer (Hohlgestänge) Wasser-

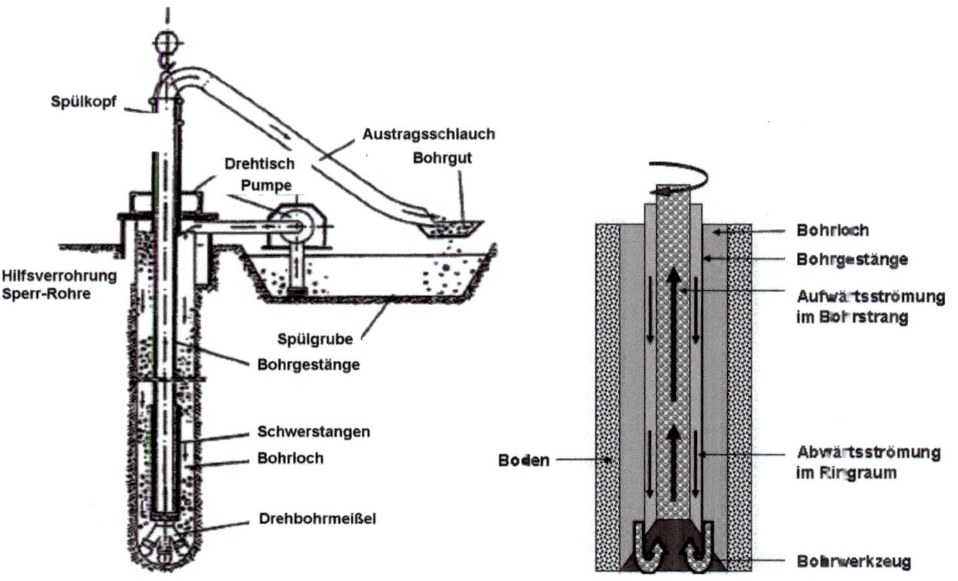


**Bild 53** Schema des indirekten (inversen) Spülbohrverfahrens links [10], rechts [5]

säule. Damit wird eine 3-Phasen-Förderung Wasser-Luft-Bohrgut erzeugt. Die Austragung der Spülung erfolgt durch ein Austragungsknie in einen Spülteich, von wo das Spülwasser nach der Bohrgutabsetzung dem Bohrlochringraum zuläuft und an der Bohrlochsohle durch die Meißelöffnung wieder in das Hohlgestänge eintritt (Bilder 54, 55).

Zwischen Bohrwerkzeug und Einblasdüse besteht, wie zwischen Einblasdüse und Austragsknie, eine reine Druckförderung. Kavitationsprobleme wie beim Saugbohren treten deshalb nicht auf.

Die Eintauchtiefe der Einblasdüse muss zwei Forderungen erfüllen: Sie muss größer sein als die Förderhöhe, um eine intermittierende Förderung Wasser oder Luftblasen zu vermeiden; und sie darf unter Berücksichtigung der Rohrreibungsverluste nicht größer sein als der vom Kompressor erzeugte Luftdruck.

Eine kontinuierliche Förderung wird bei einem Verhältnis Eintauchtiefe : Förderhöhe = 2 : 1 erreicht. Aus Wirtschaftlichkeitsgründen werden daher die ersten 6 bis 10 m meist im Trockenbohrverfahren vorgebohrt und anschließend auf das Lufthebeverfahren umgestellt.

Die größte Eintauchtiefe der Einblasdüse beträgt beispielsweise bei einem Luftdruck von 6 bar etwa 51 m. Ist die angestrebte Teufe bzw. die Wassersäule größer als der verfügbare Luftdruck, wird eine zweite bzw. weitere Einblasdüse versetzt über der ersten Düse eingebaut und die Druckluftleitung an der Mitnehmerstange auf die höhere Einblasdüse umgeschaltet. Der Abstand der Einblasdüsen beträgt etwa 30 bis 50 m.

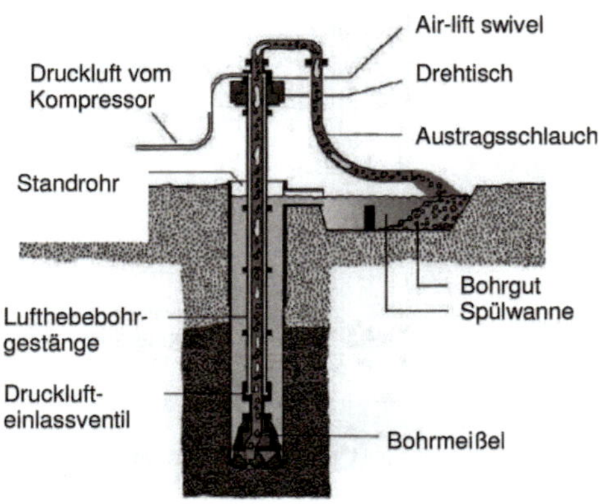


**Bild 54** Prinzip des Lufthebebohrverfahrens

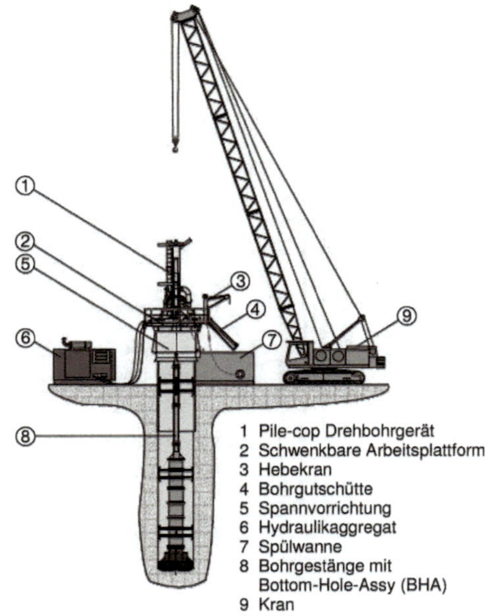


**Bild 55** Geräteanordnung beim Lufthebebohren

Im Gegensatz zur Saugbohrmethode kann der Bohrlochwasserspiegel auch unter die Rasensohle absinken, ohne dass die Förderung abreißt und der Spülungskreislauf zusammenbricht.

Ein wichtiges Kriterium für die Wahl der Größe des Ringraums zwischen Bohrlochwand und Bohrgestänge bzw. Schwerstangen ist die Fallgeschwindigkeit der Spülung im Ringraum. Sie soll erfahrungsgemäß 20 m/min nicht überschreiten [2]. Wird die Fallgeschwindigkeit größer, besteht die Gefahr von Nachfall aus der Bohrlochwandung, weil die Fallgeschwindigkeit dem statischen Flüssigkeitsdruck, der das Bohrloch stabilisiert, entgegenwirkt. Für die Berechnung der Fallgeschwindigkeit ist der kleinste Ringraum im Bohrloch maßgebend.

Die Aufstiegsgeschwindigkeiten im Bohrstrang liegen zwischen 3 bis 4 m/s.

Beim Lufthebebohrverfahren wird i. Allg. das Bohrloch bis auf ein Standrohr unverrohrt hergestellt. Je nach Gebirge kann eine beschwerte Spülung zur Stabilisierung der Bohrlochwand eingesetzt werden.

Der Bohrstrang wird durch einen Kraftdrehkopf oder Drehtisch angetrieben, der Andruck durch Schwerstangen aufgebracht.

In Kies, Sand oder Ton werden Exzenterrollenbohrmeißel, auch Züblin- oder Jumbo-Meißel genannt, eingesetzt. Härteres Gestein erfordert Großlochmeißel mit Zahn-Schneiderollen.

Die Bohrdurchmesser betragen bis zu 2 m, die erreichbaren Teufen liegen normalerweise bei etwa 750 m, mit großem Gestängedurchmesser (300 mm) können auch Teufen über 1000 m erreicht werden [2].

Die Lufthebeförderung ist verschleißarm, weil der Spülstrom nicht mit beweglichen Maschinenteilen in Berührung kommt. Die Maschinenleistung ist allerdings nur mit einem schlechten Wirkungsgrad von etwa 20 % auf den Förderstrom übertragbar.

Bei größeren Teufen ist das Lufthebeverfahren dem Saugbohrverfahren leistungsmäßig vorzuziehen.

## 4 Kernbohren

Das Kernbohren wird in der Baugrunderkundung zur kontinuierlichen Förderung von Bohrkernen, i. d. R. mit 100 mm Durchmesser, im direkten Spülverfahren unter Verwendung von Hartmetallstiftkronen und diamantimprägnierten Bohrkronen angewendet (Bilder 56, 57).

In trockenen, d. h. ohne Spülhilfe ausgeführten Großbohrungen, ist das Bohrrohr an der Peripherie mit auswechselbaren Rollenmeißeln, Flach- oder Spitzzahnmeißeln besetzt (Bild 58).

## 5 Geothermiebohrungen

Aufgrund immer größer werdender Nachfrage nach Möglichkeiten zur Erschließung regenerativer Energiequellen werden im Folgenden die gängigsten Bohrtechniken für Geothermiebohrungen erläutert. Entscheidend für eine erfolgreiche Erdsondenbohrung ist die Wahl des Bohrverfahrens. So eignet sich z. B. das klassische Spülbohrverfahren (vgl. Abschnitt 3) für Bohrungen in Bodenklassen 1 bis 4 (Lockergestein), jedoch sind heutige Geothermiebohrgeräte meist für verschiedene Bohrverfahren einsetzbar, um mit allen Bodenklassen zurecht zu kommen.

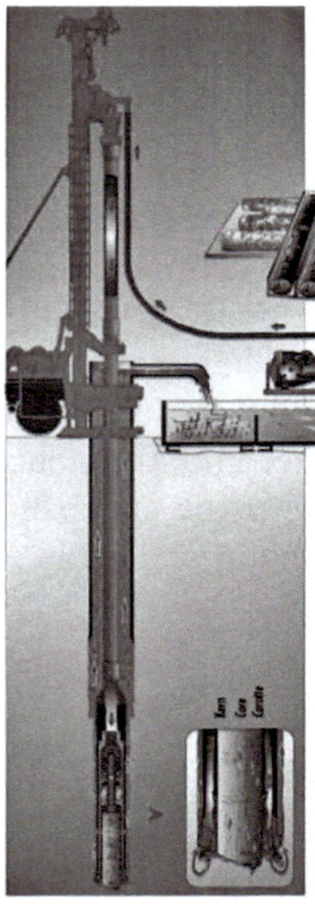

**Bild 56** Kernbohren [3]

**Bild 57** Diamantimprägnierte Kernbohrkrone [4]

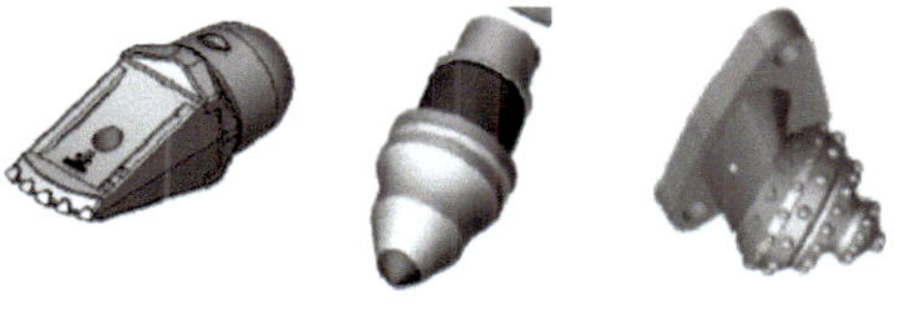

**Bild 58** Meißelbesatz für Großlochbohrungen [4]

Beim Abteufen der Erdwärmesondenbohrungen geht es im Gegensatz zu Brunnenbohrungen nicht um eine Funktion des Bohrlochs an sich (z. B. Förderung von Grundwasser), sondern lediglich um die Herstellung eines Bohrlochs zur Aufnahme der Erdwärmesondenrohre. Die Bohrungen werden dabei sowohl mit selbstfahrenden, vollhydraulischen Bohranlagen (LKW-Bohranlagen) als auch mit vollhydraulischen Raupenbohranlagen ausgeführt. Bei der Ausführung steht ein rasches und sicheres Abteufen der Bohrung unter Berücksichtigung der grundwasserschutzrelevanten Rahmenbedingungen im Vordergrund.

Um auch in härterer Geologie wirtschaftlich Sondenbohrungen herstellen zu können, hat sich das Doppelkopfbohrverfahren mit Imlochhammer durchgesetzt (Bild 59). Der große Vorteil dieses Bohrverfahrens liegt im gleichzeitigen Abteufen der Bohr- und Gestängerohre. Das heißt, dass zwei Drehantriebe, meist mit der Möglichkeit, diese relativ zueinander zu verschieben, eingesetzt werden. Der Imlochhammer sitzt direkt über dem Bohrmeißel auf der Bohrlochsohle und wird über das Innengestänge mit Druckluft angetrieben. Die Druckluft tritt über Düsen am Bohrwerkzeug aus, kühlt dieses und trägt das Bohrklein im Ringraum aus. Der Auswurf des Bohrguts geschieht über einen sog. Preventer und Druckleitungen in den Spülcontainer. Der Preventer schließt den Ringraum zwischen Außen- und Innengestänge ab. Die zum Betreiben des Imlochhammers notwendige Luft wird gleichzeitig zum Transport des Bohrkleins bis in den geschlossenen Spülcontainer verwendet. Oberhalb des Grundwasserspiegels wird dem Spülstrom Wasser in geringer Menge zugegeben. In der Regel eilt der Imlochhammer während des Bohrfortschritts der Verrohrung voraus. Beim Durchteufen locker gelagerter Schichten wird zur Vermeidung von Auskolkungen mit einem sog. Pfropfen gebohrt. Das heißt, das Außenrohr eilt voraus und es wird lediglich dem Bohrdurchmesser entsprechend Bohrgut gefördert.

Der Bohrdurchmesser hängt zunächst von der einzubauenden Erdsonde (z. B. 4 × 32 mm Sondenrohre zzgl. einem Injektionsschlauch) ab. Jedoch sollte der Bohrdurchmesser so groß gewählt werden, dass eine ordentliche Hinterfüllung der Sonden mit Verpressmaterial sichergestellt werden kann. Somit liegen gängige Bohrdurchmesser für Erdsondenbohrungen zwischen 150 und 180 mm.

Moderne Geothermiebohrgeräte sind heutzutage in der Lage, das Bohrverfahren je nach geologischen Anforderungen anzupassen bzw. umzustellen. So kann z. B. ein Doppelkopfbohrgerät mit Imlochhammer innerhalb kurzer Zeit auf eine Rotary-Spülbohrung (vgl. Abschnitt 3.2) umgestellt werden. Dazu wird der Imlochhammer durch ein Spülbohrwerkzeug (Flügel- oder Rollenmeißel) ausgetauscht (Bild 60). Zur Stabilisierung des Bohrlochs wird dann ein Spülmedium, meist aus Wasser und Tonmehl, eingesetzt, welches mithilfe eines Kolloidalmischers oder mit der oftmals angebauten Exzenterschneckenpumpe aufbereitet und schließlich über das Innengestänge dem Kreislauf zugeführt wird.

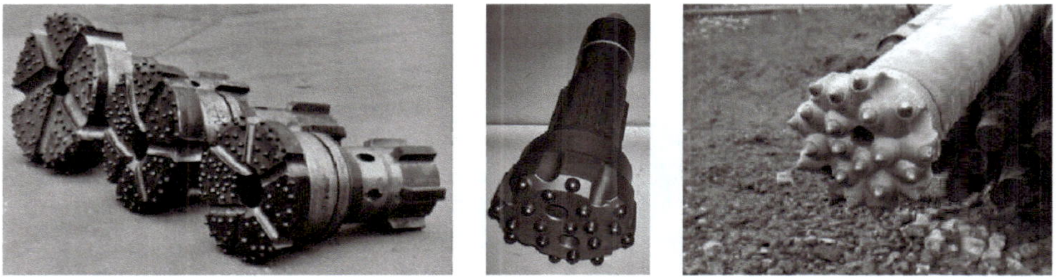

**Bild 59** Bohrwerkzeuge für Imlochhämmer [10]

a) b)

**Bild 60** Bohrwerkzeug für Rotationsspülbohrungen; a) Flügelmeißel, b) Rollenmeißel

Im Falle der Spülbohrung wird nach Erreichen der Endtiefe die Erdsonde mithilfe eines Verpressgestänges eingebaut. Dieses wird am Sondenfuß befestigt und gewährleistet ein sicheres Einbauen der Sonde im Spülmedium. Anschließend wird die Bohrung mit speziellem Hinterfüllungsmaterial im Kontraktorverfahren verpresst (Gerätschaften, Baustellenübersicht und Ablauf siehe Bilder 61 bis 64).

**Bild 61** Baustellenübersicht [5]

**Bild 62** Kolloidalmischer für Verpressmaterial [14]

**Bild 63** Einbau des Bohrgestänges [5]

**Bild 64** Geothermiebohrgerät DSB 1 von Nordmeyer [3]

## Bohrverfahren bei Erdwärmesondenbohrungen und Geologie [3]

Die Tabellen 3 und 4 listen die je nach geologischen Bedingungen geeigneten Bohrverfahren auf, wobei zu beachten ist, dass Rotationsspülbohrungen auch im Fels anwendbar sind, jedoch wegen des langsamen Bohrfortschritts in dieser Anwendung nicht wirtschaftlich durchführbar sind. In klüftigem, kavernösem Fels benötigt die Imlochhammertechnik die gleichzeitig nachgeführte Verrohrung und einen Exzentermeißel zum Vorschneiden.

**Tabelle 3** Anwendbarkeit verschiedener Bohrverfahren

| | Fels | Moräne | Sand/Kies | Schluff/Ton |
|---|---|---|---|---|
| Imlochhammer ohne Verrohrung | gut | mittel | schlecht | sehr schlecht |
| Imlochhammer mit Verrohrung | nicht notwendig | gut | mittel | schlecht |
| Rotationsspülbohrung | schlecht | mittel | gut | sehr gut |

**Tabelle 4** Beherrschbarkeit besonderer Vorkommnisse [3]

| | Wasser | Arteser | Gas | Stabilität |
|---|---|---|---|---|
| Imlochhammer ohne Verrohrung | schlecht | unkontrolliert | unkontrolliert | schlecht |
| Imlochhammer mit Verrohrung | mittel | unkontrolliert | unkontrolliert | gut |
| Rotationsspülbohrung | gut | kontrollierbar durch Schwerspülung | kontrollierbar | kontrollierbar |

Der wachsende Markt auf dem Gebiet der Erdsondenherstellung fordert zu neuen Wegen in der Bohrtechnik heraus. So wurde jüngst das Bohrverfahren geoJetting [25] vorgestellt, das die Bohrlochsohle mit hohem Wasserdruckstrahl (bis 1000 bar) aufschneidet und das Bohrgut-Wasser-Gemisch durch einen zylindrisch geformten Bohrkopf nicht über Tage, sondern seitlich in das Gebirge drückt. Die Bohrkrone kann durch einen Mechanismus durch das Bohrgestänge hindurch geborgen werden, sodass das Bohrloch für den Einbau der Erdsonde gestützt bleibt.

## 6 Bohrverfahren für den Baugrundaufschluss

In Lockergestein bedient sich der Baugrundaufschluss der Trockendrehbohrverfahren und der Rammkernverfahren, meist mit Einfachkernrohr oder Schappe (Bild 65). Für die trockene Kerngewinnung ohne den Zusatz von Spülmitteln wird ein langsam schlagender, seilgeführter Imlochhammer direkt über das Entnahmerohr gesetzt. Die Stützung des Bohrlochs übernimmt dabei die Verrohrung, die durch einen Kraftdrehkopf oder eine Rohrbewegungsmaschine nach jedem Kernmarsch in einem weiteren Arbeitsgang nachgesetzt wird. Die Hohlbohrschnecke gestattet das gleichzeitige Nachführen der Bohrlochverrohrung.

In Festgestein wird die Rotarytechnik (direktes Spülverfahren) in Verbindung mit Doppelkernrohren eingesetzt. Das Innenkernrohr schützt den Bohrkern vor Spülungserosion. Herausnehmbare Inliner bewahren den Bohrkern vor Beschädigung beim Entleeren des Kernrohrs.

Eine Vielfalt von Bohrkronen ermöglicht die Anpassung auch an schwierige Gebirgsverhältnisse. Empfehlungen zur Anwendung der Bohrverfahren finden sich in DIN EN ISO 22475-1 (alt DIN 4021).

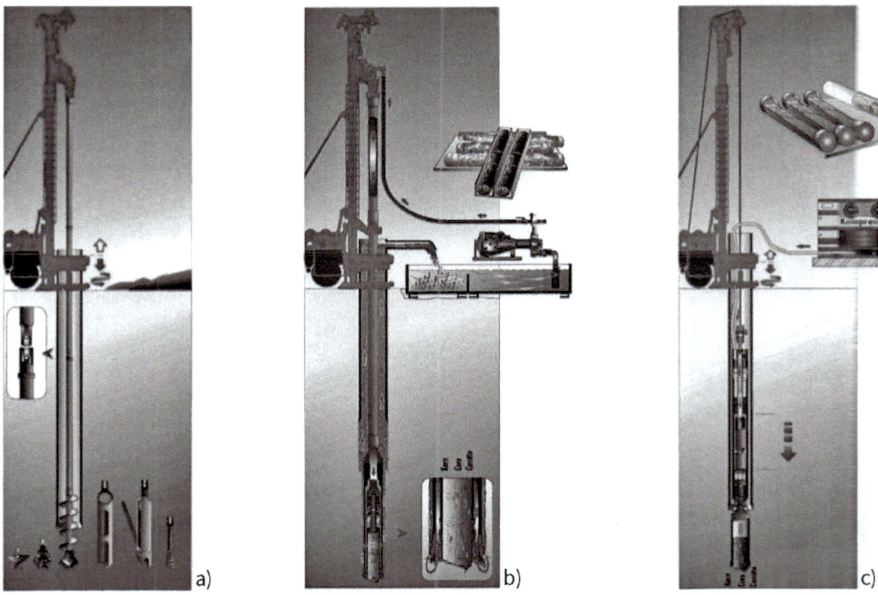


**Bild 65** Bohrverfahren für den Baugrundaufschluss [4]; a) Trockendrehbohrungen mit Verrohrung, b) Kernbohren (Einfach-, Doppel- oder Seilkernrohr), c) Rammkernbohren

# 7 Sonderbohrverfahren

## 7.1 Vibrationsbohrverfahren „sonic drilling“ [15]

Das aus den USA stammende „sonic drilling“ ist eine Art Rotaryvibrationsbohrverfahren, bei dem zusätzlich zum Dreh- und Drückvorgang, Schwingungsenergie zum Abteufen von Bohrrohren verwendet wird. Die Vibrationsfrequenz kann auf die Bedingungen angepasst werden und liegt i. d. R. zwischen 50 und 120 Hz.

Auf den ersten Blick ähnelt ein Sonic-Drilling-Bohrgerät (Bild 66) dem konventionellen Rotarybohrgerät. Der Unterschied steckt im Kraftdrehkopf. Dieser erzeugt zusätzlich zum Drehmoment eine hochfrequente Kraft, die überlagernd auf das Bohrgestänge wirkt. Das heißt, dass zusätzlich zum Drehmoment und zur Vorschubkraft der Bohrmeißel mitsamt dem Bohrgestänge in Schwingung versetzt wird. Der Oszillator, angetrieben von einem Hydraulikmotor, versetzt zwei Walzen in eine Rotationsbewegung, wobei eine sinusförmige Fliehkraft entsteht. Eine Luftkammer mit einem Kolben sorgt dafür, dass die wechselseitigen Kräfte auf das Bohrgestänge beschränkt werden können.

Diese drei miteinander kombinierten Einwirkungen ermöglichen sehr hohe Bohrgeschwindigkeiten in bindigen, weichen und steifen Böden. Kernmärsche bis zu 4 m sind üblich in der Baugrunderkundung (Bild 67). Die Kernqualität ist dabei in weichen Sedimentböden außerordentlich hoch; es gibt u. a. keine Verbiegungen der Schichtflächen (Bilder 68, 69). In halbfesten und festen Böden wird der Bohrkern mitunter heiß und verliert an Kernqualität. Versuche in Felsgestein wurden ausgeführt. Problematisch erscheinen die Vibrationen des gesamten Bohrstrangs und die Gefahr von Gestängebrüchen.

**Bild 66** Sonic-Drilling-Bohrgerät [16]

**Bild 67** Kerngewinnung, bis zu 4 m lange Kernmärsche werden vom Kernrohr direkt in eine Plastikfolie ausgerüttelt

**Bild 68** In Plastikfolie umhüllte Bodenprobe

**Bild 69** Gewonnener Bohrkern

Die Vibrationsenergie reduziert die Reibung der Bodenpartikel und ermöglicht somit ein leichteres Eindringen des Bohrgestänges. Um die Bohrgeschwindigkeit weiter zu erhöhen, kann zur Unterstützung des Bohrguttransports, Druckluft, Bohrspülung oder einfach nur Wasser verwendet werden. Bei Baugrunduntersuchungen wird die Bohrlochverrohrung in einem Überwaschvorgang nachgesetzt.

Hauptanliegen während des Bohrens ist es, die Frequenz so einzustellen, dass sie sich mit der Eigenfrequenz des Bohrgestänges deckt. Nur dann wird die Amplitude bzw. die Auslenkung optimal bis zum Ende des Bohrgestänges (Bohrmeißel) übertragen. Wenn der Bohrantrieb nicht in der Lage ist, in diesem Eigenresonanzbereich zu arbeiten, verkleinert sich mit wachsender Länge des Bohrstrangs die Amplitude am Bohrmeißel, was letztendlich geringeren Bohrfortschritt, evtl. sogar frühzeitige Bohrlochaufgabe, zur Folge hat.

## 7.2 Aufsatz- und Offshore-Bohranlagen – Fly Drill [9]

Das Fly-Drill-System ist ein Gerätekonzept zur Herstellung von Pfählen im Drehbohrverfahren. Die Bohreinheit, bestehend aus Drehantrieb, Kellystange und Bohrwerkzeug, hängt am Hauptseil eines Trägergeräts oder einem Hydraulikaggregat.

Die Bohreinheit wird während des Bohrvorgangs hydraulisch am Bohrrohr festgeklemmt. Zum Entleeren des Bohreimers wird die Klemmzange geöffnet und die gesamte Einheit zur Seite geschwenkt (Bilder 70, 71).

Das Fly-Drill-System kann mit einem Airliftsystem (Schwerstangen, Vollschnittkopf) kombiniert werden. Dadurch wird die Pfahlherstellung in Mischböden (Fels überlagert von Normalboden) mit einer Geräteeinheit ermöglicht.

Durch die Aufhängung am Kranseil kann von wechselnden Höhenlagen und Arbeitsradien gearbeitet werden (z. B. Pfähle in einer Böschung oder Offshorebohrungen).

**Bild 70** Entleeren des Bohreimers [7]

**Bild 71** Aufsetzen des Fly Drill auf das Bohrrohr, Kastenbohrerdurchmesser von 3 bis 4,4 m [9]

## 8 Literatur

[1] Van Impe, W. F.: Influence of screw pile installation parameters on the overall pile behaviour. Bored and Augered Piles, Ghent, Balkema, 1994.

[2] Fritz, H. R.: Lufthebe-Bohranlagen im Dienste der Wassergewinnung, Grundwasserabsenkung und bei Pfahlgründungen. Sonderdruck aus Bohren Sprengen Räumen, 57. Jahrgang des praktischen Teils der Zeitschrift für das Gesamte Schieß- und Sprengstoffwesen.

[3] Berli, S.: Bestimmende Faktoren für den Einsatz der richtigen Bohrtechnik. Beitrag der Foralith Drilling Support AG, firmeneigene Mitteilungen.

[4] NORDMEYER Maschinen- und Brunnenbohrgerätebau: Informationen und Bilder aus Internetpräsenz www.nordmeyer.de.

[5] PRAKLA Bohrtechnik GmbH: Informationen und Bilder aus Prospektmaterial und Internetpräsenz www.prakla-bohrtechnik.de.

[6] BAUER Maschinen GmbH: Informationen und Bilder aus Prospektmaterial und Internetpräsenz www.bauer.de.

[7] Fleming, W. G. K.: The understanding of continuous flight auger piling, its monitoring and control. Proceedings, Institution of Civil Engineers Geotechnical Engineering, Vol. 113, July, pp. 157–165. Discussion by R. Smyth-Osbourne and reply, Vol. 119, Oct. 1996, p. 237.

[8] RTG Rammtechnik GmbH: Informationen und Bilder aus Prospektmaterial und Internetpräsenz www.rtg-rammtechnik.de.

[9] Schöpf, M.: Spezialtiefbau, Bautechnik die begeistert, von der Bauer Maschinen GmbH zum 80. Geburtstag von Dr.-Ing. Karlheinz Bauer, Großlochbohrungen für Gründungen, Verfahrens- und Geräteinnovationen. Ballas 2008, 5. Auflage.

[10] WIRTH Maschinen und Bohrgerätefabrik GmbH: Handbuch der Bohrtechnik, 8. Auflage, firmeneigener Verlag 1979.

[11] Ulrich, G.: Bohrtechnik. Grundbau-Taschenbuch, 7. Auflage, Teil 2, Ernst & Sohn, Berlin, 2009.

[12] Vorlesungsmaterial Allgemeine Hydrogeologie. TU Dresden Institut für Geotechnik, Professur für angewandte Geologie, 2008.

[13] Kluckert, K.-D.: Rückblick auf 40 Jahre Bohrpfahltechnik – Gibt es noch Impulse für die Zukunft? Tiefbau (1999), Heft 6.

[14] MAT Mischanlagentechnik GmbH: Bilder aus Prospektmaterial und Internetpräsenz www.mat-oa.de, 2008.

[15] Swanson, G. J. Rotasonic Revisted: Is there a production breakthrough in the feature? Bilder aus Internetpräsenz www.sonicdrilling.com, 2008.

[16] SONIC DRILLING Ltd.: Informationen und Bilder von www.sonicdrilling.com, 2008.

[17] LIEBHERR: Informationen und Bilder aus Prospektmaterial und Internetpräsenz www.liebherr.com, 2008.

[18] Stötzer, E.: Entwicklung der Geräte zur Herstellung von Bohrpfählen und Schlitzwänden. 40 Jahre Spezialtiefbau 1953–1993 Technische und rechtliche Entwicklungen. Festschrift für Karlheinz Bauer zum 65. Geburtstag, 1993.

[19] Tomlinson, M.; Woodward, J.: Pile design and construction practice. Routledge Chapman & Hall 2007.

[20] Hayward, D.; Well, T.: Geotechnics Piling – New Civil Engineer 10.04.2008.

[21] Prikel, G.: Tiefbohrgeräte. Springer-Verlag, Wien 1957.

[22] WIRTH Maschinen- und Bohrgeräte Fabrik GmbH: Drilling Technique Manual, Selbstverlag, Erkelenz 1981.

[23] Hatzsch, P.: Tiefbohrtechnik. Enke Verlag, Stuttgart 1991.

[24] Reuther, E.-U.: Lehrbuch der Bergbaukunde. Verlag Glückauf GmbH, Essen 1989.

[25] Vaillant geoSYSTEME (2008): Neues Bohrverfahren zur Erschließung von Erdwärme. Informationen und Bilder aus Prospektmaterial und Internetpräsenz. www.vaillant-geosysteme.de

[26] BAUER Maschinen GmbH: Informationen und Bilder aus Prospektmaterial und Internetpräsenz www.bauer.de anlässlich Hausausstellung 2013.

[27] ECA, Equipment Corporation of America, Philadelphia: State of the art piling technique for retaining walls, latest developments in CCFA, 2017.

**Einschlägige DIN-Normen**

DIN EN 1536:2015-10:Ausführung von Arbeiten im Spezialtiefbau – Bohrpfähle; Deutsche Fassung EN 1536:2010+A1:2015DIN 4021: Erkundung durch Schürfe und Bohrungen, 1971.

DIN EN ISO 22475-1:2007-01: Geotechnische Erkundung und Untersuchung – Probenentnahmeverfahren und Grundwassermessungen – Teil 1: Technische Grundlagen der Ausführung (ISO 22475-1:2006); Deutsche Fassung EN ISO 22475-1:2006.

DIN EN ISO 14688-1:2013-12: Geotechnische Erkundung und Untersuchung – Benennung, Beschreibung und Klassifizierung von Boden – Teil 1: Benennung und Beschreibung (ISO 14688-1:2002 + Amd 1:2013); Deutsche Fassung EN ISO 14688-1:2002 + A1:2013.

DIN 18301:2016-09: VOB Vergabe- und Vertragsordnung für Bauleistungen – Teil C: Allgemeine Technische Vertragsbedingungen für Bauleistungen (ATV) – Bohrarbeiten.

DIN 20301:1999-01: Gesteinsbohrtechnik – Begriffe, Einheiten, Formelzeichen.

# 2.7 Horizontalbohrungen und Rohrvortrieb

*Hermann Schad, Carola Vogt-Breyer und Hans-Joachim Bayer*

## 1 Einleitung

Das Herstellen unterirdischer Hohlräume ist eine Technik, die bereits im Altertum angewendet wurde, um Bodenschätze zu gewinnen. Bei Horizontalbohrungen und beim Rohrvortrieb werden zwar auch unterirdisch Hohlräume hergestellt, es geht jedoch nicht um die Schaffung großer Querschnitte und die Gewinnung von Stoffen, sondern die Hohlräume werden meist hergestellt, um Leitungen einzuziehen oder Kanäle herzustellen. In diesem Kapitel werden vor allem die Verfahren behandelt, bei denen überwiegend horizontale Hohlräume mit kleinen Querschnitten (etwa < 12 $m^2$) aufgefahren werden.

Einen Überblick der möglichen Verfahren gibt Bild 1 aus DIN EN 12889 [19]. Während sich die Systematik der Norm vor allem an den Kriterien bemannt/unbemannt und gesteuert/ungesteuert orientiert, ist die Gliederung im Folgenden nach der Maschinentechnik ausgerichtet. Dieses Kapitel ist ein Beitrag in einem „Taschenbuch" und muss sich somit auf die wichtigsten Aspekte der Technologie beschränken. Wer sich für eine umfassende Darstellung der Thematik „grabenloser Leitungsbau" interessiert, wird auf [40] verwiesen.

Im Abschnitt 2 werden die Horizontalbohrungen behandelt, für die charakteristisch ist, dass sie unbemannt durchgeführt werden und der maschinelle Antrieb vor allem außerhalb der Bohrung angeordnet ist. Zum Anfahren der Bohrung genügt in der Regel eine kleine oberflächennahe Baugrube. Im Vergleich zu Mikrotunnelbaumaschinen sind hierbei die Investitionskosten deutlich geringer und je nach Bauaufgabe kann die hohe Mobilität der Anlagen von Vorteil sein. Bei diesen Verfahren werden die Rohre eingezogen, sodass als Materialien PEHD, Guss und Stahl zum Einsatz kommen. Die Anwendungsgrenzen des Verfahrens ergeben sich aus der Leistungsfähigkeit der Bohrgeräte, den einzuhaltenden Toleranzen und den begrenzten Möglichkeiten, auf Hindernisse im Untergrund sowie den Wechsel der Baugrundverhältnisse zu reagieren. Eine ausführliche Darstellung dieser Technik findet man u. a. in [1, 4, 12, 28].

Im Abschnitt 3 wird sowohl die Technik des Rohrvortriebs als auch des Mikrotunnelbaus dargestellt. Beim Rohrvortrieb stehen die bemannten Verfahren mit Teilschnittmaschinen (Bagger und Schräme) und der Druckluftvortrieb im Vordergrund. (Eine ausführliche Behandlung zum Thema Rohrvortrieb findet man in [39].)

Im Vergleich dazu ist der Mikrotunnelbau ein hochgradig mechanisiertes Bauverfahren mit hohen Baustelleneinrichtungskosten. Die Vortriebsmaschinen, die im Mikrotunnelbau eingesetzt werden, sind in Bild 2 zusammengestellt (Darstellung auf der Basis von [29]).

*Grundbau-Taschenbuch: Teil 2. Geotechnische Verfahren*, Achte Auflage. Karl Josef Witt (Hrsg.).

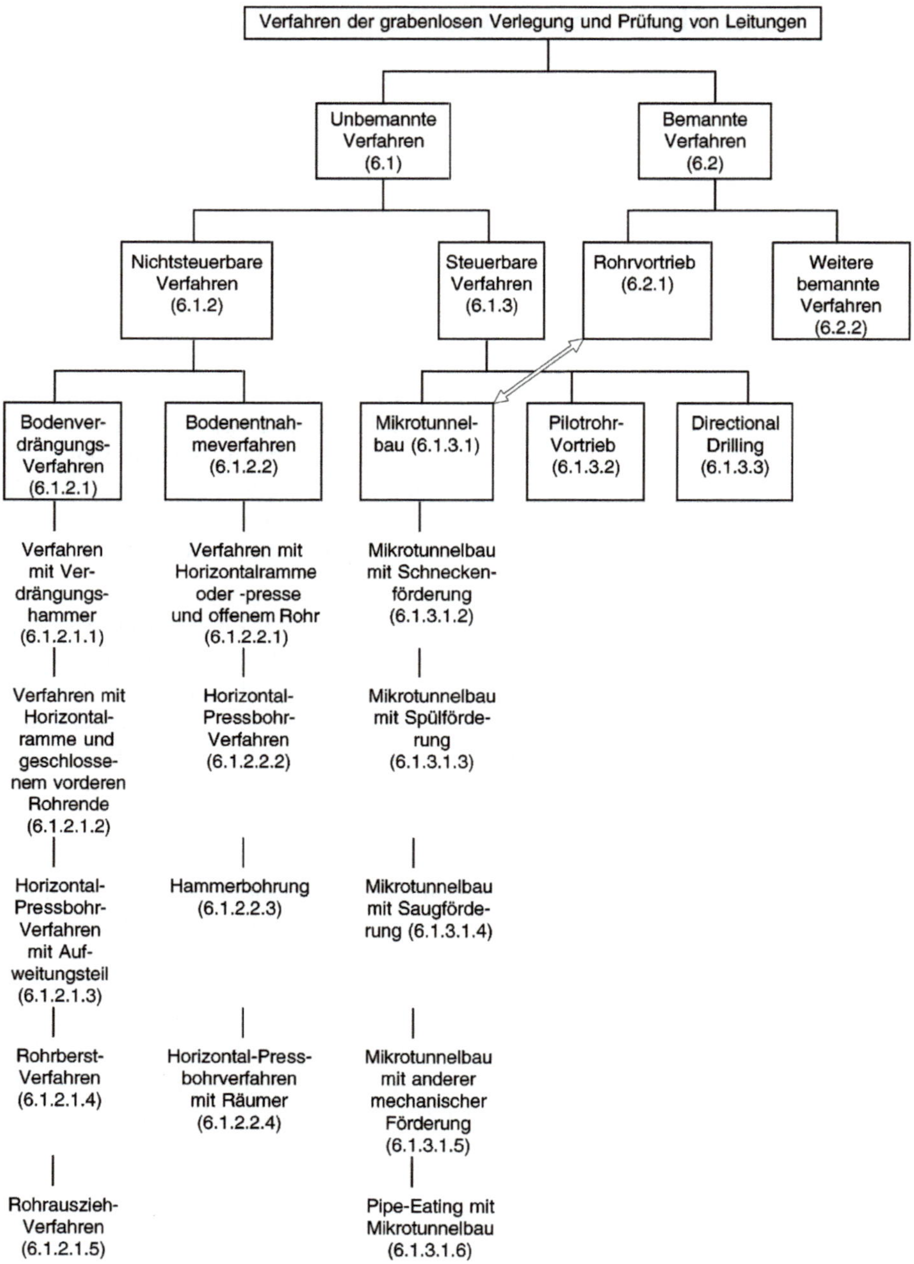


**Bild 1** Gliederung der Verfahren nach DIN EN 12889

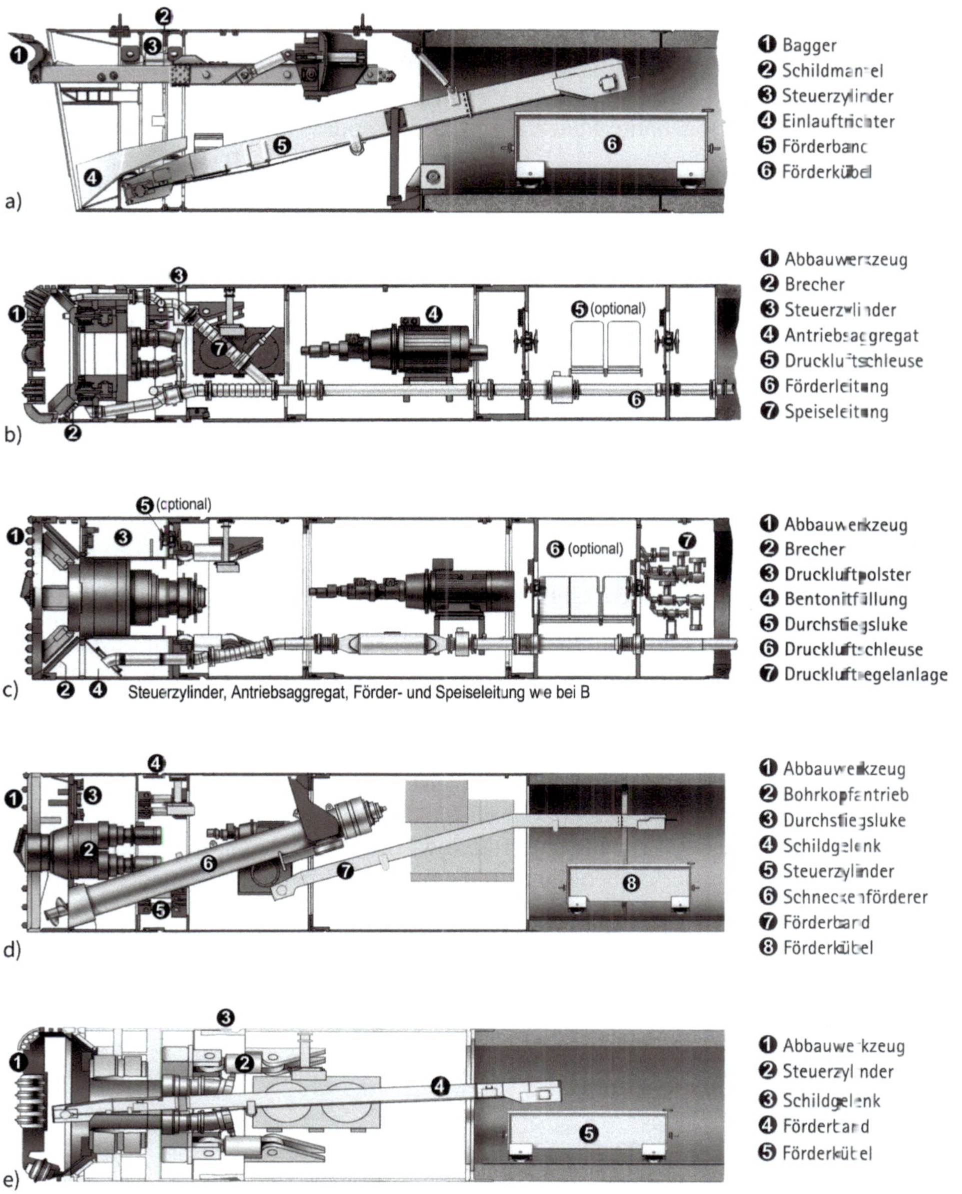


**Bild 2** Wesentliche Elemente der Vortriebsmaschinen für den Mikrotunnelbau
a) Teilschnittmaschine (DA: 1,5 m bis 4,2 m)
b) Vollschnittmaschine mit Flüssigkeitsstützung (DA: 0,4 m bis 3,0 m)
c) Vollschnittmaschine mit pneumatisch geregelter Flüssigkeitsstützung (DA: 2,0 m bis 4,2 m)
d) Vollschnittmaschine mit Erddruckschild (DA: 1,5 m bis 4,5 m)
e) Vollschnittmaschine für Fels (TBM (DA: 1,5 m bis 4,5 m)

Mit dem Lösen des Bodens und der Stützung der Ortsbrust ist eine Aufbereitung des Bodens verbunden:

- Beim Spülverfahren ist die Vermischung mit Bentonit wesentlich, um die Ortsbrust zu stützen und das abgebaute Material zu fördern, sodass das Spülgut separiert werden muss.
- Beim Erddruckschild wird der Boden zu einem Brei aufbereitet, damit die Ortsbrust stabil bleibt.
- Bei den Tunnelbaumaschinen wird durch den fräsenden Abbau das Gestein homogenisiert und zerkleinert.

Der hohe Mechanisierungsgrad ermöglicht bei homogenem Untergrund eine hohe Vortriebsleistung bei geringem Personaleinsatz. Daher sind die Verfahren des Mikrotunnelbaus meist erst bei langen Vortriebsstrecken (> 500 m) wirtschaftlich. Bei ausreichend standfestem, aber gut lösbarem Boden oder Fels oberhalb des Grundwassers können auch bei langen Vortrieben Teilschnittmaschinen wirtschaftlich sein, da sie den Boden nicht so stark aufbereiten und daher der maschinelle Aufwand und der Verschleiß der Abbauwerkzeuge deutlich geringer ist.

Eine Abgrenzung der Verfahren auf der Basis der Kornverteilung, die jedoch nur als grobe Orientierungshilfe dienen kann, gibt Bild 3.

Sowohl für den bemannten Rohrvortrieb wie auch für den mechanisierten Mikrotunnelbau sind das Einbringen und Nachpressen der Rohre, die Herstellung der Schächte, der Einsatz von Bentonit als Schmiermittel etc. wesentliche Elemente und werden ebenfalls in Abschnitt 3 behandelt.

In den meisten Industrienationen ist schon ein leistungsfähiges Leitungsnetz für die Ver- und Entsorgung vorhanden, sodass in diesen Ländern das Bauvolumen der Leitungserneuerung das des Leitungsneubaus übertreffen wird. Daher werden im Abschnitt 4 die wesentlichen Verfahren der grabenlosen Erneuerung von Leitungen behandelt.

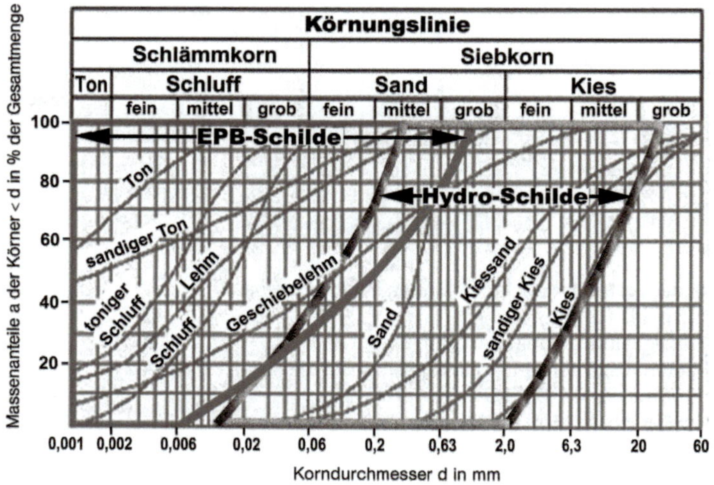


**Bild 3** Anwendungsgrenzen der Vortriebsmaschinen in Abhängigkeit von der Kornverteilung [29]

# 2 Horizontalbohrungen

## 2.1 Allgemeines

Um horizontale Bohrlöcher in Boden oder Fels zu erzeugen, gibt es unterschiedliche Bohrverfahren. Grundsätzlich ist bei den Horizontalbohrungen zwischen gesteuerten und ungesteuerten Verfahren zu unterscheiden.

Horizontales Bohren mit dem Verfahren des *Horizontal Directional Drilling (HDD)*, das im deutschen Sprachgebrauch häufig als *Horizontalbohrtechnik, horizontales Spülbohrverfahren oder Richtbohrverfahren* bezeichnet wird, bedeutet exakt geortetes und gesteuertes Vorbohren der gesamten Verlegestrecke mit einem dünnen, sehr flexiblen Pilotgestänge (s. Bild 4). Mit diesem Verfahren können auch gekrümmte Strecken gebohrt werden.

Geortet werden kann durch einen Sender im Bohrkopf, der von der Geländeoberfläche durch elektromagnetische Signale gut verfolgt werden kann. Gesteuert wird er über eine asymmetrische Schrägfläche am Bohrkopf, mit der exakte Richtungssteuerungen, je nach Bohrkopfstellung, durch Schrägabstützung gegen den passiven Erddruck vorgenommen werden können. Mit dem dünnen Pilotbohrgestänge ist jegliche dreidimensionale Raumrichtung und jegliche Kurvenstruktur erbohrbar. Mit dem Pilotbohrgestänge können in der Regel engere Kurvenstrecken gefahren werden, als es das zu verlegende Produktrohr erlaubt. Maßstab für das bohrtechnische Handeln beim HDD-Verfahren sind der gewünschte Leitungsverlauf und die realisierbaren Biegeradien des Produktrohrs. Der ausgewählte Leitungsdurchmesser bedingt in der Regel auch ein Aufweiten des Bohrlochs, welches einmal oder bei größeren Durchmessern mehrmals durchgeführt werden muss. Dies geschieht jedes Mal im „Rückwärtsgang“, d. h. in umgekehrter Abfolge wie beim Pilotbohren. Dies hat mehrere Vorteile, u. a. eine physikalische bessere Umsetzung der Bohrlochvergrößerung. Bei mehreren Aufweitgängen (Reamingprozess) wird jedes Mal hinter dem Aufweitkopf Bohrgestänge für die nächste Aufweitstufe mitgeführt. Beim letzten Aufweitvorgang oder einem speziellen Bohrlochglättungsdurchgang wird das Produktrohr, ebenfalls im Rückwärtsgang, eingezogen und dabei in eine einbettende Suspension ins Erdreich ringschlüssig und dennoch sanft eingebunden. Im HDD-Verfahren verlegte Rohre, Leitungen, Dränagen etc. zeichnen sich durch eine besonders lange Lebensdauer aus, was der sanften und nahezu lastfreien Einbettung zu verdanken ist.

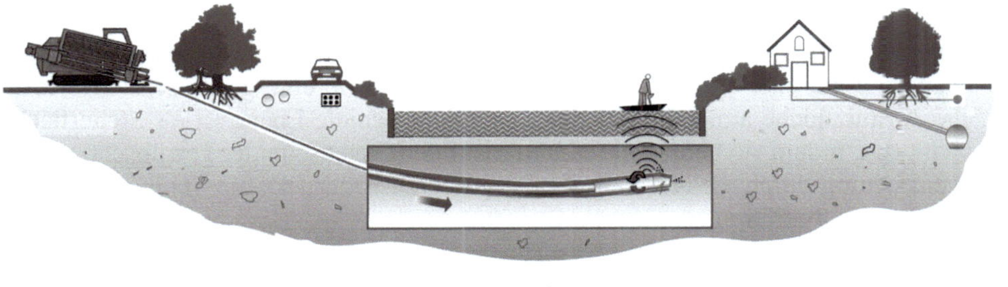

**Bild 4** Beispiel einer typischen HDD-Dükerbohrung [43]

DIN 18324 gibt Hinweise für die Baugrunderkundung für HDD-Bohrungen.

Die jeweilige Bohr- und Steuerungstechnik sowie mögliche Anwendungen hierzu werden für Lockergestein in den Abschnitten 2.2 bis 2.5 und für Fels in den Abschnitten 2.6 und 2.7 aufgezeigt.

Ungesteuerte Verfahren sind Verdrängungshämmer (Erdraketen) und Horizontalrammen, die in den Abschnitten 2.8 bzw. 2.9 behandelt werden, sowie Erdbohr- und Pressbohrverfahren, siehe Abschnitt 2.10.

## 2.2 Bohrtechnik im Lockergestein

Der Bohrvortrieb geschieht beim HDD-Verfahren hydromechanisch und mechanisch. Bei diesen Systemen arbeitet der unterirdische Bohrvortrieb nach einem kombinierten Wirkungsprinzip. Gebohrt wird vorwiegend nicht mit konventionellem mechanischen Abtrag, sondern mit dünnen, scharfen, gesteinslösenden Wasserstrahlen bzw. Bohrsuspensionsstrahlen, die aus Düsen an der Bohrkopfspitze austreten und ein hydromechanisches Durchörtern von Lockergestein bewirken. Da der HDD-Bohrkopf auch Schneidkanten und Schneidstifte aus Hartmetall aufweist, wird der kleinere Teil der Vortriebsarbeit auch durch mechanisches Abtragen vorgenommen. Teilweise wird das gelöste Material über den Rückfluss entlang des Bohrgestänges ausgetragen, zum anderen Teil kommt es zu einer partiellen Umlagerung des Lockergesteins im Umgebungsbereich der aufgefahrenen Bohrung, wobei in diesem Bereich eine neue, nun dichtere Lagerung durch eine Reduzierung des Porenraums bewirkt wird.

Zugleich wird eine stabilisierende Porenraumausfüllung mit Bohrsuspension vorgenommen, der den Hochdruckstrahlen beigemischt ist. Untergeordnet findet auch ein mechanisches Ablösen des Lockergesteins im Bohrungsquerschnitt statt. Beim schlagunterstützten HDD-Bohren wird der mechanische Anteil an der Gesteinslösearbeit höher.

## 2.3 Bohrsteuerung im Lockergestein

Bei den kleineren Horizontalbohranlagen wird die vertikale und laterale Verlaufssteuerung durch folgende zwei Komponenten bewirkt (s. Bild 5):

1. In der Bohrlanze ist ein Sender eingebaut, der ein elektromagnetisches Feld erzeugt. Direkt über dem Bohrkopf im Boden ist dieser Sender mit einem Ortungsgerät (Feldstärkemessgerät) an der Erdoberfläche zu verfolgen, sodass die Position und Tiefenlage des Bohrkopfes jederzeit ortbar ist.
2. Die vom Grundkörper her zylindrische Bohrlanze selbst ist asymmetrisch aufgebaut und hat eine kleine schräge Anstellfläche sowie eine große seitliche schräge Abstützflüche am Bohrkopf. Diese seitliche schiefe Ebene ist als Steuerfläche wirksam, indem sie beim Kurvenfahren auf der Gegenseite der gewünschten Kurvenrichtung durch die Aktivierung des passiven Erddrucks die Schrägabstützung der Lanze übernimmt.

Die Raumlage des Bohrkopfes ist sowohl an der Maschine an einem Anzeigegerät als auch am Ortungsgerät, welches direkt oberhalb der Bohrlanze geführt wird, jederzeit nachvollziehbar. Ein besonders flexibler Bohrstrang bei den kleinen Horizontalbohranlagen ermöglicht es zudem, dass Kurvenradien mit minimal 35 m gebohrt werden können. Auch mehrere einander in Gegenrichtung verlaufende Kurven kann dieses Nassbohrverfahren bewältigen, allerdings reduziert die erhöhte Kurvenreibung die realisierbare Gesamtlänge der Bohrung. Bei den kleinen Bohranlagen betragen die einzelnen Bohrabschnittslängen bis zu 500 m, die maximale Tiefe liegt hier bei 8 bis 12 m, da die Ortbarkeit des Bohrkopfsenders auf diese Tiefe begrenzt ist.

Bohrbar sind mit den kleineren Anlagen alle Lockersedimente, die keinen Grobschotter, kein Geröll oder keine Felsstücke enthalten.

Bei den größeren Horizontalbohranlagen wird die vollkommene Verlaufssteuerung in größerer Tiefe (i. d. R. über 10 m) einerseits durch die schon beschriebene asymmetrische, nun größere Bohrlanze bewirkt, zum anderen jedoch durch ein völlig anderes Ortungssystem, welches auf einer magnetischen Präzisionsnavigation beruht. Im Anschlussbohrgestänge hinter dem Bohrkopf, welches hier aus antimagnetischem Stahl bestehen muss, befinden sich auf etwa einem Meter Länge, jedoch in stabförmiger Aufreihung, Sensoren (meist Magnetometer, Accelerometer und Neigungssensoren), welche die Position der Steuerfläche, die aktuelle horizontale Bohrrichtung und die aktuelle vertikale Neigung ständig ermitteln. Die erfassten Daten werden permanent über ein im Bohrgestänge verlaufendes Kabel (Monodraht) zu einem Steuerstand am Bohrgerät übertragen. Von hier aus erfolgt die ständige Überwachung und komplette Steuerung der gesamten Bohrung. Ortungen von der Erdoberfläche aus können bei diesem Kabelsondenprinzip entfallen.

Da mit den größeren Horizontalbohranlagen Bohrlängen von bis zu 3000 m und mehr realisierbar sind, muss die Kabelsondennavigation in beliebigen Tiefen (300 m und mehr) funktionieren. Die Steuergenauigkeit dieses Verfahrens beträgt in beliebiger Tiefe und Entfernung immer 2 %, bezogen auf die Tiefe und horizontale Abweichung. Einen Überblick über die erreichbaren Längen und die verwendeten Geräte gibt Bild 6.

Bild 7 enthält ein Diagramm, mit dem abgeschätzt werden kann, welche Anlagen für welche Streckenlängen in Abhängigkeit vom Durchmesser möglich sind. Die angegebenen Daten sind nur Orientierungswerte, da das Diagramm keine Angaben zum Baugrund und zum Leitungsverlauf enthält.

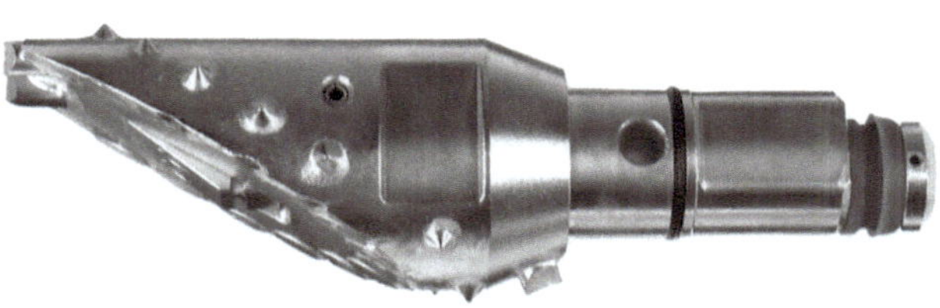

**Bild 5** Asymmetrischer Bohrkopf

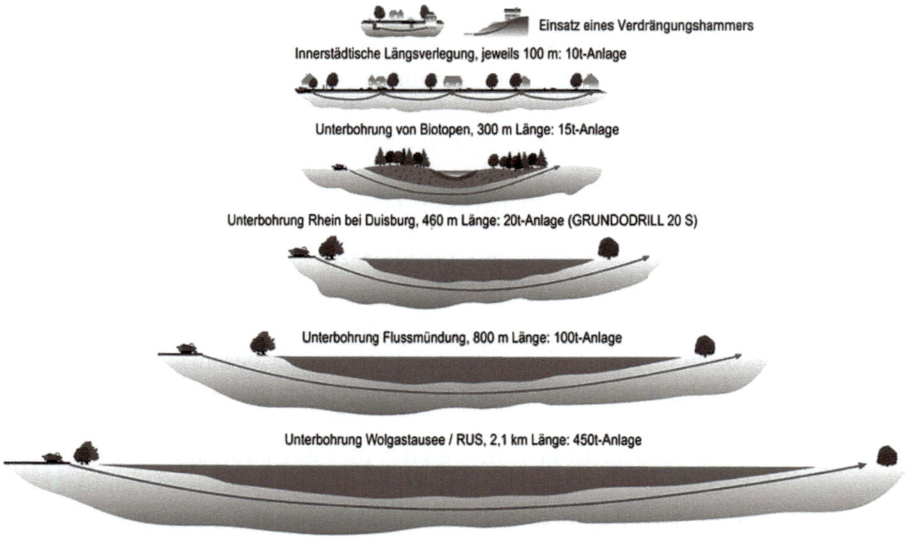


**Bild 6** Beispiele für die Reichweiten von HDD-Bohrungen [43]

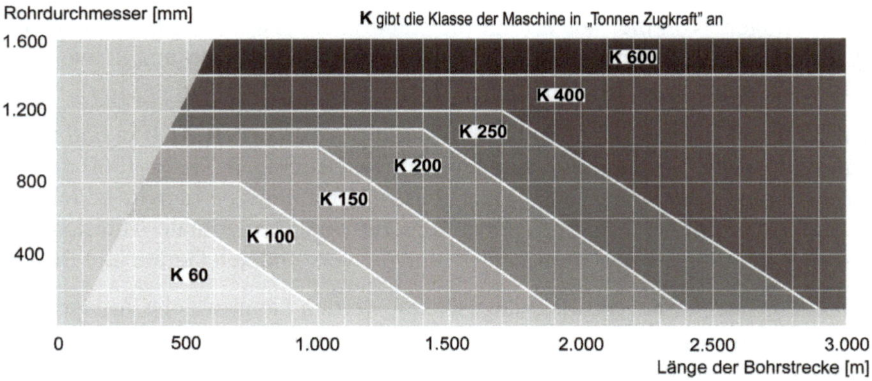


**Bild 7** Erreichbare Längen in Abhängigkeit vom Maschinentyp [29]

## 2.4 Leitungsverlegung

Beim HDD-Verfahren wird zunächst eine sog. Pilotbohrung mit dem Durchmesser der Bohrlanze erstellt. Diese Pilotbohrung endet an einer vorgegebenen Zielgrube. In dieser Zielgrube wird die Bohrlanze vom eingebrachten Bohrgestänge abgeschraubt und dafür ein in Gegenrichtung orientierter Aufweitkopf (Reamer) angeschraubt.

Der Aufweitkopf wird im Rückwärtsgang rotierend und spülend durch die Pilotbohrstrecke gezogen und somit der Bohrungsquerschnitt aufgeweitet (s. Bild 8). Sollte der Querschnitt schon eine Verlegung des gewünschten Leitungsproduktrohrs zulassen, so wird dieses direkt hinter dem Aufweitkopf angehängt und in den Untergrund eingezogen (s. Bild 9).

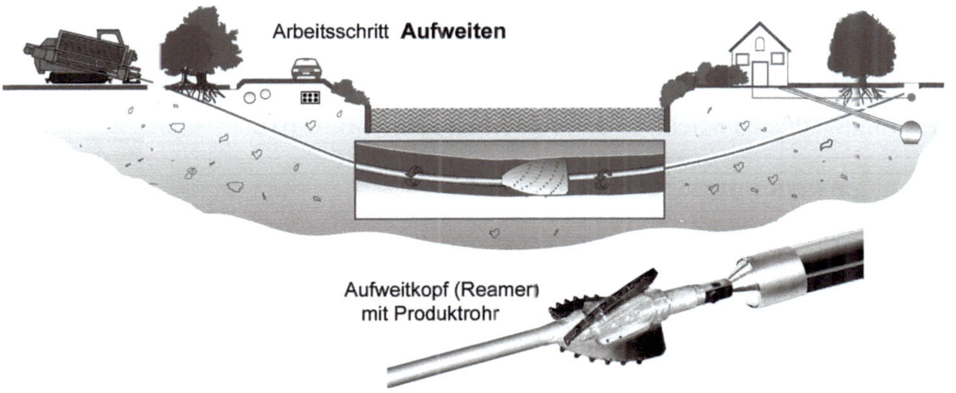


**Bild 8** Aufweiten der Pilotbohrung [43]

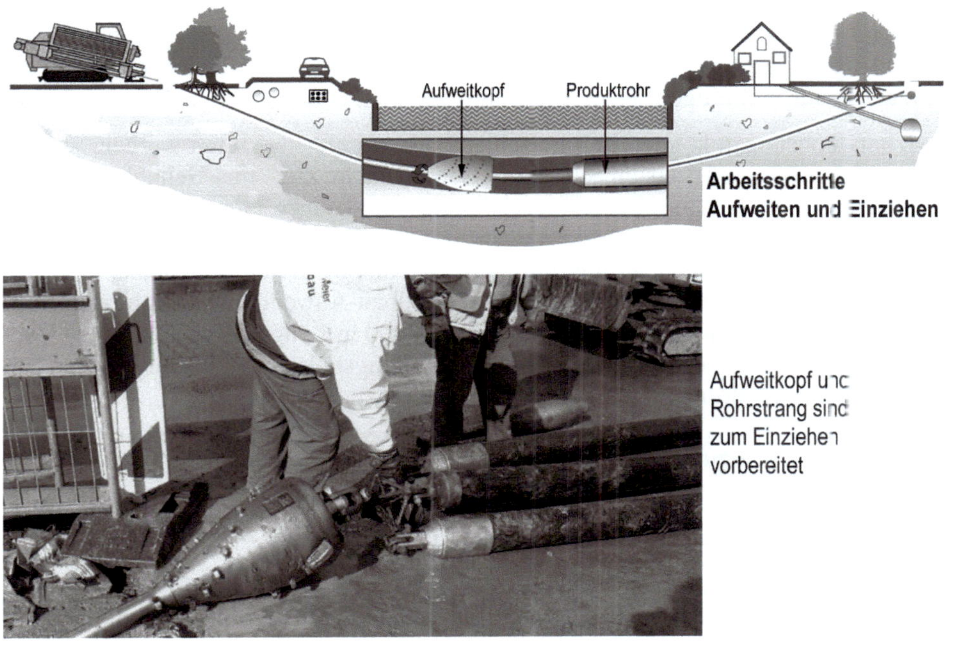


**Bild 9** Rohreinzug beim Endaufweiten oder Glätten des Bohrlochs (zusammengestellt aus [43])

Zum Rohreinzug dient eine Innenziehvorrichtung, die über einen Drehwirbel mit dem Aufweitkopf verbunden ist. Der Aufweitungsdurchmesser der Bohrung muss mindestens 30 % größer sein als der Außendurchmesser des Produktrohrs, damit im Wandungszwischenraum genügend Verfüllmaterial (quellfähige Mischung Bentonit/ Boden/Ton) für eine allseitige und kraftschlüssige Leitungseinbettung vorhanden ist. Bei größeren Leitungsdurchmessern und bei schwierigen geologischen Untergrundverhältnissen sind stufenweise mehrere Aufweitvorgänge erforderlich, wobei bei den Zwischenaufweitungen „leeres" Bohrgestänge hinter dem Aufweitkopf angehängt wird. Lediglich bei der letzten Aufweitung wird das Produktrohr eingezogen. Mit den kleineren Bohranlagen (Midi-Geräten) sind Produktrohre mit Außendurchmessern bis 550 mm und mit den größten Bohranlagen bis max. 2200 mm verlegbar.

Die grundsätzlichen 3 Schritte des Verfahrens sind in Bild 10 dargestellt.

## 2.5 Anwendungsmöglichkeiten

### 2.5.1 Allgemeines

In großer Zahl sind in Stadträumen vollkommen verlaufssteuerbare Bohrgeräte im Einsatz, die es vom Typ her erst seit etwa 30 Jahren gibt. Sie sind in vielen Merkmalen anders als die klassische, vertikale Bohrtechnik, arbeiten überwiegend im Straßenraum und immer mehr im Hausanschlussbereich, wobei besonders mit kleinen Horizontalbohranlagen, sogenannten Pit-Geräten, immer mehr Gas- und Wasserhausanschlüsse erneuert bzw. neu gebaut werden.

Neben den genannten Anwendungsmöglichkeiten der Horizontalbohrtechnik im Leitungsbau und Leitungserneuerung werden Horizontalbohranlagen vielfältig in der Geotechnik, in der Umwelttechnik für Altlastensanierungen, im Dränage- und Brunnenbau und für vielfältige Sonderaufgaben eingesetzt.

Horizontalbohrungen können in unterschiedlichsten Längen erzeugt werden, je nach Gerätetyp, -größe und Leistungsstärke (ausgedrückt in Zug- und Schubkraft; meist wird hier noch in der klassischen Bezeichnung von Tonnen (statt kN) gesprochen). Verlaufsgesteuerte Horizontalbohranlagen (HDD-Systeme) beginnen bei 1,5- bis 4-Tonnen-Geräten für den Hausanschluss- und Kleinbohrbereich, gehen über die 7- bis 25-Tonnen-Klasse für den Netzbau und die Grundbau-Anwendungen bis hin zur mittlerweile 550-Tonnen-Klasse für Bohrungen bis 3000 m Länge für Dükerungen, Querungen für den Pipelinebau oder für lange Erkundungsbohrungen bis hin zu vollständigen Bergdurchbohrungen.

### 2.5.2 Längsverlegungen für Leitungsnetze

Der häufigste Anwendungsfall der HDD-Technologie liegt in der sog. Längsverlegung vor, d. h. im Ortsnetzbau von Ver- und Entsorgungsleitungen.

Ursprünglich wurde das HDD-Verfahren zur Verlegung von dünnen Stromkabeln und zur Verlegung dünner kurzer Erdgasanschlüsse und kurzer Leitungsabschnitte entwickelt. Der Bedarf in den USA und in Europa lenkte das Anwendungsinteresse pri-

**Bild 10** Die 3 Schritte des HDD-Verfahrens (zusammengestellt aus [33])

mär dann auf Gas- und Wasserleitungen, wobei sehr schnell der Bedarf nach stärkeren HDD-Anlagen aufkam. HDD-Anlagen in der 10- und 12-Tonnen-Klasse wurden Standardgeräte zur grabenlosen Netzleitungsverlegung, wobei zeitversetzt zu Gas- und Wassernetzbetreibern, private Betreiber von Telekommunikationsnetzen ebenfalls zu sehr großen Auftraggebern für die grabenlose Bauweise wurden.

Gas- und Wasserleitungsverlegungen durch HDD sind mittlerweile Routineanwendungen geworden, die nach Schätzungen inzwischen 15 % aller Neuverlegungen im Gas- und Wasserversorgungsbereich ausmachen. In einigen Regionen Deutschlands, besonders im Süden und Südosten, werden mehr als die Hälfte aller Gas- und Wasserneuverlegungen mit HDD-Bohrungen durchgeführt, mit sehr erheblichen Vorteilen in Sachen Bauzeitverkürzung, Umweltschonung, Straßenschonung und vor allem Langlebigkeit der verlegten Leitungen, siehe Bild 11. Aufgrund der Bedeutung des HDD-Verfahrens für Versorgungsleitungen gibt es inzwischen vom DVGW technische Regelungen über Ablauf, Gütesicherung und Qualitätsdokumentation der Leitungsverlegungen im HDD-Verfahren (siehe [22–27]).

In der grabenlosen Längsverlegung werden für den Einzug von Gas-, Wasser-, Strom- oder Telekomleitungen Verlegeabschnitte von 100 bis 200 m pro Bohrung – in Einzelfällen sogar bis 400 m – am Stück realisiert. Nur am Anfang der Bohrtrasse und am Ende ist eine Gerätestellfläche notwendig. Die einzuziehende Leitung wird im Fall von Stangenware vor dem Einzug verschweißt und benötigt einen gewissen Auslegeplatz. Wird das Leitungsmaterial als Rollenware auf einem entsprechenden Abrollfahrzeug herantransportiert, so ist lediglich für sehr kurze Zeit eine Stellfläche für dieses Fahrzeug erforderlich. Der Rohrleitungseinzug pro Abschnittslänge benötigt in der Regel nur wenige Stunden, die Montagearbeiten für spätere Leitungsabzweige (Hausanschlüsse) benötigen häufig mehr Zeit als der grabenlose Leitungseinbau im Netzbereich. Bei der Ortsnetzerneuerung von Trinkwasserleitungen werden häufig die neuen Leitungen mittels HDD verlegt, das alte schadhafte Netz bleibt dabei noch so lange in Betrieb, bis Hausanschlüsse, Schieber und Verteiler umgebunden werden. Bei solchen Maßnahmen können mehrere HDD-Geräte parallel eingesetzt werden. Ganze Stadtviertel können auf diese Weise in kurzer Zeit mit neuen Leitungen versehen werden.

**Bild 11** Innerstädtische Längsverlegung

### 2.5.3 Horizontale Trinkwasserbrunnen

In tiefreichenden Grundwasserhorizonten sind vertikale Brunnenbohrungen mit entsprechendem Filterstreckenausbau in der Förderzone sinnvoll und bewährt. In vielen Regionen sind jedoch flache, aber recht ergiebige Grundwasserhorizonte vorhanden, die bislang oft von einem Vertikalschacht ausgehend, durch horizontalen Vortrieb, meist sternförmig, als waagerechte Filterstrecken ins Lockergestein hinein gebaut werden. Diese Methode ist aufwendig und nicht jeder horizontale Vortrieb für die Filterkörper liegt in der ursprünglich projektierten Lage. Das für das HDD-Verfahren entwickelte Horizontalbrunnenbauverfahren [5] ermöglicht rein bohrtechnisch und aufgrabungsfrei eine optimale Verlegung von horizontalen Filterstrecken im Grundwasserleiter. Dabei können die Filterstrecken bei Bedarf einen gekrümmten Verlauf haben. Auch im Hinblick auf Länge, Tiefe unter der Geländeoberfläche und Durchmesser gibt es wenige Einschränkungen. Durch die Verwendung eines Hüllrohrs (casing pipe) beim Einzug der Filterkörper werden diese reibungs- und verschmutzungsgeschützt bis in die gewünschte Verlegeposition eingebracht. Erst danach wird das Hüllrohr entkoppelt und durch vorsichtiges Ziehen wieder an die Erdoberfläche befördert. Dieser Verfahrensweg beinhaltet noch weitere Vorteile: Der zuvor vom Hüllrohr benötigte, frei werdende Ringraum dient der Entspannung, Lockerung und deutlichen Erhöhung der Wegsamkeit und damit der optimalen Zuflusserhöhung im unmittelbaren Umgebungsbereich der Filterkörper. Eine natürliche Filterwirkung baut sich hier in der Regel auf. Das Bohrverfahren hat noch den weiteren Vorteil, dass flexible, z. T. aus inerten Kunststoffen bestehende Filterkörper mit extrem hoher Einlassoberfläche bei definierter Durchtritts-Porengröße verwendet werden können. Sehr wirkungsvoll sind z. B. aus PE-Granulat bestehende Filterrohre, wobei die Granulatkörnung idealerweise auf die Körnungslinie des umgebenden Lockergesteins abgestimmt werden kann.

### 2.5.4 Horizontalbrunnen für die Grundwasserabsenkung

Bei Grundwasserabsenkungen permanenter Art, z. B. in Bergschadensgebieten mit flächigen Geländeabsenkungen und dadurch zu hoch anstehendem Grundwasser, oder bei Grundwasserabsenkungen vorübergehender Art, z. B. für die Errichtung tiefer Baugruben oder großer Abwasser-Leitungsgräben, offener Tunnelstrecken oder für Tagebaumaßnahmen, lassen sich durch die Ausführung horizontaler Filterbrunnen Zeit und Kosten sparen. Mit wenigen HDD-Brunnen lassen sich große Areale entwässern, der Grundwasserspiegel kann hierdurch quasi flächenhaft heruntergezogen werden. Daraus ergibt sich eine Baufreiheit an der Erschließungsoberfläche, da alle Brunnenzugänge außerhalb bzw. unterhalb der künftigen Aushubbereiche liegen. Dadurch sind eine räumliche Entzerrung und ein zeitlicher Parallelbetrieb möglich. Die Förderleistung der Brunnen ist mehrheitlich ergiebiger und dank der größeren, ellipsoidförmigen Absenkungstrichter sind Oberflächeneffekte jeglicher Art in Brunnennähe geringer.

Bild 12 zeigt eine Prinzipskizze zur Altlastensanierung, Bild 13 den Bohransatz und das Einschieben der Dränrohre für eine Deichentwässerung.

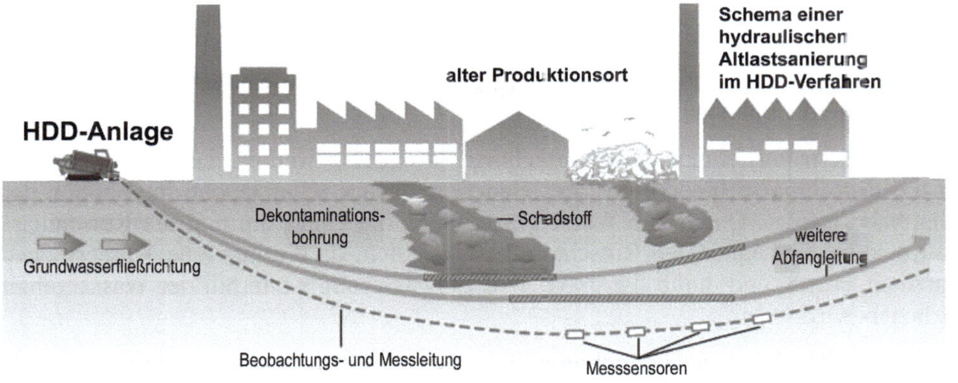


**Bild 12** Prinzipskizze zur Altlastensanierung

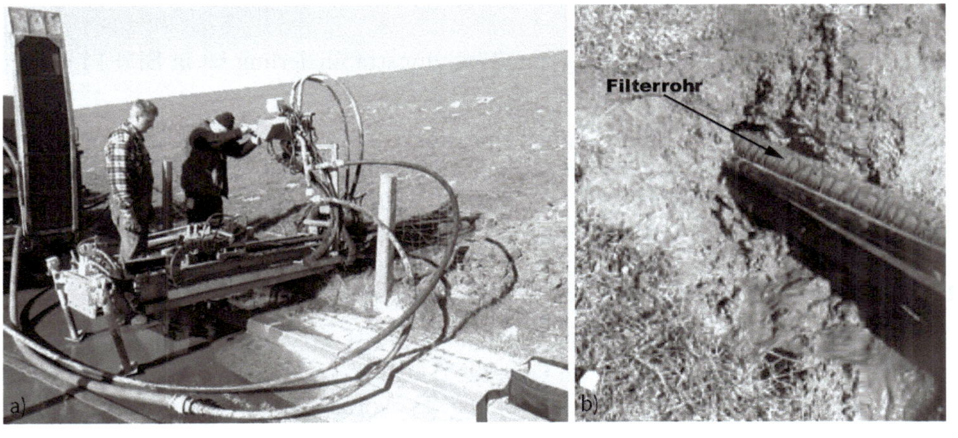


**Bild 13** Fotos von einer Maßnahme zur Deichentwässerung [42];
a) Bohrgerät (Grundodrill 10S, Tracto-Technik beim Beginn der Bohrung am Deichfuß,
b) Einschieben des Filterrohrs und des Verpressschlauchs

## 2.5.5 Rutschungssicherungen durch Entwässerung in Hanglagen

Rutschgefährdete Hänge können gerade in bindigen Böden durch gezielte Entwässerung oft beruhigt bis gefestigt werden. Hierbei werden Horizontalbohranlagen unterhalb der Rutschung aufgebaut, sodass die Bohrung im Gefälle hin ansteigend auf Bereiche der Gleitzone bzw. der Gleitbahn zusteuert und diese bzw. die Rutschmassen selbst entwässern kann (s. Bild 14). Beim Durchbohren bis zur Oberfläche können hier im Rückwärtsgang sogar Verbauelemente, z. B. gelochte Stahlrohre mit Entwässerungsfunktion oder Verbauanker bzw. Mörtelanker eingebracht werden. Beim Bohren selbst muss beachtet werden, dass grundsätzlich von unten nach oben in den Berg hineingebohrt wird, sodass permanent aus dem frisch erzeugten Bohrvortrieb ein freigefällemäßiges Auslaufen der Bohrspülung erfolgen kann. Die Bohrspülung sollte mit dem Boden des betroffenen Hangs möglichst wenig in Austausch treten können. Alles beim Bohren zum Boden und Gestein lösen in den Berg eingebrachte Wasser muss sofort entweichen und abströmen können. Weiterhin sollte das natürliche Kapillar- und Speicherwasser im Umfeld der Bohrung ebenfalls rasch ins aufgefahrene Bohrloch hinein ausfließen können.

Die Entwässerungsleitung kann bohrtechnisch so angelegt werden, dass der Filterstrang in die Rutschmasse hineingreift, der Haupteinlass der Filter jedoch im Bereich der Gleitbahn erfolgt. Durch den Wasserentzug wird die Gleitbahn und die Rutschmasse trockener und rauer, die Rutschung beruhigt sich, da die kritische Wassermenge entzogen wurde und durch die gravitative Entwässerung weiterhin der Wassergehalt reduziert wird.

Sollte die Rutschung in sich mehrere Gleitbahnen aufweisen und von ihrem wechselhaften Bodengefügebestand immer noch kritische Zonen in sich bergen, so lassen sich mittels der Horizontalbohrtechnik weitere Bohrungen, z. B. stockwerksartig, einbringen. Darüber hinausgehende Maßnahmen sind durch stabilisierende Filterrohre, z. B. gelochte Stahlrohre, möglich.

Das Schema der Leitungsverlegung zur Böschungsstabilisierung ist in Bild 14 dargestellt.

Für manche Stabilisierungsmaßnahmen sind lange Bohrungen erforderlich, etwa wenn flache, lange Hanglagen, ganze Bergrücken oder ganze Bergabschnitte zu entwässern sind oder kritische, schwebende Grundwasserkörper zu durchörtern sind. Von einem Anwendungsfall im Norden von Ulm wird in [9] berichtet.

### 2.5.6 Tagebauentwässerungen und Böschungsstabilisierung

Im Bergbau und insbesondere in Tagebauen sind dem Abbau vorauseilende Entwässerungen üblich und seit langem im Gebrauch. Dabei geht es zum einem um das Abführen von Bergwässern bzw. das Absenken des vorhandenen Grundwassers, wenn der Abbaubetrieb sich schon im Lockergebirge unter den Grundwasserspiegel hineingearbeitet hat.

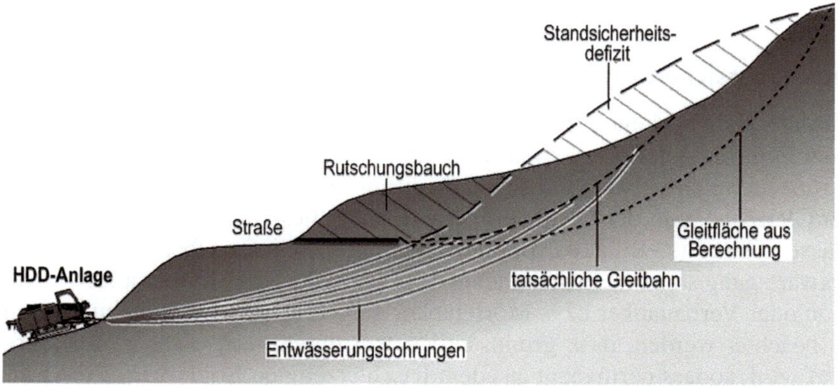


**Bild 14** Anordnung von Dränleitungen zur Böschungsstabilisierung

Jede frisch erzeugte Abbauböschung im Lockergestein verletzt das natürliche Gleichgewicht des Gebirges und birgt die Gefahr einer potenziellen Rutschung in sich. Liegt im Bestand des Lockergesteins ein Wassereinspeichervermögen und latente Gleitfähigkeit vor, so wird der gefährdete Böschungsabschnitt sofort dräniert. Vor allem in Braunkohletagebauen sind vertikale Absenkbrunnen und horizontale Stoßentwässerungen (bisher mit ungesteuerter Horizontalbohrtechnik) üblich und gehören zum Teil zum Tagesgeschäft. Wasser wird hier als Gegenspieler des Bergbaus, quasi als „tückischer Geselle“ betrachtet, gegen den man täglich anarbeiten muss. Bei eng gestaffelten Böschungsflanken wird häufig mit langen aufsteigenden Freigefälledränagen gearbeitet. Diese wurde in den letzten Jahren zunehmend mit HDD-Anlagen durchgeführt. Auch ganze Deckgebirgslagen über der Kohle werden, wenn sie stauende Horizonte aufweisen, mit HDD-Anlagen durchbohrt und damit entwässert. HDD-Geräte sind in einigen Braunkohlengebieten auch zur horizontalen Entwässerung der Kohleflöze selbst im Einsatz. Die Kohle kann auf diese Weise trockener gewonnen werden.

## 2.6 Bohrtechnik für Bohrungen in Fels

### 2.6.1 Bohrtechnik für kurze Strecken im Fels

In Mittelgebirgsbereichen findet man häufig Situationen, bei denen im Haus- und Gartenuntergrund oder in Hanglagen Felsbänke in weichen Gesteinslagen eingelagert sind oder in denen durchgehend felsiger Untergrund vorhanden ist. Kurze Bohrungen wie z. B. für Hausanschlüsse konnten vor wenigen Jahren nur in offenen Eingriffen gebaut werden, da die Felsbohrtechnik mittels Mudmotoren nur für Bohrungen mit großen Anlagen entwickelt war. Felsbänke wurden mittels Aufbruchhammer durchörtert, oder „klassisch“ durchbrochen, geschürft, gesprengt, gerissen, u. a., um dann aufwendig ausgehoben und abgefahren zu werden. Neues Wiedereinfüllmaterial musste antransportiert und mit Querverbau eingebaut werden.

Seit den Jahren 2001/2002 können Felsbohrungen mit sehr kleinen Horizontalbohranlagen (ab der 10-t-Klasse) und mit kleinen Mudmotoren durchgeführt werden. Auch kurze Bohrstrecken ab etwa 40 m Länge sind inzwischen wirtschaftlich realistisch. Da Hausanschlüsse, auch am Hang, manchmal nur kurze Wege haben können, hat eine Spezialfirma eine Kleinbohranlage in der 4-Tonnen-Leistungsklasse entwickelt, die in trockener Bohrtechnik Durchmesser bis 80 mm auf bis zu 20 m Länge im reinen Fels mit Druckfestigkeiten bis maximal 240 MPa bewältigen kann, und dies mit recht hoher Arbeitsgeschwindigkeit (Bild 15). Notwendig ist nur eine Startgrube von 1,5 m Länge auf 0,75 m Breite, in der das Bohrgerät abgesenkt werden kann. Von dort aus kann geradlinig das zu versorgende Haus angesteuert werden.

Mit speziellen Felsbohrlanzen kann auch durch Fundamentmauern bis in den Hauskeller hinein gebohrt werden. In wechselndem Untergrund (Felslagen in Wechselfolge mit Gesteinen geringer Festigkeit, z. B. Mergeln) können solche Bohrgeräte, ausgerüstet mit einer Felsbohrlanze, auch für die Herstellung von bis zu 40 m langen Hausanschlüssen eingesetzt werden.

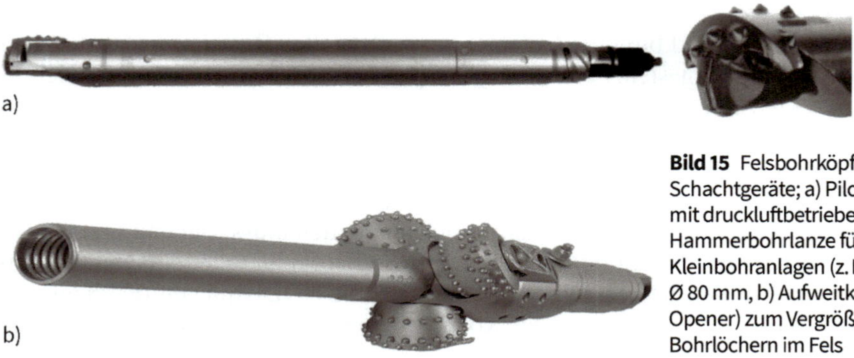

a)

b)

**Bild 15** Felsbohrköpfe für Schachtgeräte; a) Pilotbohrung mit druckluftbetriebener Hammerbohrlanze für Kleinbohranlagen (z. B. Grundopit), Ø 80 mm, b) Aufweitkopf (Hole Opener) zum Vergrößern von Bohrlöchern im Fels

### 2.6.2 Bohrtechnik für lange Strecken im Fels (Längsverlegungen, Bergdurchbohrungen, Dükerungen)

Bohrungen im Fels in Längen, die über 40 m hinaus gehen und der Längsverlegung, dem Dükerbau, längeren Querungen, Fels- und Bergdurchbohrungen sowie Kreuzungen dienen, benötigen aus technischen Gründen, aber auch Gründen einer optimalen Steuerbarkeit, eine andere Antriebs- und damit Vortriebsform als Kurzstrecken im Fels. Auch das klassische Vertikalbohren mit schräg gestelltem Bohrmast und abgelenktem Vortrieb würde für die Belange des Leitungsbaus oder des horizontalen Bohrens im Fels nicht sinnvoll umsetzbar sein. Das moderne HDD-Felsbohren für die Geotechnik, den Netzbau und die Längsverlegung musste in einem speziellem Zweig der Erdöl- und Erdgasbohrtechnik Anlehnung nehmen, dem Ablenkungsbohren für tiefe horizontale Erschließungen von Lagerstätten auf Basis von sogenannten Bohrlochsohlen-Motoren (international: Mudmotoren, franz. Moineau-Motoren). Da der Einsatz für den HDD-Bereich sehr oberflächennah ist und nicht in mehreren Kilometern Tiefe liegt, wie bei Erdöl- und Erdgasbohren, mussten diese Mudmotoren zum wirtschaftlichen Einsatz für den HDD-Bereich erst technisch dem oberflächennahen Einsatz angepasst werden.

Hier hat es im Zeitraum 2000–2003 entscheidende Entwicklungserfolge gegeben, welche die Einsatzmöglichkeiten von Mudmotoren im HDD-Bereich sprunghaft steigen ließen. Die Grundzüge von Mudmotoren werden nachfolgend erläutert. Die Unterschiede zu den Tiefbohr-Mudmotoren herausgestellt, die Schritte zu den Konstruktionseigenheiten bei HDD-Mudmotoren werden begründet und Einsatzmöglichkeiten für Baustellen aufgezeigt.

Ziel langjähriger Entwicklungen war es, bei Bohrlochmotoren ein höheres Drehmoment mit weniger Spülungsdurchflussrate zu liefern. Damit wollte man erreichen, dass Mudmotoren auch auf kleineren Bohranlagen eingesetzt werden können, Felsbohren ab der 10-Tonnen-Bohrgeräteklasse war das Ziel. Diese technische Möglichkeit schaffen bis heute nur sog. Low-Flow-Motoren mit geringer Durchflussrate und hoher Belastungskapazität (Bild 16). Sie kommen mit weniger als der Hälfte an Spülungsrate aus als vergleichbare Mudmotoren der gleichen Leistungsklasse.

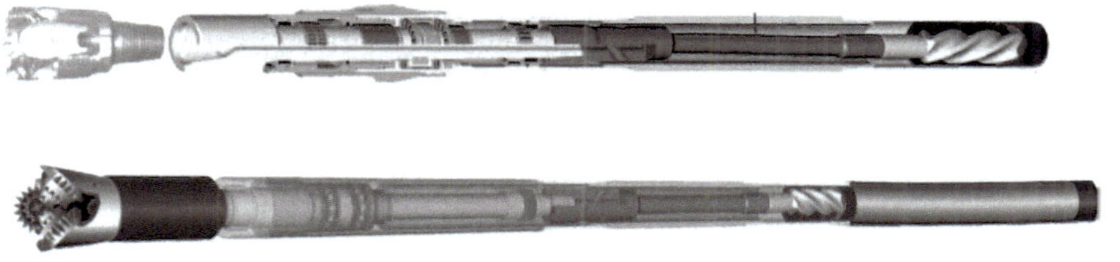

**Bild 16** Mudmotor/Bohrlochmotor (Grundorock, Typ Low-Flow)

Erreicht wurde dies durch die Konstruktion einer speziell auf den HDD-Markt abgestimmten Antriebseinheit (Rotor/Stator – power section) der flexiblen Antriebswelle und einem sehr aufwendig und vorteilhaft gebauten Lagerstuhl (bearing section).

Bohrlochmotoren bestehen aus drei Komponenten:

1. Eine Antriebssektion (Rotor/Stator) wandelt hydraulische Leistung in Bohrleistung.
2. Eine flexible Antriebswelle zwischen Antriebssektion und Lagerstuhl erlaubt die Nutzung eines geknickten Gehäuses zur Steuerbarkeit. Das geknickte Gehäuse, das festeingestellt oder verstellbar sein kann, erlaubt eine Neigungssteuerung zwischen 1 bis 4 %.
3. Vor einem speziellen Lagerstuhl wird der Bohrmeißel in einer Gewindehalterung eingeschraubt. Der Lagerstuhl dient zur Aufnahme und Übertragung der axialen Schub- und Zugkräfte sowie der möglichen Radialkräfte auf den Bohrkopf. Er absorbiert außerdem Seitenbelastungen, Vibrationen und andere Kräfte. Der Lagerstuhl ist entweder abgedichtet und ölgefüllt oder er wird mit Spülung geschmiert.

In der Antriebssektion (Rotor und Stator) verwandelt der Mudmotor die durch Bohrflüssigkeit bzw. Spülung zugeführte hydraulische Leistung in mechanische Leistung um. Er erzeugt die mechanische Leistung direkt am Bohrkopf. Je näher die Kraft am Bohrkopf ist, umso größer ist die Leistungsfähigkeit. Außer der auftretenden Reibung trifft die Bohrflüssigkeit auf ihrem Weg zum Bohrlochmotor auf keinerlei Widerstand. Folglich geht nur ein unbedeutender Anteil an Leistung verloren.

Beim Einsatz von Bohrlochmotoren werden die Bohrgestänge nur gedreht, um Richtung und Neigung vorzugeben und um ein Absetzen des Bohrkleins zu verhindern. Beim Einsatz eines Bohrlochmotors wird das Gestänge viel geringerer Belastung und Abnutzung ausgesetzt als bei konventionellem Bohren in Lockergestein. Ebenso wird das Bohrgerät entlastet. Der Großteil der Arbeit wird von der Spülungspumpe vorgenommen.

Sowohl Durchflussmenge als auch Druck sind für den Betrieb des Motors notwendig. Die Durchflussmenge lässt den Rotor im Bohrlochmotor rotieren (daher der Name) – je mehr Durchfluss, umso schneller die Umdrehungen. Der Druck wird im Bohrlochmotor im Drehmoment umgewandelt und überwindet den Widerstand, den das zu bohrende Gestein dem Bohrkopf entgegensetzt – je höher der Druck, desto höher das Drehmoment für den Antrieb des Bohrkopfes. Es gilt die Formel:

Durchflussmenge × Druck = Drehzahl × Drehmoment

Ein anderer Parameter für Funktion und Leistung von Mudmotoren ist die *Lobe-Konfiguration*. Damit ist die geometrische Ausgestaltung der positiven Schraubenstruktur des Rotors in der negativen Schraubenstruktur des Stators, welcher funktional immer einen Schraubgang mehr haben muss, gemeint.

Der ein- oder mehrgängige Rotor mit schraubenförmiger Oberfläche wirkt wie ein umlaufender Verdränger in dem mit Gummi bzw. Elastomer ausgekleideten Stator. Man spricht entsprechend von 1/2 oder 2/3, … 4/5, 5/6 … -gängigen Motoren, wobei das Bewegungsspiel zwischen Rotor und Stator bei HDD-Mudmotoren relativ klein sein sollte.

Die Leistungscharakteristik von Schraubenmotoren hängt auch von der Gangzahl, d. h. der Lobe-Konfiguration ab. Der Wirkungsgrad der Motoren mit hohen Gangzahlen (lobes) nimmt ab, ihre Drehmomente und die Lebensdauer hingegen nehmen zu. Hohe Drehmomente bei kleinen Drehzahlen sind sehr günstig für den Einsatz von Rollenmeißeln. Mudmotoren für den HDD-Bereich sind häufig zwischen 3/4- und 7/8-gängig. Der Antrieb von Mudmotoren erfolgt ausschließlich durch Bohrspülung (= Mud). Der Mudfluss treibt die Innenschraube (Rotor) an, Mudmotoren arbeiten nach dem Prinzip eines Schraubenmotors.

Wenn auf einer HDD-Baustelle mehr als 16 $m^3$ Bohrspülung durchgesetzt werden, und dies ist bei Mudmotoren, auch beim Typ der Low-Flow-Motoren, immer der Fall, so ist Bohrspülungsrecycling nicht nur wirtschaftlich, sondern aus ökologischen und ökonomischen Gründen (Rohstoffverbrauch etc.) zwingend. Die Größe der Recyclinganlage sollte jedoch den täglich anfallenden Bohrspülungsmengen Rechnung tragen.

Der Prozess des Hartgesteinbohrens ist vielschichtig und hängt nicht nur von der Gesteinsfestigkeit ab. Faktoren wie die natürlichen Trennflächen im Gestein (Klüfte, Verwerfungen, Grenzflächen, Spaltflächen), unterschiedliche Härten und Eigenschaften von Mineralien innerhalb eines Gesteins, des Bindemittels der Mineralien im Gesteinsverbund (sog. Matrix) und seine Bindekraft, der Verwitterungsgrad des Gesteins, Unregelmäßigkeiten des Gesteinsaufbaus etc. beeinflussen die bohrtechnische Lösbarkeit von Festgesteinen. Die Abtragungswirkung durch Schneiden, Zähne oder Warzen des Bohrwerkzeugs nutzt die Zerstörung des schwächsten Minerals innerhalb des Mineralgefüges, welches das Gestein in seinem Gesamtgefüge aufbaut.

Um den Bohrprozess erfolgreich und kosteneffizient zu gestalten, gibt es, entsprechend den Gesteinsparametern, unterschiedliche Bohrkronen, mit denen der Schneidkopf bzw. der Bohrkopf am Mudmotor bestückt werden kann.

Für eine große Bandbreite von Festgesteinen, von weichen bis harten Formationen, werden Rollenmeißel eingesetzt. Rollenmeißel können 1, 2 oder 3 Kegelrollen zum Gesteinslösen aufweisen. Am häufigsten wird die 3-Kegelrollen-Anordnung verwendet, weil die Zermahlung von härteren Gesteinen zwischen 3 Kegeln – leicht versetzt, jedoch ineinandergreifend angeordnet – am effektivsten ist. Die Rollenmeißel werden auch über zulaufende Bohrspülungskanäle bewegt, deren Anordnung recht unterschiedlich sein kann. Die Rollen sollen bewegt werden, sie müssen von Bohrklein ständig freigespült werden, die Kegellager (der empfindlichste Bereich von Kegelrollen) und die Frontschneiden müssen ständig gekühlt werden. Die Qualität eines Rollenmeißels liegt nicht nur in der Verschleißfestigkeit seiner Zähne oder Schneidwarzen, sie liegt auch ganz wesentlich in der Qualität der Kugellager und in der Anordnung der Spülungskanäle und ihrer Austritte am Kopf.

Generell unterscheidet man die Rollenmeißel nach ihrem Rollenkegeltyp in Zahnmeißel und Warzenmeißel (Bild 17), wobei Zahnmeißel für die leichten bis weniger schwierigen Festgesteine und Warzenmeißel für die harten und schwierigen Gesteine eingesetzt werden sollten.

Bei den Warzenmeißeln, die mit Wolframkarbid-Stiften (TCI-Bits) für eben noch härteres Gestein bestückt sind, sind unterschiedliche Warzenstifte im Gebrauch. Die Geometrie dieser Warzenstifte (Bits) reicht von Konusformen für mittelharte (keilförmig-spitzwinklig, conical; keilförmig-schaufelförmig, keilförmig-abgeflacht) über kegelförmig abgerundete Ballistik-Formen bis hin zu kugelig-abgeflachten Formen (domed) für recht harte Gesteine.

Sehr harte Festgesteine, wie z.B. Basalte, Diabase, dichte Quarzite, Hornsteine, Chromerze, Eklogite und andere basische und ultrabasische Gesteine, gehen in ihren Gesteinsfestigkeiten über die Möglichkeiten von Rollenmeißeln hinaus. Daher sind hierfür sog. Vollbohrkronen mit Diamant-Besatz oder mit PDC-Bit-Besatz (= polykristallines Diamantmaterial) nötig. Diese Vollbohrkronen sind mit Industriediamanten bzw. PCDs bestückt und schneiden durch härtestes Gestein. Die Investition für diese Bohrkronen ist jedoch hoch.

Auch Felsbohrungen müssen sehr häufig in Aufweitstufen vergrößert werden. Nur selten reicht die Pilotbohrung mit dem Mudmotor auch zur Aufnahme des Produktrohrs. Aufweitungen im Fels bedingen ebenfalls andere Werkzeuge als im Lockergestein. Felsaufweitköpfe, international als „Hole Opener" bezeichnet, haben einen Führungsschaft, der in die Dimension des zuvor erzeugten Felsbohrlochs passt. Daran schließt ein Ringkranz mit Schneidrollen an, die an einem breiteren, runden Tragkörper (body) ansitzen. Darauf folgt ein integraler Drehwirbel. Für sehr große HDD-Anlagen können die Hole Opener, gestaffelt hintereinander und jeweils im Durchmesser größer werdend, mehrere Schneidkränze aufweisen (Bild 18).

Weitere entscheidende Vorteile dieser speziellen HDD-Felsbohrmotoren sind die lange Lebensdauer, die hohe Zuverlässigkeit, die geringen Betriebskosten und die Möglichkeit vielfältiger innerstädtischer Einsätze für den Leitungsbau in schwierigstem Baugrund. Mit Mudmotoren sind alle Gesteinsformationen bohrbar, selbst härteste Gesteine können durchbohrt werden, allerdings müssen die eingesetzten Bohrkronen sehr dezidiert auf die Gesteinseigenheiten abgestimmt werden. Die Bohrkrone muss jeweils zum Gestein passen, wobei mit zunehmender Gesteinshärte und -abrasivität die Bohrkronen entsprechend aufwendiger und teuer werden.

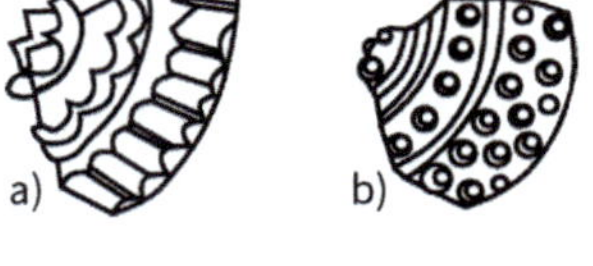


**Bild 17** a) Zahnmeiße , b) Warzenmeißel

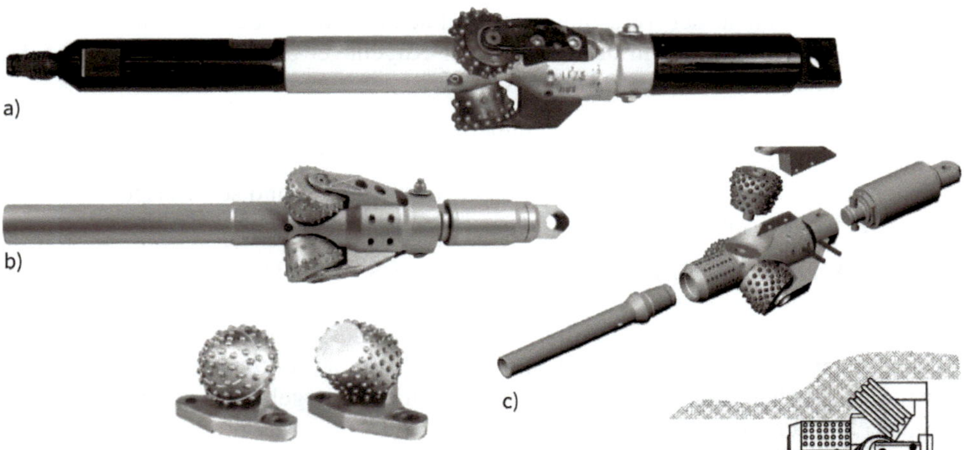

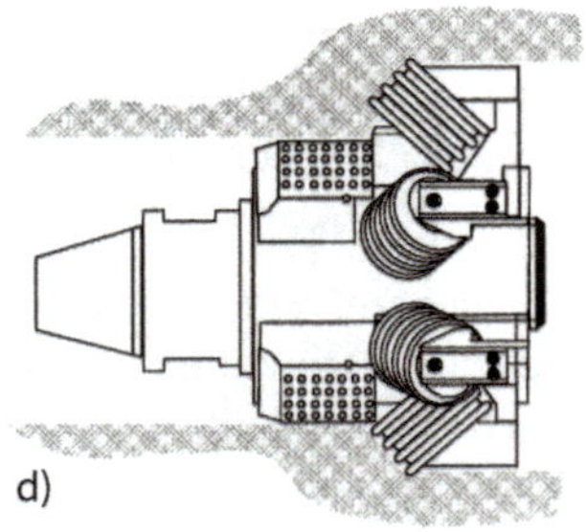

**Bild 18** Aufweitköpfe für das Felsbohren [43]
a) Aufweitkopf (Hole Opener) zum Vergrößern von Bohrlöchern im Fels, Ø 120 – 200 mm
b) Grundo-Rock-Ream Hole Opener für Aufweitungen bis 16″
c) Grundo-Rock-Ream Hole Opener – Grundkörper mit austauschbaren TCI-Cuttern für Aufweitbohrungen bis 16″
d) Aufweitkopf für große Durchmesser (am Markt verfügbar bis 800 mm)

Extreme Hart-Weich-Wechsel im Gebirge oder im Blockmaterial sind für das HDD-Bohren sehr anspruchsvoll und erfordern hohe Erfahrungen, gleichmäßige Felsverhältnisse, egal ob weich oder hart, sind technisch deutlich einfacher zu handhaben. Die Bohrmeißelauswahl wird immer von den härtesten Lagen im Gestein bestimmt. Wechselfolgen zwischen Felsbänken und weichen Mergel- oder Tonstein-Zonen können nur mit Felsbohrausrüstung bewältigt werden.

## 2.7 Anwendungen für HDD-Bohren im Fels

### 2.7.1 Allgemeines

Natürliche Hindernisse mit anstehendem Fels oder verdecktem Fels im Untergrund gibt es in reichem Maße in bergigen oder grundgebirgsgeprägten Regionen. Verbindungen für Hausanschlüsse oder zwischen Gebäuden oder Anlagen bis hin zu Verbindungen zu künstlichen oder natürlichen Hohlräumen, bei Wegen durch den Fels, die einen geplanten Verlauf einhalten oder an einem definierten Punkt wieder heraustreten sollen, sind ideale Aufgaben für das HDD-Felsbohren.

### 2.7.2 Parallelbohrungen: Projektbeispiel Höhle

Die Höhlen von Postojna sind weltberühmt und erstrecken sich auf über 27 km Länge. Aufgrund der großen Höhlenlänge werden die Höhlenbesucher über eine weite Strecke mit einer Elektrobahn durch die Höhle gefahren. Die Elektroloks der Höhlenbahn wurden nachts an einer Ladestation in einem Höhlenraum aufgeladen, der 30 m durch Fels

**Bild 19** Bohrungen im harten Kalkstein von Postojna;
a) HDD-Maschine (Grundodrill 13X) beim Start der Bohrung, b) Aufweiten im harten Kalkstein

von der Außenwelt entfernt ist. Im Laufe der Jahrzehnte war die Ladestation überaltert und musste erneuert werden. Die Verwaltung der Höhle hat sich aus rein praktischen Gründen dafür entschieden, die neue Ladestation außerhalb der Höhle anzulegen. Aus diesem Grund musste zwischen dem Standort der alten Ladestation und der neuen eine möglichst kurze Verbindung hergestellt werden.

Die Höhlenverwaltung erteilte daher den Auftrag, mittels Felsbohrungen zwei Verbindungen im Abstand von einem Meter durch den harten Kalkstein zu erstellen. Dazu wurde eine Grundodrill 13X mit einem Grundorock-Mudmotor und einer Verlaufssteuerung mit einer kabelgeführten Messsonde verwendet (Bild 19). Der Aufweitprozess erfolgte dann in einem Schritt mit einem 10″-Hole Opener (entspricht etwa 250 mm). Dann wurden in diese beiden parallelen Bohrlöcher Stahlrohre der Dimension DN 219 unter Nutzung einer Olymp-Ramme eingetrieben. Zum Schluss wurden durch die Stahlrohre im Fels die Stromkabel durchgezogen und die neue Ladestation angeschlossen. Innerhalb von 6 Tagen konnten die Arbeiten erledigt werden.

### 2.7.3 Bohrungen im Geröll und Blockmaterial unter Gebirgsflüssen

Rohrleitungsquerungen unter Gebirgsflüssen, also Dükerungen im Geröll, sind riskante Bauaufgaben. Plötzliche Hochwasserereignisse, wie sie immer im Gebirge auftreten können, haben bei offenen Leitungsverlegungen (Rohrdükern) schon oft die Bauleute und Baugeräte gefährdet. Offene Ufereingriffe führen weiterhin häufig zu Umweltschäden, Ausspülungen und Uferausbrüche bedingen hohe nachträgliche Aufwendungen. Aus diesem Grund und aus Biotopschutzgründen werden Flussunterquerungen bei Gebirgsflüssen fast nur noch im HDD-Felsbohrverfahren vergeben. Die Durchfahrung von Geröll- und Blockmaterial mit HDD-Mudmotoren ist bohrtechnisch immer eine Herausforderung, die viel Können und Erfahrung abfordert (Bild 20).

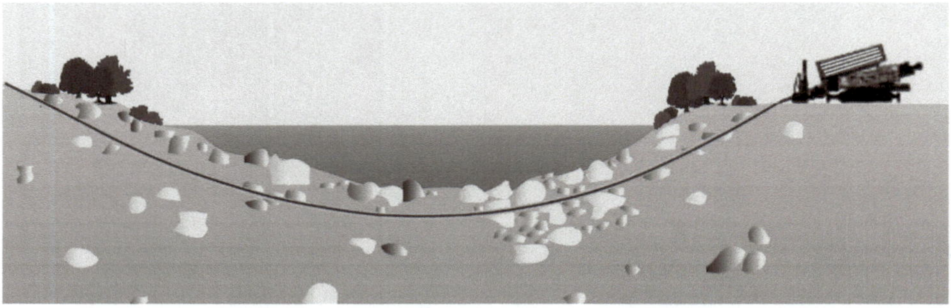

**Bild 20** Unterbohrung eines Flusses im Geröll- und Blockmaterial

### 2.7.4 Bohrungen in Bergsturzmassen und in Felsrücken

Die verlaufsgesteuerte Horizontalbohrtechnik ist auch in Bergstürzen oder Rutschmassen mit Felsanteilen einsetzbar, allerdings sind hier die Bohrungen aufwendiger als im massiven Fels. Im Fels oder in stückigen Felsmassen sind vorherige Bohrplanungen sehr ratsam, da die Bohrradien und die Aufstellmöglichkeiten meist eingeschränkter sind. Dennoch ist es lohnenswert, die Horizontalbohrtechnik für solche Einsätze einzuplanen.

Der Einsatz der grabenlosen Rohrverlegung durch Felsrücken, Bergkanten oder ganze Bergrücken bringt sowohl für den Naturschutz im Gebirge als auch für die Rohrverlegung selbst Vorteile, erfordert aber in größeren Tiefen eine kabelgeführte Ortungstechnik, die zusätzliche Kosten verursacht. Ansonsten bestimmt die Geologie die Vortriebsleistung und damit die Kostenstruktur in ähnlicher Weise wie in Regionen mit geringeren Reliefunterschieden. Die Abkürzungsstrecken im Gebirge haben zudem den Vorteil, dass kritische Hanglagen, die zum Beispiel rutschungsgefährdet sein können, umgangen oder unterbohrt werden können. Je steiler das Gelände und je größer die Querriegelsituation im Trassenverlauf ist, umso größer sind die Vorteile einer direkten Durchbohrung von Bergen oder Steilkanten.

Beispielhaft wird hierzu die Bohrung durch einen Bergrücken im Schweizer Jura beschrieben.

Reigoldswil liegt im Kanton Basel-Land in den Gebirgsfalten des Schweizer Jura, der hier Höhen von 900 bis 1200 m ü. NN erreicht. Eine Erdgas-Pipeline, die hier seit 1967 besteht, musste gegen eine neue ersetzt werden, die auch die Ortslage von Reigoldswil mit Abstand umgeht.

Der Erdgasversorger entschied sich, eine 900 m lange Pipeline komplett neu zu bauen, wovon 460 m einen Bergrücken durchschneiden sollten. Diese Abkürzungsbohrung durch den Bergrücken namens „Bergli" hindurch, aus massiven Jurakalken bestehend, wurde mit einer 100-Tonnen-Anlage durchgeführt (Bild 21). Die Pilotbohrung erfolgte mit einem 250-mm-Rollenmeißel auf einem großen Mudmotor. Die Ortung und Steuerung basierten auf einem kabelgeführten Navigationssystem in einem künstlich ausgelegten Magnetfeld. Die Bohrung wurde mit Hole Opener in zwei Schritten bis auf 500 mm Durchmesser aufgeweitet. Danach wurde in einem nächsten Arbeitsschritt das 273-mm-Pipelinerohr ins

**Bild 21** Felsbohrung im Schweizer Jura

Bohrloch hineingezogen, welches mit einer angereicherten Bohrspülung gefüllt war. Die Bohraufgabe wurde exakt in der vorgegebenen Zeit abgeschlossen.

### 2.7.5 HDD-Einsätze im Hochgebirge (Beispiel Glarner Alpen)

HDD-Anlagen finden auch zunehmend Einsatz in den hohen Lagen in den Alpen und arbeiten hier in Höhen über 1500 m bis weit über 2000 m. Felsbohrungen zur Verlegung von Wasserleitungen, die der Versorgung von Schneekanonen dienen, werden immer häufiger gefragt. Vermehrt werden in den Alpen schneearme Phasen in der Winterzeit mit künstlichen Beschneiungsanlagen überbrückt. Aus Naturschutzgründen werden Wasserleitungsverlegungen im hochalpinen Bereich nur noch selten in offener Bauweise erlaubt. Einen idealen Ausweg bilden daher HDD-Felsbohrungen, mit denen ganze Leitungsnetze für Beschneiungsanlagen installiert werden können

In den Glarner Alpen bei Laax (nahe Flims, Kanton Graubünden) musste für eine Schneeanlage eine 334 m lange Felsbohrung unter einer Bergkuppe auf etwa 1940 m ü. NN zur Aufnahme einer 400-mm-Wasserdruckleitung aus PE erstellt werden. Die Bohrarbeiten wurden im September 2006 mit einer Prime Drilling 75/50-Bohranlage durchgeführt (Bild 22).

**Bild 22** Felsbohrung in den Glarner Alpen

### 2.7.6 Tiefreichende Anker ins anstehende Gebirge

In bestimmten geotechnischen Situationen sind lange Anker erforderlich, die weit ins anstehende Gebirge hineinreichen. Dies ist zum Beispiel bei großen Felsböschungen der Fall, deren Trennflächengefüge oder deren Verwerfungsinventar so strukturiert ist, dass sich sehr hohe Böschungsflanken ablösen können. Bei solchen Böschungsabgängen können Verkehrswege oder Flüsse schwer beschädigt, zerstört oder blockiert werden. Mit normalen Gebirgsankern sind solche Felsböschungsflanken nicht zu stabilisieren. Lange Anker mit über 100 m Länge können hier erforderlich sein, um von vornherein möglichen Ablösungstendenzen am Fels entgegenzuwirken. Die HDD-Bohrtechnik zur Einbringung solcher Anker ermöglicht hier eine Verlaufssteuerung des Ankerwegs und damit eine bewusste Anordnungsmöglichkeit der gewünschten Geometrien. Es können bewusst vorher bekannte tektonische Mürbezonen, zum Beispiel Ruschelzonen, im definierten Winkel durchfahren werden, ohne dass es zu ungeplanten Auslenkungen der Anker in instabile Bereiche hinein kommt. Auch können gezielt Zonen geringerer Festigkeit, bestimmter Gesteinspartien, definierte Hindernisse, umsteuert und umfahren werden, um die Anker im festen und tragfähigen Gebirge zu platzieren.

Große Ingenieurbauwerke wie Brückenpfeiler, Bogenstaumauern, Brückenwiderlager oder sonstige Bauwerke in Gebirge sollten eine möglichst enge Verbindung mit dem sie tragenden Gebirge eingehen. Manche Ingenieurbauwerke wurden zu Zeiten errichtet, in denen für Ankerbohrungen noch nicht so große technische Möglichkeiten bestanden wie heute. Im Laufe der Zeit haben Bewegungsmessungen in solchen Ingenieurbauwerken ergeben, dass nicht immer der Verbindungsschluss vorhanden ist, der ursprünglich gewünscht oder errechnet wurde. Mit der HDD-Technologie ist es nun möglich, nachträglich mit langen Ankern festere Ankopplungen an das tragende Gebirge zu erreichen (Bild 23). Bei Neubauprojekten sind heutzutage vor den Fundamentierungsarbeiten lange geometrische, exakt gerechnete Ankerbohrungen so in den Fels hineinsetzbar, wie sie wirklich sein sollen und wie sie auch eine optimal tragende Wirkung aufbauen können.

**Bild 23** Herstellung langer Anker an einem Bahndamm

### 2.7.7 Tunnelsanierung

Viele ältere Tunnel sind direkt aus dem Fels gehauen worden, sie haben keine Innenschale und manchmal nur unzureichende Ver- und Entsorgungsleitungen. Aufgrund der neuen Brandschutzverordnungen im Tunnelbau lassen sich mittels HDD-Felsbohrungen z. B. nachträgliche Feuerlöschleitungen und in der Tunnelsohle Löschwasserableitungen installieren.

Auch Bohrungen für zusätzliche Be- und Entlüftungen sowie Vorbohrungen für Fluchtstollen und Querverbindungen werden durch die HDD-Technologie ermöglicht.

## 2.8 Verdrängungshämmer

Das kleinste und zugleich sehr effiziente Verfahren zur Erzeugung kleiner horizontaler Bohrlöcher in bindigen bis gemischtkörnigen Lockergesteinen bis maximal 35 m Länge sind Verdrängungshämmer (Boden- oder Erdraketen). Dieses Vortriebssystem besteht aus einem länglichen, druckluftbetriebenen Verdrängungshammer, der das zu durchörternde Erdreich unter Verdichtung in die Bohrlochwandungen verdrängt (Bild 24). Der überwiegende Einsatz von Erdraketen dient der grabenlosen Erstellung

**Bild 24** Einsatz eines ungesteuerten Verdrängungshammers (Erdrakete, Zusammenstellung aus [43]);
a) Ausrichten des Hammers (Erdrakete) in der Startgrube,
b) Hammer (Erdrakete) kommt in der Zielgrube an

von Hausanschlüssen, z. B. für Trinkwasser, für Strom, für Telekommunikation, für Abwasser, für Erdgas, für Breitbandkabel und anderes. Mit Erdraketen lassen sich jedoch auch horizontale Bohrlöcher erzeugen, die der Aufnahme von Spannankern, von Messsonden (z. B. für Setzungsmessungen), von Messdatenleitungen, von Entwässerungsleitungen, Stahlrohren (z. B. für Rohrschirme), u. a. dienen.

Für Hausanschlüsse bis 30 m Länge, bei leicht verdrängbaren Böden bis 40 m, werden seit über 40 Jahren Erdraketen eingesetzt. Mit einem druckluftbetriebenen Verdrängungshammer in der Formgebung einer kleinen, langgestreckten liegenden Rakete (daher allgemein als „Erdrakete" bezeichnet) wird ein röhrenförmiger unterirdischer Hohlraum aufgefahren, in dem vorzugsweise muffenlose Kurz- oder Langrohre bis 200 mm Durchmesser aus Kunststoff (Polyethylen, PVC oder Polypropylen), aus Metall (z. B. Stahl), aber auch Kabel jeglicher Art sofort oder nachträglich eingezogen werden. Voraussetzung ist ein verdrängungsfähiger Baugrund.

Die Erdrakete wird mit einer Peiloptik auf das Ziel ausgerichtet und erreicht ungesteuert bei Längen von 10 bis 15 m hinreichend genau den anvisierten Zielpunkt. Gestartet wird aus einer Grube, in der die Erdrakete auf einer einjustierbaren Lafette auflagert. Der Vortrieb erfolgt durch einen druckluftbeaufschlagten innenliegenden Kolben. Für den Vortrieb ist die Mantelreibung des Bodens erforderlich. Durch Verdrängung des Bodens arbeitet sich die druckluftbeaufschlagte Erdrakete selbsttätig durch das Erdreich, wobei auch steinhaltige Böden durchörtert werden können. Das zu verlegende Neurohr oder Kabel wird entweder unmittelbar beim Vortrieb gleichzeitig mit eingezogen oder nachträglich durch den erzeugten röhrenförmigen Erdhohlraum eingebracht.

Für Längen bis zu 70 m gibt es eine steuerbare Erdrakete [43], die mithilfe eines Ortungs- und Steuersystems Hindernissen im Boden ausweichen und je nach Bodenverhältnissen auch Radien von minimal 27 m kontrolliert und verlaufsgesteuert auffahren kann (Bild 25). Es handelt sich hierbei um eines der wenigen gesteuerten Bodenverdrängungsverfahren, das hauptsächlich bei langen, kurvenförmigen oder unübersichtlichen Hausanschlüssen eingesetzt wird.

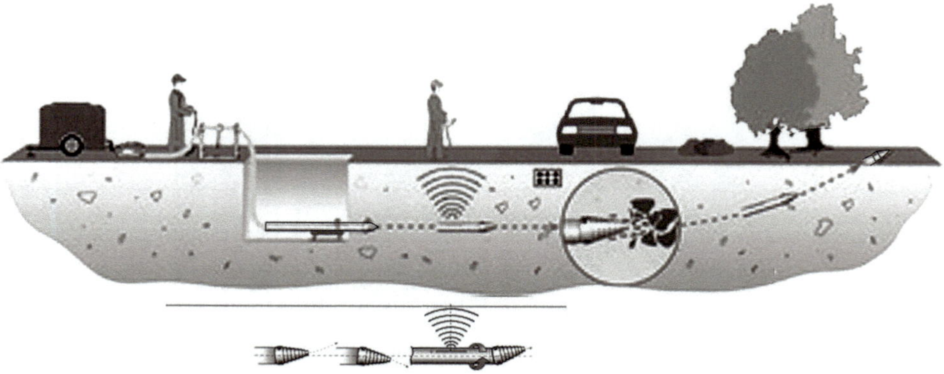

**Bild 25** Steuerbarer Verdrängungshammer

## 2.9 Horizontalrammen

Mit Druckluftrammen lassen sich Stahlrohre ohne aufwendiges Widerlager unter Straßen, Dämmen, Gleisanlagen, Aufschüttungen, Halden, Hindernissen diverser Art u.a. verlegen (Bilder 26 und 27). Mit dynamisch wirkender Schlagenergie (bis max. 40.000 kN) lassen sich in fast allen Lockergesteins-Bodenklassen Stahlrohre bis maximal 300 mm Durchmesser bis max. 80 m Länge vortreiben. Für diesen dynamischen Rohrvortrieb im Rammverfahren werden pneumatisch arbeitende Rohrvortriebsmaschinen (Rammen) eingesetzt. Die druckluftbetriebene Ramme hat eine zylindrische Form mit einem Konus für den Anschluss der Aufsteckkegel, der Schlagsegmente und einem Entleerungskegel bzw. für die kraftschlüssige Verbindung zwischen dem Rohr und der Maschine.

Der Einsatz von Schlagsegmenten verhindert ein Aufwirbeln der Rohre und ermöglicht ein stumpfes Anschweißen der einzelnen Rohrlängen. Um die Mantelreibung innen und außen am Rohr zu reduzieren, bewirken Schneidschuhe einen Freischnitt. Über Schmierschneidschuhe kann auch eine Schmierung des Rohrs den Vortrieb erleichtern. Die Ramme wird mittels eines Lufthebekissens axial hinter dem vorzutreibenden Rohr ausgerichtet und durch spezielle Gurte mit dem Rohr verspannt. Der Antrieb erfolgt mit einem normalen Baustellenkompressor.

Durch die robuste und einteilige Bauweise kann mit den derzeit größten Rammen bei voller Leistung eine Schlagenergie von 40.000 Nm erzielt werden [42], die sich optimal über den gesamten Rohrstrang überträgt. Der Vortrieb liegt bei durchschnittlich 15 m pro Stunde. Bei Beendigung der Rammarbeiten erfolgt die vollständige Leerung des Rohrs durch Wasserdruck in Kombination mit Druckluft oder nur mit Wasserdruck. Nach dem Beräumen des Erdkerns wird das gewünschte Produktrohr unter Verdämmung des Ringspalts höhen- und lagegenau in das Stahlvortriebsrohr eingebaut.

Das Verfahren kann auch für Rohrschirme im Tunnelbau eingesetzt werden.

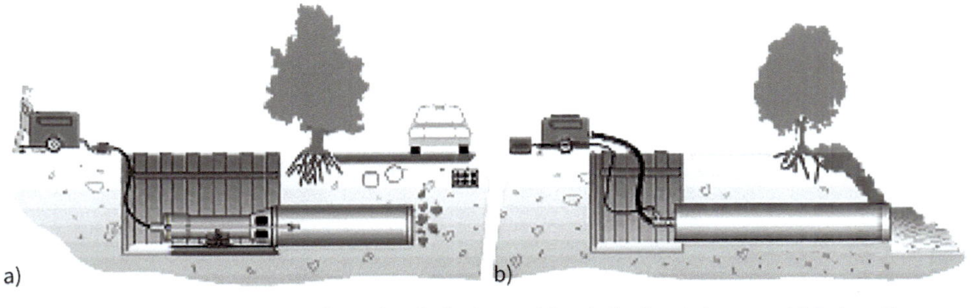


**Bild 26** Rammen und Entleeren der Rohre [42]; a) Vortrieb mit Horizontalramme, b) Rohrentleerung

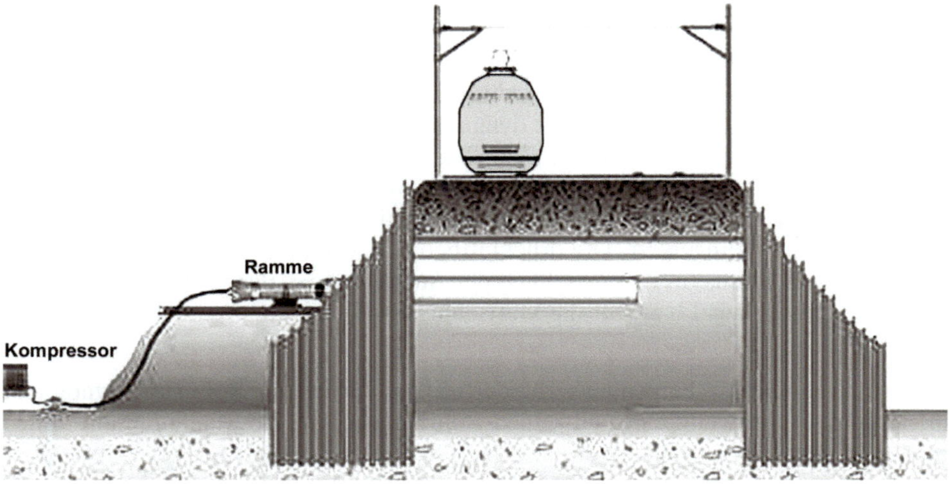


**Bild 27** Einrammen von Rohren zur Unterfahrung eines Bahndamms [42]

## 2.10 Erdbohr- und Pressbohrverfahren

Die einfachste Form, kreisrunde Hohlräume im Boden herzustellen, ist die Verwendung eines Spiral-. oder Schneckenbohrers. Daher können kurze Bohrungen in Boden, der zumindest vorübergehend standfest ist, am einfachsten mittels eines Erdbohrgeräts mit einer Bohrschnecke ohne Verrohrung hergestellt werden. Dieses Bohrverfahren findet man dann auch – allerdings in vertikaler oder geneigter Richtung – bei der Anker- und Pfahlherstellung.

Die Prinzipien dieses Bohrverfahrens sind in Bild 28 für die Herstellung einer Sacklochbohrung dargestellt.

Für Sacklochbohrungen muss die Verrohrung aus schussweise verschraubbaren Rohren (Schraubrohren) bestehen, damit die Verrohrung ein- und ausgebaut werden kann. Beim Vortrieb von Schacht zu Schacht (s. Bild 30) stehen Pilotgestänge, Verrohrung und Schnecke immer unter Druck und werden in den Zielschacht hineingeschoben.

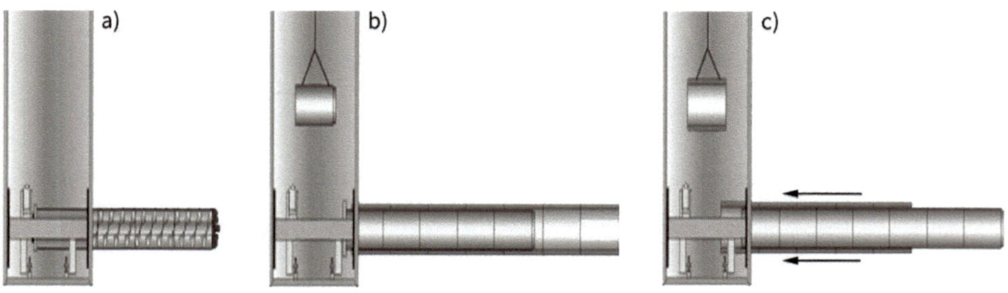


**Bild 28** Herstellung einer Sacklochbohrung mit dem Pressbohrverfahren [10];
a) Bohren mit Verrohrung, b) Einbau der Produktrohre, nachdem die Bohrschnecke ausgebaut wurde, c) Rückbau der Verrohrung

Von den Maschinentypen her ist zwischen Kompakt- und Langrahmenmaschinen zu unterscheiden (Bild 29). Mit den Kompaktmaschinen können aus begehbaren Schächten oder Leitungen heraus kurze Strecken, z.B. für Hausanschlüsse gebohrt werden. Die Langrahmenmaschinen sind vor allem dafür konzipiert, aus Gruben heraus Strecken von 50 bis 120 m zu bohren, was vor allem bei der Kreuzung von Leitungen mit Verkehrswegen notwendig wird.

Entsprechend der maschinellen Ausrüstung können die Horizontalbohrverfahren mit Schnecke in 4 Klassen eingeteilt werden:

1. Ungesteuertes Bohren mit Schnecke in standfestem Boden auf kurzen Strecken.
2. Ergänzung des Verfahrens von 1. durch eine Verrohrung, die parallel zum Bohrfortschritt eingepresst wird. Man spricht dann vom Pressbohrverfahren.
3. Der Bohrvorgang findet in zwei Schritten statt. Zuerst wird eine Pilotbohrung hergestellt, die in einem zweiten Bohrvorgang aufgeweitet wird (Bild 30).
4. Das in 3. beschriebene Verfahren erhält eine Erfassung der Lage über eine Zieltafel und einen Steuerkopf (Bild 31).

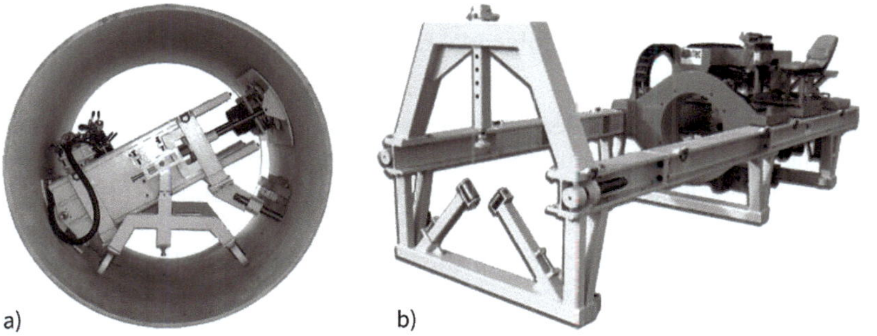

a) b)

**Bild 29** Kompakt- und Langrahmenmaschine für das Pressbohrverfahren [10]; a) Kompaktmaschine, b) Langrahmenmaschine

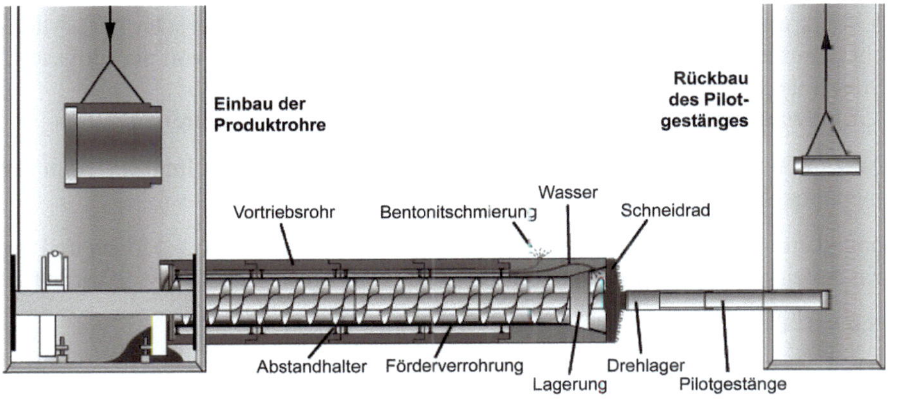


**Bild 30** Pressbohrverfahren mit Pilotbohrung

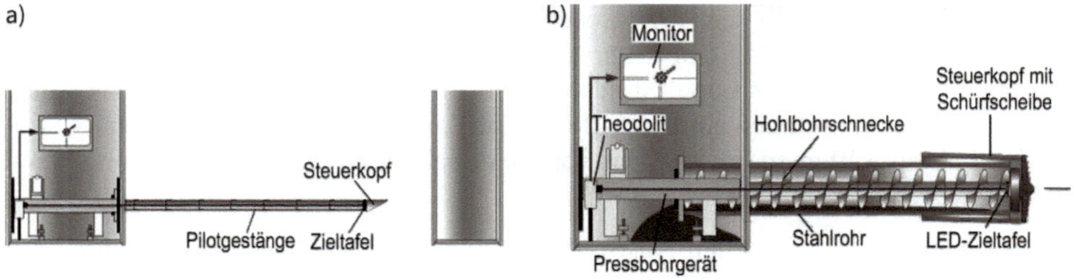


**Bild 31** Steuer- bzw. Korrekturmöglichkeiten beim Pressbohrverfahren;
a) Steuern bei der Pilotbohrung, b) gesteuertes Bohren

Diese Bohrverfahren sind den Bodenentnahmeverfahren zuzurechnen, da der Boden überwiegend entnommen wird. Trotzdem darf der Boden nicht zu dicht gelagert sein, da auch eine teilweise Verdrängung möglich sein muss. Das Verfahren ist vor allem für die Herstellung von Entwässerungsleitungen geeignet. Grundsätzlich können nur geradlinige Leitungen hergestellt werden. Die Steuermöglichkeiten sind nicht für Kurvenfahrten gedacht, sondern haben nur die Funktion, die Bohrung auf der geraden Linie zu halten.

Zur allgemeinen Orientierung können folgende Hinweise zum Anwendungsbereich gemacht werden.

- Das Verfahren ist vor allem für den Durchmesserbereich DA 300 mm bis DA 2000 mm geeignet. In der ungesteuerten Version ist die Streckenlänge auf etwa 50 m begrenzt. In der Variante mit Pilotbohrung und Steuerung können 150 m möglich sein.
- Besonders vorteilhaft können mit dem Verfahren kurze Produktrohre aus Beton, Steinzeug oder dgl. eingebracht werden.
- Böden, bei denen die Schlagzahlen bei der leichten Rammsonde (DPL) über 50 liegen, sind nicht geeignet.
- Ausgesprochen kohäsive Böden (z.B. ausgeprägt plastische Tone) können nicht oder nur auf kurzen Strecken durchbohrt werden, da sie ein zu hohes Drehmoment verursachen.
- Das Größtkorn des zu fördernden Bodens sollte 80 mm nicht überschreiten. Allenfalls bei Durchmessern von über 0,8 m können in Abhängigkeit von der eingesetzten Maschine auch größere Steine gefördert werden.
- Der Grundwasserstand über der Rohrsohle darf 3 m nicht überschreiten.

Hinweise zum aktuellen Stand der Technik findet man u. a. auf den Internetseiten der Maschinenhersteller (z. B. [10] und [34]).

In Abhängigkeit von der Anzahl der Arbeitsschritte wird zwischen der 2-stufigen und der 3-stufigen Arbeitsweise unterschieden. Bei der 2-stufigen Arbeitsweise gibt es 2 Varianten:

2-stufiges Verfahren, Variante 1:

1. Herstellung der Pilotbohrung.
2. Aufweitungsbohrung mit Produktrohren und innenliegender Förderverrohrung. In jedem Produktrohr liegt ein Abschnitt Verrohrung und ein Abschnitt der Förderschnecke.

2-stufiges Verfahren, Variante 2:

1. Herstellung der Pilotbohrung.
2. Aufweitungsbohrung mit verschweißten Stahlrohren. Das durchgehende Stahlrohr ist dann die „Tunnelauskleidung“. Die Verrohrung verbleibt also im Boden.

3-stufiges Verfahren:

1. Herstellung der Pilotbohrung.
2. Aufweitungsbohrung mit Stahlschutzrohren.
3. Nachschieben von Produktrohren. Mit dem Einschieben der Produktrohre im Startschacht werden die Abschnitte der Verrohrung in den Zielschacht geschoben.

# 3 Rohrvortrieb

## 3.1 Allgemeines

Beim Rohrvortriebsverfahren gibt es zahlreiche Verfahrensvarianten, wobei meist zunächst eine übergeordnete Einteilung in grabenlose, d. h. untertägige und halboffene Bauweisen erfolgt (s. Bild 32). Bei den grabenlosen Bauweisen wird zwischen bemannten und unbemannten Verfahren unterschieden. Sowohl bei den bemannten Verfahren als auch bei den unbemannten Verfahren sind nicht steuerbare Verfahren und steuerbare Verfahren entwickelt worden.

Eine generelle Übersicht über die Rohrvortriebsverfahren in geschlossener Bauweise enthält DIN EN 12889 [19] bzw. DIN 18319 [21]. Die halboffenen Rohrvortriebsverfahren werden z. B. in [39] beschrieben.

Dieser Abschnitt bezieht sich schwerpunktmäßig auf grabenlose, gesteuerte Rohrvortriebsverfahren. Anwendungsbereiche für derartige Rohrvortriebe liegen aufgrund der größeren Durchmesser schwerpunktmäßig im Kanalbau. Eine Beschreibung der Rohrvortriebstechnologie für nicht begehbare Leitungen findet sich in [40], Abschnitt 2.13. Das HDD-Verfahren (Horizontal Directional Drilling) wurde bereits im Abschnitt 2 behandelt.

## 3.2 Grundlagen der Rohrvortriebstechnik

### 3.2.1 Bauverfahren allgemein

Der Erfolg eines Rohrvortriebs hängt entscheidend davon ab, ob ein für die anstehenden geologischen Verhältnisse geeignetes Verfahren gewählt wurde. Daher wird im Folgenden ein Überblick über die Bauverfahren und zur Beschreibung des Baugrunds gegeben.

Beim Rohrvortrieb werden Mantel- oder Produktrohre ausgehend von einem Startschacht mithilfe von Hydraulikpressen in den Untergrund vorgepresst. Im Bereich vor dem ersten Vortriebsrohr wird das Locker- oder Festgestein gelöst. Bei der Mehrzahl der Rohrvortriebsverfahren wird das gelöste Gestein durch den bereits vorgepressten Teil des Rohrstrangs entgegen der Vortriebsrichtung zutage gefördert. Der Vortrieb endet in einem Zielschacht, aus dem die Vortriebsmaschine oder das Schild geborgen wird.

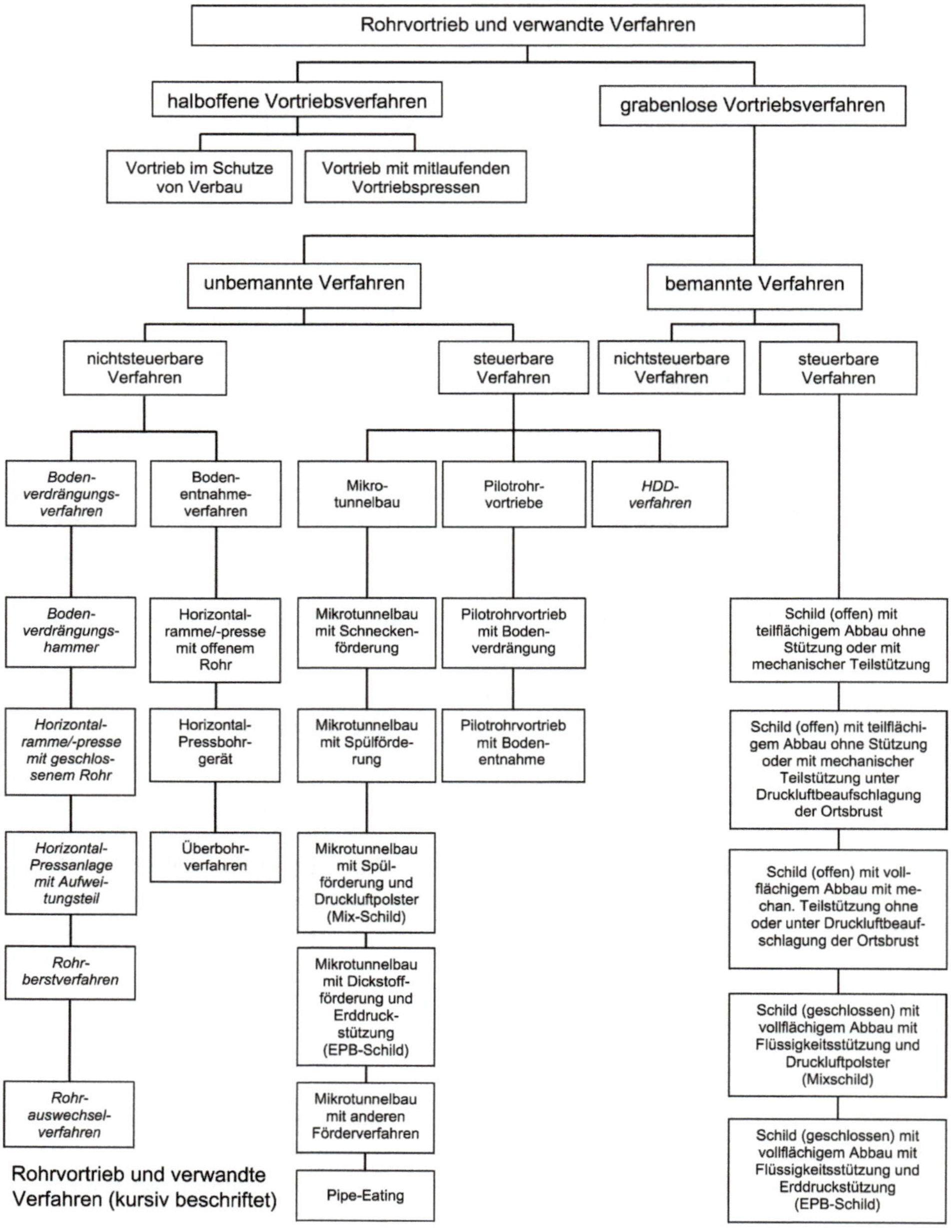


**Bild 32** Rohrvortrieb und verwandte Verfahren (DWA-A 125 [2] modifiziert)

Beim Vorpressen des Vortriebsrohrstrangs treten Mantelreibungskräfte auf, die meist durch das Einbringen eines Schmiermittels (i.d.R. Bentonitsuspension) zwischen Ausbruchlaibung und Rohraußenmantel reduziert werden. Beim Einfahren der stirnseitigen Kante des Vortriebsschilds bzw. des Abbauwerkzeugs in die Rohrortsbrust werden zusätzliche Widerstandskräfte (Brustwiderstand) geweckt. Mantelreibung und Brustwiderstand müssen beim Vorpressen des Rohrstrangs überwunden werden.

Gesteuerte Rohrvortriebe können auf geradlinigen Trassen und auf ein- bzw. mehrfach gekrümmten Trassen aufgefahren werden. Durch den Einbau von Zwischenpressstationen (Dehnern) kann der gesamte Rohrstrang in zwei oder mehrere, jeweils für sich vorgepresste Rohrkolonnen geteilt werden, sodass die Mantelreibung pro Pressvorgang begrenzt wird und die in axialer Richtung in die Vortriebsrohre eingeleiteten Pressenkräfte nicht die von der Rohrkonstruktion aufnehmbaren Axialkräfte überschreiten. Übliche Rohrvortriebslängen betragen mehrere Dekameter bis mehrere hundert Meter. Rohrvortriebe von mehr als 1.000 m sind möglich, aber in der Praxis selten. Bild 33 zeigt beispielhaft einen bemannten Rohrvortrieb mit offenem Schild.

Bemannte Verfahren setzen aus Gründen des Unfallschutzes von der Vortriebslänge abhängige lichte Mindestquerschnittabmessungen voraus, die innerhalb des Rohrstrangs z.B. durch Installationen nicht eingeschränkt sein dürfen (Bild 34).

*Hinweis:* Aus technischen Gründen (z.B. beim Einsatz von Druckluftschleusen) können sich größere Mindestquerschnitte ergeben.

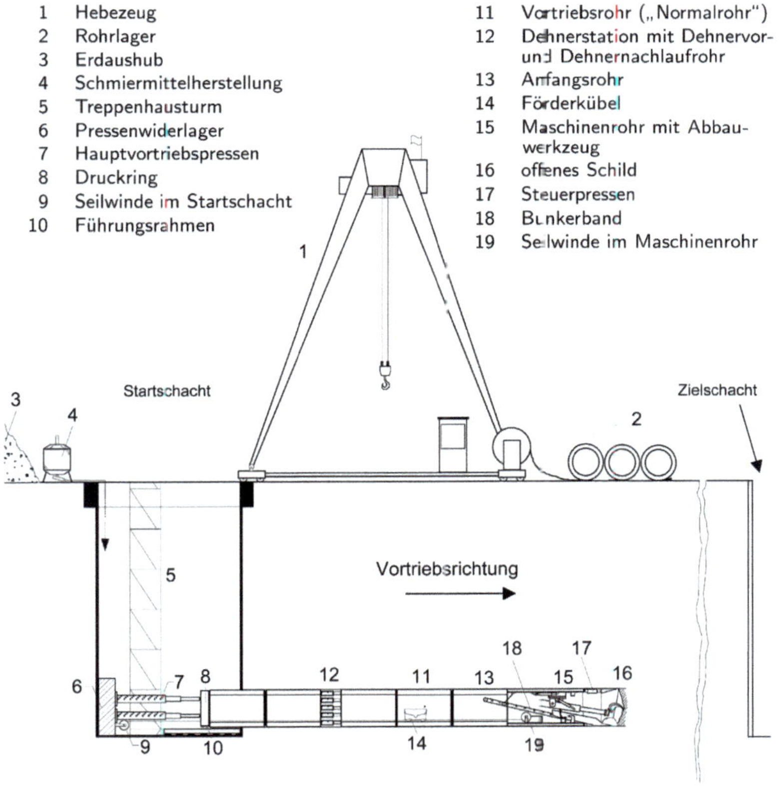


**Bild 33** Schema eines bemannten Rohrvortriebs mit offenem Schild [39]

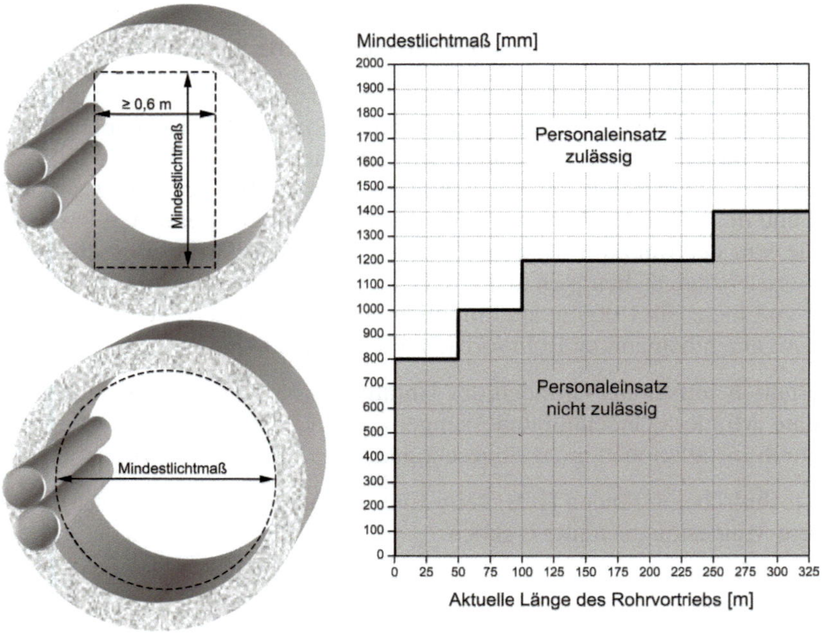


**Bild 34** Mindestlichtmaße bei ständigem Personaleinsatz in Rohrvortrieben (ausgenommen Rohrvortriebe unter Druckluftbedingungen) [2]

Aus diesen Forderungen folgt unmittelbar, dass Rohrvortriebe mit kleineren Querschnittsabmessungen unbemannt aufgefahren werden müssen. Diese Rohrvortriebe weisen oftmals einen höheren Automatisierungsgrad auf als bemannte Verfahren und werden ferngesteuert. Die Möglichkeit, Rohrvortriebe unbemannt aufzufahren, erstreckt sich nicht nur auf den nicht begehbaren Durchmesserbereich, sondern praktisch auch über den gesamten als begehbar anzusprechenden Durchmesserbereich.

Bei ferngesteuerten Rohrvortrieben im nicht begehbaren Querschnittsbereich können Vortriebshindernisse den weiteren Vortrieb relativ rasch infrage stellen, da der zur Beseitigung der Hindernisse notwendigen Verfahrensflexibilität enge Grenzen gesetzt sind.

Werden Rohrvortriebe im begehbaren Querschnittsbereich ferngesteuert aufgefahren, können Hindernisse meist durch manuelle Eingriffe an der Rohrortsbrust beseitigt werden.

Wenn ein Vortriebsrohrstrang z. B. zum Zweck der Hindernisbeseitigung nur vorübergehend betreten werden muss, sind bei den geforderten Mindestquerschnittsmaßen teilweise größere Längen, als in Bild 34 angegeben, zulässig (vgl. [2]).

### 3.2.2 Einteilung von Boden und Fels in Homogenbereiche für Rohrvortriebsarbeiten

Mit der VOB 2016 wurde in allen Tiefbaunormen der VOB/C mit einem Bezug zum Baugrund die bisherige Klassifikation von Boden und Fels durch die Beschreibung von

Homogenbereichen abgelöst. Die aktualisierte DIN 18319 legt fest, welche Parameter für die Homogenbereiche anzugeben sind, um den spezifischen Randbedingungen der Rohrvortriebsbauweise gerecht zu werden und dem Auftragnehmer die Auswahlentscheidung für die in Betracht kommenden Baugeräte zu erleichtern. Im Vergleich zu DIN 18300 sind deutlich mehr Parameter zu ermitteln und zu dokumentieren

Gemäß DIN 18319 ist ein Homogenbereich „ … ein begrenzter Bereich, bestehend aus einzelnen oder mehreren Boden- oder Felsschichten, der für Rohrvortriebsverfahren vergleichbare Eigenschaften aufweist."

Auf der Grundlage der Baugrunderkundung sind die in Tabelle 1 und 2 aufgeführten Eigenschaften und Kennwerte sowie deren Bandbreite für Boden und Fels anzugeben. Für jeden Kennwert wird angegeben, nach welcher Norm er zu bestimmen ist. Es ist jedoch auch eine Festlegung aufgrund von Erfahrungswerten möglich, die Norm ist dann nur im Zweifelsfall anzuwenden.

## 3.3 Maschinen und Geräte für den Rohrvortrieb

Rohrvortriebe können bei optimaler Wahl des Verfahrens und der maschinellen Ausstattung in den meisten Boden- und Felsarten ausgeführt werden. Einschränkungen bzw. Verfahrensgrenzen sind dort möglich, wo stark setzungsgefährdete Schichten sowie Schichten angetroffen werden, die keine ausreichende seitliche Führung der Rohrkolonne ermöglichen (z. B. bindige Böden von breiiger Konsistenz, Hausmüll u. dgl.).

Wie in Abschnitt 3.2.1 erwähnt, ist beim Rohrvortrieb grundsätzlich der Einsatz von bemannten, im Teilschnittverfahren (Teilflächenabbau) arbeitenden Schildmaschinen und unbemannten automatischen Tunnelvortriebsmaschinen möglich.

Die Verfahren sind zu unterscheiden hinsichtlich

- Abbau des Gesteins an der Ortsbrust,
- Stützung der Ortsbrust,
- Abtransport des Gesteins.

Bei bemannten Teilschnittmaschinen mit offenem Vortriebsschild erfolgt der Abbau des Gesteins entweder mit Exkavatoren (im Maschinenrohr installierter Bagger), die mit Abbauschaufel, Reißzahn oder Hydraulikhammer ausgestattet werden können, oder bei frästechnisch bearbeitungsfähigen Locker- und Festgesteinsarten mit rotierenden Schrämmaschinen. Im Einzelfall ist auch ein händischer Abbau denkbar. Bei offenen Schilden ist die Ortsbrust begehbar, durch einen einfachen Werkzeugtausch kann gut auf wechselnde Baugrundverhältnisse reagiert werden und Hindernisse lassen sich mit geringem Aufwand beseitigen. Eine Sicherung der Ortsbrust ist über den Böschungswinkel mithilfe des Haubenschilds oder mechanisch mit zusätzlichen Platten möglich. Bei Vortrieben unter dem Grundwasser kann der vordere, durch eine Personen- und Materialschleuse abgetrennte Bereich mit Druckluft beaufschlagt werden. Das Ausbruchmaterial wird in der Regel über ein Förderband durch den vorgetriebenen Rohrstrang abtransportiert und kann bei größeren Längen an Förderkübel übergeben werden.

**Tabelle 1** Liste der Eigenschaften und Kennwerte für Homogenbereiche in Boden

| Kennwerte/Eigenschaft | Prüfung bzw. Definition nach |
|---|---|
| ortsübliche Bezeichnung | |
| Korngrößenverteilung mit Körnungsbändern | DIN 18 123 |
| Definition von Steinen und Blöcken | DIN EN ISO 14688-1 |
| Massenanteil Steine, D > 63 mm | Bestimmung durch Aussortieren, Vermessen bzw. Sieben und Wiegen |
| Massenanteil Blöcken, D > 200 mm | |
| Massenanteil große Blöcke, D > 630 mm | |
| mineralogische Zusammensetzung der Steine und Blöcke | DIN EN ISO 14689-1 |
| Dichte | DIN EN ISO 17892-2 und DIN 18125-2 |
| undränierte Scherfestigkeit | DIN 4094-4 oder DIN 18136 oder DIN 18137-2 |
| Sensitivität | DIN 4094-4 |
| Wassergehalt | DIN EN ISO 17892-1 |
| Konsistenzzahl | DIN 18122-1 |
| Plastizitätszahl | DIN 18122-1 |
| Durchlässigkeit | Normenreihe DIN 18130 |
| Lagerungsdichte | Definition: DIN EN ISO 14688-2 |
| | Bestimmung: DIN 18126 |
| organischer Anteil | DIN 18128 |
| Benennung und Beschreibung organischer Böden | DIN EN ISO 14688-1 |
| Abrasivität | NF P18-579 [1)] |
| Bodengruppe | DIN 18196 |

[1)] Französische Norm

**Tabelle 2** Liste der Eigenschaften und Kennwerte für Homogenbereiche in Fels

| Kennwerte/Eigenschaft | Prüfung bzw. Definition nach |
|---|---|
| ortsübliche Bezeichnung | |
| Benennung von Fels | DIN EN ISO 14689-1 |
| Dichte | DIN EN ISO 17892-2 und DIN 18 125-2 |
| Verwitterung und Veränderungen | DIN EN ISO 14689-1 |
| einaxiale Druckfestigkeit des Gesteins | DGGT-Empfehlung Nr. 1 des AK 3.3 |
| Trennflächenrichtung, Trennflächenabstand, Gesteinskörperform | DIN EN ISO 14689-1 |
| Gebirgsdurchlässigkeit | DIN EN ISO 14689-1 |
| Abrasivität | NF P94-430-1 [1)] |

[1)] Französische Norm

Für den unbemannten, ferngesteuerten Vortrieb sind automatische Vortriebsmaschinen gängig, bei denen das Abbaumaterial nass gefördert wird (AVN-Maschinen, Slurry-Schild). Der Abbau an der Ortsbrust erfolgt durch einen ebenen, rotierenden Bohrkopf, der auf die geologischen Verhältnisse abzustimmen ist. Für Böden ist dieser mit Reißwerkzeugen bestückt, für das Lösen von Fels sind hier Diskenmeißel montiert. Das abgetragene Material wird über die Speiseleitung mit Wasser oder einer Bentonitsuspension vermischt, je nach Steingröße im Konusbrecher zerkleinert und durch die Förderleitung aus dem Rohrstrang gepumpt. Außerhalb des Rohrs sind Boden und Flüssigkeit in einer entsprechenden Anlage zu separieren. Das wesentliche Merkmal einer Slurry-Maschine ist, dass die zum Materialtransport notwendige Spülflüssigkeit auch als Stützflüssigkeit genutzt wird. Die Abbaukammer ist durch eine Druckwand vom hinteren Teil des Schildes getrennt. Durch das Zu- und Abpumpen der Stützflüssigkeit in die Abbaukammer kann somit der Stützdruck auf die Ortsbrust gesteuert werden.

Um bei wechselhaften Geologien starke Schwankungen im Stützdruck zu vermeiden, werden sogenannte Hydroschilde eingesetzt, die eine zweigeteilte Abbaukammer aufweisen. In der hinteren Kammer befindet sich eine Druckluftblase, über die der Stützdruck geregelt und plötzliche Flüssigkeitsverluste ausgeglichen werden können.

Bei größeren Durchmessern können speziell in weichen bindigen Böden Erddruckschilde von Vorteil sein. Hier wird der gelöste Boden zur Stützung der Ortsbrust verwendet. Über eine Druckwand wird die Vortriebskraft auf den in der Abbaukammer vorhandenen Erdbrei übertragen. Die Steuerung des Drucks auf die Ortsbrust erfolgt über die Förderung dieses Erdbreis aus der Abbaukammer. Hierzu kommen Förderschnecken zum Einsatz. Der Weitertransport durch den Rohrstrang erfolgt mit Dickstoffpumpen, Kübelwagen oder Förderbändern. Je nach Untergrundverhältnissen kann dieser Erdbrei durch Zusatzstoffe hinsichtlich seiner Wasserdurchlässigkeit und Transporteigenschaften konditioniert werden. Eine aufwendige Separierung ist bei diesem Verfahren nicht erforderlich.

Im Festgestein mit hohen Festigkeiten kommen Tunnelbohrmaschinen (TBM) zum Einsatz, bei denen ein mit Diskenmeißeln bestückter, rotierender Bohrkopf gegen die Ortsbrust gedrückt wird. Durch Spaltkräfte werden so Felsstücke abgelöst, die über Räumer aufgenommen und durch geeignete Kanäle auf ein Förderband weitertransportiert werden.

## 3.4 Vortriebsrohre

### 3.4.1 Rohrwerkstoffe und Bemessung

Vortriebsrohre werden beim Rohrvortrieb zahlreichen Beanspruchungen, u.a. vielfachen Druckschwellzyklen und ggf. hohen stirnseitigen Pressungen unterworfen. Zudem müssen die Rohre unterirdisch oftmals Strecken von mehreren hundert Metern bis zu ihrer endgültigen Lage zurücklegen. Für die Bemessung der Vortriebsrohre und ihre funktionale Ausbildung wird häufig der Lastfall Vorpressen gegenüber dem Lastfall Betrieb (Einbauzustand) maßgebend.

Bei Rohrvortrieben im begehbaren Querschnittsbereich werden zumeist Vortriebsrohre aus Stahlbeton (Rohrfertigteile) eingesetzt. Überwiegend bei kleineren Querschnitten werden auch Vortriebsrohre aus Steinzeug, Stahl, GFK und anderen Werkstoffen verwendet.

Für den Rohrwerkstoff Stahlbeton sind in DIN V 1201 [16] in Abhängigkeit von den Umgebungsbedingungen Vortriebsrohre der Typen 1 und 2 definiert. Rohre des Typs 1 sind widerstandsfähig gegen chemisch schwach angreifende Umgebung (Expositionsklasse XA 1); Rohre des Typs 2 sind widerstandsfähig gegen chemisch mäßig angreifende Umgebung (Expositionsklasse XA 2) und starke Verschleißbeanspruchung (Expositionsklasse XM 2) (Expositionsklassen siehe DIN EN 206-1 [13]). Vortriebsrohre des Typs 2 entsprechen bei den Stahlbetonvortriebsrohren der in Deutschland verwendeten Standardqualität. Als Mindestbetongüte für Stahlbeton-Vortriebsrohre wird in DIN V 1201 die Festigkeitsklasse C40/50 gefordert. Ein Überblick über Regelwerke, Anforderungen und Maßtoleranzen von Stahlbeton-Vortriebsrohren findet sich in [39], Abschnitt 1.2.

Vortriebsrohre müssen statisch bemessen werden. Die Vortriebsrohrbemessung basiert auf den Regelungen des Arbeitsblatts DWA-A 161 [3]. Als Ergebnis der Dimensionierung ergeben sich die Rohrwandstärke und die Stahlquerschnitte der Längsbewehrung sowie der äußeren und inneren Ringbewehrung.

Von besonderer Bedeutung ist die Berücksichtigung der Teilflächenpressung des Rohrquerschnitts (klaffende Fuge), z. B. beim Auffahren von Bogentrassen.

Da beim Rohrvortrieb eine Gliederkette, bestehend aus den einzelnen Vortriebsrohren, bewegt wird, die durch Steuerkorrekturen möglichst genau die Solltrasse annähern soll, können auch auf planmäßig geradlinig verlaufenden Vortriebstrassen verfahrensbedingt ausmittig angreifende Vorpresskräfte in Form von Randzugspannungen und Spaltzugspannungen geweckt werden. Um diese Spannungen abzudecken, können im Bereich der Rohrstöße z. B. zusätzlich Bügelbewehrung bzw. Faserbeton vorgesehen werden.

Der Größe der Vortriebsrohre sind durch Transportmöglichkeiten und die Nutzlast der baustellenverfügbaren Hebezeuge sowie der Größe des Startschachts im Wesentlichen logistische Grenzen gesetzt.

Wenn Stahlbeton-Vortriebsrohre mit ≥ DN 4000 bzw. mit Einzelmassen von mehr als ca. 45 t zum Einsatz kommen sollen, sollte geprüft werden, ob deren Herstellung in einer Feldfabrik nahe der Rohrvortriebsbaustelle möglich ist. Bei großen Querschnitten liegen wirtschaftliche Vorteile häufig bei anderen Verfahren, z. B. beim Ausbau der Hohlraumwandung mit Tübbings bzw. bei der Neuen Österreichischen Tunnelbauweise (NÖT).

### 3.4.2 Funktionale Bauteile

Wesentliche funktionale Bauteile von Vortriebsrohren sind der Stahlführungsring, die Gleitringdichtung mit Keilquerschnitt [14], die Falzmuffe und meist mehrere am Rohrumfang verteilt angeordnete Injektionsstutzen zum Einbringen einer Schmiermittelsuspension während der Vortriebsphase. Die Gleitringdichtung (außen liegende Dichtung) wird bei Vortriebsrohren im begehbaren Durchmesserbereich nach Vortriebsende häufig noch um eine im Rohrstoß innen liegende Dichtung (Kompressionsdichtung oder Adhäsionsdichtung) ergänzt. Der Werkstoff der Außendichtung (Primärdichtung) muss gegenüber dem umgebenden Baugrund und den Grundwasserinhaltsstoffen auf Dauer beständig sein. Gleiches gilt für die Innendichtung gegenüber den innerhalb des Rohrstollens vorkommenden Stoffen und den innerhalb der Rohrstoßfuge verwendeten Baustoffen.

Wesentliches Zubehör sind Druckübertragungsringe zwischen jeweils aufeinanderfolgenden Rohren. Sie bestehen in der Regel aus Kreisringsegmenten aus Vollholz oder Pressspanplattenmaterial. Die Anordnung von Druckübertragungsringen soll eine unmittelbare Pressung der Stirnseiten aufeinanderfolgender Vortriebsrohre verhindern. Bei einer ungleichmäßigen Druckspannungsverteilung über den Vortriebsrohrumfang, wie sie bei Steuerkorrekturen bzw. beim Vorpressen auf Bogentrassen auftritt, kommt den Druckübertragungsringen eine ausgleichende Funktion zu.

Vortriebsrohre üblicher Bauart verfügen über einen fest mit dem Rohr verbundenen Stahlführungsring, der mit dem Spitzende das nachfolgenden Rohr übergreift. Die Innenwandung des Stahlführungsrings dient als Dichtungsfläche für die Gleitringdichtung des nachfolgenden Rohrs, beispielhaft dargestellt in Bild 35.

Alternativ zu den fest mit dem Vortriebsrohr verbundenen Stahlführungsringen werden sog. schwimmende Stahlführungsringe verwendet, die als Einzelbauteile zwischen je zwei aufeinanderfolgende Vortriebsrohre eingesetzt werden. Sie eignet sich vorzugsweise für kleinere Rohr-Nennweiten. Der einfacheren Bauart der Vortriebsrohre (mit zwei Spitzenden) steht der Nachteil einer doppelt so großen Fugenanzahl gegenüber (s. Bild 36).

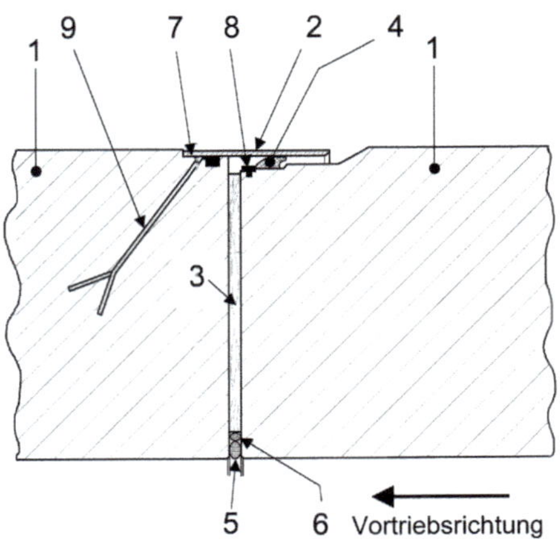


1 Stahlbeton-Vortriebsrohr
2 Stahlführungsring
3 Druckübertragungsring aus Holz/Holzwerkstoff
4 Außendichtung (Kompressionsdichtungsprofil aus Elastomerwerkstoff)
5 Innendichtung (Kompressionsdichtungsprofil aus Elastomerwerkstoff)
6 Schaumstoffprofil zum Auffüttern der Rohrstoßfuge (optional, bei Kompressionsdichtungen selten)
7 umlaufender Stahlring zur Verhinderung der Umläufigkeit der Fuge zwischen Stahlführungsring und Außenmantel
8 Stahlbundring als Kantenschutz des nachlaufenden Rohres
9 Rückverankerung des Stahlführungsrings

**Bild 35** Schematische Darstellung eines Stoßes bei Vortriebsrohren (Beispiel: Rohrverbindung mit fest verbundenem Stahlführungsring)

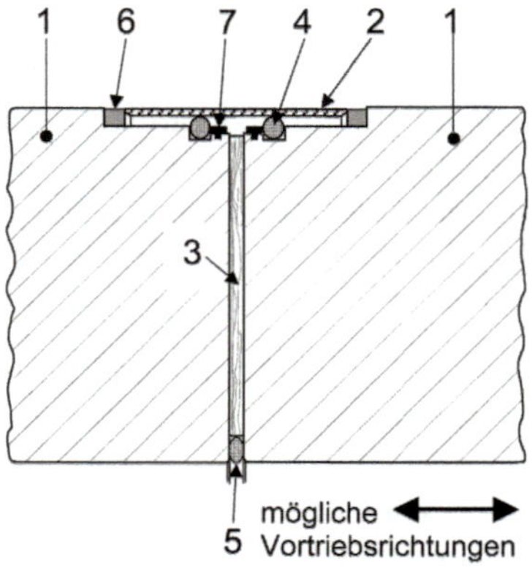


1 Stahlbeton-Vortriebsrohr
2 Stahlführungsring (nicht fest mit den Stahlbeton-Vortriebsrohren verbunden)
3 Druckübertragungsring aus Holz/Holzwerkstoff
4 Außendichtung (hier: O-Ring-Dichtungen)
5 Innendichtung (Kompressionsdichtungsprofil aus Elastomerwerkstoff)
6 Weichgummiring zur Verhinderung der Längsverschiebung des Stahlführungsringes und des Eindringens von Boden in die Fuge
7 Stahlbundring als Kantenschutz und als stirnseitige Stützschulter für die Außendichtungen

**Bild 36** Rohrverbindung bei beidseitig frei aufliegendem Stahlführungsring mit Kompressionsinnendichtung

## 3.5 Bauausführung

### 3.5.1 Wahl des Vortriebsverfahrens

Zur erfolgreichen Durchführung eines Rohrvortriebs sind zunächst detaillierte Kenntnisse über den zu durchfahrenden Baugrund einschließlich der zu erwartenden Vortriebshindernisse und die Grundwassersituation erforderlich. Diese Informationen bilden die Grundlage für die Wahl des Vortriebsverfahrens, einschließlich der Wahl der Abbaumaschine. Von wesentlicher Bedeutung sind zudem das Maß der Überdeckung des Rohrscheitels und die Frage einer möglichen Auswirkung des Rohrvortriebs auf Objekte, die sich im Bereich der GOK im Nahbereich über der Rohrvortriebstrasse befinden. Beispielhaft sei auf Setzungsrisiken, auf Tagbruchrisiken, auf ein versehentliches Verfüllen benachbarter Hohlräume durch Schmiermittel oder Verdämmstoffe sowie auf sog. Ausbläser bei Rohrvortrieben mit einer Druckluftbeaufschlagung der Rohrortsbrust hingewiesen.

### 3.5.2 Vorpressen des Rohrstrangs

Da die Vortriebsrohrkolonne mithilfe von Hydraulikpressen vorgepresst wird, ist dem Widerlager der Hauptvortriebspressen besondere Aufmerksamkeit zu schenken. Ein Versagen des Widerlagers z. B. durch Schiefstellung oder „horizontalen Grundbruch“ durch Überschreitung des Erdwiderstands kann erhebliche Kosten und Verzögerungen im Bauablauf verursachen. Pressenwiderlager sind daher zu bemessen. Widerlager-Probebelastungen mit den Vortriebspressen vor dem eigentlichen Rohrvortrieb können bei Bedarf eingeplant werden.

Das Vorpressen des Rohrstrangs erfolgt in der Regel diskontinuierlich entsprechend dem Fortschritt des Lösens und Förderns des Gesteins. Zum Vorpressen werden die Hauptvortriebspressen bzw. die Pressen innerhalb der Rohrkolonne zwischengeschalteter Dehnerstationen verwendet. An der Spitze der Kolben der Hauptvortriebspressen ist ein Stahldruckring angeordnet, der eine Verstetigung der Druckübertragung von den Vortriebspressen in das jeweils zuletzt eingebaute Vortriebsrohr ermöglicht. Wenn die Rohrkolonne um die Länge eines Vortriebsrohrs vorgeschoben wurde, werden die Kolben der Hauptvortriebspressen mit dem Stahldruckring zurückgefahren, sodass im Startschacht das nächste Vortriebsrohr eingesetzt und ein neuer Arbeitszyklus eingeleitet werden kann.

Der bereits eingebaute Teil des Rohrstrangs bildet auf diese Weise nicht nur den allmählich in seine Endlage geschobenen vorderen Abschnitt des fertigen Kanal- oder Stollenbauwerks, sondern dient zugleich der Sicherung der Ausbruchlaibung im Bauzustand und im Betriebszustand (Endzustand).

### 3.5.3 Steuerung und Lagebestimmung

Die Steuerung des Rohrvortriebs erfolgt über gesonderte Steuerpressen, die im Bereich des Vortriebsschilds nahe der Ortsbrust angeordnet sind. Steuervorgänge werden auf der Grundlage von Lagebestimmungen der Vortriebsmaschine vorgenommen.

Bei geradlinigen Vortriebstrassen begrenzter Länge werden zur ununterbrochenen Positionskontrolle häufig Linear-Laser verwendet. Für Rohrvortriebe auf Bogentrassen haben sich engmaschig durchgeführte Lagebestimmungen mittels Theodolit und Schlauchwaage bewährt. Eine weitere Möglichkeit der Lagebestimmung besteht im Einsatz eines Kreiselkompasses in Verbindung mit einer Schlauchwaage. Bei der Einleitung von Steuerkorrekturen ist davon auszugehen, dass der Rohrstrang aufgrund seiner Trägheit erst nach einer gewissen Vorpressstrecke auf die Steuerkorrektur mit einer Bogenfahrt reagiert.

Muss ein geschichteter Baugrund mit stark abweichenden geotechnischen Eigenschaften der Einzelschichten durchpresst werden, kann die Umsetzung von Steuerbewegungen schwierig sein (z. B. bei schleifendem Schnitt auf der Felsoberfläche).

### 3.5.4 Rohrvortriebe unter Druckluftbedingungen

Wenn bemannte Rohrvortriebe im Bereich Grundwasser führender Schichten bzw. unter offenen Gewässern aufgefahren werden müssen, ist als technische Variante der Ortsbruststützung die Druckluftbeaufschlagung der Rohrortsbrust besonders bedeutsam. Häufig werden bemannte Rohrvortriebe unter Druckluftbedingungen in Verbindung mit einem teilflächigen Abbau der Rohrortsbrust ausgeführt.

Die Höhe des Luftüberdrucks wird i. d. R. so gewählt, dass dieser dem hydrostatischen Druck des in das Innere des Rohrstrangs strebenden Wassers mindestens das Gleichgewicht hält. Auf diese Weise kommt es zu einer Verdrängung des Grundwassers vor der Rohrortsbrust und ggf. zu einer Zunahme der scheinbaren Kohäsion. Die Mindestüberdeckung beim Druckluftvortrieb ist gemäß Bild 37 zu ermitteln.

Die Eignung der Böden für eine wirtschaftliche Druckluftbeaufschlagung der Rohrortsbrust hängt stark von der Kornverteilung und damit von der Durchlässigkeit ab. Es ist zwischen der Durchlässigkeit für Wasser $k_f$ und der Durchlässigkeit für Druckluft $k_L$ zu unterscheiden. Überschlägig kann von $k_L \approx 70 \cdot k_f$ ausgegangen werden.

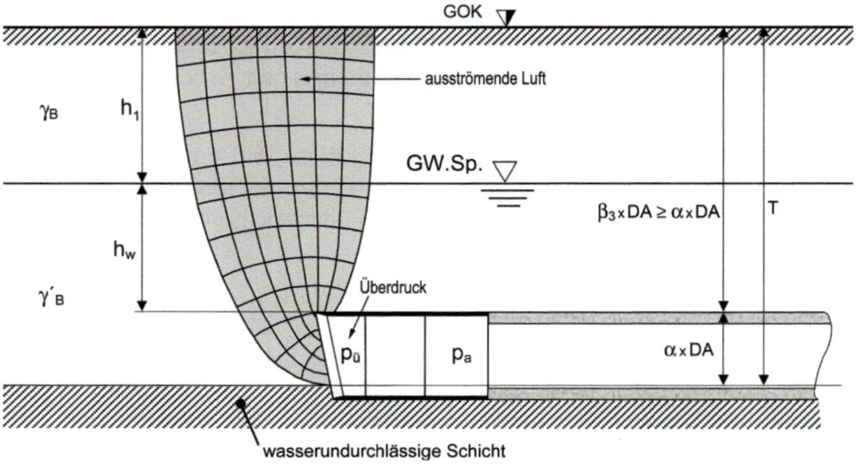


**Bild 37** Mindestüberdeckung beim Druckluftvortrieb in Grundwasser führenden Schichten

Bei Böden mit grobkörnigem Korngerüst und offenem Porenraum treten entsprechend hohe Druckluftverluste auf. Die Wirtschaftlichkeitsgrenze des Verfahrens liegt in der Größenordnung von $k_f \approx 2 \cdot 10^{-3}$ m/s. Entsprechend sind tonige Böden i. d. R. für Druckluftvortriebe gut geeignet.

Die Wasserhaltung mittels Druckluft wird oftmals mit anderen Verfahren der Wasserhaltung kombiniert. Dadurch kann die Höhe des Luftüberdrucks begrenzt werden. Letzterer Aspekt hat aus arbeitsmedizinischen Gründen (Arbeiten in Druckluft, Schleusungszeiten) Bedeutung. Die Einzelheiten sind in der *Verordnung über Arbeiten in Druckluft (Druckluftverordnung)* [44] geregelt.

## 3.6 Schmierung

Zur Reduzierung der Mantelreibungskräfte zwischen der Außenwandung des Vortriebsrohrstrangs und dem umgebenden Baugrund können Schmiermittel eingesetzt werden. Schmiermittel für Rohrvortriebe dürfen keine die Umwelt gefährdenden Stoffe beinhalten. Als Schmiermittel werden zu diesem Zweck fast immer Bentonit-Suspensionen eingesetzt, die sich aufgrund ihrer thixotropen Eigenschaften, ihrem Quellvermögen, der problemlosen Pumpbarkeit und der Suspensionsstabilität besonders eignen.

Bentonitmehl wird meist in Form von sog. Aktivbentonit als Sackware oder Siloware auf der Rohrvortriebsbaustelle angeliefert. Dort wird durch Einmischen des Bentonitmehls in Wasser die Bentonit-Suspension zubereitet, die über ein im Vortriebsrohrstrang befestigtes Schlauch- bzw. Rohrleitungssystem gepumpt und über Injektionsstutzen durch die Wandungen der Vortriebsrohre in den Ringspalt zwischen Rohrmantel und Baugrund injiziert wird. Bei Aktivbentonit handelt es sich um ein durch Ionentausch modifiziertes Kalzium-Bentonit, dessen Kalziumionen werkseitig durch Natriumionen ersetzt wurden und damit die Anzahl der Silikat-Lamellen erhöht und die vorgenannten Eigenschaften verbessert wurden.

Die Mischungsrezeptur wird vor Ort so eingestellt, dass für die jeweils vorhandenen Baugrundgegebenheiten ein Optimum an Gleit- und Stützvermögen der Bentonit-Suspension erzielt wird. Wesentlich sind hierbei der maßgebende Korndurchmesser $D_m = d_{25}$ der zu durchpressenden Gesteinsschicht, d. h. der Korndurchmesser der von 25 M.-% aller Körner der Schicht unterschritten und von 75 M.-% überschritten wird. Standardrezepturen für niederviskose Bentonit-Suspensionen bei Rohrvortrieben in gemischtkörnigen bis grobkörnigen Bodenarten gehen von 70 bis 120 kg Bentonitmehl pro $m^3$ Suspension aus.

Bei Rohrvortrieben durch Baugrund mit Altlasten bzw. belastetem Grundwasser sind wegen der chemischen Empfindlichkeit bestimmter Tonminerale (insbesondere Montmorillonite) in Bezug auf die Bentonit-Suspension spezifische Eignungsvoruntersuchungen anzuraten. Die Verbrauchsmenge an Bentonit-Suspension ist u. a. abhängig von der Größe des Überschnittringspalts zwischen Rohrmantel und Baugrund sowie von der Größe der Penetrationszone, in die Bentonit-Suspension seitlich des Rohrstrangs in den Baugrund eindringt.

## 3.7 Verdämmung

### 3.7.1 Anwendungsbereiche

Als Verdämmung wird nachfolgend das nahezu drucklose Einbringen mineralisch aushärtender Suspensionen in Hohlräume außerhalb bzw. innerhalb des Vortriebsrohrstrangs verstanden. Verdämmmaßnahmen im Zusammenhang mit Rohrvortrieben können je nach Zweck zeitlich vor, während oder nach den eigentlichen Rohrvortriebsarbeiten zur Ausführung kommen.

Beispiele für Verdämmungsmaßnahmen *außerhalb* des Vortriebsrohrstrangs

- Baugrundvergütung von der Geländeoberfläche oder von der Ortsbrust aus zur Verminderung der Wasserdurchlässigkeit bzw. zur Erhöhung der Ortsbruststabilität.
- Verfüllung von Klüften, Spalten und dgl. bzw. von Althohlräumen zur Begrenzung der Schmiermittelmenge.
- Verbesserung der Rohrbettung nach Abschluss der Rohrvortriebsarbeiten (insbesondere zur Verhinderung von Punkt- und Linienlagerung von Rohren bei hartem Fels) und zur Verstetigung des Bettungssprungs z. B. beim Übergang Lockergestein/Festgestein.
- Unterdrückung der Wasserlängsläufigkeit entlang der Rohrstollenaußenwandung nach Vortriebsende und Milderung des Nachsackens der Schichten, die den Rohrstrang überlagern.

Beispiele für Verdämmungsmaßnahmen *innerhalb* des Vortriebsrohrstrangs

- Ringspaltverdämmungen zwischen der Innenwandung des Vortriebsrohrstollens und nachträglich eingebrachten Inlinern.
- Endgültige Versatzeinbringung bei nicht mehr benötigten Rohrstollen.

Bei maschinell aufgefahrenen Rohrvortrieben (Mikrotunnelbau) ist eine nachträgliche Verpressung des mit Schmiermittel gefüllten Ringspalts in der Regel nicht möglich und aufgrund des geringen Überschnitts bei ausreichender Überdeckung nicht nötig.

### 3.7.2 Anforderungen an den Verdämmstoff

Bei Verdämmaufgaben werden häufig folgende Anforderungen an den Verdämmstoff gestellt:

- Raumfüllende Einbringung bei geringem Schwindmaß und ausreichender Erosionsbeständigkeit nach der Aushärtung.
- Suspensionsstabilität bei gleichzeitig problemloser Pumpbarkeit der Dämmstoffsuspension über die im konkreten Anwendungsfall erforderliche Förderweite.
- Rasche Erhärtung nach Injektion in den zu verdämmenden Hohlraum.
- Abdichtende Wirkung nach Aushärtung.

Das Erzielen einer bestimmten Mindestfestigkeit ist dagegen meist nur dann von Bedeutung, wenn der Verdämmung auf Dauer eine statische Beanspruchung zugeordnet werden soll. Spezifische Eignungsvoruntersuchungen sind anzuraten.

# 4 Grabenlose Erneuerung von Leitungen

## 4.1 Allgemeines zu den Verfahren

Die Methode, grabenlos Leitungen zu erneuern oder zu ersetzen, ist besonders vorteilhaft, da die alte Leitung als Pilotbohrung genutzt werden kann. Wenn die alte Leitung in einem Graben verlegt und in Splitt oder Kiessand gebettet wurde, treten die üblichen Unsicherheiten der Baugrundbewertung in den Hintergrund. An die Stelle der Unsicherheit der Baugrundbewertung tritt jedoch die Unsicherheit bei der Bewertung des Zustands der Leitung. Während über eine Kamerabefahrung der Zustand im Innern der Leitung gut erfasst werden kann, ist die Frage nach Ausspülungen im Umfeld der Leitung oder nach der tatsächlichen Bettung mit den zur Verfügung stehenden Prüfverfahren wesentlich schwieriger zu beantworten.

Der Schwerpunkt der Ausführungen liegt bei den Erneuerungsverfahren: Rohrberstverfahren (Berstlining), bei denen die Leitungen vollständig zerstört werden und die Bruchstücke im Untergrund verbleiben, und Rohrersatzverfahren, z. B. Pipe-Eating-Verfahren, bei denen die alte Leitung vollständig entfernt wird. Für diese Verfahren gilt die DIN EN 12889 und es gibt hierzu zahlreiche Erfahrungsberichte (u. a. [31, 32, 35, 38]). Zu den Reparatur- und Sanierungsverfahren, die nur kurz aufgezählt, aber nicht ausführlich dargestellt werden, zählen

- Reparaturverfahren:
  - örtliches Injizieren,
  - Einbringen von Manschetten mit einem Packer,
  - partielle Auskleidung und Aufweitungsberstlining.
- Sanierungsverfahren sind die Methoden, bei denen vollflächig eine Auskleidung mit vorgefertigten Kunststoffrohren oder -schläuchen erfolgt, die Belastung aus dem Erddruck jedoch noch vom alten Kanal übernommen wird. Es wird unterschieden zwischen
  - Verfahren mit Ringspalt und nachträglicher Verpressung und
  - Verfahren „ohne Ringspalt“. Die Verfahren „ohne Ringspalt“ werden auch als „Close-Fit-Lining“ bezeichnet. Dazu gehören u. a. die Verfahren Swagelining, Tight-in-Pipe, Compact-Pipe und Slimliner.

## 4.2 Voraussetzungen für die Anwendung grabenloser Verfahren zur Leitungserneuerung

Die Anwendung der grabenlosen Rohrerneuerung ist an einige Voraussetzungen hinsichtlich der vorhandenen Bausubstanz und des Baugrunds geknüpft. Grundvoraussetzung ist, dass der Zustand der alten Leitung folgende Forderungen erfüllt:

- Bei den Rohrauswechselverfahren muss die alte Leitung ausreichend tragfähig und homogen sein, damit sie die Druck- und Zugbeanspruchung beim Hinausdrücken bzw. Herausziehen aushält. Bei sehr spröden oder stark korrodierten Altrohren besteht die Gefahr, dass die eingeleiteten Kräfte nicht aufgenommen werden und die Leitungen vorzeitig brechen.
- Bei den Berstverfahren muss die alte Leitung aus einem berstbaren Werkstoff bestehen. Bei duktilen Werkstoffen ist u. U. ein Aufschneiden durch ein dem Berstkopf vorauslaufendes Rollenmesser oder eine gezielte Schwächung durch ein Perforierrad möglich ([11], S. 49). Für Stahlbetonleitungen können die Berstverfahren nicht angewendet werden.

Wenn sich aufgrund der Aktenlage und der Videoaufnahmen Hinweise ergeben, dass lokal besondere Bettungsbedingungen vorliegen (z. B. Ausspülungen oder Ummantelung mit Ortbeton) und der Zustand der alten Leitung Besonderheiten aufweist, sollten durch Bohrungen oder Aufgrabungen die Verhältnisse geklärt werden.

Die Leitungen müssen einen ausreichenden Abstand von der Geländeoberfläche oder der Gründung von Gebäuden haben. Der lichte Abstand sollte mindestens 1 m betragen. Wenn eine Leitung aufgeweitet wird, sollte der Mindestabstand das Zehnfache des Aufweitungsmaßes betragen. Beim Berstlining, bei dem das alte Rohr in den Boden gedrückt wird, gilt:

Aufweitungsmaß = Außendurchmesser des Aufweitungskörpers abzüglich Innendurchmesser der Altrohrleitung.

Auch von parallel verlaufenden oder kreuzenden Leitungen ist ein Mindestabstand einzuhalten. Im Regelfall sollte der Abstand dem von Gebäuden entsprechen. Bei einer empfindlichen alten Gasleitung aus Guss müsste er natürlich größer sein als bei einem Elektrokabel. Bei dicht gelagerten, steinigen oder sehr locker gelagerten Böden ist ein größerer Mindestabstand zu wählen. Bei dichter Lagerung oder Steinen kann es zu Aufwölbungen an der Geländeoberfläche oder zu hohen Drücken auf Fundamente kommen. Bei sehr lockerer Lagerung kommt es durch die mechanischen Einwirkungen u. U. zu einer Bodenverdichtung, sodass erhebliche Setzungen auftreten können. Bei historischen Gebäuden sollten im relevanten Bereich gründliche Untersuchungen der Bauwerksgründung, der alten Leitung und des Baugrunds erfolgen.

Bei den Rohrberstverfahren muss der Boden bzw. die Grabenverfüllung komprimier- und verdrängbar sein. Bei Leitungen in festen Böden oder Fels sowie bei in Magerbeton verlegten Leitungen sind diese Voraussetzungen nicht gegeben. Ablagerungen in alten Kanälen, die eine wesentliche Querschnittsveränderung darstellen, sind vor der Erneuerungsmaßnahme zu beseitigen.

## 4.3 Rohrberstverfahren (Berstlining)

### 4.3.1 Statisches Berstlining

Beim statischen (auch hydraulisch genannten) Berstverfahren (Bild 38) werden die erforderlichen Kräfte für Bersten, Verdrängen und Rohreinzug hydraulisch über ein Gestänge eingebracht. Zunächst wird die Berstlafette in die Maschinenbaugrube (Zielgrube) eingebaut. Anschließend wird das Berstgestänge mit vorauslaufendem Führungskaliber durch die Altrohrleitung geschoben.

In der Startgrube wird das Führungskaliber gegen ein Berstwerkzeug (z. B. Berstkopf mit Brechrippen, Rollenschneidmesser) ausgetauscht. Das neue Rohr wird durch einen Zugkopf am Gestängestrang, jedoch geschützt innerhalb eines Aufweitkörpers, befestigt. Beim Zurückziehen des Berstgestänges in Richtung Zielgrube wird die Altrohrleitung durch das Berstwerkzeug geborsten und durch den hinter dem Berstwerkzeug angeordneten Aufweitkörper radial in den umgebenden Boden verdrängt. Gleichzeitig mit dem Vortrieb wird das neue Rohr gleicher oder größerer Nennweite in den freien Querschnitt eingezogen.

Es gibt Berstgestänge [43], bei denen ein maschinelles oder gar zeitraubendes, anstrengendes manuelles Verschrauben nicht erforderlich ist. Wenn beim Bersten von Abwasserleitungen die Schachtbauwerke erhalten werden sollen oder Platzmangel an der Oberfläche herrscht, so können spezielle Berstlafetten eingesetzt werden, die in Schachtbauwerken ab Innendurchmesser 1 m passen. Wenn dann auch noch Kurzrohre verwendet werden, so kann gänzlich auf Start- bzw. Zielgruben verzichtet werden. Die Seitenzuläufe werden allerdings auch in diesem Fall in offener Bauweise angebunden.

### 4.3.2 Dynamisches Berstlining

Beim dynamischen Berstlining wird der Vortrieb im Wesentlichen durch die Berstmaschine, einen modifizierten Bodenverdrängungshammer oder Horizontalramme erzeugt (Bild 39). Da die Zerstörung des alten Rohrs durch das Schlagen des Hammers erfolgt, sind die Vortriebskräfte deutlich geringer als beim statischen Berstlining. Daher reicht eine Seilwinde zur Unterstützung des Vortriebs aus. Das Verfahren ist auf spröde Werkstoffe beschränkt. Da Bersthammer in verschiedenen Leistungsklassen zur Verfügung stehen, können Rohre von bis zu 1 m Durchmesser ausgetauscht werden. Eine spezielle kurze Berstmaschine für Kanal-Hausanschlüsse DN 150 kann in Schachtbauwerken von nur 1 m Durchmesser eingefädelt und wieder entnommen werden.

### 4.3.3 Berst-Press-Verfahren

Beim Berst-Press-Verfahren wird das neue Rohr nicht nur gezogen, sondern auch gedrückt (Bild 40). Dadurch können auch Kurzrohre ohne zugfeste Verbindung oder mit einer beschränkt zugfesten Verbindung verwendet werden. Das Einpressen ist vor allem für Rohre aus Beton oder Steinzeug vorteilhaft. Das Verfahren hat den Nachteil, dass in der Startgrube eine Presseinrichtung installiert werden muss.

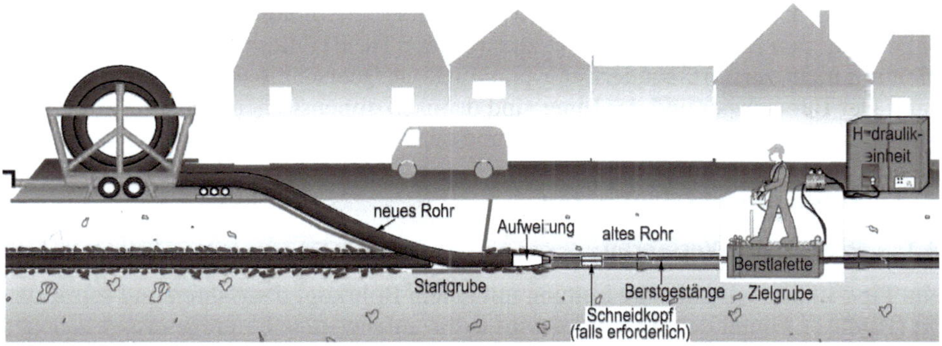


**Bild 38** Statisches Berstlining

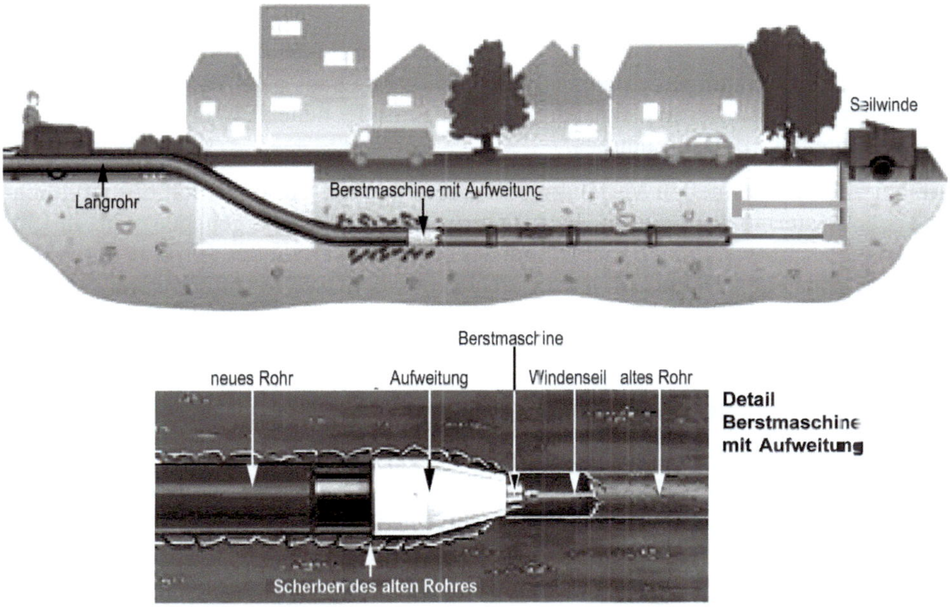


**Bild 39** Dynamisches Berstlining

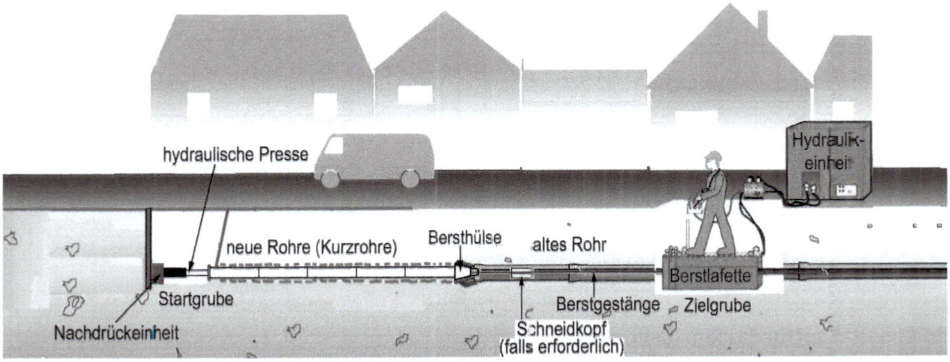


**Bild 40** Berst-Press-Verfahren

Als Sonderform der Berstverfahren kann das Kaliberberstlining angesehen werden, obwohl es eher den Reparaturverfahren zuzurechnen ist. Bei diesem Verfahren wird die Altleitung nicht zerstört, sondern nur punktuell an Querschnittsreduzierungen aufgeweitet. Der Berstkörper und der Liner sind dabei so dimensioniert, dass die Altleitung bestehen bleibt und zwischen dem Liner und der Altleitung kein Ringraum verbleibt.

## 4.4 Rohrauswechselverfahren

### 4.4.1 Pipe-Eating-Verfahren

Beim Pipe-Eating wird die alte Leitung mit einem Bohrkopf überfahren und somit zerstört (Bild 41). Hinter dem Bohrkopf wird in die aufgeweitete Leitungstrasse ein neues Rohr gleicher oder größerer Nennweite eingebaut. Die neue Leitung kann aus einem eingezogenen Rohrstrang (Kunststoffrohr von der Rolle) oder aus eingeschobenen oder eingezogenen Kurzrohren bestehen. Somit können auch Guss-, Steinzeug oder Betonrohre verwendet werden.

Wenn die neuen Leitungen eingepresst werden, kann es als eine Variante des Mikrotunneling angesehen werden. Wird die Maschine mit der neuen Leitung gezogen, ist es eine Variante des HDD-Verfahrens.

Wie bei allen maschinellen Verfahren sollte eine gewisse Homogenität des zu durchfahrenden Materials – in diesem Fall Baugrund und Altrohr – gegeben sein. In [30] wird von einer Entwicklung berichtet, bei der die Homogenität des Altrohrs durch Einbau eines speziellen Dämmers verbessert wird. Aus dieser Veröffentlichung stammt Bild 41, das neben der Sonderentwicklung des gefüllten Altrohrs die wesentlichen Elemente einer Pipe-Eating-Maschine zeigt.

### 4.4.2 Press-Zieh-Verfahren

Für die Anwendung dieses Verfahrens ist das DVGW Arbeitsblatt GW 322-1 maßgebend. Der vor der neuen Leitung an Gestänge, Seil oder Kette montierte Zugkopf drückt das Altrohr aus der Leitungstrasse heraus auf einen Spaltkegel (Bild 42). An diesem

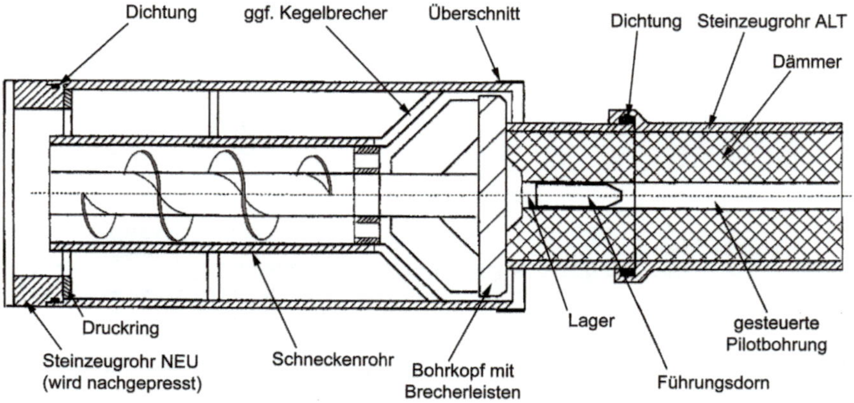


**Bild 41** Bohrkopf für das Pipe-Eating-Verfahren

Spaltkegel zerbricht das Altrohr und kann so zerkleinert in den Zwischenbaugruben aufgenommen und danach entsorgt werden. Im gleichen Arbeitsschritt wird das am Zugkopf angehängte neue Rohr eingezogen. Alle 20 bis 50 m werden Zwischenbaugruben angelegt, die vor allem an Abzweigen, Hausanschlüssen und Armaturen liegen sollten.

### 4.4.3 Hilfsrohrverfahren

Beim Hilfsrohrverfahren (DVGW GW 322-2) wird die Auswechslung in zwei Arbeitsgänge aufgeteilt. Ähnlich wie beim Press-Zieh-Verfahren werden Startgrube, Zielgrube und Zwischengruben angelegt (Bild 43). Die alte Rohrleitung wird durch Vorpressen der Hilfsrohre in die Zielgrube geschoben und dort ausgebaut. Das Altrohr wird in ganzen Rohrlängen geborgen. Dadurch ist das Hilfsrohrverfahren besonders geeignet, Altrohre aus Stahl gegen Neurohre auszuwechseln.

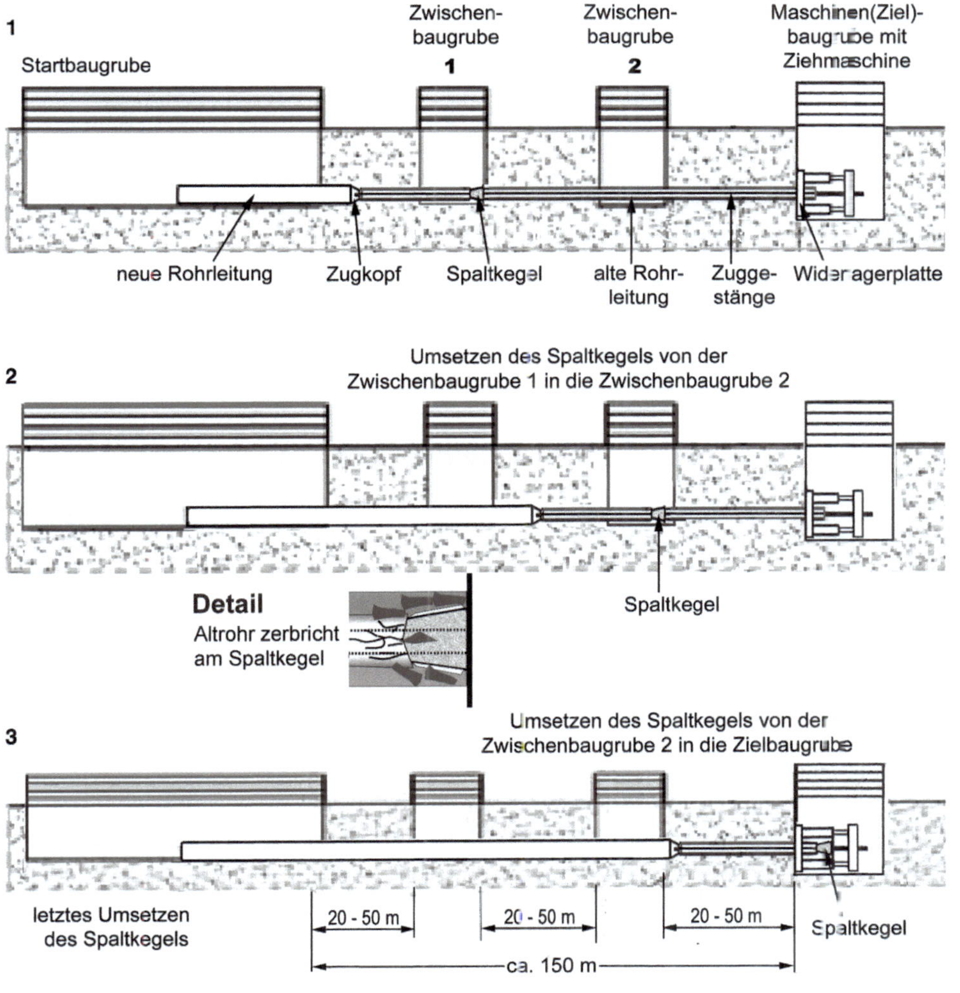


**Bild 42** Press-Zieh-Verfahren

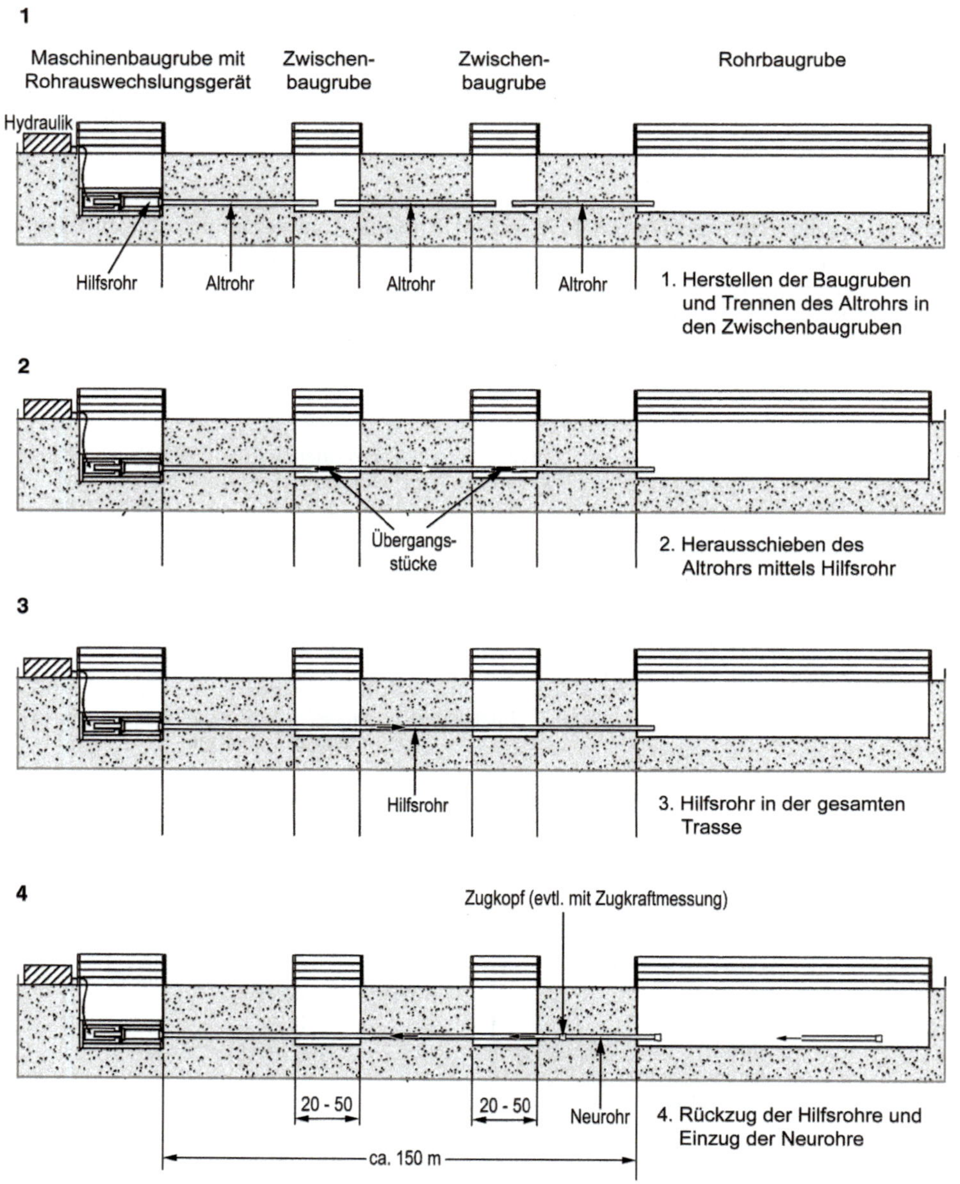


**Bild 43** Hilfsrohrverfahren

Nach der vollständigen Entfernung des letzten Altrohrs ist die Trasse mit den wiederverwendbaren Hilfsrohren belegt. Diese sichern in diesem Zustand die Leitung. Im zweiten Arbeitsgang wird das neue Rohr in der Rohrbaugrube mittels eines Zugkopfes am Hilfsrohr befestigt und durch Zurückziehen des Hilfsrohrs in die Rohrtrasse eingezogen. Stahl- und duktile Gussrohre werden üblicherweise in der Rohrbaugrube montiert, wobei die Muffenrohre mit dem Einsteckende in Zugrichtung gerichtet sind. Der

Zugkopf ist so auszubilden, dass er das Eindringen von Verschmutzungen verhindert und die auftretenden Zugkräfte aufnehmen kann.

Es besteht die Möglichkeit, eine Zugkraftmesseinrichtung einzubauen, sodass die beim Einziehen auftreten Kräfte dokumentiert werden können. Um das Auftreten zu großer Reibungskräfte zwischen Neurohr und Hilfsrohr zu verhindern, wird häufig ein „Überschnitt" von etwa 10 % des Rohrdurchmessers empfohlen.

## 4.5 Ringraumverfüllung

Bei Ausspülungen im Leitungsumfeld kann im Zuge der Neuverlegung eine Ringraumverfüllung vorgenommen werden. Parallel zum Einzug des neuen Rohrs wird der Ringraum mit Bentonit-Zement-Suspension verfüllt. Durch die Suspension wird die Mantelreibung beim Einzug reduziert und die Bettung des neuen Rohrs im Baugrund verbessert.

Die Rezeptur der Suspension ist sorgfältig auf den Anwendungszweck abzustimmen, da sie verschiedene Eigenschaften haben muss:

- In der Einbauphase soll sie möglichst flüssig sein, um die Reibung zu reduzieren. Aber auch nicht so flüssig, dass sie in den Poren des Bodens oder in Hohlräume des Bodens (z. B. Spalten zwischen Schächten und Baugrund) versickert.
- Das Abbinden der Suspension darf nicht bereits beim Einbau beginnen, sollte aber einige Wochen nach der Baumaßnahme abgeschlossen sein.

## 4.6 Wahl des Materials für die neue Leitung

Da die Kosten für das Rohr selbst nur 10 bis 20 % der Tiefbaumaßnahme insgesamt ausmachen, sollte der Preis für die Rohrlieferung nicht das Kriterium für die Wahl des Rohrmaterials sein. Im Hinblick auf Korrosionsbeständigkeit, Unempfindlichkeit gegen Chemikalien und Langzeiterfahrung sind Steinzeugrohre im Vorteil. Allerdings ist die Zugfestigkeit des Materials relativ gering, sodass ein Sprödbruchrisiko besteht. Schäden entstehen hauptsächlich bei inhomogener Lagerung im Muffenbereich.

Beschichtete Gussrohre sind vor allem für Druckleitungen geeignet. Mit zugfesten Muffen versehen können sie wie ein Rohr von der Rolle eingezogen werden.

Im Hinblick auf das Handling sind Kunststoffleitungen von Vorteil. Die Festigkeit der bauüblichen Kunststoffe HDPE und PET ist jedoch deutlich geringer als die von Stahl, sodass bei gleicher Beanspruchung größere Wandstärken erforderlich sind. Von den Kunststoffproduzenten wird besonders der Vorteil der Flexibilität im Hinblick auf inhomogene Bettungsbedingungen betont. Allerdings gibt es noch wenig gesicherte Erkenntnisse über das Langzeitverhalten der Kunststoffe.

## 4.7 Überbohren von Leitungen

Ein interessanter Einsatz einer HDD-Maschine ist der Rückbau alter Kabel mit einem Überbohrkopf (Bild 44) [43]. Mit diesem Verfahren können auf Strecken von bis zu 100 m grabenlos Kabel, die allerdings noch eine gewisse Zugfestigkeit aufweisen müssen, rückgebaut werden.

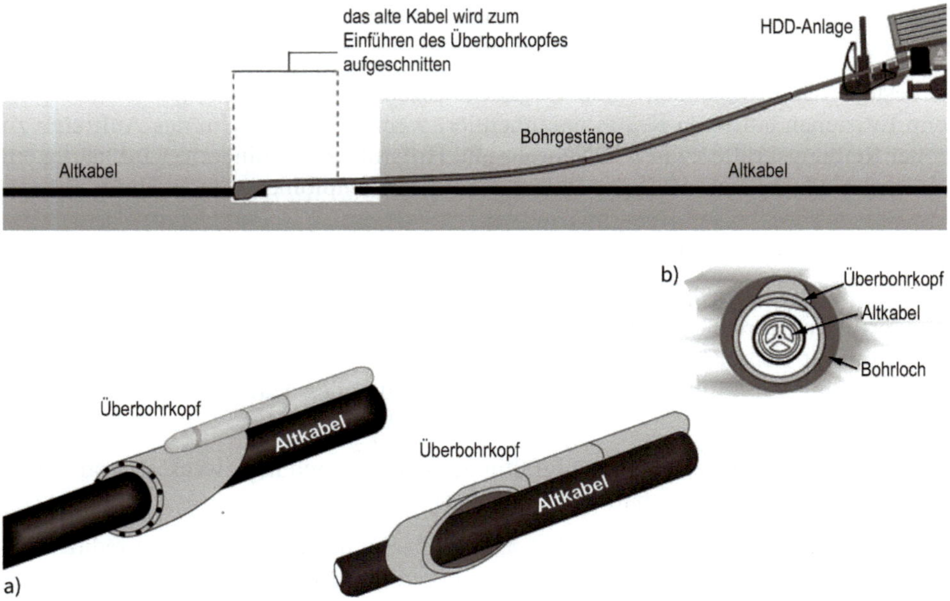


**Bild 44** Rückbau von Kabeln durch Ausschälen mit einer HDD-Maschine; a) Detail, b) Querschnitt

# 5 Literatur


[1] Arnold, W. (Hrsg.): Flachbohrtechnik. Deutscher Verlag für Grundstoffindustrie, Leipzig/Stuttgart 1993.

[2] Arbeitsblatt DWA-A 125:2008-12: Rohrvortrieb und verwandte Verfahren. Deutsche Vereinigung für Wasserwirtschaft, Abwasser und Abfall e. V., Hennef, DWA.

[3] Arbeitsblatt DWA-A 161:2014-03: Statische Berechnung von Vortriebsrohren. Deutsche Vereinigung für Wasserwirtschaft, Abwasser und Abfall e. V., Hennef, DWA.

[4] Bayer, H.-J.: HDD-Praxis-Handbuch, Vulkan Verlag, Essen 2005.

[5] Bayer, H.-J.: Brunnenbau im HDD-Verfahren, bbr (2006) Heft 5, S. 42–49.

[6] Bayer, H.-J.: HDD-Drainageleitungen zur Rutschungsstabilisierung. bi Umweltbau (2005) Heft 1, S. 20–22.

[7] Bayer, H.-J.; Bandera, G.: HDD applications in pipeline Projects in Europe, 3R International, Special (2007), No. 2, pp. 75–81.

[8] Bayer, H.-J.; Bunger, S.: 1000 m HDD-Felsbohrung am Steilhang im Erdbebengebiet, 3R International 47 (2008), No. 1/2, pp. 51–56.

[9] Benz, Th.: Hangsicherung durch Hangentwässerung mittels verlaufsgesteuerter Horizontalbohrtechnik (Hrsg.: H. Schad). 5. Kolloquium Bauen in Boden und Fels, Technische Akademie Esslingen, 2006, S. 107–135.

[10] Bohrtec Alsdorf, Firmenunterlagen, www.bohrtec.com.

[11] Buderus-Handbuch: Grabenloser Einbau duktiler Gussrohre, Buderus Gießerei Wetzlar, www.buderus-giesserei.de.

[12] DCA Verband Güteschutz Horizontalbohrungen e. V.: Technische Richtlinien des DCA, Informationen und Empfehlungen für Planung, Bau und Dokumentation von HDD-Projekten, 4. Aufl., Aachen 2015.

[13] DIN EN 206:2014-07: Beton: Festlegung, Eigenschaften, Herstellung und Konformität.

[14] DIN EN 681:2006-11: Elastomer-Dichtungen; Werkstoff-Anforderungen für Rohrleitungs-Dichtungen für Anwendungen in der Wasserversorgung und Entwässerung, Teil 1 bis 4.

[15] DIN EN 16191:2014-09: Tunnelbaumaschinen – Sicherheitstechnische Anforderungen.

[16] DIN V 1201:2004-08: Rohre und Formstücke aus Beton, Stahlfaserbeton und Stahlbeton für Abwasserleitungen und -kanäle – Typ 1 und Typ 2; Anforderungen, Prüfung und Bewertung der Konformität.

[17] DIN EN 12110:2014-10: Tunnelbaumaschinen – Druckluftschleusen – Sicherheitstechnische Anforderungen.

[18] DIN EN 12111:2015-10: Tunnelbaumaschinen – Teilschnittmaschinen und Continuous Miners – Sicherheitstechnische Anforderungen.

[19] DIN EN 12889:2000-03: Grabenlose Verlegung und Prüfung von Abwasserleitungen und Kanälen.

[20] DIN EN 14457:2004-09: Allgemeine Anforderungen an Bauteile, die bei grabenloser Verlegung von Abwasserleitungen und -kanälen verwendet werden.

[21] DIN 18319:2015-08: VOB – Teil C (ATV); Rohrvortriebsarbeiten.

[22] DVGW-Arbeitsblatt GW 320-1:2009-02: Erneuerung von Gas- und Wasserrohrleitungen durch Rohreinzug oder Rohreinschub mit Ringraum. Deutscher Verein des Gas- und Wasserfaches e. V., Bonn.

[23] DVGW-Arbeitsblatt GW 320-2:2000-06: Rehabilitation von Gas- und Wasserrohrleitungen durch PE-Reliningverfahren ohne Ringraum; Anforderungen, Gütesicherung und Prüfung. Deutscher Verein des Gas- und Wasserfaches e. V., Bonn.

[24] DVGW-Arbeitsblatt GW 321:2003-10/2009: Steuerbare horizontale Spülbohrverfahren für Gas- und Wasserrohrleitungen – Anforderungen, Gütesicherung und Prüfung. Deutscher Verein des Gas- und Wasserfaches e. V., Bonn.

[25] DVGW-Arbeitsblatt GW 322-1:2003-10/2009: Grabenlose Auswechslung von Gas- und Wasserrohrleitungen; Teil 1: Press-/Ziehverfahren – Anforderungen, Gütesicherung und Prüfung; Teil 2: Hilfsrohrverfahren – Anforderungen, Gütesicherung und Prüfung. Deutscher Verein des Gas- und Wasserfaches e. V., Bonn.

[26] DVGW-Merkblatt GW 323:2004-07/2009: Grabenlose Erneuerung von Gas- und Wasserversorgungsleitungen durch Berstlining; Anforderungen, Gütesicherung und Prüfung. Deutscher Verein des Gas- und Wasserfaches e. V., Bonn.

[27] DVGW-Arbeitsblatt GW 327(A):2011-03: Auskleidung von Gas- und Wasserrohrleitungen mit einzuklebenden Gewebeschläuchen. Deutscher Verein des Gas- und Wasserfaches e. V., Bonn.

[28] Fengler, E. G.; Bunger, S.: Grundlagen der Horizontalbohrtechnik (Hrsg.: Wegener, T.). Iro-Schriftreihe Nr. 13, Vulkan-Verlag, Essen 2007.

[29] Herrenknecht AG, Schwanau: Firmenunterlagen, www. herrenknecht.de.

[30] Hölterhoff, J.: Ein modifiziertes Pilot-Vortriebsverfahren – Erfahrungen und Weiterentwicklungen in der Maschinentechnik. Rohrbau-Kongress Weimar 2000.

[31] Klett S.: Berstlining von Sickerwasserleitungen in Deponien – dynamische und statische Methode. LfU-Schriftenreihe, (2002) Heft 164, S. 55–57.

[32] Landesgewerbeanstalt Bayern: Praxis-Leitfaden für die Sanierung von Kanalisationen für Kanalnetzbetreiber in Bayern, LGA Nürnberg 2001.

[33] Leonhard Weiss GmbH & Co. KG, Göppingen: Firmenunterlagen, www.leonhard-weiss.de.
[34] mts-Perforator GmbH, Firmenunterlagen, Walkenried. www.mts-p.de.
[35] ÖWAV-Regelblatt 28: Unterirdische Kanalsanierung, Österreichischer Wasser- und Abfallwirtschaftsverband, Wien 2007.
[36] Prätorius, S.; Schößer, B.: Bentonithandbuch – Ringspaltschmierung für den Rohrvortrieb. Ernst & Sohn, Berlin 2015.
[37] Prime Drilling GmbH, Wenden bei Olpe: Firmenunterlagen, www.prime-drilling.de.
[38] RSV-Merkblatt 8: Erneuerung von Entwässerungskanälen und -anschlussleitungen mit dem Berstverfahren, Rohrleitungssanierungsverbandes e. V. (RSV), Lingen 2006.
[39] Schad, H.; Bräutigam, T.; Bramm, S.: Rohrvortrieb; Durchpressung begehbarer Leitungen, 2. Auflage. Ernst & Sohn, Berlin 2008.
[40] Stein, D.: Grabenloser Leitungsbau, Ernst & Sohn, Berlin 2003.
[41] Stein, D.; Möllers, K.; Bielecki, R.: Microtunneling. Ernst & Sohn, Berlin 1998.
[42] Tracto-Technik GmbH & Co. KG, Lennestadt: Firmenunterlagen, www.tracto-technik.de.
[43] Prime Drilling GmbH, Wenden bei Olpe: Firmenunterlagen, www.prime-drilling.de.
[44] Verordnung über Arbeiten in Druckluft (DruckLV) (19972/2013), Bundesministerium der Justiz und für Verbraucherschutz.

# 2.8 Einbringverfahren für Pfähle und Spundbohlen: Rammen, Vibrieren, Pressen

*Fritz Berner und Christian Moormann*

## 1 Anwendung von Ramm- und Ziehverfahren

Fertigteilpfähle und Spundbohlen werden in der Regel mit dynamischen Eindringverfahren, i. e. Schlag- oder Vibrationsrammung in den Baugrund eingebracht. Dabei können Schallemissionen und Rammerschütterungen auftreten.

Rammarbeiten zum Einbringen von Spundbohlen werden z. B. bei der Herstellung von Ufersicherungen, Kaimauern, Baugrubenumschließungen in Gewässern, Baugrubenverbau an stark befahrenen Verkehrswegen, Stützwänden im Bereich von Eisenbahngleisen, Brückenwiderlagern, Umspundungen von Press- und Zielgruben bei unterirdischem Rohrvortrieb und – unter Verwendung von Kanaldielen – bei Kanalarbeiten im Rohrleitungsbau durchgeführt.

Ein weiteres Anwendungsgebiet der Rammarbeiten ist das Einbringen von Pfählen im On- und mit zunehmender Bedeutung im Offshorebereich, so z. B. bei der Herstellung von Pfahlrosten für die Auflagerung von Kaimauern, als Schrägpfähle für Rückverankerungen und als Rammpfähle (Fertigteilpfähle und Ortbetonpfähle) für die Gründung von Hochbauten, Brückenwiderlagern und ähnlichen Bauwerken. Fertigpfähle können insbesondere dort technisch und wirtschaftlich vorteilhaft zur Anwendung kommen, wo Rammerschütterungen nicht stören und großflächige Bauwerke gegründet werden sollen.

Alternativ kann das Rammgut statisch penetriert werden. Dies wird mithilfe von Presszylindern erreicht, die über ein Hydrauliksystem das Einbringgut Hub für Hub eines Presszylinders in den Boden pressen. Das Ziehen kommt zur Anwendung, wenn das Einbringgut nur vorübergehend im Boden verbleiben soll. Träger, Pfähle oder Spundbohlen können durch das Ziehen wieder entfernt werden. Die hierfür verwendeten Geräte sind Vibratoren und Pfahlzieher. In diesem Kapitel werden die grundlegenden Verfahrenstechniken zum Rammen, Vibrieren und Pressen vorgestellt. Neben den Einbringtechniken sowie den hierzu notwendigen Geräten wird insbesondere der Einfluss des Einbringverfahrens auf den Boden und das Tragverhalten der eingebrachten Elemente erläutert sowie Ansätze zur Prognose und Beurteilung von Erschütterungsauswirkungen vorgestellt.

*Grundbau-Taschenbuch: Teil 2. Geotechnische Verfahren*, Achte Auflage. Karl Josef Witt (Hrsg.).

# 2 Einbringgut

## 2.1 Arten

Gerammt oder gepresst werden vor allem:

- Verdrängungspfähle (Rammpfähle),
- Spundbohlen,
- gemischte Stahlspundwände,
- Kanaldielen,
- Leichtprofile,
- Stahlträger.

## 2.2 Verdrängungspfähle (Rammpfähle)

Die Pfähle werden hinsichtlich der Beschaffenheit des Baugrunds und des Grundwasserstands, der abzutragenden Last, der Bebauung des Umfelds, der Platzverhältnisse sowie der Wirtschaftlichkeit auf ihre Vor- und Nachteile geprüft und dann nach bester Eignung ausgewählt [33].

### 2.2.1 Fertigpfähle

#### 2.2.1.1 Stahlpfähle

Verwendet werden alle im Handel üblichen Stahlprofile entweder in ihrer ursprünglichen vom Walzwerk erzeugten Form oder indem zwei oder mehrere Einzelprofile wie z. B. Spundbohlen miteinander verschweißt werden.

Stahlpfähle kommen sowohl im Grund-, Wasser- und Brückenbau als auch z. T. bei speziellen Ingenieurbauwerken zum Einsatz. Für Gründungen werden sie senkrecht und auch geneigt eingebracht. Sie können Druck- und – je nach Ausführung und Randbedingungen – auch Zugkräfte aufnehmen. Besonders im Offshore- und Hafenbau werden schwere Stahlpfähle verwendet [57].

Die wichtigsten Vorteile von Stahlpfählen liegen im vielfältigen Angebot bei den Profilen, in der hohen Materialfestigkeit und Elastizität, der Aufnahme von Druck- und Zugkräften sowie Biegemomenten, der problemlosen Lagerung, Verladung und Transportmöglichkeiten und der Möglichkeit zur Schrägeinbringung bis 1:1. Durch Schweißverbindungen können Stahlpfähle leicht verlängert werden. An Schaft und Fuß sind zur Verbesserung der Tragfähigkeit Verstärkungen möglich. Der Stahlpfahl ist unmittelbar nach der Rammung belastbar. Die wichtigsten Nachteile von Stahlpfählen sind die relativ hohen Materialkosten, die Korrosionsgefahr besonders im Seewasser und die Gefahr des Ausweichens und Verdrehens bei Hindernissen [33]. Es sind Pfahllängen bis 50 m herstellbar, welche jedoch in Teillängen transportiert und auf der Baustelle im Zuge der Rammarbeiten verschweißt werden.

#### 2.2.1.2 Stahlbetonpfahl

Die Stahlbetonpfähle können verschiedene Querschnittsformen aufweisen. Vorwiegend werden quadratische und runde Formen verwendet. Zum Teil kommen auch rechteckige und vieleckige Querschnitte zum Einsatz. Die Bewehrung wird sowohl schlaff, wenn der Pfahl hauptsächlich auf Druck belastet wird, als auch vorgespannt, wenn der Pfahl zu der Druckbelastung hinzu auch auf Biegung oder Zug oder mit beidem belastet wird, ausgeführt.

Aufgrund hoher Empfindlichkeit von Stahlbetonpfählen gegen Rissbildungen und Verformungen beim Verladen, Transportieren und Aufnehmen sind dafür besondere Vorschriften zu beachten. Der Pfahlkopf wird während des Rammens durch ein Weichholzfutter, das während des Rammens eventuell zu erneuern ist, geschützt. Es werden in Abhängigkeit des Pfahlquerschnitts Pfahllängen von 5 bis 19 m hergestellt, mit meist gebräuchlichen Querschnittsabmessungen für quadratische Querschnitte von 25/25, 30/30, 35/35 und 40/40 cm.

Die wichtigsten Vorteile des Stahlbetonpfahls liegen in seiner hohen Tragfähigkeit auch bei verhältnismäßig geringem Querschnitt und seiner Belastbarkeit sofort nach der Rammung, seiner Widerstandsfähigkeit auch im Seewasser, der Möglichkeit seiner Herstellung in fast jeder erforderlichen Länge und einer guten Anschlussmöglichkeit an das Bauwerk sowie beim Stahlpfahl die Möglichkeit einer Schrägeinbringung bis 1:1. Wird die Bewehrung vorgespannt, weist der Pfahl eine hohe Knick- und Biegesteifigkeit auf.

Die wichtigsten Nachteile des Stahlbetonfertigpfahls sind der hohe Aufwand beim Transport, Rissbildungen durch unsachgemäße Lagerung, das hohe Gewicht und ein schweres Rammgerät, das zu einer hohen Lärm- und Erschütterungsbelastung führt [8, 33].

#### 2.2.1.3 Holzpfähle

Holzpfähle finden ihre Verwendung meist nur noch für vorübergehende Baumaßnahmen, wie z. B. Hilfsgerüste, Hilfsbrücken, Schalungsgerüste. Für eine dauerhafte Verwendung von Holzpfählen muss gewährleistet sein, dass sie in voller Länge unter Wasser stehen.

Die wichtigsten Vorteile des Holzpfahls sind die einfache Bearbeitung, geringe Kosten, hohe Lebensdauer unter Wasser, hohe Widerstandsfähigkeit gegen Säuren und aggressives Grundwasser sowie die hohe Elastizität und gute Rammbarkeit.

Die wichtigsten Nachteile des Holzpfahls sind die begrenzte Belastbarkeit und begrenzte Länge, schnelle Fäulnisbildung und dadurch Zerstörung bei Luftzutritt. Bei Böden mit hoher Dichte und Rammhindernissen können Holzpfähle nicht verwendet werden [8].

### 2.2.2 Ortbetonverdrängungspfähle

Die Herstellung des Ortbetonrammpfahls geschieht wie folgt: Ein dickwandiges Vortriebsrohr, das unten verschlossen ist, wird in den Boden gerammt. Dann setzt man einen Bewehrungskorb ein und verfüllt das Rohr mit Beton. Das Rohr wird ein Stück nach oben gezogen und dann nochmals eingerammt, um den Betonpfahlfuß auszubilden. Danach wird das Rohr gezogen. Je nach System wird erdfeuchter oder plastischer

Beton verwendet. Es darf sich im Rohr kein Wasser befinden. Als Ortbetonverdrängungspfähle kommen die beiden Systeme Franki und Simplex zur Anwendung. Diese Systeme werden im Teil 3 des Grundbau-Taschenbuchs, Kapitel 3.2 „Pfahlgründungen“ näher beschrieben.

## 2.3 Spundbohlen

### 2.3.1 Allgemeines

Ob im Wasser- oder Verkehrswegebau, im Tiefbau und auch im Umweltschutz, zeichnen sich Stahlspundwände durch ihre vielseitige Verwendbarkeit aus. Die Stärken der Spundwandtechnik zeigen sich in ihren verhältnismäßig kurzen Einrichtungszeiten und kostengünstigen Lösungen. Stahlspundbohlen lassen sich in nahezu jeder beliebigen Form auch in innerstädtischen, dicht bebauten Gebieten und in schwierigem Gelände in kurzer Einbauzeit zu Schutz- und Stützwänden zusammenfügen. Da mit Stahlspundwänden Einkapselungen und Lärmschutzwände in kurzer Zeit und kostengünstig hergestellt werden können, werden sie heute im Bereich des Umweltschutzes immer häufiger eingesetzt.

Einer ihrer größten Vorteile besteht darin, dass sie auch für den vorübergehenden Gebrauch errichtet und problemlos wieder abgebaut werden können, um den Urzustand des Geländes wiederherzustellen. Zudem lassen sich Stahlspundbohlen mehrmals einsetzen [28].

### 2.3.2 Schlossformen

Durch die Spundbohlenschlösser werden die Spundwände zu zusammenhängenden Wänden verbunden. Der Spielraum der Schlösser muss groß genug sein, dass diese problemlos ineinander geschoben werden können. Ihre Ausformung muss in der Lage sein, die im Verbund der Spundbohlen auftretenden Druck- und Zugkräfte sowie Scherkräfte aufzunehmen (s. Tabelle 1) [28].

**Tabelle 1** Schlossformen warmgewalzter Spundbohlen [58]

| | |
|---|---|
| LARSSEN-Profil<br>Schlossform nach DIN EN 10248-2 und E 67 der EAU 2004 |  |
| LARSSEN 43, 430<br>Schlossform nach DIN EN 10248-2 und E 67 der EAU 2004 |  |
| HOESCH-Profil mit Knopf-/Klauenschloss<br>Schlossform nach DIN EN 10248-2 und E 67 der EAU 2004 |  |
| PEINER-Schlossstahl/PEINER-Spundwand<br>Schlossform nach DIN EN 10248-2 und E 67 der EAU 2004 |  |
| UNION-Flachprofil<br>Schlossform nach DIN EN 10248-2 und E 67 der EAU 2004 |  |
| Leichtprofil KL<br>Schlossform nach DIN EN 10249-2 |  |

### 2.3.3 Profilformen

Spundbohlen werden hauptsächlich als U- und Z-Profile eingesetzt. Des Weiteren gibt es AZ-Profile. Diese haben bei einer hohen Steifigkeit (Trägheitsradius i) ein geringeres Gewicht. Somit wird Stahl gespart. In der Praxis bestehen jedoch bei diesen Profilen teilweise Vorbehalte. Trotz anscheinend gleicher konstruktiv zu erzielender Steifigkeit könnten sich die Profile verbiegen und im Boden ausweichen. Die dadurch entstehenden hohen Schlosszugkräfte führen dann zu einer Sprengung des Schlosses. Ein solcher Schadensfall würde erhebliche Kosten verursachen.

## 2.4 Kombinierte Spundwandsysteme

Kombinierte Stahlspundwände werden aus Tragbohlen und aus Zwischenbohlen hergestellt. Eingesetzt werden die kombinierten Stahlspundwände besonders in Küstenregionen beim Hafenbau zur Erstellung von Kaiwänden, Dockbauwerken und Molen. Weitere Anwendungsgebiete finden sich beim Binnenhafenbau, bei Wehren, Schleusen, Deponien und Brückenwiderlagern.

## 2.5 Kanaldielen

Zur Sicherung von Baugruben, Gräben und Schächten kommen Kanaldielen zur Anwendung. Sie sind dort einsatzfähig, wo das Schloss des Profils keine Dichtigkeit aufweisen muss. Kanaldielen sind heute sehr formbeständig gebaut und häufig einsetzbar. Für ein problemloses Einstellen und rationelles Stapeln weisen sie eine spezielle Profilierung auf. Sie sind für flache Aushubarbeiten, wie z. B. bei der Entwässerung im innerstädtischen Bereich und beim Bau von Wasserwegen, geeignet. Kanaldielen erreichen einen Trägheitsradius von i = 3 cm.

## 2.6 Leichtprofile

Der Anwendungsbereich von Leichtprofilen ist insbesondere der innerstädtische Kanalverbau und die Deichsanierung. Die Schlossverbindung des Leichtprofils bildet hierfür eine zuverlässige Verhakung. Leichtprofile werden von Hoesch in Längen bis zu 17 m hergestellt. Ist eine hohe Undurchlässigkeit gefordert, werden sie mit einer Schlossverfüllung aus einer dauerhaften plastischen Bitumenmasse versehen. Leichtprofile erreichen einen Trägheitsradius von i = 6 cm.

## 2.7 Stahlträger

Bei verschiedenen Verbaumethoden finden Gurtungen aus Breitflanschträgern Anwendung. Der aus Kanaldielen oder Leichtprofilen, Streben, Gurten und Gurtaufhängungen gebaute Senkrechtverbau ist eine dieser Methoden. Je nach Abstand der Streben und statischen Erfordernisse, besteht die Gurtung aus Breitflanschträgern unterschiedlicher Stärke.

Weitergehende und vertiefende Informationen zu Spundwänden können dem Grundbau-Taschenbuch Teil 3, Kapitel 3.3 „Spundwände“ entnommen werden.

# 3 Geräte

## 3.1 Allgemeines

Um das Rammgut unter bestmöglicher Sicherheit und größter Wirtschaftlichkeit in den Boden erfolgreich einzubringen, ist die Auswahl des geeigneten Geräts von entscheidender Bedeutung. Ebenso wichtig ist aufgrund des Einsatzes von teuren Spezialgeräten gut geschultes Personal, das im Umgang mit den Geräten einen möglichst reibungslosen Bauablauf gewährleistet.

Viele Einbringgeräte setzen sich zusammen aus

- Geräteträger,
- Mäkler mit Führungseinrichtungen für Rammbären und Rammgut,
- Rammgeräten für schlagendes Rammen und Vibrationsrammen,
- Rammhauben und andere Hilfsgeräte,
- Winden zum Hochziehen des Rammguts und zur Führung des Rammbären,
- Systemen zum Überwachen, Steuern und Messen,
- Stromgenerator.

## 3.2 Geräteträger

### 3.2.1 Hydraulikbagger

#### 3.2.1.1 Mobilbagger

Mobilbagger werden nur für besonders leichte Rammungen eingesetzt. Die Gefahr des Kippens durch die Last eines Mäklers oder Vibrationsbären während des Fahrens des Baggers macht ihn für schwerere Arbeiten ungeeignet.

#### 3.2.1.2 Raupenbagger

Raupenbagger werden besonders in der schlagenden und vibrierenden Rammtechnik, in manchen Fällen auch in der Einpresstechnik als Grundträger für Universal-Rammsysteme und für Vibrationsbären, die an den Bagger angebaut werden, verwendet. Obwohl sich die Anbaugeräte leicht austauschen lassen und die passende Hydraulikleistung für die geeignete Gewichtsklasse zur Verfügung steht, werden meist Zusatzausstattungen erforderlich, wie z. B. Hydraulikanschlüsse und Bedienelemente für die An- und Aufbaugeräte. Als Geräteträger werden sie heute schon bei ihrer Herstellung auf ihren speziellen Einsatz vorbereitet. Vorwiegend werden Hydraulikbagger mit Raupenfahrwerk als Träger leichter bis mittelschwerer Mäkler verwendet (Bild 1). Auch dienen sie als Träger für Baggeranbauvibratoren.

Der Hydraulikbagger hat am Ausleger hohe Gewichte in Höhe von i. d. R. 10 bis 60 t, die erzeugt werden durch:

- Mäkler,
- Rammbär,
- Rammgut mit Rammhaube,
- Winden.

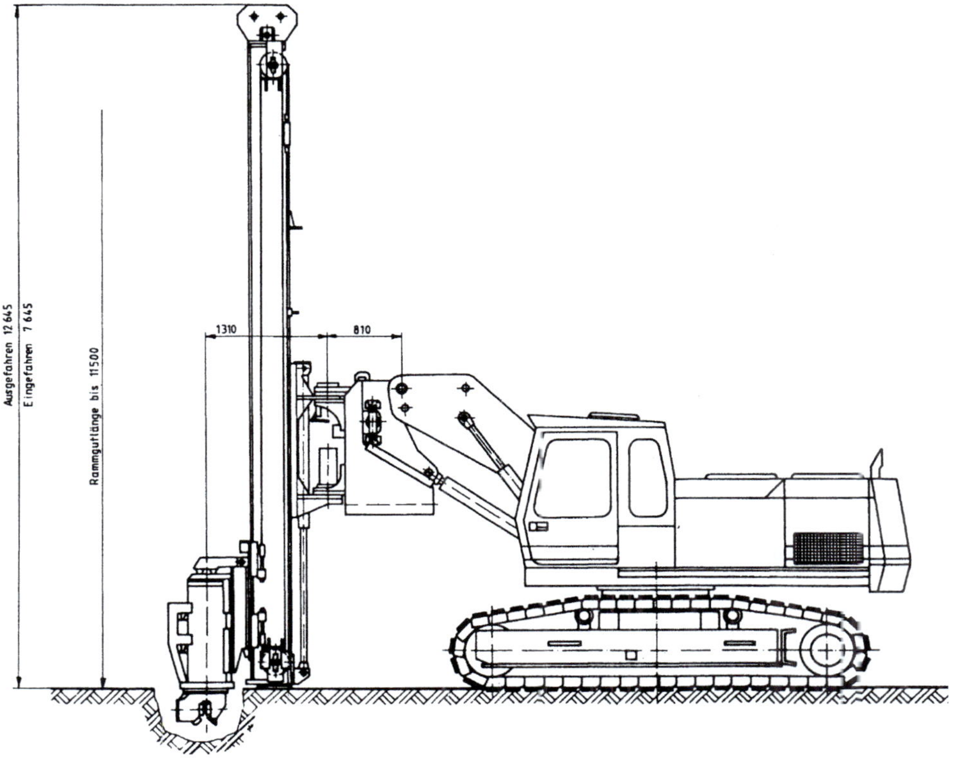


**Bild 1** Hydraulikbagger als Geräteträger (Müller) mit Vibrationsramme; Betätigung durch Bordhydraulik des Baggers; Teleskopmäklertyp MS-M 10000 T

Deshalb müssen die Bagger ein Einsatzgewicht ohne Anbau von 20 bis 70 t haben.

### 3.2.2 Seilbagger

Für langes und schweres Rammgut und große Geräte kommen überwiegend Seilbagger mit Gitterausleger als Geräteträger zur Anwendung (Bild 2). Wegen der hohen angebauten Lasten müssen diese mit HD(heavy-duty)- oder LC(long crawler)-Fahrwerk ausgerüstet werden. Neue Bagger verfügen über ein teleskopierbares Fahrwerk und einen hydrostatischen Antrieb. Moderne Seilbagger sind für den Anbau verschiedenster Ausrüstungen vorbereitet. Übliche Einsatzgewichte bewegen sich bei ca. 50 bis 90 t und können dann ca. 40 bis 100 t tragen. Das Einsatzgewicht kann bis zu ca. 350 t ansteigen. Damit ist eine Traglast von ca. 300 t möglich.

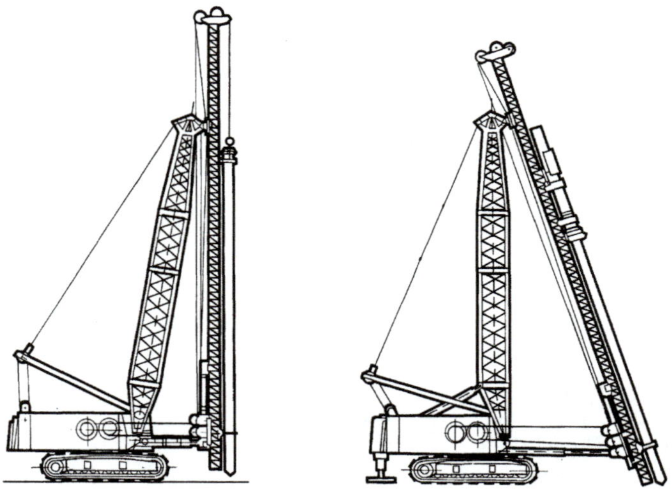

**Bild 2** Seilbagger als Geräteträger

### 3.2.3 Autokran

Der Autokran kann sowohl für das Rammen als auch für das Ziehen mittels angehängtem Vibrationsbären verwendet werden. Der teleskopierbare Ausleger erlaubt das Ziehen von Rammgut in Bereichen, die für einen Bagger nicht zugänglich sind. Wichtig ist, dass durch die Schwingungsisolierung am Kranhaken mögliche Vibrationen minimiert werden.

## 3.3 Mäkler

### 3.3.1 Arten

Bei den Mäklern zur Führung von Rammbär und Rammgut gibt es folgende Arten:

- Universal-Systeme,
- Anbaumäkler,
- Aufsteckmäkler und
- Schwingmäkler.

### 3.3.2 Universal-Systeme

Bei den Mäklern gibt es je nach Herstellern immer wieder Veränderungen hinsichtlich ihrer Größe und in der Bildung einer Einheit mit dem Trägergerät zu Universal-Rammgeräten für verschiedene Einsatzgebiete, wie z.B. zum Rammen, zum Pressen und mit Drehantrieben zum Bohren, z.B. für Auflockerungsbohrungen. Durch das relativ einfache Auswechseln verschiedener Arbeitsgeräte kann heute mit einem Mäkler eine Vielzahl von Gründungsarbeiten durchgeführt werden. Für schwere Rammarbeiten, bei denen hohe Drehmomente, hohe Nutzlasten und hohe Ausziehkräfte aufgenommen werden müssen, eignen sich besonders die Starrmäkler.

Seit vielen Jahren haben sich vor allem die vielseitig verwendbaren Teleskopmäkler durchgesetzt. Diese können für den Transport verkürzt werden und durch Anbringen der entsprechenden Arbeitsvorrichtung ist mit ihnen sowohl das Einbringen durch Rammen und Bohren als auch das Ziehen von Spundwänden in nur einer Geräteeinheit möglich.

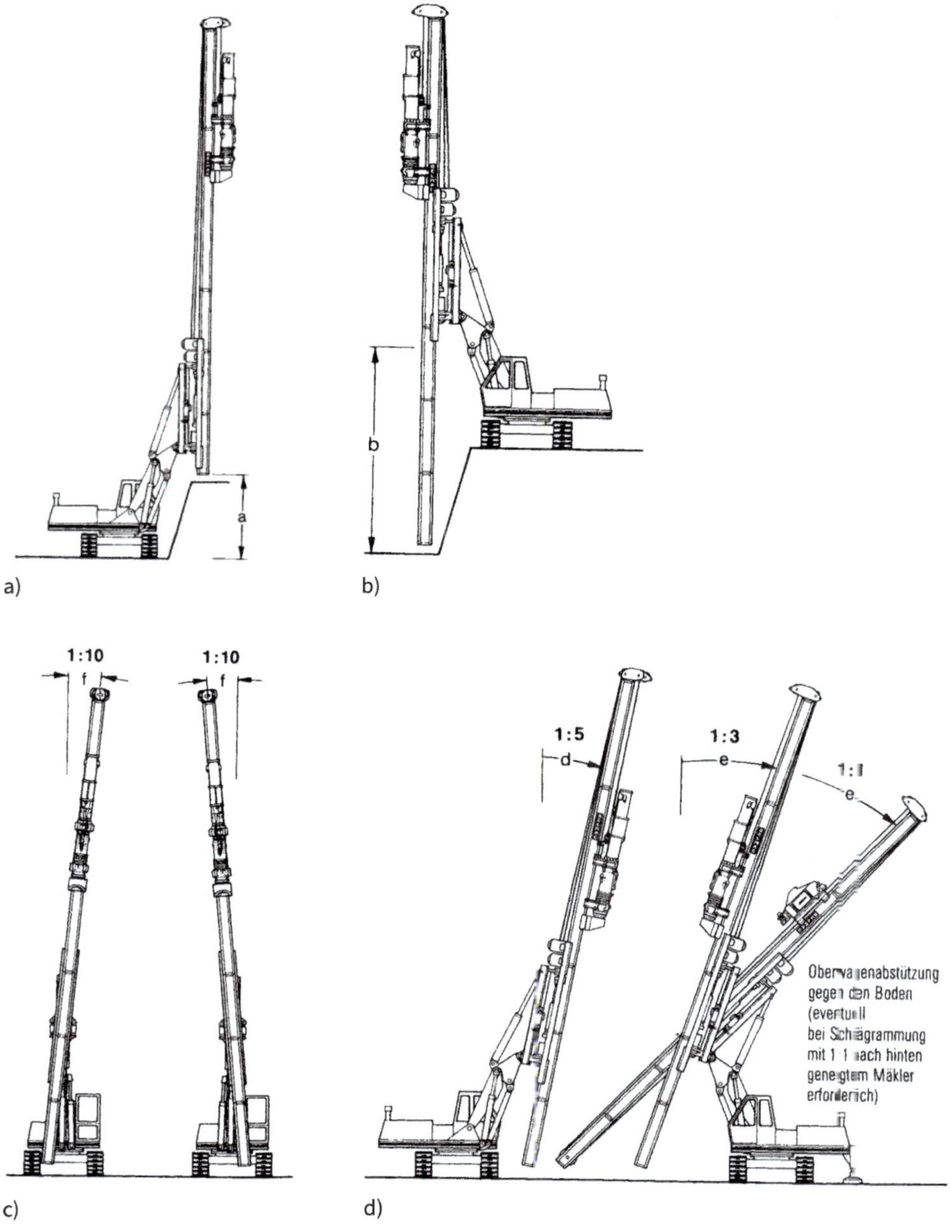


**Bild 3** Verwendungsfähigkeit eines Anbaumäklers (DELMAG [11]);
a) Mäkler angehoben, b) Mäkler abgesenkt, c), d) Mäkler geneigt

Über eine Schnellwechselanlage können verschiedene Anbaukomponenten, wie Ramm- und Ziehvibratoren, Bohrantriebe, Kraftdrehköpfe, Doppelkopfbohranlagen und für bestimmte Einsatzfälle auch Schnellschlaghämmer, ausgewechselt werden. Es können Spundwände, T-Träger und Rohre mit Längen bis zu 22 m mäklergeführt eingebracht werden. Das Antriebsaggregat ist bei diesen Geräten bereits integriert.

### 3.3.3 Anbaumäkler, Aufsteckmäkler, Schwingmäkler

Sofern ein Universal-System nicht zum Tragen kommt, wird ein Anbau-, Aufsteck- oder Schwingmäkler eingesetzt.

#### 3.3.3.1 Anbaumäkler

Der Anbaumäkler wird an einen Raupenbagger oder Seilbagger als Geräteträger montiert. Er ist in seiner Länge einstellbar und kann frei hängend und auch abgestützt montiert werden. Ab einer Länge von 15 m sollte ein teleskopierbares Fahrwerk verwendet werden und das Einsatzgewicht des Baggers sollte mindestens 20 t betragen. Wichtig ist, dass der an einen Geräteträger angebaute Mäkler sowohl für das Einbringen des Rammguts unterhalb als auch oberhalb der Arbeitsebene sowie auch für das Setzen von Schrägpfählen und für das Herstellen einer Spundwandecke bei Spundwandkästen geeignet ist. Der Anbaumäkler sollte

- anhebbar,
- drehbar,
- absenkbar und
- neigbar

sein (Bild 3). Sowohl für die Rammbären als auch zur Aufnahme des Rammguts verfügen die Mäkler über je eine Seilwinde. Wird der Mäkler für schwere Zieharbeiten eingesetzt, ist zur Einleitung der Zugkraft in den Boden eine Abstützung des Mäklerfußes am Boden erforderlich.

#### 3.3.3.2 Aufsteckmäkler

Aufsteckmäkler sitzen freireitend auf dem Einbringelement (Bild 4). Ihr bevorzugtes Einsatzgebiet ist der Offshore-Bereich. Auch wenn kein von der einstellbaren Neigung und für die Länge des Einbringguts geeigneter Anbau- oder Schwingmäkler vorhanden ist, kommt der Aufsteckmäkler zum Einsatz. Weitere Verwendung finden die Aufsteckmäkler, wenn das Rammgerät baustellenbedingt nicht an den Einbauort gebracht werden kann. Die zurzeit vorhandenen Modelle erlauben es, bis 4,2 m Durchmesser zu rammen. Das Einbringgut selbst dient zur Führung und wird über ein Gerüst stabilisiert, bis die Eindringtiefe eine Eigenführung bis zur erreichten Soll-Tiefe ermöglicht. Werden besonders lange Pfähle eingebracht, besteht die Möglichkeit, ein Lehrgerüst vorzurammen sowie Spundbohlen in einer Halterung zu führen. Die Auslegerhöhe des Trägergeräts und die Höhe der Einbringgutführung begrenzen die Länge des Einbringguts.

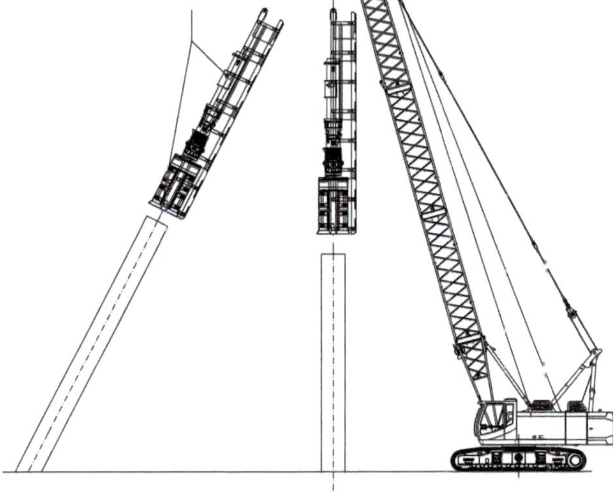

**Bild 4** Aufsteckmäkler für Pfähle und Spundbohlen (DELMAG [11])

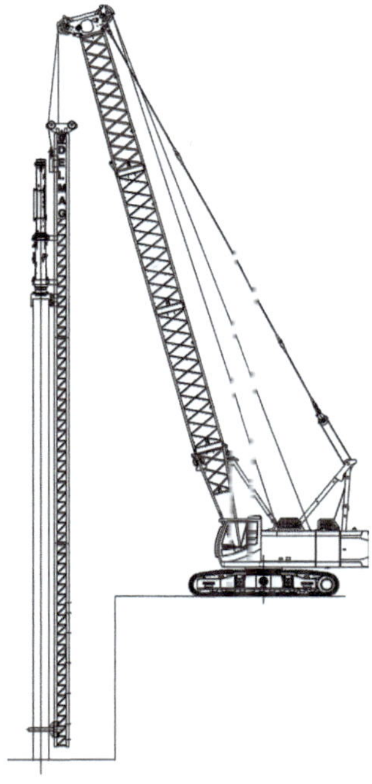

**Bild 5** Schwingmäkler (DELMAG [11])

### 3.3.3.3 Schwingmäkler

Der Schwingmäkler, der frei schwingend an einem Hebezeug aufgehängt wird, führt sowohl das Einbringgut als auch den Rammbären (Bild 5). Er kann an jeden Krantyp mit entsprechender Kapazität montiert werden. Der Mäkler ist nicht mit dem Kranoberwagen verbunden und kann somit um 360° um die vertikale Achse gedreht werden. Wird eine Traverse verwendet, sind Neigungen bis zu 45° möglich. Bis der Schwingmäkler die Führung übernommen hat, ist eine gute Führung des Einbringguts erforderlich.

## 3.4 Geräte – Ramm- und Vibrationstechnik

### 3.4.1 Arten

Für das Einbringen des Rammguts werden

- Schlagbären,
- Vibrationsbären oder
- Spundwandpressen

verwendet.

### 3.4.2 Schlagbären

#### 3.4.2.1 Freifallhammer

Der Freifallhammer kann so angepasst werden, dass mit ihm alle Profilarten bei jeglicher Bodenart gerammt werden können, und das sowohl über als auch unter dem Wasserspiegel. Das Verhältnis von Kolbengewicht zu Gewicht von Rammgut plus Rammhaube wird unter normalen Baustellenbedingungen mit 1:2 bis 1,5:1 gewählt.

Um sowohl Schäden am Bohlenkopf als auch die Lärmentwicklung möglichst gering zu halten, ist bei gleicher Schlagenergie die Verwendung eines schweren Kolbens mit kurzem Hub vorzuziehen. Geführt in Stützen wird das Schlaggewicht hydraulisch steuerbar angehoben. Nach Erreichen der voreingestellten Fallhöhe wird durch Ventilsteuerung der freie Fall des Schlaggewichts ausgelöst. Die hydraulische Anhebung erfolgt bei seitlicher Hebung des Schlaggewichts über zwei Kolben und bei direkter axialer Hebung über einen Kolben. Die Schlagenergie kann von 10 bis 100 % stufenlos reguliert werden.

Der Antrieb des Hammers ist in der Regel in das Trägergerät integriert. Werden Führungskrallen verwendet, sind Neigungen bis 45° möglich. Der Freifallhammer eignet sich für alle Pfahltypen.

#### 3.4.2.2 Dieselbären

Ein Dieselbär besteht im Wesentlichen aus einem Zylinder, einem Kolben und einem Schlagstück am unteren Ende des Zylinders. Er ist Ramme und Motor zugleich und arbeitet nach dem Prinzip der Schlagzerstäubung. Damit benötigt er kein zusätzliches Antriebsaggregat.

Wie Bild 6 zeigt, findet die Schlagzerstäubung wie folgt statt:

1. Das Schlaggewicht (Kolben) wird mittels der Ausklinkvorrichtung angehoben und während der Aufwärtsbewegung auf bestimmter Höhe automatisch freigegeben.
2. Beim Fallen betätigt das Schlaggewicht (Kolben) den Pumpenhebel, wodurch eine genau dosierte Menge Dieselöl auf die Schlagstückoberfläche gespritzt wird. Der Kolben überläuft die Auspufflöcher und beginnt die Luft im Zylinder zu komprimieren.
3. Beim Aufschlag des Kolbens auf das Schlagstück wird das Dieselöl im Verbrennungsraum zerstäubt und der Kraftstoff entzündet sich an der hoch komprimierten Luft. Die Explosionsenergie treibt den Kolben wieder nach oben.
4. Beim Hochspringen legt der Kolben die Auspufflöcher frei und die Verbrennungsgase entweichen, wodurch der Druck im Zylinder wieder ausgeglichen wird.
5. Der Kolben springt weiter nach oben und saugt durch die Auspufflöcher Frischluft an zur Spülung des Zylinderraums, gibt den Pumpenhebel frei, dieser kehrt in seine Ausgangsstellung zurück, wobei der Pumpe erneut Kraftstoff zugeführt wird.

Dieselbären sind wenig störanfällig und verzeichnen eine geringe Abnutzung, da sie weder Kolbenstange, Kurbelwelle, Nocken noch Lager haben. Sie sind auch bei extremen Temperaturverhältnissen einsetzbar. Durch die eigene Energiequelle verbrauchen sie nur wenig Kraft- und Schmierstoffe. Sie gehören zu den sehr effektiven Rammgeräten. Dieselhämmer sind für Rammarbeiten in bindigen und sehr dicht gelagerten Böden

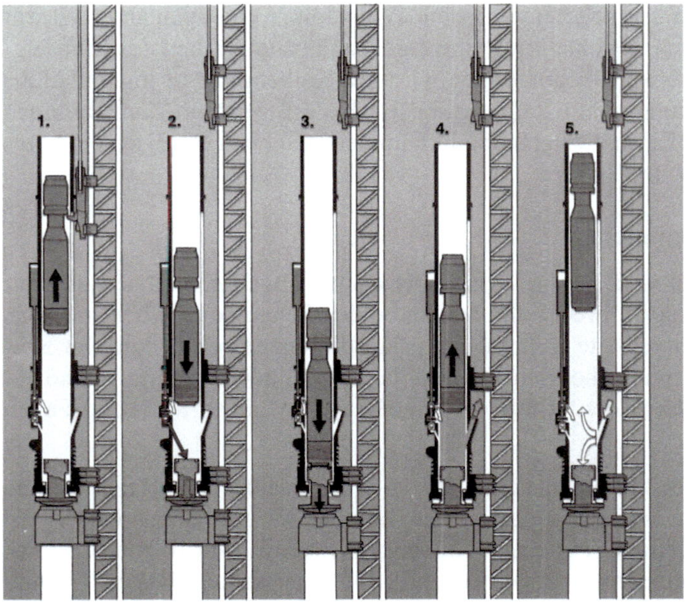


**Bild 6** Prinzip der Schlagzerstäubung (DELMAG [11])

besonders gut geeignet. Das Verhältnis von Kolbengewicht zu Gewicht vom Rammgut ist wie beim Freifallhammer 1:2 bis 1,5:1 üblich. Der wirtschaftliche Einsatz des Dieselbären endet, wenn für eine Eindringtiefe von 25 mm mehr als 10 Hammerschläge erforderlich werden. Ein Eindringen von 1 mm pro Schlag sollte vermieden werden, denn ansonsten würden sowohl der Hammer als auch die Ausrüstung beschädigt.

Dieselbären sind für alle Rammprofile geeignet und sie werden sowohl freireitend als auch mäklergeführt angewendet. Ihr Haupteinsatzgebiet ist das Einrammen von Bohlen, Pfählen (wie z. B. vorgefertigte Betonpfähle und Ortbetonpfähle) und Rohren. Des Weiteren werden sie zur Ermittlung der Tragfähigkeit von Rammpfählen eingesetzt.

### 3.4.2.3 Doppelt wirkender Hydraulikhammer

Der doppelt wirkende Hydraulikhammer besteht aus einem geschlossenen Zylinder, in dem ein Kolben durch Hydraulikdruck angehoben wird. Nach dem Anheben des Kolbens durch das Hydrauliköl wird es, kurz bevor der Kolben den oberen Totpunkt erreicht hat, umgeleitet, sodass es den nach unten fallenden Kolben zusätzlich beschleunigt. Diese zusätzliche Energiebeaufschlagung führt bis zu einer Beschleunigung von 2 G. Der maximale Hub von 1 m entspricht dann einem freien Fall aus einer Höhe von 2 m.

Diese Hämmer erbringen eine Energie pro Rammschlag von 35 bis 3000 kNm bei einer Schlagzahl von 50 bis 60 Schlägen pro Minute. Die optimale Steuerung des Rammablaufs erfolgt durch eine elektronische Regelung. Dieser Hammertyp erfordert eine Reihe von Sicherheits-, Überwachungs- und Anzeigegeräten. Bei jedem Rammschlag wird die auf das Einbringgut aufgebrachte Nettoenergie gemessen und an der Steuertafel angezeigt. Sie lässt sich beliebig zwischen 100 % und ca. 5 % kontinuierlich einstellen.

Hydraulikhämmer sind in der Lage, unter jedem Winkel über und auch unter Wasser zu arbeiten. Sie eignen sich sowohl zum Rammen als auch zum Ziehen des Einbringguts. Unter normalen Baustellenbedingungen wird ein Kolbengewicht im Verhältnis zum Gewicht des Einbringguts mit Rammhaube 1:1 bis 1:2 gewählt. Zum Rammen von Spundwänden ist der Einsatz von Hydraulikhämmern mit einer Energie von 40 bis 90 kNm pro Rammschlag üblich.

#### 3.4.2.4 Schnellschlaghammer

Der Schnellschlaghammer wird mit Druckluft oder Dampf angetrieben. Die Luft oder der Dampf wird unter Druck abwechselnd zu den beiden Seiten des Kolbens geführt. Die jeweils entgegengesetzte Seite ist mit den Auspufföffnungen verbunden. Der Kolben trifft beim Fallen auf ein flaches Schlagstück, das am Zylinder befestigt ist und auf dem Einbringgut sitzt. Durch den Druck wird der Kolben gehoben und beim Fallen wieder beschleunigt.

Der Schnellschlaghammer hat einen hohen Wirkungsgrad. 90 % der Rammenergie stammen aus der Wirkung der Druckluft oder des Dampfes. Werden Stahlspundwände gerammt, werden dafür Hämmer mit einem Kolbengewicht zwischen 100 und 1300 kg sowie einer mit dem Hammergewicht steigenden Fallhöhe zwischen 110 und 500 mm verwendet. Die Gesamtschlagenergie des größten Schnellschlaghammers beträgt etwa 30 kNm pro Rammschlag. Damit ist sie um einiges geringer als die Schlagenergie der größten Freifallhämmer, wohingegen ihre Schlagfolge höher ist. Diese liegt bei den kleinsten Hämmern bei ca. 400 Schlägen pro min und geht bei den größten Hämmern zurück auf ca. 100 pro min. Durch die relativ hohe Schlagfolge bleibt das Einbringgut ständig in Bewegung. Dies erleichtert den Einbringvorgang. In der Regel wird ein Verhältnis von Kolbengewicht zu Gewicht des Einbringguts von 1:5 gewählt.

Schnellschlaghämmer sind bei entsprechender Ausstattung auch für den Einsatz unter Wasser und für das Ziehen von Spundbohlen anwendbar. Die Rammgeschwindigkeit wird im Dauerbetrieb normalerweise auf 150 mm/min begrenzt. Für kurze Betriebszeiten ist eine Rammgeschwindigkeit bis zu 50 mm/min zulässig.

### 3.4.3 Vibrationsbären

#### 3.4.3.1 Prinzip, Kenndaten

Der Vibrationsbär ist von seinem Grundprinzip her ein Schwingungserzeuger mit dem Ziel, das Einbringgut in Schwingung zu versetzen, welche den Boden in seiner Zusammenwirkung mit dem vibrierenden Einbringgut wie Bohle oder Pfahl in einen pseudoflüssigen Zustand versetzt. Dieser Zustand des Bodens hat eine Verringerung der Einbringwiderstände wie der Mantelreibung und des Spitzendrucks zur Folge und ermöglicht dem Einbringgut das Eindringen in den Boden. Es genügt eine nur geringe Last, wie das Eigengewicht der Bohle oder des Pfahls zusammen mit dem Gewicht des Vibrators, um das Einbringgut in den Boden zu treiben. Die entgegenwirkenden Kräfte vergrößern sich mit fortschreitender Eindringtiefe.

Der Schwingungserzeuger, der auch Erregerzelle genannt wird, arbeitet mithilfe rotierender Umbuchten. Zwei Exzentergewichte, die über ein Getriebe durch einen oder mehrere Motoren angetrieben werden, drehen sich mit gleicher Frequenz und gegenläufigem Drehsinn, wodurch sich die Horizontalkomponenten der entstehenden Fliehkräfte aufheben und sich deren Vertikalkomponenten addieren [29].

Die wesentlichen Grundgrößen der Vibratoren sind Folgende:

- Die Antriebsleistung P [kW], die durch das Trägergerät bestimmt wird. Der Antriebsmotor muss groß genug sein, um über die erzeugte Fliehkraft die Widerstände im Boden zu überwinden. Die Antriebsleistung soll pro 10 kN Fliehkraft ungefähr 1 bis 2 kW betragen.
- Die Drehzahl n [1/min] ist der Verursacher der Schwingungen, die über das Rammgut in den Boden geleitet werden und diesen in den pseudoflüssigen Zustand versetzt.
- Das statische Moment ist das Maß der Größe der Unwucht und ergibt sich aus dem Produkt der Masse der rotierenden Unwuchten und deren Abstand von der Rotationsachse.
- Die Fliehkraft, welche abhängt vom statischen Moment und der Winkelgeschwindigkeit der Unwuchten. Sie wirkt sich stark auf die Reduzierung der Mantelreibung und Überwindung des Spitzenwiderstands aus und muss groß genug sein, dass die Haftreibung zwischen Rammgut und Boden überwunden wird.
- Die Schwingweite S, die Gesamtamplitude, welche die gesamte vertikale Verschiebung der Erregerzelle mit dem Rammgut während einer Umdrehung der Unwuchten ist. Sie ist zusammen mit der Fliehkraft ein Maßstab für die Rammleistung. Großer Hub und große Stoßkraft ergeben guten Rammvortrieb.

Bei Ramm- und Zieharbeiten in bindigen Böden vermag nur eine ausreichend große Schwingweite den elastischen Verbund zwischen Rammgut und Boden abzureißen.

Folgende Vibratoren kommen zum Einsatz [57]:

1. Standardfrequenzausführung mit fixem statischen Moment.
Durch ihre konstante Amplitude weisen sie für einen großen Anwendungsbereich für die verschiedensten Arten von Ramm- und Zieharbeiten eine hohe Leistungsdichte auf. Die Geräte sind in ihrer Ausführung sehr robust und für leicht bis mittelschwer rammbare Böden einsetzbar. Sie arbeiten mit einer Frequenz von etwa 28 Hz.

2. Hochfrequent mit stufenweise verstellbarem statischen Moment und einstellbarer Frequenz.
Mit dem System der auswechselbaren Zusatzgewichte kann der Vibrator in kürzester Zeit an unterschiedliche Bodenverhältnisse angepasst werden. Zum Beispiel wird bei locker gelagerten Sanden eine hohe Frequenz benötigt. In diesem Fall können die Zusatzgewichte auf der Baustelle entnommen und somit bei gleicher Fliehkraft hohe Frequenzen erreicht werden. Die Geräte eignen sich für mittelschwer bis schwer rammbare Böden. Sie arbeiten mit Frequenzstufen von 23 bis 39 Hz, je nach Gerätetyp und eingebauten Gewichten.

3. Hochfrequent mit variablem statischen Moment und einstellbarer Frequenz.
Mit diesen Maschinen ist eine optimale Frequenz- und Schwingweitenanpassung an die gegebenen Bodenverhältnisse möglich. Sie verfügen über eine sog. SFS-Steuerung

(Speicherprogrammierbare Steuerung), mit der sie in der Lage sind, mehrere Funktionen zusammengefasst mit nur einem Befehl auszuführen. Zudem verfügen diese Maschinen über eine Steuerung, die sich nach vorgegebenen Grenzwerten richtet, sodass z.B. eine vorgewählte Frequenz nicht unterschritten wird. Das Einsatzgebiet dieser Geräte sind innerstädtische Baustellen, die eine Vermeidung von Lärm-, Erschütterungs- und Geräuschemissionen erfordern. Sie arbeiten mit einer Frequenz von knapp unter 40 Hz.

4. Baggeranbau-Vibratoren, welche über eine Anschlussgabel am Löffelstiel des Baggers montiert werden.
Die Ausrichtung des Vibrators zum Rammgut erfolgt über ein hochfestes Drehstück, welches die Einleitung zusätzlicher statischer Druckkräfte vom Baggerarm auf den Vibrator zulässt. Dadurch kann die Rammleistung erhöht werden. Der Vibrator wird an die Hydraulik des Baggerauslegers angeschlossen. Diese Geräte werden eingesetzt für allgemeine Ramm-, Zieh- und Verdichtungsarbeiten und, unter Verwendung von variablen, resonanzfrei an- und auslaufenden Vibratoren, für Arbeiten in schwingungssensiblen oder innerstädtischen Bereichen. Diese Vibratoren eignen sich auch für das Einbringen von Kunststoffbohlen und Holzpfählen.

### 3.4.3.2 Aufbau einer Vibrationsanlage und Auswahlhilfen [57]

Für die Energieversorgung der hydraulischen Vibratoren liefern von Dieselmotoren angetriebene Hydraulikpumpen den Druckölstrom für die Hydromotoren am Vibrator. Die Aggregate sind heute schallgedämmt und werden über die programmierte SPS-Steuerung gesteuert und während des Arbeitsgangs überwacht. Der Vibrator wird ferngesteuert bedient (Bild 7). Über eine Online-Verbindung ist es möglich, die Arbeitsparameter der Vibrationseinheit zu lesen. Bei Auftreten einer Störung besteht die

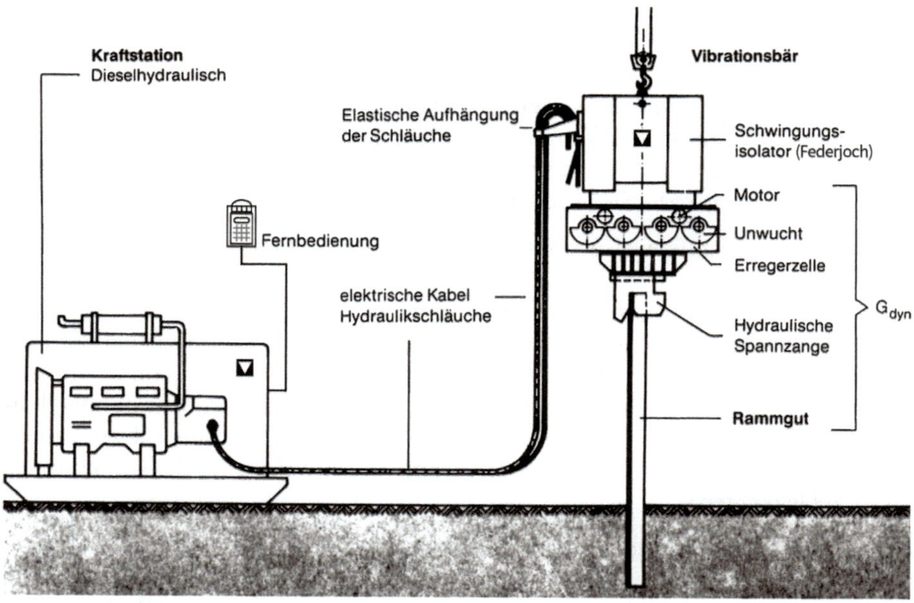


**Bild 7** Müller Vibrationsanlage mit eigener Kraftstation (ThyssenKrupp [57])

Möglichkeit, dass durch Auswertung der Betriebsparameter telefonisch Hilfe durch das Fachpersonal des Geräteherstellers geleistet werden kann.

Der Vibrator mit Erregerzelle, in der Exzentergewichte rotieren, muss gegen Schwingungsweiterleitung zum Trägergerät isoliert sein. Um die Schwingungen aus der Erregerzelle zu absorbieren, wird ein Federelement zwischen Vibrator und Trägergerät eingebaut. Über eine Schlittenverbindung kann der Vibrator an die unterschiedlichen Mäklersysteme angeschlossen werden.

Um eine direkte Schwingungsübertragung auf Einbringgut und Boden zu gewährleisten, wird das Einbringgut über unten am Vibratorgehäuse angebrachte hydraulisch betätigte Klemmen mithilfe von Spannzangen mit dem Vibrator verbunden, wobei die Spannkraft der Spannzange mindestens das 1,2-Fache der Fliehkraft betragen muss.

Die Bodenbeschaffenheit ist entscheidend für den Rammerfolg. Lagerungsdichte, Konsistenz und Wassergehalt müssen im Vorfeld untersucht werden und aus den Ergebnissen wird der optimale Vibrator ausgewählt. Auch kann aufgrund der Bodenuntersuchungen entschieden werden, ob ein Rammhilfsverfahren zum Einsatz kommen soll. Zur Ermittlung des optimalen Vibrators ist die benötigte Fliehkraft in Abhängigkeit der Bodenverhältnisse aus Bild 8 zu ersehen.

Aus Bohlengewicht und Rammtiefe ergibt sich bei Annahme mittelschwerer Rammarbeiten eine erforderliche Fliehkraft von 1250 kN. Aus mehreren Möglichkeiten wird der Vibrator MS-50 HHF (Firmenbezeichnung) gewählt.

Die ermittelte Fliehkraft ist beim Einsatz von Hochfrequenzvibratoren um 30 % zu erhöhen.

## 3.5 Geräte – Einpresstechnik

### 3.5.1 Allgemeines

Im Gegensatz zum Rammen und Vibrieren wird beim Einpressen auf die Spundbohle nur statischer Druck ausgeübt. Dies wird mithilfe von Presszylindern erreicht, die über ein Hydrauliksystem das Einbringgut Hub für Hub eines Presszylinders in den Boden pressen.

**Geräteauswahlhilfen**

Eine Hilfe zur Ermittlung der erforderlichen Fliehkraft bzw. Geräteauswahl – in Abhängigkeit von den Bodenverhältnissen – kann Bild 8 entnommen werden. Hierbei sollen jedoch die folgenden Hinweise zu den ermittelten Werten beachtet werden:

- Bei hochfrequentem Einsatz der Vibratoren sollen die so ermittelten Fliehkräfte um 30 % höher liegen.
- Die Schwingweite sollte freischwingend ohne Bodendämpfung keinesfalls weniger als 6,0 mm betragen.
- Hilfsmittel wie Spüllanzen, Lockerungsbohrungen etc. verringern erheblich den Eindringungswiderstand und müssen gesondert betrachtet werden.

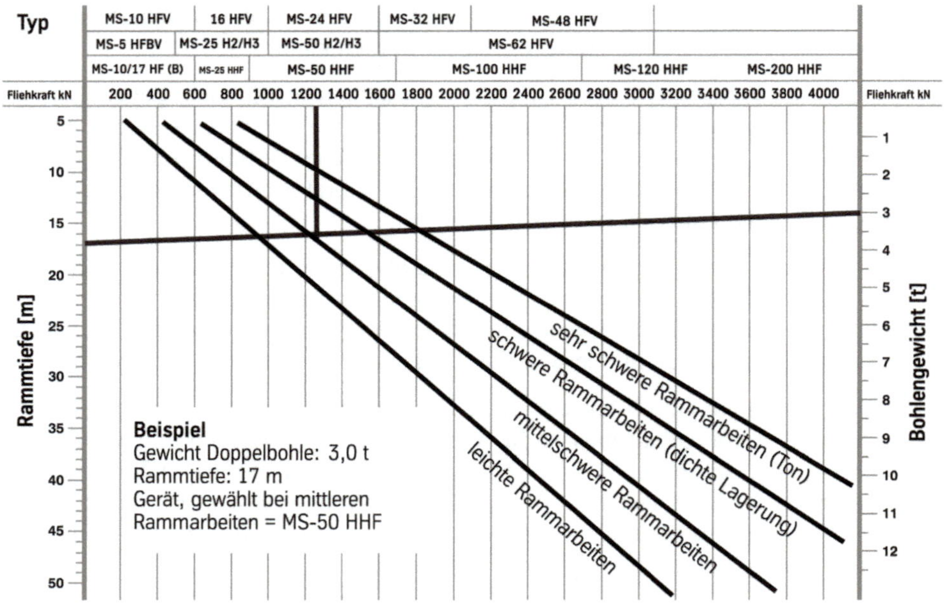


**Bild 8** Gerätewahl eines Vibratoren-Herstellers (ThyssenKrupp [57])

Um die Bohle in den Boden zu bringen, muss die Einpresskraft den Einpress-Widerstand überwinden. Dieser setzt sich zusammen aus dem Spitzendruck am Fuß der Bohle, der Schlossreibung und der Mantelreibung, welche sich proportional zur Einbringtiefe vergrößert, indem die sich am Bodengefüge reibende Spundbohlenoberfläche mit zunehmender Tiefe ansteigt. Bei manchen Verfahren wird die Bohle kurz hochgezogen und dann weitergepresst. Dies geschieht zur Verringerung des Spitzenwiderstands durch kurzzeitige Entlastung der entstehenden Druckzwiebel am Bohlenfuß. Der grundlegende Unterschied der Pressverfahren zu schlagenden und vibrierenden Rammverfahren liegt darin, dass beim Einpressen die um den Einpress-Widerstand zu überwindende Einpresskraft der Pressmaschine, welche die Maschine nach oben zwingt, abgetragen werden muss. Hier ist eine Reaktionskraft erforderlich.

Die heute angebotenen Einpressverfahren können in drei Systeme unterteilt werden:

- freireitende Spundwandpressen,
- mäklergeführte Spundwandpressen,
- selbstschreitende Spundwandpressen.

### 3.5.2 Freireitende Spundwandpresse

Die freireitende Spundwandpresse wird mittels eines Krans auf eine Tafel von bis zu acht bereits ineinander eingefädelten Stahlspundbohlen, die in einem Führungsrahmen aufgestellt wird, aufgesetzt und mithilfe von Spannvorrichtungen an dem Bohlenpaket festgeklammert. Nachdem jede Bohle mit einem Presszylinder der Maschine verbunden ist, werden sie einzeln oder paarweise in den Boden eingepresst. Die Reaktionskraft wird am Anfang aus dem Eigengewicht der Maschine selbst und den

Spundbohlen bezogen. Je tiefer die Bohlen in den Boden dringen, desto größer wird die Mantelreibung aus der, zusammen mit der Schlossreibung, zusätzlich die Reaktionskraft bezogen wird. Mit diesem System können U- und Z-Profile sowohl eingepresst als auch gezogen werden. Die Presse ist über Fernsteuerung zu bedienen. Die Pressen haben einen Hub von 800 mm und leisten eine Einpresskraft von 300 kN pro Hydraulikzylinder bei einem Eigengewicht von etwa 12 t.

Der Nachteil dieses Systems ist, dass bei fest gelagerten Bodenformationen und bei Findlingen im Boden die ganze Tafel wieder gezogen und die Maschine abgebaut werden muss, um das Hindernis aus dem Weg zu räumen.

### 3.5.3 Mäklergeführte Presse

Diese Maschine arbeitet, geführt an einem Mäkler, nach demselben Prinzip wie die freireitende Presse. Sie hat gegenüber der freireitenden Presse den Vorteil, in der Handhabung wesentlich einfacher zu sein. Ein eingeführtes System ist das Hydro-Press-System der Firma ABI-GmbH. Bei diesem werden je nach Maschinentyp zuerst drei oder vier Bohlen zu einer Tafel eingefädelt, wobei die Leistung bei einer Bestellung durch bereits im Werk eingefädelte Bohlen gesteigert werden kann. Dann wird die Profiltafel über Ankerketten an den Zangen der Presszylinder hochgezogen, ausgerichtet und in die bereits eingebrachte Bohle eingefädelt. Es folgt der Pressvorgang, indem bei vier zu einer Tafel eingefädelten Profilen zuerst die mittleren Profile, und wenn die Zylinder ausgefahren sind, die äußeren Profile auf gleiche Tiefe gepresst werden. Dann wird die Hydropresse nach unten gefahren, bis die Zylinder eingefahren sind. Dies wird wiederholt, bis alle Profile ihre Soll-Tiefe erreicht haben [2].

Über einen Führungsschlitten wird das Hydro-Press-System an die hydraulische Schnellwechselanlage des ABI-Mobilram-Systems angeschlossen. Seine Versorgung erfolgt über die Bordhydraulik des Trägergeräts, welches auf die ausgewählte Presse und die durchzuführenden Arbeiten abgestimmt sein muss. Je nach ausgewählter Presse ist, um eine ausreichende Standsicherheit zu gewährleisten, auf das Fahrwerk zu achten und je nach Bedarf mit einem teleskopierbaren Fahrwerk zu fahren.

Die Reaktionskraft wird bei der mäklergeführten Presse aus ihrem Eigengewicht und anteilig aus dem Eigengewicht von Mäkler und Geräteträger, aus der Mantelreibung eingebrachter Bohlen sowie aus der Vorspannkraft aus dem Teleskopzylinder am Mäklermast bezogen. Die Pressen haben einen Hub von 450 mm und leisten eine Einpresskraft von 600 bis 760 kN pro Zylinder bei einem Gewicht bis max. 5 t. Wie die freireitenden Pressmaschinen sind sie über Fernsteuerung bedienbar.

### 3.5.4 Selbstschreitende Spundwandpressen

Dieses System unterscheidet sich von den anderen beiden Systemen dadurch, dass vor dem Einpressvorgang nicht erst ein Paket aus mehreren eingefädelten Bohlen aufgestellt zu werden braucht, sondern die Pressmaschine auf die mittels einer Startvorrichtung bereits in den Boden eingepressten Spundbohlen aufgesetzt und festgeklemmt wird, in die letzte bereits eingepresste Bohle die nächste Bohle eingefädelt und hubweise eingepresst wird.

Bevor die Bohle auf Soll-Tiefe gepresst ist, löst die Maschine die Klammerung an den eingepressten Bohlen, hebt sich an und wird von der noch nicht vollständig eingepressten Bohle getragen. Der Unterwagen der Maschine fährt um einen Schritt nach vorne, senkt sich ab, klammert sich wieder an den eingepressten Bohlen fest und vollendet den Einpressvorgang auf Soll-Tiefe. Danach fährt der Oberwagen vor und die nächste Bohle wird eingefädelt. Bild 9 zeigt die Arbeitsweise einer selbstschreitenden Spundwandpresse.

Für den Start des Einpressvorgangs, bei dem noch keine Spundbohlen eingepresst sind, wird die Maschine auf eine Startvorrichtung gestellt. Je nach Bodenbedingungen und Spundbohlenlänge wird ein Gegengewicht, oft Spundbohlenpakete, auf die Startvorrichtung gestellt. Die erste Spundbohle wird dann eingepresst, wobei die Reaktionskraft aus dem Gegengewicht und dem Eigengewicht der Maschine stammt. Ist die Startspundbohle eingepresst, fährt die Presse vor und klammert sich zusätzlich an dieser neuen Bohle fest, wodurch sich die Reaktionskraft erhöht [22].

Ein Kran ist nur erforderlich, um die Spundbohlen zuzuführen, wohingegen durch das selbstschreitende System das Fortschreiten der Maschine und das Einpressen keinen Kran benötigen.

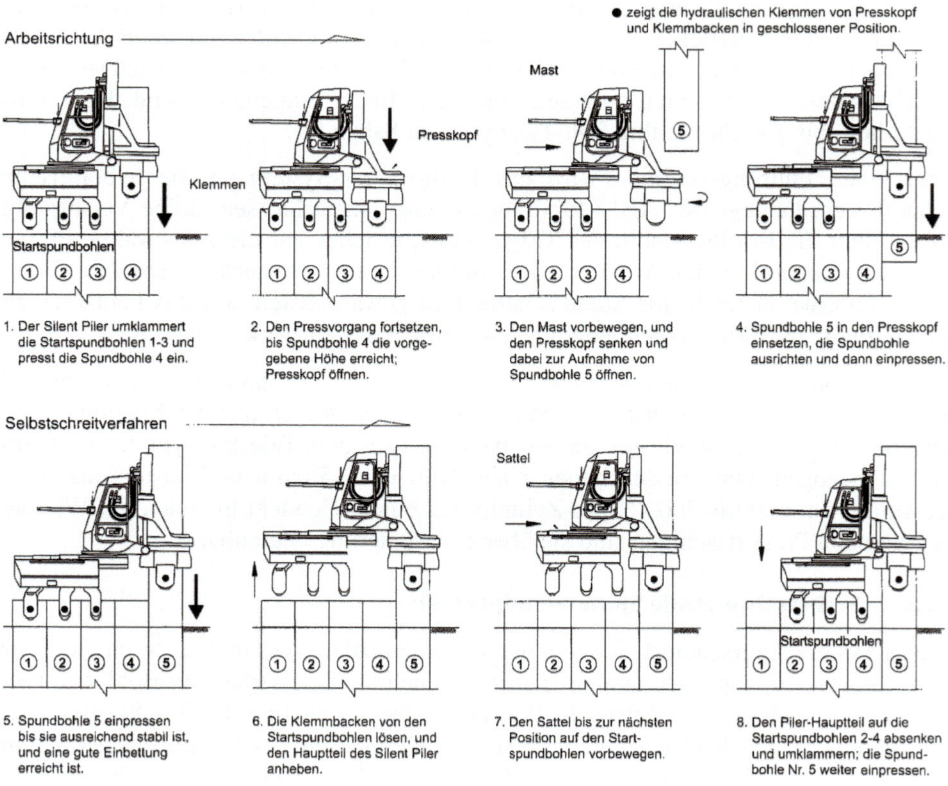


**Bild 9** Selbstschreitende Spundwandpresse (Giken Europe BV [22])

Mit diesen Pressmaschinen ist es durch die Verdrehmöglichkeit des Oberwagens auch möglich, auf jeder Seite der vorgesehenen Eckpositionen bis zu zwei Spundbohlen im rechten Winkel zueinander einzubringen. Nachdem genügend Reaktionsspundbohlen installiert wurden, hebt ein Kran die Pressmaschine einfach von der obersten Reihe ab und setzt ihn auf die neue Reihe. Genauso sind auch Kurven und andere Konfigurationen herstellbar. Der Mindestradius eines einpressbaren Bogens ist von der Übereinstimmung der Presse mit den Daten der Spundbohle abhängig.

Ein weiterer Vorteil dieser Maschinen sind ihre geringen Abmessungen und daher ihr einfacher Transport. Die Modelle haben ein Gewicht von 8,4 bis 13,2 t und der Minimalabstand zu angrenzenden Bauwerken beträgt von der Spundwandachse gemessen nur etwa 70 cm. Das befähigt diese Maschinen zum Einpressen an dicht anstehender Bebauung. Der Kopf der Spundbohle muss einen Überstand über den Boden von min. 50 cm aufweisen, damit die Presse aufgesetzt werden kann. Deshalb ist es erforderlich, einen entsprechend tiefen Graben auszuheben, wenn bis auf Bodenoberkante eingepresst werden soll.

Die Lärmbelastung bei diesen Maschinen erfolgt allein von der Kraftstation, an welche die Presse angeschlossen wird, mit einem Geräuschpegel von etwa 60 dB(A) Wie die anderen Press-Systeme wird auch diese Maschine ferngesteuert bedient.

Ein weiterer Vorteil ist, dass während des Einfädelns der Spundbohle, diese mit der Spannzange der Presse gehalten und ausgerichtet werden kann, was der Sicherheit des Arbeitsablaufs zugutekommt [4, 22].

### 3.5.5 Baggeranbau – Spundwandpressen

Zum Einpressen von Spundbohlen, besonders für Leichtprofile und Kanaldielen, können wie Vibratoren auch Pressmaschinen direkt an einen Hydraulikbagger angebaut werden.

Die Reaktionskraft wird bei diesen Systemen aus dem Eigengewicht der Maschine und des Einbringguts, der mit der Einbringtiefe zunehmenden Mantelreibung und der Druckkraft des Baggerlöffelstiels bezogen.

## 3.6 Rammhilfsmittel

### 3.6.1 Allgemeines

Rammhilfsmittel dienen zur Erleichterung der Arbeit mit Spundbohlen und anderem Rammgut sowie zur Gewährleistung der Sicherheit. Dafür wurden die folgenden Geräte und Vorrichtungen entwickelt.

### 3.6.2 Rammhauben

Zur besseren Einleitung des Rammschlags in das Rammelement und zur Schonung der Bären und der Bohlenköpfe sind Rammhauben mit Futter erforderlich, wenn langsam schlagende Bären mit großer Rammenergie pro Einzelschlag zum Einsatz kommen. Wichtig ist, dass der Rammimpuls das gesamte Rammgut durchläuft, damit der Spitzenwiderstand und die Mantelreibung überwunden werden. Ist der Rammimpuls zu klein dafür, wird die Rammenergie den Pfahlkopf zerstören, ohne dass das Rammgut in den Boden eindringt. Die Rammhaube verteilt die Kraft auf das Rammgut gleichmäßig. Das Futter wirkt als Energiespeicher und verlängert die Einleitungsdauer, was zu einem besseren Rammergebnis führt.

Die Unterseite der Rammhaube ist mit Führungsschlitzen für die Rammelemente versehen. Diese Schlitze sind nach unten hin keilförmig aufgeweitet, was das Aufsetzen der Rammhaube auf das Rammelement erleichtert.

Durch im erforderlichen Abstand miteinander verbundene Führungsteile kann eine einwandfreie Verbindung zum Mäkler hergestellt werden. Das Führungsteil wird an der Rammhaube befestigt, was durch angegossene bzw. angeschweißte Befestigungsleisten erleichtert wird. Rammhauben sollten stets mäklergeführt werden, um eine gute Führung des Rammguts zu gewährleisten und um exzentrische Schläge und ein Abstürzen der Rammhaube zu vermeiden [49].

### 3.6.3 Anschlagklauen

Anschlagklauen sind Vorrichtungen, mit denen die einzelnen Bohlen eines Stapels aufgenommen werden können (Bild 10).

### 3.6.4 Schäkel

Schäkel dienen dazu, Spundbohlen aufzunehmen. Werden sie als spezielle Sicherheitsschäkel eingesetzt, so ist es möglich, die Aufhängung der Bohle am Kran vom Boden aus zu lösen (Bild 11). Der Schäkel wird an einem speziellen Loch am Bohlenkopf angeschlossen, durch das der Schäkelbolzen geführt wird. Dies ist eine schnelle, sichere und effiziente Methode.

### 3.6.5 Einfädelvorrichtungen

Für das Einfädeln in großer Höhe beim Aufstellen oder staffelweisen Einbringen von Spundbohlen gibt es automatische Einfädelvorrichtungen. Somit kann ein Schlossverbund ohne Arbeiten am Bohlenkopf hergestellt werden. Der Monteur braucht diese Vorrichtung jeweils nur am Boden anzusetzen. Dies ermöglicht das Einfädeln auch bei stürmischem Wetter [49].

**Bild 10** Anschlagklaue (Profilarbed [49])

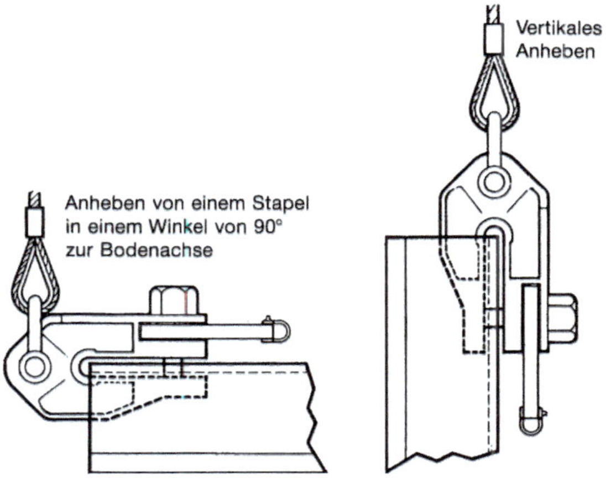


**Bild 11** Sicherheitsschäkel (Profilarbed [49])

# 4 Einbringtechnik

## 4.1 Baugrundbeurteilung

Für jedes Einbringverfahren ist die Produktivität und Wirtschaftlichkeit von entscheidender Bedeutung. Mehr als bei anderen Baumaßnahmen ist der Baufortschritt beim Einbringen von Pfählen und Spundwänden von den geologischen Verhältnissen abhängig. Die Schichtung des Bodens entlang der Pfahl- oder Spundwandachse liefert neben den Bebauungsverhältnissen um die Baustelle die Vorgaben zur Auswahl für das geeignetste Einbauverfahren und Gerät. Über Bodenuntersuchungen, mithilfe von Versuchen auf der Baustelle und im Labor, werden hierüber Informationen gewonnen, welche auch dazu dienen, die zu erreichende Soll-Tiefe zu gewährleisten.

Die für diese Informationen bedeutsamen Einflussgrößen sind [49]:

- Schichtung des Baugrunds,
- Korngröße, Kornverteilung und Ungleichförmigkeitszahl,
- Einschlüsse,
- Porenanteil und Porenzahl,
- Wichte,
- Höhe des Grundwasserspiegels,
- Wasserdurchlässigkeit des Bodens,
- Feuchtigkeitsgehalt,
- Scherparameter und Kohäsion,
- Ramm-, Drucksondierergebnisse und Ergebnisse von Standard-Penetrations-Tests.

In der Regel stehen nur Werte über Schichtung, Wichte, Scherparameter und aus Ergebnissen von Ramm- und Drucksondierung und Standard-Penetrations-Tests zur Verfügung [49]. Vielfach werden in der Praxis wenige der Daten, die genügend Aufschluss über den Baugrund liefern, erkundet.

Wird an der ausreichenden Untersuchung des Bodens gespart, kann dies kostenintensive Folgen haben, z.B. wenn sich erst nach Baubeginn zeigt, dass ein ungeeignetes

Gerät oder Verfahren gewählt wurde oder das Einbringgut von dessen Stärke und Länge nicht geeignet ist. Liegen heute für ein Baugebiet gesammelte Daten wie Bohrprotokolle vor [29], aus denen Rückschlüsse zur Anwendung eines geeigneten Verfahrens gezogen werden können, so empfiehlt es sich, diese zu berücksichtigen. Der Standard-Penetrations-Test (SPT) gilt als aufschlussreiche Informationsquelle. Dieser Test dient zur Bestimmung der Festigkeit von nichtbindigen Bodenarten für größere Einsatztiefen und für Untersuchungen auf dem Wasser, wo Sondierungen einen großen Aufwand erfordern. Er ist eine Rammsondierung, die in einer Bohrung von der Bohrlochsohle aus durchgeführt wird. Die Untersuchungstiefen erstrecken sich von etwa 1 m bis zu 100 m.

Eine Klassifizierung der Böden nach Rammbarkeit ist nach heutigem Stand nicht gegeben. Es gibt lediglich eine Bodeneinteilung nach DIN 18300 für Erdarbeiten und nach DIN 18311 für Nassbaggerarbeiten. Auch nach derzeitigem Erkenntnisstand ist eine Vorhersage der Reaktion des Bodens bei der Ramm- und Vibrationstechnik nicht zufriedenstellend zu gewährleisten. Nach der Norm ATV DIN 18304 „Ramm-, Rüttel- und Pressarbeiten“ ist zwar eine Überprüfung des zu bebauenden Bodens geboten, aber sowohl Bestimmungen über deren Ausführung als auch eine dafür geeignete Technik sind nicht vorhanden [18].

Aufschluss über Bodenreaktionen können auch Proberammungen bringen. Die Proberammung wird an den Stellen des Baufelds, an denen die schwierigsten Bodenverhältnisse erwartet werden, durchgeführt. Dafür sind die Bodenverhältnisse durch mindestens eine Kernbohrung mit einer Tiefe deutlich unter Soll-Rammtiefe und am zweckmäßigsten mit zwei bis drei Rammsondierungen mit schwerer Rammsonde zu erforschen [13]. Für die Ausführung von Proberammungen ist größte Sorgfalt geboten. Sie sind mit Rammprotokollen zu dokumentieren [49].

Es gelten folgende Einteilungen für Rammbarkeit:

- leichte Rammung:
  weicher Schluff, Schlick, Klei, Moor, Torf, locker gelagerter Mittelsand und Grobsand, runde Kornformen, wie Kies ohne Steineinschlüsse.
- mittelschwere Rammung:
  steifer Schluff, Lehm, Ton, mitteldicht gelagerter Mittel- und Grobsand, Feinkies, kantige Kornform.
- schwere Rammung:
  halbfester bis fester Schluff, Lehm, Ton, dicht gelagerter Feinsand, dicht gelagerter Fein-, Mittel- und Grobkies, kantige Kornform, Geröllschichten, trockene bindige Böden und Fels.

## 4.2 Einbringverfahren gemäß Baugrund

Für das schlagende Rammen gilt:

- Bei Torf, Schlick, locker gelagerten Mittel- und Grobsanden und Kiesen ohne kantige Steineinschlüsse ist eine leichte Rammung zu erwarten.
- Bei steifem Ton, Lehm, dicht gelagertem Feinsand oder Kies, weichem bis mittelhartem Fels ist eine schwere Rammung zu erwarten.

Für das Vibrationsrammen gilt:

- Bei weichen Böden wie Torf, Schlick und bei Sanden und Kiesen mit runder Kornform ist ein leichtes Einvibrieren zu erwarten.
- Bei Böden mit kantigen Kiesen und Sanden und bindigen Böden mit sehr steifer Konsistenz ist ein mittelschweres bis schweres Einvibrieren zu erwarten. Der Boden kann durch das Anwenden von Einbringhilfsverfahren wie Lockerungsbohrung oder Einspülhilfe für ein leichteres Einvibrieren vorbereitet werden.
- Kommt es durch das Einvibrieren in den Boden zu einer stärkeren Verdichtung am Fuß des Einbringguts, wird die Erhöhung des Eindringwiderstands ein weiteres Eindringen unmöglich machen und der Vorgang ist abzubrechen. Es besteht in diesem Fall prinzipiell die Gefahr, dass bei langen Rüttelzeiten und/oder dünnen Wandstärken sich der Kopf des Einbringguts bis zur Rotglut erhitzt und aus der Spannvorrichtung ausbricht.

Für das Einpressen gilt:

- Bei leicht bindigen Böden wie sandiger Lehm und genügender Feuchtigkeit sind die besten Einpresserfolge zu erwarten.
- Sowohl dicht gelagerter Sand und Kies als auch steifer Ton sind für das Einpressen ungeeignet. Wie beim Vibrationsverfahren kann hier der Boden durch das Anwenden von Einbringhilfsverfahren wie Auflockerungsbohrung oder Einspülhilfe für ein leichteres Einpressen vorbereitet werden.

## 4.3 Einbringhilfen

### 4.3.1 Allgemeines

Einbringhilfen sind Verfahren, die zur Unterstützung der Einbringverfahren mit hinzugezogen werden. Das gilt für das Einbringen von Stahlspundbohlen genauso wie für anderes Einbringgut. Sobald die Vibrations- oder Presstechnik nicht mehr ausreicht, um die Einbringwiderstände zu überwinden, werden diese Verfahren herangezogen, ansonsten wäre ein Einbringen nicht mehr möglich. Die Anwendung einer Einbringhilfe führt zudem zu einer Erleichterung des Einbringvorgangs und bringt eine Verkürzung der Einbringzeit mit sich. Ein weiterer Vorteil von Einbringhilfen ist, dass aufgrund der Erleichterung beim Einbau und dem schnelleren Baufortschritt die Lärm- und Erschütterungsbelastungen reduziert werden.

Die Einbringhilfen unterscheiden sich in:

- Vorbohren des Baugrunds,
- Einspülen und
- Lockerungssprengungen.

### 4.3.2 Vorbohren

Das Vorbohren lässt sich unterteilen in:

- Auflockerungsbohrungen und
- Bohrungen mit Bodenaustausch.

**Auflockerungsbohrungen**

Auflockerungsbohrungen dienen der Auflockerung von dicht gelagerten Böden. Bei Schiefer und Sandstein sind Lockerungsbohrungen nur bedingt erforderlich. Das Ziel ist die Reduzierung des Spitzenwiderstands des einzubringenden Einbringguts. Mit einem Bohrgerät werden Schnecken mit 20 bis 75 cm Durchmesser in den Boden gedreht. Der Mindestdurchmesser eines Bohrlochs sollte 25 cm betragen. Der Abstand kann sich nach dem Raster der Spundbohlen richten. Die Bohrlöcher werden in Spundwandachse angefertigt. Damit die Bohlen genügend Standsicherheit und Undurchlässigkeit aufweisen, sollten die Bohrlöcher etwa 1 m über dem Fuß der Spundbohle enden.

In der Praxis ist bekannt, dass sich je nach Beschaffenheit der Boden nach seiner Auflockerung schnell wieder verfestigen kann. Deshalb sollten die Bohrungen unmittelbar vorauseilen [4].

**Bohrungen mit Bodenaustausch**

Bei diesem Verfahren wird eine überschnittene verrohrte Bohrung erzeugt, die das ganze Profil abdeckt und die danach mit einem dichtenden Material, welches sich zum Einvibrieren eignet, wieder aufgefüllt wird. Danach wird die Bohle in dieses Material eingebracht. So tritt das Problem der Auflockerungsbohrung hier nicht auf und es können auch bei schwierigen Baugrundverhältnissen unter geringer Lärm- und Erschütterungsbelastung Spundwände eingesetzt werden [29].

### 4.3.3 Einspülen

Die Einspülhilfe ist ein weiteres Hilfsverfahren für das Einbringen von Spundbohlen. Dieses Verfahren eignet sich für das Einvibrieren sowie auch für das Einpressen.

Das Prinzip dieses Verfahrens beruht darin, Wasser, selten ein Wasser-Luft-Gemisch, unter geregeltem Druck im Bereich des Bohlenfußes austreten zu lassen. Dafür werden Spülrohre aus Stahl an der Spundbohle befestigt und über Schläuche an die Einspülpumpe angeschlossen. Stand der Technik ist heute, dass anstelle angeschweißter Stahlspülrohre flexible Kunststoffschläuche verwendet werden.

Das aus der Düse im Bereich des Bohlenfußes austretende Wasser lockert den Boden auf und beim Hochströmen entlang der Bohlenoberfläche wird die Mantelreibung reduziert. Ist der Boden kiesig, kommt es zu einer Umlagerung, in dem feine Partikel herausgelöst werden und Raum für das Eintreiben der Bohle gebildet wird. In bindigem Boden entsteht ein Schmierfilm zwischen dem Boden und der Bohlenoberfläche. Abhängig von der Gestaltung der Düsen und dem Wasserdruck wird zwischen Niederdruck- und Hochdruckspülen unterschieden.

Niederdruckspülen arbeitet mit einem Wasserdruck von etwa 20 bis 40 bar. Der Regelfall ist, dass die Spüllanze am Fuß der Bohle befestigt ist und dass der Spülvorgang von Beginn des Vibrierens zugeschaltet wird, da ansonsten die Spüllanze verstopfen würde. Der Wasserverbrauch liegt beim Niederdruckspülen zwischen etwa 200 bis etwa 500 l/min. Dem Spülwasser ein Gleitmittel zuzugeben, um den Wasserverbrauch zu senken, ist in der Praxis nicht verbreitet. Damit die Bohlen die nötige Standfestigkeit und Undurchlässigkeit aufweisen, wird der Spülvorgang mindestens 1 m und bei hohen Lastabtragungen 2 m vor der Soll-Tiefe beendet.

Das Hochdruckspülen arbeitet mit wesentlich höherem Wasserdruck, der zwischen etwa 350 und 500 bar liegt. Die Spüllanzen werden aus Präzisionsrohren mit einem Durchmesser von 30 mm × 5 mm gefertigt. Die Düsen sind Rundstrahldüsen mit sehr enger Austrittsöffnung von etwa 1,5 bis 3 mm. Durch den hohen Druck wird der Boden umgelagert und vorgeschnitten. Die Bodenkennwerte bleiben unverändert.

Das Hochdruckspülen wird in der Praxis selten angewendet. Es wird zwar der Spitzenwiderstand stark herabgesetzt, dafür aber weniger die Mantelreibung, die wesentlich entscheidender ist.

Im Bereich der Einpressverfahren wird die Einspülhilfe im System der selbstschreitenden Presse erfolgreich angewendet. Bei diesem Verfahren werden an der einzelnen einzupressenden Bohle entweder zwei dünne Rohre jeweils in den Ecken der Bohle oder eine Spüllanze in der Mitte des Bohlenstegs befestigt.

### 4.3.4 Lockerungssprengungen

Lockerungssprengungen kommen zur Anwendung bei den meisten Bodenarten, die für schwer oder völlig ungeeignet für das Einbringen durch Rammverfahren eingestuft werden. Dies sind stark verdichtete Böden, Tonstein, Felsbänke aus Kalk- oder Kalksandstein oder Findlinge sowie Granit.

Der felsartige Boden kann mithilfe dieses Verfahrens gelockert und in einem begrenzten V-förmigen Bereich zur Rammbarkeit aufbereitet werden. Dafür werden in Bohrlöcher in Abständen von 60 bis 120 cm Plastikrohre eingebracht, die mit Sprengstoff, angepasst entsprechend der Gesteinsfestigkeit, bestückt werden. Dessen Verteilung erfolgt im Rohr über die Tiefe des Bohrlochs, wobei die Sprengladungen unten im Bohrloch dichter beieinander liegen als an der Oberfläche. Es werden immer 2 bis 8 benachbarte Bohrlöcher gleichzeitig gesprengt [49]. Eine Zeitverzögerung beim Sprengen führt zu einer Druckwellenüberlagerung, die die Wirkung einengt, sodass ein Spalt entsteht, in welchem der Fels so zertrümmert ist, dass sich die Bohle einrammen lässt, wobei eine Verstärkung des Bohlenfußes von Vorteil sein kann. Es ist ratsam, die Spundbohlen in kürzester Zeit nach der Sprengung in den Spalt einzubringen.

# 5 Einbringen von Spundbohlen

## 5.1 Allgemeines

Spundwände sind dauerhaft stehende Bauwerke oder sie werden als vorübergehende Baumaßnahme für Hilfszwecke errichtet. Heute werden Spundwände in den meisten Bereichen des Bauwesens eingesetzt und haben im Spezialtiefbau ihren festen Platz. Als Fertigungselemente, deren geometrische Abmessungen und Festigkeitswerte dem Planer bekannt sind, lassen sich Stahlspundwände leicht und effizient den gegebenen Anforderungen anpassen. Heute werden mit Vibrationsverfahren Spundbohlen bis zu 30 m tief eingebracht, was eine sehr saubere Verarbeitung der Bohlen notwendig macht, welche deshalb über ihren gesamten Herstellungsprozess, von der Rohstoffwahl bis zum gewalzten, gerichteten, zugeschnittenen und als Doppel- oder Dreifachbohle verpressten Endprodukt, einer Qualitätskontrolle unterliegen.

Um einen optimalen Arbeitsablauf zu gewährleisten, ist es notwendig, dass beim Einbringen der Bohlen besondere Aufmerksamkeit auf die Richtungsgenauigkeit, auf die Parallelität der Flansche und auf die Bohlenschlösser in Bezug auf Schlossverhakung und -spiel gerichtet wird.

Bei der ersten Bohle ist entscheidend, dass sie lot- und fluchtgerecht aufgestellt wird. Bei allen nachfolgenden Bohlen muss zudem eine ausreichende Einfädellänge gesichert sein, bevor sie freigegeben wird. Dies kann durch einen Grabenvoraushub erreicht werden.

## 5.2 Herstellen von Rammelementen

Üblicherweise werden bei der Errichtung von Stahlspundwänden die Bohlen der Z- und U-Profile als Doppel-, Dreifach- (seltener Vierfach-)Bohlen, zu denen sie bereits im Werk verpresst werden, gerammt.

## 5.3 Fortlaufendes Einbringen

Das übliche Rammverfahren ist das fortlaufende Einbringen, wie Bild 12 zeigt. Jedes Rammelement wird sofort auf Soll-Tiefe gebracht. Dieses Verfahren empfiehlt sich bei kurzen Bohlenlängen und locker gelagerten Böden.

## 5.4 Staffelweises Einbringen

Dicht gelagerte Kiese, Sande aus festen bindigen Böden sowie zu erwartende Hindernisse im Boden erfordern ein staffelförmiges oder fachweises Rammen, wie aus Bild 13 ersichtlich.

Durch das staffelweise Rammen werden Spundwände exakter, d. h. lot- und fluchtgerechter, eingebaut. Die Bohlen werden in den Schlössern von beiden Seiten geführt, mit der Folge einer höheren Rammsteifigkeit. Auch die Länge der Spundwand ist mit diesem Verfahren einfacher einzuhalten. Wegen eines Hindernisses im Boden braucht der Vorgang nicht abgebrochen zu werden. Die betroffene Spundbohle kann später entweder durchgerammt oder mit Hilfsmaßnahmen (s. Abschnitt 4) auf Soll-Tiefe gebracht werden [49].

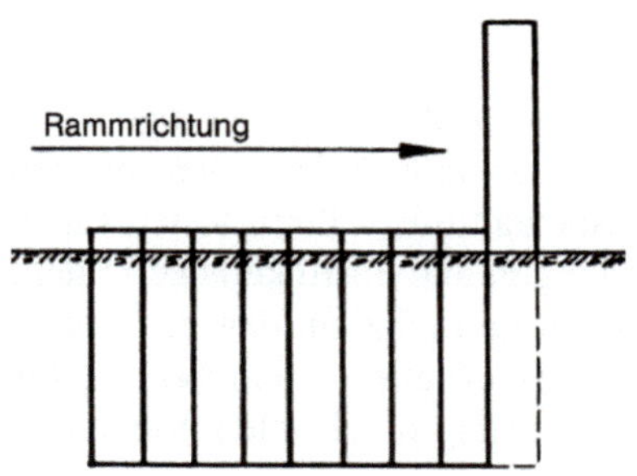


**Bild 12** Fortlaufendes Einbringen von Spundbohlen

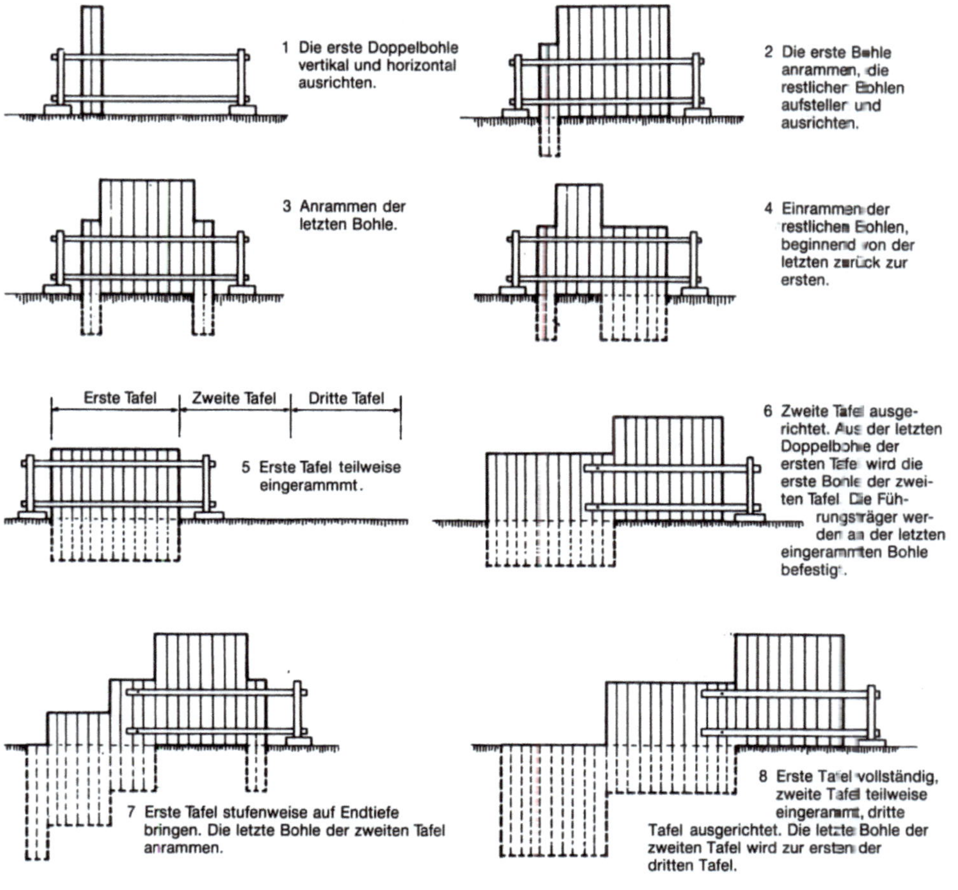


**Bild 13** Staffelweises Einbringen von Doppelprofilen (Profilarbed [49])

## 5.5 Fachweises Einbringen

Ist der Baugrund schwer rammbar, so ist es für die Bohlen am schonendsten, fachweise eingerammt zu werden. Entweder erfolgt eine Aufstellung der Bohlen zwischen Führungen oder sie werden solchermaßen eingerammt, dass ein fester Stand gewährleistet ist. Schwieriger Boden wird in kurzen Staffeln durchgerammt, wie Bild 14 zeigt.

Bei sehr dicht gelagertem Sand-Kies-Gemisch wird empfohlen, die zuerst einzubringenden Bohlen 1, 3, 5 am Bohlenfuß und am Schloss zu verstärken. Dadurch wird ein Aufmeißeln des Bodens erzielt, was eine leichtere Rammung der anderen beiden Bohlen zur Folge hat.

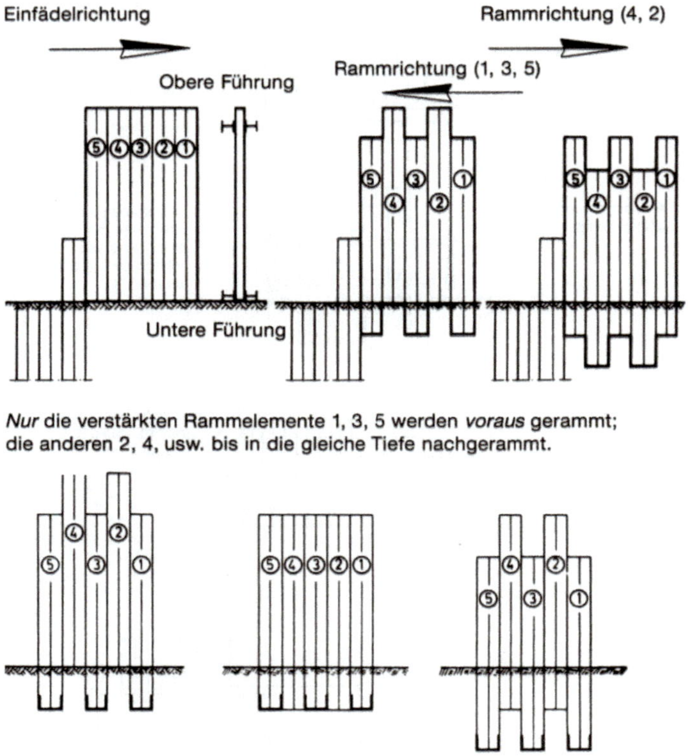


**Bild 14** Fachweises Einbringen von Doppelbohlen (Profilarbed [49])

## 5.6 Einrammen kombinierter (gemischter) Wände

Die kombinierten Wände, die sich zusammensetzen aus den Tragbohlen mit hohem Trägheitsradius und den dazwischen geschlossenen Füllbohlen, erfordern ein stabiles und schweres Rammgerüst, welches der Länge und dem Gewicht der Bohlen angepasst ist.

Bild 15 zeigt, wie eine kombinierte Wand entsteht. Zuerst werden die Tragbohlen bis auf Soll-Tiefe eingerammt. Dann folgen die Zwischen- oder Füllbohlen. Würden Trag- und Zwischenbohlen direkt nacheinander eingerammt, besteht die Gefahr, dass die Bohlen verlaufen. Die Geometrie, wie Richtungstreue, lotrechter Einbau oder geneigter Einbau als auch vorgeschriebene Abstände, müssen stimmen. Dies wird während des Rammvorgangs ständig überwacht. Sind die Tragbohlen eingebracht, wird das Führungsgerüst abgebaut und die Abstände werden überprüft. Liegen diese außerhalb der Toleranz, wird versucht, die Zwischenbohlen anzugleichen, ansonsten muss die Trägerbohle gezogen und erneut eingebracht werden. Der Bohlenfuß der Tragbohle muss auf gleichmäßige Bodendichteverhältnisse treffen, um ein Ausweichen zu vermeiden. Dies wird durch die Rammfolge sichergestellt. Empfohlen wird die Reihenfolge 1-5-3-6-4-7-2, auch als der große Rammschritt bekannt, mindestens aber ist die Reihenfolge 1-3-2-5-4-7-6, auch als der kleine Rammschritt bekannt, anzuwenden. Danach werden die Füllbohlen eingebracht. Hierbei sind Doppel- und Dreifachbohlen aus Z-Profilen geeigneter als U-Profile.

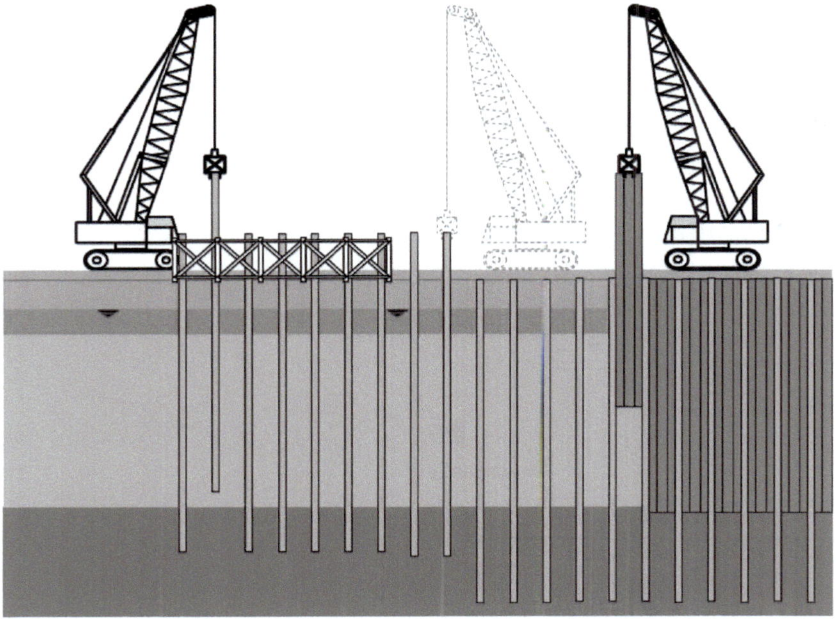

**Bild 15** Kombinierte Wände mit Rammgerüst (Profilarbed [49])

## 5.7 Abweichen von der Soll-Lage

Spundwände gemäß der Soll-Lage einzubringen, ist stets mit der Gefahr des Abweichens der Bohlen verbunden. Das Voreilen zählt aufgrund der einwirkenden Kräfte zu den am häufigsten auftretenden Problemen, dem rechtzeitig entgegengewirkt werden muss. Die Ursache liegt darin, dass sich der Bohlenfußwiderstand in Richtung gerammte Wand vergrößert, weil dort der Boden bereits vorverdichtet ist. Die Mantelreibung vergrößert sich zwar bei zunehmender Eindringtiefe in den Boden, bleibt allerdings gleichmäßig verteilt. Die Schlossreibung vergrößert sich mit der Eindringtiefe und greift am äußeren Rand des Systems an [8].

Ist der Boden sehr hart, besteht die Gefahr des Nacheilens. Durch Auflockerung des Bodens der vorangegangenen gerammten Bohlen wird der Spitzenwiderstand am Bohlenschloss herabgesetzt und die dem Voreilen entgegengesetzte asymmetrische Krafteinwirkung treibt die Bohle in eine sich zur Wand hin neigende Schräglage. Das Vor- und Nacheilen von Spundbohlen zeigt Bild 16.

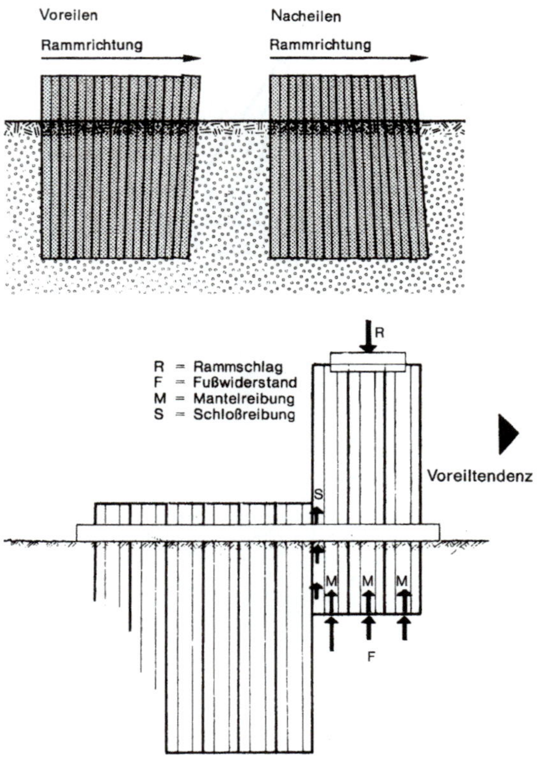


**Bild 16** Vor- und Nacheilen von Spundbohlen

## 5.8 Maßnahmen gegen das Abweichen

Grundlegend ist eine gute Führung der Bohlen am Mäkler in Verbindung mit einer Bodenzange. Hierdurch wird als vorbeugende Maßnahme ein optimaler Einbringerfolg erreicht. Die richtige Ausrichtung in allen Ebenen der Startspundbohle ist von größter Bedeutung. Die einzubringende Bohle wird in zwei Ebenen geführt. Je größer der Abstand der Führungsebenen, desto größer ist die Genauigkeit der Bohlenführung. Sind die Bohlen sehr lang, so können zur Vermeidung des Durchbiegens Zwischenführungen erforderlich werden. Die obere Bohlenführung erfolgt zusammen mit dem Rammbären am Mäkler. Beim schlagenden Rammen wird auf eine exakte Stellung des Mäklers nach Plan und auf einen zentrischen Sitz von Rammhaube und Schlagbär geachtet.

Die untere Bohlenführung besteht aus einer Führungszange und gewährleistet die Richtungstreue der Bohlen in Wandachse. Sie besteht aus zwei I-Trägern, die gegen Verschieben durch eingerammte Träger oder Abstützungen gesichert sind und in ihrer Länge über 6 Doppelbohlen reichen. Die bereits vorhandene Wand wird etwa 1,5 m überdeckt. Um ein Verdrehen der Bohlen in der Zange zu vermeiden, wird das freie Flanschende der Bohle durch einen Führungsklotz gesichert, wie aus Bild 17 ersichtlich [49].

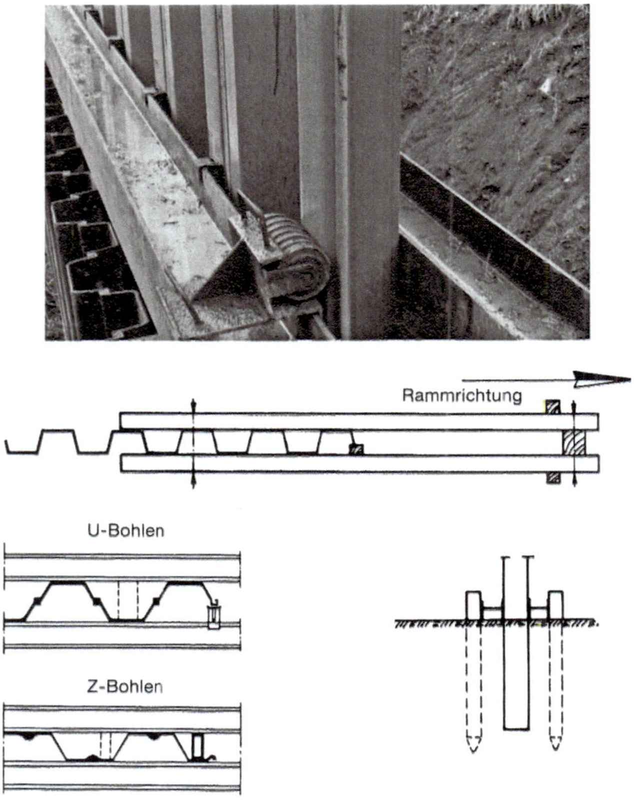


**Bild 17** Führungszange (Profilarbed [49])

Entscheidend ist auch die Verwendung des richtigen Profils mit ausreichender Steifigkeit, um zu gewährleisten, dass sich die Bohle nicht im Boden verbiegt, was zur Sprengung des Schlosses führen kann. Die wirtschaftlichste Maßnahme gegen das Abweichen der Bohle ist das Ausschöpfen aller vorbeugenden Möglichkeiten.

Folgende weitere Maßnahmen können ergriffen werden, um ein Abweichen von der Soll-Lage zu vermeiden und zu korrigieren [8]:

- Staffelrammung, wie in Abschnitt 5.4 beschrieben.
- Exzentrische Schlagübertragung: Durch Verschieben der Rammhaube auf dem Bohlenkopf, um die einseitig wirkende Schlossreibung zu kompensieren. Diese Methode wird in der Praxis selten angewendet.
- Künstliche Reibung durch eine Bodenzange: Eine aus zwei der Länge nach angeordneten I-Profilen bestehende Bodenzange wird zusammengedrückt und mithilfe eines Seilzugs wird ein Holzklotz an die Bohle gepresst, um eine Reibungskraft zu erzeugen, die zur Schlossreibung symmetrisch wirkt. Der symmetrische Kraftangriff vermeidet das Voreilen der Bohle. Auch diese Methode wird in der Praxis selten angewendet.
- Veränderung am Bohlenfuß: Veränderungen an der zum Bohlenschloss entgegengesetzten Seite des Bohlenfußes. Durch Aufweiten oder Anschweißen einer Stahlplat-

te wird der Spitzenwiderstand vergrößert, was zu einem symmetrischen Kraftangriff führt. Auch diese Methode wird in der Praxis selten angewendet.

- Führung am Mäkler: Um dem Mäkler eine Schrägstellung entgegengesetzt zu der Voreilneigung der Bohle zu geben, ist es erforderlich, dass sich die obere Bohlenführung unterhalb des Anlenkpunkts des Mäklers am Bagger befindet. Ein steifer Mäkler einer großen Rammeinheit zwingt mit der oberen Bohlenführung die voreilende Bohle in die Senkrechte. Dadurch kann die Bohle verformt werden und der Bohlenkopf sich schrägstellen. Was die Gefahr mit sich bringt, dass durch das exzentrische Schlagen des Rammbären die Bohle beschädigt wird. Dann kann es zu einer Schlosssprengung kommen.
- Einleiten einer Zugkraft: Ein Seilzug zwischen den voreilenden Bohlen und der bereits eingebrachten Wand zwingt die schräg stehende Bohle in die Lotrechte. Es besteht dabei die Gefahr der Sprengung des Schlosses, wenn die Zugkraft zu hoch ist. Am besten wird die Bohle am Boden über eine Rolle zurückgezogen. Diese Methode ist eine in der Praxis gängige Methode.
- Keil- und Passbohlen: Als letztes Mittel können Keil- oder Passbohlen zum Einsatz kommen. Dies wird in der Praxis jedoch aufgrund der hohen Kosten selten angewendet.

## 5.9 Schallarmes Einbringen

Der wirkungsvollste Schutz vor Lärm und Erschütterungen ist, deren Entstehung an der Emissionsquelle so gering wie möglich zu halten. Damit haben die Weiterentwicklungen in der Gerätetechnik mit den Einpressmaschinen und den hochfrequenten variablen Vibratoren diesem Thema einiges an Bedeutung genommen.

Für Rammarbeiten typische Lärmbelastungen entstehen durch

- den Auspuff des Hydraulikantriebs des Rammbären,
- den direkten oder indirekten Schlag des Rammbären auf das Einbringgut,
- das Dröhnen des Einbringkörpers, insbesondere bei Stahlspundbohlen,
- das Klappern der Bohlen in den Schlössern und
- das Klappern der Ramme.

Zum Schutz der Umgebung kommen zur Lärmreduzierung folgende Maßnahmen am Rammbären und am Rammgut zur Anwendung:

- Schalldämpfer beim Auspuff des Rammbären.
- Umhüllung des Rammbären mit einer schalldämmenden Ummantelung aus etwa 5 cm dickem Gummi. Die Gummihaube erhält eine mindestens 15 mm dicke Auskleidung mit Filz oder offenporigen Schaumstoffen. Durch Schutzhauben ist es möglich, beim Einrammen von Einbringgut den Schallpegel um ca. 7 bis 10 dB (A) zu senken. Da jedoch das Einbringgut durch die Rammung zu starken Schwingungen angeregt wird, ist diese Maßnahme meist nicht besonders wirkungsvoll.
- Eine wesentliche Lärmreduzierung ist nur durch die Einbeziehung des Einbringguts mit in die Ummantelung erreichbar. Im Bereich der Bohle kann dafür eine 5 cm dicke und mit 15 bis 30 mm dickem Filz oder Schaumstoff schallabsorbierend ausgekleidete Gummischürze verwendet werden. Dieser Schallschluckmantel wird um

die Bohle geknüpft. Mit fortschreitendem Eindringen der Bohle wird die Schürze nach und nach entfernt.
- Bewährt haben sich ausgekleidete Teleskoprohre, die sowohl Ramme als auch Bohle umschließen. Sie stehen auf dem Boden auf und schieben sich mit dem Einrammfortschritt ineinander. Durch Ummantelung von Bohle und Rammbär ist es möglich, den Schallpegel um 12 bis 15 dB (A) zu senken [54].
- Eine weitere Möglichkeit der Lärmabschirmung ist das Vorhalten einer Lärmschutzwand. Diese wird von einem Seilbagger getragen und schirmt nach einer Seite hin ab.

Ergänzend zu diesen Maßnahmen kann die Geräuschentwicklung an der Geräuschquelle vermindert werden durch

- Einlegen einer Dämpfung in die Rammhaube zur Schlaggeräuschreduzierung;
- Fallhöhe des Kolbens des Bären verringern, was jedoch zu einer starken Abnahme der Rammleistung führt;
- Vorspannen gegen das Einbringgut zur Reduzierung von Klappern beim Rammbären.

Des Weiteren kann mit Einbringhilfen, wie Lockerungsbohrung oder Einspülen, die Geräuschentwicklung gesenkt werden, in dem das Einbringgut einen geringeren Widerstand zu überwinden hat. Zusätzlich wird dabei die Rammzeit verkürzt.

In der Vibrationstechnik ist mit dem Einsatz von Vibratoren der neueren Generation die Lärmbelästigung in der Regel nicht mehr von entscheidender Relevanz, da die Maschinen schon ab Werk die Normen erfüllen. Aber auch hier kann es durch Querschwingungen zum Dröhnen der Bohlen kommen. Keinen direkt feststellbaren Einfluss auf die Lärmentwicklung hat die Spülhilfe. Bei kürzeren Rammzeiten und geringeren Energiebedarf reduzieren sich die Emissionswerte in der Summe [29].

Die für die verschiedenen Rammgeräte charakteristischen Schallpegel sind [49]:

| | |
|---|---|
| – Schlaghammer | 90–115 dB (A) |
| – Schnellschlaghammer | 85–110 dB (A) |
| – Vibratoren | 70–90 dB (A) |
| – Pressen | 60–75 dB (A) |

gemessen in 7 m Abstand.

Zum Vergleich hierzu:

| | |
|---|---|
| – belebte Straße | 85 dB (A) |
| – Radio laut | 70 dB (A) |
| – normales Sprechen | 55/63 dB (A) |

# 6 Ziehen

## 6.1 Maßnahmen vor und während des Einrammens

Spundbohlen und Pfähle können mit geeigneten Methoden und Geräten wieder aus dem Boden entfernt werden.

Sollen Spundbohlen wieder gezogen werden, so sollte dies im Vorfeld im Regelfall eingeplant werden. Durch den Einsatz von verlorenen Rammschuhen kann in dicht gelagerten Böden der Ziehvorgang bedeutend erleichtert werden. Der Rammschuh wird unmittelbar vor dem Eindringen auf den Bohlenfuß geschoben und nicht angeschweißt. Der Schuh bildet über die Spundwand hinaus einen Überstand, wodurch entlang der Mantelfläche beim Einrammen eine aufgelockerte Zone entsteht.

Zur Abschätzung des Aufwands des gesamten Ziehvorgangs ist das Erstellen eines Rammberichts für jede Bohle sinnvoll. Aus diesen Rammberichten geht auch hervor, bei welchen Bohlen beim Ziehen mit den geringsten Widerständen zu rechnen ist. Diese Bohlen werden zuerst gezogen. Sind keine Rammprotokolle der Spundbohlen vorhanden, wird die erste zu ziehende Bohle in der Regel in der Mitte der Spundwand gesucht, da dort am ehesten ein problemloses Ziehen wahrscheinlich ist [49].

## 6.2 Ziehvorgang

Für den Ziehvorgang eignen sich Vibratoren und Pfahlzieher unterschiedlicher Leistungsgrößen. Auch manche Einpressmaschinen, wie das freireitende System, können zum Ziehen eingesetzt werden [4].

Zum Ziehen eingesetzte Vibratoren bringen den Boden wie beim Einbringen über Schwingungsweiterleitung durch das Einbringgut in einen pseudoflüssigen Zustand und versetzen die Bohlen mithilfe der Zugkraft des Trägergerätes in Bewegung. Die vom Gerätehersteller angegebenen Grenzwerte der Zugkräfte dürfen auf keinen Fall überschritten werden. Wie auch beim Einvibrieren wird der Vibrator mit dem Einbringgut über hydraulische Klemmbacken verbunden. Für das Ziehen von Bohlen und Pfählen bei geringerem Kraftaufwand hängt der Vibrator frei am Ausleger des Trägergeräts. Bei schweren Zieharbeiten ist ein Ziehmast erforderlich, um die Zugkraft in den Boden einzuleiten, an welchem der Vibrator frei hängt oder an ihm geführt wird.

Bei Pfahlziehern wird die Schlagenergie kraftschlüssig entweder über Klemmbacken oder über Greiferzangen mit Durchsteckbolzen auf das Rammgut übertragen. Als Antriebsmittel dient Druckluft oder Dampf, der den Kolben in rascher Folge nach oben treibt, bis dieser oben am Zylinder anschlägt. Es werden auch Modelle, bei denen der Zylinder den Hub ausführt, angeboten. Eine hohe Schlagfrequenz führt das Einbringgut in eine fast kontinuierliche Bewegung. Bereits mit verhältnismäßig kleinem Energieaufwand sind damit hohe Ziehleistungen möglich. Durch einstellbaren Hub kann der Pfahlzieher den jeweiligen Anforderungen gerecht werden. Ein langer Hub ermöglicht ein Ziehen, bei dem ein hoher Kraftaufwand erforderlich ist. Ein kurzer Hub mit höherer Schlagzahl bringt bei leichteren Zieharbeiten in der Regel eine schnelle Verrichtung.

Ist eine Bohle in einer geschlossenen Wand trotz aller Vorkehrungen nicht zu lockern, kann nochmaliges Einrammen mit einigen Schlägen zum Lösen der Bohle führen. In schwierigen Fällen können Lockerungsbohrungen oder auch Bodenentspannung mit Spülhilfe hilfreich sein.

# 7 Geotechnische Aspekte

## 7.1 Einfluss der Herstellmethode auf den Boden und das Tragverhalten

Die Penetration von Elementen, wie Verdrängungspfählen oder Spundbohlen, ist in bodenmechanischer Hinsicht ein vergleichsweise komplexer Vorgang, der mittels analytischer und numerischer Modellbildungen noch immer nicht vollständig beschrieben werden kann. In Anlehnung an *Cudmani* [10] können grundsätzlich drei verschiedene Formen der Penetration unterschieden werden. Unter statischer Penetration versteht man im Allgemeinen das langsame monotone Eindringen bzw. Eindrücken eines Körpers in den Boden; der Vorgang findet beim Einpressen von Spundbohlen statt, ist aber auch charakteristisch für Drucksondierungen (CPT). Im Gegensatz dazu bezeichnet die alternierende Penetration den fast zyklischen kraft- oder verschiebungsgesteuerten Eindringvorgang, bei dem der Einfluss von Trägheitskräften vernachlässigt werden kann. Die alternierende Penetration wird beispielsweise bei der Herstellung von Bohrpfählen angewendet, wenn die Verrohrung oszillierend, d. h. unter zyklischer Torsion, in den Boden eingebracht wird [10]. Mit dynamischer Penetration wird der Eindringvorgang beim Schlag- oder Vibrationsrammen bezeichnet, bei dem ein Körper unter einer dynamischen Krafterregung eindringt. Das Schlagrammen unterscheidet sich vom Vibrationsrammen durch die Art der Erregerkraft. Die Erregerkraft wird beim Schlagrammen durch eine auf den Kopf des Rammguts aufprallende Fallmasse erzeugt und ist daher pulsartig. Dagegen wird beim Vibrationsrammen eine Erregerkraft mit einem harmonischen Zeitverlauf verwendet, die von einem am Rammgut angekoppelten Unwuchtschwinger erzeugt wird. Der wesentliche Vorteil dynamischer Eindringverfahren gegenüber der statischen und alternierenden Penetration besteht darin, dass das Rammgut mit relativ kleiner statischer Auflast in den Boden eingebracht werden kann.

Nachfolgend werden die bei der statischen und bei der dynamischen Penetration, i. e. beim Pressen, beim Schlagrammen und beim Vibrationsrammen relevanten bodenmechanischen Vorgänge, insbesondere die induzierten Spannungs- und Zustandsänderungen im Boden betrachtet. Diese Änderungen gegenüber dem Ausgangszustand haben maßgeblichen Einfluss auf das Tragverhalten der eingebrachten Elemente (Pfähle, Spundbohlen etc.) sowie schwingungs- bzw. erschütterungsinduzierte Auswirkungen, die sich aus den Installationsvorgängen ergeben, auf bauliche Anlagen im Umfeld.

### 7.1.1 Pressen

Beim Einpressen von offenen Stahlrohren kann in der Regel unter vergleichbaren Bodenbedingungen ein höherer axialer Pfahlwiderstand erreicht werden als bei gerammten Pfählen. Dies ist auf die Pfropfenbildung während der Installation zurückzuführen [44]. Beim Eindrücken eines offenen Stahlrohrs kann es bereits frühzeitig zu einer vollständigen Pfropfenbildung im Inneren des Profils kommen, während sich bei einem gerammten Pfahl die Pfropfenbildung nicht oder später vollständig ausbildet.

Durch das Eindrücken des Rammguts und die Bildung eines festen Pfropfens kommt es zu verschiedenen Deformationszonen innerhalb des Bodens (Bild 18). Unterhalb des Rammguts bildet sich nach der Modellvorstellung von *Linder* [37] ein Gewölbebereich bzw. „Kern" mit starker Verdichtung und Kornbruch aus, darunter eine Kompressionszone mit überwiegend vertikalen Bodenverformungen. Seitlich bildet sich ein Verdrängungsbereich mit radialen Deformationen aus, im Übergangsbereich ergibt sich eine Scherzone, in der auch Auflockerungen auftreten können.

*Kaya* [31, 32] untersuchte sowohl numerisch als auch in einem Modellversuch die Einbringung einer Spundwand in eine Dichtungsschicht aus Ton im Hinblick auf eine durch „Bodenverschleppung" und Spaltbildung bedingte mögliche Fehlstellenausbildung im Anschlussbereich. Die Untersuchungen vermitteln zugleich einen guten Eindruck von den beim Einpressen auftretenden Veränderungen im umgebenden Boden. Die Modellspundwand, die aus einem 20 mm dicken Stahlblech bestand, wurde mit konstanter Vorschubgeschwindigkeit in eine von einer Tonschicht überlagerte Sandschicht gedrückt. Nach dem Eindrücken wurde das Profil noch mit definierter Amplitude und Frequenz horizontal ausgelenkt, um das Verhalten während einer Spundwandvibration nachzubilden. Während der vertikalen Einbringung kommt es im Umfeld des Profils zu Bodenbewegungen, welche eine hydraulische Fehlstellenausbildung im Ton hervorrufen können. Maßgebend für diese Fehlstellenausbildung sind die Schichtverschleppung, die Adhäsionsverschleppung sowie eine Spaltbildung im oberen Bereich der Tonschicht.

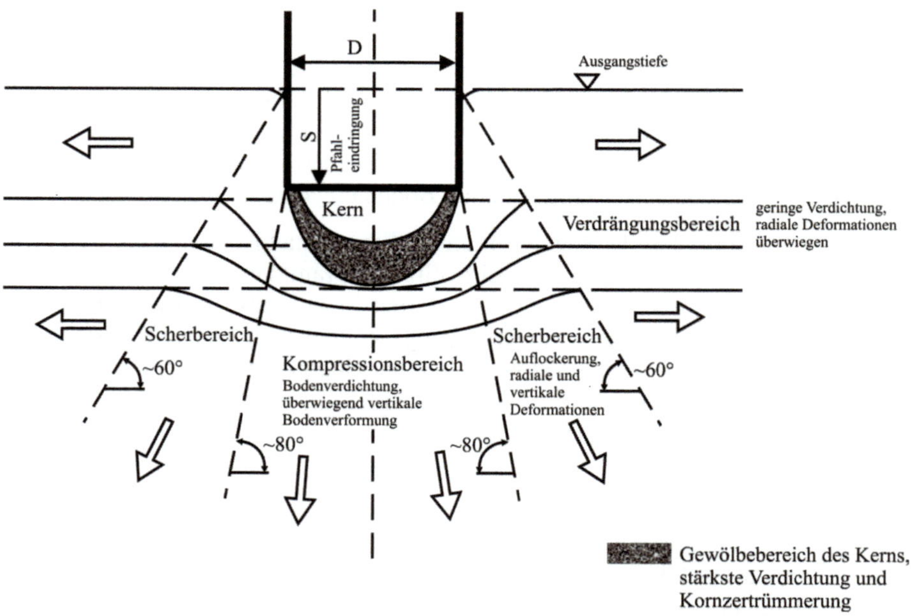


**Bild 18** Einflussbereiche beim Einpressen von am Fuß geschlossenen Pfählen in dichtem Sand; hier s < D, Phase 2, nach *Linder* [37]

Bei der Schichtverschleppung handelt es sich um eine Biegung bzw. Verzerrung der Tonschicht, durch welche eine lokale Zugbelastung und somit Risse an Schichtoberkante entstehen. Adhäsionsverschleppung beschreibt ein Anhaften des Tons am Spundwandprofil, welches einen Materialaustrag zur Folge hat. Sie tritt insbesondere in den Innenecken von gewinkelten Profilen auf, da dort der Boden entsprechend verspannt ist. Die Spaltbildung während der vertikalen Einbringung des Spundwandprofils entsteht durch ein Ablösen des Tons von der Spundwand und tritt insbesondere im oberen Bereich der Tonschicht auf. Diese drei Prozesse, die zu hydraulischen Fehlstellenausbildungen führen können, sind in Bild 19 dargestellt. Auch der Einflussbereich, in dem es zu Bodenbewegungen kommt, ist in Bild 19 abgebildet. Laut *Kaya* [31] kann die Breite des Einflussbereichs unabhängig von der Einbringgeschwindigkeit des Spundwandprofils, dem Überlagerungsdruck und den Materialeigenschaften des Tons mit 1,5 d abgeschätzt werden, wobei d der Wandstärke des Profils entspricht. Als Konsequenz dieser Fehlstellen kann es zu einer Schwächung der Dichtung bzw. zu einer Reduktion der Schichtmächtigkeit kommen. In den Untersuchungen von *Kaya* [31, 32] bildete sich allerdings keine durchgängige Fehlstelle über die Länge des Spundwandprofils aus, eine relevante Reduktion der Wasserdurchlässigkeit und somit eine Wasserwegigkeit wurde nicht festgestellt. Der Materialaustrag infolge der Adhäsionsverschleppung konnte z. B. durch die seitliche Bodenverdrängung während der Installation kompensiert werden, sodass sich der Ton erneut an das Spundwandprofil anlegte.

Verantwortlich für durchgängige Fehlstellen kann hauptsächlich die Spaltbildung infolge horizontaler Auslenkung des Profils sein [31, 32]. Ein solcher Spalt kann zu einer Wasserwegigkeit führen, aus der sich eine akute Gefährdung des Bauwerks ergeben

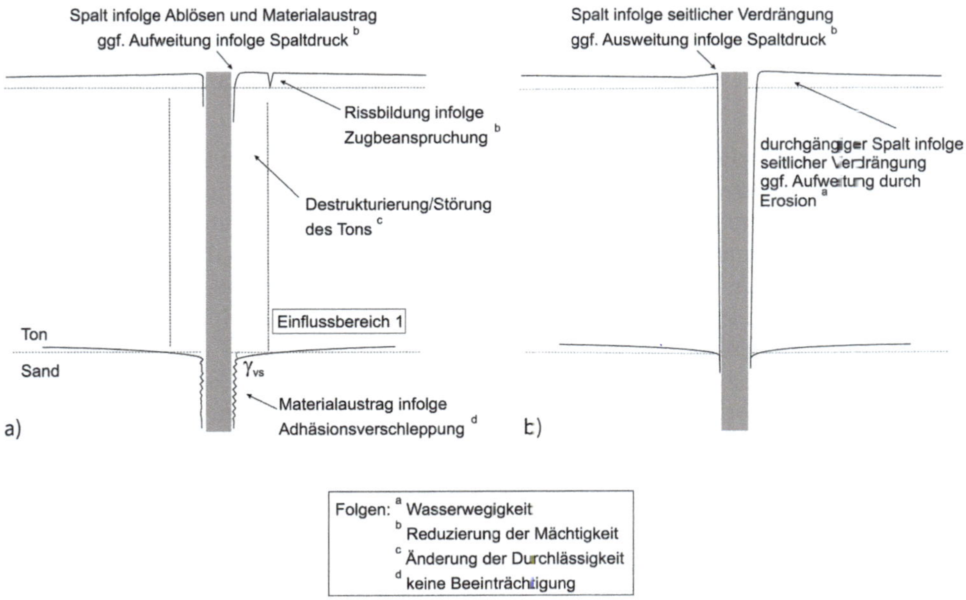


**Bild 19** Schematische Darstellung des Schadensbilds einer Tondichtung infolge a) Verschleppung und b) seitlicher Auslenkung eines Spundwandprofils [32]

kann (Bild 19). *Kaya* [31] stellte in ihren Modellversuchen fest, dass bis zu einer horizontalen Auslenkung des Profils von 1 bis 2 mm an der Geländeoberkante nur eine rein elastische Verformung des Tons stattfand, sich der Ton also stets zurückverformte. Bei größeren Auslenkungen fand eine elastoplastische Verformung des Bodens statt, sodass stets ein Spalt am Profil zurück blieb. Diese Erkenntnis ist insbesondere für die in den Abschnitten 7.1.3 und 7.2.3 beschriebenen Lateralschwingungen während des Einvibrierens wichtig. Der entstandene Spalt kann sich infolge Kriechen des Tons über die Zeit wieder schließen. Eine Erhöhung des Überlagerungsdrucks, beispielsweise aus Wasserspiegelschwankungen, kann den Spalt weiter vergrößern.

### 7.1.2 Rammen

Beim Schlagrammen handelt es sich im Sinne der einleitenden Definition um eine dynamische Penetration, bei dem ein Körper unter der dynamischen Krafterregung einer pulsartigen Erregerkraft infolge einer auf den Kopf des Rammguts aufprallenden Fallmasse in den Boden getrieben wird. In der Folge der auf das Rammgut übertragenen kinetischen Energie des Rammgewichts kommt es zu einer dynamischen Erregung im Boden und hierdurch bedingten Veränderungen im Boden. Die Intensität und Reichweite der während des Rammens auftretenden Veränderungen im Boden ist u. a. abhängig von den geometrischen Abmessungen und Ausbildung des Rammguts (u. a. Querschnittsausbildung, Ausbildung Fuß/Spitze, Rauigkeit, Mantel), dem Rammsystem und den Parametern des Rammvorgangs (u. a. Frequenz, Rammenergie) sowie dem Baugrundaufbau/Bodeneigenschaften und dem Ausgangsspannungszustand vor Beginn der Rammarbeiten.

Das Einbringen von Spundwänden und Pfählen mittels Schlagrammung und der damit einhergehende Einfluss auf die Lagerungsdichte und den Spannungszustand im umgebenden Boden wurde in Modellversuchen (z. B. [6, 55, 69, 71), großmaßstäblichen Feldversuchen (z. B. [26, 30, 38, 45]) und numerischen Simulationen (z. B. [23, 26, 34]) untersucht.

*Stahlmann* und *Fischer* [55] untersuchten die Änderung von Spannungszuständen im Boden bei gerammten und vibrierten offenen Stahlrohren in überwiegend wassergesättigtem Sand in einem großmaßstäblichen Modellversuch. Dafür wurden Stahlrohre mit einem Außendurchmesser von 0,36 m und einer Wandstärke von 3,0 mm jeweils 2,5 m tief in den Boden installiert. In verschiedenen Tiefen und Abständen zum Pfahl wurden sowohl die vertikalen und horizontalen bzw. radialen totalen Spannungen als auch der Porenwasserüberdruck gemessen. *Stahlmann* und *Fischer* [55] stellten bei den gerammten Pfählen fest, dass mit zunehmender Lagerungsdichte der Einfluss des Rammvorgangs auf die horizontalen Spannungen größer wird. Nicht nur die Spannungserhöhung ist größer, auch der Einflussbereich um den Pfahl ist breiter im Vergleich zu einer Pfahlrammung in Sand mit geringerer Lagerungsdichte. Unabhängig von der Lagerungsdichte des Sands wird in 1,5 · D Abstand zum Pfahlmantel nur noch 50 % der Spannungsänderungen gemessen, die in einem Abstand von 0,3 · D aufgezeichnet wurden. Unterhalb des Pfahlfußes kommt es infolge der Pfahlrammung zu einer Erhöhung der vertikalen Spannungen. Diese Zunahme ist ausgeprägter bei einer höheren Lagerungsdichte im Ausgangszustand. In einer Tiefe von 3 · D unter dem Pfahlfuß war nur noch eine geringe Zunahme der Vertikalspannung messbar. Findet die Rammung in erdfeuchtem Sand statt, ist qualitativ ein ähnlicher Verlauf der Spannungsänderungen feststellbar. Quantitativ ist der Einfluss auf den Spannungszustand infolge der Pfahlrammung allerdings deutlich ausgeprägter, sowohl hinsichtlich der Größe der Spannungsänderungen als auch hinsichtlich deren Reichweite, wie Bild 20 für die im Boden in unterschiedlichen Abständen zum Pfahlmantel gemessenen Horizontalspannungen zeigt. Interessant ist die Feststellung, dass bei einem größeren Pfahldurchmesser (D = 0,51 m) der Einfluss auf den Spannungszustand im Boden deutlich abnimmt, sowohl hinsichtlich der Größe der relativen Spannungsänderung als auch hinsichtlich der Reichweite (Bild 21).

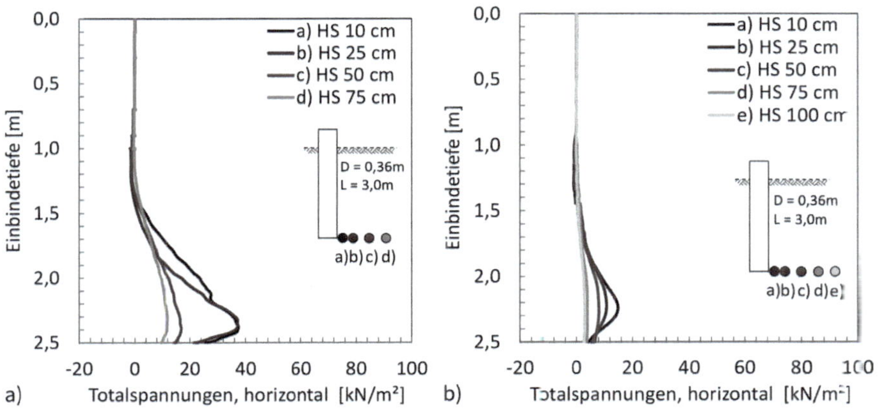


**Bild 20** Einfluss der Sättigung des Sandes auf die Änderung der horizontalen Spannung (HS) infolge Pfahlrammung; a) erdfeuchter Sand, b) wassergesättigter Sand [55]

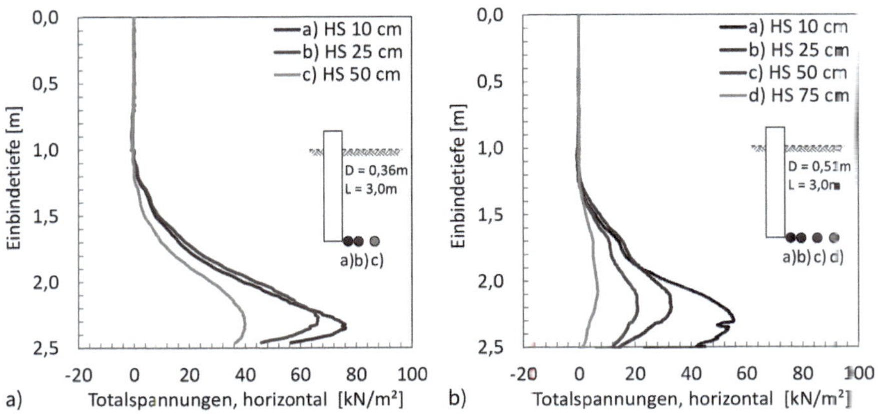


**Bild 21** Einfluss des Pfahldurchmessers auf die Änderung der horizontalen Spannung (HS) infolge Pfahlrammung; a) D = 0,36 m, b) D = 0,51 m [55]

Im Rahmen einer Baumaßnahme im Hamburger Hafen wurden durch *Henke* [26] In-situ-Messungen an offenen Stahlrohrpfählen zur Untersuchung der Pfropfenbildung durchgeführt. Zwei Pfähle mit einem Außendurchmesser von 0,71 m, einer Wandstärke von 12 mm und einer Gesamtlänge von 15,1 m wurden während der Installation untersucht. Die Pfähle wurden zunächst durch Vibrationsrammung bis in eine Einbindetiefe von −7 mNN gebracht. Anschließend wurde mittels eines Hydraulikhammers bis in eine Einbindetiefe von ca. −13 mNN nachgeschlagen. Die Vibrationsrammung erfolgte mit einer maximalen Frequenz von $f_{max} = 38$ Hz, die Schlagrammung mit einer maximalen Rammenergie von $E_{max} = 70$ kNm/Schlag. Der Bodenaufbau ist in Bild 22 dargestellt. Die Pfähle wurden im Inneren und Äußeren am Pfahlfuß mit Erddruck- und Porenwasserdrucksensoren instrumentiert. *Henke* [26] stellte keine Porenwasserüberdrücke infolge der Pfahlinstallation fest. Allerdings wurden infolge der Pfahlrammung erhöhte Horizontalspannungen gemessen. Das Ergebnis dieser Messungen für den Bereich zwischen −7 und −11 mNN ist in Bild 23 dargestellt. Im Inneren des Pfahls treten vier Mal höhere Horizontalspannungen auf als außerhalb. Dies ist auf die Pfropfenbildung im Inneren des Pfahls infolge der Rammung zurückzuführen. Dieser Vorgang hatte außerdem eine Zunahme des axialen Pfahlwiderstands während der Installation zufolge, sodass die Eindringung des Pfahls je Rammschlag mit der Tiefe abnahm. Numerisch wurde in [26] die Pfahlinstallation mithilfe der Coupled Eulerian-Lagrangian Methode unter Nutzung eines hypoplastischen Stoffgesetzes mit intergranularer Dehnung simuliert und dabei eine gute Übereinstimmung mit den Messergebnissen erzielt (Bild 23).

*Witzel* [71] führte Versuche zum axialen Widerstand von vorgefertigten Verdrängungspfählen in Sand durch. Im Rahmen von Modellversuchen wurden am Fuß geschlossene Stahlrohrpfähle mit einem Außendurchmesser von 5,0 cm und variierender Einbindetiefe (0,60 bis 1,40 m) in dicht gelagerten, trockenen Sand gerammt. Bei einigen Pfählen wurde der Pfahlmantel im Vorfeld besandet, um auch den Effekt der Oberflä-

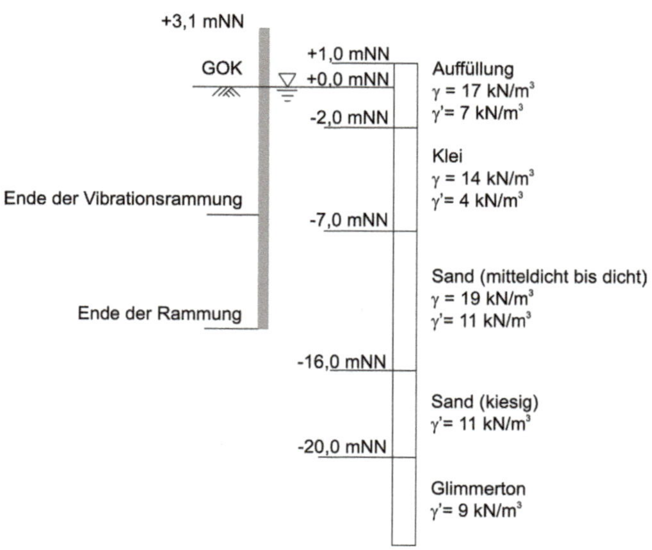


**Bild 22** Bodenaufbau der Baumaßnahme „Hamburger Hafen“ [26]

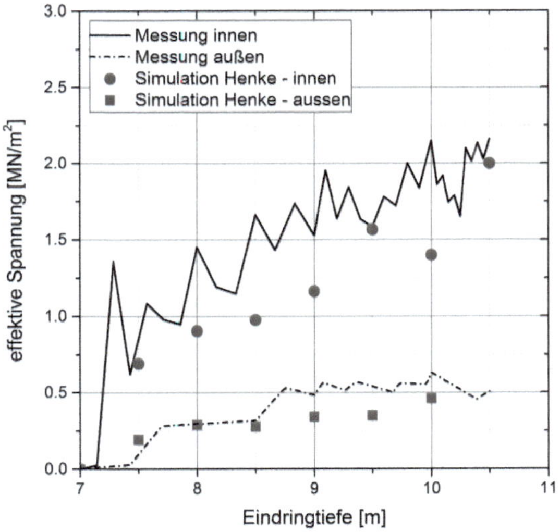


**Bild 23** Gemessene und berechnete Horizontalspannungen am Pfahlfuß zwischen −7 und −11 mNN [26]

chenrauheit zu untersuchen. Neben der Instrumentierung der Pfähle mit Dehnmessstreifen, wurden im Boden Erddruckgeber eingebaut, um durch die Pfahleinbringung bedingte Spannungsänderungen im Boden festzustellen. *Witzel* [71] stellte fest, dass erst ab einer Einbindetiefe von 10 · D die Oberflächenrauheit des Pfahls die für die Pfahlinstallation benötigte Rammarbeit beeinflusst. Mit Zunahme der Oberflächenrauheit stieg die benötigte Rammenergie exponentiell mit der Tiefe an. Messungen der Mantelreibung bestätigen, dass auch die Mantelreibung mit zunehmender Einbindetiefe zunimmt, wenn die Oberfläche des Pfahls rauer ist.

Mittels der Spannungsmessungen stellte *Witzel* [71] fest, dass seitlich des Pfahlmantels die Horizontalspannungen kontinuierlich zu steigen beginnen, sobald der Pfahlfuß einen vertikalen Abstand von etwa 10 · D zur Messebene erreicht. Kurz bevor die Pfahlspitze die jeweilige Messebene passiert, erreicht die horizontale Spannung ihren Maximalwert. Nach den Untersuchungen von *Witzel* [71] fällt die Horizontalspannung neben dem Pfahlmantel nach Erreichen des Maximalwerts wieder ab und geht zum Ende der Rammung annährend auf ihren Anfangswert zurück.

Diese Beobachtungen und weitere Spannungsmessungen unterhalb der Pfahlabsetztiefe bestätigen die Vorstellung von *Linder* [37], dass sich unterhalb des Pfahlfußes ein verdichteter Bodenpfropfen ausbildet, der im Laufe des Rammvorgangs vom Pfahlfuß vorangetrieben tiefer gerammt wird. Über den Bodenpfropfen hinausgehend entsteht danach durch den Rammvorgang ein Bereich erhöhter Vertikalspannungen unterhalb des Pfahlfußes. Bild 24 zeigt die prozentuale Zunahme der vertikalen Spannung $\Delta\sigma'_v$ durch den Rammvorgang in Abhängigkeit des Abstands zum Pfahlfuß und der horizontalen Position (60°- und 80°-Linie in Anlehnung an *Linder* [37]). Die vertikale Spannungszunahme $\Delta\sigma'_v$ ist auch von der aufgewendeten Rammarbeit W abhängig.

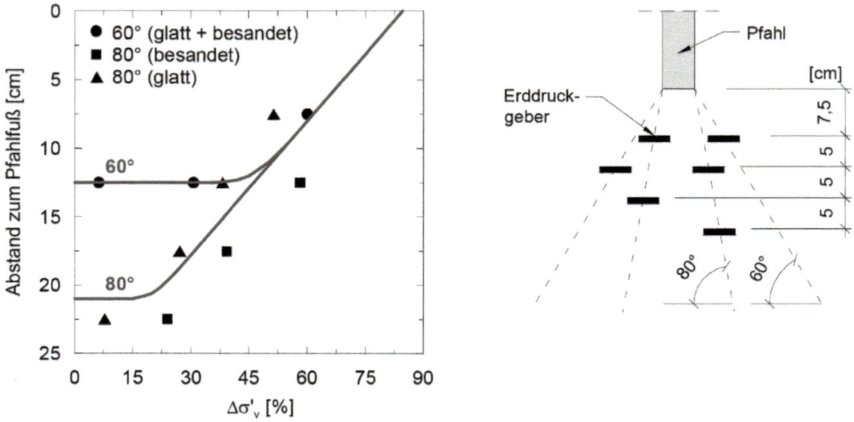


**Bild 24** Veränderung der vertikalen Spannung $\sigma'_v$ unter der Pfahlfußebene infolge des Rammvorgangs [71]

Hinsichtlich der Vertikalspannungen im Sand beobachtete *Witzel* [71] im Umfeld des Pfahlmantels im Laufe des Rammvorgangs eine Abnahme, deren Intensität umso höher war, je geringer der Abstand zum Pfahl war. Die Reichweite der vertikalen Spannungsänderungen ermittelte *Witzel* [71] zu etwa 4 · D von der Pfahlachse.

Die Auswertung in Bild 25, in dem die gemessene vertikale Spannungsänderung $\Delta\sigma'_v$ in Abhängigkeit des Abstands von der Pfahlachse aufgetragen ist, lässt erkennen, dass auch die Summe der Rammarbeit Einfluss auf die Abnahme der Vertikalspannungen hat: Insbesondere im Nahbereich des Pfahlmantels bewirkt eine höhere Summe der Rammarbeit einen stärkeren Abfall der vertikalen Spannungen im Boden.

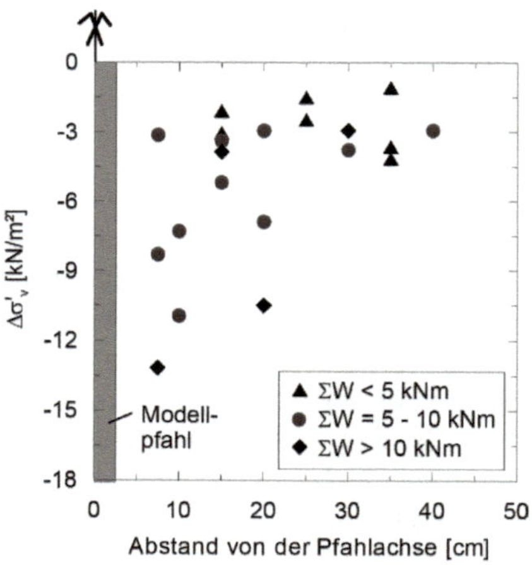


**Bild 25** Vertikale Spannungsänderung $\Delta\sigma'_v$ in Abhängigkeit des Abstands von der Pfahlachse und der Rammarbeit ΣW [71]

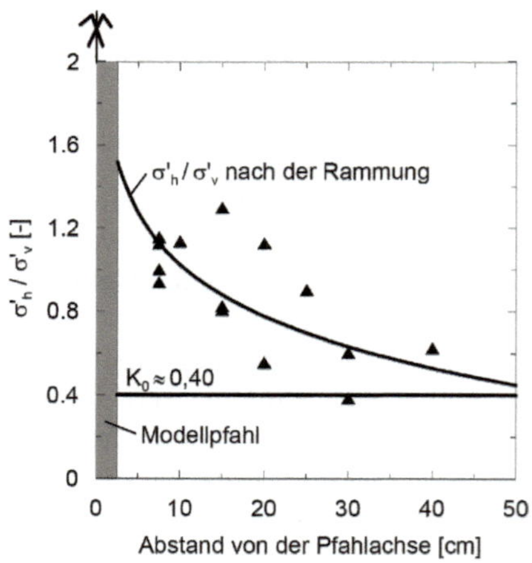


**Bild 26** Änderung von $K_0 = \sigma'_h / \sigma'_v$ neben dem Pfahl infolge des Rammvorgangs [71]

*Witzel* [71] deutet diese Abnahme der vertikalen Spannungen als eine durch den Rammvorgang bedingte Auflockerung in direkter Umgebung um den Pfahlschaft, stellte aber andererseits fest, dass die mobilisierbare Mantelreibung mit zunehmender schichtbezogener Rammarbeit W anstieg. Diesen scheinbaren Widerspruch erklärte *Witzel* [71] mit dem Anstieg des Erdruheruckbeiwerts $K_0$ infolge des Rammvorgangs (Bild 26). Danach ergibt sich aus den durch die Rammung bedingten horizontalen und vertikalen Spannungsänderungen ein deutlicher Anstieg des „Erdruhedruckbeiwerts" $K_0 = \sigma'_h / \sigma'_v$ im Pfahlnahbereich, der im Abstand von $2 \cdot D$ von der Pfahlachse etwa um den Faktor drei höher ist als im Ausgangszustand vor der Pfahlrammung. Ein Effekt wurde bis zu einem Abstand von $10 \cdot D$ von der Pfahlachse nachgewiesen.

*Wienholz* [69] untersuchte das axiale Tragverhalten von Verdrängungspfählen in Sand in Abhängigkeit vom Einbringverfahren. Dafür führte er Modellversuche an gerammten und vibrierten Pfählen durch. Die Modellpfähle waren Stahlrohre, die am Pfahlfuß durch eine Stahlplatte geschlossen waren. *Wienholz* [69] nutzte verschiedene Querschnitte und Wandstärken, um auch den Einfluss der Pfahlimpedanz Z auf das Tragverhalten zu untersuchen. Die Impedanz ist definiert als:

$$Z = \frac{E \cdot A}{c} = \rho \cdot A \cdot c \qquad (1)$$

mit

| | | |
|---|---|---|
| E | [kN/m²] | Elastizitätsmodul des Rammguts |
| A | [m²] | Querschnittsfläche des Rammguts |
| c | [m] | Wellenausbreitungsgeschwindigkeit im Rammgut |
| ρ | [m] | Materialdichte des Rammguts |

Die für die Impulsrammung verwendeten Pfähle wiesen Impedanzen von 13,40 bis zu 33,47 kNs/m bei Außendurchmessern von 42,3 bis 76,0 mm auf. Die Einbindetiefe betrug 1,4 m. In locker gelagertem Sand konnte keine Abhängigkeit des axialen Pfahlwiderstands von der Pfahlimpedanz festgestellt werden. In mitteldicht gelagertem Sand zeigte sich jedoch eine Abnahme des Grenzwiderstands mit Zunahme der Pfahlimpedanz. Es zeigte sich auch, dass mit Zunahme der Rammarbeit eine Zunahme des Grenzwiderstands einhergeht. Beim Vergleich der benötigten Rammarbeit zur Installation der Pfähle zeigte sich, dass mit Zunahme der Pfahlimpedanz die Rammarbeit abnahm. Dieser Effekt verstärkte sich mit Zunahme der Lagerungsdichte des Sands. Aus Sicht der Effektivität des Rammvorgangs sind Pfähle mit größerer Impedanz wirtschaftlicher herzustellen, wenngleich sie einen geringeren axialen Pfahlwiderstand aufweisen.

### 7.1.3 Vibrieren

Vibrationsrammen arbeiten mit auf Wellen rotierenden Unwuchtmassen, die so angeordnet sind, dass die Horizontalkomponenten der Fliehkräfte sich in jeder Stellung gegeneiner aufheben und die Vertikalkomponenten harmonische Vertikalverschiebungen erzeugen (Bild 27). Die dabei generierte Erregerkraft $F_{dyn}(t)$ ergibt sich zu:

$$F_{dyn}(t) = F_{dy} \cdot \cos(\Omega t) = M_{st} \cdot \Omega^2 \cdot \cos(\Omega t) \tag{2}$$

mit

$F_{dy}$ Erregerkraftamplitude, $\Omega = 2\pi \cdot f$ Erregerkreisfrequenz und f Frequenz (f = 1/n, Umdrehung pro Sekunde). Das statische Moment $M_{st}$ ist als Summe der Produkte aus Masse und Schwerpunktabstand von der Drehachse aller Unwuchtmassen definiert:

$$M_{st} = \sum_{i=1}^{n} m_{ui} \cdot r_i \tag{3}$$

Bei einigen Geräten können die Unwuchtmassen bzw. die Exzentrizität während des Rammvorgangs verstellt werden und so die Erregerkraftamplitude sowohl über die Erregerfrequenz als auch über das statische Moment angepasst werden.

Die Bewegung des Vibrationsvorgangs kann dann durch ein System mit einem Freiheitsgrad sowie harmonischer Unwuchterregung und schwingungsisolierten Zusatzgewicht beschrieben werden [60].

Die während der Vibrationsrammung und nachlaufend auftretenden bodenmechanischen Vorgänge und Interaktionen zwischen Pfahl und Boden sind komplex. Generell kommt es infolge der zyklischen Bewegung der Bodenpartikel, infolge der induzierten Beschleunigung und infolge der Entstehung von Porenwasserüberdrücken (Liquefaktion) temporär zu einer deutlichen Reduktion von Mantelreibung und Spitzendruck [59]. Dabei wird der den Pfahl umgebende Boden durch die hohen Beschleunigungsamplituden in hohem Maße dynamisch beansprucht, sodass die Pfähle im Vergleich zu ande-

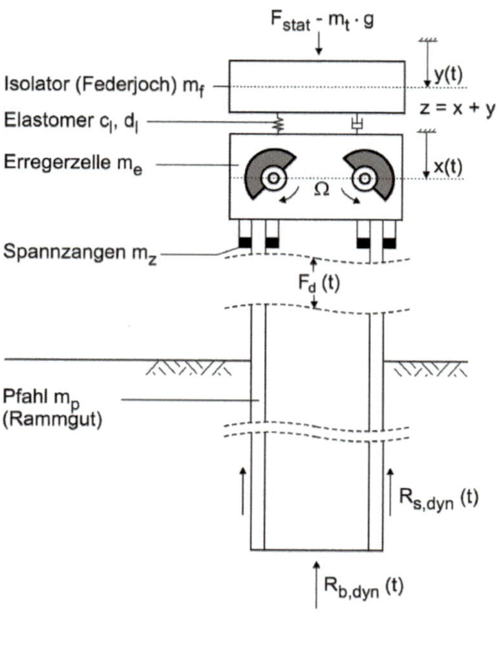


**Bild 27** Mechanisches System der freireitenden Vibrationsrammung [35]

ren Verfahren mit relativ kleiner statischer Auflast und hoher Eindringgeschwindigkeit eingebracht werden können.

Neben einfachen empirischen Ansätzen zeigen *Rodger* und *Littlejohn* [51] aufbauend auf Modellversuchen einen Ansatz, der physikalische Zustände in Abhängigkeit von der Beschleunigungsamplitude unterscheidet. Hierauf aufbauend entwickelt *Dierssen* [14] ein bodenmechanisches Modell zur Beschreibung von Vibrationsvorgängen im trockenen Sand; eine Erweiterung und numerische Modellbildung mithilfe des hypoplastischen Stoffgesetzes stellt *Cudmani* [10] vor. Basierend auf Feld- und Laborversuchen wurden zwei Einbringmoden (Bewegungstypen) beim Vibrationsrammen nachgewiesen, die von dem Anfangszustand (Lagerungsdichte, Spannungsniveau) des Bodens abhängig sind, aber auch durch die Herstellparameter (Frequenz, statisches Moment, statische Auflast) beeinflusst werden können.

Kavitatives bzw. langsames Vibrationsrammen tritt insbesondere bei einer großen Bewegungsamplitude des Rammguts auf. Dies kann der Fall sein, wenn das Arbeitsmoment der Vibratoren (große Unwuchtstellung) groß ist, wenn die Vibrationsfrequenz klein ist oder wenn der Boden aufgrund seiner Lagerung und seines Spannungszustands einen großen Pfahlfußwiderstand generiert, also insbesondere bei mitteldichter bis dichter Lagerung [10, 51]. Beim kavitativen Vibrationsrammen findet bei der Aufwärtsbewegung ein Kontaktverlust zwischen Fuß des Rammguts und Boden statt, sodass die Abwärtsbewegung ohne Kontakt zwischen Fuß und Boden beginnt. Nach Auftreffen des Fußes auf den Boden wird der Spitzendruck erneut mobilisiert, ohne dabei den Grenzzustand zu erreichen (Bild 28).

Nichtkavitatives bzw. schnelles Vibrationsrammen liegt dann vor, wenn die Bewegungsamplitude des Pfahlfußes in Verbindung mit großen statischen Auflasten klein ist und sich die Pfahlspitze nicht vom Boden löst. Dies ist insbesondere der Fall un-

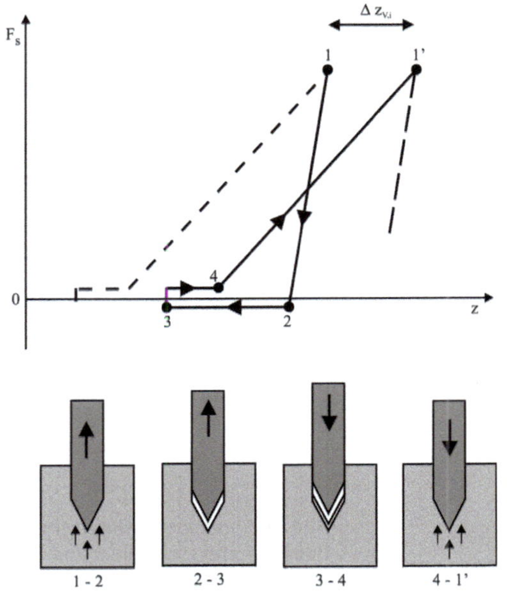


**Bild 28** Kavitatives Vibrationsrammen: idealisierter Verlauf der Spitzendruckkraft $F_s$ [14, 52]

ter Wahl eines geringen Arbeitsmoments der Vibratoren, hoher Vibrationsfrequenz oder wenn der Boden auf Grund seiner Lagerung und seines Spannungszustands einen geringen Pfahlfußwiderstand generiert, also insbesondere in locker bis mitteldicht gelagerten Böden [10, 51]. Beim nichtkavitativen Vibrationsrammen kommt es bei der Aufwärtsbewegung des Pfahls nicht zu einem Kontaktverlust zwischen Fuß des Rammguts und Boden. Es kommt daher zu einem vollständigen Entspannung des Bodens, sodass der Boden während der Abwärtsbewegung des Rammguts einen Grenzwiderstand erreicht.

Eine vereinfachte Unterscheidungshilfe kann Bild 29 [51] entnommen werden. Die Grafik zeigt, dass mindestens eine Beschleunigung von 1 bis 2 g im Rammgut erzeugt werden muss, damit ein Installationsprozess möglich wird. Bei geringerer Beschleunigung kommt es, je nach vorhandener Lagerungsdichte des Bodens, nur zu einem Verdichtungsprozess im Boden. Zudem zeigt die Abbildung, dass sich, wenn die Dichte des Bodens unterhalb einer nicht näher definierten Grenzdichte liegt, bei ausreichender Beschleunigung das schnelle Vibrationsrammen einstellt, wohingegen bei einer höheren Dichte des Bodens das langsame Vibrationsrammen stattfindet.

*Vogelsang* et al. [63] untersuchten in einem umfangreichen Versuchsprogramm den Pfahlfuß- und -mantelwiderstand von in trockenem Sand installierten Pfählen. Es wurden sowohl Pfähle monoton mit konstanter Geschwindigkeit in den Boden gedrückt als auch Pfähle verschiebungskontrolliert zyklisch mit verschiedenen Amplituden unter Einhaltung einer konstanten Durchschnittsgeschwindigkeit installiert (Bild 30). Mit letzterem Installationsvorgang wollten *Vogelsang* et al. [63] die Effekte des kavitativen und nichtkavitativen Vibrationsrammens unter Ausschluss der Dynamik untersuchen.

*Vogelsang* et al. [63] stellten fest, dass während der Pfahlinstallation sowohl monotone Effekte als auch zyklische Effekte den Bodenwiderstand gegenläufig beeinflussen. Durch eine monotone Pfahlbewegung erhöht sich die auf den Pfahl wirkende Spannung des Bodens. Die (hoch)zyklische Bewegung des Pfahls hingegen sorgt für eine Entspannung. Ein Indikator, welcher Effekt überwiegt, kann das Verhältnis von Aufwärtsbewegung innerhalb eines Bewegungszyklus zur effektiven Eindringung des Pfahls pro Zyklus sein. Mit Zunahme dieses Verhältnisses überwiegen zyklische Effekte, was zu einem einfacheren Penetrationsvorgang führt und dem kavitativen Vibrationsrammen zuzuordnen ist. Bei einem kleinen Verhältnis überwiegen monotone

**Bild 29** Vereinfachte Unterscheidung zwischen schnellem und langsamem Vibrationsrammen [51]

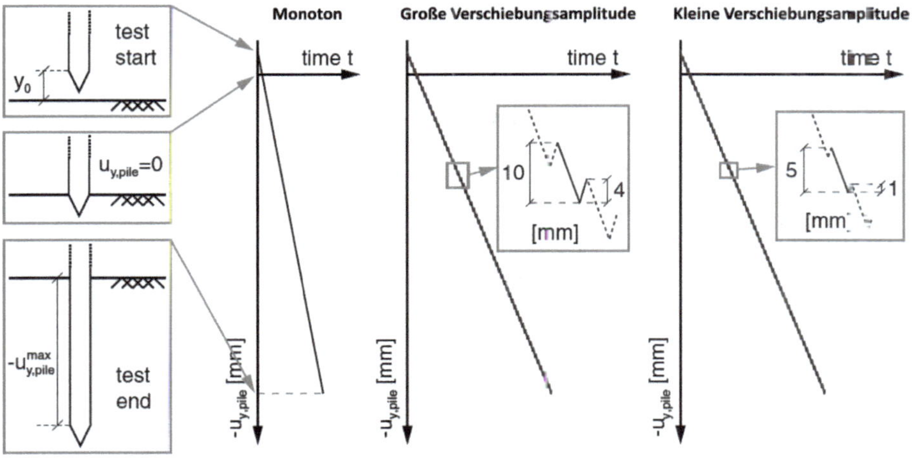


**Bild 30** Verlauf der Pfahlpenetrationskurven für die von *Vogelsang* et al. [63] durchgeführten Versuche

Effekte und der Widerstand während der Pfahlinstallation gleicht sich dem Widerstand während des monotonen Einpressvorgangs an, was dem nichtkavitativen Vibrationsrammen zugeordnet werden kann. Die zyklischen Effekte machen sich insbesondere in mitteldicht gelagertem Sand bei Nutzung einer möglichst großen Verschiebungsamplitude des Pfahls bemerkbar. In Bild 31 sind die Verläufe des Pfahlspitzendrucks für die Versuche in mitteldichter Lagerung mit einem mit konstanter Geschwindigkeit eingedrückten Pfahl sowie für die mit großer und kleiner Verschiebungsamplitude verschiebungskontrolliert zyklisch installierten Pfähle dargestellt. Es ist deutlich zu erkennen, dass der Pfahl, der mit einer großen Verschiebungsamplitude zyklisch installiert wurde, einen geringeren Pfahlspitzendruck generiert als der Pfahl, der mit kleiner Verschiebungsamplitude zyklisch installiert wurde. Zudem ist festzustellen, dass der Verlauf des Pfahlspitzendrucks im Fall der zyklischen Installation mit kleiner Verschiebungsamplitude gut mit dem Pfahlspitzendruck des mit konstanter Geschwindigkeit eingedrückten Pfahls übereinstimmt.

Bei Versuchen mit einvibrierten Pfählen stellten *Vogelsang* et al. [62] in mitteldichter, dichter und sehr dichter Lagerung des Sands ein ähnliches Verhalten und lediglich geringe quantitative Unterschiede fest. Unter Heranziehung der beiden Vibrationsmodi kavitativ und nichtkavitativ erkannten *Vogelsang* et al. [62], dass lediglich bei dem Versuch in sehr dichter Lagerung ein eindeutig kavitativer Vibrationsvorgang stattfindet. Bei den Versuchen in mitteldichter und dichter Lagerung ließ sich keine so klare Aussage treffen. In beiden Fällen verlief der Pfahlspitzendruck ähnlich, wobei es sich weder um eindeutig kavitativen, noch um eindeutig nichtkavitativen Pfahlspitzendruckverlauf handelte.

Anhand von DIC-(Digital Image Correlation)Analysen während der vibrierenden Pfahlinstallation konnten *Vogelsang* et al. [62] erkennen, dass der Boden in einer horizontalen Zone von ungefähr 4 · D bzw. einer vertikalen Zone von ungefähr 3 · D um den Pfahlfuß herum beeinflusst wird. Mit Zunahme der Lagerungsdichte nahm die Größe dieser Zone leicht ab. Qualitativ entstanden im Boden ähnliche Verschiebungen

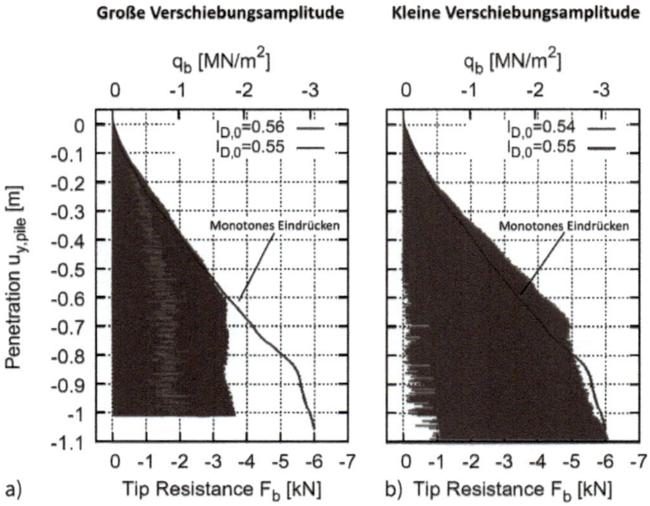


**Bild 31** Pfahlfußwiderstand während der zyklischen Pfahlinstallation mit a) großer und b) kleiner Verschiebungsamplitude im Abgleich mit monotonem Eindrücken des Pfahls (Sand mit mitteldichter Lagerung) [63]

in den drei untersuchten Lagerungsdichten. Am Pfahlfuß kam es zu den größten Verschiebungen. Der Boden wurde horizontal vom Pfahl weggeschoben und vertikal nach unten in Penetrationsrichtung geschoben. Oberhalb der Spitze des Pfahlfußes kam es zu einer der Pfahlpenetration gegenläufigen Verschiebung des Bodens, folglich zu einer Verschiebung nach oben. Während des kavitativen Vibrationsvorgangs bildet sich nach Überlegungen von *Cudmani* [10] bei der Aufwärtsbewegung des Pfahls ein Spalt zwischen Pfahlfuß und Boden; dieser Vorgang konnte in den Versuchen von *Vogelsang* et al. [62] jedoch nicht beobachtet werden. Stattdessen gehen *Vogelsang* et al. [62] davon aus, dass in der Anfangsphase der Abwärtsbewegung (Phase 1-2 in Bild 28) eine Konsolidierung des den Pfahlfuß umgebenden Bodens stattfindet. In dieser ersten Phase sind die Verformungen des Bodens noch gering. In der zweiten Phase (Phase 2-3 in Bild 28) sind die Verformungen im Boden ausgeprägter. Sie sind äquivalent zu den Verformungen während des monotonen Eindrückens eines Pfahls. Während dieser Phase baut sich der Bodenwiderstand auf und der Boden zeigt ein eher dilatantes Verhalten. Während der Aufwärtsbewegung sind die Bodenverschiebungen genau gegenteilig zur Abwärtsbewegung. Die Phase 3-4 korrespondiert zur Phase 2-3, während Phase 4-1′ mit Phase 1-2 korrespondiert.

In Tabelle 2 sind Empfehlungen zu Herstellparametern für das Vibrationsrammen zusammengestellt [51]: In kohäsiven Böden sollte die Beschleunigung und die Frequenz möglichst hoch sein, um den großen Wiederstand aus Mantelreibung zu überwinden. Wählt man die Frequenz zu niedrig, besteht die Gefahr, die Resonanzfrequenz des Pfahl-Boden-Systems zu treffen. In diesem Fall würde die gesamte Vibrationsenergie vom kohäsiven Boden absorbiert werden. Die Wahl einer hohen Vibrationsfrequenz gilt auch für den Fall, dass in dicht gelagerten Sanden ein geringer Fußwiderstand, dafür eine hohe Mantelreibung zu überwinden ist. Im Sand sorgt die hohe Beschleuni-

**Tabelle 2** Herstellparameterempfehlung für das Vibrationsrammen in Abhängigkeit des anstehenden Bodens [51]

| kohäsive Böden | dicht gelagerte, kohäsionslose Böden | | locker gelagerte, kohäsionslose Böden | |
|---|---|---|---|---|
| alle Fälle | geringer Fußwiderstand | großer Fußwiderstand | schwere Pfähle | leichte Pfähle |
| hohe Beschleunigung, kleine Verschiebungsamplitude | hohe Beschleunigung | niedrige Frequenz, große Verschiebungsamplitude | | hohe Beschleunigung |
| überwiegend Widerstand aus Mantelreibung | überwiegend Widerstand aus Mantelreibung | überwiegend Fußwiderstand | | überwiegend Widerstand aus Mantelreibung |
| | benötigt eine hohe Beschleunigung zur Fluidisierung des Bodens | benötigt eine große Verschiebungsamplitude und geringe Frequenz für einen maximalen Impuls um eine elastoplastische Penetration zur erlauben | | benötigt eine hohe Beschleunigung zur Fluidisierung des Bodens |
| Empfohlene Parameter | | | | |
| f > 40 Hz | f: 10 – 40 Hz | f: 4 – 16 Hz | | f: 10 – 40 Hz |
| a: 6 – 20 g | a: 5 – 15 g | a: 3 – 14 g | | a: 5 – 15 g |
| x: 1 – 10 mm | x: 1 – 10 mm | x: 9 – 20 mm | | x: 1 – 10 mm |

f Vibrationsfrequenz
a Beschleunigung
x Schwingamplitude

gung für eine Verflüssigung des Bodens um das Rammgut herum. In dicht gelagerten Sanden mit hohem Fußwiderstand während der Installation und in locker gelagerten Sanden mit schwerem Rammgut ist der maßgebende Parameter die Verschiebungsamplitude während der Installation. Diese sollte möglichst groß sein, zugleich die Installationsfrequenz möglichst klein. Dies sorgt für einen maximalen Impuls während jedes Vibrationszyklus und gleichzeitig für elastoplastische Verformungen des Bodens am Fuß des Rammguts [51].

Es ist darauf hinzuweisen, dass mit dem Einbringen von Pfählen oder Spundbohlen durch Vibration ein wesentliches Element der Qualitätssicherung der Herstellung nur noch eingeschränkt zur Verfügung steht: Während bei einer Schlagrammung eine direkte Korrelation zwischen der zum Einbringen des Rammguts erforderlichen Rammenergie und dem axialen Pfahl- bzw. Spundwandwiderstand hergestellt werden kann, kann aus den Betriebsdaten eines Vibrationsvorgangs der axiale Widerstand eines vibrierten Pfahls oder einer einvibrierten Spundwand nur noch bedingt abgeleitet werden, da durch die bodenmechanischen Prozesse beim Einbringvorgang der Eindringwiderstand des Bodens bewusst herabgesetzt wird.

Bei der Vibrationsrammung werden laterale Schwingungen des Rammguts oft vernachlässigt. Diese spielen aber eine entscheidende Rolle, wenn es um den Herstellvorgang selbst und die Auswirkungen auf den umliegenden Boden geht [60]. Laterale Schwingungen können dann den Penetrationsvorgang verlangsamen, da die durch den Vibrator induzierte Kraft nicht vollständig in eine axiale Bewegung umgewandelt wird. Weiterhin erhöhen sich die Schwingungen im Boden durch verstärkte Einleitung von Kompressionswellen. Insbesondere bei Spundwänden kann Letzteres einen großen Effekt haben, da die bereits installierten Spundwände wie eine Art Resonanzkörper wirken und die Kompressionswellen noch verstärken [60]. Die durch die lateralen Schwingungen induzierten horizontalen Beschleunigungen können den umliegenden Boden außerdem verdichten [48]. Die Lateralschwingungen können zum einen durch mögliche Biegeeigenfrequenzen des Rammguts, zum anderen aber auch durch exzentrische Lasteinleitung am Kopf des Rammguts hervorgerufen werden [67]. Nachfolgend werden zur Verdeutlichung der Abhängigkeiten einige durch Messung gewonnene Erkenntnisse zusammengefasst.

*Kaya* [31] führte Feldmessungen während der Vibrationsrammung von Spundbohlen durch. Der Boden bestand aus einer 7 m dicken Schicht aus organischem Schluff, gefolgt von 7 m Geschiebemergel und 4 m Sande und Kiese. Die Spundbohlen sollten 14,8 m tief in den Baugrund einbinden. Während der Installation der Spundwände wurde ein Führungsrahmen eingesetzt. Die horizontale Beschleunigung der Spundwände während der Installation in verschiedenen Höhen aufgezeichnet. Dabei wurde festgestellt, dass die maximale horizontale Auslenkung 1 bis 2 m oberhalb des Führungsrahmens auftrat und hier in einer Größenordnung von 10 bis 15 mm lag. Auf Höhe des Führungsrahmens wurde eine maximale Auslenkung der Spundwand von 4 mm festgestellt. Dabei haben die in Abschnitt 7.1.1 beschriebenen Modellversuche [31] gezeigt, dass bereits eine horizontale Auslenkung des Profils von 1 bis 2 mm ausreichend ist, um eine Spaltbildung hervorzurufen. *Kaya* [31] stellte zudem fest, dass die Verschiebungsamplitude bei Erreichen der steiferen Geschiebemergelschicht deutlich zunahm. Die Bettung des Profils im Boden hat also einen entscheidenden Einfluss auf die horizontale Auslenkung des Profils. Auch die Rammführung hat einen Einfluss, da diese als zusätzliches Auflager während der Vibration dient und die frei schwingende Länge des Profils verkürzt.

Bei Messungen der am Pfahlkopf wirkenden dynamischen Kraft stellte *Viking* [60] fest, dass die theoretische, nominelle Kraft des Vibrators von der gemessenen Kraft abweicht. In einigen Fällen betrug die gemessene Kraft lediglich 40 % der theoretischen Kraft. *Viking* [60] vermutet, dass Lateralschwingungen, die im Rammgut während des Installationsprozesses auftreten, dafür verantwortlich sein könnten. Aber auch andere Effekte, welche messtechnisch nicht erfasst wurden, könnten einen Einfluss haben. Die Messungen verdeutlichen, dass oftmals nicht die komplette vom Vibrator generierte Kraft in vertikale Bewegung des Rammguts umgesetzt wird.

Bei den in Abschnitt 7.1.2 vorgestellten Versuchen von *Stahlmann* und *Fischer* [55] wurde auch die Spannungsausbreitung im Boden infolge Vibrationsrammung untersucht. Bei der vibrierenden Installation des Pfahls wurde ein kleinerer Einflussbereich um den Pfahl herum festgestellt als für den gerammten Pfahl. Während die Horizontalspannungen sich im Boden infolge der Vibrationsrammung leicht erhöhen, ist bei den Vertikalspannungen kein wesentlicher Unterschied zum Ausgangsspannungszustand feststellbar (vgl. Bild 32). Eine Erhöhung des Porenwasserdrucks konnte während der Vibration in einem Abstand von 0,3 · D vom Pfahlmantel nicht festgestellt werden.

*Wienholz* [69] untersuchte neben gerammten Pfählen auch einvibrierte Pfähle. Die für die Vibrationsrammung verwendeten Pfähle wiesen Impedanzen von 13,40 bis 30,01 kNs/m bei Außendurchmessern von 48,4 bis 60,4 mm auf. Die Pfähle wurden mit konstanter Frequenz von 50 Hz bis auf die gewünschte Einbindetiefe von 1,4 m vibriert. Bei einigen Pfählen wurde nach Erreichen der Einbindetiefe für 60 s noch ein weiterer Vibrationsvorgang mit 20 Hz durchgeführt, um eine Nachverdichtung zu erreichen. Im Anschluss an den Herstellvorgang erfolgte eine statische axiale Pfahlprobebelastung, gefolgt von einem Zugversuch zur Ermittlung des Mantelwiderstands. Dabei wurde festgestellt, dass die Pfähle mit größerer Impedanz einen höheren axialen Widerstand aufwiesen als die Pfähle geringerer Impedanz. Durch Nachvibrieren konnte der Widerstand bei dem Pfahl mit größerem Querschnitt erhöht werden, während bei den Pfählen mit geringerem Querschnitt der axiale Pfahlwiderstand verringert wurde. Das Nachvibrieren sorgte für eine Angleichung der Widerstandswerte, sodass zwischen den mit geringerer Impedanz und größerer Impedanz installierten Pfählen fast keine Unterschiede bezüglich des Pfahlwiderstands mehr bestanden.

Nach *Westerberg* et al. [66], *Massarsch* und *Westerberg* [39] sowie *Woods* [72] hängt das Penetrationsverhalten des Rammguts maßgeblich von Resonanzeffekten im Vibrator-Rammgut- und Vibrator-Rammgut-Boden-System ab. Um das Rammgut möglichst schnell bzw. effizient zu installieren, muss das Vibrator-Rammgut-System in Resonanz schwingen. Dadurch wird die Schwingamplitude maximiert. Der Pfahl und der umliegende Boden schwingen nicht in Phase und der Boden selbst wird während des Penetrationsvorgangs nur minimal gestört. Während der Penetration des Rammguts in den Boden wird die Vibrationsenergie hauptsächlich in Wärme am Schaft und am Fuß des Rammguts umgewandelt. Nur ein geringer Teil der Energie wird auf den Boden über-

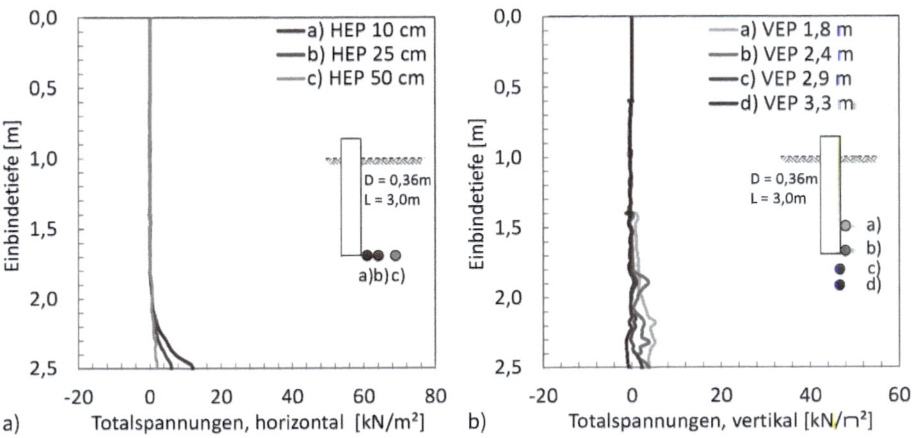


**Bild 32** Änderung der a) Horizontal- (HEP) und b) Vertikalspannung (VEP) während der Vibrationsrammung [55]

tragen und regt ihn zum Schwingen an. Das Rammgut „gleitet“ folglich schnell auf die gewünschte Einbindetiefe. Wird die Vibrationsfrequenz auf die Resonanzfrequenz oder auf ein Vielfaches der Resonanzfrequenz des Vibrator-Rammgut-Boden-Systems eingestellt, tritt der gegenteilige Effekt ein. Die Penetrationsgeschwindigkeit des Rammguts nimmt ab und ein großer Teil der Vibrationsenergie wird in den Boden übertragen. Rammgut und Bodenteilchen schwingen nun in Phase, die Relativverschiebung zwischen Rammgut und Boden ist klein. Dies kann unter ungünstigen Randbedingungen eine weitere Pfahlpenetration verhindern. Der dynamische Mantelwiderstand wird maximal und nähert sich dem statischen Mantelwiderstand an. Mittels Geophonen kann der Energieübertrag in den Boden „gemessen“ werden. Die Resonanzfrequenz des Vibrator-Rammgut-Boden-Systems stellt zudem die optimale Verdichtungsfrequenz dar. Verringert man die Vibrationsfrequenz weiter und entfernt sich wieder von der Resonanzfrequenz des Vibrator-Rammgut-Boden-Systems, vergrößern sich die Relativbewegungen zwischen Rammgut und Boden, sodass die Penetrationsgeschwindigkeit des Rammguts zunimmt. Da sich infolge dynamischer Prozesse im Boden während der Installation durch Kornumlagerung, die Boden- bzw. Statusparameter (Porenzahl etc.) ändern und somit auch die maßgebenden Resonanzfrequenzen, ist es schwierig, das komplette Installationsverhalten vorherzusagen.

Vereinfachend kann das Verhalten granularen Bodens während der Installation mittels Vibrationsrammung wie folgt zusammenfassend beschrieben werden. Nach *Westerberg* et al. [66] und *Massarsch* und *Westerberg* [39] strebt der Boden unabhängig von der Lagerungsdichte im Ausgangszustand eine kritische Dichte an; je größer die Vibrationsenergie ist, desto näher kommt der Boden dieser kritischen Dichte. Locker gelagerte Böden weisen dabei ein Kontraktanzverhalten auf, während dicht gelagerte Böden ein Dilatanzverhalten aufzeigen. Der Mantelwiderstand während der Installation wird zum einen durch Verflüssigung (Liquefaction) herabgesetzt, zum anderen durch eine Zunahme der Vibrationszyklen, welche für eine „Ermüdung“ im Korngerüst sorgen. Der Fußwiderstand hängt größtenteils von der Scherfestigkeit des Bodens ab. Je größer die Kraftamplitude am Fuß des Rammguts, desto schneller und effizienter geht die Installation vonstatten. In locker gelagerten, gesättigten Böden können eine große Wegamplitude und eine hohe Anzahl von Vibrationszyklen zusätzlich für Verflüssigung am Fuß des Rammguts sorgen und so den Widerstand weiter herabsetzen. In trockenem, locker gelagertem Boden kann eine erhöhte Anzahl an Vibrationszyklen hingegen für eine Erhöhung des Widerstands sorgen. In kohäsiven Böden ist das Penetrationsverhalten maßgeblich durch den Schubwiderstand beeinflusst. Auf den dynamischen Mantelwiderstand hat insbesondere die Verschiebungsamplitude des Rammguts während der Installation einen großen Einfluss. Diese muss möglichst groß gewählt werden, um die Adhäsion zwischen Rammgut und Boden zu verringern, die mit zunehmender Zyklenzahl reduziert wird. Eine hohe Vibrationsfrequenz hingegen führt zu einer Erhöhung des Mantelwiderstands. Der Fußwiderstand kann während der Installation durch Wahl einer möglichst großen dynamischen Kraft des Vibrators verringert werden. Begünstigt wird dies auch durch eine möglichst hohe Impedanz des Rammguts. Ähnlich wie beim Mantelwiderstand, kann der Fußwiderstand durch eine große Verschiebungsamplitude und eine hohe Zyklenzahl reduziert werden. Im Allgemeinen kann man sagen, dass die aufgebrachte statische und dynamische Kraft größer

**Tabelle 3** Einfluss verschiedener Herstellparameter während des Vibrationsrammens auf den Mantel- und Fußwiderstand in granularen und kohäsiven Böden [56]

| | Mantelwiderstand | | | Fußwiderstand | | |
|---|---|---|---|---|---|---|
| Dichte | locker | mittel | hoch | locker | mittel | hoch |
| Vibrationsfrequenz | | – – – | | – – | – – | – – – |
| Verschiebungsamplitude | | – | | – | – | – |
| Zyklenanzahl | | – | | + + | + | - |
| Steifigkeit | gering | mittel | hoch | gering | mittel | hoch |
| Vibrationsfrequenz | | + + + | | | + + + | |
| Verschiebungsamplitude | | – – – | | | – | |
| Zyklenanzahl | | – | | | – | |

+ erhöht, – verringert

sein muss, als der dynamische Bodenwiderstand, damit das Rammgut in den Boden penetrieren kann. In Tabelle 3 sind die wichtigsten Einflussgrößen und ihr Einfluss auf Mantel- und Fußwiderstand zusammengefasst.

Die von *Westerberg* et al. [66] dokumentierten Erfahrungen für kohäsive Böden sind gegensätzlich zu den Empfehlungen von *Rodger* und *Littlejohn* [51] (s. Tabelle 2), während die Erfahrungen und Empfehlungen für granulare Böden vergleichbar sind. Dies verdeutlicht nochmals die Komplexität der Thematik. Es ist daher empfehlenswert, im Vorfeld Probevibrationsrammungen durchzuführen.

### 7.1.4 Vergleich des axialen Tragverhaltens infolge Schlagrammung und Vibrationsrammung

Während für gerammte Pfähle der axiale Pfahlwiderstand mithilfe einer großen Anzahl weitgehend abgesicherter Korrelationen sowohl aus den Ergebnissen von Baugrunduntersuchungen (Sondierungen) als auch aus der während der Herstellung aufgezeichneten Rammenergie ermittelt werden kann, existieren vergleichbare Regelungen und Erfahrungen für vibrierte Pfähle weder auf nationaler noch auf internationaler Ebene. Aus diesem Grund wird heute meist nur bis einige Meter über der Absetztiefe mit der Vibrationsrammung gearbeitet und dann die letzten Meter schlagend gerammt. In diesem Zusammenhang fordert die EA-Pfähle [77], Abs. 5.4.4.2(2), die für Fertigrammpfähle tabellierten Erfahrungswerte des Pfahlwiderstands abzumindern, sofern nicht der Pfahl auf den letzten 8 · D im tragfähigen Boden gerammt wird; konkrete Angaben zur Abminderung werden nicht gemacht. *Witzel* [71] empfiehlt zur Ermittlung des Widerstands vibrierter Pfähle in nichtbindigen Böden die für gerammte Verdrängungspfähle abgeleiteten Werte für Mantelreibung und Spitzendruck um 25 % abzumindern, *Rocher-Lacoste* et al. [50] geben für bindige und nichtbindige Bodenarten Abminderungsfaktoren in einer großen Bandbreite von 5 bis 55 % für die Mantelreibung und von 5 bis 75 % für den Spitzendruck vor.

Angaben zum Einfluss der Einbringungsart auf die Mantelreibung und den Spitzendruck von Pfählen macht auch die russische Norm SNIP 2.02.03-85 (1991). Während die Mantelreibung vibrierter Pfähle in mitteldicht gelagerten nichtbindigen Böden im Vergleich zu gerammten Pfählen unverändert bleibt, wird der Pfahlfußwiderstand um bis zu 20 % erhöht. Eine Abnahme des Pfahlmantelwiderstands um 10 % bei vibrierten Pfählen gegenüber der gerammten Einbringung wird dagegen für bindige Böden (Lehm) ausgewiesen.

Das axiale Tragverhalten von vibrierten Pfählen wurde – häufig im Abgleich mit gerammten Pfählen – in einer größeren Anzahl von Modell- und Feldversuchen untersucht. Die Ergebnisse sind teilweise widersprüchlich: *Vipulanandan* et al. [61] stellen in Modellversuchen fest, dass in mitteldichten Sanden gerammte Pfähle einen 15 bis 25 % höheren Widerstand aufweisen, hingegen in dicht gelagerten Sanden vibrierte Pfähle (f = 20 Hz) einen im Mittel um 20 bis 30 % höheren Widerstand haben. In Feld- und Laborversuchen wurde nachgewiesen, dass mit höheren Frequenzen (z.B. 30 bis 50 Hz) zwar hohe Eindringgeschwindigkeiten, zugleich aber niedrigere Pfahlwiderstände erreicht werden [56, 61]. *Hartung* [24] zeigt in Modellversuchen, dass bei f = 50 Hz der Widerstand eines vibrierten Pfahls um 36 % geringer als derjenige eines gerammten Pfahls ist, jedoch bei einer Einbringung mit einer Frequenz (f = 30 Hz), die nahe der Eigenfrequenz des Systems (f ≈ 22 Hz) liegt, ein um 20 % höherer Widerstand als bei gerammten Pfählen erreicht wird. In Versuchen von *Wienholz* [69] waren hingegen die Widerstände der vibrierten Modellpfähle (f = 50 Hz) durchweg wesentlich höher (25 bis 100 %) als bei den gerammten. *Cudmani* [10] konnte bei in einer Druckkammer durchgeführten Versuchen an vibrierten (f = 50 Hz) und gerammten Pfählen wiederum keinen wesentlich Einfluss des Einbringverfahrens identifizieren.

Ähnliche Diskrepanzen zeigen Feldversuche: Während *Mazurkiewicz* [41] bei statischen Probebelastungen in Sanden bei vibrierten Stahlbetonpfählen nur 60 % des Widerstands von gerammten Pfählen nachweist und sich auch nach *Braaker* [76] für vibrierte Stahlpfähle 10 bis 40 % geringere Widerstände ergeben, entsprach in den Untersuchungen von *Briaud* et al. [7] der Widerstand der vibrierten Pfähle demjenigen der gerammten Pfähle.

Feldmessungen von *Lammertz* [35] an eingerammten und einvibrierten Pfählen ergaben, dass die Installationsmethode hauptsächlich den Pfahlfußwiderstand beeinflusst. Während sich der Mantelwiderstand bei den gerammten und vibrierten Pfählen nur geringfügig unterschied, gab es größere Diskrepanzen beim Pfahlfußwiderstand. Die Messungen ergaben außerdem, dass der axiale Tragwiderstand der einvibrierten Pfähle in locker bis mitteldicht gelagertem Sand größer war als der axiale Tragwiderstand vergleichbarer eingerammter Pfähle. In dichter gelagertem Sand war hingegen der axiale Tragwiderstand der gerammten Pfähle größer als derjenige der einvibrierten Pfähle. Der axiale Tragwiderstand der vibrierten Pfähle wurde größer mit Abnahme der Penetrationsgeschwindigkeit. Die Feldmessungen von *Lammertz* [35] beziehen sich auf 31,3 m lange offene Stahlrohre mit einem Durchmesser von 914,2 mm und einer Wandstärke von 12,7 mm. Die Einbindetiefe der Pfähle beträgt 24 bis 30 m. Die ersten 13,5 m des Bodens bestehen aus einer Weichschicht, gefolgt von überwiegend mitteldicht bis dichten Sanden, welche die tragfähige Schicht bilden.

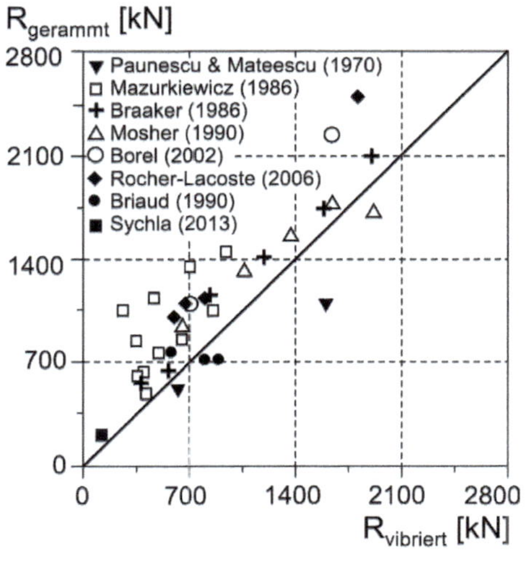


**Bild 33** Feldversuche: Vergleich des axialen Widerstands von vibrierten und gerammten Pfählen [43]

Bild 33 fasst die Ergebnisse von Feldversuchen zusammen.

Tendenziell zeigten sich in allen experimentellen Untersuchungen für die vibrierten Pfähle eine geringere Anfangssteifigkeit und ein geringerer Fußwiderstand als bei gerammten Pfählen. Ferner konnte bei vibrierten Stahlrohrpfählen in gesättigten Sanden (f = 20 bis 35 Hz) auch bei kleinen Pfahldurchmessern keine Pfropfenbildung, wie sie von gerammten Pfählen bekannt ist, beobachtet werden [65], was numerische Untersuchungen bestätigen [27, 34].

In der Summe zeigen die Untersuchungen, dass das Tragverhalten und der Widerstand von axial belasteten Pfählen, die durch Vibrationsrammung eingebracht werden, maßgeblich durch die Herstellparameter (Frequenz, statisches Moment, statische Auflast) beeinflusst werden können. Insbesondere in nichtbindigen Böden geringer bis mittlerer Lagerungsdichte kann dabei für vibrierte Pfähle gegenüber gerammten Pfählen ein höherer Widerstand erreicht werden, wenn eine nahe der Eigenfrequenz des Systems liegende Erregerfrequenz gewählt wird.

### 7.1.5 Vergleich des lateralen Tragverhaltens infolge Schlagrammung und Vibrationsrammung

#### 7.1.5.1 Allgemeines

Zum lateralen Tragverhalten von vibrierend eingebrachten Pfählen liegen bis dato nur sehr wenige Untersuchungen vor. *LeBlanc* [36] berichtet anhand von Pilotanwendungen von Stahlrohrpfählen (D = 4,7 bis 5,35 m) für die OWF Anholt über eine vergleichbare laterale Steifigkeit von vibrierten und gerammten Monopiles. Vor diesem Hintergrund wurde 2014 im Rahmen des sog. VIBRO-Projekts ein Großversuch in Altenwalde bei Cuxhaven durchgeführt, um das laterale Tragverhalten von gerammten und vibrierten Stahlrohrpfählen mit großem Durchmesser zu untersuchen [20]. Ziel des Versuchs war es, die Vergleichbarkeit der durch die Bodensteifigkeit geprägten

Pfahl-Boden-Interaktion und des damit verbundenen Pfahltragverhaltens von vibrierten und gerammten Monopiles unter horizontalen Einwirkungen nachzuweisen.

### 7.1.5.2 Probefeld in Altenwalde

**Geometrie und Baugrund**

Der Standort des Testfelds in einer ehemaligen Sandgrube wurde mit der Zielrichtung ausgewählt, dass die Baugrundverhältnisse mit den für Offshore-Standorte in der Nordsee relevanten Randbedingungen, i. e. überwiegend sandige, wassergesättigte Böden hoher Lagerungsdichte, korrelieren. Die mit 3 Kernbohrungen und 116 Drucksondierungen (CPT) aufgeschlossenen Baugrundverhältnisse werden danach durch dicht und sehr dicht gelagerte Sande ($q_c$ = 10 bis 20 MN/m$^2$, bis 20 m Tiefe auf > 30 MN/m$^2$ zunehmend) geprägt, in die nur lokal geringmächtige bindige Schichten eingelagert sind. Der Grundwasserspiegel lag rund 3 m unter Geländeoberfläche.

**Pfahlherstellung**

Installiert wurden 6 Stahlrohrpfähle mit einem Durchmesser von 4,3 m, einer Wandstärke von 40 bis 45 mm und einer Länge von 21,0 m, wobei die Einbindetiefe rund 18,5 m betrug. Drei Pfähle wurden im Rammverfahren mit einer Ramme von Typ S-1200 der Fa. IHC Hydrohammer (140 t) und drei weitere Pfähle mit einem Vibrator des Typs PVE 500 M (65 t) der Fa. PVE eingebracht. Die Pfahlstandorte wurden so gewählt, dass sich die gerammten und vibrierten Pfähle paarweise in einem horizontalen Abstand von $\geq 6 \cdot D$ gegenüberstehen.

Die in Tabelle 4 zusammengestellten Angaben zur Installation der 6 Testpfähle zeigen, dass die Installationszeit durch den Einsatz des Vibrationsverfahrens (f ca. 22,5 Hz Nennleistung) im besten Fall um mehr als den Faktor 10 gegenüber einer Schlagrammung reduziert werden konnte.

Des Weiteren konnte gezeigt werden, dass selbst bei einer Installationsunterbrechung, wie dies im Fall des Pfahls P1 ca. 4 m vor Erreichen der Endtiefe der Fall war, ein erneutes Anfahren des Vibrationsprozesses und das weitere Einbringen des Stahlrohrpfahls bis zur Zieltiefe möglich war, wobei jedoch eine deutlich langsamere Eindringgeschwindigkeit beobachtet wurde.

**Tabelle 4** Feldversuch Altenwalde: Angaben zur Installation der sechs Testpfähle

| | Einbindetiefe [m] | Einbringung | Installationszeit [min] |
|---|---|---|---|
| P1 | 18,2 | vibriert | 12 [1)] |
| P2 | 18,5 | gerammt | 29 |
| P3 | 18,7 | gerammt [2)] | 48 |
| P4 | 18,7 | vibriert | 5 |
| P5 | 18,3 | vibriert | 3 |
| P6 | 18,2 | gerammt | 32 |

[1)] P1: Vibration wurde 4 m vor Endtiefe für 60 min unterbrochen

[2)] P3: gerammt im HiLo-Verfahren

**Sondierergebnisse**

Die Auswirkungen der Pfahleinbringung auf die Lagerungsdichte der Sande im Einflussbereich der Pfähle wurden durch in großer Zahl ausgeführte Drucksondierungen nachgewiesen. Dazu wurden zu verschiedenen Zeitpunkten vor und bis zu vier Monate nach der Installation CPTs in Abständen von 0,4 m, 1,2 m, 2,0 m und 3,0 m vom Pfahlmantel ausgeführt.

Sowohl bei den schlaggerammten als auch bei den einvibrierten Pfählen ergeben sich deutliche Reduktionen des Sondierspitzenwiderstands infolge der Pfahlherstellung (Bild 34). Dabei zeigte sich, dass nach drei Wochen keine weiteren Veränderungen der Sondierspitzenwiderstände mehr zu verzeichnen waren.

Eine geometrische Abnahme des Herstellungseinflusses ist anhand der Sondierergebnisse innerhalb des hier untersuchten Abstands von bis zu 3 m, was ca. dem 1,5-fachen Pfahlradius entspricht, zwar feststellbar, jedoch ist der Einfluss auf den Sondierspitzenwiderstand auch in diesem Abstand noch nicht abgeklungen.

Eine Besonderheit stellt der Pfahl P1 dar, bei dem während des Herstellvorgangs eine unplanmäßige Unterbrechung im Vibrationsvorgang dazu führte, dass nach der Unterbrechung von rd. 60 Minuten die verbleibende Strecke mit angepassten Herstellparametern vibriert werden musste. Dieser Unterschied wird auch in den Drucksondier-

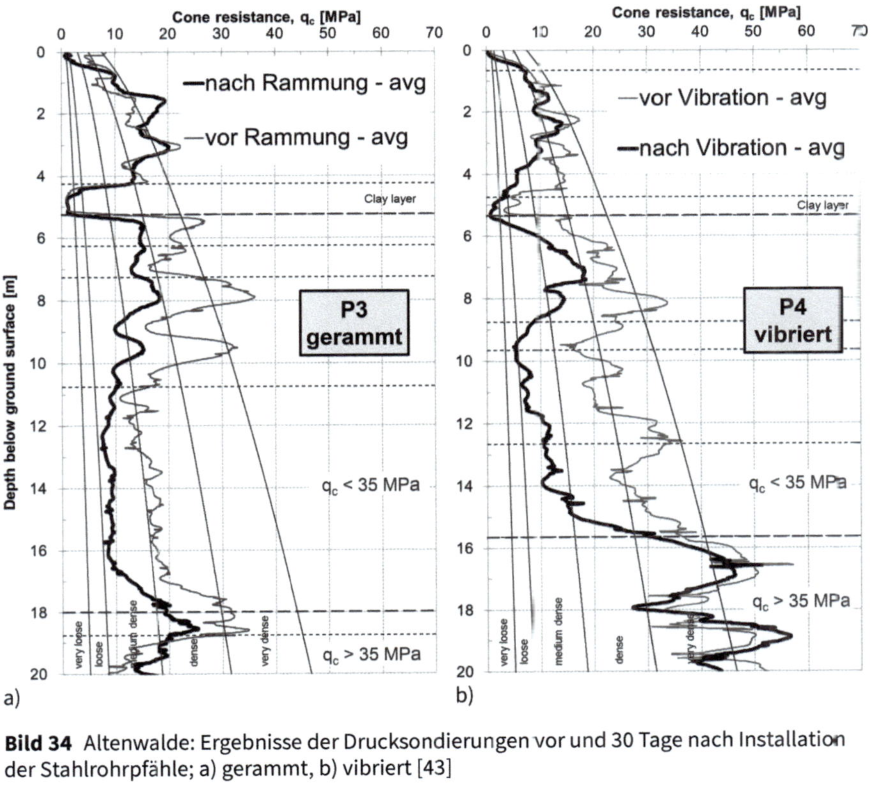


**Bild 34** Altenwalde: Ergebnisse der Drucksondierungen vor und 30 Tage nach Installation der Stahlrohrpfähle; a) gerammt, b) vibriert [43]

ergebnissen sichtbar, die bei diesem Pfahl im Tiefenbereich von ca. 9 m bis ca. 13 m eine Erhöhung des Sondierspitzenwiderstands gegenüber dem Ausgangswert aufweisen.

Folgende generelle Zusammenhänge lassen sich festhalten:

- Die deutliche Reduktion der Sondierspitzenwiderstände nach Pfahlinstallation ist bei vibrierten Pfählen tendenziell stärker ausgeprägt.
- Die Reduktion ist dabei über die Pfahllänge nicht konstant. So waren die Reduktionen im oberen Bereich weniger ausgeprägt, im mittleren Pfahlabschnitt jedoch sehr deutlich. Im Pfahlfußbereich werden in etwa die Ausgangswerte gemessen.
- Beim vibrierten Pfahl P1 (Unterbrechung im Herstellungsvorgang und Fortsetzung mit angepassten Herstellparametern) war bereichsweise auch ein Anstieg der Sondierspitzenwiderstände erkennbar.
- Zeitabhängige Anwachseffekte waren anhand der CPT-Ergebnisse nicht erkennbar.

Grundsätzlich ist in diesem Kontext darauf hinzuweisen, dass Veränderungen des Spannungszustands mit CPT-Sondierungen nicht unmittelbar detektierbar sind.

**Laterale Pfahlprobebelastungen**

Bei den statischen horizontalen Pfahlprobebelastungen wurden paarweise jeweils ein vibrierter sowie ein geschlagener Pfahl gegeneinander gezogen. Als direktes Vergleichsmerkmal dienten die ermittelten Kopfverformungen sowie sekundär die Biegelinie der Stahlrohrpfähle. Die maximale Testlast lag bei 20 MN. Für die Versuche wurde eine Zugkonstruktion konstruiert, die durch hydraulische Pressen angetrieben wurde (Bild 35). Die Pfähle wurden umfangreich instrumentiert [20].

Im Ergebnis der Verformungsmessungen zeigt Bild 36 die Biegelinie der sechs Testpfähle bei einer horizontalen Prüflast von 18 MN am Pfahlkopf. Das Verformungsverhalten der Pfähle ist grundsätzlich vergleichbar, wobei sich für die vibrierten Pfähle tendenziell ein weicheres Verhalten ergibt. Dies wird auch deutlich, wenn die Pfahlkopfverschiebungen der gegeneinander belasteten Pfahlpaare miteinander verglichen

**Bild 35** Altenwalde: horizontale Probebelastung eines vibrierten und eines gerammten Pfahls [43]

werden. So zeigt Bild 37 die auf die Maximallast normierte Pfahlkopfverschiebungslinie eines vibrierten und eines gerammten Pfahls.

**Schlussfolgerungen**

Mit dem Feldversuch konnte gezeigt werden, dass mit der auf dem Markt verfügbaren Vibrationstechnik große Monopfähle in dicht gelagerten Sanden bis zur Endtiefe eingebracht werden können. Selbst eine Unterbrechung des Vibrationsvorgangs kurz vor dem Erreichen der Endtiefe verbunden mit einer erneuten Fortführung des Prozesses ist möglich. Mit der Vibrationstechnik lassen sich die Nettoinstallationszeiten und damit verbunden die Herstellkosten deutlich reduzieren. Tendenziell zeigen die vibrierten Pfähle ein etwas weicheres Verformungsverhalten unter lateraler Einwirkung, das Tragverhalten von vibrierten und gerammten Pfählen ist aber grundsätzlich vergleichbar.

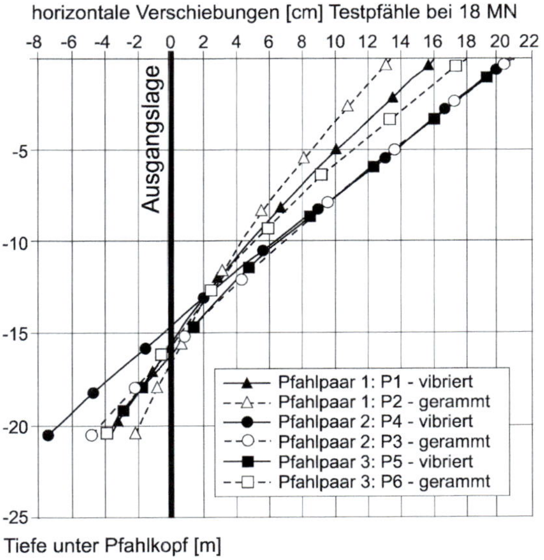


**Bild 36** Altenwalde: Biegelinien der vibrierten und gerammten Testpfähle während der horizontalen Probebelastung [43]

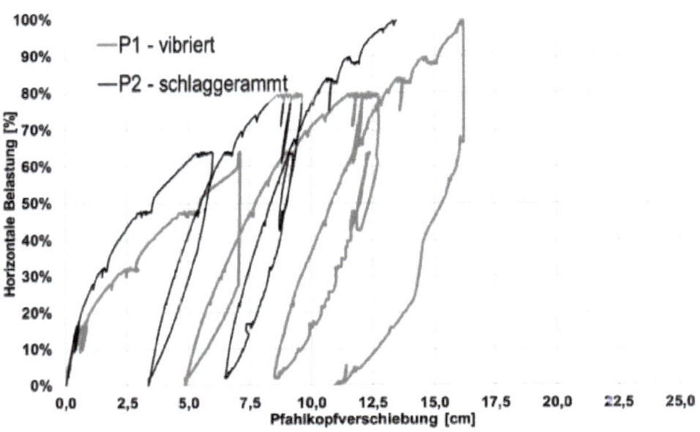


**Bild 37** Altenwalde: Vergleich der Pfahlkopfverschiebungen eines vibrierten und eines gerammten Stahlrohrpfahls [43]

## 7.2 Erschütterungen infolge des Herstellvorgangs

### 7.2.1 Pressen

Das Einpressen von Spundbohlen ist im Hinblick auf Erschütterungsauswirkungen das mit Abstand schonendste Verfahren.

*Zierach* und *Zerrenthin* [75] berichten von Erschütterungsmessungen an der Bodenoberfläche und Fundamenten während des Einpressens von Spundbohlen. Im Mittel konnten stoßartige Erschütterungen durch die hydraulischen Pressen mit einer Frequenz von 8 Hz festgestellt werden. Resonanzerscheinungen wurden dabei nicht beobachtet, sodass von einem erschütterungsarmen Installationsprozess ausgegangen werden kann.

### 7.2.2 Rammen

Während der Impulsrammung entstehen im Boden stoßartige bzw. impulsartige Schwingungen.

*Zierach* und *Zerrenthin* [75] haben die Boden- und Fundamentschwingung während der langsamen Schlagrammung mittels Dieselrammen, Freifallrammen und Hydraulikrammen anhand von 1255 (Bodenschwingung) bzw. 1021 (Fundamentschwingung) Datensätzen ausgewertet. Mittels dieser Daten wurde ein Regressionsansatz entwickelt, welcher die Boden- und Fundamentschwinggeschwindigkeit in Abhängigkeit der Schlagenergie des Rammbären und des Abstands zum Rammgut abschätzt:

$$v_B(R) = K_B \sqrt{\frac{E}{E_0}} \left(\frac{R}{R_1}\right)^{-1} e^{\left[-\alpha_B (R - R_1)\right]} \tag{4}$$

$$v_F(R) = K_F \sqrt{\frac{E}{E_0}} \left(\frac{R}{R_1}\right)^{-1} e^{\left[-\alpha_F (R - R_1)\right]} \tag{5}$$

mit

| | | |
|---|---|---|
| $v_B(R)$ | [mm/s] | Bodenschwinggeschwindigkeit im Abstand R |
| $v_F(R)$ | [mm/s] | Fundamentschwinggeschwindigkeit im Abstand R |
| $R$ | [m] | Abstand zum Rammgut |
| $R_1$ | [m] | Bezugsabstand |
| $E$ | [kNm] | kinetische Schlagenergie |
| $E_0$ | [kNm] | Bezugsenergie, i. d. R. 1 kNm |
| $K_B$ | [mm/s] | empirische Konstante nach Tabelle 5 |
| $K_F$ | [mm/s] | empirische Konstante nach Tabelle 5 |
| $\alpha_B$ | [1/m] | Koeffizient der Materialdämpfung Boden nach Tabelle 5 |
| $\alpha_F$ | [1/m] | Koeffizient der Material- und Übertragungsdämpfung Boden-Bauwerk nach Tabelle 5 |

**Tabelle 5** Regressionsparameter für die Bestimmung der Boden- und Fundamentschwinggeschwindigkeit beim Rammen [75]

| Parameter | Diesel- und Freifallrammen | Hydraulikrammen |
|---|---|---|
| $K_B$ | 1,16 | 1,88 |
| $K_{B,95\%}$ | 3,40 | 10,0 |
| $K_F$ | 0,39 | 0,59 |
| $K_{F,95\%}$ | 1,17 | 2,70 |
| $\alpha_B$ | 0,0061 | 0,0124 |
| $\alpha_F$ | 0,0026 | 0,0001 |

In Tabelle 5 sind die Regressionsparameter K und α für die Boden- und Fundamentschwingungen angegeben. Diese beschreiben die mittlere Ausbreitung der Schwinggeschwindigkeit. Zudem sind auch Regressionsparameter für die obere Grenze des Vertrauensbereichs bei einer statistischen Sicherheit von 95 % angegeben.

Es war festzustellen, dass sich Diesel- und Freifallrammen hinsichtlich der Erschütterungen nur unwesentlich voneinander unterscheiden, während hydraulisch angetriebene Rammen für den gleichen Rammfortschritt und bei gleicher Erschütterungsemission eine um das 2,5-fache reduzierte Rammenergie benötigen. Die Auswertung der Schwingungen zeigt, dass die Frequenz der maßgebenden Schwingungen überwiegend im Bereich von 5 bis 40 Hz lag.

In den Bildern 38 und 39 sind die in verschiedenen Abständen gemessenen Schwinggeschwindigkeiten des Bodens für Diesel- und Freifallrammen sowie Hydraulikram-

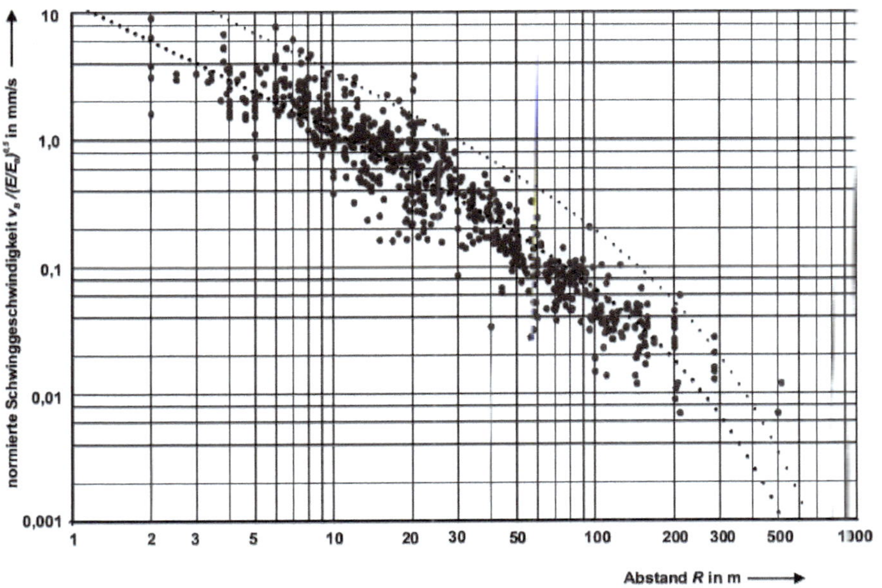


**Bild 38** In verschiedenen Abständen gemessene Schwinggeschwindigkeit im Boden bei der Schlagrammung mit Diesel- und Freifallrammen [75]

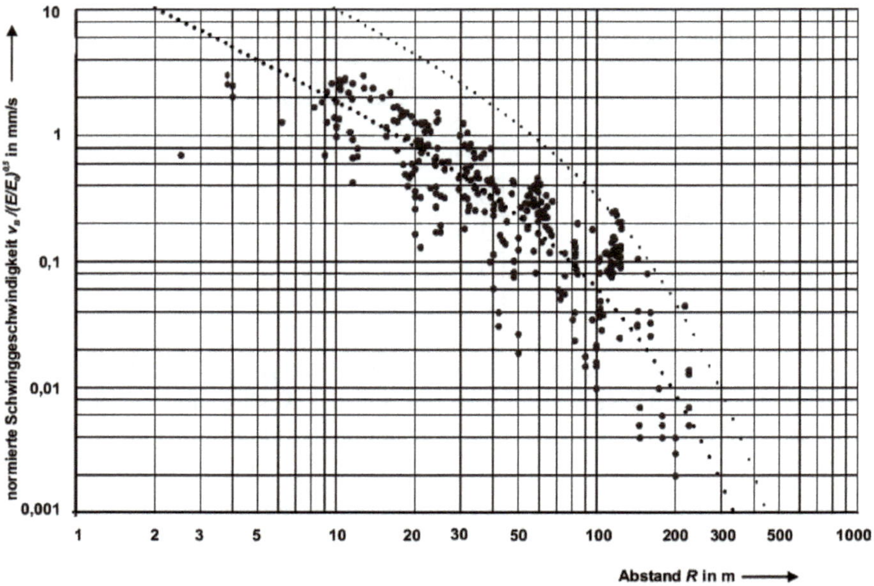


**Bild 39** In verschiedenen Abständen gemessene Schwinggeschwindigkeit im Boden bei der Schlagrammung mit Hydraulikrammen [75]

men dargestellt. Die Schwinggeschwindigkeit wurde mittels der kinetischen Energie, welche sich auch in den Gln. (4) und (5) wiederfindet, normiert.

### 7.2.3 Vibrieren

Während der Vibrationsrammung entstehen im Boden, im Gegensatz zur Impulsrammung, periodische Schwingungen. Dies verstärkt die Gefahr von Resonanzeffekten in den dynamischen Systemen Vibrator-Rammgut-Boden, Boden-Bauwerk und Bauwerk-Bauteil. Diese Resonanzeffekte werden wesentlich durch die Bodenschichtung, die Resonanzfrequenzen und Dämpfungen der verschiedenen Materialien beeinflusst. Als weitere Einflussfaktoren kommen noch Überlagerungseffekte der Wellen infolge Refraktion und Reflektion hinzu [72, 75].

*Woods* [72] können Untersuchungen zum Einfluss von Pfahlinstallationen auf bestehende Bebauungen entnommen werden. Neben gerammten Pfählen, untersuchte *Woods* [72] auch einvibrierte Pfähle und erläutert die Problematik der Resonanzfrequenzen im Boden. Es gibt drei entscheidende Frequenzen, welche die Installation des Rammguts mittels Vibrator beeinflussen:

1. Resonanzfrequenz des Vibrator-Rammgut-Systems,
2. Resonanzfrequenz des Vibrator-Rammgut-Boden-Systems,
3. Resonanzfrequenz des Bodenkontinuums.

Die Resonanzfrequenz des Vibrator-Rammgut-Systems stellt die optimale Installationsfrequenz dar. Solange diese Frequenz nicht mit einer Resonanzfrequenz des Bodens übereinstimmt, wird nur wenig von der Vibrationsenergie in den umliegenden

Boden übertragen, somit nehmen die Schwingungen im Boden ein Minimum an. Der Einfluss auf das Installationsverhalten dieser Frequenz wurde bereits in Abschnitt 7.1.3 dargestellt.

Bei der Anregung des Systems mit der Resonanzfrequenz des Vibrator-Rammgut-Boden-Systems kommt es im Umfeld des Rammguts zu einer Maximierung der Bodenschwingungen. Rammgut und Boden bewegen sich in Phase, die Relativverschiebungen zueinander nehmen ein Minimum an. Die Schwingamplitude des Bodens ist dabei auch abhängig von der Steifigkeit des Bodens, der gesamten angeregten Masse und der dynamischen Kraft des Vibrators. Die Resonanzfrequenz des Vibrator-Rammgut-Boden-Systems kann sich während des Herstellvorgangs ändern.

Die Resonanzfrequenz des Bodenkontinuums entspricht der Resonanzfrequenz des gesamten ungestörten Bodens. Bei Anregung des Bodens mit dieser Frequenz kommt es im Nah- und Fernbereich des Pfahls zu großen Schwingamplituden im Boden. Die Vibrationen werden „effizient" innerhalb des Bodenkontinuums übertragen.

*Zierach* und *Zerrenthin* [75] haben bei verschiedenen Projekten die Boden- und Fundamentschwingung während der Vibrationsrammung gemessen. Dabei wurde zusätzlich zu der Resonanzproblematik festgestellt, dass die Größe der Schwinggeschwindigkeit im Boden und im Fundament abhängig vom gewählten Arbeitsmoment des Vibrators ist: Mit Zunahme des Arbeitsmoments nimmt auch die Schwinggeschwindigkeit zu. Auf der Basis der Auswertung von 1.863 Datensätzen zur Bodenschwingung und 1.208 Datensätzen zu Schwingungen von benachbarten Fundamenten wurden folgende Regressionsansätze für die Bodenschwinggeschwindigkeit $v_B$ und für die Fundamentschwinggeschwindigkeiten $v_F$ in Abhängigkeit vom Abstand R von der Vibrationsquelle abgeleitet:

$$v_B(R) = K_B \left(\frac{M}{M_0}\right)^{0,67} \left(\frac{R}{R_1}\right)^{-0,5} e^{\left[-\alpha_B (R - R_1)\right]} \tag{6}$$

$$v_F(R) = K_F \left(\frac{M}{M_0}\right)^{0,67} \left(\frac{R}{R_1}\right)^{-0,5} e^{\left[-\alpha_F (R - R_1)\right]} \tag{7}$$

mit

| | | |
|---|---|---|
| $v_B(R)$ | [mm/s] | Bodenschwinggeschwindigkeit im Abstand R |
| $v_F(R)$ | [mm/s] | Fundamentschwinggeschwindigkeit im Abstand R |
| R | [m] | Abstand zum Rammgut |
| $R_1$ | [m] | Bezugsabstand |
| M | [kgm] | Arbeitsmoment des Vibrators |
| $M_0$ | [kgm] | Bezugsmoment, i. d. R. 1 kgm |
| $K_B$ | [mm/s] | Empirische Konstante nach Tabelle 6 |

| | | |
|---|---|---|
| $K_F$ | [mm/s] | Empirische Konstante nach Tabelle 6 |
| $\alpha_B$ | [1/m] | Koeffizient der Materialdämpfung Boden nach Tabelle 6 |
| $\alpha_F$ | [1/m] | Koeffizient der Material- und Übertragungsdämpfung Boden-Bauwerk nach Tabelle 6 |

Die den Regressionsansätzen zugrunde gelegten Datensätze enthalten Daten von Vibrationsrammen mit einem Arbeitsmoment M zwischen 5 und 58 kgm, sowie einer maximalen Frequenz von 42 Hz.

In Tabelle 6 sind die Regressionsparameter K und $\alpha$ für die Boden- und Fundamentschwingungen angegeben. Diese beschreiben die mittlere Ausbreitung der Schwinggeschwindigkeit. Zudem sind auch Regressionsparameter für die obere Grenze des Vertrauensbereichs bei einer statistischen Sicherheit von 95 % angegeben. Aufgrund von Resonanzeffekten im Boden wird zwischen den beiden Frequenzbereichen < 30 Hz und > 30 Hz unterschieden, da man im Allgemeinen davon ausgeht, dass ab einer Vibrationsfrequenz > 30 Hz Resonanzeffekte abnehmen bzw. nur noch in geringem Maße auftreten. Eine verminderte Schwinggeschwindigkeit im Boden und auch im Fundament wurde insbesondere für Frequenzen > 35 Hz festgestellt.

In den Bildern 40 und 41 sind die in verschiedenen Abständen gemessenen Schwinggeschwindigkeiten des Bodens bei der Vibrationsrammung mit Frequenzen kleiner und größer als 30 Hz dargestellt. Die Schwinggeschwindigkeit wurde mittels der kinetischen Energie, welche sich auch in den Gln. (6) und (7) wiederfindet, normiert.

Bei Untersuchungen zum Einfluss von Rammhilfen (Vorbohren, Hochdruckvorschneiden und Niederdruckspülung) ergab sich, dass diese einen vernachlässigbar kleinen Einfluss auf die Schwingungen im Boden während der Vibrationsrammung haben. Dieser Untersuchung liegen allerdings nur sieben Proberammungen zugrunde [75].

Zur Beurteilung der Gefährdung durch Schwingungen ist neben der Schwinggeschwindigkeit auch die Frequenz wichtig. Geophonmessungen zeigen, dass der Boden in der Regel in derselben Frequenz wie das Rammgut schwingt [60]. Ferner zeigte sich, dass die horizontalen Bodenschwingungen teilweise größer als die vertikalen Bodenschwingungen sind. Dies hängt insbesondere mit den Lateralschwingungen des Rammguts zusammen. Infolge sogenannter Interlocking-Effekte kann es durch ein

**Tabelle 6** Regressionsparameter für die Bestimmung der Boden- und Fundamentschwinggeschwindigkeit beim Vibrieren [75]

| Parameter | f < 30 Hz | f > 30 Hz |
|---|---|---|
| $K_B$ | 0,68 | 0,55 |
| $K_{B,95\%}$ | 2,6 | 2,2 |
| $K_F$ | 0,19 | 0,17 |
| $K_{F,95\%}$ | 1,35 | 0,99 |
| $\alpha_B$ | 0,0223 | 0,0258 |
| $\alpha_F$ | 0,0195 | 0,0230 |

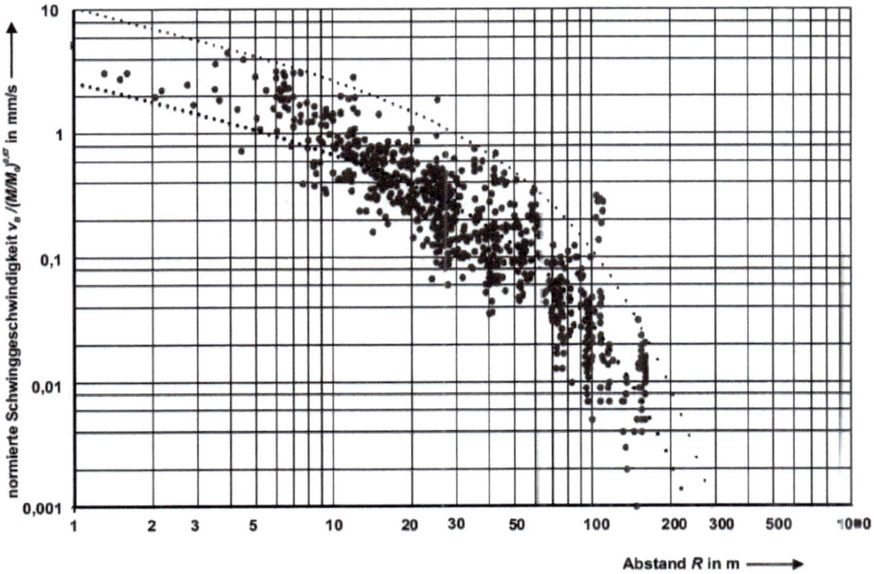


**Bild 40** In verschiedenen Abständen gemessene Schwinggeschwindigkeit im Boden bei der Vibrationsrammung mit Frequenzen < 30 Hz [75]

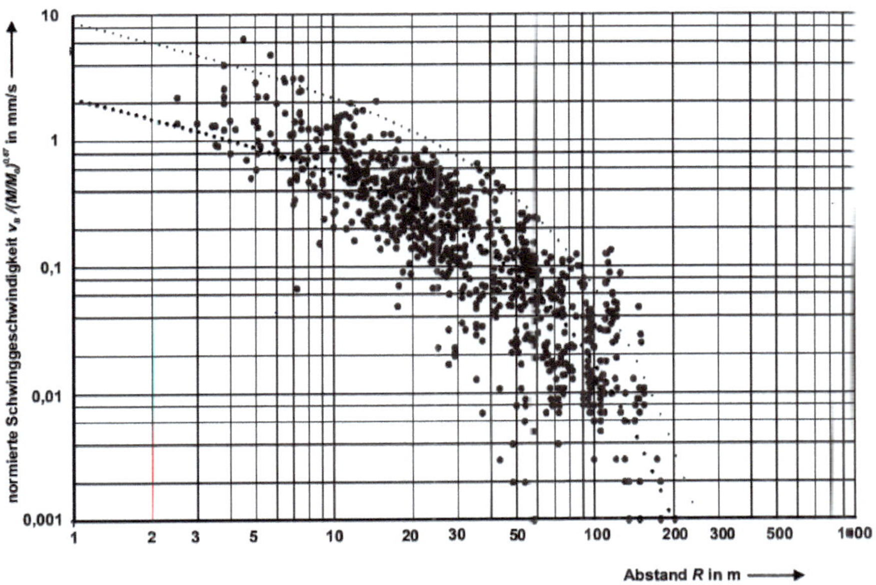


**Bild 41** In verschiedenen Abständen gemessene Schwinggeschwindigkeit im Boden bei der Vibrationsrammung mit Frequenzen > 30 Hz [75]

Verspannen der Spundwandbohlen im Spundwandschloss während der Installation zu einer drastischen Zunahme der Bodenschwingungen kommen [60]. Die Bodenschwingungen sollten mit (triaxialen) Schwingungssensoren in verschiedenen Abständen und Tiefen messtechnisch überwacht werden, insbesondere wenn in der Nähe setzungsempfindlicher Bauwerke vibriert wird.

### 7.2.4 Bewertung von Schwingungen und Erschütterungen auf bauliche Anlagen

Maßgebende Grundlagen für die Beurteilung der durch Schwingungen und Erschütterungen verursachten Einwirkungen auf Menschen und auf bauliche Anlagen sind DIN 4150 „Erschütterungen im Bauwesen", Teil 1 bis 3 [15–17] zu entnehmen. In diesen Regelwerken sind u. a. Angaben zur Beurteilung der Wirkung von kurzzeitigen Erschütterungen auf Bauwerke enthalten. Aus zahlreichen Messungen der Schwinggeschwindigkeit an Gebäudefundamenten wurden Erfahrungswerte gewonnen, die einen Anhalt für die Beurteilung kurzzeitiger Bauwerkserschütterungen geben. Für diese Beurteilung wird der größte Wert (Maximalert) $|v|_{i,max}$ der drei Einzelkomponenten $i = x, y, z$ der Schwinggeschwindigkeit $v_i(t)$ am Fundament herangezogen, im Folgenden vereinfacht als $v_i$ bezeichnet. Für die Beurteilung geben darüber hinaus die Schwingungen in der Ebene der obersten Decke, die auf den Außenwänden aufliegt, nach DIN 4150-3 [17] wesentliche Hinweise. Es wird der größere Wert der beiden horizontalen Einzelkomponenten zu Grunde gelegt. Bei Messungen der Schwingungen an dieser Stelle wird die horizontale Antwort des Bauwerks auf die Fundamentanregung ermittelt.

In Tabelle 7 sind für verschiedene Gebäudearten Anhaltswerte für $v_i$ am Fundament und in der obersten Deckenebene angegeben. Werden die Anhaltswerte nach Tabelle 7 eingehalten, so treten Schäden im Sinne einer Verminderung des Gebrauchswerts, deren Ursachen auf Erschütterungen zurückzuführen wären, nach den bisherigen Erfahrungen nicht auf. Werden die Anhaltswerte überschritten, so folgt daraus nicht unmittelbar, dass Schäden (zwingend) auftreten, jedoch werden bei deutlichen Überschreitungen weitergehende Untersuchungen erforderlich.

*Zerrenthin* [73] weist darauf hin, dass bei der Planung erschütterungsintensiver Bauverfahren neben der Beurteilung der Auswirkungen von Bauwerks- und Bauteilschwingungen auch eine Abschätzung und Eingrenzung des potenziellen Gefahrenbereichs durch Baugrundumlagerungen zwingend notwendig ist, da die Auswirkungen von Erschütterungen auf den Baugrund mit den Schwingungsanhaltswerten der DIN 4150-3 [17] nicht berücksichtigt werden.

Die hochfrequenten Schwingungen moderner Hochfrequenzvibratoren werden von Gebäuden nur noch in geringem Maße übernommen und sind deshalb weniger spürbar. Dadurch kann die Gefahr von Bauwerksschäden durch Setzungen des Baugrundes stark unterschätzt werden. Besondere Relevanz hat dieses Problem bei Vibrationsrammarbeiten und bei der Baugrundverdichtung durch Tiefenrüttler im Nahbereich von Bauwerksgründungen. Messungen zeigen, dass auch bei sehr kleinen Fundamentschwingungen mit Schwinggeschwindigkeiten $v \leq 3$ mm/s (entspricht dem Anhalts-

**Tabelle 7** Anhaltswerte für die Schwinggeschwindigkeit v zur Beurteilung der Wirkung von kurzzeitigen Schütterungen auf Bauwerke nach DIN 4150-3 [17]

| | Gebäudeart | Anhaltswerte für $v_{i,max}$ in mm/s | | | | |
|---|---|---|---|---|---|---|
| | | Fundament, alle Richtungen, i = x, y, z Frequenzen | | | Oberste Deckenebene, horizontal, i = x, y | Decken, vertikal, i = z |
| | | 1 Hz bis 10 Hz | 10 Hz bis 50 Hz | 50 Hz bis 100 Hz [a] | alle Frequenzen | alle Frequenzen |
| 1 | Gewerblich genutzte Bauten, Industriebauten und ähnlich strukturierte Bauten | 20 | 20 bis 40 | 40 bis 50 | 40 | 20 |
| 2 | Wohngebäude und in ihrer Konstruktion und/oder Nutzung gleichartige Bauten | 5 | 5 bis 15 | 15 bis 20 | 15 | 20 |
| 3 | Bauten, die wegen ihrer besonderen Erschütterungsempfindlichkeit nicht denen nach Zeile 1 und Zeile 2 entsprechen und besonders erhaltenswert (z. B. unter Denkmalschutz stehend) sind | 3 | 3 bis 8 | 8 bis 10 | 8 | 20 [b] |

*Anmerkung:* Auch bei Einhaltung der Anhaltswerte nach Zeile 1, Spalten 2 bis 5 können leichte Schäden nicht ausgeschlossen werden.
[a] Bei Frequenzen über 100 Hz dürfen mindestens die Anhaltswerte für 100 Hz angesetzt werden.
[b] Unterabschnitt 5.1.2 Absatz 2 der DIN 4150-3:2016-12 ist zu beachten.

wert für besonders erschütterungsempfindliche Bauten) Setzungen von Gebäudegründungen bis zu 90 mm bei Rammarbeiten möglich sind [46].

Die Einhaltung der Anhaltswerte der DIN 4150-3 [17] ist deshalb noch keine Garantie für die Schadensfreiheit am Bauwerk. Es sind immer auch die möglichen geotechnischen Veränderungen des Bodens durch die einwirkenden Schwingungen mit in Betracht zu ziehen.

Bei Rammarbeiten und Tiefenverdichtung erfolgt wie bei Erdbeben die Fundamentanregung durch Baugrundschwingungen. Hier schwingt z. B. im Nahbereich einer vibrierten Bohle der Boden über die gesamte Einbindetiefe der Bohle, wobei die Größe der Schwingungen mit der Tiefe auch zunehmen kann [73]. Im angrenzenden Bereich tiefer Schwingungsquellen wird locker gelagerter nichtbindiger Boden stark verdichtet. Angrenzend an den verdichteten Bereich entstehen Auflockerungszonen, die durch nachfolgende Umlagerungen bis in den tragenden Bereich unterhalb von baulichen Anlagen (Aufschüttungen, Dämme, flach oder tief gegründete Bauwerke) wandern können [73]. Dieser Effekt ist zeitabhängig, sodass beträchtliche Anteile der Fundamentverschiebungen auch noch nach Beendigung der dynamischen Belastung auftreten können [25, 47, 53].

Die Ergebnisse der Element- und einiger Modellversuche von *Palloks* und *Zierach* [47] sowie *Zerrenthin* und *Jung* [74] zeigen, dass die Größe der schwingungsinduzierten volumetrischen Dehnungen im Elementversuch und die Setzungen des Bodens im Modellversuch hauptsächlich von folgenden Parametern abhängen:

- großer Einfluss:
  - Größe der zyklischen oder dynamischen Scherdehnungen,
  - Anregungsdauer bzw. Zahl der Lastwechsel,
  - Lagerungsdichte des Bodens;
- mittlerer bis geringer Einfluss:
  - Ungleichförmigkeitsgrad des Bodens,
  - Wassergehalt,
  - statische Spannungsverhältnisse im Boden (außer in der Nähe des Bruchzustands);
- vernachlässigbar:
  - zeitlicher Anregungsverlauf (stoßartig oder periodisch),
  - Frequenz der Wechselbelastung bzw. Schwingungen.

Ein wichtiges Ergebnis in Hinblick auf die Bestimmung von Sicherheitsabständen zu erschütterungsintensiven Baumaßnahmen ist gemäß *Zerrenthin* [73] der experimentelle Nachweis, dass auch bei sehr geringer Lagerungsdichte des Bodens unterhalb einer bestimmten Scherdehnungsgrenze $\gamma_L$ und bei einer hohen Anzahl an Lastwechseln keine messbare Dehnung auftritt. Da die Scherdehnung mit $\gamma = v / c_s$ proportional der Partikelschwinggeschwindigkeit v der Scherwellen ist ($c_s$ – Scherwellengeschwindigkeit), lässt sich daraus auch eine Grenzschwinggeschwindigkeit $v_L$ für die Abschätzung des Gefährdungsbereichs von Baumaßnahmen ableiten. Für den in [73] untersuchten Boden beträgt $\gamma_L \approx 2 \cdot 10^{-5}$ und mit $c_s \approx 130$ m/s im oberflächennahen Bereich des locker gelagerten Bodens ergibt sich eine Grenzschwinggeschwindigkeit des Baugrunds von $v_L \approx 3$ mm/s. Mit zunehmender statischer Spannung (Auflast, Bodentiefe) erhöht sich die Scherwellengeschwindigkeit. Die Zusammenfassung der Ergebnisse von Element-

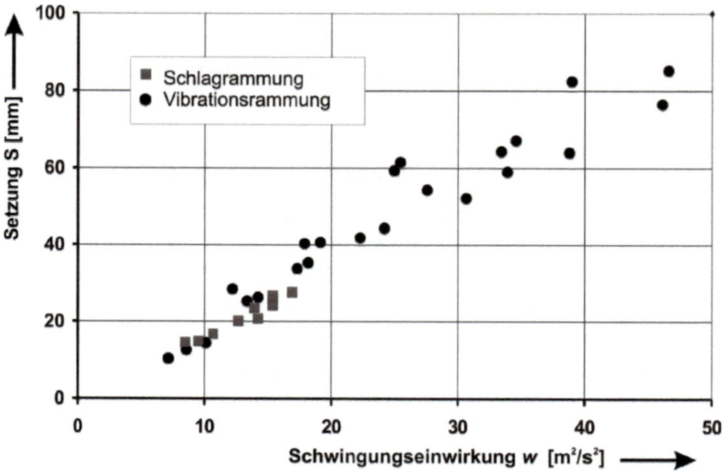


**Bild 42** Feldversuche von *Zerrenthin* [73]: Setzungsverlauf in Abhängigkeit von der Schwingungseinwirkung auf der GOK bei Proberammungen am gleichen Standort

versuchen vieler Autoren durch *Vucetec* [64] zeigt, dass mit einem Anstieg der Plastizitätszahl des Bodens auch eine Erhöhung der Scherdehnungsgrenze $\gamma_L$ verbunden ist.

Basierend auf Feldversuchen von *Zerrenthin* [73] zeigt Bild 42 beispielhaft die Abhängigkeit der Setzung der Geländeoberkante von der Schwingungseinwirkung bei Schlag- und Vibrationsrammung bei Proberammungen in Sanden am gleichen Standort. Es zeigt sich eine Abhängigkeit der Setzungen vom Quadrat der Schwinggeschwindigkeit, während die Setzungen von der Anregungsart weitgehend unabhängig sind. Während sich in den Feldversuchen ein nahezu linearer Zusammenhang mit der Einwirkungsdauer bzw. Zahl der Lastwechsel ergab, nahm in den Elementversuchen die Dehnungsrate mit zunehmender Zahl der Lastwechsel ab.

## 8 Literatur

[1] ABI GmbH, Niedernberg: http://www.abi-gmbh.com.

[2] ABI GmbH: Vibrierendes Rammen und Hydro-Press-System. Verfahrensbeschreibungen, Niedernberg, 2009/2010.

[3] Arcelor Commercial Spundwand Deutschland GmbH, Köln: http://www.arcelormittal.com.

[4] Auf der Heiden, A.: D576, Veröffentlichungen Stahlspundwände (1–9), Stahl-Informations- Zentrum (Stahl-I-Z), Düsseldorf, 2010.

[5] Bauer Gruppe Spezialtiefbau, Schrobenhausen: http://www.bauer.de.

[6] Beijer-Lundberg, A.: Displacement pile installation effects in sand. Dissertation, Department of Geoscience & Engineering, TU Delft, 2015.

[7] Briaud, J. L.; Coyle, H. M.; Tucker, L. M.: Axial Response of three vibratory and three impact-driven H-piles in sand. Transportation Research Record 1277, 1990, pp. 136–147.

[8] Buja, H.-O.: Handbuch des Spezialtiefbaus: Geräte und Verfahren, 3. Auflage. Bundesanzeiger Verlag, Köln, 2015.

[9] Bundesministerium für Umwelt: Umweltforschungsplan des Bundesministeriums für Umwelt, Naturschutz und Reaktorsicherheit – Minderung des Unterwasserschalls bei Rammarbeiten für Offshore-WEA. Bericht NR, UBA-FB, 2006.

[10] Cudmani, R.: Statische, alternierende und dynamische Penetration in nichtbindigen Böden. Veröffentlichungen des Institutes für Bodenmechanik und Felsmechanik der Universität Fridericiana in Karlsruhe, Heft 152, 2001.

[11] Delmag GmbH & Co. KG, Esslingen: http://www.delmag.cc.

[12] Delmag: Dieselbären/Funktion und Anwendung + Pile Driving Equipment. Verfahrensbeschreibungen, Delmag GmbH + Co. KG, Esslingen, 2013/2015.

[13] Deman, F.; Scheuerer, M.: D542, Veröffentlichungen Stahlspundwände (1–9), Stahl-Informations-Zentrum (Stahl-I-Z), Düsseldorf, 2010.

[14] Dierssen, G.: Ein bodenmechanisches Modell zur Beschreibung des Vibrationsrammens in körnigen Böden. Veröffentlichungen des Institutes für Bodenmechanik und Felsmechanik der Universität Fridericiana in Karlsruhe, Heft 133, 1994.

[15] DIN 4150-1:2001-06: Erschütterungen im Bauwesen – Teil 1: Vorermittlung von Schwingungsgrößen. Beuth Verlag GmbH, Berlin.

[16] DIN 4150-2:1999-06: Erschütterungen im Bauwesen – Teil 2: Einwirkungen auf Menschen in Gebäuden. Beuth Verlag GmbH, Berlin.

[17] DIN 4150-3:2016-02: Erschütterungen im Bauwesen – Teil 3: Einwirkungen auf bauliche Anlagen. Beuth Verlag GmbH, Berlin.

[18] Floss, R.: D530, Veröffentlichungen Stahlspundwände (1–9), Stahl-Informations-Zentrum (Stahl-I-Z), Düsseldorf, 2010.

[19] Funk, K.: D530, Veröffentlichungen Stahlspundwände (1–9), Stahl-Informations-Zentrum (Stahl-I-Z), Düsseldorf, 2010.

[20] Gattermann, J.; Herwig, V.; Moormann, Ch.: VIBRO Project – Vergleich des lateralen Tragverhaltens von vibrierten und geschlagenen Stahlrohrpfählen in sandigen Böden. HTG-Kongress 2015, Bremen, Hafenbautechnische Gesellschaft, 2015, S. 173–184.

[21] Gerasch, W.-J.: D530, Veröffentlichungen Stahlspundwände (1–9), Stahl-Informations-Zentrum (Stahl- I-Z), Düsseldorf, 2010.

[22] Giken: Silent Piling Technologien. Verfahrensbeschreibung, Giken Europe BV, Berlin, 2005.

[23] Hamad, F.: Formulation of the axisymmetric CPDI with application to pile driving in sand. Computers and Geotechnics 74, 2016, pp. 141–150.

[24] Hartung, M.: Einflüsse der Herstellung auf die Pfahltragfähigkeit in Sand. Mitteilung des Instituts für Grundbau und Bodenmechanik, TU Braunschweig, Heft 45, 1994.

[25] Haupt, W.: Sackungen im Boden durch Erschütterungseinwirkung. Mitteilungsblatt der Bundesanstalt für Wasserbau Nr. 72, Karlsruhe, September 1995.

[26] Henke, S.: Untersuchungen zur Pfropfenbildung infolge der Installation offener Profile in granularen Böden. Veröffentlichungen des Instituts für Geotechnik & Baubetrieb, Technische Universität Hamburg-Harburg, Heft 29, 2013.

[27] Henke, S.; Bienen, B.: Investigation of the influence of the installation method on the soil plugging behaviour of a tubular pile. Proceedings of the 8th Int. Conf. on Physical Modelling in Geotechnics, London, 2014, pp. 681–687.

[28] HSP Hoesch Spundwand und Profil GmbH, Dortmund: http://www.spundwand.de.

[29] Hudelmeier, K.: D530, Veröffentlichungen Stahlspundwände (1–9), Stahl-Informations-Zentrum (Stahl-I-Z), Düsseldorf, 2010.

[30] Igoe, D.; Gavin K.; O'Kelly B.: Field tests using an instrumented model pipe pile in sand. Proceedings of the 7th Int. Conf. on Physical Modelling in Geotechnics, Zurich, 28th June–1st July, 2010, pp. 775–780.

[31] Kaya, H.: Bodenverschleppung und Spaltbildung infolge der Einbringung von Profilen in Dichtungsschichten aus Ton. Veröffentlichungen des Instituts für Geotechnik und Baubetrieb, Technische Universität Hamburg-Harburg, Heft 37, 2016.

[32] Kaya, H.: Untersuchung zur Fehlstellenausbildung infolge Profileinbringung bei der Herstellung von Dichtungsanschlüssen in Wasserstraßen. Baugrundtagung 2016, Bielefeld, Spezialsitzung „Forum für junge Geotechnik-Ingenieure", 2016, S. 113–120.

[33] Kempfert, H.-G.; Moormann, Ch.: Pfahlgründungen. Grundbau-Taschenbuch, Teil 3, 8. Auflage, Kapitel 3.2. Ernst & Sohn, Berlin, 2018.

[34] Labenski, J.; Moormann, C.; Aschrafi, J.; Bienen, B.: Simulation of the Plug inside Open Steel Pipe Piles with Regards to Different Installation Methods. Proceedings of 13th Baltic Sea Geotechnical Conference. Vilnius Gediminas Technical University, Vilnius, Lithuania, 2016, pp. 223–230.

[35] Lammertz, P.: Ermittlung der Tragfähigkeit vibrierter Stahlrohrpfähle in nichtbindigem Boden. Veröffentlichung des Fachgebiets Grundbau und Bodenmechanik, Universität Duisburg-Essen, Heft 35, 2008.

[36] LeBlanc, C.: Vibro-driving monopiles – a feasible installation concept for the future? Geotechnical Engineering in Offshore Wind, Danish Geotechnical Society Seminar, Gentofte, Denmark, 01.04.2014.

[37] Linder, W.-R.: Zum Eindring- und Tragverhalten von Pfählen in Sand. Technische Universität Berlin, 1977.

[38] Lüking, J.: Tragverhalten von offenen Verdrängungspfählen unter Berücksichtigung der Pfropfenbildung in nichtbindigen Böden. Veröffentlichungen des Fachgebiets für Geotechnik, Universität Kassel, Heft 23, 2010.

[39] Massarsch, K. R.; Westerberg, E.: Frequency-variable vibrators and their application to foundation engineering. Proceedings of the 20th Annual Conference on Deep Foundations, Deep Foundation Institute, 1995, p. 14.

[40] Massarsch, K. R.: D542, Veröffentlichungen Stahlspundwände (1–9), Stahl-Informations- Zentrum (Stahl-I-Z), Düsseldorf, 2010.

[41] Mazurkiewicz, B.: Einfluss von Rammgeräten auf die Tragfähigkeit von Stahlbetonpfählen. Pfahl-Symposium, Darmstadt, 1986.

[42] Menck GmbH, Kaltenkirchen: http://www.menck.com.

[43] Moormann, Ch.; Kirsch, F.; Herwig, V.: Vergleich des axialen und lateralen Tragverhaltens von vibrierten und gerammten Stahlrohrpfählen. Vorträge der 34. Baugrundtagung, 15.–17.09.2016, Bielefeld, DGGT, 2016, S. 73–81.

[44] Paik, K.; Salgado, R.: Effect of pile installation method on pipe pile behavior in sands. Geotech. Test. J. 27, 2004, pp. 78–88.

[45] Paik, K.; Salgado, R.; Lee, J.; Kim, B.: Behavior of Open- and Closed-Ended Piles Driven Into Sands. Journal of Geotechnical and Geoenvironmental Engineering, 129(4), 2003, pp: 296–306.

[46] Palloks, W.: Erschütterungen, Setzungen und Verkippungen eines pfahlgegründeten Gebäudes durch Schrägpfahlrammungen bis in den Gründungsbereich. BAW-Kolloquium Setzungen durch Bodenschwingungen, 29. September 1999, Berlin, S. 85–93.

[47] Palloks, W.; Zierach, R.: Zum Problem der Prognose von Schwingungen und Setzungen durch Pfahlrammungen mit Vibrationsbären. Mitteilungsblatt der Bundesanstalt für Wasserbau Nr. 72, Karlsruhe, September 1995, S. 48–55.

[48] Prakash, S.; Gupta, M. K.: Compaction of sand under vertical and horizontal vibrations. Proceedings of the Southeast Asian Regional Conference on Soil Engineering, 1967, pp. 201–210.

[49] Profilarbed: Rammfibel für Stahlspundbohlen. Profilarbed (Arcelor Gruppe), Esch/Alzette, Luxembourg, Neudruck 2004.

[50] Rocher-Lacoste, F.; Borel, S.; Gianeselli, L.; Po, S.: Comparative behavior and performances of impact and vibratory driven piles in stiff clay. Proc. Int. Conf. Cyclic

behavior of soils and liquefaction phenomena, Bochum, Taylor & Francis, London, 2004, pp. 533–540.

[51] Rodger, A. A.; Littlejohn, G. S.: A study of vibratory driving in granular soils. Géotechnique 30, 1980, pp. 269–293.

[52] Schönit, M.: Online-Abschätzung der Rammguttragfähigkeit beim langsamen Vibrationsrammen in nicht bindigen Böden. Univ. Karlsruhe, Inst. für Technologie u. Management, Baubetrieb, Reihe F, Heft 65, 2009.

[53] Schuppener, B.: Eine Proberammung vor einer Stützwand mit unzureichender Standsicherheit. Mitteilungsblatt der Bundesanstalt für Wasserbau Nr. 72, Karlsruhe, September 1995.

[54] Senatsverwaltung für Stadtentwicklung: Baulärm, Rechts und Verwaltungsvorschriften. Berlin Umwelt, Berlin, 2012.

[55] Stahlmann, J.; Fischer, J.: Abschlussbericht des BMU-Förderprojekts – Entwicklung der Spannungszustände im Bereich des Pfahlfußes gerammter Offshore – Gründungsstrukturen, 2013.

[56] Storz, M.: Stabilität der Bewegungen eines Reibschwingers mit Stoß am Beispiel des Vibrationsrammens. Dissertation, Universität Karlsruhe, 1994.

[57] ThyssenKrupp Gft Bautechnik GmbH, Essen: http://www.tkgftbautechnik.com.

[58] ThyssenKrupp Gft Bautechnik GmbH: Spundwandhandbuch., Essen, 2010.

[59] Van den Berghe, J. F.: Sand strength degradation within the framework of vibratory pile driving. Dissertation, Universite chatolique de Louvain, Belgium, 2001.

[60] Viking, K.: Vibro-Driveability – A field study of vibratory driven sheet piles in non-cohesive soils. Dissertation, Department of Civil and Architectural Engineering, Royal Institute of Technology Stockholm, 2002.

[61] Vipulanandan, C.; Wong, D.; O'Neill, M. W.: Behavior of vibro-driven piles in sand. J. of Geotech. Eng. 116(8), 1990, pp. 1211–1230.

[62] Vogelsang, J.; Huber, G.; Triantafyllidis, T.: Experimental Investigation of Vibratory Pile Driving in Saturated Sand. Holistic Simulation of Geotechnical Installation Processes, 82nd edition. Springer International Publishing, 2017, pp. 101–123.

[63] Vogelsang, J.; Huber, G.; Triantafyllidis, T.: Stress Paths on Displacement Piles during Monotonic and Cyclic Penetration. Holistic Simulation of Geotechnical Installation Processes, 82nd edition. Springer International Publishing, 2017, pp. 29–52.

[64] Vucetec, M.: Cyclic threshold shear strains in soils. Journal of Geotechnical Engineering, ASCE, 120 (12), 1994, pp. 2208–2228.

[65] Wang, H.: Experimental study and finite element analysis of drivability and static behavior of various piles installed by vibratory driving. Dissertation, University of Houston, Texas, 1994.

[66] Westerberg, E.; Massarsch, K. R.; Eriksson, K.: Soil resistance during vibratory pile driving. International Symposium on Cone Penetration Testing, CPT'95, Swedish Geotechnical Society, 1995, pp. 241–250.

[67] Whenham, V.: Power transfer and vibrator-pile-soil interactions within the framework of vibratory pile driving. Dissertation, Université catholique de Louvain, 2011.

[68] Wieners, A.: D530, Veröffentlichungen Stahlspundwände (1–9), Stahl-Informations-Zentrum (Stahl- I-Z), Düsseldorf, 2010.

[69] Wienholz, B.: Tragfähigkeit von verdrängungspfählen in Sand in Abhängigkeit von der Einbringung. Veröffentlichungen des Instituts für Grundbau und Bodenmechanik, Technische Universität Braunschweig, Heft 57, 1998.

[70] Wind, H., Wieners, A.: D542, Veröffentlichungen Stahlspundwände (1–9), Stahl-Informations-Zentrum.

[71] Witzel, M.: Zur Tragfähigkeit und Gebrauchstauglichkeit von vorgefertigten Verdrängungspfählen in bindigen und nichtbindigen Böden. Veröffentlichungen des Fachgebiets für Geotechnik, Universität Kassel, Heft 15, 2004.

[72] Woods, R. D.: Dynamic Effects of Pile Installations on Adjacent Structures. NCHRP Synthesis 253, 1997.

[73] Zerrenthin, U.: Erschütterungen und Setzungen bei Rammarbeiten. In: BAW-Mitteilungen Nr. 95, 2012, S. 49–57.

[74] Zerrenthin, U., Jung, D.: Zum Problem der Setzung wechselbelasteter nichtbindiger Böden. Beiträge zum Workshop „Boden unter fast zyklischer Belastung". Schriftenreihe des Institutes für Grundbau und Bodenmechanik der Ruhr-Universität Bochum, Heft 32, 2000, S. 183–200.

[75] Zierach, R.; Zerrenthin, U.: Statistische Auswertung von Erschütterungsemissionen – Abschlussbericht. Bundesanstalt für Wasserbau, 2015.

[76] Braaker: Rammgeräteeinfluss auf die Tragfähigkeit. Pfahl-Symposium Darmstadt, 1986, S. 2–30.

[77] EA-Pfähle: Empfehlungen des Arbeitskreises „Pfähle". Ernst & Sohn, 2. Auflage, 2012.

# 2.9 Grundwasserströmung – Grundwasserhaltung

*Bernhard Odenwald, Uwe Hekel und Henning Thormann*

Dieses Kapitel ist in 3 Abschnitte untergliedert. Von *Bernhard Odenwald* werden in Abschnitt 1 die Grundlagen für die mathematische Beschreibung von Grundwasserströmungen sowie deren Berechnung dargestellt. Die Ermittlung geohydraulischer Parameter wird in Abschnitt 2 von *Uwe Hekel* beschrieben. *Henning Thormann* behandelt in Abschnitt 3 baupraktische Aspekte der Grundwasserhaltung.

## 1 Grundwasserhydraulik

### 1.1 Grundlagen

#### 1.1.1 Begriffe

Grundlage für die Beschreibung von Grundwasserströmungen ist die Verwendung einheitlicher Begriffe. Für unterirdisches Wasser als Teil des Wasserkreislaufs sind diese in der DIN 4049-3 [1] definiert. Die nachfolgend aufgeführten Grundbegriffe basieren auf den Definitionen dieser Norm, wobei sie jedoch teilweise an die Erfordernisse von Grundwasserströmungsberechnungen angepasst wurden.

Gesteinskörper mit ausreichend großen und zusammenhängenden Hohlräumen, die einen Grundwasserfluss ermöglichen, werden als **Grundwasserleiter** bezeichnet. Diese können aus Lockergesteinen (Sedimenten) oder Festgesteinen bestehen. Bei Lockergesteinen werden die Hohlräume zwischen den einzelnen Gesteinspartikeln, die sich mehr oder weniger eng berühren, als **Poren** bezeichnet. In Festgesteinen bestehen die durchflusswirksamen Gesteinsbereiche nicht aus Poren, sondern aus Trennfugen (Klüfte, Schieferung, Schichtung, Störungen). Sonderformen stellen Hohlräume im Karstgestein dar, die in geologischen Zeiträumen durch Lösung von Gestein durch zirkulierendes Grundwasser entstanden sind und die wesentlich größer als Klüfte im nicht verkarsteten Festgestein sein können. Eine Beschreibung der Hohlraumarten in den unterschiedlichen Gesteinen (Bild 1) und deren geohydraulische Auswirkungen geben z. B. *Hölting* und *Coldewey* [2].

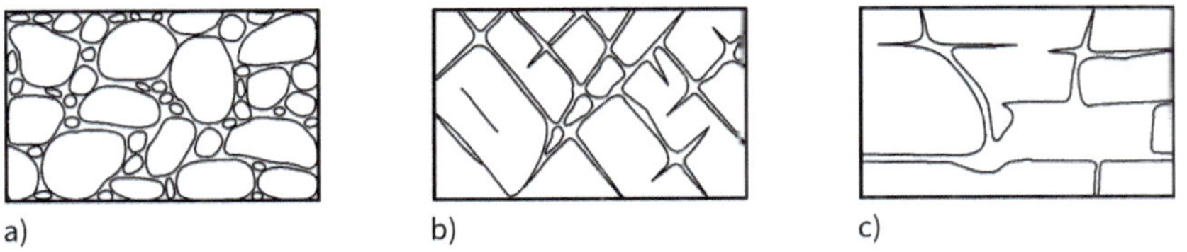

a) b) c)

**Bild 1** Schematische Darstellung von Gesteinen mit a) Poren-, b) Kluft- und c) Karsthohlräumen nach [2]

*Grundbau-Taschenbuch: Teil 2. Geotechnische Verfahren*, Achte Auflage. Karl Josef Witt (Hrsg.).

Die aus diesen Gesteinen gebildeten Grundwasserleiter werden als Poren-, Kluft- und Karstgrundwasserleiter bezeichnet. Die im Folgenden dargestellten Grundwasserströmungsberechnungen beziehen sich jedoch ausschließlich auf **Porengrundwasserleiter**, bei denen die vom Grundwasser durchströmten Hohlräume vergleichsweise gleichmäßig über den Gesteinskörper verteilt sind. Bedingt lassen sich diese auch auf ausreichend vernetzte Kluftgrundwasserleiter anwenden.

**Grundwassernichtleiter** bestehen im Unterschied zu Grundwasserleitern aus Gesteinskörpern, die nahezu wasserundurchlässig sind, weil sie keine zusammenhängenden oder nur so kleine Hohlräume aufweisen, dass kein relevanter Grundwasserfluss möglich ist.

Als **Grundwassergeringleiter** werden Gesteinskörper bezeichnet, die zwar von Grundwasser durchströmt werden können, jedoch gegenüber benachbarten Grundwasserleitern eine deutlich geringere Wasserdurchlässigkeit aufweisen.

Existieren mehrere übereinander liegende Grundwasserleiter, die durch Grundwassernichtleiter oder Grundwassergeringleiter hydraulisch voneinander getrennt sind, so werden diese als **Grundwasserstockwerke** bezeichnet.

Die Hohlräume eines Porengrundwasserleiters können sowohl Wasser als auch Luft beinhalten. Sind die Poren vollständig zusammenhängend mit Wasser gefüllt, so wird dieser Bereich des Grundwasserleiters als **(wasser)gesättigte Zone** und das die Poren ausfüllende Wasser als **Grundwasser** bezeichnet. In der englischsprachigen Literatur wird der wassergesättigte Teil eines Grundwasserleiters als **Aquifer** bezeichnet. Diese Bezeichnung wird auch häufig in der deutschsprachigen Literatur verwendet.

In der ungesättigten Zone sind die Poren des Grundwasserleiters dagegen sowohl mit Wasser als auch Luft gefüllt. Das sich in der **ungesättigten Zone** im Wesentlichen durch die Schwerkraft abwärts bewegende Wasser (z. B. Infiltration aus Niederschlag) wird definitionsgemäß nicht als Grundwasser, sondern als **Sickerwasser** bezeichnet.

Oberhalb der gesättigten Zone bildet sich in Porengrundwasserleitern in Abhängigkeit der Korngrößenverteilung und dem dadurch bedingten Durchmesser der Porenkanäle ein mit **Kapillarwasser** gefüllter Bodenbereich aus, in dem das Wasser durch Kapillarkräfte aus der gesättigten Zone gehoben bzw. gehalten wird. In Tabelle 1 sind Größenordnungen für die kapillare Steighöhe in unterschiedlichen Lockergesteinen nach *Langguth/Voigt* [3] angegeben.

**Tabelle 1** Kapillare Steighöhen (nach [3])

| Lockergesteinsart | Kapillare Steighöhe [m] |
|---|---|
| Grobsand | 0,20 – 0,15 |
| Mittelsand | 0,40 – 0,50 |
| Feinsand | 0,90 – 1,00 |
| Sandiger Lehm | 1,75 – 2,00 |
| Feinsandiger Ton | 2,25 – 9,40 |

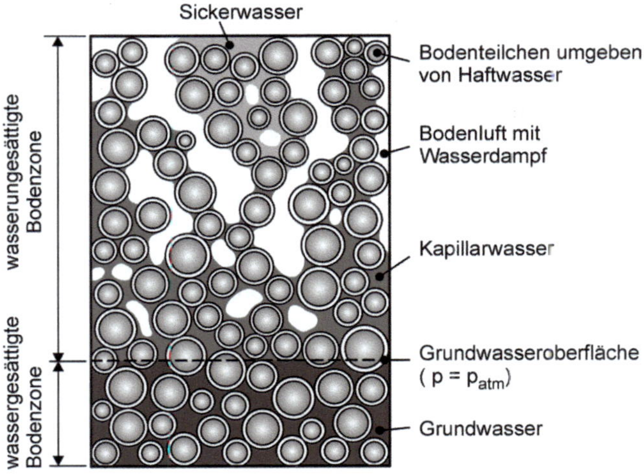


**Bild 2** Erscheinungsformen des Wassers in der gesättigten und der ungesättigten Bodenzone (nach [2])

In der ungesättigten Zone oberhalb des Kapillarwasserraums sind die Bodenteilchen mit **Haftwasser** umgeben, das gegen die Schwerkraft gehalten wird und im Gegensatz zum Sickerwasser unbeweglich ist. Unter Haftwasser wird hygroskopisch gebundenes Wasser und Adsorptionswasser, das eine Hülle um die Mineralkörner bildet, sowie Porenwinkelwasser, das durch Kapillarkräfte an den Berührpunkten der Bodenteilchen gebunden wird, verstanden (Bild 2). Das Haftwasser steht an den Berührpunkten der Bodenteilchen miteinander sowie über das Kapillarwasser auch mit dem Grundwasser in der gesättigten Zone in Verbindung.

Der in der gesättigten Zone im Grundwasser an einem bestimmten Ort und zu einer bestimmten Zeit vorhandene Porenwasserdruck u wird als **Grundwasserdruck** bezeichnet. Die **Grundwasserdruckhöhe** $h_D$ entspricht der Höhe der Wassersäule über dem Messpunkt, die einen dem Grundwasserdruck am Messpunkt entsprechenden Wasserdruck bewirkt.

$$h_D = \frac{u}{\rho_W \cdot g} \quad \text{bzw.} \quad h_D = \frac{u}{\gamma_W}$$

mit

$h_D$ Grundwasserdruckhöhe [m]

u Grundwasserdruck [N/m²]

$\rho_W$ Dichte des Grundwassers [kg/m³]

g Gravitationskonstante = 9,81 m/s²

$\gamma_W$ Wichte des Grundwassers [N/m³]

Die Dichte des Grundwassers, die nur geringfügig vom Druck und der Temperatur abhängig ist (s. Tabelle 3), wird in der Grundwasserhydraulik i. Allg. mit $\rho_W = 1.000\ kg/m^3$ angenommen.

Maßgebend für Grundwasserströmungsberechnungen ist die nach [1] als Standrohrspiegelhöhe h bezeichnete Größe, die die Summe aus Grundwasserdruckhöhe $h_D$ und geodätischer Höhe z des Messpunktes über einem horizontalen Bezugsniveau darstellt (Bild 3). Als Bezugsniveau wird i. Allg. das Nullniveau der Höhenvermessung verwendet. Die aktuelle Bezeichnung der deutschen Bezugsfläche für das Nullniveau bei Angabe von Höhen über dem Meeresspiegel ist Normalhöhennull (NHN), die als Nachfolger der als Normalnull (NN) bezeichneten Bezugsfläche eingeführt wurde. Da der Begriff Standrohrspiegelhöhe aufgrund des möglichen ausschließlichen Bezugs auf Grundwassermessstellen als Variable zur Beschreibung von Grundwasserströmungen nicht geeignet erscheint, wird im Folgenden anstatt Standrohrspiegelhöhe der Begriff **Grundwasserpotenzial** verwendet.

$$h = h_D + z$$

mit

h Grundwasserpotenzial [m]

$h_D$ Grundwasserdruckhöhe [m]

z geodätische Höhe [m]

Existiert in einem Grundwasserleiter sowohl eine gesättigte Zone als auch eine ungesättigte Zone, so bildet sich an der Grenzfläche, an der das in den Poren vorhandene Grundwasser unter atmosphärischem Luftdruck steht, eine **(freie) Grundwasseroberfläche** aus. Der Grundwasserleiter wird in diesem Fall als **ungespannter Grundwasserleiter** bezeichnet. Im ruhenden Grundwasser entspricht die Grundwasserdruckhöhe für alle Messpunkte innerhalb des betrachteten Abschnitts des ungespannten Grundwasserleiters dem vertikalen Abstand zwischen dem Messpunkt und der Grundwasseroberfläche.

Sind die Poren des Grundwasserleiters dagegen vollständig mit Grundwasser gefüllt (ausschließlich gesättigte Zone) und wird der Grundwasserleiter an seiner Oberfläche durch einen Grundwassernichtleiter begrenzt, wird der Grundwasserleiter als **gespannter Grundwasserleiter** bezeichnet. In diesem Fall steht das Grundwasser auch an der Oberfläche des Grundwasserleiters unter einem Druck, der größer ist als der

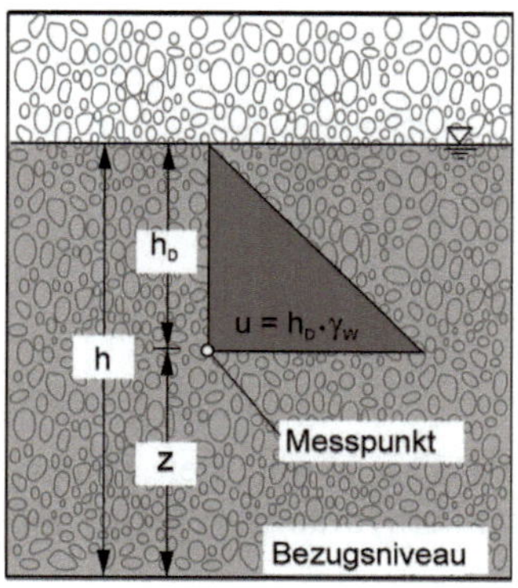


**Bild 3** Definition des Grundwasserpotenzials

atmosphärische Luftdruck. Die Fläche, die durch die Grundwasserdruckhöhen an der Unterkante des Grundwassernichtleiters gebildet wird, stellt die **Grundwasserdruckfläche** dar. Eine Sonderform des gespannten Grundwasserleiters stellt der artesisch gespannte Grundwasserleiter dar, bei dem die Grundwasserdruckfläche oberhalb der Geländeoberfläche liegt.

Im Unterschied zum gespannten Grundwasserleiter wird der **halbgespannte Grundwasserleiter** von einem Grundwassergeringleiter überlagert und es findet ein vertikaler Grundwasseraustausch über den Grundwassergeringleiter mit einem darüber liegenden Grundwasserstockwerk statt.

Mit der **Grundwassermächtigkeit** M wird die Dicke der wassergesättigten Zone eines Grundwasserleiters bezeichnet. Sie entspricht dem vertikalen Abstand zwischen der unteren Grenzfläche des Grundwasserleiters (Grundwasserbasis) und der Grundwasseroberfläche bei einem ungespannten Grundwasserleiter und dem vertikalen Abstand zwischen Basis und Oberfläche des Grundwasserleiters bei einem gespannten Grundwasserleiter.

In Bild 4 sind zwei Grundwasserstockwerke, die aus einem oberen ungespannten Grundwasserleiter mit freier Grundwasseroberfläche und aus einem unteren gespannten Grundwasserleiter mit Grundwasserdruckfläche bestehen und die durch einen dazwischen befindlichen Grundwassernichtleiter hydraulisch getrennt sind, schematisch dargestellt.

Eine **stationäre Grundwasserströmung** liegt vor, wenn sich die Strömungsverhältnisse (Grundwasserpotenzialverteilung, Strömungsgeschwindigkeiten) innerhalb des betrachteten Bereichs mit der Zeit nicht ändern. In der Natur existieren i. Allg. keine stationären Zustände. Für Grundwasserströmungsberechnungen werden jedoch häufig stationäre Zustände, z. B. aufgrund vernachlässigbarer zeitlicher Änderungen oder für auf der sicheren Seite liegende Abschätzungen, angesetzt. Die Grundwasserströmung wird in diesem Fall nur in Abhängigkeit vom Ort berechnet. Der Beharrungszustand bei einer Grundwasserentnahme entspricht einer nahezu stationären Grundwasserströmung, bei der sich der durch die Grundwasserentnahme verursachte Absenktrichter der freien Grundwasseroberfläche oder der Grundwasserdruckfläche mit der Zeit nicht relevant verändert.

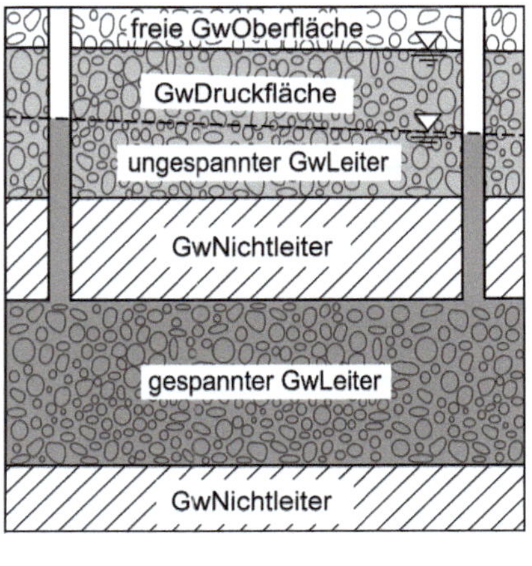


**Bild 4** Schematische Darstellung von Grundwasserstockwerken

Ändern sich die Strömungsverhältnisse maßgebend mit der Zeit, d. h., die Strömungsgeschwindigkeit an einem bestimmten Betrachtungspunkt ist mit der Zeit nicht konstant, liegt eine **instationäre Grundwasserströmung** vor. Die Grundwasserströmungsberechnung ist in diesem Fall sowohl in Abhängigkeit des Ortes als auch der Zeit durchzuführen.

Eine wichtige Kenngröße zur Charakterisierung eines Porengrundwasserleiters bei instationären Strömungsverhältnissen ist der Hohlraumanteil bzw. die **Porosität** n. Sie ist definiert als Quotient aus dem Volumen der Hohlräume eines Gesteinskörpers und dessen Gesamtvolumen.

Wie in der ungesättigten Zone ist auch in der gesättigten Zone ein Teil des Wassers als Haftwasser an die Bodenpartikel fest gebunden und damit unbeweglich. Der Anteil des Haftwassers ist umso höher, je kleiner der Durchmesser der Porenkanäle ist, da mit geringerer Korngröße die Kornoberfläche pro Volumeneinheit und damit auch der Anteil an Haftwasser zunimmt. Dadurch steht für die Grundwasserströmung nur ein Teil des gesamten Porenraums zur Verfügung. Der Volumenanteil der durchströmbaren Poren am Gesamtvolumen des Gesteinskörpers wird als **durchflusswirksame Porosität** $n_f$ bezeichnet.

In gleicher Weise wird bei einer Änderung der Höhe einer freien Grundwasseroberfläche nur ein Teil des Porenraums gefüllt oder entleert. Der Volumenanteil der entleerbaren oder auffüllbaren Poren am Gesamtvolumen des Gesteinskörpers wird als speichernutzbare Porosität oder **effektive Porosität** $n_e$ oder bezeichnet. Nach *Busch* et al. [4] ergeben sich die in Tabelle 2 aufgeführten Anhaltswerte für die Gesamtporosität n und die effektive Porosität $n_e$ in Lockergesteinen. Die effektive Porosität wird für die instationäre Berechnung der Strömung in ungespannten Grundwasserleitern, bei denen sich die Höhe der freien Grundwasseroberfläche mit der Zeit ändert, benötigt.

Auch in gespannten Grundwasserleitern breitet sich eine Grundwasserdruckänderung, z. B. infolge Absenkung der Grundwasserdruckfläche durch eine Brunnenentnahme, nicht vollkommen ungedämpft aus. Zur Beschreibung der Dämpfung dient der **spezifische Speicherkoeffizient** $S_s$, der als Änderung des gespeicherten Wasservolumens je Volumeneinheit des Grundwasserleiters bei Änderung des Grundwasserpotenzials um 1 m definiert ist. Der über die Grundwassermächtigkeit integrierte Wert des spe-

**Tabelle 2** Gesamtporosität und effektive Porosität für Lockergesteine (nach [4])

| Lockergesteinsart | Porosität n [–] | Effektive Porosität $n_e$ [–] |
|---|---|---|
| sandiger Kies | 0,25 – 0,35 | 0,20 – 0,25 |
| kiesiger Sand | 0,28 – 0,35 | 0,15 – 0,20 |
| mittlerer Sand | 0,30 – 0,38 | 0,10 – 0,15 |
| schluffiger Sand | 0,33 – 0,40 | 0,08 – 0,12 |
| sandiger Schluff | 0,35 – 0,45 | 0,05 – 0,10 |
| toniger Schluff | 0,40 – 0,55 | 0,03 – 0,08 |
| schluffiger Ton | 0,45 – 0,65 | 0,02 – 0,05 |

zifischen Speicherkoeffizienten wird als **Speicherkoeffizient** S bezeichnet. Dieser als Formationskonstante des Gesteins betrachtete Wert lässt sich durch die Auswertung von Pumpversuchen ermitteln.

Die für die Dämpfung der Druckausbreitung erforderliche Elastizität von gespannten Grundwasserleitern wird i. Allg. mit der Kompressibilität des Wassers und des Gesteins begründet. Unter der Voraussetzung eines vollständig wassergesättigten Lockergesteins ergibt sich bei alleiniger Berücksichtigung der Kompressibilität des Porenwassers ($\kappa = 4{,}8 \cdot 10^{-10}\ m^2/N$) und eines angenommenen Porenanteils $n = 0{,}3$ unter Vernachlässigung der Kompressibilität des Gesteins ein spezifischer Speicherkoeffizient von $S_s \sim 1{,}5 \cdot 10^{-6}\ m^{-1}$. Die aus Pumpversuchen in gespannten Grundwasserleitern ermittelten Speicherkoeffizienten S liegen nach [2] in einer Größenordnung von $5 \cdot 10^{-5}$ bis $5 \cdot 10^{-3}$. Diese lassen oft auf spezifische Speicherkoeffizienten schließen, die nicht allein auf die Kompressibilität des Porenwassers und des Gesteins zurückgeführt werden können. In der Bundesanstalt für Wasserbau (BAW) durchgeführte experimentelle und theoretische Untersuchungen (z. B. [5, 6]) zeigen, dass im natürlichen Porenwasser keine vollständige Wassersättigung vorliegt, sondern kleine Gasblasen enthalten sind, die aufgrund ihrer hohen Kompressibilität die Fluidsteifigkeit und damit das Speicherverhalten bei Wasserdruckänderungen erheblich beeinflussen.

In Bild 5 ist der auf Grundlage des Gasgesetzes von *Boyle-Mariotte* ermittelte spezifische Speicherkoeffizient $S_s$ bei unterschiedlichem Gasanteil in den Poren in Abhängigkeit des Porenwasserdrucks u dargestellt. Dabei wurden folgende vereinfachte Annahmen getroffen:

- Es liegt eine hydrostatische Wasserdruckverteilung ohne Grundwasserströmung vor.
- Die Porosität beträgt konstant $n = 0{,}3$.
- Der angenommene Gasanteil (Volumenanteil) in den Poren von 1 %, 2 % und 3 % bezieht sich auf Atmosphärendruck ($p_{atm} = 10^5\ N/m^2$, $u = 0$).
- Die Menge der im Porenwasser eingeschlossenen Gasbläschen bzw. der Gasmassenanteil in den Poren ist über die Tiefe konstant und die Reduzierung des Gasvolumenanteils mit zunehmendem Porenwasserdruck ergibt sich allein aus dem Gasgesetz von *Boyle-Mariotte*.
- Die vom Porenwasserdruck abhängige Löslichkeit des Gases im Porenwasser wird nicht berücksichtigt.

Aus Bild 5 ist ersichtlich, dass bereits geringe Gasanteile in den Poren des Gesteinskörpers eine deutliche Erhöhung der Kompressibilität des Porenfluids und damit des spezifischen Speicherkoeffizienten bewirken. Dadurch lassen sich spezifische Speicherkoeffizienten $S_s$ in gespannten Grundwasserleitern bis zu einer Größenordnung von ca. $10^{-3}\ m^{-1}$ erklären. Größere Lufteinschlüsse und damit deutlich erhöhte spezifische Speicherkoeffizienten können sich insbesondere beim Übergang von ungespannten zu gespannten Strömungsverhältnissen ergeben, z. B. infolge Zuströmung aus einem Hochwasser führenden Fluss mit einem Anstieg der Grundwasseroberfläche bis zu einer geringdurchlässigen Deckschicht. In den nachfolgend dargestellten Strömungsberechnungen wird jedoch vereinfachend, wie allgemein üblich, ein über die Höhe konstanter spezifischer Speicherkoeffizient $S_s$ bzw. ein über die Mächtigkeit des Grundwasserleiters integrierter Speicherkoeffizient S angesetzt.

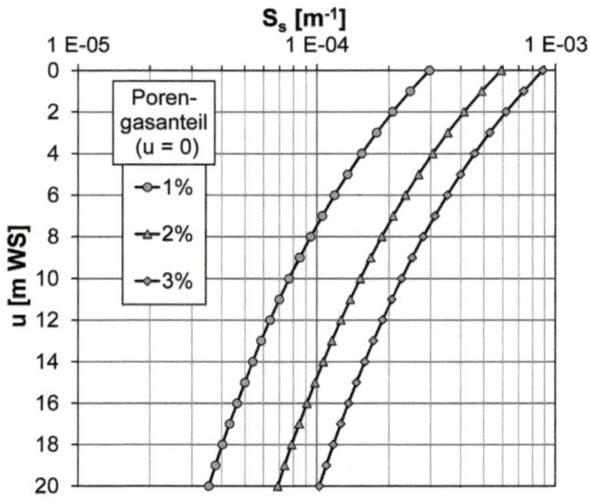


**Bild 5** Spezifischer Speicherkoeffizient $S_s$ in Abhängigkeit des Porenwasserdrucks u und des Porenluftgehalts

### 1.1.2 Gesetz von *Darcy*

Die Theorie der Grundwasserströmungsberechnung basiert auf den Ergebnissen der von *Darcy* [7] um 1856 für das öffentliche Wasserversorgungssystem der Stadt Dijon durchgeführten Versuche. Dabei untersuchte er den Durchfluss durch eine aus Grob- bis Mittelsanden bestehende, wassergesättigte zylinderförmige Bodenprobe bei konstanter Potenzialdifferenz zwischen den beiden Seiten der Bodenprobe, wie in Bild 6 qualitativ dargestellt. Eine Beschreibung der von *Darcy* durchgeführten Versuche findet sich z. B. bei *Verruijt* [8].

Aus der Variation der Potenzialdifferenz Δh sowie der Querschnittsfläche A und der durchströmten Strecke Δs der Bodenprobe ergab sich der als Gesetz von *Darcy* bezeichnete, lineare Zusammenhang zwischen der **Filtergeschwindigkeit** und dem hydraulischen Gradienten i. Der Proportionalitätsfaktor k wird als **Durchlässigkeitsbeiwert** (oder vereinfacht als Durchlässigkeit) bezeichnet

$$v = k \cdot i$$

mit

| | |
|---|---|
| $v = Q/A$ | Filtergeschwindigkeit [m/s] |
| Q | Durchfluss [$m^3/s$] |
| A | Querschnittsfläche [$m^2$] |
| k | Durchlässigkeitsbeiwert [m/s] |
| $i = \Delta h / \Delta s$ | hydraulischer Gradient [–] |
| Δh | Potenzialdifferenz [m] |
| Δs | Länge der durchströmten Strecke [m] |

Die Filtergeschwindigkeit v ist als der spezifische Durchfluss (Durchfluss Q bezogen auf die Querschnittsfläche A) definiert und entspricht deshalb nicht der tatsächlichen

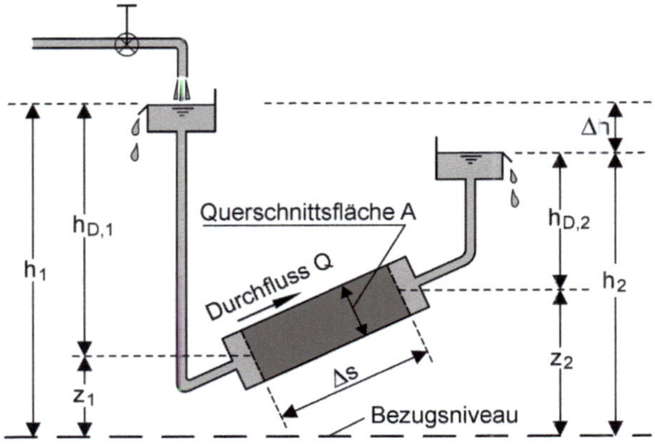


**Bild 6** Qualitative Darstellung eines Darcy-Versuchs (nach [8])

Strömungsgeschwindigkeit der Wasserteilchen in den Poren. Diese ist wesentlich höher, da der durchströmte Querschnitt durch die Bodenpartikel und das an diese gebundene Porenwasser eingeschränkt wird. Die als **Abstandsgeschwindigkeit** $v_a$ bezeichnete mittlere Strömungsgeschwindigkeit ergibt sich näherungsweise aus dem Quotienten der Filtergeschwindigkeit und der durchflusswirksamen Porosität $n_f$.

$$v_a = \frac{v}{n_f}$$

mit

$v_a$ Abstandsgeschwindigkeit [m/s]

$v$ Filtergeschwindigkeit [m/s]

$n_f$ durchflusswirksame Porosität [–]

Der Durchlässigkeitsbeiwert k wird i. Allg. als gesteinsspezifische Größe in Abhängigkeit der Korngrößenverteilung, der Kornform und der Lagerungsdichte des Lockergesteins angesehen. In Abschnitt 2.2 (Tabelle 5) sind Spannweiten und typische Durchlässigkeitsbeiwerte von Lockergesteinen in Abhängigkeit der Gesteinsart angegeben.

Der Durchlässigkeitsbeiwert ist jedoch nicht nur von der Gesteinsart, sondern auch von der Dichte und der Zähigkeit (Viskosität) des durch die Poren strömenden Fluids abhängig. Die eigentliche gesteinsspezifische Größe wird als **Permeabilitätskoeffizient** K oder spezifische Permeabilität bezeichnet und ist mit dem Durchlässigkeitsbeiwert k durch die folgende Gleichung verknüpft.

$$k = K \cdot \frac{g \cdot \rho}{\eta} = K \cdot \frac{g}{\nu}$$

mit

$k$ Durchlässigkeitsbeiwert [m/s]

$K$ Permeabilitätskoeffizient [$m^2$]

$\rho$ Dichte des Fluids [kg/m³]

$\eta$ dynamische Zähigkeit des Fluids [kg/(m·s)]

$\nu$ kinematische Zähigkeit des Fluids [m²/s]

Die Berücksichtigung von Fluideigenschaften beim Durchlässigkeitsbeiwert ist insbesondere bei der Untersuchung von Mehrphasenströmungen, also Strömungsvorgängen von mehreren, miteinander in Kontakt stehenden Fluiden (z. B. Öl und Wasser, Süß- und Salzwasser, Wasser und Luft) von Bedeutung. Mehrphasenströmungen werden im Folgenden jedoch nicht betrachtet.

Unter bestimmten Randbedingungen können auch die physikalischen Eigenschaften von Grundwasser (Süßwasser) einen deutlichen Einfluss auf die Durchlässigkeit eines Grundwasserleiters haben. Während die Dichte von Wasser nur geringfügig von der Temperatur abhängig ist, ist die Zähigkeit des Wassers in weitaus größerem Maße temperaturabhängig (Tabelle 3).

Aus Tabelle 3 ist ersichtlich, dass sich die Zähigkeit von Wasser bei Erwärmung von 10 °C auf 40 °C auf ca. die Hälfte reduziert. Da die Durchlässigkeit umgekehrt proportional zur Zähigkeit ist, verdoppelt sich durch die Temperaturerhöhung die Durchlässigkeit des Lockergesteins. Diese kann z. B. durch eine lokale Erhöhung der Grundwassertemperatur infolge Hydratationswärme beim Abbinden von Beton (Unterwasserbeton, Düsenstrahlinjektionskörper) hervorgerufen werden. Ohne äußere Beeinflussung weist Grundwasser i. Allg. jedoch nur geringe Temperaturunterschiede auf, sodass im Folgenden vom Durchlässigkeitsbeiwert als einer rein gesteinsspezifischen Größe ausgegangen wird.

Die Anwendung der Darcy-Gleichung ist jedoch auf einen bestimmten Strömungsbereich beschränkt. Sowohl bei sehr grobkörnigen als auch sehr feinkörnigen Lockergesteinen können sich Strömungsverhältnisse ergeben, für die der lineare Zusammenhang zwischen Filtergeschwindigkeit und hydraulischem Gradienten nicht zutreffend ist. Eine Voraussetzung für die Anwendbarkeit des Darcy-Gesetzes ist, dass die durch die Veränderungen der Strömungsgeschwindigkeit über den Porenkanaldurchmesser hervorgerufenen Trägheitskräfte vernachlässigbar gegenüber den inneren Reibungs-

**Tabelle 3** Abhängigkeit der Dichte und der Zähigkeit reinen Wassers von der Temperatur (nach [3])

| Temperatur [°C] | Dichte $\rho$ [kg/m³] | Dynamische Zähigkeit $\eta$ [kg/(m·s)] | Kinematische Zähigkeit $\nu$ [m²/s] |
|---|---|---|---|
| 0 | 999,84 | $1{,}7938 \cdot 10^{-3}$ | $1{,}7941 \cdot 10^{-6}$ |
| 10 | 999,70 | $1{,}3097 \cdot 10^{-3}$ | $1{,}3101 \cdot 10^{-6}$ |
| 20 | 998,20 | $1{,}0087 \cdot 10^{-3}$ | $1{,}0105 \cdot 10^{-6}$ |
| 30 | 995,65 | $0{,}8004 \cdot 10^{-3}$ | $0{,}8039 \cdot 10^{-6}$ |
| 40 | 992,21 | $0{,}6536 \cdot 10^{-3}$ | $0{,}6587 \cdot 10^{-6}$ |
| 50 | 988,04 | $0{,}5492 \cdot 10^{-3}$ | $0{,}5558 \cdot 10^{-6}$ |
| 60 | 983,21 | $0{,}4699 \cdot 10^{-3}$ | $0{,}4779 \cdot 10^{-6}$ |

kräften des Fluids sind. Das Verhältnis zwischen Trägheits- und Reibungskräften wird durch die dimensionslose Reynoldszahl Re bestimmt.

$$Re = \frac{v \cdot d_f}{\nu}$$

mit

Re Reynoldszahl [–]

v Filtergeschwindigkeit [m/s]

$d_f$ durchflusswirksamer Porendurchmesser [m]

ν kinematische Zähigkeit des Grundwassers [$m^2$/s]

Für den durchflusswirksamen Porendurchmesser $d_f$ existieren unterschiedliche Definitionen, vereinfachend wird oft der Korndurchmesser $d_{10}$ der maßgebenden Körnungslinie des untersuchten Lockergesteins bei 10 % Siebdurchgang verwendet. Die kritische Reynoldszahl, unterhalb der von laminaren Strömungsverhältnissen (schleichende Strömung, Trägheitskräfte vernachlässigbar) ausgegangen werden kann, wird zumeist mit $Re_{krit}$ = 1–10 angegeben. Bei darüber liegenden Reynoldszahlen liegt ein Übergang zur turbulenten Strömung vor. Die kritische Reynoldszahl wird bei Strömungen in natürlichen Grundwasserleitern fast immer deutlich unterschritten. Ausnahmen können Grundwasserströmungen in sehr durchlässigen Lockergesteinsmaterialien (Kies) bei vergleichsweise hohen hydraulischen Gradienten, z. B. in Brunnenfiltern, darstellen. Im Allgemeinen kann jedoch von der Gültigkeit des Gesetzes von *Darcy* zur Beschreibung von Grundwasserströmungen ausgegangen werden.

In bindigen, sehr geringdurchlässigen Lockergesteinsböden können aufgrund der geringen Strömungskanaldurchmesser Haltekräfte zwischen den Bodenpartikeln und dem Wasser in den Poren nicht vernachlässigt werden. Hier gilt ebenfalls nicht der lineare Zusammenhang zwischen Filtergeschwindigkeit und hydraulischem Gradienten gemäß dem Gesetz von *Darcy*. Für Strömungen in Grundwasserleitern ist dies jedoch nicht von Belang. Die Gültigkeitsgrenzen des Gesetzes von *Darcy* sind in [4] detailliert beschrieben.

Zur Berechnung der Grundwasserströmung ist eine Verallgemeinerung des Gesetzes von *Darcy* erforderlich, um die in der Natur vorhandenen dreidimensionalen Strömungsverhältnisse zu berücksichtigen. Weiterhin ist die Durchlässigkeit in natürlichen Grundwasserleitern sowohl abhängig vom Ort als auch von der Richtung. Die Richtungsabhängigkeit der Durchlässigkeit wird als Anisotropie (**anisotrope Durchlässigkeit**) bezeichnet. Für die Durchlässigkeit wird zumeist angenommen, dass sie durch Homogenbereiche abgebildet werden kann, in denen die einzelnen Durchlässigkeitskomponenten jeweils als konstant angesetzt werden können. Das heißt, dass für diese Abschnitte eines Grundwasserleiters jeweils eine **homogene Durchlässigkeit** angesetzt wird.

Für den allgemeinen dreidimensionalen Fall mit richtungsabhängigen Durchlässigkeiten, deren Hauptdurchlässigkeitsrichtungen nicht den kartesischen Koordinatenrichtungen entsprechen, lässt sich die Darcy-Gleichung für einen Bereich mit homogener Durchlässigkeit durch das folgende Gleichungssystem beschreiben:

$$\begin{Bmatrix} v_x \\ v_y \\ v_z \end{Bmatrix} = -\begin{Bmatrix} k_{xx} & k_{xy} & k_{xz} \\ k_{yx} & k_{yy} & k_{yz} \\ k_{zx} & k_{zy} & k_{zz} \end{Bmatrix} \cdot \begin{Bmatrix} \partial h / \partial x \\ \partial h / \partial y \\ \partial h / \partial z \end{Bmatrix}$$

Dabei stellt der linke Term den Vektor der Filtergeschwindigkeiten, der mittlere Term den Tensor der richtungsabhängigen Durchlässigkeitsbeiwerte und der rechte Term den Vektor der partiellen Ableitungen der Grundwasserpotenziale nach den kartesischen Koordinaten dar. Bei definitionsgemäß in Strömungsrichtung positiver Filtergeschwindigkeit ergibt sich das negative Vorzeichen aus dem Potenzialabbau in Fließrichtung (negativer Gradient). Für gegebene Hauptrichtungen der Durchlässigkeit mit darauf bezogenen Durchlässigkeitsbeiwerten lassen sich die auf die kartesischen Koordinaten bezogenen Komponenten des Durchlässigkeitstensors durch Hauptachsentransformation bestimmen (siehe z. B. [8]). Entsprechen die Hauptachsen der Durchlässigkeit den kartesischen Koordinatenrichtungen, so vereinfacht sich das Gleichungssystem zu:

$$\begin{Bmatrix} v_x \\ v_y \\ v_z \end{Bmatrix} = -\begin{Bmatrix} k_{xx} & 0 & 0 \\ 0 & k_{yy} & 0 \\ 0 & 0 & k_{zz} \end{Bmatrix} \cdot \begin{Bmatrix} \partial h / \partial x \\ \partial h / \partial y \\ \partial h / \partial z \end{Bmatrix}$$

bzw. in Komponentenschreibweise zu:

$$v_x = -k_{xx} \frac{\partial h}{\partial x}, \qquad v_y = -k_{yy} \frac{\partial h}{\partial y}, \qquad v_z = -k_{zz} \frac{\partial h}{\partial z}$$

Von praktischer Relevanz ist zumeist nur eine von der horizontalen Durchlässigkeit ($k_{xx} = k_{yy} = k_h$) abweichende vertikale hydraulische Durchlässigkeit ($k_{zz} = k_v$). Diese verminderte vertikale Durchlässigkeit kann sowohl in natürlich abgelagerten Lockergesteinen (Sedimenten) als auch in künstlichen Erdbauwerken vorkommen. Bei Sedimenten ist dies durch die bevorzugte horizontale Ausrichtung von plattigen Partikeln sowie vor allem durch die geologische Entstehungsgeschichte der Sedimente mit wechselnder Ablagerung von grob- und feinkörnigeren Schichten begründet. Nach [4] ist die Durchlässigkeit von natürlichen Grundwasserleitern in horizontaler Richtung meist um den Faktor 2–10 größer als diejenige in vertikaler Richtung. Auch bei künstlichen Erdbauwerken resultiert aus dem schichtweise verdichteten Einbau oft eine in vertikaler Richtung verminderte Durchlässigkeit. Diese wird durch den Bruch von Kornpartikeln bei der Verdichtung und dem daraus folgenden erhöhten Feinkornanteil an der Oberfläche der Einbaulagen sowie durch eine unterschiedliche Verdichtung über die Höhe der Einbaulagen verursacht. In Abhängigkeit der Empfindlichkeit des Einbaumaterials gegenüber mechanischer Belastung und des Herstellungsverfahrens können erheblich anisotrope Durchlässigkeitsverhältnisse auftreten (z. B. bei Waschbergematerial).

Anisotrope Durchlässigkeitsverhältnisse lassen sich problemlos in numerischen Strömungsberechnungen berücksichtigen. Für analytische Berechnungen von gespannten Grundwasserströmungen können Modellbereiche mit anisotroper Durchlässigkeit durch Verzerrung in Modellbereiche mit isotroper Durchlässigkeit übergeführt werden (siehe z. B. [4]). Für die nachfolgenden Grundwasserströmungsberechnungen wird jedoch vereinfachend eine isotrope Durchlässigkeit k angesetzt. Für homogene und isotrope Durchlässigkeitsverhältnisse ergeben sich die kartesischen Komponenten der Darcy-Gleichung zu:

$$v_x = -k\frac{\partial h}{\partial x}, \qquad v_y = -k\frac{\partial h}{\partial y}, \qquad v_z = -k\frac{\partial h}{\partial z}$$

### 1.1.3 Kontinuitätsgleichung

Neben der Darcy-Gleichung stellt die Kontinuitätsgleichung, die das physikalische Prinzip der Massenerhaltung beschreibt, die zweite grundlegende Gleichung zur Beschreibung von Grundwasserströmungen dar. Für stationäre (zeitunabhängige) Verhältnisse besagt diese, dass die Bilanz der Zu- und Abflüsse an einem wassergesättigten Kontrollvolumen null betragen muss (Bild 7).

Unter der Annahme einer konstanten Dichte des Grundwassers ergibt sich die Kontinuitätsgleichung für stationäre, wassergesättigte Strömungsverhältnisse zu:

$$-\frac{\partial v_x}{\partial x} - \frac{\partial v_y}{\partial y} - \frac{\partial v_z}{\partial z} = 0$$

Bei instationären (zeitabhängigen) Strömungsverhältnissen ist zusätzlich die Änderung des innerhalb des Kontrollvolumens gespeicherten Grundwasservolumens mit der zeitlichen Veränderung des Grundwasserpotenzials zu berücksichtigen. Die Bilanz der Zu- und Abflüsse am Kontrollvolumen muss der zeitlichen Änderung des im Kontrollvolumen vorhandenen Wasservolumens entsprechen. Unter der Voraussetzung eines konstanten spezifischen Speicherkoeffizienten ergibt sich die Kontinuitätsgleichung für instationäre, wassergesättigte Strömungsverhältnisse zu:

$$-\frac{\partial v_x}{\partial x} - \frac{\partial v_y}{\partial y} - \frac{\partial v_z}{\partial z} = S_s\frac{\partial h}{\partial t}$$

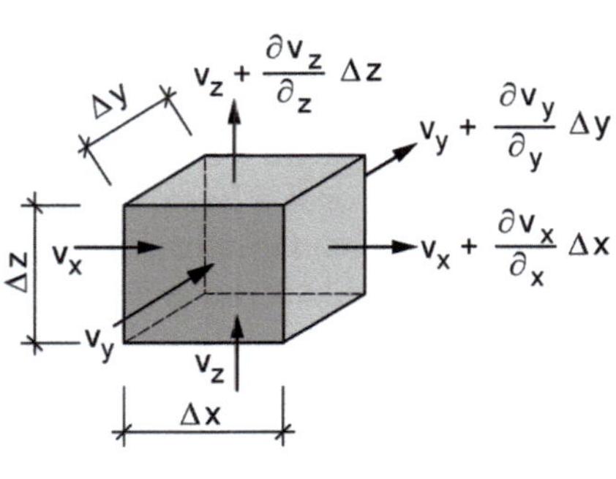


**Bild 7** Zu- und Abflüsse am Kontrollvolumen

### 1.1.4 Strömungsgleichung

Die Strömungsgleichung resultiert aus der Verknüpfung der Kontinuitätsgleichung mit der Darcy-Gleichung. Unter der Annahme von homogenen Durchlässigkeitsverhältnissen mit den Hauptachsen der anisotropen Durchlässigkeit entsprechend der kartesischen Achsen ergibt sich die Strömungsgleichung für stationäre, wassergesättigte Strömungsverhältnisse durch Einsetzen der Komponenten der Darcy-Gleichung in die Kontinuitätsgleichung zu:

$$k_{xx}\frac{\partial^2 h}{\partial x^2}+k_{yy}\frac{\partial^2 h}{\partial y^2}+k_{zz}\frac{\partial^2 h}{\partial z^2}=0$$

Unter der zusätzlichen Annahme isotroper Durchlässigkeitsverhältnisse vereinfacht sich die Strömungsgleichung zu:

$$\frac{\partial^2 h}{\partial x^2}+\frac{\partial^2 h}{\partial y^2}+\frac{\partial^2 h}{\partial z^2}=0$$

Diese Gleichung ist eine der bedeutendsten partiellen Differenzialgleichungen der mathematischen Physik, die Laplace-Gleichung. Die Lösung dieser Gleichung ist die Funktion h(x,y,z), die die Verteilung der Zustandsvariablen, des hydraulischen Potenzials h, in Abhängigkeit des Ortes des dreidimensionalen Strömungsfeldes beschreibt.

Für instationäre, wassergesättigte Strömungsverhältnisse ergibt sich die Strömungsgleichung unter der Annahme einer homogenen, isotropen Durchlässigkeit durch Einsetzen der Komponenten der Darcy-Gleichung in die instationäre Kontinuitätsgleichung zu:

$$\frac{\partial^2 h}{\partial x^2}+\frac{\partial^2 h}{\partial y^2}+\frac{\partial^2 h}{\partial z^2}=\frac{S_s}{k}\frac{\partial h}{\partial t}$$

Dieser partielle Differenzialgleichungstyp wird in der Physik als Diffusionsgleichung bezeichnet. Die Lösung dieser Gleichung beschreibt die Verteilung des hydraulischen Potenzials h(x,y,z,t) in Abhängigkeit des Ortes des Strömungsfeldes und der Zeit t.

### 1.1.5 Rand- und Anfangsbedingungen

Zur Lösung der stationären (zeitunabhängigen) Grundwasserströmungsgleichung müssen entlang der gesamten Ränder des Modellgebiets Randbedingungen definiert werden. Es werden dabei drei Arten von Randbedingungen unterschieden:

Mit der **Randbedingung der ersten Art** (Dirichlet-Bedingung) wird das Grundwasserpotenzial am Modellrand vorgeschrieben (Festpotenzial h = const.). Beispielsweise kann ein See oder ein Fluss mit einem direkten Anschluss an einen Grundwasserleiter eine Randbedingung der ersten Art darstellen. Ein Festpotenzial kann auch an einem Modellrand vorgeschrieben werden, wenn erwartet wird, dass der Modellrand so weit von der die Grundwasserverhältnisse beeinflussenden Maßnahme entfernt ist, dass deren Einfluss auf das Grundwasserpotenzial am gewählten Modellrand vernachlässigt werden kann. Stellt ein Brunnenrand einen Modellrand dar (z. B. bei der rotationssymmetrischen Berechnung der Zuströmung zu einem Brunnen), so lässt sich der Modellrand unterhalb eines konstanten Brunnenwasserstands für den anschließenden Grundwasserleiter ebenfalls als Festpotenzialrand beschreiben. Die Vorgabe eines konstanten (atmosphärischen) Drucks ($p = 0$ bzw. $h = z$) zur Beschreibung von Sickerstrecken (z. B. beim Grundwasseraustritt an der Geländeoberfläche, in Dräns oder Brunnen), stellt ebenfalls eine Randbedingung der ersten Art dar (s. Abschnitte 1.3.6.1, 1.3.6.2 und 1.5.5.2).

Bei der **Randbedingung der zweiten Art** (Neumann-Bedingung) wird der Zu- oder Abfluss senkrecht zum Modellrand vorgeschrieben (z. B. konstanter Zufluss infolge Zuströmung aus überlagernden Bodenschichten). Die konstante Entnahme aus einem Brunnen, dessen Rand einem Modellrand darstellt, kann ebenfalls durch eine Randbedingung der zweiten Art als konstanter Abstrom über den Brunnenmantel beschrieben werden. Ein häufig auftretender Spezialfall dieses Rands ist der undurchlässige Modellrand (z. B. entlang von Grundwassernichtleitern oder wasserundurchlässigen Bauwerken), bei dem der Zu- oder Abfluss senkrecht zu diesem Rand gleich null ist. Als undurchlässig angenommene Modellränder stellen Randstromlinien dar.

Die **Randbedingung der dritten Art** (Cauchy-Bedingung) stellt eine Kombination aus erster und zweiter Art durch die Vorgabe eines Zu- oder Abflusses senkrecht zum Modellrand in Abhängigkeit der Differenz zwischen dem Grundwasserpotenzial und einem konstanten äußeren Potenzial dar. Sie wird zur Beschreibung von halbdurchlässigen Rändern (z. B. Zusickerung aus kolmatierten Oberflächengewässern oder Dräns und Brunnen bei der Grundwasseranreicherung) verwendet. Dabei wird am Modelland nicht unmittelbar ein äußeres Potenzial, sondern ein gedämpftes (durch einen Strömungswiderstand abgeschwächtes) Grundwasserpotenzial wirksam.

Zur Lösung der instationären (zeitabhängigen) Grundwasserströmungsgleichung ist **als Anfangsbedingung** zusätzlich die Grundwasserpotenzialverteilung zu Simulationsbeginn ($h(t = t_0)$) vorzugeben. Weiterhin kann der Wert der Randbedingungen auch als veränderlich über den Simulationszeitraum (z. B. als Wasserstandsganglinie oder unterschiedliche Entnahmerate) vorgegeben werden.

## 1.2 Berechnung von Grundwasserströmungen

Grundlage für die Berechnung von Grundwasserströmungen ist ihre Beschreibung mithilfe mathematischer Modelle. Ein Modell ist ein Hilfsmittel zur vereinfachten Abbildung der zu untersuchenden, wesentlichen physikalischen Prozesse in der Natur. Bei den hier verwendeten mathematischen Modellen wird die Grundwasserströmung durch die Strömungsgleichungen abgebildet, die die wesentlichen physikalischen Prozesse beschreiben. Bereits bei den zugrunde gelegten mathematischen Modellen werden, wie in Abschnitt 1.1 dargestellt, die Grundwasserströmungsvorgänge auf Grundlage vereinfachter Annahmen abgebildet (z. B. Einphasenströmung, konstante Dichte des Wassers, Gültigkeit des Darcy-Gesetzes, bereichsweise homogene Durchlässigkeit, druckunabhängiger spezifischer Speicherkoeffizient). In Abhängigkeit der wesentlichen, die Grundwasserströmung beeinflussenden Faktoren und der erforderlichen Genauigkeit der Abbildung der Strömungsvorgänge können weitere Vereinfachungen des mathematischen Modells getroffen werden (z. B. ausschließlich wassergesättigte Strömung, isotrope Durchlässigkeit, stationäre Strömungsverhältnisse, vertikal-ebene, horizontal-ebene, eindimensionale oder rotationssymmetrische Modellierung).

Um die Grundwasserströmung basierend auf einem mathematischen Modell ermitteln zu können, ist – unabhängig vom Berechnungsverfahren (analytische oder numerische Berechnung, zeichnerisches Lösungsverfahren) – ein Modellgebiet festzulegen, das einen Abschnitt der für das Untersuchungsziel maßgebenden Grundwasserleiter und ggf. Grundwassernichtleiter und Grundwassergeringleiter sowie der strömungsrelevanten Bauwerke abbildet. Die Modellabmessungen sind möglichst so festzulegen, dass sie die Vorgabe von natürlichen grundwasserhydraulischen Randbedingungen an den Modellrändern ermöglichen (z. B. durch Grundwassernichtleiter vorgegebene Randstromlinien, Wasserstände in Oberflächengewässern). Ist dies für einzelne Modellränder nicht möglich, müssen die Modellabmessungen so gewählt werden, dass die an diesen Rändern angenommenen grundwasserhydraulischen Randbedingungen keinen relevanten Einfluss auf die Berechnungsergebnisse haben. Gegebenenfalls kann der Einfluss der Randbedingungen durch eine Parameterstudie ermittelt werden. Bei analytischen Berechnungen können die Modellränder auch im Unendlichen liegen.

Zur Berechnung der Grundwasserströmung ist eine Parametrisierung erforderlich. Dies bedeutet, dass auf Grundlage einer zumeist geringen Anzahl geologischer Erkundungen und hydrogeologischer Untersuchungen, die räumlich und teilweise auch zeitlich veränderlichen Einflussgrößen (z. B. Schichtgrenzen, Durchlässigkeiten, Speicherkoeffizienten, Zuflüsse, Wasserstände) durch vereinfachte Modellparameter, in Abhängigkeit des gewählten mathematischen Modells abgebildet werden (z. B. Festlegung von Homogenbereichen).

Für die Berechnung von Grundwasserströmungen existiert eine umfangreiche Fachliteratur, z. B. [2–4, 8–11], mit dem Schwerpunkt auf hydrogeologischen Fragestellungen. Verfahren zur Berechnung und Ausführung von Grundwasserabsenkungen werden insbesondere von *Herth/Arndts* [12] behandelt. Eine weitere umfangreiche Zusammenstellung von Berechnungsansätzen für die Grundwasserhaltung mit zahlreichen Diagrammen für unterschiedliche Randbedingungen sowie die Darstellung von Verfahren zur Grundwasserhaltung und zur Ermittlung geohydraulischer Parameter enthält auch eine im Internet frei verfügbare Veröffentlichung der amerikanischen Streitkräfte [13].

Analytische Berechnungen von Grundwasserströmungen sind meist nur auf Grundlage vereinfachter (meist eindimensionaler) mathematischer Modelle und stark vereinfachter Modellannahmen möglich. Trotzdem können Grundwasserströmungsprobleme in vielen Fällen mit ausreichender Genauigkeit durch analytische Lösungen beschrieben werden. Dies gilt auch für die Berechnung von Grundwasserhaltungen, wenn keine komplexen Randbedingungen vorliegen und keine detaillierten Aussagen zur Auswirkung der Grundwasserhaltung auf die Grundwasserverhältnisse erforderlich sind. In den nachstehenden Abschnitten sind die grundlegenden Lösungen für Grundwasserhaltungsaufgaben und weitere Grundwasserströmungsprobleme dargestellt. Besonderen Wert wird dabei auf die Darstellung der zugrunde gelegten Annahmen und Voraussetzungen für die Lösungen gelegt. Für weiterführende analytische Lösungen von

Grundwasserströmungsproblemen sei auf [4] sowie *Polubarinova-Kochina* [14] verwiesen, die teilweise jedoch vertiefte mathematische Kenntnisse erfordern.

Für komplexe geohydraulische Fragestellungen, die nicht mit ausreichender Genauigkeit durch vereinfachte analytische Lösungen beantwortet werden können, stellen numerische Verfahren ein geeignetes Mittel dar. Die Anwendung numerischer Modelle gehört mittlerweile zum Standardinstrumentarium bei der Beantwortung grundwasserhydraulischer Fragestellungen. Dies gilt insbesondere für wasserwirtschaftliche Aufgabenstellungen, aber auch in zunehmendem Maß für die Berechnung von Grundwasserabsenkungen und für die Ermittlung von Grundwasserströmungen als Grundlage für geotechnische Berechnungen.

Mittlerweile sind kommerzielle Programmsysteme erhältlich, mit denen numerische Grundwassermodellierungen mit relativ geringem Aufwand und nahezu ohne Kenntnisse der mathematisch-physikalischen Grundlagen durchgeführt werden können. Der Modellierer sollte jedoch über ausreichende Kenntnisse der mathematischen Beschreibung von Grundwasserströmungen und über grundlegende Kenntnisse der numerischen Lösungsverfahren verfügen, um die Zuverlässigkeit der Berechnungsergebnisse beurteilen zu können. Die numerischen Lösungsverfahren basieren i. Allg. auf der Finite-Differenzen-Methode (FDM) oder der Finite-Elemente-Methode (FEM). Bei beiden Methoden wird das Modellgebiet in eine endliche (finite) Anzahl von Zellen oder Elementen unterteilt (diskretisiert). Ein wesentlicher Unterschied der beiden Verfahren ist die Art der Diskretisierung. Bei der FDM erfolgt die Diskretisierung durch rechteckige (oder quaderförmige) Zellen, während bei der FEM die Diskretisierung durch Elemente beliebiger Form erfolgen kann. Die FEM erlaubt deshalb eine bessere Anpassung der Diskretisierung an den Verlauf von Modellgrenzen oder Strukturen innerhalb des Modellgebiets.

Numerische Grundwasserströmungsmodelle stellen wie alle Modelle ein vereinfachtes Abbild der natürlichen Verhältnisse dar, das maßgebend vom Umfang und der Qualität der Eingangsparameter beeinflusst wird. Ein wesentlicher Aspekt der numerischen Modellierung ist deshalb die Beurteilung der Berechnungsergebnisse auf Grundlage der Unsicherheit der Eingangsdaten. Dabei bieten numerische Modelle die Möglichkeit, durch Parameterstudien die Auswirkung innerhalb physikalisch sinnvoller Grenzen variierter Eingangsparameter auf die Berechnungsergebnisse beurteilen zu können.

In den folgenden Abschnitten werden lediglich die wesentlichen Grundlagen für die Durchführung numerischer Grundwasserströmungsberechnungen (z. B. Wahl der Randbedingungen sowie Ermittlung der freien Grundwasseroberfläche und der Sickerstrecke bei ungespannten Grundwasserströmungen) beschrieben (s. insbesondere Abschnitte 1.3.6.1 und 1.3.6.2). Ausführliche Darstellungen von numerischen Verfahren zur Berechnung von Grundwasserströmungen enthalten z. B. [15–19].

Im Abschnitt 1.3 wird die Berechnung von Grundwasserströmungen auf Grundlage vertikal-ebener (Grabenströmung), rotationssymmetrisch vertikal-ebener (Brunnenströmung) und dreidimensionaler Modelle jeweils für stationäre und instationäre Strömungsverhältnisse beschrieben. Die analytischen Lösungen für räumlich eindimensionale, stationäre und instationäre Modelle werden dabei aus den vertikal-ebenen und rotationssymmetrisch vertikal-ebenen Modellen abgeleitet.

## 1.3 Vertikal-ebene Berechnung von stationären Grundwasserströmungen

### 1.3.1 Grundlagen

Vertikal-ebene Berechnungen eignen sich für Grundwasserströmungen, die durch langgestreckte Bauwerke mit gleichen hydraulischen Randbedingungen dominiert werden und bei denen die Strömung senkrecht zu der Berechnungsebene als vernachlässigbar angenommen werden kann (z. B. Zuströmung zu einem Graben oder Dammdurchströmung). Die Berechnung erfolgt für eine vertikal-ebene Scheibe mit Einheitsbreite und den seitlichen Begrenzungsflächen der betrachteten Scheibe als Randstromflächen.

Für vertikal-ebene, stationäre Strömungen in einem vollständig wassergesättigten Grundwasserleiter mit homogener und isotroper Durchlässigkeit ergibt sich die Strömungsgleichung zu:

$$\frac{\partial^2 h}{\partial x^2} + \frac{\partial^2 h}{\partial z^2} = 0$$

Diese Strömungsgleichung stellt die Grundgleichung für die nachfolgend beschriebenen eindimensionalen analytischen, numerischen und zeichnerischen Lösungen dar.

### 1.3.2 Analytische Berechnung von gespannten Grundwasserströmungen

#### 1.3.2.1 Grabenströmung

Unter vereinfachten Modellannahmen lassen sich vertikal-ebene, stationäre Grundwasserströmungen bei gespannten Grundwasserverhältnissen durch eindimensionale, analytisch lösbare Strömungsgleichungen beschreiben. Im Folgenden sind analytische Lösungen für Grabenströmungen (Zuströmung zu einem Dränagegraben) bei gespannten Grundwasserverhältnissen für verschiedene Randbedingungen dargestellt. Für $x = 0$ wird jeweils eine Absenkung des Grundwasserpotenzials durch den Dränagegraben angesetzt. Dabei werden keine Strömungsverluste innerhalb des Dränagegrabens berücksichtigt.

Der Berechnung liegen folgende zusätzliche, vereinfachende Annahmen zugrunde (Bild 8):

- rechteckförmiger Querschnitt des Grundwasserleiters mit Länge L und konstanter Mächtigkeit M,
- homogene und isotrope Durchlässigkeit k,
- horizontale Modellränder ohne äußeren Zufluss (Randstromlinien),
- konstantes Grundwasserpotenzial an den vertikalen Modellrändern.

Unter diesen vereinfachten Modellannahmen lässt sich die Strömungsgleichung durch eine eindimensionale, gewöhnliche Differenzialgleichung mit einem jeweils über die Vertikale konstanten, nur von der Ortskoordinate x abhängigen Grundwasserpotenzial h darstellen:

$$\frac{d^2 h}{dx^2} = 0 \text{ mit der allgemeinen Lösung: } h(x) = c_1 x + c_2$$

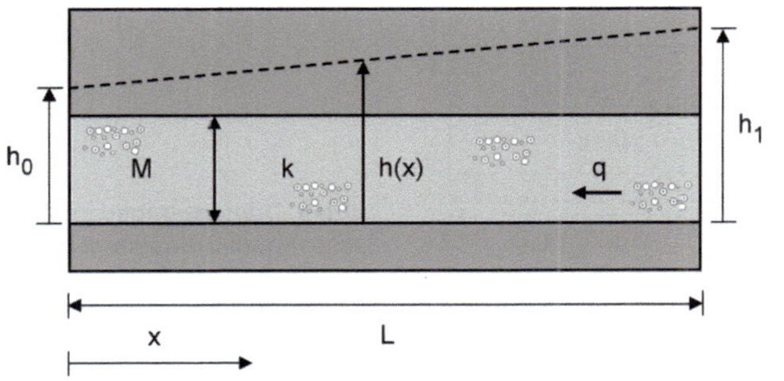


**Bild 8** Grabenströmung im gespannten Grundwasserleiter

Für die Randbedingungen:

$$h(x=0)=h_0 \qquad h(x=L)=h_1$$

ergibt sich die Lösung der Strömungsgleichung für das Grundwasserpotenzial h zu:

$$h(x)=h_0+(h_1-h_0)\frac{x}{L}$$

Aus der Darcy-Gleichung mit dem Durchfluss q [$m^2/s$] als Produkt aus der Filtergeschwindigkeit v [m/s] und der Grundwassermächtigkeit M [m] sowie der Transmissivität T [$m^2/s$] als Produkt aus dem Durchlässigkeitsbeiwert k [m/s] und der Grundwassermächtigkeit M [m]:

$$q=M\cdot v=-M\cdot k\frac{dh}{dx}=-T\frac{dh}{dx}$$

resultiert der konstante Durchfluss:

$$q=-\frac{T}{L}(h_1-h_0)$$

Bei einer Potenzialdifferenz $\Delta h = h_1 - h_0 > 0$ ergibt sich ein negativer Durchfluss, da die Fließrichtung entsprechend dem Potenzialgefälle entgegen der positiven x-Richtung verläuft.

Bei Vorgabe einer konstanten Entnahmerate $q_0$ am linken Modellrand und eines konstanten Grundwasserpotenzials $h_1$ am rechten Modellrand als Randbedingungen:

$$q(x=0)=-q_0 \qquad h(x=L)=h_1$$

ergibt sich das Grundwasserpotenzial zu:

$$h(x)=h_1-\frac{q_0}{T}(L-x)$$

Die maximale Entnahmerate $q_{0,max}$, für die sich gerade noch gespannte Grundwasserverhältnisse am linken Modellrand ergeben ($h_0 = M$), beträgt:

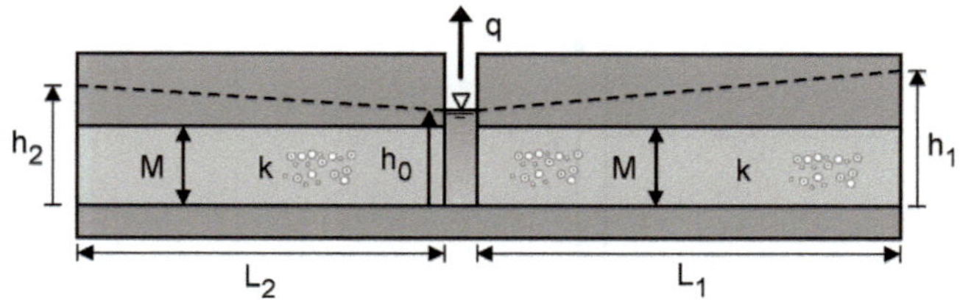


**Bild 9** Dränagegraben im gespannten Grundwasserleiter

$$q_{0,\max} = \frac{T}{L}\left(h_1 - M\right)$$

Bild 9 stellt einen idealisierten Dränagegraben mit beidseitigem Zustrom aus einem gespannten Grundwasserleiter dar.

Für diese vereinfachten Modellannahmen beträgt die Gesamtzuflussrate q pro Meter Länge des Dränagegrabens:

$$q = T\left[\frac{\left(h_1 - h_0\right)}{L_1} + \frac{\left(h_2 - h_0\right)}{L_2}\right]$$

### 1.3.2.2 Grabenströmung mit Grundwasserneubildung

Basierend auf dem oben beschriebenen, vereinfachten Strömungsmodell wird zusätzlich an der Oberfläche des gespannten Grundwasserleiters eine über die Modelllänge konstante Zuflussrate $v^*$ [$m^3/(s \cdot m^2)$] (z. B. Grundwasserneubildung infolge Niederschlagsinfiltration) angesetzt (Bild 10).

Prinzipiell stellt der obere Modellrand wegen der Zuströmung $v^*$ über diesen Rand keine Randstromlinie dar. Die Abweichung von der hydrostatischen Druckverteilung über die Höhe des Grundwasserleiters kann jedoch i. Allg. aufgrund der relativ geringen Zuströmung infolge Niederschlagsinfiltration vernachlässigt werden. Unter diesen vereinfachten Annahmen lässt sich die Strömungsgleichung unter Berücksichtigung der Infiltration als Zuflussterm ebenfalls als eindimensionale, gewöhnliche Differenzialgleichung darstellen:

$$\frac{d^2h}{dx^2} = -\frac{v^*}{T} \quad \text{mit der allgemeinen Lösung:} \quad h\left(x\right) = -\frac{v^*}{2T}x^2 + c_1x + c_2$$

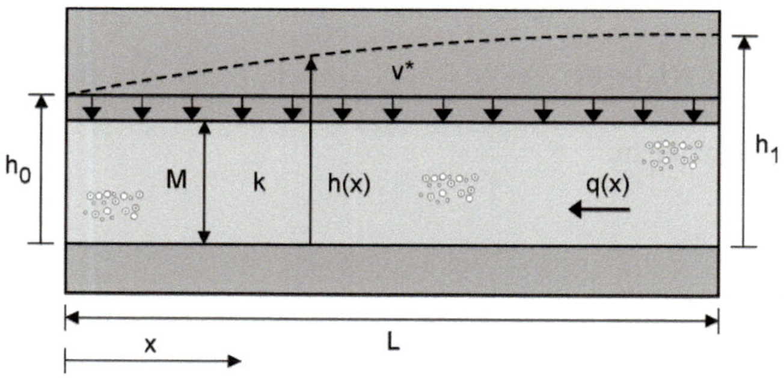


**Bild 10** Grabenströmung im gespannten Grundwasserleiter mit Grundwasserneubildung

Für die Randbedingungen:

$$h(x=0)=h_0 \qquad h(x=L)=h_1$$

ergibt sich die Lösung der Strömungsgleichung für das Grundwasserpotenzial h zu:

$$h(x)=h_0+(h_1-h_0)\frac{x}{L}+\frac{v^*}{2T}(Lx-x^2)$$

Der ortsabhängige Durchfluss q(x) lässt sich wiederum unter Verwendung der Darcy-Gleichung ermitteln:

$$q(x)=-\frac{T}{L}(h_1-h_0)-\frac{v^*}{2}(L-2x)$$

Bei Vorgabe der Randbedingungen:

$$q(x=0)=-q_0 \qquad h(x=L)=h_1$$

ergibt sich das Grundwasserpotenzial zu:

$$h(x)=h_1-\frac{q_0}{T}(L-x)+\frac{v^*}{2T}(L^2-x^2)$$

Die maximale Entnahmerate für gerade noch gespannte Grundwasserverhältnisse ($h_0 = M$) am linken Modellrand ($x = 0$) beträgt:

$$q_{0,max}=\frac{T}{L}(h_1-M)+\frac{v^*L}{2}$$

Bild 11 stellt einen idealisierten Dränagegraben mit beidseitigem Zustrom aus einem gespannten Grundwasserleiter mit Grundwasserneubildung dar.

Für diese vereinfachten Modellannahmen beträgt die Gesamtzuflussrate q pro Meter Länge des Dränagegrabens:

$$q=T\left[\frac{(h_1-h_0)}{L_1}+\frac{(h_2-h_0)}{L_2}\right]+\frac{v^*}{2}(L_1+L_2)$$

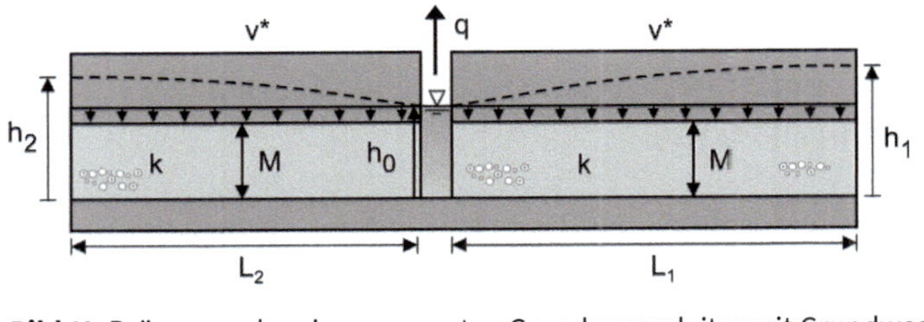


**Bild 11** Dränagegraben im gespannten Grundwasserleiter mit Grundwasserneubildung

### 1.3.2.3 Grabenströmung im halbgespannten Grundwasserleiter

Auch dieses Berechnungsmodell basiert auf dem oben beschriebenen, vereinfachten Strömungsmodell, wobei jedoch der Grundwasserleiter als halbgespannt angenommen wird. Der Grundwasserleiter wird durch eine geringdurchlässige Schicht mit der vertikalen Durchlässigkeit $k^*$ und der Dicke $d^*$ überlagert. Die geringdurchlässige Schicht wird an ihrer Oberfläche mit einem konstanten Wasserstand $h^*$ beaufschlagt (Bild 12). Für $x \to \infty$ entspricht das Grundwasserpotenzial im halbgespannten Grundwasserleiter dem Wasserstand $h^*$.

Vereinfachend wird angenommen, dass die geringdurchlässige Schicht aufgrund des Potenzialunterschieds zwischen dem Wasserstand oberhalb der geringdurchlässigen Schicht und dem Grundwasserpotenzial des halbgespannten Grundwasserleiters lediglich vertikal durchflossen wird. Weiterhin wird auch hier angenommen, dass die Abweichung von der hydrostatischen Druckverteilung über die Höhe des Grundwasserleiters durch den vertikalen Zufluss aus der überlagernden, geringdurchlässigen Schicht vernachlässigt werden kann. Diese Annahmen sind berechtigt, falls die Durchlässigkeit der überlagernden Schicht deutlich geringer ist als die des Grundwasserleiters. Der Zufluss pro Fläche zum Grundwasserleiter ergibt sich aus der Darcy-Gleichung zu:

$$v^* = k^* \left( \frac{h^* - h(x)}{d^*} \right) = \lambda \left( h^* - h(x) \right) \qquad \text{mit} \quad \lambda = \frac{k^*}{d^*}$$

Der Faktor $\lambda$ [$s^{-1}$], der sich aus dem Quotienten der vertikalen Durchlässigkeit $k^*$ und der Dicke $d^*$ des überlagernden Geringleiters ergibt, wird als Leakagefaktor bezeichnet. Unter diesen vereinfachten Annahmen lässt sich die Strömungsgleichung wiederum durch eine eindimensionale, gewöhnliche Differenzialgleichung unter Berücksichtigung des Zuflussterms darstellen:

$$\frac{d^2h}{dx^2} = -\frac{\lambda}{T} \left( h^* - h(x) \right)$$

Mit der Substitution: $\mu = \sqrt{\frac{T}{\lambda}}$

ergibt sich die allgemeine Lösung (siehe z. B. [8]) zu:

$$h(x) = h^* - c_1 e^{\frac{x}{\mu}} - c_2 e^{-\frac{x}{\mu}}$$

Für die Randbedingungen:

$$h(x = 0) = h_0 \qquad\qquad h(x \to \infty) = h^*$$

ergibt sich die Lösung der Strömungsgleichung für das Grundwasserpotenzial h zu:

$$h(x) = h^* - \left( h^* - h_0 \right) e^{-\frac{x}{\mu}}$$

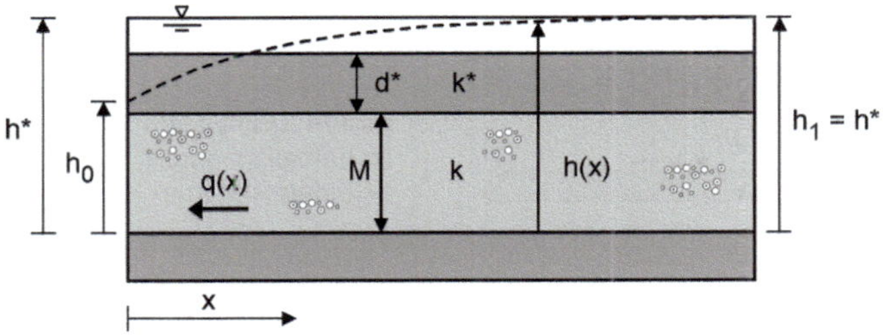


**Bild 12** Grabenströmung im halbgespannten Grundwasserleiter

Der ortsabhängige Durchfluss q(x) lässt sich wiederum unter Verwendung der Darcy-Gleichung ermitteln:

$$q(x) = -\frac{T}{\mu}\left(h^* - h_0\right)e^{-\frac{x}{\mu}}$$

Unter den o. g. Randbedingungen nähert sich das Grundwasserpotenzial h(x) des halbgespannten Grundwasserleiters aufgrund des Wasseraustauschs mit zunehmendem Abstand vom linken Modellrand dem Wasserstand $h^*$ oberhalb des Geringleiters an. Theoretisch ergibt sich eine Übereinstimmung erst im Unendlichen. Es lässt sich jedoch ein Abstand vom linken Modellrand ΔL bestimmen, ab dem die Potenzialdifferenz $\Delta h = h^* - h(\Delta L)$ einen festgelegten Grenzwert ε [m] unterschreitet (Bild 13):

$$\Delta L = -\mu \ln\left(\frac{\varepsilon}{h^* - h_0}\right)$$

Die Einflusslänge wird im Folgenden für ein Berechnungsbeispiel ermittelt. Dazu wird ein halbgespannter Grundwasserleiter mit einer Durchlässigkeit $k = 10^{-4}$ m/s und einer Mächtigkeit M = 10 m sowie ein überlagernder Geringleiter mit einer vertikalen Durchlässigkeit $k^* = 10^{-7}$ m/s und einer Dicke $d^* = 5$ m betrachtet. Der Wasserstand oberhalb des Geringleiters, an den sich der Grundwasserstand mit zunehmendem Abstand vom Graben annähert, beträgt $h^* = 20$ m und der abgesenkte Grabenwasserstand $h_0 = 12$ m. Für einen vorgegebenen Grenzwert ε = 0,05 m ergibt sich mit $T = M \cdot k = 10^{-3}\ m^2/s$, $\lambda = k^*/d^* = 2 \cdot 10^{-8}\ s^{-1}$ und $\mu = (T/\lambda)^{1/2} = 223{,}6$ m eine Einflusslänge der Absenkung von ΔL ≈ 1.130 m.

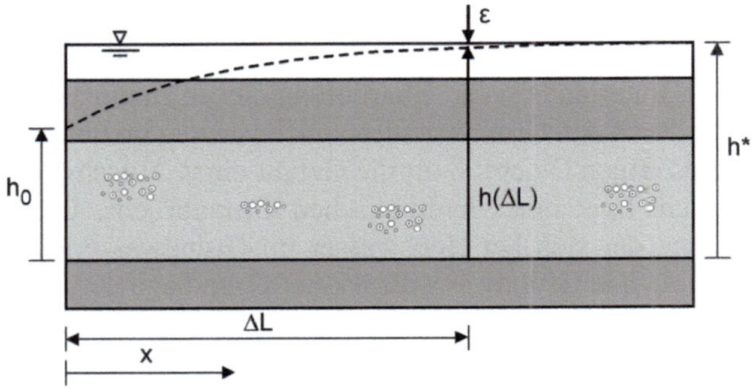


**Bild 13** Einflusslänge der Druckentspannung im halbgespannten Grundwasserleiter

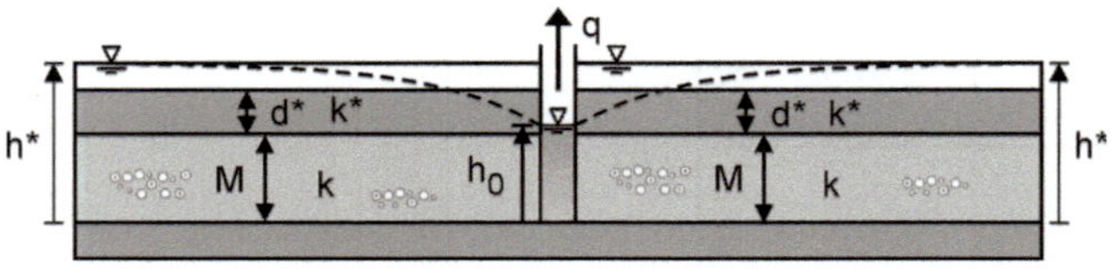


**Bild 14** Dränagegraben im halbgespannten Grundwasserleiter

Bei Vorgabe der Randbedingungen:

$$q(x=0) = -q_0 \qquad h(x=L) = h^*$$

ergibt sich das Grundwasserpotenzial zu:

$$h(x) = h^* - \left(\frac{q_0 \cdot \mu}{T}\right) e^{-\frac{x}{\mu}}$$

Die maximale Entnahmerate für gerade noch gespannte Grundwasserverhältnisse am linken Modellrand beträgt:

$$q_{0,\max} = \left(h^* - M\right)\frac{T}{\mu}$$

Bild 14 stellt einen idealisierten Dränagegraben mit beidseitigem Zustrom aus einem halbgespannten Grundwasserleiter dar. Dabei wird angenommen, dass der Wasserstand im Dränagegraben nicht durch den Wasserstand oberhalb des Grundwassergeringleiters beeinflusst wird.

Für diese vereinfachten Modellannahmen beträgt die Gesamtzuflussrate q pro Meter Länge des Dränagegrabens:

$$q(x) = 2 \cdot \sqrt{T \cdot \frac{k^*}{d^*}} \cdot \left(h^* - h_0\right)$$

### 1.3.2.4 Unterströmung eines Deiches in einem halbgespannten Grundwasserleiter

Halbgespannte Grundwasserleiter existieren häufig in Flusstälern, in denen der Grundwasserleiter in direktem hydraulischen Kontakt mit dem Gewässer steht und landseitig durch eine geringdurchlässige Deckschicht überlagert wird. Bei Hochwasser im Gewässer steigt durch den Zustrom auch das Grundwasserpotenzial im halbgespannten Grundwasserleiter. Zum Schutz des Hinterlands gegen Überflutung dienen zumeist Deiche. Bei Einstau der Deiche besteht durch den Grundwasserpotenzialanstieg im unterlagernden Grundwasserleiter am landseitigen Deichfuß oft die Gefahr eines Aufschwimmens der überlagernden Deckschicht bzw. eines hydraulischen Grundbruchs. Unter vereinfachten Modellannahmen kann der sich bei Hochwasser im Grundwasserleiter unterhalb der Auelehmschicht einstellende Grundwasserdruck auf Grundlage der oben beschriebenen analytischen Berechnung abgeschätzt werden. In Bild 15 ist das verwendete vereinfachte stationäre Modell in einem stark überhöhten Maßstab dargestellt.

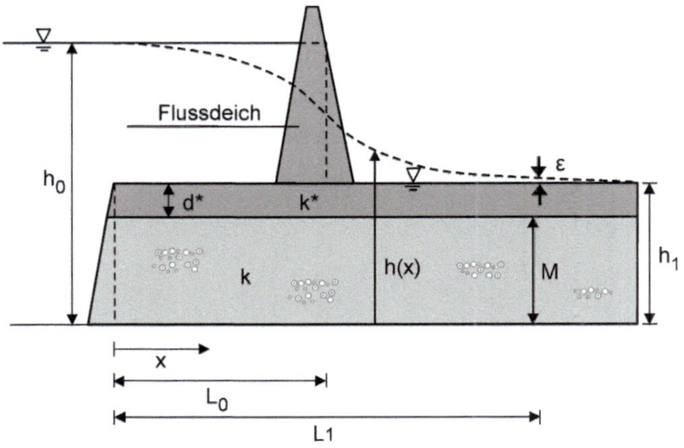


**Bild 15** Unterströmung eines Deiches in einem halbgespannten Grundwasserleiter

Der Grundwasserleiter mit einer konstanten Mächtigkeit M und einer konstanten, isotropen Durchlässigkeit k wird durch eine geringdurchlässige Schicht mit der konstanten Dicke $d^*$ und einer vertikalen Durchlässigkeit $k^*$ überlagert. Am linken Modellrand (x = 0) steht der Grundwasserleiter in direktem hydraulischen Kontakt mit dem Fluss. Oberhalb der Auelehmschicht steht wasserseitig des Deiches der Flusswasserstand $h_0$ und landseitig der Wasserstand $h_1$ auf Höhe der Oberfläche der Auelehmschicht an. Vereinfachend wird innerhalb des Deichkörpers oberhalb der Auelehmschicht der Wasserstand $h_0$ bis zum Schnittpunkt des Wasserspiegels mit der luftseitigen Deichböschung ($L_0$) und danach der Wasserstand $h_1$ angesetzt. Dadurch ergibt sich für den Bereich $0 \le x \le L_0$ ein Zustrom durch die Auelehmschicht zum Grundwasserleiter und für den Bereich $x > L_0$ ein Abstrom aus dem Grundwasserleiter zur Geländeoberfläche. Nachstehend wird für einen stationären Zustand (lang anhaltender Einstau des Deiches auf $h_0$) das Grundwasserpotenzial unterhalb der Auelehmschicht ermittelt.

Mit den Randbedingungen:

$$h(x=0)=h_0 \qquad\qquad h(x \to \infty)=h_1$$

und der Substitution: $\mu = \sqrt{\dfrac{k \cdot M}{\lambda}}$

ergibt sich unter der Bedingung eines stetigen Grundwasserpotenzials und Durchflusses für $x = L_0$ das Grundwasserpotenzial h in Abhängigkeit der Ortskoordinate x zu:

$$h(x)=h_0-\frac{(h_0-h_1)}{2}\left(e^{\frac{-(L_0-x)}{\mu}}-e^{\frac{-(L_0+x)}{\mu}}\right) \qquad \text{für} \quad 0 \le x \le L_0$$

$$h(x)=h_1+\frac{(h_0-h_1)}{2}\left(e^{\frac{-(x-L_0)}{\mu}}+e^{\frac{-(L_0+x)}{\mu}}\right) \qquad \text{für} \quad x > L_0$$

Aus dem Grundwasserpotenzial kann der Grundwasserdruck unterhalb der Auelehmschicht zur Ermittlung der Sicherheit gegen Aufschwimmen bestimmt werden.

Auch hier lässt sich die Einflusslänge $L_1$, ab welcher das Grundwasserpotenzial h die Geländeoberfläche ($h_1$) nur noch um einen Grenzwert ε überschreitet, ermitteln:

$$L_1 = L_0 + \mu \cdot \ln\left[\frac{(h_0 - h_1)}{2\varepsilon}\left(1 + e^{-\frac{2L_0}{\mu}}\right)\right]$$

Diese Einflusslänge kann auch zur Auswahl einer ausreichenden Modelllänge bei der numerischen Berechnung verwendet werden.

### 1.3.3 Numerische Berechnung von gespannten Grundwasserströmungen

#### 1.3.3.1 Allgemeines

Numerische Berechnungen von vertikal-ebenen, stationären Grundwasserströmungen für gespannte bzw. vollständig wassergesättigte Grundwasserverhältnisse erfordern i. Allg. nur einen relativ geringen Aufwand bei der Modellerstellung und sind hinsichtlich der numerischen Lösung der Strömungsgleichung (lineare partielle Differenzialgleichung 2. Ordnung) unproblematisch. Die Berechnung mittels FEM ergibt bei Verwendung linearer Ansatzfunktionen innerhalb der einzelnen Elemente ein lineares Gleichungssystem, das sich ohne Iteration lösen lässt.

#### 1.3.3.2 Unterströmung einer wasserstauenden Spundwand

Als ein Beispiel für die numerische, vertikal-ebene Berechnung einer vollständig wassergesättigten Grundwasserströmung ist in den Bildern 16 und 17 die Unterströmung einer wasserstauenden Spundwand dargestellt. Bild 16 enthält die berechneten Potenziallinien (Linien gleichen Potenzials), aus denen der aus der Unterströmung der Spundwand resultierende Potenzialabbau im Grundwasserleiter hervorgeht. Aus der ermittelten Grundwasserpotenzialverteilung lassen sich der Grundwasserdruck auf die Spundwand sowie die bei der Spundwandumströmung auf den Boden einwirkenden Strömungskräfte ermitteln. Diese werden z. B. zur Ermittlung der Erdruckkräfte auf die Spundwand im durchströmten Untergrund oder zur Ermittlung der Sicherheit gegen hydraulischen Grundbruch unterwasserseitig der Spundwand benötigt.

In Bild 17 ist das Modellgebiet mit den Randbedingungen und der gewählten Dreiecksdiskretisierung für die FE-Berechnung abgebildet. Der untere Modellrand wird durch die Oberfläche des unterlagernden Grundwasserstauers gebildet und stellt eine Randstromlinie dar. Der obere Modellrand entspricht der Oberfläche des überstauten Grundwasserleiters beidseitig der Spundwand. Es wird angenommen, dass der Wasseraustausch zwischen Grund- und Oberflächenwasser ohne zusätzlichen Widerstand (z. B. infolge Kolmation der Gewässersohle) erfolgt. Aus diesem Grund wird am oberen Modellrand beidseitig der Spundwand ein dem Oberwasserstand $h_o$ bzw. dem Unterwasserstand $h_u$ entsprechendes Grundwasserpotenzial vorgegeben. An den seitlichen Modellrändern wird jeweils eine hydrostatische Druckverteilung mit einem dem jeweiligen Oberflächenwasserstand entsprechenden, konstanten Grundwasserpotenzial

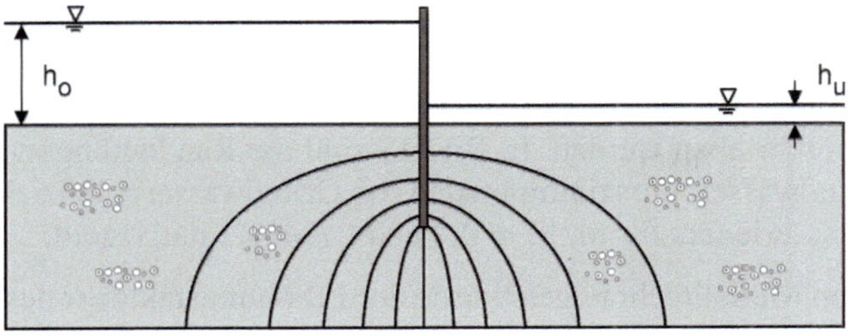


**Bild 16** Grundwasserpotenziallinien für die Unterströmung einer Spundwand

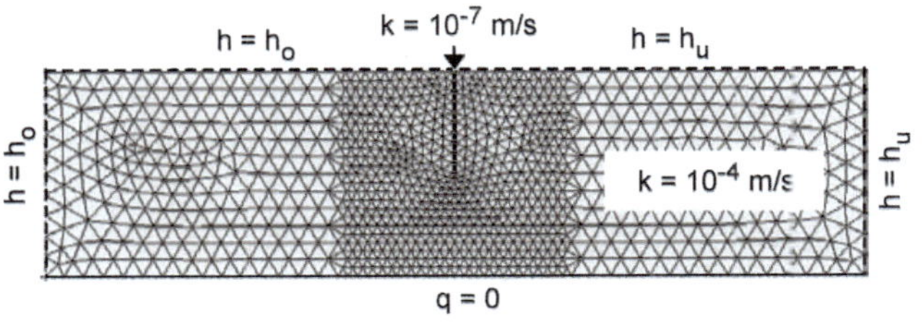


**Bild 17** Vertikal-ebene Modellierung der Spundwandunterströmung

angesetzt. Dabei wird angenommen, dass diese Modellränder ausreichend weit von der Spundwand entfernt sind, sodass keine Beeinflussung des Grundwasserpotenzials durch die Spundwandunterströmung vorliegt. Diese Annahmen lassen sich z. B. durch Vergrößern des Modellgebiets überprüfen. Die Berandung der Spundwand kann durch „Ausschneiden" des entsprechenden Modellbereichs ebenfalls als Randstromlinie abgebildet werden. Alternativ kann den die Spundwand im Modell entsprechenden finiten Elementen eine geringe hydraulische Durchlässigkeit zugewiesen werden (wie hier vorgenommen). Das heißt, dass der hydraulische Widerstand der Spundwand durch eine „Ersatzwand" mit einer gewählten Dicke und Durchlässigkeit abgebildet wird.

### 1.3.3.3 Zuströmung zu einem unvollkommenen Dränagegraben

Als ein weiteres Beispiel für die numerische, vertikal-ebene Berechnung einer gespannten Grundwasserströmung wurde die einseitige Zuströmung zu einem unvollkommenen Dränagegraben ermittelt. Der Dränagegraben reicht hier nicht über die gesamte Höhe des Grundwasserleiters bis zum unterlagernden Grundwasserstauer, sondern bindet – wie häufig ausgeführt – nur teilweise in den Grundwasserleiter ein. Bei einem unvollkommenen Dränagegraben kann die Grundwasserströmung nicht durch ein eindimensionales Strömungsmodell mit nur von der Ortskoordinate x abhängigen und über die Vertikale z konstanten Grundwasserpotenzialen abgebildet werden.

Zur Ermittlung der Erhöhung des Zuflusses zu einem unvollkommenen Dränagegraben gegenüber einem vollkommenen Dränagegraben mit gleicher Tiefe, bei dem der Grundwasserleiter nur bis zur Sohle des Grabens reicht, wurde eine Parameterstudie auf Grundlage numerischer vertikal-ebener Berechnungen durchgeführt. Vereinfachend wurde die Breite des Dränagegrabens und somit der Zufluss durch die Grabensohle nicht berücksichtigt. Das zugrunde gelegte Modell entspricht ansonsten dem Modell der Grabenströmung im gespannten Grundwasserleiter aus Abschnitt 1.3.2.1. Unter diesen vereinfachten Modellannahmen kann die Grundwasserströmung als Funktion der Quotienten m/M (Einbindetiefe m des Dränagegrabens in den Grundwasserleiter bezogen auf die Mächtigkeit M des Grundwasserleiters) sowie L/M (Modelllänge L bis zur angesetzten Randbedingung mit konstantem Potenzial $h_1$ bezogen auf die Grundwassermächtigkeit M) beschrieben werden. In Bild 18 sind die Randbedingungen sowie die berechneten Grundwasserpotenziallinien und das Grundwasserpotenzial an der Oberfläche des Grundwasserleiters für m/M = 0,2 und L/M = 2 dargestellt.

Auf Grundlage der numerischen Modellrechnungen wurde der Erhöhungsfaktor α des Zuflusses $q_u$ zum unvollkommenen Dränagegraben gegenüber dem Zufluss $q_v$ zum vollkommenen Dränagegraben mit einer Mächtigkeit m des Grundwasserleiters entsprechend der Einbindetiefe des Grabens ermittelt.

$$q_u = \alpha \cdot q_v = \alpha \frac{m \cdot k}{L}\left(h_1 - h_0\right)$$

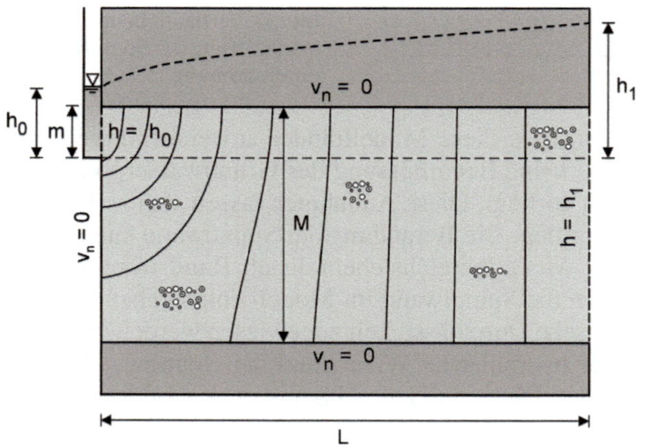


**Bild 18** Unvollkommener Dränagegraben bei gespannten Grundwasserverhältnissen

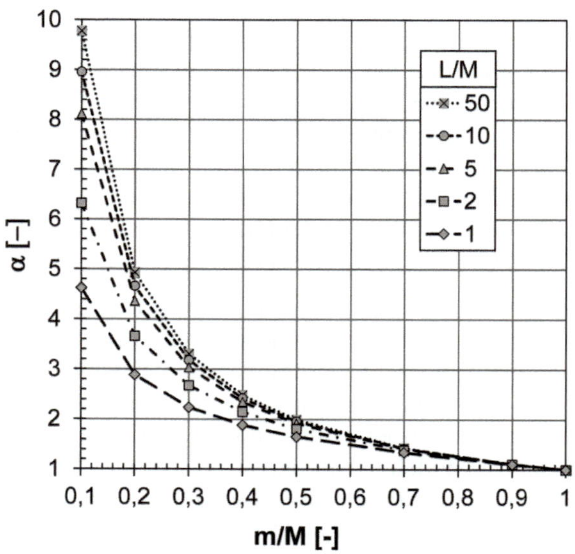


**Bild 19** Erhöhungsfaktor α für die Zuströmung zu einem unvollkommenen Dränagegraben bei gespannten Grundwasserverhältnissen

In Bild 19 ist der Erhöhungsfaktor α in Abhängigkeit des Einbindeverhältnisses m/M und des Verhältnisses L/M dargestellt. Daraus ist ersichtlich, dass bei geringer Einbindetiefe m des Dränagegrabens in die Mächtigkeit M des Grundwasserleiters ein wesentlicher Anteil des Zustroms aus dem Bereich unterhalb der Grabensohle erfolgt. Bei anisotropen Grundwasserleitern mit geringerer vertikaler als horizontaler Durchlässigkeit verringert sich jedoch der Zustrom aus dem Bereich unterhalb der Grabensohle.

### 1.3.4 Zeichnerische Lösung von gespannten Grundwasserströmungen

Das auf der Potenzialtheorie basierende zeichnerische Verfahren zur Konstruktion eines Strom- und Potenziallliniennetzes wurde früher häufig für vertikal-ebene, stationäre, vollständig wassergesättigte Grundwasserströmungen, insbesondere zur Ermittlung der Grundwasserdruckverteilung auf unterströmte Bauwerke (z. B. Wehre) angewendet. Zwischenzeitlich wurde es weitgehend durch numerische Verfahren ersetzt. Deshalb wird dieses sehr anschauliche Verfahren hier nur kurz erläutert, ohne auf die zugrunde liegende Theorie einzugehen. Diese ist z. B. in [8] ausführlich erläutert.

Die vertikal-ebene, stationäre Grundwasserströmung lässt sich durch zwei Kurvenscharen charakterisieren, durch Potenziallinien und durch Stromlinien. Während die Potenziallinien Linien gleichen Grundwasserpotenzials innerhalb des abgegrenzten Modellgebietes darstellen, wird durch die Stromlinien der theoretische Verlauf der Grundwasserströmung beschrieben. Bei wassergesättigten Strömungen und homogener und isotroper Durchlässigkeit verlaufen die Stromlinien stets senkrecht zu den Potenziallinien. Diese beiden Kurvenscharen bilden das Strom- und Potenziallliniennetz.

Zur Erläuterung der Vorgehensweise bei der Konstruktion eines Strom- und Potenziallliniennetzes wird das Beispiel einer unterströmten Spundwand aus Abschnitt 1.3.3.2 (Bild 16) verwendet. Zu Beginn der Bearbeitung ist auch hier das Modellgebiet mit seinen zugehörigen Randbedingungen (Randstrom- und Randpotenziallinien) festzulegen. Die Aufgabe besteht nun in der Konstruktion der Potenziallinien und einer dazu gehörigen Anzahl von Stromlinien, sodass durch die benachbarten Strom- und Potenziallinien jeweils verzogene („krummlinige“) Quadrate gebildet werden. Die Konstruktion ist korrekt, wenn sich in die verzogenen Quadrate jeweils ein die Strom- und Potenziallinien berührender Kreis einschreiben lässt. In Bild 20 ist das Strom- und Potenziallliniennetz für das Beispiel der unterströmten Spundwand dargestellt.

Aus der Konstruktion des Strom- und Potenziallliniennetzes ergeben sich Potenzialstufen (Anzahl n), die von jeweils zwei benachbarten Potenziallinien begrenzt werden, und Stromröhren (Anzahl m) mit jeweils zwei benachbarten Stromlinien als Begren-

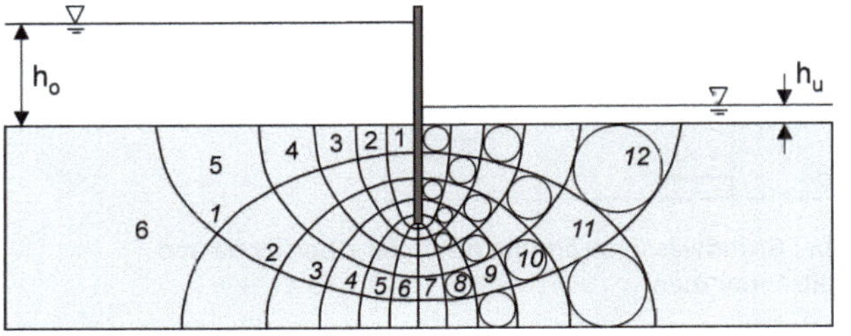


**Bild 20** Strom- und Potenzialliniennetz für die Unterströmung einer Spundwand

zung. Der Potenzialabbau innerhalb der einzelnen Potenzialstufen und der Durchfluss in den einzelnen Stromröhren sind jeweils gleich groß. Der Potenzialabbau $\Delta h_{PS}$ innerhalb der einzelnen Potenzialstufen ergibt sich aus dem gesamten Potenzialunterschied $\Delta h = h_o - h_u$ zu:

$$\Delta h_{PS} = \frac{\Delta h}{n}$$

Da die wirksame Breite und Länge der verzogenen Quadrate jeweils gleich sind (Breite = Länge = a), ergibt sich der Durchfluss $q_{SR}$ durch eine Stromröhre zu:

$$q_{SR} = k \cdot a \cdot \frac{\Delta h_{PS}}{a} = k \frac{\Delta h}{n}$$

Der gesamte Durchfluss für die m Stromröhren beträgt demnach:

$$q = k \cdot \Delta h \cdot \frac{m}{n}$$

Aus dem Strom- und Potenzialliniennetz können die Grundwasserdrücke und Strömungskräfte im gesamten Modellgebiet ermittelt werden. Weitere Hinweise zur zeichnerischen Ermittlung des Strömungsnetzes werden z. B. in der Empfehlung E 113 der EAU [20] gegeben.

### 1.3.5 Analytische Berechnung von ungespannten Grundwasserströmungen

#### 1.3.5.1 Grundlagen

Vertikal-ebene Grundwasserströmungen mit freier Grundwasseroberfläche auf einer horizontalen Grundwasserbasis (untere Begrenzung des Grundwasserleiters, die durch die Oberfläche eines Grundwassernichtleiters gebildet wird) weisen wegen der für die Grundwasserbewegung erforderlichen Neigung der Grundwasseroberfläche neben der horizontalen immer auch eine vertikale Geschwindigkeitskomponente auf (Bild 21a). Grundlage für die im Folgenden dargestellten eindimensionalen Lösungen sind jedoch die nach *Dupuit* [21] benannten Annahmen. Diese gehen davon aus, dass die vertikale Komponente der Filtergeschwindigkeit gegenüber der horizontalen vernachlässigt werden kann (Bild 21b).

$$v = v_x \quad v_z = 0$$

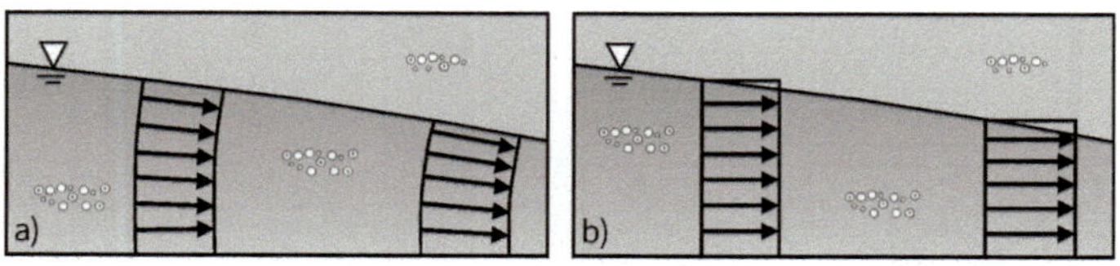


**Bild 21** a) Geschwindigkeitsvektoren bei Grundwasserströmung mit freier Oberfläche und b) vereinfacht entsprechend den Dupuit-Annahmen

Daraus resultiert, dass sich das Grundwasserpotenzial über das Vertikalprofil nicht ändert und nur eine Funktion der Ortskoordinate x ist.

$$\frac{\partial h}{\partial z} = 0 \qquad h = h(x)$$

Auf Grundlage der Dupuit-Annahmen entspricht das über das Vertikalprofil konstante Grundwasserpotenzial bei einem Bezugsniveau auf Höhe der horizontalen Grundwasserbasis der Höhe der freien Grundwasseroberfläche über der Grundwasserbasis bzw. der Grundwassermächtigkeit.

$$h(x) = M(x)$$

Diese vereinfachten Annahmen sind gerechtfertigt, wenn die Grundwasseroberfläche nur geringfügig geneigt ist, was häufig zutrifft. Nicht zutreffend sind diese Annahmen z.B. in unmittelbarer Nähe eines Brunnens oder eines Dränagegrabens sowie im Bereich eines Grundwasseraustritts an Böschungen. In diesen Bereichen weisen die auf Grundlage dieser Annahmen berechneten Grundwasserpotenziale Ungenauigkeiten auf (s. Abschnitte 1.3.6.1, 1.3.6.2 und 1.5.5.1). Im Folgenden werden Lösungen auf Grundlage der Dupuit-Annahmen für vertikal-ebene, stationäre, ungespannte Grundwasserströmungen dargestellt.

### 1.3.5.2 Grabenströmung

Analog zum Modell für die Grabenströmung im gespannten Grundwasserleiter werden als zusätzliche, vereinfachende Annahmen ein Modellgebiet mit der Länge L und konstanten Grundwasserpotenzialen bzw. konstanter Grundwasserentnahme an dessen vertikalen Rändern, eine homogene und isotrope Durchlässigkeit k sowie kein äußerer Zufluss über die Länge des Modellgebietes zugrunde gelegt (Bild 22).

Unter diesen Annahmen lässt sich die Strömungsgleichung durch eine eindimensionale, gewöhnliche Differenzialgleichung darstellen:

$$\frac{d}{dx}\left(h\frac{dh}{dx}\right) = 0 \quad \text{bzw.} \quad \frac{d^2\left(h^2\right)}{dx^2} = 0$$

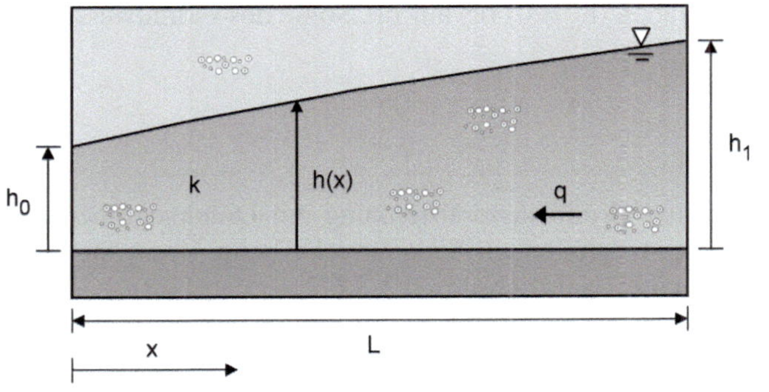


**Bild 22** Grabenströmung im ungespannten Grundwasserleiter

Die allgemeine Lösung dieser Differenzialgleichung ergibt sich analog zu der für gespannte Grundwasserverhältnisse mit dem Quadrat des Grundwasserpotenzials als abhängige Variable:

$$\left(h(x)\right)^2 = c_1 x + c_2$$

Für die Randbedingungen:

$$h(x=0) = h_0 \qquad h(x=L) = h_1$$

ergibt sich die Lösung der Strömungsgleichung für das Grundwasserpotenzial h zu:

$$\left(h(x)\right)^2 = h_0^2 + \left(h_1^2 - h_0^2\right)\frac{x}{L} \quad \text{bzw.} \quad h(x) = \sqrt{h_0^2 + \left(h_1^2 - h_0^2\right)\frac{x}{L}}$$

Aus der Darcy-Gleichung mit dem Durchfluss q als Produkt aus der Filtergeschwindigkeit v und der wassergesättigten Grundwassermächtigkeit h:

$$q = h \cdot v = -k \cdot h \frac{dh}{dx} = -\frac{k}{2}\frac{d\left(h^2\right)}{dx}$$

resultiert der konstante Durchfluss:

$$q = -\frac{k}{2L}\left(h_1^2 - h_0^2\right)$$

Bei Vorgabe einer konstanten Entnahmerate $q_0$ am linken Modellrand und eines konstanten Grundwasserpotenzials $h_1$ am rechten Modellrand als Randbedingungen:

$$q(x=0) = -q_0 \qquad h(x=L) = h_1$$

ergibt sich das Grundwasserpotenzial zu:

$$\left(h(x)\right)^2 = h_1^2 - \frac{2q_0}{k}(L-x) \quad \text{bzw.} \quad h(x) = \sqrt{h_1^2 - \frac{2q_0}{k}(L-x)}$$

Die (theoretische) maximale Entnahmerate $q_{0,max}$, die sich für eine Absenkung des Grundwasserstands im Dränagegraben ($h_0 = 0$) bis auf die Sohle des Grundwasserleiters ergibt, beträgt:

$$q_{0,max} = \frac{k \cdot h_1^2}{2L}$$

Zur tatsächlich maximal möglichen Grundwasserabsenkung am Dränagegraben unter Berücksichtigung der sich hier einstellenden Sickerstrecke beim Übergang vom Grundwasserleiter zum Dränagegraben siehe Abschnitt 1.3.6.2.

Bild 23 stellt einen idealisierten Dränagegraben mit beidseitigem Zustrom aus einem ungespannten Grundwasserleiter dar.

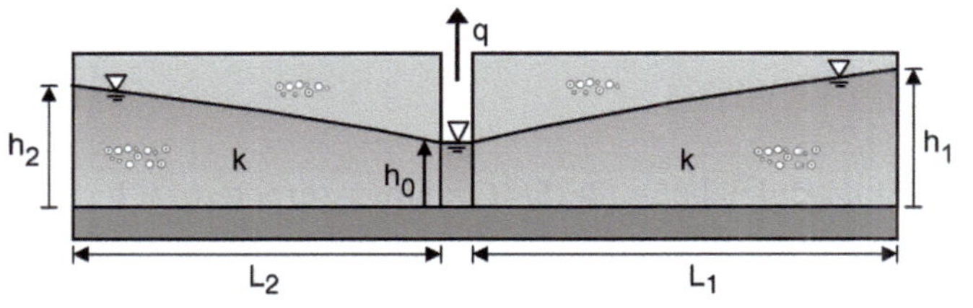


**Bild 23** Dränagegraben im ungespannten Grundwasserleiter

Für diese vereinfachten Modellannahmen beträgt die Gesamtzuflussrate q pro Meter Länge des Dränagegrabens:

$$q = \frac{k}{2}\left[\frac{\left(h_1^2 - h_0^2\right)}{L_1} + \frac{\left(h_2^2 - h_0^2\right)}{L_2}\right]$$

### 1.3.5.3 Grabenströmung mit Grundwasserneubildung

Wie im Berechnungsmodell für die Grabenströmung im gespannten Grundwasserleiter wird zusätzlich eine über die Modelllänge konstante Zuflussrate $v^*$ $[m^3/(s \cdot m^2)]$ (z. B. Grundwasserneubildung infolge Niederschlagsinfiltration) angesetzt (Bild 24).

Die Strömungsgleichung lässt sich auch in diesem Fall durch eine eindimensionale, gewöhnliche Differenzialgleichung darstellen:

$$\frac{d}{dx}\left(h\frac{dh}{dx}\right) = -\frac{v^*}{k} \quad \text{bzw.} \quad \frac{d^2\left(h^2\right)}{dx^2} = -\frac{2v^*}{k}$$

mit der allgemeinen Lösung:

$$\left(h(x)\right)^2 = -\frac{v^*}{k}x^2 + c_1 x + c_2$$

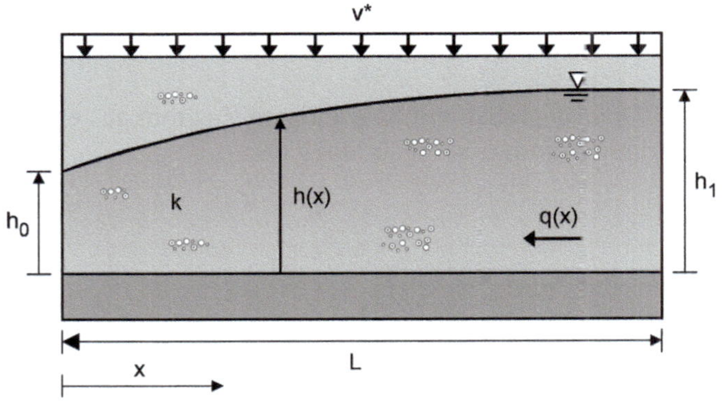


**Bild 24** Grabenströmung im ungespannten Grundwasserleiter mit Grundwasserneubildung

Für die Randbedingungen:

$$h(x=0)=h_0 \qquad h(x=L)=h_1$$

ergibt sich die Lösung der Strömungsgleichung für das Grundwasserpotenzial h zu:

$$\left(h(x)\right)^2=h_0^2+\left(h_1^2-h_0^2\right)\frac{x}{L}+\frac{v^*}{k}\left(Lx-x^2\right) \quad \text{bzw.}$$

$$h(x)=\sqrt{h_0^2+(h_1^2-h_0^2)\frac{x}{L}+\frac{v^*}{k}(Lx-x^2)}$$

Der ortsabhängige Durchfluss q(x) lässt sich wiederum unter Verwendung der Darcy-Gleichung ermitteln:

$$q(x)=-\frac{k}{2L}\left(h_1^2-h_0^2\right)-\frac{v^*}{2}(L-2x)$$

Bei Vorgabe der Randbedingungen:

$$q(x=0)=-q_0 \qquad h(x=L)=h_1$$

ergibt sich das Grundwasserpotenzial zu:

$$\left(h(x)\right)^2=h_1^2-\frac{2q_0}{k}(L-x)+\frac{v^*}{k}\left(L^2-x^2\right) \quad \text{bzw.}$$

$$h(x)=\sqrt{h_1^2-\frac{2q_0}{k}(L-x)+\frac{v^*}{k}\left(L^2-x^2\right)}$$

Die (theoretische) maximale Entnahmerate $q_{0,max}$ für eine Absenkung des Grundwasserstands im Dränagegraben (x = 0) bis auf die Sohle des Grundwasserleiters ($h_0 = 0$) beträgt:

$$q_{0,max}=\frac{k\cdot h_1^2}{2L}+\frac{v^*\cdot L}{2}$$

Bild 25 stellt einen idealisierten Dränagegraben mit beidseitigem Zustrom aus einem ungespannten Grundwasserleiter mit Grundwasserneubildung dar.

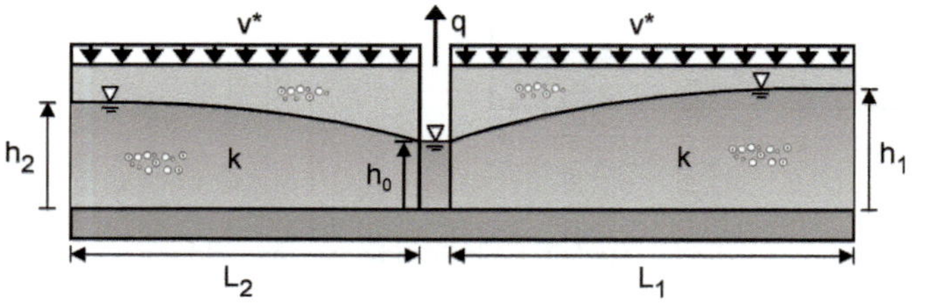


**Bild 25** Dränagegraben im ungespannten Grundwasserleiter mit Grundwasserneubildung

Für diese vereinfachten Modellannahmen beträgt die Gesamtzuflussrate q pro Meter Länge des Dränagegrabens:

$$q = \frac{k}{2}\left[\frac{\left(h_1^2 - h_0^2\right)}{L_1} + \frac{\left(h_2^2 - h_0^2\right)}{L_2}\right] + \frac{v^*}{2}\left(L_1 + L_2\right)$$

#### 1.3.5.4 Grabenströmung mit Übergang vom gespannten zum ungespannten Grundwasserleiter

Basierend auf den Berechnungsmodellen für die Grabenströmung im gespannten und im ungespannten Grundwasserleiter ohne Berücksichtigung einer Grundwasserneubildung wird die Strömungsgleichung für einen Übergang von gespannten zu ungespannten Strömungsverhältnissen (Bild 26) ermittelt.

Aus der Bedingung $h(L_0) = M$ und der Bedingung, dass der Durchfluss q im gespannten und im ungespannten Bereich des Grundwasserleiters gleich ist, lässt sich die Länge $L_0$ bestimmen:

$$L_0 = L\frac{\left(M^2 - h_0^2\right)}{\left(2h_1M - h_0^2 - M^2\right)}$$

In Abhängigkeit von $L_0$ lässt sich das Grundwasserpotenzial beschreiben:

$$h = \sqrt{h_0^2 + \left(M^2 - h_0^2\right)\frac{x}{L_0}} \qquad \text{für} \quad 0 \le x \le L_0$$

$$h = h_1 - \frac{\left(h_1 - M\right)}{L - L_0}\left(L - x\right) \qquad \text{für} \quad L_0 < x \le L$$

Der Durchfluss ergibt sich zu:

$$q = -\frac{k}{2L}\left(2h_1M - h_0^2 - M^2\right)$$

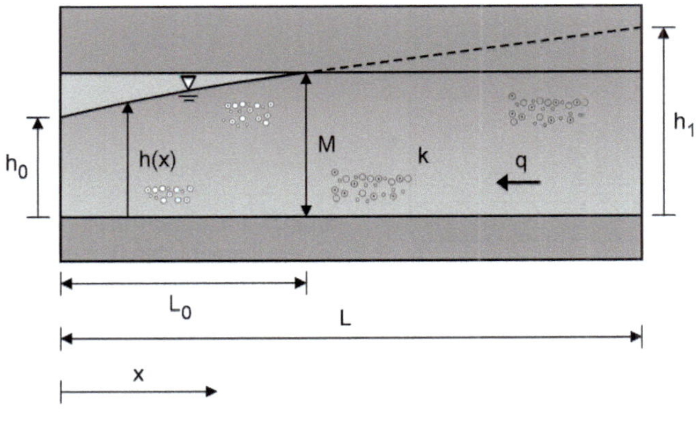


**Bild 26** Grabenströmung mit Übergang vom gespannten zum ungespannten Grundwasserleiter

### 1.3.5.5 Infiltration aus einem kolmatierten Graben in einen ungespannten Grundwasserleiter

Bei der Zuströmung (Infiltration) von Wasser aus einem Graben oder einem natürlichen Gewässer in einen Grundwasserleiter bildet sich in Abhängigkeit der Korngrößenverteilung des Grundwasserleiters und des Schwebstoffgehalts des infiltrierenden Wassers zumeist eine Kolmationsschicht aus, die durch die Einlagerung von feinen Partikeln im Porenraum des Übergangsbereichs zum Grundwasserleiter gebildet wird. Im Folgenden wird die Grundwasserströmung unter der vereinfachten Annahme einer vertikalen Kolmationsschicht mit konstantem hydraulischem Widerstand auf Grundlage des oben beschriebenen Modells der Grabenströmung im ungespannten Grundwasserleiter ermittelt (Bild 27). Der hydraulische Widerstand wird durch einen Leakagefaktor $\lambda$ [$s^{-1}$] beschrieben, der dem Quotienten aus der Durchlässigkeit $k^*$ und der Dicke $d^*$ der Kolmationsschicht entspricht ($\lambda = k^*/d^*$). Der Wasserstand im Graben wird mit $h_W$ bezeichnet.

Aus der Forderung, dass der Durchfluss durch die Kolmationsschicht dem im Grundwasserleiter entsprechen muss:

$$q = \frac{\lambda}{2}\left(h_W^2 - h_0^2\right) = \frac{k}{2L}\left(h_0^2 - h_1^2\right)$$

ergibt sich der konstante Durchfluss zu:

$$q = \frac{k}{2}\frac{\left(h_W^2 - h_1^2\right)}{\left(L + \frac{k}{\lambda}\right)}$$

und das Grundwasserpotenzial $h_0$ im Grundwasserleiter am Ende der Kolmationsschicht zu:

$$h_0^2 = h_1^2 + \left(h_W^2 - h_1^2\right)\cdot\left(\frac{\lambda \cdot L}{\lambda \cdot L + k}\right) \quad \text{bzw.} \quad h_0 = \sqrt{h_1^2 + \left(h_W^2 - h_1^2\right)\cdot\left(\frac{\lambda \cdot L}{\lambda \cdot L + k}\right)}$$

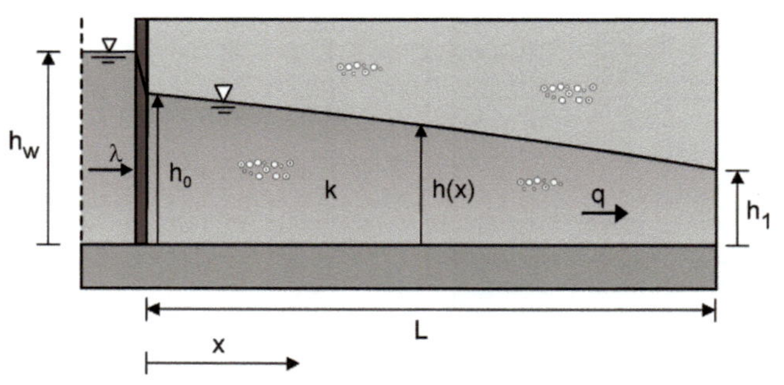


**Bild 27** Infiltration aus einem kolmatierten Graben in einen ungespannten Grundwasserleiter

### 1.3.6 Numerische Berechnung von ungespannten Grundwasserströmungen

#### 1.3.6.1 Dammdurchströmung

Die numerische, vertikal-ebene Berechnung von ungespannten Grundwasserströmungen ohne Ansatz der Dupuit-Annahmen erfordert aufgrund der Nichtlinearität der Strömungsgleichung einen wesentlich höheren Aufwand als von gespannten Grundwasserströmungen. Dies wird nachstehend für die Dammdurchströmung beschrieben, die eine typische Aufgabe für die vertikal-ebene Berechnung ungespannter Grundwasserströmungen darstellt (s. auch Merkblatt Standsicherheit von Dämmen an Bundeswasserstraßen (MSD) [22]).

Die Ermittlung der Dammdurchströmung durch numerische Strömungsberechnungen ist mittlerweile Standard als Grundlage für die Berechnung der Dammstandsicherheit. Die Verlässlichkeit der Ergebnisse der numerischen Berechnungen ist jedoch stark von den getroffenen Modellannahmen abhängig. Um Modellannahmen sinnvoll treffen zu können, sind Kenntnisse über die Grundlagen der numerischen Berechnung gesättigt-ungesättigter, vertikal-ebener, stationärer und ggf. auch instationärer Grundwasserströmungen notwendig.

Wie in Abschnitt 1.1.5 beschrieben, müssen zur Lösung der partiellen Differenzialgleichung für das vertikal-ebene Berechnungsmodell entlang des gesamten Modellrands Randbedingungen vorgegeben werden. Dabei können i. Allg. entweder das Grundwasserpotenzial h (Randbedingung 1. Art) oder die Filtergeschwindigkeit $v_n$ (spezifischer Zufluss bzw. Abfluss pro Fläche) senkrecht zum Modellrand (Randbedingung 2. Art) entlang einzelner Teilabschnitte des gesamten Modellrands vorgegeben werden. Aus der Strömungsberechnung ergeben sich in den Randbereichen, für die Grundwasserpotenziale vorgegeben werden, Randzuflüsse bzw. -abflüsse. In den Randbereichen, für die Zu- bzw. Abflüsse vorgegeben werden, ergibt sich aus der Strömungsberechnung die Verteilung der Randpotenziale. Eine Sonderform der Randbedingung 2. Art stellt die Vorgabe einer Randstromlinie (Filtergeschwindigkeit senkrecht zum Modellrand $v_n = 0$) entlang eines Teilabschnitts des Modellrands dar. In den auf der Methode der Finiten Elemente basierenden Programmsystemen zur numerischen Berechnung von Grundwasserströmungen ist diese Randbedingungsart zumeist als Standard gesetzt, d. h. ohne Vorgabe einer sonstigen Randbedingung wird am Modellrand eine Randstromlinie angesetzt.

In Bild 28 sind die einzelnen Modellränder mit den jeweiligen Randbedingungen für die stationäre Durchströmung eines homogenen Damms mit isotroper Durchlässigkeit auf undurchlässigem Untergrund dargestellt. In diesem Fall wird nur der wassergesät-

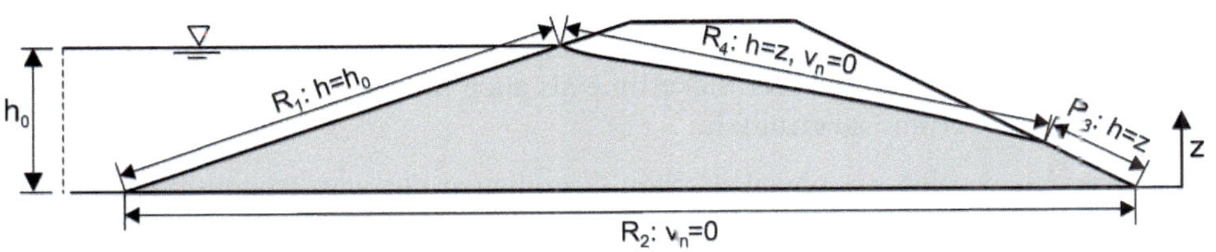


**Bild 28** Randbedingungen für die Modellierung der wassergesättigten Dammdurchströmung

tigte Bereich des Modellquerschnitts berücksichtigt, d. h., es wird angenommen, dass eine Durchströmung nur im wassergesättigten Teil des Dammkörpers stattfindet.

Am linken Modellrand im Bereich des Wassereinstaus ($R_1$) wird ein Grundwasserpotenzial entsprechend dem Wasserstand $h = h_0$ über Bezugsniveau vorgegeben. Aus der Annahme einer undurchlässigen Aufstandsfläche folgt der Ansatz einer Randstromlinie ($v_n = 0$) für den unteren Modellrand ($R_2$).

Am rechten Modellrand ergibt sich ein Wasseraustritt. Dieser Bereich des Modellrands, an dem sich ein Wasserabfluss in einen unter atmosphärischem Luftdruck stehenden Bereich ergibt, wird als Sickerstrecke bezeichnet. Unter der (für die Dammdurchströmung gerechtfertigten) Annahme, dass das Wasser an der Luftseite des Damms frei ausströmen kann, entspricht auch der Porenwasserdruck an der Dammoberfläche dem atmosphärischen Luftdruck. Da weiterhin i. Allg. angenommen werden kann, dass der äußere Luftdruck im gesamten Dammbereich konstant ist, kann dieser und somit auch der Porenwasserdruck an diesem Modellrand ($R_3$) definitionsgemäß zu null gesetzt werden ($u = 0$). Das Grundwasserpotenzial an diesem Modellrand entspricht im Bereich des Wasseraustritts (wegen $h = u / \gamma_W + z$) der geodätischen Höhe des Modellrands über dem Bezugsniveau ($h = z$). Demzufolge ist an diesem Modellrand ($R_3$) ein Grundwasserpotenzial entsprechend der jeweiligen geodätischen Höhe über Bezugsniveau ($h = z$) vorzugeben.

Durch den oberen Modellrand ($R_4$) wird der wassergesättigte Bereich innerhalb des durchströmten Dammkörpers begrenzt (Sickerlinie), an dem der Porenwasserdruck dem atmosphärischen Luftdruck entspricht (definitionsgemäß $u = 0$). Aufgrund der Annahme, dass eine Durchströmung nur im wassergesättigten Bereich des Dammkörpers stattfindet, stellt die Sickerlinie, die den wassergesättigten Bereich nach oben begrenzt, ebenfalls eine Randstromlinie ($v_n = 0$) dar. Die Lage der Sickerlinie innerhalb des Dammkörpers ist, so wie die obere Begrenzung der Sickerstrecke, jedoch a priori nicht bekannt und muss durch die Berechnung ermittelt werden. Eine Lösungsmöglichkeit besteht darin, die Ausdehnung des Berechnungsmodells solange iterativ anzupassen, bis entlang dem als Randstromlinie ($v_n = 0$) definierten oberen Modellrand ($R_4$) der Porenwasserdruck zu null wird ($u = 0$) bzw. bis das Grundwasserpotenzial entlang des Modellrands der geodätischen Höhe des Modellrands entspricht ($h = z$).

Eine derartige iterative, automatisierte Anpassung des Modells ist bei der numerischen Strömungsberechnung unter Verwendung einer vertikal-ebenen Modellierung, zumindest bei komplexeren Strukturen (Bodenschichtungen, Einbauten etc.) und komplexeren geometrischen Verhältnissen (unterschiedliche Böschungsneigungen, Bermen etc.) oft nicht möglich. Deshalb wird die numerische Berechnung der Dammdurchströmung i. Allg. für ein festgelegtes, vertikal-ebenes Modell, das den gesamten Dammkörper beinhaltet, durchgeführt. Dabei ist es erforderlich, die Strömung sowohl im wassergesättigten Bereich unterhalb der Sickerlinie als auch im wasserungesättigten Bereich oberhalb der Sickerlinie zu ermitteln.

Im Folgenden werden die physikalischen Grundlagen der wasserungesättigten Strömung kurz dargestellt, ohne auf die mathematische Beschreibung der Strömungsvorgänge einzugehen. Eine detaillierte Darstellung der physikalischen Grundlagen und der physikalisch-mathematischen Beschreibung findet sich z. B. in [4] oder [23].

Im wasserungesättigten Bereich sind die durch die Bodenmatrix gebildeten Poren teilweise mit Wasser und teilweise mit Luft gefüllt. Dabei können die aus zusammenhängenden Poren bestehenden, feinen Strömungskanäle mit Kapillarröhrchen verglichen werden. Aufgrund der physikalischen Eigenschaft des Wassers als benetzende Phase gegenüber der Bodenmatrix ergeben sich an den Grenzflächen dieser beiden Phasen Kräfte, die zu einem Aufsteigen des Wassers gegen die Schwerkraft in den Kapillaren führt. Der Druck der nichtbenetzenden Phase Luft ändert sich dagegen in den Bodenporen nicht. Der Wasserdruck innerhalb der Kapillaren ist somit kleiner als der Luftdruck. Wird der Luftdruck definitionsgemäß mit null angesetzt, ergibt sich innerhalb der Kapillaren oberhalb des wassergesättigten Bereichs ein negativer Porenwasserdruck ($u < 0$). Dieser den atmosphärischen Luftdruck unterschreitende Porenwasserdruck wird in der Literatur als Saugspannung ($-u$) bezeichnet. Der Wassergehalt $\theta$ des Bodens im wasserungesättigten Bereich ist abhängig von der jeweils wirkenden Saugspannung und der Bodenart. Dies wird in Bild 29 qualitativ gezeigt, wobei zur besseren Vergleichbarkeit der bodenabhängigen Funktionen der Sättigungsgrad $S_r$ des Bodens in Abhängigkeit der Saugspannung ($-u$) dargestellt ist. Dabei ist der Sättigungsgrad der Quotient aus dem tatsächlichen und dem maximalen Wassergehalt des Bodens ($S_r = \theta / \theta_{max}$).

Im wassergesättigten Bereich ($u > 0$) entspricht der Wassergehalt $\theta$ dem maximalen Wassergehalt $\theta_{max}$ (bzw. $S_r = 1$). Mit steigender Saugspannung nimmt der Wassergehalt bis auf einen Restwassergehalt (residualen Wassergehalt) ab, bei dem nur noch das fest an die Bodenpartikel gebundene und nicht durch Schwerkraft entwässerbare Porenwasser vorhanden ist. Bei feinkörnigen Böden mit geringem Durchmesser der Porenkanäle ist die Abnahme des Wassergehalts mit steigender Saugspannung deutlich geringer als bei grobkörnigen Böden. Dieser funktionale Zusammenhang zwischen Saugspannung und Wassergehalt wird jedoch nur für instationäre Berechnungen benötigt, bei denen die zeitabhängige Entleerung und Füllung der Bodenporen infolge Änderung der Grundwasserpotenziale berücksichtigt wird.

Bei der stationären Berechnung (wie auch bei der instationären Berechnung) muss jedoch die gegenüber dem wassergesättigten Bereich reduzierte hydraulische Durchlässigkeit der ungesättigten Bodenzone berücksichtigt werden. Dabei wird die relative Durchlässigkeit $k_r$ als Maß für die ungesättigte Durchlässigkeit $k_u$ in Relation zur gesättigten Durchlässigkeit k betrachtet ($k_r = k_u / k$). Diese relative hydraulische Durchlässigkeit ist abhängig von dem in den Porenkanälen vorhandenen Wasser und somit vom Wassergehalt. Aufgrund der Abhängigkeit des Wassergehalts von der Saugspannung ergibt sich auch eine entsprechende Abhängigkeit der relativen hydraulischen

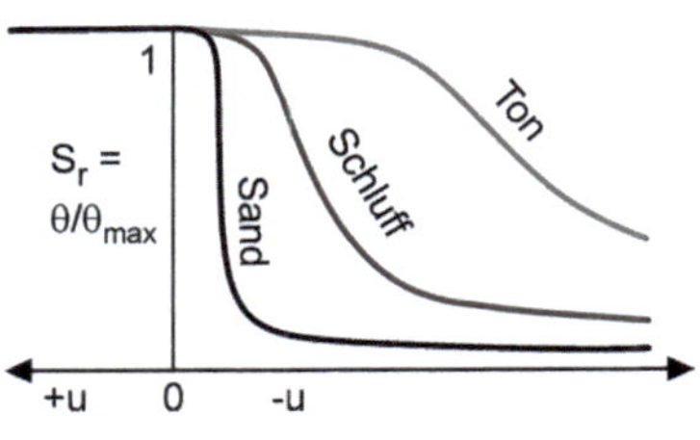


**Bild 29** Funktionaler Zusammenhang zwischen Sättigungsgrad ($S_r$) und Saugspannung ($-u$) für verschiedene Bodenarten (qualitativ)

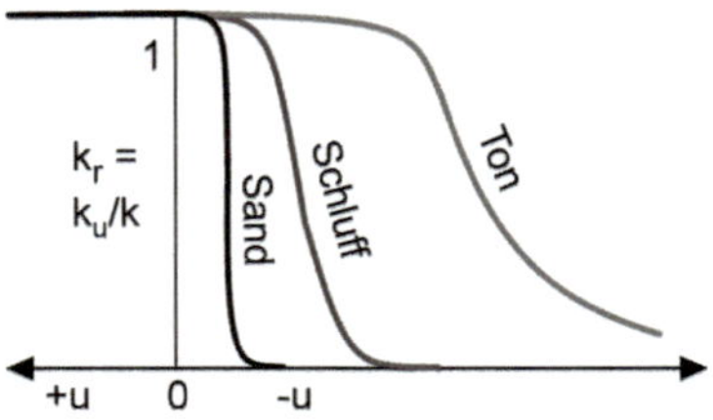


**Bild 30** Funktionaler Zusammenhang zwischen relativer Durchlässigkeit ($k_r$) und Saugspannung (−u) für verschiedene Bodenarten (qualitativ)

Durchlässigkeit von der Saugspannung (Bild 30). Bei grobkörnigen Böden nimmt die relative Durchlässigkeit mit zunehmender Saugspannung deutlich stärker ab als bei feinkörnigen Böden. Bei grobkörnigen Böden ist demnach die Durchströmung im ungesättigten Bodenbereich gegenüber der im gesättigten Bereich vernachlässigbar gering. Bei feinkörnigen Böden ergibt sich jedoch aufgrund der relativ hohen ungesättigten Durchlässigkeit auch eine im Vergleich zum gesättigten Bereich relevante Durchströmung im ungesättigten Bodenbereich.

Für die stationäre Berechnung einer gesättigt-ungesättigten Strömung muss daher die funktionale Beziehung zwischen relativer Durchlässigkeit und Saugspannung bodenabhängig vorgegeben werden. Für die Ermittlung der Dammdurchströmung als Grundlage für die Standsicherheitsuntersuchung ist eine allzu genaue Vorgabe dieser bodenabhängigen Funktionen jedoch nicht erforderlich. Der Abfluss in der ungesättigten Bodenzone ist hier vernachlässigbar und allein der wassergesättigte Bodenbereich ist maßgebend für die Durchströmung. Grundsätzlich sind die Funktionen für die verschiedenen Böden jedoch so zu wählen, dass der Fluss in der ungesättigten Bodenzone qualitativ korrekt abgebildet wird.

Die numerische, gesättigt-ungesättigte Berechnung der Dammdurchströmung wird detailliert von *Odenwald* [24] beschrieben. In [24] und [22] werden auch vereinfachte Typkurven für die funktionale Beziehung zwischen relativer Durchlässigkeit und Saugspannung als Grundlage für die numerische Berechnung der Dammdurchströmung angegeben. Weiterhin werden Hinweise für die Berücksichtigung von Dräns bei der numerischen Modellierung gegeben.

In Bild 31 sind die aus einer numerischen, vertikal-ebenen, gesättigt-ungesättigten, stationären Strömungsberechnung ermittelten Grundwasserpotenziale im wassergesättigten Dammbereich sowie die Sickerlinie (obere Begrenzung des wassergesättigten Dammbereichs) und die Sickerstrecke (Wasseraustrittsbereich an luftseitiger Dammböschung) dargestellt.

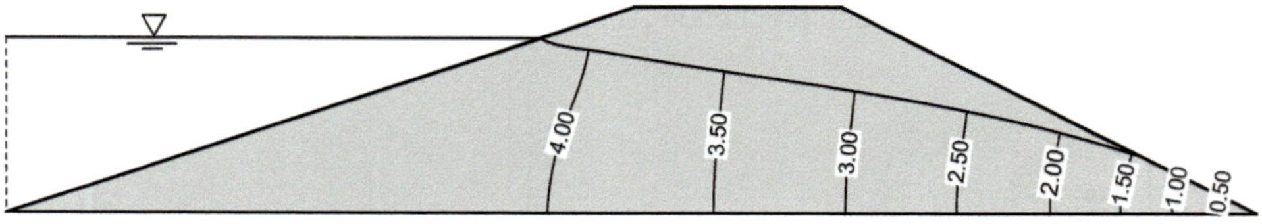


**Bild 31** Berechnete Grundwasserpotenziale sowie Sickerlinie und Sickerstrecke für durchströmten Damm mit homogener, isotroper Durchlässigkeit auf undurchlässiger Aufstandsfläche

### 1.3.6.2 Sickerstrecke bei der Grabenströmung

Wie bei der Dammdurchströmung ergibt sich auch bei der Grundwasserströmung aus einem ungespannten Grundwasserleiter in einen Dränagegraben eine Sickerstrecke. Diese Sickerstrecke stellt sich beim Übergang aus dem Grundwasserleiter in die Dränage ein, wenn die Dränage eine deutlich höhere (wassergesättigte) Durchlässigkeit als der Grundwasserleiter aufweist. Die eindimensionale, analytische Strömungsberechnung unter Verwendung der Dupuit-Annahmen (s. Abschnitt 1.3.5.1), führt deshalb zu einer Überschätzung der Absenkung der freien Grundwasseroberfläche im unmittelbaren Anstrombereich der Dränage.

Zur Ermittlung der Sickerstrecke bei der Zuströmung aus einem ungespannten Grundwasserleiter in eine Dränage wurden numerische Berechnungen anhand eines vertikalebenen Grundwassermodells (Bild 32) durchgeführt. Dabei wurde der Strömungswiderstand innerhalb der Dränage als vernachlässigbar angesehen. Das Modell beinhaltet deshalb nicht die Dränage. Der Modellrand entspricht der Grenzfläche zwischen Boden und Dränagegraben. In der numerischen Berechnung ist an diesem vertikalen Modellrand wie bei der gesättigt-ungesättigten Berechnung der Dammdurchströmung für die luftseitige Dammböschung die Vorgabe einer über die Höhe differenzierten Randbedingung erforderlich. Von der Basis des Grundwasserleiters bis zur Höhe des Grabenwasserstands entspricht das Randpotenzial dem Grabenwasserstand ($h = h_0$). Im anschließenden Abschnitt der Sickerstrecke, in dem Grundwasser oberhalb des Grabenwasserstands frei austritt, ist an den entsprechenden Diskretisierungsknoten das Grundwasserpotenzial entsprechend der Ortshöhe vorzugeben ($h = z$). In dem anschließenden wasserungesättigten Bereich oberhalb der freien Grundwasseroberfläche (Sickerlinie), in dem kein Wasser in den Dränagegraben austritt, entspricht der Modellrand einer Randstromlinie ($v_n = 0$). Für die Ermittlung der Höhe der Sickerstrecke und die Bestimmung der Sickerlinie ist jeweils eine iterative Berechnung erforderlich.

Ermittelt wurde die Höhe des Austrittspunkts der Sickerlinie $h_S$ über der Basis des Grundwasserleiters in Abhängigkeit der Einflusslänge L, dem für die Einflusslänge vorgegebenen Grundwasserstand H und dem abgesenkten Wasserstand $h_0$ in der Dränage. Dabei wurde eine dimensionslose Beschreibung bezogen auf den von der Grund-

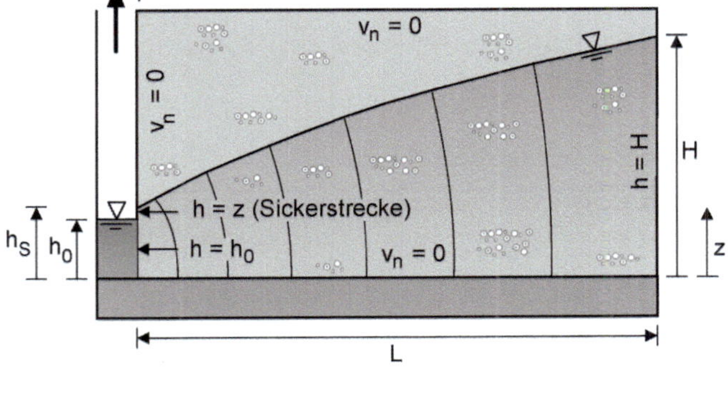


**Bild 32** Grundwassermodell zur Ermittlung der Sickerstrecke bei der Grabenströmung im ungespannten Grundwasserleiter

wasserabsenkung unbeeinflussten Grundwasserstand H gewählt. In Bild 33 ist die aus den numerischen Berechnungen ermittelte Höhe des Austrittspunks der Sickerlinie $h_S$ in Abhängigkeit des Wasserstands $h_0$ im Dränagegraben und der Einflusslänge L jeweils bezogen auf den ungestörten Grundwasserstand H dargestellt. Daraus ist die Abweichung der numerisch ermittelten Grundwasseroberfläche am Grabenrand von der unter Verwendung der Dupuit-Annahmen ermittelten Grundwasseroberfläche (gestrichelte Linie, $h_S = h_0$) ersichtlich.

Aus Bild 33 wird deutlich, dass ein Austritt der Sickerlinie deutlich oberhalb des Wasserstands im Dränagegraben nur bei kleiner Einflusslänge der Absenkung (kleinem L/H-Verhältnis) und bei tiefer Absenkung des Wasserstands im Dränagegraben (kleines $h_0$/H-Verhältnis) auftritt. Bei größerer Einflusslänge und geringerer Grundwasserabsenkung ergibt sich die Höhe des Sickerlinienaustrittspunkts $h_S$ nur geringfügig über der des abgesenkten Wasserstands $h_0$ im Dränagegraben. Es ist jedoch zu berücksichtigen, dass bei tiefer Absenkung des Wasserstands ($h_0$) im Dränagegraben (z. B. bis auf die Basis des Grundwasserleiters) der Grundwasserstand ($h_S$) beim Zustrom zum Dränagegraben aufgrund der sich einstellenden Sickerstrecke deutlich höher ansteht.

In Bild 34 ist der dimensionslose Zufluss ($q/(k \cdot H)$) pro Meter Länge des Dränagegrabens in Abhängigkeit des Quotienten $h_0/H$ abgebildet. Die Symbole stellen die numerisch ermittelten Zuflussraten dar. Zum Vergleich sind die analytisch, auf Grundlage des eindimensionalen Berechnungsansatzes unter Verwendung der Dupuit-Annahmen ermittelten Zuflüsse als Kurven dargestellt. Daraus ist ersichtlich, dass die numerisch, auf Grundlage der vertikal-ebenen, gesättigt-ungesättigten Berechnungen ermittelten Zuflüsse nur geringfügig von den unter vereinfachten Modellannahmen analytisch berechneten Zuflüssen abweichen. Die fehlerhafte Ermittlung des Grundwasserpotenzials im unmittelbaren Anstrombereich des Dränagegrabens in der analytischen Berechnung bewirkt demnach nur einen geringen Fehler bei der Berechnung des Grabenzuflusses.

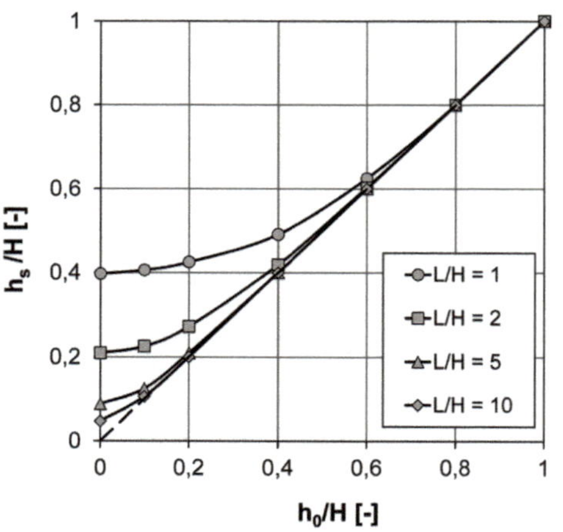


**Bild 33** Austrittshöhe der Sickerlinie $h_S$ bei Grabenströmung im ungespannten Grundwasserleiter

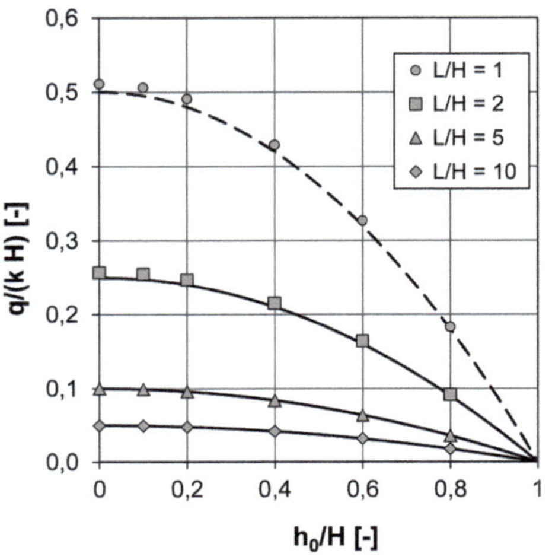


**Bild 34** Grabenzufluss aus ungespanntem Grundwasserleiter

## 1.4 Vertikal-ebene Berechnung von instationären Grundwasserströmungen

### 1.4.1 Grundlagen

Für instationäre, vertikal-ebene Berechnungen liegen analytische Lösungen nur für sehr vereinfachte Modellannahmen vor. Für komplexe Randbedingungen und Modellparameter ist zur Ermittlung der Grundwasserströmung eine numerische Berechnung erforderlich. Die analytischen Lösungen eignen sich jedoch zur Abschätzung der zeitabhängigen Ausdehnung von Grundwasserabsenkungen und damit zur Bestimmung des Einflussbereichs für stationäre Berechnungen und zur Ermittlung der erforderlichen Modellabmessungen für numerische Berechnungen.

Für vertikal-ebene, stationäre Strömungen in einem vollständig wassergesättigten Grundwasserleiter mit homogener und isotroper Durchlässigkeit und konstantem spezifischen Speicherkoeffizienten ergibt sich die Strömungsgleichung zu:

$$\frac{\partial^2 h}{\partial x^2} + \frac{\partial^2 h}{\partial z^2} = \frac{S_s}{k} \frac{\partial h}{\partial t}$$

Diese stellt die Grundgleichung für die nachfolgend beschriebenen eindimensionalen analytischen und numerischen Lösungen dar.

### 1.4.2 Analytische Berechnung von gespannten Grundwasserströmungen

Unter den für eindimensionale analytische Lösungen von stationären, gespannten Grundwasserströmungen beschriebenen, vereinfachten Modellannahmen (Abschnitt 1.3.2.1) ergibt sich die instationäre Strömungsgleichung zu:

$$\frac{\partial^2 h}{\partial x^2} = \frac{S}{T} \frac{\partial h}{\partial t}$$

Mit den Substitutionen

$$u = \frac{x^2 \cdot a}{4 \cdot t} \qquad \text{und} \qquad a = \frac{S}{T}$$

lässt sich die partielle, von x und t abhängige Differenzialgleichung in eine gewöhnliche, nur von u abhängige Differenzialgleichung umwandeln, für die geschlossene Lösungen existieren.

$$\frac{d^2h}{du^2} + \left(1 + \frac{1}{2u}\right)\frac{dh}{du} = 0$$

Nachfolgend wird für einen einseitig unendlich ausgedehnten, gespannten Grundwasserleiter eine plötzliche (zum Zeitpunkt t = 0) Absenkung des Grundwasserpotenzials am linken Modellrand auf $h_1$, ausgehend von einem Anfangszustand mit einem konstanten Grundwasserpotenzial $h_0$, betrachtet. Vorausgesetzt wird dabei ein Grundwasserleiter mit horizontaler Sohle, konstanter Transmissivität T und konstantem Speicherkoeffizienten S. Damit lauten die Anfangs- und Randbedingungen:

$$h(x, t = 0) = h_0, \qquad h(x = 0, t) = h_1 \qquad \text{und} \qquad h(x \to \infty, t) = h_0$$

Für diese Anfangs- und Randbedingungen ergibt sich nach [4] die Lösung der instationären Strömungsgleichung für das Grundwasserpotenzial zu:

$$h(x,t) = h_0 - (h_0 - h_1) f_0$$

mit

$$f_0 = \mathrm{ERFC}\left(\sqrt{u}\right)$$

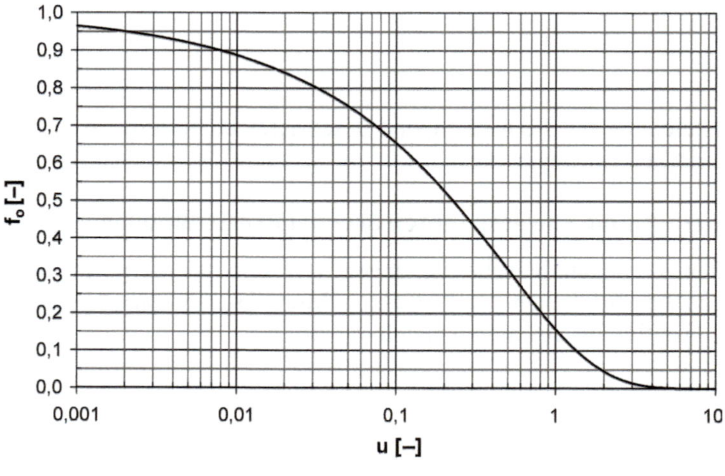


**Bild 35** Funktion $f_0(u)$

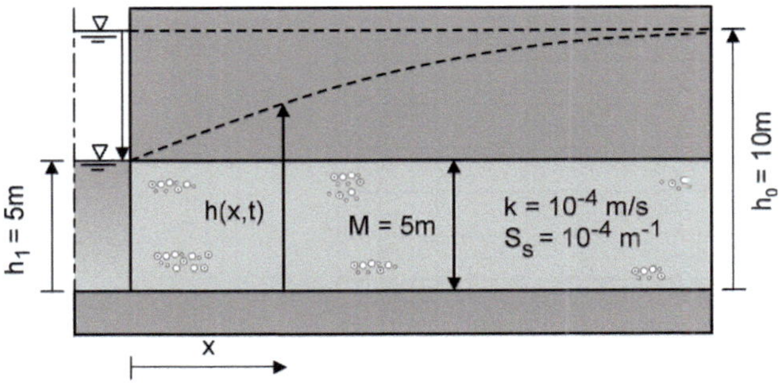


**Bild 36** Modell für instationäre Grabenströmung aus gespanntem Grundwasserleiter

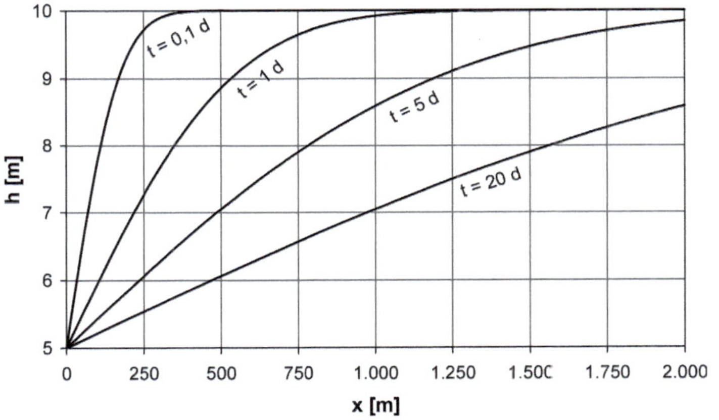


**Bild 37** Grundwasserpotenzial für plötzliche Absenkung am linken Modellrand bei gespannter Grundwasserströmung

Die Funktion ERFC ist die komplementäre Gauß'sche Fehlerfunktion, die in mathematischen Programmsystemen (z. B. Microsoft Excel®) verfügbar ist. In Bild 35 ist die Funktion $f_0$ in Abhängigkeit von u dargestellt.

Auf Grundlage der oben dargestellten Lösung wurde das Grundwasserpotenzial beispielhaft für einen einseitig unendlich ausgedehnten, gespannten Grundwasserleiter mit einer Mächtigkeit M = 5 m, einer Durchlässigkeit $k = 10^{-4}$ m/s und einem spezifischen Speicherkoeffizienten $S_s = 10^{-4}\ m^{-1}$ bei plötzlicher Absenkung des Grundwasserpotenzials am linken Modellrand von $h_0 = 10$ m auf $h_1 = 5$ m (Bild 36) ermittelt.

In Bild 37 ist das berechnete Grundwasserpotenzial in Abhängigkeit der Ortskoordinate x für verschiedene Zeitpunkte t dargestellt. Deutlich zu erkennen ist die rasche Ausbreitung des abgesenkten Grundwasserpotenzials bei gespannter Grundwasserströmung.

Wiederum ausgehend von einem Anfangszustand mit einem konstanten Grundwasserpotenzial $h_0$, existiert eine weitere Lösung bei Vorgabe einer konstanten Entnahmerate $q_0$ am linken Modellrand bei ansonsten gleichen Modellannahmen. Damit lauten die Anfangs- und Randbedingungen:

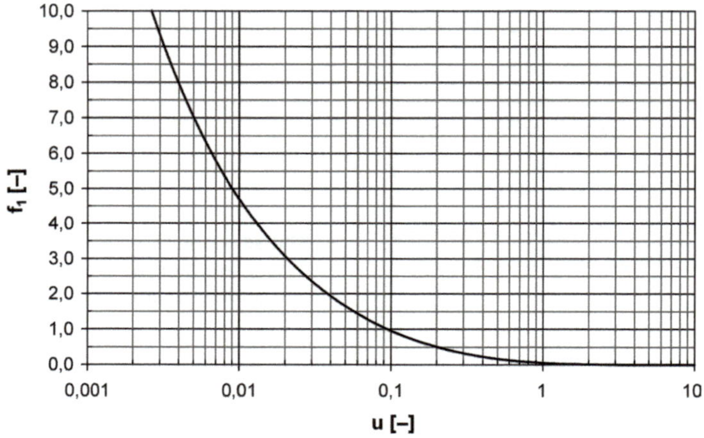


**Bild 38** Funktion $f_1(u)$

$$h(x,t=0)=h_0,\qquad q(x=0,t)=-T\cdot\left.\frac{\partial h}{\partial x}\right|_{x=0,t}=-q_0\qquad\text{und}\qquad h(x\rightarrow\infty,t)=h_0$$

Für diese Anfangs- und Randbedingungen ergibt sich nach [4] die Lösung der instationären Strömungsgleichung für das Grundwasserpotenzial zu:

$$h(x,t)=h_0-\frac{q_0}{T}\cdot x\cdot f_1\qquad\text{für}\quad x>0\quad\text{und}$$

$$h(x,t)=h_0-2\frac{q_0}{T}\sqrt{\frac{t}{a\cdot\pi}}\cdot f_0\qquad\text{für}\quad x=0$$

mit

$$f_1=\frac{e^{-u}}{\sqrt{u\cdot\pi}}-f_0\qquad\text{und}\qquad f_0=\mathrm{ERFC}\left(\sqrt{u}\right)$$

In Bild 38 ist die Funktion $f_1$ in Abhängigkeit von u dargestellt.

Basierend auf dieser Lösung wurde ebenfalls das Grundwasserpotenzial beispielhaft für das in Bild 36 dargestellte Grundwassermodell ermittelt, wobei am linken Modellrand anstelle der plötzlichen Absenkung des Grundwasserpotenzials eine relativ geringe, konstante Grundwasserentnahmerate $q_0 = 2 \cdot 10^{-6}\ m^3/(s \cdot m) = 2\ l/(s \cdot km)$ angesetzt wurde. Das berechnete Grundwasserpotenzial ist in Bild 39 in Abhängigkeit der Ortskoordinate x für verschiedene Zeitpunkte t abgebildet. Hieraus ist die rasche Absenkung und Ausbreitung des abgesenkten Grundwasserpotenzials bereits bei geringer Entnahmerate in gespannten Grundwasserleitern ersichtlich.

Diese beiden analytischen Lösungen für instationäre Strömungen zu einem Graben in gespannten Grundwasserleitern können zur überschlägigen Ermittlung der erforderlichen Entnahmerate und der Einflusslänge der Absenkung verwendet werden. Dies ist

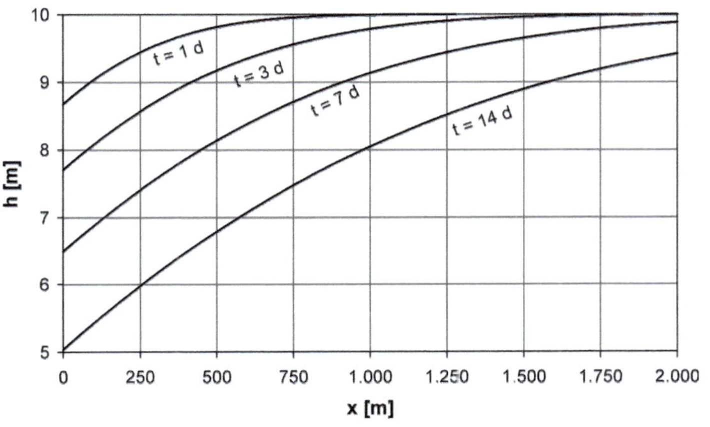


**Bild 39** Grundwasserpotenzial für konstante Entnahmerate am linken Modellrand bei gespannter Grundwasserströmung

nachstehend für das oben verwendete vereinfachte Grundwassermodell eines gespannten Grundwasserleiters mit Zuströmung zu einem Graben (Bild 36) dargestellt.

Gesucht wird die konstante Entnahmerate $q_0$ (z.B. durch einen Dränagegraben oder eine sehr lange Brunnenreihe), die erforderlich ist, um das Grundwasserpotenzial, ausgehend von einem konstanten Anfangspotenzial $h_0 = 10$ m, nach einer Entnahmedauer von t = 1 d (86.400 s) in einer Entfernung x = 20 m vom Grabenrand um $\Delta h = 4$ m auf $h(x = 20\,m,\ t = 1\,d) = 6\,m$ abzusenken. Mit $T = 5 \cdot 10^{-4}\,m^2/s$, $S = 5 \cdot 10^{-4}$, $a = S/T = 1\,s/m^2$ und $u = x^2 \cdot a/(4 \cdot t) = 1{,}16 \cdot 10^{-3}$ ergeben sich $f_0 = 0{,}96$ und $f_1 = 15{,}6$ und daraus die gesuchte Entnahmerate zu:

$$q_0 = \frac{\left(h_0 - h(20\,m, 1\,d)\right) \cdot T}{x \cdot f_1} = \frac{\left(10\,m - 6\,m\right) \cdot 5 \cdot 10^{-4}\,\frac{m^2}{s}}{20\,\;m \cdot 15{,}6}$$

$$= 6{,}4 \cdot 10^{-6}\,\frac{m^3}{s \cdot m} \quad = \quad 6{,}4\,\frac{1}{s \cdot km}$$

Zur Ermittlung der Einflusslänge ΔL kann, auf der sicheren Seite liegend, eine plötzliche Absenkung im Dränagegraben auf ein während der Betriebsdauer der Grundwasserabsenkung konstantes Grundwasserpotenzial angesetzt werden. Hierzu wird für eine angenommene plötzliche Absenkung des Grundwasserpotenzials am linken Modellrand um Δh = 5 m die Einflusslänge ΔL gesucht, ab der die Absenkung des Grundwasserpotenzials nach einer Betriebsdauer von t = 90 d = 7.776.000 s geringer als 5 cm ist. Mit:

$$f_0 = \frac{h_0 - h\left(\Delta L, 90\,d\right)}{\Delta h} = \frac{0{,}05\,m}{5\,m} = 0{,}01 \quad \rightarrow \quad u = 3{,}31$$

ergibt sich die Einflusslänge $\Delta L$ zu:

$$\Delta L = \sqrt{\frac{u \cdot 4t}{a}} = \sqrt{\frac{3{,}31 \cdot 4 \cdot 7.776.000\,\text{s}}{1\,\frac{\text{s}}{\text{m}^2}}} = 10.147\,\text{m} \approx 10\,\text{km}$$

Diese Berechnungsmethode kann jedoch zu einer deutlichen Überschätzung der sich in der Natur einstellenden Einflusslänge der Grundwasserabsenkung führen, da häufig Randbedingungen vorliegen, die die Grundwasserdruckausbreitung dämpfen, z. B. Zuflüsse aus anderen Grundwasserstockwerken (s. a. Abschnitt 1.3.2.3 zur Bestimmung der Einflusslänge in halbgespannten Grundwasserleitern). Derartige Randbedingungen können auch deutlich höhere Entnahmeraten erfordern.

### 1.4.3 Analytische Berechnung von ungespannten Grundwasserströmungen

Die oben für gespannte Grundwasserströmungen angegebenen Lösungen lassen sich auch auf ungespannte Grundwasserströmungen übertragen. Auf Grundlage der Dupuit-Annahmen (s. Abschnitt 1.3.5.1) wird ein über das Vertikalprofil konstantes Grundwasserpotenzial angesetzt. Zusätzlich werden eine horizontale Basis des ungespannten Grundwasserleiters sowie eine homogene und isotrope, wassergesättigte Durchlässigkeit angenommen. Bei Grundwasserströmungen mit freier Oberfläche kann die Speicheränderung im Inneren des Grundwasserleiters infolge Änderung des Grundwasserdrucks gegenüber der durch Füllung bzw. Leerung von Poren an der Grundwasseroberfläche bedingten Speicheränderung i. Allg. vernachlässigt werden. Das heißt, die Speicheränderung bei Änderung der freien Grundwasseroberfläche wird nur durch die speichernutzbare (effektive) Porosität $n_e$, die hier ebenfalls als konstant über die gesamte Modelllänge angenommen wird, beschrieben. Unter diesen Voraussetzungen lässt sich die Strömungsgleichung darstellen durch:

$$k\frac{\partial}{\partial x}\left(h\frac{\partial h}{\partial x}\right) = k\left[\left(\frac{\partial h}{\partial x}\right)^2 + h\frac{\partial^2 h}{\partial x^2}\right] = n_e\frac{\partial h}{\partial t}$$

Sind die Änderungen des Grundwasserpotenzials klein im Verhältnis zur Grundwassermächtigkeit (hier gleich dem Grundwasserpotenzial h), so kann der erste Term der Summe auf der linken Seite der Strömungsgleichung gegenüber dem zweiten vernachlässigt werden. Wird zusätzlich eine konstante Transmissivität $T_m = k \cdot h_m$ mit einer gemittelten Grundwassermächtigkeit $h_m$ angenommen, ergibt sich die Strömungsgleichung wie für die gespannte Grundwasserströmung, wobei der Speicherkoeffizient S durch die effektive Porosität $n_e$ ersetzt wird.

$$\frac{\partial^2 h}{\partial x^2} = \frac{n_e}{T_m}\frac{\partial h}{\partial t}$$

Können die Änderungen des Grundwasserpotenzials im Verhältnis zur Grundwassermächtigkeit jedoch nicht als vernachlässigbar angenommen werden, was bei Grundwasserabsenkungen in ungespannten Grundwasserleitern meist der Fall ist, so führt die

Formulierung der Strömungsgleichung mit dem Quadrat des Grundwasserpotenzials als abhängige Variable zu einer deutlich besseren Approximation. Dazu sind die folgenden Umformungen erforderlich:

$$k\frac{\partial}{\partial x}\left(h\frac{\partial h}{\partial x}\right)=\frac{k}{2}\frac{\partial^2\left(h^2\right)}{\partial x^2} \qquad n_e\frac{\partial h}{\partial t}=\frac{n_e}{2\cdot h}\frac{\partial h^2}{\partial t}$$

Wird auch hier eine konstante Transmissivität $T_m = k \cdot h_m$ mit einer gemittelten Grundwassermächtigkeit $h_m$ angenommen, so ergibt sich die Strömungsgleichung zu:

$$\frac{\partial^2\left(h^2\right)}{\partial x^2}=\frac{n_e}{T_m}\frac{\partial\left(h^2\right)}{\partial t}$$

Auf dieser Formulierung der Strömungsgleichung basieren die nachstehend beschriebenen Lösungen für ungespannte, vertikal-ebene Grundwasserströmungen. Zunächst wird wiederum, ausgehend von einem konstanten Grundwasserstand $h_0$ als Anfangsbedingung, die plötzliche Grundwasserabsenkung am linken Modellrand auf einen Grundwasserstand $h_1$ betrachtet. Damit lauten die Anfangs- und Randbedingungen:

$$h^2\left(x,t=0\right)=h_0^2, \qquad h^2\left(x=0,t\right)=h_1^2 \qquad \text{und} \qquad h^2\left(x\rightarrow\infty,t\right)\rightarrow h_0^2$$

Für diese Anfangs- und Randbedingungen ergibt sich die Lösung der instationären Strömungsgleichung für das Grundwasserpotenzial analog zu derjenigen für gespannte Strömungsverhältnisse zu:

$$h^2\left(x,t\right)=h_0^2-\left(h_0^2-h_1^2\right)f_0$$

Auf Grundlage dieser Lösung wurde das Grundwasserpotenzial beispielhaft für einen einseitig unendlich ausgedehnten, ungespannten Grundwasserleiter mit einer Durchlässigkeit $k = 10^{-4}$ m/s und einer effektiven Porosität $n_e = 0{,}2$, ausgehend von einem konstanten Grundwasserstand $h_0 = 10$ m über der horizontalen Basis des Grundwasserleiters, bei plötzlicher Absenkung des Grundwasserstands am linken Modellrand auf $h_1 = 5$ m (Bild 40) ermittelt. Dabei wurde vereinfacht als gemittelte Grundwassermächtigkeit $h_m$ die Anfangsmächtigkeit $h_0$ verwendet.

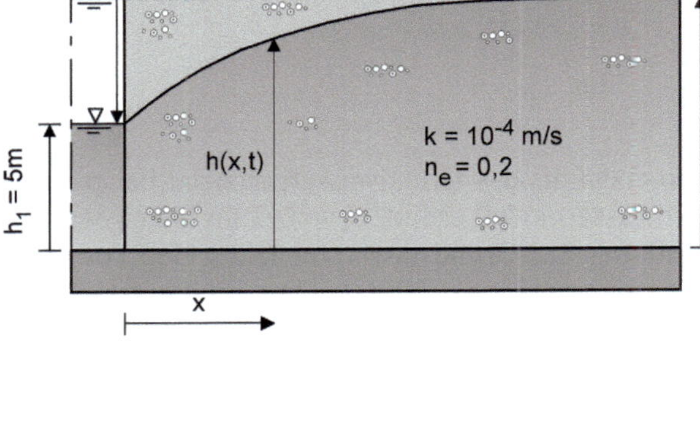


**Bild 40** Modell für instationäre Grabenströmung aus ungespanntem Grundwasserleiter

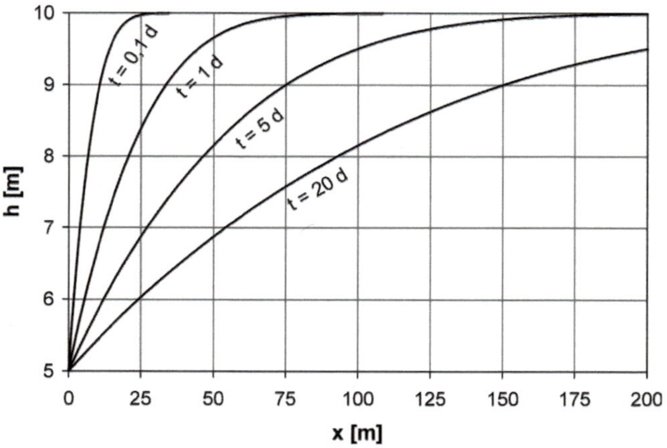


**Bild 41** Grundwasserpotenzial für plötzliche Absenkung am linken Modellrand bei ungespannter Grundwasserströmung

In Bild 41 ist das berechnete Grundwasserpotenzial in Abhängigkeit der Ortskoordinate x für verschiedene Zeitpunkte t dargestellt. Deutlich ersichtlich ist die im Vergleich zur gespannten Grundwasserströmung wesentlich langsamere Ausbreitung des abgesenkten Grundwasserpotenzials bei ungespannter Grundwasserströmung.

Wie bei der gespannten Grundwasserströmung wird nachstehend die Lösung der instationären Strömungsgleichung bei Vorgabe einer konstanten Entnahmerate $q_0$ am linken Modellrand, ausgehend von einem Anfangszustand mit einem konstanten Grundwasserpotenzial $h_0$, bei ansonsten gleichen Modellannahmen dargestellt. Damit lauten die Anfangs- und Randbedingungen:

$$h^2(x,t=0)=h_0^2, \quad q(x=0,t)=-\frac{k}{2}\cdot\left.\frac{\partial\left(h^2\right)}{\partial x}\right|_{x=0,t}=-q_0 \quad \text{und} \quad h^2(x\to\infty,t)=h_0^2$$

Für diese Anfangs- und Randbedingungen ergibt sich die Lösung der instationären Strömungsgleichung analog zu derjenigen für gespannte Strömungsverhältnisse für das Grundwasserpotenzial zu:

$$h^2(x,t)=h_0^2-\frac{2\cdot q_0}{k}\cdot x\cdot f_1 \qquad \text{für} \quad x>0 \quad \text{und}$$

$$h^2(x,t)=h_0^2-\frac{4\cdot q_0}{k}\sqrt{\frac{t}{a\cdot\pi}}\cdot f_0 \qquad \text{für} \quad x=0$$

Basierend auf dieser Lösung wurde ebenfalls das Grundwasserpotenzial beispielhaft für das in Bild 40 dargestellte Grundwassermodell ermittelt, wobei am linken Modellrand anstelle der plötzlichen Absenkung des Grundwasserpotenzials eine konstante Grundwasserentnahmerate $q_0 = 4 \cdot 10^{-5}\ m^3/(s \cdot m) = 40\ l/(s \cdot km)$ angesetzt wurde.

Hier wurde ebenfalls als gemittelte Grundwassermächtigkeit $h_m$ die Anfangsmächtigkeit $h_0$ verwendet. Das berechnete Grundwasserpotenzial ist in Bild 42 in Abhängigkeit der Ortskoordinate x für verschiedene Zeitpunkte t dargestellt. Auch hieraus ist die deutlich langsamere Ausbreitung des abgesenkten Grundwasserpotenzials im ungespannten Grundwasserleiter gegenüber dem gespannten Grundwasserleiter zu erkennen.

Wie für gespannte Grundwasserströmungen lassen sich diese beiden analytischen Lösungen für ungespannte, instationäre Grundwasserströmungen zu einem Graben auch zur überschlägigen Ermittlung der erforderlichen Entnahmerate und der Einflusslänge der Absenkung verwenden. Dies ist im Folgendenden für das oben verwendete vereinfachte Grundwassermodell eines ungespannten Grundwasserleiters mit Zuströmung zu einem Graben (Bild 40) dargestellt.

Auch hier wird die konstante Entnahmerate $q_0$ (z.B. durch einen Dränagegraben oder eine sehr lange Brunnenreihe), die erforderlich ist, um das Grundwasserpotenzial, ausgehend von einem konstanten Anfangspotenzial $h_0 = 10$ m, nach einer Entnahmedauer von t = 1 d (86.400 s) in einer Entfernung x = 20 m vom Grabenrand um $\Delta h = 4$ m auf h(x = 20 m, t = 1 d) = 6 m abzusenken, gesucht. Mit $k = 10^{-4}$ m/s, $n_e = 0{,}2$, $h_m = 10$ m, $T_m = k \cdot h_m = 10^{-3}$ m²/s, $a = n_e/T_m = 200$ s/m² und $u = x^2 \cdot a/(4\,t) = 0{,}231$ ergeben sich $f_0 = 0{,}497$ und $f_1 = 0{,}435$ und daraus die gesuchte Entnahmerate zu:

$$q_0 = \frac{\left(h_0^2 - h^2\left(20\,\mathrm{m}, 1\,\mathrm{d}\right)\right)\cdot k}{2\cdot x\cdot f_1} = \frac{\left(100\,\mathrm{m}^2 - 36\,\mathrm{m}^2\right)\cdot 10^{-4}\,\frac{\mathrm{m}}{\mathrm{s}}}{2\cdot 20\,\mathrm{m}\cdot 0{,}435}$$

$$= 3{,}68\cdot 10^{-4}\,\frac{\mathrm{m}^3}{\mathrm{s}\cdot\mathrm{m}} = 368\,\frac{1}{\mathrm{s}\cdot\mathrm{km}}$$

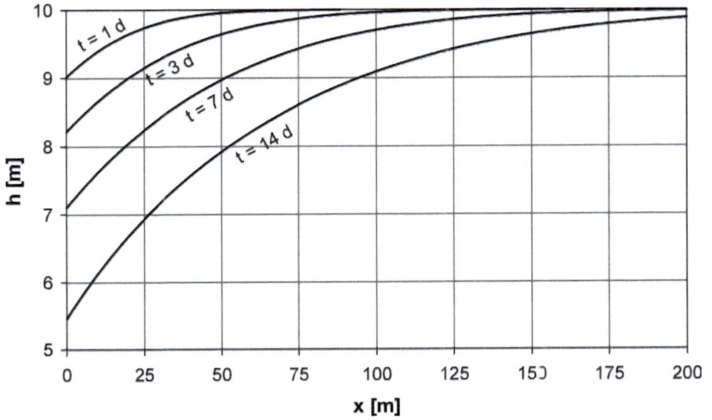


**Bild 42** Grundwasserpotenzial für konstante Entnahmerate am linken Modellrand bei ungespannter Grundwasserströmung

Zur Ermittlung der Einflusslänge $\Delta L$ wird ebenfalls, auf der sicheren Seite liegend, eine plötzliche Absenkung im Dränagegraben auf ein während der Betriebsdauer der Grundwasserabsenkung konstantes Grundwasserpotenzial angesetzt. Hierzu wird wiederum für eine angenommene plötzliche Absenkung des Grundwasserpotenzials am linken Modellrand von $h_0 = 10$ m auf $h_1 = 5$ m die Einflusslänge $\Delta L$ gesucht, ab der die Absenkung des Grundwasserpotenzials nach einer Betriebsdauer von $t = 90\ d = 7.776.000$ s geringer als $\varepsilon = 5$ cm ist.

Mit

$$f_0 = \frac{h_0^2 - \left(h(\Delta L)\right)^2}{h_0^2 - h_1^2} = \frac{\varepsilon \cdot \left(2 h_0 - \varepsilon\right)}{h_0^2 - h_1^2}$$

$$f_0 = \frac{0{,}05\ \text{m} \cdot \left(2 \cdot 10\ \text{m} - 0{,}05\ \text{m}\right)}{100\ \text{m} \ \ - 25\ \text{m}} = 0{,}0133 \quad \rightarrow \quad u = 3{,}06$$

ergibt sich die Einflusslänge $\Delta L$ zu:

$$\Delta L = \sqrt{\frac{u \cdot 4\,t}{a}} = \sqrt{\frac{3{,}06 \cdot 4 \cdot 7.776.000\ \text{s}}{200 \frac{\text{s}}{\text{m}^2}}} = 690\ \text{m}$$

Auch hier können natürliche Randbedingungen, die den Modellannahmen der oben beschriebenen Lösungen nur unzureichend entsprechen, zu deutlichen Abweichungen sowohl hinsichtlich der erforderlichen Entnahmerate als auch hinsichtlich der sich in der Natur ergebenden Einflusslänge der Grundwasserabsenkung führen.

### 1.4.4 Numerische Berechnung

Die numerische Berechnung von instationären, vertikal-ebenen Grundwasserströmungen wird ausgehend von einem vorgegebenen Anfangszustand für die Grundwasserpotenziale durchgeführt. Die Randbedingungen für die instationäre Berechnung können zeitabhängig (z. B. als Ganglinien) vorgegeben werden. Die Grundwasserpotenziale und die daraus resultierenden Durchflüsse sowie die Zu- und Abflüsse an den Modellrändern werden innerhalb einzelner Zeitschritte berechnet, in die der gesamte Berechnungszeitraum unterteilt wird. Die zeitschrittweise Berechnung wird jeweils basierend auf den Ergebnissen des vorangegangenen Zeitschritts durchgeführt. Hinsichtlich der numerischen Berechnung nach der Methode der Finiten Differenzen oder der Finiten Elemente sei auf die Fachliteratur verwiesen (siehe z. B. [17–19]).

Bei der Strömungsberechnung für einen gespannten Grundwasserleiter ergibt sich, wie bei der stationären Berechnung, innerhalb der einzelnen Zeitschritte i. Allg. ein lineares Gleichungssystem. Bei Wahl einer ausreichenden örtlichen und zeitlichen Diskretisierung und eines geeigneten numerischen Berechnungsverfahrens lässt sich eine instationäre, vertikal-ebene Modellierung für gespannte Strömungsverhältnisse aufgrund der zugrunde liegenden linearen Differenzialgleichung 2. Ordnung problemlos durchführen und ergibt verlässliche Ergebnisse.

Bei der Strömungsberechnung für einen ungespannten Grundwasserleiter ergeben sich die unter Abschnitt 1.3.6 für die stationäre Berechnung aufgeführten Problemstellungen. Wird die Berechnung mittels gesättigt-ungesättigter Modellierung durchgeführt, ist innerhalb eines jeden Zeitschritts eine doppelte Iteration erforderlich. Dies ergibt sich aus der nichtlinearen Abhängigkeit der Durchlässigkeit im ungesättigten Strömungsbereich vom Grundwasserpotenzial bzw. der Saugspannung und aus der a priori nicht bekannten Begrenzung der Sickerstrecke. Insbesondere die ausgeprägte nichtlineare Abhängigkeit der ungesättigten Durchlässigkeit von der Saugspannung kann hier zu numerischen Fehlern führen, die sich bei der fortschreitenden, zeitschrittweisen Berechnung aufsummieren. Ebenfalls problematisch ist die zeitabhängige Berücksichtigung von Sickerstrecken (z. B. beim Abfluss aus einem ungespannten Grundwasserleiter in einen Dränagegraben, in dem der Wasserstand zeitabhängig abgesenkt wird, oder bei der Ausströmung aus einem aufgesättigten Damm oder Deich bei schneller Absenkung des Wasserstands im angrenzenden Gewässer). Die numerische Modellierung instationärer, gesättigt-ungesättigter Grundwasserströmungen erfordert deshalb vertiefte Kenntnisse der Grundwasserhydraulik und der zugrunde liegenden numerischen Berechnungsmethode.

## 1.5 Rotationssymmetrische Berechnung von stationären Grundwasserströmungen

### 1.5.1 Grundlagen

Rotationssymmetrische Berechnungen lassen sich vielfach zur Ermittlung von Brunnenströmungen verwenden. Dabei wird vorausgesetzt, dass die Strömung rotationssymmetrisch zu einem Entnahmebrunnen hin oder von einem Schluckbrunnen weg verläuft. Näherungsweise lassen sich auch Zuströmungen zu einer Baugrube rotationssymmetrisch abbilden.

Die Strömungsgleichung für dreidimensionale, stationäre Grundwasserströmungen in einem homogenen und isotropen Grundwasserleiter lässt sich in Zylinderkoordinaten (r, φ, z) durch folgende partielle Differenzialgleichung darstellen (siehe z. B. [8]):

$$\frac{\partial^2 h}{\partial r^2} + \frac{1}{r}\frac{\partial h}{\partial r} + \frac{1}{r^2}\frac{\partial^2 h}{\partial \varphi^2} + \frac{\partial^2 h}{\partial z^2} = 0$$

Bei rotationssymmetrischen Strömungen ist das Grundwasserpotenzial nicht abhängig vom Winkel φ der Zu- oder Abströmung, sodass sich die Strömungsgleichung für vertikal-ebene, rotationssymmetrische Grundwasserströmungen vereinfacht zu:

$$\frac{\partial^2 h}{\partial r^2} + \frac{1}{r}\frac{\partial h}{\partial r} + \frac{\partial^2 h}{\partial z^2} = 0$$

Diese stellt die Grundgleichung für die nachfolgend beschriebenen eindimensionalen analytischen und numerischen Lösungen dar.

## 1.5.2 Analytische Berechnung von gespannten Grundwasserströmungen

### 1.5.2.1 Allgemeines

Analog zur Grabenströmung lassen sich vertikal-ebene, rotationssymmetrische Grundwasserströmungen bei gespannten Grundwasserverhältnissen unter vereinfachten Modellannahmen durch eindimensionale, analytisch lösbare Strömungsgleichungen beschreiben. Im Folgenden sind analytische Lösungen für die Brunnenströmung bei gespannten Grundwasserverhältnissen für verschiedene Randbedingungen dargestellt. Bei $r = 0$ befindet sich jeweils die Achse des Entnahmebrunnens mit dem Radius $r_0$. Dabei wird angenommen, dass die Strömungsverluste innerhalb des Brunnens (insbesondere des Brunnenfilters) vernachlässigt werden können.

### 1.5.2.2 Brunnenströmung

Der Berechnung liegen folgende zusätzliche, vereinfachende Annahmen zugrunde (Bild 43):

- rotationssymmetrischer Grundwasserleiter mit Radius R und konstanter Mächtigkeit M,
- homogene und isotrope Durchlässigkeit k,
- horizontale Modellränder ohne äußeren Zufluss (Randstromlinien),
- konstantes Grundwasserpotenzial an den vertikalen Rändern des Grundwasserleiters.

Unter diesen vereinfachten Modellannahmen lässt sich wie bei der Grabenströmung die Strömungsgleichung durch eine eindimensionale, gewöhnliche Differenzialgleichung mit einem jeweils über die Vertikale konstanten, nur vom Radius r abhängigen Grundwasserpotenzial h darstellen:

$$\frac{d^2h}{dr^2} + \frac{1}{r}\frac{dh}{dr} = \frac{1}{r}\frac{d}{dr}\left(r\frac{dh}{dr}\right) = 0 \quad \text{bzw.} \quad \frac{d}{dr}\left(r\frac{dh}{dr}\right) = 0$$

mit der allgemeinen Lösung:

$$h(r) = c_1 \ln r + c_2$$

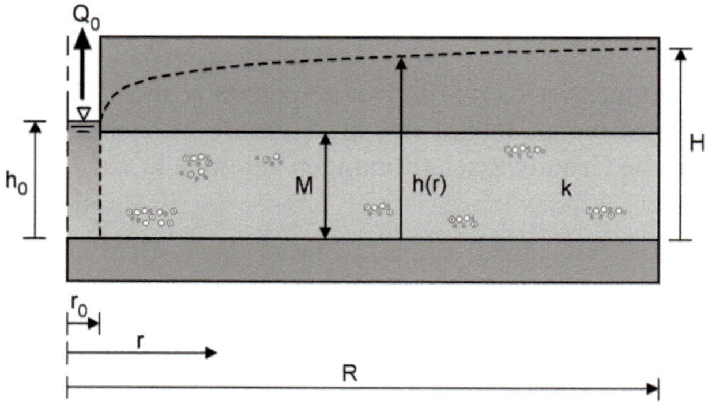


**Bild 43** Brunnenströmung im gespannten Grundwasserleiter

Für die Randbedingungen:

$$h(r = r_0) = h_0 \qquad\qquad h(r = R) = H$$

ergibt sich das Grundwasserpotenzial für die Brunnenströmung im gespannten Grundwasserleiter zu:

$$h(r) = h_0 + \frac{(H - h_0)}{\ln \frac{R}{r_0}} \ln\left(\frac{r}{r_0}\right)$$

Aus der Darcy-Gleichung mit dem Durchfluss Q als Produkt aus der Filtergeschwindigkeit v und der radialen Zustromfläche 2 · π · r · M sowie der Transmissivität T als Produkt aus dem Durchlässigkeitsbeiwert k und der Grundwassermächtigkeit M

$$Q(r) = 2 \cdot \pi \cdot r \cdot M \cdot v(r) = -2 \cdot \pi \cdot r \cdot M \cdot k \frac{dh}{dr} = -2 \cdot \pi \cdot r \cdot T \frac{dh}{dr}$$

resultiert der in diesem Fall von r unabhängige, der Entnahmerate $Q_0$ entsprechende Durchfluss:

$$Q_0 = -2 \cdot \pi \cdot T \frac{(H - h_0)}{\ln \frac{R}{r_0}}$$

Der negative Durchfluss resultiert aus der Fließrichtung entgegen der positiven r-Richtung.

Bei Vorgabe der Entnahmerate $Q_0$ des Brunnens und eines konstanten Grundwasserpotenzials H am rechten Modellrand als Randbedingungen

$$Q(r = r_0) = -Q_0 \qquad\qquad h(r = R) = H$$

ergibt sich das Grundwasserpotenzial zu:

$$h(r) = H - \frac{Q_0}{2 \cdot \pi \cdot T} \ln \frac{R}{r}$$

Die maximale Entnahmerate $Q_{0,max}$, für die sich gerade noch gespannte Grundwasserverhältnisse am Brunnenrand ergeben ($h_0 = M$), beträgt:

$$Q_{0,max} = 2 \cdot \pi \cdot T \frac{(H - M)}{\ln \frac{R}{r_0}}$$

### 1.5.2.3 Brunnenströmung mit Grundwasserneubildung

Analog zur Grabenströmung wird basierend auf oben beschriebenem, vereinfachten Strömungsmodell zusätzlich an der Oberfläche des gespannten Grundwasserleiters eine über das Modellgebiet konstante Zuflussrate $v^*$ [$m^3/(s \cdot m^2)$] (z.B. Grundwasserneubildung infolge Niederschlagsinfiltration) angesetzt (Bild 44).

Auch hier kann die durch die vertikale Zuströmung bedingte Abweichung von der hydrostatischen Druckverteilung über die Höhe des Grundwasserleiters i. Allg. aufgrund der relativ geringen Zuströmung durch die Niederschlagsinfiltration vernachlässigt werden. Unter diesen vereinfachten Annahmen lässt sich die Strömungsgleichung unter Berücksichtigung der Infiltration als Zuflussterm ebenfalls als eindimensionale, gewöhnliche Differenzialgleichung darstellen

$$\frac{d^2h}{dr^2} + \frac{1}{r}\frac{dh}{dr} = \frac{1}{r}\frac{d}{dr}\left(r\frac{dh}{dr}\right) = -\frac{v^*}{T} \quad \text{bzw.} \quad \frac{d}{dr}\left(r\frac{dh}{dr}\right) = -\frac{v^* \cdot r}{T}$$

mit der allgemeinen Lösung

$$h(r) = -\frac{v^*}{4T}r^2 + c_1 \ln r + c_2$$

Für die Randbedingungen

$$h(r = r_0) = h_0 \qquad h(r = R) = H$$

ergibt sich die Lösung der Strömungsgleichung für das Grundwasserpotenzial h zu:

$$h(r) = h_0 + \frac{(H - h_0)}{\ln\frac{R}{r_0}}\ln\frac{r}{r_0} + \frac{v^*}{4T}\frac{(R^2 - r_0^2)}{\ln\frac{R}{r_0}}\ln\frac{r}{r_0} - \frac{v^*}{4T}(r^2 - r_0^2)$$

Der vom Radius r abhängige Durchfluss Q(r) lässt sich wiederum unter Verwendung der Darcy-Gleichung ermitteln:

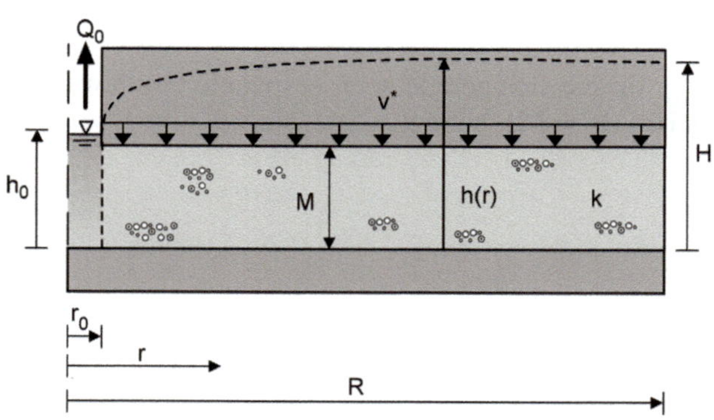


**Bild 44** Brunnenströmung im gespannten Grundwasserleiter mit Grundwasserneubildung

$$Q(r) = -2 \cdot \pi \cdot T \frac{(H - h_0)}{\ln \frac{R}{r_0}} - \frac{\pi \cdot v^*}{2} \frac{(R^2 - r_0^2)}{\ln \frac{R}{r_0}} + v^* \cdot \pi \cdot r^2$$

Bei Vorgabe der Randbedingungen

$$Q(r = r_0) = -Q_0 \qquad h(r = R) = H$$

ergibt sich das Grundwasserpotenzial zu:

$$h(r) = H - \frac{Q_0}{2\pi \cdot T} \ln \frac{R}{r} - \frac{v^* \cdot r_0^2}{2T} \ln \frac{R}{r} + \frac{v^*}{4T}(R^2 - r^2)$$

Die maximale Entnahmerate für gerade noch gespannte Grundwasserverhältnisse am Brunnenrand ($h_0 = M$) beträgt:

$$Q_{0,max} = 2\pi \cdot T \frac{(H - M)}{\ln \frac{R}{r_0}} + \frac{\pi \cdot v^*}{2} \frac{(R^2 - r_0^2)}{\ln \frac{R}{r_0}} - v^* \cdot \pi \cdot r_0^2$$

#### 1.5.2.4 Brunnenströmung im halbgespannten Grundwasserleiter

Wie bei der Grabenströmung wird eine Brunnenströmung aus einem halbgespannten Grundwasserleiter, der durch eine geringdurchlässige Schicht mit der vertikalen Durchlässigkeit $k^*$ und der Dicke $d^*$ überlagert wird, betrachtet. Oberhalb der geringdurchlässigen Schicht befindet sich ein weiterer Grundwasserleiter mit einem konstanten Grundwasserstand H (Bild 45).

Auch hier wird vereinfachend angenommen, dass die geringdurchlässige Schicht aufgrund des Potenzialunterschieds zwischen dem Wasserstand oberhalb der geringdurchlässigen Schicht und dem Grundwasserpotenzial des halbgespannten Grundwasserleiters lediglich vertikal durchströmt wird und dass im halbgespannten Grundwasserleiter das Grundwasserpotenzial über die Höhe des Grundwasserleiters konstant ist

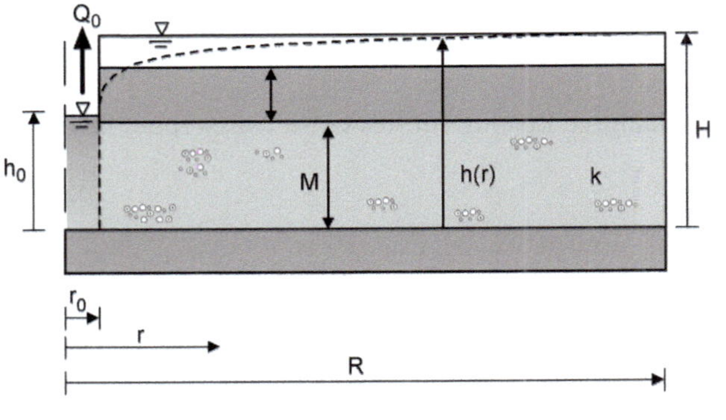


**Bild 45** Brunnenströmung im halbgespannten Grundwasserleiter

(hydrostatischer Druck). Der Zufluss pro Fläche zum Grundwasserleiter ergibt sich aus der Darcy-Gleichung zu:

$$v^* = k^* \left( \frac{H - h(r)}{d^*} \right) = \lambda \left( H - h(r) \right)$$

mit dem Leakagefaktor $\lambda$ [$s^{-1}$], der sich aus dem Quotienten der vertikalen Durchlässigkeit $k^*$ und der Dicke $d^*$ des überlagernden Geringleiters ergibt. Damit lässt sich die Strömungsgleichung wiederum durch eine eindimensionale, gewöhnliche Differenzialgleichung darstellen:

$$\frac{d^2h}{dr^2} + \frac{1}{r}\frac{dh}{dr} = -\frac{\lambda}{T}\left( H - h(r) \right)$$

Mit der Substitution für die unabhängige Variable

$$\xi = r\sqrt{\frac{\lambda}{T}}$$

und der Absenkung

$$s(\xi) = H - h(\xi)$$

lässt sich die Strömungsgleichung vereinfachen zu:

$$\frac{d^2s}{d\xi^2} + \frac{1}{\xi}\frac{ds}{d\xi} = s$$

Die allgemeine Lösung dieser gewöhnlichen, linearen Differenzialgleichung 2. Ordnung kann durch eine Linearkombination von zwei unabhängigen Funktionen dargestellt werden (siehe z. B. [8]):

$$s(\xi) = c_1 \cdot I_0(\xi) + c_2 \cdot K_0(\xi)$$

Diese Funktionen werden als modifizierte Besselfunktionen 0. Ordnung und erster ($I_0$) und zweiter ($K_0$) Art bezeichnet. Durch Rücksubstitution mit

$$\mu = \sqrt{\frac{T}{\lambda}}, \quad \xi = \frac{r}{\mu} \quad \text{und} \quad h = H - s$$

ergibt sich die allgemeine, von r abhängige Lösung für das Grundwasserpotenzial:

$$h(r) = H - c_1 \cdot I_0\left(\frac{r}{\mu}\right) - c_2 \cdot K_0\left(\frac{r}{\mu}\right)$$

Die allgemeine, nur von r abhängige Lösung für den Durchfluss Q ergibt sich mit den modifizierten Besselfunktionen 1. Ordnung, die sich aus dem Betrag der ersten Ableitung der Besselfunktionen 0. Ordnung ergeben,

$$\frac{d}{dr} I_0\left(\frac{r}{\mu}\right) = \frac{1}{\mu} I_1\left(\frac{r}{\mu}\right) \quad \text{und} \quad \frac{d}{dr} K_0\left(\frac{r}{\mu}\right) = -\frac{1}{\mu} K_1\left(\frac{r}{\mu}\right)$$

und unter Verwendung der Darcy-Gleichung

$$Q(r) = -2\pi \cdot r \cdot T \frac{dh}{dr}, \quad \text{und} \quad \frac{dh}{dr} = -\left(\frac{c_1}{\mu}\right) \cdot I_1\left(\frac{r}{\mu}\right) + \left(\frac{c_2}{\mu}\right) \cdot K_1\left(\frac{r}{\mu}\right)$$

zu:

$$Q(r) = 2\pi \cdot r \cdot T\left[\left(\frac{c_1}{\mu}\right) \cdot I_1\left(\frac{r}{\mu}\right) - \left(\frac{c_2}{\mu}\right) \cdot K_1\left(\frac{r}{\mu}\right)\right]$$

Die modifizierten Besselfunktionen Funktion $I_0$, $K_0$, $I_1$ und $K_1$ sind ebenfalls in mathematischen Programmsystemen (z. B. Microsoft Excel®) verfügbar. In Bild 46 sind die Funktionen in Abhängigkeit von $r/\mu$ dargestellt

Für einen halbseitig unendlich ausgedehnten halbgespannten Grundwasserleiter mit den in Bild 45 dargestellten Randbedingungen

$$h(r = r_0) = h_0 \qquad h(r \to \infty) = H$$

ergibt sich die Lösung der Strömungsgleichung für das Grundwasserpotenzial h zu:

$$h(r) = H - (H - h_0)\frac{K_0\left(\frac{r}{\mu}\right)}{K_0\left(\frac{r_0}{\mu}\right)}$$

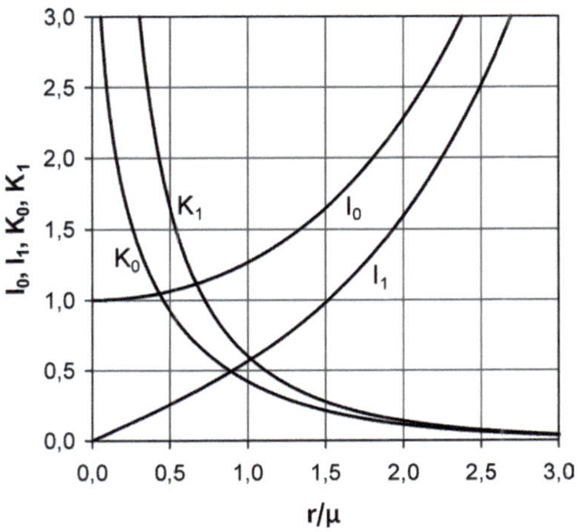


**Bild 46** Modifizierte Besselfunktionen $I_0$, $K_0$, $I_1$ und $K_1$

und der vom Radius r abhängige Durchfluss Q(r) zu:

$$Q(r) = -\frac{2\pi \cdot r \cdot T \cdot (H - h_0)}{\mu} \frac{K_1\left(\frac{r}{\mu}\right)}{K_0\left(\frac{r_0}{\mu}\right)}$$

Da unter den o. g. Randbedingungen das Grundwasserpotenzial h(r) des teilgespannten Grundwasserleiters aufgrund des Wasseraustausches sich mit zunehmendem Abstand vom Brunnen dem Wasserstand H oberhalb des Geringleiters annähert, lässt sich auch hier ein Radius $\Delta R$ bestimmen, ab dem die Potenzialdifferenz $\Delta h = H - h(\Delta R)$ einen festgelegten Grenzwert $\varepsilon$ [m] unterschreitet (Bild 47):

Der Einflussradius $\Delta R$ ergibt sich aus:

$$K_0\left(\frac{\Delta R}{\mu}\right) = \frac{\varepsilon \cdot K_0\left(\frac{r_0}{\mu}\right)}{(H - h_0)}$$

Der Einflussradius wird im Folgenden für ein Berechnungsbeispiel entsprechend dem für die Grabenströmung (s. Abschnitt 1.3.2.3) ermittelt. Dazu wird ein halbgespannter Grundwasserleiter mit einer Durchlässigkeit $k = 10^{-4}$ m/s und einer Mächtigkeit $M = 10$ m sowie ein überlagernder Geringleiter mit einer vertikalen Durchlässigkeit $k^* = 10^{-7}$ m/s und einer Dicke $d^* = 5$ m betrachtet. Der konstante Wasserstand oberhalb des Geringleiters befindet sich auf $H = 20$ m (bezogen auf die Sohle des Grundwasserleiters) an den sich auch das Grundwasserpotenzial des halbgespannten Grundwasserleiters für $r \to \infty$ annähert. Zentrisch befindet sich ein Brunnen mit einem Brunnenradius $r_0 = 0{,}4$ m und einem abgesenkten Wasserstand $h_0 = 12$ m. Daraus resultieren $T = M \cdot k = 10^{-3}$ m²/s, $\lambda = k^*/d^* = 2 \cdot 10^{-8}$ s$^{-1}$, $\mu = (T/\lambda)^{½} = 223{,}6$ m, $r_0/\mu = 0{,}0018$ und $K_0(r_0/\mu) = 6{,}44$. Mit einem vorgegebenen Grenzwert $\varepsilon = 0{,}05$ m folgt $K_0(\Delta R/\mu) = 0{,}040$ sowie $\Delta R/\mu = 2{,}87$. Daraus ergibt sich der Einflussradius zu $\Delta R \approx 640$ m. Aufgrund der radialsymmetrischen Anströmung des Brunnens ist der Einflussradius geringer als die Einflusslänge bei der Grabenströmung.

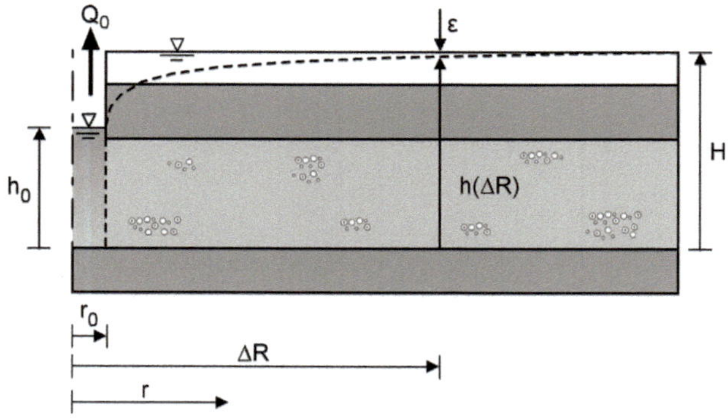


**Bild 47** Einflussradius der Druckentspannung im halbgespannten Grundwasserleiter

Bei Vorgabe der Randbedingungen:

$$Q\left(r = r_0\right) = -Q_0 \qquad h\left(r \to \infty\right) = H$$

ergibt sich das Grundwasserpotenzial zu:

$$h\left(r\right) = H - \frac{Q_0 \cdot \mu}{2\pi \cdot r \cdot T} \frac{K_0\left(\frac{r}{\mu}\right)}{K_1\left(\frac{r_0}{\mu}\right)}$$

Die maximale Entnahmerate für gerade noch gespannte Grundwasserverhältnisse ($h_0 = M$) am Brunnenrand ($r = r_0$) beträgt:

$$Q_{0,max} = \frac{2\pi \cdot r_0 \cdot T \cdot \left(H - M\right)}{\mu} \frac{K_1\left(\frac{r_0}{\mu}\right)}{K_0\left(\frac{r_0}{\mu}\right)}$$

### 1.5.2.5 Überlagerung von Brunnenströmungen

Grundwasserströmungen, die sich aus der Überlagerung von einzelnen Brunnenströmungen ergeben, lassen sich unter bestimmten Voraussetzungen durch Superposition der eindimensionalen, rotationssymmetrischen Brunnenströmungen ermitteln. Grundlagen, Verfahren sowie Anwendungen der Superposition von Grundwasserströmungen sind z. B. in [8] beschrieben. Voraussetzungen für die Lösung durch Superposition sind, dass

- die Einzelbrunnen vollkommene Brunnen darstellen, die mit konstanter Geschwindigkeit über die Mächtigkeit des gespannten Grundwasserleiters angeströmt werden,
- die Brunnen als Punktsenken mit einem Radius $r_0 = 0$ m angenommen werden,
- die Brunnenströmungen im ihrem gesamten Modellbereich jeweils der Laplace-Gleichung genügen, außer für $r = 0$,
- bei jeder Brunnenströmung für $r = 0$ eine Singularität existiert, die durch die Brunnenentnahme an diesem Punkt bewirkt wird,
- außerhalb der Reichweite der Brunnen keine Absenkung des Grundwasserpotenzials erfolgt,
- die Reichweite der Einzelbrunnen ungefähr gleich ist und
- der Abstand der Brunnen vom Zentrum der Absenkung klein im Vergleich zur Reichweite der Grundwasserabsenkung ist.

Aus den beiden letztgenannten Voraussetzungen resultiert, dass die Reichweite der durch die Brunnengruppe bewirkten Grundwasserabsenkung nur unwesentlich von der Reichweite der Einzelbrunnen abweicht. Diese Voraussetzung ist grundlegend für die Superposition von Brunnenströmungen, da diese, streng genommen, nur für den Überschneidungsbereich der Einzelbrunnen gültig ist. Unter diesen Voraussetzungen besagt das Superpositionsprinzip, dass sich die durch eine Brunnengruppe bewirkte Absenkung des Grundwasserpotenzials aus der Summe der Absenkungen der Einzelbrunnen ergibt.

Die Absenkung s des Grundwasserpotenzials durch einen Einzelbrunnen beträgt:

$$s(r) = H - h(r) = \frac{Q_0}{2 \cdot \pi \cdot T} \ln\left(\frac{R}{r}\right) = -\frac{Q_0}{2 \cdot \pi \cdot T} \ln\left(\frac{r}{R}\right)$$

Nachstehend wird das Superpositionsprinzip für ein Beispiel mit zwei Brunnen, die einen Abstand vom mittig zwischen den Brunnen liegenden Zentrum der Grundwasserabsenkung (Koordinatenursprung) von jeweils $\Delta x$ und die gleiche Entnahmerate $Q_0$ aufweisen (Bild 48), erläutert.

Bezogen auf den Koordinatenursprung ergeben sich die Absenkungen des Grundwasserpotenzials durch die beiden Brunnen in kartesischen Koordinaten zu:

$$s_1(x,y) = -\frac{Q_0}{2 \cdot \pi \cdot T} \ln\left(\frac{\sqrt{(x-\Delta x)^2 + y^2}}{R}\right)$$

$$s_2(x,y) = -\frac{Q_0}{2 \cdot \pi \cdot T} \ln\left(\frac{\sqrt{(x+\Delta x)^2 + y^2}}{R}\right)$$

Die durch beide Brunnen bewirkte Absenkung des Grundwasserpotenzials erhält man gemäß dem Superpositionsprinzip durch Addition der Absenkungen der beiden Einzelbrunnen

$$s(x,y) = s_1(x,y) + s_2(x,y) = -\frac{Q_0}{2 \cdot \pi \cdot T} \ln\left(\frac{\sqrt{\left((x-\Delta x)^2 + y^2\right) \cdot \left((x+\Delta x)^2 + y^2\right)}}{R^2}\right)$$

und daraus das Grundwasserpotenzial

$$h(x,y) = H + \frac{Q_0}{2 \cdot \pi \cdot T} \ln\left(\frac{\sqrt{\left((x-\Delta x)^2 + y^2\right) \cdot \left((x+\Delta x)^2 + y^2\right)}}{R^2}\right)$$

Damit ist die durch die beiden Brunnen bewirkte zweidimensionale Grundwasserströmung im kreisförmigen Modellgebiet mit dem Radius R vollständig beschrieben. Das Grundwasserpotenzial entlang der x-Achse ($y = 0$) und entlang der y-Achse ($x = 0$) beträgt:

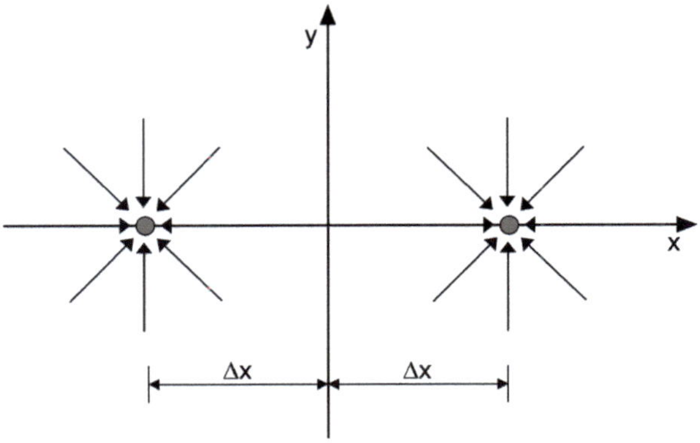


**Bild 48** Berechnungsbeispiel mit zwei Brunnen

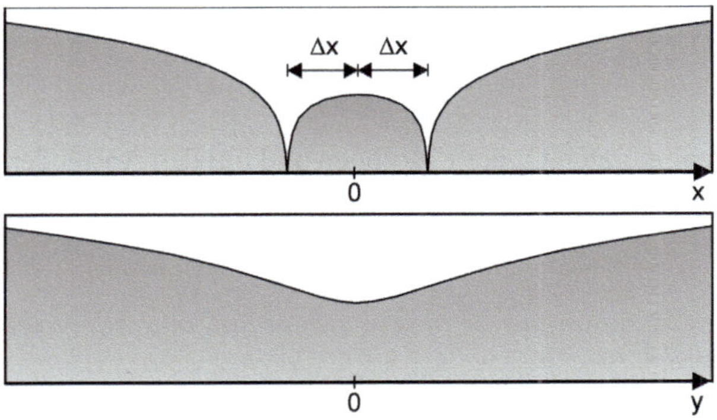


**Bild 49** Grundwasserpotenzial entlang x- und y-Achse für Berechnungsbeispiel mit zwei Brunnen

$$h(x) = H + \frac{Q_0}{2 \cdot \pi \cdot T} \ln\left(\frac{\left|x^2 - \Delta x^2\right|}{R^2}\right)$$

$$h(y) = H + \frac{Q_0}{2 \cdot \pi \cdot T} \ln\left(\frac{y^2 + \Delta x^2}{R^2}\right)$$

Der Verlauf des Grundwasserpotenzials entlang der x- und der y-Achse ist in Bild 49 dargestellt.

Voraussetzung für die hier dargestellte Brunnenströmung in einem gespannten Grundwasserleiter ist, dass sich auch am Brunnenrand das Grundwasserpotenzial oberhalb des Grundwasserleiters (oberhalb der Unterkante der überlagernden undurchlässigen Schicht) befindet.

### 1.5.2.6 Mehrbrunnenströmung

Unter den o. g. Voraussetzungen für die Anwendung des Superpositionsprinzips lässt sich in gleicher Weise die Absenkung des Grundwasserpotenzials durch eine beliebige

Anzahl von Brunnen bezogen auf das Zentrum der Grundwasserabsenkung (Koordinatenursprung) ermitteln. Die daraus resultierenden Gleichungen für die Ermittlung der durch eine Mehrbrunnenanlage bewirkten Grundwasserabsenkung wurden erstmals von *Forchheimer* [25] aufgestellt. Mit den kartesischen Koordinaten $x_i$ und $y_i$ der n Brunnen und den Förderraten $Q_i$ der Brunnen ergibt sich die Absenkung zu:

$$s(x,y) = -\frac{1}{2 \cdot \pi \cdot T} \sum_{i=1}^{n} Q_i \ln\left(\frac{\sqrt{(x_i - x)^2 + (y_i - y)^2}}{R}\right)$$

Für einen beliebigen Punkt P mit den Koordinaten $x_P$ und $y_P$ innerhalb der Reichweite R der Grundwasserabsenkung beträgt die Absenkung:

$$s_P = -\frac{1}{2 \cdot \pi \cdot T} \sum_{i=1}^{n} Q_i \ln\left(\frac{\sqrt{(x_i - x_P)^2 + (y_i - y_P)^2}}{R}\right)$$

Unter der Annahme gleicher Entnahmeraten $Q_0$ der n Brunnen und mit den Abständen $a_{i,P}$ der Brunnen vom betrachteten Punkt P (Bild 50)

$$a_{i,P} = \sqrt{(x_i - x_P)^2 + (y_i - y_P)^2}$$

ergibt sich die Absenkung am Punkt P zu:

$$s_P = \frac{Q_o}{2 \cdot \pi \cdot T}\left(n \ln R - \sum_{i=1}^{n} \ln(a_{i,P})\right)$$

Mit der Gesamtentnahmerate $Q_{ges} = n \cdot Q_0$ lässt sich die Absenkung am Punkt P darstellen durch

$$s_P = \frac{Q_{ges}}{2 \cdot \pi \cdot T}\left(\ln R - \frac{1}{n}\sum_{i=1}^{n} \ln(a_{i,P})\right)$$

Das durch die Grundwasserabsenkung beeinflusste Grundwasserpotenzial beträgt

$$h_P = H - \frac{Q_{ges}}{2 \cdot \pi \cdot T}\left(\ln R - \frac{1}{n}\sum_{i=1}^{n} \ln(a_{i,P})\right)$$

### 1.5.2.7 Ersatzradius für eine Mehrbrunnenanlage

Um eine Mehrbrunnenanlage zur Trockenlegung einer Baugrube zu dimensionieren, ist es zweckmäßig, die Mehrbrunnenanlage zunächst durch einen Einzelbrunnen mit vergleichbarer Absenkwirkung und einem daraus resultierenden Ersatzradius $r_E$ zu beschreiben. Grundlage für die Bestimmung des Ersatzradius ist der Ansatz, dass die

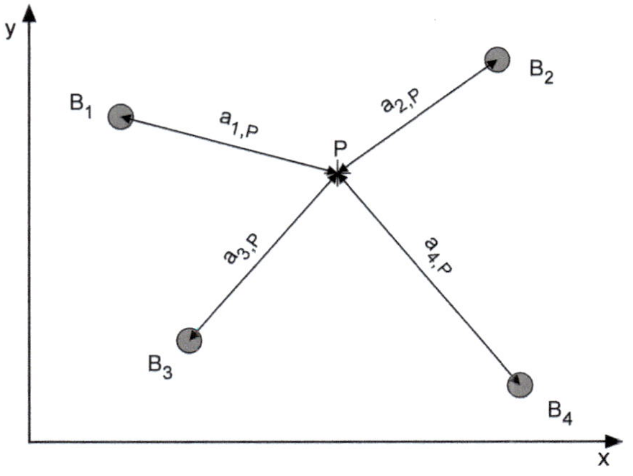


**Bild 50** Brunnenabstände zum betrachteten Punkt P

Absenkwirkung der Mehrbrunnenanlage durch einen Ersatzbrunnen beschrieben wird, dessen Entnahmerate gleich der Gesamtentnahmerate der Mehrbrunnenanlage ist und bei dem die Grundwasserabsenkung am Brunnenrand der Grundwasserabsenkung im Zentrum der Mehrbrunnenanlage entspricht. Dabei wird vorausgesetzt, dass sich innerhalb des durch die Brunnen umschlossenen Bereichs die geringste Absenkung im Zentrum der Mehrbrunnenanlage ergibt. Dies trifft bei Grundwasserabsenkungen zur Trockenhaltung von Baugruben, bei denen die Brunnen außerhalb der Baugrube angeordnet werden, i. Allg. zu. Mit den Abständen $a_{i,M}$ der n Brunnen von der Baugrubenmitte M beträgt die Absenkung des Grundwasserpotenzials in Baugrubenmitte:

$$h_M = H - \frac{Q_{ges}}{2 \cdot \pi \cdot T}\left(\ln R - \frac{1}{n}\sum_{i=1}^{n} \ln a_{i,M}\right)$$

Für einen Einzelbrunnen mit dem Ersatzradius $r_E$ ergibt sich das Grundwasserpotenzial am Brunnenrand $h_0$ bei einer der Mehrbrunnenanlage entsprechenden Förderrate und Reichweite zu:

$$h_0 = H - \frac{Q_{ges}}{2 \cdot \pi \cdot T}\left(\ln R - \ln r_E\right)$$

Aus der Forderung, dass das Grundwasserpotenzial am Brunnenrand des Ersatzbrunnens dem in der Mitte der Mehrbrunnenanlage entsprechen soll, ergibt sich für den Ersatzradius:

$$\ln r_E = \frac{1}{n}\sum_{i=1}^{n} \ln a_{i,M} = \frac{1}{n}\ln \prod_{i=1}^{n} a_{i,M}$$

Daraus lässt sich der Ersatzradius bestimmen zu:

$$r_E = \left(\prod_{i=1}^{n} a_{i,M}\right)^{\frac{1}{n}} = \sqrt[n]{a_{1,M} \cdot a_{2,M} \cdot a_{3,M} \cdot \ldots \cdot a_{n,M}}$$

Unter Verwendung eines Ersatzbrunnens mit dem Ersatzradius $r_E$ lässt sich der Zufluss zur Baugrube bei Vorgabe eines Absenkziels (bzw. eines maximalen Grundwasserpotenzials $h_0$ in der Mitte der Baugrube, das dem Grundwasserpotenzial am Brunnenrand des Ersatzbrunnens entspricht) ermitteln durch:

$$Q_{ges} = 2 \cdot \pi \cdot T \frac{(H - h_0)}{\ln \frac{R}{r_E}}$$

In der Literatur (siehe z. B. [12] oder [26]) existieren unterschiedliche empirische Formeln für die Bestimmung des Ersatzradius $r_E$, die zumeist auf einem Kreis mit gleicher Grundfläche wie die durch die Mehrbrunnenanlage umschlossene Fläche basieren. Diese führen zwar zu praktikablen Ergebnissen, erfüllen jedoch nicht die o. g. Voraussetzungen für die Bestimmung des Ersatzradius. Für Baugruben, deren Länge nicht deutlich größer ist als deren Breite, wird die Bestimmung des Ersatzradius nach o. g. Gleichung empfohlen. Grundsätzlich muss für die Anwendung des Superpositionsprinzips der Ersatzradius $r_E$ klein sein im Vergleich zur Reichweite R der Einzelbrunnen. Außerdem darf die Reichweite der Mehrbrunnenanlage die der Einzelbrunnen nicht wesentlich überschreiten.

Bei sehr langgestreckten Baugruben, deren Länge die Breite um ein Vielfaches übertrifft, sind die grundlegenden Voraussetzungen für die Superposition von einzelnen Brunnenströmungen nicht gegeben, da sich die Reichweiten der Einzelbrunnen nicht ausreichend überlagern. In diesem Fall ergibt sich keine radialsymmetrische Zuströmung zur Baugrube, sodass die Mehrbrunnenanlage nicht durch einen Einzelbrunnen abgebildet werden kann. Die Mehrbrunnenformel ist hier nur bedingt anwendbar. In vielen Fällen kann die Zuströmung zur Baugrube auf Grundlage einer Grabenströmung abgeschätzt werden, wobei ein Zuschlag für die Zuströmung zu den Brunnen an den Enden der Baugrube erforderlich ist. Zur genaueren Abbildung der Grundwasserverhältnisse ist eine numerische Berechnung zu empfehlen.

#### 1.5.2.8 Dimensionierung einer Mehrbrunnenanlage im gespannten Grundwasserleiter

In gespannten Grundwasserleitern, bei denen die Baugrube nicht bis in den Grundwasserleiter reicht, sondern nur in den überlagernden Grundwassernichtleiter oder Grundwassergeringleiter einschneidet, wird durch die Grundwasserabsenkung eine Grundwasserdruckentspannung im unterlagernden Grundwasserleiter bewirkt. Diese dient zur Sicherung der Baugrubensohle gegen Aufschwimmen durch Reduzierung der auf die geringdurchlässige Bodenschicht wirkenden Auftriebskräfte. Dazu ist nach DIN EN 1997-1 (EC 7-1) [27] in Verbindung mit DIN 1054 [28] nachzuweisen, dass der Grenzzustand der Tragfähigkeit durch Verlust der Lagesicherheit der geringdurchlässigen Bodenschicht infolge Aufschwimmens (UPL) nicht überschritten wird. Der Nachweis gegen Aufschwimmen wird in Kapitel 2.10 „Hydraulisch bedingte Grenzzustände“ des Grundbau-Taschenbuchs, Teil 2 [29] erläutert.

Zur Dimensionierung einer Mehrbrunnenanlage für eine Druckentspannung in einem gespannten Grundwasserleiter zur Sicherung der überlagernden Baugrubensohle gegen Aufschwimmen sind folgende Schritte erforderlich:

1. Festlegung der erforderlichen Absenkung des Grundwasserpotenzials im Bereich der Baugrube aus dem Nachweis der Sicherheit der den Grundwasserleiter überlagernden geringdurchlässigen Bodenschicht gegen Aufschwimmen. Zur Berücksichtigung lokaler Unsicherheiten der Grundwasserströmung (z. B. infolge Inhomogenität der Durchlässigkeit) sollte die erforderliche Absenkung des Grundwasserpotenzials ggf. um einen zusätzlichen Sicherheitsabstand erhöht werden.
2. Auswahl der Anzahl und Anordnung der Absenkbrunnen, wobei näherungsweise oft ein Abstand entsprechend der Baugrubenbreite gewählt werden kann.
3. Ermittlung des Ersatzradius $r_E$ bezogen auf die Baugrubenmitte. Ggf. sind tiefere Bereiche der Baugrube bei der Wahl der maßgebenden Baugrubenmitte zu berücksichtigen.
4. Abschätzen der Reichweite der Mehrbrunnenanlage (s. Abschnitt 1.6.2.2).
5. Berechnung des Gesamtzuflusses zum Ersatzbrunnen.
6. Aufteilung des Gesamtzuflusses auf die Absenkbrunnen und Wahl der Brunnendurchmesser.
7. Ermittlung der Brunnenwasserstände, die sich aus der Absenkung des Grundwasserpotenzials am Brunnenrand ergeben. Die Absenkung darf dabei nicht bis unter die Unterkante der geringdurchlässigen Deckschicht reichen, da ansonsten im Bereich der Brunnen keine gespannten Grundwasserverhältnisse vorliegen.

Falls eine zu große Absenkung des Grundwasserpotenzials ermittelt wird, muss der Brunnendurchmesser vergrößert werden und Schritt 7 ist erneut durchzuführen. Alternativ oder falls sich auch bei Vergrößerung des Brunnendurchmessers eine zu große erforderliche Absenkung im Brunnen ergibt, ist die Brunnenanzahl zu erhöhen. Dabei ist zu überprüfen, ob sich durch die neue Anordnung der Brunnen eine relevante Änderung des Ersatzradius ergibt. Gegebenenfalls sind die Schritte 4 bis 7, ansonsten nur die Schritte 6 und 7 durchzuführen.

Zusätzlich ist ggf. die Absenkung an Ortspunkten der Baugrube zu überprüfen, für die angenommen werden muss, dass eine geringere Absenkung als in der Baugrubenmitte erzielt wird (z. B. Ecken der Baugrube ohne dort angeordnete Brunnen).

Für die Dimensionierung von Mehrbrunnenanlagen in gespannten Grundwasserleitern mit unvollkommenen (nicht bis zur Basis des Grundwasserleiters) reichenden Absenkbrunnen siehe Abschnitt 1.5.4.3.

### 1.5.2.9 Berechnungsbeispiel für eine Mehrbrunnenanlage

In diesem Abschnitt wird die Ermittlung des Zuflusses zu einer Mehrbrunnenanlage, die zur Sicherung gegen Aufschwimmen durch Grundwasserdruckentspannung in einem gespannten Grundwasserleiter installiert wird, basierend auf dem oben beschriebenen Beispiel dargestellt. Dabei wird ein idealisierter gespannter Grundwasserleiter mit unendlicher Ausdehnung und horizontaler Sohle, konstanter Mächtigkeit $M = 10$ m, konstanter Durchlässigkeit $k = 10^{-4}$ m/s und konstantem spezifischem Speicherkoeffizienten $S_s = 10^{-4}\ m^{-1}$ angenommen. Damit ergeben sich die Transmissivität zu $T = k \cdot M = 10^{-3}\ m^2/s$, der Speicherkoeffizient zu $S = S_s \cdot M = 10^{-3}$ und $a = S/T$ zu $a = 1\ s/m^2$. Die Baugrube wird in der den Grundwasserleiter überlagernden, geringdurchlässigen Schicht erstellt (Bild 51). Die Baugrubensohle weist eine quadratische Grundfläche von 16 m × 16 m auf. Zur Grundwasserdruckentspannung werden 4 Brunnen ($B_1$ bis $B_4$) mit einem Brunnenradius $r_0 = 0{,}3$ m abgeteuft, wobei der Abstand der gegenüberliegenden Brunnen jeweils 36 m beträgt. Vor Beginn der Absenkung steht das Grundwasserpotenzial auf einer konstanten Höhe, bezogen auf die Basis des unterlagernden Grundwasserleiters (z = 0 m), von H = 20 m.

Es wird vorausgesetzt, dass auf Grundlage des Nachweises gegen Aufschwimmen für die Auftriebssicherung der Baugrubensohle eine Absenkung des Grundwasserpotenzials in Baugrubenmitte auf $h_M$ = NN + 13,5 m ausreichend ist. Um lokale Unsicherheiten bei der Grundwasserdruckentspannung zu berücksichtigen, wird die erforderliche Absenkung des Grundwasserpotenzials um einen zusätzlichen Sicherheitsabstand von 0,5 m erhöht. Dadurch ergibt sich eine erforderliche Absenkung des Grundwasserpotenzials in Baugrubenmitte um $s_M = 7$ m (auf $h_M$ = NN + 13 m). Die Absenkung des Grundwasserpotenzials soll innerhalb von t = 2 d (172.800 s) erfolgen.

Der Ersatzradius $r_E$ der Mehrbrunnenanlage ergibt sich mit dem Abstand a = 18 m der Brunnen zum Mittelpunkt M der Baugrube zu:

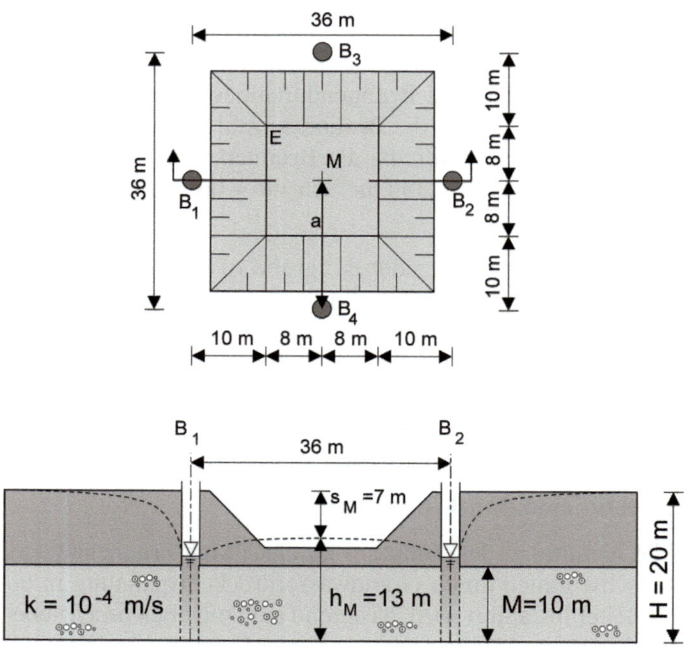


**Bild 51** Berechnungsbeispiel für Mehrbrunnenanlage im gespannten Grundwasserleiter, Draufsicht (oben) und Schnitt (unten)

$$r_E = \sqrt[4]{a^4} = a = 18\ \text{m}$$

Die Reichweite der Mehrbrunnenanlage für die Bestimmung der Förderrate (s. Abschnitt 1.6.2.2) beträgt:

$$R = 1{,}5\sqrt{\frac{t \cdot T}{S}} = 1{,}5\sqrt{\frac{172.800\ \text{s} \cdot 10^{-3}\ \frac{\text{m}^2}{\text{s}}}{10^{-3}}} = 624\ \text{m}$$

Unter Berücksichtigung eines abgesenkten Grundwasserpotenzials am Ersatzbrunnen von $h_0 = 13$ m, das dem abgesenkten Grundwasserpotenzial in Baugrubenmitte entspricht, ergibt sich die Gesamtförderrate der Mehrbrunnenanlage zu:

$$Q_{ges} = 2 \cdot \pi \cdot T \frac{(H - h_0)}{\ln \frac{R}{r_E}} = 12{,}4 \frac{l}{s}$$

Pro Brunnen beträgt die erforderliche Entnahmerate somit $Q_0 = 3{,}1$ l/s.

Weiterhin ist nachzuweisen, dass sich die Brunnenwasserstände, die dem Grundwasserpotenzial am Brunnenmantel entsprechen, oberhalb der Oberfläche des Grundwasserleiters befinden, sodass überall gespannte Grundwasserverhältnisse vorliegen. Für den Brunnen $B_1$ betragen die Abstände von den Brunnenachsen der Brunnen $B_1$–$B_4$ bis zum Brunnenmantel von $B_1$:

$a_1 = 0{,}3$ m  $a_2 = 35{,}7$ m  $a_3 = a_4 = 25{,}2$ m

Daraus ergeben sich die Brunnenwasserstände zu:

$$h_{Br} = H - \frac{Q_{ges}}{2 \cdot \pi \cdot T}\left(\ln R - \frac{1}{n}\sum_{i=1}^{n} \ln a_i\right) = 11{,}65\ \text{m}$$

Die Brunnenwasserstände befinden sich deutlich oberhalb der Oberfläche des Grundwasserleiters (z = 10 m), sodass auch im Bereich der Brunnen gespannte Grundwasserverhältnisse vorliegen.

Zusätzlich muss bei der hier gewählten Brunnenanordnung überprüft werden, ob in den Ecken der Baugrubensohle (E in Bild 51) eine ausreichende Absenkung des Grundwasserpotenzials erzielt wird. Die Abstände der Brunnenachsen zur Ecke E der Baugrubensohle betragen:

$a_1 = a_3 = 12{,}8$ m  $a_2 = a_4 = 27{,}2$ m

Das Grundwasserpotenzial in der Baugrubenecke E ergibt sich zu:

$$h_E = H - \frac{Q_{ges}}{2 \cdot \pi \cdot T}\left(\ln R - \frac{1}{n}\sum_{i=1}^{n} \ln a_i\right) = 13{,}07\ \text{m}$$

In der Baugrubenecke E ergibt sich ein geringfügig über dem Absenkziel von h = 13 m liegendes Grundwasserpotenzial. Unter Berücksichtigung des gewählten Sicherheitsabstands von 0,5 m ist dies jedoch tolerierbar. Eine im gesamten Bereich der Baugrube ausreichende Absenkung des Grundwasserpotenzials würde sich bei Anordnung der Brunnen an den Ecken der Baugrube ergeben. In diesem Fall würde sich jedoch aufgrund des erhöhten Abstands der Brunnen zur Baugrubenmitte (vergrößerter Ersatzradius) eine etwas größere erforderliche Gesamtförderrate ergeben.

### 1.5.3 Analytische Berechnung von ungespannten Grundwasserströmungen

#### 1.5.3.1 Allgemeines

Grundlage der nachfolgend beschriebenen analytischen Lösungen für Brunnenströmungen in ungespannten Grundwasserleitern sind wie bei der Grabenströmung die Dupuit-Annahmen (s. Abschnitt 1.3.5.1) sowie die Annahme einer horizontalen Grundwasserbasis.

#### 1.5.3.2 Brunnenströmung

Analog zum Modell für die Brunnenströmung im gespannten Grundwasserleiter werden als zusätzliche, vereinfachende Annahmen ein Modellgebiet ohne äußeren Zufluss mit einem Radius R, ein konstantes Grundwasserpotenzial am Brunnenrand ($r = r_0$) bzw. eine konstante Grundwasserentnahme sowie ein konstantes Grundwasserpotenzial am äußeren Modellrand ($r = R$) und eine homogene und isotrope Durchlässigkeit k des ungespannten Grundwasserleiters zugrunde gelegt (Bild 52):

Unter diesen Annahmen lässt sich die Strömungsgleichung durch eine eindimensionale, gewöhnliche Differenzialgleichung darstellen:

$$\frac{d}{dr}\left(h\frac{dh}{dr}\right)+\frac{h}{r}\frac{dh}{dr}=\frac{1}{r}\frac{d}{dr}\left(\frac{r}{2}\frac{d(h^2)}{dr}\right)=0 \quad \text{bzw.} \quad \frac{d}{dr}\left(r\frac{d(h^2)}{dr}\right)=0$$

Die allgemeine Lösung dieser Differenzialgleichung ergibt sich analog zu der für gespannte Grundwasserverhältnisse mit dem Quadrat des Grundwasserpotenzials als abhängige Variable:

$$\left(h(r)\right)^2 = c_1 \ln r + c_2$$

Die darauf basierenden Brunnenformeln für die Berechnung der stationären Grundwasserströmung zu einem Einzelbrunnen in einem ungespannten Grundwasserleiter unter den o. g. vereinfachten Modellannahmen wurden bereits in den Jahren 1863 und 1870 von *Dupuit* [21] und *Thiem* [30] veröffentlicht.

Für die Randbedingungen

$$h(r = r_0) = h_0 \qquad h(r = R) = H$$

ergibt sich die Lösung der Strömungsgleichung für das Grundwasserpotenzial h zu:

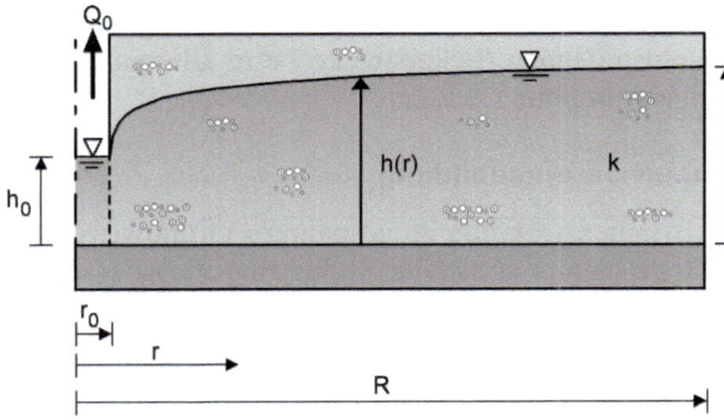


**Bild 52** Brunnenströmung im ungespannten Grundwasserleiter

$$\left(h(r)\right)^2 = h_0^2 + \frac{\left(H^2 - h_0^2\right)}{\ln\frac{R}{r_0}} \ln\left(\frac{r}{r_0}\right) \quad \text{bzw.} \quad h(r) = \sqrt{h_0^2 + \frac{\left(H^2 - h_0^2\right)}{\ln\frac{R}{r_0}} \ln\left(\frac{r}{r_0}\right)}$$

Aus der Darcy-Gleichung mit dem Durchfluss Q als Produkt aus der Filtergeschwindigkeit v und der radialen Zustromfläche $2 \cdot \pi \cdot r \cdot h$

$$Q(r) = 2 \cdot \pi \cdot r \cdot h(r) \cdot v(r) = -2 \cdot \pi \cdot r \cdot h \cdot k \frac{dh}{dr} = -\pi \cdot r \cdot k \frac{d\left(h^2\right)}{dr}$$

resultiert der in diesem Fall von r unabhängige, der Entnahmerate $Q_0$ entsprechende Durchfluss

$$Q_0 = -\pi \cdot k \frac{\left(H^2 - h_0^2\right)}{\ln\frac{R}{r_0}}$$

Bei Vorgabe der Entnahmerate $Q_0$ des Brunnens und eines konstanten Grundwasserpotenzials H am rechten Modellrand als Randbedingungen

$$Q\left(r = r_0\right) = -Q_0 \qquad h\left(r = R\right) = H$$

ergibt sich das Grundwasserpotenzial zu:

$$\left(h(r)\right)^2 = H^2 - \frac{Q_0}{\pi \cdot k} \ln\frac{R}{r} \quad \text{bzw.} \quad h(r) = \sqrt{H^2 - \frac{Q_0}{\pi \cdot k} \ln\frac{R}{r}}$$

Die (theoretische) maximale Entnahmerate $Q_{C,max}$, für die sich eine Absenkung des Wasserstands im Brunnen bis auf die Sohle des Grundwasserleiters ($h_0 = 0$) ergibt, beträgt:

$$Q_{0,max} = \frac{\pi \cdot k \cdot H^2}{\ln\frac{R}{r_0}}$$

Zur tatsächlich maximal möglichen Grundwasserabsenkung am Brunnenrand unter Berücksichtigung der sich hier einstellenden Sickerstrecke beim Übergang vom Grundwasserleiter zum Brunnen siehe Abschnitt 1.5.5.2.

#### 1.5.3.3 Brunnenströmung mit Grundwasserneubildung

Wie im Berechnungsmodell für die Brunnenströmung im gespannten Grundwasserleiter wird zusätzlich eine über das Modellgebiet konstante Zuflussrate $v^*$ $[m^3/(s \cdot m^2]$ (z. B. Grundwasserneubildung infolge Niederschlagsinfiltration) angesetzt (Bild 53).

$$\frac{d}{dr}\left(h\frac{dh}{dr}\right)+\frac{h}{r}\frac{dh}{dr}=\frac{1}{r}\frac{d}{dr}\left(\frac{r}{2}\frac{d(h^2)}{dr}\right)=-\frac{v^*}{k} \quad \text{bzw.} \quad \frac{d}{dr}\left(r\frac{d(h^2)}{dr}\right)=-\frac{2v^*\cdot r}{k}$$

mit der allgemeinen Lösung:

$$h^2(r)=-\frac{v^*}{2k}r^2+c_1\ln r+c_2$$

Für die Randbedingungen:

$$h(r=r_0)=h_0 \qquad h(r=R)=H$$

ergibt sich die Lösung der Strömungsgleichung für das Grundwasserpotenzial h zu:

$$h^2(r)=h_0^2+\frac{\left(H^2-h_0^2\right)}{\ln\frac{R}{r_0}}\ln\frac{r}{r_0}+\frac{v^*}{2k}\frac{\left(R^2-r_0^2\right)}{\ln\frac{R}{r_0}}\ln\frac{r}{r_0}-\frac{v^*}{2k}\left(r^2-r_0^2\right)$$

Der vom Radius r abhängige Durchfluss Q(r) lässt sich wiederum unter Verwendung der Darcy-Gleichung ermitteln:

$$Q(r)=-\pi\cdot k\frac{\left(H^2-h_0^2\right)}{\ln\frac{R}{r_0}}-\pi\cdot v^*\frac{\left(R^2-r_0^2\right)}{\ln\frac{R}{r_0}}+v^*\cdot\pi\cdot r^2$$

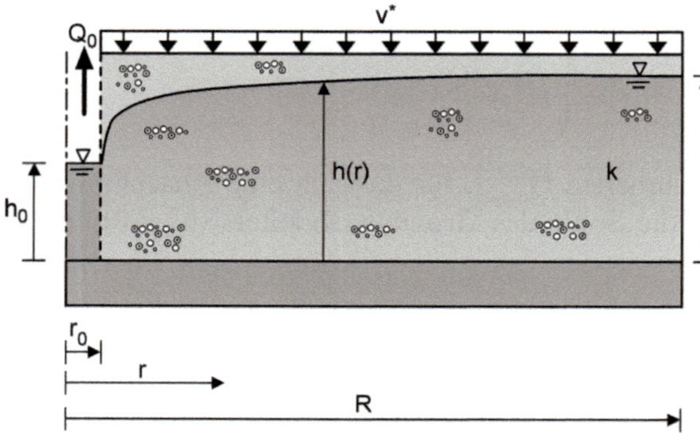


**Bild 53** Brunnenströmung im ungespannten Grundwasserleiter mit Grundwasserneubildung

Bei Vorgabe der Randbedingungen

$$Q(r = r_0) = -Q_0 \qquad h(r = R) = H$$

ergibt sich das Grundwasserpotenzial zu:

$$h^2(r) = H^2 - \frac{Q_0}{\pi \cdot k} \ln\frac{R}{r} - \frac{v^* \cdot r_0^2}{k} \ln\frac{R}{r} + \frac{v^*}{2k}\left(R^2 - r^2\right)$$

Die (theoretische) maximale Entnahmerate $Q_{0,max}$, für die sich eine Absenkung des Wasserstands im Brunnen ($r = r_0$) bis auf die Sohle des Grundwasserleiters ($h_0 = 0$) ergibt, beträgt:

$$Q_{0,max} = \pi \cdot k \frac{H^2}{\ln\frac{R}{r_0}} + \pi \cdot v^* \frac{\left(R^2 - r_0^2\right)}{\ln\frac{R}{r_0}} - v^* \cdot \pi \cdot r_0^2$$

### 1.5.3.4 Mehrbrunnenströmung

Die eindimensionale, auf den Dupuit-Annahmen basierende Gleichung für die Brunnenströmung in einem ungespannten Grundwasserleiter mit dem Quadrat des Grundwasserpotenzials als abhängige Variable erfüllt ebenso wie die Gleichung für die Brunnenströmung in einem gespannten Grundwasserleiter die Laplace-Gleichung. Aus diesem Grund können Grundwasserabsenkungen in ungespannten Grundwasserleitern, die durch eine Mehrbrunnenanlage bewirkt werden, ebenso durch Superposition von Grundwasserabsenkungen durch Einzelbrunnen ermittelt werden. Die Voraussetzungen entsprechen dabei denen für die Überlagerung von Brunnenströmungen in einem gespannten Grundwasserleiter (s. Abschnitt 1.5.2.5). Dabei werden ebenfalls vollkommene Brunnen vorausgesetzt, bei denen die Zuströmung mit gleicher Geschwindigkeit über die wirksame Höhe des Brunnens von der Grundwasserbasis bis zum abgesenkten Wasserstand im Brunnen angenommen wird. Wie in Abschnitt 1.5.5.2 näher erläutert, ist die Annahme einer vernachlässigbar kleinen vertikalen Geschwindigkeitskomponente im Anstrombereich der Brunnen nicht zutreffend. Die sich hier einstellende Sickerstrecke beim Grundwasserzustrom in den Brunnen kann in Abhängigkeit von der Absenkung des Wasserstands im Brunnen zu einem deutlich erhöhten Grundwasserstand am Brunnenrand gegenüber dem Wasserstand im Brunnen führen. Bei ausreichend großem Abstand des betrachteten Punkts vom Brunnen kann der dadurch bedingte Fehler der Grundwasserabsenkung jedoch vernachlässigt werden. Nach [4] kann angenommen werden, dass der Fehler in der auf Grundlage der eindimensionalen Brunnengleichung berechneten Grundwasserabsenkung bei einem Abstand vom Brunnen, der der Grundwassermächtigkeit H ohne Absenkung entspricht, kleiner als 1 % ist.

Unter der Annahme gleicher Entnahmeraten $Q_0$ der n Brunnen und mit den Abständen $a_{i,P}$ der Brunnen vom betrachteten Punkt P sowie der Gesamtentnahmerate $Q_{ges} = n \cdot Q_0$ ergibt sich das Grundwasserpotenzial $h_P$ an einem beliebigen Punkt P innerhalb der

Reichweite R der Mehrbrunnenanlage in einem ungespannten Grundwasserleiter mit homogener und isotroper Durchlässigkeit k zu (siehe [25]):

$$h_P = \sqrt{H^2 - \frac{Q_{ges}}{\pi \cdot k}\left(\ln R - \frac{1}{n}\sum_{i=1}^{n}\ln\left(a_{i,P}\right)\right)}$$

Die Zuströmung zu einer durch eine Mehrbrunnenanlage trockengelegten Baugrube lässt sich unter den in Abschnitt 1.5.2.5 genannten Voraussetzungen ebenfalls durch einen Ersatzbrunnen abbilden. Dessen Ersatzradius $r_E$ entspricht dem für gespannte Grundwasserverhältnisse mit den Abständen $a_{i,M}$ der n Brunnen von der Baugrubenmitte M:

$$r_E = \left(\prod_{i=1}^{n} a_{i,M}\right)^{\frac{1}{n}} = \sqrt[n]{a_{1,M} \cdot a_{2,M} \cdot a_{3,M} \cdot \ldots \cdot a_{n,M}}$$

Der Zufluss zur Baugrube bei Vorgabe eines Absenkziels (bzw. eines maximalen Grundwasserpotenzials $h_0$ in der Mitte der Baugrube, das dem Grundwasserpotenzial am Brunnenrand des Ersatzbrunnens entspricht) lässt sich unter Verwendung des Ersatzradius $r_E$ ermitteln durch:

$$Q_{ges} = \pi \cdot k \frac{\left(H^2 - h_0^2\right)}{\ln \frac{R}{r_E}}$$

### 1.5.3.5 Dimensionierung einer Mehrbrunnenanlage

In ungespannten Grundwasserleitern dient die Grundwasserabsenkung i. Allg. zur Trockenhaltung von Baugruben durch Absenkung des Grundwasserstands bis unter die Baugrubensohle. Zur Dimensionierung einer Mehrbrunnenanlage in einem ungespannten Grundwasserleiter sind die folgenden Schritte erforderlich:

1. Festlegung der erforderlichen Absenkung des Grundwasserstands zur Trockenlegung der Baugrube. Dabei sollte die erforderliche Absenkung um einen zusätzlichen Sicherheitsabstand zwischen der Baugrubensohle und dem abgesenkten Grundwasserstand zur Vermeidung einer Vernässung der Baugrubensohle sowie ggf. zur Berücksichtigung lokaler Unsicherheiten der Grundwasserströmung (z. B infolge Inhomogenität der Durchlässigkeit) erhöht werden.
2. Auswahl der Anzahl und Anordnung der Absenkbrunnen, wobei näherungsweise oft ein Abstand entsprechend der Baugrubenbreite gewählt werden kann.
3. Ermittlung des Ersatzradius $r_E$ bezogen auf die Baugrubenmitte. Gegebenenfalls sind tiefere Bereiche der Baugrube bei der Wahl der maßgebenden Baugrubenmitte zu berücksichtigen.
4. Abschätzen der Reichweite der Mehrbrunnenanlage (s. Abschnitt 1.6.3.2).
5. Berechnung des Gesamtzuflusses zum Ersatzbrunnen.

6. Aufteilung des Gesamtzuflusses auf die Absenkbrunnen und Wahl der Brunnendurchmesser.
7. Ermittlung der Brunnenwasserstände, die sich aus der Absenkung am Brunnenrand ergeben. Die rechnerische Absenkung am Brunnenmantel darf dabei nicht unterhalb der Brunnensohle (bzw. der Basis des Grundwasserleiters) liegen.

Ergeben sich aus der Berechnung für die Mehrbrunnenanlage Brunnenwasserstände, die sich unterhalb der Basis des Grundwasserleiters befinden, ist der Brunnenradius zu vergrößern bzw. die Anzahl der Absenkbrunnen zu erhöhen, bis die ermittelten Brunnenwasserstände ausreichend oberhalb der Basis des Grundwasserleiters liegen. Bei ausschließlicher Vergrößerung der Brunnendurchmesser ist nur Schritt 7 erforderlich. Bei Erhöhung der Brunnenanzahl ist zu überprüfen, ob sich durch die neue Anordnung der Brunnen eine relevante Änderung des Ersatzradius ergibt. In diesem Fall sind die Schritte 4 bis 7, ansonsten nur die Schritte 6 und 7 durchzuführen.

Zusätzlich ist ggf. die Absenkung an Ortspunkten der Baugrube zu überprüfen, für die angenommen werden muss, dass eine geringere Absenkung als in der Baugrubenmitte erzielt wird (z. B. Ecken der Baugrube ohne dort angeordnete Brunnen).

Aufgrund der sich bei Zuströmung zu einem Brunnen in einem ungespannten Grundwasserleiter ergebenden Sickerstrecke befindet sich der Grundwasserstand am Brunnenrand immer oberhalb des Brunnenwasserstands (s. Abschnitt 1.5.5.2). Die wesentlichen Abweichungen zwischen der tatsächlichen Grundwasseroberfläche in einem ungespannten Grundwasserleiter und der auf Grundlage der Dupuit-Annahmen mittels eindimensionaler, rotationssymmetrischer Berechnung ermittelten Grundwasseroberfläche beschränken sich jedoch auf den unmittelbaren Anstrombereich des Brunnens. Aus diesem Grund können diese Abweichungen bei der Ermittlung der Grundwasserabsenkung in Baugrubenmitte i. Allg. vernachlässigt werden.

Für die Dimensionierung von Mehrbrunnenanlagen in ungespannten Grundwasserleitern mit unvollkommenen (nicht bis zur Basis des Grundwasserleiters) reichenden Absenkbrunnen siehe Abschnitt 1.5.5.5.

### 1.5.3.6 Berechnungsbeispiel für eine Mehrbrunnenanlage

Nachstehend wird die Berechnung der erforderlichen Entnahmerate durch eine Mehrbrunnenanlage in einem idealisierten ungespannten Grundwasserleiter mit unendlicher Ausdehnung und horizontaler Sohle sowie mit konstanter Durchlässigkeit $k = 10^{-4}$ m/s und konstanter speichernutzbarer (effektiver) Porosität $n_e = 0{,}2$ beschrieben. Die Grundwasserabsenkung dient zur Trockenlegung einer Baugrube mit einer quadratischen Grundfläche von 16 m × 16 m (Bild 54). Dazu werden 4 Brunnen ($B_1$ bis $B_4$) mit einem Brunnenradius $r_0 = 0{,}4$ m abgeteuft, wobei die gegenüberliegenden Brunnen jeweils einen Abstand von 36 m aufweisen. Vor der Absenkung steht die Grundwasseroberfläche auf einer konstanten Höhe von $H = 20$ m an, bezogen auf die Sohle des Grundwasserleiters. Die Baugrubensohle befindet sich auf einer Höhe von $z = 13$ m, bezogen auf die Sohle des Grundwasserleiters. Zwischen der Baugrubensohle und dem abgesenkten Grundwasserstand wird ein Sicherheitsabstand von 1,0 m gewählt. Dieser ergibt sich aus einem Abstand von 0,5 m zur Vermeidung einer Vernässung der Bau-

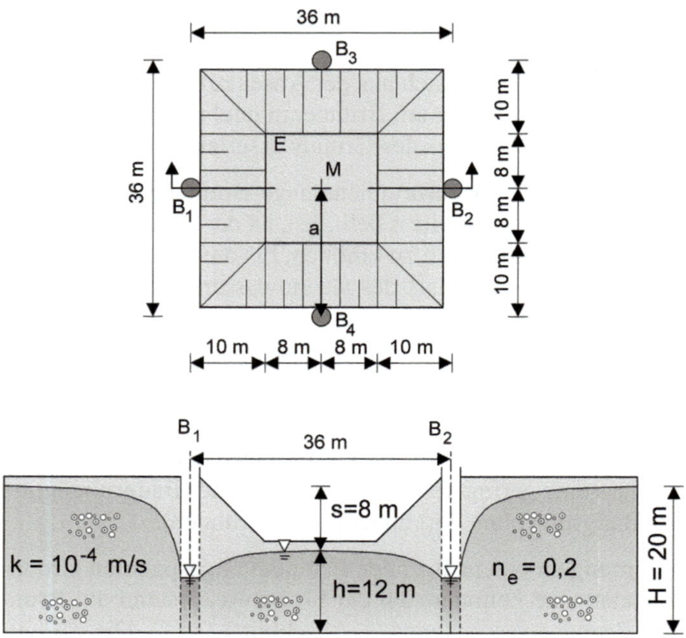


**Bild 54** Berechnungsbeispiel für Mehrbrunnenanlage im ungespannten Grundwasserleiter;
a) Draufsicht und b) Schnitt (unten)

grubensohle sowie einem zusätzlichen Abstand von 0,5 m zur Berücksichtigung lokaler Unsicherheiten des Grundwasserleiters (z. B infolge Inhomogenität der Durchlässigkeit). Demnach muss der Grundwasserstand h unter der Baugrubensohle um s = 8 m auf h = 12 m abgesenkt werden. Die Grundwasseroberfläche soll innerhalb von t = 14 d (1.209.600 s) abgesenkt werden.

Der Ersatzradius $r_E$ der Mehrbrunnenanlage ergibt sich mit dem Abstand a = 18 m der Brunnen zum Mittelpunkt M der Baugrube zu:

$$r_E = \sqrt[4]{a^4} = a = 18\,\text{m}$$

Die Reichweite der Mehrbrunnenanlage für die Bestimmung der Förderrate (s. Abschnitt 1.6.3.2) beträgt:

$$R = 1{,}5\sqrt{\frac{t \cdot k \cdot H}{n_e}} = 1{,}5\sqrt{\frac{1.209.600\,\text{s} \cdot 10^{-4}\,\frac{\text{m}}{\text{s}} \cdot 20\,\text{m}}{0{,}2}} = 165\,\text{m}$$

Unter Berücksichtigung eines abgesenkten Grundwasserstands am Ersatzbrunnen von $h_0$ = 12 m, der dem abgesenkten Grundwasserstand in Baugrubenmitte entspricht, ergibt sich die Gesamtförderrate der Mehrbrunnenanlage zu:

$$Q_{ges} = \pi \cdot k \frac{\left(H^2 - h_0^2\right)}{\ln \frac{R}{r_E}} = \pi \cdot 10^{-4} \frac{m}{s} \frac{\left(\left(20\,m\right)^2 - \left(12\,m\right)^2\right)}{\ln \frac{165\,m}{18\,m}} = 36{,}3 \frac{l}{s}$$

Pro Brunnen beträgt die erforderliche Entnahmerate somit $Q_0$ = ca. 9,1 l/s.

Weiterhin nachzuweisen ist, dass sich die für diese Entnahmerate erforderlichen Wasserstände in den Brunnen oberhalb der Sohle des Grundwasserleiters befinden (und keine fiktiven, unterhalb der Brunnensohle liegenden Wasserstände der Berechnung zugrunde liegen). Für den Brunnen $B_1$ betragen die Abstände von den Brunnenachsen der Brunnen $B_1$–$B_4$ bis zum Brunnenmantel von $B_1$:

$a_1 = 0{,}4$ m  $a_2 = 35{,}6$ m  $a_3 = a_4 = 25{,}2$ m

Daraus ergeben sich die Brunnenwasserstände zu:

$$h_{Br} = \sqrt{H^2 - \frac{Q_{ges}}{\pi \cdot k}\left(\ln R - \frac{1}{n}\sum_{i=1}^{n} \ln a_i\right)} = 8{,}55\,m$$

Die berechneten Brunnenwasserstände befinden sich deutlich oberhalb der Sohle des Grundwasserleiters, jedoch ca. 3,5 m unter dem Absenkziel unterhalb der Baugrubensohle. Wie in Abschnitt 1.5.5.2 erläutert, stellt sich beim Grundwasserzutritt in den Brunnen eine Sickerstrecke ein, sodass das Grundwasser am Brunnenmantel höher als der Brunnenwasserstand ansteht. Aufgrund des Abstands der Brunnen von der Baugrubensohle ist die Abweichung zwischen den tatsächlichen und den auf Grundlage der Dupuit-Annahmen berechneten Grundwasserständen im unmittelbaren Brunnenanstrombereich für die Auslegung der Mehrbrunnenanlage nicht relevant.

Zusätzlich muss bei der hier gewählten Brunnenanordnung überprüft werden, ob in den Ecken der Baugrubensohle (E in Bild 54) eine ausreichende Absenkung des Grundwasserpotenzials erzielt wird. Die Abstände der Brunnenachsen zur Ecke E der Baugrubensohle betragen:

$a_1 = a_3 = 12{,}8$ m  $a_2 = a_4 = 27{,}2$ m

Das Grundwasserpotenzial in der Baugrubenecke E ergibt sich zu:

$$h_E = \sqrt{H^2 - \frac{Q_{ges}}{\pi \cdot k}\left(\ln R - \frac{1}{n}\sum_{i=1}^{n} \ln a_i\right)} = 12{,}17\,m$$

In der Baugrubenecke E ergibt sich ein geringfügig über dem Absenkziel von h = 12 m liegendes Grundwasserpotenzial. Unter Berücksichtigung des gewählten Sicherheitsabstands von 1 m ist dies jedoch tolerierbar. Eine im gesamten Bereich der Baugrube ausreichende Absenkung des Grundwasserpotenzials würde sich bei Anordnung der Brunnen an den Ecken der Baugrube ergeben. In diesem Fall würde sich jedoch aufgrund des erhöhten Abstands der Brunnen zur Baugrubenmitte (vergrößerter Ersatzradius) eine größere erforderliche Gesamtförderrate ergeben.

### 1.5.4 Numerische Berechnung von gespannten Grundwasserströmungen

#### 1.5.4.1 Allgemeines

Wie die numerische Berechnungen von vertikal-ebenen, stationären Grundwasserströmungen für gespannte Grundwasserverhältnisse erfordern auch numerische, rotationssymmetrische, stationäre 2-D-Grundwasserströmungsberechnungen für gespannte Grundwasserleiter i. Allg. nur einen relativ geringen Aufwand bei der Modellerstellung und der numerischen Lösung der Strömungsgleichung. Beispielhaft sind im Weiteren die Ergebnisse von numerischen, rotationssymmetrischen Berechnungen der Grundwasserströmung zu einem unvollkommenen Brunnen in einem gespannten Grundwasserleiter dargestellt.

#### 1.5.4.2 Unvollkommener Brunnen

Bei einem unvollkommenen Brunnen reicht die Filterstrecke nicht über die gesamte Mächtigkeit M des gespannten Grundwasserleiters, sondern erstreckt sich nur über einen Teilbereich m, ausgehend vom überlagernden Grundwasserstauer. Aufgrund der hierbei sowohl horizontal als auch vertikal von unten erfolgenden Zuströmung zum unvollkommenen Brunnen kann die Grundwasserströmung nicht durch ein eindimensionales Strömungsmodell abgebildet werden.

Zur Ermittlung der Erhöhung des Zuflusses zu einem unvollkommenen Brunnen gegenüber einem vollkommenen Brunnen in einem nur bis zur Brunnensohle reichenden Grundwasserleiter wurde eine Parameterstudie durchgeführt. Dabei wurden sowohl der seitliche Zustrom zum Brunnen über die Einbindetiefe m als auch der Zustrom von unten durch die Brunnensohle mit dem Brunnenradius $r_0$ berücksichtigt. Um die Erhöhung des Zuflusses zu Mehrbrunnenanlagen mit unvollkommenen Brunnen im Vergleich zu vollkommenen beurteilen zu können, wurden auch große Brunnenradien für Ersatzbrunnen untersucht. Abgesehen von dem nur teilweise in den Grundwasserleiter reichenden, unvollkommenen Brunnen entspricht das zugrunde gelegte Strömungsmodell dem Modell der Brunnenströmung für gespannte Grundwasserleiter ohne Grundwasserneubildung aus Abschnitt 1.5.2.2. Unter diesen vereinfachten Modellannahmen kann die Grundwasserströmung als Funktion der Einbindetiefe m des Brunnens in den Grundwasserleiter, der Reichweite R des Brunnens und des Brunnenradius $r_0$, jeweils bezogen auf die Grundwassermächtigkeit M, beschrieben werden. In Bild 55 sind das verwendete Berechnungsmodell mit den vorgegebenen Randbedingungen sowie berechnete Grundwasserpotenziallinien und das ermittelte Grundwasserpotenzial an der Oberfläche des Grundwasserleiters dargestellt. Dabei wurde der Potenzialabbau im Brunnenfilter vernachlässigt und eine Zuströmung sowohl über den Filtermantel als auch über die Filtersohle berücksichtigt. Das heißt, in der numerischen, rotationssymmetrischen 2-D-Strömungsberechnung wird der Brunnenwasserstand $h_0$ entlang der Grenze zwischen Brunnenfilter und Boden als Randbedingung vorgegeben.

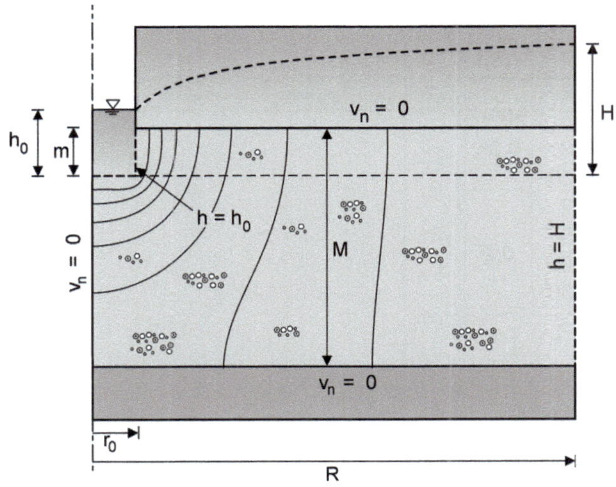


**Bild 55** Unvollkommener Brunnen bei gespannten Grundwasserverhältnissen

Wie für den unvollkommenen Dränagegraben (Abschnitt 1.3.3.3) wurde auf Grundlage der numerischen Modellrechnungen ein Erhöhungsfaktor α für den Zufluss $Q_u$ zum unvollkommenen Brunnen gegenüber dem Zufluss $Q_v$ zum vollkommenen Brunnen mit einer Mächtigkeit des Grundwasserleiters entsprechend der Einbindetiefe m des Brunnens ermittelt.

$$Q_u = \alpha \cdot Q_v = \alpha \cdot 2 \cdot \pi \cdot k \cdot m \frac{(H - h_0)}{\ln \frac{R}{r_0}}$$

In Bild 56 ist der Erhöhungsfaktor α in Abhängigkeit von m/M, R/M und $r_0$/M für kleine $r_0$/M-Quotienten und in Bild 57 für große $r_0$/M-Quotienten dargestellt. Dabei wurden nur Quotienten aus Brunnenreichweite und Brunnenradius von $R/r_0 \geq 10$ berücksichtigt. Während mit Bild 56 die geometrischen Verhältnisse eher für einen Einzelbrunnen beschrieben werden, entsprechen die geometrischen Verhältnisse in Bild 57 einem Ersatzbrunnen für eine Mehrbrunnenanlage. Daraus ist ersichtlich, dass bei geringer Einbindetiefe m des Brunnes in die Mächtigkeit M des Grundwasserleiters ein wesentlicher Anteil des Zustroms aus dem Bereich unterhalb der Brunnensohle erfolgt. Bei anisotropen Grundwasserleitern mit geringerer vertikaler als horizontaler Durchlässigkeit verringert sich der Zustrom aus dem Bereich unterhalb der Brunnensohle.

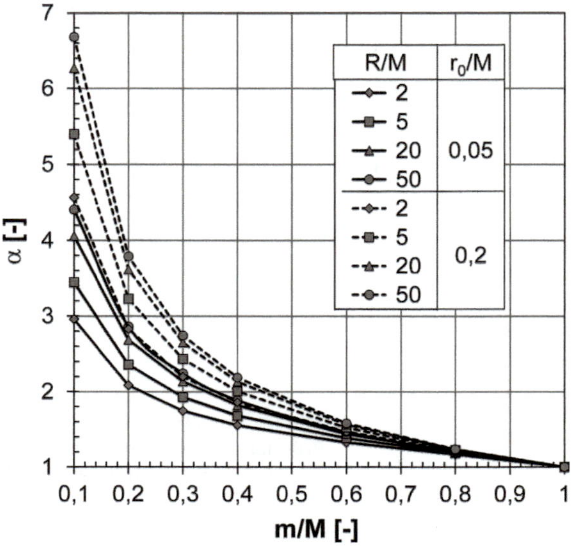


**Bild 56** Erhöhungsfaktor a für die Zuströmung zu einem unvollkommenen (Einzel-) Brunnen bei gespannten Grundwasserverhältnissen

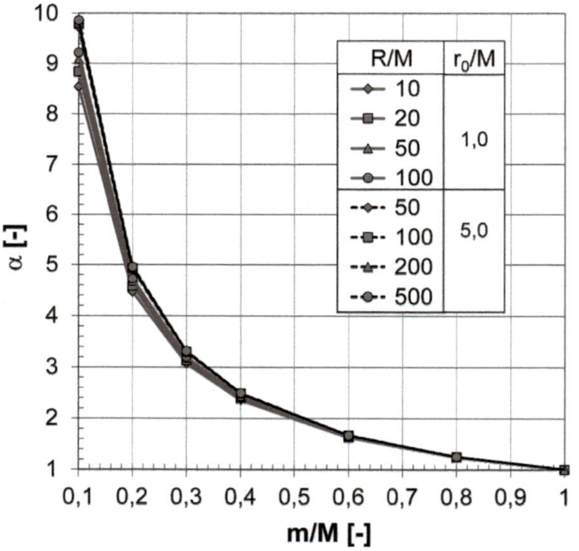


**Bild 57** Erhöhungsfaktor a für die Zuströmung zu einem unvollkommenen (Ersatz-) Brunnen bei gespannten Grundwasserverhältnissen

### 1.5.4.3 Mehrbrunnenanlagen mit unvollkommenen Brunnen

Zur überschlägigen Dimensionierung von unvollkommenen Absenkbrunnen für Mehrbrunnenanlagen in gespannten Grundwasserleitern sind zunächst die Schritte 1 bis 5 entsprechend der Dimensionierung von vollkommenen Brunnen (Abschnitt 1.5.2.8) durchzuführen. Dabei ist die Mächtigkeit des Grundwasserleiters nur bis zur Einbindetiefe m der Brunnen (bzw. des Ersatzbrunnens) zu berücksichtigen. Der ermittelte Gesamtzufluss zum Ersatzbrunnen ist zur Berücksichtigung des Zustroms aus dem

Bereich unterhalb der Sohle des Ersatzbrunnens mit dem Erhöhungsfaktor aus dem Diagramm in Bild 57 zu multiplizieren. Wie bei der Dimensionierung einer Mehrbrunnenanlage mit vollkommenen Brunnen muss nach Aufteilung dieses erhöhten Gesamtzuflusses auf die Absenkbrunnen und der Wahl der Brunnendurchmesser (Schritt 6) in Schritt 7 überprüft werden, ob das rechnerische Grundwasserpotenzial am Brunnenmantel oberhalb der Unterkante der geringdurchlässigen Deckschicht ansteht. Reicht die Absenkung bis unter die Deckschicht, liegen keine gespannten Grundwasserverhältnisse im Bereich der Brunnen vor. In diesem Fall muss die Einbindetiefe der unvollkommenen Brunnen vergrößert werden, bis ein Grundwasserpotenzial am Brunnenmantel oberhalb der Deckschicht ermittelt wird.

Allerdings wird durch diese Vorgehensweise für die Dimensionierung von Mehrbrunnenanlagen mit unvollkommenen Brunnen nicht sichergestellt, dass sich in Baugrubenmitte eine ausreichende Absenkung des Grundwasserpotenzials einstellt. Zur Dimensionierung einer Mehrbrunnenanlage mit unvollkommenen Brunnen für größere Baugruben wird, insbesondere bei Existenz einer Schicht mit erhöhter Durchlässigkeit unter der Sohle der unvollkommenen Brunnen, eine numerische Grundwasserströmungsberechnung empfohlen.

### 1.5.5 Numerische Berechnung von ungespannten Grundwasserströmungen

#### 1.5.5.1 Allgemeines

Die numerische, rotationssymmetrische 2-D-Berechnung von Brunnenströmungen in ungespannten Grundwasserleitern erfordert wie bei der vertikal-ebenen Berechnung einen wesentlich höheren Aufwand als die numerische Berechnung von Brunnenströmungen in gespannten Grundwasserleitern. Wie für die Dammdurchströmung und die Grabenströmung in den Abschnitten 1.3.6.1 und 1.3.6.2 erläutert, ist bei der numerischen Berechnung eine iterative Lösung sowohl für die Berücksichtigung der hydraulischen Durchlässigkeit im ungesättigten Modellbereichs oberhalb des wassergesättigten Bereichs (oberhalb der Sickerlinie) als auch zur Bestimmung des Wasseraustrittsbereichs (Sickerstrecke) in den Brunnen oberhalb des Brunnenwasserstands erforderlich.

Bei jeder Grundwasserströmung aus einem geringer durchlässigen Bodenkörper in einen Bodenkörper mit deutlich höherer hydraulischer Durchlässigkeit stellt sich eine Sickerstrecke ein. Aus diesem Grund ergeben sich bei der Brunnenströmung in einem ungespannten Grundwasserleiter prinzipiell zwei Sickerstrecken: eine beim Übergang zwischen dem Bodenmaterial und dem Brunnenfilter und eine beim Übergang zwischen dem Brunnenfilter und dem Filterrohr (Bild 58). Die Sickerstrecke beim Übergang aus dem Brunnenfilter in das Filterrohr sowie der Potenzialabbau im Brunnenfilter können jedoch i. Allg. im Vergleich zur Sickerstrecke beim Übergang zwischen dem Boden und dem Brunnenfilter vernachlässigt werden.

Aufgrund der radialsymmetrischen Anströmung des Brunnens mit in Brunnennähe zunehmender Fließgeschwindigkeit und daraus resultierenden vergleichsweise hohen hydraulischen Gradienten ist die Sickerstrecke bei der Brunnenströmung deutlich ausgeprägter als bei der Anströmung eines Dränagegrabens. Die eindimensionale (rotationssymmetrische) Berechnung der Brunnenströmung auf Grundlage der Dupuit-An-

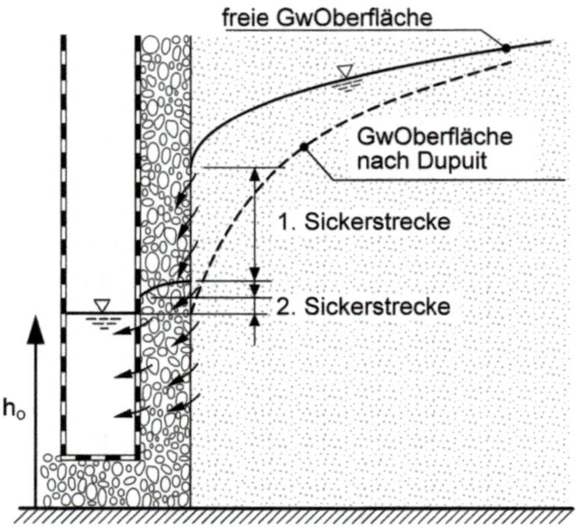


**Bild 58** Brunnenzuströmung im ungespannten Grundwasserleiter

nahmen mit der Annahme einer ausschließlich horizontalen Brunnenzuströmung führt aufgrund der Vernachlässigung der vertikalen Strömungskomponente zu einer deutlichen Überschätzung der Absenkung der freien Grundwasseroberfläche im unmittelbaren Anstrombereich des Brunnens.

### 1.5.5.2 Sickerstrecke bei der Brunnenströmung

Zur Ermittlung der Sickerstrecke bei der Brunnenzuströmung in einem ungespannten Grundwasserleiter existieren in der Literatur unterschiedliche Berechnungsformeln (siehe z. B. [12]), auf deren Darstellung hier jedoch verzichtet wird. Stattdessen sind im Folgenden die Ergebnisse einer auf Grundlage eines vereinfachten rotationssymmetrischen 2-D-Grundwassermodells (Bild 59) durchgeführten, numerischen Parameterstudie dargestellt. Daraus lässt sich die Größe der Sickerstrecke in Abhängigkeit der maßgebenden Einflussparameter abschätzen.

Der Strömungswiderstand innerhalb des Brunnens wurde wiederum als vernachlässigbar angenommen. Analog zur numerischen Berechnung der Grabenströmung im ungespannten Grundwasserleiter ist an dem vertikalen Modellrand, der die Grenzfläche zwischen Boden und Brunnenfilter darstellt, die Vorgabe einer über die Höhe differenzierten Randbedingung erforderlich. Von der Basis des Grundwasserleiters bis zur Höhe des Brunnenwasserstands entspricht das Randpotenzial dem Brunnenwasserstand ($h = h_0$). Im anschließenden Abschnitt der Sickerstrecke, in dem Grundwasser oberhalb des Brunnenwasserstands frei austritt, ist an den entsprechenden Diskretisierungsknoten das Grundwasserpotenzial entsprechend der Ortshöhe vorzugeben ($h = z$). In dem anschließenden wasserungesättigten Bereich oberhalb der freien Grundwasseroberfläche (Sickerlinie), in dem kein Wasser in den Brunnen austritt, entspricht der Modellrand einer Randstromlinie ($v_n = 0$). Für die Ermittlung der Höhe der Sickerstrecke und die Bestimmung der Sickerlinie ist jeweils eine iterative Berechnung erforderlich. Dabei wurde für die durchgeführten gesättigt-ungesättigten Strömungsberechnungen die in [22] und [24] angegebene Typkurve für Sand zur Beschreibung der funktionalen Abhängigkeit der relativen Durchlässigkeit ($k_r = k_u / k$) im ungesättigten Boden von der Saugspannung $k_r(-u)$ verwendet.

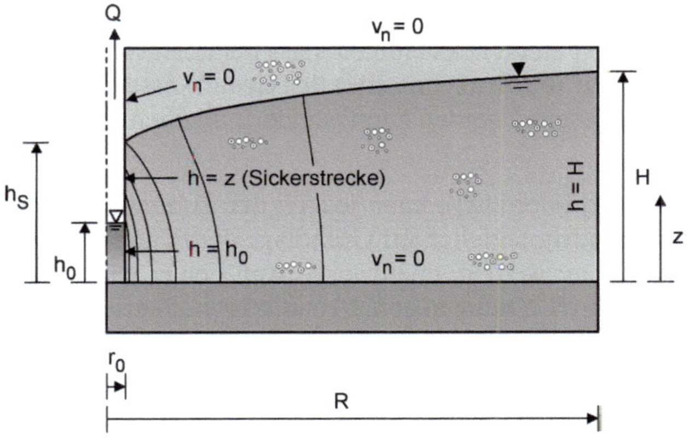


**Bild 59** Grundwassermodell zur Ermittlung der Sickerstrecke bei der Brunnenströmung im ungespannten Grundwasserleiter

Ermittelt wurde die Höhe des Austrittspunkts der Sickerlinie $h_S$ über der Basis des Grundwasserleiters in Abhängigkeit von den hier maßgebenden, ausschließlich geometrischen Einflussparametern Brunnenreichweite R, von der Absenkung unbeeinflusster Grundwasserstand H, Brunnenwasserstand $h_0$ und Brunnenradius $r_0$. Für die Darstellung der Berechnungsergebnisse wurde ebenfalls eine dimensionslose Beschreibung bezogen auf den von der Grundwasserabsenkung unbeeinflussten Grundwasserstand H gewählt. Wie bei der Grabenströmung liegt auch bei der Brunnenströmung unter Berücksichtigung des ungesättigten Strömungsanteils oberhalb des wassergesättigten Bereichs keine exakte geometrische Modellähnlichkeit vor, da die Modellparameter für die Beschreibung der ungesättigten Strömung als konstant und unabhängig von den geometrischen Modellgrößen gewählt wurden. Der Einfluss der ungesättigten Strömung kann jedoch auch hier als vernachlässigbar angesehen werden. Die Ergebnisse der numerischen Berechnungen sind in Bild 60 für $R/H = 10$ und $R/H = 100$ dargestellt. Unter Verwendung der Dupuit-Annahmen entspricht die Grundwasseroberfläche am Brunnenmantel dem Brunnenwasserstand ($h_S = h_0$, gestrichelte Linie).

Ähnliche, auf Grundlage von numerischen Berechnungen erstellte Diagramme zur Ermittlung der Sickerstrecke in Abhängigkeit der maßgebenden geometrischen Einflussgrößen wurden bereits von *Brauns* et. al. [32] erstellt. Dabei wurde jedoch die Brunnenreichweite in Abhängigkeit der Formel von *Sichardt* [33] angesetzt. Im Gegensatz dazu wurde für die in Bild 60 dargestellten Diagramme die Brunnenreichweite als zusätzlicher, unabhängiger Einflussparameter berücksichtigt. Zur Ermittlung der Brunnenreichweite siehe Abschnitt 1.6.3.2.

Aus den Diagrammen in Bild 60 ist ersichtlich, dass der Grundwasserstand am Mantel des Brunnenfilters mit zunehmender Absenkung des Brunnenwasserstands insbesondere bei kleinem Brunnenradius nur noch geringfügig abnimmt. Die Sickerstrecke kann bei tiefer Absenkung des Brunnenwasserstands und bei geringem Brunnendurchmesser einen erheblichen Anteil des von der Absenkung unbeeinflussten Grundwasserstands umfassen. Die Größe der Sickerstrecke nimmt mit Reduzierung des Brunnendurchmessers, des Brunnenwasserstands und der Brunnenreichweite jeweils zu. Dabei hat die zugrunde gelegte Reichweite des Brunnens im Vergleich zum Brunnendurchmesser und zum Brunnenwasserstand aufgrund der radialsymmetrischen Anströmung nur einen relativ geringen Einfluss auf die Größe der Sickerstrecke. Insgesamt ist bei Grundwasserabsenkungsanlagen zu berücksichtigen, dass bei tiefer Absenkung des Brunnenwasserstands (z. B. bis auf die Brunnensohle) der Grundwasserstand am Brunnenmantel nicht ähnlich tief abgesenkt werden kann, sondern deutlich höher ansteht.

Wie vielfach dargelegt (siehe z. B. [4] oder [12]), kann jedoch der Zufluss zu einem Brunnen in einem ungespannten Grundwasserleiter auf Grundlage der Brunnenformel von Dupuit-Thiem zuverlässig bestimmt werden, unabhängig vom Fehler bei der auf Grundlage der Dupuit-Annahmen durch eindimensional rotationssymmetrische Berechnung ermittelten Grundwasseroberfläche im unmittelbaren Anstrombereich des Brunnens. Um dies zu demonstrieren, wurden die berechneten Brunnenzuflüsse aus der numerischen Parameterstudie ausgewertet.

In Bild 61 ist der berechnete dimensionslose Zufluss $(Q/(k \cdot H^2))$ zum Brunnen in Abhängigkeit des Quotienten $h_0/H$ dargestellt. Die Symbole bezeichnen die numerisch ermittelten Zuflüsse. Zum Vergleich sind die analytisch, auf Grundlage des eindimensionalen Berechnungsansatzes unter Verwendung der Dupuit-Annahmen ermittelten Zuflüsse als Kurven dargestellt. Daraus ist ersichtlich, dass die numerisch, auf Grundlage der rotationssymmetrischen, gesättigt-ungesättigten 2-D-Berechnungen ermittelten Zuflüsse nur geringfügig von den unter Verwendung der Dupuit-Annahmen analytisch berechneten Zuflüssen abweichen. Die geringen Abweichungen sind im Wesentlichen auf die Berücksichtigung der Strömung im ungesättigten Bodenbereich bei der numerischen Berechnung zurückzuführen.

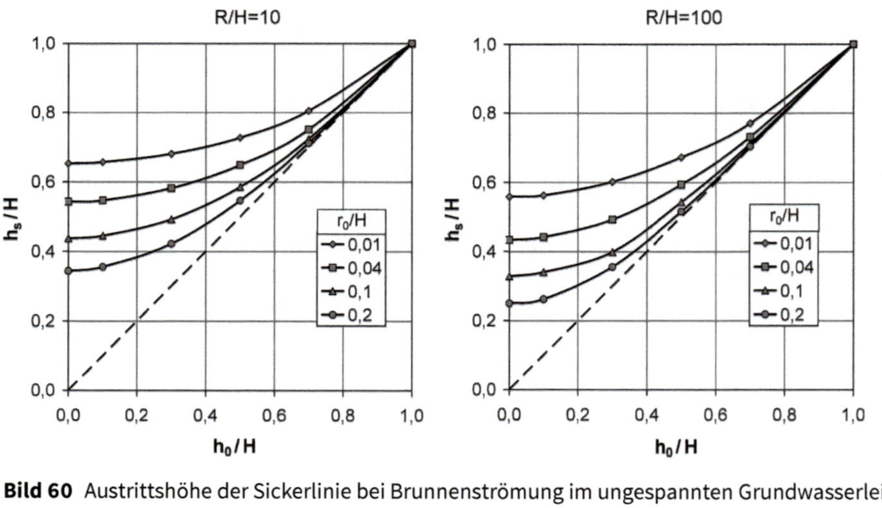


**Bild 60** Austrittshöhe der Sickerlinie bei Brunnenströmung im ungespannten Grundwasserleiter

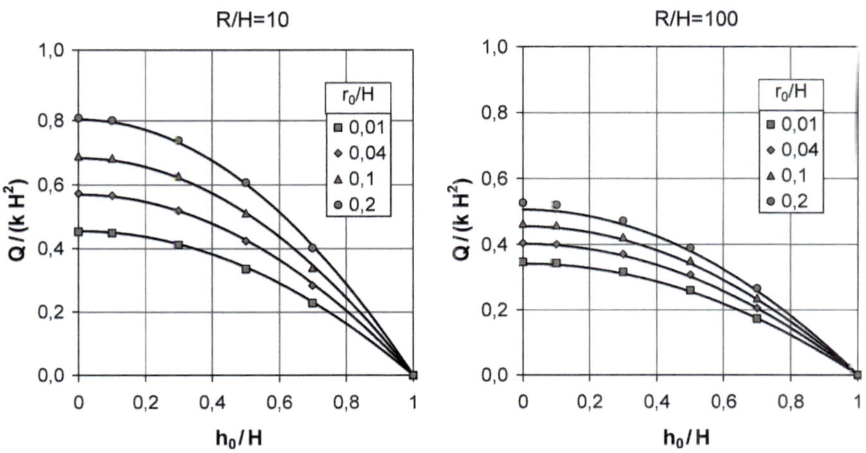


**Bild 61** Brunnenzufluss im ungespannten Grundwasserleiter

### 1.5.5.3 Fassungsvermögen eines Brunnens

Für die Dimensionierung von Absenkbrunnen wird in der Literatur häufig noch der auf *Sichardt* [33] zurückgehende Berechnungsansatz angegeben, bei dem zwischen dem Wasserandrang, der sich aus der Zuströmung zum Brunnen ergibt, und einem Fassungsvermögen bzw. einer Brunnenergiebigkeit unterschieden wird (siehe z. B. [12] oder [26]). Grundlage für dieses Berechnungsverfahren ist die von *Sichardt* aus Messungen an Grundwasserabsenkbrunnen bestimmte empirische, nicht dimensionsreine Gleichung für ein Grenzgefälle am Brunnenmantel.

$$i_{gr} = \frac{1}{15 \cdot \sqrt{k}} \quad \text{mit} \quad k \text{ in} \left[\frac{m}{s}\right]$$

Das dadurch bestimmte Grenzgefälle $i_{gr}$ basiert jedoch lediglich auf der Beobachtung, dass der Zufluss zu einem Brunnen ab einem bestimmten hydraulischen Gradienten bei der Brunnenzuströmung durch weiteres Absenken des Brunnenwasserstands nicht mehr (bzw. nur noch geringfügig) zunimmt. Dieser Zusammenhang zwischen dem Brunnenzufluss und dem abgesenkten Brunnenwasserstand ergibt sich jedoch schon aus der Brunnengleichung nach *Dupuit-Thiem*, was auch aus den Diagrammen in Bild 60 ersichtlich ist. Unter der Annahme, dass der Grundwasserstand am Brunnenmantel dem Brunnenwasserstand $h_0$ entspricht, ergibt sich der als Fassungsvermögen $Q_F$ bezeichnete, maximal mögliche Zufluss zum Brunnen auf Grundlage dieses Grenzgradienten zu:

$$Q_F = A \cdot v_{max} = 2 \cdot \pi \cdot r \cdot h_0 \cdot k \cdot i_{gr} = 2 \cdot \pi \cdot r \cdot h_0 \cdot \frac{\sqrt{k}}{15}$$

Daraus ergibt sich das Fassungsvermögen eines Brunnens nach *Sichardt* bei Absenkung des Brunnenwasserstands bis zur Brunnensohle zu null und steigt linear mit zunehmendem Brunnenwasserstand. Aus der Überlagerung mit der Brunnengleichung nach *Dupuit-Thiem* in Abhängigkeit des Brunnenwasserstands resultiert eine sogenannte optimale Brunnenabsenkung, für die der Brunnenandrang dem Fassungsvermögen entspricht.

Diese Vorgehensweise zur Dimensionierung von Absenkbrunnen hat sich zwar in vielen Fällen als praktikabel erwiesen. Insbesondere wird dadurch verhindert, dass durch die Wahl eines zu kleinen Brunnendurchmessers keine ausreichende Leistungsfähigkeit des Brunnens erzielt wird. Physikalisch ist jedoch weder der Grenzgradient bei der Zuströmung zum Brunnen noch das daraus resultierende Fassungsvermögen eines Brunnens begründet. Prinzipiell bedarf es auch nicht dieses Hilfsmittels. Vielmehr können folgende Feststellungen getroffen werden:

- Der maximale Zufluss zu einem Brunnen ergibt sich bei Absenkung des Brunnenwasserstands bis zur Brunnensohle bzw. bis zur Unterkante des Filterrohrs. Eine Beschränkung des Zuflusses basierend auf einem konstanten Grenzgradienten am Brunnenmantel existiert nicht.
- Die Zuströmung zu einem Brunnen kann auf Grundlage der Brunnengleichung nach *Dupuit-Thiem* zuverlässig bestimmt werden. Daraus ergibt sich auch, dass durch sehr tiefe Absenkung des Brunnenwasserstands die Förderleistung des Brunnens nur noch geringfügig gesteigert werden kann.
- Der Grundwasserstand am Brunnenmantel ist aufgrund der sich bei der Brunnenzuströmung ergebenden Sickerstrecke immer höher als der Brunnenwasserstand. Große Differenzen ergeben sich insbesondere bei sehr tiefer Absenkung des Brunnenwasserstands.
- Die sich auf Grundlage der eindimensionalen Brunnengleichung nach *Dupuit-Thiem* bei tiefer Absenkung des Brunnenwasserstands ergebenden hohen hydraulischen Gradienten im unmittelbaren Anstrombereich des Brunnens stellen sich in der Natur nicht ein, sondern resultieren aus der Vernachlässigung der vertikalen Strömungskomponente im Berechnungsansatz. Ein wesentlicher Anteil des Brunnenzuflusses erfolgt bei tiefer Absenkung des Brunnenwasserstands über die Sickerstrecke.

Für die Dimensionierung von Absenkbrunnen hat dies folgende Bedeutung:

- Bei Einzelbrunnen entspricht der Brunnenwasserstand insbesondere bei tiefer Absenkung nicht dem Grundwasserstand am Brunnenmantel. Die Größe der sich einstellenden Sickerstrecke kann über die Diagramme in Bild 60 abgeschätzt werden.
- Bei Mehrbrunnenanlagen, bei deren Berechnung von Punktsenken ausgegangen wird, muss überprüft werden, ob die auf Grundlage der Dupuit-Annahmen berechnete Absenkung des Grundwasserstands am Brunnenmantel der Einzelbrunnen, die dem Brunnenwasserstand entspricht, oberhalb der Brunnensohle bzw. oberhalb der Unterkante des Filterrohrs liegt. Ergibt die Berechnung eine fiktive Absenkung bis unter die Brunnensohle, so müssen die Brunnendurchmesser vergrößert oder die Anzahl der Brunnen erhöht werden (s. Abschnitt 1.5.3.5).

Die o. g. Feststellungen basieren ausschließlich auf der Grundwasserhydraulik ohne Berücksichtigung von Effekten, die die Leistungsfähigkeit eines Brunnens beeinträchtigen können (z. B. Verockerung und Versinterung des Brunnenrohrs oder Kolmation des Brunnenfilters). Oft ist es sinnvoll, das Filterrohr nur im tieferen Bereich des ungespannten Grundwasserleiters anzuordnen und eine Absenkung des Brunnenwasserstands nicht bis unter die Oberkante des Filterrohrs durchzuführen, um einen Eintrag von Sauerstoff und damit Ausfällungen, die zu einer Verstopfung des Filterrohrs führen können, möglichst zu vermeiden.

### 1.5.5.4 Unvollkommener Brunnen

Um die Erhöhung des Zuflusses zu einem unvollkommenen Brunnen gegenüber einem vollkommenen Brunnen in einem nur bis zur Brunnensohle reichenden Grundwasserleiter abschätzen zu können, wurde ebenfalls eine Parameterstudie durchgeführt. Wie bei der Ermittlung der Zuströmung zum unvollkommenen Brunnen im gespannten Grundwasserleiter (Abschnitt 1.5.4.2) wurde dabei sowohl der seitliche Zustrom zum Brunnen über die Höhe m wie auch der Zustrom von unter durch die Brunnensohle mit dem Brunnenradius $r_0$ berücksichtigt. Ebenso wurden auch große Brunnenradien für Ersatzbrunnen für den Zufluss zu Mehrbrunnenanlagen mit unvollkommenen Brunnen betrachtet. Der Strömungswiderstand innerhalb des Brunnens wurde auch hier als vernachlässigbar angenommen. Abgesehen vom unvollkommenen Brunnen entspricht das zugrunde gelegte Strömungsmodell dem Modell der Brunnenströmung für ungespannte Grundwasserleiter ohne Grundwasserneubildung aus Abschnitt 1.5.3.2. Unter diesen vereinfachten Modellannahmen kann die Grundwasserströmung ebenfalls als Funktion von ausschließlich geometrischen Einflussgrößen beschrieben werden, wobei für die dimensionslosen Parameter jeweils auf den von der Absenkung unbeeinflussten Grundwasserstand H bezogen sind. Als Bezugshöhe für den Grundwasserstand wurde die Höhe der Brunnensohle verwendet. Die weiteren Einflussgrößen sind die Höhe des Brunnenwasserstands $h_0$ über der Brunnensohle, die Reichweite R des Brunnens, der Brunnenradius $r_0$ sowie die Mächtigkeit T als Summe des Grundwasserstands H und der Tiefe des Grundwasserleiters unterhalb der Brunnensohle. In Bild 62 sind das verwendete Berechnungsmodell mit den vorgegebenen Randbedingungen sowie berechnete Grundwasserpotenziallinien und die ermittelte freie Grundwasseroberfläche dargestellt.

Für die Ermittlung des Zustroms zum unvollkommenen Brunnen im ungespannten Grundwasserleiter wurden jeweils numerische, gesättigt-ungesättigte Strömungsberech-

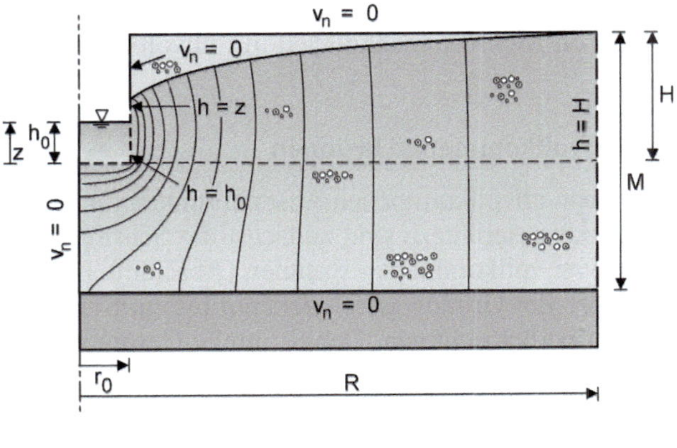


**Bild 62** Unvollkommener Brunnen bei gespannten Grundwasserverhältnissen

nungen mit iterativer Ermittlung der Sickerstrecke und der Sickerlinie durchgeführt. Dabei wurde auch hier die die in [22] und [24] angegebene Typkurve für Sand zur Beschreibung der funktionalen Abhängigkeit der relativen Durchlässigkeit ($k_r = k_u/k$) im ungesättigten Boden von der Saugspannung $k_r(-u)$ verwendet. Wie beim unvollkommenen Brunnen im gespannten Grundwasserleiter (Abschnitt 1.5.4.2) wurde auf Grundlage der numerischen Modellrechnungen ein Erhöhungsfaktor $\alpha$ für den Zufluss $Q_u$ zum unvollkommenen Brunnen gegenüber dem Zufluss $Q_v$ zum vollkommenen Brunnen mit einer Mächtigkeit des Grundwasserleiters bis zur Brunnensohle ermittelt.

$$Q_u = \alpha \cdot Q_v = \alpha \cdot \pi \cdot k \frac{\left(H^2 - h_0^2\right)}{\ln \frac{R}{r_0}}$$

In Bild 63 ist der Erhöhungsfaktor $\alpha$ in Abhängigkeit von $M/H$, $h_0/H$, $R/H$ und $r_0/H$ dargestellt. Daraus ist ersichtlich, dass bei geringer Einbindetiefe des Brunnes in die Mächtigkeit M des Grundwasserleiters ein wesentlicher Anteil des Zustroms aus dem Bereich unterhalb der Brunnensohle erfolgt. Bei anisotropen Grundwasserleitern mit geringerer vertikaler als horizontaler Durchlässigkeit verringert sich der Zustrom aus dem Bereich unterhalb der Brunnensohle.

In der Literatur (siehe z. B. [12] oder [26]) wird zur Ermittlung des Zuflusses zu einem unvollkommenen Brunnen zumeist auf die Ergebnisse von *Breitenöder* [31], die auf Grundlage von konstruierten Strom- und Potenziallininennetzen ermittelt wurden, Bezug genommen. Hier wird ebenfalls ein Erhöhungsfaktor $\varepsilon$ für den Zufluss zu einem unvollkommenen Brunnen gegenüber einem vollkommenen Brunnen mit einem nur bis zur Brunnensohle reichenden Grundwasserleiter in Abhängigkeit der Quotienten $H/M$ und $h_0/H$ (hier als $H/T$ und $h'/H$ bezeichnet) angegeben. Danach ergibt sich der maximale Erhöhungsfaktor für $h'/H = 0$ und $H/t = 0$ zu $\varepsilon \sim 1{,}65$ und liegt damit deutlich unter den ermittelten Werten aus den oben beschriebenen numerischen Berechnungen für $h_0/H = 0$ und große Quotienten $M/H$ (Bild 63). Allerdings sind in [31] die zugrunde gelegten Quotienten $R/H$ und $r_0/H$ nicht angegeben. Es ist jedoch davon auszugehen, dass die in [31] angegebenen Werte für geometrische Verhältnisse mit sehr kleinen Quotienten $r_0/H \ll 0{,}1$ ermittelt wurden. Deshalb erscheint das Diagramm in [31] nicht geeignet für die Ermittlung des erhöhten Zuflusses zu unvollkommenen Brunnen bei größeren Quotienten von $r_0/H$ und damit insbesondere nicht für Ersatzbrunnen zur Dimensionierung von Mehrbrunnenanlagen mit unvollkommenen Brunnen.

### 1.5.5.5 Mehrbrunnenanlagen mit unvollkommenen Brunnen

Zur überschlägigen Dimensionierung von unvollkommenen Absenkbrunnen für Mehrbrunnenanlagen in ungespannten Grundwasserleitern sind zunächst die Schritte 1 bis 5 entsprechend der Dimensionierung von vollkommenen Brunnen (Abschnitt 1.5.3.5) durchzuführen. Dabei ist die Mächtigkeit des Grundwasserleiters nur bis zur Sohle der Brunnen (bzw. des Ersatzbrunnens) zu berücksichtigen. Der ermittelte Gesamtzufluss zum Ersatzbrunnen ist zur Berücksichtigung des Zustroms aus dem Bereich unterhalb

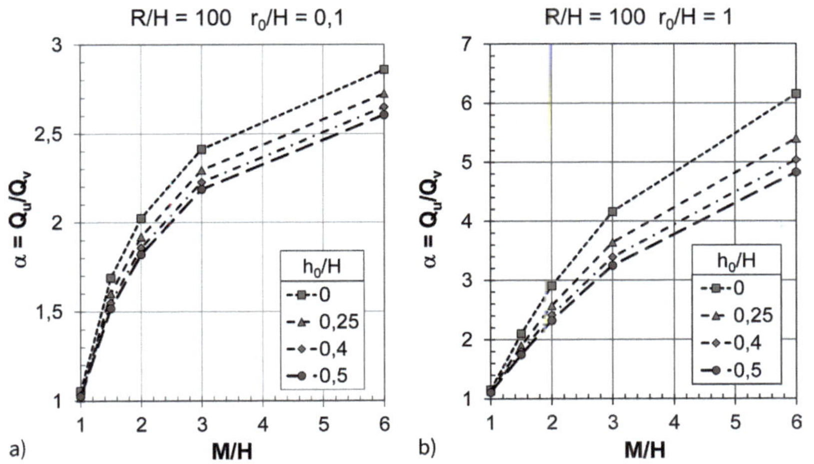


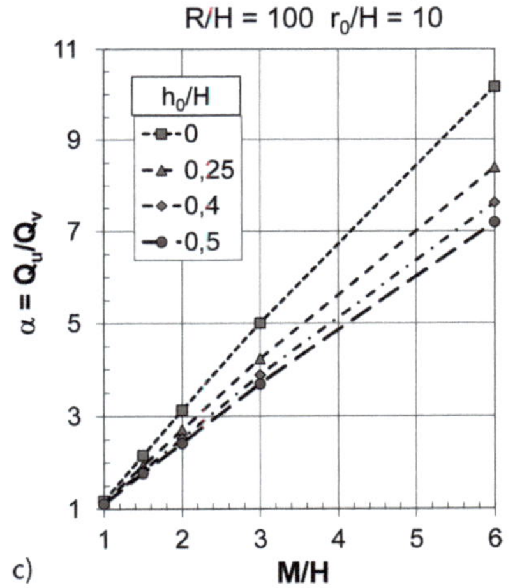


**Bild 63** Erhöhungsfaktor a für die Zuströmung zu einem unvollkommenen Brunnen bei ungespannten Grundwasserverhältnissen

der Sohle des Ersatzbrunnens mit dem aus den Diagrammen in Bild 63 ermittelten Erhöhungsfaktor zu multiplizieren. Wie bei der Dimensionierung einer Mehrbrunnenanlage mit vollkommenen Brunnen muss nach Aufteilung dieses erhöhten Gesamtzuflusses auf die Absenkbrunnen und der Wahl der Brunnendurchmesser (Schritt 6) in Schritt 7 überprüft werden, ob das rechnerische Grundwasserpotenzial am Brunnenmantel oberhalb der Brunnensohle ermittelt wird. Reicht die rechnerische (fiktive) Absenkung unter die Brunnensohle, ist die erforderliche Grundwasserabsenkung mit den gewählten unvollkommenen Brunnen nicht möglich. In diesem Fall muss die Einbindetiefe der unvollkommenen Brunnen in den Grundwasserleiter vergrößert werden, bis ein Grundwasserpotenzial am Brunnenmantel oberhalb der Brunnensohle ermittelt wird.

Allerdings wird durch diese Vorgehensweise für die Dimensionierung von Mehrbrunnenanlagen mit unvollkommenen Brunnen nicht sichergestellt, dass in Baugrubenmitte eine ausreichende Grundwasserabsenkung erzielt wird. Zur Dimensionierung einer Mehrbrunnenanlage mit unvollkommenen Brunnen für größere Baugruben, insbesondere bei Existenz einer Schicht mit erhöhter Durchlässigkeit unter der Sohle der unvollkommenen Brunnen, wird eine numerische Grundwasserströmungsberechnung empfohlen.

## 1.6 Rotationssymmetrische Berechnung von instationären Grundwasserströmungen

### 1.6.1 Grundlagen

Für instationäre, rotationssymmetrische Berechnungen liegen analytische Lösungen wie für instationäre Grabenströmungen nur für sehr vereinfachte Modellannahmen vor. Für komplexe Randbedingungen und Modellparameter ist zur Ermittlung der Grundwasserströmung auch hier eine numerische Berechnung erforderlich. Insbesondere die analytische Lösung von *Theis* [34] für instationäre Brunnenströmungen gehört jedoch seit Langem zum Standardinstrumentarium in der Grundwasserhydraulik, vor allem zur Auswertung von Pumpversuchen (s. Abschnitt 2.4). Diese eignet auch zur Abschätzung der zeitlichen Ausdehnung von Grundwasserabsenkungen und damit zur Bestimmung der Brunnenreichweite für stationäre Berechnungen und zur Ermittlung der erforderlichen Modellabmessungen für numerische Berechnungen.

Für rotationssymmetrische, zweidimensionale Strömungen in einem vollständig wassergesättigten Grundwasserleiter mit homogener und isotroper Durchlässigkeit und konstantem spezifischen Speicherkoeffizienten ergibt sich die instationäre Strömungsgleichung zu:

$$\frac{\partial^2 h}{\partial r^2} + \frac{1}{r}\frac{\partial h}{\partial r} + \frac{\partial^2 h}{\partial z^2} = \frac{S_s}{k}\frac{\partial h}{\partial t}$$

Diese stellt die Grundgleichung für die nachfolgend beschriebenen räumlich eindimensionalen analytischen und numerischen Lösungen dar.

### 1.6.2 Analytische Berechnung von gespannten Grundwasserströmungen

#### 1.6.2.1 Brunnenströmung

Unter den für eindimensionale analytische Lösungen von stationären, gespannten Grundwasserströmungen beschriebenen, vereinfachten Modellannahmen (Abschnitt 1.5.2.2) ergibt sich die instationäre Strömungsgleichung zu:

$$\frac{\partial^2 h}{\partial r^2} + \frac{1}{r}\frac{\partial h}{\partial r} = \frac{S}{T}\frac{\partial h}{\partial t}$$

Wie bei der instationären Grabenströmung lässt sich die partielle, von x und t abhängige Differenzialgleichung mit den Substitutionen

$$u = \frac{r^2 \cdot a}{4 \cdot t} \qquad \text{und} \qquad a = \frac{S}{T}$$

in eine gewöhnliche, nur von u abhängige Differenzialgleichung umwandeln:

$$\frac{d^2h}{du^2}+\left(1+\frac{1}{u}\right)\frac{dh}{du}=0$$

mit der allgemeinen Lösung der gewöhnlichen Differenzialgleichung (siehe [14]):

$$h(u)=c_1\cdot\int\left(\frac{e^{-u}}{u}\right)du+c_2$$

Diese allgemeine Lösung ist die Grundlage für die von *Theis* [34] entwickelte Brunnengleichung für instationäre Strömungsverhältnisse. Betrachtet wird dabei ein unendlich ausgedehnter Grundwasserleiter mit einer zentralen Punktsenke im singulären Punkt $r = r_0$ mit einer konstanten Entnahmerate $Q_0$ und dem von der Absenkung unbeeinflussten Grundwasserpotenzial H für $r \to \infty$ als Randbedingung sowie einem konstanten Grundwasserpotenzial $h = H$ zum Zeitpunkt $t = 0$ als Anfangsbedingung.

$$Q(r\to 0,t)=-2\cdot\pi\cdot T\cdot\left(r\frac{\partial h}{\partial r}\right)\Bigg|_{r\to 0}=-Q_0,\quad h(r\to\infty,t)=H \quad \text{und} \quad h(x,t=0)=H$$

Mit

$$r\frac{\partial h}{\partial r}=r\frac{dh}{du}\frac{\partial u}{\partial r}=r\frac{dh}{du}\frac{r\cdot a}{2\cdot t}=2u\frac{dh}{du}$$

lassen sich die Rand- und Anfangsbedingungen in Abhängigkeit von u formulieren:

$$Q(u\to 0)=-4\cdot\pi\cdot T\cdot\left(u\frac{dh}{du}\right)\Bigg|_{u\to 0}=-Q_0 \quad \text{und} \quad h(u\to\infty)=H$$

Mit diesen Anfangs- und Randbedingungen ergibt sich die Lösung der gewöhnlichen, von u abhängigen Differenzialgleichung zu:

$$h(u)=H-\frac{Q_0}{4\cdot\pi\cdot T}\int_u^\infty\left(\frac{e^{-v}}{v}\right)dv=H-\frac{Q_0}{4\cdot\pi\cdot T}\cdot W(u)$$

Die Funktion W(u), die als Brunnenfunktion bezeichnet wird, steht mit der Exponential-Integral-Funktion Ei(u) in folgender Beziehung (siehe z. B. [4]):

$$W(u)=\int_u^\infty\left(\frac{e^{-v}}{v}\right)dv=-\mathrm{Ei}\,(-u)$$

Unter Verwendung der Brunnenfunktion lässt sich das Grundwasserpotenzial in Abhängigkeit von u und damit auch in Abhängigkeit vom Radius r und der Zeit t darstellen.

Die Grundlage für die Wertetabelle der W(u)-Funktion ist die Formulierung der Brunnenfunktion als unendliche Reihe:

$$W(u)=\int_u^\infty \left(\frac{e^{-v}}{v}\right)dv=-0{,}5772-\ln u+\frac{u}{1\cdot 1!}-\frac{u^2}{2\cdot 2!}+\frac{u^3}{3\cdot 3!}-\frac{u^4}{4\cdot 4!}+\dots$$

Diese Reihendarstellung kann auch für die Ermittlung der Funktionswerte der Brunnenfunktion mittels Tabellenkalkulation verwendet werden. Dabei wird jedoch mit zunehmendem Wert u eine rasch zunehmende Anzahl von Reihengliedern benötigt. Um einen Fehler in dem ermittelten Brunnenfunktionswert von 1 % zu unterschreiten, werden z. B. 3 Reihenglieder für u = 0,1, 6 Reihenglieder für u = 1,0 und 10 Reihenglieder für u = 2,0 benötigt.

Auf Grundlage der Reihendarstellung hat *Jacob* [35] die Brunnenformel von *Theis* vereinfacht, indem er nur die ersten beiden Summanden dieser Reihe berücksichtigte. Diese Approximation ist gerechtfertigt, wenn u < 0,01, da der Fehler des Brunnenfunktionswerts in diesem Fall kleiner 1 % ist (siehe [4]). Bei kleineren betrachteten Radien und zunehmender Zeit ist das Kriterium u < 0,01 rasch erfüllt. Damit ergibt sich die nach *Jacob* angenäherte Brunnenfunktion zu:

$$W'(u)=-0{,}5772-\ln u$$

In Bild 64 sind die Brunnenfunktion W(u) und ihre Approximation W′(u) im halblogarithmischen Maßstab abgebildet.

Die Brunnenfunktion W(u) ist in Programmsystemen zur hydrogeologischen Auswertung von Pumpversuchen hinterlegt und ist seit Langem in tabellarischer Form veröffentlicht. Für u < 0,01 lassen sich die Werte der Brunnenfunktion W(u) ausreichend genau durch die nach *Jacob* angenäherte Brunnenfunktion W′(u) bestimmen. Eine Wertezusammenstellung der Brunnenfunktion W(u) für 0,01 ≤ u <10 enthält Tabelle 4.

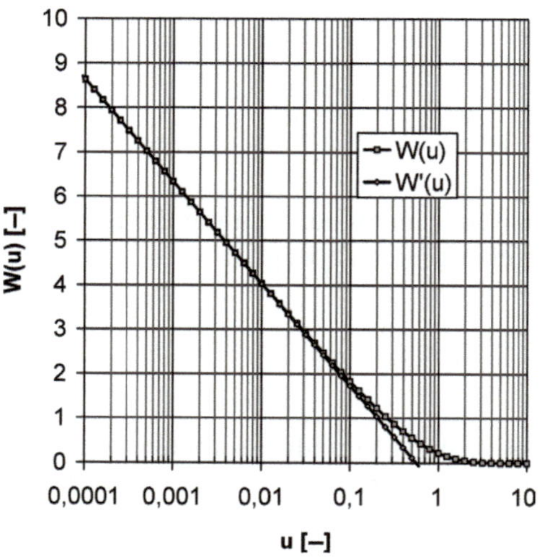


**Bild 64** Brunnenfunktion W(u) und Approximation W′(u)

**Tabelle 4** Brunnenfunktion W(u) für 0,01 ≤ u < 10

| u | W(u) | u | W(u) | u | W(u) |
|---|---|---|---|---|---|
| 0,010 | 4,038 | 0,100 | 1,823 | 1,00 | 0,219 |
| 0,011 | 3,944 | 0,110 | 1,737 | 1,10 | 0,186 |
| 0,012 | 3,858 | 0,120 | 1,660 | 1,20 | 0,158 |
| 0,013 | 3,779 | 0,130 | 1,589 | 1,30 | 0,135 |
| 0,014 | 3,705 | 0,140 | 1,524 | 1,40 | 0,116 |
| 0,015 | 3,637 | 0,150 | 1,464 | 1,50 | 0,100 |
| 0,016 | 3,574 | 0,160 | 1,409 | 1,60 | 0,0863 |
| 0,017 | 3,514 | 0,170 | 1,358 | 1,70 | 0,0747 |
| 0,018 | 3,458 | 0,180 | 1,310 | 1,80 | 0,0647 |
| 0,019 | 3,405 | 0,190 | 1,265 | 1,90 | 0,0562 |
| 0,020 | 3,355 | 0,200 | 1,223 | 2,00 | 0,0489 |
| 0,022 | 3,261 | 0,220 | 1,145 | 2,20 | 0,0372 |
| 0,024 | 3,176 | 0,240 | 1,076 | 2,40 | 0,0284 |
| 0,026 | 3,098 | 0,260 | 1,014 | 2,60 | 0,0219 |
| 0,028 | 3,026 | 0,280 | 0,957 | 2,80 | 0,0169 |
| 0,030 | 2,959 | 0,300 | 0,906 | 3,00 | 0,0130 |
| 0,032 | 2,897 | 0,320 | 0,858 | 3,20 | 0,0101 |
| 0,034 | 2,838 | 0,340 | 0,815 | 3,40 | 0,00789 |
| 0,036 | 2,783 | 0,360 | 0,774 | 3,60 | 0,00616 |
| 0,038 | 2,731 | 0,380 | 0,737 | 3,80 | 0,00482 |
| 0,040 | 2,681 | 0,400 | 0,702 | 4,00 | 0,00378 |
| 0,042 | 2,634 | 0,420 | 0,670 | 4,20 | 0,00297 |
| 0,044 | 2,590 | 0,440 | 0,640 | 4,40 | 0,00234 |
| 0,046 | 2,547 | 0,460 | 0,611 | 4,60 | 0,00184 |
| 0,048 | 2,507 | 0,480 | 0,585 | 4,80 | 0,00145 |
| 0,050 | 2,468 | 0,500 | 0,560 | 5,00 | 0,00115 |
| 0,055 | 2,377 | 0,550 | 0,503 | 5,50 | 0,000641 |
| 0,060 | 2,295 | 0,600 | 0,454 | 6,00 | 0,000360 |
| 0,065 | 2,220 | 0,650 | 0,412 | 6,50 | 0,000203 |
| 0,070 | 2,151 | 0,700 | 0,374 | 7,00 | 0,000115 |
| 0,075 | 2,087 | 0,750 | 0,340 | 7,50 | 0,000066 |
| 0,080 | 2,027 | 0,800 | 0,311 | 8,00 | 0,000038 |
| 0,085 | 1,971 | 0,850 | 0,284 | 8,50 | 0,000022 |
| 0,090 | 1,919 | 0,900 | 0,260 | 9,00 | 0,000012 |
| 0,095 | 1,869 | 0,950 | 0,239 | 9,50 | 0,000007 |

Unter Verwendung der Brunnenfunktion W(u) wurde das Grundwasserpotenzial beispielhaft für einen unendlich ausgedehnten, gespannten Grundwasserleiter mit einer Mächtigkeit M = 10 m, einer Durchlässigkeit $k = 10^{-4}$ m/s und einem spezifischen Speicherkoeffizienten $S_s = 10^{-4}\ m^{-1}$ sowie einer konstanten Entnahmerate $Q_0 = 7{,}0$ l/s des zentrisch im Modellgebiet angeordneten Brunnen mit einem Brunnenradius $r_0 = 0{,}4$ m ausgehend von einem konstanten Grundwasserpotenzial H = 20 m (Bild 65) ermittelt.

In Bild 66 ist das berechnete Grundwasserpotenzial h in Abhängigkeit des Radius r für verschiedene Zeitpunkte t sowohl mit linearer als auch logarithmischer Auftragung des Radius r dargestellt. Deutlich ersichtlich ist der in der logarithmischen Darstellung lineare Anstieg des Grundwasserpotenzials mit gleicher Steigung für die verschiedenen Berechnungszeitpunkte. Diese in der logarithmischen Auftragung linearen Grundwasserabsenkungen lassen sich durch die vereinfachte Brunnenfunktion nach *Jacob* [35] beschreiben. Abweichungen von dem in der logarithmischen Auftragung linearen Verlauf der Grundwasserabsenkung ergeben sich nur im brunnenfernen Bereich bei der Annäherung an das von der Absenkung unbeeinflusste Grundwasserpotenzial.

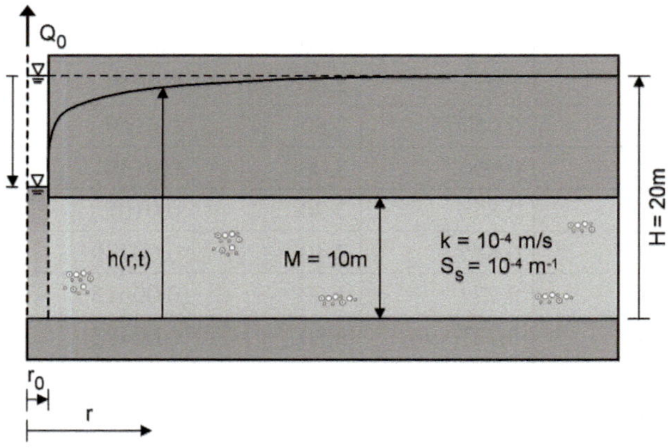


**Bild 65** Modell für instationäre Brunnenströmung im gespannten Grundwasserleiter

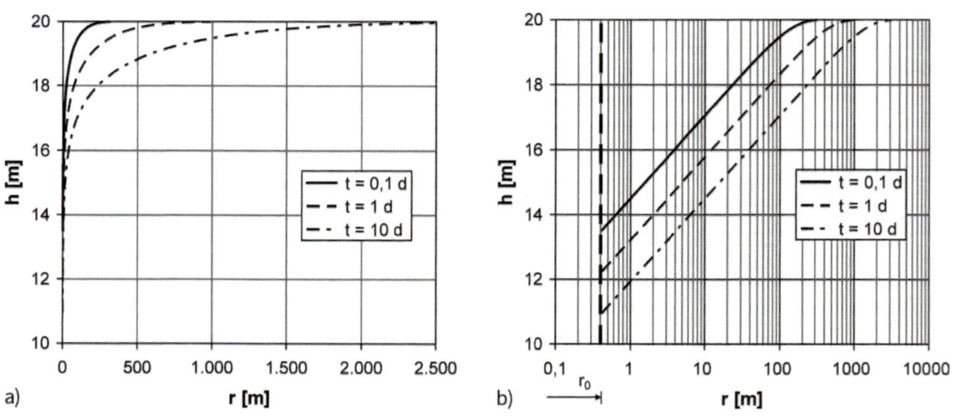


**Bild 66** Grundwasserpotenzial h für konstante Brunnenentnahmerate bei gespannter Grundwasserströmung für verschiedene Zeitpunkte t in a) linearer und b) logarithmischer Darstellung

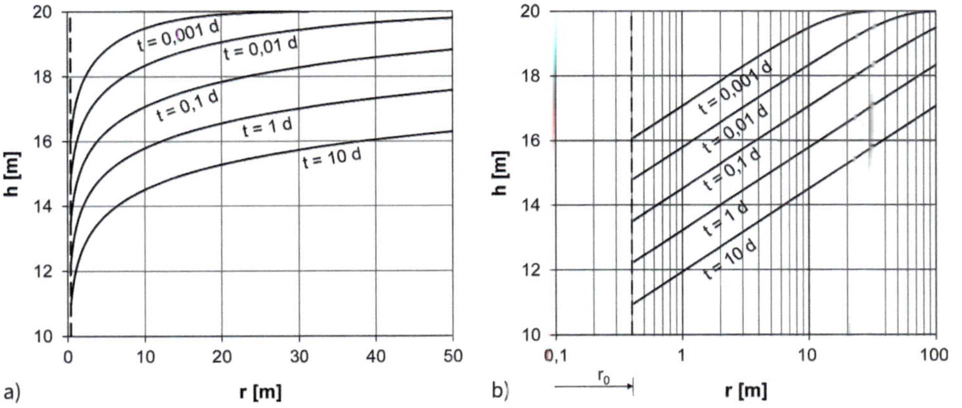


**Bild 67** Grundwasserpotenzial h im brunnennahen Bereich für konstante Brunnenentnahmerate bei gespannter Grundwasserströmung in a) linearer und b) logarithmischer Darstellung

Bild 67 zeigt das ermittelte Grundwasserpotenzial h im brunnennahen Bereich für verschiedene Zeitpunkte t wiederum mit linearer und logarithmischer Darstellung des Radius r.

Nicht berücksichtigt wird bei der oben beschriebenen Berechnung die erforderliche Wasserentnahme infolge der Absenkung des Wasserstands in den Entnahmebrunnen. Weiterhin nicht berücksichtigt ist die Änderung des Speichervolumens im Bereich eines Ersatzbrunnens bei Mehrbrunnenanlagen aufgrund der Druckentspannung. Dazu existieren ebenfalls Berechnungsansätze (siehe z. B. [4] oder [12]). Bei dem in Abschnitt 1.5.2.9 dargestellten Berechnungsbeispiel für eine Mehrbrunnenanlage wird diese zusätzlich erforderliche Brunnenentnahme jedoch als vernachlässigbar angenommen.

### 1.6.2.2 Brunnenreichweite für die Ermittlung der Förderrate

Mit

$$-0{,}5772 \approx \ln\left(\frac{2{,}25}{4}\right)$$

lässt sich die nach *Jacob* approximierte Brunnenfunktion W′(u) darstellen durch:

$$W'(u) = \ln\left(\frac{2{,}25}{4 \cdot u}\right)$$

Daraus ergibt sich das Grundwasserpotenzial bei konstanter Förderrate $Q_0$ zu:

$$h(u) = H - \frac{Q_0}{4 \cdot \pi \cdot T} \ln\left(\frac{2{,}25}{4 \cdot u}\right) \quad \text{mit} \quad u = \frac{r^2 \cdot a}{4 \cdot t} \quad a = \frac{S}{T}$$

Durch Rücksubstitution von u und a ergibt sich das von r und t abhängige Grundwasserpotenzial zu:

$$h(r,t) = H - \frac{Q_0}{4 \cdot \pi \cdot T} \ln\left(\frac{2,25 \cdot t \cdot T}{r^2 \cdot S}\right) = H - \frac{Q_0}{2 \cdot \pi \cdot T} \ln\left(\frac{1,5}{r} \cdot \sqrt{\frac{t \cdot T}{S}}\right)$$

Der Vergleich mit der Strömungsgleichung für stationäre Verhältnisse

$$h(r) = H - \frac{Q_0}{2 \cdot \pi \cdot T} \ln \frac{R}{r}$$

zeigt, dass sich bei Verwendung der nach *Jacob* angenäherten Brunnenfunktion das instationäre Grundwasserpotenzial h(r,t) für jeden beliebigen Zeitpunkt t durch das stationäre Grundwasserpotenzial h(r) abgebildet werden kann, wenn die zeitabhängige Reichweite des Brunnens angesetzt wird mit:

$$R = 1,5 \cdot \sqrt{\frac{t \cdot T}{S}}$$

Aufgrund der Abweichung zwischen dem auf Grundlage der approximierten Brunnenfunktion W′(u) und der Brunnenfunktion W(u) berechneten Grundwasserpotenzial bei der Annäherung an das von der Absenkung unbeeinflusste Grundwasserpotenzial (s. Bilder 66 und 67) stellt diese Reichweite nur eine untere Grenze für die tatsächliche Brunnenreichweite dar. Sie ist jedoch geeignet für die Ermittlung der erforderlichen Förderrate einer Absenkungsanlage, da das Grundwasserpotenzial im Anstrombereich zu der Absenkungsanlage ausreichend genau durch das auf Grundlage der angenäherten Brunnenfunktion berechnete Grundwasserpotenzial abgebildet wird.

Empirisch bestimmte Reichweitenformeln, z. B. nach *Sichardt* [33], die keine Abhängigkeit von der Pumpdauer aufweisen, sollten dagegen nicht für die Bestimmung der erforderlichen Förderrate verwendet werden. Die empirische Reichweitenformel nach *Sichardt* wurde darüber hinaus aufgrund von Beobachtungen in ungespannten Grundwasserleitern abgeleitet und ist auch schon deshalb nicht für gespannte Grundwasserströmungen geeignet.

#### 1.6.2.3 Brunnenreichweite für die Ermittlung des Einflussbereichs

Die Reichweite eines Brunnens ist grundsätzlich abhängig von der Zeit (der Dauer der Grundwasserabsenkung), außer es liegen natürliche Randbedingungen vor, durch die das Grundwasserpotenzial in einem bestimmten Abstand vom Absenkbrunnen fixiert wird (z. B. durch Infiltration aus einem Gewässer). Unter idealisierten Modellannahmen mit einem unendlich ausgedehnten Grundwasserleiter nimmt der Einfluss der Brunnenentnahme auf das Grundwasserpotenzial aufgrund der radialsymmetrischen Zuströmung mit zunehmender Entfernung vom Absenkbrunnen überproportional ab. Die Brunnenreichweite R geht nur im Logarithmus in die stationäre Berechnung der Förderrate ein, sodass sie nur einen vergleichsweise geringen Einfluss auf den ermittelten Zufluss hat.

Im Anstrombereich des Brunnens werden durch die nach *Jacob* angenäherte Brunnenfunktion W′(u) sowohl das Grundwasserpotenzial h als auch die Steigung des Grundwasserpotenzials dh/dr korrekt abgebildet. Aus diesem Grund ist die auf Grundlage der approximierten Brunnenfunktion ermittelte Reichweite geeignet zur Berechnung der erforderlichen Förderrate. Da die Grundwasserabsenkung im brunnenfernen Bereich bei der Annäherung an das von der Absenkung unbeeinflusste Grundwasserpotenzial jedoch von der auf Grundlage der angenäherten Brunnenfunktion berechneten Absenkung abweicht (s. Bild 66), wird der Einflussradius der Grundwasserabsenkung durch die oben ermittelte Reichweite unterschätzt. Dieser Einflussradius lässt sich unter Verwendung der Brunnenfunktion W(u) ermitteln. Da sich theoretisch auf Grundlage der Brunnenfunktion immer ein unendlicher Einflussradius der Absenkung ergibt, muss die Brunnenreichweite in der Praxis wie bei der Grabenströmung als die Entfernung vom Brunnen (zentrale Punktsenke bei r = 0) definiert werden, ab welcher eine vorgegebene Abweichung ε [m] zu dem von der Absenkung unbeeinflussten Grundwasserpotenzial unterschritten wird.

Für das in Abschnitt 1.5.2.9 beschriebene Beispiel einer Mehrbrunnenanlage in einem gespannten Grundwasserleiter wird für die konstante Entnahmerate $Q_{ges}$ = 12,4 l/s zum Zeitpunkt des Erreichens des Absenkziels t = 2 d (172.800 s) der Einflussradius R bestimmt, ab welchem die Absenkung des Grundwasserpotenzials geringer als ε = 5 cm ist. Mit

$$W(u) = \left(H - h(R, 2d)\right) \cdot \frac{4 \cdot \pi \cdot T}{Q_{ges}} = 0{,}05\,\text{m} \cdot \frac{4 \cdot \pi \cdot 10^{-3}\,\frac{\text{m}^2}{\text{s}}}{12{,}4 \cdot 10^{-3}\,\frac{\text{m}^3}{\text{s}}} = 0{,}051 \quad \rightarrow \quad u = 1{,}97$$

und

$$u = \frac{R^2 \cdot a}{4 \cdot t}$$

ergibt sich der Einflussradius R der Absenkung zu:

$$R = \sqrt{\frac{u \cdot 4\,t}{a}} = \sqrt{\frac{1{,}97 \cdot 4 \cdot 172.800\,\text{s}}{1\,\frac{\text{s}}{\text{m}^2}}} = 1.167\,\text{m}$$

Für die vorgegebene Abweichung ε zu dem von der Absenkung unbeeinflussten Grundwasserpotenzial ist der Einflussradius der Absenkung demnach deutlich größer als die für die Ermittlung der Förderrate bestimmte Brunnenreichweite. Dieser Einflussradius ist ein Maß für den von der Grundwasserabsenkung betroffenen Bereich. Für die Ermittlung der erforderlichen Förderrate darf er jedoch nicht als Brunnenreichweite verwendet werden.

Aufgrund des Betriebs der Grundwasserabsenkungsanlage breitet sich deren Einflussbereich immer weiter aus. Dazu wird der Einflussradius der Absenkung ermittelt, der sich nach einer Betriebsdauer von 90 d (7.776.000 s) ergibt. Dabei wird vereinfacht angenommen, dass während der gesamten Betriebsdauer eine konstante Brunnenentnahme $Q_0 = 12{,}4\ l/s$ erfolgt. In der Praxis wird die Entnahmerate nach Erreichen des Absenkziels zumeist so gedrosselt, dass der Brunnenwasserstand nicht weiter abgesenkt wird. Ebenso wird nicht berücksichtigt, dass sich bei konstanter Entnahmerate in Brunnennähe eine Grundwasserabsenkung bis unter die Oberkante des Grundwasserleiters und somit in diesem Bereich keine gespannten Grundwasserverhältnisse ergeben würden. Die Annahmen liegen jedoch hinsichtlich der ermittelten Brunnenreichweite auf der sicheren Seite. Auch hier wird die Brunnenreichweite R gesucht, ab welcher die Absenkung des Grundwasserpotenzials geringer als $\varepsilon = 5$ cm ist. Aufgrund gleicher Modellannahmen ergibt sich ebenfalls u = 1,97 und daraus die Brunnenreichweite zu:

$$R = \sqrt{\frac{u \cdot 4\,t}{a}} = \sqrt{\frac{1{,}97 \cdot 4 \cdot 7.776.000\ \mathrm{s}}{1\frac{\mathrm{s}}{\mathrm{m}^2}}} = 7.828\ \mathrm{m}$$

Bei größeren Absenkungsanlagen und längerem Betrieb ergeben sich zumeist Überlagerungen mit anderen Grundwasserbeeinflussungen (z. B. Grundströmung, Grundwasserneubildung, Zuflüsse aus Gewässern oder anderen Grundwasserstockwerken, Begrenzung des Grundwasserleiters), die einen maßgebenden Einfluss auf die Reichweite der Absenkungsanlage haben können. Diese Einflussfaktoren können i. Allg. in einer analytischen Berechnung nicht oder nur mit erhöhtem Aufwand berücksichtigt werden. Zur genaueren Ermittlung des Einflusses einer Grundwasserabsenkung auf die Grundwasserverhältnisse ist in diesem Fall eine numerische Grundwasserströmungsmodellierung erforderlich. Falls in der Nähe der Grundwasserabsenkung Randbedingungen vorliegen, die den Zufluss zu den Brunnen maßgebend beeinflussen (z. B. Zuflüsse aus Gewässern, begrenzte Ausdehnung des Grundwasserleiters), ist ggf. auch für die Dimensionierung der Absenkungsanlage eine numerische Modellierung zu empfehlen.

#### 1.6.2.4 Halbgespannter Grundwasserleiter

Die mathematische Lösung der instationären Brunnenströmung in einem halbgespannten Grundwasserleiter bei konstanter Entnahmerate wurde erstmals von *Hantush* [36] beschrieben. Das Grundwasserpotenzial wird dabei von *Hantush* als „Brunnenfunktion für den leaky aquifer" bezeichnetet. Diese Brunnenfunktion ist wie diejenige von *Theis* von der Variablen u, jedoch zusätzlich vom Leakagefaktor des überlagernden Geringleiters abhängig. Eine Beschreibung des Lösungswegs und eine grafische Darstellung dieser Brunnenfunktion für den halbgespannten Grundwasserleiter enthält [4].

### 1.6.3 Analytische Berechnung von ungespannten Grundwasserströmungen

#### 1.6.3.1 Brunnenströmung

Wie bei der Grabenströmung lässt sich die analytische Berechnung der Brunnenströmung für gespannte Grundwasserverhältnisse auf ungespannte Grundwasserverhältnisse übertragen. Grundlagen sind ebenfalls die Dupuit-Annahmen (s. Abschnitt 1.3.5.1) mit einem über das Vertikalprofil konstanten Grundwasserpotenzial sowie die Annahmen einer horizontalen Basis des ungespannten Grundwasserleiters und einer homogenen und isotropen, wassergesättigten Durchlässigkeit. Weiterhin wird die Speicheränderung wie bei der ungespannten Grabenströmung nur durch die als konstant über das gesamte Modellgebiet angenommene, speichernutzbare (effektive) Porosität $n_e$ beschrieben. Unter diesen Voraussetzungen lässt sich die Strömungsgleichung darstellen durch:

$$k\left[\frac{\partial}{\partial r}\left(h\frac{\partial h}{\partial r}\right)+\frac{h}{r}\frac{\partial h}{\partial r}\right]=k\left[\left(\frac{\partial h}{\partial r}\right)^2+h\frac{\partial^2 h}{\partial r^2}+\frac{h}{r}\frac{\partial h}{\partial r}\right]=n_e\frac{\partial h}{\partial t}$$

Sind die Änderungen des Grundwasserpotenzials klein im Verhältnis zur Grundwassermächtigkeit (hier gleich dem Grundwasserpotenzial h), so kann der erste Term der Summe auf der linken Seite der Strömungsgleichung gegenüber dem zweiten vernachlässigt werden. Wird zusätzlich eine konstante Transmissivität $T_m = k \cdot h_m$ mit einer gemittelten Grundwassermächtigkeit $h_m$ angenommen, ergibt sich die Strömungsgleichung wie für die gespannte Grundwasserströmung, wobei der Speicherkoeffizient S durch die effektive Porosität $n_e$ ersetzt wird.

$$\frac{\partial^2 h}{\partial r^2}+\frac{1}{r}\frac{\partial h}{\partial r}=\frac{n_e}{T_m}\frac{\partial h}{\partial t}$$

Können die Änderungen des Grundwasserpotenzials im Verhältnis zur Grundwassermächtigkeit jedoch nicht als vernachlässigbar angenommen werden, was bei Brunnenströmung in ungespannten Grundwasserleitern meist der Fall ist, so führt die Formulierung der Strömungsgleichung mit dem Quadrat des Grundwasserpotenzials als abhängige Variable zu einer deutlich besseren Approximation. Dazu sind die folgenden Umformungen erforderlich:

$$k\frac{\partial}{\partial r}\left(h\frac{\partial h}{\partial r}\right)=\frac{k}{2}\frac{\partial^2\left(h^2\right)}{\partial r^2}$$

$$k\frac{h}{r}\frac{\partial h}{\partial r}=\frac{k}{2\cdot r}\frac{\partial\left(h^2\right)}{\partial r}$$

$$n_e\frac{\partial h}{\partial t}=\frac{n_e}{2\cdot h}\frac{\partial\left(h^2\right)}{\partial t}$$

Damit lässt sich die Strömungsgleichung darstellen durch:

$$\frac{\partial^2\left(h^2\right)}{\partial r^2}+\frac{1}{r}\frac{\partial\left(h^2\right)}{\partial r}=\frac{n_e}{k\cdot h}\frac{\partial\left(h^2\right)}{\partial t}$$

Wird auch hier eine konstante Transmissivität $T_m = k \cdot h_m$ mit einer gemittelten Grundwassermächtigkeit $h_m$ angenommen, so ergibt sich die Strömungsgleichung zu:

$$\frac{\partial^2(h^2)}{\partial r^2} + \frac{1}{r}\frac{\partial(h^2)}{\partial r} = \frac{n_e}{T_m}\frac{\partial(h^2)}{\partial t}$$

Bei Verwendung von $h^2$ statt h als abhängige Variable und der effektiven Porosität $n_e$ statt des Speicherkoeffizienten S sowie einer gemittelten Transmissivität $T_m$ entspricht die Strömungsgleichung für ungespannte Grundwasserverhältnisse damit der für gespannte Grundwasserverhältnisse.

Diese partielle, von x und t abhängige Differenzialgleichung lässt sich mit den Substitutionen:

$$u = \frac{r^2 \cdot a}{4 \cdot t} \qquad \text{und} \qquad a = \frac{n_e}{T_m}$$

wiederum in eine gewöhnliche, nur von u abhängige Differenzialgleichung umwandeln:

$$\frac{d^2(h^2)}{du^2} + \left(1 + \frac{1}{u}\right)\frac{d(h^2)}{du} = 0$$

mit der allgemeinen Lösung:

$$h^2(u) = c_1 \cdot \int\left(\frac{e^{-u}}{u}\right)du + c_2$$

Wie bei der gespannten Grundwasserströmung wird ein unendlich ausgedehnter Grundwasserleiter mit einer zentralen Punktsenke im singulären Punkt $r = r_0$ mit einer konstanten Entnahmerate $Q_0$, ein von der Absenkung unbeeinflusstes Grundwasserpotenzial H für $r \to \infty$ als Randbedingung sowie ein konstantes Grundwasserpotenzials $h = H$ zum Zeitpunkt $t = 0$ als Anfangsbedingung vorausgesetzt:

$$Q(r \to 0, t) = -2 \cdot \pi \cdot k \cdot h \cdot \left(r\frac{\partial h}{\partial r}\right)\bigg|_{r \to 0} = -\pi \cdot k \cdot \left(r\frac{\partial h^2}{\partial r}\right)\bigg|_{r \to 0} = -Q_0,$$

$$h^2(r \to \infty, t) = H^2 \quad \text{und} \quad h^2(x, t = 0) = H^2$$

Mit diesen Anfangs- und Randbedingungen ergibt sich Lösung der gewöhnlichen, von u abhängigen Differenzialgleichung zu:

$$h^2(u) = H^2 - \frac{Q_0}{2 \cdot \pi \cdot k}\int_u^\infty\left(\frac{e^{-v}}{v}\right)dv \quad = \quad H^2 - \frac{Q_0}{2 \cdot \pi \cdot k} \cdot W(u)$$

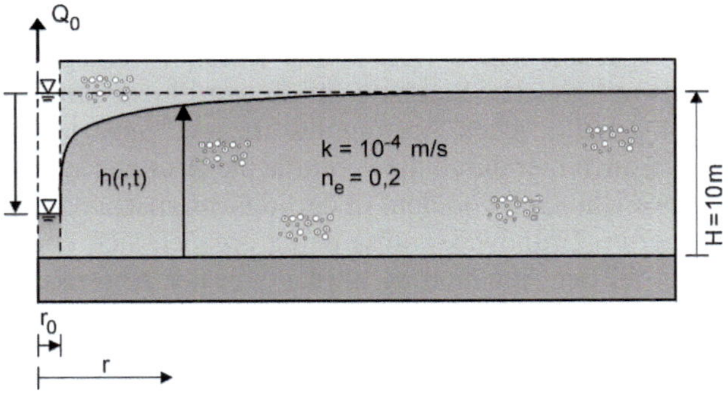


**Bild 68** Modell für instationäre Brunnenströmung im ungespannten Grundwasserleiter

Bei der Brunnenströmung mit konstanter Entnahmerate im ungespannten Grundwasserleiter wird für die mittlere Grundwassermächtigkeit $h_m$ i. Allg. die von der Absenkung unbeeinflusste Grundwassermächtigkeit H angesetzt. Dadurch ergibt sich die dimensionslose Variable u zu:

$$u = \frac{r^2 \cdot n_e}{4 \cdot t \cdot k \cdot H}$$

Unter Verwendung der Brunnengleichung für ungespannte Grundwasserverhältnisse mit der Brunnenfunktion W(u) wurde das Grundwasserpotenzial beispielhaft für einen unendlich ausgedehnten Grundwasserleiter mit horizontaler Grundwasserbasis, einer Durchlässigkeit $k = 10^{-4}$ m/s, einer effektiven (speichernutzbaren) Porosität $n_e = 0{,}2$ sowie einer konstanten Entnahmerate $Q_0 = 5{,}0$ l/s des zentrisch im Modellgebiet angeordneten Brunnens mit einem Brunnenradius $r_0 = 0{,}4$ m, ausgehend von einem konstanten Grundwasserpotenzial H = 10 m (Bild 68), ermittelt.

In Bild 69 ist das berechnete Grundwasserpotenzial h in Abhängigkeit des Radius r in linearer Auftragung sowie das Quadrat des Grundwasserpotenzials $h^2$ in Abhängigkeit

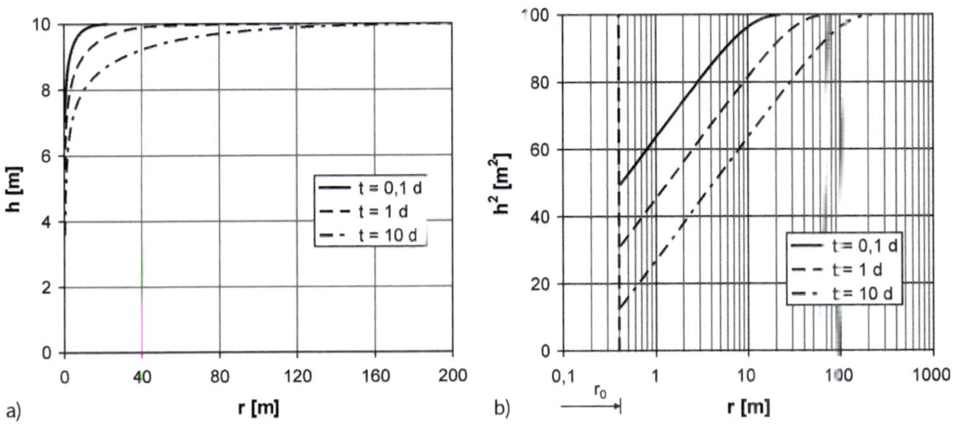


**Bild 69** Grundwasserpotenzial h bzw. quadriertes Grundwasserpotenzial $h^2$ für konstante Brunnenentnahmerate bei ungespannter Grundwasserströmung für verschiedene Zeitpunkte t in a) linearer und b) logarithmischer Darstellung

des Radius r in logarithmierter Auftragung für verschiedene Zeitpunkte t dargestellt. Deutlich ersichtlich ist der in der logarithmischen Darstellung lineare Anstieg des Quadrats des Grundwasserpotenzials mit gleicher Steigung für die verschiedenen Berechnungszeitpunkte. Diese in der logarithmischen Auftragung linearen, quadrierten Grundwasserabsenkungen lassen sich auch hier durch die vereinfachte Brunnenfunktion nach *Jacob* [35] beschreiben. Abweichungen von dem in der logarithmischen Auftragung linearen Verlauf der quadrierten Grundwasserabsenkung ergeben sich ebenfalls nur im brunnenfernen Bereich bei der Annäherung an das von der Absenkung unbeeinflusste Grundwasserpotenzial.

Bild 70 zeigt für den brunnennahen Bereich und verschiedene Zeitpunkte t das ermittelte Grundwasserpotenzial h in Abhängigkeit vom Radius r mit linearer Darstellung des Radius sowie das quadrierte Grundwasserpotenzial $h^2$ mit logarithmischer Darstellung des Radius.

Bei der oben dargestellten Berechnung der instationären Brunnenströmung in ungespannten Grundwasserleitern wird die erforderliche Wasserentnahme infolge der Absenkung des Wasserstands in den Entnahmebrunnen nicht berücksichtigt. Ebenso nicht berücksichtigt wird die Wasserentnahme aus dem Bereich des für Mehrbrunnenanlagen definierten Ersatzbrunnens. Zur Berücksichtigung dieser zusätzlichen Entnahmemengen in der Brunnenberechnung sei ebenfalls auf die in [4] oder [12] beschriebenen Berechnungsansätze verwiesen. Bei dem in Abschnitt 1.5.3.6 dargestellten Berechnungsbeispiel für eine Mehrbrunnenanlage wird diese zusätzlich erforderliche Brunnenentnahme jedoch wie bei dem Berechnungsbeispiel für gespannte Grundwasserverhältnisse als vernachlässigbar angenommen.

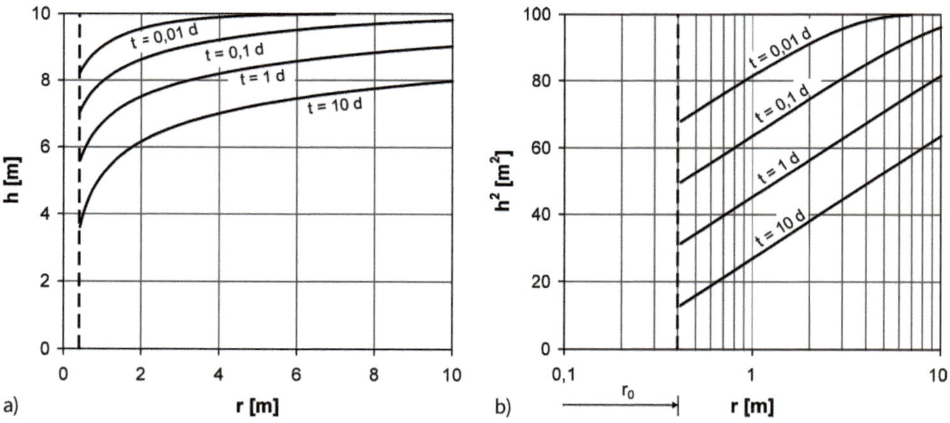


**Bild 70** Grundwasserpotenzial h bzw. quadriertes Grundwasserpotenzial $h^2$ im brunnennahen Bereich für konstante Brunnenentnahmerate bei ungespannter Grundwasserströmung in a) linearer und b) logarithmischer Darstellung

#### 1.6.3.2 Brunnenreichweite für die Ermittlung der Förderrate

Die Approximation der Brunnenfunktion nach *Jacob* für u < 0,03 führt für die Brunnenströmung im ungespannten Grundwasserleiter zu:

$$h^2(u) = H^2 - \frac{Q_0}{2 \cdot \pi \cdot k} \ln\left(\frac{2,25}{4 \cdot u}\right)$$

Durch Rücksubstitution von u ergibt sich die Bestimmungsgleichung für das von r und t abhängige Grundwasserpotenzial:

$$h^2(r,t) = H^2 - \frac{Q_0}{\pi \cdot k} \ln\left(\frac{1,5}{r} \cdot \sqrt{\frac{t \cdot k \cdot H}{n_e}}\right)$$

Hier zeigt der Vergleich mit der Strömungsgleichung für stationäre Verhältnisse,

$$h^2(r) = H^2 - \frac{Q_0}{\pi \cdot T} \ln\frac{R}{r}$$

dass sich bei Verwendung der nach *Jacob* angenäherten Brunnenfunktion das Quadrat des instationären Grundwasserpotenzials $h^2(r,t)$ für jeden beliebigen Zeitpunkt t durch das Quadrat des stationären Grundwasserpotenzials $h^2(r)$ abgebildet werden kann, wenn die zeitabhängige Reichweite des Brunnens angesetzt wird mit:

$$R = 1,5\sqrt{\frac{t \cdot k \cdot H}{n_e}}$$

Auf Grundlage dieser Reichweite lässt sich wiederum die erforderliche Förderrate einer Absenkungsanlage ermitteln, da das Grundwasserpotenzial im Anstrombereich zu der Absenkungsanlage ausreichend genau durch das auf Grundlage der angenäherten Brunnenfunktion berechnete Grundwasserpotenzial abgebildet wird. Dies wird anhand der Beispielberechnung in Abschnitt 1.5.3.6 für eine Mehrbrunnenanlage in einem ungespannten Grundwasserleiter erläutert.

Auch für Brunnenströmungen in ungespannten Grundwasserleitern sollten empirisch bestimmte Reichweitenformeln, z. B. nach *Sichardt* [33], die keine Abhängigkeit von der Pumpdauer aufweisen, nicht für die Bestimmung der erforderlichen Förderrate verwendet werden.

#### 1.6.3.3 Brunnenreichweite für die Ermittlung des Einflussbereichs

Wie im gespannten Grundwasserleiter ist die Reichweite eines Brunnens auch im ungespannten Grundwasserleiter grundsätzlich abhängig von der Zeit (der Dauer der Grundwasserabsenkung). Da bei idealisierter Modellannahme eines unendlich ausgedehnten Grundwasserleiters auch hier die Brunnenreichweite R nur im Logarithmus in die Berechnung der Förderrate eingeht, hat sie nur einen vergleichsweise geringen Einfluss auf den ermittelten Zufluss. Wie bei der Brunnenströmung im gespannten

Grundwasserleiter wird die der Einflussradius der Grundwasserabsenkung durch die Reichweite zur Ermittlung der erforderlichen Förderrate jedoch unterschätzt. Der Einflussradius, ab welchem eine vorgegebene Abweichung $\varepsilon$ [m] zu dem von der Absenkung unbeeinflussten Grundwasserstand unterschritten wird, lässt sich ebenfalls unter Verwendung der Brunnenfunktion W(u) ermitteln.

Für das in Abschnitt 1.5.3.6 beschriebene Beispiel einer Mehrbrunnenanlage in einem ungespannten Grundwasserleiter wird für die konstante Entnahmerate $Q_{ges} = 36{,}3$ l/s zum Zeitpunkt des Erreichens des Absenkziels t = 14 d (1.209.600 s) der Einflussradius R bestimmt, ab welchem die Absenkung des Grundwasserpotenzials geringer als $\varepsilon = 5$ cm ist. Mit:

$$W(u) = \left(H^2 - h^2(R, 14\,d)\right)\frac{2\cdot\pi\cdot k}{Q_{ges}} = \left((20\,m)^2 - (19{,}95\,m)^2\right)\frac{2\cdot\pi\cdot 10^{-4}\,\frac{m}{s}}{36{,}3\cdot 10^{-3}\,\frac{m^3}{s}} = 0{,}035$$

$$\rightarrow \quad u = 2{,}25$$

Daraus ergibt sich der Einflussradius R der Absenkung zu:

$$R = \sqrt{\frac{u\cdot 4\,t\cdot k\cdot H}{n_e}} = \sqrt{\frac{2{,}25\cdot 4\cdot 1.209.600\,s\cdot 10^{-4}\,\frac{m}{s}\cdot 20\,m}{0{,}2}} = 330\,m$$

Dieser Einflussradius ist ein Maß für den von der Grundwasserabsenkung betroffenen Bereich. Für die Ermittlung der erforderlichen Förderrate darf er jedoch nicht als Brunnenreichweite verwendet werden.

Weiterhin wird der Einflussradius der Absenkung ermittelt, der sich nach einer Betriebsdauer von 365 d (31.536.000 s) ergibt. Dabei wird auch hier vereinfachend angenommen, dass während der gesamten Betriebsdauer eine konstante Brunnenentnahme $Q_{ges} = 36{,}3$ l/s erfolgt. Eine Drosselung der Brunnenentnahme nach Erreichen des Absenkziels wird nicht berücksichtigt, wodurch sich eine auf der sicheren Seite liegende Brunnenreichweite ergibt. Auch hier wird die Brunnenreichweite R gesucht, ab welcher die Absenkung des Grundwasserstands geringer als $\varepsilon = 5$ cm ist. Aufgrund gleicher Modellannahmen ergibt sich ebenfalls u = 2,25 und daraus die Brunnenreichweite zu:

$$R = \sqrt{\frac{u\cdot 4\,t\cdot k\cdot H}{n_e}} = \sqrt{\frac{2{,}25\cdot 4\cdot 31.536.000\,s\cdot 10^{-4}\,\frac{m}{s}\cdot 20\,m}{0{,}2}} = 1.685\,m$$

Auch bei ungespannten Grundwasserverhältnissen können Randbedingungen vorliegen (z. B. Zuflüsse aus Gewässern oder unterlagernden, gespannten Grundwasserleitern, Begrenzung des Grundwasserleiters), die einen maßgebenden Einfluss auf die Grundwasserströmung haben und in analytischen Berechnungen nicht ausreichend berücksichtigt werden können. Zur genaueren Ermittlung des Einflusses der Grundwasserabsenkung auf die Grundwasserverhältnisse ist auch hier eine numerische Grundwasserströmungsmodellierung zu empfehlen.

### 1.6.4 Numerische Berechnung

Wie bereits in Abschnitt 1.4.4 für die numerische Berechnung von instationären, vertikal-ebenen Grundwasserströmungen beschrieben, ist auch für die numerische Berechnung von rotationssymmetrischen, vertikal-ebenen Grundwasserströmungen die Vorgabe eines Anfangszustands für die Grundwasserpotenziale erforderlich. Die Randbedingungen für die instationäre Berechnung können über den Berechnungszeitraum als konstant (z.B. konstante Entnahmerate) oder zeitlich veränderlich (z.B. als Brunnenwasserstandsganglinie) vorgegeben werden. Auch bei der rotationssymmetrischen Modellierung ist die instationäre Berechnung von gespannten Grundwasserströmungsverhältnissen i. Allg. aufgrund der zugrunde liegenden linearen Differenzialgleichung 2. Ordnung problemlos durchführbar.

Wie bei der Grabenströmung ergeben sich bei der instationären Berechnung der Brunnenströmung in einem ungespannten Grundwasserleiter die unter Abschnitt 1.5.5.2 für die stationäre Berechnung aufgeführten Problemstellungen. Wird die Berechnung mittels gesättigt-ungesättigter Modellierung durchgeführt, ist auch hier innerhalb eines jeden Zeitschritts eine doppelte Iteration erforderlich. Diese ergibt sich aus der nichtlinearen Abhängigkeit der Durchlässigkeit und des Wassergehalts vom Grundwasserpotenzial bzw. von der Saugspannung im ungesättigten Strömungsbereich und aus der a priori nicht bekannten Begrenzung der Sickerstrecke bei der Brunnenzuströmung. Insbesondere problematisch ist die zeitabhängige Berücksichtigung der Sickerstrecke beim Zufluss zum Brunnen. Auch bei der rotationssymmetrischen Berechnung instationärer, gesättigt-ungesättigter Grundwasserströmungen sind deshalb vertiefte Kenntnisse der Grundwasserhydraulik und der zugrunde liegenden numerischen Berechnungsmethoden erforderlich.

## 1.7 Dreidimensionale Berechnung von Grundwasserströmungen

Wenn sich bei Grundwasserhaltungen oder bei durch Bauwerke beeinflusste Grundwasserströmungen aufgrund der geometrischen Verhältnisse oder der hydraulischen Randbedingungen ein ausgeprägt dreidimensionales Strömungsfeld einstellt, das durch vereinfachte eindimensionale oder zweidimensional vertikale Modelle nicht ausreichend abgebildet werden kann, ist eine dreidimensionale Berechnung der Grundwasserströmung zu empfehlen. Diese kann in der Regel nur mittels numerischer Verfahren durchgeführt werden. Bei der FEM wird zumeist eine variable Diskretisierung in der Draufsicht (x-y-Ebene) durchgeführt und das Modellgebiet in der Vertikalen durch einzelne Schichten untergliedert, die alle die gleiche Diskretisierung aufweisen. Die finiten Elemente ergeben sich dadurch zu Prismen. Bei den meisten kommerziellen Programmsystemen zur Grundwasserströmungsberechnung auf Grundlage der FEM und der FDM ist es nicht möglich, die Modellgrenzen der einzelnen Ebenen unterschiedlich zu definieren.

Für großräumige Grundwassermodellierungen, bei denen die vertikalen Geschwindigkeitskomponenten gegenüber den horizontalen vernachlässigt werden können, ist es oft ausreichend, eine vereinfachte, horizontal-ebene (2-D-)Modellierung durchzuführen, wobei der Grundwasserleiter lediglich durch eine Schicht unter Voraussetzung der Dupuit-Annahmen für das Grundwasserpotenzial abgebildet wird. Diese Art der Grundwasserströmungsmodellierung wird häufig für wasserwirtschaftliche Fragestellungen und als Grundlage für Grundwassertransportmodellierungen zur Berechnung der Ausbreitung von Grundwasserinhaltsstoffen (z. B. Schadstoffen) eingesetzt (siehe z. B. [18, 19]). Aufgrund gesteigerter Rechnerleistungen werden jedoch in zunehmendem Maß auch hierfür 3-D-Modelle verwendet.

Auch für kleinräumigere Grundwasserströmungsberechnungen (z. B. zur Ermittlung der auf Bauwerke oder Baugrubenwände wirkenden Belastungen aus den Grundwasserdruck- und Strömungskräften oder zur Ermittlung von erforderlichen Grundwasserabsenkungsmaßnahmen) werden ebenfalls in zunehmendem Maß 3-D-Grundwasserströmungsmodelle eingesetzt (z. B. [37]). Auch hier ist eine entsprechend feine Diskretisierung in Modellbereichen erforderlich, in denen sich starke Änderungen der hydraulischen Gradienten einstellen. Bei Berechnungen von Strömungen mit freier Grundwasseroberfläche ergeben sich die gleichen Problemstellungen, wie sie bereits für vertikal-ebene und rotationssymmetrisch vertikal-ebene Strömungsberechnungen dargestellt wurden. Dies betrifft insbesondere auch instationäre Berechnungen, bei denen in Abhängigkeit wechselnder Grundwasserstände und Randbedingungen Grundwasseraustritte oder -zuflüsse in unterschiedlichen Bereichen des Modells (z. B. Böschungen, Dräns oder Brunnen) simuliert werden. Für die 3-D-Modellierung derartiger Grundwasserströmungen sind ebenfalls vertiefte Kenntnisse der Grundwasserhydraulik und der zugrunde liegenden numerischen Berechnungsmethoden erforderlich.

## 1.8 Berechnung von Grundwasseranreicherungen

Die Grundwasseranreicherung in Versickerungsgräben oder Schluckbrunnen kann sowohl für stationäre als auch instationäre Grundwasserströmungen mit den oben für die Grabenströmung und die Brunnenströmung beschriebenen Gleichungen berechnet werden. Dabei ist für die Zugaberate anstelle der Entnahmerate ein umgekehrtes Vorzeichen zu berücksichtigen (s. a. Beispiel für die Grabeninfiltration in Abschnitt 1.3.5.5). Grundwasserströmungen durch kombinierte Entnahme- und Wiederversickerungsanlagen lassen sich durch Überlagerung der durch die Grundwasserentnahme und die Grundwasserinfiltration bewirkten Grundwasserströmungen berechnen. Im Unterschied zur Grundwasserentnahme ergeben sich bei der Grundwasserinfiltration keine Sickerstrecken beim Übergang zwischen dem Versickerungsgraben oder dem Schluckbrunnen und dem Grundwasserleiter aufgrund der hier in Fließrichtung abnehmenden Durchlässigkeit. Allerdings kann durch Zusetzen des Filters infolge Kolmation (Einlagerung von im Wasser mitgeführten Feinpartikeln) oder infolge chemischer Prozesse (Verockerung und Versinterung) die Leistungsfähigkeit von Anlagen zur Wiederversickerung von Grundwasser deutlich reduziert werden. Grundlagen und Bauelemente der Grundwasserwiederversickerung sind in Abschnitt 3.6 dargestellt.

## 1.9 Entwässerung durch Unterdruck

Die Grundwasserströmung zu Vakuumtiefbrunnen in gespannten Grundwasserleitern, bei denen sowohl der Brunnen als auch der Grundwasserleiter vollständig gegen Luftzutritte abgedichtet ist, kann mit den oben aufgeführten Gleichungen für die Brunnenströmung in gespannten Grundwasserleitern berechnet werden. Dabei ist für das am Brunnenradius anzusetzende Grundwasserpotenzial der im Brunnenrohr erzeugte Unterdruck zu berücksichtigen. Das Grundwasserpotenzial im Brunnen entspricht in diesem Fall nicht dem Brunnenwasserstand, der während des Pumpbetriebs oberhalb der Unterkante des überlagernden Grundwassernichtleiters (bzw. mindestens oberhalb der Unterkante des luftdichten Vollrohrs) anstehen muss, sondern ist gegenüber dem Brunnenwasserstand um die Druckhöhe des aufgebrachten Unterdrucks vermindert.

Abgesehen von dem oben dargestellten Fall wird durch Vakuumbrunnen jedoch neben der Grundwasserströmung auch eine Luftströmung im Untergrund erzeugt. Diese Mehrphasenströmung lässt sich nur auf Grundlage von geeigneten Modellansätzen für Mehrphasenströmungen berechnen, auf die hier nicht jedoch eingegangen wird. Anlagen für die Entwässerung durch Unterdruck sind in Abschnitt 3.5 beschrieben.

## 1.10 Einfluss der Grundwasserströmung auf den Boden

Bei der Strömung von Grundwasser in den Poren eines Lockergesteins wirken Strömungskräfte auf die Bodenpartikel. Die spezifische Strömungskraft ist proportional zum örtlichen hydraulischen Gradienten. Die innerhalb eines definierten, durchströmten Bodenvolumens wirkende Strömungskraft ergibt sich aus dem Integral der spezifischen Strömungskraft über das betrachtete Volumen. Sie ist proportional zur Differenz der an der Oberfläche des betrachteten Bodenkörpers wirkenden Grundwasserpotenziale. Grundlage für die Ermittlung von Strömungskräften ist deshalb die Berechnung der Grundwasserpotenzialverteilung. Bei Umströmung von Bauwerken bewirkt das strömende Grundwasser neben dem Wasserdruck auf die Bauwerksteile einen Strömungsdruck auf die Bodenkörper, die den Erddruck und den Erdwiderstand bewirken, wodurch diese Kräfte verändert werden. Dies ist z. B. in den Empfehlungen E 113 und E 114 der EAU [20] erläutert. *Goldscheider* [38] beschreibt anhand mehrerer Beispiele die Ermittlung der Einwirkungen von strömendem Grundwasser auf einen Bodenkörper.

Weiterhin kann das strömende Grundwasser Bodenbewegungen innerhalb eines Bodenkörpers, an den Schichtgrenzen einzelner Bodenschichten, an den Grenzflächen zu Bauwerken, an der Geländeoberfläche oder an Gewässersohlen verursachen. Diese durch die Grundwasserströmung verursachten Bodenbewegungen werden als Suffosion, Kolmation, Erosion und hydraulischer Grundbruch bezeichnet. Eine umfassende Darstellung der einzelnen Erscheinungsformen mit zugehörigen geometrischen und hydraulischen Kriterien für das mögliche Auftreten von strömungsbedingten Bodenbewegungen in nicht bindigen Böden enthält [4]. Eine Zusammenstellung der Nachweise gegen innere Erosion in körnigen Erdstoffen gibt *Sauke* [39]. Im Merkblatt Materialtransport im Boden (MMB) [40] werden unterschiedliche Verfahren für den Nachweis gegen Kontakterosion, Suffosion und Fugenerosion (Piping) mit deren jeweiligen Anwendungsgrenzen beschrieben und es werden jeweils Vorgehensweisen für die

Führung der Nachweise empfohlen. *Witt* [41] stellt ein vereinfachtes, neues Kriterium für den Nachweis gegen Suffosion vor.

Bei aufwärts gerichteten Grundwasserströmungen mit Wasseraustritt an der Geländeoberfläche, einer Baugrubensohle oder an einer Gewässersohle besteht die Gefahr eines hydraulischen Grundbruchs, wenn die Gewichtskraft eines nichtbindigen Bodens unter Auftrieb durch die Strömungskraft aufgehoben wird. Der Nachweis der Sicherheit gegen hydraulischen Grundbruch, der insbesondere bei Baugruben, die durch Wände umschlossen werden und deren Sohle sich unterhalb der ungestörten Grundwasseroberfläche befindet, zu führen ist, ist in DIN EN 1997-1 (EC 7-1) [27] in Verbindung mit DIN 1054 [28] geregelt. Die Berücksichtigung von Strömungskräften bei den Nachweisen für Baugruben im Wasser wird in den Empfehlungen EB 58 bis EB 65 der EAB [42] behandelt.

Die Bestimmung der Strömungskräfte erfolgt zumeist auf Grundlage einer numerischen, vertikal-ebenen Grundwasserströmungsberechnung (s. a. Abschnitt 1.3.3.2). Bei räumlicher Anströmung von Baugruben führt dies jedoch insbesondere in den Ecken der Baugrube oder bei schmalen Baugruben auch an den Seiten zu einer Unterschätzung des maßgebenden Grundwasserpotenzials und damit der Strömungskraft. Zur realistischen Abbildung der Grundwasserströmung ist hier eine dreidimensionale Berechnung erforderlich. *Schmitz* [43] hat auf Grundlage von 3-D-Strömungsberechnungen Nomogramme zur Bestimmung der erforderlichen Wandeinbindetiefe für unterschiedliche geometrische Baugrubenverhältnisse erstellt. Basierend auf zahlreichen numerischen Strömungsberechnungen für unterschiedliche Randbedingungen haben *Aulbach/Ziegler* [44] eine Formel zur Ermittlung der erforderlichen Einbindetiefe von Baugrubenwänden für den Nachweis gegen hydraulischen Grundbruch entwickelt. Auf Grundlage analytischer und numerischer Untersuchungen geben *Perau/Meteling* [45] Näherungslösungen zur Ermittlung der Grundwasserpotenziale im Bereich von Baugrubenwänden mit Einbindung in eine geringer durchlässige Schicht und einer Restwasserhaltung in der Baugrube.

Eine Literaturübersicht über wesentliche Arbeiten zum hydraulischen Grundbruch, insbesondere unter Berücksichtigung von Auflastfiltern im Wasseraustrittsbereich, gibt *Hettler* [46]. Die Ergebnisse von numerischen Untersuchungen zur Sicherung einer Baugrubensohle gegen hydraulischen Grundbruch durch Auflastfilter bei unterströmten, gering in den Baugrund einbindenden Wänden werden von *Odenwald/Herten* [47] dargestellt. Die bisherigen Untersuchungen zum hydraulischen Grundbruch beziehen sich nahezu ausschließlich auf nichtbindige Böden. Ergebnisse von Untersuchungen zu Versagensformen des hydraulischen Grundbruchs an einer Baugrubenwand in bindigem Boden werden von *Witt/Wudtke* [48] erläutert. Untersuchungen zum hydraulischen Grundbruch auf Grundlage kombinierter numerischer Bodenspannungs-Verformungs- und Grundwasserströmungsberechnungen werden von *Benmebarek* et al. [49] und *Stelzer/Odenwald* [50] beschrieben.

# 2 Ermittlung geohydraulischer Parameter

## 2.1 Übersicht und Bewertung der Bestimmungsverfahren

Die Bestimmungsverfahren lassen sich in indirekte Verfahren (Erfahrungswerte, Kornverteilung), Laborverfahren und Feldversuche unterscheiden. Grundsätzlich stellt die in situ im Feldversuch ermittelte Durchlässigkeit die beste Bestimmungsmethode dar. Dabei muss auf folgende Aspekte besonders geachtet werden:

- Reichweite des Versuchs und Homogenität des Untergrunds
  Feldversuche haben insbesondere bei kürzerer Versuchsdauer und geringerer Durchlässigkeit eine relativ geringe Reichweite. Bei der Erkundung eines Baufelds muss daher eine auf mögliche Inhomogenitäten des Untergrunds abgestimmte Verteilung und Anzahl von Versuchen geplant werden. Bei der Regionalisierung der ermittelten Durchlässigkeitsbeiwerte können ggf. Laborversuche und Kornverteilungsanalysen helfen.
- Auswahl eines geeigneten Bestimmungsverfahrens
  Es ist darauf zu achten, dass ein der Aufgabenstellung und den erwarteten Untergrundverhältnissen sowie den Ansprüchen an Reichweite und Genauigkeit geeignetes Versuchsverfahren ausgewählt wird. Schnelle und billige Verfahren haben oft eine geringere Reichweite als z. B. ein Aquifertest, können aber für eine erste Einschätzung ausreichen. Hinweise zur Verfahrensauswahl finden sich z. B. in [51].
- Anwendung eines instationären Auswerteverfahrens
  Bei höheren Genauigkeitsanforderungen sollte ein Verfahren gewählt werden, bei dem der Durchlässigkeitsbeiwert mit einem instationären Auswerteverfahren bestimmt werden kann. Herkömmliche stationäre Verfahren ermitteln den Durchlässigkeitsbeiwert lediglich aus einem Verhältnis aus Wasserspiegeländerung und Fließrate und liefern daher oft nur Schätzwerte, da der Absenkbetrag nicht nur von der Durchlässigkeit, sondern von vielen weiteren Faktoren bestimmt wird.
  Zu diesen Faktoren zählen innere Randbedingungen des Brunnens oder Bohrlochs, wie z. B. ein schlechter Aquiferanschluss infolge von Inkrustationen der Filterstrecke oder durch Spülungsreste in Bohrlochnähe verschlossene Poren oder Klüfte (sog. Skineffekt). So ist bei gleicher Aquiferdurchlässigkeit bei einem Pumpversuch die Absenkung in einem Brunnen mit verockerter Filterstrecke oder hohem Skinfaktor nach gleicher Zeit wesentlich größer als bei einem neuen, vollständig an den Aquifer angeschlossenen Brunnen.
  Weiterhin haben der Erschließungsgrad des Aquifers (vollkommener/unvollkommener Brunnen) sowie der Aquifertyp und natürliche Begrenzungen des Aquifers einen bedeutenden Einfluss auf die Absenkung.
  Durch die Anwendung instationärer Auswerteverfahren wird eine erhebliche Verbesserung der Genauigkeit erreicht, da die nicht aquiferbedingten Einflüsse auf die Absenkung erkannt und eliminiert werden können. Die durch diese „Störeffekte“ verursachte Absenkung kann die aquiferbedingte Absenkung ohne Weiteres um eine Größenordnung übertreffen, womit auch stationär bestimmte Durchlässigkeitsbeiwerte um eine Größenordnung daneben liegen können.

Entsprechend den unterschiedlichsten geotechnischen Fragestellungen von der Bemessung einer Bauwasserhaltung in sehr stark durchlässigen Aquiferen bis hin zum Nachweis sehr geringer Durchlässigkeiten im Tunnel- oder Deponiebau decken die hier vorgestellten Verfahren die gesamte Spannbreite der Durchlässigkeitsermittlungen ab.

Bei der geohydraulischen Auswertung wird i. d. R. die Transmissivität T als Produkt des Durchlässigkeitsbeiwerts k und der Aquifermächtigkeit M bestimmt. Bei bekannter Aquifermächtigkeit kann der Durchlässigkeitsbeiwert k berechnet werden, indem die Transmissivität durch die Aquifermächtigkeit M dividiert wird:

$$k = \frac{T}{M} \left[ {}^{m}/_{s} \right]$$

## 2.2 Abschätzung der Durchlässigkeit nach Erfahrungswerten

Eine grobe Abschätzung des Durchlässigkeitsbeiwerts kann nach der Bodenart vorgenommen werden (Tabelle 5). Dabei ist zu beachten, dass neben der Bodenart auch Faktoren wie Beimengungen und Lagerungsdichte des Bodens erheblichen Einfluss auf die Durchlässigkeit haben.

## 2.3 Abschätzung der Durchlässigkeit mithilfe der Kornverteilung

Seit mehr als 100 Jahren existieren einfache Formeln für den Durchlässigkeitsbeiwert als Funktion der Korngrößenverteilung. Bei der Ermittlung repräsentativer Aquiferkennwerte stellen die aus relativ kleinen Probevolumen gewonnenen Werte jedoch allenfalls eine grobe Abschätzung dar und ersetzen keinesfalls die in Feldversuchen (s. u.) gewonnenen Ergebnisse. Zahlreiche, aus unterschiedlichen Bereichen eines Grundwasserleiters entnommene Proben können jedoch hilfreich sein bei der Abschätzung der Varianz der Durchlässigkeitsverteilung und bei der Abgrenzung von Homogenbereichen.

Die Proben sollten aus repräsentativen Bereichen des Grundwasserleiters entnommen werden. Es ist zu beachten, dass unsachgemäß entnommene Bodenproben (z. B. beim Bohren ausgespülte Feinbestandteile) zwangsläufig zu Fehleinschätzungen führen. Als

**Tabelle 5** Typische Durchlässigkeitsbeiwerte k für verschiedene Bodenarten

| Bodenart | Typische Durchlässigkeit [m/s] |
|---|---|
| reiner Kies | $10^{-2}$ bis > $10^{-1}$ |
| grobkörniger Sand | $10^{-3}$ |
| mittelkörniger Sand | $10^{-4}$ bis $10^{-3}$ |
| feinkörniger Sand | $10^{-5}$ bis $10^{-4}$ |
| Sand, lehmig, schluffig | $10^{-7}$ bis $10^{-5}$ |
| Schluff, Lehm | $10^{-9}$ bis $10^{-6}$ |
| Ton | < $10^{-9}$ |

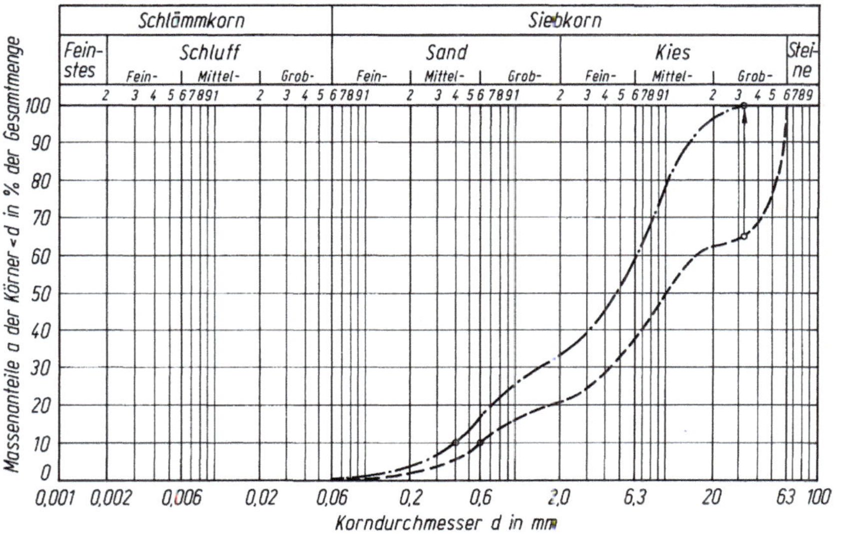


**Bild 71** Korrektur zur Berücksichtigung von Ausfallkörnungen im Grobkornbereich

Konsequenz für die Auswahl des Bohrverfahrens bei Baugrundaufschluss nach EN ISO 22475 sind nur durchgehend gekernte Bodenproben geeignet.

Mit den einfachen Auswerteansätzen wird die Kornverteilungskurve durch einen oder wenige ausgewählte Punkte ($d_{10}$, $d_{60}$ → $U = d_{60} / d_{10}$) beschrieben. Eventuell auftretende Grobkorneinschlüsse müssen mithilfe der in Bild 71 dargestellten Korrektur abgeschätzt und korrigiert werden. Ansonsten wird durch die Ausfallkörnung der wirksame Durchmesser ($d_{10}$) in Richtung größerer Korndurchmesser verschoben und damit ein zu großer Durchlässigkeitsbeiwert vorgetäuscht.

In Tabelle 6 sind die bekanntesten Ansätze zur Ermittlung des Durchlässigkeitsbeiwerts aus Kornverteilungskurven zusammengestellt. Die Tabellen 7 und 8 enthalten Korrekturfaktoren nach *Beyer* und *Seiler* in Abhängigkeit der Ungleichförmigkeit der Kornverteilung.

Neben der Korngrößenverteilung wird die Durchlässigkeit maßgeblich auch von der Lagerungsdichte des Bodenmaterials bestimmt. Diese bleibt jedoch bei den einfachen Auswerteansätzen unberücksichtigt. Beim Verfahren nach *Kozeny-Carman* wird die Lagerungsdichte über die Porenziffer einbezogen. Außerdem berücksichtigt dieses Verfahren die gesamte Korngrößenverteilung sowie die Form der Partikel. Damit ist die Formel nach *Kozeny-Carman* verlässlicher als ein einfacher Ansatz, bei dem der Durchlässigkeitsbeiwert allein auf Grundlage einzelner Korndurchmesser abgeschätzt wird. Mit der Implementierung des Ansatzes nach *Kozeny-Carman* in Tabellenkalkulationen oder in gängige Auswerteprogramme sollte auch der höhere Rechenaufwand keinen Grund mehr darstellen, auf dieses genauere Verfahren zu verzichten [52].

**Tabelle 6** Ansätze zur Ermittlung des Durchlässigkeitsbeiwerts aus der Kornverteilung

| | Durchlässigkeitsbeiwert k = | Parameter | Gültig für $U = d_{60}/d_{10}$ (Bodenart) |
|---|---|---|---|
| *Hazen* (1893) | $0{,}0116 \cdot d_{10}^2$ [m/s] | $d_{10}$ [mm] | U < 5 (Sande) |
| *Beyer* (1964) | $c(U) \cdot d_{10}^2$ [m/s] | $d_{10}$ [mm] | 1 < U < 20 (Sande und Kiese) |
| *Seiler* (1973) | $\frac{\chi_{10}(U)}{1000} \cdot d_{10}^2 \left[m/s\right]$<br>$\frac{\chi_{25}(U)}{1000} \cdot d_{25}^2 \left[m/s\right]$ | $d_{10}$ [mm]<br>$d_{25}$ [mm] | $5 < U \leq 17$<br>$17 \leq U \leq 100$ (Kies-Sande) |
| *Kozeny-Carman* (nach *Carrier*, 2003) | $1{,}99 \cdot 10^4 \left(100\% \Big/ \left\{\Sigma\left[f_i / \left(D_{li}^{0{,}404} \cdot D_{si}^{0{,}595}\right)\right]\right\}\right)^2 \cdot \left(1/SF^2\right) \cdot \left[\frac{e^3}{(1+e)}\right] \left[m/s\right]$ | D Siebmaschenweite in cm<br>$f_i$ Anteil der Siebfraktion zwischen der größeren ($D_l$) und kleineren ($D_s$) Siebmaschenweite in % der Gesamtmenge<br>e Porenziffer in %<br>SF Formfaktor | |

$d_n$ Korndurchmesser beim Durchgang der Summenlinie durch n % der Gesamtmenge

**Tabelle 7** Korrekturfaktor unter Einrechnung der Ungleichförmigkeit $U = d_{60}/d_{10}$ (nach *Beyer*)

| U | 1,0–1,9 | 2,0–2,9 | 3,0– 4,9 | 5,0–9,9 | 10,0–19,9 | > 20 |
|---|---|---|---|---|---|---|
| c(U) | 0,011 | 0,010 | 0,009 | 0,008 | 0,007 | (0,006) |

**Tabelle 8** Korrekturfaktoren $\chi_{10}$ bzw. $\chi_{25}$ nach *Seiler* für $5 \leq U \leq 100$

| | U | [Einer] | | | | | | | | | |
|---|---|---|---|---|---|---|---|---|---|---|---|
| | [Zehner] | 0 | 1 | 2 | 3 | 4 | 5 | 6 | 7 | 8 | 9 |
| $\chi_{10}$ (U) | 0 | | | | | | 21,5 | 19,0 | 17,0 | 15,0 | 13,5 |
| | 1 | 12,0 | 10,5 | 9,4 | 8,4 | 7,5 | 6,7 | 6,1 | 5,7 | | |
| $\chi_{25}$ (U) | | | | | | | | | 0,88 | 0,88 | 0,89 |
| | 2 | 0,90 | 0,92 | 0,94 | 0,96 | 0,98 | 1,0 | 1,02 | 1,04 | 1,06 | 1,08 |
| | 3 | 1,10 | 1,13 | 1,16 | 1,19 | 1,22 | 1,25 | 1,28 | 1,31 | 1,34 | 1,37 |
| | 4 | 1,40 | 1,44 | 1,48 | 1,52 | 1,56 | 1,60 | 1,65 | 1,70 | 1,75 | 1,80 |
| | 5 | 1,85 | 1,90 | 1,95 | 2,00 | 2,05 | 2,10 | 2,18 | 2,26 | 2,34 | 2,42 |
| | 6 | 2,50 | 2,58 | 2,66 | 2,74 | 2,82 | 2,90 | 2,98 | 3,06 | 3,14 | 3,22 |
| | 7 | 3,30 | 3,40 | 3,50 | 3,60 | 3,70 | 3,80 | 3,92 | 4,04 | 4,16 | 4,28 |
| | 8 | 4,40 | 4,54 | 4,68 | 4,82 | 4,96 | 5,10 | 5,26 | 5,42 | 5,58 | 5,74 |
| | 9 | 5,90 | 6,08 | 6,26 | 6,44 | 6,62 | 6,80 | 7,02 | 7,24 | 7,46 | 7,68 |
| | 10 | 7,90 | | | | | | | | | |

## 2.4 Pump- und Injektionsversuche

### 2.4.1 Allgemeines

Pumpversuche sind die beste Methode zur Bestimmung des Durchlässigkeitsbeiwerts k, da hierbei ein größtmögliches Aquifervolumen unter In-situ-Bedingungen untersucht wird. Zu unterscheiden sind Pumpversuche mit Beobachtungsmessstellen, sog. Aquifertests, und Pumpversuche, bei denen nur der abgepumpte Brunnen beobachtet wird. Letztere werden in der Literatur auch als Einbohrlochversuch, Kurzpumpversuch oder Pumptest bezeichnet.

Voraussetzung für Pumpversuche ist ein ausreichend durchlässiger Aquifer, damit sich aus einem Brunnen mit einer Pumpe Wasser entnehmen lässt. Mit sehr kleinen Pumpraten von ca. 0,01 l/s (ca. 1 l/min oder 0,05 $m^3$/h) lassen sich noch Durchlässigkeitsbeiwerte in der Größenordnung von $10^{-6}$ m/s bestimmen. Technisch können zwar auch noch kleinere Pumpraten realisiert werden, jedoch erfordert dies eine spezielle Ausrüstung und bleibt Sonderfragestellungen, wie z. B. der Erkundung geologischer Barrieren, vorbehalten.

Idealerweise richten sich der Durchmesser und die Einbindetiefe der Probebrunnen nach den später erforderlichen Entnahmebrunnen. Nach Möglichkeit sollte der Aquifer wegen der eindeutigeren Anströmverhältnisse vom Brunnen vollkommen erfasst werden (Eintauchtiefe > 70 % der Aquifermächtigkeit M). Ist dies wegen zu großer Aquifermächtigkeit nicht durchführbar, so ist darauf zu achten, dass vor allem die gröberen und damit durchlässigeren Bereiche im Untergrund (gem. Bohrprofil) von der Filterstrecke des Brunnens erfasst werden, weil sonst die Brunnenergiebigkeit zur Erzeugung einer erforderlichen Absenktiefe unzureichend sein kann.

Die hier beschriebenen Pumpversuche haben die Bestimmung des Durchlässigkeitsbeiwerts zum Ziel. Um die Vorteile instationärer Auswerteverfahren zur genauen Bestimmung des Durchlässigkeitsbeiwerts nutzen zu können, sind diese Pumpversuche als Versuche mit konstanter Rate durchzuführen. Daneben existieren weitere Versuchsmethoden wie z. B. Stufenpumpversuche. Diese haben andere Aufgaben wie z. B. die Bestimmung der Brunnenergiebigkeit und eignen sich nur bedingt zur genauen Bestimmung des Durchlässigkeitsbeiwerts.

Anstelle von Pumpversuchen können grundsätzlich auch Injektionsversuche durchgeführt werden, z. B. wenn die Entnahme von Wasser technische Probleme bereitet oder das Wasser kontaminiert ist. Bei Injektionsversuchen wird in umgekehrter Weise wie beim Pumpversuch kontinuierlich zugeführt statt abgepumpt.

Mindestanforderungen an Pumpversuche sind in DIN EN ISO 22282-4 [53] geregelt.

Stand der Technik ist, die Messwerte bei Pump- und Injektionsversuchen automatisch und kontinuierlich zu erfassen. Zur Messung des Wasserspiegels werden Drucksensoren eingesetzt, die das Gewicht der überlagernden Wassersäule erfassen. Da auf der Wassersäule zusätzlich das Gewicht der Atmosphäre lastet, ist es erforderlich, bei länger dauernden Pumpversuchen Schwankungen des atmosphärischen Luftdrucks zu kompensieren. Die Messgenauigkeit der eingesetzten Drucksensoren sollte im Bereich von 5 Millimetern liegen. Pump- oder Injektionsraten sind mittels Durchflussmesser

(z. B. magnetisch induktiv) mit geeignetem Messbereich zu erfassen. Die Vorrichtungen zur Messung und Steuerung von Pumpraten, entweder automatisch über Regelkreis oder mittels Handventil, müssen von Versuchsbeginn an konstante Raten ermöglichen. Die Qualität von Konstante-Rate-Versuchen ist erfahrungsgemäß gesichert, wenn die Pumprate im Mittel weniger als ± 2 % vom Sollwert abweicht.

Die Aufzeichnung der Messdaten ist im Versuchsverlauf mit angepassten Messintervallen durchzuführen. Dabei müssen Messintervalle von einer Sekunde, in Sonderfällen auch kürzer, möglich sein. Standardmäßig sind alle Versuchsparameter online ablesbar. Dabei ist der Einsatz einer Bildschirmgrafik zu empfehlen, die neben den aktuellen Werten auch den gesamten oder ausschnittsweisen Verlauf des Versuchs zeigt. Der Versuchsverlauf ist durch Zeit/Werte-Grafiken aller Versuchsparameter zu belegen.

Pumpversuche erfordern eine sorgfältige Planung. Auf den aufzustellenden Versuchsplan geht das DVGW-Regelwerk W111 ausführlich ein. Wesentliche Punkte dabei sind die Pumprate und die Pumpzeit:

Die geeignete Pumprate richtet sich nach der geplanten Absenkung und der vermuteten Durchlässigkeit. Die Absenkung sollte mindestens 2 m betragen, damit sich ein gut messbarer Absenkverlauf ergibt. Es ist allerdings zu beachten, dass während des Versuchs bei freiem Grundwasserspiegel nicht mehr als 50 % der angetroffenen Wassersäule abgesenkt wird, da sonst in der Praxis nicht mehr kompensierbare Störeffekte durch vertikale Strömungskomponenten in Brunnennähe auftreten. Ein gespannter Grundwasserspiegel sollte nach Möglichkeit nicht so weit abgesenkt werden, dass sich in Brunnennähe freie Verhältnisse ergeben. In Zweifelsfällen sollte zur Bemessung der Pumprate ein kurzer Vorversuch durchgeführt werden.

Die Pumpzeit richtet sich zunächst einmal danach, dass die Daten für die Verifizierung des Fließmodells und die Bestimmung des Durchlässigkeitsbeiwerts ausreichen. Dies kann durch eine Feldauswertung während des Versuchs sichergestellt werden. Des Weiteren sollte die Absenkung den zu untersuchenden Aquiferbereich erfassen. Die theoretische Reichweite R (vgl. Abschnitte 1.6.2.2 und 1.6.3.2) der Absenkung kann abgeschätzt werden nach

$$R = 1{,}5 \sqrt{\frac{t \cdot T}{S}}$$ bei gespanntem Grundwasserspiegel und

$$R = 1{,}5 \sqrt{\frac{t \cdot T}{n_{sp}}}$$ bei freiem Grundwasserspiegel

Um einen Aquiferbereich im Radius R um den Brunnen ausreichend zu erfassen, sollte die erforderliche Versuchszeit t abgeschätzt werden nach

$$t = \frac{R^2 \cdot S}{T}$$ bei gespanntem Grundwasserspiegel und

$$t=\frac{R^2 \cdot n_{sp}}{T} \quad \text{bei freiem Grundwasserspiegel}$$

Ein Pumpversuch dauert i. d. R. einen Tag bis mehrere Tage. Zur Feststellung der Ausgangssituation sollten alle Grundwassermessstellen einige Tage vor Testbeginn zweimal täglich beobachtet werden. Dadurch können periodische Schwankungen oder äußere Einflüsse des ruhenden Grundwasserspiegels ermittelt und bei der späteren Auswertung berücksichtigt werden.

### 2.4.2 Pumpversuche mit Beobachtungsmessstellen (Aquifertest)

Der Aquifertest stellt den Idealfall der geohydraulischen Parameterermittlung dar. Der Grundwasserspiegel wird durch das Abpumpen von Grundwasser aus einem Brunnen abgesenkt. Der raumzeitliche Verlauf der Absenkung wird durch Beobachtungsmessstellen rund um den Brunnen erfasst (Bilder 72 und 73). Die aus dem Absenkverlauf der Beobachtungsmessstellen gewonnenen Durchlässigkeitsbeiwerte repräsentieren die Durchlässigkeitsverhältnisse des gesamten Aquifervolumens zwischen dem Brunnen und der Beobachtungsmessstelle. Durch die Anordnung mehrerer Beobachtungsmessstellen auf verschiedenen Seiten des Brunnens lassen sich auch richtungsabhängige Differenzen der Durchlässigkeit erkennen.

Für eine vernünftige Auswertung sind mindestens zwei Beobachtungsmessstellen erforderlich. Die Entfernung der Beobachtungsmessstellen vom Brunnen sollte im Hinblick auf eine spätere Auswertung logarithmisch gestaffelt sein. Wegen der besonderen Zustromverhältnisse im Brunnennahbereich sollte die dem Brunnen nächstgelegene Beobachtungsmessstelle 3 bis 6 m entfernt sein. Um noch eine interpretierbare Absenkkurve zu erhalten, sollte die entfernteste Beobachtungsmessstelle in einem Abstand von 30 % der erwarteten Reichweite R eingerichtet werden.

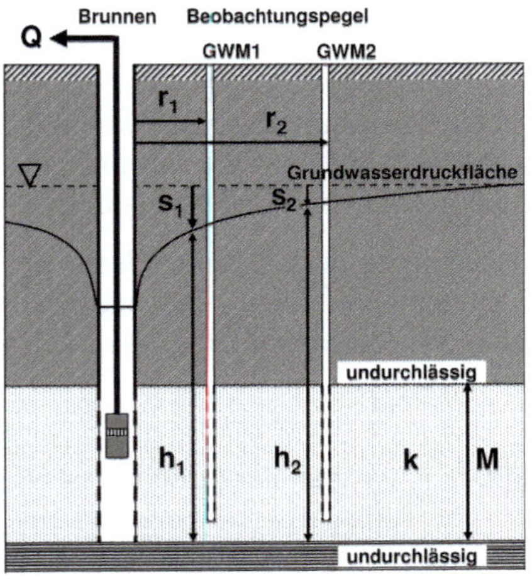


**Bild 72** Pumpversuch bei gespanntem Grundwasserspiegel

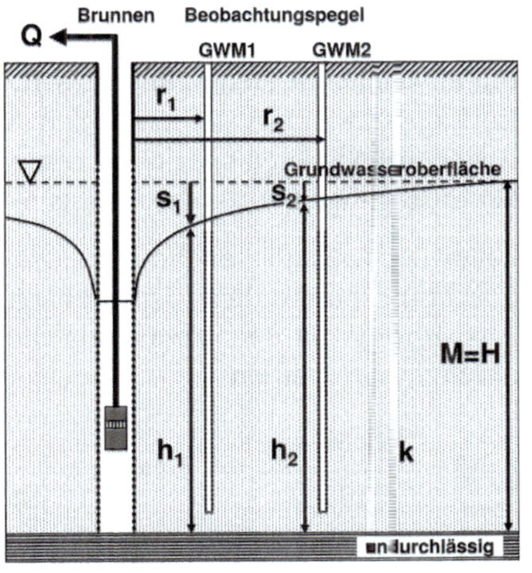


**Bild 73** Pumpversuch bei freiem Grundwasserspiegel

Bei unvollkommenen Brunnen ist zu berücksichtigen, dass die Absenkung bis in eine Entfernung x < M größer als die eines den Aquifer vollkommen erfassenden Brunnens ist. Ab x > M sind die Absenkungen beider Brunnen gleichzusetzen. Außerdem nimmt der Einfluss eines geschichteten Aquifers auf die Messwerte mit zunehmender Entfernung vom Brunnen ab. Zur Vermeidung aufwendiger Korrekturen der Messwerte bei unvollkommenen Brunnen und zur Minimierung der Einflüsse infolge eines geschichteten Aquifers sollten deshalb zur Ermittlung des repräsentativen Durchlässigkeitsbeiwerts entferntere Beobachtungsmessstellen x > M bevorzugt werden.

Wenn die Möglichkeit einer Grundwasseranreicherung besteht (z. B. von einem nahegelegenen offenen Gewässer), empfiehlt es sich, die Beobachtungsmessstellen auf einem Achsenkreuz (ein Ast in Strömungsrichtung) anzuordnen. Dadurch ist eine nach Richtungen getrennte Auswertung möglich und die Beeinflussung einer späteren Grundwasserabsenkungsanlage kann genauer erfasst werden.

Die Einbautiefe der Beobachtungsmessstellen ist mindestens genauso wichtig wie der horizontale Abstand vom Brunnen. In homogenem Aquifer sollte die Filterstrecke der Grundwassermessstellen mindestens auf das Niveau der Brunnensohle eingebaut werden.

Sind im Aquifer durchgehende, unregelmäßig tief verlaufende Grobschichten vorhanden, so muss die Filterstrecke der Beobachtungsmessstellen diese Grobschichten erfassen.

Für die hier aufgeführten Auswerteverfahren gelten folgende Bedingungen:

- der Aquifer ist unbegrenzt ausgedehnt,
- der Aquifer ist homogen, isotrop (d. h. in alle Richtungen gleich durchlässig) und von gleichbleibender Mächtigkeit M,
- die Grundwasseroberfläche (frei) bzw. Grundwasserdruckfläche (gespannt) vor der Absenkung ist horizontal,
- die Förderrate Q ist konstant,
- der Brunnen durchdringt den gesamten Aquifer (vollkommener Brunnen).

Für abweichende Bedingungen (z. B. begrenzte Aquifere, mehrschichtige Aquifere mit Leckagen zwischen den einzelnen Aquiferen, auskeilende Aquifere, unvollkommene Brunnen) existieren spezielle Lösungen und Auswerteverfahren, auf die hier nicht näher eingegangen wird. Ausführliche Verfahrensanleitungen hierzu finden sich in [54].

Unter der zusätzlichen Voraussetzung, dass die Absenkung in den verwendeten Beobachtungsmessstellen den Beharrungszustand erreicht hat, kann eine stationäre Auswertung mit der Brunnengleichung nach *Thiem* [55] (basierend auf *Dupuit* [21]) durchgeführt werden:

$$Q = \frac{2\pi k M (s_1 - s_2)}{\ln(r_2 / r_1)} \quad \text{bzw.} \quad k = \frac{Q}{2\pi M (s_1 - s_2)} \ln(r_2/r_1) \quad \text{(gespannter Grundwasserspiegel)}$$

$$Q = \frac{\pi k (h_2^2 - h_1^2)}{\ln(r_2/r_1)} \quad \text{bzw.} \quad k = \frac{Q}{\pi (h_2^2 - h_1^2)} \ln(r_2/r_1) \quad \text{(freier Grundwasserspiegel)}$$

Ein großer Nachteil des Thiem'schen Verfahrens ist, dass unter Feldbedingungen ein quasistationärer Beharrungszustand nicht oder erst nach sehr langer Zeitdauer erreicht wird. Außerdem lässt die im Beharrungszustand gemessene Absenkung keine Rückschlüsse darauf zu, ob die Voraussetzungen zur Anwendung des Verfahrens zutreffen.

Es ist daher zumeist sinnvoll bzw. notwendig, die instationäre Absenkphase auszuwerten, für die *Theis* [34] eine Gleichung entwickelte, die den Zeitfaktor und den Speicherkoeffizienten berücksichtigt. Da das geförderte Wasser aus der Verminderung des Speichervorrats stammt, breitet sich die Absenkung im Aquifer weiter aus. Die Absenkung im Einflussbereich multipliziert mit dem Speicherkoeffizienten entspricht dabei der Entnahmemenge. Ein Beharrungszustand kann daher theoretisch nicht eintreten. Mit der radialsymmetrischen Ausdehnung des Absenkbereichs vermindern sich die Absenkbeträge jedoch kontinuierlich.

Die Gleichung für instationäre Strömung bei **gespanntem** Grundwasserspiegel (Theis-Gleichung) lautet:

$$s = \frac{Q}{4\pi kM} \int_u^\infty \frac{e^{-y}}{y} dy = \frac{Q}{4\pi kM} W(u)$$

Darin sind

$$u = \frac{r^2 S}{4kMt} \quad \text{und} \quad S = \frac{4kMtu}{r^2}$$

s Absenkung [m], gemessen in einer Beobachtungsmessstelle im Abstand r [m] vom Brunnen

Q konstante Entnahmemenge aus dem Brunnen $[m^3/s]$

S Speicherkoeffizient, dimensionslos

k Durchlässigkeitsbeiwert [m/s]

M Aquifermächtigkeit [m]

t Zeit ab Pumpbeginn [s]

Die Theis-Gleichung ist nicht für die Absenkung im Brunnen (r = 0!) definiert.

Für **freie** Grundwasserspiegel muss vor der Nutzung der Theis-Gleichung eine Korrektur für die gemessene Absenkung $s_f$ des freien Grundwasserspiegels durchgeführt werden, da sich der Fließquerschnitt mit der Absenkung ändert:

$$s = s_f - \frac{s_f^2}{2H}$$

Für die Auswertung der Versuchsdaten aus der instationären Absenkung wird in der Praxis eine Typkurve verwendet. Diese erhält man durch die doppeltlogarithmische Auftragung der Theis'schen Brunnenfunktion W(u) gegen 1/u (vgl. Bild 74). Die Funktionswerte der Brunnenfunktion sind in zahlreichen Lehrbüchern veröffentlicht (z. B. [54]). Zur Anpassung entsprechend aufbereiteter Versuchsdaten (s. u.) kann die Typkurvenvorlage mit der Bourdet-Ableitung ergänzt werden. Diese wird gebildet aus der ersten mathematischen Ableitung der W(u)-Funktion nach u multipliziert mit 1/u, die ebenfalls gegen 1/u aufgetragen wird.

Die Daten aus der instationären Absenkung einer Beobachtungsmessstelle (Bild 75) werden ebenfalls doppeltlogarithmisch aufgetragen (Bild 76). Im gleichen Diagramm wird die Bourdet-Ableitung der Datenkurve abgebildet. Diese wird gebildet, indem die (ggf. geglättete) Kurvensteigung ds/dt multipliziert mit t gegen t abgetragen wird.

Wenn die Theis'schen Aquiferbedingungen erfüllt sind (u. a. Brunnen vollkommen, Aquifer unbegrenzt, homogen, isotrop, Grundwasserdruckfläche gespannt und horizontal), verläuft die Bourdet-Ableitung horizontal, d. h. parallel zur Zeitachse. Man spricht dann auch von einem unbegrenzt radialen Fließregime oder einer infinit radialen Fließphase.

Die Bourdet-Ableitung ist damit ein hervorragendes Diagnoseinstrument zur Kontrolle der Randbedingungen. Verläuft die Ableitung nicht horizontal, so liegen abweichende Randbedingungen bzw. Aquiferverhältnisse vor, die die Anwendung entsprechender Auswerteverfahren erfordern.

Für die Bestimmung der hydraulischen Kennwerte wird die Typkurvenvorlage (z. B. auf einem Transparentpapier bzw. durch das Auswerteprogramm) achsenparallel auf der im gleichen Maßstab aufgetragenen Datenkurve bis zur bestmöglichen Kurven-

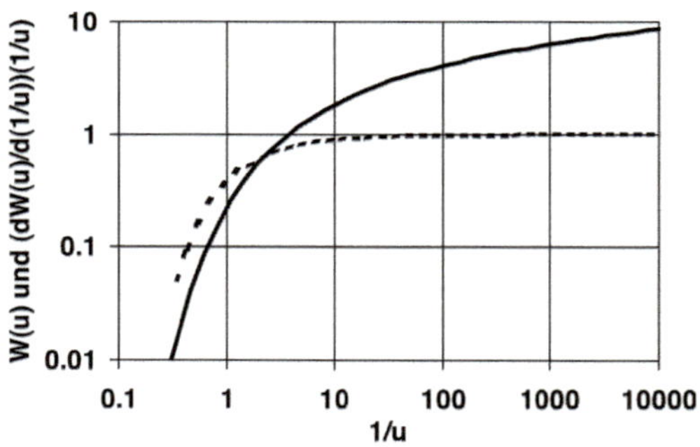


**Bild 74** Theis-Typkurve mit Bourdet-Ableitung (gestrichelt)

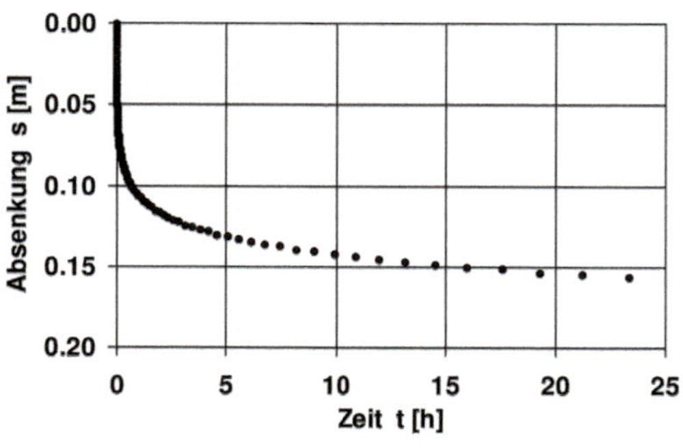


**Bild 75** Beispiel für die Absenkung des Wasserspiegels in einer Grundwassermessstelle während eines Pumpversuchs

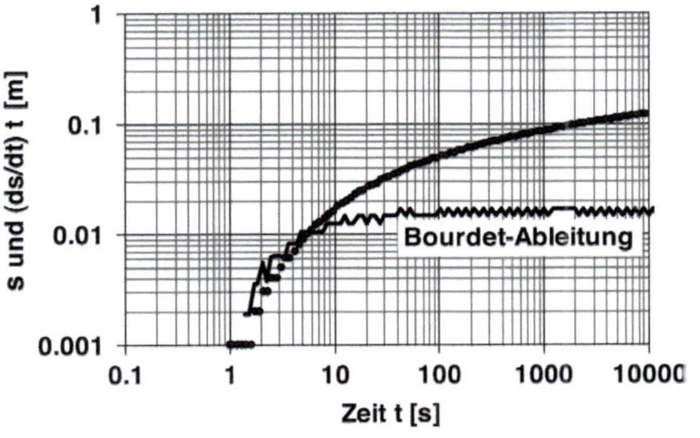


**Bild 76** Doppeltlogarithmische Auftragung der Absenkung mit Bourdet-Ableitung

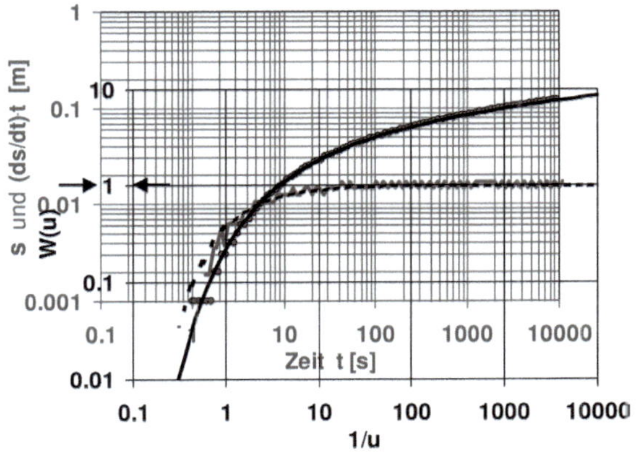


**Bild 77** Bestimmung des Durchlässigkeitsbeiwerts k durch Anpassung der doppeltlogarithmischen Auftragung mit der Theis-Typkurve. Hier sind z. B. W(u) = 1 und s = 0,015 m

deckung verschoben (Bild 77). Die Bourdet-Ableitung ist dabei i. d. R. mit der Typkurvenableitung sicherer anzupassen als die Datenkurve mit der Typkurve.

Nach der Kurvenanpassung werden für die Absenkung s und W(u) auf der y-Achse zwei (beliebige) Deckungspunkte abgelesen und der Durchlässigkeitsbeiwert k bei bekannter konstanter Förderrate Q und Aquifermächtigkeit M bestimmt nach

$$k = \frac{Q}{4\pi M s} W(u)$$

Aus Deckungspunkten für die Zeit t und 1/u auf der x-Achse kann der Speicherkoeffizient bestimmt werden nach

$$S = \frac{4kMt}{r^2(1/u)}$$

Unter der Bedingung, dass u < 0,02 und der Aquifer homogen, isotrop und unbegrenzt ist, kann für die Auswertung der Absenkung auch das Geradlinienverfahren nach *Cooper/Jacob* [56] angewendet werden.

Für entsprechend kleine u-Werte kann die Absenkung durch die Asymptote ausgedrückt werden:

$$s = \frac{Q}{4\pi kM}\left(-0{,}5772 - \ln\frac{r^2 S}{4kMt}\right)$$

Nach Umstellung und Verwandlung der natürlichen in dekadische Logarithmen folgt

$$s = \frac{2{,}30Q}{4\pi kM}\log\frac{2.25kMt}{r^2 S}$$

Für eine im Abstand r zum Brunnen gelegene Grundwassermessstelle werden die registrierten Absenkwerte gegen die Zeit (in logarithmischem Maßstab) aufgetragen. An die Daten wird eine Gerade angepasst (Bild 78).

Die Geradensteigung Δs ergibt sich aus Subtraktion zweier Absenkwerte $s_1$ und $s_2$ auf der Geraden zu den Zeitpunkten $t_1$ und $t_2$:

$$s_2 - s_1 = \Delta s = \frac{Q}{4\pi kM}\ln\frac{t_2}{t_1}$$

Werden $t_2$ und $t_1$ so gewählt, dass $t_2/t_1 = 10$, also $\log(t_2/t_1) = 1$, dann entspricht Δs der Geradensteigung pro logarithmischem Zeitzyklus. Damit ergibt sich der Durchlässigkeitsbeiwert nach

$$k = \frac{2{,}30\,Q}{4\pi\Delta sM}$$

### 2.4.3 Pumpversuche ohne Beobachtungsmessstellen (Pumptest)

Oftmals stehen bei Pumpversuchen keine Beobachtungsmessstellen zur Verfügung oder die Pumpzeiten sind zu kurz, als dass in den vorhandenen Grundwassermessstellen eine Reaktion hervorgerufen wird. In diesem Fall kann nur der Absenkungsverlauf im Brunnen selber erfasst werden. Die daraus gewonnenen Durchlässigkeitsbeiwerte

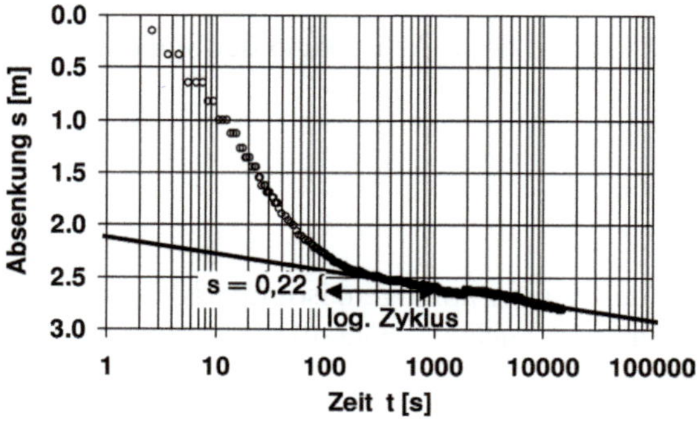


**Bild 78** Auswertung der Absenkung mit dem Geradlinienverfahren nach *Cooper/Jacob* [56]

repräsentieren die mittleren Durchlässigkeitsverhältnisse des von der Absenkung erfassten Aquifervolumens im Radius R um den Brunnen.

Aus der Absenkung bzw. dem Wiederanstieg im Brunnen können verlässliche Durchlässigkeitsbeiwerte jedoch nur mit instationären Verfahren ermittelt werden, die Bohrloch- und Brunneneffekte berücksichtigen. Unter dieser Voraussetzung stellen Pumpversuche ohne Beobachtungsmessstellen eine wirtschaftlich günstige Methode zur Ermittlung von Durchlässigkeitsbeiwerten dar.

Die Entwicklung geeigneter Auswerteverfahren ging in den 1970er- und 1980er-Jahren von der Erdölexploration aus. Eine Lösung für die Absenkung im Brunnen wurde 1979 von *Gringarten* et al. [57] unter Berücksichtigung der Brunnenspeicherung und des Skinfaktors veröffentlicht. Für die praktische Anwendung wurde ein Typkurvenverfahren entwickelt.

Einen wesentlichen Fortschritt zur Qualitätsverbesserung der Auswertung brachte die Einführung der ersten mathematischen Ableitung als sensitives Diagnoseinstrument für die vorliegenden Rand- und Aquiferbedingungen durch *Bourdet* et al. [58] Bild 79 zeigt die Typkurven und ihre Bourdet-Ableitungen für Brunnenbedingungen.

Diagnostische Methoden und typkurvenbasierte Auswerteverfahren werden heute routinemäßig von Fachfirmen für geohydraulische Versuche eingesetzt. Auf dem Markt sind verschiedene Auswerteprogramme erhältlich, jedoch liegt es in der Verantwortung und der Erfahrung des Planers entsprechend der Komplexität der Aufgabe die Auswertungen selbst durchzuführen oder ggf. zusammen mit dem Pumpversuch zu vergeben. Der Ablauf der Auswertung soll hier kurz skizziert werden:

1. Datenaufbereitung

In der Datenaufbereitung werden die Messwerte grafisch dargestellt (Bild 80), auf Plausibilität geprüft und ggf. Fehlwerte eliminiert. Bei freiem Grundwasserspiegel werden die Absenkwerte entsprechend Abschnitt 2.4.2 korrigiert.

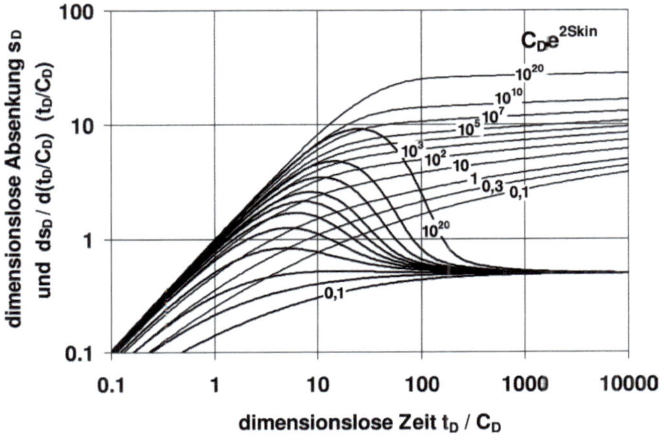


**Bild 79** Typkurven nach *Gringarten* et al. [57] mit Ableitungen nach *Bourdet* et al. [58]

2. Diagnose der Fließregime

Die Absenkung im Brunnen wird beeinflusst von Bohrloch- oder Brunneneffekten (innere Randbedingungen), der Aquiferdurchlässigkeit, dem Aquifertyp sowie den Aquifergrenzen (äußere Randbedingungen). Die einzelnen Faktoren verursachen spezifische Fließregime, die in verschiedenen Phasen des Pumpversuchs in Erscheinung treten. Aufgabe der Aquiferdiagnose ist, diese Fließregime zu identifizieren und zeitlich voneinander abzugrenzen.

Die Diagnose wird mit dem sog. diagnostischen Plot durchgeführt. Dies ist die Auftragung der Messwerte für die Absenkung s gegen die Zeit t in einem doppeltlogarithmischen Diagramm zusammen mit der Bourdet-Ableitung $ds/dt \cdot t$ gegen die Zeit t (Bild 81). Anhand des typischen Verlaufs und der Steigung der Ableitung können die einzelnen Fließphasen und Fließregime identifiziert und abgegrenzt werden (Tabelle 9). Für die Bestimmung der Aquiferdurchlässigkeit (T, k) werden die Daten aus der Phase der Speicherentleerung des Aquifers benötigt, in der sich der Absenktrichter unter homogen-infiniten Bedingungen ausbreitet. Diese Bedingungen werden durch die Theis-Funktion beschrieben und können am horizontalen Verlauf der Bourdet-Ableitung (Plateau) identifiziert und abgegrenzt werden.

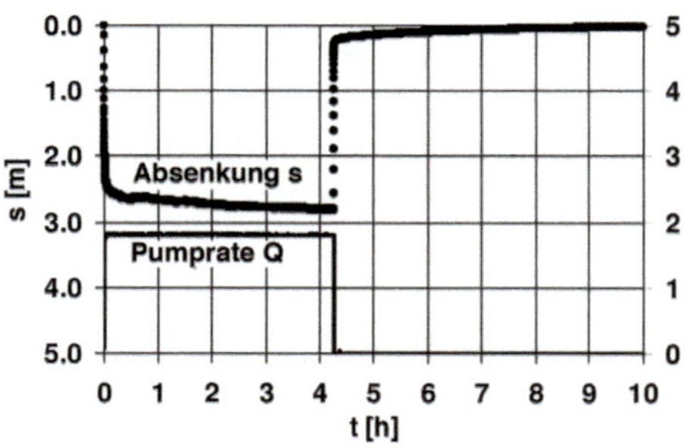


**Bild 80** Beispiel eines Pumpversuchs, Absenkung und Wiederanstieg im Brunnen

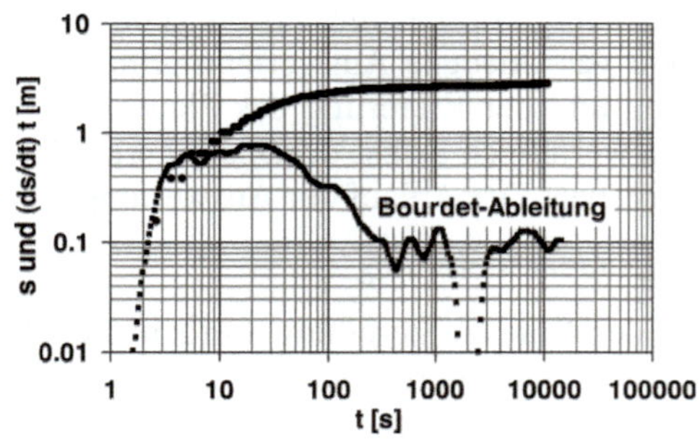


**Bild 81** Doppeltlogarithmische Auftragung der Absenkung mit Bourdet-Ableitung

**Tabelle 9** Diagnose von hydraulischen Randbedingungen und Aquifertypen anhand des typischen Verlaufs der Bourdet-Ableitung (Beispiele)

| Versuchsphase | Einflussfaktor | Fließregime und zugehörige Steigung der Bourdet-Ableitung | Typischer Verlauf der Bourdet-Ableitung |
|---|---|---|---|
| **Frühe Phase**<br><br>Dominanz der inneren Randbedingungen | Brunnenspeicherung | Speichervorrat des Brunnens<br>**Steigung +1** | 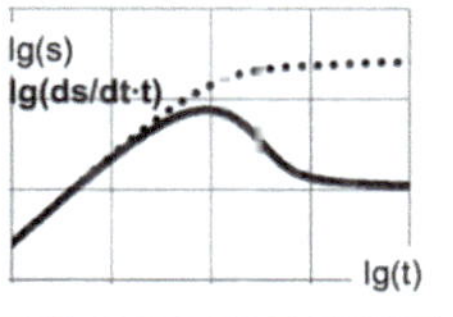 |
| | Skineffekt | stärkere (geringere) Absenkung im Brunnen durch brunnennahe Zone mit verminderter (erhöhter) Durchlässigkeit und damit Vergrößerung (Verminderung) des Speichereffekts | |
| **Mittlere Phase**<br><br>Dominanz des Aquifertyps | homogen-infiniter Aquifer | Entleerung/Entspannung des Aquiferspeichers (Theis-Aquifer)<br>**Steigung = 0 (Plateau)** | 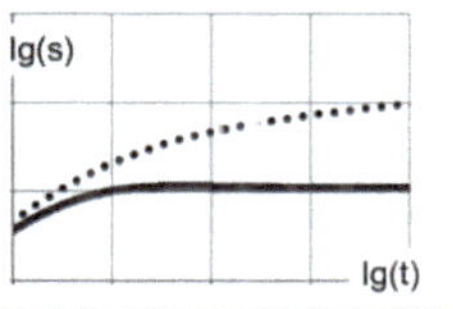 |
| | leaky-Aquifer | Zusickerung aus überlagerndem Aquifer; dadurch Verminderung der Absenkung bis zur Beharrung, sobald die Leckage der Förderrate entspricht<br>**Steigung zunehmend negativ** | 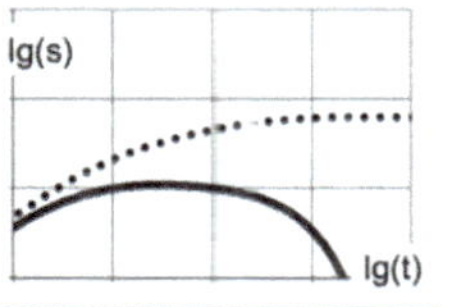 |
| | freier Aquifer mit verzögerter Porendränung ($k_{vertikal} < k_{horizontal}$) | initiale Entspannung und nachfolgende Entleerung des Porenraums; dadurch wird die Absenkung vorübergehend verzögert, bis sie sich später wieder einer Theis-Absenkung annähert<br>**Ableitung vorübergehend vermindert** | 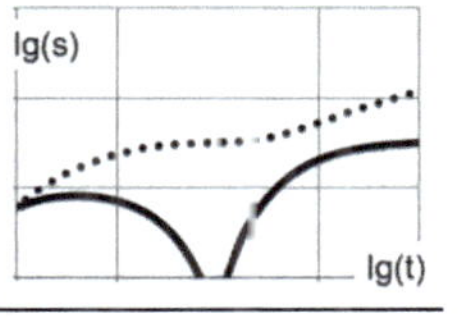 |
| **Späte Phase**<br><br>Dominanz von äußeren Randbedingungen | linearer Staurand (z. B. undurchlässiger Aquiferrand) | sobald die Absenkung den Rand erreicht, wird der fehlende Zustromanteil durch verstärkte Absenkung des infiniten Halbraums kompensiert; Übergang zu semiradialem Zustrom<br>**Ableitungswert steigt um Faktor 2** | 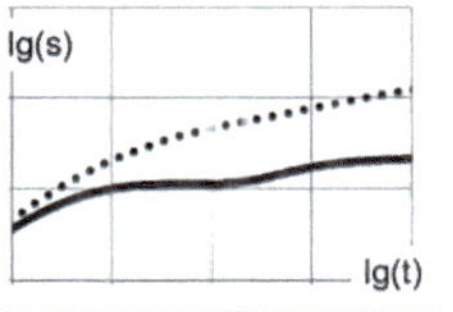 |
| | parallele Stauränder (z. B. rinnenförmiger Aquifer) | sobald die Absenkung die Ränder erreicht, werden die fehlenden Zustromanteile durch verstärkte Absenkung innerhalb der Struktur kompensiert; Übergang zu linearem Fließen parallel zu den Staurändern<br>**Steigung +0,5** | 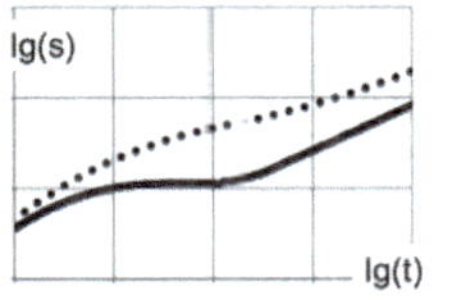 |
| | geschlossene Stauränder (allseitig begrenzter Aquifer) | sobald die Absenkung den Rand der geschlossenen Struktur erreicht, kann der fehlende Zustrom nur noch durch die Entleerung innerhalb der Struktur kompensiert werden<br>**Steigung +1** | 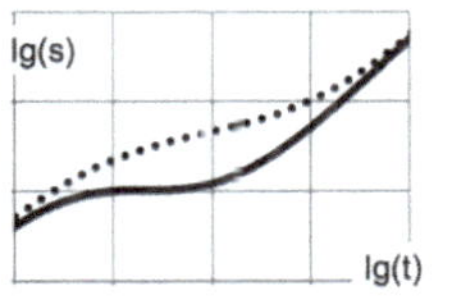 |
| | lineare Anreicherungsgrenze (z. B. Vorfluter) | sobald die Absenkung den Festpotenzialrand erreicht, limitiert der einsetzende Zufluss die weitere Absenkung<br>**Steigung –1** | 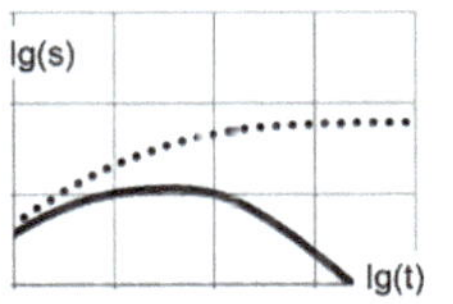 |

3. Ermittlung des Durchlässigkeitsbeiwerts

Die Auswertung der Brunnenabsenkung wird mittels Typkurvenverfahren nach *Gringarten* vorgenommen. Da sich in der Typkurvenschar die einzelnen Typkurven sehr ähnlich sind, wird auch hierbei mit den Ableitungen der Typkurven gearbeitet. Dabei wird die von der Form her passende Typkurvenableitung auf die Ableitung der Datenkurve geschoben (Bild 82). Wie beim Verfahren nach *Theis* können die Transmissivität T und daraus der Durchlässigkeitsbeiwert k durch Einsetzen der Deckungspunkte bestimmt werden:

$$T = k \cdot M = \frac{s_D \cdot Q}{2\pi \cdot s}$$

Die Transmissivität kann auch direkt aus dem diagnostischen Plot der Versuchsdaten mit dem ds / dt t-Wert des Plateaus der Bourdet-Ableitung bestimmt werden:

$$T = \frac{1}{4\pi} \cdot \frac{Q}{ds/dt \cdot t}$$

Grundsätzlich kann der Durchlässigkeitsbeiwert auch mit einfacheren Verfahren, z. B. nach *Theis* [34] oder *Cooper/Jacob* [56] bestimmt werden (s. o.). Allerdings dürfen dann hierzu ausschließlich die in der Aquiferdiagnose sicher abgegrenzten Daten der infinit radialen Fließphase verwendet werden.

Nach dem Abstellen der Pumpe endet die Absenkung des Wasserspiegels im Brunnen. Der Wiederanstieg des Wasserspiegels wird als verbleibende Restabsenkung s′ gemessen, d. h. als Differenz zwischen dem Ruhewasserspiegel vor Pumpbeginn und dem augenblicklichen Wasserspiegel, gemessen zum Zeitpunkt t′ nach Abstellen der Pumpe.

Der Wiederanstieg lässt sich mathematisch so beschreiben, als ob anstelle des bisherigen Entnahmebrunnens ein Injektionsbrunnen Wasser in den Aquifer mit einer Rate einspeist, die genauso groß ist wie die bisherige Förderrate. Da die Auffüllmenge unabhängig von Schwankungen der Pumprate konstant ist, liefert die Wiederanstiegsmessung oft bessere Daten für die Auswertung.

Der Wiederanstieg im Brunnen kann ebenfalls mit der Typkurvenvorlage nach *Gringarten* ausgewertet werden. Hierzu wird im doppeltlogarithmischen Diagramm auf

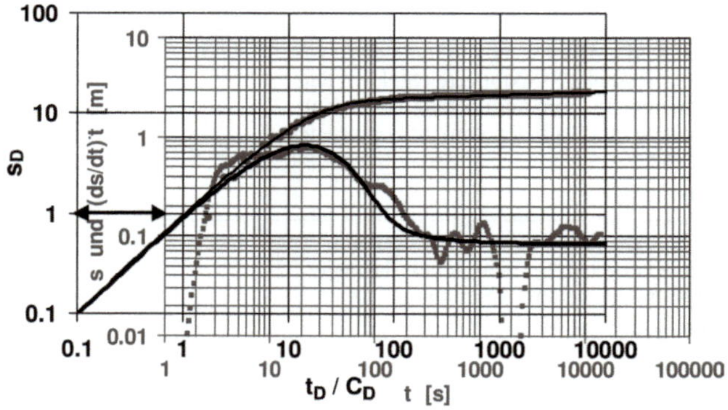


**Bild 82** Bestimmung der Transmissivität T durch Anpassung der doppeltlogarithmischen Auftragung mit der passenden Typkurve. Hier sind z. B. $s_D = 1$ und s = 0,18 m.

der Ordinate der Wiederanstieg als Differenz $s_{max} - s'$ aus maximaler Absenkung bei Pumpende $s_{max}$ und Restabsenkung $s'$ gegen die Zeit $t'$ seit Pumpende aufgetragen. Die Bourdet-Ableitung wird aus $ds'/dt' \cdot t' \cdot (t_p + t')/t_p$ gebildet, wobei $t_p$ die vorausgegangene Pumpdauer ist.

Für die Auswertung des Wiederanstiegs ist außerdem ein Geradlinienverfahren gebräuchlich, das wiederum nur für die Daten aus der infinit radialen Fließphase angewendet werden darf (horizontale Phase der Bourdet-Ableitung in der diagnostischen Auftragung): Während der Wiederanstiegszeit beträgt nach *Theis* [34] die Restabsenkung durch Überlagerung der Förderung und Auffüllung

$$s' = \frac{Q}{4\pi kM}\left(\ln\frac{4kMt}{r^2 S} - \ln\frac{4kMt'}{r^2 S'}\right)$$

Wenn S und S′ gleich sind und $u = r^2S/(4kMt')$ hinreichend klein ist, kann die Restabsenkung auch beschrieben werden als

$$s' = \frac{2{,}30Q}{4\pi kM}\log\frac{t}{t'}$$

Der Wiederanstieg im Brunnen wird als Restabsenkung $s'$ gegen $t/t'$ (Quotient aus Zeit seit Pumpbeginn t und Zeit seit Pumpende $t'$ auf logarithmischer Achse) aufgetragen (Bild 83). Durch die Zeitquotientenbildung sind die späten Daten die mit den niedrigeren $t/t'$-Werten. An die Daten aus der infinit radialen Fließphase wird eine Gerade angepasst.

Der Anstieg dieser Geraden ist

$$\Delta s' = \frac{2{,}30\,Q}{4\pi kM}$$

Mit dem Wert von $\Delta s'$ als Geradensteigung pro logarithmischem Zeitzyklus wird der Durchlässigkeitsbeiwert bestimmt nach

$$k = \frac{2{,}30\,Q}{4\pi\Delta s' M}$$

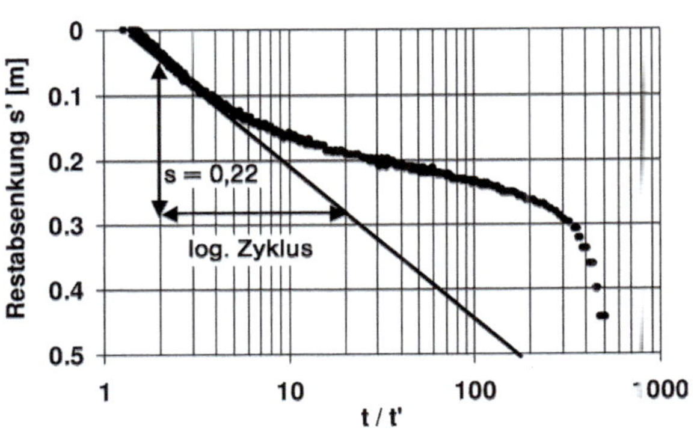


**Bild 83** Auswertung des Wiederanstiegs im Brunnen mit dem Geradlinienverfahren nach *Theis*

## 2.5 Einfache Bohrlochversuche (offene Systeme)

### 2.5.1 Allgemeines

Einfache Bohrlochversuche werden während der Bohrausführung in standfesten oder verrohrten Bohrlöchern sowie ausgebauten Grundwassermessstellen durchgeführt. Messtechnik und Durchführung sind relativ unaufwendig und die erforderliche Zeitdauer ist i. d. R. relativ kurz. Die Versuchsanforderungen sind in DIN EN ISO 22282-2 [59] geregelt.

Da die Wasserspiegeländerung nur ein geringes Aquifervolumen erfasst, ist der aus dem Versuch ermittelte Durchlässigkeitsbeiwert nur für das engere Umfeld der Messstelle repräsentativ, i. d. R. für wenige Meter.

Unter Auffüll- und Absenkversuchen werden einfache Versuchsdurchführungen verstanden, die mit stationären Auswerteverfahren kombiniert werden. Sie liefern *lediglich Näherungswerte* für den Durchlässigkeitsbeiwert, da z. B. Bohrlocheffekte und brunnenspezifische Einflüsse nicht berücksichtigt werden. Die erhaltenen Durchlässigkeitsbeiwerte sind neben der Aquiferdurchlässigkeit auch von der Durchlässigkeit der Versuchsanordnung und Messstelle beeinflusst, ohne dass über die jeweiligen Anteile Aussagen getroffen werden können. Verockerte Brunnen oder durch Bohrspülung kolmatierte Bohrlöcher liefern z. B. geringere Durchlässigkeitsbeiwerte, die Aquiferdurchlässigkeit kann damit ohne Weiteres um 1 bis 2 Größenordnungen unterschätzt werden. Wenn die Untersuchung über eine grobe Orientierung und Bestimmung der Größenordnung des Durchlässigkeitsbeiwerts hinausgehen soll, wird die Durchführung von Slug&Bail-Tests oder Pumptests empfohlen.

Slug&Bail-Versuche sind von der Durchführung her grundsätzlich auch Auffüll- und Absenkversuche. Unter Slug&Bail-Versuchen versteht man jedoch i. d. R. Versuche, bei denen die kontinuierlich gemessenen Versuchsdaten mit instationären Verfahren ausgewertet werden. Damit können Einflüsse wie Bohrloch- und Brunneneffekte eliminiert und die reine Aquiferdurchlässigkeit bestimmt werden.

Die Messung des Wasserspiegels während des Versuchs erfolgt hierbei idealerweise mit automatischen Drucksensoren und Datenloggern, kann aber auch bei ausreichend häufigen Ablesungen manuell mittels Kabellichtlot durchgeführt werden. Die Fließratenerfassung sollte mit Durchflussmessern erfolgen, die die Werte für die momentane Rate direkt anzeigen und damit in Kombination mit einem Regler sofortige Korrekturen des Durchflusses ermöglichen.

Vor Versuchsbeginn muss sich in der Messstelle der Ruhewasserspiegel eingestellt haben. In Zweifelsfällen ist mit einem ausreichend langen Messvorlauf die Konstanz des Wasserspiegels nachzuweisen.

### 2.5.2 Auffüll-/Absenkversuche

#### 2.5.2.1 Versuchsverfahren mit konstanter Fließrate und konstanter Druckhöhe

Nach DIN EN ISO 22282-2 [59] werden Versuchsverfahren mit konstanter Fließrate und Druckhöhe sowie mit veränderlicher Druckhöhe unterschieden. In der Norm sind auch Vorgaben für die fachgerechte Herstellung der Untersuchungsbohrung bzw. Messstelle enthalten.

Die Versuchsdurchführung mit konstanter Fließrate ist für durchlässigen bis stark durchlässigen Untergrund geeignet.

Bei dem Versuch ist eine geeignete Fließrate einzustellen und konstant zu halten. Geeignet sind Fließraten, die eine aussagekräftige Wasserspiegeländerung zulassen, ohne dass die Messstelle während des Versuchs jedoch überläuft bzw. trockenfällt. Allgemein sind Wasserspiegeländerungen zwischen 0,5 und 5 m geeignet.

Der Wasserstand ist in den ersten 20 Minuten mindestens jede Minute, danach mindestens alle 5 Minuten zu erfassen. Als maximale Versuchszeit schlägt DIN EN ISO 22282-2 eine Dauer von 60 Minuten vor. Abbruchkriterium ist das Erreichen des Beharrungszustands, d. h., wenn keine Wasserspiegeländerung mehr auftritt.

Im Anschluss an die Fließphase wird die Wiedereinstellung des Ruhewasserspiegels gemessen. Die Messungen werden anfangs wiederum mindestens jede Minute durchgeführt. Abbruchkriterium ist das Erreichen des Ruhewasserspiegels oder wenn die Messdauer der Dauer der Fließphase entspricht. Die Wiedereinspiegelung kann u. U. instationär ausgewertet werden (s. Abschnitt 2.4).

Die Versuchsdurchführung mit konstanter Druckhöhe ist für schwach durchlässigen bis durchlässigen Untergrund geeignet.

Bei dem Versuch wird eine konstante Druckhöhe über oder unter dem Ruhewasserspiegel eingestellt. Dies erfolgt z. B. mit einem Schwimmersystem, welches Wasser aus einem Vorratsbehälter nachspeist. In geeigneten Messintervallen wird die Fließrate bestimmt, z. B. als Volumenänderung im Vorratsbehälter über die Zeit. Der Versuch ist so lange auszuführen, bis eine konstante Fließrate erreicht wird.

Die Bestimmung des Durchlässigkeitsbeiwerts erfolgt mit der Fließrate Q und Differenz des Wasserspiegels zum Ausgangswasserspiegel im Beharrungszustand s = H – h nach

$$k = \frac{Q}{F \cdot s}$$

Der zutreffende Formfaktor F ergibt sich entsprechend der Versuchsanordnung und den Aquiferverhältnissen (Tabelle 10).

### 2.5.2.2 Versuchsverfahren mit veränderlicher Druckhöhe

Die Versuchsdurchführung mit veränderlicher Druckhöhe ist für schwach durchlässigen bis durchlässigen Untergrund geeignet.

Bei dem Versuch wird der Wasserstand durch Zugabe oder Entnahme eines Wasservolumens schlagartig verändert und die Wiedereinstellung des Ruhewasserspiegels gemessen. Die Wiedereinspiegelung sollte gemessen werden bis der Ruhewasserspiegel zu mind. 75 % wiederhergestellt ist.

**Tabelle 10** Formfaktoren und Bestimmungsgleichungen für den Durchlässigkeitsbeiwert k für gebräuchliche Versuchsanordnungen und Aquiferverhältnisse (verändert, nach *Thompson* [61])

| Fall | Versuchsanordnung | Diagramm | Formfaktor | Gleichung mit spezifischer Zeitverzögerung $T_0$ | Anmerkung |
|---|---|---|---|---|---|
| 1 | verrohrte Bohrung, offenes Rohrende, freier Aquifer | 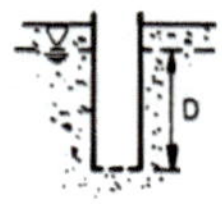  | $F = \frac{11\,r_B}{2}$ | $k = \frac{2\pi\,r_B}{11\,T_0}$ | Anwendungsbereich $0{,}15\ m \le D \le 1{,}5\ m$ |
| 2 | verrohrte Bohrung oder Brunnen mit Filterstrecke der Länge L, freier Aquifer | 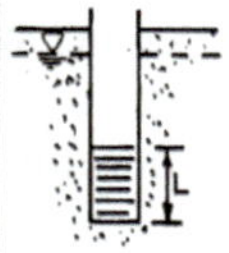  | $F = \frac{2\pi\,L}{\ln(L/r_B)}$ | $k = \frac{r_0^2 \ln(L/r_B)}{2LT_0}$ | Anwendungsbereich $\frac{L}{r_B} > 8$ |
| 3 | vollkommener oder unvollkommener Brunnen, gespannter Aquifer | 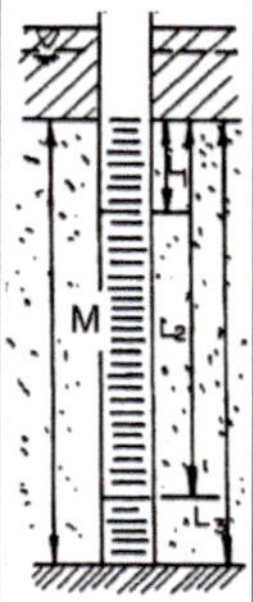  | $F = C_S\,r_B$ | $k = \frac{\pi\,r_0^2}{C_S\,r_B\,T_0}$ | $C_S = \frac{2\pi(L/r_B)}{\ln(L/r_B + 1{,}36)}$ |
| 4 | a) $\frac{L_1}{M} \le 0{,}20$<br>b) $0{,}20 \le \frac{L_2}{M} \le 0{,}85$ | | $F = \frac{2\pi\,L_2}{\ln(L_2/r_B)}$ | $k = \frac{r_0^2 \ln(L_2/r_B)}{2L_2T_0}$ | |
| 5 | c) $\frac{L_3}{M} = 1{,}00$ | | $F = \frac{2\pi\,L_3}{\ln(R/r_B)}$ | $k = \frac{r_0^2 \ln(R/r_B)}{2L_3T_0}$ | R = Reichweite der Absenkung; Annahme: $R/r_B = 200$ |
| 6 | verrohrte Bohrung, offenes Rohrende, gespannter Aquifer | 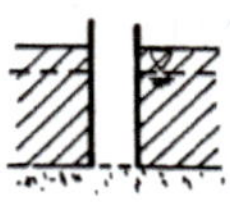 | $F = 4\,r_B$ | $k = \frac{\pi\,r_B}{4\,T_0}$ | |

Die einfachste Methode zur Auswertung geht auf *Hvorslev* [60] zurück. Der Ansatz basiert darauf, dass die Fließrate Q in der Messstelle zu jeder Zeit proportional zum Durchlässigkeitsbeiwert k und zur verbleibenden Wasserspiegeländerung s = H − h ist (Bild 84):

$$Q(t) = \pi r_0^2 \frac{dh}{dt} = Fk(H-h)$$

Hierbei ist F ein Formfaktor, der von der Versuchsanordnung und den Aquiferverhältnissen abhängt.

Durch Lösung obenstehender Differenzialgleichung erhält man mit den Anfangsbedingungen $h = H_0$ bei $t = 0$

$$k = \frac{\pi r_0^2}{Ft} \ln\left(\frac{H-h}{H-H_0}\right) = \frac{\pi r_0^2}{Ft} \ln\left(\frac{s_0}{s}\right)$$

mit $s_0 = H - H_0$, wobei mit $H_0$ der abgesenkte (oder erhöhte) Wasserstand in der Messstelle vor Beginn des Wiederanstiegs (oder Wiederabfalls) des Wasserstands bezeichnet ist.

*Hvorslev* definiert eine spezifische Zeitverzögerung $T_0$ als Zeitabschnitt bei $s/s_0 = e^{-1} = 0{,}37$. Damit wird der Ausdruck ln $(s/s_0)$ zu 1 und die Gleichung vereinfacht sich zu

$$k = \frac{\pi r_0^2}{F T_0}$$

Zur Bestimmung des Durchlässigkeitsbeiwerts wird ein halblogarithmisches Diagramm mit linearer Zeitachse und logarithmischer Achse für die Absenkung verwendet. Die Absenkung s wird dabei auf die maximale Absenkung $s_0$ zum Zeitpunkt $t = 0$ bezogen und als Quotient $s/s_0$ aufgetragen. Zum Zeitpunkt $t = 0$ ist $s = s_0$ und damit der Quotient $s/s_0 = 1$.

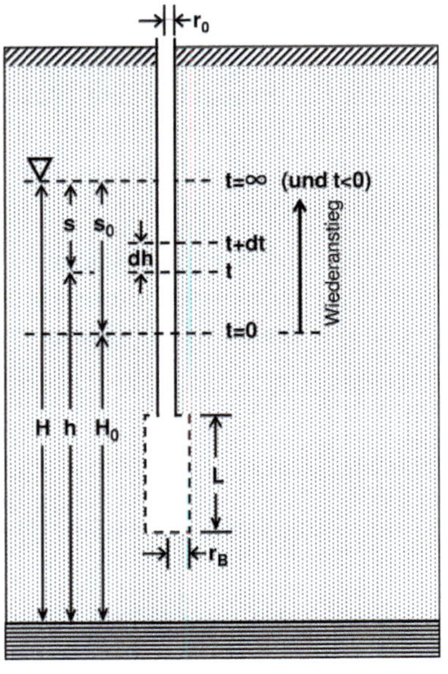


**Bild 84** Versuchsgeometrie bei Auffüll-/Absenkversuchen mit veränderlicher Druckhöhe nach *Freeze/Cherry* [11]

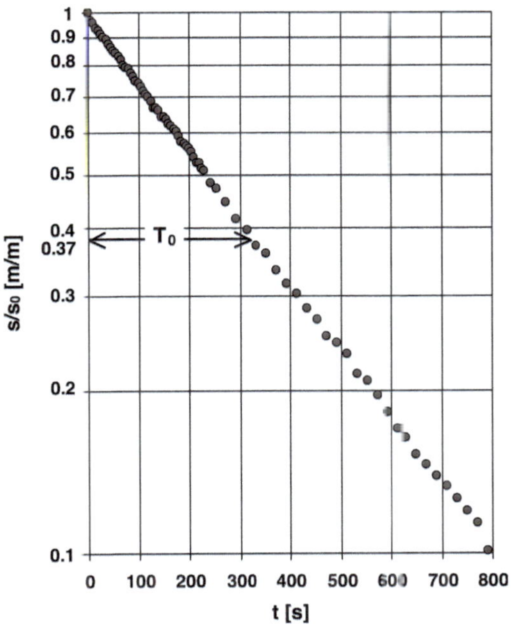


**Bild 85** Auswertediagramm nach *Hvorslev* [60]

Durch die aufgetragenen Wertepaare wird eine Ausgleichsgerade gelegt und für $s / s_0 =$ 0,37 die spezifische Zeitverzögerung $T_0$ entsprechend Bild 85 bestimmt. Der Formfaktor F und damit die für die Versuchsanordnung zutreffende Gleichung für den Durchlässigkeitsbeiwert ergeben sich entsprechend der Versuchsanordnung nach Tabelle 10.

### 2.5.3 Slug&Bail-Versuch

Unter einem Slug&Bail-Versuch versteht man einen modifizierten Auffüllversuch, bei dem durch das Einbringen eines Verdrängungskörpers (Bailer) eine schlagartige Anhebung des Wasserspiegels in der Messstelle bewirkt wird. Durch die Verwendung eines Verdrängungskörpers wird im Gegensatz zum Einfüllen von Wasser eine besonders schlagartige Veränderung des Wasserspiegels erreicht, was eine wichtige Annahme der Versuchsauswertung ist. Nach erfolgter Wiedereinstellung des Ruhewasserspiegels wird der Wasserstand durch das Herausziehen des Verdrängungskörpers schlagartig abgesenkt. Der Versuch endet, wenn nach erfolgtem Wiederanstieg der Ruhewasserspiegel wieder erreicht ist. Der Quotient aus Restabsenkung dividiert durch die maximale Absenkung sollte zumindest 0,25, bei Brunnen mit größerem Durchmesser, älteren Messstellen oder Bohrungen mit möglicherweise schlechtem Aquiferanschluss besser 0,1 erreichen.

Slug&Bail-Versuche sind für sehr schwach durchlässigen bis durchlässigen Untergrund geeignet.

Die Auswertung erfolgt mit einem instationären Lösungsverfahren, wie z. B. dem Typkurvenverfahren nach *Cooper* et al. [62]. Die Anwendung des Verfahrens setzt grundsätzlich gespannte Aquiferverhältnisse voraus, kann jedoch auch bei freiem Grundwasserspiegel angewendet, wenn die hervorgerufene Absenkung in Bezug auf die Aquifermächtigkeit gering ist.

Die Daten der Wasserspiegelerholung werden als Quotient der Restabsenkung (Aufhöhung) h zum Zeitpunkt t dividiert durch die maximale Absenkung (Aufhöhung) $H_0$ bei $t = 0$ in linearem Maßstab auf der y-Achse gegen die Zeit auf der y-Achse in logarithmischem Maßstab aufgetragen.

Die in gleichem Maßstab vorliegende Typkurvenschar (Bild 86) wird in x-Richtung auf die Datenkurve geschoben, bis eine Typkurve mit der Datenkurve bestmöglich übereinstimmt. Aus einem beliebigen Deckungspunkt der x-Achsen t und $t_D$ bestimmt sich die Transmissivität T nach

$$T = \frac{t_D r_0^2}{t}$$

und hieraus nach Division durch die Mächtigkeit M des untersuchten Aquifers der Durchlässigkeitsbeiwert k nach

$$k = \frac{T}{M}$$

Bohrlocheinflüsse wie Brunnenspeicherung und Skin sowie der Speicherkoeffizient gehen in den Parameter $\alpha$ der Typkurve ein. Unter der Voraussetzung, dass der Skin-

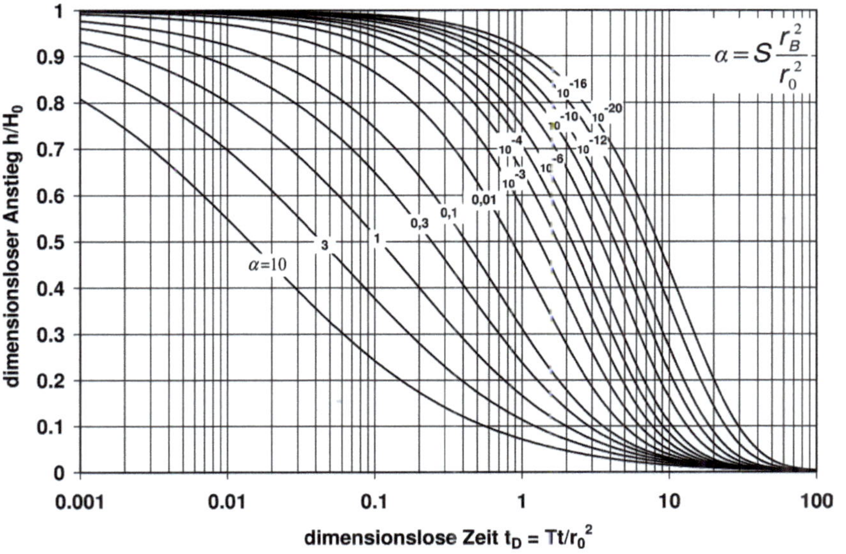


**Bild 86** Typkurven zur Auswertung von Slug&Bail-Tests nach *Cooper* et al. [62]

faktor = 0 ist (d. h. ein idealer Anschluss der Messstelle an den Aquifer vorliegt), kann aus dem Parameter α der Speicherkoeffizient bestimmt werden:

$$S = \alpha \frac{r_0^2}{r_B^2}$$

In den Gleichungen steht $r_B$ für den Bohrlochradius und $r_0$ für den Rohrradius, in dem sich der Wasserspiegel bewegt.

In der Regel wird die Typkurvenauswertung mit verfügbaren Computerprogrammen durchgeführt, wobei zur besseren Identifizierung der am besten passenden Typkurve die ersten mathematischen Ableitungen der Datenkurve sowie der Typkurven herangezogen werden. Grundsätzlich ist jedoch unter Verwendung der Typkurvenvorlage (Bild 86) auch die grafische Auswertung von Hand möglich, ggf. unter Zuhilfenahme eines Tabellenkalkulationsprogramms.

## 2.6 Spezielle Bohrlochversuche (geschlossene Systeme)

### 2.6.1 Allgemeines

Spezielle Bohrlochversuche werden während der Bohrausführung in standfesten Bohrlöchern durchgeführt. Der zu untersuchende Bohrlochabschnitt wird mittels Einzelpacker gegen die Bohrlochsohle oder mit einer Doppelpackeranordnung eingeschlossen. Messtechnik und Durchführung sind relativ aufwendig und werden i. d. R. zusammen mit der Auswertung von einschlägig spezialisierten Fachfirmen durchgeführt. Die Anforderungen an Versuche unter Anwendung geschlossener Systeme sind in DIN EN ISO 22282-6 [63] geregelt.

Einen Spezialfall stellen Einschwingversuche dar, die in ausgebauten Grundwassermessstellen durchgeführt werden. Die Grundwassermessstelle muss dabei druckdicht verschlossen werden, wozu auch ein Packer eingesetzt werden kann.

Da die Wasserspiegeländerung nur ein geringes Aquifervolumen erfasst, ist der aus den im Folgenden beschriebenen Versuchen ermittelte Durchlässigkeitsbeiwert nur für das engere Umfeld der Messstelle repräsentativ, i. d. R. für wenige Meter.

### 2.6.2 Slug-, Pulse- und Drill-Stem-Test

#### 2.6.2.1 Testequipment und Testarten

Für Slug-, Pulse- und Drill-Stem-Tests wird eine Testeinrichtung benötigt, die aus einem Einzel- oder Doppelpacker, einem Testventil sowie dem Testrohr besteht, an dem die Einrichtung eingebaut wird (Bild 87). Mit dem Testventil kann der Durchgang zwischen Testrohr und dem zu untersuchenden Bohrlochabschnitt geöffnet und geschlossen werden. Durch Aufblasen der Packer wird der Testabschnitt gegen den darüber- bzw. darunterliegenden Bohrlochabschnitt abgedichtet. Vor Beginn des eigentlichen Versuchs wird die Einstellung des Ruhedrucks der untersuchten Gebirgsformation im Testabschnitt abgewartet. Die in Bild 87 angegebenen Drücke $p_1$, $p_2$ und $p_3$ sind die Wasserdrücke, die mit Drucksensoren über, zwischen bzw. unter den Packern gemessen werden.

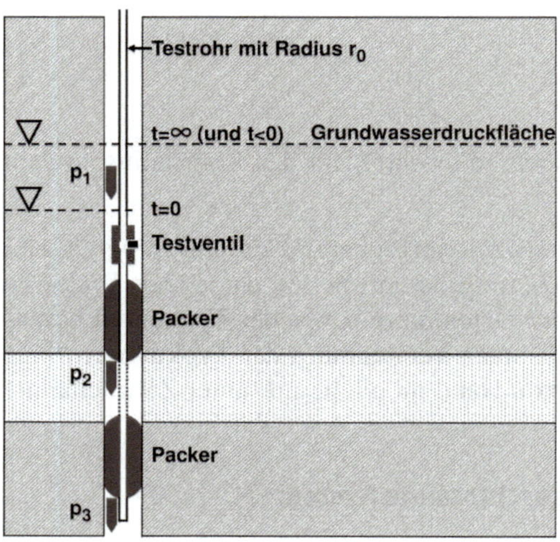


**Bild 87** Doppelpackertesteinrichtung für Slug-, Drill-Stem- und Pulse-Tests

Bei geschlossenem Ventil wird der Wasserspiegel im Testrohr um einige Meter abgesenkt, z. B. durch Abpumpen oder Ausschöpfen von Wasser (alternativ kann auch eine Erhöhung des Testrohrwasserspiegels erfolgen). Wird das Testventil anschließend geöffnet, strömt Wasser aus dem abgepackerten Gebirgsabschnitt in das Testrohr nach, bis der Testrohrwasserspiegel den Ruhedruck des Aquifers erreicht hat (Fließphase). Je nach Schaltsequenz des Testventils und daraus resultierenden Fließ- und Schließphasen unterscheidet man drei Testarten.

### 2.6.2.2 Slug-Test

Der Slug-Test besteht nur aus einer Fließphase. Das Testventil bleibt geöffnet, bis durch das nachströmende Wasser der Ruhedruck des Gebirgsabschnitts erreicht ist. Damit lassen sich Durchlässigkeitsbeiwerte im Bereich von ca. $10^{-8}$ bis $10^{-4}$ m/s bestimmen. Es werden die gleichen Auswerteverfahren wie beim Slug&Bail-Versuch angewendet.

### 2.6.2.3 Pulse-Test

Beim Pulse-Test wird das Testventil wird unmittelbar nach Einstellung der maximalen Druckänderung im Testabschnitt wieder geschlossen. Die Messung erfolgt bis zum Erreichen des Ruhedrucks im Testintervall. Der Pulse-Test besteht somit nur aus einer Schließphase. Bei dieser Art der Versuchsdurchführung muss kein Volumenausgleich im Testrohr, sondern lediglich ein Druckausgleich im abgeschlossenen Testabschnitt erfolgen. Mit diesem Verfahren lassen sich Durchlässigkeitsbeiwerte im Bereich von $10^{-11}$ bis $10^{-8}$ m/s bestimmen. Es werden die gleichen Auswerteverfahren wie beim Slug&Bail-Versuch angewendet, wobei der Testrohrradius $r_0$ ersetzt wird durch den Ausdruck

$$r_0^2 = \frac{Vc\rho g}{\pi}$$

Darin sind

V Wasservolumen, das unter Druck gebracht wird [$m^3$]

c Systemkompressibilität [$m^2/N$]

ρ Dichte des Wassers [$kg/m^3$]

g Erdbeschleunigung [$m/s^2$]

Es ist unzulässig, nur die Kompressibilität von Wasser zu berücksichtigen, da die maßgebliche Systemkompressibilität von Packer, Gebirge und ggf. eingeschlossener Luft um 1 bis 2 Größenordnungen höher liegt. Die Systemkompressibilität muss separat bestimmt werden [64].

### 2.6.2.4 Drill-Stem-Test

Der Drill-Stem-Test besteht aus einer Fließ- und einer Schließphase. Das Testventil bleibt geöffnet, bis aus dem Anstieg der Wassersäule im Testrohr mit der Querschnittsfläche $\pi r_0^2$ über die Zeit eine Fließrate Q bestimmt werden kann. Hierzu wird der anfängliche lineare Anstieg in der Größenordnung von einigen cm bis wenigen dm (i. d. R. einige bis 10 %) der maximalen Druckänderung benötigt. Danach wird die Fließphase durch Schließen des Ventils beendet. Während der Schließphase wird der Druckanstieg im Testabschnitt gemessen. Mit diesem Verfahren lassen sich Durchlässigkeitsbeiwerte im Bereich von ca. $10^{-8}$ bis $10^{-6}$ m/s bestimmen. Mit der bestimmten Fließrate Q kann der Druckanstieg nach Schließen des Testventils (Schließphase) wie ein Wiederanstieg nach einem Pumpversuch betrachtet und auch so ausgewertet werden.

### 2.6.3 Einschwingversuch

Der Einschwingversuch setzt eine ausgebaute Grundwassermessstelle voraus. Der Ruhewasserspiegel muss dabei einige Meter über der Filterstrecke in einer dichten Rohrstrecke stehen.

Für den Versuch wird eine Drucksonde eingebaut und die Messstelle mit einem Verschluss oder Packer druckdicht verschlossen. Durch Zufuhr eines Druckluftvolumens wird der Wasserspiegel in der Messstelle einige Meter, aber nicht bis in den Bereich der Filterstrecke, abgesenkt. Sobald die dem aufgebrachten Luftdruck entsprechende Wassersäule in den Aquifer verdrängt ist, zeigt die Drucksonde wieder den Ausgangsdruck an. Danach wird die Abdichtung schlagartig geöffnet, die Druckluft entweicht und das Wasser strömt aus dem Aquifer in die Messstelle, bis der Ruhewasserspiegel wieder erreicht ist (asymptotischer Verlauf). Aufgrund der Trägheit kann das Ruheniveau auch überschritten werden und der Ruhewasserstand in einem oszillierenden Verlauf erreicht werden.

Aus diesem oszillierenden Verlauf, der erfahrungsgemäß nur bei gespannten Aquiferverhältnissen und stark bis sehr stark durchlässigen Aquiferen auftritt, hat der Einschwingversuch seinen Namen. In der Regel ist daher die Durchführung eines Slug&Bail-Versuchs aufgrund der einfacheren Handhabbarkeit zu bevorzugen. Unter besonderen Umständen, z. B. hohen Durchlässigkeiten oder um nicht in Berührung mit kontaminiertem Grundwasser zu kommen, stellt der Einschwingversuch eine mögliche Alternative dar. Die Auswertung ist in DIN 18130-2 [65] beschrieben.

### 2.6.4 WD-Versuch

Bei einem WD-Versuch wird in mehreren Druckstufen Wasser in einen abgepackerten Bohrlochabschnitt verpresst. Der WD-Versuch wurde für den Ingenieurbau entwickelt, um Informationen über die Wasseraufnahmefähigkeit oder Dichtigkeit des untersuchten Gebirges, über das Verhalten von Trennflächen unter Druck sowie die Bemessung und Wirksamkeit von Zementverpressungen zu erhalten. Die Versuchsanforderungen sind in DIN EN ISO 22282-3 [66] geregelt.

Es gibt Ansätze, aus den Druck-/Ratenverhältnissen Durchlässigkeitsbeiwerte zu berechnen. Da bei den i. d. R. nur 5- bis 10-minütigen Druckstufen keine stationären Bedingungen erreicht werden und selbst unter Annahme von stationären Bedingungen Störgrößen wie ein Skineffekt nicht eliminiert werden können, ist der WD-Versuch kein geeignetes Verfahren zur Bestimmung des Durchlässigkeitsbeiwerts [67].

## 2.7 Laborversuche

Die Bestimmung des Wasserdurchlässigkeitsbeiwerts im Labor ist in der DIN 18130-1 [68] geregelt. Eine Beschreibung des Versuchs und eine Darstellung der Grundlagen enthält Kapitel 1.3, Abschnitt 5.11 des Grundbau-Taschenbuchs, Teil 1, 8. Auflage [69].

Zur Charakterisierung der Durchlässigkeitsverhältnisse in einem Grundwasserleiter sind aus Durchlässigkeitsversuchen im Labor ermittelte Durchlässigkeitsbeiwerte oft nur bedingt geeignet. Die aus Labor- und Feldversuchen ermittelten Durchlässigkeitsbeiwerte weichen oft deutlich voneinander ab, weil die natürlichen geohydraulischen Bedingungen im Labor nur unvollständig wiedergegeben werden können.

Für Laboruntersuchungen werden oft Mischproben verwendet, die bedingt durch die Entnahme und den Bohrvorgang für Durchlässigkeitsversuche meist nicht geeignet sind. Feine Schluff- und Tonbänder sowie teilweise auch Schlämmkornanteile, die für die Durchlässigkeit des Bodens maßgebend sind, können dadurch verloren gehen. Aus diesen Gründen sind für Durchlässigkeitsuntersuchungen im Labor durchgehend gekernte Bodenproben zu bevorzugen. Weiterhin wird der Durchlässigkeitsbeiwert im Labor i. Allg. für die senkrechte Durchströmung der Bodenprobe ermittelt, während bei einer Grundwasserabsenkung im Wesentlichen die horizontale Durchströmung maßgebend ist. Eine gute Übereinstimmung zwischen den aus Labor- und Feldversuchen ermittelten Durchlässigkeiten ergibt sich deshalb meist nur für ausreichend homogene und isotrope Grundwasserleiter.

# 3 Grundwasserhaltung

## 3.1 Wasserhaltungen und Wasserhaltungsverfahren

### 3.1.1 Wasserhaltungen

Unter Wasserhaltungen versteht man das Absenken, Entspannen oder Abpumpen von Grund-, Schicht- oder Oberflächenwasser. Im Allgemeinen werden Wasserhaltungen zur Herstellung von trockenen Baugruben für Bauwerke oder Teilen davon durchgeführt. Diese Baumaßnahmen sind aus wirtschaftlichen und umweltrelevanten Gründen meist zeitlich begrenzt. In Ausnahmefällen werden jedoch auch dauerhafte Grundwasserabsenkungen ausgeführt.

### 3.1.2 Wasserhaltungsverfahren

#### 3.1.2.1 Allgemeines

Bild 88a bis c stellt am Beispiel der geböschten Baugrube schematisch die grundsätzlichen Wasserhaltungsverfahren dar. In allen Fällen wird durch geeignete technische Maßnahmen ein Gefälle zwischen der ungestörten Grundwasseroberfläche außerhalb der Baugrube und der für die Durchführung der Baumaßnahmen abgesenkten Grundwasseroberfläche in der Baugrube hergestellt.

#### 3.1.2.2 Offene Wasserhaltung

Wichtige Voraussetzung für die offene Wasserhaltung ist ein standfester Boden, wie z.B. Fels, grober Kies oder bindige Böden. Die Entfernung des Wassers erfolgt gleichzeitig mit dem Aushub der Baugrube und diesem nur wenig vorauseilend (50 cm bis 1,0 m). Das vorhandene und zufließende Wasser wird über offene Gräben oder Dränagen gesammelt und mit Pumpen in Pumpensümpfen abgepumpt. Außerhalb der Baugrube bildet sich wie bei jeder Wasserhaltung der Übergang zur ungestörten Grundwasseroberfläche in einem den anstehenden Bodenschichten entsprechenden Gefälle aus. Der Wasserzustrom zur Baugrube erfolgt durch eine Eintrittsfläche von der Höhe $h_0$ (Bild 88a). Da das Grundwasser hier offen sichtbar ist, wird die Bezeichnung „Offene Wasserhaltung" gewählt.

### 3.1.2.3 Geschlossene Wasserhaltung mit vertikalen Brunnen

Bei der geschlossenen Wasserhaltung erfolgt die Entfernung des Wassers vor Aushub der Baugrube oder eines nach unten begrenzten Aushubabschnitts. Aus vertikalen Brunnen, die innerhalb oder in der Nähe der Baugrube angeordnet werden, wird mehr Wasser entnommen, als der späteren Baugrube zufließt. Dadurch senkt sich die Grundwasseroberfläche allmählich (Bild 88b). Nach Erreichen des Absenkziels entspricht die Wasserentnahme der Zuflussmenge (quasistationärer Zustand). In diesem Zustand hat sich die Beanspruchung der Brunnenfilter von H auf die Höhe $h_0$ ermäßigt. Die abgesenkte Grundwasseroberfläche muss unter der geplanten Arbeitsebene verlaufen. Es ist ein Sicherheitsabstand a (Bild 88b) erforderlich, der – abhängig von der Bedeutung des Bauwerks, dem Untergrund, dem Sicherheitsgrad der maschinellen Ausrüstung, der Energieversorgung und der personellen Überwachung – i. Allg. zwischen 0,5 und 1,0 m gewählt wird (gilt für alle Fälle ohne abdichtende Schicht unter der Baugrubensohle).

### 3.1.2.4 Horizontale Wasserfassungen

Statt vertikaler Brunnen können auch horizontal angeordnete Filter (Dränagen) neben oder unter der Baugrube als Wasserfassung angeordnet werden (Bild 88c). Diese sind

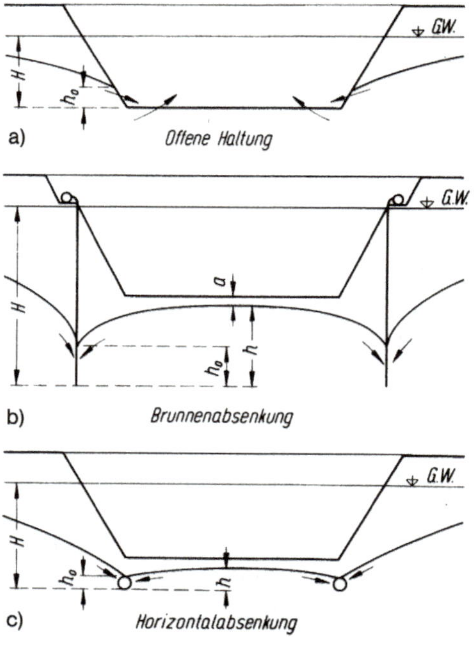


**Bild 88** Wasserhaltungsverfahren;
a) offene Wasserhaltung, b) Brunnenabsenkung,
c) Horizontalabsenkung (nach [70, 71])

im Betrieb besonders vorteilhaft, da zur Erreichung eines bestimmten Absenkziels im Vergleich zu anderen Verfahren die geringste Wassermenge gepumpt werden muss. Bei langfristig laufenden Anlagen empfehlen sich daher horizontale Fassungen. Ihre allgemeine Anwendung scheitert oft an der Schwierigkeit des Einbaus, der in wasserführenden Schichten meist mit einer Hilfswasserhaltung erfolgen muss. Alternativ sind maschinell verlegte Dränagen mit Tiefenfräsen möglich. Liegt eine undurchlässige Schicht so nahe unter dem Absenkziel, dass das erforderliche Maß h + a (Bild 88b) konstruktiv nicht mehr zur Verfügung steht, muss eine horizontale Wasserfassung eingebaut werden, wenn nicht andere Bauverfahren zweckmäßiger sind.

### 3.1.3 Einfluss der Geologie auf die Wasserhaltungsverfahren

Der wichtigste Kennwert des Baugrunds für Wasserhaltung ist die Durchlässigkeit, gekennzeichnet durch den Durchlässigkeitsbeiwert k in m/s. In gut durchlässigen Böden, wie Sanden und Kiesen, wird die Grundwasserströmung allein durch die Schwerkraft bestimmt. Je gröber die Körnung des Baugrunds, umso größer ist die Durchlässigkeit und die erforderliche Fördermenge. Bei feinkörnigen Böden mit kleinerem Korndurchmesser verhält es sich umgekehrt. Hier ist die Durchlässigkeit geringer, da dem Wasser durch die enge Lagerung der Einzelkörner erhöhte Fließwiderstände entgegenstehen.

Eine Sonderstellung nehmen sog. Feinböden ein (Körnungen Ø < 0,2 mm bzw. $k < 10^{-4}$ m/s). Eine Eigenart dieser Böden ist es, einen großen Teil des Grundwassers durch Adhäsion (Kapillar-, Adsorptions- und Porenwinkelwasser) zu binden. Das Wasser führt deshalb beim Fließen den Boden mit (z. B. bei Fließsand und Schluff). Hier genügt die Schwerkraft allein nicht zur Entwässerung. Erst unter dem zusätzlichen Einfluss von Vakuum löst sich das Wasser vom Korn und kann über das Filtersystem abgesaugt werden. Der gefährliche Fließboden wird dadurch stabilisiert und standfest. In diesem Fall ist durch Wasserhaltungsmaßnahmen also auch eine Verbesserung der Baugrundeigenschaften möglich. In feinem Schluff und in Böden mit starkem Tonanteil, d. h. in Böden mit besonders großer innerer Oberfläche, ist das Wasser überwiegend durch Adsorption gebunden. Allerdings sind die Wassermengen sehr gering, sodass in solchen Böden für die Herstellung von Baugruben meist eine offene Wasserhaltung ausreicht. Eine echte Entwässerung ist in diesen Fällen nur mithilfe elektromagnetischer Kräfte möglich.

Man unterscheidet daher

- Schwerkraftabsenkung,
- Vakuumentwässerung,
- elektrische Osmose.

Die Entwässerung durch elektrische Osmose wird aufgrund ihrer geringen Bedeutung in der Praxis nicht weiter behandelt. Hierzu sei auf weiterführende Literatur (z. B. [72–74]) verwiesen.

Im Gegensatz zu reinen Schwerkraftanlagen können Vakuumabsenkungen und elektrische Osmose auch mit geneigten Vakuumanlagen sogar mit nach oben gerichteten

Brunnen ausgeführt werden. Besonders im Tunnelbau werden mit Vakuum beaufschlagte horizontal gebohrte Lanzen oft angewendet.

In Bild 89 und Tabelle 11 werden Anhaltswerte für die Anwendungsgebiete der verschiedenen Absenkungsverfahren in Abhängigkeit von der Bodenart bzw. der Absenktiefe angegeben. Die Bereiche wurden aufgrund praktischer Erfahrungen ermittelt (s. hierzu auch [12]).

**Tabelle 11** Bodenarten, Körnungen, Durchlässigkeitsbeiwerte, Entwässerungsmöglichkeiten, anfallende Wassermengen (nach [71])

| Bodenarten | | Ton | Schluff | | | Sand | | | Kies | | |
|---|---|---|---|---|---|---|---|---|---|---|---|
| | | | fein | mittel | grob | fein | mittel | grob | fein | mittel | grob |
| Korngröße von / bis in mm | | < 0,002 | 0,002<br>0,005 | 0,005<br>0,02 | 0,02<br>0,05 | 0,05<br>0,2 | 0,2<br>0,5 | 0,5<br>2 | 2<br>6 | 6<br>20 | 30<br>60 |
| Durchlässigkeitsbeiwert k | cm/s<br>m/s | $10^{-8}$–$10^{-6}$<br>$10^{-10}$–$10^{-8}$ | $10^{-5}$<br>$10^{-7}$ | $10^{-4}$<br>$10^{-6}$ | $10^{-3}$<br>$10^{-5}$ | $10^{-2}$<br>$10^{-4}$ | $10^{-1}$<br>$10^{-3}$ | 1<br>$10^{-2}$ | > 1<br>$10^{-1}$ | > 1 | > 1 |
| Fließgeschwindigkeit cm/s | | 0,000001 | 0,00001 | 0,0001 | 0,001 | 0,01 | 0,1 | 1 | > 1 | > 1 | > 1 |
| Wasseranfall in m³/h Je lfd. m Filtergalerie[2] bei Wasser-Absenkung von … m | 1 | 0,03 | 0,3 | 0,4 | 0,9 | 2,2 | 3 | 6,3 | | | |
| | 2 | \| | 0,3 | 0,45 | 1,1 | 2,5 | 3,6 | 7,1 | | | |
| | 3 | \| | 0,4 | 0,5 | 1,3 | 2,8 | 4,4 | 8,1 | | | |
| | 4 | \| | 0,4 | 0,6 | 1,5 | 3,2 | 5,2 | 9,3 | | | |
| | 5 | \| | 0,4 | 0,6 | 1,7 | 3,7 | 6,5 | 10,8 | | | |
| | 6 | \| | 0,4 | 0,6 | 1,9 | 4,3 | 8 | 12,5 | | | |
| | 7 | \| | 0,4 | 0,6 | 2,1 | 5 | 9,4 | 14,5 | | | |
| | 8 | \| | 0,4 | 0,6 | 2,3 | 5,8 | 11,1 | 17 | | | |
| | 9 | 0,2 | 0,4 | 0,6 | 2,5 | 6,7 | 13 | 20 | | | |

C. *Spülfilter-Verfahren*
1. Vakuumverfahren
2°-Filter beidseitig einspülen, 0,6-1 m Abstand (bei Ton und bei eingelagerten Schichten mit Sandschüttung).
Max. Absenktiefe 8,5 m.

C. *Spülfilter-Verfahren*
2. Schwerkraftverfahren
Je nach Wasseranfall und Filterkapazität ein- oder beiseitig einspülen, 1–4 m Abstand, 5–30 m³/h je Filter (bei eingelagerten Schichten mit Sandschüttung).
Max. Absenktiefe 7,5 m

B. *Bohrloch-Verfahren*
1. Gebohrte Brunnen mit Schlitzbrückenfiltern, als Flachbrunnen mit Absaugung für Absenktiefen bis zu 7 m, als Tiefbrunnen mit Unterwasserpumpen für größere Absenktiefen.

A. *Offene Wasserhaltung*
1. Wenn der Boden stabil ist.

A. *Offene Wasserhaltung*
2. Wenn nur max. 0,5 m abzusenken sind.

A. *Offene Wasserhaltung*
3. Bei entsprechendem Verbau.

[1] Die angegebenen Wassermengen sind Anhaltswerte und gelten für die durch $d_{10}$ charakterisierten Bereiche.
[2] Der Wasserandrang tritt bei einseitig abgesaugten Gräben auf. Bei beidseitiger Absaugung oder allseitig mit Filtern umgebenen Baugruben vermindert sich die Wassermenge wegen der gegenseitigen Beeinflussung auf das 0,7fache.

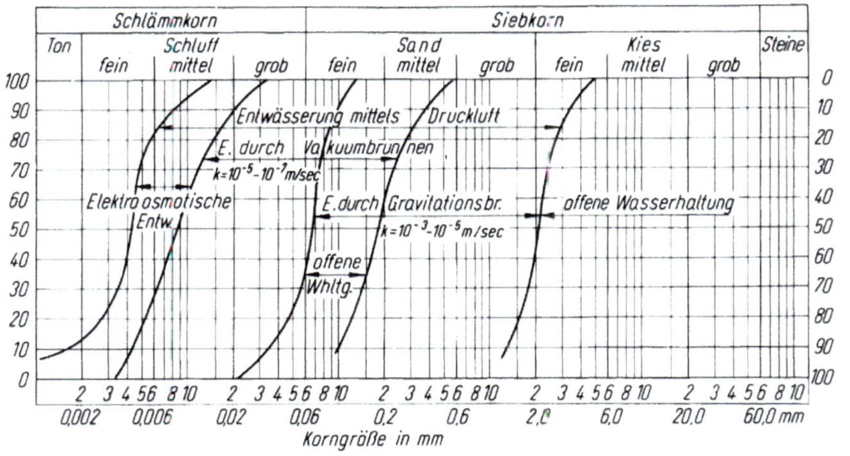


**Bild 89** Absenkungsverfahren für verschiedene Körnungslinien (nach [70])

## 3.2 Grundlagen für die Planung und Dimensionierung

### 3.2.1 Unterlagen für die Planung und Dimensionierung

Sowohl Auftraggeber, Gutachter und Planer als auch das ausführende Unternehmen sind in ihrer Verantwortungskette für die korrekte Planung zuständig. Die VOB Teil C, DIN 18305 Wasserhaltungsarbeiten [75] legt hierzu Folgendes fest: „3.2.1. Der Auftragnehmer hat Umfang, Leistung, Wirkungsgrad und Sicherheit der Wasserhaltungsanlage dem vorgesehen Zweck entsprechend zu bemessen nach den Angaben oder Unterlagen des Auftraggebers zu hydrologischen und geologischen Verhältnissen."

Der Auftragnehmer hat die Anlage zwar zu dimensionieren, aber die Voraussetzungen dafür muss der Auftraggeber liefern. Für die korrekte Dimensionierung einer Grundwasserabsenkungsanlage müssen die geologischen, bodenmechanischen und geohydraulischen Verhältnisse im Vorfeld einer Baumaßnahme umfassend erkundet werden:

- Schichtung des Baugrunds (Bereich Baugrube und im Einflussbereich der Wasserhaltung),
- Grundwasserverhältnisse (Grundwasseroberfläche des freien und Grundwasserdruckfläche des gespannten GW, HGW, NGW),
- Wasserdurchlässigkeit (Durchlässigkeitsbeiwert) der Aquifers (horizontal und vertikal),
- Bodenparameter (Korngrößen und Kornverteilung für Filter und Suffosion),
- chemische Zusammensetzung des Grundwassers bei länger laufenden Anlagen.

Für offene Wasserhaltungen und Entwässerungen von Feinstböden genügen Erkundungen in der Baugrube und deren nächster Umgebung. Für Grundwasserabsenkungen in Sanden und Kiesen dagegen muss außer der Baustelle ein großer Bereich – entsprechend etwa der 20-fachen Absenkungstiefe um die Baugrube herum – erschlossen werden. Die Bodenschichtung muss bis mindestens 5 m unter die zukünftige Brunnensohle bekannt sein. Auch tiefer liegende, gespannte Grundwasserschichten sind relevant, wenn die Grundwasserdruckfläche über der geplanten Baugrubensohle liegt. Die Kenntnis allein der Grobschichtung des Untergrunds ist nicht ausreichend. Inhomogene Böden erfordern besonders zahlreiche Aufschlussbohrungen.

Wenn der Boden aus verschiedenartigen Schichten aufgebaut ist, muss festgestellt werden, ob es sich um durchgehende Schichten oder räumlich begrenzte Einlagerungen handelt. Tonlinsen sind z. B. ohne Einfluss auf die Wasserhaltung, weil sie vom Wasser umströmt werden. Durchgehende Tonlagen sind Trennschichten, deren Einfluss auf den Wasserzustrom zur Baugrube im ursprünglichen und abgesenkten Zustand zu untersuchen ist.

Besonders zu achten ist auf sehr dünne Tonschichten, die häufig überbohrt werden; sie haben hydraulisch die gleiche Wirkung wie dicke Tonlagen. Daraus ergibt sich die Konsequenz für die Auswahl des Bohrverfahrens bei Baugrundaufschluss nach DIN EN ISO 22475 [76]: Nur durchgehend gekernte Bodenproben sind geeignet (keine nicht gekernten Proben).

Untersuchungsbohrungen in Tonschichten unterhalb der Brunnensohle sind zuverlässig abzudichten, um bei der Absenkung den eventuellen Zustrom von Grundwasser in den Absenkungsbereich zu unterbinden.

Eine Kreuz- und Schrägschichtung des Baugrunds ist durch den Bohraufschluss nicht erfassbar. Bei sonst gleicher mittlerer Körnung der Aquifers wird sich bei diesen Verhältnissen eine asymmetrische Absenkkurve einstellen.

Durch Wasserstandsbeobachtungen in unterschiedlich tiefen Pegeln ist der Einfluss grober oder sehr locker gelagerter Schichten auf die Absenkung in darüber liegenden, feineren bzw. dichter gelagerten Schichten zu ermitteln. Die Einwirkung benachbarter offener Wasserflächen ist zu beachten. Zur Bestimmung der Durchlässigkeit des Bodens siehe Abschnitt 2.

Wenn die Umgebung der Absenkungsanlage bebaut ist, ist es ratsam, durch Setzungsberechnungen den Einfluss der Grundwasserentnahme auf die vorhandenen Gründungen quantitativ abzuschätzen. Eine Beweissicherung ist ratsam.

Bei ausgedehnten, vor allem aber bei tiefreichenden oder lange Zeit laufenden Absenkungen gehört zu den Vorarbeiten unabdingbar eine Probegrundwasserabsenkung. Über deren Anlage und Auswertung siehe Abschnitt 2.

Um alle Randbedingungen übersichtlich zu gestalten, empfiehlt es sich neben Lageplänen und Grundrissen einen geotechnisch-hydrologischen Schnitt aufzustellen. Hier sollten alle wesentlichen Höhenkoten enthalten sein, um auf einen Blick die geologische und hydrologische Situation, auf die Situation der Baugrube bezogen, zu erkennen. Bei uneinheitlichen Verhältnissen sollten mehrere Schnitte angelegt werden. Folgende Angaben müssen vorliegen:

- Einordnung der Bauwerksbezugshöhe in m ü. NN,
- Geländehöhen,
- Baugrubensohlen, Unterkante tiefster Aushub,
- Angaben zu Tiefteilen, Aufzugsschächten usw.,

- Voraushub-Ebenen, Anker-Ebenen, Zwischenaushubzustände,
- Bodenplatten-Höhen (für Länge von Brunnentöpfen),
- Baugrundschichtungen (wesentliche),
- Durchlässigkeiten, (Durchlässigkeitsbeiwerte).
- alle Grundwasserhöhen (NGW, MGW, HGW), bauzeitliche Bemessungs-GW, Absenkziel, Grundwasserpotenzial in unterlagernden gespannten Grundwasserstockwerken,
- Baugrubenumschließung mit Oberkante und Unterkante,
- Art der Baugrubenumschließung.

Mithilfe des geotechnischen Schnitts (Bild 90) kann man die erforderlichen Absenkbeträge ermitteln und Brunnentiefen festlegen. Man kann die verschiedenen Baugrubensohlen in Bezug zu den Baugrundschichten setzen und das richtige Wasserhaltungsverfahren planen.

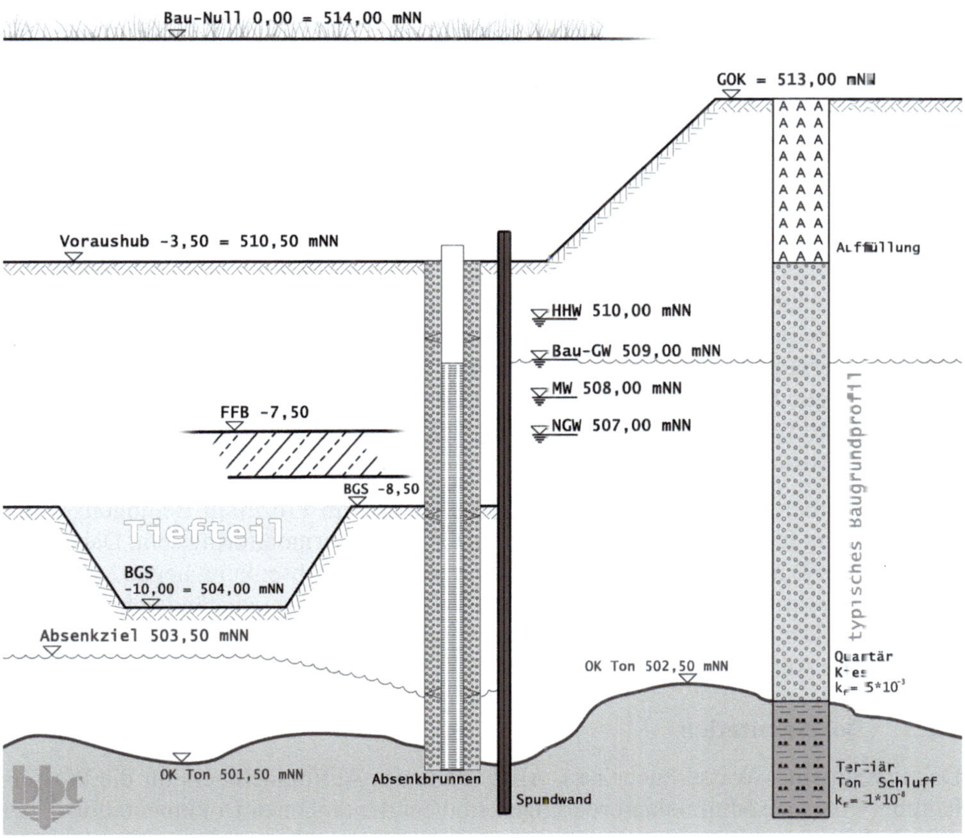


**Bild 90** Beispiel Geotechnischer Schnitt (Brunnenbau Conrad GmbH)

### 3.2.2 Genehmigungen

Jeder Eingriff in das Grundwasser ist grundsätzlich genehmigungspflichtig. Die Genehmigung sollte durch den Bauherren oder Auftraggeber mit ausreichendem zeitlichen Vorlauf eingeholt werden. Die Behandlung wasserrechtlicher Fragen regelt das Gesetz zur Ordnung des Wasserhaushalts (WHG). Im Allgemeinen ist die Untere Wasserbehörde der betroffenen Gemeinde oder der Umweltbehörden zuständig. Die Erteilung der Baugenehmigung ersetzt noch keine Wasserrechtliche Erlaubnis. Dazu sind separate behördliche Verfahren erforderlich.

Als Benutzung des Grundwassers werden gemäß § 3 WHG folgende Vorgänge definiert:

- Einleiten von Stoffen in das Grundwasser (z. B. Injektionen für Anker, Dichtsohlen, Unterfangungen usw.),
- Entnehmen, zu Tage fördern, zu Tage leiten und Ableitung von Grundwasser,
- Aufstauen, Absenken und Umleiten von Grundwasser durch Anlagen, die hierzu bestimmt und hierzu geeignet sind.

Hier wird deutlich, dass nicht nur die Wasserhaltung, sondern auch die zugehörigen Verfahren des Spezialtiefbaus im Gesamtsystem betrachtet werden müssen. In vielen Fällen wird eine Absenkung des Grundwassers nicht zugelassen, sodass eine dichte Baugrubenumschließung mit geringer Restwasserhaltung ausgeführt werden muss. Dies kann erhebliche Kosten verursachen. Daher ist ein rechtzeitiger Kontakt zu den Behörden mit Abklärung der Möglichkeiten wichtig.

Außer der Wasserrechtlichen Genehmigung sind im Bedarfsfall weitere Genehmigungen einzuholen:

- Einleitgenehmigung bei den Kanalbetreibern,
- Einleitgenehmigung für Einleitung in öffentliche Gewässer bei Wasser- und Schifffahrtsämtern oder Fischereibetrieben,
- Genehmigung für das Verlegen von Rohrleitungen im öffentlichen Grund,
- Aufgrabungsgenehmigungen bei Leitungsträgern (Gas, Elektro, Energie, Wasser, Abwasser, Telekom).

Im Rahmen der Wasserrechtlichen Erlaubnis werden im Einzelfall Bedingungen für eine Erteilung festgelegt. Dies kann u. a. ein Grundwassermonitoring sein. Dabei sind innerhalb der Baugrube und in der im Einflussbereich der Absenkung liegenden Umgebung Grundwassermessstellen herzustellen und die Grundwasserstände und -qualität zu erfassen. Der Beginn und das Ende der Wasserhaltung müssen angemeldet werden. Eine weitere Auflage ist das Führen einer Dokumentation, eines sog. Wasserbuchs.

### 3.2.3 Dokumentation

Das Führen eines Wasserbuchs ist i. Allg. Sache des Auftragnehmers für die Wasserhaltung. Folgende Minimalanforderungen sind bei der täglichen Dokumentation dabei erforderlich:

- Datum,
- aktueller Wasserstand in der Baugrube an ausgewählten Stellen,

- Wasserzählerstand, Fördermenge,
- Nachweis der technischen Sandfreiheit des Förderwassers,
- besondere Vorkommnisse (Pumpenausfälle, Starkregen o. Ä.).

Zusätzlich können weitere Daten dokumentiert werden:

- Außenwasserstände,
- Pumpenlaufzeiten,
- Stromzählerstände Anfang und Ende.

### 3.2.4 Maßnahmen gegen Korrosion und Inkrustation

Bei fast allen länger laufenden Brunnen werden nach einer bestimmten Betriebsdauer trotz ausreichender Dimensionierung mehr oder minder große Ermüdungs- und Alterungserscheinungen beobachtet, deren Ursachen hauptsächlich auf der Wirkung von

- Korrosion und
- Inkrustation

beruhen. Beide Vorgänge haben verschiedene Ursachen und werden durch verschiedene chemische Reaktionen hervorgerufen.

Bei der *Korrosion* (Werkstoffverlust) werden die ungeschützten Stahlfilterrohr- und Brunnenbauteile durch chemischen und elektrochemischen Angriff teilweise oder völlig zerstört. Besonders in Küstennähe unter Seewassereinfluss oder bei Vorhandensein von freier aggressiver Kohlensäure können Grundwässer sehr aggressiv sein; aber auch durch im Untergrund vagabundierende Gleichströme von Bahnanlagen oder Schweißtransformatoren können Korrosionsschäden verursacht werden.

Die Korrosion lässt sich durch Vermeidung turbulenter Strömung im Filterkies und im Brunnenfilterrohr sowie durch geeignete Materialauswahl für Brunnenrohre und Pumpen verhindern (z. B. allseitig beschichtete Rohre und korrosionsgeschützte Pumpen oder völlig neutrale Werkstoffe wie Kunststoff, Steinzeug etc.). Insoweit scheint heutzutage das Problem der reinen Korrosion gelöst zu sein.

Bei der *Inkrustation* (Verockerung und Versinterung) kommt es zur Ablagerung der gelösten Wasserinhaltsstoffe auf Filtern und in Rohrleitungen und Pumpen. Die Ablagerungen führen allmählich zu einer völligen Verdichtung der Filterflächen („Zuwachsen") bis schließlich der Brunnen ganz zum Erliegen kommt. Da die Zusammensetzung des Grundwassers nicht beeinflussbar ist, kann nur der Ablagerungsprozess durch geeignete Maßnahmen verzögert werden. Die Vorgänge der Inkrustation sind recht komplex.

Bei der *Verockerung* überwiegen die Ausfällungen von Eisen- und Manganverbindungen. Außer chemischen und biologischen (Eisen- und Manganbakterien) spielen bei der Verockerung auch die Strömungsverhältnisse – laminar oder turbulent – am Brunnen eine Rolle. Bei Belüftung des Grundwassers (z. B. durch zu tiefe Grundwasseroberflächenabsenkung im Brunnen) wird das zweiwertige Eisen (Mangan) durch Oxidation zum dreiwertigen. Das in Brunnenwässern häufig vorkommende zweiwertige Eisenbikarbonat oxidiert so zum dreiwertigen Eisenhydroxid und scheidet sich als gelbbraune Ablagerung („Eisenocker") am Brunnenfilter ab.

Bei der *Versinterung* handelt es sich um langsam verlaufende Kalkabscheidungen durch die Bildung von Karbonaten. Die Versinterung ist deshalb wegen der relativ kurzen Laufzeiten von Grundwasserabsenkungsanlagen nur in geringem Umfang an der Brunnenalterung beteiligt. Bei Vakuumanlagen können diese Kalkablagerungen allerdings zu Problemen führen. Die Veränderung des vorhandenen Lösungsgleichgewichts der Wasserinhaltsstoffe infolge Änderung des Dampfdrucks (Vakuum) führt dabei nach einer bestimmten Pumpdauer zum Verkalken der Pumpen.

Für den Entwurf und den Betrieb von Grundwasserabsenkungsanlagen lassen sich aus dem vorab Geschilderten folgende Konsequenzen ableiten:

- Aggressivität und chemische Zusammensetzung des Grundwassers besonders bei länger laufenden Anlagen genau untersuchen.
- Turbulente Strömungsverhältnisse durch ausreichende Filterdimensionierung und langsame Spiegelabsenkungen vermeiden.
- Filter mit möglichst glatter Oberfläche (geringe Angriffsfläche) wählen. Gewebefilter, auch wenn Kunststofftresse verwendet wird, sind in wichtigen Anlagen bei zur Verockerung neigenden Wässern unter allen Umständen zu vermeiden.
- Brunnen bei der Herstellung ausreichend entsanden.
- Durch kontinuierlichen Brunnenbetrieb eine Sauerstoffaufnahme durch Diffusion (Atmen des Brunnens) vermeiden.
- Richtige Wahl des Filterkieses, ausreichende Überschüttung mit Filterkies und Verhinderung von Setzungen.
- Auf wirksame und korrekt sitzende Ringraumabdichtung achten.
- Bei großen Bohrdurchmessern darauf achten, dass die Filterkiesstärke durch die Wahl eines großen Filterrohrs auf ein Maß reduziert wird, das mit herkömmlichen Regeneriermethoden saniert werden kann.

Zur weiteren Vertiefung und Erläuterung der dargestellten Problematik wird auf die betreffende Fachliteratur verwiesen, z. B. [77, 78].

### 3.2.5 Maßnahmen bei stark wechselnden Bodenschichten

Besteht der Untergrund aus Schichten stark wechselnder Durchlässigkeit und sind insbesondere neben grobkörnigen auch sehr feinkörnige Schichten vorhanden, so ist die Anlage nach Möglichkeit so einzurichten, dass besonders die durchlässigen Schichten von den Brunnen erfasst werden; auch unter Verzicht auf die Einhaltung eines gleichmäßigen Brunnenabstands und ggf. durch Verlängerung der Filter über das sonst notwendige Maß hinaus. Durch die Entwässerung oder Entspannung der gröberen Schichten entwässern die weniger durchlässigen Schichten weit besser über diese gröberen Schichten hinweg – infolge der großen vorhandenen Berührungsfläche – als unmittelbar über die kleinflächigen Brunnenfilter. Sehr feine Schichten können manchmal mit Schwerkraftanlagen schnell und sicher trockengelegt werden, wenn es gelingt, gröbere Schichten – unter Umständen in größeren Tiefen – für den Einbau der Filter ausfindig zu machen. Voraussetzung dafür ist das Fehlen undurchlässiger Schichten, selbst solcher von sehr geringer Mächtigkeit, im Einbautiefenbereich der Schwerkraftanlagen.

## 3.3 Offene Wasserhaltung und Dränagen

### 3.3.1 Anwendungsgebiet

Aus wirtschaftlichen Gründen wird man der offenen Wasserhaltung gegenüber anderen Verfahren den Vorzug geben, sofern sie sicher anwendbar ist. Oft wird das Verfahren auch als Ergänzung zu einer geschlossenen Wasserhaltung mit Brunnen für die Beseitigung von Restwässern, vor allem bei bindigen Böden, eingesetzt. Das in der Baugrube durch die Sohle und aus den Böschungen anfallende Grundwasser wird dabei zusammen mit dem Niederschlagswasser über offene Gräben oder verkieste Dränagen und Pumpensümpfe gesammelt und von dort über Schmutzwasser-Tauchpumpen der Vorflut zugeführt.

Wichtige Voraussetzung für die offene Wasserhaltung sind standfeste Böden, wie z. B. klüftiger Fels, grober Kies und bindige Bodenarten, bei denen keine Auftriebsgefahr besteht.

In sandigen und kiesigen Böden ist die Anwendung dagegen nur möglich, wenn die zufließende Wassermenge und die Schleppkraft des Wassers (Erosion) sicher beherrscht werden können. Bei Feinsanden (Ø < 0,2 mm), mit der Tendenz zum Fließen, stößt dieses Verfahren an seine Anwendungsgrenze (s. Abschnitt 3.1.2).

Bei großem Wasseranfall wird die offene Wasserhaltung durch gut verfilterte horizontale Dränrohre ergänzt, die ggf. bis 1,0 m unter Bauplanum verlegt werden. Mit dieser Ausbildung geht die offene Wasserhaltung in eine horizontale Absenkung über, die auch für dauerhafte Absenkungsmaßnahmen eingesetzt werden kann.

### 3.3.2 Bauelemente und Aufbau der Anlagen

Die offene Wasserhaltung ist sehr stark von der Organisation der Erdarbeiten abhängig und manchmal ein Teil davon. Bei bindigem und geschichtetem Baugrund muss der Aushub in geneigten Flächen (Dachplanum) erfolgen, sodass das Wasser Randgräben zugeführt werden kann. Dränagen und Pumpensümpfe müssen gleichzeitig mit dem Erdaushub mitgeführt werden. So kann ein Aufweichen der Aushubsohle vermieden werden. Bei tieferen Baugruben können Gräben und Pumpensümpfe leicht in mehreren Etappen bei jeder neuen Aushubphase nach unten vertieft oder neu angelegt werden. Die Drängräben werden vorzugsweise am Rand der Baugrube angelegt und entsprechende Stichkanäle bis zur Baugrubenmitte geführt. Drängräben unter Bauwerken werden mit setzungsfreiem Einkornkies verfiltert. Einzelne in der Böschung zu Tage tretende Quellen werden zur Vermeidung größerer Ausspülungen entweder durch einen Auflastfilter gesichert oder bei feinkörnigen Böden mit Vakuumfiltern stabilisiert.

Die Pumpensümpfe (Bild 91) müssen immer mit einer ausreichend großen und gegenüber dem Baugrund filterstabilen Kiesschüttung umgeben sein, um die Abförderung von gelösten Feinteilen zu verhindern. Teilweise empfiehlt sich auch eine Abtrennung zum Baugrund mit Geovlies. Bei Bedarf (Zuschlämmung) ist die Kiesschüttung wiederholt auszutauschen. So kann verhindert werden, dass man einen Bodenentzug verursacht, der die Pumpen, Rohrleitung und Sandfänge zusetzt und außerdem zu Setzungen führen kann. Betonringe aus Porenbeton oder auch Schlitzbrückenfilterrohre haben gegenüber Betonschachtringen mit Löchern den Vorteil, dass sie vollflächig durchströmt werden.

Zur Erhöhung der Abflusseigenschaften werden für die horizontalen Dränstränge umkieste Dränrohre von 80 bis 300 mm Durchmesser eingesetzt. Falls die Dränstränge unter dem späteren Bauwerk liegen, müssen sie beim Rückbau u. U. ebenso wie die Pumpensümpfe verfüllt bzw. verpresst werden.

Offene Wasserhaltungen können mit Brunnenanlagen kombiniert werden. Ist z. B. eine Absenkung von 5 m auszuführen, so kann, um mit einer einstaffeligen Flachbrunnenanlage auszukommen, mit einer offenen Haltung eine Vorabsenkung von 1,0 bis 1,5 m erzielt und die Staffel entsprechend tiefer eingebaut werden. Horizontale Dränagen werden bis ca. 1 m unter das erforderliche Absenkziel verlegt. Anzahl und Abstand der Stränge richten sich nach dem Wasseranfall.

Wenn Drängräben aufgrund nicht standfester Böden mit herkömmlicher Aushubtechnik nicht hergestellt werden können oder wenn hohe Tagesleistungen gefordert sind, werden Spezialtiefenfräsen eingesetzt. Mithilfe dieser Dränfräsen können je nach Gerätetyp und Untergrundverhältnissen Horizontaldräns bis 10 m Tiefe (Tiefensicker) eingebaut werden. Es werden dabei in einem Arbeitsgang ein Endlosdrän in einem gefrästen Schlitz verlegt und mit Filterkies oder, bei entsprechender Eignung, mit dem Fräsgut selbst wieder verfüllt. Bild 92 zeigt ein Ausführungsbeispiel der Strecke Hannover–Würzburg der Deutschen Bahn AG.

Feinkörnige Böden werden auf diese Weise in Abschnittslängen von max. 50 m mittels Vakuumpumpen entwässert. Bei für Schwerkraftentwässerung geeigneten Böden können die Entwässerungsabschnitte auf ca. 200 m ausgedehnt werden. Die Wasserförderung erfolgt über Pumpen(revisions)schächte und eingehängte Tauchmotorpumpen mit automatischer Steuerung.

## 3.4 Vertikale Brunnen – Grundwasserabsenkung durch Schwerkraft

### 3.4.1 Anwendungsbereich

Grundwasserabsenkungen mithilfe von Brunnen werden in Fällen vorgesehen, in denen bei vorwiegend kohäsionslosen Böden eine vollkommen trockene Baugrube verlangt wird, deren Sohle auch von schweren Baugeräten befahren werden kann und einwandfreie Gründungsarbeiten ermöglicht. Die Grundwasserabsenkung wird durch die gemeinsame Wirkung einer kleineren oder größeren Brunnenanzahl erzielt, wobei *Flachbrunnenanlagen* und *Tiefbrunnenanlagen* zu unterscheiden sind. Das Grundwasser fließt nur aufgrund des Grundwasserpotenzialunterschieds den Brunnen zu.

Die aus einer Anlage geförderte Wassermenge Q bestimmt allein das Absenkziel unter gegebenen örtlichen (Baugrubengröße), bodenmechanischen, geohydraulischen (Durchlässigkeitsbeiwert, Aquiferdicke) und geologischen (Bodenschichtung) Verhältnissen. Im Allgemeinen ist eine möglichst kleine Brunnentiefe (unvollkommene Brunnen) anzustreben, um die für die Absenkung erforderliche Gesamtwassermenge zu minimieren; vorausgesetzt, dass keine durchlässigeren, wasserführenden Bodenschichten unterhalb der Brunnensohle anstehen.

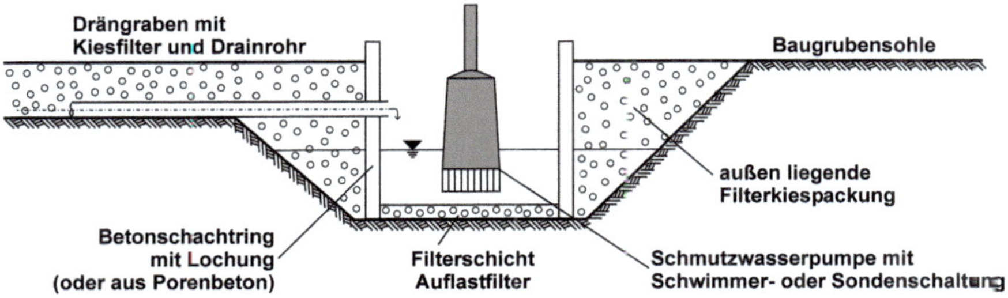


**Bild 91** Kleiner Pumpensumpf

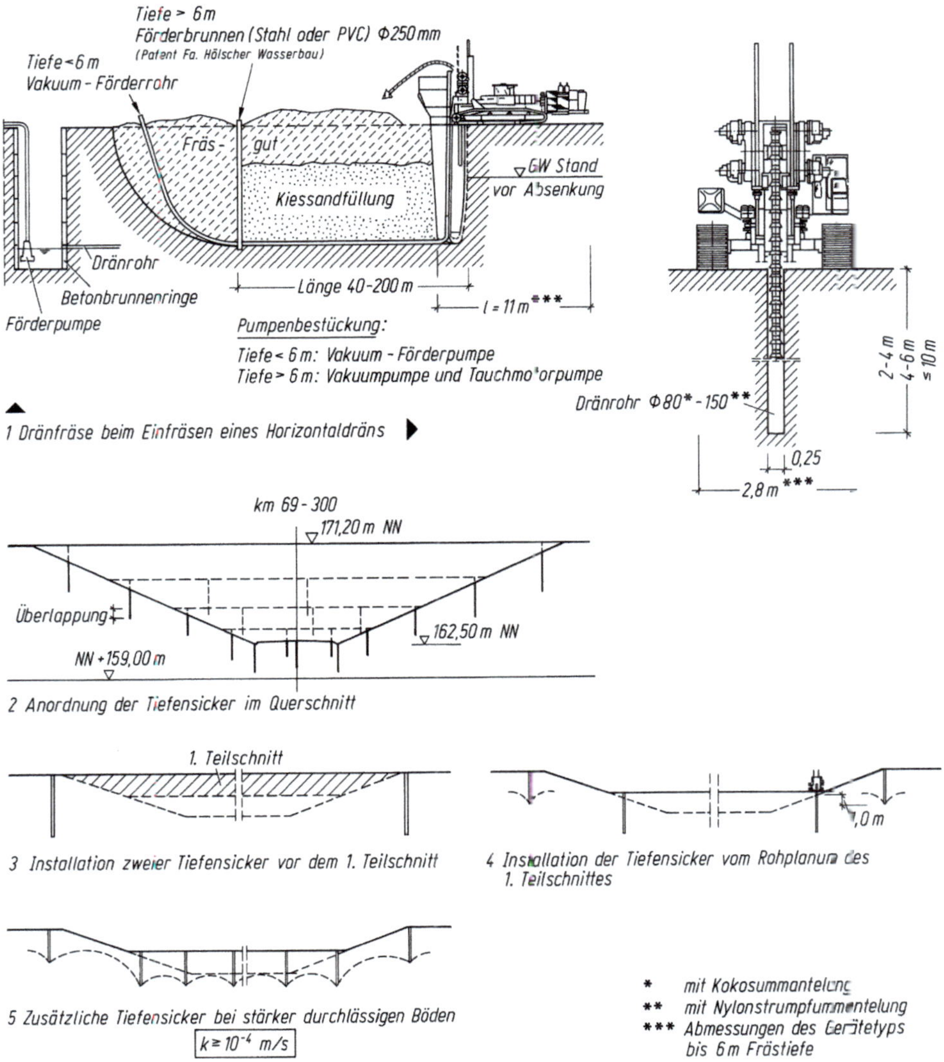


**Bild 92** Horizontaldrän (Tiefensicker) bei der Strecke Hannover–Würzburg [79]

Brunnenanzahl und der sich daraus ergebende Brunnenabstand richten sich nach technischen und wirtschaftlichen Gesichtspunkten (Sicherheit der Anlage, Pumpengröße usw.). Die Gesamtwassermenge Q muss allerdings sicher von der Brunnengruppe bewältigt werden. Enge Brunnenabstände entlang der Baugrubenbegrenzung, um das seitlich einströmende Wasser „abzufangen", bringen keine Vorteile bei tiefliegender undurchlässiger Schicht. Bei hochliegendem Wasserstauer können engere Brunnenabstände dagegen von Nutzen sein. Bei der Mehrzahl der Baugruben ist ferner die Breite größer als der in Betracht kommende Brunnenabstand am Baugrubenrand. Die Absenkungslinie zwischen zwei gegenüberliegenden Brunnen muss mit ihrem höchsten Punkt unter bzw. in der Höhe des Absenkziels liegen (s. Bild 88b). Es ist im Allgemeinen ausreichend, am Baugrubenrand engere Brunnenabstände als etwa die halbe Baugrubenbreite zu wählen.

Der Brunnendurchmesser wird in der Praxis nach den günstigsten betrieblichen Gesichtspunkten und den vorhandenen technischen Möglichkeiten gewählt, die für die Brunnenherstellung vorhanden sind.

Grundwasserabsenkungen mit vertikalen Brunnen sind der Ausdehnung und Tiefe nach praktisch unbeschränkt durchführbar, wenn nicht wirtschaftliche Gründe dagegen sprechen.

*Beispiel:* 200 m tiefe Grundwasserabsenkung der drei je etwa 50 km$^2$ großen Tagebaue der Rheinischen Braunkohle AG im Erftgebiet. Die Brunnentiefe beträgt 300 m, teilweise sogar 460 m, wenn das gespannte Grundwasser unter der 40 m dicken Tonschicht im Liegenden abgesenkt werden muss.

### 3.4.2 Flachbrunnenanlagen

Die Wasserförderung aus Flachbrunnen erfolgt durch selbstsaugende Kreiselpumpen über eine gemeinsame Saugleitung. Da die Saughöhe aus physikalischen Gründen begrenzt ist und die handelsüblichen selbstsaugenden Pumpen in der Praxis kaum mehr als 8 m Saughöhe haben, können mit derartigen Anlagen Absenkungen bis rd. 4 m (Rohrreibungsverluste) erzielt werden.

Für tiefere Absenkungen können mehrstaffelige oder mit Tiefbrunnen kombinierte Anlagen eingesetzt werden. Bei mehrstaffeligen Anlagen kann unter Ausnutzung der durch die vorhergehende Staffel bereits erzielten Absenkung die nächste Staffel in entsprechend größerer Tiefe eingebaut werden (Bild 93). Praktisch lässt sich mit n Staffeln eine Absenkung von im Mittel n × 3,50 m erzielen.

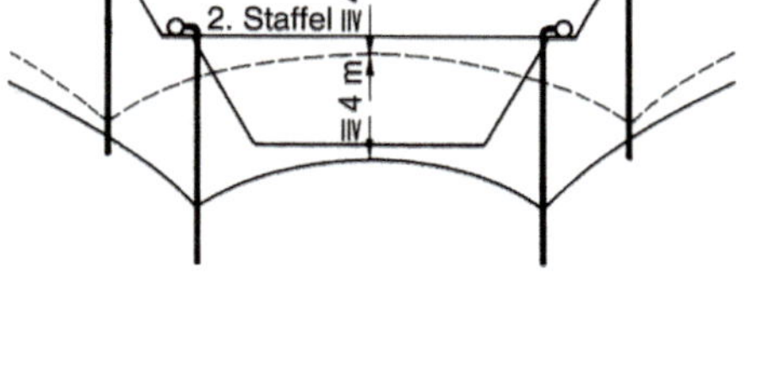


**Bild 93** Zweistaffelige Absenkungsanlage mit Flachbrunnen

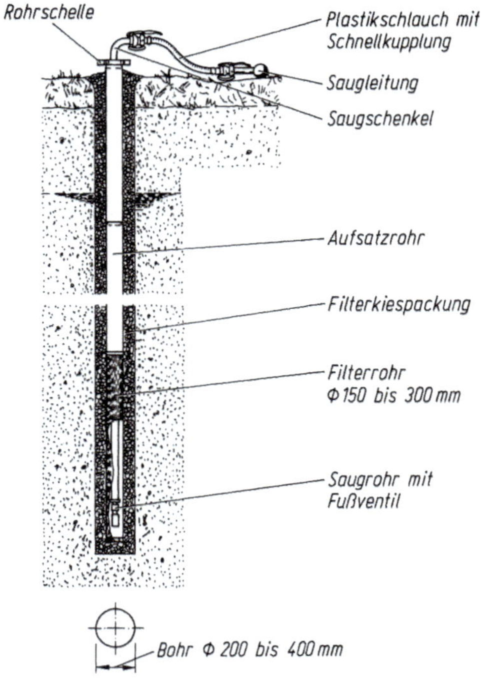


**Bild 94** Flachbrunnen mit Saugschenkel und Saugrohr [80]

Gebohrte Flachbrunnen haben in der Regel, je nach Bodenart und der zu fördernden Wassermenge, Bohrdurchmesser von 200 bis 400 mm (Filterrohrdurchmesser entsprechend 150 bis 200 mm). Ein Schlitzbrückenfilter NW 150 mit Saugrohr Ø 89 mm bringt etwa 35 $m^3/h$. Der Brunnenabstand wird durch die Absenkkurve bestimmt (Absenkkurvenscheitelpunkt unter der Baugrubensohle).

In die fertigen Brunnen werden Saugrohre eingehängt und über Schläuche mit der Sammelleitung verbunden. Das Saugrohr wird so bemessen, dass die Wassergeschwindigkeit im Einhänger 1,0 bis 1,5 m / s nicht überschreitet. Selbstsaugende Schmutzwasserpumpen oder auch Vakuumgeräte saugen dann mehrere Brunnen ab (Bild 94). Die Saugrohre sollten am Ende ein Fußventil erhalten, damit bei evtl. Lufteintritt durch vorzeitiges Absaugen an einem Brunnen nicht Luft in das gesamte System eindringt. Bei entsprechendem Durchmesser des Filterrohrs können die Flachbrunnen alternativ auch mit Tauchpumpen als Tiefbrunnen betrieben werden.

Sind im Absenkungsbereich bei groben Böden eventuell Feinsandlinsen oder -schichten anzutreffen, so kann das gesamte Leitungs- und Filtersystem auch zusätzlich mit einer Vakuumpumpe auf Unterdruck gebracht werden. Damit wird ein Fließen der Feinsand- oder Schluffeinlagerungen wirkungsvoll verhindert.

Anstelle der gebohrten Brunnen mit Schlitzbrückenfiltern werden nach amerikanischem Vorbild immer mehr Flachbrunnenanlagen als Spülfilteranlagen (Wellpointanlagen) konzipiert. Wellpointanlagen (Punktbrunnen) sind Flachhaltungen einfachster Art, bei denen das Filterrohr der Brunnen gleichzeitig als Saugrohr dient und direkt über einen Regulierschieber mit der Saugleitung verbunden ist. Das Fassungsvermögen der Brunnen ist wegen der kleineren Abmessungen begrenzt, sodass selbst für kleine Anlagen eine größere Brunnenanzahl erforderlich wird. Die in der Regel 2- bis 4-zölligen Filter (Filterlänge 1 bis 2 m) werden mit einem entsprechend langen Aufsatzrohr durch eine Spülpumpe mittels Druckwasser bis auf die gewünschte Tiefe in den Boden eingespült. In Abhängigkeit von der Bodenart werden Wassermengen von 10 bis 100 $m^3/h$ unter einem Druck von 3 bis 30 bar zum Einspülen der Filter erforderlich (Bild 95).

Bei den üblichen Kunststofffiltern mit engen Schlitzweiten von 0,25 bis 2,5 mm wird eine Kiesschüttung oder ein Tressengewebe nicht benötigt. Bei den meisten Ausführungen ist eine besondere Spüllanze nicht erforderlich. Sie besitzen am Fuß des Spülfilters ein Ventil, das sich nach außen öffnet, wenn Druckwasser zum Einspülen des Brunnenrohrs eingepresst wird. Durch den Spülstrom sinkt das Filterrohr schnell auf die gewünschte Tiefe ab (in Feinsanden ohne Kieseinlagen in wenigen Minuten). Der Einbau einer Wellpointanlage kann deshalb sehr rasch erfolgen.

In der Praxis hat sich der selbstspülende Filter durchgesetzt. Dadurch, dass dieser Filter über das Aufsatzrohr und dann mit einem Schlauch mit der Spülpumpe verbunden wird, entfällt das Mitführen einer Spüllanze. Ein weiterer Vorteil liegt im verwendeten

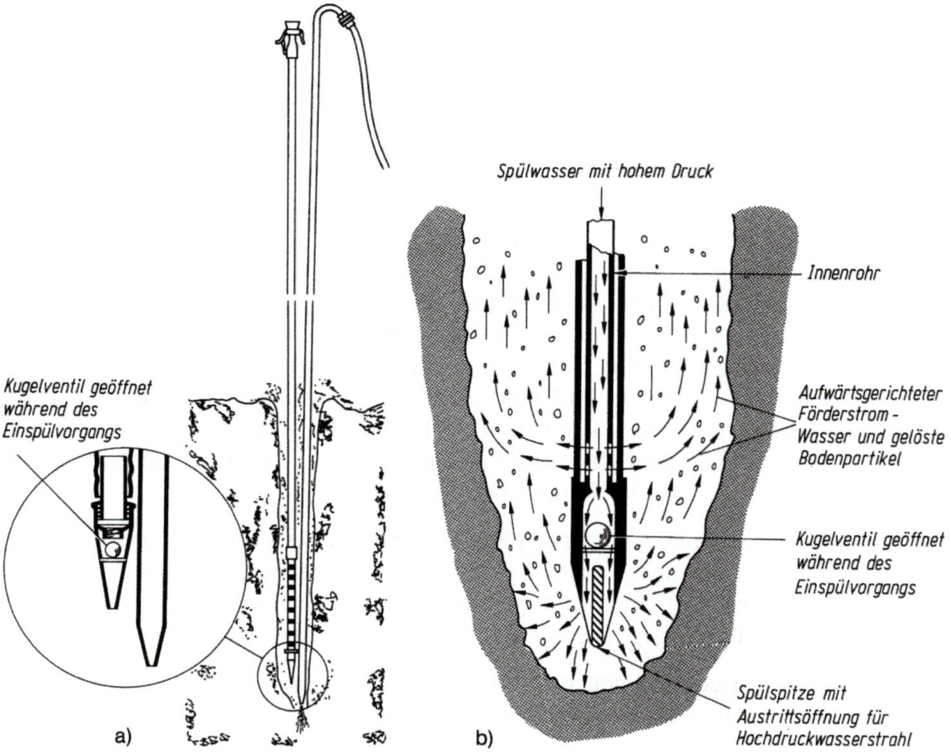


**Bild 95** Einspülen mit a) gesondert geführter Spüllanze (bei gröberen Böden erforderlich) [80] und b) selbstspülender Spüllanze

Innenrohr des selbstspülenden Filters, denn das Grundwasser tritt praktisch an der Filterspitze in die Wasserfassung ein. Sinkt nun die Grundwasseroberfläche bis auf die Filterfläche herab, wird trotzdem solange Wasser gefördert, bis die Filterspitze erreicht ist.

Beim Einspülvorgang der Filter muss der Boden mit Spülwasser gesättigt und zusätzlich noch Wasser eingespült werden, bis Wasser entlang dem Aufsatzrohr nach oben steigt und an der Geländeoberfläche austritt. Das aufsteigende Wasser soll Feinteile des Bodens nach oben tragen und ausspülen. Auf diese Weise bildet sich ein wirksamer natürlicher Filter um das Filterrohr aus. Gleichzeitig bildet das aufsteigende Wasser eine gute Gleitschicht für Filter-und Aufsatzrohr. Tritt beim Einspülen oben kein Wasser mehr aus, so ist die Spülwassermenge zu gering.

In schweren Böden kann es notwendig sein, den Brunnen in vorgebohrte Bohrungen mit kleinen Durchmessern einzubauen. In sehr feinen Böden mit erheblichem Schluffanteil sollten die Filterlanzen eine Sandschüttung (Körnung 0 bis 7 mm) erhalten. Dieses Material soll verhindern, dass der bindige Boden direkt am Filter stark entwässert und dann praktisch wasserundurchlässig wird.

Wegen der i. d. R. fehlenden Filterpackung neigen Wellpoints bei Überbeanspruchung leicht zum Versanden und Zuschlämmen. Sie müssen deshalb einzeln regelbar und abschaltbar sein, ohne dass eine Betriebsunterbrechung eintritt. Wellpointanlagen arbeiten bisweilen als unvollkommene Vakuumanlagen, besonders in Böden des Übergangsbereichs von Schwerkraft- zu Vakuumanlagen (s. Tabelle 11 und Bild 89). Die Vorteile einer Flachbrunnenanlage lassen sich wie folgt zusammenfassen:

- Alle Teile der Anlage sind normiert. Bei entsprechendem Spülverfahren sind derartige Anlagen schnell aufgebaut, ein rascher Arbeitsbeginn ist deshalb möglich.
- Die Anlagen sind sehr anpassungsfähig an unerwartete oder nicht vorhersehbare Untergrundverhältnisse und bei Projektänderungen.
- Sie sind sehr wirtschaftlich.

Bei mehrstaffeligen Haltungen bestehen für den Baubetrieb folgende Nachteile:

- Die Bauzeit wird verlängert, weil nach Erreichen eines Absenkungsabschnitts die Anlage für den folgenden Abschnitt eingebaut und abgesenkt werden muss, bevor die Bauarbeiten folgen können.
- Jede Staffel benötigt eine Berme zur Durchführung der Brunnenherstellung und für die Unterbringung der Betriebseinrichtungen. Die Baugrube wird also größer, als für die eigentlichen Bauarbeiten erforderlich.
- Jede nachfolgende Staffel entzieht der vorhergehenden das Wasser ganz oder teilweise, sodass die aufeinander folgenden Staffeln praktisch immer für die ganze Wassermenge ausgelegt werden müssen, welche für die mit der jeweiligen Staffel erreichbare Tiefe erforderlich ist. Die Fassungs- und Förderkapazität der vorhergehenden Staffeln ist erst wieder beim Rückbau der Anlage nutzbar.
- Die engmaschigen und umfangreichen Betriebseinrichtungen behindern einen großzügigen Baubetrieb.

Die mit Kreiselpumpen betriebenen Anlagen sind so aufzubauen, dass die Hauptsaugleitung (Bild 96) in sich geschlossen die Baugrube umgibt, um bei örtlichen Schäden in der Leitung möglichst wenig Brunnen ausfallen zu lassen. Bei großflächigen Baugruben ordnet man zusätzlich Brunnen an Stichleitungen an, die möglichst beidseitig an die Ringleitung angeschlossen werden.

Zur Vermeidung unwirtschaftlicher Rohrquerschnitte sind bei größeren Baugruben und Wassermengen die Rohrstränge zu unterteilen und einzelnen Pumpen zuzuordnen. Die Aufstellung der Pumpe in der jeweiligen Mitte der Leitungsstrecke vermindert die Rohrreibungsverluste. Analoges gilt auch für die Aufstellung etwaiger Reservepumpen.

Wenn die Saugleitung nicht sicher auf der Böschung zu liegen kommt, muss für eine anderweitige Unterstützung oder Aufhängung gesorgt werden. Auf den allgemeinen Baubetrieb ist bei der Planung der Anlage besonders Rücksicht zu nehmen. Baumaschinen müssen sich ungehindert bewegen können. An permanenten Durchfahrten sind die Saugleitungen unterflur zu verlegen. An weniger frequentierten Stellen wird die Saugleitung durch Schieber so unterteilt, dass die Leitung stellenweise vorübergehend ausgebaut werden kann.

Wird in Abschnitten abgesenkt, so ist zu beachten, dass für die Absenkung des Teilfelds relativ mehr Brunnen erforderlich sind als für das ganze Feld. Die Brunnen werden also meist nicht in regelmäßigen Abständen – wie der Einfachheit halber in Bild 96 dargestellt – um die Baugrube angeordnet, sondern erhalten in Richtung des fortschreitenden Aushubs größere Abstände.

Bei tieferen Absenkungen werden, vor allem in den USA, zur Vermeidung mehrerer Staffeln sog. *ejector systems* (Wasserstrahlpumpen) in die Wellpoints eingebaut. Dabei wird Wasser unter hohem Druck über eine Düse im Filterbereich des Wellpoints in den aufgehenden Förderstrom gepresst und damit ein Vakuum zum Heben des Wassers erzeugt. Der Unterdruck ist lokal begrenzt und reicht nicht aus, um einen echten Unterdruckraum im Boden außerhalb des Brunnens aufzubauen. Bild 97 zeigt mögliche Einbauvarianten einer Wellpointanlage am Beispiel einer Grabenbaustelle bei unterschiedlichen Boden- und Grundwasserverhältnissen.

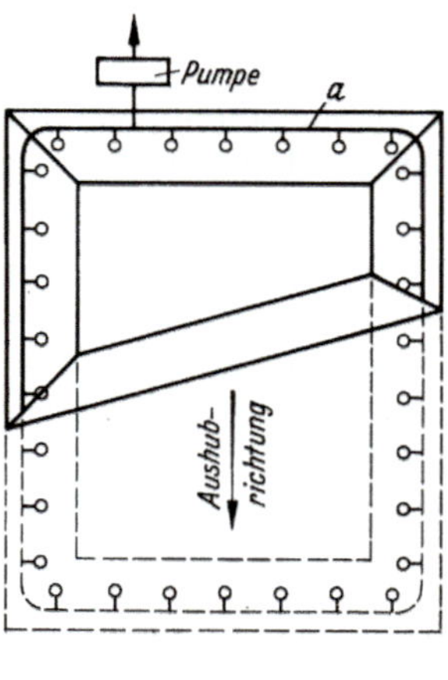


**Bild 96** Flachwasserhaltung bei fortschreitendem Baugrubenaushub

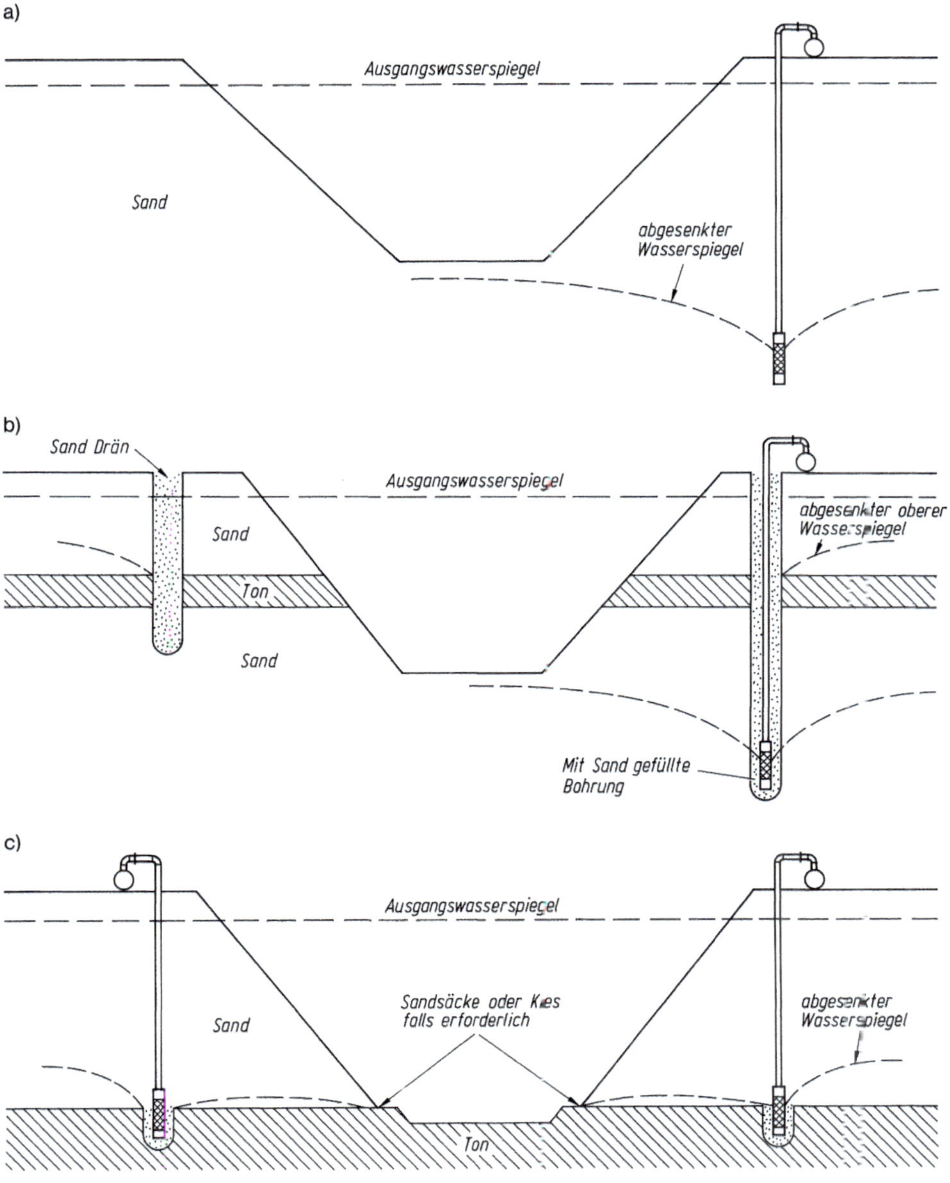


**Bild 97** Einbauvarianten einer Wellpointanlage am Beispiel einer Grabenbaustelle bei unterschiedlichen Randbedingungen [81].
a) Entwässerung bei homogenem Boden mit einseitiger Staffel.
b) Bei über der Aushubsohle liegender Tonschicht sind auf der gegenüberliegenden Seite der Staffel Sanddräns zur Entwässerung des oberen Grundwasserstockwerkes erforderlich.
c) Bei hochliegender Tonschicht sind zur Wasserfassung beidseitige Wellpointstaffeln erforderlich.

## 3.4.3 Tiefbrunnenanlagen

### 3.4.3.1 Allgemeines

Mit Tiefbrunnen ist bei entwässerbaren Böden jede gewünschte Absenktiefe in einem Zug ohne Tiefenstaffelung erreichbar. Wenn der Platz dafür vorhanden ist, sollten Brunnen möglichst außerhalb der Baugrube liegen. So behindern sie die weiteren Arbeiten nicht und sind vor Zerstörungen besser geschützt. Werden Brunnen innerhalb der Baugrube angeordnet, müssen sie den Aushubphasen folgend zurückgebaut und gekürzt werden. Befinden sich Brunnen in Bauwerksbereichen, müssen die Brunnen mit druckwasserhaltenden Brunnentöpfen durch die Bodenplatte geführt werden. Die Ausführung ist in DIN 4926 [82] beschrieben.

Tiefbrunnen werden als Kiesschüttungsbrunnen mit Bohrdurchmessern von 300 bis 1500 mm und Filterdurchmessern von 125 bis 1250 mm ausgebaut (Bild 98).

Wenn nicht mehrere getrennte Wasserstockwerke zu erfassen sind, genügt es, bei gut durchlässigem Boden, den unteren Teil des Brunnens als Filter mit einem nach unten abschließenden Sumpfrohr auszubilden. Das Sumpfrohr dient als Sandfang und sollte eine Länge > 1,0 m haben. Beim Einbau der Unterwasserpumpe ist darauf zu achten, dass sich die Wassereinlauföffnung der Pumpe nicht im perforierten Bereich des Brunnenfilterrohrs befindet. Der Wassereintritt wäre sonst mit starker Wirbelbildung auf einen sehr kleinen Teil der Filterstrecke konzentriert. Die Filterkiesschüttung käme in

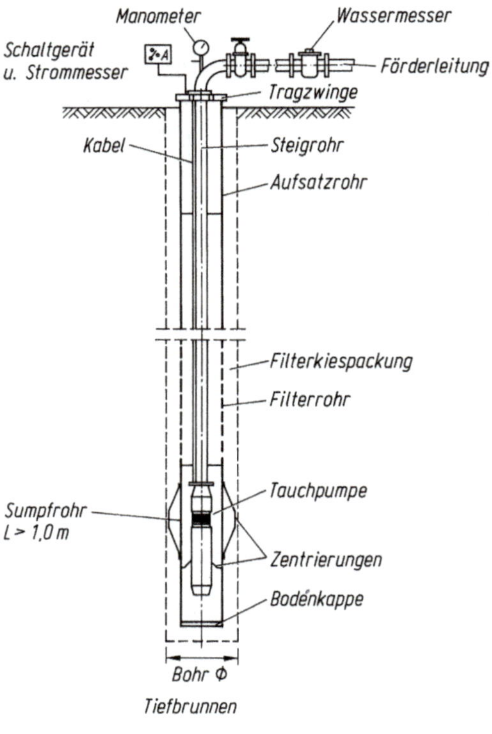


**Bild 98** Tiefbrunnen mit eingehängter Tauchpumpe

Bewegung und könnte durch ständige Reibung das Filterrohr zerstören. Zur Abhilfe sind Vollrohre einzuschalten oder das Sumpfrohr entsprechend zu vertiefen.

Die Wasserforderung erfolgt heute fast ausschließlich mit elektrisch betriebenen Unterwasserpumpen. Ein nachträgliches Verstärken einer zu schwach bemessenen Anlage kann leicht und ohne Zeitverlust durch Einbau einer größeren Pumpe oder Nachbohren zusätzlicher Brunnen erfolgen.

Auf die verschiedenen Bohrverfahren wird hier nicht weiter eingegangen. Hierzu existieren umfangreiche Darstellungen, z. B. von *Bieske* et al. [83] und *Tholen* [84].

#### 3.4.3.2 Brunnenausbaurohre

Die Brunnenrohre bestehen aus perforierten Filter- und vollwandigen Aufsatzrohren. Sie müssen den Sand und das Feinkorn zurückhalten und gleichzeitig das Bohrloch stützen. Sie unterliegen folgenden Anforderungen:

- leichte und sichere Handhabung,
- hohe Korrosionsbeständigkeit,
- große Filtereintrittsfläche, geringer Filtereintrittswiderstand,
- hohe Innen- und Außendruckfestigkeit,
- hohe Zugfestigkeit,
- feste und dichte Rohrverbindungen,
- gute Regenerierbarkeit, leichte Sanierbarkeit,
- einfache und sicherer Außerbetriebnahme,
- hohe Wirtschaftlichkeit.

Als Rohrwerkstoff haben sich Stahl, verzinkter Stahl, kunststoffbeschichteter Stahl, Edelstahl, PVC-U und PEHD bewährt. Die Wassereintrittsöffnungen am Filterrohr werden entweder als Rund-, Langloch-, Schlitz- oder als Schlitzbrückenlochung ausgebildet. Eine Ausnahme bildet der Wickeldrahtfilter. Die Schlitzweiten müssen der jeweiligen Kiesschüttung angepasst sein. Brunnenfilter- und Vollrohre gibt es je nach Hersteller in gut abgestuften Längen von 1,0 bis 6,0 m um je nach Anforderung die Filter- und Dichtstrecken dem Boden angepasst teufendifferenziert platzieren zu können.

Als wichtiges Zubehör benötigt man Zentrierungen/Abstandhalter, um einen absolut zentrischen Ausbau zu gewährleisten, Dichtungen bei Verbindungen im Vollrohrbereich, Hebe-und Einbaukappen und Abfangschellen. Für besondere Zwecke (z. B. bei Horizontalfilterbrunnen, bei zweifachen Kiesschüttungen mit verschiedenen Körnungen) werden Kiesbelagsfilter angeboten, die mit einem fertig aufgeklebten Kiesbelag versehen sind.

#### 3.4.3.3 Filterkiese und Abdichtungen

Die Wahl des richtigen Filterkieses ist entscheidend für die Funktionalität des Brunnens und muss dem Korngemisch der wasserführenden Schicht nach vorangegangenen Untersuchungen angepasst werden. Der Filterkies darf nicht so klein gewählt werden, dass er alle anstehenden Bodenkörner vom Filter fernhält (äußere Kolmation), sondern beim Entsanden alle Feinteile durchlässt. Allerdings muss er so beschaffen sein, dass er eine spätere Sandführung zuverlässig verhindert. Daher ist die genaue Untersuchung des Baugrunds sehr wichtig. Siehe hierzu DVGW-Merkblatt W 113 [85]. Darin wird auch eine geeignete Methode zur Schüttkornbestimmung aufgezeigt.

Auch das Filterrohr sollte in seiner Schlitzweite nicht so fein gewählt werden, dass sich die durch den Filterkies hindurchströmenden Bodenkörner beim Entsanden vor die Filterschlitze legen (innere Kolmation).

Für temporäre Wasserhaltungsbrunnen haben sich gewaschene, gesiebte Flusskiese aus der Baustoffindustrie (Beton- oder Filterkiese) der Körnungen 2–4, 4–8, 2–8, 8–16 bewährt. Für anspruchsvolle Brunnen und bei Brunnen in feinkörnigen Böden sollte man Filtersande und Filterkiese nach DIN 4924 [86] (s. Tabelle 12) verwenden. Folgende Bedingungen gelten hier:

- Nur natürlichen Sand und Kies, kein gebrochenes Korn oder Splitt verwenden.
- Die Form der einzelnen Körner soll der Kugelform nahe kommen.
- Die Oberfläche der Körner soll glatt sein.
- Das Material soll zu 96 % aus reinem Quarz bestehen.
- Das Material muss klar gewaschen sein.
- Der Anteil an Unter- und Überkorn darf ca. 10 % nicht überschreiten.
- Nur in gesäuberten Transportmitteln versenden.

Gegenfilter werden zur Trennung von unterschiedlichen Filterkieskörnungen und Tondichtungen verwendet.

Abdichtungen innerhalb von Brunnen werden erforderlich, um verschiedene Grundwasserleiter zu trennen oder Zufluss von Oberflächenwasser zu verhindern. Als Abdichtungsmaterialien werden geschüttete Tonprodukte (Quelltonkugeln, -pellets oder -granulate) verwendet. Bei tiefen Abdichtungen bieten geschüttete Tone keine ausreichende Sicherheit. Daher werden dafür verpressbare Suspensionen eingebracht. Reine Zementprodukte haben den Nachteil, dass sie starr sind und Risse bekommen. Daher werden Tonmehle oder Bentonite zugemischt. Hier gibt es gebrauchsfähige Fertigmischungen.

**Tabelle 12** Filtersande und -kiese nach DIN 4924 [86]

| | Korngruppe | Ringraumdicke | Bemerkungen |
|---|---|---|---|
| Filtersande | 0,25–0,50 | | nur als Gegenfilter |
| | 0,50–1,00<br>0,70–1,40<br>1,00–2,00 | 50 mm<br>(mind. 40 mm) | |
| Filterkiese | 2,0–3,15<br>3,15–5,6<br>5,6–8,0 | 80 mm<br>(mind. 60 mm) | |
| | 8,0–16 | 100 mm | als Stützkorn im Festgestein |

#### 3.4.3.4 Klarpumpen und Entsanden

Nach Abschluss der Brunnenherstellung ist der Brunnen vor Inbetriebnahme gründlich zu entsanden (entwickeln). Durch das Entsanden werden die feinen und feinsten Bodenteilchen im Filterkies und in der unmittelbaren Umgebung des Brunnens ausgewaschen und entfernt. So wird ein möglichst widerstandfreies Einströmen des Grundwassers in den Brunnen erreicht. Als Verfahren kommen das Klarpumpen, Entsandungskolben und die abschnittsweise Intensiventsandung mit Unterwasserpumpe zwischen zwei Manschetten (Packer) zur Anwendung. Die Verfahren können einzeln oder auch nacheinander erfolgen, bis der zulässige Restsandgehalt nach DVGW Merkblatt W 119 [87] erreicht ist.

Das einfachste Verfahren ist das Klarpumpen, bei dem mit ca. dem 1,5-Fachen der geplanten Fördermenge gepumpt wird, bis das Wasser sandfrei ist. Dabei muss darauf geachtet werden, dass die Anfangsfördermenge möglichst klein ist und stufenweise erhöht wird. Zur Steigerung der Wirkungsweise werden die Pumpen mehrfach abgeschaltet und wieder angefahren (Schocken).

Im Anschluss an das Entsanden und Klarpumpen kann ein Pumpversuch erfolgen, bei dem vor allem die Fördermenge, aber auch der dazugehörige Absenkbetrag, ermittelt wird. Je nach Qualitätsanspruch wird entweder ein Kurzpumpversuch über mehrere Stunden bis zur annähernden Beharrung oder gemäß DVGW Arbeitsblatt W 111 [88] über längere Zeiträume durchgeführt.

### 3.4.4 Pumpen und Rohrleitungen

#### 3.4.4.1 Saugleitungen

Die allen Brunnen gemeinsame Saugleitung bei Flachbrunnen- oder Vakuumanlagen soll leicht sein und sich schnell und sicher bewegen lassen. Sie muss im verlegten Zustand zur Erhaltung des Unterdrucks dicht bleiben. Von Vorteil sind durchsichtige Teilstücke (An-schlussbogen mit Spiralschlauch), um zu erkennen, ob einzelne Brunnen Wasser führen oder nicht. Allgemein üblich sind Schnellkupplungsrohre aus verzinktem Stahl oder PEHD. Die Rohre werden mit Durchmessern zwischen 50 und 218 mm mit geeigneten Formstücken sowie zu den Anschlüssen passenden Armaturen in verschiedenen Ausführungen hergestellt.

Um vom Wasser mitgeführte Luft abzuleiten, soll die Saugleitung zur Pumpe leicht ansteigen (rd. 1 %). Die Dimensionierung der Leitung wird so vorgenommen, dass die Reibungsverluste in akzeptablen Grenzen bleiben, insbesondere auch im Hinblick darauf, dass die Saughöhe für die von der Pumpenanlage am weitesten entfernten Brunnen nicht zu stark vermindert wird. Für Leitungen über Ø 200 mm, die nur selten benötigt werden, wird dies im Allgemeinen erreicht, wenn die Fließgeschwindigkeit im Rohr 1,50 bis 2,0 m/s nicht überschreitet. Für schwächere Leitungen muss die Geschwindigkeit darunter bleiben (zur Bemessung der Reibungsverluste siehe Bild 99 und Tabelle 13).

Die gemeinsame Saugleitung soll, wenn möglich, als Ringleitung verlegt werden, um bei örtlichen Schäden den Betrieb aufrechterhalten zu können. Hierzu werden in gewissen Abständen Schieber eingebaut, um bei Beschädigungen der Leitung Teilstücke

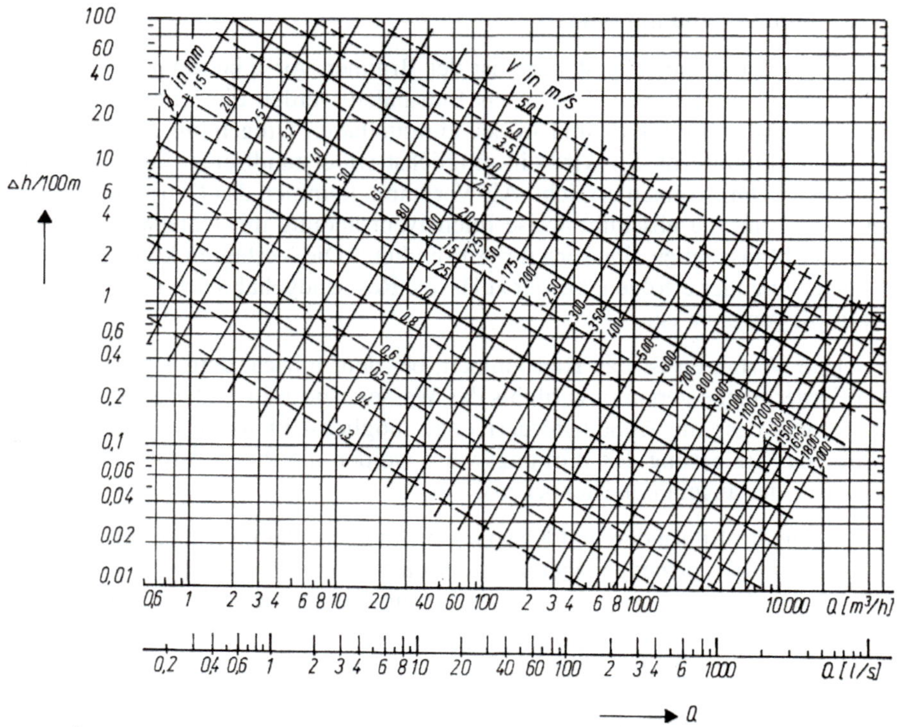


**Bild 99** Strömungswiderstände in glatten Rohren bei Förderung von kaltem Wasser [12]

**Tabelle 13** Reibungsverluste in Formstücken (nach [12])

| Formstück | Beiwert ζ |
|---|---|
| Schieber | 1 |
| Krümmer 30° | 1 |
| Krümmer 45° | 2 |
| Krümmer 90° | 4 |
| T-Stück | 8 |

$\Delta h = \zeta \cdot 0{,}02$; $v^2$ = Druckhöhenverlust in m
$\zeta$ = Beiwert; v = Wassergeschwindigkeit in m/s

vorübergehend außer Betrieb nehmen zu können. Wenn statt der Schnellkupplungsrohre Rohre mit Flanschen verwendet werden, so ist auf besonders gute Dichtung der Rohre Wert zu legen.

### 3.4.4.2 Druckleitungen

Für die Druckleitungen werden meist Rohre gleichen Typs, wie für die Saugleitungen, verlegt. Bei kleinen Durchmessern werden endlose PEHD-Rohre mit Schweißverbindungen oder Schraubkupplungen eingesetzt. Schnellkupplungsrohre sind bis zu einer Größe von ca. 300 mm üblich, als Sondergröße auch bis 500 mm. Darüber hinaus werden Stahlrohre mit Flanschverbindung oder speziellen Schalenkupplungen verwendet.

Die Bemessung der Druckleitung erfolgt ebenfalls nach Bild 99 und Tabelle 13. Für die Fließgeschwindigkeiten im Rohr können höhere Werte (2,0 bis 3,0 m/s) als bei Saugleitungen zugelassen werden.

Jeder Brunnen wird mit einem Schieber und einer Rückschlagklappe an die Ringleitung angeschlossen, so kann man einzelne Brunnen außer Betrieb nehmen, ohne die ganze Anlage abschalten zu müssen. Im Rohrleitungssystem sind außerdem zusätzliche Anschlussstellen für offene Wasserhaltungen und zusätzliche Brunnen vorzusehen, da sich diese sonst nur schwer während des Betriebs anschließen lassen.

Weiter sind Zapfstellen vorzusehen, um Wasserproben zum ständigen Nachweis der Sandfreiheit des Wassers leicht entnehmen zu können. Vor der Einleitung des gepumpten Wassers in den Kanal oder eine Vorflut ist ein Sandfang aufzustellen, in dem mitgeförderte absetzbare Stoffe zurückgehalten werden. Der Behälter sollte mit eingebauten Blechen als Dreikammersandfang und mit einem zusätzlichen Oberwehr als einfacher Leichtstoffabscheider versehen werden. Bei Mehrbrunnenanlagen empfiehlt es sich, jeden Brunnen mit einem Einzelwasserzähler auszurüsten, um die Förderraten vergleichen zu können.

Die Wassermengenmessung am Auslauf erfolgt durch Behälter mit Messwehren, mechanischen Wasseruhren oder magnetisch induktiven Durchflussmessern. Letztere haben den Vorteil, dass sie einen freien Durchgang haben und neben der Momentanmenge auch die aufaddierte Gesamtmenge anzeigen. Ein einfaches, fast immer anwendbares Verfahren, das zur Abschätzung ausreichend genau ist, bedient sich der Wurfparabel des aus dem Abflussrohr ausströmenden Wassers zur Mengenbestimmung (Bild 100).

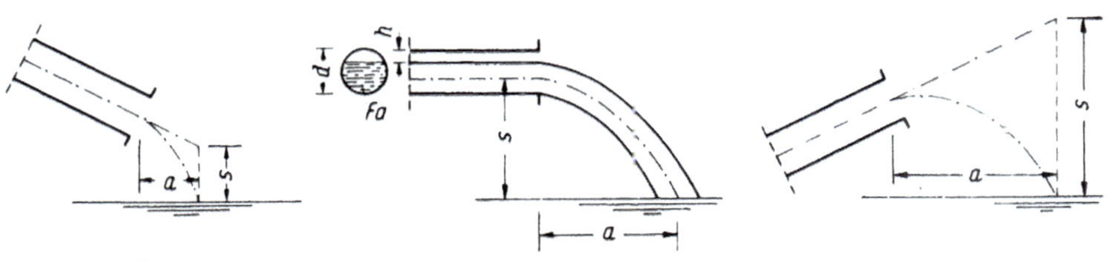


mit $F_a$ [m²] Strahlquerschnitt am Auslauf
$F$ [m²] (Rohrquerschnitt)
a [m] und s [m] (auf Strahlmitte bezogen)

ist $$Q = 2{,}22 \cdot F_a \frac{a}{\sqrt{s}} \left[m^3/s\right]$$

Strahlquerschnitt bei teilweise gefülltem Rohr:

| h/d in % | 2 | 6 | 10 | 15 | 20 | 30 | 40 | 50 | 70 | 90 |
|---|---|---|---|---|---|---|---|---|---|---|
| $F_a/F$ in % | 99,4 | 97,5 | 95 | 90,7 | 85,7 | 75 | 63 | 50 | 25 | 5 |

**Bild 100** Wassermessung beim Ausfluss aus Rohren

### 3.4.4.3 Kreiselpumpen mit horizontaler Welle

Für Flachbrunnenanlagen werden meistens Kreiselpumpen verwendet. Ihre Vorteile sind der gute Wirkungsgrad, die leichte Wartung und bei ausgereiften Konstruktionen ihre Unempfindlichkeit gegen mitgeführte feste Bodenbestandteile. Die Saughöhe der Kreiselpumpen in einer gut verlegten Anlage beträgt ca. 7 m. Ein Nachteil von einfachen Kreiselpumpen ist, dass sie das Wasser nicht selbst ansaugen, sodass – wenn nicht eine besondere Entlüftungsanlage angeordnet wird – die Saugleitung vor Inbetriebnahme aufgefüllt werden muss. Deshalb sollte die Stichleitung gegen die Hauptabflussleitung leicht ansteigen, damit das Wasser beim Auffüllen einer leergelaufenen Kreiselpumpensaugleitung dieser von selbst zufließt.

Inzwischen gibt es zahlreiche modernere selbstsaugende Bauarten – sog. Vakuumaggregate –, bei denen Luftpumpe (Vakuumpumpe) und Wasserpumpe zu einer Einheit gekoppelt sind und häufig vollautomatisch arbeiten. Dabei entlüftet die Vakuumpumpe das System Saugleitung, Trennbehälter und Förderpumpe. Das Fördermedium steigt aufgrund des erzeugten Vakuums in den Trennbehälter und wird von der Förderpumpe abgepumpt. Die im Fördermedium enthaltene Luft wird im Trennbehälter separiert und über die Vakuumpumpe abgeführt. Eventuelle Lufteinbrüche führen dadurch nicht zum Abbruch der Förderung. Eine Automatik steuert die Vakuum- und Förderpumpe je nach Luft- und Wasseranfall.

Für den Betrieb von Wellpointanlagen sind die Vakuumaggregate unentbehrlich geworden. Bei der Aufstellung der Vakuumaggregate ist unbedingt darauf zu achten, dass die Anlage möglichst nahe an die Grundwasseroberfläche herangeführt wird. Die Vakuumpumpe sollte auf jeden Fall auf dem Niveau der Sammelleitung liegen, um die physikalisch begrenzte Saughöhe vollständig ausnutzen zu können. Die gesamte manometrische Förderhöhe ergibt sich aus der geometrischen Saughöhe (ca. 7 m) und der geodätischen Druckhöhe (Abminderung bei > 500 m ü. NN) zuzüglich der Rohrreibungsverluste nach dem Diagramm in Bild 99 und zuzüglich eines Sicherheitszuschlags von 10 bis 20 %, der auch die Reibungsverluste durch Krümmer, Abzweigungen usw. berücksichtigt. Zur Kontrolle der Saug- und Druckhöhe werden Manometer bzw. Vakuummeter eingebaut. Vor und möglichst auch hinter der Pumpe sind Schieber anzuordnen, um die Saug- und Druckhöhe der Pumpencharakteristik anpassen zu können, wenn die Pumpe nicht genau den Förderverhältnissen entspricht.

Bei Wellpointanlagen soll die Vakuumanlage einen Unterdruck von 8 bis 9 m Wassersäule erzeugen; dieser wird bei guten Anlagen infolge von Rohrleitungswiderständen und unvermeidbaren Undichtigkeiten usw. mit 6 bis 7 m wirksam. Trotzdem erzeugt die Anlage in normalen Sand- und Kiesböden keinen Unterdruck im Boden. Das Wasser fließt dem Wellpoint infolge der Schwerkraft zu. Es kann deshalb mit den Anlagen auch nur dann das gleiche Absenkergebnis wie mit normalen Flachbrunnenhaltungen erzielt werden, wenn aus dem Untergrund die entsprechende Wassermenge gefördert wird.

Die genormten Elemente der Anlagen veranlassen häufig dazu, sie ohne nähere Prüfung einzusetzen. Zur Vermeidung von Fehlschlägen ist unbedingt der Nachweis zu führen, dass das geringere Fassungsvermögen der einzelnen Wellpoints in der Summe zur Bewältigung des Wasseranfalls ausreicht und die Rohrquerschnitte genügend groß sind, um die Fördermenge ohne Überschreitung der zulässigen Reibungsverluste abzuführen. Bei aggressivem Wasser sollten nur korrosionsbeständige Pumpen eingesetzt werden.

### 3.4.4.4 Tauchpumpen

Für die Förderung des Grundwassers aus Brunnen steht eine sehr große Bandbreite von Herstellern und Pumpentypen zur Verfügung. Eingesetzt werden hauptsächlich sog. Tauchpumpen (Unterwassermotorpumpen). Die Pumpen werden im Brunnen unterhalb der niedrigsten abgesenkten Grundwasseroberfläche positioniert. Der große Vorteil der Tauchpumpe gegenüber der in Geländehöhe aufgestellten Kreiselpumpe besteht vor allem darin, dass die Tauchpumpe das Wasser nicht saugt, sondern drückt. Dadurch ist die Tauchpumpe von der durch den Atmosphärendruck begrenzten Saughöhe unabhängig und tiefe Absenkungen können in einem Zug ohne Staffelung erzeugt werden. Die meisten Pumpen sind relativ unempfindlich gegenüber einer Restsandführung und verfügen über verschleiß- und korrosionsfeste Werkstoffe. Über der Pumpe sind Rückschlagventile oder -klappen anzuordnen, um bei Pumpenausfall einen Rückfluss des Wassers aus den Rohrleitungen zu verhindern.

Die Auswahl der Tauchmotorpumpen und Feststellung des Kraftbedarfs wird im Einzelfall anhand der Pumpenkennlinien erfolgen (Bild 101). Die Kennlinien zeigen die Abhängigkeit der Förderhöhe, des Leistungsbedarfs an der Pumpenwelle (kW / Stufe) und des Wirkungsgrads $\eta$ in Bezug auf die Fördermenge. Weiterhin ist der NPSH-Wert (Net Positiv Suction Head) der Pumpe angegeben. Dieser ist wichtig für die korrekte Einbautiefe, um Kavitation und eine Zerstörung der Pumpe zu verhindern. Es muss immer eine ausreichende Restwasserhöhe (Wasserdruck) über dem Pumpeneinlauf vorhanden sein. Die korrekte Dimensionierung sollte durch einen Pumpenfachmann vorgenommen werden. Es werden Pumpen in Durchmessern von 2″ bis 12″, Fördermengen von weniger als 1 bis mehr als 1000 $m^3/h$ und Förderhöhen von wenigen Metern bis ca. 700 m angeboten.

Die Dimensionierung der Pumpanlage für Grundwasserabsenkungen erfolgt für die höheren Fördermengen beim Absenkvorgang. Bei zurückgehenden Mengen bei der Annäherung an den stationären Zustand sollten die Pumpen nur kurzfristig eingedrosselt werden, da sonst zu viel Strom verbraucht wird. Besser ist der weitere Betrieb über diskontinuierliche Sondensteuerung, aufwendige Drehzahlsteuerung oder ein Auswechseln der Pumpen und Anpassen an die tatsächlichen Verhältnisse. Bei der Auswahl der richtigen Pumpenkennlinie ist die planmäßige Förderhöhe addiert mit den Rohrreibungsverlusten gemäß Abschnitt 3.4.4.2 und der erforderlichen Druckhöhe am Auslauf zu berücksichtigen.

Neben den mehrstufigen Unterwassermotorpumpen schlanker Bauart können bei geringen Förderhöhen auch einstufige Schmutzwasserpumpen eingesetzt werden. Auch Mammutpumpen und Wasserstrahlpumpen (*ejectors*) werden unter besonderen Umständen trotz ihres niedrigen Wirkungsgrads eingesetzt. Ihr Vorteil besteht darin, dass sie ohne bewegliche Teile fördern und auch größere Feststoffe ausblasen können. Dies wird vor allem beim Klarpumpen oder der Regenerierung genutzt.

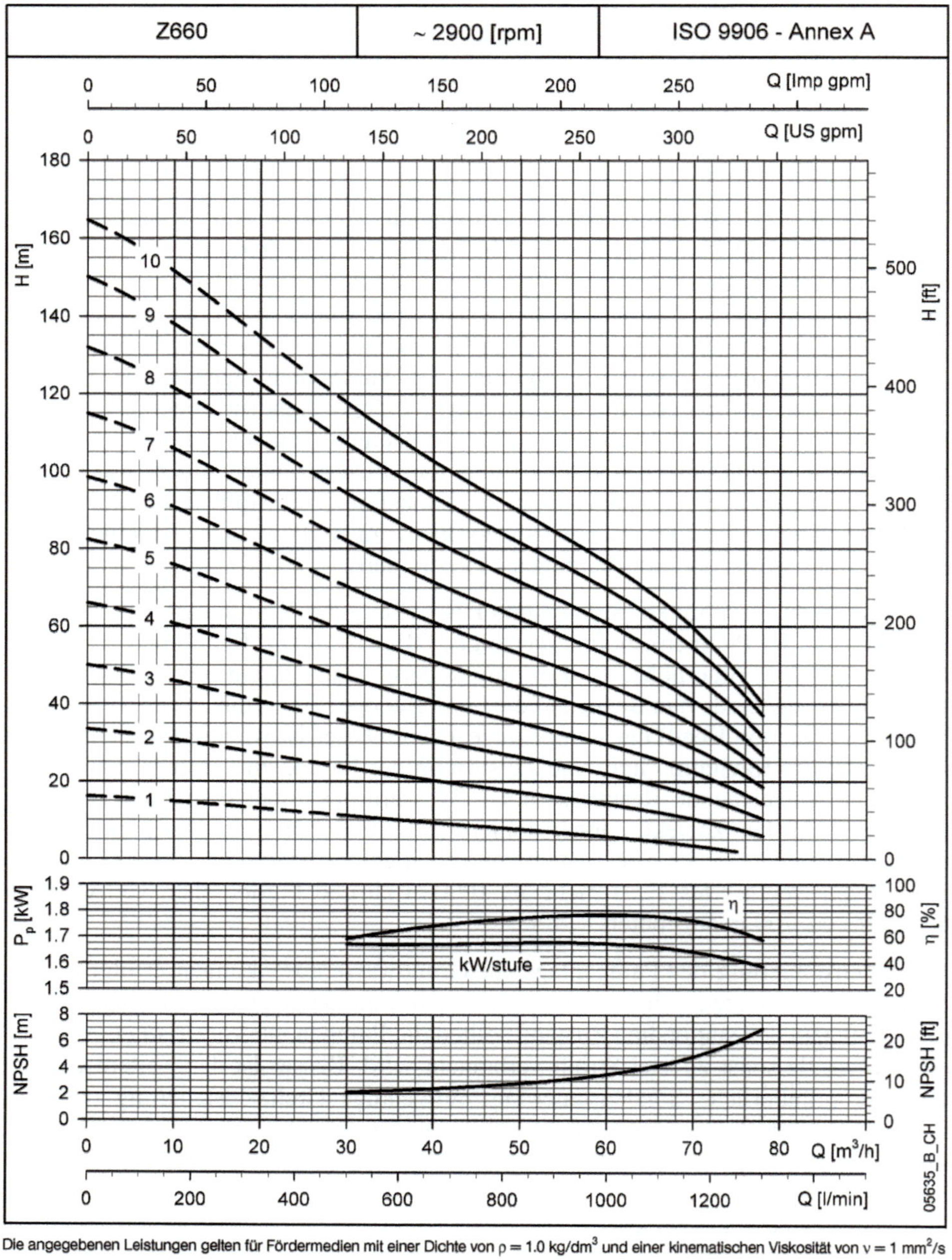


**Bild 101** Pumpenkennlinien (Beispiel ITT Lowara Deutschland GmbH, Großostheim)

### 3.4.4.5 Antriebsmaschinen und Stromverteilung

Der Antrieb der Pumpen erfolgt durch Elektromotoren oder Dieselmotoren, die direkt oder über Gestänge gekuppelt werden. Für wichtige Anlagen sollten zwei voneinander unabhängige Energiequellen vorgesehen werden, damit bei Ausfall einer Kraftquelle der Weiterbetrieb gesichert ist. In der Regel wird deshalb eine Stromreserve durch automatisch anlaufende Notstromaggregate bereitgestellt. Die Motoren der Tauchmotorpumpen sind Kurzschlussläufer und erzeugen beim Einschalten einen Stromstoß in Höhe der 6- bis 7-fachen Nennstromstärke. Bei der Bemessung der Stromanlagen, insbesondere bei etwaigen Stromerzeugungsanlagen, ist dies zu berücksichtigen. Dementsprechend sollte durch eine geeignete Steuerungseinrichtung vermieden werden, dass Tauchpumpenanlagen, die durch einen Stromausfall vorübergehend außer Betrieb gesetzt wurden, bei Stromwiederkehr mit allen Motoren gleichzeitig anlaufen (Kaskadenschaltung).

Grundwasserabsenkungsanlagen brauchen eine vom allgemeinen Baubetrieb unabhängige Stromversorgung, damit sich Fehler in der Stromversorgung der Baustelle nicht auf die Grundwasserabsenkung auswirken können. Für die Grundwasserabsenkung ist deshalb ein entsprechender Anschlussschrank als Nebenanschluss einzurichten. Die Stromversorgung der einzelnen Pumpen kann von dort aus zentral oder gruppenweise über Verteilerschränke erfolgen. Kleinere Schaltstationen für jeweils höchstens sechs Brunnen sind größeren Schaltanlagen vorzuziehen. Zentrale Schaltanlagen haben den Nachteil, dass bei Ausfall der Schaltstation die gesamte Anlage in Mitleidenschaft gezogen wird. Außerdem ist die Kabelführung umfangreicher und aufwendiger. Zweckmäßigerweise sind zu jedem Pumpenmotor in den Verteilerschränken Schaltschütze mit eingebautem Motorschutz einzubauen.

Zum heutigen Standard gehört außerdem eine Überwachung der Wasserhaltungsanlage durch eine computergestützte und mit dem Mobilnetz verbundene Alarmanlage (Telenot). Damit können gleichzeitig ein unerlaubter Wasseranstieg in mehreren ausgewählten Brunnen oder Pegeln und ein Stromausfall gemeldet werden. Das Signal der einzelnen Alarmsonden wird über die Telenot-Anlage per SMS an den Pumpwart und andere Verantwortliche ohne Verzögerung gesendet.

## 3.5 Entwässerung durch Unterdruck

### 3.5.1 Anwendungsbereich und Grundlagen

In feinkörnigen, d. h. schwach durchlässigen Böden ($k < 10^{-4}$ m/s) mit kapillar gebundenem Wasser, in denen die Wasserbewegung zu einer Entnahmestelle durch die Schwerkraft allein nicht bewirkt werden kann, muss zur Entwässerung ein zusätzliches Gefälle durch ein Vakuum im Brunnen erzeugt werden (Bild 102). Voraussetzung für das Funktionsprinzip der Vakuumanlage ist die Übertragung des Unterdrucks im Brunnen auf den zu entwässernden Boden.

Beträgt die Absenktiefe nur wenige Meter, so reichen in der Regel herkömmliche Vakuumlanzen aus (s. Abschnitt 3.4.2), die ringförmig um die Baugrube mit einem gegenseitigen Abstand von ca. 1,5 m gerammt, gebohrt oder eingespült (s. Bilder 95 und 96) und anschließend mit Vakuum beaufschlagt werden. Dabei ist zu beachten, dass nur der Teil des Vakuums auf den Boden wirksam werden kann, der nicht zur Hebung des Wassers aus dem Brunnen zur Förderpumpe verbraucht wird.

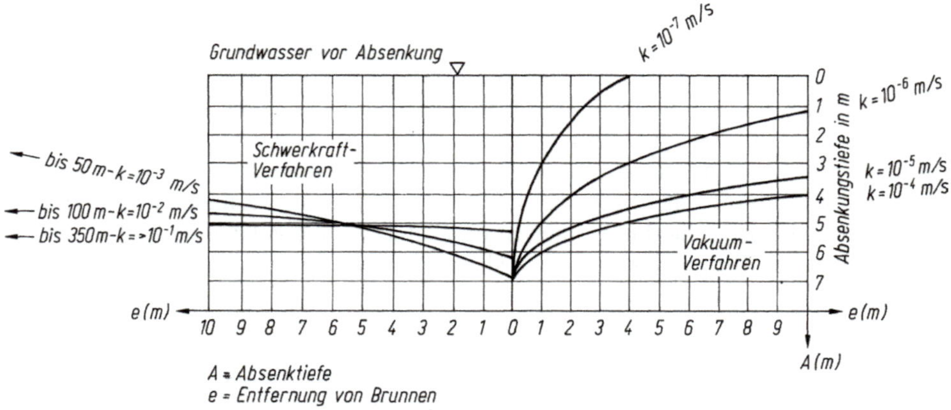


**Bild 102** Vergleich der Absenkkurven bei Schwerkraft- und Vakuumverfahren

Vom vorhandenen Unterdruck an der Pumpe sind deshalb bei flachen Vakuumanlagen die Anteile – aus dem geodätischen Unterschied zwischen Pumpe und Wasserstand im Brunnen – und Reibungsverluste aus dem System abzuziehen, sodass praktisch die Absenkung auf 4 bis 5 m beschränkt bleibt, wenn noch 0,3 bar Unterdruck auf den Boden wirksam werden soll. Bei Vakuumtiefbrunnen wird demgegenüber der Unterdruck in voller Größe auf die Bohrlochwandung aufgebracht, weil das anfallende Wasser mittels einer separaten Tauchpumpe zur Oberfläche gedrückt wird. Die Effektivität dieser Brunnen ist damit wesentlich größer als die der Vakuumlanzen und zwar sowohl in Bezug auf die Absenktiefe als auch auf die Reichweite.

Beim Einbau der Brunnen (und Vakuumlanzen) ist gegenüber Schwerkraftentwässerungsanlagen zu beachten, dass der Unterdruck am Brunnen entlang möglichst auf 3/4 der ganzen Höhe der zu entwässernden Schicht direkt und gleichmäßig einwirkt und nicht etwa nur von der kurzen Filterstrecke am Ende des Brunnenrohrs aus. Zu diesem Zweck werden die Brunnen entweder mit Filterschüttungen oder anderen konstruktiven Maßnahmen, wie z. B. Doppelwandfilter, Tressengewebehüllen und dgl. ausgerüstet, welche die Unterdruckausbreitung entlang der Brunnenwandung gewährleisten. Damit ist es ferner möglich, auch bei zwischengeschalteten undurchlässigen Trennschichten verschiedene Grundwasserleiter zu erreichen und wirksam zu entwässern. Am oberen Ende müssen die Brunnen dagegen durch Tondichtungen einwandfrei gegen den umgebenden Boden abgedichtet werden. Luftdurchlässige Oberflächen oder Böschungsanschnitte werden durch Auftragen von Spritzbeton oder durch Abdeckung mit Folien abgedichtet (Bild 103).

Wie bei Schwerkraftanlagen können auch Vakuumanlagen als ein- oder mehrstaffelige Anlagen oder als Tiefbrunnenanlagen eingesetzt werden. Bei Staffelanlagen ist zu beachten, dass im Gegensatz zu Schwerkraftanlagen die oberen Staffeln nicht mit fortschreitendem Absenken des Wassers und des Aushubs der Baugrube abgeschaltet werden können.

Aufgrund fehlender allgemeingültiger theoretischer und leicht anwendbarer Berechnungsverfahren ist es heute noch üblich, Vakuumanlagen auf der Grundlage von mehr

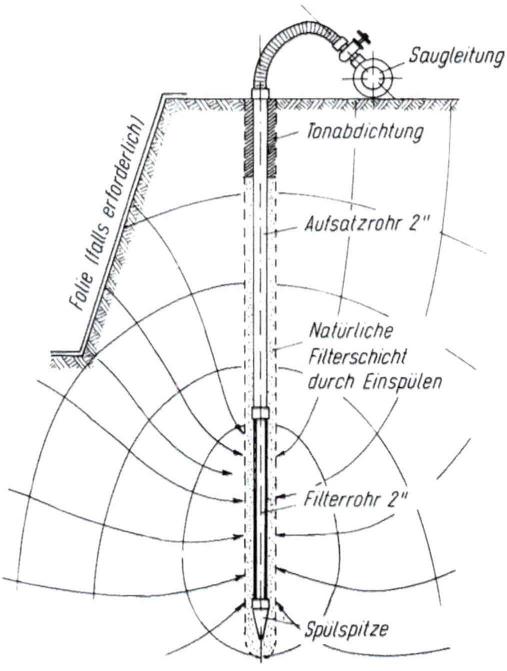


**Bild 103** Strömungs- und Druckverhältnisse an einem Vakuumbrunnen

oder weniger übertragbaren Erfahrungswerten zu dimensionieren. Die Prognose der in der Regel geringen Wassermengen, die in Vakuumanlagen anfallen, ist für die Bemessung von geringer Bedeutung. Der Bestimmung des Luftbedarfs bzw. des möglichen erzielbaren Unterdrucks kommt dagegen bei der Dimensionierung vor allem von Vakuumtiefbrunnen die entscheidende Bedeutung zu, weil hiervon nicht nur die Anzahl der vakuumerzeugenden Luftpumpen abhängt, sondern auch der Abstand der Vakuumtiefbrunnen und der Verlauf der Depressionskurve. Voraussetzung für die Ermittlung des Luftbedarfs ist allerdings die Kenntnis der Luftdurchlässigkeit des Untergrunds, deren Bestimmung sich noch problematischer als die Bestimmung der Wasserdurchlässigkeit darstellt.

### 3.5.2 Vakuumlanzen, Vakuumkleinbrunnen

Die Anlagen mit Vakuumlanzen gleichen in Aufbau und Ausstattung den Wellpointanlagen (Schwerkraftentwässerung), wie sie in Abschnitt 3.4.2 beschrieben sind, mit dem Unterschied, dass infolge der geringeren Durchlässigkeit auch außerhalb des Brunnens ein Unterdruck auf den Boden wirkt.

Für Untertagebauten, wo Brunnen im First nach unten entwässern, sind Vakuumanlagen besonders wertvoll.

Das leichte Einbringen der Punktbrunnen und die Stabilisierung des Bodens infolge der Entwässerung kann Veranlassung sein, tiefere Baugruben mit verhältnismäßig steilen Böschungen (evtl. ohne Bermen) anzulegen. Derartige Planungen sind geotechnisch sorgfältig zu untersuchen. Der entwässerte Boden erfährt eine Veränderung seiner bodenmechanischen Kennwerte, z. B. seiner Wichte und seines Scherwiderstands. Die entwässerte Zone liegt mehr oder weniger übergangslos auf dem nicht entwässerten Untergrund auf, wobei die Trennschicht eine Gefahr für die Standfestigkeit der Böschungen bilden kann. Die Brunnen müssen deshalb die zu entwässernde Schicht eines Wasserhorizonts in ganzer Tiefe durchfahren, besser aber 2 bis 3 m über das Absenkziel hinaus in den wasserführenden Untergrund reichen, falls eine undurchlässige Schicht das nicht unmöglich macht.

Die Auslegung einer Vakuumspülfilteranlage erfolgt in der Praxis unter Berücksichtigung der theoretischen und physikalischen Grundlagen i. d. R. mithilfe von empirisch entstandenen Tabellen und Diagrammen. Bei bekanntem Durchlässigkeitsbeiwert kann die anfallende Wassermenge nach Tabelle 14 abgeschätzt und der erforderliche Filterabstand aus dem Diagramm in Bild 104 ermittelt werden.

*Anmerkung:*

Die angeführten Kurven haben ihre Gültigkeit für einen Ø 2″ Filter mit einer Filterlänge von 1 m. Wird der Einsatz eines Filters mit anderen Dimensionen angestrebt, so sind entsprechende Korrekturen vorzunehmen.

*Filterüberdeckung (Abstand zwischen Filteroberkante und Geländeoberfläche):*

Zur Verhinderung von unkontrollierten Lufteinbrüchen bei abgesenkter Grundwasseroberfläche ist es erforderlich, Vakuumanlagen mit einer ausreichenden Filterüberdeckung zu versehen. Entsprechend einem vorgegebenen Durchlässigkeitsbeiwert oder einer Zuflussmenge wird mit Tabelle 15 die erforderliche Filterüberdeckung bestimmt.

**Tabelle 14** Ermittlung der anfallenden Wassermenge [$m^3/h$] in Abhängigkeit der Durchlässigkeit und der Absenktiefe [89]

| Bodenarten | | Ton | Schluff | | | Sand | | | Kies | | | Brocken |
|---|---|---|---|---|---|---|---|---|---|---|---|---|
| | | | fein | mittel | grob | fein | mittel | grob | fein | mittel | grob | |
| Korngröße bis mm | | unter 0,002 | 0,002 0,006 | 0,006 0,02 | 0,02 0,06 | 0,06 0,2 | 0,2 0,6 | 0,6 2,0 | 2 6 | 6 20 | 20 60 | über 60 |
| Durchlässigkeit k = m/s | | $10^{-11}$ bis $10^{-8}$ | $10^{-7}$ | $10^{-6}$ | $10^{-5}$ | $10^{-4}$ | $10^{-3}$ | $10^{-2}$ | $10^{-1}$ | 1 | > 1 | |
| Wasseranfall je lfd. Meter Absenkstrecke im Kanalbau bei Baugruben × 0,75 | 1 | 0,01 bis | 0,3 | 0,4 | 0,7 | 1,4 | 2,7 | 5 | | | | |
| | 2 | | 0,3 | 0,45 | 1,0 | 1,7 | 3,3 | 5,8 | | | | |
| | 3 | | 0,4 | 0,5 | 1,2 | 2,1 | 4,1 | 6,7 | | | | |
| | 4 | | 0,4 | 0,55 | 1,4 | 2,6 | 5,0 | 7,8 | | | | |
| | 5 | | 0,4 | 0,6 | 1,6 | 3,2 | 6,1 | 8,1 | | | | |
| | 6 | | 0,4 | 0,6 | 1,75 | 3,9 | 7,3 | 9,7 | | | | |
| | 7 | | 0,4 | 0,6 | 1,90 | 4,7 | 8,7 | 10,7 | | | | |
| | 8 | | 0,4 | 0,6 | 2 | 5,6 | 10,4 | 14,3 | | | | |
| | 9 | | 0,2 | 0,4 | 0,6 | 2,1 | 6,6 | 12,5 | 17,7 | | | |
| Tiefe | m | | | | | | | | | | | |

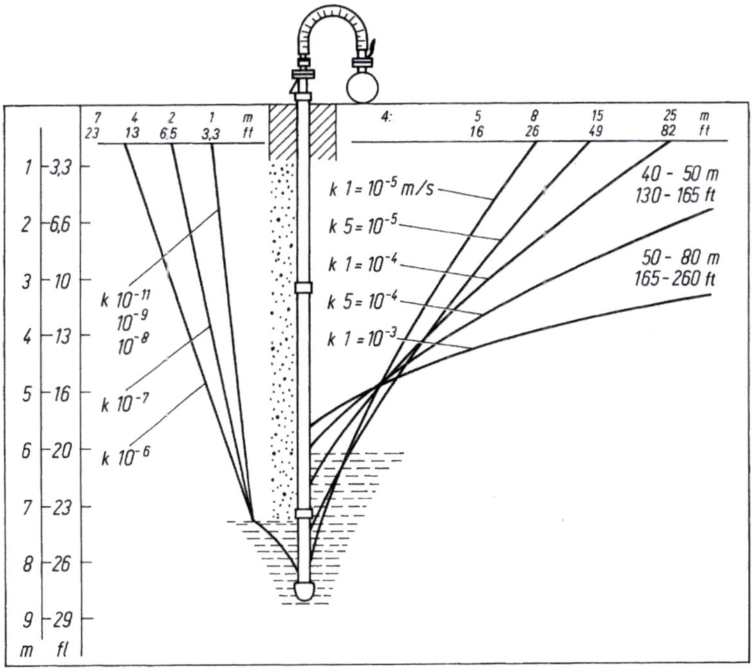


**Bild 104** Absenkkurven in Abhängigkeit von verschiedenen Durchlässigkeitsbeiwerten [89]

**Tabelle 15** Ermittlung der erforderlichen Filterüberdeckung [89]

| Höhe der abzusenkenden Grundwasseroberfläche | k [m/s] | | Wasseranfall [$m^3$/h] | | |
|---|---|---|---|---|---|
| | $10^{-11}$ – $10^{-6}$ | $10^{-5}$ | 2 | 2 – 4 | > 4 |
| 1 m | 1,2 m | 1,5 m | 1,5 m | 1,4 m | 1,2 m |
| 1 – 2 m | 1,0 m | 1,2 m | 1,2 m | 1,2 m | 1,0 m |
| 2 – 3 m | 0,8 m | 1,0 m | 1,0 m | 1,0 m | 0,8 m |
| > 3 m | 0,6 m | 0,6 m | 1,0 m | 0,8 m | 0,7 m |

Mit der Filterüberdeckung wird auch gleichzeitig die Länge des Aufsatzrohrs ermittelt.

In der Regel genügt es, die Vakuumlanzen in Reihen von 15 bis 20 m Abstand anzulegen, wenn sich für schmalere Baugruben kein geringerer Abstand ergibt.

Zum Betreiben der Vakuumanlagen werden heutzutage überwiegend moderne selbstsaugende Hochleistungsvakuumaggregate eingesetzt, bei denen Luftpumpe (Vakuumpumpe: $p_{vak}$ bis 9 bar) und Wasserpumpe zu einer Einheit gekoppelt sind und häufig vollautomatisch arbeiten. Der Unterdruck wird permanent aufrechterhalten, während die Wasserförderung aus einem Zwischenbehälter (Kessel) intermittierend erfolgt. Auf ca. 50 lfd. m Vakuumanlage wird eine Pumpanlage erforderlich.

Der Betrieb von Vakuumanlagen erfordert besonders geschultes Überwachungspersonal, das u. a. auch ständig darauf achten muss, dass Durchbrüche der Außenluft durch den Kapillarsaum und den wassergesättigten Boden zum Filter verhütet werden.

Bei Vakuumanlagen ist es ratsam, dass trotz der i. d. R. geringen Wassermengen (50 bis 100 Brunnen an einem Strang mit 0,2 bis 2 l/s Brunnen) jeder einzelne Brunnen eingeregelt und abgestellt werden kann. Das Absperrventil wird zwischen flexiblem, durchsichtigen Schlauch (zur Kontrolle der Wasserförderung und der zu verhindernden Sandförderung) und Hauptsaugleitung angeordnet. Bei der horizontalen Saugleitung (Ø 4″ bis 5″) sind Schieber in Abständen von 25 m vorzusehen.

Ist eine Anlage betriebsbereit aufgebaut, so darf nach Einschalten der Vakuumpumpe der Unterdruck nur langsam „hochgefahren" werden. Dadurch wird verhindert, dass die Feinteile des Bodens sofort zum Filter hinwandern und die Filterschlitze verschließen. Die Regulierung erfolgt durch ein an jeder Vakuumpumpe befindliches Belüftungsventil. Empfohlen wird deshalb, das Vakuum im Halbstundentakt um 0,1 bar zu erhöhen.

Am Ende jeder Sammelleitung ist ein Vakuummeter einzusetzen, das bei vorschriftsmäßig installierter Anlage einen um 1 bis 2 m höheren Druck als die geodätische Saughöhe, gemessen von der Filterspitze bis zur Sammelleitung, anzeigen muss.

### 3.5.3 Vakuumtiefbrunnen

Für Vakuumtiefbrunnen sind gut abgedichtete Brunnenrohre zu verwenden, die es ermöglichen, einen hohen, ständig wirksamen Unterdruck in den Brunnen zu erzeugen und permanent aufrechtzuerhalten. Auf die dichte Einführung der Luft- und Wasserleitungen am Brunnenkopf ist besonderer Wert zu legen (Bild 105).

Da beim Vakuumbrunnen ein mögliches Sandeintreiben nur schwer feststellbar ist, muss die Filterkonstruktion entsprechend sorgfältig ausgeführt und optimal auf den zu entwässernden Boden abgestimmt werden. Filter mit Tresse, Kunststofffilter oder Filter mit fabrikmäßig aufgebrachtem Feinkiesbelag ausgewählter Kornabstufung haben sich in diesem Einsatzgebiet bewährt.

Das in den Brunnen eintretende Wasser wird im Brunnentiefsten unterhalb des Unterdruckraums gesammelt und intermittierend (Pumpe mit Schwimmerschaltung) mit einer separaten Tauchpumpe (Brunnenrohr Ø ≥ 150 mm) zur Oberfläche gedrückt. Der von der Luftpumpe erzeugte Unterdruck wird deshalb im Brunnen und in dessen Nahbereich ohne Minderung aufrechterhalten.

Besonders vorteilhaft für (Vakuum-)Tiefbrunnen ist eine Brunnenentwicklung von *Esters* [90]. Dieser Brunnen ermöglicht es, gleichzeitig aus zwei verschiedenen Wasserhorizonten das Wasser voneinander unabhängig zu entnehmen. Der Brunnen wird vor allem dort eingesetzt, wo unterschiedliche Aquifere gleichzeitig nach dem Schwerkraft- und dem Vakuum-Prinzip abgesenkt werden müssen.

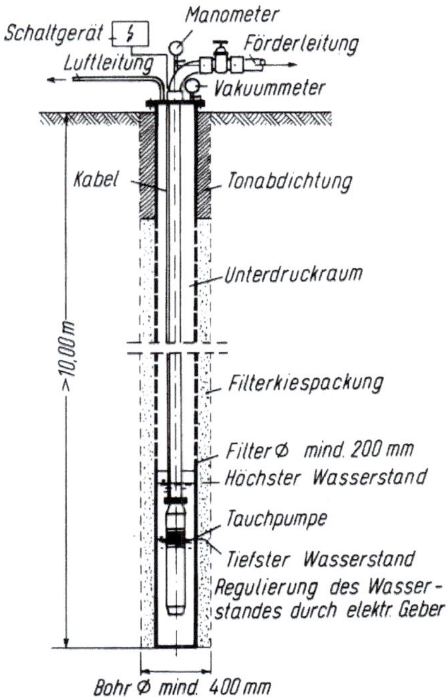


**Bild 105** Vakuumtiefbrunnen

## 3.6 Wiederversickerung

### 3.6.1 Anwendungsbereich und Grundlagen

Die Absenkung des Grundwassers und die Trockenhaltung von Baugruben stellen einen erheblichen Eingriff in den Grundwasserhaushalt dar. Das gilt besonders für weiträumige, tiefe oder lang laufende Wasserhaltungen, deren Reichweiten deutlich über die eigentlichen Baumaßnahmen hinausgehen. Neben einer Reduzierung des Grundwasservorrats mit möglicher Beeinträchtigung der Wasserversorgung stellt die Entsorgung des gepumpten Wassers bei Fehlen einer geeigneten Vorflut eine erhebliche Belastung für das Abwassersystem und die Kläranlagen dar. Durch die heute üblichen hohen Einleitgebühren entstehen damit der Baustelle i. d. R. Kosten, die leicht die Betriebs- und Einrichtungskosten einer Wasserhaltung überschreiten können.

Außerdem kann die Entwässerung setzungsempfindlicher Bodenschichten im Einflussbereich des Absenktrichters zu beträchtlichen Schäden bei darüber befindlichen Bauwerken infolge ungleichmäßiger Setzungen führen.

Aus den genannten ökologischen und wirtschaftlichen Gründen und zur Schadenabwehr wird deshalb zunehmend das im Zuge der Grundwasserabsenkung geförderte Wasser gleichzeitig im Rahmen sog. kombinierter Anlagen durch Versickerung wieder dem Aquifer zugeführt. Die Einleitung in den Untergrund kann durch Oberflächen- oder Tiefeninfiltration erfolgen. Beide Systeme unterscheiden sich nicht in ihrer hydrologischen Wirkung.

Bei der Oberflächeninfiltration mittels Sickerrohrsträngen und Versickerungsgräben ist die senkrechte Durchlässigkeit des Untergrunds maßgebend und setzt ausreichend große Versickerungsflächen und unmittelbar unter Gelände anstehende durchlässige Bodenschichten voraus.

In der Praxis überwiegt die Tiefenversickerung mittels Brunnen. Wesentliche konstruktive Unterschiede zwischen Entnahme- und Versickerungsbrunnen bestehen nicht. Für die Wahl der Versickerungsstellen sind meistens die örtlichen Gegebenheiten und das Platzangebot entscheidend. Immer muss auf wasserrechtliche Belange der Anlieger, der Kommunen und der Industrie Rücksicht genommen werden.

Bei kombinierten Anlagen muss berücksichtigt werden, dass versickertes Wasser den Entnahmebrunnen wieder zufließt und die Förderraten für ein entsprechendes Absenkungsziel dadurch erhöht werden muss. Je näher die Sickerbrunnen zur Baugrube liegen, desto mehr Grundwasser fließt der Grundwasserabsenkungsanlage zusätzlich zu. Um die Sickerbrunnen bildet sich ein Aufstaukegel, der bei benachbarten Kellern und Tiefgaragen zu Beeinträchtigungen und Schäden führen kann. Eine rechtzeitige und umfassende Beweissicherung ist deshalb sehr empfehlenswert.

In der Ingenieurpraxis basiert die Bemessung der Versickerungsanlagen auf den bekannten Berechnungsansätzen von Absenkungsanlagen. Die damit prognostizierten Versickerungsleistungen weichen jedoch häufig erheblich von den tatsächlichen Versickerungsraten und Aufstauhöhen ab. *Lehmann* [91] beobachtete beim Bau der U-Bahn Köln neben der Aufstauhöhe im Brunnen und dem Verlauf des Aufstaukegels auch die Infiltrationsraten bei vertikalen Versickerungsbrunnen. Die nach den Brunnengleichungen berechneten Versickerungsmengen ließen sich dort erst bei einer nahezu vierfachen Stauhöhe infiltrieren. Holländische Untersuchungen [92] zeigten, dass bei Versickerungsbrunnen nur die Hälfte des Grenzgefälles am Brunnenmantel erreicht wurde. In der Praxis behilft man sich zum Ausgleich der Bemessungsunsicherheit durch entsprechend große Sicherheitszuschläge und einen auf 25 % abgeminderten Durchlässigkeitsbeiwert $k_s = k/4$.

Im Folgenden wird hauptsächlich die Tiefeninfiltration mittels Sickerbrunnen behandelt. Für Hinweise zum Bau und zur Bemessung von Oberflächenversickerungseinrichtungen wird auf die umfassende Darstellung im DWA-Arbeitsblatt A 138 [93] verwiesen.

### 3.6.2 Bauelemente

#### 3.6.2.1 Rohrleitungen

Es wird sinngemäß auf Abschnitt 3.4.4 „Pumpen und Rohrleitungen“ hingewiesen. Darüber hinaus ist bei der Verlegung der Rohrleitungen zwischen Entnahme- und Versickerungs-brunnen zusätzlich zu beachten:

- Rohrleitungen mit $v_{max} = 1$ m/s dimensionieren und stark gedrosselte Schieberstellungen beim Betrieb vermeiden (→ keine Turbulenzen, kein Unterdruck).
- Möglichst korrosionsgeschützte Werkstoffe für Armaturen und Rohre verwenden.
- Ein Luftzutritt im Rohrleitungssystem ist zu vermeiden.

- Die Hauptleitung ist während des Füllvorgangs vollständig zu entlüften.
- Automatische Entlüftungs- und Überlaufvorrichtungen sind an sämtlichen Leitungshochpunkten vorzusehen (min. 2). Gegebenenfalls sind künstliche Hochpunkte zu schaffen.
- Jeder einzelne Sickerbrunnen ist als Hochpunkt anzusehen und sollte deshalb ebenfalls mit einer automatisch wirkenden Entlüftungsvorrichtung versehen sein.
- An geeigneten Stellen sind Notablässe vorzusehen (auch zum Leitungsdurchspülen).
- An Sickerbrunnen und allen wichtigen und unübersichtlichen Stellen muss der Druck in den Leitungen leicht kontrolliert werden können (Manometer, durchsichtige Standrohre).
- Die Fallleitung im Sickerbrunnen muss weit bis unter den niedrigsten Grundwasseroberfläche eintauchen, möglichst bis 1,0 m über Unterkante Filter.

### 3.6.2.2 Sickerbrunnen

Die Herstellung der Sickerbrunnen erfolgt analog der für die Entnahmebrunnen gültigen Kriterien. Bei der Planung sollte berücksichtigt werden, dass nur Materialien verwendet werden dürfen, bei denen eine spätere Regenerierung leicht durchführbar ist. Bei der Bemessung der Sickerbrunnen sollte zur Verzögerung der früher oder später eintretenden Verstopfung mit einer Austrittsgeschwindigkeit an der Bohrlochwand von < 1,5 m/h dimensioniert werden.

Die geschlitzte Filterstrecke mit anschließendem Pumpensumpf ist an die Versickerungsleistung anzupassen. Die Kiesschüttung muss so grob wie möglich gewählt werden (Filterkriterium für das Klarpumpen ist zu beachten). In die Kiesschüttung und in das Brunnenfilterrohr sind Peilrohre zur Beobachtung der Wasserstände einzusetzen. Eine Vorrichtung zur Kontrolle des Drucks sollte installiert werden (durchsichtiges Standrohr, Manometer). Das Peilrohr in der Kiesschüttung dient auch zur Entlüftung des Filters. Zur Messung des Filterwiderstands und der Kontrolle des Aufstaukegels sind außerdem 2 Messpegel bis max. 3 m Entfernung vom Brunnenrand und einer der Brunnentiefe entsprechenden Einbautiefe herzustellen. Ein Abschlussdeckel auf dem Brunnenkopf schließt einschließlich aller Leitungszuführungen das Brunnenrohr luftdicht über Gelände ab (Bild 106).

Die Gefahr der Umläufigkeit ist bei Versickerungsbrunnen besonders groß. Deshalb ist der Zwischenraum zwischen der Bohrlochwandung und dem Brunnenrohr sorgfältig, am besten mit Ton-Zement-Suspension, zu verfüllen. Im Untergrund oberflächennah anstehende Sperrschichten sind ebenfalls abzudichten.

Für den Bereich um den Versickerungsbrunnen ist der Nachweis der Sicherheit gegen hydraulischen Grundbruch und der Nachweis gegen Aufschwimmen bei vorhandener Deckschicht gemäß DIN EN 1997-1 (EC 7-1) [27] in Verbindung mit DIN 1054 [28] zu führen.

Die Eigenschaften und die Güte des zu versickernden Wassers sind von großer Bedeutung, denn sie können Verstopfungen der Sickerbrunnen verursachen. In allen Fällen sind deshalb vor Ausführung einer Versickerungsanlage die chemischen, physikalischen und biologischen Eigenschaften des Grundwassers zu bestimmen (s. Abschnitt

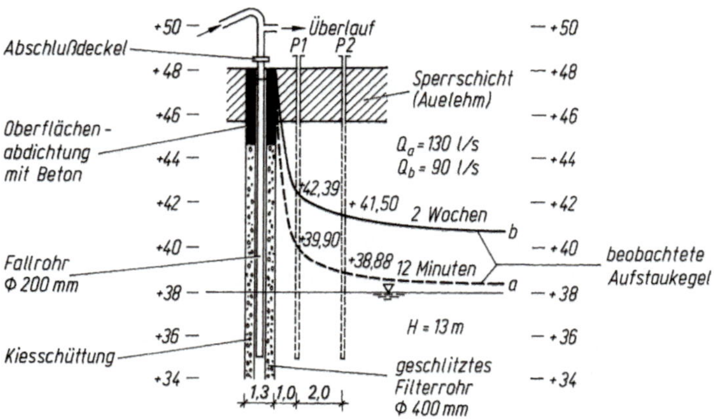


**Bild 106** Sickerbrunnen mit 2 Messpegeln und Oberflächenabdichtung [91]

3.2.4). Eine biologische Verockerung kann durch regelmäßige Chlorung (ca. 1 g/l Wasser, 24 h warten) verhindert werden.

Vor Inbetriebnahme des Sickerbrunnens sind alle Teile sorgfältig zu entlüften. Der Druck wird mit am Brunnenkopf eingebauten Schiebern geregelt und stufenweise bis zum für den Dauerbetrieb vorgesehenen maximalen Überdruck gesteigert. Jede Druckstufe sollte über mehrere Stunden betrieben und von Pegelmessungen im Brunnen und im brunnennahen Bereich begleitet werden. Zur Messung der zufließenden Wassermenge sind in der Zuflussleitung am Brunnenkopf Wasseruhren anzuordnen.

Sollte während der einzelnen Stufen ein Druckanstieg das Anwachsen des Austrittwiderstands anzeigen, so ist der Brunnen sofort klar zu pumpen, weil diese Maßnahme immer schwieriger und zeitraubender wird, je weiter die Verstopfung fortgeschritten ist.

Die beobachteten Leistungsverminderungen von Sickerbrunnen werden durchweg von Verstopfungen verursacht, deren Ursachen i. d. R. nicht in den Sickerbrunnen selbst, sondern bei der kombinierten Anlage in ihrem Absenkungsteil und den Verbindungsleitungen zu den Sickerbrunnen liegen. Trotz dichter Rohrsysteme ist über den Filter der Entnahmebrunnen und den vielen Schiebern in den Leitungen ein Luftzutritt nicht vollkommen zu verhindern. Die Luftbläschen sammeln sich in der Kiesschüttung und dem Porenraum des Bodens und verengen („verstopfen") dadurch den Fließquerschnitt für die Infiltration. *Lehmann* [91] beobachtete bei seinen Messungen eine Kapazitätsminderung durch Lufteinschlüsse von ca. 60 %. Nach Entlüften der Brunnen stellte sich die ursprüngliche Leistungsfähigkeit unmittelbar wieder ein.

## 3.7 Wasserhaltung und Umwelttechnik

### 3.7.1 Anwendungsbereich und Grundlagen

Die Verschmutzung des Grundwassers durch die Industrie, unsachgemäßer Umgang mit Schadstoffen, durch ungedichtete Müllkippen und dgl. in der Vergangenheit oder auch durch Unfälle, z. B. beim Transport von Chemikalien, zwingt immer häufiger dazu, kontaminiertes Grundwasser aus dem Untergrund zu entnehmen, zu reinigen und danach ggf. wieder einzuleiten. Brunnenanlagen aus Entnahme- und Versickerungsbrunnen sind nahezu uneingeschränkt zur Sanierung von Grundwasserschäden einsetzbar. Weiterhin sind linienhafte Fassungen, wie Dränagen und Gräben, möglich.

Eine weitere Art der Grundwasserreinigungsverfahren sind sog. „Funnel-and-Gate"-Systeme, bestehend aus dem Funnel (Trichter), einer Dichtwand zur Einkapselung von Schadstoffherden und einer Lücke im natürlichen Abstrom, dem Gate (Durchlass), in dem eine In-situ-Reinigung mit reaktiven Wänden als Feststoffreaktor (z.B. mit Aktivkohle gefülltes unterirdisches Bauwerk) stattfindet. Dabei wird nicht aktiv gepumpt, sondern die vorhandene Grundwasserströmung genutzt.

Weiterhin sind oft durch die Verfahren der Wasserhaltung selbst erzeugte Veränderungen der Wasserqualität vor einer Wiederversickerung oder anderweitiger Ableitung in Gewässer oder Kanäle zu revidieren. So sind bestimmte Einleitgrenzwerte für absetzbare und filtrierbare Stoffe oder auch pH-Werte einzuhalten und das Wasser entsprechend zu behandeln.

Um Grundlagen für die Planung und Bemessung dieser Anlagen zu erhalten und um den Schadensbereich eingrenzen zu können, sind in der Regel umfangreiche Bodenuntersuchungen, Pegelbeobachtungen, Pumpversuche und Wasseranalysen durchzuführen. Im Übrigen erfolgt die Bemessung der Grundwasserströmungen der Anlagen nach den in den vorigen Abschnitten beschriebenen Verfahren. Sofern mehrere nicht mischbare Phasen, wie z.B. Öl und Wasser, gleichzeitig den Porenraum des Untergrundes durchströmen, sind die Berechnungsverfahren entsprechend zu modifizieren.

### 3.7.2 Verfahren der Grundwasserreinigung

Im Folgenden wird eine Übersicht über gebräuchliche Grundwasserreinigungsverfahren aufgestellt, tiefer gehende Betrachtungen und Dimensionierungen der einzelnen Verfahren werden von *Bank* in [94] angestellt. Die Verfahren werden je nach den zu reinigenden Schadstoffen einzeln oder in Reihe nacheinander eingesetzt.

**Sedimentation**

Die Sedimentation ist ein physikalischer Vorgang, bei dem nicht gelöste, im Förderwasser enthaltene Partikel in einem Sandfang abgesetzt werden. Da dies durch Schwerkraft geschieht, müssen die Teilchen eine größere Dichte als Wasser besitzen. Mittlere bis grobe Feststoffanteile weisen eine hohe Sinkgeschwindigkeit auf, während Feinanteile, wie Schluff, Ton und Zement, längere Absetzzeiten benötigen. Meistens werden Dreikammersandfänge eingesetzt. Ein sanfter Einlauf verhindert eine Verwirbelung. Die Aufenthaltszeit des Wassers sollte mind. 15 min betragen. Das Absetzbecken sollte etwa doppelt so lang wie breit und mindestens 1,0 m tief sein. Durch eine weitere Trennwand auf der Wasseroberfläche (Tauchwand) können aufschwimmende Leichtstoffe in Phase zurückgehalten werden.

Bei ausreichender Absetzzeit können Restsandgehalte von 10 mg/l erreicht werden.

**Filtration**

Wenn die Einleitgrenzwerte durch einfache Sedimentation nicht erreicht werden, kann man eine Filtration verwenden. Dabei wird das Förderwasser über mit Filtersand oder -kies gefüllte Filterbehälter gepumpt, in denen die Feststoffe abgetrennt werden. Dabei kommen auch oft Mehrschichtfilter mit unterschiedlichen Korngrößen zum Einsatz. Durch das Ablagern der Feststoffteilchen nimmt der Druckverlust im Filter ständig zu. Die abgefilterten Stoffe müssen daher regelmäßig durch Rückspülung des Filters in einen Zwischenbehälter abgepumpt werden. Das zur Rückspülung verwendete Wasser kann nach ausreichender Absetzzeit dem Reinigungskreislauf erneut zugeführt werden.

**Flockung**

Bei feinsten, nicht absetzbaren oder filtrierbaren Stoffen kann man eine Flockung anwenden. Dabei werden dispergierte, kolloidale Teilchen durch Zugabe von Flockungsmitteln in einen Zustand überführt, bei dem eine mechanische Abtrennung möglich wird.

Als Flockungsmittel werden zumeist dreiwertige Metallsalze wie Eisen(III)-Salze und Aluminiumsalze verwendet. Flockungsmittel bilden aus den Kolloiden Mikroflocken, die sich bereits gut durch Filtration entfernen lassen. Ist eine Feststoffentfernung durch Sedimentation gewünscht, kommt zusätzlich zum Flockungsmittel ein Flockungshilfsmittel zum Einsatz, das aus den Mikroflocken größere Makroflocken bildet.

**Fällung**

Bei der Fällung werden gelöste Schadstoffe durch chemische Reaktionen in wasserunlösliche Stoffe überführt. Dies wird durch Zugabe eines Fällungsmittels und/oder die Einstellung eines bestimmten pH-Werts erreicht. Der Schadstoff wird dabei aus der flüssigen in eine feste Phase überführt. Mit Fällungsreaktionen kann man Schwermetalle und Phosphate abscheiden und nachträglich sedimentieren oder abfiltern.

**Neutralisation**

Die Neutralisation ist keine echte Grundwasserreinigung, da kein Schadstoff zurückgehalten wird. Allerdings wird sie im Zusammenhang mit den anderen Verfahren angewendet, um bestimmte physikalische oder chemische Reaktionen zu ermöglichen. Weiterhin wird gerade bei Baugrubenwasserhaltungen durch den Einsatz von Weichgel- und Zementinjektionen oder durch Betoniervorgänge die im Kontakt zum Wasser stehen, der normale pH-Wert bis auf 10 oder max. 14 stark erhöht. Zur weitgehenden Vermeidung einer Beeinträchtigung der ökologischen Verhältnisse in den Vorflutern sowie von Korrosionsvorgängen in Kanalisationen oder Kläranlagen sind nur Einleitwerte zwischen ca. (6) 6,5 bis max. 8,5 (9) gestattet. Da der Einsatz von Mineralsäuren wie HCl oder $H_2SO_4$ auf Baustellen sicherheitstechnisch problematisch ist, wird zum größten Teil Kohlensäure $CO_2$ zur Neutralisation eingesetzt. Das $CO_2$ wird entweder in einen Sammel- und Reaktionsbehälter mit optionalem Rührwerk eingedüst oder als Durchlaufneutralisation in der Rohrleitung als Reaktor verwendet. Entsprechende Anlagen werden mittels pH-Wert-Messsonden und gesteuerten Magnetventilen zur Gaseindüsung automatisiert.

**Stripping, Desorption**

Beim Strippen wird das Grundwasser intensiv mit Luft in Kontakt gebracht, sodass leicht flüchtige Schadstoffe aus der wässrigen in die Gasphase übertreten können. Das Förderwasser wird z. B. von oben in einen mit Füllkörpern bestückten Stripturm geleitet, wobei sich der Wasserstrom in feinste Einzeltropfen aufspaltet. Im Gegenstromprinzip wird mit einem Lüfter Außenluft durch den Stripturm geleitet. Die entstehende Abluft wird meistens über Luftaktivkohlefilter gereinigt. Das Luftstrippen wird zur Entfernung von LCKW, BTEX und leichtflüchtigen Kohlenwasserstoffen eingesetzt. Mit einem Stripturm können Reinigungsleistungen von bis zu 99 % der Ausgangsstoffe erreicht werden. Entscheidend für die Reinigungsleistung ist die Höhe des Stripturms, welche 2 bis 10 m betragen kann. Sollte der Ablaufgrenzwert noch nicht erreicht werden, können mehrere Kolonnen Striptürme aufgestellt werden oder nachgeschaltet eine Wasseraktivkohlereinigung stattfinden. Nebenbestandteile wie Eisen und Mangan sollten vorher wegen der Gefahr des Verockerns entfernt werden.

**Aktivkohle-Adsorption**

Fast alle im Grundwasser anzutreffenden organischen Verbindungen können gut an Aktivkohle adsorbiert werden. Das Verfahren ist dabei universell einsetzbar und wird bei der Grundwasserreinigung am häufigsten verwendet. Insbesondere werden mit Aktivkohle folgende Schadstoffe entfernt: PAK, CKW, BTEX, gelöste Mineralöle, Phenole, Pflanzenschutzmittel. Die Wirkung der Aktivkohle beruht auf der Adsorption von Schadstoffen auf der sehr großen inneren Oberfläche von Aktivkohle. Diese kann ca. 400 bis 1500 $m^2/g$ betragen. Aktivkohle wird durch thermische Behandlung aus Steinkohle, Braunkohle, Holz oder Kokosnussschalen hergestellt. In der Praxis werden Filterbehälter mit granulierter Aktivkohle in Größen von 1 bis ca. 50 $m^3$ verwendet. Die mögliche Beladung liegt bei 0,5 bis 7 M.-%. Die Verweilzeit des Wassers an der Aktivkohle sollte je nach Schadstoff bei 15 bis 30 min liegen. Es sollten Strömungsgeschwindigkeiten von 10 bis 15 m/h eingestellt werden.

**Biologische Reinigung**

Bei diesem Umwandlungsprozess erfolgt der Abbau der Schadstoffe durch Mikroorganismen. Die Schadstoffe (Mineralöl, BTEX, PAK, Naphthalin) dienen den Organismen dabei als Nährstoffe oder Energiequelle. Im Zusammenhang mit Wasserhaltungsverfahren wird dieses Verfahren sehr selten verwendet, da die Anlaufzeit und Inbetriebnahme mehrere Wochen dauern können.

**Chemische Oxidation**

Der Abbau der Schadstoffe erfolgt durch Zugabe von Oxidationsmitteln, wie z. B. Wasserstoffperoxid ($H_2O_2$) und Ozon ($O_3$). Für die im Zusammenhang mit Grundwasserreinigungen eingesetzte UV-Oxidation liegen Erfahrungen mit folgenden Schadstoffen vor: CKW, BTEX, PAK, MKW, Phenole, Cyanide.

**Ionenaustausch**

Bei einem Ionentausch werden positiv oder negativ geladene Ionen an einem Austauscherharz adsorbiert. Dabei erfolgt der Austausch der ionischen Schadstoffe gegen nicht umweltrelevante Ionen, wie z. B. $Na^+$ oder $H^+$ bei Kationen und $OH^-$ und

$Cl^-$ bei Anionen. Dieses Verfahren wird bei folgenden Schadstoffen erfolgreich eingesetzt: Schwermetallionen ($Cu^{2+}$, $Cd^{2+}$, $Cr^{3+}$, $Cr^{6+}$, $Pb^{2+}$, $Ni^{2+}$, $Zn^{2+}$, $Hg^{2+}$), komplexierte Schwermetalle $(HgCl_4)^{2-}$ und Cyanide. Die Ionentauscherharze werden in Filterbehältern verwendet. Das Förderwasser muss unbedingt vorbehandelt werden. Alle Schwebstoffe müssen wegen Verstopfungsgefahr des Harzes vorab entfernt werden (z. B. durch Sedimentation und Filtration). Eisen, Mangan und Calcium müssen entfernt werden. Lösemittel und ölartige Stoffe sollten durch Aktivkohle adsorbiert werden, da sie die Ionentauscherharze zerstören können.

## 3.8 Wasserhaltung innerhalb dichter Baugruben

### 3.8.1 Anwendungsbereich und Grundlagen

Zunehmend gewinnen Wasserhaltungsmaßnahmen innerhalb technisch dichter Baugrubenumschließungen an Bedeutung. Die wichtigsten Gründe dafür sind:

- geringe Beeinflussung bzw. Schonung des Schutzgutes Grundwasser,
- geringes Gefahrenpotenzial für die Mobilisierung vorhandenen Schadstoffe,
- sehr geringe Beeinträchtigung bestehender Grundwassernutzungen,
- sehr geringes Risiko der Schädigung benachbarter Bauwerke,
- geringere Ausführungsrisiken, z. B. bei abweichenden Durchlässigkeiten,
- geringere Grundwasserförderraten, z. B. wegen fehlender Ableitungsmöglichkeit,
- Schutz der Vegetation,
- ggf. wirtschaftlichere Bauweise sowie
- Einhaltung behördlicher Auflagen.

Oft müssen bei innerstädtischen Projekten umfangreiche Baugrubensicherungsmaßnahmen durchgeführt werden. Der zusätzliche Aufwand für die Ausführung als technisch wasserdichte Konstruktion ist vor allem bei vorhandenen natürlichen gering durchlässigen Schichten in erreichbaren Tiefen relativ gering. Fehlen diese natürlichen Grundwassergeringleiter, können künstliche Dichtsohlen hergestellt werden. Auf die Ausführung wasserdichter Baugruben mit den verschiedenen Systemen zur vertikalen und horizontalen Abdichtung wird ausführlich in Kapitel 3.6 „Baugrubensicherung" des Grundbau-Taschenbuchs, Teil 3 [95] eingegangen.

In der Praxis finden aber auch Mischvarianten ihre Anwendung. Beispiele hierfür sind das Einbringen wasserdichter Baugrubenwände zur Reduzierung des Grundwasserandrangs bei stark durchlässigen Schichten als sog. Tauchwände oder die Ausführung einer partiellen Vertikalabdichtung, um den Zufluss aus einem Oberflächengewässer zu verhindern oder um auf einer Baugrubenseite eine Wiederversickerung zu ermöglichen.

### 3.8.2 Wasserhaltungsverfahren innerhalb dichter Baugruben

Bei Wasserhaltungsverfahren innerhalb dichter Baugruben, die durch wasserdichte Baugrubenwände umschlossen werden, ist zwischen tiefliegenden und hochliegenden Dichtsohlen zu unterscheiden.

Bei tiefliegenden, natürlichen oder künstlich hergestellten Dichtsohlen bindet die Baugrubenumschließung bis in die unterhalb der Baugrubensohle liegende Dichtsohle ein.

Dabei existiert i. Allg. zwischen der Oberfläche der Dichtsohle und der Baugrubensohle eine ausreichend mächtige Bodenschicht, in der eine Grundwasserabsenkung zur Fassung des zuströmenden Restwassers mit den bereits dargestellten Verfahren durchgeführt werden kann.

Bei hochliegenden, zumeist künstlich hergestellten Dichtsohlen, befindet sich die Oberfläche der Dichtsohle unmittelbar oder in geringem Abstand unterhalb der Baugrubensohle. Bei verankerten oder unverankerten Injektionssohlen können Brunnen oder Pumpensümpfe in der ersten Phase zur Entleerung des wasserdichten Trogs nur bis auf die Oberfläche der Dichtsohle geführt werden. Zur Restentleerung müssen in der zweiten Phase zusätzliche Pumpen installiert werden. Aufgrund der unregelmäßigen Oberfläche der Dichtsohlen werden i. Allg. Ausgleichsschichten aus Kies eingebracht. In diese Ausgleichsschichten sind dann Dränagen für das Abführen der Restwässer aus Undichtigkeiten und Niederschlägen zu integrieren.

Bei Unterwasserbetonsohlen ist lediglich das innerhalb der dichten Trogbaugrube enthaltene Wasser zu lenzen. Dazu müssen Pumpen auf der Sohle abgestellt und betrieben werden. Wesentliche Voraussetzungen für den Erfolg sind ein sorgfältiger Anschluss des UW-Betons an die Baugrubenwände, das Absaugen von Schlamm vor dem Betonieren, der hydrostatische Ausgleich der Wasseroberfläche innerhalb und außerhalb der Baugrube während der Aushub- und Betonierarbeiten und eine ausreichende Aushärtungszeit des Betons. Eine Rissbildung lässt sich meist nicht vollständig vermeiden. Die Risse sind vor dem Lenzen des Trogs zu verpressen. Das Lenzen erfolgt in zwei Phasen. Zunächst wird ein Probelenzen zur Dichtigkeitsprüfung durchgeführt. Dazu findet eine Teilabsenkung mit anschließender Wiederanstiegsmessung statt. Aus der zeitabhängig zugeflossenen Wassermenge lässt sich der Restwasserzulauf ermitteln. Während des Probelenzens sollte ein umfangreiches Messprogramm organisiert werden. Insbesondere sind die Grundwasserstände außerhalb der Baugrube und die Verformungen der Baugrubenwände festzustellen. Die Baugrubensohle ist durch Taucher auf Wasserzutritte zu überprüfen. Bei unbedenklichen Wasserzutritten, – in der Regel max. 1,5 l/s je 1000 $m^2$ benetzte Fläche – kann der Lenzvorgang mit großer Sorgfalt fortgesetzt werden. Durch den Kontakt mit dem Beton weist das Wasser einen hohen pH-Wert auf, daher muss es mit einer Neutralisationsanlage vor der Ableitung behandelt werden. Zu Beginn des Lenzens ist das Wasser klar, da sich der im Wasser enthaltene Schlamm seit dem Ende der Betonage auf der Sohle abgesetzt hat. Gegen Ende des Lenzens muss das Wasser über eine ausreichend dimensionierte Absetzanlage und eventuelle Flockung gereinigt werden. Der Restschlamm auf der Sohle wird mechanisch entfernt.

### 3.8.3 Ermittlung der erforderlichen Förderraten

Die erforderlichen Förderraten für das Leerpumpen und Trockenhalten einer wasserdichten Baugrube ergeben sich aus den im Folgenden genannten Anteilen.

**Im Baugrund innerhalb des Trogs vorhandenes (Grund-)Wasser**

Der Zeitraum zum Leerpumpen des Trogs ist abhängig von der Geschwindigkeit des Aushubs und anderen Arbeiten in der Baugrube, z. B. Ankerarbeiten.

$$Q_T = \frac{V_T}{\Delta t} \qquad \left[m^3/h\right]$$

$$V_T = A \cdot n \cdot s$$

mit

$V_T$ Wassermenge im Trog [m³]

A Baugrubenfläche [m²]

n entwässerbare Porosität

s Grundwasserabsenkung [m]

$\Delta t$ Lenzzeitraum [h]

**Niederschlagswasser**

Das anfallende Niederschlagswasser wird zeitlich verzögert mit dem sonstigen Förderwasser aus der Baugrube abgeleitet. Im Allgemeinen kann das Bodenporenvolumen des entwässerten Horizonts unter der Aushubsohle kurzzeitig als Pufferspeicher genutzt werden. Zur Auslegung wird i. Allg. die 5-jährliche, 15-minütige Regenspende $r_{15,0,2}$ angesetzt (Bemessungsniederschlag mit einer Auftretenswahrscheinlichkeit von einmal in 5 Jahren (0,2) und einer Dauer von 15 Minuten). Die ortsabhängige Regenspende kann z. B. dem KOSTRA-Atlas des Deutschen Wetterdienstes entnommen werden.

$$Q_N = r_{15,0,2} \cdot \frac{3{,}6}{10000} \cdot A \qquad \left[m^3/h\right]$$

mit

$r_{15,0,2}$ Bemessungsregenspende [l/(s · ha)]

A Baugrubenfläche [m²]

$$r\left[\frac{m^3}{h \cdot m^2}\right] = r\left[\frac{l}{s \cdot ha}\right] \cdot \frac{3{,}6}{10000}\left[\frac{s \cdot m^3 \cdot ha}{h \cdot l \cdot m^2}\right]$$

**Restwasser aus dem Zufluss durch die Baugrubenumschließung**

Zur Abschätzung der abzuleitenden Restwassermenge wird für Verfahren des Spezialtiefbaus vereinfacht eine Systemdurchlässigkeit angenommen. Diese setzt sich zum einen aus der Durchlässigkeit des zur Herstellung des Dichtelements verwendeten Baustoffs, z. B. Beton, Dichtwandmasse, Spundwandstahl usw., und zum anderen aus den verfahrensbedingten Imperfektionen, wie Systemfugen, Anschlussfugen oder Rissen, zusammen. Derzeit existieren keine allgemein anerkannten technischen Regeln, die Dichtigkeitskriterien für Baugruben festlegen. Die Baupraxis hat allerdings gezeigt, dass eine Systemdurchlässigkeit von 1,5 l/s je 1000 m² benetzte Dichtwandfläche mit allen Verfahren des Spezialtiefbaus bei fachgerechter Ausführung und angemessener

Qualitätskontrolle zu erreichen ist (s. [96]). Bei sehr geringen Anforderungen kann auch eine Systemdurchlässigkeit von z. B. 5 l/s je 1000 $m^2$ zugelassen werden.

Für die Berechnung ist die gesamte benetzte Höhe $h_b$ der Baugrubenumschließung von dem für die Bauzeit festgelegten Grundwasserhöchststand $HW_{Bau}$ bis zur Einbindung in die natürliche oder künstliche Grundwasser hemmende Sohlschicht zu berücksichtigen.

$$Q_{Wand} = q^* \cdot \frac{3{,}6}{1000} \cdot U \cdot h_b \qquad \left[m^3/h\right]$$

mit

q* Systemdurchlässigkeit [l/(s · 1000 $m^2$)] (z. B. 1,5 l/(s · 1000 $m^2$))

U Baugrubenumfang [m]

$h_b$ benetzte Höhe der Baugrubenwände [m]

$$q\left[\frac{m^3}{h \cdot m^2}\right] = q\left[\frac{1}{s \cdot 1000\, m^2}\right] \cdot \frac{3{,}6}{1000}\left[\frac{m^3 \cdot s}{l \cdot h}\right]$$

**Restwasser aus dem Zufluss durch eine künstliche Dichtsohle**

Für Dichtsohlen mit definierter Systemdurchlässigkeit kann die oben stehende Gleichung bezogen auf die Sohlfläche zur Berechnung des Zuflusses angewendet werden.

$$Q_{Sohle} = q^* \cdot \frac{3{,}6}{1000} \cdot A \qquad \left[m^3/h\right]$$

mit

$q^*$ Systemdurchlässigkeit [l/(s · 1000 $m^2$)] (z. B. 1,5 l/(s · 1000 $m^2$))

A Baugrubenfläche [$m^2$]

**Restwasser aus dem Zufluss durch eine natürliche Dichtschicht**

Der Zufluss zur Baugrube durch eine natürliche Dichtschicht (Grundwassergeringleiter) mit bekannter vertikaler hydraulischer Durchlässigkeit $k_v$ wird über die folgende Gleichung berücksichtigt.

$$Q_{Sohle} = k_v \cdot \frac{\Delta h}{d} \cdot 3600 \cdot A \qquad \left[m^3/h\right]$$

mit

$k_v$ vertikale Durchlässigkeit der Dichtschicht [m/s]

$\Delta h$ Differenz zwischen dem Grundwasserpotenzial unterhalb der Dichtschicht und dem Grundwasserpotenzial oberhalb der Dichtschicht [m] d Dicke der Dichtschicht [m]

A Baugrubenfläche [$m^2$]

Gegebenenfalls ist die örtliche Variabilität der Dicke der Dichtschicht und der Potenzialdifferenz zu berücksichtigen.

**Erforderliche Gesamtförderrate**

Für die Bemessung der Pumpenanlage ergibt sich die erforderliche Gesamtförderrate aus der Summe der einzelnen für den jeweiligen Anwendungsfall anzusetzenden Entnahmeraten bzw. Zuflüsse:

$$Q_{Gesamt} = Q_T + Q_N + Q_{Wand} + Q_{Sohle}$$

Für das Leerpumpen der Baugrube ist die erforderliche Entnahmerate für die Absenkung des Grundwassers im Trog ($Q_T$) zusammen mit den Zuflüssen durch die Baugrubenumschließung ($Q_{Wand}$) und die Dichtsohle ($Q_{Sohle}$) sowie infolge Starkniederschlag ($Q_N$) anzusetzen. Für die Trockenhaltung der Baugrube vermindert sich die erforderliche Gesamtförderrate um den für die Grundwasserabsenkung im Trog erforderlichen Anteil ($Q_T$).

## 4 Literatur

[1] DIN 4049-3:1994-10: Hydrologie, Teil 3: Begriffe zur quantitativen Hydrologie. Beuth Verlag, Berlin.

[2] Hölting, B., Coldewey, W. G.: Hydrogeologie, Einführung in die Allgemeine und Angewandte Hydrogeologie, 8. Auflage. Springer-Verlag, Berlin, Heidelberg, 2005.

[3] Langguth, H.-R., Voigt, R.: Hydrogeologische Methoden, 2. Auflage. Springer-Verlag, Berlin, Heidelberg, 2004.

[4] Busch, K.-F., Luckner, L., Thiemer, K.: Geohydraulik, Lehrbuch der Hydrogeologie, Band 3, 3. Auflage. Gebrüder Bornträger, Berlin, Stuttgart, 1993.

[5] Köhler, H.-J.: Porenwasserdruckausbreitung im Boden, Messverfahren und Berechnungsansätze. Mitteilungsblatt der Bundesanstalt für Wasserbau, Karlsruhe, Heft 75 (1997), S. 95–108.

[6] Stelzer, O., Montenegro, H., Odenwald, B.: Consolidation Analyses Considering Gas Entrapment below the Phreatic Surface. In: Numerical Methods in Geotechnical Engineering. Ed. by M. A. Hicks, R. B. J. Brinkgreve and A. Rohe, CRC Press, 2014, pp. 1037–1042

[7] Darcy, H.: Les fontaines publiques de la ville de Dijon. Victeur Dalmont, Paris, 1856.

[8] Verruijt, A.: Theory of Groundwater Flow, 2nd Edition. Macmillan, London, 1982.

[9] Harr, M. E.: Groundwater and Seepage. McGraw-Hill, New York, 1962.

[10] Bear, J.: Hydraulics of Groundwater. McGraw-Hill, New York, 1979.

[11] Freese, A., Cherry, J. A.: Groundwater. Prentice-Hall, Englwood Cliffs, New Jersey, 1979.

[12] Herth, W., Arndts, E.: Theorie und Praxis der Grundwasserabsenkung, 3. Auflage. Ernst & Sohn, Berlin, 1994.

[13] Unified Facilities Criteria (UFC): Dewatering and Groundwater Control, 2004. http://www.wbdg.org/ccb/DOD/UFC/ufc_3_220_05.pdf.

[14] Polubarinova-Kochina, P. YA.: Theory of Groundwater Movement. Princeton University Press, Princeton, New Jersey, 1962.

[15] Pinder, G. F., Gray, W. G.: Finite Element Simulation in Surface and Subsurface Hydrology. Academic Press, New York, 1977.

[16] Huyakorn, P. S., Pinder, G. F.: Computational Methods in Subsurface Flow. Academic Press, New York, 1983.

[17] Wang, H. F., Anderson, M. P.: Introduction to Groundwater Modeling: Finite Difference and Finite Element Methods. W.H. Freeman, New York, 1982.

[18] Anderson, M. P., Woessner, W. W.: Applied Groundwater Modeling. Academic Press, San Diego, California, 2002.

[19] Kinzelbach, W., Rausch, R.: Grundwassermodellierung, eine Einführung mit Übungen. Gebrüder Bornträger, Berlin, Stuttgart, 1995.

[20] EAU: Empfehlungen des Arbeitsausschusses „Ufereinfassungen" Häfen und Wasserstraßen, 11. Auflage. Ernst & Sohn, Berlin, 2012.

[21] Dupuit, A. J.: Etudes théorétiques et pratiques sur le mouvement des eaux à travers les terrains permiables. Dunod, Paris, 1863.

[22] MSD: Merkblatt Standsicherheit von Dämmen an Bundeswasserstraßen, Ausgabe 2011. Bundesanstalt für Wasserbau, Karlsruhe.

[23] Fredlund, D. G., Rahardjo, H.: Soil Mechanics for Unsaturated Soils. John Wiley & Sons, New York, 1993.

[24] Odenwald, B.: Numerische Berechnung der Dammdurchströmung. Bundesanstalt für Wasserbau, Karlsruhe, BAW Mitteilungen Nr. 94 (2011), S. 59–75.

[25] Forchheimer, P.: Grundwasserspiegel bei Brunnenanlagen. Zeitschrift des Österreichischen Ingenieur-Vereines, 1898.

[26] Rieß, R.: Grundwasserströmung – Grundwasserhaltung. In: Grundbau-Taschenbuch, Teil 2 „Geotechnische Verfahren", 6. Auflage (Hrsg. U. Smoltczyk). Ernst & Sohn, Berlin, 2001, S. 359–481.

[27] DIN EN 1997-1:2009-09: Eurocode 7: Entwurf, Berechnung und Bemessung in der Geotechnik – Teil 1: Allgemeine Regeln, Deutsche Fassung EN 1997-1. Beuth Verlag, Berlin.

[28] DIN 1054:2010-12: Baugrund – Sicherheitsnachweise im Erd- und Grundbau – Ergänzende Regelungen zu DIN EN 1997-1. Beuth Verlag, Berlin

[29] Witt, K. J.: Hydraulisch bedingte Grenzzustände. In: Grundbau-Taschenbuch, Teil 2: Geotechnische Verfahren, 8. Auflage (Hrsg. K. J. Witt), S. 821-862. Ernst & Sohn, Berlin, 2018

[30] Thiem, A.: Über die Ergiebigkeit artesischer Bohrlöcher, Schachtbrunnen und Filtergalerien. Journal für Gasbeleuchtung und Wasserversorgung, 1870.

[31] Breitenöder, M.: Der Wasserandrang beim vollkommenen und unvollkommenen Brunnen mit freier Grundwasseroberfläche. Österreichische Wasserwirtschaft Jg. 10 (1958), Heft 3, S. 41–48.

[32] Brauns, J., Sauke, U., Semar, O.: Wider das „Fassungsvermögen“ von Brunnen zur Grundwasserabsenkung. Wasserwirtschaft 92 (2002), Heft 3, S. 31–38.

[33] Sichardt, W.: Das Fassungsvermögen von Rohrbrunnen und seine Bedeutung für die Grundwasserabsenkung, insbesondere für größere Absenktiefen. Julius Springer, Berlin, 1928.s

[34] Theis, C. V.: The Relation between the Lowering of the Piezometric Surface and the Rate and Duration of Discharge of a Well using Groundwater Storage, Transactions Amer. Geophys. Union, 1935, pp. 519–524.

[35] Jacob, C. E.: On the Flow of Water in an Elastic Artesian Aquifer. Transactions Amer. Geophys. Union, 1940, pp. 574–586.

[36] Hantush, M. S.: Hydraulics of Wells. In: Advances of Hydrosciences, Vol. 1, Academic Press, New York, 1964.

[37] Odenwald, B., Korsch, T.: Grundwasserhaltung im klüftigen Fels für die Baugrube der neuen Weserschleuse Minden. bbr 64 (2013), Nr. 12, S. 54–61.

[38] Goldscheider, M.: Darstellung von Wasserdrücken im Boden mit strömendem Grundwasser. geotechnik 38 (2015), Heft 2, S. 85–95.

[39] Sauke, U.: Nachweis der Sicherheit gegen innere Erosion für körnige Erdstoffe. geotechnik 29 (2006), Heft 1, S. 43–54.

[40] MMB: Merkblatt Materialtransport im Boden, Ausgabe 2013. Bundesanstalt für Wasserbau, Karlsruhe.

[41] Witt, K. J.: Der Selbstfiltrationsindex als Suffosionskriterium nichtbindiger Erdstoffe. geotechnik 36 (2013), Heft 3, S. 160–168.

[42] EAB: Empfehlungen des Arbeitskreises „Baugruben“, 5. Auflage. Ernst & Sohn, Berlin, 2012.

[43] Schmitz, S.: Hydraulische Grundbruchsicherheit bei räumlicher Anströmung. Bautechnik 67 (1990), Heft 9, S 301–307.

[44] Aulbach, B., Ziegler, M.: Hydraulischer Grundbruch – Formel zur Ermittlung der erforderlichen Einbindetiefe. Bautechnik 90 (2013), Heft 10, S. 631–641.

[45] Perau, E., Meteling, N.: Analytisch formulierte Näherungslösungen zur Grundwasserströmung bei einer Restwasserhaltung. Geotechnik 40 (2017), Heft 1, S. 2–14.

[46] Hettler, A.: Hydraulischer Grundbruch: Literaturübersicht und offene Fragen. Bautechnik 85 (2008), Heft 9, S 578–584.

[47] Odenwald, B., Herten, M.: Hydraulischer Grundbruch: neue Erkenntnisse. Bautechnik, 85 (2008), Heft 9, S. 585–595.

[48] Witt, K. J., Wudtke, R.-B.: Versagensmechanismen des Hydraulischen Grundbruchs an einer Baugrubenwand. 22. Christian Veder Kolloquium, 12.–13.04.2007, Graz, S. 229–242.

[49] Benmebarek, N., Benmebarek, S., Kastner, R.: Numerical studies of seepage failure of sand within a cofferdam. Computers and Geotechnics 32 (2005), pp. 264–273.

[50] Stelzer, O, Odenwald, B: A new stress-based approach for the verification of safety against hydraulic heave based on EC 7. Proceedings of the XVI ECSMGE Geotechnical Engineering for Infrastructure and Development, 13–17 September 2015, Edinburgh, UK., pp. 4073–4078.

[51] GDA-Empfehlung E1-04: Bestimmung der Gebirgsdurchlässigkeit in schwach durchlässigem Untergrund. Empfehlungen des AK 6.1 (Geotechnik der Deponiebauwerke) der Fachsektion 6 der Deutschen Gesellschaft für Geotechnik e. V., 2010.

[52] Carrier, W. D.: Goodbye, Hazen; Hello, Kozeny-Carman. J. Geotech. Geoenviron. Eng., 2003, 129(11), pp. 1054–1056.

[53] DIN EN ISO 22282-4:2012-09: Geotechnische Erkundung und Untersuchung – Geohydraulische Versuche – Teil 4: Pumpversuche. Beuth Verlag, Berlin.

[54] Kruseman, G. P., de Ridder, N. A.: Analysis and Evaluation of Pumping Test Data. – Publication 47. International Institute for Land Reclamation and Improvement ILRI, Second Edition; Wageningen, The Netherlands, 1991.

[55] Thiem, G.: Hydrogeologische Methoden. Gebhardt-Verlag, Leipzig, 1906.

[56] Cooper, H. H. Jr., Jacob, C. E.: A generalized graphical method for evaluating formation constants and summarizing well-field history. Transactions, Amer. Geophys. Union, Vol. 24 (1946), No. 4, pp. 526–534.

[57] Gringarten, A. C., Bourdet, D., Landell, P. A., Kniazeff, V. J.: A comparison between different skin and wellbore storage type-curves for early-time transient analysis. SPE-AIME 54th Annual Technical Conference and Exhibition, Society of Petroleum Engineers, SPE-8205; Las Vegas, Nevada, 1979.

[58] Bourdet, D., Whittle, T. M., Douglas, A. A., Pirard, Y. M.: A new set of type curves simplifies well test analysis. World Oil (May 1983), Houston, Texas.

[59] DIN EN ISO 22282-2:2012-09: Geotechnische Erkundung und Untersuchung – Geohydraulische Versuche – Teil 2: Wasserdurchlässigkeitsversuche in einem Bohrloch unter Anwendung offener Systeme. Beuth Verlag, Berlin.

[60] Hvorslev, M. J.: Time Lag and Soil Permeability in Groundwater Observations. U.S. Army Corps of Engineers Waterways Experiment Station Bulletin 36; Vicksburg, Missouri, 1951.

[61] Thompson, D. B.: A Microcomputer Program for Interpreting Time-Lag Permeability Tests. Groundwater, Vol. 25 (1987), No. 2, pp. 212–218.

[62] Cooper, H. H. Jr., Bredehoeft, J. D., Papadopulos, I. S.: Response of a Finite-Diameter Well to an Instantaneous Charge of Water. Water Resources Research, Vol. 3 (1967), No. 1, pp. 263–269.

[63] DIN EN ISO 22282-6:2012-09. Geotechnische Erkundung und Untersuchung – Geohydraulische Versuche – Teil 6: Wasserdurchlässigkeitsversuche im Bohrloch unter Anwendung geschlossener Systeme. Beuth Verlag, Berlin.

[64] Hekel, U.: Hydrogeologische Erkundung toniger Festgesteine am Beispiel des Opalinustons (Unteres Aalenium). TGA, C18; Tübingen, 1994.

[65] DIN 18130-2:20015-08: Baugrund, Untersuchung von Bodenproben – Bestimmung des Wasserdurchlässigkeitsbeiwertes – Teil 2: Feldversuche. Beuth Verlag, Berlin.

[66] DIN EN ISO 22282-3:2012-09: Geotechnische Erkundung und Untersuchung – Geohydraulische Versuche – Teil 3: Wasserdruckversuche in Fels. Beuth Verlag, Berlin.

[67] Hekel, U., Odenwald, B.: Bohrlochversuche zur Bestimmung der Gebirgsdurchlässigkeit von Fels. BAW Mitteilungen Nr. 95 (2012), S. 139–150.

[68] DIN 18130-1:1998-05: Baugrund – Untersuchung von Bodenproben; Bestimmung des Wasserdurchlässigkeitsbeiwerts – Teil 1: Laborversuche. Beuth Verlag, Berlin.

[69] v. Soos, P., Engel, J.: Eigenschaften von Boden und Fels – ihre Ermittlung im Labor. Grundbau-Taschenbuch, Teil 1: Geotechnische Grundlagen, 8. Auflage (Hrsg. K. J. Witt), S. 139–242. Ernst & Sohn, Berlin, 2017.

[70] Széchy, K.: Die Entwässerung von Baugruben. In: Grundbau, 1. Teil. Springer-Verlag, Berlin, 1965.

[71] Rappert, C.: Grundwasserströmung – Grundwasserhaltung. In: Grundbau-Taschenbuch, Teil 1, 3. Auflage. Ernst & Sohn, Berlin, 1980.

[72] Schaad, W.: Praktische Anwendungen der Elektro-Osmose im Gebiet des Grundbaues. Bautechnik 35 (1958).

[73] Franke, E.: Überblick über den Entwicklungsstand der Erkenntnisse auf dem Gebiet der Elektro-Osmose und einige neue Schlußfolgerungen. Bautechnik 39 (1962).

[74] Henke, K. F.: Sanierung von Böschungsrutschungen durch Anwendung von Horizontal-Dränagebohrungen und Elektroosmose. Bauingenieur 45 (1970), S. 235–241.

[75] DIN 18305:2016-09: VOB Vergabe- und Vertragsordnung für Bauleistungen – Teil C: Allgemeine Technische Vertragsbedingungen für Bauleistungen (ATV) – Wasserhaltungsarbeiten. Beuth Verlag, Berlin.

[76] DIN EN ISO 22475-1:2007-1: Geotechnische Erkundung und Untersuchung – Probenentnahmeverfahren und Grundwassermessungen; Teil 1: Technische Grundlagen der Ausführung. Beuth Verlag, Berlin.

[77] Bieske, E.: Alterserscheinungen bei Bohrbrunnen. Bohrtechnik-Brunnenbau 20 (1969), Heft 8.

[78] Gerb, L.: Verockerung, Versickerung, Korrosion und Korrosionsschutz. Handbuch des Brunnenbaus II. Schmidt Verlag, Berlin, 1965.

[79] Meyer, H., Tietje, T.: Möglichkeiten der Wasserhaltung mit dem HORI-Dränverfahren. Tiefbau Ingenieurbau Straßenbau (TIS) 3/92.

[80] Mertzenich, H.: Zur Praxis der Grundwasserabsenkung vornehmlich beim Einsatz von Spülfiltern. Erfahrungsbericht der DIA PUMPENFABRIK.

[81] Powers, J. P., Corwin, A. B., Schmall, P C, Kaeck, W. E.: Construction Dewatering and Groundwater Control: New Methods and Applications, Third Edition. John Wiley & Sons, New York, 2007.

[82] DIN 4926:2016-12: Brunnenköpfe aus Stahl – DN 300 bis DN 1200. Beuth Verlag, Berlin.

[83] Bieske, E., Rubbert, W., Treskatis, C.: Bohrbrunnen, 8. Auflage. Oldenbourg Industrieverlag, München, 1998.

[84] Tholen, M.: Arbeitshilfen für den Brunnenbauer – Brunnenausbau- und Brunnenbetriebstechniken, 2. überarbeitete Auflage. WVGW, Bonn, 2012.

[85] DVGW-Merkblatt W 113: Bestimmung des Schüttkorndurchmessers und hydrogeologischer Parameter aus der Korngrößenverteilung für den Bau von Brunnen. WVGW, Bonn, 2001.

[86] DIN 4924:2014-07: Sande und Kiese für den Brunnenbau – Anforderungen und Prüfungen. Beuth Verlag, Berlin.

[87] DVGW-Merkblatt W 119: Entwickeln von Brunnen durch Entsanden – Anforderungen, Verfahren, Restsandgehalte. WVGW, Bonn, 2002.

[88] DVGW-Arbeitsblatt W 111: Planung, Durchführung und Auswertung von Pumpversuchen bei der Wassererschließung. WVGW, Bonn, 1997.

[89] Clauß, H.-G.: Leitfaden zur Grundwasserabsenkung; HUDIG-Pumpanlagen und Beregnungsanlagen.

[90] Esters, K.: Tiefbrunnen zur Absenkung des Grundwassers aus mehreren Bodenschichten. Patentschriften 2064668 und 2732281, Essen, 1975, 1979.

[91] Lehmann, G.: Erfahrung bei der Grundwasserversickerung mit Vertikalbrunnen. Tiefbau Ingenieurbau Straßenbau (TIS) 41 (1981), S. 308–312.

[92] Retourbemaling. Koninklijk Instituut van Ingenieurs, s' Gravenhage, Nederland, 1978.

[93] DWA-Arbeitsblatt A 138: Planung, Bau und Betrieb von Anlagen zur Versickerung von Niederschlagswasser. DWA, Hennef, 2005.

[94] Bank, M.: Basiswissen Umwelttechnik, 5. Auflage. Vogel Buchverlag, Würzburg, 2007.

[95] Hettler, A.; Triantafyllidis, Th.; Weißenbach, A.: Baugrubensicherung. In: Grundbau-Taschenbuch, Teil 3: Gründungen und geotechnische Bauwerke, 8. Auflage, (Hrsg. K. J. Witt). Ernst & Sohn, Berlin, 2018.

[96] Kluckert, K. D.: Definition der Wasserdichtigkeit in der Geotechnik. In: Beiträge zum 22. Christian Veder Kolloquium, „Maßnahmen zur Beherrschung des Wassers in der Geotechnik", Heft 30, TU Graz, 2007.

# 2.10 Hydraulisch bedingte Grenzzustände

*Karl Josef Witt*

## 1 Einleitung

Das Wasser im Boden ist vergleichbar mit dem Salz in der Suppe. Zu viel macht sie ungenießbar, zu wenig fad und langweilig. Zuviel Wasser macht den Boden weich oder gar flüssig, bei zu wenig schrumpft und reißt bindiger Boden. Wasser kann im Boden aber noch mehr Unheil anrichten. Es kann Bauwerke aufschwimmen lassen, kann den Boden in seiner Struktur zerstören, verflüssigen oder erodieren, kann Boden- und Felsmassen in Bewegung setzen und den Einsturz von Baugruben verursachen. Ob Suppe oder Boden, es kommt beim Salz wie beim Wasser auf das richtige Maß an. Wird dieses Maß beim Boden über- oder unterschritten, können Grenzzustände der Lagesicherheit, Tragfähigkeit oder Gebrauchstauglich auftreten.

Hydraulisch verursachtes Versagen wird im EC 7 in Kapitel 10 behandelt, die Nachweise und die Teilsicherheitsbeiwerte sind in Kapitel 2 geregelt. Hydraulisch bedingt bezieht sich auf den Einfluss von Grundwasser, von Porenwasserdruck, von Potenzialdifferenz, von ruhendem und strömendem Grund- und Sickerwasser.

Wie Kapitel 10 des EC 7 behandelt auch dieses Kapitel des Grundbau-Taschenbuchs im Wesentlichen die drei Phänomene Aufschwimmen, hydraulischer Grundbruch und innere Erosion unter Berücksichtigung der nationalen Festlegungen. Diese Themen werden auch schon in den spezifischen Beiträgen „Sicherheitsnachweise" [86], Erddruck [34], Baugruben [35], Massenbewegungen [29] und Grundwasser [53] angesprochen. In diesem Kapitel werden hierzu die physikalischen und bodenmechanischen Bedingungen des Versagens näher beleuchtet.

Wasser im Boden kann aber auch darüber hinausgehend die Sicherheit und Funktion von Bauwerken beeinflussen. Die Themen Kolkbildung und Kolkschutz, Infiltration von Niederschlagswasser unter ungesättigten Bedingungen, Standsicherheit von Böschungen und natürlichen Hängen und das durch Kapillarität kontrollierte Feld Schwellen – Schrumpfen – Trockenrisse werden hier nur am Rande behandelt und bleiben eine lohnenswerte Erweiterung für spätere Auflagen des Grundbau-Taschenbuchs.

## 2 Geohydraulische Grundlagen

Natürlicher Boden besteht aus der mineralischen Komponente, eventuell mit organischen Anteilen, aus Wasser und Luft. Die Relation dieser Komponenten, deren Materialeigenschaften und deren gegenseitige Beeinflussung bestimmen das mechanische

*Grundbau-Taschenbuch: Teil 2. Geotechnische Verfahren*, Achte Auflage. Karl Josef Witt (Hrsg.).

Verhalten des Bodens. Alle geotechnischen Aspekte der Tragfähigkeit und Verformung von Boden unter dem Einfluss von Eigengewicht und externer Last stehen auch in Zusammenhang mit dem Verhalten des Wassers im Boden. In der ungesättigten Bodenzone oberhalb des Grundwasserspiegels wirken zusätzlich eine Kapillarspannung und klimatische Einflüsse, was zu periodisch transientem Wassergehalt führen kann.

Die Bewegung des freien Porenwassers wird durch die Schwerkraft, die Kapillarspannung und deren Gradient sowie durch Fließwiderstände im Porensystem bestimmt, z. B. durch Schichtung oder Anisotropie. Unterhalb des Grundwasserspiegels ist das Porensystem des Bodens quasi mit Wasser gesättigt. Da dann nur zwei Phasen vorliegen, Feststoff und Wasser, wirkt keine Kapillarspannung. Das Porenwasser erzeugt dann nach dem Archimedischen Prinzip eine Auftriebskraft und beeinflusst die auf das Korngerüst wirkenden mechanischen Spannungen. Bei feinkörnigen, gering durchlässigen Böden treten bei schneller Belastung Porenwasserüberdruck und mit der Konsolidation eine Verformung des Bodens auf.

Bei einem Potenzialgefälle bewegt sich das Wasser im Porenraum des Bodens in Richtung des hydraulischen Gradienten, der im gesättigten Boden als Neigung der Grundwasseroberfläche in Fließrichtung definiert ist. Dabei wirken in Fließrichtung auf die Bodenstruktur Reibungskräfte, die in der Summe als Strömungskraft erfasst werden und so Einfluss auf die Standsicherheit haben können.

Die Grundlagen der Wasserbewegung im ungesättigten und gesättigten Boden sind von *Odenwald* et al. [53] im vorlaufenden Kapitel 2.9 dieser Auflage des Grundbau-Taschenbuchs ausführlich behandelt. Der Einfluss einer Grundwasserströmung auf den Erddruck wird von *Hettler* in Teil 1 dieser Auflage des Grundbau-Taschenbuchs erläutert [34]. In diesem Kapitel werden diese Grundlagen um die durch Porenwasser bedingten Grenzzustände im wassergesättigten Boden ergänzt. Zum Abgleich wird hier noch einmal kurz auf einige wichtige Begriffe eingegangen, die in Zusammenhang mit den hier betrachteten Grenzzuständen stehen.

Hydrostatische Verhältnisse liegen im wassergesättigten Boden dann vor, wenn kein Porenwasserüberdruck infolge Konsolidation herrscht und keine Wasserbewegung stattfindet. Wie in einem offenen Gefäß ist auch im wassergesättigten Boden der Porenwasserdruck lediglich von der Tiefe des betrachteten Punkts unter dem Grundwasserspiegel abhängig, nicht etwa von der Porosität, der Kornform des Bodens, von Einlagerungen oder der geostatischen Überlagerung. Der hydrostatische Porenwasserdruck $u_0$ nimmt mit der Tiefe z unterhalb des Grundwasserspiegels linear zu

$$u_0 = p_0 + g \cdot \rho_w \cdot z \tag{1}$$

mit den Konstanten:

g Erdbeschleunigung = 9,81 m/s$^2$

$p_0$ Luftdruck über dem Grundwasserspiegel, i. Allg. 101.325 Pa

$\rho_w$ Dichte des Wassers, i. Allg. 1 g/cm$^3$ je nach Temperatur und Inhaltsstoffen

In geotechnischen Nachweisen wird zur Ermittlung des Porenwasserdrucks üblicherweise eine Erdbeschleunigung von $g = 10\ m/s^2$ angesetzt, der Luftdruck findet bei nahezu horizontalem Grundwasserspiegel keine Berücksichtigung, sodass sich aus Gl. (1) vereinfacht mit der Dichte des Wassers $\gamma_w = 10\ kN/m^3$ ein hydrostatischer Porenwasserdruck von

$$u_0 = \gamma_w \cdot z \quad [kN/m^2] \tag{2}$$

ergibt, wobei z die Grundwasserdruckhöhe ist. Dieser Porenwasserdruck wirkt in allen Raumrichtungen auf die aus den mineralischen Komponenten zusammengesetzte Bodenstruktur, auf bauliche Einlagerungen und auf alle undurchlässigen Wände von in das Grundwasser einbindenden Bauwerken.

Obwohl ein Boden aus den Phasen Feststoff, Wasser und ggf. Luft besteht, die sich in ihrem physikalischen Verhalten sehr unterscheiden, betrachten wir Boden mechanisch als Kontinuum, als ein Material mit einheitlichen Eigenschaften, in dem sich die mechanischen Phänomene der Bodenstruktur, des Porenwassers, ggf. auch die des Luftdrucks und der Kapillarität überlagern. Die Komponenten der Scherspannungen wirken nur auf die Bodenstruktur, die Normalspannungen werden unterteilt in solche, die auf die Bodenstruktur und solche, die im oder auf das Porenwasser wirken. Diese Unterteilung in Bodenspannungen und Wasserspannungen wurde erstmals 1924 von *Terzaghi* als „Prinzip der effektiven Spannungen" in die Bodenmechanik eingeführt [72].

Die effektive Spannung $\sigma'$ ist die mittlere Spannung zwischen den Kornkontakten in einer gedachten Fläche der Bodenstruktur, die sog. Korn-zu-Korn-Spannung. Sie ist nach Gl. (3) als Differenz der in einem betrachteten Punkt wirkenden Gesamtspannung $\sigma$ und dem Porenwasserdruck u definiert. Die Gesamtspannung $\sigma$ wird auch totale Spannung, der Porenwasserdruck auch neutrale Spannung genannt. Diese beiden Größen sind physikalisch erfassbar, messbar, während die effektive Spannung $\sigma'$ eine virtuelle Größe ist.

$$\sigma' = \sigma - u \tag{3}$$

Der Porenwasserdruck u umfasst sowohl den stationären hydrostatischen Druck $u_0$ als auch die instationären Anteile eines eventuell durch gespanntes Grundwasser, Konsolidationsverzug, Auflockerung oder dilatante Verformung wirkenden Über- bzw. Unterdruck $\Delta u$.

$$u = u_0 + \Delta u \tag{4}$$

Mit dem Prinzip der effektiven Spannungen lässt sich auch der Überlagerungsdruck des Bodens im Grundwasser darstellen. Auf eine horizontale Fläche in der Tiefe z eines wassergesättigten Bodens mit der Korndichte $\rho_s$ bzw. der Kornwichte $\gamma_s$ und dem Porenanteil n wirkt die Vertikalspannung

$$\sigma_v = (1-n) \cdot g \cdot \rho_s \cdot z + n \cdot g \cdot \rho_w \cdot z = (1-n) \cdot \gamma_s \cdot z + n \cdot \gamma_w \cdot z \tag{5}$$

Mit dem hydrostatischen Porenwasserdruck $u_0 = \gamma_w \cdot z$ ergibt sich als effektive Spannung

$$\sigma'_v = (1-n)\cdot(\gamma_s - \gamma_w)\cdot z = \gamma' \cdot z \tag{6}$$

wobei der Ausdruck $(1 - n) \cdot (\gamma_s - \gamma_w)$ die Wichte des Bodens unter Auftrieb $\gamma' = \gamma_{sat} - \gamma_w$ ist.

Das Prinzip der effektiven Spannungen lässt sich auch auf ungesättigen Boden ausweiten. *Bishop* schlug 1955 eine Erweiterung zur Berücksichtigung der Saugspannung vor:

$$\sigma' = \sigma - u_a + \chi(u_a - u_w) \tag{7}$$

worin $u_a$ die Luftspannung, $u_w$ die Wasserspannung und $(u_a - u_w)$ die Saugspannung im ungesättigten Porensystem darstellt. Der Faktor $\chi$ berücksichtigt den Effekt des Sättigungsgrads mit den Grenzen $\chi = 0$ (trocken) und $\chi = 1$ (gesättigt). Neuere Ansätze zur Berücksichtigung der Saugspannung und Kapillarität geben *Nuth* und *Laloui* [52]. Beispiele zum Einfluss der effektiven Spannung und zur experimentellen Ermittlung der Saugspannung im Boden finden sich in Teil 1 des Grundbau-Taschenbuchs [70].

Bei strömendem Grundwasser resultiert die verursachende Kraft nicht aus dem Wasserdruck, sondern aus dem Potenzial, der im System befindlichen potentiellen Energie, die wir als sog. Standrohrspiegelhöhe h ausdrücken (vgl. *Odenwald* et al., Abschnitt 1.1 [53]). Wie in der allgemeinen Strömungsmechanik findet auch im Grundwasser eine stationäre Strömung zwischen zwei Punkten bei einer Potenzialdifferenz $\Delta h$ als zeitlich konstante Randbedingung statt. Das Energiegefälle zwischen zwei Punkten, bezogen auf die Länge des Strömungswegs ist als hydraulischer Gradient definiert.

$$i = \frac{\Delta h}{\Delta l} \tag{8}$$

Eine instationäre Grundwasserströmung tritt bei zeitlich veränderlichen Randbedingungen auf, z. B. bei der Entwicklung einer Durchsickerung, bei Wasserspiegelschwankungen, einer Grundwasserentnahme oder bei einer schnellen Belastung des Bodens. Da sich Grundwasser i. Allg. nur sehr langsam bewegt, ist es für die Analyse der Standsicherheit meist ausreichend, einen de facto instationären Zustand mit ungünstigen, aber konstanten Randbedingungen als quasi stationär zu modellieren.

Aus den Gleichgewichtsbedingungen eines wassergesättigten durchströmten Bodens ergibt sich unter Ansatz der effektiven Spannungen, dass in Richtung der Porenströmung eine auf das Volumen bezogene spezifische Strömungskraft $f_s$ wirkt, die über das Volumen integriert vergleichbar einer Gewichtskraft als Strömungskraft S auf das betrachtete durchströmte Bodenvolumen V wirkt.

$$f_s = i \cdot \gamma_w \tag{9}$$

$$S = f_s \cdot V = i \cdot \gamma_w \cdot V \tag{10}$$

Die Strömungskraft resultiert aus der Scherspannung des strömenden Wassers auf das Korngerüst und repräsentiert den Potenzialverlust infolge Reibung. Sie überlagert so als zweites Kraftfeld das Gewicht des Bodens.

Bei einer eindimensionalen Betrachtung wirkt eine vertikal nach unten gerichtete Strömung in einem Volumen V als scheinbare Erhöhung der Gewichtskraft, bei einer entgegen der Schwerkraft nach oben gerichteten Strömung wird das effektive Gewicht durch das Potenzialgefälle bzw. die Strömungskraft abgemindert.

$$G = \left(\gamma' \pm \left| i \right| \cdot \gamma_w\right) \cdot V \tag{11}$$

Während zur Analyse von hydraulisch bedingten Grenzzuständen unter hydrostatischen Bedingungen i. Allg. totale Spannungen betrachtet werden, können Sicherheitsnachweise im strömenden Grundwasser entweder mit effektiven oder mit totalen Spannungen beschrieben werden. Eine Analyse mit dem Auftriebsraumgewicht und der Strömungskraft beschreibt die Situation in effektiven Spannungen. In diesem Fall wird das Bodenskelett betrachtet. Alternativ können die äußeren Wasserdruckkräfte auf das betrachtete Volumen angesetzt und das Gewicht des wassergesättigten Bodens als Kontinuum betrachtet werden, um den Nachweis mit totalen Spannungen zu führen. Im Grenzzustand führen beide Modellierungen zum gleichen Ergebnis, sie unterscheiden sich aber in der Sicherheitsdefinition und damit auch im Niveau der Sicherheit, da bei Nachweisen mit totalen Spannungen auch der hydrostatisch wirkende Wasserdruck mit Teilsicherheitsbeiwerten faktorisiert wird. In Abschnitt 3.1 wird dies am Beispiel der Auftriebssicherheit einer Dichtsohle erläutert.

Die Beschreibung der stationären Grundwasserströmung geht auf Versuche und das daraus postulierte Darcy'sche Gesetz zurück [15], das besagt, dass zwischen der scheinbaren Geschwindigkeit des Wasserflusses im Boden, der Filtergeschwindigkeit $v_f$, und dem hydraulischen Gradienten i eine bodenspezifische Proportionalität besteht. Der Proportionalitätsfaktor wird Wasserdurchlässigkeitsbeiwert $k_f$ oder schlicht Wasserdurchlässigkeit genannt.

$$v_f = k_f \frac{\Delta h}{\Delta l} = k_f \cdot i \tag{12}$$

Bei unveränderten Randpotenzialen, konstantem Wassergehalt (Stationarität, Kontinuität) ist der Fluss q durch eine normal zur Strömungsrichtung betrachtete Fläche A proportional zum hydraulischen Gradienten.

$$q = k_f \cdot i \cdot A \tag{13}$$

Die Wasserdurchlässigkeit repräsentiert einen mittleren Strömungswiderstand, der sich als räumlicher Mittelwert aus der Porenstruktur, den Porenweiten und damit aus der Kornstruktur des Bodens ergibt. Während sich in Hinblick auf praktische Anwendungen wie Strömungsmodelle und Sicherheitsnachweise der Gradient und die Fläche mit guter Genauigkeit ermitteln lassen, ist die Wasserdurchlässigkeit ein sehr unscharfer, stark streuender Einflussfaktor. Keine andere bodenmechanische Kenngröße ändert sich vom Ton über den Schluff und Sand bis zum Kies in derart weiten Grenzen von mehr als 10 Größenordnungen, beeinflusst von der Korngröße, der Lagerungsdichte, der Homogenität und der Bodenstruktur. Im Labor lässt sich der Wasserdurchlässigkeitsbeiwert einer Bodenprobe relativ genau ermitteln (siehe [70]). Zur Übertragung auf Feldbedingungen erhebt sich dann jedoch die Frage der Repräsentativität der untersuchten Probe, sodass oft nur mit Feldversuchen realitätsnahe Ergebnisse erzielt werden (vgl. *Odenwald* et al. [53]).

Empirische und theoretische Ansätze zur Abschätzung der Wasserdurchlässigkeit eines grobkörnigen Bodens aus dessen Korngrößenverteilung verwenden z. B. bei dem Ansatz von *Hazen* [32] oder *Beyer* [4] den Fraktildurchmesser bei 10 % Massendurchgang, $d_{10}$. Diese Korngröße ist in erster Näherung ein indirektes Maß der Porengröße und damit des Strömungswiderstands. Theoretische Betrachtungen modellieren das Porennetzwerk als System von Röhren und wenden zur Abschätzung des Wasserdurchlässigkeitsbeiwerts die Analogie der Druckrohrströmung, das Gesetz von *Hagen-Poiseuille* mit der Anpassung von *Kozeny-Carman* an [13].

Für fein- und gemischtkörnige Böden führen die empirischen Ansätze und die Analogie zur Rohrströmung nicht zu einem wirklichkeitsnahen Ergebnis. Der Strömungswiderstand wird in solchen Böden durch die Interaggregatporen kontrolliert und wird im Gegensatz zu grobkörnigen Böden nicht allein von der Korngrößenverteilung und Lagerungsdichte, sondern auch von der Plastizität und der mit der Genese oder Verdichtung erzielten Struktur beeinflusst.

Soweit ein Strömungsprozess nicht die physikalischen Eigenschaften eines Bodens verändert, strömen Elektrizität, Wärme und Fluide nach dem gleichen physikalischen Prinzip. Der Fluss ist jeweils proportional zu einer Potenzialdifferenz als treibende Kraft und zu einem materialspezifischen Strömungswiderstand. Der Fluss von elektrischem Strom wird durch das Ohm'sche Gesetz beschrieben, die übertragene Wärmeleistung durch das Fourier'sche Gesetz, für die Strömung von Wasser gilt das Darcy'sche Gesetz. Die treibenden Kräfte sind das Gefälle der elektrischen Spannung, der Temperatur und bei der Grundwasserströmung das Potenzialgefälle, der hydraulische Gradident. Die Koeffizienten des Strömungswiderstands (Konduktivität) sind die elektrische Leitfähigkeit, die Wärmeleitfähigkeit und der Wasserdurchlässigkeitsbeiwert.

Oberhalb des Grundwasserhorizonts, im nicht wassergesättigten Boden, werden die effektiven Spannungen im Boden durch die Saugspannung kontrolliert (vgl. *von Soos* und *Engel* [70]). Die Potenzialtheorie und das Darcy'sche Gesetz können ebenso für ungesättigte Porenströmungen angewendet werden. Die Wasserdurchlässigkeit ist dann nicht mehr konstant, sondern hängt von der Sättigungszahl $S_r$ ab.

$$k(S_r) = k_r \cdot k_f \tag{14}$$

In Gl. (14) ist $k_f$ der oben beschriebene Wasserdurchlässigkeitsbeiwert unter gesättigten Verhältnissen, $k_r$ der dimensionslose Faktor der relativen Wasserdurchlässigkeit, dessen Größe zwischen 0 (vollständig trocken) und 1 (gesättigt) liegt. Die experimentelle Bestimmung der $k_r$-Funktion ist sehr aufwendig. In der Praxis verwendet man daher zur Abschätzung das sog. van Genuchten-Mualem Modell [76].

$$k_r = \Theta^{\frac{1}{2}} \left[ 1 - \left( 1 - \Theta^{\frac{1}{m}} \right)^m \right]^2 \tag{15}$$

$$\text{mit } \Theta = \frac{\theta - \theta_r}{\theta_s - \theta_r} \text{ und } m = 1 - \frac{1}{n}$$

Die Größe $\theta$ ist der aktuelle, $\theta_r$ der residuale Wassergehalt und $\theta_s$ der Wassergehalt bei Sättigung, jeweils auf das Volumen bezogen. Die bodenspezifischen Konstanten m bzw. n werden aus der Entwässerungskurve abgeleitet. Aus der Bodenkunde sind auch Erfahrungswerte für verschiedene Böden bekannt [26].

In Hinblick auf hydraulisch bedingte Grenzzustände ist die ungesättigte Wasserdurchlässigkeit für alle Prozesse der Infiltration von Niederschlagswasser relevant. Dies betrifft vor allem Verformungen und Standsicherheitsdefizite, die auf den Verlust der Kapillarkohäsion und auf das Aktivieren einer Strömungskraft zurückzuführen sind. Andere Effekte sind die kapillare Sperrwirkung an der Grenze von feinen zu groben Böden, was zu einer lateralen Schichtströmung führen kann, sowie die Übertragung des Matrixpotenzials auf benachbarte Bodenschichten unterschiedlicher Korngröße und Bodenfeuchte, was Austrocknen, Vernässen und die damit verbundene Änderung der Scherfestigkeit und Steifigkeit hervorrufen kann. Letztere Prozesse sind gerade in Zusammenhang mit geänderten klimatischen Einwirkungen von Bedeutung. Zur verlässlichen numerischen Berechnung einer Durchsickerung mit freier Oberfläche ist die Kenntnis der Saugspannung im ungesättigten Boden entlang der Sickerlinie als Randbedingung von Bedeutung, vgl. *Odenwald* et al. [53].

# 3 Hydraulische bedingte Grenzzustände

## 3.1 Auftrieb und Aufschwimmen

Durch Aufschwimmen versagt ein in das Wasser eintauchendes Bauwerk oder eine gering durchlässige Bodenschicht nach dem Archimedischen Prinzip, wenn die aus i. Allg. hydrostatischem Wasserdruck resultierende Auftriebskraft die Gewichts-, Auflast- und Reibungskräfte überschreiten (Bild 1).

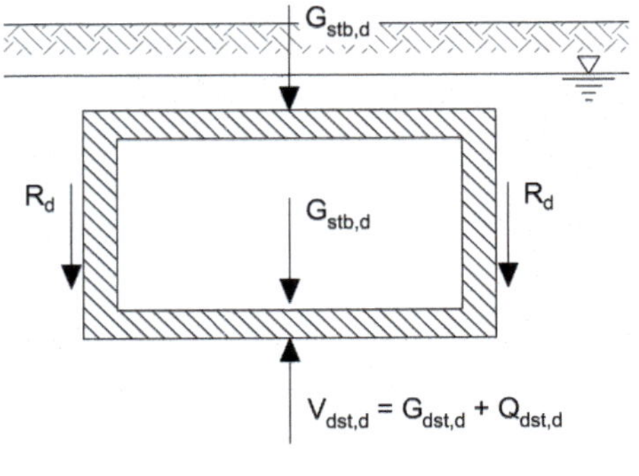


**Bild 1** Auf ein Bauwerk im Grundwasser wirkende Kräfte

Zum Nachweis der Sicherheit gegen Aufschwimmen eines Bauwerks oder einer gering durchlässigen Bodenschicht im Grenzzustand UPL (Uplift) werden die Bemessungswerte der ständig wirkenden stabilisierenden Einwirkungen $G_{stb,d}$ aus Gewicht und eventuell zusätzliche Bodenwiderstände $R_d$ den ständigen und veränderlichen destabilisierenden Einwirkungen $V_{dst,d}$ aus Wasserdruck gegenübergestellt. Der Nachweis wird in EC 7, Abschnitt 10.2 beschrieben und gem. Abschnitt 2.4.7.4, Gl. 2.8, wie folgt allgemein formuliert (vgl. [87].

$$V_{dst,d} = G_{dst,d} + Q_{dst,d} \leq G_{stb,d} + R_d \tag{16}$$

In der nationalen Ergänzung durch DIN 1054 werden in A 10.2.2 die Widerstände aus auf das Bauwerk oder seitlich im Boden wirkenden stabilisierenden Scherkräften weiter aufgeschlüsselt und deren Abminderung festgelegt. Eine Berücksichtigung dieser Widerstände ist zum Nachweis der Sicherheit gegen Aufschwimmen nur erlaubt, wenn auch bei Vernachlässigung dieser stabilisierenden Scherkräfte in der außergewöhnlichen Bemessungssituation BS-A die Anforderungen erfüllt sind. Die allgemeine Form des Nachweises mit totalen Spannungen lautet danach

$$G_{dst,k} \cdot \gamma_{G,dst} + Q_{dst,rep} \cdot \gamma_{Q,dst} \leq G_{stb,k} \cdot \gamma_{G,stb} + T_k \cdot \gamma_{G,stb} \tag{17}$$

mit

$G_{dst,k}$ charakteristischer Wert der ständig vertikal wirkenden destabilisierenden Einwirkungen, i. W. Wasserdruck

$G_{stb,k}$ kleinster charakteristischer Wert der ständig vertikal wirkenden stabilisierenden Einwirkungen, i. W. Eigengewicht des Bauwerks und der Überlagerung

$Q_{dst,rep}$ charakteristischer bzw. repräsentativer Wert der veränderlich vertikal wirkenden destabilisierenden Einwirkungen, i. W. zeitweise wirkender Wasserdruck

$T_k$ zusätzlich auf das Bauwerk oder seitlich im Boden stabilisierend wirkende Scherkräfte

$\gamma$ Teilsicherheitsbeiwerte nach Tab. A 2.1 DIN 1054: $\gamma_{G,dst} = 1{,}05/1{,}05/1{,}00$; $\gamma_{Q,dst} = 1{,}50/1{,}30/1{,}00$; $\gamma_{G,stb} = 0{,}95/0{,}95/0{,}95$, nach Tab. 2.4 ÖNORM B 1997-1-1 Ausgabe 2013-09-01: $\gamma_{G,dst} = 1{,}10$; $\gamma_{Q,dst} = 1{,}50$; $\gamma_{G,stb} = 0{,}90$

DIN 1054 lässt als Normalspannung zur Berechnung einer Reibung an der Bauwerkswand bzw. in einer vom Bauwerksrand ausgehenden vertikalen Bodenfuge nur den kleinsten zu erwartenden aktiven Erddruck nach 9.5.1 A (11) zu. Bei nichtbindigem Boden kann dieser günstig wirkende Erddruck zu 50 % des oberen charakteristischen Werts des Erddrucks abgeschätzt werden, der als ungünstige Einwirkung zur Bemessung der Bauteile angesetzt wird. Zum Abgleich des Sicherheitsniveaus mit früheren Ausgaben der DIN 1054 sind die damit ermittelten Reibungskräfte nach Gl. (18) noch mit einem Anpassungsfaktor $\eta_z$ abzumindern.

$$T_k = \eta_z \cdot E_{ah,k} \cdot \tan\delta_a \quad \text{bzw.} \quad T_k = \eta_z \cdot E_{ah,k} \cdot \tan\varphi' \tag{18}$$

Der Anpassungsfaktor beträgt $\eta_z = 0{,}80$ in der Bemessungssituation BS-P und BS-T und $\eta_z = 0{,}90$ in der Bemessungssituation BS-A.

Während bei kubischen Bauwerken wie Baugruben, offen hergestellten Tunneln, Unterführungen, Rückhaltebehältern und bei vergleichbaren in den Baugrund und das Grundwasser eingebetteten Bauwerken meist vertikale Seitenwände und Längsabmessungen vorliegen, die eine ebene Betrachtung rechtfertigen, ist die Berücksichtigung von stabilisierenden Reibungskräften bei eingebetteten Rohren und Schächten weniger klar und in den Vorschriften der einzelnen Anwendungen unterschiedlich geregelt.

Die Regelwerke und Empfehlungen zur Bemessung von vertikalen Schächten gehen von einer Obergrenze der Einwirkungen durch Boden- und Wasserdruck aus. Meist wird eine Belastung des Schachtes durch den hydrostatischen Wasserdruck und den Ruhedruck des umgebenden Bodens gefordert, der linear mit der Tiefe zunimmt und auf die Mantelfläche verteilt wird. Zur Berücksichtigung von Reibungskräften beim Nachweis der Sicherheit gegen Aufschwimmen ist jedoch nicht die mögliche Obergrenze, der Erdruhedruck, sondern die Untergrenze maßgebend, ein räumlicher aktiver Erddruck.

Zur Ermittlung der Normalspannung auf die Mantelfläche eines zylindrischen Schachtes oder auf eine vom Schachtfuß ausgehende zylindrische Bodenfuge kann konservativ die Näherungslösung für kohäsionslosen Boden nach *Beresanzew* angewendet werden, die von *Kézdi* [43] publiziert wurde. Die Berechnungsmethode ist in *Hettler* [34] Abschnitt 7 erläutert. Über den Umfang und die Höhe integriert ergibt dies die aktive Erddruckkraft zur Ermittlung der Scherkräfte nach Gl. (15). Die nichtlinear unterproportional mit der Tiefe zunehmende radiale Normalspannung wird nach dieser Näherungslösung außer von dem Reibungswinkel stark von der Schlankheit des Schachts bestimmt und ist bereits ab einer Tiefe, die dem Durchmesser entspricht, nahezu konstant. Im Vergleich zu einer ebenen Betrachtung wirken bis zu einer Tiefe, die dem Durchmesser entspricht, nur ca. 60 % des ebenen horizontalen aktiven Erddrucks, wobei das Verhältnis mit zunehmender Tiefe und steigendem Reibungswinkel noch ungünstiger wird.

Etwas höhere Werte, wenn auch mit vergleichbarer Tendenz der Einflussfaktoren Schlankheit und Reibungswinkel, ergeben sich nach der modifizierten Scheibentheorie von *Walz* und *Hock* [79]. *Hettler* stellt in [34] die beiden Verfahren vergleichend gegenüber.

Für praktische Anwendungen sind diese Abhängigkeiten unbefriedigend. In Einbauanleitungen und Zulassungen von Schächten wird i. Allg. eine grobkörnige Verfüllung des umgebenden Arbeitsraums mit hoher Verdichtung gefordert. Rechnerisch mindert dies den Scherwiderstand auf den Schachtmantel beim Nachweis gegen Aufschwimmen ab. Faktisch und auch experimentell bewiesen tritt aber bei einer Vertikalverschiebung eines stehenden zylindrischen Körpers im nichtbindigen Boden eine Verspannung aufgrund von Dilatanz ein, eine Art Selbsthemmung, die selbst mit dem vollen aktiven Erddruck unterschätzt wird, s. [33, 49, 61]. Dies deckt sich mit Beobachtungen und mit der Bemessungspraxis beim Herausziehen von Pfählen und Ankern im nichtbindigen Boden [77].

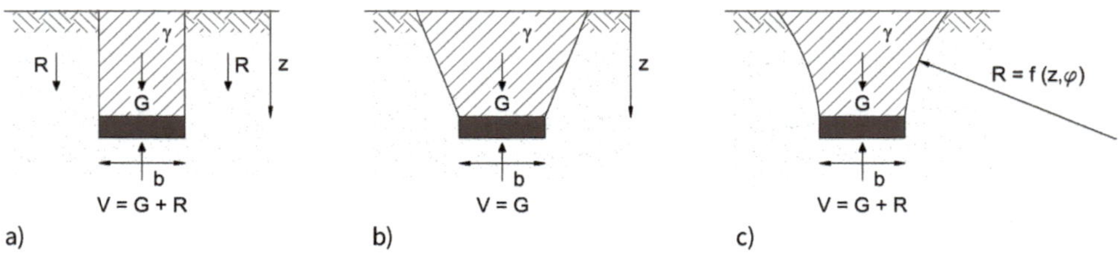


**Bild 2** Versagensformen der Bodenüberlagerung; a) Scheibe/Zylinder, b) Trapez/Kegelstumpf, c) gekrümmte Form/Rotationskörper (nach [71])

Komplexer ist der Widerstand des Überlagerungsbodens beim Auftriebsversagen von schmalen, langen liegenden Konstruktionen wie Tunnel, Rohre oder zylindrische Tanks. *Sutherland* hat hierzu in [71] Versagensformen in bindigen und nichtbindigen Böden in Modellversuchen visualisiert und Theorien verglichen. Drei grundsätzliche Versagensmechanismen im Boden sind in Bild 2 dargestellt.

Üblicherweise wird als stabilisierender Einfluss der Überlagerung lediglich die Gewichtskraft einer Scheibe (eben) bzw. eines Zylinders (räumlich) angesetzt, die Scherkräfte R in den Gleitfugen der geostatischen Überlagerung werden vernachlässigt (Bild 2a). Aus allen experimentellen, theoretischen und numerischen Analysen hat sich jedoch auch beim Heben des Bauwerks ein stabilisierender Einfluss der Bodenüberlagerung seitlich der Ränder des Bauwerks, das Gewicht eines Bodenkörpers nach Bild 2b oder 2c, gezeigt. Solch ein Versagensmechanismus bringt im bindigen wie nichtbindigen Boden ab einer bezogenen Überlagerungshöhe $z/b \sim 2$, also bei schmalen Bauwerken, wie Rohren, liegenden zylindrischen Tanks, einen signifikanten Anstieg des Überlagerungsdrucks und damit der Sicherheit gegen Aufschwimmen im Vergleich zu einfachen geostatischen Bedingungen. Selbst in Böden, die zu Verflüssigung neigen, wurden bei dynamischer Einwirkung höhere Bodenwiderstände als der einfache Überlagerungsdruck beobachtet [14]. Auch wenn der Ansatz eines erhöhten Überlagerungsdrucks in den deutschen Regelwerken nicht explizit vorgesehen ist, wäre dies in bestimmten Fällen mit Blick auf eine wirtschaftliche Bemessung angemessen und vertretbar.

Während sich zum Nachweis der Lagesicherheit des in Bild 1 dargestellten kubischen Bauwerks im Grundwasser die stabilisierenden und destabilisierenden Einwirkungen und Bodenwiderstände klar zuordnen lassen, sind die Bedingungen zum Nachweis der Sicherheit gegen Aufschwimmen einer Bodenschicht unter gespannten Grundwasserverhältnissen nicht eindeutig. Ein Versagen einer mit Wasserdruck beaufschlagten durchströmten Bodenschicht kann nur dann als Auftrieb oder Aufschwimmen betrachtet werden, wenn der Boden eine ausreichende Kohäsion, Steifigkeit und einen hohen Erosionswiderstand hat, wenn er als nicht verformbares Kontinuum versagt. Ist dies nicht der Fall, wäre ein Nachweis des hydraulischen Grundbruchs oder der inneren Erosion relevant. Beide Nachweise erfordern höhere Teilsicherheiten (vgl. [63]). Die Empfehlungen des DGGT-Arbeitskreises Baugruben EAB [24] fordern daher bei Baugruben dann beide Nachweise, wenn die Seitenwände nur wenig in eine natürliche gering durchlässige Schicht einbinden oder wenn eine relativ gering mächtige und gering wasserdurchlässige Bodenschicht unter der Baugrubensohle zum Abbau des Wasser-

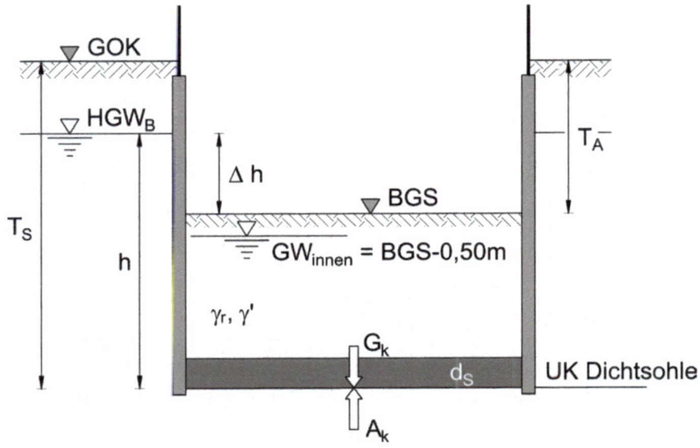


**Bild 3** Auftriebsnachweis einer Dichtsohle

drucks herangezogen wird. Der Nachweis der Sicherheit gegen hydraulischen Grundbruch liefert wegen der Sicherheitsanforderungen im Allg. ungünstigere geometrische Abmessungen, d. h., er führt zu einer größeren Einbindetiefe der Seitenwände. Ein exemplarischer quantitativer Vergleich beider Versagensarten findet sich in *Ziegler* [86].

Als Beispiel für den Nachweis der Sicherheit gegen Auftrieb durchströmter Bodenschichten soll hier die Ermittlung der erforderlichen Tiefenlage einer Injektionssohle erläutert werden. Bild 3 zeigt die typische Baugrundsituation mit dichten Baugrubenwänden und einer horizontalen Dichtsohle, deren Raumgewicht wie das des Bodens angenommen wird. Der Innenwasserspiegel soll 0,5 m unter Aushubsohle gehalten werden. Der ungesättigte Boden zwischen Baugrubensohle und Innenwasserspiegel wird bei den Gewichtskräften zur Vereinfachung auf der sicheren Seite liegend vernachlässigt. Die Wasserdurchlässigkeit der Dichtsohle soll um mindestens zwei Größenordnungen unter der des Bodens liegen, sodass der Potenzialabbau allein der Dichtsohle zugeordnet werden kann.

Nach EC 7 wird der Grenzzustand UPL in der Bemessungssituation BS-T betrachtet. Der Nachweis der Auftriebssicherheit bzw. die Bemessung der Tiefenlage kann sowohl mit absoluten als auch mit effektiven Spannungen geführt werden. Die Teilsicherheitsbeiwerte betragen nach DIN 1054 $\gamma_{G,dst} = 1{,}05$ und $\gamma_{G,stb} = 0{,}95$. Die Raumgewichte des Bodens sind in Bild 3 angegeben. Das Gewicht der Seitenwände wie auch Scherkräfte auf die Wände können bei einer tiefliegenden Dichtsohle nicht angesetzt werden. Bei einer Unterwasserbetonsohle wäre dies gerechtfertigt, wenn die Kraftübertragung von der Wand auf die Sohle sichergestellt ist und die Sohle die Biegebeanspruchung aufnehmen kann.

Nachweis EC 7, 2.4.7.4, Gl. 2.8 ist zu fordern:

$$V_{dst,d} \leq G_{stb,d} \tag{19}$$

Nachweis mit absoluten Spannungen

$$V_{dst,d} = h \cdot \gamma_w \cdot 1{,}05 = \left[T_S - \left(T_A + 0{,}5\,m\right) + \Delta h\right] \cdot \gamma_w \cdot 1{,}05 \tag{20}$$

$$G_{stb,d} = \left[T_S - \left(T_A + 0{,}5\,m\right)\right] \cdot \gamma_r \cdot 0{,}95 \tag{21}$$

$$T_S \geq T_A + 0{,}5\,m + \Delta h \frac{1{,}05 \cdot \gamma_w}{0{,}95 \cdot \gamma_r - 1{,}05 \cdot \gamma_w} = T_A + 0{,}5\,m + 1{,}01 \cdot \Delta h \tag{22}$$

Nachweis mit effektiven Spannungen

$$V_{dst,d} = \Delta h \cdot \gamma_w \cdot 1{,}05 \tag{23}$$

$$G_{stb,d} = \left[T_S - \left(T_A + 0{,}5\,m\right)\right] \cdot \gamma' \cdot 0{,}95 \tag{24}$$

$$T_S \geq T_A + 0{,}5\,m + \Delta h \frac{1{,}05 \cdot \gamma_w}{0{,}95 \cdot \gamma'} = T_A + 0{,}5\,m + 0{,}921 \cdot \Delta h \tag{25}$$

Der Nachweis mit absoluten Spannungen führt wegen der Faktorisierung des gesamten Potenzials h anstelle der Potenzialdifferenz Δh auf ein etwas höheres Sicherheitsniveau. Dieser Ansatz wird in der EAB empfohlen [24].

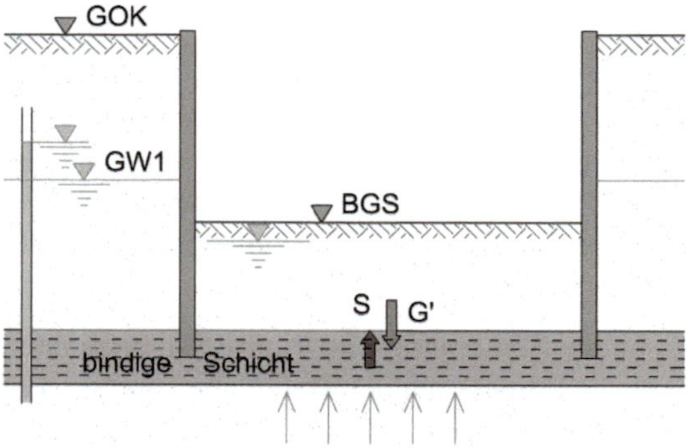


**Bild 4** Aufschwimmen einer Bodenschicht

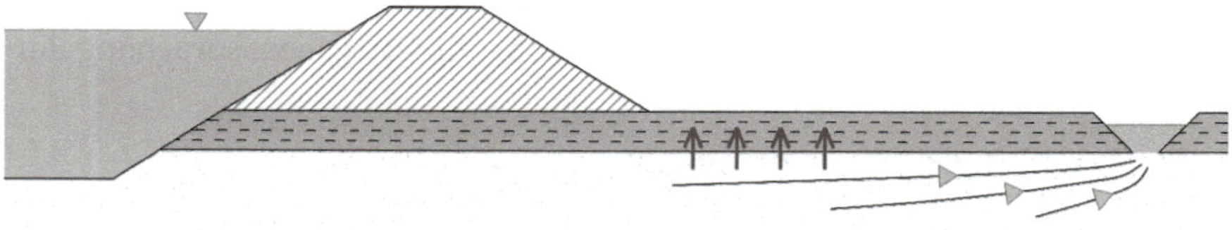

**Bild 5** Aufbrechen einer bindigen Deckschicht

Die Modellierung der Dichtsohle als intakte, nicht erodible Bodenschicht und somit der Nachweis mit effektiven Spannungen wäre in diesem Beispiel nach Ansicht des Autors angemessen. Kritischer zu betrachten ist eine derartige Einstufung beim Nachweis der Auftriebssicherheit einer natürlichen bindigen Schicht im Baugrund (Bild 4), einer flach unter Gelände verlaufenden bindigen Bodenschicht unter gespannten Grundwasserverhältnissen, wie dies z. B. beim Nachweis der Auftriebssicherheit einer bindigen Deckschicht landseits eines Hochwasserschutzdeiches der Fall ist (Bild 5). In Abhängigkeit der Kenntnis der bodenmechanischen Eigenschaften und Integrität der bindigen Deckschicht sollte ein höheres Sicherheitsniveau als bei dem Nachweis der Auftriebssicherheit gefordert werden, ein Sicherheitsniveau vergleichbar dem des hydraulischen Grundbruchs, da die Folge eines Versagens nicht ein Aufschwimmen, sondern ein Bruch des Bodens mit ggf. nachfolgender rückschreitender Erosion wäre. Die Folgen eines Aufbruchs bei der Unterströmung von Deichen werden auch anhand von Fallbeispielen von *Brandl* und *Hofmann* in [7] sowie von *Brandl* und *Szabo* in [8] diskutiert.

Für den Sicherheitsnachweis von Baugruben unterscheidet E62 der EAB [24] die Relevanz der Grenzzustände Aufschwimmen und hydraulischer Grundbruch anhand von Lage und Schichtstärke der Bodenschicht, in der die Potenzialdifferenz beim Zustrom zur Baugrube abgebaut wird. In dieser Empfehlung werden auch der Nachweis und die Bemessung von Verankerungen von Dichtsohlen und Unterwasserbeton ausführlich behandelt. Eine Abgrenzung der erforderlichen Nachweise für Bauwerke im Grundwasser und ein exemplarisches Beispiel zum Nachweis von gegen Aufschwimmen einer rückverankerten Sohlabdichtungen gibt *Ziegler* [86]. Ein Fallbeispiel und eine Gegenüberstellung der Modellierung mit unterschiedlichen hydraulisch bedingten Grenzzuständen auf der Grundlage der nationalen Festlegungen zu ÖNORM EN 1997-1 [55] geben *Martak* et al. in [48].

### 3.2 Hydraulischer Grundbruch und Bodenverflüssigung

Der hydraulische Grundbruch zählt mit seinen verschiedenen Ausprägungen und Folgen zu den gefährlichsten Arten geotechnischen Bodenversagens. Im Gegensatz zu den oben behandelten hydrostatischen Bedingungen des Aufschwimmens wirkt bei einer Porenwasserströmung auf das Korngerüst die spezifische Strömungskraft $f_s$, die proportional zum Gradienten ist (vgl. oben Abschnitt 2, Gl. (9)). Das Phänomen des hydraulischen Grundbruchs ist physikalisch eine Verflüssigung von Boden aufgrund der durch die spezifische Strömungskraft kompensierten effektiven Spannung und der damit verbundenen Auflösung der mechanisch tragenden Bodenstruktur. Dieses Phänomen tritt im nichtbindigen Boden ohne große Vorankündigung ein und entwickelt sich unter konstanten Randpotenzialen meist progressiv zu einer rückschreitenden Erosion. Im englischen Sprachgebrauch spricht man daher von „quick condition“ oder „boiling of cohesionless soil“.

Ein hydraulischer Grundbruch kann bei umströmten Wänden von in das Grundwasser eintauchenden Baugrubensohlen mit freiem Zustrom oder bei offener Wasserhaltung eintreten, bei unterströmten Bauwerken wie Wehre, Dämme und Deiche oder in der Sohle bei der Herstellung von verrohrten Bohrpfählen mit zu geringer Wasserauflast,

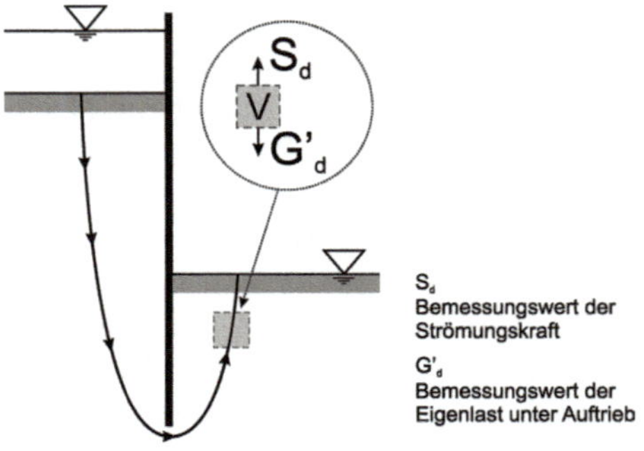


**Bild 6** Hydraulischer Grundbruch, Gleichgewicht am Volumenelement [85]

immer dann, wenn an der unterwasserseitigen Austrittsstelle die entgegen der Schwerkraft gerichteten Strömungskräfte das Gewicht des Bodens kompensieren (Bild 6). Weitere Auslöser können Erschütterungen in locker gelagerten gleichförmigen nichtbindigen Böden sein, die einen Kollaps des Skeletts erzeugen, sodass die effektive Spannung auf den Porenwasserdruck übergeht. Im Vorfeld des Versagens findet infolge eines Gefälles des Porenwasserdrucks und der dadurch verursachten spezifischen Strömungskraft eine Volumenexpansion statt. Ein nicht kohäsiver Boden verflüssigt sich, sobald die kritische Porenzahl erreicht wird und kann daher keine Scherkräfte übertragen. Bei einer Volumendehnung ist der Verlust der Scherfestigkeit umso ausgeprägter, je kleiner die Korngröße ist. Vor allem Mittel- und Feinsande, die keine bindigen Anteile und damit keine Kohäsion besitzen, neigen bei einer Auflockerung zur Verflüssigung und sind daher als besonders kritisch anzusehen. Kohäsive Böden verflüssigen zwar nicht bei einer Volumendehnung, können jedoch aufbrechen und verringern durch die Zunahme des Wassergehalts die Konsistenz.

Ein entgegen der Schwerkraft durchströmter Boden wird scheinbar gewichtslos, wenn gilt

$$S \geq G' + Q \tag{26}$$

wobei S die nach oben gerichtete Strömungskraft, $G'$ die Gewichtskraft des unter Auftrieb stehenden durchströmten Bodens und Q eine eventuelle Auflast ist. Mit den Gln. (10) und (11) ergibt sich der kritische, vertikal aufwärts gerichtete Gradient bei einer unbelasteten Oberfläche im Grenzzustand aus dem Verhältnis der Wichte des Bodens unter Auftrieb $\gamma'$ zur Wichte des Wassers $\gamma_w$, die mit 10 kN/m$^2$ angesetzt wird. Der Grenzzustand kann auch durch die Porenzahl e des Bodens, dessen Korndichte und der Dichte des Wassers ausgedrückt werden.

$$i_{krit} = \frac{\gamma'}{\gamma_w} = \frac{\rho_s - \rho_w}{1+e} \approx 1 \tag{27}$$

Eine lokale Verflüssigung tritt in nicht kohäsivem Boden danach theoretisch bei einer vertikal nach oben gerichteten Porenwasserströmung mit einem Gradienten von $i_{krit} \sim 1$ ein. Tatsächlich wird bei Versuchen bereits bei Gradienten $i_{krit} \sim 0{,}8$ eine Verflüssigung beobachtet, was auf die Auflockerung und Zunahme der Porenzahl bei der Annäherung an den Grenzzustand zurückzuführen ist.

Ein lokaler Verlust der effektiven Spannungen bedeutet im nicht bindigen Boden zwar eine Verflüssigung, führt jedoch nicht zwangsläufig zu einer großflächigen Bodenbewegung und zum Versagen durch hydraulischen Grundbruch. Im Falle der Unterströmung einer Baugrubenwand beginnt die Verflüssigung unter dem Wandfuß, da dort die Vertikalspannung aus Überlagerungsdruck durch die Wandreibung abgeschirmt ist und gleichzeitig in der Krümmung unmittelbar unter dem Wandfuß der größte lokale Gradient wirkt. Bei der Unterströmung eines festen Bauwerks, wie z. B. eines Wehrs oder eines Damms, beginnt die Verflüssigung nahe der Austrittsstelle in das Unterwasser. Mit der lokalen Zunahme der Porenzahl nimmt auch die Wasserdurchlässigkeit lokal zu, sodass sich das Potenzialgefälle in Richtung Baugrubensohle bzw. Unterwasser verlagert und auch der nach oben gerichtete Gradient der Porenwasserströmung zunimmt. Der Prozess der Verflüssigung pflanzt sich mit dem Anstieg des Potenzialgefälles progressiv zur Baugrubenseite bzw. zum Unterwasser hin fort.

Der eigentliche, makroskopisch feststellbare hydraulische Grundbruch ist das plötzliche, röhrenartige Durchschlagen und Ausspülen von verflüssigtem Boden mit gleichzeitig rückschreitender Erosion. Das zugrunde liegende Phänomen der Verflüssigung findet jedoch im Baugrund schon statt, bevor eine Röhre im Boden durchschlägt. Wegen der Überlagerung dieser Phänomene fordern die nationalen Festlegungen und Ergänzungen zu ÖNORM EN 1997-1 [55], dass der Nachweis des Widerstands gegen den hydraulischen Grundbruch um den Nachweis der Beständigkeit gegenüber innerer Erosion und Suffosion ergänzt werden muss.

Zum Nachweis der Sicherheit gegen hydraulischen Grundbruch, zur Bilanzierung von Gewichts- und Strömungskräften nach Gl. (26), stellt sich die Frage, über welches Volumen das Potenzialgefälle oder der hydraulische Gradient definiert oder gemittelt wird, welches Volumen für ein Kräftegleichgewicht betrachtet wird. Nach EC 7 muss das Gleichgewicht für jedes infrage kommende Referenzvolumen erfüllt werden. Aus Beobachtungen in Modellversuchen kann man ableiten, dass die Verflüssigung in etwa einem ellipsoiden Bodenkörper entspricht, der von der parabolischen Form der Stromlinien begrenzt wird (Bild 7).

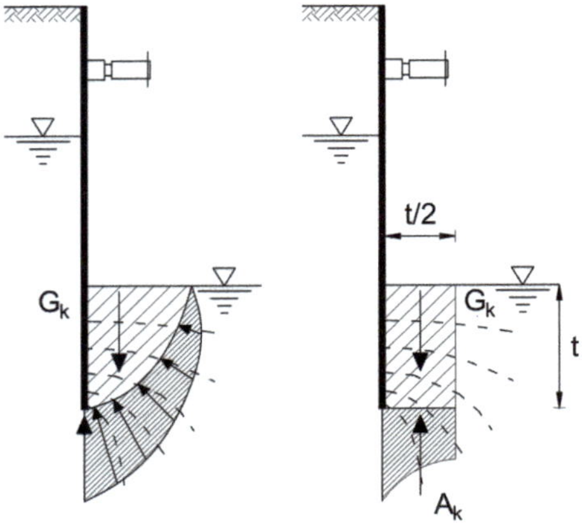


**Bild 7** Form des Prismas, EAU [25] und Vorschlag *Terzaghi* und *Peck* [73]

In der Ingenieurpraxis hat sich der Vorschlag von *Terzaghi* und *Peck* durchgesetzt, nach dem zum Nachweis einer unterströmten Baugrubenwand der mittlere Gradient in einem Bodenprisma unmittelbar an der Wand betrachtet wird, das die halbe Einbindetiefe als Breite hat (Bild 7). Viele Vergleichsrechnungen bestätigen diese Form und Größe als angemessene Näherung bei nichtbindigen Böden, vgl. *Aulbach* und *Ziegler* [2, 3].

Der EC 7 lässt in Abschnitt 2.4.7.5 die Formulierung der Gleichgewichtsbedingungen in vertikaler Richtung zum Nachweis der Sicherheit gegen hydraulischen Grundbruch mit absoluten (Gl. 2.9a) oder in effektiven Spannungen (Gl. 2.9b) zu. In der deutschen Anwendung ist der Nachweis mit effektiven Spannungen zu führen. Dies wurde auch in EB 61 der EAB [24] und in E115 der EAU [25] übernommen. Die Verspannung durch den Erdwiderstand des Erdauflagers der Baugrubenwand bleibt immer unberücksichtigt.

$$S_{dst,d} \leq G'_{stb,d} \tag{28}$$

$$S_{dst,d} = i \cdot \gamma_w \cdot V \cdot \gamma_H \tag{29}$$

$$G'_{stb,d} = \gamma' \cdot V \cdot \gamma_{G,stb} \tag{30}$$

$$i \leq i_{krit} \cdot \frac{\gamma_{G,stb}}{\gamma_H} = \frac{\gamma'}{\gamma_w} \cdot \frac{\gamma_{G,stb}}{\gamma_H} \tag{31}$$

Der Teilsicherheitsbeiwert für ständig wirkende stabilisierende Einwirkungen beträgt nach DIN 1054 in allen Bemessungssituationen $\gamma_{G,stb} = 0{,}95$. Bei dem Teilsicherheitsbeiwert der Strömungskraft $\gamma_H$ wird der Empfindlichkeit des Bodens gegenüber einer Verflüssigung Rechnung getragen. Hierzu wird ein sog. günstiger ($\gamma_H = 1{,}45/1{,}45/1{,}25$) und ungünstiger Untergrund ($\gamma_H = 1{,}90/1{,}90/1{,}45$) unterschieden. In der aktuell gültigen Fassung der DIN 1054, 2. Änderung von 2015, wurde dieser Teilsicherheitsbeiwert gegenüber früheren Ausgaben angehoben. Damit liegt das gesamte Sicherheitsniveau des Nachweises in den Bemessungssituationen BS-P und BS-T bei einem Faktor von $\eta = 1{,}53$ bei günstigem und $\eta = 2{,}0$ bei ungünstigem Untergrund.

Als ungünstiger Untergrund, im Sinne von relativ stark zur Verflüssigung neigend, werden locker gelagerter Sand, Feinsand und weiche bindige Böden betrachtet (EC 7, 10.3, A(1b)). Günstig im Sinne von vergleichsweise robust gegen eine Verflüssigung sind Kies und Kiessand sowie steife bindige Böden.

Bei einem aufgrund der Korngrößenverteilung ungünstigen Untergrund können nach DIN 1054 die Teilsicherheitsbeiwerte für günstigen Boden angewendet werden, wenn er mit einem mindestens 30 cm starken Auflastfilter überdeckt wird, der gegenüber dem durchströmten Baugrund sowohl die Filter- als auch die Dränagefunktion erfüllt (Normenhandbuch EC 7, 10.3, A(1c)). In der Praxis erfordert solch ein Auflastfilter jedoch eine zusätzliche Vertiefung der Baugrube und kann daher entlang der Baugrubenwand nur abschnittsweise kleinflächig oder in Zusammenhang mit einer Wasserhaltung eingebaut werden.

Die nationalen Festlegungen und Ergänzungen zu ÖNORM EN 1997-1 [55] schreiben nicht zwingend den Nachweis mit effektiven Spannungen vor und unterscheiden bei der Festlegung der Teilsicherheitsbeiwerte in Tab. 23 drei Bodenarten hinsichtlich der Erodibilität: a) gering erosionsempfindliche bzw. gering suffosive, b) bedingt gefährdete und c) erosionsgefährdete bzw. suffosive Böden. Zur Einstufung verweist die Norm auf die Merkblätter MAK und MSD der Bundesanstalt für Wasserbau [47, 51]. Der Teilsicherheitsbeiwert für ständig günstige Einwirkungen beträgt einheitlich $\gamma_{G,stb} = 0{,}90$. Die ungünstigen Einwirkungen werden je nach Empfindlichkeit des Bodens mit $\gamma_{G,dst} = 1{,}35$ (a), 1,5 (b) und 1,8 (c) faktorisiert. Ein Anpassungsfaktor $\gamma_H$ ist nicht erforderlich. Die globale Sicherheit beträgt damit wie bei dem in DIN 1054 geforderten Sicherheitsniveau $\eta = 1{,}5$ (a), 1,67 (b) und 2,0 (c).

Eine wasserdurchlässige Flächenlast p bzw. p′ (Bild 8) auf das Prisma durch einen Auflastfilter kann auch rechnerisch bei der Berechnung des kritischen Gradienten im Grenzzustand berücksichtigt werden.

$$i_{krit} = \frac{\gamma'}{\gamma_w} + \frac{p'}{t \cdot \gamma_w} \tag{32}$$

Als Nachweis des hydraulischen Grundbruchs ergibt sich aus Gl. (26) mit den Teilsicherheitsbeiwerten nach DIN 1054 der vertikal nach oben gerichtete Gradient zu

$$i \le \left( \frac{\gamma'}{\gamma_w} + \frac{p'}{t \cdot \gamma_w} \right) \cdot \frac{\gamma_{G,stb}}{\gamma_H} \tag{33}$$

Der Effekt einer vertikalen Auflastspannung auf die Initiierung einer Verflüssigung wird detailliert in *Odenwald* und *Herten* [54] sowie in *Schober* und *Boley* [62] untersucht. *Terzaghi* [73] ist von der zwingenden Notwendigkeit solch eines Auflastfilters bei seinen Betrachtungen zur Bodenverflüssigung im Unterwasser eines Wehres ausgegangen. Das Versagen einer unbelastet angeströmten Oberfläche hat er dem Phänomen der rückschreitenden Erosion zugeordnet.

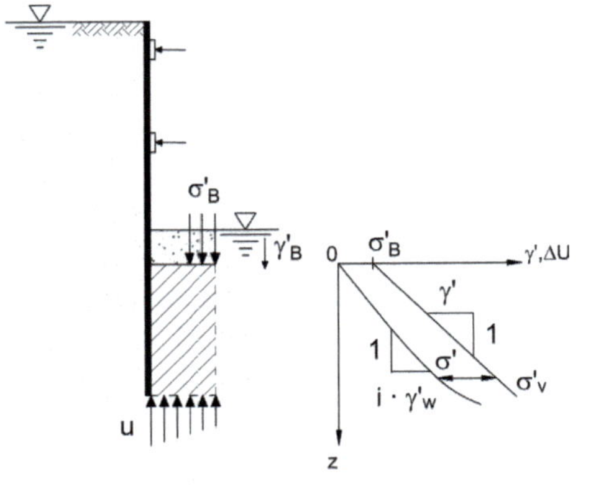


**Bild 8** Gleichgewichtsbedingungen und Vertikaldruck bei einer zusätzlichen Auflast

So einfach das Modell zum Nachweis der Sicherheit gegen hydraulischen Grundbruch ist, in der Praxis bringt es doch enorme Unschärfen bei der Bestimmung des maßgebenden Gradienten im Prisma mit sich, d. h. in einer realitätsnahen Festlegung der mittleren Standrohrspiegelhöhe am Fuß dieses Referenzvolumens. Für einfache Situationen im homogenen Baugrund können analytische oder zeichnerische Lösungen (Strömungsnetz) herangezogen werden (vgl. [53]). Die EAU nennt konservative Näherungslösungen nach *Brinch-Hansen* [11], die einen ungünstigen Stromfaden nahe der Wand betrachten. Darüber hinaus gibt es Tafelwerke, um die Strömungskraft oder den Gradienten zu ermitteln wie z. B. die Formfaktoren nach *Davidenkoff* und *Franke* [16] oder normierte Diagramme nach *Aulbach* und *Ziegler* [3], die auch den Einfluss der Breite und einen konzentrierten Zustrom zu den Ecken der Baugrube berücksichtigen. All diese Hilfen gehen von mehr oder weniger idealisierten Bedingungen und speziellen Randbedingungen aus. Es verbleibt immer eine Unschärfe aus den Effekten einer unvollständigen Kenntnis des Baugrunds, aus Inhomogenität, Streuungen der Wasserdurchlässigkeit, Lagerungsdichte, aus Feinschichtungen und bevorzugten Wasserwegsamkeiten entlang von Kontaktfugen zu Bauwerken.

Bei komplexen Situationen wie Anisotropie, Schichtung, Einschlüssen, zusätzlichen Maßnahmen zur Dränage oder zur Entspannung können numerische Verfahren zur Ermittlung der Potenziale angewendet werden. Eine natürliche Durchlässigkeitsanisotropie, eine für Sedimentböden charakteristische höhere horizontale Wasserdurchlässigkeit, wirkt prinzipiell günstig im Vergleich zur isotropen Betrachtung.

Der Einfluss von Anomalien wie Tonlinsen oder Auflockerungszonen unterhalb der Baugrube wird exemplarisch in einer numerischen Studie von *Pane* et al. [56] untersucht. Die Autoren kommen zu der Empfehlung, dass bei einer unzureichenden Kenntnis des Baugrunds in Abhängigkeit des Schadenspotenzials höhere Sicherheiten als in EC 7 vorgeschlagen gefordert werden sollten. *Martak* et al. diskutieren in [48] das Niveau der Sicherheit gegen hydraulischen Grundbruch unter dem Aspekt, dass das finale Versagen eine Bodenerosion ist, und zeigen den Einfluss der verschiedenen Nachweise und Modelle an einem Fallbeispiel exemplarisch auf. An dieser Stelle sei daran erinnert, dass *Terzaghi* in seiner ersten qualitativen Analyse des Phänomens einen (globalen) Sicherheitsfaktor von 4 bis 5 vorgeschlagen hat [73]. Der Autor dieses Kapitels schlägt anstelle der generellen Erhöhung der Teilsicherheitsbeiwerte bei exponierten Anforderungen die Beobachtungsmethode vor. Die Standrohrspiegelhöhe lässt sich am Rand der Baugrube mit einfachen Mitteln automatisch messen und über Grenz- und Maßnahmenwerte mit Warnsystemen verknüpfen.

Die oben erläuterte Methode zum Nachweis der Sicherheit gegen hydraulischen Grundbruch betrachtet zwar ein Referenzvolumen und Kräfte, ist aber nicht ein statischer Nachweis eines Bruchzustands. Die tatsächliche Spannungsverteilung im Boden, insbesondere die Entlastung durch den Aushub der Baugrube und das Bodenwiderlager der Baugrubenwand können nicht berücksichtigt werden. Hinter der Modellierung steht immer die Verflüssigung eines nichtbindigen Bodens, wobei zum Feinsand hin die Anfälligkeit zunimmt, bis ein kohäsiver Widerstand im Boden mobilisierbar wird. Die deutsche nationale Anwendung des EC 7 erlaubt in DIN 1054 ohne konkreten Hinweis auf eine Methode, dass stabilisierende Effekte aus einer Kohäsion als zusätzlichen Widerstand berücksichtigt werden können, wenn ein bindiger Boden mindestens in steifer Konsistenz ansteht. Im bindigen Boden findet aber keine Verflüssigung statt (vgl. oben).

*Davidenkoff* [17] macht einen Vorschlag zur Berücksichtigung einer Kohäsion als zusätzlichen Widerstand in Form einer Haftkraft entlang der Baugrubenwand. In *Wudtke* und *Witt* [84] und *Wudtke* [85] wird gezeigt, dass bereits eine relativ gering mobilisierte Kohäsion im Bereich $c \geq 5$ kN/m$^2$ eine Verflüssigung unter realistischen hydraulischen Gradienten verhindert. Der hydraulische Grundbruch findet dann als Zugversagen oder als Scherbruch im Boden statt. *Wudtke* analysiert in [85] die Bruchbedingungen im Detail und schlägt eine Nachweismethode vor. Experimentelle wie auch praktische Erfahrungen zeigen, dass zwar die Kohäsion einer Verflüssigung entgegenwirkt, nach Initiation eines in diesem Fall muschelförmigen Aufbruchs aber die Bedingungen des Auftriebs im Sinne eines residualen Widerstands gelten. In Scherfugen setzt sich das Versagen dann je nach Plastizität als Defraktionierung und Erosion von Bodenaggregaten fort.

In weichen bindigen Böden führen Potenzialgefälle und Strömungskraft eher zu einer plastischen Verformung, einer Aufwölbung, als zu einem Scherbruch. Die Sicherheit gegen Aufbrechen der Sohle im weichen bindigen Boden lässt sich für breite Baugruben als Grundbruch eines an die Baugrubenwand erdseitig angrenzenden Bodenkörpers modellieren. Die Kohäsion sollte in jedem Fall nur in Zusammenhang mit einer geotechnischen Analyse von Szenarien und Risiken als Widerstand berücksichtigt werden.

Ist der Nachweis gegen hydraulischen Grundbruch nicht oder nicht mit dem erforderlichen Sicherheitsniveau zu führen, sind zusätzliche stabilisierende Maßnahmen, z. B. durch einen Auflastfilter oder eine Minderung der destabilisierenden Einwirkung des Grundwassers möglich. Die Tieferführung einer umströmten Baugrubenwand bzw. eine vertikale Tauchwand zur Verlängerung des Sickerwegs ist eine pragmatische, robuste und dauerhafte Lösung, mit der nicht nur der Gradient in der kritischen Zone reduziert wird, sondern auch der zum Gradienten proportionale Durchfluss. Bei Baugruben bietet sich als zweckmäßige temporäre Maßnahme mit den oben genannten Einschränkungen der Herstellung ein Auflastfilter an. Ebenso effektiv sind aktive oder passive Entspannungsbrunnen entlang der Baugrubenwand.

## 3.3 Erosion, Filtration, Suffosion und Piping

### 3.3.1 Erosionsphänomene

Erosion von Boden ist der Oberbegriff für den Partikeltransport durch exogene Einflüsse wie Wind, Wasser und Erschütterungen. Die Oberflächenerosion betrifft den Abtrag und den Transport von Boden von einer freien Oberfläche infolge der Scherkraft einer i. Allg. laminaren Strömung, die Erosion einer Geländeoberfläche, einer Flusssohle, des Meeresbodens oder einer Unterwasserböschung. Mit dem Begriff „innere Erosion" wird eine Partikelbewegung bezeichnet, die innerhalb der Bodenstruktur in Zusammenhang mit einer Porenströmung stattfindet, das Lösen und Transportieren einzelner Körner an Kontaktflächen zwischen zwei unterschiedlichen Böden, innerhalb eines weitgestuften oder entmischten Bodens oder entlang einer Kontaktzone zu einem Bauwerk. Die verschiedenen Erscheinungsformen der Erosion und mögliche Gefährdungen für Erdbauwerke werden auch von *Adam* in Kapitel 2.1 dieses Teils des Grundbau-Taschenbuchs behandelt [1].

Zum Verständnis der Bedingungen einer Erosion bietet das aus der Geomorphologie bekannte Hjulström-Diagramm die Grundlage (Bild 9). Es stellt die Beziehung zwischen der Korngröße und der Fließgeschwindigkeit des Wassers für die Phänomene Erosion, Sedimentation und Transport von einzelnen Körnern anhand empirischer Daten dar. Die obere Kurve beschreibt den Beginn einer Erosion, das Lösen von Körnern aus dem Bodengefüge. Der abfallende Verlauf im Bereich der bindigen Böden veranschaulicht den Einfluss der Kohäsion auf den Erosionswiderstand. Der Anstieg des Erosionswiderstands nach dem beim Feinsand verlaufenden Minimum ist auf den nichtlinearen Zusammenhang zwischen der Masse eines Korns und der Scherkraft zurückzuführen, die auf die angeströmte Kornoberfläche wirkt. Die untere Kurve betrifft die Beziehung zwischen Korngröße und Sedimentation und folgt dem *Gesetz von Stokes*. Der Abstand der beiden Kurven bei einer betrachteten Korngröße steht für die Aufrechterhaltung des Transports. Ein feines Korn, wie z.B. Feinsand, erfährt zwischen Erosion und Sedimentation eine große Spanne der Fließgeschwindigkeit, ein Kieskorn dagegen nur eine kleine. Ist ein feines Korn erst einmal gelöst, wird es auch bei stark abfallender Fließgeschwindigkeit noch transportiert. Ein gelöstes und transportiertes Kieskorn sedimentiert dagegen schon bei einem geringen Rückgang der Fließgeschwindigkeit. Diese aus der Geomorphologie abgeleitete Beziehung ist qualitativ auch auf Phänomene der inneren Erosion übertragbar.

Außer der zum Lösen eines Korns aus dem Bodengefüge notwendigen Beziehung zwischen Korngröße und Fließgeschwindigkeit im Darcy'schen Sinne, die im geotechnischen Sprachgebrauch als „hydraulische Bedingung" bezeichnet wird, gibt es bei allen Phänomenen der inneren Erosion als hinreichende Bedingung den Transportweg, die sog. „geometrische Bedingung". Die Aufrechterhaltung des Transports oder gar eine progressive Entwicklung der Erosion ist nur möglich, wenn im Porengefüge Pfade existieren, die den Transport geometrisch zulassen, die analog zu einem Sieb den Durchgang eines Korns mit einem bestimmten Durchmesser erlauben. Umgekehrt wird der Transport unabhängig von der Größe der hydraulischen Einwirkung durch

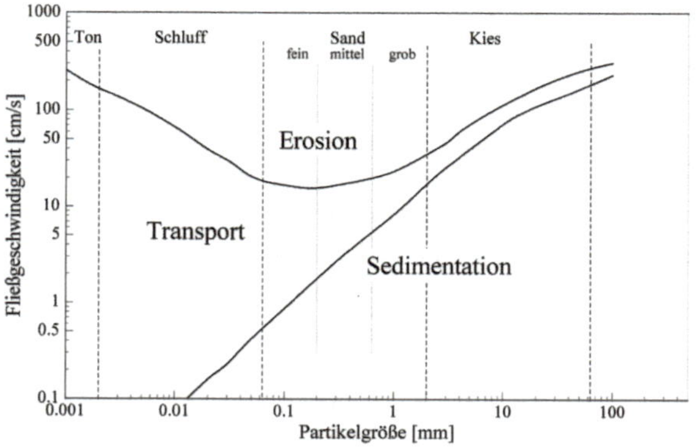


**Bild 9** Hjulström-Diagramm, Fließgeschwindigkeit und Partikeltransport [81]

Filtration gestoppt, sobald die erodierten Körner an Grenzen zurückgehalten werden. Eine solche Grenze kann eine Engstelle im komplexen Netzwerk des Porenraums eines im Abstrom angrenzenden Bodens sein, ein mineralischer oder ein geosynthetischer Filter, aber auch natürlicher Boden im geologischen Untergrund. Vor allem in sandig kiesigen Flusssedimenten ist die typische Ausfallkörnung teilweise auf eine natürliche Filtration im Zuge der Genese zurückzuführen.

Die innere Erosion umfasst sowohl das Lösen und den Transport von einzelnen Körnern, Aggregaten und Fraktionen als auch den Transport des gesamten Bodens. Das erste Phänomen wird als Suffosion bezeichnet und betrifft weitgestufte oder entmischte nichtbindige Böden. Der Transport des gesamten Bodens kann die Folge einer Verflüssigung sein, aber auch eine auf bevorzugte Pfade konzentrierte Röhrenbildung, was rückschreitende Erosion oder Piping genannt wird. Das gesamte Thema der inneren Erosion wird in EC 7 und der nationalen Anwendung nur allgemein behandelt. Die Phänomene werden definiert und in ihrem Ablauf beschrieben, die möglichen Gefahren werden erwähnt und daraus Bedingungen gefolgert. Es werden jedoch weder konkrete Grenzzustandsbedingungen noch Teilsicherheitsbeiwerte definiert. In der nationalen Auslegung und Ergänzung durch DIN 1054 wird auf das Merkblatt Standsicherheit von Dämmen an Bundeswasserstraßen [51] und auf die EAU [25] hingewiesen.

Analytische oder empirische Lösungen zur Prognose der Initiation einer Erosion, die Ermittlung eines kritischen Gradienten oder einer kritischen Strömungsgeschwindigkeit, sind sehr ungenau. Es ist zwar bekannt und experimentell quantifizierbar, dass zur Initiation und Stagnation eines Transports im Boden qualitativ ein vergleichbarer Zusammenhang wie im Hjulström-Diagramm besteht, dass kohäsionsloser Feinsand die größte Erodibilität besitzt, während grobe Sande, Kiese und kohäsive Böden deutlich höhere hydraulische Einwirkungen zur Initiation erfordern. Quantitativ gibt es aber bisher nur für spezielle Randbedingungen und Böden eine Charakterisierung der Erodibilität durch experimentell nachgewiesene Grenzen [9, 10]. Das Potenzialgefälle, die lokale Strömungsgeschwindigkeit und damit die einwirkenden Scherkräfte lassen sich nicht für ein Einzelkorn, sondern nur gemittelt über Bereiche im Boden definieren und darstellen. Insofern sollten in der geotechnischen Ingenieurpraxis zumindest bei der Frage des Transports und des Rückhalts von nichtbindigen Böden die Nachweise mit den hinreichenden geometrischen Kriterien geführt werden. Schluffe, Tone und auch gemischtkörnige Böden mit bindigem Charakter sind abgesehen von einer massiven Durchströmung von Hohlräumen unter den in geotechnischen Bauwerken vorherrschenden hydraulischen Einwirkungen nicht im Kornmaßstab erodibel. Diese Böden quellen unbelastet und zerfallen zu größeren Bodenaggregaten [57, 89]. Lediglich dispersive Tone koagulieren im natürlichen Grundwasser und werden im Partikelmaßstab transportiert [38, 67, 68].

Da die Initiation eines Korntransports nicht im Detail greifbar ist, muss die Gefahr eines Erosionsversagens in der Ingenieurpraxis zumindest durch Verhinderung der Progression beherrscht werden. Die Grundlage einer Rückhaltung von mobilen Körnern oder Aggregaten ist die Boden-Filtration. Dies betrifft sowohl den Rückhalt an einer konkreten Grenze zweier Böden in einem Erdbauwerk, die Stabilität einer Basis-Filter-Kombination als auch die Suffosion nichtbindiger Böden, ein für sehr weitgestufte und inhomogen entmischte nichtbindige Böden charakteristisches Phänomen.

### 3.3.2 Filtration

Der in der Verfahrenstechnik als mechanisches Trennverfahren geläufige Begriff „Filtration“ wurde von *Terzaghi* auf die Bodenmechanik übertragen, als er eine verträgliche Kombination von Auflastfilter und Untergrund (Basis) zur Vermeidung einer Erosion an unterströmten Wehren untersuchte [73]. Die Anforderung an einen Auflastfilter war dabei, dass der Boden aufgrund seiner Korngrößenverteilung im Verhältnis zur Basis so durchlässig ist, dass quasi hydrostatische Druckverhältnisse herrschen (Dränfunktion) und dass er gleichzeitig in der Lage ist, durch die Strömungskraft aus der Basis mobilisierte Körner zurückzuhalten (Filterfunktion). Der Filtrationseffekt an der Grenzschicht zweier Böden wurde später als Kontakterosion bezeichnet [12].

Zur Beurteilung der Filterstabilität zweier benachbarter Böden gibt es zahlreiche Kriterien, die allein das geometrische Verhältnis von Fraktildurchmessern der Korngrößenverteilung betrachten [50, 83]. Die meisten dieser Filterkriterien basieren auf dem Vergleich des Korndurchmessers $d_{15,F}$ oder $d_{50,F}$ des Filtererdstoffs mit dem Korndurchmesser $d_{85,B}$ oder $d_{50,B}$ des zu schützenden Bodens (Basis). Der Autor hält für praktische Anwendungen das sog. Terzaghi-Kriterium für die zuverlässigste Nachweismethode.

*Filterkriterium Terzagih:* $$\frac{d_{15,F}}{d_{85,B}} \leq 4 \quad (34)$$

*Dränagekriterium Terzaghi:* $$\frac{d_{15,F}}{d_{15,B}} \geq 4 \quad (35)$$

Bild 10 zeigt eine Kopie der Originalveröffentlichung aus *Terzaghi* und *Peck* [73] mit den für beide Nachweise maßgebenden Ober- und Untergrenzen (a) und (b) bei in den Grenzen von Körnungsbändern streuenden Korngrößenverteilungen. Die Kritik, dass dieses Filterkriterium damals nur für enggestufte Böden experimentell abgesichert war, ist berechtigt. Viele spätere Untersuchungen haben jedoch die Gültigkeit auch für weitgestufte Basis-Filter-Kombinationen bestätigt, wobei dann ggf. ein etwas größerer Materialverlust zu akzeptieren ist, bis sich stabile Verhältnisse einstellen. Diese Einschätzung der Gültigkeit beruht auch auf dem physikalischen Hintergrund, dass unab-

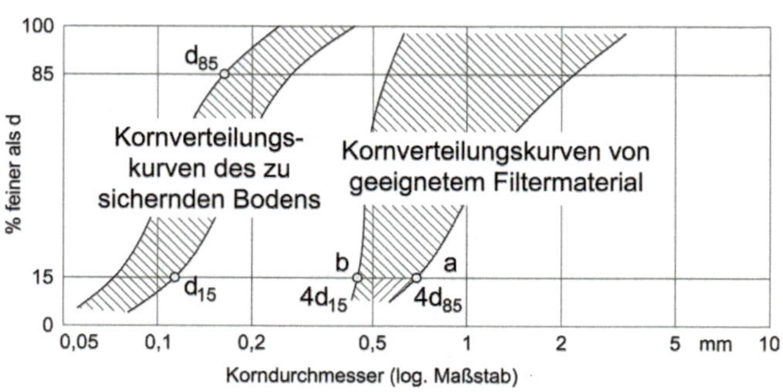


**Bild 10** Filter- und Dränagekriterium nach *Terzaghi* [73]

hängig von der Ungleichförmigkeit eines Bodens die eine Filtration kontrollierenden Engstellen des Porensystems durch die zahlenmäßig dominanten kleinsten Fraktionen der Körnungslinien gebildet werden, die etwa durch die Fraktildurchmesser $d_{10,F}$ bis $d_{20,F}$ repräsentiert werden, während eine Blockierung durch die größeren Körner des zu sichernden Bodens eingeleitet wird, für die $d_{85,B}$ eine repräsentativer Größe ist.

Eine relative scharfe Grenze der Filtration tritt bei einem Verhältniswert von 9 ein (Gl. 36). Ab diesem geometrischen Verhältnis ist ein Filter auch nicht über größere Tiefen in der Lage, erodierte Körner des Basiserdstoffs zurückzuhalten, es finden sich bevorzugte Transportpfade, sodass bei hydraulischer Einwirkung selbst über größere Distanzen kein Rückhalt zu erwarten ist [78].

$$\textit{Grenzbedingung der Filtration:}\ \frac{d_{15,F}}{d_{85,B}} \cong 9 \qquad (36)$$

Das erstmals in [88] publizierte Kriterium nach *Čištin* und *Ziems* verwendet die Relation der Medianwerte $d_{50,F}$ und $d_{50,F}$, das sog. Abstandsverhältnis der Körnungslinien und berücksichtigt gleichzeitig deren Ungleichförmigkeit. Vergleichsrechnungen wie auch experimentelle Untersuchungen bestätigen die Gültigkeit dieses Kriteriums. Es wird vor allem in den durch die Bundesanstalt für Wasserbau (BAW) herausgegebenen Merkblättern [50], [51] für Bauwerke der Bundeswasserstraßen empfohlen, die teilweise in Bundesländern oder Verbänden eingeführt sind. Dieses Kriterium ist in der Handhabung etwas umständlicher als der Nachweis mit dem Terzaghi-Kriterium nach Gl. (34) und täuscht durch die Verwendung der Ungleichförmigkeit beider Böden eine präzisere Erfassung der Form der Kornverteilungen vor. Tatsächlich handelt es sich bei der Berücksichtigung der Ungleichförmigkeit um eine notwendige Extrapolation, da nicht die physikalisch relevanten Fraktildurchmesser, die kleinen Filter- und großen Basiskörner, sondern die physikalisch weniger relevanten Medianwerte der Korngröße als Parameter des Kriteriums verwendet werden.

Eine Kornfiltration benötigt in der Grenzschicht zu einem mineralischen Filter immer eine gewisse Eindringtiefe, die vom Abstand der Körnungslinien und von der absoluten Größe der Filterkörnung abhängt. *Witt* hat in [83] aufgrund statistischer Betrachtung eine minimale Filterdicke von ca. $300 \cdot d_{5,F}$ angegeben. In der Ingenieurpraxis führt dies je nach Sicherheitsanforderungen auf Dicken zwischen 30 cm (herkömmliche Filterschichten) und 1 m für Staudämme.

Wissenschaftliche Analysen zur Wirkungsweise von Kornfiltern gehen von einem komplexen Porennetzwerk aus, in dem die Filtration stattfindet. Die Engstellen von Porenpfaden bestimmen die Durchgängigkeit für mobile Partikel einer bestimmten Größe [31, 83]. Der Kornfilter besitzt damit über die Eindringtiefe betrachtet in Analogie zu einem Sieb einen ultimativen Querschnitt der Passierbarkeit, eine effektive Öffnungsweite, die der kleinsten Engstelle entlang eines Pfads entspricht [78]. Die Verteilung der Durchmesser dieser Engstellen kann mit statistischen Methoden der Kombinatorik, mit numerischen Simulationsverfahren oder mithilfe der Computertomografie experimentell ermittelt werden. Die effektive Öffnungsweite lässt sich daraus über mathematische Selektionsmethoden oder über die Perkulationstheorie ermitteln [65]. Für praktische Anwendungen können die Erkenntnisse zur Parameterstudie wie Einfluss von Kornform, Lagerungsdichte oder Homogenität zur Verifikation von Kornverteilungskriterien herangezogen werden [80]. Die Erkenntnisse dienen gleichzeitig der Bewertung von Suffosion weitgestufter nichtbindiger Böden.

In der Kontaktfläche mit bindigem Boden werden allenfalls bei sehr hohen Gradienten Aggregate gelöst [57, 89]. Die oben aufgeführten Kornverteilungskriterien auf der Grundlage geometrischer Betrachtungen sind für bindige Böden erfahrungsgemäß sehr konservativ. In der internationalen Literatur und in Empfehlungen zum Erd- und Staudammbau haben sich nach umfangreichen Forschungen und in Anlehnung an das ICOLD Bulletin 95 [39] die in Tabelle 1 zusammengestellten Kriterien für den Schutz von mineralischen Dichtungskernen in Staudämmen etabliert. Die Basiserdstoffe werden anhand des Feinteilgehalts (Massenanteil < 0,075 mm) in 4 Klassen unterschieden, wobei zur Charakterisierung von Tonen und Schluffen kiesige Anteile abgesiebt werden. Bei mehrfachen Prüfkriterien für eine Klasse gilt der größere Wert des Fraktildurchmessers $d_{15,F}$. Zur Übertragung entspricht der Feinteilgehalt A etwa dem in Deutschland üblichen Massendurchgang bei 63 µm und die Klassen den in Klammern angegebenen Bodengruppen.

Alle Kriterien beinhalten eine empirisch berücksichtigte, nicht näher analysierte Sicherheit. Das Teilsicherheitskonzept ist in Ermanglung einer scharfen Grenzzustandsfunktion und wegen der Unkenntnis unvermeidlicher Streuung der Parameter nach Ansicht des Autors nicht anwendbar. Gleichwohl wird in dem DWA-Regelwerk 507 [22] ein auf Kontakterosion anzuwendender Teilsicherheitsbeiwert auf Einwirkung und Widerstand auch für Kontakterosion vorgeschlagen, der sich allerdings auf hydraulische Kriterien, auf einen kritischen Gradienten als Grenzzustandsvariable bezieht. Rechnerisch hat das hier empfohlene Terzaghi-Kriterium zwar einen Sicherheitsfaktor von ca. 2 gegenüber dem Grenzzustand, jedoch lässt sich die Streuung in der logarithmisch dargestellten Körnungslinie nur schwer fassen. So ist z. B. ein Kiessand mit

**Tabelle 1** Filterkriterien für fein- und gemischtkörnige Basiserdstoffe [74]

| Klasse | Basiserdstoff | Feinteilgehalt A > 0,075 mm | Anforderung an $d_{15,F}$ |
|---|---|---|---|
| 1 | Schluffe und Tone (U, T) | > 85 % | $d_{15,F} \leq 9 \cdot d_{85}$<br>$d_{15,F} \leq 0{,}2$ mm |
| 2 | Sandige Schluffe und Tone (SU*, ST*) | ≥ 40 % | $d_{15,F} \leq 0{,}7$ mm |
| 3 | Sand-Schluff und Sand-Ton Gemische (SU) | ≥ 15 % | $d_{15,F} \leq 0{,}7\,\text{mm} + \frac{40-A}{25}\left(4 \cdot d_{85} - 0{,}7\,\text{mm}\right)$<br>$d_{15,F} \leq 0{,}7$ mm |
| 4 | Sande und Kiese (S, G) | < 15 % | $d_{15,F} \leq 4 \cdot d_{85,B}$ |

einem $d_{15}$ von 1 mm und eine Körnung mit einem $d_{15}$ von 2 mm visuell kaum zu unterscheiden. Dieser Unterschied entspricht aber gerade der Sicherheitsspanne.

Neben den geometrischen Anforderungen Korngröße und Dicke ist vor allem bei einem weitgestuften Boden, einem sog. Mischfilter, eine Entmischung beim Einbau zu vermeiden. Hier steht die Überlegung an, ob ggf. mehrere aufeinander abgestufte Filter die robustere Lösung sind. Der Qualitätskontrolle beim Einbau eines Filters kommt besonders bei Dämmen und Deichen eine sicherheitsrelevante Rolle zu, da der Ausfall ein durch Erosion bedingtes Versagen des Bauwerks mit fatalen Folgen hervorrufen kann.

Für im Vergleich zu großen Staudämmen weniger exponierte Bauwerke kommen zunehmend geosynthetische Filter zum Einsatz. Zur Bemessung dieser Filtervliese wird auf *Saathoff* und *Bräu*, Kapitel 2.12 dieser Auflage des Grundbau-Taschenbuchs [59], auf das DWA-Regelwerk M 511 [23], auf das ICOLD Bulletin 55 [37] und auf *Körner* [45] verwiesen. Die Ansätze betrachten analog zu Kornfiltern die Korn- oder Aggregatgröße des zu schützenden Bodens und die effektive Öffnungsweite des geotextilen Filters. Eine gewisse Tiefenwirkung der Filtration muss über die Mindestdicke garantiert werden. Ein Zusetzen im Zuge der Alterung ist zumindest bei Filtervliesen nicht zu befürchten. Bei richtiger Dimensionierung baut sich vergleichbar mit Kornfiltern eine Übergangszone auf, deren Wasserdurchlässigkeit nicht geringer sein kann als die des zu schützenden Bodens.

### 3.3.3 Suffosion, Kolmation

Unter dem Begriff Suffosion versteht man in der Geotechnik das Lösen und Transportieren feiner Kornfraktionen aus einem weitgestuften nicht- oder schwachbindigen, durchströmten Boden. Erfahrungsgemäß hat die Korngrößenverteilung suffosiver Böden einen Ungleichförmigkeitsgrad $C_U > 20$. Dieses Phänomen der inneren Erosion kann eintreten, wenn aufgrund der im unteren Bereich flach verlaufenden Korngrößenverteilung oder nach einer Entmischung eine bimodale Bodenstruktur vorliegt, ein mechanisch tragendes Skelett, in dessen Porenraum feinere Körner eingelagert oder nur schwach in die tragende Struktur eingebunden und damit potenziell mobil sind. Weitere Bedingungen der Suffosion sind, dass die potenziell mobile Kornfraktion geometrisch einen Porenpfad im Skelett passieren kann und dass die hydrodynamische Einwirkung, d. h. die Strömungsgeschwindigkeit im Porengefüge, den Transport der erodierten Körner aufrechterhält.

Eine Verlagerung der mobilen Fraktion im Porenraum des Skeletts kann lokal begrenzt sein, sodass sich die Wasserdurchlässigkeit und damit die Potenzialverteilung in einem Erdbauwerk oder im geologischen Untergrund ändern. Sedimentieren erodierte Körner im Abstrom oder werden sie durch Bodenfiltration zurückgehalten, spricht man von Kolmation. Hierdurch können als Folge einer geänderten Potenzialverteilung Auftriebsprobleme oder ein Defizit der Standsicherheit in einem Erdbauwerk auftreten. Tritt keine Kolmation auf, kann der Austrag einer Teilfraktion aus einem Erdbauwerk auch mit der Erhöhung der Wasserdurchlässigkeit zu einer Progression der inneren Erosion bis hin zum Kollaps der Bodenstruktur führen.

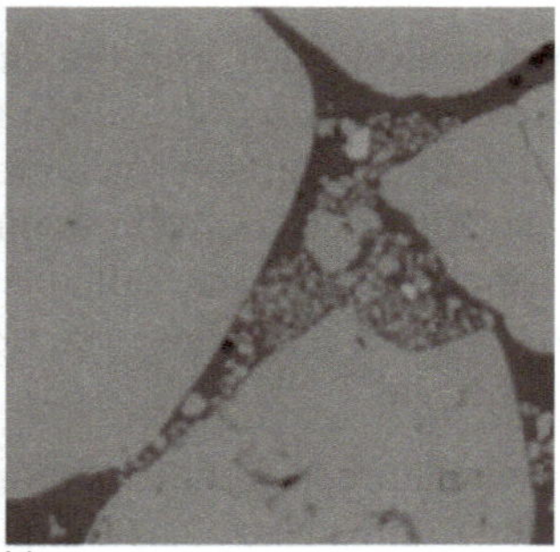

a) b)

**Bild 11** Struktur eines weitgestuften Sedimentbodens. Skelett aus einem Kies > 2 mm, in die Poren lose eingelagerter Sand; a) Foto eines Vergusses, b) Computertomografie

Bild 11a zeigt ein Foto und 11b eine Tomografieaufnahme eines für Suffosion empfindlichen Bodens. Es handelt sich um ein Flusssediment, das aus einem natürlich entstandenen Gemisch von Sand und Kies besteht. Die kiesigen Anteile bilden das tragende Skelett, über das Kräfte übertragen werden. Die sandigen Komponenten sind in die Poren des Skeletts lose eingelagert und nicht an dem Kraftfluss im Boden beteiligt.

Physikalisch lässt sich Suffosion auf die oben betrachtete Filtration zurückführen. Anstelle der bei Kontakterosion betrachteten Grenzschicht Basis/Filter liegt der zu schützende Boden im Porenraum des Skeletts verteilt oder im Falle der Entmischung als Cluster eingebettet vor. Im Falle der inneren Stabilität, der Suffosionssicherheit, ist die Porenstruktur des Skeletts in der Lage, die mobilen Partikel durch Filtration nach nur geringer Bewegung am weiteren Transport zu hindern. Bei diesem Prozess des suffosiven Transports und der Verlagerung von mobilen Fraktionen können drei Stadien unterschieden werden:

- Quasistabilität bei Verlagerung und Stagnation mobiler Fraktionen auf kurzen Distanzen, ohne makroskopisch feststellbare Änderung der hydraulischen und mechanischen Eigenschaften des Bodens;
- Suffosion oder Instabilität bei einem Transport und Verlagerung mobiler Fraktion über große Distanzen mit makroskopisch feststellbarer Änderung der Wasserdurchlässigkeit und Potenzialverteilung im Boden bzw. Erdbauwerk;
- Austrag der Feinteile aus dem Boden bzw. Erdbauwerk bis zu einem partiellen Kollaps der Bodenstruktur mit einer Progression der Durchströmung und der Erosion.

Weitgestufte Böden können je nach Feinteilgehalt unterschiedliche Packungsstrukturen bilden. Stellt der feinere Anteil mehr als ca. 30 % der Gesamtmasse, ist dieser strukturbildend. Die gröberen Körner sind dann nur in die Feinteilmatrix ohne Kornkontakt eingelagert. Der gesamte Boden ist mechanisch im Sinne effektiver Spannungen tragend. Liegt dagegen die Masse des feinen Anteils deutlich unterhalb von 30 %, liegt eine Grobstruktur mit eingelagerten Feinteilen vor. Das Skelett aus den groben Kornfraktionen überträgt die effektiven Spannungen, die feinen Anteile sind im Porenraum des Skeletts eingelagert. Das Porensystem des Skeletts bildet die möglichen Porenpfade, die Transportwege einer inneren Erosion der feinen Anteile. Der Füllungsgrad des Skeletts bestimmt die Wasserdurchlässigkeit und damit die Geschwindigkeit der Porenströmung, die als aktivierende Kraft die Erosion kontrolliert.

Nur Böden mit einem unvollständig gefüllten Skelett, ob in natürlichem Zustand oder als Folge einer Entmischung beim Einbau, sind potenziell suffosiv. Das Suffosionspotenzial hängt von der Durchgängigkeit der Porenpfade der Grobstruktur für die eingelagerten feinen Bestandteile und vom Füllungsgrad der Grobporen des Bodens ab. Böden mit einer Feinteilmatrix mit eingelagerten groben Fraktionen sind nicht suffosiv. Die Feinteilmatrix ist mechanisch tragend, durch den Kraftfluss fixiert und auch über ihren Porenraum die Wasserdurchlässigkeit.

Zur Beurteilung der Suffosionsgefährdung kann das Phänomen auf die Selbstfiltration zurückgeführt werden. Die eingelagerten Feinteile sind der zu sichernde Basiserdstoff, das Skelett der Bodenstruktur wirkt als Filter. Im Gegensatz zur Kontakterosion grenzt jedoch nicht das gesamte Spektrum der Korngrößen des Basiserdstoffs an den Filter. Bei unvollständiger Porenfüllung wird mit der Durchströmung der eingelagerte Boden defraktioniert, wobei der Transport und die Sedimentation der einzelnen Kornfraktionen im Porenraum stark von der lokalen, wahren Strömungsgeschwindigkeit abhängen. Der Transport von Feinfraktionen im Porenraum eines Skeletts, die eigentliche Suffosion, ist ein transienter Prozess, der kontinuierlich oder intermittierend über lange Zeit von außen unbemerkt auftreten, zeitweise ganz stagnieren und bei geänderten Randbedingungen wieder reaktiviert werden kann.

Bei bindigen Feinteilen wird der Zerfall in Aggregate und damit deren Mobilität durch die Mineralogie des bindigen Anteils und durch das chemische Milieu des Sickerwassers beeinflusst. Hier können die geometrischen Betrachtungen ohne Kenntnis der Aggregatgröße nicht angewendet werden. Jedoch gilt auch hier, dass eine Erosion bindiger Anteile nur bei einem unvollständig gefüllten Grobskelett oder bei einem nicht ausreichend verdichteten bindigen Boden auftreten kann, wenn ein bimodales Porensystem vorliegt, bei dem die Grobporen durchströmt und die Einlagerung transportiert werden.

Auch zum Nachweis der Suffosionssicherheit gibt es zahlreiche empirische Kriterien, die wie die Filterkriterien überwiegend auf der Analyse der Korngrößenverteilung basieren, [50, 64]. Hydraulische Kriterien basieren auf der Ermittlung eines kritischen Gradienten [22] und sind allenfalls empirisch für bestimmte Bodenarten abgesichert.

International hat sich in den letzten Jahren das Kriterium von *Kenney* und *Lau* [42] durchgesetzt, das als zuverlässig und empirisch abgesichert betrachtet werden kann. Zum Nachweis wird im unteren Teil der Korngrößenverteilung für einen Korndurchmesser d der Massendurchgang D und der Zuwachs des Massendurchgangs $\Delta D = H$ im Intervall von d bis 4d ermittelt. Das Kriterium ist mit in [42] angepassten Grenzwerten in den Gln. (37) u. (38) formuliert, die Parameter sind in Bild 12 erläutert.

*Suffosionsstabil, wenn gilt:* $\Delta D(\mathrm{d\ bis\ } 4 \cdot \mathrm{d}) > D\,(\mathrm{d})$ (37)

$$H / F > 1 \quad (38)$$

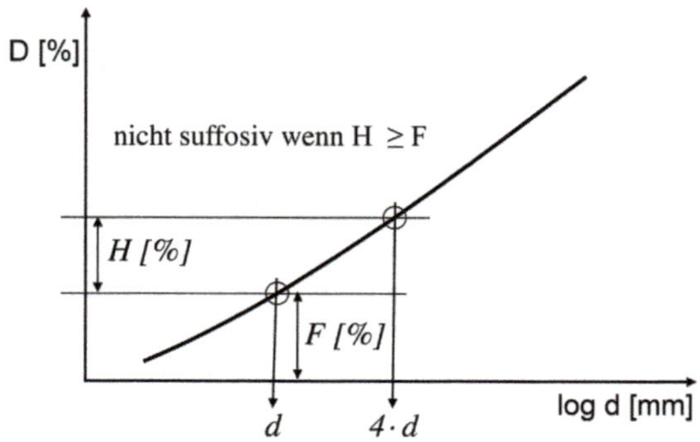


**Bild 12** Suffosionskriterium von *Kenney* und *Lau* [41]

Das H/F-Verhältnis ist bis zu einem Korndurchmesser mit einem Massendurchgang von F = 20 %, also von $d_0$ bis $d_{20}$, für verschiedene Durchmesser zu prüfen. Für den darüber liegenden Teil der Körnungslinie $d > d_{20}$ und damit für das Intervall $d_{20}$ bis $4 \cdot d_{20}$ besteht keine Suffosionsgefährdung, da dann im Allg. selbst bei flachem oder intermittierendem Verlauf keine Grobstruktur, sondern eine Feinteilmatrix mit eingelagerter Grobfraktion vorliegt.

Indirekt prüft das Kriterium von *Kenney* und *Lau* die Krümmung der Körnungslinie. Ist Gl. (37) bzw. (38) nicht erfüllt, ist die Krümmung der Körnungslinie im unteren Bereich zu flach. Dies deutet lediglich, dass keine ideal homogene Packung mit vollständig gefüllten Poren des Skeletts möglich ist. Umgekehrt liegt bei einem homogenen Boden mit einem H/F-Verhältnis > 1 im unteren Teil der Korngrößenverteilung ein hoher Füllungsgrad des Skeletts bis hin zu einer unimodalen Struktur vor, sodass bei einer homogenen Packung keine Bewegung einzelner Fraktionen möglich ist. Die geometrische Bedingung eines Austrags von mobilen Feinteilen wird mit diesem Kriterium nicht geprüft. Es gilt zwar als konservativ, das Maß der Sicherheit ist jedoch nicht quantifizierbar.

Ein einfacher Suffosionsnachweis, der ebenfalls die Steigung der Körnungslinie im unteren Bereich betrachtet, wird in *Witt* [82] vorgestellt. Einem Vorschlag von *Kézdy* [44] folgend wird die Körnungslinie des Bodens an der Grenze zwischen Grobskelett und Einlagerung bei einem Durchmesser $d_T$ getrennt. Der grobe Anteil wird als Skelett betrachtet, dem die Filterfunktion zugeordnet wird. Der abgetrennte feine Anteil der Ausgangskörnungslinie, der im Porenraum des Skeletts eingelagerte Teil, ist der zu schützende Basiserdstoff. Auf diese Basis-Filter-Kombination wird das Filterkriterium von *Terzaghi* angewendet. Der Verhältniswert $d_{15,F}/d_{85,B}$ wird als Selbstfiltrationsindex $I_{SF}$ bezeichnet. Die Kenngrößen der Ausgangs-Korngrößenverteilung und die verwendeten Symbole sind in Bild 13 erläutert.

In der praktischen Handhabung dieses Kriteriums wird die Ausgangs-Korngrößenverteilung nicht tatsächlich aufgetrennt, die beiden relevanten Durchmesser $d_{15,F}$ und $d_{85,B}$ bilden sich auf ihr als Intervallgrenzen eines beliebigen Massenanteils von 15 % ab. Der Selbstfiltrationsindex $I_{SF}$ ergibt sich nach Gl. (39) aus der Steigung der Korngrößenverteilung des Ausgangsbodens, aus dem Verhältnis zweier Korndurchmesser, die sich im Massendurchgang um 15 % unterscheiden, z. B. $d_{20}/d_5$, $d_{25}/d_{10}$, $d_{30}/d_{15}$ …

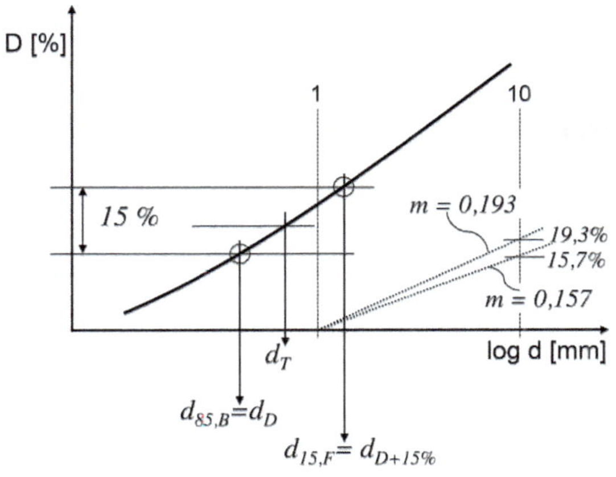


**Bild 13** Nachweis der Suffosionsstabilität mit dem Selbstfiltrationsindex [82]

$$I_{SF}(d_T) = \frac{d_{15,F}}{d_{85,B}} = \frac{d_{D+15\%}}{d_D} \tag{39}$$

Mit den in Bild 13 gezeigten geometrischen Bedingungen lässt sich der Verhältniswert auch über die Steigung der Körnungslinie im Punkt $d_T$ ausdrücken

$$m(d_T) = \frac{0{,}15}{\log I_{SF}} \tag{40}$$

Mit den empirischen Grenzen nach Gl. (34) und Gl. (36) ergibt sich als Kriterium

$$\text{Innere Stabilität} \quad I_{SF} \leq 4 \quad \rightarrow \quad m \geq 0{,}193 \approx 19\,\% \quad \text{pro Dekade} \tag{41}$$

$$\text{Innere Instabilität} \quad I_{SF} \leq 4 \quad \rightarrow \quad m \geq 0{,}157 \approx 15{,}7\,\% \quad \text{pro Dekade} \tag{42}$$

wobei die Steigung m der Korngrößenverteilung dem prozentualen Zuwachs einer Dekade im Kornverteilungsdiagramm entspricht. Ein weitgestufter, nichtbindiger Boden ist dann suffosiv, wenn die Steigung der Korngrößenverteilung im unteren Teil über einen Bereich von mindestens 15 % die Grenzsteigung nach Gl. (42) unterschreitet.

Die einfachste Möglichkeit der Prüfung ist, die Grenzsteigung per Dekade, 15,7 % (instabil) bzw. 19,3 % (stabil), in das Kornverteilungsdiagramm einzuzeichnen und zu prüfen, ob es bis ca. $d_{30}$ über ein Intervall von 15 % einen flacheren Verlauf der Körnungslinie gibt. Der geringe Unterschied zwischen einer stabilen und einer instabilen Körnungslinie, 15,7 % gegen 19,3 %, zeigt auch, wie empfindlich die Struktur eines weitgestuften Bodens vom Verlauf des unteren Teils der Körnungslinie abhängt. Zur ersten Beurteilung der inneren Stabilität kann auch eine bereits 1979 von *Sherard* [69] publizierte empirische Regel angewendet werden, die besagt, dass in einem weitgestuften Boden eine Selbstfiltration nicht möglich ist, wenn der Massenanteil zwischen d und 5 · d weniger als 15 % beträgt, vgl. [74].

Die meisten weitgestuften natürlichen Böden und Mineralgemische haben einen sehr flachen Verlauf der Korngrößenverteilung im Bereich der feinsten Kornfraktion und verletzen dort das Kriterium. Die feinsten Anteile der auslaufenden Körnungslinie sind selten stabil eingebettet und werden schon bei der ersten Durchsickerung erodiert oder zumindest verlagert. In der Erdbaupraxis hat sich ein Verlust der feinsten 3 % der Masse als akzeptierbar eingebürgert. Der theoretisch erodierbare Massenanteil kann ebenfalls mit der aus dem Selbstfiltrationsindex abgeleiteten Grenzsteigung der Korngrößenverteilung abgeschätzt werden, indem im Kornverteilungsdiagramm vom Kleinstkorn beginnend die Masse so lange virtuell abgetrennt wird, bis die Körnungslinie durchgängig bis $d_{30}$ die Grenzsteigung der Stabilität erfüllt. Der bis dahin abgetrennte Massenanteil ist nicht nur lose in das Skelett eingelagert, sondern auch geometrisch instabil und kann bei hydrodynamischer Beanspruchung im Boden transportiert werden.

Der Nachweis der Suffosionssicherheit mit dem Kriterium von *Kenney* und *Lau* oder mit dem Selbstfiltrationsindex $I_{SF}$ erlaubt verlässliche Aussagen über die Empfindlichkeit der betrachteten Körnungslinie. Nach der Erfahrung des Autors kann die Suffosionsgefährdung einer Schüttung jedoch nicht allein anhand der Korngrößenverteilung beurteilt werden. In der Erdbaupraxis ist eine gewisse Entmischung von weitgestuften Erdstoffen unvermeidbar. Suffosion findet in durchströmten Erdbauwerken dann hauptsächlich als Phänomen der Kontaktfiltration an den Grenzen von entmischten Fein- und Grobpartien statt. Ist der Grad der Entmischung bekannt, können die Filterkriterien auf die entmischten Böden angewendet werden. Die Folgen können dann allenfalls mit geostatistischen Methoden über die Autokorrelationslänge beurteilt werden.

Die Anfälligkeit eines Bodens für Suffosion lässt sich auch experimentell untersuchen. Im sog. sequentiellen Fülltest wird der Boden zunächst in Fraktionen zerlegt und anschließend beginnend mit der gröbsten Fraktion unter leichter Verdichtung in eine Säule gegeben. Sukzessive wird die nächst feinere Fraktion homogen zugemischt und der Höhenzuwachs der Säule gemessen. Bis zur vollen Ausbildung des Grobskeletts nimmt die Höhe zu. Mit der Zugabe der weiteren (kleineren) Fraktionen füllen sich dagegen nur noch die Poren des Skeletts, die Höhe der Säule bleibt nahezu konstant. Der Test ist im Detail in [60] und [40] beschrieben und lässt sich auch ausgehend von der Ausgangskörnungslinie unter der Annahme von kugeligen Körnern numerisch durchführen [80]. Er dient in erster Linie dazu, die Bodenstruktur und den Füllungsgrad der Grobstruktur quantitativ zu bestimmen, um daraus auf die Empfindlichkeit gegen Suffosion zu schließen. Zum quantitativen Nachweis eines Massenaustrags sind Suffosionsversuche (Säulen-Erosionsversuche) im Originalmaßstab durchzuführen, die allerdings wegen der weiten Kornabstufung einen relativ großen Aufwand erfordern.

### 3.3.4 Rückschreitende Erosion, Piping

Die dritte hier behandelte hydraulisch bedingte Versagensart ist die rückschreitende Erosion, das Piping im nicht bindigen Boden. Diese Art der inneren Erosion kann in oder unter Staudämmen, Dämmen von Wasserstraßen, Hochwasserrückhaltebecken sowie bei Deichen auftreten. Auch hier sind die Initiation und die Progression des Prozesses zu unterscheiden. Initiation einer rückschreitenden Erosion ist unterwasserseitig ein lokaler Aufbruch, Risse, ein lokal begrenzter hydraulischer Grundbruch auf der Landseite eines durch- oder unterströmten Bauwerks. Dies kann an der Austrittsstelle eines unterströmten Wehrs, auf der landseitigen Böschung eines durchströmten Damms oder Deichs auftreten, vor allem aber im Vorland oder Seitengraben von Kanaldämmen und Hochwasserschutzdeichen. Exemplarische Beispiele, Modellversuche und Maßnahmen zur Vermeidung einer rückschreitenden Erosion werden von *Brandl* und *Szabo* in [8] zusammengestellt. Mit einem Fokus auf typische Sedimentböden den Niederlanden werden das Phänomen sowie die komplexen statischen und dynamischen Vorgänge in der Röhre und an der Wurzel der Erosion in [75] behandelt.

Ausgangspunkt ist eine unbelastete Bodenoberfläche, Risse oder Schwachstellen in der bindigen Deckschicht, aber auch Schadstellen oder undichte Fugen von mit Wasserdruck beaufschlagten Baugrubenwänden. Bei der Initiation wird aufgrund einer konzentrierten Durchsickerung Boden verflüssigt und ausgespült. Die unterströmten Dämme bilden im Vorland pulsierende Sandtrichter, vergleichbar einem Krater. Im Baugrund oder im Bauwerk entstehen entlang bevorzugter Fließwege dünne röhrenförmige Hohlräume mit mäandrierendem amorphen Verlauf, die sich mit dem anhaltenden Erosionsprozess in Richtung Wasserseite ausweiten und verzweigen. Diese Progression geht mit einer Zunahme des Gradienten im verbleibenden unbeschädigten Baugrund oder Bauwerk einher, sodass sich bei einer temporären Einwirkung auf einen Deich oder eine Hochwasserschutzwand von Ereignis zu Ereignis sukzessive eine Schwächung des Bauwerks oder des Untergrunds ergibt, was spätestens mit dem Durchschlagen der Röhren bis zur Wasserseite zum Versagen des Bauwerks führt. Die Phasen von der Initiation bis zum Versagen des Bauwerks sind in Bild 14 schematisch dargestellt. Die Skizze veranschaulicht den Erosionsprozess im Untergrund eines Deiches. Das Phänomen kann ebenso im Erdbauwerk selbst, vor allem aber entlang querenden Bauwerken auftreten. Das Merkblatt MSD [51] der Bundesanstalt für Wasserbau gibt hierzu Hinweise zur numerischen Modellierung.

Rückschreitende Erosion unter starren Absperrbauwerken war der Ausgangspunkt der Forschung auf dem Gebiet der hydraulisch bedingten Versagensarten. Von der Überströmung abgesehen ist die rückschreitende Erosion bis heute die weltweit häufigste Ursache von plötzlichem Versagen von Dämmen und Deichen. Ein vergleichbarer Pro-

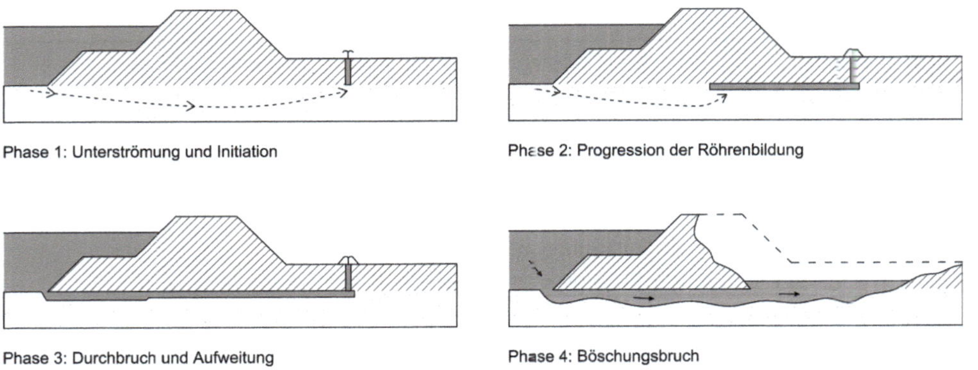


**Bild 14** Phasen einer rückschreitenden Erosion (Piping) unter einem Damm oder Deich (nach [75])

zess kann aber auch bei undichten Fugen von Spund- oder Schlitzwänden in Baugruben oder an Unterwasserböschungen mit konzentriertem Zustrom des Grundwassers stattfinden, wenn der Untergrund aus erodiblen Böden besteht und die erosive Einwirkung für die Verflüssigung und den Transport Bodens ausreichen. Gefährdet sind nur nicht- und schwachbindige Böden, wobei wie bei jedem Erosionsphänomen die Sensibilität zum Feinsand hin zunimmt. Gemischtkörnige Böden und bindige Böden mit einer Plastizitätszahl $I_P$ von mindestens 7 % gelten als wenig empfindlich. Ab einer Plastizitätszahl von $I_P > 15$ % sind Böden bei üblicherweise in Erdbauwerken vorherrschenden Gradienten unempfindlich gegen eine Verflüssigung und damit gegen jede Art von innerer Erosion. Ausgenommen sind hiervon lediglich dispersive Böden, wie sie von *Sherard* et al. in [68] beschrieben sind. Tabelle 2 zeigt die übersetzte und vom Autor an die deutsche Nomenklatur angepasste Einteilung von Böden hinsichtlich des Erosionswiderstands nach dem Entwurf des ICOLD Bulletins 164 [36].

Der Eurocode 7 verlangt für wasserbauliche Anlagen einen Sicherheitsnachweis, wenn bei der Durch- oder Unterströmung die Standsicherheit oder die Gebrauchstauglichkeit des Bauwerks durch Piping gefährdet ist. In der deutschen und österreichischen nationalen Anwendung wird auf das BAW-Merkblatt Standsicherheit von Dämmen verwiesen [51]. Nachweise für die Initiation einer rückschreitenden Erosion, den sog. Erosionsgrundbruch, werden in dem Regelwerk DWA-M 507 für Deiche empfohlen [22].

Das Phänomen der rückschreitenden Erosion wird bereits seit über 100 Jahren in Publikationen diskutiert und beachtet. In neuerer Zeit gab es infolge von Hochwasserschäden immer wieder Versuche einer allgemeinen Beschreibung der Initiation und der Progression, der Bedingungen in der Röhre, an der wasserseitigen Wurzel der Röhre sowie Analysen der Stabilität der Hohlräume unter dem Überlagerungsdruck. Auch hier sind die feinsandigen kohäsionslosen Böden am empfindlichsten, größere Hohlräume fallen jedoch nach Hochwasserereignissen wieder zusammen und bilden aufgelockerte Schwachstellen für das nächste Ereignis. Schwach bindige Böden sind zwar

**Tabelle 2** Klassifizierung von Bodenarten hinsichtlich des Erosionswiderstands nach dem ICOLD Bulletin 164 (Entwurf) [36]

| Charakterisierung | Bodenart und -eigenschaft |
|---|---|
| extrem erodibel | dispersive Böden gem. Pinhole Klasse D1 und D2 oder gem. Emerson-Aggregat-Test Klasse 1 und 2<br>Sande und geringplastische Sand-Schluff-Gemische mit einem Feinteilgehalt von < 30 % |
| stark erodibel | Sand-Schluff-Gemische mit einem Feinteilgehalt von ≥ 30 %<br>leicht- bis mittelplastische Schluffe<br>Sand-Ton-Gemische<br>leicht- bis mittelplastische Schluff-Ton-Gemische |
| gering erodibel | mittelplastische Tone<br>sowie ausgeprägt plastische Schluffe und Tone bis $w_L = 65$ % |
| nicht erodibel | bindige Böden mit $w_L > 65$ % |

weniger erodibel (vgl. Tabelle 2), die Hohlräume bleiben jedoch i. Allg. auch nach einer Erosionseinwirkung offen.

Für die in den Niederlanden anstehenden Sedimente gibt es sehr detaillierte Untersuchungen und anschauliche Experimente über die Phase der Initiation und Progression sowie gute analytische und numerische Beschreibungen bis hin zu einer zeitlichen Prognose, die zwar die Empfindlichkeiten aufzeigen, aber nicht direkt auf andere Böden übertragen werden können [75]. Allgemeine Hinweise und Regeln zur Bewertung der Initiation und der Progression von Piping in Staudämmen geben *Fell* et al. in [27] und [28].

Während die Initiation mit dem Nachweis der Auftriebssicherheit oder der Sicherstellung von effektiven Spannungen im Bereich der Austrittsstelle beurteilt werden kann, ist die Progression der rückschreitenden Erosion zunächst ein vom Boden und der hydrodynamischen Einwirkung abhängiger Zufallsprozess und spätestens in der Phase des Durchbruchs vollkommen unbeherrschbar. Die Strategie zur Vermeidung einer rückschreitenden Erosion kann sich nur auf die Vermeidung der Initiation richten. Die meisten Kriterien zur Beurteilung der Erosionsgefahr betrachten daher einen kritischen Gradienten der Initiation [7, 22, 50].

Als Anhaltwert zur Abschätzung des Grenzzustands haben sich bei allen späteren analytischen und experimentellen Untersuchungen die ersten empirischen Regeln von *Bligh* 1910 und *Lane* 1935 als sichere Abschätzung erwiesen. Beide Autoren betrachten die Mindestlänge des Sickerwegs der Unterströmung eines starren Bauwerks (Wehr, Staumauer) und setzen diesen zum gesamten Potenzialgefälle ins Verhältnis. Während *Bligh* in [5] horizontale und vertikale Sickerwege nicht unterscheidet, betrachtet *Lane* [46] einen aufgrund von Feinschichtung anisotropen geologischen Untergrund und wichtet den horizontalen Anteil des Strömungspfads mit dem Faktor 1/3. Für den nach Gl. (45) oder (46) ermittelten Kriechfaktor C, quasi der Reziprokwert des mittleren Gradienten entlang der kürzesten Stromlinie, werden für verschiedene Böden von beiden Forschern empirisch abgesicherte Untergrenzen angegeben, die auch von *Sherard* et al. [66] bestätigt wurden. Ist der mit den tatsächlichen Längen ermittelte Kriechfaktor $C_{vorh}$ größer als der für den Boden angegebene Grenzwert nach Tabelle 3, ist mit ausreichender Zuverlässigkeit keine rückschreitende Erosion zu erwarten. Der mittlere Gradient der Unterströmung ist dann kleiner als der kritische. Ist der aus der Geometrie ermittelte Faktor dagegen kleiner, besteht zumindest an der Austrittstelle des Sickerwassers eine Erosionsgefährdung, da der kritische Gradient dann angenähert oder gar überschritten wird.

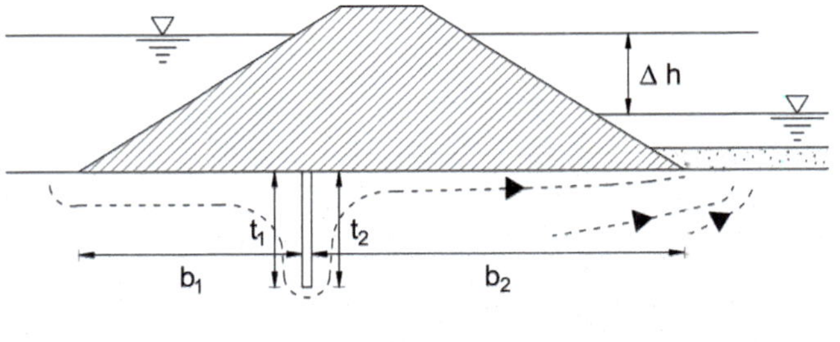


**Bild 15** Beispiel zur Definition des Kriechfaktors C nach *Bligh* [5] und *Lane* [46]

*Summe der horizontalen Distanzen:* $L_h = \sum b_i$ (43)

*Summe der vertikalen Distanzen:* $L_v = \sum t_i$ (44)

*Kriechfaktor Bligh:* $C_{Bligh} = \frac{L_h + L_v}{\Delta h}$ (45)

*Kriechfaktor Lane:* $C_{Lane} = \frac{L_h / 3 + L_v}{\Delta h}$ (46)

Das Bewertungsschema ist in Bild 15 erläutert und wird mit den Gln. (43 bis 46) beschrieben. Die Kriechfaktoren sind auszugsweise in Tabelle 3 angegeben. Mit diesen Werten kann auch zur Bemessung einer Bauwerksgeometrie die erforderliche Länge des kürzesten Strömungspfades $L_{min} = C \cdot \Delta h$ errechnet werden. Auch nach diesem Kriterium zeigen sich kohäsionslose Feinsande am empfindlichsten, während ein stark bindiger Boden nur wenig Erosionspotenzial bietet. Eine ausführliche Erläuterung und Diskussion beider Methoden und eine Beurteilung anhand einer Vielzahl von Schadensfällen geben *Richards* und *Reddy* [58].

Die für Kontaktfugen entlang starrer Bauwerke entwickelten Kriterien von *Bligh* und *Lane* sind hinsichtlich der rückschreitenden Erosion empirisch anhand vieler Beobachtungen abgesichert. Dies deckt jedoch nicht gleichzeitig den Nachweis der Auftriebssicherheit in einem Boden mit bindiger Deckschicht ab. Die kritischen Kriechfaktoren sind keine Grenzwerte, sondern enthalten eine nicht näher quantifizierte Sicherheit gegen rückschreitende Erosion entlang von Bauwerksrändern. In reinen Bodenpfaden führen sie als Bemessungsgrundlage von Dämmen und Deichen zu einer Überdimensionierung. Dies zeigt auch ein direkter Vergleich mit dem Nachweis des hydraulischen Grundbruchs an einer umströmten Wand, der unter Ansatz der Teilsicherheitsfaktoren höhere Gradienten bzw. eine geringere Einbindetiefe zulässt. Oft wird der Querschnitt eines unterströmten Bauwerks jedoch anhand anderer Überlegungen festgelegt, sodass dann mit dieser Nachweismethode geprüft werden kann, ob denn generell eine Erosionsgefährdung im Baugrund oder entlang einer Kontaktfuge besteht. Zur Bemessung oder zum objektspezifischen Nachweis der Sicherheit gegen innere Erosion empfiehlt sich eine detaillierte Analyse der Potenzialverteilung einer Durch- oder Unterströmung

**Tabelle 3** Untergrenzen des Kriechfaktors C nach *Bligh* [5] und *Lane* [46]

| Boden | $C_{Bligh}$ | $C_{Lane}$ |
|---|---|---|
| Feinsand, Schluff (UL) | 18 | 8,5 |
| Mittelsand | 15 | 6,0 |
| Grobsand | 12 | 5,0 |
| Kies, Kiessand | 9 | 4,8 |
| Grobkies, Steine | 4 | 3,0 |
| Ton (TM, TA) | – | 1,8 |

und hieraus die Ermittlung des Austrittsgradienten mit analytischen oder numerischen Methoden (Abschnitt 2). Bei einer Unterströmung ist der Gradient der nach oben gerichteten Strömung maßgebend. Bei einem Austritt von Sickerwasser aus einer Böschung stellen sich Erosion und Verflüssigung deutlich früher ein. Eine Gefährdung ergibt sich dabei jedoch nicht allein aus der Erosion, sondern auch aus der reduzierten Gesamtstandsicherheit der landseitigen Böschung infolge Reduktion der effektiven Spannungen im Untergrund.

Bei nicht ausreichender Sicherheit gegen innere Erosion oder bei Verdacht auf schädliche Anomalien im Baugrund sind Maßnahmen zur Verringerung der hydraulischen Einwirkung, z. B. Dichtungsschürzen und Dichtwände zur Verlängerung des Sickerweges oder Maßnahmen zur Erhöhung des Widerstands erforderlich, z. B. Auflastfilter, Bermen oder auch temporäres Ballastieren. Auch hierzu geben *Brandl* und *Szabo* in [8] exemplarische Beispiele. Ein freier Austritt von Sickerwasser aus einer Böschung aus erosionsempfindlichem Boden ist grundsätzlich unverträglich. Die Gefährdung des Bauwerks durch innere Erosion muss hier durch die Zonierung des Querschnitts, durch Filter, Dränagen, Stützkörper und Auflastschüttungen beherrscht werden.

# 4 Schlussbemerkung

Von den verschiedenen Arten hydraulisch bedingten Bodenversagens werden die für die Standsicherheit von Baugruben und die Funktion durch- oder unterströmter Erdbauwerke wichtigen Grenzzustände Aufschwimmen, hydraulischer Grundbruch, Erosion, Filtration, Suffosion und Piping näher betrachtet und erläutert. Die Gleichgewichtsbedingungen des Aufschwimmens lassen sich klar beschreiben. Aufgrund der einfachen Modellierung und der Kenntnisse der Einflussparameter reicht ein relativ niedriges Sicherheitsniveau aus. Hydraulischer Grundbruch, innere Erosion, Suffosion und Piping sind wesentlich komplexere, lokal begrenzte Phänomene, die meist an Schwachstellen des Baugrunds oder eines Bauwerks auftreten.

Zum Nachweis der Sicherheit gegen hydraulischen Grundbruch im nichtbindigen Boden wird als Maß zur Beurteilung einer Verflüssigung das Gleichgewicht von Gewichts- und Strömungskräften in einem Referenzvolumen bilanziert. Mit den empfohlenen Sicherheitsbeiwerten ist ein globales Versagen im homogenen, isotropen Baugrund abgedeckt. Bodenphysikalisch ist der Grenzzustand aber eine lokale Verflüssigung und ein Transport des Bodens oder einzelner Bodenfraktionen infolge Porenströmung.

Eine Erosion als Folge einer nicht ausreichenden Filtration, ein suffosiver Materialaustrag oder eine rückschreitende Erosion (Piping) findet auf der Kornebene statt. Finales Versagen kann ein Verlust des Bauwerks mit fatalen Folgen sein. Mit den bis heute verfügbaren Methoden des Ingenieurwesens sind die Grenzzustände nicht befriedigend genau im Sinne eines Sicherheitsnachweises beschreibbar. Bodenversagen durch innere Erosion und Piping können nur empirisch bewertet werden. Der Empfehlung im Vorwort von *Terzaghi* und *Peck* [73] folgend sind für Situationen, in denen nicht gerechnet werden kann, hohe Sicherheitsbeiwerte und die Methode der Beobachtung angesagt.

Jedes Erosionsphänomen hat drei Komponenten, die Erodibilität des Bodens (oder Fels), die Fließgeschwindigkeit des Sickerwassers und die Hindernisse entlang des Wegs, den die mit der Strömung erodierten Körner oder Aggregate zurücklegen müssen, ehe eine Stagnation oder wie auch immer geartetes finales Versagen eines Bauwerks eintritt. Die einzige zuverlässige Methode, einer schädlichen Erosion entgegenzuwirken, ist die Planung und Herstellung robuster Erdbauwerke, in denen Barrieren und sorgfältig bemessene Filter eine Progression erosiver Prozesse verhindern. Dies gilt für den hydraulischen Grundbruch, die innere Erosion und das Piping gleichermaßen.

## 5 Literatur


[1] Adam, D.: Erdbau. In Witt, K. J. (Hrsg.): Grundbau-Taschenbuch, Teil 2, 8. Auflage, Kapitel 2.1, S. 1–166, Ernst & Sohn, Berlin 2018.

[2] Aulbach, B.; Ziegler, M.: Hydraulischer Grundbruch – Formel zur Ermittlung der erforderlichen Einbindetiefe. Bautechnik 90 (2013), Heft 10, S. 631–641.

[3] Aulbach, B.; Ziegler, M.: Versagensform und Nachweisformat beim hydraulischen Grundbruch – Plädoyer für den Terzaghi-Körper. Geotechnik 37 (2014), Heft 1, S. 6–18.

[4] Beyer, W.: Zur Bestimmung der Wasserdurchlässigkeit von Kiesen und Sanden aus der Kornverteilungskurve. Wasserwirtschaft – Wassertechnik, 14(6) (1964), S. 165–168.

[5] Bligh, W. G.: Dams, barrages and weirs in porous foundations. Eng. News (15) 64 (1910), pp. 708–710.

[6] Bonelli, S.; Brivios, O.: The scaling law in the hole erosion test with a constant pressure drop Int. J. for Numerical and Analytical Methods in Geomechanics Vol. 32 (2008), pp. 1573–1595.

[7] Brandl, H.; Hofmann, R.: Erosionsstabilität und Standsicherheit von Hochwasserschutzdämmen bei Wildbächen – unter besonderer Berücksichtigung von Murenabgängen. In Herrmann, R., Jensen, J. (Hrsg.): Sicherung von Dämmen, Deichen und Stauanlagen, Tagungsband im Eigenverlag, Uni Siegen, 2006, S. 34–41.

[8] Brandl, H.; Szabo, M.: Unterströmung und hydraulischer Grundbruch von Hochwasserschutzdämmen (Deichen). In Herrmann, R., Jensen, J. (Hrsg.): Sicherung von Dämmen, Deichen und Stauanlagen Handbuch für Theorie und Praxis. Universitätsverlag Siegen, Bd. V, 2015, S. 23–44.

[9] Briaud, J. L.; Chen, H. C.: Levee Erosion by Overtopping During the Katrina Hurricane. Proc.3rd Intern. Conf. on Scour and Erosion, Amsterdam 2006.

[10] Briaud, J.-L., Ting, F., Chen, H. C., Cao, Y., Han, S., Kwak, K.: Erosion Function Apparatus for Scour Rate Predictions. ASCE J. Geotech. Geoenviron. Eng., Vol. 127, (2) (2001), pp. 105–11.

[11] Brinch Hansen, J.: Earth pressure calculations. The Danish Technical Press, Copenhagen, 1953.

[12] Busch, K.-F.; Luckner, L.: Geohydraulik für Studium und Praxis. VEB Deutscher Verlag für Grundstoffindustrie, Leipzig, Lizenzausgabe Ferdinand Enke Verlag, Stuttgart, 1974.

[13] Carrier, W., III.: Goodbye, Hazen; Hello, Kozeny-Carman. ASCE J. Geotech. Geoenviron. Eng. 129 (11) (2003), pp. 1054–1056.

[14] Cheuk, C. Y.; White, D. J.; Bolton, M. D.: Uplift Mechanisms of Pipes Buried in Sand. ASCE J. Geotech. Geoenviron. Eng. 134 (2) (2008), pp. 154–163.

[15] Darcy, H.: Les fontaines publiques de la ville de Dijon. Victeur Dalmont, Paris, 1856.

[16] Davidenkoff, R.; Franke, E.: Untersuchung der räumlichen Sickerströmung in eine umspundete Baugrube in offenen Gewässern. Die Bautechnik (1965), Heft 9, S. 298–307.

[17] Davidenkoff, R.: Zur Berechnung des Hydraulischen Grundbruches. Wasserwirtschaft 9 (1964), S. 230–235.

[18] DIN 1054/A2:2015-11: Baugrund – Sicherheitsnachweise im Erd- und Grundbau – Ergänzende Regelungen zu DIN EN 1997-1; Änderung 2. DIN Deutsches Institut für Normung e. V., 2015.

[19] DIN 1054:2010-12: Baugrund – Sicherheitsnachweise im Erd- und Grundbau – Ergänzende Regelungen zu DIN EN 1997-1; Änderung 2. DIN Deutsches Institut für Normung e. V., 2015.

[20] DIN EN 1997-1:2014-03: Eurocode 7: Entwurf, Berechnung und Bemessung in der Geotechnik – Teil 1: Allgemeine Regeln. DIN Deutsches Institut für Normung e. V., 2014. Siehe auch Normenhandbuch, Handbuch Eurocode 7.

[21] DIN-Normenhandbuch: Handbuch Eurocode 7, Geotechnische Bemessung, Band 1: Allgemeine Regeln, 1. Auflage. DIN (Hrsg.) konsolidierte Fassung, Beuth Verlag 2011.

[22] DWA-M 507-1: Deiche an Fließgewässern Teil 1: Planung, Bau und Betrieb. Gemeinsames Merkblatt der Deutschen Gesellschaft für Geotechnik e. V. (DGGT), des Deutschen Talsperren Komitees (DTK), der Deutschen Vereinigung für Wasserwirtschaft, Abwasser und Abfall e. V. Hrsg.: Deutsche Vereinigung für Wasserwirtschaft, Abwasser und Abfall e. V. 2011.

[23] DWA-Regelwerk Merkblatt DWA-M 511: Filtern mit Geokunststoffen. Hrsg.: Hafentechnische Gesellschaft e. V., Deutsche Gesellschaft für Geotechnik e. V., Deutsche Vereinigung für Wasserwirtschaft, Abwasser und Abfall e. V., August 2017.

[24] EAB: Empfehlungen des Arbeitskreises „Baugruben" (EAB). Hrsg.: Deutsche Gesellschaft für Geotechnik e. V., Ernst & Sohn, Berlin 2012.

[25] EAU: Empfehlungen des Arbeitsausschusses „Ufereinfassungen" Häfen und Wasserstraßen EAU 2012. Hrsg.: Hafentechnische Gesellschaft e. V. und Deutsche Gesellschaft für Geotechnik e. V., 11. Auflage, Ernst & Sohn, Berlin 2012.

[26] Facklam, M.: Bodenphysikalische Kennwerte und Berechnungsverfahren für die Praxis. In Wessolek, G., Kaupenjohann, M, Renger, M. (Hrsg.): Schriftenreihe Bodenökologie und Bodengenese, Institut für Ökologie, Fachgebiete Bodenkunde, Standortkunde und Bodenschutz, TU Berlin Heft 40, 2009.

[27] Fell, R.; Foster, M. A.; Cyganiewicz, J. et al.: Risk Analysis for Dam Safety: A Unified Method for Estimating Probabilities of Failure of Embankment Dams by Internal Erosion and Piping, URS Australia, New South Wales, Sydney, Australia, 2008.

[28] Fell, R.; Wan, C. F.; Cyganiewicz, J.; Foster, M. A.: Time for development of internal erosion and piping in embankment dams. ASCE J. Geotech. Geoenviron. Eng., Vol. 129(4), (2003), pp. 307–314.

[29] Genske, D. D.: Massenbewegungen. In Witt, K. J. (Hrsg.): Grundbau-Taschenbuch, Teil 1, 8. Auflage, Kapitel 1.11, S. 721–813. Ernst & Sohn, 2017.

[30] Ghanbarian-Alavijeh, B.; Liaghat, B.; Huang GuanHua, A.; van Genuchten, M. T.: Estimation of the van Genuchten Soil Water Retention Properties from Soil Textural Data. Pedosphere 20(4) 2010, pp. 456–465.

[31] Giroud, J. P.: Development of criteria for geotextile and granular filters. Prestigious Lecture, Proc. 9th Intern. Conf. on Geosynthetics, Guarujá, Brazil, Vol. 1 (2010), pp. 45–64.

[32] Hazen, A.: Some Physical Properties of Sands and Gravels with Special Reference to their Use in Filtration. 24th Annual Report, Massachusetts State Bureau of Health, Publ. Doc. 34 (1893), pp. 539–556.

[33] Herten, M.; Pulsfort, M.: Determination of spatial earth pressure on circular shaft constructions. Granular Matter, 1999 (2), pp. 1–7.

[34] Hettler, A.: Erddruck. In Witt, K. J. (Hrsg.): Grundbau-Taschenbuch, Teil 1, 8. Auflage, Kapitel 1.6, S. 317–457. Ernst & Sohn, Berlin 2017.

[35] Hettler, A., Triantafyllidis, T. Weißenbach, A. Hackenbroch, W.: Baugrubensicherung. In Witt, K. J. (Hrsg.): Grundbau-Taschenbuch, Teil 3, 8. Auflage, Kapitel 3.6, S. 557–822, Ernst & Sohn, Berlin 2018.

[36] ICOLD Bulletin 164: Internal Erosion of Existing Dams, Levees, and Dikes, and Their Foundations (Preprint). International Commission on Large Dams, 2013.

[37] ICOLD Bulletin 55: Geotextiles as Filters and Transitions in Fill Dams, International Commission on Large Dams, Committee on Materials for Fill Dams, 1986.

[38] ICOLD Bulletin 77: Dispersive Soils in Embankment Dams. International Commission on Large Dams, Committee on Materials for Fill Dams, 1990.

[39] ICOLD Bulletin 95: Use of Granular Filters and Drains in Embankment Dams. International Commission on Large Dams, Committee on Materials for Fill Dams, 1994.

[40] Jentsch, H.; Winkler, P.; Saheli Sadaghiani, M. R.; Witt, K. J.: Experimental identification of the dominant fabric in widely graded soils. Proc. 8th Intern. Conf. on Scour and Erosion (ICSE-8), Oxford, 2016, pp. 439–444.

[41] Kenney, T. C.; Lau, D.: Internal stability of granular filters. Can. Geotech. J. 22 (2), (1985), pp. 215–225.

[42] Kenney, T. C., Lau, D.: Internal stability of granular filters: Reply. Can. Geotech. J. 23 (3), (1986), pp. 420–423.

[43] Kézdi, A.: Erddrucktheorien. Springer, Berlin/Göttingen/Heidelberg, 1962.

[44] Kézdi, A.: Verstärkung der Hochwasserschutzdeiche (Ungarisch). Institut für Geotechnik, Technische Universität Budapest, Bericht Nr. 1, 1969.

[45] Koerner, R. M.: Designing with Geosynthetics, 2nd Ed., Prentice-Hall, 1990.

[46] Lane, E.W.: Security from under-seepage masonry dams on earth foundations. Trans. ASCE 60(4) (1934), pp. 929–960.

[47] MAK: BAW-Merkblatt Anwendung von Kornfiltern an Bundeswasserstraßen (MAK) Hrsg.: Bundesanstalt für Wasserbau (BAW), 2013.

[48] Martak, L.; Hofmann, R.; Drucker, P.: Hydraulisch verursachtes Versagen nach EN 1997-1 im grobkörnigen Boden. 7. Hans Lorenz Symposium. Veröffentl. des Grundbauinstitutes TU Berlin (2011), Heft 58, S. 181–197.

[49] Meyerhof, G. G.; Adams, J. I.: The Ultimate Uplift Capacity of Foundations. Canadian Geotechnical Journal (1968), 5(4), pp. 225–244.

[50] MMB: BAW-Merkblatt Materialtransport im Boden (MMB). Hrsg.: Bundesanstalt für Wasserbau (BAW), 2013.

[51] MSD: BAW-Merkblatt Standsicherheit von Dämmen an Bundeswasserstraßen (MSD). Hrsg.: Bundesanstalt für Wasserbau (BAW), 2011.

[52] Nuth, M.; Laloui, L.: Effective stress concept in unsaturated soils: Clarification and validation of a unified framework. Int. J. Numer. Anal. Meth. Geomech. (32) (2008), pp. 771–801.

[53] Odenwald, B.; Hekel, U.; Thormann, H.: Grundwasserströmung – Grundwasserhaltung. In Witt, K. J. (Hrsg.): Grundbau-Taschenbuch, Teil 2, 8. Auflage, Kapitel 2.9, S. 635–820, Ernst & Sohn, Berlin 2018.

[54] Odenwald, B.; Herten, M.: Hydraulischer Grundbruch: neue Erkenntnisse. Bautechnik 85 (2008), Heft 9, S. 585–595.

[55] ÖNORM B 1997-1-1:2013 09 01: Nationale Festlegungen zu ÖNORM EN 1997-1 und nationale Ergänzungen zu Eurocode 7 Teil 1.

[56] Pane, V.; Cecconi, M.; Napoli, P.: Hydraulic Heave Failure in EC7: Suggestions for Verification. Geotech Geol Eng. (33), (2015), pp. 739–750.

[57] Rehfeld, E.: Die Erosionsbeständigkeit bindiger Lockergesteine – die wichtigste Grundlage zur Dimensionierung von Dichtungsschichten aus natürlichem Erdstoff. Wissenschaftliche Zeitschrift der TU Dresden 16 (1967), Heft 5, S. 1431–1437.

[58] Richards, K. S.; Reddy, K. R.: Critical appraisal of piping phenomena in earth dams. Bulletin of Engineering Geology and the Environment 66 (2007), pp. 381–402.

[59] Saathoff, F.; Bräu, G.: Geokunststoffe in der Geotechnik und im Wasserbau. In Witt, K. J. (Hrsg.): Grundbau-Taschenbuch, Teil 2, 8. Auflage, Kapitel 2.12, S. 915–1036, Ernst & Sohn, Berlin 2018.

[60] Salehi Sadaghiani, M. R.; Witt, K. J.: Analysis of internal stability of widely graded soils based on identification of mobile grains. Proc. 6th Int. Conf. Scour and Erosion ISCE-6, Paris, 2012, pp. 55–62.

[61] Savidis, S.; Ulrich, M.; Klapperich, H.; Walz, B.: Räumlicher Erddruck auf Senkkasten und Schächte – Experimentelle Untersuchungen und theoretische Betrachtungen. Bautechnik 64 (1987), Heft 8, S. 268–271.

[62] Schober, P.; Boley, C.: Der Einfluss eines Auflastfilters auf den Bruchvorgang beim hydraulischen Versagen nichtbindiger Böden. Geotechnik 37 (2014) Heft 4, S. 250–258.

[63] Schuppener, B. (Hrsg.): Kommentar zum Handbuch Eurocode 7 – Geotechnische Bemessung – Allgemeine Regeln. Ernst & Sohn, Berlin 2012.

[64] Semar, O.; Witt, K. J.; Fannin, J.: Suffosion Evaluation – Comparison of Current Approaches. Proc. 5th International Conf. on Scour and Erosion, ASCE Geotechnical Special Publication No. 210, pp. 251–261, 2010.

[65] Semar, O.: Anwendung der Perkolationstheorie zur Analyse des suffosiven Partikeltransportes. Diss. Bauhaus-Universität Weimar, Schriftenreihe Geotechnik, Heft 23, 2010.

[66] Sherard, J. L.; Woodward, R. J.; Gizienski, S. F.; Clevenger, W. A.: Earth- and earth-rock dams: engineering problems of design and construction. Wiley & Sons, New York, 1963.

[67] Sherard, J. L.; Dunnigan, L. P.; Decker, R. S.; Steele, E. F.: Pinhole test for identifying dispersive soils. ASCE J. Geotech. Eng. Div. Vol. 102 (1976), Issue 1, pp. 69–85.

[68] Sherard J. L.; Decker, R. S. (Ed.): Dispersive clays, related piping, and erosion in geotechnical projects. Proc. Symp. 79. ASTM annual meeting. ASTM Special Technical Publication 623, 1977.

[69] Sherard, J. L.: Sinkholes in Dams of Coarse, Broadly-graded Soils. ICOLD, 13th Congress on Large Dams, Q.49, R2, New Delhi, 1979.

[70] Soos, P. von; Engel, J.: Eigenschaften von Boden und Fels – Ihre Bestimmung im Labor. In Witt, K. J. (Hrsg.): Grundbau-Taschenbuch, Teil 1, 8. Auflage, Kapitel 1.3, S. 139–242. Ernst & Sohn, Berlin 2017.

[71] Sutherland, H. B.: Uplift resistance of soils. Geotechnique 38 (4) (1988), pp. 493–516.

[72] Terzaghi, K. von: Die Theorie der hydrodynamischen Spannungserscheinungen und ihr erdbautechnisches Anwendungsgebiet. Proc. 1st Intern. Congress for Applied Mechanics, Delft, S. 288–294, 1924.

[73] Terzaghi, K. von; Peck, R., B.: Soil mechanics in engineering practice. Wiley, Hoboken, 1948.

[74] USSD: Materials for Embankment Dams. United States Society on Dams, Committee on Materials for Embankment Dams (Ed.), 2011.

[75] Van Beek, V.: Backward Erosion Piping Initiation and Progress. Diss. TU Delft 2015. Abstract: http://repository.tudelft.nl/.

[76] Van Genuchten, M. T.: A Closed-form Equation for Predicting the Hydraulic Conductivity of Unsaturated Soils, Soil Science Society of America Journal (44) 1980, pp. 892–898.

[77] Vermeer, P. A.; Sutjiadi, W.: The uplift resistance of shallow embedded anchors. Proc. 11th Int. Conf. of Soil Mechanics and Foundation Engineering, Vol. 3, pp. 1635–1638, San Francisco 1985.

[78] Vincens, E.; Witt, K. J.; Homberg, U.: Approaches to determine the Constriction Size Distribution for understanding filtration phenomena in granular materials. Acta Geotechnica, Vol. 10, (6) (2015), Issue 3, pp. 291–303.

[79] Walz, B.; Hock, K.: Räumlicher Erddruck auf Senkkästen und Schächte – Darstellung eines einfachen Rechenansatzes. Bautechnik 65 (1988), Heft 6, S. 199–204.

[80] Winkler, P.; Salehi Sadaghiani, M. R.; Jentsch, H., Witt, K. J.: Granular packing generation using DEM – Modified Force-Biased-Algorithm. Proc. of the 7th Intern. Conf. on Scour and Erosion (ICSE-7), Perth, Australia, 2014, pp. 345–349.

[81] Witt, K. J.; Johannsen, R.: Geotechnische und Ingenieurbiologische Maßnahmen zum Erosionsschutz von Rekultivierungsschichten. Geotechnik, 32 (2009) Heft 2, S. 71–79.

[82] Witt, K. J.: Der Selbstfiltrationsindex als Suffosionskriterium für nichtbindige Erdstoffe. Geotechnik 36 (2013), Heft 3, S. 160–168.

[83] Witt, K. J.: Filtrationsverhalten und Bemessung von Erdstoff-Filtern. Veröffentlichungen des Institutes für Boden- und Felsmechanik, Universität Karlsruhe, Heft 104, 1986.

[84] Wudtke, R.-B.; Witt, K. J.: Hydraulic Heave in Cohesive Soils. Proc. 18th Int. Conf. Soil Mech. and Geot. Eng., Paris 2013, TK 101, Session II, pp. 449–452.

[85] Wudtke, R.-B.: Hydraulischer Grundbruch in bindigem Baugrund. Dissertation Bauhaus-Universität Weimar, Schriftenreihe Geotechnik, Heft 25, 2014.

[86] Ziegler, M.: Geotechnische Nachweise nach EC 7 und DIN 1054 Einführung in Beispielen. 3. Auflage. Ernst & Sohn, Berlin 2012.

[87] Ziegler, M.: Sicherheitsnachweise im Erd- und Grundbau. In Witt, K. J. (Hrsg.): Grundbau-Taschenbuch, Teil 1, 8. Auflage, Kapitel 1.1, S. 1–44. Ernst & Sohn, Berlin 2017.

[88] Ziems, J.: Beitrag zur Kontakterosion nichtbindiger Erdstoffe. Dissertationsschrift TU Dresden, Sektion Wasserwesen, 1969.

[89] Zou, Y.: Der vom Spannungszustand und Bodengefüge abhängige Erosionsgrundbruch bindiger Böden. Wasserwirtschaft 90 (2000), Heft 11, S. 554–559.

# 2.11 Geotechnisches Erdbebeningenieurwesen

*Christos Vrettos*

## 1 Einleitung

Beobachtungen an Schäden bei zahlreichen historischen Erdbeben haben wiederholt den starken Einfluss geotechnischer Faktoren gezeigt. Das geotechnische Erdbebeningenieurwesen begann sich als eigenständiges Wissensgebiet zu etablieren unmittelbar nach den katastrophalen Erdbeben in Niigata (Japan) und Alaska, beide im Jahre 1964. Es erlebte dann einen großen Aufschwung in Zusammenhang mit den Bauten der Kernkraftindustrie in den 1960er- und 1970er-Jahren. Die über die Jahre entwickelten und heute zur Verfügung stehenden Verfahren sind ausgereift und erlauben die Behandlung der gängigen Problemstellungen in der Praxis. Die zielgerichtete Anwendung erfordert vertieftes Wissen der Bodenmechanik, der Baudynamik, der elastischen Wellenausbreitung in Böden und in geringerem Maße auch Kenntnisse aus den benachbarten Disziplinen der Seismologie und der Geologie.

Trotz der verfügbaren Erkenntnisse zu den Auswirkungen von Erdbeben werden Wissenschaftler und Ingenieure immer wieder von neuen Besonderheiten überrascht; dies gilt insbesondere für die starken Erdbeben in Kalifornien, Japan, Mexiko, Griechenland, der Türkei und Taiwan der letzten drei Jahrzehnte. Schäden haben nach wie vor als Ursache oft den lokalen Untergrund.

Das geotechnische Erdbebeningenieurwesen ist eines der prominenten Beispiele der Notwendigkeit einer engen internationalen Kooperation zwischen Wissenschaftlern, planenden Ingenieuren, Behörden und Normungsausschüssen. Wegen der Seltenheit der Erdbebenereignisse und der starken Variabilität, deren Charakteristiken an den verschiedenen Standorten sowie den regional oft unterschiedlichen Methoden zur Baugrundcharakterisierung ist die Übertragbarkeit von gewonnenen Erkenntnissen und angewandten Praktiken auf andere Standorte nur durch intensiven und ernsthaften Austausch möglich, was auch in besonderem Maße auf internationalem Niveau gelingt.

Im Vergleich zu anderen Naturgefahren, wie Sturm und Überschwemmung, sind Erdbeben in Deutschland kein Problem der Häufigkeit, sondern des Großschadenspotenzials bei sehr seltenen Ereignissen. Trotz der geringen zu erwartenden Erdbebenintensitäten sind wegen der Vielzahl der betroffenen Objekte die potenziellen Gesamtschäden aber erheblich. Die überwiegende Mehrzahl der Erdbebenherde konzentriert sich auf drei Schwächezonen: das Rheingebiet, die Schwäbische Alb sowie Ostthüringen und Westsachsen mit dem Vogtländischen Schwarmbebengebiet.

*Grundbau-Taschenbuch: Teil 2. Geotechnische Verfahren*, Achte Auflage. Karl Josef Witt (Hrsg.).

Boden und Fels als geotechnische Materialien beeinflussen die Erdbebeneinwirkungen zweifach: i) durch die Modifikation der Erdbebenerschütterungen mittels Verstärkung oder Dämpfung der ankommenden seismischen Wellen, ii) durch induzierte, große, bleibende Verformungen des Bodens in Form von Setzungen oder Böschungsbrüchen. Beides kann zum Versagen von Bauwerken führen, die ansonsten das Erdbeben schadensfrei überstehen würden.

In den Anfängen wurde hauptsächlich mit pseudostatischen Verfahren bemessen und die Einhaltung einer ausreichenden globalen Sicherheit gegen Versagen gefordert. Im Sinne der modernen verhaltensorientierten Dimensionierung wird heute eine kurzzeitige Überschreitung der Scherfestigkeit des Bodens mit einhergehenden Verformungen, die sich jedoch in Grenzen halten müssen, zugelassen. Dies führt somit zu einer wirtschaftlichen und gleichzeitig sicheren Auslegung. Wegen des stark nichtlinearen Bodenverhaltens müssen hierzu neue, robuste Verfahren entwickelt werden. Neue, verfeinerte und durch experimentelle Evidenz verifizierte Algorithmen sind somit erforderlich.

Die erste systematische Abhandlung, welche den Umfang und die Inhalte des Fachs für die breite Masse der Anwender definierte, ist wohl das 1996 erschienene Buch von *Kramer* [1], welches inzwischen als Standardwerk angesehen wird. Von den neueren Büchern seien hier *Towhata* [2] aus dem Jahre 2008 und von den deutschsprachigen Publikationen der entsprechende Abschnitt in *Studer* et al. [3] genannt. In den letzten zwanzig Jahren entstand eine große Anzahl von signifikanten Veröffentlichungen in Fachzeitschriften und Konferenzen, die viele offene Fragestellungen beleuchteten und die rasante Entwicklung des verhältnismäßig jungen Fachs förderten.

Das vorliegende Kapitel des Grundbau-Taschenbuchs stellt die wesentlichen Kenntnisse zusammen, die aus Sicht des Verfassers ein in der Praxis tätiger Ingenieur besitzen sollte, um derartige Problemstellungen – meistens unter Heranziehen von Spezialisten – zu lösen. Nach einer Einführung zu den seismologischen Grundlagen in Abschnitt 2 folgt in Abschnitt 3 die Beschreibung und Quantifizierung der seismischen Bodenbewegungen. Abschnitt 4 befasst sich mit der Erdbebengefährdung und der Aufstellung von Erdbebenkarten. Den Schwerpunkt des Beitrags bilden die Abschnitte 5 und 6, welche den Einfluss der Baugrundverhältnisse und die Berechnung der seismischen Bodenantwort behandeln. Abschnitt 7 befasst sich mit der Standsicherheit von Dämmen und Böschungen; Abschnitt 8 mit der Vorhersage der Verflüssigung. Der seismische Erddruck ist Gegenstand von Abschnitt 9. Die bodendynamischen Grundlagen, darunter die Beschreibung des dynamischen Bodenverhaltens und die Wellenausbreitung im Boden, wurden durch den Autor im Teil 1 des Grundbau-Taschenbuchs behandelt [4].

## 2 Seismologische Grundlagen

### 2.1 Erdbeben

Erdbeben sind messbare Erschütterungen in den obersten Erdschichten. Je nach Ursache unterscheidet man zwischen natürlichen Erdbeben (tektonische, vulkanische und Einsturzbeben) und induzierten Erdbeben beim Rohstoffabbau. Die meisten Erdbeben natürlichen Ursprungs haben ihre Ursache in der Plattentektonik der Erde [5–7].

Erdbeben als Bruchvorgänge an geologischen Verwerfungen in der Tiefe der Erdkruste beginnen am *Hypozentrum* und breiten sich über eine Herdfläche hinweg aus. Als *Epizentrum* wird der Punkt an der Erdoberfläche genau über dem Hypozentrum bezeichnet. Als *Herdtiefe* wird die Tiefe unter der Erdoberfläche definiert. Je nach Tiefe wird unterschieden zwischen oberflächennahen Beben mit Tiefen < 70 km, mitteltiefen Beben mit Tiefen zwischen 70 km und 300 km sowie tiefen Beben mit Tiefen zwischen 300 km und 700 km.

## 2.2 Quantifizierung der Erdbebenstärke

Zur Einordnung der Erdbebenstärke stehen zwei Skalen zur Verfügung, die in ihrer Aussage grundverschieden sind: Magnitude und Intensität [1, 6, 8].

### 2.2.1 Magnitude

Die Magnituden-Skala, 1935 von *Richter* eingeführt (daher auch Richter-Skala genannt), ist ein Maß für die beim Erdbeben freigesetzte Energie. Es existieren verschiedene Magnitudendefinitionen: Raumwellenmagnitude $m_B$ (auch Fernbebenmagnitude genannt), Oberflächenwellenmagnitude $M_S$, Nahbebenmagnitude (auch Lokalmagnitude) $M_L$. Die Magnituden-Skala verläuft logarithmisch. Während die Skalen auf Amplituden von seismischen Wellen beruhen, steht die Momentmagnitude $M_W$ zur Herdgeometrie und zur Gesteinsverschiebung am Herd in Beziehung. Sie berechnet sich aus dem seismischen Moment $M_0$, welches ein physikalisches Maß für die Stärke eines Erdbebens ist: $M_0 = \mu \cdot A \cdot u$, wobei $\mu$ der Schermodul des Gesteins entlang der Bruchfläche, A die Größe der Bruchfläche und u der mittlere Versatz auf der Bruchfläche des Erdbebenherds sind. Es gilt [9]:

$$M_W = (2/3)\log M_0 - 10{,}73 \tag{1}$$

wobei $M_0$ in dyn · cm (1 dyn · cm = $10^{-7}$ N · m) angegeben wird. Das seismische Moment zeigt keine Sättigung, sodass $M_W$ nach oben hin offen und zur Beschreibung von starken Beben geeignet ist. Trotz der unterschiedlichen Definitionen und Auswertevorschriften erhält man über größere Bereiche weitgehend ähnliche Zahlenwerte.

Anhand einer von *Gutenberg* und *Richter* [10] angegebenen semi-empirischen Beziehung kann aus der Oberflächenwellenmagnitude $M_S$ die bei einem Beben freigesetzte Energie E abgeschätzt werden:

$$\log(E) = 1{,}5 \cdot M_s + 4{,}8 \quad \text{in Joule} \tag{2}$$

Eine Magnitudenstufe entspricht einer Erhöhung der freigesetzten Energie auf etwa das 30-Fache. Die bisher registrierten maximalen Ereignisse erreichten Magnituden um 9,5. Schäden an Gebäuden treten etwa ab Magnitude 5 auf.

### 2.2.2 Makroseismische Intensität

Die Intensität I ist ein Maß für die Wahrnehmbarkeit und die lokale Zerstörungskraft eines Erdbebens; sie ist also keine exakt messbare, aber eine recht robuste deskriptive

Größe. Die Intensität hängt von der Entfernung zum Epizentrum ab. Eine Isoseiste auf einer makroseismischen Karte verbindet die Punkte gleicher Intensität. Die Intensität am Epizentrum wird als Epizentralintensität $I_0$ bezeichnet. In Europa wird neuerlich hauptsächlich die Europäische Makroseismische Skala EMS 1998 [11] verwendet.

Die Stärke der Auswirkungen eines Erdbebens an einem spezifischen Standort ist im Wesentlichen abhängig von den folgenden Parametern:

- Magnitude,
- Frequenzgehalt an der Quelle (abhängig vom Herdmechanismus),
- Herdtiefe,
- Herdentfernung vom Standort,
- Geologie und Topografie,
- lokaler Untergrund/Baugrund,
- Frequenzgehalt am Standort,
- Dauer des Bebens am Standort.

Die Magnitude ist somit nur *eine* dieser Einflussgrößen.

### 2.2.3 Beziehungen zwischen Intensität und Magnitude

Für die verschiedenen Skalen existieren diverse Beziehungen zwischen Intensität und Magnitude [12]. Zuverlässige Korrelationen müssen zwangsläufig auch die Entfernung zum Erdbebenherd enthalten [13]. Eine für Deutschland verwendete Beziehung nach [14] für die Momentmagnitude lautet [15]:

$$M_W = 0{,}667 \cdot I_0 + 0{,}30 \cdot \log(h) - 0{,}10 \qquad (3)$$

wobei $I_0$ die Epizentralintensität und h die Herdtiefe sind.

### 2.2.4 Magnituden-Häufigkeitsbeziehung

Je stärker ein Erdbeben, desto seltener tritt es auf. Dies wird durch die Gutenberg-Richter Magnituden-Häufigkeitsbeziehung [16] beschrieben:

$$\log \lambda_M = a - b \cdot M \;\; \text{bzw.} \;\; \lambda_M = \exp(\alpha - \beta \cdot M) \qquad (4)$$

mit $\alpha = \ln(10) \cdot a$ und $\beta = \ln(10) \cdot b$. Dabei ist $\lambda_M$ die mittlere jährliche Überschreitung der Magnitude M, $10^a$ ist die mittlere jährliche Zahl der Beben und b beschreibt die relative Wahrscheinlichkeit von kleinen zu großen Beben. a und b sind regionsspezifische Konstanten.

Bild 1a zeigt die Häufigkeitsbeziehung für ca. 13.000 Erdbeben mit $M_S \geq 5$ für den Zeitraum von 1968 bis 1997. Es ergibt sich in guter Näherung b = 1, d.h. eine etwa zehnfache Zunahme der Anzahl der Erdbeben für sukzessiv kleinere Stärken. Weltweit entsteht somit jährlich etwa ein Erdbeben mit M = 8, 10 Ereignisse mit M = 7, 100 Ereignisse mit M = 6, usw. Ein typisches Beispiel aus Deutschland zeigt Bild 1b. Die Magnituden-Häufigkeitsbeziehung für ein bestimmtes Gebiet ist ein wichtiger Parameter für die Einschätzung des seismischen Risikos.

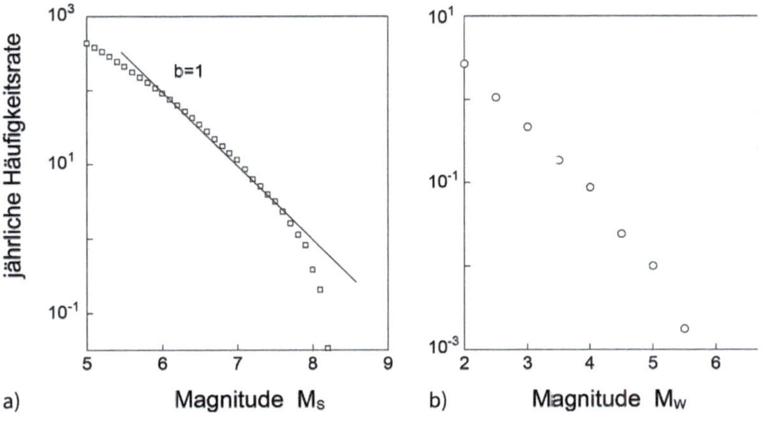


**Bild 1** Magnituden-Häufigkeitskurven; a) aus der weltweiten Datenbank [6] und b) für die Quellregion Hohenzollernalb [17]

# 3 Parameter der seismischen Bodenbewegung

## 3.1 Beschleunigung, Geschwindigkeit, Verschiebung

Die maximale horizontale *Bodenbeschleunigung* (PHA oder $a_{max}$) ist der am häufigsten verwendete Parameter zur Beschreibung der seismischen Bewegung. Als PGA wird der Maximalwert aus den zwei horizontalen Komponenten und in einigen Fällen ihre Vektorsumme bezeichnet. Die weit verbreitete Verwendung der horizontalen Komponente ist bedingt durch die direkte Verbindung zu den Trägheitskräften herkömmlicher Ingenieurbauwerke. Die vertikale Bodenbeschleunigung (PVA) hat nicht die entsprechende Aufmerksamkeit bei Seismologen und Ingenieuren gefunden. Der Hauptgrund liegt in der Auffassung, dass Bauwerke, die mit hohen Sicherheitsfaktoren für vertikale statische Lasten dimensioniert werden, hinsichtlich vertikaler Erschütterungen weniger gefährdet sind. In der Praxis wird die PVA mit 2/3 oder 70 % der PHA unabhängig von der Erdbebencharakteristik angesetzt [18–20]. Tatsächlich ist aber das Verhältnis $\eta$ = PVA/PHA von der Magnitude, der Epizentralentfernung, dem Verwerfungsmechanismus und den lokalen Baugrundverhältnissen, welche die horizontalen Beschleunigungskomponenten stark beeinflussen, abhängig. Es sollte an dieser Stelle erwähnt werden, dass Erdbeben mit hohen Bodenbeschleunigungen nicht immer destruktiv sind, wenn der hochfrequente Anteil signifikant und die Dauer der Anregung kurz sind. Somit ist die Spitzenbodenbeschleunigung (PGA) allein als Merkmal für die Wirkung eines Erdbebens nicht ausreichend und zusätzliche Kenngrößen müssen einbezogen werden.

Die maximale horizontale *Bodengeschwindigkeit* (PHV oder $v_{max}$) reagiert weniger empfindlich auf hochfrequente Anteile der Erschütterungen und stellt somit einen geeigneten Parameter für die Charakterisierung der Bodenbewegungen im mittleren Frequenzbereich dar, die für die Dimensionierung von Bauwerken mit hohen Eigenperioden (Brücken, flexible Hochhäuser, Pipelines) maßgebend sind. Einen Anhaltswert für den Frequenzgehalt der Bodenbewegung liefert das Verhältnis $v_{max} / a_{max}$. Repräsentative Werte für $v_{max}/a_{max}$ wurden u. a. in [21] für Epizentralentfernungen kleiner als 50 km vorgeschlagen: 0,056 s für Fels; 0,112 s bzw. 0,138 s für steife Böden mit Schichtdicken kleiner bzw. größer 60 m. Entsprechend wird in [18] empfohlen: 91 cm/s/g für Fels und 122 cm/s/g für steife Böden. Die Angabe von Werten für weiche Böden ist nicht sinnvoll, da in diesen Fällen die lokalen Baugrundverhältnisse (nichtlineares Materialverhalten, Verflüssigung, große Verformungen) die Werte $v_{max}$ und $a_{max}$ stark und unterschiedlich beeinflussen.

Die maximale *Bodenbewegung* (PGD oder $d_{max}$) steht in Verbindung mit den niedrigeren Frequenzen der seismischen Bewegung. Die genaue Ermittlung aus den Aufzeichnungen ist wegen der Ungenauigkeiten bei der Signalanalyse und dem niederfrequenten Rauschen schwierig, sodass die Verwendung als beschreibender Eingangsparameter erst in den letzten Jahren breitere Anwendung fand. Beeinflusst wird $d_{max}$ von allen oben genannten seismischen Parametern. Typische Werte bei starken Beben (M = 6,5) und Epizentralentfernungen in der Größenordnung von 20 km bei steifen Böden betragen 20 bis 30 cm.

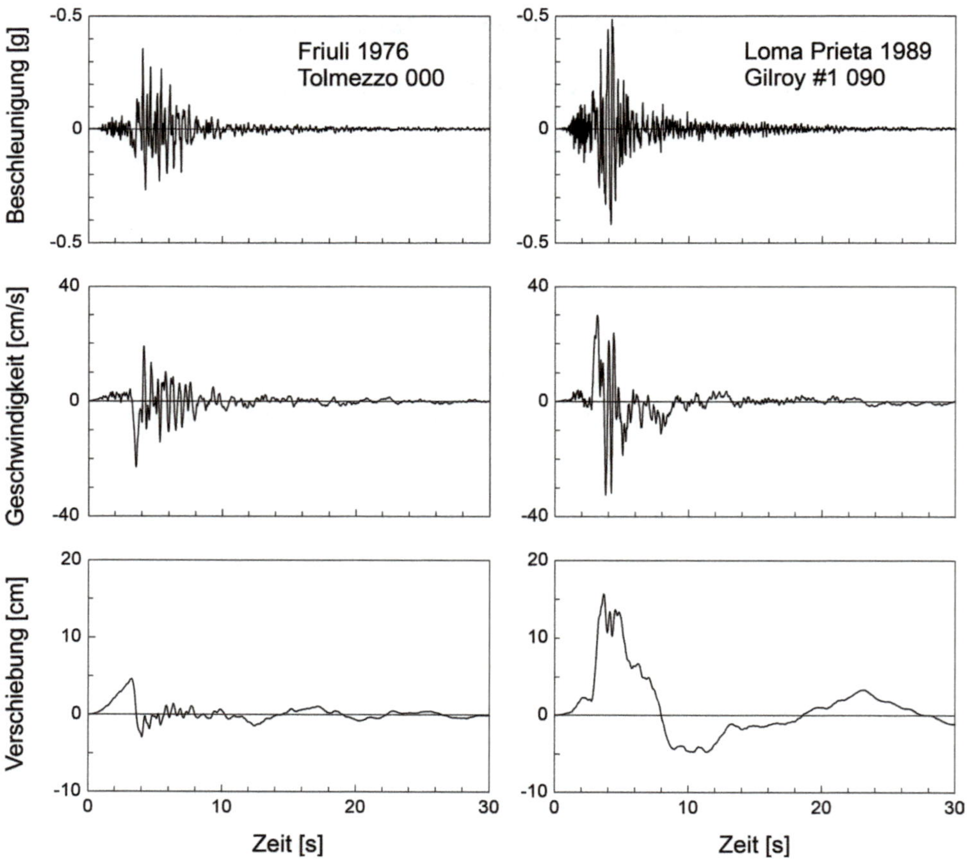


**Bild 2** Beschleunigung, Geschwindigkeit und Verschiebung typischer Erdbeben

Für Plausibilitätskontrollen kann das Verhältnis der kinematischen Größen untereinander $a_{max} \cdot d_{max}/(v_{max})^2$ verwendet werden. Für eine erste Abschätzung bei steifen Böden können Werte zwischen 4 und 6 angesetzt werden [18]. Bild 2 zeigt typische Zeitverläufe von Erdbeben.

### 3.2 Frequenzgehalt

Der Frequenzgehalt der seismischen Bewegung und der relative Beitrag jeder harmonischen Komponente der seismischen Bewegung können mittels der Fourier-Spektren bzw. der elastischen Antwortspektren beurteilt werden [1, 4]. Die Spitzen im Fourier-Spektrum (Perioden bzw. Frequenzen) kennzeichnen lokale Maxima der eingeleiteten seismischen Energie. Starke Beben sind reich an niedrigen Frequenzen, während schwächere Erdbeben höhere Frequenzen enthalten.

### 3.3 Antwortspektren

Lineare Antwortspektren für einen bestimmten Beschleunigungszeitverlauf werden aus der Antwort eines viskos gedämpften Einmassenschwingers (Dämpfungsverhältnis D) infolge einer Fußpunkterregung durch diesen Zeitverlauf ermittelt. Der Einmassenschwinger mit der Eigenschwingperiode $T_0$ stellt die einfachste Form einer Struktur dar. Die erste Eigenperiode von üblichen Hochbauten mit regelmäßigem Grundriss kann in guter Näherung in Abhängigkeit von der Anzahl der Stockwerke n abgeschätzt werden:

$$T_0 = (0{,}08 \ldots 0{,}1) \cdot n \; [s] \tag{5}$$

Beim Antwortspektrum wird numerisch der maximale Wert der Auslenkung der Masse relativ zum Fußpunkt $u_{max} = S_d$ bestimmt [1, 4, 22]. Die $S_d$-Werte für verschiedene Eigenkreisfrequenzen $\omega_0$ (= $2\pi/T_0$) definieren das Antwortspektrum der relativen Verschiebung. Daraus können mittels der folgenden Beziehung

$$S_a \approx \omega_0 \cdot S_v \approx \omega_0^2 \cdot S_d \tag{6}$$

die Spektralwerte für die relative Geschwindigkeit $S_v$ und die Absolut-Beschleunigung $S_a$ berechnet werden. Diese werden mit dem Zusatz „Pseudo“ versehen, da sie nicht unbedingt den tatsächlichen Maximalwerten von Geschwindigkeit und Beschleunigung entsprechen. Ein Beispiel ist in Bild 3 dargestellt. Antwortspektren werden für verschiedene Werte des Dämpfungsverhältnisses bestimmt, üblicherweise für 5 %. Für sehr kleine Eigenperioden $T_0$ erhält man als Spektralbeschleunigung die maximale Bodenbeschleunigung und für sehr große Periodenwerte als Spektralverschiebung die maximale Bodenverschiebung. Der Index „0“ bei der Eigenfrequenz bzw. -periode wird üblicherweise weggelassen.

Beschleunigungsspektren zeigen im Allgemeinen eine Reihe von Spitzen; einige davon können in Beziehung zum Herd und andere zu den Resonanzfrequenzen des Untergrunds in der Umgebung des Aufnahmestandorts gebracht werden. Anhand des Antwortspektrums kann sehr einfach festgestellt werden, in welchem Frequenzbereich

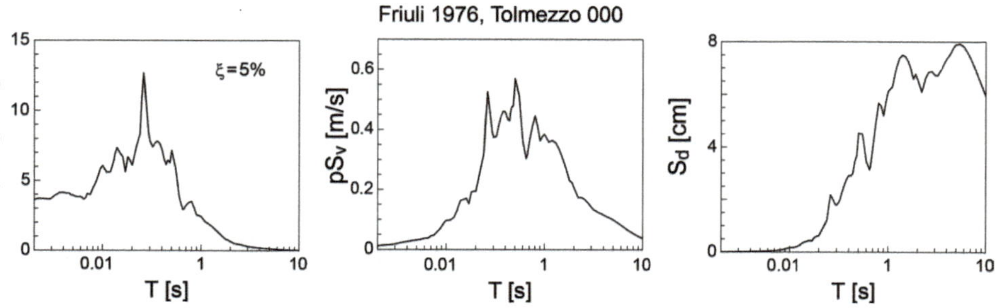


**Bild 3** Antwortspektren

ein idealisiertes, elastisches Bauwerk die höchsten Beanspruchungen erfährt. Dementsprechend kann dann das Bauwerk bei vorgegebenem Antwortspektrum derart ausgelegt werden, dass die Bauwerk-Eigenfrequenzen außerhalb des „gefährlichen" Bereichs liegen.

### 3.4 Prognosegleichungen der Bodenbewegung

Prognosegleichungen der Bodenbewegung, früher als Abnahmebeziehungen und heute international als GMPE (Ground Motion Prediction Equations) bezeichnet, sind analytische Ausdrücke, welche die Variation der Bodenbewegungen mit der Magnitude, der Herdentfernung und den Untergrundverhältnissen beschreiben. Letztere sind wichtig, da sie die Energiedissipation von seismischen Wellen entlang des Ausbreitungswegs maßgebend beeinflussen. GMPE stellen einen wichtigen Eingangsparameter bei der deterministischen und probabilistischen Gefährdungsuntersuchung dar. Prognosegleichungen der Bodenbewegung werden entweder empirisch aus der Auswertung von Erdbebenaufzeichnungen bestimmt oder theoretisch hergeleitet auf Grundlage adäquater seismologischer Modelle mit synthetischen Bodenbewegungen, welche Herd-, Ausbreitungs- und Standorteffekte berücksichtigen. Die Studien in [23, 24] haben die jüngste Standortmodellierung geprägt. Die allgemeine funktionale Form kann wie folgt beschrieben werden [25]:

$$\ln(Y) c_1 + c_2 \cdot M - c_3 \cdot \ln(R) - c_4 \cdot r + c_5 \cdot F + c_6 \cdot S + \varepsilon \tag{7}$$

mit dem Entfernungsterm

$$R = r + c_7 \cdot \exp(c_8 \cdot M) \tag{8}$$

In den obigen Gleichungen ist Y der zu berechnende Bodenbewegungsparameter (z. B. PGA, PGV), M die Magnitude, F beschreibt den Herdmechanismus (Verwerfungstyp), S die lokalen Untergrundverhältnisse am Standort, ε erfasst Unsicherheiten und Fehler mit einem Mittelwert von null und einer Standardabweichung von $\sigma_{\ln Y}$ und r ist die maßgebende kürzeste Entfernung vom Standort zum Erdbebenherd. In den komplizierteren Formen der Gln. (7) und (8) sind die Koeffizienten $c_3$, $c_6$ und $c_7$ abhängig von M und R. Viele dieser Koeffizienten sind zudem meistens abhängig vom tektonischen Umfeld. Die Wahl der Funktionen in den einzelnen Termen in Gl. (7) ist wohl begründet: $\ln(Y) \propto c_2 M$ ist im Einklang mit der ursprünglichen Definition von Magnitude durch *Richter*; $\ln(Y) \propto -c_3 \ln(R)$ ist konsistent mit der geometrischen Dämpfung (Abstrahlung) von Wellen (Raum-, Oberflächenwellen); $\ln(Y) \propto -c_4 \cdot r$ mit der unelastischen Abminderung infolge Materialdämpfung oder Wellenstreuung entlang des Ausbreitungswegs.

Lokale Untergrundverhältnisse werden üblicherweise pauschal als Boden oder Fels mit einem binären Wert S (= 1 oder 0) in Gl. (7) beschrieben. Feinere Einstufungen erfolgen mittels Scherwellengeschwindigkeit und der Tiefe zur Felsunterlage. Bezüglich der Klassifizierung anhand der Scherwellengeschwindigkeit $v_S$ werden zwei Werte verwendet: i) zeitgemittelte $v_S$ in den oberen 30 m des Bodenprofils $v_{S,30}$ oder ii) entsprechender Wert von $v_S$ über eine Tiefe gleich einer Viertelwellenlänge einer Scherwelle der Frequenz f (= 1 / T). Für $v_{S,30}$ ist:

$$v_{S,30} = \sum_i d_i \Big/ \sum_i \left(d_i / v_{Si}\right) \tag{9}$$

wobei $d_i$ die Dicke und $v_{Si}$ die Scherwellengeschwindigkeit der Schicht i sind. Tiefer liegende Schichten werden hinzugefügt, bis die Summe im Zähler 30 m ergibt. Bei der zweiten Alternative werden Schichten addiert, bis die Summe $d_i / v_{Si} = T/4$ wird.

Üblicherweise werden als pauschale Anhaltswerte $v_{S,30} = 310$ m/sec für Boden und $v_{S,30} = 620$ m / sec (bzw. 760 m/s) für Fels angesetzt. Eine feinere Differenzierung erfolgt durch Definition von Baugrundklassen basierend auf $v_{S,30}$-Intervallen: $v_{S,30} < 180$ m/s, 180 m / s $\leq v_{S,30} <$ 360 m / s, 360 m / s $\leq v_{S,30} <$ 750 m / s, $v_{S,30} \geq$ 800 m / s, wobei letzterer Wert für Fels bzw. felsähnliche Formationen gilt. Diese Einteilung wird sowohl den Prognosegleichungen der Bodenbewegung (GMPE) in [25] als auch bei Normen und Regelwerken zugrunde gelegt.

Die Vorgehensweise bei der Herleitung von GMPE sowie eine Gegenüberstellung gängiger Verfahren werden in [25] vorgestellt. Prognosegleichungen für die Spitzenbeschleunigung für europäische Länder und Regionen des Nahen Ostens wurden in [26, 27] vorgeschlagen. Aktualisierungen/Ergänzungen wurden in [28, 39] vorgenommen. Für Deutschland werden u. a. die in [30] angegebenen Modelle verwendet. Für Länder hoher Seismizität werden regionsspezifische Beziehungen aufgestellt. Als Beispiele hierfür werden genannt: [31] für Griechenland, [32] für die Türkei, [33] für Italien, [34] für Rumänien. In den USA wurden im Rahmen des NGA-Projekts vorhandene Beziehungen überprüft und erweitert. Aus den umfangreichen Untersuchungen seien hier stellvertretend die Arbeiten [35–37] genannt. Eine ausführliche Übersicht des heutigen Stands der Forschung mit ständig wachsender Anzahl von empirischen Beziehungen ist in [38, 39] angegeben.

## 3.5 Starkbebendauer und Zyklenzahl

Die Dauer der Erdbebenerschütterung und die damit verbundene Zyklenzahl ist ein wichtiges Kriterium zur Beschreibung des Schadenspotenzials eines Bebens, insbesondere bei Böschungsrutschungen oder bei Bodenverflüssigungsphänomenen. Es bestehen verschiedene Möglichkeiten zur Definition einer repräsentativen Bebendauer [40]. Oft wird die sogenannte signifikante Dauer verwendet. Damit wird das Zeitfenster definiert, über dem sich der wesentliche Teil der eingeleiteten Energie konzentriert. Als Maß für die in einem Erdbebensignal enthaltene Energie wird zunächst die sogenannte Arias-Intensität eingeführt:

$$I_A = \frac{\pi}{2g} \int_0^{t_d} a^2(t)dt \tag{10}$$

wobei a(t) der Beschleunigungszeitverlauf und $t_d$ die Gesamtdauer von a(t) sind. Die Arias-Intensität hat die Einheit einer Geschwindigkeit. Als signifikante Dauer wird dann das Zeitfenster zwischen den Zeitpunkten, an denen sich 5 und 95 % (oder 5 und 75 %) von $I_A$ angehäuft hat, definiert. Das zugehörige Diagramm wird als Husid-Plot bezeichnet. Die Starkbebendauer wird dann mit $D_{5-95}$ oder $D_{5-75}$ gekennzeichnet. Ein Beispiel anhand des Friaul-Erdbebens 1976 an der Station Tolmezzo ist in Bild 4 dargestellt.

Nach [41, 42] steigt die signifikante Bebendauer stark mit der Magnitude und nur mäßig mit der Entfernung an. Die empirische Beziehung in [41] enthält statt des üblichen binären Terms S für die Untergrundverhältnisse einen Standort-Term, der die oberflächennahen Baugrundverhältnisse mittels $v_{S,30}$ beschreibt.

Die Anzahl der äquivalenten, gleichmäßigen *Belastungszyklen* ist – neben der Amplitude – der maßgebende Eingangsparameter bei der Beurteilung des Verflüssigungspotenzials. Die Beobachtungen zeigen eine deutliche Zunahme der Zyklen mit der Magnitude. Bereits bei [43] wurde für die genauere Berechnung der äquivalenten Zyklenzahl $N_{eq}$ ein Algorithmus formuliert. Seitdem wurden weitere Vorschläge unterbreitet [44–46]. Für Verflüssigungsstudien wird oft als erste grobe Schätzung die aus [43] ableitbare vereinfachte Beziehung [45] verwendet:

$$\ln(N_{eq}) = 0{,}547 \cdot M - 1{,}405 \tag{11}$$

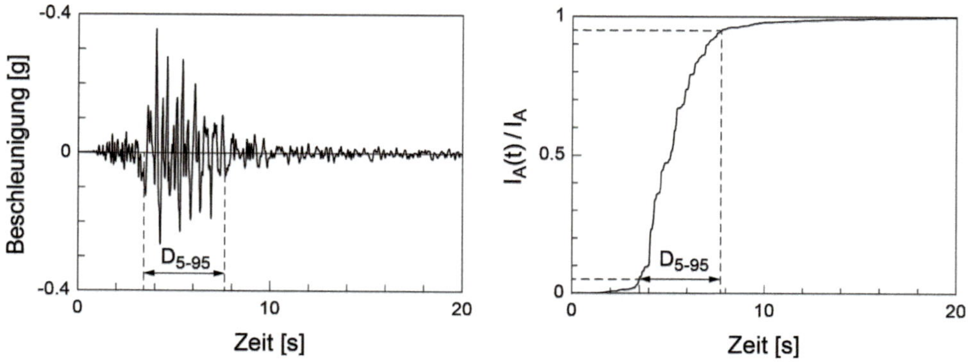


**Bild 4** Bestimmung der Starkbebendauer $D_{5-95}$

### 3.6 Generierte Beschleunigungszeitverläufe

Wird für die Bemessung die Durchführung von Zeitbereichsberechnungen unter Ansatz von einem oder mehreren Beschleunigungszeitverläufen, welche ein vorgegebenes Antwortspektrum wiedergeben, verlangt, dann müssen entweder i) reale Erdbebenaufzeichnungen mit ähnlichen Merkmalen (Magnitude, Verwerfungstyp, Entfernung, Untergrundverhältnisse am Standort) passend skaliert oder ii) künstliche Zeitverläufe generiert werden [47]. Dies gilt insbesondere für Gebiete niedriger und moderater Seismizität, wo Aufzeichnungen spärlich sind.

Anpassungsmethoden im *Frequenzbereich* verwenden einen realen Eingangszeitverlauf, dessen Fourier-Spektralamplituden entsprechend modifiziert werden, bis das Zielspektrum erreicht wird. Die Fourier-Phasen bleiben dabei während des iterativen Prozesses unverändert. Anpassungsmethoden im *Zeitbereich* starten ebenfalls mit einem Eingangszeitverlauf; Wavelets mit spezifizierten Periodenbereichen und begrenzten Zeitdauern werden diesem Verlauf hinzugefügt. Die Algorithmen sind in spezieller Software implementiert [48, 49].

Bild 5 vergleicht das Zielspektrum aus einer deterministischen Gefährdungsuntersuchung für M = 6,5 unter Ansatz der GMPE aus [24] und das Spektrum eines generierten Zeitverlaufs. Der Eingangszeitverlauf ist ebenfalls dargestellt. Für einen anderen Standort zeigt Bild 6 die anhand einer Gefährdungsstudie generierten synthetischen Zeitverläufe für ein Nahbeben, ein Beben mittlerer Entfernung und ein Fernbeben. Variiert wurden dabei die Magnitude M, die Epizentralentfernung d und die Tiefe h. Wie später aufgezeigt, kann – wegen des starken Einflusses der Standortverhältnisse – nicht ausgeschlossen werden, dass das Fernbeben trotz der niedrigen Beschleunigung für die Bemessung maßgebend ist.

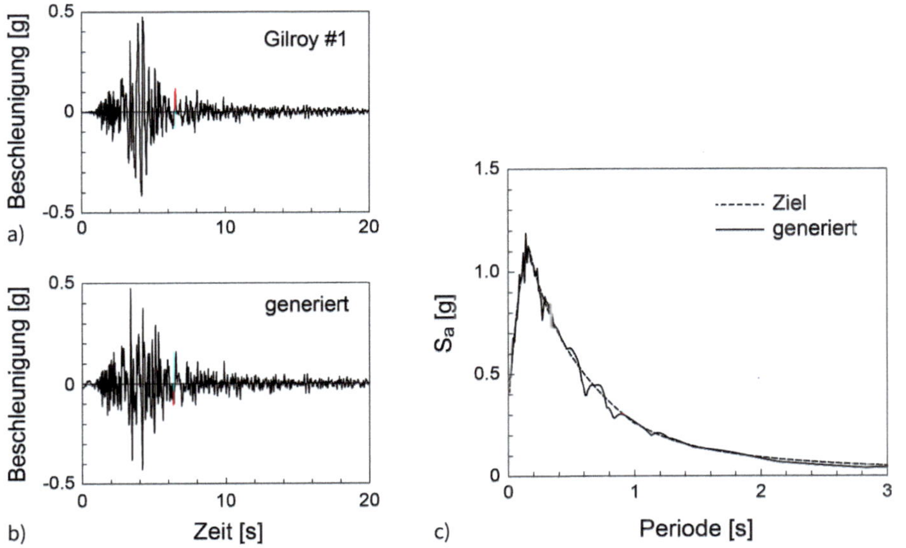


**Bild 5** a) Eingangszeitverlauf, b) generierter Zeitverlauf sowie c) Gegenüberstellung von Zielspektrum und Spektrum des generierten Zeitverlaufs

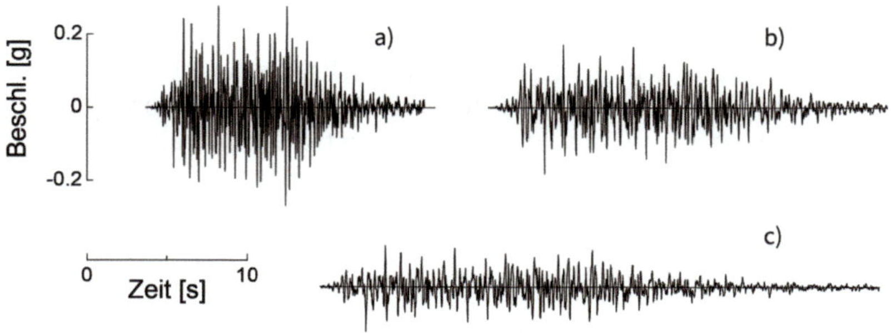


**Bild 6** Synthetische Zeitverläufe für drei Szenarien an einem Standort [50];
a) Nahbeben mit M = 6,5, d = 10 km, h = 10 km; b) Beben mittlerer Entfernung mit M = 7,0, d = 30 km, h = 15 km; c) Fernbeben mit M = 7,5, d = 70 km, h = 18 km

# 4 Erdbebengefährdung und Erdbebenkarten

## 4.1 Abschätzung der Erdbebengefährdung

Die Erdbebengefährdung gibt an, mit welcher Wahrscheinlichkeit ein Erdbeben mit einer gewissen Stärke in einem bestimmten Gebiet in einem gewissen Zeitraum auftreten kann. Wegen der Seltenheit von Erdbebenereignissen erfolgt die Festlegung der Merkmale des für die Bemessung relevanten Erdbebens anhand einer mehr oder weniger aufwendigen Gefährdungsanalyse für den Standort bzw. die Region.

Eine für die Ingenieuranwendungen wichtige Kenngröße ist die Wiederkehrperiode eines Erdbebens $T_R$. Sie errechnet sich unter Ansatz einer Poisson-Verteilung der Erdbebenereignisse aus der Überschreitungswahrscheinlichkeit P innerhalb eines Zeitraums t [1]

$$T_R = -\frac{t}{\ln(1-P)} \tag{12}$$

Gewöhnliche Hochbauten, deren Bemessung hinsichtlich Tragfähigkeit durch Normen, z. B. DIN EN 1998 [19], geregelt wird, werden für eine Wiederkehrperiode von 475 Jahren ausgelegt. Dies entspricht nach obiger Gl. (12) einer Überschreitungswahrscheinlichkeit von 10 % in 50 Jahren (Lebensdauer des Bauwerks). Für Nachweise der Gebrauchstauglichkeit werden kleinere Erdbeben mit Wiederkehrperioden von z. B. 95 Jahren angesetzt (10 % Überschreitungswahrscheinlichkeit in 10 Jahren). Kritische Infrastrukturbauten werden entsprechend für erheblich höhere Wiederkehrperioden, z. B. von 2500 Jahren (2 % in 50 Jahren), ausgelegt.

In der Gefährdungsanalyse unterscheidet man zwischen *deterministischen* und *probabilistischen* Methoden [1, 3, 8, 51]. Im Gegensatz zur deterministischen Methode, welche nur auf spezifischen Ereignissen basiert, ermöglicht die probabilistische Methode die Berücksichtigung mehrerer seismischer Ereignisse unterschiedlicher Stärke einschließlich der inhärenten Unsicherheiten in den Berechnungen. Hervorzuheben ist, dass die Unschärfen in seismisch aktiven Gebieten wesentlich kleiner sind als in Gebieten geringer Seismizität. Das Ergebnis einer projektspezifischen Gefährdungsstudie ist in Bild 7 dargestellt. Probabilistische Methoden bilden in den letzten Jahrzehnten die dominierende Berechnungsgrundlage zur Abschätzung der Erdbebengefährdung für die Aufstellung von Gefährdungskarten in Normen [52, 53].

Hergeleitet werden dabei gefährdungskonsistente Spektren der Bodenbeschleunigung in einer Standortumgebung, welche international als Uniform Hazard Spectra (UHS) bezeichnet werden. Sie werden hauptsächlich für felsigen Untergrund ermittelt. Die zugehörigen Karten enthalten die maximale Beschleunigung und Geschwindigkeit (PGA, PGV) sowie die Spektralwerte bei den Perioden 0,2 s und 1,0 s. Bei 0,2 s wird der Wert am Plateau und bei 1,0 s ein typischer Wert am abfallenden Ast des Antwortspektrums erfasst. In Bild 8 werden die im Rahmen einer Forschungsstudie für unterschiedliche Überschreitungswahrscheinlichkeiten (Wiederkehrperioden) ermittelten maximalen Beschleunigungen an vier typischen Standorten in Europa unterschiedlicher Seismizität vorgestellt [54, 55]. Bild 9 vergleicht die Variation der bezogenen Antwortspektren für T = 1 s mit der Wiederkehrperiode $T_R$ für zwei Standorte unterschiedlicher Seismizität (Köln und Rhodos). Daraus ist Folgendes festzustellen: Eine Steigerung der Sicherheitsanforderungen durch Erhöhung der Wiederkehrperiode von $T_R = 475$ auf $T_R = 2500$ Jahre führt beim Standort Köln zu einer fast 10-fachen Erhöhung der Beschleunigungswerte, während beim Starkbebengebiet Rhodos lediglich eine Verdopplung der Beanspruchung verlangt wird.

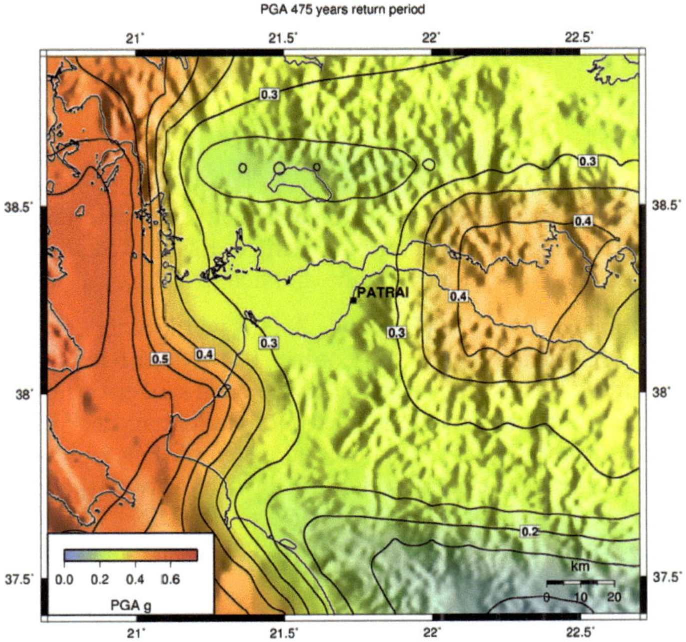


**Bild 7** Ergebnis einer probabilistischen Gefährdungsstudie für $T_R = 475$ Jahre

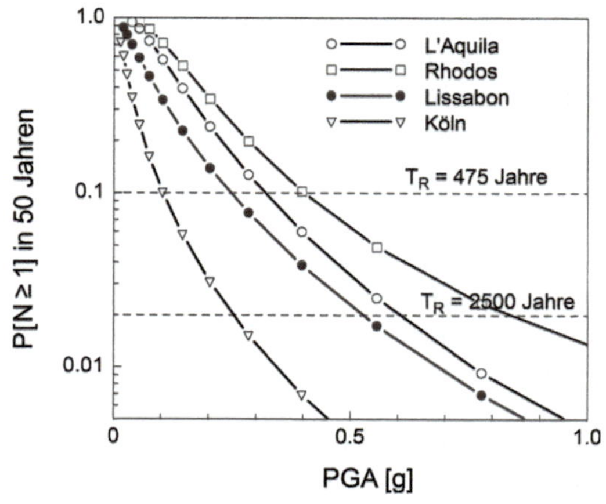


**Bild 8** Variation der PGA-Werte mit der Überschreitungswahrscheinlich innerhalb von 50 Jahren an vier Standorten [54]

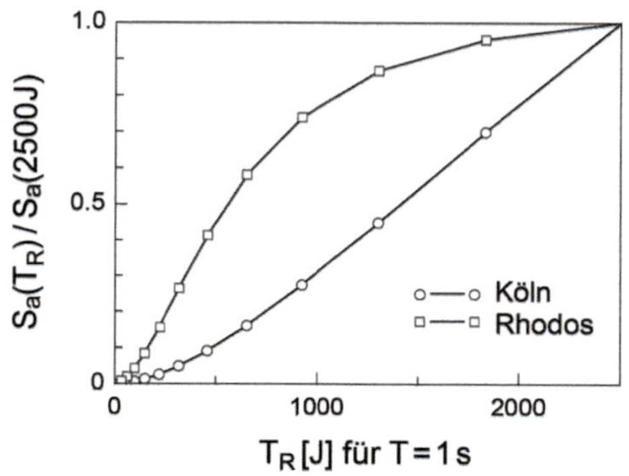


**Bild 9** Vergleich der bezogenen Antwortspektren für zwei Standorte in Abhängigkeit von der Wiederkehrperiode $T_R$

## 4.2 Erdbebenkarten

Die erste moderne Erdbebenkarte für Deutschland wurde in der DIN 4149:2005 veröffentlicht [56]. Die Definition der seismischen Zonen erfolgte anhand einer deterministischen Gefährdungsanalyse auf Grundlage der Intensität nach der EMS-98 Skala [57, 58]. Die Zonenzuordnung eines Standorts ist auch online möglich [59].

Entsprechend den Vorgaben von DIN EN 1998 (Eurocode 8) [19] wurde jeder der drei Erdbebenzonen eine „effektive Beschleunigung" $a_g$ zugeordnet: 0,4 m/s$^2$, 0,6 m/s$^2$ und 0,8 m/s$^2$ [58]. Diese Werte sind als Bemessungswerte anzusehen und sind erwartungsgemäß geringer als gemessene Spitzenbeschleunigungen. Die Herleitung der Werte der DIN 4149:2005 ist in [60] erläutert. Beschleunigungen $a_g$ gelten für Fels bzw. felsähnlichen Untergrund. Der Einfluss des Untergrunds wird in den Antwortspektren berücksichtigt, wie nachfolgend dargestellt. Die Erdbebenkarte der DIN 4149:2005 gilt für eine Wiederkehrperiode von 475 Jahren. Sie wurde auch für den Nationalen Anhang zu DIN EN 1998 [20] übernommen.

Bei der Auslegung von kritischen Bauwerken und Infrastrukturen wird eine Untersuchung des Strukturverhaltens für verschiedene Sicherheitsniveaus verlangt; es handelt sich um die Erdbebenlastfälle „Betriebserdbeben“ und „Bemessungserdbeben“. Im Sinne einer Gefährdungsanalyse entsprechen diese Lastfälle unterschiedlichen Wiederkehrperioden. Tragwerke sollen Betriebserdbeben schadlos ohne Nutzungsbeschränkung widerstehen. Das Bemessungserdbeben dient hingegen dem Nachweis der Tragsicherheit. Je nach Bauwerksart dürfen kleinere oder größere Schäden entstehen; sie sollen jedoch nicht zum Einsturz führen.

Die Berücksichtigung eines höheren Sicherheitsniveaus kann näherungsweise mittels des Bedeutungsbeiwerts $\gamma_I$, mit dem die Beschleunigung multipliziert wird, erfolgen. Er wird in DIN EN 1998-1 [19] bzw. im Nationalen Anhang [20] für spezifische Bauwerke für den Schutz der Allgemeinheit definiert: $\gamma_I = 1{,}0$ z. B. für Wohngebäude; $\gamma_I = 1{,}2$ z. B. für Schulen, große Wohnanlagen; $\gamma_I = 1{,}4$ z. B. für Krankenhäuser. Entsprechende Werte kann man auch für Talsperren oder Pipelines definieren. Eine Modifikation des Bedeutungsbeiwerts kann als Veränderung der Wiederkehrperiode interpretiert werden. Der Zusammenhang kann über die Referenz-Wiederkehrperiode TLR nach folgender Näherung hergestellt werden [19]:

$$\gamma_I = \frac{1}{\left(T_{LR} / T_L\right)^{1/k}} \tag{13}$$

wobei der Exponent k von der Seismizität abhängt und nach DIN EN 1998-1 zu 3 angenommen werden kann. Mit $T_{LR} = 475$ Jahre ergibt sich beispielsweise nach Gl. (13) für den Bedeutungsfaktor $\gamma_I = 1{,}4$ eine Wiederkehrperiode von 1300 Jahren. Entsprechend wäre auch eine Skalierung nach unten möglich, z. B. für die Bemessung von Baugrubenwänden. Diese Skalierung ist eine einfache ingenieurmäßige Näherung, da aus ingenieurseismologischer Sicht die Zonengrenzen selbst von der Wiederkehrperiode abhängen.

Die internationalen Entwicklungen in der modernen probabilistischen Gefährdungsanalyse mit der Einführung von gefährdungskonsistenten Spektren (UHS – Uniform Hazard Spectra) für beliebige Orte führten zu einer neuen Generation von Erdbebenkarten auch für Deutschland [52]. Im Gegensatz zu den herkömmlichen Gefährdungsangaben, die sich auf Erdbebenzonen beziehen, spiegeln gefährdungskonsistente Einwirkungsgrößen (Spitzenbodenbeschleunigung, Spektralbeschleunigungen) den Frequenzgehalt und die Größe der Amplituden für das anzutreffende seismische Gefährdungsniveau des zu untersuchenden Standorts wider. Entsprechende Gefährdungskarten für Deutschland zur Anwendung bei Hochbauten sind zurzeit als Entwürfe verfügbar.

Eine Vorreiterrolle nahm die DIN 19700:2004 (Stauanlagen) ein [52, 61]. Dort werden Karten der Spektralbodenbeschleunigungen für verschiedene Wiederkehrperioden gefordert. Der Felsuntergrund wird durch eine Scherwellengeschwindigkeit von 600 bis 800 m/s charakterisiert. Die Daten sind ortsspezifisch in grafischer Form online abrufbar [62]. Bild 10 zeigt die DIN 19700-Karten für die Spitzenbodenbeschleunigung PGA für Wiederkehrperioden von 500 Jahren und 2500 Jahren.

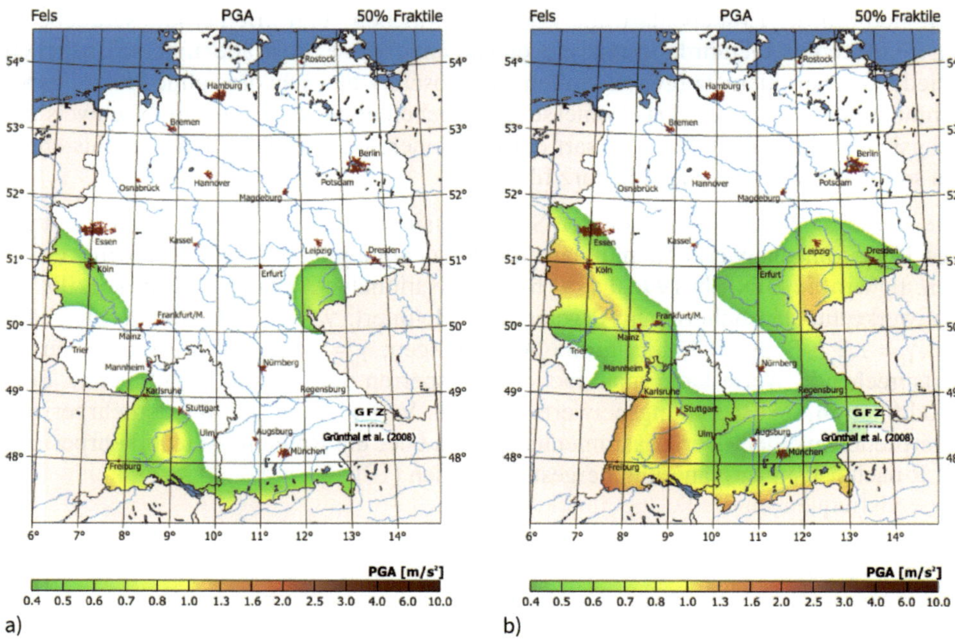


**Bild 10** Karte der Spitzenbodenbeschleunigungen PGA (Felsuntergrund) nach DIN 19700 für mittlere Wiederkehrperioden von a) 500 und b) 2500 Jahren (aus [62])

# 5 Einfluss der Standortverhältnisse

## 5.1 Einfluss des Untergrunds

### 5.1.1 Wellenamplifikation

Die vom Erdbebenherd ausgehenden Raumwellen werden entlang ihres Ausbreitungswegs an Schichtgrenzen reflektiert und refraktiert. Die seismischen Geschwindigkeiten in den oberflächennahen Schichten sind deutlich niedriger als im tieferen Untergrund. Dies gilt insbesondere für die oberen Lockersedimente. Die Wellenstrahlen werden somit in eine annähernd vertikale Ausbreitungsrichtung gelenkt. Der Einfachheit halber wird die eindimensionale Ausbreitung von horizontal polarisierten Scherwellen (SH-Wellen) betrachtet. Es zeigt sich, dass dies eine sehr gute Näherung darstellt, solange keine ausgeprägten Anomalien in der Gelände- und Untergrundtopografie vorliegen [1].

Beim Vorhandensein von starken Impedanzunterschieden zwischen der oberen Lockersedimentschicht und der Felsunterlage entstehen Resonanzphänomene mit einer deutlichen Amplifikation der Amplitude aufgrund von Reflexionen der in der weicheren Schicht eingefangenen seismischen Wellen. Dämpfung infolge des unelastischen Materialverhaltens ist bei Böden deutlich höher als bei Fels und verringert somit die Amplifikation der seismischen Bewegung aufgrund der Resonanz.

Zur Untersuchung der Amplifikationsphänomene in einer Schicht der Dicke H über Fels wird das System in Bild 11 betrachtet. Dabei sind $v_S$ und $v_{S,F}$ die Scherwellengeschwindigkeiten in der Bodenschicht und in der Felsunterlage, $\rho$ und $\rho_F$ die entsprechenden Dichten. D ist das viskose Dämpfungsverhältnis des Bodens. Dämpfung im Fels ist viel schwächer als im Boden und wird vernachlässigt. Es wird vorausgesetzt, dass die Beobachtungspunkte A und C weit auseinanderliegen. Die unten angegebenen Beziehungen sind in [1, 2, 63] ausführlich erläutert.

Zunächst wird der Fall starrer Fels und D = 0 betrachtet. Man erhält als Lösung eine stehende Welle. Als Übertragungsfunktion $F_1$ wird das Verhältnis der Amplituden $u_A$ und $u_B$ in den Punkten A und B definiert und lautet:

$$F_1(\omega) = \frac{u_A}{u_B} = \frac{1}{\cos(\omega \cdot H / v_S)} \tag{14}$$

$F_1$ wird unendlich groß, wenn der Nenner zu null wird, d. h. an den ungedämpften Eigenkreisfrequenzen der Bodenschicht

$$\omega_n = (2n+1)\frac{\pi}{2}\frac{v_S}{H}, \; n = 0,1,\ldots \tag{15}$$

Die zur niedrigsten Eigenfrequenz entsprechende Eigenperiode

$$T_0 = \frac{4H}{v_S} \tag{16}$$

dient der Kennzeichnung des Schwingungsverhaltens der Bodenschicht.

Für den Fall mit Dämpfung im Boden wird der Schubmodul durch sein komplexes Gegenstück $G^* = G(1 + 2iD)$ ersetzt [1, 4]. Dies ergibt eine komplexe Geschwindigkeit $v_S^* = v_S\sqrt{1+2iD}$, sodass auch $F_1$ komplex wird, nachfolgend als $F_2$ bezeichnet. $F_2$ bleibt finit über den gesamten Frequenzbereich; für kleine Dämpfungswerte treten die Maxima in sehr guter Näherung an den ungedämpften Eigenfrequenzen nach Gl. (15) auf und betragen:

$$\max\left|F_2(\omega)\right| \approx \left|F_2(\omega_n)\right| = \frac{2}{(2n+1)\pi D} \quad n = 0,1,\ldots \tag{17}$$

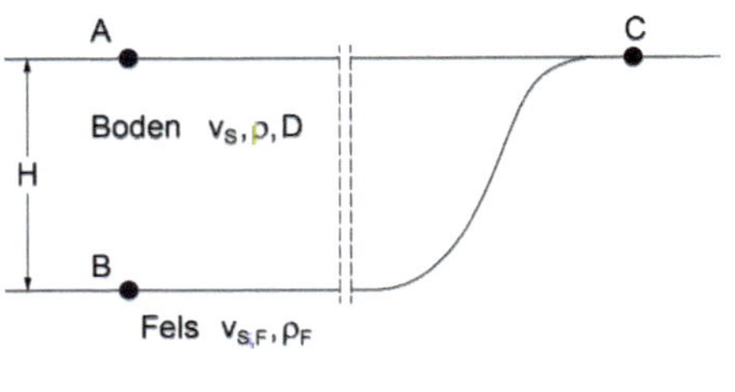


**Bild 11** System „Bodenschicht auf Fels" mit den Beobachtungspunkten A, B und C

Für den realitätsnahen Fall einer nachgiebigen Felsunterlage wird für die Übertragungsfunktion der für die Praxis interessante Verhältniswert der Bewegungen an den Punkten A und C eingeführt: $F_3 = u_A / u_C$. Man erhält:

$$F_3(\omega) = \frac{1}{\cos\left(\omega H / v_S^*\right) + i\alpha_z^* \sin\left(\omega H / v_S^*\right)} \tag{18}$$

wobei $\alpha_z^*$ das komplexe Gegenstück des Impedanzverhältnisses $\alpha_z$ ist:

$$\alpha_z^* = \frac{v_S^* \cdot \rho}{v_{S,F} \cdot \rho_F}, \quad \alpha_z = \frac{v_S \cdot \rho}{v_{S,F} \cdot \rho_F} \tag{19}$$

Für kleine Dämpfungswerte D liegen die Maxima von $F_3(\omega)$ näherungsweise an den Eigenfrequenzen $\omega_n$ nach Gl. (15):

$$\max\left|F_3(\omega)\right| \approx \left|F_3\left(\omega_n\right)\right| = \frac{1}{\alpha_z + 2D\left[(2n+1)\pi\right]/4}, \qquad n = 0,1,\ldots \tag{20}$$

Es ist ersichtlich, dass, auch bei verschwindender Dämpfung im Boden ($D = 0$), der Amplifikationsfaktor finit bleibt. Die Nachgiebigkeit der Felsunterlage induziert eine Art Abstrahlungsdämpfung, wobei der maßgebende Parameter das Impedanzverhältnis $\alpha_z$ zwischen Boden und Fels ist. Bei der ersten Eigenfrequenz vereinfacht sich Gl. (20) und das Maximum beträgt:

$$\max\left|\frac{u_A}{u_C}\right| \approx \frac{1}{\alpha_z + \pi \cdot D / 2} \tag{21}$$

Obige Beziehungen gelten für eine homogene Schicht. Der allgemeine Fall eines geschichteten Bodens kann mittels der Methode der Übertragungsmatrizen analysiert werden [64].

Die Übertragungsfunktion kann experimentell durch Division der Fourier-Spektren von aufgezeichneten horizontalen Beschleunigungen am Fels und am nahegelegenen Boden ermittelt werden; diese liegen jedoch selten vor. Somit ist man auf möglichst zuverlässige Berechnungen angewiesen. Für die Ingenieuranwendung ist eher das Verhältnis der Antwortspektren RRS (ratio of response spectra) von Interesse, hauptsächlich der Wert bei der ersten Eigenperiode. Analysen und Vergleiche an weichen Tonböden auf erheblich steiferer Unterlage (z. B. Fels) deuten darauf hin, dass i) die Maxima von RRS und von $(u_A / u_C)$ bei etwa der gleichen Frequenz auftreten, ii) Gl. (21) oft recht genau das Maximum von RRS wiedergibt, iii) Durchschnittswerte von RRS und $(u_A / u_C)$ für denselben Periodenbereich weniger als 30 % voneinander abweichen. Für Details siehe [65]. Festzuhalten ist, dass der wesentliche Einflussparameter die Scherwellengeschwindigkeit in der Bodenschicht ist.

Wie oben erwähnt, ist die Grundeigenperiode $T_0$ ein wichtiges Merkmal der Bodenschicht; einfache explizite Beziehungen für allgemein geschichtete Böden existieren jedoch nicht. Oft werden Effektivwerte über die gesamte Schichtdicke analog zu Gl. (9) gebildet [66]. Üblicherweise werden Programme eingesetzt.

Selbstverständlich ist das Bodenverhalten bei derart starken Beanspruchungen nichtlinear [65, 67]. Die Erfassung dieser Einflüsse kann entweder empirisch aus den Auswertungen von Aufzeichnungen an Böden in Abhängigkeit von der Stärke der Bodenbewegung oder durch numerische Simulation des Bodenverhaltens unter Zugrundelegung passender Stoffgesetze für die anstehenden Böden erfolgen. Eine weitere Möglichkeit ist die Rückrechnung aus Aufzeichnungen in instrumentierten Borlöchern (vertical arrays) [67].

### 5.1.2 Beobachtungen an Erdbeben

Eine aufschlussreiche Übersicht von Merkmalen bedeutender Erdbeben wird in [68] gegeben. In mehreren dieser Erdbeben hat sich der wesentliche Einfluss der lokalen Standortverhältnisse deutlich gezeigt. Ausgiebig untersuchte Ereignisse betreffen u. a. das 1985 Erdbeben in Mexiko-Stadt [69], das 1989 in Loma Prieta und das 1994 Northridge Erdbeben in Kalifornien [70, 71], das 1995 Hyogo-ken Nanbu (Kobe) Beben in Japan [72], das 1999 Kocaeli (Izmit) Beben in der Türkei [73] und das 2011 Tohoku Pazifische Erdbeben in Japan [74]. Eine Interpretation von Daten aus instrumentierten Standorten bezüglich des Einflusses der Nichtlinearität des Bodens ist in [67] zu finden.

Der berühmteste Fall darunter ist wahrscheinlich das Mexiko-Stadt (Michoacan) Erdbeben von 1985 mit einer Magnitude von 8,1. Trotz der großen Entfernung vom Epizentrum (ca. 350 km) verursachte es schwere Schäden im Stadtzentrum, hauptsächlich in den Stadtteilen, die auf einem alten Seebett gebaut wurden. Die Intensität war dort wesentlich höher als bei herdnäheren Gebieten. Die Ursache war in der Amplifikationswirkung der weichen Sedimentschichten im Seebett zu finden. Die aufgezeichneten horizontalen Spitzenbeschleunigungen betrugen 0,03 bis 0,04 g an der Felsunterlage (bedrock) und ca. 0,20 g an der Oberfläche der weichen Seeablagerungen. Die weichen Tonschichten mit ausgeprägt elastischem Verhalten über größere Dehnungsbereiche und einer Scherwellengeschwindigkeit von ca. 80 m/s weisen an der Station SCT eine Dicke von ca. 40 m auf. Die theoretische Eigenperiode der Schicht beträgt dort 2 s. Die spektrale Beschleunigung zeigte ihr Maximum von mehr als 0,7 g ebenfalls bei 2 s mit einer fast 12-fachen Überhöhung. Dies war nicht nur das Ergebnis der Wellenamplifikation, sondern auch der dominanten Periode von 2 s in der Erregung der Felsunterlage. Gebäude mit einer Eigenperiode rund um 2 s wurden besonders stark beschädigt, einige fielen zusammen. Es handelt sich um den einzigartigen Fall einer „doppelten Resonanz" (Verstärkung der Felsanregung durch die Bodenablagerungen plus Verstärkung der Bodenbewegung durch die Struktur), bei dem die Beobachtung die Theorie eindrucksvoll bestätigte. Bild 12 zeigt repräsentative Aufzeichnungen [75].

Seit diesem Ereignis wurden ausgiebige Untersuchungen an Erdbeben angestellt, die den starken Einfluss des Untergrunds bestätigten. Eine der ersten Übersichten zur Quantifizierung der Standorteffekte ist der in Bild 13 dargestellte Vergleich der Beschleunigungen am Felsuntergrund und an der Oberfläche von weichen Böden [83]. Wie auch in [67] hervorgehoben, dient dieses lediglich dem Aufzeigen von Tendenzen; die komplexen Wechselwirkungen erfordern immer eine genaue Untersuchung.

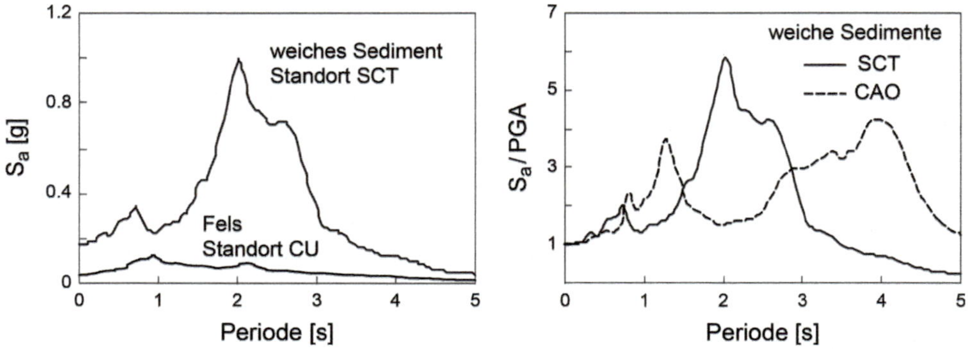


**Bild 12** Aufzeichnungen aus dem Erdbeben in Mexiko-Stadt 1985 (nach [75])

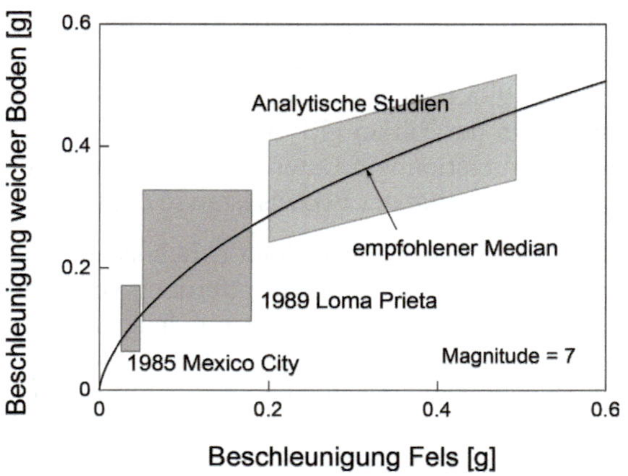


**Bild 13** Beziehung zwischen Spitzenbeschleunigungen an Fels und weichen Böden [83]

## 5.2 Untergrundabhängige Spektren

### 5.2.1 DIN EN 1998

Moderne Erdbebennormen, darunter DIN EN 1998 (Eurocode 8) [19] in Europa und der International Building Code [76] in den USA haben die bedeutende Rolle der lokalen Untergrundverhältnisse anerkannt und deren Einfluss adäquat berücksichtigt [77]. Beide Normen erfassen die Baugrundeinflüsse durch geeignete elastische Antwortspektren, basierend auf unterschiedlichen Baugrundkategorien. Der Hauptparameter, der für die Standortklassifizierung verwendet wird, ist die durchschnittliche Scherwellengeschwindigkeit in den oberen 30 m des Bodenprofils $v_{S,30}$, siehe Gl. (9). Als weitere Kennwerte zur Klassifizierung werden die Schlagzahl des Standard-Penetration-Tests $N_{SPT}$, die Plastizitätszahl $I_P$ und die undränierte Scherfestigkeit $s_u$ verwendet. Daraus werden unterschiedliche Baugrundkategorien definiert; zusätzlich werden auch spezielle Bodenarten eingeführt. Die Baugrundkategorien werden dazu verwendet, untergrundabhängige Antwortspektren zu definieren. Grundlage sind die Felsspektren. In DIN EN 1998 werden die elastischen Antwortspektren für zwei verschiedene Ebenen der seismischen Einwirkung, Typ 1 und Typ 2, angegeben: Spektren vom Typ 1 für Gebiete hoher Seismizität mit starken Erdbeben; Spektren vom Typ 2 für Gebiete, wo üblicherweise mit $M_S \leq 5{,}5$ gerechnet werden kann. Die Verstärkung der Bodenbewegung zur Berücksichtigung lokaler Untergrundeinflüsse wird durch einen frequenzunabhängigen Verstärkungsfaktor, den sogenannten Bodenfaktor S, berücksichtigt, der die normalisierten elastischen Antwortspektren in allen Perioden gleichmäßig erhöht. Die Form der EC8-Spektren folgt den in [18] aufgestellten Kriterien. Der Bemessungswert der effektiven Bodenbeschleunigung $a_g$ (Spektralwert bei T = 0) wird der maßgebenden Erdbebenzonenkarte entnommen. Die Kontrollperioden $T_A$, $T_B$, $T_C$ und $T_D$ und der Bodenparameter S werden in Abhängigkeit der Untergrundverhältnisse am Standort ermittelt und werden in den Nationalen Anhängen zu EN 1998 der einzelnen Länder festgelegt.

Die Klassifizierung anhand von $v_{S,30}$ ist Gegenstand von Kritik in der Fachwelt, da in vielen Fällen die untergrundbedingte Verstärkung der Erdbebenanregung mit der Bodensteifigkeit und den Impedanzkontrasten in Tiefen größer als 30 m korreliert; oft ist die Gesamtverstärkung eine Kombination von oberflächennahen und tiefen Effekten [65]. Im Rahmen der Weiterentwicklung von EN 1998 wurden diverse Vorschläge zu einer zutreffenderen Bodenklassifizierung unterbreitet und entsprechende untergrundabhängige Antwortspektren aus detaillierten seismischen Parameterstudien hergeleitet [78, 79].

Im Nationalen Anhang zu DIN EN 1998-1 [20] wurden die Verläufe der Antwortspektren sowie die Klassifizierung der Untergrundverhältnisse der noch geltenden DIN 4149:2005 übernommen. Dabei wird unterschieden zwischen der geologischen Untergrundklasse (unterhalb 20 m Tiefe) und der Baugrundklasse (bis ca. 20 m Tiefe), siehe Tabelle 1. Aus der Kombination von Baugrundklasse und geologischer Untergrundklasse ergeben sich sechs mögliche Fälle, für die die sechs zugehörigen Normspektren der DIN 4149:2005-04 entwickelt wurden [80]. Hierzu dienten ausführliche seismische 1-D-Modellrechnungen unter Zugrundelegung synthetischer Tiefenprofile der Scherwellengeschwindigkeit.

Das elastische Antwortspektrum $S_e(T)$ wird durch folgende Ausdrücke bestimmt, Bild 14:

$$T_A \leq T \leq T_B \quad : \quad S_e(T) = a_{gR} \cdot \gamma_I \cdot S \cdot \left[1 + \frac{T}{T_B}(\eta \cdot 2{,}5 - 1)\right] \tag{22}$$

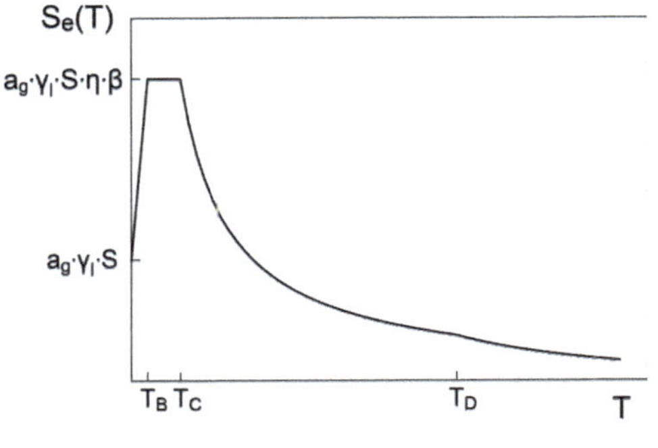


**Bild 14** Elastisches Antwortspektrum nach DIN EN 1998-1/NA

$$T_B \le T \le T_C \quad : \quad S_e(T) = a_{gR} \cdot \gamma_I \cdot S \cdot \eta \cdot 2{,}5 \tag{23}$$

$$T_C \le T \le T_D \quad : \quad S_e(T) = a_{gR} \cdot \gamma_I \cdot S \cdot \eta \cdot 2{,}5 \cdot \frac{T_C}{T} \tag{24}$$

$$T_D < T \quad : \quad S_e(T) = a_{gR} \cdot \gamma_I \cdot S \cdot \eta \cdot 2{,}5 \cdot \frac{T_C \cdot T_D}{T^2} \tag{25}$$

Dabei sind

$S_e(T)$ Ordinate des elastischen Antwortspektrums

$T$ Eigenschwingperiode eines linearen Einmassenschwingers (Bauwerk)

$a_{gR}$ Referenz-Spitzenwert der Bodenbeschleunigung nach Tabelle NA.3 in [20]: $a_{gR} = 0{,}4 / 0{,}6 / 0{,}8$ m/s$^2$ für die Zonen 1 / 2 / 3

$T_A$, $T_B$, $T_C$, $T_D$ Kontrollperioden des Antwortspektrums nach Tabelle NA.4 in [20]

$S$ Untergrundparameter nach Tabelle NA.4 in [20]

$\eta$ Dämpfungs-Korrekturbeiwert für Bauwerksdämpfung $\xi$ ungleich 5 %: $\eta = \sqrt{10/(5+\xi)} \ge 0{,}55$

$\gamma_I$ Bedeutungsbeiwert nach Tabelle NA.6 in [20]

In Tabelle 1 ist die Tabelle NA.4 aus [20] wiedergegeben.

Erdbebenzonen und geologische Untergrundklassen sind in Bild 15 dargestellt. Die Abfragefunktion im Internet-Portal des GFZ [81] bietet die Zuordnung von Orten zu den Erdbebenzonen und den geologischen Untergrundklassen an:

- Geologische Untergrundklasse (Tiefe > 20 m)
  - R Gebiete mit felsartigem Gesteinsuntergrund
  - S Übergangsbereiche zwischen den Gebieten der Untergrundklasse R und der Untergrundklasse S sowie Gebiete relativ flachgründiger Sedimentbecken
  - T Gebiete tiefer Beckenstrukturen mit mächtiger Sedimentfüllung
- Baugrundklassen (Tiefe ≤ 20 m)
  - A Unverwitterte (bergfrische) Festgesteine mit hoher Festigkeit; $v_S$ größer als 800 m/s
  - B Mäßig verwitterte Festgesteine bzw. Festgesteine mit geringerer Festigkeit oder grobkörnige (rollige) bzw. gemischtkörnige Lockergesteine mit hohen Reibungseigenschaften in dichter Lagerung bzw. in fester Konsistenz (z. B. glazial vorbelastete Lockergesteine); $v_S$ zwischen 350 m/s und 800 m/s
  - C Stark bis völlig verwitterte Festgesteine oder grobkörnige (rollige) bzw. gemischtkörnige Lockergesteine in mitteldichter Lagerung bzw. in mindestens steifer Konsistenz oder feinkörnige (bindige) Lockergesteine in mindestens steifer Konsistenz; $v_S$ von 150 m/s bis 350 m/s

**Tabelle 1** Werte der Parameter zur Beschreibung des elastischen horizontalen Antwortspektrums, Tabelle NA.4 [20]

| Untergrundverhältnisse | S | $T_B$ [s] | $T_C$ [s] | $T_D$ [s] |
|---|---|---|---|---|
| A-R | 1,00 | 0,05 | 0,20 | 2,0 |
| B-R | 1,25 | 0,05 | 0,25 | 2,0 |
| C-R | 1,50 | 0,05 | 0,30 | 2,0 |
| B-T | 1,00 | 0,10 | 0,30 | 2,0 |
| C-T | 1,25 | 0,10 | 0,40 | 2,0 |
| C-S | 0,75*) | 0,10 | 0,50 | 2,0 |

*) Inzwischen wurde dieser Wert durch S = 1,0 ersetzt.

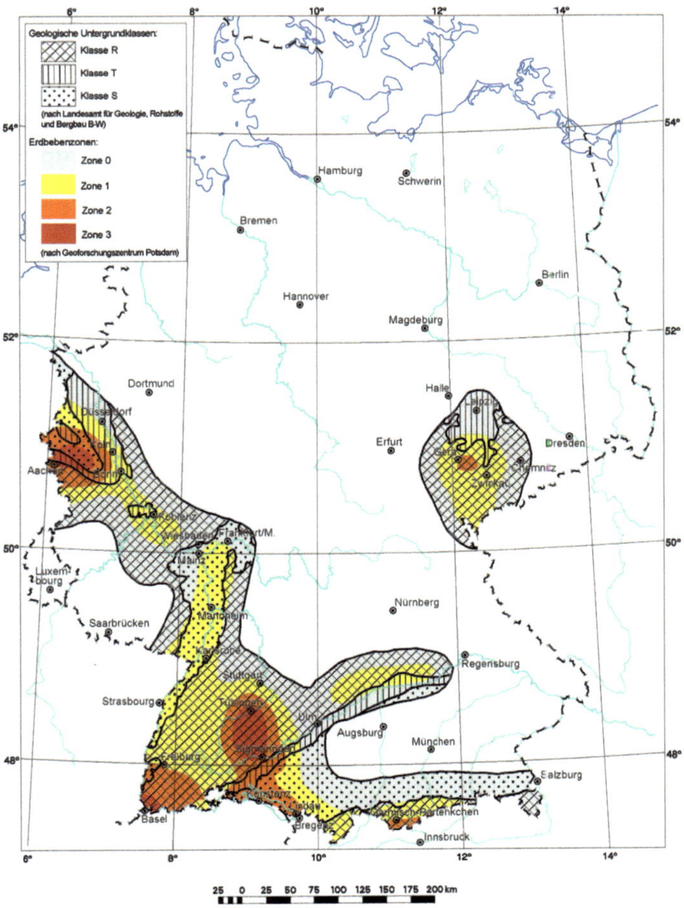


**Bild 15** Erdbebenzonen und Untergrundklassen der DIN 4149:2005 bzw. DIN EN 1998-1/NA [82]

### 5.2.2 DIN 4149:2005

DIN EN 1998 und die zugehörigen Nationalen Anhänge werden voraussichtlich ab 2018 bauaufsichtlich eingeführt und ersetzen dann die DIN 4149:2005.

## 5.3 Einfluss der Boden-Bauwerk-Interaktion

Beschleunigungsantwortspektren in den Normen weisen einen geglätteten Kurvenverlauf mit einem breiten Plateau bereits bei niedrigen Perioden und einem daran anschließenden abfallenden Kurvenast auf. Für weiche Böden reicht das Plateau bis ca. 1 s. Die Berücksichtigung der Boden-Bauwerk-Interaktion infolge der Nachgiebigkeit der Gründung führt zu einer Erhöhung der Eigenperiode des Bauwerks von T auf $\tilde{T}$ und zu einer Erhöhung der effektiven Dämpfung des Systems von $\xi$ auf $\tilde{\xi}$. Somit wären bei Berücksichtigung der Boden-Bauwerk-Interaktion die Spektralwerte niedriger [84, 85], siehe Bild 16. Auf der sicheren Seite liegend, wird in den meisten Normen empfohlen, diesen Einfluss zu vernachlässigen.

Obwohl obiger Sachverhalt für die meisten Situationen gültig sein wird, ist dies nicht immer der Fall. Bereits im Abschnitt 5.1.2 wurde der Einfluss des Bodens beim 1985 Mexiko-Stadt Erdbeben aufgezeigt [69, 75]. Ein weiterer bekannter Fall, bei dem die Nachgiebigkeit des Baugrunds ausschlaggebend war, betrifft das spektakuläre seitliche Umkippen der Hochstraße des Hanshin-Expressway während des Kobe-Erdbebens 1995 [86].

Bild 17 vergleicht ein typisches Normenspektrum für weichen Boden mit Spektren bekannter Bebenaufzeichnungen, die alle ihre Peaks bei Perioden weit über 1 s aufweisen [87]. Eine durch Boden-Bauwerk-Interaktion bedingte Erhöhung der Periode von bis zu 30 % ist bei verhältnismäßig hohen und zugleich starren Bauwerken auf weichem Boden nicht ungewöhnlich, sodass dort besondere Aufmerksamkeit bezüglich des Baugrundeinflusses geboten werden muss [87].

Die beiden Interaktionstypen (kinematische und Trägheitsinteraktion) sowie die Verfahren zur rechnerischen Erfassung (direkte und Substrukturmethode) wurden in [4] vorgestellt. Detailliertere Abhandlungen mit weiterführender Literatur sind in [87] und [88] enthalten.

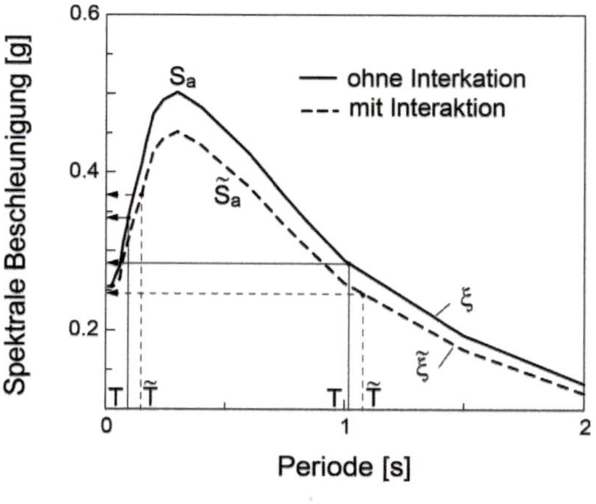


**Bild 16** Auswirkung einer Erhöhung von Periode und Dämpfung am Bespiel eines typischen Antwortspektrums (nach [85])

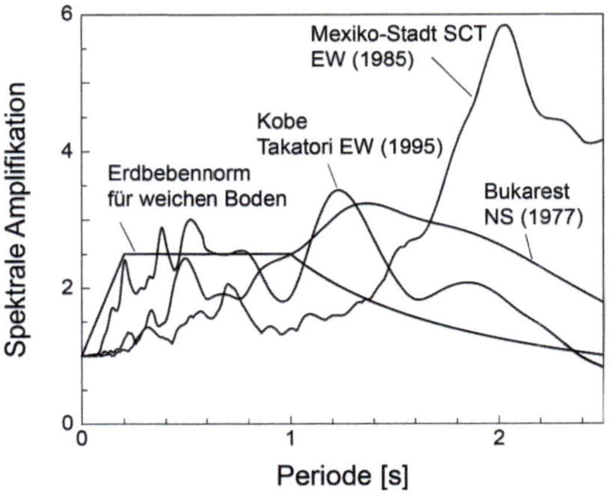


**Bild 17** Auf den PGA-Wert bezogene, spektrale Beschleunigungen einiger starker Erdbeben mit signifikanten Anteilen an hohen Perioden, verglichen mit einem typischen Normenspektrum für weiche Böden (nach [87])

# 6 Berechnung der seismischen Bodenantwort

Berechnungen der standortspezifischen seismischen Bodenantwort werden immer für kritische Infrastrukturen, wie Tunnel, Brücken und Dämme, die durch Normen nicht abgedeckt werden, angestellt. Hierzu steht eine Reihe von numerischen Verfahren zur Verfügung: 1-D-, 2-D-äquivalent-lineare Berechnungen im Frequenzbereich sowie nichtlineare Berechnungen im Zeitbereich. 3-D-Algorithmen werden wegen des großen Aufwands selten in der Praxis angewendet. Alle diese Verfahren erfordern die i) Auswahl bzw. Definition von Zeitverläufen zu den erwarteten Bodenbewegungen, ii) Identifizierung des Untergrunds hinsichtlich Schichtung, Tiefe der Felsunterlage und Grundwasserverhältnisse, iii) Spezifikation der Materialeigenschaften für jede Bodenschicht, hauptsächlich der dynamischen Steifigkeit bzw. Wellengeschwindigkeit und der Dämpfung in Abhängigkeit von der induzierten Scherdehnung. Zur Bestimmung dieser Bodenparameter steht eine Reihe von dynamischen Feld- und Laborversuchen zur Verfügung. Eine Zusammenstellung sowie weiterführende Informationen sind bereits in [4] angegeben. Eine ausführlichere Darstellung von bodenmechanischen und -dynamischen Aspekten ist bei [66] zu finden.

Gängige Programme basieren auf der 1-D-Ausbreitung von vertikal propagierenden SH-Wellen unter Ansatz von entweder i) *äquivalent-linearen* oder ii) *nichtlinearen Modellen* für die Berechnung der seismischen Bodenantwort. Beide berücksichtigen das nichtlineare Verhalten des Bodens bei zyklischer Beanspruchung.

In der *äquivalent-linearen* Formulierung wird die exakte viskoelastische Lösung im Frequenzbereich verwendet [88] und der transiente Charakter der Beanspruchung/Antwort durch Anwendung der Fourier-Transformation berücksichtigt. Das tatsächliche, nichtlineare hysteretische Spannungs-Dehnungsverhalten des Bodens unter symmetrischer zyklischer Beanspruchung wird modelliert durch a) einen äquivalenten Schubmodul G, der dem Sekantenmodul durch die Endpunkte der Hysteresekurve entspricht, und b) das äquivalent-lineare Dämpfungsverhältnis D proportional zum Energieverlust innerhalb eines einzigen Scherdeformationszyklus. Kurven für die Abnahme des

Schubmoduls G und der Zunahme der Dämpfung D von der Scherdehnungsamplitude $\gamma$ werden für die anstehenden Böden aus Laborversuchen oder aus Angaben in der Literatur [1, 4] ermittelt. G und D in jeder Schicht werden während der transienten Erdbebenbeanspruchung als konstant angenommen. Da $G = G(\gamma)$ und $D = D(\gamma)$, muss hierfür ein passender Wert $\gamma$ ermittelt werden. Hierzu wird eine iterative Prozedur angewandt: Zunächst wird eine erste Schätzung für G und D in jeder Schicht vorgenommen. Damit wird dann die Beanspruchung infolge der Anregung in jeder Schicht des Modells berechnet. Für jede Schicht wird dann eine effektive Scherdehnung als Bruchteil des Maximalwerts im berechneten Zeitverlauf definiert, z. B. pauschal 65 % oder in Abhängigkeit von der Magnitude. Für diese effektive Scherdehnung werden dann für jede Schicht aus den Kurven $G(\gamma)$ und $D(\gamma)$ neue äquivalente Wertepaare ermittelt. Der Vorgang wird solange wiederholt, bis ein Konvergenzkriterium erfüllt ist. Der Algorithmus wurde ursprünglich in SHAKE [90] bzw. SHAKE91 [91] implementiert. Weiterentwicklungen basieren auf demselben Algorithmus, sind jedoch anwenderfreundlicher, EERA [92], bzw. bieten mehr Optionen für die weiterführende Verarbeitung der Ergebnisse, SHAKE2000 [93]. Äquivalent-lineare Modelle sind immer in totalen Spannungen formuliert. Projektbezogene Anwendungen sind u. a. in [50, 94–96] beschrieben.

Bei *nichtlinearen Modellen* wird die eindimensionale Wellengleichung durch direkte numerische Integration im Zeitbereich gelöst. Dadurch ist die Berücksichtigung einer großen Anzahl von nichtlinearen Stoffgesetzen für den Boden möglich. Diese Stoffgesetze sind in [4] näher beschrieben. Verfügbare Programme, die in der Praxis angewandt werden, basieren hauptsächlich auf dem hyperbolischen Modell [97] bzw. dessen Erweiterungen mit einer allgemeineren Formulierung der Spannungs-Dehnungs-Hysterese und druckabhängiger Steifigkeit [98]. Stoffgesetze auf Grundlage der Plastizitätstheorie wurden ebenfalls implementiert [99, 100], haben jedoch bisher nur bedingten Einzug in die Praxis gefunden. Nichtlineare Modelle werden in effektiven Spannungen formuliert und erlauben somit auch die Simulation der Entstehung, Umverteilung und möglicherweise Dissipation von Porenwasserüberdruck während und nach der seismischen Beanspruchung. Details hierzu siehe [101]. Besondere Aufmerksamkeit muss dabei der Dämpfung gewidmet werden: Da bei Zeitbereichsberechnungen eine frequenzabhängige Rayleigh-Dämpfung verwendet wird, müssen die entsprechenden Parameter so gewählt werden, dass über den für die Problemstellung maßgeblichen Frequenzbereich die für den Boden geltende frequenzunabhängige hysteretische Dämpfung in guter Näherung simuliert wird. Strategien hierzu werden in [102] besprochen. Die meist verbreiteten Programme sind DESRA-2 [103], DEEPSOIL [104], D-MOD2000 [105]. Eine Gegenüberstellung und Vergleiche anhand von Benchmark-Tests sind in [106] zu finden.

In den Zeitbereichsmodellen wird die 1-D-Bodensäule entweder durch ein System von durch Feder und Dämpfer verbundenen Massen oder durch ein mittels finiter Elemente diskretisiertes Kontinuum idealisiert. Anders als bei Frequenzbereichsanalysen, bei denen die passende Kontrollanregung irgendwo innerhalb der Bodensäule angesetzt werden kann, muss bei Zeitbereichsberechnungen die Kontrollbewegung immer am unteren Rand des Systems eingeprägt werden. Hierzu muss zwischen folgenden zwei Fällen unterschieden werden: Bei Annahme einer nachgiebigen Felsunterlage soll der an der freien Felsoberfläche (rock outcrop) aufgezeichnete Zeitverlauf angesetzt werden; bei Annahme einer starren Unterlage muss der aus einer vorangegangenen Berechnung im Frequenzbereich ermittelte Zeitverlauf im Inneren der Säule angesetzt werden. Dies kann leicht durch Vergleich der beiden Methoden festgestellt werden [106].

Die Eignung von 1-D-Berechnungen zur Wiedergabe von beobachteten Aufzeichnungen an der Oberfläche von weichen Böden wurde mehrfach bestätigt. Bemessungsspektren für Böden in Normen beruhen auf derartigen Analysen. Die Hauptursache von Unsicherheiten bei der Prognose ist mit der Wahl der Erdbebenanregung verbunden. Deswegen wird verlangt, dass bei kritischen Projekten mehrere Erdbebenaufzeichnungen untersucht werden. Beliebte Quelle von Erdbebenaufzeichnungen ist die PEER-Starkbebendatenbank [107].

2-D-Berechnungen basieren hauptsächlich auf FEM-Algorithmen. Das linear-äquivalente Modell ist mit einer Zeitbereichsformulierung in den weit verbreiteten Programmen QUAD4M [108] und QUAKE/W [109] eingebaut; zunehmend wird auch die gängige geotechnische FEM-Software PLAXIS [110] eingesetzt. Passende Elemente an den Systemrändern gewährleisten die Wellenabsorption. Viele Fallstudien wurden mit der FDM Software FLAC [111] durchgeführt. Bei der Aufstellung eines Modells für eine 2-D-Berechnung muss zunächst dessen Eignung für eine 1-D-Berechnung nachgewiesen werden. Bei den obigen Programmen müssen hierzu die Systemabmessungen und die Diskretisierung angepasst werden, um ungewollte Reflexionen aus den Rändern, die die Systemantwort kontaminieren, zu vermeiden. Strategien hierzu werden in [64, 112] vorgestellt.

Die Empfindlichkeit der seismischen Antwort auf die Wahl der Kurven $G(\gamma)$ und $D(\gamma)$ veranschaulicht das nachfolgende Rechenbeispiel anhand von elastischen Antwortspektren für ein idealisiertes Bodenprofil einer 35 m dicken Tonschicht auf Fels. Die Berechnung erfolgt unter Ansatz der äquivalent-linearen Formulierung mit dem Programm SHAKE91. Die Dichte beträgt $\rho = 2\ \text{Mg/m}^3$ und der maximale Schubmodul $G_{max} = 45$ MPa. Es werden lediglich die nichtlinearen Eigenschaften der Tonschicht variiert. Zwei repräsentative Kurvenpaare für den bezogenen Schubmodul $G(\gamma)/G_{max}$ und die Dämpfung $D(\gamma)$ werden gegenübergestellt, Boden A und B, siehe Bild 18. Als Erregung an der freien Felsoberfläche wird das in Bild 6 dargestellte synthetische Nahbeben auf 0,1 g herunterskaliert. Die effektive Scherdehnung beträgt 65 % des maximalen Werts. Die berechneten Antwortspektren für 5 % Strukturdämpfung in Bild 18 zeigen den starken Einfluss der zugrunde gelegten nichtlinearen Bodeneigenschaften. Boden B, der einer höheren Plastizitätszahl entspricht, liefert je nach Periode bis zu 60 % höhere Werte als Boden A. Für Perioden kleiner als 0,2 s zeigt Boden A sogar eine deutliche Deamplifikation der Erdbebenanregung. Der größte Unterschied von ca. 66 % zeigt sich bei einer Periode T = 0,32 s mit einem Wert von 0,29 g gegenüber 0,175 g. Diese Strukturperiode entspricht nach Gl. (5) in erster Näherung einem vierstöckigen Gebäude.

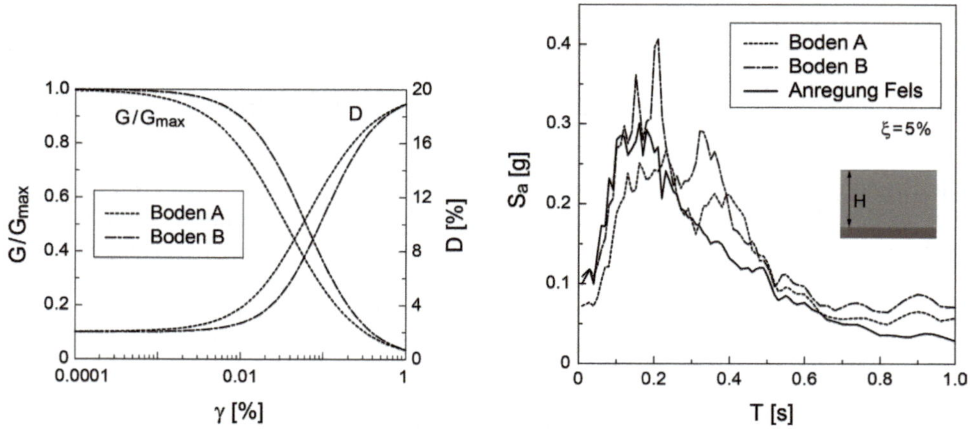


**Bild 18** System, Bodenkennwerte für die zwei Böden und berechnete Antwortspektren

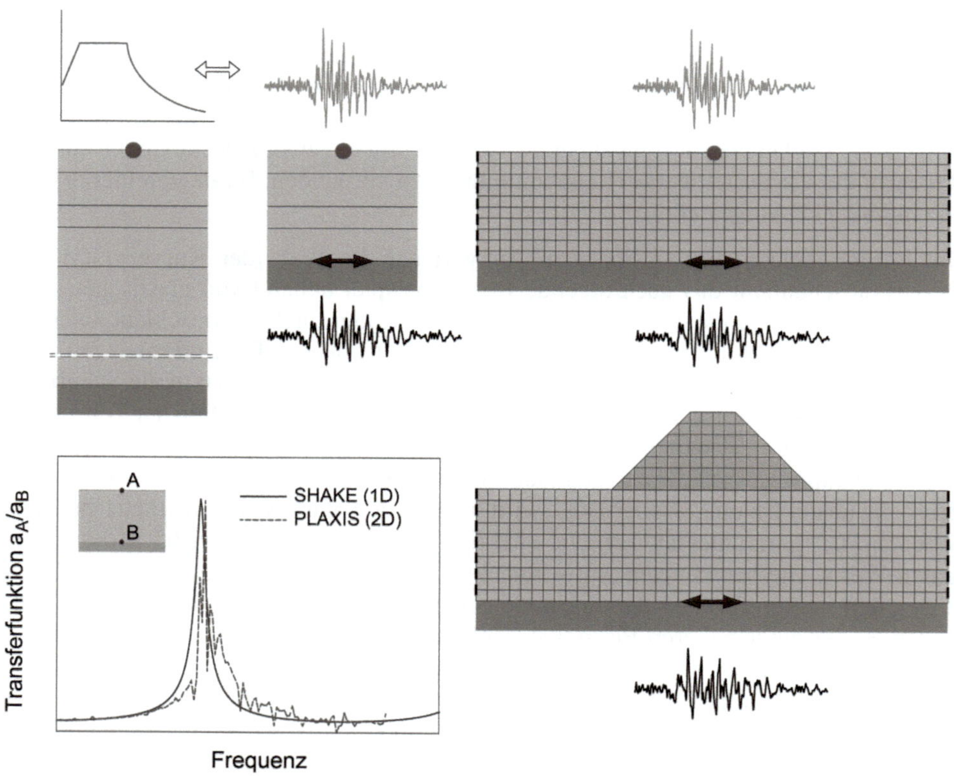


**Bild 19** Vorgehensweise bei 2-D-Berechnungen der seismischen Bodenantwort mit vorgegebenem Spektrum an der Bodenoberfläche eines sehr tiefen Sediments [113]

Eine besondere Herangehensweise erfordern sehr tiefe Sedimentbecken, bei denen die Felsunterlage erst in einigen Kilometern ansteht und deren exakte Lage unbekannt ist. Ein typisches Beispiel hierfür ist der Rheingraben. Für das dynamische Verhalten von oberflächennahen Strukturen (z. B. eines Damms) sind die oberen Schichten relevant und müssen entsprechend genau abgebildet werden. Wählt man eine 2-D-Modellierung im Zeitbereich mit einer Schicht finiter Dicke auf starrer Unterlage, wird – wie oben erläutert – die Erregung am unteren Systemrand benötigt. Diese wird mittels einer sogenannten Dekonvolution des Signals an der freien Oberfläche aus einer äquivalent-linearen 1-D-Berechnung, z. B. mit SHAKE, ermittelt. Wegen der Nichtlinearität der Bodenkennwerte und der unterschiedlichen Dämpfungsformulierungen im Frequenz- und im Zeitbereich ist hierzu eine Iteration erforderlich, bis sowohl die Tiefenprofile von Schubmodul und Dämpfung als auch die Fourier-Spektren an der Oberfläche im 1-D- und im 2-D-Modell sich nicht wesentlich voneinander unterscheiden (s. Bild 19). Anwendungsbeispiele sind in [95, 113, 114] beschrieben.

## 7 Böschungen und Erddämme

Versagen von Böschungen an Erdbauwerken bei starken Erdbeben wurde oft beobachtet [115, 116]. Ordnungsgemäß hergestellte Schüttdämme zeigen generell ein robustes Verhalten. Die beobachteten Havarien betrafen Dämme mit schlecht verdichtetem oder ungeeignetem Material und waren meist eine Folge der Bodenverflüssigung. Der prominenteste Versagensfall betrifft wohl den Bruch des Lower-Van-Norman-Damms (oft als San Fernando Dam bezeichnet) in Kalifornien bei dem San-Fernando-Erdbeben im Jahre 1971 infolge Verflüssigung in den locker gelagerten Bereichen dieses Spüldamms [117]. Der Fall wird oft als Benchmark-Test für die Eignung von Stoffmodellen bei numerischen Simulationen verwendet [118].

Empirische Verfahren dienen der qualitativen Beurteilung des Dammverhaltens. In Abhängigkeit von der Spitzenbeschleunigung des Erdbebens wird für verschiedene Dammtypen das Schädigungspotenzial in erster grober Näherung quantifiziert [119].

Pseudostatische Verfahren stellten in der Vergangenheit die erste Wahl bei der Standsicherheitsüberprüfung dar: Die Erdbebenwirkung wird dabei durch horizontale und vertikale Trägheitskräfte idealisiert, die dann als statische Ersatzkräfte in einem gängigen Böschungsbruchnachweis eingesetzt werden. Die Situation für eine ebene Gleitfuge ist in Bild 20 dargestellt. Der maßgebende Parameter ist der anzusetzende horizontale seismische Koeffizient $k_h$, mit dem das totale Gewicht W des Gleitkörpers multipliziert wird. Der vertikale Koeffizient $k_v$ wird als Bruchteil von $k_h$ angesetzt. Globale Sicherheit gegen Gleiten für Boden mit Reibungswinkel φ und Kohäsion c lautet:

$$\eta = \frac{c \cdot H / \sin\theta + \left[\left(W - F_v\right)\cos\theta - F_h \sin\theta\right]\tan\varphi}{\left(W - F_v\right)\sin\theta + F_h \cos\theta}; \; F_h = W \cdot k_h, \; F_v = \pm W \cdot k_v \quad (26)$$

Man erkennt, dass der Einfluss der vertikalen Trägheitskraft im Zähler und im Nenner ähnlich ausfällt, sodass die Gesamtwirkung gering ist. Da es zudem unwahrscheinlich ist, dass die Maxima von $F_h$ und $F_v$ gleichzeitig auftreten, wird oft $F_v$ vernachlässigt.

Die Prognose von Verformungen ist bei dieser Methode nicht möglich. Hauptnachteil des Verfahrens ist die Annahme eines konstanten Werts $k_h$ über die Höhe des Gleitkörpers. Die infolge der Wellenausbreitung mögliche, asynchrone Anregung der einzelnen Punkte im Gleitkörper, wie in Bild 20 dargestellt, bleibt unberücksichtigt. Der seismische Koeffizient $k_h$ ist somit von der Charakteristik der seismischen Böschungsantwort und der Geometrie der betrachteten Gleitfuge abhängig: Bei oberflächennahen Gleitfugen im Bereich der Dammkrone ist $k_h$ größer als bei tiefliegenden Gleitfugen. Somit implizieren quasi-statische Berechnungen mit pauschalen Ersatzkräften und Sicherheiten kleiner 1 keineswegs ein Gesamtversagen der Böschung, d. h., in der Realität wird Gleiten nur für einen kurzen Moment mit darauffolgender Stabilisierung des Gleitkörpers stattfinden.

Vorgaben für $k_h$ in den einzelnen Ländern variieren stark und eine allgemein anerkannte, überschaubare Bestimmungsmethode existiert nicht. Vorgaben für $k_h$ macht zum Beispiel DIN EN 1998-5 [120]

$$k_h = 0{,}5 \cdot \alpha \cdot S \cdot S_T \qquad (27)$$

Dabei sind $\alpha$ das Verhältnis des Bemessungswerts der Bodenbeschleunigung $a_g$ für Baugrundklasse A zur Erdbeschleunigung g; S der Bodenfaktor mit unterschiedlichen Werten für Magnituden größer bzw. kleiner als M = 5,5; $S_T$ ein Topografiefaktor, der lediglich bei Dammhöhen H > 30 m und Böschungsneigungen größer als 15° zu berücksichtigen ist. Die vertikale Komponente $k_v$ wird in Abhängigkeit vom Verhältnis der vertikalen zur horizontalen Beschleunigung $a_{vg}/a_g$ angesetzt: $k_v/k_h = \pm\ 0{,}33$ für $a_{vg}/a_g \leq 0{,}6$ und $k_v/k_h = \pm\ 0{,}50$ für $a_{vg}/a_g > 0{,}6$. Gleichzeitig wird ein Nachweis der Gebrauchstauglichkeit verlangt.

Die Definition eines seismischen Koeffizienten ohne Kopplung zu einem entsprechenden Sicherheitsfaktor macht wenig Sinn. Verschiedene Kombinationen von $k_h$ und Sicherheitsfaktor können ein bestimmtes Verhaltenskriterium in Form von bleibenden

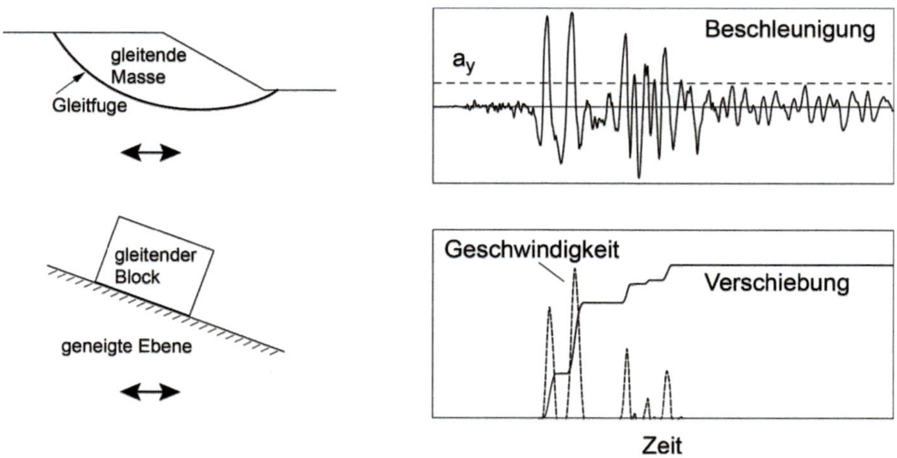


**Bild 20** Blockgleitverfahren nach *Newmark*

Verformungen beschreiben. Die Quantifizierung dieser Wechselwirkung ist Gegenstand moderner verhaltensorientierter Nachweismethoden [121–123].

Die Abschätzung der seismisch induzierten Verschiebungen erfolgt in der Praxis hauptsächlich unter Verwendung des Blockgleitverfahrens nach *Newmark* [124]. Der potenzielle Gleitkörper wird vereinfacht als abgleitender starrer Körper modelliert, der sich erst dann entlang einer vorgegebenen Gleitfläche zu bewegen beginnt, wenn die Beschleunigung einen zuvor definierten kritischen Wert $a_y$ überschritten hat. Die Bewegung dauert so lange, bis die Geschwindigkeit des Blocks zu null wird. Das zugehörige Verschiebungsinkrement ergibt sich durch Integration über die Zeit. Die über die gesamte Anregungsdauer akkumulierte Verschiebung stellt eine Abschätzung der bleibenden Verformung des Gleitkörpers dar (s. Bild 21). Trotz der extremen Einfachheit liefert die Methode zufriedenstellende Abschätzungen [125] unter der Voraussetzung, dass das Bodenverhalten nicht stark nichtlinear ist, sich keine signifikanten Porenwasserdrücke entwickeln und die Scherfestigkeit nicht von zyklischer Degradation betroffen ist. Bezüglich der tolerierbaren Verschiebung gibt es keine konkreten Vorgaben. Mit dem Verfahren werden die deviatorischen Verschiebungen erfasst, die auch den Hauptanteil der Gesamtverschiebung ausmachen.

Empirische Beziehungen zur Bestimmung der Newmark-Verschiebung werden aus Parameterstudien für eine möglichst große Anzahl von Erdbebenaufzeichnungen hergeleitet. Die neueren Studien sind somit aussagekräftiger und geben auch die entsprechenden Konfidenzintervalle an. Die Newmark-Verschiebung $d_N$ wird in Abhängigkeit von der kritischen Beschleunigung $a_y$ und von einem oder mehreren Kennwerten der seismischen Anregung angegeben: Spitzenbeschleunigung PGA, Spitzengeschwindigkeit PGV, Arias-Intensität $I_A$, Dauer der Starkbebenphase $D_{5-95}$, mittlere Periode $T_m$ [126–130]. Eine allgemeine Form dieser Beziehungen lautet:

$$d_N = f_1(\mathrm{PGV}, \mathrm{PGA}) \cdot \exp(-c_2 \cdot a_y / \mathrm{PGA}) \quad (28)$$

Für die Funktion $f_1$ wird oft folgende dimensionskonsistente Form verwendet [124]:

$$f_1 = c_1 \frac{\mathrm{PGV}^2}{\mathrm{PGA}} \quad (29)$$

$c_1$ und $c_2$ sind noch zu bestimmende Konstanten. Die Auswertung älterer Studien zur oberen Grenze aus [131] wird in [132] mit $c_1 = 90$, $c_2 = 8$ approximiert. Fast identische Werte werden in [129] ermittelt: $c_1 = 95$, $c_2 = 8$ für das 90%-Quantil und $c_1 = 49$,

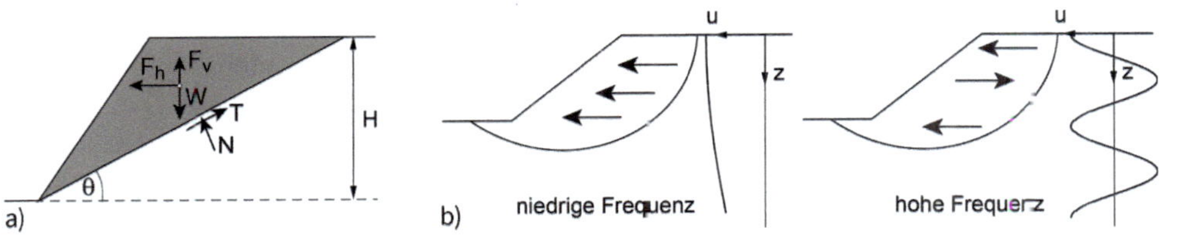


**Bild 21** a) Prinzip des pseudostatischen Verfahrens und
b) Bewegung der Böschung bei niedrigen und höheren Frequenzen

$c_2 = 8$ für den Medianwert. Die Beziehung für den Medianwert in [128] kann wie folgt approximiert werden:

$$f_1 = 0{,}25 \cdot \frac{PGV^{1,15}}{PGA^{0,64}} \quad , \quad c_2 = 8{,}5 \quad , \quad \sigma_{\ln(d)} = 0{,}41 + 0{,}52 \cdot a_y \,/\, PGA \tag{30}$$

mit $d_N$ [cm], PGA [g] und PGV [cm/s]. Die Standardabweichung $\sigma_{\ln(d)}$ wird kleiner bei niedrigen Werten von $a_y$/PGA, d. h. bei großen Verschiebungen. Für typische Werte $a_y$/PGA = 0,15, PGA = 0,2 g und PGV/PGA = 100 cm/s/g erhält man als Medianwert $d_N = 21{,}9$ cm; einen etwas höheren Wert $d_N = 27{,}9$ cm ergeben die Gln. (28) und (29) mit $c_1 = 49$, $c_2 = 8$.

Die Newmark-Verschiebung ist lediglich von dem zugrunde gelegten Erdbebenzeitverlauf abhängig, die Deformation des Blocks geht in die Berechnung nicht ein. Meistens werden derartige empirische Beziehungen zum Screening von Böschungen vor der Durchführung einer detaillierten Untersuchung eingesetzt. Für eine genauere Evaluierung muss ein für den Gleitblock repräsentativer Verlauf ermittelt werden unter Berücksichtigung der Deformation des Erdkörpers, z. B. mittels einer äquivalent linearen Modellierung des nichtlinearen Stoffverhaltens. Hierzu bieten sich für Dämme eine 2-D FEM-Berechnung bzw. die daraus hergeleiteten Näherungsverfahren an; für Böschungen werden auch passende 1-D-Näherungsverfahren angewandt.

Die Grundlage für die Aufstellung von Näherungsverfahren für Dämme ist das entkoppelte Verfahren nach *Makdisi/Seed* [133]. Die allgemeine Situation ist in Bild 22 dargestellt. Die Methode sieht folgende Schritte vor: Aus der 2-D-Berechnung werden für alle Elemente in der gefährdeten Böschung der zeitliche Verlauf der horizontalen Beschleunigung $a_{h,i}(t)$ ermittelt. Danach werden anhand einer gängigen Standsicherheitsberechnung potenzielle Bruchkörper identifiziert. Die für den jeweiligen Gleitkörper maßgebende maximale Beschleunigung $a_{h,max}$ wird anhand der Ergebnisse der FEM-Berechnung aus der resultierenden Horizontalkraft entlang der potenziellen Gleitfuge ermittelt. $a_{h,max}$ wird nach [133] in Abhängigkeit von der Tiefe der Gleitfuge als Prozentsatz der maximalen Beschleunigung an der Dammkrone $a_{h,Krone}$ angegeben. Die Prognose der Verschiebungen erfolgt schließlich mit dem Blockgleitverfahren nach *Newmark*. Eine Parameterstudie diente der Herleitung der in Bild 23 dargestellten Kurven. Eingangsparameter sind die Eigenperiode des Damms $T_0$, die Erdbebenmagnitude M und die Beschleunigung an der Dammkrone $a_{h,Krone}$ (der Index „h" wird im Bild 23 weggelassen). Das Verfahren als Konzept gilt als Stand der Technik und die zugehörigen Kurven finden breite Anwendung in der Praxis. Die Abschätzung von $T_0$ und $a_{h,Krone}$ wird jedoch dem Anwender überlassen, was eine wesentliche Schwäche des Verfahrens darstellt. Zudem sind, wegen der begrenzten Anzahl von damals verfügbaren Aufzeichnungen, die angegeben Grenzkurven keine echten oberen/unteren Schranken. Für einen dreiecksförmigen Damm der Höhe H auf Fels kann $T_0$ z. B. nach [134] abgeschätzt werden mit $T_0 = 2{,}6\ H/v_S$, wobei $v_S$ die mittlere, äquivalent-lineare Scherwellengeschwindigkeit im Damm ist. Für eine nachgiebige Dammunterlage kann $T_0$ nach [135], siehe auch [3], bestimmt werden. $a_{h,Krone}$ wird dann aus dem maßgebenden Antwortspektrum bei $T_0$ abgeschätzt.

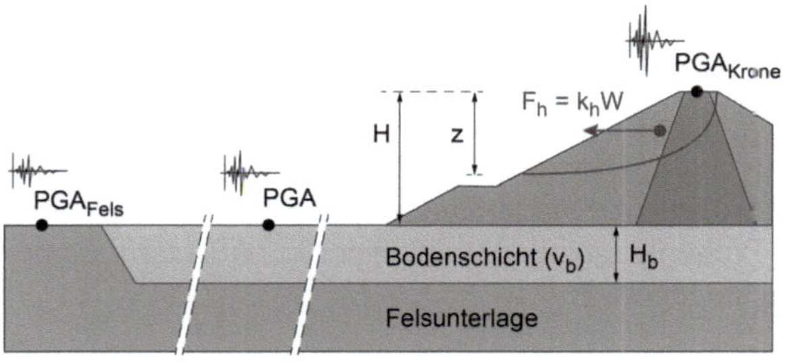


**Bild 22** Standsicherheit von Dammböschungen nach dem entkoppelten Verfahren: Geometrie, seismische Beanspruchung und Bodenkennwerte [132]

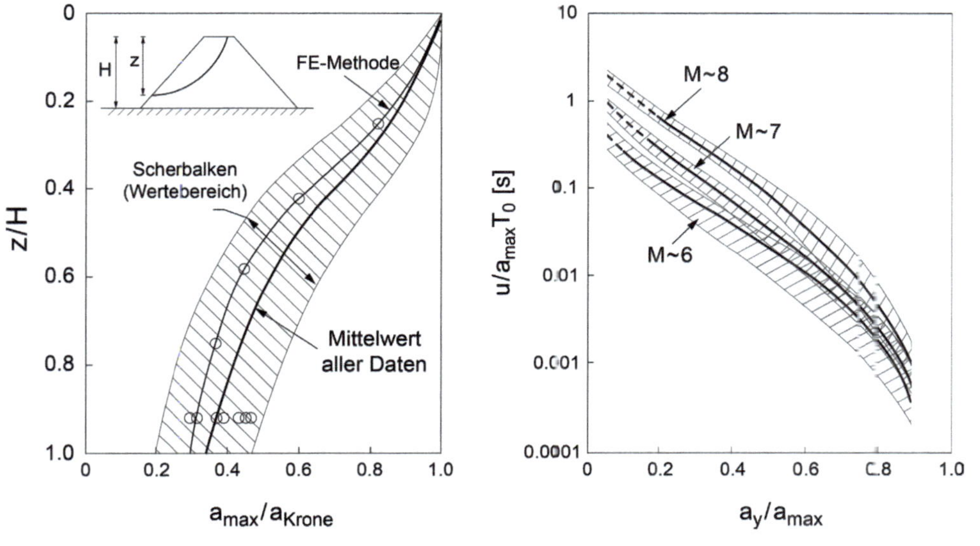


**Bild 23** Standsicherheit von Dammböschungen: Bemessungskurven nach [133]

Eine Erweiterung des Verfahrens nach *Makdisi/Seed* wird bei [132] vorgestellt und enthält explizite Näherungsformeln für alle vorgesehenen Berechnungsschritte nach Bild 22. Es basiert auf Ergebnissen einer ausführlichen Parameterstudie und berücksichtigt das nichtlineare Bodenverhalten. Zunächst wird die Spitzenbeschleunigung PGA im Boden vor dem Damm aus der Beschleunigung an der freien Felsoberfläche $PGA_{Fels}$ ermittelt. Dies erfolgt mittels eines Vergrößerungsfaktors, der als Funktion von $PGA_{Fels}$ und des Verhältnisses zwischen der nichtlinearen Grundperiode der Schicht T und der prädominanten Periode der Erdbebenanregung $T_e$ angegeben ist. T wird dabei durch Multiplikation der elastischen Grundperiode der Bodenschicht $(4 \cdot H_b / v_b)$ mit einer Funktion von $PGA_{Fels}$ ermittelt. Als $T_e$ kann die Periode angenommen werden, die zum Maximum des 5%-Antwortspektrums von $PGA_{Fels}$ führt. Im nächsten Schritt wird die nichtlineare Grundperiode des Damms $T_0$ in Abhängigkeit von der zugehörigen elastischen Grundperiode $T_{0,e}$ errechnet. Letztere wird mittels $T_{0,e} = 0{,}024 \cdot H^{0{,}75}$ abgeschätzt. Die Spitzenbeschleunigung an der Dammkrone $PGA_{Krone}$ wird aus PGA und einer Amplifikationsfunktion des Periodenverhältnisses $T_0/T_e$ und der Scherwellengeschwindigkeit $v_b$ der Dammunterlage abgeschätzt.

Mittels einer pseudostatischen Berechnung werden potenzielle Gleitkörper und die zugehörige Grenzbeschleunigung $a_y$ ermittelt. Die maximale Beschleunigung des Gleitkörpers $a_{h,max}$ wird auf $PGA_{Krone}$ bezogen und ist abhängig von dem Verhältnis der Tiefe der Gleitfuge z zur effektiven Wellenlänge im Dammkörper $\lambda_D$. Aus der Parameterstudie in [132] wird als Näherung angegeben:

$$\lambda_D = 1{,}3 \cdot H\left(1 + T_e / T_0\right) \tag{31}$$

Für den Grundfall (luftseitige Böschung, keine Bermen, $v_b \geq 500$ m/s, gedrungener Gleitköper) ist

$$\frac{a_{h,max}}{PGA_{Krone}} = 1 - 1{,}18 \cdot \frac{z}{\lambda_D} \geq 0{,}35 \tag{32}$$

Aus $a_{h,max}$ ergibt sich der seismische Koeffizient $k_{h,max} = a_{h,max}/g$. Die Standardabweichung beträgt 27 %. Für den in [132] erfassten Wertebereich für $T_e$, $T_0$ und H variiert $\lambda_D/H$ zwischen 1,5 und 2,2.

Die für den jeweiligen Gleitkörper ermittelten Werte $a_y$ und $a_{h,max}$ werden zur Abschätzung der deviatorischen Verschiebung nach einer passenden empirischen Beziehung verwendet, z. B. nach Gl. (28) mit $PGA = a_{h,max}$. Die noch benötigte Spitzengeschwindigkeit PGV kann aus der zugehörigen PGA abgeschätzt werden [132]. Wird eine konservative Bemessung verlangt, können in Gl. (28) die Werte für das 90%-Quantil angesetzt werden. Die errechnete Newmark-Verschiebung wird mit einem nach Gebrauchstauglichkeitskriterien zuvor festgelegten zulässigen Schwellenwert der Verschiebung $d_{zul}$ verglichen. Daraus kann direkt eine Beziehung zwischen dem äquivalenten seismischen Koeffizienten $k_{h,E}$ und $d_{zul}$ hergestellt werden.

Für die Untersuchung von Böschungen wird ähnlich vorgegangen. Bei der vereinfachten Methode nach [136] wird ausgehend von der Referenzbeschleunigung an der freien Felsoberfläche $a_g$ die maximale horizontale Beschleunigung im Boden $a_S$ durch Multiplikation mit einem nichtlinearen, approximierten Bodenfaktor $S_{NL}$ abgeschätzt:

$$a_S = a_g \cdot S_{NL} \quad , \quad S_{NL} \approx -1{,}52 \cdot a_g^{0{,}25} + 2{,}21 \tag{33}$$

Nach einer Abminderung von $a_S$ über einen Frequenzfaktor in Abhängigkeit vom Verhältnis $T_S/T_m$ ergibt sich die äquivalente horizontale Beschleunigung $a_{eq,max}$ [122]

$$\ln\left(a_{eq,max} / a_S\right) = -0{,}624 - 0{,}7831 \cdot \ln\left(T_S / T_m\right) \pm \varepsilon \tag{34}$$

mit einer Standardabweichung von $\sigma = 0{,}298$. Dabei ist $T_S \approx 4 \cdot H/v_S$ die Eigenperiode einer für die Böschung repräsentativen 1-D-Bodensäule der Höhe H und $T_m$ die mittlere Periode des Erdbebens [136]. Für H kann die Höhe der Böschung oder die maximale bzw. mittlere Tiefe der potenziellen Gleitfuge angesetzt werden; für genauere Angaben siehe [122]. Die Verschiebung ergibt sich in Abhängigkeit von der pseudostatischen, kritischen Beschleunigung $a_y$ aus [122]

$$\log_{10}\left(u / \left(a_{eq,max} / g\right) \cdot D_{5-95}\right) = 1{,}87 - 3{,}477 \cdot \left(a_y / a_{eq,max}\right) \pm \varepsilon \tag{35}$$

mit $\sigma = 0{,}35$. Einheiten: u in [cm] und $D_{5-95}$ in [s].

Für kritische Situationen wird eine projektspezifische FEM-Berechnung der Damm- bzw. Böschungsantwort unter Zugrundelegung eines nichtlinearen Stoffmodells vorgenommen, [114, 123, 137–139]. Ist programmbedingt die Berechnung der Spannungen entlang der potenziellen Gleitfuge aufwendig, wird $a_{h,max}$ für den Gleitkörper näherungsweise ermittelt, z. B. i) im Schwerpunkt oder ii) als Maximalwert des Verlaufs, der sich aus der Superposition einzelner Zeitverläufe an repräsentativen Punkten ergibt. Die Abschätzung der Verschiebungen erfolgt nach dem Newmark-Verfahren.

Schließlich ist es heute möglich, mittels FEM oder FDM und unter Ansatz eines komplexeren Stoffmodells eine Berechnung in effektiven Spannungen durchzuführen und dabei sowohl die Kopplung zwischen Feststoff und Fluid zu berücksichtigen als auch die bleibenden Setzungen abzuschätzen [140–143]. Die Validierung der Algorithmen anhand von Erdbebenbeobachtungen ist Gegenstand aktueller Forschung.

## 8 Verflüssigung

Die Bodenverflüssigung stellt eines der spektakulärsten und zerstörerischsten Phänomene bei starken Erdbeben dar. Sie tritt bei wassergesättigten Sanden auf. Infolge der schnellen, zyklischen Beanspruchung entsteht im Boden ein Porenwasserüberduck. Erreicht dieser den Wert der effektiven Spannung, verliert der Boden seine Scherfestigkeit und wandelt sich für eine kurze Zeit in ein Fluid. Amplitude der induzierten seismischen Scherspannungen, Anzahl der Zyklen und Lagerungsdichte des Bodens sind die maßgebenden Parameter. Die Beurteilung des Verflüssigungspotenzials in der Praxis geht auf die wegweisenden Arbeiten von *Seed* und *Idriss* [21, 144] zurück und basiert auf dem Vergleich von induzierten und widerstehenden Schubspannungen. In der einfachen Form gilt das Verfahren für ebene bzw. leicht geneigte Geländeoberfläche.

Die Beanspruchung wird durch das zyklische Spannungsverhältnis CSR (cyclic stress ratio) erfasst:

$$\mathrm{CSR} = \frac{\tau_m}{\sigma'_v} = 0{,}65 \frac{a_{max}}{g} \frac{\sigma_v}{\sigma'_v} r_d \tag{36}$$

Dabei sind $\tau_m$ die äquivalente zyklische Schubspannungsamplitude, $a_{max}$ die maximale horizontale Beschleunigung an der Bodenoberfläche, $\sigma'_v$ und $\sigma_v$ die effektive und totale vertikale Spannung in der betrachteten Tiefe, $r_d$ ein tiefenabhängiger Reduktionsfaktor. Der Faktor 0,65 wird eingeführt, um aus dem transienten Erdbebenzeitverlauf eine harmonische Beanspruchung der Amplitude $\tau_m$ mit einer äquivalenten Zyklenzahl $N_{eq}$

herzuleiten. $N_{eq}$ wird meistens in Abhängigkeit von der Magnitude angegeben. Der Reduktionsfaktor $r_d$ wurde aus Parameterstudien abgeschätzt und streut natürlicherweise sehr stark infolge der Variabilität der Baugrundverhältnisse. Die bei [146] angegebene Beziehung für $r_d$ in Abhängigkeit von der Magnitude M wird für Tiefen z bis ca. 20 m empfohlen und lautet:

$$r_d = \exp\left(\alpha(z) + \beta(z) \cdot M\right) \tag{37}$$

$$\alpha(z) = -1{,}012 - 1{,}126 \cdot \sin\left(\frac{z}{11{,}73} + 5{,}133\right), \beta(z) = 0{,}106 + 0{,}118 \cdot \sin\left(\frac{z}{11{,}28} + 5{,}142\right) \tag{38}$$

Die Verteilung von CSR mit der Tiefe kann alternativ, und insbesondere bei kritischen Situationen, durch eine 1-D seismische Berechnung mit SHAKE oder EERA standortspezifisch bestimmt werden.

Der Widerstand gegen Verflüssigung CRR (cyclic resistance ratio) wird vornehmlich aus Feldversuchen ermittelt. Einerseits, weil bei der Aufstellung des Verfahrens lediglich diese Information für die Standorte, in denen eine Verflüssigung beobachtet wurde, verfügbar war; andererseits, weil die Entnahme von ungestörten Bodenproben in kohäsionslosen Böden – wo Verflüssigung vornehmlich auftritt – extrem schwierig ist und die entsprechenden zyklischen Laborversuche aufwendig sind. Es werden somit Sondierungsergebnisse herangezogen, entweder aus Bohrlochrammsondierungen SPT oder Drucksondierungen CPT. Letztendlich ergeben beide Sondierungen Informationen für die in situ Lagerungsdichte, welche die relevante Kennzahl für den Widerstand ist. Sowohl die gemessene Schlagzahl $N_{SPT}$ der SPT-Sondierung und der aufgezeichnete Spitzendruck $q_c$ des CPT werden mit einem Korrekturfaktor $C_N$ zur Berücksichtigung des Einflusses des effektiven Überlagerungsdrucks versehen. Da die Abschätzung der Lagerungsdichte für diesen Nachweis besonders kritisch ist, wurden hierzu verfeinerte Prozeduren entwickelt, die viel genauer sind als gängige Korrelationen in geotechnischen Normen und Empfehlungen. Gängige Auswerteprozeduren basieren überwiegend auf Ergebnissen der SPT-Sondierung, welche insbesondere in den USA und in Japan weit verbreitet ist. Zunehmend werden CPT-Sondierungen eingesetzt – aus dem Spitzendruck und der lokalen Mantelreibung an der Sondenspitze ist gleichzeitig die Charakterisierung des Bodens in jeder Tiefe möglich.

Die gemessene SPT-Schlagzahl $N_{SPT}$ wird mit Faktoren versehen, um eine einheitliche Kennzahl $N_{1,60}$ zu definieren:

$$N_{1,60} = C_N \cdot N_{SPT} \cdot C_E \cdot C_B \cdot C_R \cdot C_S \tag{39}$$

Werte für die einzelnen Korrekturfaktoren sind in [145] zusammengestellt. $N_{1,60}$ bezeichnet die Schlagzahl bezogen auf einen effektiven vertikalen Überlagerungsdruck $\sigma'_v = 100$ kPa und 60 % der Schlagenergie. $C_E$, $C_B$, $C_R$ und $C_S$ sind abhängig von den versuchstechnischen Randbedingungen. Für $C_N$ wird am häufigsten folgende Beziehung verwendet:

$$C_N = \left(p_a / \sigma'_v\right)^{0,5} \tag{40}$$

wobei $p_a$ der atmosphärische Druck ist. Bei kleinen Tiefen wird $C_N$ durch 1,7 begrenzt.

Analog wird bei Drucksondierungen durch Bildung eines bezogenen Werts vorgegangen:

$$q_{c1N} = C_N \cdot q_c / p_a \tag{41}$$

In [146] wird der Exponent in Gl. (40) für $C_N$ in Abhängigkeit von $N_{1,60}$ bzw. $q_{c1N}$ hergeleitet, was eine iterative Berechnung erforderlich macht. Gl. (40) wird jedoch als ausreichend genau beurteilt.

Die Abschätzung von CRR in Abhängigkeit von $N_{1,60}$ bzw. $q_{c1N}$ wird zunächst für eine Magnitude M = 7,5 und für Sande mit einem Feinkornanteil < 5% vorgenommen. Der aktuelle Stand der Forschung ist wiedergegeben i) durch die empirischen Kurven in [146] für die SPT-basierte Methode und ii) diejenigen in [147] für die CPT-basierte Methode. Aus den Kurven wurden dort entsprechende Beziehungen für Sande hergeleitet:

$$CRR_{7,5} = \exp\left(\frac{N_{1,60}}{14,1} + \left(\frac{N_{1,60}}{126}\right)^2 - \left(\frac{N_{1,60}}{23,6}\right)^3 + \left(\frac{N_{1,60}}{25,4}\right)^4 - 2,8\right) \tag{42}$$

$$CRR_{7,5} = \exp\left(\frac{q_{c1N}}{113} + \left(\frac{q_{c1N}}{1000}\right)^2 - \left(\frac{q_{c1N}}{140}\right)^3 + \left(\frac{q_{c1N}}{137}\right)^4 - 2,8\right) \tag{43}$$

Schluffige Sande und Schluffe ergeben höhere CRR-Werte. Der zusätzliche Widerstand kann in Abhängigkeit vom Feinkornanteil FC durch eine äquivalente Schlagzahl bzw. Spitzendruck für Sand erfasst werden:

$$N_{1,60,eqS} = N_{1,60} + \Delta N_{1,60} \qquad q_{c1N,eqS} = q_{c1N} + \Delta q_{c1N} \tag{44}$$

$$\Delta N_{1,60} = \exp\left(1,63 + \frac{9,7}{FC + 0,01} - \left(\frac{15,7}{FC + 0,01}\right)^2\right) \tag{45}$$

$$\Delta q_{c1N} = \left(11,9 + \frac{q_{c1N}}{14,6}\right)\exp\left(1,63 - \frac{9,7}{FC + 2} - \left(\frac{15,7}{FC + 2}\right)^2\right) \tag{46}$$

mit $\Delta N_{1,60}$ nach [146] und $\Delta q_{c1N}$ nach [147], wobei FC in [%] das Material bezeichnet, welches das Sieb mit der Maschenweite 75 µm passiert.

Die der CPT-Methode zugrunde liegenden Daten aus [147] sind zusätzlich in Bild 24 dargestellt. Die Grenzkurve trennt Bereiche mit und ohne Verflüssigung voneinander.

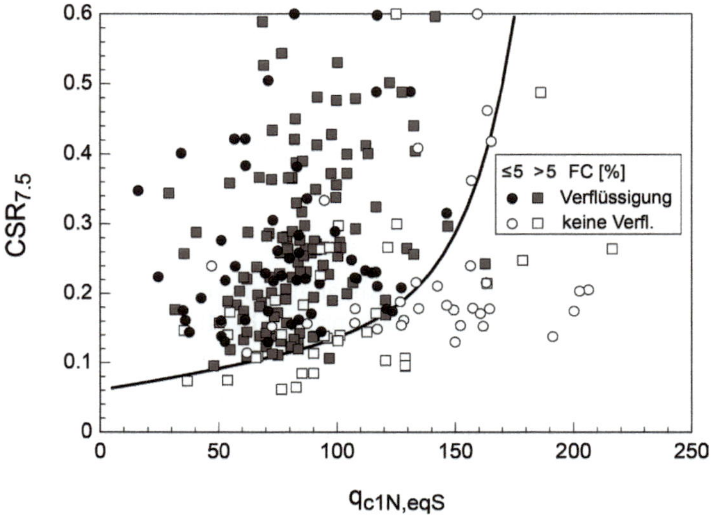


**Bild 24** Verflüssigungsgrenzkurve für die CPT-basierte Methode für M = 7,5 [147]

Für Magnituden kleiner als 7,5 wird ein Magnituden-Skalierungsfaktor MSF eingeführt, mit dem CRR multipliziert wird. Der Vorschlag aus [146] lautet:

$$MSF = 6{,}9 \cdot \exp(-M/4) - 0{,}058 \leq 1{,}8 \tag{47}$$

Eine differenzierte Erfassung mit Gegenüberstellung anderer Vorschläge ist in [148] beschrieben.

Ein weiterer Korrekturfaktor erfasst den Einfluss des Überlagerungsdrucks für Werte größer als 100 kPa. Die Empfehlung nach [145] lautet:

$$K_\sigma = \left(\frac{\sigma'_v}{p_a}\right)^{-(1-f)} \leq 1 \tag{48}$$

mit f in Abhängigkeit von der bezogenen Lagerungsdichte $I_D : f = 1 - I_D/2$ für $0{,}4 \leq I_D \leq 0{,}8$. Eine Bewertung sowie ein Vergleich mit anderen Vorschlägen wird anhand neuerer Fallstudien in [149] vorgenommen.

Für nichtebene Geländeoberkante, wie z. B. Böschungen in Erddämmen, wird der Einfluss der statischen Schubspannung durch den Faktor $K_a$ berücksichtigt. Details hierzu siehe [146]. Somit ergibt sich schließlich:

$$CRR = CRR_{7,5} \cdot MSF \cdot K_\sigma \cdot K_a \tag{49}$$

Im Rahmen des Nachweises wird in jeder Tiefe dieser Wert mit der Beanspruchung CSR unter Ansatz eines vorgegebenen globalen Sicherheitsfaktors verglichen:

$$\eta_{Liq} = \frac{CRR}{CSR} \tag{50}$$

In DIN EN 1998-5 [120] wird für die dort beschriebenen Gleichungen eine Sicherheit von 1,25 verlangt, siehe auch [150].

Die oben beschriebene Nachweismethode ist inzwischen allgemein anerkannt; geringe Abweichungen bestehen bei den einzelnen Berechnungsschritten bzw. den Korrekturfaktoren. Trotz des empirischen Charakters erwies sie sich in den letzten vierzig Jahren als sehr robust mit geringen Veränderungen der Grenzkurven über die Jahre. Gründe hierzu mit Erläuterungen zu den physikalischen Zusammenhängen sind in [151] zu finden.

# 9 Erddruck auf Stützbauwerke

In Analogie zum statischen Fall wird unterschieden zwischen *nachgiebigen* und *unnachgiebigen* Wänden. Kann die Verflüssigung des Hinterfüllmaterials ausgeschlossen werden, kann unter Zugrundelegung ebener Gleitflächen für den aktiven und den passiven Zustand die seismische Beanspruchung als Trägheitskraft nach *Mononobe-Okabe* (nachfolgend durch M-O abgekürzt) quasi-statisch angesetzt werden [1, 2]. Hierzu werden die seismischen Koeffizienten in horizontaler und vertikaler Richtung $k_h$ und $k_v$ verwendet. Der aktive Erddruck infolge der Eigenlast des Bodens und der seismischen Beanspruchung ergibt sich für das System nach Bild 25 wie folgt [1], wobei H die Wandhöhe und $\gamma$ die Wichte des Bodens sind:

$$E_{ae} = \frac{1}{2}\gamma \cdot H^2 \cdot (1-k_v) \cdot K_{ae} \tag{51}$$

$$K_{ae} = \frac{\cos^2(\varphi-\psi-\alpha)}{\cos\psi \cdot \cos^2\alpha \cdot \cos(\delta+\alpha+\psi)\left[1+\sqrt{\frac{\sin(\varphi+\delta)\cdot\sin(\varphi-\psi-\beta)}{\cos(\delta+\alpha+\psi)\cdot\cos(\beta-\alpha)}}\right]^2} \tag{52}$$

$$\psi = \arctan\left(\frac{k_h}{1-k_v}\right) \tag{53}$$

Die kritische Gleitfuge verläuft flacher als im statischen Fall [1]. Für den Erdwiderstand mit den Winkeldefinitionen aus Bild 25 erhält man entsprechend:

$$E_{pe} = \frac{1}{2}\gamma \cdot H^2 \cdot (1-k_v) \cdot K_{pe} \tag{54}$$

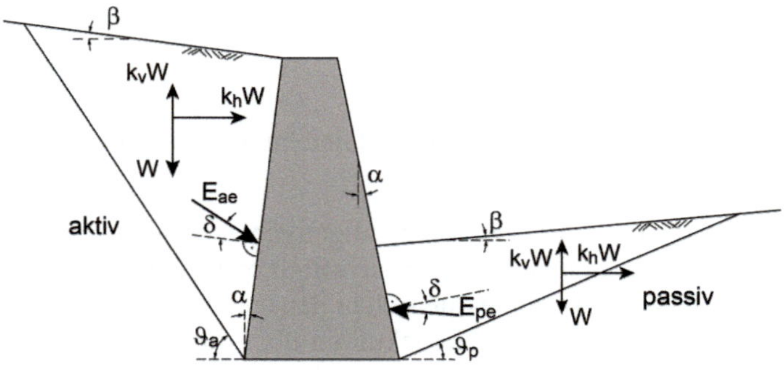


**Bild 25** Aktiver und passiver seismischer Erddruck auf eine Stützwand

$$K_{pe} = \frac{\cos^2(\varphi - \psi + \alpha)}{\cos\psi \cdot \cos^2\alpha \cdot \cos(\delta - \alpha + \psi)\left[1 - \sqrt{\frac{\sin(\varphi + \delta)\cdot \sin(\varphi - \psi + \beta)}{\cos(\delta - \alpha + \psi)\cdot \cos(\beta - \alpha)}}\right]^2} \tag{55}$$

Man beachte, dass in der DIN 4085 für den Neigungswinkel des passiven Erddrucks δ die entgegengesetze Richtung als positiv definiert wird.

In Gl. (52) für $K_{ae}$ wird bei starken Beben mit einem ausreichend hohen Wert $k_h$ der Term $\varphi - \psi - \beta$ negativ und eine reelle Lösung existiert nicht; ein Gleichgewicht ist nicht möglich. Ähnliches ergibt sich für den passiven Zustand, jedoch ohne praktische Relevanz. Es muss somit für den aktiven Fall immer gelten:

$$\psi < \varphi - \beta \tag{56}$$

Die Situation $\psi = \varphi - \beta$ im aktiven Zustand entspricht einer Grenzbeschleunigung, bei der die Neigung der kritischen Gleitfuge $\psi - \varphi$ beträgt. Bei ebenem Gelände ($\beta = 0$) ergibt sich dann eine horizontale Gleitfuge. Bei hohen Werten $k_h$ wird zudem für den aktiven Zustand oft der Winkel der Restscherfestigkeit $\varphi_{res}$ angesetzt, sodass der seismische Erddruck extrem hoch wird. Um realistische Ergebnisse bei hohen Beschleunigungen zu erzielen, wurde in [152] eine Modifikation des M-O-Verfahrens anhand von Beobachtungen an Schwingtischversuchen formuliert [2]: Zunächst wird unter Ansatz eines sehr niedrigen seismischen Koeffizienten und des Peak-Reibungswinkels $\varphi_{peak}$ die Gleitfugenneigung $\vartheta_{cr,1}$ bestimmt. Unter Beibehaltung der Geometrie wird anschließend der Erddruck unter Ansatz von $\varphi_{res}$ berechnet. Außerhalb der Gleitfuge herrscht noch $\varphi_{peak}$. Nun wird der Wert des seismischen Koeffizienten bestimmt, für den der Erddruck unter $\vartheta_{cr,1}$ und $\varphi_{res}$ identisch mit dem M-O-Wert für einen Gleitfugenwinkel $\vartheta_{cr,2}$ und $\varphi_{peak}$ ist. Ab hier wird dann mit festem $\vartheta_{cr,2}$ und $\varphi_{res}$ gerechnet.

Eine praxisnahe Näherung der M-O-Gleichung für den aktiven Erddruck und ebenes Gelände ($\beta = 0$) wurde in [153] anhand einer Parameterstudie vorgeschlagen:

$$K_{ae} = K_a + 0{,}75 \cdot k_h \tag{57}$$

wobei $K_a$ der statische Erddruckbeiwert ist. Diese Beziehung wird oft in Normen angegeben.

Eine Alternative zum M-O-Konzept stellt die explizite Lösung nach [154] dar. Sie wurde auf Grundlage der Plastizitätstheorie in Anlehnung an das statische Kollapstheorem (untere Schranke) hergeleitet. Eine einzige Gleichung kann durch Anpassung der Winkelvorzeichen den aktiven und den passiven Zustand beschreiben.

Die anzusetzenden Werte der seismischen Koeffizienten $k_h$ und $k_v$ in obigen Verfahren werden meistens in entsprechenden Normen/Empfehlungen in Verbindung mit dem verwendeten Berechnungsverfahren festgelegt; eine allgemein anerkannte Regelung existiert nicht. Der wesentliche Einflussfaktor ist die Verschiebung der Wand. Ebenfalls uneinheitlich sind die Angaben bezüglich des Angriffspunkts der seismischen Belastungskomponente

$$\Delta E_{ae} = E_{ae} - E_a \tag{58}$$

wobei $E_a$ der statische Wert ist. Ein Ansatz von $\Delta E_{ae}$ bei 0,6·H nach [153] verglichen mit dem üblichen Ansatz bei H/3 erhöht die Momentenbeanspruchung bis auf ca. das Zweifache.

Für *unnachgiebige* Wände wird meistens die elastische Wellenlösung nach [155] verwendet, die erheblich höhere Beanspruchungen verglichen mit den zuvor vorgestellten Lösungen liefert. Bei höheren Frequenzen zeigen sich deutliche Amplifikationsphänomene; bei niedrigen Frequenzen kann die pseudo-statische Lösung mit konstantem $k_h$ angesetzt werden. In guter Näherung ergibt sich dann

$$\Delta E_e = \gamma \cdot H^2 \cdot k_h \tag{59}$$

mit einem Angriffspunkt bei ca. 0,55 · H. Flexibilität der Wand und Schichtung können analog hierzu mit gängigen FEM-Programmen untersucht werden [156]

Die Eignung obiger Beziehungen wurde neulich anhand von Zentrifugenversuchen an verschiedenen Systemkonfigurationen [157] überprüft. Es zeigte sich, dass der Ansatz nach Gl. (57) mit $k_h = a_{max}/g$ nach [158] eine vernünftige obere Grenze für unnachgiebige bzw. nur am Fußpunkt festgehaltene Wände darstellt. Für Beschleunigungen bis 0,4 · g liefern auch die M-O-Gleichungen und die Lösung nach [154] vertretbare Ergebnisse. Bei frei stehenden Wänden ergeben sich viel niedrigere seismische Koeffizienten in der Größenordnung von $0{,}35 \cdot a_{max}/g$. Die seismische Erddruckkomponente nimmt mit der Tiefe zu und ein Ansatz des Angriffspunkts bei H/3 erscheint angebracht.

Sowohl in DIN EN 1998-5 [120] als auch in den NEHRP-Empfehlungen [158] wird die Reduktion des Erddrucks infolge einer möglichen, bleibenden Wandverformung (Translation und/oder Drehung) vorgesehen. Der seismische Koeffizient $k_h$ wird durch einen Faktor r in Abhängigkeit von der Verschiebung dr dividiert: r = 2 für dr = 300 · α · S; r = 1,5 für dr = 200 · α · S, mit dr in [mm]; α · S ist die maximale Beschleunigung am Standort [119]. Oft wird in der Praxis pauschal mit 2 abgemindert [158].

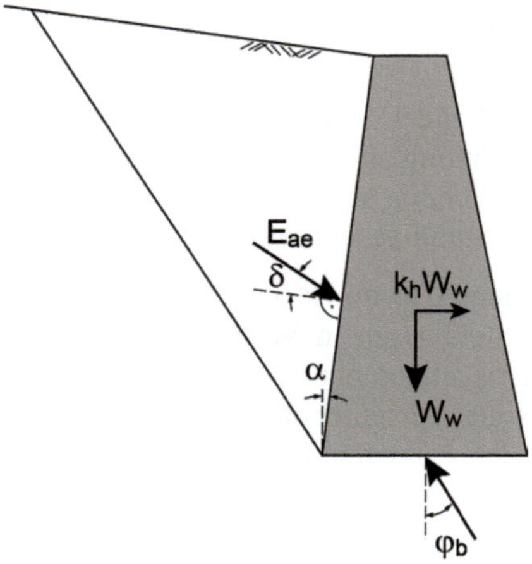


**Bild 26** Kräfte auf eine Wand bei seismischer Beanspruchung

Eine differenzierte Betrachtung im Rahmen einer verhaltensorientierten Bemessung ist in Analogie zum Newmark-Verfahren unter Vernachlässigung von $k_v$ möglich [159]. Unter Berücksichtigung der Wandträgheitskräfte wird die Grenzbeschleunigung $a_y$, bei der Gleiten eintritt, aus dem Gleichgewicht am System in Bild 26 ermittelt:

$$\frac{a_y}{g} = \tan\varphi_b + \frac{E_{ae} \cdot [\sin(\delta+\alpha) \cdot \tan\varphi_b - \cos(\delta+\alpha)]}{W_w} \tag{60}$$

wobei $W_w$ das Gewicht der Wand ist. $E_{ae}$ wird nach M-O aus Gl. (51) berechnet; iterativ, da $E_{ae}$ selbst von $a_y$ abhängt. Die bleibende Verformung $d_{bl}$ kann z. B. durch die in [159] angegebene Beziehung abgeschätzt werden:

$$d_{bl} = 0{,}087 \cdot \frac{PGV^2}{PGA}\left(\frac{PGA}{a_y}\right)^4 \tag{61}$$

## 10 Literatur


[1] Kramer, S. L.: Geotechnical Earthquake Engineering. Upper Saddle River, N. J.: Prentice Hall, 1996.

[2] Towhata, I.: Geotechnical Earthquake Engineering. Berlin, Heidelberg: Springer, 2008.

[3] Studer, J. A.; Laue, J.; Koller, M. G.: Bodendynamik. Grundlagen, Kennziffern, Probleme und Lösungsansätze. Berlin: Springer, 2007.

[4] Vrettos, C.: Bodendynamik. Grundbau-Taschenbuch, Teil 1, 8. Aufl. K. J. Witt (Hrsg.), S. 573–631. Berlin: Ernst & Sohn, 2017.

[5] Bolt, B.: Earthquakes. New York: W. H. Freeman, 1999.

[6] Stein, S.; Wysession, M.: An Introduction to Seismology, Earthquakes, and Earth Structure. Oxford: Blackwell Science, 2003.

[7] Miller, H.: Abriß der Plattentektonik. Stuttgart: Enke, 1996.

[8] Meskouris, K.; Hinzen, K.-G.; Butenweg, C.; Mistler, M.: Bauwerke und Erdbeben. Grundlagen – Anwendung – Beispiele. Wiesbaden: Vieweg+Teubner, 2011.

[9] Hanks, T. C.; Kanamori, H.: A moment magnitude scale. J. Geophys. Res. 84 (1979), pp. 2348–2350.

[10] Gutenberg, B.; Richter, C. F.: Magnitude and energy of earthquakes, Ann. Geofis. 9 (1956), pp. 1–15.

[11] Grünthal, G., Musson, R. M. W., Schwarz, J., Stucchi, M. (eds.): European Macroseismic Scale 1998 (EMS-98). Cahiers du Centre Européen de Géodynamique et de Séismologie 15, Luxembourg, 1998.

[12] Lee, W. H. K.; Kanamori, H.; Jennings, P. C.; Kisslinger, C.: International Handbook of Earthquake and Engineering Seismology. San Diego: Academic Press, 2003.

[13] Gutdeutsch, R.; Kaiser, D.; Jentzsch, G.: Estimation of earthquake magnitudes from epicentral intensities and other focal parameters in Central and Southern Europe. Geophys. J. Int. 151 (2002), pp. 824–834.

[14] Grünthal, G.; Stromeyer, D.; Wahlström, R.: Harmonization check of $M_W$ within the central, northern, and northwestern European earthquake catalogue (CENEC). J. Seismol. 13 (2009), 613–632.

[15] Schmitt, T.; Leydecker, G.: Ermittlung von Momentmagnituden für den deutschen Erdbebenkatalog. D-A-CH Mitteilungsblatt. Bauingenieur 89 (2014), Heft 4, S. S9–S13 sowie 90 (2015), Heft 10, S. S11.

[16] Gutenberg, B.; Richter, Ch. F.: Frequency of earthquakes in California. Bull. Seismol. Soc. Am. 34 (1944), pp. 185–188.

[17] Stromeyer, D.; Grünthal, G.: Capturing the uncertainty of seismic activity rates in probabilistic seismic hazard assessments. Bull. Seismol. Soc. Am. 105(2A) (2015), pp. 580–589.

[18] Newmark, N.; Hall, W.: Earthquake Spectra and Design. EERI Monograph Series MNO-3. Earthquake Engineering Research Institute, Oakland, 1982.

[19] DIN EN 1998-1: Eurocode 8: Auslegung von Bauwerken gegen Erdbeben – Teil 1: Grundlagen, Erdbebeneinwirkungen und Regeln für Hochbauten, Deutsche Fassung EN 1998-1:2004+AC:2009. Deutsches Institut für Normung, Berlin, Dezember 2010.

[20] DIN EN 1998-1/NA: Nationaler Anhang – National festgelegte Parameter, Eurocode 8: Auslegung von Bauwerken gegen Erdbeben – Teil 1: Grundlagen, Erdbebeneinwirkungen und Regeln für Hochbauten. Deutsches Institut für Normung, Berlin, Januar 2011.

[21] Seed, H. B.; Idriss, I. M.: Ground Motions and Soil Liquefaction during Earthquakes. EERI Monograph Series MNO-5. Earthquake Engineering Research Institute, Oakland, 1983.

[22] Elnashai, A. S.; Di Sarno, L.: Fundamentals of Earthquake Engineering: From Source to Fragility, 2nd Edition. Chichester: John Wiley & Sons, 2015.

[23] Boore, D. M.; Joyner, W. B.; Fumal, T. E.: Equations for estimating horizontal response spectra and peak acceleration from western North American earthquakes: a summary of recent work. Seismol. Res. Lett. 68 (1997), pp. 128–153.

[24] Abrahamson, N. A; Silva, W. J.: Empirical ground motion models. Report to Brookhaven National Laboratory, 1996.

[25] Campbell, K. W.: Engineering models of strong ground motion. Earthquake Engineering Handbook, Chapter 5, Chen, W.-F.; Scawthorn, C. (Eds.), Boca Raton: CRC Press, 2003.

[26] Ambraseys, N. N.; Douglas, J.; Sarma, S. K.; Smit, P. M. Equations for the estimation of strong ground motions from shallow crustal earthquakes using data from Europe and the Middle East: horizontal peak ground acceleration and spectral acceleration. Bull. Earthq. Eng. 3(1) (2005), pp. 1–53.

[27] Ambraseys, N. N.; Douglas, J.; Sarma, S. K.; Smit, P. M.: Equations for the estimation of strong ground motions from shallow crustal earthquakes using data from Europe and the Middle East: vertical peak ground acceleration and spectral acceleration. Bull. Earthq. Eng. 3(1) (2005), pp. 55–73.

[28] Bommer, J. J.; Stafford, P. J.; Akkar, S.: Current empirical ground-motion prediction equations for Europe and their application to Eurocode 8. Bull. Earthq. Eng. 8 (2010), pp. 5–26.

[29] Akkar, S.; Sandıkkaya, M. A.; Bommer, J. J.: Empirical ground-motion models for point- and extended-source crustal earthquake scenarios in Europe and the Middle East. Bull. Earthq. Eng. 12(1) (2014), pp 359–387.

[30] Bindi, D.; Cotton, F.; Kotha, S. et al.: Application-driven ground motion prediction equation for seismic hazard assessments in non-cratonic moderate-seismicity areas. J. Seismol. (2017) doi:10.1007/s10950-017-9661-5.

[31] Skarlatoudis, A. A.; Papazachos, C. B.; Margaris, B. N. et al.: Empirical peak ground-motion predictive relations for shallow earthquakes in Greece. Bull. Seismol. Soc. Am. 93(6) (2003); pp. 2591–2603.

[32] Akkar, S.; Cagnan, Z. (2010). A local ground-motion predictive model for Turkey, and its comparison with other regional and global ground-motion models. Bull. Seismol. Soc. Am. 100 (2010), pp. 2978–2995.

[33] Scasserra, G.; Stewart, J. P.; Bazzurro, P. et al.: A comparison of NGA ground-motion prediction equations to Italian data. Bull. Seismol. Soc. Am. 99(5) (2009), pp. 2961–2978.

[34] Sokolov, V. Y.; Wenzel, F.; Mohindra, R.: Probabilistic seismic hazard assessment for Romania and sensitivity analysis: a case of joint consideration of intermediate-depth (Vrancea) and shallow (crustal) seismicity. Soil Dyn. Earthq. Eng. 29 (2009), pp. 364–381.

[35] Abrahamson, N. A.; Silva, W. J. Summary of the Abrahamson & Silva NGA ground-motion relations. Earthq. Spectra 24 (2008), pp. 67–97.

[36] Campbell, K. W.; Bozorgnia, Y.: NGA-West2 ground motion model for the average horizontal components of PGA, PGV, and 5% damped linear acceleration response spectra. Earthq. Spectra 30(3) (2014), pp. 1087–1115.

[37] Boore, D. M.; Stewart, J. P.; Seyhan, E.; Atkinson, G. M.: NGA-West2 equations for predicting PGA, PGV, and 5% damped PSA for shallow crustal earthquakes. Earthq. Spectra, 30(3) (2014), pp. 1057–1085.

[38] Douglas, J.; Edwards, B.: Recent and future developments in earthquake ground motion estimation. Earth-Sci. Rev. 160 (2016), pp. 203–219.

[39] http://www.gmpe.ac.uk.

[40] Bommer, J. J.; Martinez-Pereira, A.: The effective duration of earthquake strong motion. J. Earthq. Eng. 3(2) (1999), pp. 127–172.

[41] Kempton, J.; Stewart, J. P.: Prediction equations for significant duration of earthquake ground motions considering site and near-source effects. Earthq. Spectra 22(4) (2006), pp. 985–1013.

[42] Lee, J.; Green, R. A.: An empirical significant duration relationship for stable continental regions. Bull. Earthq. Eng. 12 (2014), pp. 217–235.

[43] Seed, H. B.; Idriss, I. M.; Makdisi, F.; Banerjee, N.: Representation of irregular stress time histories by equivalent uniform stress series in liquefaction analyses. Report EERC 75-29, Earthquake Engineering Research Center, Univ. of California, Berkeley, 1975.

[44] Liu, A. H; Stewart, J. P.; Abrahamson, N. A.; Moriwaki, Y.: Equivalent number of uniform stress cycles for soil liquefaction analysis. J. Geotech. Geoenviron. Eng., ASCE, 127(12) (2001), pp. 1017–1026.

[45] Lasley, S. J.; Green, R. A.; Rodriguez-Marek, A.: Number of equivalent stress cycles for liquefaction evaluations in active tectonic and stable continental regimes. J. Geotech. Geoenviron. Eng.143(4) (2017). doi: 10.1061/(ASCE)GT.1943-5606.0001629.

[46] Stafford, P. J.; Bommer, J. J.: Empirical equations for the prediction of the equivalent number of cycles of earthquake ground motion. Soil Dyn. Earthq. Eng. 29 (2009), pp. 1425–1436.

[47] Meneses, J. F.: Dealing in practice with selecting and modifying earthquake ground motions for nonlinear analysis. 5th Int. Conf. Recent Advances in Geotechnical Earthquake Engineering and Soil Dynamics, San Diego, Paper No. SPL 8, 2010.

[48] Al Atik, L.; Abrahamson, N.: An improved method for nonstationary spectral matching. Earthq. Spectra, 26(3) (2010), pp. 601–617.

[49] Zentner, I.; Allain, F.; Humbert, N.; Caudron, M.: Generation of spectrum compatible ground motion and its use in regulatory and performance-based seismic analysis. Proceedings of the 9th International Conference on Structural Dynamics, EURODYN 2014 Porto, A. Cunha, E. Caetano, P. Ribeiro, G. Müller (eds.), pp. 381–386, 2014.

[50] Vrettos, C.; Savidis, S.: Stone column ground improvement against liquefaction for the Preveza–Aktio immersed tunnel. In: Proc. Fifth Int. Conf. Case Histories Geotech. Eng., New York, N.Y., Paper No. 12A-14, 2004.

[51] Reiter, L.: Earthquake Hazard Analysis: Issues and Insights. New York: Columbia University Press, 1990.

[52] Grünthal, G.; Bosse, Ch.; Stromeyer, D.: Die neue Generation der probabilistischen seismischen Gefährdungseinschätzung der Bundesrepublik Deutschland. Version 2007 mit Anwendung für die Erdbeben-Lastfälle der DIN 19700:2004-07 „Stauanlagen". Scientific Technical Report STR09/07, Deutsches GeoForschungsZentrum GFZ, 2007.

[53] McGuire, R. K.: Seismic Hazard and Risk Analysis. EERI Monograph MNO-10. Earthquake Engineering Research Institute, Oakland, 2004.

[54] Woessner, J.; Danciu, L.; Giardini, D. et al. and the SHARE consortium: The 2013 European Seismic Hazard Model: key components and results. Bull. Earthq. Eng. 13 (2015), pp. 3553–3596.

[55] http://www.efehr.org:8080/jetspeed/portal/browsers.psml. Publisher: ETH Zürich [Zugang 15. Mai 2017].

[56] DIN 4149:2005-04: Bauten in deutschen Erdbebengebieten. Lastannahmen, Bemessung und Ausführung üblicher Hochbauten. Deutsches Institut für Normung (DIN), Berlin, April 2005.

[57] Grünthal, G.; Mayer-Rosa, D.; Lenhardt, W.: Abschätzung der Erdbebengefährdung für die D-A-CH-Staaten – Deutschland, Österreich, Schweiz. Bautechnik 75 (1998), Heft 10, S. 753–767.

[58] Schwarz, J.; Grünthal, G.: Bauten in deutschen Erdbebengebieten – zur Einführung der DIN 4149:2005. Bautechnik 82 (2005), S. 486–499.

[59] http://www.gfz-potsdam.de/DIN4149_Erdbebenzonenabfrage. Herausgeber: Deutsches GeoForschungsZentrum Potsdam [Zugang 15. Mai 2017].

[60] Schwarz, J.: Festlegung effektiver Beschleunigungen für probabilistische Gefährdungszonenkarten im Zusammenhang mit der nationalen Anwendung des EC 8. In: Paläoseismologie, Eurocode 8 und Schwingungsisolierung, DGEB-Publikation Nr. 9, Savidis, S. A. (Ed.), S. 45–58, 1998.

[61] DIN 19700-11:2004-07: Stauanlagen – Teil 11: Talsperren. Deutsches Institut für Normung (DIN), Berlin, Juli 2004.

[62] http://www.gfz-potsdam.de/DIN19700. Herausgeber: Deutsches GeoForschungsZentrum Potsdam (http://dx.doi.org/10.5880/GFZ.2.6.2012.001) [Zugang 30. Juni 2017].

[63] Roesset, J. M.: Soil amplification of earthquakes. In: Numerical Methods in Geotechnical Engineering, Desai, C. S., Christian, J. T. (Eds.), New York: McGraw-Hill, 1977, pp. 639–682.

[64] Vrettos, C.: Dynamic response of soil deposits to vertical SH waves for different rigidity depth-gradients. Soil Dyn. Earthq. Eng. 47 (2013), pp. 41–50.

[65] Dobry, R.; Iai, S.: Recent developments in understanding of earthquake site response and associated seismic code implementation. In: GeoEng2000 International Conference on Geotechnical and Geological Engineering, Melbourne, 1, pp. 186–219, 2000.

[66] Yoshida, N.: Seismic Ground Response Analysis. Dordrecht: Springer, 2015.

[67] Yoshida, N.; Iai, S.: Nonlinear site response and its evaluation and prediction. In: Proc. 2nd Int. Symp. Effect of Surface Geology on Seismic Motion, Yokosuka, Japan, pp. 71–90, 1998.

[68] Scawthorn, C.: Earthquakes: A historical perspective. Earthquake Engineering Handbook, Chapter 1, Chen, W.-F.; Scawthorn, C. (Eds.), Boca Raton: CRC Press, 2003.

[69] Seed, H. B.; Romo, M. P.; Sun, J. I. et al.: The Mexico earthquake of September 19, 1985 – relationships between soil conditions and earthquake ground motions. Earthq. Spectra 4 (4), pp. 687–729.

[70] Seed, R. B.; Dickenson, S. E.; Idriss, I. M.: Principal geotechnical aspects of the 1989 Loma Prieta earthquake, Soils Found. 31(1) (1991), pp. 1–26.

[71] Hartzell, S.: Variability in nonlinear sediment response during the 1994 Northridge, California, earthquake. Bull. Seism. Soc. Am. 88 (1998), pp. 1426–1437.

[72] Suetomi, I.; Yoshida, N.: Nonlinear behavior of surface deposit during the 1995 Hyogoken-nambu earthquake. Soils Found. Special issue on geotechnical aspects of the January 17 1995 Hyogoken-Nambu earthquake, No. 2 (1998), pp 11–22.

[73] Özel, O.; Cranswick, E.; Meremonte, M. et al.: Site effects in Avcilar, west of Istanbul, Turkey, from strong- and weak-motion data. Bull. Seismol. Soc. Am. 92(1) (2002), pp. 499–508.

[74] Tokimatsu, K.; Tamura, S.; Suzuki, H.; Katsumata, K.: Building damage associated with geotechnical problems in the 2011 Tohoku Pacific Earthquake. Soils Found 52 (2012), pp. 956–974.

[75] Romo, M. P.; Mendoza, M. J.; Garcia, S. R.: Geotechnical factors in seismic design of foundations state-of-the-art report. Proc. 12th Word Conf. Earthq. Eng., Vancouver, 2000, Paper 2832.

[76] International Code Council, Inc.: International Building Code 2012. www.iccsafe.org/Pages/default.aspx.

[77] Dobry, R.; Borcherdt, R. D.; Crouse, C. B. et al.: New site coefficients and site classification system used in recent building seismic code provisions. Earthq. Spectra 16 (2000), pp. 41–67.

[78] Bouckovalas, G. D.; Papadimitriou, A. G.; Karamitros, D. K.: Compatibility of EC-8 ground types and site effects with 1D seismic wave propagation theory. Proc. 14th European Conference on Soil Mechanics and Geotechnical Engineering, 2007, pp. 227–232.

[79] Pitilakis, K.; Riga, E.; Anastasiadis, A.: Design spectra and amplification factors for Eurocode 8. Bull. Earthq. Eng. 10(5) (2012), pp. 1377–1400.

[80] Brüstle, W.; Schwarz, J.: Untergrundabhängige Bemessungsspektren in deutschen Erdbebengebieten für die neue Erdbebenbauvorschrift DIN 4149. In: Meskouris, K., Hinzen, K.-G. (Hrsg.) Schutz von Bauten gegen natürliche und technische Erschütterungen. DGEB-Publikation Nr. 11 (2002), S. 3–13.

[81] http://www.gfz-potsdam.de/DIN4149_Erdbebenzonenabfrage [Zugang 30. Juni 2017].

[82] Meskouris, K.; Brüstle, W.; Schüter, F.-H.: Neufassung der Norm DIN 4149. Bauingenieur 79 (2004), S3–S8.

[83] Idriss, I. M: Earthquake ground motions at soft soil sites. Proc. Int. Conf. Recent Advances Geotech. Earthq. Eng. Soil Dyn., St. Louis, 3, pp. 2265–2271, 1991.

[84] Veletsos, A. S.: Dynamics of structure-foundation systems. In: Hall, W. J. (Ed.) Structural and Geotechnical Mechanics, Englewood Cliffs, NJ: Prentice-Hall., pp. 333361.

[85] Stewart, J. P.; Kim, S.; Bielak, J. at al.: Revisions to soil-structure interaction procedures in NEHRP design provisions. Earthq. Spectra, 19(3) (2003), pp. 677–696.

[86] Mylonakis, G.; Syngros, C.; Gazetas, G.; Tazoh, T.: The role of soil in the collapse of 18 piers of Hanshin Expressway in the Kobe earthquake. Earthq. Eng. Struct. Dyn. 35 (2006), pp. 547–575.

[87] Gazetas, G.; Mylonakis, G.: Seismic soil structure interaction: new evidence and emerging issues. In: Geotechnical Earthquake Engineering and Soil Dynamics III, ASCE, Reston, pp. 1119–1174, 1998.

[88] Vrettos, C.: Soil-Structure Interaction. In: Encyclopedia of Earthquake Engineering, Berlin: Springer, 2014, doi: 10.1007/978-3-642-36197-5_141-1.

[89] Idriss, I. M.; Seed, H. B. Seismic response of horizontal soil layers. J. Soil Mech. Found. Div., ASCE 94(1968), pp. 1003–1031.

[90] Schnabel, P. B.; Lysmer, J.; Seed, H. B.: SHAKE – A Computer Program for Earthquake Response Analysis of Horizontally Layered Sites. Report No. EERC 72/12, Berkeley, University of California, Earthquake Engineering Research Center, 1972.

[91] Idriss, I. M.; Sun, J. I.: User's manual for SHAKE91: A computer program for conducting equivalent linear seismic response analyses of horizontally layered soil deposits, Center for Geotech. Modeling, University of California, Davis, 1991.

[92] Bardet, J. P.; Ichii, K.; Lin, C. H.: EERA: A Computer Program for Equivalent-Linear Earthquake Site Response Analyses of Layered Soil Deposits. University of Southern California, Department of Civil Engineering, 2000.

[93] Ordonez, G. A.: SHAKE2000 – A Computer Program for the 1-D Analysis of Geotechnical Earthquake Engineering Problems. GeoMotions, LLC, Lacey, Washington, USA, 2012.

[94] Vrettos, C.; Kolias, B.; Panagiotakos, T.; Richter, T.: Seismische Deformationsmethode zur Bemessung eines Absenktunnels. Bauingenieur 85 (2010), S. 361–367.

[95] Vrettos, C.; Chen, D.; Rizos, D.: Fallstudie zur seismischen Auslegung der Stationen und der Tunnel einer U-Bahnlinie in weichem Boden. Bautechnik 90 (2013), Heft 6, S. 333–340.

[96] Weber, T. M.; Laue, J.; Keller, L.: Seismische Standortanalyse des Ambassador House Opfikon – Standort-spezifische Bestimmung der Erdbebenanregung als Bemessungsgrundlage von Ertüchtigungsmassnahmen. 14. D-A-CH-Tagung, Erdbeben und bestehende Bauten, Zürich, SIA Dokumentation 0255, S. 75–80, 2015.

[97] Finn, W. D. L.; Lee, K. W.; Martin, G. R.: An effective stress model for liquefaction, J. Geotech. Eng. Div., ASCE, 103 (1977), pp. 517–553.

[98] Matasovic, N.; Vucetic,M.: Generalized cyclic degradation-pore pressure generation model for clays. J. Geotech. Eng., ASCE, 121(1) (1995), pp. 33–42.

[99] Prevost, J. H.: DYNA1D – A computer program for nonlinear seismic site response analysis: Technical documentation. Report. No. NCEER-89-0025, National Center for Earthquake Engineering Research, Buffalo, N. Y., 1989.

[100] Foerster, E.; Modaressi, H.: Nonlinear numerical method for earthquake site response analysis II – case studies. Bull. Earthq. Eng. 5(3) (2007), pp. 325–345.

[101] Hashash, Y. M. A.; Phillips, C.; Groholski, D.: Recent advances in non-linear site response analysis. Proc. 5th International Conference on Recent Advances in Geotechnical Earthquake Engineering and Soil Dynamics, San Diego, Paper no. OSP 4, 2010.

[102] Phillips, C.; Hashash, Y. M. A.: Damping formulation for nonlinear 1D site response analyses. Soil Dyn. Earthq. Eng. 29(7) (2009), pp. 1143–1158.

[103] Lee, M. K. W.; Finn, W. D. L.: DESRA-2, Dynamic Effective Stress Response Analysis of Soil Deposits with Energy Transmitting Boundary Including Assessment of Liquefaction Potential, Soil Mechanics Series 36. Vancouver, Canada, Department of Civil Engineering, University of British Columbia, 1978.

[104] Hashash, Y. M. A.; Musgrove, M. I.; Harmon, J. A. et al.: DEEPSOIL 6.1, User Manual. Urbana, IL, Board of Trustees of University of Illinois at Urbana-Champaign, 2016.

[105] Matasovic, N.; Ordonez, G. A.: D-MOD_2 – A Computer Program for Seismic Response Analysis of Horizontally Layered Soil Deposits, Earthfill Dams, and Solid Waste Landfills, User's Manual, GeoMotions, LLC, Lacey, Wash., 2011.

[106] Stewart, J. P.; Kwok, A. O. L.; Hashash, Y. M. A. et al.: Benchmarking of Nonlinear Geotechnical Ground Response Analysis Procedures. Report No. PEER-2007/XX, Pacific Earthquake Engineering Research Center, Univ. of California. Berkeley, 2008.

[107] http://peer.berkeley.edu/products/strong_ground_motion_db.html [30. Juni 2017].

[108] Hudson, M.; Idriss, I. M.; Beikae, M.: QUAD4M: a computer program to evaluate the seismic response of soil structures using finite element procedures and incorporating a compliant base, Center for Geotechnical Modeling, Department of Civil and Environmental Engineering, University of California, Davis, 1994.

[109] Manual of Dynamic Modeling with QUAKE/W. An Engineering Methodology, Oct. 2014 Edition. Geo-Slope International, Ltd., 2014.

[110] Plaxis b.v.: PLAXIS 2D 2016 – Finite element code for soil and rock analyses, 2016.

[111] Itasca Consulting Group: FLAC – Fast Lagrangian Analysis of Continua, Version 7.0, 2011.

[112] Visone, C.; Bilotta, E.; Santucci de Magistris, F.: One-dimensional ground response as a preliminary tool for dynamic analyses in earthquake geotechnical engineering. J. Earthq. Eng. 14(1) (2009), pp. 131–162.

[113] Vrettos, C.: Seismic response analysis of a river embankment on deep sedimentary strata. 17th Int. Conf. on Soil Mechanics and Geotechnical Engineering, Alexandria, 2009, pp. 1526–1529.

[114] Cascone, E.; Rampello, S.: Decoupled seismic analysis of an earth dam. Soil Dyn. Earthq. Eng. 23 (2003), pp. 349–365.

[115] United States Committee on Large Dams: Observed Performance of Dams During Earthquakes, Volume II, 2000.

[116] Verdugo, R.; Sitar, N.; Frost, D. et al.: Seismic performance of earth structures during the February 2010 Maule, Chile earthquake: dams, levees, tailings dams, and retaining walls. Earthq. Spectra 28(S1) (2012), pp. S75–S96.

[117] Seed, H. B.; Seed, R. B.; Harder, L. F., Jr.; Jong, H.-L.: Re-Evaluation of the Slide in the Lower San Fernando Dam in the 1971 San Fernando Earthquake. Report No. UCB/EERC-88/04, University of California, Berkeley, 1988.

[118] Moriwaki, Y.; Tan, P.; Ji, F.: Seismic deformation analysis of the Upper San Fernando dam under the 1971 San Fernando earthquake. Proceedings of the 1998 Specialty Conference on Geotechnical Earthquake Engineering and Soil Dynamics III. Seattle, Geotechnical Special Publication No. 75, pp. 854–865, 1998.

[119] Swaisgood, J. R.: Embankment dam deformations caused by earthquakes. 2003 Pacific Conference on Earthquake Engineering, 2003.

[120] DIN EN 1998-5: Auslegung von Bauwerken gegen Erdbeben – Teil 5: Gründungen, Stützbauwerke und geotechnische Aspekte. Deutsche Fassung EN 1998-5:2004. Deutsches Institut für Normung (DIN), Berlin, Dezember 2010.

[121] FHWA: LRFD Seismic Analysis and Design of Transportation Geotechnical Features and Structural Foundations. Geotechnical Engineering Circular No. 3, Report No. FHWA-NHI-11-032, 2011.

[122] Bray, J. D.: Simplified seismic slope displacement procedures. In Earthquake Geotechnical Engineering – 4th International Conference on Earthquake Geotechnical Engineering-Invited Lectures, Pitilakis, K. D. (ed.), pp. 327–353. Dordrecht: Springer, 2007.

[123] Perlea, V. G.; Beaty, M. H.: Corps of Engineers practice in the evaluation of seismic deformation of embankment dams. Proc. 5th International Conferences on Recent Advances in Geotechnical Earthquake Engineering and Soil Dynamics, San Diego, Paper No. SPL 6, 2010.

[124] Newmark, N. M.: Effects of earthquakes on dams and embankments. Géotechnique 15(2) (1965), pp. 139–160.

[125] Elgamal, A.-W. M.; Scott, R. F.; Succarieh, M. F.; Yan, L.: La Villita dam response during five earthquakes including permanent deformation. J. Geotech. Engng., ASCE 116(10) (1990), pp. 1443–1462.

[126] Jibson, R. W.: Regression models for estimating coseismic landslide displacement. Eng. Geol. 91(2-4) (2007), pp. 209–218.

[127] Bray, J. D.; Travasarou, T.: Simplified procedure for estimating earthquake-induced deviatoric slope displacements. J. Geotech. Geoenviron. Eng., ASCE 133 (2007), pp. 381–392.

[128] Saygili, G.; Rathje, E. M.: Empirical predictive models for earthquake-induced sliding displacements of slopes. J. Geotech. Geoenviron. Eng., ASCE 134(6) (2008), pp. 790–803.

[129] Madiai, C.: Correlazioni tra parametri del moto sismico e spostamenti attesi del blocco di Newmark. Rivista Italiana di Geotecnica 1/2009, pp. 23–43.

[130] Hsieh, S.-Y.; Lee, C.-T.: Empirical estimation of the Newmark displacement from the Arias intensity and critical acceleration. Eng. Geol. 122 (2011), pp. 34–42.

[131] Cai, Z.; Bathurst, R. J.: Deterministic sliding block methods for estimating seismic displacements of earth structures. Soil Dyn. Earthq. Eng. 15(4) (1996), pp. 255–268.

[132] Papadimitriou, A. G.; Bouckovalas, G. D.; Andrianopoulos, K. I.: Methodology for estimating seismic coefficients for performance-based design of earthdams and tall embankments. Soil Dyn. Earthq. Eng. 56 (2014), pp. 57–73.

[133] Makdisi, F. I.; Seed, H. B.: Simplified procedure for estimating dam and embankment earthquake-induced deformations. J. Geotech. Eng., ASCE 104 (1978), pp. 849–867.

[134] Dakoulas, P.; Gazetas, G.: A class of inhomogeneous shear models for seismic response of dams and embankments. Soil Dyn. Earthq. Eng. 4(4) (1985), pp. 166–182.

[135] Sarma, S. K.: Response and stability of earth dams during strong earthquakes. Miscellaneous Paper GL-79-13, U.S. Army Engineers Waterways Experimental Station, CE, Vicksburg, 1979.

[136] Bray, J. D.; Rathje, E. M.: Earthquake-induced displacements of solid-waste landfills. J. Geotech. Geoenviron. Eng., ASCE 124(3) (1998), pp. 242–253.

[137] Wieland, M.; Malla, S.: Seismic evaluation of a 117 m high embankment dam resting on a thick soil layer. Proc. 12th European Conf. on Earthquake Engineering, London, 2002, Paper 128.

[138] Melo, C.; Sharma, S.: Seismic coefficients for pseudostatic slope analysis. Proc. 13th World Conference on Earthquake Engineering, Vancouver, Paper No. 369, 2004.

[139] Triantafyllidis, T.; Grandas, C.: Quasi-statischer Ansatz der seismischen Anregung von Böschungen mit nicht-linearer Wellenausbreitung. Bautechnik 90 (2013), S. 51–62.

[140] Mey, A.; von Wolffersdorff, P.-A.: Standsicherheitsnachweise für Staudämme bei Erdbebenbeanspruchung mit der Finite-Elemente-Methode. In: 6. Kolloquium Bauen in Boden und Fels, Ostfildern, Technische Akademie Esslingen, Tagungsband, S. 133–146, 2008.

[141] Rampello, S.; Cascone, E.; Grosso, N.: Evaluation of the seismic response of a homogeneous earth dam. Soil Dyn. Earthq. Eng. 29(2009), pp. 782–798.

[142] Elia, G.; Amorosi, A.; Chan, A. H. C.; Kavvadas, M.: Fully coupled dynamic analysis of an earth dam. Géotechnique, 61(7) (2011), pp. 549–563.

[143] Finn, W D. L.; Wu, G.: Dynamic analyses of an earthfill dam on over-consolidated silt with cyclic strain softening. Proc. 7th International Conference on Case Histories in Geotechnical Engineering, Chicago, 2013.

[144] Seed, H. B.; Idriss, I. M.: Simplified procedure for evaluating soil liquefaction potential, J. Soil Mech. Found. Div., ASCE 107 (1971), pp. 1249–1274.

[145] Youd, T. L.; Idriss, I. M.; Andrus, R. D. et al.: Liquefaction resistance of soils: Summary report from the 1996 NCEER and 1998 NCEER/NSF Workshops on Evaluation of Liquefaction Resistance of Soils. J. Geotech. Geoenviron. Eng., ASCE 127(10) (2001), pp. 817–833.

[146] Idriss, I. M.; Boulanger, R. W.: Soil Liquefaction During Earthquakes. Monograph MNO-12, Earthquake Engineering Research Institute, 2008.

[147] Boulanger, R. W.; Idriss, I. M.: CPT-based liquefaction triggering procedure. J. Geotech. Geoenviron. Eng., ASCE 142(2) (2016), doi: 10.1061/(ASCE)GT.1943-5606.00013884015065.

[148] Boulanger, R. W.; Idriss, I. M.: Magnitude scaling factors in liquefaction triggering procedures. Soil Dyn. Earthq. Eng., 79 (2015), pp. 296–303.

[149] Montgomery, J.; Boulanger, R. W.; Harder, L. F.: Examination of the $K_\sigma$ overburden correction factor on liquefaction resistance. J. Geotech. Geoenviron. Eng., ASCE 140(12) (2016), doi: 10.1061/(ASCE)GT.1943-5606.0001172.

[150] Schwarz, J.; Maiwald, H.: Standortgefährdung infolge seismisch induzierter Bodenverflüssigung und Nachweise in DIN EN 1998-5. Bautechnik 91 (2014), Heft 7, S. 481–494.

[151] Dobry, R; Abdoun T.: An investigation into why liquefaction charts work: a necessary step toward integrating the states of art and practice. Proc. 5th Int. Conf. Earthq. Geotech. Eng., Santiago, Chile, 2011.

[152] Koseki, J.; Tatsuoka, F.; Munaf, Y. et al.: A modified procedure to evaluate active earth pressure at high seismic loads. Soils Found. Special issue on geotechnical aspects of the January 17, 1995 Hyogoken-Nambu earthquake, No. 2 (1998), pp. 209–216.

[153] Seed, H. B.; Whitman, R. V.: Design of earth retaining structures for dynamic loads. Proceedings ASCE Specialty Conference on Lateral Stresses in the Ground and Design of Earth-Retaining Structures, pp. 103–147, Cornell University, Ithaca, New York, 1970.

[154] Mylonakis, G.; Kloukinas, P.; Papantonopoulos, C.: An alternative to the Mononobe-Okabe equation for seismic earth pressures. Soil Dyn. Earthq. Eng. 27 (2007), pp. 957–969.

[155] Wood, J. H.: Earthquake induced soil pressures on structures. Ph. D. thesis, California Institute of Technology, Pasadena, CA, 1973.

[156] Vrettos, C.; Feldbusch, A.: Dynamischer Erddruck auf starre und flexible Wände mittels Wellenlösungen: Numerische Einzelvergleiche für homogene und geschichtete Bodenprofile. geotechnik 40 (2017), S. 93–102.

[157] Mikola, R. G.; Candia, G.; Sitar, N.: Seismic earth pressures on retaining structures and basement walls in cohesionless soils. J. Geotech. Geoenviron. Eng., ASCE 142(10) (2016), doi: 10.1061/(ASCE)GT.1943-5606.0001507.

[158] NEHRP Recommended Seismic Provisions for New Buildings and Other Structures FEMA P-750. BSSC – Building Seismic Safety Council, Washington, DC, 2009.

[159] Richards, R.; Elms, D.G.: Seismic behavior of gravity retaining walls. J. Geotech. Eng., ASCE, 105(1979), pp. 449–464.

# 2.12 Geokunststoffe in der Geotechnik und im Wasserbau

*Fokke Saathoff und Gerhard Bräu*

## 1 Allgemeines

Obwohl Geokunststoffe in Form von z. B. Geotextilien und flächenhaften Dichtungsbahnen seit etwa 1957 im Erd- und Wasserbau eingesetzt werden, sind sie als vergleichsweise neue Baustoffe anzusehen. In den letzten Jahren hat sich ihr Einsatzgebiet ständig erweitert und ihre Verwendung hat aufgrund technischer und wirtschaftlicher Vorteile gegenüber konventionellen Baustoffen stetig zugenommen. Sie finden Anwendung im Küstenschutz, Kulturwasserbau, Verkehrswasserbau, Landverkehrswegebau (schienengebundene Verkehrswege, Straßen- und Tunnelbau), Deponiebau sowie im Damm- und Böschungsbau.

In diesem Beitrag wird nach einer kurzen Abhandlung der Grundlagen und Begriffe auf die Anwendungen von Geokunststoffen in den einzelnen Bereichen eingegangen.

## 2 Grundlagen und Begriffe

### 2.1 Einteilung der Geokunststoffe

*Geokunststoff: Ein Oberbegriff, der ein Produkt beschreibt, bei dem mindestens ein Bestandteil aus synthetischem oder natürlichem Polymerwerkstoff hergestellt wird in Form einer Bahn, eines Streifens oder einer dreidimensionalen Struktur, das bei geotechnischen und anderen Anwendungen im Bauwesen im Kontakt mit Boden und/oder anderen Materialien verwendet wird [56].*

Die Entwicklung der Anwendung von Geokunststoffen in der Geotechnik und im Wasserbau ist äußerst rasant. Anfänglich wurden die Begriffe Filtermatten und Gewebe für alle wasserdurchlässigen Geokunststoffe, der Begriff Folie für alle wasserundurchlässigen Geokunststoffe verwendet.

Von 1983 bis 1990 war es üblich, bei den wasserdurchlässigen Geokunststoffen zwischen Geweben, Vliesstoffen, Verbundstoffen und den Geogittern zu unterscheiden [130]. Für wasserundurchlässige Geokunststoffe wurde zwischen Dichtungsbahnen und Folien unterschieden.

In der Zeit ab etwa 1990 wurden Geokunststoffe durch „Geosynthetische Tondichtungsbahnen" oder Bentonitmatten mit Bentonit als ein mögliches nahezu wasserundurchlässiges Element bereichert.

*Grundbau-Taschenbuch: Teil 2. Geotechnische Verfahren*, Achte Auflage. Karl Josef Witt (Hrsg.).

Das Bestreben, den europäischen Binnenmarkt auch für Geokunststoffe durch Einführung einer CE-Marke umzusetzen, führte Ende 1992 anlässlich einer CEN-Sitzung in Rotterdam zur beantragten und später genehmigten Mandatierung der vier Gruppen „Geotextilien", „geotextilverwandte Produkte", „Dichtungsbahnen" und „dichtungsbahnverwandte Produkte".

1994 finden im Merkblatt des AA 5.15 (heute AA 5.4) der FGSV [109] neben den Geotextilien und den geotextilverwandten Produkten wie Geogitter erstmalig Maschenwaren Erwähnung.

Rohre, Schächte und andere Elemente im Bauwesen, die ebenfalls aus Kunststoffen (im Sinne polymerer/synthetischer Materialien) produziert werden, fallen nicht unter den Begriff „Geokunststoffe". Andererseits werden Geotextilien beispielsweise produziert aus natürlichen Fasern (aufgrund der Anwendung und gegenüber synthetischen Geotextilien ähnlicher oder identischer Produktionstechniken) sehr wohl unter dem Begriff „Geokunststoffe" sublimiert.

Zweckmäßig ist eine Zweiteilung der Geokunststoffe in

- wasserdurchlässige und
- wasserundurchlässige (bzw. nahezu wasserundurchlässige) Flächengebilde (Bild 1).

Zur Gruppe der wasserdurchlässigen Flächengebilde gehören

- Geotextilien und
- geotextilverwandte Produkte.

Wasserundurchlässige (bzw. nahezu wasserundurchlässige) Flächengebilde sind

- Dichtungsbahnen und
- dichtungsbahnverwandte Produkte.

Verbundstoffe nehmen eine Sonderstellung ein.

## 2.2 Geotextilien

### 2.2.1 Einteilung der Geotextilien

*Geotextil: Ein flächenhaftes, durchlässiges, polymeres (synthetisches oder natürliches) Textil, entweder Vliesstoff, Maschenware oder Gewebe, das bei geotechnischen und anderen Anwendungen im Bauwesen im Kontakt mit Boden und/oder anderen Materialien verwendet wird [56].*

Geotextilien werden für die Funktionen

- Filtern,
- Dränen,
- Trennen,
- Bewehren,
- Verpacken und
- Schützen (inklusive Erosionsschutz)

eingesetzt. Häufig muss ein Geotextil zugleich mehrere dieser Funktionen erfüllen.

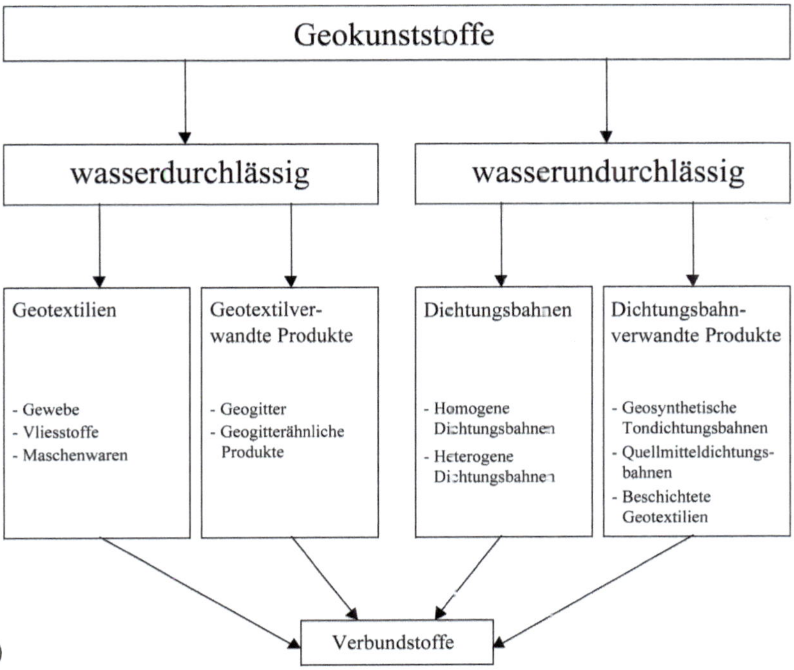


a)

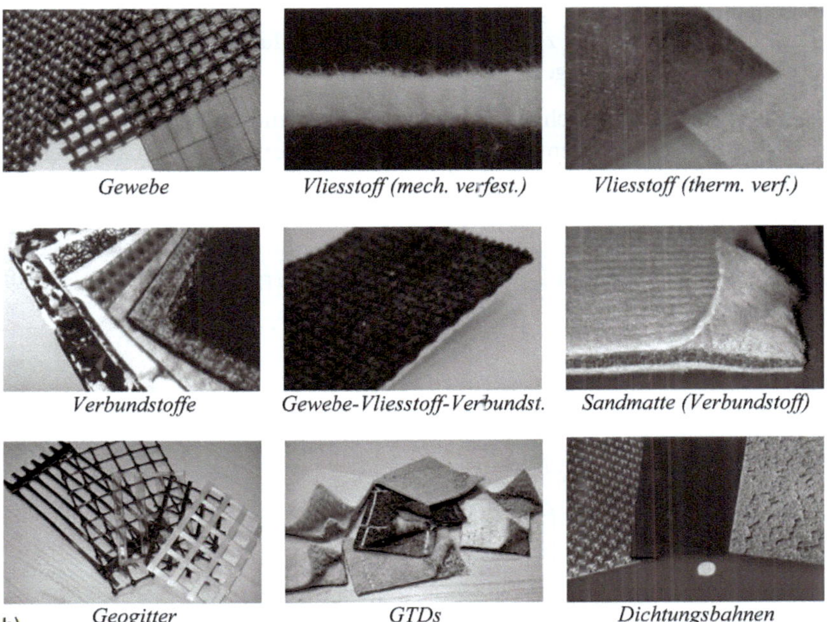


b)

**Bild 1** a) Einteilung der Geokunststoffe, b) Beispiele

Geotextilien werden unterteilt in

- Gewebe,
- Vliesstoffe,
- Maschenwaren und
- Verbundstoffe.

### 2.2.2 Gewebe

*Gewebe (Geogewebe): Ein Geotextil, das durch Verkreuzen, in der Regel rechtwinklig, von zwei oder mehr Fadensystemen, Filamenten, Bändchen oder anderen Elementen hergestellt wird [56].*

Die Längsrichtung heißt bei Geweben Kettrichtung, die Querrichtung Schussrichtung. Die Gesamtheit der Kettfäden ist die Kette, die Gesamtheit der Schussfäden der Schuss. Für Kette und Schuss werden Spinnfasergarne, Multifilamentgarne, Zwirne, Monofilamente, Folienbändchen oder Spleißgarne verwendet – auch in unterschiedlicher Kombination (Bild 2).

Die Art der Verkreuzung/Verwebung der Fäden wird Bindung genannt. Die Art der Bindung kann die technischen Eigenschaften erheblich beeinflussen. Als Bindungsart für geotextile Gewebe werden in der Regel Leinen- (im Textilwesen Leinwandbindung genannt) und Köperbindung angeboten (Bild 3). Die Leinenbindung ermöglicht die Fertigung besonders fester, die Köperbindung die Fertigung besonders dichter Gewebe. Zur Erhöhung der Weiterreißfestigkeit sind bei Leinen- und Köperbindung Verstärkungen möglich, indem etwa jeder zehnte Kett- und Schussfaden doppelt vorhanden ist. Diese Gewebe werden als Karogewebe bezeichnet.

In einigen Regelwerken/Veröffentlichungen werden Gewebe mit großer Öffnungsweite (d. h. wenige Kett- und Schussfäden je Längeneinheit) Gittergewebe genannt. Diese werden in der Regel mit einer Polymerumhüllung (z. B. PVC-Ummantelung) schiebefest (d. h. Fixierung der Maschenweite) ausgerüstet. Nach dem Merkblatt M Geok E [110] werden jedoch Gittergewebe mit einer Maschenweite ≤ 10 mm als gewebte Geogitter bezeichnet (vgl. Abschnitt 2.3.2). Vor diesem Hintergrund sollte der Begriff Gittergewebe vermieden werden.

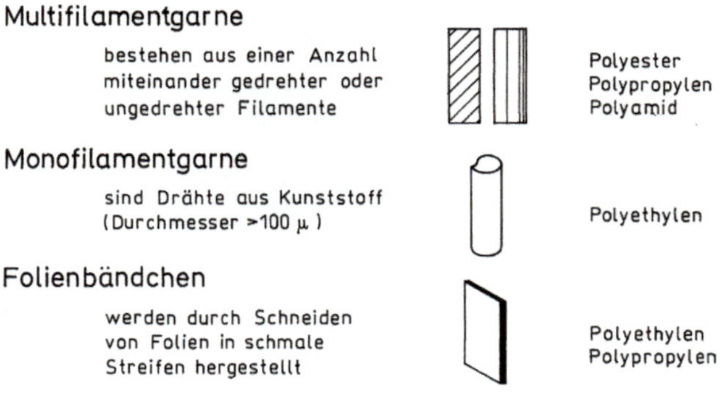


**Bild 2** Für Gewebe bevorzugt verwendete Garnarten und Rohstoffe [63]

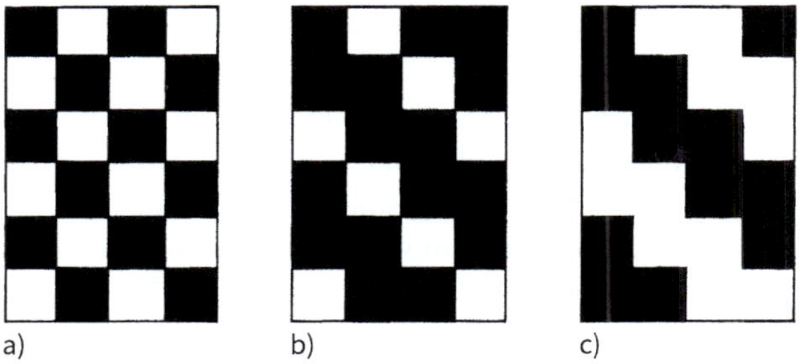


**Bild 3** Bindungspatronen von Geweben [130]; a) Leinenbindung, b) dreibindiger Köper, c) vierbindiger Köper

### 2.2.3 Vliesstoffe

*Vliesstoff (Geovliesstoff): Ein Geotextil aus gerichteten oder regellosen Fasern, Filamenten oder anderen Elementen, die mechanisch und/oder thermisch und/oder chemisch verfestigt werden [56].*

Spinnfaser-Vliesstoffe werden aus feingekräuselten Spinnfasern (oftmals früher Stapelfasern genannt) gebildet. Die Faserablage kann mechanisch auf Kardiermaschinen (z. B. Krempeln) oder auf aerodynamischem Wege erfolgen. Dickenunterschiede (Wolkigkeiten) lassen sich durch sorgfältige Krempeleinstellung weitgehend vermeiden.

Filament-Vliesstoffe werden durch Ablegen und Verfestigen endlos aus Spinndüsen gewonnener nicht gekräuselter Filamente (Fasern) hergestellt. Die Lage der Filamente ist in den meisten Herstellungsarten wirr. Filament-Vliesstoffe werden in der Regel auf Großanlagen in großtechnischer Produktion mit vergleichsweise geringen Variationsmöglichkeiten gefertigt. Bei Filament-Vliesstoffen lassen sich gewisse Unregelmäßigkeiten in der Dicke (Wolkigkeiten) nicht bei allen Herstellungsverfahren vermeiden.

Nach der Ablage der Fasern (Spinnfasern oder Filamente) werden die Vliese *mechanisch* (Vernadeln oder Vernähen), *kohäsiv* (Verschmelzen) oder *adhäsiv* (Verkleben) zu Vliesstoffen verfestigt (Bild 4). Bei einigen Produkten sind auch Mehrfachbindungen ausgeführt worden (z. B. mechanische und zusätzlich adhäsive oder kohäsive Bin-

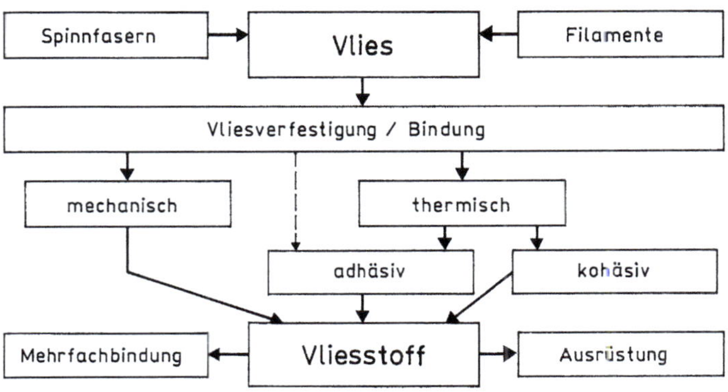


**Bild 4** Verfestigung von Vliesstoffen [130]

dung). Die Art der Verfestigung/Bindung kann die technischen Eigenschaften erheblich beeinflussen.

Sowohl Spinnfaser-Vliese als auch Filament-Vliese können *mechanisch* verfestigt werden (durch Reib- und Formschlussbindung). Durch das Vernadeln von Vliesen, bei dem eine große Zahl spezieller Nadeln in das zu verfestigende Faserhaufwerk (Vlies) mit etwa 50 bis 500 Einstichen pro $cm^2$ eingestochen und wieder herausgezogen wird, ergibt sich durch Verschlingung die gewünschte Festigkeit. Die Nadeln, an deren Kanten als Haken wirkende Vertiefungen angebracht sind, sind angeordnet in Form eines Nadelfelds.

Spinnfaser-Vliese können neben der Vernadelung auch durch Vernähen mechanisch verfestigt werden. Als Produktionstechniken können Malivlies und Maliwatt genannt werden. Beim Malivliesverfahren erfolgt die Vliesverfestigung durch Halbmaschenbildung aus Fasern des Vlieses, also ohne zusätzliche Fäden. Eine Seite des so produzierten Vliesstoffs (oft auch als Vliesnähgewirke bezeichnet) weist Maschen auf, die andere Seite hat einen leicht verfestigten vliesartigen Charakter. Beim Maliwattverfahren wird ein Vlies bzw. Vliesstoff mit längsorientierten Bindefäden (Fremdfäden) übernäht. Die von den Bindefaden-Systemen gebildeten Maschen schließen in sich die Fasern des Vlieses ein (oft auch als Vliesfadennähgewirke bezeichnet). Produkte nach den Nähwirktechniken Malivlies und Maliwatt sollten – obwohl für die Erläuterung dieser Produkte der Begriff Masche herangezogen wird – nicht als Maschenware (vgl. Abschnitt 2.2.4) bezeichnet werden.

Die mechanische Verfestigung ergibt verschiebliche Faserkreuzungspunkte. Mechanisch verfestigte Vliesstoffe sind in der Regel weich, flexibel und vergleichsweise dick (Dicke überwiegend > 1 mm, Porenanteil: etwa 90 %). Die Flexibilität der mechanisch verfestigten Vliesstoffe nimmt in der Reihenfolge Malivlies-Vliesstoffe/Spinnfaservliesstoffe – Endlosfaservliesstoffe – Maliwatt-Vliesstoffe ab.

Eine *adhäsive* Bindung von Vliesen kann durch Benetzen mit flüssigen Bindemitteln erfolgen. Sie werden nach verschiedenen Verfahren auf das zu verfestigende Vlies appliziert und anschließend durch eine Wärmebehandlung (Trocknung, Kondensation auf etwa 160 bis 210 °C, Polymerisation) ausgehärtet. Eine adhäsive Bindung ergibt an den Berührungsstellen zweier oder mehrerer Fasern starre Verbindungen und dadurch eine geringere Flexibilität als eine mechanische Bindung. Menge und Art des verwendeten Bindemittels können auf spezielle Anforderungen (z. B. Absenkverhalten beim Unterwassereinbau des Geotextils) abgestimmt werden. Eine adhäsive Verfestigung kann auch durch einen geringen Prozentsatz niedrig schmelzender fester Bindemittel (z. B. Spinnfasern oder Filamente als Bindemittel oder in Pulverform) erreicht werden.

Eine *kohäsive* Bindung erfolgt durch Erhitzung und oftmals unter Druck. Hierbei werden Vliese (rohstoffgleiche Fasern) ohne zusätzliche Bindemittel miteinander gebunden. Die ummantelten Kernfasern haben beim Erhitzen eine klebrige Hülle, die bei einer niedrigeren Temperatur als der Kern der einzelnen Faser schmilzt (Anschmelzen der Faserhülle). An den Faserkreuzungspunkten treten nur kleinere Bindepunkte auf, sodass die Starrheit geringer sein kann als bei den Faserkreuzungspunkten eines adhäsiv verfestigten Vliesstoffs.

Entgegen der differenzierten technologischen Einteilung von Vliesstoffen der zwischenzeitlich ungültigen DIN 61210 [33] haben sich im allgemeinen Sprachgebrauch nur die Begriffe *mechanisch* und *thermisch* verfestigter Vliesstoff durchgesetzt. Thermisch verfestigte Vliesstoffe sind bei ihrer Herstellung einer thermischen Behandlung, zumeist unter gleichzeitiger Druckbeanspruchung, ausgesetzt worden; die Bindung der Vliese ist daher überwiegend kohäsiv, sie kann aber auch adhäsiv sein (vgl. Bild 4). Diese relativ dünnen (0,2 bis 1,5 mm) Vliesstoffe verkleben an den Kreuzungspunkten und sind durch den Verfestigungsvorgang stark komprimiert (Porenanteil: 60 bis 70 %) und relativ steif.

### 2.2.4 Maschenwaren

*Maschenware (Geomaschenware): Ein Geotextil, das durch Verschlingen von ein oder mehr Garnen, Filamenten oder anderen Elementen hergestellt wird [56].*

Maschenware ist somit der Oberbegriff für Flächengebilde, die aus einem oder mehreren Fadensystemen bestehen, die schleifenförmig miteinander verbunden (vermascht) sind oder aus einem oder mehreren geradlinig verlaufenden Fadensystemen bestehen und durch ein weiteres Fadensystem miteinander verbunden werden (Fadenlagennähgewirke, Kettenwirkware, Raschelware).

Maschenware steht auch für gestrickte und gewirkte Geotextilien, die durch Vermaschen von einem oder mehr Garnen, Fasern, Filamenten oder anderen Elementen hergestellt werden.

Unter Hinweis auf Abschnitt 2.2.3 mit den dort erwähnten Nähwirktechniken Malivlies und Maliwatt sollten diese Vlies- und Vliesfadennähgewirke nicht als Maschenware bezeichnet werden.

Als Maschenwaren mit durchlaufenden, geradlinig verlaufenden Fadensystemen eignen sich die Wirkwaren besonders für „geotextile Anwendungen“, wenn Zugkräfte aufgenommen werden sollen. Ihre Besonderheiten:

- Hohe Zugkräfte bei niedriger Dehnung in Richtung der durchlaufenden Garne.
- Lastaufnahme bei bestimmten Produkten mit diagonal verlaufenden Fadensystemen auch in Diagonalrichtung möglich.
- Geringe Konstruktionsdehnung (im Vergleich zu Geweben) in Richtung der durchlaufenden Garne.

Die Kraftübertragung zum Boden und die filtertechnischen Eigenschaften entsprechen in der Regel denen von Geweben.

### 2.2.5 Verbundstoffe

*Verbundstoff (Geoverbundstoff): Ein hergestelltes zusammengesetztes Material, bei dem mindestens ein Bestandteil ein Geokunststoff ist [56].*

In der Mehrzahl der Regelwerke werden Geotextilien unterschieden in Gewebe, Vliesstoff und Verbundstoff, sodass zumindest der *Verbundstoff als zusammengesetztes Ma-*

*terial, bei dem mindestens ein Bestandteil ein Geotextil ist,* an dieser Stelle Erwähnung finden muss.

Die hier angesprochenen Verbundstoffe bestehen z. B. aus einer Kombination von porenmäßig aufeinander abgestimmten Vliesstoffen mit unterschiedlicher Faserfeinheit, aus einer Kombination von Gewebe und Vliesstoff oder aus verschiedenen Vliesstoffen und einer Stabilisierungsschicht (Rauigkeitsschicht).

Spezielle Verbundstoffe, die aus einer Sickerschicht (z. B. Grobfaser- oder Wirrfasersickerschicht) und beidseitig aufgebrachten, z. B. mechanisch verfestigten Filter-Vliesstoffen, bestehen, werden oft als „Geosynthetische Dränsysteme", „Dränmatten" oder auch „Geospacer" bezeichnet.

Im Wasserbau hat sich eine sog. „Sandmatte" bewährt, die aus zwei Vliesstoffen mit dazwischen eingebrachter Quarzsand- oder ähnlicher Füllung besteht. Sie dient als kombinierte Filter- und Ballastschicht.

*Verbundstoffe als zusammengesetzte Materialien, die mindestens aus einem geotextilverwandten Produkt innerhalb der Komponenten bestehen, und auch die Kombination zwischen Materialien, die aus einem Geotextil und einem geotextilverwandten Produkt innerhalb der Komponenten bestehen,* werden in Abschnitt 2.3.4 behandelt.

### 2.2.6 Hinweise zur Auswahl

Für die verschiedenen Anwendungen steht eine Vielzahl unterschiedlicher Produkte zur Verfügung. Zudem ist es insbesondere bei Geweben und Vliesstoffen möglich, durch eine Zusatzbehandlung – Ausrüstung genannt – die Belange der gestellten Forderungen zu erfüllen (z. B. kann durch eine Vliesstoff-Ausrüstung das Scherverhalten gegenüber Kunststoffdichtungsbahnen verändert werden).

Eine Produktauswahl verlangt immer die Formulierung anwendungsspezifischer Anforderungen. Im Folgenden sind deshalb nur globale Angaben festgehalten.

*Gewebe und Maschenwaren* werden bevorzugt, wenn hohe Zugfestigkeiten gefordert werden. Demzufolge werden sie überwiegend dort eingesetzt, wo eine bewehrende und/oder trennende Funktion gefordert wird. Sie eignen sich bei statischer Belastung auch als Filter für den Einsatz auf ungleichkörnigen Böden, da sich dort ein stabiler Sekundärfilter im Boden aufbauen kann. Bei dynamisch belasteten Filtern ist diese Bedingung zumeist nicht gegeben.

*Vliesstoffe* werden bevorzugt, wenn hohe Dehnbarkeiten gefordert werden. Demzufolge werden sie überwiegend dort eingesetzt, wo eine trennende, filternde und/oder schützende Funktion gefordert wird. Bei Vliesstoffen sind die Festigkeiten durch die Wirrlage der Fasern im Vergleich zu Geweben richtungsunabhängig, obwohl Anisotropien bei einigen Herstellungsmethoden auftreten können. Durch die Wirrlage der Fasern tritt bei örtlicher Schädigung des Vliesstoffs ein Versagen eines Streifens wie bei einem Gewebe nicht auf. Insbesondere mechanisch verfestigte Vliesstoffe können sich einer unebenen Unterlage gut anpassen. Bei örtlicher Schädigung eines Vliesstoffs können die Fasern in beschränktem Umfang – in Abhängigkeit von ihrer Dehnung – Kräfte um die Bruchstelle herum ableiten.

Bei *Verbundstoffen* können die günstigen Eigenschaften einzelner Geotextilien kombiniert werden, d. h., sie sind dann zweckmäßig, wenn eine Verbesserung einer oder mehrerer Eigenschaften erreicht wird bzw. Eigenschaften verschiedener Produkte gleichzeitig gefordert sind. Durch gezielt abgestufte Faserstrukturen können hochwirksame Filter- und Dränschichten geschaffen werden, die in ihren Wirksamkeiten herkömmlichen Kornfiltern oft überlegen sind. Verbundstoffe werden vorwiegend zur Erfüllung folgender Aufgaben eingesetzt:

- Herabsetzen der Dehnung von Vliesstoffen und gleichzeitige Erhöhung der Zugfestigkeit durch Kombination mit Geweben oder Fadengelegen.
- Abführen von Wasser in der Ebene (einer „Dränmatte").
- Aufbau von mehrschichtigen Vliesstoff-Filtern mit schichtenweise abgestuftem Porenvolumen zur Verbesserung der Filterwirksamkeit (insbesondere bei Böden mit hohem Schluffanteil und starker turbulenter Strömungsbelastung und/oder zur Verhinderung von Bodenumlagerungen in Böschungsfallrichtung).
- Als kombinierte Ballast- und Filterschicht im Wasserbau („Sandmatte").

## 2.3 Geotextilverwandte Produkte

### 2.3.1 Allgemeines

*Geotextilverwandtes Produkt: Ein flächenhaftes, durchlässiges polymeres (synthetisches oder natürliches) Material, das nicht der Definition eines Geotextils entspricht, das bei geotechnischen und anderen Anwendungen im Bauwesen im Kontakt mit Boden und/oder anderen Materialien verwendet wird [56].*

Geotextilverwandte Produkte werden in folgender Unterteilung betrachtet (vgl. Bild 1):

- Geogitter,
- geogitterähnliche Produkte und
- Verbundstoffe.

Obwohl nirgends definiert, wird im täglichen Umgang den geotextilverwandten Produkten häufig die Aufnahme von Zugkräften zugeordnet. Andererseits sind Geotextilien definitionsgemäß nur Vliesstoffe, Maschenwaren und Gewebe (vgl. Abschnitt 2.2.1). Produkte, die nicht darunter einsortiert werden können, sind nach hier genannter Definition auch geotextilverwandte Produkte. Ein Beispiel dafür ist die Geomatte.

*Geomatte, eine dreidimensionale, durchlässige Struktur aus polymeren Monofilamenten und/oder anderen Elementen (synthetisch oder natürlich), die mechanisch und/oder thermisch und/oder chemisch und/oder anderweitig verfestigt werden [56].*

Oftmals wird unter diesem neuerdings eingeführten Begriff eine offene Mattenstruktur (unbelastet etwa 10 bis 20 mm dick) aus wellig gelegten und ineinander verschränkten Kunststoffdrähten, z. B. in Form eines Monofilamentgeleges für Erosionsschutzmaßnahmen, verstanden.

### 2.3.2 Geogitter

*Geogitter: Eine flächenhafte, polymere Struktur aus einem regelmäßigen offenen Netzwerk, dessen Zugelemente durch Extrudieren, Verbinden oder Verschlingen oder Verflechten miteinander verbunden sein dürfen und dessen Öffnungen größer als die Bestandteile sind [56].*

Geogitter können in Anlehnung an M Geok E [110] eingeteilt werden in:

- gewebte Geogitter,
- kettengewirkte (geraschelte) Geogitter,
- gestreckte Geogitter und
- gelegte Geogitter.

*Gewebte Geogitter sind Gewebe mit Öffnungen über 10 mm, sie sind meist zusätzlich mit einer Polymerumhüllung ausgerüstet.*

*Kettengewirkte (geraschelte) Geogitter sind Maschenwaren mit Öffnungen über 10 mm, sie sind meist zusätzlich mit einer Polymerumhüllung ausgerüstet.*

*Gestreckte Geogitter werden extrudiert oder aus Kunststoffbahnen hergestellt. Die Bahnen oder extrudierten Gitter werden in einer oder beiden Richtung/en (längs und quer) gestreckt.*

*Gelegte Geogitter werden aus extrudierten und gestreckten Streifen oder aus ummantelten Garnlagen (gemäß Abschnitt 2.3.3) hergestellt. Dafür werden diese kreuzweise gelegt und an den Kreuzungspunkten (z. B. durch Reibschweißen oder Lasertechnik) verbunden.*

### 2.3.3 Geogitterähnliche Produkte

Geogitterähnliche Produkte können eingeteilt werden in:

- Bänder, Stäbe und stabförmige Elemente,
- Geonetze und
- Geozellen.

*Band (Geoband): Ein polymeres Material in Form eines Streifens mit einer Breite von höchstens 200 mm [56].*

*Stäbe bestehen aus extrudierten und anschließend gestreckten monolithischen Elementen (Flachstäben). Oftmals werden sie fälschlicherweise als (Verpackungs-)Bänder bezeichnet [140].*

*Stabförmige Elemente entstehen aus gebündelt verlaufenden Garnlagen, die von einem Kunststoffmantel umhüllt werden [109].*

Nach M Geok E [110] bestehen Bänder und Stäbe z. B. aus

- gewebten oder gewirkten Streifen,
- extrudierten und gestreckten Kunststoffelementen,
- nebeneinander in einer Ebene angeordneten Garnlagen oder
- gebündelten Garnlagen, die durch Polymerumhüllung fixiert werden.

*Geonetze: Geokunststoffe bestehend aus parallel angeordneten und übereinanderliegenden Rippen, die fest miteinander verbunden sind, wobei die Winkel unterschiedlich ausfallen können [56].*

*Geozelle: Eine dreidimensionale, durchlässige polymere (synthetische oder natürliche) Waben- oder ähnliche Zellstruktur, hergestellt aus miteinander verbundenen Geokunststoffstreifen [56], die beispielsweise zum Halten von Bodenteilchen und Pflanzen an Böschungen verwendet werden.*

### 2.3.4 Verbundstoffe

*Verbundstoff (Geoverbundstoff): Ein industriell vorgefertigtes zusammengesetztes Material, bei dem mindestens ein Bestandteil ein Geokunststoff ist [56].*

Als Verbundstoffe innerhalb der Gruppe der geotextilverwandten Produkte können genannt werden:

- zusammengesetzte Materialien, die mindestens aus einem geotextilverwandten Produkt innerhalb der Komponenten bestehen, und
- die Kombination zwischen Materialien, die aus einem Geotextil und einem geotextilverwandten Produkt innerhalb der Komponenten bestehen.

Ein Beispiel für ein solches Produkt ist die Kombination aus einem gestreckten Geogitter und einem vernähten Vliesstoff – beide thermisch miteinander verbunden – als Asphalteinlage.

### 2.3.5 Hinweise zur Auswahl

Geotextilverwandte Produkte wie Geogitter werden vorwiegend zur Bewehrung in Böden eingesetzt. Die Kraftübertragung zwischen Boden und Geogitter geschieht durch Reibung. Darauf haben u. a. folgende Faktoren Einfluss: Rauigkeit, Maschenweite, Steg- und Knotenausbildung, Korngröße und -form des Bodens sowie Auflast.

## 2.4 Dichtungsbahnen

### 2.4.1 Allgemeines

*Dichtungsbahn (Geosynthetische Dichtungsbahn): Industriell hergestellte ein- oder mehrlagige (synthetische, polymere oder bituminöse) Bahn als wasserundurchlässiges Element, das in geotechnischen und bautechnischen Bereichen verwendet wird.*

Dichtungsbahnen können eingeteilt werden in (vgl. Bild 1):

- homogene und
- heterogene Dichtungsbahnen.

### 2.4.2 Homogene Dichtungsbahnen

*Homogene Dichtungsbahn: Industriell hergestellte Dichtungsbahn aus einem Werkstoff oder aus Mischpolymerisaten.*

Homogene Dichtungsbahnen können eingeteilt werden in

- Folien und
- (homogene) Kunststoffdichtungsbahnen.

Folien weisen eine Dicke unter 1,0 mm auf.

*Kunststoffdichtungsbahn (geosynthetische Kunststoffdichtungsbahn): Eine fabrikgefertigte Struktur aus geosynthetischen Materialien in Form einer Bahn, wobei die Dichtungsfunktion im Wesentlichen durch Polymere erfüllt wird [56]. Kunststoffdichtungsbahnen werden durch Extrusion von Polymer-Formmassen hergestellt.*

Homogene Kunststoffdichtungsbahnen bestehen aus einem Werkstoff (Thermoplaste/ Elastomere) oder aus Mischpolymerisaten (z. B. Mischung PE und Bitumen) und sind mindestens 1,0 mm dick. Im Deponiebau muss die (oft vereinfacht bezeichnet mit) Kunststoffdichtungsbahn eine Mindestdicke von 2,5 mm aufweisen.

### 2.4.3 Heterogene Dichtungsbahnen

*Heterogene Dichtungsbahn: Industriell hergestellte Dichtungsbahn als Verbundsystem.*

Heterogene Dichtungsbahnen können eingeteilt werden in

- Dichtungsbahnen mit Trägereinlagen oder AKW/CKW-Sperrbahnen,
- Dichtungsbahnen mit verbundenen Schutzschichten,
- Bitumenbahnen mit Kunststoffeinlagen in einer Mindestdicke von 5,0 mm.

*Bitumendichtungsbahn (geosynthetische Bitumendichtungsbahn): Eine fabrikgefertigte Struktur aus geosynthetischen Materialien in Form einer Bahn, wobei die Dichtungsfunktion im Wesentlichen durch Bitumen erfüllt wird [56].*

### 2.4.4 Hinweise zur Auswahl

Die Oberfläche der Dichtungsbahnen kann glatt, durch Prägung, Noppen oder Riffelung profiliert oder sandrau strukturiert sein. Sie spielt insbesondere im Hinblick auf das bodenmechanische Reibungsverhalten eine Rolle. Einfärbungen geben Hinweise auf bestimmte Eigenschaften [28], mit Ruß kann die Wetterbeständigkeit erhöht werden.

An die dichten und festen Verbindungen sind grundsätzlich die gleichen Anforderungen zu stellen wie an die Dichtungsbahnen selbst. Es müssen alle Kräfte, die in der Dichtung auftreten, aufgenommen und übertragen oder – wenn dies funktionell und konstruktiv verträglich ist – durch Gleiten abgebaut werden. Als Hauptverfahren werden unterschieden:

- Schweißen (Warmgas-, Heizelement- und Extrusionsschweißen),
- Kleben (Diffusions-, Adhäsions- und Heißkleben) und
- sonstige Verfahren (Vulkanisieren oder Flämmschweißen).

Diese üblichen Fügetechniken können nur für bestimmte Dichtungswerkstoffe jeweils angewendet werden (z. B. kann Polyethylen nur verschweißt werden).

Kunststoffdichtungsbahnen sind gegenüber Wasser undurchlässig, während bestimmte Kohlenwasserstoffe aufgrund von Diffusionsvorgängen in geringen Mengen hindurchtreten können. Informationen zu Werkstoffauswahl, Herstellung, Prüftechnik, Stofftransport, Langzeitverhalten, Verlegetechnik, Schweißtechnik und Dichtungskontrollsystemen bietet [117].

## 2.5 Dichtungsbahnverwandte Produkte

### 2.5.1 Allgemeines

*Dichtungsbahnverwandtes Produkt: Industriell oder vor Ort hergestellte ein- oder mehrlagige Bahn als nahezu wasserundurchlässiges Element ($k < 1 \cdot 10^{-9}$ m/s), das in geotechnischen und bautechnischen Bereichen verwendet wird.*

Dichtungsbahnverwandte Produkte können eingeteilt werden in

- geosynthetische Tondichtungsbahnen,
- Quellmitteldichtungsbahnen,
- beschichtete Geotextilien, die als Produkt wasserundurchlässig sind,
- Verbundstoffe aus Folie bzw. Dichtungsbahn und Bentonit bzw. Ton.

### 2.5.2 Geosynthetische Tondichtungsbahnen

*Geosynthetische Tondichtungsbahn: Eine fabrikgefertigte Bahn als Verbundstoff mit mindestens einer Tonschicht. Die Tonschicht wird auf oder zwischen Geokunststoffen durch Reibung (Reib- und Formschlussbindung) und/oder Kohäsion und/oder Adhäsion gehalten und übernimmt im Wesentlichen die Dichtungsfunktion.*

Im Bereich der geosynthetischen Tondichtungsbahnen ist es unklar, welche Produkte außer den nachfolgend genannten in diese Kategorie einzusortieren sind. Es ist durchaus denkbar, statt Bentonit auch andere Tonminerale oder Tone (wie beispielsweise Kaoline oder natürliche und künstliche Zeolithe) einzusetzen.

*Bentonitmatte: Geosynthetische Tondichtungsbahn mit Bentonit als Tonschicht.*

Bentonitmatten bestehen i. d. R. aus zwei Geotextillagen mit einer Füllung aus Bentonit zwischen ihnen. Der Verbund der Deck- und Trägergeotextilien wird durch Vernadelung oder Vernähung erreicht. In Bentonitmatten werden quellfähige Tone als natürliche oder aktivierte Natriumbentonite oder als natürliche Calciumbentonite granuliert oder als Pulver in einer Menge von typisch 4 kg/m$^2$ bis 10 kg/m$^2$ eingesetzt.

Weiterentwicklungen sind industriell vorgefertigte Verbundstoffe aus einer Kombination Bentonitmatte/Sandmatte (vgl. Abschnitt 2.2.5) und Bentonitmatten, die statt einer Bentonitlage eine Lage aus einem Bentonit-Sand-Gemisch enthalten.

### 2.5.3 Quellmitteldichtungsbahnen

Quellmitteldichtungsbahnen oder „Quellvliese“ sind Vliesstoffe, die mit einem dichtenden, polymeren Quellmittel ausgerüstet sind. Als Quellmittel in Quellmitteldichtungsbahnen werden derzeit Acrylate eingesetzt. Noch handelt es sich um Entwicklungen, über deren Anwendung es bisher wenig Praxiserfahrung gibt.

### 2.5.4 Hinweise zur Auswahl

Zurzeit werden geosynthetische Tondichtungsbahn und Bentonitmatte synonym verwendet. Dies ist sicherlich darauf zurückzuführen, dass in der Regel keine anderen Tone als Bentonit eingesetzt werden. Zurzeit gilt also:

Dichtungsbahnverwandtes Produkt ≡ Geosynthetische Tondichtungsbahn ≡ Bentonitmatte.

Bentonitmatten besitzen – im Gegensatz zu Dichtungsbahnen – eine Wasserdurchlässigkeit. Als dafür maßgeblicher Parameter ist die Permittivität zu nennen. Die Permittivität ist die Wassermenge, die bei gegebener Auflast und Höhendifferenz pro Zeiteinheit und Flächeneinheit durch die geosynthetische Tondichtungsbahn hindurchtritt. Geosynthetische Tondichtungsbahnen müssen in vielen Anwendungen folgende Mindestanforderung erfüllen:

Permittivität $\psi \leq 1 \cdot 10^{-7}$ [$s^{-1}$]

Die Permittivität muss auch unter Berücksichtigung von Veränderungen in den Tonen durch chemische Einflüsse, z. B. Kationenaustausch bei Natriumbentoniten in kalziumhaltigem Milieu, sichergestellt sein.

Umfangreiche Empfehlungen zur Ausbildung und Bemessung von Dichtungssystemen mit geosynthetischen Tondichtungsbahnen finden sich in EAG-GTD [69].

## 2.6 Rohstoffe

Zurzeit sind die Faser-, Garn- und Geogitterrohstoffe Aramid AR, Polyamid PA, Polyethylen PE, Polyester (überwiegend als Polyethylenterephthalat PET), Polypropylen PP und Polyvinylalkohol PVA für Geotextilien und geotextilverwandte Produkte gebräuchlich. Polyethylen und Polypropylen werden als Polyolefine bezeichnet.

Bei der Bewertung der Langzeitbeständigkeit ist zu beachten, dass mit zunehmender Faserdicke die Schädigungsmöglichkeit abnimmt und die Eigenschaften einzelner Rohstoffe durch Stabilisatoren verbessert werden können.

Natürliche Rohstoffe (Flachs, Hanf, Kokos, Jute, Heu, Stroh, Sisal etc.) werden aufgrund nicht ausreichender Langzeitbeständigkeit dort eingesetzt, wo der Abbau der Fasern wünschenswert ist (z. B. in der Anwachsphase von zu begrünenden Böschungen).

Durch Auswahl und Zusammensetzung der Rohstoffe, aber auch durch die Herstellungsverfahren selbst, können Kunststoffdichtungsbahnen auf sehr unterschiedliche Anwendungen abgestimmt werden. Allgemein wird unterschieden zwischen Kunststoffdichtungsbahnen (Hochpolymerbahnen) und Bitumenbahnen, die mit Kunststoffeinlagen verstärkt sind.

Kunststoffe für Dichtungsbahnen gliedern sich auf in Thermoplaste (amorph und teilkristallin) und Elastomere. Werden Kunststoffe (z. B. Polyethylen) mit anderen Werkstoffen (z. B. Bitumen) vermischt, entstehen Mischpolymerisate [165].

Rohstoffe für Kunststoffdichtungsbahnen sind Polyethylen hoher oder niederer Dichte PEHD/PELD, flexibles Polypropylen FPP und Polyvinylchlorid-weich PVC. Der Einsatz von Polychloropren-Kautschuk, Isobuten-Isopren-Kautschuk, chlorsulfoniertes Polyethylen, chloriertes Polyethylen, Ethylen-Copolymerisat-Bitumen und Ethylen-Propylen-Dien-Mixtur ist selten geworden.

Bei allen genannten und derzeit zur Anwendung kommenden Rohstoffen kann davon ausgegangen werden, dass sie Boden und Wasser nicht mit Schadstoffen belasten. Rohstoffabhängig sind jedoch folgende Empfindlichkeiten zu untersuchen bei

- allen Produkten auf Beständigkeit gegen UV-Photooxidation (Bewitterung),
- PA (inklusive Aramid), PET und PVA auf die innere und äußere Hydrolyse (z. B. gegen starke Säuren und Alkalien),
- PA (inklusive Aramid), PE, PP, PVA und Elastomeren (einschließlich Kautschuke) auf oxidativen Angriff und die Extraktion bzw. Hydrolyse oder Photooxidation von Stabilisatoren,
- PVC-weich u. a. auf den Verlust von Weichmachern,
- Kunststoffdichtungsbahnen und extrudierten Geogittern auf Spannungsrisse,
- Kunststoffdichtungsbahnen auf mikrobiologische Angriffe (PE und PP gelten generell als beständig gegen Mikroorganismen),
- Dichtungsbahnen auf Durchwurzelung (Kunststoffdichtungsbahnen aus PE gelten generell als wurzelfest),
- geosynthetischen Tondichtungsbahnen auf die Wirkung von Austrocknung und Frost.

## 2.7 Funktionen

### 2.7.1 Allgemeines

Beim „geokunststoffgerechten Bauen" ist es oftmals ausgeschlossen, für einen speziellen Anwendungsfall z. B. eine Funktion des Geotextils in den Vordergrund zu stellen und danach zu bemessen (vgl. auch Tabelle 5 in Abschnitt 3.6.2.1). Beispielsweise hat *Wilmers* [157] die übergreifende Bedeutung der einzelnen Funktionen für bestimmte Anwendungen dargestellt (Bild 5).

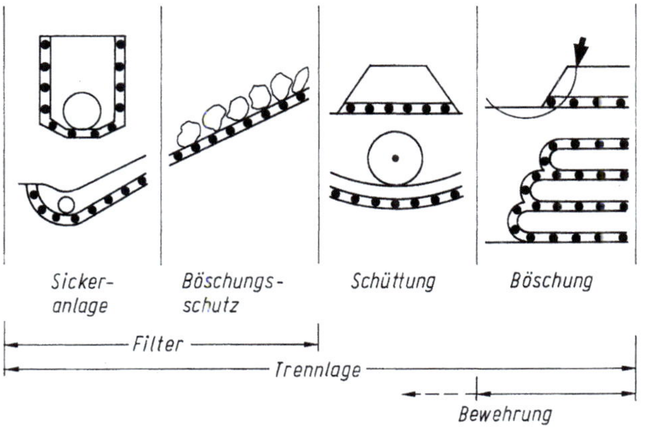


**Bild 5** Einsatzgebiete und zu berücksichtigende Funktionen (nach [157])

### 2.7.2 Filtern

*Filtern: Zurückhalten von Boden oder anderen Teilchen, die hydrodynamischen Kräften ausgesetzt sind, während Flüssigkeiten in oder durch ein Geotextil oder ein geotextilverwandtes Produkt dringen können.*

Bei der Bemessung und Auswahl eines geotextilen Filters sind zu beachten:

- Boden
  - die Korngrößenverteilung / das Körnungsband des anstehenden Bodens,
  - bei bindigen Böden zusätzlich die Plastizitäts- und die Konsistenzzahl bzw. als Hilfsgröße das Ton-Schluff-Verhältnis.
- Hydraulische Beanspruchung
  - Anströmung: einseitig, wechselseitig,
  - hydraulischer Gradient,
  - Richtung vertikal/tangential.
- Bauwerk
  - die Art und Konstruktion des Bauwerks, d. h. die dem Geotextil zugewiesenen Funktionen.
- Die sich aus dem Bauwerk ergebenden Sicherheitsanforderungen an den Filter
  - z. B. Auswirkung eines Filterversagens,
  - Wartungs- und Instandsetzungsmöglichkeit.
- Mechanische Beanspruchung
  - die Einbaubeanspruchung,
  - die mechanische Beanspruchung im Gebrauchszustand.

Im Hinblick auf ihre Filtereigenschaften müssen die Geotextilien aufgrund ihrer unterschiedlichen Struktur differenziert betrachtet werden; dabei spielt die Filtrationslänge bzw. Dicke des Geotextils eine entscheidende Rolle. Dicke und Porenstruktur eines Geotextils sollten in Analogie zum Mineralkornfilter eine Tiefenfiltration erlauben und die Bildung eines Filterkuchens in der Grenzfläche Boden/Filter mit der zwangsläufigen Beeinträchtigung der hydraulischen Leistungsfähigkeit des Systems verhindern (vgl. [132]). Mit zunehmenden hydraulischen Gradienten oder dynamischen Beanspruchungen wird eine größere Gesamtschichtdicke erforderlich. Bereits in den empfohlenen Bemessungsansätzen des DVWK 221 [64] wurden deshalb für bestimmte Körnungsbereiche und Lastfälle neben Filterregeln auch empirische Mindestdicken für Geotextilien angegeben.

Von dem auszuwählenden Material müssen die naturbedingt gegenläufigen Bedingungen der mechanischen Filterwirksamkeit (Bodenrückhaltevermögen, Abstimmung der Porenstruktur bzw. Öffnungsweite auf die zurückhaltenden Korngrößen des zu schützenden Bodens) und der hydraulischen Filterwirksamkeit mit dem Ziel einer schadlosen Wasserableitung (kleine hydraulische Gradienten) durch den Filter erfüllt werden. Hierfür maßgebende Parameter der Geotextilien sind die charakteristische Öffnungsweite $O_{90}$ (ermittelt in einem Nass-Siebversuch mit einem Einheitsprüfboden), der Wasserdurchlässigkeitsbeiwert normal zur Ebene $k_v$ ohne Bodenkontakt und für besondere Fälle auch die Filtrationslänge/-dicke.

Bei der Forderung nach langfristig zu sichernder Wasserdurchlässigkeit ist zu beachten, dass diese durch das Blockieren von Öffnungen (blocking) oder das Einwandern (clogging) durch Bodenteilchen vermindert werden kann. Die Abnahme ist im Wesentlichen abhängig von der Porenstruktur und Dicke des Geotextils im Vergleich zur Kornstruktur des Bodens. Dieser Einfluss kann durch die Bestimmung von Abminderungsfaktoren für die Wasserdurchlässigkeit berücksichtigt werden. Um eine schadlose Entwässerung zu gewährleisten, muss die abgeminderte Wasserdurchlässigkeit des Geotextils größer als der Durchlässigkeitskoeffizient des Bodens sein. Etwa gleiche Abminderungen der Wasserdurchlässigkeit (1 bis 2 Zehnerpotenzen durch Tiefenfiltration) durch die Wechselwirkung von Boden und Filter für Kornfilter und dicke Vlies- und Verbundstoffe bestätigen die vergleichbare Wirkungsweise dieser Filtermedien [135].

Bei der Belastung der Filterschichten sind statische und dynamische Abläufe zu unterscheiden. Bei statischen Belastungen kann sich in Abhängigkeit von Boden und Belastung in der Grenzschicht Geotextil/Boden ein Sekundärfilter ausbilden. Sofern eine hinreichend genaue Abschätzung der einwirkenden Kräfte und der Fließgeschwindigkeiten nicht möglich ist, empfiehlt sich eine strenge Bemessung der mechanischen Filterfestigkeit. Eine sichere Auslegung erlaubt hohe hydrostatische/hydrodynamische Belastungen des Boden-Filter-Systems.

Geotextilien als Filter werden wie Kornfilter so bemessen, dass sie

- den Boden vor Erosion schützen (Anforderung an den Mittelwert der Charakteristischen Öffnungsweite $O_{90}$ vs. obere Grenze des zulässigen $O_{90}$ „zul $O_{90}$"), d. h. das tragende Korngerüst an der Wasseraustrittstelle stabil halten:
  gewähltes $O_{90}$ gew $O_{90} \leq 1{,}0 \cdot$ zul $O_{90}$
- das Passieren feiner Bodenteilchen nur so weit gestatten, dass die Kolmation des Filters und die Ablagerung im Drän-/Entwässerungssystem im unschädlichen Rahmen bleiben (untere Grenze des zulässigen $O_{90}$)
  gewähltes $O_{90}$ gew $O_{90} \geq 0{,}2 \cdot$ zul $O_{90}$
- das Wasser durch den Filter ohne wesentlichen Rückstau strömen lassen.

Dies wird durch die Wahl von Geotextilien mit Öffnungsweiten nahe der oberen Grenze und hinreichender Wasserdurchlässigkeit gesichert. So baut sich bei Wasserströmung ein stabiler Boden/Geotextil-Filter mit ausreichender Wasserdurchlässigkeit auf und durch relativ große Poren wird erreicht, dass die Kolmation im unschädlichen Rahmen bleibt.

Für den *Hydraulischen Sicherheitsfall I* (filtertechnisch einfache Bedingungen wie geringe Wassermengen, einseitige Anströmung und geringes hydraulisches Gefälle) gilt folgende Anforderung an den Mittelwert der Öffnungsweite (gew $O_{90}$) für Vliesstoffe nach M Geok E [110]:

$$0{,}06 \text{ mm} \leq \text{gew } O_{90} \leq 0{,}2 \text{ mm}$$

Gewebe müssen bemessen werden.

Der *Hydraulische Sicherheitsfall II* steht für geringe wechselseitige Anströmungen und mittlere einseitige Anströmungen des Geotextils. Anhaltswerte zur Wahl der Öffnungsweite zur Sicherung der mechanischen Filterwirksamkeit sind:

| | |
|---|---|
| kohäsive Böden | $0{,}06 \le \text{gew } O_{90} \le 0{,}20$ mm |
| Grobschluff bis Feinsand | $0{,}06 \le \text{gew } O_{90} \le 0{,}11$ mm |
| Feinsand | $0{,}06 \le \text{gew } O_{90} \le 0{,}13$ mm |
| Mittelsand | $0{,}08 \le \text{gew } O_{90} \le 0{,}30$ mm |
| Grobsand | $0{,}12 \le \text{gew } O_{90} \le 0{,}60$ mm |

Der Boden ist auf Erosionsstabilität und auf Suffosionssicherheit zu untersuchen.

Der *Hydraulische Sicherheitsfall III* wird maßgebend, wenn Auswirkungen eines teilweise (auch lokalen) hydraulischen Versagens des geotextilen Filters für das Bauwerk beeinträchtigende Folgen haben. Einseitige konzentrierte Anströmungen und großflächige wechselseitige Anströmungen mit einhergehendem hohem Wasseranfall sollten Sicherheitsfall III zugewiesen werden.

Für Filteranwendungen, die in den hydraulischen Sicherheitsfall III einzuordnen sind, muss eine Analyse der hydraulischen Bedingungen und daraus eine Filterdimensionierung im Einzelfall durch eine(n) Sachverständige(n) durchgeführt werden. Diese Filterdimensionierung kann anhand eines Bemessungsverfahrens (vgl. [132]) und/oder durch anwendungsbezogene Versuche erfolgen. Dies gilt auch für die Bemessung eines Filters bei der Entwässerung von suffosionsgefährdeten und von filtertechnisch schwierigen Böden im hydraulischen Sicherheitsfall II, wenn sie für das Entwässerungssystem maßgebend sind.

Nähere Informationen zur Filterwirkung von Geotextilien finden sich in [64, 93, 94, 110, 132, 135, 167]. Erfahrungen mit der Anwendung der neuen Filterregeln des DWA Merkblattes 511 [66] liegen noch nicht vor.

### 2.7.3 Dränen

*Dränen: Sammeln und Ableiten von Niederschlägen, Grundwasser und/oder anderen Flüssigkeiten bzw. Gasen in der Ebene eines Geotextils oder eines geotextilverwandten Produkts.*

In der ingenieurmäßigen Anwendung werden mineralische Sickerkörper mit eingebettetem Dränrohr häufig mit einem geotextilen Filter umhüllt, um eine filterstabile Abgrenzung zum anstehenden Boden und eine hydraulische Leistungsfähigkeit zu gewährleisten.

Geosynthetische Dränsysteme, auch „Dränmatten" genannt, zur Entwässerung erdberührender Bauwerksflächen bestehen aus einer Sickerschicht, die das Wasser senkrecht zu ihrer Ebene aufnimmt und in ihrer Ebene weiterleitet, sowie einer Filterschicht, die die Sickerschicht vor Verschlämmung schützt. Oftmals werden dafür Verbundstoffe (z. B. offene Sickerstrukturen kombiniert mit Vliesstofffiltern) eingesetzt. Entsprechende Produkte werden z. B. im Deponiebau in Oberflächendichtungssystemen als Entwässerungsschicht eingesetzt. Im Tunnelbau kann mit diesen Produkten das anfallende Sicker- und Schichtenwasser zwischen dem Gebirge und der Innenschale abgeleitet und das Entstehen von drückendem Wasser verhindert werden.

Die Abflussleistung (Wasserableitvermögen in der Ebene der Matte), die in Abhängigkeit von der Dicke der Dränmatte, den Kontaktflächen und dem hydraulischen Gradienten ermittelt wird, und die Neigung der Dränmatten sind so zu wählen, dass die Dränmatten unter Berücksichtigung der konstruktionsbedingten Entwässerungslänge im freien Gefälle entwässern. Hierbei sind mögliche Untergrundverformungen zu berücksichtigen.

Die Dicke von Dränmatten wird bei Belastung verringert und zwar in Abhängigkeit von der Konstruktion der Dränmatten unterschiedlich stark. Darüber hinaus ist die Dickenänderung unter Dauerlast (Kriechen) der verwendeten Dränmatte zu berücksichtigen.

Das Wasserableitvermögen der Dränmatten muss mindestens so groß sein, dass die abzuleitende Wassermenge auch über den gesamten Nutzungszeitraum schadlos abgeführt werden kann.

Nähere Informationen finden sich in [118, 120, 133].

### 2.7.4 Trennen

*Trennen: Vermeiden des Vermischens aneinandergrenzender verschiedener Böden und/oder Füllstoffe durch die Verwendung eines Geokunststoffs [56].*

Geotextilien werden zur Trennung von Bodenschichten unterschiedlicher Eigenschaften eingesetzt.

Beim Trennen stehen die mechanische Filterwirksamkeit und die mechanische Beanspruchung des Geotextils im Vordergrund. Dabei werden Abbau und Verteilung lokaler Druckbelastungen günstig beeinflusst, sodass auch bei schwach tragfähigen Böden tragfähige Schüttlagen aufgebracht und verdichtet werden können.

Nach Festlegen der Beanspruchung durch das Schüttmaterial sowie den Einbau und den Baubetrieb wird nach M Geok E [110] die erforderliche Geotextilrobustheitsklasse (GRK) ermittelt (vgl. Abschnitt 3.6.2.2). Die maßgebende mechanische Beanspruchung, nämlich die Schädigung durch Einzelkörner bzw. Steine und durch die Walkarbeit unter einer Schüttung auf weichem Untergrund, entzieht sich der Bemessung. Deshalb wird aus empirisch gewonnenen Erkenntnissen eine Einteilung getroffen, die für alle Produkte Klassen gleicher Robustheit gegenüber dieser Beanspruchung einführt. Sie erfolgt bei Vliesstoffen aus den Ergebnissen des Stempeldurchdrückversuchs, bei Geweben, Maschenwaren und Verbundstoffen nach dem Streifenzugversuch. Außerdem geht bei allen Produkten die flächenbezogene Masse mit ein.

Nähere Informationen zur Trennwirkung von Geotextilien finden sich in [17, 19, 20, 110].

### 2.7.5 Bewehren

*Bewehren: Nutzung des Spannungs-Dehnungs-Verhaltens eines Materials aus Geokunststoff zur Verbesserung der mechanischen Eigenschaften des Bodens oder von anderen Baustoffen [56].*

Bewehrte Bodensysteme sind Verbundsysteme aus einem Schüttboden und einer Bewehrung aus dafür geeigneten Geotextilien oder Geogittern. Das Bewehrungselement soll bei einer für das Erdbauwerk noch zulässigen Verformung die Kraft aktivieren, die dem System zum Erreichen der erforderlichen Standsicherheit fehlt.

Die Kraftübertragung von dem Bewehrungselement in das bewehrte Bodensystem erfolgt über Reibung bzw. Adhäsion zwischen der Bewehrung und dem angrenzenden Boden. Sie wird durch den Reibungsbeiwert und den zur Aktivierung der Reibung nötigen Verschiebungsweg charakterisiert. Untersuchungen zu einer grundlegenderen Beschreibung der Interaktion zwischen Geokunststoff und Boden sind in Arbeit, aber noch nicht in Regelwerken umgesetzt [164].

Die Dehnung der Geokunststoffe muss sowohl bei geringen Spannungen als auch unter Dauerlast (Kriechneigung) berücksichtigt werden. Der Geokunststoff muss die erforderlichen Zugkräfte bei bauwerksverträglicher Dehnung langfristig aufnehmen. Es sind alle möglichen Versagensmechanismen zu untersuchen. Die ungünstigste Bruchfigur ist maßgebend. Außerdem ist der Gebrauchszustand zu beurteilen (Verformung, Sicherheit).

Bewehrungen werden überwiegend mit Geogittern und Geweben mit relativ geringer Dehnung und Kriechneigung berechnet und ausgeführt. Auch dehnfähigere Geotextilien sind erfolgreich für Bewehrungsaufgaben eingesetzt worden. Die Verbundwirkung Geotextil/Boden ist zurzeit mit den bekannten bodenmechanischen Ansätzen noch nicht zu beschreiben. Der Übergang von der Funktion „Trennen“ zur Funktion „Bewehren“ kann dabei fließend sein (vgl. Bild 5).

Hinweise zu Erdbauwerken mit Geokunststoffen als Bewehrung können DIN EN 14475 [52] und EBGEO [74] entnommen werden. Zur Anwendung der Finite-Element-Methode siehe [72, 116].

### 2.7.6 Verpacken

Zum Umhüllen und Verpacken von Böden dienen in Sack- und Schlauchform konfektionierte Geotextilien. Solche großformatigen Bauelemente – geotextile Container bzw. geotextile Schläuche genannt – erlauben die Verwendung örtlich anstehenden Bodens, der andernfalls ungeeignet wäre. Die Kornverteilung des Erdstoffs, die Abmessungen der Bauelemente und die Einbau- und Langzeitbelastungen bestimmen die Anforderungen an die zu verwendenden Geotextilien. Außerdem eignen sich derartig konfektionierte Geotextilien zum Verfüllen mit Beton oder anderen brauchbaren Baustoffen.

### 2.7.7 Schützen

*Schützen: Vermeiden oder Begrenzen lokaler Schäden eines bestimmten Bauteils oder Baumaterials durch die Verwendung eines Geokunststoffs [56].*

Zum Schutz von Kunststoffdichtungsbahnen, von beschichteten Bauteilen oder sonstigen Bauwerksteilen, die anfällig gegen mechanische Beschädigungen durch scharfkantige Unebenheiten des Untergrundes, des Verfüllmaterials oder der Bedeckung sind, können Geotextilien Verwendung finden. Deren Wirksamkeit wird durch Druckbelastung mit genormten Körpern oder mit dem verwendeten Boden geprüft. Dabei gelten die Anforderungen an Schutzschichten in Oberflächendichtungssystemen von Deponien nach [87] (vgl. Abschnitt 3.5). Bei „kleinen Baustellen" kann nach Tabelle 1 vorgegangen werden.

Bei flächenhaften Dichtungen können die geotextilen Schutzschichten aufgrund ihrer Dräneigenschaften in der Ebene ggf. auch die Dränfunktion übernehmen und zudem zur Kontrolle und Überwachung der Dichtung eingesetzt werden. Die Verträglichkeit zwischen Dichtungsbahn und Geotextil und ggf. zwischen Dichtungsanstrich und Geotextil muss gegeben sein.

Anforderungen an das Brandverhalten der Schutzvliesstoffe (z. B. im Tunnelbau nach [27] und [50]) können ebenfalls von Wichtigkeit sein.

**Tabelle 1** Empfohlene Dicke einer geotextilen Schutzschicht in Abhängigkeit vom beanspruchenden Boden für Kunststoffdichtungsbahnen mit einer Dicke von mindestens 2 mm nach [110].

| Beanspruchender Boden (nach DIN 18196) [1) 2)] | | Schutzschicht Dicke [mm] |
|---|---|---|
| Bodenklasse Rundkorn | Bodenklasse Gebrochenes Korn | erf. $d_{20, 5\%}$ [3)] |
| Feinkörnige Böden (UL, UM, UA, TL, TM, TA)[2)] | | 2,5 [2)] |
| Gemischtkörnige Böden (SU, SU*, ST, ST*, GU*, GT*)[2)] | | 2,5 [2)] |
| Gemischtkörnige Böden (GU, GT) | Gemischtkörnige Böden (SU, SU*, ST, ST*, GU*, GT*) | 5 [2)] |
| Grobkörnige Böden (SE, SW, SI, GW) | Gemischtkörnige Böden (GU, GT) | 5 [2)] |
| Grobkörnige Böden (GE, GI) | Grobkörnige Böden (SE, SW, SI, GW) | 8 [2)] |
| Grob- und Gemischtkörnige Böden mit Steinanteil | Grobkörnige Böden (GE, GI) | 8 |
| | Grob- und Gemischtkörnige Böden mit Steinanteil | 10 |

1) Aufbereitetes Material (z. B. gebrochenes Gestein, Recycling-Baustoffe) ist entsprechend Korngröße und -form einzustufen.
2) Bei einem Größtkorn von 2 mm kann auf eine Schutzschicht verzichtet werden.
3) Erf. $d_{20, 5\%}$ Anforderung an den Charakteristischen Wert (5%-Mindestquantil) der Schutzschichtdicke, gemessen bei einer Auflast von 20 kPa. Erforderliche Geotextilrobustheitsklasse der Schutzschicht: GRK 5.

### 2.7.8 Erosionsschutz

*Erosionsschutz (Schützen gegen Oberflächenerosion): Verwendung eines Geokunststoffs, um das Bewegungen von Boden oder anderen Teilchen auf der Oberfläche, z. B. einer Böschung, zu verhindern oder zu verringern [56].*

Geokunststoffe können den Abtransport von Bodenteilchen durch Wasser und Wind verhindern. Auch der oft Jahre dauernde natürliche Aufbau von Vegetationsschichten kann mit Geokunststoffen beschleunigt und gesichert werden.

Das Merkblatt MAEBEL [112] informiert über die Anwendung von Erosionsschutz- und Begrünungshilfen aus natürlichen und synthetischen Werkstoffen im Erd- und Landschaftsbau des Straßenbaues. Anwendungsgebiete sind der Schutz und die Begrünung von z. B.

- Böschungen,
- periodisch wasserführenden Entwässerungseinrichtungen,
- hinterfüllten und überschütteten Bauwerken,
- Lärmschutzwällen.

### 2.7.9 Dichten

*Dichten: Verwendung eines Geokunststoffs, um die Migration eines Gases oder einer Flüssigkeit zu verhindern oder zu verringern.*

Als technisch dichte bzw. nahezu dichte Barriere gegen Flüssigkeiten und Gase haben Dichtungsbahnen und Bentonitmatten große Bedeutung im Bauwesen erlangt. Dies gilt insbesondere im Deponie-, Tunnel- und Wasserbau, aber auch für den Bereich des allgemeinen Grundwasserschutzes.

Dichtungssysteme werden beispielsweise eingesetzt

- zur Verhinderung von Wasserverlusten,
- gegen Versickerung von Wasser in den Untergrund (z. B. bei Regenwasserrückhaltebecken und Löschteichen),
- gegen Versickerung von verunreinigtem Wasser in den Untergrund (z. B. bei Deponien),
- zum Schutz des Bodens und des Grundwassers in Wasserschutzgebieten vor Eindringen wassergefährdender Stoffe aus Verkehrsanlagen (z. B. Straßen, Tankstellen, Rastanlagen),
- zur Dichtung von Schüttungen aus belasteten Böden oder aus industriellen Nebenprodukten.

### 2.7.10 Spannungsabbau

*Spannungsabbau: Verwendung eines Geokunststoffs, um die Ausbreitung von Rissen infolge von Spannungen aus schon beschädigten Asphaltschichten zu minimieren [56].*

Die Funktion „Spannungsabbau" ist erst in jüngster Vergangenheit als weitere Funktion in diversen Veröffentlichungen und Normen aufgenommen worden, stets – wie in der Definition schon erläutert – verknüpft mit dem Spannungsabbau als Asphalteinlage. Näheres in [144].

## 2.8 Hinweise zur Bauausführung

Besondere Beachtung muss der Robustheit der Materialien geschenkt werden, da nach vorliegenden Erfahrungen die größte Beschädigungsmöglichkeit für Geokunststoffe im rauen Einbaubetrieb gegeben ist. Aus diesem Grund ist die Einhaltung einer *beanspruchungsabhängigen* Masse pro Flächeneinheit von Geotextilien empfehlenswert. Eine Beurteilung der Robustheit eines Geotextils anhand seiner Zugfestigkeit ist in der Regel nicht möglich.

Gegen Freibewitterung müssen beständige Produkte eingesetzt oder die Bahnen frühzeitig bedeckt bzw. überschüttet werden.

Baustellenverkehr jeglicher Art auf ausgelegten Geokunststoffen ist auszuschließen. Ein Überfahren mit schwerem Gerät (z. B. Bagger, Radlader) sollte nur erfolgen, wenn eine mindestens 25 cm dicke, durchdrücksichere Schutzschicht aufgebracht ist.

Geotextilien sollten mit einer Überlappung von 0,5 m verlegt werden. In Sonderfällen, z. B. bei Längsverlegung in hochbelasteten Baustraßen oder beim Unterwassereinbau, ist die Überlappung auf z. B. 1,0 m zu erhöhen. Wahlweise kann auch eine kraftschlüssige Nahtverbindung vorteilhaft sein. Es ist zu empfehlen, entsprechende Nahtverbindungen bereits werkseitig auszuführen.

Bei Planung und Verlegearbeiten ist das Rollengewicht der Geokunststoffe zu beachten.

Für Anwendungen im Straßenbau gibt M Geok E [110] sowohl im Textteil als auch im Anhang viele Hinweise zur Verarbeitung. Eine weitere echte Hilfe für Planung, Bauvorbereitung und Bau von Projekten sind die Checklisten C Geok E [23] für die Anwendung von Geokunststoffen im Erdbau des Straßenbaus.

## 2.9 Prüfverfahren

### 2.9.1 Allgemeines

Die Vielzahl der Prüfmethoden macht dem Anwender bzw. Planer oft Schwierigkeiten, zielsicher und problemorientiert zu bemessen.

Alle zurzeit aktuellen Regelwerke geben Hinweise bez. der durchzuführenden Prüfverfahren. In Ausnahmefällen können aber auch spezielle, problemorientierte und aussagekräftige Prüfungen erforderlich sein. Alle Prüfungen müssen auf die für die betreffende Anwendung maßgebenden Anforderungen ausgerichtet sein.

### 2.9.2 Geotextilien und geotextilverwandte Produkte

Neben den allgemeinen physikalischen Prüfungen (Masse pro Flächeneinheit, Dicke) können u. a. folgende Eigenschaften relevant werden:

– Höchstzugkraft und Höchstzugkraftdehnung (evtl. auch an Nähten und Verbindungen),

- Zugkriech- und Zeitstandbruchverhalten (insbesondere bei Bewehrungsmaterialien),
- Druckverhalten (Druckkriechen, Kurzzeit-Druckverhalten, insbesondere bei Dränmatten),
- Festigkeit produktinterner Verbindungen (Geozellen, Geoverbundstoffe),
- Beschädigung beim Einbau (Labor-/Feldversuch),
- Durchdrückverhalten (Stempeldurchdrückversuch, Pyramidendurchdrückwiderstand),
- Durchschlagverhalten (Labor-/Feldversuch),
- Schutzwirkung (bei Stoßbelastung, Lastplattendruckversuch),
- Reibungseigenschaften (direkter Scherversuch mit großer Scherfläche, ggf. zusätzlich Schiefe-Ebene-Versuch),
- Herausziehwiderstand,
- Simulation von Scheuerbeschädigungen (Gleitblockprüfung, Abriebfestigkeit),
- charakteristische Öffnungsweite,
- Wasserdurchlässigkeit (radial und normal zur Geotextilebene),
- Wasserableitvermögen in der Ebene (Wasserdurchlässigkeit in Geotextilebene),
- Widerstand gegen Wasserdurchtritt (Wassersäule-Prüfverfahren),
- Filterwirksamkeit am System Filter/Boden,
- Witterungsbeständigkeit,
- Oxidationsbeständigkeit,
- Hydrolysebeständigkeit in Wasser,
- chemische Beständigkeit,
- Beständigkeit gegen Säure und alkalische Flüssigkeiten,
- mikrobiologische Beständigkeit (Erdeingrabungsversuch).

Hinweise und Erläuterungen finden sich jeweils in den anwendungsbezogenen Empfehlungen bzw. Regelungen (z. B. BAM-Regelwerk für den Bereich des Deponiebaus, EAG-EDT [68] für den Bereich Tunnelbau und M Geok E [110] für den Bereich des Straßenbaus).

### 2.9.3 Dichtungsbahnen

Allgemeine Prüfungen:

- visuelle Betrachtung der äußeren Beschaffenheit,
- Dicke,
- Kantengeradheit und Planlage,
- Verhalten bei und nach Warmlagerung,
- Flüssigkeitsdurchlässigkeit,
- Wasseraufnahme und
- Dichtheit (Berstdruckprüfung, Permeationsverhalten).

Physikalisch-mechanische Eigenschaften:

- Verhalten bei Zugbeanspruchung (einachsig, mehrachsig und nach Kriechversuchen),
- Durchdrückverhalten (Stempeldurchdrückversuch),

- Perforationsverhalten,
- Weiterreißwiderstand,
- Reibungsverhalten (direkter Scherversuch mit großer Scherfläche),
- Spannungs-Dehnungs-Verhalten bei hohen und tiefen Temperaturen und
- Güte der Verbindungen.

Sonstige Eigenschaften:

- Beständigkeit gegenüber umweltbedingter Spannungsrissbildung,
- Witterungsbeständigkeit,
- Beständigkeit gegenüber biologischer Beanspruchung (Nagetiere, Mikroorganismen, Widerstand gegen Wurzeln),
- Oxidationsbeständigkeit,
- Beständigkeit gegenüber Flüssigkeiten, Dämpfen und Gasen,
- Beständigkeit gegen Auslaugen sowie die
- physiologische Unbedenklichkeit.

Hinweise und Erläuterungen finden sich jeweils in den anwendungsbezogenen Empfehlungen bzw. Regelungen (z. B. BAM-Regelwerk für den Bereich des Deponiebaus, DIBt-Regelungen für WHG-Maßnahmen, EAG-EDT [68] für den Bereich Tunnelbau).

### 2.9.4 Dichtungsbahnverwandte Produkte

Allgemeingültige Prüfungen für dichtungsbahnverwandte Produkte können nicht angegeben werden. Für Bentonitmatten empfiehlt es sich, folgende Eigenschaften zu prüfen:

- Masse pro Flächeneinheit der Geokunststoffe,
- Trockenbentonitmenge,
- Wassergehalt des Bentonits im Anlieferungszustand,
- Zugfestigkeit und Höchstzugkraftdehnung,
- Permittivität (auch nach Frost-Tau-Wechseln bzw. Trocken-Nass-Zyklen und auch an Überlappungen),
- Reibungsverhalten (direkter Scherversuch mit großer Scherfläche),
- innere Scherfestigkeit,
- Verbundfestigkeit im Schälversuch,
- Wasseraufnahme,
- Quellvermögen und
- Montmorillonitgehalt.

Hinweise und Erläuterungen finden sich in EAG-GTD [69].

# 3 Einsatzbereiche

## 3.1 Küstenschutz

### 3.1.1 Allgemeines

Der Aufgabenbereich des Küstenschutzes ist der Ursprung der ingenieurmäßigen Anwendung von Geotextilien. Für Bauwerke des Küstenschutzes sind vor allem folgende Belastungsgrößen zu beachten:

- Seegangs- und Strömungskräfte mit z. B. Durchströmungs- und Abriebbeanspruchungen für das Geotextil,
- Erosions- und Sedimentationserscheinungen sowie
- Belastungen durch Sickerströmungen.

Einen groben Überblick über die Anwendung von Geotextilien im Küstenschutz geben folgende Beispiele (Bild 6):

- Filterschichten in Deckwerken an Deichen und Dämmen sowie Sohlensicherungen z. B. an Sielen und Sturmflutsperrwerken,
- Trenn- und Filterschichten im Gründungshorizont von Buhnen und Wellenbrechern,
- Konstruktionselemente in Form von sandgefüllten Säcken und Schläuchen sowie
- flexible Sohlensicherungsmatratzen für Offshore- und Küstenschutzbauwerke.

Aufgrund der Bedeutung des Geotextils für die Sicherheit und Standzeit vieler Küstenschutzbauwerke muss die Bemessung mit entsprechender Sorgfalt erfolgen und berücksichtigen, dass die Kosten für etwaige Reparaturmaßnahmen den Aufwand für ein auf lange Sicht dimensioniertes Geotextil erheblich überschreiten können.

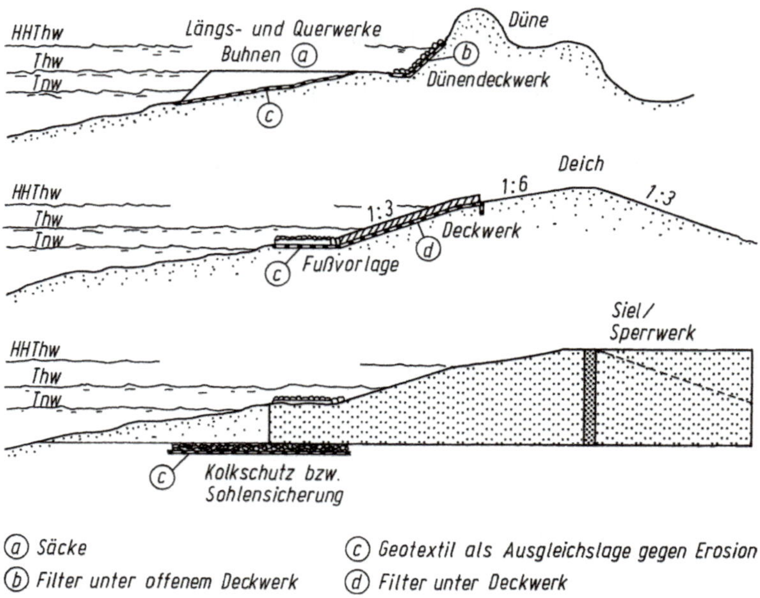


**Bild 6** Überblick über Anwendungen von Geotextilien im Küstenschutz (Prinzipskizzen) [64]

Sofern der Einfluss einer intensiven UV-Strahlung nicht auszuschließen ist, ist durch eine entsprechende konstruktive Gestaltung (beispielsweise durch UV-stabilisierte Produkte) auf eine erhöhte Dauerfestigkeit des Materials besonderer Wert zu legen. Untersuchungsergebnisse an langjährig eingebauten Geotextilien im Bereich von Salzwasser lassen sich wie folgt zusammenfassen:

- Eine auf biologische oder chemische Einwirkung beruhende Beeinträchtigung der Beständigkeit konnte nicht festgestellt werden
- Bei freier Bewitterung ist mit Festigkeitseinbußen durch UV-Einwirkung zu rechnen. Der Einfluss kann durch grobtitrige Fasern (Schutz des Kerns durch geschädigte Randzone) oder dicke, schwere (Schutz innenliegender Fasern) und UV-stabilisierte Produkte deutlich gemildert werden. Alle untersuchten Produkte waren bautechnisch intakt, da die auf die Einbaubeanspruchungen dimensionierten mechanischen Eigenschaften der Geotextilien für Deckwerksfilter, sandgefüllte Schläuche und Säcke für die Gebrauchsbelastung im Bauwerk erhebliche Reserven enthielten.
- Beschädigungen von Geotextilien (z. B. Gewebe in Deckwerkskonstruktionen) waren eindeutig auf mechanische Einwirkungen beim Einbau (Beschüttungsvorgänge) oder auf äußere Scheuer- oder Schnittbelastungen zurückzuführen. Hierdurch wird die Forderung nach kunststoffgerechtem Konstruieren und robusten Geotextilien für den Küstenschutz unterstrichen.

Ein geotextiler Filter muss die notwendigen mechanischen Festigkeiten, insbesondere gegenüber dem Einbau von Schütt- oder Setzsteinen [22], aufweisen. Um Beschädigungen durch Scheuern der Steine infolge von Strömungs-, Wellen- und Eiskräften auszuschließen, muss ein geotextiler Filter abriebfest sein.

Auf der Basis langjähriger Erfahrungen sind zur Gewährleistung ausreichender Robustheit folgende Mindestwerte für die Masse pro Flächeneinheit $m_A$ für Geotextilien im Küstenschutz als Richtwerte zu empfehlen (vgl. auch [95]):

- bei Beschüttung mit Wasserbausteinen der Klassen $CP_{90/250}$ und $LMB_{5/40}$ (früher Klasse II und III) mit Einzelgewichten < 50 kg oder unter hoch belasteten Betonsteindeckwerken
  $$m_A \geq 600 \text{ g/m}^2$$
- bei Beschüttung mit Steinen mit Einzelgewichten ≥ 50 kg
  $$m_A \geq 1000 \text{ bis } 1200 \text{ g/m}^2$$
- bei deutlich höheren Einzelgewichten der Steine oder unter verzahnten wellenbrechenden Schwergewichtselementen (z. B. Tetrapoden) sind in der Regel Feldversuche erforderlich oder es sind Ergebnisse von vergleichbaren Objekten heranzuziehen. Gegebenenfalls können auch Schüttstein-Zwischenlagen (d ≥ 50 cm) gewählt werden.

Eine Filterbemessung für ein Geotextil in einem Wellenbrecher findet sich in [66].

Als relativ neues Konstruktionselement im Küstenschutz können mit Sand gefüllte Verbundstoffe, sog. Sandmatten (vgl. Abschnitt 2.2.5), Verwendung finden. Sandmatten können z. B. Sinkstücke aus Gewebe mit aufgebundenen Faschinen für Offshore- und Küstenschutzbauwerke als Sohlensicherungen ersetzen. Als Beispiel dafür können die drei uferfern angeordneten, sog. Offshore-Wellenbrecher vor Koserow zur

Sicherung des Küstenabschnitts Streckelsberg (Insel Usedom) genannt werden ([71], Anhang). Als Sohlensicherung wurden 1995/1996 diese, auf Länge vorkonfektionierten Sandmatten mit einfachsten Mitteln unter Wasser ausgerollt (Traversenverlegung), anschließend mit Schüttsteinen und Granitblöcken (mit einem Einzelsteingewicht von 3 bis 7 Tonnen und Kantenlängen zwischen rund 1,00 bis 1,40 m) bedeckt. Die Kronenhöhe der Wellenbrecher ist 1 m über dem Normalmittelwasserstand.

Die Passagen über Geokunststoffe in EAK [71], dem Regelwerk für den Küstenschutz, basieren auf der vorliegenden Veröffentlichung aus dem Jahr 2001 [140].

### 3.1.2 Deich- und Vorlanddeckwerke

Geotextilien gehören zu den Standardbestandteilen von Deckwerken. Bereits 1993 konnte nach den Empfehlungen für Küstenschutzwerke der Deutschen Gesellschaft für Geotechnik (DGGT) und der Hafenbautechnischen Gesellschaft (HTG) [70] der Filter aller dort empfohlenen offenen Deckwerke als Geotextil ausgeführt werden.

Deckwerke, die Vorlandkanten oder den Fuß von Deichen und Dämmen schützen (Bild 7), werden durch den Einfluss von Ebbe und Flut wechselseitig durchströmt. Sofern geotextile Bahnen innerhalb solcher Deckwerke parallel zum Ufer verlegt werden, müssen sie vernäht werden. Die Nähte müssen eine Höchstzugfestigkeit von 12 kN/m aufweisen. Um weniger Näharbeit auf der Baustelle durchführen zu müssen, empfiehlt es sich, die Bahnen in der notwendigen Gesamtbreite, mindestens aber mit halber Breite, zu konfektionieren. Die Bahnen können auch mindestens 0,5 m breit überlappt werden, und zwar in der Weise, dass die untere Bahn über die obere greift, um Bodenausspülungen in Böschungsfallrichtung zu vermeiden. Das Verlegen einzelner Bahnen kann erforderlich sein, wenn das Deckwerk aus arbeitstechnischen Gründen stufenweise von unten nach oben hergestellt wird.

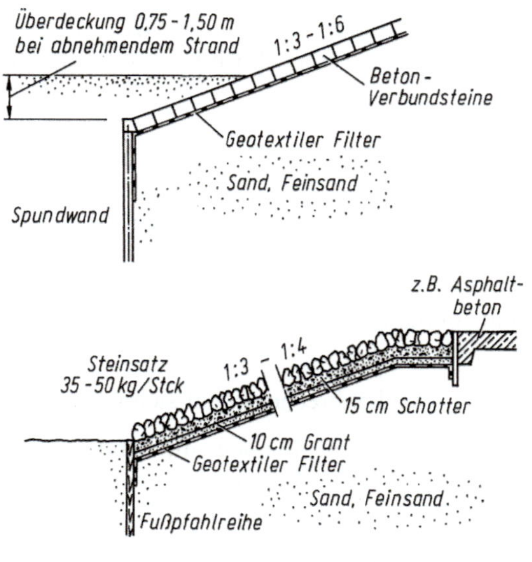


**Bild 7** Beispiele für mit Geotextilien ausgeführte Deich- und Vorlanddeckwerke [63]

### 3.1.3 Fußsicherungen

Geotextile Filter kommen im Küstenschutz auch als Erosions- bzw. Kolkschutz am Fuß von Deckwerken oder Buhnen zum Einsatz und ermöglichen flexible Bauweisen (Bilder 8 bis 10). Fügestellen (Überlappungen, Nähte) sind gemäß den zu erwartenden Verformungen (Setzungen, Kolkungen) und Belastungen zu wählen. Auf einen sicheren Anschluss der Fußsicherung an die Deckwerkskonstruktion ist zu achten. Der geotextile Filter sollte komplett durch die Fußvorlage verlegt werden.

Alternativ kommen Sandmatten, die lagegenau unter Wasser verlegt werden können, zum Einsatz.

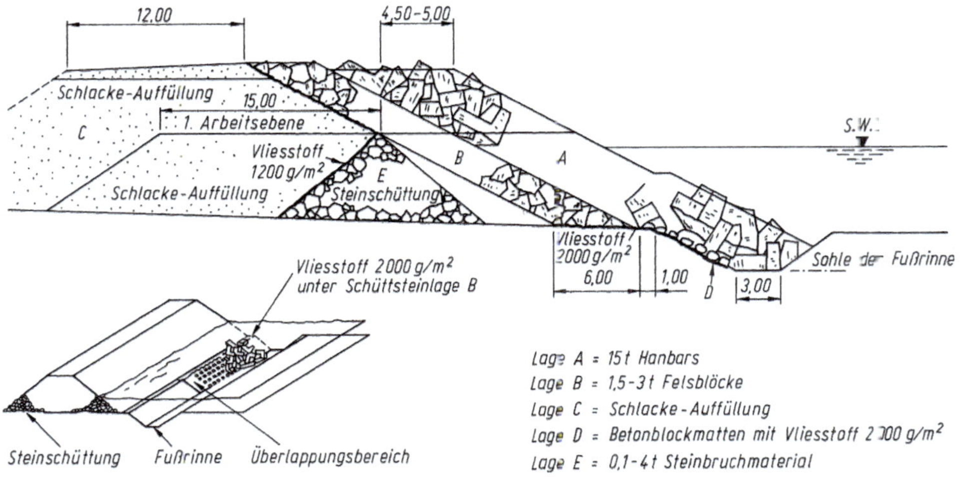


**Bild 8** Uferlängswerk mit flexibler Fußsicherung, Port Kembla/Australien [95]

**Bild 9** Verlegen der flexiblen Fußsicherungsmatte, Port Kembla/Australien [166]

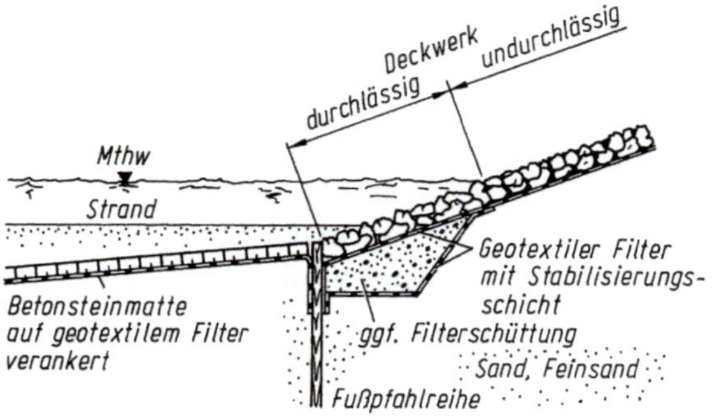


**Bild 10** Flexible Fußsicherung an einem Seedeich-Deckwerk [166]

### 3.1.4 Deichkernbedeckungen

Ist für die Bedeckung des Sandkerns eines wenig beanspruchten Deichs nicht genügend bindiger Boden (Klei) verfügbar, so bietet die Anordnung eines Geotextils zur erosionsfesten äußeren Bedeckung des Sandkerns eine technisch brauchbare Lösung. Alternativ ist bei nicht vorhandenem Kleiboden eine Bentonitmatte zur wasserseitigen Deichkernbedeckung praktikabel. Schwach belastete Deiche können mit einem Betonsteinpflaster oder Oberboden gesichert werden.

Wird zur Sicherung einer Außenböschung ein Betonsteinpflaster mit Horizontal- und Vertikalverbund vorgesehen, so darf es nur dann ohne eine Schutzschicht auf einem Geotextil als Filter verlegt werden, wenn dieses gegen Scheuerbeanspruchung äußerst robust ist.

Bei sehr flacher Neigung der Außenböschung und nicht nennenswerter Wellenbeanspruchung kommt als Bedeckung eines sandigen Deichkerns der Einbau eines Geotextils in Betracht, das als Schutzschicht und Saatbeet für die Begrünung mindestens 20 cm Oberbodenauflage erhält.

### 3.1.5 Querwerke

Mit dem Einsatz von Geotextilien können die Bauweisen für Querwerke (z. B. Buhnen/Lahnungen) im Küstenschutz verbessert und wirtschaftlich gestaltet werden.

Zur Gründung von Buhnen werden in Bereichen unter MTnw (mittleres Tideniedrigwasser) Geotextilien als Sinkstücke eingesetzt. Diese werden auf einer provisorischen Helling gefertigt, ins Wasser gezogen, an die Einbaustelle geschleppt und durch Schüttsteinbewurf an der Einbaustelle abgesenkt. Zur Sicherstellung der Filterwirksamkeit können Verbundstoffe aus Geweben mit Schlaufen zur Anbindung der Faschinenbündel und mechanisch verfestigten Vliesstoffen eingesetzt werden. Die erforderliche Zugfestigkeit der Gewebe richtet sich nach den Beanspruchungen z. B. beim Abziehen des Sinkstücks von der Bauhelling. Richtwerte für Polypropylen-Bändchengewebe sind Zugfestigkeiten von 200 kN/m (750 g/m$^2$), kombiniert mit mechanisch verfestigten Vliesstoffen von mindestens 4,5 mm Dicke (600 g/m$^2$). Solche Sinkstücke (vgl. Bild 15) bilden den Gründungshorizont für den zu schützenden Bodenkörper.

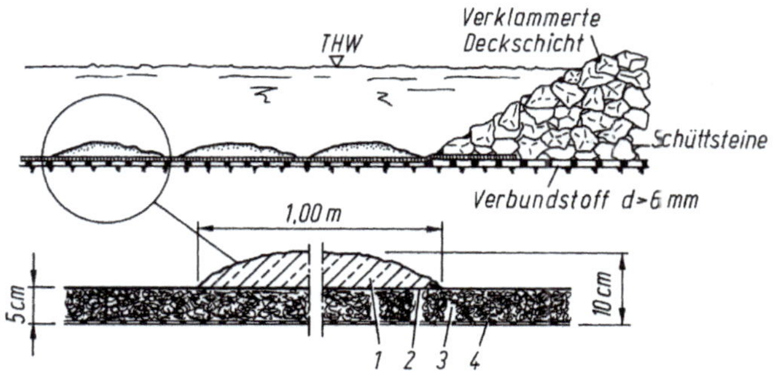


**Bild 11** Sicherung einer Strombuhne an der Unterweser [63]

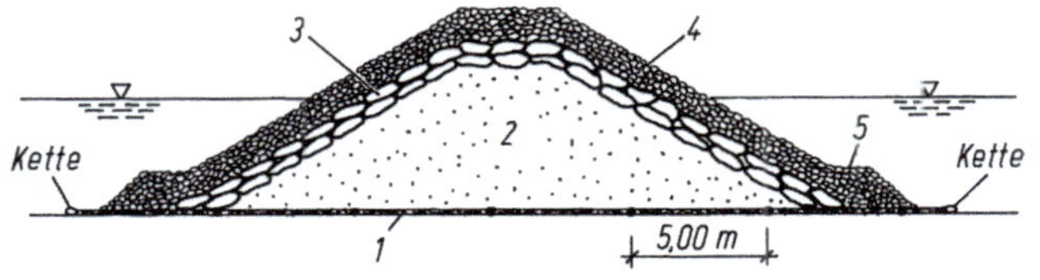


**Bild 12** Für mittlere Strömungsbelastung ausgelegte Buhne mit geotextilen Containern und Sandmatten [140]

1 Sohlensicherung bestehend aus einer Sandmatte ausgerüstet mit Flachstahlaussteifungen im Abstand von 5 m. An den Enden sind als Beschwerung und zur Kolksicherung Ketten vorkonfektioniert
2 Buhnenkern
3 2 bis 3 Lagen geotextile Container zur Profilierung der Buhne und als geotextile Filterlage
4 Deckwerk
5 Fußvorlage, Schüttsteinvorlage in Verbindung mit (1) kettenbeschwerter Sandmatte

Bild 11 zeigt einen Buhnenquerschnitt aus dem Wasserwechselbereich aus der Mitte der 1980er-Jahre. Als Gründungshorizont der Buhne wurde ein 1100 g/m$^2$ schwerer Verbundstoff gewählt. Mit einer seitlichen Überlappung von 0,5 m werden die Buhnenflanken durch eine flexible Kolkschutzmatte (Verbundstoff aus Trägergewebe, Sedimentationsschicht und Filterschicht) geschützt. Der Schüttsteinkörper der Buhne kann an der Oberfläche mit erosionsfestem Mörtel verklammert werden. Die flexible Kolkschutzmatte wird durch ein Raster aus Auflastelementen aus Beton gesichert. Oberhalb MTnw werden im Gründungshorizont schwere, mechanisch verfestigte Vliesstoffe eingesetzt und der Flankenschutz der Buhnen kann mit speziellen Kolkschutzmatten erfolgen.

Zur Gründung von Buhnen kommen seit längerer Zeit fast ausschließlich mit Sand gefüllte Verbundstoffe zum Einsatz. Diese Sandmatten, ggf. zusätzlich ausgerüstet mit Ketten und Flachstahlaussteifungen, lassen sich mit einfachen Mitteln (z. B. Traversen) unter Wasser verlegen. Sie bieten gegenüber den Sinkstücken Vorteile hinsichtlich des lagegenauen Einbaus und sind erheblich wirtschaftlicher. Bild 12 zeigt eine für mittlere Strömungsbelastung ausgelegte Buhne mit geotextilen Containern (vgl. Abschnitt 3.1.7) und Sandmatten.

Bei einer Wattbuhne wird oft der dammartig profilierte Kern aus Wattboden oder Sand mit einem Geotextil umhüllt und erhält eine Deckschicht aus Naturstein oder Betonverbundsteinen. Die Grundbruchsicherheit solcher Bauwerke ist dabei besonders zu beachten.

Der Einsatz von Geotextilien erlaubt auch Sonderlösungen, zum Beispiel zur Erhöhung bestehender Buhnen (Bild 13). Auf der Krone einer vorhandenen Buhne auf der Insel Borkum wurden bereits Mitte der 1980er-Jahre Geotextilschläuche in Abschnitten von rund 5 m mit erosionsfestem Beton gefüllt, sodass an der Oberseite etwa elliptisch geformte Betonblöcke entstanden. Werden flexible Bauweisen gefordert, können auch sandgefüllte Geotextilschläuche zum Einsatz kommen. Diese Bauweisen zur Buhnenerhöhung setzen voraus, dass die vorhandene Buhne die zusätzlichen Belastungen (hydrodynamische Beanspruchung durch Seegang, Setzungen etc.) aufzunehmen vermag.

Die Fußsicherung von Lahnungen in Faschinenbauweise kann aus Sedimentationsmatten, z.B. aus einer Vliesstoff-Kokos- oder einer Vliesstoff-Wirrgelege-Kombination, hergestellt werden. Die Vliesstofflage übernimmt Filterfunktionen, während die Kokos- oder Wirrgelegelage die Stabilisierung des Lahnungsfußes durch Sedimentationsprozesse fördert.

Lahnungen können auch mit dem anstehenden Wattboden gebaut werden. Der Kern aus Wattboden wird auf einer Sohlensicherung dammartig profiliert, mit einem geotextilen Filter bedeckt und erhält eine Deckschicht aus Natursteinen oder Betonverbundsteinen (vgl. Abschnitt 3.1.4) mit horizontalem und vertikalem Verbund. Es ist auf einen filterstabilen Anschluss der Geotextilien an die Fußspundwände zu achten. Das Geotextil sollte so breit gefertigt oder vorkonfektioniert werden, dass der Kern in ganzer Breite bedeckt wird. Die Geotextilien müssen robust gegen Durchschlag- und Abriebbelastungen aus der Deckschicht sein.

### 3.1.6 Sohlensicherungen

Neben den in Abschnitt 3.1.5 erwähnten Sohlensicherungen für Querwerke wie beispielsweise Buhnen oder Wellenbrechern werden geotextile Filter für großflächige Sohlensicherungen bei Ein- und Ausläufen von Deichsielen oder Sturmflutsperrwerken und bei Deichschlussmaßnahmen verwendet.

Wie am Eidersperrwerk kann eine Sohlensicherung im Trockenen (Bild 14) eingebaut werden. Für das filtertechnisch bemessene Geotextil sind zusätzlich die Einbaubean-

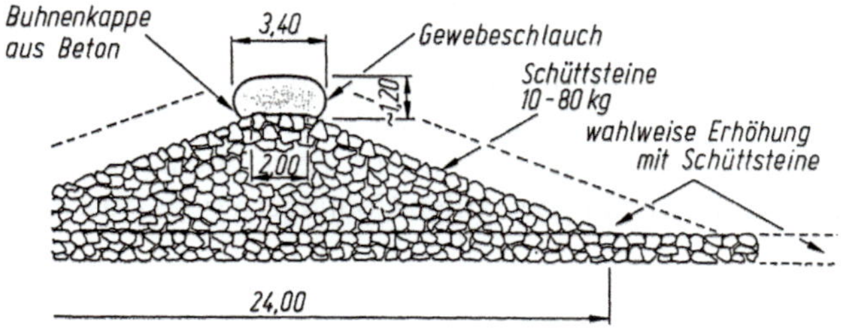


**Bild 13** Buhnenerhöhung auf der Insel Borkum [63]

spruchungen zu berücksichtigen. Auch unter den Einbaubedingungen des Trockeneinbaus ist auf eine ausreichende Robustheit (Masse pro Flächeneinheit) und Verformbarkeit der ausgewählten Geotextilien zu achten.

Unter Wasser auszuführende Sohlensicherungen aus Schüttsteinen können auf großflächig vorkonfektionierten Sinkstücken (Bild 15) gegründet werden. Die Sinkstücke werden auf speziellen Bindeplätzen oberhalb MThw vorbereitet, nach Fertigstellung mit Schleppern ins Wasser gezogen und zur Einbaustelle verschleppt. Spezialabsenkverfahren und die Beschwerung mit Schüttsteinen erlauben einen halbwegs lagegenauen Einbau.

**Bild 14** Einbau der Sohlensicherung am Eidersperrwerk [166]

**Bild 15** Beispiel eines Sinkstücks aus Gewebe mit aufgebundenen Faschinen [166]

Die Zugfestigkeit der eingesetzten Gewebe ist auf die einwirkenden Kräfte beim Zuwasserlassen und Absenken an der Einbaustelle auszulegen. In Abhängigkeit vom anstehenden Boden ist zur Erhöhung der Filterwirksamkeit ein Verbundstoff (Gewebe/mechanisch verfestigter Vliesstoff) von Vorteil. Diese Gewebe-Vliesstoff-Kombination wurde auch im Bereich des Emssperrwerks eingesetzt.

Auch für Sohlensicherungen bei Ein- und Ausläufen von Deichsielen oder Sturmflutsperrwerken und bei Deichschlussmaßnahmen bieten die mit Sand gefüllten Verbundstoffe (vgl. Abschnitt 3.1.5) erhebliche Vorteile. Sandmatten können, beispielsweise auf Schwimmkörpern aufgetrommelt, zum Einbauort geschleppt und auch in große Wassertiefen lagegenau eingebaut werden.

Für großflächige Sohlensicherungsmaßnahmen wurden auch Spezialbauweisen entwickelt, beispielsweise fabrikmäßig hergestellte komplette Sohlensicherungsmatratzen oder eine Traversenverlegung von Sandmatten direkt auf der Sohle. Eingesetzt wurden Sandmatten schon vor Jahren in Wassertiefen von bis zu 15 m [10]. Die ersten Beispiele, wo beginnend Mitte der 2000er-Jahre mit Sandmatten die Sohle gesichert wurde, sind mehrere Fähranleger im Hafen Rostock, der Osthafen Bremerhaven, der Stichkanal Osnabrück, der Silokanal in Brandenburg und die Marina Boltenhagen.

### 3.1.7 Geotextile Container und geotextile Schläuche

#### 3.1.7.1 Allgemeines

Vielfach können anstelle von Kies, Steinen oder Blöcken geotextile Container oder geotextile Schläuche – ggf. gefüllt mit örtlich anstehendem Bodenmaterial – eingesetzt werden. Hierdurch können weite Transportwege vermieden und beispielsweise Kiesressourcen geschont werden.

Geotextile Kleinsäcke im Normalformat 0,40 m · 0,70 m oder 0,54 m · 1,02 m für die vorübergehende Sicherung von Deichschäden und auch geotextile Container mit etwa 1 $m^3$ Füllvolumen sind bewährte Bauelemente im Küstenschutz.

Hand- und Kleinsäcke können in gefülltem Zustand gelagert werden, damit sie im Katastrophenfall schnell einsetzbar sind. Geotextile Container für 1 $m^3$ Inhalt im Format von beispielsweise 1,30 m · 2,65 m müssen folgende Voraussetzungen erfüllen:

- Das Geotextil muss eine ausreichende Festigkeit/Robustheit für einen maschinellen Transport besitzen. Als Erfahrungswert gilt eine Höchstzugfestigkeit ≥ 30 kN/m. Die Robustheit ist von mehreren Parametern (u. a. von der Masse pro Flächeneinheit und der Höchstzugkraftdehnung) abhängig.
- Die Nähte sollten mindesten 80 % der Festigkeit des Geotextils aufweisen.
- Nicht ausreichend UV-beständiges Material ist nur für einen befristeten Einsatz geeignet.

Nach dem Füllen werden die geotextilen Container vernäht, zugebunden oder mit ein- oder doppelseitigem Haftband verschlossen. Das Geotextil und die Füllung sind so aufeinander abzustimmen, dass aus dem gefüllten Container kein Füllmaterial ausgespült werden kann, der gefüllte Container griffig ist und im Stapel eine hohe Haftreibung hat. Diese Bedingungen können bei ausreichender Festigkeit am besten durch mechanisch verfestigte Vliesstoffe erfüllt werden, die weiterhin den Vorteil höherer Dehnbarkeit und besserer Reibungseigenschaften gegenüber Geweben besitzen.

Die ersten Großversuche mit geotextilen Containern wurden um 1950 in den USA, den Niederlanden und in Deutschland durchgeführt. Seitdem hat die Anwendung stetig zugenommen [122, 134, 142], insbesondere an sandigen Küsten. Geotextile Container aus mechanisch verfestigten Vliesstoffen wurden beispielsweise erfolgreich bei den Leitdammsanierungen Friedrichskoog und Kaiser-Wilhelm-Koog, der Ergänzung des Riffs vor Kampen/Sylt, der Zufahrt des Hafens List/Sylt (alle Schleswig-Holstein), beim Kolkschutz am Weserwehr Bremen-Hemelingen, an der Peenebrücke, bei der Mittelplate, zur Dünenstabilisierung auf Wangerooge und zum Küstenschutz in Scharbeutz und in Warnemünde eingesetzt. Sandsäcke mit Füllvolumina bis ca. 20 m$^3$ wurden bereits 1988 erfolgreich erprobt [99].

Die nachfolgend aufgeführten Fallbeispiele sollen verdeutlichen, wie schnell und einfach mit geotextilen Containern gebaut werden kann.

### 3.1.7.2 Fallbeispiel: Stabilisierung der Kolkböschungen am Eidersperrwerk

Beim Bau des Eidersperrwerks wurden see- und binnenseitig Sohlensicherungen angeordnet. Sich daran anschließende, flexible Übergänge hatten nach damaligen Planungen die Aufgabe, möglicherweise entstehende bauwerksseitige Kolkböschungen zu sichern und eine zum Bauwerk rückschreitende Erosion zu verhindern. Im Anschluss an die befestigte Sohle entwickelten sich erwartungsgemäß innen und außen Kolke. Instandsetzungsarbeiten am Wehr führten jedoch dazu, dass bereichsweise die flexible Sohlensicherung bis zur Hälfte zerstört wurde. Bei der vorhandenen Kolkgeometrie mit den steilen Randböschungen waren die sonst üblichen Bauweisen (z. B. Einbringen eines geotextilen Sinkstücks) nicht möglich. Auch Bauweisen wie geotextile Schläuche oder Kissenmatten schieden aus, da ein Fehler ggf. mehrere Funktionen gleichzeitig außer Kraft setzt. So kamen geotextile Container, verfüllt mit einem Kies-Mischkornfilter, zum Einsatz. Bild 16 zeigt das ausgeführte Regelprofil an der seewärtigen Böschung.

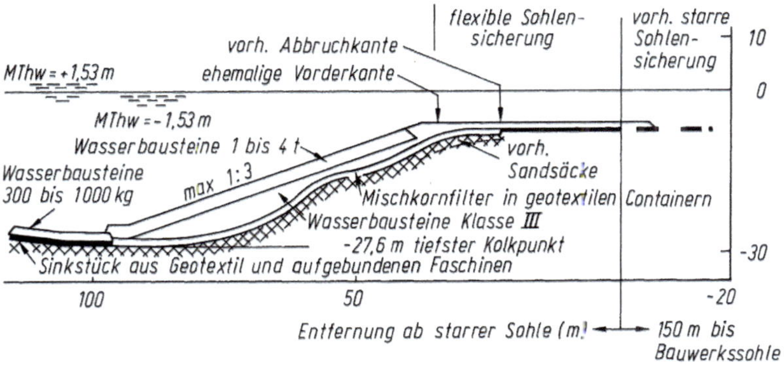


**Bild 16** Regelprofil der neuen Sohlensicherung an der seewärtigen Böschung [139]

**Bild 17** Geotextile Vliesstoff-Container sind robust und verformbar

Insgesamt wurden etwa 48000 vernadelte Polyester-Vliesstoffcontainer, die bei 80%iger Füllung ca. 1,0 $m^3$ Inhalt haben, eingebaut. Die Tagesleistung beim Befüllen der geotextilen Container betrug etwa 700 Stück. Dafür war es erforderlich, etwa 4500 Stück/Woche vorzukonfektionieren. Der Verladevorgang der geotextilen Container mit einem Hydraulikbagger für eine Schiffsladung (204 Säcke) dauerte etwa 1,5 Stunden. Positionierung und Einbau nahmen wiederum etwa 1,5 Stunden in Anspruch.

Die realisierte Lösung mit den geotextilen Containern wird als vorbildlich und äußerst erfolgreich eingestuft. Weniger als 10 von insgesamt 48000 geotextilen Containern wurden nach Angaben der Bauleitung beim Stürzen beschädigt. Die negativen Erfahrungen mit zuvor gewählten und auch bei früheren Baumaßnahmen gewählten Gewebecontainern wurden bei der Lösung mit Vliesstoffcontainern nicht wiederholt. Nach *Heibaum* [100] gilt für die realisierte Lösung: *„Gewebe bieten den Vorteil hoher Zugfestigkeit, jedoch wirken sie wie ein Sieb und nicht wie ein Kornfilter mit dreidimensionalem Porenraum. Sind außerdem Schuss und Kette an ihren Kreuzungspunkten nicht fixiert, besteht die Gefahr des Verschiebens, sodass größere Öffnungen entstehen, die den Bodenrückhalt an dieser Stelle nicht gewährleisten. Ein Vliesstoff bietet als Filterstrecke den Porenraum eines Wirrgeleges, wodurch Fließvorgänge im Filter in der dritten Dimension möglich werden. Dieser Effekt ist umso ausgeprägter, je dicker die geotextile Filterschicht ist. Eine ausreichend hohe Festigkeit ist mit heutiger Technik auch bei Vliesstoffen erreichbar."*

Wichtig ist für allgemeine Anwendungen von geotextilen Containern insbesondere die Erkenntnis, dass sich die Höchstzugfestigkeit als maßgebendes Entscheidungskriterium zur Wahl eines Geotextils nicht eignet. Kriterien wie Filterstabilität, Dehnungsvermögen/Anschmiegsamkeit und Reibungsverhalten treten in den Vordergrund (Bild 17).

### 3.1.7.3 Fallbeispiel: Peenebrücke

Durch die Baumaßnahme „Neubau der Peenebrücke Wolgast" bei gleichzeitigem Bestand der alten Brücke kam es zu nicht vermeidbaren Querschnittseinengungen des Flusslaufs, die zu erhöhten Strömungsgeschwindigkeiten führten. Da bei Strömungsgeschwindigkeiten bis zu v = 2 m/s bei einem Mischkornfilter mit erheblichen Entmischungsvorgängen beim Verklappen zu rechnen war und zudem bauzeitlich der

Kolkschutz bereits wirksam sein sollte, wurden alternativ 8300 Polyester-Vliesstoff-container verwendet, die bei 80%iger Füllung ca. 1 m$^3$ Inhalt haben.

Mittels Hydraulikbagger mit Schalengreifer wurden über einen Schütttrichter die geotextilen Container einzeln befüllt. Als Füllmaterial wurde Sand aus einem Spülfeld gewählt.

Mit Plattenwagen wurden die geotextilen Container zum Hafen Peenemünde transportiert, dort auf Pontons verladen und jeweils etwa 100 Container zur Peenebrücke transportiert. Aufgrund der teilweise großen Wassertiefe wurde mit Seilbagger unter ständiger Kontrolle von Tauchern eingebaut. Es konnten etwa 100 Container pro Tag eingebaut werden. Anschließend wurden die geotextilen Container mit einer etwa 1 m starken Schicht aus Wasserbausteinen bedeckt.

Die unregelmäßige Geometrie der Sohle und die Heranführung des Kolkschutzes bis an die neuen Brückenpfeiler nach Abbau der Baugrubenumspundungen waren mit den geotextilen Containern sicherer zu gestalten als mit einem Kornfilter. Die Verwendung von Polyester-Vliesstoff als Hüllstoff gewährleistet infolge der hohen Dehnfähigkeit eine gute Anpassung an den Untergrund und an die Nachbarcontainer.

#### 3.1.7.4 Fallbeispiel: Temporärer Erosionsschutz auf Sri Lanka

Zur Stabilisierung großer Küstenbereiche an der Westküste Sri Lankas sind umfangreiche Baumaßnahmen erforderlich, die oft jedoch wegen fehlender Mittel erst nach großen Schäden durchgeführt werden können. Einzelne Objekte müssen temporär – bis zur eigentlichen Durchführung – geschützt werden.

Es wurden 2400 vernadelte, 0,5 m$^3$ große Polyester-Vliesstoffcontainer (Masse pro Flächeneinheit $m_A$ = 800 g/m$^2$, Öffnungsweite: $O_{90w}$ = 0,08 mm), die bei 60 bis 70%iger Füllung etwa ein Gewicht von 800 kg haben, an der Westküste zum Schutz einer Kirche eingebaut, um herauszufinden, ob gefüllte geotextile Container eine geeignete Maßnahme zum schnellen Schutz bedrohter Küstenabschnitte sein können (Bild 18).

Der erfolgreiche Einsatz der geotextilen Container zeigte sich bereits nach kurzer Zeit. Die geotextilen Container wurden durch auflaufende Wellen in den Sand eingegraben und am Fußpunkt dadurch stabilisiert. Die Kirche wurde so für die Monsunzeit vor der Zerstörung geschützt. Auch später wurde in anderen Küstenabschnitten mehrfach diese Methode, die zudem auch keine Verletzungsgefahr birgt, durchgeführt, wobei überwiegend statt des feinen Füllsands gröberes Füllmaterial oder Füllmaterial direkt vom Strand gewählt wurde.

#### 3.1.7.5 Fallbeispiel: Mega-Sandcontainer, Narrowneck (Australien)

Mit dem Ziel, Sandvorspülungen zu halten, den Strand zu stabilisieren und den Ort Narrowneck um eine weltweit einmalige Surf-Attraktion zu bereichern, wurde an der Gold Coast der australischen Ostküste ein Unterwasserwellenbrecher in Form eines künstlichen Riffs gebaut. Das künstliche Riff wurde mit über 400 geotextilen Mega-Sandcontainern (250 m$^3$ Füllvolumen, bis zu 500 Tonnen) aus mechanisch verfestigtem, UV-stabilem Polyester-Vliesstoff hergestellt.

**Bild 18** Temporärer Erosionsschutz auf Sri Lanka;
a) Befülleinrichtung, b) fertiggestellte Baumaßnahme

Bild 19 zeigt einen solchen Mega-Sandcontainer als Demonstrationsobjekt aufgebaut am Strand. Dass die Wahl auf geotextile Mega-Sandcontainer als Bauelemente fiel, ist zum einen in der wirtschaftlichen und effektiven Wirkungsweise der mechanisch verfestigten Vliesstoffe und zum anderen im verminderten Verletzungsrisiko für die Surfer begründet.

Das 350 m × 600 m große, V-förmige künstliche Riff variiert im Querprofil von rund 1 bis 10 m unterhalb des mittleren australischen Niedrigwasserspiegels. 200 m von der Küste wurde – auf Surferwunsch – das Riff mit zwei, zur Küstenlinie zeigenden Riffarmen zur Erzeugung von links- und rechtsbrechenden Wellen gebaut (Bild 20). Eingesetzt wurden rund 20 m lange und im Durchmesser zwischen 3,0 und 4,8 m große Mega-Sandcontainer, die in bis zu 3 Lagen verlegt wurden. Bis zu 10 Mega-Sandcontainer wurden pro Tag eingebaut. Bei Tauchgängen ist festgestellt worden, dass die in der Strömung schwankenden Fasern attraktiv für maritime Lebensbewohner sind.

**Bild 19** 20 m langer Mega-Sandcontainer [134]

**Bild 20** Künstliches Riff, Narrowneck (Australien), fotografiert aus einem Hubschrauber [142]

Binnen Stunden beginnt die Ansiedlung von Muscheln und Algen, was letztendlich dem künstlichen Riff als Lebensraum einen natürlichen Riff-Charakter gibt.

### 3.1.7.6 Fallbeispiel: Dünenschutz in Mecklenburg-Vorpommern

Mit der Errichtung bzw. Verstärkung von Dünen zum Zwecke des Sturmflutschutzes können beengte Verhältnisse dazu führen, dass Küstenschutzdünen nicht ihrem Sollquerschnitt entsprechend ausgebildet werden können. Für den Fall des drohenden vollständigen Abtrags der Düne im Sturmflutfall muss eine Zusatzkonstruktion die Funktion der Düne als letzte Barriere gegen Durchbruch übernehmen. Das Regelwerk Küstenschutz Mecklenburg-Vorpommern regelt dafür in Nr. 3-9-4/2012 Uferlängswerke – Geotextilwälle [129].

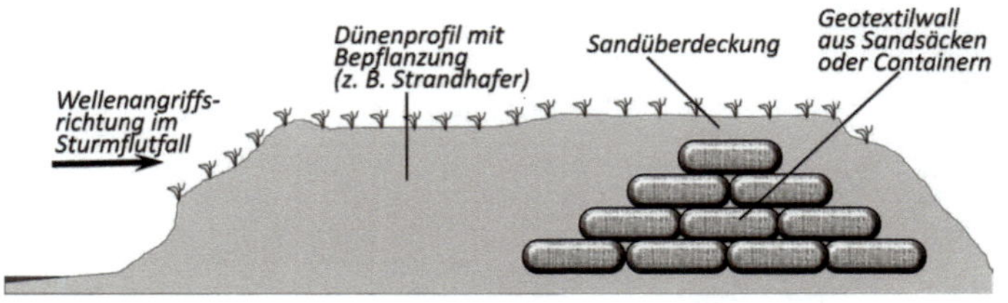


**Bild 21** Geotextilwall aus geotextilen Containern im landseitigen Teil einer Düne [129] (Zeichnung: Frank Göricke)

Geotextilwälle an sandigen Küsten sind i. d. R. im Düneninneren verborgene dammartige Schutzbauwerke aus geotextilen Containern (Bild 21) oder Schläuchen.

Wird der Geotextilwall nicht im Inneren einer Düne, sondern an der wasserseitigen Böschung angeordnet, müssen einige Grundsätze beachtet werden:

- In der Regel sollte eine zweilagige Ausführung gewählt werden.
- Unter die Container sollte ein Filtergeotextil gelegt werden, um Ausspülungen durch die Zwickel zu verhindern.
- Zur Verhinderung von rückschreitender Erosion bei Fußkolken sollte der Fuß der Konstruktion mindestens 1 m unter dem Strandniveau und mit einer sog. Fußvorlage ausgeführt werden, damit bei tieferer Kolkung eine gewisse Anpassung gewährleitet ist [66].
- Es dürfen nur UV- und abriebbeständige Geotextilien mit einer gewissen Zugfestigkeit längs und quer (z. B. 30 kN/m) eingesetzt werden (vgl. eingangs genannte Anforderungen an geotextile Container mit 1 $m^3$ Inhalt).

### 3.1.7.7 Fallbeispiel: Kolkschutz Offshore-Windpark Amrumbank West

Gegenüber traditionellen, aus mineralischen Komponenten geschütteten Kolkschutzvarianten finden Geokunststofflösungen zunehmend Beachtung. Beim Offshore-Windpark Amrumbank West – 35 km nordwestlich von Helgoland – wurden 50000, 1 $m^3$ voluminöse geotextile Sandcontainer als Alternative zum mineralischen Kolkschutz eingebaut.

Die Container wurden bereits 8 Monate vor dem Rammen der Monopiles auf Rømø befüllt und erst zwischen April und August 2013 eingebaut. Anschließend wurden die Monopiles durch die geotextilen Container hindurchgerammt. Somit wurde logistisch der Einbau des Kolkschutzes vom Einbau der Monopiles entkoppelt, was erhebliche Vorteile mit sich bringt.

Um eine lückenlose Bedeckung des Meeresbodens zu erreichen, wurden die geotextilen Container in 2 Lagen mit einer Gesamthöhe von 0,80 m verlegt. Neben einer Meeresbodenvermessung wurde eine Unterwasserkamera zur Überwachung der Einbauqualität eingesetzt [91].

### 3.1.8 Sandgefüllte Schläuche

Geotextile – zumeist sandgefüllte und UV-stabilisierte – Schläuche können eingesetzt werden

- als Buhnen und Parallelwerke zur Sicherung erodierender Strände,
- zur Stabilisierung einer Strandaufspülung,
- zur schnellen Sicherung von Deichbruchstellen,
- zur Einfassung von Spülfeldern (Bild 22) und
- als Lahnungen (vgl. Abschnitt 3.1.5).

Durch Stapeln und Füllen mehrerer übereinander angeordneter Schläuche können auch größere Bauwerke wie z. B. Buhnen (Bild 23) errichtet werden.

Die Schläuche werden hydraulisch gefüllt. Die Spülgutmenge sollte so aufgeteilt werden, dass auch bei einem Spülbagger großer Leistung ein für die Ablagerungs- und Füllbedingungen günstiger Teilstrom, z. B. in einem Bypass, in den Schlauch gelangt.

Nach der Füllung eines vorbereiteten Schlauchs kann ein weiteres Teilstück angenäht werden. Auf diese Weise kann das Schlauchbauwerk mehrfach verlängert werden. Bisher wurde überwiegend mit Schläuchen von bis zu ca. 1,50 m Durchmesser und 150 m Länge gearbeitet. Bei der Küstenschutzmaßnahme „Leybucht/Ostfriesland" wurden z. B. insgesamt 13 km Schläuche verlegt.

**Bild 22** Sandgefüllter Schlauch

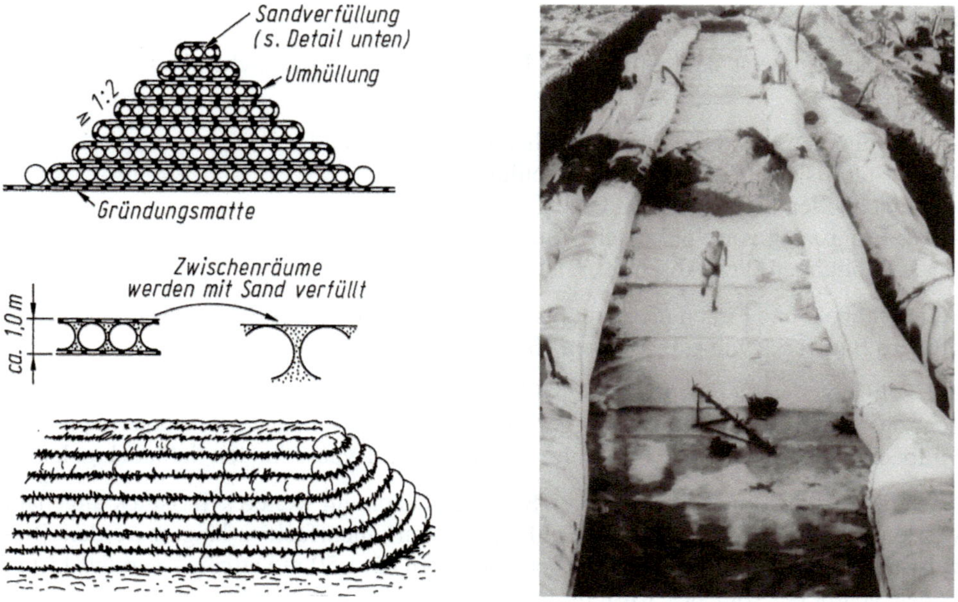


**Bild 23** Prinzipskizze einer mehrlagigen Schlauchbuhne [99]

### 3.1.9 Fallbeispiel: Geotextilien zur Verhinderung von Küstenerosionen am Beispiel Sylt

Das derzeit eklatanteste deutsche Beispiel für Küstenerosion stellt die Brandungsküste an der Westseite der nordfriesischen Insel Sylt dar, die in ihrer Nord-Süd-Ausrichtung den ungeschützten hydrodynamischen Belastungen ausgesetzt ist. Die sandigen Küstenabschnitte wirken als offenes Sandsystem, d. h. der Sand, der durch den küstenparallelen Sedimenttransport an die Enden des Küstenabschnitts gelangt, wird aus dem System hinaus transportiert (1,5 Mio. $m^3$/a). Die Vorstrandgeometrie im Bereich Kampen/Kliffende im Mittelteil der Insel Sylt ist durch ein natürliches, aus Wellen geformtes Riff-Rinnen-System geprägt, das bei Normalwetterlagen zu einer Umwandlung der Seegangsenergie im Vorfeld beiträgt und somit nur noch eine Restwellenenergie in die küstennahe Brandungszone eingetragen wird. Bei Sturmfluten und folglich erhöhten Wasserständen über dem Riff wird die Brandung direkt am Riff ggf. weitgehend ausgesetzt, sodass die gesamte Seegangsenergie ohne Dämpfung in die Brandungszone gelangt. Erosion und morphologische Umlagerungen sind die Folge. Dabei geht unwiederbringliche Inselsubstanz verloren.

Anfang 1990 hatte eine Sturmflutserie in den Wintermonaten erhebliche morphologische Veränderungen an der Westküste der Insel Sylt hervorgerufen, die zu erheblichen Ausräumungen des Kliffs vor dem historisch bedeutsamen Haus Kliffende führten. Dem Haus drohte der Absturz. Der damalige Eigentümer (Deutsche Bank) finanzierte erstmalig in Deutschland eine private Küstenschutzmaßnahme in einem Pilotprojekt, bei dem zur Sicherung des Hauses Kliffende eine Kombination aus Sandvorspülung und geokunststoffbewehrter Düne gebaut wurde, um ein weiteres Abbrechen des Kliffs zu verhindern und eine zweite Verteidigungslinie im Fall einer Ausräumung des vorgespülten Sanddepots zu erzeugen. In den Standsicherheitsbetrachtungen der Bundesanstalt für Wasserbau ist die Belastung infolge ablaufender Wellen mit den von innen wirkenden Porenwasserdrücken als maßgebender Lastfall für mögliche Verformungen zugrunde gelegt worden. Zur zügigen Entspannung in Richtung Bauwerksfront galt es, Sanddurchlässigkeit, Gewebedurchlässigkeit und Dränwirkung der Vliesstoffe aufeinander abzustimmen.

Im Schutz der zuvor aufgebrachten 5 m hohen Sandvorspülung wurde am Fußbereich des Kliffs eine Baugrube im tiefliegenden Untergrundbereich ausgehoben und darin Bahnen aus projektbezogener Gewebe-Vliesstoff-Kombination verlegt. Im Anschluss an Auffüllung mit anstehendem Sand sowie Verdichtung wurden die Bahnen über Hilfsschalelemente aus Beton faltenfrei hoch- und zurückgeschlagen. Die dem Meer zugewandte Seite wurde mit hochabriebfesten und dehnbarem Polyester-Vliesstoff versehen, um das darunterliegende Polypropylen-Gewebe vor UV-Strahlung zu schützen und den hydrodynamischen Belastungen spannungsfrei zu begegnen. Der Aufbau der treppenförmigen geotextilen Sandmatratzen erfolgte bis zu einer Bauwerkshöhe von 8 m. Der untere Querschnittsbereich wurde auf eine Neigung 1:n = 1:2 profiliert und der obere Bereich in 1:n = 1:4 hergestellt (Bild 24). In biologischen Begleitmaßnahmen wurden Sandfangzäune aus Buschwerk errichtet und Strandhafer zur Stabilisierung gepflanzt. Damit glich das Bauwerk einer natürlichen Düne und hat die Bewährungsproben der Winterstürme in den vergangenen Jahren trotz mehrmaliger Freilegung und direktem Wellenangriff überstanden. Die diversen Winter-Orkantiefs haben im Küstenabschnitt nördlich und südlich vom Haus Kliffende mehrfach mehr als 10 m Landverlust gegenüber dem Vorjahr hervorgerufen (Bild 25). Die künstliche Düne – ein Konzept von Knabe und Knabe Beratende Ingenieure Hamburg – hat ihre Aufgabe erfüllt [121].

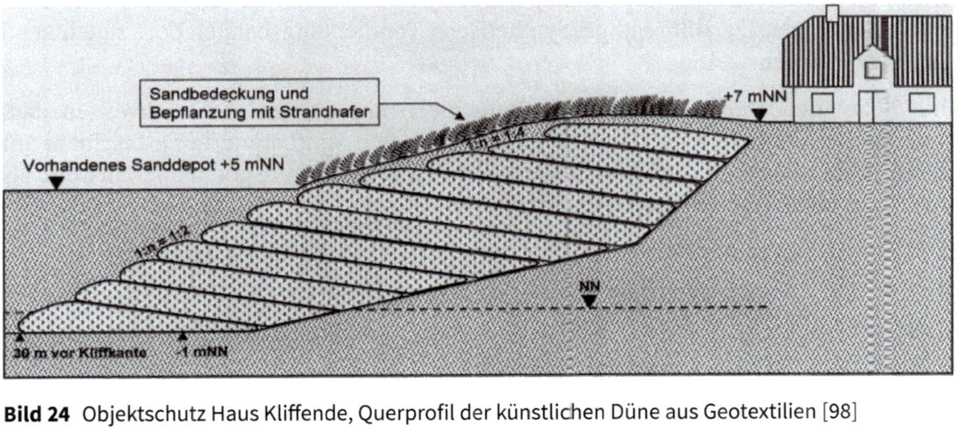


**Bild 24** Objektschutz Haus Kliffende, Querprofil der künstlichen Düne aus Geotextilien [98] (nach [121])

**Bild 25** Objektschutz Haus Kliffende, Dezember 1999, 10 Jahre nach dem Bau freigelegt [98}, vgl. auch [121], (Foto: Sylt-Picture, V. Frenzel)

## 3.2 Verkehrswasserbau

### 3.2.1 Allgemeines

Im Verkehrswasserbau werden Geokunststoffe überwiegend beim Aus- und Neubau von Wasserstraßen verwendet. Bei durchlässigen Deckwerken dienen Geotextilien als Filter- und Erosionsschutzschichten, unter dichten Deckwerken als Filter-, Trenn- und Dränschichten. Die Dichtung einer Wasserstraße kann erforderlich werden, wenn der niedrigste Betriebswasserstand eines Kanals über dem höchsten Grundwasserstand liegt, d. h. ein ständiges hydraulisches Gefälle vom Kanal zum Grundwasser besteht (Bild 26). Kunststoffdichtungsbahnen wurden nur vereinzelt zur Dichtung von Wasserstraßen eingesetzt, während geosynthetische Tondichtungsbahnen dort zunehmend eingesetzt werden.

Bild 27 zeigt ein Deckwerk unter Schifffahrtsbelastung. Es lässt sich nachweisen, dass unter Berücksichtigung der Unterhaltungskosten eine verklammerte Deckschicht auf einem geotextilen Filter größere Vorteile und auch Sicherheitspotentiale aufweist als eine dicke lose Deckschicht auf einem Kornfilter.

Die Dimensionierung geotextiler Filter erfordert die Abstimmung auf die

- Art des Untergrunds,
- Art der Deckschicht (einschließlich einer evtl. Verklammerung/Dichtung),
- Art des Einbaus (im Nassen/Trockenen),
- Belastungen aus dem Einbauverfahren, einschließlich möglicher Witterungseinflüsse (z. B. Frost, UV-Strahlung), Zug- und Durchschlagbeanspruchung,
- Art der Betriebsbelastung (z. B. Abriebbeanspruchung des Geotextils),
- Berücksichtigung biologischer Belange (z. B. Durchwurzelung) und der Landschaftsgestaltung,
- Wassertiefe (bei großen Wassertiefen ggf. aufgehängte Deckwerkskonstruktionen).

| Auswahlkriterium | | Deckwerksbauweise |
|---|---|---|
| $BW_u$ > max. GW | 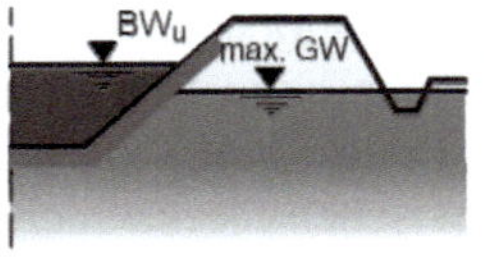  | ggf. **dichtes** Deckwerk |
| $BW_u \leq$ max. GW und $BW_o \geq$ min. GW | 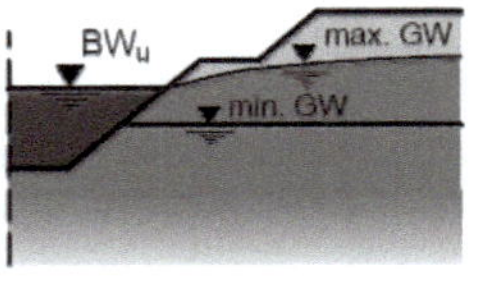  | **a) ggf. dichtes** Deckwerk<br>Bei Begrenzung auf einen maximal zulässigen Grundwasserstand, der sich aus dem Nachweis gegen Abheben (/GBB/, Kapitel 7.3.3) bei $BW_u$ mit dem vorhandenen bzw. vorgesehenen Deckschichtgewicht ergibt.<br>**b) durchlässiges** Deckwerk<br>Wasserverluste sind vorhanden und müssen zulässig sein. Es ist zu prüfen, ob eine Vernässung der umliegenden Bereiche auftreten kann |
| $BW_o$ < min. GW | 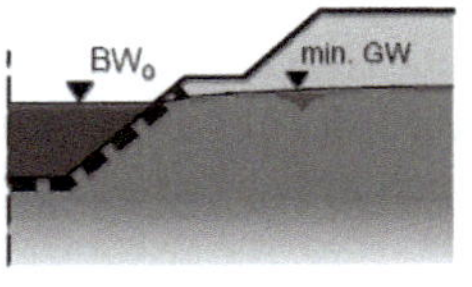  | **durchlässiges** Deckwerk |

max. GW: höchster zu erwartender Grundwasserstand
min. GW: niedrigster zu erwartender Grundwasserstand

**Bild 26** Kriterien für die Auswahl einer dichten oder einer durchlässigen Deckwerksbauweise [115]

**Bild 27** Regeldeckwerk am Mittellandkanal mit verklammerter Schüttsteinlage auf geotextilem Filter unter Schifffahrtsbelastung [166]

Die Mindestanforderungen der Technischen Lieferbedingungen für geotextile Filter [150] und die Ausführungen der MAG [113] können sinngemäß auch auf Baumaßnahmen an nicht schiffbaren Gewässern I. Ordnung oder Ufern entsprechend durch Strömung und Wellen belasteter Seen, Rückhalte- und Talsperrenbecken sowie Bauwerke des Küstenschutzes übertragen werden.

Unter Berücksichtigung der vorgenannten Beanspruchungen müssen geotextile Filter langfristig Böschung und Sohle sichern, Erosionen und Bodenumlagerungen verhindern und dabei mechanisch und hydraulisch filterwirksam bleiben. Darüber hinaus müssen sie ausreichende Robustheit gegenüber den beim Einbau und Betrieb auftretenden mechanischen Beanspruchungen (Zug-, Druck- und Schubkräfte) besitzen. Zur sicheren Übertragung von Schubspannungen zwischen Deckschicht und Geotextil sowie Geotextil und Untergrund müssen auf Böschungen ausreichend große Reibungskräfte vorhanden sein. Auftretende Normalkräfte im Betriebszustand müssen durch die Deckschicht selbst aufgenommen werden und dürfen konstruktiv nicht durch das Geotextil abgetragen werden. Durchschlag- und Abriebfestigkeit während des Einbaus und Betriebs sind weitere zu beachtende Belastungsgrößen. Beispielsweise dürfen unter losen Schüttsteinen nur abriebfeste Geotextilien verwendet werden.

Neben den natürlichen Beanspruchungen des Gewässerbetts durch Strömung, Wind und Wellen müssen Rückströmung, Wasserspiegelabsunk, Schiffs-Schraubenstrahl, Ankerwurf und Schiffstoß berücksichtigt werden. Hierzu müssen die Geotextilien auf den Verkehrswasserbau bezogene technische Anforderungen erfüllen. Diese Anforderungen führten zum bevorzugten Einsatz von mechanisch verfestigten Vliesstoffen und Verbundstoffen [114].

Für den Unterwassereinbau ist ein gutes Absenkverhalten der Geotextilien zu berücksichtigen. Dieses kann durch eine Rohstoffauswahl der synthetischen Fasern oder durch die Konstruktion der Geotextilien (z. B. mineralische Füllungen in Verbundstoffen, Sandmatten) beeinflusst werden.

Wichtige Regelwerke der Bundesanstalt für Wasserbau sind EAO [73] für Dichtungen, RPW [127] für geosynthetische Tondichtungsbahnen, GBB [80] für Berechnungen, MAG [113] für die Anwendung von Geotextilien, MAR [115] für Regelbauweisen und TLG [150] für Lieferbedingungen.

### 3.2.2 Durchlässige Böschungsdeckwerke und Sohlensicherungen

#### 3.2.2.1 Allgemeines

Durchlässige Deckwerke werden zur Auskleidung eines Gewässers dort gebaut, wo dessen Wasserspiegel niedriger als der Grundwasserspiegel des angrenzenden Geländes liegt oder wo eine natürliche Versickerung des Gewässers zugelassen werden kann. Berechnet werden die Böschungsdeckwerke und Sohlensicherungen mit den GBB [80], zudem ist das MAR [115] zu berücksichtigen.

Bei Erneuerung alter Deckwerke sind die Reste des alten Schüttsteindeckwerks zu beseitigen oder mit einer Ausgleichsschicht zu bedecken. Gegebenenfalls sind die Anforderungen (z. B. an die Durchschlagfestigkeit) an das Geotextil zu erhöhen. Durchlässige Deckschichten aus losen Wasserbausteinen (Bild 28) besitzen eine große Anpassungsfähigkeit an Untergrundverformungen (Flexibilität). Sie besitzen einen ausreichenden Widerstand gegen Schiffsanfahrungen, soweit diese im Wesentlichen parallel zum Kanal verlaufen.

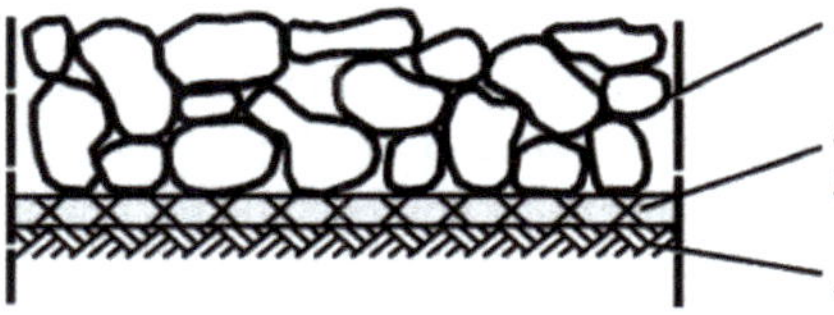


**Bild 28** Schematische Darstellung einer durchlässigen Deckschicht aus losen Wasserbausteinen im Querschnitt [115]

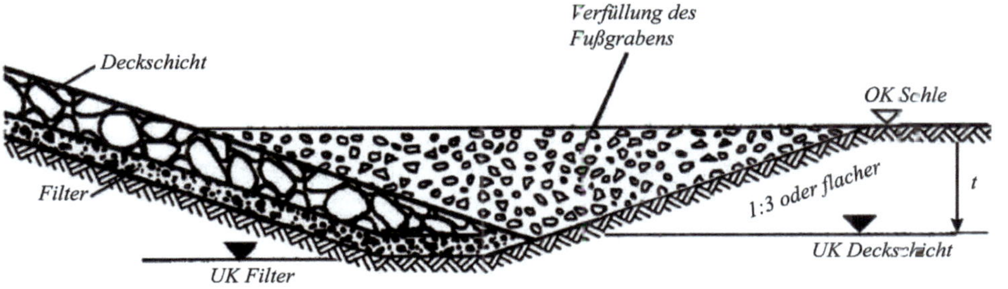


**Bild 29** Konstruktive Ausbildung einer Fußsicherung [115]

Der in der Regel bis in die Sohle hineinragende Deckwerksfuß ist so auszuführen, dass durch Kolkbildung die Standsicherheit des Deckwerks nicht gefährdet werden kann. Dabei ist der Übergang von der Fußvorlage zur unbefestigten Sohle möglichst flexibel zu gestalten (Bild 29).

### 3.2.2.2 Trockeneinbau

Das Verlegen der in Rollen oder als konfektionierte Bahnen zur Baustelle transportierten Geotextilien muss falten- und möglichst verzerrungsfrei vorgenommen werden. Die Bahnen werden in der Regel senkrecht zur Böschung vernäht. Je nach Einbauart kann die Verbindung der Bahnen auch durch Überlappung erfolgen, wobei sichergestellt werden muss, dass diese nach dem Schüttsteineinbau mindestens 0,5 m beträgt.

Die für den Einbau notwendige Fixierung am oberen Böschungsrand muss so gewählt werden, dass durch den Einbau der Deckschicht und im Betriebszustand Zugkräfte, die zu unzulässigen Dehnungen führen können, im Geotextil nicht auftreten.

Der bis in die Sohle hineinragende Deckwerksfuß ist so auszuführen, dass die Standsicherheit des Deckwerks durch etwaige Kolkbildung am Deckwerksfuß nicht gefährdet wird (vgl. Bild 29).

### 3.2.2.3 Herkömmlicher Nasseinbau unter Aufrechterhaltung des Schiffsverkehrs

Beim Nasseinbau unter Verkehr können einbaubedingt höhere Anforderungen an Zugfestigkeit, Durchschlagfestigkeit und Dicke als beim Trockeneinbau erforderlich werden.

Beim Nasseinbau werden die Geotextilien meist auf schwimmenden Pontons konfektioniert und zu Wasser gelassen. Hierbei ist darauf zu achten, dass das Geotextil faltenfrei verlegt wird. Die zusätzlichen Belastungen auf die „Stauwand“ müssen berücksichtigt werden. Eine Verbindung wird durch Nähte, die in Böschungsfallrichtung verlaufen, hergestellt. Problemloser ist der Unterwassereinbau z. B. mithilfe von Rollen unmittelbar auf der Sohle, wobei das Geotextil vorher in möglichst großer Länge auf die Rolle aufgewickelt wird.

Beim Einbau im Nassen sind einige für diese Bauausführung spezifische Bedingungen zu beachten:

- An unter Wasser profilierten Böschungen können durch hydraulische Einwirkungen vor dem Aufbringen der Filterschicht Erosionszonen auftreten. Besonders bei gleichförmigen kohäsionslosen oder geschichteten Feinkornböden im Wasserwechselbereich, aber auch bei Tondichtungen, können solche Erosionszonen entstehen. Auswaschungen können vor dem Einbau des Geotextils mit rolligem Material in ausreichender Dicke bedeckt bzw. ausgeglichen werden.
- Unmittelbar nach dem Verlegen ist das Geotextil mit geeignetem Material zu beschweren. Dies bedingt zeitlich genau aufeinander abgestimmte Bauabläufe.

#### 3.2.2.4 Fallbeispiel: Olfen / Dortmund-Ems-Kanal

Aufgrund einer Leckage im Baustellenbereich der Lippequerung ist der Dortmund-Ems-Kanal am 11.10.2005 zwischen zwei Sicherheitstoren binnen kurzer Zeit ausgelaufen. Ein zweites Mal musste der Kanal im gleichen Streckenabschnitt am 10.3.2006 durch gesteuerten Wasserablass trockengelegt werden. Es ergab sich jeweils die Möglichkeit, den Zustand der Deckwerke – 2, 10, 12 und 95 Jahre nach ihrer Herstellung – zu erfassen. Unter anderem ergab sich so die Möglichkeit, geotextile und mineralische Filter im Vergleich zu betrachten.

Ein wesentlicher Vorteil des Geotextils gegenüber dem Mineralkornfilter ist nach diesen Erkenntnissen neu hinzuzufügen, nämlich die Fähigkeit des Geotextils, durch Schiffsbeanspruchungen freigespülte Streckenbereiche (ohne Deckschicht) zu überspannen (Bild 30), während in vergleichbaren Strecken mit Mineralkornfilter dieser weggespült wurde [143].

**Bild 30** Geotextiler Filter freigelegt durch abgetragene Deckschicht, Bereich Olfen [143]

#### 3.2.2.5 Lösungen zum Nasseinbau mit Sandmatten

Durch werkseitig zwischen zwei Geotextillagen eingebrachte Mineralstoffe (z. B. Sand, Feinkies, Granulat) lässt sich die Masse pro Flächeneinheit einer Matte deutlich erhöhen. Dies wirkt sich auf ihre Lagestabilität im Zustand ohne Auflast beim Unterwassereinbau günstig aus (keine Lageveränderungen durch Aufschwimmen, keine Faltenbildung). Nach MAG [113] kann bei solchen neuartigen Verbundstoffen – den bereits erwähnten Sandmatten – auf den sonst üblichen Tauchereinsatz zur Kontrolle der Lage und Überlappungen verzichtet werden.

Minimaler Verlegeaufwand, eine fehlstellenfreie Verlegung auch unter Wasser und in große Wassertiefen haben dazu geführt, dass Sandmatten seit 1991 zu den Standardprodukten der geotextilen Filter im Verkehrswasserbau gerechnet werden dürfen.

### 3.2.3 Dichte Ufer- und Sohlenauskleidungen

#### 3.2.3.1 Herkömmliche Lösungen

Zur Sicherung von Kanaldämmen und um Vernässungsschäden oder Wasserverluste zu vermeiden, ist überall dort, wo der Wasserspiegel über dem Grundwasserspiegel liegt, eine Dichtung erforderlich. Dichtungssysteme in Schifffahrtskanälen müssen so dimensioniert sein, dass sie den durch die Schifffahrt verursachten Wechselbeanspruchungen durch Schwall- und Sunkwellen widerstehen und ihre Dichtheit nicht verlieren. Die Dichtungsfunktion wird entweder durch die Auskleidung selbst oder durch eine innenliegende Dichtungsschicht geschaffen.

Dichte Deckwerke, die z. B. aus voll vergossenen Schüttsteinschichten auf geotextilem Filter bestehen, werden als Hartdichtung bezeichnet. Als Vergussmittel für das Schüttsteingerüst kommen hydraulisch gebundene Vergussmassen zur Anwendung. Außenliegende Dichtungsschichten (Hartdichtungen) können sowohl über als auch unter Wasser hergestellt werden.

Die aus der hydraulischen Belastung herrührende „Kriechströmung" zwischen dem Bodenauflager und dem dichten Deckwerk erfordert die sorgfältige Prüfung, welche Bedingungen der stets anzuordnende geotextile Filter erfüllen muss. Dieser Filter soll in der Lage sein, bei etwaigen Fehlstellen (Haarrisse) im Deckwerkssystem Auswaschungen im Boden unter ihm zu unterbinden, indem sich in einem solchen Bereich die Poren des Filters zusetzen, ein als „Selbstdichtung" bezeichneter Vorgang. Das Beachten besonderer Filtereigenschaften gilt auch beim Unterwassereinbau. Filterschichten solcher Art sind, abweichend von den sonst gültigen Filterkriterien, auf die Schluffkorngröße auszulegen. Der Nachweis der hydraulischen Filterwirksamkeit ist nicht erforderlich.

Innenliegende Dichtungsschichten können Tonlagen (Weichdichtung), geosynthetische Tondichtungsbahnen (vgl. Abschnitt 3.2.3.2) oder Kunststoffdichtungsbahnen (bisher nur vereinzelt ausgeführt) sein. Die Dichtungen sind durch geeignete Schutzschichten vor den Beanspruchungen aus Schiffsverkehr (z. B. Ankerwurf) zu schützen. In der Regel ist hierfür ein konventioneller Deckwerksaufbau über der innenliegenden Dichtung erforderlich.

#### 3.2.3.2 Neue Lösungen mit geosynthetischen Tondichtungsbahnen

Im Verkehrswasserbau werden für flächenhafte Dichtungsaufgaben zunehmend geosynthetische Tondichtungsbahnen wie Bentonitmatten eingesetzt [69].

Geosynthetische Tondichtungsbahnen eigenen sich für den Einbau im Trockenen. Für den Einbau unter Wasser sind besondere Anforderungen hinsichtlich der Überlappungen und der Einbausicherheit an das System zu stellen. Die Unterwasser-Verlegung der geosynthetischen Tondichtungsbahnen hat ähnlich wie die Verlegung von geotextilen Filtern durch Abrollen auf Böschung und Sohle zu erfolgen. Werden Schüttlagen verwendet, ist darauf zu achten, dass unter keinen Umständen Schüttmaterial zwischen die sich überlappenden Bahnen gelangt. Um diese Gefahr auszuschließen, hat sich die Verwendung von Sandmatten bewährt, die im Idealfall gleichzeitig, aber gegenüber den geosynthetischen Tondichtungsbahnen versetzt abgelegt werden. Bewährt hat sich zudem das gleichzeitige Verlegen einer geosynthetischen Tondichtungsbahn und einer Sandmatte als unmittelbarer Schutz und Ballastierung beim Verlegen unter Wasser. Dabei können die Matten einzeln übereinandergelegt oder auch fest miteinander verbunden, z. B. vernadelt, sein. Das wesentlich höhere Flächengewicht von Bentonit- und Sandmatte (etwa 13 kg/m$^2$ im trockenen Zustand) schränkt die verwendbaren Einbaugeräte ein.

Geosynthetische Tondichtungsbahnen besitzen eine gute Verformbarkeit und passen sich bestehenden und im Verlaufe der Baumaßnahme und des Gebrauchszustands entstehenden Untergrundverformungen gut an [73].

Die RPW-Richtlinien [127] gelten für die Prüfung der mechanischen und hydraulischen Eigenschaften von geosynthetischen Tondichtungsbahnen und deren Einbauverfahren in Wasserstraßen, die in der Regel unter Wasser bei laufender Schifffahrt anzuwenden sind. Auch auf die im Deichbau gewonnenen Erkenntnisse [67] sei an dieser Stelle verwiesen.

2011 wurde von der BAW der Einsatz von geosynthetischen Tondichtungsbahnen aufgrund der Erfahrungen in den bis dahin realisierten Anwendungen zunächst noch auf risikoarme Strecken beschränkt, d. h. auf Dammstrecken, in denen der Kanalwasserspiegel maximal 2 m über dem angrenzenden Gelände liegt [79].

In der BRAD16, der Brandenburgischen Richtlinie für die Anwendung geosynthetischer Tondichtungsbahnen im Deichbau [14], werden erstmalig anwendungsspezifische Anforderungen an geosynthetische Tondichtungsbahnen für den (Fluss-)Deichbau quantifiziert und ein einheitlicher Qualitätsstandard mit einem klar definierten Anforderungskatalog (für das Land Brandenburg) festgelegt. Auch wird gefordert, dass die Baudienststelle des Wasserwirtschaftsamtes die angebotene geosynthetische Tondichtungsbahn vor Baubeginn freigeben muss.

**Fallbeispiel: Lechkanal**

Als Beispiel für Dichtungssysteme an Kanälen (Schifffahrtskanäle, Triebwasserkanäle) kann ein Doppeldichtungssystem am Lechkanal mit primärer Asphaltdichtung und einer Sekundärdichtung aus etwa 60000 m$^2$ Bentonitmatten dienen.

Die Kies- und Dichtungsschichten wurden im Laufe der etwa 70-jährigen Betriebszeit derart beansprucht, dass der Angriff des Wassers sowohl zu Kontakterosionen der Oberflächen wie auch zur Ausbildung von Sickerwegen in den kiesigen Untergrund führte. Bei der Sanierung des Lechkanals wurde gemäß dem Stand der Technik und aus landschaftsschonenden Gründen eine Lösung erarbeitet, die auch dem Lastfall „Versagen der Dichtung" gerecht wird und zudem Bauaktivitäten an den Außenböschungen der Kanaldichtung ausschloss. Als Lösung wurde ein kontrollierbares Dichtungssystem ausgeführt, das wie folgt aufgebaut ist:

- obere Dichtung:
  Asphaltbeton (d = 8 cm),
- Kontrolldränschicht:
  mineralisch,
- untere Dichtung:
  Bentonitmatte.

Oberhalb der Bentonitmatte sind Porenwasserdruckgeber zur Überwachung des Dichtungssystems installiert worden. Zusätzlich wurde das Dichtungssystem in Kanallängsrichtung in Einzelabschnitte unterteilt [137].

Um einen Kanalbereich für Reparaturarbeiten trockenzulegen, ist ein Erddamm aus örtlich anstehenden Kiessanden quer zur Kanalachse geschüttet worden, der zur Wasserseite mit einer Bentonitmatte gedichtet wurde (diese Bauweise ist übrigens 1999 beim Absperrdamm Rothensee/Mittellandkanal gleichermaßen ausgeführt worden, vgl. [97]). Unter Wasser sind die Bahnen mit einer Überlappungsbreite von 1 00 m eingebaut worden. Als Schutz- und Beschwerungsschicht diente ein grobkörniges Material in 10 cm Dicke. Die Stauhöhe betrug etwa 5 m, d. h. auf die Bentonitmatte wirkte ein hydraulisches Gefälle von i = 500.

**Fallbeispiel: Kinzig-Deich**

Drohendes Hochwasser gefährdete die Standsicherheit des sanierungsbedürftigen Kinzig-Deichs und somit die nahe gelegenen Anwohner. Es wurde ein umfangreiches Sanierungsprogramm konzipiert, dessen Durchführung und Zielsetzung es war, den Deich auf den Stand der Technik zu bringen. Dabei wurde der Deich zwischen 60 und 80 cm erhöht und bei ungenügender Dichtheit mit einer wasserseitigen Dichtungslage versehen. Ein erster Bauabschnitt wurde mit einer geosynthetischen Tondichtungsbahn realisiert. Auf die 2,8:1 (H:V) geneigte Dichtungslage wurden anschließend eine 60 cm, stark verdichtete Kiessandschicht, die als Entwässerung dient, und Oberboden aufgebracht.

**Hohe Dammstrecke**

Sofern beim Ausbau von Wasserstraßen hohe Dammstrecken neu zu gestalten sind, sind u. a. folgende Arbeiten erforderlich:

- Spundwandeinbau, um die Standsicherheit der Dammstrecke zu gewährleisten,
- Veränderung des bisherigen – beispielsweise – Trapezprofils auf ein Rechteckprofil,
- Dichtung des Rechteckprofils durch eine natürliche Dichtung, die unter Wasser jeweils nacheinander halbseitig in kleinen Streckenabschnitten eingebracht wird.

Eine Lösung zur Dichtung solcher hohen Dammstrecken kann bestehen aus (von oben nach unten):

- 40 cm Wasserbausteine der Größenklasse $CP_{90/250}$ oder $LMB_{5/40}$ mit 70 l/m$^2$ Verklammerungsvergussstoff,
- Geotextil mit einer Masse pro Flächeneinheit $m_A \geq 800$ g/m$^2$,
- 30 cm Ton mit einem Wasserdurchlässigkeitsbeiwert von $k < 1 \cdot 10^{-9}$ m/s und
- geotextiler Filter.

Eine alternative Lösung (Bild 31) besteht aus einer Tondichtung in Kombination mit einer geosynthetischen Tondichtungsbahn (Bentonitmatte). Sie hat folgende Vorteile:

- Die Kanalsohle/-böschung wird sofort bedeckt und gedichtet, d. h. größere ungedichtete Streckenabschnitte existieren nicht.
- Eine Bentonitmatte ist durch die industrielle Fertigung labormäßig prüfbar, die Kosten sind besser vorhersehbar, sie ist einfach und kostengünstig zu verlegen.
- Zwei Dichtungen vermögen sich bei örtlichen Fehlstellen zu ergänzen. Eine Bentonitmatte wirkt als Anströmfilter und kann bei Setzungsgefährdungen Funktionen erfüllen, die eine herkömmliche Tondichtung nicht zu erfüllen vermag.
- Eine Tonschicht von 15 statt 30 cm Dicke hat ökologische Vorteile (durch geringeren Aushub und Schonung von Tonvorkommen). Zudem sind die Transport- und damit die Energiekosten geringer.

Das Ergebnis einer Gleichwertigkeitsanalyse zeigt, dass nach dem Gesetz von *Terzaghi* für geschichtete Böden diese Lösung einer solchen aus 35 cm Ton entsprechen würde, d. h. eine um etwa 17 % dickere Tonschicht mit $1 \cdot 10^{-9}$ m/s. Weiterhin zu berücksichtigen sind die bautechnische Ausführbarkeit sowie die Lösung des Anschlusses an eine Spundwand.

Die Alternative in Bild 31 kann dahingehend modifiziert werden, dass statt des Geotextils eine Sandmatte zur sofortigen Lagesicherung eingesetzt wird.

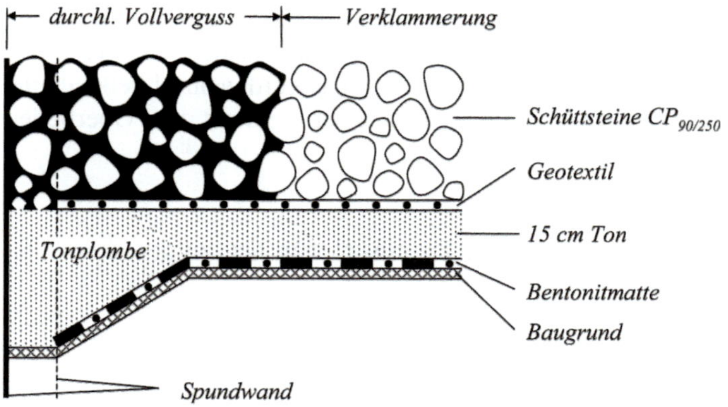


**Bild 31** Alternativlösung zur Dichtung einer Dammstrecke [140]

**Fallbeispiel: Schiffsausweichstelle Eberswalde**

Die Baumaßnahme Schiffsausweichstelle Eberswalde stellt einen Meilenstein im Einsatz von Bentonitmatten unter Wasser dar [77, 78].

Das WSA Eberswalde sah ursprünglich eine mit Schüttsteinen der Klasse III (15 bis 45 cm Kantenlänge) überdeckte 20 cm dicke Tondichtung vor. Gebaut wurde 1997 eine geosynthetische Tondichtungsbahn, überdeckt mit einer Sandmatte. Beide Produkte wurden auf einen Stahlkern mit einem Versatz von 50 cm aufgewickelt. Dieser Versatz ermöglichte eine ausreichende Überlappung und gleichzeitig die Verlegung von Filter und Dichtung in einem Arbeitsgang (Bild 32).

Die Lösung mit der geosynthetischen Tondichtungsbahn weist folgende Vorteile gegenüber der ausgeschriebenen Tonlösung auf: weniger Bodenaushub, schnellere und anpassungsfähigere Verlegung, niedrigere Durchlässigkeit, kostengünstiger.

Bei laufendem Schiffsverkehr, d. h. lediglich jeweils halbseitige Kanalsperrung, ermöglichte die ausgereifte Verlegetechnik mit einem 30 m langen Katzenausleger mit senkrechtem Gittermast und hydraulisch angetriebener Traverse (Bild 33) den lagegenauen Einbau bis zu 5 m Wassertiefe. Taucher überzeugten sich kontinuierlich von der ordnungsgemäßen Lagegenauigkeit der Sandwich-Bauweise.

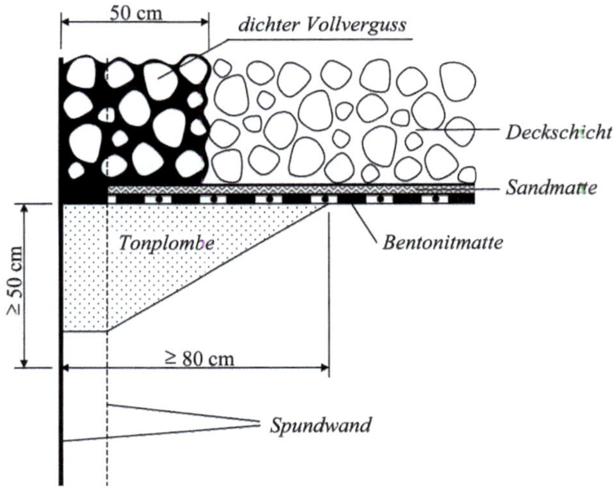


**Bild 32** Alternativlösung zur Dichtung einer begrenzt hohen Dammstrecke

**Bild 33** Unterwassereinbau, Schiffsausweichstelle Eberswalde

**Fallbeispiel: Greven / Dortmund-Ems-Kanal**

Die konsequente Weiterentwicklung der soeben beschriebenen Bauweise ist ein fabrikmäßig hergestelltes Verbundprodukt aus einer Sandmatte und einer Bentonitmatte. Ein solches Produkt wurde kurze Zeit später bei einer Baumaßnahme am Dortmund-Ems-Kanal in einem 500 m langen Abschnitt erprobt.

Der Verbundstoff ist eine Kombination aus einem Trägergeotextil mit Bentonitschicht und einem Deckvliesstoff mit Sandschicht, zwischen denen ein weiterer Vliesstoff liegt. Alle Schichten werden vollflächig, schubfest und richtungsunabhängig miteinander vernadelt und zu einem Produkt verarbeitet. Somit entsteht eine „Dichtungsbahn", die in einem Arbeitsgang unter Wasser verlegt werden kann.

Die Bentonitlage stellt die eigentliche Dichtung dar, die Sandschicht übernimmt neben der Ballastierung die Aufgabe, die dichtende Bentonitschicht vor Beschädigungen zu schützen.

Die Bentonitlage des Produkts ist 4,85 m breit, die darauf vernadelte Sandlage lediglich 4,35 m. Somit entsteht im Randbereich einseitig ein Streifen von 0,50 m, in dem oberflächlich Bentonitpulver eingenadelt wird, sodass beim Verlegen der nächsten Bahn die Bentonitlagen direkt übereinanderliegen und eine selbstdichtende Überlappung entsteht.

Beim Ausbau der Südstrecke des Dortmund-Ems-Kanals wurde die Lagegenauigkeit auch mit satellitengestützter Positionsbestimmung und elektrischer Aufnahme der relativen Bewegungen des Einbaugeräts sichergestellt (Bild 34). Zur Überwachung der (langfristigen) Dichtheit wurde übrigens ein Kontrollsystem in Kanallängsrichtung installiert.

Die positiven Erfahrungen der Baumaßnahmen Eberswalde und Greven führten zur Aufnahme der Bentonitmatte in die Empfehlungen EAO [73].

**Bild 34** Baumaßnahme Dortmund-Ems-Kanal

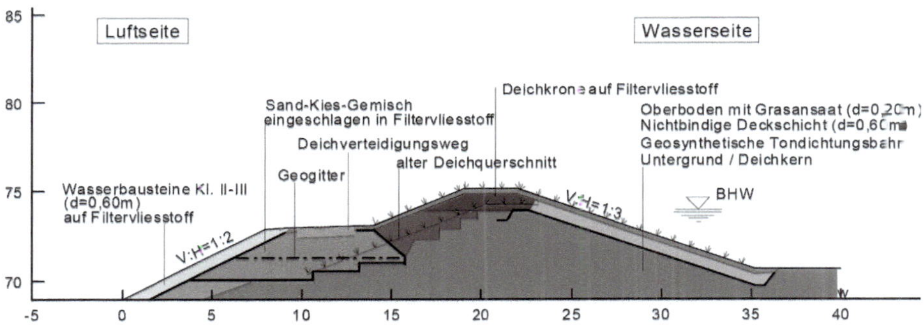


**Bild 35** Sanierungslösung für einen Elbedeichquerschnitt in Sachsen-Anhalt [96]

**Fallbeispiel: Elbedeichsanierung Sachsen-Anhalt nach dem HW 2002**

Seit April 2003 wurden vom Landesamt für Hochwasserschutz und Wasserwirtschaft Sachsen-Anhalt, vertreten durch die Niederlassungen in Halle und Wittenberg, etwa 14 Deichbaulose, vorwiegend im Elbebereich bei Dessau, im Rahmen des Sanierungsprogramms nach dem Augusthochwasser 2002 ausgeschrieben. Ein typischer sanierter Deichquerschnitt an der Elbe bei Dessau ist in Bild 35 dargestellt.

### 3.2.3.3 Neue Lösungen mit Kunststoffdichtungsbahnen

Die in früheren Zeiten aus Beton- oder Asphaltbeton hergestellten Triebwasserkanäle für Wasserkraftanlagen können heutzutage die technischen Anforderungen hinsichtlich einer effektiven Undurchlässigkeit, hoher Durchflussraten und Fließgeschwindigkeiten nicht mehr erfüllen.

**Fallbeispiel: Sanierung des Alzkanals**

Innerhalb kurzer Bauzeit sind das etwa 550 m lange Troggerinne und das etwa 2 km lange Trapezgerinne des Triebwasserkanals Alzkanal vollflächig oder teilweise mit Kunststoffdichtungsbahnen im Trockeneinbauverfahren neu gedichtet worden (Bild 36).

Der Schwerpunkt war die Dichtung und das Glätten der bis zu 100 Jahre alten Betonoberflächen mit dem Ziel einer Erhöhung des Durchflusses und somit auch der Fließgeschwindigkeit als auch der Reduzierung des Sickerwasserverlustes.

Das Befestigungssystem ist für den Lastfall „Versagen der Kunststoffdichtungsbahn" unter Berücksichtigung der hydrodynamischen Belastungen dimensioniert worden. Je nach Gerinnequerschnitt war eine Verankerung an der Gerinneoberkante oder an der Sohle vorgesehen. Die Befestigung der Kunststoffdichtungsbahnen erfolgte über Stahlprofile mit geeigneten korrosionsgeschützten Spreizdübeln oder Injektionsankern. Im Rahmen eines Monitorings sind Leckageortungssysteme installiert worden.

**Bild 36** Triebwasserkanal Alzkanal; a) Troggerinne, b) Trapezgerinne (Fotos: Martin Rau)

### 3.2.4 Neue Lösungen mit geotextilen Containern

Bei Verwendung geotextiler Container wurde bereits in Abschnitt 3.1.7 ausführlich beschrieben. Die Grundgedanken, die im Küstenschutz zum Einsatz geotextiler Container führten, gelten selbstverständlich auch im Verkehrswasserbau.

Geotextile Handsäcke im Normalformat werden für die vorübergehende Sicherung von Dammschadenstellen oder auch im Katastrophenfall verwendet. Aber auch geotextile Container für etwa 1 $m^3$ Sand sind bewährte Bauelemente im Verkehrswasserbau, z. B. zur Dammsanierung, bei Buhnen-Instandsetzungsmaßnahmen, an Sohlschwellen und insbesondere zur Kolkauffüllung und zum Kolkschutz (vgl. Bild 12 und Abschnitt 3.1.7.3).

Das Verfahren der Entwässerung von Schlämmen mit feinkörnigen organischen und mineralischen Bestandteilen mit geotextilen Schläuchen ist im Begriff, sich am Markt zu etablieren. In [158] wird der Einsatz von geotextilen Schläuchen zur Umsetzung von ökologischen Wasserbauprojekten beschrieben. Hierzu zählt die Revitalisierung von verlandeten Gewässern unter Einsatz geotextiler Entwässerungsschläuche bei gleichzeitiger Verwendung als Element zur Re-Modellierung von Gewässern.

Bild 37 gibt einen Eindruck über die Dimension solcher Schläuche.

**Fallbeispiel: Mobile Baggergutentwässerung mit geotextilen Schläuchen**

*Wilke* et al. [159] beschreiben einen groß angelegten Praxisversuch, bei dem Baggergut aus dem Sportboothafen Höltenwerder bei Verden an der Aller mit einem mobilen Schneidkopfsaugbagger in geotextile Schläuche gepumpt und darin entwässert wurde. Um das Entwässerungsverhalten des feinkörnigen Baggerguts zu verbessern, wurde das Gemisch aus Sediment und Wasser mit einem polymeren Flockungshilfsmittel unter Zuhilfenahme einer mobilen Polymermischstation konditioniert.

**Bild 37** Baggergutentwässerung mit geotextilen Schläuchen in a) England und b) Husum (Fotos: Markus Wilke)

## 3.3 Wasserwirtschaft, Kulturwasserbau und kleine Fließgewässer

### 3.3.1 Allgemeines

In DVWK 76 [63] sind die ersten umfassenden Lösungen für *durchlässige Böschungs- und Sohlenbefestigungen* sowie für *dichte Böschungs- und Sohlenbefestigungen* beschrieben. Auch fast 30 Jahre später werden im Bereich kulturwasserbaulicher Bauvorhaben Geokunststoffe noch eingesetzt als

- Dichtungsschichten aus Kunststoffdichtungsbahnen oder zunehmend aus Bentonitmatten für den Grundwasserschutz, beispielsweise für die Dichtung von Vorflutern, Bewässerungsgräben, Regenrückhaltebecken, Feuerlöschteichen oder Güllebecken,
- geotextile Filter in Böschungs- und Sohlensicherungen von Fließgewässern, Becken und Teichen sowie Seen,
- geotextiler Erosionsschutz auf zu begrünenden Böschungen und als
- geotextile Schutzschichten in Verbindung mit Kunststoffdichtungsbahnen (vgl. Tabelle 1 in Abschnitt 2.7.7).

Landschaftsökologische Aspekte bei Ausbau und Unterhaltung von Fließgewässern und Flussdeichen sind selbstverständlich zu beachten. Oft kommen Ufersicherungen in Betracht, deren „lebende Baustoffe" mit Geokunststoffen kombiniert werden.

Bei naturnahen Bauweisen sind die Anforderungen an Geotextilien auf die gewässerspezifischen Bedingungen abzustimmen. Durchwachsen und Durchwurzeln der Geotextilien durch Gehölze, Wasserpflanzen und Gräser müssen gewährleistet sein, um Flora und Fauna am und im Gewässer einen möglichst günstigen Lebensraum zu bieten. Geotextilien, deren Faserverbund so nachgiebig ist, dass beim Wachsen von Wurzeln keine Zwängungen auftreten, sind zu bevorzugen. Es können daher größere Öffnungsweiten $O_{90,w}$ erforderlich werden, als sich nach den Filterregeln ergeben. Eine Durchwurzelung kann die zu erfüllenden Aufgaben eines Geotextils wirksam unterstützen [146].

Im Unterwasserbereich eines Ausbauprofils ist in der Regel eine der Standzeit entsprechende Langzeitbeständigkeit der eingebauten Produkte erforderlich, da im Unterwasserbereich nur selten eine ausreichende Bodenstabilisierung durch Durchwurzelung erreicht werden kann.

Im Gegensatz zu anderen Anwendungsbereichen, in denen hohe Anforderungen an die Festigkeit und Langzeitbeständigkeit gestellt werden, tritt bei den Anwendungen im wasserwirtschaftlichen Bereich eine Erleichterung späterer Unterhaltungsmaßnahmen in den Vordergrund, sodass eine Abbaubarkeit der eingesetzten Produkte wünschenswert sein kann.

Bevor Befestigungen durch Lebendverbau ausreichend aktiv sind, ist es oft notwendig – insbesondere bei umgelagerten Böden – eine Böschungssicherung einzubringen, die, je nach Bauart, nach etwa 5 Jahren das Wachstum nicht behindert und eine naturgemäße Entwicklung der Uferlinie zulässt. Diese Forderungen unterstützen die Verwendung von Geotextilien aus ökologisch unbedenklichen, recyclingfähigen oder auch biologisch abbaubaren Materialien. Diese Forderungen können Flächengebilde aus natürlichen Rohstoffen erfüllen. Beispielsweise können zur Sicherung eines

Gewässerbetts gegen Erosion in der Anwachsphase von Ufergehölzen Vliesstoffe aus nachwachsenden Rohstoffen verwendet werden.

Geotextile Handsäcke, verfüllt mit örtlich anstehendem Boden, werden für die vorübergehende Sicherung von Deichschadenstellen und zur Begrenzung von Überschwemmungsgebieten verwendet. Sie können auch im gefüllten Zustand gelagert werden, um sie im Katastrophenfall schnell einsetzen zu können (vgl. Abschnitt 3.1.7 und 3.2.4).

### 3.3.2 Geotextilien als Erosionsschutz

Bei der Wahl des Typs der Begrünungsmatte sind die Erosionsempfindlichkeit des zu schützenden Bodens und seine Begrünbarkeit zu berücksichtigen. Ferner geht die Jahreszeit mit ein. Geschlossenflächige Matten sind immer dann sinnvoll, wenn der Boden besonders erosionsempfindlich ist, und bei jedem Boden, wenn die Böschung außerhalb der Vegetationsperiode hergestellt wird. Konstruktionen, die dickere Oberbodenschichten halten (Geozellen oder Faschinenbänder), sind auf flachen Böschungen oder auf gut durchwurzelbaren Böden zu bevorzugen. Matten mit dünneren Vegetationsschichten, wie Grobgewebe, Drahtwirrlagematten oder geschlossenflächige Matten erzwingen das Einwurzeln in den Rohboden. Sie sind daher für schwierigere Standorte, z. B. steile Böschungen, erosionsempfindliche und rutschempfindliche Böden besonders geeignet [110].

Wo davon ausgegangen werden kann, dass eine rasche Einwurzelung erfolgt, sind Matten aus verrottbaren Fasern, z. B. Jute oder Flachs, zu bevorzugen. Bei erforderlicher Dauerstützung sind Kunststoffmatten günstiger, z. B. Drahtwirrlagematten, Geozellen.

Begrünung ist im Spritzbegrünungsverfahren sinnvoll, besonders auch dann, wenn die erste Saat nicht vollflächig aufgeht oder die Begrünung durch einen ungünstigen Witterungsverlauf unvollständig wird. Wenn die Matten in der Vegetationsperiode ausgelegt werden, kann es sinnvoll sein, Matten zu verwenden, in die nicht nur das Nährsubstrat, sondern auch Samen bereits eingearbeitet sind. Bei der Auswahl des Saatguts sind die Standortbedingungen zu berücksichtigen. Besonders wichtig ist dies bei steilen Böschungen, die wegen ihrer Neigung ein Niederschlagsdefizit haben.

Die Matten müssen der zu schützenden Fläche dicht, ohne Hohllage aufgelegt werden. Sie sind auf der Fläche und an den Außenkanten so zu fixieren, dass sie vom Wind nicht abgehoben und von Wasser nicht unterspült werden können (Bild 38). Besonderes Augenmerk ist dabei auf die Überlappungsstöße zu legen; die Bahnen sollen min-

a)

b)

**Bild 38** a) Erosionen an Böschungen der A 20 in Groß Sarau (2011), b) Erosionsschutz- und Begrünungshilfe aus natürlichen Werkstoffen an der A1 in Billstedt (2012) [136] destens 20 cm überlappen. Die Befestigung muss ein Abgleiten der Matte bzw. des zu haltenden Oberbodens zuverlässig verhindern. Es sind an den Außenkanten und den Überlappungsstößen mindestens ein Erdnagel je laufenden Meter und in der Fläche 1 bis 4 Erdnägel je Quadratmeter einzubringen. Die Länge der Erdnägel ist nach der Festigkeit des Untergrunds zu wählen.

Das MAEBEL-Merkblatt über die Anwendung von Erosionsschutzprodukten und Begrünungshilfen aus natürlichen und synthetischen Materialien im Erd- und Landschaftsbau des Straßenbaus [112] erläutert die Hauptfunktionen solcher Produkte, nämlich den Schutz vor oberflächlicher Bodenerosion und die Unterstützung der Begrünungsentwicklung z. B. von Böschungen, periodisch wasserführenden Entwässerungseinrichtungen, hinterfüllten und überschütteten Bauwerken und Lärmschutzwällen.

Erstmals in Europa wird ein umfassender Leitfaden für Planung, Bau und Unterhaltung eines funktionsgerechten Erosionsschutzes mit standortgerechter Begrünung veröffentlicht. Die derzeit bekannten, in Erosionsschutzprodukten eingesetzten Materialien werden insbesondere bezüglich der relevanten Eigenschaften (biologische Abbaubarkeit bzw. Beständigkeit, Einflüsse auf Begrünung, etc.) vorgestellt. Der wichtigste Abschnitt bezieht sich auf die Anwendung der verschiedenen Produkttypen und Systeme. Dabei werden Hinweise zu Auswahl, Verarbeitung und Ausschreibung gegeben.

### 3.3.3 Erosionsschutz von Böschungen an Gewässern

Die Aufgaben der geotextilen Schutz- und Filterschichten sind Schutz der Böschung von zeitweilig bespülten Dämmen (z. B. durch Hochwasser oder im Bereich von Rückhaltebecken) und Schutz der Böschung und Sohle von Fließgewässern gegen Erosion und Auskolkung.

Der Widerstand der Produkte gegen die Beanspruchung durch Schüttmaterial und Baubetrieb ist über die Geotextilrobustheitsklassen festzulegen. Bei Beschüttung mit Wasserbausteinen ist immer Geotextilrobustheitsklasse 5 zu fordern, beim Überbauen mit Drahtschotterelementen mindestens Geotextilrobustheitsklasse 4.

In den Fällen, in denen die Produkte an der Geländeoberfläche liegen, ist nur witterungsbeständiges Material einzusetzen. Geokunststoffe, die von Pflanzen durchwurzelt werden sollen, müssen pflanzen- und wurzelverträglich sein, d. h. dass die Maschen bzw. Poren groß genug für eine Durchwurzelung und die Fasern bzw. Garne ausreichend verschiebbar sein müssen, um die Wurzeln nicht im Dickenwachstum zu behindern.

Die Filtereigenschaften der Produkte sind auf die angrenzenden Böden abzustimmen.

Die Größe der Steine zur Überdeckung richtet sich nach der Schleppkraft des Wassers. Bei freien Wasserläufen, die gelegentlich Hochwasser führen, sollten Wasserbausteine mit einer größten Kantenlänge von 20 bis 60 cm, Größenklasse $LMA_{40-200}$ (alte Klasse IV) gewählt werden. Alternativ ist die Verwendung von Gabionen oder Schottermatratzen, die auch mit Grobschotter gefüllt sein können, möglich [110].

## 3.4 Staudammbau

### 3.4.1 Allgemeines

Geokunststoffe sind innerhalb der Gliederung von Dammquerschnitten für Talsperren sowie Rückhalte- und Speicherbecken verwendet worden. Hierbei kommt der Beherrschung des Grundwassereinflusses in der Übergangszone von Dammuntergrund und -aufstandsflächen sowie der Wechselwirkung zwischen konstantem oder schnell veränderlichem Stauwasserspiegel und der Dammschüttung, mit Kern- oder Außenhautdichtung, besondere Bedeutung zu.

### 3.4.2 Geotextilien und geotextilverwandte Produkte

#### 3.4.2.1 Allgemeines

In Bild 39 sind die Einsatzmöglichkeiten von Geotextilien in Stauhaltungsdämmen, in Bild 40 und in Tabelle 2 jene im Staudammbau mit Einbauort, Aufgaben, Beanspruchungsarten und den möglichen Folgen eines Versagens dargestellt bzw. zusammengefasst.

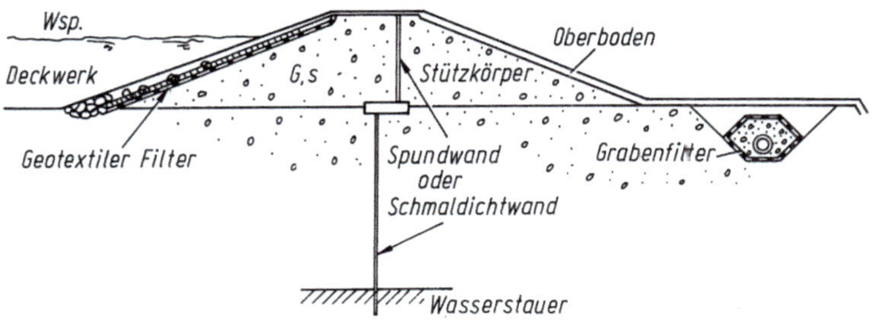


**Bild 39** Anwendungsmöglichkeiten von Geotextilien in Stauhaltungsdämmen [64]

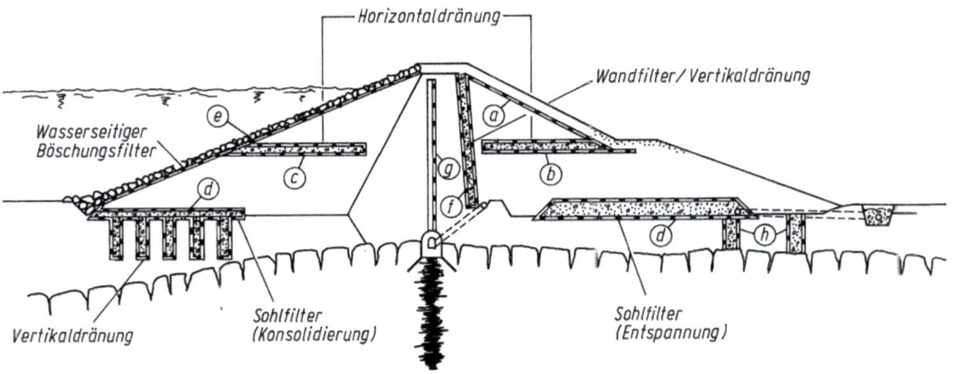


**Bild 40** Anwendungsmöglichkeiten von Geotextilien im Staudammbau [64]
a, b, ... Lagebezeichnung, siehe Tabelle 2

**Tabelle 2** Anwendungsmöglichkeiten von Geotextilien im Staudammbau [64]

| | Lage im Querschnitt (Bild 40) | Aufgabe der Geotextilien | Art der Durchströmung bzw. Belastung | Versagensfolgen | Wiederherstellung |
|---|---|---|---|---|---|
| a | Luftseitige Böschung (Oberfläche) | Schützen von steilen Böschungen | gelegentlich Oberflächenabfluss | nicht gefährlich | möglich |
| b | Luftseitige Böschung (abgedeckter Filter) | Filtern | im Bereich von Sickerwasseraustritten und bei ständiger Durchströmung | Nassstellen gefährlich, kleine Rutschungen möglich | möglich |
| c | Wasserseitige Böschung, Erosionssicherung bei abgedecktem Filter | Filtern | Strömungs- und Wellenbelastung, Wasserspiegelschwankungen (Durchströmung bei Stausenkung) | Schäden an Böschungen, Verringerung der Standsicherheit durch Aufbau von Porenwasserdrücken bei schnellen Wasserspiegelsenkungen; meist nicht gefährlich | möglich |
| d | Im Stützkörper, luft- oder wasserseitig; in Dammaufstandsfläche | Entspannung durch Filtern und Dränen | vorübergehende u. U. auch ständige Durchströmung im Dammkörper unter Schwerkrafteinwirkung und zur Entspannung des Untergrundes | gefährlich; Schäden infolge Stabilitätsverlust durch Aufbau von Porenwasserdrücken bei Versagen der Dränwirkung, Rutschungen möglich | nicht möglich |
| e | Wasserseitige Begrenzung von Zonen oder Schichten im Damminnern und auch an Dammaufstandsflächen | Trennen und auch Filtern bei Stausenkung | geringfügige oder vorübergehende Durchströmung, Trennfunktion während der Bauausführung | meistens nicht kritisch, Bedeutung nur bei langdauernder Ausspülung | nicht möglich |
| f | Luftseitige Begrenzung von Zonen oder Schichten im Damminnern und an der Dammaufstandsfläche | Trennen Filtern | zeitweise Durchströmung bzw. Dauerbeanspruchung aus Damm oder Untergrund | u. U. kritisch bei sehr weit luftseitig angeordnetem Filter, Zuschlämmen von Dräneinrichtungen | nicht möglich |

**Tabelle 2** *(Fortsetzung)*

| | Lage im Querschnitt (Bild 40) | Aufgabe der Geotextilien | Art der Durchströmung bzw. Belastung | Versagensfolgen | Wiederherstellung |
|---|---|---|---|---|---|
| g | Im Damminnern hinter dem Dichtungselement, flächenhaft abgeschottet | Langfristige Erosionssicherung, Filtern und Dränen, Kontrolleinrichtung zur Bestimmung der Druckverhältnisse im Damminnern | ständige Durchströmung infolge Sickerwasser | bei Zuschlämmen erhöhter Gradient im Kern, bei Filterversagen Gefährdung der Standsicherheit, Ausfall der Kontroll-Funktion | nicht möglich |
| h | Entspannungsbrunnen am luftseitigen Dammfuß | Filtern | Stauabhängige unterschiedlich starke Durchströmung infolge Sickerwasser | u. U. kritisch, Änderung des Druckabbaus im Untergrund, luftseitiger Stützkörper kann unter Auftrieb kommen | nicht möglich |

Geotextilien finden bei Staudämmen und Stauhaltungsdämmen Anwendung als

- Sohl- und Entspannungsfilter (vgl. in Bild 40 und Tabelle 2: Lage d und h),
- Böschungsfilter (vgl. in Bild 40 und Tabelle 2: Lage a und e),
- Wandfilter (vgl. in Bild 40 und Tabelle 2: Lage g),
- Grabenfilter (vgl. in Bild 40 und Tabelle 2: Alternative zu Lage h),
- Vertikaldränung (vgl. in Bild 40 und Tabelle 2: Lage d, h und f),
- Horizontaldränung (vgl. in Bild 40 und Tabelle 2: Lage b, c und d) und als
- Mess- und Kontrolleinrichtung (vgl. in Bild 40 und Tabelle 2: Lage g).

Hinsichtlich der Auswahl und der Eignungsprüfung ist im Staudammbau wegen der z. T. nicht möglichen Reparatur- bzw. Austauschmöglichkeit besondere Rücksicht zu nehmen auf die sicherheitstechnische Bedeutung der langfristigen Funktion des Geotextils. Wegen der hohen Anforderungen an die Filterstabilität werden bevorzugt mechanisch verfestigte Vliesstoffe und Verbundstoffe aus porenmäßig abgestuften Vliesstofflagen eingesetzt.

Zur Sicherstellung der Filterstabilität müssen die mechanische Filterfestigkeit und die hydraulische Filterwirksamkeit auch im verformten Zustand erfüllt sein. Die mechanische Filterfestigkeit ist so zu bemessen, dass eine „Selbstdichtung“ des Dichtungskerns (bei Rissbildung) möglich ist (vgl. Abschnitt 3.2.3.1).

Für den Einzelfall empfiehlt es sich, anwendungsorientierte Untersuchungen (auch im verformten Zustand) durchzuführen.

### 3.4.2.2 Sohl- und Entspannungsfilter

Sohlfilter werden auf feinkörniger Dammaufstandsfläche angeordnet und dienen der Ableitung von Porenwasser aus dem Untergrund. Sie werden auf der Wasser- und

Luftseite eines Damms gebaut. Ein wasserseitiger Sohlfilter dient zur Beschleunigung der Konsolidierungsvorgänge, ein luftseitiger als Entspannungsfilter, für dessen Wirksamkeit zusätzlich ein Dränsystem erforderlich werden kann. Zur Verbesserung der Standsicherheit kann der Sohlfilter eine Bewehrungseinlage aus Geogittern oder Geotextilien erhalten.

#### 3.4.2.3 Wasserseitiger Böschungsfilter

Zur Unterstützung der Standsicherheit einer durchströmten Böschung dient ein Böschungsfilter, der – je nach Beanspruchung – durch eine Deckschicht gesichert ist.

#### 3.4.2.4 Wandfilter und Vertikaldränung

Der Wandfilter dient zur Entspannung des Wasserdrucks hinter einer Dichtwand. Ein entsprechend gewählter Verbundstoff soll die Leistungsfähigkeit des Wandfilters gewährleisten. Bei Einbindung des Wandfilters in den Kontrollgang und entsprechender messtechnischer Ausstattung kann der Wandfilter auch zur Kontrolle von Sickerwasser dienen.

#### 3.4.2.5 Grabenfilter

Ein Grabenfilter kann zur Entspannung und Dränung für gespanntes Grundwasser angeordnet werden. Weiterhin können Grabenfilter zur Absenkung des Grundwasserspiegels dienen. In Bild 39 ist u. a. ein Beispiel dargestellt.

Die umhüllende Vliesstoffbahn erspart abgestufte Filterkörnungen. Sie verhindert auch Kornumlagerungen bei starkem Wasserzutritt. Die Grobschotterpackung bietet einen erweiterten Fließquerschnitt bei voll durchströmtem Dränrohr.

#### 3.4.2.6 Umhüllungsfilter für Entlastungsrigolen

Eine Entlastungsrigole mit Umhüllungsfilter kann als Quellfassung im luftseitigen Dammbereich vorgesehen werden. Vorsorglich können Umhüllungsfilter auch als Überlauf für eine Dichtungswanne angeordnet werden, sofern die Ablaufrohre im Schadenfall nicht ausreichen sollten. Die Entlastungsrigole sollte mit Kies mit steiler Körnungslinie gefüllt werden.

Das Grundprinzip einer Entlastungsrigole kann auf Versickerungsschächte und Mulden-Rigolen-Systeme im Landverkehrswegebau übertragen werden.

#### 3.4.2.7 Fallbeispiel: Trinkwassertalsperre Frauenau

In Kernmitte des 1981 gebauten, 86 m hohen Damms der Trinkwassertalsperre Frauenau wurde eine Erdbetonwand mit einem Geotextil, das an der Luftseite angeordnet ist, gewählt (Bild 41).

Das Geotextil (dreilagiger Vlies-Verbundstoff) sorgt für die Erosionssicherheit der Erdbetonwand im Dammkern, sodass Feinstteilchen aus dem Erdbeton nicht in das anschließende Dammschüttmaterial abwandern können. Zum anderen hat es die Aufgabe, das ankommende Dammsickerwasser in der Ebene des Vliesstoffs drucklos nach unten abzuleiten. Weitergehende Planungen sahen vor, das Geotextil auch für Mess-

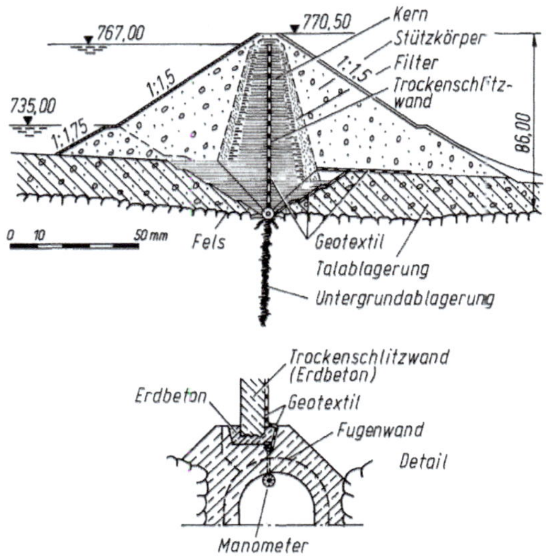


**Bild 41** Trinkwassertalsperre Frauenau, 1981 [107]

und Kontrollzwecke zur Überwachung der Sickerwasserverhältnisse im Damm heranzuziehen. Die durch das Geotextil gebildete Drän- und Filterfläche an der Luftseite der Erdbetonwand wurde hierfür durch den Einbau von Kunststoffnoppenfolien in neun Abschnitte unterteilt. Diese Abschnitte sind profilgleich mit der ebenfalls abgeschotteten Sickerwasserwanne auf der Luftseite des Kerns. Mit dieser Anordnung ist es gelungen, die Sickerwasser- und Druckverhältnisse im Damm kontinuierlich zu überwachen. Damit wurde ein zusätzliches Sicherheitspotenzial geschaffen.

Am Frauenaudamm wurden Geotextilien auch als Flächenfilter und Übergang zwischen dem durch Verwitterung zersetzten anstehenden Gneis und der Felsschüttung im luftseitigen Stützkörper sowie als Flächenfilter und Böschungssicherung der Kernbaugrube auf der Talseite verwendet.

### 3.4.2.8 Fallbeispiel: Hochwasserrückhaltebecken Schönstädt

Der Damm des Hochwasserrückhaltebeckens Schönstädt wurde bereits Ende 1985 fertiggestellt (Bild 42). Wegen nicht erfüllter Filterstabilität gegenüber dem luftseitigen Stützkörper musste der Kern gegen innere Erosion mit einem geotextilen Filter (dreilagiger Vlies-Verbundstoff) geschützt werden. Geotextile Filter wurden weiterhin im

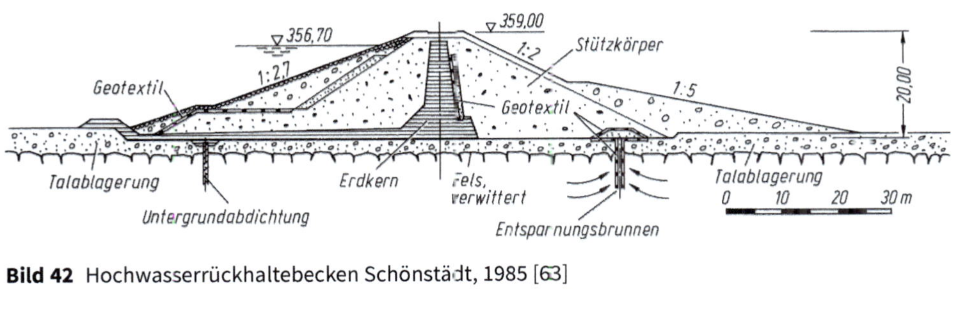


**Bild 42** Hochwasserrückhaltebecken Schönstädt, 1985 [63]

und über dem Entspannungsbrunnen aus Filterkies am Fuße des luftseitigen Stützkörpers sowie zwischen dem wasserseitigen Stützkörper und der ihn überdeckenden Steinschüttung angeordnet.

### 3.4.3 Kunststoffdichtungsbahnen und dichtungsbahnverwandte Produkte

#### 3.4.3.1 Allgemeines

Die Anforderungen an die Dichtheit sind von der bestimmungsmäßigen Aufgabe abhängig. So wird beispielsweise ein Damm für ein Hochwasserrückhaltebecken, das nur eine kurze Einstaudauer hat und bei dem Wasserverluste wasserwirtschaftlich ohne Bedeutung sind, andere Bedingungen der Dichtheit erfüllen müssen als ein Staudamm, der eine Talsperre mit einem Jahresspeicher zur Niedrigwasserregulierung begrenzt. Das gewählte System muss stets gewährleisten, dass die Standsicherheit des Damms durch Sickerströmungen nicht gefährdet wird.

#### 3.4.3.2 Fallbeispiel: Stausee Bitburg

Am Beispiel des Stausees Bitburg – gebaut in den Jahren 1977 bis 1979 – wird nachfolgend ein Außenhautdichtungssystem mit Filter- und Dränschicht sowie einer Deckschicht aus Betonverbundsteinen erläutert (Bild 43).

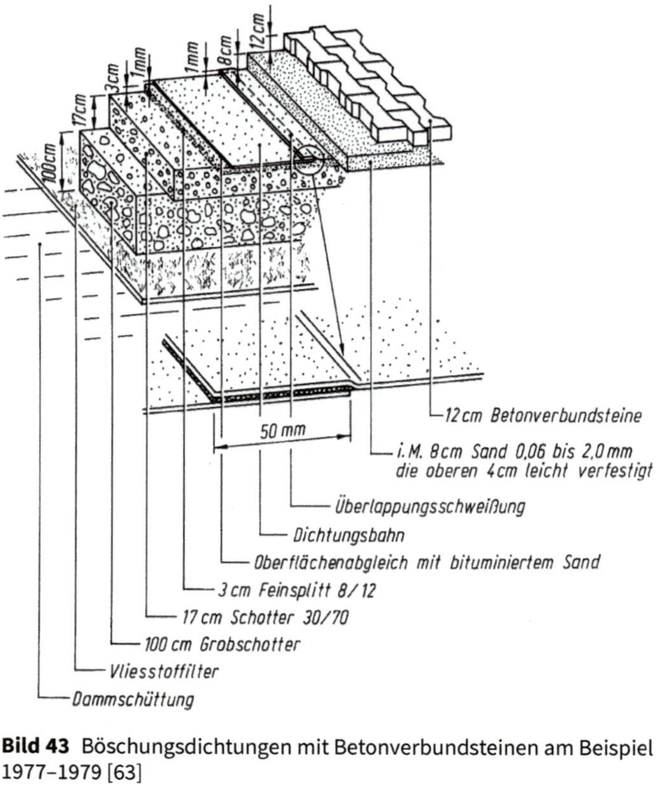


**Bild 43** Böschungsdichtungen mit Betonverbundsteinen am Beispiel des Stausees Bitburg, 1977–1979 [63]

Das Böschungsdichtungssystem ist eine Außenhautdichtung auf geneigter Ebene. In dieser entstehen böschungsparallele Kräfte in Richtung der Falllinie, die durch Reibung zwischen Dichtungsbahn und ihrem benachbarten Material kompensiert werden müssen. Keinesfalls darf die Kunststoffdichtungsbahn durch planmäßig auftretende Zug- oder Scherkräfte beansprucht werden.

Bei Temperaturschwankungen muss auf eine Dehnbarkeit der Bahnen geachtet werden, und auch die Fügestellen (Nahtverbindungen) müssen diesen Belastungen standhalten. Bei der Beurteilung der Dehnfähigkeit von Kunststoffdichtungsbahnen ist der zweidimensionale Spannungszustand zu berücksichtigen und ggf. zu untersuchen. Es ergeben sich z. T. erhebliche Unterschiede bei den im einachsigen Zugversuch gewonnenen relativ hohen Dehnungen gegenüber jenen im zweiachsigen Spannungszustand.

Die Schutzschicht kann auch aus einer mineralischen Schicht bestehen, die Zwischenschichten auch aus Geotextilien.

Filter- und ggf. Dränschichten sind unter Dichtungen aus Sicherheitsgründen unumgänglich. Sie sind so zu bemessen, dass bei einem Versagen der Dichtung die Standsicherheit erhalten bleibt.

#### 3.4.3.3 Fallbeispiel: Hochspeicher Rabenleite

Nach einer Betriebszeit von fast 40 Jahren wurde der Hochspeicher Rabenleite 1994 sanierungsbedürftig. Die Hauptschwierigkeit bei der Beurteilung des Zustands des bisherigen Dichtungssystems – Betonplatten als Böschungsdichtung, bituminös verklebte Dachpappe als Sohlendichtung – ergab sich aus dem Fehlen einer effektiven Dichtungskontrolle. Bei der Planung der Sanierungsarbeiten wurde deshalb ein Mess- und Kontrollsystem entwickelt, mit dem die neue Dichtung aus Asphaltbeton zuverlässig überwacht werden kann.

Um Leckagewasser im Felsuntergrund des Hochspeichers nicht unkontrolliert versickern zu lassen, war es erforderlich, eine zweite Dichtung auf der Felssohle des Hochspeichers einzubauen. Diese zweite Dichtungsschicht unter der Asphaltbetondichtung wurde bisher zwar selten, in der Regel aber aus Asphaltbeton hergestellt. Beim Hochspeicher Rabenleite wurde diese Lösung aus Kostengründen, vor allem aber auch im Hinblick auf die sehr kurze Bauzeit, nicht in Erwägung gezogen. Anstelle des Asphaltbetons wurde eine Bentonitmatte als zweite Dichtung gewählt [123]. Zum Schutz der Bentonitmatte wurde eine 10 cm dicke Ausgleichsschicht aus feinkörnigem Material eingebaut, die ein Durchdrücken von Steinen oder Felsspitzen aus dem Untergrund verhindert. Die neue Sohlendichtung ist wie folgt aufgebaut (von oben nach unten):

- Asphaltbetondichtung (d = 8 cm),
- Asphaltbinder (d = 6 cm),
- Dränschicht,
- Bentonitmatte und
- Ausgleichsschicht.

## 3.5 Deponiebau

### 3.5.1 Allgemeines

Mit Inkrafttreten der TA Siedlungsabfall [147] sind schon seit 1993 Deponien im Grundsatz so zu planen, dass durch geeignete Dichtungssysteme die Freisetzung und die Ausbreitung von Schadstoffen nach dem Stand der Technik verhindert werden. Am 16. Juli 2009 trat die neue Deponieverordnung (DepV) [26] in Kraft. Sie wurde zuletzt durch Artikel 2 der Verordnung zur Umsetzung der novellierten abfallrechtlichen Gefährlichkeitskriterien vom 4. März 2016 geändert. Gemäß der aktuellen Fassung dürfen nach Anhang 1 Nr. 2.1 der DepV für das Dichtungssystem Materialien, Komponenten oder Systeme nur eingesetzt werden, wenn sie dem Stand der Technik nach Anhang 1 Nr. 2.1.1 entsprechen und wenn dies der zuständigen Behörde nachgewiesen worden ist. Als Nachweis ist für *Geokunststoffe, Polymere und serienmäßig hergestellte Dichtungskontrollsysteme* die Zulassung dieser Materialien, Komponenten oder Systeme durch die Bundesanstalt für Materialforschung und -prüfung (BAM) nach Anhang 1 Nr. 2.4 erforderlich. Die BAM hat diesbezüglich diverse Richtlinien für die Zulassung und den Einbau von Geokunststoffen veröffentlicht [2–8]. Aus gleichem Grund hat die LAGA 2010 die Ad-hoc-AG „Deponietechnik“ für *Sonstige Materialien, Komponenten oder Systeme* eingerichtet. Für die bundeseinheitlichen Eignungsbeurteilungen definieren die Länder Prüfkriterien und legen Anforderungen an den fachgerechten Einbau sowie an das Qualitätsmanagement in bundeseinheitlichen Qualitätsstandards fest. Bundeseinheitliche Qualitätsstandards werden von den Ländern in geeigneter Form öffentlich zugänglich gemacht, vgl. *www.laga-online.de*.

Die GDA-Empfehlungen des Ak 6.1 der DGGT [81–88] geben auch praxisrelevante Hinweise zu Auswahl, Bemessung und Einbau von Geokunststoffen, vgl. *www.gdaonline.de*.

### 3.5.2 Dichtungssysteme

#### 3.5.2.1 Allgemeines

Unter einem Dichtungssystem wird im Allgemeinen der Aufbau einer Dichtung aus Stützschicht (Unterlage), Dichtungselement und Schutzschicht verstanden. Durch zusätzliche Komponenten entstehen Doppel-, Mehrfach- oder Kombinationsdichtungen.

Für die Regeldichtung und für alternative Dichtungssysteme gelten folgende Grundsätze:

- Beim Einbau von Dichtungssystemen in Böschungen muss die innere und äußere Standsicherheit nachgewiesen werden. Die innere Standsicherheit wird wesentlich vom Scherverhalten der einzelnen Schichten des Systems bestimmt. Die äußere Standsicherheit kann erhöht werden, indem einzelne Schichten in der Lage sind, Zugkräfte aufzunehmen. Maßgebend für die Übertragung von Kräften zwischen den Schichten und damit auch für die Aufnahme von Zugkräften ist die Verzahnung zwischen den einzelnen Schichten.
- Auflastbedingte Verformungen dürfen die Funktionstüchtigkeit der Dichtungssysteme nicht beeinträchtigen.

– Die Herstellbarkeit eines Dichtungssystems ist unter Baustellenbedingungen durch ein Versuchsfeld nachzuweisen.

Für die unterschiedlichen Dichtungssysteme werden – je nach Eigenart des jeweiligen Systems – an die eingesetzten Geokunststoffe vielfältige funktionsabhängige Anforderungen gestellt [104].

### 3.5.2.2 Basisdichtungssysteme

Die sich im Deponiekörper sammelnden Sickerwässer müssen durch geeignete Dichtungsmaßnahmen vom Grundwasser ferngehalten werden. Eine Basisdichtung soll die Potenziale von Grund- und Müllsickerwasser sicher trennen.

Die TA Siedlungsabfall [147] gab die ersten Anforderungen für Dichtungssysteme für Deponieklasse I (Mineralstoffdeponie, früher auch als Bodenaushub- und Bauschuttdeponie bezeichnet) und Deponieklasse II (Reststoffdeponie, früher auch als Hausmülldeponie bezeichnet) vor. Heute ist die Deponieverordnung [26] maßgebend (Bild 44), die in Deponieklassen DK 0 bis DK III unterteilt.

Ein Basisdichtungssystem ist entsprechend dem Deponiegut bzw. der Deponieklasse und den örtlichen Bedingungen mechanischen sowie thermischen und chemischen Belastungen ausgesetzt.

Die in der Regeldichtung für Deponieklasse II enthaltene, mindestens 2,5 mm dicke Kunststoffdichtungsbahn ist durch eine Schutzschicht vor auflastbedingten Beschädigungen zu schützen.

Das für die Deponiesohle vorgesehene System ist auf steileren Böschungen nicht ohne Weiteres anwendbar; es ist in Abhängigkeit von der Neigung festzulegen.

Mineralische Schutz- und Stützschichten müssen bei Anordnungen im direkten Kontakt zu einer mineralischen Dichtung filterstabil sein. Ist dies nicht der Fall, so empfiehlt sich eine Lösung mit Geotextilien.

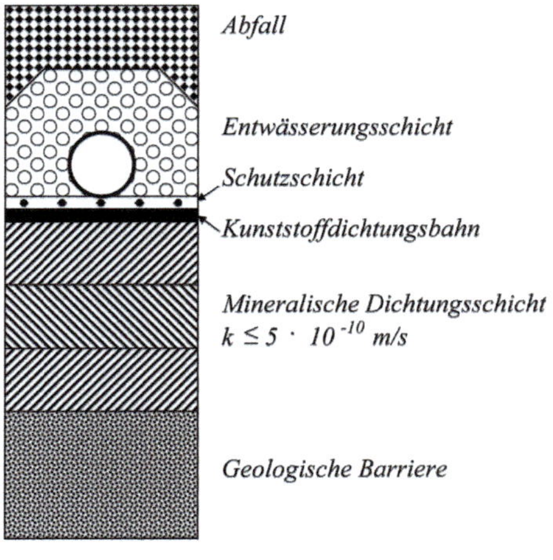


**Bild 44** Basisdichtungssystem Deponieklasse II nach TA Siedlungsabfall [147] und Deponieverordnung [26]

In Deponiebasisdichtungssystemen werden Geokunststoffe eingesetzt (von unten nach oben)

- als Trennschicht (bzw. als kapillarbrechende Schicht) zwischen mineralischer Dichtung und Deponieauflager bzw. geologischer Barriere,
- als geosynthetische Dränsysteme zur Dränung von auftretendem Hang-, Sicker- und Quellwasser unterhalb der Dichtung,
- als Kunststoffdichtungsbahn,
- als Schutzschicht zum Schutz der Kunststoffdichtungsbahn gegen mechanische Beschädigung während der Bauzeit und im Betrieb der Deponie,
- zur Verbesserung des Scherverhaltens von Dichtungssystemen an Böschungen und
- zum Filtern zwischen Abfall und Entwässerungsschicht.

### 3.5.2.3 Oberflächendichtungssysteme

Ein Oberflächendichtungssystem verhindert oder minimiert sowohl den Eintrag von Niederschlagswasser in den Deponiekörper als auch den Austrag von Deponiegas. In Abhängigkeit der gegebenen Bedingungen ist zu prüfen, ob alternative Dichtungssysteme gewählt werden können.

Bild 45 zeigt das durch TA Siedlungsabfall [147] und Deponieverordnung [26] vorgegebene Oberflächendichtungssystem für Deponieklasse II. Die vorgesehene Kunststoffdichtungsbahn ist durch eine Schutzschicht bedeckt.

Bild 46 zeigt die Einsatzmöglichkeiten von Geokunststoffen in Oberflächendichtungssystemen, denkbar sind:

- Erosionsschutzmatte,
- geotextiler Filter zwischen Rekultivierungs- und Entwässerungsschicht,
- Geogitter zum Abtrag von Lasten,
- geosynthetisches Dränsystem oberhalb der Dichtung zur Ableitung von Oberflächenwasser,
- geosynthetische Tondichtungsbahn als Dichtungselement,
- Schutzschicht oberhalb einer Kunststoffdichtungsbahn,
- Kunststoffdichtungsbahn als Dichtungselement,
- Schutzschicht unterhalb einer Kunststoffdichtungsbahn,
- Kombination von Kunststoffdichtungsbahn und geosynthetische Tondichtungsbahn,
- Geogitter unterhalb mineralischer Dichtungsschicht (Risseminimierung),
- geosynthetisches Dränsystem zur Ableitung von Gas,
- geotextiler Filter unter mineralischer Dichtungsschicht und
- geotextile Trennschicht zwischen Gas-Dränschicht und Abfall.

Deponieoberflächendichtungssysteme unterliegen Setzungen, sodass die Verformbarkeit der eingesetzten Produkte eine wichtige Eigenschaft sein kann. Entsprechend den zu erwartenden Setzungen empfiehlt es sich, ggf. zunächst vorläufige Dichtungen einzubringen. Diese sollen Sickerwasserbildung minimieren und Deponiegasmigration verhindern. Nach Abklingen der Hauptsetzungen wird die endgültige Dichtung eingebracht.

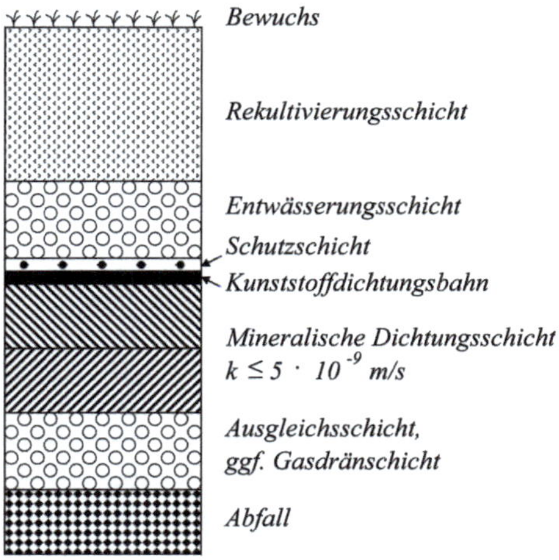


**Bild 45** Oberflächendichtungssystem Deponieklasse II nach TA Siedlungsabfall [147] und Deponieverordnung [26]

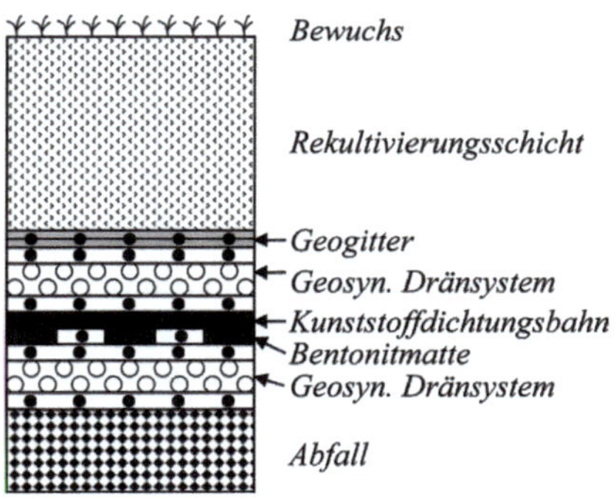


**Bild 46** Beispiel eines alternativen Oberflächendichtungssystems für Deponieklasse II, hier steile Böschung

### 3.5.3 Geokunststoffe in Deponiedichtungssystemen

#### 3.5.3.1 Rohstoffe

Im Deponiebau sind für die Widerstandsfähigkeit der eingesetzten Rohstoffe neben physikalischen und biologischen vor allem chemische Belastungen (flüssig und gasförmig) von Bedeutung. Dazu gehören hochkonzentrierte oder unverdünnte flüssige Substanzen, verdünnte flüssige Substanzen, Deponiesickerwässer, Deponiegase und Deponiegaskondensate.

Der Rohstoff PEHD (Polyethylen hoher Dichte) wird seit etwa 40 Jahren sowohl im Deponiebau (Rohrleitungen, Kunststoffdichtungsbahnen) als auch in der chemischen Industrie (für Behälter, Tanks, Rohrleitungen usw.) durch die hervorragende chemische Beständigkeit eingesetzt. Dem Rohstoff PEHD wird allgemein die beste „Allround-Beständigkeit" zugeschrieben. Für die Langzeitbeständigkeit von Deponie-Basisdichtungen ist es daher eigentlich unabdingbar, PEHD-Geokunststoffe einzusetzen als Kunststoffdichtungsbahnen, Dränrohre, Schächte und Geotextilien (Vliesstoffe, Verbundstoffe, Gewebe) sowie ggf. auch Geogitter. Inwieweit diese hohen Anforderungen auch für Oberflächendichtungen gelten sollen, muss objektspezifisch entschieden werden.

Üblicherweise wird dem Rohstoff PP (Polypropylen) die zweitbeste Allroundbeständigkeit beschieden. Objektspezifisch ist zu überlegen, ob der Rohstoff als Alternative zu PEHD zugelassen werden kann. In Deutschland sind Rohstoffbelange von verschiedenen Produkten über Zulassungen der Bundesanstalt für Materialforschung und -prüfung (BAM) geregelt.

#### 3.5.3.2 Kunststoffdichtungsbahnen

Für den Einsatz von Kunststoffdichtungsbahnen wird verlangt, nur zugelassene, 2,5 mm dicke Kunststoffdichtungsbahnen zu verwenden [7]. Kunststoffdichtungsbahnen dürfen grundsätzlich nur im trockenen Zustand und bei Temperaturen über +5 °C geschweißt werden. Sie sind nach einem vorher festzulegenden Verlegeplan auszulegen. Der Einbau der mineralischen Dichtungsschicht und der Kunststoffdichtungsbahn müssen aufeinander abgestimmt sein.

Dichtungskontrollsysteme wie Leckerkennungs- und Ortungssysteme können etwaige Leckagen an einer Kunststoffdichtungsbahn feststellen und sehr genau lokalisieren.

#### 3.5.3.3 Geotextile Schutzschichten

Die Entwässerungsschicht (vgl. Bild 44) besteht in der Regel aus Rundkorn der Körnung 16/32 mm. Die geotextile Schutzschicht bewahrt eine Kunststoffdichtungsbahn vor unzulässigen Beanspruchungen, die durch die Entwässerungsschicht übertragen werden und Perforationen, Kerben und Oberflächenverformungen verursachen können. Solche Belastungen treten

- kurzzeitig aus dem Einbau der Entwässerungsschicht und der Ablagerungsstoffe und
- langfristig aus den dauernden Auflasten auf.

Bei grober Körnung (16/32 mm) der Entwässerungsschicht, großer Auflast und erhöhter Temperaturen bieten praktisch nur Schutzschichten mit einer mineralischen Komponente eine ausreichende und dauerhafte Schutzwirkung. Im Hinblick auf die Zulassung sind die Schutzschichten daher in drei Gruppen eingeteilt worden [4]:

- Schutzschichten aus einer geotextilen und einer mineralischen Komponente. In der Regel werden zugelassene Vliesstoffe mit einer Masse pro Flächengewicht von mindestens 1200 g/m² und einer mineralischen Lage (z.B. 0/8 mm Brechkorn), die nach geometrischen Kriterien filterstabil gegenüber dem 16/32 Kies ist, verwendet.
- Komplettsysteme, wie z.B. verpackter Sand in der Form von zugelassenen Sandmatten.
- Rein geosynthetische Schutzschichten.

Zur Dimensionierung geotextiler Schutzschichten sind – sofern keine Zulassungen vorliegen – anwendungsbezogene Lastplattendruckversuche mit örtlich vorhandenen Kiesen und mineralischen Dichtungsstoffen unter den zu erwartenden Normalspannungen durchzuführen. Dabei sind Temperatur und zu berücksichtigende Sicherheitsfaktoren weitere Aspekte [87].

Bei der Beurteilung der Schutzfunktion eines Geotextils ist auf baustellengerechte Prüfbedingungen zu achten. Zusätzliche Sicherheit bietet die Möglichkeit, vor Baubeginn mit den vom Unternehmer angelieferten Materialien die Dimensionierung der Schutzschicht, auch hinsichtlich dynamischer Beanspruchungen, im Feldversuch zu überprüfen.

### 3.5.3.4 Geotextile Filter- und Trennschichten

Auch in Dichtungssystemen von Deponien können geotextile Filter nach den bekannten Ansätzen (vgl. Abschnitt 2.7.2) dimensioniert werden. Dabei sollte die Porenstruktur des Geotextils so offen wie möglich gewählt werden. Erwünscht ist eine Tiefenfiltration (und keine Grenzflächenfiltration), d. h., es sind Anforderungen an die Filtrationslänge bzw. die Dicke des Geotextils zu stellen. Insbesondere in Oberflächendichtungssystemen muss ggf. eine sichere Filterwirkung auch im verformten Zustand nachgewiesen werden. Eine große Dicke mit einhergehender großer Masse pro Flächeneinheit und eine hohe Dehnung wirken sich in allen Fällen vorteilhaft auf die mechanische Filterfestigkeit gedehnter Geotextilien aus (ggf. sind Sonderversuche erforderlich). Zu beachten ist, dass nur mechanisch verfestigte Spinnfaservliesstoffe im gedehnten Zustand ihren ursprünglichen Porenanteil beibehalten [131].

Zugelassene Geotextilien können oberhalb der Dichtungskomponenten der Oberflächendichtung ohne Einschränkung eingesetzt werden. In und unterhalb der Dichtungskomponenten der Oberflächendichtung sowie in der Basisdichtung sind sie nur dann geeignet, wenn dort aufgrund der Eigenart des Abfalls, des Einbaus des Abfalls und der Umgebung die Anforderung an die mittlere Temperatur erfüllt ist. Für den Einsatz in der Basisabdichtung muss zusätzlich eine hohe chemische Beständigkeit gewährleistet sein. Für eine anzuordnende Filterschicht zwischen Abfall und Entwässerungsschicht in Basisdichtungssystemen muss Folgendes beachtet werden:

- Werden grobe Entwässerungsschichten (z. B. mit einer Körnung 16/32 mm und Porenkanaldurchmesser zwischen etwa 4 und 8 mm) eingesetzt, so kann der Anteil der Partikel im Abfall, der in die Poren der Entwässerungsschicht eingeschlämmt wird, zwischen etwa 2 und 30 % liegen. Für eine ca. 30 cm dicke Entwässerungsschicht mit einem Porenanteil von etwa 40 % bedeutet diese Abschätzung, dass bereits das Ausschlämmen von Partikeln aus den ersten Dezimetern Abfall ausreicht, um ein örtliches Zuschlämmen und entsprechendes örtliches Versagen der Entwässerungsschicht herbeizuführen.
- Bei der Frage, ob zwischen Abfall und Entwässerungsschicht ein geotextiler Filter anzuordnen und dieser ggf. zu dimensionieren ist, ist zu berücksichtigen, ob ein Ausspülen feiner Müllbestandteile (z. B. Aschen, Schlämme, deponierte Böden) in das Entwässerungssystem in begrenztem Umfang zugelassen werden kann. Grundsätzlich dürfen einzelne Komponenten des Entwässerungssystems (Dränschicht, Dränleitungen, Kontrollschächte) nicht in ihrer Funktion gefährdet werden. Erforderlichenfalls ist die Öffnungsweite eines Geotextils kleiner auszulegen als das Ergebnis nach den bekannten Filterregeln.

Bei den Filter-Vliesstoffen muss die Masse je Flächeneinheit mindestens 300 g/m², die Dicke mindestens 3 mm, die Stempeldurchdrückkraft mindestens 2,5 kN und der Durchdrückvorschub bei der Stempeldurchdrückkraft mindestens 50 mm betragen. Weiterhin muss die Dicke des Vliesstoffs mindestens der 30-fachen charakteristischen Öffnungsweite $O_{90}$ entsprechen [141].

Für den Einsatz von Geotextilien im Deponiebau sind die BAM-Zulassungen [3] und die GDA Empfehlungen E 2-9 [83] und E 5-5 [88] zu beachten.

#### 3.5.3.5 Geotextile Dränschichten

Besonders an steilen Böschungen in Oberflächendichtungssystemen ist es schwierig, mineralische Dränschichten aufzubringen. Neben Geotextilien definierter Dicke werden daher bevorzugt sog. geosynthetische Dränsysteme, Verbundstoffe aus Filter- und Sickerschichten, eingesetzt.

Das Zeitstandverhalten der Dränstruktur – der Sickerschicht – im Kontakt zu den umgebenden Flächen ist zu beachten; hier sind Versuche unter Berücksichtigung von zeitabhängigen statischen (und dynamischen) Einwirkungen durchzuführen.

Um den Wassereintritt in die Sickerschicht des geosynthetischen Dränsystems langfristig zu gewährleisten, müssen die Filteranforderungen für die Filterschicht/en gemäß den Ausführungen nach den Abschnitten 2.7.2 und ggf. auch 3.5.3.4 erfüllt werden.

Detaillierte Angaben über geosynthetische Dränsysteme – insbesondere für Oberflächendichtungssysteme – finden sich in [6, 84, 118, 133].

#### 3.5.3.6 Geosynthetische Tondichtungsbahnen (Bentonitmatten)

Geosynthetische Tondichtungsbahnen unterscheiden sich von mineralischen Dichtungsschichten in verschiedener Hinsicht, was beim Entwurf entsprechender Oberflächendichtungssysteme zu berücksichtigen ist. Das alternative Dichtungssystem kann als ausreichend sicher angesehen werden, wenn es die projektspezifischen Anforderungen erfüllt.

Für die geosynthetische Tondichtungsbahn sind die Eignungsnachweise auf Grundlage der EAG-GTD [69] bzw. GDA Empfehlung E 2-36 [85] zu führen, wobei produktspezifische Aspekte zu berücksichtigen sind. In Tabelle 3 sind die maßgebenden Mindestanforderungen an die geosynthetischen Tondichtungsbahnen aufgeführt.

Die Nachweise der Dichtungswirkung in allen Betriebszuständen werden – ggf. unter Berücksichtigung des Ionenaustauschs – in Labordurchlässigkeitsversuchen in Anlehnung an DIN 18130 erbracht. Der Nachweis der Wirksamkeit (Permittivität) bei Verformungen der geosynthetischen Tondichtungsbahn ist für die maßgebenden Betriebszustände zu erbringen.

Beim Entwurf von Deponie-Oberflächendichtungssystemen mit geosynthetischen Tondichtungsbahnen ist der Wasserhaushalt des Gesamtsystems zur Bewertung des Einflusses auf die Quell- und Schrumpfeigenschaften des Bentonits objektspezifisch zu untersuchen. Einen erhöhten Schutz vor witterungsabhängigen Austrocknungen – be-

**Tabelle 3** Mindestanforderungen an geosynthetische Tondichtungsbahnen nach [69] bzw. [85]

| Parameter | Symbol | Norm/Empfehlung | Anforderung |
|---|---|---|---|
| Bentonitmenge | $M_{clay}$ | DIN EN in Vorb. | ≥ 4500 g/m² (Natriumbentonit)<br>≥ 8000 g/m² (Calciumbentonit) |
| Wassergehalt (Bentonit) | w | DIN 18121-1 | ≤ 12 % |
| Quellvermögen (Bentonit) | – | ASTM D 5890 | ≥ 20 ml (Natriumbentonit)<br>≥ 8 ml (Calciumbentonit) |
| Wasseraufnahme-vermögen (Bentonit) | $W_A$ | DIN EN ISO 10769 | ≥ 450 % (Natriumbentonit)<br>≥ 150 % (Calciumbentonit) |
| Montmorillonitgehalt (Bentonit) | MB | DIN EN 933-9 | ≥ 300 mg/g (Natriumbentonit)<br>≥ 300 mg/g (Calciumbentonit) |
| Flächenbezogene Masse (Geotextil) | $M_A$ | DIN EN ISO 9864 | ≥ 100 g/m² (Gewebe)<br>≥ 200 g/m² (mech. verf. Vliesstoff) |
| Zugfestigkeit (Geotextil: Gewebe) | $T_{max}$ | DIN EN ISO 10319 | ≥ 7,0 kN/m (längs/quer) |
| Stempeldurchdrückkraft (Geotextil: Vliesstoff) | $F_p$ | DIN EN ISO 12236 | ≥ 1,0 kN |

dingt durch standortspezifische Festlegungen beim Systemaufbau – beschreibt [161]. Ohne zusätzliche Vorkehrungen gegen witterungsabhängige Austrocknungen zeigen langjährige Feldmessungen an Oberflächendichtungssystemen mit 1,0 bis 1,3 m Überdeckung der geosynthetischen Tondichtungsbahn durch Rekultivierungs- und Entwässerungsschichten jährliche saisonale Durchsickerungen von etwa 5 bis 25 mm/a, je nach klimatischen Standortverhältnissen [85].

Die mechanischen Eigenschaften einer geosynthetischen Tondichtungsbahn werden durch die Geokunststoffkomponenten bestimmt. Ausreichende Robustheit und Dehnfähigkeit sind Voraussetzungen für den Verlege- und Überschüttungsvorgang. Die in den EAG-GTD [69] geforderten Angaben hinsichtlich Verformungen und Dehnungsbeanspruchungen an Anschlüssen und Durchdringungen sind zu berücksichtigen.

Hinweise zum Umfang grundsätzlicher und projektbezogener Eignungsnachweise sowie Ausführungshinweise sind in [15, 16, 69, 85, 106] zu finden.

### 3.5.3.7 Reibungsverhalten und Bewehrung

Für ein Dichtungssystem wird gefordert, dass Rutschungen (aus Eigengewicht oder äußerer Belastung) im System nicht auftreten und die Kunststoffdichtungsbahn – auch lokal – keine tragende Funktion übernimmt, d. h. keine Zugspannungen erfährt. Es besteht für Basisdichtungen die Forderung, dass die übertragbare Scherspannung oberhalb der Kunststoffdichtungsbahn (gleich oder) kleiner als unterhalb der Bahn sein muss, um die zusätzlichen Zugkräfte aus der Auflast durch (gleich große oder) höhere Scherkräfte auf die Unterseite der Bahn zu übertragen und einen spannungsfreien Zustand der Bahn sicherzustellen.

Um die sichere Dimensionierung eines Dichtungssystems zu gewährleisten, sind genaue Kenntnisse über die durch das System vorgegebenen Scherfugen erforderlich.

Sofern Zugkräfte planmäßig durch Elemente des Dichtungssystems aufgenommen werden müssen, kann dies durch Geogitter erfolgen [74].

Weitere Informationen finden sich in [21, 119, 138, 162], GDA Empfehlungen E 2-7 [82], E 2-9 [83] und E 3-8 [86] sowie in Kapitel 8 der EBGEO [74].

### 3.5.4 Fallbeispiele

#### 3.5.4.1 Allgemeines

Stellvertretend für eine Vielzahl realisierter Lösungen werden nachfolgend Deponiedichtungssysteme aufgeführt, die als Meilenstein bezeichnet werden können.

#### 3.5.4.2 Deponie Grabow, die erste Deponie mit einer Bentonitmatte

Als Beispiel für die Ausführung einer Deponieoberflächendichtung dient die nachträgliche Abdeckung der ehemaligen Hausmülldeponie Grabow im Landkreis Lüchow-Dannenberg. Wie fast alle Altdeponien war die Deponie Grabow zu damaliger Zeit ohne Basisdichtung ausgeführt worden. Um ein weiteres Auslaugen der Schadstoffe zu verhindern, wurde im Jahre 1990 mit einer geosynthetischen Tondichtungsbahn eine Oberflächendichtung durchgeführt. Als Aufbau des Dichtungssystems wurde gewählt (Bild 47):

- 50 cm Rekultivierungsschicht,
- Filtervliesstoff,
- 30 cm mineralische Dränschicht,
- geosynthetische Tondichtungsbahn,
- 30 cm Gasdrän- und Ausgleichsschicht und
- Abfall.

Im Januar 1990 baute die beauftragte Baufirma in nur 14 Tagen die komplette Deponiedichtung von 30000 m$^2$ ein.

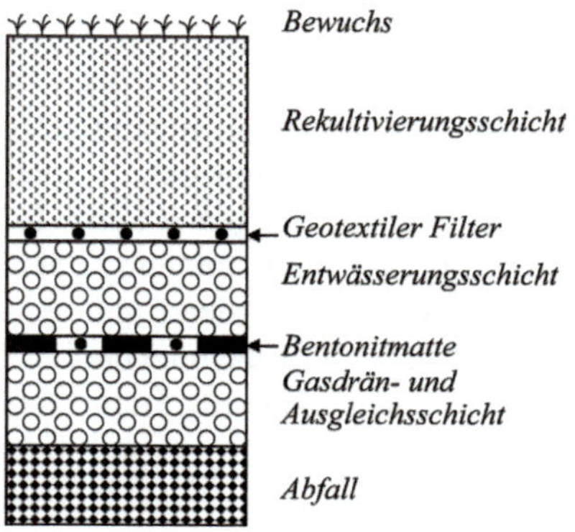


**Bild 47** Aufbau der Deponie Grabow

Da diese Oberflächendichtung zu den ersten Objekten gehörte, bei denen geosynthetische Tondichtungsbahnen als Dichtungselemente zum Einsatz kamen, wurde hier – mit Erlaubnis und Unterstützung des Bauherrn – mehrfach die Gelegenheit wahrgenommen, Jahre später durch Aufgrabungen die Funktionstüchtigkeit des Systems zu überprüfen. Die Erkenntnisse waren besonders wichtig für die frühere Zulassung von Bentonitmatten durch das DIBt.

#### 3.5.4.3 Deponie Eckendorfer Straße, die erste Deponie mit einer PEHD Dränmatte

Der Aufbau der Deponie Eckendorfer Straße (Bild 48) stellt sich folgendermaßen dar:

- Rekultivierungsschicht,
- Bewehrungslage gestrecktes Geogitter,
- geosynthetisches Dränsystem,
- PEHD-Kunststoffdichtungsbahn,
- geosynthetisches Gas-Dränsystem aus PEHD,
- Sandausgleichsschicht und
- Abfall.

Als Besonderheiten dieses Aufbaus sind zu nennen:

- Forderung nach extrem niedriger Aufbauhöhe aufgrund örtlicher Gegebenheiten,
- gestrecktes Geogitter ausschließlich zur Lastabtragung während der Einbauphase und
- Einsatz eines geosynthetischen Dränsystems aus PEHD als Gasdränung auch unterhalb der Dichtung.

#### 3.5.4.4 Deponie Neu Wulmstorf, damals die größte Deponie Deutschlands

Die Deponie Neu Wulmstorf südwestlich von Hamburg diente jahrzehntelang zur Aufnahme von unsortiertem Hausmüll. Die seit 1986 geschlossene, etwa 320000 $m^2$ große Deponie besitzt lediglich in einem Teilbereich eine mineralische Basisdichtung aus Geschiebemergel. Um einen weiteren Austrag von Schadstoffen in den Untergrund zu vermeiden, wurde 1995 mit dem Bau eines Oberflächendichtungssystems begonnen.

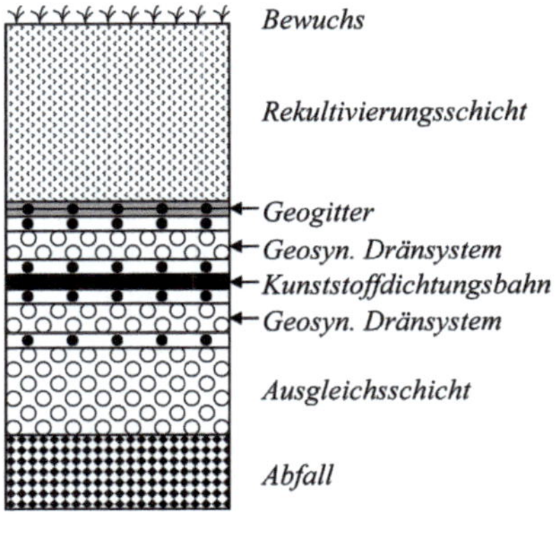


**Bild 48** Aufbau der Deponie Eckendorfer Straße

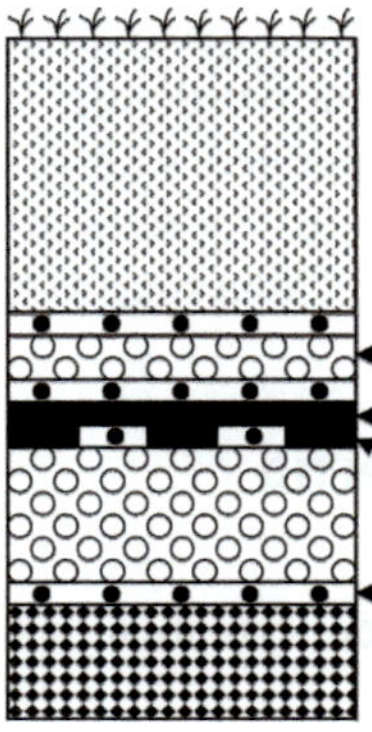


**Bild 49** Aufbau der Deponie Neu Wulmstorf

Abweichend von der ursprünglichen Planung mit mineralischen Dichtungs- und Entwässerungsschichten entschied sich der Auftraggeber aus technischen und wirtschaftlichen Gründen für folgendes Oberflächendichtungssystem (Bild 49):

- 100 cm Rekultivierungsschicht,
- geosynthetisches Dränsystem,
- PEHD-Kunststoffdichtungsbahn,
- geosynthetische Tondichtungsbahn,
- Gasdrän- und Ausgleichsschicht,
- in Teilbereichen PEHD-Trennvliesstoff und
- Abfall.

Dieser Aufbau mit einer „Kombinationsdichtung" aus Bentonitmatte und Kunststoffdichtungsbahn (Bild 50) hatte Signalwirkung für ganz Europa.

### 3.5.4.5 Deponie Furth im Wald, das steilste Böschungsdichtungssystem Deutschlands

Die Sanierung des bis zu 35° (1 : n = 1 : 1,4) steilen Oberflächendichtungssystems der Salzschlackedeponie Furth im Wald wurde erfolgreich im Sommer 2005 unter Einsatz von Geogittern, Kunststoffdichtungsbahnen, Vliesstoffen, Dränmatten und geosynthetischen Tondichtungsbahnen (Bentonitmatten) realisiert (Bild 51). Ein vergleichbarer Aufbau mit mineralischen anstatt geosynthetischen Komponenten und Kunststoffdichtungsbahn wäre technisch und wirtschaftlich kaum ausführbar gewesen.

Die vorhandene mineralische Dichtung wurde teilweise aufbereitet und bereichsweise durch eine schubkraftübertragende geosynthetische Tondichtungsbahn ersetzt. Eine BAM-zugelassene strukturierte PEHD-Kunststoffdichtungsbahn und eine Dränmatte bestehend aus einem Polypropylen-Wirrgelege-Dränkern und beidseitig fixierten Vliesstoffen als Schutz-und Filterschicht wurden vollflächig im gesamten Baubereich eingesetzt. Die vorhandene mineralische Dichtung bot in Teilbereichen nicht die geeigneten Auflagerbedingungen für die Kunststoffdichtungsbahn, sodass zusätzlich ein Vliesstoff unterhalb der Kunststoffdichtungsbahn angeordnet wurde. Die Rekultivierungsschicht wurde im steilsten Böschungsbereich in 70 cm, im übrigen Böschungsbereich in 1,0 m und im Plateaubereich in ≥ 1,50 m Mächtigkeit eingebracht.

**Bild 50** Deponie Neu Wulmstorf; a) Einbau der Bentonitmatte
b) Einbau der PEHD-Kunststoffdichtungsbahn

**Bild 51** Deponie Furth im Wald

Die Herausforderung lag darin, eine gezielte Abtragung der Defizitzugkräfte im Plateaubereich unter Ausnutzung der Rekultivierungsschicht über ein Geogitter-Boden-Verbundsystem zu dimensionieren. Bei der hier betrachteten Neigung wird das Oberflächen-Außenhaut-Dichtungssystem bei Gegenüberstellung der haltenden und treibenden Kräfte rechnerisch am Geogitter „aufgehängt". Das Geogitter trägt die in Böschungsfallrichtung treibenden Kräfte gezielt in die entgegengesetzte Richtung an der Krone ab, ohne dass Relativbewegungen und damit Zugbeanspruchungen in die Dichtungs- und Dränschichten eingetragen werden. Für Kombinationsprodukte wie Dränsysteme und Bentonitmatten bedeutet dies vor allem eine gemäß BAM-Deponieanforderungen nachgewiesene innere Langzeitscherfestigkeit und für Geokunststoff-Bewehrungen die Anforderung nach einer kriecharmen, robusten Struktur mit einem optimalen Kraft-Dehnungs-Verhalten. Statt eines Verankerungsgrabens an der Böschungskrone wurde eine horizontale Lastabtragung am Plateau gewählt. Für den steilsten Böschungsbereich wurde demnach für das Geogitter eine Verankerungslänge von 18 m unter Berücksichtigung der vorgesehenen Auflastspannung aus der Schichtmächtigkeit der Rekultivierungsschicht ausgeführt [156].

## 3.6 Landverkehrswegebau

### 3.6.1 Allgemeines

Geotextilien werden beim Bau von Landverkehrswegen (Straßen-, Gleis- und Tunnelbau) vornehmlich als Trennschichten zwischen Schüttung und Untergrund sowie als Filter bei Sickeranlagen eingesetzt.

Gewebe, geotextilverwandte Produkte wie Geogitter oder Verbundstoffe werden als Bewehrung zur Errichtung steiler Böschungen und zur Erhöhung der Anfangsstandsicherheit von Dämmen eingesetzt.

Kunststoffdichtungsbahnen und dichtungsbahnverwandte Produkte werden im Bereich von Verkehrswegen zur Dichtung von Entwässerungsanlagen und zum Schutz von Wassergewinnungsgebieten gegen die Beeinträchtigung durch Schadstoffe eingesetzt.

### 3.6.2 Geotextilien und Geogitter

Regelwerke zum Einsatz von Geotextilien und Geogittern im Straßenbau sind [23, 74, 110, 149, 167]. Für den Bereich des Gleis- und Tunnelbaus sind [25, 68, 124, 125] zu beachten.

#### 3.6.2.1 Beurteilung von Eigenschaften für die Bemessung

Als Eigenschaften für die Auswahl geeigneter Produkte sind für unterschiedliche Anwendungsbereiche in [109] die in Tabelle 4 aufgeführten Hinweise gegeben.

**Tabelle 4** Beurteilung von Eigenschaften für die Auswahl geeigneter Produkte (nach [109], aus [160])

| Eigenschaft | Anwendungsbereich | Auswahlkriterium |
|---|---|---|
| Zugfestigkeit | Bewehrung | Rechnerischer Nachweis |
| | andere Bereiche | Geotextil-Robustheitsklassifizierung |
| Dehnbarkeit | Bewehrung | Zugfestigkeit soll bei einer für das Bauwerk verträglichen Dehnung berücksichtigt werden |
| Durchdrücken (GRK) | Bewehrung | Abminderungsbeiwert beim rechnerischen Nachweis, der aus Baustellensimulationen bestimmt wird |
| | andere Bereiche | Geotextil-Robustheitsklassifizierung |
| Durchschlagen | alle Bereiche | Eine hohe Dehnung steigert bei Vliesstoffen von gleicher Flächenmasse den Widerstand gegenüber Zerstörung durch Durchschlagbeanspruchung |
| Zeitstandverhalten | Bewehrung von Erdbauwerken | Das Verhalten bei Dauerlast ist als last- und zeitabhängiger Abminderungsbeiwert zu berücksichtigen |
| Reibung | alle Bereiche | Das Reibungsverhalten kann entscheidend für die Auswahl sein |
| Allg. Beständigkeit | alle Bereiche | Bei Polyethylen und Polypropylen ist die oxydative, bei Polyester die Beständigkeit gegen innere Hydrolyse zu beachten und für Daueranwendungen gegebenenfalls nachzuweisen. Für Polyamid, Aramid und Polyvinylalkohol sind beide Nachweise zu erbringen |
| Wetterbeständigkeit | alle Bereiche | Nach einer für Mitteleuropa typischen Belastung im Global-UV-Tester für eine Belastungsdauer, die etwa sechs Monaten Freibewitterung entspricht, wird die Restfestigkeit und daraus die höchstzulässige Freiliegedauer ermittelt |
| Bodenrückhalt | alle Bereiche | Als Maß für das Bodenrückhaltevermögen ist die mechanische Filterwirksamkeit für die Gewichtung 1 (vgl. Tabelle 5) zu bemessen |
| Wasserdurchlässigkeit | alle Bereiche | Als Maß für die Wasserdurchlässigkeit ist die hydraulische Filterwirksamkeit für die Gewichtung 1 (vgl. Tabelle 5) zu bemessen |

**Tabelle 5** Beurteilung von Eigenschaften für die Auswahl geeigneter Produkte (nach [109], aus [160])

| Anwendungsbereich / Eigenschaft | Trennschicht | Böschungsschutz | Böschungssanierung | Filter und Entwässerung | Bauwerksentwässerung | Dammbewehrung | unbefestigte Straße | befestigte Straße | Bewehrung Böschung |
|---|---|---|---|---|---|---|---|---|---|
| Zugfestigkeit | 3 | 2 | 2..1 | 4..2 | 3..4 | 1 | 1 | 1 | 1 |
| Dehnbarkeit | 1 | 1 | 1 | 4..2 | 4..2 | 1 | 1 | 1 | 1 |
| Durchdrücken (GRK) | 1 | 1 | 1..2 | 1..3 | 2..1 | 2 | 1 | 1 | 2 |
| Durchschlagen | 1 | 1 | 1..2 | 1..3 | 2..1 | 2 | 1 | 1 | 2 |
| Zeitstandverhalten | 4 | 3 | 3..1 | 4 | 4 | 1 | 1 | 1 | 1 |
| Reibung | 3 | 2..1 | 1 | 4..1 | 4 | 1..4 | 1 | 1 | 1 |
| allg. Beständigkeit | 1 | 1 | 1 | 1 | 1 | 1 | 1 | 1 | 1 |
| Wetterbeständigkeit | 3..2 | 1..2 | 2..1 | 4..2 | 4 | 4 | 4 | 4 | 4..1 |
| Bodenrückhalt | 2..1 | 2..1 | 1..2 | 1 | 1..4 | 3 | 3 | 4 | 4 |
| Wasserdurchlässigkeit | 2..1 | 2..1 | 1..2 | 1 | 1..4 | 2 | 2 | 2 | 2 |

Als Hilfe für die Auswahl geeigneter Produkte werden ihre anwendungsspezifischen Eigenschaften im Hinblick auf die zu erwartenden Beanspruchungen bewertet. In Tabelle 5 sind die sog. Gewichtungen für die Auswahl 1 bis 4 für verschiedene Anwendungsbereiche zusammengestellt:

1. Entscheidend für die Auswahl:
   Ein rechnerischer Nachweis bzw. eine Bemessung ist zu führen, sofern ein Verfahren dafür besteht, sonst ist eine Klassifizierung (vgl. Abschnitt 3.6.2.2) anzuwenden.
2. Wichtig für die Auswahl:
   Es genügt die Einhaltung von Grenzwerten bzw. einer Klassifizierung.
3. Weniger wichtig für die Auswahl:
   Grenzwerte sollten eingehalten werden.
4. Ohne Einfluss für die Auswahl:
   Braucht nicht berücksichtigt zu werden.

### 3.6.2.2 Geotextilrobustheitsklassen

Die maßgebende mechanische Beanspruchung, nämlich die Schädigung durch Einzelkörner bzw. Steine und durch die Walkarbeit unter einer Schüttung auf weichem Untergrund, entzieht sich der Bemessung.

Für einen konkreten Anwendungsfall wird die erforderliche Geotextilrobustheitsklasse (GRK) aus den Beanspruchungen durch das Schüttmaterial sowie den Einbau und den Baubetrieb ermittelt. Die Klassifizierung gilt nur für Fälle, in denen die mechanischen Parameter nicht bemessen werden (Trennschicht, Schutzschicht, Filter), und gilt nicht für Bewehrungen. Nach Tabelle 5 gilt für fast alle Anwendungen im Straßenbau: Das

**Bild 52** Fließdiagramm Geotextilrobustheitsklasse

Durchdrückverhalten bzw. die Geotextilrobustheitsklasse GRK ist entscheidend für die Auswahl eines Produkts. Das Ergebnis dieser „Bemessung" ist für den Anwender/Planer eine gewisse Geotextilrobustheitsklasse GRK, die er für seine Anwendung festlegt (Bild 52).

Der Hersteller eines Geotextils auf der anderen Seite liefert ein entsprechendes GRK-Material. Deshalb wird in M Geok E [110] und TL Geok E-StB 05 [149] aus empirisch gewonnenen Erkenntnissen eine Klassifikation der Geotextilien getroffen, die für alle Produkte Klassen gleicher Robustheit gegenüber unterschiedlich hohen Beanspruchungen einführt. Durch die Geotextilrobustheitsklasse werden Geotextilien (Vliesstoffe, Bändchengewebe, Multifilamentgewebe) untereinander verglichen. Für Vliesstoffe wird eine erforderliche Stempeldurchdrückkraft, für Gewebe, Maschenwaren und Verbundstoffe eine erforderliche Höchstzugfestigkeit ermittelt. Außerdem wird für alle Produkte für jede Geotextilrobustheitsklasse eine Mindestmasse pro Flächeneinheit durch die Klassifizierung vorgegeben.

Die sich ergebenden Geotextilrobustheitsklassen beschreiben die Beanspruchung der Trennlage. Wird ein Trennprodukt mit der entsprechenden Geotextilrobustheitsklasse eingesetzt, ist davon auszugehen, dass dieses die Beanspruchung aushält und damit die Trennfunktion erhalten bleibt. Zur Sicherung der Trennfunktion bei tiefen Spurrinnen sind hoch dehnfähige Produkte (Höchstzugkraftdehnung e > 50 %) einzusetzen.

### 3.6.2.3 Geotextile Trennschichten unter Schüttungen

Geotextile Trennschichten werden angeordnet (Bild 53), um

- die Durchmischung einer grobkörnigen Schüttung mit einem feinkörnigen angrenzenden Boden zu verhindern,
- das lokale Durchbrechen bei einer Schüttung auf wenig tragfähigem Untergrund zu verhindern und um

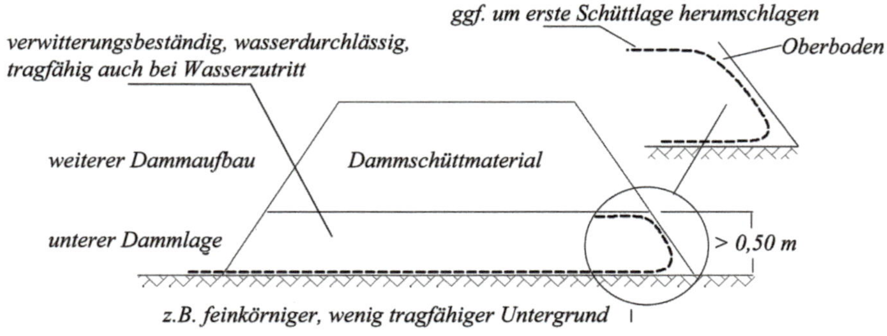


**Bild 53** Geotextile Trennschicht unter einem Damm nach [110]

– eine ausreichende Filterwirksamkeit zwischen übereinanderliegenden Schichten bei geringem, zeitlich begrenztem Wasserdurchtritt herzustellen.

Durch den Einbau filterstabiler Trennschichten wird das Eindringen von feinkörnigen Böden in die Schüttung verhindert, ohne dass der Abfluss des bei der Untergrundkonsolidierung anfallenden Bodenwassers behindert wird. Mit dieser Methode können örtlich anstehende Tragschicht- und Gleisbettungsmaterialien, die gegenüber dem Untergrund bzw. Unterbau nicht filterstabil sind, verwendet werden, ohne dass dazwischen eine Filterschicht aus Mineralstoffen angeordnet werden muss.

Zum Einsatz kommen am häufigsten Vliesstoffe. In der Regel werden die Bahnen quer zur Dammachse verlegt und mit einer Breite von mindestens 0,5 m überlappt. Bis zu einer Breite von zwei Bahnen ist eine Längsverlegung möglich. Abweichungen von diesen Empfehlungen sind zulässig, wenn durch entsprechende Vorkehrungen, Verbinden der Bahnen, Befestigen der Bahnen (z. B. Klammern, Erdnägel) oder besondere Form der Überschüttung sichergestellt ist, dass die Mindestüberlappung nach der Überschüttung erhalten ist.

Sofern die durch Fahrzeuge im Transportweg hervorgerufenen Spurrillen (bei Schütthöhen von etwa 50 cm) 10 bis 15 cm erreichen, sind diese aufzufüllen, und die Baustraße ist nachzuarbeiten. Einfaches Einplanieren mit Grader oder Raupe ist unbedingt zu unterlassen. Hierdurch würde andernfalls die Überdeckung des Vliesstoffs in Spurmitte verringert und eine weitere Verformung des Schüttkörpers gefördert.

### 3.6.2.4 Geotextilien als Filter bei Entwässerungsaufgaben

Entwässerungsanlagen werden mit geotextilem Filter aufgebaut. Sickerstränge oder Tiefensickerschichten sind bauliche Anlagen zur Aufnahme und Ableitung von Wasser aus dem Boden. Bei Übernahme der Filterfunktion durch ein Geotextil können eng gestufte, grobkörnige Schüttmaterialien in die Sickeranlagen eingebracht werden, deren Vorteil eine hohe Wasserdurchlässigkeit sowie ein hohes Porenvolumen und damit ein großes Retentionsvermögen ist. Der Einsatz geotextiler Filter erlaubt, örtlich gewinnbare Materialien zu verwenden, auch wenn diese gegenüber dem angrenzenden Boden nicht filterstabil sind (Bild 54).

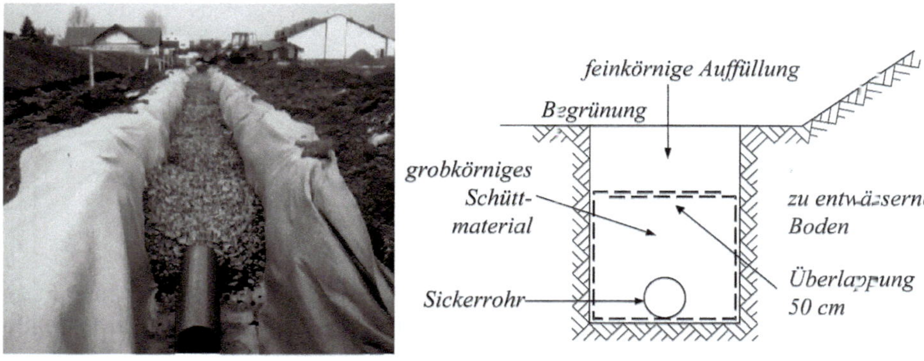


**Bild 54** Sickerstrang mit geotextilem Filter nach [110]

Die Filterwirksamkeit des Geotextils gegenüber dem zu entwässernden Boden ist nachzuweisen. Bei der Auswahl ist auf eine ausreichende Robustheit des geotextilen Filters gegenüber den benachbarten Böden und der Einbaubeanspruchung zu achten.

Sickerstränge sind vollständig mit dem geotextilen Filter zu umhüllen, sodass das Einspülen von Feinkorn ausgeschlossen ist.

### 3.6.2.5 Geotextilien als Schutz von Bauwerksdichtungen

Als Schutz von Bauwerksdichtungen, z. B. aus Asphaltvergussmassen, haben sich dicke mechanisch verfestigte Vliesstoffe bewährt. Sie schützen die Dichtung gegen mechanische Beschädigungen beim Einbau der Sickerschicht. Da die Geotextilien bis zum Einbau der Hinterfüllung oft lange Zeit der Witterung ausgesetzt sind, sollen nur lichtunempfindliche Materialien verwendet werden. Durch entsprechende Wahl des Geotextils (Verbundstoff) kann die Schutzschicht auch als Dränschicht wirken oder es werden von vornherein Dränmatten gewählt.

Schutzschichten für Dichtungsaufstriche an Bauwerken werden auf der Fläche punktweise mit einem geeigneten Kleber befestigt; ein Annageln durch die Abdichtung hindurch ist nicht zulässig. Alternativ können sie an der Oberkante des Bauwerks befestigt werden und frei herunterhängen. Die Bahnen werden dann durch die Hinterfüllung angedrückt.

### 3.6.2.6 Geotextilien und Geogitter zur Böschungssicherung

Durch Geotextilien oder Geogitter kann die Standsicherheit von Böschungen, bei denen eine zu geringe Standfestigkeit oder die Gefahr der Bodenumlagerungen im Randbereich gegeben ist, erhöht werden (Bild 55). Die Langzeitbeständigkeit der verwendeten Produkte ist ggf. zu beachten und ihre Filtereigenschaften sind auf die angrenzenden Böden abzustimmen.

Die Sanierung von Böschungsrutschungen mit Geotextilien und/oder Geogittern und der Steilverbau von Böschungen mit Geotextilien als Filterschicht in Verbindung mit bzw. auch anstelle von Drahtschotterkörben (Gabionen) wird im M Geok E [110] beschrieben.

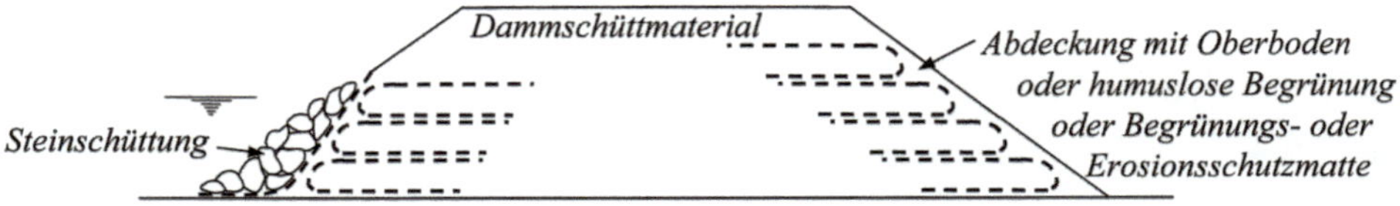


**Bild 55** Schutz gegen Ausspülen und Ausfließen von Böschungen

### 3.6.2.7 Geotextilien und Geogitter im Gleisbau

Ril 836 [124] und DBS-Prüfungsbedingungen [25] regeln Umfang und Inhalt der durchzuführenden Prüfungen und Anforderungen für Geokunststoffe, die für folgende Anwendungsfälle im Bahnbereich eingesetzt werden:

- Filterelement in Entwässerungsanlagen des Bahnkörpers,
- Trenn- und Filterelement unter Tragschichten,
- Bewehrungselement mit zusätzlicher Trenn- und Filterwirkung (ohne rechnerischen Ansatz),
- Bewehrungselement in Tragschichten (ohne rechnerischen Ansatz),
- Bewehrungselement von Erdbauwerken (mit rechnerischen Ansatz),
- Dränelemente mit hoher Alkalibeständigkeit für die Entwässerung von Hinterfüllbereichen.

### 3.6.2.8 Gewebe und Geogitter als Bewehrung

Gewebe und Geogitter im Erdkörper vermögen Zugkräfte aufzunehmen, sodass mit verfügbarem Boden standfeste Böschungen steiler hergestellt werden können. Als Unterlage unter einer Dammschüttung wird durch Lastverteilung erreicht, auf einem weniger tragfähigen Untergrund zu gründen bzw. die Sicherheit gegen Grundbruch im Bereich des Geländesprungs zu erhöhen oder Verformungen und Verformungsdifferenzen im bewehrten Körper zu vermindern. Setzungen resultierend aus dem gering tragfähigen Untergrund können jedoch nicht verhindert werden.

Hinweise zur Ausführung und Bemessung von Dämmen auf wenig tragfähigem Untergrund, bewehrten Gründungspolstern, Verkehrswegen, Bodenaustausch, Böschungen, Stützkonstruktionen, Bewehrungen oberflächenparalleler geschichteter Systeme im Deponiebau, bewehrten Erdkörpern auf punkt- oder linienförmigen Traggliedern, Gründungssystemen mit geokunststoffummantelten Säulen und Überbrückungen von Erdeinbrüchen finden sich in [52, 110, 124] und den EBGEO [74]. Anwendungsbeispiele zeigt Bild 56.

Die Bewehrungslagen werden in Richtung der zu erwartenden Zugbeanspruchung verlegt. Eine Überlappung ist in dieser Richtung nicht zugelassen, eine Verbindung nur, wenn eine ausreichende Kraftübertragung bei verträglicher Dehnung nachgewiesen wird.

**Erhöhung der Tragfähigkeit von Schüttmaterialien in Straßen- und Eisenbahnkonstruktionen**

Im Straßen- und Gleisbau bilden ungebundene Tragschichten des Oberbaus einen wesentlichen Bestandteil der Gesamtkonstruktion. Sie unterliegen hohen zyklisch-dyna-

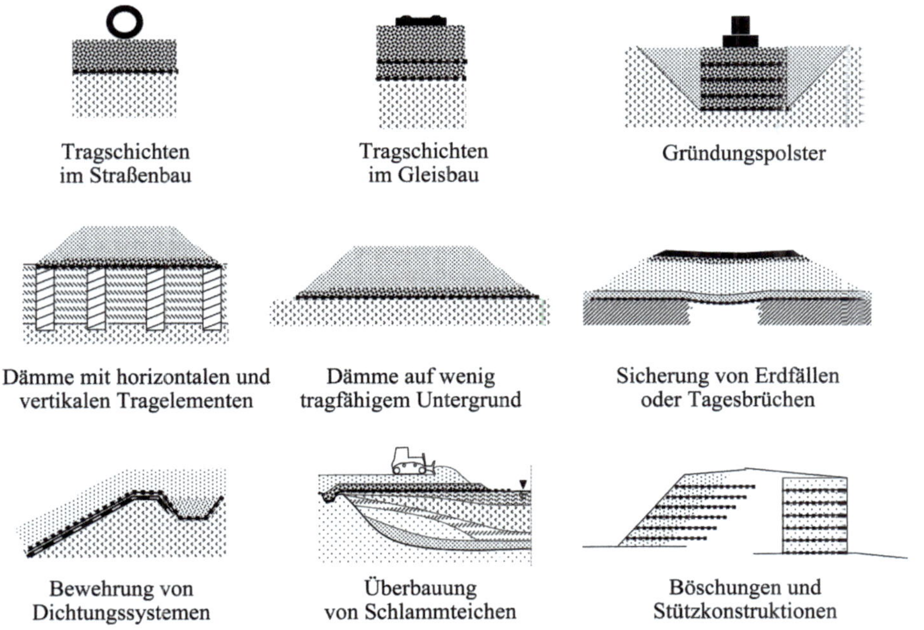


**Bild 56** Anwendungsbeispiele

mischen Beanspruchungen aus Verkehrslasten. Da ungebundene Tragschichten keine Zugkräfte aufnehmen können, werden diese je nach Anwendungsfall lagenweise mit Geogittern als dehnsteife Bewehrungseinlagen bewehrt.

Ein Straßenunterbau, auf dem die geforderte Tragfähigkeit (Steifemodul $E_{V2}$, CBR) nicht erreicht wird, kann durch den Einbau von Geokunststoffbewehrungen, ggf. in Verbindung mit Trenn- und Filterlagen aus Vliesstoffen (oder auch Verbundstoffen) ertüchtigt werden. Durch eine verbesserte Lastverteilung und günstigere Einbaubedingungen wurden Erhöhungen der Tragfähigkeit bereits nachgewiesen. Aufgrund der geringen zulässigen Verformungen und der somit im Plattendruckversuch meist nicht nachweisbaren Verbesserungswirkung konnten keine produktunabhängigen Bemessungsansätze gefunden werden, sodass auch in den EBGEO [74] hierzu keine Verfahren angegeben sind. Aufgrund von Untersuchungen zur Langzeitwirkung der bewehrten Systeme durch Überfahrversuche kann jedoch die positive Auswirkung auf die Gebrauchstauglichkeit nachgewiesen werden [154]. Entsprechende Bemessungsansätze sind zu erwarten.

Andererseits kann durch eine Bewehrung mit Geokunststoffen die Schichtdicke einer einzubauenden mineralischen Schicht bei (zumindest in der Bauphase) zulässigen größeren Verformungen reduziert werden. Projektspezifisch ist es denkbar, zur Verbesserung der Tragfähigkeit einen erforderlichen Bodenaustausch zu bewehren. Die Bewehrung von unbefestigten Straßen, bei denen Verformungen im Zentimeterbereich zulässig sind, hat sich seit Jahrzehnten bewährt und es liegen entsprechende Bemessungsansätze vor. Hilfsmittel in Form von Diagrammen stehen auch in den EBGEO

[74] zur Verfügung, bei denen auf Grundlage theoretischer Modelle [89] durch Anpassungen aus baupraktischen Erfahrungen entstandene Werte für praxistaugliche Tragschichtdicken entnommen werden können.

Geogitterbewehrte Tragschichten sind praktisch als biegesteife Platte zu verstehen. Durch Geogitter wird das Korngerüst in Lage und Struktur stabilisiert, Spannungen und Verformungen werden innerhalb der Tragschicht umgelagert und damit wird die Bildung diskreter Scherfugen verhindert [103, 128]. Die Bewehrung wirkt wesentlich auf die Scherfugenentwicklung, die für das Verformungs- und Bruchverhalten ungebundener Tragschichten maßgebend ist, ein. Bei guter Interaktion liefert die Bewehrung bei einer Dehnung des Tragschichtmaterials eine rückstellende Kraft und stabilisiert das Korngerüst im Sinne einer Zugbewehrung. Die Geogitter werden dabei bereits im Mikro-Bereich der Dehnungen aktiviert und reduzieren die Akkumulation von plastischen Verformungsanteilen. Sehr kleine, bei jedem einzelnen Lastwechsel aus Verkehr in den Aufbau eingetragene Verformungen können sich so nur massiv verzögert zu schädlichen Verformungen aufsummieren [154].

Angelegte Versuchsstrecken hatten zum Ziel, den Einfluss der Tragschichthöhe, der verbauten Dehnsteifigkeit, der Bewehrungsanordnung und der Untergrundeigenschaften zu evaluieren. Auch sie zeigten den erwarteten Beitrag der Bewehrung zur Verbesserung der Gebrauchstauglichkeit, auch bei sehr kleinen Verformungen [76, 154, 155]. So können insbesondere im Bereich der Landes- und Kreisstraßen und im untergeordneten Verkehrswegenetz, bei denen die Einlage von Geogittern Überbeanspruchungen aus schweren Fahrzeugen abmindert, die gebundenen Trag- und Deckschichten geschont und die Lebensdauer dieser relativ schwach dimensionierten Verkehrswege maßgeblich verlängert werden.

Die Gebrauchstauglichkeit ungebundener Tragschichten unter zyklisch-dynamischen Beanspruchungen wird damit durch die Einlage von Geogittern auch bei steifen Konstruktionen und kleinen Verformungen nachhaltig verbessert (Bild 57).

Auch bei ungebundenen Aufbauten im Eisenbahnbau (Schotteroberbau) kommen Geokunststoffbewehrungen zum Einsatz, wobei vorrangig eine Bewehrung des Unterbaus/Untergrunds vorgenommen wird.

**Bild 57** Anordnung von Geogittern in Tragschichten von Logistikflächen zur Verbesserung der Gebrauchstauglichkeit [154] (Fotos: Dr. L. Vollmert)

**Bild 58** Bewehrungs-Geogitter mit zusätzlicher Trenn- und Filterwirkung, AFA Hannover

Beim Einsatz von Geogittern empfiehlt sich oft der zusätzliche Einsatz von Vliesstoffen als Trenn- und Filterlagen. Aus arbeitstechnischen Gründen können Verbundstoffe von Vorteil sein. Ein Anwendungsbeispiel zeigt Bild 58.

**Bewehrtes Gründungspolster**

Unter einem bewehrten Gründungspolster (Bilder 56 und 59) wird ein Erdkörper mit Bewehrungen verstanden, der einen wenig tragfähigen Baugrund bis zu einer begrenzten Tiefe ersetzt und dessen Oberfläche die Gründungssohle für ein starres Fundament mit ebener, horizontaler Sohlfläche bildet. Durch das Einlegen von Geokunststoffen in mehreren Lagen in den Füllboden unterhalb von Einzel- und Streifenfundamenten entsteht ein Gründungspolster mit erhöhter Tragfähigkeit und geringeren Verformungen

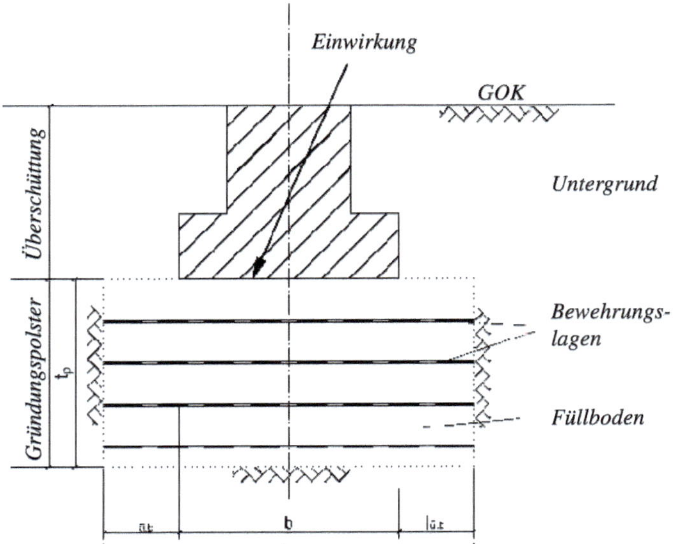


**Bild 59** Bewehrtes Gründungspolster mit Fundament und Überschüttung

gegenüber einem unbewehrten Bodenaustausch. Die Berechnung kann nur bedingt durch einen Grundbruchnachweis erfolgen, da die Unterschiede zwischen dem wenig tragfähigen Boden und dem Bodenaustauschmaterial meist größer sind, als nach DIN 4017 zulässig. Gemäß der Norm kann die Berechnung dann mit Geländebruchnachweisen (ggf. auch Durchstanznachweisen) erfolgen, bei denen der Geokunststoff dann gemäß EBGEO [74] eingebracht werden kann.

Die Gründung u. a. mit einem zweilagigen Gründungpolster für die Siemens Nacelle Factory in Cuxhaven erläutert *Beuße* in [9].

**Bewehrte Erdkörper auf vertikalen Traggliedern**

Für Fahrwege (Straßen, Eisenbahnen) auf Böden mit sehr geringen Tragfähigkeiten und hohen Ansprüchen an die Verformungsstabilität haben sich geokunststoffbewehrte Erdkörper auf punkt- oder linienförmigen vertikalen Traggliedern (Pfähle, teilweise unbewehrt, ummantelte Säulen) bewährt (Bild 60).

Der Dammaufbau über den vertikalen Traggliedern wird durch Geokunststoffeinlagen so bewehrt, dass der gering tragfähige Boden durch die Membrantragwirkung weitgehend überbrückt wird und die Lasten aus dem Damm und dem Verkehr in die vertikalen Tragglieder eingeleitet und von diesen in den tragfähigen Untergrund abgetragen werden können. Bei der Bemessung der Lastabtragung aus dem Damm wird üblicherweise die Bettung des anstehenden Untergrundbodens angesetzt. In Sonderfällen kann auch eine Bemessung für den Ausfall dieser Unterstützung erforderlich sein.

Die Bewehrungslagen werden zudem darauf bemessen, das Durchstanzen der Tragglieder in den Damm zu verhindern und Spreizkräfte in der Dammaufstandsfläche in dem Maße aufzunehmen, wie die vertikalen Tragglieder empfindlich auf Horizontalverformungen reagieren.

Die Vorgehensweise zur Bemessung ist in EBGEO [74] beschrieben. Dieser Ansatz wurde vorrangig aus Untersuchungen in Deutschland [101, 163] entwickelt. Zwischen-

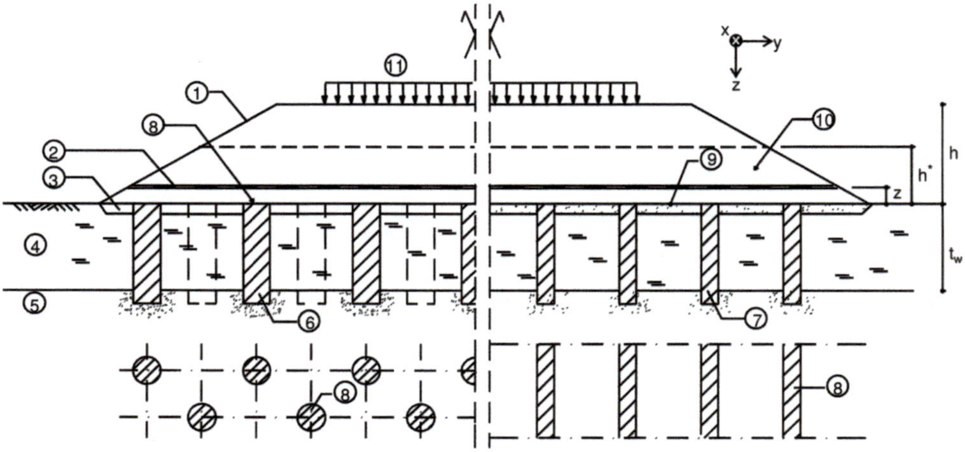


**Bild 60** Bewehrter Erdkörper über pfahlähnlichen Traggliedern [74]

zeitlich sind erheblich umfangreichere Labor- und Feldversuche in den Niederlanden durchgeführt [152] und in dortige Vorschriften umgesetzt worden. Für den Grenzzustand der Tragfähigkeit werden durch deren Verfahren die Ergebnisse des Ansatzes aus den EBGEO weitgehend bestätigt, was eine Übernahme des niederländischen Verfahrens nicht erforderlich macht, die auch aufgrund der unterschiedlichen Sicherheitskonzepte kaum möglich wäre. Für den Grenzzustand der Gebrauchstauglichkeit zeigt sich, dass die Verformungen nach EBGEO deutlich überschätzt werden. Für genauere Betrachtungen kann daher mit CUR [153] eine vergleichsweise realistischere Abschätzung erfolgen.

**Dämme auf gering tragfähigem Untergrund**

Die Standsicherheit von Dämmen auf gering tragfähigem Untergrund kann durch eine Bewehrung aus Geokunststoffen, die in der Dammaufstandsfläche verlegt wird, erhöht werden. Setzungen können hierdurch nicht verhindert, in der Regel aber vergleichmäßigt werden. Insbesondere für die Erhöhung der Anfangsstandsicherheit und von Bauzwischenzuständen sind meist sehr hochzugfeste Geokunststoffbewehrungen bei den dann nicht konsolidierten Untergrundverhältnissen erforderlich. Für den Endzustand nach Abschluss der Konsolidierung kann die Standsicherheit des Damms auch ohne Geokunststoffe ausreichend sein [18].

Die Berechnung erfolgt durch Geländebruchuntersuchungen, bei denen der Geokunststoff als zusätzlicher Widerstand angesetzt wird. Hierbei werden nicht nur kreisförmige Bruchmechanismen, sondern auch Gleitvorgänge entlang der Bewehrungslage (oberhalb und unterhalb) und in besonderen Schwächezonen des Untergrunds betrachtet.

Da es sich bei den Untergrundböden meist um Böden mit sehr geringen Tragfähigkeiten handelt, kommen häufig zusätzliche konsolidationsbeschleunigende Maßnahmen (Vertikaldräns, ggf. geokunststoffummantelte Säulen) zum Einsatz und es wird oft eine messtechnische Überwachung der Porenwasserdrücke, der Verformungen (Setzungen, horizontale Verformungen) und der Geokunststoffdehnungen erforderlich, um einen zielgerichteten Bauablauf gewährleisten zu können.

**Geokunststoffummantelte Säulen**

Für die Untergrundertüchtigung kommen oft Verfahren zum Einsatz, bei denen scherfestes Bodenmaterial (Schotter, Kiese, Sande) säulenförmig in den Boden eingebracht wird. Wenn der anstehende Untergrundboden hierfür eine zu geringe seitliche Stützung aufweist, können die Säulen mit Geokunststoffen ummantelt werden, die die fehlende Stützung über Ringzugkräfte aufnehmen können (Bild 61). Die ummantelten Säulen unterstützen zusätzlich zur lastabtragenden Wirkung auch die Konsolidierung des Umgebungsbodens durch ihre Dränwirkung.

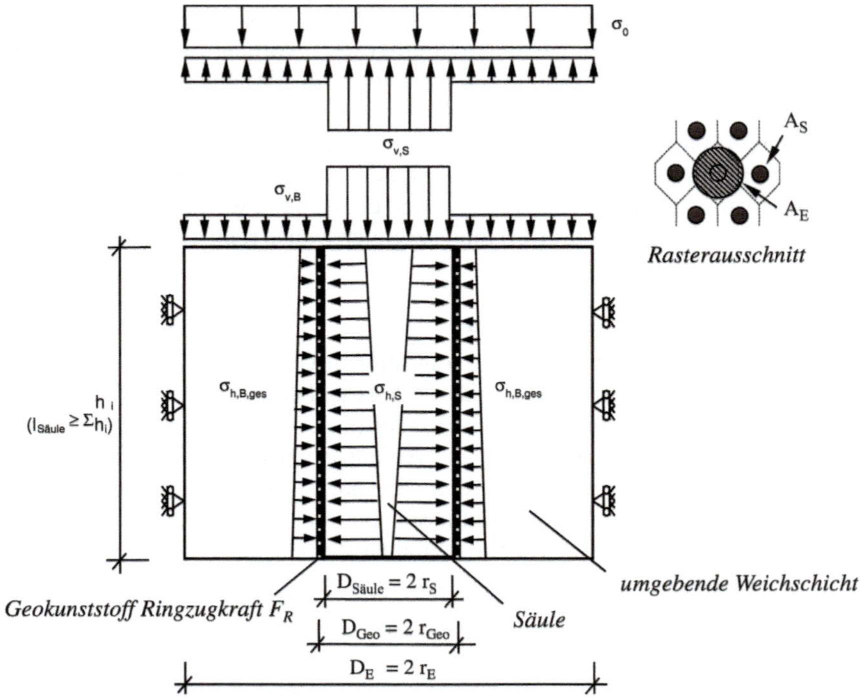


**Bild 61** Tragsystem und Berechnungsmodell für geokunststoffummantelte Säulen [74]

**Erdfallüberbrückung**

Zur Sicherung von Erdbauwerken gegen Verbrüche des Untergrunds aufgrund von Subrosionserscheinungen oder Verbrüchen von bergmännisch erstellten oder sonstigen Hohlräumen dienen sog. bewehrte Erdfallüberbrückungen. Erstellt werden temporäre Bewehrungen mit hochzugfesten Geokunststoffen gegen das „Durchsacken" der darüberliegenden Bodenschichten bzw. Bauwerksteile. Verformungen können das Auftreten eines Erdfalls anzeigen. Bei besonders sicherheitsrelevanten Bauwerken können entsprechende Messsysteme eingebaut werden. Nach einem Verbruch ist das Bauwerk dann unmittelbar abzusperren und zu sanieren.

Zu bemessen sind die Verankerungslänge und die Zugfestigkeit, wobei zu berücksichtigen ist, dass es sich um eine vorbeugende Maßnahme handelt, bei der Zeitpunkt und Größe des auftretenden Erdfalls unbekannt sind. Die Geokunststoffbewehrung wird erst im Schadenfall und dann nur für eine kurze Zeitdauer benötigt (Teilsicherung). Hieraus ergeben sich gegenüber den sonstigen Anwendungen modifizierte Bemessungsansätze und Abminderungsfaktoren.

Für die Bemessungsansätze werden kreisförmige Einbrüche/Erdfälle, deren Lage und Durchmesser nur sehr bedingt abgeschätzt werden können, zugrunde gelegt, die von Geokunststoffbewehrungen mit Ausnutzung der „Membranwirkung" überspannt werden. Die zulässigen Durchhänge variieren je nach Nutzungsart (Straße, Eisenbahn). Abhängig vom Verhältnis der Höhe der Schicht über dem Einbruch und dem Durchmesser des Einbruchs können in verschiedenen Bemessungsverfahren nicht nur die Bewehrung, sondern auch die Reibungseigenschaften der bewehrten Bodenschicht mit angesetzt werden [74].

### Bewehrte Außenhautsysteme

Die Prinzipien, die für die Bemessung von Deponie-Oberflächendichtungssystemen gelten, gelten auch für bewehrte Außenhautsysteme. Werden beispielsweise Lärmschutzwälle mit Ersatzbaustoffen in Dammform erstellt [111] und gedichtet, so werden oft Geogitter zur Aufnahme der Defizitkräfte erforderlich [74].

### Überbauung von Schlammteichen

Schlammteiche treten auf bei Absetzbecken von industriellen Produktionen, Spülbecken und natürlichen Sedimentationsbecken. Der Zustand der Inhaltsstoffe eines Schlammteichs wird oft mit breiiger bis flüssiger Konsistenz beschrieben, bei dem eine Begehung nicht möglich ist und zudem oft freies Wasser an der Oberfläche ansteht (Bild 62).

Mit der Bedeckung soll meist der weitere Austrag von Schadstoffen bzw. der fortwährende Eintrag von zusätzlichem Niederschlagswasser verhindert und eine neue landschaftsgestalterische Nutzung erreicht werden. Aufgrund der großen und langandauernden Setzungen und der sehr geringen Tragfähigkeiten ist eine Überbauung solcher Schlammteiche mit starren Konstruktionen kaum möglich. Es bieten sich flexible Geokunststoffkonstruktionen an, die es erlauben, in verschiedenen Phasen und Einbauzuständen auf die sich verändernden Bedingungen des Schlammteichinhaltes zu reagieren.

Aufgrund der oft extremen Verhältnisse sind messtechnische Überwachungen der Verformungen und der Bewehrungskräfte sehr zu empfehlen und erlauben einen zielgerichteten Bauablauf und eine Einschätzung des Sicherheitsniveaus im Endzustand.

**Bild 62** Vor Ort oft anzutreffende Verhältnisse vor der Überbauung von Schlammteichen

Oft kommt ein mehrlagiger Aufbau aus Trenn- und Filterschichten aus Vliesstoffen und Bewehrungslagen aus Geogittern (meist als Verbundstoff), einer Dränschicht, einem Dichtungssystem und einer Oberbodenandeckung (soweit erforderlich) verwendet. Typischerweise erfolgt der Einbau vom Rand zur Mitte hin.

**Stützkonstruktionen**

Die Anwendung von Geokunststoffen als Bewehrung von Böschungen oder Stützkonstruktionen hat in der Zwischenzeit einen hohen Stellenwert eingenommen.

Die maßgebenden Eigenschaften für die Berechnung des Zusammenwirkens von Erdkörpern mit Bewehrungen aus Geokunststoffen sind der charakteristische Reibungswinkel zwischen Geokunststoff und Füllboden sowie die Höchstzugkraft des Geokunststoffs bzw. die Zugkraft, die einer bestimmten Dehnung des im Füllboden eingelagerten Geokunststoffs entspricht.

Es sind iterativ alle möglichen Bruchmechanismen und Gleitlinien zu untersuchen (Bilder 63 und 64), u. a. solche, die Bewehrungslagen schneiden (früher: Nachweis der inneren Standsicherheit), die Bewehrungslagen nicht schneiden (früher: Nachweis der äußeren Standsicherheit) und auch solche, bei denen der Gleitkörper direkt auf einer Bewehrungslage abgleitet. Insbesondere bei den Nachweisen zur Verankerung und zum Abgleiten ist sowohl in der Aufstandsfläche als auch auf allen Zwischenebenen zu beachten, dass der Verbundreibungswinkel zwischen Boden und Geokunststoff (teils deutlich) unter 1 liegt. Ohne Vorliegen von projektspezifischen Nachweisen empfiehlt EBGEO [74] sogar den Wert 0,5 anzuwenden.

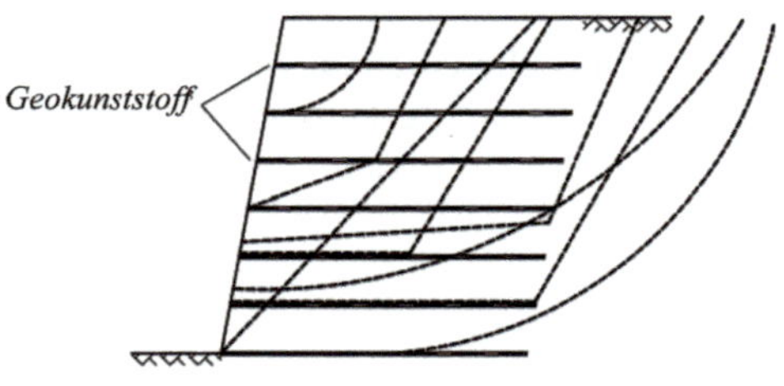


**Bild 63** Mögliche Gleitlinien durch eine Stützkonstruktion

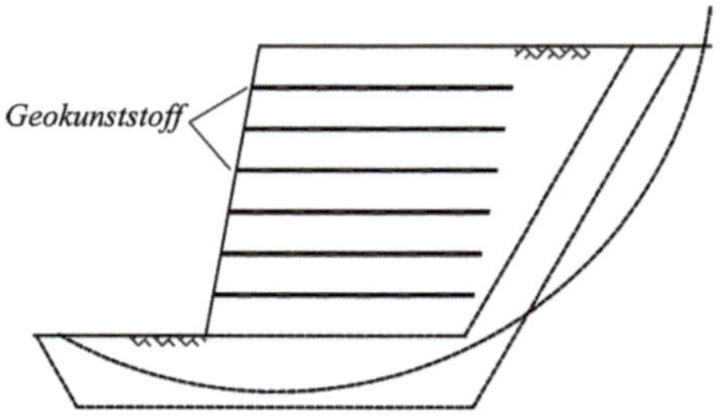


**Bild 64** Mögliche Gleitlinien um eine Stützkonstruktion

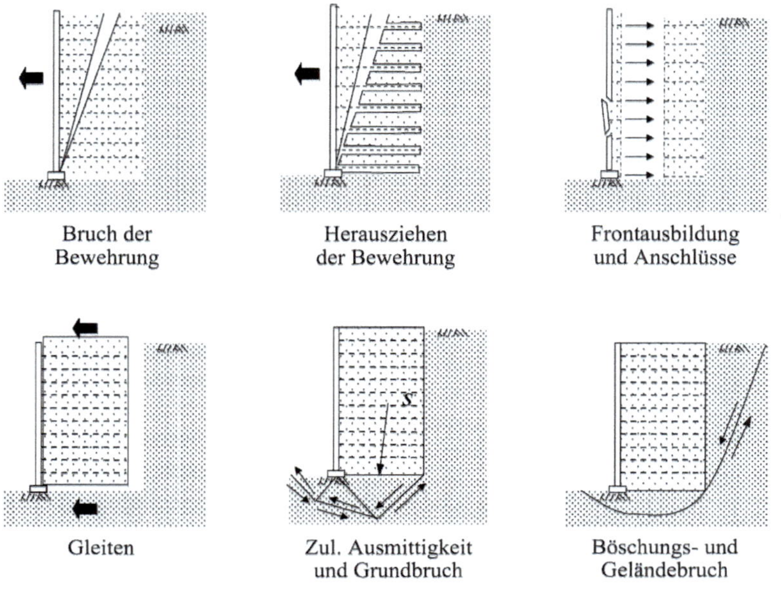


**Bild 65** Standsicherheitsnachweise, mögliche Bruchmechanismen

Zusätzlich sind die üblichen grundbautechnischen Nachweise zu führen, bei denen der bewehrte Bodenkörper als „Monolith" betrachtet wird (Grundbruch, Gleiten, Lage der Sohldruckresultierenden; Bild 65). Soweit eine Frontverkleidung zum Einsatz kommt, sind die Anschlüsse der Bewehrung hieran nachzuweisen. Für die Gebrauchstauglichkeit sind Verformungsbetrachtungen (Setzung, horizontale Verformungen) anzustellen.

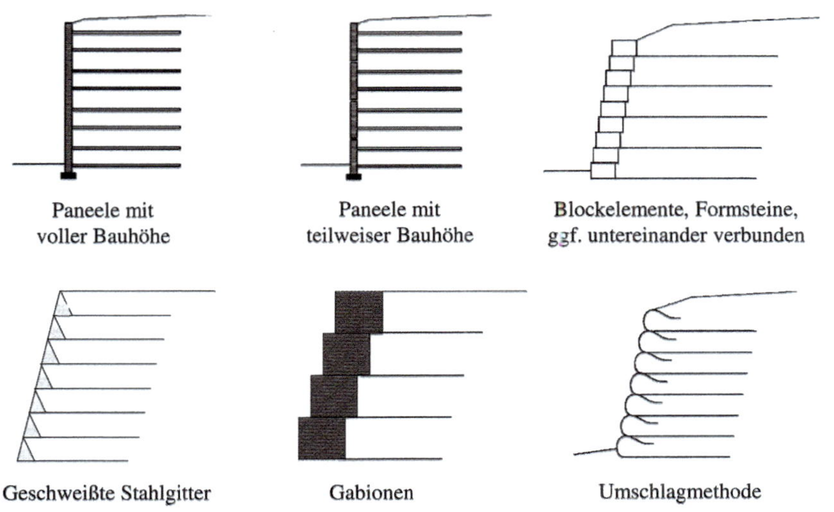


**Bild 66** Typische Frontausbildungen von bewehrten Stützkonstruktionen

Für dauerhafte Konstruktionen sind oft spezielle Frontausbildungen (Bild 66) erforderlich. Hierzu werden in Anhang C der DIN EN 14475 [52] verschiedene Varianten mit Hinweisen zu Ausführungstoleranzen gegeben. Hierbei wird zwischen weitgehend starren Frontelementen (Paneele, Blöcke, Betonfertigteile), bedingt verformbaren Frontelementen (vorgeformte Stahlgitterabschnitte, vorgeformte Stahlelemente, Gabionen) oder verformbaren (flexiblen) Frontelementen (Polsterwände) unterschieden. Besonderes Augenmerk ist auf eine landschaftsgerechte Gestaltung zu legen. Hierzu kann bei vielen Frontausbildungen eine Begrünung erfolgen.

Beispiele bewehrter Stützkonstruktionen sind in Abschnitt 3.6.5 zu finden. Oftmals entfällt bei solchen Konstruktionen der Einbau hochwertigen, teuren Bodenmaterials, da der zur Verfügung stehende Aushubboden wiederverwendet werden kann.

**Asphaltbewehrungen**

Seit den frühen 1980er-Jahren werden Einlagen im gebundenen Oberbau oder unter Oberflächenbehandlungen mit dem Ziel eingesetzt, die Nutzungsdauer von Straßenbefestigungen zu verlängern. Nach anfänglichen Versuchen mit Produkten, die sich im Erdbau als Geokunststoffe bewährt hatten, wurden inzwischen eigenständige Asphalteinlagen-Systeme entwickelt. Diese Systeme verzögern nachweislich die Bildung von Refektionsrissen in den darüberliegenden Schichten teils durch Schaffung einer kontrollierten horizontalen Beweglichkeit, teils durch Kraftaufnahme über bewehrende Elemente [102].

Einen guten Überblick über die „Verwendung von Vliesstoffen, Gitter und Verbundstoffen im Asphaltstraßenbau" bietet das FGSV-Arbeitspapier Nr. 69 der *Ad-hoc-Gruppe Bewehrung von Asphalt* aus dem Jahre 2006 [144].

Nicht zuletzt die Tatsache, dass die FGSV diese Ad-hoc-Gruppe inzwischen zum *Arbeitskreis AK 7.3.8 Asphalteinlagen* aufgewertet hat, spricht für die weiterhin zunehmende Bedeutung dieser Bauweise im Straßenerhaltungsmanagement.

### 3.6.3 Kunststoffdichtungsbahnen und dichtungsbahnverwandte Produkte

Dichtungssysteme werden angeordnet, um Wasserverluste zu verhindern (z. B. bei Regenwasserrückhaltebecken und Löschteichen), um Boden und Grundwasser in Wasserschutzgebieten vor Eindringen wassergefährdender Stoffe aus Verkehrsanlagen (z. B. Straßen, Tankstellen, Rastanlagen) zu schützen und um Schüttungen aus belasteten Böden oder aus industriellen Nebenprodukten zu dichten. Neben dem flächigen Grundwasserschutz kann durch Kunststoffdichtungsbahnen oder Bentonitmatten verhindert werden, dass das in Sickersträngen aufgenommene Wasser an anderen Stellen in den Boden versickert.

Regelwerke zum Einsatz von Kunststoffdichtungsbahnen und dichtungsbahnverwandte Produkte im Straßenbau sind [23, 62, 110, 126, 149, 167].

Die Richtlinien für bautechnische Maßnahmen an Straßen in Wassergewinnungsgebieten [126] geben verschiedene Beispiele an, wie ein Dichtungssystem konstruiert werden muss, um Boden und Grundwasser vor Verunreinigungen, z. B. durch auslaufende Gefahrengüter, zu schützen. Grundlegende Angaben zur Anwendung von Kunststoffdichtungsbahnen für den Grundwasserschutz finden sich in DVWK 225 [65], für Bentonitmatten in EAG-GTD [69].

Fallbeispiel siehe Abschnitt 3.6.5.11.

### 3.6.4 Tunnelbau

Umfassende Grundlagen über die Anwendung von Geokunststoffen im Tunnelbau sind in EAG-EDT [68] zu finden. Weiterhin zu berücksichtigen sind DVS [62], Ril 853 [125], TL/TP-ING [151] und ZTV-ING [168].

Fallbeispiel siehe Abschnitt 3.6.5.12.

### 3.6.5 Fallbeispiele

#### 3.6.5.1 Geokunststoffummantelte Säulen, Airbus Hamburg

Für das Gelände der Airbus-Fertigung in Hamburg wurde eine Erweiterung erforderlich, die in den Jahren 2000 bis 2004 in die Wattfläche des Mühlenberger Lochs hinein erfolgte. Eine Fläche von etwa 16 ha mit anstehenden Böden mit Scherfestigkeiten von $c_u < 0{,}5$ kN/m$^2$ wurde auf eine Länge von 3500 m mit einem, auf geokunststoffummantelten Säulen gegründeten Damm umschlossen (Bild 67).

Bei den ummantelten Säulen kam als Bewehrung ein Gewebe und als Füllung Sand zum Einsatz. Die Bewehrung übernahm die fehlende Stützung des Umgebungsbodens über Ringzugkräfte. Die Herstellung folgte aufgrund der Tidebeeinflussung des Baugeländes von Pontons aus. Über den Säulen wurde der Damm mit zusätzlichen Bewehrungslagen aufgebaut. Mit dieser Pionierleistung waren eine erhebliche Verkürzung der Bauzeit und eine umweltschonende Reduzierung des Geländebedarfs möglich. Durch die flexible Konstruktion war eine gleichmäßige Lastabtragung des Damms in den tragfähigen Untergrund möglich.

**Bild 67** Ummantelte Geokunststoffsäulen (Foto: Josef Möbius Baugesellschaft mbH Hamburg)

Die Fläche innerhalb des Damms wurde auf verschiedenen Trenn-, Filter und Bewehrungslagen aus Geokunststoffen mit Boden aufgebaut und der breiige bis flüssige Untergrund mithilfe einer großen Anzahl von geotextilen Vertikaldräns konsolidiert. Durch diese Lösung konnte in kurzer Bauzeit eine Produktionsfläche, die auch höchsten Anforderungen an Setzungsdifferenzen genügt, hergestellt werden.

#### 3.6.5.2 Geogitterbewehrte Stützkonstruktion A9 Hienberg

Im Zuge des Ausbaus der BAB A9 (Nürnberg–Berlin) wurde im Bereich des Hienberg-Anstiegs eine hangparallele Erweiterung erforderlich. Als besonders umweltverträgliche Lösung kam 1998 eine geogitterbewehrte und begrünte Stützkonstruktion zum Einsatz, mit deren Hilfe ein größeres Waldstück vor der Abholzung geschützt bzw. eine mächtige Betonansichtsfläche (Bohrpfahlwand, Stützwand) verhindert werden konnte.

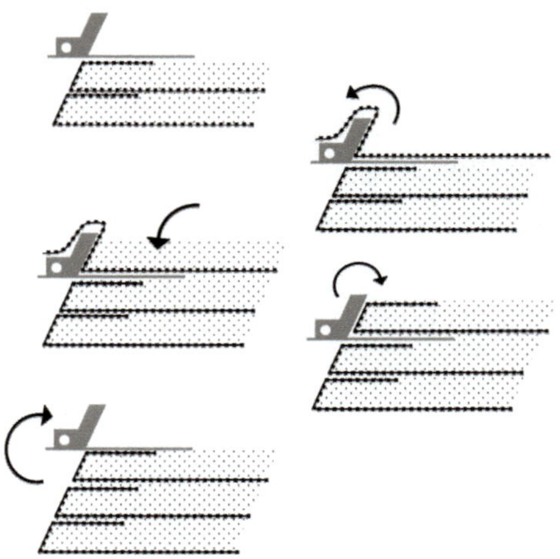

**Bild 68** Geogitterbewehrte Stützkonstruktion A9 Hienberg

Die bewehrte Konstruktion hat eine Länge von 262 m mit Höhen zwischen 6,0 und 14,9 m und einer Frontneigung von 60°. Die Geogitter haben einen Lagenabstand von 60 cm. Die Frontausbildung wurde bereichsweise mit vorgeformten Stahlgittern und in der Umschlagmethode ausgeführt. Auf dieser Konstruktion wurde im Weiteren ein Damm mit Regelböschung 1:1,5 und einer Höhe von bis zu 8 m errichtet, auf dem dann die Fahrspuren der Autobahn liegen (Bild 68).

Die messtechnische Überwachung über nunmehr viele Jahre ergab bisher keine nennenswerten Verformungen der Konstruktion oder Dehnungen der Geokunststoffe.

Über eine fast 20 Jahre später erstellte, vergleichbare Stützkonstruktion mit 70° Neigung und bis 20 m Höhe berichten *Köhler* et al. ausführlich [105].

### 3.6.5.3 Bewehrte Böschung Idstein

In unmittelbarer Umgebung der historischen Altstadt von Idstein wurde im Jahre 2001 aus gestalterischer Sicht und um einen möglichst großen Anteil des alten Baumbestandes zu erhalten eine geokunststoffbewehrte Böschung gebaut. Bei einer Straßenlängsneigung von 12 % wird auf etwa 160 m Länge ein Höhenunterschied von 20 m überwunden. Die maximale Neigung der Böschung beträgt 60°, die mittlere Höhe der Böschung 5,50 m (Bild 69).

Für die Gestaltung der Ansichtsflächen wurde eine begrünbare Stahlgitteraußenhaut gewählt. Zwischen Boden und Stahlgitteraußenhaut wurde ein grün eingefärbter Trenn- und Filtervliesstoff angeordnet, der ein Ausrieseln des Bodens verhindert und für die Übergangsperiode bis zur flächendeckenden Begrünung eine akzeptable Ansichtsfläche bietet. Flachere Böschungsneigungen wurden durch die Ausbildung von Zwischenbermen hergestellt, die gleichzeitig einen zu raschen Abfluss von Oberflächenwasser verhindern.

**Bild 69** Geokunststoffbewehrte Böschung Idstein; Blick von oben mit Kopfbalken

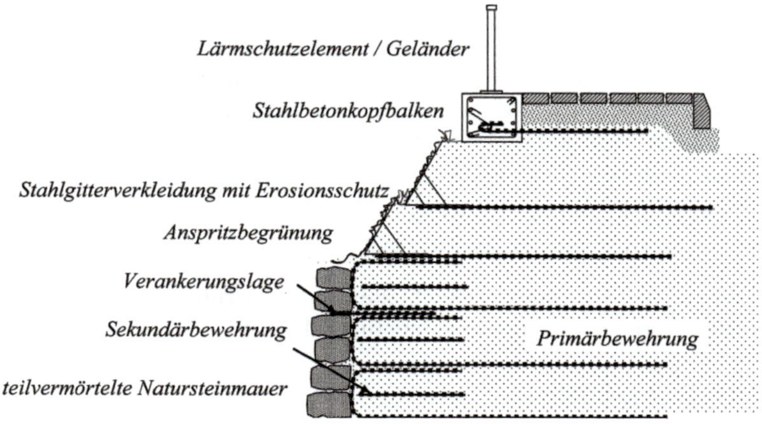


**Bild 70** Geokunststoffbewehrte Böschung Idstein; oberer Querschnitt im Bereich der Natursteinmauer

Horizontal angeordnete gelegte Geogitter sichern die Böschung. Der Kopfbereich des bewehrten Erdkörpers wird durch einen mit Geogittern rückverankerten Stahlbetonkopfbalken gesichert, auf dem auch das Gehweggeländer aufgesetzt wird (Bild 70).

Gegenüber der in der Vorplanung zunächst erwogenen Winkelstützmauer wurden durch die realisierte Lösung etwa nur 50 % der Kosten benötigt.

### 3.6.5.4 Bewehrte Stützkonstruktion Thieschitzer Berg

Stellvertretend für eine Vielzahl von bewehrten Stützkonstruktionen zeigen die Bilder 71 bis 74 bewehrte Stützkonstruktionen.

Die etwa 185 m lange bewehrte Stützkonstruktion „Thieschitzer Berg" der BAB A4 in der Nähe von Gera (Bild 71) hat eine maximale Wandhöhe der mit Geogittern rückverhängten Betonfertigteile von 7,35 m und eine „Oberböschung" mit einer Neigung von 1:1,5 bei maximal 20 m.

### 3.6.5.5 Bewehrte Stützkonstruktion Senftenberger See

Bild 72 zeigt die bewehrte Stützkonstruktion Senftenberger See. Zum Abschluss einer Wallaufschüttung einer Tribüne wurde hier im Übergangsbereich zu einem Gebäude im unteren Bereich die Umschlagmethode zur Aufnahme von Erddruckkräften und im oberen Bereich eine aus Betonfertigteilen erstellte Konstruktion als Geländesprung gewählt.

Oftmals entfällt bei solchen bewehrten Erdkörpern der Einbau hochwertigen, teuren Bodenmaterials, da der zur Verfügung stehende Aushubboden im Vor-Kopf-Verfahren wieder angeschüttet werden kann. Um Erosionen an der fertigen Außenhaut zu verhindern, wird auf dem Geogitter bei der Umschlagmethode ein geotextiler Filter verlegt.

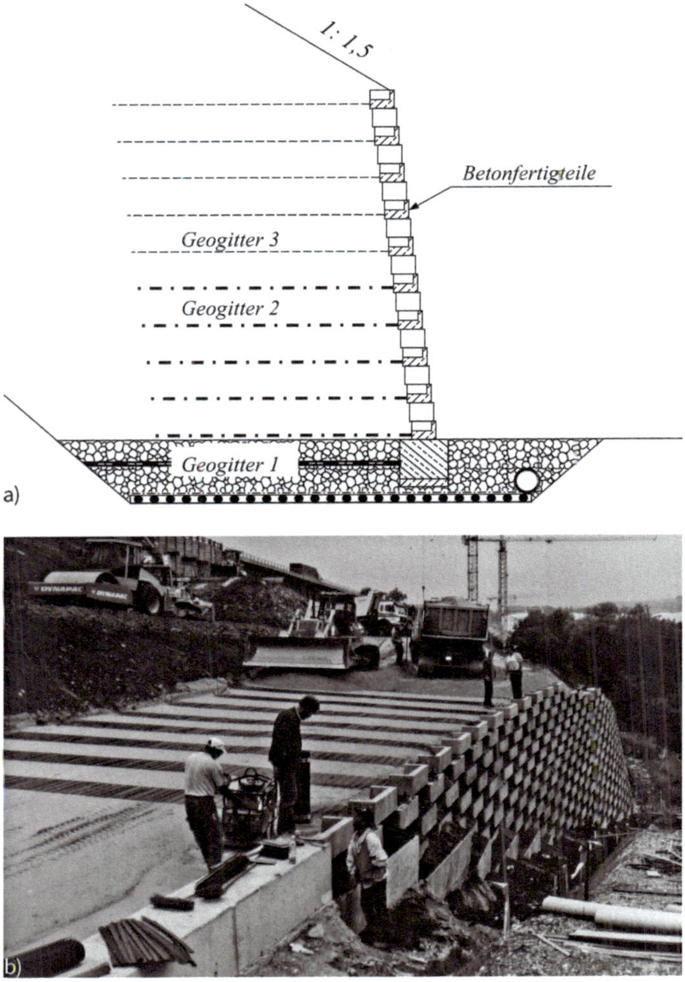


**Bild 71** Bewehrte Stützkonstruktion A4 Thieschitzer Berg; a) Querschnitt, b) Bauphase

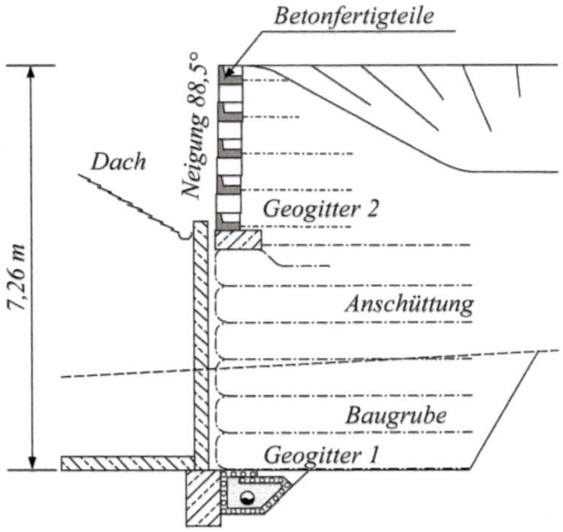


a)

b)

**Bild 72** Bewehrte Stützkonstruktion Senftenberger See; a) Querschnitt, b) Bauphase

### 3.6.5.6 Schwerlaststrecke Aalen

Durch die Stadt Aalen verläuft die Schwerlaststrecke Augsburg–Heilbronn, eine speziell zum Transport von übergroßen oder überschweren Gütern (370 t) ausgewiesene Trasse. Im Zuge der Neuplanung und einer zusätzlichen Lasterhöhung wurde eine bestehende Brücke über die Bahngleise durch einen Brückenneubau ersetzt. Im Anschluss an die neue Brücke wurde eine etwa 240 m lange und bis zu 11,5 m hohe Anfahrtsrampe auf das bestehende Straßenniveau notwendig. Sie wurde im unteren Bereich als mit Geogittern rückverhängte Gabionenwand, im oberen Bereich als geogitterbewehrte Stützkonstruktion mit vorgeformten Stahlgittern als Frontausbildung hergestellt (Bild 73). Aufgrund des stark setzungsempfindlichen Untergrunds und der hohen Verkehrslasten wurde eine Bodenverbesserung mit Rüttelstopfsäulen durchgeführt [92].

**Bild 73** Gabionenwand und aufgesetzte Steilböschung, Aalen Bahnhofstraße

### 3.6.5.7 Bewehrte Stützkonstruktion mit vorgehängter Gabionenwand, Haseltal BAB A3

Beim sechsstreifigen Ausbau der BAB A3 zwischen Frankfurt und Würzburg im Spessart wurde im Zuge der Verbreiterung eine geokunststoffbewehrte Steilböschung mit vorgehängter Gabionenwand realisiert [90], die erstmals unmittelbar unter dem Oberbau, also ohne zwischengeschaltete Erddämme, ausgeführt wurde (Bild 74).

Die bewehrte Konstruktion hat eine Länge von 190 m mit Höhen zwischen 3 und 12,3 m und einer Frontneigung von 70 bis 80°. Die Geogitter haben einen Lagenabstand von 50 bzw. 100 cm, je nach statischem Erfordernis. Der Einbau erfolgte in Umschlagbauweise, wobei die vorgesetzten Gabionenkästen mit zusätzlichen Gabionengittern in die Schüttung rückverankert wurden.

Da es sich um eine Pilotmaßnahme handelte, wurde eine intensive Bauüberwachung, insbesondere der Gabionenkonstruktion [108, 148], durchgeführt und ein umfangreiches Messprogramm umgesetzt. Die Messergebnisse zeigen bislang keine Auffälligkeiten und keine nennenswerten Verformungen der Front oder Dehnungen der Geokunststoffe.

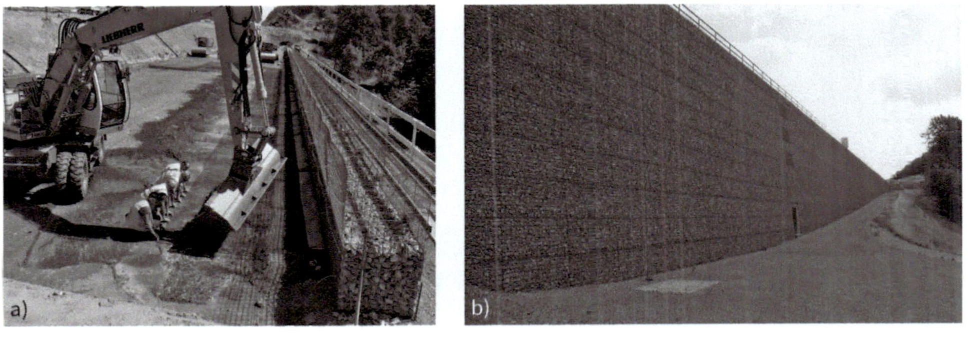


**Bild 74** BAB A3 Haseltal; a) während der Bauausführung und b) vor Fertigstellung

**Bild 75** Ausbaustrecke 29/1 Augsburg-Olching

### 3.6.5.8 Bewehrter Eisenbahndamm auf unbewehrten Pfählen, Augsburg-Olching

Bei der Ausbaustrecke 29/1 der Deutschen Bahn AG zwischen Augsburg und Olching werden neben einer bestehenden zweigleisigen Strecke im Bereich schwieriger geologischer Verhältnisse auf gering tagfähigen Böden zwei Hochgeschwindigkeitsgleise errichtet. In kritischen Abschnitten kam die Säulen-Geogitter-Bauweise (SGP-Bauweise) zur Ausführung (Bild 75). *Borchert* et al. [13] erläutern die wesentlichen Konstruktionselemente, die Nachweise und die messtechnische Überwachung.

### 3.6.5.9 Autobahndamm BAB A26 auf gering tragfähigem Untergrund

Der Neubau der Bundesautobahn A26 führt in mehreren Bauabschnitten von Stade zum Anschluss an die A7. Im ersten Streckenabschnitt besteht der Untergrund aus bis zu 12 m mächtigen Weichschichten (Klei, Torf) mit sehr geringer Tragfähigkeit. Es kam das Überschüttverfahren zur Anwendung (Bild 76), wobei eine intensive mess-

**Bild 76** Bundesautobahn A 26 in der Nähe von Stade [12]

technische Überwachung der zu erwartenden Verformungen und Spannungsänderungen im Untergrund zur Gewährleistung der Standsicherheit und für einen zeiteffektiven Bauablauf erforderlich war [11, 12].

#### 3.6.5.10 Autobahndamm BAB A7 auf gering tragfähigem Untergrund

Der Neubau der BAB A7 Nesselwang-Füssen erforderte die Querung des Hochmoors „Wasenmoos". Die Gradiente der Fahrbahn befindet sich zwischen 1,5 und 8,0 m über Geländeoberkante GOK. Unter dem Torf des Hochmoors stehen wenig tragfähige Böden bis in 30 m Tiefe unter GOK an. Die Gründung erfolgte über geokunststoffbewehrte Dämme (Bild 77); die Setzungen wurden durch Vorbelastungen vorweggenommen [75].

**Bild 77** Einbau auf Seekreide, Bundesautobahn A7 in der Nähe von Füssen

#### 3.6.5.11 Grundwasserschutz Leutkirch

Beispielgebend ist eine Maßnahme im Zuge der Trassenführung der Autobahn A 96 München–Lindau. Sie verläuft im Bereich Leutkirch durch ein eiszeitliches Schotterfeld, in dem sich das drittgrößte Grundwasservorkommen Baden-Württembergs befindet. Hieraus ergibt sich eine besondere Schutzwürdigkeit. Für die Dichtung war zunächst eine Kunststoffdichtungsbahn (d = 2 mm) mit Sandbettung und geotextiler Schutzschicht vorgesehen. Wegen baupraktischer Überlegungen, geringerer Temperatur- bzw. Witterungsabhängigkeit und niedrigerer Kosten wurden bereits 1993 Bentonitmatten eingesetzt [145]. Bild 78 gibt einen Überblick über die Baumaßnahme A 96 im Bereich Leutkirch.

**Bild 78** Baumaßnahme A96 im Bereich Leutkirch (Foto: R. Schmidt)

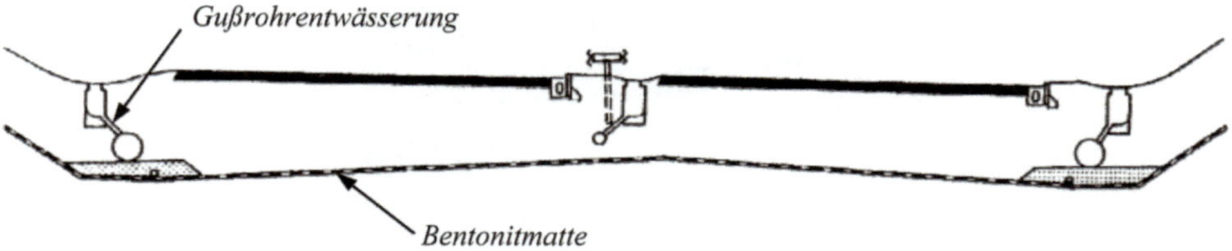


**Bild 79** Regelquerschnitt in der Wasserschutzzone II [145]

Vernadelte Bentonitmatten sind als Dichtung des gesamten Bereichs der Wasserschutzzone II (engere Schutzzone) (Bild 79) und in der Wasserschutzzone III (weitere Schutzzone) unterhalb von Rohrleitungen in einem übergroßen Graben verlegt worden.

Die Möglichkeit, Bentonitmatten bei Temperaturen bis zu –10 °C zu verlegen, wurde durch Versuche und die Bauausführung belegt. Somit war eine fast ganzjährige Bautätigkeit mit nur kurzen Unterbrechungen möglich. Die Verlegegeschwindigkeit wurde ausschließlich von der Menge des vorrätigen Deckmaterials bestimmt. Die täglich verlegten Flächen wurden sofort mit der entsprechenden Schutz- und Deckschicht beschüttet.

### 3.6.5.12 Hallandsås Tunnel, Schweden

Am Beispiel des Hallandsås Tunnels (Bild 80) entlang der einspurigen Bahnstrecke zwischen Göteborg und Malmö in Schweden wird beispielhaft der Einsatz von Geokunststoffen im Tunnelbau verdeutlicht. Aufgrund äußerst schwieriger geologischer und bautechnischer Gegebenheiten musste das ursprünglich konzipierte Tunnelbauverfahren geändert werden. Der Tunnel wurde danach bergmännisch im Sprengverfahren aufgefahren und sollte druckwasserhaltend gedichtet werden. Dabei musste das Dichtungssystem für eine Wassersäule von 150 m und eine Mindestfunktionsdauer von 125 Jahren ausgelegt werden.

**Bild 80** Hallandsås Tunnel, Schweden, nach Fertigstellung der Dichtungsarbeiten

Da es sich bei Tunneldichtungsarbeiten in der Regel um äußerst langgestreckte, sog. Linienbaustellen handelt, die häufig nur von einer oder zwei Seiten zugängig sind, stellen solche Arbeiten nicht nur extreme Anforderungen an die Produkte und Verlegemannschaften, sondern auch an die logistischen Vorbereitungen, um die in einem solchen Bauwerk parallel ablaufenden Fertigungsschritte optimal und verzögerungsfrei aufeinander abzustimmen. Im vorliegenden Fall war es so, dass nach dem Einbau der bergseitigen Dränung die Betonaußenschale betoniert wurde. Darauf folgte der Einbau eines Schutzvliesstoffs, der die innenseitige Kunststoffdichtungsbahn sicher vor mechanischer Beschädigung schützt. Anschließend wurde eine 4 mm starke Kunststoffdichtungsbahn installiert. Fugenbänder wurden im Betonfugenbereich und in Blockmitte auf die Dichtungsbahn aufgebracht. Im Sohlbereich dient eine 3 mm starke Kunststoffdichtungsbahn als Schutzlage vor Beschädigungen durch die 62 cm dicke Betoninnenschale (Die Betoninnenschale wurde in der Sohle und im Gewölbe getrennt betoniert). Mit einem hydraulischen Verlegegerüst wurde das Dichtungssystem blockweise in 16-m-Abschnitten eingebaut. Die Verlegegeschwindigkeit betrug ca. 40 m pro Woche.

Aktuelle Fallbeispiele sind im Anhang der EAG-EDT [68] erläutert.

# 4 Vertragsgestaltung

## 4.1 Regelwerke

In den diversen Regelwerken finden sich anwendungsspezifisch Angaben und Hinweise zu den Lieferbedingungen, der Qualitätssicherung, der Ausschreibung sowie zur Abrechnung und Gewährleistung.

Zentrale Bedeutung haben beispielsweise für den Straßenbau die TL Geok E-StB [149], für den Gleisbau die Ril 836 [124] und DBS Lieferbedingungen [25], für den Wasserbau die TLG [150], für den Deponiebau die GDA Empfehlung E 5-5 [88] und für den Tunnelbau Kapitel 6 der EAG-ETD [68]. Nachfolgend wird ein zusammenfassender Überblick gegeben.

## 4.2 Lieferbedingungen

Die Lieferbedingungen müssen alle die Lieferung betreffenden Fragen regeln, wie z. B. erforderliche Nachweise für die Eignung des angebotenen Geokunststoffs, Lieferkontrollen usw.

Dem Angebot muss eine ausführliche Beschreibung des Geokunststoffs beigefügt sein. In dieser Produktbeschreibung sind allgemeine und den Anwendungsfall betreffende Angaben aufzuführen. Hinweise finden sich beispielsweise in den entsprechenden CEN-Normen, u. a. in DIN EN ISO 10320, DIN EN 13249 bis 13257, 13265 sowie DIN EN 13361, 13362, 13491 bis 13493, 15381 und 15382.

Zu den Lieferbedingungen gehören weiterhin Lieferschein, Rollenetikett/CE-Etikett sowie eine fortlaufende Kennzeichnung des Produkts. „Nicht eindeutig identifizierbare und gekennzeichnete Produkte dürfen nicht eingebaut werden“ [109].

## 4.3 Qualitätssicherung

*Probenahme*
Die Probenahme erfolgt protokolliert und es sind das zugehörige CE-Etikett mit den wesentlichen Eigenschaften oder die Leistungserklärung (DoP) nach CPR Bauproduktenverordnung [24] und DIN EN 13249 ff bzw. DIN EN 13361 ff und das Verpackungsetikett nach DIN EN ISO 10320 beizufügen.

*Eignungsnachweis*
Der Auftragnehmer erklärt die Eignung für den Verwendungszweck des von ihm für den Einbau vorgesehenen Produkts gemäß den Anforderungen des Bauvertrags durch Vorlage der Leistungserklärung (DoP) nach CPR und DIN EN 13249 ff und der Produktbeschreibung des Herstellers z. B. nach TL Geok E-StB [149, 167].

*Eigenüberwachungsprüfungen*
sind Prüfungen des Auftragnehmers oder dessen Beauftragten, um festzustellen, ob die gelieferten Produkte und die fertige Leistung den vertraglichen Anforderungen entsprechen. Neben dieser Eigenüberwachung im Werk (Eigenüberwachung der Produktion) muss zusätzlich auf der Baustelle eine Eigenüberwachung auch im Sinne des korrekten Einbaus durchgeführt werden (Eigenüberwachung der Bauausführung).

Die Baustellenkontrolle ist in [61] geregelt. Die Überprüfung und ihre Dokumentation umfassen nach [167]

- den Nachweis, dass jede Rolle mit dem Verpackungsetikett gemäß Kennzeichnung nach DIN EN ISO 10320, mit der CE-Kennzeichnung und das Produkt selbst alle 5 m mit der Produktkennzeichnung nach DIN EN 10320 gekennzeichnet sind und die Angaben dem vertraglich vereinbarten Produkt entsprechen,
- den Nachweis anhand CE-Kennzeichnung, Leistungserklärung (DoP) des Produkts und Produktbeschreibung nach TL Geok E-StB, dass die Produkteigenschaften den vertraglich vereinbarten Anforderungen entsprechen,

- den Nachweis der Übereinstimmung der Produkteigenschaften mit den Anforderungen des Bauvertrags durch eine *Baustoffeingangsprüfung* und
- den Nachweis der Einhaltung der Anforderungen an die Behandlung der Produkte auf der Baustelle und an den Einbau.

Die genannte Baustoffeingangsprüfung kann entfallen, wenn seitens des Herstellers/ Lieferanten des zu liefernden Produkts ein Nachweis über eine der Baustoffeingangsprüfung gleichwertige Überwachung (z. B. im Bereich des Straßenbaus durch das IVG-Produktzertifikat) vorgelegt werden kann.

Die Proben für die Baustoffeingangsprüfung sind am Tag der Anlieferung nach DIN EN ISO 9862 zu nehmen. Die erforderliche Probenanzahl hängt von der Bedeutung des Produkts für die Sicherheit des Bauwerks und der Fläche des gelieferten Produkts ab.

*Fremdüberwachungsprüfungen*
sind von einer anerkannten, unabhängigen amtlichen Prüfstelle durchzuführen, um im Rahmen eines Fremdüberwachungsvertrags die Einhaltung der vertraglich zugesicherten Güteeigenschaften des Geokunststoffs im Werk zu überwachen (DIN 18200) (Fremdüberwachung der Produktion). Wird diese Kontrolle auf die Baustelle erweitert, spricht man auch von der Fremdüberwachung der Bauausführung.

*Kontrollprüfungen*
versetzen den Auftraggeber in die Lage festzustellen, ob die Güteeigenschaften des Geokunststoffs und/oder der fertigen Leistung den vertraglichen Anforderungen entsprechen. Ihre Ergebnisse werden der Abnahme und der Abrechnung zugrunde gelegt.

Der Auftraggeber sollte sich durch örtliche Begehung und Kontrolle der Prüfzeugnisse laufend von der ordnungsgemäßen Durchführung der Eigenüberwachungsprüfungen überzeugen. Der Auftraggeber sollte sich bei Vertragsabschluss Musterproben des für die Lieferung vereinbarten Produkts aushändigen lassen. Um die Produktidentität festzustellen, vergleicht er die Musterproben mit den gelieferten Produkten bzw. mit den Rückstellproben. Wenn aufgrund des Ergebnisses der Kontrollprüfungen die Lieferung abzulehnen ist, ist sie zurückzuweisen und durch vertragsgemäßes Material zu ersetzen [167].

## 4.4 Ausschreibung

Die Anforderungen an die Geokunststoffe sind projektbezogen zu definieren und einschließlich der zum Nachweis der Anforderungen notwendigen Prüfungen in die Vertragsunterlagen aufzunehmen. Verwendungszweck, Einbau, Prüfumfang, Lieferbedingungen und Abrechnungsverfahren sind für die vorgesehene Leistung erschöpfend zu beschreiben.

In der Baubeschreibung ist der konstruktive Aufbau des Bauwerks zu erläutern. Anschlüsse an Bauwerke sind soweit wie erforderlich zeichnerisch darzustellen. Besonderheiten der Örtlichkeit, wie mögliche Hochwassereinflüsse, Zugänglichkeit der Baustelle im Hinblick auf den Geokunststoffeinbau etc. sind anzugeben.

In der Regel sind weitere Angaben erforderlich: Zweck, z.B. zur Böschungssicherung oder als Sohlensicherung, Böschungsneigung oder Neigung der Einbaufläche, Einbaubedingungen (z.B. in trockener Baugrube, im Bereich wechselnder Wasserstände), Art des Geokunststoffs (z.B. mechanisch verfestigter Vliesstoff, gestrecktes Geogitter, profilierte PEHD-Kunststoffdichtungsbahn, vernadelte Bentonitmatte), Anforderungen an den Geokunststoff und Bodenparameter. Insbesondere bei der Ausschreibung von Geokunststoffen für den Einsatz als Bewehrung ist darauf zu achten, dass eine produktneutrale Ausschreibung nur auf der Basis einer erforderlichen Bemessungsfestigkeit möglich ist [74]. Durch Beschreibung der projektspezifischen Randbedingungen in der Ausschreibung kann der Bieter dann die produktspezifischen Abminderungsfaktoren ermitteln und die anzubietenden Kurzzeitzugfestigkeit festlegen.

Nach Beendigung der Bauarbeiten sind vom Auftragnehmer Bestandsunterlagen (Dokumentation genannt) zu liefern, aus denen die endgültige Bauausführung und die verwendeten Baustoffe hervorgehen.

### 4.5 Abrechnung und Gewährleistung

Grundsätzlich ist die Abrechnungseinheit im Leistungsverzeichnis festzulegen. Besonderheiten sind in den Zusätzlichen Technischen Vertragsbedingungen geregelt bzw. mit der Baubeschreibung zu regeln.

Die Gewährleistung richtet sich nach der VOB/B. Im Einzelfall ist sie entsprechend dem Verwendungszweck näher festzulegen. Sie hat im Regelfall – gemäß den einschlägigen Vorschriften – der Gewährleistung der zugehörigen Hauptleistung der Baumaßnahmen zu entsprechen.

## 5 Schlussbemerkung

Aufgaben (Funktionen) wie Schützen, Filtern, Trennen, Dränen, Bewehren, Verpacken und Dichten werden durch die kunststoffgerechte Anwendung von Geokunststoffen (Geotextilien, geotextilverwandten Produkten, Dichtungsbahnen und dichtungsbahnverwandten Produkten) gelöst.

Die verschiedenen Einsatzbereiche zeigen, dass es für einen fachgerechten und sicheren Entwurf notwendig ist, das Verhalten und die Wirkungsweise der unterschiedlichen Geokunststoffe genauestens zu kennen. Bei den meisten Anwendungen sind die Auswahl eines geeigneten Geokunststoffs und das Langzeitverhalten von entscheidender Bedeutung für die Lebensdauer und Sicherheit der gesamten Konstruktion. Besondere Beachtung muss dem kontrollierten Einbau bzw. der Robustheit/Widerstandsfähigkeit der Materialien gewidmet werden, da erfahrungsgemäß die häufigste Beschädigungsmöglichkeit für Geokunststoffe im rauen Einbaubetrieb gegeben ist.

# 6 Literatur


[1] ASTM D 5890: Standard Test Method for Swell Index of Clay Mineral Component of Geosynthetic Clay Liners.

[2] BAM: Vorläufige Richtlinie für die Zulassung von Bewehrungsgittern aus Kunststoff für Deponieoberflächenabdichtungen, 3. Auflage, Mai 2016.

[3] BAM: Richtlinie für die Zulassung von Geotextilien zum Filtern und Trennen in Deponieoberflächenabdichtungen. BAM Bundesanstalt für Materialforschung und -prüfung, 6. Auflage, November 2016.

[4] BAM: Richtlinie für die Zulassung von Schutzschichten für Kunststoffdichtungsbahnen in Deponieabdichtungen, BAM Bundesanstalt für Materialforschung und -prüfung, 7. Auflage, November 2016.

[5] BAM: Richtlinie für die Anforderungen an die Qualifikation und die Aufgaben einer fremdprüfenden Stelle für Kunststoffkomponenten im Deponiebau, 9. Auflage, November 2016.

[6] BAM: Richtlinie für die Zulassung von Kunststoff-Dränelementen für Deponieoberflächenabdichtungen. BAM Bundesanstalt für Materialforschung und -prüfung, 8. Auflage, Mai 2017.

[7] BAM: Richtlinie für die Zulassung von Kunststoffdichtungsbahnen für Deponieabdichtungen. BAM Bundesanstalt für Materialforschung und -prüfung, 8. Auflage, Mai 2017.

[8] BAM: Richtlinie für die Anforderungen an Fachbetriebe für den Einbau von Kunststoffdichtungsbahnen, weiteren Geokunststoffen und Kunststoffbauteilen in Deponieabdichtungssystemen, 3. Auflage, Juni 2017.

[9] Beuße, M.: Gründung Siemens Nacelle Factoty Cuxhaven. 10. Geokunststoff-Kolloquium Naue GmbH & Co KG, 2017.

[10] Bishop, D.; Kohlhase, S.; Johannßen, K.: Recent Application of Modern Geosynthetics for Coastal, Canal and River Works. Fifth International Conference on Geotextiles, Geomembranes and Related Products, Singapore, 1994.

[11] Blume, K.-H.; Glötzl, F.: Anwendung der Beobachtungsmethode am Beispiel der BAB A 26. Erd- und Grundbautagung, Stade. Forschungsgesellschaft für Straßen- und Verkehrswesen, 2003.

[12] Blume, K.-H.; Glötzl, F.; Lockemann, K.: Federal Highway A 26 in Germany: Reinforced dams in soft soils – control method according DIN 1054. Third European Geosynthetics Conference, EuroGeo3, Munich, 2004.

[13] Borchert, K.-M.; Mittag, J.; Treffer, A.: Verbreiterung eines Straßendammes auf bindigen und organischen Böden. Entwicklungen in der Bodenmechanik, Bodendynamik und Geotechnik. Festschrift zum 60. Geburtstag von Univ.-Prof. Dr. Stavros Savidis. Springer-Verlag, Berlin, Heidelberg, 2006.

[14] BRAD16: Brandenburgische Richtlinie für die Anwendung Geosynthetischer Tondichtungsbahnen im Deichbau. Ministerium für Ländliche Entwicklung, Umwelt und Landwirtschaft, Landesamt für Umwelt Potsdam, Ausgabe Dezember 2016.

[15] Bräcker, W.: Deponietechnische Vollzugsfragen. 24. Fachtagung „Die sichere Deponie". SKZ Süddeutsches Kunststoff-Zentrum, Würzburg, 2008.

[16] Bräcker, W.: Ergebnisse der LAGA Ad-hoc-AG „Deponietechnische Vollzugsfragen". Abfallwirtschafts-Fakten 18, Staatliches Gewerbeaufsichtsamt Hildesheim, April 2009.

[17] Bräu, G.: Geotextilien als Trennlage unter Tragschichten. Schriftenreihe der Arbeitsgruppe Erd- und Grundbau der Forschungsgesellschaft für Straßen- und Verkehrswesen, Heft 6, 1994.

[18] Bräu, G.; Lehmann, E.: Auswirkung von Bewehrungen bei Dämmen auf wenig tragfähigem Untergrund unter Verkehrslasten. Forschung Straßenbau und Straßenbauverkehrstechnik (FGSV), Heft 880, 2004.

[19] Bräu, G.; Floss, R.; Laier, H.: Beschädigungsanfälligkeit von Geotextilien. 2. Kongress Kunststoffe in der Geotechnik K-GEO. SVG Schweizerischer Verband der Geotextilfachleute (Hrsg.), 1992.

[20] Bräu, G.; Floss, R.; Bauer, A.; Vogt, N.: Verhalten von Geotextilien und Geokunststoffen im Boden bei Beanspruchung während des Einbaus und unter dynamischen Belastungen. Forschung Straßenbau und Straßenbauverkehrstechnik (FGSV), Heft 893, 2004.

[21] Broers, A.; Saathoff, F.: Gedanken zum Lastfall „Einbauzustand geschichteter Systeme". Sonderheft Geotechnik zur 6. Informations- und Vortragstagung über „Kunststoffe in der Geotechnik". DGGT, 1999.

[22] Brösskamp, K. H.: Seedeichbau – Theorie und Praxis. Vereinigung der Naßbaggerunternehmungen e. V., Hamburg, 1976.

[23] C Geok E: Checklisten für die Anwendung von Geokunststoffen im Erdbau des Straßenbaues. Checklisten des Arbeitsausschusses „Anwendung von Geokunststoffen im Straßenbau", Ausgabe 2005. Forschungsgesellschaft für Straßen- und Verkehrswesen, FGSV 535/1, Köln, 2005.

[24] CPR – BauPVO: EU-Verordnung Nr. 305/2011 des Europäischen Parlaments und des Rates vom 9. März 2011 zur Festlegung harmonisierter Bedingungen für die Vermarktung von Bauprodukten und zur Aufhebung der Richtlinie 89/106/EWG des Rates, 2011.

[25] DBS 918039: Geokunststoffe für den Eisenbahnbau. Technische Lieferbedingungen der Deutschen Bahn AG, Oktober 2015.

[26] DepV: Verordnung über Deponien und Langzeitlager (Deponieverordnung – DepV) Ausfertigungsdatum: vom 27. April 2009 (BGBl. I S. 900), die zuletzt durch Artikel 2 der Verordnung vom 4. März 2016 (BGBl. I S. 382) geändert worden ist, 2009/2016.

[27] DIN 4102-4:2016-05: Brandverhalten von Baustoffen und Bauteilen – Teil 4: Zusammenstellung und Anwendung klassifizierter Baustoffe, Bauteile und Sonderbauteile.

[28] DIN 16937: Kunststoff-Dichtungsbahnen aus weichmacherhaltigem Polyvinylchlorid (PVC-P), bitumenverträglich; Anforderungen (zurückgezogen).

[29] DIN 18121-1:1998-04: Untersuchung von Bodenproben – Wassergehalt – Teil 1: Bestimmung durch Ofentrocknung.

[30] DIN 18130-1:1998-05: Baugrund – Untersuchung von Bodenproben; Bestimmung des Wasserdurchlässigkeitsbeiwerts – Teil 1: Laborversuche.

[31] DIN 18196:2011-05: Erd- und Grundbau – Bodenklassifikation für bautechnische Zwecke.

[32] DIN 18200:2000-05: Übereinstimmungsnachweis für Bauprodukte – Werkseigene Produktionskontrolle, Fremdüberwachung und Zertifizierung von Produkten.

[33] DIN 61210: Vliese, verfestigte Vliese (Filze, Vliesstoffe, Watten) und Vliesverbundstoffe auf Basis textiler Fasern (zurückgezogen).

[34] DIN EN 933-9:2013-07: Prüfverfahren für geometrische Eigenschaften von Gesteinskörnungen – Teil 9: Beurteilung von Feinanteilen, Methylenblau-Verfahren.

[35] DIN EN 13249:2016-12: Geotextilien und geotextilverwandte Produkte – Geforderte Eigenschaften für die Anwendung beim Bau von Straßen und sonstigen Verkehrsflächen.

[36] DIN EN 13250:2016-12: Geotextilien und geotextilverwandte Produkte – Geforderte Eigenschaften für die Anwendung beim Eisenbahnbau.

[37] DIN EN 13251:2016-12: Geotextilien und geotextilverwandte Produkte – Geforderte Eigenschaften für die Anwendung in Erd- und Grundbau sowie in Stützbauwerken.

[38] DIN EN 13252:2016-12: Geotextilien und geotextilverwandte Produkte – Geforderte Eigenschaften für die Anwendung in Dränanlagen.

[39] DIN EN 13253:2016-12: Geotextilien und geotextilverwandte Produkte – Geforderte Eigenschaften für die Anwendung in externen Erosionsschutzanlagen.

[40] DIN EN 13254:2016-12: Geotextilien und geotextilverwandte Produkte – Geforderte Eigenschaften für die Anwendung beim Bau von Rückhaltebecken und Staudämmen.

[41] DIN EN 13255:2016-12: Geotextilien und geotextilverwandte Produkte – Geforderte Eigenschaften für die Anwendung beim Kanalbau.

[42] DIN EN 13256:2016-12: Geotextilien und geotextilverwandte Produkte – Geforderte Eigenschaften für die Anwendung im Tunnelbau und in Tiefbauwerken.

[43] DIN EN 13257:2016-12: Geotextilien und geotextilverwandte Produkte – Geforderte Eigenschaften für die Anwendung bei der Entsorgung fester Abfallstoffe.

[44] DIN EN 13265:2016-12: Geotextilien und geotextilverwandte Produkte – Geforderte Eigenschaften für die Anwendung in Projekten zum Einschluss flüssiger Abfallstoffe.

[45] DIN EN 13361:2016-08: Geosynthetische Dichtungsbahnen – Eigenschaften, die für die Anwendung beim Bau von Rückhaltebecken und Staudämmen erforderlich sind.

[46] DIN EN 13362:2016-08: Geosynthetische Dichtungsbahnen – Eigenschaften, die für die Anwendung beim Bau von Kanälen erforderlich sind.

[47] DIN EN 13491:2016-08: Geosynthetische Dichtungsbahnen – Eigenschaften, die für die Anwendung beim Bau von Tunneln und Tiefbauwerken erforderlich sind.

[48] DIN EN 13492:2016-08: Geosynthetische Dichtungsbahnen – Eigenschaften, die für die Anwendung beim Bau von Deponien, Zwischenlagern und Auffangbecken für flüssige Abfallstoffe erforderlich sind.

[49] DIN EN 13493:2016-08: Geosynthetische Dichtungsbahnen – Eigenschaften, die für die Anwendung beim Bau von Deponien und Zwischenlagern für feste Abfallstoffe erforderlich sind.

[50] DIN EN 13501-1:2017-08: Klassifizierung von Bauprodukten und Bauarten zu ihrem Brandverhalten – Teil 1: Klassifizierung mit den Ergebnissen aus den Prüfungen zum Brandverhalten von Bauprodukten.

[51] DIN EN 14196:2016-08: Geokunststoffe – Prüfverfahren zur Bestimmung der flächenbezogenen Masse von geosynthetischen Tondichtungsbahnen.

[52] DIN EN 14475:2006-04 inkl. Berichtigung 2006-12: Ausführung von besonderen geotechnischen Arbeiten (Spezialtiefbau) – Bewehrte Schüttkörper.

[53] DIN EN 15381:2008-11: Geotextilien und geotextilverwandte Produkte – Eigenschaften, die für die Anwendung beim Bau von Fahrbahndecken und Asphaltdeckschichten erforderlich sind.

[54] DIN EN 15382:2016-08: Geosynthetische Dichtungsbahnen – Eigenschaften, die für die Anwendung in Verkehrsbauten erforderlich sind; Deutsche Fassung EN 15382:2008.

[55] DIN EN ISO 9864:2005-05: Geokunststoffe – Prüfverfahren zur Bestimmung der flächenbezogenen Masse von Geotextilien und geotextilverwandten Produkten.

[56] DIN EN ISO 10318-1:2015: Geokunststoffe – Teil 1: Begriffe.

[57] DIN EN ISO 10319:2008-10: Geokunststoffe – Zugversuch am breiten Streifen.

[58] DIN EN ISO 10320:1999-04: Geotextilien und geotextilverwandte Produkte – Identifikation auf der Baustelle.

[59] DIN EN ISO 10769:2011-09: Geosynthetische Tondichtungsbahnen – Bestimmung der Wasseraufnahme von Bentonit.

[60] DIN EN ISO 12236:2006-11: Geokunststoffe – Stempeldurchdrückversuch (CBR-Versuch).

[61] DIN-Fachbericht CEN/TR 15019:2005-04: Geotextilien und geotextilverwandte Produkte, Baustellenkontrolle.

[62] DVS 2225, Teile 1 bis 5: Schweißen/Fügen von Dichtungsbahnen. Je nach Teil: 1992-08 bis 2016-09.

[63] DVWK 76: Empfehlung für die Anwendung und Prüfung von Kunststoffen im Erd- und Wasserbau. Empfehlungen des Arbeitskreises 14 (heute Ak 5.1) „Kunststoffe in der Geotechnik und im Wasserbau“ der DGGT, DVWK Schriften, Heft 76. Verlag Paul Parey, Hamburg, Berlin, 1. Auflage 1986, 2. Auflage 1989.

[64] DVWK 221: Anwendung von Geotextilien im Wasserbau. Empfehlungen des Arbeitskreises 14 (heute Ak 5.1) „Kunststoffe in der Geotechnik und im Wasserbau“ der DGGT, DVWK Merkblätter 221, 1992.

[65] DVWK 225: Anwendung von Kunststoffdichtungsbahnen im Wasserbau und für den Grundwasserschutz. Empfehlungen des Arbeitskreises 14 (heute Ak 5.1) „Kunststoffe in der Geotechnik und im Wasserbau“ der DGGT, DVWK Merkblätter 225, 1992.

[66] DWA-M 511: Filtern mit Geokunststoffen. Deutsche Vereinigung für Wasserwirtschaft, Abwasser und Abfall e. V. DWA-Regelwerk Merkblatt 511. Gemeinsames Merkblatt der DGGT, HTG und DWA, Hennef, 2017.

[67] DWA-WW-7.3: Dichtungssysteme in Deichen. DWA-Themen, DWA-Arbeitsgruppe WW-7.3 „Dichtungssysteme in Deichen“, 2005.

[68] EAG-EDT: Empfehlungen zu Dichtungssystemen im Tunnelbau. Empfehlungen des Arbeitskreises 5.1 „Kunststoffe in der Geotechnik und im Wasserbau“ der DGGT, herausgegeben von der DGGT. 1. Auflage Verlag Glückauf Essen, 2005, 2. Auflage Ernst & Sohn Berlin, 2017.

[69] EAG-GTD: Empfehlungen zur Anwendung geosynthetischer Tondichtungsbahnen. Empfehlungen des Arbeitskreises 5.1 „Kunststoffe in der Geotechnik und im Wasserbau" der DGGT, herausgegeben von der DGGT. Ernst & Sohn, Berlin, 2002.

[70] EAK: Empfehlungen für Küstenschutzbauwerke. Die Küste, Heft 55, 1993.

[71] EAK: Empfehlungen für Küstenschutzbauwerke. Die Küste, Heft 65, 2002, korrigierte Ausgabe 2007.

[72] EANG, Empfehlungen des Arbeitskreises 1.6. Numerik in der Geotechnik. DGGT, Ernst & Sohn, 2014.

[73] EAO: Empfehlungen zur Anwendung von Oberflächendichtungen an Sohle und Böschung von Wasserstraßen. Mitteilungsblatt der Bundesanstalt für Wasserbau Nr. 85, 2002.

[74] EBGEO: Empfehlungen für den Entwurf und die Berechnung von Erdkörpern mit Bewehrungen aus Geokunststoffen. Empfehlungen des Arbeitskreises 5.2 „Berechnung und Dimensionierung von Erdkörpern mit Bewehrungseinlagen aus Geokunststoffen", 2., vollständig überarbeitete und erweiterte Auflage, Ernst & Sohn, Berlin, 2010.

[75] Eisele, R.; Floss, R.; Friedrich, B.; Straußberger, D.: Konzeption, Ausschreibung und Qualitätssicherung von Geokunststoffen bei der Querung des Hochmoores „Wasenmoos", Bundesautobahn BAB A 7, Füssen. Sonderheft Geotechnik zur 9. Informations- und Vortragstagung über „Kunststoffe in der Geotechnik". DGGT, 2005.

[76] Emersleben, A.; Meyer, N.; Vollmert, L.; Beuße, M.: Großmaßstäbliche Überfahrungsversuche Tostedt. Sonderheft Geotechnik zur 14. Informations- und Vortragstagung über „Kunststoffe in der Geotechnik", DGGT, 2015.

[77] Fleischer, P.: Bentonitmatten als Damm- und Deichdichtungen – Erkenntnisse aus Aufgrabungen nach unterschiedlich langen Liegezeiten. Dresdner Wasserbau-Kolloquium, 8./9. Oktober 2007.

[78] Fleischer, P.; Heibaum, M.: Unterwassereinbau von geosynthetischen Tondichtungsbahnen. Sonderheft Geotechnik zur 6. Informations- und Vortragstagung über „Kunststoffe in der Geotechnik". DGGT, 1999.

[79] Fleischer, P.: Unterwassereinbau von Oberflächendichtungen in Bundeswasserstraßen – Stand der Entwicklungen 02/2011. Bundesanstalt für Wasserbau Karlsruhe, BAW Brief Nr. 2/2011.

[80] GBB: Grundlagen zur Bemessung von Böschungs- und Sohlensicherungen an Binnenwasserstraßen. Bundesanstalt für Wasserbau Karlsruhe, BAW Merkblatt, Ausgabe 2010, Stand März 2011.

[81] GDA Empfehlung E 2-3 Kombiniertes Basisabdichtungssystem. Empfehlungen des Arbeitskreises 6.1 „Geotechnik der Deponiebauwerke" der DGGT, Empfehlungen der UAG Ak 5.1 – Ak 6.1, September 2016.

[82] GDA Empfehlung E 2-7: Nachweis der Gleitsicherheit von Abdichtungssystemen. Empfehlungen des Arbeitskreises 6.1 „Geotechnik der Deponiebauwerke" der DGGT, Empfehlungen der UAG Ak 5.1 – Ak 6.1, August 2015.

[83] GDA Empfehlung E 2-9: Einsatz von Geotextilien und Bewehrungsgittern aus Kunststoff im Deponiebau. Empfehlungen des Arbeitskreises 6.1 „Geotechnik der Deponiebauwerke" der DGGT, Empfehlungen der UAG Ak 5 1 – Ak 6.1, September 2016.

[84] GDA Empfehlung E 2-20 Entwässerungsschichten in Oberflächenabdichtungssystemen. Empfehlungen des Arbeitskreises 6.1 „Geotechnik der Deponiebauwerke“ der DGGT, Empfehlungen der UAG Ak 5.1 – Ak 6.1, Mai 2015.

[85] GDA Empfehlung E 2-36: Oberflächendichtungssysteme mit geosynthetischen Tondichtungsbahnen. Empfehlungen des Arbeitskreises 6.1 „Geotechnik der Deponiebauwerke“ der DGGT, Empfehlungen der UAG Ak 5.1 – Ak 6.1, April 2010.

[86] GDA Empfehlung E 3-8: Reibungsverhalten von Geokunststoffen. Empfehlungen des Arbeitskreises 6.1 „Geotechnik der Deponiebauwerke“ der DGGT, Empfehlungen der UAG Ak 5.1 – Ak 6.1, August 2015.

[87] GDA Empfehlung E 3-9: Eignungsprüfungen für Geokunststoffe. Empfehlungen des Arbeitskreises 6.1 „Geotechnik der Deponiebauwerke“ der DGGT, Empfehlungen der UAG Ak 5.1 – Ak 6.1, Dezember 2016.

[88] GDA Empfehlung E 5-5: Qualitätsüberwachung für Geokunststoffe. Empfehlungen des Arbeitskreises 6.1 „Geotechnik der Deponiebauwerke“ der DGGT, Empfehlungen der UAG Ak 5.1 – Ak 6.1, September 2016.

[89] Giroud, J. P.; Noiray, L.: Geotextile-Reinforced Unpaved Road Design, Proceedings ASCE, Vol. 107, GT 9, 1981.

[90] Glück, S.; Bräu, G.; Straußberger, D.: Sechsstreifiger Ausbau der A 3 im Spessart: Geokunststoffbewehrte Steilkonstruktion mit Gabionenverblendung zur platzsparenden, umweltschonenden Verbreiterung. Erd- und Grundbautagung 2013 Bamberg, Forschungsgesellschaft für Straßen- und Verkehrswesen, FGSV, Köln. 2013.

[91] Grosser, D.; Gollub, P.; Peters, K. et al.: Planung, Ausführung und Überwachung des Kolkschutzes für den Offshore-Windpark Amrumbank West. HTG-Kongress 2014 Berlin – 100 Jahre HTG. nm neumann medien Landshut, 2014.

[92] Hägele, J.; Hübel, K.: Neubau der Schwerlaststrecke in Aalen – Hochbeanspruchte Geokunststoffkonstruktion auf weichem Untergrund. Sonderheft Geotechnik zur 9. Informations- und Vortragstagung über „Kunststoffe in der Geotechnik“. DGGT, 2005.

[93] Heerten, G.: Stand der Untersuchung und Bemessung des Filterverhaltens von Geokunststoff-Boden-Systemen. Sonderheft Geotechnik zur 3. Informations- und Vortragstagung über „Kunststoffe in der Geotechnik“. DGGT, 1993.

[94] Heerten, G.: Basics of Filtration with Soils and Geosynthetics for Geotechnical Constructions. Proceedings of the 10th Australia New Zealand Conference on Geomechanics, Vol. 2, Brisbane, Australia, 2007.

[95] Heerten, G.; Zitscher, F.-F.: 25 Jahre Geotextilien im Küstenschutz – Ein Erfahrungsbericht. 1. Nationales Symposium Geotextilien im Erd- und Wasserbau. Forschungsgesellschaft für Straßen- und Verkehrswesen (Hrsg.), Köln, 1984.

[96] Heerten, G.; Saathoff, F.: Sanierung und Ertüchtigung von Deichen unter Einsatz von Geokunststoffen. 5. Österreichische Geotechniktagung, 21. und 22.2.2005, Österreichisches Patentamt Wien, ISBN 3-902450-52-5, 2005.

[97] Heerten, G.; Johannßen, K.; Witte, J.: Einsatz von Geotextilfiltern. Supplement zur Zeitschrift für Binnenschiffahrt, Heft 4, 2000.

[98] Heerten, G.; Saathoff, F.; Stelljes, K.: Geotextile Bauweisen ermöglichen neue Strategien im Küstenschutz. Geotechnik, Heft 2, 2000. Glückauf Verlag, Essen.

[99] Heerten, G.; Kohlhase, S.; Saathoff, F. et al.: Geotextiles in Coast Protection. 21st International Conference on Coastal Engineering, Torremolinos, Abstract Book, 1988.

[100] Heibaum, M.: Kolksicherung am Eidersperrwerk, Geotechnische Überlegungen. HANSA, Heft 4, 1994.

[101] Heitz, C.: Bodengewölbe unter ruhender und nichtruhender Belastung bei Berücksichtigung von Bewehrungseinlagen aus Geogittern. Schriftenreihe Geotechnik, Universität Kassel, Heft 19, 2006.

[102] IVG-Internetseite http://www.ivgeokunststoffe.com.

[103] Jacobs, F.; Ziegler, M.; Ruiken, A.: Experimental Investigation of the Stress-Strain Behaviour of Geogrid Reinforced Soil. GeoAfrica. Accra, IGS Ghana, 2013.

[104] Koser, M.: Einsatz von Geokunststoffen an unterschiedlichen Deponien in Süddeutschland. 24. Fachtagung „Die sichere Deponie". SKZ Süddeutsches Kunststoff-Zentrum, Würzburg, 2008.

[105] Köhler, U.; Werner, C.; Wagner, J.: Bericht über eine KBE-Steilwand mit 70° Neigung und bis 20 m Höhe. 10. Geokunststoff-Kolloquium Naue GmbH & Co KG, 2017.

[106] LAGA: Grundsätze für die Eignungsbeurteilung von geosynthetischen Tondichtungsbahnen als mineralische Dichtung in Oberflächenabdichtungssystemen von Deponien – Bentonitmattengrundsätze. LAGA Ad-hoc-AG „Deponietechnische Vollzugsfragen, 19. 1. 2009. Aktuelle Entwicklungen vgl. www.laga-online.de

[107] List, F.: Technische Gesichtspunkte für die Anwendung von Geotextilien im Erd- und Wasserbau. 1. Nationales Symposium Geotextilien im Erd- und Wasserbau. Forschungsgesellschaft für Straßen- und Verkehrswesen (Hrsg.), Köln, 1984.

[108] M Gab: Merkblatt über Stütz- und Lärmschutzkonstruktionen aus Betonelementen, Blockschichtungen oder Gabionen. Forschungsgesellschaft für Straßen- und Verkehrswesen, FGSV 555, Köln, 2014.

[109] M Geo E: Merkblatt für die Anwendung von Geotextilien und Geogittern im Erdbau des Straßenbaus. Merkblatt des Arbeitsausschusses „Anwendung von Geokunststoffen im Straßenbau", Ausgabe 1994. Forschungsgesellschaft für Straßen- und Verkehrswesen, FGSV 535, Köln. Überarbeitung: M Geok E, 2005.

[110] M Geok E: Merkblatt über die Anwendung von Geokunststoffen im Erdbau des Straßenbaues M Geok E. Merkblatt des Arbeitsausschusses „Geokunststoffe", Ausgabe 2016. FGSV 535, Forschungsgesellschaft für Straßen- und Verkehrswesen, FGSV Verlag GmbH Köln.

[111] M TS E: Merkblatt über Bauweisen für technische Sicherungsmaßnahmen beim Einsatz von Böden und Baustoffen mit umweltrelevanten Inhaltsstoffen im Erdbau. Forschungsgesellschaft für Straßen- und Verkehrswesen, FGSV 559, Köln, 2009.

[112] MAEBEL: Merkblatt über die Anwendung von Erosionsschutzprodukten und Begrünungshilfen aus natürlichen und synthetischen Werkstoffen im Erd- und Landschaftsbau des Straßenbaus. Merkblatt des Arbeitskreises „Geokunststoffe für Erosionsschutz und als Begrünungshilfe" des Arbeitsausschusses „Geokunststoffe", FGSV Forschungsgesellschaft für Straßen- und Verkehrswesen, Herausgabe geplant für 2018, bis dahin siehe [136].

[113] MAG: Merkblatt Anwendung von geotextilen Filtern an Wasserstraßen. Bundesanstalt für Wasserbau, Karlsruhe, 1993.

[114] Maisner, M.; Heibaum, M.: Verkehrswasserbau. In: Müller-Rochholz, 2008.

[115] MAR: Anwendung von Regelbauweisen für Böschungs- und Sohlensicherungen an Binnenwasserstraßen. Bundesanstalt für Wasserbau Karlsruhe, BAW Merkblatt, Ausgabe 2008.

[116] Modellierung von Geogittern bei der Anwendung der Finite-Element-Methode. Informationen und Empfehlungen des Arbeitskreises 1.6. Numerik in der Geotechnik. Geotechnik, Heft 1, 2017.

[117] Müller, W.: Handbuch der PE-HD-Dichtungsbahnen in der Geotechnik. Birkhäuser, 2001.

[118] Müller, W.: Eignungsgutachten für Kunststoff-Dränelemente durch die BAM. 21. Fachtagung „Die sichere Deponie". SKZ Süddeutsches Kunststoff-Zentrum, Würzburg, 2005.

[119] Müller, W.; Wöhlecke, A.: Voraussetzungen für die Zulassungen von Geokunststoffen (insbesondere Bewehrungsgittern) für Deponieabdichtungen. 27. Fachtagung „Die sichere Deponie – Abdichtung von Deponien und Altlasten mit Kunststoffen", SKZ – ConSem GmbH, Würzburg und AK GWS Arbeitskreis Grundwasserschutz e. V, Berlin, 2011.

[120] Müller-Rochholz, J.: Langzeitverhalten von Geotextil-Dränelementen. 16. Fachtagung „Die sichere Deponie". SKZ Süddeutsches Kunststoff-Zentrum, Würzburg, 2000.

[121] Nickels, H.; Heerten, G.: Objektschutz Haus Kliffende. HANSA, Heft 3, 2000.

[122] Pilarczyk, K.: Geosynthetics and geosystems in hydraulic and coastal engineering. A. A. Balkema, Rotterdam, The Netherlands, 2000.

[123] Rau, M.; Dressler, J.: Meß- und Kontrollsystem für das Oberbecken des Pumpspeicherkraftwerkes Reisach-Rabenleite. Veröffentlichungen des LGA-Grundbauinstituts, Heft 71, „Geokunststoff-Ton-Dichtungen", 1994.

[124] Ril 836: Richtlinie 836 Erdbauwerke und sonstige geotechnische Bauwerke planen, bauen und instand halten. Deutschen Bahn AG, Ausgabe Feb. 2013.

[125] Ril 853: Richtlinie 853 Eisenbahntunnel planen, bauen und instand halten, insb. Modul 853.4004 (2012-12), Modulgruppe 853.42XX (2003-08), Modul 853.4201 (2012-12) und Modul 853.4202 (2012-12). Deutsche Bahn AG.

[126] RiStWag: Richtlinien für bautechnische Maßnahmen an Straßen in Wassergewinnungsgebieten. Forschungsgesellschaft für Straßen- und Verkehrswesen, FGSV 514, Ausgabe 2016.

[127] RPW: Prüfung von mineralischen Weichdichtungen und deren Einbauverfahren im Verkehrswasserbau. Bundesanstalt für Wasserbau Karlsruhe, BAW Richtlinie, Ausgabe 2015.

[128] Ruiken, A.: Zum Spannungs-Dehnungsverhalten des Verbundbaustoffs „geogitterbewehrter Boden". Dissertation. Aachen: Fakultät für Bauingenieurwesen, Lehrstuhl für Geotechnik, Rheinisch-Westfälische Technische Hochschule (RWTH), 2013.

[129] RWK-MV: Regelwerk Küstenschutz Mecklenburg-Vorpommern. Nr. 3-9-4/2012: Uferlängswerke – Geotextilwälle. Ministerium Für Landwirtschaft, Umwelt und Verbraucherschutz Mecklenburg-Vorpommern, Dezember 2012.

[130] Saathoff, F.: Marktformen und Grundsätzliches zur Wirkungsweise von Geotextilien. Mitteilungen des Franzius-Instituts, Heft 64, 1987.

[131] Saathoff, F.: Geokunststoffe in Dichtungssystemen. Mitteilungen des Franzius-Instituts, Heft 72, 1991.

[132] Saathoff, F.: Filtern mit Geotextilien. Technische Akademie Esslingen „Geokunststoffe in der Geotechnik", 1995.

[133] Saathoff, F.: Dränsysteme aus Wirrgelege und Vliesstoff. 15. Fachtagung „Die sichere Deponie". SKZ Süddeutsches Kunststoff-Zentrum, Würzburg, 1999.

[134] Saathoff, F.: Geotextile sand containers in hydraulic and coastal engineering – German experiences. Proceedings of the 7th International Conference on Geosynthetics, Nice, France, edited by Ph. Delmas, J. P. Gourc and H. Girard, Vol. 3. A. A. Balkema, Swets & Zeitlinger, Lisse, The Netherlands, 2002.

[135] Saathoff, F.: Vergleich von geotextilen und mineralischen Filterschichten im Wasserbau. Sonderheft Geotechnik zur 11. Informations- und Vortragstagung über „Kunststoffe in der Geotechnik". DGGT, 2009.

[136] Saathoff, F.; Cantré, St.: Stand der Arbeiten am FGSV-Merkblatt „Erosionsschutz und Begrünungshilfen". Informations- und Vortragstagung über „Kunststoffe in der Geotechnik", DGGT, 2017.

[137] Saathoff, F.; Ehrenberg, H.: Dichtung von der Rolle. Baumaschinendienst, Heft 9, 1992.

[138] Saathoff, F.; Werth, K.: Standsicherheitsnachweise für Oberflächendichtungssysteme – Anmerkungen zum Lastfall Einbau geschichteter Systeme mit Geokunststoffen. 21. Fachtagung „Die sichere Deponie". SKZ Süddeutsches Kunststoff-Zentrum, Würzburg, 2005.

[139] Saathoff, F.; Witte, J.: Eidersperrwerk, Geotextile Sandcontainer zur Stabilisierung der Kolkböschungen. HANSA, Heft 4, 1994.

[140] Saathoff, F., Zitscher, F.-F.: Geokunststoffe in der Geotechnik und im Wasserbau. Grundbau-Taschenbuch, Teil 2, 6. Auflage, 2001.

[141] Saathoff, F; Cantré, S.; Müller, W.: Modified filtration criteria for non-woven geotextiles in landfill construction. Proceedings of the 10th International Conference on Geosynthetics. Berlin, IGS Essen, 2014.

[142] Saathoff, F.; Oumeraci, H.; Restall, S.: Australian and German experiences on the use of geotextile containers. Geotextiles and Geomembranes; Special issue on tsunami reconstruction with geosynthetic containment systems, Vol. 25, Issues 4–5, Elsevier, Amsterdam, Oxford, 2007.

[143] Saathoff, F.; Mühring, W.; Trentmann, J.; Martini, J.: Erkenntnisse aus den Schäden an den Deckwerken Olfen-Klauke am DEK. Binnenschifffahrt. Supplement zu Heft 11. Storck Verlag, Hamburg, 2006.

[144] Schmalz, M.: Verwendung von Vliesstoffen, Gitter und Verbundstoffen im Asphaltstraßenbau. FGSV-Arbeitspapier Nr. 69 (AP 69), Ad-hoc-Gruppe 7.6.0.2 „Bewehn-

rung von Asphalt“, 2006. Überarbeitung durch FGSV Arbeitskreis AK 7.3.8 in Bearbeitung.

[145] Schmidt, R.; Heyer, D.: Grundwasserschutz mit Bentonitdichtungsmatten bei Straßen in Wassergewinnungsgebieten am Beispiel der A 96 in Baden-Württemberg. Sonderheft Geotechnik zur 3. Informations- und Vortragstagung über „Kunststoffe in der Geotechnik“. DGGT, 1993.

[146] Schuppener, B.: Standsicherheit bei durchwurzelten Uferböschungen. Binnenschiffahrt, Heft 9, 1993.

[147] TA Siedlungsabfall: Dritte Allgemeine Verwaltungsvorschrift zum Abfallgesetz, Technische Anleitung zur Verwertung, Behandlung und sonstigen Entsorgung von Siedlungsabfällen sowie Ergänzende Empfehlungen zur TA Siedlungsabfall des Bundesministeriums für Umwelt, Naturschutz und Reaktorsicherheit. Bundesanzeiger Verlags-Ges. mbH Köln, 1. Auflage, 1993.

[148] TL Gab-StB 16, Technische Lieferbedingungen für Gabionen im Straßenbau, Forschungsgesellschaft für Straßen- und Verkehrswesen, FGSV, Neufassung erscheint 2017.

[149] TL Geok E-StB: Technische Lieferbedingungen für Geokunststoffe im Erdbau des Straßenbaues. Technische Lieferbedingungen des Arbeitsausschusses „Anwendung von Geokunststoffen im Straßenbau“, Forschungsgesellschaft für Straßen- und Verkehrswesen, FGSV 549, Köln, 2005. Neufassung erscheint 2017.

[150] TLG: Technische Lieferbedingungen für Geotextilien und geotextilverwandte Produkte an Wasserstraßen. Ausgabe 2008.

[151] TL/TP-ING: Sammlung Brücken- und Ingenieurbau, Baudurchführung, Technische Lieferbedingungen und Technische Prüfvorschriften für Ingenieurbauten, insb. Teil 5, Abschnitt 5. Verkehrsblatt-Sammlung Nr. 5 1058, Bundesanstalt für Straßenwesen. Verkehrsblatt Verlag Borgmann, 2008.

[152] van Eekelen, S.: Basal reinforced piled embankments, PhD thesis TU Delft ISBN 978-94-6203-825-7, 2015.

[153] van Eekelen, S.; Brugman, M.: Design Guideline Basal Reinforced Piled Embankments, CUR, CRC Press, ISBN 9789053676240, 2016.

[154] Vollmert, L.: Zur Gebrauchstauglichkeit geogitter-bewehrter Tragschichten unter zyklisch-dynamischen Beanspruchungen. Schriftenreihe des Instituts für Geotechnik und Markscheidewesen der TU Clausthal, Clausthal-Zellerfeld, 2017.

[155] Vollmert, L.: Zur Gebrauchstauglichkeit geogitterbewehrter Tragschichten unter zyklisch dynamischen Beanspruchungen. 10. Geokunststoff-Kolloquium Naue GmbH & Co KG, 2017.

[156] Werth, K.; Saathoff, F.: Anforderungen an steil geneigte Oberflächendichtungen am Beispiel der Deponie Furth im Walde. 22. Fachtagung „Die sichere Deponie“. SKZ Süddeutsches Kunststoff-Zentrum, Würzburg, 2006.

[157] Wilmers, W.: Anforderungen an Geotextilien aus der Sicht des Straßenbaues. 23. Internationale Chemiefasertagung, Dornbirn, 1984.

[158] Wiemers, J., Wilke, M.: Geotextile Schläuche als vielseitige Lösung für ökologische Wasserbauprojekte. 39. Dresdner Wasserbaukolloquium „Gewässerentwicklung & Hochwasserrisikomanagement“, 2016.

[159] Wilke, M.; Adameit, J.; Cantré, St.: Mobile Baggergutentwässerung mit Geotextilen Schläuchen – Verdener Großversuch. Sonderheft Geotechnik zur 12. Informations- und Vortragstagung über „Kunststoffe in der Geotechnik“, DGGT, 2011.

[160] Wilmers, W.; Saathoff, F.: Die neue deutsche Geotextilrobustheitsklassifizierung. Straßen- und Tiefbau, Heft 9, 1995.

[161] Witt, K.-J.; Zeh, R. M.; Fabian, F.: Kapillarschutzschichten für mineralische Dichtungskomponenten in Oberflächenabdichtungen. Müll und Abfall, Heft 11, 2004.

[162] Wudtke, R.-B.; Werth, K.; Witt, K.-J.: Standsicherheitsnachweis für Oberflächenabdichtungssysteme von Deponien. Bautechnik, Heft 9, 2008.

[163] Zaeske, D., Kempfert, H.-G.: Berechnung und Wirkungsweise von unbewehrten und bewehrten mineralischen Tragschichten auf punkt- und linienförmigen Traggliedern. Bauingenieur, Band 77, Februar 2002.

[164] Ziegler, M.: Geosynthetic Reinforcement Applications, Keynote lecture. 6th European Geosynthetics Congress EuroGeo6, Ljubljana, Slovenia, September 2016.

[165] Zitscher, F.-F.: Kunststoffe für den Wasserbau. Bauingenieur-Praxis, Heft 125. Verlag W. Ernst & Sohn, Berlin, München, Düsseldorf, 1971.

[166] Zitscher, F.-F.; Heerten, G.; Saathoff, F.: Verfahren mit Geotextilien und Dichtungsbahnen. Grundbau-Taschenbuch, Teil 2, 4. Auflage, 1992.

[167] ZTV E-StB 09: Zusätzliche Technische Vertragsbedingungen und Richtlinien für Erdarbeiten im Straßenbau. Forschungsgesellschaft für Straßen- und Verkehrswesen, FGSV 599, Köln, 2009, Ausgabe 2015, Neufassung 2017 in Vorbereitung.

[168] ZTV-ING: Sammlung Brücken- und Ingenieurbau, Baudurchführung, Zusätzliche Technische Vertragsbedingungen und Richtlinien für Ingenieurbauten. Verkehrsblatt-Sammlung Nr. S 1056, Verkehrsblatt Verlag Borgmann, 2008, überarbeitet insb. Teil 3, Abschnitt 5 (12/2013), Teil 5, Abschnitt 1 und 2 (12/2014), Teil 5, Abschnitt 4 und 5 (12/2007), Bundesanstalt für Straßenwesen (BASt).

# Stichwortverzeichnis



*Grundbau-Taschenbuch: Teil 2. Geotechnische Verfahren*, Achte Auflage. Karl Josef Witt (Hrsg.).

## C



## D

## G

**I**



**J**



**K**

**L**

## M



## N



## O



## P

**U**

# Inserentenverzeichnis

| | Seite |
|---|---|
| FRILO Software GmbH, 70469 Stuttgart | VIb |
| HPC AG, 86655 Harburg | 744a |
| IDN Ingenieurbüro Domke Nachf. Partnerschaft Beratender Ingenieure mbB, 47259 Duisburg | VIa |
| Iwb Ingenieure Infrastruktur GmbH & Co. KG, 20459 Hamburg | Lesezeichen |
| Keller Grundbau GmbH, 21079 Hamburg | 166b |
| KURT FREDRICH Spezialtiefbau GmbH, 27612 Loxstedt | 0a |
| Laumer Bautechnik GmbH, 84323 Massing | F4 |
| PORR Spezialtiefbau GmbH, 21220 Seevetal | F3 |
| witt & partner geoprojekt GmbH, 99423 Weimar | Lesezeichen |
| WTM Engineers GmbH, 20459 Hamburg | F2 |
| Dr.-Ing. Orth GmbH, 76227 Karlsruhe | 300a |